U0433553

金属材料手册

杨　满　主编

机械工业出版社

本手册是一本实用、便查的金属材料工具书。其主要内容包括：金属材料的分类、金属材料的牌号和代号、纯铁和铁粉、生铁和铁合金、铸铁、铸钢、结构钢、工模具钢、不锈钢和耐热钢、铜及铜合金、铝及铝合金、镁及镁合金、钛及钛合金、锌及锌合金、镍及镍合金、锡及锡合金、铅及铅合金、贵金属及其合金、稀有金属及其合金、稀土金属、精密合金、高温合金、耐蚀合金。本手册采用了现行的金属材料相关技术标准资料，系统地介绍了各种金属材料的牌号、化学成分、规格、性能和用途等，内容全面系统，数据齐全，对正确地选择和应用金属材料具有很好的指导作用。

本手册可供机械、冶金、化工、电力、航空航天及军工等行业的工程技术人员和营销人员使用，也可供相关专业在校师生参考。

图书在版编目（CIP）数据

金属材料手册 / 杨满主编. -- 北京 ：机械工业出版社，2025. 2. -- ISBN 978-7-111-77552-2

Ⅰ. TG14-62

中国国家版本馆 CIP 数据核字第 202511HX94 号

机械工业出版社（北京市百万庄大街 22 号　邮政编码 100037）

策划编辑：陈保华　　责任编辑：陈保华　卜旭东

责任校对：李　杉　郑　婕　梁　静　张亚楠　　封面设计：马精明

责任印制：单爱军

北京盛通数码印刷有限公司印刷

2025 年 5 月第 1 版第 1 次印刷

184mm×260mm · 73.5 印张 · 2 插页 · 1825 千字

标准书号：ISBN 978-7-111-77552-2

定价：269.00 元

电话服务　　网络服务

客服电话：010-88361066　　机　工　官　网：www.cmpbook.com

010-88379833　　机　工　官　博：weibo.com/cmp1952

010-68326294　　金　书　网：www.golden-book.com

　机工教育服务网：www.cmpedu.com

前　　言

金属材料是以金属（包括纯金属与合金）为基础的材料，是工业生产中应用最普遍的原材料，广泛应用于冶金、机械、化工、轻工、建筑、电力、电子、石油、军工和航空航天等领域。金属材料是经济建设的重要物质基础，在国民经济发展中发挥着巨大的作用，是建设中国特色社会主义现代化强国的重要保证。

随着我国国民经济和科学技术的飞速发展，材料科学的研究和生产技术不断发展，急需各种具有国际先进水平的金属材料，尤其是高强度及具有特殊性能的金属材料。近年来，国家市场监督管理总局、国家标准化技术委员会等相关部门相继发布了许多新的金属材料相关国家标准和行业标准，并对大量标准进行了修订。为了给广大工程技术人员在生产实践中正确选择金属材料、合理应用金属材料、提高工程及产品质量提供技术支持，我们在总结多年工作经验的基础上，采用现行的金属材料相关技术标准资料，并进行科学系统的归纳总结，编写了这本手册。

本手册系统地介绍了各种金属材料的牌号、化学成分、规格、性能和用途等内容。手册共分23章，主要内容包括金属材料的分类、金属材料的牌号和代号、纯铁和铁粉、生铁和铁合金、铸铁、铸钢、结构钢、工模具钢、不锈钢和耐热钢、铜及铜合金、铝及铝合金、镁及镁合金、钛及钛合金、锌及锌合金、镍及镍合金、锡及锡合金、铅及铅合金、贵金属及其合金、稀有金属及其合金、稀土金属、精密合金、高温合金、耐蚀合金。

出版社针对本手册开发了数字化配套资源，读者扫描下面的二维码可免费获赠书中数字表格增值服务。通过数字表格，读者可快速、多维检索书中表格数据内容，从而提升工作效率。

本手册内容全面系统，数据齐全，编排合理，便于查阅，实用性强，可供机械、冶金、化工、电力、航空航天及军工等行业的工程技术人员、营销人员使用，也可供相关专业在校师生参考。

本手册由杨满任主编，参加手册编写工作的人员有王跃英、杨鸿雁、孙士尧、代文阳、李德铭、陈博、何岸卿。

由于编者水平有限，手册中不足和错误之处在所难免，欢迎广大读者批评指正。

杨　满

目　　录

第1章　金属材料的分类

常用的金属材料分类方法见表1-1。

表1-1　常用的金属材料分类方法

分类方法	类别	分类方法	类别
按颜色分类	黑色金属、有色金属	按价值分类	贵金属、贱(廉)金属
按是否含铁分类	钢铁材料、非铁金属材料	按储量分类	富有金属、稀有金属
按密度分类	重金属、轻金属		

1.1　钢铁材料的分类

1.1.1　纯铁与铁粉的分类

1. 纯铁的分类（见表1-2）

表1-2　纯铁的分类

类别	名称		说明
原料纯铁	连铸坯	连铸板坯、连铸方坯、连铸矩形坯	采用电弧炉加真空精炼或铁液预处理加转炉加真空精炼工艺
	热轧棒	热轧圆棒、热轧方棒、热轧扁条	
	热轧盘条		
电磁纯铁	热轧(锻)棒	热轧(锻)圆棒、热轧(锻)方棒、热轧(锻)扁条	冶炼后经过真空退火或惰性气体保护退火处理
	热轧盘条		
	热轧板(带)		
	冷拉圆棒		
	冷轧板(带)		

2. 铁粉的分类（见表1-3）

表1-3　铁粉的分类

类别		说明
粉末冶金用水雾化纯铁粉		用于密度在6.8g/cm^{3}以上粉末冶金结构零件、锻造零件
焊材用纯铁粉	水雾化纯铁粉	用于制造碱性及酸性焊条、冶金添加剂、高效铁粉焊条及焊丝
	还原纯铁粉	
纳米铁粉		用于高性能磁记录材料，可改善磁盘的性能；还可用于吸波材料
羰基镍铁粉		用羰化法生产的镍铁粉；用于吸波材料、粉末冶金硬质合金及软磁材料等

（续）

类别		说明
微米级羰基铁粉	基础羰基铁粉	未经还原等后处理的原始羰基铁粉
	还原羰基铁粉	经过氢气等还原性气体进行过还原性处理的羰基铁粉
	磷化羰基铁粉	经过磷化处理的羰基铁粉

1.1.2 生铁的分类

生铁的分类见表1-4。

表1-4 生铁的分类（GB/T 20932—2007）

类别		名称	牌号
非合金生铁	炼钢生铁	炼钢用生铁	L04、L08、L10
	铸造生铁	铸造用生铁	Z14、Z18、Z22、Z26、Z30、Z34
		球墨铸铁用生铁	Q10、Q12
	其他非合金生铁	低碳低磷粒铁	TL10、TL14、TL18
		铸造用磷铜钛低合金耐磨生铁	NMZ14、NMZ18、NMZ22、NMZ26、NMZ30、NMZ34
合金生铁		含钒生铁	F02、F03、F04、F05

1.1.3 铁合金的分类

铁合金的分类见表1-5。

表1-5 铁合金的分类

类别	产品名称
金属用铁合金	金属锰、金属铬、氮化金属锰
电解法用铁合金	电解金属锰
氧化物用铁合金	氧化钼块
钒渣用铁合金	钒渣
含铁元素的铁合金	硅铁、钛铁、钨铁、钼铁、锰铁、钒铁、硼铁、铬铁、铌铁、磷铁、锰硅合金、硅铬合金、稀土硅铁合金、稀土镁硅铁合金、硅钡合金、硅铝合金、硅钡铝合金、硅钙钡铝合金、氮化锰铁、氮化铬铁
其他铁合金	硅钙合金、钒氮合金、五氧化二钒

1.1.4 铸铁的分类

铸铁的分类见表1-6。

表1-6 铸铁的分类

分类方法	名称	说明
按化学成分分类	普通铸铁	普通铸铁是指不含任何合金元素的铸铁，如灰铸铁、可锻铸铁和球墨铸铁等
	合金铸铁	在普通铸铁内有意识地加入一些合金元素，以提高铸铁某些特殊性能而配制成的一种高级铸铁，如耐蚀铸铁、耐热铸铁、耐磨铸铁等
按断口颜色分类	灰口铸铁	这种铸铁中的碳大部分或全部以自由状态的石墨形式存在，其断口呈灰色或暗灰色，故称灰口铸铁。灰口铸铁包括灰铸铁、球墨铸铁、蠕墨铸铁等
	白口铸铁	这种铸铁组织中几乎完全没有石墨，碳全部以渗碳体形式存在，断口呈白亮色，故称白口铸铁 用激冷的办法可以制造内部为灰铸铁组织、表层为白口铸铁组织的耐磨零件，使其具有很高的表面硬度和耐磨性。用这种方法制造的铸铁通常称为激冷铸铁或冷硬铸铁

（续）

分类方法	名称	说明
按断口颜色分类	麻口铸铁	这种铸铁介于白口铸铁和灰铸铁之间，其组织为珠光体+渗碳体+石墨，断口呈灰白相间的麻点状，故称麻口铸铁。这种铸铁性能不好，应用极少
按生产方法和组织性能分类	灰铸铁	1）灰铸铁中碳以片状石墨形式存在 2）灰铸铁具有一定的强度、硬度，良好的减振性和耐磨性，较高的导热性和抗热疲劳性，同时还具有良好的铸造性及可加工性，生产工艺简便，成本低，在工业和民用生活中得到了广泛的应用
	孕育铸铁	1）孕育铸铁是铁液经孕育处理后获得的亚共晶灰铸铁。在铁液中加入孕育剂，造成人工晶核，从而可获得细晶粒的珠光体和细片状石墨组织 2）这种铸铁的强度、塑性和韧性均比一般灰铸铁要好得多，组织也较均匀一致，主要用来制造力学性能要求较高而截面尺寸变化较大的大型铸铁件
	球墨铸铁	1）球墨铸铁是通过在浇注前往铁液中加入一定量的球化剂（如纯镁或其合金）和墨化剂（硅铁或硅钙合金），以促进碳呈球状石墨结晶而获得的铸铁 2）由于石墨呈球形，应力大为减轻，因而这种铸铁的力学性能比灰铸铁高得多，也比可锻铸铁好 3）具有比灰铸铁好的焊接性和热处理工艺性 4）和钢相比，除塑性、韧性稍低外，其他性能均接近，是一种同时兼有钢和铸铁优点的优良材料，因此在机械工程上获得了广泛的应用
	可锻铸铁	1）由一定成分的白口铸铁经石墨化退火后而成，其中碳大部或全部呈团絮状石墨的形式存在，由于其对基体的破坏作用比片状石墨大大减轻，因而比灰铸铁具有较高的韧性 2）可锻铸铁实际并不可以锻造，只不过具有一定的塑性而已，通常多用来制造承受冲击载荷的铸件
	特殊性能铸铁	这是一种具有某些特性的铸铁，根据用途的不同，可分为耐磨铸铁、耐热铸铁、耐蚀铸铁等。这类铸铁大部分都属于合金铸铁，在机械制造中应用也较为广泛

1.1.5 钢的分类

钢的分类见表1-7。

表1-7　钢的分类

分类方法		名称	说明
按冶炼方法分类	按冶炼设备分类	平炉钢	1）指用平炉炼钢法炼制出来的钢 2）按炉衬材料不同，分为碱性平炉钢和酸性平炉钢两种，一般多为碱性平炉钢 3）主要品种是普通碳素钢、低合金钢和优质碳素钢
		转炉钢	1）指用转炉炼钢法炼制出来的钢 2）转炉钢也分为酸性和碱性转炉钢，还可分为底吹、侧吹、顶吹和空气吹炼、纯氧吹炼等转炉钢，常可混合使用 3）大量生产的为侧吹碱性转炉钢和氧气顶吹转炉钢 4）主要品种是普通碳素钢，氧气顶吹转炉也可生产优质碳素钢和合金钢
		电炉钢	1）指用电炉炼钢法炼制出的钢 2）可分为电弧炉钢、感应电炉钢、电渣炉钢、真空感应电炉钢、真空自耗炉钢、电子束炉钢等 3）生产量大的主要是碱性电弧炉钢，品种是优质碳素钢和合金钢
	按脱氧程度和浇注制度分类	沸腾钢	1）这种钢是脱氧不完全的钢，浇注时在钢模里产生沸腾，故称沸腾钢 2）主要用于轧制普通碳素钢的型钢和钢板
		镇静钢	1）脱氧完全的钢，浇注时钢液镇静，没有沸腾现象，所以称镇静钢 2）合金钢和优质碳素钢都是镇静钢
		半镇静钢	1）脱氧程度介于沸腾钢和镇静钢之间的钢，浇注时沸腾现象较沸腾钢弱 2）钢的质量、成本和收缩率也介于沸腾钢和镇静钢之间 3）生产较难控制，故在钢产量中占比例不大

（续）

分类方法	名称		说明
按化学成分分类	碳素钢（非合金钢）		1）指 w(C)≤2%，并含有少量 Mn、Si、S、P 和 O 等杂质元素的铁碳合金 2）按钢中碳含量分类 低碳钢：w(C)≤0.25% 中碳钢：w(C)>0.25%～0.60% 高碳钢：w(C)>0.60% 3）按钢的质量和用途又分为普通碳素结构钢、优质碳素结构钢和刃具模具用非合金钢 3 大类
	合金钢		1）在冶炼碳素钢时加入一些合金元素（如 Cr、Ni、Si、Mn、Mo、W、V、Ti、B 等）而炼成的钢 2）按其合金元素的总含量分类 低合金钢：合金元素总质量分数≤5% 中合金钢：合金元素总质量分数>5%～10% 高合金钢：合金元素总质量分数>10% 3）按钢中主要合金元素的种类分类 三元合金钢：指除铁、碳以外，还含有另一种合金元素的钢，如锰钢、铬钢、硼钢、钼钢、硅钢、镍钢等 四元合金钢：指除铁、碳以外，还含有另外两种合金元素的钢，如硅锰钢、锰硼钢、铬锰钢、铬镍钢等 多元合金钢：指除铁、碳以外，还含有另外 3 种或 3 种以上合金元素的钢，如铬锰钛钢、硅锰钼钒钢等
按品质分类	普通钢		1）含杂质元素较多，其中 w(P)≤0.045%，w(S)≤0.050% 2）主要类型有普通碳素钢、低合金结构钢等
	优质钢		1）含杂质元素较少，质量较好，其中 w(P)≤0.035%，w(S)≤0.035% 2）主要有优质碳素结构钢、合金结构钢、弹簧钢、轴承钢、刃具模具用非合金钢和合金工具钢等
按用途分类	结构钢	建筑及工程用结构钢	1）用于建筑、桥梁、船舶、锅炉或其他工程上制造金属结构件的钢，多为低碳钢，一般都是在热轧供应状态或正火状态下使用，大多要经过焊接加工 2）主要类型 普通碳素结构钢：按用途分为一般用途的普通碳素钢和专用普通碳素钢 低合金钢：按用途分为低合金结构钢、耐蚀钢、低温用钢、钢筋钢、钢轨钢、耐磨钢和特殊用途专用钢
		机械制造用结构钢	1）用于制造机械设备上的结构零件 2）主要类型有优质碳素结构钢、合金结构钢、易切削结构钢、弹簧钢、滚动轴承钢 3）这类钢基本上都要经过冷塑或锻造成形、切削加工和热处理后使用
	工模具钢		1）指用于制造各种工具及模具的钢 2）按其化学成分分为非合金工具钢、合金工具钢 3）按照用途又可分为刃具模具用非合金钢、量具刃具用钢、耐冲击工具用钢、轧辊用钢、冷作模具用钢、热作模具用钢、塑料模具用钢、特殊用途模具用钢和高速工具钢
	专业用钢		指各工业部门专业用途的钢，如机床用钢、重型机械用钢、汽车用钢、石油机械用钢、化工机械用钢、农机用钢、航空用钢、宇航用钢、锅炉用钢、电工用钢、焊条用钢等
	特殊性能钢		1）指用特殊方法生产，具有特殊物理、化学性能和力学性能的钢 2）主要包括不锈钢、低温用钢、耐热钢、耐磨钢、高电阻合金钢、磁钢（包括软磁钢和硬磁钢）、抗磁钢和超高强度钢（指 R_m≥1400MPa 的钢）
按金相组织分类	按退火后的金相组织分类	亚共析钢	w(C)<0.77%，组织为铁素体+珠光体
		共析钢	w(C)=0.77%，组织全部为珠光体
		过共析钢	w(C)>0.77%，组织为渗碳体+珠光体
	按正火后的金相组织分类	珠光体钢 贝氏体钢	当合金元素含量较少时，在空气中冷却得到珠光体或索氏体、屈氏体的钢属于珠光体钢，得到贝氏体的钢属于贝氏体钢
		马氏体钢	当合金元素含量较高时，在空气中冷却得到马氏体的钢称为马氏体钢
		铁素体钢	当合金元素含量较高，碳含量较低时，在常温下为铁素体的钢称为铁素体钢

（续）

分类方法		名称	说明
按金相组织分类	按正火后的金相组织分类	奥氏体钢	当钢中合金元素含量较高时，在空气中冷却到室温，奥氏体仍不转变的钢称为奥氏体钢
		莱氏体钢	莱氏体钢是指在凝固过程会中发生共晶转变，使得凝固组织中含有共晶组织（莱氏体）的钢，一般为高合金钢，如高速工具钢。这种钢在空气中冷却时，得到由碳化物及其基体组织（珠光体或马氏体、奥氏体）所构成的混合物组织
按制造加工形式分类		铸钢	1）指采用铸造方法而生产出来的一种钢铸件，$w(C)$为0.15%～0.60% 2）按化学成分分为铸造碳钢和铸造合金钢，按用途分为铸造结构钢、铸造特殊钢和铸造工具钢
		锻钢	1）采用锻造方法生产出来的各种锻材和锻件 2）某些截面较大的型钢也采用锻造方法来生产，如锻制圆钢、方钢和扁钢等
		热轧钢	1）指用热轧方法生产出的各种热轧钢材，大部分钢材都是采用热轧轧制而成的 2）热轧常用于生产型钢、钢管、钢板等大型钢材，也用于轧制线材
		冷轧钢	1）指用冷轧方法生产出的各种钢材，如薄板、钢带和钢管 2）冷轧钢的特点是表面光洁，尺寸精确，力学性能好
		冷拔钢	1）指用冷拔方法生产出的各种钢材，主要用于生产钢丝，也用于生产直径在50mm以下的圆钢和六角钢，以及直径在76mm以下的钢管 2）冷拔钢的特点是精度高，表面质量好

1.2 有色金属材料的分类

有色金属分为轻金属、重金属、贵金属、半金属和稀有金属5类，见表1-8。

表1-8 有色金属的分类

类别		金属元素	性能特点
轻金属		包括铝（Al）、镁（Mg）、钛（Ti）、钠（Na）、钾（K）、钙（Ca）、锶（Sr）、钡（Ba）	密度在4.5g/cm³以下，化学性质活泼
重金属		包括铜（Cu）、镍（Ni）、钴（Co）、锌（Zn）、锡（Sn）、铅（Pb）、锑（Sb）、镉（Cd）、铋（Bi）、汞（Hg）	密度均大于4.5g/cm³，其中Cu、Ni、Co、Pb、Cd、Bi、Hg的密度都大于铁（7.87g/cm³）
贵金属	冶炼产品	包括金（Au）、银（Ag）、铂（Pt）、铱（Ir）、锇（Os）、钌（Ru）、钯（Pd）、铑（Rh）	密度大（10.5～22.5g/cm³），化学活性低，储量少，提取困难，价格昂贵。Au、Ag、Pt、Pd具有良好的塑性，Au、Ag还有良好的导电和导热性能
	加工产品		
	复合材料		
	粉末产品		
	钎焊料		
半金属		通常指硼（B）、硅（Si）、锗（Ge）、砷（As）、碲（Te）、硒（Se）、砹（At）、钋（Po）和锑（Sb）	某些特性介于金属与非金属之间。其电负性在1.8～2.4之间，大于金属，小于非金属；具有导电性，电阻率介于金属和非金属之间，导电性对温度的依从关系通常与金属相反，如果加热半金属，其电导率随温度的升高而上升
稀有金属	稀有轻金属	包括锂（Li）、铍（Be）、铷（Rb）、铯（Cs）	密度均小于2g/cm³，其中锂的密度仅为0.534g/cm³。化学性质活泼
	稀有难熔金属	包括钨（W）、钼（Mo）、钽（Ta）、铌（Nb）、锆（Zr）、铪（Hf）、钒（V）、铼（Re）	熔点高（如W的熔点为3387℃，Zr的熔点为1852℃），硬度高，耐蚀性好，可形成非常坚硬和难溶的碳化物、氮化物、硅化物和硼化物
	稀有放射性金属	天然放射性元素：钋（Po）、镭（Ra）、锕（Ac）、钍（Th）、镤（Pa）、铀（U） 人造超铀元素：钫（Fr）、锝（Tc）、镎（Np）、钚（Pu）、镅（Am）、锔（Cm）、锫（Bk）、锎（Cf）、锿（Es）、镄（Fm）、钔（Md）、锘（No）和铹（Lw）	科学研究和核工业的重要材料

（续）

类别		金属元素	性能特点
稀有金属	稀土金属（RE）	钪（Sc）、钇（Y） 原子序数为57~63的镧（La）、铈（Ce）、镨（Pr）、钕（Nd）、钷（Pm）、钐（Sm）、铕（Eu），通常称为轻稀土金属 原子序数为64~71的钆（Gd）、铽（Tb）、镝（Dy）、钬（Ho）、铒（Er）、铥（Tm）、镱（Yb）、镥（Lu），通常称为重稀土金属	稀土金属化学性质活泼，与非金属元素可形成稳定的氧化物、氢化物等。稀土金属和稀土化合物具有一系列特殊的物理、化学性能，是其他合金熔炼过程中的优良脱氧剂和净化剂，对改善合金的组织和性能具有显著作用

常用有色金属材料包括铜及铜合金、铝及铝合金、镁及镁合金、钛及钛合金等，见表1-9。

表1-9 常用有色金属材料的分类

类别	名称		合金系列
铜及铜合金	加工铜		以铜为基体金属，加入一种或几种微量元素，如无氧铜、磷无氧铜、银无氧铜、锆无氧铜、纯铜、银铜、磷脱氧铜、锡铜、碲铜、硫铜、锆铜、镁铜、弥散铜
	加工高铜合金		以铜为基体金属，加入一种或几种微量元素，如镉铜、铍铜、镍铬铜、镍铜、铬铜、镁铜、铅铜、锡铜、铁铜、锌铜、钛铜
	黄铜	普通黄铜	Cu-Zn合金，$w(Cu)$为57.0%~97.0%，共15种
		复杂黄铜	在Cu-Zn基础上加入Al、Si、Mn、Pb、Sn、Fe、Ni等合金元素，如硼砷铬黄铜、铅黄铜、锡黄铜、铋黄铜、锰黄铜、铁黄铜、锑黄铜、硅黄铜、铝黄铜、镁黄铜、镍黄铜
	青铜	锡青铜	在Cu-Sn基础上加入P、Zn、Pb等合金元素
		复杂青铜	不以Zn、Sn或Ni为主要合金元素的铜合金，如铬青铜、锰青铜、铝青铜、硅青铜
	白铜	普通白铜	Cu-Ni合金
		复杂白铜	在Cu-Ni基础上加入其他合金元素，如铁白铜、锰白铜、铝白铜、锡白铜、锌白铜 、硅白铜、钴白铜
	铸造铜合金		浇注异型铸件用的铜合金
铝及铝合金	变形铝及铝合金		以变形加工方法生产的铝合金，如工业纯铝、Al-Cu、Al-Mn、Al-Si、Al-Mg、Al-Mg-Si、Al-Zn等
	铸造铝合金		浇注异型铸件用的铝合金，合金系列有工业纯铝、Al-Si、Al-Cu、Al-Mg、Al-Zn
镁及镁合金	变形镁及镁合金		以变形加工方法生产的镁及镁合金，如纯镁、Mg-Al、Mg-Zn、Mg-Mn、Mg-RE、Mg-Gd、Mg-Y、Mg-Li
	铸造镁合金		浇注异型铸件用的镁合金，合金系与变形镁合金类似
钛及钛合金	工业纯钛、α型和近α型钛合金		合金组织为单一α固溶体，以六方晶格的α钛为基体，主要合金组元为α稳定元素。此外，含有少量铝、锡、锆、铜等。其中，铝起固溶强化作用，提高强度和耐热性，锡和锆可提高热强性，铜可提高热稳定性。合金系有Ti-Al、Ti-Cu-Sn等
	β型和近β型钛合金		含有稳定β相的合金元素钒或钼，快冷后在室温下为亚稳β结构。合金系为Ti-V（Mo、Ta、Nb）
	α-β型钛合金		含有稳定α相的合金元素铝和稳定β相（降低α-β转变温度）的合金元素钒或钽、钼、铌，在室温下具有α-β的相结构。合金系为Ti-Al-V（Ta、Mo、Nb）
锌合金	变形锌合金		合金系为Zn-Cu等
	铸造锌合金		$w(Zn)$ >50%，其余为铝、铜或镁等合金元素的合金。合金系为Zn-Al等
镍及镍合金	纯镍		包括镍及电真空镍
	阳极镍		纯度大于99.0%（质量分数）
	镍锰合金		合金系为Ni-Mn、Ni -Mn-Si、Ni -Mn-Cr
	镍铜合金		合金系为Ni-Cu、Ni-Cu-Mn、Ni-Cu-Mn-Fe
	电子用镍合金		包括Ni-Mg、Ni-Si、Ni-W-Ca、Ni-W-Zr、Ni-W- Mg
	热电合金		包括Ni-Si、Ni-Cr
轴承合金	锡基轴承合金		合金系为Sn-Sb等
	铅基轴承合金		合金系为Pb-Sb-Sn等
	铜基轴承合金		合金系为Cu-Pb、Cu-Sn、Cu- Pb-Sn、Cu-Sn-Bi等
	锌基轴承合金		合金系为Zn-Al-Cu-Mg等
	铝基轴承合金		合金系为Al-Sn-Cu、Al-Zn-Cu-Mg、Al-Si-Cu-Mgi等

第 2 章　金属材料的牌号和代号

2.1　钢铁材料牌号的表示方法

2.1.1　纯铁与铁粉牌号的表示方法

1. 纯铁牌号的表示方法（见表 2-1）

表 2-1　纯铁牌号的表示方法

类别	代号	表示方法	示例
原料纯铁	YT	YT+顺序号	YT1
电磁纯铁	DT	DT+顺序号 根据电磁性能不同,尾部加质量等级表示符号 A(高级)、E(特级)、C(超级)	DT4A

2. 铁粉牌号的表示方法（见表 2-2）

表 2-2　铁粉牌号的表示方法

类别	代号	表示方法	示例
粉末冶金用还原铁粉	FHY	FHY　100　·　255　(×) (×)——级别 255——产品松装密度值的100倍 ·——分隔圆点 100——产品过筛的筛孔目数 FHY——粉末冶金用还原铁粉	FHY80 · 240
粉末冶金用水雾化纯铁粉	FSW	FSW 100 · 30H 30H——产品松装密度值的10倍，H代表高压缩性 ·——分隔圆点 100——产品过筛的筛孔目数 FSW——粉末冶金用水雾化纯铁粉	FSW100 · 30

（续）

类别	代号	表示方法	示例
焊材用纯铁粉	FST	FST 400 · 35 (×) 级别 产品松装密度值的10倍 分隔圆点 微米数 焊材用纯铁粉	FST400·35A
纳米铁粉	NF-Fe	NF-Fe-×× 表示产品的中值粒径上限(nm) 表示产品的化学名称或主要化学成分 表示产品为纳米铁粉	NF-Fe-50
羰基镍铁粉	FNT	FNT-B5 排列序号 羰基镍铁粉	FNT-A2
微米级羰基铁粉	MCIP	MCIP-*-× 表示不同小类 表示不同大类 微米级羰基铁粉英文名称缩写	MCIP-R-2

2.1.2 生铁牌号的表示方法

生铁产品牌号通常由“字母”和“数字”两部分组成。“字母”表示产品用途、特性及工艺方法，“数字”表示主要元素平均含量（以千分之几计）。生铁牌号表示方法见表2-3。

表2-3 生铁牌号的表示方法（GB/T 221—2008）

名称	第一部分			第二部分	示例
	采用汉字	汉语拼音	采用字母		
炼钢用生铁	炼	LIAN	L	硅的质量分数为0.85%~1.25%的炼钢用生铁，阿拉伯数字为10	L10
铸造用生铁	铸	ZHU	Z	硅的质量分数为2.80%~3.20%的铸造用生铁，阿拉伯数字为30	Z30
球墨铸铁用生铁	球	QIU	Q	硅的质量分数为1.00%~1.40%的球墨铸铁用生铁，阿拉伯数字为12	Q12
耐磨生铁	耐磨	NAI MO	NM	硅的质量分数为1.60%~2.00%的耐磨生铁，阿拉伯数字为18	NM18
脱碳低磷粒铁	脱粒	TUO LI	TL	碳的质量分数为1.20%~1.60%的炼钢用脱碳低磷粒铁，阿拉伯数字为14	TL14
含钒生铁	钒	FAN	F	钒的质量分数不小于0.40%的含钒生铁，阿拉伯数字为04	F04

2.1.3 铁合金牌号的表示方法

1. 铁合金牌号中的表示符号（见表 2-4）

表 2-4 铁合金牌号中的表示符号（GB/T 7738—2008）

名称	采用的汉字及汉语拼音		采用符号	位置
	汉字	汉语拼音		
金属锰(电硅热法)、金属铬	金	JIN	J	牌号头
金属锰(电解重熔法)	金 重	JIN CHONG	JC	牌号头
真空法微碳铬铁	真空	ZHENG KONG	ZK	牌号头
电解金属锰	电 金	DIAN JIN	DJ	牌号头
钒渣	钒渣	FAN ZHA	FZ	牌号头
氧化钼块	氧	YANG	Y	牌号头
组别	—	—	A、B、C、D	牌号尾

2. 铁合金牌号表示形式

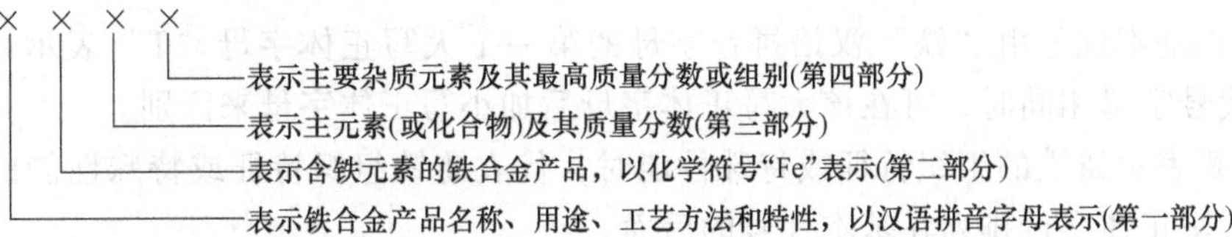

3. 铁合金牌号示例（见表 2-5）

表 2-5 铁合金牌号示例（GB/T 7738—2008）

名称	第一部分	第二部分	第三部分	第四部分	示例
硅铁		Fe	Si75	Al1. 5-A	FeSi75Al1. 5-A
	T	Fe	Si75	A	TFeSi75-A
金属锰	J		Mn97	A	JMn97-A
	JC		Mn98		JCMn98
金属铬	J		Cr99	A	JCr99-A
钛铁		Fe	Ti30	A	FeTi30-A
钨铁		Fe	W78	A	FeW78-A
钼铁		Fe	Mo60		FeMo60-A
锰铁		Fe	Mn68	C7. 0	FeMn68C7. 0
钒铁		Fe	V40	A	FeV40-A
硼铁		Fe	B23	C0. 1	FeB23C0. 1
铬铁		Fe	Cr65	C1. 0	FeCr65C1. 0
	ZK	Fe	Cr65	C0. 010	ZKFeCr65C0. 010
铌铁		Fe	Nb60	B	FeNb60-B
锰硅合金		Fe	Mn64Si27		FeMn64Si27
硅铬合金		Fe	Cr30Si40	A	FeCr30Si40-A
稀土硅铁合金		Fe	SiRE23		FeSiRE23
稀土镁硅铁合金		Fe	SiMg8RE5		FeSiMg8RE5
硅钡合金		Fe	Ba30Si35		FeBa30Si35
硅铝合金		Fe	Al52Si5		FeAl52Si5
硅钡铝合金		Fe	Al34Ba6Si20		FeAl34Ba6Si20
硅钙钡铝合金		Fe	Al16Ba9Ca12Si30		FeAl16Ba9Ca12Si30
硅钙合金			Ca31Si60		Ca31Si60

（续）

名称	第一部分	第二部分	第三部分	第四部分	示例
磷铁		Fe	P24		FeP24
五氧化二钒			$V_2O_5$98		$V_2O_5$98
钒氮合金			VN12		VN12
电解金属锰	DJ		Mn	A	DJMn-A
钒渣	FZ		阿拉伯数字		FZ1
氧化钼块	Y		Mo55.0	A	YMo55.0-A
氮化金属锰	J		MnN	A	JMnN-A
氮化锰铁		Fe	MnN	A	FeMnN-A
氮化铬铁		Fe	NCr3	A	FeNCr3-A

2.1.4 铸铁牌号的表示方法

1. 铸铁代号的表示方法

1）铸铁基本代号由“铁”汉语拼音字母的第一个大写正体字母“T”表示。当两种铸铁名称的代号字母相同时，可在该大写正体字母后加小写正体字母来区别。

2）当要表示铸铁的组织特征或特殊性能时，代表铸铁组织特征或特殊性能的汉语拼音的第一个大写正体字母排列在基本代号的后面。

2. 以化学成分表示的铸铁牌号

以化学成分表示铸铁牌号时，合金元素符号及名义含量（质量分数用整数标注）排在铸铁代号之后。举例如下：

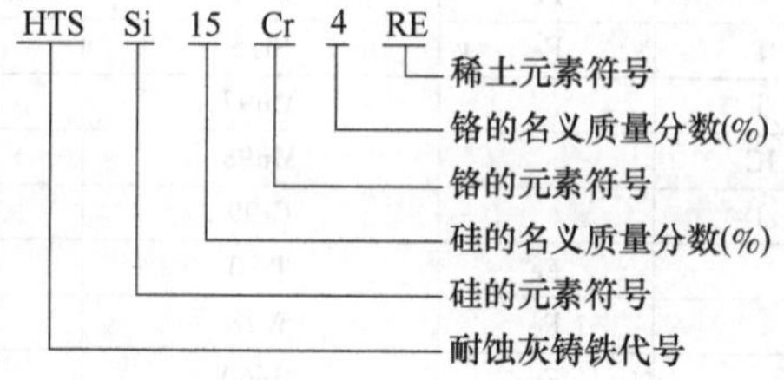

3. 以力学性能表示的铸铁牌号

1）当以力学性能表示铸铁的牌号时，力学性能值排列在铸铁代号之后。当牌号中有合金元素符号时，抗拉强度值排列于元素符号及含量之后，之间用“-”隔开。

2）牌号中代号后面有一组数字时，该组数字表示抗拉强度值，单位为 MPa；当有两组数字时，第一组表示抗拉强度值，单位为 MPa，第二组表示断后伸长率值（%），两组数字间用“-”隔开。

以力学性能表示的铸铁牌号举例如下：

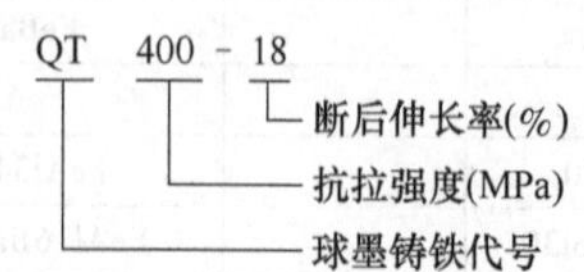

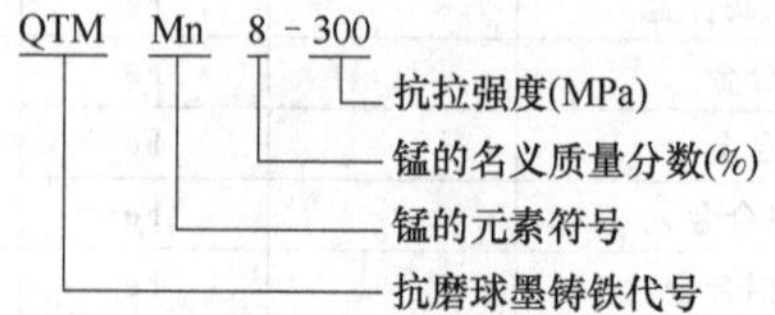

4. 铸铁名称、代号及牌号示例（表 2-6）

表 2-6　铸铁名称、代号及牌号示例（GB/T 5612—2008）

类别		小类		示例
名称	代号	名称	代号	
灰铸铁	HT	灰铸铁	HT	HT250、HTCr-300
		奥氏体灰铸铁	HTA	HTANi20Cr2
		冷硬灰铸铁	HTL	HTLCr1Ni1Mo
		耐磨灰铸铁	HTM	HTMCu1CrMo
		耐热灰铸铁	HTR	HTRCr
		耐蚀灰铸铁	HTS	HTSNi2Cr
球墨铸铁	QT	普通球墨铸铁	QT	QT400-18
		奥氏体球墨铸铁	QTA	QTANi30Cr3
		冷硬球墨铸铁	QTL	QTLCrMo
		抗磨球墨铸铁	QTM	QTMMn8-30
		耐热球墨铸铁	QTR	QTRSi5
		耐蚀球墨铸铁	QTS	QTSNi20Cr2
蠕墨铸铁	RuT	—	—	RuT420
可锻铸铁	KT	白心可锻铸铁	KTB	KTB350-04
		黑心可锻铸铁	KTH	KTH350-10
		珠光体可锻铸铁	KTZ	KTZ650-02
白口铸铁	BT	抗磨白口铸铁	BTM	BTMCr15Mo
		耐热白口铸铁	BTR	BTRCr16
		耐蚀白口铸铁	BTS	BTSCr28

注：根据 GB/T 9439—2023 规定，灰铸铁材料按主要壁厚>40～80mm 的铸件上测得的最大布氏硬度值的大小，可分为 HT-HBW155、HT-HBW175、HT-HBW195、HT-HBW215、HT-HBW235 和 HT-HBW255 共 6 个牌号。

2.1.5　铸钢牌号的表示方法

1. 铸钢代号的表示方法

1）铸钢代号用“铸”和“钢”两字的汉语拼音的第一个大写正体字母“ZG”表示。

2）当要表示铸钢的特殊性能时，可以用代表铸钢特殊性能的汉语拼音的第一个大写正体字母排列在铸钢代号的后面。

2. 以力学性能表示的铸钢牌号

在牌号中，“ZG”后面的两组数字表示力学性能，第一组数字表示该牌号铸钢的屈服强度最低值，第二组数字表示其抗拉强度最低值，单位均为 MPa。

以力学性能表示的铸钢牌号举例如下：

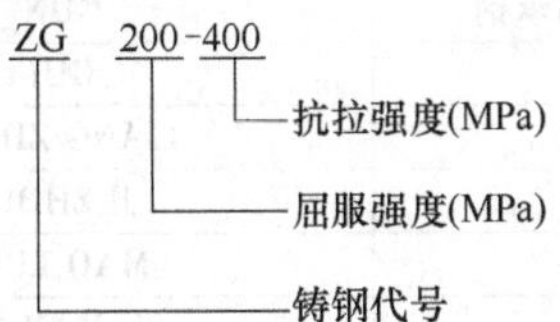

3. 以化学成分表示的铸钢牌号

1）当以化学成分表示铸钢的牌号时，碳含量（质量分数）以及合金元素符号和含量（质量分数）排列在铸钢代号“ZG”之后。

2）在牌号中“ZG”后面以一组（两位或三位）阿拉伯数字表示铸钢的名义碳含量（质量分数，以万分之几计）。

以化学成分表示的铸铁牌号举例如下：

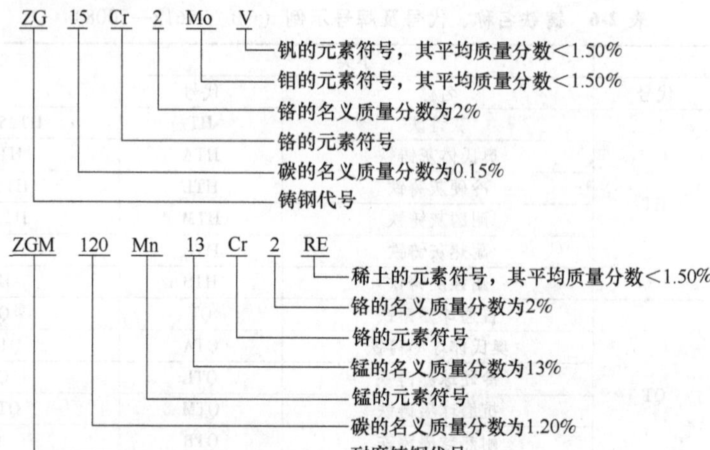

4. 铸钢名称、代号及牌号示例（见表 2-7）

表 2-7 铸钢名称、代号及牌号示例（GB/T 5613—2014）

名称	代号	示例	名称	代号	示例
铸造碳钢	ZG	ZG270-500	耐蚀铸钢	ZGS	ZGS06Cr16Ni5Mo
焊接结构用铸钢	ZGH	ZGH230-450	耐磨铸钢	ZGM	ZGM30CrMnSiMo
耐热铸钢	ZGR	ZGR40Cr25Ni20			

2.1.6 钢牌号的表示方法

钢牌号中的表示符号见表 2-8。钢牌号的组成见表 2-9。

表 2-8 钢牌号中的表示符号（GB/T 221—2008）

名称	采用的汉字及汉语拼音或英文单词		采用字母	位置
	汉字	汉语拼音或英文单词		
碳素结构钢 低合金高强度结构钢	屈	QU	Q	牌号头
易切削结构钢	易	YI	Y	牌号头
非调质机械结构钢	非	FEI	F	牌号头
刃具模具用非合金钢 （碳素工具钢）	碳	TAN	T	牌号头
轴承钢	（滚珠）轴承钢	GUN	G	牌号头
钢轨钢	轨	GUI	U	牌号头
车辆车轴用钢	辆轴	LIANG ZHOU	LZ	牌号头
机车车辆用钢	机轴	JI ZHOU	JZ	牌号头
冷镦钢（铆螺钢）	铆螺	MAO LUO	ML	牌号头
焊接用钢	焊	HAN	H	牌号头
热轧光圆钢筋	热轧光圆钢筋	Hot Rolled Plain Bars	HPB	牌号头
热轧带肋钢筋	热轧带肋钢筋	Hot Rolled Ribbed Bars	HRB	牌号头
细晶粒热轧带肋钢筋	热轧带肋钢筋+细	Hot Rolled Ribbed Bars+Fine	HRBF	牌号头
冷轧带肋钢筋	冷轧带肋钢筋	Cold Rolled Ribbed Bars	CRB	牌号头
预应力混凝土 用螺纹钢筋	预应力、螺纹、钢筋	Prestressing、Screw、Bars	PSB	牌号头

（续）

名称	采用的汉字及汉语拼音或英文单词		采用字母	位置
	汉字	汉语拼音或英文单词		
焊接气瓶用钢	焊瓶	HAN PING	HP	牌号头
管线用钢	管线	Line	L	牌号头
船用锚链钢	船锚	CHUAN MAO	CM	牌号头
煤机用钢	煤	MEI	M	牌号头
锅炉和压力容器用钢	容	RONG	R	牌号尾
锅炉用钢(管)	锅	GUO	G	牌号尾
低温压力容器用钢	低容	DI RONG	DR	牌号尾
桥梁用钢	桥	QIAO	Q	牌号尾
耐候钢	耐候	NAI HOU	NH	牌号尾
高耐候钢	高耐候	GAO NAI HOU	GNH	牌号尾
汽车大梁用钢	梁	LIANG	L	牌号尾
高性能建筑结构用钢	高建	GAO JIAN	GJ	牌号尾
低焊接裂纹敏感性钢	低焊接裂纹敏感性	Crack Free	CF	牌号尾
保证淬透性钢	淬透性	Hardenability	H	牌号尾
矿用钢	矿	KUANG	K	牌号尾
船用钢	采用国际符号			
电磁纯铁	电铁	DIAN TIE	DT	牌号头
原料纯铁	原铁	YUAN TIE	YT	牌号头
沸腾钢	沸	FEI	F	牌号尾
半镇静钢	半镇	BAN	b	牌号尾
镇静钢	镇	ZHEN	Z	牌号尾
特殊镇静钢	特镇	TE ZHEN	TZ	牌号尾

表 2-9 钢牌号的组成（GB/T 221—2008）

钢种	第一部分	第二部分	第三部分	第四部分	第五部分	示例
碳素结构钢和低合金结构钢	前缀符号+强度值(MPa)	钢的质量等级，用英文字母A、B、C、D、E、F等表示	脱氧方式表示符号：F、b、Z、TZ。镇静钢、特殊镇静钢表示符号可以省略	产品用途、特性和工艺方法表示符号	—	Q235A
优质碳素结构钢和优质碳素弹簧钢	以两位阿拉伯数字表示平均碳含量（质量分数，以万分之几计）	较高锰含量的优质碳素结构钢，加锰元素符号Mn	钢材冶金质量，即高级优质钢、特级优质钢，分别以A、E表示，优质钢不用字母表示	脱氧方式表示符号（F、b、Z），但镇静钢表示符号可以省略	产品用途、特性或工艺方法表示符号	50A 50MnE 65Mn
合金结构钢和合金弹簧钢	以两位阿拉伯数字表示平均碳含量（质量分数，以万分之几计）	合金元素的平均质量分数小于1.50%时，仅标明元素，一般不标明含量；平均质量分数为1.50%～2.49%、2.50%～3.49%、3.50%～4.49%、4.50%～5.49%等时，在相应合金元素后写2、3、4、5等	钢材冶金质量，即高级优质钢、特级优质钢分别以A、E表示，优质钢不用字母表示	产品用途、特性或工艺方法表示符号	—	25Cr2MoVA 60Si2Mn

（续）

钢种	第一部分	第二部分	第三部分	第四部分	第五部分	示例
易切削钢	易切削钢表示符号“Y”	以两位阿拉伯数字表示平均碳含量（质量分数，以万分之几计）	易切削元素符号，如Ca、Pb、Sn。加硫和加硫磷易切削钢，通常不加易切削元素符号S、P。较高锰含量的加硫或加硫磷易切削钢，本部分为锰元素符号Mn。为区分牌号，对较高硫含量的易切削钢，在牌号尾部加元素符号S	—	—	Y45Ca Y45Mn Y45MnS
非调质机械结构钢	非调质机械结构钢的表示符号“F”	以两位阿拉伯数字表示平均碳含量（质量分数，以万分之几计）	合金元素及其含量，表示方法同合金结构钢第二部分	改善切削性能的非调质机械结构钢加硫元素符号S	—	F35VS
车辆车轴用钢	车辆车轴用钢表示符号“LZ”	以两位阿拉伯数字表示平均碳含量（质量分数，以万分之几计）	—	—	—	LZ45
机车车辆用钢	机车车辆用钢表示符号“JZ”	以两位阿拉伯数字表示平均碳含量（质量分数，以万分之几计）	—	—	—	JZ45
刃具模具用非合金钢	刃具模具用非合金钢的表示符号“T”	阿拉伯数字表示平均碳含量（质量分数，以千分之几计）	较高锰含量刃具模具用非合金钢，加锰元素符号Mn	钢材冶金质量代号	—	T7 T8MnA
合金工具钢	平均碳的质量分数小于1.00%时，采用一位数字表示碳含量（质量分数，以千分之几计）。平均碳的质量分数不小于1.00%时，不标明碳含量数字	合金元素含量，以化学元素符号及阿拉伯数字表示，表示方法同合金结构钢第二部分。低铬（平均铬的质量分数小于1%）合金工具钢，在铬含量（质量分数，以千分之几计）前加数字“0”	—	—	—	9SiCr
高速工具钢	高速工具钢牌号表示方法与合金结构钢相同，但在牌号头部一般不标明表示碳含量的阿拉伯数字。为了区别牌号，在牌号头部可以加“C”，表示高碳高速工具钢					W6Mo5Cr4V2 CW6Mo5Cr4V2
高碳铬轴承钢	（滚珠）轴承钢的表示符号“G”，但不标明碳含量	合金元素“Cr”符号及其含量（质量分数，以千分之几计）。其他合金元素含量以化学元素符号及数字表示，方法同合金结构钢第二部分	—	—	—	GCr15SiMn

（续）

<table>
<tr><th>钢种</th><th>第一部分</th><th>第二部分</th><th>第三部分</th><th>第四部分</th><th>第五部分</th><th>示例</th></tr>
<tr><td>渗碳轴承钢</td><td colspan="5">在牌号头部加符号“G”，采用合金结构钢的牌号表示方法。高级优质渗碳轴承钢，在牌号尾部加“A”</td><td>G20CrNiMoA</td></tr>
<tr><td>不锈钢和耐热钢</td><td colspan="5">牌号采用化学元素符号和表示各元素含量的阿拉伯数字表示。各元素含量的阿拉伯数字表示应符合以下规定
（1）碳含量　用两位或三位阿拉伯数字表示碳含量最佳控制值（质量分数，以万分之几或十万分之几计）
1）只规定碳含量上限者，当碳的质量分数上限不大于0.10%时，以其上限的3/4表示碳含量；当碳的质量分数上限大于0.10%时，以其上限的4/5表示碳含量。对超低碳不锈钢（即碳的质量分数不大于0.030%），用三位阿拉伯数字表示碳含量最佳控制值（质量分数，以十万分之几计）
2）规定上下限者，以平均碳含量×100表示
（2）合金元素含量　合金元素含量以化学元素符号及阿拉伯数字表示，表示方法同合金结构钢第二部分。钢中有意加入的铌、钛、锆、氮等合金元素，虽然含量很低，也应在牌号中标出</td><td>06Cr19Ni10
022Cr18Ti
20Cr15Mn15Ni2N
20Cr25Ni20</td></tr>
<tr><td>高碳铬不锈轴承钢和高温轴承钢</td><td colspan="5">在牌号头部加符号“G”，采用不锈钢和耐热钢的牌号表示方法</td><td>G95Cr18
G80Cr4Mo4V</td></tr>
<tr><td>钢轨钢</td><td>钢轨钢的表示符号“U”</td><td rowspan="2">以阿拉伯数字表示平均碳含量，其优质碳素结构钢同优质碳素结构钢第一部分，其合金结构钢同合金结构钢第一部分</td><td rowspan="2">合金元素含量，以化学元素符号及阿拉伯数字表示，表示方法同合金结构钢第二部分</td><td>—</td><td>—</td><td>U70MnSi</td></tr>
<tr><td>冷镦钢</td><td>冷镦钢（铆螺钢）的表示符号“ML”</td><td>—</td><td>—</td><td>ML30CrMo</td></tr>
<tr><td>焊接用钢</td><td>焊接用钢的表示符号“H”</td><td>焊接用碳素钢、焊接用合金钢和焊接用不锈钢牌号表示方法分别符合对应钢种的规定</td><td>—</td><td>—</td><td>—</td><td>H08A
H08CrMoA</td></tr>
<tr><td>冷轧电工钢</td><td>材料公称厚度（mm）100倍的数字</td><td>普通级取向电工钢表示符号“Q”、高磁导率级取向电工钢表示符号“QG”或无取向电工钢表示符号“W”</td><td>取向电工钢磁极化强度在1.7T和频率在50Hz，以W/kg为单位及相应厚度产品的最大比总损耗值的100倍
无取向电工钢磁极化强度在1.5T和频率在50Hz，以W/kg为单位及相应厚度产品的最大比总损耗值的100倍</td><td>—</td><td>—</td><td>30Q130
30QG110
50W400</td></tr>
<tr><td>高电阻电热合金</td><td colspan="5">牌号采用化学元素符号和阿拉伯数字表示。牌号表示方法与不锈钢和耐热钢的牌号表示方法相同（镍铬基合金不标出碳含量）</td><td>06Cr20Ni35</td></tr>
</table>

2.2 有色金属材料牌号的表示方法

2.2.1 铜及铜合金牌号的表示方法

铜及铜合金牌号的表示方法见表 2-10。

表 2-10 铜及铜合金牌号的表示方法（GB/T 29091—2012）

类别		名称	牌号表示方法	示例
加工铜及铜合金	铜和高铜合金	铜	1）T+顺序号 2）T+第一主添加元素化学符号+各添加元素含量（质量分数,数字间以“-”隔开）	二号纯铜：T2 银铜：TAg0.1、TAg0.1-0.01
		无氧铜	1）TU+顺序号 2）TU+添加元素的化学符号+各添加元素含量（质量分数）	一号无氧铜：TU1 无氧银铜：TUAg0.2
		磷脱氧铜	TP+顺序号	二号磷脱氧铜：TP2
		高铜合金	T+第一主添加元素化学符号+各添加元素含量（质量分数,数字间以“-”隔开）	铬铜：TCr1-0.15
	黄铜	普通黄铜	H+铜含量（质量分数）	普通黄铜：H65
		复杂黄铜	H+第二主添加元素化学符号+铜含量（质量分数）+除锌以外的各添加元素含量（质量分数,数字间以“-”隔开）	铅黄铜：HPb59-1
	青铜	普通青铜	Q+第一主添加元素化学符号+各添加元素含量（质量分数,数字间以“-”隔开）	铝青铜：QAl5 锡磷青铜：QSn6.5-0.1
	白铜	普通白铜	B+镍含量（质量分数）	白铜：B30
		复杂白铜	铜为余量的复杂白铜：B+第二主添加元素化学符号+镍含量（质量分数）+各添加元素含量（质量分数,数字间以“-”隔开）	铁白铜：BFe10-1-1
			锌为余量的复杂白铜（锌白铜）：B+Zn+第一主添加元素（镍）含量（质量分数）+第二主添加元素（锌）含量（质量分数）+第三主添加元素含量（质量分数,数字间以“-”隔开）	含铅锌白铜：BZn15-21-1.8
铸造铜及铜合金			在加工铜及铜合金牌号表示方法的基础上，牌号的最前端冠以“铸造”一词汉语拼音的第一个大写字母“Z”	铸造铅青铜：ZCuPb10Sn10
再生铜及铜合金			在加工铜及铜合金牌号命名方法的基础上，牌号的最前端冠以“再生”英文单词“recycling”的第一个大写字母“R”	再生黄铜：RHPb59-2

2.2.2 铝及铝合金牌号的表示方法

1. 变形铝及铝合金牌号的表示方法（见表 2-11）

表 2-11 变形铝及铝合金牌号的表示方法（GB/T 16474—2011）

命名方法	说　明
四位字符体系牌号	1）四位字符体系牌号的第一、三、四位为阿拉伯数字，第二位为英文大写字母（C、I、L、N、O、P、Q、Z字母除外）。牌号的第一位数字表示铝及铝合金的组别

（续）

<table>
<tr><th>命名方法</th><th>说 明</th></tr>
<tr><td>四位字符体系牌号</td><td>
<table>
<tr><th>组别</th><th>牌号系列</th></tr>
<tr><td>纯铝（铝的质量分数不小于 99.00%）</td><td>1×××</td></tr>
<tr><td>以铜为主要合金元素的铝合金</td><td>2×××</td></tr>
<tr><td>以锰为主要合金元素的铝合金</td><td>3×××</td></tr>
<tr><td>以硅为主要合金元素的铝合金</td><td>4×××</td></tr>
<tr><td>以镁为主要合金元素的铝合金</td><td>5×××</td></tr>
<tr><td>以镁和硅为主要合金元素并以 Mg_2Si 相为强化相的铝合金</td><td>6×××</td></tr>
<tr><td>以锌为主要合金元素的铝合金</td><td>7×××</td></tr>
<tr><td>以其他合金元素为主要合金元素的铝合金</td><td>8×××</td></tr>
<tr><td>备用合金组</td><td>9×××</td></tr>
</table>
除改型合金外，铝合金组别按主要合金元素（6×××系按 Mg_2Si）来确定，主要合金元素指极限含量算术平均值为最大的合金元素。当有一个以上的合金元素极限含量算术平均值同为最大时，应按 Cu、Mn、Si、Mg、Mg_2Si、Zn、其他元素的顺序来确定合金组别
2）牌号的第二位字母表示原始纯铝的改型情况
3）最后两位数字用以标识同一组中不同的铝合金或表示铝的纯度</td></tr>
<tr><td>纯铝牌号</td><td>1）纯铝的牌号用 1×××系列表示，铝的质量分数不低于 99.00%
2）牌号第二位的字母表示原始纯铝的改型情况。如果第二位的字母为 A，则表示为原始纯铝；如果是 B～Y 的其他字母，则表示为原始纯铝的改型，与原始纯铝相比，其元素含量略有改变
3）牌号的最后两位数字表示最低铝含量（质量分数，%）。当最低铝的质量分数精确到 0.01%时，牌号的最后两位数字就是最低百分含量中小数点后面的两位</td></tr>
<tr><td>铝合金牌号</td><td>1）铝合金的牌号用 2×××～8×××系列表示
2）牌号第二位的字母表示原始合金的改型情况。如果牌号第二位的字母是 A，则表示为原始合金；如果是 B～Y 的其他字母，则表示为原始合金的改型合金
3）牌号的最后两位数字没有特殊意义，仅用来区分同一组中不同的铝合金</td></tr>
</table>

2. 铸造铝及铝合金牌号和代号的表示方法（见表 2-12）

表 2-12 铸造铝及铝合金牌号和代号的表示方法（GB/T 8063—2017）

<table>
<tr><th>类别</th><th>表示方法</th><th>示例</th></tr>
<tr><td>铸造纯铝</td><td>Z+Al+数字</td><td>Z Al 99.5
99.5——铝的名义质量分数(%)
Al——铝的元素符号
Z——铸造代号</td></tr>
<tr><td rowspan="2">铸造铝合金</td><td>牌号：Z+Al+主要合金元素符号及其名义含量的数字+第2合金元素及其名义含量的数字+等级</td><td>Z Al Si 7 Mg A
A——表示等级
Mg——镁的元素符号
7——硅的名义质量分数(%)
Si——硅的元素符号
Al——基体铝的元素符号
Z——铸造代号</td></tr>
<tr><td>代号：ZL+三位数字</td><td>ZL 表示铸铝；数字第一位表示合金系列，其中 1、2、3、4 分别表示铝硅、铝铜、铝镁、铝锌系列合金；第二、三位表示合金的顺序号；优质合金在其代号后加字母“A”
示例：ZL101、ZL105A</td></tr>
</table>

2.2.3 镁及镁合金牌号的表示方法

镁及镁合金牌号的表示方法见表2-13。

表2-13 镁及镁合金牌号的表示方法（GB/T 5153—2016、GB/T 8063—2017）

<table>
<tr><th>类别</th><th>表示方法</th><th>说明</th></tr>
<tr><td>纯镁</td><td>Mg+数字</td><td>数字表示Mg的质量分数(%)</td></tr>
<tr><td>镁合金</td><td>英文字母+数字+英文字母</td><td>前面的英文字母是其最主要的合金组成元素代号（见下表）；其后的数字表示其最主要的合金组成元素的大致含量；最后面的英文字母为标识代号，用以标识各具体组成元素相异或元素含量有微小差别的不同合金
<table>
<tr><th>元素代号</th><th>元素名称</th><th>元素代号</th><th>元素名称</th></tr>
<tr><td>A</td><td>铝(Al)</td><td>M</td><td>锰(Mn)</td></tr>
<tr><td>B</td><td>铋(Bi)</td><td>N</td><td>镍(Ni)</td></tr>
<tr><td>C</td><td>铜(Cu)</td><td>P</td><td>铅(Pb)</td></tr>
<tr><td>D</td><td>镉(Cd)</td><td>Q</td><td>银(Ag)</td></tr>
<tr><td>E</td><td>稀土(RE)</td><td>R</td><td>铬(Cr)</td></tr>
<tr><td>F</td><td>铁(Fe)</td><td>S</td><td>硅(Si)</td></tr>
<tr><td>G</td><td>钙(Ca)</td><td>T</td><td>锡(Sn)</td></tr>
<tr><td>H</td><td>钍(Th)</td><td>V</td><td>钆(Gd)</td></tr>
<tr><td>J</td><td>锶(Sr)</td><td>W</td><td>钇(Y)</td></tr>
<tr><td>K</td><td>锆(Zr)</td><td>Y</td><td>锑(Sb)</td></tr>
<tr><td>L</td><td>锂(Li)</td><td>Z</td><td>锌(Zn)</td></tr>
</table>
示例：
A Z 3 1 B
B——标识代号
1——锌的质量分数小于1%
3——铝的质量分数大致为3%
Z——名义质量分数次高的合金元素“Zn”
A——名义质量分数最高的合金元素“Al”</td></tr>
<tr><td>铸造镁合金</td><td>Z+Mg+主要合金元素符号及其名义含量的数字+第2合金元素及其名义含量的数字+第3合金元素及其名义含量的数字</td><td>Z Mg Gd 10 Y 3 Zr
Zr——锆的元素符号
3——钇的名义质量分数(%)
Y——钇的元素符号
10——钆的名义质量分数(%)
Gd——钆的元素符号
Mg——基体镁的元素符号
Z——铸造代号</td></tr>
</table>

2.2.4 钛及钛合金牌号的表示方法

1. 加工钛及钛合金牌号的表示方法（见表2-14）

表2-14 加工钛及钛合金牌号的表示方法（GB/T 3620.1—2016）

<table>
<tr><th colspan="3">表示方法</th><th>示例</th></tr>
<tr><td rowspan="4">T+合金类型代号+顺序号+合金状态符号（相同牌号的超低间隙合金在数字后加“ELI”）</td><td colspan="2">合金类型代号</td><td rowspan="4">T A 2 - G
G——状态符号
2——金属或合金的顺序号
A——合金类型代号
T——钛及钛合金</td></tr>
<tr><td>A</td><td>工业纯钛、α型和近α型合金</td></tr>
<tr><td>B</td><td>β型和近β型合金</td></tr>
<tr><td>C</td><td>α-β型合金</td></tr>
</table>

2. 铸造钛及钛合金代号和牌号的表示方法（见表 2-15）

表 2-15 铸造钛及钛合金代号和牌号的表示方法（GB/T 8063—2017）

代号表示方法	牌号表示方法
ZT+合金类型代号+顺序号	ZTi+合金元素+合金元素含量(质量分数)
示例： ZT C 4 4—顺序号 C—合金类型代号 ZT—铸造钛及钛合金代号	示例： Z Ti Al 6 V 4 4—钒的名义质量分数(%) V—钒的元素符号 6—铝的名义质量分数(%) Al—铝的元素符号 Ti—基体金属钛的元素符号 Z—铸造代号

3. 海绵钛牌号的表示方法（见表 2-16）

表 2-16 海绵钛牌号的表示方法（GB/T 2524—2019）

表示方法	示例
海绵钛代号“MHT”+布氏硬度值，二者之间用“-”隔开，如 MHT-160	MHT - 160 160—布氏硬度的最大值 MHT—海绵钛的汉语拼音代号

2.2.5 锌及锌合金牌号的表示方法

锌及锌合金牌号的表示方法见表 2-17。

表 2-17 锌及锌合金牌号的表示方法

类别	表示方法		示例
纯锌	锌锭	Zn+锌的质量分数	w(Zn)为 99.995%
	高纯锌	Zn-06	w(Zn)为 99.9999%
	超高纯锌	Zn-07	w(Zn)为 99.99999%
加工锌及锌合金	Zn+最大含量合金的元素符号及其质量分数+第二含量合金的元素符号及其质量分数+第三含量合金的元素符号及其质量分数+……		Zn Al 10 Cu 2 Mg Mg—少量镁 2—铜的名义质量分数(%) Cu—铜的元素符号 10—铝的名义质量分数(%) Al—铝的元素符号 Zn—基体金属锌的元素符号
铸造锌合金	合金代号	Z+A(它们分别是 Zn、Al 的化学元素符号的第一个字母)+数字+“-”+数字	Z A 8 - 1 1—铜的平均质量分数(%) 8—铝的平均质量分数(%) A—铝元素符号的第一个字母 Z—锌元素符号的第一个字母

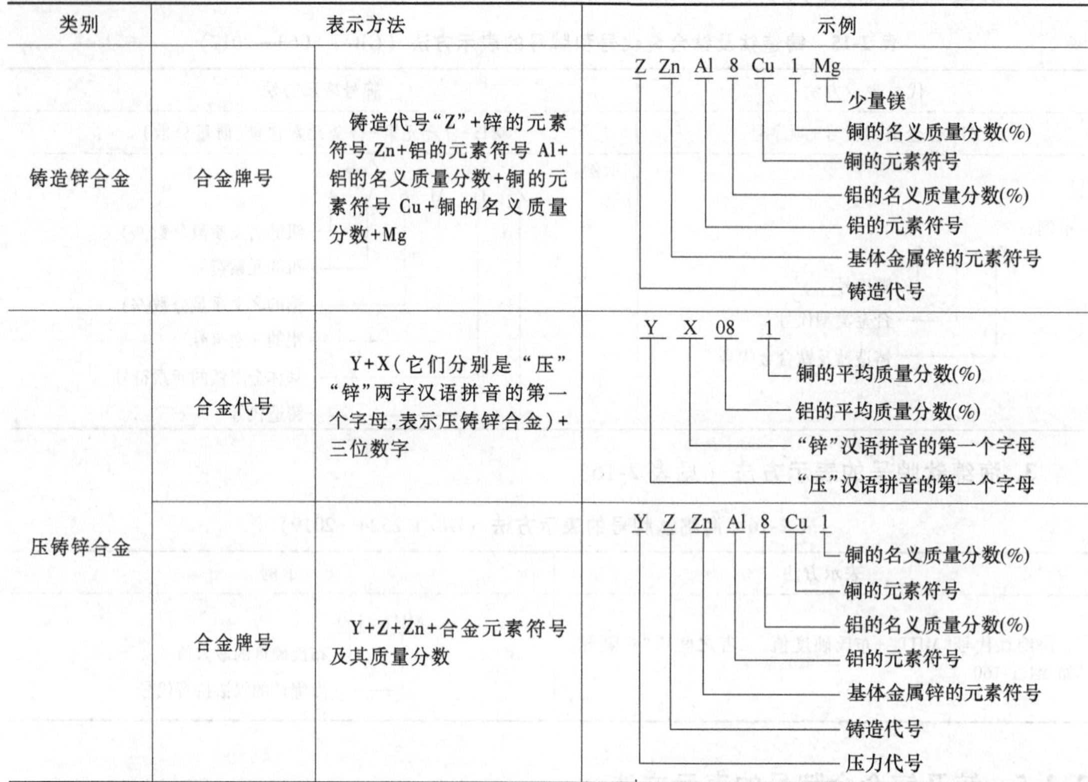

（续）

类别	表示方法		示例
铸造锌合金	合金牌号	铸造代号“Z”+锌的元素符号 Zn+铝的元素符号 Al+铝的名义质量分数+铜的元素符号 Cu+铜的名义质量分数+Mg	Z Zn Al 8 Cu 1 Mg 少量镁 铜的名义质量分数(%) 铜的元素符号 铝的名义质量分数(%) 铝的元素符号 基体金属锌的元素符号 铸造代号
压铸锌合金	合金代号	Y+X（它们分别是“压”“锌”两字汉语拼音的第一个字母，表示压铸锌合金）+三位数字	Y X 08 1 铜的平均质量分数(%) 铝的平均质量分数(%) “锌”汉语拼音的第一个字母 “压”汉语拼音的第一个字母
	合金牌号	Y+Z+Zn+合金元素符号及其质量分数	Y Z Zn Al 8 Cu 1 铜的名义质量分数(%) 铜的元素符号 铝的名义质量分数(%) 铝的元素符号 基体金属锌的元素符号 铸造代号 压力代号

2.2.6 镍及镍合金牌号的表示方法

镍及镍合金牌号的表示方法见表 2-18。

表 2-18 镍及镍合金牌号的表示方法

类别		合金名称	表示方法	示例
加工镍及镍合金	纯镍	镍	N+顺序号	N2
		电真空镍	DN	DN
	阳极镍	阳极镍	NY+顺序号	NY2
	镍锰合金	镍锰合金	N+Mn 及其质量分数+其他元素的质量分数，数字间以“-”隔开	NMn1. 5-1. 5-0. 5
	镍铜合金	镍铜合金	N+Cu 及其质量分数+其他元素的质量分数，数字间以“-”隔开	NCu30-3-0. 5
	电子用镍合金	镍镁合金	N+Mg 及其质量分数	NMg0. 1
		镍硅合金	N+Si 及其质量分数	NSi0. 19
		镍钨钙合金	N+W 及其质量分数+Ca 的质量分数+其他元素的质量分数，数字间以“-”隔开	NW4-0. 2-0. 2
		镍钨锆合金	N+W 及其质量分数+Zr 的质量分数，数字间以“-”隔开	NW4-0. 1
		镍钨镁合金	N+W 及其质量分数+Mg 的质量分数，数字间以“-”隔开	NW4-0. 07
	热电合金	镍硅合金	N+Si 及其质量分数	NSi3
		镍铬合金	N+Cr 及其质量分数	NCr20
铸造镍及镍合金			牌号：在加工镍及镍合金牌号表示方法的基础上，牌号的最前端冠以“铸造”一词汉语拼音的第一个大写字母“Z”	ZNiCr22Mo9Nb4
			代号：Z+N+四位数字	ZN6625

2.2.7　贵金属及其合金牌号的表示方法

贵金属及其合金牌号表示方法见表 2-19。

表 2-19　贵金属及其合金牌号表示方法

类别	表示方法	示例
冶炼产品	□-□ □ 产品纯度：用百分含量的阿拉伯数字表示，不含百分号 产品名称：用化学元素符号表示 产品形状：IC—铸锭状金属；SM—海绵状金属	IC-Au99.99 SM-Pt 99.999
加工产品	□-□ □ □ 添加元素：纯金属无此项，三元或三元以上的合金依含量的多少，依次用化学元素符号表示 基体元素含量：纯金属用百分含量表示其含量，合金用基体元素的百分含量，均不含百分号 产品名称或基体元素名称：纯金属用元素符号表示，合金用基体的元素符号表示 产品形状：Pl—板，Sh—片材，St—带材，F—箔材，T—管材，R—棒材，W—线材，Th—丝材 若产品的基体元素为贱金属，添加元素为贵金属，则仍将贵金属作为基体元素放在第二项，第三项表示该贵金属的含量，贱金属元素放在第四项	Pl-Au99.999 W-Pt90Rh W-Au93NiFeZr St-Au75Pd St-Ag30Cu
复合材料	□-□/□ □ 产品状态：M—软态，Y_2—半硬态，Y—硬态(可根据需要选定或省略) 贱金属牌号：表示方法参见现行相关标准 贵金属牌号相关部分：表示方法同加工产品牌号表示方法 产品形状：Pl—板，Sh—片材，St—带材，F—箔材，T—管材，R—棒材，W—线材，Th—丝材 三层及三层以上复合材料，在第三项后面依次插入表示后面层的相关牌号，并以“/”相隔开	St-Ag99.95/QSn6.5-0.1 St-Ag90Ni/H62Y_2 St-Ag99.95/T2/Ag99.95
粉末产品	□ □-□ □ 粉末平均粒径：用单位为μm的数字表示，当平均粒径为一范围时取上限值 粉末形状：S—片状，G—球状 粉末名称：纯金属用元素符号表示，金属氧化物用分子式，合金用基体元素符号及其含量、添加元素符号，依次表示 粉末产品代号：用英文大写字母P表示	Pag-S6.0 PPd-G0.15
钎焊料	□ (□) □-□ 钎焊料熔化温度：共晶合金为共晶点温度，其余合金为固相/液相线温度 钎焊料的基体元素及其含量、添加元素：表示方法同加工产品牌号表示方法 钎焊料用途：用英文大写字母表示，V—电真空焊料，不强调用途时可不表示 钎焊料代号：用英文大写字母B表示	BVAg72Cu-780 BAg70CuZn-690/740

2.2.8 稀土金属材料牌号的表示方法

稀土矿产品牌号的表示方法见表2-20。稀土金属、合金与化合物牌号的表示方法见表2-21。

表2-20 稀土矿产品牌号的表示方法（GB/T 17803—2015）

类别	表示方法			
类别	××-×× ×× 第三层次：稀土矿产品的规格(级别) 第二层次：稀土矿类别(数字) 第一层次：表示稀土矿类产品名称			
	第一层次	第二层次	第三层次	示例
稀土矿产品	稀土矿类产品名称，用“REM”表示	稀土矿产品的类别，用数字表示；其中，精矿用00~20表示，富集物用21~99表示 00 离子吸附型稀土矿 01 氟碳铈矿精矿 02 独居石精矿 03 氟碳铈矿-独居石混合精矿 04 氟碳铈镧矿精矿 05 磷钇矿精矿 06 褐钇铌矿精矿 07~20 备用 21 高钇混合稀土氧化物 22 富铕混合稀土氧化物 23 钐铕钆富集物 24 重稀土氧化物富集物 25~99 备用	表示稀土矿产品的规格（级别），即稀土质量分数（%），用数字表示。含量相同、其他规格不同的产品，可在牌号后加上字母A、B、C、D……	REM-0355 REM-0355A REM-0092 REM-2395

表2-21 稀土金属、合金与化合物牌号的表示方法（GB/T 17803—2015）

类别	表示方法			
类别	××-×× 第二层次：表示该产品的级别(规格) 第一层次：表示该产品名称			
	第一层次	第二层次	其他	示例
单一稀土金属	产品名称用元素符号表示	产品的级别（规格） 用稀土相对纯度（质量分数）表示。当稀土纯度（质量分数）≥99%时，用质量分数中“9”的个数加“N”来表示，如99%用2N表示，99.995%用4N5表示	当产品相对纯度（质量分数）相同，但其他成分不同时，可在牌号后依次加上字母A、B、C、D……	Sm-4N Eu-4NA
混合稀土金属	产品名称用元素符号表示	产品的级别（规格） 用有价元素（指Eu、Tb、Dy、Lu）的百分含量加元素符号表示	当产品相对纯度（质量分数）相同，但其他成分不同时，可在牌号后依次加上字母A、B、C、D……	PrNd TbDy-80Nd

（续）

类别	第一层次	第二层次	其他	示例
稀土合金	产品名称用元素符号表示，稀土元素在前，其他元素在后。当有两个或两个以上稀土元素时，按元素周期表顺序排列	采用合金中稀土元素百分含量的前两位数字表示，含两种及两种以上稀土元素的合金用两位数字表示两种稀土元素的百分含量 若出现两个以上含量时，中间用“/”隔开	当合金中构成元素相同、稀土元素含量相同，但非稀土元素的含量不同或成分相同，性能、结构不一致的产品，可在数字代号最后依次加上字母A、B、C、D……	DyFe-80 TbDyFe-14/42A
单一稀土化合物	产品名称用分子式表示 1）单一稀土氧化物，如La_2O_3等 2）单一稀土化合物，如$La(OH)_2$等	产品的级别（规格） 用稀土相对纯度（质量分数）表示。当稀土纯度（质量分数）≥99%时，用质量分数中“9”的个数加“N”来表示，如99%用2N表示，99.995%用4N5表示	当产品相对纯度（质量分数）相同，但其他成分不同时，可在牌号后依次加上字母A、B、C、D……	La_2O_3-5N $NdCl_3$-4NA
混合稀土化合物	产品名称用分子式表示，按元素周期表内出现的先后顺序排列，除$(YEu)_2O_3$、$(YeuGd)_2O_3$外	产品的级别（规格） 用有价元素（指Eu、Tb、Dy、Lu）的百分含量加元素符号表示	当产品相对纯度（质量分数）相同，但其他成分不同时，可在牌号后依次加上字母A、B、C、D……	$(YEu)_2O_3$-5.4Eu

2.2.9 精密合金牌号的表示方法

精密合金牌号的表示方法见表2-22。

表2-22 精密合金牌号的表示方法（GB/T 37797—2019）

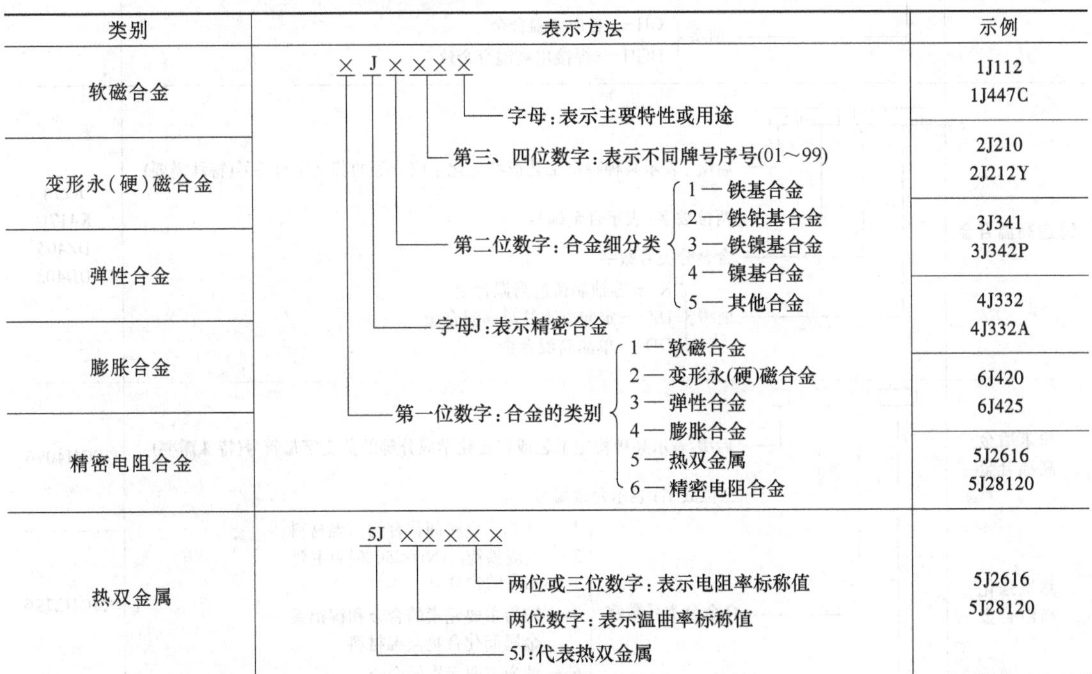

类别	表示方法	示例
软磁合金	×J××× 字母：表示主要特性或用途 第三、四位数字：表示不同牌号序号(01～99) 第二位数字：合金细分类：1—铁基合金；2—铁钴基合金；3—铁镍基合金；4—镍基合金；5—其他合金 字母J：表示精密合金 第一位数字：合金的类别：1—软磁合金；2—变形永(硬)磁合金；3—弹性合金；4—膨胀合金；5—热双金属；6—精密电阻合金	1J112 1J447C
变形永（硬）磁合金		2J210 2J212Y
弹性合金		3J341 3J342P
膨胀合金		4J332 4J332A
精密电阻合金		6J420 6J425
		5J2616 5J28120
热双金属	5J××××× 两位或三位数字：表示电阻率标称值 两位数字：表示温曲率标称值 5J：代表热双金属	5J2616 5J28120

2.2.10 高温合金和金属间化合物高温材料牌号的表示方法

高温合金和金属间化合物高温材料牌号的一般形式如下：

□□ □ □□ □

- 后缀：表示某种特定工艺或特定化学成分等的英文字母符号(特殊需要)
- 两位或三位数字：表示同一材料类别内不同牌号编号(两位或三位数字)
- 材料分类号数字
- 前缀：表示基本特性类别的汉语拼音字母符号(两位或三位符号)

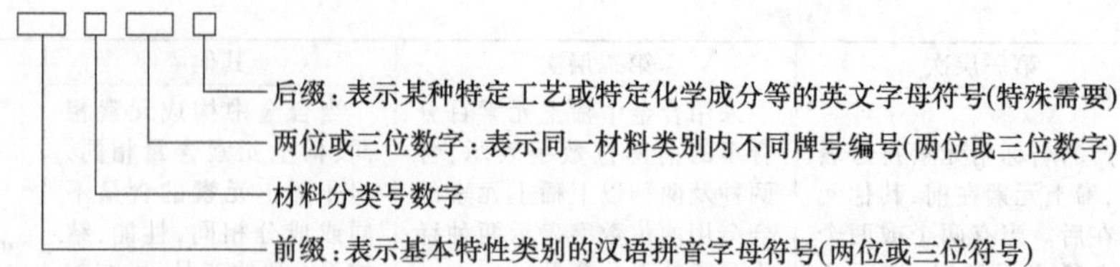

高温合金和金属间化合物高温材料牌号的表示方法见表 2-23。

表 2-23　高温合金和金属间化合物高温材料牌号的表示方法（GB/T 14992—2005）

类别	表示方法	示例
高温合金	□□ □ □□ □ 后缀：表示某种特定工艺或特定化学成分等的英文字母符号(特殊需要) 两位或三位数字：表示同一材料类别内不同牌号编号 材料分类号数字： 1—铁或铁镍[w(Ni)<50%]为主要元素的固溶强化型合金类 2—铁或铁镍[w(Ni)<50%]为主要元素的时效强化型合金类 3—镍为主要元素的固溶强化型合金 4—镍为主要元素的时效强化型合金 5—钴为主要元素的固溶强化型合金 6—钴为主要元素的时效强化型合金 7—铬为主要元素的固溶强化型合金 8—铬为主要元素的时效强化型合金 前缀：GH—变形高温合金；HGH—焊接用高温合金丝	GH1040 GH2035A
焊接用高温合金丝		HGH1140
铸造高温合金	□□ □ □□ □ 后缀：表示某种特定工艺或特定化学成分等的英文字母符号(特殊需要) 两位数字：表示合金编号 合金分类号数字 前缀：K—等轴晶铸造高温合金；DZ—定向凝固柱晶高温合金；DD—单晶高温合金	K214 K417G DZ405 DD403
粉末冶金高温合金	□□ □ □□ □ 后缀：表示某种特定工艺或特定化学成分等的英文字母符号(特殊需要) 三位数字：表示合金编号 合金分类号数字： 1—钛铝系金属间化合物高温材料 2—铁或铁镍[w(Ni)<50%]为主要元素的合金 4—镍为主要元素的合金和镍铝系金属间化合物高温材料 6—钴为主要元素的合金 8—铬为主要元素的合金 前缀：FGH—粉末冶金高温合金；MGH—弥散强化高温合金；JG—金属间化合物高温材料	FGH4096
弥散强化高温合金		MGH2796
金属间化合物高温材料		JG1202

2.2.11　耐蚀合金牌号的表示方法

耐蚀合金牌号的表示方法见表2-24。

表2-24　耐蚀合金牌号的表示方法（GB/T 15007—2017）

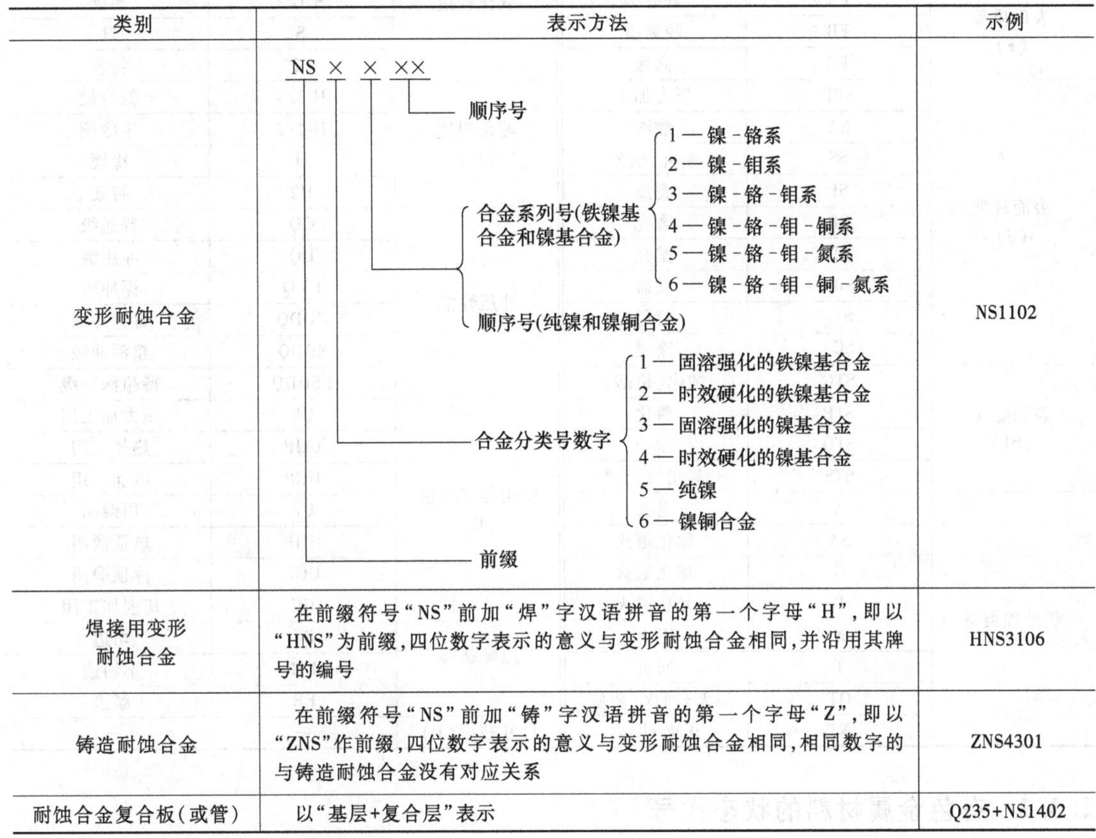

类别	表示方法	示例
变形耐蚀合金	NS × × ×× ××—顺序号 第二个×—合金系列号(铁镍基合金和镍基合金)：1—镍-铬系；2—镍-钼系；3—镍-铬-钼系；4—镍-铬-钼-铜系；5—镍-铬-钼-氮系；6—镍-铬-钼-铜-氮系；或顺序号(纯镍和镍铜合金) 第一个×—合金分类号数字：1—固溶强化的铁镍基合金；2—时效硬化的铁镍基合金；3—固溶强化的镍基合金；4—时效硬化的镍基合金；5—纯镍；6—镍铜合金 NS—前缀	NS1102
焊接用变形耐蚀合金	在前缀符号“NS”前加“焊”字汉语拼音的第一个字母“H”，即以“HNS”为前缀，四位数字表示的意义与变形耐蚀合金相同，并沿用其牌号的编号	HNS3106
铸造耐蚀合金	在前缀符号“NS”前加“铸”字汉语拼音的第一个字母“Z”，即以“ZNS”作前缀，四位数字表示的意义与变形耐蚀合金相同，相同数字的与铸造耐蚀合金没有对应关系	ZNS4301
耐蚀合金复合板(或管)	以“基层+复合层”表示	Q235+NS1402

2.3　金属材料的状态代号

2.3.1　钢铁材料的状态代号

钢产品标记代号见表2-25。

表2-25　钢产品标记代号（GB/T 15575—2008）

类别	代号	名称	类别	代号	名称
加工状态(方法)(W)	WH	热加工	加工状态(方法)(W)	WCD	冷拉、冷拔
	WHR(或AR)	热轧		WW	焊接
	WHE	热扩	截面形状	R	圆钢
	WHEX	热挤		S	方钢
	WHF	热锻		F	扁钢
	WC	冷加工		HE	六角型钢
	WCR	冷轧		O	八角型钢
	WCE	冷挤压		A	角钢

（续）

类别	代号	名称	类别	代号	名称
截面形状	H	H 型钢	热处理类型	S	固溶
	U	U 型钢		AG	时效
	QHS	方型空心型钢	软化程度（S）	S 1/4	1/4 软
表面质量（F）	FA	普通级		S 1/2	半软
	FB	较高级		S	软
	FC	高级		S2	特软
表面种类（S）	SPP	压力加工	硬化程度（H）	H 1/4	低冷硬
	SA	酸洗		H 1/2	半冷硬
	SS	喷丸、喷砂		H	冷硬
	SF	剥皮		H2	特硬
	SP	磨光	冲压性能	CQ	普通级
	SB	抛光		DQ	冲压级
	SBL	发蓝		DDQ	深冲级
	S_ _	镀层		EDDQ	特深冲级
	SC_	涂层		SDDQ	超深冲级
表面处理（ST）	STC	钝化（铬酸）		ESDDQ	特超深冲级
	STP	磷化	使用加工方法（U）	UP	压力加工用
	STO	涂油		UHP	热加工用
	STS	耐指纹处理		UCP	冷加工用
热处理类型	A	退火		UF	顶锻用
	SA	软化退火		UHF	热顶锻用
	G	球化退火		UCF	冷顶锻用
	L	光亮退火		UC	切削加工用
	N	正火	边缘状态（E）	EC	切边
	T	回火		EM	不切边
	QT	淬火+回火（调质）		ER	磨边
	NT	正火+回火	尺寸精度（P）	—	—

2.3.2 有色金属材料的状态代号

1. 有色金属（不包括铜及铜合金、铝及铝合金、镁及镁合金）**材料的状态代号**（见表 2-26）

表 2-26 有色金属（不包括铜及铜合金、铝及铝合金、镁及镁合金）**材料的状态代号**

代号	状态	代号	状态
m	消除应力状态	CT	超弹硬状态
M(C)	软状态①	R	热轧状态
M_2	轻软状态	CYS②	淬火+冷加工+人工时效状态
TM	特软状态	ST	固溶状态
Y(CY)	硬状态	TH01	1/4 硬时效状态
$Y_2(CY_2)$	1/2 硬状态	TH02	1/2 硬时效状态
$Y_3(CY_3)$	1/3 硬状态	TH03	3/4 硬时效状态
$Y_4(CY_4)$	1/4 硬状态	TH04	硬时效状态
$Y_8(CY_8)$	1/8 硬状态	TF00	软时效状态
T	特硬状态	Sh	烧结状态
TY	弹硬状态	X	交叉辗压状态

注：工业生产中，在表示有色金属材料的状态时，有时用括号内的代号。

① 也称为退火状态。

② 根据硬度大小分为 CYS、CY_2S、CY_3S、CY_4S、CY_8S。

2. 铜及铜合金的状态代号

（1）铜及铜合金的一级状态代号（见表 2-27）

表 2-27　铜及铜合金的一级状态代号（GB/T 29094—2012）

代号	状态	说明
M	制造状态	适用于通过铸造或热加工的初级铸造而得到的状态
H	冷加工状态	适用于通过不同冷加工方法及控制变形量而得到的状态
O	退火状态	适用于通过退火来改变产品力学性能或晶粒度要求而得到的状态
T	热处理状态	适用于固溶处理或固溶处理后再冷加工或热处理而得到的状态
W	焊接管状态	适用于由各种状态的带材焊接加工成管材而得到的状态

（2）铜及铜合金的二、三级状态代号

1）制造状态（M）的二、三级状态代号见表 2-28。

表 2-28　制造状态（M）的二、三级状态代号（GB/T 29094—2012）

二级状态代号	状态名称	三级状态代号	状态名称	二级状态代号	状态名称	三级状态代号	状态名称
M0	铸造态	M01	砂型铸造	M1	热锻	M10	热锻-空冷
		M02	离心铸造			M11	热锻-淬火
		M03	石膏型铸造	M2	热轧	M20	热轧
		M04	压力铸造			M25	热轧+再轧
		M05	金属型铸造(永久型铸造)	M3	热挤压	M30	热挤压
		M06	熔型铸造	M4	热穿孔	M40	热穿孔
		M07	连续铸造			M45	热穿孔+再轧
		M08	低压铸造				

注：1. 以制造状态供货的主要是铸件和热加工产品，一般不需要进一步的热处理。

2. M 后的第一个数字是随材料变形程度的加大而递增的。

2）冷加工状态（H）的二、三级状态代号：一般冷加工状态（H）的二、三级状态代号见表 2-29 和表 2-30，冷加工后进行热处理的二、三级状态代号见表 2-31。

表 2-29　以冷变形量满足标准要求为基础的冷加工二、三级状态代号（GB/T 29094—2012）

二级状态代号	状态名称	三级状态代号	状态名称	二级状态代号	状态名称	三级状态代号	状态名称
H0	硬、弹	H00	1/8 硬	H1	高弹	H10	高弹性
		H01	1/4 硬				
		H02	1/2 硬			H12	特殊弹性
		H03	3/4 硬				
		H04	硬			H13	更高弹性
		H06	特硬				
		H08	弹性			H14	超高弹性

注：该类状态适用于板、带、棒、线材等产品类型。

表 2-30　以适应特殊产品满足标准要求为基础的冷加工二、三级状态代号（GB/T 29094—2012）

二级状态代号	状态名称	三级状态代号	状态名称	二级状态代号	状态名称	三级状态代号	状态名称
H5	拉拔	H50	热挤压+拉拔	H7	冷弯	H70	冷弯
		H52	热穿孔+拉拔	H8	硬态拉拔	H80	拉拔(硬)
		H55	轻拉，轻冷加工			H85	拉拔电线(1/2 硬)
		H58	常规拉拔			H86	拉拔电线(硬)
H6	冷成型	H60	冷锻	H9	异型冷加工	H90	翅片成形
		H63	铆接				
		H64	旋压				
		H66	冲压				

注：1. 以上状态供货的产品，一般不需要进一步的热处理。

2. H 后的第一个数字是随材料变形程度的加大而递增的。

表 2-31　冷加工后进行热处理的二、三级状态代号（GB/T 29094—2012）

二级状态代号	状态名称	三级状态代号	状态名称
HR	冷加工+消除应力	HR01	1/4 硬+应力消除
		HR02	半硬+和应力消除
		HR04	硬+和应力消除
		HR06	特硬+和应力消除
		HR08	弹性+和应力消除
		HR10	高弹性+和应力消除
		HR12	特殊弹性+和应力消除
		HR50	拉拔+应力消除
		HR90	翅片成形+应力消除
HT	冷加工+有序强化	HT04	硬+有序强化
		HT08	弹性+有序强化
HE	冷加工+端部退火	HE80	硬态拉拔+端部退火

3）退火状态（O）的二、三级状态代号：为满足公称平均晶粒度尺寸的退火二、三级状态代号见表 2-32，为满足力学性能的退火二、三级状态代号见表 2-33。

表 2-32　为满足公称平均晶粒度尺寸的退火二、三级状态代号（GB/T 29094—2012）

二级状态代号	状态名称	三级状态代号	公称平均晶粒尺寸/mm	二级状态代号	状态名称	三级状态代号	公称平均晶粒尺寸/mm
OS	有晶粒尺寸要求的退火	OS005	0.005	OS	有晶粒尺寸要求的退火	OS060	0.060
		OS010	0.010			OS065	0.065
		OS015	0.015			OS070	0.070
		OS025	0.025			OS100	0.100
		OS030	0.030			OS120	0.120
		OS035	0.035			OS150	0.150
		OS045	0.045			OS200	0.200
		OS050	0.050				

表 2-33　为满足力学性能的退火二、三级状态代号（GB/T 29094—2012）

二级状态代号	状态名称	三级状态代号	状态名称
O1	铸造态+热处理	O10	铸造+退火（均匀化）
		O11	铸造+沉淀热处理
O2	热锻轧+热处理	O20	热锻+退火
		O25	热轧+退火
O3	热挤压+热处理	O30	热挤压+退火
		O31	热挤压+沉淀热处理
O4	热穿孔+热处理	O40	热穿孔+退火
O5	调质退火	O50	轻退火
O6	退火	O60	软化退火
		O61	退火
		O65	拉伸退火
		O68	深拉退火
O7	完全软化退火	O70	完全软化退火
O8	退火到特定性能	O80	退火到 1/8 硬
		O81	退火到 1/4 硬
		O82	退火到 1/2 硬

4）热处理状态（T）的二、三级状态代号见表 2-34。

表 2-34　热处理状态（T）的二、三级状态代号（GB/T 29094—2012）

二级状态代号	状态名称	三级状态代号	状态名称
TQ	淬火硬化	TQ00	淬火硬化
		TQ30	淬火硬化+退火
		TQ50	淬火硬化+调质退火
		TQ55	淬火硬化+调质退火+冷拉+应力消除
		TQ75	中间淬火
TB	固溶处理	TB00	固溶处理
TF	固溶处理+沉淀热处理	TF00	固溶处理+沉淀热处理
		TF01	沉淀热处理板—低硬化
		TF02	沉淀热处理板—高硬化
TX	固溶处理+亚稳分解热处理	TX00	亚稳分解硬化
TD	固溶处理+冷加工	TD00	固溶处理+冷加工(1/8 硬)
		TD01	固溶处理+冷加工(1/4 硬)
		TD02	固溶处理+冷加工(1/2 硬)
		TD03	固溶处理+冷加工(3/4 硬)
		TD04	固溶处理+冷加工(硬)
		TD08	固溶处理+冷加工(弹性)
TH	固溶处理+冷加工+沉淀热处理	TH01	固溶处理+冷加工(1/4 硬)+沉淀热处理
		TH02	固溶处理+冷加工(1/2 硬)+沉淀热处理
		TH03	固溶处理+冷加工(3/4 硬)+沉淀热处理
		TH04	固溶处理+冷加工(硬)+沉淀热处理
		TH08	固溶处理+冷加工(弹性)+沉淀热处理
TS	冷加工+亚稳分解热处理	TS00	冷加工(1/8 硬)+亚稳分解硬化
		TS01	冷加工(1/4 硬)+亚稳分解硬化
		TS02	冷加工(1/2 硬)+亚稳分解硬化
		TS03	冷加工(3/4 硬)+亚稳分解硬化
		TS04	冷加工(硬)+亚稳分解硬化
		TS06	冷加工(特硬)+亚稳分解硬化
		TS08	冷加工(弹性)+亚稳分解硬化
		TS10	冷加工(高弹性)+亚稳分解硬化
		TS12	冷加工(特殊弹性)+亚稳分解硬化
		TS13	冷加工(更高弹性)+亚稳分解硬化
		TS14	冷加工(超高弹性)+亚稳分解硬化
TL	沉淀热处理或亚稳分解热处理+冷加工	TL00	沉淀热处理或亚稳分解热处理+冷加工(1/8 硬)
		TL01	沉淀热处理或亚稳分解热处理+冷加工(1/4 硬)
		TL02	沉淀热处理或亚稳分解热处理+冷加工(1/2 硬)
		TL04	沉淀热处理或亚稳分解热处理+冷加工(硬)
		TL08	沉淀热处理或亚稳分解热处理+冷加工(弹性)
		TL10	沉淀热处理或亚稳分解热处理+冷加工(高弹性)
TR	沉淀热处理或亚稳分解热处理+冷加工+应力消除	TR01	沉淀热处理或亚稳分解热处理+冷加工(1/4 硬)+应力消除
		TR02	沉淀热处理或亚稳分解热处理+冷加工(1/2 硬)+应力消除
		TR04	沉淀热处理或亚稳分解热处理+冷加工(硬)+应力消除
TM	加工余热淬火硬化	TM00	加工余热淬火+冷加工(1/8 硬)
		TM01	加工余热淬火+冷加工(1/4 硬)
		TM02	加工余热淬火+冷加工(1/2 硬)
		TM03	加工余热淬火+冷加工(3/4 硬)
		TM04	加工余热淬火+冷加工(硬)
		TM06	加工余热淬火+冷加工(特硬)
		TM08	加工余热淬火+冷加工(弹性)

5）焊接状态（W）的二、三级状态代号见表2-35。

表2-35　焊接状态（W）的二、三级状态代号（GB/T 29094—2012）

二级状态代号	状态名称	三级状态代号	状态名称
WM	焊接状态	WM50	由退火带材焊接
		WM00	由1/8硬带材焊接
		WM01	由1/4硬带材焊接
		WM02	由1/2硬带材焊接
		WM03	由3/4硬带材焊接
		WM04	由硬带材焊接
		WM06	由特硬带材焊接
		WM08	由弹性带材焊接
		WM10	由高弹性带材焊接
		WM15	由退火带材焊接+消除应力
		WM20	由1/8硬带焊接+消除应力
		WM21	由1/4硬带焊接+消除应力
		WM22	由1/2硬带焊接+消除应力
		WM24	由3/4硬带焊接+消除应力
WO	焊接后退火状态	WO50	焊接+轻退火
		WO60	焊接+软退火
		WO61	焊接+退火
WC	焊接后轻冷加工	WC55	焊接+轻冷加工
WH	焊接后冷拉状态	WH00	焊接+拉拔(1/8硬)
		WH01	焊接+拉拔(1/4硬)
		WH02	焊接+拉拔(1/2硬)
		WH03	焊接+拉拔(3/4硬)
		WH04	焊接+拉拔(硬)
		WH06	焊接+拉拔(特硬)
		WH55	焊接+冷轧或轻拉
		WH58	焊接+冷轧或常规拉拔
		WH80	焊接+冷轧或硬拉
WR	焊接管+冷拉+应力消除	WR00	由1/8硬带焊接+拉拔+应力消除
		WR01	由1/4硬带焊接+拉拔+应力消除
		WR02	由1/2硬带焊接+拉拔+应力消除
		WR03	由3/4硬带焊接+拉拔+应力消除
		WR04	由硬带焊接+拉拔+应力消除
		WR06	由特硬带焊接+拉拔+应力消除

3. 变形铝及铝合金的状态代号

（1）变形铝及铝合金的基础状态代号（见表2-36）

表2-36　变形铝及铝合金的基础状态代号（GB/T 16475—2023）

代号	状态	说明
F	自由加工状态	适用于在成形过程中，对于加工硬化和热处理条件下无特殊要求的产品，该状态产品对力学性能不做规定
O	退火状态	适用于经完全退火后获得最低强度的产品状态
H	加工硬化状态	适用于通过加工硬化提高强度的产品
W	固溶处理状态	适用于经固溶处理后，在室温下自然时效的一种不稳定状态。该状态不作为产品交货状态，仅表示产品处于自然时效阶段
T	不同于F、O或H的热处理的稳定状态	适用于高温成形或固溶处理后，经过（或不经过）加工硬化达到稳定的状态。该状态仅适用于可热处理强化铝合金

（2）细分状态代号

1）O 状态的细分状态代号见表 2-37。

表 2-37　O 状态的细分状态代号（GB/T 16475—2023）

代号	状态	说明
O1	高温退火后慢速冷却状态	适用于超声检测或尺寸稳定化前，将产品或试样加热至近似固溶处理规定的温度并进行保温（保温时间与固溶处理规定的保温时间相近），然后缓慢冷却至室温的状态。该状态产品对力学性能不做规定，一般不作为产品的最终交货状态
O2	热机械处理状态	适用于需方在产品进行热机械处理前，将产品进行高温（可至固溶处理规定的温度）退火，以获得优异的塑性成形性能的状态。适用于在固溶处理前要承受大变形量的塑性加工产品
O3	均匀化状态	适用于铸锭，为达到优异的均匀化效果或提高成形性能而进行的高温退火状态

2）H 状态的细分状态代号见表 2-38。

表 2-38　H 状态的细分状态代号（GB/T 16475—2023）

细分状态		说明
代号	名称	
H1×	单纯加工硬化的状态	适用于未经附加热处理，只经加工硬化即可获得所需强度的状态
H2×	加工硬化后不完全退火的状态	适用于加工硬化程度超过成品规定要求后，经不完全退火，使强度降低到规定指标的产品。对于室温下自然软化的合金，H2×状态与对应的 H3×状态具有相同的最小极限抗拉强度值；对于其他合金，H2×状态与对应的 H1×状态具有相同的最小极限抗拉强度值，但伸长率比 H1×稍高
H3×	加工硬化后稳定化处理的状态	适用于加工硬化后经低温热处理或因加工受热致使其力学性能达到稳定的产品。H3×状态仅适用于在室温下自然软化的合金（主要是 3×××、5×××系铝合金产品）
H4×	加工硬化后涂漆（层）处理的状态	加工硬化后涂漆（层）处理的状态。适用于加工硬化后，经涂漆（层）处理导致了不完全退火的产品
H×11	—	适用于最终退火后又进行了适量的加工硬化（如拉伸或矫直），但加工硬化程度又不及 H×1 状态的产品
H112	—	适用于经热加工成形但不经冷加工而获得一些加工硬化的产品，该状态产品对力学性能有要求
H116	—	适用于镁的质量分数≥3.0%的 5×××系铝合金制成的产品。这些产品透过控制中间过程的加工或热处理工艺，最终经加工硬化后，具有稳定的拉伸性能和在快速腐蚀试验中合适的耐蚀性。腐蚀试验包括晶间腐蚀试验和剥落腐蚀试验。这种状态的产品适用于温度不大于 65℃的环境
H321	—	适用于镁的质量分数≥3.0%的 5×××系铝合金制成的产品。这些产品通过控制中间过程的加工或热处理工艺，最终经热稳定化处理后，具有稳定的拉伸性能和在快速腐蚀试验中合适的耐蚀性。腐蚀试验包括晶间腐蚀试验和剥落腐蚀试验。这种状态的产品适用于温度不大于 65℃的环境
H××4	—	适用于 H××状态坯料制作花纹板或花纹带材的状态。这些花纹板或花纹带材的力学性能与坯料不同，如 H22 状态的坯料经制作成花纹板后的状态为 H224
H××5	—	适用于 H××状态带坯制作的焊接管。管材的几何尺寸和化学成分与带坯相一致，但力学性能可能与带坯不同
H32A	—	对 H32 状态进行强度、弯曲性能和耐蚀性改良的工艺改进状态

3）W 状态的细分状态代号见表 2-39。

4）T 状态的细分状态代号见表 2-40。T1～T10 后面附加第 1 位数字或字母的状态代号见表 2-41。消除应力状态代号见表 2-42。

表 2-39 W 状态的细分状态代号（GB/T 16475—2023）

代号	名称	说明
W_h	经一定时间自然时效的不稳定状态	如 W2h,表示产品淬火后,在室温下自然时效 2h
W_h/_51	室温下经一定时间自然时效再进行冷变形消除应力的不稳定状态	W2h/351,表示产品淬火后,在室温下自然时效 2h 便开始拉伸以消除应力的状态
W_h/_52		W2h/352,表示产品淬火后,在室温下自然时效 2h 便开始压缩以消除应力的状态
W_h/_54		W2h/354,表示产品淬火后,在室温下自然时效 2h 便开始拉伸与压缩结合以消除应力的状态

表 2-40 T 状态的细分状态代号（GB/T 16475—2023）

代号	关键工艺	说明
T1	高温成形+自然时效	适用于高温成形后冷却、自然时效,不再进行冷加工(或影响力学性能极限的矫平、矫直)的产品,仅适用于可热处理强化铝合金
T2	高温成形+冷加工+自然时效	适用于高温成形后冷却,进行冷加工(或影响力学性能极限的矫平、矫直)以提高强度,然后自然时效的产品
T3①	固溶处理+冷加工+自然时效	适用于固溶处理后,进行冷加工(或影响力学性能极限的矫平、矫直)以提高强度,然后自然时效的产品
T4①	固溶处理+自然时效	适用于固溶处理后,不再进行冷加工(或影响力学性能极限的矫直、矫平),然后自然时效的产品
T5	高温成形+人工时效	适用高温成形后冷却,不经冷加工(或影响力学性能极限的矫直、矫平),然后进行人工时效的产品
T6①	固溶处理+人工时效	适用于固溶处理后,不再进行冷加工(或影响力学性能极限的矫直、矫平),然后人工时效的产品
T7①	固溶处理+过时效	适用于固溶处理后,进行过时效至稳定化状态的产品,为获取除力学性能外的其他某些重要特性,在人工时效时,强度在时效曲线上越过了最高峰点的产品
T8①	固溶处理+冷加工+人工时效	适用于固溶处理后,经冷加工(或影响力学性能极限的矫直、矫平)以提高强度,然后人工时效的产品
T9①	固溶处理+人工时效+冷加工	适用于固溶处理后,人工时效,然后进行冷加工(或影响力学性能极限的矫直、矫平)以提高强度的产品
T10	高温成形+冷加工+人工时效	适用于高温成形后冷却,经冷加工(或影响力学性能极限的矫直、矫平)以提高强度,然后进行人工时效的产品

① 某些 6×××系或 7×××系的铝合金，无论是固溶处理，还是高温成形后急冷以保留可溶性组分在固溶体中，均能达到相同的固溶处理效果。这些合金的 T3、T4、T6、T7、T8 和 T9 状态可采用上述两种处理方法的任一种，但应保证产品的力学性能和其他性能（如耐蚀性）。

表 2-41 T1~T10 后面附加第 1 位数字或字母的状态代号（GB/T 16475—2023）

代号	关键工艺	说明
T34	固溶处理+冷加工+自然时效	适用于固溶处理后,经 3%~4.5%永久冷加工变形,然后自然时效的产品
T39		适用于固溶处理后,经适当的冷加工获得规定强度,然后自然时效的产品
T4P	固溶处理+人工时效	适用于固溶处理后经过预时效处理,在一定时间内,强度稳定在一个较低值的产品
T61		适用于固溶处理,然后不完全时效处理以改善成形性能的产品
T64		适用于固溶处理,然后不完全时效处理以改善成形性能的产品。该状态产品的性能介于 T6 状态与 T61 状态产品的性能之间
T66		适用于固溶处理,然后人工时效的产品,该状态产品通过对工艺过程进行特殊控制,使力学性能比 T6 状态的高一些(适用于 6×××系铝合金),其力学性能由供需双方商定
T6A		适用于固溶处理后不完全时效处理,以改善材料电导率的产品
T6B		适用于对 T4P 处理后再进行不完全时效的产品(时效工艺模拟烤漆过程的时效温度和时间)

（续）

代号	关键工艺	说明
T73	固溶处理+过时效	适用于固溶处理后完全过时效，耐蚀性优于 T74、T76、T79，强度远低于 T74 状态的产品
T74		适用于固溶处理后中等程度过时效，强度、耐蚀性介于 T73 状态与 T76 状态之间的产品
T76		适用于固溶处理后轻微过时效，强度、耐蚀性介于 T74 状态与 T79 状态之间的产品
T77	固溶处理+预时效+回归处理+人工时效	适用于固溶处理后，经回归再时效（属于典型的三级时效），要求强度达到或接近 T6 状态，耐蚀性接近 T76 状态的产品
T79	固溶处理+过时效	适用于固溶处理后极轻微过时效，耐蚀性优于 T6 状态，强度低于 T6 状态的产品
T81	固溶处理+冷加工+人工时效	适用于固溶处理后，经 1%左右的冷加工变形，然后进行人工时效的产品
T84		适用于固溶处理后，经 3%～4.5%永久冷加工变形，然后进行人工时效的产品
T87		适用于固溶处理后，经 7%左右的冷加工变形，然后进行人工时效的产品
T89		适用于固溶处理后，冷加工适当量以达到规定的力学性能，然后进行人工时效的产品
T89A		适用于固溶处理后，经 8%～10%左右的冷加工变形，然后进行人工时效的产品

表 2-42　消除应力状态代号（GB/T 16475—2023）

状态	关键工艺	说明
T_51	拉伸消除应力	适用于固溶处理或高温成形后冷却，按规定量进行拉伸的厚板、薄板、轧制棒、冷精整棒、自由锻件（含锻环）、轧环，这些产品拉伸后不再进行矫直，其规定的永久拉伸变形量如下 ——厚板：1.5%～3% ——薄板：0.5%～3% ——轧制棒或冷精整棒：1%～3% ——自由锻件（含锻环）、轧环：1%～5%
T_510	拉伸消除应力	适用于固溶处理或高温成形后冷却，按规定量进行拉伸的挤压棒材、型材和管材、以及拉伸（或拉拔）管材，这些产品拉伸后不再进行矫直，其规定的永久拉伸变形量如下 ——挤压棒材、型材和管材：1%～3% ——拉伸（或拉拔）管材：0.5%～3%
T_511		适用于固溶处理或高温成形后冷却，按规定量进行拉伸的挤压棒材、型材和管材，以及拉伸（或拉拔）管材，这些产品拉伸后可轻微矫直以符合标准公差，其规定的永久拉伸变形量如下 ——挤压棒材、型材和管材：1%～3% ——拉伸（或拉拔）管材：0.5%～3%
T_52	压缩消除应力	适用于固溶处理或高温成形后冷却，通过压缩来消除应力，以产生 1%～5%的永久变形量的产品
T_54	拉伸与压缩相结合消除应力	适用于在终锻模内通过冷整形来消除应力的模锻件

注：拉伸消除应力状态（T351、T451、T651、T7351、T7651、T851）产品，拉伸前、后的力学性能相近，但可能有一定差异。

（3）变形铝及铝合金状态代号与曾用状态代号对照（见表 2-43）

表 2-43 变形铝及铝合金状态代号与曾用状态代号对照（GB/T 16475—2023）

状态代号	曾用状态代号	状态代号	曾用状态代号
O	M	T3X	CZY
H112(不可热处理强化的铝及铝合金)	R	T9	CSY
T1(可热处理强化的铝合金)	R	T62①	MCS
H×8	Y	T42①	MCZ
H×6	Y_1	T73	CGS1
H×4	Y_2	T76	CGS2
H×2	Y_4	T74	CGS3
H×9	T	T5	RCS
T4	CZ	T89	C10
T6	CS	T89A	C10S
T_51、T_52、T_54、T_510、T_511	CYS	—	—

① 原以 R 状态交货，却要求提供 CZ、CS 试样性能的产品，其状态可分别对应状态代号 T42、T62。

（4）铸造铝合金的状态代号（见表 2-44）

表 2-44 铸造铝合金的状态代号（GB/T 1173—2013）

代号	状态	代号	状态
F	铸态	T5	固溶处理+不完全人工时效
T1	人工时效	T6	固溶处理+完全人工时效
T2	退火	T7	固溶处理+稳定化回火
T4	固溶处理+自然时效	T8	固溶处理+软化处理

4. 镁及镁合金的状态代号

镁及镁合金的状态代号与铝及铝合金的状态代号相同。

5. 钛及钛合金产品的状态代号

（1）钛及钛合金产品的形式状态代号（见表 2-45）

表 2-45 钛及钛合金产品的形式状态代号（GB/T 34647—2017）

形式状态	代号	说明
铸锭	ZD	经真空自耗电弧炉(VAR)或电子束冷床炉(EBCHM)生产的钛及钛合金圆形或其他异形铸锭
板材	PS	采用热轧或冷轧制方式生产的钛及钛合金板材
带材	D	采用带式生产方式生产的钛及钛合金带材
棒材	B	采用锻造、挤压或轧制方式生产的钛及钛合金棒材
锻件	FD	采用自由锻或模锻的方式生产的钛及钛合金锻件
管材	PT	采用挤压或轧制方式生产的钛及钛合金管材
丝(线)材	WR	采用轧制或拉拔方式生产的钛及钛合金丝(线)材
型材	X	采用挤压或轧制的方式生产的 T 型、U 型、L 型、I 型以及其他形状的型材
粉	P	采用氢化脱氢或旋转电极法以及其他方式生产的钛及钛合金粉

（2）钛及钛合金产品的热处理状态代号（见表 2-46）

表 2-46 钛及钛合金产品的热处理状态代号（GB/T 34647—2017）

热处理状态	代号	说明
铸造态	Z	经铸造工艺生产、在未经任何压力、热处理等影响材料形状、组织发生改变的工艺处理过的状态
热等静压态	HIP	将铸件或粉冶条坯放入密闭容器中，在经一定温度和压力的氩气气氛中保持一定时间，使产品获得密实结构所呈现的状态

（续）

热处理状态	代号	说明
退火态	M	经退火热处理后的状态
再结晶退火态	MR	经再结晶退火热处理后的状态
β退火态	Mβ	经β退火（或β固溶处理）热处理后的状态
等温退火态	MI	经等温退火后的状态
双重退火态	MD	经双重退火处理后的状态
消应力退火态	m	经消应力退火处理后的状态
热加工态	R	材料加热至再结晶温度以上，经锻压、轧制、挤压等变形热成形方式生产的、未经任何热处理的状态
冷加工态	Y	在材料的再结晶温度以下，材料在经锻压、拉拔、轧制、挤压等冷变形方式生产的、未经任何热处理的状态
固溶态	ST	经固溶处理后的状态
时效	A	经时效处理后的状态
固溶时效态	STA	经固溶处理后，再经时效处理后的状态

（3）钛及钛合金产品的表面状态代号（见表2-47）

表2-47　钛及钛合金产品的表面状态代号（GB/T 34647—2017）

形式状态	代号	说明
酸洗	AP	采用酸蚀的方式清理氧化层、油污等表面污染后得到的表面
喷砂	SB	采用高速砂流的冲击方式清理或粗化基体得到的表面
砂（磨）光	S	采用砂带或砂轮磨削的方式清理或粗化基体得到的表面
机加	MO	采用车削或刨铣的方式清理表面氧化层等污染层后得到的表面

2.4　钢铁及其合金牌号统一数字代号体系

1. 钢铁及其合金牌号统一数字代号体系的结构形式

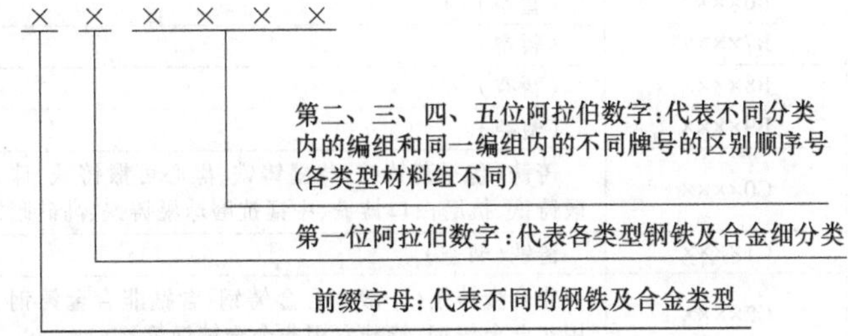

2. 钢铁及其合金的类型与统一数字代号（见表2-48）

表2-48　钢铁及其合金的类型与统一数字代号（GB/T 17616—2013）

钢铁及合金的类型	英文名称	前缀字母	统一数字代号（ISC）
合金结构钢	Alloy structural steel	A	A×××××
轴承钢	Bearing steel	B	B×××××
铸铁、铸钢及铸造合金	Cast iron、cast steel and cast alloy	C	C×××××
电工用钢和纯铁	Electrical steel and iron	E	E×××××
铁合金和生铁	Ferro alloy and pig iron	F	F×××××
耐蚀合金和高温合金	Heat resisting and corrosion resisting alloy	H	H×××××
金属功能材料	Metallic functional materials	J	J×××××
低合金钢	Low alloy steel	L	L×××××

（续）

钢铁及合金的类型	英文名称	前缀字母	统一数字代号(ISC)
杂类材料	Miscellaneous materiais	M	M×××××
粉末及粉末冶金材料	Powders and powder metallurgy materials	P	P×××××
快淬金属及合金	Quick quench matels and alloys	Q	Q×××××
不锈钢和耐热钢	Stainless steel and heat resisting steel	S	S×××××
工模具钢	Tool and mould steel	T	T×××××
非合金钢	Unalloy steel	U	U×××××
焊接用钢及合金	Steel and alloy for welding	W	W×××××

3. 钢铁及其合金细分类与统一数字代号（见表2-49）

表2-49 钢铁及其合金细分类与统一数字代号

钢铁及合金的类型	统一数字代号	钢铁及合金细分类
合金结构钢 （包括合金弹簧钢）	A0××××	Mn(X)、MnMo(X)系钢
	A1××××	SiMn(X)、SiMnMo(X)系钢
	A2××××	Cr(X)、CrSi(X)、CrMn(X)、CrV(X)、CrMnSi(X)系钢
	A3××××	CrMo(X)、CrMoV(X)系钢
	A4××××	CrNi(X)系钢
	A5××××	CrNiMo(X)、CrNiW(X)系钢
	A6××××	Ni(X)、NiMo(X)、NiCoMo(X)、Mo(X)、MoWV(X)系钢
	A7××××	B(X)、MnB(X)、SiMnB(X)系钢
	A8××××	（暂空）
	A9××××	其他合金结构钢
轴承钢	B0××××	高碳铬轴承钢
	B1××××	渗碳轴承钢
	B2××××	高温、不锈轴承钢
	B3××××	无磁轴承钢
	B4××××	石墨轴承钢
	B5××××	（暂空）
	B6××××	（暂空）
	B7××××	（暂空）
	B8××××	（暂空）
	B9××××	（暂空）
铸铁、铸钢及 铸造合金	C0××××	铸铁（包括灰铸铁、球墨铸铁、黑心可锻铸铁、珠光体可锻铸铁、白心可锻铸铁、抗磨白口铸铁、中锰抗磨球墨铸铁、高硅耐蚀铸铁、耐热铸铁等）
	C1××××	铸铁（暂空）
	C2××××	非合金铸钢（一般非合金铸钢、含锰非合金铸钢、一般工程和焊接结构用非合金铸钢、特殊专用非合金铸钢等）
	C3××××	低合金铸钢
	C4××××	合金铸钢（不锈耐热铸钢、铸造永磁钢除外）
	C5××××	不锈耐热铸钢
	C6××××	铸造永磁钢和合金
	C7××××	铸造高温合金和耐蚀合金
	C8××××	（暂空）
	C9××××	（暂空）
电工用钢和纯铁	E0××××	电磁纯铁
	E1××××	热轧硅钢
	E2××××	冷轧无取向硅钢
	E3××××	冷轧取向硅钢
	E4××××	冷轧取向硅钢（高磁感）

（续）

钢铁及合金的类型	统一数字代号	钢铁及合金细分类
电工用钢和纯铁	E5××××	冷轧取向硅钢（高磁感、特殊检验条件）
	E6××××	无磁钢
	E7××××	（暂空）
	E8××××	（暂空）
	E9××××	（暂空）
铁合金和生铁	F0××××	生铁（包括炼钢生铁、铸造生铁、含钒生铁、球墨铸铁用生铁、铸造用磷铜钛低合金耐磨生铁、脱碳低磷粒铁等）
	F1××××	锰铁合金及金属锰（包括低碳锰铁、中碳锰铁、高碳锰铁、高炉锰铁、锰硅合金、铌锰铁合金、金属锰、电解金属锰等）
	F2××××	硅铁合金（包括硅铁合金、硅铝铁合金、硅钙合金、硅钡合金、硅钡铝合金、硅钙钡铝合金等）
	F3××××	铬铁合金及金属铬（包括微碳铬铁、低碳铬铁、中碳铬铁、高碳铬铁、氮化铬铁、金属铬、硅铬合金等）
	F4××××	钒铁、钛铁、铌铁及合金（包括钒铁、钒铝合金、钛铁、铌铁等）
	F5××××	稀土铁合金（包括稀土硅铁合金、稀土镁硅铁合金等）
	F6××××	钼铁、钨铁及合金（包括钼铁、钨铁等）
	F7××××	硼铁、磷铁及合金
	F8××××	（暂空）
	F9××××	（暂空）
耐蚀合金和高温合金	H0××××	耐蚀合金（包括固溶强化型铁镍基合金、时效硬化型铁镍基合金、固溶强化型镍基合金、时效硬化型镍基合金）
	H1××××	高温合金（固溶强化型铁镍基合金）
	H2××××	高温合金（时效硬化型铁镍基合金）
	H3××××	高温合金（固溶强化型镍基合金）
	H4××××	高温合金（时效硬化型镍基合金）
	H5××××	高温合金（固溶强化型钴基合金）
	H6××××	高温合金（时效硬化型钴基合金）
	H7××××	（暂空）
	H8××××	（暂空）
	H9××××	（暂空）
金属功能材料	J0××××	（暂空）
	J1××××	软磁合金
	J2××××	变形永磁合金
	J3××××	弹性合金
	J4××××	膨胀合金
	J5××××	热双金属
	J6××××	电阻合金（包括电阻电热合金）
	J7××××	（暂空）
	J8××××	（暂空）
	J9××××	（暂空）
低合金钢	L0××××	低合金一般结构钢（表示强度特性值的钢）
	L1××××	低合金专用结构钢（表示强度特性值的钢）
	L2××××	低合金专用结构钢（表示成分特性值的钢）
	L3××××	低合金钢筋钢（表示强度特性值的钢）
	L4××××	低合金钢筋钢（表示成分特性值的钢）
	L5××××	低合金耐候钢
	L6××××	低合金铁道专用钢
	L7××××	（暂空）
	L8××××	（暂空）
	L9××××	其他低合金钢

（续）

钢铁及合金的类型	统一数字代号	钢铁及合金细分类
杂类材料	M0××××	杂类非合金钢（包括原料纯铁、非合金钢球钢等）
	M1××××	杂类低合金钢
	M2××××	杂类合金钢（包括锻制轧辊用合金钢、钢轨用合金钢等）
	M3××××	冶金中间产品（包括钒渣、五氧化二钒、氧化钼块、铌磷半钢等）
	M4××××	铸铁产品用材料（包括灰铸铁管、球墨铸铁管、铸铁轧辊、铸铁焊丝、铸铁丸、铸铁砂等用铸铁材料）
	M5××××	非合金铸钢产品用材料（包括一般非合金铸钢材料、含锰非合金铸钢材料、非合金铸钢丸材料、非合金铸钢砂材料等）
	M6××××	合金铸钢产品用材料（包括 Mn 系、MnMo 系、Cr 系、CrMo 系、CrNiMo 系、Cr(Ni)MoSi 系铸钢材料等）
	M7××××	（暂空）
	M8××××	（暂空）
	M9××××	（暂空）
粉末及粉末冶金材料	P0××××	粉末冶金结构材料（包括粉末烧结铁及铁基合金、粉末烧结非合金结构钢、粉末烧结合金结构钢等）
	P1××××	粉末冶金摩擦材料和减摩材料（包括铁基摩擦材料、铁基减摩材料等）
	P2××××	粉末冶金多孔材料（包括铁及铁基合金多孔材料、不锈钢多孔材料）
	P3××××	粉末冶金工具材料（包括粉末冶金工具钢等）
	P4××××	（暂空）
	P5××××	粉末冶金耐蚀材料和耐热材料（包括粉末冶金不锈、耐蚀和耐热钢、粉末冶金高温合金和耐蚀合金等）
	P6××××	（暂空）
	P7××××	粉末冶金磁性材料（包括软磁铁氧体材料、永磁铁氧体材料、特殊磁性铁氧体材料、粉末冶金软磁合金、粉末冶金铝镍钴永磁合金、粉末冶金稀土钴永磁合金、粉末冶金钕铁硼永磁合金等）
	P8××××	（暂空）
	P9××××	铁、锰等金属粉末（包括粉末冶金用还原铁粉、电焊条用还原铁粉、穿甲弹用铁粉、穿甲弹用锰粉等）
快淬金属及合金	Q0××××	（暂空）
	Q1××××	快淬软磁合金
	Q2××××	快淬永磁合金
	Q3××××	快淬弹性合金
	Q4××××	快淬膨胀合金
	Q5××××	快淬热双金属
	Q6××××	快淬电阻合金
	Q7××××	快淬可焊合金
	Q8××××	快淬耐蚀耐热合金
	Q9××××	（暂空）
不锈钢和耐热钢	S0××××	（暂空）
	S1××××	铁素体型钢
	S2××××	奥氏体-铁素体型钢
	S3××××	奥氏体型钢
	S4××××	马氏体型钢
	S5××××	沉淀硬化型钢
	S6××××	（暂空）
	S7××××	（暂空）
	S8××××	（暂空）
	S9××××	（暂空）

（续）

钢铁及合金的类型	统一数字代号	钢铁及合金细分类
工模具钢	T0××××	非合金工模具钢（包括一般非合金工模具钢、含锰非合金工模具钢）
	T1××××	非合金工模具钢（包括非合金塑料模具钢、非合金钎具钢等）
	T2××××	合金工模具钢（包括冷作、热作模具钢，合金塑料模具钢，无磁模具钢等）
	T3××××	合金工具钢（包括量具刃具钢）
	T4××××	合金工具钢（包括耐冲击工具钢、合金钎具钢等）
	T5××××	高速工具钢（包括 W 系高速工具钢）
	T6××××	高速工具钢（包括 W-Mo 系高速工具钢）
	T7××××	高速工具钢（包括含 Co 高速工具钢）
	T8××××	（暂空）
	T9××××	（暂空）
非合金钢	U0××××	（暂空）
	U1××××	非合金一般结构及工程结构钢（表示强度特性值的钢）
	U2××××	非合金机械结构钢（包括非合金弹簧钢，表示成分特性值的钢）
	U3××××	非合金特殊专用结构钢（表示强度特性值的钢）
	U4××××	非合金特殊专用结构钢（表示成分特性值的钢）
	U5××××	非合金特殊专用结构钢（表示成分特性值的钢）
	U6××××	非合金铁道专用钢
	U7××××	非合金易切削钢
	U8××××	（暂空）
	U9××××	（暂空）
焊接用钢及合金	W0××××	焊接用非合金钢
	W1××××	焊接用低合金钢
	W2××××	焊接用合金钢（不含 Cr、Ni 钢）
	W3××××	焊接用合金钢（W2××××，W4××××类除外）
	W4××××	焊接用不锈钢
	W5××××	焊接用高温合金和耐蚀合金
	W6××××	钎焊合金
	W7××××	（暂空）
	W8××××	（暂空）
	W9××××	（暂空）

第3章 纯铁和铁粉

3.1 纯铁

3.1.1 原料纯铁

原料纯铁的牌号和化学成分见表 3-1。

表 3-1 原料纯铁的牌号和化学成分（GB/T 9971—2017）

统一数字代号	牌号	化学成分(质量分数,%) ≤										
		C	Si	Mn	P	S	Cr	Ni	Al	Cu	Ti	O
M00108	YT1	0.010	0.060	0.100	0.015	0.010	0.020	0.020	0.100	0.050	0.050	0.030
M00088	YT2	0.008	0.030	0.060	0.012	0.007	0.020	0.020	0.050	0.050	0.020	0.015
M00058	YT3	0.005	0.010	0.040	0.009	0.005	0.020	0.020	0.030	0.030	0.020	0.008
M00038	YT4	0.005	0.010	0.020	0.005	0.003	0.020	0.020	0.020	0.020	0.010	0.005

3.1.2 电磁纯铁

1. 电磁纯铁的牌号和化学成分（见表 3-2）

表 3-2 电磁纯铁的牌号和化学成分（GB/T 6983—2022）

牌号	化学成分(质量分数,%) ≤									
	C	Si	Mn	P	S	Al	Ti	Cr	Ni	Cu
DT4、DT4A、DT4E、DT4C	0.0060	0.080	0.25	0.012	0.0060	0.80	0.0050	0.030	0.020	0.020

2. 电磁纯铁的电磁性能（见表 3-3）

表 3-3 电磁纯铁的电磁性能（GB/T 6983—2022）

牌号	电磁性能等级	矫顽力 H_c/(A/m)	矫顽力时效增值 ΔH_c/(A/m)	最大磁导率 μ_m/(H/m)	磁感应强度 B/T					
					B_{200}	B_{500}	B_{1000}	B_{2500}	B_{5000}	B_{10000}
		≤		≥	≥					
DT4	普通	80.0	8.0	0.0088	1.20	1.40	1.50	1.62	1.71	1.80
DT4A	高级	60.0	6.0	0.0100						
DT4E	特级	48.0	4.8	0.0113	1.21	1.42	1.51	1.64	1.73	1.81
DT4C	超级	32.0	3.2	0.0151	1.23	1.43	1.53	1.65	1.74	1.83

3. 电磁纯铁的力学性能（见表3-4）

表3-4　电磁纯铁的力学性能（GB/T 6983—2022）

抗拉强度 R_m/MPa	断后伸长率 A(%)	硬度 HV5
≥265	≥25	≤195

4. 电磁纯铁的冷弯性能（见表3-5）

表3-5　电磁纯铁的冷弯性能（GB/T 6983—2022）

板(带)公称厚度 a/mm	弯曲压头直径 D/mm	板(带)公称厚度 a/mm	弯曲压头直径 D/mm
<3.5	0.5a	>8~20	2a
3.5~8	a		

注：厚度大于20mm的热轧厚板不做冷弯试验。

3.2　铁粉

3.2.1　粉末冶金用还原铁粉

1. 粉末冶金用还原铁粉的牌号和化学成分（见表3-6）

表3-6　粉末冶金用还原铁粉的牌号和化学成分（YB/T 5308—2011）

牌号	级别	化学成分(质量分数,%)							
		总铁	≤						
		≥	Mn	Si	C	S	P	盐酸不溶物	氢损
FHY80·240	—	98.00	0.50	0.15	0.07	0.030	0.030	0.40	0.50
FHY80·255	Ⅰ	98.50	0.45	0.15	0.05	0.025	0.025	0.40	0.45
	Ⅱ	98.00	0.50	0.15	0.07	0.030	0.030	0.40	0.50
FHY80·270	Ⅰ	98.50	0.40	0.15	0.05	0.025	0.030	0.40	0.45
	Ⅱ	98.00	0.45	0.15	0.07	0.030	0.030	0.40	0.50
FHY100·240	—	98.00	0.50	0.15	0.07	0.030	0.030	0.40	0.50
FHY100·255	Ⅰ	98.50	0.40	0.12	0.05	0.020	0.020	0.35	0.35
	Ⅱ	98.00	0.45	0.15	0.07	0.025	0.025	0.40	0.40
FHY100·270	Ⅰ	98.50	0.35	0.10	0.05	0.020	0.020	0.30	0.25
	Ⅱ	98.00	0.40	0.12	0.07	0.020	0.020	0.35	0.30
FHY200	—	98.00	0.45	0.15	0.10	0.030	0.030	0.50	0.50

2. 粉末冶金用还原铁粉的物理性能和工艺性能（见表3-7）

表3-7　粉末冶金用还原铁粉的物理性能和工艺性能（YB/T 5308—2011）

牌号	级别	松装密度/(g/cm³)	流动性/(s/50g) ≤	压缩性/(g/cm³) ≥	粒度分布(质量分数,%)				
					>250μm	>180μm	>150μm	>75μm	<45μm
FHY80·240	—	2.30~2.50	38	6.40	0	≤3	—	—	10~25
FHY80·255	Ⅰ	2.45~2.65	35	6.55	0	≤3	—	—	10~25
	Ⅱ	2.45~2.65	36	6.45	0	≤4	—	—	10~25
FHY80·270	Ⅰ	2.60~2.80	35	6.55	—	≤3	—	—	10~25
	Ⅱ	2.60~2.80	36	6.45	—	≤4	—	—	10~25

（续）

牌号	级别	松装密度/(g/cm³)	流动性/(s/50g) ≤	压缩性/(g/cm³) ≥	粒度分布(质量分数,%)				
					>250μm	>180μm	>150μm	>75μm	<45μm
FHY100·240	—	2.30~2.50	36	6.50	—	0	≤3	—	10~25
FHY100·255	Ⅰ	2.45~2.65	35	6.60	—	0	≤3	—	10~30
	Ⅱ	2.45~2.65	36	6.55	—	0	≤3	—	10~30
FHY100·270	Ⅰ	2.60~2.80	30	6.70	—	0	≤3	—	10~30
	Ⅱ	2.60~2.80	32	6.65	—	0	≤3	—	10~30
FHY200	—	2.40~2.80	—	—	—	—	—	≤5	≥35

3. 粉末冶金用还原铁粉的主要用途（见表3-8）

表3-8 粉末冶金用还原铁粉的主要用途（YB/T 5308—2011）

牌号	用途	牌号	用途
FHY80·240	低、中密度的铁基材料和制品	FHY100·255	中高密度的铁基材料和制品
FHY80·255	一般中密度的铁基材料和制品	FHY100·270	高密度的铁基材料和制品
FHY80·270	中高密度的铁基材料和制品	FHY200	金刚石、硬质合金材料和制品
FHY100·240	低、中密度的铁基材料和制品		

3.2.2 粉末冶金用水雾化纯铁粉

1. 粉末冶金用水雾化纯铁粉的牌号和化学成分（见表3-9）

表3-9 粉末冶金用水雾化纯铁粉的牌号和化学成分（GB/T 19743—2018）

牌号	化学成分(质量分数,%)												
	C	Si	Mn	P	S	酸不溶物	Cr	Ni	Mo	Co	Cu	氢损	全铁
FSW 100·30	≤0.01	≤0.05	≤0.15	≤0.015	≤0.015	≤0.15	—	—	—	—	—	≤0.20	≥99
FSW 100·30H	≤0.01	≤0.04	≤0.12	≤0.012	≤0.012	≤0.15	—	—	—	—	—	≤0.12	余量

2. 粉末冶金用水雾化纯铁粉的物理性能和工艺性能（见表3-10）

表3-10 粉末冶金用水雾化纯铁粉的物理性能和工艺性能（GB/T 19743—2018）

牌号	松装密度/(g/cm³)	流动性/(s/50g) ≤	压缩性(600MPa)/(g/cm³) ≥	粒度组成(质量分数,%)			
				180~<200μm	100~<180μm	45~<100μm	<45μm
FSW 100·30	2.90~3.10	28	7.08	≤1	≤10	余量	15~30
FSW 100·30H	2.90~3.10	28	7.15	≤1	≤10	余量	15~30

3.2.3 羰基镍铁粉

1. 羰基镍铁粉的牌号和化学成分（见表3-11）

表3-11 羰基镍铁粉的牌号和化学成分（YS/T 634—2007）

牌号	杂质元素含量(质量分数,%) ≤			主元素含量(质量分数,%)	
	C	O	S	Fe	Ni
FNT-A1	1.5	3.0	0.005	25.0~35.0	余量
FNT-A2	1.5	3.0	0.005	60.0~70.0	余量

（续）

牌号	杂质元素含量(质量分数,%)　≤			主元素含量(质量分数,%)	
	C	O	S	Fe	Ni
FNT-B1	0.10	0.5	0.005	20.0~40.0	余量
FNT-B2	0.20	0.5	0.005	20.0~40.0	余量
FNT-B3	0.10	0.5	0.005	40.0~60.0	余量
FNT-B4	0.20	0.5	0.005	40.0~60.0	余量
FNT-B5	0.10	0.5	0.005	60.0~80.0	余量
FNT-B6	0.20	0.5	0.005	60.0~80.0	余量

2. 羰基镍铁粉的规格及用途（见表 3-12）

表 3-12　羰基镍铁粉的规格及用途（YS/T 634—2007）

牌号	平均粒度/μm	用途
FNT-A1、FNT-A2、FNT-B1、FNT-B2、FNT-B3、FNT-B4、FNT-B5、FNT-B6	0.5~4.0	吸波材料
	1~7	粉末冶金、硬质合金、软磁材料、化工催化剂

3.2.4　微米级羰基铁粉

1. 微米级羰基铁粉的牌号和化学成分（见表 3-13）

表 3-13　微米级羰基铁粉的牌号和化学成分（GB/T 24532—2009）

牌号	化学成分(质量分数,%)				
	Fe	P	杂质　≤		
			C	O	N
MCIP-R-1	≥97.0	—	1.0	1.0	1.0
MCIP-R-2	≥97.0	—	1.0	1.0	1.0
MCIP-R-3	≥97.0	—	1.0	1.0	1.0
MCIP-R-4	≥97.0	—	1.0	1.0	1.0
MCIP-R-5	≥97.0	—	1.2	1.2	0.6
MCIP-H-1	≥98.5	—	0.1	0.4	0.1
MCIP-H-2	≥99.5	—	0.1	0.3	0.1
MCIP-P-1	余量	0.05~10	1.0	—	1.0

2. 微米级羰基铁粉的物理性能（见表 3-14）

表 3-14　微米级羰基铁粉的物理性能（GB/T 24532—2009）

牌号	松装密度/(g/cm³)	振实密度/(g/cm³)	平均粒度/μm
MCIP-R-1	1.0~2.8	2.8~4.0	1~2.5
MCIP-R-2	1.0~3.0	3.0~4.5	2.5~3
MCIP-R-3	1.0~3.0	3.0~4.5	3~4
MCIP-R-4	1.0~3.2	3.0~4.5	4~5
MCIP-R-5	1.0~3.2	3.0~4.5	5~6
MCIP-H-1	1.5~3.0	3.0~4.5	≤5
MCIP-H-2	2.2~3.2	3.4~4.6	5~10
MCIP-P-1	1.0~3.0	2.8~4.5	≤4

3.2.5 纳米铁粉

1. 纳米铁粉的牌号和化学成分（见表 3-15）

表 3-15 纳米铁粉的牌号和化学成分（GB/T 30448—2013）

牌号	化学成分(质量分数,%)			
	O	C	杂质	Fe
NF-Fe-50	≤15	≤1.0	≤0.50	余量
NF-Fe-100	≤9	≤0.8	≤0.55	余量
NF-Fe-150	≤6	≤0.5	≤0.60	余量

2. 纳米铁粉的物理性能（见表 3-16）

表 3-16 纳米铁粉的物理性能（GB/T 30448—2013）

牌号	中值粒径范围 d_{50}/nm	比表面积/(m^2/g)
NF-Fe-50	<50	>20
NF-Fe-100	50~100	>13
NF-Fe-150	100~150	>8

3.2.6 焊材用纯铁粉

1. 焊材用纯铁粉的牌号和化学成分（见表 3-17）

表 3-17 焊材用纯铁粉的牌号和化学成分（YB/T 6085—2023）

类别	牌号	级别	化学成分(质量分数,%)							
			C	Si	Mn	P	S	氢损	盐酸不溶物	全铁
水雾化纯铁粉	FST400·30	—	≤0.03	≤0.050	≤0.20	≤0.020	≤0.025	≤0.30	≤0.15	≥98.50
	FST400·34	—	≤0.03	≤0.050	≤0.20	≤0.020	≤0.025	≤0.30	≤0.15	≥98.50
	FST400·37	—	≤0.03	≤0.050	≤0.20	≤0.020	≤0.025	≤0.30	≤0.15	≥98.50
	FST400·35	A	≤0.03	≤0.050	≤0.20	≤0.020	≤0.025	≤0.30	≤0.15	≥98.50
还原纯铁粉	FHT40·30	—	≤0.05	≤0.15	≤0.40	≤0.020	≤0.015	≤0.35	≤0.35	≥98.00
	FHT40·37	—	≤0.05	≤0.15	≤0.45	≤0.020	≤0.015	≤0.35	≤0.35	≥98.00
	FHT80·25	—	≤0.03	≤0.12	≤0.35	≤0.020	≤0.015	≤0.30	≤0.35	≥98.50
	FHT80·23	Ⅰ	≤0.02	≤0.10	≤0.10	≤0.010	≤0.010	≤0.25	≤0.30	≥99.00
		Ⅱ	≤0.03	≤0.12	≤0.35	≤0.020	≤0.015	≤0.30	≤0.35	≥98.50
	FHT100·25	Ⅰ	≤0.02	≤0.10	≤0.10	≤0.010	≤0.010	≤0.25	≤0.30	≥99.00
		Ⅱ	≤0.03	≤0.12	≤0.35	≤0.020	≤0.015	≤0.30	≤0.35	≥98.50

注：以铁矿粉为原料制备的还原纯铁粉的盐酸不溶物含量等指标可由供需双方商定。

2. 焊材用纯铁粉的物理性能和工艺性能（见表 3-18）

表 3-18 焊材用纯铁粉的物理性能和工艺性能（YB/T 6085—2023）

类别	牌号	松装密度/(g/cm^3)	流动性/(s/50g)	粒度组成(质量分数,%)								
				>400μm	>355~400μm	>250~355μm	>180~250μm	>150~180μm	>105~150μm	>100~105μm	>45~100μm	≤45
水雾化纯铁粉	FST400·30	2.80~3.20	≤35	≤3	余量						≤10	
	FST400·34	3.21~3.60	≤33	≤3	余量						≤10	
	FST400·37	3.61~3.80	≤30	≤3	余量						≤10	
	FST400·35A	3.30~3.70	≤35	≤3	余量						≤40	

（续）

类别	牌号	松装密度/(g/cm³)	流动性/(s/50g)	粒度组成(质量分数,%)								
				>400μm	>355~400μm	>250~355μm	>180~250μm	>150~180μm	>105~150μm	>100~105μm	>45~100μm	≤45
还原纯铁粉	FHT40·30	2.90~3.20	≤32	≤1		余量				≤25		
	FHT40·37	3.60~3.80	≤30	≤1		余量				≤30		
	FHT80·25	2.46~2.65	≤35	≤3				余量				≤25
	FHT80·23	2.20~2.40	≤36	≤3				余量				≤25
	FHT100·25	2.46~2.65	≤35	≤5					余量			≤25

3. 焊材用纯铁粉的主要特征及用途（见表3-19）

表3-19 焊材用纯铁粉的主要特征及用途（YB/T 6085—2023）

类别	牌号	主要特征及用途
水雾化纯铁粉	FST400·30	粒度适中,形状不规则,既可改善焊条的焊接工艺性能,又可提高焊接熔敷效率。该铁粉广泛适用于制造中等熔敷效率的碱性及酸性焊条及冶金添加剂
	FST400·34	粒度适中,形状不规则,适用于中等直径电焊条,可提高焊条的焊接工艺性能及焊接熔敷效率,可用于制造中等直径高效铁粉焊条
	FST400·37	粒度略粗,形状不规则,适用于粗直径电焊条,有利于提高焊条的焊接熔敷效率,主要用于制造粗直径高效铁粉焊条
	FST400·35A	粒度较细,形状不规则,比表面积大,有利于提高焊条药皮的导电性,改善焊条的电弧稳定性和再引弧性能,适用于制造细径的焊条或焊丝
还原纯铁粉	FHT40·30	粒度、松装密度适中,该铁粉广泛适用于制造中等熔敷效率的碱性及酸性焊条及冶金添加剂
	FHT40·37	粒度适中、松装密度高,可提高焊条的焊接工艺性能及焊接熔敷效率,适用于制造高效铁粉焊条
	FHT80·25	粒度较细,松装密度较低,有利于调节粉料一致性,提高熔敷效率,主要用于制造焊丝
	FHT80·23	粒度更细,松装密度较低,有利于提高焊条药皮的导电性,适用于制造中等直径的焊条或焊丝
	FHT100·25	粒度更细,松装密度较低,有利于提高焊条药皮的导电性,适用于制造中等直径的焊条或焊丝

第4章　生铁和铁合金

4.1　生铁

4.1.1　炼钢用生铁

炼钢用生铁的牌号和化学成分见表4-1。

表4-1　炼钢用生铁的牌号和化学成分（YB/T 5296—2011）

牌　号			L03	L07	L10
化学成分（质量分数,%）	C		≥3.50		
	Si		≤0.35	>0.35~0.70	>0.70~1.25
	Mn	1组	≤0.40		
		2组	>0.40~1.00		
		3组	>1.00~2.00		
	P	特级	≤0.100		
		1级	>0.100~0.150		
		2级	>0.150~0.250		
		3级	>0.250~0.400		
	S	1类	≤0.030		
		2类	>0.030~0.050		
		3类	>0.050~0.070		

4.1.2　炼钢用直接还原铁

炼钢用直接还原铁的牌号和化学成分见表4-2。

表4-2　炼钢用直接还原铁的牌号和化学成分（YB/T 4170—2008）

牌　号			H88	H90	H92	H94
化学成分（质量分数,%）	全铁		88.0~<90.0	90.0~<92.0	92.0~<94.0	≥94.0
	C		由供需双方协商确定			
	P	1级	≤0.030			
		2级	>0.030~0.060			
	S	1类	≤0.015			
		2类	>0.015~0.030			
	SiO_2（酸性脉石）		≤7.50	≤6.00	≤4.50	≤3.00
	As、Sn、Sb、Pb和Bi		As、Sn、Sb、Pb、Bi各≤0.002			
	Cu		≤0.010			

注：表中As、Sn、Sb、Pb和Bi元素的化学成分，适于冶炼纯净钢所用的还原铁，根据用途不同，可由供需双方协商确定。

4.1.3　铸造用生铁

铸造用生铁的牌号和化学成分见表 4-3。

表 4-3　铸造用生铁的牌号和化学成分（GB/T 718—2005）

牌　号			Z14	Z18	Z22	Z26	Z30	Z34
化学成分（质量分数,%）	C		≥3.30					
	Si		1.25~1.60	>1.60~2.00	>2.00~2.40	>2.40~2.80	>2.80~3.20	>3.20~3.60
	Mn	1组	≤0.50					
		2组	>0.50~0.90					
		3组	>0.90~1.30					
	P	1级	≤0.060					
		2级	>0.060~0.100					
		3级	>0.100~0.200					
		4级	>0.200~0.400					
		5级	>0.400~0.900					
	S	1类	≤0.030					
		2类	≤0.040					
		3类	≤0.050					

4.1.4　铸造用高纯生铁

铸造用高纯生铁的化学成分见表 4-4。

表 4-4　铸造用高纯生铁的化学成分（JB/T 11994—2014）

级别	化学成分(质量分数,%)					
	C	Si	Ti	Mn	P	S
C1	≥3.3	≤0.40	≤0.010	≤0.05	≤0.020	≤0.015
C2	≥3.3	≤0.70	≤0.030	≤0.15	≤0.030	≤0.020

注：高纯生铁中的铬、钒、钼、锡、锑、铅、铋、碲、砷、硼、铝等微量元素的质量分数总和：C1 级≤0.05%，C2 级≤0.07%。

4.1.5　球墨铸铁用生铁

球墨铸铁用生铁的牌号和化学成分见表 4-5。

表 4-5　球墨铸铁用生铁的牌号和化学成分（GB/T 1412—2005）

牌号			Q10	Q12
化学成分（质量分数,%）	C		≥3.40	
	Si		0.50~1.00	>1.00~1.40
	Ti	1档	≤0.050	
		2档	>0.050~0.080	
	Mn	1组	≤0.20	
		2组	>0.20~0.50	
		3组	>0.50~0.80	
	P	1级	≤0.050	
		2级	>0.050~0.060	
		3级	>0.060~0.080	
	S	1类	≤0.020	
		2类	>0.020~0.030	
		3类	>0.030~0.040	
		4类	≤0.045	

4.1.6 铸造用磷铜钛低合金耐磨生铁

铸造用磷铜钛低合金耐磨生铁的牌号和化学成分见表 4-6。

表 4-6 铸造用磷铜钛低合金耐磨生铁的牌号和化学成分（YB/T 5210—1993）

牌号			NMZ34	NMZ30	NMZ26	NMZ22	NMZ18	NMZ14
化学成分（质量分数，%）	C		≥3.30					
	Si		>3.20~3.60	>2.80~3.20	>2.40~2.80	>2.00~2.40	>1.60~2.00	>1.25~1.60
	Mn	1组	≤0.50					
		2组	>0.50~0.90					
		3组	>0.90					
	S	1类	≤0.03					≤0.04
		2类	≤0.04					≤0.05
		3类	≤0.05					
	P	A级	0.35~0.60					
		B级	>0.60~0.90					
		C级	>0.90					
	Cu	A级	0.30~0.70					
		B级	>0.70					
	Ti		≥0.06					

注：牌号中的“NMZ”符号为汉字“耐”“磨”“铸”的汉语拼音的第一个字母的组合，牌号中的数字代表平均硅含量（质量分数）的千分之几。

4.1.7 含镍生铁

含镍生铁的牌号和化学成分见表 4-7。

表 4-7 含镍生铁的牌号和化学成分（GB/T 28296—2012）

牌号	化学成分(质量分数,%)								
	Ni	Si		C		P		S	
		Ⅰ	Ⅱ	Ⅰ	Ⅱ	Ⅰ	Ⅱ	Ⅰ	Ⅱ
		≤							
FeNi4.5	4.0~<5.0	2.5	4.5	3.0	5.0	0.03	0.08	0.25	0.35
FeNi5.5	5.0~<6.0								
FeNi6.5	6.0~<7.0								
FeNi7.5	7.0~<8.0								
FeNi8.5	8.0~<9.0								
FeNi9.5	9.0~<10.0								
FeNi10.5	10.0~<11.0								
FeNi11.5	11.0~<12.0								
FeNi12.5	12.0~<13.0								
FeNi13.5	13.0~<14.0								
FeNi14.5	14.0~<15.0								
FeNi15	≥15.0								

4.1.8　含钒钛生铁

1. 一般用途含钒钛生铁的牌号和化学成分（见表 4-8）

表 4-8　一般用途含钒钛生铁的牌号和化学成分（YB/T 5125—2019）

牌号			V020	V030	V040	V050
化学成分（质量分数,%）	V		0.15~<0.25	0.25~<0.35	0.35~<0.45	≥0.45
	C		≥3.80			
	Ti		0.10~0.50			
	Si		≤0.60			
	P	1 级	≤0.080			
		2 级	>0.080~0.150			
		3 级	>0.150~0.200			
	S	1 组	≤0.050			
		2 组	>0.050~0.070			
		3 组	>0.070~0.100			

2. 铸造用含钒钛生铁的牌号和化学成分（见表 4-9）

表 4-9　铸造用含钒钛生铁的牌号和化学成分（YB/T 5125—2019）

牌号			ZV025Ti020	ZV025Ti030	ZV035Ti020	ZV035Ti030	ZV045Ti020	ZV045Ti030
化学成分（质量分数,%）	V		0.20~<0.30	0.20~<0.30	0.30~<0.40	0.30~<0.40	0.40~0.50	0.40~0.50
	Ti		0.15~<0.25	0.25~0.35	0.15~<0.25	0.25~0.35	0.15~<0.25	0.25~0.35
	C		≥3.80					
	Si		≤0.50					
	Mn		≤0.50					
	P	1 级	≤0.080					
		2 级	>0.080~0.150					
		3 级	>0.150~0.200					
	S	1 组	≤0.050					
		2 组	>0.050~0.070					
		3 组	>0.070~0.100					

4.2　铁合金

4.2.1　铁合金产品及其必测元素

铁合金产品及其必测元素见表 4-10。

表 4-10　铁合金产品及其必测元素（GB/T 3650—2008）

产品名称	必测元素
硅铁	Si、Al
锰铁（包括高、中、低碳锰铁、微碳锰铁）	Mn、Si、C、P、S
高炉锰铁	Mn、Si、P
锰硅合金	Mn、Si、C、P、S
铬铁（包括高、中、低、微碳铬铁、真空微碳铬铁）	Cr、Si、C、P、S
氮化铬铁	Cr、Si、C、P、S、N
硅铬合金	Si、Cr、C、S、P

（续）

产品名称	必测元素
钨铁	W、Si、C、P、S、Mn
钼铁	Mo、Si、C、P、S、Mn
钒铁	V、Si、C、P、S
钛铁	Ti、Si、P、Al
铌铁	Nb、Ta、Al、Si、C、P、S、W、Mn、Pb、As、Sb、Bi、Ti
氧化钼	Mo、Co、S
硅钙合金	Ca、Si
硼铁	B、C、Al
磷铁	P、Si、C、S
金属锰	Mn、C、Si、P、S、Fe
金属铬	Fe、Si、Al、C、S、Pb
电解金属锰	C、S、P、Se、Si、Fe
稀土硅铁合金	RE、Si
稀土镁硅铁合金	RE、Mg、Si、Ca
五氧化二钒	V_2O_5、Si、P、Na_2O+K_2O
锰氮合金	Mn、C、P、S、N、Si
钒氮合金	V、Si、C、P、S、N

4.2.2 金属铬

金属铬的牌号和化学成分见表4-11。

表 4-11 金属铬的牌号和化学成分（GB/T 3211—2023）

牌号	化学成分（质量分数，%）																
	Cr	Fe	Si	Al	Cu	C	S	P	Pb	Sn	Sb	Bi	As	N		H	O
														Ⅰ	Ⅱ		
	≥	≤															
JCr99.4	99.4	0.12	0.10	0.10	0.003	0.01	0.002	0.005	0.0005	0.0005	0.0008	0.0005	0.0008	0.005	0.01	0.003	0.10
JCr99.2	99.2	0.25	0.15	0.10	0.003	0.01	0.005	0.005	0.0005	0.0005	0.0008	0.0005	0.001	0.01		0.005	0.20
JCr99-A	99.0	0.30	0.25	0.30	0.005	0.01	0.008	0.005	0.0005	0.001	0.001	0.0005	0.001	0.02		0.005	0.30
JCr99-B	99.0	0.40	0.30	0.30	0.01	0.02	0.02	0.01	0.0005	0.001	0.001	0.001	0.001	0.03		0.01	0.50
JCr98.5	98.5	0.50	0.40	0.50	0.01	0.03	0.02	0.01	0.0005	0.001	0.001	0.001	0.001	0.05		0.01	0.50
JCr98	98.0	0.80	0.40	0.80	0.02	0.05	0.03	0.01	0.001	0.001	0.001	0.001	0.001	—		—	—

4.2.3 高纯金属铬

1. 氢还原高纯金属铬（GHCr 系列）的牌号和化学成分（见表 4-12）

表 4-12 氢还原高纯金属铬（GHCr 系列）的牌号和化学成分（GB/T 28908—2012）

牌号	化学成分（质量分数，%）									
	Cr	Fe	Al	Si	S	P	C	N	O	Pb	Cu
	≥	≤									
GHCr-1	99.99	0.003	0.003	0.002	0.003	0.0015	0.012	0.002	0.01	0.0002	0.0003
GHCr-2	99.95	0.01	0.01	0.005	0.005	0.003	0.020	0.003	0.02	0.0005	0.0005

注：铬的质量分数为100%减去 Fe、Si、Al、Cu、P、Pb 六个杂质实测值总和后的余量。

2. 碳还原高纯金属铬（GCCr 系列）的牌号和化学成分（见表 4-13）

表 4-13　碳还原高纯金属铬（GCCr 系列）的牌号和化学成分（GB/T 28908—2012）

牌号	化学成分(质量分数,%)									
	Cr	Fe	Al	Si	S	P	C	N	O	Pb
	≥	≤								
GCCr-1	99.80	0.05	0.010	0.02	0.004	0.004	0.012	0.002	0.04	0.0005
GCCr-2	99.70	0.10	0.015	0.03	0.004	0.004	0.030	0.003	0.05	0.0005
GCCr-3	99.70	0.15	0.020	0.05	0.005	0.005	0.030	0.005	0.05	0.0005
GCCr-4	99.50	0.15	0.10	0.10	0.006	0.005	0.045	0.007	0.10	0.0005

牌号	化学成分(质量分数,%)							
	Sn	Sb	Bi	As	Cu	Zn	Mn	Ni
	≤							
GCCr-1	0.0005	0.0003	0.00005	0.0005	0.001	0.0005	0.0005	0.003
GCCr-2	0.0010	0.0003	0.0001	0.0005	0.001	0.0005	0.0005	0.004
GCCr-3	0.0015	0.0005	0.0001	0.0005	0.001	0.0005	0.001	0.005
GCCr-4	0.0020	0.0005	0.0001	0.001	0.001	0.0005	0.001	0.005

注：铬的质量分数为 99.99%减去表中杂质实测值总和后的余量。

4.2.4　金属锰

金属锰的牌号和化学成分见表 4-14。

表 4-14　金属锰的牌号和化学成分（GB/T 2774—2006）

类别	牌号	化学成分(质量分数,%)					
		Mn	C	Si	Fe	P	S
		≥	≤				
电硅热法金属锰	JMn98	98.0	0.05	0.3	1.5	0.03	0.02
	JMn97-A	97.0	0.05	0.4	2.0	0.03	0.02
	JMn97-B	97.0	0.08	0.6	2.0	0.04	0.03
	JMn96-A	96.5	0.05	0.5	2.3	0.03	0.02
	JMn96-B	96.0	0.10	0.8	2.3	0.04	0.03
	JMn95-A	95.0	0.15	0.5	2.8	0.03	0.02
	JMn95-B	95.0	0.15	0.8	3.0	0.04	0.03
	JMn93	93.5	0.20	1.5	3.0	0.04	0.03
电解重熔法金属锰	JCMn98	98.0	0.04	0.3	1.5	0.02	0.04
	JCMn97	97.0	0.05	0.4	2.0	0.03	0.04
	JCMn95	95.0	0.06	0.5	3.0	0.04	0.05

4.2.5　电解金属锰

电解金属锰的牌号和化学成分见表 4-15。

表 4-15　电解金属锰的牌号和化学成分（YB/T 051—2023）

牌号	化学成分(质量分数,%)										
	Mn	C	S	P	Si	Se	Fe	K	Na	Ca	Mg
	≥	≤									
DJMnA	99.8	0.010	0.03	0.0010	0.002	0.0003	0.006	—	—	—	—
DJMnB	99.8	0.020	0.04	0.0015	0.004	0.0400	0.020	0.005	0.005	0.005	0.015
DJMnC	99.8	0.020	0.04	0.0020	0.005	0.0600	0.030	0.005	0.005	0.010	0.030
DJMnD	99.7	0.030	0.05	0.0040	0.005	0.0800	0.040	—	—	—	—

注：表中的"—"表示该牌号产品中无该元素要求。

4.2.6 硅铁

1. 高硅硅铁的牌号和化学成分（见表 4-16）

表 4-16 高硅硅铁的牌号和化学成分（GB/T 2272—2020）

牌号	化学成分(质量分数,%)									
	Si	Al	Fe	Ca	Mn	Cr	P	S	C	Ti
					≤					
GG FeSi97 Al1.5	≥97.0	1.5	1.5	0.3	0.4	0.2	0.040	0.030	0.20	—
GG FeSi95 Al1.5	95.0~<97.0	1.5	2.0	0.3						
GG FeSi95 Al2.0		2.0	2.0	0.4						
GG FeSi93 Al1.5	93.0~<95.0	1.5	2.0	0.6						
GG FeSi93 Al3.0		3.0	2.5	0.6						
GG FeSi90 Al2.0	90.0~<93.0	2.0	—	1.5	0.4	0.2	0.040	0.030	0.20	—
GG FeSi90 Al3.0		3.0	—	1.5						
GG FeSi87 Al2.0	87.0~<90.0	2.0	—	1.5						
GG FeSi87 Al3.0		3.0	—	1.5						

2. 普通硅铁和低铝硅铁的牌号和化学成分（见表 4-17）

表 4-17 普通硅铁和低铝硅铁的牌号和化学成分（GB/T 2272—2020）

类别	牌号	化学成分(质量分数,%)								
		Si	Al	Ca	Mn	Cr	P	S	C	Ti
							≤			
普通硅铁	PG FeSi75Al1.5	75.0~<80.0	1.5	1.5	0.4	0.3	0.045	0.020	0.10	0.30
	PG FeSi75Al2.0		2.0	1.5			0.040	0.020	0.20	
	PG FeSi75Al2.5		2.5	—						
	PG FeSi72Al1.5	72.0~<75.0	1.5	1.5	0.4	0.3	0.045	0.020	0.20	0.30
	PG FeSi72Al2.0		2.0				0.040			
	PG FeSi72Al2.5		2.5	—						
	PG FeSi70Al2.0	70.0~<72.0	2.0	—	0.5	0.5	0.045	0.020	0.20	—
	PG FeSi70Al2.5		2.5							
	PG FeSi65	65.0~<70.0	3.0	—	0.5	0.5	0.045	0.020	—	—
	PG FeSi40	40.0~<47.0	—	—	0.6	0.5	0.045	0.020	—	—
低铝硅铁	DL FeSi75Al0.3	75.0~<80.0	0.3	0.3	0.4	0.3	0.030	0.020	0.10	0.30
	DL FeSi75Al0.5		0.5	0.5						
	DL FeSi75Al0.8		0.8	1.0			0.035			
	DL FeSi75Al1.0		1.0	1.0						
	DL FeSi72Al0.3	72.0~<75.0	0.3	0.3	0.3	0.3	0.030	0.020	0.10	0.30
	DL FeSi72Al0.5		0.5	0.5			0.030			
	DL FeSi72Al0.8		0.8	1.0			0.035			
	DL FeSi72Al1.0		1.0	1.0			0.035			

3. 高纯硅铁的牌号和化学成分（见表 4-18）

表 4-18 高纯硅铁的牌号和化学成分（GB/T 2272—2020）

牌号	化学成分(质量分数,%)											
	Si	Ti	C	Al	P	S	Mn	Cr	Ca	V	Ni	B
	≥						≤					
GC FeSi75Ti0.01-A	75.0	0.010	0.012	0.01	0.010	0.010	0.1	0.1	0.01	0.010	0.02	0.002
GC FeSi75Ti0.01-B			0.015	0.03	0.015	0.010	0.2	0.1	0.03	0.020	0.03	0.005

（续）

牌号	化学成分（质量分数，%）											
	Si	Ti	C	Al	P	S	Mn	Cr	Ca	V	Ni	B
	≥	≤										
GC FeSi75Ti0.015-A	75.0	0.015	0.015	0.01	0.020	0.010	0.1	0.1	0.01	0.015	0.03	—
GC FeSi75Ti0.015-B			0.020	0.03	0.025	0.010	0.2	0.1	0.03	0.020	0.03	—
GC FeSi75Ti0.02-A	75.0	0.020	0.015	0.03	0.025	0.010	0.2	0.1	0.03	0.020	0.03	—
GC FeSi75Ti0.02-B			0.020	0.10	0.030	0.010	0.2	0.1	0.10	0.020	0.03	—
GC FeSi75Ti0.02-C			0.050	0.50		0.010	0.2	0.1	0.50	0.020	0.03	—
GC FeSi75Ti0.03-A	75.0	0.030	0.015	0.10	0.030	0.010	0.2	0.1	0.10	0.020	0.03	—
GC FeSi75Ti0.03-B			0.020	0.20		0.010	0.2	0.1	0.20	0.020	0.03	—
GC FeSi75Ti0.03-C			0.050	0.50		0.015	0.2	0.1	0.50	0.020	0.03	—
GC FeSi75Ti0.05-A	75.0	0.050	0.015	0.10	0.025	0.010	0.2	0.1	0.10	0.020	0.03	—
GC FeSi75Ti0.05-B			0.020	0.20	0.030	0.010	0.2	0.1	0.20	0.020	0.03	—
GC FeSi75Ti0.05-C			0.050	0.50		0.015	0.2	0.1	0.50	0.020	0.05	—

4.2.7 锰铁

1. 电炉锰铁的牌号和化学成分（见表4-19）

表4-19　电炉锰铁的牌号和化学成分（GB/T 3795—2014）

类别	牌号	化学成分（质量分数，%）						
		Mn	C	Si		P		S
				Ⅰ	Ⅱ	Ⅰ	Ⅱ	
			≤					
微碳锰铁	FeMn90C0.05	87.0~93.5	0.05	0.5	1.0	0.03	0.04	0.02
	FeMn84C0.05	80.0~87.0	0.05	0.5	1.0	0.03	0.04	0.02
	FeMn90C0.10	87.0~93.5	0.10	1.0	2.0	0.05	0.10	0.02
	FeMn84C0.10	80.0~87.0	0.10	1.0	2.0	0.05	0.10	0.02
	FeMn90C0.15	87.0~93.5	0.15	1.0	2.0	0.08	0.10	0.02
	FeMn84C0.15	80.0~87.0	0.15	1.0	2.0	0.08	0.10	0.02
低碳锰铁	FeMn88C0.2	85.0~92.0	0.2	1.0	2.0	0.10	0.30	0.02
	FeMn84C0.4	80.0~87.0	0.4	1.0	2.0	0.15	0.30	0.02
	FeMn84C0.7	80.0~87.0	0.7	1.0	2.0	0.20	0.30	0.02
中碳锰铁	FeMn82C1.0	78.0~85.0	1.0	1.0	2.5	0.20	0.35	0.03
	FeMn82C1.5	78.0~85.0	1.5	1.5	2.5	0.20	0.35	0.03
	FeMn78C2.0	75.0~82.0	2.0	1.5	2.5	0.20	0.40	0.03
高碳锰铁	FeMn78C8.0	75.0~82.0	8.0	1.5	2.5	0.20	0.33	0.03
	FeMn74C7.5	70.0~77.0	7.5	2.0	3.0	0.25	0.38	0.03
	FeMn68C7.0	65.0~72.0	7.0	2.5	4.5	0.25	0.40	0.03

2. 高炉锰铁的牌号和化学成分（见表4-20）

表4-20　高炉锰铁的牌号和化学成分（GB/T 3795—2014）

类别	牌号	化学成分（质量分数，%）						
		Mn	C	Si		P		S
				Ⅰ	Ⅱ	Ⅰ	Ⅱ	
			≤					
高碳锰铁	FeMn78	75.0~82.0	7.5	1.0	2.0	0.20	0.30	0.03
	FeMn73	70.0~75.0	7.5	1.0	2.0	0.20	0.30	0.03
	FeMn68	65.0~70.0	7.0	1.0	2.0	0.20	0.30	0.03
	FeMn63	60.0~65.0	7.0	1.0	2.0	0.20	0.30	0.03

4.2.8 铬铁

铬铁的牌号和化学成分见表4-21。

表4-21 铬铁的牌号和化学成分（GB/T 5683—2024）

1. 微碳铬铁牌号和化学成分

类别	牌号	化学成分(质量分数,%)									
		Cr			C	Si		P		S	N
		范围	I	II		I	II	I	II		
			≥		≤						
微碳铬铁	FeCr65C0.01	≥60.0	—	—	0.010	1.0	—	0.030	—	0.025	—
	FeCr55C0.01	—	60.0	52.0	0.010	1.5	2.0	0.030	0.040	0.030	—
	FeCr65C0.02	≥60.0	—	—	0.020	1.0	—	0.030	—	0.025	—
	FeCr55C0.02	—	60.0	52.0	0.020	1.5	2.0	0.030	0.040	0.030	—
	FeCr65C0.03	≥60.0	—	—	0.030	1.0	—	0.030	—	0.025	—
	FeCr55C0.03	—	60.0	52.0	0.030	1.5	2.0	0.030	0.040	0.030	—
	FeCr65C0.06	≥60.0	—	—	0.060	1.0	—	0.030	—	0.025	—
	FeCr55C0.06	—	60.0	52.0	0.060	1.5	2.0	0.040	0.060	0.030	—
	FeCr65C0.10	≥60.0	—	—	0.10	1.0	—	0.030	—	0.025	—
	FeCr55C0.10	—	60.0	52.0	0.10	1.5	2.0	0.040	0.060	0.030	—
	FeCr65C0.15	≥60.0	—	—	0.15	1.0	—	0.030	—	0.025	—
	FeCr55C0.15	—	60.0	52.0	0.15	1.5	2.0	0.040	0.060	0.030	—
低氮微碳铬铁	FeCr65C0.03N0.015	>60.0~70.0	—	—	0.030	1.0	—	0.030	—	0.025	0.015
	FeCr65C0.03N0.030	>60.0~70.0	—	—	0.030	1.0	—	0.030	—	0.025	0.030
	FeCr55C0.03N0.015	—	60.0	52.0	0.030	1.5	2.0	0.030	0.040	0.030	0.015
	FeCr55C0.03N0.030	—	60.0	52.0	0.030	1.5	2.0	0.030	0.040	0.030	0.030
	FeCr65C0.06N0.015	>60.0~70.0	—	—	0.060	1.0	—	0.030	—	0.025	0.015
	FeCr65C0.06N0.030	>60.0~70.0	—	—	0.060	1.0	—	0.030	—	0.025	0.030
	FeCr55C0.06N0.015	—	60.0	52.0	0.060	1.5	2.0	0.040	0.060	0.030	0.015
	FeCr55C0.06N0.030	—	60.0	52.0	0.060	1.5	2.0	0.040	0.060	0.030	0.030
	FeCr65C0.10N0.015	>60.0~70.0	—	—	0.10	1.0	—	0.030	—	0.025	0.015
	FeCr65C0.10N0.030	>60.0~70.0	—	—	0.10	1.0	—	0.030	—	0.025	0.030
	FeCr55C0.10N0.015	—	60.0	52.0	0.10	1.5	2.0	0.040	0.060	0.030	0.015
	FeCr55C0.10N0.030	—	60.0	52.0	0.10	1.5	2.0	0.040	0.060	0.030	0.030
	FeCr65C0.15N0.015	>60.0~70.0	—	—	0.15	1.0	—	0.030	—	0.025	0.015
	FeCr65C0.15N0.030	>60.0~70.0	—	—	0.15	1.0	—	0.030	—	0.025	0.030
	FeCr55C0.15N0.015	—	60.0	52.0	0.15	1.5	2.0	0.040	0.060	0.030	0.015
	FeCr55C0.15N0.030	—	60.0	52.0	0.15	1.5	2.0	0.040	0.060	0.030	0.030

2. 低碳铬铁牌号和化学成分

类别	牌号	化学成分(质量分数,%)										
		Cr			C	Si		P		S		N
		范围	I	II		I	II	I	II	I	II	
			≥		≤							
低碳铬铁	FeCr65C0.25	≥60.0	—	—	0.25	1.5	—	0.030	—	0.025	—	—
	FeCr55C0.25	—	60.0	52.0	0.25	2.0	3.0	0.040	0.060	0.030	0.050	—
	FeCr65C0.50	≥60.0	—	—	0.50	1.5	—	0.030	—	0.025	—	—
	FeCr55C0.50	—	60.0	52.0	0.50	2.0	3.0	0.040	0.060	0.030	0.050	—
低氮低碳铬铁	FeCr65C0.25N0.020	>60.0~70.0	—	—	0.25	1.5	—	0.030	—	0.025	—	0.020
	FeCr65C0.25N0.040	>60.0~70.0	—	—	0.25	1.5	—	0.030	—	0.025	—	0.040
	FeCr55C0.25N0.020	—	60.0	52.0	0.25	2.0	3.0	0.040	0.060	0.030	0.050	0.020
	FeCr55C0.25N0.040	—	60.0	52.0	0.25	2.0	3.0	0.040	0.060	0.030	0.050	0.040

（续）

类别	牌号	化学成分(质量分数,%)										
		Cr			C	Si		P		S		N
		范围	Ⅰ	Ⅱ		Ⅰ	Ⅱ	Ⅰ	Ⅱ	Ⅰ	Ⅱ	
			≥		≤							
低氮低碳铬铁	FeCr65C0.50N0.020	>60.0~70.0	—	—	0.50	1.5	—	0.030	—	0.025	—	0.020
	FeCr65C0.50N0.040	>60.0~70.0	—	—	0.50	1.5	—	0.030	—	0.025	—	0.040
	FeCr55C0.50N0.020	—	60.0	52.0	0.50	2.0	3.0	0.040	0.060	0.030	0.050	0.020
	FeCr55C0.50N0.040	—	60.0	52.0	0.50	2.0	3.0	0.040	0.060	0.030	0.050	0.040

3. 中碳铬铁牌号和化学成分

类别	牌号	化学成分(质量分数,%)										
		Cr			C	Si		P		S		N
		范围	Ⅰ	Ⅱ		Ⅰ	Ⅱ	Ⅰ	Ⅱ	Ⅰ	Ⅱ	
			≥		≤							
中碳铬铁	FeCr65C1.0	≥60.0	—	—	1.0	1.5	—	0.030	—	0.025	—	—
	FeCr55C1.0	—	60.0	52.0	1.0	2.5	3.0	0.040	0.060	0.030	0.050	—
	FeCr65C2.0	≥60.0	—	—	2.0	1.5	—	0.030	—	0.025	—	—
	FeCr55C2.0	—	60.0	52.0	2.0	2.5	3.0	0.040	0.060	0.030	0.050	—
	FeCr65C4.0	≥60.0	—	—	4.0	1.5	—	0.030	—	0.025	—	—
	FeCr55C4.0	—	60.0	52.0	4.0	2.5	3.0	0.040	0.060	0.030	0.050	—
低氮中碳铬铁	FeCr65C1.0N0.030	>60.0~70.0	—	—	1.0	1.5	—	0.030	—	0.025	—	0.030
	FeCr65C1.0N0.070	>60.0~70.0	—	—	1.0	1.5	—	0.030	—	0.025	—	0.070
	FeCr55C1.0N0.030	—	60.0	52.0	1.0	2.5	3.0	0.040	0.060	0.030	0.050	0.030
	FeCr55C1.0N0.070	—	60.0	52.0	1.0	2.5	3.0	0.040	0.060	0.030	0.050	0.070
	FeCr65C2.0N0.030	>60.0~70.0	—	—	2.0	1.5	—	0.030	—	0.025	—	0.030
	FeCr65C2.0N0.070	>60.0~70.0	—	—	2.0	1.5	—	0.030	—	0.025	—	0.070
	FeCr55C2.0N0.030	—	60.0	52.0	2.0	2.5	3.0	0.040	0.060	0.030	0.050	0.030
	FeCr55C2.0N0.070	—	60.0	52.0	2.0	2.5	3.0	0.040	0.060	0.030	0.050	0.070
	FeCr65C4.0N0.030	>60.0~70.0	—	—	4.0	1.5	—	0.030	—	0.025	—	0.030
	FeCr65C4.0N0.070	>60.0~70.0	—	—	4.0	1.5	—	0.030	—	0.025	—	0.070
	FeCr55C4.0N0.030	—	60.0	52.0	4.0	2.5	3.0	0.040	0.060	0.030	0.050	0.030
	FeCr55C4.0N0.070	—	60.0	52.0	4.0	2.5	3.0	0.040	0.060	0.030	0.050	0.070

4. 高碳铬铁牌号和化学成分

类别	牌号	化学成分(质量分数,%)									
		Cr	C	Si			P		S		Ti
		范围		Ⅰ	Ⅱ	Ⅲ	Ⅰ	Ⅱ	Ⅰ	Ⅱ	
			≤								
高碳铬铁	FeCr67C7.5	≥60.0	7.5	1.5	3.0	6.0	0.040	0.060	0.040	0.060	—
	FeCr55C7.5	>52.0~60.0	7.5	1.5	3.0	6.0	0.040	0.060	0.040	0.060	—
	FeCr50C7.5	>45.0~52.0	7.5	1.5	3.0	6.0	0.040	0.060	0.040	0.060	—
	FeCr67C10.0	≥60.0	10.0	1.5	3.0	6.0	0.040	0.060	0.040	0.060	—
	FeCr55C10.0	>52.0~60.0	10.0	1.5	3.0	6.0	0.040	0.060	0.040	0.060	—
	FeCr50C10.0	>45.0~52.0	10.0	1.5	3.0	6.0	0.040	0.060	0.040	0.060	—
低钛高碳铬铁	FeCr55C10.0Ti0.010	≥52.0	10.0	0.50	1.0	—	0.040	—	0.040	0.10	0.010
	FeCr55C10.0Ti0.020	≥52.0	10.0	0.50	1.0	—	0.040	—	0.040	0.10	0.020
	FeCr55C10.0Ti0.030	≥52.0	10.0	0.50	1.0	—	0.040	—	0.040	0.10	0.030
	FeCr55C10.0Ti0.050	≥52.0	10.0	0.50	1.0	—	0.040	—	0.040	0.10	0.050

注：高碳铬铁中，FeCr50C7.5 和 FeCr50C10.0 也称为炉料级铬铁。

4.2.9 钛铁

钛铁的牌号和化学成分见表 4-22。

表 4-22 钛铁的牌号和化学成分（GB/T 3282—2012）

牌号	化学成分(质量分数,%)							
	Ti	C	Si	P	S	Al	Mn	Cu
		≤						
FeTi30-A	25.0~35.0	0.10	4.5	0.05	0.03	8.0	2.5	0.10
FeTi30-B	25.0~35.0	0.20	5.0	0.07	0.04	8.5	2.5	0.20
FeTi40-A	>35.0~45.0	0.10	3.5	0.05	0.03	9.0	2.5	0.20
FeTi40-B	>35.0~45.0	0.20	4.0	0.08	0.04	9.5	3.0	0.40
FeTi50-A	>45.0~55.0	0.10	3.5	0.05	0.03	8.0	2.5	0.20
FeTi50-B	>45.0~55.0	0.20	4.0	0.08	0.04	9.5	3.0	0.40
FeTi60-A	>55.0~65.0	0.10	3.0	0.04	0.03	7.0	1.0	0.20
FeTi60-B	>55.0~65.0	0.20	4.0	0.06	0.04	8.0	1.5	0.20
FeTi60-C	>55.0~65.0	0.30	5.0	0.08	0.04	8.5	2.0	0.20
FeTi70-A	>65.0~75.0	0.10	0.50	0.04	0.03	3.0	1.0	0.20
FeTi70-B	>65.0~75.0	0.20	3.5	0.06	0.04	6.0	1.0	0.20
FeTi70-C	>65.0~75.0	0.40	4.0	0.08	0.04	8.0	1.0	0.20
FeTi80-A	>75.0	0.10	0.50	0.04	0.03	3.0	1.0	0.20
FeTi80-B	>75.0	0.20	3.5	0.06	0.04	6.0	1.0	0.20
FeTi80-C	>75.0	0.40	4.0	0.08	0.04	7.0	1.0	0.20

4.2.10 镍铁

镍铁的牌号和化学成分见表 4-23。

表 4-23 镍铁的牌号和化学成分（GB/T 25049—2024）

化学成分(质量分数,%)								
牌号(根据镍含量)	Ni	牌号(根据除镍外其他元素含量)	C	Si	P	S	Cr ≤	其余元素
FeNi20	15.0~<25.0	低(L)	<0.03	<0.20	<0.010	<0.030	0.10	①
FeNi30	25.0~<35.0							
FeNi40	35.0~<45.0	中(M)	0.03~<1.0	0.20~<1.0	0.010~<0.020	0.030~<0.10	0.50	
FeNi50	45.0~<60.0	高(H)	1.0~<2.5	1.0~<4.0	0.020~<0.030	0.10~<0.40	2.0	
FeNi70	60.0~<80.0							

① 其余元素一般指 Co、Cu、As、Sn、Pb、Sb、Bi。其中 (Co)/(Ni)=1/40~1/20，仅供参考；w(Cu)≤0.20%；w(As)≤0.010%；w(Sb)≤0.010%；w(Sn)≤0.009%；w(Pb)≤0.008%；w(Bi)≤0.0035%。

4.2.11 钼铁

钼铁的牌号和化学成分见表 4-24。

4.2.12 钨铁

钨铁的牌号和化学成分见表 4-25。

表 4-24 钼铁的牌号和化学成分（GB/T 3649—2008）

牌号	化学成分(质量分数,%)							
	Mo	Si	S	P	C	Cu	Sb	Sn
		≤						
FeMo70	65.0~75.0	2.0	0.08	0.05	0.10	0.5	—	—
FeMo60-A	60.0~65.0	1.0	0.08	0.04	0.10	0.5	0.04	0.04
FeMo60-B	60.0~65.0	1.5	0.10	0.05	0.10	0.5	0.05	0.06
FeMo60-C	60.0~65.0	2.0	0.15	0.05	0.15	1.0	0.08	0.08
FeMo55-A	55.0~60.0	1.0	0.10	0.08	0.15	0.5	0.05	0.06
FeMo55-B	55.0~60.0	1.5	0.15	0.10	0.20	0.5	0.08	0.08

表 4-25 钨铁的牌号和化学成分（GB/T 3648—2024）

牌号	化学成分(质量分数,%)													
	W	C	P	S	Si	Mn	Cu	As	Bi	Pb	Sb	Sn	Ni	Co	Al
		≤													
FeW80-A	75.0~85.0	0.10	0.03	0.06	0.50	0.25	0.10	0.06	0.05	0.05	0.05	0.06	0.10	0.10	0.05
FeW80-B	75.0~85.0	0.30	0.04	0.07	0.70	0.35	0.12	0.08	0.05	0.05	0.05	0.08	0.20	0.20	0.10
FeW80-C	75.0~85.0	0.40	0.05	0.08	0.70	0.50	0.15	0.10	0.05	0.05	0.05	0.08	0.5	0.5	0.5
FeW70	65.0~75.0	0.80	0.07	0.10	1.20	0.60	0.18	0.12	0.05	0.05	0.05	0.10	1.0	1.0	1.0

4.2.13 钒铁

钒铁的牌号和化学成分见表 4-26。

表 4-26 钒铁的牌号和化学成分（GB/T 4139—2012）

牌号	化学成分(质量分数,%)						
	V	C	Si	P	S	Al	Mn
		≤					
FeV50-A	48.0~55.0	0.40	2.0	0.06	0.04	1.5	—
FeV50-B	48.0~55.0	0.60	3.0	0.10	0.06	2.5	—
FeV50-C	48.0~55.0	5.0	3.0	0.10	0.06	0.5	—
FeV60-A	58.0~65.0	0.40	2.0	0.06	0.04	1.5	—
FeV60-B	58.0~65.0	0.60	2.5	0.10	0.06	2.5	—
FeV60-C	58.0~65.0	3.0	1.5	0.10	0.06	0.5	—
FeV80-A	78.0~82.0	0.15	1.5	0.05	0.04	1.5	0.50
FeV80-B	78.0~82.0	0.30	1.5	0.08	0.06	2.0	0.50
FeV80-C	75.0~80.0	0.30	1.5	0.08	0.06	2.0	0.50

4.2.14 铌铁

铌铁的牌号和化学成分见表 4-27。

表 4-27 铌铁的牌号和化学成分（GB/T 7737—2007）

牌号	化学成分(质量分数,%)													
	Nb+Ta	Ta	Al	Si	C	S	P	W	Mn	Sn	Pb	As	Sb	Bi	Ti
		≤													
FeNb70	70~80	0.3	3.8	1.0	0.03	0.03	0.04	0.3	0.8	0.02	0.02	0.01	0.01	0.01	0.30
FeNb60-A	60~70	0.3	2.5	2.0	0.04	0.03	0.04	0.2	1.0	0.02	0.02	—	—	—	—
FeNb60-B	60~70	2.5	3.0	3.0	0.30	0.10	0.30	1.0	—	—	—	—	—	—	—

（续）

牌号	化学成分(质量分数,%)														
	Nb+Ta	Ta	Al	Si	C	S	P	W	Mn	Sn	Pb	As	Sb	Bi	Ti
		≤													
FeNb50-A	50~60	0.2	2.0	1.0	0.03	0.03	0.04	0.1	—	—	—	—	—	—	—
FeNb50-B	50~60	0.3	2.0	2.5	0.04	0.03	0.04	0.2	—	—	—	—	—	—	—
FeNb50-C	50~60	2.5	3.0	4.0	0.30	0.10	0.40	1.0	—	—	—	—	—	—	—
FeNb20	15~25	2.0	3.0	11.0	0.30	0.10	0.30	1.0	—	—	—	—	—	—	—

4.2.15 硼铁

硼铁的牌号和化学成分见表 4-28。

表 4-28 硼铁的牌号和化学成分（GB/T 5682—2015）

类别	牌号		化学成分(质量分数,%)					
			B	C	Si	Al	S	P
				≤				
低碳	FeB22C0.05		21.0~25.0	0.05	1.0	1.5	0.010	0.050
	FeB20C0.05		19.0~<21.0	0.05	1.0	1.5	0.010	0.050
	FeB18C0.1		17.0~<19.0	0.10	1.0	1.5	0.010	0.050
	FeB16C0.1		14.0~<17.0	0.10	1.0	1.5	0.010	0.050
中碳	FeB20C0.15		19.0~21.0	0.15	1.0	0.50	0.010	0.050
	FeB20C0.5	A	19.0~21.0	0.50	1.5	0.05	0.010	0.10
		B		0.50	1.5	0.50	0.010	0.10
	FeB18C0.5	A	17.0~<19.0	0.50	1.5	0.05	0.010	0.10
		B		0.50	1.5	0.50	0.010	0.10
	FeB16C1.0		15.0~17.0	1.0	2.5	0.50	0.010	0.10
	FeB14C1.0		13.0~<15.0	1.0	2.5	0.50	0.010	0.20
	FeB12C1.0		9.0~<13.0	1.0	2.5	0.50	0.010	0.20

4.2.16 磷铁

磷铁的牌号和化学成分见表 4-29。

表 4-29 磷铁的牌号和化学成分（YB/T 5036—2012）

牌号	化学成分(质量分数,%)								
	P	Si	C		S		Mn	Ti	
			Ⅰ	Ⅱ	Ⅰ	Ⅱ		Ⅰ	Ⅱ
		≤							
FeP29	28.0~30.0	2.0	0.20	1.00	0.05	0.50	2.0	0.70	2.00
FeP26	25.0~<28.0	2.0	0.20	1.00	0.05	0.50	2.0	0.70	2.00
FeP24	23.0~<25.0	3.0	0.20	1.00	0.05	0.50	2.0	0.70	2.00
FeP21	20.0~<23.0	3.0	1.0		0.5		2.0	—	
FeP18	17.0~<20.0	3.0	1.0		0.5		2.5	—	
FeP16	15.0~<17.0	3.0	1.0		0.5		2.5	—	

4.2.17 氧化钼

氧化钼的牌号和化学成分见表 4-30。

表 4-30 氧化钼的牌号和化学成分（YB/T 5129—2012）

牌号	化学成分(质量分数,%)							
	Mo	S		Cu	P	C	Sn	Sb
		Ⅰ	Ⅱ					
	≥	≤						
YMo60	60.0	0.10		0.50	0.05	0.10	0.05	0.04
YMo57	57.0	0.10		0.50	0.05	0.10	0.05	0.04
YMo55-A	55.0	0.10	0.15	0.25	0.04	0.10	0.05	0.04
YMo55-B	55.0	0.10	0.15	0.40	0.04	0.10	0.05	0.04
YMo52-A	52.0	0.10	0.15	0.25	0.05	0.15	0.07	0.06
YMo52-B	52.0	0.15	0.25	0.50	0.05	0.15	0.07	0.06
YMo50	50.0	0.15	0.25	0.50	0.05	0.15	0.07	0.06
YMo48	48.0	0.25	0.30	0.80	0.07	0.15	0.07	0.06

4.2.18 氮化铬铁

氮化铬铁的牌号和化学成分见表 4-31。

表 4-31 氮化铬铁的牌号和化学成分（YB/T 5140—2012）

牌号	化学成分(质量分数,%)					
	Cr	N	C	Si	P	S
	≥		≤			
FeNCr3-A	60.0	3.0	0.03	1.50	0.030	0.040
FeNCr3-B		5.0	0.03	2.50		
FeNCr6-A		3.0	0.06	1.50		
FeNCr6-B		5.0	0.06	2.50		
FeNCr10-A		3.0	0.10	1.50		
FeNCr10-B		5.0	0.10	2.50		
FeNCr15-B		4.5	0.15	2.50		

注：A 类适用于渗氮后的重熔合金产品，B 类适用于固态渗氮合金产品。

4.2.19 氮化硅铁

1. 耐火材料用氮化硅铁的牌号和化学成分（见表 4-32）

表 4-32 耐火材料用氮化硅铁的牌号和化学成分（YB/T 4239—2010）

类别	牌号	化学成分(质量分数,%)						
		Si_3N_4	TSi	TN	Fe	Al	Ca	H_2O
						≤		
普通氮化硅铁	NPFeSiN-A	75.0~80.0	49.0~51.0	30.0~32.0	13.0~15.0	1.5	1.0	0.1
	NPFeSiN-B	70.0~75.0	48.0~50.0	28.0~30.0	14.0~17.0			
稳定氮化硅铁	NWFeSiN	68.0~75.0	45.0~48.0	27.0~30.0	11.0~14.0			

2. 炼钢用氮化硅铁的牌号和化学成分（见表 4-33）

表 4-33 炼钢用氮化硅铁的牌号和化学成分（YB/T 4239—2010）

类别	牌号	化学成分(质量分数,%)										
		TSi	TN	Fe	Al	Ca	P	S	Cr	Mn	Ti	C
					≤							
普通氮化硅铁	LPFeSiN	49.0~51.0	30.0~32.0	13.0~15.0	1.5	1.0	0.05	0.02	—	—	—	0.1
高纯氮化硅铁	LGFeSiN	49.0~51.0	30.0~32.0	13.0~15.0	0.1	0.1	0.05	0.02	0.1	0.1	0.05	0.1

4.2.20 五氧化二钒

五氧化二钒的牌号和化学成分见表4-34。

表4-34 五氧化二钒的牌号和化学成分（YB/T 5304—2017）

类别	牌号	化学成分（质量分数，%）							
		TV（以 V_2O_5 计）	Si	Fe	P	S	As	Na_2O+K_2O	V_2O_4
		≥	≤						
片钒	$V_2O_5$98.0-F	98.0	0.25	0.30	0.05	0.03	0.02	1.50	—
	$V_2O_5$99.0-F	99.0	0.20	0.20	0.03	0.01	0.01	1.00	—
	$V_2O_5$99.5-F	99.5	0.10	0.10	0.01	0.01	0.01	0.40	—
粉钒	$V_2O_5$98.0-P	98.0	0.20	0.25	0.03	0.10	0.02	1.0	2.5
	$V_2O_5$99.0-P	99.0	0.08	0.08	0.03	0.08	0.01	0.80	1.5
	$V_2O_5$99.5-P	99.5	0.08	0.06	0.02	0.05	0.01	0.30	1.0
	$V_2O_5$99.8-P	99.8	0.05	0.03	0.02	0.03	0.01	0.10	0.60

4.2.21 锰硅合金

锰硅合金的牌号和化学成分见表4-35。

表4-35 锰硅合金的牌号和化学成分（GB/T 4008—2024）

类别	牌号	化学成分（质量分数，%）								
		Mn	Si	C			P			S
				Ⅰ	Ⅱ	Ⅲ	Ⅰ	Ⅱ	Ⅲ	
		≥		≤						
微碳锰硅合金	FeMn55Si34	55	34	0.02	—	—	0.050	0.10	0.15	0.040
	FeMn55Si32	55	32	0.04	—	—	0.050	0.10	0.15	0.040
	FeMn55Si30	55	30	0.05	0.10	—	0.050	0.10	0.15	0.040
	FeMn58Si28	58	28	0.10	0.15	—	0.050	0.10	0.15	0.040
	FeMn60Si27	60	27	0.20	—	—	0.050	0.10	0.15	0.040
低碳锰硅合金	FeMn64Si25	64	25	0.30	0.50	—	0.10	0.15	0.20	0.040
	FeMn60Si25	60	25	0.30	0.50	—	0.10	0.15	0.20	0.040
	FeMn60Si22	60	22	0.70	—	—	0.10	0.15	0.20	0.040
普碳锰硅合金	FeMn65Si20	65	20	1.0	1.2	—	0.10	0.15	0.25	0.040
	FeMn65Si17	65	17	1.8	2.0	2.5	0.10	0.15	0.25	0.040
	FeMn60Si17	60	17	1.8	2.0	2.5	0.10	0.15	0.25	0.040
	FeMn65Si14	65	14	2.5	—	—	0.10	0.15	0.25	0.040
	FeMn60Si14	60	14	2.5	—	—	0.20	0.25	0.30	0.050

4.2.22 硅铬合金

硅铬合金的牌号和化学成分见表4-36。

表4-36 硅铬合金的牌号和化学成分（GB/T 4009—2008）

牌号	化学成分（质量分数，%）					
	Si	Cr	C	P		S
				Ⅰ	Ⅱ	
	≥		≤			
FeCr30Si40-A	40.0	30.0	0.02	0.02	0.04	0.01
FeCr30Si40-B	40.0	30.0	0.04	0.02	0.04	0.01

（续）

牌号	化学成分(质量分数,%)					
	Si	Cr	C	P		S
				Ⅰ	Ⅱ	
	≥		≤			
FeCr30Si40-C	40.0	30.0	0.06	0.02	0.04	0.01
FeCr30Si40-D	40.0	30.0	0.10	0.02	0.04	0.01
FeCr32Si35	35.0	32.0	1.0	0.02	0.04	0.01

4.2.23　硅铝合金

硅铝合金的牌号和化学成分见表4-37。

表4-37　硅铝合金的牌号和化学成分（YB/T 065—2008）

牌号	化学成分(质量分数,%)								
	Si	Al	Mn	C		P		S	Cu
				Ⅰ	Ⅱ	Ⅰ	Ⅱ		
	≥		≤						
FeAl50Si5	5.0	50.0	0.20	0.20		0.020		0.02	0.05
FeAl45Si5	5.0	45.0	0.20	0.20		0.020		0.02	0.05
FeAl40Si15	15.0	40.0	0.20	0.20		0.020		0.02	0.05
FeAl35Si15	15.0	35.0	0.20	0.20		0.020		0.02	0.05
FeAl30Si25	25.0	30.0	0.20	0.20	1.20	0.020	0.040	0.02	—
FeAl25Si25	25.0	25.0	0.40	0.20	1.20	0.020	0.040	0.03	—
FeAl20Si35	35.0	20.0	0.40	0.40	0.80	0.030	0.060	0.03	—
FeAl15Si35	35.0	15.0	0.40	0.40	0.80	0.030	0.060	0.03	—
FeAl10Si40	40.0	10.0	0.40	0.40		0.030	0.080	0.03	—

4.2.24　硅钙合金

硅钙合金的牌号和化学成分见表4-38。

表4-38　硅钙合金的牌号和化学成分（YB/T 5051—2016）

牌号	化学成分(质量分数,%)								
	Ca ≥	Si	C		Al	P	S	O	Ca+Si ≥
			Ⅰ	Ⅱ					
			≤						
Ca31Si60	31	58~65	0.5	0.8	1.4	0.04	0.05	2.5	90
Ca28Si60	28	58~65	0.5	0.8	1.4	0.04	0.05	2.5	90
Ca24Si60	24	58~65	0.5	0.8	1.4	0.04	0.04	2.5	90
Ca30Si55	20	55~60	0.5	0.8	1.4	0.04	0.04	2.5	—
Ca16Si55	16	55~60	0.5	0.8	1.4	0.04	0.04	2.5	—

4.2.25　硅钡合金

硅钡合金的牌号和化学成分见表4-39。

表 4-39 硅钡合金的牌号和化学成分（YB/T 5358—2008）

牌号	化学成分(质量分数,%)						
	Ba	Si	Al	Mn	C	P	S
	≥		≤				
FeBa30Si35	30.0	35.0	3.0	0.40	0.30	0.040	0.04
FeBa25Si35	25.0	35.0	3.0	0.40	0.30	0.040	0.04
FeBa20Si45	20.0	45.0	3.0	0.40	0.30	0.040	0.04
FeBa15Si45	15.0	45.0	3.0	0.40	0.30	0.040	0.04
FeBa10Si55	10.0	55.0	3.0	0.40	0.20	0.040	0.04
FeBa5Si55	5.0	55.0	3.0	0.40	0.20	0.040	0.04
FeBa2Si65	2.0	65.0	3.0	0.40	0.20	0.040	0.04

4.2.26 硅钡铝合金

硅钡铝合金的牌号和化学成分见表 4-40。

表 4-40 硅钡铝合金的牌号和化学成分（YB/T 066—2008）

牌号	化学成分(质量分数,%)						
	Si	Ba	Al	Mn	C	P	S
	≥			≤			
FeAl35Ba6Si20	20.0	6.0	35.0	0.30	0.20	0.030	0.02
FeAl30Ba6Si20	20.0	6.0	30.0	0.30	0.20	0.030	0.02
FeAl25Ba9Si30	30.0	9.0	25.0	0.30	0.20	0.030	0.02
FeAl15Ba12Si30	30.0	12.0	15.0	0.30	0.20	0.040	0.03
FeAl10Ba15Si40	40.0	15.0	10.0	0.30	0.20	0.040	0.03

4.2.27 硅钙钡铝合金

硅钙钡铝合金的牌号和化学成分见表 4-41。

表 4-41 硅钙钡铝合金的牌号和化学成分（YB/T 067—2008）

牌号	化学成分(质量分数,%)							
	Si	Ca	Ba	Al	Mn	C	P	S
	≥				≤			
FeAl16Ba9Ca12Si30	30.0	12.0	9.0	16.0	0.40	0.40	0.040	0.02
FeAl12Ba9Ca9Si35	35.0	9.0	9.0	12.0	0.40	0.40	0.040	0.02
FeAl8Ba12Ca6Si40	40.0	6.0	12.0	8.0	0.40	0.40	0.040	0.02

4.2.28 锰氮合金

1. 氮化金属锰的牌号和化学成分（见表 4-42）

表 4-42 氮化金属锰的牌号和化学成分（YB/T 4136—2005）

牌号	化学成分(质量分数,%)								
	Mn	N		C		P		Si	S
		Ⅰ	Ⅱ	Ⅰ	Ⅱ	Ⅰ	Ⅱ		
	≥			≤					
JMnN-A	90	7	6	0.05	0.1	0.01	0.05	0.3	0.05
JMnN-B	87	7	6	0.05	0.1	0.03	0.05	0.5	0.025
JMnN-C	85	7	6	0.1	0.2	0.03	0.05	1.0	0.025

2. 氮化锰铁的牌号和化学成分（见表 4-43）

表 4-43 氮化锰铁的牌号和化学成分（YB/T 4136—2005）

牌号	化学成分(质量分数,%)									
	Mn	N		C		P		Si		S
		Ⅰ	Ⅱ	Ⅰ	Ⅱ	Ⅰ	Ⅱ	Ⅰ	Ⅱ	
	≥			≤						
FeMnN-A	80	7	5	0.1	0.5	0.03	0.10	1.0	2.0	0.02
FeMnN-B	75	5	4	1.0	1.5	0.10	0.30	1.0	2.0	0.02
FeMnN-C	73	5	4	1.0	1.5	0.10	0.30	1.0	2.0	0.02

4.2.29 钒氮合金

钒氮合金的牌号和化学成分见表 4-44。

表 4-44 钒氮合金的牌号和化学成分（GB/T 20576—2020）

牌号	化学成分(质量分数,%)				
	V	N	C	P	S
VN12	77.0~81.0	10.0~<14.0	≤10.0	≤0.06	≤0.10
VN16		14.0~<18.0	≤6.0		
VN19	76.0~81.0	18.0~20.0	≤4.0		

4.2.30 稀土硅铁合金

稀土硅铁合金的牌号和化学成分见表 4-45。

表 4-45 稀土硅铁合金的牌号和化学成分（GB/T 4137—2015）

牌号		化学成分(质量分数,%)							
字符牌号	对应原数字牌号	RE	Ce/RE	Si	Mn	Ca	Ti	Al	Fe
					≤				
RESiFe-23Ce	195023	21.0~<24.0	≥46.0	≤44.0	2.5	5.0	1.5	1.0	余量
RESiFe-26Ce	195026	24.0~<27.0	≥46.0	≤43.0	2.5	5.0	1.5	1.0	余量
RESiFe-29Ce	195029	27.0~<30.0	≥46.0	≤42.0	2.0	5.0	1.5	1.0	余量
RESiFe-32Ce	195032	30.0~<33.0	≥46.0	≤40.0	2.0	4.0	1.0	1.0	余量
RESiFe-35Ce	195035	33.0~<36.0	≥46.0	≤39.0	2.0	4.0	1.0	1.0	余量
RESiFe-38Ce	195038	36.0~<39.0	≥46.0	≤38.0	2.0	4.0	1.0	1.0	余量
RESiFe-41Ce	195041	39.0~<42.0	≥46.0	≤37.0	2.0	4.0	1.0	1.0	余量
RESiFe-13Y	195213	10.0~<15.0	≥45.0	48.0~<50.0	6.0	2.5	1.5	1.0	余量
RESiFe-18Y	195218	15.0~<20.0	≥45.0	48.0~<50.0	6.0	2.5	1.5	1.0	余量
RESiFe-23Y	195223	20.0~<25.0	≥45.0	43.0~<48.0	6.0	2.5	1.5	1.0	余量
RESiFe-28Y	195228	25.0~<30.0	≥45.0	43.0~<48.0	6.0	2.0	1.0	1.0	余量
RESiFe-33Y	195233	30.0~<35.0	≥45.0	40.0~<45.0	6.0	2.0	1.0	1.0	余量
RESiFe-38Y	195238	35.0~<40.0	≥45.0	40.0~<45.0	6.0	2.0	1.0	1.0	余量

4.2.31 稀土镁硅铁合金

1. 轻稀土镁硅铁合金的牌号和化学成分（见表4-46）

表4-46 轻稀土镁硅铁合金的牌号和化学成分（GB/T 4138—2015）

牌号		化学成分(质量分数,%)									
字符牌号	对应原数字牌号	RE	Ce/RE	Mg	Ca	Si	Mn	Ti	MgO	Al	Fe
						≤					
REMgSiFe-01CeA	195101A	0.5~<2.0	≥46	4.5~<5.5	1.0~<3.0	45.0	1.0	1.0	0.5	1.0	余量
REMgSiFe-01CeB	195101B	0.5~<2.0	≥46	5.5~<6.5	1.0~<3.0	45.0	1.0	1.0	0.6	1.0	余量
REMgSiFe-01CeC	195101C	0.5~<2.0	≥46	6.5~<7.5	1.0~<2.5	45.0	1.0	1.0	0.7	1.0	余量
REMgSiFe-01CeD	195101D	0.5~<2.0	≥46	7.5~<8.5	1.0~<2.5	45.0	1.0	1.0	0.8	1.0	余量
REMgSiFe-03CeA	195103A	2.0~<4.0	≥46	6.0~<8.0	1.0~<2.0	45.0	1.0	1.0	0.7	1.0	余量
REMgSiFe-03CeB	195103B	2.0~<4.0	≥46	6.0~<8.0	2.0~<3.5	45.0	1.0	1.0	0.7	1.0	余量
REMgSiFe-03CeC	195103C	2.0~<4.0	≥46	7.0~<9.0	1.0~<2.0	45.0	1.0	1.0	0.8	1.0	余量
REMgSiFe-03CeD	195103D	2.0~<4.0	≥46	7.0~<9.0	2.0~<3.5	45.0	1.0	1.0	0.8	1.0	余量
REMgSiFe-05CeA	195105A	4.0~<6.0	≥46	7.0~<9.0	1.0~<2.0	44.0	2.0	1.0	0.8	1.0	余量
REMgSiFe-05CeB	195105B	4.0~<6.0	≥46	7.0~<9.0	2.0~<3.0	44.0	2.0	1.0	0.8	1.0	余量
REMgSiFe-07CeA	195107A	6.0~<8.0	≥46	7.0~<9.0	1.0~<2.0	44.0	2.0	1.0	0.8	1.0	余量
REMgSiFe-07CeB	195107B	6.0~<8.0	≥46	7.0~<9.0	2.0~<3.0	44.0	2.0	1.0	0.8	1.0	余量
REMgSiFe-07CeC	195107C	6.0~<8.0	≥46	9.0~<11.0	1.0~<3.0	44.0	2.0	1.0	1.0	1.0	余量

2. 重稀土镁硅铁合金的牌号和化学成分（见表4-47）

表4-47 重稀土镁硅铁合金的牌号和化学成分（GB/T 4138—2015）

牌号		化学成分(质量分数,%)									
字符牌号	对应原数字牌号	RE	Y/RE	Mg	Ca	Si	Mn	Ti	MgO	Al	Fe
						≤					
REMgSiFe-01YA	195301A	0.5~<1.5	≥40	3.5~<4.5	1.0~<2.5	48	1	0.5	0.65	1.0	余量
REMgSiFe-01YB	195301B	0.5~<1.5	≥40	5.5~<6.5	1.0~<2.5	48	1	0.5	0.65	1.0	余量
REMgSiFe-02YA	195302A	1.5~<2.5	≥40	3.5~<4.5	1.0~<2.5	48	1	0.5	0.65	1.0	余量
REMgSiFe-02YB	195302B	1.5~<2.5	≥40	4.5~<5.5	1.0~<2.5	48	1	0.5	0.65	1.0	余量
REMgSiFe-02YC	195302C	1.5~<2.5	≥40	5.5~<6.5	1.0~<2.5	48	1	0.5	0.65	1.0	余量
REMgSiFe-03YA	195303A	2.5~<3.5	≥40	5.5~<6.5	1.0~<2.5	48	1	0.5	0.65	1.0	余量
REMgSiFe-03YB	195303B	2.5~<3.5	≥40	6.5~<7.5	1.0~<2.5	48	1	0.5	0.75	1.0	余量
REMgSiFe-03YC	195303C	2.5~<3.5	≥40	7.5~<8.5	1.0~<2.5	48	1	0.5	0.85	1.0	余量
REMgSiFe-04Y	195304	3.5~<4.5	≥40	5.5~<6.5	1.0~<2.5	46	1	0.5	0.65	1.0	余量
REMgSiFe-05Y	195305	4.5~<5.5	≥40	6.0~<8.0	1.0~<3.0	46	1	0.5	0.8	1.0	余量
REMgSiFe-06Y	195306	5.5~<6.5	≥40	6.0~<8.0	1.0~<3.0	46	1	0.5	0.8	1.0	余量
REMgSiFe-07Y	195307	6.5~<7.5	≥40	7.0~<9.0	1.0~<3.0	44	1	0.5	1.0	1.0	余量
REMgSiFe-08Y	195308	7.5~<8.5	≥40	7.0~<9.0	1.0~<3.0	44	1	0.5	1.0	1.0	余量

注：用于高韧性大断面球墨铸铁铸造，适量添加 Ba（质量分数<2%）、Bi（质量分数<0.5%）、Sb（质量分数<0.5%）。

第 5 章　铸　　铁

5.1　灰铸铁

1. 灰铸铁试样的抗拉强度（见表 5-1）

表 5-1　灰铸铁试样的抗拉强度（GB/T 9439—2023）

牌号	铸件主要壁厚 t/mm	抗拉强度 R_m/MPa	
		单铸试棒或并排试棒	附铸试块 ≥
HT100	>5～40	100～200	—
HT150	>2.5～5	150～250	—
	>5～10		—
	>10～20		—
	>20～40		125
	>40～80		110
	>80～150		100
	>150～300		90
HT200	>2.5～5	200～300	—
	>5～10		—
	>10～20		—
	>20～40		170
	>40～80		155
	>80～150		140
	>150～300		130
HT225	>5～10	225～325	—
	>10～20		—
	>20～40		190
	>40～80		170
	>80～150		155
	>150～300		145

牌号	铸件主要壁厚 t/mm	抗拉强度 R_m/MPa	
		单铸试棒或并排试棒	附铸试块 ≥
HT250	>5～10	250～350	—
	>10～20		—
	>20～40		210
	>40～80		190
	>80～150		170
	>150～300		160
HT275	>10～20	275～375	—
	>20～40		230
	>40～80		210
	>80～150		190
	>150～300		180
HT300	>10～20	300～400	—
	>20～40		250
	>40～80		225
	>80～150		210
	>150～300		190
HT350	>10～20	350～450	—
	>20～40		290
	>40～80		260
	>80～150		240
	>150～300		220

注：HT100 是适用于要求高减振性和高热导率的材料。

2. 灰铸铁的硬度（见表 5-2）

表 5-2 灰铸铁的硬度（GB/T 9439—2023）

牌号	铸件主要壁厚 t/mm	铸件硬度 HBW	牌号	铸件主要壁厚 t/mm	铸件硬度 HBW
HT-HBW155	>2.5~5	≤210	HT-HBW195	>10~20	150~230
	>5~10	≤185		>20~40	125~210
	>10~20	≤170		**>40~80**	**120~195**
	>20~40	≤160	HT-HBW215	>5~10	200~275
	>40~80	≤155		>10~20	180~255
HT-HBW175	>2.5~5	170~260		>20~40	160~235
	>5~10	140~225		**>40~80**	**145~215**
	>10~20	125~205	HT-HBW235	>10~20	200~275
	>20~40	110~185		>20~40	180~255
	>40~80	**100~175**		**>40~80**	**165~235**
HT-HBW195	>4~5	190~275	HT-HBW255	>20~40	200~275
	>5~10	170~260		**>40~80**	**185~255**

注：1. 黑体数字表示对应该硬度等级的铸件主要壁厚处的最小和最大布氏硬度值。
2. 对同一硬度等级，硬度随壁厚的增加而降低。

3. ϕ30mm 单铸试样的力学性能和物理性能

（1）ϕ30mm 单铸试样的力学性能（见表 5-3）

表 5-3 ϕ30mm 单铸试样的力学性能（GB/T 9439—2023）

项目	牌号						
	HT150	HT200	HT225	HT250	HT275	HT300	HT350
	基体组织						
	铁素体+珠光体			珠光体			
抗拉强度 R_m/MPa	150~250	200~300	225~325	250~350	275~375	300~400	350~450
规定塑性延伸强度 $R_{p0.1}$/MPa	98~165	130~195	150~210	165~228	180~245	195~260	228~285
抗压强度 R_{mc}/MPa	600	720	780	840	900	960	1080
规定塑性压缩强度 $R_{pc0.1}$/MPa	195	260	290	325	360	390	455
抗弯强度 σ_{bb}/MPa	270~455 (1.82R_m)	345~520 (1.73R_m)	380~550 (1.69R_m)	415~580 (1.66R_m)	450~610 (1.63R_m)	480~640 (1.60R_m)	540~690 (1.54R_m)
抗剪强度 τ_b/MPa	170	230	260	290	320	345	400
抗扭强度/MPa	170	230	260	290	320	345	400
弹性模量 E/GPa	78~103	88~113	95~115	103~118	105~128	108~137	123~143
泊松比 ν	0.26	0.26	0.26	0.26	0.26	0.26	0.26
弯曲疲劳强度/MPa	70~115 (0.46R_m)	90~140 (0.46R_m)	105~150 (0.46R_m)	115~160 (0.46R_m)	125~170 (0.46R_m)	140~185 (0.46R_m)	160~205 (0.46R_m)
反拉-压应力疲劳极限/MPa	50~85 (0.34R_m)	70~100 (0.34R_m)	75~110 (0.34R_m)	85~120 (0.34R_m)	95~130 (0.34R_m)	100~135 (0.34R_m)	120~155 (0.34R_m)
扭转疲劳强度/MPa	55~95 (0.38R_m)	75~115 (0.38R_m)	85~125 (0.38R_m)	95~135 (0.38R_m)	105~140 (0.38R_m)	115~150 (0.38R_m)	135~170 (0.38R_m)

（2）ϕ30mm 单铸试样的物理性能（见表 5-4）

表 5-4 ϕ30mm 单铸试样的物理性能（GB/T 9439—2023）

项目		牌号						
		HT150	HT200	HT225	HT250	HT275	HT300	HT350
密度 ρ/(kg/dm^3)		7.10	7.15	7.15	7.20	7.20	7.25	7.30
比热容 c/[J/(kg·K)]	20~200℃	460						
	20~600℃	535						
线胀系数 α/$10^{-6}K^{-1}$	-100~-20℃	10.0						
	20~200℃	11.7						
	20~400℃	13.0						
热导率 λ/[W/(m·K)]	100℃	52.5	50.0	49.0	48.5	48.0	47.5	45.5
	200℃	51.0	49.0	48.0	47.5	47.0	46.0	44.5
	300℃	50.0	48.0	47.0	46.5	46.0	45.0	43.5
	400℃	49.0	47.0	46.0	45.0	44.5	44.0	42.0
	500℃	48.5	46.0	45.0	44.5	43.5	43.0	41.5
电阻率 ρ/(Ω·mm^2/m)		0.80	0.77	0.75	0.73	0.72	0.70	0.67
抗磁性 H_0/(A/m)		560~720						
室温下的最大磁导率 μ/(μh/m)		220~330						
B=1T 时的磁滞损耗/(J/m^3)		2500~3000						

4. 灰铸铁件的本体抗拉强度、硬度和截面厚度的关系

依据主要壁厚预期的灰铸铁件本体抗拉强度见表 5-5。形状简单铸件的最小抗拉强度和主要壁厚之间的关系如图 5-1 所示，其平均硬度和主要壁厚之间的关系如图 5-2 所示。

表 5-5 依据主要壁厚预期的灰铸铁件本体抗拉强度（GB/T 9439—2023）

牌号	铸件主要壁厚 t/mm	铸件抗拉强度预期值 R_m/MPa ≥	牌号	铸件主要壁厚 t/mm	铸件抗拉强度预期值 R_m/MPa ≥
HT100	>5~40	—	HT250	>5~10	250
HT150	>2.5~5	165		>10~20	225
	>5~10	150		>20~40	195
	>10~20	135		>40~80	170
	>20~40	115		>80~150	160
	>40~80	100		>150~300	155
	>80~150	90	HT275	>10~20	250
	>150~300	—		>20~40	215
HT200	>2.5~5	220		>40~80	190
	>5~10	200		>80~150	180
	>10~20	180		>150~300	170
	>20~40	155	HT300	>10~20	270
	>40~80	135		>20~40	235
	>80~150	120		>40~80	210
	>150~300	—		>80~150	195
HT225	>5~10	—		>150~300	185
	>10~20	225	HT350	>10~20	315
	>20~40	205		>20~40	275
	>40~80	175		>40~80	240
	>80~150	155		>80~150	220
	>150~300	140		>150~300	210

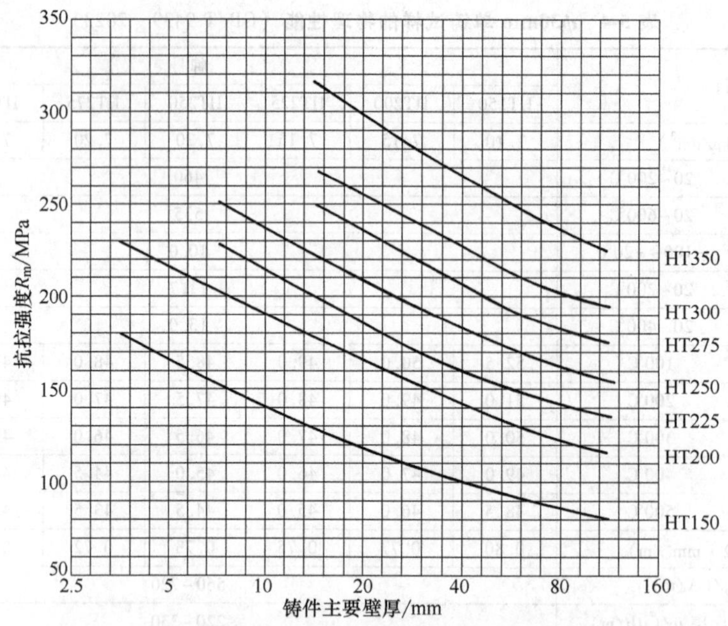

图 5-1　形状简单铸件的最小抗拉强度和主要壁厚之间的关系

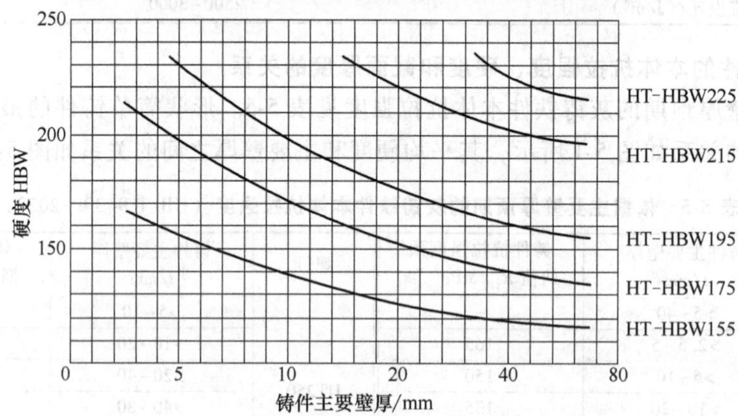

图 5-2　形状简单铸件的平均硬度和主要壁厚之间的关系

5.2　球墨铸铁

5.2.1　球墨铸铁件

1. 铁素体-珠光体球墨铸铁

（1）铁素体-珠光体球墨铸铁试样的拉伸性能（见表 5-6）

表 5-6　铁素体-珠光体球墨铸铁试样的拉伸性能（GB/T 1348—2019）

牌号	铸件壁厚 t/mm	规定塑性延伸强度 $R_{p0.2}$/MPa ≥	抗拉强度 R_m/MPa ≥	断后伸长率 A（%）≥
QT350-22L	≤30	220	350	22
	>30~60	210	330	18
	>60~200	200	320	15

（续）

牌号	铸件壁厚 t/mm	规定塑性延伸强度 $R_{p0.2}$/MPa ≥	抗拉强度 R_m/MPa ≥	断后伸长率 A（%） ≥
QT350-22R	≤30	220	350	22
	>30～60	220	330	18
	>60～200	210	320	15
QT350-22	≤30	220	350	22
	>30～60	220	330	18
	>60～200	210	320	15
QT400-18L	≤30	240	400	18
	>30～60	230	380	15
	>60～200	220	360	12
QT400-18R	≤30	250	400	18
	>30～60	250	390	15
	>60～200	240	370	12
QT400-18	≤30	250	400	18
	>30～60	250	390	15
	>60～200	240	370	12
QT400-15	≤30	250	400	15
	>30～60	250	390	14
	>60～200	240	370	11
QT450-10	≤30	310	450	10
	>30～60	供需双方商定		
	>60～200			
QT500-7	≤30	320	500	7
	>30～60	300	450	7
	>60～200	290	420	5
QT550-5	≤30	350	550	5
	>30～60	330	520	4
	>60～200	320	500	3
QT600-3	≤30	370	600	3
	>30～60	360	600	2
	>60～200	340	550	1
QT700-2	≤30	420	700	2
	>30～60	400	700	2
	>60～200	380	650	1
QT800-2	≤30	480	800	2
	>30～60	供需双方商定		
	>60～200			
QT900-2	≤30	600	900	2
	>30～60	供需双方商定		
	>60～200			

注：1. 从试样测得的力学性能并不能准确地反映铸件本体的力学性能，请参见表5-7所列的铸件本体的拉伸性能指导值。

2. 本表数据适用于单铸试样、附铸试样和并排铸造试样。

3. 字母“L”表示低温；字母“R”表示室温。

（2）铁素体-珠光体球墨铸铁本体试样的力学性能指导值（见表 5-7）

表 5-7 铁素体-珠光体球墨铸铁本体试样的力学性能指导值（GB/T 1348—2019）

牌号	铸件壁厚 t/mm	规定塑性延伸强度 $R_{p0.2}$/MPa ≥	抗拉强度 R_m/MPa ≥	断后伸长率 A（%） ≥
QT350-22L/C	≤30	220	340	20
	>30~60	210	320	15
	>60~200	200	310	12
QT350-22R/C	≤30	220	340	20
	>30~60	210	320	15
	>60~200	200	310	12
QT350-22/C	≤30	220	340	20
	>30~60	210	320	15
	>60~200	200	310	12
QT400-18L/C	≤30	240	390	15
	>30~60	230	370	12
	>60~200	220	340	10
QT400-18R/C	≤30	250	390	15
	>30~60	240	370	12
	>60~200	230	350	10
QT400-18/C	≤30	250	390	15
	>30~60	240	370	12
	>60~200	230	350	10
QT400-15/C	≤30	250	390	12
	>30~60	240	370	11
	>60~200	230	350	8
QT450-10/C	≤30	300	440	8
	>30~60	供方提供指导值		
	>60~200			
QT500-7/C	≤30	300	480	6
	>30~60	280	450	5
	>60~200	260	400	3
QT550-5/C	≤30	330	530	4
	>30~60	310	500	3
	>60~200	290	450	2
QT600-3/C	≤30	360	580	3
	>30~60	340	550	2
	>60~200	320	500	1
QT700-2/C	≤30	410	680	2
	>30~60	390	650	1
	>60~200	370	600	1
QT800-2/C	≤30	460	780	2
	>30~60	供方提供指导值		
	>60~200			

2. 铁素体球墨铸铁的力学性能

（1）铁素体球墨铸铁试样的最小冲击吸收能量见表 5-8。

表 5-8 铁素体球墨铸铁试样的最小冲击吸收能量（GB/T 1348—2019）

牌号	铸件壁厚 t/mm	最小冲击吸取能量 KV/J					
		室温(23±5)℃		低温(-20±2)℃		低温(-40±2)℃	
		三个试样平均值	单个值	三个试样平均值	单个值	三个试样平均值	单个值
QT350-22L	≤30	—	—	—	—	12	9
	>30~60	—	—	—	—	12	9
	>60~200	—	—	—	—	10	7
QT350-22R	≤30	17	14	—	—	—	—
	>30~60	17	14	—	—	—	—
	>60~200	15	12	—	—	—	—
QT400-18L	≤30	—	—	12	9	—	—
	>30~60	—	—	12	9	—	—
	>60~200	—	—	10	7	—	—
QT400-18R	≤30	14	11	—	—	—	—
	>30~60	14	11	—	—	—	—
	>60~200	12	9	—	—	—	—

注：1. 这些材料牌号也可用于压力容器。
2. 从试样上测得的力学性能并不能准确地反映铸件本体的力学性能。
3. 该表数据适用于单铸试样、附铸试样和并排浇铸试样。
4. 字母“L”表示低温；字母“R”表示室温。

（2）铁素体-珠光体球墨铸铁材料的硬度等级（见表 5-9）

表 5-9 铁素体-珠光体球墨铸铁材料的硬度等级（GB/T 1348—2019）

牌号	硬度范围 HBW	其他性能	
		抗拉强度 R_m/MPa ≥	规定塑性延伸强度 $R_{p0.2}$/MPa ≥
QT-HBW130	<160	350	220
QT-HBW150	130~175	400	250
QT-HBW155	135~180	400	250
QT-HBW185	160~210	450	310
QT-HBW200	170~230	500	320
QT-HBW215	180~250	550	350
QT-HBW230	190~270	600	370
QT-HBW265	225~305	700	420
QT-HBW300	245~335	800	480
QT-HBW330	270~360	900	600

注：1. 当硬度作为检验标准时，这些性能值仅供参考。
2. QT-HBW300 和 QT-HBW330 不适用于厚壁部件。

3. 固溶强化铁素体球墨铸铁

（1）固溶强化铁素体球墨铸铁中推荐的硅含量（见表 5-10）

表 5-10 固溶强化铁素体球墨铸铁中推荐的硅含量（GB/T 1348—2019）

牌号	硅含量①(质量分数,%)	牌号	硅含量①(质量分数,%)
QT450-18	≈3.20	QT600-10	≈4.20
QT500-14	≈3.80		

注：1. 高硅化学分析的取样方法对硅含量的检测值有较大影响。为保证获得准确的结果，建立取样方法规程，从而获得白口组织和选择化学分析方法至关重要。
2. 应注意过高的硅含量可能对冲击韧性产生不利影响。

① 由于其他合金化元素，或者对厚壁件，硅含量可以降低。随着硅含量的增加，碳含量应相应地降低。

（2）固溶强化铁素体球墨铸铁铸造试样的拉伸性能（见表5-11）

表 5-11 固溶强化铁素体球墨铸铁铸造试样的拉伸性能（GB/T 1348—2019）

牌号	铸件壁厚 t/mm	规定塑性延伸强度 $R_{p0.2}$/MPa ≥	抗拉强度 R_m/MPa ≥	断后伸长率 A（%）≥
QT450-18	≤30	350	450	18
	>30~60	340	430	14
	>60~200	供需双方商定		
QT500-14	≤30	400	500	14
	>30~60	390	480	12
	>60~200	供需双方商定		
QT600-10	≤30	470	600	10
	>30~60	450	580	8
	>60~200	供需双方商定		

注：1. 从铸造试样测得的力学性能并不能准确地反映铸件本体的力学性能，请参见铸件本体的拉伸性能指导值。
2. 本表数据适用于单铸试样、附铸试样和并排浇铸试样。

（3）固溶强化铁素体球墨铸铁件本体试样的力学性能指导值（见表5-12）

表 5-12 固溶强化铁素体球墨铸铁件本体试样的力学性能指导值（GB/T 1348—2019）

牌号	铸件壁厚 t/mm	规定塑性延伸强度 $R_{p0.2}$/MPa ≥	抗拉强度 R_m/MPa ≥	断后伸长率 A（%）≥
QT450-18/C	≤30	350	440	16
	>30~60	340	420	12
	>60~200	供方提供指导值		
QT500-14/C	≤30	400	480	12
	>30~60	390	460	10
	>60~200	供方提供指导值		
QT600-10/C	≤30	450	580	8
	>30~60	430	560	6
	>60~200	供方提供指导值		

（4）固溶强化铁素体球墨铸铁材料的硬度等级（见表5-13）

表 5-13 固溶强化铁素体球墨铸铁材料的硬度等级（GB/T 1348—2019）

牌号	硬度范围 HBW	其他性能	
		抗拉强度 R_m/MPa ≥	规定塑性延伸强度 $R_{p0.2}$/MPa ≥
QT-HBW175	160~190	450	350
QT-HBW195	180~210	500	400
QT-HBW210	195~225	600	470

注：当硬度作为检验标准时，这些性能值仅供参考。

4. 球墨铸铁的综合性能

（1）球墨铸铁材料的力学性能和物理性能（见表5-14）

（2）铸件本体试样（直径≤ϕ25mm，主要壁厚t≤30mm）的力学性能指导值（见表5-15）

表 5-14 球墨铸铁材料的力学性能和物理性能（GB/T 1348—2019）

项目	牌号											
	QT350-22	QT400-18	QT450-10	QT500-7	QT550-5	QT600-3	QT700-2	QT800-2	QT900-2	QT450-18	QT500-14	QT600-10
抗剪强度/MPa	315	360	405	450	500	540	630	720	810	—	—	—
抗扭强度/MPa	315	360	405	450	500	540	630	720	810	—	—	—
弹性模量 E(拉伸和压缩)/GPa	169	169	169	169	172	174	176	176	176	170	170	170
泊松比 ν	0.275	0.275	0.275	0.275	0.275	0.275	0.275	0.275	0.275	0.28~0.29	0.28~0.29	0.28~0.29
抗压强度/MPa	—	700	700	800	840	870	1000	1150	—	—	—	—
断裂韧度 K_{IC}/MPa·$\sqrt{m}$	31	30	28	25	22	20	15	14	14	—	—	—
300℃时的热传导率/[W/(K·m)]	36.2	36.2	36.2	35.2	34	32.5	31.1	31.1	31.1	—	—	—
20~500℃的比热容/[J/(kg·K)]	515	515	515	515	515	515	515	515	515	—	—	—
20~400℃的线胀系数/[μm/(m·K)]	12.5	12.5	12.5	12.5	12.5	12.5	12.5	12.5	12.5	—	—	—
密度/(kg/dm^3)	7.1	7.1	7.1	7.1	7.1	7.2	7.2	7.2	7.2	7.1	7.0	7.0
最大磁导率/(μH/m)	2136	2136	2136	1596	1200	866	501	501	501	—	—	—
磁滞损耗(B=1T)/(J/m^3)	600	600	600	1345	1800	2248	2700	2700	2700	—	—	—
电阻率/μΩ·m	0.50	0.50	0.50	0.51	0.52	0.53	0.54	0.54	0.54	—	—	—
主要基体组织	铁素体	铁素体	铁素体	铁素体-珠光体	铁素体-珠光体	珠光体-铁素体	珠光体①	珠光体或索氏体	回火马氏体或索氏体+屈氏体①	铁素体	铁素体	铁素体

注：1. 除非另有说明，本表中所列数值都是常温下的测定值。

2. 无缺口试样：对于抗拉强度是 370MPa 的球墨铸铁件，退火铁素体球墨铸铁件的疲劳极限强度大约是抗拉强度的 0.5 倍。在珠光体球墨铸铁和（淬火+回火）球墨铸铁中这个比率随着抗拉强度的增加而减少，疲劳极限强度大约是抗拉强度的 0.4 倍。当抗拉强度超过 740MPa 时这个比率将进一步减少。

3. 有缺口试样：对直径 ϕ10.6mm 的 45°R0.25mm 圆角的 V 型缺口试样，退火球墨铸铁件的疲劳极限强度降低到无缺口球墨铸铁件（抗拉强度是 370MPa）疲劳极限的 0.63 倍。这个比率随着铁素体球墨铸铁件抗拉强度的增加而减少。对中等强度的球墨铸铁件、珠光体球墨铸铁件和（淬火+回火）球墨铸铁件，有缺口试样的疲劳极限大约是无缺口试样疲劳极限强度的 0.6 倍。

① 对大型铸件，也可能是珠光体，也可能是回火马氏体或屈氏体+索氏体。

表 5-15　铸件本体试样（直径≤ϕ25mm，主要壁厚 t≤30mm）的力学性能指导值（GB/T 1348—2019）

项目		牌号										
		QT350-22	QT400-18	QT450-10	QT500-7	QT600-3	QT700-2	QT800-2	QT900-2	QT450-18	QT500-14	QT600-10
抗拉强度 R_m/MPa		350	400	450	500	600	700	800	900	450	500	600
交变拉伸-压缩 $\sigma_w=\sigma$ $(R=-1)$①	平均疲劳强度值 $\sigma_w^{②}$(标准差约为 22.3%)/MPa	150	168	185	200	228	252	272	288	185	200	228
	强度比 σ_w/R_m 约为 0.50-0.0002R_m	0.43	0.42	0.41	0.40	0.38	0.36	0.34	0.32	0.41	0.40	0.38
脉冲拉伸 $\sigma_{max}=2\sigma(R=0)$①② 平均疲劳强度 σ_{ma}(标准差约为 9%)②/MPa 关系式 $\sigma(R=0)/\sigma(R=-1)$ 约为 0.7		210	235	259	280	319	353	381	403	259	280	319
交变扭转 $\tau_w=\tau_A(R=-1)$①	平均扭转疲劳强度值 $\tau_w^{②}$(标准差约为 14%)/MPa	138	152	166	180	204	224	240	252	166	180	204
	强度比 τ_w/R_m 约为 0.46-0.0002R_m	0.39	0.38	0.37	0.36	0.34	0.32	0.30	0.28	0.37	0.36	0.34
旋转弯曲 $\sigma_w=\sigma_{bw}(R=-1)$①	平均疲劳强度值 $\sigma_w^{②}$(标准差约为 14.2%)/MPa	168	188	207	225	258	287	312	333	207	225	258
	强度比 σ_w/R_m 约为 0.55-0.0002R_m	0.48	0.47	0.46	0.45	0.43	0.41	0.39	0.37	0.46	0.45	0.43
旋转弯曲 $\sigma_w=\sigma_{bwk}(R=-1)$①	平均疲劳强度值 $\sigma_w^{②}$(标准差约为 21.8%)/MPa	115	128	139	150	168	182	192	198	139	150	168
	强度比 $\sigma_{bwk}(R=-1)/R_m$ 约为 0.40-0.0002R_m	0.33	0.32	0.31	0.30	0.28	0.26	0.24	0.22	0.31	0.30	0.28

① 应力控制疲劳测试。

② 无缺口试样（ϕ≤25mm）在高循环次数为 100 万转（$N=10^7$）下的平均疲劳强度和失效概率 $P=50\%$，相应的疲劳强度比随着抗拉强度的减小而增大；缺口试样（K_t≤3）在高循环次数为 100 万转（$N=10^7$）下的平均旋转弯曲疲劳强度和失效概率 $P=50\%$。相应的疲劳强度比随着抗拉强度的减小而增大。

5.2.2 等温淬火球墨铸铁件

1. 等温淬火球墨铸铁单铸、并排或附铸试块的力学性能（见表5-16）

表5-16 等温淬火球墨铸铁单铸、并排或附铸试块的力学性能（GB/T 24733—2023）

牌号	铸件的主要壁厚 t/mm	抗拉强度 R_m/MPa ≥	规定塑性延伸强度 $R_{p0.2}$/MPa ≥	断后伸长率 A ($L_0=5d$)(%) ≥	断后伸长率 A ($L_0=4d$)(%) ≥
QTD800-11 QTD800-11R	≤30	800	550	11	12
	>30~60	750	550	7	8
	>60~100	720	550	6	7
QTD900-9	≤30	900	650	9	10
	>30~60	850	650	6	7
	>60~100	820	650	5	6
QTD1050-7	≤30	1050	750	7	8
	>30~60	1000	750	5	6
	>60~100	970	700	4	5
QTD1200-4	≤30	1200	850	4	5
	>30~60	1170	850	3	4
	>60~100	1140	850	2	3
QTD1400-2	≤30	1400	1100	2	3
	>30~60	1300	由供需双方商定	2	由供需双方商定
	>60~100	1250	由供需双方商定	1	由供需双方商定
QTD1600-1	≤30	1600	1300	1	1
	>30~60	1450	由供需双方商定		由供需双方商定
	>60~100	1300	由供需双方商定		由供需双方商定

注：1. 由于铸件复杂程度和各部分壁厚不同，其性能是不均匀的。
2. 字母R表示该牌号有室温（23℃）冲击性能值。
3. 经过适当的热处理，规定塑性延伸强度最小值可按本表规定，而随铸件壁厚增大，抗拉强度和断后伸长率会降低。

2. 抗磨等温淬火球墨铸铁的力学性能（见表5-17）

表5-17 抗磨等温淬火球墨铸铁（GB/T 24733—2023）

牌号	硬度 HBW ≥	其他性能(仅供参考)		
		抗拉强度 R_m/MPa ≥	规定塑性延伸强度 $R_{p0.2}$/MPa ≥	断后伸长率 A(%) ≥
QTD-HBW400	400	1400	1100	2
QTD-HBW450	450	1600	1300	1

注：1. 最大布氏硬度由供需双方商定。
2. 400HBW和450HBW如换算成洛氏硬度分别约为43HRC和48HRC。

3. 等温淬火球墨铸铁试样的最小吸收能量

（1）等温淬火球墨铸铁单铸、并排和附铸试块的最小吸收能量（见表5-18）

表5-18 等温淬火球墨铸铁单铸、并排和附铸试块的最小吸收能量（GB/T 24733—2023）

牌号	铸件主要壁厚 t/mm	室温(23℃)下最小冲击吸收能量 KV/J	
		3个试样的平均值	单个值
QTD800-11R	≤30	10	9
	>30~60	9	8
	>60~100	8	7

（2）等温淬火球墨铸铁无缺口试样的最小吸收能量（见表 5-19）

表 5-19　等温淬火球墨铸铁无缺口试样的最小吸收能量（GB/T 24733—2023）

牌号	(23±5)℃时最小冲击吸收能量/J	牌号	(23±5)℃时最小冲击吸收能量/J
QTD800-11 QTD800-11R	110	QTD1400-2	35
QTD900-9	100	QTD1600-1	25
QTD1050-7	80	QTDHBW400	25
QTD1200-4	60	QTDHBW450	20

注：1. (23±5)℃时无缺口试样试验值，表中的值是 4 次单独试验中 3 个较高值的平均值。

2. 无缺口试样的最小冲击吸收能量间接反映铝材料的显微组织状况。

4. 等温淬火球墨铸铁的其他力学性能和物理性能（见表 5-20）

表 5-20　等温淬火球墨铸铁其他力学和物理性能的技术数据（GB/T 24733—2023）

项目		牌号					
		QTD800-11 QTD800-11R	QTD900-9	QTD1050-7	QTD1200-4	QTD1400-2/ HBW400	QTD1600-1/ HBW450
抗压强度 R_{mc}/MPa		1300	1450	1675	1900	2200	2500
0.2%屈服强度/MPa		620	700	840	1040	1220	1350
抗剪强度 τ_b/MPa		720	800	940	1080	1260	1400
0.2%屈服强度/MPa		350	420	510	590	770	850
抗扭强度 τ_m/MPa		720	800	940	1080	1260	1400
0.2%屈服强度/MPa		350	420	510	590	770	850
断裂韧度 K_{IC}/MPa$\sqrt{m}$		62	60	59	54	50	—
交变拉伸-压缩 $\sigma_w=\sigma(R=-1)$	平均疲劳强度值 σ_w（标准偏差约为22.3%）/MPa	272	288	304	312	308	304
	强度比 σ_w/R_m 约为 $0.50-0.0002R_m$	0.34	0.32	0.29	0.26	0.22	0.21
交变拉伸 $\sigma_{max}=2\sigma(R=0)$ 平均疲劳强度 σ_{max} （标准偏差约为 9%）/MPa 关系式 $\sigma(R=0)/\sigma(R=-1)$ 约为 1.4		380	403	426	437	431	426
交变扭转 $T_w=T(R=-1)$	平均扭转疲劳强度 T_w（标准偏差约为 14%）/MPa	240	252	262	264	252	246
	强度比 T_w/R_m 约为 $0.46-0.0002R_m$	0.30	0.28	0.25	0.22	0.18	0.17
旋转平面弯曲 $\sigma_{bw}=\sigma(R=-1)$	平均扭转疲劳强度 σ_{bw}（标准偏差约为 14.2%）/MPa	312	333	357	372	378	377
	强度比 σ_{bw}/R_m 约为 $0.55-0.0002R_m$	0.39	0.34	0.34	0.31	0.27	0.26
旋转弯曲 $\sigma_{bwk}=\sigma_k$ $(R=-1)$	平均扭转疲劳强度 σ_{bwk}（标准偏差约为 21.8%）/MPa	192	198	200	192	168	160
	强度比 σ_{bwk}/R_m 约为 $0.40-0.0002R_m$	0.24	0.22	0.19	0.16	0.12	0.11

（续）

项目	牌号					
	QTD800-11 QTD 800-11R	QTD900-9	QTD1050-7	QTD1200-4	QTD1400-2/HBW400	QTD1600-1/HBW450
弹性模量 E(拉伸和压缩)/GPa	170	169	168	167	165	165
典型值						
泊松比 ν	0.27					
抗剪弹性模量/GPa	65	65	64	63	62	62
密度 ρ/(g/cm^3)	7.1			7.0		
线胀系数 α(20~200℃)/[μm/(m·K)]	18~14					
热导率 λ(200℃)/[W/(m·K)]	23~20					

注：1. 表中所列值均在室温时的测定值。

2. 表中数据为壁厚50mm以下能达到的最小值；对较大的截面，可由供需双方协商确定。

5. 等温淬火球墨铸铁齿轮的设计数据

（1）等温淬火球墨铸铁齿轮设计的常用性能数据（见表5-21）

表5-21 等温淬火球墨铸铁齿轮设计的常用性能数据（GB/T 24733—2023）

性能	牌号			
	QTD800-11 QTD800-11R	QTD900-9	QTD1050-7	QTD1200-4
接触疲劳强度 $\sigma_{\mathrm{H\ lim90\%}}$/MPa $N=10^7$ 循环次数	1050	1100	1300	1350
齿根弯曲疲劳强度 $\sigma_{\mathrm{F\ lim90\%}}$/MPa $N=10^7$ 循环次数	350	320	300	290

（2）等温淬火球墨铸铁的许用弯曲应力和许用接触应力

1）等温淬火球墨铸铁（机加工后与机加工并喷丸强化后）的弯曲疲劳极限应力如图5-3所示。

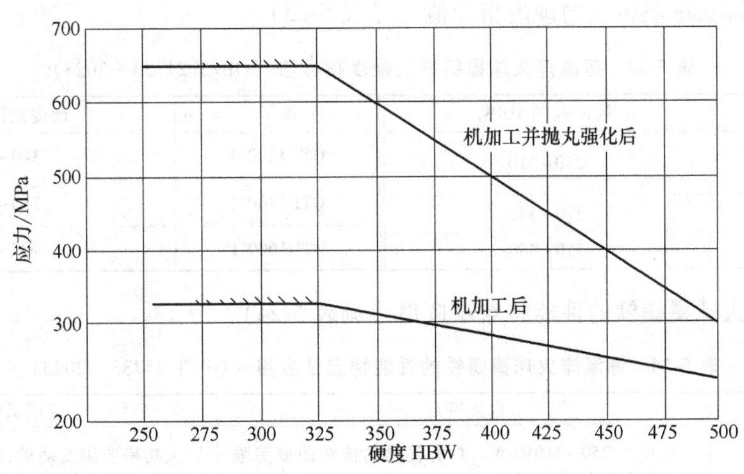

图5-3 等温淬火球墨铸铁（机加工后与机加工并喷丸强化后）的弯曲疲劳极限应力

注：阴影区域表示在300~325HBW之间可能的应力峰值 σ_{FP}，在250~325HBW之间没有定义精确的曲线。在此范围内使用325HBW处的 σ_{FP} 值，除非有经验证明有更高的值。

2）等温淬火球墨铸铁的接触疲劳极限应力如图 5-4 所示。

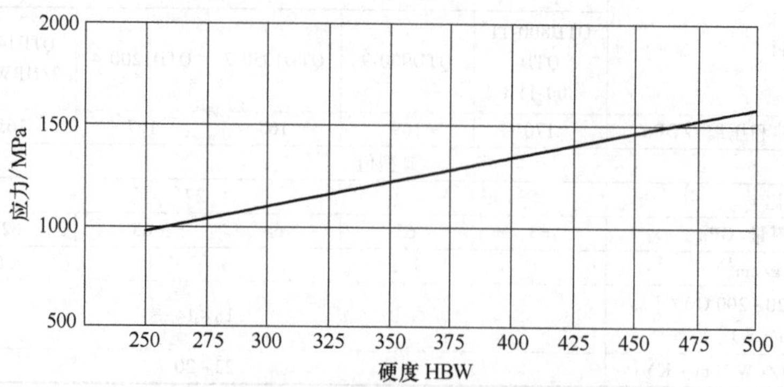

图 5-4 等温淬火球墨铸铁的接触疲劳极限应力

6. 等温淬火球墨铸铁本体试样力学性能和硬度的指导值

（1）等温淬火球墨铸铁本体试样力学性能的指导值（见表 5-22）

表 5-22 等温淬火球墨铸铁本体试样力学性能的指导值（GB/T 24733—2023）

牌号	规定塑性延伸强度 $R_{p0.2}$/MPa ≥	抗拉强度 R_m/MPa			断后伸长率 A(%)		
		铸件主要壁厚 t/mm					
		≤30	>30~60	>60~100	≤30	>30~60	>60~100
QTD800-11 QTD800-11R	550	790	740	710	8	5	4
QTD900-9	650	880	830	800	7	4	3
QTD1050-7	750	1020	970	940	5	3	2
QTD1200-4	850	1170	1140	1110	2	1	1
QTD1400-2	1100	1360	由供需双方商定				
QTD1600-1	1300	1500					

（2）等温淬火球墨铸铁的硬度指导值（见表 5-23）

表 5-23 等温淬火球墨铸铁的硬度指导值（GB/T 24733—2023）

牌号	硬度范围 HBW	牌号	硬度范围 HBW
QTD800-11 QTD800-11R	250~310	QTD1200-4	340~420
QTD900-9	270~340	QTD1400-2	380~480
QTD1050-7	310~380	QTD1600-1	400~490

7. 等温淬火球墨铸铁的性能特点及应用（见表 5-24）

表 5-24 等温淬火球墨铸铁的性能特点及应用（GB/T 24733—2023）

牌号	性能特点	应用示例
QTD800-11 QTD800-11R	硬度为 250~310HBW。具有优异的抗弯曲疲劳强度和较好的抗裂纹性能。机加工性能较好。抗拉强度和疲劳强度稍低于 QTD900-9，但可成为等温淬火处理后需进一步机加工的 QTD900-9 零件的代替牌号。动载性能超过同硬度的球墨铸铁齿轮	大功率船用发动机（8000kW）支承架、注塑机液压件、大型柴油机（10 缸）托架板、中型卡车悬挂件、恒速联轴器和柴油机曲轴（经圆角滚压）等。同硬度球墨铸铁齿轮的改进材料

（续）

牌号	性能特点	应用示例
QTD900-9	硬度为 270~340HBW。适用于要求较高韧性和抗弯曲疲劳强度以及机加工性能良好的承受中等应力的零件。具有较好的低温性能。等温淬火处理后进行喷丸、圆弧滚压或磨削，有良好的强化效果	柴油机曲轴（经圆角滚压）、真空泵传动齿轮、风镐缸体、机头、载重货车后钢板弹簧支架、汽车牵引钩支承座、衬套、控制臂、转动轴轴颈支撑、转向节、建筑用夹具、下水道盖板等
QTD1050-7	硬度为 310~380HBW。适用于高强度高韧性和高弯曲疲劳强度以及机加性能尚好的承受中等应力的零件，低温性能为各牌号 ADI 中最好，等温淬火处理后进行喷丸、圆弧滚压或磨削有很好的强化效果，进行喷丸强化后超过淬火钢齿轮的动载性能，接触疲劳强度优于氮化钢齿轮	大功率柴油机曲轴（经圆角滚压）、柴油机正时齿轮、拖拉机、工程机械齿轮、拖拉机轮轴传动器轮毂、坦克履带板体等
QTD1200-4	硬度为 340~420HBW。适用于要求高抗拉强度，较好疲劳强度，抗冲击强度和高耐磨性的零件	柴油机正时齿轮、链轮、铁路车辆销套等
QTD1400-2	硬度为 380~480HBW。适用于要求高强度、高接触疲劳强度和高耐磨性的零件。该牌号的齿轮接触疲劳强度和弯曲疲劳强度超过经火焰或感应淬火球墨铸铁齿轮的动载性能	凸轮轴、铁路货车斜楔、轻卡后桥螺旋锥齿轮、托辊、滚轮、冲剪机刀片等
QTD1600-1	硬度为 400~490HBW。适用于要求高强度、高接触疲劳强度和高耐磨性的零件	杂质泵体、挖掘机斗齿、磨球、衬板、锤头等
QTDHBW400	硬度大于 400HBW。适用于要求高硬度、抗磨、耐磨的零件	犁铧、斧、锹、铣刀等工具，挖掘机斗齿、杂质泵体、施肥刀片等
QTDHBW450	硬度大于 450HBW。适用于要求高硬度、抗磨、耐磨的零件	磨球、衬板、颚板、锤头、锤片、挖掘机斗齿等

5.2.3 耐磨损球墨铸铁件

1. 耐磨损球墨铸铁件的化学成分（见表 5-25）

表 5-25 耐磨损球墨铸铁件的化学成分（JB/T 11843—2014）

名称	牌号	化学成分（质量分数，%）					
		C	Si	Mn	Cr	P	S
奥铁体连续冷却淬火球墨铸铁件	QTML-1	3.2~3.8	2.0~3.0	2.0~3.0	—	≤0.05	≤0.03
马氏体连续冷却淬火球墨铸铁件	QTML-2	3.2~3.8	2.0~3.0	0.5~1.5	—	≤0.05	≤0.03
奥铁体等温淬火球墨铸铁件	QTMD-1	3.2~3.8	2.0~3.0	0.5~1.5	—	≤0.05	≤0.03
奥铁体低温等温淬火球墨铸铁件	QTMD-2	3.2~3.8	2.0~3.0	0.5~1.5	—	≤0.05	≤0.03
含碳化物奥铁体等温淬火球墨铸铁件	QTMCD	3.2~3.8	2.0~3.0	1.0~3.5	≤1.5	≤0.05	≤0.03

注：允许加入适量 Mo、Cu、Ni 等元素和微量 V、Ti、B、RE、Mg 等元素。

2. 耐磨损球墨铸铁件的硬度（见表 5-26）

表 5-26 耐磨损球墨铸铁件的硬度（JB/T 11843—2014）

名称	牌号	表面硬度 HRC
奥铁体连续冷却淬火球墨铸铁件	QTML-1	≥50
马氏体连续冷却淬火球墨铸铁件	QTML-2	≥52
奥铁体等温淬火球墨铸铁件	QTMD-1	≥43
奥铁体低温等温淬火球墨铸铁件	QTMD-2	≥48
含碳化物奥铁体等温淬火球墨铸铁件	QTMCD	≥56

注：铸件断面深度 40%处的硬度应不低于表面硬度值的 90%。

5.2.4 电力金具球墨铸铁件

电力金具球墨铸铁单铸试样的力学性能见表5-27。

表5-27 电力金具球墨铸铁单铸试样的力学性能（DL/T 768.4—2017）

牌号	抗拉强度 R_m/MPa ≥	规定塑性延伸强度 $R_{p0.2}$/MPa ≥	断后伸长率 A(%) ≥	硬度 HBW	主要基体组织
QT350-22L	350	220	22	≤160	铁素体
QT350-22R	350	220	22	≤160	铁素体
QT350-22	350	220	22	≤160	铁素体
QT400-18L	400	240	18	120~175	铁素体
QT400-18R	400	250	18	120~175	铁素体
QT400-18	400	250	18	120~175	铁素体
QT400-15	400	250	15	120~180	铁素体
QT450-10	450	310	10	160~210	铁素体
QT500-7	500	320	7	170~230	铁素体+珠光体
QT500-10	500	360	10	185~215	铁素体+珠光体
QT550-5	550	350	5	180~250	铁素体+珠光体
QT600-3	600	370	3	190~270	铁素体+珠光体
QT700-2	700	420	2	225~305	珠光体
QT800-2	800	480	2	245~335	珠光体或索氏体
QT900-2	900	600	2	280~360	回火马氏体或屈氏体+索氏体

5.3 奥氏体铸铁

1. 奥氏体铸铁的化学成分

（1）一般工程用奥氏体铸铁的化学成分（见表5-28）

表5-28 一般工程用奥氏体铸铁的化学成分（GB/T 26648—2011）

牌号	化学成分(质量分数,%)							
	C≤	Si	Mn	Cu	Ni	Cr	P≤	S≤
HTANi15Cu6Cr2	3.0	1.0~2.8	0.5~1.5	5.5~7.5	13.5~17.5	1.0~3.5	0.25	0.12
QTANi20Cr2	3.0	1.5~3.0	0.5~1.5	≤0.5	18.0~22.0	1.0~3.5	0.05	0.03
QTANi20Cr2Nb①	3.0	1.5~2.4	0.5~1.5	≤0.5	18.0~22.0	1.0~3.5	0.05	0.03
QTANi22	3.0	1.5~3.0	1.5~2.5	≤0.5	21.0~24.0	≤0.50	0.05	0.03
QTANi23Mn4	2.6	1.5~2.5	4.0~4.5	≤0.5	22.0~24.0	≤0.2	0.05	0.03
QTANi35	2.4	1.5~3.0	0.5~1.5	≤0.5	34.0~36.0	≤0.2	0.05	0.03
QTANi35Si5Cr2	2.3	4.0~6.0	0.5~1.5	≤0.5	34.0~36.0	1.5~2.5	0.05	0.03

① w（Nb）的正常范围是0.12%~0.20%。

（2）特殊用途奥氏体铸铁的化学成分（见表5-29）

表5-29 特殊用途奥氏体铸铁的化学成分（GB/T 26648—2011）

牌号	化学成分(质量分数,%)							
	C≤	Si	Mn	Cu	Ni	Cr	P≤	S≤
HTANi13Mn7	3.0	1.5~3.0	6.0~7.0	≤0.5	12.0~14.0	≤0.2	0.25	0.12
QTANi13Mn7	3.0	2.0~3.0	6.0~7.0	≤0.5	12.0~14.0	≤0.2	0.05	0.03
QTANi30Cr3	2.6	1.5~3.0	0.5~1.5	≤0.5	28.0~32.0	2.5~3.5	0.05	0.03
QTANi30Si5Cr5	2.6	5.0~6.0	0.5~1.5	≤0.5	28.0~32.0	4.5~5.5	0.05	0.03
QTANi35Cr3	2.4	1.5~3.0	1.5~2.5	≤0.5	34.0~36.0	2.0~3.0	0.05	0.03

2. 奥氏体铸铁的力学性能

（1）一般工程用奥氏体铸铁的力学性能（见表5-30）

表5-30 一般工程用奥氏体铸铁的力学性能（GB/T 26648—2011）

牌号	抗拉强度 R_m/MPa ≥	规定塑性延伸强度 $R_{p0.2}$/MPa ≥	断后伸长率 A(%) ≥	冲击吸收能量（V型缺口）/J ≥	硬度 HBW
HTANi15Cu6Cr2	170	—	—	—	120~215
QTANi20Cr2	370	210	7	13	140~255
QTANi20Cr2Nb	370	210	7	13	140~200
QTANi22	370	170	20	20	130~170
QTANi23Mn4	440	210	25	24	150~180
QTANi35	370	210	20	—	130~180
QTANi35Si5Cr2	370	200	10	—	130~170

（2）特殊用途奥氏体铸铁的力学性能（见表5-31）

表5-31 特殊用途奥氏体铸铁的力学性能（GB/T 26648—2011）

牌号	抗拉强度 R_m/MPa ≥	规定塑性延伸强度 $R_{p0.2}$/MPa ≥	断后伸长率 A(%) ≥	冲击吸收能量（V型缺口）/J ≥	硬度 HBW
HTANi13Mn7	140	—	—	—	120~150
QTANi13Mn7	390	210	15	16	120~150
QTANi30Cr3	370	210	7	—	140~200
QTANi30Si5Cr5	390	240	—	—	170~250
QTANi35Cr3	370	210	7	—	140~190

（3）QTANi23Mn4的低温力学性能（见表5-32）

表5-32 QTANi23Mn4的低温力学性能（GB/T 26648—2011）

温度/℃	抗拉强度 R_m/MPa ≥	规定塑性延伸强度 $R_{p0.2}$/MPa ≥	断后伸长率 A(%) ≥	断面收缩率(%)	冲击吸收能量/J
+20	450	220	35	32	29
0	450	240	35	32	31
-50	460	260	38	35	32
-100	490	300	40	37	34
-150	530	350	38	35	33
-183	580	430	33	27	29
-196	620	450	27	25	27

（4）奥氏体球墨铸铁在不同温度下的力学性能（见表5-33）

表5-33 奥氏体球墨铸铁在不同温度下的力学性能（GB/T 26648—2011）

项目	温度/℃	牌号				
		QTANi20Cr2、QTANi20Cr2Nb	QTANi22	QTANi30Cr3	QTANi30Si5Cr5	QTANi35Cr3
抗拉强度 R_m/MPa ≥	20	417	437	410	450	427
	430	380	368	—	—	—
	540	335	295	337	426	332
	650	250	197	293	337	286
	760	155	121	186	153	175

奥氏体铸铁的力学性能（续）

项目	温度/℃	牌号				
		QTANi20Cr2、QTANi20Cr2Nb	QTANi22	QTANi30Cr3	QTANi30Si5Cr5	QTANi35Cr3
规定塑性延伸强度 $R_{p0.2}$/MPa ≥	20	246	240	276	312	288
	430	197	184	—	—	—
	540	197	165	199	291	181
	650	176	170	193	139	170
	760	119	117	107	130	131
断后伸长率 A(%) ≥	20	10.5	35	7.5	3.5	7
	430	12	23	—	—	—
	540	10.5	19	7.5	4	9
	650	10.5	10	7	11	6.5
	760	15	13	18	30	24.5
抗蠕变强度(1000h)/MPa	540	197	148	—	—	—
	595	(127)	(95)	165	120	176
	650	84	63	(105)	(67)	105
	705	(60)	(42)	68	44	70
	760	(39)	(28)	(42)	(21)	(39)
最小蠕变速率时的应力(1%/1000h)/MPa	540	162	91	—	—	(190)
	595	(92)	(63)	—	—	(112)
	650	56	40	—	—	(67)
	705	(34)	(24)	—	—	56
最小蠕变速率时的应力(1%/10000h)/MPa	540	63	—	—	—	—
	595	(39)	—	—	—	70
	650	24	—	—	—	—
	705	(15)	—	—	—	39
蠕变断裂伸长率(1000h)(%) ≥	540	6	14	—	—	—
	595	—	—	7	10.5	6.5
	650	13	13	—	—	—
	705	—	—	12.5	25	13.5

注：括号内的数值是内外插值计算的。

3. 奥氏体铸铁的物理性能（见表 5-34）

表 5-34 奥氏体铸铁的物理性能（GB/T 26648—2011）

牌号	密度/(kg/dm³)	热膨胀系数(20~200℃)/$10^{-6}K^{-1}$	热导率/[W/(m·K)]	比热容/[J/(g·K)]	比电阻/μΩ·m	相对磁导率(H=79.58A/cm)
HTANi13Mn7	7.40	17.70	39.00	46~50	1.2	1.02
HTANi15Cu6Cr2	7.30	18.7	39.00	46~50	1.6	1.03
QTANi13Mn7	7.30	18.20	12.60	46~50	1.0	1.02
QTANi20Cr2	7.4~7.45	18.70	12.60	46~50	1.0	1.05
QTANi20Cr2Nb	7.40	18.70	12.60	46~50	1.0	1.04
QTANi22	7.40	18.40	12.60	46~50	1.0	1.02
QTANi23Mn4	7.45	14.70	12.6	46~50	—	1.02
QTANi30Cr3	7.45	12.60	12.60	46~50	—	①
QTANi30Si5Cr5	7.45	14.40	12.60	46~50	—	1.10
QTANi35	7.60	5.0	12.60	46~50	—	①
QTANi35Cr3	7.70	5.0	12.60	46~50	—	①
QTANi35Si5Cr2	7.45	15.10	12.6	46~50	—	①

① 铁磁体。

4. 奥氏体铸铁的特性和主要用途（见表 5-35）

表 5-35 奥氏体铸铁的特性和主要用途（GB/T 26648—2011）

牌号	特性	主要用途
	一般工程用牌号	
HTANi15Cu6Cr2	良好的耐蚀性，尤其是在碱、稀酸、海水和盐溶液内。良好的耐热性、承载性，热膨胀系数高，含低铬时无磁性	泵、阀、炉子构件、衬套、活塞环托架、无磁性铸件
QTANi20Cr2	良好的耐蚀性和耐热性，较强的承载性，较高的热膨胀系数，含低铬时无磁性。若增加 1%Mo（质量分数），可提高高温力学性能	泵、阀、压缩机、衬套、涡轮增压器外壳、排气歧管、无磁性铸件
QTANi20Cr2Nb	适用于焊接产品，其他性能同 QTANi20Cr2	
QTANi22	断后伸长率较高，比 QTANi20Cr2 的耐蚀性和耐热性低，高的热膨胀系数。-100℃仍具韧性，无磁性	泵、阀、压缩机、衬套、涡轮增压器外壳、排气歧管、无磁性铸件
QTANi23Mn4	断后伸长率特别高，-196℃仍具韧性，无磁性	适用于-196℃的制冷工程用铸件
QTANi35	热膨胀系数最低，耐热冲击	要求尺寸稳定性好的机床零件、科研仪器、玻璃模具
QTANi35Si5Cr2	抗热性好，其断后伸长率和抗蠕变能力高于 QTANi35Cr3。若增加 1%Mo（质量分数），抗蠕变能力会更强	燃气涡轮壳体铸件、排气歧管、涡轮增压器外壳
	特殊用途牌号	
HTANi13Mn7	无磁性	无磁性铸件，如涡轮发电机端盖、开关设备外壳、绝缘体法兰、终端设备、管道
QTANi13Mn7	无磁性，与 HTANi13Mn7 性能相似，力学性能有所改善	
QTANi30Cr3	力学性能与 QTANi20Cr2Nb 相似，但耐蚀性和耐热性较好，中等热膨胀系数，优良的耐热冲击性。增加 1%Mo（质量分数），具有良好的耐高温性	泵、锅炉、阀门、过滤器零件、排气歧管、涡轮增压器外壳
QTANi30Si5Cr5	优良的耐蚀性和耐热性，中等热膨胀系数	泵、排气歧管、涡轮增压器外壳、工业熔炉铸件
QTANi35Cr3	与 QTANi35 相似。增加 1%Mo（质量分数），具有良好的耐高温性	燃气轮机外壳、玻璃模具

5.4 可锻铸铁

5.4.1 可锻铸铁件

1. 黑心可锻铸铁和珠光体可锻铸铁的力学性能（见表 5-36）

表 5-36 黑心可锻铸铁和珠光体可锻铸铁的力学性能（GB/T 9440—2010）

牌号	试样直径 d①②/mm	抗拉强度 R_m/MPa ≥	规定塑性延伸强度 $R_{p0.2}$/MPa ≥	断后伸长率 A ($L_0=3d$)(%) ≥	硬度 HBW
KTH 275-05③	12 或 15	275	—	5	≤150
KTH 300-06③	12 或 15	300	—	6	
KTH 330-08	12 或 15	330	—	8	
KTH 350-10	12 或 15	350	200	10	
KTH 370-12	12 或 15	370	—	12	
KTZ 450-06	12 或 15	450	270	6	150~200
KTZ 500-05	12 或 15	500	300	5	165~215

（续）

牌号	试样直径 d[①②]/mm	抗拉强度 R_m/MPa ≥	规定塑性延伸强度 $R_{p0.2}$/MPa ≥	断后伸长率 A ($L_0=3d$)(%) ≥	硬度 HBW
KTZ 550-04	12 或 15	550	340	4	180~230
KTZ 600-03	12 或 15	600	390	3	195~245
KTZ 650-02[④⑤]	12 或 15	650	430	2	210~260
KTZ 700-02	12 或 15	700	530	2	240~290
KTZ 800-01[④]	12 或 15	800	600	1	270~320

① 如果需方没有明确要求，供方可以任意选取两种试棒直径中的一种。
② 试样直径代表同样壁厚的铸件，如果铸件为薄壁件时，供需双方可以协商选取直径 6mm 或者 9mm 试样。
③ KTH 275-05 和 KTH 300-06 为专门用于保证压力密封性能，而不要求高强度或者高延展性的工作条件的。
④ 油淬加回火。
⑤ 空冷加回火。

2. 白心可锻铸铁的力学性能（见表 5-37）

表 5-37　白心可锻铸铁的力学性能（GB/T 9440—2010）

牌号	试样直径 d/mm	抗拉强度 R_m/MPa ≥	规定塑性延伸强度 $R_{p0.2}$/MPa ≥	断后伸长率 A ($L_0=3d$)(%) ≥	硬度 HBW ≤
KTB 350-04	6	270	—	10	230
	9	310	—	5	
	12	350	—	4	
	15	360	—	3	
KTB 360-12	6	280	—	16	200
	9	320	170	15	
	12	360	190	12	
	15	370	200	7	
KTB 400-05	6	300	—	12	220
	9	360	200	8	
	12	400	220	5	
	15	420	230	4	
KTB 450-07	6	330	—	12	220
	9	400	230	10	
	12	450	260	7	
	15	480	280	4	
KTB 550-04	6	—	—	—	250
	9	490	310	5	
	12	550	340	4	
	15	570	350	3	

3. 可锻铸铁的冲击性能（见表 5-38）

表 5-38　可锻铸铁的冲击性能（GB/T 9440—2010）

试样	牌号	冲击吸收能量/J	试样	牌号	冲击吸收能量/J
V 型缺口，机加工的试样尺寸为 10mm×10mm×55mm	KTH 350-10	14	没有缺口，单铸试样尺寸为 10mm×10mm×55mm	KTZ 650-02	60~100[①]
	KTZ 450-06	10		KTZ 700-02	50~90[①]
	KTB 360-12	14		KTZ 800-01	30~40[①]
	KTB 450-07	10		KTB 350-04	30~80
没有缺口，单铸试样尺寸为 10mm×10mm×55mm	KTH 350-10	90~130		KTB 360-12	130~180
	KTZ 450-06	80~120[①]		KTB 400-05	40~90
	KTZ 500-05	—		KTB 450-07	80~130
	KTZ 550-04	70~110		KTB 550-04	30~80
	KTZ 600-03	—			

① 油淬处理后的试样。

5.4.2　电力金具可锻铸铁件

电力金具可锻铸铁试样的力学性能见表5-39。

表5-39　电力金具可锻铸铁试样的力学性能（DL/T 768.1—2017）

牌号	试样直径 d/mm	抗拉强度 R_m/MPa ≥	规定塑性延伸强度 $R_{p0.2}$/MPa ≥	断后伸长率 A（%，$L_0=3d$）≥	硬度 HBW
KTH330-08	15±0.7	330	—	8	≤150
KTH350-10		350	200	10	
KTH370-12		370	—	12	

5.5　蠕墨铸铁

1. 蠕墨铸铁的力学性能

（1）蠕墨铸铁单铸试样的力学性能和主要基体组织（见表5-40）

表5-40　蠕墨铸铁单铸试样的力学性能和主要基体组织（GB/T 26655—2022）

牌号	抗拉强度 R_m/MPa ≥	规定塑性延伸强度 $R_{p0.2}$/MPa ≥	断后伸长率 A(%) ≥	典型的硬度范围 HBW	主要基体组织
RuT300	300	210	2.0	140~210	铁素体
RuT350	350	245	1.5	160~220	铁素体+珠光体
RuT400	400	280	1.0	180~240	珠光体+铁素体
RuT450	450	315	1.0	200~250	珠光体
RuT500	500	350	0.5	220~260	珠光体

（2）蠕墨铸铁并排试样和附铸试样的力学性能及主要基体组织（见表5-41）

表5-41　蠕墨铸铁并排试样和附铸试样的力学性能及主要基体组织（GB/T 26655—2022）

牌号	主要壁厚 t/mm	抗拉强度 R_m/MPa ≥	规定塑性延伸强度 $R_{p0.2}$/MPa ≥	断后伸长率 A(%) ≥	典型的硬度范围 HBW	主要基体组织
RuT300A	≤30	300	210	2.0	140~210	铁素体
	>30~60	275	195	2.0	140~210	
	>60~200	250	175	2.0	140~210	
RuT350A	≤30	350	245	1.5	160~220	铁素体+珠光体
	>30~60	325	230	1.5	160~220	
	>60~200	300	210	1.5	160~220	
RuT400A	≤30	400	280	1.0	180~240	珠光体+铁素体
	>30~60	375	260	1.0	180~240	
	>60~200	325	230	1.0	180~240	
RuT450A	≤30	450	315	1.0	200~250	珠光体
	>30~60	400	280	1.0	200~250	
	>60~200	375	260	1.0	200~250	
RuT500A	≤30	500	350	0.5	220~260	珠光体
	>30~60	450	315	0.5	220~260	
	>60~200	400	280	0.5	220~260	

注：从并排试样或附铸试样上测得的力学性能并不能准确地反映铸件本体的力学性能，但与单铸试样测得的值相比更接近于铸件的实际性能值。

（3）蠕墨铸铁不同温度下的力学性能和物理性能（见表 5-42）

表 5-42 蠕墨铸铁不同温度下的力学性能和物理性能（GB/T 26655—2022）

项目	温度/℃	牌号				
		RuT300	RuT350	RuT400	RuT450	RuT500
抗拉强度 R_m①/MPa	23	300~375	350~425	400~475	450~525	500~575
	100	275~350	325~400	375~450	425~500	475~550
	400	225~300	275~350	300~375	350~425	400~475
规定塑性延伸强度 $R_{p0.2}$/MPa	23	210~260	245~295	280~330	315~365	350~400
	100	190~240	220~270	255~305	290~340	325~375
	400	170~220	195~245	230~280	265~315	300~350
断后伸长率 A(%)	23	2.0~5.0	1.5~4.0	1.0~3.5	1.0~2.5	0.5~2.0
	100	1.5~4.5	1.5~3.5	1.0~3.0	1.0~2.0	0.5~1.5
	400	1.0~4.0	1.0~3.0	1.0~2.5	0.5~1.5	0.5~1.5
弹性模量②/GPa	23	130~145	135~150	140~150	145~155	145~160
	100	125~140	130~145	135~145	140~150	140~155
	400	120~135	125~140	130~140	135~145	135~150
硬度 HBW	23	140~210	160~220	180~240	200~250	220~260
疲劳系数(旋转-弯曲、拉-压、3 点弯曲)	23	0.50~0.55	0.47~0.52	0.45~0.50	0.45~0.50	0.43~0.48
	23	0.30~0.40	0.27~0.37	0.25~0.35	0.25~0.35	0.20~0.30
	23	0.65~0.75	0.62~0.72	0.60~0.70	0.60~0.70	0.55~0.65
泊松比		0.26	0.26	0.26	0.26	0.26
密度/(g/mm³)		7.0	7.0	7.0~7.1	7.0~7.2	7.0~7.2
热导率/[W/(m·K)]	23	47	43	39	38	36
	100	45	42	39	37	35
	400	42	40	38	36	34
热膨胀系数 $\mu/10^{-6}K^{-1}$	100	11	11	11	11	11
	400	12.5	12.5	12.5	12.5	12.5
比热容/[J/(g·K)]	100	0.475	0.475	0.475	0.475	0.475
基体组织		铁素体为主	铁素体+珠光体	珠光体+铁素体	珠光体为主	完全珠光体

① 壁厚为 25mm。
② 剪切模量为 200~300MPa。

2. 蠕墨铸铁的性能特点和典型用途（见表 5-43）

表 5-43 蠕墨铸铁的性能特点和典型用途（GB/T 26655—2022）

牌号	性能特点	典型用途
RuT300	强度低，塑性、韧性高；高的热导率和低的弹性模量；热应力积聚小；以铁素体基体为主，长时间暴露于高温之中引起的生长小	排气歧管、涡轮增压器壳体、离合器零部件、大型船用和固定式发动机缸盖
RuT350	与合金灰铸铁比较，有较高强度并有一定的塑性、韧性；与球墨铸铁比较，有较好的铸造、机加工性能和较高的工艺出品率	机床底座、托架和联轴器，离合器零部件，大型船用和固定式柴油机缸体和缸盖，铸锭模
RuT400	材料强度、刚性和热传导综合性能好；有较好的耐磨性	汽车发动机缸体和缸盖，机床底座、托架和联轴器，重型卡车制动鼓，泵壳和液压件，铸锭模
RuT450	比 RuT400 有更高的强度、刚性和耐磨性，不过切削性能稍差	汽车发动机缸体和缸盖、气缸套、火车制动盘、泵壳和液压件
RuT500	强度高，塑性、韧性低；耐磨性最好，切削性能差	高负荷汽车缸体、气缸套

5.6 抗磨铸铁

5.6.1 抗磨白口铸铁件

1. 抗磨白口铸铁的化学成分（见表 5-44）

表 5-44 抗磨白口铸铁的化学成分（GB/T 8263—2010）

牌号	化学成分(质量分数,%)								
	C	Si	Mn	Cr	Mo	Ni	Cu	S	P
BTMNi4Cr2-DT	2.4~3.0	≤0.8	≤2.0	1.5~3.0	≤1.0	3.3~5.0	—	≤0.10	≤0.10
BTMNi4Cr2-GT	3.0~3.6	≤0.8	≤2.0	1.5~3.0	≤1.0	3.3~5.0	—	≤0.10	≤0.10
BTMCr9Ni5	2.5~3.6	1.5~2.2	≤2.0	8.0~10.0	≤1.0	4.5~7.0	—	≤0.06	≤0.06
BTMCr2	2.1~3.6	≤1.5	≤2.0	1.0~3.0	—	—	—	≤0.10	≤0.10
BTMCr8	2.1~3.6	1.5~2.2	≤2.0	7.0~10.0	≤3.0	≤1.0	≤1.2	≤0.06	≤0.06
BTMCr12-DT	1.1~2.0	≤1.5	≤2.0	11.0~14.0	≤3.0	≤2.5	≤1.2	≤0.06	≤0.06
BTMCr12-GT	2.0~3.6	≤1.5	≤2.0	11.0~14.0	≤3.0	≤2.5	≤1.2	≤0.06	≤0.06
BTMCr15	2.0~3.6	≤1.2	≤2.0	14.0~18.0	≤3.0	≤2.5	≤1.2	≤0.06	≤0.06
BTMCr20	2.0~3.3	≤1.2	≤2.0	18.0~23.0	≤3.0	≤2.5	≤1.2	≤0.06	≤0.06
BTMCr26	2.0~3.3	≤1.2	≤2.0	23.0~30.0	≤3.0	≤2.5	≤1.2	≤0.06	≤0.06

注：1. 牌号中，“DT”和“GT”分别是“低碳”和“高碳”的汉语拼音大写字母，表示该牌号碳含量的高低。

2. 允许加入微量 V、Ti、Nb、B 和 RE 等元素。

2. 抗磨白口铸铁件的硬度（见表 5-45）

表 5-45 抗磨白口铸铁件的硬度（GB/T 8263—2010）

牌号	表面硬度					
	铸态或铸态去应力处理		硬化态或硬化态去应力处理		软化退火态	
	HRC	HBW	HRC	HBW	HRC	HBW
BTMNi4Cr2-DT	≥53	≥550	≥56	≥600	—	—
BTMNi4Cr2-GT	≥53	≥550	≥56	≥600	—	—
BTMCr9Ni5	≥50	≥500	≥56	≥600	—	—
BTMCr2	≥45	≥435	—	—	—	—
BTMCr8	≥46	≥450	≥56	≥600	≤41	≤400
BTMCr12-DT	—	—	≥50	≥500	≤41	≤400
BTMCr12-GT	≥46	≥450	≥58	≥650	≤41	≤400
BTMCr15	≥46	≥450	≥58	≥650	≤41	≤400
BTMCr20	≥46	≥450	≥58	≥650	≤41	≤400
BTMCr26	≥46	≥450	≥58	≥650	≤41	≤400

注：1. 洛氏硬度值（HRC）和布氏硬度值（HBW）之间没有精确的对应值，因此，这两种硬度值应独立使用。

2. 铸件断面深度 40%处的硬度应不低于表面硬度值的 92%。

5.6.2 铬锰钨系抗磨铸铁

1. 铬锰钨系抗磨铸铁的化学成分（见表 5-46）

表 5-46 铬锰钨系抗磨铸铁的化学成分（GB/T 24597—2009）

牌号	化学成分(质量分数,%)						
	C	Si	Cr	Mn	W	P	S
BTMCr18Mn3W2	2.8~3.5	0.3~1.0	16~22	2.5~3.5	1.5~2.5	≤0.08	≤0.06
BTMCr18Mn3W	2.8~3.5	0.3~1.0	16~22	2.5~3.5	1.0~1.5	≤0.08	≤0.06
BTMCr18Mn2W	2.8~3.5	0.3~1.0	16~22	2.0~2.5	0.3~1.0	≤0.08	≤0.06

（续）

牌号	化学成分(质量分数,%)						
	C	Si	Cr	Mn	W	P	S
BTMCr12Mn3W2	2.0~2.8	0.3~1.0	10~16	2.5~3.5	1.5~2.5	≤0.08	≤0.06
BTMCr12Mn3W	2.0~2.8	0.3~1.0	10~16	2.5~3.5	1.0~1.5	≤0.08	≤0.06
BTMCr12Mn2W	2.0~2.8	0.3~1.0	10~16	2.0~2.5	0.3~1.0	≤0.08	≤0.06

注：铬碳质量比≥5。

2. 铬锰钨系抗磨铸铁的硬度（见表 5-47）

表 5-47　铬锰钨系抗磨铸铁的硬度（GB/T 24597—2009）

牌号	硬度 HRC		牌号	硬度 HRC	
	软化退火态	硬化态		软化退火态	硬化态
BTMCr18Mn3W2	≤45	≥60	BTMCr12Mn3W2	≤40	≥58
BTMCr18Mn3W	≤45	≥60	BTMCr12Mn3W	≤40	≥58
BTMCr18Mn2W	≤45	≥60	BTMCr12Mn2W	≤40	≥58

注：铸件断面深度 40%部位的硬度应不低于表面硬度值的 96%。

5.6.3　泵用抗磨蚀白口铸铁件

1. 泵用抗磨蚀白口铸铁的化学成分（见表 5-48）

表 5-48　泵用抗磨蚀白口铸铁的化学成分（JB/T 6880.3—2014）

牌　号	化学成分(质量分数,%)								
	C	Si	Mn	Cr	Mo	Ni	Cu	S≤	P≤
BTMCr12	2.8~3.3	≤0.8	≤1.5	11.0~14.0	≤3.0	≤2.0	≤1.2	0.06	0.10
BTMCr15Mo3	2.8~3.2	≤0.8	≤1.5	14.0~18.0	2.6~3.2	—	≤1.2	0.06	0.10
BTMCr15Mo2Ni1	2.7~3.0	≤0.8	≤1.0	14.0~18.0	1.5~2.0	0.5~1.3	≤1.2	0.06	0.06
BTMCr20Mo2Ni1	2.7~3.0	≤0.8	≤1.5	19.0~22.0	1.5~2.0	0.5~1.3	≤1.2	0.06	0.06
BTMCr25Ni2	2.0~2.4	≤0.7	≤1.0	23.0~26.0	≤0.3	2.0~2.5	≤0.5	0.04	0.04
BTMCr27	2.8~3.2	≤0.7	≤1.5	26.0~28.0	≤1.2	0.5~1.0	≤0.5	0.06	0.08
BTMCr26Mo2Ni2	2.5~2.8	≤0.7	≤1.5	25.0~27.0	1.0~2.0	1.0~2.0	≤1.0	0.04	0.04
BTMCr31	4.4~4.6	≤1.0	≤2.5	30.0~33.0	≤3.5	≤1.0	—	0.06	0.10
BTMCr36	4.9~5.3	≤0.8	≤1.0	35.0~38.0	≤4.0	≤1.0	—	0.06	0.10
BTSCr28Mo2Ni2Cu2	1.40~1.65	1.2~1.7	≤1.5	27.0~29.0	2.0~2.5	2.0~2.5	1.5~2.0	0.06	0.15
BTSCr30Mo2	0.80~1.30	1.2~1.7	≤1.0	29.0~31.0	1.5~2.5	—	—	0.06	0.06
BTSCr36Mo2Ni2Cu	1.70~2.10	1.2~1.7	≤1.5	35.0~40.0	2.0~2.5	2.0~2.5	1.5~2.0	0.06	0.15

2. 泵用抗磨白口铸铁件的硬度（见表 5-49）

表 5-49　泵用抗磨白口铸铁件的硬度（JB/T 6880.3—2014）

牌　号	铸态或铸态并去应力处理		软化退火态		硬化态或硬化回火态	
	HRC	HBW	HRC	HBW	HRC	HBW
BTMCr12	≥46	≥450	≤41	≤400	≥58	≥650
BTMCr15Mo3	≥46	≥450	≤41	≤400	≥58	≥650
BTMCr15Mo2Ni1	≥46	≥450	≤41	≤400	≥58	≥650
BTMCr20Mo2Ni1	≥46	≥450	≤41	≤400	≥58	≥650
BTMCr25Ni2	≥46	≥450	≤41	≤400	≥55	≥540
BTMCr27	≥46	≥450	≤41	≤400	≥58	≥650
BTMCr26Mo2Ni2	50~55	490~560	—	—	—	—

（续）

牌号	铸态或铸态并去应力处理		软化退火态		硬化态或硬化回火态	
	HRC	HBW	HRC	HBW	HRC	HBW
BTMCr31	≥50	≥490	—	—	≥62	≥740
BTMCr36	≥50	≥490	—	—	≥62	≥740
BTSCr28Mo2Ni2Cu2	≥38	≥350	—	—	41~49	380~470
BTSCr30Mo2	—	280~380	—	—	—	280~380
BTSCr36Mo2Ni2Cu	≥41	≥380	—	—	41~49	380~470

注：1. 铸件断面深度40%处的硬度应不低于表面硬度的92%。

2. 对于一些有强度和韧性要求的铸件，允许降低硬度指标，具体硬度值由供需双方协商。

5.7 耐热铸铁

1. 耐热铸铁的化学成分（见表5-50）

表5-50 耐热铸铁的化学成分（GB/T 9437—2009）

牌号	化学成分(质量分数,%)						
	C	Si	Mn	P	S	Cr	Al
			≤				
HTRCr	3.0~3.8	1.5~2.5	1.0	0.10	0.08	0.50~1.00	—
HTRCr2	3.0~3.8	2.0~3.0	1.0	0.10	0.08	1.00~2.00	—
HTRCr16	1.6~2.4	1.5~2.2	1.0	0.10	0.05	15.00~18.00	—
HTRSi5	2.4~3.2	4.5~5.5	0.8	0.10	0.08	0.5~1.00	—
QTRSi4	2.4~3.2	3.5~4.5	0.7	0.07	0.015	—	—
QTRSi4Mo	2.7~3.5	3.5~4.5	0.5	0.07	0.015	Mo:0.5~0.9	—
QTRSi4Mo1	2.7~3.5	4.0~4.5	0.3	0.05	0.015	Mo:1.0~1.5	Mg:0.01~0.05
QTRSi5	2.4~3.2	4.5~5.5	0.7	0.07	0.015	—	—
QTRAl4Si4	2.5~3.0	3.5~4.5	0.5	0.07	0.015	—	4.0~5.0
QTRAl5Si5	2.3~2.8	4.5~5.2	0.5	0.07	0.015	—	5.0~5.8
QTRAl22	1.6~2.2	1.0~2.0	0.7	0.07	0.015	—	20.0~24.0

2. 耐热铸铁的力学性能

（1）耐热铸铁的室温力学性能（见表5-51）

表5-51 耐热铸铁的室温力学性能（GB/T 9437—2009）

牌号	抗拉强度 R_m/MPa ≥	硬度HBW	牌号	抗拉强度 R_m/MPa ≥	硬度HBW
HTRCr	200	189~288	QTRSi4Mo1	550	200~240
HTRCr2	150	207~288	QTRSi5	370	228~302
HTRCr16	340	400~450	QTRAl4Si4	250	285~341
HTRSi5	140	160~270	QTRAl5Si5	200	302~363
QTRSi4	420	143~187	QTRAl22	300	241~364
QTRSi4Mo	520	188~241			

（2）耐热铸铁的高温短时抗拉强度（见表5-52）

表5-52 耐热铸铁的高温短时抗拉强度（GB/T 9437—2009）

牌号	在下列温度时的抗拉强度 R_m/MPa ≥				
	500℃	600℃	700℃	800℃	900℃
HTRCr	225	144	—	—	—
HTRCr2	243	166	—	—	—

（续）

牌号	在下列温度时的抗拉强度 R_m/MPa ≥				
	500℃	600℃	700℃	800℃	900℃
HTRCr16	—	—	—	144	88
HTRSi5	—	—	41	27	—
QTRSi4	—	—	75	35	—
QTRSi4Mo	—	—	101	46	—
QTRSi4Mo1	—	—	101	46	—
QTRSi5	—	—	67	30	—
QTRAl4Si4	—	—	—	82	32
QTRAl5Si5	—	—	—	167	75
QTRAl22	—	—	—	130	77

5.8 高硅耐蚀铸铁

1. 高硅耐蚀铸铁的化学成分（见表 5-53）

表 5-53 高硅耐蚀铸铁的化学成分（GB/T 8491—2009）

牌号	化学成分(质量分数,%)								
	C	Si	Mn≤	P≤	S≤	Cr	Mo	Cu	RE 残留量 ≤
HTSSi11Cu2CrR	≤1.20	10.00~12.00	0.50	0.10	0.10	0.60~0.80	—	1.80~2.20	0.10
HTSSi15R	0.65~1.10	14.20~14.75	1.50	0.10	0.10	≤0.50	≤0.50	≤0.50	0.10
HTSSi15Cr4MoR	0.75~1.15	14.20~14.75	1.50	0.10	0.10	3.25~5.00	0.40~0.60	≤0.50	0.10
HTSSi15Cr4R	0.70~1.10	14.20~14.75	1.50	0.10	0.10	3.25~5.00	≤0.20	≤0.50	0.10

2. 高硅耐蚀铸铁的力学性能（见表 5-54）

表 5-54 高硅耐蚀铸铁的力学性能（GB/T 8491—2009）

牌号	最小抗弯强度/MPa	最小挠度/mm	牌号	最小抗弯强度/MPa	最小挠度/mm
HTSSi11Cu2CrR	190	0.80	HTSSi15Cr4MoR	118	0.66
HTSSi15R	118	0.66	HTSSi15Cr4R	118	0.66

3. 高硅耐蚀铸铁的性能及适用条件（见表 5-55）

表 5-55 高硅耐蚀铸铁的性能及适用条件（GB/T 8491—2009）

牌　号	性能和适用条件	应用举例
HTSSi11Cu2CrR	具有较好的力学性能，可以用一般的机械加工方法进行生产。在质量分数大于或等于10%的硫酸、质量分数小于或等于46%的硝酸或由上述两种介质组成的混合酸、质量分数大于或等于70%的硫酸加氯、苯、苯磺酸等介质中具有较稳定的耐蚀性，但不允许有急剧的交变载荷、冲击载荷和温度突变	卧式离心机、潜水泵、阀门、旋塞、塔罐、冷却排水管、弯头等化工设备和零部件等
HTSSi15R	在氧化性酸（例如：各种温度和浓度的硝酸、硫酸、铬酸等）各种有机酸和一系列盐溶液介质中都有良好的耐蚀性，但在卤素的酸、盐溶液（如氢氟酸和氯化物等）和强碱溶液中不耐蚀。不允许有急剧的交变载荷、冲击载荷和温度突变	各种离心泵、阀类、旋塞、管道配件、塔罐、低压容器及各种非标准零部件等
HTSSi15Cr4MoR	适用于强氯化物的环境	—
HTSSi15Cr4R	具有优良的耐电化学腐蚀性能，并有改善抗氧化性条件的耐蚀性能。高硅铬铸铁中和铬可提高其钝化性和点蚀击穿电位，但不允许有急剧的交变载荷和温度突变	在外加电流的阴极保护系统中，大量用作辅助阳极铸件

第6章 铸 钢

6.1 通用铸造碳钢和低合金钢铸件

1. 通用铸造碳钢和低合金钢铸件的化学成分（表6-1）

表6-1 通用铸造碳钢和低合金钢铸件的化学成分（GB/T 40802—2021）

牌号	化学成分(质量分数,%)									
	C	Si	Mn	P	S	Cr	Mo	Ni	V	Cu
ZG200-380	0.18	0.60	1.20	0.030	0.025	0.30	0.12	0.40	0.03	0.30
ZG240-450	0.23	0.60	1.20	0.030	0.025	0.30	0.12	0.40	0.03	0.30
ZG270-480	0.24	0.60	1.30	0.030	0.025	0.30①	0.12①	0.40①	0.03①	0.30①
ZG340-550	0.30	0.60	1.50	0.030	0.025	0.30①	0.12①	0.40①	0.03①	0.30①
ZG28Mn2	0.25~0.32	0.60	1.20~1.80	0.035	0.030	0.30	0.15	0.40	0.05	0.30
ZG28MnMo	0.25~0.32	0.60	1.20~1.60	0.025	0.025	0.30	0.20~0.40	0.40	0.05	0.30
ZG19Mo	0.15~0.23	0.60	0.50~1.00	0.025	0.020②	0.30	0.40~0.60	0.40	0.05	0.30
ZG10Mn2MoV	0.12	0.60	1.20~1.80	0.025	0.020	0.30	0.20~0.40	0.40	0.05~0.10	0.30
ZG20NiCrMo	0.18~0.23	0.60	0.60~1.00	0.035	0.030	0.40~0.60	0.15~0.25	0.40~0.70	0.05	0.30
ZG25NiCrMo	0.23~0.28	0.60	0.60~1.00	0.035	0.030	0.40~0.60	0.15~0.25	0.40~0.70	0.05	0.30
ZG30NiCrMo	0.28~0.33	0.60	0.60~1.00	0.035	0.030	0.40~0.60	0.15~0.25	0.40~0.70	0.05	0.30
ZG17CrMo	0.15~0.20	0.60	0.50~1.00	0.025	0.020②	1.00~1.50	0.45~0.65	0.40	0.05	0.30
ZG17Cr2Mo	0.13~0.20	0.60	0.50~0.90	0.025	0.020②	2.00~2.50	0.90~1.20	0.40	0.05	0.30
ZG26CrMo	0.22~0.29	0.60	0.50~0.80	0.025	0.020②	0.80~1.20	0.15~0.30	0.40	0.05	0.30
ZG34CrMo	0.30~0.37	0.60	0.50~0.80	0.025	0.020②	0.80~1.20	0.15~0.30	0.40	0.05	0.30
ZG42CrMo	0.38~0.45	0.60	0.60~1.00	0.025	0.020②	0.80~1.20	0.15~0.30	0.40	0.05	0.30
ZG30Cr2MoV	0.27~0.34	0.60	0.60~1.00	0.025	0.020②	1.30~1.70	0.30~0.50	0.40	0.05~0.15	0.30

（续）

牌号	化学成分(质量分数,%)									
	C	Si	Mn	P	S	Cr	Mo	Ni	V	Cu
ZG35Cr2Ni2Mo	0.32~0.38	0.60	0.60~1.00	0.025	0.020②	1.40~1.70	0.15~0.35	1.40~1.70	0.05	0.30
ZG30Ni2CrMo	0.28~0.33	0.60	0.60~0.90	0.035	0.030	0.70~0.90	0.20~0.30	1.65~2.00	0.05	0.30
ZG40Ni2CrMo	0.38~0.43	0.60	0.60~0.90	0.035	0.030	0.70~0.90	0.20~0.30	1.65~2.00	0.05	0.30
ZG32Ni2CrMo	0.28~0.35	0.60	0.60~0.10	0.020	0.015	1.00~1.40	0.30~0.50	1.60~2.10	0.05	0.30

注：表中的单个值为最大值。

① w(Cr)+w(Mo)+w(Ni)+w(V)+w(Cu)≤1.00%。

② 主要壁厚<28mm 的铸件，w(S) 可≤0.030%。

2. 通用铸造碳钢和低合金钢铸件的室温力学性能（表 6-2）

表 6-2 通用铸造碳钢和低合金钢铸件的室温力学性能（GB/T 40802—2021）

牌号	热处理工艺			力学性能				
	符号	正火或淬火温度/℃	回火温度/℃	壁厚 t/mm	规定塑性延伸强度 $R_{p0.2}$/MPa	抗拉强度 R_m/MPa	断后伸长率 A(%)	冲击吸收能量 KV_2/J
ZG200-380	+N	900~980	—	≤100	≥200	380~530	≥25	≥35
ZG240-450	+N	880~980	—	≤100	≥240	450~600	≥22	≥31
ZG270-480	+N	880~960	—	≤100	≥270	480~630	≥18	≥27
ZG340-550	+N	880~960	—	≤100	≥340	550~700	≥15	≥20
ZG28Mn2	+N	880~950	—	≤250	≥260	520~670	≥18	≥27
	+QT1		630~680	≤100	≥450	600~750	≥14	≥35
	+QT2		580~630	≤50	≥550	700~850	≥10	≥31
ZG28MnMo	+QT1	880~950	630~680	≤50	≥500	700~850	≥12	≥35
				≤100	≥480	670~830	≥10	≥31
	+QT2		580~630	≤100	≥590	850~1000	≥8	≥27
ZG19Mo	+QT	920~980	650~730	≤100	≥245	440~590	≥22	≥27
ZG10Mn2MoV	+QT1	950~980	640~660	≤50	≥380	500~650	≥22	≥60
				50<t≤100	≥350	480~630	≥22	≥60
				100<t≤150	≥330	480~630	≥20	≥60
				150<t≤250	≥330	450~600	≥18	≥60
	+QT2			≤50	≥500	600~750	≥18	≥60
				50<t≤100	≥400	550~700	≥18	≥60
				100<t≤150	≥380	500~650	≥18	≥60
				150<t≤250	≥350	460~610	≥18	≥60
	+QT3①		740~760+600~650	≤100	≥400	520~650	≥22	≥27②
								≥60
ZG20NiCrMo	+NT	900~980	610~660	≤100	≥200	550~700	≥18	≥10
	+QT1		600~650		≥430	700~850	≥15	≥25
	+QT2		500~550		≥540	820~970	≥12	≥25
ZG25NiCrMo	+NT	900~980	580~630	≤100	≥240	600~750	≥18	≥10
	+QT1		600~650		≥500	750~900	≥15	≥25
	+QT2		550~600		≥600	850~1000	≥12	≥25
ZG30NiCrMo	+NT	900~980	600~650	≤100	≥270	630~780	≥18	≥10
	+QT1		600~650		≥540	820~970	≥14	≥25
	+QT2		550~600		≥630	900~1050	≥11	≥25
ZG17CrMo	+QT	920~960	680~730	≤100	≥315	490~690	≥20	≥27
ZG17Cr2Mo	+QT	930~970	680~740	≤150	≥400	590~740	≥18	≥40

（续）

牌号	热处理工艺			力学性能				
	符号	正火或淬火温度/℃	回火温度/℃	壁厚 t/mm	规定塑性延伸强度 $R_{p0.2}$/MPa	抗拉强度 R_m/MPa	断后伸长率 A(%)	冲击吸收能量 KV_2/J
ZG26CrMo	+QT1	880~950	600~650	≤100	≥450	600~750	≥16	≥40
				100<t≤250	≥300	550~700	≥14	≥27
	+QT2	880~950	550~600	≤100	≥550	700~850	≥10	≥18
ZG34CrMo	+NT	880~950	600~650	≤100	≥270	630~780	≥16	≥10
	+QT1				≥540	700~850	≥12	≥35
	+QT1	880~950	600~650	100<t≤150	≥480	620~770	≥10	≥27
				150<t≤250	≥330	620~770	≥10	≥16
	+QT2		550~600	≤100	≥650	830~980	≥10	≥27
ZG42CrMo	+NT	900~980	630~680	≤100	≥300	700~850	≥15	≥10
	+QT1	880~950	600~650		≥600	800~950	≥12	≥31
				100<t≤150	≥550	700~850	≥10	≥27
				150<t≤250	≥350	650~800	≥10	≥16
	+QT2		550~600	≤100	≥700	850~1000	≥10	≥27
ZG30Cr2MoV	+QT1	880~950	600~650	≤100	≥700	850~1000	≥14	≥45
				100<t≤150	≥550	750~900	≥12	≥27
				150<t≤250	≥350	650~800	≥12	≥20
	+QT2		530~600	≤100	≥750	900~1100	≥12	≥31
ZG35Cr2Ni2Mo	+N	860~920	—	≤150	≥550	800~950	≥12	≥31
				150<t≤250	≥500	750~900	≥12	≥31
	+QT1		600~650	≤100	≥700	850~1000	≥12	≥45
				100<t≤150	≥650	800~950	≥12	≥35
				150<t≤250	≥650	800~950	≥12	≥30
	+QT2		510~560	≤100	≥800	900~1050	≥10	≥35
ZG30Ni2CrMo	+NT	900~980	630~680	≤100	≥550	760~900	≥12	≥10
	+QT1				≥690	930~1100	≥10	≥25
	+QT2		580~630		≥795	1030~1200	≥8	≥25
ZG40Ni2CrMo	+NT	900~980	630~680	≤100	≥585	860~1100	≥10	≥10
	+QT1				≥760	1000~1140	≥8	≥25
	+QT2		580~630		≥795	1030~1200	≥8	≥25
ZG32Ni2CrMo	+QT1	880~920	600~650	≤10	≥700	850~1000	≥16	≥50
				100<t≤250	≥650	820~970	≥14	≥35
	+QT2		500~550	≤100	≥950	1050~1200	≥10	≥35

注：+N—正火；+NT—正火+回火；+QT—淬火+回火。

① 两次回火。

② 测试温度-20℃。

6.2 一般工程用铸造碳钢件

1. 一般工程用铸造碳钢件的化学成分（见表6-3）

表6-3 一般工程用铸造碳钢件的化学成分（GB/T 11352—2009）

牌 号	化学成分(质量分数,%) ≤										
	C	Si	Mn	S	P	残余元素					
						Ni	Cr	Cu	Mo	V	残余元素总量
ZG200-400	0.20	0.60	0.80	0.035	0.035	0.40	0.35	0.40	0.20	0.05	1.00
ZG230-450	0.30		0.90								
ZG270-500	0.40										
ZG310-570	0.50										
ZG340-640	0.60										

2. 一般工程用铸造碳钢件的力学性能（见表 6-4）

表 6-4 一般工程用铸造碳钢件的力学性能（GB/T 11352—2009）

牌号	上屈服强度 R_{eH}（或 $R_{p0.2}$）/MPa ≥	抗拉强度 R_m/MPa ≥	断后伸长率 A（%）≥	根据合同选择		
				断面收缩率 Z（%）≥	冲击吸收能量 KV/J ≥	冲击吸收能量 KU/J ≥
ZG200-400	200	400	25	40	30	47
ZG230-450	230	450	22	32	25	35
ZG270-500	270	500	18	25	22	27
ZG310-570	310	570	15	21	15	24
ZG340-640	340	640	10	18	10	16

注：1. 表中所列的各牌号性能适应于厚度为 100mm 以下的铸件。当铸件厚度超过 100mm 时，表中规定的 R_{eH}（或 $R_{p0.2}$）仅供设计使用。

2. 表中 KU 的试样缺口深度为 2mm。

6.3 一般工程与结构用低合金钢铸件

1. 一般工程与结构用低合金钢铸件的化学成分

一般工程与结构用低合金钢铸件各牌号的化学成分由供方确定，其硫、磷含量应符合表 6-5 的规定。除硫、磷外，其他元素不作为验收依据。

表 6-5 一般工程与结构用低合金钢铸件的硫、磷含量（GB/T 14408—2024）

牌号	元素含量(质量分数,%) ≤		牌号	元素含量(质量分数,%) ≤	
	S	P		S	P
ZG270-480	0.035	0.035	ZG620-820	0.025	0.030
ZG300-510			ZG730-910		
ZG340-550			ZG840-1030		
ZG410-620	0.025	0.030	ZG1030-1240	0.020	0.020
ZG540-720			ZG1240-1450		

2. 一般工程与结构用低合金钢铸件的力学性能（见表 6-6）

表 6-6 一般工程与结构用低合金钢铸件的力学性能（GB/T 14408—2024）

牌号	规定塑性延伸强度 $R_{p0.2}$/MPa	抗拉强度 R_m/MPa	断后伸长率 A（%）	可根据订单选择	
				断面收缩率 Z（%）	冲击吸收能量 KV_2/J
ZG270-480	≥270	≥480	≥18	≥38	≥25
ZG300-510	≥300	≥510	≥16	≥35	≥25
ZG340-550	≥345	≥550	≥14	≥35	≥20
ZG410-620	≥410	620~770	≥16	≥40	≥20
ZG540-720	≥540	720~870	≥14	≥35	≥20
ZG620-820	≥620	820~970	≥11	≥30	≥18
ZG730-910	≥730	≥910	≥8	≥22	≥15
ZG840-1030	≥840	1030~1180	≥7	≥22	≥15
ZG1030-1240	≥1030	≥1240	≥5	≥20	—
ZG1240-1450	≥1240	≥1450	≥4	≥15	—

注：1. 力学性能由测试试块获得，试块可以单铸，也可以附铸。

2. 试验的室温温度为 23℃±5℃。

3. 表中数据由 28mm 厚试块上获得。

6.4 大型高锰钢铸件

1. 大型高锰钢铸件的化学成分（见表6-7）

表 6-7 大型高锰钢铸件的化学成分（JB/T 6404—2017）

牌号	化学成分(质量分数,%)							
	C	Si	Mn	P	S	Cr	Mo	Ni
ZG100Mn13	0.90~1.05	0.30~0.90	11.00~14.00	≤0.060	≤0.040	—	—	—
ZG110Mn13	0.90~1.20	0.30~0.90	11.00~14.00	≤0.060	≤0.040	—	—	—
ZG120Mn13	1.00~1.35	0.30~0.90	11.00~14.00	≤0.060	≤0.040	—	—	—
ZG120Mn13Cr	1.05~1.35	0.30~0.90	11.00~14.00	≤0.060	≤0.040	0.30~0.75	—	—
ZG120Mn13Cr2	1.05~1.35	0.30~0.90	11.00~14.00	≤0.060	≤0.040	1.50~2.50	—	—
ZG110Mn13Mo (ZG110Mn13Mo1)	0.75~1.35	0.30~0.90	11.00~14.00	≤0.060	≤0.040	—	0.90~1.20	—
ZG110Mn13Mo2	1.05~1.35	0.30~0.90	11.00~14.00	≤0.060	≤0.040	—	1.80~2.10	—
ZG120Mn13Ni4 (ZG120Mn13Ni3)	1.05~1.35	0.30~0.90	11.00~14.00	≤0.060	≤0.040	—	—	3.00~4.00
ZG120Mn18 (ZG120Mn17)	1.05~1.35	0.30~0.90	16.00~19.00	≤0.060	≤0.040	—	—	—
ZG120Mn18Cr2 (ZG120Mn17Cr2)	1.05~1.35	0.30~0.90	16.00~19.00	≤0.060	≤0.040	1.50~2.50	—	—

2. 大型高锰钢铸件的力学性能（见表6-8）

表 6-8 大型高锰钢铸件的力学性能（JB/T 6404—2017）

牌号	抗拉强度 R_m/MPa	断后伸长率 A(%)	冲击吸收能量 KU_2/J	硬度 HBW
ZG100Mn13	≥735	≥35	≥184	≤229
ZG110Mn13	≥686	≥25	≥184	≤229
ZG120Mn13	≥637	≥20	≥184	≤229
ZG120Mn13Cr	≥690	≥30	—	≤300
ZG120Mn13Cr2	≥735	≥20	—	≤300
ZG110Mn13Mo(ZG110Mn13Mo1)	≥755	≥30	≥147	≤300

6.5 奥氏体锰钢铸件

1. 奥氏体锰钢铸件的化学成分（见表6-9）

表 6-9 奥氏体锰钢铸件的化学成分（GB/T 5680—2023）

牌号	化学成分(质量分数,%)								
	C	Si	Mn	P	S	Cr	Mo	Ni	W
ZG120Mn7Mo	1.05~1.35	0.3~0.9	6~8	≤0.060	≤0.040	—	0.9~1.2	—	—
ZG110Mn13Mo	0.75~1.35	0.3~0.9	11~14	≤0.060	≤0.040	—	0.9~1.2	—	—
ZG100Mn13	0.90~1.05	0.3~0.9	11~14	≤0.060	≤0.040	—	—	—	—
ZG120Mn13	1.05~1.35	0.3~0.9	11~14	≤0.060	≤0.040	—	—	—	—
ZG120Mn13Cr2	1.05~1.35	0.3~0.9	11~14	≤0.060	≤0.040	1.5~2.5	—	—	—
ZG120Mn13W	1.05~1.35	0.3~0.9	11~14	≤0.060	≤0.040	—	—	—	0.9~1.2
ZG120Mn13CrMo	1.05~1.35	0.3~0.9	11~14	≤0.060	≤0.040	0.4~1.2	0.4~1.2	—	—

（续）

牌号	化学成分(质量分数,%)								
	C	Si	Mn	P	S	Cr	Mo	Ni	W
ZG120Mn13Ni3	1.05~1.35	0.3~0.9	11~14	≤0.060	≤0.040	—	—	3~4	—
ZG90Mn14Mo	0.70~1.00	0.3~0.6	13~15	≤0.070	≤0.040	—	1.0~1.8	—	—
ZG120Mn18	1.05~1.35	0.3~0.9	16~19	≤0.060	≤0.040	—	—	—	—
ZG120Mn18Cr2	1.05~1.35	0.3~0.9	16~19	≤0.060	≤0.040	1.5~2.5	—	—	—

2. 奥氏体锰钢铸件的力学性能（见表 6-10）

表 6-10　奥氏体锰钢铸件的力学性能（GB/T 5680—2023）

牌号	规定塑性延伸强度 $R_{p0.2}$/MPa	抗拉强度 R_m/MPa	断后伸长率 A(%)	冲击吸收能量 KU_2/J
ZG120Mn13	≥370	≥700	≥25	≥118
ZG120Mn13Cr2	≥390	≥735	≥20	≥96
ZG120Mn13W	≥370	≥700	≥25	≥118
ZG120Mn13CrMo	≥390	≥735	≥20	≥96
ZG120Mn13Ni3	≥370	≥700	≥25	≥118
ZG120Mn18	≥370	≥700	≥25	≥118
ZG120Mn18Cr2	≥390	≥735	≥20	≥96

6.6　大型低合金钢铸件

1. 大型低合金钢铸件的化学成分（见表 6-11）

表 6-11　大型低合金钢铸件的化学成分（JB/T 6402—2018）

牌号	化学成分(质量分数,%)									
	C	Si	Mn	P	S	Cr	Ni	Mo	V	Cu
ZG20Mn	0.17~0.23	≤0.080	1.00~1.30	≤0.030	≤0.030	—	≤0.80	—	—	—
ZG25Mn	0.20~0.30	0.30~0.45	1.10~1.30	≤0.030	≤0.030	—	—	—	—	≤0.30
ZG30Mn	0.27~0.34	≤0.30~0.50	1.20~1.50	≤0.030	≤0.030	—	—	—	—	—
ZG35Mn	0.30~0.40	≤0.80	1.10~1.40	≤0.030	≤0.030	—	—	—	—	—
ZG40Mn	0.35~0.45	0.30~0.45	1.20~1.50	≤0.030	≤0.030	—	—	—	—	—
ZG65Mn	0.60~0.70	0.17~0.37	0.90~1.20	≤0.030	≤0.030	—	—	—	—	—
ZG40Mn2	0.35~0.45	0.20~0.40	1.60~1.80	≤0.030	≤0.030	—	—	—	—	—
ZG45Mn2	0.42~0.49	0.20~0.40	1.60~1.80	≤0.030	≤0.030	—	—	—	—	—
ZG50Mn2	0.45~0.55	0.20~0.40	1.50~1.80	≤0.030	≤0.030	—	—	—	—	—
ZG35SiMnMo	0.32~0.40	1.10~1.40	1.10~1.40	≤0.030	≤0.030	—	—	0.20~0.30	—	≤0.30
ZG35CrMnSi	0.30~0.40	0.50~0.75	0.90~1.20	≤0.030	≤0.030	0.50~0.80	—	—	—	—
ZG20MnMo	0.17~0.23	0.20~0.40	1.10~1.40	≤0.030	≤0.030	—	—	0.20~0.35	—	≤0.30
ZG30Cr1MnMo	0.25~0.35	0.17~0.45	0.90~1.20	≤0.030	≤0.030	0.90~1.20	—	0.20~0.30	—	—

（续）

牌号	化学成分(质量分数,%)									
	C	Si	Mn	P	S	Cr	Ni	Mo	V	Cu
ZG55CrMnMo	0.50~0.60	0.25~0.60	1.20~1.60	≤0.030	≤0.030	0.60~0.90	—	0.20~0.30	—	≤0.30
ZG40Cr1	0.35~0.45	0.20~0.40	0.50~0.80	≤0.030	≤0.030	0.80~1.10	—	—	—	—
ZG34Cr2Ni2Mo	0.30~0.37	0.30~0.60	0.60~1.00	≤0.030	≤0.030	1.40~1.70	1.40~1.70	0.15~0.35	—	—
ZG15Cr1Mo	0.12~0.20	≤0.60	0.50~0.80	≤0.030	≤0.030	1.00~1.50	—	0.45~0.65	—	—
ZG15Cr1Mo1V	0.12~0.20	0.20~0.60	0.40~0.70	≤0.030	≤0.030	1.20~1.70	≤0.30	0.90~1.20	0.25~0.40	≤0.30
ZG20CrMo	0.17~0.25	0.20~0.45	0.50~0.80	≤0.030	≤0.030	0.50~0.80	—	0.45~0.65	—	—
ZG20CrMoV	0.18~0.25	0.20~0.60	0.40~0.70	≤0.030	≤0.030	0.90~1.20	≤0.30	0.50~0.70	0.20~0.30	≤0.30
ZG35Cr1Mo	0.30~0.37	0.30~0.50	0.50~0.80	≤0.030	≤0.030	0.80~1.20	—	0.20~0.30	—	—
ZG42Cr1Mo	0.38~0.45	0.30~0.60	0.60~1.00	≤0.030	≤0.030	0.80~1.20	—	0.20~0.30	—	—
ZG50Cr1Mo	0.46~0.54	0.25~0.50	0.50~0.80	≤0.030	≤0.030	0.90~1.20	—	0.15~0.25	—	—
ZG28NiCrMo	0.25~0.30	0.30~0.80	0.60~0.90	≤0.030	≤0.030	0.35~0.85	0.40~0.80	0.35~0.55	—	—
ZG30NiCrMo	0.25~0.35	0.30~0.60	0.70~1.00	≤0.030	≤0.030	0.60~0.90	0.60~1.00	0.35~0.50	—	—
ZG35NiCrMo	0.30~0.37	0.60~0.90	0.70~1.00	≤0.030	≤0.030	0.40~0.90	0.60~0.90	0.40~0.50	—	—

2. 大型低合金钢铸件的力学性能（见表6-12）

表6-12 大型低合金钢铸件的力学性能（JB/T 6402—2018）

牌号	热处理状态	上屈服强度 R_{eH}/MPa ≥	抗拉强度 R_m/MPa ≥	断后伸长率 A(%) ≥	断面收缩率 Z(%) ≥	冲击吸收能量 KU/J ≥	KV/J ≥	$KDVM$[①]/J ≥	硬度 HBW ≥	备注
ZG20Mn	正火+回火	285	≥495	18	30	39	—	—	≥145	焊接及流动性良好,用于水压机缸、叶片、喷嘴体、阀、弯头等
	调质	300	500~650	22	—	—	45	—	150~190	
ZG25Mn	正火+回火	295	≥490	20	35	47	—	—	156~197	—
ZG30Mn	正火+回火	300	≥550	18	30	—	—	—	≥163	—
ZG35Mn	正火+回火	345	≥570	12	20	24	—	—	—	用于承受摩擦的零件
	调质	415	≥640	12	25	27	—	27	200~260	
ZG40Mn	正火+回火	350	≥640	12	30	—	—	—	≥163	用于承受摩擦和冲击的零件,如齿轮等
ZG65Mn	正火+回火	—	—	—	—	—	—	—	187~241	用于球磨机衬板等

（续）

牌号	热处理状态	上屈服强度 R_{eH}/MPa ≥	抗拉强度 R_m/MPa ≥	断后伸长率 A(%) ≥	断面收缩率 Z(%) ≥	冲击吸收能量			硬度 HBW ≥	备注
						KU/J ≥	KV/J ≥	$KDVM$[①]/J ≥		
ZG40Mn2	正火+回火	395	≥590	20	35	30	—	—	≥179	用于承受摩擦的零件，如齿轮等
	调质	635	≥790	13	40	35	—	35	220~270	
ZG45Mn2	正火+回火	392	≥637	15	30	—	—	—	≥179	用于模块、齿轮等
ZG50Mn2	正火+回火	445	≥785	18	37	—	—	—	—	用于高强度零件，如齿轮、齿轮缘等
ZG35SiMnMo	正火+回火	395	≥640	12	20	24	—	—	—	用于承受负荷较大的零件
	调质	490	≥690	12	25	27	—	27	—	
ZG35CrMnSi	正火+回火	345	≥690	14	30	—	—	—	≥217	用于承受冲击、摩擦的零件，如齿轮、滚轮等
ZG20MnMo	正火+回火	295	≥490	16	—	39	—	—	≥156	用于承受压容器，如泵壳等
ZG30Cr1MnMo	正火+回火	392	≥686	15	30	—	—	—	—	用于拉坯和立柱
ZG55CrMnMo	正火+回火	—	—	—	—	—	—	—	197~241	用于热模具钢，如锻模等
ZG40Cr1	正火+回火	345	≥630	18	26	—	—	—	≥212	用于高强度齿轮
ZG34Cr2Ni2Mo	调质	700	950~1000	12	—	—	32	—	240~290	用于特别要求的零件，如锥齿轮、小齿轮、吊车行走轮、轴等
ZG15Cr1Mo	正火+回火	275	≥490	20	35	24	—	—	140~220	用于汽轮机
ZG15Cr1Mo1V	正火+回火	345	≥590	17	30	24	—	—	140~220	用于汽轮机蒸汽室、气缸等
ZG20CrMo	正火+回火	245	≥460	18	30	30	—	—	135~180	用于齿轮、锥齿轮及高压缸零件等
	调质	245	≥460	18	30	24	—	—	—	
ZG20CrMoV	正火+回火	315	≥590	17	30	24	—	—	140~220	用于570℃下工作的高压阀门
ZG35Cr1Mo	正火+回火	392	≥588	12	20	23.5	—	—	—	用于齿轮、电炉支承轮轴套、齿圈等
	调质	490	≥686	12	25	31	—	27	≥201	
ZG42Cr1Mo	正火+回火	410	≥569	12	20	—	12	—	—	用于承受高负荷零件、齿轮、锥齿轮等
	调质	510	690~830	11	—	—	15	—	200~250	
ZG50Cr1Mo	调质	520	740~880	11	—	—	—	34	200~260	用于减速器零件、齿轮、小齿轮等
ZG28NiCrMo	—	420	≥630	20	40	—	—	—	—	适用于直径大于300mm的齿轮铸件
ZG30NiCrMo	—	590	≥730	17	35	—	—	—	—	适用于直径大于300mm的齿轮铸件
ZG35NiCrMo	—	660	≥830	14	30	—	—	—	—	适用于直径大于300mm的齿轮铸件

① $KDVM$ 为德国标准试的冲击吸收能量。

6.7 焊接结构用碳素钢铸件

1. 焊接结构用碳素钢铸件的化学成分（见表 6-13）

表 6-13 焊接结构用碳素钢铸件的化学成分（GB/T 7659—2010）

牌号	化学成分(质量分数,%)										
	主要元素					残余元素					
	C	Si	Mn	P	S	Ni	Cr	Cu	Mo	V	总和
ZG200-400H	≤0.20	≤0.60	≤0.80	≤0.025	≤0.025	≤0.40	≤0.35	≤0.40	≤0.15	≤0.05	≤1.0
ZG230-450H	≤0.20	≤0.60	≤1.20	≤0.025	≤0.025						
ZG270-480H	0.17~0.25	≤0.60	0.80~1.20	≤0.025	≤0.025						
ZG300-500H	0.17~0.25	≤0.60	1.00~1.60	≤0.025	≤0.025						
ZG340-550H	0.17~0.25	≤0.80	1.00~1.60	≤0.025	≤0.025						

注：1. 实际碳的质量分数比表中碳上限每减少 0.01%，允许实际锰的质量分数超出表中锰上限 0.04%，但总超出量不得大于 0.2%。

2. 残余元素一般不做分析，如需方有要求时，可做残余元素的分析。

2. 焊接结构用碳素钢铸件的力学性能（见表 6-14）

表 6-14 焊接结构用碳素钢铸件的力学性能（GB/T 7659—2010）

牌号	拉伸性能			根据合同选择	
	上屈服强度 R_{eH}/MPa ≥	抗拉强度 R_m/MPa ≥	断后伸长率 A（%） ≥	断面收缩率 Z（%） ≥	冲击吸收能量 KV/J ≥
ZG200-400H	200	400	25	40	45
ZG230-450H	230	450	22	35	45
ZG270-480H	270	480	20	35	40
ZG300-500H	300	500	20	21	40
ZG340-550H	340	550	15	21	35

注：当无明显屈服时，测定规定塑性延伸强度 $R_{p0.2}$。

6.8 低温承压通用铸钢件

1. 低温承压通用铸钢件的化学成分（见表 6-15）

表 6-15 低温承压通用铸钢件的化学成分（GB/T 32238—2015）

牌号	化学成分(质量分数,%)									
	C	Si	Mn	P	S	Cr	Mo	Ni	V	Cu	其他
ZG240-450	0.15~0.20	0.60	1.00~1.60	0.030	0.025①	0.30②	0.12②	0.40②	0.03②	0.30②	—
ZG300-500	0.17~0.23	0.60	1.00~1.60	0.030	0.025①	0.30②	0.12②	0.40②	0.03②	0.30②	—
ZG18Mo	0.15~0.20	0.60	0.60~1.00	0.030	0.025	0.30	0.45~0.65	0.40	0.05	0.30	—
ZG17Ni3Cr2Mo	0.15~0.19	0.50	0.55~0.80	0.030	0.025	1.30~1.80	0.45~0.60	3.00~3.50	0.05	0.30	—
ZG09Ni3	0.06~0.12	0.60	0.50~0.80	0.030	0.025	0.30	0.20	2.00~3.00	0.05	0.30	—
ZG09Ni4	0.06~0.12	0.60	0.50~0.80	0.030	0.025	0.30	0.20	3.50~5.00	0.08	0.30	—

（续）

牌号	化学成分(质量分数,%)										
	C	Si	Mn	P	S	Cr	Mo	Ni	V	Cu	其他
ZG09Ni5	0.06~0.12	0.60	0.50~0.80	0.030	0.025	0.30	0.20	4.00~5.00	0.05	0.30	—
ZG07Ni9	0.03~0.11	0.60	0.50~0.80	0.030	0.025	0.30	0.20	8.50~10.0	0.05	0.30	—
ZG05Cr13Ni4Mo	0.05	1.00	1.00	0.035	0.025	12.0~13.5	0.70	3.50~5.00	0.08	0.30	—

注：表中化学成分各元素的规定值，除给出范围值外，其余均为最大值。

① 对于测量壁厚<28mm 的铸件，允许 w(S) 含量为 0.030%。

② w(Cr)+w(Mo)+w(Ni)+w(V)+w(Cu)≤1.00%。

2. 低温承压通用铸钢件的力学性能（见表 6-16）

表 6-16 低温承压通用铸钢件的力学性能（GB/T 32238—2015）

牌号	热处理工艺		厚度 t/mm ≤	室温拉伸性能			冲击性能	
	正火或淬火温度/℃	回火温度/℃		规定塑性延伸强度 $R_{p0.2}$/MPa ≥	抗拉强度 R_m/MPa	断后伸长率 A(%) ≥	试验温度/℃	冲击吸取能量 KV_2/J ≥
ZG240-450	890~980	600~700	50	240	450~600	24	-40	27
ZG300-500	900~980		30	300	480~620	20	-40	27
	900~940	610~660	100	300	500~650	22	-30	27
ZG18Mo	920~980	650~730	200	240	440~790	23	-45	27
ZG17Ni3Cr2Mo	890~930	600~640	35	600	750~900	15	-80	27
ZG09Ni3	830~890	600~650	35	280	480~630	24	-70	27
ZG09Ni4	820~900	590~640	35	360	500~650	20	-90	27
ZG09Ni5	800~880	580~660	35	390	510~710	24	-110	27
ZG07Ni9	770~850	540~620	35	510	690~840	20	-196	27
ZG05Cr13Ni4Mo	1000~1050	670~690+590~620	300	500	700~900	15	-120	27

6.9 铸造工具钢

1. 铸造工具钢的牌号和化学成分（见表 6-17）

表 6-17 铸造工具钢的牌号和化学成分（GB/T 41160—2022）

牌号	化学成分(质量分数,%)										
	C	Si	Mn	P	S	Cr	Mo	Ni	V	Co	W
ZG21MnCr	0.18~0.24	0.15~0.60	1.10~1.40	≤0.030	≤0.020	1.00~1.30	—	—	—	—	—
ZG30W9Cr3V	0.25~0.35	0.10~0.60	0.15~0.45	≤0.030	≤0.020	2.50~3.20	—	—	0.30~0.50	—	8.50~9.50
ZG32Cr3Mo3V	0.28~0.35	0.10~0.60	0.15~0.45	≤0.030	≤0.020	2.70~3.20	2.50~3.00	—	0.40~0.70	—	—
ZG35Cr2Mo	0.30~0.40	0.30~0.70	0.60~1.00	≤0.030	≤0.020	1.50~2.00	0.35~0.55	—	—	—	—
ZG35Cr5MoMV	0.30~0.40	≤1.50	≤0.75	≤0.030	≤0.030	4.75~5.75	1.25~1.75	—	0.20~0.50	—	1.00~1.70

（续）

牌号	化学成分(质量分数,%)									
	C	Si	Mn	P	S	Cr	Mo	Ni	V	Co	W
ZG36Cr5MoV	0.30~0.42	≤1.50	≤0.75	≤0.030	≤0.030	4.75~5.75	1.25~1.75	—	0.75~1.20	—	—
ZG37Cr5MoV	0.33~0.41	0.80~1.20	0.25~0.50	≤0.030	≤0.020	4.80~5.50	1.10~1.50	—	0.75~1.20	—	—
ZG38Cr17Mo	0.33~0.43	≤1.00	≤1.00	≤0.045	≤0.015	15.50~17.50	0.90~1.30	≤1.00	—	—	—
ZG38Cr5Mo3V	0.35~0.40	0.30~0.60	0.30~0.50	≤0.030	≤0.020	4.80~5.20	2.70~3.20	—	0.40~0.60	—	—
ZG40Cr2MnNiMo	0.35~0.45	0.20~0.60	1.30~1.60	≤0.030	≤0.020	1.80~2.10	0.15~0.25	0.90~1.20	—	—	—
ZG40Cr4Co4W4V2	0.35~0.45	0.15~0.60	0.20~0.50	≤0.030	≤0.020	4.00~4.70	0.30~0.50	—	1.70~2.10	4.00~4.50	3.80~4.50
ZG39Cr14	0.36~0.42	≤1.00	≤1.00	≤0.030	≤0.020	12.50~14.50	—	—	—	—	—
ZG45Ni4CrMo	0.40~0.50	0.10~0.60	0.20~0.50	≤0.030	≤0.020	1.20~1.50	0.15~0.35	3.80~4.30	—	—	—
ZG50Cr3Mo	0.45~0.55	0.60~1.00	0.40~0.80	≤0.030	≤0.030	3.00~3.50	1.20~1.60	—	—	—	—
ZG50W2CrV	0.45~0.55	0.70~1.00	0.15~0.45	≤0.030	≤0.020	0.90~1.20	—	—	0.10~0.20	—	1.70~2.20
ZG55NiCrMoV	0.50~0.60	0.10~0.60	0.60~0.90	≤0.030	≤0.030	0.80~1.20	0.35~0.55	1.50~1.80	0.05~0.15	—	—
ZG58Si2MnMo	0.50~0.65	1.75~2.25	0.60~1.00	≤0.030	≤0.030	≤0.35	0.20~0.80	—	≤0.35	—	—
ZG60Co2CrV	0.55~0.65	0.70~1.00	0.15~0.45	≤0.030	≤0.020	0.90~1.20	—	—	0.10~0.20	1.70~2.20	—
ZG70Mn2MoCr	0.65~0.75	0.10~0.60	1.80~2.50	≤0.030	≤0.020	0.90~1.20	0.90~1.40	—	—	—	—
ZG83W6Mo5Cr4V2	0.78~0.88	≤1.00	≤0.75	≤0.030	≤0.030	3.75~4.50	4.50~5.50	≤0.25	1.25~2.20	≤0.25	5.50~6.75
ZG90Mn2CrV	0.85~0.95	0.10~0.60	1.80~2.20	≤0.030	≤0.020	0.20~0.50	—	—	0.05~0.20	—	—
ZG93MnCrW	0.85~1.00	≤1.50	1.00~1.30	≤0.030	≤0.030	0.40~1.00	—	—	≤0.30	—	0.40~0.60
ZG100Cr5MoV	0.95~1.05	≤1.50	≤0.75	≤0.030	≤0.030	4.75~5.50	0.90~1.40	—	0.20~0.50	—	—
ZG103Cr	0.95~1.10	0.15~0.60	0.25~0.45	≤0.030	≤0.020	1.35~1.65	—	—	—	—	—
ZG105V	1.00~1.10	0.10~0.60	0.10~0.40	≤0.030	≤0.020	—	—	—	0.10~0.20	—	—
ZG148Cr12Co3MoNiV	1.35~1.60	≤1.50	≤0.75	≤0.030	≤0.030	11.00~13.00	0.70~1.20	0.40~0.60	0.35~0.55	2.50~3.50	—
ZG150Cr12MoCoV	1.40~1.60	≤1.50	≤1.00	≤0.030	≤0.030	11.00~13.00	0.70~1.20	—	0.40~1.00	0.70~1.00	—
ZG205Cr12	1.90~2.20	0.10~0.60	0.20~0.60	≤0.030	≤0.020	11.00~13.00	—	—	—	—	—
ZG215Cr12W	2.00~2.30	0.10~0.60	0.30~0.60	≤0.030	≤0.020	11.0~13.00	—	—	—	—	0.60~0.80

2. 铸造工具钢及铸件的退火温度和硬度（见表 6-18）

表 6-18 铸造工具钢及铸件的退火温度和硬度（GB/T 41160—2022）

牌号	退火温度/℃	硬度 HBW	牌号	退火温度/℃	硬度 HBW
ZG21MnCr	—	≤217	ZG55NiCrMoV	—	≤248
ZG30W9Cr3V	—	≤214	ZG58Si2MnMo	≥775	≤229
ZG32Cr3Mo2V	—	≤229	ZG60Co2CrV	≥790	≤229
ZG35Cr2Mo	—	—	ZG70Mn2MoCr	≥760	≤248
ZG35Cr5MoWV	≥845	≤235	ZG83W6Mo5Cr4V2	≥870	≤241
ZG36Cr5MoV	≥845	≤229	ZG90Mn2CrV	≥760	≤229
ZG37Cr5MoV	≥845	≤229	ZG93MnCrW	≥760	≤212
ZG38Cr17Mo	—	—	ZG100Cr5MoV	≥845	≤229
ZG38Cr5Mo3V	—	≤229	ZG103Cr	≥760	≤223
ZG40Cr2MnNiMo	—	—	ZG105V	≥790	≤212
ZG40Cr4Co4W4V2	—	≤260	ZG148Cr12Co3MoNiV	≥870	≤255
ZG39Cr14	—	≤241	ZG150Cr12MoCoV	≥870	≤255
ZG45Ni4CrMo	—	≤285	ZG205Cr12	≥870	≤248
ZG50Cr3Mo	≥815	≤223	ZG215Cr12W	≥870	≤255
ZG50W2CrV	≥740	≤229	—	—	—

6.10 耐磨钢铸件

1. 耐磨钢铸件的化学成分（见表 6-19）

表 6-19 耐磨钢铸件的化学成分（GB/T 26651—2011）

牌号	化学成分(质量分数,%)							
	C	Si	Mn	Cr	Mo	Ni	S	P
ZG30Mn2Si	0.25~0.35	0.5~1.2	1.2~2.2	—	—	—	≤0.04	≤0.04
ZG30Mn2SiCr	0.25~0.35	0.5~1.2	1.2~2.2	0.5~1.2	—	—	≤0.04	≤0.04
ZG30CrMnSiMo	0.25~0.35	0.5~1.8	0.6~1.6	0.5~1.8	0.2~0.8	—	≤0.04	≤0.04
ZG30CrNiMo	0.25~0.35	0.4~0.8	0.4~1.0	0.5~2.0	0.2~0.8	0.3~2.0	≤0.04	≤0.04
ZG40CrNiMo	0.35~0.45	0.4~0.8	0.4~1.0	0.5~2.0	0.2~0.8	0.3~2.0	≤0.04	≤0.04
ZG42Cr2Si2MnMo	0.38~0.48	1.5~1.8	0.8~1.2	1.8~2.2	0.2~0.6	—	≤0.04	≤0.04
ZG45Cr2Mo	0.40~0.48	0.8~1.2	0.4~1.0	1.7~2.0	0.8~1.2	≤0.5	≤0.04	≤0.04
ZG30Cr5Mo	0.25~0.35	0.4~1.0	0.5~1.2	4.0~6.0	0.2~0.8	≤0.5	≤0.04	≤0.04
ZG40Cr5Mo	0.35~0.45	0.4~1.0	0.5~1.2	4.0~6.0	0.2~0.8	≤0.5	≤0.04	≤0.04
ZG50Cr5Mo	0.45~0.55	0.4~1.0	0.5~1.2	4.0~6.0	0.2~0.8	≤0.5	≤0.04	≤0.04
ZG60Cr5Mo	0.55~0.65	0.4~1.0	0.5~1.2	4.0~6.0	0.2~0.8	≤0.5	≤0.04	≤0.04

2. 耐磨钢铸件的力学性能（见表 6-20）

表 6-20 耐磨钢铸件的力学性能（GB/T 26651—2011）

牌号	表面硬度 HRC	冲击吸收能量 KV_2/J	冲击吸收能量 KN_2/J
ZG30Mn2Si	≥45	≥12	—
ZG30Mn2SiCr	≥45	≥12	—
ZG30CrMnSiMo	≥45	≥12	—
ZG30CrNiMo	≥45	≥12	—
ZG40CrNiMo	≥50	—	≥25

（续）

牌号	表面硬度 HRC	冲击吸收能量 KV_2/J	冲击吸收能量 KN_2/J
ZG42Cr2Si2MnMo	≥50	—	≥25
ZG45Cr2Mo	≥50	—	≥25
ZG30Cr5Mo	≥42	≥12	—
ZG40Cr5Mo	≥44	—	≥25
ZG50Cr5Mo	≥46	—	≥15
ZG60Cr5Mo	≥48	—	≥10

6.11 不锈钢铸件

6.11.1 通用耐蚀钢铸件

1. 通用耐蚀钢铸件的化学成分（见表 6-21）

表 6-21 通用耐蚀钢铸件的化学成分（GB/T 2100—2017）

牌号	化学成分（质量分数，%）								
	C	Si	Mn	P	S	Cr	Mo	Ni	其他
ZG15Cr13	0.15	0.80	0.80	0.035	0.025	11.50~13.50	0.50	1.00	
ZG20Cr13	0.16~0.24	1.00	0.60	0.035	0.025	11.50~14.00	—	—	
ZG10Cr13Ni2Mo	0.10	1.00	1.00	0.035	0.025	12.00~13.50	0.20~0.50	1.00~2.00	
ZG06Cr13Ni4Mo	0.06	1.00	1.00	0.035	0.025	12.00~13.50	0.70	3.50~5.00	Cu:0.50, V:0.05 W:0.10
ZG06Cr13Ni4	0.06	1.00	1.00	0.035	0.025	12.00~13.00	0.70	3.50~5.00	
ZG06Cr16Ni5Mo	0.06	0.80	1.00	0.035	0.025	15.00~17.00	0.70~1.50	4.00~6.00	
ZG10Cr12Ni1	0.10	0.40	0.50~0.80	0.030	0.020	11.5~12.50	0.50	0.8~1.5	Cu:0.30 V:0.30
ZG03Cr19Ni11	0.03	1.50	2.00	0.035	0.025	18.00~20.00	—	9.00~12.00	N:0.20
ZG03Cr19Ni11N	0.03	1.50	2.00	0.040	0.030	18.00~20.00	—	9.00~12.00	N:0.12~0.20
ZG07Cr19Ni10	0.07	1.50	1.50	0.040	0.030	18.00~20.00	—	8.00~11.00	
ZG07Cr19Ni11Nb	0.07	1.50	1.50	0.040	0.030	18.00~20.00	—	9.00~12.00	Nb:8C~1.00
ZG03Cr19Ni11Mo2	0.03	1.50	2.00	0.035	0.025	18.00~20.00	2.00~2.50	9.00~12.00	N:0.20
ZG03Cr19Ni11Mo2N	0.03	1.50	2.00	0.035	0.030	18.00~20.00	2.00~2.50	9.00~12.00	N:0.10~0.20
ZG05Cr26Ni6Mo2N	0.05	1.00	2.00	0.035	0.025	25.00~27.00	1.30~2.00	4.50~6.50	N:0.12~0.20
ZG07Cr19Ni11Mo2	0.07	1.50	1.50	0.040	0.030	18.00~20.00	2.00~2.50	9.00~12.00	
ZG07Cr19Ni11Mo2Nb	0.07	1.50	1.050	0.040	0.030	18.00~20.00	2.00~2.50	9.00~12.00	Nb:8C~1.00

（续）

牌号	化学成分（质量分数，%）								
	C	Si	Mn	P	S	Cr	Mo	Ni	其他
ZG03Cr19Ni11Mo3	0.03	1.50	1.50	0.040	0.030	18.00~20.00	3.00~3.50	9.00~12.00	
ZG03Cr19Ni11Mo3N	0.03	1.50	1.50	0.040	0.030	18.00~20.00	3.00~3.50	9.00~12.00	N:0.10~0.20
ZG03Cr22Ni6Mo3N	0.03	1.00	2.00	0.035	0.025	21.00~23.00	2.50~3.50	4.50~6.50	N:0.12~0.20
ZG03Cr25Ni7Mo4WCuN	0.03	1.00	1.50	0.030	0.020	24.00~26.00	3.00~4.00	6.00~8.50	Cu:1.00 N:0.15~0.25 W:1.00
ZG03Cr26Ni7Mo4CuN	0.03	1.00	1.00	0.035	0.025	25.00~27.00	3.00~5.00	6.00~8.00	N:0.12~0.22 Cu:1.30
ZG07Cr19Ni12Mo3	0.07	1.50	1.50	0.040	0.030	18.00~20.00	3.00~3.50	10.00~13.00	
ZG025Cr20Ni25Mo7Cu1N	0.025	1.00	2.00	0.035	0.020	19.00~21.00	6.00~7.00	24.00~26.00	N:0.15~0.25 Cu:0.50~1.50
ZG025Cr20Ni19Mo7CuN	0.025	1.00	1.20	0.030	0.010	19.50~20.50	6.00~7.00	17.50~19.50	N:0.18~0.24 Cu:0.50~1.00
ZG03Cr26Ni6Mo3Cu3N	0.03	1.00	1.50	0.035	0.025	24.50~26.50	2.50~3.50	5.00~7.00	N:0.12~0.22 Cu:2.75~3.50
ZG03Cr26Ni6Mo3Cu1N	0.03	1.00	2.00	0.030	0.020	24.50~26.50	2.50~3.50	5.50~7.00	N:0.12~0.25 Cu:0.80~1.30
ZG03Cr26Ni6Mo3N	0.03	1.00	2.00	0.035	0.025	24.50~26.50	2.50~3.50	5.50~7.00	N:0.12~0.25

注：表中的单个值为最大值。

2. 通用耐蚀钢铸件的力学性能（见表6-22）

表6-22 通用耐蚀钢铸件的力学性能（GB/T 2100—2017）

牌号	厚度 t/mm ≤	规定塑性延伸强度 $R_{p0.2}$/MPa ≥	抗拉强度 R_m/MPa ≥	断后伸长率 A（%）≥	冲击吸收能量 KV_2/J ≥
ZG15Cr13	150	450	620	15	20
ZG20Cr13	150	390	590	15	20
ZG10Cr13Ni2Mo	300	440	590	15	27
ZG06Cr13Ni4Mo	300	550	760	15	50
ZG06Cr13Ni4	300	550	750	15	50
ZG06Cr16Ni5Mo	300	540	760	15	60
ZG10Cr12Ni1	150	355	540	18	45
ZG03Cr19Ni11	150	185	440	30	80
ZG03Cr19Ni11N	150	230	510	30	80
ZG07Cr19Ni10	150	175	440	30	60
ZG07Cr19Ni11Nb	150	175	440	25	40
ZG03Cr19Ni11Mo2	150	195	440	30	80
ZG03Cr19Ni11Mo2N	150	230	510	30	80
ZG05Cr26Ni6Mo2N	150	420	600	20	30
ZG07Cr19Ni11Mo2	150	185	440	30	60
ZG07Cr19Ni11Mo2Nb	150	185	440	25	40
ZG03Cr19Ni11Mo3	150	180	440	30	80
ZG03Cr19Ni11Mo3N	150	230	510	30	80
ZG03Cr22Ni6Mo3N	150	420	600	20	30
ZG03Cr25Ni7Mo4WCuN	150	480	650	22	50

（续）

牌号	厚度 t/mm ≤	规定塑性延伸强度 $R_{p0.2}$/MPa ≥	抗拉强度 R_m/MPa ≥	断后伸长率 A (%) ≥	冲击吸收能量 KV_2/J ≥
ZG03Cr26Ni7Mo4CuN	150	480	650	22	50
ZG07Cr19Ni12Mo3	150	205	440	30	60
ZG025Cr20Ni25Mo7Cu1N	50	210	480	30	60
ZG025Cr20Ni19Mo7CuN	50	260	500	35	50
ZG03Cr26Ni6Mo3Cu3N	150	480	650	22	50
ZG03Cr26Ni6Mo3Cu1N	200	480	650	22	60
ZG03Cr26Ni6Mo3N	150	480	650	22	50

6.11.2 工程结构用中、高强度不锈钢铸件

1. 工程结构用中、高强度不锈钢铸件的化学成分（见表 6-23）

表 6-23 工程结构用中、高强度不锈钢铸件的化学成分（GB/T 6967—2009）

牌号	化学成分(质量分数,%)								残余元素 ≤			
	C	Si ≤	Mn ≤	P ≤	S ≤	Cr	Ni	Mo	Cu	V	W	总量
ZG20Cr13	0.16~0.24	0.80	0.80	0.035	0.025	11.5~13.5	—	—	0.50	0.05	0.10	0.50
ZG15Cr13	≤0.15	0.80	0.80	0.035	0.025	11.5~13.5	—	—	0.50	0.05	0.10	0.50
ZG15Cr13Ni1	≤0.15	0.80	0.80	0.035	0.025	11.5~13.5	≤1.00	≤0.50	0.50	0.05	0.10	0.50
ZG10Cr13Ni1Mo	≤0.10	0.80	0.80	0.035	0.025	11.5~13.5	0.8~1.80	0.20~0.50	0.50	0.05	0.10	0.50
ZG06Cr13Ni4Mo	≤0.06	0.80	1.00	0.035	0.025	11.5~13.5	3.5~5.0	0.40~1.00	0.50	0.05	0.10	0.50
ZG06Cr13Ni5Mo	≤0.06	0.80	1.00	0.035	0.025	11.5~13.5	4.5~6.0	0.40~1.00	0.50	0.05	0.10	0.50
ZG06Cr16Ni5Mo	≤0.06	0.80	1.00	0.035	0.025	15.5~17.0	4.5~6.0	0.40~1.00	0.50	0.05	0.10	0.50
ZG04Cr13Ni4Mo	≤0.04	0.80	1.50	0.030	0.010	11.5~13.5	3.5~5.0	0.40~1.00	0.50	0.05	0.10	0.50
ZG04Cr13Ni5Mo	≤0.04	0.80	1.50	0.030	0.010	11.5~13.5	4.5~6.0	0.40~1.00	0.50	0.05	0.10	0.50

2. 工程结构用中、高强度不锈钢铸件的力学性能（见表 6-24）

表 6-24 工程结构用中、高强度不锈钢铸件的力学性能（GB/T 6967—2009）

牌号		规定塑性延伸强度 $R_{p0.2}$/MPa ≥	抗拉强度 R_m/MPa ≥	断后伸长率 A(%) ≥	断面收缩率 Z(%) ≥	冲击吸收能量 KV/J ≥	硬度 HBW
ZG15Cr13		345	540	18	40	—	163~229
ZG20Cr13		390	590	16	35	—	170~235
ZG15Cr13Ni1		450	590	16	35	20	170~241
ZG10Cr13Ni1Mo		450	620	16	35	27	170~241
ZG06Cr13Ni4Mo		550	750	15	35	50	221~294
ZG06Cr13Ni5Mo		550	750	15	35	50	221~294
ZG06Cr16Ni5Mo		550	750	15	35	50	221~294
ZG04Cr13Ni4Mo	HT1①	580	780	18	50	80	221~294
	HT2②	830	900	12	35	35	294~350
ZG04Cr13Ni5Mo	HT1①	580	780	18	50	80	221~294
	HT2②	830	900	12	35	35	294~350

① 回火温度应为 600~650℃。
② 回火温度应为 500~550℃。

6.11.3 一般工程用耐腐蚀双相（奥氏体-铁素体）不锈钢铸件

1. 一般工程用耐腐蚀双相（奥氏体-铁素体）不锈钢铸件的化学成分（见表 6-25）

表 6-25 一般工程用耐腐蚀双相（奥氏体-铁素体）不锈钢铸件的化学成分（JB/T 12379—2015）

牌号	化学成分(质量分数,%)										
	C	Si	Mn	P	S	Cr	Ni	Mo	Cu	N	其他
ZG10Cr26Ni6Mo2	0.10	1.00	2.00	0.035	0.020	24.0~27.0	4.50~7.00	1.30~1.80	—	—	—
ZG03Cr22Ni6Mo3N	0.03		1.50			21.0~23.5	4.50~6.50	2.50~3.50	1.00	0.10~0.30	—
ZG06Cr26Ni5Mo2N	0.06		1.00			24.0~27.0	4.00~6.00	1.75~2.50	—	0.15~0.25	—
ZG03Cr26Ni6Mo3N	0.03		2.00			24.5~26.5	5.50~7.00	2.50~3.50	—	0.12~0.25	—
ZG03Cr26Ni7Mo4N①	0.03		1.00			25.0~27.0	6.00~8.00	3.00~5.00	—	0.12~0.22	—
ZG04Cr26Ni5Mo2Cu3	0.04					24.5~26.5	4.75~6.00	1.75~2.25	2.75~3.25	—	—
ZG04Cr26Ni5Mo2Cu3N	0.04					24.5~26.5	4.70~6.00	1.70~2.30	2.70~3.30	0.10~0.25	—
ZG03Cr25Ni6Mo3Cu2N①	0.03	1.10	1.20			24.0~26.7	5.60~6.70	2.90~3.80	1.40~1.90	0.22~0.33	—
ZG03Cr26Ni6Mo3Cu3N	0.03	1.00	1.50			24.5~26.5	5.00~7.00	2.50~3.50	2.75~3.50	0.12~0.22	—
ZG03Cr25Ni8Mo4CuWN①	0.03		1.00	0.030		24.0~26.0	6.50~8.50	3.00~4.00	0.50~1.00	0.20~0.30	W0.5~1.0

注：除了以两个数值规定上、下限范围外，单个数值均为最大值。

① $w(\mathrm{Cr})+3.3w(\mathrm{Mo})+16w(\mathrm{N})\geqslant 40\%$。

2. 一般工程用耐腐蚀双相（奥氏体-铁素体）不锈钢铸件的力学性能（见表 6-26）

表 6-26 一般工程用耐腐蚀双相（奥氏体-铁素体）不锈钢铸件的力学性能（JB/T 12379—2015）

牌号	热处理工艺			铸件最大厚度/mm	规定塑性延伸强度 $R_{p0.2}$/MPa ≥	抗拉强度 R_m/MPa ≥	断后伸长率 A(%) ≥
	类型	加热温度/℃ ≥	冷却方式				
ZG10Cr26Ni6Mo2	固溶	1040	水冷或其他方式	150	370	590	18
ZG03Cr22Ni6Mo3N		1080			415	620	25
ZG06Cr26Ni5Mo2N		1040			450	655	25
ZG03Cr26Ni6Mo3N		1080			480	650	22
ZG03Cr26Ni7Mo4N		1080			480	650	22
ZG04Cr26Ni5Mo2Cu3		1040			485	690	16
ZG04Cr26Ni5Mo2Cu3N		1040			485	690	16
ZG03Cr25Ni6Mo3Cu2N		1040			450	690	25
ZG03Cr26Ni6Mo3Cu3N		1080			480	650	22
ZG03Cr25Ni8Mo4CuWN		1080			450	690	25

6.11.4 承压部件用耐腐蚀双相（奥氏体-铁素体）不锈钢铸件

1. 承压部件用耐腐蚀双相（奥氏体-铁素体）不锈钢铸件的化学成分（见表 6-27）

表 6-27 承压部件用耐腐蚀双相（奥氏体-铁素体）不锈钢铸件的化学成分（JB/T 12380—2015）

牌号	化学成分(质量分数,%)										
	C	Si	Mn	P	S	Cr	Ni	Mo	Cu	N	其他
ZG03Cr22Ni6Mo3N	0.03	1.50	1.00	0.035	0.020	21.0~23.0	4.50~6.50	2.50~3.50	1.00	0.12~0.20	—
ZG08Cr24Ni10Mo4N[①]	0.08	1.00	1.50	0.035	0.020	22.5~25.5	8.00~11.00	3.00~4.50	—	0.10~0.30	—
ZG06Cr26Ni5Mo2N	0.06	1.00	1.00	0.035	0.020	24.0~27.0	4.00~6.00	1.75~2.50	—	0.15~0.25	—
ZG03Cr26Ni7Mo4N[①]	0.03	1.00	1.00	0.035	0.020	25.0~27.0	6.00~8.00	3.00~5.00	1.30	0.12~0.22	—
ZG04Cr26Ni5Mo2Cu3	0.04	1.00	1.00	0.035	0.020	24.5~26.5	4.75~6.00	1.75~2.25	2.75~3.25	—	—
ZG04Cr26Ni5Mo2Cu3N	0.04	1.00	1.00	0.035	0.020	24.5~26.5	4.70~6.00	1.70~2.30	2.70~3.30	0.10~0.25	—
ZG03Cr26Ni6Mo3Cu3N	0.03	1.00	1.50	0.035	0.020	24.5~26.5	5.00~7.00	2.50~3.50	2.75~3.50	0.12~0.22	—
ZG03Cr25Ni8Mo4CuWN[①]	0.03	—	1.00	0.030	0.020	24.0~26.0	6.50~8.50	3.00~4.00	0.50~1.00	0.20~0.30	W0.50~1.00

注：除了以两个数值规定上、下限范围外，单个数值均为最大值。

① $w(\mathrm{Cr})+3.3w(\mathrm{Mo})+16w(\mathrm{N})\geqslant 40\%$。

2. 承压部件用耐腐蚀双相（奥氏体-铁素体）不锈钢铸件的力学性能（见表 6-28）

表 6-28 承压部件用耐腐蚀双相（奥氏体-铁素体）不锈钢铸件的力学性能（JB/T 12380—2015）

牌号	热处理工艺			铸件最大厚度/mm	规定塑性延伸强度 $R_{p0.2}$/MPa ≥	抗拉强度 R_m/MPa ≥	断后伸长率 A(%) ≥
	类型	加热温度/℃ ≥	冷却方式				
ZG03Cr22Ni6Mo3N	固溶	1080	水冷或其他方式	150	415	620	25
ZG08Cr24Ni10Mo4N	固溶	1080	水冷或其他方式	150	450	655	25
ZG06Cr26Ni5Mo2N	固溶	1040	水冷或其他方式	150	450	655	25
ZG03Cr26Ni7Mo4N	固溶	1080	水冷或其他方式	150	480	650	22
ZG04Cr26Ni5Mo2Cu3	固溶	1040	水冷或其他方式	150	485	690	16
ZG04Cr26Ni5Mo2Cu3N	固溶	1040	水冷或其他方式	150	485	690	16
ZG03Cr26Ni6Mo3Cu3N	固溶	1080	水冷或其他方式	150	480	650	22
ZG03Cr25Ni8Mo4CuWN	固溶	1080	水冷或其他方式	150	450	690	25

6.11.5 大型不锈钢铸件

1. 大型不锈钢铸件的化学成分（见表 6-29）

表 6-29 大型不锈钢铸件的化学成分（JB/T 6405—2018）

牌号	化学成分(质量分数,%)												
	C	Si	Mn	P	S	Cr	Ni	Mo	Ti	Cu	N	W	V
ZG15Cr13	≤0.15	≤1.50	≤1.00	≤0.035	≤0.025	11.50~14.00	≤1.00	≤0.50	—	—	—	—	—
ZG20Cr13	0.16~0.24	≤1.00	≤0.60	≤0.035	≤0.025	11.50~14.00	—	—	—	—	—	—	—

（续）

牌号	化学成分（质量分数，%）												
	C	Si	Mn	P	S	Cr	Ni	Mo	Ti	Cu	N	W	V
ZG30Cr13	0.20~0.40	≤1.50	≤1.00	≤0.035	≤0.025	11.50~14.00	≤1.00	≤0.50	—	—	—	—	—
ZG12Cr18Ni9Ti	≤0.12	≤1.50	0.80~2.00	≤0.030	≤0.040	17.00~20.00	8.00~11.00		5(w_C-0.03)~0.80	—	—	—	—
ZG04Cr13Ni4Mo	≤0.045	≤1.00	≤1.00	≤0.028	≤0.012	11.50~14.00	3.80~5.00	0.40~1.00	—	≤0.50	—	≤0.10	≤0.08
ZG04Cr13Ni5Mo	≤0.045	≤1.00	≤1.00	≤0.028	≤0.012	11.50~14.00	4.50~6.00	0.40~1.00	—	≤0.50	—	≤0.10	≤0.08
ZG06Cr13Ni4Mo	≤0.06	≤1.00	≤1.00	≤0.030	≤0.025	11.50~14.00	3.50~4.50	0.40~1.00	—	≤0.50	—	≤0.10	≤0.08
ZG06Cr13Ni5Mo	≤0.06	≤1.00	≤1.00	≤0.030	≤0.025	11.50~14.00	4.50~5.50	0.40~1.00	—	≤0.50	—	≤0.10	≤0.08
ZG06Cr13Ni6Mo	≤0.06	≤1.00	≤1.00	≤0.030	≤0.025	12.00~14.00	5.50~6.50	0.40~1.00	—	≤0.50	—	≤0.10	≤0.08
ZG06Cr16Ni5Mo	≤0.06	≤1.00	≤1.00	≤0.030	≤0.025	15.50~17.50	4.50~6.00	0.40~1.00	—	—	—	≤0.10	≤0.08
ZG08Cr19Ni9	≤0.08	≤2.00	≤1.50	≤0.040	≤0.040	17.00~21.00	8.00~11.00	—	—	—	—	—	—
ZG08Cr20Ni11Mo4 （ZG08Cr19Ni11Mo3）	≤0.08	≤1.50	≤1.50	≤0.040	≤0.040	18.00~21.00	9.00~13.00	3.00~4.00	—	—	—	—	—
ZG12Cr22Ni12	≤0.12	≤2.00	≤1.50	≤0.040	≤0.040	20.00~23.00	10.00~13.00	—	—	—	—	—	—
ZG20Cr25Ni21 （ZG20Cr25Ni20）	≤0.20	≤2.00	≤1.50	≤0.040	≤0.040	23.00~27.00	19.00~22.00	—	—	—	—	—	—
ZG03Cr22Ni6Mo3N （ZG03Cr22Ni5Mo3N）	≤0.03	≤1.00	≤2.00	≤0.035	≤0.025	21.00~23.00	4.50~6.50	2.50~3.50	—	≤0.50	0.12~0.20	—	≤0.08
ZG03Cr26Ni7Mo4N	≤0.03	≤1.00	≤1.00	≤0.035	≤0.025	25.00~27.00	6.00~8.00	3.00~5.00	—	≤1.30	0.12~0.22	—	≤0.08
ZG12Cr18Mn9Ni4Mo3Cu2N （ZG12Cr17Mn9Ni4Mo3Cu2N）	≤0.12	≤1.50	8.00~10.00	≤0.060	≤0.035	16.00~19.00	3.00~5.00	2.90~3.50	—	2.00~2.50	0.16~0.26	—	—
ZG12Cr19Mn13Mo2CuN （ZG12Cr18Mn13Mo2CuN）	≤0.12	≤1.50	12.00~14.00	≤0.060	≤0.035	17.00~20.00	—	1.50~2.00	—	1.00~1.50	0.19~0.26	—	—

注：牌号后的括号内注明的是旧版标准的牌号表示。

2. 大型不锈钢铸件的力学性能（见表 6-30）

表 6-30　大型不锈钢铸件的力学性能（JB/T 6405—2018）

牌号	抗拉强度 R_m/MPa	上屈服强度 R_{eH}（或 $R_{p0.2}$）/MPa	断后伸长率 A（%）	断面收缩率 Z（%）	冲击吸收能量 KV_2 或 KV_8/J	硬度 HBW
ZG15Cr13	≥620	≥450	≥18	≥30	—	≤241
ZG20Cr13	≥588	≥392	≥16	≥35	—	170~235
ZG30Cr13	≥690	≥485	≥15	≥25	—	≤269
ZG12Cr18Ni9Ti	≥440	≥195	≥25	≥32	—	—
ZG04Cr13Ni4Mo	≥780	≥580	≥18	≥40	≥80	221~294
ZG04Cr13Ni5Mo	≥780	≥580	≥18	≥40	≥80	221~294

（续）

牌号	抗拉强度 R_m/MPa	上屈服强度 R_{eH}（或 $R_{p0.2}$）/MPa	断后伸长率 A（%）	断面收缩率 Z（%）	冲击吸收能量 KV_2 或 KV_8/J	硬度 HBW
ZG06Cr13Ni4Mo	≥750	≥550	≥15	≥35	≥50	221~294
ZG06Cr13Ni5Mo	≥750	≥550	≥15	≥35	≥50	221~294
ZG06Cr13Ni6Mo	≥750	≥550	≥15	≥35	≥50	221~294
ZG06Cr16Ni5Mo	≥785	≥588	≥15	≥35	≥40	220
ZG08Cr19Ni9	≥485	≥205	≥35	—	—	—
ZG08Cr20Ni11Mo4（ZG08Cr19Ni11Mo3）	≥520	≥240	≥25	—	—	—
ZG12Cr22Ni12	≥485	≥195	≥35	—	—	—
ZG20Cr25Ni21（ZG20Cr25Ni20）	≥450	≥195	≥30	—	—	—
ZG03Cr22Ni6Mo3N（ZG03Cr22Ni5Mo3N）	600~800	≥420	≥20	—	—	—
ZG03Cr26Ni7Mo4N	650~850	≥480	≥22	—	—	—
ZG12Cr18Mn9Ni4Mo3Cu2N（ZG12Cr17Mn9Ni4Mo3Cu2N）	≥588	≥294	≥25	≥35	—	—
ZG12Cr19Mn13Mo2CuN（ZG12Cr18Mn13Mo2CuN）	≥588	≥294	≥30	≥40	—	—

注：牌号后的括号内注明的是旧版标准的牌号表示。

6.11.6 通用阀门不锈钢铸件

1. 通用阀门不锈钢铸件的化学成分（见表6-31）

表6-31 通用阀门不锈钢铸件的化学成分（GB/T 12230—2023）

牌号	化学成分（质量分数，%）											
	C	Mn	Si	S	P	Cr	Ni	Mo	Nb	V	Cu	N
ZG03Cr19Ni11N	0.03	2.00	1.50	0.030	0.035	18.00~20.00	9.00~12.00	—	—	—	0.50	0.12~0.20
ZG07Cr19Ni10	0.07	1.50	1.50	0.030	0.040	18.00~20.00	8.00~11.00	—	—	—	0.50	—
ZG03Cr19Ni11Mo2N	0.030	2.00	1.50	0.030	0.035	18.00~20.00	9.00~12.00	2.00~2.50	—	—	0.50	0.12~0.20
ZG07Cr19Ni11Mo2	0.07	1.50	1.50	0.030	0.040	18.00~20.00	9.00~12.00	2.00~2.50	—	—	0.50	—
ZG03Ni28Cr21Mo2	0.03	2.00	1.00	0.025	0.035	19.00~22.00	26.00~30.00	2.00~2.50	—	—	2.00	0.20
CF3	0.03	1.50	2.00	0.040	0.040	17.0~21.0	8.0~12.0	0.50	—	—	—	—
CF3A	0.03	1.50	2.00	0.040	0.040	17.0~21.0	8.0~12.0	0.50	—	—	—	—
CF8	0.08	1.50	2.00	0.040	0.040	18.0~21.0	8.0~11.0	0.50	—	—	—	—
CF8A	0.08	1.50	2.00	0.040	0.040	18.0~21.0	8.0~11.0	0.50	—	—	—	—
CF3M	0.03	1.50	1.50	0.040	0.040	17.0~21.0	9.0~13.0	2.0~3.0	—	—	—	—
CF8M	0.08	1.50	1.50	0.040	0.040	18.0~21.0	9.0~12.0	2.0~3.0	—	—	—	—

（续）

牌号	化学成分(质量分数,%)										
	C	Mn	Si	S	P	Cr	Ni	Mo	Nb	V	Cu	N
CF8C	0.08	1.50	2.00	0.040	0.040	18.0~21.0	9.0~12.0	0.50	8C~1.00	—	—	—
CF10	0.04~0.10	1.50	2.00	0.040	0.040	18.0~21.0	8.0~11.0	0.50	—	—	—	—
CF10M	0.04~0.10	1.50	1.50	0.040	0.040	18.0~21.0	9.0~12.0	2.0~3.0	—	—	—	—
CG3M	0.03	1.50	1.50	0.04	0.040	18.0~21.0	9.0~13.0	3.0~4.0	—	—	—	—
CG6MMnN	0.06	4.0~6.0	1.00	0.030	0.040	20.5~23.5	11.5~13.5	1.50~3.00	0.10~0.30	0.10~0.30	—	0.20~0.40
CG8M	0.08	1.50	1.50	0.04	0.040	18.0~21.0	9.0~13.0	3.0~4.0	—	—	—	—
CK20	0.04~0.20	1.50	1.75	0.040	0.040	23.0~27.0	19.0~22.0	0.50	—	—	—	—
CK3MCuN	0.025	1.20	1.00	0.010	0.045	19.5~20.5	17.5~19.5	6.0~7.0	—	—	0.50~1.00	0.18~0.24
CN3MN	0.03	2.00	1.00	0.010	0.040	20.0~22.0	23.5~25.5	6.0~7.0	—	—	0.75	0.18~0.26
CN7M	0.07	1.50	1.50	0.040	0.040	19.0~22.0	27.5~30.5	2.0~3.0	—	—	3.0~4.0	—
CT15C	0.05~0.15	0.15~1.50	0.50~1.50	0.03	0.030	19.0~21.0	31.0~34.0	—	0.50~1.50	—	—	—

2. 通用阀门不锈钢铸件的力学性能

(1) 通用阀门不锈钢铸件的室温力学性能（见表6-32）

表6-32　通用阀门不锈钢铸件的室温力学性能（GB/T 12230—2023）

牌号	抗拉强度 R_m/MPa	规定塑性延伸强度		断后伸长率 A(%)
		$R_{P0.2}$/MPa	$R_{P1.0}$/MPa	
ZG03Cr19Ni11N	440~640	—	230	30
ZG07Cr19Ni10	440~640	—	200	30
ZG03Cr19Ni11Mo2N	440~640	—	230	30
ZG07Cr19Ni11Mo2	440~640	—	210	30
ZG03Ni28Cr21Mo2	430~630	—	190	30
CF3	485	205	—	35
CF3A	530	240	—	35
CF8	485	205	—	35
CF8A	530	240	—	35
CF3M	485	205	—	30
CF8M	485	205	—	30
CF8C	485	205	—	30
CF10	485	205	—	35
CF10M	485	205	—	30
CG3M	515	240	—	25
CG6MMnN	585	295	—	30
CG8M	515	240	—	25
CK20	450	195	—	30
CK3MCuN	550	260	—	35
CN3MN	550	260	—	35
CN7M	425	170	—	35
CT15C	435	170	—	20

注：表中规定值除注明范围外，均为最小值。

（2）通用阀门不锈钢铸件的冲击吸收能量（见表6-33）

表6-33 通用阀门不锈钢铸件的冲击吸收能量（GB/T 12230—2023）

牌号	冲击试验温度/℃	三个试样冲击吸收能量平均值 KV_2/J
ZG03Cr19Ni11N	-196	≥70
ZG07Cr19Ni10	-196	≥60
ZG03Cr19Ni11Mo2N	-196	≥70
ZG07Cr19Ni11Mo2	-196	≥60
ZG03Ni28Cr21Mo2	-196	≥60
CF3	-196	≥70
CF8	-196	≥60
CF3M	-196	≥70
CF8M	-196	≥60

注：允许三个试样中的一个试样冲击吸收能量值低于表中的三个试样冲击吸收能量平均值，但不应低于该值的70%。

6.11.7 耐磨耐蚀钢铸件

1. 耐磨耐蚀钢铸件的化学成分（见表6-34）

表6-34 耐磨耐蚀钢铸件的化学成分（GB/T 31205—2014）

牌号	化学成分（质量分数，%）								
	C	Si	Mn	Cr	Mo	Ni	Cu	S	P
ZGMS30Mn2SiCr	0.22~0.35	0.5~1.2	1.2~2.2	0.5~1.2	—	—	—	≤0.04	≤0.04
ZGMS30CrMnSiMo	0.22~0.35	0.5~1.8	0.6~1.6	0.5~1.8	0.2~0.8	—	—	≤0.04	≤0.04
ZGMS30CrNiMo	0.22~0.35	0.4~0.8	0.4~1.0	0.5~2.5	0.2~0.8	0.3~2.5	—	≤0.04	≤0.04
ZGMS40CrNiMo	0.35~0.45	0.4~0.8	0.4~1.0	0.5~2.5	0.2~0.8	0.3~2.5	—	≤0.04	≤0.04
ZGMS30Cr5Mo	0.25~0.35	0.4~1.0	0.5~1.2	4.0~6.0	0.2~0.8	≤0.5	—	≤0.04	≤0.04
ZGMS50Cr5Mo	0.45~0.55	0.4~1.0	0.5~1.2	4.0~6.0	0.2~0.8	≤0.5	—	≤0.04	≤0.04
ZGMS60Cr2MnMo	0.45~0.70	0.4~1.0	0.5~1.5	1.5~2.5	0.2~0.8	≤1.0	—	≤0.04	≤0.04
ZGMS85Cr2MnMo	0.70~0.95	0.4~1.0	0.5~1.5	1.5~2.5	0.2~0.8	≤1.0	—	≤0.04	≤0.04
ZGMS25Cr10MnSiMoNi	0.15~0.35	0.5~2.0	0.5~2.0	7.0~13.0	0.2~0.8	0.3~2.0	≤1.0	≤0.04	≤0.04
ZGMS110Mn13Mo1	0.75~1.35	0.3~0.9	11~14	—	0.9~1.2	—	—	≤0.04	≤0.06
ZGMS120Mn13	1.05~1.35	0.3~0.9	11~14	—	—	—	—	≤0.04	≤0.06
ZGMS120Mn13Cr2	1.05~1.35	0.3~0.9	11~14	1.5~2.5	—	—	—	≤0.04	≤0.06
ZGMS120Mn13Ni3	1.05~1.35	0.3~0.9	11~14	—	—	3.0~4.0	—	≤0.04	≤0.06
ZGMS120Mn18	1.05~1.35	0.3~0.9	16~19	—	—	—	—	≤0.04	≤0.06
ZGMS120Mn18Cr2	1.05~1.35	0.3~0.9	16~19	1.5~2.5	—	—	—	≤0.04	≤0.06

2. 耐磨耐蚀钢铸件的力学性能（见表6-35）

表6-35 耐磨耐蚀钢铸件的力学性能（GB/T 31205—2014）

牌号	表面硬度		冲击吸收能量/J		
	HRC	HBW	KV_2	KU_2	KW_2
ZGMS30Mn2SiCr	≥45	—	≥12	—	—
ZGMS30CrMnSiMo	≥45	—	≥12	—	—
ZGMS30CrNiMo	≥45	—	≥12	—	—
ZGMS40CrNiMo	≥50	—	—	—	≥25
ZGMS30Cr5Mo	≥42	—	≥12	—	—
ZGMS50Cr5Mo	≥46	—	—	—	≥15
ZGMS60Cr2MnMo	≥30	—	—	—	≥25
ZGMS85Cr2MnMo	≥32	—	—	—	≥15

（续）

牌号	表面硬度		冲击吸收能量/J		
	HRC	HBW	KV_2	KU_2	KW_2
ZGMS25Cr10MnSiMoNi	≥40	—	—	—	≥50
ZGMS110Mn13Mo1	—	≤300	—	≥118	—
ZGMS120Mn13	—	≤300	—	≥118	—
ZGMS120Mn13Cr2	—	≤300	—	≥90	—
ZGMS120Mn13Ni3	—	≤300	—	≥118	—
ZGMS120Mn18	—	≤300	—	≥118	—
ZGMS120Mn18Cr2	—	≤300	—	≥90	—

注：1. KV_2、KU_2、KW_2 分别代表 V 型缺口、U 型缺口和无缺口试样测得的冲击吸收能量。

2. 奥氏体锰钢铸件之外的铸件断面深度 40%处的硬度应不低于表面硬度值的 92%。

6.12 耐热钢铸件

6.12.1 一般用途耐热钢和合金铸件

1. 一般用途耐热钢和合金铸件的化学成分（见表 6-36）

表 6-36 一般用途耐热钢和合金铸件的化学成分（GB/T 8492—2024）

牌号	化学成分(质量分数,%)								
	C	Si	Mn	P	S	Cr	Mo	Ni	其他元素
ZGR30Cr7Si2	0.20~0.35	1.0~2.5	0.5~1.0	0.035	0.030	6.0~8.0	0.15	0.5	—
ZGR40Cr13Si2	0.30~0.50	1.0~2.5	1.0	0.040	0.030	12.0~14.0	0.15	0.5	—
ZGR40Cr17Si2	0.30~0.50	1.0~2.5	1.0	0.040	0.030	16.0~19.0	0.50	1.0	—
ZGR40Cr24Si2	0.30~0.50	1.0~2.5	1.0	0.040	0.030	23.0~26.0	0.50	1.0	—
ZGR40Cr28Si2	0.30~0.50	1.0~2.5	1.0	0.040	0.030	27.0~30.0	0.50	1.0	—
ZGR130Cr29Si2	1.20~1.40	1.0~2.5	0.5~1.0	0.035	0.030	27.0~30.0	0.50	1.0	—
ZGR25Cr18Ni9Si2	0.15~0.35	0.5~2.5	2.0	0.040	0.030	17.0~19.0	0.50	8.0~10.0	—
ZGR25Cr20Ni14Si2	0.15~0.35	0.5~2.5	2.0	0.040	0.030	19.0~21.0	0.50	13.0~15.0	—
ZGR40Cr22Ni10Si2	0.30~0.50	1.0~2.5	2.0	0.040	0.030	21.0~23.0	0.50	9.0~11.0	—
ZGR40Cr24Ni24Si2Nb	0.30~0.50	1.0~2.5	2.0	0.040	0.030	23.0~25.0	0.50	23.0~25.0	Nb:0.80~1.80
ZGR40Cr25Ni12Si2	0.30~0.50	1.0~2.5	0.5~2.0	0.040	0.030	24.0~27.0	0.50	11.0~14.0	—
ZGR40Cr25Ni20Si2	0.30~0.50	1.0~2.5	2.0	0.040	0.030	24.0~27.0	0.50	19.0~22.0	—
ZGR40Cr27Ni4Si2	0.30~0.50	1.0~2.5	1.5	0.040	0.030	25.0~28.0	0.50	3.0~6.0	—

（续）

牌号	化学成分(质量分数,%)								
	C	Si	Mn	P	S	Cr	Mo	Ni	其他元素
ZGR50Ni20Cr20Co20Mo3W3Nb	0.35~0.65	1.0	2.0	0.040	0.030	19.0~22.0	2.50~3.00	18.0~22.0	Co:18.5~22.0 Nb:0.75~1.25 W:2.0~3.0
ZGR10Ni32Cr20SiNb	0.05~0.15	0.5~1.5	2.0	0.040	0.030	19.0~21.0	0.50	31.0~33.0	Nb:0.50~1.50
ZGR40Ni35Cr17Si2	0.30~0.50	1.0~2.5	2.0	0.040	0.030	16.0~18.0	0.50	34.0~36.0	—
ZGR10Ni35Cr26Si2	0.30~0.50	1.0~2.5	2.0	0.040	0.030	24.0~27.0	0.50	33.0~36.0	—
ZGR40Ni35Cr26Si2Nb	0.30~0.50	1.0~2.5	2.0	0.040	0.030	24.0~27.0	0.50	33.0~36.0	Nb:0.80~1.80
ZGR40Ni38Cr19Si2	0.30~0.50	1.0~2.5	2.0	0.040	0.030	18.0~21.0	0.50	36.0~39.0	—
ZGR40Ni38Cr19Si2Nb	0.30~0.50	1.0~2.5	2.0	0.040	0.030	18.0~21.0	0.50	36.0~39.0	Nb:1.20~1.80
ZNRNiCr28W5	0.35~0.55	1.0~2.0	1.5	0.040	0.030	27.0~30.0	0.50	47.0~50.0	W:4.0~6.0
ZNRNiCr50	0.10	1.0	1.0	0.020	0.020	48.0~52.0	0.50	余量:Ni	Fe:1.00 N:0.16 Nb:1.00~1.80
ZNRNiCr19	0.40~0.60	0.5~2.0	1.5	0.040	0.030	16.0~21.0	0.50	50.0~55.0	—
ZNRNiCr16	0.35~0.65	2.0	1.3	0.040	0.030	13.0~19.0	—	64.0~69.0	—
ZGR50Ni35Cr25Co15W5	0.45~0.55	1.0~2.0	1.0	0.040	0.030	24.0~26.0	—	33.0~37.0	W:4.0~6.0 Co:14.0~16.0
ZNRCoCr28	0.05~0.25	0.5~1.5	1.5	0.040	0.030	27.0~30.0	0.50	4.0	Co:48.0~52.0

注：1. ZGR 为耐热铸钢的代号，ZNR 为铸造耐热合金的代号。

2. 表中的单个值表示最大值。

3. 表中未标出的余量为元素 Fe。

2. 一般用途耐热钢和合金铸件的室温力学性能和最高使用温度（见表 6-37）

表 6-37　一般用途耐热钢和合金铸件的室温力学性能和最高使用温度（GB/T 8492—2024）

牌号	铸件状态	规定塑性延伸强度 $R_{p0.2}$/MPa	抗拉强度 R_m/MPa	断后伸长率 A(%)	硬度 HBW	最高使用温度①/℃
ZGR30Cr7Si2	铸态或退火	—	—	—	—	750
ZGR40Cr13Si2	退火	—	—	—	300②	850
ZGR40Cr17Si2	退火	—	—	—	300②	900
ZGR40Cr24Si2	退火	—	—	—	300②	1050
ZGR40Cr28Si2	退火	—	—	—	320②	1100
ZGR130Cr29Si2	退火	—	—	—	400②	1100
ZGR25Cr18Ni9Si2	铸态	≥230	≥450	≥15	—	900
ZGR25Cr20Ni14Si2	铸态	≥230	≥450	≥10	—	900

（续）

牌号	铸件状态	规定塑性延伸强度 $R_{p0.2}$/MPa	抗拉强度 R_m/MPa	断后伸长率 A(%)	硬度 HBW	最高使用温度[①]/℃
ZGR40Cr22Ni10Si2	铸态	≥230	≥450	≥8	—	950
ZGR40Cr24Ni24Si2Nb	铸态	≥220	≥400	≥4	—	1050
ZGR40Cr25Ni12Si2	铸态	≥220	≥450	≥6	—	1050
ZGR40Cr25Ni20Si2	铸态	≥220	≥450	≥6	—	1100
ZGR40Cr27Ni4Si2	铸态	≥250	≥400	≥3	400[③]	1100
ZGR50Ni20Cr20Co20Mo3W3Nb	铸态	≥320	≥400	≥6	—	1150
ZGR10Ni32Cr20SiNb	铸态	≥170	≥440	≥20	—	1000
ZGR40Ni35Cr17Si2	铸态	≥220	≥420	≥6	—	980
ZGR40Ni35Cr26Si2	铸态	≥220	≥440	≥6	—	1050
ZGR40Ni35Cr26Si2Nb	铸态	≥220	≥440	≥4	—	1050
ZGR40Ni38Cr19Si2	铸态	≥220	≥420	≥6	—	1050
ZGR40Ni38Cr19Si2Nb	铸态	≥220	≥420	≥4	—	1000
ZNRNiCr28W5	铸态	≥220	≥400	≥3	—	1200
ZNRNiCr50Nb	铸态	≥230	≥540	≥8	—	1050
ZNRNiCr19	铸态	≥220	≥440	≥5	—	1100
ZNRNiCr16	铸态	≥200	≥400	≥3	—	1100
ZGR50Ni35Cr25Co15W5	铸态	≥270	≥480	≥5	—	1200
ZNRCoCr28	铸态	—	—	—	—	1200

① 最高使用温度取决于环境、载荷等实际使用条件，所列数据仅供需方参考，这些数据适用于氧化气氛，实际的合金成分对其也有影响。

② 退火态最大 HBW 值（不适用铸态下供货的铸件）。

③ 最大 HBW 值。

6.12.2 大型耐热钢铸件

1. 大型耐热钢铸件的化学成分（见表 6-38）

表 6-38 大型耐热钢铸件的化学成分（JB/T 6403—2017）

牌号	化学成分(质量分数,%)									
	C	Si	Mn	P	S	Cr	Ni	Mo	N	Ti
ZG40Cr9Si3 (ZG40Cr9Si2)	0.35~0.50	2.00~3.00	≤0.70	≤0.030	≤0.030	8.00~10.00	—	—	—	—
ZG40Cr13Si2	0.30~0.50	1.00~2.50	0.50~1.00	≤0.030	≤0.030	12.00~14.00	≤1.00	≤0.50	—	—
ZG40Cr18Si2 (ZG40Cr17Si2)	0.30~0.50	1.00~2.50	0.50~1.00	≤0.030	≤0.030	16.00~19.00	≤1.00	≤0.50	—	—
ZG30Cr21Ni10 (ZG30Cr20Ni10)	0.20~0.40	≤2.00	≤2.00	≤0.030	≤0.030	18.00~23.00	8.00~12.00	≤0.50	—	—
ZG30Cr19Mn12Si2N (ZG30Cr18Mn12Si2N)	0.26~0.36	1.60~2.40	11.0~13.0	≤0.030	≤0.030	17.0~20.0	—	—	0.22~0.28	—
ZG35Cr24Ni8Si2N (ZG35Cr24Ni7SiN)	0.30~0.40	1.30~2.00	0.80~1.50	≤0.030	≤0.030	23.00~25.50	7.00~8.50	—	0.20~0.28	—
ZG20Cr26Ni5	≤0.20	≤2.00	≤1.00	≤0.030	≤0.030	24.00~28.00	4.00~6.00	≤0.50	—	—
ZG35Cr26Ni13 (ZG35Cr26Ni12)	0.20~0.50	≤2.00	≤2.00	≤0.030	≤0.030	24.00~28.00	11.00~14.00	—	—	—
ZG35Cr28Ni16	0.20~0.50	≤2.00	≤2.00	≤0.030	≤0.030	26.00~30.00	14.00~18.00	≤0.50	—	—
ZG40Cr25Ni21 (ZG40Cr25Ni20)	0.35~0.45	≤1.75	≤1.50	≤0.030	≤0.030	23.00~27.00	19.00~22.00	≤0.50	—	—

（续）

牌号	化学成分(质量分数,%)									
	C	Si	Mn	P	S	Cr	Ni	Mo	N	Ti
ZG40Cr30Ni20	0.20~0.60	≤2.00	≤2.00	≤0.030	≤0.030	28.00~32.00	18.00~22.00	≤0.50	—	—
ZG35Cr25Cr19Si2 (ZG35Ni24Cr18Si2)	0.30~0.40	1.50~2.50	≤1.50	≤0.030	≤0.030	17.00~20.00	23.00~26.00	—	—	—
ZG30Ni35Cr15	0.20~0.35	≤2.50	≤2.00	≤0.030	≤0.030	13.00~17.00	33.00~37.00	—	—	—
ZG45Ni35Cr26	0.35~0.55	≤2.00	≤2.00	≤0.300	≤0.030	24.00~28.00	33.00~37.00	≤0.50	—	—
ZG40Cr23Ni4N (ZG40Cr22Ni4N)	0.35~0.45	1.20~2.00	≤1.00	≤0.030	≤0.030	21.00~24.00	3.500~5.00	—	0.23~0.30	—
ZG30Cr26Ni20 (ZG30Cr25Ni20)	0.20~0.35	≤2.00	≤2.00	≤0.030	≤0.030	24.00~28.00	18.00~22.00	≤0.50	—	—
ZG23Cr19Mn10Ni2Si2N (ZG20Cr20Mn9Ni2SiN)	0.18~0.28	1.80~2.70	8.50~11.00	≤0.030	≤0.030	17.00~21.00	2.00~3.00	—	0.20~0.28	—
ZG08Cr18Ni12Mo3Ti (ZG08Cr18Ni12Mo2Ti)	≤0.08	≤1.50	0.80~2.00	≤0.030	≤0.030	16.00~19.00	11.00~13.00	2.00~3.00	—	0.30~0.70

注：牌号后的括号内注明的是旧版标准 GB/T 5613—1995《铸钢牌号表示方法》规定的牌号。

2. 大型耐热钢铸件的力学性能（见表 6-39）

表 6-39 大型耐热钢铸件的力学性能（JB/T 6403—2017）

牌号	上屈服强度 $R_{eH}(R_{p0.2})$/MPa ≥	抗拉强度 R_m/MPa ≥	断后伸长率 A(%) ≥	硬度 HBW ≤	热处理状态
ZG40Cr9Si3(ZG40Cr9Si2)	—	550	—	—	950℃退火
ZG40Cr13Si2	—	—	—	300①	退火
ZG40Cr18Si2(ZG40Cr17Si2)	—	—	—	300①	退火
ZG30Cr21Ni10(ZG30Cr20Ni10)	(235)	490	23	—	—
ZG30Cr19Mn12Si2N(ZG30Cr18Mn12Si2N)	—	490	8	—	1100~1150℃ 油冷、水冷或空冷
ZG35Cr24Ni8Si2N(ZG35Cr24Ni7SiN)	(340)	540	12	—	—
ZG20Cr26Ni5	—	590	—	—	—
ZG35Cr26Ni13(ZG35Cr26Ni12)	(235)	490	8	—	—
ZG35Cr28Ni16	(235)	490	8	—	—
ZG40Cr25Ni21(ZG40Cr25Ni20)	(235)	440	8	—	—
ZG40Cr30Ni20	(245)	450	8	—	—
ZG35Ni25Cr19Si2(ZG35Ni24Cr18Si2)	(195)	390	5	—	—
ZG30Ni35Cr15	(195)	440	13	—	—
ZG45Ni35Cr26	(235)	440	5	—	—
ZG40Cr23Ni4N(ZG40Cr22Ni4N)	450	730	10	—	调质
ZG30Cr26Ni20(ZG30Cr25Ni20)	240	510	48	—	调质
ZG23Cr19Mn10Ni2Si2N(ZG20Cr20Mn9Ni2SiN)	420	790	40	—	调质
ZG08Cr18Ni12Mo3Ti(ZG08Cr18Ni12Mo2Ti)	210	490	30	—	1150℃水淬

① 退火状态最大布氏硬度值。铸件也可以铸态交货，此时硬度限制就不再适用。

6.13 特殊物理性能合金钢铸件

1. 特殊物理性能合金钢铸件的牌号和化学成分（见表 6-40）

表 6-40 特殊物理性能合金钢铸件的牌号和化学成分（GB/T 41162—2022）

牌号	化学成分（质量分数，%）									
	C	Si	Mn	P	S	Cr	Mo	Ni	N	Co	其他
ZGS8Cr18Ni11①	≤0.15	≤1.00	≤2.0	≤0.045	≤0.030	16.5~18.5	≤0.75	10.0~12.0	—	—	—
ZGS2Cr18Ni13N①	≤0.03	≤1.00	≤2.0	≤0.035	≤0.020	16.5~18.5	—	12.0~14.0	0.10~0.20	—	—
ZGS2Cr18Ni14Mo3N①	≤0.03	≤1.00	≤2.0	≤0.035	≤0.020	16.5~18.5	2.5~3.0	13.0~15.0	0.15~0.25	—	—
ZGS2Cr19Ni11N①	≤0.03	≤1.5	≤2.0	≤0.035	≤0.020	18.0~20.0	≤1.0	10.0~12.0	0.10~0.20	—	—
ZGS3Cr17Ni9Mn8Si4①	≤0.05	3.5~4.5	7.0~9.0	≤0.045	≤0.030	16.0~18.0	≤1.0	8.0~9.0	0.08~0.18	—	—
ZGS3Cr22Ni13Mn5N①	≤0.06	≤1.0	4.0~6.0	≤0.040	≤0.030	20.5~23.5	1.50~3.00	11.5~13.5	0.20~0.40	—	Nb:0.10~0.30 V:0.10~0.30
ZGS2Cr21Ni16Mn5Mo3NNb①	≤0.03	≤1.0	4.0~6.0	≤0.025	≤0.010	20.0~21.5	3.0~3.5	15.0~17.0	0.20~0.35	—	Nb≤0.25
ZGR3Ni32Co5②	≤0.05	≤0.50	≤0.6	≤0.030	≤0.02	≤0.25	≤1.0	30.5~33.5	—	4.0~6.5	Al≤0.10
ZGR3Ni29Co17②	≤0.05	≤0.50	≤0.5	≤0.030	≤0.02	≤0.25	≤1.0	28.0~30.0	—	16.0~18.0	—
ZGR3Ni36②	≤0.05	≤0.5	≤0.5	≤0.030	≤0.02	≤0.25	≤1.0	35.0~37.0	—	—	—
ZGR3Ni36S②	≤0.05	≤0.5	≤0.5	≤0.030	0.10~0.20	≤0.25	≤1.0	35.0~37.0	—	—	—
ZNMNiCr13SnBiMo③	≤0.05	≤0.5	≤1.5	≤0.030	≤0.030	11.0~14.0	2.0~3.5	余量	—	—	Bi:3.0~5.0 Sn:3.0~5.0 Fe≤2.0

① 弱磁性铸钢对应的牌号。
② 小膨胀系数铸钢对应的牌号。
③ 耐磨合金对应的牌号。

2. 特殊物理性能合金钢铸件的室温力学性能（见表 6-41）

表 6-41 特殊物理性能合金钢铸件的室温力学性能（GB/T 41162—2022）

牌号	状态	规定塑性延伸强度 $R_{p0.2}$/MPa	抗拉强度 R_m/MPa	断后伸长率 A(%)	冲击吸收能量 KV_2/J
ZGS8Cr18Ni11	固溶处理	≥195	440~590	≥20	≥80
ZGS2Cr18Ni13N	固溶处理	≥210	440~640	≥30	≥115
ZGS2Cr18Ni14Mo3N	固溶处理	≥240	490~690	≥30	≥80
ZGS2Cr19Ni11N	固溶处理	≥180	≥440	≥30	—
ZGS3Cr17Ni9Mn8Si4	固溶处理	≥290	≥580	≥24	—
ZGS3Cr22Ni13Mn5N	固溶处理	≥290	≥580	≥24	—
ZGS2Cr21Ni16Mn5Mo3NNb	固溶处理	≥315	570-800	≥20	≥65
ZGR3Ni32Co5	淬火+回火	—	—	—	—
ZGR3Ni29Co17	淬火+回火	—	—	—	—
ZGR3Ni36	淬火+回火	≥275	≥395	≥28	—
ZGR3Ni36S	淬火+回火	≥275	≥395	≥25	—
ZNMNiCr13SnBiMo	铸态	—	—	—	—

注：ZGR3Ni32Co5、ZGR3Ni29Co17 和 ZNMNiCr13SnBiMo 牌号不规定力学性能。

3. 耐蚀铸钢的相对磁导率（见表 6-42）

表 6-42 耐蚀铸钢的相对磁导率（GB/T 41162—2022）

牌号	相对磁导率 μ_r	牌号	相对磁导率 μ_r
ZGS8Cr18Ni11	≤1.01	ZGS3Cr17Ni9Mn8Si4	≤1.01
ZGS2Cr18Ni13N	≤1.01	ZGS3Cr22Ni13Mn5N	≤1.01
ZGS2Cr18Ni14Mo3N	≤1.01	ZGS2Cr21Ni16Mn5Mo3NNb	≤1.01
ZGS2Cr19Ni11N	≤1.01		

4. 耐热铸钢的线胀系数（见表 6-43）

表 6-43 耐热铸钢的线胀系数（GB/T 41162—2022）

牌号	线胀系数/$10^{-6}K^{-1}$				
	20～100℃	20～200℃	20～300℃	20～500℃	20～800℃
ZGR3Ni32Co5	0.63	—	—	—	—
ZGR3Ni29Co17	5.9	5.2	5.1	6.1	10.3
ZGR3Ni36	1.3	2.1	4.2	—	—
ZGR3Ni36S	1.6	3.0	5.9	—	—

5. 特殊物理性能合金钢铸件推荐的热处理工艺（见表 6-44）

表 6-44 特殊物理性能合金钢铸件推荐的热处理工艺（GB/T 41162—2022）

牌号	推荐的热处理工艺
ZGS8Cr18Ni11	1050～1150℃ 固溶处理
ZGS2Cr18Ni13N	1050～1150℃ 固溶处理
ZGS2Cr18Ni14Mo3N	1050～1150℃ 固溶处理
ZGS2Cr19Ni11N	1050～1150℃(最低温度)固溶处理
ZGS3Cr17Ni9Mn8Si4	1050～1150℃(最低温度)固溶处理
ZGS3Cr22Ni13Mn5N	1050～1150℃(最低温度)固溶处理
ZGS2Cr21Ni16Mn5Mo3NNb	1080～1180℃ 固溶处理
ZGR3Ni32Co5	820～850℃淬火+300～350℃回火
ZGR3Ni29Co17	820～850℃淬火+300～350℃回火
ZGR3Ni36	820～850℃淬火+300～350℃回火
ZGR3Ni36S	820～850℃淬火+300～350℃回火
ZNMNiCr13SnBiMo	铸态

注：耐磨合金 ZNMNiCr13SnBiMo 宜在铸态下使用。

第7章 结构钢

7.1 常用结构钢

7.1.1 碳素结构钢

1. 碳素结构钢的牌号和化学成分（见表7-1）

表7-1 碳素结构钢的牌号和化学成分（GB/T 700—2006）

牌号	统一数字代号①	等级	脱氧方法	化学成分(质量分数,%) ≤				
				C	Si	Mn	P	S
Q195	U11952	—	F、Z	0.12	0.30	0.50	0.035	0.040
Q215	U12152	A	F、Z	0.15	0.35	1.20	0.045	0.050
	U12155	B						0.045
Q235	U12352	A	F、Z	0.22	0.35	1.40	0.045	0.050
	U12355	B		0.20②				0.045
	U12358	C	Z	0.17			0.040	0.040
	U12359	D	TZ				0.035	0.035
Q275	U12752	A	F、Z	0.24	0.35	1.50	0.045	0.050
	U12755	B	Z	0.21			0.045	0.045
				0.22				
	U12758	C	Z	0.20			0.040	0.040
	U12759	D	TZ				0.035	0.035

① 表中为镇静钢、特殊镇静钢牌号的统一数字代号，沸腾钢牌号的统一数字代号如下：Q195F—U11950；Q215AF—U12150，Q215BF—U12153；Q235AF—U12350，Q235BF—U12353；Q275AF—U12750。

② 经需方同意，Q235B中碳的质量分数可不大于0.22%。

2. 碳素结构钢的力学性能

（1）碳素结构钢的拉伸性能（见表7-2）

表7-2 碳素结构钢的拉伸性能（GB/T 700—2006）

牌号	等级	上屈服强度 R_{eH}①/MPa ≥						抗拉强度 R_m②/MPa	断后伸长率 A(%) ≥				
		厚度(或直径)/mm							厚度(或直径)/mm				
		≤16	>16~40	>40~60	>60~100	>100~150	>150~200		≤40	>40~60	>60~100	>100~150	>150~200
Q195	—	195	185	—	—	—	—	315~430	33	—	—	—	—

（续）

牌号	等级	上屈服强度 R_{eH} ①/MPa ≥						抗拉强度 R_m②/MPa	断后伸长率 A(%) ≥				
		厚度(或直径)/mm							厚度(或直径)/mm				
		≤16	>16~40	>40~60	>60~100	>100~150	>150~200		≤40	>40~60	>60~100	>100~150	>150~200
Q215	A	215	205	195	185	175	165	335~450	31	30	29	27	26
	B												
Q235	A	235	225	215	215	195	185	370~500	26	25	24	22	21
	B												
	C												
	D												
Q275	A	275	265	255	245	225	215	410~540	22	21	20	18	17
	B												
	C												
	D												

① Q195 的上屈服强度值仅供参考，不作为交货条件。

② 厚度大于 100mm 的钢材，抗拉强度下限允许降低 20MPa。宽带钢（包括剪切钢板）抗拉强度上限不作为交货条件。

（2）碳素结构钢的冲击性能（见表 7-3）

表 7-3 碳素结构钢的冲击性能（GB/T 700—2006）

牌号	等级	温度/℃	冲击吸收能量(纵向) KV/J ≥
Q195	—	—	—
Q215	A	—	—
	B	+20	27
Q235①	A	—	—
	B	+20	27
	C	0	
	D	−20	
Q275	A	—	—
	B	+20	27
	C	0	
	D	−20	

① 厚度小于 25mm 的 Q235B 级钢材，如供方能保证冲击吸收能量值合格，经需方同意，可不做检验。

（3）碳素结构钢的冷弯性能（见表 7-4）

表 7-4 碳素结构钢的冷弯性能（GB/T 700—2006）

牌号	试样方向	冷弯试验 180°，$B=2a$	
		钢材厚度(或直径)/mm	
		≤60	>60~100
		弯心直径 d	
Q195	纵	0	—
	横	0.5a	
Q215	纵	0.5a	1.5a
	横	a	2a
Q235	纵	a	2a
	横	1.5a	2.5a
Q275	纵	1.5a	2.5a
	横	2a	3a

注：B 为试样宽度，a 为试样厚度（或直径）。

7.1.2 优质碳素结构钢

1. 优质碳素结构钢的牌号和化学成分（见表 7-5）

表 7-5 优质碳素结构钢的牌号和化学成分（GB/T 699—2015）

统一数字代号	牌号	化学成分(质量分数,%)							
		C	Si	Mn	P	S	Cr	Ni	Cu①
					≤				
U20082	08②	0.05~0.11	0.17~0.37	0.35~0.65	0.035	0.035	0.10	0.30	0.25
U20102	10	0.07~0.13	0.17~0.37	0.35~0.65	0.035	0.035	0.15	0.30	0.25
U20152	15	0.12~0.18	0.17~0.37	0.35~0.65	0.035	0.035	0.25	0.30	0.25
U20202	20	0.17~0.23	0.17~0.37	0.35~0.65	0.035	0.035	0.25	0.30	0.25
U20252	25	0.22~0.29	0.17~0.37	0.50~0.80	0.035	0.035	0.25	0.30	0.25
U20302	30	0.27~0.34	0.17~0.37	0.50~0.80	0.035	0.035	0.25	0.30	0.25
U20352	35	0.32~0.39	0.17~0.37	0.50~0.80	0.035	0.035	0.25	0.30	0.25
U20402	40	0.37~0.44	0.17~0.37	0.50~0.80	0.035	0.035	0.25	0.30	0.25
U20452	45	0.42~0.50	0.17~0.37	0.50~0.80	0.035	0.035	0.25	0.30	0.25
U20502	50	0.47~0.55	0.17~0.37	0.50~0.80	0.035	0.035	0.25	0.30	0.25
U20552	55	0.52~0.60	0.17~0.37	0.50~0.80	0.035	0.035	0.25	0.30	0.25
U20602	60	0.57~0.65	0.17~0.37	0.50~0.80	0.035	0.035	0.25	0.30	0.25
U20652	65	0.62~0.70	0.17~0.37	0.50~0.80	0.035	0.035	0.25	0.30	0.25
U20702	70	0.67~0.75	0.17~0.37	0.50~0.80	0.035	0.035	0.25	0.30	0.25
U20702	75	0.72~0.80	0.17~0.37	0.50~0.80	0.035	0.035	0.25	0.30	0.25
U20802	80	0.77~0.85	0.17~0.37	0.50~0.80	0.035	0.035	0.25	0.30	0.25
U20852	85	0.82~0.90	0.17~0.37	0.50~0.80	0.035	0.035	0.25	0.30	0.25
U21152	15Mn	0.12~0.18	0.17~0.37	0.70~1.00	0.035	0.035	0.25	0.30	0.25
U21202	20Mn	0.17~0.23	0.17~0.37	0.70~1.00	0.035	0.035	0.25	0.30	0.25
U21252	25Mn	0.22~0.29	0.17~0.37	0.70~1.00	0.035	0.035	0.25	0.30	0.25
U21302	30Mn	0.27~0.34	0.17~0.37	0.70~1.00	0.035	0.035	0.25	0.30	0.25
U21352	35Mn	0.32~0.39	0.17~0.37	0.70~1.00	0.035	0.035	0.25	0.30	0.25
U21402	40Mn	0.37~0.44	0.17~0.37	0.70~1.00	0.035	0.035	0.25	0.30	0.25
U21452	45Mn	0.42~0.50	0.17~0.37	0.70~1.00	0.035	0.035	0.25	0.30	0.25
U21502	50Mn	0.48~0.56	0.17~0.37	0.70~1.00	0.035	0.035	0.25	0.30	0.25
U21602	60Mn	0.57~0.65	0.17~0.37	0.70~1.00	0.035	0.035	0.25	0.30	0.25
U21652	65Mn	0.62~0.70	0.17~0.37	0.90~1.20	0.035	0.035	0.25	0.30	0.25
U21702	70Mn	0.67~0.75	0.17~0.37	0.90~1.20	0.035	0.035	0.25	0.30	0.25

注：未经用户同意不得有意加入本表中未规定的元素。应采取措施防止从废钢或其他原料中带入影响钢性能的元素。

① 热压力加工用钢中铜的质量分数应不大于 0.20%。

② 用铝脱氧的镇静钢，碳、锰含量下限不限，锰的质量分数上限为 0.45%，硅的质量分数不大于 0.03%，全铝的质量分数为 0.020%~0.070%，此时牌号为 08Al。

2. 优质碳素结构钢的力学性能（见表 7-6）

表 7-6 优质碳素结构钢的力学性能（GB/T 699—2015）

牌号	试样毛坯尺寸①/mm	推荐的热处理工艺②			力学性能					交货硬度 HBW	
		正火	淬火	回火	抗拉强度 R_m/MPa	下屈服强度 R_{eL}③/MPa	断后伸长率 A (%)	断面收缩率 Z (%)	冲击吸收能量 KU_2/J	未热处理钢	退火钢
		加热温度/℃			≥					≤	
08	25	930	—	—	325	195	33	60	—	131	—
10	25	930	—	—	335	205	31	55	—	137	—
15	25	920	—	—	375	225	27	55	—	143	—

（续）

牌号	试样毛坯尺寸[1]/mm	推荐的热处理工艺[2]			力学性能					交货硬度 HBW	
		正火	淬火	回火	抗拉强度 R_m/MPa	下屈服强度 R_{eL}[3]/MPa	断后伸长率 A（%）	断面收缩率 Z（%）	冲击吸收能量 KU_2/J	未热处理钢	退火钢
		加热温度/℃			≥					≤	
20	25	910	—	—	410	245	25	55	—	156	—
25	25	900	870	600	450	275	23	50	71	170	—
30	25	880	860	600	490	295	21	50	63	179	—
35	25	870	850	600	530	315	20	45	55	197	—
40	25	860	840	600	570	335	19	45	47	217	187
45	25	850	840	600	600	355	16	40	39	229	197
50	25	830	830	600	630	375	14	40	31	241	207
55	25	820	—	—	645	380	13	35	—	255	217
60	25	810	—	—	675	400	11	35	—	255	229
65	25	810	—	—	695	410	10	30	—	255	229
70	25	790	—	—	715	420	9	30	—	269	229
75	试样[4]	—	820	480	1080	880	7	30	—	285	241
80	试样[4]	—	820	480	1080	930	6	30	—	285	241
85	试样[4]	—	820	480	1130	980	6	30	—	302	255
15Mn	25	920	—	—	410	245	26	55	—	163	—
20Mn	25	910	—	—	450	275	24	50	—	197	—
25Mn	25	900	870	600	490	295	22	50	71	207	—
30Mn	25	880	860	600	540	315	20	45	63	217	187
35Mn	25	870	850	600	560	335	18	45	55	229	197
40Mn	25	860	840	600	590	355	17	45	47	229	207
45Mn	25	850	840	600	620	375	15	40	39	241	217
50Mn	25	830	830	600	645	390	13	40	31	255	217
60Mn	25	810	—	—	690	410	11	35	—	269	229
65Mn	25	830	—	—	735	430	9	30	—	285	229
70Mn	25	790	—	—	785	450	8	30	—	285	229

注：表中的力学性能适用于公称直径或厚度不大于 80mm 的钢棒。公称直径或厚度>80~250mm 的钢棒，允许其断后伸长率、断面收缩率比本表的规定分别降低 2%（绝对值）和 5%（绝对值）。公称直径或厚度>120~250mm 的钢棒允许改锻（轧）成 70~80mm 的试料取样检验，其结果应符合本表的规定。

① 钢棒尺寸小于试样毛坯尺寸时，用原尺寸钢棒进行热处理。

② 热处理温度允许调整范围：正火±30℃，淬火±20℃，回火±50℃；推荐保温时间，正火不少于 30min，空冷；淬火不少于 30min，75、80 和 85 钢油冷，其他钢棒水冷；600℃回火不少于 1h。

③ 当屈服现象不明显时，可用规定塑性延伸强度 $R_{p0.2}$ 代替。

④ 留有加工余量的试样，其性能为淬火+回火状态下的性能。

7.1.3 低合金高强度结构钢

1. 低合金高强度结构钢牌号和化学成分

（1）热轧钢的牌号和化学成分（见表 7-7）

（2）正火及正火轧制钢的牌号和化学成分（见表 7-8）

（3）热机械轧制钢的牌号和化学成分（见表 7-9）

表 7-7 热轧钢的牌号和化学成分（GB/T 1591—2018）

牌号		化学成分(质量分数,%)														
钢级	质量等级	C[①] ≤		Si	Mn	P[③]	S[③]	Nb[④]	V[⑤]	Ti[⑤]	Cr	Ni	Cu	Mo	N[⑥]	B
		公称厚度或直径/mm		≤												
		≤40[②]	>40													
Q355	B	0.24		0.55	1.60	0.035	0.035	—	—	—	0.30	0.30	0.40	—	0.012	—
	C	0.20	0.22			0.030	0.030									
	D	0.20	0.22			0.025	0.025								—	
Q390	B	0.20		0.55	1.70	0.035	0.035	0.05	0.13	0.05	0.30	0.50	0.40	0.10	0.015	—
	C					0.030	0.030									
	D					0.025	0.025									
Q420[⑦]	B	0.20		0.55	1.70	0.035	0.035	0.05	0.13	0.05	0.30	0.80	0.40	0.20	0.015	—
	C					0.030	0.030									
Q460[⑦]	C	0.20		0.55	1.80	0.030	0.030	0.05	0.13	0.05	0.30	0.80	0.40	0.20	0.015	0.004

① 公称厚度大于 100mm 的型钢，碳含量可由供需双方协商确定。
② 公称厚度大于 30mm 的钢材，碳的质量分数不大于 0.22%。
③ 对于型钢和棒材，其磷和硫的质量分数上限值可提高 0.005%。
④ Q390、Q420 最高可到 0.07%，Q460 最高可到 0.11%。
⑤ 最高可到 0.20%。
⑥ 如果钢中酸溶铝 Als 的质量分数不小于 0.015%或全铝 Alt 的质量分数不小于 0.020%，或添加了其他固氮合金元素，氮元素含量不做限制，固氮元素应在质量证明书中注明。
⑦ 仅适用于型钢和棒材。

表 7-8 正火及正火轧制钢的牌号和化学成分（GB/T 1591—2018）

牌号		化学成分(质量分数,%)													
钢级	质量等级	C	Si	Mn	P①	S①	Nb	V	Ti③	Cr	Ni	Cu	Mo	N	Als④
		≤			≤					≤					≥
Q355N	B	0.20	0.50	0.90~1.65	0.035	0.035	0.005~0.05	0.01~0.12	0.006~0.05	0.30	0.50	0.40	0.10	0.015	0.015
	C				0.030	0.030									
	D				0.030	0.025									
	E	0.18			0.025	0.020									
	F	0.16			0.020	0.010									
Q390N	B	0.20	0.50	0.90~1.70	0.035	0.035	0.01~0.05	0.01~0.20	0.006~0.05	0.30	0.50	0.40	0.10	0.015	0.015
	C				0.030	0.030									
	D				0.030	0.025									
	E				0.025	0.020									
Q420N	B	0.20	0.60	1.00~1.70	0.035	0.035	0.01~0.05	0.01~0.20	0.006~0.05	0.30	0.80	0.40	0.10	0.015	0.015
	C				0.030	0.030									
	D				0.030	0.025								0.025	
	E				0.025	0.020									
Q460N②	C	0.20	0.60	1.00~1.70	0.030	0.030	0.01~0.05	0.01~0.20	0.006~0.05	0.30	0.80	0.40	0.10	0.015	0.015
	D				0.030	0.025								0.025	
	E				0.025	0.020									

注：钢中应至少含有铝、铌、钒、钛等细化晶粒元素中的一种，单独或组合加入时，应保证其中至少一种合金元素含量不小于表中规定含量的下限。

① 对于型钢和棒材，磷和硫的质量分数上限值可提高 0.005%。

② $w(V)+w(Nb)+w(Ti) \leqslant 0.22\%$，$w(Mo)+w(Cr) \leqslant 0.30\%$。

③ 最高可到 0.20%。

④ 可用全铝 Alt 替代，此时全铝最小质量分数为 0.020%。当钢中添加了铌、钒、钛等细化晶粒元素且含量不小于表中规定含量的下限时，铝含量下限值不限。

表 7-9 热机械轧制钢的牌号和化学成分（GB/T 1591—2018）

牌号		化学成分（质量分数，%）													
钢级	质量等级	C	Si	Mn	P①	S①	Nb	V	Ti②	Cr	Ni	Cu	Mo	N	B	Als③
		≤														≥
Q355M	B	0.14④	0.50	1.60	0.035	0.035	0.01～0.05	0.01～0.10	0.006～0.05	0.30	0.50	0.40	0.10	0.015	—	0.015
	C				0.030	0.030										
	D				0.030	0.025										
	E				0.025	0.020										
	F				0.020	0.010										
Q390M	B	0.15④	0.50	1.70	0.035	0.035	0.01～0.05	0.01～0.12	0.006～0.05	0.30	0.50	0.40	0.10	0.015	—	0.015
	C				0.030	0.030										
	D				0.030	0.025										
	E				0.025	0.020										
Q420M	B	0.16④	0.50	1.70	0.035	0.035	0.01～0.05	0.01～0.12	0.006～0.05	0.30	0.80	0.40	0.20	0.015	—	0.015
	C				0.030	0.030										
	D				0.030	0.025								0.025		
	E				0.025	0.020										
Q460M	C	0.16④	0.60	1.70	0.030	0.030	0.01～0.05	0.01～0.12	0.006～0.05	0.30	0.80	0.40	0.20	0.015	—	0.015
	D				0.030	0.025								0.025		
	E				0.025	0.020										
Q500M	C	0.18	0.60	1.80	0.030	0.030	0.01～0.11	0.01～0.12	0.006～0.05	0.60	0.80	0.55	0.20	0.015	0.004	0.015
	D				0.030	0.025								0.025		
	E				0.025	0.020										
Q550M	C	0.18	0.60	2.00	0.030	0.030	0.01～0.11	0.01～0.12	0.006～0.05	0.80	0.80	0.80	0.30	0.015	0.004	0.015
	D				0.030	0.025								0.025		
	E				0.025	0.020										
Q620M	C	0.18	0.60	2.00	0.030	0.030	0.01～0.11	0.01～0.12	0.006～0.05	1.00	0.80	0.80	0.30	0.015	0.004	0.015
	D				0.030	0.025								0.025		
	E				0.025	0.020										
Q690M	C	0.18	0.60	2.00	0.030	0.030	0.01～0.11	0.01～0.12	0.006～0.05	1.00	0.80	0.80	0.30	0.015	0.004	0.015
	D				0.030	0.025								0.025		
	E				0.025	0.020										

注：钢中应至少含有铝、铌、钒、钛等细化晶粒元素中的一种，单独或组合加入时，应保证其中至少一种合金元素含量不小于表中规定含量的下限。

① 对于型钢和棒材，磷和硫的质量分数可以提高 0.005%。

② 最高可到 0.20%。

③ 可用全铝 Alt 替代，此时全铝最小质量分数为 0.020%。当钢中添加了铌、钒、钛等细化晶粒元素且含量不小于表中规定含量的下限时，铝含量下限值不限。

④对于型钢和棒材，Q355M、Q390M、Q420M 和 Q460M 的最大碳的质量分数可提高 0.02%。

2. 低合金高强度结构钢的力学性能

（1）热轧钢的力学性能　热轧钢材的上屈服强度与抗拉强度见表 7-10，断后伸长率见表 7-11。

表 7-10　热轧钢材的上屈服强度与抗拉强度（GB/T 1591—2018）

牌号		上屈服强度 R_{eH} ①/MPa ≥									抗拉强度 R_m/MPa			
		公称厚度或直径/mm												
钢级	质量等级	≤16	>16～40	>40～63	>63～80	>80～100	>100～150	>150～200	>200～250	>250～400	≤100	>100～150	>150～250	>250～400
Q355	B、C、D	355	345	335	325	315	295	285	275	265②	470～630	450～600	450～600	450～600②
Q390	B、C、D	390	380	360	340	340	320	—	—	—	490～650	470～620	—	—
Q420③	B、C	420	410	390	370	370	350	—	—	—	520～680	500～650	—	—
Q460③	C	460	450	430	410	410	390	—	—	—	550～720	530～700	—	—

① 当屈服不明显时，可用规定塑性延伸强度 $R_{p0.2}$ 代替上屈服强度。
② 只适用于质量等级为 D 的钢板。
③ 只适用于型钢和棒材。

表 7-11　热轧钢材的断后伸长率（GB/T 1591—2018）

牌号		断后伸长率 A(%) ≥						
		公称厚度或直径/mm						
钢级	质量等级	试样方向	≤40	>40～63	>63～100	>100～150	>150～250	>250～400
Q355	B、C、D	纵向	22	21	20	18	17	17①
		横向	20	19	18	18	17	17①
Q390	B、C、D	纵向	21	20	20	19	—	—
		横向	20	19	19	18	—	—
Q420②	B、C	纵向	20	19	19	19	—	—
Q460②	C	纵向	18	17	17	17	—	—

① 只适用于质量等级为 D 的钢板。
② 只适用于型钢和棒材。

（2）正火及正火轧制钢材的拉伸性能（见表 7-12）

（3）热机械轧制（TMCP）钢材的拉伸性能（见表 7-13）

表 7-12　正火及正火轧制钢材的拉伸性能（GB/T 1591—2018）

牌号		上屈服强度 R_{eH} ①/MPa ≥								抗拉强度 R_m/MPa			断后伸长率 A(%) ≥					
		公称厚度或直径/mm																
钢级	质量等级	≤16	>16～40	>40～63	>63～80	>80～100	>100～150	>150～200	>200～250	≤100	>100～200	>200～250	≤16	>16～40	>40～63	>63～80	>80～200	>200～250
Q355N	B、C、D、E、F	355	345	335	325	315	295	285	275	470～630	450～600	450～600	22	22	22	21	21	21
Q390N	B、C、D、E	390	380	360	340	340	320	310	300	490～650	470～620	470～620	20	20	20	19	19	19
Q420N	B、C、D、E	420	400	390	370	360	340	330	320	520～680	500～650	500～650	19	19	19	18	18	18
Q460N	C、D、E	460	440	430	410	400	380	370	370	540～720	530～710	510～690	17	17	17	17	17	16

注：正火状态包含正火加回火状态。
① 当屈服不明显时，可用规定塑性延伸强度 $R_{p0.2}$ 代替上屈服强度 R_{eH}。

表 7-13　热机械轧制（TMCP）钢材的拉伸性能（GB/T 1591—2018）

牌号		上屈服强度 R_{eH} ①/MPa ≥						抗拉强度 R_m/MPa					断后伸长率 A(%) ≥
		公称厚度或直径/mm											
钢级	质量等级	≤16	>16~40	>40~63	>63~80	>80~100	>100~120	≤40	>40~63	>63~80	>80~100	>100~120②	
Q355M	B、C、D、E、F	355	345	335	325	325	320	470~630	450~610	440~600	440~600	430~590	22
Q390M	B、C、D、E	390	380	360	340	340	335	490~650	480~640	470~630	460~620	450~610	20
Q420M	B、C、D、E	420	400	390	380	370	365	520~680	500~660	480~640	470~630	460~620	19
Q460M	C、D、E	460	440	430	410	400	385	540~720	530~710	510~690	500~680	490~660	17
Q500M	C、D、E	500	490	480	460	450	—	610~770	600~760	590~750	540~730	—	17
Q550M	C、D、E	550	540	530	510	500	—	670~830	620~810	600~790	590~780	—	16
Q620M	C、D、E	620	610	600	580	—	—	710~880	690~880	670~860	—	—	15
Q690M	C、D、E	690	680	670	650	—	—	770~940	750~920	730~900	—	—	14

注：热机械轧制（TMCP）状态包含热机械轧制（TMCP）加回火状态。

① 当屈服不明显时，可用规定塑性延伸强度 $R_{p0.2}$ 代替上屈服强度 R_{eH}。

② 对于型钢和棒材，厚度或直径不大于 150mm。

（4）低合金高强度结构钢的冲击吸收能量（见表 7-14）

表 7-14　低合金高强度结构钢的冲击吸收能量（GB/T 1591—2018）

牌号		以下试验温度的冲击吸收能量 KV_2/J ≥									
钢级	质量等级	20℃		0℃		-20℃		-40℃		-60℃	
		纵向	横向	纵向	横向	纵向	横向	纵向	横向	纵向	横向
Q355、Q390、Q420	B	34	27	—	—	—	—	—	—	—	—
Q355、Q390、Q420、Q460	C	—	—	34	27	—	—	—	—	—	—
Q355、Q390	D	—	—	—	—	34①	27①	—	—	—	—
Q355N、Q390N、Q420N	B	34	27	—	—	—	—	—	—	—	—
Q355N、Q390N、Q420N、Q460N	C	—	—	34	27	—	—	—	—	—	—
	D	55	31	47	27	40②	20	—	—	—	—
	E	63	40	55	34	47	27	31③	20③	—	—
Q355N	F	63	40	55	34	47	27	31	20	27	16
Q355M、Q390M、Q420M	B	34	27	—	—	—	—	—	—	—	—
Q355N、Q390M、Q420M、Q460M	C	—	—	34	27	—	—	—	—	—	—
	D	55	31	47	27	40②	20	—	—	—	—
	E	63	40	55	34	47	27	31③	20③	—	—
Q355M	F	63	40	55	34	47	27	31	20	27	16
Q500M、Q550M、Q620M、Q690M	C	—	—	55	34	—	—	—	—	—	—
	D	—	—	—	—	47②	27	—	—	—	—
	E	—	—	—	—	—	—	31③	20③	—	—

注：1. 当需方未指定试验温度时，正火、正火轧制和热机械轧制的 C、D、E、F 级钢材分别做 0℃、-20℃、-40℃、-60℃ 冲击试验。

2. 冲击试验取纵向试样。经供需双方协商，也可取横向试样。

① 仅适用于厚度大于 250mm 的 Q355D 钢板。

② 当需方指定时，D 级钢可做-30℃ 冲击试验时，冲击吸收能量纵向不小于 27J。

③ 当需方指定时，E 级钢可做-50℃ 冲击时，冲击吸收能量纵向不小于 27J，横向不小于 16J。

7.1.4　合金结构钢

1. 合金结构钢的牌号和化学成分（见表7-15、表7-16）

表7-15　合金结构钢的牌号和化学成分（GB/T 3077—2015）

钢组	统一数字代号	牌　号	化学成分(质量分数,%)										
			C	Si	Mn	Cr	Mo	Ni	W	B	Al	Ti	V
Mn	A00202	20Mn2	0.17～0.24	0.17～0.37	1.40～1.80	—	—	—	—	—	—	—	—
	A00302	30Mn2	0.27～0.34	0.17～0.37	1.40～1.80	—	—	—	—	—	—	—	—
	A00352	35Mn2	0.32～0.39	0.17～0.37	1.40～1.80	—	—	—	—	—	—	—	—
	A00402	40Mn2	0.37～0.44	0.17～0.37	1.40～1.80	—	—	—	—	—	—	—	—
	A00452	45Mn2	0.42～0.49	0.17～0.37	1.40～1.80	—	—	—	—	—	—	—	—
	A00502	50Mn2	0.47～0.55	0.17～0.37	1.40～1.80	—	—	—	—	—	—	—	—
MnV	A01202	20MnV	0.17～0.24	0.17～0.37	1.30～1.60	—	—	—	—	—	—	—	0.07～0.12
SiMn	A10272	27SiMn	0.24～0.32	1.10～1.40	1.10～1.40	—	—	—	—	—	—	—	—
	A10352	35SiMn	0.32～0.40	1.10～1.40	1.10～1.40	—	—	—	—	—	—	—	—
	A10422	42SiMn	0.39～0.45	1.10～1.40	1.10～1.40	—	—	—	—	—	—	—	—
SiMnMoV	A14202	20SiMn2MoV	0.17～0.23	0.90～1.20	2.20～2.60	—	0.30～0.40	—	—	—	—	—	0.05～0.12
	A14262	25SiMn2MoV	0.22～0.28	0.90～1.20	2.20～2.60	—	0.30～0.40	—	—	—	—	—	0.05～0.12
	A14372	37SiMn2MoV	0.33～0.39	0.60～0.90	1.60～1.90	—	0.40～0.50	—	—	—	—	—	0.05～0.12
B	A70402	40B	0.37～0.44	0.17～0.37	0.60～0.90	—	—	—	—	0.0008～0.0035	—	—	—
	A70452	45B	0.42～0.49	0.17～0.37	0.60～0.90	—	—	—	—	0.0008～0.0035	—	—	—
	A70502	50B	0.47～0.55	0.17～0.37	0.60～0.90	—	—	—	—	0.0008～0.0035	—	—	—
MnB	A712502	25MnB	0.23～0.28	0.17～0.37	1.00～1.40	—	—	—	—	0.0008～0.0035	—	—	—
	A713502	35MnB	0.32～0.38	0.17～0.37	1.10～1.40	—	—	—	—	0.0008～0.0035	—	—	—
	A71402	40MnB	0.37～0.44	0.17～0.37	1.10～1.40	—	—	—	—	0.0008～0.0035	—	—	—
	A71452	45MnB	0.42～0.49	0.17～0.37	1.10～1.40	—	—	—	—	0.0008～0.0035	—	—	—
MnMoB	A72202	20MnMoB	0.16～0.22	0.17～0.37	0.90～1.20	—	0.20～0.30	—	—	0.0008～0.0035	—	—	—
MnVB	A73152	15MnVB	0.12～0.18	0.17～0.37	1.20～1.60	—	—	—	—	0.0008～0.0035	—	—	0.07～0.12
	A73202	20MnVB	0.17～0.23	0.17～0.37	1.20～1.60	—	—	—	—	0.0008～0.0035	—	—	0.07～0.12
	A73402	40MnVB	0.37～0.44	0.17～0.37	1.10～1.40	—	—	—	—	0.0008～0.0035	—	—	0.05～0.10
MnTiB	A74202	20MnTiB	0.17～0.24	0.17～0.37	1.30～1.60	—	—	—	—	0.0008～0.0035	—	0.04～0.10	—
	A74252	25MnTiBRE[①]	0.22～0.28	0.20～0.45	1.30～1.60	—	—	—	—	0.0008～0.0035	—	0.04～0.10	—
Cr	A20152	15Cr	0.12～0.17	0.17～0.37	0.40～0.70	0.70～1.00	—	—	—	—	—	—	—
	A20202	20Cr	0.18～0.24	0.17～0.37	0.50～0.80	0.70～1.00	—	—	—	—	—	—	—

（续）

钢组	统一数字代号	牌号	化学成分（质量分数，%）										
			C	Si	Mn	Cr	Mo	Ni	W	B	Al	Ti	V
Cr	A20302	30Cr	0.27~0.34	0.17~0.37	0.50~0.80	0.80~1.10	—	—	—	—	—	—	—
	A20352	35Cr	0.32~0.39	0.17~0.37	0.50~0.80	0.80~1.10	—	—	—	—	—	—	—
	A20402	40Cr	0.37~0.44	0.17~0.37	0.50~0.80	0.80~1.10	—	—	—	—	—	—	—
	A20452	45Cr	0.42~0.49	0.17~0.37	0.50~0.80	0.80~1.10	—	—	—	—	—	—	—
	A20502	50Cr	0.47~0.54	0.17~0.37	0.50~0.80	0.80~1.10	—	—	—	—	—	—	—
CrSi	A21382	38CrSi	0.35~0.43	1.00~1.30	0.30~0.60	1.30~1.60	—	—	—	—	—	—	—
CrMo	A30122	12CrMo	0.08~0.15	0.17~0.37	0.40~0.70	0.40~0.70	0.40~0.55	—	—	—	—	—	—
	A30152	15CrMo	0.12~0.18	0.17~0.37	0.40~0.70	0.80~1.10	0.40~0.55	—	—	—	—	—	—
	A30202	20CrMo	0.17~0.24	0.17~0.37	0.40~0.70	0.80~1.10	0.15~0.25	—	—	—	—	—	—
	A30252	25CrMo	0.22~0.29	0.17~0.37	0.60~0.90	0.90~1.20	0.15~0.30	—	—	—	—	—	—
	A30302	30CrMo	0.26~0.33	0.17~0.37	0.40~0.70	0.80~1.10	0.15~0.25	—	—	—	—	—	—
	A30352	35CrMo	0.32~0.40	0.17~0.37	0.40~0.70	0.80~1.10	0.15~0.25	—	—	—	—	—	—
	A30422	42CrMo	0.38~0.45	0.17~0.37	0.50~0.80	0.90~1.20	0.15~0.25	—	—	—	—	—	—
	A30502	50CrMo	0.46~0.54	0.17~0.37	0.50~0.80	0.90~1.20	0.15~0.30	—	—	—	—	—	—
CrMoV	A31122	12CrMoV	0.08~0.15	0.17~0.37	0.40~0.70	0.30~0.60	0.25~0.35	—	—	—	—	—	0.15~0.30
	A31352	35CrMoV	0.30~0.38	0.17~0.37	0.40~0.70	1.00~1.30	0.20~0.30	—	—	—	—	—	0.10~0.20
	A31132	12Cr1MoV	0.08~0.15	0.17~0.37	0.40~0.70	0.90~1.20	0.25~0.35	—	—	—	—	—	0.15~0.30
	A31252	25Cr2MoV	0.22~0.29	0.17~0.37	0.40~0.70	1.50~1.80	0.25~0.35	—	—	—	—	—	0.15~0.30
	A31262	25Cr2Mo1V	0.22~0.29	0.17~0.37	0.50~0.80	2.10~2.50	0.90~1.10	—	—	—	—	—	0.30~0.50
CrMoAl	A33382	38CrMoAl	0.35~0.42	0.20~0.45	0.30~0.60	1.35~1.65	0.15~0.25	—	—	—	0.70~1.10	—	—
CrV	A23402	40CrV	0.37~0.44	0.17~0.37	0.50~0.80	0.80~1.10	—	—	—	—	—	—	0.10~0.20
	A23502	50CrV	0.47~0.54	0.17~0.37	0.50~0.80	0.80~1.10	—	—	—	—	—	—	0.10~0.20
CrMn	A22152	15CrMn	0.12~0.18	0.17~0.37	1.10~1.40	0.40~0.70	—	—	—	—	—	—	—
	A22202	20CrMn	0.17~0.23	0.17~0.37	0.90~1.20	0.90~1.20	—	—	—	—	—	—	—
	A22402	40CrMn	0.37~0.45	0.17~0.37	0.90~1.20	0.90~1.20	—	—	—	—	—	—	—
CrMnSi	A24202	20CrMnSi	0.17~0.23	0.90~1.20	0.80~1.10	0.80~1.10	—	—	—	—	—	—	—
	A24252	25CrMnSi	0.22~0.28	0.90~1.20	0.80~1.10	0.80~1.10	—	—	—	—	—	—	—
	A24302	30CrMnSi	0.28~0.34	0.90~1.20	0.80~1.10	0.80~1.10	—	—	—	—	—	—	—
	A24352	35CrMnSi	0.32~0.39	1.10~1.40	0.80~1.10	1.10~1.40	—	—	—	—	—	—	—
CrMnMo	A34202	20CrMnMo	0.17~0.23	0.17~0.37	0.90~1.20	1.10~1.40	0.20~0.30	—	—	—	—	—	—
	A34402	40CrMnMo	0.37~0.45	0.17~0.37	0.90~1.20	0.90~1.20	0.20~0.30	—	—	—	—	—	—
CrMnTi	A26202	20CrMnTi	0.17~0.23	0.17~0.37	0.80~1.10	1.00~1.30	—	—	—	—	—	0.04~0.10	—
	A26302	30CrMnTi	0.24~0.32	0.17~0.37	0.80~1.10	1.00~1.30	—	—	—	—	—	0.04~0.10	—

（续）

钢组	统一数字代号	牌号	化学成分(质量分数,%)										
			C	Si	Mn	Cr	Mo	Ni	W	B	Al	Ti	V
CrNi	A40202	20CrNi	0.17~0.23	0.17~0.37	0.40~0.70	0.45~0.75	—	1.00~1.40	—	—	—	—	—
	A40402	40CrNi	0.37~0.44	0.17~0.37	0.50~0.80	0.45~0.75	—	1.00~1.40	—	—	—	—	—
	A40452	45CrNi	0.42~0.49	0.17~0.37	0.50~0.80	0.45~0.75	—	1.00~1.40	—	—	—	—	—
	A40502	50CrNi	0.47~0.54	0.17~0.37	0.50~0.80	0.45~0.75	—	1.00~1.40	—	—	—	—	—
	A41122	12CrNi2	0.10~0.17	0.17~0.37	0.30~0.60	0.60~0.90	—	1.50~1.90	—	—	—	—	—
	A41342	34CrNi2	0.30~0.37	0.17~0.37	0.60~0.90	0.80~1.10	—	1.20~1.60	—	—	—	—	—
	A42122	12CrNi3	0.10~0.17	0.17~0.37	0.30~0.60	0.60~0.90	—	2.75~3.15	—	—	—	—	—
	A42202	20CrNi3	0.17~0.24	0.17~0.37	0.30~0.60	0.60~0.90	—	2.75~3.15	—	—	—	—	—
	A42302	30CrNi3	0.27~0.33	0.17~0.37	0.30~0.60	0.60~0.90	—	2.75~3.15	—	—	—	—	—
	A42372	37CrNi3	0.34~0.41	0.17~0.37	0.30~0.60	1.20~1.60	—	3.00~3.50	—	—	—	—	—
	A43122	12Cr2Ni4	0.10~0.16	0.17~0.37	0.30~0.60	1.25~1.65	—	3.25~3.65	—	—	—	—	—
	A43202	20Cr2Ni4	0.17~0.23	0.17~0.37	0.30~0.60	1.25~1.65	—	3.25~3.65	—	—	—	—	—
CrNiMo	A50152	15CrNiMo	0.13~0.18	0.17~0.37	0.70~0.90	0.45~0.65	0.45~0.60	0.70~1.00	—	—	—	—	—
	A50202	20CrNiMo	0.17~0.23	0.17~0.37	0.60~0.95	0.40~0.70	0.20~0.30	0.35~0.75	—	—	—	—	—
	A50302	30CrNiMo	0.28~0.33	0.17~0.37	0.70~0.90	0.70~1.00	0.25~0.45	0.60~0.80	—	—	—	—	—
	A50300	30Cr2Ni2Mo	0.26~0.34	0.17~0.37	0.50~0.80	1.80~2.20	0.30~0.50	1.80~2.20	—	—	—	—	—
	A50300	30Cr2Ni4Mo	0.26~0.33	0.17~0.37	0.50~0.80	1.20~1.50	0.30~0.60	3.30~4.30	—	—	—	—	—
	A50342	34Cr2Ni2Mo	0.30~0.38	0.17~0.37	0.50~0.80	1.30~1.70	0.15~0.30	1.30~1.70	—	—	—	—	—
	A50352	35Cr2Ni4Mo	0.32~0.39	0.17~0.37	0.50~0.80	1.60~2.00	0.25~0.45	3.60~4.10	—	—	—	—	—
	A50402	40CrNiMo	0.37~0.44	0.17~0.37	0.50~0.80	0.60~0.90	0.15~0.25	1.25~1.65	—	—	—	—	—
	A50400	40CrNi2Mo	0.38~0.43	0.17~0.37	0.60~0.80	0.70~0.90	0.20~0.30	1.65~2.00	—	—	—	—	—
CrMnNiMo	A50182	18CrMnNiMo	0.15~0.21	0.17~0.37	1.10~1.40	1.00~1.30	0.20~0.30	1.00~1.30	—	—	—	—	—
CrNiMoV	A51452	45CrNiMoV	0.42~0.49	0.17~0.37	0.50~0.80	0.80~1.10	0.20~0.30	1.30~1.80	—	—	—	—	0.10~0.20
CrNiW	A52182	18Cr2Ni4W	0.13~0.19	0.17~0.37	0.30~0.60	1.35~1.65	—	4.00~4.50	0.80~1.20	—	—	—	—
	A52252	25Cr2Ni4W	0.21~0.28	0.17~0.37	0.30~0.60	1.35~1.65	—	4.00~4.50	0.80~1.20	—	—	—	—

注：1. 未经用户同意不得有意加入本表中未规定的元素。应采取措施防止从废钢或其他原料中带入影响钢性能的元素。

2. 表中各牌号可按高级优质钢或特级优质钢订货，但应在牌号后加字母“A”或“E”。

① 稀土按0.05%计算量（质量分数）加入，成品分析结果供参考。

表7-16　钢中磷、硫含量及残余元素含量

钢的质量等级	化学成分(质量分数,%)　≤					
	P	S	Cu①	Cr	Ni	Mo
优质钢	0.030	0.030	0.30	0.30	0.30	0.10
高级优质钢	0.020	0.020	0.25	0.30	0.30	0.10
特级优质钢	0.020	0.010	0.25	0.30	0.30	0.10

注：钢中残余钨、钒、钛含量应做分析，结果记入质量证明书中。根据需方要求，可对残余钨、钒、钛含量加以限制。

① 热压力加工用钢中铜的质量分数不大于0.20%。

2. 合金结构钢的力学性能（见表 7-17）

表 7-17　合金结构钢的力学性能（GB/T 3077—2015）

钢组	牌号	试样毛坯尺寸[①]/mm	推荐的热处理工艺					力学性能					供货状态为退火或高温回火时钢棒的硬度 HBW
			淬火			回火		抗拉强度 R_m/MPa	下屈服强度 R_{eL}[②]/MPa	断后伸长率 A（%）	断面收缩率 Z（%）	冲击吸收能量 KU_2[③]/J	
			加热温度/℃		冷却介质	加热温度/℃	冷却介质	≥					≤
			第 1 次淬火	第 2 次淬火									
Mn	20Mn2	15	850	—	水、油	200	水、空气	785	590	10	40	47	187
			880	—	水、油	440	水、空气						
	30Mn2	25	840	—	水	500	水	785	635	12	45	63	207
	35Mn2	25	840	—	水	500	水	835	685	12	45	55	207
	40Mn2	25	840	—	水、油	540	水	885	735	12	45	55	217
	45Mn2	25	840	—	油	550	水、油	885	735	10	45	47	217
	50Mn2	25	820	—	油	550	水、油	930	785	9	40	39	229
MnV	20MnV	15	880	—	水、油	200	水、空气	785	590	10	40	55	187
SiMn	27SiMn	25	920	—	水	450	水、油	980	835	12	40	39	217
	35SiMn	25	900	—	水	570	水、油	885	735	15	45	47	229
	42SiMn	25	880	—	水	590	水	885	735	15	40	47	229
SiMnMoV	20SiMn2MoV	试样	900	—	油	200	水、空气	1380	—	10	45	55	269
	25SiMn2MoV	试样	900	—	油	200	水、空气	1470	—	10	40	47	269
	37SiMn2MoV	25	870	—	水、油	650	水、空气	980	835	12	50	63	269
B	40B	25	840	—	水	550	水	785	635	12	45	55	207
	45B	25	840	—	水	550	水	835	685	12	45	47	217
	50B	20	840	—	油	600	空气	785	540	10	45	39	207
MnB	25MnB	25	850	—	油	500	水、油	835	635	10	45	47	207
	35MnB	25	850	—	油	500	水、油	930	735	10	45	47	207
	40MnB	25	850	—	油	500	水、油	980	785	10	45	47	207
	45MnB	25	840	—	油	500	水、油	1030	835	9	40	39	217

MnMoB	20MnMoB	15	880	—	油	200	油、空气	1080	885	10	50	55	207
MnVB	15MnVB	15	860	—	油	200	水、空气	885	635	10	45	55	207
	20MnVB	15	860	—	油	200	水、空气	1080	885	10	45	55	207
	40MnVB	25	850	—	油	520	水、油	980	785	10	45	47	207
MnTiB	20MnTiB	15	860	—	油	200	水、空气	1130	930	10	45	55	187
	25MnTiBRE	试样	860	—	油	200	水、空气	1380	—	10	40	47	229
Cr	15Cr	15	880	770~820	水、油	180	油、空气	685	490	12	45	55	179
	20Cr	15	880	780~820	水、油	200	水、空气	835	540	10	40	47	179
	30Cr	25	860	—	油	500	水、油	885	685	11	45	47	187
	35Cr	25	860	—	油	500	水、油	930	735	11	45	47	207
	40Cr	25	850	—	油	520	水、油	980	785	9	45	47	207
	45Cr	25	840	—	油	520	水、油	1030	835	9	40	39	217
	50Cr	25	830	—	油	520	水、油	1080	930	9	40	39	229
CrSi	38CrSi	25	900	—	油	600	水、油	980	835	12	50	55	255
CrMo	12CrMo	30	900	—	空气	650	空气	410	265	24	60	110	179
	15CrMo	30	900	—	空气	650	空气	440	295	22	60	94	179
	20CrMo	15	880	—	水、油	500	水、油	885	685	12	50	78	197
	25CrMo	25	870	—	水、油	600	水、油	900	600	14	55	68	229
	30CrMo	15	880	—	油	540	水、油	930	735	12	50	71	229
	35CrMo	25	850	—	油	550	水、油	980	835	12	45	63	229
	42CrMo	25	850	—	油	560	水、油	1080	930	12	45	63	229
	50CrMo	25	840	—	油	560	水、油	1130	930	11	45	48	248
CrMoV	12CrMoV	30	970	—	空气	750	空气	440	225	22	50	78	241
	35CrMoV	25	900	—	油	630	水、油	1080	930	10	50	71	241
	12Cr1MoV	30	970	—	空气	750	空气	490	245	22	50	71	179
	25Cr2MoV	25	900	—	油	640	空气	930	785	14	55	63	241

（续）

钢组	牌号	试样毛坯尺寸①/mm	推荐的热处理工艺					力学性能					供货状态为退火或高温回火时钢棒的硬度 HBW
			淬火			回火		抗拉强度 R_m/MPa	下屈服强度 R_{eL}②/MPa	断后伸长率 A（%）	断面收缩率 Z（%）	冲击吸收能量 $KU_2$③/J	
			加热温度/℃		冷却介质	加热温度/℃	冷却介质	≥					≤
			第1次淬火	第2次淬火									
CrMoV	25Cr2Mo1V	25	1040	—	空气	700	空气	735	590	16	50	47	241
CrMoAl	38CrMoAl	30	940	—	水、油	640	水、油	980	835	14	50	71	229
CrV	40CrV	25	880	—	油	650	水、油	885	735	10	50	71	241
	50CrV	25	850	—	油	500	水、油	1280	1130	10	40	—	255
CrMn	15CrMn	15	880	—	油	200	水、空气	785	590	12	50	47	179
	20CrMn	15	850	—	油	200	水、空气	930	735	10	45	47	187
	40CrMn	25	840	—	油	550	水、油	980	835	9	45	47	229
CrMnSi	20CrMnSi	25	880	—	油	480	水、油	785	635	12	45	55	207
	25CrMnSi	25	880	—	油	480	水、油	1080	885	10	40	39	217
	30CrMnSi	25	880	—	油	540	水、油	1080	835	10	45	39	229
	35CrMnSi	试样	加热到880℃，于280~310℃等温淬火					1620	1280	9	40	31	241
		试样	950	890	油	230	空气、油						
CrMnMo	20CrMnMo	15	850	—	油	200	水、空气	1180	885	10	45	55	217
	40CrMnMo	25	850	—	油	600	水、油	980	785	10	45	63	217
CrMnTi	20CrMnTi	15	880	870	油	200	水、空气	1080	850	10	45	55	217
	30CrMnTi	试样	880	850	油	200	水、空气	1470	—	9	40	47	229
CrNi	20CrNi	25	850	—	水、油	460	水、油	785	590	10	50	63	197
	40CrNi	25	820	—	油	500	水、油	980	785	10	45	55	241
	45CrNi	25	820	—	油	530	水、油	980	785	10	45	55	255
	50CrNi	25	820	—	油	500	水、油	1080	835	8	40	39	255
	12CrNi2	15	860	780	水、油	200	水、空气	785	590	12	50	63	207

	34CrNi2	25	840	—	水、油	530	水、油	930	735	11	45	71	241
	12CrNi3	15	860	780	油	200	水、空气	930	685	11	50	71	217
	20CrNi3	25	830	—	水、油	480	水、油	930	735	11	55	78	241
	30CrNi3	25	820	—	油	500	水、油	980	785	9	45	63	241
	37CrNi3	25	820	—	油	500	水、油	1130	980	10	50	47	269
	12Cr2Ni4	15	860	780	油	200	水、空气	1080	835	10	50	71	269
	20Cr2Ni4	15	880	780	油	200	水、空气	1180	1080	10	45	63	269
CrNiMo	15CrNiMo	15	850	—	油	200	空气	930	750	10	40	46	197
	20CrNiMo	15	850	—	油	200	空气	980	785	9	40	47	197
	30CrNiMo	25	850	—	油	500	水、油	980	785	10	50	63	269
	40CrNiMo	25	850	—	油	600	水、油	980	835	12	55	78	269
	40CrNi2Mo	25	正火 890	850	油	560~580	空气	1050	980	12	45	48	269
		试样	正火 890	850	油	220 两次回火	空气	1790	1500	6	25	—	
	30Cr2Ni2Mo	25	850	—	油	520	水、油	980	835	10	50	71	269
	34Cr2Ni2Mo	25	850	—	油	540	水、油	1080	930	10	50	71	269
	30Cr2Ni4Mo	25	850	—	油	560	水、油	1080	930	10	50	71	269
	35Cr2Ni4Mo	25	850	—	油	560	水、油	1130	980	10	50	71	269
CrMnNiMo	18CrMnNiMo	15	830	—	油	200	空气	1180	885	10	45	71	269
CrNiMoV	45CrNiMoV	试样	860	—	油	460	油	1470	1330	7	35	31	269
CrNiW	18Cr2Ni4W	15	950	850	空气	200	水、空气	1180	835	10	45	78	269
	25Cr2Ni4W	25	850	—	油	550	水、油	1080	930	11	45	71	269

注：1. 表中所列热处理温度允许调整范围：淬火温度±15℃，低温回火温度±20℃，高温回火温度±50℃。

2. 硼钢在淬火前可先经正火，正火温度应不高于其淬火温度，铬锰钛钢第一次淬火可用正火代替。

① 钢棒尺寸小于试样毛坯尺寸时，用原尺寸钢棒进行热处理。

② 当屈服现象不明显时，可用规定塑性延伸强度 $R_{p0.2}$ 代替。

③ 直径小于 16mm 的圆钢和厚度小于 12mm 的方钢、扁钢，不做冲击试验。

7.1.5 易切削结构钢

1. 易切削结构钢的牌号和化学成分（见表 7-18）

表 7-18 易切削结构钢的牌号和化学成分（GB/T 8731—2008）

系列	牌号	化学成分(质量分数,%)					
		C	Si	Mn	P	S	其他
硫系易切削钢	Y08	≤0.09	≤0.15	0.75~1.05	0.04~0.09	0.26~0.35	—
	Y12	0.08~0.16	0.15~0.35	0.70~1.00	0.08~0.15	0.10~0.20	—
	Y15	0.10~0.18	≤0.15	0.80~1.20	0.06~0.10	0.23~0.33	—
	Y20	0.17~0.25	0.15~0.35	0.70~1.00	≤0.06	0.08~0.15	—
	Y30	0.27~0.35	0.15~0.35	0.70~1.00	≤0.06	0.08~0.15	—
	Y35	0.32~0.40	0.15~0.35	0.70~1.00	≤0.06	0.08~0.15	—
	Y45	0.42~0.50	≤0.40	0.70~1.10	≤0.06	0.15~0.25	—
	Y08MnS	≤0.09	≤0.07	1.00~1.50	0.04~0.09	0.32~0.48	—
	Y15Mn	0.14~0.20	≤0.15	1.00~1.50	0.04~0.09	0.08~0.13	—
	Y35Mn	0.32~0.40	≤0.10	0.90~1.35	≤0.04	0.18~0.30	—
	Y40Mn	0.37~0.45	0.15~0.35	1.20~1.55	≤0.05	0.20~0.30	—
	Y45Mn	0.40~0.48	≤0.40	1.35~1.65	≤0.04	0.16~0.24	—
	Y45MnS	0.40~0.48	≤0.40	1.35~1.65	≤0.04	0.24~0.33	—
铅系易切削钢	Y08Pb	≤0.09	≤0.15	0.72~1.05	0.04~0.09	0.26~0.35	Pb:0.15~0.35
	Y12Pb	≤0.15	≤0.15	0.85~1.15	0.04~0.09	0.26~0.35	Pb:0.15~0.35
	Y15Pb	0.10~0.18	≤0.15	0.80~1.20	0.05~0.10	0.23~0.33	Pb:0.15~0.35
	Y45MnSPb	0.40~0.48	≤0.40	1.35~1.65	≤0.04	0.24~0.33	Pb:0.15~0.35
锡系易切削钢	Y08Sn	≤0.09	≤0.15	0.75~1.20	0.04~0.09	0.26~0.40	Sn: 0.09~0.25
	Y15Sn	0.13~0.18	≤0.15	0.40~0.70	0.03~0.07	≤0.05	Sn:0.09~0.25
	Y45Sn	0.40~0.48	≤0.40	0.60~1.00	0.03~0.07	≤0.05	Sn:0.09~0.25
	Y45MnSn	0.40~0.48	≤0.40	1.20~1.70	≤0.06	0.20~0.35	Sn:0.09~0.25
钙系易切削钢	Y45Ca	0.42~0.50	0.20~0.40	0.60~0.90	≤0.04	0.04~0.08	Ca:0.002~0.006

注：Y45Ca 钢中残余元素镍、铬、铜的质量分数各不大于 0.25%，供热压力加工用时，铜的质量分数不大于 0.20%，供方能保证合格时可不做分析。

2. 易切削结构钢的力学性能

(1) 热轧状态易切削钢条钢和盘条的力学性能（见表 7-19）

表 7-19 热轧状态易切削钢条钢和盘条的力学性能（GB/T 8731—2008）

系列	牌号	抗拉强度 R_m/MPa	断后伸长率 A(%) ≥	断面收缩率 Z(%) ≥	硬度 HBW ≤
硫系易切削钢	Y08	360~570	25	40	163
	Y12	390~540	22	36	170
	Y15	390~540	22	36	170
	Y20	450~600	20	30	175
	Y30	510~655	15	25	187
	Y35	510~655	14	22	187
	Y45	560~800	12	20	229
	Y08MnS	350~500	25	40	165
	Y15Mn	390~540	22	36	170
	Y35Mn	530~790	16	22	229
	Y40Mn	590~850	14	20	229
	Y45Mn	610~900	12	20	241
	Y45MnS	610~900	12	20	241

（续）

系列	牌号	抗拉强度 R_m/MPa	断后伸长率 A(%) ≥	断面收缩率 Z(%) ≥	硬度 HBW ≤
铅系易切削钢	Y08Pb	360~570	25	40	165
	Y12Pb	360~570	22	36	170
	Y15Pb	390~540	22	36	170
	Y45MnSPb	610~900	12	20	241
锡系易切削钢	Y08Sn	350~500	25	40	165
	Y15Sn	390~540	22	36	165
	Y45Sn	600~745	12	26	241
	Y45MnSn	610~850	12	26	241
钙系易切削钢	Y45Ca	600~745	12	26	241

（2）经热处理毛坯制成的 Y45Ca 钢试样的力学性能（见表 7-20）

表 7-20 经热处理毛坯制成的 Y45Ca 钢试样的力学性能（GB/T 8731—2008）

牌号	下屈服强度 R_{eL}/MPa	抗拉强度 R_m/MPa	断后伸长率 A(%)	断面收缩率 Z(%)	冲击吸收能量 KV_2/J
Y45Ca	≥355	≥600	≥16	≥40	≥39

注：拉伸试样毛坯（直径为 25mm）正火处理，加热温度为 830~850℃，保温时间不小于 30min；冲击试样毛坯（直径为 15mm）调质处理，淬火温度为 840℃±20℃，回火温度为 600℃±20℃。

（3）冷拉状态易切削钢条钢和盘条的力学性能（见表 7-21）

表 7-21 冷拉状态易切削钢条钢和盘条的力学性能（GB/T 8731—2008）

系列	牌号	抗拉强度 R_m/MPa 钢材公称尺寸/mm 8~20	>20~30	>30	断后伸长率 A(%) ≥	硬度 HBW
硫系易切削钢	Y08	480~810	460~710	360~710	7.0	140~217
	Y12	530~755	510~735	490~685	7.0	152~217
	Y15	530~755	510~735	490~685	7.0	152~217
	Y20	570~785	530~745	510~705	7.0	167~217
	Y30	600~825	560~765	540~735	6.0	174~223
	Y35	625~845	590~785	570~765	6.0	176~229
	Y45	695~980	655~880	580~880	6.0	196~255
	Y08MnS	480~810	460~710	360~710	7.0	140~217
	Y15Mn	530~755	510~735	490~685	7.0	152~217
	Y45Mn	695~980	655~880	580~880	6.0	196~255
	Y45MnS	695~980	655~880	580~880	6.0	196~255
铅系易切削钢	Y08Pb	480~810	460~710	360~710	7.0	140~217
	Y12Pb	480~810	460~710	360~710	7.0	140~217
	Y15Pb	530~755	510~735	490~685	7.0	152~217
	Y45MnSPb	695~980	655~880	580~880	6.0	196~255
锡系易切削钢	Y08Sn	480~705	460~685	440~635	7.5	140~200
	Y15Sn	530~755	510~735	490~685	7.0	152~217
	Y45Sn	695~920	655~855	635~835	6.0	196~255
	Y45MnSn	695~920	655~855	635~835	6.0	196~255
钙系易切削钢	Y45Ca	695~920	655~855	635~835	6.0	196~255

（4）Y40Mn 冷拉条钢高温回火状态的力学性能（见表 7-22）

表 7-22 Y40Mn 冷拉条钢高温回火状态的力学性能（GB/T 8731—2008）

牌号	抗拉强度 R_m/MPa	断后伸长率 A(%)	硬度 HBW
Y40Mn	590~785	≥17	179~229

7.1.6 非调质机械结构钢

1. 非调质机械结构钢的牌号和化学成分（见表 7-23）

表 7-23 非调质机械结构钢的牌号和化学成分（GB/T 15712—2016）

分类	统一数字代号	牌号①	化学成分(质量分数,%)									
			C	Si	Mn	S	P	V②	Cr	Ni	Cu③	其他④
铁素体-珠光体钢	L22358	F35VS	0.32~0.39	0.15~0.35	0.60~1.00	0.035~0.075	≤0.035	0.06~0.13	≤0.30	≤0.30	≤0.30	Mo≤0.05
	L22408	F40VS	0.37~0.44	0.15~0.35	0.60~1.00	0.035~0.075	≤0.035	0.06~0.13	≤0.30	≤0.30	≤0.30	Mo≤0.05
	L22458	F45VS	0.42~0.49	0.15~0.35	0.60~1.00	0.035~0.075	≤0.035	0.06~0.13	≤0.30	≤0.30	≤0.30	Mo≤0.05
	L22708	F70VS	0.67~0.73	0.15~0.35	0.40~0.70	0.035~0.075	≤0.045	0.03~0.08	≤0.30	≤0.30	≤0.30	Mo≤0.05
	L22308	F30MnVS	0.26~0.33	0.30~0.80	1.20~1.60	0.035~0.075	≤0.035	0.08~0.15	≤0.30	≤0.30	≤0.30	Mo≤0.05
	L22358	F35MnVS	0.32~0.39	0.30~0.60	1.00~1.50	0.035~0.075	≤0.035	0.06~0.13	≤0.30	≤0.30	≤0.30	Mo≤0.05
	L22388	F38MnVS	0.35~0.42	0.30~0.80	1.20~1.60	0.035~0.075	≤0.035	0.08~0.15	≤0.30	≤0.30	≤0.30	Mo≤0.05
	L22408	F40MnVS	0.37~0.44	0.30~0.60	1.00~1.50	0.035~0.075	≤0.035	0.06~0.13	≤0.30	≤0.30	≤0.30	Mo≤0.05
	L22458	F45MnVS	0.42~0.49	0.30~0.60	1.00~1.50	0.035~0.075	≤0.035	0.06~0.13	≤0.30	≤0.30	≤0.30	Mo≤0.05
	L22498	F49MnVS	0.44~0.52	0.15~0.60	0.70~1.00	0.035~0.075	≤0.035	0.08~0.15	≤0.30	≤0.30	≤0.30	Mo≤0.05
	L22488	F48MnV	0.45~0.51	0.15~0.35	1.00~1.30	≤0.035	≤0.035	0.06~0.13	≤0.30	≤0.30	≤0.30	Mo≤0.05
	L22378	F37MnSiVS	0.34~0.41	0.50~0.80	0.90~1.10	0.035~0.075	≤0.045	0.25~0.35	≤0.30	≤0.30	≤0.30	Mo≤0.05
	L22418	F41MnSiV	0.38~0.45	0.50~0.80	1.20~1.60	≤0.035	≤0.035	0.08~0.15	≤0.30	≤0.30	≤0.30	Mo≤0.05
	L26388	F38MnSiNS	0.35~0.42	0.50~0.80	1.20~1.60	0.035~0.075	≤0.035	≤0.06	≤0.30	≤0.30	≤0.30	Mo≤0.05 N:0.010~0.020
贝氏体钢	L27128	F12Mn2VBS	0.09~0.16	0.30~0.60	2.20~2.65	0.035~0.075	≤0.035	0.06~0.12	≤0.30	≤0.30	≤0.30	B:0.001~0.004
	L28258	F25Mn2CrVS	0.22~0.28	0.20~0.40	1.80~2.10	0.035~0.065	≤0.030	0.10~0.15	0.40~0.60	≤0.30	≤0.30	—

① 当硫含量只有上限要求时，牌号尾部不加“S”。
② 经供需双方协商，可以用铌或钛代替部分或全部钒含量，在部分代替情况下，钒的下限含量应由双方协商。
③ 热压力加工用钢中铜的质量分数应不大于 0.20%。
④ 为了保证钢材的力学性能，允许添加氮，推荐氮的质量分数为 0.0080%~0.0200%。

2. 直接切削加工用非调质机械结构钢的力学性能（见表7-24）

表7-24 直接切削加工用非调质机械结构钢的力学性能（GB/T 15712—2016）

牌号	公称直径或边长/mm	抗拉强度 R_m/MPa	下屈服强度 R_{eL}/MPa	断后伸长率 A(%)	断面收缩率 Z(%)	冲击吸收能量 $KU_2$①/J
		≥				
F35VS	≤40	590	390	18	40	47
F40VS	≤40	640	420	16	35	37
F45VS	≤40	685	440	15	30	35
F30MnVS	≤60	700	450	14	30	实测值
F35MnVS	≤40	735	460	17	35	37
	>40~60	710	440	15	33	35
F38MnVS	≤60	800	520	12	25	实测值
F40MnVS	≤40	785	490	15	33	32
	>40~60	760	470	13	30	28
F45MnVS	≤40	835	510	13	28	28
	>40~60	810	490	12	28	25
F49MnVS	≤60	780	450	8	20	实测值

① 公称直径不大于16mm圆钢或边长不大于12mm方钢不做冲击试验；F30MnVS、F38MnVS、F49MnVS钢提供实测值，不作为判定依据。

7.1.7 保证淬透性结构钢

1. 保证淬透性结构钢的牌号和化学成分（见表7-25）

表7-25 保证淬透性结构钢的牌号和化学成分（GB/T 5216—2014）

统一数字代号	牌号	化学成分(质量分数,%)										
		C	Si①	Mn	Cr	Ni	Mo	B	Ti	V	S②	P
U59455	45H	0.42~0.50	0.17~0.37	0.50~0.85	—	—	—	—	—	—	≤0.035	≤0.030
A20155	15CrH	0.12~0.18	0.17~0.37	0.55~0.90	0.85~1.25	—	—	—	—	—		
A20205	20CrH	0.17~0.23	0.17~0.37	0.50~0.85	0.70~1.10	—	—	—	—	—		
A20215	20Cr1H	0.17~0.23	0.17~0.37	0.55~0.90	0.85~1.25	—	—	—	—	—		
A20255	25CrH	0.23~0.28	≤0.37	0.60~0.90	0.90~1.20	—	—	—	—	—		
A20285	28CrH	0.24~0.31	≤0.37	0.60~0.90	0.90~1.20	—	—	—	—	—		
A20405	40CrH	0.37~0.44	0.17~0.37	0.50~0.85	0.70~1.10	—	—	—	—	—		
A20455	45CrH	0.42~0.49	0.17~0.37	0.50~0.85	0.70~1.10	—	—	—	—	—		
A22165	16CrMnH	0.14~0.19	≤0.37	1.00~1.30	0.80~1.10	—	—	—	—	—		
A22205	20CrMnH	0.17~0.22	≤0.37	1.10~1.40	1.00~1.30	—	—	—	—	—		

（续）

统一数字代号	牌号	化学成分（质量分数，%）										
		C	Si①	Mn	Cr	Ni	Mo	B	Ti	V	S②	P
A25155	15CrMnBH	0.13~0.18	≤0.37	1.00~1.30	0.80~1.10	—	—	0.0008~0.0035	—	—		
A25175	17CrMnBH	0.15~0.20	≤0.37	1.00~1.40	1.00~1.30	—	—		—	—		
A71405	40MnBH	0.37~0.44	0.17~0.37	1.00~1.40	—	—	—		—	—		
A71455	45MnBH	0.42~0.49	0.17~0.37	1.00~1.40	—	—	—		—	—		
A73205	20MnVBH	0.17~0.23	0.17~0.37	1.05~1.45	—	—	—		—	0.07~0.12		
A74205	20MnTiBH	0.17~0.23	0.17~0.37	1.20~1.55	—	—	—		0.04~0.10	—		
A30155	15CrMoH	0.12~0.18	0.17~0.37	0.55~0.90	0.85~1.25	—	0.15~0.25	—	—	—		
A30205	20CrMoH	0.17~0.23	0.17~0.37	0.55~0.90	0.85~1.25	—	0.15~0.25	—	—	—		
A30225	22CrMoH	0.19~0.25	0.17~0.37	0.55~0.90	0.85~1.25	—	0.35~0.45	—	—	—		
A30355	35CrMoH	0.32~0.39	0.17~0.37	0.55~0.95	0.85~1.25	—	0.15~0.35	—	—	—		
A30425	42CrMoH	0.37~0.44	0.17~0.37	0.55~0.90	0.85~1.25	—	0.15~0.25	—	—	—		
A34205	20CrMnMoH	0.17~0.23	0.17~0.37	0.85~1.20	1.05~1.40	—	0.20~0.30	—	—	—	≤0.035	≤0.030
A26205	20CrMnTiH	0.17~0.23	0.17~0.37	0.80~1.20	1.00~1.45	—	—	—	0.04~0.10	—		
A42175	17Cr2Ni2H	0.14~0.20	0.17~0.37	0.50~0.90	1.40~1.70	1.40~1.70	—	—	—	—		
A42205	20CrNi3H	0.17~0.23	0.17~0.37	0.30~0.65	0.60~0.95	2.70~3.25	—	—	—	—		
A43125	12Cr2Ni4H	0.10~0.17	0.17~0.37	0.30~0.65	1.20~1.75	3.20~3.75	—	—	—	—		
A50205	20CrNiMoH	0.17~0.23	0.17~0.37	0.60~0.95	0.35~0.65	0.35~0.75	0.15~0.25	—	—	—		
A50225	22CrNiMoH	0.19~0.25	0.17~0.37	0.60~0.95	0.35~0.65	0.35~0.75	0.15~0.25	—	—	—		
A50275	27CrNiMoH	0.24~0.30	0.17~0.37	0.60~0.95	0.35~0.65	0.35~0.75	0.15~0.25	—	—	—		
A50215	20CrNi2MoH	0.17~0.23	0.17~0.37	0.40~0.70	0.35~0.65	1.55~2.00	0.20~0.30	—	—	—		
A50405	40CrNi2MoH	0.37~0.44	0.17~0.37	0.55~0.90	0.65~0.95	1.55~2.00	0.20~0.30	—	—	—		
A50185	18Cr2Ni2MoH	0.15~0.21	0.17~0.37	0.50~0.90	1.50~1.80	1.40~1.70	0.25~0.35	—	—	—		

① 根据需方要求，16CrMnH、20CrMnH、25CrH 和 28CrH 钢中硅的质量分数允许不大于 0.12%，但此时应考虑其对力学性能的影响。

② 根据需方要求，钢中硫的质量分数也可以在 0.015%~0.035%范围。此时，硫的质量分数允许偏差为±0.005%。

2. 保证淬透性结构钢退火或高温回火交货状态的硬度（见表7-26）

表7-26 保证淬透性结构钢退火或高温回火交货状态的硬度（GB/T 5216—2014）

牌号	退火或高温回火后的硬度 HBW ≤	牌号	退火或高温回火后的硬度 HBW ≤
45H	197	16CrMnH	207
20CrH	179	20CrMnH	217
28CrH	217	20CrMnMoH	217
40CrH	207	20CrMnTiH	217
45CrH	217	17Cr2Ni2H	229
40MnBH	207	20CrNi3H	241
45MnBH	217	12Cr2Ni4H	269
20MnVBH	207	20CrNiMoH	197
20MnTiBH	187	18Cr2Ni2MoH	229

7.1.8 耐候结构钢

1. 耐候结构钢的牌号和化学成分（见表7-27）

表7-27 耐候结构钢的牌号和化学成分（GB/T 4171—2008）

牌号	化学成分(质量分数,%)								
	C	Si	Mn	P	S	Cu	Cr	Ni	其他元素
Q265GNH	≤0.12	0.10~0.40	0.20~0.50	0.07~0.12	≤0.020	0.20~0.45	0.30~0.65	0.25~0.50①	②③
Q295GNH	≤0.12	0.10~0.40	0.20~0.50	0.07~0.12	≤0.020	0.25~0.45	0.30~0.65	0.25~0.50①	②③
Q310GNH	≤0.12	0.25~0.75	0.20~0.50	0.07~0.12	≤0.020	0.20~0.50	0.30~1.25	≤0.65	②③
Q355GNH	≤0.12	0.20~0.75	≤1.00	0.07~0.15	≤0.020	0.25~0.55	0.30~1.25	≤0.65	②③
Q235NH	≤0.13④	0.10~0.40	0.20~0.60	≤0.030	≤0.030	0.25~0.55	0.40~0.80	≤0.65	②③
Q295NH	≤0.15	0.10~0.50	0.30~1.00	≤0.030	≤0.030	0.25~0.55	0.40~0.80	≤0.65	②③
Q355NH	≤0.16	≤0.50	0.50~1.50	≤0.030	≤0.030	0.25~0.55	0.40~0.80	≤0.65	②③
Q415NH	≤0.12	≤0.65	≤1.10	≤0.025	≤0.030⑤	0.20~0.55	0.30~1.25	0.12~0.65①	②③⑥
Q460NH	≤0.12	≤0.65	≤1.50	≤0.025	≤0.030⑤	0.20~0.55	0.30~1.25	0.12~0.65①	②③⑥
Q500NH	≤0.12	≤0.65	≤2.0	≤0.025	≤0.030⑤	0.20~0.55	0.30~1.25	0.12~0.65①	②③⑥
Q550NH	≤0.16	≤0.65	≤2.0	≤0.025	≤0.030⑤	0.20~0.55	0.30~1.25	0.12~0.65①	②③⑥

① 供需双方协商，Ni含量的下限可不做要求。

② 为了改善钢的性能，可以添加一种或一种以上的微量合金元素（质量分数）：Nb0.015%~0.060%，V0.02%~0.12%，Ti0.02%~0.10%，Alt（全铝含量）≥0.020%。若上述元素组合使用时，应至少保证其中一种元素含量达到上述化学成分的下限规定。

③ 可以添加合金元素（质量分数）：Mo≤0.030%，Zr≤0.15%。

④ 供需双方协商，C的质量分数可以不大于0.15%。

⑤ 供需双方协商，S的质量分数可以不大于0.008%。

⑥ Nb、V、Ti三种合金元素的添加总质量分数不应超过0.22%。

2. 耐候结构钢的力学性能（见表7-28）

表 7-28 耐候结构钢的力学性能（GB/T 4171—2008）

牌号	下屈服强度 R_{eL}[①]/MPa ≥				抗拉强度 R_m/MPa	断后伸长率 A(%) ≥			
	钢材公称尺寸/mm					钢材公称尺寸/mm			
	≤16	>16~40	>40~60	>60		≤16	>16~40	>40~60	>60
Q235NH	235	225	215	215	360~510	25	25	24	23
Q295NH	295	285	275	255	430~560	24	24	23	22
Q295GNH	295	285	—	—	430~560	24	24	—	—
Q355NH	355	345	335	325	490~630	22	22	21	20
Q355GNH	355	345	—	—	490~630	22	22	—	—
Q415NH	415	405	395	—	520~680	22	22	20	—
Q460NH	460	450	440	—	570~730	20	20	19	—
Q500NH	500	490	480	—	600~760	18	16	15	—
Q550NH	550	540	530	—	620~780	16	16	15	—
Q265GNH	265	—	—	—	≥410	27	—	—	—
Q310GNH	310	—	—	—	≥450	26	—	—	—

① 当屈服现象不明显时，采用 $R_{p0.2}$。

7.1.9 耐火耐候结构钢

1. 耐火耐候结构钢的牌号和化学成分（见表7-29）

表 7-29 耐火耐候结构钢的牌号和化学成分（GB/T 41324—2022）

牌号	质量等级	化学成分（质量分数，%）									
		C	Si	Mn	P	S	Cu	Cr	Ni	Mo	Alt
Q235FRW	B、C、D、E	≤0.18	≤0.55	≤1.50	≤0.030	≤0.020	0.25~0.55	0.30~0.85	≤0.65	0.10~0.50	≥0.020
Q355FRW		≤0.18	≤0.55	≤1.60	≤0.030	≤0.020	0.25~0.55	0.30~0.85	≤0.65	0.15~0.90	≥0.020
Q390FRW		≤0.18	≤0.55	≤1.70	≤0.025	≤0.020	0.25~0.55	0.30~0.85	≤0.65	0.15~0.90	≥0.020
Q420FRW		≤0.18	≤0.65	≤2.00	≤0.025	≤0.020	0.25~0.85	0.30~1.00	≤0.75	0.15~0.90	≥0.020
Q460FRW		≤0.18	≤0.65	≤2.00	≤0.025	≤0.020	0.25~0.85	0.30~1.00	≤1.50	0.15~0.90	≥0.020
Q500FRW		≤0.18	≤0.65	≤2.00	≤0.025	≤0.020	0.25~0.85	0.30~1.00	≤1.50	0.15~0.90	≥0.020
Q550FRW		≤0.18	≤0.85	≤2.00	≤0.025	≤0.020	0.25~0.85	0.30~1.20	≤1.50	0.15~0.90	≥0.020
Q620FRW		≤0.18	≤0.85	≤2.00	≤0.025	≤0.020	0.25~0.85	0.30~1.20	≤1.50	0.15~0.90	≥0.020
Q690FRW		≤0.18	≤0.85	≤2.00	≤0.025	≤0.020	0.25~0.85	0.30~1.20	≤1.50	0.15~0.90	≥0.020

2. 耐火耐候结构钢的力学性能（见表 7-30）

表 7-30 耐火耐候结构钢的力学性能（GB/T 41324—2022）

牌号	质量等级	室温拉伸性能				
		以下公称厚度(mm)的上屈服强度 R_{eH}/MPa		抗拉强度 R_m/MPa	以下公称厚度(mm)的断后伸长率	
					A_{50mm}(%)	A(%)
		≤16	>16		≤3	>3
Q235FRW	B、C、D、E	≥235	235~345	≥370	≥20	≥22
Q355FRW		≥355	355~465	≥490	≥16	≥22
Q390FRW		≥390	390~510	≥510	≥14	≥20
Q420FRW		≥420	420~550	≥520	≥12	≥19
Q460FRW		≥460	460~600	≥570	≥10	≥18
Q500FRW		≥500	500~640	≥610	≥8	≥17
Q550FRW		≥550	550~690	≥670	≥7	≥16
Q620FRW		≥620	620~770	≥710	≥6	≥14
Q690FRW		≥690	690~860	≥790	≥5	≥14

注：1. 钢板和钢带的拉伸试验取横向试样，型钢的拉伸取纵向试样。
2. 当屈服不明显时，可用规定塑性延伸强度 $R_{p0.2}$ 代替上屈服强度 R_{eH}。
3. 当钢材用于偏心支撑框架中的消能梁段时，规定的屈服强度上下限值之差应不大于 100MPa。
4. 钢板和钢带厚度不大于 2mm 时，其断后伸长率由供需双方协商确定。

3. 耐火耐候结构钢用于有抗震要求的建筑结构构件时的屈强比（见表 7-31）

表 7-31 耐火耐候结构钢用于有抗震要求的建筑结构构件时的屈强比（GB/T 41324—2022）

牌号	质量等级	屈强比 R_{eH}/R_m	牌号	质量等级	屈强比 R_{eH}/R_m
Q235FRW	B、C、D、E	≤0.83	Q420FRW	B、C、D、E	≤0.85
Q355FRW		≤0.83	Q460FRW		≤0.85
Q390FRW		≤0.85	Q500FRW		≤0.85

注：当钢材用于偏心支撑框架中的消能梁段时，屈强比不大于 0.80。

4. 耐火耐候结构钢的弯曲性能（见表 7-32）

表 7-32 耐火耐候结构钢的弯曲性能（GB/T 41324—2022）

公称厚度/mm	180°弯曲试验	公称厚度/mm	180°弯曲试验
≤16	$D=2a$	>16	$D=3a$

注：1. 钢板和钢带取横向试样，型钢取纵向试样。
2. D 为弯曲压头直径，a 为试样厚度或直径，试样宽度 b≥35mm。

5. 耐火耐候结构钢的规格（见表 7-33）

表 7-33 耐火耐候结构钢的规格（GB/T 41324—2022）

牌号	质量等级	公称厚度/mm		
		钢板	钢带	型钢
Q235FRW	B、C、D、E	≤150.0	≤25.4	≤100.0
Q355FRW		≤150.0	≤25.4	≤100.0
Q390FRW		≤150.0	≤25.4	≤100.0
Q420FRW		≤150.0	≤25.4	≤100.0
Q460FRW		≤150.0	≤25.4	≤100.0
Q500FRW		≤100.0	≤25.4	—
Q550FRW		≤100.0	≤25.4	—
Q620FRW		≤80.0	≤25.4	—
Q690FRW		≤80.0	≤25.4	—

7.1.10 锻件用结构钢

1. 锻件用碳素结构钢的化学成分和力学性能（见表 7-34）

表 7-34 锻件用碳素结构钢的化学成分和力学性能（GB/T 17107—1997）

牌号	化学成分(质量分数,%)										热处理状态	截面尺寸（直径或厚度）/mm	试样方向	力学性能					
	C	Si	Mn	Cr	Ni	Mo	V	S	P	Cu				R_m/MPa ≥	R_{eL}/MPa ≥	A(%) ≥	Z(%) ≥	KU/J ≥	硬度 HBW
Q235	0.14~0.22	≤0.30	0.30~0.65	≤0.30	≤0.30	—	—	≤0.050	≤0.045	≤0.30	—	≤100	纵向	330	210	23	—	—	—
												>100~300	纵向	320	195	22	43	—	—
												>300~500	纵向	310	185	21	38	—	—
												>500~700	纵向	300	175	20	38	—	—
15	0.12~0.19	0.17~0.37	0.35~0.65	≤0.25	≤0.25	—	—	≤0.035	≤0.035	≤0.25	正火+回火	≤100	纵向	320	195	27	55	47	97~143
												>100~300	纵向	310	165	25	50	47	97~143
												>300~500	纵向	300	145	24	45	43	97~143
20	0.17~0.24	0.17~0.37	0.35~0.65	≤0.25	≤0.25	—	—	≤0.035	≤0.035	≤0.25	正火或正火+回火	≤100	纵向	340	215	24	50	43	103~156
												>100~250	纵向	330	195	23	45	39	103~156
												>250~500	纵向	320	185	22	40	39	103~156
												>500~1000	纵向	300	175	20	35	35	103~156
25	0.22~0.30	0.17~0.37	0.50~0.80	≤0.25	≤0.25	—	—	≤0.035	≤0.035	≤0.25	正火或正火+回火	≤100	纵向	420	235	22	50	39	112~170
												>100~250	纵向	390	215	20	48	31	112~170
												>250~500	纵向	380	205	18	40	31	112~170
30	0.27~0.35	0.17~0.37	0.50~0.80	≤0.25	≤0.25	—	—	≤0.035	≤0.035	≤0.25	正火或正火+回火	≤100	纵向	470	245	19	48	31	126~179
												>100~300	纵向	460	235	19	46	27	126~179
												>300~500	纵向	450	225	18	40	27	126~179
												>500~800	纵向	440	215	17	35	28	126~179

35	0.32~0.40	0.17~0.37	0.50~0.80	≤0.25	≤0.25	—	—	≤0.035	≤0.035	≤0.25	正火或正火+回火	≤100	纵向	510	265	18	43	28	149~187
												>100~300	纵向	490	255	18	40	24	149~187
												>300~500	纵向	470	235	17	37	24	143~187
												>500~750	纵向	450	225	16	32	20	137~187
												>750~1000	纵向	430	215	15	28	20	137~187
											调质	≤100	纵向	550	295	19	48	47	156~207
												>100~300	纵向	530	275	18	40	39	156~207
											正火+回火	100~300	切向	470	245	13	30	20	—
												>300~500	切向	450	225	12	28	20	—
												>500~750	切向	430	215	11	24	16	—
												>750~1000	切向	410	205	10	22	16	—
40	0.37~0.45	0.17~0.37	0.50~0.80	≤0.25	≤0.25	—	—	≤0.035	≤0.035	≤0.25	正火+回火	≤100	纵向	550	275	17	40	24	143~207
												>100~250	纵向	530	265	17	36	24	143~207
												>250~500	纵向	510	255	16	32	20	143~207
												>500~1000	纵向	490	245	15	30	20	143~207
											调质	≤100	纵向	615	340	18	40	39	196~241
												>100~250	纵向	590	295	17	35	31	189~229
												>250~500	纵向	560	275	17	—	—	163~219
45	0.42~0.50	0.17~0.37	0.50~0.80	≤0.25	≤0.25	—	—	≤0.035	≤0.035	≤0.25	正火或正火+回火	≤100	纵向	590	295	15	38	23	170~217
												>100~300	纵向	570	285	15	35	19	163~217
												>300~500	纵向	550	275	14	32	19	163~217
												>500~1000	纵向	530	265	13	30	15	156~217

（续）

牌号	化学成分(质量分数,%)										热处理状态	截面尺寸（直径或厚度）/mm	试样方向	力学性能					
	C	Si	Mn	Cr	Ni	Mo	V	S	P	Cu				R_m/MPa ≥	R_{eL}/MPa ≥	A (%) ≥	Z (%) ≥	KU/J ≥	硬度 HBW
45	0.42~0.50	0.17~0.37	0.50~0.80	≤0.25	≤0.25	—	—	≤0.035	≤0.035	≤0.25	调质	≤100	纵向	630	370	17	40	31	207~302
												>100~250	纵向	590	345	18	35	31	197~286
												>250~500	纵向	590	345	17	—	—	187~255
											正火+回火	100~300	切向	540	275	10	25	16	—
												>300~500	切向	520	265	10	23	16	—
												>500~750	切向	500	255	9	21	12	—
												>750~1000	切向	480	245	8	20	12	—
50	0.47~0.55	0.17~0.37	0.50~0.80	≤0.25	≤0.25	—	—	≤0.035	≤0.035	≤0.25	正火+回火	≤100	纵向	610	310	13	35	23	—
												>100~300	纵向	590	295	12	33	19	—
												>300~500	纵向	570	285	12	30	19	—
												>500~750	纵向	550	265	12	28	15	—
											调质	≤16	纵向	700	500	14	30	31	—
												>16~40	纵向	650	430	16	35	31	—
												>40~100	纵向	630	370	17	40	31	—
												>100~250	纵向	590	345	17	35	31	—
												>250~500	纵向	590	345	17	—	—	—
55	0.52~0.60	0.17~0.37	0.50~0.80	≤0.25	≤0.25	—	—	≤0.035	≤0.035	≤0.25	正火+回火	≤100	纵向	645	320	12	35	23	187~229
												>100~300	纵向	625	310	11	28	19	187~229
												>300~500	纵向	610	305	10	22	19	187~229

注：除 Q235 之外的牌号使用废钢冶炼时，Cu 的质量分数不大于 0.30%。

2. 锻件用合金结构钢的化学成分和力学性能（见表 7-35）

表 7-35　锻件用合金结构钢的化学成分和力学性能（GB/T 17107—1997）

牌号	化学成分(质量分数,%)								热处理状态	截面尺寸(直径或厚度)/mm	试样方向	力学性能					
	C	Si	Mn	Cr	Ni	Mo	V	其他				R_m/MPa ≥	R_{eL}/MPa ≥	A(%) ≥	Z(%) ≥	KU/J ≥	硬度 HBW
30Mn2	0.27~0.34	0.17~0.37	1.40~1.80	—	—	—	—	—	调质	≤100	纵向	685	440	15	50	—	—
										>100~300	纵向	635	410	16	45	—	—
35Mn2	0.32~0.39	0.17~0.37	1.40~1.80	—	—	—	—	—	正火+回火	≤100	纵向	620	315	18	45	—	207~241
										>100~300	纵向	580	295	18	43	23	207~241
									调质	≤100	纵向	745	590	16	50	47	229~269
										>100~300	纵向	690	490	16	45	47	229~269
45Mn2	0.42~0.49	0.17~0.37	1.40~1.80	—	—	—	—	—	正火+回火	≤100	纵向	690	355	16	38	—	187~241
										>100~300	纵向	670	335	15	35	—	187~241
20SiMn	0.16~0.22	0.60~0.80	1.00~1.30	—	—	—	—	—	正火+回火	≤600	纵向	470	265	15	30	39	—
										>600~900	纵向	450	255	14	30	39	—
										>900~1200	纵向	440	245	14	30	39	—
										≤300	切向	490	275	14	30	27	—
										>300~500	切向	470	265	13	28	23	—
										>500~750	切向	440	245	11	24	19	—
										>750~1000	切向	410	225	10	22	19	—
35SiMn	0.32~0.40	1.10~1.40	1.10~1.40	—	—	—	—	—	调质	≤100	纵向	785	510	15	45	47	229~286
										>100~300	纵向	735	440	14	35	39	271~265
										>300~400	纵向	685	390	13	30	35	215~255
										>400~500	纵向	635	375	11	28	31	196~255
42SiMn	0.39~0.45	1.10~1.40	1.10~1.40	—	—	—	—	—	调质	≤100	纵向	785	510	15	45	31	229~286
										>100~200	纵向	735	460	14	35	23	217~269
										>200~300	纵向	685	440	13	30	23	217~255
										>300~500	纵向	635	375	10	28	20	196~255
50SiMn	0.46~0.54	0.80~1.10	0.80~1.10	—	—	—	—	—	调质	≤100	纵向	835	540	15	40	39	229~286
										>100~200	纵向	735	490	15	35	39	217~269
										>200~300	纵向	685	440	14	30	31	207~255

（续）

牌号	化学成分（质量分数，%）								热处理状态	截面尺寸（直径或厚度）/mm	试样方向	力学性能					
	C	Si	Mn	Cr	Ni	Mo	V	其他				R_m/MPa ≥	R_{eL}/MPa ≥	A(%) ≥	Z(%) ≥	KU/J ≥	硬度 HBW
20MnMo	0.17~0.23	0.17~0.37	0.90~1.30	—	—	0.15~0.25	—	—	调质	≤300	纵向	500	305	14	40	39	—
										>300~500	纵向	470	275	14	40	39	—
										≤300	切向	500	305	14	32	31	—
										>300~500	切向	470	275	13	30	31	—
20MnMoNb	0.16~0.23	0.17~0.37	1.20~1.50	—	—	0.45~0.60	—	Nb 0.020~0.045	调质	100~300	纵向	635	490	15	45	47	187~229
										>300~500	纵向	590	440	15	45	47	187~229
										>500~800	纵向	490	345	15	45	39	—
										100~300	切向	610	430	12	32	31	—
										>300~500	切向	570	400	12	30	24	—
42MnMoV	0.38~0.45	0.17~0.37	1.20~1.50	—	—	0.20~0.30	0.10~0.20	—	调质	100~300	纵向	765	590	12	40	31	241~286
										>300~500	纵向	705	540	12	35	23	229~269
										>500~800	纵向	635	490	12	35	23	217~241
50SiMnMoV	0.45~0.55	0.50~0.70	1.50~1.80	—	—	0.30~0.50	0.20~0.30	—	调质	100~300	纵向	885	735	12	40	31	269~302
										>300~500	纵向	885	635	12	38	31	255~286
										>500~800	纵向	835	610	12	35	23	241~286
37SiMn2MoV	0.33~0.39	0.60~0.90	1.60~1.90	—	—	0.40~0.50	0.05~0.12	—	调质	100~200	纵向	865	685	14	40	31	269~302
										>200~400	纵向	815	635	14	40	31	241~286
										>400~600	纵向	765	590	14	40	31	229~269
15Cr	0.12~0.18	0.17~0.37	0.40~0.70	0.70~1.00	—	—	—	—	正火+回火	≤100	纵向	390	195	26	50	39	111~156
										>100~300	纵向	390	195	23	45	35	111~156
20Cr	0.18~0.24	0.17~0.37	0.50~0.80	0.70~1.00	—	—	—	—	正火+回火	≤100	纵向	430	215	19	40	31	123~179
										>100~300	纵向	430	215	18	35	31	123~167
									调质	≤100	纵向	470	275	20	40	35	137~179
										>100~300	纵向	470	245	19	40	31	137~197
30Cr	0.27~0.34	0.17~0.37	0.50~0.80	0.80~1.10	—	—	—	—	调质	≤100	纵向	615	395	17	40	43	187~229

35Cr	0.32~0.39	0.17~0.37	0.50~0.80	0.80~1.10	—	—	—	—	调质	>100~300	纵向	615	395	15	35	39	187~229
40Cr	0.37~0.44	0.17~0.37	0.50~0.80	0.80~1.10	—	—	—	—	调质	≤100	纵向	735	540	15	45	39	241~286
										>100~300	纵向	685	490	14	45	31	241~286
										>300~500	纵向	685	440	10	35	23	229~269
										>500~800	纵向	590	345	8	30	16	217~255
50Cr	0.47~0.54	0.17~0.37	0.50~0.80	0.80~1.10	—	—	—	—	调质	≤100	纵向	835	540	10	40	—	241~286
										>100~300	纵向	785	490	10	40	—	241~286
12CrMo	0.08~0.15	0.17~0.37	0.40~0.70	0.40~0.70	—	0.40~0.55	—	—	正火+回火	≤100	纵向	440	275	20	50	55	≤159
										>100~300	纵向	440	275	20	45	55	≤159
15CrMo	0.12~0.18	0.17~0.37	0.40~0.70	0.80~1.10	—	0.40~0.55	—	—	淬火+回火	≤100	切向	440	275	20	—	55	116~179
										>100~300	切向	440	275	20	—	55	116~179
										>300~500	切向	430	255	19	—	47	116~179
25CrMo	0.22~0.29	0.17~0.37	0.50~0.80	0.90~1.20	—	0.15~0.30	—	—	调质	17~40	纵向	780	600	14	55	—	—
										>40~100	纵向	690	450	15	60	—	—
										>100~160	纵向	640	400	16	60	—	—
30CrMo	0.26~0.34	0.17~0.37	0.40~0.70	0.80~1.10	—	0.15~0.25	—	—	调质	≤100	纵向	620	410	16	40	49	196~240
										>100~300	纵向	590	390	15	40	44	196~240
35CrMo	0.32~0.40	0.17~0.37	0.40~0.70	0.80~1.10	—	0.15~0.25	—	—	调质	≤100	纵向	735	540	15	45	47	207~269
										>100~300	纵向	685	490	15	40	39	207~269
										>300~500	纵向	635	440	15	35	31	207~269
										>500~800	纵向	590	390	12	30	23	—
										100~300	切向	635	440	11	30	27	—
										>300~500	切向	590	390	10	24	24	—
										>500~800	切向	540	345	9	20	20	—

（续）

牌号	化学成分（质量分数，%）								热处理状态	截面尺寸（直径或厚度）/mm	试样方向	力学性能					
	C	Si	Mn	Cr	Ni	Mo	V	其他				R_m/MPa ≥	R_{eL}/MPa ≥	A(%) ≥	Z(%) ≥	KU/J ≥	硬度HBW
42CrMo	0.38~0.45	0.17~0.37	0.50~0.80	0.90~1.20	—	0.15~0.25	—	—	调质	≤100	纵向	900	650	12	50	—	—
										>100~160	纵向	800	550	13	50	—	—
										>160~250	纵向	750	500	14	55	—	—
										>250~500	纵向	690	460	15	—	—	—
										>500~750	纵向	590	390	16	—	—	—
50CrMo	0.46~0.54	0.17~0.37	0.50~0.80	0.90~1.20	—	0.15~0.30	—	—	调质	≤100	纵向	900	700	12	50	—	—
										>100~160	纵向	850	650	13	50	—	—
										>160~250	纵向	800	550	14	50	—	—
										>250~500	纵向	740	540	14	—	—	—
										>500~750	纵向	690	490	15	—	—	—
34CrMo1	0.30~0.38	0.17~0.37	0.40~0.70	0.70~1.20	—	0.40~0.55	—	—	调质	100~300	纵向	765	590	15	40	47	—
										>300~500	纵向	705	540	15	40	39	—
										>500~750	纵向	665	490	14	35	31	—
										>750~1000	纵向	635	440	13	35	31	—
16CrMn	0.14~0.19	0.17~0.37	1.00~1.30	0.80~1.10	—	—	—	—	渗碳+淬火+回火	≤30	纵向	780	590	10	40	—	—
										>30~63	纵向	640	440	11	40	—	—
20CrMn	0.17~0.22	0.17~0.37	1.10~1.40	1.00~1.30	—	—	—	—	渗碳+淬火+回火	≤30	纵向	980	680	8	35	—	—
										>30~63	纵向	790	540	10	35	—	—
20CrMnTi	0.17~0.23	0.17~0.37	0.80~1.10	1.00~1.30	—	—	—	Ti 0.04~0.10	调质	≤100	纵向	615	395	17	45	47	—
20CrMnMo	0.17~0.23	0.17~0.37	0.90~1.20	1.10~1.40	—	0.20~0.30	—	—	渗碳+淬火+回火	≤30	纵向	1080	785	7	40	—	—
										>30~100	纵向	835	490	15	40	31	—

35CrMnMo	0.30~0.40	0.17~0.37	1.10~1.40	1.10~1.40	—	0.25~0.35	—	—	调质	>100~300	纵向	785	590	14	45	43	207~269
										>300~500	纵向	735	540	13	40	39	207~269
										>500~800	纵向	685	490	12	35	31	207~269
40CrMnMo	0.37~0.45	0.17~0.37	0.90~1.20	0.90~1.20	—	0.20~0.30	—	—	调质	≤100	纵向	885	735	12	40	39	—
										>100~250	纵向	835	640	12	30	39	—
										>250~400	纵向	785	530	12	40	31	—
										>400~500	纵向	735	480	12	35	23	—
20CrMnMoB	0.17~0.23	0.17~0.37	1.20~1.50	1.50~1.80	—	0.45~0.55	—	加入量B 0.001~0.0035	调质	≤100	纵向	900	785	13	40	39	277~331
										>100~300	纵向	880	735	13	40	39	225~302
										>300~500	纵向	835	685	13	40	39	241~286
										>500~800	纵向	785	635	13	40	39	241~286
										100~300	切向	845	735	12	35	39	269~302
										>300~600	切向	805	685	12	35	39	255~286
30CrMn2MoB	0.27~0.35	0.17~0.37	1.40~1.80	0.90~1.20	—	0.45~0.55	—	加入量B 0.001~0.0035	调质	100~300	纵向	880	715	12	40	31	255~302
										>300~500	纵向	835	665	12	40	31	255~302
										>500~800	纵向	785	615	12	40	31	241~286
32Cr2MnMo	0.28~0.36	0.17~0.37	1.10~1.40	1.70~2.10	—	0.40~0.50	—	—	调质	100~300	纵向	830	685	14	45	59	255~302
										>300~500	纵向	785	635	12	40	49	255~302
										>500~750	纵向	735	590	12	35	30	241~286
30CrMnSi	0.27~0.34	0.90~1.20	0.80~1.10	0.80~1.10	—	—	—	—	调质	≤100	纵向	735	590	12	35	35	235~293
										>100~300	纵向	685	460	13	35	35	228~269
35CrMnSi	0.32~0.39	1.10~1.40	0.80~1.10	1.10~1.40	—	—	—	—	调质	≤100	纵向	785	640	12	35	31	241~293
										>100~300	纵向	685	540	12	35	31	223~269
12CrMoV	0.08~0.15	0.17~0.37	0.40~0.70	0.30~0.60	—	0.25~0.35	0.15~0.30	—	正火+回火	≤100	纵向	470	245	22	48	39	143~179
										>100~300	纵向	430	215	20	40	39	123~167

（续）

牌号	化学成分（质量分数，%） C	Si	Mn	Cr	Ni	Mo	V	其他	热处理状态	截面尺寸（直径或厚度）/mm	试样方向	力学性能 R_m/MPa ≥	R_{eL}/MPa ≥	A（%）≥	Z（%）≥	KU/J ≥	硬度 HBW
12Cr1MoV	0.08～0.15	0.17～0.37	0.40～0.70	0.90～1.20	—	0.25～0.35	0.15～0.30	—	正火+回火	≤100	纵向	440	245	19	50	39	123～167
										>100～300	纵向	430	215	19	48	39	123～167
										>300～500	纵向	430	215	18	40	35	123～167
										>500～800	纵向	430	215	16	35	31	123～167
24CrMoV	0.20～0.28	0.17～0.37	0.30～0.60	1.20～1.50	—	0.50～0.60	0.15～0.30	—	调质	100～300	纵向	735	590	16	—	47	—
										>300～500	纵向	685	540	16	—	47	—
35CrMoV	0.30～0.38	0.17～0.37	0.40～0.70	1.00～1.30	—	0.20～0.30	0.10～0.20	—	调质	100～200	切向	880	745	12	40	47	—
										>200～240	切向	860	705	12	35	47	—
30Cr2MoV	0.26～0.34	0.17～0.37	0.40～0.70	2.30～2.70	—	0.15～0.25	0.10～0.20	—	调质	≤150	纵向	830	735	15	50	47	219～277
										>150～250	纵向	735	590	16	50	47	219～277
										>250～500	纵向	635	440	16	50	47	219～277
28Cr2Mo1V	0.22～0.32	0.30～0.50	0.50～0.80	1.50～1.80	—	0.60～0.80	0.20～0.30	—	调质	≤100	纵向	835	735	15	50	47	269～302
										>100～300	纵向	735	635	15	40	47	269～302
										>300～500	纵向	685	565	14	35	47	269～302
40CrNi	0.37～0.44	0.17～0.37	0.50～0.80	0.45～0.75	1.00～1.40	—	—	—	调质	≤100	纵向	735	590	14	45	47	223～277
										>100～300	纵向	685	540	13	40	39	207～262
										>300～500	纵向	635	440	13	35	39	197～235
										>500～800	纵向	615	395	11	30	31	187～229
40CrNiMo	0.37～0.44	0.17～0.37	0.50～0.80	0.60～0.90	1.25～1.65	0.15～0.25	—	—	淬火+回火	≤80	纵向	980	835	12	55	78	—
										>80～100	纵向	980	835	11	50	74	—
										>100～150	纵向	980	835	10	45	70	—
										>150～250	纵向	980	835	9	40	66	—
									调质	100～300	纵向	785	640	12	38	39	241～293
										>300～500	纵向	685	540	12	33	35	207～262

34CrNi1Mo	0.30~0.40	0.17~0.37	0.50~0.80	1.30~1.70	1.30~1.70	0.20~0.30	—	—	调质	≤100	纵向	850	735	15	45	55	277~321
										>100~300	纵向	765	636	14	40	47	262~311
										>300~500	纵向	685	540	14	35	39	235~277
										>500~800	纵向	635	490	14	32	31	212~248
34CrNi3Mo	0.30~0.40	0.17~0.37	0.50~0.80	0.70~1.10	2.75~3.25	0.25~0.40	—	—	调质	≤100	纵向	900	785	14	40	55	269~341
										>100~300	纵向	850	735	14	38	47	262~321
										>300~500	纵向	805	685	13	35	39	241~302
										>500~800	纵向	755	590	12	32	32	241~302
15Cr2Ni2	0.12~0.17	0.17~0.37	0.30~0.60	1.40~1.70	1.40~1.70	—	—	—	渗碳+淬火+回火	≤30	纵向	880	640	9	40	—	—
										>30~63	纵向	780	540	10	40	—	—
20Cr2Ni4	0.17~0.23	0.17~0.37	0.30~0.60	1.25~1.65	3.25~3.65	—	—	—	调质	试样毛坯尺寸 $\phi15$	纵向	1175	1080	10	45	62	—
17Cr2Ni2Mo	0.14~0.19	0.17~0.37	0.30~0.60	1.50~1.80	1.40~1.70	0.25~0.35	—	—	渗碳+淬火+回火	≤30	纵向	1080	790	8	35	—	—
										>30~63	纵向	980	690	8	35	—	—
30Cr2Ni2Mo	0.26~0.34	0.17~0.37	0.30~0.60	1.80~2.20	1.80~2.20	0.30~0.50	—	—	调质	≤100	纵向	1100	900	10	45	—	—
										>100~160	纵向	1000	800	11	50	—	—
										>160~250	纵向	900	700	12	50	—	—
										>250~500	纵向	830	635	12	—	—	—
										>500~1000	纵向	780	590	12	—	—	—
34Cr2Ni2Mo	0.30~0.38	0.17~0.37	0.40~0.70	1.40~1.70	1.40~1.70	0.15~0.30	—	—	调质	≤100	纵向	1000	800	11	50	—	—
										>100~160	纵向	900	700	12	55	—	—
										>160~250	纵向	800	600	13	55	—	—
										>250~500	纵向	740	540	14	—	—	—
										>500~1000	纵向	690	490	15	—	—	—

（续）

牌号	化学成分(质量分数,%)								热处理状态	截面尺寸（直径或厚度）/mm	试样方向	力学性能					
	C	Si	Mn	Cr	Ni	Mo	V	其他				R_m/MPa ≥	R_{eL}/MPa ≥	A(%) ≥	Z(%) ≥	KU/J ≥	硬度HBW
15CrNiMoV	0.12~0.19	0.17~0.37	0.40~0.70	0.50~1.00	0.80~1.20	0.20~0.35	0.10~0.20	—	调质	100~300	纵向	685	585	15	60	110	190~240
										>300~500	纵向	635	535	14	55	100	190~240
34CrNi3MoV	0.30~0.40	0.17~0.37	0.50~0.80	1.20~1.50	3.00~3.50	0.25~0.40	0.10~0.20	—	调质	≤100	纵向	900	785	14	40	47	269~321
										>100~300	纵向	855	735	14	38	39	248~311
										>300~500	纵向	805	685	13	33	31	235~293
										>500~800	纵向	735	590	12	30	31	212~262
37CrNi3MoV	0.32~0.42	0.17~0.37	0.25~0.50	1.20~1.50	3.00~3.50	0.35~0.45	0.10~0.25	—	调质	≤100	纵向	900	785	13	40	47	269~321
										>100~300	纵向	855	735	12	38	39	248~311
										>300~500	纵向	805	685	11	33	31	235~293
										>500~800	纵向	735	590	10	30	31	212~262
24Cr2Ni4MoV	0.22~0.28	0.17~0.37	0.30~0.60	1.50~1.80	3.30~3.80	0.40~0.55	0.05~0.15	—	调质	100~300	纵向	1000	870	12	45	70	—
										>300~500	纵向	950	850	13	50	70	—
										>500~750	纵向	900	800	15	50	65	—
										>750~1000	纵向	850	750	15	50	65	—
18Cr2Ni4W	0.13~0.19	0.17~0.37	0.30~0.60	1.35~1.65	4.00~4.50	—	—	W 0.80~1.20	淬火+回火	≤80	纵向	1180	835	10	45	78	—
										>80~100	纵向	1180	835	9	40	74	—
										>100~150	纵向	1180	835	8	35	70	—
										>150~250	纵向	1180	835	7	30	66	—

3. 锻件用结构钢的力学性能允许降低值（见表 7-36）

表 7-36　锻件用结构钢的力学性能允许降低值（GB/T 17107—1997）

力学性能指标	试样方向	酸性平炉及电炉钢		碱性平炉钢					
				1~25t 钢锭锻件			>25t 钢锭锻件		
		锻造比		锻造比					
		≤5	>5	2~3	>3~5	>5	2~3	>3~5	>5
力学性能允许降低的百分数(%)									
下屈服强度 R_{eL}	切向	5	5	5	5	5	5	5	5
	横向	5	5	10	10	10	10	10	10
抗拉强度 R_m	切向	5	5	5	5	5	5	5	5
	横向	5	5	10	10	10	10	10	10
断后伸长率 A	切向	25	40	25	30	35	35	40	45
	横向	25	40	25	35	40	40	50	50
断面收缩率 Z	切向	20	40	25	30	40	40	40	45
	横向	20	40	30	35	45	45	50	60
冲击吸收能量 KU	切向	25	40	30	30	30	30	40	50
	横向	25	40	35	40	40	40	50	60

7.2　专用结构钢

7.2.1　弹簧钢

1. 弹簧钢的牌号和化学成分（见表 7-37）

表 7-37　弹簧钢的牌号和化学成分（GB/T 1222—2016）

统一数字代号	牌号	化学成分(质量分数,%)											
		C	Si	Mn	Cr	V	W	Mo	B	Ni	Cu[②]	P	S
U20652	65	0.62~0.70	0.17~0.37	0.50~0.80	≤0.25	—	—	—	—	≤0.35	≤0.25	≤0.030	≤0.030
U20702	70	0.67~0.75	0.17~0.37	0.50~0.80	≤0.25	—	—	—	—	≤0.35	≤0.25	≤0.030	≤0.030
U20802	80	0.77~0.85	0.17~0.37	0.50~0.80	≤0.25	—	—	—	—	≤0.35	≤0.25	≤0.030	≤0.030
U20852	85	0.82~0.90	0.17~0.37	0.50~0.80	≤0.25	—	—	—	—	≤0.35	≤0.25	≤0.030	≤0.030
U21653	65Mn	0.62~0.70	0.17~0.37	0.90~1.20	≤0.25	—	—	—	—	≤0.35	≤0.25	≤0.030	≤0.030
U21702	70Mn	0.67~0.75	0.17~0.37	0.90~1.20	≤0.25	—	—	—	—	≤0.35	≤0.25	≤0.030	≤0.030
A76282	28SiMnB	0.24~0.32	0.60~1.00	1.20~1.60	≤0.25	—	—	—	0.0008~0.0035	≤0.35	≤0.25	≤0.025	≤0.020
A77406	40SiMnVBE[①]	0.39~0.42	0.90~1.35	1.20~1.55	—	0.09~0.12	—	—	0.0008~0.0025	≤0.35	≤0.25	≤0.020	≤0.012
A77552	55SiMnVB	0.52~0.60	0.70~1.00	1.00~1.30	≤0.35	0.08~0.16	—	—	0.0008~0.0035	≤0.35	≤0.25	≤0.025	≤0.020
A11383	38Si2	0.35~0.42	1.50~1.80	0.50~0.80	≤0.25	—	—	—	—	≤0.35	≤0.25	≤0.025	≤0.020

（续）

统一数字代号	牌号	化学成分（质量分数，%）											
		C	Si	Mn	Cr	V	W	Mo	B	Ni	Cu②	P	S
A11603	60Si2Mn	0.56～0.64	1.50～2.00	0.70～1.00	≤0.35	—	—	—	—	≤0.35	≤0.25	≤0.025	≤0.020
A22553	55CrMn	0.52～0.60	0.17～0.37	0.65～0.95	0.65～0.95	—	—	—	—	≤0.35	≤0.25	≤0.025	≤0.020
A22603	60CrMn	0.56～0.64	0.17～0.37	0.70～1.00	0.70～1.00	—	—	—	—	≤0.35	≤0.25	≤0.025	≤0.020
A22609	60CrMnB	0.56～0.64	0.17～0.37	0.70～1.00	0.70～1.00	—	—	—	0.0008～0.0035	≤0.35	≤0.25	≤0.025	≤0.020
A34603	60CrMnMo	0.56～0.64	0.17～0.37	0.70～1.00	0.70～1.00	—	—	0.25～0.35	—	≤0.35	≤0.25	≤0.025	≤0.020
A21553	55SiCr	0.51～0.59	1.20～1.60	0.50～0.80	0.50～0.80	—	—	—	—	≤0.35	≤0.25	≤0.025	≤0.020
A21603	60Si2Cr	0.56～0.64	1.40～1.80	0.40～0.70	0.70～1.00	—	—	—	—	≤0.35	≤0.25	≤0.025	≤0.020
A24563	56Si2MnCr	0.52～0.60	1.60～2.00	0.70～1.00	0.20～0.45	—	—	—	—	≤0.35	≤0.25	≤0.025	≤0.020
A45523	52SiCrMnNi	0.49～0.56	1.20～1.50	0.70～1.00	0.70～1.00	—	—	—	—	0.50～0.70	≤0.25	≤0.025	≤0.020
A28553	55SiCrV	0.51～0.59	1.20～1.60	0.50～0.80	0.50～0.80	0.10～0.20	—	—	—	≤0.35	≤0.25	≤0.025	≤0.020
A28603	60Si2CrV	0.56～0.64	1.40～1.80	0.40～0.70	0.90～1.20	0.10～0.20	—	—	—	≤0.35	≤0.25	≤0.025	≤0.020
A28600	60Si2MnCrV	0.56～0.64	1.50～2.00	0.70～1.00	0.20～0.40	0.10～0.20	—	—	—	≤0.35	≤0.25	≤0.025	≤0.020
A23503	50CrV	0.46～0.54	0.17～0.37	0.50～0.80	0.80～1.10	0.10～0.20	—	—	—	≤0.35	≤0.25	≤0.025	≤0.020
A25513	51CrMnV	0.47～0.55	0.17～0.37	0.70～1.10	0.90～1.20	0.10～0.25	—	—	—	≤0.35	≤0.25	≤0.025	≤0.020
A36523	52CrMnMoV	0.48～0.56	0.17～0.37	0.70～1.10	0.90～1.20	0.10～0.20	—	0.15～0.30	—	≤0.35	≤0.25	≤0.025	≤0.020
A27303	30W4Cr2V	0.26～0.34	0.17～0.37	≤0.40	2.00～2.50	0.50～0.80	4.00～4.50	—	—	≤0.35	≤0.25	≤0.025	≤0.020

① 40SiMnVBE 为专利牌号。

② 根据需方要求，并在合同中注明，钢中残余铜的质量分数可不大于 0.20%。

2. 弹簧钢交货状态的硬度（见表 7-38）

表 7-38　弹簧钢交货状态的硬度（GB/T 1222—2016）

牌号	交货状态	代码	硬度 HBW ≤
65、70、80	热轧	WHR	285
85、65Mn、70Mn、28SiMnB			302
60Si2Mn、50CrV、55SiMnVB、55CrMn、60CrMn			321
60Si2Cr、60Si2CrV、60CrMnB、55SiCr、30W4Cr2V、40SiMnVBE	热轧	WHR	供需双方协商
	热轧+去应力退火	WHR+A	321
38Si2	热轧	WHR	321
	去应力退火	A	280
	软化退火	SA	217

（续）

牌号	交货状态	代码	硬度 HBW ≤
56Si2MnCr、51CrMnV、55SiCrV、60Si2MnCrV、52SiCrMnNi、52CrMnMoV、60CrMnMo	热轧	WHR	供需双方协商
	去应力退火	A	280
	软化退火	SA	248
所有牌号	冷拉+去应力退火	WCD+A	321
	冷拉	WCD	供需双方协商

3. 弹簧钢热处理后试样的纵向力学性能（见表7-39）

表7-39 弹簧钢热处理后试样的纵向力学性能（GB/T 1222—2016）

牌号	热处理工艺①			力学性能				
	淬火温度/℃	淬火介质	回火温度/℃	抗拉强度 R_m/MPa	下屈服强度 R_{eL}②/MPa	断后伸长率 A(%)	断后伸长率 $A_{11.5}$(%)	断面收缩率 Z(%)
				≥				
65	840	油	500	980	785	—	9.0	35
70	830	油	480	1030	835	—	8.0	30
80	820	油	480	1080	930	—	6.0	30
85	820	油	480	1130	980	—	6.0	30
65Mn	830	油	540	980	785	—	8.0	30
70Mn	③	—	—	785	450	8.0	—	30
28SiMnB	900	水或油	320	1275	1180	—	5.0	25
40SiMnVBE	880	油	320	1800	1680	9.0	—	40
55SiMnVB	860	油	460	1375	1225	—	5.0	30
38Si2	880	水	450	1300	1150	8.0	—	35
60Si2Mn	870	油	440	1570	1375	—	5.0	20
55CrMn	840	油	485	1225	1080	9.0	—	20
60CrMn	840	油	490	1225	1080	9.0	—	20
60CrMnB	840	油	490	1225	1080	9.0	—	20
60CrMnMo	860	油	450	1450	1300	6.0	—	30
55SiCr	860	油	450	1450	1300	6.0	—	25
60Si2Cr	870	油	420	1765	1570	6.0	—	20
56Si2MnCr	860	油	450	1500	1350	6.0	—	25
52SiCrMnNi	860	油	450	1450	1300	6.0	—	35
55SiCrV	860	油	400	1650	1600	5.0	—	35
60Si2CrV	850	油	410	1860	1665	6.0	—	20
60Si2MnCrV	860	油	400	1700	1650	5.0	—	30
50CrV	850	油	500	1275	1130	10.0	—	40
51CrMnV	850	油	450	1350	1200	6.0	—	30
52CrMnMoV	860	油	450	1450	1300	6.0	—	35
30W4Cr2V④	1075	油	600	1470	1325	7.0	—	40

注：1. 力学性能试验采用直径10mm的比例试样，推荐取留有少许加工余量的试样毛坯（一般尺寸为11~12mm）。

2. 对于直径或边长小于11mm的棒材，用原尺寸钢材进行热处理。

3. 对于厚度小于11mm的扁钢，允许采用矩形试样。当采用矩形试样时，断面收缩率不作为验收条件。

① 表中热处理温度允许调整范围为：淬火，±20℃；回火，±50℃（28MnSiB钢±30℃）。根据需方要求，其他钢回火可按±30℃进行。

② 当检测钢材屈服现象不明显时，可用 $R_{p0.2}$ 代替 R_{eL}。

③ 70Mn的推荐热处理工艺为：正火790℃，允许调整范围为±30℃。

④ 30W4Cr2V除抗拉强度外，其他力学性能检验结果供参考，不作为交货依据。

4. 弹簧钢的用途（见表 7-40）

表 7-40　弹簧钢的用途（GB/T 1222—2016）

牌号	主要用途
65、70、80、85	应用非常广泛，但多用于工作温度不高的小型弹簧或不太重要的较大尺寸弹簧及一般机械用的弹簧
65Mn、70Mn	制造各种小截面扁簧、圆簧、发条等，亦可制弹簧环、气门簧、减振器和离合器簧片、制动簧等
28SiMnB	用于制造汽车钢板弹簧
40SiMnVBE	制作重型、中、小型汽车的板簧，亦可制作其他中型断面的板簧和螺旋弹簧
55SiMnVB	
38Si2	主要用于制造轨道扣件用弹条
60Si2Mn	应用广泛，主要制造各种弹簧，如汽车、机车、拖拉机的板簧、螺旋弹簧，一般要求的汽车稳定杆，低应力的货车转向架弹簧，轨道扣件用弹条
55CrMn	用于制作汽车稳定杆，亦可制作较大规格的板簧、螺旋弹簧
60CrMn	
60CrMnB	适用于制造较厚的钢板弹簧、汽车导向臂等产品
60CrMnMo	大型土木建筑、重型车辆、机械等使用的超大型弹簧
60Si2Cr	多用于制造载荷大的重要弹簧、工程机械弹簧等
55SiCr	用于制作汽车悬架用螺旋弹簧、气门弹簧
56Si2MnCr	一般用于冷拉钢丝、淬回火钢丝制作悬架弹簧，或板厚大于 10mm 的大型板簧等
52Si2CrMnNi	铬硅锰镍钢，欧洲客户用于制作载重货车用大规格稳定杆
55SiCrV	用于制作汽车悬架用螺旋弹簧、气门弹簧
60Si2CrV	用于制造高强度级别的变截面板簧，货车转向架用螺旋弹簧，亦可制造载荷大的重要大型弹簧、工程机械弹簧等
50CrV、51CrMnV	适宜制造工作应力高、疲劳性能要求严格的螺旋弹簧、汽车板簧等；亦可用作较大截面的高负荷重要弹簧及工作温度小于 300℃ 的阀门弹簧、活塞弹簧、安全阀弹簧
52CrMnMoV	用作汽车板簧、高速客车转向架弹簧、汽车导向臂等
60Si2MnCrV	可用于制作大载荷的汽车板簧
30W4Cr2V	主要用于工作温度 500℃ 以下的耐热弹簧，如汽轮机主蒸汽阀弹簧、锅炉安全阀弹簧等

7.2.2　高碳铬轴承钢

1. 高碳铬轴承钢的牌号和化学成分（见表 7-41）

表 7-41　高碳铬轴承钢的牌号和化学成分（GB/T 18254—2016）

统一数字代号	牌号	化学成分（质量分数，%）				
		C	Si	Mn	Cr	Mo
B00151	G8Cr15	0.75～0.85	0.15～0.35	0.20～0.40	1.30～1.65	≤0.10
B00150	GCr15	0.95～1.05	0.15～0.35	0.25～0.45	1.40～1.65	≤0.10
B01150	GCr15SiMn	0.95～1.05	0.45～0.75	0.95～1.25	1.40～1.65	≤0.10
B03150	GCr15SiMo	0.95～1.05	0.65～0.85	0.20～0.40	1.40～1.70	0.30～0.40
B02180	GCr18Mo	0.95～1.05	0.20～0.40	0.25～0.40	1.65～1.95	0.15～0.25

2. 高碳铬轴承钢退火后的硬度（见表 7-42）

表 7-42　高碳铬轴承钢退火后的硬度（GB/T 18254—2016）

牌号	球化退火硬度 HBW	软化退火硬度 HBW ≤
G8Cr15	179～207	245
GCr15	179～207	
GCr15SiMn	179～217	
GCr15SiMo	179～217	
GCr18Mo	179～207	

7.2.3 渗碳轴承钢

1. 渗碳轴承钢的牌号和化学成分（见表7-43）

表7-43 渗碳轴承钢的牌号和化学成分（GB/T 3203—2016）

牌号	化学成分(质量分数,%)						
	C	Si	Mn	Cr	Ni	Mo	Cu
G20CrMo	0.17~0.23	0.20~0.35	0.65~0.95	0.35~0.65	≤0.30	0.08~0.15	≤0.25
G20CrNiMo	0.17~0.23	0.15~0.40	0.60~0.90	0.35~0.65	0.40~0.70	0.15~0.30	≤0.25
G20CrNi2Mo	0.19~0.23	0.25~0.40	0.55~0.70	0.45~0.65	1.60~2.00	0.20~0.30	≤0.25
G20Cr2Ni4	0.17~0.23	0.15~0.40	0.30~0.60	1.25~1.75	3.25~3.75	≤0.08	≤0.25
G10CrNi3Mo	0.08~0.13	0.15~0.40	0.40~0.70	1.00~1.40	3.00~3.50	0.08~0.15	≤0.25
G20Cr2Mn2Mo	0.17~0.23	0.15~0.40	1.30~1.60	1.70~2.00	≤0.30	0.20~0.30	≤0.25
G23Cr2Ni2Si1Mo	0.20~0.25	1.20~1.50	0.20~0.40	1.35~1.75	2.20~2.60	0.25~0.35	≤0.25

2. 渗碳轴承钢试样的纵向力学性能（见表7-44）

表7-44 渗碳轴承钢试样的纵向力学性能（GB/T 3203—2016）

牌号	毛坯直径/mm	淬火			回火		力学性能			
		温度/℃		冷却介质	温度/℃	冷却介质	抗拉强度 R_m/MPa	断后伸长率 A(%)	断面收缩率 Z(%)	冲击吸收能量 KU_2/J
		一次	二次				≥			
G20CrMo	15	860~900	770~810	油	150~200	空气	880	12	45	63
G20CrNiMo	15	860~900	770~810		150~200		1180	9	45	63
G20CrNi2Mo	25	860~900	780~820		150~200		980	13	45	63
G20Cr2Ni4	15	860~890	770~810		150~200		1180	10	45	63
G10CrNi3Mo	15	860~900	770~810		180~200		1080	9	45	63
G20Cr2Mn2Mo	15	860~900	790~830		180~200		1280	9	40	55
G23Cr2Ni2Si1Mo	15	860~900	790~830		150~200		1180	10	40	55

3. 渗碳轴承钢的交货状态（见表7-45）

表7-45 渗碳轴承钢的交货状态（GB/T 3203—2016）

钢材种类	交货状态	代号	交货硬度 HBW ≤	
			G20Cr2Ni4	其余牌号
热轧圆钢	热轧	WHR(或AR)	—	—
	热轧退火	WHR+SA	241	229
锻制圆钢	热锻	WHF	—	—
	热锻退火	WHF+SA	241	229
冷拉圆钢	冷拉	WCD	241	229
银亮圆钢	剥皮或磨光	SF或SP	241	229

7.2.4 高碳铬不锈轴承钢

1. 高碳铬不锈轴承钢的牌号和化学成分（见表7-46）

表7-46 高碳铬不锈轴承钢的牌号和化学成分（GB/T 3086—2019）

统一数字代号	牌号	化学成分(质量分数,%)								
		C	Si	Mn	P	S	Cr	Mo	Ni	Cu
B21890	G95Cr18	0.90~1.00	≤0.80	≤0.80	≤0.035	≤0.020	17.0~19.0	—	≤0.25	≤0.25

（续）

统一数字代号	牌号	化学成分(质量分数,%)								
		C	Si	Mn	P	S	Cr	Mo	Ni	Cu
B21410	G65Cr14Mo	0.60~0.70	≤0.80	≤0.80	≤0.035	≤0.020	13.0~15.0	0.50~0.80	≤0.25	≤0.25
B21810	G102Cr18Mo	0.95~1.10	≤0.80	≤0.80	≤0.035	≤0.020	16.0~18.0	0.40~0.70	≤0.25	≤0.25

2. 高碳铬不锈轴承钢的力学性能

1）公称直径大于 16mm 的钢材退火状态的布氏硬度应为 197~255HBW。

2）公称直径不大于 16mm 的钢材退火状态抗拉强度应为 590~835MPa。

3）磨光状态钢材力学性能允许比退火状态波动+10%。

7.2.5 铁路货车滚动轴承用渗碳轴承钢

1. 铁路货车滚动轴承用渗碳轴承钢的牌号和化学成分（见表 7-47）

表 7-47 铁路货车滚动轴承用渗碳轴承钢的牌号和化学成分（YB 4100—1998）

牌号	化学成分(质量分数,%)									
	C	Si	Mn	Cr	Ni	Mo	P	S	Cu	Ti
G20CrNi2MoA	0.17~0.23	0.15~0.40	0.40~0.70	0.40~0.60	1.60~2.00	0.20~0.30	≤0.020		≤0.20	≤0.005

2. 铁路货车滚动轴承用渗碳轴承钢的热处理工艺和硬度（见表 7-48）

表 7-48 铁路货车滚动轴承用渗碳轴承钢的热处理工艺和硬度（YB 4100—1998）

牌号	热处理工艺	距末端距离/mm	
		1.5	9
		硬度 HRC	
G20CrNi2MoA	920℃±20℃,正火 920℃±20℃,水冷	41~48	≥30

7.2.6 冷镦和冷挤压用钢

1. 冷镦和冷挤压用钢的牌号和化学成分

（1）非热处理型冷镦和冷挤压用钢的牌号和化学成分（见表 7-49）

表 7-49 非热处理型冷镦和冷挤压用钢的牌号和化学成分（GB/T 6478—2015）

统一数字代号	牌号	化学成分(质量分数,%)					
		C	Si	Mn	P	S	Alt①
U40048	ML04Al	≤0.06	≤0.10	0.20~0.04	≤0.035	≤0.035	≥0.020
U40068	ML06Al	≤0.08	≤0.10	0.30~0.60	≤0.035	≤0.035	≥0.020
U40088	ML08Al	0.05~0.10	≤0.10	0.30~0.60	≤0.035	≤0.035	≥0.020
U40108	ML10Al	0.08~0.13	≤0.10	0.30~0.60	≤0.035	≤0.035	≥0.020
U40102	ML10	0.08~0.13	0.10~0.30	0.30~0.60	≤0.035	≤0.035	—
U40128	ML12Al	0.10~0.15	≤0.10	0.30~0.60	≤0.035	≤0.035	≥0.020
U40122	ML12	0.10~0.15	0.10~0.30	0.30~0.60	≤0.035	≤0.035	—
U40158	ML15Al	0.13~0.18	≤0.10	0.30~0.60	≤0.035	≤0.035	≥0.020
U40152	ML15	0.13~0.18	0.10~0.30	0.30~0.60	≤0.035	≤0.035	—
U40208	ML20Al	0.18~0.23	≤0.10	0.30~0.60	≤0.035	≤0.035	≥0.020
U40202	ML20	0.18~0.23	0.10~0.30	0.30~0.60	≤0.035	≤0.035	—

① 当测定酸溶铝 Als 时，w(Als)≥0.015%。

（2）表面硬化型冷镦和冷挤压用钢的牌号和化学成分（见表 7-50）

表 7-50　表面硬化型冷镦和冷挤压用钢的牌号和化学成分（GB/T 6478—2015）

统一数字代号	牌号	化学成分(质量分数,%)						
		C	Si	Mn	P	S	Cr	Alt①
U41188	ML18Mn	0.15~0.20	≤0.10	0.60~0.90	≤0.030	≤0.035	—	≥0.020
U41208	ML20Mn	0.18~0.23	≤0.10	0.70~1.00	≤0.030	≤0.035	—	≥0.020
A20154	ML15Cr	0.13~0.18	0.10~0.30	0.60~0.90	≤0.035	≤0.035	0.90~1.20	≥0.020
A20204	ML20Cr	0.18~0.23	0.10~0.30	0.60~0.90	≤0.035	≤0.035	0.90~1.20	≥0.020

注：表 7-49 中 ML10Al~ML20 八个牌号也适用于表面硬化型钢。

① 当测定酸溶铝 Als 时，w(Als)≥0.015%。

（3）调质型冷镦和冷挤压用钢的牌号和化学成分（见表 7-51）

表 7-51　调质型冷镦和冷挤压用钢的牌号和化学成分（GB/T 6478—2015）

统一数字代号	牌号	化学成分(质量分数,%)						
		C	Si	Mn	P	S	Cr	Mo
U40252	ML25	0.23~0.28	0.10~0.30	0.30~0.60	≤0.025	≤0.025	—	—
U40302	ML30	0.28~0.33	0.10~0.30	0.60~0.90	≤0.025	≤0.025	—	—
U40352	ML35	0.33~0.38	0.10~0.30	0.60~0.90	≤0.025	≤0.025	—	—
U40402	ML40	0.38~0.43	0.10~0.30	0.60~0.90	≤0.025	≤0.025	—	—
U40452	ML45	0.43~0.48	0.10~0.30	0.60~0.90	≤0.025	≤0.025	—	—
L20151	ML15Mn	0.14~0.20	0.10~0.30	1.20~1.60	≤0.025	≤0.025	—	—
U41252	ML25Mn	0.23~0.28	0.10~0.30	0.60~0.90	≤0.025	≤0.025	—	—
A20304	ML30Cr	0.28~0.33	0.10~0.30	0.60~0.90	≤0.025	≤0.025	0.90~1.20	—
A20354	ML35Cr	0.33~0.38	0.10~0.30	0.60~0.90	≤0.025	≤0.025	0.90~1.20	—
A20404	ML40Cr	0.38~0.43	0.10~0.30	0.60~0.90	≤0.025	≤0.025	0.90~1.20	—
A20454	ML45Cr	0.43~0.48	0.10~0.30	0.60~0.90	≤0.025	≤0.025	0.90~1.20	—
A30204	ML20CrMo	0.18~0.23	0.10~0.30	0.60~0.90	≤0.025	≤0.025	0.90~1.20	0.15~0.30
A30254	ML25CrMo	0.23~0.28	0.10~0.30	0.60~0.90	≤0.025	≤0.025	0.90~1.20	0.15~0.30
A30304	ML30CrMo	0.28~0.33	0.10~0.30	0.60~0.90	≤0.025	≤0.025	0.90~1.20	0.15~0.30
A30354	ML35CrMo	0.33~0.38	0.10~0.30	0.60~0.90	≤0.025	≤0.025	0.90~1.20	0.15~0.30
A30404	ML40CrMo	0.38~0.43	0.10~0.30	0.60~0.90	≤0.025	≤0.025	0.90~1.20	0.15~0.30
A30454	ML45CrMo	0.43~0.48	0.10~0.30	0.60~0.90	≤0.025	≤0.025	0.90~1.20	0.15~0.30

（4）含硼调质型冷镦和冷挤压用钢的牌号和化学成分（见表 7-52）

表 7-52　含硼调质型冷镦和冷挤压用钢的牌号和化学成分（GB/T 6478—2015）

统一数字代号	牌号	化学成分(质量分数,%)							
		C	Si	Mn	P	S	B[b]	Alt①	其他
A70204	ML20B	0.18~0.23	0.10~0.30	0.60~0.90	≤0.025	≤0.025	0.0008~0.0035	≥0.020	—
A70254	ML25B	0.23~0.28	0.10~0.30	0.60~0.90					—
A70304	ML30B	0.28~0.33	0.10~0.30	0.60~0.90					—
A70354	ML35B	0.33~0.38	0.10~0.30	0.60~0.90					—
A71154	ML15MnB	0.14~0.20	0.10~0.30	1.20~1.60					—
A71204	ML20MnB	0.18~0.23	0.10~0.30	0.80~1.10					—
A71254	ML25MnB	0.23~0.28	0.10~0.30	0.90~1.20					—
A71304	ML30MnB	0.28~0.33	0.10~0.30	0.90~1.20					—
A71354	ML35MnB	0.33~0.38	0.10~0.30	1.10~1.40					—
A71404	ML40MnB	0.38~0.43	0.10~0.30	1.10~1.40					—
A20374	ML37CrB	0.34~0.41	0.10~0.30	0.50~0.80					Cr:0.20~0.40
A73154	ML15MnVB	0.13~0.18	0.10~0.30	1.20~1.60					V:0.07~0.12
A73204	ML20MnVB	0.18~0.23	0.10~0.30	1.20~1.60					V:0.07~0.12
A74204	ML20MnTiB	0.18~0.23	0.10~0.30	1.30~1.60					Ti:0.04~0.10

① 当测定酸溶铝 Als 时，w(Als)≥0.015%。

(5) 非调质型冷镦和冷挤压用钢的牌号和化学成分(见表7-53)

表7-53 非调质型冷镦和冷挤压用钢的牌号和化学成分(GB/T 6478—2015)

统一数字代号	牌号	化学成分(质量分数,%)						
		C	Si	Mn	P	S	Nb	V
L27208	MFT8	0.16~0.26	≤0.30	1.20~1.60	≤0.025	≤0.015	≤0.10	≤0.08
L27228	MFT9	0.18~0.26	≤0.30	1.20~1.60	≤0.025	≤0.015	≤0.10	≤0.08
L27128	MFT10	0.08~0.14	0.20~0.35	1.90~2.30	≤0.025	≤0.015	≤0.20	≤0.10

2. 冷镦和冷挤压用钢的力学性能

(1) 热轧状态非热处理型冷镦和冷挤压用钢的力学性能(见表7-54)

表7-54 热轧状态非热处理型冷镦和冷挤压用钢的力学性能(GB/T 6478—2015)

统一数字代号	牌号	抗拉强度 R_m/MPa ≤	断面收缩率 Z(%) ≥
U40048	ML04Al	440	60
U40088	ML08Al	470	60
U40108	ML10Al	490	55
U40158	ML15Al	530	50
U40152	ML15	530	50
U40208	ML20Al	580	45
U40202	ML20	580	45

(2) 退火状态交货的表面硬化型和调质型(包括含硼钢)冷挤压用钢的力学性能(见表7-55)

表7-55 退火状态交货的表面硬化型和调质型(包括含硼钢)冷挤压用钢的力学性能(GB/T 6478—2015)

类型	统一数字代号	牌号	抗拉强度 R_m/MPa ≤	断面收缩率 Z(%) ≥
表面硬化型	U40108	ML10Al	450	65
	U40158	ML15Al	470	64
	U40152	ML15	470	64
	U40208	ML20Al	490	63
	U40202	ML20	490	63
	A20204	ML20Cr	560	60
调质型	U40302	ML30	550	59
	U40352	ML35	560	58
	U41252	ML25Mn	540	60
	A20354	ML35Cr	600	60
	A20404	ML40Cr	620	58
含硼调质型	A70204	ML20B	500	64
	A70304	ML30B	530	62
	A70354	ML35B	570	62
	A71204	ML20MnB	520	62
	A71354	ML35MnB	600	60
	A20374	ML37CrB	600	60

（3）热轧状态交货的非调质型冷镦和冷挤压用钢材的力学性能（见表 7-56）

表 7-56 热轧状态交货的非调质型冷镦和冷挤压用钢材的力学性能（GB/T 6478—2015）

统一数字代号	牌号	抗拉强度 R_m/MPa	断后伸长率 A(%) ≥	断面收缩率 Z(%) ≥
L27208	MFT8	630~700	20	52
L27228	MFT9	680~750	18	50
L27128	MFT10	≥800	16	48

7.2.7 涡轮机高温螺栓用钢

1. 涡轮机高温螺栓用钢的牌号和化学成分（见表 7-57）

表 7-57 涡轮机高温螺栓用钢的牌号和化学成分（GB/T 21410—2006）

牌号	化学成分(质量分数,%)													
	C	Si	Mn	P	S	Ni	Cr	Mo	W	V	Cu	Ti	B	N	Nb
35CrMoA	0.32~0.40	0.17~0.37	0.40~0.70	≤0.025	≤0.025	≤0.30	0.80~1.10	0.15~0.25	—	—	≤0.25	—	—	—	—
42CrMoA	0.38~0.45	0.17~0.37	0.50~0.80	≤0.025	≤0.025	≤0.30	0.90~1.20	0.15~0.25	—	—	≤0.25	—	—	—	—
21CrMoVA	0.17~0.25	0.15~0.35	0.35~0.85	≤0.025	≤0.025	≤0.30	1.20~1.50	0.65~0.80	—	0.25~0.35	≤0.25	—	—	—	—
35CrMoVA	0.30~0.38	0.17~0.37	0.40~0.70	≤0.025	≤0.025	≤0.30	1.00~1.30	0.20~0.30	—	0.10~0.20	≤0.25	—	—	—	—
40CrMoVA	0.36~0.44	0.15~0.35	0.45~0.70	≤0.025	≤0.025	≤0.30	0.80~1.15	0.50~0.65		0.25~0.35	≤0.25	—	—	—	—
20Cr1Mo1VA	0.15~0.23	0.20~0.60	0.40~0.85	≤0.025	≤0.025	≤0.30	1.00~1.50	0.90~1.20		0.15~0.30	≤0.25	—	Al≤0.015	—	—
45Cr1MoVA	0.42~0.50	0.20~0.35	0.45~0.70	≤0.025	≤0.025	≤0.30	0.80~1.15	0.45~0.65		0.25~0.35	≤0.25	—	Al≤0.015	—	—
20Cr1Mo1VlA	0.18~0.25	≤0.35	≤0.50	≤0.025	≤0.025	≤0.60	1.00~1.30	0.80~1.10		0.70~1.10	≤0.25	—	—	—	—
25Cr2MoVA	0.22~0.29	0.17~0.37	0.40~0.70	≤0.025	≤0.025	≤0.30	1.50~1.80	0.25~0.35		0.15~0.50	≤0.25	—	—	—	—
25Cr2Mo1VA	0.22~0.29	0.17~0.37	0.50~0.80	≤0.025	≤0.025	≤0.30	2.10~2.50	0.90~1.10		0.30~0.50	≤0.25	—	—	—	—
40Cr2MoVA	0.37~0.45	0.17~0.37	0.50~0.80	≤0.025	≤0.025	≤0.30	1.60~1.90	0.30~0.40		0.15~0.25	≤0.25	—	—	—	—
18Cr1Mo1VTiB	0.17~0.23	0.10~0.35	0.35~0.75	≤0.025	≤0.025	≤0.30	0.90~1.20	0.90~1.10	—	0.60~0.80	≤0.25	0.07~0.15	0.001~0.005	—	—
20Cr1Mo1VTiB	0.17~0.23	0.40~0.60	0.40~0.65	≤0.025	≤0.025	≤0.30	0.90~1.30	0.75~1.00	—	0.45~0.65	0.25	0.16~0.28	0.001~0.005	—	—
20Cr1Mo1VNbTiB	0.17~0.23	0.40~0.60	0.40~0.65	≤0.025	≤0.025	≤0.30	0.90~1.30	0.75~1.00	—	0.50~0.70	≤0.25	0.05~0.14	0.001~0.004	—	0.11~0.22
2Cr12MoV	0.18~0.24	≤0.50	0.30~0.80	≤0.030	≤0.025	0.30~0.60	11.00~12.50	0.80~1.20		0.25~0.35	≤0.25	—	—	—	—

（续）

牌号	化学成分(质量分数,%)													
	C	Si	Mn	P	S	Ni	Cr	Mo	W	V	Cu	Ti	B	N	Nb
2Cr12NiMo1W1V	0.20~0.25	≤0.50	0.50~1.10	≤0.030	≤0.025	0.50~1.00	11.00~12.50	0.90~1.25	0.90~1.25	0.20~0.30	≤0.25	—	—	—	—
2Cr11NiMoNbVN	0.15~0.20	≤0.50	0.50~0.80	≤0.020	≤0.015	0.30~0.60	10.00~12.00	0.60~0.90	—	0.20~0.30	≤0.20	—	Al≤0.03	0.04~0.09	0.20~0.60
2Cr11Mo1VNbN	0.15~0.20	0.20~0.60	0.50~0.80	≤0.020	≤0.015	0.30~0.60	10.50~11.50	0.80~1.10	—	0.15~0.25	≤0.20	—	Al≤0.05	0.04~0.08	0.35~0.55
1Cr11MoNiW1VNbN	0.12~0.16	≤0.10	0.30~0.70	≤0.020	≤0.015	0.35~0.65	10.00~11.00	0.30~0.50	1.50~1.90	0.14~0.20	≤0.20	—	Al≤0.20	0.04~0.08	0.05~0.11

2. 涡轮机高温螺栓用钢推荐的热处理工艺及硬度（见表7-58）

表7-58 涡轮机高温螺栓用钢推荐的热处理工艺及硬度（GB/T 21410—2006）

牌号	推荐的热处理工艺		硬度 HBW10/3000 ≤
	退火温度/℃,冷却方式	高温回火温度/℃,冷却方式	
35CrMoA	—	690~710,空冷	229
42CrMoA	—	690~710,空冷	217
21CrMoVA	—	690~710,空冷	241
35CrMoVA	—	690~710,空冷	241
40CrMoVA	—	690~710,空冷	269
20Cr1Mo1VA	—	690~730,空冷	241
45Cr1MoVA	—	650~720,空冷	269
20Cr1Mo1V1A	—	690~710,空冷	241
25Cr2MoVA	—	690~710,空冷	241
25Cr2Mo1VA	—	690~710,空冷	241
40Cr2MoVA	—	680~720,空冷	269
18Cr1Mo1VTiB	—	660~700,空冷	248
20Cr1Mo1VTiB	—	660~700,空冷	248
20Cr1Mo1VNbTiB	—	680~720,空冷	255
2Cr12MoV	880~930,缓冷	750~770,空冷	255
2Cr12NiMo1W1V	860~930,缓冷	660~700,空冷	255
2Cr11NiMoNbVN	800~900,缓冷	700~770,空冷	255
2Cr11Mo1VNbN	850~950,缓冷	600~770,空冷	269
1Cr11MoNiW1VNbN	850~950,缓冷	600~770,空冷	255

3. 涡轮机高温螺栓用钢的力学性能（见表7-59）

表7-59 涡轮机高温螺栓用钢的力学性能（GB/T 21410—2006）

牌号	淬火温度/℃,冷却方式	回火温度/℃,冷却方式	规定塑性延伸强度 $R_{p0.2}$/MPa	抗拉强度 R_m/MPa	断后伸长率 A(%)	断面收缩率 Z(%)	冲击吸收能量 KU/J	试样硬度 HBW10/3000
			≥					
35CrMoA	850~870,油冷	550~610,空冷	590	765	14	45	47	241~285
42CrMoA	850,油冷	580,水冷、油冷	655	795	16	50	50	241~302
21CrMoVA	930~950,油冷	700~740,空冷	550	700~850	16	60	63①	248~293
35CrMoVA	900,油冷	630,油冷或水冷	930	1080	10	50	71	255~321
40CrMoVA	895,油冷	≥650,空冷	720	860	18	50	34①	255~321
20Cr1Mo1VA	890~940,油冷	680~720,空冷	550	700~850	16	60	69①	210~250

（续）

牌号	淬火温度/℃，冷却方式	回火温度/℃，冷却方式	规定塑性延伸强度 $R_{p0.2}$/MPa	抗拉强度 R_m/MPa	断后伸长率 A（%）	断面收缩率 Z（%）	冲击吸收能量 KU/J	试样硬度 HBW10/3000
			≥					
45Cr1MoVA	925~955，油冷	≥650，空冷	725	825	18	50	34①	≤302
20Cr1Mo1V1A	1000，油冷	700，空冷	735	835	14	50	47	248~293
25Cr2MoVA	900，油冷	640，空冷	785	930	14	55	63	248~293
25Cr2Mo1VA	1040，空冷	660，空冷	590	735	16	50	47	248~293
40Cr2MoVA	860，油冷	600，油冷	930	1125	10	45	47	248~293
18Cr1Mo1VTiB	≥980，油冷、水冷	680~720，空冷	685	785	15	50	39	241~302
20Cr1Mo1VTiB	1030~1050，油冷	680~720，空冷	685	785	14	50	39	255~302
20Cr1Mo1VNbTiB	1020~1040，油冷、水冷	690~730，空冷	670	785	14	50	39	255~302
2Cr12MoV	1020~1070，油冷	≥650，空冷	700	900~1050	13	35	20	277~311
	1020~1050，油冷	700~750，空冷	590~735	≤930	15	50	27	241~285
2Cr12NiMo1W1V	1020~1050，油冷	≥650，空冷	760	930	12	32	11①	277~331
2Cr11NiMoNbVN	≥1090，油冷	≥640，空冷	760	930	12	32	20①	277~331
2Cr11Mo1VNbN	≥1080，油冷	≥640，空冷	780	965	15	45	11①	291~321
1Cr11MoNiW1VNbN	≥1100，油冷	≥650，空冷	765	930	12	32	20①	277~331

① V型缺口。

4. 涡轮机高温螺栓用钢的推荐使用温度（见表7-60）

表7-60 涡轮机高温螺栓用钢的推荐使用温度（GB/T 21410—2006）

牌号	使用温度/℃ ≤	牌号	使用温度/℃ ≤
35CrMoA	480	40Cr2MoVA	480
42CrMoA	415	18Cr1Mo1VTiB	570
21CrMoVA	540	20Cr1Mo1VTiB	570
35CrMoVA	470	20Cr1Mo1VNbTiB	570
40CrMoVA	470	2Cr12MoV	540
20Cr1Mo1VA	480	2Cr12NiMo1W1V	565
45Cr1MoVA	480	2Cr11NiMoNbVN	570
20Cr1Mo1V1A	510	2Cr11Mo1VNbN	570
25Cr2MoVA	510	1Cr11MoNiW1VNbN	600
25Cr2Mo1VA	540		

7.2.8 船舶及海洋工程用结构钢

1. 船舶及海洋工程用结构钢的牌号和化学成分

（1）一般强度级和高强度级钢材的牌号和化学成分（见表7-61）

（2）超高强度级钢材的牌号和化学成分（见表7-62）

表 7-61　一般强度级和高强度级钢材的牌号和化学成分（GB/T 712—2022）

牌号	化学成分①(质量分数,%)													
	C	Si	Mn	P	S	Cu	Cr	Ni	Nb	V	Ti	Mo	N	Als②
A	≤0.21③	≤0.50	≥0.50	≤0.035	≤0.035	≤0.35	≤0.30	≤0.30	—	—	—	—	—	—
B		≤0.35	≥0.80④											
D			≥0.60	≤0.030	≤0.030									≥0.015⑤
E	≤0.18		≥0.70	≤0.025	≤0.025									
AH32	≤0.18	≤0.50	0.90~1.60⑥	≤0.030	≤0.030	≤0.35	<0.20	≤0.40	0.02~0.05	0.05~0.10	≤0.02	≤0.08	—	≥0.015
AH36														
AH40														
DH32				≤0.025	≤0.025									
DH36														
DH40														
EH32														
EH36														
EH40														
FH32	≤0.16			≤0.020	≤0.020			≤0.80					≤0.009⑦	
FH36														
FH40														

① 细化晶粒元素 Al、Nb、V 可单独或以任一组合形式加入钢中。当单独加入时，其含量应符合本表的规定：若混合加入两种或两种以上细化晶粒元素时，表中细晶元素含量下限的规定不适用，同时要求 $w(\mathrm{Nb})+w(\mathrm{V})+w(\mathrm{Ti})\leqslant 0.12\%$。

A、B、D、E 级钢的碳当量 Ceq≤0.40%。碳当量计算公式：$\mathrm{Ceq}=w(\mathrm{C})+w(\mathrm{Mn})/6$。

添加的任何其他元素，应在质量证明中注明。

② 可测定总铝（Alt）含量代替酸溶铝（Als）含量，此时 Alt 的质量分数应不小于 0.020%。

③ A 级型钢的 C 的质量分数最大不超过 0.23%。

④ B 级钢材做冲击试验时，Mn 的质量分数下限可达 0.60%。

⑤ 对于厚度大于 25mm 的 D 级和 E 级钢材的铝含量应符合表中规定。经供需双方协商，可使用其他细化晶粒元素。

⑥ 当 AH32~EH40 级钢材的厚度不大于 12.5mm 时，Mn 的质量分数的最小值可为 0.70%。

⑦ 当 F 级钢中含铝时，N 的质量分数不大于 0.012%。

表 7-62 超高强度级钢材的牌号和化学成分（GB/T 712—2022）

牌号	交货状态	化学成分[①]（质量分数，%）													
		C	Si	Mn	P[②]	S[②]	Cu	Cr[③]	Ni	Nb[③]	V[③]	Ti[③]	Mo[③]	N	Alt[④]
AH420	N/NR	≤0.20	≤0.60	1.00~1.70	≤0.030	≤0.025	≤0.55	≤0.30	≤0.80	≤0.05	≤0.20	≤0.05	≤0.10	≤0.025	≥0.020
DH420															
AH460															
DH460															
EH420		≤0.18			≤0.025	≤0.020									
EH460															
AH420	TM	≤0.16	≤0.60	1.00~1.70	≤0.025	≤0.015	≤0.55	≤0.50	≤2.00[⑤]	≤0.05	≤0.12	≤0.05	≤0.50	≤0.025	≥0.020
DH420															
AH460															
DH460															
AH500															
DH500															
AH550															
DH550															
AH620															
DH620															
AH690															
DH690															
AH790															
DH790															
AH890															
EH420		≤0.14			≤0.020	≤0.010									
FH420															
EH460															
FH460															
EH500															
FH500															

（续）

牌号	交货状态	化学成分[1]（质量分数，%）													
		C	Si	Mn	P[2]	S[2]	Cu	Cr[3]	Ni	Nb[3]	V[3]	Ti[3]	Mo[3]	N	Alt[4]
EH550	TM	≤0.14	≤0.60	1.00~1.70	≤0.020	≤0.010	≤0.55	≤0.50	≤2.00[5]	≤0.05	≤0.12	≤0.05	≤0.50	≤0.025	≥0.020
FH550															
EH620															
FH620															
EH690															
FH690															
EH790															
FH790															
DH890[6]															
EH890[6]															
AH420	QT	≤0.18	≤0.80	≤1.70	≤0.025	≤0.015	≤0.50	≤1.50	≤2.00[5]	≤0.06	≤0.12	≤0.05	≤0.70	≤0.015	≥0.018
DH420															
AH460															
DH460															
AH500															
DH500															
AH550															
DH550															
AH620															
DH620															
AH690															
DH690															
AH790															
DH790															
AH890															
AH960															

EH420		≤0.18	≤0.80	≤1.70	≤0.020	≤0.010	≤0.50	≤1.50	≤2.00⑤	≤0.06	≤0.12	≤0.05	≤0.70	≤0.015	≥0.018
FH420															
EH460															
FH460															
EH500															
FH500															
EH550															
FH550															
EH620															
FH620															
EH690															
FH690															
EH790															
FH790															
DH890⑦															
EH890⑦															
DH960⑦															
EH960⑦															

① 当硼作为强化钢的淬硬性而有意加入时，硼的质量分数应不大于 0.005%。
② 型钢中 P、S 的质量分数允许比表中规定值高 0.005%。
③ 除淬火和回火钢外，$w(\mathrm{Nb})+w(\mathrm{V})+w(\mathrm{Ti})\leqslant 0.26\%$ 和 $w(\mathrm{Mo})+w(\mathrm{Cr})\leqslant 0.65\%$。
④ 总铝与氮的质量比最小应为 2∶1。当采用其他固氮元素时，最小铝含量和铝氮比可不做要求。
⑤ 经供需双方协商，可适当提高 Ni 的含量。
⑥ 氧的质量分数 $\leqslant 50\times10^{-4}\%$。
⑦ 氧的质量分数 $\leqslant 30\times10^{-4}\%$。

2. 船舶及海洋工程用结构钢的力学性能

（1）一般强度级和高强度级钢材的力学性能（见表 7-63）

表 7-63　一般强度级和高强度级钢材的力学性能（GB/T 712—2022）

牌号	拉伸性能①			夏比(V 型缺口)冲击性能③						
	上屈服强度 R_{eH}②/MPa	抗拉强度 R_m/MPa	断后伸长率 A(%)	试验温度/℃	以下厚度(mm)冲击吸收能量 KV_2/J					
					≤50		>50~70		>70~150	
					纵向	横向	纵向	横向	纵向	横向
					≥					
A	≥235	400~520	≥22	20	—	—	34④	24④	41④	27④
B				0	27⑤	20⑤	34	24	41	27
D				-20						
E				-40						
AH32	≥315	450~570		0	31	22	38	26	46	31
DH32				-20						
EH32				-40						
FH32				-60						
AH36	≥355	490~630	≥21	0	34	24	41	27	50	34
DH36				-20						
EH36				-40						
FH36				-60						
AH40	≥390	510~660	≥20	0	41	27	46	31	55	37
DH40				-20						
EH40				-40						
FH40				-60						

① 板材拉伸试验取横向试样，型材和棒材拉伸试验取纵向试样。经供需双方协商，A 级型钢的抗拉强度可超上限。
② 当屈服不明显时，可测量规定塑性延伸强度 $R_{p0.2}$ 代替上屈服强度。
③ 冲击试验只取纵向试样，但供方应保证横向冲击性能，型钢不进行横向冲击试验。
④ 经细化晶粒处理并以正火状态交货时，可不做冲击试验。以 TMCP 状态交货时，经供需双方协商，可不做冲击试验。
⑤ 厚度不大于 25mm 的 B 级钢，经供需双方协商，可不做冲击试验。

（2）超高强度级钢材的力学性能（见表 7-64）

表 7-64　超高强度级钢材的力学性能（GB/T 712—2022）

钢级	交货状态	拉伸性能①②							夏比(V 型缺口)冲击性能①		
		上屈服强度 $R_{eH}^{③}$/MPa			抗拉强度 R_m/MPa		断后伸长率 A(%)		试验温度/℃	冲击吸收能量 KV_2/J	
		厚度/mm									
		3~50	>50~100	>100~250	3~100	>100~250	横向	纵向		纵向	横向
AH420	N、NR、TM、QT	≥420	≥390	≥365	520~680	470~650	≥19	≥21	0	≥42	≥28
DH420									-20		
EH420									-40		
FH420									-60		
AH460	N、NR、TM、QT	≥460	≥430	≥390	540~720	500~710	≥17	≥19	0	≥46	≥31
DH460									-20		
EH460									-40		
FH460									-60		
AH500	TM、QT	≥500	≥480	≥440	590~770	540~720	≥17	≥19	0	≥50	≥33
DH500									-20		
EH500									-40		
FH500									-60		

（续）

钢级	交货状态	拉伸性能①②							夏比（V型缺口）冲击性能①		
		上屈服强度 R_{eH}③/MPa			抗拉强度 R_m/MPa		断后伸长率 A(%)		试验温度/℃	冲击吸收能量 KV_2/J	
		厚度/mm									
		3~50	>50~100	>100~250	3~100	>100~250	横向	纵向		纵向	横向
AH550	TM、QT	≥550	≥530	≥490	640~820	590~770	≥16	≥18	0	≥55	≥37
DH550									-20		
EH550									-40		
FH550									-60		
AH620	TM、QT	≥620	≥580	≥560	700~890	650~830	≥15	≥17	0	≥62	≥41
DH620									-20		
EH620									-40		
FH620									-60		
AH690	TM、QT	≥690	≥650	≥630	770~940	710~900	≥14	≥16	0	≥69	≥46
DH690									-20		
EH690									-40		
FH690									-60		
AH790	TM、QT	≥790	≥740	—	840~1000	800~1000	≥13	≥15	0	≥69	≥46
DH790									-20		
EH790									-40		
FH790									-60		
AH890	TM、QT	≥890	≥830	—	940~1100	—	≥11	≥13	0	≥69	≥46
DH890									-20		
EH890									-40		
AH960	QT	≥960	—	—	980~1150	—	≥10	≥12	0	≥69	≥46
DH960									-20		
EH960									-40		

① 板材拉伸和冲击试验取横向试样，型材和棒材拉伸和冲击试验取纵向试样。

② 如需方有要求，经供需双方协商，并在合同中注明，屈强比可不大于0.94。

③ 当屈服不明显时，可测量规定塑性延伸强度 $R_{p0.2}$ 代替上屈服强度。

7.2.9　矿用高强度圆环链用钢

1. 矿用高强度圆环链用钢的牌号和化学成分（见表7-65）

表7-65　矿用高强度圆环链用钢的牌号和化学成分（GB/T 10560—2008）

牌号	化学成分（质量分数，%）									
	C	Si	Mn	P	S	V	Cr	Ni	Mo	Al①
				≤						
20Mn2A	0.17~0.24	0.17~0.37	1.40~1.80	0.035	0.035	—	—	—	—	0.020~0.050
20MnV	0.17~0.23	0.17~0.37	1.20~1.60	0.035	0.035	0.10~0.20	—	—	—	—
25MnV②	0.21~0.28	0.17~0.37	1.20~1.60	0.035	0.035	0.10~0.20	—	—	—	—
25MnVB	0.21~0.28	0.17~0.37	1.20~1.60	0.035	0.035	0.10~0.20	—	—	B:0.0005~0.0035	
25MnSiMoVA	0.21~0.28	0.80~1.10	1.20~1.60	0.025	0.025	0.10~0.20	—	—	0.15~0.25	—
25MnSiNiMoA	0.21~0.28	0.60~0.90	1.10~1.40	0.020	0.020	—	—	0.80~1.10	0.10~0.20	0.020~0.050

（续）

牌号	化学成分(质量分数,%)									
	C	Si	Mn	P	S	V	Cr	Ni	Mo	Al①
				≤						
20NiCrMoA③	0.17~0.23	≤0.25	0.60~0.90	0.020	0.020	—	0.35~0.65	0.40~0.70	0.15~0.25	0.020~0.050
23MnNiCrMoA③	0.20~0.26	≤0.25	1.10~1.40	0.020	0.020	—	0.40~0.60	0.40~0.70	0.20~0.30	0.020~0.050
23MnNiMoCrA③	0.20~0.26	≤0.25	1.10~1.40	0.020	0.020	—	0.40~0.60	0.90~1.10	0.50~0.60	0.020~0.050

① 铝含量为参考值。
② 当钢中铝的质量分数为0.020%~0.050%时，钒的质量分数下限值可调整为0.07%。
③ 磷与硫的质量分数之和应不大于0.035%。

2. 矿用高强度圆环链用钢的力学性能（见表7-66）

表7-66 矿用高强度圆环链用钢的力学性能（GB/T 10560—2008）

牌号	试样毛坯尺寸/mm	热处理①				力学性能					冷弯性能180°	硬度③HBW	
		淬火		回火		下屈服强度 R_{eL}/MPa	抗拉强度 R_m/MPa	断后伸长率 A(%)	断面收缩率 Z(%)	冲击吸收能量 KU②/J		退火状态	热轧状态
		温度/℃	冷却介质	温度/℃	冷却介质	≥						≤	
20Mn2A	15	850	水、油	200	水、空	785	950	10	40	47	$d=a$(热轧材)	—	—
		880	水、油	440	水、空								
20MnV	15	880	水	300	水、空	885	1080	9	—	—	$d=a$(热轧材)	—	—
				370				10					
25MnV	15	880	水	370	水、空	930	1130	9	—	—	$d=a$(热轧材)	—	—
25MnVB	15	880	水	370	水、空	930	1130	9	—	—	$d=a$(热轧材)	—	—
25MnSiMoVA	15	900	水	350	水、空	1080	1275	9	—	—	$d=a$(退火材)	217	260
25MnSiNiMoA	15	900	水	300	水、空	1175	1470	10	50	35	$d=a$(退火材)	207	260
20NiCrMoA	15	880	水	430	水、油	980	1180	10	50	40	—	220	260
23MnNiCrMoA	15	880	水	430	水、油	980	1180	10	50	40	—	220	260
23MnNiMoCrA	15	880	水	430	水、油	980	1180	10	50	40	—	220	260

注：表中 d—弯心直径，a—钢材直径。
① 表中热处理温度允许调整范围：淬火±20°C，回火±30°C。
② 20NiCrMoA、23MnNiCrMoA、23MnNiMoCrA冲击试验采用V型缺口试样。
③ 经供需双方协商，供交货时硬度指标可不作为参考依据。

7.2.10 桥梁用结构钢

1. 桥梁用结构钢的牌号和化学成分

（1）热轧或正火钢的牌号和化学成分（见表7-67）

表7-67 热轧或正火钢的牌号和化学成分（GB/T 714—2015）

牌号	质量等级	化学成分(质量分数,%)										
		C	Si	Mn	Nb①	V①	Ti①	Als①②	Cr	Ni	Cu	N
		≤							≤			
Q345q	C	0.18	0.55	0.90~1.60	0.005~0.060	0.010~0.080	0.006~0.030	0.010~0.045	0.30	0.30	0.30	0.0080
	D											
Q370q	E			1.00~1.60								

① 钢中Al、Nb、V、Ti可单独或组合加入，单独加入时，应符合表中规定；组合加入时，应至少保证一种合金元素含量达到表中下限规定，且 $w(Nb)+w(V)+w(Ti)\leqslant 0.22\%$。
② 当采用全铝（Alt）含量计算时，$w(Alt)$应为0.015%~0.050%。

（2）热机械轧制钢的牌号和化学成分（见表7-68）

表 7-68　热机械轧制钢的牌号和化学成分（GB/T 714—2015）

牌号	质量等级	化学成分(质量分数,%)											
		C	Si	Mn[1]	Nb[2]	V[2]	Ti[2]	Als[2][3]	Cr	Ni	Cu	Mo	N
		≤							≤				
Q345q	C D E	0.14	0.55	0.90~1.60	0.010~0.090	0.010~0.080	0.006~0.030	0.010~0.045	0.30	0.30	0.30	—	0.0080
Q370q	D E			1.00~1.60									
Q420q	D E F	0.11		1.00~1.70					0.50	0.30		0.20	
Q460q												0.25	
Q500q									0.80	0.70		0.30	

① 经供需双方协议，w(Mn)最大可到2.00%。

② 钢中Al、Nb、V、Ti可单独或组合加入，单独加入时，应符合表中规定；组合加入时，应至少保证一种合金元素含量达到表中下限规定，且w(Nb)+w(V)+w(Ti)≤0.22%。

③ 当采用全铝(Alt)含量计算时,w(Alt)应为0.015%~0.050%。

（3）调质钢的牌号和化学成分（见表7-69）

表 7-69　调质钢的牌号和化学成分（GB/T 714—2015）

牌号	质量等级	化学成分(质量分数,%)											
		C	Si	Mn	Nb[1]	V[1]	Ti[1]	Als[1][2]	Cr	Ni	Cu	Mo	N
		≤											
Q500q	D E F	0.11	0.55	0.80~1.70	0.005~0.060	0.010~0.080	0.006~0.030	0.010~0.045	≤0.80	≤0.70	≤0.30	≤0.30	≤0.0080
Q550q		0.12											
Q620q		0.14			0.005~0.090				0.40~0.80	0.25~1.00	0.15~0.55	0.20~0.50	
Q690q		0.15							0.40~1.00	0.25~1.20		0.20~0.60	

注：可添加B元素0.0005%~0.0030%（质量分数）。

① 钢中Al、Nb、V、Ti可单独或组合加入，单独加入时，应符合表中规定；组合加入时，应至少保证一种合金元素含量达到表中下限规定，且w(Nb)+w(V)+w(Ti)≤0.22%。

② 当采用全铝（Alt）含量计算时，w(Alt)应为0.015%~0.050%。

（4）耐大气腐蚀钢的牌号和化学成分（见表7-70）

表 7-70　耐大气腐蚀钢的牌号和化学成分（GB/T 714—2015）

牌号	质量等级	化学成分[1][2](质量分数,%)											
		C	Si	Mn[3]	Nb	V	Ti	Cr	Ni	Cu	Mo	N	Als[4]
											≤		
Q345qNH	D E F	≤0.11	0.15~0.50	1.10~1.50	0.010~0.100	0.010~0.100	0.006~0.030	0.40~0.70	0.30~0.40	0.25~0.50	0.10	0.0080	0.015~0.050
Q370qNH											0.15		
Q420qNH											0.20		
Q460qNH													
Q500qNH								0.45~0.70	0.30~0.45	0.25~0.55	0.25		
Q550qNH													

① 铌、钒、钛、铝可单独或组合加入，组合加入时，应至少保证一种合金元素含量达到表中下限规定；w(Nb)+w(V)+w(Ti)≤0.22%。

② 为控制硫化物形态要进行Ca处理。

③ 当卷板状态交货时w(Mn)下限可到0.50%。

④ 当采用全铝（Alt）含量计算时，w(Alt)应为0.020%~0.055%。

2. 桥梁用结构钢的力学性能（见表 7-71）

表 7-71　桥梁用结构钢的力学性能（GB/T 714—2015）

牌号	质量等级	拉伸性能①					冲击性能②	
		下屈服强度 R_{eL}③/MPa			抗拉强度 R_m/MPa	断后伸长率 A(%)	温度/℃	冲击吸收能量 KV_2/J
		厚度≤50mm	厚度>50~100mm	厚度>100~150mm				
		≥						≥
Q345q	C	345	335	305	490	20	0	120
	D						-20	
	E						-40	
Q370q	C	370	360	—	510	20	0	120
	D						-20	
	E						-40	
Q420q	D	420	410	—	540	19	-20	120
	E						-40	
	F						-60	47
Q460q	D	460	450	—	570	18	-20	120
	E						-40	
	F						-60	47
Q500q	D	500	480	—	630	18	-20	120
	E						-40	
	F						-60	47
Q550q	D	550	530	—	660	16	-20	120
	E						-40	
	F						-60	47
Q620q	D	620	580	—	720	15	-20	120
	E						-40	
	F						-60	47
Q690q	D	690	650	—	770	14	-20	120
	E						-40	
	F						-60	47

① 拉伸试验取横向试样。
② 冲击试验取纵向试样。
③ 当屈服不明显时，可测量 $R_{p0.2}$ 代替下屈服强度。

7.2.11　大型轧辊锻件用钢

1. 大型轧辊锻件用钢的牌号和化学成分

（1）热轧工作辊的牌号和化学成分（见表 7-72）

表 7-72　热轧工作辊的牌号和化学成分（JB/T 6401—2017）

牌号	化学成分(质量分数,%)									
	C	Si	Mn	P	S	Cr	Ni	Mo	V	Cu
42CrMo	0.38~0.45	0.20~0.40	0.60~0.90	≤0.025	≤0.025	0.90~1.20	—	0.15~0.30	—	≤0.25
55Cr	0.50~0.60	0.17~0.37	0.35~0.65	≤0.025	≤0.025	1.00~1.30	≤0.30	—	—	≤0.25
60CrMo	0.55~0.65	0.17~0.30	0.50~0.80	≤0.025	≤0.025	0.50~0.80	≤0.25	0.20~0.40	—	≤0.25
60CrMn	0.55~0.65	0.25~0.40	0.70~1.00	≤0.025	≤0.025	0.80~1.20	≤0.25	—	—	≤0.25

（续）

牌号	化学成分(质量分数,%)									
	C	Si	Mn	P	S	Cr	Ni	Mo	V	Cu
50Cr2NiMo (50CrNiMo)	0.45~ 0.55	0.20~ 0.60	0.50~ 0.80	≤0.025	≤0.025	1.40~ 1.80	1.00~ 1.50	0.20~ 0.60	—	≤0.25
60CrNi2Mo (60CrNiMo)	0.55~ 0.65	0.20~ 0.40	0.60~ 1.00	≤0.025	≤0.025	0.70~ 1.00	1.50~ 2.00	0.10~ 0.30	—	≤0.25
50Cr2Mn2Mo (50CrMnMo)	0.45~ 0.55	0.20~ 0.60	1.30~ 1.70	≤0.025	≤0.025	1.40~ 1.80	—	0.20~ 0.40	—	≤0.25
60CrMnMo	0.55~ 0.65	0.25~ 0.40	0.70~ 1.00	≤0.025	≤0.025	0.80~ 1.20	≤0.25	0.20~ 0.30	—	≤0.25
60SiMnMo	0.55~ 0.65	0.70~ 1.10	1.10~ 1.50	≤0.025	≤0.025	—	—	0.30~ 0.40	—	≤0.25
60CrMoV	0.55~ 0.65	0.17~ 0.37	0.50~ 0.80	≤0.025	≤0.025	0.90~ 1.20	—	0.30~ 0.40	0.15~ 0.35	≤0.25
50Cr3Mo	0.42~ 0.52	0.20~ 0.60	0.50~ 0.90	≤0.025	≤0.025	2.00~ 3.50	≤0.25	0.25~ 0.60	—	≤0.25
70Cr3Mo	0.60~ 0.75	0.40~ 0.70	0.50~ 0.90	≤0.025	≤0.025	2.00~ 3.50	≤0.60	0.25~ 0.60	—	≤0.25
70Cr3NiMo	0.60~ 0.80	0.40~ 0.70	0.50~ 0.90	≤0.025	≤0.025	2.00~ 3.00	0.40~ 0.60	0.25~ 0.60	—	≤0.25
80Cr3Mo	0.75~ 0.85	0.50~ 0.70	0.20~ 0.40	≤0.020	≤0.020	2.50~ 3.50	—	0.20~ 0.40	—	≤0.25
50Cr4MoV	0.40~ 0.55	0.20~ 0.60	0.20~ 0.60	≤0.025	≤0.025	3.00~ 4.50	≤0.60	0.25~ 0.60	≤0.30	≤0.25
50Cr5MoV	0.40~ 0.55	0.20~ 0.60	0.20~ 0.60	≤0.025	≤0.025	4.00~ 5.50	≤0.60	0.25~ 0.60	≤0.30	≤0.25
65Cr5MoV	0.60~ 0.70	0.30~ 0.70	0.20~ 0.60	≤0.025	≤0.025	4.00~ 5.50	≤0.25	0.50~ 1.00	0.05~ 0.10	≤0.25

注：1. 当冶炼采用真空碳脱氧（VCD）工艺时，Si的质量分数应≤0.10%。
2. Cr的质量分数为3%以上的材料牌号主要用于有色金属轧辊。
3. 牌号后的括号内注明的是旧版标准的牌号。

（2）冷作工作辊的牌号和化学成分（见表7-73）

表7-73 冷作工作辊的牌号和化学成分（JB/T 6401—2017）

牌号	化学成分(质量分数,%)										
	C	Si	Mn	P	S	Cr	Ni	Mo	W	V	Cu
8CrMoV	0.75~ 0.85	0.20~ 0.40	0.20~ 0.40	≤0.025	≤0.025	0.80~ 1.10	≤0.25	0.55~ 0.70	—	0.08~ 0.12	≤0.25
8Cr2MoV	0.80~ 0.90	0.18~ 0.35	0.30~ 0.45	≤0.025	≤0.025	1.80~ 2.40	≤0.25	0.20~ 0.40	—	0.05~ 0.15	≤0.25
8Cr3MoV	0.78~ 1.10	0.40~ 1.10	0.20~ 0.50	≤0.025	≤0.025	2.80~ 3.20	≤0.80	0.20~ 0.60	—	0.05~ 0.15	≤0.25
8Cr5MoV	0.80~ 0.90	0.18~ 0.35	0.30~ 0.45	≤0.020	≤0.020	4.80~ 5.50	≤0.80	0.20~ 0.60	—	0.10~ 0.20	≤0.25
9Cr	0.85~ 0.95	0.25~ 0.40	0.20~ 0.35	≤0.025	≤0.025	1.40~ 1.70	≤0.25	—	—	—	≤0.25
9Cr2	0.85~ 0.95	0.25~ 0.45	0.20~ 0.35	≤0.025	≤0.025	1.70~ 2.10	≤0.25	—	—	—	≤0.25
9Cr2Mo	0.85~ 0.95	0.25~ 0.45	0.20~ 0.35	≤0.025	≤0.025	1.70~ 2.10	≤0.25	0.20~ 0.40	—	—	≤0.25
9Cr2MoV	0.85~ 0.95	0.25~ 0.45	0.20~ 0.35	≤0.025	≤0.025	1.70~ 2.10	≤0.25	0.20~ 0.30	—	0.10~ 0.20	≤0.25
9Cr2W	0.85~ 0.95	0.25~ 0.45	0.20~ 0.35	≤0.025	≤0.025	1.70~ 2.10	≤0.25	—	0.30~ 0.60	—	≤0.25
86Cr2MoV	0.83~ 0.90	0.18~ 0.35	0.30~ 0.45	≤0.025	≤0.025	1.60~ 1.90	≤0.25	0.20~ 0.35	—	0.05~ 0.15	≤0.25
9Cr3Mo	0.85~ 0.95	0.25~ 0.70	0.20~ 0.40	≤0.025	≤0.025	2.50~ 3.50	≤0.25	0.20~ 0.40	—	—	≤0.25
9Cr5Mo	0.85~ 0.95	0.25~ 0.70	0.20~ 0.35	≤0.025	≤0.025	4.70~ 5.20	≤0.30	0.20~ 0.40	—	—	≤0.25
60CrMoV	0.55~ 0.65	0.17~ 0.37	0.50~ 0.85	≤0.025	≤0.025	0.90~ 1.20	≤0.25	0.30~ 0.40	—	0.15~ 0.35	≤0.25

注：9Cr3Mo、9Cr5Mo用于高淬硬层深轧辊，60CrMoV用于矫直辊。

（3）支承辊的牌号和化学成分（见表7-74）

表7-74 支承辊的牌号和化学成分（JB/T 6401—2017）

牌号	化学成分(质量分数,%)									
	C	Si	Mn	P	S	Cr	Ni	Mo	V	Cu
9Cr2	0.85~0.95	0.25~0.45	0.20~0.35	≤0.025	≤0.025	1.70~2.10	—	—	—	≤0.25
9Cr2Mo	0.85~0.95	0.25~0.45	0.20~0.35	≤0.025	≤0.025	1.70~2.10	—	0.20~0.40	—	≤0.25
9Cr2V(9CrV)	0.85~0.95	0.25~0.45	0.20~0.45	≤0.025	≤0.025	1.40~1.70	—	—	0.10~0.25	≤0.25
60CrMnMo	0.55~0.65	0.25~0.40	0.70~1.00	≤0.025	≤0.025	0.80~1.20	—	0.20~0.30	—	≤0.25
60CrMoV	0.55~0.65	0.17~0.37	0.50~0.85	≤0.025	≤0.025	0.90~1.20	—	0.30~0.40	0.15~0.35	≤0.25
45Cr4NiMoV	0.40~0.50	0.40~0.80	0.60~0.80	≤0.020	≤0.020	3.50~4.50	0.40~0.80	0.40~0.80	0.05~0.15	≤0.25
50Cr5MoV	0.40~0.60	0.40~0.80	0.50~0.80	≤0.020	≤0.020	4.50~5.50	≤0.060	0.40~0.80	≤0.30	≤0.25
40Cr4MoV(40Cr3MoV)	0.35~0.45	0.40~0.80	0.50~0.80	≤0.020	≤0.020	3.00~4.00	≤0.30	0.50~0.80	≤0.30	≤0.25
75Cr2Mo(75CrMo)	0.70~0.80	0.20~0.60	0.20~0.70	≤0.025	≤0.025	1.40~1.70	—	0.20~0.30	—	≤0.25
70Cr3NiMo	0.60~0.80	0.40~0.70	0.50~0.90	≤0.025	≤0.025	2.00~3.00	0.40~0.60	0.25~0.60	—	≤0.25
55Cr	0.50~0.60	0.20~0.40	0.35~0.65	≤0.030	≤0.030	1.00~1.30	—	—	—	≤0.25
42CrMo	0.38~0.45	0.20~0.40	0.50~0.80	≤0.030	≤0.030	0.90~1.20	—	0.15~0.25	—	≤0.25
35CrMo	0.32~0.40	0.20~0.40	0.40~0.70	≤0.030	≤0.030	0.80~1.10	—	0.15~0.25	—	≤0.25

注：1. 55Cr、42CrMo、35CrMo用于镶套辊芯轴。

2. 牌号后的括号内注明的是旧版标准的牌号。

2. 热轧工作辊的力学性能（见表7-75）

表7-75 热轧工作辊的力学性能（JB/T 6401—2017）

牌号	抗拉强度 R_m/MPa	上屈服强度 R_{eH}/MPa	断后伸长率 A(%)	断面收缩率 Z(%)	冲击吸收能量 KU_2/J
42CrMo	≥590	≥390	≥16	—	—
55Cr	≥690	≥355	≥12	≥30	—
50Cr2Mn2Mo(50CrMnMo)	≥785	≥440	≥9	≥25	≥20
60CrMnMo	≥930	≥490	≥9	≥25	≥20
50Cr2NiMo(50CrNiMo)	≥755	—	—	—	—
60CrNi2Mo(60CrNiMo)	≥785	≥490	≥8	≥33	≥24
60CrMoV	≥785	≥490	≥15	≥40	≥24
70Cr3NiMo	≥880	≥450	≥10	≥20	≥20

3. 轧辊的表面硬度及有效淬硬层深度

（1）热轧工作辊的表面硬度（见表7-76）

表7-76 热轧工作辊的表面硬度（JB/T 6401—2017）

牌号	粗加工后最终热处理状态		辊坯状态
	辊身	辊颈	
	硬度 HSD		
42CrMo	33~43	33~43	≤40
55Cr	33~43	33~43	≤40
60CrMo	33~43	33~43	≤40
60CrMn	33~43	33~43	≤40
60SiMnMo	33~43	33~43	≤40
50Cr2NiMo(50CrNiMo)	35~45	35~45	≤40
60CrNi2Mo(60CrNiMo)	35~45	35~45	≤40
50Cr2Mn2Mo(50CrMnMo)	35~45	35~45	≤40
60CrMnMo	35~45	35~45	≤40
60CrMoV	35~45	35~45	≤40
50Cr3Mo	45~60	35~45	≤40
70Cr3Mo	35~60	35~45	≤40
70Cr3NiMo	35~60	35~45	≤40

（续）

牌号	粗加工后最终热处理状态		辊坯状态
	辊身	辊颈	
	硬度 HSD		
80Cr3Mo	45~65	35~45	≤40
50Cr4MoV	45~65	35~45	≤40
50Cr5MoV	45~70	35~45	≤40
65Cr5MoV	65~85	35~45	≤40

（2）冷轧工作辊和支承辊的表面硬度及有效淬硬层深度（见表7-77）

表7-77 冷轧工作辊和支承辊的表面硬度及有效淬硬层深度（JB/T 6401—2017）

类别		辊身直径/mm	辊身表面硬度 HSD	有效淬硬层深度（最低值）/mm	辊颈硬度 HSD
冷轧工作辊		≤300	≥95	6	30~55
			90~98	8	
			80~90	10	
		>300~600	≥95	10	
			90~98	12	
			80~90	15	
		>600~900	≥95	8	
			90~98	10	
			80~90	12	
支承辊	热轧		60~70	45	35~50
			50~60	50	
			40~50	55	
	冷轧		65~75	40	
			60~70	45	
			55~65	50	

7.2.12 工业链条用冷拉钢

1. 工业链条销轴用冷拉钢的力学性能（见表7-78）

表7-78 工业链条销轴用冷拉钢的力学性能（YB/T 5348—2006）

牌号	抗拉强度 R_m/MPa			
	钢丝		圆钢	
	冷拉	退火	冷拉	退火
20CrMo	550~800	450~700	620~870	490~740
20CrMnMo	550~800	500~750	720~970	575~825
20CrMnTi	650~900	500~750	720~970	575~825

2. 工业链条滚子用冷拉钢的力学性能（见表7-79）

表7-79 工业链条滚子用冷拉钢的力学性能（YB/T 5348—2006）

牌号	抗拉强度 R_m/MPa ≥			
	钢丝		圆钢	
	冷拉	退火	冷拉	退火
08	540	440	440	295
10	540	440	440	295
15	590	490	470	340

7.2.13 承压设备用钢

1. 承压设备用钢锻件

（1）承压设备用钢锻件的牌号和化学成分（见表7-80）

表 7-80 承压设备用钢锻件的牌号和化学成分（NB/T 47008—2017）

钢类	牌号	化学成分(质量分数,%)																
		C	Si	Mn	Cr	Mo	Ni	Cu	V	Nb	Ti	Al_t	N	B	W	Sb	P	S
碳素钢	20[①]	0.17~0.23	0.15~0.40	0.60~1.00	—	—	—	—	—	—	—	—	—	—	—	—	≤0.025	≤0.010
	35[①]	0.32~0.38	0.15~0.40	0.50~0.80	—	—	—	—	—	—	—	—	—	—	—	—	≤0.030	≤0.020
合金钢	16Mn[②]	0.13~0.20	0.20~0.60	1.20~1.60	—	—	—	—	—	—	—	—	—	—	—	—	≤0.025	≤0.010
	08Cr2AlMo	0.05~0.10	0.15~0.40	0.20~0.50	2.00~2.50	0.30~0.40	≤0.30	≤0.30	—	—	—	0.30~0.70	—	—	—	—	≤0.025	≤0.015
	09CrCuSb	≤0.12	0.20~0.40	0.35~0.65	0.70~1.10	—	—	0.25~0.45	—	—	—	—	—	—	—	0.04~0.10	≤0.030	≤0.020
	20MnMo	0.17~0.23	0.15~0.40	1.10~1.40	≤0.30	0.20~0.35	≤0.30	≤0.20	—	—	—	—	—	—	—	—	≤0.025	≤0.010
	20MnMoNb	0.17~0.23	0.15~0.40	1.30~1.60	≤0.30	0.45~0.65	≤0.30	≤0.20	—	0.025~0.050	—	—	—	—	—	—	≤0.025	≤0.010
	20MnNiMo	0.17~0.23	0.15~0.40	1.20~1.50	≤0.30	0.45~0.60	0.40~1.00	≤0.20	≤0.050	—	—	—	—	—	—	—	≤0.015	≤0.008
	15NiCuMoNb	0.11~0.17	0.25~0.50	0.80~1.20	≤0.30	0.25~0.50	1.00~1.30	0.50~0.80	≤0.020	0.015~0.045	—	≤0.050	≤0.020	—	—	—	≤0.025	≤0.015
	12CrMo	0.08~0.15	0.15~0.40	0.40~0.70	0.40~0.70	0.40~0.55	≤0.30	≤0.20	—	—	—	—	—	—	—	—	≤0.025	≤0.015
	15CrMo	0.12~0.18	0.10~0.60	0.30~0.80	0.80~1.25	0.45~0.65	≤0.30	≤0.20	—	—	—	—	—	—	—	—	≤0.025	≤0.010
	12Cr1MoV	0.09~0.15	0.15~0.40	0.40~0.70	0.90~1.20	0.25~0.35	≤0.30	≤0.20	0.15~0.30	—	—	—	—	—	—	—	≤0.025	≤0.015
	14Cr1Mo	0.11~0.17	0.50~0.80	0.30~0.80	1.15~1.50	0.45~0.65	≤0.30	≤0.20	—	—	—	—	—	—	—	—	≤0.020	≤0.010
	12Cr2Mo1	≤0.15	≤0.50	0.30~0.60	2.00~2.50	0.90~1.10	≤0.30	≤0.20	—	—	—	—	—	—	—	—	≤0.020	≤0.010
	12Cr2Mo1V	≤0.15	≤0.10	0.30~0.60	2.00~2.50	0.90~1.10	≤0.30	≤0.20	0.25~0.35	≤0.070	≤0.030	—	—	≤0.0020	—	—	≤0.010	≤0.005
	12Cr3Mo1V	≤0.15	≤0.10	0.30~0.60	2.70~3.30	0.90~1.10	≤0.30	≤0.20	0.20~0.30	—	0.015~0.035	—	—	0.0010~0.0030	—	—	≤0.012	≤0.005
	12Cr5Mo	≤0.15	≤0.50	≤0.60	4.00~6.00	0.45~0.65	≤0.50	≤0.20	—	—	—	—	—	—	—	—	≤0.025	≤0.015
	10Cr9Mo1VNbN	0.08~0.12	0.20~0.50	0.30~0.60	8.00~9.50	0.85~1.05	≤0.40	≤0.20	0.18~0.25	0.06~0.10	Ti≤0.010 Zr≤0.010	≤0.020	0.030~0.070	—	—	—	≤0.020	≤0.010
	10Cr9MoW2-VNbBN	0.07~0.13	≤0.50	0.30~0.60	8.50~9.50	0.30~0.60	≤0.40	≤0.20	0.15~0.25	0.04~0.09	Ti≤0.010 Zr≤0.010	≤0.020	0.030~0.070	0.0010~0.0060	1.50~2.00	—	≤0.020	≤0.010
	30CrMo[③]	0.27~0.33	0.15~0.40	0.40~0.70	0.80~1.10	0.15~0.25	≤0.30	≤0.20	—	—	—	—	—	—	—	—	≤0.025	≤0.015
	35CrMo[③]	0.32~0.38	0.15~0.40	0.40~0.70	0.80~1.10	0.15~0.25	≤0.30	≤0.20	—	—	—	—	—	—	—	—	≤0.025	≤0.015
	35CrNi3MoV	0.30~0.40	0.10~0.35	0.20~0.80	0.50~1.20	0.40~0.70	2.50~3.30	≤0.20	0.10~0.25	—	—	—	—	—	—	—	≤0.012	≤0.005
	36CrNi3MoV	0.32~0.42	≤0.37	0.20~0.80	1.20~1.50	0.35~0.45	3.00~3.50	≤0.20	0.10~0.25	—	—	—	—	—	—	—	≤0.012	≤0.005

① 残余元素含量：w(Cr)≤0.25%，w(Ni)≤0.30%，w(Cu)≤0.20%。

② 残余元素含量：w(Cr)≤0.30%，w(Ni)≤0.30%，w(Cu)≤0.20%。

③ 双方协商，30CrMo、35CrMo 中镍的质量分数上限可以达到 0.50%。

（2）承压设备用钢锻件的力学性能（见表 7-81）

表 7-81　承压设备用钢锻件的力学性能（NB/T 47008—2017）

牌号	公称厚度/mm	热处理状态	回火温度/℃ ≥	拉伸性能			冲击性能		硬度 HBW
				R_m/MPa	R_{eL}①/MPa	A(%)	试验温度/℃	KV_2/J	
					≥			≥	
20	≤100	N N+T	620	410~560	235	24	0	34	110~160②
	>100~200			400~550	225				
	>200~300			380~530	205				
35	≤100	N N+T	590	510~670	265	18	20	41	136~192
	>100~300			490~640	245				
16Mn	≤100	N	620	480~630	305	20	0	41	128~180②
	>100~200	N+T		470~620	395				
	>200~300	Q+T		450~600	275				
08Cr2AlMo	≤200	N+T	680	400~540	250	25	20	47	—
09CrCuSb	≤200	N	—	390~550	245	25	20	34	—
20MnMo	≤300	Q+T	620	530~700	370	18	0	47	—
	>300~500			510~680	350				
	>500~850			490~660	330				
20MnMoNb	≤300	Q+T	630	620~790	470	16	0	47	—
	>300~500			610~780	460				
20MnNiMo	≤500	Q+T	620	620~790	450	16	-20	47	—
15NiCuMoNb	≤500	N+T Q+T	640	610~780	440	17	20	47	185~255③
12CrMo	≤100	N+T Q+T	620	410~570	255	21	20	47	121~174③
15CrMo	≤300	N+T	620	480~640	280	20	20	47	118~180③
	>300~500	Q+T		470~630	270				115~178③
12Cr1MoV	≤300	N+T	680	470~630	280	20	20	47	118~195③
	>300~500	Q+T		460~620	270				115~195③
14Cr1Mo	≤300	N+T	620	490~660	290	19	20	47	—
	>300~500	Q+T		480~650	280				
12Cr2Mo1	≤300	N+T	680	510~680	310	18	20	47	125~180③
	>300~500	Q+T		500~670	300				
12Cr2Mo1V	≤300	N+T	680	590~760	420	17	-20	60	—
	>300~500	Q+T		580~750	410				
12Cr3Mo1V	≤300	N+T	680	590~760	420	17	-20	60	—
	>300~500	Q+T		580~750	410				
12Cr5Mo	≤500	N+T Q+T	680	590~760	390	18	20	47	—
10Cr9Mo1VNbN	≤300	N+T Q+T	740	585~755	415	18	20	47	185~250③
10Cr9MoW2VNbBN	≤300	N+T Q+T	740	620~790	440	18	20	41	185~250③
30CrMo	≤300	Q+T	580	620~790	440	15	0	41	—
35CrMo	≤300	Q+T	580	620~790	440	15	0	41	—
	>300~500			610~780	430				
35CrNi3MoV④	≤300	N+Q+T	540	1070~1230	960	16	-20	47	—
36CrNi3MoV④	≤300	N+Q+T	540	1000~1150	895	16	-20	47	—

注：N—正火；Q—淬火；T—回火。

① 如屈服现象不明显，屈服强度取 $R_{p0.2}$。

② 锅炉受压元件用 20 和 16Mn 各级别锻件硬度值（HBW，逐件检验）应符合上述规定。

③ 锅炉受压元件用各级别锻件硬度值（HBW）应符合上述规定。

④ 侧向膨胀量（*LE*）≥0.53mm；考虑环境温度时，冲击试验温度可为-40℃。

（3）承压设备用钢锻件的高温规定塑性延伸强度（见表7-82）

表7-82　承压设备用钢锻件的高温规定塑性延伸强度（NB/T 47008—2017）

牌号	公称厚度/mm	在下列温度（℃）下的 $R_{p0.2}$（或 R_{eL}）/MPa ≥											
		20	100	150	200	250	300	350	400	450	500	550	600
20	≤100	235	210	200	186	167	153	139	129	121	—	—	—
	>100~200	225	200	191	178	161	147	133	123	116	—	—	—
	>200~300	205	184	176	164	147	135	123	113	106	—	—	—
35	≤100	265	235	225	205	186	172	157	147	137	—	—	—
	>100~300	245	225	215	200	181	167	152	142	132	—	—	—
16Mn	≤100	305	275	250	225	205	185	175	165	155	—	—	—
	>100~200	295	265	245	220	200	180	170	160	150	—	—	—
	>200~300	275	250	235	215	195	175	165	155	145	—	—	—
08Cr2AlMo	≤200	250	225	210	195	185	175	—	—	—	—	—	—
09CrCuSb	≤200	245	220	205	190	180	170	—	—	—	—	—	—
20MnMo	≤300	370	340	320	305	295	285	275	260	240	—	—	—
	>300~500	350	325	305	290	280	270	260	245	225	—	—	—
	>500~850	330	310	295	280	270	260	250	235	215	—	—	—
20MnMoNb	≤300	470	435	420	405	395	385	370	355	335	—	—	—
	>300~500	460	430	415	405	395	385	370	355	335	—	—	—
20MnNiMo	≤500	450	420	405	395	385	380	370	355	335	—	—	—
15NiCuMoNb	≤500	440	422	412	402	392	382	373	343	304	—	—	—
12CrMo	≤100	255	193	187	181	175	170	165	159	150	140	—	—
15CrMo	≤300	280	255	240	225	215	200	190	180	170	160	—	—
	>300~500	270	245	230	215	205	190	180	170	160	150	—	—
12Cr1MoV	≤300	280	255	240	230	220	210	200	190	180	170	—	—
	>300~500	270	245	230	220	210	200	190	180	170	160	—	—
14Cr1Mo	≤300	290	270	255	240	230	220	210	200	190	175	—	—
	>300~500	280	260	245	230	220	210	200	190	180	170	—	—
12Cr2Mo1	≤300	310	280	270	260	255	250	245	240	230	215	—	—
	>300~500	300	275	265	255	250	245	240	235	225	215	—	—
12Cr2Mo1V	≤300	420	395	380	370	365	360	355	350	340	325	—	—
	>300~500	410	390	375	365	360	355	350	345	335	320	—	—
12Cr3Mo1V	≤300	420	395	380	370	365	360	355	350	340	325	—	—
	>300~500	410	390	375	365	360	355	350	345	335	320	—	—
12Cr5Mo	≤500	390	355	340	330	325	320	315	305	285	255	—	—
10Cr9Mo1VNbN	≤300	415	384	378	377	377	376	371	358	337	306	260	198
10Cr9MoW2VNbBN	≤300	440	420	412	405	400	392	382	372	360	340	300	248
30CrMo	≤300	440	400	380	370	360	350	335	320	295	—	—	—
35CrMo	≤300	440	400	380	370	360	350	335	320	295	—	—	—
	>300~500	430	395	380	370	360	350	335	320	295	—	—	—
35CrNi3MoV	≤300	960	876	857	843	799	777	758	720	—	—	—	—
36CrNi3MoV	≤300	895	814	796	783	774	761	742	714	—	—	—	—

2. 锅炉配套阀门和专用构件用锻件

（1）锅炉配套阀门和专用构件用锻件的牌号和化学成分（见表7-83）

表7-83　锅炉配套阀门和专用构件用锻件的牌号和化学成分（NB/T 47008—2017）

牌号	化学成分（质量分数，%）													
	C	Si	Mn	Cr	Mo	Ni	Cu	V	Nb	Ti	Alt	B	P	S
25	0.22~0.29	0.17~0.37	0.50~0.80	≤0.25	—	≤0.30	≤0.25	—	—	—	—	—	≤0.030	≤0.020

（续）

牌号	化学成分(质量分数,%)													
	C	Si	Mn	Cr	Mo	Ni	Cu	V	Nb	Ti	Alt	B	P	S
25Cr2MoV	0.22~0.29	0.17~0.37	0.40~0.70	1.50~1.80	0.25~0.35	—	≤0.25	0.15~0.30	—	—	—	—	≤0.025	≤0.015
25Cr2Mo1V	0.22~0.29	0.17~0.37	0.50~0.80	2.10~2.50	0.90~1.10	—	≤0.25	0.30~0.50	—	—	—	—	≤0.025	≤0.015
20Cr1Mo1VNbTiB	0.17~0.23	0.40~0.60	0.40~0.65	0.90~1.30	0.75~1.00	≤0.30	≤0.25	0.50~0.70	0.11~0.22	0.05~0.14	—	0.001~0.005	≤0.025	≤0.020
20Cr1Mo1VTiB	0.17~0.23	0.40~0.60	0.40~0.60	0.90~1.30	0.75~1.00	≤0.30	≤0.25	0.45~0.65	—	0.16~0.28		0.001~0.005	≤0.025	≤0.020
38CrMoAl	0.35~0.42	0.20~0.45	0.30~0.60	1.35~1.65	0.15~0.25	—	≤0.25	—	—	—	0.70~1.10	—	≤0.025	≤0.015

（2）锅炉配套阀门和专用构件用锻件的室温力学性能（见表 7-84）

表 7-84 锅炉配套阀门和专用构件用锻件的室温力学性能（NB/T 47008—2017）

牌号	公称厚度/mm	热处理状态	拉伸性能			冲击性能		硬度 HBW
			R_m/MPa	R_{eL}/MPa	A(%)	试验温度/℃	KV_2/J	
				≥			≥	
25	≤100	N	420~570	235	20	20	31	120~170
	>100~300	N+T	390~540	215				
25Cr2MoV	150	Q+T	835~1015	735	14	20	47	269~320
25Cr2Mo1V	≤150	Q+T	785~965	640	15	20	47	240~280
	>150~200		735~915	590	16			
20Cr1Mo1VNbTiB	≤150	Q+T	835~1015	735	12	20	41	252~302
20Cr1Mo1VTiB	≤150	Q+T	785~965	685	14	20	41	255~293
38CrMoAl	≤110	Q+T	835~1015	735	16	20	41	250~300

7.2.14 低温承压设备用合金钢锻件

1. 低温承压设备用合金钢锻件的牌号和化学成分（见表 7-85）

表 7-85 低温承压设备用合金钢锻件的牌号和化学成分（NB/T 47009—2017）

牌号	化学成分(质量分数,%)									
	C	Si	Mn	Ni	Mo	Cr	Cu	V	Nb	P	S
16MnD	0.13~0.20	0.20~0.60	1.20~1.60	≤0.40	—	≤0.25	≤0.20	—	0.030	≤0.020	≤0.010
20MnMoD	0.16~0.22	0.15~0.40	1.10~1.40	≤0.50	0.20~0.35	≤0.30	≤0.20	—	—	≤0.020	≤0.008
08MnNiMoVD	0.06~0.10	0.20~0.40	1.10~1.40	1.20~1.70	0.20~0.40	≤0.30	≤0.20	0.02~0.06	—	≤0.020	≤0.008
10Ni3MoVD	0.08~0.12	0.15~0.35	0.70~0.90	2.50~3.00	0.20~0.30	≤0.30	≤0.20	0.02~0.06	—	≤0.015	≤0.008
09MnNiD	0.06~0.12	0.15~0.35	1.20~1.60	0.45~0.85	—	≤0.30	≤0.20	—	≤0.050	≤0.020	≤0.008
08Ni3D	≤0.10	0.15~0.35	0.40~0.90	3.25~3.70	≤0.12	≤0.30	≤0.20	≤0.03	≤0.020	≤0.015	≤0.005
06Ni9D	≤0.08	0.15~0.35	0.30~0.80	8.50~10.0	≤0.10	—	—	≤0.01	—	≤0.008	≤0.004

注：08MnNiMoVD 钢的焊接冷裂纹敏感性组成 P_{cm}≤0.25%。$P_{cm}=w(C)+w(Si)/30+w(Mn)/20+w(Cr)/20+w(Cu)/20+w(Ni)/60+w(Mo)/15+w(V)/10+5w(B)$。

2. 低温承压设备用合金钢锻件的力学性能（见表 7-86）

表 7-86 低温承压设备用合金钢锻件的力学性能（NB/T 47009—2017）

牌号	公称厚度/mm	热处理状态	回火温度/℃ ≥	拉伸性能			冲击性能	
				R_m/MPa	R_{eL}/MPa ≥	A(%) ≥	试验温度/℃	KV_2/J ≥
16MnD	≤100	Q+T	620	480~630	305	20	-45	47
	>100~200			470~620	295		-40	
	>200~300			450~600	275			
20MnMoD	≤300	Q+T	620	530~700	370	18	-40	60
	>300~500			510~680	350		-30	
	>500~700			490~660	330			
08MnNiMoVD	≤300	Q+T	620	600~760	480	17	-40	80
10Ni3MoVD	≤300	Q+T	620	600~760	480	17	-50	80
09MnNiD	≤200	Q+T	620	440~590	280	23	-70	60
	>200~300			430~580	270			
08Ni3D	≤300	Q+T	620	460~610	260	21	-100	60
06Ni9D	≤125	Q+T	620	680~840	550	18	-196	60

7.3 钢棒

7.3.1 优质结构钢冷拉钢材

1. 优质结构钢冷拉钢材交货状态的硬度（见表 7-87）

表 7-87 优质结构钢冷拉钢材交货状态的硬度（GB/T 3078—2019）

牌号	交货状态硬度 HBW ≤ 冷拉、冷拉磨光	交货状态硬度 HBW ≤ 退火、光亮退火、高温回火或正火后回火	牌号	交货状态硬度 HBW ≤ 冷拉、冷拉磨光	交货状态硬度 HBW ≤ 退火、光亮退火、高温回火或正火后回火
10	229	179	60Mn	(285)	255
15	229	179	65Mn	(285)	269
20	229	179	20Mn2	241	197
25	229	179	35Mn2	255	207
30	229	179	40Mn2	269	217
35	241	187	45Mn2	269	229
40	241	207	50Mn2	285	229
45	255	229	27SiMn	255	217
50	255	229	35SiMn	269	229
55	269	241	42SiMn	(285)	241
60	269	241	20MnV	229	187
65	(285)	255	40B	241	207
15Mn	207	163	45B	255	229
20Mn	229	187	50B	255	229
25Mn	241	197	40MnB	269	217
30Mn	241	197	45MnB	269	229
35Mn	255	207	40MnVB	269	217
40Mn	269	217	40CrV	269	229
45Mn	269	229	38CrSi	269	255
50Mn	269	229	20CrMnSi	255	217

（续）

牌号	交货状态硬度 HBW　≤		牌号	交货状态硬度 HBW　≤	
	冷拉、冷拉磨光	退火、光亮退火、高温回火或正火后回火		冷拉、冷拉磨光	退火、光亮退火、高温回火或正火后回火
25CrMnSi	269	229	40Cr	269	217
30CrMnSi	269	229	45Cr	269	229
35CrMnSi	285	241	20CrNi	255	207
20CrMnTi	255	207	40CrNi	(285)	255
15CrMo	229	187	45CrNi	(285)	269
20CrMo	241	197	12CrNi2	269	217
30CrMo	269	229	12CrNi3	269	229
35CrMo	269	241	20CrNi3	269	241
42CrMo	285	255	30CrNi3	(285)	255
20CrMnMo	269	229	37CrNi3	(285)	269
40CrMnMo	269	241	12Cr2Ni4	(285)	255
35CrMoV	285	255	20Cr2Ni4	(285)	269
38CrMoAl	269	229	40CrNiMo	(285)	269
15Cr	229	179	45CrNiMoV	(285)	269
20Cr	229	179	18Cr2Ni4W	(285)	269
30Cr	241	187	25Cr2Ni4W	(285)	269
35Cr	269	217	—	—	—

注：括号内为参考值，不作为判定依据。

2. 优质结构钢冷拉钢材交货状态的力学性能（见表7-88）

表7-88　优质结构钢冷拉钢材交货状态的力学性能（GB/T 3078—2019）

牌号	冷拉			退火		
	抗拉强度 R_m/MPa	断后伸长率 A(%)	断面收缩率 Z(%)	抗拉强度 R_m/MPa	断后伸长率 A(%)	断面收缩率 Z(%)
	≥			≥		
10	440	8	50	295	26	55
15	470	8	45	345	28	55
20	510	7.5	40	390	21	50
25	540	7	40	410	19	50
30	560	7	35	440	17	45
35	590	6.5	35	470	15	45
40	610	6	35	510	14	40
45	635	6	30	540	13	40
50	655	6	30	560	12	40
15Mn	490	7.5	40	390	21	50
50Mn	685	5.5	30	590	10	35
50Mn2	735	5	25	635	9	30

7.3.2 冷拉钢棒

冷拉圆钢、方钢和六角钢尺寸、截面面积及理论重量见表7-89。

表7-89　冷拉圆钢、方钢和六角钢尺寸、截面面积及理论重量（GB/T 905—1994）

尺寸①/mm	圆钢		方钢		六角钢	
	截面面积/mm²	理论重量/(kg/m)	截面面积/mm²	理论重量/(kg/m)	截面面积/mm²	理论重量/(kg/m)
3.0	7.069	0.0555	9.000	0.0706	7.794	0.0612
3.2	8.042	0.0631	10.24	0.0804	8.868	0.0696

（续）

尺寸①/mm	圆钢		方钢		六角钢	
	截面面积/mm²	理论重量/(kg/m)	截面面积/mm²	理论重量/(kg/m)	截面面积/mm²	理论重量/(kg/m)
3.5	9.621	0.0755	12.25	0.0962	10.61	0.0833
4.0	12.57	0.0986	16.00	0.126	13.86	0.109
4.5	15.90	0.125	20.25	0.159	17.54	0.138
5.0	19.63	0.154	25.00	0.196	21.65	0.170
5.5	23.76	0.187	30.25	0.237	26.20	0.206
6.0	28.27	0.222	36.00	0.283	31.18	0.245
6.3	31.17	0.245	39.69	0.312	34.37	0.270
7.0	38.48	0.302	49.00	0.385	42.44	0.333
7.5	44.18	0.347	56.25	0.442	—	—
8.0	50.27	0.395	64.00	0.502	55.43	0.435
8.5	56.75	0.445	72.25	0.567	—	—
9.0	63.62	0.499	81.00	0.636	70.15	0.551
9.5	70.88	0.556	90.25	0.708	—	—
10.0	78.54	0.617	100.0	0.785	86.60	0.680
10.5	86.59	0.680	110.2	0.865	—	—
11.0	95.03	0.746	121.0	0.950	104.8	0.823
11.5	103.9	0.815	132.2	1.04	—	—
12.0	113.1	0.888	144.0	1.13	124.7	0.979
13.0	132.7	1.04	169.0	1.33	146.4	1.15
14.0	153.9	1.21	196.0	1.54	169.7	1.33
15.0	176.7	1.39	225.0	1.77	194.9	1.53
16.0	201.1	1.58	256.0	2.01	221.7	1.74
17.0	227.0	1.78	289.0	2.27	250.3	1.96
18.0	254.5	2.00	324.0	2.54	280.6	2.20
19.0	283.5	2.23	361.0	2.83	312.6	2.45
20.0	314.2	2.47	400.0	3.14	346.4	2.72
21.0	346.4	2.72	441.0	3.46	381.9	3.00
22.0	380.1	2.98	484.0	3.80	419.2	3.29
24.0	452.4	3.55	576.0	4.52	498.8	3.92
25.0	490.9	3.85	625.0	4.91	541.3	4.25
26.0	530.9	4.17	676.0	5.31	585.4	4.60
28.0	615.8	4.83	784.0	6.15	679.0	5.33
30.0	706.9	5.55	900.0	7.06	779.4	6.12
32.0	804.2	6.31	1024	8.04	886.8	6.96
34.0	907.9	7.13	1156	9.07	1001	7.86
35.0	962.1	7.55	1225	9.62	—	—
36.0	—	—	—	—	1122	8.81
38.0	1134	8.90	1444	11.3	1251	9.82
40.0	1257	9.86	1600	12.6	1386	10.9
42.0	1385	10.9	1764	13.8	1528	12.0
45.0	1590	12.5	2025	15.9	1754	13.8
48.0	1810	14.2	2304	18.1	1995	15.7
50.0	1968	15.4	2500	19.6	2165	17.0
52.0	2206	17.3	2809	22.0	2433	19.1
55.0	—	—	—	—	2620	20.5
56.0	2463	19.3	3136	24.6	—	—
60.0	2827	22.2	3600	28.3	3118	24.5
63.0	3117	24.5	3969	31.2	—	—
65.0	—	—	—	—	3654	28.7
67.0	3526	27.7	4489	35.2	—	—
70.0	3848	30.2	4900	38.5	4244	33.3
75.0	4418	34.7	5625	44.2	4871	38.2
80.0	5027	39.5	6400	50.2	5543	43.5

① 指圆钢的直径、方钢的边长或六角钢的对边距离。

7.3.3 热轧钢棒

1. 热轧圆钢和方钢的尺寸及理论重量（见表 7-90）

表 7-90 热轧圆钢和方钢的尺寸及理论重量（GB/T 702—2017）

圆钢公称直径 d/mm 方钢公称边长 a/mm	理论重量/(kg/m)		圆钢公称直径 d/mm 方钢公称边长 a/mm	理论重量/(kg/m)	
	圆钢	方钢		圆钢	方钢
5.5	0.187	0.237	65	26.0	33.2
6	0.222	0.283	68	28.5	36.3
6.5	0.260	0.332	70	30.2	38.5
7	0.302	0.385	75	34.7	44.2
8	0.395	0.502	80	39.5	50.2
9	0.499	0.636	85	44.5	56.7
10	0.617	0.785	90	49.9	63.6
11	0.746	0.950	95	55.6	70.8
12	0.888	1.13	100	61.7	78.5
13	1.04	1.33	105	68.0	86.5
14	1.21	1.54	110	74.6	95.0
15	1.39	1.77	115	81.5	104
16	1.58	2.01	120	88.8	113
17	1.78	2.27	125	96.3	123
18	2.00	2.54	130	104	133
19	2.23	2.83	135	112	143
20	2.47	3.14	140	121	154
21	2.72	3.46	145	130	165
22	2.98	3.80	150	139	177
23	3.26	4.15	155	148	189
24	3.55	4.52	160	158	201
25	3.85	4.91	165	168	214
26	4.17	5.31	170	178	227
27	4.49	5.72	180	200	254
28	4.83	6.15	190	223	283
29	5.19	6.60	200	247	314
30	5.55	7.07	210	272	323
31	5.92	7.54	220	298	344
32	6.31	8.04	230	326	364
33	6.71	8.55	240	355	385
34	7.13	9.07	250	385	406
35	7.55	9.62	260	417	426
36	7.99	10.2	270	449	447
38	8.90	11.3	280	483	468
40	9.86	12.6	290	519	488
42	10.9	13.8	300	555	509
45	12.5	15.9	310	592	
48	14.2	18.1	320	631	
50	15.4	19.6	330	671	
53	17.3	22.1	340	713	
55	18.7	23.7	350	755	
56	19.3	24.6	360	799	
58	20.7	26.4	370	844	
60	22.2	28.3	380	890	
63	24.5	31.2			

注：表中钢的理论重量是按密度为 7.85g/cm³ 计算。

2. 一般用途热轧扁钢的尺寸及理论重量（见表 7-91）

3. 热轧工具钢扁钢的尺寸及理论重量（见表 7-92）

表 7-91　一般用途热轧扁钢的尺寸及理论重量（GB/T 702—2017）

公称宽度/mm	厚度/mm																								
	3	4	5	6	7	8	9	10	11	12	14	16	18	20	22	25	28	30	32	36	40	45	50	56	60
	理论重量/(kg/m)																								
10	0.24	0.31	0.39	0.47	0.55	0.63																			
12	0.28	0.38	0.47	0.57	0.66	0.75																			
14	0.33	0.44	0.55	0.66	0.77	0.88																			
16	0.38	0.50	0.63	0.75	0.88	1.00	1.15	1.26																	
18	0.42	0.57	0.71	0.85	0.99	1.13	1.27	1.41																	
20	0.47	0.63	0.78	0.94	1.10	1.26	1.41	1.57	1.73	1.88															
22	0.52	0.69	0.86	1.04	1.21	1.38	1.55	1.73	1.90	2.07															
25	0.59	0.78	0.98	1.18	1.37	1.57	1.77	1.96	2.16	2.36	2.75	3.14													
28	0.66	0.88	1.10	1.32	1.54	1.76	1.98	2.20	2.42	2.64	3.08	3.53													
30	0.71	0.94	1.18	1.41	1.65	1.88	2.12	2.36	2.59	2.83	3.30	3.77	4.24	4.71											
32	0.75	1.00	1.26	1.51	1.76	2.01	2.26	2.55	2.76	3.01	3.52	4.02	4.52	5.02											
35	0.82	1.10	1.37	1.65	1.92	2.20	2.47	2.75	3.02	3.30	3.85	4.40	4.95	5.50	6.04	6.87	7.69								
40	0.94	1.26	1.57	1.88	2.20	2.51	2.83	3.14	3.45	3.77	4.40	5.02	5.65	6.28	6.91	7.85	8.79								
45	1.06	1.41	1.77	2.12	2.47	2.83	3.18	3.53	3.89	4.24	4.95	5.65	6.36	7.07	7.77	8.83	9.89	10.60	11.30	12.72					
50	1.18	1.57	1.96	2.36	2.75	3.14	3.53	3.93	4.32	4.71	5.50	6.28	7.06	7.85	8.64	9.81	10.99	11.78	12.56	14.13					
55		1.73	2.16	2.59	3.02	3.45	3.89	4.32	4.75	5.18	6.04	6.91	7.77	8.64	9.50	10.79	12.09	12.95	13.82	15.54					
60		1.88	2.36	2.83	3.30	3.77	4.24	4.71	5.18	5.65	6.59	7.54	8.48	9.42	10.36	11.78	13.19	14.13	15.07	16.96	18.84	21.20			
65		2.04	2.55	3.06	3.57	4.08	4.59	5.10	5.61	6.12	7.14	8.16	9.18	10.20	11.23	12.76	14.29	15.31	16.33	18.37	20.41	22.96			
70		2.20	2.75	3.30	3.85	4.40	4.95	5.50	6.04	6.59	7.69	8.79	9.89	10.99	12.09	13.74	15.39	16.49	17.58	19.78	21.98	24.73			
75		2.36	2.94	3.53	4.12	4.71	5.30	5.89	6.48	7.07	8.24	9.42	10.60	11.78	12.95	14.72	16.48	17.66	18.84	21.20	23.55	26.49			
80		2.51	3.14	3.77	4.40	5.02	5.65	6.28	6.91	7.54	8.79	10.05	11.30	12.56	13.82	15.70	17.58	18.84	20.10	22.61	25.12	28.26	31.40	35.17	
85			3.34	4.00	4.67	5.34	6.01	6.67	7.34	8.01	9.34	10.68	12.01	13.34	14.68	16.68	18.68	20.02	21.35	24.02	26.69	30.03	33.36	37.37	40.04
90			3.53	4.24	4.95	5.65	6.36	7.07	7.77	8.48	9.89	11.30	12.72	14.13	15.54	17.66	19.78	21.20	22.61	25.43	28.26	31.79	35.32	39.56	42.39
95			3.73	4.47	5.22	5.97	6.71	7.46	8.20	8.95	10.44	11.93	13.42	14.92	16.41	18.64	20.88	22.37	23.86	26.85	29.83	33.56	37.29	41.76	44.74
100			3.92	4.71	5.50	6.28	7.06	7.85	8.64	9.42	10.99	12.56	14.13	15.70	17.27	19.62	21.98	23.55	25.12	28.26	31.40	35.32	39.25	43.96	47.10
105			4.12	4.95	5.77	6.59	7.42	8.24	9.07	9.89	11.54	13.19	14.84	16.48	18.13	20.61	23.08	24.73	26.38	29.67	32.97	37.09	41.21	46.16	49.46
110			4.32	5.18	6.04	6.91	7.77	8.64	9.50	10.36	12.09	13.82	15.54	17.27	19.00	21.59	24.18	25.90	27.63	31.09	34.54	38.86	43.18	48.36	51.81
120			4.71	5.65	6.59	7.54	8.48	9.42	10.36	11.30	13.19	15.07	16.96	18.84	20.72	23.55	26.38	28.26	30.14	33.91	37.68	42.39	47.10	52.75	56.52
125				5.89	6.87	7.85	8.83	9.81	10.79	11.78	13.74	15.70	17.66	19.62	21.58	24.53	27.48	29.44	31.40	35.32	39.25	44.16	49.06	54.95	58.88
130				6.12	7.14	8.16	9.18	10.20	11.23	12.25	14.29	16.33	18.37	20.41	22.45	25.51	28.57	30.62	32.66	36.74	40.82	45.92	51.02	57.15	61.23
140					7.69	8.79	9.89	10.99	12.09	13.19	15.39	17.58	19.78	21.98	24.18	27.48	30.77	32.97	35.17	39.56	43.96	49.46	54.95	61.54	65.94
150					8.24	9.42	10.60	11.78	12.95	14.13	16.48	18.84	21.20	23.55	25.90	29.44	32.97	35.32	37.68	42.39	47.10	52.99	58.88	65.94	70.65
160					8.79	10.05	11.30	12.56	13.82	15.07	17.58	20.10	22.61	25.12	27.63	31.40	35.17	37.68	40.19	45.22	50.24	56.52	62.80	70.34	75.36
180					9.89	11.30	12.72	14.13	15.54	16.96	19.78	22.61	25.43	28.26	31.09	35.32	39.56	42.39	45.22	50.87	56.52	63.58	70.65	79.13	84.78
200					10.99	12.56	14.13	15.70	17.27	18.84	21.98	25.12	28.26	31.40	34.54	39.25	43.96	47.10	50.24	56.52	62.80	70.65	78.50	87.92	94.20

注：表中的理论重量按密度 $7.85g/m^3$ 计算。

表 7-92 热轧工具钢扁钢的尺寸及理论重量（GB/T 702—2017）

公称宽度/mm	扁钢公称厚度/mm																				
	4	6	8	10	13	16	18	20	23	25	28	32	36	40	45	50	56	63	71	80	90	100
	理论重量/(kg/m)																				
10	0.31	0.47	0.63																			
13	0.41	0.61	0.82	1.02																		
16	0.50	0.75	1.00	1.26	1.63																	
20	0.63	0.94	1.26	1.57	2.04	2.51	2.83															
25	0.79	1.18	1.57	1.96	2.55	3.14	3.53	3.93	4.51													
32	1.00	1.51	2.01	2.51	3.27	4.02	4.52	5.02	5.78	6.28	7.03											
40	1.26	1.88	2.51	3.14	4.08	5.02	5.65	6.28	7.22	7.85	8.79	10.05	11.30									
50	1.57	2.36	3.14	3.93	5.10	6.28	7.07	7.85	9.03	9.81	10.99	12.56	14.13	15.70	17.66							
63	1.98	2.97	3.96	4.95	6.43	7.91	8.90	9.89	11.37	12.36	13.85	15.83	17.80	19.78	22.25	24.73	27.69					
71	2.23	3.34	4.46	5.57	7.25	8.92	10.03	11.15	12.82	13.93	15.61	17.84	20.06	22.29	25.08	27.87	31.21	35.11				
80	2.51	3.77	5.02	6.28	8.16	10.05	11.30	12.56	14.44	15.70	17.58	20.10	22.61	25.12	28.26	31.40	35.17	39.56	44.59			
90	2.83	4.24	5.65	7.07	9.18	11.30	12.72	14.13	16.25	17.66	19.78	22.61	25.43	28.26	31.79	35.33	39.56	44.51	50.16	56.52		
100	3.14	4.71	6.28	7.85	10.21	12.56	14.13	15.70	18.06	19.63	21.98	25.12	28.26	31.40	35.33	39.25	43.96	49.46	55.74	62.80	70.65	
112	3.52	5.28	7.03	8.79	11.43	14.07	15.83	17.58	20.22	21.98	24.62	28.13	31.65	35.17	39.56	43.96	49.24	55.39	62.42	70.34	79.13	87.92
125	3.93	5.89	7.85	9.81	12.76	15.70	17.66	19.63	22.57	24.53	27.48	31.40	35.33	39.25	44.16	49.06	54.95	61.82	69.67	78.50	88.31	98.13
140	4.40	6.59	8.79	10.99	14.29	17.58	19.78	21.98	25.28	27.48	30.77	35.17	39.56	43.96	49.46	54.95	61.54	69.24	78.03	87.92	98.91	109.90
160	5.02	7.54	10.05	12.56	16.33	20.10	22.61	25.12	28.89	31.40	35.17	40.19	45.22	50.24	56.52	62.80	70.34	79.13	89.18	100.48	113.04	125.60
180	5.65	8.48	11.30	14.13	18.37	22.61	25.43	28.26	32.50	35.33	39.56	45.22	50.87	56.52	63.59	70.65	79.13	89.02	100.32	113.04	127.17	141.30
200	6.28	9.42	12.56	15.70	20.41	25.12	28.26	31.40	36.11	39.25	43.96	50.24	56.52	62.80	70.65	78.50	87.92	98.91	111.47	125.60	141.30	157.00
224	7.03	10.55	14.07	17.58	22.86	28.13	31.65	35.17	40.44	43.96	49.24	56.27	63.30	70.34	79.13	87.92	98.47	110.78	124.85	140.67	158.26	175.84
250	7.85	11.78	15.70	19.63	25.51	31.40	35.33	39.25	45.14	49.06	54.95	62.80	70.65	78.50	88.31	98.13	109.90	123.64	139.34	157.00	176.63	196.25
280	8.79	13.19	17.58	21.98	28.57	35.17	39.56	43.96	50.55	54.95	61.54	70.34	79.13	87.92	98.91	109.90	123.09	138.47	156.06	175.84	197.82	219.80
310	9.73	14.60	19.47	24.34	31.64	38.94	43.80	48.67	55.97	60.84	68.14	77.87	87.61	97.34	109.51	121.68	136.28	153.31	172.78	194.68	219.02	243.35

注：表中的理论重量按密度 7.85g/m^3 计算，对于高合金钢计算理论重量时，应采用相应牌号的密度进行计算。

4. 热轧六角钢和热轧八角钢的尺寸及理论重量（见表 7-93）

表 7-93　热轧六角钢和热轧八角钢的尺寸及理论重量（GB/T 702—2017）

对边距离 s/mm	截面面积 A/cm^2		理论重量/(kg/m)	
	六角钢	八角钢	六角钢	八角钢
8	0.5543	—	0.435	—
9	0.7015	—	0.551	—
10	0.866	—	0.68	—
11	1.048	—	0.823	—
12	1.247	—	0.979	—
13	1.464	—	1.05	—
14	1.697	—	1.33	—
15	1.949	—	1.53	—
16	2.217	2.120	1.74	1.66
17	2.503	—	1.96	—
18	2.806	2.683	2.20	2.16
19	3.126	—	2.45	—
20	3.464	3.312	2.72	2.60
21	3.819	—	3.00	—
22	4.192	4.008	3.29	3.15
23	4.581	—	3.60	—
24	4.988	—	3.92	—
25	5.413	5.175	4.25	4.06
26	5.854	—	4.60	—
27	6.314	—	4.96	—
28	6.790	6.492	5.33	5.10
30	7.794	7.452	6.12	5.85
32	8.868	8.479	6.96	6.66
34	10.011	9.572	7.86	7.51
36	11.223	10.73	8.81	8.42
38	12.505	11.96	9.82	9.39
40	13.86	13.25	10.88	10.40
42	15.28	—	11.99	—
45	17.54	—	13.77	—
48	19.95	—	15.66	—
50	21.65	—	17.00	—
53	24.33	—	19.10	—
56	27.16	—	21.32	—
58	29.13	—	22.87	—
60	31.18	—	24.50	—
63	34.37	—	26.98	—
65	36.59	—	28.72	—
68	40.04	—	31.43	—
70	42.43	—	33.30	—

注：表中的理论重量按密度 $7.85g/m^3$ 计算。表中截面面积（A）计算公式为

$$A=\frac{1}{4}ns^2\tan\frac{\phi}{2}\times\frac{1}{100}$$

$$六角形\ A=\frac{3}{2}s^2\tan30°\times\frac{1}{100}\approx0.866s^2\times\frac{1}{100}$$

$$八角形\ A=2s^2\tan22°30'\times\frac{1}{100}\approx0.828s^2\times\frac{1}{100}$$

式中，n 为正 n 边形边数；ϕ 为正 n 边形圆内角，$\phi=360/n$。

7.3.4 锻制钢棒

1. 圆钢和方钢的尺寸及理论重量（见表 7-94）

表 7-94　圆钢和方钢的尺寸及理论重量（GB/T 908—2019）

圆钢公称直径 d/mm 或 方钢公称边长 a/mm	理论重量/(kg/m)		圆钢公称直径 d/mm 或 方钢公称边长 a/mm	理论重量/(kg/m)	
	圆钢	方钢		圆钢	方钢
40	9.9	12.6	180	200	254
50	15.4	19.6	190	223	283
55	18.6	23.7	200	247	314
60	22.2	28.3	210	272	346
65	26.0	33.2	220	298	380
70	30.2	38.5	230	326	415
75	34.7	44.2	240	355	452
80	39.5	50.2	250	385	491
85	44.5	56.7	260	417	531
90	49.9	63.6	270	449	572
95	55.6	70.8	280	483	615
100	61.7	78.5	290	518	660
105	68.0	86.5	300	555	707
110	74.6	95.0	310	592	754
115	81.5	104	320	631	804
120	88.8	113	330	671	855
125	96.3	123	340	712	908
130	104	133	350	755	962
135	112	143	360	799	1017
140	121	154	370	844	1075
145	130	165	380	890	1134
150	139	177	390	937	1194
160	158	201	400	986	1256
170	178	227	—	—	—

注：表中的理论重量是按密度 7.85g/cm^3 计算。高合金钢计算理论重量时，应采用相应牌号的密度。

2. 扁钢的尺寸及理论重量（见表 7-95）

表 7-95　扁钢的尺寸及理论重量（GB/T 908—2019）

公称宽度 b/mm	公称厚度 t/mm																					
	20	25	30	35	40	45	50	55	60	65	70	75	80	85	90	100	110	120	130	140	150	160
	理论重量/(kg/m)																					
40	6.28	7.85	9.42																			
45	7.06	8.83	10.6																			
50	7.85	9.81	11.8	13.7	15.7																	
55	8.64	10.8	13.0	15.1	17.3																	
60	9.42	11.8	14.1	16.5	18.8	21.1	23.6															
65	10.2	12.8	15.3	17.8	20.4	23.0	25.5															
70	11.0	13.7	16.5	19.2	22.0	24.7	27.5	30.2	33.0													
75	11.8	14.7	17.7	20.6	23.6	26.5	29.4	32.4	35.3													
80	12.6	15.7	18.8	22.0	25.1	28.3	31.4	34.5	37.7	40.8	44.0											
90	14.1	17.7	21.2	24.7	28.3	31.8	35.3	38.8	42.4	45.9	49.4											
100	15.7	19.6	23.6	27.5	31.4	35.3	39.2	43.2	47.1	51.0	55.0	58.9	62.8	66.7								
110	17.3	21.6	25.9	30.2	34.5	38.8	43.2	47.5	51.8	56.1	60.4	64.8	69.1	73.4								
120	18.8	23.6	28.3	33.0	37.7	42.4	47.1	51.8	56.5	61.2	65.9	70.6	75.4	80.1								
130	20.4	25.5	30.6	35.7	40.8	45.9	51.0	56.1	61.2	66.3	71.4	76.5	81.6	86.7								
140	22.0	27.5	33.0	38.5	44.0	49.4	55.0	60.4	65.9	71.4	76.9	82.4	87.9	93.4	98.9	110						
150	23.6	29.4	35.3	41.2	47.1	53.0	58.9	64.8	70.7	76.5	82.4	88.3	94.2	100	106	118						
160	25.1	31.4	37.7	44.0	50.2	56.5	62.8	69.1	75.4	81.6	87.9	94.2	100	107	113	126	138	151				
170	26.7	33.4	40.0	46.7	53.4	60.0	66.7	73.4	80.1	86.7	93.4	100	107	113	120	133	147	160				
180	28.3	35.3	42.4	49.4	56.5	63.6	70.6	77.7	84.8	91.8	98.9	106	113	120	127	141	155	170	184	198		
190						67.1	74.6	82.0	89.5	96.9	104	112	119	127	134	149	164	179	194	209		
200						70.6	78.5	86.4	94.2	102	110	118	127	133	141	157	173	188	204	220		
210						74.2	82.4	90.7	98.9	107	115	124	132	140	148	165	181	198	214	231	247	264
220						77.7	86.4	95.0	103.6	112	121	130	138	147	155	173	190	207	224	242	259	276
230												135	144	153	162	180	199	217	235	253	271	289
240												141	151	160	170	188	207	226	245	264	283	301
250												147	157	167	177	196	216	235	255	275	294	314
260												153	163	173	184	204	224	245	265	286	306	326
280												165	176	187	198	220	242	264	286	308	330	352
300												177	188	200	212	236	259	283	306	330	353	377

注：表中的理论重量是按密度 7.85g/cm^3 计算。高合金钢计算理论重量时，应采用相应牌号的密度。

7.3.5 船用锚链圆钢

1. 船用锚链圆钢的牌号和化学成分（见表 7-96）

表 7-96 船用锚链圆钢的牌号和化学成分（GB/T 18669—2012）

牌号	化学成分(质量分数,%)								
	C	Si	Mn	P	S	Als	V	Nb	Ti
CM490	0.17~0.24	0.15~0.55	1.10~1.60	≤0.035	≤0.030	0.015	—	—	—
CM690[①]	0.27~0.33	0.15~0.55	1.30~1.90	≤0.035	≤0.030		≤0.10	≤0.05	≤0.02

注：1. 可测定总铝（Alt）含量代替酸溶铝（Als），此时总铝的质量分数不小于 0.020%。

2. 钢中允许加入 V、Nb、Ti 等微量元素。

① 可单独或以任一组合方式加入微量元素，含量需填入质量证明书。单独加入时，其含量应符合本表规定，混合加入两种或两种以上元素时，其总的质量分数不得大于 0.12%。

2. 船用锚链圆钢的力学性能及工艺性能（见表 7-97）

表 7-97 船用锚链圆钢的力学性能及工艺性能（GB/T 18669—2012）

牌号	拉伸性能				冲击性能		180°弯曲性能[①]	试料状态
	上屈服强度 R_{eH}/MPa	抗拉强度 R_m/MPa	断后伸长率 A(%)	断面收缩率 Z(%)	温度/℃	冲击吸收能量 KV_2/J		
CM490	≥295	490~690	≥22	—	0	≥27	$d=1.5a$	热轧或热处理[②]
CM690	≥410	≥690	≥17	≥40	0[③]	≥60	—	热处理[②]
					-20	≥35	—	

注：d 为弯心直径，a 为试样厚度。

① 直径不小于 25mm 圆钢弯曲试验，如试样不经切削则弯心直径应较表中所列数据再加一个 a。当供方可保证弯曲试验合格时，可不做检验。

② 试料热处理可为正火、正火+回火或淬火+回火任一种。

③ 冲击试验温度应在订货时注明，未注明时做 0℃ 冲击试验。

7.3.6 汽车调质曲轴用热轧钢棒

1. 汽车调质曲轴用热轧钢棒的力学性能（见表 7-98）

表 7-98 汽车调质曲轴用热轧钢棒的力学性能（GB/T 24595—2020）

牌号	推荐的热处理工艺			力学性能				
	正火	淬火	回火	下屈服强度 R_{eL}/MPa	抗拉强度 R_m/MPa	断后伸长率 A(%)	断面收缩率 Z(%)	冲击吸收能量 KU_2/J
				≥				
45[①] 45S[①]	850℃±30℃空气	840℃±20℃油	600℃±50℃油	355	600	16	40	39
40Cr 40CrS	—	850℃±15℃油	520℃±50℃水、油	785	980	9	45	47
42CrMo 42CrMoS	—	850℃±15℃油	560℃±50℃水、油	930	1080	12	45	63

① 用于拉伸毛坯制成的试样采用正火处理工艺，用于冲击毛坯制成的试样采用调质处理工艺。

2. 汽车调质曲轴用热轧钢棒交货状态的硬度（见表 7-99）

表 7-99　汽车调质曲轴用热轧钢棒交货状态的硬度（GB/T 24595—2020）

牌号	硬度 HBW
45、45S、40Cr、40CrS	≤300
42CrMo、42CrMoS	≤320

7.3.7　汽车用易切削非调质钢棒

1. 汽车用易切削非调质钢棒的牌号和化学成分（见表 7-100）

表 7-100　汽车用易切削非调质钢棒的牌号和化学成分（YB/T 4985—2022）

牌号	化学成分（质量分数，%）									
	C	Si	Mn	P	S	Cr	Ni	Cu	Mo	V
F19MnVS	0.15~0.22	0.15~0.80	1.15~1.60	≤0.025	0.020~0.065	≤0.30	≤0.25	≤0.20	≤0.05	0.08~0.20
F30MnVS	0.26~0.33	0.15~0.80	1.15~1.60	≤0.025	0.020~0.065	≤0.30	≤0.25	≤0.20	≤0.05	0.08~0.20
F38MnS	0.32~0.41	0.15~0.80	1.15~1.60	≤0.025	0.020~0.065	≤0.30	≤0.25	≤0.20	≤0.05	—
F38MnVS	0.32~0.41	0.15~0.80	1.15~1.60	≤0.025	0.020~0.065	≤0.30	≤0.25	≤0.20	≤0.05	0.08~0.20
F40MnVS	0.37~0.44	0.15~0.80	1.15~1.60	≤0.025	0.020~0.065	≤0.30	≤0.25	≤0.20	≤0.05	0.08~0.20
F45MnVS	0.42~0.49	0.15~0.80	1.15~1.60	≤0.025	0.020~0.065	≤0.30	≤0.25	≤0.20	≤0.05	0.08~0.20
F49MnVS	0.44~0.52	0.15~0.80	0.70~1.10	≤0.025	0.020~0.065	≤0.30	≤0.25	≤0.20	≤0.05	0.08~0.20

2. 汽车用易切削非调质钢棒的力学性能（见表 7-101）

表 7-101　汽车用易切削非调质钢棒的力学性能（YB/T 4985—2022）

牌号	下屈服强度 R_{eL}/MPa	抗拉强度 R_m/MPa	断后伸长率 A(%)	断面收缩率 Z(%)	冲击吸收能量 KU_2/J
F19MnVS	≥390	≥600	≥16	≥32	≥60
F30MnVS	≥450	≥700	≥14	≥30	≥42
F38MnS	≥450	≥750	≥14	≥30	≥20
F38MnVS	≥520	≥800	≥12	≥25	≥35
F40MnVS	≥550	≥820	≥12	≥25	≥30
F45MnVS	≥580	≥850	≥10	≥20	≥28
F49MnVS	≥450	≥780	≥8	≥20	≥24

注：公称直径≤60mm 的直接切削加工用钢棒，其力学性能应符合表中的规定；公称直径>60~100mm 的钢棒，允许其断后伸长率、断面收缩率较表中的规定绝对值分别降低 1%、5%；公称直径>100~150mm 的钢棒，允许其断后伸长率、断面收缩率较表中的规定绝对值分别降低 2%、10%；公称直径>150~180mm 的钢棒，允许其断后伸长率、断面收缩率较表中的规定绝对值分别降低 3%、15%。

7.3.8　预应力混凝土用钢棒

1. 预应力混凝土用钢棒的规格

（1）预应力混凝土用光圆钢棒的规格（见表 7-102）

表 7-102　预应力混凝土用光圆钢棒的规格（GB/T 5223.3—2017）

公称直径 D_n/mm	直径允许偏差/mm	公称截面面积 S_n/mm²	每米理论重量/(g/m)
6	±0.10	28.3	222
7		38.5	302
8		50.3	395

（续）

公称直径 D_n/mm	直径允许偏差/mm	公称截面面积 S_n/mm^2	每米理论重量/(g/m)
9	±0.12	63.6	499
10		78.5	616
11		95.0	746
12		113	887
13		133	1044
14		154	1209
15		177	1389
16		201	1578

注：每米理论重量=公称截面面积×钢的密度，计算钢棒每米理论重量时钢的密度为7.85g/cm³。

（2）预应力混凝土用螺旋槽钢棒的规格（见表7-103）

表7-103　预应力混凝土用螺旋槽钢棒的规格（GB/T 5223.3—2017）

公称直径 D_n/mm	公称截面面积 S_n/mm^2	每米理论重量/(g/m)	每米长度重量/(g/m)		螺旋槽数量/条	外轮廓直径及偏差		螺旋槽尺寸				导程及偏差	
			最大	最小		直径 D/mm	偏差/mm	深度 a/mm	偏差/mm	宽度 b/mm	偏差/mm	导程 c/mm	偏差/mm
7.1	40	314	327	306	3	7.25	±0.15	0.20	±0.10	1.70	±0.10	公称直径的10倍	±10
9.0	64	502	522	490	6	9.25	±0.20	0.30		1.50			
10.7	90	707	735	689	6	11.10		0.30		2.00			
12.6	125	981	1021	957	6	13.10		0.45	±0.15	2.20			
14.0	154	1209	1257	1179	6	14.30	±0.25	0.45		2.30			

（3）预应力混凝土用螺旋肋钢棒的规格（见表7-104）

表7-104　预应力混凝土用螺旋肋钢棒的规格（GB/T 5223.3—2017）

公称直径 D_n/mm	公称截面面积 S_n/mm^2	每米理论重量/(g/m)	每米长度重量/(g/m)		螺旋肋数量/条	基圆尺寸		外轮廓尺寸		单肋尺寸	螺旋肋导程 c/mm
			最大	最小		基圆直径 D_1/mm	偏差/mm	外轮廓直径 D/mm	偏差/mm	宽度 a/mm	
6	28.3	222	231	217	4	5.80	±0.10	6.30	±0.15	2.20~2.60	40~50
7	38.5	302	314	295		6.73		7.46		2.60~3.00	50~60
8	50.3	395	411	385		7.75		8.45		3.00~3.40	60~70
9	63.6	499	519	487		8.75	±0.15	9.45	±0.20	3.40~3.80	65~75
10	78.5	616	641	601		9.75		10.45		3.60~4.20	70~85
11	95.0	746	776	727		10.75		11.45		4.00~4.60	75~90
12	113	887	923	865		11.70		12.50		4.20~5.00	85~100
13	133	1044	1086	1018		12.75		13.45		4.60~5.40	95~110
14	154	1209	1257	1179		13.75		14.40		5.00~5.80	100~115
16	201	1578	1641	1538		15.75	±0.05	16.70	±0.10	3.50~4.50	65~75
18	254	1994	2074	1944		17.68	±0.06	18.68	±0.12	4.00~5.00	80~90
20	314	2465	2563	2403		19.62	±0.08	20.82	±0.16	4.50~5.50	90~100
22	380	2983	3102	2908		21.60	±0.10	23.20	±0.20	5.50~6.50	100~110

注：16~22mm预应力螺旋肋钢棒主要用于矿山支护用钢棒。

（4）预应力混凝土用有纵肋带肋钢棒的规格（见表7-105）

表 7-105　预应力混凝土用有纵肋带肋钢棒的规格（GB/T 5223.3—2017）

公称直径 D_n/mm	公称截面面积 S_n/mm²	每米理论重量/(g/m)	每米长度重量/(g/m)		内径 d		横肋高 h		纵肋高 h_1		横肋宽 b/mm	纵肋宽 a/mm	间距 L		横肋末端最大间隙（公称周长的10%弦长）/mm
			最大	最小	公称尺寸/mm	偏差/mm	公称尺寸/mm	偏差/mm	公称尺寸/mm	偏差/mm			公称尺寸/mm	偏差/mm	
6	28.3	222	231	217	5.8	±0.4	0.5	±0.3	0.6	±0.3	0.4	1.0	4.0		1.8
8	50.3	395	411	385	7.7		0.7	+0.4 −0.3	0.8	±0.5	0.6	1.2	5.5		2.5
10	78.5	616	641	601	9.6	±0.5	1.0	±0.4	1.0	±0.6	1.0	1.5	7.0	±0.5	3.1
12	113	887	923	865	11.5		1.2	+0.4 −0.5	1.2	±0.8	1.2	1.5	8.0		3.7
14	154	1209	1257	1179	13.4		1.4		1.4		1.2	1.8	9.0		4.3
16	201	1578	1641	1538	15.4		1.5		1.5		1.2	1.8	10.0		5.0

注：1. 纵肋斜角 θ 为 0°~30°。
　　2. 尺寸 a、b 为参考数据。

(5) 预应力混凝土用无纵肋带肋钢棒的规格（见表 7-106）

表 7-106　预应力混凝土用无纵肋带肋钢棒的规格（GB/T 5223.3—2017）

公称直径 D_n/mm	公称截面面积 S_n/mm²	每米理论重量/(g/m)	每米长度重量/(g/m)		垂直内径 d_1		水平内径 d_2		横肋高 b		横肋宽 b/mm	间距 L	
			最大	最小	公称尺寸/mm	偏差/mm	公称尺寸/mm	偏差/mm	公称尺寸/mm	偏差/mm		公称尺寸/mm	偏差/mm
6	28.3	222	231	217	5.7	±0.4	6.2	±0.4	0.5	±0.3	0.4	4.0	
8	50.3	395	411	385	7.5		8.3		0.7	+0.4 −0.3	0.6	5.5	
10	78.5	616	641	601	9.4	±0.5	10.3	±0.5	1.0	±0.4	1.0	7.0	±0.5
12	113	887	923	865	11.3		12.3		1.2	+0.4 −0.5	1.2	8.0	
14	154	1209	1257	1179	13.0		14.3		1.4		1.2	9.0	
16	201	1578	1641	1538	15.0		16.3		1.5		1.2	10.0	

注：尺寸 b 为参考数据。

2. 预应力混凝土用钢棒的力学性能和工艺性能（见表 7-107）

表 7-107　预应力混凝土用钢棒的力学性能和工艺性能（GB/T 5223.3—2017）

表面形状类型	公称直径 D_n/mm	抗拉强度 R_m/MPa ≥	规定塑性延伸强度 $R_{p0.2}$/MPa ≥	弯曲性能		应力松弛性能	
				性能要求	弯曲半径/mm	初始应力为公称抗拉强度的百分数(%)	1000h 应力松弛率 r(%) ≤
光圆	6	1080	930	反复弯曲不小于 4 次	15	60	1.0
	7	1230	1080		20	70	2.0
	8	1420	1280		20	80	4.5
	9	1570	1420		25		
	10				25		
	11			弯曲 160°~180° 后弯曲处无裂纹	弯曲压头直径为钢棒公称直径的 10 倍		
	12						
	13						
	14						
	15						
	16						

（续）

表面形状类型	公称直径 D_n/mm	抗拉强度 R_m/MPa ≥	规定塑性延伸强度 $R_{p0.2}$/MPa ≥	弯曲性能		应力松弛性能	
				性能要求	弯曲半径/mm	初始应力为公称抗拉强度的百分数(%)	1000h 应力松弛率 r(%) ≤
螺旋槽	7.1	1080	930	—		60	1.0
	9.0	1230	1080			70	2.0
	10.7	1420	1280			80	4.5
	12.6	1570	1420				
	14.0						
螺旋肋	6	1080	930	反复弯曲不小于4次/180°	15		
	7	1230	1080		20		
	8	1420	1280		20		
	9	1570	1420		25		
	10				25		
	11			弯曲160°~180°后弯曲处无裂纹	弯曲压头直径为钢棒公称直径的10倍		
	12						
	13						
	14						
	16	1080	930				
	18	1270	1140				
	20						
	22						
带肋钢棒	6	1080	930				
	8	1230	1080				
	10	1420	1280				
	12	1570	1420				
	14						
	16						

7.4 钢板和钢带

7.4.1 冷轧钢板和钢带的规格及重量

1. 冷轧钢板和钢带尺寸精度的代号（见表 7-108）

表 7-108 冷轧钢板和钢带尺寸精度的代号（GB/T 708—2019）

产品形态	边缘状态	分类及代号							
		厚度精度		宽度精度		长度精度		平面度精度	
		普通	较高	普通	较高	普通	较高	普通	较高
宽钢带	不切边 EM	PT. A	PT. B	—	—	—	—	—	—
	切边 EC	PT. A	PT. B	PW. A	PW. B	—	—	—	—
钢板	不切边 EM	PT. A	PT. B	—	—	PL. A	PL. B	PF. A	PF. B
	切边 EC	PT. A	PT. B	PW. A	PW. B	PL. A	PL. B	PF. A	PF. B
纵切钢带	切边 EC	PT. A	PT. B	PW. A	PW. B	—	—	—	—

2. 冷轧钢板和钢带的厚度允许偏差（见表 7-109）

表 7-109　冷轧钢板和钢带的厚度允许偏差（GB/T 708—2019）　　（单位：mm）

公称厚度	厚度允许偏差					
	普通精度 PT. A			较高精度 PT. B		
	公称宽度			公称宽度		
	≤1200	>1200~1500	>1500	≤1200	>1200~1500	>1500
最小屈服强度 R_{eL}<260MPa 钢板和钢带						
≤0.40	±0.03	±0.04	±0.05	±0.020	±0.025	±0.030
>0.40~0.60	±0.03	±0.04	±0.05	±0.025	±0.030	±0.035
>0.60~0.80	±0.04	±0.05	±0.06	±0.030	±0.035	±0.040
>0.80~1.00	±0.05	±0.06	±0.07	±0.035	±0.040	±0.050
>1.00~1.20	±0.06	±0.07	±0.08	±0.040	±0.050	±0.060
>1.20~1.60	±0.08	±0.09	±0.10	±0.050	±0.060	±0.070
>1.60~2.00	±0.10	±0.11	±0.12	±0.060	±0.070	±0.080
>2.00~2.50	±0.12	±0.13	±0.14	±0.080	±0.090	±0.100
>2.50~3.00	±0.15	±0.15	±0.16	±0.100	±0.110	±0.120
>3.00~4.00	±0.16	±0.17	±0.19	±0.120	±0.130	±0.140
最小屈服强度 R_{eL} 为 260~<340MPa 钢板和钢带						
≤0.40	±0.04	±0.05	±0.06	±0.025	±0.030	±0.035
>0.40~0.60	±0.04	±0.05	±0.06	±0.030	±0.035	±0.040
>0.60~0.80	±0.05	±0.06	±0.07	±0.035	±0.040	±0.050
>0.80~1.00	±0.06	±0.07	±0.08	±0.040	±0.050	±0.060
>1.00~1.20	±0.07	±0.08	±0.10	±0.050	±0.060	±0.070
>1.20~1.60	±0.09	±0.11	±0.12	±0.060	±0.070	±0.080
>1.60~2.00	±0.12	±0.13	±0.14	±0.070	±0.080	±0.100
>2.00~2.50	±0.14	±0.15	±0.16	±0.100	±0.110	±0.120
>2.50~3.00	±0.17	±0.18	±0.18	±0.120	±0.130	±0.140
>3.00~4.00	±0.18	±0.19	±0.20	±0.140	±0.150	±0.160
最小屈服强度 R_{eL} 为 340~420MPa 钢板和钢带						
≤0.40	±0.04	±0.05	±0.06	±0.030	±0.035	±0.040
>0.40~0.60	±0.05	±0.06	±0.07	±0.035	±0.040	±0.050
>0.60~0.80	±0.06	±0.07	±0.08	±0.040	±0.050	±0.060
>0.80~1.00	±0.07	±0.08	±0.10	±0.050	±0.060	±0.070
>1.00~1.20	±0.09	±0.10	±0.11	±0.060	±0.070	±0.080
>1.20~1.60	±0.11	±0.12	±0.14	±0.070	±0.080	±0.100
>1.60~2.00	±0.14	±0.15	±0.17	±0.080	±0.100	±0.110
>2.00~2.50	±0.16	±0.18	±0.19	±0.110	±0.120	±0.130
>2.50~3.00	±0.20	±0.20	±0.21	±0.130	±0.140	±0.150
>3.00~4.00	±0.22	±0.22	±0.23	±0.150	±0.160	±0.170
最小屈服强度 R_{eL}>420MPa 钢板和钢带						
≤0.40	±0.05	±0.06	±0.07	±0.035	±0.040	±0.050
>0.40~0.60	±0.05	±0.07	±0.08	±0.040	±0.050	±0.060
>0.60~0.80	±0.06	±0.08	±0.10	±0.050	±0.060	±0.070
>0.80~1.00	±0.08	±0.10	±0.11	±0.060	±0.070	±0.080
>1.00~1.20	±0.10	±0.11	±0.13	±0.070	±0.080	±0.100
>1.20~1.60	±0.13	±0.14	±0.16	±0.080	±0.100	±0.110
>1.60~2.00	±0.16	±0.17	±0.19	±0.100	±0.110	±0.130
>2.00~2.50	±0.19	±0.20	±0.22	±0.130	±0.140	±0.160
>2.50~3.00	±0.22	±0.23	±0.24	±0.160	±0.170	±0.180
>3.00~4.00	±0.25	±0.26	±0.27	±0.190	±0.200	±0.210

3. 冷轧钢板和钢带的宽度允许偏差

（1）切边钢板、宽钢带的宽度允许偏差（见表 7-110）

表 7-110　切边钢板、宽钢带的宽度允许偏差（GB/T 708—2019）

公称宽度/mm	宽度允许偏差/mm	
	普通精度 PW. A	较高精度 PW. B
≤1200	+4 0	+2 0
>1200～1500	+5 0	+2 0
>1500	+6 0	+3 0

（2）纵切钢带的宽度允许偏差（见表 7-111）

表 7-111　纵切钢带的宽度允许偏差（GB/T 708—2019）　　（单位：mm）

公称宽度	宽度允许偏差							
	普通精度 PW. A				较高精度 PW. B			
	公称厚度							
	<0.60	0.60～<1.00	1.00～<2.00	2.00～4.00	<0.60	0.60～<1.00	1.00～<2.00	2.00～4.00
<125	+0.4 0	+0.5 0	+0.6 0	+0.7 0	+0.2 0	+0.2 0	+0.3 0	+0.4 0
125～<250	+0.5 0	+0.6 0	+0.8 0	+1.0 0	+0.2 0	+0.3 0	+0.4 0	+0.5 0
250～<400	+0.7 0	+0.9 0	+1.1 0	+1.3 0	+0.3 0	+0.4 0	+0.5 0	+0.6 0
400～<600	+1.0 0	+1.2 0	+1.4 0	+1.6 0	+0.5 0	+0.6 0	+0.7 0	+0.8 0

注：宽度不小于 600mm 的纵切钢带宽度允许偏差应符合表 7-110 的规定。

4. 钢板的长度允许偏差（见表 7-112）

表 7-112　钢板的长度允许偏差（GB/T 708—2019）　　（单位：mm）

公称长度	长度允许偏差	
	普通精度 PL. A	较高精度 PL. B
≤2000	+6 0	+3 0
>2000	+0.3%×公称长度 0	+0.15%×公称长度 0

5. 钢板的平面度（见表 7-113）

表 7-113　钢板的平面度（GB/T 708—2019）

规定的最小屈服强度 R_{eL}/MPa	公称宽度/mm	平面度误差/mm ≤					
		普通精度 PF. A			较高精度 PF. B		
		公称厚度/mm					
		<0.70	0.70～<1.20	≥1.20	<0.70	0.70～<1.20	≥1.20
<260	<600	7	6	5	4	3	2
	600～<1200	10	8	7	5	4	3
	1200～<1500	12	10	8	6	5	4
	≥1500	17	15	13	8	7	6

（续）

规定的最小屈服强度 R_{eL}/MPa	公称宽度/mm	平面度误差/mm ≤					
		普通精度 PF. A			较高精度 PF. B		
		公称厚度/mm					
		<0.70	0.70~<1.20	≥1.20	<0.70	0.70~<1.20	≥1.20
260~<340	<600	协议					
	600~<1200	13	10	8	8	6	5
	1200~<1500	15	13	11	9	8	6
	≥1500	20	19	17	12	10	9

7.4.2 热轧钢板和钢带的规格及重量

1. 热轧钢板和钢带的分类和代号（见表 7-114）

表 7-114 热轧钢板和钢带的分类和代号（GB/T 709—2019）

分类方法	类别	代号
按边缘状态分类	切边	EC
	不切边	EM
按厚度偏差种类分类	N 类偏差（上偏差和下偏差相等）	
	A 类偏差（按公称厚度规定下偏差）	
	B 类偏差（固定下偏差为-0.30mm）	
	C 类偏差（固定下偏差为 0.00mm）	
按厚度精度分类	普通厚度等级	PT. A
	较高厚度等级	PT. B
按平面度精度分类	普通平面度精度	PF. A
	较高平面度精度	PF. B

2. 热轧钢板和钢带的公称尺寸（见表 7-115）

表 7-115 热轧钢板和钢带的公称尺寸（GB/T 709—2019）

产品名称	公称厚度/mm	公称宽度/mm	公称长度/mm
单轧钢板	3.00~450	600~5300	2000~25000
宽钢带	≤25.40	600~2200	—
连轧钢板	≤25.40	600~2200	2000~25000
纵切钢带	≤25.40	120~900	—

3. 单轧钢板和钢带的厚度允许偏差

（1）单轧钢板的厚度允许偏差（见表 7-116）

表 7-116 单轧钢板的厚度允许偏差（GB/T 709—2019） （单位：mm）

公称厚度	下列公称宽度的厚度允许偏差															
	≤1500				>1500~2500				>2500~4000				>4000~5300			
	N 类	A 类	B 类	C 类	N 类	A 类	B 类	C 类	N 类	A 类	B 类	C 类	N 类	A 类	B 类	C 类
3.00~5.00	±0.45	+0.55 -0.35	+0.60	+0.90	±0.55	+0.70 -0.40	+0.80	+1.10	±0.65	+0.85 -0.45	+1.00	+1.30	—	—	—	—
>5.00~8.00	±0.50	+0.65 -0.35	+0.70	+1.00	±0.60	+0.75 -0.45	+0.90	+1.20	±0.75	+0.95 -0.55	+1.20	+1.50	—	—	—	—
>8.00~15.0	±0.55	+0.70 -0.40	+0.80	+1.10	±0.65	+0.85 -0.45	+1.00	+1.30	±0.80	+1.05 -0.55	+1.30	+1.60	±0.90	+1.20 -0.60	+1.50	+1.80

（续）

公称厚度	下列公称宽度的厚度允许偏差															
	≤1500				>1500~2500				>2500~4000				>4000~5300			
	N类	A类	B类	C类	N类	A类	B类	C类	N类	A类	B类	C类	N类	A类	B类	C类
>15.0~25.0	±0.65	+0.85 -0.45	+1.00	+1.30	±0.75	+1.00 -0.50	+1.20	+1.50	±0.90	+1.15 -0.65	+1.50	+1.80	±1.10	+1.50 -0.70	+1.90	+2.20
>25.0~40.0	±0.70	+0.90 -0.50	+1.10	+1.40	±0.80	+1.05 -0.55	+1.30	+1.60	±1.00	+1.30 -0.70	+1.70	+2.00	±1.20	+1.60 -0.80	+2.10	+2.40
>40.0~60.0	±0.80	+1.05 -0.55	+1.30	+1.60	±0.90	+1.20 -0.60	+1.50	+1.80	±1.10	+1.45 -0.75	+1.90	+2.20	±1.30	+1.70 -0.90	+2.30	+2.60
>60.0~100	±0.90	+1.20 -0.60	+1.50	+1.80	±1.10	+1.50 -0.70	+1.90	+2.20	±1.30	+1.75 -0.85	+2.30	+2.60	±1.50	+2.00 -1.00	+2.70	+3.00
>100~150	±1.20	+1.60 -0.80	+2.10	+2.40	±1.40	+1.90 -0.90	+2.50	+2.80	±1.60	+2.15 -1.05	+2.90	+3.20	±1.80	+2.40 -1.20	+3.30	+3.60
>150~200	±1.40	+1.90 -0.90	+2.50	+2.80	±1.60	+2.20 -1.00	+2.90	+3.20	±1.80	+2.45 -1.15	+3.30	+3.60	±1.90	+2.50 -1.30	+3.50	+3.80
>200~250	±1.60	+2.20 -1.00	+2.90	+3.20	±1.80	+2.40 -1.20	+3.30	+3.60	±2.00	+2.70 -1.30	+3.70	+4.00	±2.20	+3.00 -1.40	+4.10	+4.40
>250~300	±1.80	+2.40 -1.20	+3.30	+3.60	±2.00	+2.70 -1.30	+3.70	+4.00	±2.20	+2.95 -1.45	+4.10	+4.40	±2.40	+3.20 -1.60	+4.50	+4.80
>300~400	±2.00	+2.70 -1.30	+3.70	+4.00	±2.20	+3.00 -1.40	+4.10	+4.40	±2.40	+3.25 -1.55	+4.50	+4.80	±2.60	+3.50 -1.70	+4.90	+5.20
>400~450	协议															

注：1. B类厚度允许下偏差统一为-0.30mm。
2. C类厚度允许下偏差统一为0.00mm。

（2）钢带（包括连轧钢板）的厚度允许偏差（见表7-117）

表7-117　钢带（包括连轧钢板）的厚度允许偏差（GB/T 709—2019）（单位：mm）

公称厚度	钢带厚度允许偏差							
	普通精度 PT. A				较高精度 PT. B			
	公称宽度				公称宽度			
	600~1200	>1200~1500	>1500~1800	>1800	600~1200	>1200~1500	>1500~1800	>1800
规定最小屈服强度 R_{eL}<360MPa 钢带（包括连轧钢板）								
≤1.50	±0.15	±0.17	—	—	±0.10	±0.12	—	—
>1.50~2.00	±0.17	±0.19	±0.21	—	±0.13	±0.14	±0.14	—
>2.00~2.50	±0.18	±0.21	±0.23	±0.25	±0.14	±0.15	±0.17	±0.20
>2.50~3.00	±0.20	±0.22	±0.24	±0.26	±0.15	±0.17	±0.19	±0.21
>3.00~4.00	±0.22	±0.24	±0.26	±0.27	±0.17	±0.18	±0.21	±0.22
>4.00~5.00	±0.24	±0.26	±0.28	±0.29	±0.19	±0.21	±0.22	±0.23
>5.00~6.00	±0.26	±0.28	±0.29	±0.31	±0.21	±0.22	±0.23	±0.25
>6.00~8.00	±0.29	±0.30	±0.31	±0.35	±0.23	±0.24	±0.25	±0.28
>8.00~10.00	±0.32	±0.33	±0.34	±0.40	±0.26	±0.26	±0.27	±0.32
>10.00~12.50	±0.35	±0.36	±0.37	±0.43	±0.28	±0.29	±0.30	±0.36
>12.50~15.00	±0.37	±0.38	±0.40	±0.46	±0.30	±0.31	±0.33	±0.39
>15.00~25.40	±0.40	±0.42	±0.45	±0.50	±0.32	±0.34	±0.37	±0.42
规定最小屈服强度 R_{eL}≥360MPa 钢带（包括连轧钢板）								
≤1.50	±0.17	±0.19	—	—	±0.11	±0.13	—	—
>1.50~2.00	±0.19	±0.21	±0.23	—	±0.14	±0.15	±0.15	—
>2.00~2.50	±0.20	±0.23	±0.25	±0.28	±0.15	±0.17	±0.19	±0.22
>2.50~3.00	±0.22	±0.24	±0.26	±0.29	±0.17	±0.19	±0.21	±0.23

（续）

公称厚度	钢带厚度允许偏差							
	普通精度 PT. A				较高精度 PT. B			
	公称宽度				公称宽度			
	600～1200	>1200～1500	>1500～1800	>1800	600～1200	>1200～1500	>1500～1800	>1800
规定最小屈服强度 R_{eL} ≥360MPa 钢带（包括连轧钢板）								
>3.00～4.00	±0.24	±0.26	±0.29	±0.30	±0.19	±0.20	±0.23	±0.24
>4.00～5.00	±0.26	±0.29	±0.31	±0.32	±0.21	±0.23	±0.24	±0.25
>5.00～6.00	±0.29	±0.31	±0.32	±0.34	±0.23	±0.24	±0.25	±0.28
>6.00～8.00	±0.32	±0.33	±0.34	±0.39	±0.25	±0.26	±0.28	±0.31
>8.00～10.00	±0.35	±0.36	±0.37	±0.44	±0.29	±0.29	±0.30	±0.35
>10.00～12.50	±0.39	±0.40	±0.41	±0.47	±0.31	±0.32	±0.33	±0.40
>12.50～15.00	±0.41	±0.42	±0.44	±0.51	±0.33	±0.34	±0.36	±0.43
>15.00～25.40	±0.44	±0.46	±0.50	±0.55	±0.35	±0.37	±0.41	±0.46

4. 钢板和钢带的宽度允许偏差

（1）切边单轧钢板的宽度允许偏差（见表 7-118）

表 7-118　切边单轧钢板的宽度允许偏差（GB/T 709—2019）

公称厚度/mm	公称宽度/mm	允许偏差/mm	
		下偏差	上偏差
3.00～16.0	≤1500	0	+10
	>1500	0	+15
>16.0～400	≤2000	0	+20
	>2000～3000	0	+25
	>3000	0	+30
>400～450		协议	

（2）宽钢带（包括连轧钢板）的宽度允许偏差（见表 7-119）

表 7-119　宽钢带（包括连轧钢板）的宽度允许偏差（GB/T 709—2019）

公称宽度/mm	允许偏差/mm	
	不切边	切边
≤1200	+20 0	+3 0
>1200～1500	+20 0	+5 0
>1500	+25 0	+6 0

（3）纵切钢带的宽度允许偏差（见表 7-120）

表 7-120　纵切钢带的宽度允许偏差（GB/T 709—2019）　　（单位：mm）

公称宽度	公称厚度		
	≤4.00	>4.00～8.00	>8.00
120～160	+1 0	+2 0	+2.5 0
>160～250	+1 0	+2 0	+2.5 0
>250～600	+2 0	+2.5 0	+3 0
>600～900	+2 0	+2.5 0	+3 0

5. 钢板的长度允许偏差（见表 7-121）

表 7-121 钢板的长度允许偏差（GB/T 709—2019）

类别	公称长度/mm	允许偏差/mm
单轧钢板	2000~4000①	+20 0
	>4000~6000①	+30 0
	>6000~8000①	+40 0
	>8000~10000	+50 0
	>10000~15000	+75 0
	>15000~20000	+100 0
	>20000	+0.005×公称长度 0
连轧钢板	≤2000	+10 0
	>2000~8000	+0.005×公称长度 0
	>8000	+40 0

① 公称厚度大于 60.0mm 的钢板，长度允许偏差为 $^{+50}_{0}$mm。

6. 钢板的平面度

(1) 单轧钢板的平面度（见表 7-122）

表 7-122 单轧钢板的平面度（GB/T 709—2019）

公称厚度/mm	平面度误差/mm							
	钢类 L				钢类 H			
	测量长度/mm							
	1000		2000		1000		2000	
	PF. A	PF. B	PF. A	PF. B	PF. A	PF. B	PF. A	PF. B
3.00~5.00	9	5	14	10	12	7	17	14
>5.00~8.00	8	5	12	10	11	7	15	13
>8.00~15.0	7	3	11	6	10	7	14	12
>15.0~25.0	7	3	10	6	10	7	13	11
>25.0~40.0	6	3	9	6	9	7	12	11
>40.0~250	5	3	8	6	8	6	12	10
>250~450	协议							

(2) 连轧钢板的平面度（见表 7-123）

表 7-123 连轧钢板的平面度（GB/T 709—2019）

公称厚度/mm	公称宽度/mm	平面度误差/mm ≤				
		规定的最小屈服强度 R_{eL}/MPa				
		≤300		>300		
		PF. A	PF. B	>300~360	>360~420	>420
≤2.00	≤1200	18	9	18	23	协议
	>1200~1500	20	10	23	30	
	>1500	25	13	28	38	

（续）

公称厚度/mm	公称宽度/mm	平面度误差/mm ≤				
		规定的最小屈服强度 R_{eL}/MPa				
		≤300		>300		
		PF. A	PF. B	>300~360	>360~420	>420
>2. 00~25. 4	≤1200	15	8	18	23	按协议
	>1200~1500	18	9	23	30	
	>1500	23	12	28	38	

7.4.3 碳素结构钢冷轧钢板和钢带

碳素结构钢冷轧钢板和钢带的力学性能见表 7-124。

表 7-124 碳素结构钢冷轧钢板和钢带的力学性能（GB/T 11253—2019）

牌号	下屈服强度 R_{eL}①/MPa	抗拉强度 R_m/MPa	断后伸长率②(%)	
			A_{50mm}	A_{80mm}
Q195	≥195	315~430	≥26	≥24
Q215	≥215	335~450	≥24	≥22
Q235	≥235	370~500	≥22	≥20
Q275	≥275	410~540	≥20	≥18
Q325	≥325	510~680	≥18	≥16

① 当屈服现象不明显时，可采用规定塑性延伸强度 $R_{p0.2}$ 代替。

② 需方应指明采用 A_{50mm} 或 A_{80mm}，未指明时，采用 A_{80mm}。

7.4.4 优质碳素结构钢冷轧钢板和钢带

优质碳素结构钢冷轧钢板和钢带的力学性能见表 7-125。

表 7-125 优质碳素结构钢冷轧钢板和钢带的力学性能（GB/T 13237—2013）

牌号	抗拉强度 R_m/MPa	以下公称厚度(mm)的断后伸长率(L_0=80mm, b=20mm) A_{80mm}(%)					
		≤0.6	>0.6~1.0	>1.0~1.5	>1.5~2.0	>2.0~2.5	>2.5
08Al	275~410	≥21	≥24	≥26	≥27	≥28	≥30
08	275~410	≥21	≥24	≥26	≥27	≥28	≥30
10	295~430	≥21	≥24	≥26	≥27	≥28	≥30
15	335~470	≥19	≥21	≥23	≥24	≥25	≥26
20	355~500	≥18	≥20	≥22	≥23	≥24	≥25
25	375~490	≥18	≥20	≥21	≥22	≥23	≥24
30	390~510	≥16	≥18	≥19	≥21	≥21	≥22
35	410~530	≥15	≥16	≥18	≥19	≥19	≥20
40	430~550	≥14	≥15	≥17	≥18	≥18	≥19
45	450~570	—	≥14	≥15	≥16	≥16	≥17
50	470~590	—	—	≥13	≥14	≥14	≥15
55	490~610	—	—	≥11	≥12	≥12	≥13
60	510~630	—	—	≥10	≥10	≥10	≥11
65	530~650	—	—	≥8	≥8	≥8	≥9
70	550~670	—	—	≥6	≥6	≥6	≥7

7.4.5 优质碳素结构钢热轧钢板和钢带

优质碳素结构钢热轧钢板和钢带的力学性能见表 7-126。

表 7-126 优质碳素结构钢热轧钢板和钢带的力学性能（GB/T 711—2017）

牌号	抗拉强度 R_m/MPa	断后伸长率 A(%)	牌号	抗拉强度 R_m/MPa	断后伸长率 A(%)
	≥			≥	
08	325	33	65①	695	10
08Al	325	33	70①	715	9
10	335	32	20Mn	450	24
15	370	30	25Mn	490	22
20	410	28	30Mn	540	20
25	450	24	35Mn	560	18
30	490	22	40Mn	590	17
35	530	20	45Mn	620	15
40	570	19	50Mn	650	13
45	600	17	55Mn	675	12
50	625	16	60Mn①	695	11
55①	645	13	65Mn①	735	9
60①	675	12	70Mn①	785	8

注：热处理指正火、退火或高温回火。

① 经供需双方协议，单张轧制钢板也可以热轧状态交货，以热处理样坯测定力学性能。

7.4.6 合金结构钢热轧钢板和钢带

合金结构钢热轧钢板和钢带退火状态的力学性能见表 7-127。

表 7-127 合金结构钢热轧钢板和钢带退火状态的力学性能（GB/T 11251—2020）

牌号	力学性能		牌号	力学性能	
	抗拉强度 R_m/MPa	断后伸长率 A①(%) ≥		抗拉强度 R_m/MPa	断后伸长率 A①(%) ≥
45Mn2	600～850	13	30Cr	500～700	19
27SiMn	550～800	18	35Cr	550～750	18
40B	500～700	20	40Cr	550～800	16
45B	550～750	18	20CrMnSi	450～700	21
50B	550～750	16	25CrMnSi	500～700	20
15Cr	400～600	21	30CrMnSi	550～750	19
20Cr	400～650	20	35CrMnSi	600～800	16

注：本表适用于厚度不大于 100mm 的钢板。厚度大于 100mm 的钢板，其力学性能由供需双方协商。

① 厚度>20～100mm 的钢板，厚度每增加 1mm，断后伸长率允许较规定降低 0.25%（绝对值），但不应超过 5%（绝对值）。

7.4.7 弹簧钢热轧钢板和钢带

1. 弹簧钢热轧钢板和钢带退火状态的力学性能（见表 7-128）

表 7-128 弹簧钢热轧钢板和钢带退火状态的力学性能（GB/T 3279—2023）

牌号	抗拉强度 R_m/MPa	断后伸长率 $A_{11.3}$(%)	抗拉强度 R_m/MPa	断后伸长率 A(%)
	公称厚度<3.0mm		公称厚度≥3.0mm	
85	≤800	≥10	≤785	≥10
65Mn	≤850	≥12	≤850	≥12
60Si2Mn	≤950	≥13	≤930	≥13
60Si2CrV	≤1100	≥12	≤1080	≥12
50CrV	≤950	≥12	≤930	≥12

2. 弹簧钢热轧钢板和钢带退火状态的硬度（见表7-129）

表7-129　弹簧钢热轧钢板和钢带退火状态的硬度（GB/T 3279—2023）

牌号	软化退火硬度 HV	球化退火硬度 HV	牌号	软化退火硬度 HV	球化退火硬度 HV
65	≤245	≤220	55CrMn	≤250	≤230
70	≤250	≤230	60CrMn	≤255	≤230
80	≤250	≤230	50CrVA	≤250	≤230
85	≤255	≤230	55SiCrV	≤250	≤230
65Mn	≤250	≤230	60Si2CrV	≤255	≤230
70Mn	≤255	≤230	51CrMnV	≤255	≤230
60Si2Mn	≤255	≤230	60CrMnMo	≤260	≤230
55SiCr	≤250	≤230	52CrMnMoV	≤260	≤230
60Si2Cr	≤255	≤230	30W4Cr2V	≤265	≤230

3. 弹簧钢热轧钢板和钢带的力学性能（见表7-130）

表7-130　弹簧钢热轧钢板和钢带的力学性能（GB/T 3279—2023）

牌号	热处理工艺①			力学性能		
	淬火温度/℃	淬火冷却介质	回火温度/℃	抗拉强度 R_m/MPa	下屈服强度② R_{eL}/MPa	断后伸长率 A(%)
				≥		
65	840	油	500	980	785	12
70	830	油	480	1030	835	11
80	820	油	480	1080	930	8
85	820	油	480	1130	980	8
65Mn	830	油	540	980	785	11
70Mn③	—	—	—	785	450	8.0
60Si2Mn	870	油	440	1570	1375	6.6
55SiCr	860	油	450	1450	1300	6.0
60Si2Cr	870	油	420	1765	1570	6.0
55CrMn	840	油	485	1225	1080	9.0
60CrMn	840	油	490	1225	1080	9.0
50CrVA	850	油	500	1275	1130	10.0
55SiCrV	860	油	400	1650	1600	5.0
60Si2CrV	850	油	410	1860	1665	6.0
51CrMnV	850	油	450	1350	1200	6.0
60CrMnMo	860	油	450	1450	1300	6.0
52CrMnMoV	860	油	450	1450	1300	6.0
30W4Cr2V④	1075	油	600	1470	1325	7.0

① 热处理温度允许调整范围：淬火为±20℃；回火为±50℃。根据需方要求，回火可按±30℃进行。

② 当屈服现象不明显时，可用规定塑性延伸强度（$R_{p0.2}$）代替下屈服强度（R_{eL}）。

③ 70Mn 的推荐热处理工艺为：正火 790℃，允许调整范围为±30℃。

④ 30W4Cr2V 除抗拉强度外，其他力学性能指标供参考，不作为交货依据。

7.4.8　冷轧型钢用热连轧钢板和钢带

1. 冷轧型钢用热连轧钢板和钢带的牌号和化学成分（见表7-131）

表7-131　冷轧型钢用热连轧钢板和钢带的牌号和化学成分（GB/T 33162—2016）

牌号	统一数字代号	质量等级	化学成分（质量分数，%）													
			C	Si	Mn	P	S	Nb	V	Ti	Cr	Ni	Cu	Mo	B	Als
20-LW	U20203	—	0.17~0.23	0.17~0.37	0.35~0.65	0.030	0.020	—	—	—	0.25	0.30	0.25	—	—	—

（续）

牌号	统一数字代号	质量等级	化学成分(质量分数,%)													
			C	Si	Mn	P	S	Nb	V	Ti	Cr	Ni	Cu	Mo	B	Als
Q235-LW	U32352	B	0.18	0.30	1.20	0.030	0.025									
	U32353	C	0.16	0.30	1.20	0.025	0.020	—	—	—	—	—	—	—	—	—
	U32354	D	0.16	0.30	1.20	0.025	0.020									
Q345-LW	L13452	B	0.20	0.50	1.60	0.030	0.025	0.05	0.10	0.10	—	—	—	—	—	—
	L13453	C	0.18	0.50	1.60	0.025	0.020									≥0.015
	L13454	D	0.18	0.50	1.60	0.025	0.020									
	L13455	E	0.16	0.50	1.60	0.025	0.020									
Q390-LW	L13902	B	0.20	0.50	1.60	0.030	0.025	0.05	0.10	0.10	—	—	—	—	—	—
	L13903	C	0.18	0.50	1.60	0.025	0.020									≥0.015
	L13904	D	0.18	0.50	1.60	0.025	0.020									
	L13905	E	0.16	0.50	1.60	0.020	0.015									
Q420-LW	L14202	B	0.20	0.50	1.60	0.025	0.020	0.05	0.10	0.10	—	—	—	—	—	—
	L14203	C	0.18	0.50	1.60	0.025	0.020									≥0.015
	L14204	D	0.18	0.50	1.60	0.020	0.015									
	L14205	E	0.16	0.50	1.60	0.020	0.015									
Q460-LW	L14603	C	0.20	0.50	1.70	0.025	0.015	0.07	0.15	0.15	0.30	0.80	0.55	0.20	0.004	≥0.015
	L14604	D	0.20	0.50	1.70	0.025	0.015									
	L14605	E	0.18	0.50	1.70	0.020	0.015									
Q500-LW	L15003	C	0.18	0.50	1.70	0.020	0.015	0.07	0.15	0.20	0.60	0.80	0.55	0.20	0.004	≥0.015
	L14604	D	0.18	0.50	1.70	0.020	0.015									
	L14605	E	0.16	0.50	1.70	0.020	0.012									
Q550-LW	L15503	C	0.18	0.50	1.90	0.020	0.015	0.07	0.12	0.20	0.80	0.80	0.80	0.30	0.004	≥0.015
	L15504	D	0.18	0.50	1.90	0.020	0.015									
	L15505	E	0.16	0.50	1.90	0.020	0.012									
Q620-LW	L16203	C	0.18	0.50	1.90	0.020	0.015	0.09	0.12	0.20	0.80	0.80	0.80	0.30	0.004	≥0.015
	L16204	D	0.18	0.50	1.90	0.020	0.015									
	L16205	E	0.16	0.50	1.90	0.020	0.012									
Q690-LW	L16903	C	0.18	0.50	1.90	0.020	0.015	0.09	0.12	0.20	0.80	0.80	0.80	0.30	0.004	≥0.015
	L16904	D	0.18	0.50	1.90	0.020	0.015									
	L16905	E	0.16	0.50	1.90	0.020	0.012									
Q355NH-LW	L53552	—	0.16	0.50	0.50~1.50	0.025	0.015	0.06	0.12	0.10	0.40~0.80	0.65	0.25~0.55	—	—	—
Q420NH-LW①	L54202	—	0.12	0.65	1.10	0.025	0.015	0.06	0.12	0.10	0.30~1.25	0.12~0.65	0.20~0.55	—	—	—
Q460NH-LW①	L54602	—	0.12	0.65	1.50	0.025	0.015	0.06	0.12	0.10	0.30~1.25	0.12~0.65	0.20~0.55	—	—	—
Q500NH-LW①	L55002	—	0.12	0.65	2.00	0.025	0.015	0.06	0.12	0.10	0.30~1.25	0.12~0.65	0.20~0.55	—	—	—
Q550NH-LW①	L55502	—	0.16	0.65	2.00	0.025	0.015	0.06	0.12	0.10	0.30~1.25	0.12~0.65	0.20~0.55	—	—	—

注：1. 当用全铝（Alt）含量表示时，$w(\mathrm{Alt})$ 应不小于 0.020%。

2. 可添加其他微量元素，其含量应符合 GB/T 1591 的规定。

3. 表中所列成分除标明范围或最小值，其余均为最大值。

① 耐候系列钢的 Ni 含量下限可不做要求。

2. 冷轧型钢用热连轧钢板和钢带的力学性能和工艺性能（见表 7-132）

表 7-132 冷轧型钢用热连轧钢板和钢带的力学性能和工艺性能（GB/T 33162—2016）

牌号	拉伸性能					180°弯曲性能③
	以下公称厚度(mm)上屈服强度 R_{eH}①/MPa ≥		抗拉强度 R_m/MPa	屈强比② ≤	断后伸长率 A(%) ≥	
	≤16	>16~25.4				
Q235-LW	235	225	370~500	0.75	30	$D=0.5a$
Q345-LW	345	335	470~620	0.80	25	$D=1.5a$

（续）

牌号	拉伸性能					180°弯曲性能[3]
	以下公称厚度(mm)上屈服强度 R_{eH}[1]/MPa ≥		抗拉强度 R_m/MPa	屈强比[2] ≤	断后伸长率 A(%) ≥	
	≤16	>16~25.4				
Q390-LW	390	370	490~640	—	22	$D=2a$
Q420-LW	420	400	520~670	—	21	
Q460-LW	460	440	550~710	—	18	
Q500-LW	500	480	610~760	—	17	$D=3a$
Q550-LW	550	530	670~820	—	16	
Q620-LW	620	600	710~880	—	15	
Q690-LW	690	670	770~940	—	14	
Q355NH-LW	355	345	490~630	—	22	$D=a$
Q420NH-LW	420	410	520~680	—	20	
Q460NH-LW	460	450	570~730	—	20	
Q500NH-LW	500	490	600~760	—	18	
Q550NH-LW	550	540	620~780	—	16	

① 当屈服不明显时，可测量 $R_{p0.2}$ 代替上屈服强度 R_{eH}。屈服强度允许比规定值降低 20MPa。

② 屈强比仅供参考。

③ D 为弯曲压头直径，a 为试样厚度。

3. 冷轧型钢用热连轧钢板和钢带的冲击性能（见表 7-133）

表 7-133 冷轧型钢用热连轧钢板和钢带的冲击性能（GB/T 33162—2016）

牌号	质量等级	试验温度/℃	冲击吸收能量 KV_2/J ≥
Q235LW	B	20	34
	C	0	34
	D	-20	34
Q345LW Q390LW Q420LW	B	20	47
	C	0	47
	D	-20	47
	E	-40	47
Q460LW	C	0	47
	D	-20	47
	E	-40	47
Q500LW Q550LW Q620LW Q690LW	C	0	61
	D	-20	55
	E	-40	34
Q355NHLW Q420NHLW Q460NHLW Q500NHLW Q550NHLW	B	20	47
	C	0	34
	D	-20	34
	E	-40	27

7.4.9 改善成形性热轧高屈服强度钢板和钢带

1. 改善成形性热轧高屈服强度钢板和钢带的牌号和化学成分（见表 7-134）

表 7-134 改善成形性热轧高屈服强度钢板和钢带的牌号和化学成分（GB/T 31922—2015）

牌号	化学成分(熔炼分析，质量分数，%)									
	C	Mn	P	S	Cu	Alt	Ni	Cr	Mo	Nb+V+Ti
HSF325	≤0.15	≤1.65	≤0.025	≤0.025	≤0.20	≥0.015	≤0.20	≤0.15	≤0.05	≤0.22
HSF355										
HSF420										
HSF490										
HSF560										

2. 改善成形性热轧高屈服强度钢板和钢带的力学性能（见表 7-135）

表 7-135 改善成形性热轧高屈服强度钢板和钢带的力学性能（GB/T 31922—2015）

牌号	上屈服强度 R_{eH}[①]/MPa ≥	抗拉强度 R_m[②]/MPa ≥	断后伸长率 A[③](%) ≥			
			t<3mm		3mm≤t≤6mm	
			L_o=50mm, b=25mm	L_o=80mm, b=20mm	$L_o=5.65\sqrt{S_o}$	L_o=50mm, b=25mm
HSF325	325	410	22	20	25	24
HSF355	355	420	21	19	24	23
HSF420	420	480	18	16	21	20
HSF490	490	540	15	13	18	17
HSF560	560	610	12	10	15	14

注：拉伸试验取横向试样，b 为试样宽度，L_o 为试样标距，t 为钢材厚度。

① 当屈服现象不明显时，可采用规定总延伸强度 $R_{t0.5}$ 或规定塑性延伸强度 $R_{p0.2}$ 表示。

② 抗拉强度要求为参考值。

③ 对于厚度小于 3mm 的钢板和钢带，使用 L_o=50mm 或者 L_o=80mm。对于厚度大于或等于 3mm 且小于或等于 6mm 的，使用 $L_o=5.65\sqrt{S_o}$ 或者 L_o=50mm。在有争议的情况下，仲裁时采用 L_o=50mm。

7.4.10 汽车大梁用热轧钢板和钢带

1. 汽车大梁用热轧钢板和钢带的牌号和化学成分（见表 7-136）

表 7-136 汽车大梁用热轧钢板和钢带的牌号和化学成分（GB/T 3273—2015）

牌号	化学成分(质量分数,%)					
	C	Si	Mn	P	S	Als[①]
	≤					≥
370L	0.12	0.50	0.60	0.025	0.015	0.015
420L	0.12	0.50	1.50	0.025	0.015	0.015
440L	0.18	0.50	1.50	0.025	0.015	0.015
510L	0.20	0.50	1.60	0.025	0.015	0.015
550L	0.20	0.50	1.70	0.025	0.015	0.015
600L	0.12	0.50	1.80	0.025	0.015	0.015
650L	0.12	0.50	1.90	0.025	0.015	0.015
700L	0.12	0.60	2.00	0.025	0.015	0.015
750L	0.12	0.60	2.10	0.025	0.015	0.015
800L	0.12	0.60	2.20	0.025	0.015	0.015

① 当加入 Nb、V、Ti 等微合金元素足够量时，Al 含量可不做要求。当采用全铝（Alt）含量表示时，w(Alt) 应不小于 0.020%。

2. 汽车大梁用热轧钢板和钢带的力学性能和工艺性能（见表 7-137）

表 7-137 汽车大梁用热轧钢板和钢带的力学性能和工艺性能（GB/T 3273—2015）

牌号	拉伸性能				厚度≤12.0mm	厚度>12.0mm
	下屈服强度 R_{eL}[①]/MPa	抗拉强度 R_m/MPa	厚度<3.0mm	厚度≥3.0mm	180°弯曲性能[②]	
			A_{80mm}	A	弯曲压头直径 D	
			断后伸长率(%)			
370L	≥245	370~480	≥23	≥28	$D=0.5a$	$D=a$
420L	≥305	420~540	≥21	≥26	$D=0.5a$	$D=a$
440L	≥330	440~570	≥21	≥26	$D=0.5a$	$D=a$
510L	≥355	510~650	≥20	≥24	$D=a$	$D=2a$
550L	≥400	550~700	≥19	≥23	$D=a$	$D=2a$
600L	≥500	600~760	≥15	≥18	$D=1.5a$	$D=2a$
650L	≥550	650~820	≥13	≥16	$D=1.5a$	$D=2a$
700L	≥600	700~880	≥12	≥14	$D=2a$	$D=2.5a$
750L	≥650	750~950	≥11	≥13	$D=2a$	$D=2.5a$
800L	≥700	800~1000	≥10	≥12	$D=2a$	$D=2.5a$

注：拉伸试验和弯曲试验采用横向试样。

① 当屈服现象不明显时，可采用 $R_{p0.2}$ 代替 R_{eL}。700L、750L、800L 3 个牌号，当厚度大于 8.0mm 时，规定的最小下屈服强度允许下降 20MPa。

② a 为弯曲试样厚度，弯曲试样宽度 b≥35mm，仲裁试验时试样宽度为 35mm。

7.4.11 汽车车轮用热轧钢板和钢带

1. 汽车车轮用热轧钢板和钢带的牌号和化学成分（见表 7-138）

表 7-138 汽车车轮用热轧钢板和钢带的牌号和化学成分（YB/T 4151—2015）

牌号	化学成分(质量分数,%)					
	C	Si	Mn	P	S	Als①
	≤					≥
330CL	0.12	0.05	0.50	0.025	0.015	0.015
380CL	0.16	0.30	1.20	0.025	0.015	0.015
440CL	0.16	0.35	1.50	0.025	0.015	0.015
490CL	0.16	0.55	1.80	0.025	0.015	0.015
540CL	0.12	0.55	1.80	0.025	0.015	0.015
590CL	0.12	0.55	1.80	0.025	0.015	0.015
650CL	0.12	0.55	2.00	0.025	0.015	0.015

① 当采用全铝（Alt）含量表示时，w(Alt) 应不小于 0.020%。

2. 汽车车轮用热轧钢板和钢带的力学性能（见表 7-139）

表 7-139 汽车车轮用热轧钢板和钢带的力学性能（YB/T 4151—2015）

牌号	拉伸性能				180°弯曲性能② 弯曲压头直径 D
	下屈服强度 R_{eL}①/MPa ≥	抗拉强度 R_m/MPa	断后伸长率(%)		
			厚度<3mm A_{80mm} ≥	厚度≥3mm A ≥	
330CL	225	330~430	27	33	$D=0.5a$
380CL	235	380~480	23	28	$D=1a$
440CL	295	440~550	21	26	$D=1a$
490CL	325	490~600	20	24	$D=2a$
540CL	355	540~660	18	22	$D=2a$
590CL	420	590~710	17	20	$D=2a$
650CL	500	650~770	15	18	$D=2a$

注：拉伸试验和弯曲试验采用横向试样。

① 当屈服现象不明显时，可采用 $R_{p0.2}$ 代替 R_{eL}。

② a 为弯曲试样厚度，弯曲试样宽度 b=35mm。

7.4.12 耐火结构用钢板和钢带

1. 耐火结构用钢板和钢带的牌号和化学成分（见表 7-140）

表 7-140 耐火结构用钢板和钢带的牌号和化学成分（GB/T 28415—2023）

牌号		化学成分(质量分数,%)										
钢级	质量等级	C	Si	Mn	P	S	Mo	Cr	Nb①	V①	Ti①	Als②
		≤						≤				≥
Q235FR	B、C	0.20	0.35	1.30	0.025	0.015	0.10~0.50	0.75	0.05	0.10	0.05	0.015
	D、E	0.18			0.020							
Q355FR	B、C	0.20	0.55	1.60	0.025	0.015	0.15~0.90	0.75	0.10	0.15	0.05	0.015
	D、E	0.18			0.020							
Q390FR	B、C	0.20	0.55	1.60	0.025	0.015	0.15~0.90	0.75	0.10	0.20	0.05	0.015
	D、E	0.18			0.020							
Q420FR	B、C	0.20	0.55	1.70	0.025	0.015	0.20~0.90	0.75	0.10	0.20	0.05	0.015
	D、E	0.18			0.020							

（续）

牌号		化学成分（质量分数，%）										
钢级	质量等级	C	Si	Mn	P	S	Mo	Cr	Nb①	V①	Ti①	Als②
		≤						≤				≥
Q460FR	B、C	0.20	0.55	1.70	0.025	0.015	0.20~0.90	0.75	0.10	0.20	0.05	0.015
	D、E	0.18			0.020							
Q500FR	C	0.15	0.65	2.00	0.025	0.015	0.20~1.00	0.80	0.12	0.20	0.05	0.015
	D、E				0.020							
Q550FR	C	0.15	0.65	2.00	0.025	0.015	0.20~1.00	0.80	0.12	0.20	0.05	0.015
	D、E				0.020							
Q620FR	C	0.15	0.65	2.00	0.025	0.015	0.20~1.00	1.00	0.12	0.20	0.05	0.015
	D、E				0.020							
Q690FR	C	0.15	0.65	2.00	0.025	0.015	0.30~1.00	1.00	0.12	0.20	0.05	0.015
	D、E				0.020							

① 为改善钢的性能，可添加 Nb、V 和 Ti 中任一种或一种以上的合金元素，但 Nb、V、Ti 三种合金元素总的质量分数不应超过 0.22%。

② 允许用全铝含量（Alt）代替酸溶铝含量（Als），此时全铝（Alt）的质量分数应不小于 0.020%。如果钢中 Nb、V 或 Ti 任一种元素的最小的质量分数不低于 0.015%时，铝含量下限不适用。

2. 耐火结构用钢板和钢带的力学性能和工艺性能（见表 7-141）

表 7-141　耐火结构用钢板和钢带的力学性能和工艺性能（GB/T 28415—2023）

牌号		室温拉伸性能						180°弯曲性能②		冲击性能	
钢级	质量等级	上屈服强度 R_{eH} ①/MPa 公称厚度 t/mm				抗拉强度 R_m/MPa	断后伸长率 A③（%）	公称厚度 t/mm		试验温度/℃	冲击吸收能量 KV_2/J
		≤16	>16~63	>63~100	>100			≤16	>16		
Q235FR	B	≥235	235~355	225~345	≥195	≥400	≥23	D=2a	D=3a	20	≥47
	C									0	
	D									-20	
	E									-40	
Q355FR	B	≥355	355~465	345~455	≥325	≥490	≥22	D=2a	D=3a	20	≥47
	C									0	
	D									-20	
	E									-40	
Q390FR	B	≥390	390~510	380~500	≥360	≥510	≥20	D=2a	D=3a	20	≥47
	C									0	
	D									-20	
	E									-40	
Q420FR	B	≥420	420~550	410~540	≥390	≥520	≥19	D=2a	D=3a	20	≥47
	C									0	
	D									-20	
	E									-40	
Q460FR	B	≥460	460~600	450~590	≥430	≥570	≥18	D=2a	D=3a	20	≥47
	C									0	
	D									-20	
	E									-40	
Q500FR	C	≥500	500~640	490~630	—	≥610	≥16	D=3a		0	≥55
	D									-20	≥47
	E									-40	≥47
Q550FR	C	≥550	550~690	540~680	—	≥670	≥15	D=3a		0	≥55
	D									-20	≥47
	E									-40	≥47

（续）

牌号		室温拉伸性能						180°弯曲性能②		冲击性能	
钢级	质量等级	上屈服强度 R_{eH}①/MPa				抗拉强度 R_m/MPa	断后伸长率 A③(%)	公称厚度 t/mm		试验温度/℃	冲击吸收能量 KV_2/J
		公称厚度 t/mm									
		≤16	>16~63	>63~100	>100			≤16	>16		
Q620FR	C	≥620	620~770	610~760	—	≥720	≥14	$D=3a$		0	≥55
	D									-20	≥47
	E									-40	≥47
Q690FR	C	≥690	690~860	670~850	—	≥790	≥14	$D=3a$		0	≥55
	D									-20	≥47
	E									-40	≥47

注：拉伸和弯曲试验取横向试样，冲击试验取纵向试样。

① 屈服现象不明显时，可用规定塑性延伸强度 $R_{p0.2}$ 代替上屈服强度 R_{eH}。

② D 为弯曲压头直径，a 为试样厚度。弯曲试样宽度 b≥35mm。

③ 厚度≤3mm 时，断后伸长率可由供需双方协商确定。

3. 耐火结构用钢板和钢带的屈强比（见表 7-142）

表 7-142　耐火结构用钢板和钢带的屈强比（GB/T 28415—2023）

钢级	屈强比 R_{eH}/R_m	钢级	屈强比 R_{eH}/R_m
Q235FR	≤0.80	Q500FR	≤0.85
Q355FR	≤0.83	Q550FR	≤0.87
Q390FR	≤0.85	Q620FR	≤0.87
Q420FR	≤0.85	Q690FR	≤0.87
Q460FR	≤0.85		

注：厚度≤12mm 时，可不要求屈强比。

4. 耐火结构用钢板和钢带的高温拉伸性能（见表 7-143）

表 7-143　耐火结构用钢板和钢带的高温拉伸性能（GB/T 28415—2023）

钢级	公称厚度 t/mm		
	≤63	>63~100	>100
	600℃时的规定塑性延伸强度 $R_{p0.2}$/MPa		
Q235FR	≥157	≥150	≥130
Q355FR	≥237	≥230	≥217
Q390FR	≥260	≥253	≥240
Q420FR	≥280	≥273	≥260
Q460FR	≥307	≥300	≥287
Q500FR	≥333	≥327	—
Q550FR	≥367	≥360	—
Q620FR	≥413	≥407	—
Q690FR	≥460	≥447	—

注：高温拉伸试验取横向试样。

7.4.13　承压设备用规定温度性能的非合金钢、合金钢板和钢带

1. 承压设备用规定温度性能的非合金钢、合金钢板和钢带的牌号与化学成分（见表 7-144）

表 7-144　承压设备用规定温度性能的非合金钢、合金钢板和钢带的牌号与化学成分（GB/T 713.2—2023）

牌号	化学成分(质量分数,%)													
	C①	Si	Mn	Cu	Ni	Cr	Mo	Nb	V	Ti	Alt②	P	S	其他
Q245R	≤0.20	≤0.35	0.50~1.10	≤0.30	≤0.30	≤0.30	≤0.08	≤0.050	≤0.050	≤0.030	—	≤0.025	≤0.010	Cu+Ni+Cr+Mo≤0.70

（续）

牌号	化学成分(质量分数,%)												
	C①	Si	Mn	Cu	Ni	Cr	Mo	Nb	V	Ti	Alt②	P	S	其他
Q345R	≤0.20	≤0.55	1.20~1.70	≤0.30	≤0.30	≤0.30	≤0.08	≤0.050	≤0.050	≤0.030	—	≤0.025	≤0.010	Cu+Ni+Cr+Mo≤0.70
Q370R	≤0.18	≤0.55	1.20~1.70	≤0.30	≤0.30	≤0.30	≤0.08	0.015~0.050	≤0.050	≤0.030	—	≤0.020	≤0.010	
Q420R	≤0.20	≤0.55	1.20~1.60	≤0.30	0.20~0.50	≤0.30	≤0.08	0.015~0.050	≤0.100	≤0.030	—	≤0.020	≤0.010	Nb+V+Ti≤0.22 Cu+Cr+Mo≤0.45
Q460R	≤0.20	≤0.60	1.30~1.70	≤0.20	0.20~0.80	≤0.30	≤0.10	≤0.05	0.10~0.20	≤0.030	≤0.035	≤0.020	≤0.010	Nb+V+Ti≤0.22 Cu+Cr+Mo≤0.45
18MnMoNbR	≤0.21	0.15~0.50	1.20~1.60	≤0.30	≤0.30	≤0.30	0.45~0.65	0.025~0.050	—	—	—	≤0.020	≤0.010	—
13MnNiMoR	≤0.15	0.15~0.50	1.20~1.60	≤0.30	0.60~1.00	0.20~0.40	0.20~0.40	0.005~0.020	—	—	—	≤0.020	≤0.010	—
15CrMoR	0.08~0.18	0.15~0.40	0.40~0.70	≤0.30	≤0.30	0.80~1.20	0.45~0.60	—	—	—	—	≤0.025	≤0.010	—
14Cr1MoR	≤0.17	0.50~0.80	0.40~0.65	≤0.30	≤0.30	1.15~1.50	0.45~0.65	—	—	—	—	≤0.020	≤0.010	—
12Cr2Mo1R	0.08~0.15	≤0.50	0.30~0.60	≤0.20	≤0.30	2.00~2.50	0.90~1.10	—	—	—	—	≤0.020	≤0.010	—
12Cr1MoVR	0.08~0.15	0.15~0.40	0.40~0.70	≤0.30	≤0.30	0.90~1.20	0.25~0.35	—	0.15~0.30	—	—	≤0.025	≤0.010	—
12Cr2Mo1VR	0.11~0.15	≤0.10	0.30~0.60	≤0.20	≤0.25	2.00~2.50	0.90~1.10	≤0.07	0.25~0.35	≤0.030	—	≤0.010	≤0.005	B≤0.0020 Ca≤0.015
07Cr2AlMoR	≤0.09	0.20~0.50	0.40~0.90	≤0.30	≤0.30	2.00~2.40	0.30~0.50	—	—	—	0.30~0.50	≤0.020	≤0.010	—

① 经供需双方协议，并在合同中注明，C 含量下限可不做要求。

② 未注明的不做要求。

2. 承压设备用规定温度性能的非合金钢、合金钢板、钢带的力学性能与工艺性能（见表 7-145）

表 7-145 承压设备用规定温度性能的非合金钢、合金钢板和钢带的力学性能与工艺性能（GB/T 713.2—2023）

牌号	交货状态	钢板厚度/mm	拉伸性能			冲击性能		180°弯曲性能② $b=2a$
			抗拉强度 R_m/MPa	下屈服强度 R_{eL}①/MPa	断后伸长率 A(%)	温度/℃	冲击吸收能量 KV_2/J	
				≥	≥		≥	
Q245R	热轧、正火轧制或正火	3~16	400~520	245	25	0	34	$D=1.5a$
		>16~36		235				
		>36~60		225				$D=2a$
		>60~100	390~510	205	24			
		>100~150	380~500	185				
		>150~250	370~490	175				

（续）

牌号	交货状态	钢板厚度/mm	拉伸性能			冲击性能		180°弯曲性能[②] $b=2a$
			抗拉强度 R_m/MPa	下屈服强度 R_{eL}[①]/MPa	断后伸长率 A（%）	温度/℃	冲击吸收能量 KV_2/J	
				≥			≥	
Q345R	热轧、正火轧制、正火或正火加回火	3~16	510~640	345	21	0	41	$D=2a$
		>16~36	500~630	325				$D=3a$
		>36~60	490~620	315				
		>60~100	490~620	305	20			
		>100~150	480~610	285				
		>150~250	470~600	265				
Q370R	正火或正火加回火	6~16	530~630	370	20	-20	47	$D=2a$
		>16~36		360				$D=3a$
		>36~60	520~620	340				
		>60~100	510~610	330				
Q420R		6~20	590~720	420	18	-20	60	$D=3a$
		>20~30	570~700	400				
Q460R		6~20	630~750	460	17	-20	60	$D=3a$
		>20~30	610~730	440				
18MnMoNbR	正火加回火	30~60	570~720	400	18	0	47	$D=3a$
		>60~100		390				
13MnNiMoR		6~100	570~720	390	18	0	47	$D=3a$
		>100~150		380				
15CrMoR		6~60	450~590	295	19	20	47	$D=3a$
		>60~100		275				
		>100~200	440~580	255				
14Cr1MoR		6~100	520~680	310	19	20	47	$D=3a$
		>100~200	510~670	300				
12Cr2Mo1R		6~200	520~680	310	19	20	47	$D=3a$
12Cr1MoVR	正火加回火	6~60	440~590	245	19	20	47	$D=3a$
		>60~100	430~580	235				
12Cr2Mo1VR		6~200	590~760	415	17	-20	60	$D=3a$
07Cr2AlMoR	正火加回火	6~36	420~580	260	21	20	47	$D=3a$
		>36~60	410~570	250				

① 当屈服现象不明显时，可采用规定塑性延伸强度 $R_{p0.2}$ 代替。

② D 为弯曲压头直径，b 为试样宽度，a 为试样厚度。

3. 承压设备用规定温度性能的非合金钢、合金钢板和钢带的高温性能（见表 7-146）

表 7-146　承压设备用规定温度性能的非合金钢、合金钢板和钢带的高温性能（GB/T 713.2—2023）

牌号	厚度/mm	试验温度/℃								
		100	150	200	250	300	350	400	450	500
		下屈服强度 R_{eL}[①]/MPa ≥								
Q245R	>20~36	210	200	186	167	153	139	129	121	—
	>36~60	200	191	178	161	147	133	123	116	—
	>60~100	184	176	164	147	135	123	113	105	—
	>100~150	168	160	150	135	120	110	105	95	—
	>150~250	160	150	145	130	115	105	100	90	—
Q345R	>20~36	295	275	255	235	215	200	190	180	—
	>36~60	285	260	240	220	200	185	175	165	—
	>60~100	275	250	225	205	185	175	165	155	—

（续）

牌号	厚度/mm	试验温度/℃								
		100	150	200	250	300	350	400	450	500
		下屈服强度 R_{eL}①/MPa ≥								
Q345R	>100~150	260	240	220	200	180	170	160	150	—
	>150~250	245	230	215	195	175	165	155	145	—
Q370R	>20~36	330	310	290	275	260	245	230	—	—
	>36~60	310	290	275	260	250	235	220	—	—
	>60~100	290	270	265	250	245	230	215	—	—
Q420R	>6~20	380	355	330	305	280	255	240	—	—
	>20~30	365	340	315	290	270	245	230	—	—
Q460R	>6~20	420	390	355	325	300	280	260	—	—
	>20~30	405	375	345	315	290	270	250	—	—
18MnMoNbR	30~60	375	365	360	355	350	340	310	275	—
	>60~100	370	360	355	350	345	335	305	270	—
13MnNiMoR	6~100	370	360	355	350	345	335	305	—	—
	>100~150	360	350	345	340	335	325	300	—	—
15CrMoR	>20~60	270	255	240	225	210	200	189	179	174
	>60~100	250	235	220	210	196	186	176	167	162
	>100~200	235	220	210	199	185	175	165	156	150
14Cr1MoR	>20~200	280	270	255	245	230	220	210	195	176
12Cr2Mo1R	>20~200	280	270	260	255	250	245	240	230	215
12Cr1MoVR	>20~100	220	210	200	190	176	167	157	150	142
12Cr2Mo1VR	>20~200	395	390	370	365	360	355	350	340	325
07Cr2AlMoR	>20~60	215	205	195	185	175	—	—	—	—

① 当屈服现象不明显时，可采用规定塑性延伸强度 $R_{p0.2}$ 代替。

7.4.14 承压设备用规定低温性能的低合金钢板

1. 承压设备用规定低温性能的低合金钢板的牌号和化学成分（见表 7-147）

表 7-147 承压设备用规定低温性能的低合金钢板的牌号和化学成分（GB/T 713.3—2023）

牌号	化学成分（质量分数，%）									
	C	Si	Mn	Ni	Mo	V	Nb	Alt①	N	P	S
16MnDR	≤0.20	0.15~0.50	1.20~1.60	≤0.40	≤0.08	—	—	≥0.020	≤0.012	≤0.020	≤0.010
Q420DR	≤0.20	0.15~0.50	1.30~1.70	0.30~0.80	≤0.08	0.05~0.15	0.015~0.050	—	≤0.020	≤0.018	≤0.008
Q460DR	≤0.20	0.15~0.50	1.30~1.70	0.40~0.80	≤0.08	0.10~0.20	0.015~0.050	—	≤0.025	≤0.018	≤0.008
15MnNiNbDR	≤0.18	0.15~0.50	1.20~1.60	0.30~0.70	≤0.08	—	0.015~0.040	—	≤0.012	≤0.020	≤0.008
13MnNiDR	≤0.16	0.15~0.50	1.20~1.60	0.30~0.80	≤0.08	≤0.05	≤0.050	≥0.020	≤0.012	≤0.015	≤0.005
09MnNiDR	≤0.12	0.15~0.50	1.20~1.60	0.30~0.80	≤0.08	—	≤0.040	≥0.020	≤0.012	≤0.015	≤0.005
11MnNiMoDR②	≤0.14	0.15~0.50	1.20~1.60	0.40~0.90	0.10~0.30	≤0.05	≤0.050	≥0.020	≤0.012	≤0.015	≤0.005

① 当采用酸溶铝（Als）代替 Alt 时，w(Als) 含量应不小于 0.015%；当钢中 w(Nb)+w(V)+w(Ti)≥0.015%时，Al 含量不做要求。

② 当钢板厚度小于 12mm 时，Mo 含量下限不做要求。

2. 承压设备用规定低温性能的低合金钢板的力学性能和工艺性能（见表 7-148）

表 7-148　承压设备用规定低温性能的低合金钢板的力学性能和工艺性能（GB/T 713.3—2023）

牌号	交货状态	钢板公称厚度/mm	拉伸性能			冲击性能		180°弯曲性能② $b=2a$
			抗拉强度 R_m/MPa	下屈服强度 R_{eL}①/MPa	断后伸长率 A(%)	温度/℃	冲击吸收能量 KV_2/J	
				≥			≥	
16MnDR	正火或正火+回火	5~16	490~630	315	21	40	47	$D=2a$
		>16~36	470~600	295				$D=3a$
		>36~60	460~590	285				
		>60~100	450~580	275				
		>100~120	440~570	265				
Q420DR	正火或正火+回火	6~20	590~720	420	19	-40	60	$D=3a$
		>20~30	570~700	400				
Q460DR	正火或正火+回火	6~20	630~730	460	18	-40	60	$D=3a$
15MnNiNbDR	正火或正火+回火	6~16	530~630	370	20	-50	60	$D=3a$
		>16~36	530~630	360				
		>36~60	520~620	340				
13MnNiDR	正火或正火+回火	5~36	490~610	345	22	-60	60	$D=3a$
		>36~60		335				
		>60~100		325				
09MnNiDR	正火或正火+回火	6~16	440~570	300	23	-70	60	$D=2a$
		>16~36	430~560	280				
		>36~60	430~560	270				
		>60~80	420~550	260				
		>80~120	420~550	260		-60	60	
11MnNiMoDR	淬火+回火	5~60	560~670	420	19	-70	60	$D=3a$
		>60~80		400				
		>80~100		380				

① 当屈服现象不明显时，采用规定塑性延伸强度 $R_{p0.2}$。
② a 为试样厚度，b 为试样宽度，D 为弯曲压头直径。

7.4.15　承压设备用规定低温性能的镍合金钢板

1. 承压设备用规定低温性能的镍合金钢板的牌号和化学成分（见表 7-149）

表 7-149　承压设备用规定低温性能的镍合金钢板的牌号和化学成分（GB/T 713.4—2023）

牌号	化学成分①（质量分数，%）											
	C	Si	Mn	Ni	P	S	Cr	Cu	Mo	V	Nb	Alt
	≤				≤							≥
08Ni3DR②	0.10	0.10~0.35	0.30~0.80	3.25~3.75	0.015	0.005	0.25	0.35	0.12	0.05	0.08	0.015
07NiSDR③	0.10	0.10~0.35	0.30~0.80	4.75~5.25	0.015	0.005	0.25	0.35	0.10	0.05	0.08	0.015
06Ni7DR	0.08	0.05~0.30	0.30~0.80	6.50~7.50	0.008	0.003	0.50	0.35	0.30	0.01	0.03	0.015
06Ni9DR	0.08	0.10~0.35	0.30~0.80	8.50~10.00	0.008	0.003	0.25	0.35	0.10	0.01	0.08	0.015

① 除 06Ni7DR 牌号外，$w(Cr)+w(Mo)+w(Cu) \leqslant 0.50\%$。
② 厚度大于 100mm 时，$w(C)$ 上限可到 0.12%。
③ 厚度大于 50mm 时，$w(C)$ 上限可到 0.12%。

2. 承压设备用规定低温性能的镍合金钢板的力学性能和工艺性能（见表 7-150）

表 7-150 承压设备用规定低温性能的镍合金钢板的力学性能和工艺性能（GB/T 713.4—2023）

牌号	钢板公称厚度/mm	拉伸性能			冲击性能（V 型缺口）		180°弯曲性能② $b=2a$
		下屈服强度① R_{eL}/MPa	抗拉强度 R_m/MPa	断后伸长率 A(%)	温度/℃	冲击吸收能量 KV_2/J	
08Ni3DR	6~60	≥320	490~620	≥21	-100	≥60	$D=3a$
	>60~100	≥300	480~610				
	>100~150	≥290	470~600				
07Ni5DR	5~30	≥370	530~700	≥20	-120	≥80	$D=3a$
	>30~50	≥360					
	>50~80	≥350					
06Ni7DR	5~30	≥560	680~820	≥18	-196		$D=3a$
	>30~50	≥550					
	>50~80	≥540					
06Ni9DR	5~30	≥560	680~820	≥18	-196		$D=3a$
	>30~50	≥550					
	>50~80	≥540					

注：拉伸及冲击试验取横向试样。弯曲试验取横向试样，试样宽度为 2 倍板厚，并保证最小宽度不小于 20mm。

① 当屈服不明显时，可用 $R_{p0.2}$ 代替下屈服强度。

② a 为试样厚度，b 为试样宽度，D 为弯曲压头直径。

7.4.16 承压设备用规定低温性能的高锰钢板

1. 承压设备用规定低温性能的高锰钢板的牌号和化学成分（见表 7-151）

表 7-151 承压设备用规定低温性能的高锰钢板的牌号和化学成分（GB/T 713.5—2023）

牌号	化学成分(质量分数,%)								
	C	Si	Mn	P	S	Cr	Cu	B	N
Q400GMDR	0.35~0.55	0.10~0.50	22.5~25.5	≤0.0200	≤0.0050	3.00~4.00	0.30~0.70	≤0.0050	≤0.0500

2. 承压设备用规定低温性能的高锰钢板的力学性能和工艺性能（见表 7-152）

表 7-152 承压设备用规定低温性能的高锰钢板的力学性能和工艺性能（GB/T 713.5—2023）

牌号	横向室温拉伸性能			横向夏比冲击性能(V 型缺口)			180°弯曲性能① $b=2a$
	规定塑性延伸强度 $R_{p0.2}$/MPa	抗拉强度 R_m/MPa	断后伸长率 A(%)	试验温度/℃	吸收能量 KV_2/J	侧膨胀值 LE/mm	
Q400GMDR	≥400	800~950	≥35	-196	≥60	≥0.63	$D=3a$

① D 为弯曲压头直径，a 为试样厚度，b 为试样宽度。

7.4.17 承压设备用调质高强度钢板

1. 承压设备用调质高强度钢板的牌号和化学成分（见表 7-153）

表 7-153 承压设备用调质高强度钢板的牌号和化学成分（GB/T 713.6—2023）

牌号	化学成分(质量分数,%)												
	C ≤	Si	Mn	P ≤	S ≤	Cu ≤	Ni	Cr ≤	Mo	Nb ≤	V	Ti ≤	B ≤	Pcm ≤
Q490R	0.09	0.15~0.40	1.20~1.60	0.015	0.008	0.25	≤0.40	0.30	≤0.30	0.05	0.02~0.06	0.03	0.0020	0.21

（续）

牌号	化学成分（质量分数，%）													
	C ≤	Si	Mn	P ≤	S ≤	Cu ≤	Ni	Cr ≤	Mo	Nb ≤	V	Ti ≤	B ≤	Pcm ≤
Q490DRL1	0.09	0.15~0.40	1.20~1.60	0.015	0.008	0.25	0.20~0.50	0.30	≤0.30	0.05	0.02~0.06	0.03	0.0020	0.22
Q490DRL2	0.09	0.15~0.40	1.20~1.60	0.015	0.005	0.25	0.30~0.60	0.30	≤0.30	0.05	0.02~0.06	0.03	0.0020	0.22
Q490RW	0.15	0.15~0.40	1.20~1.60	0.015	0.008	0.25	0.15~0.40	0.30	≤0.30	0.05	0.02~0.06	0.03	0.0020	0.25
Q580R	0.10	0.15~0.40	1.20~1.60	0.015	0.008	0.25	≤0.40	0.50	0.10~0.30	0.05	0.02~0.06	0.03	0.0020	0.25
Q580DR	0.10	0.15~0.40	1.20~1.60	0.015	0.005	0.25	0.30~0.60	0.50	0.10~0.30	0.05	0.02~0.06	0.03	0.0020	0.25
Q690R	0.13	0.15~0.40	1.00~1.60	0.015	0.005	0.25	0.30~1.00	0.80	0.20~0.80	0.06	0.02~0.06	0.03	0.0020	0.30
Q690DR	0.13	0.15~0.40	1.00~1.60	0.012	0.005	0.25	0.50~1.35	0.80	0.20~0.80	0.06	0.02~0.06	0.03	0.0020	0.30

2. 承压设备用调质高强度钢板的力学性能和工艺性能（见表 7-154）

表 7-154　承压设备用调质高强度钢板的力学性能和工艺性能（GB/T 713.6—2023）

牌号	钢板厚度/mm	拉伸性能			冲击性能			180°弯曲性能[②] $b=2a$
		下屈服强度 R_{eL}[①]/MPa	抗拉强度 R_m/MPa	断后伸长率 A(%)	温度/℃	冲击吸收能量 KV_2/J	侧膨胀值 LE/mm	
Q490R	10~60	≥490	610~730	≥17	-20	≥80	—	$D=3a$
Q490DRL1	10~60	≥490	610~730	≥17	-40	≥80	—	$D=3a$
Q490DRL2	10~60	≥490	610~730	≥17	-50	≥80	—	$D=3a$
Q490RW	10~60	≥490	610~730	≥17	-20	≥80	—	$D=3a$
Q580R	10~60	≥580	690~820	≥16	-20	≥80	≥0.64	$D=3a$
Q580DR	10~50	≥580	690~820	≥16	-50	≥80	≥0.64	$D=3a$
Q690R	10~80	≥690	800~920	≥16	-20	≥80	≥0.64	$D=3a$
Q690DR	10~80	≥690	800~920	≥16	-40	≥80	≥0.64	$D=3a$

① 当屈服现象不明显时，采用规定塑性延伸强度 $R_{p0.2}$。

② D 为弯曲压头直径，b 为试样宽度，a 为试样厚度。

7.4.18　高强度结构用调质钢板

1. 高强度结构用调质钢板的牌号和化学成分（见表 7-155）

表 7-155　高强度结构用调质钢板的牌号和化学成分（GB/T 16270—2009）

牌号	化学成分（质量分数，%）≤															
	C	Si	Mn	P	S	Cu	Cr	Ni	Mo	B	V	Nb	Ti	CEV[①] 产品厚度/mm		
														≤50	>50~100	>100~150
Q460C	0.20	0.80	1.70	0.025	0.015	0.50	1.50	2.00	0.70	0.0050	0.12	0.06	0.05	0.47	0.48	0.50
Q460D	0.20	0.80	1.70	0.025	0.015	0.50	1.50	2.00	0.70	0.0050	0.12	0.06	0.05	0.47	0.48	0.50
Q460E	0.20	0.80	1.70	0.020	0.010	0.50	1.50	2.00	0.70	0.0050	0.12	0.06	0.05	0.47	0.48	0.50
Q460F	0.20	0.80	1.70	0.020	0.010	0.50	1.50	2.00	0.70	0.0050	0.12	0.06	0.05	0.47	0.48	0.50
Q500C	0.20	0.80	1.70	0.025	0.015	0.50	1.50	2.00	0.70	0.0050	0.12	0.06	0.05	0.47	0.70	0.70
Q500D	0.20	0.80	1.70	0.025	0.015	0.50	1.50	2.00	0.70	0.0050	0.12	0.06	0.05	0.47	0.70	0.70
Q500E	0.20	0.80	1.70	0.020	0.010	0.50	1.50	2.00	0.70	0.0050	0.12	0.06	0.05	0.47	0.70	0.70
Q500F	0.20	0.80	1.70	0.020	0.010	0.50	1.50	2.00	0.70	0.0050	0.12	0.06	0.05	0.47	0.70	0.70

（续）

牌号	化学成分(质量分数,%) ≤															
	C	Si	Mn	P	S	Cu	Cr	Ni	Mo	B	V	Nb	Ti	CEV① 产品厚度/mm ≤50	>50~100	>100~150
Q550C Q550D	0.20	0.80	1.70	0.025	0.015	0.50	1.50	2.00	0.70	0.0050	0.12	0.06	0.05	0.65	0.77	0.83
Q550E Q550F				0.020	0.010											
Q620C Q620D	0.20	0.80	1.70	0.025	0.015	0.50	1.50	2.00	0.70	0.0050	0.12	0.06	0.05	0.65	0.77	0.83
Q620E Q620F				0.020	0.010											
Q690C Q690D	0.20	0.80	1.80	0.025	0.015	0.50	1.50	2.00	0.70	0.0050	0.12	0.06	0.05	0.65	0.77	0.83
Q690E Q690F				0.020	0.010											
Q800C Q800D	0.20	0.80	2.00	0.025	0.015	0.50	1.50	2.00	0.70	0.0050	0.12	0.06	0.05	0.72	0.82	—
Q800E Q800F				0.020	0.010											
Q890C Q890D	0.20	0.80	2.00	0.025	0.015	0.50	1.50	2.00	0.70	0.0050	0.12	0.06	0.05	0.72	0.82	—
Q890E Q890F				0.020	0.010											
Q960C Q960D	0.20	0.80	2.00	0.025	0.015	0.50	1.50	2.00	0.70	0.0050	0.12	0.06	0.05	0.82	—	—
Q960E Q960F				0.020	0.010											

注：1. 根据需要生产厂可添加其中一种或几种合金元素，最大值应符合表中规定，其含量应在质量证明书中报告。

2. 钢中至少应添加 Nb、Ti、V、Al 中的一种细化晶粒元素，其中至少一种元素的最小质量分数为 0.015%（对于 Al 为 Als）。也可用 Alt 替代 Als，此时最小质量分数为 0.018%。

① $\mathrm{CEV}=w(\mathrm{C})+w(\mathrm{Mn})/6+[w(\mathrm{Cr})+w(\mathrm{Mo})+w(\mathrm{V})]/5+[w(\mathrm{Ni})+w(\mathrm{Cu})]/15$。

2. 高强度结构用调质钢板的力学性能（见表 7-156）

表 7-156　高强度结构用调质钢板的力学性能（GB/T 16270—2009）

牌号	拉伸性能 上屈服强度 R_{eH}①/MPa ≥ 厚度/mm ≤50	>50~100	>100~150	抗拉强度 R_m/MPa 厚度/mm ≤50	>50~100	>100~150	断后伸长率 A(%)	冲击性能 冲击吸收能量(纵向) KV_2/J 试验温度/℃ 0	-20	-40	-60
Q460C	460	440	400	550~720		500~670	17	47			
Q460D									47		
Q460E										34	
Q460F											34
Q500C	500	480	440	590~770		540~720	17	47			
Q500D									47		
Q500E										34	
Q500F											34

（续）

牌号	拉伸性能							冲击性能			
	上屈服强度 R_{eH}①/MPa ≥			抗拉强度 R_m/MPa			断后伸长率 A(%)	冲击吸收能量(纵向) KV_2/J			
	厚度/mm			厚度/mm				试验温度/℃			
	≤50	>50~100	>100~150	≤50	>50~100	>100~150		0	-20	-40	-60
Q550C	550	530	490	640~820		590~770	16	47			
Q550D									47		
Q550E										34	
Q550F											34
Q620C	620	580	560	700~890		650~830	15	47			
Q620D									47		
Q620E										34	
Q620F											34
Q690C	690	650	630	770~940	760~930	710~900	14	47			
Q690D									47		
Q690E										34	
Q690F											34
Q800C	800	740	—	840~1000	800~1000	—	13	34			
Q800D									34		
Q800E										27	
Q800F											27
Q890C	890	830	—	940~1100	880~1100	—	11	34			
Q890D									34		
Q890E										27	
Q890F											27
Q960C	960	—		980~1150	—	—	10	34			
Q960D									34		
Q960E										27	
Q960F											27

注：拉伸试验适用于横向试样，冲击试验适用于纵向试样。

① 当屈服现象不明显时，采用 $R_{p0.2}$。

7.4.19 超高强度结构用热处理钢板

1. 超高强度结构用热处理钢板的牌号和化学成分（见表 7-157）

表 7-157 超高强度结构用热处理钢板的牌号和化学成分（GB/T 28909—2012）

牌号	化学成分(质量分数,%)											
	C	Si	Mn	P	S	Nb	V	Ni	B	Cr	Mo	Als
	≤											≥
Q1030D Q1030E Q1100D Q1100E	0.20	0.80	1.60	0.020	0.010	0.08	0.14	4.0	0.006	1.60	0.70	0.015
Q1200D Q1200E Q1300D Q1300E	0.25	0.80	1.60	0.020	0.010	0.08	0.14	4.0	0.006	1.60	0.70	0.015

2. 超高强度结构用热处理钢板的力学性能（见表 7-158）

表 7-158 超高强度结构用热处理钢板的力学性能（GB/T 28909—2012）

牌号	拉伸性能				夏比（V 型缺口）冲击性能	
	规定塑性延伸强度 $R_{p0.2}$/MPa	抗拉强度 R_m/MPa		断后伸长率 A（%）	温度/℃	冲击吸收能量 KV_2/J
		厚度≤30mm	厚度>30～50mm			
Q1030D Q1030E	≥1030	1150～1500	1050～1400	≥10	-20 -40	≥27
Q1100D Q1100E	≥1100	1200～1550	—	≥9	-20 -40	≥27
Q1200D Q1200E	≥1200	1250～1600	—	≥9	-20 -40	≥27
Q1300D Q1300E	≥1300	1350～1700	—	≥8	-20 -40	≥27

注：拉伸试验取横向试样，冲击试验取纵向试样。

7.4.20 改善成形性高强度结构用调质钢板

1. 改善成形性高强度结构用调质钢板的牌号和化学成分（见表 7-159）

表 7-159 改善成形性高强度结构用调质钢板的牌号和化学成分（GB/T 36171—2018）

牌号	化学成分（质量分数，%）														
	C	Si	Mn	P	S	Cu	Cr	Ni	Mo	B	V	Nb	Ti	CEV	Als
	≤														≥
Q460FC Q460FD	0.20	0.55	1.60	0.025	0.015	0.50	1.50	2.00	0.70	0.0050	0.12	0.06	0.05	0.45	0.015
Q460FE Q460FF				0.020	0.010										
Q500FC Q500FD	0.20	0.55	1.60	0.025	0.015	0.50	1.50	2.00	0.70	0.0050	0.12	0.06	0.05	0.45	0.015
Q500FE Q500FF				0.020	0.010										
Q550FC Q550FD	0.20	0.55	1.60	0.025	0.015	0.50	1.50	2.00	0.70	0.0050	0.12	0.06	0.05	0.60	0.015
Q550FE Q550FF				0.020	0.010										
Q620FC Q620FD	0.20	0.55	1.60	0.025	0.015	0.50	1.50	2.00	0.70	0.0050	0.12	0.06	0.05	0.60	0.015
Q620FE Q620FF				0.020	0.010										
Q690FC Q690FD	0.20	0.55	1.70	0.025	0.015	0.50	1.50	2.00	0.70	0.0050	0.12	0.06	0.05	0.60	0.015
Q690FE Q690FF				0.020	0.010										

注：1. 根据需要，供方可添加一种或几种合金元素，合金元素最大值应符合表中规定，其含量应在质量证明书中报告。

2. 钢中应至少添加 Nb、Ti、V、Al 中的一种细化晶粒元素，添加元素的最小质量分数为 0.015%（对于 Al 为 Als）。也可用 Alt 替代 Als，此时最小质量分数为 0.018%。

2. 改善成形性高强度结构用调质钢板的力学性能和工艺性能（见表 7-160）

表 7-160　改善成形性高强度结构用调质钢板的力学性能和工艺性能（GB/T 36171—2018）

牌号	拉伸性能				180°弯曲性能	冲击性能			
	上屈服强度 R_{eH}/MPa ≥	抗拉强度 R_m/MPa	屈强比 ≤	断后伸长率 A(%) ≥		冲击吸收能量 KV_2/J 试验温度/℃			
						0	−20	−40	−60
Q460FC	460	550～720	0.90	18	$D=4a$	47			
Q460FD							47		
Q460FE								34	
Q460FF									34
Q500FC	500	590～770	0.90	18		47			
Q500FD							47		
Q500FE								34	
Q500FF									34
Q550FC	550	640～820	0.95	17		47			
Q550FD							47		
Q550FE								34	
Q550FF									34
Q620FC	620	700～890	0.95	16		47			
Q620FD							47		
Q620FE								34	
Q620FF									34
Q690FC	690	770～940	0.95	15		47			
Q690FD							47		
Q690FE								34	
Q690FF									34

7.4.21　冷弯波形钢板

1. 冷弯波形钢板的分类（见表 7-161）

表 7-161　冷弯波形钢板的分类（YB/T 5327—2006）

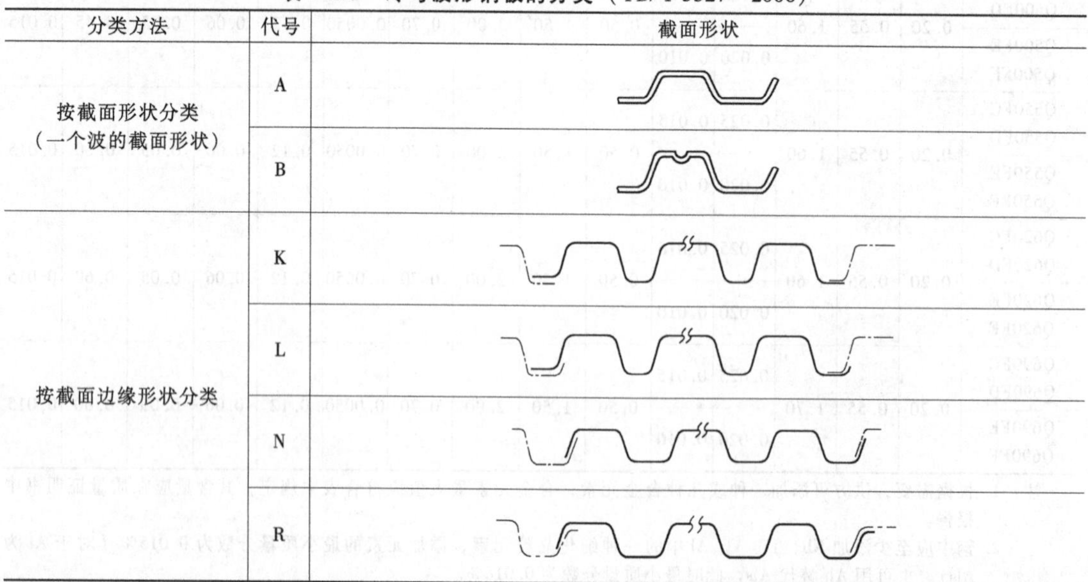

分类方法	代号	截面形状
按截面形状分类（一个波的截面形状）	A	
	B	
按截面边缘形状分类	K	
	L	
	N	
	R	

2. 冷弯波形钢板的截面

冷弯波形钢板的截面如图 7-1 所示。

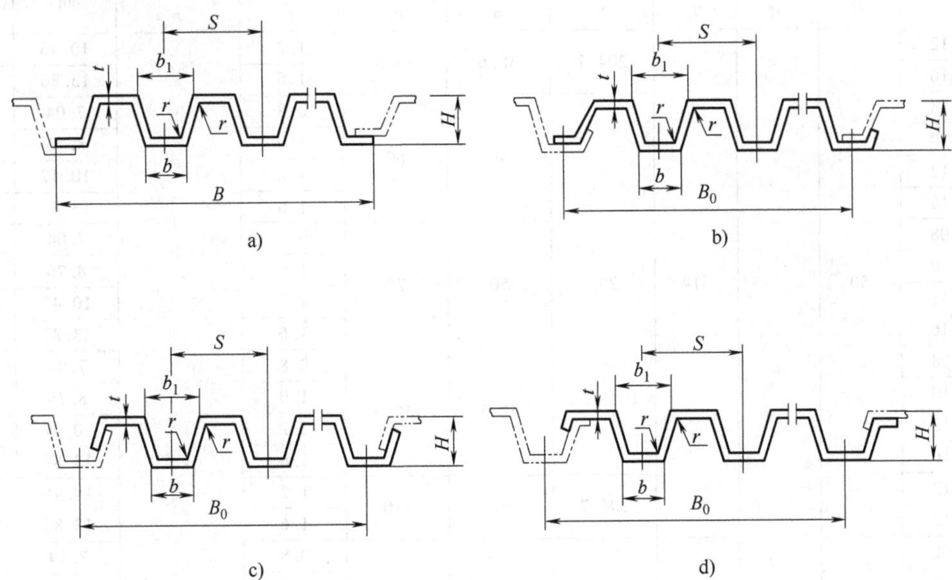

图 7-1 冷弯波形钢板的截面

a）代号 K b）代号 L c）代号 N d）代号 R

3. 冷弯波形钢板的截面尺寸与重量（见表 7-162）

表 7-162 冷弯波形钢板的截面尺寸与重量（YB/T 5327—2006）

代号	截面尺寸/mm								截面面积/cm^2	重量/(kg/m)
	高度	宽度		槽距	槽底尺寸	槽口尺寸	厚度	内弯曲半径		
	H	B	B_0	S	b	b_1	t	r		
AKA 15	12	370	—	110	36	50	1.5	1t	6.00	4.71
AKB 12	14	488		120	50	70	1.2		6.30	4.95
AKC 12	15	378							5.02	3.94
AKD 12		488		100	41.9	58.1			6.58	5.17
AKD 15		488					1.5		8.20	6.44
AKE 05	25	830		90	40	50	0.5		5.87	4.61
AKE 08							0.8		9.32	7.32
AKE 10							1.0		11.57	9.08
AKE 12							1.2		13.79	10.83
AKF 05		650					0.5		4.58	3.60
AKF 08							0.8		7.29	5.72
AKF 10							1.0		9.05	7.10
AKF 12							1.2		10.78	8.46
AKG 10	30	690		96	38	58	1.0		9.60	7.54
AKG 16							1.6		15.04	11.81
AKG 20							2.0		18.60	14.60
ALA 08	50	—	800	200	60	74	0.8		9.28	7.28
ALA 10							1.0		11.56	9.07
ALA 12							1.2		13.82	10.85
ALA 16							1.6		18.30	14.37

（续）

代号	截面尺寸/mm								截面面积/cm^2	重量/(kg/m)
	高度 H	宽度 B	宽度 B_0	槽距 S	槽底尺寸 b	槽口尺寸 b_1	厚度 t	内弯曲半径 r		
ALB 12	50	—	614	204.7	38.6	58.6	1.2	1t	10.46	8.21
ALB 16							1.6		13.86	10.88
ALC 08				205	40	60	0.8		7.04	5.53
ALC 10							1.0		8.76	6.88
ALC 12							1.2		10.47	8.22
ALC 16							1.6		13.87	10.89
ALD 08					50	70	0.8		7.04	5.53
ALD 10							1.0		8.76	6.88
ALD 12							1.2		10.47	8.22
ALD 16							1.6		13.87	10.89
ALE 08					92.5	112.5	0.8		7.04	5.53
ALE 10							1.0		8.76	6.88
ALE 12							1.2		10.47	8.22
ALE 16							1.6		13.87	10.89
ALF 12				204.7	90	110	1.2		10.46	8.21
ALF 16							1.6		13.86	10.88
ALG 08	60		600	200	80	100	0.8		7.49	5.88
ALG 10							1.0		9.33	7.32
ALG 12							1.2		11.17	8.77
ALG 16							1.6		14.79	11.61
ALH 08	75				58	65	0.8		8.42	6.61
ALH 10							1.0		10.49	8.23
ALH 12							1.2		12.55	9.85
ALH 16							1.6		16.62	13.05
ALI 08						73	0.8		8.38	6.58
ALI 10							1.0		10.45	8.20
ALI 12							1.2		12.52	9.83
ALI 16							1.6		16.60	13.03
ALJ 08						80	0.8		8.13	6.38
ALJ 10							1.0		10.12	7.94
ALJ 12							1.2		12.11	9.51
ALJ 16							1.6		16.05	12.60
ALJ 23							2.3		22.81	17.91
ALK 08						88	0.8		8.06	6.33
ALK 10							1.0		10.02	7.87
ALK 12							1.2		11.95	9.38
ALK 16							1.6		15.84	12.43
ALK 23							2.3		22.53	17.69
ALL 08			690	230	88	95	0.8		9.18	7.21
ALL 10							1.0		10.44	8.20
ALL 12							1.2		13.69	10.75
ALL 16							1.6		18.14	14.24
ALM 08						110	0.8		8.93	7.01
ALM 10							1.0		11.12	8.73
ALM 12							1.2		13.31	10.45
ALM 16							1.6		17.65	13.86
ALM 23							2.3		25.09	19.70

（续）

代号	截面尺寸/mm								截面面积/cm^2	重量/(kg/m)
	高度	宽度		槽距	槽底尺寸	槽口尺寸	厚度	内弯曲半径		
	H	B	B_0	S	b	b_1	t	r		
ALN 08							0.8		8.74	6.86
ALN 10							1.0		10.89	8.55
ALN 12	75		690	230	88	118	1.2		13.03	10.23
ALN 16							1.6		17.28	13.56
ALN 23							2.3		24.60	19.31
ALO 10							1.0		10.18	7.99
ALO 12	80		600	200		72	1.2		12.19	9.57
ALO 16							1.6		16.15	12.68
ANA 05					40		0.5		2.64	2.07
ANA 08							0.8		4.21	3.30
ANA 10	25		360	90		50	1.0		5.23	4.11
ANA 12							1.2		6.26	4.91
ANA 16							1.6		8.29	6.51
ANB 08							0.8		7.22	5.67
ANB 10							1.0		8.99	7.06
ANB 12	40		600	150	15	18	1.2		10.70	8.40
ANB 16							1.6		14.17	11.12
ANB 23							2.3		20.03	15.72
ARA 08							0.8		7.04	5.53
ARA 10				205	40	60	1.0		8.76	6.88
ARA 12							1.2		10.47	8.22
ARA 16		—					1.6	1t	13.87	10.89
BLA 05	50		614				0.5		4.69	3.68
BLA 08							0.8		7.46	5.86
BLA 10				204.7	50	70	1.0		9.29	7.29
BLA 12							1.2		11.10	8.71
BLA 15							1.5		13.78	10.82
BLB 05							0.5		5.73	4.50
BLB 08							0.8		9.13	7.17
BLB 10			690	230	88	103	1.0		11.37	8.93
BLB 12							1.2		13.61	10.68
BLB 16							1.6		18.04	14.16
BLC 05							0.5		5.05	3.96
BLC 08							0.8		8.04	6.31
BLC 10			600	200	58	88	1.0		10.02	7.87
BLC 12	75						1.2		11.99	9.41
BLC 16							1.6		15.89	12.47
BLC 23							2.3		22.60	17.74
BLD 05							0.5		5.50	4.32
BLD 08							0.8		8.76	6.88
BLD 10			690	230	88	118	1.0		10.92	8.57
BLD 12							1.2		13.07	10.26
BLD 16							1.6		17.33	13.60
BLD 23							2.3		24.67	19.37

注：代号中第三个英文字母表示截面形状及截面边缘形状相同，而其他各部尺寸不同的区别。

7.4.22 工程机械用高强度耐磨钢板

1. 工程机械用高强度耐磨钢板的牌号和化学成分（见表 7-163）

表 7-163 工程机械用高强度耐磨钢板的牌号和化学成分（GB/T 24186—2022）

牌号	化学成分(质量分数,%)										
	C	Si	Mn	P	S	Cr	Ni	Mo	Ti	B	Als
	≤										≥
NM300	0.23	0.70	1.60	0.025	0.015	0.80	0.50	0.40	0.050	0.0005~0.0060	0.010
NM360	0.25	0.70	1.60	0.025	0.015	0.90	0.50	0.50	0.050	0.0005~0.0060	0.010
NM400	0.30	0.70	1.60	0.025	0.010	1.20	0.70	0.50	0.050	0.0005~0.0060	0.010
NM450	0.35	0.70	1.70	0.025	0.010	1.40	0.80	0.55	0.050	0.0005~0.0060	0.010
NM500	0.38	0.70	1.70	0.020	0.010	1.50	1.00	0.65	0.050	0.0005~0.0060	0.010
NM550	0.38	0.70	1.70	0.020	0.010	1.50	1.50	0.70	0.050	0.0005~0.0060	0.010
NM600	0.45	0.70	1.90	0.020	0.010	1.60	2.00	0.80	0.050	0.0005~0.0060	0.010

2. 工程机械用高强度耐磨钢板的横向拉伸性能（见表 7-164）

表 7-164 工程机械用高强度耐磨钢板的横向拉伸性能（GB/T 24186—2022）

牌号	抗拉强度 R_m/MPa	断后伸长率 A_{50mm}(%)
NM300 NM300D/E	≥1000	≥14
NM360 NM360D/E	≥1100	≥12
NM400 NM400D/E	≥1200	≥10
NM500 NM500D/E	≥1250	≥8
NM550 NM550D/E	≥1350	≥7

注：D、E 为质量等级符号。

3. 对低温韧性有要求的钢板和钢带的表面硬度（见表 7-165）

表 7-165 对低温韧性有要求的钢板和钢带的表面硬度（GB/T 24186—2022）

牌号	厚度/mm	表面硬度 HBW	截面中心硬度 HBW
NM300 NM300D/E	≤80	270~330	240~330
	>80~120	270~340	—
NM360 NM360D/E	≤80	330~400	295~400
	>80~120	330~400	—
NM400 NM400D/E	≤80	370~430	330~430
	>80~120	360~440	—
NM450 NM450D/E	≤80	420~480	375~480
	>80~120	410~480	—
NM500 NM500D/E	≤70	470~540	420~540
	>70~100	450~540	—
NM550 NM550D/E	≤70	520~580	475~580
	>70~100	500~580	—
NM600 NM600/D/E	≤60	570~640	510~640

4. 对低温韧性有要求的钢板和钢带的冲击性能（见表 7-166）

表 7-166 对低温韧性有要求的钢板和钢带的冲击性能（GB/T 24186—2022）

牌号	厚度/mm	纵向冲击吸收能量 KV_2/J ≥	牌号	厚度/mm	纵向冲击吸收能量 KV_2/J ≥
NM300D/E	≤80	24	NM400D/E	>80~120	21
	>80~120	21	NM450D/E	≤80	24
NM360D/E	≤80	24		>80~120	21
	>80~120	21	NM500D/E	≤60	21
NM400D/E	≤80	24		>60~100	18

注：NM550D/E 和 NM600D/E 的纵向冲击吸收能量可由供需双方协商确定。D 级钢冲击试验温度为-20℃，E 级钢冲击试验温度为-40℃。

7.4.23 合金结构钢薄钢板

合金结构钢薄钢板的力学性能见表 7-167。

表 7-167 合金结构钢薄钢板的力学性能（YB/T 5132—2007）

牌号	抗拉强度 R_m/MPa	断后伸长率 $A_{11.3}$①(%) ≥	牌号	抗拉强度 R_m/MPa	断后伸长率 $A_{11.3}$①(%) ≥
12Mn2A	390~570	22	30Cr	490~685	17
16Mn2A	490~635	18	35Cr	540~735	16
45Mn2A	590~835	12	38CrA	540~735	16
35B	490~635	19	40Cr	540~785	14
40B	510~655	18	20CrMnSiA	440~685	18
45B	540~685	16	25CrMnSiA	490~685	18
50B、50BA	540~715	14	30CrMnSi、30CrMnSiA	490~735	16
15Cr、15CrA	390~590	19			
20Cr	390~590	18	35CrMnSiA	590~785	14

① 厚度不大于 0.9mm 的钢板，伸长率仅供参考。

7.4.24 低碳钢冷轧钢带

低碳钢冷轧钢带的牌号、状态和力学性能见表 7-168。

表 7-168 低碳钢冷轧钢带的牌号、状态和力学性能（YB/T 5059—2013）

牌号	交货状态	抗拉强度 R_m/MPa	断后伸长率 A(%) ≥	硬度 HV
08 10 08Al	特软(S2)	275~390	30	≤105
	软(S)	325~440	20	≤130
	半软(S1)	370~490	10	105~155
	低冷硬(H1/4)	410~540	4	125~172
	冷硬(H)	490~785	不测定	140~230

7.4.25 优质碳素结构钢热轧钢带

优质碳素结构钢热轧钢带的力学性能见表 7-169。

表 7-169 优质碳素结构钢热轧钢带的力学性能（GB/T 8749—2021）

牌号	抗拉强度 R_m/MPa	断后伸长率 A(%)	牌号	抗拉强度 R_m/MPa	断后伸长率 A(%)
	≥			≥	
08Al	290	35	10	335	32
08	325	33	15	370	30

（续）

牌号	抗拉强度 R_m/MPa	断后伸长率 A(%)	牌号	抗拉强度 R_m/MPa	断后伸长率 A(%)
	≥			≥	
20	410	28	15Mn	410	26
25	450	24	20Mn	450	24
30	490	22	25Mn	490	22
35	530	20	30Mn	540	20
40	570	19	35Mn	560	18
45	600	17	40Mn	590	17
50	625	16	45Mn	620	15
55	645	13	50Mn	650	13
60	675	12	60Mn	695	11
65	695	10	65Mn	735	9
70	715	9	70Mn	785	8

注：拉伸试验取横向试样。受钢带宽度限制不能取横向试样时，可取纵向试样，断后伸长率提高 2%（绝对值）。

7.4.26 碳素结构钢和低合金结构钢热轧钢带

碳素结构钢热轧钢带的力学性能见表 7-170。

表 7-170 碳素结构钢热轧钢带的力学性能（GB/T 3524—2015）

牌号	下屈服强度 R_{eL} /MPa ≥	抗拉强度 R_m /MPa	断后伸长率 A(%) ≥	180°弯曲性能①
Q195	(195)②	315~430	33	$D=0$
Q215	215	335~450	31	$D=0.5a$
Q235	235	375~500	26	$D=1.0a$
Q275	275	415~540	22	$D=1.5a$
Q345	345	470~630	21	$D=2a$
Q390	390	490~650	20	$D=2a$
Q420	420	520~680	19	$D=2a$
Q460	460	550~720	17	$D=2a$

① a 为试样厚度，D 为弯曲压头直径。
② Q195 的下屈服强度仅供参考，不作为交货条件。

7.5 钢管

7.5.1 无缝钢管的规格及重量

1. 普通钢管的规格及单位长度理论重量（见表 7-171）

2. 精密钢管的规格及单位长度理论重量（见表 7-172）

表 7-171 普通钢管的规格及单位长度理论重量（GB/T 17395—2008）

外径/mm			壁厚/mm															
系列 1	系列 2	系列 3	0.25	0.30	0.40	0.50	0.60	0.80	1.0	1.2	1.4	1.5	1.6	1.8	2.0	2.2(2.3)	2.5(2.6)	2.8
			单位长度理论重量/(kg/m)															
	6		0.035	0.042	0.055	0.068	0.080	0.103	0.123	0.142	0.159	0.166	0.174	0.186	0.197			
	7		0.042	0.050	0.065	0.080	0.095	0.122	0.148	0.172	0.193	0.203	0.213	0.231	0.247	0.260	0.277	
	8		0.048	0.057	0.075	0.092	0.109	0.142	0.173	0.201	0.228	0.240	0.253	0.275	0.296	0.315	0.339	
	9		0.054	0.064	0.085	0.105	0.124	0.162	0.197	0.231	0.262	0.277	0.292	0.320	0.345	0.369	0.401	0.428
10(10.2)			0.060	0.072	0.095	0.117	0.139	0.182	0.222	0.260	0.297	0.314	0.331	0.364	0.395	0.423	0.462	0.497
	11		0.066	0.079	0.105	0.129	0.154	0.201	0.247	0.290	0.331	0.351	0.371	0.408	0.444	0.477	0.524	0.566
	12		0.072	0.087	0.114	0.142	0.169	0.221	0.271	0.320	0.366	0.388	0.410	0.453	0.493	0.532	0.586	0.635
	13(12.7)		0.079	0.094	0.124	0.154	0.183	0.241	0.296	0.349	0.401	0.425	0.450	0.497	0.543	0.586	0.647	0.704
13.5			0.082	0.098	0.129	0.160	0.191	0.251	0.308	0.364	0.418	0.444	0.470	0.519	0.567	0.613	0.678	0.739
		14	0.085	0.101	0.134	0.166	0.198	0.260	0.321	0.379	0.435	0.462	0.489	0.542	0.592	0.640	0.709	0.773
	16		0.097	0.116	0.154	0.191	0.228	0.300	0.370	0.438	0.504	0.536	0.568	0.630	0.691	0.749	0.832	0.911
17(17.2)			0.103	0.124	0.164	0.203	0.243	0.320	0.395	0.468	0.539	0.573	0.608	0.675	0.740	0.803	0.894	0.981
		18	0.109	0.131	0.174	0.216	0.257	0.339	0.419	0.497	0.573	0.610	0.647	0.719	0.789	0.857	0.956	1.05
	19		0.116	0.138	0.183	0.228	0.272	0.359	0.444	0.527	0.608	0.647	0.687	0.764	0.838	0.911	1.02	1.12
	20		0.122	0.146	0.193	0.240	0.287	0.379	0.469	0.556	0.642	0.684	0.726	0.808	0.888	0.966	1.08	1.19
21(21.3)					0.203	0.253	0.302	0.399	0.493	0.586	0.677	0.721	0.765	0.852	0.937	1.02	1.14	1.26
		22			0.213	0.265	0.317	0.418	0.518	0.616	0.711	0.758	0.805	0.897	0.986	1.07	1.20	1.33
	25				0.243	0.302	0.361	0.477	0.592	0.704	0.815	0.869	0.923	1.03	1.13	1.24	1.39	1.53
		25.4			0.247	0.307	0.367	0.485	0.602	0.716	0.829	0.884	0.939	1.05	1.15	1.26	1.41	1.56
27(26.9)					0.262	0.327	0.391	0.517	0.641	0.764	0.884	0.943	1.00	1.12	1.23	1.35	1.51	1.67
	28				0.272	0.339	0.405	0.537	0.666	0.793	0.918	0.980	1.04	1.16	1.28	1.40	1.57	1.74

（续）

外径/mm			壁厚/mm															
系列 1	系列 2	系列 3	(2.9)3.0	3.2	3.5(3.6)	4.0	4.5	5.0	(5.4)5.5	6.0	(6.3)6.5	7.0(7.1)	7.5	8.0	8.5	(8.8)9.0	9.5	10
			单位长度理论重量/(kg/m)															
	6																	
	7																	
	8																	
	9																	
10(10.2)			0.518	0.537	0.561													
	11		0.592	0.616	0.647													
	12		0.666	0.694	0.734	0.789												
	13(12.7)		0.740	0.773	0.820	0.888												
13.5			0.777	0.813	0.863	0.937												
		14	0.814	0.852	0.906	0.986												
	16		0.962	1.01	1.08	1.18	1.28	1.36										
17(17.2)			1.04	1.09	1.17	1.28	1.39	1.48										
		18	1.11	1.17	1.25	1.38	1.50	1.60										
	19		1.18	1.25	1.34	1.48	1.61	1.73	1.83	1.92								
	20		1.26	1.33	1.42	1.58	1.72	1.85	1.97	2.07								
21(21.3)			1.33	1.40	1.51	1.68	1.83	1.97	2.10	2.22								
		22	1.41	1.48	1.60	1.78	1.94	2.10	2.24	2.37								
	25		1.63	1.72	1.86	2.07	2.28	2.47	2.64	2.81	2.97	3.11						
		25.4	1.66	1.75	1.89	2.11	2.32	2.52	2.70	2.87	3.03	3.18						
27(26.9)			1.78	1.88	2.03	2.27	2.50	2.71	2.92	3.11	3.29	3.45						
	28		1.85	1.96	2.11	2.37	2.61	2.84	3.05	3.26	3.45	3.63						

（续）

外径/mm			壁厚/mm															
系列 1	系列 2	系列 3	0.25	0.30	0.40	0.50	0.60	0.80	1.0	1.2	1.4	1.5	1.6	1.8	2.0	2.2(2.3)	2.5(2.6)	2.8
			单位长度理论重量/(kg/m)															
		30			0.292	0.364	0.435	0.576	0.715	0.852	0.987	1.05	1.12	1.25	1.38	1.51	1.70	1.88
	32(31.8)				0.312	0.388	0.465	0.616	0.765	0.911	1.06	1.13	1.20	1.34	1.48	1.62	1.82	2.02
34(33.7)					0.331	0.413	0.494	0.655	0.814	0.971	1.13	1.20	1.28	1.43	1.58	1.73	1.94	2.15
		35			0.341	0.425	0.509	0.675	0.838	1.00	1.16	1.24	1.32	1.47	1.63	1.78	2.00	2.22
	38				0.371	0.462	0.553	0.734	0.912	1.09	1.26	1.35	1.44	1.61	1.78	1.94	2.19	2.43
	40				0.391	0.487	0.583	0.773	0.962	1.15	1.33	1.42	1.52	1.70	1.87	2.05	2.31	2.57
42(42.4)									1.01	1.21	1.40	1.50	1.59	1.78	1.97	2.16	2.44	2.71
		45(44.5)							1.09	1.30	1.51	1.61	1.71	1.92	2.12	2.32	2.62	2.91
48(48.3)									1.16	1.38	1.61	1.72	1.83	2.05	2.27	2.48	2.81	3.12
	51								1.23	1.47	1.71	1.83	1.95	2.18	2.42	2.65	2.99	3.33
		54							1.31	1.56	1.82	1.94	2.07	2.32	2.56	2.81	3.18	3.54
	57								1.38	1.65	1.92	2.05	2.19	2.45	2.71	2.97	3.36	3.74
60(60.3)									1.46	1.74	2.02	2.16	2.30	2.58	2.86	3.14	3.55	3.95
	63(63.5)								1.53	1.83	2.13	2.28	2.42	2.72	3.01	3.30	3.73	4.16
	65								1.58	1.89	2.20	2.35	2.50	2.81	3.11	3.41	3.85	4.30
	68								1.65	1.98	2.30	2.46	2.62	2.94	3.26	3.57	4.04	4.50
	70								1.70	2.04	2.37	2.53	2.70	3.03	3.35	3.68	4.16	4.64
		73							1.78	2.12	2.47	2.64	2.82	3.16	3.50	3.84	4.35	4.85
76(76.1)									1.85	2.21	2.58	2.76	2.94	3.29	3.65	4.00	4.53	5.05
	77										2.61	2.79	2.98	3.34	3.70	4.06	4.59	5.12
	80										2.71	2.90	3.09	3.47	3.85	4.22	4.78	5.33

（续）

外径/mm			壁厚/mm															
系列 1	系列 2	系列 3	(2.9)3.0	3.2	3.5(3.6)	4.0	4.5	5.0	(5.4)5.5	6.0	(6.3)6.5	7.0(7.1)	7.5	8.0	8.5	(8.8)9.0	9.5	10
			单位长度理论重量/(kg/m)															
		30	2.00	2.11	2.29	2.56	2.83	3.08	3.32	3.55	3.77	3.97	4.16	4.34				
	32(31.8)		2.15	2.27	2.46	2.76	3.05	3.33	3.59	3.85	4.09	4.32	4.53	4.74				
34(33.7)			2.29	2.43	2.63	2.96	3.27	3.58	3.87	4.14	4.41	4.66	4.90	5.13				
		35	2.37	2.51	2.72	3.06	3.38	3.70	4.00	4.29	4.57	4.83	5.09	5.33	5.56	5.77		
	38		2.59	2.75	2.98	3.35	3.72	4.07	4.41	4.74	5.05	5.35	5.64	5.92	6.18	6.44	6.68	6.91
	40		2.74	2.90	3.15	3.55	3.94	4.32	4.68	5.03	5.37	5.70	6.01	6.31	6.60	6.88	7.15	7.40
42(42.4)			2.89	3.06	3.32	3.75	4.16	4.56	4.95	5.33	5.69	6.04	6.38	6.71	7.02	7.32	7.61	7.89
		45(44.5)	3.11	3.30	3.58	4.04	4.49	4.93	5.36	5.77	6.17	6.56	6.94	7.30	7.65	7.99	8.32	8.63
48(48.3)			3.33	3.54	3.84	4.34	4.83	5.30	5.76	6.21	6.65	7.08	7.49	7.89	8.28	8.66	9.02	9.37
	51		3.55	3.77	4.10	4.64	5.16	5.67	6.17	6.66	7.13	7.60	8.05	8.48	8.91	9.32	9.72	10.11
		54	3.77	4.01	4.36	4.93	5.49	6.04	6.58	7.10	7.61	8.11	8.60	9.08	9.54	9.99	10.43	10.85
	57		4.00	4.25	4.62	5.23	5.83	6.41	6.99	7.55	8.10	8.63	9.16	9.67	10.17	10.65	11.13	11.59
60(60.3)			4.22	4.48	4.88	5.52	6.16	6.78	7.39	7.99	8.58	9.15	9.71	10.26	10.80	11.32	11.83	12.33
	63(63.5)		4.44	4.72	5.14	5.82	6.49	7.15	7.80	8.43	9.06	9.67	10.27	10.85	11.42	11.99	12.53	13.07
	65		4.59	4.88	5.31	6.02	6.71	7.40	8.07	8.73	9.38	10.01	10.64	11.25	11.84	12.43	13.00	13.56
	68		4.81	5.11	5.57	6.31	7.05	7.77	8.48	9.17	9.86	10.53	11.19	11.84	12.47	13.10	13.71	14.30
	70		4.96	5.27	5.74	6.51	7.27	8.02	8.75	9.47	10.18	10.88	11.56	12.23	12.89	13.54	14.17	14.80
		73	5.18	5.51	6.00	6.81	7.60	8.38	9.16	9.91	10.66	11.39	12.11	12.82	13.52	14.21	14.88	15.54
76(76.1)			5.40	5.75	6.26	7.10	7.93	8.75	9.56	10.36	11.14	11.91	12.67	13.42	14.15	14.87	15.58	16.28
	77		5.47	5.82	6.34	7.20	8.05	8.88	9.70	10.51	11.30	12.08	12.85	13.61	14.36	15.09	15.81	16.52
	80		5.70	6.06	6.60	7.50	8.38	9.25	10.11	10.95	11.78	12.60	13.41	14.21	14.99	15.76	16.52	17.26

（续）

外径/mm			壁厚/mm															
系列 1	系列 2	系列 3	11	12(12.5)	13	14(14.2)	15	16	17(17.5)	18	19	20	22(22.2)	24	25	26	28	30
			单位长度理论重量/(kg/m)															
		30																
	32(31.8)																	
34(33.7)																		
		35																
	38																	
	40																	
42(42.4)																		
		45(44.5)	9.22	9.77														
48(48.3)			10.04	10.65														
	51		10.85	11.54														
		54	11.66	12.43	13.14	13.81												
	57		12.48	13.32	14.11	14.85												
60(60.3)			13.29	14.21	15.07	15.88	16.65	17.36										
	63(63.5)		14.11	15.09	16.03	16.92	17.76	18.55										
	65		14.65	15.68	16.67	17.61	18.50	19.33										
	68		15.46	16.57	17.63	18.64	19.61	20.52										
	70		16.01	17.16	18.27	19.33	20.35	21.31	22.22									
		73	16.82	18.05	19.24	20.37	21.46	22.49	23.48	24.41	25.30							
76(76.1)			17.63	18.94	20.20	21.41	22.57	23.68	24.74	25.75	26.71	27.62						
	77		17.90	19.24	20.52	21.75	22.94	24.07	25.15	26.19	27.18	28.11						
	80		18.72	20.12	21.48	22.79	24.05	25.25	26.41	27.52	28.58	29.59						

（续）

外径/mm			壁厚/mm															
系列 1	系列 2	系列 3	0.25	0.30	0.40	0.50	0.60	0.80	1.0	1.2	1.4	1.5	1.6	1.8	2.0	2.2(2.3)	2.5(2.6)	2.8
			单位长度理论重量/(kg/m)															
		83(82.5)									2.82	3.01	3.21	3.60	4.00	4.38	4.96	5.54
	85										2.89	3.09	3.29	3.69	4.09	4.49	5.09	5.68
89(88.9)											3.02	3.24	3.45	3.87	4.29	4.71	5.33	5.95
	95										3.23	3.46	3.69	4.14	4.59	5.03	5.70	6.37
	102(101.6)										3.47	3.72	3.96	4.45	4.93	5.41	6.13	6.85
		108									3.68	3.94	4.20	4.71	5.23	5.74	6.50	7.26
114(114.3)												4.16	4.44	4.98	5.52	6.07	6.87	7.68
	121											4.42	4.71	5.29	5.87	6.45	7.31	8.16
	127													5.56	6.17	6.77	7.68	8.58
	133																8.05	8.99
140(139.7)																		
		142(141.3)																
	146																	
		152(152.4)																
		159																
168(168.3)																		
		180(177.8)																
		194(193.7)																
	203																	
219(219.1)																		
		232																
		245(244.5)																
		267(267.4)																

（续）

外径/mm			壁厚/mm															
系列1	系列2	系列3	(2.9)3.0	3.2	3.5(3.6)	4.0	4.5	5.0	(5.4)5.5	6.0	(6.3)6.5	7.0(7.1)	7.5	8.0	8.5	(8.8)9.0	9.5	10
			单位长度理论重量/(kg/m)															
		83(82.5)	5.92	6.30	6.86	7.79	8.71	9.62	10.51	11.39	12.26	13.12	13.96	14.80	15.62	16.42	17.22	18.00
	85		6.07	6.46	7.03	7.99	8.93	9.86	10.78	11.69	12.58	13.47	14.33	15.19	16.04	16.87	17.69	18.50
89(88.9)			6.36	6.77	7.38	8.38	9.38	10.36	11.33	12.28	13.22	14.16	15.07	15.98	16.87	17.76	18.63	19.48
	95		6.81	7.24	7.90	8.98	10.04	11.10	12.14	13.17	14.19	15.19	16.18	17.16	18.13	19.09	20.03	20.96
	102(101.6)		7.32	7.80	8.50	9.67	10.82	11.96	13.09	14.21	15.31	16.40	17.48	18.55	19.60	20.64	21.67	22.69
		108	7.77	8.27	9.02	10.26	11.49	12.70	13.90	15.09	16.27	17.44	18.59	19.73	20.86	21.97	23.08	24.17
114(114.3)			8.21	8.74	9.54	10.85	12.15	13.44	14.72	15.98	17.23	18.47	19.70	20.91	22.12	23.31	24.48	25.65
	121		8.73	9.30	10.14	11.54	12.93	14.30	15.67	17.02	18.35	19.68	20.99	22.29	23.58	24.86	26.12	27.37
	127		9.17	9.77	10.66	12.13	13.59	15.04	16.48	17.90	19.32	20.72	22.10	23.48	24.84	26.19	27.53	28.85
	133		9.62	10.24	11.18	12.73	14.26	15.78	17.29	18.79	20.28	21.75	23.21	24.66	26.10	27.52	28.93	30.33
140(139.7)			10.14	10.80	11.78	13.42	15.04	16.65	18.24	19.83	21.40	22.96	24.51	26.04	27.57	29.08	30.57	32.06
		142(141.3)	10.28	10.95	11.95	13.61	15.26	16.89	18.51	20.12	21.72	23.31	24.88	26.44	27.98	29.52	31.04	32.55
	146		10.58	11.27	12.30	14.01	15.70	17.39	19.06	20.72	22.36	24.00	25.62	27.23	28.82	30.41	31.98	33.54
		152(152.4)	11.02	11.74	12.82	14.60	16.37	18.13	19.87	21.60	23.32	25.03	26.73	28.41	30.08	31.74	33.39	35.02
		159			13.42	15.29	17.15	18.99	20.82	22.64	24.45	26.24	28.02	29.79	31.55	33.29	35.03	36.75
168(168.3)					14.20	16.18	18.14	20.10	22.04	23.97	25.89	27.79	29.69	31.57	33.43	35.29	37.13	38.97
		180(177.8)			15.23	17.36	19.48	21.58	23.67	25.75	27.81	29.87	31.91	33.93	35.95	37.95	39.95	41.92
		194(193.7)			16.44	18.74	21.03	23.31	25.57	27.82	30.06	32.28	34.50	36.70	38.89	41.06	43.23	45.38
	203				17.22	19.63	22.03	24.41	26.79	29.15	31.50	33.84	36.16	38.47	40.77	43.06	45.33	47.60
219(219.1)										31.52	34.06	36.60	39.12	41.63	44.13	46.61	49.08	51.54
		232								33.44	36.15	38.84	41.52	44.19	46.85	49.50	52.13	54.75
		245(244.5)								35.36	38.23	41.09	43.93	46.76	49.58	52.38	55.17	57.95
		267(267.4)								38.62	41.76	44.88	48.00	51.10	54.19	57.26	60.33	63.38

（续）

外径/mm			壁厚/mm															
系列 1	系列 2	系列 3	11	12(12.5)	13	14(14.2)	15	16	17(17.5)	18	19	20	22(22.2)	24	25	26	28	30
			单位长度理论重量/(kg/m)															
		83(82.5)	19.53	21.01	22.44	23.82	25.15	26.44	27.67	28.85	29.99	31.07	33.10					
	85		20.07	21.60	23.08	24.51	25.89	27.23	28.51	29.74	30.93	32.06	34.18					
89(88.9)			21.16	22.79	24.37	25.89	27.37	28.80	30.19	31.52	32.80	34.03	36.35	38.47				
	95		22.79	24.56	26.29	27.97	29.59	31.17	32.70	34.18	35.61	36.99	39.61	42.02				
	102(101.6)		24.69	26.63	28.53	30.38	32.18	33.93	35.64	37.29	38.89	40.44	43.40	46.17	47.47	48.73	51.10	
		108	26.31	28.41	30.46	32.45	34.40	36.30	38.15	39.95	41.70	43.40	46.66	49.71	51.17	52.58	55.24	57.71
114(114.3)			27.94	30.19	32.38	34.53	36.62	38.67	40.67	42.62	44.51	46.36	49.91	53.27	54.87	56.43	59.39	62.15
	121		29.84	32.26	34.62	36.94	39.21	41.43	43.60	45.72	47.79	49.82	53.71	57.41	59.19	60.91	64.22	67.33
	127		31.47	34.03	36.55	39.01	41.43	43.80	46.12	48.39	50.61	52.78	56.97	60.96	62.89	64.76	68.36	71.77
	133		33.10	35.81	38.47	41.09	43.65	46.17	48.63	51.05	53.42	55.74	60.22	64.51	66.59	68.61	72.50	76.20
140(139.7)			34.99	37.88	40.72	43.50	46.24	48.93	51.57	54.16	56.70	59.19	64.02	68.66	70.90	73.10	77.34	81.38
		142(141.3)	35.54	38.47	41.36	44.19	46.98	49.72	52.41	55.04	57.63	60.17	65.11	69.84	72.14	74.38	78.72	82.86
	146		36.62	39.66	42.64	45.57	48.46	51.30	54.08	56.82	59.51	62.15	67.28	72.21	74.60	76.94	81.48	85.82
		152(152.4)	38.25	41.43	44.56	47.65	50.68	53.66	56.60	59.48	62.32	65.11	70.53	75.76	78.30	80.79	85.62	90.26
		159	40.15	43.50	46.81	50.06	53.27	56.43	59.53	62.59	65.60	68.56	74.33	79.90	82.62	85.28	90.46	95.44
168(168.3)			42.59	46.17	49.69	53.17	56.60	59.98	63.31	66.59	69.82	73.00	79.21	85.23	88.17	91.05	96.67	102.10
		180(177.8)	45.85	49.72	53.54	57.31	61.04	64.71	68.34	71.91	75.44	78.92	85.72	92.33	95.56	98.74	104.96	110.98
		194(193.7)	49.64	53.86	58.03	62.15	66.22	70.24	74.21	78.13	82.00	85.82	93.32	100.62	104.20	107.72	114.63	121.33
	203		52.09	56.52	60.91	65.25	69.55	73.79	77.98	82.13	86.22	90.26	98.20	105.95	109.74	113.49	120.84	127.99
219(219.1)			56.43	61.26	66.04	70.78	75.46	80.10	84.69	89.23	93.71	98.15	106.88	115.42	119.61	123.75	131.89	139.83
		232	59.95	65.11	70.21	75.27	80.27	85.23	90.14	95.00	99.81	104.57	113.94	123.11	127.62	132.09	140.87	149.45
		245(244.5)	63.48	68.95	74.38	79.76	85.08	90.36	95.59	100.77	105.90	110.98	120.99	130.80	135.64	140.42	149.84	159.07
		267(267.4)	69.45	75.46	81.43	87.35	93.22	99.04	104.81	110.53	116.21	121.83	132.93	143.83	149.20	154.53	165.04	175.34

（续）

外径/mm			壁厚/mm											
系列 1	系列 2	系列 3	32	34	36	38	40	42	45	48	50	55	60	65
			单位长度理论重量/(kg/m)											
		83(82.5)												
	85													
89(88.9)														
	95													
	102(101.6)													
		108												
114(114.3)														
	121		70.24											
	127		74.97											
	133		79.71	83.01	86.12									
140(139.7)			85.23	88.88	92.33									
		142(141.3)	86.81	90.56	94.11									
	146		89.97	93.91	97.66	101.21	104.57							
		152(152.4)	94.70	98.94	102.99	106.83	110.48							
		159	100.22	104.81	109.20	113.39	117.39	121.19	126.51					
168(168.3)			107.33	112.36	117.19	121.83	126.27	130.51	136.50					
		180(177.8)	116.80	122.42	127.85	133.07	138.10	142.94	149.82	156.26	160.30			
		194(193.7)	127.85	134.16	140.27	146.19	151.92	157.44	165.36	172.83	177.56			
	203		134.95	141.71	148.27	154.63	160.79	166.76	175.34	183.48	188.66	200.75		
219(219.1)			147.57	155.12	162.47	169.62	176.58	183.33	193.10	202.42	208.39	222.45		
		232	157.83	166.02	174.01	181.81	189.40	196.80	207.53	217.81	224.42	240.08	254.51	267.70
		245(244.5)	168.09	176.92	185.55	193.99	202.22	210.26	221.95	233.20	240.45	257.71	273.74	288.54
		267(267.4)	185.45	195.37	205.09	214.60	223.93	233.05	246.37	259.24	267.58	287.55	306.30	323.81

（续）

外径/mm			壁厚/mm														
系列 1	系列 2	系列 3	3.5(3.6)	4.0	4.5	5.0	(5.4)5.5	6.0	(6.3)6.5	7.0(7.1)	7.5	8.0	8.5	(8.8)9.0	9.5	10	11
			单位长度理论重量/(kg/m)														
273									42.72	45.92	49.11	52.28	55.45	58.60	61.73	64.86	71.07
	299(298.5)										53.92	57.41	60.90	64.37	67.83	71.27	78.13
		302									54.47	58.00	61.52	65.03	68.53	72.01	78.94
		318.5									57.52	61.26	64.98	68.69	72.39	76.08	83.42
325(323.9)											58.73	62.54	66.35	70.14	73.92	77.68	85.18
	340(339.7)											65.50	69.49	73.47	77.43	81.38	89.25
	351											67.67	71.80	75.91	80.01	84.10	92.23
356(355.6)														77.02	81.18	85.33	93.59
		368												79.68	83.99	88.29	96.85
	377													81.68	86.10	90.51	99.29
	402													87.23	91.96	96.67	106.07
406(406.4)														88.12	92.89	97.66	107.15
		419												91.00	95.94	100.87	110.68
	426													92.55	97.58	102.59	112.58
	450													97.88	103.20	108.51	119.09
457														99.44	104.84	110.24	120.99
	473													102.99	108.59	114.18	125.33
	480													104.54	110.23	115.91	127.23
	500													108.98	114.92	120.84	132.65
508														110.76	116.79	122.81	134.82
	530													115.64	121.95	128.24	140.79
		560(559)												122.30	128.97	135.64	148.93
610														133.39	140.69	147.97	162.50

（续）

外径/mm			壁厚/mm														
系列1	系列2	系列3	12(12.5)	13	14(14.2)	15	16	17(17.5)	18	19	20	22(22.2)	24	25	26	28	30
			单位长度理论重量/(kg/m)														
273			77.24	83.36	89.42	95.44	101.41	107.33	113.20	119.02	124.79	136.18	147.38	152.90	158.38	169.18	179.78
	299(298.5)		84.93	91.69	98.40	105.06	111.67	118.23	124.74	131.20	137.61	150.29	162.77	168.93	175.05	187.13	199.02
		302	85.82	92.65	99.44	106.17	112.85	119.49	126.07	132.61	139.09	151.92	164.54	170.78	176.97	189.20	201.24
		318.5	90.71	97.94	105.13	112.27	119.36	126.40	133.39	140.34	147.23	160.87	174.31	180.95	187.55	200.60	213.45
325(323.9)			92.63	100.03	107.38	114.68	121.93	129.13	136.28	143.38	150.44	164.39	178.16	184.96	191.72	205.09	218.25
	340(339.7)		97.07	104.84	112.56	120.23	127.85	135.42	142.94	150.41	157.83	172.53	187.03	194.21	201.34	215.44	229.35
	351		100.32	108.36	116.35	124.29	132.19	140.03	147.82	155.57	163.26	178.50	193.54	200.99	208.39	223.04	237.49
356(355.6)			101.80	109.97	118.08	126.14	134.16	142.12	150.04	157.91	165.73	181.21	196.50	204.07	211.60	226.49	241.19
		368	105.35	113.81	122.22	130.58	138.89	147.16	155.37	163.53	171.64	187.72	203.61	211.47	219.29	234.78	250.07
	377		108.02	116.70	125.33	133.91	142.45	150.93	159.36	167.75	176.08	192.61	208.93	217.02	225.06	240.99	256.73
	402		115.42	124.71	133.96	143.16	152.31	161.41	170.46	179.46	188.41	206.17	223.73	232.44	241.09	258.26	275.22
406(406.4)			116.60	126.00	135.34	144.64	153.89	163.09	172.24	181.34	190.39	208.34	226.10	234.90	243.66	261.02	278.18
		419	120.45	130.16	139.83	149.45	159.02	168.54	178.01	187.43	196.80	215.39	233.79	242.92	251.99	269.99	287.80
	426		122.52	132.41	142.25	152.04	161.78	171.47	181.11	190.71	200.25	219.19	237.93	247.23	256.48	274.83	292.98
	450		129.62	140.10	150.53	160.92	171.25	181.53	191.77	201.95	212.09	232.21	252.14	262.03	271.87	291.40	310.74
457			131.69	142.35	152.95	163.51	174.01	184.47	194.88	205.23	215.54	236.01	256.28	266.34	276.36	296.23	315.91
	473		136.43	147.48	158.48	169.42	180.33	191.18	201.98	212.73	223.43	244.69	265.75	276.21	286.62	307.28	327.75
	480		138.50	149.72	160.89	172.01	183.09	194.11	205.09	216.01	226.89	248.49	269.90	280.53	291.11	312.12	332.93
	500		144.42	156.13	167.80	179.41	190.98	202.50	213.96	225.38	236.75	259.34	281.73	292.86	303.93	325.93	347.93
508			146.79	158.70	170.56	182.37	194.14	205.85	217.51	229.13	240.70	263.68	286.47	297.79	309.06	331.45	353.65
	530		153.30	165.75	178.16	190.51	202.82	215.07	227.28	239.44	251.55	275.62	299.49	311.35	323.17	346.64	369.92
		560(559)	162.17	175.37	188.51	201.61	214.65	227.65	240.60	253.50	266.34	291.89	317.25	329.85	342.40	367.36	392.12
610			176.97	191.40	205.78	220.10	234.38	248.61	262.79	276.92	291.01	319.02	346.84	360.68	374.46	401.88	429.11

（续）

外径/mm			壁厚/mm														
系列 1	系列 2	系列 3	32	34	36	38	40	42	45	48	50	55	60	65	70	75	80
			单位长度理论重量/(kg/m)														
273			190.19	200.40	210.41	220.23	229.85	239.27	253.03	266.34	274.98	295.69	315.17	333.42	350.44	366.22	380.77
	299(298.5)		210.71	222.20	233.50	244.59	255.49	266.20	281.88	297.12	307.04	330.96	353.65	375.10	395.32	414.31	432.07
		302	213.08	224.72	236.16	247.40	258.45	269.30	285.21	300.67	310.74	335.03	358.09	379.91	400.50	419.86	437.99
		318.5	226.10	238.55	250.81	262.87	274.73	286.39	303.52	320.21	331.08	357.41	382.50	406.36	428.99	450.38	470.54
325(323.9)			231.23	244.00	256.58	268.96	281.14	293.13	310.74	327.90	339.10	366.22	392.12	416.78	440.21	462.40	483.37
	340(339.7)		243.06	256.58	269.90	283.02	295.94	308.66	327.38	345.66	357.59	386.57	414.31	440.83	466.10	490.15	512.96
	351		251.75	265.80	279.66	293.32	306.79	320.06	339.59	358.68	371.16	401.49	430.59	458.46	485.09	510.49	534.66
356(355.6)			255.69	269.99	284.10	298.01	311.72	325.24	345.14	364.60	377.32	408.27	437.99	466.47	493.72	519.74	544.53
		368	265.16	280.06	294.75	309.26	323.56	337.67	358.46	378.80	392.12	424.55	455.75	485.71	514.44	541.94	568.20
	377		272.26	287.60	302.75	317.69	332.44	346.99	368.44	389.46	403.22	436.76	469.06	500.14	529.98	558.58	585.96
	402		291.99	308.57	324.94	341.12	357.10	372.88	396.19	419.05	434.04	470.67	506.06	540.21	573.13	604.82	635.28
406(406.4)			295.15	311.92	328.49	344.87	361.05	377.03	400.63	423.78	438.98	476.09	511.97	546.62	580.04	612.22	643.17
		419	305.41	322.82	340.03	357.05	373.87	390.49	415.05	439.17	455.01	493.72	531.21	567.46	602.48	636.27	668.82
	426		310.93	328.69	346.25	363.61	380.77	397.74	422.82	447.46	463.64	503.22	541.57	578.68	614.57	649.22	682.63
	450		329.87	348.81	367.56	386.10	404.45	422.60	449.46	475.87	493.23	535.77	577.08	617.16	656.00	693.61	729.98
457			335.40	354.68	373.77	392.66	411.35	429.85	457.23	484.16	501.86	545.27	587.44	628.38	668.08	706.55	743.79
	473		348.02	368.10	387.98	407.66	427.14	446.42	474.98	503.10	521.59	566.97	611.11	654.02	695.70	736.15	775.36
	480		353.55	373.97	394.10	414.22	434.04	453.67	482.75	511.38	530.22	576.46	621.47	665.25	707.79	749.09	789.17
	500		369.33	390.74	411.95	432.96	453.77	474.39	504.95	535.06	554.89	603.59	651.07	697.31	742.31	786.09	828.63
508			375.64	397.45	419.05	440.46	461.66	482.68	513.82	544.53	564.75	614.44	662.90	710.13	756.12	800.88	844.41
	530		393.01	415.89	438.58	461.07	483.37	505.46	538.24	570.57	591.88	644.28	695.46	745.40	794.10	841.58	887.82
		560(559)	416.68	441.06	465.22	489.19	512.96	536.54	571.53	606.08	628.87	684.97	739.85	793.49	845.89	897.06	947.00
610			456.14	482.97	509.61	536.04	562.28	588.33	627.02	665.27	690.52	752.79	813.83	873.64	932.21	989.55	1045.65

（续）

外径/mm			壁厚/mm					
系列 1	系列 2	系列 3	85	90	95	100	110	120
			单位长度理论重量/(kg/m)					
273			394.09					
	299(298.5)		448.59	463.88	477.94	490.77		
		302	454.88	470.54	484.97	498.16		
		318.5	489.47	507.16	523.63	538.86		
325(323.9)			503.10	521.59	538.86	554.89		
	340(339.7)		534.54	554.89	574.00	591.88		
	351		557.60	579.30	599.77	619.01		
356(355.6)			568.08	590.40	611.48	631.34		
		368	593.23	617.03	639.60	660.93		
	377		612.10	637.01	660.68	683.13		
	402		664.51	692.50	719.25	744.78		
406(406.4)			672.89	701.37	728.63	754.64		
		419	700.14	730.23	759.08	786.70		
	426		714.82	745.77	775.48	803.97		
	450		765.12	799.03	831.71	863.15		
457			779.80	814.57	848.11	880.42		
	473		813.34	850.08	885.60	919.88		
	480		828.01	865.62	902.00	937.14		
	500		869.94	910.01	948.85	986.46	1057.98	
508			886.71	927.77	967.60	1006.19	1079.68	
	530		932.82	976.60	1019.14	1060.45	1139.36	1213.35
		560(559)	995.71	1043.18	1089.42	1134.43	1220.75	1302.13
610			1100.52	1154.16	1206.57	1257.74	1356.39	1450.10

（续）

外径/mm			壁厚/mm													
系列 1	系列 2	系列 3	9	9.5	10	11	12(12.5)	13	14(14.2)	15	16	17(17.5)	18	19	20	22(22.2)
			单位长度理论重量/(kg/m)													
	630		137.83	145.37	152.90	167.92	182.89	197.81	212.68	227.50	242.28	257.00	271.67	286.30	300.87	329.87
		660	144.49	152.40	160.30	176.06	191.77	207.43	223.04	238.60	254.11	269.58	284.99	300.35	315.67	346.15
		699					203.31	219.93	236.50	253.03	269.50	285.93	302.30	318.63	334.90	367.31
711							206.86	223.78	240.65	257.47	274.24	290.96	307.63	324.25	340.82	373.82
	720						209.52	226.66	243.75	260.80	277.79	294.73	311.62	328.47	345.26	378.70
	762														365.98	401.49
		788.5													379.05	415.87
813															391.13	429.16
		864													416.29	456.83
914																
		965														
1016																

外径/mm			壁厚/mm												
系列 1	系列 2	系列 3	24	25	26	28	30	32	34	36	38	40	42	45	48
			单位长度理论重量/(kg/m)												
	630		358.68	373.01	387.29	415.70	443.91	471.92	499.74	527.36	554.79	582.01	609.04	649.22	688.95
		660	376.43	391.50	406.52	436.41	466.10	495.60	524.90	554.00	582.90	611.61	640.12	682.51	724.46
		699	399.52	415.55	431.53	463.34	494.96	526.38	557.60	588.62	619.45	650.08	680.51	725.79	770.62
711			406.62	422.95	439.22	471.63	503.84	535.85	567.66	599.28	630.69	661.92	692.94	739.11	784.83
	720		411.95	428.49	444.99	477.84	510.49	542.95	575.21	607.27	639.13	670.79	702.26	749.09	795.48
	762		436.81	454.39	471.92	506.84	541.57	576.09	610.42	644.55	678.49	712.23	745.77	795.71	845.20
		788.5	452.49	470.73	488.92	525.14	561.17	597.01	632.64	668.08	703.32	738.37	773.21	825.11	876.57
813			466.99	485.83	504.62	542.06	579.30	616.34	653.18	689.83	726.28	762.54	798.59	852.30	905.57
		864	497.18	517.28	537.33	577.28	617.03	656.59	695.95	735.11	774.08	812.85	851.42	908.90	965.94
914				548.10	569.39	611.80	654.02	696.05	737.87	779.50	820.93	862.17	903.20	964.39	1025.13
		965		579.55	602.09	647.02	691.76	736.30	780.64	824.78	868.73	912.48	956.03	1020.99	1085.50
1016			—	610.99	634.79	682.24	729.49	776.54	823.40	870.06	916.52	962.79	1008.86	1077.59	1145.87

（续）

外径/mm			壁厚/mm												
系列 1	系列 2	系列 3	50	55	60	65	70	75	80	85	90	95	100	110	120
			单位长度理论重量/(kg/m)												
	630		715.19	779.92	843.43	905.70	966.73	1026.54	1085.11	1142.45	1198.55	1253.42	1307.06	1410.64	1509.29
		660	752.18	820.61	887.82	953.79	1018.52	1082.03	1144.30	1205.33	1265.14	1323.71	1381.05	1492.02	1598.07
		699	800.27	873.51	945.52	1016.30	1085.85	1154.16	1221.24	1287.09	1351.70	1415.08	1477.23	1597.82	1713.49
711			815.06	889.79	963.28	1035.54	1106.56	1176.36	1244.92	1312.24	1378.33	1443.19	1506.82	1630.38	1749.00
	720		826.16	902.00	976.60	1049.97	1122.10	1193.00	1262.67	1331.11	1398.31	1464.28	1529.02	1654.79	1775.63
	762		877.95	958.96	1038.74	1117.29	1194.61	1270.69	1345.53	1419.15	1491.53	1562.68	1632.60	1768.73	1899.93
		788.5	910.63	994.91	1077.96	1159.77	1240.35	1319.70	1397.82	1474.70	1550.35	1624.77	1697.95	1840.62	1978.35
813			940.84	1028.14	1114.21	1199.05	1282.65	1365.02	1446.15	1526.06	1604.73	1682.17	1758.37	1907.08	2050.86
		864	1003.73	1097.32	1189.67	1280.80	1370.69	1459.35	1546.77	1632.97	1717.92	1801.65	1884.14	2045.43	2201.78
914			1065.38	1165.14	1263.66	1360.95	1457.00	1551.83	1645.42	1737.78	1828.90	1918.79	2007.45	2181.07	2349.75
		965	1128.27	1234.31	1339.12	1442.70	1545.05	1646.16	1746.04	1844.68	1942.10	2038.28	2133.22	2319.42	2500.68
1016			1191.15	1303.49	1414.59	1524.45	1633.09	1740.49	1846.66	1951.59	2055.29	2157.76	2259.00	2457.77	2651.61

注：1. 括号内尺寸为相应的 ISO 4200 的规格。

2. 理论重量按钢的密度为 7.85kg/dm³ 计算。

表 7-172 精密钢管的规格及单位长度理论重量（GB/T 17395—2008）

外径/mm		壁厚/mm																				
系列 2	系列 3	0.5	(0.8)	1.0	(1.2)	1.5	(1.8)	2.0	(2.2)	2.5	(2.8)	3.0	(3.5)	4	(4.5)	5	(5.5)	6	(7)	8	(9)	10
		单位长度理论重量/(kg/m)																				
4		0.043	0.063	0.074	0.083																	
5		0.055	0.083	0.099	0.112																	
6		0.068	0.103	0.123	0.142	0.166	0.186	0.197														
8		0.092	0.142	0.173	0.201	0.240	0.275	0.296	0.315	0.339												
10		0.117	0.182	0.222	0.260	0.314	0.364	0.395	0.423	0.462												
12		0.142	0.221	0.271	0.320	0.388	0.453	0.493	0.532	0.586	0.635	0.666										
12.7		0.150	0.235	0.289	0.340	0.414	0.484	0.528	0.570	0.629	0.684	0.718										
	14	0.166	0.260	0.321	0.379	0.462	0.542	0.592	0.640	0.709	0.773	0.814	0.906									
16		0.191	0.300	0.370	0.438	0.536	0.630	0.691	0.749	0.832	0.911	0.962	1.08	1.18								
	18	0.216	0.339	0.419	0.497	0.610	0.719	0.789	0.857	0.956	1.05	1.11	1.25	1.38	1.50							
20		0.240	0.379	0.469	0.556	0.684	0.808	0.888	0.966	1.08	1.19	1.26	1.42	1.58	1.72	1.85						
	22	0.265	0.418	0.518	0.616	0.758	0.897	0.986	1.07	1.20	1.33	1.41	1.60	1.78	1.94	2.10						
25		0.302	0.477	0.592	0.704	0.869	1.03	1.13	1.24	1.39	1.53	1.63	1.86	2.07	2.28	2.47	2.64	2.81				
	28	0.339	0.537	0.666	0.793	0.980	1.16	1.28	1.40	1.57	1.74	1.85	2.11	2.37	2.61	2.84	3.05	3.26	3.63	3.95		
	30	0.364	0.576	0.715	0.852	1.05	1.25	1.38	1.51	1.70	1.88	2.00	2.29	2.56	2.83	3.08	3.32	3.55	3.97	4.34		
32		0.388	0.616	0.765	0.911	1.13	1.34	1.48	1.62	1.82	2.02	2.15	2.46	2.76	3.05	3.33	3.59	3.85	4.32	4.74		
	35	0.425	0.675	0.838	1.00	1.24	1.47	1.63	1.78	2.00	2.22	2.37	2.72	3.06	3.38	3.70	4.00	4.29	4.83	5.33		
38		0.462	0.734	0.912	1.09	1.35	1.61	1.78	1.94	2.19	2.43	2.59	2.98	3.35	3.72	4.07	4.41	4.74	5.35	5.92	6.44	6.91
40		0.487	0.773	0.962	1.15	1.42	1.70	1.87	2.05	2.31	2.57	2.74	3.15	3.55	3.94	4.32	4.68	5.03	5.70	6.31	6.88	7.40
42			0.813	1.01	1.21	1.50	1.78	1.97	2.16	2.44	2.71	2.89	3.32	3.75	4.16	4.56	4.95	5.33	6.04	6.71	7.32	7.89

（续）

外径/mm		壁厚/mm																	
系列 2	系列 3	(0.8)	1.0	(1.2)	1.5	(1.8)	2.0	(2.2)	2.5	(2.8)	3.0	(3.5)	4	(4.5)	5	(5.5)	6	(7)	8
		单位长度理论重量/(kg/m)																	
	45	0.872	1.09	1.30	1.61	1.92	2.12	2.32	2.62	2.91	3.11	3.58	4.04	4.49	4.93	5.36	5.77	6.56	7.30
48		0.931	1.16	1.38	1.72	2.05	2.27	2.48	2.81	3.12	3.33	3.84	4.34	4.83	5.30	5.76	6.21	7.08	7.89
50		0.971	1.21	1.44	1.79	2.14	2.37	2.59	2.93	3.26	3.48	4.01	4.54	5.05	5.55	6.04	6.51	7.42	8.29
	55	1.07	1.33	1.59	1.98	2.36	2.61	2.86	3.24	3.60	3.85	4.45	5.03	5.60	6.17	6.71	7.25	8.29	9.27
60		1.17	1.46	1.74	2.16	2.58	2.86	3.14	3.55	3.95	4.22	4.88	5.52	6.16	6.78	7.39	7.99	9.15	10.26
63		1.23	1.53	1.83	2.28	2.72	3.01	3.30	3.73	4.16	4.44	5.14	5.82	6.49	7.15	7.80	8.43	9.67	10.85
70		1.37	1.70	2.04	2.53	3.03	3.35	3.68	4.16	4.64	4.96	5.74	6.51	7.27	8.02	8.75	9.47	10.88	12.23
76		1.48	1.85	2.21	2.76	3.29	3.65	4.00	4.53	5.05	5.40	6.26	7.10	7.93	8.75	9.56	10.36	11.91	13.42
80		1.56	1.95	2.33	2.90	3.47	3.85	4.22	4.78	5.33	5.70	6.60	7.50	8.38	9.25	10.11	10.95	12.60	14.21
	90			2.63	3.27	3.92	4.34	4.76	5.39	6.02	6.44	7.47	8.48	9.49	10.48	11.46	12.43	14.33	16.18
100				2.92	3.64	4.36	4.83	5.31	6.01	6.71	7.18	8.33	9.47	10.60	11.71	12.82	13.91	16.05	18.15
	110			3.22	4.01	4.80	5.33	5.85	6.63	7.40	7.92	9.19	10.46	11.71	12.95	14.17	15.39	17.78	20.12
120						5.25	5.82	6.39	7.24	8.09	8.66	10.06	11.44	12.82	14.18	15.53	16.87	19.51	22.10
130						5.69	6.31	6.93	7.86	8.78	9.40	10.92	12.43	13.93	15.41	16.89	18.35	21.23	24.07
	140					6.13	6.81	7.48	8.48	9.47	10.14	11.78	13.42	15.04	16.65	18.24	19.83	22.96	26.04
150						6.58	7.30	8.02	9.09	10.16	10.88	12.65	14.40	16.15	17.88	19.60	21.31	24.69	28.02
160						7.02	7.79	8.56	9.71	10.86	11.62	13.51	15.39	17.26	19.11	20.96	22.79	26.41	29.99
170												14.37	16.38	18.37	20.35	22.31	24.27	28.14	31.96
	180														21.58	23.67	25.75	29.87	33.93
190																25.03	27.23	31.59	35.91
200																	28.71	33.32	37.88
	220																	36.77	41.83

（续）

外径/mm		壁厚/mm									
系列 2	系列 3	（9）	10	（11）	12.5	（14）	16	（18）	20	（22）	25
		单位长度理论重量/(kg/m)									
	45	7.99	8.63	9.22	10.02						
48		8.66	9.37	10.04	10.94						
50		9.10	9.86	10.58	11.56						
	55	10.21	11.10	11.94	13.10	14.16					
60		11.32	12.33	13.29	14.64	15.88	17.36				
63		11.99	13.07	14.11	15.57	16.92	18.55				
70		13.54	14.80	16.01	17.73	19.33	21.31				
76		14.87	16.28	17.63	19.58	21.41	23.68				
80		15.76	17.26	18.72	20.81	22.79	25.25	27.52			
	90	17.98	19.73	21.43	23.89	26.24	29.20	31.96	34.53	36.89	
100		20.20	22.20	24.14	26.97	29.69	33.15	36.40	39.46	42.32	46.24
	110	22.42	24.66	26.86	30.06	33.15	37.09	40.84	44.39	47.74	52.41
120		24.64	27.13	29.57	33.14	36.60	41.04	45.28	49.32	53.17	58.57
130		26.86	29.59	32.28	36.22	40.05	44.98	49.72	54.26	58.60	64.74
	140	29.08	32.06	34.99	39.30	43.50	48.93	54.16	59.19	64.02	70.90
150		31.30	34.53	37.71	42.39	46.96	52.87	58.60	64.17	69.45	77.07
160		33.52	36.99	40.42	45.47	50.41	56.82	63.03	69.05	74.87	83.23
170		35.73	39.46	43.13	48.55	53.86	60.77	67.47	73.98	80.30	89.40
	180	37.95	41.92	45.85	51.64	57.31	64.71	71.91	78.92	85.72	95.56
190		40.17	44.39	48.56	54.72	60.77	68.66	76.35	83.85	91.15	101.73
200		42.39	46.86	51.27	57.80	64.22	72.60	80.79	88.78	96.57	107.89
	220	46.83	51.79	56.70	63.97	71.12	80.50	89.67	98.65	107.43	120.23

外径/mm		壁厚/mm													
系列 2	系列 3	（5.5）	6	（7）	8	（9）	10	（11）	12.5	（14）	16	（18）	20	（22）	25
		单位长度理论重量/(kg/m)													
	240			40.22	45.77	51.27	56.72	62.12	70.13	78.03	88.39	98.55	108.51	118.28	132.56
	260			43.68	49.72	55.71	61.65	67.55	76.30	84.93	96.28	107.43	118.38	129.13	144.89

注：1. 括号内尺寸不推荐使用。

2. 理论重量按钢的密度为 7.85kg/dm^3 计算。

7.5.2 结构用无缝钢管

1. 结构用无缝钢管的牌号和化学成分

优质碳素结构钢的牌号和化学成分应符合 GB/T 699 的规定，低合金高强度结构钢的牌号和化学成分见表 7-173，合金结构钢的牌号和化学成分应符合 GB/T 3077 的规定。

表 7-173 低合金高强度结构钢的牌号和化学成分（GB/T 8162—2018）

牌号	质量等级	化学成分(质量分数,%)														
		C	Si	Mn	P	S	Nb	V	Ti	Cr	Ni	Cu	N	Mo	B	Als
		≤														≥
Q345	A				0.035	0.035	—	—	—							—
	B	0.20			0.035	0.035										
	C		0.50	1.70	0.030	0.030				0.30	0.50	0.20	0.012	0.10	—	
	D	0.18			0.030	0.025	0.07	0.15	0.20							0.015
	E				0.025	0.020										
Q390	A				0.035	0.035										—
	B				0.035	0.035										
	C	0.20	0.50	1.70	0.030	0.030	0.07	0.20	0.20	0.30	0.50	0.20	0.015	0.10	—	
	D				0.030	0.025										0.015
	E				0.025	0.020										
Q420	A				0.035	0.035										—
	B				0.035	0.035										
	C	0.20	0.50	1.70	0.030	0.030	0.07	0.20	0.20	0.30	0.80	0.20	0.015	0.20	—	
	D				0.030	0.025										0.015
	E				0.025	0.020										
Q460	C				0.030	0.030										
	D	0.20	0.60	1.80	0.030	0.025	0.11	0.20	0.20	0.30	0.80	0.20	0.015	0.20	0.005	0.015
	E				0.025	0.020										
Q500	C				0.025	0.020										
	D	0.18	0.60	1.80	0.025	0.015	0.11	0.20	0.20	0.60	0.80	0.20	0.015	0.20	0.005	0.015
	E				0.020	0.010										
Q550	C				0.025	0.020										
	D	0.18	0.60	2.00	0.025	0.015	0.11	0.20	0.20	0.80	0.80	0.20	0.015	0.30	0.005	0.015
	E				0.020	0.010										
Q620	C				0.025	0.020										
	D	0.18	0.60	2.00	0.025	0.015	0.11	0.20	0.20	1.00	0.80	0.20	0.015	0.30	0.005	0.015
	E				0.020	0.010										
Q690	C				0.025	0.020										
	D	0.18	0.60	2.00	0.025	0.015	0.11	0.20	0.20	1.00	0.80	0.20	0.015	0.30	0.005	0.015
	E				0.020	0.010										

注：1. 除 Q345A、Q345B 牌号外，钢中应至少含有细化晶粒元素 Al、Nb、V、Ti 中的一种。根据需要，供方可添加其中一种或几种细化晶粒元素，最大值应符合表中规定。组合加入时，$w(\mathrm{Nb})+w(\mathrm{V})+w(\mathrm{Ti})\leqslant 0.22\%$。

2. 对于 Q345、Q390、Q420 和 Q460 牌号，$w(\mathrm{Mo})+w(\mathrm{Cr})\leqslant 0.30\%$。

3. 各牌号的 Cr、Ni 作为残余元素时，Cr、Ni 的质量分数应各不大于 0.30%，当需要加入时，其含量应符合表中规定或由供需双方协商确定。

4. 如供方能保证氮元素含量符合表中规定，可不进行氮含量分析，如果钢中加入 Al、Nb、V、Ti 等具有固氮作用的合金元素，氮元素含量不做限制，固氮元素含量应在质量证明书中注明。

5. 当采用全铝时，全铝含量 $w(\mathrm{Alt})\geqslant 0.020\%$。

2. 优质碳素结构钢和低合金高强度结构钢管的力学性能（见表 7-174）

表 7-174　优质碳素结构钢和低合金高强度结构钢管的力学性能（GB/T 8162—2018）

牌号	质量等级	抗拉强度 R_m/MPa	公称壁厚 t/mm ≤16	>16~30	>30	断后伸长率 A②(%)	冲击性能 温度/℃	冲击吸收能量 KV_2/J ≥
			下屈服强度 R_{eL}①/MPa ≥			≥		
10	—	≥335	205	195	185	24	—	—
15	—	≥375	225	215	205	22	—	—
20	—	≥410	245	235	225	20	—	—
25	—	≥450	275	265	255	18	—	—
35	—	≥510	305	295	285	17	—	—
45	—	≥590	335	325	315	14	—	—
20Mn	—	≥450	275	265	255	20	—	—
25Mn	—	≥490	295	285	275	18	—	—
Q345	A	470~630	345	325	295	20	—	—
	B						+20	34
	C					21	0	
	D						−20	
	E						−40	27
Q390	A	490~650	390	370	350	18	—	—
	B						+20	34
	C					19	0	
	D						−20	
	E						−40	27
Q420	A	520~680	420	400	380	18	—	—
	B						+20	34
	C					19	0	
	D						−20	
	E						−40	27
Q460	C	550~720	460	440	420	17	0	34
	D						−20	
	E						−40	27
Q500	C	610~770	500	480	440	17	0	55
	D						−20	47
	E						−40	31
Q550	C	670~830	550	530	490	16	0	55
	D						−20	47
	E						−40	31
Q620	C	710~880	620	590	550	15	0	55
	D						−20	47
	E						−40	31
Q690	C	770~940	690	660	620	14	0	55
	D						−20	47
	E						−40	31

① 拉伸试验时，如不能测定 R_{eL}，可测定 $R_{p0.2}$ 代替 R_{eL}。

② 如合同中无特殊规定，拉伸试验试样可沿钢管纵向或横向截取。如有分歧时，拉伸试验应以沿钢管纵向截取的试样作为仲裁试样。

3. 合金结构钢管的力学性能（见表 7-175）

表 7-175 合金结构钢管的力学性能（GB/T 8162—2018）

牌号	推荐的热处理工艺					拉伸性能			钢管退火或高温回火交货状态硬度 HBW
	淬火(正火)			回火		抗拉强度 R_m/MPa	下屈服强度① R_{eL}/MPa	断后伸长率 A(%)	
	温度/℃		冷却介质	温度/℃	冷却介质				
	第一次	第二次				≥			≤
40Mn2	840	—	水、油	540	水、油	885	735	12	217
45Mn2	840	—	水、油	550	水、油	885	735	10	217
27SiMn	920	—	水	450	水、油	980	835	12	217
40MnB②	850	—	油	500	水、油	980	785	10	207
45MnB②	840	—	油	500	水、油	1030	835	9	217
20Mn2B②③	880	—	油	200	水、空	980	785	10	187
20Cr③④	880	800	水、油	200	水、空	835	540	10	179
						785	490	10	179
30Cr	860	—	油	500	水、油	885	685	11	187
35Cr	860	—	油	500	水、油	930	735	11	207
40Cr	850	—	油	520	水、油	980	785	9	207
45Cr	840	—	油	520	水、油	1030	835	9	217
50Cr	830	—	油	520	水、油	1080	930	9	229
38CrSi	900	—	油	600	水、油	980	835	12	255
20CrMo③④	880	—	水、油	500	水、油	885	685	11	197
						845	635	12	197
35CrMo	850	—	油	550	水、油	980	835	12	229
42CrMo	850	—	油	560	水、油	1080	930	12	217
38CrMoAl④	940	—	水、油	640	水、油	980	835	12	229
						930	785	14	229
50CrVA	860	—	油	500	水、油	1275	1130	10	255
20CrMn	850	—	油	200	水、空	930	735	10	187
20CrMnSi③	880	—	油	480	水、油	785	635	12	207
30CrMnSi③	880	—	油	520	水、油	1080	885	8	229
						980	835	10	229
35CrMnSiA③	880	—	油	230	水、空	1620	—	9	229
20CrMnTi③⑤	880	870	油	200	水、空	1080	835	10	217
30CrMnTi③⑤	880	850	油	200	水、空	1470	—	9	229
12CrNi2	860	780	水、油	200	水、空	785	590	12	207
12CrNi3	860	780	油	200	水、空	930	685	11	217
12Cr2Ni4	860	780	油	200	水、空	1080	835	10	269
40CrNiMoA	850	—	油	600	水、油	980	835	12	269
45CrNiMoVA	860	—	油	460	油	1470	1325	7	269

注：1. 表中所列热处理温度允许调整范围：淬火±15℃，低温回火±20℃，高温回火±50℃。

2. 拉伸试验时，可截取横向或纵向试样，有异议时，以纵向试样为仲裁依据。

① 拉伸试验时，如不能测定 R_{eL}，可测定 $R_{p0.2}$ 代替 R_{eL}。

② 含硼钢在淬火前可先正火，正火温度应不高于其淬火温度。

③ 于 280~320℃ 等温淬火。

④ 按需方指定的一组数据交货，当需方未指定时，可按其中任一组数据交货。

⑤ 含铬锰钛钢第一次淬火可用正火代替。

7.5.3 冷拔或冷轧精密无缝钢管

冷拔或冷轧精密无缝钢管的力学性能见表 7-176。

表 7-176　冷拔或冷轧精密无缝钢管的力学性能（GB/T 3639—2021）

牌号	交货状态											
	冷加工/硬[①]		冷拉工/软[②]		冷加工后去应力退火			退火[③]		正火		
	R_m/MPa	A（%）	R_m/MPa	A（%）	R_m/MPa	R_{eH}/MPa	A（%）	R_m/MPa	A（%）	R_m/MPa	R_{eH}[④]/MPa	A（%）
	≥										≥	
10	430	8	380	10	400	300	16	335	24	320～450	215	27
20	550	5	520	8	520	375	12	390	21	440～570	255	21
35	590	5	550	7	—	—	—	510	17	≥460	280	21
45	645	4	630	6	—	—	—	590	14	≥540	340	18
25Mn	650	6	580	8	580	450	10	490	18	—	—	—
Q355B	640	4	580	7	580	450	10	450	22	490～630	355	22
Q420B	750	4	620	8	690	590	12	520	22	550～700	425	22
25CrMo	720	4	670	6	—	—	—	—	—	—	—	—
42CrMo	720	4	670	6	—	—	—	—	—	—	—	—

注：R_m—抗拉强度，R_{eH}—上屈服强度，A—断后伸长率。
① 推荐下列计算关系式：$R_{eH}\geqslant 0.8R_m$。
② 推荐下列计算关系式：$R_{eH}\geqslant 0.7R_m$。
③ 推荐下列计算关系式：$R_{eH}\geqslant 0.5R_m$。
④ 外径不大于 30mm 且壁厚不大于 3mm 的钢管，其最小上屈服强度可降低 10MPa。

7.5.4 输送流体用无缝钢管

输送流体用无缝钢管的力学性能见表 7-177。

表 7-177　输送流体用无缝钢管的力学性能（GB/T 8163—2018）

牌号	质量等级	拉伸性能			冲击性能	
		抗拉强度 R_m/MPa	下屈服强度 R_{eL}/MPa ≥	断后伸长率 A（%）≥	试验温度/℃	冲击吸收能量 KV_2/J ≥
10	—	335～475	205	24	—	—
20	—	410～530	245	20	—	—
Q345	A	470～630	345	20	—	—
	B				+20	34
	C			21	0	
	D				-20	
	E				-40	27
Q390	A	490～650	390	18	—	—
	B				+20	34
	C			19	0	
	D				-20	
	E				-40	27
Q420	A	520～680	420	18	—	—
	B				+20	34
	C			19	0	
	D				-20	
	E				-40	27
Q460	C	550～720	460	17	0	34
	D				-20	
	E				-40	27

7.5.5 低温管道用无缝钢管

1. 低温管道用无缝钢管的牌号和化学成分（见表 7-178）

表 7-178 低温管道用无缝钢管的牌号和化学成分（GB/T 18984—2016）

牌号	化学成分(质量分数,%)							
	C	Si	Mn	P	S	Ni	Mo	V
16MnDG	0.12~0.20	0.20~0.55	1.20~1.60	≤0.020	≤0.010	—	—	—
10MnDG	≤0.13	0.17~0.37	≤1.35	≤0.020	≤0.010	—	—	≤0.07
09DG	≤0.12	0.17~0.37	≤0.95	≤0.020	≤0.010	—	—	≤0.07
09Mn2VDG	≤0.12	0.17~0.37	≤1.85	≤0.020	≤0.010	—	—	≤0.12
06Ni3MoDG	≤0.08	0.17~0.37	≤0.85	≤0.015	≤0.008	2.50~3.70	0.15~0.30	≤0.05
06Ni9DG	≤0.10	0.10~0.35	≤0.90	≤0.015	≤0.008	8.50~9.50	—	—

2. 低温管道用无缝钢管的力学性能（见表 7-179）

表 7-179 低温管道用无缝钢管的力学性能（GB/T 18984—2016）

牌号	抗拉强度 R_m/MPa	下屈服强度或规定塑性延伸强度 R_{eL} 或 $R_{p0.2}$/MPa		断后伸长率 A (%)		
		壁厚≤16mm	壁厚>16mm	1号试样	2号试样	3号试样
16MnDG	490~665	≥325	≥315	≥30		≥23
10MnDG	≥400	≥240		≥35		≥29
09DG	≥385	≥210		≥35		≥29
09Mn2VDG	≥450	≥300		≥30		≥23
06Ni3MoDG	≥455	≥250		≥30		≥23
06Ni9DG	≥690	≥520		≥22		≥18

3. 低温管道用无缝钢管的纵向低温冲击吸收能量（见表 7-180）

表 7-180 低温管道用无缝钢管的纵向低温冲击吸收能量（GB/T 18984—2016）

试样尺寸(高度×宽度)/mm	冲击吸收能量 KV_2/J		
	一组(3个)的平均值	至少2个的单个值	1个的最低值
10×10	≥21(40)	≥21(40)	≥15(28)
10×7.5	≥18(35)	≥18(35)	≥13(25)
10×5	≥14(26)	≥14(26)	≥10(18)
10×2.5	≥7(13)	≥7(13)	≥5(9)

注：1. 冲击试验温度应符合如下规定：16MnDG、10MnDG 和 09DG 为-45℃，09Mn2VDG 为-70℃，06Ni3MoDG 为-100℃，06Ni9DG 为-196℃。

2. 括号中的数值为 06Ni9DG 钢管的冲击吸收能量。

7.5.6 低中压锅炉用无缝钢管

1. 低中压锅炉用无缝钢管的力学性能（见表 7-181）

表 7-181 低中压锅炉用无缝钢管的力学性能（GB/T 3087—2022）

牌号	抗拉强度 R_m/MPa	下屈服强度 R_{eL}/MPa		断后伸长率 A(%)
		壁厚≤16mm	壁厚>16mm	
		≥		
10	335~475	205	195	24
20	410~550	245	235	20

2. 低中压锅炉用无缝钢管在高温下的规定塑性延伸强度（见表 7-182）

表 7-182　低中压锅炉用无缝钢管在高温下的规定塑性延伸强度（GB/T 3087—2022）

牌号	试样状态	试验温度/℃					
		200	250	300	350	400	450
		规定塑性延伸强度 $R_{p0.2}$ 最小值/MPa					
10	交货状态	165	145	122	111	109	107
20	交货状态	188	170	149	137	134	132

7.5.7　高压锅炉用无缝钢管

1. 高压锅炉用无缝钢管的规格（见表 7-183）

表 7-183　高压锅炉用无缝钢管的规格（GB/T 5310—2023）

分类代号	制造方式	钢管尺寸/mm			允许偏差/mm 普通级	允许偏差/mm 高级
W-H	热轧（挤压）钢管	公称外径 D	<57		±0.4	±0.3
			57~325	t≤35	±0.75%D	±0.5%D
				t>35	±1%D	±0.75%D
			>325~600①		允许上偏差：+1%D 或+5，取较小者； 允许下偏差：-2	—
			>600①		允许上偏差：+1%D 或+7，取较小者； 允许下偏差：-2	—
		公称壁厚 t	≤4.0		±0.45	±0.4
			>4.0~20		+12.5%t -10%t	±10%t
			>20	D<219	±10%t	±7.5%t
				D≥219	+12.5%t -10%t	±10%t
	热扩钢管	公称外径 D	全部		±1%D	±0.75%D
		公称壁厚 t	全部		+15%t -10%t	+12.5%t -10%t
W-C	冷拔（轧）钢管	公称外径 D	≤25.4		±0.15	—
			>25.4~40		±0.2	—
			>40~50		±0.25	—
			>50~60		±0.3	—
			>60		±0.5%D	—
		公称壁厚 t	<3.0		±0.3	±0.2
			≥3.0		±10%t	±7.5%t

① D/t≥20 的钢管，其外径允许偏差为$^{+1}_{-0.75}$%D。

2. 高压锅炉用无缝钢管的牌号和化学成分（见表 7-184）

表 7-184 高压锅炉用无缝钢管的牌号和化学成分（GB/T 5310—2023）

钢类	统一数字代号	牌号	化学成分[①]（质量分数，%）														P	S
			C	Si	Mn	Cr	Mo	V	Ti	B	Ni	Alt	Cu	Nb	N	W	≤	
优质碳素钢	U50207	20G	0.17~0.23	0.17~0.37	0.35~0.65	—	—	—	—	—	—	②	—	—	—	—	0.025	0.015
	U50208	20MnG	0.17~0.23	0.17~0.37	0.70~1.00	—	—	—	—	—	—	—	—	—	—	—	0.025	0.015
	U50257	25MnG	0.22~0.27	0.17~0.37	0.70~1.00	—	—	—	—	—	—	—	—	—	—	—	0.025	0.015
合金钢	A65158	15MoG	0.12~0.20	0.17~0.37	0.40~0.80	—	0.25~0.35	—	—	—	—	—	—	—	—	—	0.025	0.015
	A65208	20MoG	0.15~0.25	0.17~0.37	0.40~0.80	—	0.44~0.65	—	—	—	—	—	—	—	—	—	0.025	0.015
	A30120	12CrMoG	0.08~0.15	0.17~0.37	0.40~0.70	0.40~0.70	0.40~0.55	—	—	—	—	—	—	—	—	—	0.025	0.015
	A30158	15CrMoG	0.12~0.18	0.17~0.37	0.40~0.70	0.80~1.10	0.40~0.55	—	—	—	—	—	—	—	—	—	0.025	0.015
	A30128	12Cr2MoG	0.08~0.15	≤0.50	0.40~0.60	2.00~2.50	0.90~1.13	—	—	—	—	—	—	—	—	—	0.025	0.015
	A31128	12Cr1MoVG	0.08~0.15	0.17~0.37	0.40~0.70	0.90~1.20	0.25~0.35	0.15~0.30	—	—	—	—	—	—	—	—	0.025	0.010
	A32128	12Cr2MoWVTiB	0.08~0.15	0.45~0.75	0.45~0.65	1.60~2.10	0.50~0.65	0.28~0.42	0.08~0.18	0.0020~0.0080	—	—	—	—	—	0.30~0.55	0.025	0.015
	A38078	07Cr2MoW2VNbB	0.04~0.10	≤0.50	0.10~0.60	1.90~2.60	0.05~0.30	0.20~0.30	0.005~0.060	0.0005~0.0060	≤0.40	≤0.030	—	0.02~0.08	≤0.015	1.45~1.75	0.025	0.010
	A31120	12Cr3MoVSiTiB	0.09~0.15	0.60~0.90	0.50~0.80	2.50~3.00	1.00~1.20	0.25~0.35	0.22~0.38	0.0050~0.0110	—	—	—	—	—	—	0.025	0.015
	A61158	15Ni1MnMoNbCu	0.10~0.17	0.25~0.50	0.80~1.20	—	0.25~0.50	—	—	—	1.00~1.30	≤0.050	0.50~0.80	0.015~0.045	≤0.020	—	0.025	0.015
	A31108	10Cr9Mo1VNbN[③]（熔炼成分）	0.08~0.12	0.20~0.40	0.30~0.50	8.00~9.50	0.85~1.05	0.18~0.25	≤0.01	≤0.0010	≤0.20	≤0.020	≤0.10	0.06~0.10	0.035~0.070	≤0.05	0.015	0.005
		10Cr9Mo1VNbN[③]（成品成分）	0.07~0.13	0.20~0.40	0.30~0.50	8.00~9.50	0.80~1.05	0.16~0.27	≤0.01	≤0.0010	≤0.20	≤0.020	≤0.10	0.05~0.11	0.035~0.070	≤0.05	0.020	0.005

（续）

钢类	统一数字代号	牌号	化学成分①（质量分数,%）															
			C	Si	Mn	Cr	Mo	V	Ti	B	Ni	Alt	Cu	Nb	N	W	P ≤	S ≤
合金钢	A38108	10Cr9MoW2VNbBN④	0.07~0.13	≤0.50	0.30~0.60	8.50~9.50	0.30~0.60	0.15~0.25	≤0.01	0.0010~0.0060	≤0.40	≤0.020	—	0.04~0.09	0.030~0.070	1.50~2.00	0.015	0.005
合金钢	A32088	08Cr9W3Co3VNbCuBN⑤（熔炼成分）	0.065~0.095	≤0.50	0.30~0.70	8.50~9.50	—	0.16~0.24	≤0.01	0.010~0.020	≤0.10	≤0.010	0.50~1.10	0.03~0.09	0.005~0.018	2.40~3.10	0.015	0.006
合金钢	A32088	08Cr9W3Co3VNbCuBN⑤（成品成分）	0.060~0.100	≤0.55	0.27~0.73	8.40~9.60	—	0.13~0.27	≤0.02	0.008~0.022	≤0.13	≤0.015	0.40~1.20	0.03~0.10	0.005~0.019	2.33~3.17	0.020	0.010
不锈（耐热）钢	S30409	07Cr19Ni10	0.04~0.10	≤0.75	≤2.00	18.00~20.00	—	—	—	—	8.00~11.00	—	—	—	—	—	0.030	0.015
不锈（耐热）钢	S30489	10Cr18Ni9NbCu3BN	0.07~0.13	≤0.30	≤1.00	17.00~19.00	—	—	—	0.0010~0.0100	7.50~10.50	0.003~0.030	2.50~3.50	0.30~0.60	0.050~0.120	—	0.030	0.010
不锈（耐热）钢	S30989	07Cr23Ni15Cu4NbN⑥（熔炼成分）	0.04~0.10	≤0.75	≤2.00	22.00~24.00	—	—	—	0.0020~0.0060	13.00~17.00	—	3.00~4.00	0.30~0.70	0.150~0.350	—	0.030	0.010
不锈（耐热）钢	S30989	07Cr23Ni15Cu4NbN⑥（成品成分）	0.03~0.11	≤0.79	≤2.04	22.00~24.00	—	—	—	0.0017~0.0070	13.00~17.00	—	3.00~4.00	0.25~0.75	0.145~0.355	—	0.035	0.015
不锈（耐热）钢	S31009	07Cr25Ni21	0.04~0.10	≤0.75	≤2.00	24.00~26.00	—	—	—	—	19.00~22.00	—	—	—	—	—	0.030	0.015
不锈（耐热）钢	S31059	07Cr25Ni21NbN	0.04~0.10	≤0.75	≤2.00	24.00~26.00	—	—	—	—	19.00~22.00	—	—	0.20~0.60	0.150~0.350	—	0.030	0.015
不锈（耐热）钢	S31089	07Cr22Ni25W3Cu3Co2MoNbN⑦	0.06~0.10	≤0.30	≤0.50	21.00~24.00	≤0.40	—	—	0.0030~0.0090	24.00~27.00	≤0.035	2.00~4.00	0.30~0.65	0.200~0.300	2.50~4.00	0.025	0.005
不锈（耐热）钢	S32169	07Cr19Ni11Ti	0.04~0.10	≤0.75	≤2.00	17.00~20.00	—	—	4C~0.60	—	9.00~13.00	—	—	—	—	—	0.030	0.015
不锈（耐热）钢	S34779	07Cr18Ni11Nb	0.04~0.10	≤0.75	≤2.00	17.00~19.00	—	—	—	—	9.00~13.00	—	—	8C~1.10	—	—	0.030	0.015
不锈（耐热）钢	S34770	08Cr18Ni11NbFG	0.06~0.10	≤0.75	≤2.00	17.00~19.00	—	—	—	—	10.00~12.00	—	—	8C~1.10	—	—	0.030	0.015

注：1. Alt 指全铝含量。

2. 牌号 08Cr18Ni11NbFG 中的“FG”表示细晶粒。

① 除非冶炼需要，未经需方同意，不应在钢中有意添加本表中未提及的元素。制造厂应采取所有恰当的措施，防止废钢和生产过程中所使用的其他材料把削弱钢材力学性能及适用性的元素带入钢中。

② 20G 钢中 w(Alt) 不大于 0.015%，不作交货要求，但应填入质量证明书中。

③ 10Cr9Mo1VNbN 钢中 w(Zr)≤0.01%；w(N)/w(Alt)≥4.0；w(As)≤0.010%，w(Sn)≤0.010%，w(Sb)≤0.003%，w(Pb)≤0.010%，w(Bi)≤0.010%，w(As)+w(Sn)+w(Sb)+w(Pb)+w(Bi)≤0.035%。

④ 10Cr9MoW2VNbBN 钢中 w(Zr)≤0.01%；w(As)≤0.010%，w(Sn)≤0.010%，w(Sb)≤0.010%，w(Pb)≤0.010%，w(Bi)≤0.010%，w(As)+w(Sn)+w(Sb)+w(Pb)+w(Bi)≤0.035%。

⑤ 08Cr9W3Co3VNbCuBN 钢中 w(Co)：2.85%~3.20%（熔炼成分），2.80%~3.25%（成品成分）；w(O)≤0.0040%；w(As)≤0.015%，w(Sn)≤0.020%，w(Sb)≤0.015%，w(Pb)≤0.015%，w(Bi)≤0.005%，w(As)+w(Sn)+w(Sb)+w(Pb)+w(Bi)≤0.035%。

⑥ 07Cr23Ni15Cu4NbN 钢中 w(As)≤0.015%，w(Sn)≤0.015%，w(Sb)≤0.010%，w(Pb)≤0.015%，w(Bi)≤0.010%，w(As)+w(Sn)+w(Sb)+w(Pb)+w(Bi)≤0.050%。

⑦ 07Cr22Ni25W3Cu3Co2MoNbN 钢中 w(Co)：1.00%~2.00%；w(As)≤0.015%，w(Sn)≤0.020%；w(Sb)≤0.015%，w(Pb)≤0.015%，w(Bi)≤0.005%，w(As)+w(Sn)+w(Sb)+w(Pb)+w(Bi)≤0.035%。

3. 高压锅炉用无缝钢管的力学性能

（1）以热处理状态交货的高压锅炉用无缝钢管在室温下的力学性能（见表 7-185）

表 7-185　以热处理状态交货的高压锅炉用无缝钢管在室温下的力学性能（GB/T 5310—2023）

牌号	拉伸性能				冲击吸收能量 KV_2/J		硬度		
	抗拉强度 R_m/MPa	下屈服强度或规定塑性延伸强度 R_{eL} 或 $R_{p0.2}$/MPa	断后伸长率 A（%）				HBW	HV	HRBW
			纵向	横向	纵向	横向			
		≥							
20G	410~550	245	24	22	40	27	120~160	125~170	—
20MnG	415~560	240	22	20	40	27	125~170	130~180	—
25MnG	485~640	275	20	18	40	27	130~180	135~190	—
15MoG	450~600	270	22	20	40	27	125~180	130~190	—
20MoG	415~665	220	22	20	40	27	125~180	130~190	—
12Cr2MoG	410~560	205	21	19	40	27	125~170	130~180	—
15CrMoG	440~640	295	21	19	40	27	125~195	130~205	—
12Cr2MoG	450~600	280	22	20	40	27	125~180	130~190	—
12Cr1MoVG	470~640	255	21	19	40	27	135~195	140~205	—
12Cr2MoWVTiB	540~735	345	18	—	40	—	160~220	170~230	85~97
07Cr2MoW2VNbB	≥510	400	22	18	40	27	150~220	160~230	80~97
12Cr3MoVSiTiB	610~805	440	16	—	40	—	180~250	190~265	≤25HRC
15Ni1MnMoNbCu	620~780	440	19	17	40	27	190~255	200~270	≤25HRC
10Cr9Mo1VNbN	≥585	415	20	16	40	27	190~250	200~265	≤25HRC
10Cr9MoW2VNbBN	≥620	440	20	16	40	27	190~250	200~265	≤25HRC
08Cr9W3Co3VNbCuBN	≥660	480	20	16	40	27	195~250	195~265	—
07Cr19Ni10	≥515	205	35	—	—	—	140~192	150~200	75~90
10Cr18Ni9NbCu3BN	≥590	235	35	—	—	—	150~219	160~230	80~95
07Cr23Ni15Cu4NbN	≥655	295	35	—	—	—	140~219	150~230	75~95
07Cr25Ni21	≥515	205	35	—	—	—	140~192	150~200	75~90
07Cr25Ni21NbN	≥655	295	30	—	—	—	150~256	160~270	80~100
07Cr22Ni25W3Cu3Co2MoNbN	≥670	310	40	—	—	—	≤230	≤240	≤100
07Cr19Ni11Ti	≥515	205	35	—	—	—	125~192	130~200	70~90
07Cr18Ni11Nb	≥520	205	35	—	—	—	125~192	130~200	70~90
08Cr18Ni11NbFG	≥550	205	35	—	—	—	140~192	150~200	75~90

（2）高压锅炉用无缝钢管的高温规定塑性延伸强度（见表 7-186）

表 7-186　高压锅炉用无缝钢管的高温规定塑性延伸强度（GB/T 5310—2023）

牌号	温度/℃											
	100	150	200	250	300	350	400	450	500	550	600	650
	高温规定塑性延伸强度 $R_{p0.2}$/MPa　≥											
20G	—	—	215	196	177	157	137	98	49	—	—	—
20MnG	219	214	208	197	183	175	168	156	151	—	—	—
25MnG	252	245	237	226	210	201	192	179	172	—	—	—
15MoG	—	—	225	205	180	170	160	155	150	—	—	—
20MoG	207	202	199	187	182	177	169	160	150	—	—	—
12CrMoG	193	187	181	175	170	165	159	150	140	—	—	—
15CrMoG	—	—	269	256	242	228	216	205	198	—	—	—
12Cr2MoG	192	188	186	185	185	185	185	181	173	159	—	—
12Cr1MoVG	—	—	—	—	230	225	219	211	201	187	—	—
12Cr2MoWVTiB	—	—	—	—	360	357	352	343	328	305	274	—
07Cr2MoW2VNbB	379	371	363	361	359	352	345	338	330	299	266	—
12Cr3MoVSiTiB	—	—	—	—	403	397	390	379	364	342	—	—
15Ni1MnMoNbCu	422	412	402	392	382	373	343	304	—	—	—	—
10Cr9Mo1VNbN	384	378	377	377	376	371	358	337	306	260	198	—
10Cr9MoW2VNbBN	419	411	406	402	397	389	377	359	333	297	251	—
08Cr9W3Co3VNbCuBN	465	450	435	430	421	412	401	383	364	342	316	244
07Cr19Ni10	170	154	144	135	129	123	119	114	110	105	99	—
10Cr18Ni9NbCu3BN	203	189	179	170	164	159	155	150	146	142	138	—
07Cr23Ni15Cu4NbN	249	227	209	195	183	175	168	164	161	158	157	155
07Cr25Ni21	181	167	157	149	144	139	135	132	128	—	—	—
07Cr25Ni21NbN	245	224	209	200	193	189	184	180	175	—	—	—
07Cr22Ni25W3Cu3Co2MoNbN	250	245	225	215	210	200	200	200	195	190	180	180
07Cr19Ni11Ti	184	171	160	150	142	136	132	128	126	123	120	—
07Cr18Ni11Nb	189	177	166	158	150	145	141	139	137	131	114	—
08Cr18Ni11NbFG	185	174	166	159	153	148	144	141	138	135	131	—

（3）高压锅炉用无缝钢管的100000h持久强度推荐数据（见表7-187）

表7-187 高压锅炉用无缝钢管的100000h持久强度推荐数据（GB/T 5310—2023）

牌号	温度/℃																														
	400	410	420	430	440	450	460	470	480	490	500	510	520	530	540	550	560	570	580	590	600	610	620	630	640	650	660	670	680	690	700
	100000h持久强度推荐数据/MPa																														
20G	128	116	104	93	83	74	65	58	51	45	39	—	—	—	—	—	—	—	—	—	—	—	—	—	—	—	—	—	—	—	—
20MnG	—	—	—	110	100	87	75	64	55	46	39	31	—	—	—	—	—	—	—	—	—	—	—	—	—	—	—	—	—	—	—
25MnG	—	—	—	120	103	88	75	64	55	46	39	31	—	—	—	—	—	—	—	—	—	—	—	—	—	—	—	—	—	—	—
15MoG	—	—	—	—	—	245	209	174	143	117	93	74	59	47	38	31	—	—	—	—	—	—	—	—	—	—	—	—	—	—	—
20MoG	—	—	—	—	—	—	—	—	145	124	105	85	71	59	50	40	—	—	—	—	—	—	—	—	—	—	—	—	—	—	—
12CrMoG	—	—	—	—	—	—	—	—	144	130	113	95	83	71	—	—	—	—	—	—	—	—	—	—	—	—	—	—	—	—	—
15CrMoG	—	—	—	—	—	—	—	—	—	168	145	124	106	91	75	61	—	—	—	—	—	—	—	—	—	—	—	—	—	—	—
12Cr2MoG	—	—	—	—	—	172	165	154	143	133	122	112	101	91	81	72	64	56	49	42	36	31	25	22	18	—	—	—	—	—	—
12Cr1MoVG	—	—	—	—	—	—	—	—	—	—	184	169	153	138	124	110	98	85	75	64	55	—	—	—	—	—	—	—	—	—	—
12Cr2MoWVTiB	—	—	—	—	—	—	—	—	—	—	—	—	—	—	176	162	147	132	118	105	92	80	69	59	50	—	—	—	—	—	—
07Cr2MoW2VNbB	—	—	—	—	—	—	—	—	—	—	—	184	171	158	145	134	122	111	101	90	80	69	58	43	28	14	—	—	—	—	—
12Cr3MoVSiTiB	—	—	—	—	—	—	—	—	—	—	—	—	—	—	148	135	122	110	98	88	78	69	61	54	47	—	—	—	—	—	—
15Ni1MnMoNbCu	373	349	325	300	273	245	210	175	139	104	69	—	—	—	—	—	—	—	—	—	—	—	—	—	—	—	—	—	—	—	—
10Cr9Mo1VNbN	—	—	—	—	—	—	—	—	—	—	—	—	—	—	165	153	140	128	116	103	93	83	73	63	53	44	—	—	—	—	—
10Cr9MoW2VNbBN	—	—	—	—	—	—	—	—	—	—	—	—	—	—	—	—	170	156	143	129	116	103	91	79	68	57	—	—	—	—	—
08Cr9W3Co3VNbCuBN	—	—	—	—	—	—	—	—	—	—	—	—	—	—	—	—	—	—	196	186	174	159	142	127	102	80	59	40	24	—	—

牌号	温度/℃																									
	500	510	520	530	540	550	560	570	580	590	600	610	620	630	640	650	660	670	680	690	700	710	720	730	740	750
	100000h持久强度推荐数据/MPa																									
07Cr19Ni10	—	—	—	—	—	—	—	—	—	—	96	88	81	74	68	63	57	52	47	44	40	37	34	31	28	26
10Cr18Ni9NbCu3BN	—	—	—	—	—	—	—	—	—	—	—	—	137	131	124	117	107	97	87	79	71	64	57	50	45	39
07Cr23Ni15Cu4NbN	—	—	—	—	—	—	—	—	—	—	192	178	164	151	138	126	115	105	95	86	78	70	63	56	50	45
07Cr25Ni21	—	167	160	150	139	127	115	103	92	83	73	65	58	52	46	41	37	34	30	27	24	22	20	18	16	15
07Cr25Ni21NbN	—	—	—	—	—	—	—	—	—	—	177	160	144	129	116	103	94	85	76	69	62	56	51	46	42	37
07Cr22Ni25W3Cu3Co2MoNbN	—	—	—	—	—	—	—	—	—	—	231	214	203	191	178	167	152	139	126	114	96.6	91	81	71	62	55.7
07Cr19Ni11Ti	—	—	—	—	—	—	123	118	108	98	89	80	72	66	61	55	50	46	41	38	35	32	29	26	24	22
07Cr18Ni11Nb	—	—	—	—	—	—	—	—	—	—	132	121	110	100	91	82	74	66	60	54	48	43	38	34	31	28
08Cr18Ni11NbFG	—	—	—	—	—	—	—	—	—	—	161	148	132	122	111	99	90	81	73	66	59	53	48	43	37	33

7.5.8 高压化肥设备用无缝钢管

1. 高压化肥设备用无缝钢管的牌号和化学成分（见表 7-188）

表 7-188 高压化肥设备用无缝钢管的牌号和化学成分（GB/T 6479—2013）

牌号	化学成分(质量分数,%)										
	C	Si	Mn	Cr	Mo	V	W	Nb	Ni	P	S
										≤	
10	0.07~0.13	0.17~0.37	0.35~0.65	—	—	—	—	—	—	0.025	0.015
20	0.17~0.23	0.17~0.37	0.35~0.65	—	—	—	—	—	—	0.025	0.015
Q345B①	0.12~0.20	0.20~0.50	1.20~1.70	≤0.30	≤0.10	≤0.15	—	≤0.07	≤0.50	0.025	0.015
Q345C①②	0.12~0.20	0.20~0.50	1.20~1.70	≤0.30	≤0.10	≤0.15	—	≤0.07	≤0.50	0.025	0.015
Q345D①②	0.12~0.18	0.20~0.50	1.20~1.70	≤0.30	≤0.10	≤0.15	—	≤0.07	≤0.50	0.025	0.015
Q345E①②	0.12~0.18	0.20~0.50	1.20~1.70	≤0.30	≤0.10	≤0.15	—	≤0.07	≤0.50	0.025	0.010
12CrMo	0.08~0.15	0.17~0.37	0.40~0.70	0.40~0.70	0.40~0.55	—	—	—	—	0.025	0.015
15CrMo	0.12~0.18	0.17~0.37	0.40~0.70	0.80~1.10	0.40~0.55	—	—	—	—	0.025	0.015
12Cr2Mo	0.08~0.15	≤0.50	0.40~0.60	2.00~2.50	0.90~1.13	—	—	—	—	0.025	0.015
12Cr5Mo	≤0.15	≤0.50	≤0.60	4.00~6.00	0.40~0.60	—	—	—	≤0.60	0.025	0.015
10MoWVNb	0.07~0.13	0.50~0.80	0.50~0.80	—	0.60~0.90	0.30~0.50	0.50~0.90	0.06~0.12	—	0.025	0.015
12SiMoVNb	0.08~0.14	0.50~0.80	0.60~0.90	—	0.90~1.10	0.30~0.50	—	0.04~0.08	—	0.025	0.015

① 当需要加入细化晶粒元素时，钢中应至少含有 Al、Nb、V、Ti 中的一种。加入的细化晶粒元素应在质量证明书中注明含量。Ti 的质量分数应不大于 0.20%。

② 钢中 Alt 的质量分数应不小于 0.020%，或钢中 Als 的质量分数应不小于 0.015%。

2. 高压化肥设备用无缝钢管热处理工艺及热处理后的力学性能

(1) 高压化肥设备用无缝钢管的热处理工艺（见表 7-189）

表 7-189 高压化肥设备用无缝钢管的热处理工艺（GB/T 6479—2013）

牌号	热处理工艺
10①	880~940℃正火
20①②③	880~940℃正火
Q345B①②	880~940℃正火
Q345C①②	880~940℃正火
Q345D①②	880~940℃正火
Q345E②③	880~940℃正火
12CrMo	900~960℃正火,670~730℃回火
15CrMo	900~960℃正火,680~730℃回火
12Cr2Mo	壁厚≤30mm 的钢管正火+回火:正火温度 900~960℃,回火温度 700~750℃;壁厚>30mm 的钢管淬火+回火或正火+回火:淬火温度不低于 900℃,回火温度 700~750℃;正火温度 900~960℃,回火温度 700~750℃,但正火后应进行快速冷却
12Cr5Mo	完全退火或等温退火
10MoWVNb	970~990℃正火,730~750℃回火;或 800~820℃高温退火
12SiMoVNb	980~1020℃正火,710~750℃回火

① 热轧（挤压、扩）钢管终轧温度在相变临界温度 Ar_3 至表中规定温度上限的范围内，且钢管是经过空冷时，则应认为钢管是经过正火的。

② 壁厚>14mm 的钢管还可以正火加回火：正火温度 880~940℃，正火后允许快速冷却，回火温度应高于 600℃。

③ 壁厚≤30mm 的热轧（挤压、扩）钢管终轧温度在相变临界温度 Ar_3 至表中规定温度上限的范围内，且钢管是经过空冷时，则应认为钢管是经过正火的。

（2）高压化肥设备用无缝钢管热处理后的力学性能（见表 7-190）

表 7-190　高压化肥设备用无缝钢管热处理后的力学性能（GB/T 6479—2013）

牌　号	力学性能									
	抗拉强度 R_m/MPa	下屈服强度 R_{eL} 或规定塑性延伸强度 $R_{p0.2}$/MPa			断后伸长率 A(%)		断面收缩率 Z(%)	冲击吸收能量 KV_2/J		
		钢管壁厚/mm						试验温度/℃	纵向	横向
		≤16	>16~40	>40	纵向	横向				
		≥							≥	
10	335~490	205	195	185	24	22	—	—	—	—
20	410~550	245	235	225	24	22	—	0	40	27
Q345B	490~670	345	335	325	21	19	—	20	40	27
Q345C	490~670	345	335	325	21	19	—	0	40	27
Q345D	490~670	345	335	325	21	19	—	-20	40	27
Q345E	490~670	345	335	325	21	19	—	-40	40	27
12CrMo	410~560	205	195	185	21	19	—	20	40	27
15CrMo	440~640	295	285	275	21	19	—	20	40	27
12Cr2Mo①	450~600	280			20	18	—	20	40	27
12Cr5Mo	390~590	195	185	175	22	20	—	20	40	27
10MoWVNb	470~670	295	285	275	19	17	—	20	40	27
12SiMoVNb	≥470	315	305	295	19	17	50	20	40	27

① 12Cr2Mo 钢管，当 $D \leqslant 30$mm 且 $\delta \leqslant 3$mm 时，其下屈服强度或规定塑性延伸强度允许降低 10MPa。

7.5.9　气瓶用无缝钢管

1. 气瓶用无缝钢管的牌号和化学成分（见表 7-191）

表 7-191　气瓶用无缝钢管的牌号和化学成分（GB/T 18248—2021）

牌号	化学成分(质量分数,%)									
	C	Si	Mn	P	S	P+S	Cr	Mo	Ni	Cu
37Mn①②	0.34~0.38	0.10~0.35	1.35~1.75	≤0.020	≤0.010	≤0.025	≤0.30		≤0.30	≤0.20
30CrMo①③	0.26~0.33	0.17~0.37	0.40~0.70	≤0.020	≤0.010	≤0.025	0.80~1.10	0.15~0.25	≤0.30	≤0.20
35CrMo①	0.32~0.40	0.17~0.37	0.40~0.70	≤0.020	≤0.010	≤0.025	0.80~1.10	0.15~0.25	≤0.30	≤0.20
42CrMo①④	0.38~0.45	0.17~0.37	0.50~0.80	≤0.020	≤0.010	≤0.025	0.90~1.20	0.15~0.25	≤0.30	≤0.20
30CrMnSiA	0.28~0.34	0.90~1.20	0.80~1.10	≤0.020	≤0.020	≤0.030	0.80~1.10	≤0.10	≤0.30	≤0.20

① 应满足 $w(V)+w(Nb)+w(Ti)+w(B)+w(Zr) \leqslant 0.15\%$。

② 根据需方要求，经供需双方协商，并在合同中注明，可规定 $w(Alt) \geqslant 0.020\%$。

③ 可按 30CrMoE 订货，其化学成分与 30CrMo 相同。

④ 可按 42CrMoE 订货，其化学成分与 42CrMo 相同。

2. 气瓶用无缝钢管淬火与回火后的力学性能（见表 7-192）

表 7-192　气瓶用无缝钢管淬火与回火后的力学性能（GB/T 18248—2021）

牌号	推荐的热处理工艺				纵向力学性能①				
	淬火(正火)		回火		抗拉强度 R_m/MPa	下屈服强度 $R_{eL}^{②}$/MPa	断后伸长率 A(%)	冲击吸收能量	
	温度/℃	冷却介质	温度/℃	冷却介质	≥			试验温度/℃	KV_2/J ≥
37Mn	820~860	水	550~650	空	750	630	16	-50	27
	830~870	空	—	—	700	520	16	-20	27
30CrMo③	860~900	水、油	490~590	水、油	930	785	12	-50	27

（续）

牌号	推荐的热处理工艺				纵向力学性能①				
	淬火（正火）		回火		抗拉强度 R_m/MPa	下屈服强度 R_{eL}②/MPa	断后伸长率 A(%)	冲击吸收能量	
	温度/℃	冷却介质	温度/℃	冷却介质	≥			试验温度/℃	KV_2/J ≥
35CrMo④	830~870	水、油	500~600	水、油	980	835	12	-50	27
42CrMo⑤	830~870	油	510~610	水、油	1080	930	12	-50	27
30CrMnSiA	860~900	油	470~570	水、油	1080	885	10	室温	27

① 拉伸试验温度为室温。

② 如不能测定 R_{eL}，可测定 $R_{p0.2}$ 代替 R_{eL}。

③ 需方指定以 4130X 或 30CrMoE 牌号交货时，力学性能参考值可按 30CrMo。

④ 需方指定以 34CrMo4 牌号交货时，力学性能参考值可按 35CrMo。

⑤ 需方指定以 4142 或 42CrMoE 牌号交货时，力学性能参考值可按 42CrMo。

3. 气瓶用无缝钢管正火或调质后的拉伸性能（见表 7-193）

表 7-193 气瓶用无缝钢管正火或调质后的拉伸性能（GB/T 18248—2021）

牌号	推荐的热处理状态	纵向拉伸性能			
		抗拉强度 R_m/MPa	下屈服强度 R_{eL}①/MPa	断后伸长率 A(%)	屈强比 R_{eL}/R_m
		≥			≤
37Mn	正火	700	520	20②	0.80
	调质	730	610	14③	0.92
30CrMo④	调质	800	680	14③	0.92
35CrMo⑤	调质	865	740	14③	0.92
42CrMo⑥	调质	930	760	14③	0.92

① 如不能测定 R_{eL}，可测定 $R_{p0.2}$ 代替 R_{eL}。

② 为全壁厚纵向弧形试样。当采用圆形横截面试样时，断后伸长率不小于 22%。

③ 为全壁厚纵向弧形试样。当采用圆形横截面试样时，断后伸长率不小于 16%。

④ 需方指定以 4130X 或 30CrMoE 牌号交货时，力学性能参考值可按 30CrMo。

⑤ 需方指定以 34CrMo4 牌号交货时，力学性能参考值可按 35CrMo。

⑥ 需方指定以 4142 或 42CrMoE 牌号交货时，力学性能参考值可按 42CrMo。

7.5.10 大容积气瓶用无缝钢管

1. 大容积气瓶用无缝钢管的牌号和化学成分（见表 7-194）

表 7-194 大容积气瓶用无缝钢管的牌号和化学成分（GB/T 28884—2024）

牌号	组别	化学成分(质量分数,%)									
		C	Si	Mn	P	S	P+S	Cr	Mo	Ni	Cu
30CrMoE	1①②	0.25~0.35	0.15~0.35	0.40~0.90	≤0.015	≤0.010	≤0.020	0.80~1.10	0.15~0.25	≤0.30	≤0.20
	2②	0.26~0.34	0.17~0.37	0.40~0.70	≤0.015	≤0.010	≤0.020	0.80~1.10	0.15~0.25	≤0.30	≤0.20
42CrMoE	1②③	0.40~0.45	0.15~0.35	0.75~1.00	≤0.015	≤0.010	≤0.020	0.80~1.10	0.15~0.25	≤0.30	≤0.20
	2②	0.38~0.45	0.17~0.37	0.50~0.80	≤0.015	≤0.010	≤0.020	0.90~1.20	0.15~0.25	≤0.30	≤0.20

① 牌号 30CrMoE 组别 1 等同于 4130X。需方指定，按表中订购组别 1 钢管，可按 4130X 牌号订货。

② 熔炼成分应满足：$w(V)+w(Nb)+w(Ti)+w(B)+w(Zr) \leq 0.15\%$，$w(As)+w(Sn)+w(Pb)+w(Sb)+w(Bi) \leq 0.025\%$。

③ 牌号 42CrMoE 组别 1 等同于 4142。需方指定，按表中订购组别 1 钢管，可按 4142 牌号订货。

2. 大容积气瓶用无缝钢管的纵向力学性能（见表 7-195）

表 7-195 大容积气瓶用无缝钢管的纵向力学性能（GB/T 28884—2012）

牌号	抗拉强度 R_m/MPa	下屈服强度或规定塑性延伸强度 R_{eL} 或 $R_{p0.2}$/MPa	断后伸长率 A_{50mm}(%)	屈强比 R_{eL}/R_m 或 $R_{p0.2}/R_m$(%)	硬度 HBW	-40℃冲击吸收能量 KV_2/J	
						平均值	单个试样
30CrMoE①	≥720	≥485	≥20	≤86	≥269	≥40	≥32
42CrMoE②	≥930	≥760	≥16	—	≤330	≥40	≥32

注：拉伸试样应为 GB/T 228.1 中规定的 R4 号试样。当钢管尺寸不足以截取 R4 号试样时，则应采用直径为 8mm 或 5mm 中可能的较大尺寸圆形截面试样，试样的标距长度为试样截面直径的 5 倍。

① 当按 4130X 牌号订货时，其力学性能等同于 30CrMoE。

② 当按 4142 牌号订货时，其力学性能等同于 42CrMoE。

7.5.11 液压成形件用无缝钢管

1. 液压成形件用无缝钢管的牌号和化学成分（见表 7-196）

表 7-196 液压成形件用无缝钢管的牌号和化学成分（GB/T 43105—2023）

牌号	化学成分(质量分数,%)													碳当量 CEV (%)
	C	Si	Mn	P	S	Cr	Ni	Mo	Cu	Nb	V	Ti	Als	
	≤												≥	≤
HF260	0.23	0.50	1.00	0.025	0.020	0.25	0.30	—	0.20	—	—	—	—	0.38
HF340	0.20	0.50	1.70	0.025	0.020	0.30	0.30	0.20	0.20	0.07	0.20	0.20	0.015	0.41
HF440	0.22	0.50	1.70	0.025	0.020	0.30	0.30	0.20	0.20	0.07	0.20	0.20	0.015	0.45
HF550	0.24	0.50	1.80	0.025	0.020	0.30	0.30	0.20	0.20	0.10	0.20	0.20	0.015	0.45
HF650	0.24	0.50	1.80	0.025	0.020	0.30	0.30	0.20	0.20	0.10	0.20	0.20	0.015	0.48
HF700	0.24	0.50	1.80	0.025	0.020	0.30	0.30	0.20	0.20	0.10	0.20	0.20	0.015	0.53
HF800	0.24	0.50	1.80	0.025	0.020	0.30	0.30	0.20	0.20	0.10	0.20	0.20	0.015	0.57

注：1. 除 HF260 牌号外，其余牌号钢中应至少含有细化晶粒元素 Al、Nb、V、Ti 中的一种。根据需要，供方可添加其中一种或几种细化晶粒元素，最大值应符合表中规定，组合加入时 $w(Nb)+w(V)+w(Ti)\leqslant 0.22\%$。

2. $w(Mo)+w(Cr)\leqslant 0.30\%$。

3. 当采用全铝时，全铝含量 $w(Alt)\geqslant 0.020\%$。

4. 碳当量应由熔炼分析成分并采用 $CEV=w(C)+w(Mn)/6+[w(Cr)+w(Mo)+w(V)]/5+[w(Ni)+w(Cu)]/15$ 计算。

2. 液压成形件用无缝钢管室温力学性能（见表 7-197）

表 7-197 液压成形件用无缝钢管室温力学性能（GB/T 43105—2023）

牌号	抗拉强度 R_m/MPa	下屈服强度 R_{eL}①/MPa	断后伸长率 A(%)
HF260	440~520	≥260	≥32
HF340	480~580	≥340	≥30
HF440	550~660	≥440	≥22
HF550	650~780	≥550	≥20
HF650	700~830	≥650	≥19
HF800	830~1000	≥800	≥16

① 当屈服现象不明显时，可采用规定塑性延伸强度 $R_{p0.2}$ 代替 R_{eL}。

7.5.12 冷拔异型钢管

1. 冷拔异型钢管热处理交货状态的力学性能（见表7-198）

表7-198 冷拔异型钢管热处理交货状态的力学性能（GB/T 3094—2012）

<table>
<tr><th rowspan="3">牌号</th><th rowspan="3">质量等级</th><th>抗拉强度 R_m/MPa</th><th>下屈服强度 R_{eL}/MPa</th><th>断后伸长率 A(%)</th><th colspan="2">冲击性能</th></tr>
<tr><th colspan="3" rowspan="2">不小于</th><th rowspan="2">温度/℃</th><th>吸收能量 KV_2/J</th></tr>
<tr><th>≥</th></tr>
<tr><td>10</td><td>—</td><td>335</td><td>205</td><td>24</td><td>—</td><td>—</td></tr>
<tr><td>20</td><td>—</td><td>410</td><td>245</td><td>20</td><td>—</td><td>—</td></tr>
<tr><td>35</td><td>—</td><td>510</td><td>305</td><td>17</td><td>—</td><td>—</td></tr>
<tr><td>45</td><td>—</td><td>590</td><td>335</td><td>14</td><td>—</td><td>—</td></tr>
<tr><td>Q195</td><td>—</td><td>315~430</td><td>195</td><td>33</td><td>—</td><td>—</td></tr>
<tr><td rowspan="2">Q215</td><td>A</td><td rowspan="2">335~450</td><td rowspan="2">215</td><td rowspan="2">30</td><td>—</td><td>—</td></tr>
<tr><td>B</td><td>+20</td><td>27</td></tr>
<tr><td rowspan="4">Q235</td><td>A</td><td rowspan="4">370~500</td><td rowspan="4">235</td><td rowspan="4">25</td><td>—</td><td>—</td></tr>
<tr><td>B</td><td>+20</td><td rowspan="3">27</td></tr>
<tr><td>C</td><td>0</td></tr>
<tr><td>D</td><td>-20</td></tr>
<tr><td rowspan="5">Q345</td><td>A</td><td rowspan="5">470~630</td><td rowspan="5">345</td><td rowspan="2">20</td><td>—</td><td>—</td></tr>
<tr><td>B</td><td>+20</td><td rowspan="3">34</td></tr>
<tr><td>C</td><td rowspan="3">21</td><td>0</td></tr>
<tr><td>D</td><td>-20</td></tr>
<tr><td>E</td><td>-40</td><td>27</td></tr>
<tr><td rowspan="5">Q390</td><td>A</td><td rowspan="5">490~650</td><td rowspan="5">390</td><td rowspan="2">18</td><td>—</td><td>—</td></tr>
<tr><td>B</td><td>+20</td><td rowspan="3">34</td></tr>
<tr><td>C</td><td rowspan="3">19</td><td>0</td></tr>
<tr><td>D</td><td>-20</td></tr>
<tr><td>E</td><td>-40</td><td>27</td></tr>
</table>

2. 拉拔异型钢管的规格、理论重量和物理参数

（1）方形钢管的规格、理论重量和物理参数（见表7-199）

表7-199 方形钢管的规格、理论重量和物理参数（GB/T 3094—2012）

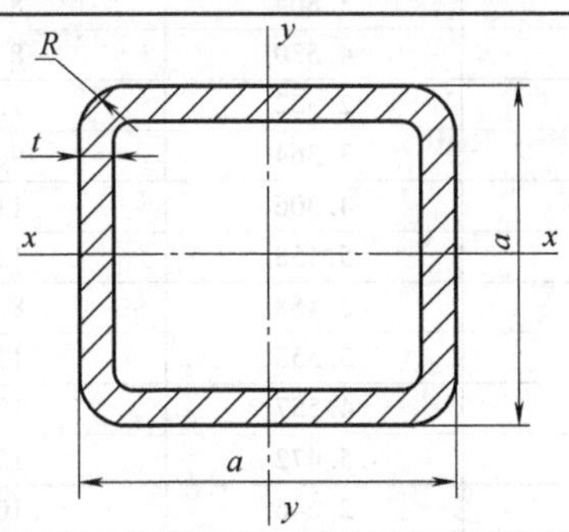

<table>
<tr><th colspan="2">基本尺寸/mm</th><th rowspan="2">截面面积/cm²</th><th rowspan="2">理论重量/(kg/m)</th><th rowspan="2">惯性矩($J_x=J_y$)/cm⁴</th><th rowspan="2">截面模数($W_x=W_y$)/cm³</th></tr>
<tr><th>a</th><th>t</th></tr>
<tr><td rowspan="2">12</td><td>0.8</td><td>0.347</td><td>0.273</td><td>0.072</td><td>0.119</td></tr>
<tr><td>1</td><td>0.423</td><td>0.332</td><td>0.084</td><td>0.140</td></tr>
<tr><td rowspan="2">14</td><td>1</td><td>0.503</td><td>0.395</td><td>0.139</td><td>0.199</td></tr>
<tr><td>1.5</td><td>0.711</td><td>0.558</td><td>0.181</td><td>0.259</td></tr>
</table>

（续）

基本尺寸/mm		截面面积/cm^2	理论重量/(kg/m)	惯性矩($J_x=J_y$)/cm^4	截面模数($W_x=W_y$)/cm^3
a	*t*				
16	1	0.583	0.458	0.216	0.270
	1.5	0.831	0.653	0.286	0.357
18	1	0.663	0.520	0.315	0.351
	1.5	0.951	0.747	0.424	0.471
	2	1.211	0.951	0.505	0.561
20	1	0.743	0.583	0.442	0.442
	1.5	1.071	0.841	0.601	0.601
	2	1.371	1.076	0.725	0.725
	2.5	1.643	1.290	0.817	0.817
22	1	0.823	0.646	0.599	0.544
	1.5	1.191	0.935	0.822	0.748
	2	1.531	1.202	1.001	0.910
	2.5	1.843	1.447	1.140	1.036
25	1.5	1.371	1.077	1.246	0.997
	2	1.771	1.390	1.535	1.228
	2.5	2.143	1.682	1.770	1.416
	3	2.485	1.951	1.955	1.564
30	2	2.171	1.704	2.797	1.865
	3	3.085	2.422	3.670	2.447
	3.5	3.500	2.747	3.996	2.664
	4	3.885	3.050	4.256	2.837
32	2	2.331	1.830	3.450	2.157
	3	3.325	2.611	4.569	2.856
	3.5	3.780	2.967	4.999	3.124
	4	4.205	3.301	5.351	3.344
35	2	2.571	2.018	4.610	2.634
	3	3.685	2.893	6.176	3.529
	3.5	4.200	3.297	6.799	3.885
	4	4.685	3.678	7.324	4.185
36	2	2.651	2.081	5.048	2.804
	3	3.805	2.987	6.785	3.769
	4	4.845	3.804	8.076	4.487
	5	5.771	4.530	8.975	4.986
40	2	2.971	2.332	7.075	3.537
	3	4.285	3.364	9.622	4.811
	4	5.485	4.306	11.60	5.799
	5	6.571	5.158	13.06	6.532
42	2	3.131	2.458	8.265	3.936
	3	4.525	3.553	11.30	5.380
	4	5.805	4.557	13.69	6.519
	5	6.971	5.472	15.51	7.385
45	2	3.371	2.646	10.29	4.574
	3	4.885	3.835	14.16	6.293
	4	6.285	4.934	17.28	7.679
	5	7.571	5.943	19.72	8.763
50	2	3.771	2.960	14.36	5.743
	3	5.485	4.306	19.94	7.975
	4	7.085	5.562	24.56	9.826

（续）

基本尺寸/mm		截面面积/cm^2	理论重量/(kg/m)	惯性矩($J_x=J_y$)/cm^4	截面模数($W_x=W_y$)/cm^3
a	*t*				
50	5	8.571	6.728	28.32	11.33
55	2	4.171	3.274	19.38	7.046
	3	6.085	4.777	27.11	9.857
	4	7.885	6.190	33.66	12.24
	5	9.571	7.513	39.11	14.22
60	3	6.685	5.248	35.82	11.94
	4	8.685	6.818	44.75	14.92
	5	10.57	8.298	52.35	17.45
	6	12.34	9.688	58.72	19.57
65	3	7.285	5.719	46.22	14.22
	4	9.485	7.446	58.05	17.86
	5	11.57	9.083	68.29	21.01
	6	13.54	10.63	77.03	23.70
70	3	7.885	6.190	58.46	16.70
	4	10.29	8.074	73.76	21.08
	5	12.57	9.868	87.18	24.91
	6	14.74	11.57	98.81	28.23
75	4	11.09	8.702	92.08	24.55
	5	13.57	10.65	109.3	29.14
	6	15.94	12.51	124.4	33.16
	8	19.79	15.54	141.4	37.72
80	4	11.89	9.330	113.2	28.30
	5	14.57	11.44	134.8	33.70
	6	17.14	13.46	154.0	38.49
	8	21.39	16.79	177.2	44.30
90	4	13.49	10.59	164.7	36.59
	5	16.57	13.01	197.2	43.82
	6	19.54	15.34	226.6	50.35
	8	24.59	19.30	265.8	59.06
100	5	18.57	14.58	276.4	56.27
	6	21.94	17.22	319.0	63.80
	8	27.79	21.82	379.8	75.95
	10	33.42	26.24	432.6	86.52
108	5	20.17	15.83	353.1	65.39
	6	23.86	18.73	408.9	75.72
	8	30.35	23.83	491.4	91.00
	10	36.62	28.75	564.3	104.5
120	6	26.74	20.99	573.1	95.51
	8	34.19	26.84	696.8	116.1
	10	41.42	32.52	807.9	134.7
	12	48.13	37.78	897.0	149.5
125	6	27.94	21.93	652.7	104.4
	8	35.79	28.10	797.0	127.5
	10	43.42	34.09	927.2	148.3
	12	50.53	39.67	1033.2	165.3
130	6	29.14	22.88	739.5	113.8
	8	37.39	29.35	906.3	139.4
	10	45.42	35.66	1057.6	162.7

（续）

基本尺寸/mm		截面面积/cm^2	理论重量/(kg/m)	惯性矩($J_x = J_y$)/cm^4	截面模数($W_x = W_y$)/cm^3
a	t				
130	12	52.93	41.55	1182.5	181.9
140	6	31.54	24.76	935.3	133.6
	8	40.59	31.86	1153.9	164.8
	10	49.42	38.80	1354.1	193.4
	12	57.73	45.32	1522.8	217.5
150	8	43.79	34.38	1443.0	192.4
	10	53.42	41.94	1701.2	226.8
	12	62.53	49.09	1922.6	256.3
	14	71.11	55.82	2109.2	281.2
160	8	46.99	36.89	1776.7	222.1
	10	57.42	45.08	2103.1	262.9
	12	67.33	52.86	2386.8	298.4
	14	76.71	60.22	2630.1	328.8
180	8	53.39	41.91	2590.7	287.9
	10	65.42	51.36	3086.9	343.0
	12	76.93	60.39	3527.6	392.0
	14	87.91	69.01	3915.3	435.0
200	10	73.42	57.64	4337.6	433.8
	12	86.53	67.93	4983.6	498.4
	14	99.11	77.80	5562.3	556.2
	16	111.2	87.27	6076.4	607.6
250	10	93.42	73.34	8841.9	707.3
	12	110.5	86.77	10254.2	820.3
	14	127.1	99.78	11556.2	924.5
	16	143.2	112.4	12751.4	1020.1
280	10	105.4	82.76	12648.9	903.5
	12	124.9	98.07	14726.8	1051.9
	14	143.9	113.0	16663.5	1190.2
	16	162.4	127.5	18462.8	1318.8

（2）矩形钢管的尺寸、理论重量和物理参数（见表 7-200）

表 7-200　矩形钢管的尺寸、理论重量和物理参数（GB/T 3094—2012）

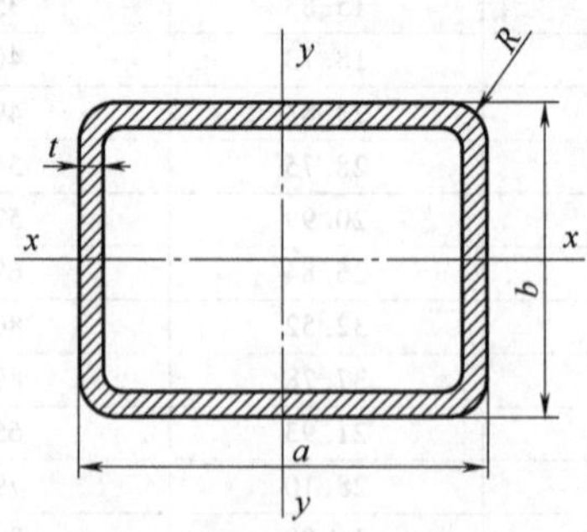

基本尺寸/mm			截面面积/cm^2	理论重量/(kg/m)	惯性矩/cm^4		截面模数/cm^3	
a	b	t			J_x	J_y	W_x	W_y
10	5	0.8	0.203	0.160	0.007	0.022	0.028	0.045
		1	0.243	0.191	0.008	0.025	0.031	0.050

（续）

基本尺寸/mm			截面面积/cm²	理论重量/(kg/m)	惯性矩/cm⁴		截面模数/cm³	
a	b	t			J_x	J_y	W_x	W_y
12	6	0.8	0.251	0.197	0.013	0.041	0.044	0.069
		1	0.303	0.238	0.015	0.047	0.050	0.079
14	7	1	0.362	0.285	0.026	0.080	0.073	0.115
		1.5	0.501	0.394	0.080	0.099	0.229	0.141
		2	0.611	0.480	0.031	0.106	0.090	0.151
	10	1	0.423	0.332	0.062	0.106	0.123	0.151
		1.5	0.591	0.464	0.077	0.134	0.154	0.191
		2	0.731	0.574	0.085	0.149	0.169	0.213
16	8	1	0.423	0.332	0.041	0.126	0.102	0.157
		1.5	0.591	0.464	0.050	0.159	0.124	0.199
		2	0.731	0.574	0.053	0.177	0.133	0.221
	12	1	0.502	0.395	0.108	0.171	0.180	0.213
		1.5	0.711	0.558	0.139	0.222	0.232	0.278
		2	0.891	0.700	0.158	0.256	0.264	0.319
18	9	1	0.483	0.379	0.060	0.185	0.134	0.206
		1.5	0.681	0.535	0.076	0.240	0.168	0.266
		2	0.851	0.668	0.084	0.273	0.186	0.304
	14	1	0.583	0.458	0.173	0.258	0.248	0.286
		1.5	0.831	0.653	0.228	0.342	0.326	0.380
		2	1.051	0.825	0.266	0.402	0.380	0.446
20	10	1	0.543	0.426	0.086	0.262	0.172	0.262
		1.5	0.771	0.606	0.110	0.110	0.219	0.110
		2	0.971	0.762	0.124	0.400	0.248	0.400
	12	1	0.583	0.458	0.132	0.298	0.220	0.298
		1.5	0.831	0.653	0.172	0.396	0.287	0.396
		2	1.051	0.825	0.199	0.465	0.331	0.465
25	10	1	0.643	0.505	0.106	0.465	0.213	0.372
		1.5	0.921	0.723	0.137	0.624	0.274	0.499
		2	1.171	0.919	0.156	0.740	0.313	0.592
	18	1	0.803	0.630	0.417	0.696	0.463	0.557
		1.5	1.161	0.912	0.567	0.956	0.630	0.765
		2	1.491	1.171	0.685	1.164	0.761	0.931
30	15	1.5	1.221	0.959	0.435	1.324	0.580	0.883
		2	1.571	1.233	0.521	1.619	0.695	1.079
		2.5	1.893	1.486	0.584	1.850	0.779	1.233
	20	1.5	1.371	1.007	0.859	1.629	0.859	1.086
		2	1.771	1.390	1.050	2.012	1.050	1.341
		2.5	2.143	1.682	1.202	2.324	1.202	1.549
35	15	1.5	1.371	1.077	0.504	1.969	0.672	1.125
		2	1.771	1.390	0.607	2.429	0.809	1.388
		2.5	2.143	1.682	0.683	2.803	0.911	1.602
	25	1.5	1.671	1.312	1.661	2.811	1.329	1.606
		2	2.171	1.704	2.066	3.520	1.652	2.011
		2.5	2.642	2.075	2.405	4.126	1.924	2.358
40	11	1.5	1.401	1.100	0.276	2.341	0.501	1.170
	20	2	2.171	1.704	1.376	4.184	1.376	2.092
		2.5	2.642	2.075	1.587	4.903	1.587	2.452
		3	3.085	2.422	1.756	5.506	1.756	2.753

（续）

基本尺寸/mm			截面面积/cm²	理论重量/(kg/m)	惯性矩/cm⁴		截面模数/cm³	
a	b	t			J_x	J_y	W_x	W_y
40	30	2	2.571	2.018	3.582	5.629	2.388	2.815
		2.5	3.143	2.467	4.220	6.664	2.813	3.332
		3	3.685	2.893	4.768	7.564	3.179	3.782
50	25	2	2.771	2.175	2.861	8.595	2.289	3.438
		3	3.985	3.129	3.781	11.64	3.025	4.657
		4	5.085	3.992	4.424	13.96	3.540	5.583
	40	2	3.371	2.646	8.520	12.05	4.260	4.821
		3	4.885	3.835	11.68	16.62	5.840	6.648
		4	6.285	4.934	14.20	20.32	7.101	8.128
60	30	2	3.371	2.646	5.153	15.35	3.435	5.117
		3	4.885	3.835	6.964	21.18	4.643	7.061
		4	6.285	4.934	8.344	25.90	5.562	8.635
	40	2	3.771	2.960	9.965	18.72	4.983	6.239
		3	5.485	4.306	13.74	26.06	6.869	8.687
		4	7.085	5.562	16.80	32.19	8.402	10.729
70	35	2	3.971	3.117	8.426	24.95	4.815	7.130
		3	5.785	4.542	11.57	34.87	6.610	9.964
		4	7.485	5.876	14.09	43.23	8.051	12.35
	50	3	6.685	5.248	26.57	44.98	10.63	12.85
		4	8.685	6.818	33.05	56.32	13.22	16.09
		5	10.57	8.298	38.48	66.01	15.39	18.86
80	40	3	6.685	5.248	17.85	53.47	8.927	13.37
		4	8.685	6.818	22.01	66.95	11.00	16.74
		5	10.57	8.298	25.40	78.45	12.70	19.61
	60	4	10.29	8.074	57.32	90.07	19.11	22.52
		5	12.57	9.868	67.52	106.6	22.51	26.65
		6	14.74	11.57	76.28	121.0	25.43	30.26
90	50	3	7.885	6.190	33.21	83.39	13.28	18.53
		4	10.29	8.074	41.53	105.4	16.61	23.43
		5	12.57	9.868	48.65	124.8	19.46	27.74
	70	4	11.89	9.330	91.21	135.0	26.06	30.01
		5	14.57	11.44	108.3	161.0	30.96	35.78
		6	15.94	12.51	123.5	184.1	35.27	40.92
100	50	3	8.485	6.661	36.53	108.4	14.61	21.67
		4	11.09	8.702	45.78	137.5	18.31	27.50
		5	13.57	10.65	53.73	163.4	21.49	32.69
	80	4	13.49	10.59	136.3	192.8	34.08	38.57
		5	16.57	13.01	163.0	231.2	40.74	46.24
		6	19.54	15.34	186.9	265.9	46.72	53.18
120	60	4	13.49	10.59	82.45	245.6	27.48	40.94
		5	16.57	13.01	97.85	294.6	32.62	49.10
		6	19.54	15.34	111.4	338.9	37.14	56.49
	80	4	15.09	11.84	159.4	299.5	39.86	49.91
		6	21.94	17.22	219.8	417.0	54.95	69.49
		8	27.79	21.82	260.5	495.8	65.12	82.63
140	70	6	23.14	18.17	185.1	558.0	52.88	79.71
		8	29.39	23.07	219.1	665.5	62.59	95.06
		10	35.43	27.81	247.2	761.4	70.62	108.8

（续）

基本尺寸/mm			截面面积/cm^2	理论重量/(kg/m)	惯性矩/cm^4		截面模数/cm^3	
a	b	t			J_x	J_y	W_x	W_y
140	120	6	29.14	22.88	651.1	827.5	108.5	118.2
		8	37.39	29.35	797.3	1014.4	132.9	144.9
		10	45.43	35.66	929.2	1184.7	154.9	169.2
150	75	6	24.94	19.58	231.7	696.2	61.80	92.82
		8	31.79	24.96	276.7	837.4	73.80	111.7
		10	38.43	30.16	314.7	965.0	83.91	128.7
	100	6	27.94	21.93	451.7	851.8	90.35	113.6
		8	35.79	28.10	549.5	1039.3	109.9	138.6
		10	43.43	34.09	635.9	1210.4	127.2	161.4
160	60	6	24.34	19.11	146.6	713.1	48.85	89.14
		8	30.99	24.33	172.5	851.7	57.50	106.5
		10	37.43	29.38	193.2	976.4	64.40	122.1
	80	6	26.74	20.99	285.7	855.5	71.42	106.9
		8	34.19	26.84	343.8	1036.7	85.94	129.6
		10	41.43	32.52	393.5	1201.7	98.37	150.2
180	80	6	29.14	22.88	318.6	1152.6	79.65	128.1
		8	37.39	29.35	385.4	1406.5	96.35	156.3
		10	45.43	35.66	442.8	1640.3	110.7	182.3
	100	8	40.59	31.87	651.3	1643.4	130.3	182.6
		10	49.43	38.80	757.9	1929.6	151.6	214.4
		12	57.73	45.32	845.3	2170.6	169.1	241.2
200	80	8	40.59	31.87	427.1	1851.1	106.8	185.1
		12	57.73	45.32	543.4	2435.4	135.9	243.5
		14	65.61	51.43	582.2	2650.7	145.6	265.1
	120	8	46.99	36.89	1098.9	2441.3	183.2	244.1
		12	67.33	52.86	1459.2	3284.8	243.2	328.5
		14	76.71	60.22	1598.7	3621.2	266.4	362.1
220	110	8	48.59	38.15	981.1	2916.5	178.4	265.1
		12	69.73	54.74	1298.6	3934.5	236.1	357.7
		14	79.51	62.42	1420.5	4343.1	258.3	394.8
	200	10	77.43	60.78	4699.0	5445.9	469.9	495.1
		12	91.33	71.70	5408.3	6273.3	540.8	570.3
		14	104.7	82.20	6047.5	7020.7	604.8	638.2
240	180	12	91.33	71.70	4545.4	7121.4	505.0	593.4
250	150	10	73.43	57.64	2682.9	5960.2	357.7	476.8
		12	86.53	67.93	3068.1	6852.7	409.1	548.2
		14	99.11	77.80	3408.5	7652.9	454.5	612.2
	200	10	83.43	65.49	5241.0	7401.0	524.1	592.1
		12	98.53	77.35	6045.3	8553.5	604.5	684.3
		14	113.1	88.79	6775.4	9604.6	677.5	768.4
300	150	10	83.43	65.49	3173.7	9403.9	423.2	626.9
		14	113.1	88.79	4058.1	12195.7	541.1	813.0
		16	127.2	99.83	4427.9	13399.1	590.4	893.3
	200	10	93.43	73.34	6144.3	11507.2	614.4	767.1
		14	127.1	99.78	7988.6	15060.8	798.9	1004.1
		16	143.2	112.39	8791.7	16628.7	879.2	1108.6
400	200	10	113.4	89.04	7951.0	23348.1	795.1	1167.4
		14	155.1	121.76	10414.8	30915.0	1041.5	1545.8
		16	175.2	137.51	11507.0	34339.4	1150.7	1717.0

（3）椭圆形钢管的尺寸、理论重量和物理参数（见表 7-201）

表 7-201　椭圆形钢管的尺寸、理论重量和物理参数（GB/T 3094—2012）

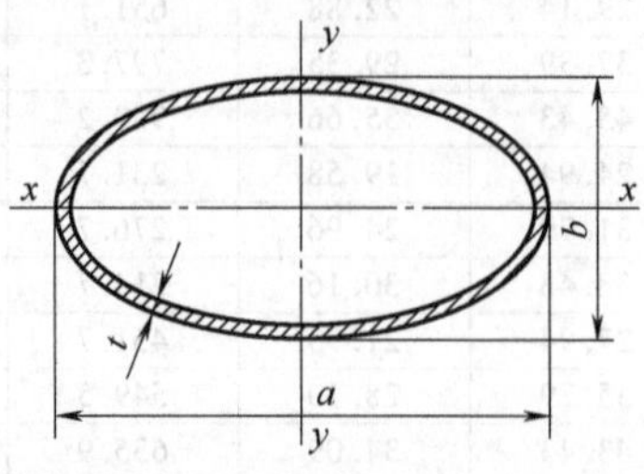

基本尺寸/mm			截面面积	理论重量	惯性矩/cm^4		截面模数/cm^3	
a	b	t	/cm^2	/(kg/m)	J_x	J_y	W_x	W_y
10	5	0.5	0.110	0.086	0.003	0.011	0.013	0.021
		0.8	0.168	0.132	0.005	0.015	0.018	0.030
		1	0.204	0.160	0.005	0.018	0.021	0.035
	7	0.5	0.126	0.099	0.007	0.013	0.021	0.026
		0.8	0.195	0.152	0.010	0.019	0.030	0.038
		1	0.236	0.185	0.012	0.022	0.034	0.044
12	6	0.5	0.134	0.105	0.006	0.019	0.020	0.031
		0.8	0.206	0.162	0.009	0.028	0.028	0.046
		1.2	0.294	0.231	0.011	0.036	0.036	0.061
	8	0.5	0.149	0.117	0.012	0.022	0.029	0.037
		0.8	0.231	0.182	0.017	0.033	0.042	0.055
		1.2	0.332	0.260	0.022	0.044	0.055	0.073
18	9	0.8	0.319	0.251	0.032	0.101	0.072	0.112
		1.2	0.464	0.364	0.043	0.139	0.096	0.155
		1.5	0.565	0.444	0.049	0.164	0.109	0.182
	12	0.8	0.357	0.280	0.063	0.120	0.104	0.133
		1.2	0.520	0.408	0.086	0.166	0.143	0.185
		1.5	0.636	0.499	0.100	0.197	0.166	0.218
24	8	0.8	0.382	0.300	0.033	0.208	0.081	0.174
		1.2	0.558	0.438	0.043	0.292	0.107	0.243
		1.5	0.683	0.536	0.049	0.346	0.121	0.289
	12	0.8	0.432	0.339	0.081	0.249	0.136	0.208
		1.2	0.633	0.497	0.112	0.352	0.186	0.293
		1.5	0.778	0.610	0.131	0.420	0.218	0.350
30	18	1	0.723	0.567	0.299	0.674	0.333	0.449
		1.5	1.060	0.832	0.416	0.954	0.462	0.636
		2	1.382	1.085	0.514	1.199	0.571	0.800
34	17	1.5	1.131	0.888	0.410	1.277	0.482	0.751
		2	1.477	1.159	0.505	1.613	0.594	0.949
		2.5	1.806	1.418	0.583	1.909	0.685	1.123
43	32	1.5	1.696	1.332	2.138	3.398	1.336	1.581
		2	2.231	1.751	2.726	4.361	1.704	2.028
		2.5	2.749	2.158	3.259	5.247	2.037	2.440
50	25	1.5	1.696	1.332	1.405	4.278	1.124	1.711
		2	2.231	1.751	1.776	5.498	1.421	2.199
		2.5	2.749	2.158	2.104	6.624	1.683	2.650
55	35	1.5	2.050	1.609	3.243	6.592	1.853	2.397

（续）

基本尺寸/mm			截面面积	理论重量	惯性矩/cm⁴		截面模数/cm³	
a	b	t	/cm²	/(kg/m)	J_x	J_y	W_x	W_y
55	35	2	2.702	2.121	4.157	8.520	2.375	3.098
		2.5	3.338	2.620	4.995	10.32	2.854	3.754
60	30	1.5	2.050	1.609	2.494	7.528	1.663	2.509
		2	2.702	2.121	3.181	9.736	2.120	3.245
		2.5	3.338	2.620	3.802	11.80	2.535	3.934
65	35	1.5	2.286	1.794	3.770	10.02	2.154	3.084
		2	3.016	2.368	4.838	13.00	2.764	4.001
		2.5	3.731	2.929	5.818	15.81	3.325	4.865
70	35	1.5	2.403	1.887	4.036	12.11	2.306	3.460
		2	3.173	2.491	5.181	15.73	2.960	4.495
		2.5	3.927	3.083	6.234	19.16	3.562	5.474
76	38	1.5	2.615	2.053	5.212	15.60	2.743	4.104
		2	3.456	2.713	6.710	20.30	3.532	5.342
		2.5	4.280	3.360	8.099	24.77	4.263	6.519
80	40	1.5	2.757	2.164	6.110	18.25	3.055	4.564
		2	3.644	2.861	7.881	23.79	3.941	5.948
		2.5	4.516	3.545	9.529	29.07	4.765	7.267
84	56	1.5	3.228	2.534	13.33	24.95	4.760	5.942
		2	4.273	3.354	17.34	32.61	6.192	7.765
		2.5	5.301	4.162	21.14	39.95	7.550	9.513
90	40	1.5	2.992	2.349	6.817	24.74	3.409	5.497
		2	3.958	3.107	8.797	32.30	4.399	7.178
		2.5	4.909	3.853	10.64	39.54	5.321	8.787

（4）平椭圆形钢管的尺寸、理论重量和物理参数（见表 7-202）

表 7-202　平椭圆形钢管的尺寸、理论重量和物理参数（GB/T 3094—2012）

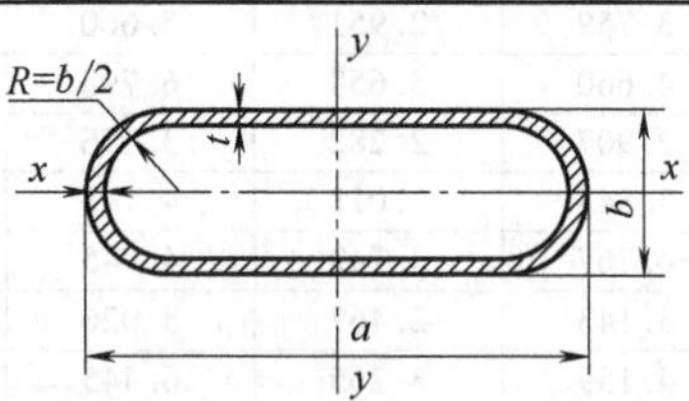

基本尺寸/mm			截面面积	理论重量	惯性矩/cm⁴		截面模数/cm³	
a	b	t	/cm²	/(kg/m)	J_x	J_y	W_x	W_y
10	5	0.8	0.186	0.146	0.006	0.007	0.024	0.014
		1	0.226	0.177	0.018	0.021	0.071	0.042
14	7	0.8	0.268	0.210	0.018	0.053	0.053	0.076
		1	0.328	0.258	0.021	0.063	0.061	0.090
18	12	1	0.466	0.365	0.089	0.160	0.149	0.178
		1.5	0.675	0.530	0.120	0.219	0.199	0.244
		2	0.868	0.682	0.142	0.267	0.237	0.297
24	12	1	0.586	0.460	0.126	0.352	0.209	0.293
		1.5	0.855	0.671	0.169	0.491	0.282	0.409
		2	1.108	0.870	0.203	0.609	0.339	0.507
30	15	1	0.740	0.581	0.256	0.706	0.341	0.471
		1.5	1.086	0.853	0.353	1.001	0.470	0.667
		2	1.417	1.112	0.432	1.260	0.576	0.840

（续）

基本尺寸/mm			截面面积/cm²	理论重量/(kg/m)	惯性矩/cm⁴		截面模数/cm³	
a	b	t			J_x	J_y	W_x	W_y
35	25	1	0.954	0.749	0.832	1.325	0.666	0.757
		1.5	1.407	1.105	1.182	1.899	0.946	1.085
		2	1.845	1.448	1.493	2.418	1.195	1.382
40	25	1	1.054	0.827	0.976	1.889	0.781	0.944
		1.5	1.557	1.223	1.390	2.719	1.112	1.360
		2	2.045	1.605	1.758	3.479	1.407	1.740
45	15	1	1.040	0.816	0.403	2.137	0.537	0.950
		1.5	1.536	1.206	0.558	3.077	0.745	1.367
		2	2.017	1.583	0.688	3.936	0.917	1.750
50	25	1	1.254	0.984	1.264	3.423	1.011	1.369
		1.5	1.857	1.458	1.804	4.962	1.444	1.985
		2	2.445	1.919	2.289	6.393	1.831	2.557
55	25	1	1.354	1.063	1.408	4.419	1.127	1.607
		1.5	2.007	1.576	2.012	6.423	1.609	2.336
		2	2.645	2.076	2.554	8.296	2.043	3.017
60	30	1	1.511	1.186	2.221	5.983	1.481	1.994
		1.5	2.243	1.761	3.197	8.723	2.131	2.908
		2	2.959	2.323	4.089	11.30	2.726	3.768
63	10	1	1.343	1.054	0.245	4.927	0.489	1.564
		1.5	1.991	1.563	0.327	7.152	0.655	2.271
		2	2.623	2.059	0.389	9.228	0.778	2.929
70	35	1.5	2.629	2.063	5.167	14.02	2.952	4.006
		2	3.473	2.727	6.649	18.24	3.799	5.213
		2.5	4.303	3.378	8.020	22.25	4.583	6.358
75	35	1.5	2.779	2.181	5.588	16.87	3.193	4.499
		2	3.673	2.884	7.194	21.98	4.111	5.862
		2.5	4.553	3.574	8.682	26.85	4.961	7.160
80	30	1.5	2.843	2.232	4.416	18.98	2.944	4.746
		2	3.759	2.951	5.660	24.75	3.773	6.187
		2.5	4.660	3.658	6.798	30.25	4.532	7.561
85	25	1.5	2.907	2.282	3.256	21.11	2.605	4.967
		2	3.845	3.018	4.145	27.53	3.316	6.478
		2.5	4.767	3.742	4.945	33.66	3.956	7.920
90	30	1.5	3.143	2.467	5.026	26.17	3.351	5.816
		2	4.159	3.265	6.445	34.19	4.297	7.598
		2.5	5.160	4.050	7.746	41.87	5.164	9.305

（5）内外六角形钢管的尺寸、理论重量和物理参数（见表 7-203）

表 7-203 内外六角形钢管的尺寸、理论重量和物理参数（GB/T 3094—2012）

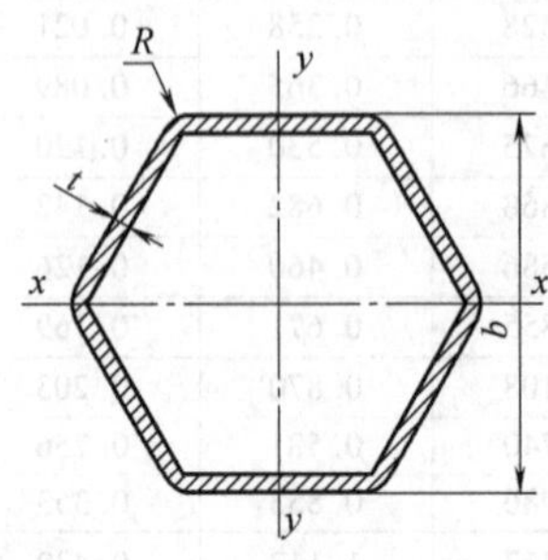

（续）

基本尺寸/mm		截面面积/cm^2	理论重量/(kg/m)	惯性矩($J_x=J_y$)/cm^4	截面模数/cm^3	
b	t				W_x	W_y
10	1	0.305	0.240	0.034	0.069	0.060
	1.5	0.427	0.335	0.043	0.087	0.075
	2	0.528	0.415	0.048	0.096	0.084
12	1	0.375	0.294	0.063	0.105	0.091
	1.5	0.531	0.417	0.082	0.136	0.118
	2	0.667	0.524	0.094	0.157	0.136
14	1	0.444	0.348	0.104	0.149	0.129
	1.5	0.635	0.498	0.138	0.198	0.171
	2	0.806	0.632	0.163	0.232	0.201
19	1	0.617	0.484	0.278	0.292	0.253
	1.5	0.895	0.702	0.381	0.401	0.347
	2	1.152	0.904	0.464	0.489	0.423
21	1	0.686	0.539	0.381	0.363	0.314
	2	1.291	1.013	0.649	0.618	0.535
	3	1.813	1.423	0.824	0.785	0.679
27	1	0.894	0.702	0.839	0.622	0.538
	2	1.706	1.339	1.482	1.098	0.951
	3	2.436	1.912	1.958	1.450	1.256
32	2	2.053	1.611	2.566	1.604	1.389
	3	2.956	2.320	3.461	2.163	1.873
	4	3.777	2.965	4.139	2.587	2.240
36	2	2.330	1.829	3.740	2.078	1.799
	3	3.371	2.647	5.107	2.837	2.457
	4	4.331	3.400	6.187	3.437	2.977
41	3	3.891	3.054	7.809	3.809	3.299
	4	5.024	3.944	9.579	4.673	4.046
	5	6.074	4.768	11.00	5.366	4.647
46	3	4.411	3.462	11.33	4.926	4.266
	4	5.716	4.487	14.03	6.100	5.283
	5	6.940	5.448	16.27	7.074	6.126
57	3	5.554	4.360	22.49	7.890	6.833
	4	7.241	5.684	28.26	9.917	8.588
	5	8.845	6.944	33.28	11.68	10.11
65	3	6.385	5.012	34.08	10.48	9.080
	4	8.349	6.554	43.15	13.28	11.50
	5	10.23	8.031	51.20	15.76	13.64
70	3	6.904	5.420	43.03	12.29	10.65
	4	9.042	7.098	54.70	15.63	13.53
	5	11.10	8.711	65.16	18.62	16.12
85	4	11.12	8.730	101.3	23.83	20.64
	5	13.70	10.75	121.7	28.64	24.80
	6	16.19	12.71	140.4	33.03	28.61
95	4	12.51	9.817	143.8	30.27	26.21
	5	15.43	12.11	173.5	36.53	31.63
	6	18.27	14.34	201.0	42.31	36.64
105	4	13.89	10.91	196.7	37.47	32.45
	5	17.16	13.47	238.2	45.38	39.30
	6	20.35	15.97	276.9	52.74	45.68

(6) 直角梯形钢管的尺寸、理论重量和物理参数(见表 7-204)

表 7-204　直角梯形钢管的尺寸、理论重量和物理参数(GB/T 3094—2012)

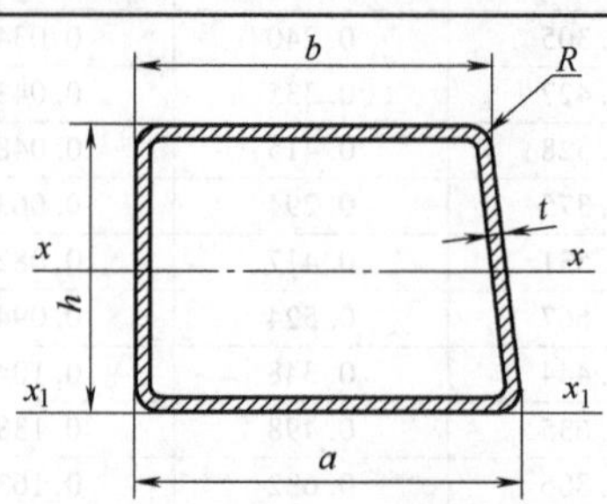

基本尺寸/mm				截面面积/cm²	理论重量/(kg/m)	惯性矩 J_x/cm⁴	截面模数/cm³	
a	b	h	t				W_{xa}	W_{xb}
35	20	35	2	2.312	1.815	3.728	2.344	1.953
35	25	30	2	2.191	1.720	2.775	1.959	1.753
35	30	25	2	2.076	1.630	1.929	1.584	1.504
45	32	50	2	3.337	2.619	11.64	4.935	4.409
45	40	30	1.5	2.051	1.610	2.998	2.039	1.960
50	35	60	2.2	4.265	3.348	21.09	7.469	6.639
50	40	30	1.5	2.138	1.679	3.143	2.176	2.021
50	40	35	1.5	2.287	1.795	4.484	2.661	2.471
50	45	30	1.5	2.201	1.728	3.303	2.242	2.164
50	45	30	2	2.876	2.258	4.167	2.828	2.730
50	45	40	2	3.276	2.572	8.153	4.149	4.006
55	50	40	2	3.476	2.729	8.876	4.510	4.369
60	55	50	1.5	3.099	2.433	12.50	5.075	4.930

7.5.13　焊接异型钢管

1. 焊接异型钢管的力学性能(见表 7-205)

表 7-205　焊接异型钢管的力学性能(YB/T 4674—2018)

牌号	上屈服强度 R_{eH}/MPa	抗拉强度 R_m/MPa	断后伸长率 A(%)
20	≥245①	410~560	≥20②
Q195	≥195	315~490	≥24②
Q215	≥215	335~510	≥24②
Q235	≥235	370~560	≥24②
Q275	≥275	410~580	≥22②
Q355	≥355	470~680	≥20②
Q390	≥390	490~700	≥17
Q420	≥420	520~730	≥17
Q460	≥460	550~770	≥17
Q500	≥500	600~820	≥17

① 为下屈服强度值 R_{eL}。

② 对于截面尺寸不大于 60mm×60mm(包括等周长尺寸的矩形钢管)或边(矩形管为短边)厚比不大于 14 的钢管,断后伸长率可比表中规定降低 3%(绝对值)。

2. 焊接异型钢管的规格、理论重量和截面特性

(1) 方形钢管的规格、理论重量和截面特性(见表 7-206)

表 7-206　方形钢管的规格、理论重量和截面特性（YB/T 4674—2018）

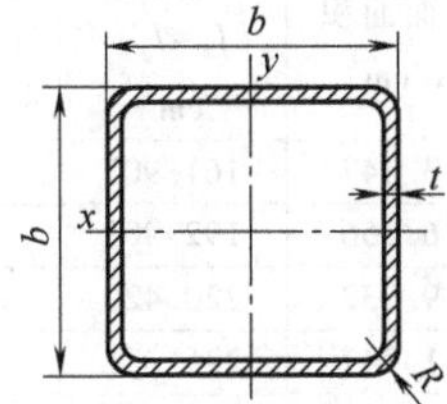

边长 b/mm	边长允许偏差/mm	壁厚 t/mm	理论重量 M/(kg/m)	截面面积 A/cm²	惯性矩 ($I_x=I_y$)/cm⁴	惯性半径 ($i_x=i_y$)/cm	截面模数 ($W_x=W_y$)/cm³	扭转常数	
								I_t/cm⁴	C_t/cm³
20	±0.4	1.2	0.679	0.865	0.498	0.759	0.498	0.8233	0.75
		1.5	0.826	1.052	0.583	0.744	0.583	0.985	0.88
		1.75	0.941	1.199	0.642	0.732	0.642	1.106	0.98
		2.0	1.050	1.340	0.692	0.720	0.692	1.215	1.06
25	±0.4	1.2	0.867	1.105	1.025	0.963	0.820	1.655	1.24
		1.5	1.061	1.352	1.216	0.948	0.973	1.998	1.47
		1.75	1.215	1.548	1.357	0.936	1.086	2.261	1.65
		2.0	1.363	1.736	1.482	0.923	1.186	2.502	1.80
30	±0.4	1.5	1.296	1.652	2.195	1.152	1.463	3.555	2.21
		1.75	1.490	1.898	2.470	1.140	1.646	4.048	2.49
		2.0	1.677	2.136	2.721	1.128	1.814	4.511	2.75
		2.5	2.032	2.589	3.154	1.103	2.102	5.347	3.20
		3.0	2.361	3.008	3.500	1.078	2.333	6.060	3.58
40	±0.4	1.5	1.767	2.525	5.489	1.561	2.744	8.728	4.13
		1.75	2.039	2.598	6.237	1.549	3.118	10.009	4.69
		2.0	2.305	2.936	6.939	1.537	3.469	11.238	5.23
		2.5	2.817	3.589	8.213	1.512	4.106	13.539	6.21
		3.0	3.303	4.208	9.320	1.488	4.66	15.628	7.07
		4.0	4.198	5.347	11.064	1.438	5.532	19.152	8.48
50	±0.4	1.5	2.238	2.852	11.065	1.969	4.426	17.395	6.65
		1.75	2.589	3.298	12.641	1.957	5.056	20.025	7.60
		2.0	2.933	3.736	14.146	1.945	5.658	22.578	8.51
		2.5	3.602	4.589	16.941	1.921	6.776	27.436	10.22
		3.0	4.245	5.408	19.463	1.897	7.785	31.972	11.77
		4.0	5.454	6.947	23.725	1.847	9.490	40.047	14.43
60	±0.5	2.0	3.560	4.540	25.120	2.350	8.380	39.81	12.6
		2.5	4.387	5.589	30.340	2.329	10.113	48.539	15.22
		3.0	5.187	6.608	35.130	2.305	11.710	56.892	17.65
		4.0	6.710	8.547	43.539	2.256	14.513	72.188	21.97
		5.0	8.129	10.356	50.468	2.207	16.822	85.560	25.61
70	±0.5	2.5	5.170	6.590	49.400	2.740	14.100	78.500	21.20
		3.0	6.129	7.808	57.522	2.714	16.434	92.188	24.74
		4.0	7.966	10.147	72.108	2.665	20.602	117.975	31.11
		5.0	9.699	12.356	84.602	2.616	24.172	141.183	36.65
80	±0.6	2.5	5.957	7.589	75.147	3.147	18.787	118.520	28.22
		3.0	7.071	9.008	87.838	3.122	21.959	139.660	33.02
		4.0	9.222	11.747	111.031	3.074	27.757	179.808	41.84
		5.0	11.269	14.356	131.414	3.025	32.853	216.628	49.68
90	±0.6	3.0	8.013	10.208	127.277	3.531	28.283	201.108	42.51

（续）

边长 b/mm	边长允许偏差/mm	壁厚 t/mm	理论重量 M/(kg/m)	截面面积 A/cm²	惯性矩 ($I_x=I_y$)/cm⁴	惯性半径 ($i_x=i_y$)/cm	截面模数 ($W_x=W_y$)/cm³	扭转常数	
								I_t/cm⁴	C_t/cm³
90	±0.6	4.0	10.478	13.347	161.907	3.482	35.979	260.088	54.17
		5.0	12.839	16.356	192.903	3.434	42.867	314.896	64.71
		6.0	15.097	19.232	220.420	3.385	48.982	365.452	74.16
100	±0.7	4.0	11.734	11.947	226.337	3.891	45.267	361.213	68.10
		5.0	14.409	18.356	271.071	3.842	54.214	438.986	81.72
		6.0	16.981	21.632	311.415	3.794	62.283	511.558	94.12
110	±0.8	4.0	12.990	16.548	305.940	4.300	55.625	486.470	83.63
		5.0	15.980	20.356	367.950	4.252	66.900	593.600	100.74
		6.0	18.866	24.033	424.570	4.203	77.194	694.850	116.47
120	±0.8	4.0	14.246	18.147	402.260	4.708	67.043	635.603	100.75
		5.0	17.549	22.356	485.441	4.659	80.906	776.632	121.75
		6.0	20.749	26.432	562.094	4.611	93.683	910.281	141.22
		8.0	26.840	34.191	696.639	4.513	116.106	1155.010	174.58
130	±0.9	4.0	15.502	19.748	516.970	5.117	79.534	814.720	119.48
		5.0	19.120	24.356	625.680	5.068	96.258	998.220	144.77
		6.0	22.634	28.833	726.640	5.020	111.790	1173.600	168.36
		8.0	28.921	36.842	882.860	4.895	135.820	1502.100	209.54
140	±1	4.0	16.758	21.347	651.598	5.524	53.085	1022.176	139.80
		5.0	20.689	26.356	790.523	5.476	112.931	1253.565	169.78
		6.0	24.517	31.232	920.359	5.428	131.479	1475.020	197.90
		8.0	31.864	40.591	1153.735	5.331	164.819	1887.605	247.69
150	±1.1	4.0	18.014	22.948	808.820	5.933	107.710	1264.800	161.73
		5.0	22.260	28.356	982.120	5.885	130.950	1554.100	196.79
		6.0	26.402	33.633	1145.900	5.837	152.790	1832.700	229.84
		8.0	33.945	43.242	1411.800	5.714	188.250	2364.100	289.03
160	±1.1	4.0	19.270	24.547	987.152	6.341	123.394	1540.134	185.25
		5.0	23.829	30.356	1202.317	6.293	150.289	1893.787	225.79
		6.0	28.285	36.032	1405.408	6.245	175.676	2234.573	264.18
		8.0	36.888	46.991	1776.496	6.148	222.062	2876.940	333.56
170	±1.2	4.0	20.526	26.148	1191.300	6.750	140.150	1855.800	210.37
		5.0	25.400	32.356	1453.300	6.702	170.970	2285.300	256.80
		6.0	30.170	38.433	1701.600	6.654	200.180	2701.000	300.91
		8.0	38.969	49.642	2118.200	6.532	249.200	3503.100	381.28
180	±1.3	4.0	21.8	27.7	1422	7.16	158	2210	237
		5.0	27	34.4	1737	7.10	193	2724	290
		6.0	32.1	40.8	2037	7.06	225	3223	340
		8.0	41.5	52.8	2546	6.94	283	4189	432
190	±1.4	4.0	23	29.3	1680	7.57	176	2607	265
		5.0	28.5	36.4	2055	7.52	216	3216	325
		6.0	33.9	43.2	2413	7.47	254	3807	381
		8.0	44	56	3208	7.35	319	4958	486
200	±1.5	4.0	24.3	30.9	1968	7.97	197	3049	295
		5.0	30.1	38.4	2410	7.93	241	3763	362
		6.0	35.8	45.6	2833	7.88	283	4459	426
		8.0	46.5	59.2	3566	7.76	357	5815	544
		10.0	57	72.6	4251	7.65	425	7072	651
220	±1.6	5.0	33.2	42.4	3238	8.74	294	5038	442
		6.0	39.6	50.4	3813	8.70	347	5976	521

（续）

边长 b/mm	边长允许偏差/mm	壁厚 t/mm	理论重量 M/(kg/m)	截面面积 A/cm²	惯性矩 ($I_x=I_y$)/cm⁴	惯性半径 ($i_x=i_y$)/cm	截面模数 ($W_x=W_y$)/cm³	扭转常数	
								I_t/cm⁴	C_t/cm³
220	±1.6	8.0	51.5	65.6	4828	8.58	439	7815	668
		10.0	63.2	80.6	5782	8.47	526	9533	804
		12.0	73.5	93.7	6487	8.32	590	11149	922
250	±1.8	5.0	38.0	48.4	4805	9.97	384	7443	577
		6.0	45.2	57.6	5672	9.92	454	8843	681
		8.0	59.1	75.2	7229	9.80	578	11598	878
		10.0	72.7	92.6	8707	9.7	697	14197	1062
		12.0	84.8	108	9859	9.55	789	16691	1226
280	±2	5.0	42.7	54.4	6810	11.2	486	10513	730
		6.0	50.9	64.8	8054	11.1	575	12504	863
		8.0	66.6	84.8	10317	11.0	737	16436	1117
		10.0	82.1	104.6	12479	10.9	891	20173	1356
		12.0	96.1	122.5	14232	10.8	1017	23804	1574
300	±2.2	6.0	54.7	69.6	9964	12.0	664	15434	997
		8.0	71.6	91.2	12801	11.8	853	20312	1293
		10.0	88.4	113	15519	11.7	1035	24966	1572
		12.0	104	132	17767	11.6	1184	29514	1829
350	±2.5	6.0	64.1	81.6	16008	14	915	24683	1372
		8.0	84.2	107	20618	13.9	1182	32557	1787
		10.0	104	133	25189	13.8	1439	40127	2182
		12.0	123	156	29054	13.6	1660	47598	2552
400	±3	8.0	96.7	123	31269	15.9	1564	48934	2362
		10.0	120	153	38216	15.8	1911	60431	2892
		12.0	141	180	44319	15.7	2216	71843	3395
		14.0	163	208	50414	15.6	2521	82735	3877
450	±3.2	8.0	109	139	44966	18.0	1999	70043	3016
		10.0	135	173	55100	17.9	2449	86629	3702
		12.0	160	204	64164	17.7	2851	103150	4357
		14.0	185	236	73210	17.6	3254	119000	4989
500	±3.5	8.0	122	155	62172	20.0	2487	96483	3750
		10.0	151	193	76341	19.9	3054	119470	4612
		12.0	179	228	89187	19.8	3568	142420	5440
		14.0	207	264	102010	19.7	4080	164530	6241
		16.0	235	299	114260	19.6	4570	186140	7013

（2）矩形钢管的规格、理论重量和截面特性（见表 7-207）

表 7-207　矩形钢管的规格、理论重量和截面特性（YB/T 4674—2018）

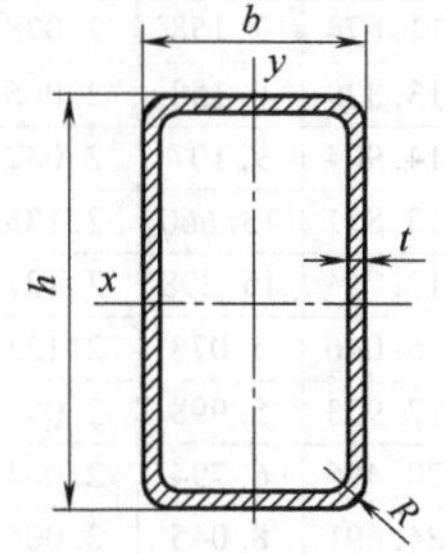

（续）

边长（h×b）/mm		边长允许偏差/mm	壁厚 t/mm	理论重量 M/(kg/m)	截面面积 A/cm²	惯性矩/cm⁴		惯性半径/cm		截面模数/cm³		扭转常数	
						I_x	I_y	r_x	r_y	W_x	W_y	I_t/cm⁴	C_t/cm³
30	20	±0.4	1.75	1.22	1.55	1.77	0.93	1.07	0.777	1.18	0.93	2.07	1.56
			2.0	1.36	1.74	1.94	1.02	1.06	0.765	1.29	1.02	2.29	1.71
			2.5	1.64	2.09	2.21	1.15	1.03	0.742	1.47	1.15	2.68	1.95
40	20	±0.4	1.5	1.3	1.65	3.27	1.10	1.41	0.815	1.63	1.10	2.74	1.91
			1.75	1.49	1.90	3.68	1.23	1.39	0.804	1.84	1.23	3.11	2.14
			2.0	1.68	2.14	4.05	1.34	1.38	0.793	2.02	1.34	3.45	2.36
			2.5	2.03	2.59	4.69	1.54	1.35	0.77	2.35	1.54	4.06	2.72
			3.0	2.36	3.01	5.21	1.68	1.32	0.748	2.6	1.68	4.57	3.00
40	25	±0.4	1.5	1.41	1.8	3.82	1.84	1.46	1.010	1.91	1.47	4.06	2.46
			1.75	1.63	2.07	4.32	2.07	1.44	0.999	2.16	1.66	4.63	2.78
			2.0	1.83	2.34	4.77	2.28	1.43	0.988	2.39	1.82	5.17	3.07
			2.5	2.23	2.84	5.57	2.64	1.4	0.965	2.79	2.11	6.15	3.59
			3.0	2.60	3.31	6.24	2.94	1.37	0.942	3.12	2.35	7.00	4.01
40	30	±0.4	1.5	1.53	1.95	4.38	2.81	1.5	1.199	2.19	1.87	5.52	3.02
			1.75	1.77	2.25	4.96	3.17	1.48	1.187	2.48	2.11	6.31	3.42
			2.0	1.99	2.54	5.49	3.51	1.47	1.176	2.75	2.34	7.07	3.79
			2.5	2.42	3.09	6.45	4.10	1.45	1.153	3.23	2.74	8.47	4.46
			3.0	2.83	3.61	7.27	4.6	1.42	1.129	3.63	3.07	9.72	5.03
50	25	±0.4	1.5	1.65	2.1	6.65	2.25	1.78	1.04	2.66	1.80	5.52	3.41
			1.75	1.90	2.42	7.55	2.54	1.76	1.024	3.02	2.03	6.32	3.54
			2.0	2.15	2.74	8.38	2.81	1.75	1.013	3.35	2.25	7.06	3.92
			2.5	2.62	3.34	9.89	3.28	1.72	0.991	3.95	2.62	8.43	4.6
			3.0	3.07	3.91	11.17	3.67	1.69	0.969	4.47	2.93	9.64	5.18
50	30	±0.4	1.5	1.767	2.252	7.535	3.415	1.829	1.231	3.014	2.276	7.587	3.83
			1.75	2.039	2.598	8.566	3.868	1.815	1.220	3.426	2.579	8.682	4.35
			2.0	2.305	2.936	9.535	4.291	1.801	1.208	3.814	2.861	9.727	4.84
			2.5	2.817	3.589	11.296	5.050	1.774	1.186	4.518	3.366	11.666	5.72
			3.0	3.303	4.206	12.827	5.696	1.745	1.163	5.13	3.797	13.401	6.49
			4.0	4.198	5.347	15.239	6.682	1.688	1.117	6.095	4.455	16.244	7.77
50	40	±0.4	1.5	2.003	2.552	9.300	6.602	1.908	1.608	3.72	3.301	12.238	5.24
			1.75	2.314	2.948	10.603	7.518	1.896	1.596	4.241	3.759	14.059	5.97
			2.0	2.619	3.336	11.840	8.348	1.883	1.585	4.736	4.192	15.817	6.673
			2.5	3.210	4.089	14.121	9.976	1.858	1.562	5.648	4.988	19.222	7.965
			3.0	3.775	4.808	16.149	11.382	1.833	1.539	6.460	5.691	22.336	9.123
			4.0	4.826	6.148	19.493	13.677	1.781	1.492	7.797	6.839	27.82	11.06
55	25	±0.4	1.5	1.767	2.252	8.453	2.460	1.937	1.045	3.074	1.968	6.273	3.458
			1.75	2.039	2.598	9.606	2.779	1.922	1.034	3.493	2.223	7.156	3.916
			2.0	2.305	2.936	10.689	3.073	1.907	1.023	3.886	2.459	7.992	4.342
55	40	±0.4	1.5	2.121	2.702	11.674	7.158	2.078	1.627	4.245	3.579	14.017	5.794
			1.75	2.452	3.123	13.329	8.158	2.065	1.616	4.847	4.079	16.175	6.614
			2.0	2.776	3.536	14.904	9.107	2.052	1.604	5.419	4.553	18.208	7.394
55	50	±0.5	1.75	2.726	3.473	15.811	13.660	2.133	1.983	5.749	5.464	23.173	8.415
			2.0	3.09	3.936	17.714	15.298	2.121	1.971	6.441	6.119	26.142	9.433
60	30	±0.5	2.0	2.62	3.337	15.046	5.078	2.123	1.234	5.015	3.385	12.57	5.881
			2.5	3.209	4.089	17.933	5.998	2.094	1.211	5.977	3.998	15.054	6.981
			3.0	3.774	4.808	20.496	6.794	2.064	1.188	6.832	4.529	17.335	7.950
			4.0	4.826	6.147	24.691	8.045	2.004	1.143	8.23	5.363	21.141	9.523

（续）

边长 (h×b)/mm		边长允许偏差/mm	壁厚 t/mm	理论重量 M/(kg/m)	截面面积 A/cm²	惯性矩/cm⁴		惯性半径/cm		截面模数/cm³		扭转常数	
						I_x	I_y	r_x	r_y	W_x	W_y	I_t/cm⁴	C_t/cm³
60	40	±0.5	2.0	2.934	3.737	18.412	9.831	2.22	1.622	6.137	4.915	20.702	8.116
			2.5	3.602	4.589	22.069	11.734	2.192	1.595	7.356	5.867	25.045	9.722
			3.0	4.245	5.408	25.374	13.436	2.166	1.576	8.458	6.718	29.121	11.175
			4.0	5.451	6.947	30.974	16.269	2.111	1.53	10.324	8.134	36.298	13.653
70	50	±0.5	2.0	3.562	4.537	31.475	18.758	2.634	2.033	8.993	7.503	37.454	12.196
			3.0	5.187	6.608	44.046	26.099	2.581	1.987	12.584	10.439	53.426	17.06
			4.0	6.710	8.547	54.663	32.210	2.528	1.941	15.618	12.884	67.613	21.189
			5.0	8.129	10.356	63.435	37.179	2.171	1.894	18.121	14.871	79.908	24.642
80	40	±0.6	2.0	3.561	4.536	37.355	12.720	2.869	1.674	9.339	6.361	30.881	11.004
			2.5	4.387	5.589	45.103	15.255	2.840	1.652	11.275	7.627	37.467	13.283
			3.0	5.187	6.608	52.246	17.552	2.811	1.629	13.061	8.776	43.680	15.283
			4.0	6.710	8.547	64.780	21.474	2.752	1.585	16.195	10.737	54.787	18.844
			5.0	8.129	10.356	75.080	24.567	2.692	1.540	18.770	12.283	64.110	21.744
80	60	±0.6	3.0	6.129	7.808	70.042	44.886	2.995	2.397	17.510	14.962	88.111	24.143
			4.0	7.966	10.147	87.945	56.105	2.943	2.351	21.976	18.701	112.583	30.332
			5.0	9.699	12.356	103.247	65.634	2.890	2.304	25.811	21.878	134.503	35.673
90	40	±0.65	3.0	5.658	7.208	70.487	19.610	3.127	1.649	15.663	9.805	51.193	17.339
			4.0	7.338	9.347	87.894	24.077	3.066	1.604	19.532	12.038	64.32	21.441
			5.0	8.914	11.356	102.487	27.651	3.004	1.560	22.774	13.825	75.426	24.819
90	50	±0.65	2.0	4.190	5.337	57.878	23.368	3.293	2.093	12.862	9.347	53.366	15.882
			2.5	5.172	6.589	70.263	28.236	3.266	2.070	15.614	11.294	65.299	19.235
			3.0	6.129	7.808	81.845	32.735	3.237	2.047	18.187	13.094	76.433	22.316
			4.0	7.966	10.147	102.696	40.695	3.181	2.002	22.821	16.278	97.162	27.961
			5.0	9.699	12.356	120.57	47.345	3.123	1.957	26.793	18.938	115.436	36.774
90	55	±0.65	2.0	4.346	5.536	61.75	28.957	3.340	2.287	13.733	10.53	62.724	17.601
			2.5	5.368	6.839	75.049	33.065	3.313	2.264	16.678	12.751	76.877	21.357
90	60	±0.65	3.0	6.6	8.408	93.203	49.764	3.329	2.432	20.711	16.588	104.552	27.391
			4.0	8.594	10.947	117.499	62.387	3.276	2.387	26.111	20.795	133.852	34.501
			5.0	10.484	13.356	138.653	73.218	3.222	2.311	30.811	24.406	160.273	40.712
95	50	±0.65	2.0	4.347	5.537	66.084	24.521	3.455	2.704	13.912	9.808	57.458	16.804
			2.5	5.369	6.839	80.306	29.647	3.247	2.082	16.906	11.895	70.324	20.364
100	50	±0.7	3.0	6.690	8.408	106.451	36.053	3.658	2.070	21.29	14.421	88.311	25.012
			4.0	8.594	10.947	134.124	44.938	3.500	2.026	26.824	17.975	112.409	31.35
			5.0	10.484	13.356	158.155	52.429	3.441	1.981	31.631	20.971	133.758	36.804
120	50	±0.8	2.5	6.350	8.080	143.97	36.704	4.219	2.130	23.995	14.682	96.026	26.006
			3.0	7.543	9.608	168.58	42.693	4.189	2.108	28.097	17.077	112.87	30.317
120	60	±0.8	3.0	8.013	10.208	189.113	64.398	4.304	2.511	31.581	21.466	156.029	37.138
			4.0	10.478	13.347	240.724	81.235	4.246	2.466	40.120	27.078	200.407	47.048
			5.0	12.839	16.356	286.941	95.968	4.188	2.422	47.823	31.989	240.869	55.846
			6.0	15.097	19.232	327.950	108.716	4.129	2.377	54.658	36.238	277.361	63.597
120	80	±0.8	3.0	8.955	11.408	230.189	123.430	4.491	3.289	38.364	30.857	255.128	50.799
			4.0	11.734	14.947	294.569	157.281	4.439	3.243	49.094	39.320	330.438	64.927
			5.0	14.409	18.356	353.108	187.747	4.385	3.198	58.850	46.936	400.735	77.772
			6.0	16.981	21.632	405.998	214.977	4.332	3.152	67.666	53.744	465.94	83.399
140	80	±0.9	4.0	12.990	16.547	429.582	180.407	5.095	3.301	61.368	45.101	410.713	76.478
			5.0	15.979	20.356	517.023	215.914	5.039	3.256	73.86	53.978	498.815	91.834
			6.0	18.865	24.032	569.935	247.905	4.983	3.211	85.276	61.976	580.919	105.83

（续）

边长（$h×b$）/mm		边长允许偏差/mm	壁厚 t/mm	理论重量 M/（kg/m）	截面面积 A/cm²	惯性矩/cm⁴		惯性半径/cm		截面模数/cm³		扭转常数	
						I_x	I_y	r_x	r_y	W_x	W_y	I_t/cm⁴	C_t/cm³
150	100	±1.1	4.0	14.874	18.947	594.585	318.551	5.601	4.110	79.278	63.71	660.613	104.94
			5.0	18.334	23.356	719.164	383.988	5.549	4.054	95.888	79.797	806.733	126.81
			6.0	21.691	27.632	834.615	444.135	5.495	4.009	111.282	88.827	915.022	147.07
			8.0	28.096	35.791	1039.101	519.308	5.388	3.917	138.546	109.861	1147.710	181.85
160	60	±1.1	3.0	9.898	12.608	389.86	83.915	5.561	2.58	48.732	27.972	228.15	50.14
			4.5	14.498	18.469	552.08	116.66	5.468	2.513	69.01	38.886	324.96	70.085
160	80	±1.1	4.0	14.216	18.117	597.691	203.532	5.738	3.348	71.711	50.883	493.129	88.031
			5.0	17.519	22.356	721.650	214.089	5.681	3.304	90.206	61.02	599.175	105.9
			6.0	20.749	26.433	835.936	286.832	5.623	3.259	104.192	76.208	698.881	122.27
			8.0	26.81	33.644	1036.485	343.599	5.505	3.170	129.56	85.899	876.599	149.54
180	65	±1.1	3.0	11.075	14.108	550.35	111.78	6.246	2.815	61.15	34.393	306.75	61.849
			4.5	16.264	20.719	784.13	156.47	6.152	2.748	87.125	48.144	438.91	86.993
180	100	±1.2	4.0	16.758	21.317	926.020	373.879	6.586	4.184	102.891	74.755	852.708	127.06
			5.0	20.689	26.356	1124.156	451.738	6.53	4.14	124.906	90.347	1012.589	153.88
			6.0	24.517	31.232	1309.527	523.767	6.475	4.095	145.503	104.753	1222.933	178.88
			8.0	31.861	40.391	1643.149	651.132	6.362	4.002	182.572	130.226	1554.606	222.49
200	100	±1.2	4.0	18.014	22.941	1199.680	410.261	7.23	4.230	119.968	82.152	984.151	141.81
			5.0	22.259	28.356	1459.270	496.905	7.173	4.186	145.920	99.381	1203.878	171.94
			6.0	26.101	33.632	1703.224	576.855	7.116	4.141	170.322	115.371	1412.986	200.1
			8.0	34.376	43.791	2145.993	719.014	7.000	4.052	214.599	143.802	1798.551	249.6
200	120	±1.3	4.0	19.3	24.5	1353	618	7.43	5.02	135	103	1345	172
			5.0	23.8	30.4	1649	750	7.37	4.97	165	125	1652	210
			6.0	28.3	36.0	1929	874	7.32	4.93	193	146	1947	245
			8.0	36.5	46.4	2386	1079	7.17	4.82	239	180	2507	308
200	150	±1.3	4.0	21.2	26.9	1584	1021	7.67	6.16	158	136	1942	219
			5.0	26.2	33.4	1935	1245	7.62	6.11	193	166	2391	267
			6.0	31.1	39.6	2268	1457	7.56	6.06	227	194	2826	312
			8.0	40.2	51.2	2892	1815	7.43	5.95	283	242	3664	396
220	140	±1.3	4.0	21.8	27.7	1892	948	8.26	5.84	172	135	1987	224
			5.0	27.0	34.4	2313	1155	8.21	5.80	210	165	2447	274
			6.0	32.1	40.8	2714	1352	8.15	5.75	247	193	2891	321
			8.0	41.5	52.8	3389	1685	8.01	5.65	308	241	3746	407
250	150	±1.4	4.0	24.3	30.9	2697	1234	9.34	6.32	216	165	2665	275
			5.0	30.1	38.4	3304	1508	9.28	6.27	264	201	3285	337
			6.0	35.8	45.6	3886	1768	9.23	6.23	311	236	3886	396
			8.0	46.5	59.2	4886	2219	9.08	6.12	391	296	5050	504
260	180	±1.6	5.0	33.2	42.4	4121	2350	9.86	7.45	317	261	4695	426
			6.0	39.6	50.4	4856	2763	9.81	7.4	374	307	5566	501
			8.0	51.5	65.6	6145	3493	9.68	7.29	473	388	7267	642
			10.0	63.2	80.6	7363	4174	9.56	7.2	566	646	8850	772
300	200	±1.7	5.0	38.0	48.4	6241	3361	11.4	8.34	416	336	6836	552
			6.0	45.2	57.6	7370	3962	11.3	8.29	491	396	8115	651
			8.0	59.1	75.2	9389	5042	11.2	8.19	626	504	10627	838
			10.0	72.7	92.6	11313	6058	11.1	8.09	754	606	12987	1012
350	250	±1.8	5.0	45.8	58.4	10520	6306	13.4	10.4	601	504	12234	817
			6.0	54.7	69.6	12457	7458	13.4	10.3	712	594	14554	967
			8.0	71.6	91.2	16001	9573	13.2	10.2	914	766	19136	1253

（续）

边长（$h×b$）/mm		边长允许偏差/mm	壁厚 t/mm	理论重量 M/（kg/m）	截面面积 A/cm^2	惯性矩/cm^4		惯性半径/cm		截面模数/cm^3		扭转常数	
						I_x	I_y	r_x	r_y	W_x	W_y	I_t/cm^4	C_t/cm^3
350	250	±1.8	10.0	88.4	113	19407	11588	13.1	10.1	1109	927	23500	1522
400	200	±2	5.0	45.8	58.4	12490	4311	14.6	8.60	624	431	10519	742
			6.0	54.7	69.6	14789	5092	14.5	8.55	739	509	12069	877
			8.0	71.6	91.2	18974	6517	14.4	8.45	949	652	15820	1133
			10.0	88.4	113	23003	7864	14.3	8.36	1150	786	19368	1373
			12.0	104	132	26248	8977	14.1	8.24	1312	898	22782	1591
400	250	±2.2	5.0	49.7	63.4	14440	7056	15.1	10.6	722	565	14773	937
			6.0	59.4	75.6	17148	8352	16.0	10.5	856	668	17580	1110
			8.0	77.9	99.2	22048	10744	14.9	10.4	1102	860	23127	1440
			10.0	96.2	122	26806	13029	14.8	10.3	1340	1042	28423	1753
			12.0	113	144	30766	14926	14.6	10.2	1538	1197	33597	2042
450	250	±2.4	6.0	64.1	81.6	22724	9245	16.7	10.6	1010	740	20687	1253
			8.0	84.2	107	29336	11916	16.5	10.5	1304	953	27222	1628
			10.0	104	133	35737	14470	16.4	10.4	1588	1158	33473	1983
			12.0	123	156	41137	16663	16.2	10.3	1828	1333	39591	2314
500	300	±2.8	6.0	73.5	93.6	33012	15151	18.8	12.7	1321	1010	32420	1688
			8.0	96.7	123	42805	19624	18.6	12.6	1712	1308	42767	2202
			10.0	120	153	52328	23933	18.5	12.5	2093	1596	52736	2693
			12.0	141	180	60604	27726	18.3	12.4	2424	1848	62581	3156
550	350	±3.2	8.0	109	139	59783	30040	20.7	14.7	2174	1717	63051	2856
			10.0	135	173	73276	36752	20.6	14.6	2665	2100	77901	3503
			12.0	160	204	85249	42769	20.4	14.5	3100	2444	92646	4118
			14.0	185	236	97269	48731	20.3	14.4	3537	2784	106760	4710
600	400	±3.5	8.0	122	155	80670	43564	22.8	16.8	2689	2178	88672	3591
			10.0	151	193	99081	53429	22.7	16.7	3303	2672	109720	4413
			12.0	179	228	115670	62391	22.5	16.5	3856	3120	130680	5201
			14.0	207	264	132310	71282	22.4	16.4	4410	3564	150850	5962
			16.0	235	299	148210	79760	22.3	16.3	4940	3988	170510	6694

7.5.14　直缝电焊钢管

1. 直缝电焊钢管的尺寸及精度

（1）直缝电焊钢管的外径及精度（见表 7-208）

表 7-208　直缝电焊钢管的外径及精度（GB/T 13793—2016）　　（单位：mm）

外径 D	普通精度（PD. A）①	较高精度（PD. B）	高精度（PD. C）
5~20	±0.30	±0.15	±0.05
>20~35	±0.40	±0.20	±0.10
>35~50	±0.50	±0.25	±0.15
>50~80	±1%D	±0.35	±0.25
>80~114.3		±0.60	±0.40
>114.3~168.3		±0.70	±0.50
>168.3~219.1		±0.80	±0.60
>219.1~711		±0.75%D	±0.5%D

① 不适用于带式输送机托辊用钢管。

（2）直缝电焊钢管的壁厚及精度（见表 7-209）

表 7-209　直缝电焊钢管的壁厚及精度（GB/T 13793—2016）　（单位：mm）

壁厚 t	普通精度(PT. A)①	较高精度(PT. B)	高精度(PT. C)	壁厚不均②
0.50~0.70	±0.10	±0.04	±0.03	≤7.5%t
>0.70~1.0		±0.05	±0.04	
>1.0~1.5		±0.06	±0.05	
>1.5~2.5	±10%t	±0.12	±0.06	
>2.5~3.5		±0.16	±0.10	
>3.5~4.5		±0.22	±0.18	
>4.5~5.5		±0.26	±0.21	
>5.5		±7.5%t	±5.0%t	

① 不适用于带式输送机托辊用钢管。

② 不适用普通精度钢管。壁厚不均指同一截面上实测壁厚的最大值与最小值之差。

2. 直缝电焊钢管母材的力学性能（见表 7-210）

表 7-210　直缝电焊钢管母材的力学性能（GB/T 13793—2016）

牌号	下屈服强度 R_{eL}①/MPa	抗拉强度 R_m/MPa	断后伸长率 A(%)	
			D≤168.3mm	D>168.3mm
	≥			
08、10	195	315	22	
15	215	355	20	
20	235	390	19	
Q195②	195	315	15	20
Q215A、Q215B	215	335		
Q235A、Q235B、Q235C	235	370		
Q275A、Q275B、Q275C	275	410	13	18
Q345A、Q345B、Q345C	345	470		
Q390A、Q390B、Q390C	390	490	19	
Q420A、Q420B、Q420C	420	520	19	
Q460C、Q460D	460	550	17	

① 当屈服不明显时，可测量 $R_{p0.2}$ 或 $R_{t0.5}$ 代替下屈服强度。

② Q195 的屈服强度值仅作为参考，不作为交货条件。

7.5.15　机械结构用冷拔或冷轧精密焊接钢管

1. 机械结构用冷拔或冷轧精密焊接钢管的交货状态（见表 7-211）

表 7-211　机械结构用冷拔或冷轧精密焊接钢管的交货状态（GB/T 31315—2014）

序号	代号	交货状态	说明
1	+C	冷拔或冷轧/硬	最终冷拔或冷轧后，不进行热处理
2	+LC	冷拔或冷轧/软	最终热处理后，进行适当的冷拔或冷轧
3	+SR	冷拔或冷轧后消除应力退火	最终冷拔或冷轧后，钢管采用可控气氛炉消除应力退火
4	+A	退火	最终冷拔或冷轧后，钢管采用可控气氛炉退火
5	+N	正火	最终冷拔或冷轧后，钢管采用可控气氛炉正火

2. 机械结构用冷拔或冷轧精密焊接钢管的力学性能（见表 7-212）

表 7-212 机械结构用冷拔或冷轧精密焊接钢管的力学性能（GB/T 31315—2014）

牌号	+C		+LC		+SR			+A		+N		
	抗拉强度 R_m/MPa	断后伸长率 A(%)	抗拉强度 R_m/MPa	断后伸长率 A(%)	抗拉强度 R_m/MPa	下屈服强度 R_{eL}①/MPa	断后伸长率 A(%)	抗拉强度 R_m/MPa	断后伸长率 A(%)	抗拉强度 R_m/MPa	下屈服强度 R_{eL}①/MPa	断后伸长率 A(%)
	≥										≥	
Q195	420	6	370	10	370	260	18	290	28	300~400	195	28
Q215	450	6	400	10	400	290	16	300	26	315~430	215	26
Q235	490	6	440	10	440	325	14	315	25	340~480	235	25
Q275	560	5	510	8	510	375	12	390	22	410~550	275	22
Q345	640	4	590	6	590	435	10	450	22	490~630	345	22

① 外径不大于 30mm 且壁厚不大于 3mm 的钢管，其最小屈服强度可降低 10MPa。

7.6 型钢

7.6.1 冷拉异型钢

1. 冷拉异型钢的硬度（见表 7-213）

表 7-213 冷拉异型钢的硬度（YB/T 5346—2006）

牌号	冷拉状态 压痕直径/mm ≥	冷拉状态 硬度 HBW ≤	牌号	冷拉状态 压痕直径/mm ≥	冷拉状态 硬度 HBW ≤
10	4.3	197	50Mn	3.7	269
15	4.2	207	40MnB	3.7	269
20	4.1	217	50B	3.7	269
25	4.0	229	20Cr	4.0	229
30	3.9	241	40Cr	3.7	269
35	3.9	241	20CrMo(A)	3.9	241
40	3.9	241	35CrMo(A)	3.7	269
45	3.8	255	30CrMnSi(A)	3.7	269
50	3.7	269	12CrNi3A	3.7	269
60	3.6	285			

2. 冷拉异型钢的规格和理论重量

（1）ZD-1 单头圆扁钢的规格和理论重量（见表 7-214）

表 7-214 ZD-1 单头圆扁钢的规格和理论重量（YB/T 5346—2006）

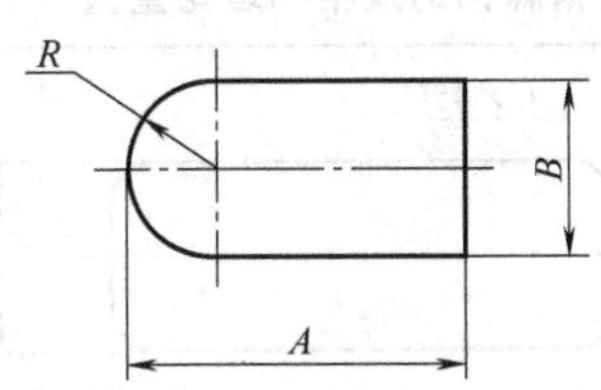

（续）

型号	公称尺寸/mm			截面面积/mm^2	理论重量/(kg/m)
	A	B	R		
ZD-1-1	15	22	10	468.10	3.674
ZD-1-2	21	20	10	534.10	4.193
ZD-1-3	48	10	5	508.50	3.992

（2）ZD-2 等双头圆扁钢的规格和理论重量（见表 7-215）

表 7-215　ZD-2 等双头圆扁钢的规格和理论重量（YB/T 5346—2006）

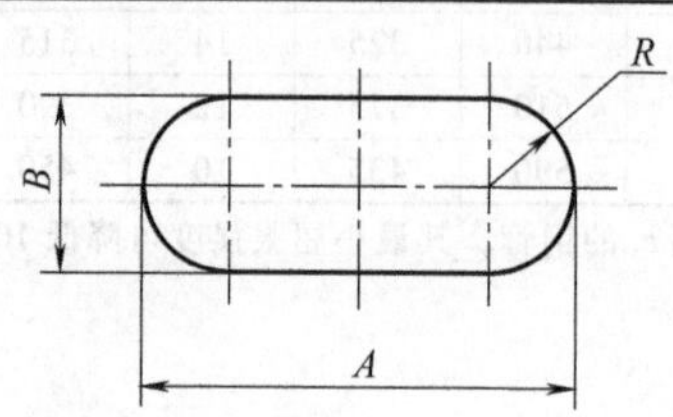

型号	公称尺寸/mm			截面面积/mm^2	理论重量/(kg/m)
	A	B	R		
ZD-2-1	11	4.8	3	49.30	0.387
ZD-2-2	15	3	1.5	43.10	0.338
ZD-2-3	16	14.2	8	192.20	1.508
ZD-2-4	19	5	2.5	89.60	0.703
ZD-2-5	19	5	10	93.90	0.737
ZD-2-6	19	8	4	138.30	1.086
ZD-2-7	22	16	11	317.90	2.495
ZD-2-8	28	14	7	349.90	2.747

（3）ZD-3 不等双头圆扁钢的规格和理论重量（见表 7-216）

表 7-216　ZD-3 不等双头圆扁钢的规格和理论重量（YB/T 5346—2006）

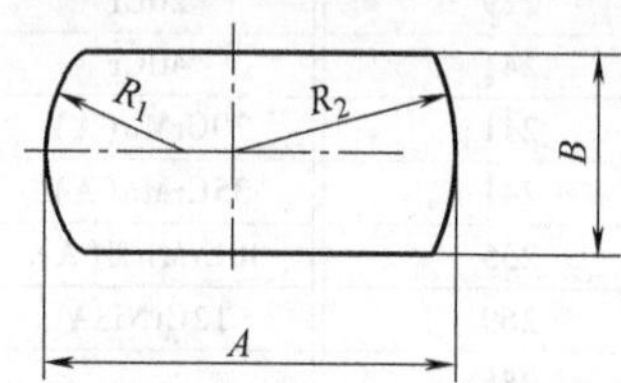

型号	公称尺寸/mm				截面面积/mm^2	理论重量/(kg/m)
	A	B	R_1	R_2		
ZD-3	29.7	16.3	9	14.8	447.50	3.513

（4）ZD-4 倒角扁钢的规格和理论重量（见表 7-217）

表 7-217　ZD-4 倒角扁钢的规格和理论重量（YB/T 5346—2006）

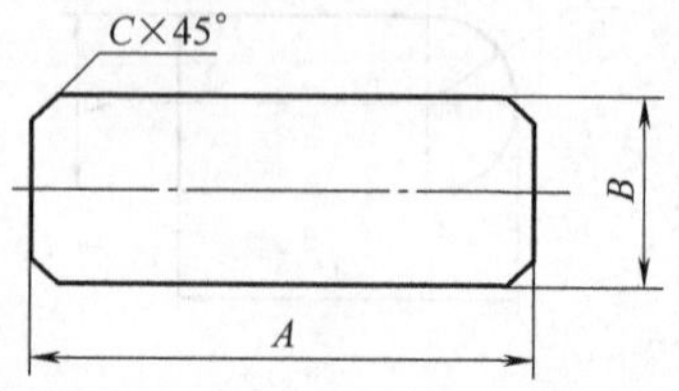

（续）

型号	公称尺寸/mm			截面面积/mm^2	理论重量/(kg/m)
	A	B	C		
ZD-4-1	15	5	1	73.00	0.573
ZD-4-2	19	5	1	93.00	0.730
ZD-4-3	25	6	1	148.00	1.162
ZD-4-4	28	20	1	558.00	4.380
ZD-4-5	30	8	1	238.00	1.868
ZD-4-6	34	9	1.5	301.50	2.367

（5）ZD-5 菱形钢的规格和理论重量（见表 7-218）

表 7-218 ZD-5 菱形钢的规格和理论重量（YB/T 5346—2006）

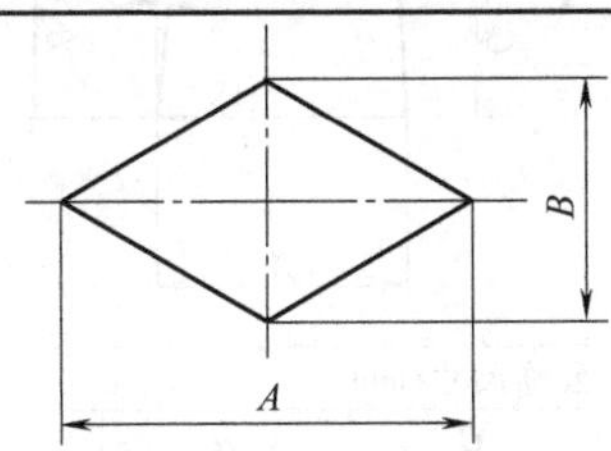

型号	公称尺寸/mm		截面面积/mm^2	理论重量/(kg/m)
	A	B		
ZD-5-1	9.2	7	32.40	0.254
ZD-5-2	11	8.4	46.60	0.365
ZD-5-3	12.6	9.6	60.90	0.478
ZD-5-4	14	10.7	74.90	0.587

（6）ZD-6 棘轮爪形钢的规格和理论重量（见表 7-219）

表 7-219 ZD-6 棘轮爪形钢的规格和理论重量（YB/T 5346—2006）

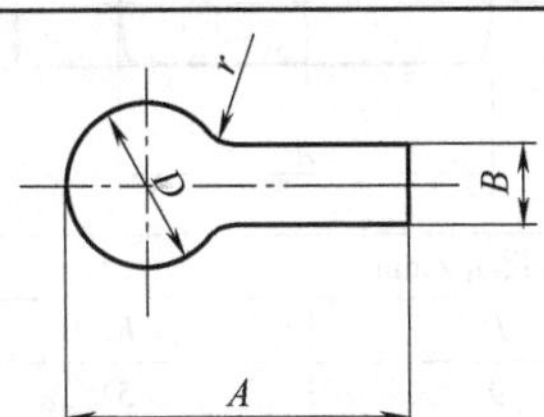

型号	公称尺寸/mm				截面面积/mm^2	理论重量/(kg/m)
	A	B	D	r		
ZD-6-1	20.5	11	15	—	245.30	1.926
ZD-6-2	22	4.8	9.5	1	131.90	1.035
ZD-6-3	22	11.5	16	—	278.80	2.188
ZD-6-4	25.4	4.8	9.5	1	148.20	1.163

（7）ZD-7 梯形钢的规格和理论重量（见表 7-220）

表 7-220 ZD-7 梯形钢的规格和理论重量（YB/T 5346—2006）

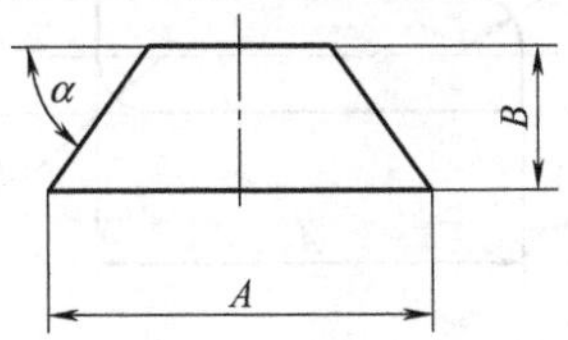

（续）

型号	公称尺寸/mm			截面面积/mm²	理论重量/(kg/m)
	A	B	α		
ZD-7-1	25	9	65°	187.20	1.469
ZD-7-2	25.5	7.5	71°30′	172.50	1.354
ZD-7-3	29	8	73°	244.50	1.920

（8）ZD-8 窄条形钢的规格和理论重量（见表 7-221）

表 7-221　ZD-8 窄条形钢的规格和理论重量（YB/T 5346—2006）

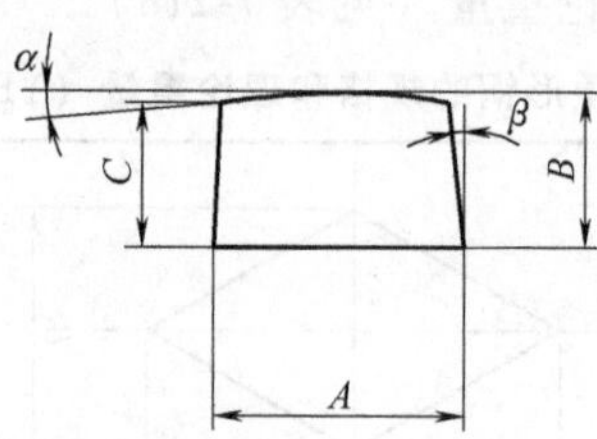

型号	公称尺寸/mm					截面面积/mm²	理论重量/(kg/m)
	A	B	C	α	β		
ZD-8	18.7	11.2	10.8	7°31′	3°	203.10	1.594

（9）ZD-9 D 形钢的规格和理论重量（见表 7-222）

表 7-222　ZD-9 D 形钢的规格和理论重量（YB/T 5346—2006）

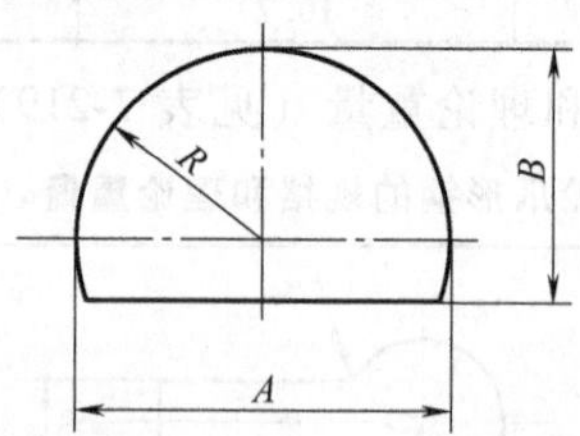

型号	公称尺寸/mm			截面面积/mm²	理论重量/(kg/m)
	A	B	R		
ZD-9-1	10	9	5	74.50	0.584
ZD-9-2	14	10.6	7	125.10	0.982
ZD-9-3	19	15.6	9.5	249.10	1.956
ZD-9-4	21.6	9	11	145.40	1.141
ZD-9-5	25	24	12.5	484.30	3.802
ZD-9-6	30	26	15	650.80	5.109

（10）XD-1 卡瓦形钢的规格和理论重量（见表 7-223）

表 7-223　XD-1 卡瓦形钢的规格和理论重量（YB/T 5346—2006）

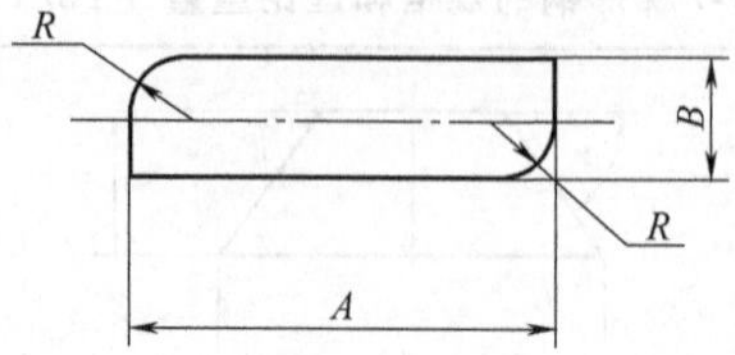

（续）

型号	公称尺寸/mm			截面面积/mm^2	理论重量/(kg/m)
	A	B	R		
XD-1-1	28	12	6	320.50	2.516
XD-1-2	33	12	6	380.50	2.987
XD-1-3	40	12	6	464.50	3.646

（11）FD-1角尺形钢的规格和理论重量（见表7-224）

表7-224 FD-1角尺形钢的规格和理论重量（YB/T 5346—2006）

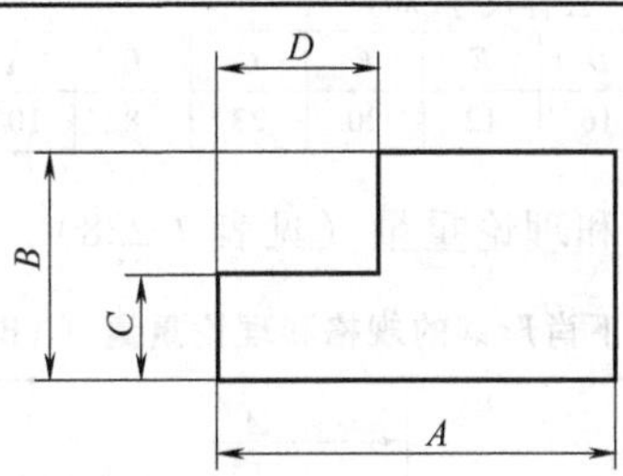

型号	公称尺寸/mm				截面面积/mm^2	理论重量/(kg/m)
	A	B	C	D		
FD-1	19	13.5	7	12.8	173.30	1.360

（12）FD-2磁座形钢的规格和理论重量（见表7-225）

表7-225 FD-2磁座形钢的规格和理论重量（YB/T 5346—2006）

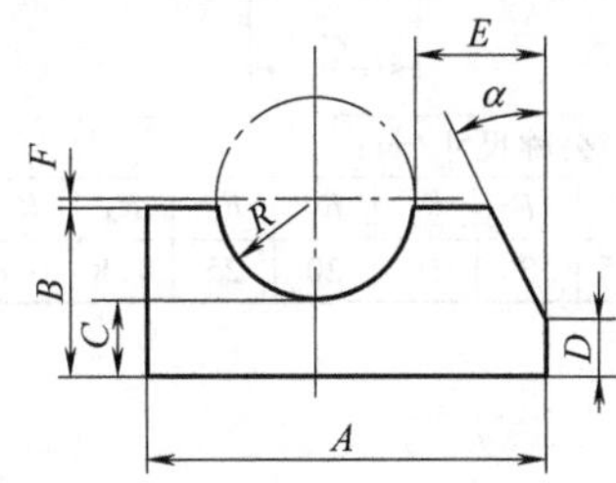

型号	公称尺寸/mm								截面面积/mm^2	理论重量/(kg/m)
	A	B	C	D	E	F	R	α		
FD-2	56	23.5	10.2	7	17.3	1.5	14.7	22°30′	962.60	7.556

（13）FD-3送布牙形钢的规格和理论重量（见表7-226）

表7-226 FD-3送布牙形钢的规格和理论重量（YB/T 5346—2006）

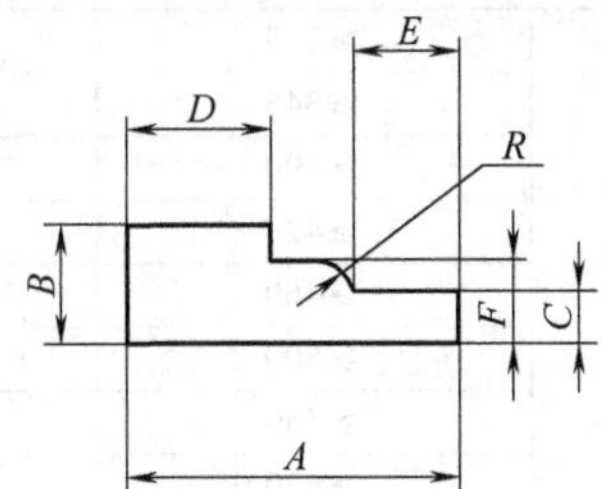

型号	公称尺寸/mm							截面面积/mm^2	理论重量/(kg/m)
	A	B	C	D	E	F	R		
FD-3	21.4	8.5	3.2	8.6	7	5.5	2	181.48	1.425

（14）FD-4刮刀形钢的规格和理论重量（见表7-227）

表7-227　FD-4刮刀形钢的规格和理论重量（YB/T 5346—2006）

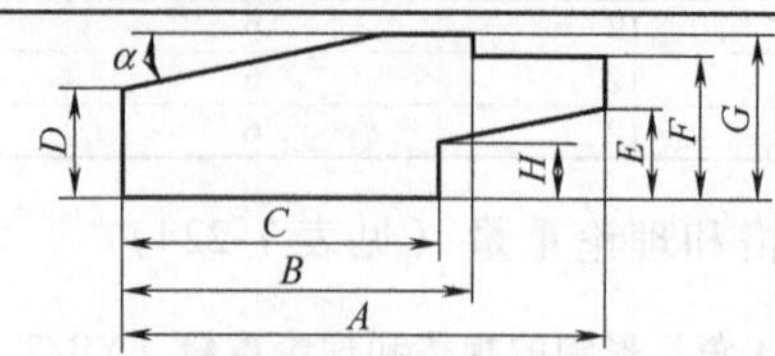

型号	公称尺寸/mm									截面面积/mm^2	理论重量/(kg/m)
	A	*B*	*C*	*D*	*E*	*F*	*G*	*H*	α		
FD-4	68.2	49.2	44.5	16	12	20	23	8	10°	1136.07	8.918

（15）FD-5下肖形钢的规格和理论重量（见表7-228）

表7-228　FD-5下肖形钢的规格和理论重量（YB/T 5346—2006）

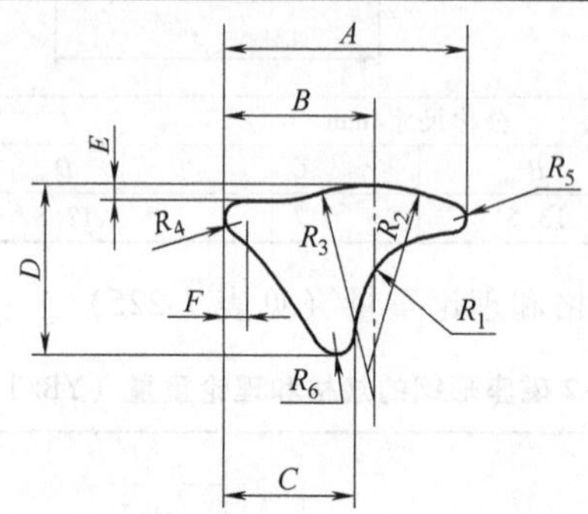

型号	公称尺寸/mm												截面面积/mm^2	理论重量/(kg/m)
	A	*B*	*C*	*D*	*E*	*F*	R_1	R_2	R_3	R_4	R_5	R_6		
FD-5	25	15	13	17.5	1.5	3	10	20	25	1.8	0.8	1.5	185.82	1.458

7.6.2　冷弯型钢

冷弯型钢的力学性能见表7-229。

表7-229　冷弯型钢的力学性能（GB/T 6725—2017）

产品屈服强度等级	壁厚 *t*/mm	下屈服强度 R_{eL}①/MPa	抗拉强度 R_m/MPa	断后伸长率 *A* (%)
195	—	≥195	315～490	30
215	—	≥215	335～510	28
235	≤19	≥235	370～560	≥24
345		≥345	470～680	≥20
390		≥390	490～700	≥17
420		≥420	520～730	协议
460		≥460	550～770	协议
500		≥500	610～820	协议
550		≥550	670～880	协议
620		≥620	710～940	协议
690		≥690	770～1000	协议
750		≥750	750～1010	协议

① 当屈服不明显时可测量 $R_{p0.2}$。

7.6.3　通用冷弯开口型钢

1. 通用冷弯开口型钢的截面（见图 7-2）

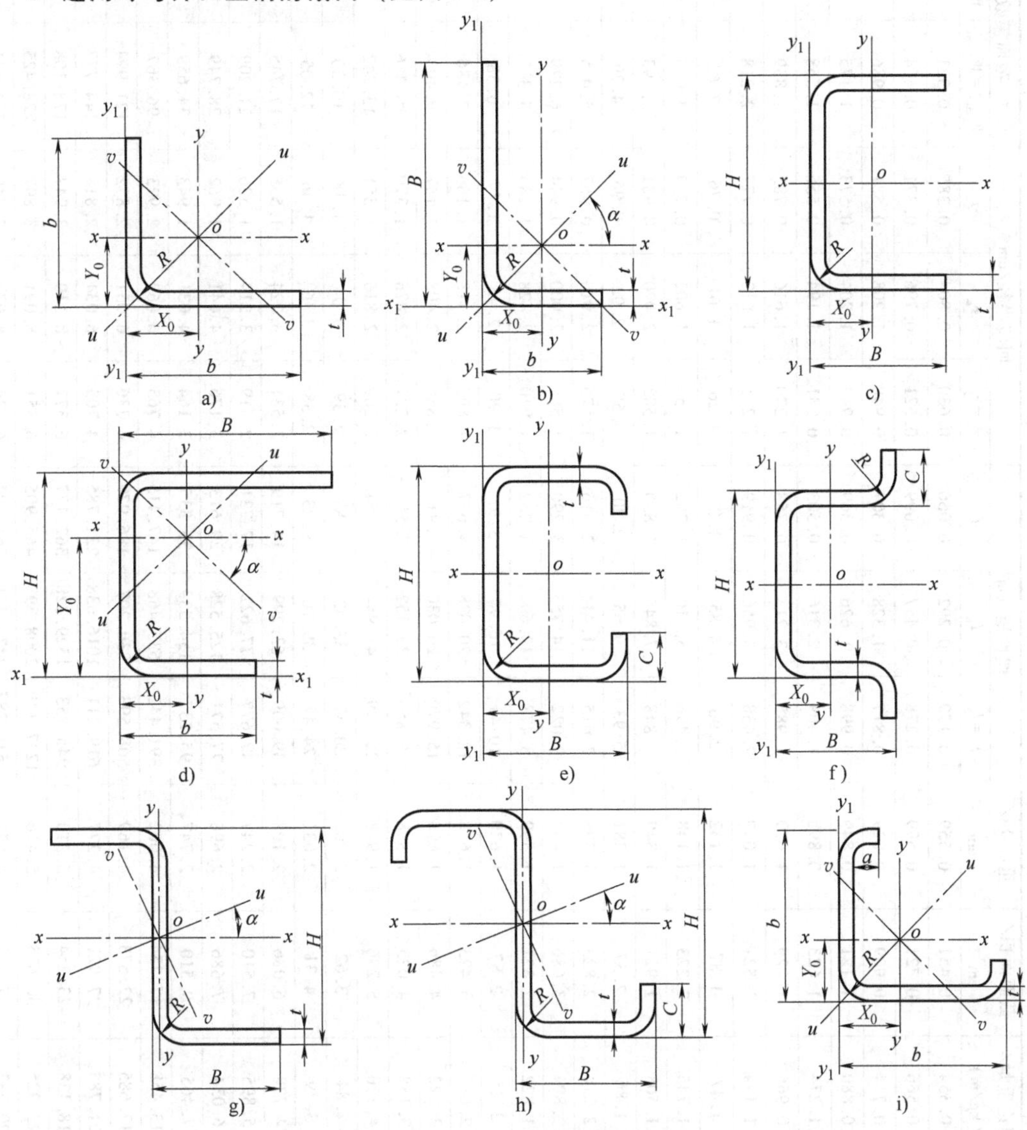

图 7-2　通用冷弯开口型钢的截面图

a）冷弯等边角钢（JD）　b）冷弯不等边角钢（JB）　c）冷弯等边槽钢（CD）　d）冷弯不等边槽钢（CB）　e）冷弯内卷边槽钢（CN）　f）冷弯外卷边槽钢（CW）　g）冷弯 Z 形钢（Z）　h）冷弯卷边 Z 形钢（ZJ）　i）卷边等边角钢（JJ）

2. 通用冷弯开口型钢的基本尺寸和主要参数

冷弯等边角钢的基本尺寸和主要参数见表 7-230。冷弯不等边角钢的基本尺寸和主要参数见表 7-231。冷弯等边槽钢的基本尺寸和主要参数见表 7-232。冷弯不等边槽钢的基本尺寸和主要参数见表 7-233。冷弯内卷边槽钢的基本尺寸和主要参数见表 7-234。冷弯外卷边槽钢的基本尺寸和主要参数见表 7-235。冷弯 Z 形钢的基本尺寸和主要参数见表 7-236。冷弯卷边 Z 形钢的基本尺寸和主要参数见表 7-237。卷边等边角钢的基本尺寸和主要参数见表 7-238。

表 7-230　冷弯等边角钢的基本尺寸和主要参数（GB/T 6723—2017）

规格	尺寸/mm		理论重量/	截面面积/	重心 Y_0/	惯性矩/cm^4			回转半径/cm			截面模数/cm^3	
$b \times b \times t$	b	t	(kg/m)	cm^2	cm	$I_x=I_y$	I_u	I_v	$r_x=r_y$	r_u	r_v	$W_{ymax}=W_{xmax}$	$W_{ymin}=W_{xmin}$
20×20×1.2	20	1.2	0.354	0.451	0.559	0.179	0.292	0.066	0.630	0.804	0.385	0.321	0.124
20×20×2.0		2.0	0.566	0.721	0.599	0.278	0.457	0.099	0.621	0.796	0.371	0.464	0.198
30×30×1.6	30	1.6	0.714	0.909	0.829	0.817	1.328	0.307	0.948	1.208	0.581	0.986	0.376
30×30×2.0		2.0	0.880	1.121	0.849	0.998	1.626	0.369	0.943	1.204	0.573	1.175	0.464
30×30×3.0		3.0	1.274	1.623	0.898	1.409	2.316	0.503	0.931	1.194	0.556	1.568	0.671
40×40×1.6	40	1.6	0.965	1.229	1.079	1.985	3.213	0.758	1.270	1.616	0.785	1.839	0.679
40×40×2.0		2.0	1.194	1.521	1.099	2.438	3.956	0.919	1.265	1.612	0.777	2.218	0.840
40×40×2.5		2.5	1.47	1.87	1.132	2.96	4.85	1.07	1.26	1.61	0.76	2.62	1.03
40×40×3.0		3.0	1.745	2.223	1.148	3.496	5.710	1.282	1.253	1.602	0.759	3.043	1.226
50×50×2.0	50	2.0	1.508	1.921	1.349	4.848	7.845	1.850	1.588	2.020	0.981	3.593	1.327
50×50×2.5		2.5	1.86	2.37	1.381	5.93	9.65	2.20	1.58	2.02	0.96	4.29	1.64
50×50×3.0		3.0	2.216	2.823	1.398	7.015	11.414	2.616	1.576	2.010	0.962	5.015	1.948
50×50×4.0		4.0	2.894	3.686	1.448	9.022	14.755	3.290	1.564	2.000	0.944	6.229	2.540
60×60×2.0	60	2.0	1.822	2.321	1.599	8.478	13.694	3.262	1.910	2.428	1.185	5.302	1.926
60×60×2.5		2.5	2.25	2.87	1.630	10.41	16.90	3.91	1.90	2.43	1.17	6.38	2.38
60×60×3.0		3.0	2.687	3.423	1.648	12.342	20.028	4.657	1.898	2.418	1.166	7.486	2.836
60×60×4.0		4.0	3.522	4.486	1.698	15.970	26.030	5.911	1.886	2.408	1.147	9.403	3.712
70×70×3.0	70	3.0	3.158	4.023	1.898	19.853	32.152	7.553	2.221	2.826	1.370	10.456	3.891
70×70×4.0		4.0	4.150	5.286	1.948	25.799	41.944	9.654	2.209	2.816	1.351	13.242	5.107
75×75×2.5	75	2.5	2.84	3.62	2.005	20.65	33.43	7.87	2.39	3.04	1.48	10.30	3.76
75×75×3.0		3.0	3.39	4.31	2.031	24.47	39.70	9.23	2.38	3.03	1.46	12.05	4.47
80×80×4.0	80	4.0	4.778	6.086	2.198	39.009	63.299	14.719	2.531	3.224	1.555	17.745	6.723
80×80×5.0		5.0	5.895	7.510	2.247	47.677	77.622	17.731	2.519	3.214	1.536	21.209	8.288
100×100×4.0	100	4.0	6.034	7.686	2.698	77.571	125.528	29.613	3.176	4.041	1.962	28.749	10.623
100×100×5.0		5.0	7.465	9.510	2.747	95.237	154.539	35.335	3.164	4.031	1.943	34.659	13.132
150×150×6.0	150	6.0	13.458	17.254	4.062	391.442	635.468	147.415	4.763	6.069	2.923	96.367	35.787
150×150×8.0		8.0	17.685	22.673	4.169	508.593	830.207	186.979	4.736	6.051	2.872	121.994	46.957
150×150×10		10	21.783	27.927	4.277	619.211	1016.638	221.785	4.709	6.034	2.818	144.777	57.746
200×200×6.0	200	6.0	18.138	23.254	5.310	945.753	1529.328	362.177	6.377	8.110	3.947	178.108	64.381
200×200×8.0		8.0	23.925	30.673	5.416	1237.149	2008.393	465.905	6.351	8.091	3.897	228.425	84.829
200×200×10		10	29.583	37.927	5.522	1516.787	2472.471	561.104	6.324	8.074	3.846	274.681	104.765

250×250×8.0	250	8.0	30.164	38.672	6.664	2453.559	3970.580	936.538	7.965	10.133	4.921	368.181	133.811
250×250×10		10	37.383	47.927	6.770	3020.384	4903.304	1137.464	7.939	10.114	4.872	446.142	165.682
250×250×12		12	44.472	57.015	6.876	3568.836	5812.612	1325.061	7.912	10.097	4.821	519.028	196.912
300×300×10	300	10	45.183	57.927	8.018	5286.252	8559.138	2013.367	9.553	12.155	5.896	659.298	240.481
300×300×12		12	53.832	69.015	8.124	6263.069	10167.49	2358.645	9.526	12.138	5.846	770.934	286.299
300×300×14		14	62.022	79.516	8.277	7182.256	11740.00	2624.502	9.504	12.150	5.745	867.737	330.629
300×300×16		16	70.312	90.144	8.392	8095.516	13279.70	2911.336	9.477	12.137	5.683	964.671	374.654

表 7-231 冷弯不等边角钢的基本尺寸和主要参数（GB/T 6723—2017）

规格	尺寸/mm			理论重量/	截面面积/	重心/cm		惯性矩/cm^4				回转半径/cm				截面模数/cm^3			
$B\times b\times t$	B	b	t	(kg/m)	cm^2	Y_0	X_0	I_x	I_y	I_u	I_v	r_x	r_y	r_u	r_v	W_{xmax}	W_{xmin}	W_{ymax}	W_{ymin}
30×20×2.0	30	20	2.0	0.723	0.921	1.011	0.490	0.860	0.318	1.014	0.164	0.966	0.587	1.049	0.421	0.850	0.432	0.648	0.210
30×20×3.0			3.0	1.039	1.323	1.068	0.536	1.201	0.441	1.421	0.220	0.952	0.577	1.036	0.408	1.123	0.621	0.823	0.301
50×30×2.5	50	30	2.5	1.473	1.877	1.706	0.674	4.962	1.419	5.597	0.783	1.625	0.869	1.726	0.645	2.907	1.506	2.103	0.610
50×30×4.0			4.0	2.266	2.886	1.794	0.741	7.419	2.104	8.395	1.128	1.603	0.853	1.705	0.625	4.134	2.314	2.838	0.931
60×40×2.5	60	40	2.5	1.866	2.377	1.939	0.913	9.078	3.376	10.665	1.790	1.954	1.191	2.117	0.867	4.682	2.235	3.694	1.094
60×40×4.0			4.0	2.894	3.686	2.023	0.981	13.774	5.091	16.239	2.625	1.932	1.175	2.098	0.843	6.807	3.463	5.184	1.686
70×40×3.0	70	40	3.0	2.452	3.123	2.402	0.861	16.301	4.142	18.092	2.351	2.284	1.151	2.406	0.867	6.785	3.545	4.810	1.319
70×40×4.0			4.0	3.208	4.086	2.461	0.905	21.038	5.317	23.381	2.973	2.268	1.140	2.391	0.853	8.546	4.635	5.872	1.718
80×50×3.0	80	50	3.0	2.923	3.723	2.631	1.096	25.450	8.086	29.092	4.444	2.614	1.473	2.795	1.092	9.670	4.740	7.371	2.071
80×50×4.0			4.0	3.836	4.886	2.688	1.141	33.025	10.449	37.810	5.664	2.599	1.462	2.781	1.076	12.281	6.218	9.151	2.708
100×60×3.0	100	60	3.0	3.629	4.623	3.297	1.259	49.787	14.347	56.038	8.096	3.281	1.761	3.481	1.323	15.100	7.427	11.389	3.026
100×60×4.0			4.0	4.778	6.086	3.354	1.304	64.939	18.640	73.177	10.402	3.266	1.749	3.467	1.307	19.356	9.772	14.289	3.969
100×60×5.0			5.0	5.895	7.510	3.412	1.349	79.395	22.707	89.566	12.536	3.251	1.738	3.453	1.291	23.263	12.053	16.830	4.882
150×120×6.0	150	120	6.0	12.054	15.454	4.500	2.962	362.949	211.071	475.645	98.375	4.846	3.696	5.548	2.532	80.655	34.567	71.260	23.354
150×120×8.0			8.0	15.813	20.273	4.615	3.064	470.343	273.077	619.416	124.003	4.817	3.670	5.528	2.473	101.916	45.291	89.124	30.559
150×120×10			10	19.443	24.927	4.732	3.167	571.010	331.066	755.971	146.105	4.786	3.644	5.507	2.421	120.670	55.611	104.536	37.481
200×160×8.0	200	160	8.0	21.429	27.473	6.000	3.950	1147.099	667.089	1503.275	310.914	6.462	4.928	7.397	3.364	191.183	81.936	168.883	55.360
200×160×10			10	24.463	33.927	6.115	4.051	1403.661	815.267	1846.212	372.716	6.432	4.902	7.377	3.314	229.544	101.092	201.251	68.229
200×160×12			12	31.368	40.215	6.231	4.154	1648.244	956.261	2176.288	428.217	6.402	4.876	7.356	3.263	264.523	119.707	230.202	80.724
250×220×10	250	220	10	35.043	44.927	7.188	5.652	2894.335	2122.346	4102.990	913.691	8.026	6.873	9.556	4.510	402.662	162.494	375.504	129.823
250×220×12			12	41.664	53.415	7.299	5.756	3417.040	2504.222	4859.116	1062.097	7.998	6.847	9.538	4.459	468.151	193.042	435.063	154.163
250×220×14			14	47.826	61.316	7.466	5.904	3895.841	2856.311	5590.119	1162.033	7.971	6.825	9.548	4.353	521.811	222.188	483.793	177.455
300×260×12	300	260	12	50.088	64.215	8.686	6.638	5970.485	4218.566	8347.648	1841.403	9.642	8.105	11.402	5.355	687.369	280.120	635.517	217.879
300×260×14			14	57.654	73.916	8.851	6.782	6835.520	4831.275	9625.709	2041.085	9.616	8.085	11.412	5.255	772.288	323.208	712.367	251.393
300×260×16			16	65.320	83.744	8.972	6.894	7697.062	5438.329	10876.951	2258.440	9.587	8.059	11.397	5.193	857.898	366.039	788.850	284.640

表 7-232 冷弯等边槽钢的基本尺寸和主要参数（GB/T 6723—2017）

规格	尺寸/mm			理论重量/	截面面积/	重心 X_0/	惯性矩/cm^4		回转半径/cm		截面模数/cm^3		
$H \times B \times t$	H	B	t	(kg/m)	cm^2	cm	I_x	I_y	r_x	r_y	W_x	W_{ymax}	W_{ymin}
20×10×1.5	20	10	1.5	0.401	0.511	0.324	0.281	0.047	0.741	0.305	0.281	0.146	0.070
20×10×2.0			2.0	0.505	0.643	0.349	0.330	0.058	0.716	0.300	0.330	0.165	0.089
50×30×2.0	50	30	2.0	1.604	2.043	0.922	8.093	1.872	1.990	0.957	3.237	2.029	0.901
50×30×3.0			3.0	2.314	2.947	0.975	11.119	2.632	1.942	0.994	4.447	2.699	1.299
50×50×3.0		50	3.0	3.256	4.147	1.850	17.755	10.834	2.069	1.616	7.102	5.855	3.440
60×30×2.5	60	30	2.5	2.15	2.74	0.883	14.38	2.40	2.31	0.94	4.89	2.71	1.13
80×40×2.5	80	40	2.5	2.94	3.74	1.132	36.70	5.92	3.13	1.26	9.18	5.23	2.06
80×40×3.0			3.0	3.48	4.34	1.159	42.66	6.93	3.10	1.25	10.67	5.98	2.44
100×40×2.5	100	40	2.5	3.33	4.24	1.013	62.07	6.37	3.83	1.23	12.41	6.29	2.13
100×40×3.0			3.0	3.95	5.03	1.039	72.44	7.47	3.80	1.22	14.49	7.19	2.52
100×50×3.0	100	50	3.0	4.433	5.647	1.398	87.275	14.030	3.931	1.576	17.455	10.031	3.896
100×50×4.0			4.0	5.788	7.373	1.448	111.051	18.045	3.880	1.564	22.210	12.458	5.081
120×40×2.5	120	40	2.5	3.72	4.74	0.919	95.92	6.72	4.50	1.19	15.99	7.32	2.18
120×40×3.0			3.0	4.42	5.63	0.944	112.28	7.90	4.47	1.19	18.71	8.37	2.58
140×50×3.0	140	50	3.0	5.36	6.83	1.187	191.53	15.52	5.30	1.51	27.36	13.08	4.07
140×50×3.5			3.5	6.20	7.89	1.211	218.88	17.79	5.27	1.50	31.27	14.69	4.70
140×60×3.0	140	60	3.0	5.846	7.447	1.527	220.977	25.929	5.447	1.865	31.568	16.970	5.798
140×60×4.0			4.0	7.672	9.773	1.575	284.429	33.601	5.394	1.854	40.632	21.324	7.594
140×60×5.0			5.0	9.436	12.021	1.623	343.066	40.823	5.342	1.842	49.009	25.145	9.327
160×60×3.0	160	60	3.0	6.30	8.03	1.432	300.87	26.90	6.12	1.83	37.61	18.79	5.89
160×60×3.5			3.5	7.20	9.29	1.456	344.94	30.92	6.09	1.82	43.12	21.23	6.81
200×80×4.0	200	80	4.0	10.812	13.773	1.966	821.120	83.686	7.721	2.464	82.112	42.564	13.869
200×80×5.0			5.0	13.361	17.021	2.013	1000.710	102.441	7.667	2.453	100.071	50.886	17.111
200×80×6.0			6.0	15.849	20.190	2.060	1170.516	120.388	7.614	2.441	117.051	58.436	20.267
250×130×6.0	250	130	6.0	22.703	29.107	3.630	2876.401	497.071	9.941	4.132	230.112	136.934	53.049
250×130×8.0			8.0	29.755	38.147	3.739	3687.729	642.760	9.832	4.105	295.018	171.907	69.405
300×150×6.0	300	150	6.0	26.915	34.507	4.062	4911.518	782.884	11.930	4.763	327.435	192.734	71.575
300×150×8.0			8.0	35.371	45.347	4.169	6337.148	1017.186	11.822	4.736	422.477	243.988	93.914
300×150×10			10	43.566	55.854	4.277	7660.498	1238.423	11.711	4.708	510.700	289.554	115.492
350×180×8.0	350	180	8.0	42.235	54.147	4.983	10488.540	1771.765	13.918	5.721	599.345	355.562	136.112
350×180×10			10	52.146	66.854	5.092	12749.074	2166.713	13.809	5.693	728.519	425.513	167.858
350×180×12			12	61.799	79.230	5.501	14869.892	2542.823	13.700	5.665	849.708	462.247	203.442

400×200×10	400	200	10	59.166	75.854	5.522	18923.658	3033.575	15.799	6.324	946.633	549.362	209.530
400×200×12			12	70.223	90.030	5.630	22159.727	3569.548	15.689	6.297	1107.986	634.022	248.403
400×200×14			14	80.366	103.033	5.791	24854.034	4051.828	15.531	6.271	1242.702	699.677	285.159
450×220×10	450	220	10	66.186	84.854	5.956	26844.416	4103.714	17.787	6.954	1193.085	689.005	255.779
450×220×12			12	78.647	100.830	6.063	31506.135	4838.741	17.676	6.927	1400.273	798.077	303.617
450×220×14			14	90.194	115.633	6.219	35494.843	5510.415	17.520	6.903	1577.549	886.061	349.180
500×250×12	500	250	12	88.943	114.030	6.876	44593.265	7137.673	19.775	7.912	1783.731	1038.056	393.824
500×250×14			14	102.206	131.033	7.032	50455.689	8152.938	19.623	7.888	2018.228	1159.405	453.748
550×280×12	550	280	12	99.239	127.230	7.691	60862.568	10068.396	21.872	8.896	2213.184	1309.114	495.760
550×280×14			14	114.218	146.433	7.846	69095.642	11527.579	21.722	8.873	2512.569	1469.230	571.975
600×300×14	600	300	14	124.046	159.033	8.276	89412.972	14364.512	23.711	9.504	2980.432	1735.683	661.228
600×300×16			16	140.624	180.287	8.392	100367.430	16191.032	23.595	9.477	3345.581	1929.341	749.307

表 7-233 冷弯不等边槽钢的基本尺寸和主要参数（GB/T 6723—2017）

规格	尺寸/mm				理论重量/(kg/m)	截面面积/cm²	重心/cm		惯性矩/cm⁴				回转半径/cm				截面模数/cm³			
$H\times B\times b\times t$	H	B	b	t			X_0	Y_0	I_x	I_y	I_u	I_v	r_x	r_y	r_u	r_v	W_{xmax}	W_{xmin}	W_{ymax}	W_{ymin}
50×32×20×2.5	50	32	20	2.5	1.840	2.344	0.817	2.803	8.536	1.853	8.769	1.619	1.908	0.889	1.934	0.831	3.887	3.044	2.266	0.777
50×32×20×3.0				3.0	2.169	2.764	0.842	2.806	9.804	2.155	10.083	1.876	1.883	0.883	1.909	0.823	4.468	3.494	2.559	0.914
80×40×20×2.5	80	40	20	2.5	2.586	3.294	0.828	4.588	28.922	3.775	29.607	3.090	2.962	1.070	2.997	0.968	8.476	6.303	4.555	1.190
80×40×20×3.0				3.0	3.064	3.904	0.852	4.591	33.654	4.431	34.473	3.611	2.936	1.065	2.971	0.961	9.874	7.329	5.200	1.407
100×60×30×3.0	100	60	30	3.0	4.242	5.404	1.326	5.807	77.936	14.880	80.845	11.970	3.797	1.659	3.867	1.488	18.590	13.419	11.220	3.183
150×60×50×3.0	150		50		5.890	7.504	1.304	7.793	245.876	21.452	246.257	21.071	5.724	1.690	5.728	1.675	34.120	31.547	16.440	4.569
200×70×60×4.0	200	70	60	4.0	9.832	12.605	1.469	10.311	706.995	47.735	707.582	47.149	7.489	1.946	7.492	1.934	72.969	68.567	32.495	8.630
200×70×60×5.0				5.0	12.061	15.463	1.527	10.315	848.963	57.959	849.689	57.233	7.410	1.936	7.413	1.924	87.658	82.304	37.956	10.590
250×80×70×5.0	250	80	70	5.0	14.791	18.963	1.647	12.823	1616.200	92.101	1617.030	91.271	9.232	2.204	9.234	2.194	132.726	126.039	55.920	14.497
250×80×70×6.0				6.0	17.555	22.507	1.696	12.825	1891.478	108.125	1892.465	107.139	9.167	2.192	9.170	2.182	155.358	147.484	63.753	17.152
300×90×80×6.0	300	90	80	6.0	20.831	26.707	1.822	15.330	3222.869	161.726	3223.981	160.613	10.985	2.461	10.987	2.452	219.691	210.233	88.763	22.531
300×90×80×8.0				8.0	27.259	34.947	1.918	15.334	4115.825	207.555	4117.270	206.110	10.852	2.437	10.854	2.429	280.637	268.412	108.214	29.307
350×100×90×6.0	350	100	90	6.0	24.107	30.907	1.953	17.834	5064.502	230.463	5065.739	229.226	12.801	2.731	12.802	2.723	295.031	283.980	118.005	28.640
350×100×90×8.0				8.0	31.627	40.547	2.048	17.837	6506.423	297.082	6508.041	295.464	12.668	2.707	12.669	2.699	379.096	364.771	145.060	37.359
400×150×100×8.0	400	150	100	8.0	38.491	49.347	2.882	21.589	10787.704	763.610	10843.850	707.463	14.786	3.934	14.824	3.786	585.938	499.685	264.958	63.015
400×150×100×10				10	47.466	60.854	2.981	21.602	13071.444	931.170	13141.358	861.255	14.656	3.912	14.695	3.762	710.482	605.103	312.368	77.475
450×200×150×10	450	200	150	10	59.166	75.854	4.402	23.950	22328.149	2337.132	22430.862	2234.420	17.157	5.551	17.196	5.427	1060.720	932.282	530.925	149.835
450×200×150×12				12	70.223	90.030	4.504	23.960	26133.270	2750.039	26256.075	2627.235	17.037	5.527	17.077	5.402	1242.076	1090.704	610.577	177.468

（续）

规格	尺寸/mm				理论重量/(kg/m)	截面面积/cm²	重心/cm		惯性矩/cm⁴				回转半径/cm				截面模数/cm³			
$H\times B\times b\times t$	H	B	b	t			X_0	Y_0	I_x	I_y	I_u	I_v	r_x	r_y	r_u	r_v	W_{xmax}	W_{xmin}	W_{ymax}	W_{ymin}
500×250×200×12	500	250	200	12	84.263	108.030	6.008	26.355	40821.990	5579.208	40985.443	5415.752	19.439	7.186	19.478	7.080	1726.453	1548.928	928.630	293.766
500×250×200×14				14	96.746	124.033	6.159	26.371	46087.838	6369.068	46277.561	6179.346	19.276	7.166	19.306	7.058	1950.478	1747.671	1034.107	338.043
550×300×250×14	550	300	250	14	113.126	145.033	7.714	28.794	67847.216	11314.348	68086.256	11075.308	21.629	8.832	21.667	8.739	2588.995	2356.297	1466.729	507.689
550×300×250×16				16	128.144	164.287	7.831	28.800	76016.861	12738.984	76288.341	12467.503	21.511	8.806	21.549	8.711	2901.407	2639.474	1626.738	574.631

表 7-234 冷弯内卷边槽钢的基本尺寸和主要参数（GB/T 6723—2017）

规格	尺寸/mm				理论重量/(kg/m)	截面面积/cm²	重心 X_0/cm	惯性矩/cm⁴		回转半径/cm		截面模数/cm³		
$H\times B\times C\times t$	H	B	C	t				I_x	I_y	r_x	r_y	W_x	W_{ymax}	W_{ymin}
200×70×20×2.5	200	70	20	2.5	7.05	8.98	2.000	538.21	56.27	7.74	2.50	53.82	28.18	11.25
200×70×20×3.0	200	70	20	3.0	8.395	10.695	1.996	636.643	65.883	7.715	2.481	63.664	32.999	13.167
220×75×20×2.0	220	75	20	2.0	6.18	7.87	2.080	574.45	56.88	8.54	2.69	52.22	27.35	10.50
220×75×20×2.5	220	75	20	2.5	7.64	9.73	2.070	703.76	68.66	8.50	2.66	63.98	33.11	12.65
250×40×15×3.0	250	40	15	3.0	7.924	10.095	0.790	773.495	14.809	8.753	1.211	61.879	18.734	4.614
300×40×15×3.0	300	40			9.102	11.595	0.707	1231.616	15.356	10.306	1.150	82.107	21.700	4.664
400×50×15×3.0	400	50			11.928	15.195	0.783	2837.843	28.888	13.666	1.378	141.892	36.879	6.851
450×70×30×6.0	450	70	30	6.0	28.092	36.015	1.421	8796.963	159.703	15.629	2.106	390.976	112.388	28.626
450×70×30×8.0				8.0	36.421	46.693	1.429	11030.645	182.734	15.370	1.978	490.251	127.875	32.801
500×100×40×6.0	500	100	40	6.0	34.176	43.815	2.297	14275.246	479.809	18.050	3.309	571.010	208.885	62.289
500×100×40×8.0				8.0	44.533	57.093	2.293	18150.796	578.026	17.830	3.182	726.032	252.083	75.000
500×100×40×10				10	54.372	69.708	2.289	21594.366	648.778	17.601	3.051	863.775	283.433	84.137
550×120×50×8.0	550	120	50	8.0	51.397	65.893	2.940	26259.069	1069.797	19.963	4.029	954.875	363.877	118.079
550×120×50×10				10	62.952	80.708	2.933	31484.498	1229.103	19.751	3.902	1144.891	419.060	135.558
550×120×50×12				12	73.990	94.859	2.926	36186.756	1349.879	19.531	3.772	1315.882	461.339	148.763
600×150×60×12	600	150	60	12	86.158	110.459	3.902	54745.539	2755.348	21.852	4.994	1824.851	706.137	248.274
600×150×60×14				14	97.395	124.865	3.840	57733.224	2867.742	21.503	4.792	1924.441	746.808	256.966
600×150×60×16				16	109.025	139.775	3.819	63178.379	3010.816	21.260	4.641	2105.946	788.378	269.280
60×30×10×2.5	60	30	10	2.5	2.363	3.010	1.043	16.009	3.353	2.306	1.055	5.336	3.214	1.713
60×30×10×3.0				3.0	2.743	3.495	1.036	18.077	3.688	2.274	1.027	6.025	3.559	1.878
80×40×15×2.0	80	40	15	2.0	2.72	3.47	1.452	34.16	7.79	3.14	1.50	8.54	5.36	3.06
100×50×15×2.5	100	50	15	2.5	4.11	5.23	1.706	81.34	17.19	3.94	1.81	16.27	10.08	5.22

100×50×20×2.5	100	50	20	2.5	4.325	5.510	1.853	84.932	19.889	3.925	1.899	16.986	10.730	6.321
100×50×20×3.0				3.0	5.098	6.495	1.848	98.560	22.802	3.895	1.873	19.712	12.333	7.235
120×50×20×2.5	120	50	20	2.5	4.70	5.98	1.706	129.40	20.96	4.56	1.87	21.57	12.28	6.36
120×60×20×3.0	120	60	20	3.0	6.01	7.65	2.106	170.68	37.36	4.72	2.21	28.45	17.74	9.59
140×50×20×2.0	140	50	20	2.0	4.14	5.27	1.590	154.03	18.56	5.41	1.88	22.00	11.68	5.44
140×50×20×2.5	140	50	20	2.5	5.09	6.48	1.580	186.78	22.11	5.39	1.85	26.68	13.96	6.47
140×60×20×2.5	140	60	20	2.5	5.503	7.010	1.974	212.137	34.786	5.500	2.227	30.305	17.615	8.642
140×60×20×3.0				3.0	6.511	8.295	1.969	248.006	40.132	5.467	2.199	35.429	20.379	9.956
160×60×20×2.0	160	60	20	2.0	4.76	6.07	1.850	236.59	29.99	6.24	2.22	29.57	16.19	7.23
160×60×20×2.5				2.5	5.87	7.48	1.850	288.13	35.96	6.21	2.19	36.02	19.47	8.66
160×70×20×3.0	160	70	20	3.0	7.42	9.45	2.224	373.64	60.42	6.29	2.53	46.71	27.17	12.65
180×60×20×3.0	180	60	20	3.0	7.453	9.495	1.739	449.695	43.611	6.881	2.143	49.966	25.073	10.235
180×70×20×3.0		70			7.924	10.095	2.106	496.693	63.712	7.014	2.512	55.188	30.248	13.019
180×70×20×2.0	180	70	20	2.0	5.39	6.87	2.110	343.93	45.18	7.08	2.57	38.21	21.37	9.25
180×70×20×2.5	180	70	20	2.5	6.66	9.48	2.110	420.20	54.42	7.04	2.53	46.69	25.82	11.12
200×60×20×3.0	200	60	20	3.0	7.924	10.095	1.644	578.425	45.041	7.569	2.112	57.842	27.382	10.342
200×70×20×2.0	200	70	20	2.0	5.71	7.27	2.000	440.04	46.71	7.78	2.54	44.00	23.32	90.35

表 7-235 冷弯外卷边槽钢的基本尺寸和主要参数（GB/T 6723—2017）

规格	尺寸/mm				理论重量/	截面面积/	重心 X_0/	惯性矩/cm^4		回转半径/cm		截面模数/cm^3		
$H\times B\times C\times t$	H	B	C	t	(kg/m)	cm^2	cm	I_x	I_y	r_x	r_y	W_x	W_{ymax}	W_{ymin}
30×30×16×2.5	30	30	16	2.5	2.009	2.560	1.526	6.010	3.126	1.532	1.105	2.109	2.047	2.122
50×20×15×3.0	50	20	15	3.0	2.272	2.895	0.823	13.863	1.539	2.188	0.729	3.746	1.869	1.309
60×25×32×2.5	60	25	32	2.5	3.030	3.860	1.279	42.431	3.959	3.315	1.012	7.131	3.095	3.243
60×25×32×3.0	60	25	32	3.0	3.544	4.515	1.279	49.003	4.438	3.294	0.991	8.305	3.469	3.635
80×40×20×4.0	80	40	20	4.0	5.296	6.746	1.573	79.594	14.537	3.434	1.467	14.213	9.241	5.900
100×30×15×3.0	100	30	15	3.0	3.921	4.995	0.932	77.669	5.575	3.943	1.056	12.527	5.979	2.696
150×40×20×4.0	150	40	20	4.0	7.497	9.611	1.176	325.197	18.311	5.817	1.380	35.736	15.571	6.484
150×40×20×5.0				5.0	8.913	11.427	1.158	370.697	19.357	5.696	1.302	41.189	16.716	6.811
200×50×30×4.0	200	50	30	4.0	10.305	13.211	1.525	834.155	44.255	7.946	1.830	66.203	29.020	12.735
200×50×30×5.0				5.0	12.423	15.927	1.511	976.969	49.376	7.832	1.761	78.158	32.678	10.999
250×60×40×5.0	250	60	40	5.0	15.933	20.427	1.856	2029.828	99.403	9.968	2.206	126.864	53.558	23.987
250×60×40×6.0				6.0	18.732	24.015	1.853	2342.687	111.005	9.877	2.150	147.339	59.906	26.768
300×70×50×6.0	300	70	50	6.0	22.944	29.415	2.195	4246.582	197.478	12.015	2.591	218.896	89.967	41.098
300×70×50×8.0				8.0	29.557	37.893	2.191	5304.784	233.118	11.832	2.480	276.291	106.398	48.475

（续）

规格	尺寸/mm				理论重量/	截面面积/	重心 X_0/	惯性矩/cm^4		回转半径/cm		截面模数/cm^3		
$H \times B \times C \times t$	H	B	C	t	(kg/m)	cm^2	cm	I_x	I_y	r_x	r_y	W_x	W_{ymax}	W_{ymin}
350×80×60×6.0	350	80	60	6.0	27.156	34.815	2.533	6973.923	319.329	14.153	3.029	304.538	126.068	58.410
350×80×60×8.0				8.0	35.173	45.093	2.475	8804.763	365.038	13.973	2.845	387.875	147.490	66.070
400×90×70×8.0	400	90	70	8.0	40.789	52.293	2.773	13577.846	548.603	16.114	3.239	518.238	197.837	88.101
400×90×70×10				10	49.692	63.708	2.868	16171.507	672.619	15.932	3.249	621.981	234.525	109.690
450×100×80×8.0	450	100	80	8.0	46.405	59.493	3.206	19821.232	855.920	18.253	3.793	667.382	266.974	125.982
450×100×80×10				10	56.712	72.708	3.205	23751.957	987.987	18.074	3.686	805.151	308.264	145.399
500×150×90×10	500	150	90	10	69.972	89.708	5.003	38191.923	2907.975	20.633	5.694	1157.331	581.246	290.885
500×150×90×12				12	82.414	105.659	4.992	44274.544	3291.816	20.470	5.582	1349.834	659.418	328.918
550×200×100×12	550	200	100	12	98.326	126.059	6.564	66449.957	6427.780	22.959	7.141	1830.577	979.247	478.400
550×200×100×14				14	111.591	143.065	6.815	74080.384	7829.699	22.755	7.398	2052.088	1148.892	593.834
600×250×150×14	600	250	150	14	138.891	178.065	9.717	125436.851	17163.911	26.541	9.818	2876.992	1766.380	1123.072
600×250×150×16				16	156.449	200.575	9.700	139827.681	18879.946	26.403	9.702	3221.836	1946.386	1233.983

表 7-236　冷弯 Z 形钢的基本尺寸和主要参数（GB/T 6723—2017）

规格	尺寸/mm			理论重量/	截面面积/	惯性矩/cm^4				回转半径/cm	惯性积矩/cm^4	截面模数/cm^3		角度
$H \times B \times t$	H	B	t	(kg/m)	cm^2	I_x	I_y	I_u	I_v	r_x	I_{xy}	W_x	W_y	$\tan\alpha$
80×40×2.5	80	40	2.5	2.947	3.755	37.021	9.707	43.307	3.421	0.954	14.532	9.255	2.505	0.432
80×40×3.0			3.0	3.491	4.447	43.148	11.429	50.606	3.970	0.944	17.094	10.787	2.968	0.436
100×50×2.5	100	50	2.5	3.732	4.755	74.429	19.321	86.840	6.910	1.205	28.947	14.885	3.963	0.428
100×50×3.0			3.0	4.433	5.647	87.275	22.837	102.038	8.073	1.195	34.194	17.455	4.708	0.431
140×70×3.0	140	70	3.0	6.291	8.065	249.769	64.316	290.867	23.218	1.697	96.492	35.681	9.389	0.426
140×70×4.0			4.0	8.272	10.605	322.421	83.925	376.599	29.747	1.675	125.922	46.061	12.342	0.430
200×100×3.0	200	100	3.0	9.099	11.665	749.379	191.180	870.468	70.091	2.451	286.800	74.938	19.409	0.422
200×100×4.0			4.0	12.016	15.405	977.164	251.093	1137.292	90.965	2.430	376.703	97.716	25.622	0.425
300×120×4.0	300	120	4.0	16.384	21.005	2871.420	438.304	3124.579	185.144	2.969	824.655	191.428	37.144	0.307
300×120×5.0			5.0	20.251	25.963	3506.942	541.080	3823.534	224.489	2.940	1019.410	233.796	46.049	0.311
400×150×6.0	400	150	6.0	31.595	40.507	9598.705	1271.376	10321.169	548.912	3.681	2556.980	479.935	86.488	0.283
400×150×8.0			8.0	41.611	53.347	12449.116	1661.661	13404.115	706.662	3.640	3348.736	622.456	113.812	0.285

表 7-237 冷弯卷边 Z 形钢的基本尺寸和主要参数（GB/T 6723—2017）

规格	尺寸/mm				理论重量/(kg/m)	截面面积/cm^2	惯性矩/cm^4				回转半径/cm	惯性积矩/cm^4	截面模数/cm^3		角度 tanα
H×B×C×t	H	B	C	t			I_x	I_y	I_u	I_v	r_x	I_{xy}	W_x	W_y	
100×40×20×2.0	100	40	20	2.0	3.208	4.086	60.618	17.202	71.373	6.448	1.256	24.136	12.123	4.410	0.445
100×40×20×2.5				2.5	3.933	5.010	73.047	20.324	85.730	7.641	1.234	28.802	14.609	5.245	0.440
120×50×20×2.0	120	50	20	2.0	3.82	4.87	106.97	30.23	126.06	11.14	1.51	42.77	17.83	6.17	0.446
120×50×20×2.5				2.5	4.70	5.98	129.39	35.91	152.05	13.25	1.49	51.30	21.57	7.37	0.442
120×50×20×3.0				3.0	5.54	7.05	150.14	40.88	175.92	15.11	1.46	58.99	25.02	8.43	0.437
140×50×20×2.5	140	50	20	2.5	5.110	6.510	188.502	36.358	210.140	14.720	1.503	61.321	26.928	7.458	0.352
140×50×20×3.0				3.0	6.040	7.695	219.848	41.554	244.527	16.875	1.480	70.775	31.406	8.567	0.348
160×60×20×2.5	160	60	20	2.5	5.87	7.48	288.12	58.15	323.13	23.14	1.76	96.32	36.01	9.90	0.364
160×60×20×3.0				3.0	6.95	8.85	336.66	66.66	376.76	26.56	1.73	111.51	42.08	11.39	0.360
160×70×20×2.5	160	70	20	2.5	6.27	7.98	319.13	87.74	374.76	32.11	2.01	126.37	39.89	12.76	0.440
160×70×20×3.0				3.0	7.42	9.45	373.64	101.10	437.72	37.03	1.98	146.86	46.71	14.76	0.436
180×70×20×2.5	180	70	20	2.5	6.680	8.510	422.926	88.578	476.503	35.002	2.028	144.165	46.991	12.884	0.371
180×70×20×3.0				3.0	7.924	10.095	496.693	102.345	558.511	40.527	2.003	167.926	55.188	14.940	0.368
230×75×25×3.0	230	75	25	3.0	9.573	12.195	951.373	138.928	1030.579	59.722	2.212	265.752	82.728	18.901	0.298
230×75×25×4.0				4.0	12.518	15.946	1222.685	173.031	1320.991	74.725	2.164	335.933	106.320	23.703	0.292
250×75×25×3.0	250			3.0	10.044	12.795	1160.008	138.933	1236.730	62.211	2.205	290.214	92.800	18.902	0.264
250×75×25×4.0				4.0	13.146	16.746	1492.957	173.042	1588.130	77.869	2.156	366.984	119.436	23.704	0.259
300×100×30×4.0	300	100	30	4.0	16.545	21.211	2828.642	416.757	3066.877	178.522	2.901	794.575	188.576	42.526	0.300
300×100×30×6.0				6.0	23.880	30.615	3944.956	548.081	4258.604	234.434	2.767	1078.794	262.997	56.503	0.291
400×120×40×8.0	400	120	40	8.0	40.789	52.293	11648.355	1293.651	12363.204	578.802	3.327	2813.016	582.418	111.522	0.254
400×120×40×10				10	49.692	63.708	13835.982	1463.588	14645.376	654.194	3.204	3266.384	691.799	127.269	0.248

表 7-238 卷边等边角钢的基本尺寸和主要参数（GB/T 6723—2017）

规格	尺寸/mm			理论重量/(kg/m)	截面面积/cm^2	重心 Y_0/cm	惯性矩/cm^4			回转半径/cm			截面模数/cm^3	
b×a×t	b	a	t				$I_x=I_y$	I_u	I_v	$r_x=r_y$	r_u	r_v	$W_{ymax}=W_{xmax}$	$W_{ymin}=W_{xmin}$
40×15×2.0	40	15	2.0	1.53	1.95	1.404	3.93	5.74	2.12	1.42	1.72	1.04	2.80	1.51
60×20×2.0	60	20	2.0	2.32	2.95	2.026	13.83	20.56	7.11	2.17	2.64	1.55	6.83	3.48
75×20×2.0	75	20	2.0	2.79	3.55	2.396	25.60	39.01	12.19	2.69	3.31	1.81	10.68	5.02
75×20×2.5	75	20	2.5	3.42	4.36	2.401	30.76	46.91	14.60	2.66	3.28	1.83	12.81	6.03

7.6.4 结构用冷弯空心型钢

1. 方形型钢的规格、理论重量和截面特性（见表 7-239）

表 7-239 方形型钢的规格、理论重量和截面特性（GB/T 6728—2017）

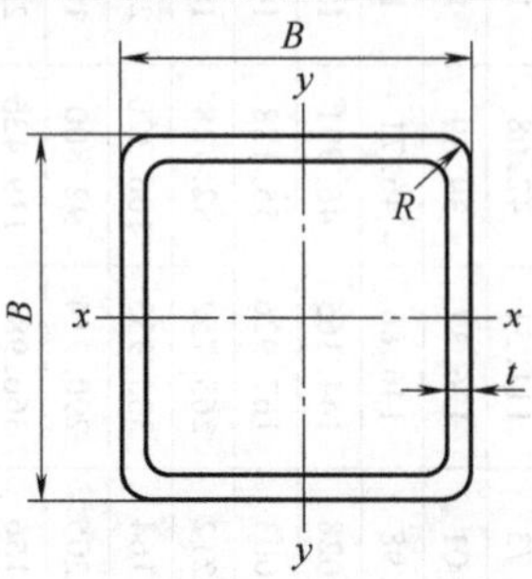

边长 B/mm	尺寸允许偏差/mm	壁厚 t/mm	理论重量 M/(kg/m)	截面面积 A/cm²	惯性矩 ($I_x=I_y$)/cm⁴	惯性半径 ($r_x=r_y$)/cm	截面模数 ($w_x=w_y$)/cm³	扭转常数 I_t/cm⁴	扭转常数 C_t/cm³
20	±0.50	1.2	0.679	0.865	0.498	0.759	0.498	0.823	0.75
		1.5	0.826	1.052	0.583	0.744	0.583	0.985	0.88
		1.75	0.941	1.199	0.642	0.732	0.642	1.106	0.98
		2.0	1.050	1.340	0.692	0.720	0.692	1.215	1.06
25	±0.50	1.2	0.867	1.105	1.025	0.963	0.820	1.655	1.24
		1.5	1.061	1.352	1.216	0.948	0.973	1.998	1.47
		1.75	1.215	1.548	1.357	0.936	1.086	2.261	1.65
		2.0	1.363	1.736	1.482	0.923	1.186	2.502	1.80
30	±0.50	1.5	1.296	1.652	2.195	1.152	1.463	3.555	2.21
		1.75	1.490	1.898	2.470	1.140	1.646	4.048	2.49
		2.0	1.677	2.136	2.721	1.128	1.814	4.511	2.75
		2.5	2.032	2.589	3.154	1.103	2.102	5.347	3.20
		3.0	2.361	3.008	3.500	1.078	2.333	6.060	3.58
40	±0.50	1.5	1.767	2.525	5.489	1.561	2.744	8.728	4.13
		1.75	2.039	2.598	6.237	1.549	3.118	10.009	4.69
		2.0	2.305	2.936	6.939	1.537	3.469	11.238	5.23
		2.5	2.817	3.589	8.213	1.512	4.106	13.539	6.21
		3.0	3.303	4.208	9.320	1.488	4.660	15.628	7.07
		4.0	4.198	5.347	11.064	1.438	5.532	19.152	8.48
50	±0.50	1.5	2.238	2.852	11.065	1.969	4.426	17.395	6.65
		1.75	2.589	3.298	12.641	1.957	5.056	20.025	7.60
		2.0	2.933	3.736	14.146	1.945	5.658	22.578	8.51
		2.5	3.602	4.589	16.941	1.921	6.776	27.436	10.22
		3.0	4.245	5.408	19.463	1.897	7.785	31.972	11.77
		4.0	5.454	6.947	23.725	1.847	9.490	40.047	14.43
60	±0.60	2.0	3.560	4.540	25.120	2.350	8.380	39.810	12.60
		2.5	4.387	5.589	30.340	2.329	10.113	48.539	15.22
		3.0	5.187	6.608	35.130	2.305	11.710	56.892	17.65
		4.0	6.710	8.547	43.539	2.256	14.513	72.188	21.97
		5.0	8.129	10.356	50.468	2.207	16.822	85.560	25.61
70	±0.65	2.5	5.170	6.590	49.400	2.740	14.100	78.500	21.20
		3.0	6.129	7.808	57.522	2.714	16.434	92.188	24.74

（续）

边长 B/mm	尺寸允许偏差/mm	壁厚 t/mm	理论重量 M/(kg/m)	截面面积 A/cm^2	惯性矩 $(I_x=I_y)/cm^4$	惯性半径 $(r_x=r_y)/cm$	截面模数 $(w_x=w_y)/cm^3$	扭转常数	
								I_t/cm^4	C_t/cm^3
70	±0.65	4.0	7.966	10.147	72.108	2.665	20.602	117.975	31.11
		5.0	9.699	12.356	84.602	2.616	24.172	141.183	36.65
80	±0.70	2.5	5.957	7.589	75.147	3.147	18.787	118.52	28.22
		3.0	7.071	9.008	87.838	3.122	21.959	139.660	33.02
		4.0	9.222	11.747	111.031	3.074	27.757	179.808	41.84
		5.0	11.269	14.356	131.414	3.025	32.853	216.628	49.68
90	±0.75	3.0	8.013	10.208	127.277	3.531	28.283	201.108	42.51
		4.0	10.478	13.347	161.907	3.482	35.979	260.088	54.17
		5.0	12.839	16.356	192.903	3.434	42.867	314.896	64.71
		6.0	15.097	19.232	220.420	3.385	48.982	365.452	74.16
100	±0.80	4.0	11.734	11.947	226.337	3.891	45.267	361.213	68.10
		5.0	14.409	18.356	271.071	3.842	54.214	438.986	81.72
		6.0	16.981	21.632	311.415	3.794	62.283	511.558	94.12
110	±0.90	4.0	12.99	16.548	305.94	4.300	55.625	486.47	83.63
		5.0	15.98	20.356	367.95	4.252	66.900	593.60	100.74
		6.0	18.866	24.033	424.57	4.203	77.194	694.85	116.47
120	±0.90	4.0	14.246	18.147	402.260	4.708	67.043	635.603	100.75
		5.0	17.549	22.356	485.441	4.659	80.906	776.632	121.75
		6.0	20.749	26.432	562.094	4.611	93.683	910.281	141.22
		8.0	26.840	34.191	696.639	4.513	116.106	1155.010	174.58
130	±1.00	4.0	15.502	19.748	516.97	5.117	79.534	814.72	119.48
		5.0	19.120	24.356	625.68	5.068	96.258	998.22	144.77
		6.0	22.634	28.833	726.64	5.020	111.79	1173.6	168.36
		8.0	28.921	36.842	882.86	4.895	135.82	1502.1	209.54
140	±1.10	4.0	16.758	21.347	651.598	5.524	53.085	1022.176	139.8
		5.0	20.689	26.356	790.523	5.476	112.931	1253.565	169.78
		6.0	24.517	31.232	920.359	5.428	131.479	1475.020	197.9
		8.0	31.864	40.591	1153.735	5.331	164.819	1887.605	247.69
150	±1.20	4.0	18.014	22.948	807.82	5.933	107.71	1264.8	161.73
		5.0	22.26	28.356	982.12	5.885	130.95	1554.1	196.79
		6.0	26.402	33.633	1145.9	5.837	152.79	1832.7	229.84
		8.0	33.945	43.242	1411.8	5.714	188.25	2364.1	289.03
160	±1.20	4.0	19.270	24.547	987.152	6.341	123.394	1540.134	185.25
		5.0	23.829	30.356	1202.317	6.293	150.289	1893.787	225.79
		6.0	28.285	36.032	1405.408	6.245	175.676	2234.573	264.18
		8.0	36.888	46.991	1776.496	6.148	222.062	2876.940	333.56
170	±1.30	4.0	20.526	26.148	1191.3	6.750	140.15	1855.8	210.37
		5.0	25.400	32.356	1453.3	6.702	170.97	2285.3	256.80
		6.0	30.170	38.433	1701.6	6.654	200.18	2701.0	300.91
		8.0	38.969	49.642	2118.2	6.532	249.2	3503.1	381.28
180	±1.40	4.0	21.800	27.70	1422	7.16	158	2210	237
		5.0	27.000	34.40	1737	7.11	193	2724	290
		6.0	32.100	40.80	2037	7.06	226	3223	340
		8.0	41.500	52.80	2546	6.94	283	4189	432

（续）

边长 B/mm	尺寸允许偏差/mm	壁厚 t/mm	理论重量 M/(kg/m)	截面面积 A/cm^2	惯性矩 ($I_x=I_y$)/cm^4	惯性半径 ($r_x=r_y$)/cm	截面模数 ($w_x=w_y$)/cm^3	扭转常数	
								I_t/cm^4	C_t/cm^3
190	±1.50	4.0	23.00	29.30	1680	7.57	176	2607	265
		5.0	28.50	36.40	2055	7.52	216	3216	325
		6.0	33.90	43.20	2413	7.47	254	3807	381
		8.0	44.00	56.00	3208	7.35	319	4958	486
200	±1.60	4.0	24.30	30.90	1968	7.97	197	3049	295
		5.0	30.10	38.40	2410	7.93	241	3763	362
		6.0	35.80	45.60	2833	7.88	283	4459	426
		8.0	46.50	59.20	3566	7.76	357	5815	544
		10	57.00	72.60	4251	7.65	425	7072	651
220	±1.80	5.0	33.2	42.4	3238	8.74	294	5038	442
		6.0	39.6	50.4	3813	8.70	347	5976	521
		8.0	51.5	65.6	4828	8.58	439	7815	668
		10	63.2	80.6	5782	8.47	526	9533	804
		12	73.5	93.7	6487	8.32	590	11149	922
250	±2.00	5.0	38.0	48.4	4805	9.97	384	7443	577
		6.0	45.2	57.6	5672	9.92	454	8843	681
		8.0	59.1	75.2	7229	9.80	578	11598	878
		10	72.7	92.6	8707	9.70	697	14197	1062
		12	84.8	108	9859	9.55	789	16691	1226
280	±2.20	5.0	42.7	54.4	6810	11.2	486	10513	730
		6.0	50.9	64.8	8054	11.1	575	12504	863
		8.0	66.6	84.8	10317	11.0	737	16436	1117
		10	82.1	104.6	12479	10.9	891	20173	1356
		12	96.1	122.5	14232	10.8	1017	23804	1574
300	±2.40	6.0	54.7	69.6	9964	12.0	664	15434	997
		8.0	71.6	91.2	12801	11.8	853	20312	1293
		10	88.4	113	15519	11.7	1035	24966	1572
		12	104	132	17767	11.6	1184	29514	1829
350	±2.80	6.0	64.1	81.6	16008	14.0	915	24683	1372
		8.0	84.2	107	20618	13.9	1182	32557	1787
		10	104	133	25189	13.8	1439	40127	2182
		12	123	156	29054	13.6	1660	47598	2552
400	±3.20	8.0	96.7	123	31269	15.9	1564	48934	2362
		10	120	153	38216	15.8	1911	60431	2892
		12	141	180	44319	15.7	2216	71843	3395
		14	163	208	50414	15.6	2521	82735	3877
450	±3.60	8.0	109	139	44966	18.0	1999	70043	3016
		10	135	173	55100	17.9	2449	86629	3702
		12	160	204	64164	17.7	2851	103150	4357
		14	185	236	73210	17.6	3254	119000	4989
500	±4.00	8.0	122	155	62172	20.0	2487	96483	3750
		10	151	193	76341	19.9	3054	119470	4612
		12	179	228	89187	19.8	3568	142420	5440
		14	207	264	102010	19.7	4080	164530	6241
		16	235	299	114260	19.6	4570	186140	7013

2. 矩形型钢的规格、理论重量和截面特性（见表 7-240）

表 7-240　矩形型钢的规格、理论重量和截面特性（GB/T 6728—2017）

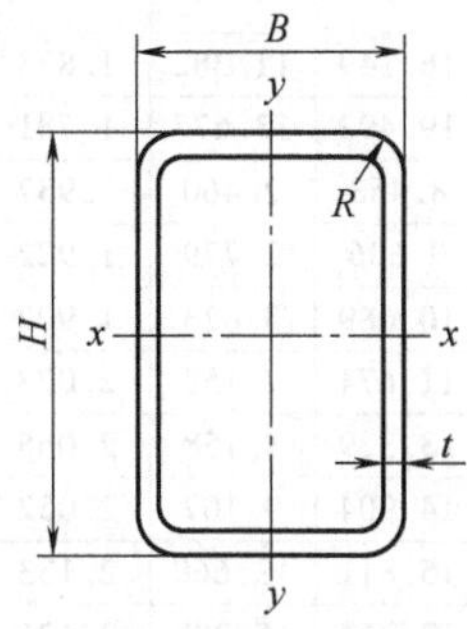

边长/mm		尺寸允许偏差/mm	壁厚 t/mm	理论重量 M/(kg/m)	截面面积 A/cm²	惯性矩/cm⁴		惯性半径/cm		截面模数/cm³		扭转常数	
H	B					I_x	I_y	r_x	r_y	W_x	W_y	I_t/cm⁴	C_t/cm³
30	20	±0.50	1.5	1.06	1.35	1.59	0.84	1.08	0.788	1.06	0.84	1.83	1.40
			1.75	1.22	1.55	1.77	0.93	1.07	0.777	1.18	0.93	2.07	1.56
			2.0	1.36	1.74	1.94	1.02	1.06	0.765	1.29	1.02	2.29	1.71
			2.5	1.64	2.09	2.21	1.15	1.03	0.742	1.47	1.15	2.68	1.95
40	20	±0.50	1.5	1.30	1.65	3.27	1.10	1.41	0.815	1.63	1.10	2.74	1.91
			1.75	1.49	1.90	3.68	1.23	1.39	0.804	1.84	1.23	3.11	2.14
			2.0	1.68	2.14	4.05	1.34	1.38	0.793	2.02	1.34	3.45	2.36
			2.5	2.03	2.59	4.69	1.54	1.35	0.770	2.35	1.54	4.06	2.72
			3.0	2.36	3.01	5.21	1.68	1.32	0.748	2.60	1.68	4.57	3.00
40	25	±0.50	1.5	1.41	1.80	3.82	1.84	1.46	1.010	1.91	1.47	4.06	2.46
			1.75	1.63	2.07	4.32	2.07	1.44	0.999	2.16	1.66	4.63	2.78
			2.0	1.83	2.34	4.77	2.28	1.43	0.988	2.39	1.82	5.17	3.07
			2.5	2.23	2.84	5.57	2.64	1.40	0.965	2.79	2.11	6.15	3.59
			3.0	2.60	3.31	6.24	2.94	1.37	0.942	3.12	2.35	7.00	4.01
40	30	±0.50	1.5	1.53	1.95	4.38	2.81	1.50	1.199	2.19	1.87	5.52	3.02
			1.75	1.77	2.25	4.96	3.17	1.48	1.187	2.48	2.11	6.31	3.42
			2.0	1.99	2.54	5.49	3.51	1.47	1.176	2.75	2.34	7.07	3.79
			2.5	2.42	3.09	6.45	4.10	1.45	1.153	3.23	2.74	8.47	4.46
			3.0	2.83	3.61	7.27	4.60	1.42	1.129	3.63	3.07	9.72	5.03
50	25	±0.50	1.5	1.65	2.10	6.65	2.25	1.78	1.04	2.66	1.80	5.52	3.41
			1.75	1.90	2.42	7.55	2.54	1.76	1.024	3.02	2.03	6.32	3.54
			2.0	2.15	2.74	8.38	2.81	1.75	1.013	3.35	2.25	7.06	3.92
			2.5	2.62	2.34	9.89	3.28	1.72	0.991	3.95	2.62	8.43	4.60
			3.0	3.07	3.91	11.17	3.67	1.69	0.969	4.47	2.93	9.64	5.18
50	30	±0.50	1.5	1.767	2.252	7.535	3.415	1.829	1.231	3.014	2.276	7.587	3.83
			1.75	2.039	2.598	8.566	3.868	1.815	1.220	3.426	2.579	8.682	4.35
			2.0	2.305	2.936	9.535	4.291	1.801	1.208	3.814	2.861	9.727	4.84
			2.5	2.817	3.589	11.296	5.050	1.774	1.186	4.518	3.366	11.666	5.72
			3.0	3.303	4.206	12.827	5.696	1.745	1.163	5.130	3.797	13.401	6.49
			4.0	4.198	5.347	15.239	6.682	1.688	1.117	6.095	4.455	16.244	7.77
50	40	±0.50	1.5	2.003	2.552	9.300	6.602	1.908	1.608	3.720	3.301	12.238	5.24
			1.75	2.314	2.948	10.603	7.518	1.896	1.596	4.241	3.759	14.059	5.97
			2.0	2.619	3.336	11.840	8.348	1.883	1.585	4.736	4.192	15.817	6.673
			2.5	3.210	4.089	14.121	9.976	1.858	1.562	5.648	4.988	19.222	7.965

（续）

边长/mm		尺寸允许偏差/mm	壁厚 t/mm	理论重量 M/(kg/m)	截面面积 A/cm²	惯性矩/cm⁴		惯性半径/cm		截面模数/cm³		扭转常数	
H	B					I_x	I_y	r_x	r_y	W_x	W_y	I_t/cm⁴	C_t/cm³
50	40	±0.50	3.0	3.775	4.808	16.149	11.382	1.833	1.539	6.460	5.691	22.336	9.123
			4.0	4.826	6.148	19.493	13.677	1.781	1.492	7.797	6.839	27.82	11.06
55	25	±0.50	1.5	1.767	2.252	8.453	2.460	1.937	1.045	3.074	1.968	6.273	3.458
			1.75	2.039	2.598	9.606	2.779	1.922	1.034	3.493	2.223	7.156	3.916
			2.0	2.305	2.936	10.689	3.073	1.907	1.023	3.886	2.459	7.992	4.342
55	40	±0.50	1.5	2.121	2.702	11.674	7.158	2.078	1.627	4.245	3.579	14.017	5.794
			1.75	2.452	3.123	13.329	8.158	2.065	1.616	4.847	4.079	16.175	6.614
			2.0	2.776	3.536	14.904	9.107	2.052	1.604	5.419	4.553	18.208	7.394
55	50	±0.60	1.75	2.726	3.473	15.811	13.660	2.133	1.983	5.749	5.464	23.173	8.415
			2.0	3.090	3.936	17.714	15.298	2.121	1.971	6.441	6.119	26.142	9.433
60	30	±0.60	2.0	2.620	3.337	15.046	5.078	2.123	1.234	5.015	3.385	12.57	5.881
			2.5	3.209	4.089	17.933	5.998	2.094	1.211	5.977	3.998	15.054	6.981
			3.0	3.774	4.808	20.496	6.794	2.064	1.188	6.832	4.529	17.335	7.950
			4.0	4.826	6.147	24.691	8.045	2.004	1.143	8.230	5.363	21.141	9.523
60	40	±0.60	2.0	2.934	3.737	18.412	9.831	2.220	1.622	6.137	4.915	20.702	8.116
			2.5	3.602	4.589	22.069	11.734	2.192	1.595	7.356	5.867	25.045	9.722
			3.0	4.245	5.408	25.374	13.436	2.166	1.576	8.458	6.718	29.121	11.175
			4.0	5.451	6.947	30.974	16.269	2.111	1.530	10.324	8.134	36.298	13.653
70	50	±0.60	2.0	3.562	4.537	31.475	18.758	2.634	2.033	8.993	7.503	37.454	12.196
			3.0	5.187	6.608	44.046	26.099	2.581	1.987	12.584	10.439	53.426	17.06
			4.0	6.710	8.547	54.663	32.210	2.528	1.941	15.618	12.884	67.613	21.189
			5.0	8.129	10.356	63.435	37.179	2.171	1.894	18.121	14.871	79.908	24.642
80	40	±0.70	2.0	3.561	4.536	37.355	12.720	2.869	1.674	9.339	6.361	30.881	11.004
			2.5	4.387	5.589	45.103	15.255	2.840	1.652	11.275	7.627	37.467	13.283
			3.0	5.187	6.608	52.246	17.552	2.811	1.629	13.061	8.776	43.680	15.283
			4.0	6.710	8.547	64.780	21.474	2.752	1.585	16.195	10.737	54.787	18.844
			5.0	8.129	10.356	75.080	24.567	2.692	1.540	18.770	12.283	64.110	21.744
80	60	±0.70	3.0	6.129	7.808	70.042	44.886	2.995	2.397	17.510	14.962	88.111	24.143
			4.0	7.966	10.147	87.945	56.105	2.943	2.351	21.976	18.701	112.583	30.332
			5.0	9.699	12.356	103.247	65.634	2.890	2.304	25.811	21.878	134.503	35.673
90	40	±0.75	3.0	5.658	7.208	70.487	19.610	3.127	1.649	15.663	9.805	51.193	17.339
			4.0	7.338	9.347	87.894	24.077	3.066	1.604	19.532	12.038	64.320	21.441
			5.0	8.914	11.356	102.487	27.651	3.004	1.560	22.774	13.825	75.426	24.819
90	50	±0.75	2.0	4.190	5.337	57.878	23.368	3.293	2.093	12.862	9.347	53.366	15.882
			2.5	5.172	6.589	70.263	28.236	3.266	2.070	15.614	11.294	65.299	19.235
			3.0	6.129	7.808	81.845	32.735	3.237	2.047	18.187	13.094	76.433	22.316
			4.0	7.966	10.147	102.696	40.695	3.181	2.002	22.821	16.278	97.162	27.961
			5.0	9.699	12.356	120.570	47.345	3.123	1.957	26.793	18.938	115.436	36.774
90	55	±0.75	2.0	4.346	5.536	61.75	28.957	3.340	2.287	13.733	10.53	62.724	17.601
			2.5	5.368	6.839	75.049	33.065	3.313	2.264	16.678	12.751	76.877	21.357
90	60	±0.75	3.0	6.600	8.408	93.203	49.764	3.329	2.432	20.711	16.588	104.552	27.391
			4.0	8.594	10.947	117.499	62.387	3.276	2.387	26.111	20.795	133.852	34.501
			5.0	10.484	13.356	138.653	73.218	3.222	2.311	30.811	24.406	160.273	40.712
95	50	±0.75	2.0	4.347	5.537	66.084	24.521	3.455	2.104	13.912	9.808	57.458	16.804
			2.5	5.369	6.839	80.306	29.647	3.247	2.082	16.906	11.895	70.324	20.364
100	50	±0.80	3.0	6.690	8.408	106.451	36.053	3.558	2.070	21.290	14.421	88.311	25.012
			4.0	8.594	10.947	134.124	44.938	3.500	2.026	26.824	17.975	112.409	31.35

（续）

边长/mm		尺寸允许偏差/mm	壁厚 t/mm	理论重量 M/(kg/m)	截面面积 A/cm²	惯性矩/cm⁴		惯性半径/cm		截面模数/cm³		扭转常数	
H	B					I_x	I_y	r_x	r_y	W_x	W_y	I_t/cm^4	C_t/cm^3
100	50	±0.80	5.0	10.484	13.356	158.155	52.429	3.441	1.981	31.631	20.971	133.758	36.804
120	50	±0.90	2.5	6.350	8.089	143.97	36.704	4.219	2.130	23.995	14.682	96.026	26.006
			3.0	7.543	9.608	168.58	42.693	4.189	2.108	28.097	17.077	112.87	30.317
120	60	±0.90	3.0	8.013	10.208	189.113	64.398	4.304	2.511	31.581	21.466	156.029	37.138
			4.0	10.478	13.347	240.724	81.235	4.246	2.466	40.120	27.078	200.407	47.048
			5.0	12.839	16.356	286.941	95.968	4.188	2.422	47.823	31.989	240.869	55.846
			6.0	15.097	19.232	327.950	108.716	4.129	2.377	54.658	36.238	277.361	63.597
120	80	±0.90	3.0	8.955	11.408	230.189	123.430	4.491	3.289	38.364	30.857	255.128	50.799
			4.0	11.734	11.947	294.569	157.281	4.439	3.243	49.094	39.320	330.438	64.927
			5.0	14.409	18.356	353.108	187.747	4.385	3.198	58.850	46.936	400.735	77.772
			6.0	16.981	21.632	405.998	214.977	4.332	3.152	67.666	53.744	165.940	83.399
140	80	±1.00	4.0	12.990	16.547	429.582	180.407	5.095	3.301	61.368	45.101	410.713	76.478
			5.0	15.979	20.356	517.023	215.914	5.039	3.256	73.860	53.978	498.815	91.834
			6.0	18.865	24.032	569.935	247.905	4.983	3.211	85.276	61.976	580.919	105.83
150	100	±1.20	4.0	14.874	18.947	594.585	318.551	5.601	4.110	79.278	63.710	660.613	104.94
			5.0	18.334	23.356	719.164	383.988	5.549	4.054	95.888	79.797	806.733	126.81
			6.0	21.691	27.632	834.615	444.135	5.495	4.009	111.282	88.827	915.022	147.07
			8.0	28.096	35.791	1039.101	519.308	5.388	3.917	138.546	109.861	1147.710	181.85
160	60	±1.20	3	9.898	12.608	389.86	83.915	5.561	2.580	48.732	27.972	228.15	50.14
			4.5	14.498	18.469	552.08	116.66	5.468	2.513	69.01	38.886	324.96	70.085
160	80	±1.20	4.0	14.216	18.117	597.691	203.532	5.738	3.348	71.711	50.883	493.129	88.031
			5.0	17.519	22.356	721.650	214.089	5.681	3.304	90.206	61.020	599.175	105.9
			6.0	20.749	26.433	835:936	286.832	5.623	3.259	104.192	76.208	698.881	122.27
			8.0	26.810	33.644	1036.485	343.599	5.505	3.170	129.560	85.899	876.599	149.54
180	65	±1.20	3.0	11.075	14.108	550.35	111.78	6.246	2.815	61.15	34.393	306.75	61.849
			4.5	16.264	20.719	784.13	156.47	6.152	2.748	87.125	48.144	438.91	86.993
180	100	±1.30	4.0	16.758	21.317	926.020	373.879	6.586	4.184	102.891	74.755	852.708	127.06
			5.0	20.689	26.356	1124.156	451.738	6.530	4.140	124.906	90.347	1012.589	153.88
			6.0	24.517	31.232	1309.527	523.767	6.475	4.095	145.503	104.753	1222.933	178.88
			8.0	31.861	40.391	1643.149	651.132	6.362	4.002	182.572	130.226	1554.606	222.49
200			4.0	18.014	22.941	1199.680	410.261	7.230	4.230	119.968	82.152	984.151	141.81
			5.0	22.259	28.356	1459.270	496.905	7.173	4.186	145.920	99.381	1203.878	171.94
			6.0	26.101	33.632	1703.224	576.855	7.116	4.141	170.322	115.371	1412.986	200.1
			8.0	34.376	43.791	2145.993	719.014	7.000	4.052	214.599	143.802	1798.551	249.6
200	120	±1.40	4.0	19.3	24.5	1353	618	7.43	5.02	135	103	1345	172
			5.0	23.8	30.4	1649	750	7.37	4.97	165	125	1652	210
			6.0	28.3	36.0	1929	874	7.32	4.93	193	146	1947	245
			8.0	36.5	46.4	2386	1079	7.17	4.82	239	180	2507	308
200	150	±1.50	4.0	21.2	26.9	1584	1021	7.67	6.16	158	136	1942	219
			5.0	26.2	33.4	1935	1245	7.62	6.11	193	166	2391	267
			6.0	31.1	39.6	2268	1457	7.56	6.06	227	194	2826	312
			8.0	40.2	51.2	2892	1815	7.43	5.95	283	242	3664	396
220	140	±1.50	4.0	21.8	27.7	1892	948	8.26	5.84	172	135	1987	224
			5.0	27.0	34.4	2313	1155	8.21	5.80	210	165	2447	274
			6.0	32.1	40.8	2714	1352	8.15	5.75	247	193	2891	321
			8.0	41.5	52.8	3389	1685	8.01	5.65	308	241	3746	407

（续）

边长/mm		尺寸允许偏差/mm	壁厚 t/mm	理论重量 M/(kg/m)	截面面积 A/cm^2	惯性矩/cm^4		惯性半径/cm		截面模数/cm^3		扭转常数	
H	B					I_x	I_y	r_x	r_y	W_x	W_y	I_t/cm^4	C_t/cm^3
250	150	±1.60	4.0	24.3	30.9	2697	1234	9.34	6.32	216	165	2665	275
			5.0	30.1	38.4	3304	1508	9.28	6.27	264	201	3285	337
			6.0	35.8	45.6	3886	1768	9.23	6.23	311	236	3886	396
			8.0	46.5	59.2	4886	2219	9.08	6.12	391	296	5050	504
260	180	±1.80	5.0	33.2	42.4	4121	2350	9.86	7.45	317	261	4695	426
			6.0	39.6	50.4	4856	2763	9.81	7.40	374	307	5566	501
			8.0	51.5	65.6	6145	3493	9.68	7.29	473	388	7267	642
			10	63.2	80.6	7363	4174	9.56	7.20	566	646	8850	772
300	200	±2.00	5.0	38.0	48.4	6241	3361	11.4	8.34	416	336	6836	552
			6.0	45.2	57.6	7370	3962	11.3	8.29	491	396	8115	651
			8.0	59.1	75.2	9389	5042	11.2	8.19	626	504	10627	838
			10	72.7	92.6	11313	6058	11.1	8.09	754	606	12987	1012
350	250	±2.20	5.0	45.8	58.4	10520	6306	13.4	10.4	601	504	12234	817
			6.0	54.7	69.6	12457	7458	13.4	10.3	712	594	14554	967
			8.0	71.6	91.2	16001	9573	13.2	10.2	914	766	19136	1253
			10	88.4	113	19407	11588	13.1	10.1	1109	927	23500	1522
400	200	±2.40	5.0	45.8	58.4	12490	4311	14.6	8.60	624	431	10519	742
			6.0	54.7	69.6	14789	5092	14.5	8.55	739	509	12069	877
			8.0	71.6	91.2	18974	6517	14.4	8.45	949	652	15820	1133
			10	88.4	113	23003	7864	14.3	8.36	1150	786	19368	1373
			12	104	132	26248	8977	14.1	8.24	1312	898	22782	1591
400	250	±2.60	5.0	49.7	63.4	14440	7056	15.1	10.6	722	565	14773	937
			6.0	59.4	75.6	17118	8352	15.0	10.5	856	668	17580	1110
			8.0	77.9	99.2	22048	10744	14.9	10.4	1102	860	23127	1440
			10	96.2	122	26806	13029	14.8	10.3	1340	1042	28423	1753
			12	113	144	30766	14926	14.6	10.2	1538	1197	33597	2042
450	250	±2.80	6.0	64.1	81.6	22724	9245	16.7	10.6	1010	740	20687	1253
			8.0	84.2	107	29336	11916	16.5	10.5	1304	953	27222	1628
			10	104	133	35737	14470	16.4	10.4	1588	1158	33473	1983
			12	123	156	41137	16663	16.2	10.3	1828	1333	39591	2314
500	300	±3.20	6.0	73.5	93.6	33012	15151	18.8	12.7	1321	1010	32420	1688
			8.0	96.7	123	42805	19624	18.6	12.6	1712	1308	42767	2202
			10	120	153	52328	23933	18.5	12.5	2093	1596	52736	2693
			12	141	180	60604	27726	18.3	12.4	2424	1848	62581	3156
550	350	±3.60	8.0	109	139	59783	30040	20.7	14.7	2174	1717	63051	2856
			10	135	173	73276	36752	20.6	14.6	2665	2100	77901	3503
			12	160	204	85249	42769	20.4	14.5	3100	2444	92646	4118
			14	185	236	97269	48731	20.3	14.4	3537	2784	106760	4710
600	400	±4.00	8.0	122	155	80670	43564	22.8	16.8	2689	2178	88672	3591
			10	151	193	99081	53429	22.7	16.7	3303	2672	109720	4413
			12	179	228	115670	62391	22.5	16.5	3856	3120	130680	5201
			14	207	264	132310	71282	22.4	16.4	4410	3564	150850	5962
			16	235	299	148210	79760	22.3	16.3	4940	3988	170510	6694

3. 圆形型钢的规格、理论重量和截面特性（见表 7-241）

表 7-241　圆形型钢的规格、理论重量和截面特性（GB/T 6728—2017）

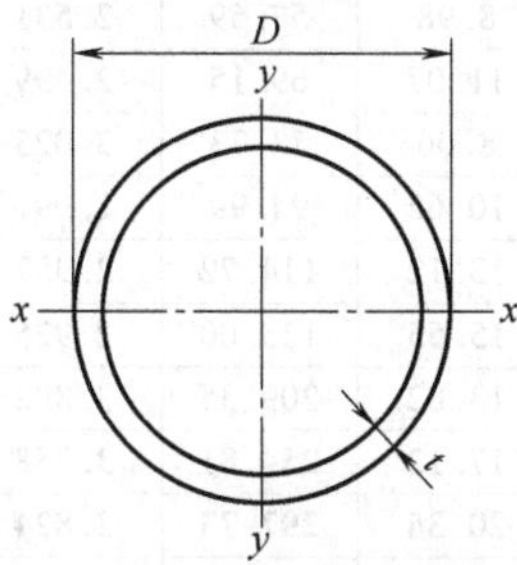

外径 D /mm	允许偏差 /mm	壁厚 t /mm	理论重量 M/(kg/m)	截面面积 A/cm²	惯性矩 I/cm⁴	惯性半径 R/cm	弹性模数 Z/cm³	塑性模数 S/cm³	扭转常数	
									J/cm⁴	C/cm³
21.3 (21.3)	±0.5	1.2	0.59	0.76	0.38	0.712	0.36	0.49	0.77	0.72
		1.5	0.73	0.93	0.46	0.702	0.43	0.59	0.92	0.86
		1.75	0.84	1.07	0.52	0.694	0.49	0.67	1.04	0.97
		2.0	0.95	1.21	0.57	0.686	0.54	0.75	1.14	1.07
		2.5	1.16	1.48	0.66	0.671	0.62	0.89	1.33	1.25
		3.0	1.35	1.72	0.74	0.655	0.70	1.01	1.48	1.39
26.8 (26.9)	±0.5	1.2	0.76	0.97	0.79	0.906	0.59	0.79	1.58	1.18
		1.5	0.94	1.19	0.96	0.896	0.71	0.96	1.91	1.43
		1.75	1.08	1.38	1.09	0.888	0.81	1.1	2.17	1.62
		2.0	1.22	1.56	1.21	0.879	0.90	1.23	2.41	1.8
		2.5	1.50	1.91	1.42	0.864	1.06	1.48	2.85	2.12
		3.0	1.76	2.24	1.61	0.848	1.20	1.71	3.23	2.41
33.5 (33.7)	±0.5	1.5	1.18	1.51	1.93	1.132	1.15	1.54	3.87	2.31
		2.0	1.55	1.98	2.46	1.116	1.47	1.99	4.93	2.94
		2.5	1.91	2.43	2.94	1.099	1.76	2.41	5.89	3.51
		3.0	2.26	2.87	3.37	1.084	2.01	2.80	6.75	4.03
		3.5	2.59	3.29	3.76	1.068	2.24	3.16	7.52	4.49
		4.0	2.91	3.71	4.11	1.053	2.45	3.50	8.21	4.90
42.3 (42.4)	±0.5	1.5	1.51	1.92	4.01	1.443	1.89	2.50	8.01	3.79
		2.0	1.99	2.53	5.15	1.427	2.44	3.25	10.31	4.87
		2.5	2.45	3.13	6.21	1.410	2.94	3.97	12.43	5.88
		3.0	2.91	3.7	7.19	1.394	3.40	4.64	14.39	6.80
		4.0	3.78	4.81	8.92	1.361	4.22	5.89	17.84	8.44
48 (48.3)	±0.5	1.5	1.72	2.19	5.93	1.645	2.47	3.24	11.86	4.94
		2.0	2.27	2.89	7.66	1.628	3.19	4.23	15.32	6.38
		2.5	2.81	3.57	9.28	1.611	3.86	5.18	18.55	7.73
		3.0	3.33	4.24	10.78	1.594	4.49	6.08	21.57	8.98
		4.0	4.34	5.53	13.49	1.562	5.62	7.77	26.98	11.24
		5.0	5.30	6.75	15.82	1.530	6.59	9.29	31.65	13.18
60 (60.3)	±0.6	2.0	2.86	3.64	15.34	2.052	5.11	6.73	30.68	10.23
		2.5	3.55	4.52	18.70	2.035	6.23	8.27	37.4	12.47
		3.0	4.22	5.37	21.88	2.018	7.29	9.76	43.76	14.58
		4.0	5.52	7.04	27.73	1.985	9.24	12.56	55.45	18.48
		5.0	6.78	8.64	32.94	1.953	10.98	15.17	65.88	21.96
75.5 (76.1)	±0.76	2.5	4.50	5.73	38.24	2.582	10.13	13.33	76.47	20.26
		3.0	5.36	6.83	44.97	2.565	11.91	15.78	89.94	23.82

（续）

外径 D /mm	允许偏差 /mm	壁厚 t /mm	理论重量 M/(kg/m)	截面面积 A/cm²	惯性矩 I/cm⁴	惯性半径 R/cm	弹性模数 Z/cm³	塑性模数 S/cm³	扭转常数	
									J/cm⁴	C/cm³
75.5 (76.1)	±0.76	4.0	7.05	8.98	57.59	2.531	15.26	20.47	115.19	30.51
		5.0	8.69	11.07	69.15	2.499	18.32	24.89	138.29	36.63
88.5 (88.9)	±0.90	3.0	6.33	8.06	73.73	3.025	16.66	21.94	147.45	33.32
		4.0	8.34	10.62	94.99	2.991	21.46	28.58	189.97	42.93
		5.0	10.30	13.12	114.72	2.957	25.93	34.9	229.44	51.85
		6.0	12.21	15.55	133.00	2.925	30.06	40.91	266.01	60.11
114 (114.3)	±1.15	4.0	10.85	13.82	209.35	3.892	36.73	48.42	418.7	73.46
		5.0	13.44	17.12	254.81	3.858	44.7	59.45	509.61	89.41
		6.0	15.98	20.36	297.73	3.824	52.23	70.06	595.46	104.47
140 (139.7)	±1.40	4.0	13.42	17.09	395.47	4.810	56.50	74.01	790.94	112.99
		5.0	16.65	21.21	483.76	4.776	69.11	91.17	967.52	138.22
		6.0	19.83	25.26	568.03	4.742	85.15	107.81	1136.13	162.30
165 (168.3)	±1.65	4	15.88	20.23	655.94	5.69	79.51	103.71	1311.89	159.02
		5	19.73	25.13	805.04	5.66	97.58	128.04	1610.07	195.16
		6	23.53	29.97	948.47	5.63	114.97	151.76	1896.93	229.93
		8	30.97	39.46	1218.92	5.56	147.75	197.36	2437.84	295.50
219.1 (219.1)	±2.20	5	26.4	33.6	1928	7.57	176	229	3856	352
		6	31.53	40.17	2282	7.54	208	273	4564	417
		8	41.6	53.1	2960	7.47	270	357	5919	540
		10	51.6	65.7	3598	7.40	328	438	7197	657
273 (273)	±2.75	5	33.0	42.1	3781	9.48	277	359	7562	554
		6	39.5	50.3	4487	9.44	329	428	8974	657
		8	52.3	66.6	5852	9.37	429	562	11700	857
		10	64.9	82.6	7154	9.31	524	692	14310	1048
325 (323.9)	±3.25	5	39.5	50.3	6436	11.32	396	512	12871	792
		6	47.2	60.1	7651	11.28	471	611	15303	942
		8	62.5	79.7	10014	11.21	616	804	20028	1232
		10	77.7	99	12287	11.14	756	993	24573	1512
		12	92.6	118	14472	11.07	891	1176	28943	1781
355.6 (355.6)	±3.55	6	51.7	65.9	10071	12.4	566	733	20141	1133
		8	68.6	87.4	13200	12.3	742	967	26400	1485
		10	85.2	109	16220	12.2	912	1195	32450	1825
		12	101.7	130	19140	12.2	1076	1417	38279	2153
406.4 (406.4)	±4.10	8	78.6	100	19870	14.1	978	1270	39750	1956
		10	97.8	125	24480	14.0	1205	1572	48950	2409
		12	116.7	149	28937	14.0	1424	1867	57874	2848
457 (457)	±4.6	8	88.6	113	28450	15.9	1245	1613	56890	2490
		10	110	140	35090	15.8	1536	1998	70180	3071
		12	131.7	168	41556	15.7	1819	2377	83113	3637
508 (508)	±5.10	8	98.6	126	39280	17.7	1546	2000	78560	3093
		10	123	156	48520	17.6	1910	2480	97040	3621
		12	146.8	187	57536	17.5	2265	2953	115072	4530
610	±6.10	8	118.8	151	68552	21.3	2248	2899	137103	4495
		10	148	189	84847	21.2	2781	3600	169694	5564
		12.5	184.2	235	104755	21.1	3435	4463	209510	6869
		16	234.4	299	131782	21.0	4321	5647	263563	8641

注：括号内为 ISO 4019 所列规格。

7.6.5 汽车用冷弯型钢

1. 方形空心型钢的规格、理论重量及截面特性（见表 7-242）

表 7-242 方形空心型钢的规格、理论重量及截面特性（GB/T 6726—2008）

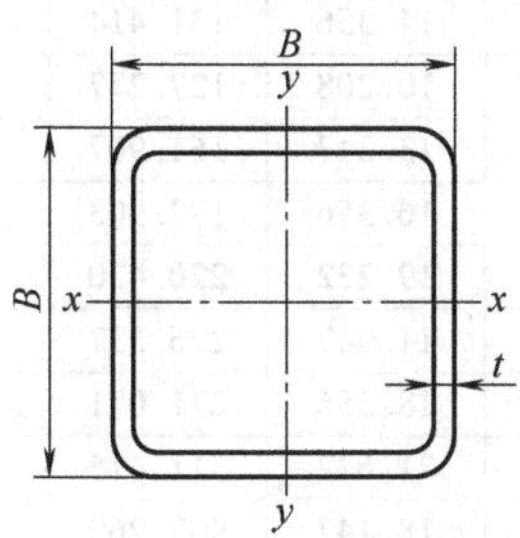

边长 B/mm	尺寸允许偏差/mm	壁厚 t/mm	理论重量 M/(kg/m)	截面面积 A/cm²	惯性矩 ($I_x=I_y$) /cm⁴	惯性半径 ($r_x=r_y$) /cm	截面模数 ($w_x=w_y$) /cm³	扭转常数	
								I_t/cm⁴	C_t/cm³
20	±0.50	1.5	0.826	1.052	0.583	0.744	0.583	0.985	0.88
		1.75	0.941	1.199	0.642	0.732	0.642	1.106	0.98
		2.0	1.050	1.340	0.692	0.720	0.692	1.215	1.06
25	±0.50	1.5	1.061	1.352	1.216	0.948	0.973	1.998	1.47
		1.75	1.215	1.548	1.357	0.936	1.086	2.261	1.65
		2.0	1.363	1.736	1.482	0.923	1.186	2.502	1.80
30	±0.50	1.5	1.296	1.652	2.195	1.152	1.463	3.555	2.21
		1.75	1.490	1.898	2.470	1.140	1.646	4.048	2.49
		2.0	1.677	2.136	2.721	1.128	1.814	4.511	2.75
		2.5	2.032	2.589	3.154	1.103	2.102	5.347	3.20
		3.0	2.361	3.008	3.500	1.078	2.333	6.060	3.58
40	±0.50	1.5	1.767	2.252	5.489	1.561	2.744	8.728	4.13
		1.75	2.039	2.598	6.237	1.549	3.118	10.009	4.69
		2.0	2.305	2.936	6.939	1.537	3.469	11.238	5.23
		2.5	2.817	3.589	8.213	1.512	4.106	13.539	6.21
		3.0	3.303	4.208	9.320	1.488	4.660	15.628	7.07
		4.0	4.198	5.347	11.064	1.438	5.532	19.152	8.48
50	±0.50	1.5	2.238	2.852	11.065	1.969	4.426	17.395	6.65
		1.75	2.589	3.298	12.641	1.957	5.056	20.025	7.60
		2.0	2.933	3.736	14.146	1.945	5.658	22.578	8.51
		2.5	3.602	4.589	16.941	1.921	6.776	27.436	10.22
		3.0	4.245	5.408	19.463	1.897	7.785	31.972	11.77
		4.0	5.454	6.947	23.725	1.847	9.490	40.047	14.43
60	±0.60	2.0	3.560	4.540	25.120	2.350	8.380	39.810	12.60
		2.5	4.387	5.589	30.340	2.329	10.113	48.539	15.22
		3.0	5.187	6.608	35.130	2.305	11.710	56.892	17.65
		4.0	6.710	8.547	43.539	2.256	14.513	72.188	21.97
		5.0	8.129	10.356	50.468	2.207	16.822	85.560	25.61
70	±0.65	2.5	5.170	6.590	49.400	2.740	14.100	78.500	21.20
		3.0	6.129	7.808	57.522	2.714	16.434	92.188	24.74
		4.0	7.966	10.147	72.108	2.665	20.602	117.975	31.11
		5.0	9.699	12.356	84.602	2.616	24.172	141.183	36.65

（续）

边长 B/mm	尺寸允许偏差/mm	壁厚 t/mm	理论重量 M/(kg/m)	截面面积 A/cm²	惯性矩 ($I_x=I_y$) /cm⁴	惯性半径 ($r_x=r_y$) /cm	截面模数 ($w_x=w_y$) /cm³	扭转常数 I_t/cm⁴	扭转常数 C_t/cm³
80	±0.70	3.0	7.071	9.008	87.838	3.122	21.959	139.660	33.02
		4.0	9.222	11.747	111.031	3.074	27.757	179.808	41.84
		5.0	11.269	14.356	131.414	3.025	32.853	216.628	49.68
90	±0.75	3.0	8.013	10.208	127.277	3.531	28.283	201.108	42.51
		4.0	10.478	13.347	161.907	3.482	35.979	260.088	54.17
		5.0	12.839	16.356	192.903	3.434	42.867	314.896	64.71
		6.0	15.097	19.232	220.420	3.385	48.982	365.452	74.16
100	±0.80	4.0	11.734	11.947	226.337	3.891	45.267	361.213	68.10
		5.0	14.409	18.356	271.071	3.842	54.214	438.986	81.72
		6.0	16.981	21.632	311.415	3.794	62.283	511.558	94.12
120	±0.90	4.0	14.246	18.147	402.260	4.708	67.043	635.603	100.75
		5.0	17.549	22.356	485.441	4.659	80.906	776.632	121.75
		6.0	20.749	26.432	562.094	4.611	93.683	910.281	141.22

2. 矩形空心型钢的规格、理论重量及截面特性（见表 7-243）

表 7-243　矩形空心型钢的规格、理论重量及截面特性（GB/T 6726—2008）

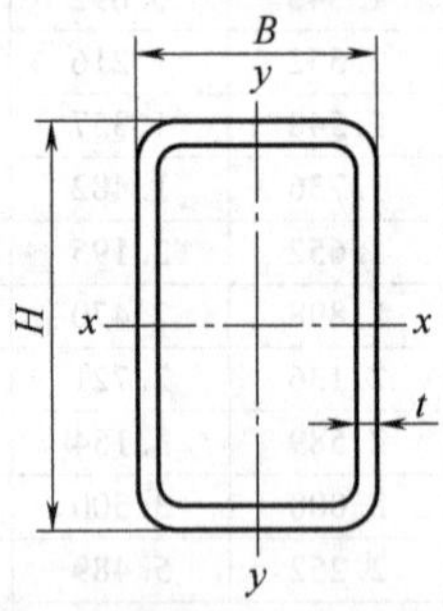

边长/mm H	边长/mm B	尺寸允许偏差/mm	壁厚 t/mm	理论重量 M/(kg/m)	截面面积 A/cm²	惯性矩/cm⁴ I_x	惯性矩/cm⁴ I_y	惯性半径/cm r_x	惯性半径/cm r_y	截面模数/cm³ W_x	截面模数/cm³ W_y	扭转常数 I_t/cm⁴	扭转常数 C_t/cm³
40	30	±0.50	1.5	1.53	1.95	4.38	2.81	1.50	1.199	2.19	1.87	5.52	3.02
			1.75	1.77	2.25	4.96	3.17	1.48	1.187	2.48	2.11	6.31	3.42
			2.0	1.99	2.54	5.49	3.51	1.47	1.176	2.75	2.34	7.07	3.79
50	30	±0.50	1.5	1.767	2.252	7.535	3.415	1.829	1.231	3.014	2.276	7.587	3.83
			1.75	2.039	2.598	8.566	3.868	1.815	1.220	3.426	2.579	8.682	4.35
			2.0	2.305	2.936	9.535	4.291	1.801	1.208	3.814	2.861	9.727	4.84
			2.5	2.817	3.589	11.296	5.050	1.774	1.186	4.518	3.366	11.666	5.72
			3.0	3.303	4.206	12.827	5.696	1.745	1.163	5.130	3.797	13.401	6.49
			4.0	4.198	5.347	15.239	6.682	1.688	1.117	6.095	4.455	16.244	7.77
50	40	±0.50	1.5	2.003	2.552	9.300	6.602	1.908	1.608	3.720	3.301	12.238	5.24
			1.75	2.314	2.948	10.603	7.518	1.896	1.596	4.241	3.759	14.059	5.97
			2.0	2.619	3.336	11.840	8.348	1.883	1.585	4.736	4.192	15.817	6.673
			2.5	3.210	4.089	14.121	9.976	1.858	1.562	5.648	4.988	19.222	7.965
			3.0	3.775	4.808	16.149	11.382	1.833	1.539	6.460	5.691	22.336	9.123
			4.0	4.826	6.148	19.493	13.677	1.781	1.492	7.797	6.839	27.82	11.06
55	25	±0.50	1.5	1.767	2.252	8.453	2.460	1.937	1.045	3.074	1.968	6.273	3.458
			1.75	2.039	2.598	9.606	2.779	1.922	1.034	3.493	2.223	7.156	3.916

（续）

边长/mm		尺寸允许偏差/mm	壁厚 t/mm	理论重量 M/(kg/m)	截面面积 A/cm^2	惯性矩/cm^4		惯性半径/cm		截面模数/cm^3		扭转常数	
H	B					I_x	I_y	r_x	r_y	W_x	W_y	I_t/cm^4	C_t/cm^3
55	25	±0.50	2.0	2.305	2.936	10.689	3.073	1.907	1.023	3.886	2.459	7.992	4.342
55	40	±0.50	1.5	2.121	2.702	11.674	7.158	2.078	1.627	4.245	3.579	14.017	5.794
			1.75	2.452	3.123	13.329	8.158	2.065	1.616	4.847	4.079	16.175	6.614
			2.0	2.776	3.536	14.904	9.107	2.052	1.604	5.419	4.553	18.208	7.394
55	50	±0.60	1.75	2.726	3.473	15.811	13.660	2.133	1.983	5.749	5.464	23.173	8.415
			2.0	3.090	3.936	17.714	15.298	2.121	1.971	6.441	6.119	26.142	9.433
60	30	±0.60	2.0	2.620	3.337	15.046	5.078	2.123	1.234	5.015	3.385	12.57	5.881
			2.5	3.209	4.089	17.933	5.998	2.094	1.211	5.977	3.998	15.054	6.981
			3.0	3.774	4.808	20.496	6.794	2.064	1.188	6.832	4.529	17.335	7.950
			4.0	4.826	6.147	24.691	8.045	2.004	1.143	8.230	5.363	21.141	9.523
60	40	±0.60	2.0	2.934	3.737	18.412	9.831	2.220	1.622	6.137	4.915	20.702	8.116
			2.5	3.602	4.589	22.069	11.734	2.192	1.595	7.356	5.867	25.045	9.722
			3.0	4.245	5.408	25.374	13.436	2.166	1.576	8.458	6.718	29.121	11.175
			4.0	5.451	6.947	30.974	16.269	2.111	1.530	10.324	8.134	36.298	13.653
70	50	±0.60	2.0	3.562	4.537	31.475	18.758	2.634	2.033	8.993	7.503	37.454	12.196
			3.0	5.187	6.608	44.046	26.099	2.581	1.987	12.584	10.439	53.426	17.06
			4.0	6.710	8.547	54.663	32.210	2.528	1.941	15.618	12.884	67.613	21.189
			5.0	8.129	10.356	63.435	37.179	2.171	1.894	18.121	14.871	79.908	24.642
80	40	±0.70	2.0	3.561	4.536	37.355	12.720	2.869	1.674	9.339	6.361	30.881	11.004
			2.5	4.387	5.589	45.103	15.255	2.840	1.652	11.275	7.627	37.467	13.283
			3.0	5.187	6.608	52.246	17.552	2.811	1.629	13.061	8.776	43.680	15.283
			4.0	6.710	8.547	64.780	21.474	2.752	1.585	16.195	10.737	54.787	18.844
			5.0	8.129	10.356	75.080	24.567	2.692	1.540	18.770	12.283	64.110	21.744
80	60	±0.70	3.0	5.129	7.808	70.042	44.836	2.995	2.397	17.510	14.962	88.111	24.143
			4.0	7.966	10.147	87.945	56.105	2.943	2.351	21.976	18.701	112.583	30.332
			5.0	9.699	12.356	103.247	65.634	2.890	2.304	25.811	21.878	134.503	35.673
90	40	±0.75	3.0	5.658	7.208	70.487	19.610	3.127	1.649	15.663	9.805	51.193	17.339
			4.0	7.338	9.347	87.894	24.077	3.066	1.604	19.532	12.038	64.320	21.441
			5.0	8.914	11.356	102.487	27.651	3.004	1.560	22.774	13.825	75.426	24.819
90	50	±0.75	2.0	4.190	5.337	57.878	23.368	3.293	2.093	12.862	9.347	53.366	15.882
			2.5	5.172	6.589	70.263	28.236	3.266	2.070	15.614	11.294	65.299	19.235
			3.0	6.129	7.808	81.845	32.735	3.237	2.047	18.187	13.094	76.433	22.316
			4.0	7.966	10.147	102.696	40.695	3.181	2.002	22.821	16.278	97.162	27.961
			5.0	9.699	12.356	120.570	47.345	3.123	1.957	26.793	18.938	115.436	36.774
90	55	±0.75	2.0	4.346	5.536	61.750	28.957	3.340	2.287	13.733	10.530	62.724	17.601
			2.5	5.368	6.839	75.049	33.065	3.313	2.264	16.678	12.751	76.877	21.357
90	60	±0.75	3.0	6.600	8.408	93.203	49.764	3.329	2.432	20.711	16.588	104.552	27.391
			4.0	8.594	10.947	117.499	62.387	3.276	2.387	26.111	20.795	133.852	34.501
			5.0	10.484	13.356	138.653	73.218	3.222	2.311	30.811	24.406	160.273	40.712
100	50	±0.80	3.0	6.690	8.408	106.451	36.053	3.558	2.070	21.290	14.421	88.311	25.012
			4.0	8.594	10.947	134.124	44.938	3.500	2.026	26.824	17.975	112.409	31.350
			5.0	10.484	13.356	158.155	52.429	3.441	1.981	31.631	20.971	133.758	36.804
120	50	±0.90	2.5	6.350	8.089	143.970	36.704	4.219	2.130	23.995	14.682	96.026	26.006
			3.0	7.543	9.608	168.580	42.693	4.189	2.108	28.097	17.077	112.87	30.317
120	60	±0.90	3.0	8.013	10.208	189.113	64.398	4.304	2.511	31.581	21.466	156.029	37.138
			4.0	10.478	13.347	240.724	81.235	4.246	2.466	40.120	27.078	200.407	47.048
			5.0	12.839	16.356	286.941	95.968	4.188	2.422	47.823	31.989	240.869	55.846

（续）

边长/mm		尺寸允许偏差/mm	壁厚 t/mm	理论重量 M/(kg/m)	截面面积 A/cm²	惯性矩/cm⁴		惯性半径/cm		截面模数/cm³		扭转常数	
H	B					I_x	I_y	r_x	r_y	W_x	W_y	I_t/cm⁴	C_t/cm³
120	60	±0.90	6.0	15.097	19.232	327.950	108.716	4.129	2.377	54.658	36.238	277.361	63.597
120	80	±0.90	3.0	8.955	11.408	230.189	123.430	4.491	3.289	38.364	30.857	255.128	50.799
			4.0	11.734	11.947	294.569	157.281	4.439	3.243	49.094	39.320	330.438	64.927
			5.0	14.409	18.356	353.108	187.747	4.385	3.198	58.850	46.936	400.735	77.772
			6.0	16.981	21.632	405.998	214.977	4.332	3.152	67.666	53.744	465.940	83.399
140	80	±1.00	4.0	12.990	16.547	429.582	180.407	5.095	3.301	61.368	45.101	410.713	76.478
			5.0	15.979	20.356	517.023	215.914	5.039	3.256	73.860	53.978	498.815	91.834
			6.0	18.865	24.032	569.935	247.905	4.983	3.211	85.276	61.976	580.919	105.83
150	100	±1.20	4.0	14.874	18.947	594.585	318.551	5.601	4.110	79.278	63.710	660.613	104.94
			5.0	18.334	23.356	719.164	383.988	5.549	4.054	95.888	79.797	806.733	126.81
			6.0	21.691	27.632	834.615	444.135	5.495	4.009	111.282	88.827	915.022	147.07
160	80	±1.20	4.0	14.216	18.117	597.691	203.532	5.738	3.348	71.711	50.883	493.129	88.031
			5.0	17.519	22.356	721.650	214.089	5.681	3.304	90.206	61.020	599.175	105.90
			6.0	20.749	26.433	835.936	286.832	5.623	3.259	104.192	76.208	698.881	122.27
180	65	±1.20	3.0	11.075	14.108	550.350	111.780	6.246	2.815	61.150	34.393	306.750	61.849
			4.5	16.264	20.719	784.130	156.470	6.152	2.748	87.125	48.144	438.910	86.993

3. P 形空心型钢的规格、理论重量及截面特性（见表 7-244）

表 7-244 P 形空心型钢的规格、理论重量及截面特性（GB/T 6726—2008）

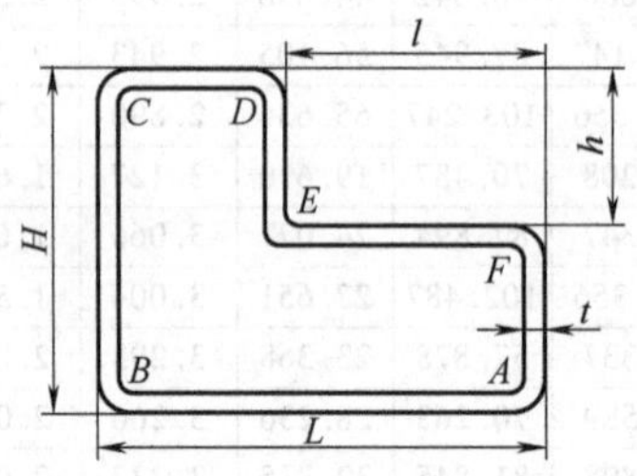

截面尺寸 (L×H×l×h)/mm	边长/mm				壁厚 t/mm	理论重量/(kg/m)	截面面积/cm²
	L	H	l	h			
50×50×25×10	50	50	25	10	1.5	2.238	2.852
					2.0	2.933	3.736
60×40×30×20	60	40	30	20	1.5	2.238	2.852
					2.0	2.933	3.736
65×50×25×20	65	50	25	20	1.5	2.592	3.302
					2.0	3.404	4.337
75×50×25×20	75	50	25	20	1.5	2.827	3.602
					2.0	3.718	4.737
120×50×40×25	120	50	40	25	2.5	6.349	8.809
					3.5	8.709	11.094

4. 等边槽钢的规格、理论重量及截面特性（见表 7-245）

表 7-245 等边槽钢的规格、理论重量及截面特性（GB/T 6726—2008）

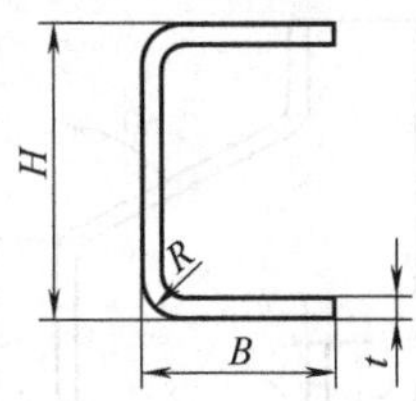

截面尺寸(*H*×*B*)/mm	边长/mm		壁厚 *t*/mm	理论重量/(kg/m)	截面面积/cm^2
	H	*B*			
100×50	100	50	3.0	4.433	5.647
			4.0	5.788	7.373
140×60	140	60	3.0	5.846	7.447
			4.0	7.672	9.773
			5.0	9.436	12.021
200×80	200	80	4.0	10.812	13.773
			5.0	13.361	17.021
			6.0	15.849	20.190
250×130	250	130	6.0	22.703	29.107
			8.0	29.755	38.147
300×150	300	150	6.0	26.915	34.507
			8.0	35.371	45.347

5. 上边框的规格、理论重量及截面特性（见表 7-246）

表 7-246 上边框的规格、理论重量及截面特性（GB/T 6726—2008）

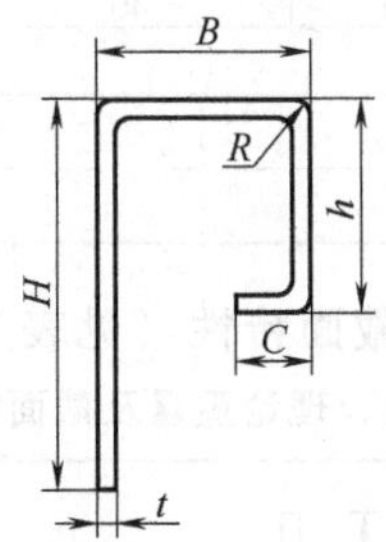

截面尺寸(*H*×*B*×*h*×*C*)/mm	边长/mm				壁厚 *t*/mm	理论重量/(kg/m)	截面面积/cm^2
	H	*B*	*h*	*C*			
65×40×40×12	65	40	40	12	2.5	2.75	3.526
	65	40	40	12	3.0	3.30	4.227
65×50×30×12	65	50	30	12	2.5	2.75	3.526
	65	50	30	12	3.0	3.30	4.227
65×50×40×12	65	50	40	12	2.5	2.86	3.667
	65	50	40	12	3.0	3.56	4.566
65×50×40×22	65	50	40	22	2.5	3.06	3.923

6. 下边框的规格、理论重量及截面特性（见表 7-247）

表 7-247　下边框的规格、理论重量及截面特性（GB/T 6726—2008）

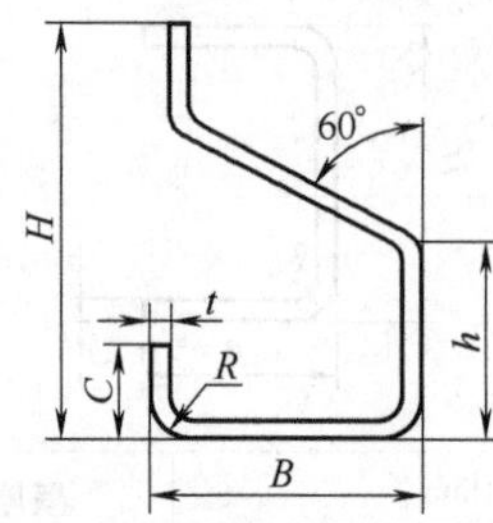

截面尺寸($H\times B\times h\times C$)/mm	边长/mm				壁厚 t/mm	理论重量/(kg/m)	截面面积/cm^2
	H	B	h	C			
65×28.5×30×10	65	28.5	30	10	2.5	2.01	2.557
65×36×30×15	65	36.0	30	15	2.5	2.37	3.039
75×38.5×40×15	75	38.5	40	15	3.0	3.22	4.128
95×50×50×20	95	50.0	50	20	3.0	4.45	5.705

7. 上框架的规格、理论重量及截面特性（见表 7-248）

表 7-248　上框架的规格、理论重量及截面特性（GB/T 6726—2008）

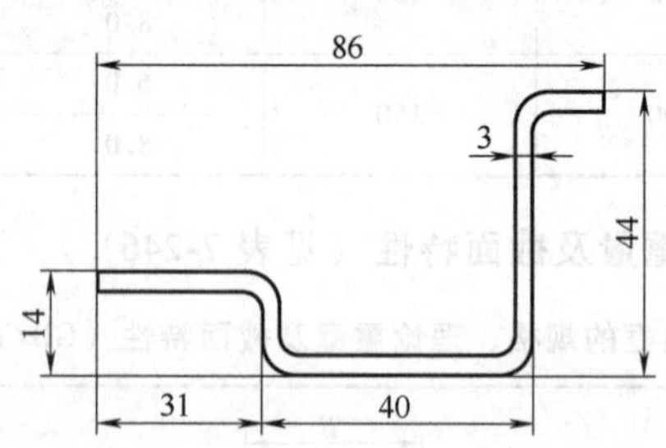

理论重量/(kg/m)	截面面积/cm^2
2.99	3.81

8. 下内框架的规格、理论重量及截面特性（见表 7-249）

表 7-249　下内框架的规格、理论重量及截面特性（GB/T 6726—2008）

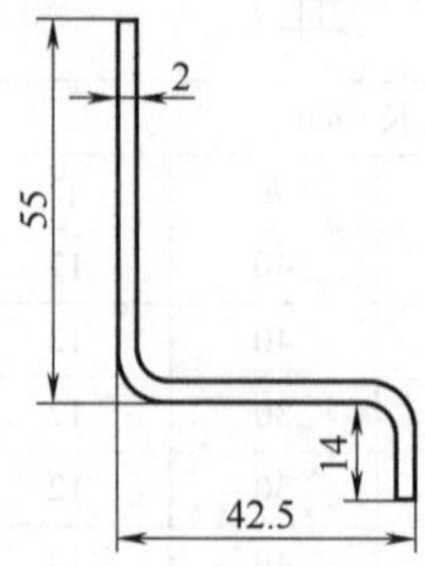

理论重量/(kg/m)	截面面积/cm^2
1.648	2.10

9. 下外框架的规格、理论重量及截面特性（见表7-250）

表7-250 下外框架的规格、理论重量及截面特性（GB/T 6726—2008）

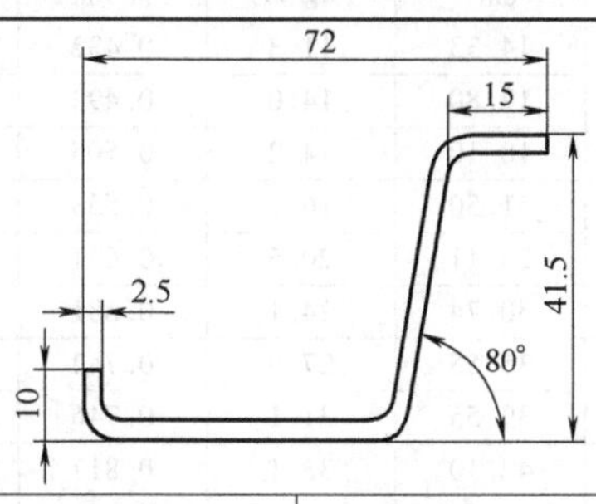

理论重量/(kg/m)	截面面积/cm²
2.099	2.68

10. 边框架的规格、理论重量及截面特性（见表7-251）

表7-251 边框架的规格、理论重量及截面特性（GB/T 6726—2008）

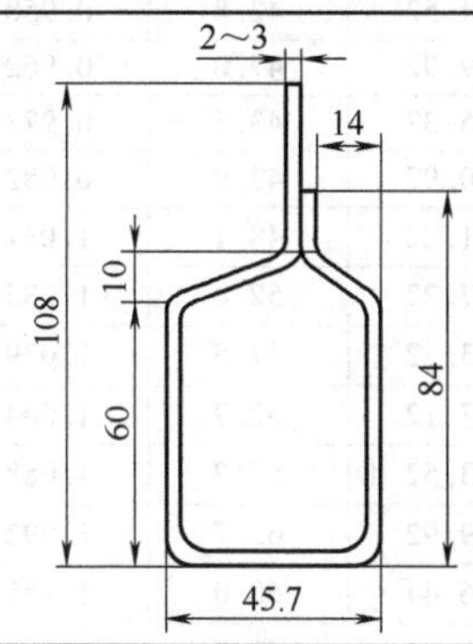

壁厚/mm	理论重量/(kg/m)	截面面积/cm²
2	3.965	5.04
2.5	4.956	6.30
3	5.948	7.56

7.6.6 热轧型钢

1. 工字钢的规格、理论重量及截面特性（见表7-252）

表7-252 工字钢的规格、理论重量及截面特性（GB/T 706—2016）

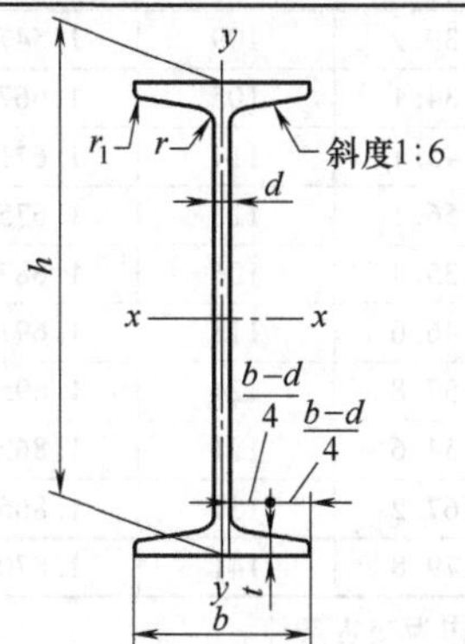

（续）

型号	截面尺寸/mm						截面面积/cm^2	理论重量/(kg/m)	表面积/(m^2/m)	惯性矩/cm^4		惯性半径/cm		截面模数/cm^3	
	h	b	d	t	r	r_1				I_x	I_y	i_x	i_y	W_x	W_y
10	100	68	4.5	7.6	6.5	3.3	14.33	11.3	0.432	245	33.0	4.14	1.52	49.0	9.72
12	120	74	5.0	8.4	7.0	3.5	17.80	14.0	0.493	436	46.9	4.95	1.62	72.7	12.7
12.6	126	74	5.0	8.4	7.0	3.5	18.10	14.2	0.505	488	46.9	5.20	1.61	77.5	12.7
14	140	80	5.5	9.1	7.5	3.8	21.50	16.9	0.553	712	64.4	5.76	1.73	102	16.1
16	160	88	6.0	9.9	8.0	4.0	26.11	20.5	0.621	1130	93.1	6.58	1.89	141	21.2
18	180	94	6.5	10.7	8.5	4.3	30.74	24.1	0.681	1660	122	7.36	2.00	185	26.0
20a	200	100	7.0	11.4	9.0	4.5	35.55	27.9	0.742	2370	158	8.15	2.12	237	31.5
20b		102	9.0				39.55	31.1	0.746	2500	169	7.96	2.06	250	33.1
22a	220	110	7.5	12.3	9.5	4.8	42.10	33.1	0.817	3400	225	8.99	2.31	309	40.9
22b		112	9.5				46.50	36.5	0.821	3570	239	8.78	2.27	325	42.7
24a	240	116	8.0	13.0	10.0	5.0	47.71	37.5	0.878	4570	280	9.77	2.42	381	48.4
24b		118	10.0				52.51	41.2	0.882	4800	297	9.57	2.38	400	50.4
25a	250	116	8.0				48.51	38.1	0.898	5020	280	10.2	2.40	402	48.3
25b		118	10.0				53.51	42.0	0.902	5280	309	9.94	2.40	423	52.4
27a	270	122	8.5	13.7	10.5	5.3	54.52	42.8	0.958	6550	345	10.9	2.51	485	56.6
27b		124	10.5				59.92	47.0	0.962	6870	366	10.7	2.47	509	58.9
28a	280	122	8.5				55.37	43.5	0.978	7110	345	11.3	2.50	508	56.6
28b		124	10.5				60.97	47.9	0.982	7480	379	11.1	2.49	534	61.2
30a	300	126	9.0	14.4	11.0	5.5	61.22	48.1	1.031	8950	400	12.1	2.55	597	63.5
30b		128	11.0				67.22	52.8	1.035	9400	422	11.8	2.50	627	65.9
30c		130	13.0				73.22	57.5	1.039	9850	445	11.6	2.46	657	68.5
32a	320	130	9.5	15.0	11.5	5.8	67.12	52.7	1.084	11100	460	12.8	2.62	692	70.8
32b		132	11.5				73.52	57.7	1.088	11600	502	12.6	2.61	726	76.0
32c		134	13.5				79.92	62.7	1.092	12200	544	12.3	2.61	760	81.2
36a	360	136	10.0	15.8	12.0	6.0	76.44	60.0	1.185	15800	552	14.4	2.69	875	81.2
36b		138	12.0				83.64	65.7	1.189	16500	582	14.1	2.64	919	84.3
36c		140	14.0				90.84	71.3	1.193	17300	612	13.8	2.60	962	87.4
40a	400	142	10.5	16.5	12.5	6.3	86.07	67.6	1.285	21700	660	15.9	2.77	1090	93.2
40b		144	12.5				94.07	73.8	1.289	22800	692	15.6	2.71	1140	96.2
40c		146	14.5				102.1	80.1	1.293	23900	727	15.2	2.65	1190	99.6
45a	450	150	11.5	18.0	13.5	6.8	102.4	80.4	1.411	32200	855	17.7	2.89	1430	114
45b		152	13.5				111.4	87.4	1.415	33800	894	17.4	2.84	1500	118
45c		154	15.5				120.4	94.5	1.419	35300	938	17.1	2.79	1570	122
50a	500	158	12.0	20.0	14.0	7.0	119.2	93.6	1.539	46500	1120	19.7	3.07	1860	142
50b		160	14.0				129.2	101	1.543	48600	1170	19.4	3.01	1940	146
50c		162	16.0				139.2	109	1.547	50600	1220	19.0	2.96	2080	151
55a	550	166	12.5	21.0	14.5	7.3	134.1	105	1.667	62900	1370	21.6	3.19	2290	164
55b		168	14.5				145.1	114	1.671	65600	1420	21.2	3.14	2390	170
55c		170	16.5				156.1	123	1.675	68400	1480	20.9	3.08	2490	175
56a	560	166	12.5				135.4	106	1.687	65600	1370	22.0	3.18	2340	165
56b		168	14.5				146.6	115	1.691	68500	1490	21.6	3.16	2450	174
56c		170	16.5				157.8	124	1.695	71400	1560	21.3	3.16	2550	183
63a	630	176	13.0	22.0	15.0	7.5	154.6	121	1.862	93900	1700	24.5	3.31	2980	193
63b		178	15.0				167.2	131	1.866	98100	1810	24.2	3.29	3160	204
63c		180	17.0				179.8	141	1.870	102000	1920	23.8	3.27	3300	214

注：表中 r、r_1 的数据用于孔型设计，不作为交货条件。

2. 槽钢的规格、理论重量及截面特性（见表 7-253）

表 7-253　槽钢的规格、理论重量及截面特性（GB/T 706—2016）

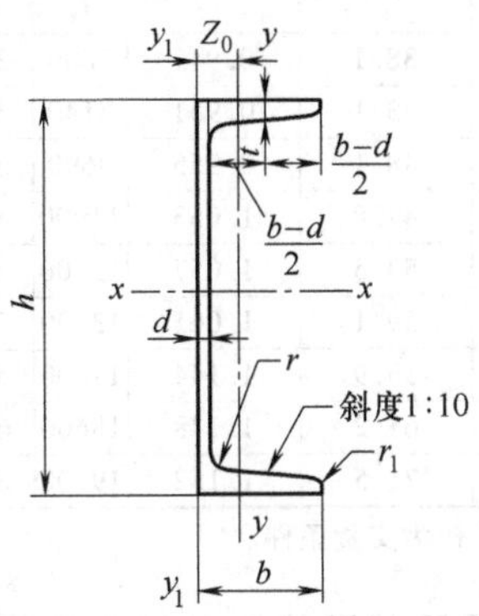

型号	截面尺寸/mm						截面面积/cm²	理论重量/(kg/m)	表面积/(m²/m)	惯性矩/cm⁴			惯性半径/cm		截面模数/cm³		重心距离
	h	b	d	t	r	r_1				I_x	I_y	I_{y1}	i_x	i_y	W_x	W_y	Z_0/cm
5	50	37	4.5	7.0	7.0	3.5	6.925	5.44	0.226	26.0	8.30	20.9	1.94	1.10	10.4	3.55	1.35
6.3	63	40	4.8	7.5	7.5	3.8	8.446	6.63	0.262	50.8	11.9	28.4	2.45	1.19	16.1	4.50	1.36
6.5	65	40	4.3	7.5	7.5	3.8	8.292	6.51	0.267	55.2	12.0	28.3	2.54	1.19	17.0	4.59	1.38
8	80	43	5.0	8.0	8.0	4.0	10.24	8.04	0.307	101	16.6	37.4	3.15	1.27	25.3	5.79	1.43
10	100	48	5.3	8.5	8.5	4.2	12.74	10.0	0.365	198	25.6	54.9	3.95	1.41	39.7	7.80	1.52
12	120	53	5.5	9.0	9.0	4.5	15.36	12.1	0.423	346	37.4	77.7	4.75	1.56	57.7	10.2	1.62
12.6	126	53	5.5	9.0	9.0	4.5	15.69	12.3	0.435	391	38.0	77.1	4.95	1.57	62.1	10.2	1.59
14a	140	58	6.0	9.5	9.5	4.8	18.51	14.5	0.480	564	53.2	107	5.52	1.70	80.5	13.0	1.71
14b		60	8.0				21.31	16.7	0.484	609	61.1	121	5.35	1.69	87.1	14.1	1.67
16a	160	63	6.5	10.0	10.0	5.0	21.95	17.2	0.538	866	73.3	144	6.28	1.83	108	16.3	1.80
16b		65	8.5				25.15	19.8	0.542	935	83.4	161	6.10	1.82	117	17.6	1.75
18a	180	68	7.0	10.5	10.5	5.2	25.69	20.2	0.596	1270	98.6	190	7.04	1.96	141	20.0	1.88
18b		70	9.0				29.29	23.0	0.600	1370	111	210	6.84	1.95	152	21.5	1.84
20a	200	73	7.0	11.0	11.0	5.5	28.83	22.6	0.654	1780	128	244	7.86	2.11	178	24.2	2.01
20b		75	9.0				32.83	25.8	0.658	1910	144	268	7.64	2.09	191	25.9	1.95
22a	220	77	7.0	11.5	11.5	5.8	31.83	25.0	0.709	2390	158	298	8.67	2.23	218	28.2	2.10
22b		79	9.0				36.23	28.5	0.713	2570	176	326	8.42	2.21	234	30.1	2.03
24a	240	78	7.0	12.0	12.0	6.0	34.21	26.9	0.752	3050	174	325	9.45	2.25	254	30.5	2.10
24b		80	9.0				39.01	30.6	0.756	3280	194	355	9.17	2.23	274	32.5	2.03
24c		82	11.0				43.81	34.4	0.760	3510	213	388	8.96	2.21	293	34.4	2.00
25a	250	78	7.0				34.91	27.4	0.722	3370	176	322	9.82	2.24	270	30.6	2.07
25b		80	9.0				39.91	31.3	0.776	3530	196	353	9.41	2.22	282	32.7	1.98
25c		82	11.0				44.91	35.3	0.780	3690	218	384	9.07	2.21	295	35.9	1.92
27a	270	82	7.5	12.5	12.5	6.2	39.27	30.8	0.826	4360	216	393	10.5	2.34	323	35.5	2.13
27b		84	9.5				44.67	35.1	0.830	4690	239	428	10.3	2.31	347	37.7	2.06
27c		86	11.5				50.07	39.3	0.834	5020	261	467	10.1	2.28	372	39.8	2.03
28a	280	82	7.5				40.02	31.4	0.846	4760	218	388	10.9	2.33	340	35.7	2.10
28b		84	9.5				45.62	35.8	0.850	5130	242	428	10.6	2.30	366	37.9	2.02
28c		86	11.5				51.22	40.2	0.854	5500	268	463	10.4	2.29	393	40.3	1.95
30a	300	85	7.5	13.5	13.5	6.8	43.89	34.5	0.897	6050	260	467	11.7	2.43	403	41.1	2.17
30b		87	9.5				49.89	39.2	0.901	6500	289	515	11.4	2.41	433	44.0	2.13
30c		89	11.5				55.89	43.9	0.905	6950	316	560	11.2	2.38	463	46.4	2.09

（续）

型号	截面尺寸/mm						截面面积/cm^2	理论重量/(kg/m)	表面积/(m^2/m)	惯性矩/cm^4			惯性半径/cm		截面模数/cm^3		重心距离
	h	b	d	t	r	r_1				I_x	I_y	I_{y1}	i_x	i_y	W_x	W_y	Z_0/cm
32a		88	8.0				48.50	38.1	0.947	7600	305	552	12.5	2.50	475	46.5	2.24
32b	320	90	10.0	14.0	14.0	7.0	54.90	43.1	0.951	8140	336	593	12.2	2.47	509	49.2	2.16
32c		92	12.0				61.30	48.1	0.955	8690	374	643	11.9	2.47	543	52.6	2.09
36a		96	9.0				60.89	47.8	1.053	11900	455	818	14.0	2.73	660	63.5	2.44
36b	360	98	11.0	16.0	16.0	8.0	68.09	53.5	1.057	12700	497	880	13.6	2.70	703	66.9	2.37
36c		100	13.0				75.29	59.1	1.061	13400	536	948	13.4	2.67	746	70.0	2.34
40a		100	10.5				75.04	58.9	1.144	17600	592	1070	15.3	2.81	879	78.8	2.49
40b	400	102	12.5	18.0	18.0	9.0	83.04	65.2	1.148	18600	640	1140	15.0	2.78	932	82.5	2.44
40c		104	14.5				91.04	71.5	1.152	19700	688	1220	14.7	2.75	986	86.2	2.42

注：表中 r、r_1 的数据用于孔型设计，不作为交货条件。

3. 等边角钢的规格、理论重量及截面特性（见表 7-254）

表 7-254　等边角钢的规格、理论重量及截面特性（GB/T 706—2016）

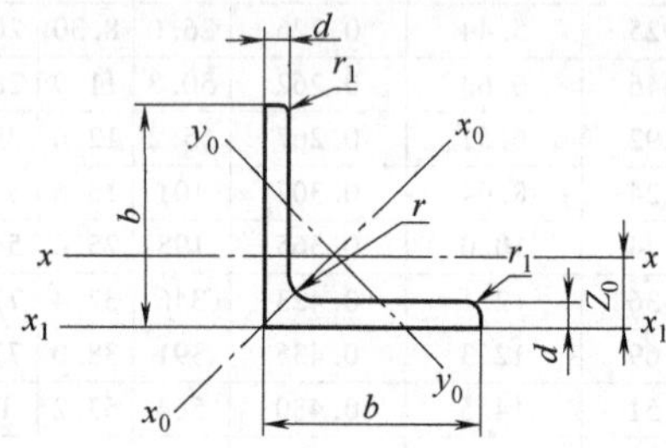

型号	截面尺寸/mm			截面面积/cm^2	理论重量/(kg/m)	表面积/(m^2/m)	惯性矩/cm^4				惯性半径/cm			截面模数/cm^3			重心距离
	b	d	r				I_x	I_{x1}	I_{x0}	I_{y0}	i_x	i_{x0}	i_{y0}	W_x	W_{x0}	W_{y0}	Z_0/cm
2	20	3	3.5	1.132	0.89	0.078	0.40	0.81	0.63	0.17	0.59	0.75	0.39	0.29	0.45	0.20	0.60
		4		1.459	1.15	0.077	0.50	1.09	0.78	0.22	0.58	0.73	0.38	0.36	0.55	0.24	0.64
2.5	25	3		1.432	1.12	0.098	0.82	1.57	1.29	0.34	0.76	0.95	0.49	0.46	0.73	0.33	0.73
		4		1.859	1.46	0.097	1.03	2.11	1.62	0.43	0.74	0.93	0.48	0.59	0.92	0.40	0.76
3.0	30	3	4.5	1.749	1.37	0.117	1.46	2.71	2.31	0.61	0.91	1.15	0.59	0.68	1.09	0.51	0.85
		4		2.276	1.79	0.117	1.84	3.63	2.92	0.77	0.90	1.13	0.58	0.87	1.37	0.62	0.89
3.6	36	3		2.109	1.66	0.141	2.58	4.68	4.09	1.07	1.11	1.39	0.71	0.99	1.61	0.76	1.00
		4		2.756	2.16	0.141	3.29	6.25	5.22	1.37	1.09	1.38	0.70	1.28	2.05	0.93	1.04
		5		3.382	2.65	0.141	3.95	7.84	6.24	1.65	1.08	1.36	0.7	1.56	2.45	1.00	1.07
4	40	3	5	2.359	1.85	0.157	3.59	6.41	5.69	1.49	1.23	1.55	0.79	1.23	2.01	0.96	1.09
		4		3.086	2.42	0.157	4.60	8.56	7.29	1.91	1.22	1.54	0.79	1.60	2.58	1.19	1.13
		5		3.792	2.98	0.156	5.53	10.7	8.76	2.30	1.21	1.52	0.78	1.96	3.10	1.39	1.17
4.5	45	3		2.659	2.09	0.177	5.17	9.12	8.20	2.14	1.40	1.76	0.89	1.58	2.58	1.24	1.22
		4		3.486	2.74	0.177	6.65	12.2	10.6	2.75	1.38	1.74	0.89	2.05	3.32	1.54	1.26
		5		4.292	3.37	0.176	8.04	15.2	12.7	3.33	1.37	1.72	0.88	2.51	4.00	1.81	1.30
		6		5.077	3.99	0.176	9.33	18.4	14.8	3.89	1.36	1.70	0.80	2.95	4.64	2.06	1.33
5	50	3	5.5	2.971	2.33	0.197	7.18	12.5	11.4	2.98	1.55	1.96	1.00	1.96	3.22	1.57	1.34
		4		3.897	3.06	0.197	9.26	16.7	14.7	3.82	1.54	1.94	0.99	2.56	4.16	1.96	1.38
		5		4.803	3.77	0.196	11.2	20.9	17.8	4.64	1.53	1.92	0.98	3.13	5.03	2.31	1.42
		6		5.688	4.46	0.196	13.1	25.1	20.7	5.42	1.52	1.91	0.98	3.68	5.85	2.63	1.46

（续）

型号	截面尺寸/mm			截面面积/cm²	理论重量/(kg/m)	表面积/(m²/m)	惯性矩/cm⁴				惯性半径/cm			截面模数/cm³			重心距离 Z_0/cm
	b	d	r				I_x	I_{x1}	I_{x0}	I_{y0}	i_x	i_{x0}	i_{y0}	W_x	W_{x0}	W_{y0}	
5.6	56	3	6	3.343	2.62	0.221	10.2	17.6	16.1	4.24	1.75	2.20	1.13	2.48	4.08	2.02	1.48
		4		4.39	3.45	0.220	13.2	23.4	20.9	5.46	1.73	2.18	1.11	3.24	5.28	2.52	1.53
		5		5.415	4.25	0.220	16.0	29.3	25.4	6.61	1.72	2.17	1.10	3.97	6.42	2.98	1.57
		6		6.42	5.04	0.220	18.7	35.3	29.7	7.73	1.71	2.15	1.10	4.68	7.49	3.40	1.61
		7		7.404	5.81	0.219	21.2	41.2	33.6	8.82	1.69	2.13	1.09	5.36	8.49	3.80	1.64
		8		8.367	6.57	0.219	23.6	47.2	37.4	9.89	1.68	2.11	1.09	6.03	9.44	4.16	1.68
6	60	5	6.5	5.829	4.58	0.236	19.9	36.1	31.6	8.21	1.85	2.33	1.19	4.59	7.44	3.48	1.67
		6		6.914	5.43	0.235	23.4	43.3	36.9	9.60	1.83	2.31	1.18	5.41	8.70	3.98	1.70
		7		7.977	6.26	0.235	26.4	50.7	41.9	11.0	1.82	2.29	1.17	6.21	9.88	4.45	1.74
		8		9.02	7.08	0.235	29.5	58.0	46.7	12.3	1.81	2.27	1.17	6.98	11.0	4.88	1.78
6.3	63	4	7	4.978	3.91	0.248	19.0	33.4	30.2	7.89	1.96	2.46	1.26	4.13	6.78	3.29	1.70
		5		6.143	4.82	0.248	23.2	41.7	36.8	9.57	1.94	2.45	1.25	5.08	8.25	3.90	1.74
		6		7.288	5.72	0.247	27.1	50.1	43.0	11.2	1.93	2.43	1.24	6.00	9.66	4.46	1.78
		7		8.412	6.60	0.247	30.9	58.6	49.0	12.8	1.92	2.41	1.23	6.88	11.0	4.98	1.82
		8		9.515	7.47	0.247	34.5	67.1	54.6	14.3	1.90	2.40	1.23	7.75	12.3	5.47	1.85
		10		11.66	9.15	0.246	41.1	84.3	64.9	17.3	1.88	2.36	1.22	9.39	14.6	6.36	1.93
7	70	4	8	5.570	4.37	0.275	26.4	45.7	41.8	11.0	2.18	2.74	1.40	5.14	8.44	4.17	1.86
		5		6.876	5.40	0.275	32.2	57.2	51.1	13.3	2.16	2.73	1.39	6.32	10.3	4.95	1.91
		6		8.160	6.41	0.275	37.8	68.7	59.9	15.6	2.15	2.71	1.38	7.48	12.1	5.67	1.95
		7		9.424	7.40	0.275	43.1	80.3	68.4	17.8	2.14	2.69	1.38	8.59	13.8	6.34	1.99
		8		10.67	8.37	0.274	48.2	91.9	76.4	20.0	2.12	2.68	1.37	9.68	15.4	6.98	2.03
7.5	75	5	9	7.412	5.82	0.295	40.0	70.6	63.3	16.6	2.33	2.92	1.50	7.32	11.9	5.77	2.04
		6		8.797	6.91	0.294	47.0	84.6	74.4	19.5	2.31	2.90	1.49	8.64	14.0	6.67	2.07
		7		10.16	7.98	0.294	53.6	98.7	85.0	22.2	2.30	2.89	1.48	9.93	16.0	7.44	2.11
		8		11.50	9.03	0.294	60.0	113	95.1	24.9	2.28	2.88	1.47	11.2	17.9	8.19	2.15
		9		12.83	10.1	0.294	66.1	127	105	27.5	2.27	2.86	1.46	12.4	19.8	8.89	2.18
		10		14.13	11.1	0.293	72.0	142	114	30.1	2.26	2.84	1.46	13.6	21.5	9.56	2.22
8	80	5		7.912	6.21	0.315	48.8	85.4	77.3	20.3	2.48	3.13	1.60	8.34	13.7	6.66	2.15
		6		9.397	7.38	0.314	57.4	103	91.0	23.7	2.47	3.11	1.59	9.87	16.1	7.65	2.19
		7		10.86	8.53	0.314	65.6	120	104	27.1	2.46	3.10	1.58	11.4	18.4	8.58	2.23
		8		12.30	9.66	0.314	73.5	137	117	30.4	2.44	3.08	1.57	12.8	20.6	9.46	2.27
		9		13.73	10.8	0.314	81.1	154	129	33.6	2.43	3.06	1.56	14.3	22.7	10.3	2.31
		10		15.13	11.9	0.313	88.4	172	140	36.8	2.42	3.04	1.56	15.6	24.8	11.1	2.35
9	90	6	10	10.64	8.35	0.354	82.8	146	131	34.3	2.79	3.51	1.80	12.6	20.6	9.95	2.44
		7		12.30	9.66	0.354	94.8	170	150	39.2	2.78	3.50	1.78	14.5	23.6	11.2	2.48
		8		13.94	10.9	0.353	106	195	169	44.0	2.76	3.48	1.78	16.4	26.6	12.4	2.52
		9		15.57	12.2	0.353	118	219	187	48.7	2.75	3.46	1.77	18.3	29.4	13.5	2.56
		10		17.17	13.5	0.353	129	244	204	53.3	2.74	3.45	1.76	20.1	32.0	14.5	2.59
		12		20.31	15.9	0.352	149	294	236	62.2	2.71	3.41	1.75	23.6	37.1	16.5	2.67
10	100	6	12	11.93	9.37	0.393	115	200	182	47.9	3.10	3.90	2.00	15.7	25.7	12.7	2.67
		7		13.80	10.8	0.393	132	234	209	54.7	3.09	3.89	1.99	18.1	29.6	14.3	2.71
		8		15.64	12.3	0.393	148	267	235	61.4	3.08	3.88	1.98	20.5	33.2	15.8	2.76
		9		17.46	13.7	0.392	164	300	260	68.0	3.07	3.86	1.97	22.8	36.8	17.2	2.80
		10		19.26	15.1	0.392	180	334	285	74.4	3.05	3.84	1.96	25.1	40.3	18.5	2.84
		12		22.80	17.9	0.391	209	402	331	86.8	3.03	3.81	1.95	29.5	46.8	21.1	2.91
		14		26.26	20.6	0.391	237	471	374	99.0	3.00	3.77	1.94	33.7	52.9	23.4	2.99

（续）

型号	截面尺寸/mm			截面面积/cm²	理论重量/(kg/m)	表面积/(m²/m)	惯性矩/cm⁴				惯性半径/cm			截面模数/cm³			重心距离
	b	d	r				I_x	I_{x1}	I_{x0}	I_{y0}	i_x	i_{x0}	i_{y0}	W_x	W_{x0}	W_{y0}	Z_0/cm
10	100	16	12	29.63	23.3	0.390	263	540	414	111	2.98	3.74	1.94	37.8	58.6	25.6	3.06
11	110	7	12	15.20	11.9	0.433	177	311	281	73.4	3.41	4.30	2.20	22.1	36.1	17.5	2.96
		8		17.24	13.5	0.433	199	355	316	82.4	3.40	4.28	2.19	25.0	40.7	19.4	3.01
		10		21.26	16.7	0.432	242	445	384	100	3.38	4.25	2.17	30.6	49.4	22.9	3.09
		12		25.20	19.8	0.431	283	535	448	117	3.35	4.22	2.15	36.1	57.6	26.2	3.16
		14		29.06	22.8	0.431	321	625	508	133	3.32	4.18	2.14	41.3	65.3	29.1	3.24
12.5	125	8	14	19.75	15.5	0.492	297	521	471	123	3.88	4.88	2.50	32.5	53.3	25.9	3.37
		10		24.37	19.1	0.491	362	652	574	149	3.85	4.85	2.48	40.0	64.9	30.6	3.45
		12		28.91	22.7	0.491	423	783	671	175	3.83	4.82	2.46	41.2	76.0	35.0	3.53
		14		33.37	26.2	0.490	482	916	764	200	3.80	4.78	2.45	54.2	86.4	39.1	3.61
		16		37.74	29.6	0.489	537	1050	851	224	3.77	4.75	2.43	60.9	96.3	43.0	3.68
14	140	10		27.37	21.5	0.551	515	915	817	212	4.34	5.46	2.78	50.6	82.6	39.2	3.82
		12		32.51	25.5	0.551	604	1100	959	249	4.31	5.43	2.76	59.8	96.9	45.0	3.90
		14		37.57	29.5	0.550	689	1280	1090	284	4.28	5.40	2.75	68.8	110	50.5	3.98
		16		42.54	33.4	0.549	770	1470	1220	319	4.26	5.36	2.74	77.5	123	55.6	4.06
15	150	8	16	23.75	18.6	0.592	521	900	827	215	4.69	5.90	3.01	47.4	78.0	38.1	3.99
		10		29.37	23.1	0.591	638	1130	1010	262	4.66	5.87	2.99	58.4	95.5	45.5	4.08
		12		34.91	27.4	0.591	749	1350	1190	308	4.63	5.84	2.97	69.0	112	52.4	4.15
		14		40.37	31.7	0.590	856	1580	1360	352	4.60	5.80	2.95	79.5	128	58.8	4.23
		15		43.06	33.8	0.590	907	1690	1440	374	4.59	5.78	2.95	84.6	136	61.9	4.27
		16		45.74	35.9	0.589	958	1810	1520	395	4.58	5.77	2.94	89.6	143	64.9	4.31
16	160	10		31.50	24.7	0.630	780	1370	1240	322	4.98	6.27	3.20	66.7	109	52.8	4.31
		12		37.44	29.4	0.630	917	1640	1460	377	4.95	6.24	3.18	79.0	129	60.7	4.39
		14		43.30	34.0	0.629	1050	1910	1670	432	4.92	6.20	3.16	91.0	147	68.2	4.47
		16		49.07	38.5	0.629	1180	2190	1870	485	4.89	6.17	3.14	103	165	75.3	4.55
18	180	12		42.24	33.2	0.710	1320	2330	2100	543	5.59	7.05	3.58	101	165	78.4	4.89
		14		48.90	38.4	0.709	1510	2720	2410	622	5.56	7.02	3.56	116	189	88.4	4.97
		16		55.47	43.5	0.709	1700	3120	2700	699	5.54	6.98	3.55	131	212	97.8	5.05
		18		61.96	48.6	0.708	1880	3500	2990	762	5.50	6.94	3.51	146	235	105	5.13
20	200	14	18	54.64	42.9	0.788	2100	3730	3340	864	6.20	7.82	3.98	145	236	112	5.46
		16		62.01	48.7	0.788	2370	4270	3760	971	6.18	7.79	3.96	164	266	124	5.54
		18		69.30	54.4	0.787	2620	4810	4160	1080	6.15	7.75	3.94	182	294	136	5.62
		20		76.51	60.1	0.787	2870	5350	4550	1180	6.12	7.72	3.93	200	322	147	5.69
		24		90.66	71.2	0.785	3340	6460	5290	1380	6.07	7.64	3.90	236	374	167	5.87
22	220	16	21	68.67	53.9	0.866	3190	5680	5060	1310	6.81	8.59	4.37	200	326	154	6.03
		18		76.75	60.3	0.866	3540	6400	5620	1450	6.79	8.55	4.35	223	361	168	6.11
		20		84.76	66.5	0.865	3870	7110	6150	1590	6.76	8.52	4.34	245	395	182	6.18
		22		92.68	72.8	0.865	4200	7830	6670	1730	6.73	8.48	4.32	267	429	195	6.26
		24		100.5	78.9	0.864	4520	8550	7170	1870	6.71	8.45	4.31	289	461	208	6.33
		26		108.3	85.0	0.864	4830	9280	7690	2000	6.68	8.41	4.30	310	492	221	6.41
25	250	18	24	87.84	69.0	0.985	5270	9380	8370	2170	7.75	9.76	4.97	290	473	224	6.84
		20		97.05	76.2	0.984	5780	10400	9180	2380	7.72	9.73	4.95	320	519	243	6.92
		22		106.2	83.3	0.983	6280	11500	9970	2580	7.69	9.69	4.93	349	564	261	7.00
		24		115.2	90.4	0.983	6770	12500	10700	2790	7.67	9.66	4.92	378	608	278	7.07
		26		124.2	97.5	0.982	7240	13600	11500	2980	7.64	9.62	4.90	406	650	295	7.15
		28		133.0	104	0.982	7700	14600	12200	3180	7.61	9.58	4.89	433	691	311	7.22

（续）

型号	截面尺寸/mm			截面面积/cm²	理论重量/(kg/m)	表面积/(m²/m)	惯性矩/cm⁴				惯性半径/cm			截面模数/cm³			重心距离
	b	d	r				I_x	I_{x1}	I_{x0}	I_{y0}	i_x	i_{x0}	i_{y0}	W_x	W_{x0}	W_{y0}	Z_0/cm
25	250	30	24	141.8	111	0.981	8160	15700	12900	3380	7.58	9.55	4.88	461	731	327	7.30
		32		150.5	118	0.981	8600	16800	13600	3570	7.56	9.51	4.87	488	770	342	7.37
		35		163.4	128	0.980	9240	18400	14600	3850	7.52	9.46	4.86	527	827	364	7.48

注：截面图中的 $r_1=1/3d$ 及表中 r 的数据用于孔型设计，不作为交货条件。

4. 不等边角钢的规格、理论重量及截面特性（见表 7-255）

表 7-255　不等边角钢的规格、理论重量及截面特性（GB/T 706—2016）

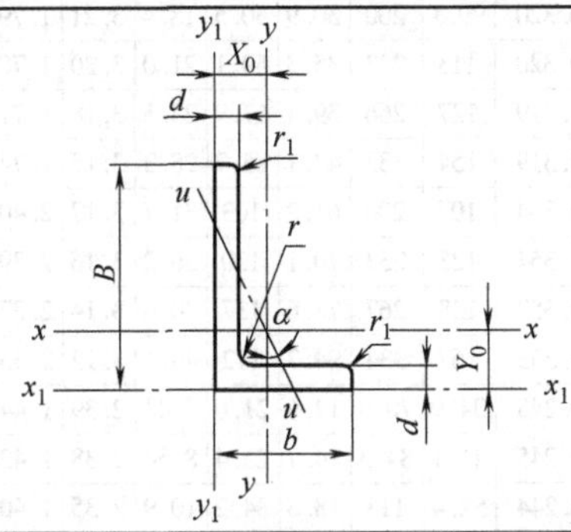

型号	截面尺寸/mm				截面面积/cm²	理论重量/(kg/m)	表面积/(m²/m)	惯性矩/cm⁴					惯性半径/cm			截面模数/cm³			tanα	重心距离/cm	
	B	b	d	r				I_x	I_{x1}	I_y	I_{y1}	I_u	i_x	i_y	i_u	W_x	W_y	W_u		X_0	Y_0
2.5/1.6	25	16	3	3.5	1.162	0.91	0.080	0.70	1.56	0.22	0.43	0.14	0.78	0.44	0.34	0.43	0.19	0.16	0.392	0.42	0.86
			4		1.499	1.18	0.079	0.88	2.09	0.27	0.59	0.17	0.77	0.43	0.34	0.55	0.24	0.20	0.381	0.46	0.90
3.2/2	32	20	3		1.492	1.17	0.102	1.53	3.27	0.46	0.82	0.28	1.01	0.55	0.43	0.72	0.30	0.25	0.382	0.49	1.08
			4		1.939	1.52	0.101	1.93	4.37	0.57	1.12	0.35	1.00	0.54	0.42	0.93	0.39	0.32	0.374	0.53	1.12
4/2.5	40	25	3	4	1.890	1.48	0.127	3.08	5.39	0.93	1.59	0.56	1.28	0.70	0.54	1.15	0.49	0.40	0.385	0.59	1.32
			4		2.467	1.94	0.127	3.93	8.53	1.18	2.14	0.71	1.36	0.69	0.54	1.49	0.63	0.52	0.381	0.63	1.37
4.5/2.8	45	28	3	5	2.149	1.69	0.143	4.45	9.10	1.34	2.23	0.80	1.44	0.79	0.61	1.47	0.62	0.51	0.383	0.64	1.47
			4		2.806	2.20	0.143	5.69	12.1	1.70	3.00	1.02	1.42	0.78	0.60	1.91	0.80	0.66	0.380	0.68	1.51
5/3.2	50	32	3	5.5	2.431	1.91	0.161	6.24	12.5	2.02	3.31	1.20	1.60	0.91	0.70	1.84	0.82	0.68	0.404	0.73	1.60
			4		3.177	2.49	0.160	8.02	16.7	2.58	4.45	1.53	1.59	0.90	0.69	2.39	1.06	0.87	0.402	0.77	1.65
5.6/3.6	56	36	3	6	2.743	2.15	0.181	8.88	17.5	2.92	4.7	1.73	1.80	1.03	0.79	2.32	1.05	0.87	0.408	0.80	1.78
			4		3.590	2.82	0.180	11.5	23.4	3.76	6.33	2.23	1.79	1.02	0.79	3.03	1.37	1.13	0.408	0.85	1.82
			5		4.415	3.47	0.180	13.9	29.3	4.49	7.94	2.67	1.77	1.01	0.78	3.71	1.65	1.36	0.404	0.88	1.87
6.3/4	63	40	4	7	4.058	3.19	0.202	16.5	33.3	5.23	8.63	3.12	2.02	1.14	0.88	3.87	1.70	1.40	0.398	0.92	2.04
			5		4.993	3.92	0.202	20.0	41.6	6.31	10.9	3.76	2.00	1.12	0.87	4.74	2.07	1.71	0.396	0.95	2.08
			6		5.908	4.64	0.201	23.4	50.0	7.29	13.1	4.34	1.96	1.11	0.86	5.59	2.43	1.99	0.393	0.99	2.12
			7		6.802	5.34	0.201	26.5	58.1	8.24	15.5	4.97	1.98	1.10	0.86	6.40	2.78	2.29	0.389	1.03	2.15
7/4.5	70	45	4	7.5	4.553	3.57	0.226	23.2	45.9	7.55	12.3	4.40	2.26	1.29	0.98	4.86	2.17	1.77	0.410	1.02	2.24
			5		5.609	4.40	0.225	28.0	57.1	9.13	15.4	5.40	2.23	1.28	0.98	5.92	2.65	2.19	0.407	1.06	2.28
			6		6.644	5.22	0.225	32.5	68.4	10.6	18.6	6.35	2.21	1.26	0.98	6.95	3.12	2.59	0.404	1.09	2.32
			7		7.658	6.01	0.225	37.2	80.0	12.0	21.8	7.16	2.20	1.25	0.97	8.03	3.57	2.94	0.402	1.13	2.36
7.5/5	75	50	5	8	6.126	4.81	0.245	34.9	70.0	12.6	21.0	7.41	2.39	1.44	1.10	6.83	3.3	2.74	0.435	1.17	2.40
			6		7.260	5.70	0.245	41.1	84.3	14.7	25.4	8.54	2.38	1.42	1.08	8.12	3.88	3.19	0.435	1.21	2.44
			8		9.467	7.43	0.244	52.4	113	18.5	34.2	10.9	2.35	1.40	1.07	10.5	4.99	4.10	0.429	1.29	2.52
			10		11.59	9.10	0.244	62.7	141	22.0	43.4	13.1	2.33	1.38	1.06	12.8	6.04	4.99	0.423	1.36	2.60

（续）

型号	截面尺寸/mm B	b	d	r	截面面积/cm²	理论重量/(kg/m)	表面积/(m²/m)	惯性矩/cm⁴ I_x	I_{x1}	I_y	I_{y1}	I_u	惯性半径/cm i_x	i_y	i_u	截面模数/cm³ W_x	W_y	W_u	tanα	重心距离/cm X_0	Y_0
8/5	80	50	5	8	6.376	5.00	0.255	42.0	85.2	12.8	21.1	7.66	2.56	1.42	1.10	7.78	3.32	2.74	0.388	1.14	2.60
			6		7.560	5.93	0.255	49.5	103	15.0	25.4	8.85	2.56	1.41	1.08	9.25	3.91	3.20	0.387	1.18	2.65
			7		8.724	6.85	0.255	56.2	119	17.0	29.8	10.2	2.54	1.39	1.08	10.6	4.48	3.70	0.384	1.21	2.69
			8		9.867	7.75	0.254	62.8	136	18.9	34.3	11.4	2.52	1.38	1.07	11.9	5.03	4.16	0.381	1.25	2.73
9/5.6	90	56	5	9	7.212	5.66	0.287	60.5	121	18.3	29.5	11.0	2.90	1.59	1.23	9.92	4.21	3.49	0.385	1.25	2.91
			6		8.557	6.72	0.286	71.0	146	21.4	35.6	12.9	2.88	1.58	1.23	11.7	4.96	4.13	0.384	1.29	2.95
			7		9.881	7.76	0.286	81.0	170	24.4	41.7	14.7	2.86	1.57	1.22	13.5	5.70	4.72	0.382	1.33	3.00
			8		11.18	8.78	0.286	91.0	194	27.2	47.9	16.3	2.85	1.56	1.21	15.3	6.41	5.29	0.380	1.36	3.04
10/6.3	100	63	6	10	9.618	7.55	0.320	99.1	200	30.9	50.5	18.4	3.21	1.79	1.38	14.6	6.35	5.25	0.394	1.43	3.24
			7		11.11	8.72	0.320	113	233	35.3	59.1	21.0	3.20	1.78	1.38	16.9	7.29	6.02	0.394	1.47	3.28
			8		12.58	9.88	0.319	127	266	39.4	67.9	23.5	3.18	1.77	1.37	19.1	8.21	6.78	0.391	1.50	3.32
			10		15.47	12.1	0.319	154	333	47.1	85.7	28.3	3.15	1.74	1.35	23.3	9.98	8.24	0.387	1.58	3.40
10/8	100	80	6	10	10.64	8.35	0.354	107	200	61.2	103	31.7	3.17	2.40	1.72	15.2	10.2	8.37	0.627	1.97	2.95
			7		12.30	9.66	0.354	123	233	70.1	120	36.2	3.16	2.39	1.72	17.5	11.7	9.60	0.626	2.01	3.00
			8		13.94	10.9	0.353	138	267	78.6	137	40.6	3.14	2.37	1.71	19.8	13.2	10.8	0.625	2.05	3.04
			10		17.17	13.5	0.353	167	334	94.7	172	49.1	3.12	2.35	1.69	24.2	16.1	13.1	0.622	2.13	3.12
7.5/5	75	50	5	8	6.126	4.81	0.245	34.9	70.0	12.6	21.0	7.41	2.39	1.44	1.10	6.83	3.3	2.74	0.435	1.17	2.40
			6		7.260	5.70	0.245	41.1	84.3	14.7	25.4	8.54	2.38	1.42	1.08	8.12	3.88	3.19	0.435	1.21	2.44
			8		9.467	7.43	0.244	52.4	113	18.5	34.2	10.9	2.35	1.40	1.07	10.5	4.99	4.10	0.429	1.29	2.52
			10		11.59	9.10	0.244	62.7	141	22.0	43.4	13.1	2.33	1.38	1.06	12.8	6.04	4.99	0.423	1.36	2.60
8/5	80	50	5		6.376	5.00	0.255	42.0	85.2	12.8	21.1	7.66	2.56	1.42	1.10	7.78	3.32	2.74	0.388	1.14	2.60
			6		7.560	5.93	0.255	49.5	103	15.0	25.4	8.85	2.56	1.41	1.08	9.25	3.91	3.20	0.387	1.18	2.65
			7		8.724	6.85	0.255	56.2	119	17.0	29.8	10.2	2.54	1.39	1.08	10.6	4.48	3.70	0.384	1.21	2.69
			8		9.867	7.75	0.254	62.8	136	18.9	34.3	11.4	2.52	1.38	1.07	11.9	5.03	4.16	0.381	1.25	2.73
9/5.6	90	56	5	9	7.212	5.66	0.287	60.5	121	18.3	29.5	11.0	2.90	1.59	1.23	9.92	4.21	3.49	0.385	1.25	2.91
			6		8.557	6.72	0.286	71.0	146	21.4	35.6	12.9	2.88	1.58	1.23	11.7	4.96	4.13	0.384	1.29	2.95
			7		9.881	7.76	0.286	81.0	170	24.4	41.7	14.7	2.86	1.57	1.22	13.5	5.70	4.72	0.382	1.33	3.00
			8		11.18	8.78	0.286	91.0	194	27.2	47.9	16.3	2.85	1.56	1.21	15.3	6.41	5.29	0.380	1.36	3.04
10/6.3	100	63	6	10	9.618	7.55	0.320	99.1	200	30.9	50.5	18.4	3.21	1.79	1.38	14.6	6.35	5.25	0.394	1.43	3.24
			7		11.11	8.72	0.320	113	233	35.3	59.1	21.0	3.20	1.78	1.38	16.9	7.29	6.02	0.394	1.47	3.28
			8		12.58	9.88	0.319	127	266	39.4	67.9	23.5	3.18	1.77	1.37	19.1	8.21	6.78	0.391	1.50	3.32
			10		15.47	12.1	0.319	154	333	47.1	85.7	28.3	3.15	1.74	1.35	23.3	9.98	8.24	0.387	1.58	3.40
10/8	100	80	6	10	10.64	8.35	0.354	107	200	61.2	103	31.7	3.17	2.40	1.72	15.2	10.2	8.37	0.627	1.97	2.95
			7		12.30	9.66	0.354	123	233	70.1	120	36.2	3.16	2.39	1.72	17.5	11.7	9.60	0.626	2.01	3.00
			8		13.94	10.9	0.353	138	267	78.6	137	40.6	3.14	2.37	1.71	19.8	13.2	10.8	0.625	2.05	3.04
			10		17.17	13.5	0.353	167	334	94.7	172	49.1	3.12	2.35	1.69	24.2	16.1	13.1	0.622	2.13	3.12
11/7	110	70	6	10	10.64	8.35	0.354	133	266	42.9	69.1	25.4	3.54	2.01	1.54	17.9	7.90	6.53	0.403	1.57	3.53
			7		12.30	9.66	0.354	153	310	49.0	80.8	29.0	3.53	2.00	1.53	20.6	9.09	7.50	0.402	1.61	3.57
			8		13.94	10.9	0.353	172	354	54.9	92.7	32.5	3.51	1.98	1.53	23.3	10.3	8.45	0.401	1.65	3.62
			10		17.17	13.5	0.353	208	443	65.9	117	39.2	3.48	1.96	1.51	28.5	12.5	10.3	0.397	1.72	3.70
12.5/8	125	80	7	11	14.10	11.1	0.403	228	455	74.4	120	43.8	4.02	2.30	1.76	26.9	12.0	9.92	0.408	1.80	4.01
			8		15.99	12.6	0.403	257	520	83.5	138	49.2	4.01	2.28	1.75	30.4	13.6	11.2	0.407	1.84	4.06
			10		19.71	15.5	0.402	312	650	101	173	59.5	3.98	2.26	1.74	37.3	16.6	13.6	0.404	1.92	4.14
			12		23.35	18.3	0.402	364	780	117	210	69.4	3.95	2.24	1.72	44.0	19.4	16.0	0.400	2.00	4.22
14/9	140	90	8	12	18.04	14.2	0.453	366	731	121	196	70.8	4.50	2.59	1.98	38.5	17.3	14.3	0.411	2.04	4.50
			10		22.26	17.5	0.452	446	913	140	246	85.8	4.47	2.56	1.96	47.3	21.2	17.5	0.409	2.12	4.58
			12		26.40	20.7	0.451	522	1100	170	297	100	4.44	2.54	1.95	55.9	25.0	20.5	0.406	2.19	4.66

（续）

型号	截面尺寸/mm				截面面积/cm^2	理论重量/(kg/m)	表面积/(m^2/m)	惯性矩/cm^4					惯性半径/cm			截面模数/cm^3			tanα	重心距离/cm	
	B	b	d	r				I_x	I_{x1}	I_y	I_{y1}	I_u	i_x	i_y	i_u	W_x	W_y	W_u		X_0	Y_0
14/9	140	90	14		30.46	23.9	0.451	594	1280	192	349	114	4.42	2.51	1.94	64.2	28.5	23.5	0.403	2.27	4.74
15/9	150	90	8	12	18.84	14.8	0.473	442	898	123	196	74.1	4.84	2.55	1.98	43.9	17.5	14.5	0.364	1.97	4.92
			10		23.26	18.3	0.472	539	1120	149	246	89.9	4.81	2.53	1.97	54.0	21.4	17.7	0.362	2.05	5.01
			12		27.60	21.7	0.471	632	1350	173	297	105	4.79	2.50	1.95	63.8	25.1	20.8	0.359	2.12	5.09
			14		31.86	25.0	0.471	721	1570	196	350	120	4.76	2.48	1.94	73.3	28.8	23.8	0.356	2.20	5.17
			15		33.95	26.7	0.471	764	1680	207	376	127	4.74	2.47	1.93	78.0	30.5	25.3	0.354	2.24	5.21
			16		36.03	28.3	0.470	806	1800	217	403	134	4.73	2.45	1.93	82.6	32.3	26.8	0.352	2.27	5.25
16/10	160	100	10	13	25.32	19.9	0.512	669	1360	205	337	122	5.14	2.85	2.19	62.1	26.6	21.9	0.390	2.28	5.24
			12		30.05	23.6	0.511	785	1640	239	406	142	5.11	2.82	2.17	73.5	31.3	25.8	0.388	2.36	5.32
			14		34.71	27.2	0.510	896	1910	271	476	162	5.08	2.80	2.16	84.6	35.8	29.6	0.385	2.43	5.40
			16		39.28	30.8	0.510	1000	2180	302	548	183	5.05	2.77	2.16	95.3	40.2	33.4	0.382	2.51	5.48
18/11	180	110	10	14	28.37	22.3	0.571	956	1940	278	447	167	5.80	3.13	2.42	79.0	32.5	26.9	0.376	2.44	5.89
			12		33.71	26.5	0.571	1120	2330	325	539	195	5.78	3.10	2.40	93.5	38.3	31.7	0.374	2.52	5.98
			14		38.97	30.6	0.570	1290	2720	370	632	222	5.75	3.08	2.39	108	44.0	36.3	0.372	2.59	6.06
			16		44.14	34.6	0.569	1440	3110	412	726	249	5.72	3.06	2.38	122	49.4	40.9	0.369	2.67	6.14
20/12.5	200	125	12		37.91	29.8	0.641	1570	3190	483	788	286	6.44	3.57	2.74	117	50.0	41.2	0.392	2.83	6.54
			14		43.87	34.4	0.640	1800	3730	551	922	327	6.41	3.54	2.73	135	57.4	47.3	0.390	2.91	6.62
			16		49.74	39.0	0.639	2020	4260	615	1060	366	6.38	3.52	2.71	152	64.9	53.3	0.388	2.99	6.70
			18		55.53	43.6	0.639	2240	4790	677	1200	405	6.35	3.49	2.70	169	71.7	59.2	0.385	3.06	6.78

注：截面图中的 $r_1=1/3d$ 及表中 r 的数据用于孔型设计，不作为交货条件。

7.6.7　热轧 H 型钢和剖分 T 型钢

1. 热轧 H 型钢

（1）热轧 H 型钢的分类、代号与结构（见表 7-256）

表 7-256　热轧 H 型钢的分类、代号与结构（GB/T 11263—2017）

名称	类别	代号	结构
热轧 H 型钢	宽翼缘 H 型钢	HW	
	中翼缘 H 型钢	HM	
	窄翼缘 H 型钢	HN	
	薄壁 H 型钢	HT	

（2）热轧 H 型钢的规格、理论重量及截面特性（见表 7-257）

表 7-257　热轧 H 型钢的规格、理论重量及截面特性（GB/T 11263—2017）

类别	型号 (H×B)	截面尺寸/mm					截面面积/cm^2	理论重量/(kg/m)	表面积/(m^2/m)	惯性矩/cm^4		惯性半径/cm		截面模数/cm^3	
		H	B	t_1	t_2	r				I_x	I_y	i_x	i_y	W_x	W_y
HW	100×100	100	100	6	8	8	21.58	16.9	0.574	378	134	4.18	2.48	75.6	26.7
	125×125	125	125	6.5	9	8	30.00	23.6	0.723	839	293	5.28	3.12	134	46.9

（续）

类别	型号 (H×B)	截面尺寸/mm					截面面积/cm^2	理论重量/(kg/m)	表面积/(m^2/m)	惯性矩/cm^4		惯性半径/cm		截面模数/cm^3	
		H	B	t_1	t_2	r				I_x	I_y	i_x	i_y	W_x	W_y
HW	150×150	150	150	7	10	8	39.64	31.1	0.872	1620	563	6.39	3.76	216	75.1
	175×175	175	175	7.5	11	13	51.42	40.4	1.01	2900	984	7.50	4.37	331	112
	200×200	200	200	8	12	13	63.53	49.9	1.16	4720	1600	8.61	5.02	472	160
		*200	204	12	12	13	71.53	56.2	1.17	4980	1700	8.34	4.87	498	167
	250×250	*244	252	11	11	13	81.31	63.8	1.45	8700	2940	10.3	6.01	713	233
		250	250	9	14	13	91.43	71.8	1.46	10700	3650	10.8	6.31	860	292
		*250	255	14	14	13	103.9	81.6	1.47	11400	3880	10.5	6.10	912	304
	300×300	*294	302	12	12	13	106.3	83.5	1.75	16600	5510	12.5	7.20	1130	365
		300	300	10	15	13	118.5	93.0	1.76	20200	6750	13.1	7.55	1350	450
		*300	305	15	15	13	133.5	105	1.77	21300	7100	12.6	7.29	1420	466
	350×350	*338	351	13	13	13	133.3	105	2.03	27700	9380	14.4	8.38	1640	534
		*344	348	10	16	13	144.0	113	2.04	32800	11200	15.1	8.83	1910	646
		*344	354	16	16	13	164.7	129	2.05	34900	11800	14.6	8.48	2030	669
		350	350	12	19	13	171.9	135	2.05	39800	13600	15.2	8.88	2280	776
		*350	357	19	19	13	196.4	154	2.07	42300	14400	14.7	8.57	2420	808
	400×400	*388	402	15	15	22	178.5	140	2.32	49000	16300	16.6	9.54	2520	809
		*394	398	11	18	22	186.8	147	2.32	56100	18900	17.3	10.1	2850	951
		*394	405	18	18	22	214.4	168	2.33	59700	20000	16.7	9.64	3030	985
		400	400	13	21	22	218.7	172	2.34	66600	22400	17.5	10.1	3330	1120
		*400	408	21	21	22	250.7	197	2.35	70900	23800	16.8	9.74	3540	1170
		*414	405	18	28	22	295.4	232	2.37	92800	31000	17.7	10.2	4480	1530
		*428	407	20	35	22	360.7	283	2.41	119000	39400	18.2	10.4	5570	1930
		*458	417	30	50	22	528.6	415	2.49	187000	60500	18.8	10.7	8170	2900
		*498	432	45	70	22	770.1	604	2.60	298000	94400	19.7	11.1	12000	4370
	500×500	*492	465	15	20	22	258.0	202	2.78	117000	33500	21.3	11.4	4770	1440
		*502	465	15	25	22	304.5	239	2.80	146000	41900	21.9	11.7	5810	1800
		*502	470	20	25	22	329.6	259	2.81	151000	43300	21.4	11.5	6020	1840
HM	150×100	148	100	6	9	8	26.34	20.7	0.670	1000	150	6.16	2.38	135	30.1
	200×150	194	150	6	9	8	38.10	29.9	0.962	2630	507	8.30	3.64	271	67.6
	250×175	244	175	7	11	13	55.49	43.6	1.15	6040	984	10.4	4.21	495	112
	300×200	294	200	8	12	13	71.05	55.8	1.35	11100	1600	12.5	4.74	756	160
		*298	201	9	14	13	82.03	64.4	1.36	13100	1900	12.6	4.80	878	189
	350×250	340	250	9	14	13	99.53	78.1	1.64	21200	3650	14.6	6.05	1250	292
	400×300	390	300	10	16	13	133.3	105	1.94	37900	7200	16.9	7.35	1940	480
	450×300	440	300	11	18	13	153.9	121	2.04	54700	8110	18.9	7.25	2490	540
	500×300	*482	300	11	15	13	141.2	111	2.12	58300	6760	20.3	6.91	2420	450
		488	300	11	18	13	159.2	125	2.13	68900	8110	20.8	7.13	2820	540
	550×300	*544	300	11	15	13	148.0	116	2.24	76400	6760	22.7	6.75	2810	450
		*550	300	11	18	13	166.0	130	2.26	89800	8110	23.3	6.98	3270	540
	600×300	*582	300	12	17	13	169.2	133	2.32	98900	7660	24.2	6.72	3400	511
		588	300	12	20	13	187.2	147	2.33	114000	9010	24.7	6.93	3890	601
		*594	302	14	23	13	217.1	170	2.35	134000	10600	24.8	6.97	4500	700
HN	*100×50	100	50	5	7	8	11.84	9.30	0.376	187	14.8	3.97	1.11	37.5	5.91
	*125×60	125	60	6	8	8	16.68	13.1	0.464	409	29.1	4.95	1.32	65.4	9.71
	150×75	150	75	5	7	8	17.84	14.0	0.576	666	49.5	6.10	1.66	88.8	13.2
	175×90	175	90	5	8	8	22.89	18.0	0.686	1210	97.5	7.25	2.06	138	21.7
	200×100	*198	99	4.5	7	8	22.68	17.8	0.769	1540	113	8.24	2.23	156	22.9

（续）

类别	型号（$H×B$）	截面尺寸/mm					截面面积/cm^2	理论重量/（kg/m）	表面积/（m^2/m）	惯性矩/cm^4		惯性半径/cm		截面模数/cm^3	
		H	B	t_1	t_2	r				I_x	I_y	i_x	i_y	W_x	W_y
HN	200×100	200	100	5.5	8	8	26.66	20.9	0.775	1810	134	8.22	2.23	181	26.7
	250×125	*248	124	5	8	8	31.98	25.1	0.968	3450	255	10.4	2.82	278	41.1
		250	125	6	9	8	36.96	29.0	0.974	3960	294	10.4	2.81	317	47.0
	300×150	*298	149	5.5	8	13	40.80	32.0	1.16	6320	442	12.4	3.29	424	59.3
		300	150	6.5	9	13	46.78	36.7	1.16	7210	508	12.4	3.29	481	67.7
	350×175	*346	174	6	9	13	52.45	41.2	1.35	11000	791	14.5	3.88	638	91.0
		350	175	7	11	13	62.91	49.4	1.36	13500	984	14.6	3.95	771	112
	400×150	400	150	8	13	13	70.37	55.2	1.36	18600	734	16.3	3.22	929	97.8
	400×200	*396	199	7	11	13	71.41	56.1	1.55	19800	1450	16.6	4.50	999	145
		400	200	8	13	13	83.37	65.4	1.56	23500	1740	16.8	4.56	1170	174
	450×150	*446	150	7	12	13	66.99	52.6	1.46	22000	677	18.1	3.17	985	90.3
		450	151	8	14	13	77.49	60.8	1.47	25700	806	18.2	3.22	1140	107
	450×200	*446	199	8	12	13	82.97	65.1	1.65	28100	1580	18.4	4.36	1260	159
		450	200	9	14	13	95.43	74.9	1.66	32900	1870	18.6	4.42	1460	187
	475×150	*470	150	7	13	13	71.53	56.2	1.50	26200	733	19.1	3.20	1110	97.8
		*475	151.5	8.5	15.5	13	86.15	67.6	1.52	31700	901	19.2	3.23	1330	119
		482	153.5	10.5	19	13	106.4	83.5	1.53	39600	1150	19.3	3.28	1640	150
	500×150	*492	150	7	12	13	70.21	55.1	1.55	27500	677	19.8	3.10	1120	90.3
		*500	152	9	16	13	92.21	72.4	1.57	37000	940	20.0	3.19	1480	124
		504	153	10	18	13	103.3	81.1	1.58	41900	1080	20.1	3.23	1660	141
	500×200	*496	199	9	14	13	99.29	77.9	1.75	40800	1840	20.3	4.30	1650	185
		500	200	10	16	13	112.3	88.1	1.76	46800	2140	20.4	4.36	1870	214
		*506	201	11	19	13	129.3	102	1.77	55500	2580	20.7	4.46	2190	257
	550×200	*546	199	9	14	13	103.8	81.5	1.85	50800	1840	22.1	4.21	1860	185
		550	200	10	16	13	117.3	92.0	1.86	58200	2140	22.3	4.27	2120	214
	600×200	*596	199	10	15	13	117.8	92.4	1.95	66600	1980	23.8	4.09	2240	199
		600	200	11	17	13	131.7	103	1.96	75600	2270	24.0	4.15	2520	227
		*606	201	12	20	13	149.8	118	1.97	88300	2720	24.3	4.25	2910	270
	625×200	*625	198.5	13.5	17.5	13	150.6	118	1.99	88500	2300	24.2	3.90	2830	231
		630	200	15	20	13	170.0	133	2.01	101000	2690	24.4	3.97	3220	268
		*638	202	17	24	13	198.7	156	2.03	122000	3320	24.8	4.09	3820	329
	650×300	*646	299	12	18	18	183.6	144	2.43	13100	8030	26.7	6.61	4080	537
		*650	300	13	20	18	202.1	159	2.44	146000	9010	26.9	6.67	4500	601
		*654	301	14	22	18	220.6	173	2.45	161000	10000	27.4	6.81	4930	666
	700×300	*692	300	13	20	18	207.5	163	2.53	168000	9020	28.5	6.59	4870	601
		700	300	13	24	18	231.5	182	2.54	197000	10800	29.2	6.83	5640	721
	750×300	*734	299	12	16	18	182.7	143	2.61	161000	7140	29.7	6.25	4390	478
		*742	300	13	20	18	214.0	168	2.63	197000	9020	30.4	6.49	5320	601
		*750	300	13	24	18	238.0	187	2.64	231000	10800	31.1	6.74	6150	721
		*758	303	16	28	18	284.8	224	2.67	276000	13000	31.1	6.75	7270	859
	800×300	*792	300	14	22	18	239.5	188	2.73	248000	9920	32.2	6.43	6270	661
		800	300	14	26	18	263.5	207	2.74	286000	11700	33.0	6.66	7160	781
	850×300	*834	298	14	19	18	227.5	179	2.80	251000	8400	33.2	6.07	6020	564
		*842	299	15	23	18	259.7	204	2.82	298000	10300	33.9	6.28	7080	687
		*850	300	16	27	18	292.1	229	2.84	346000	12200	34.4	6.45	8140	812
		*858	301	17	31	18	324.7	255	2.86	395000	14100	34.9	6.59	9210	939
	900×300	*890	299	15	23	18	266.9	210	2.92	339000	10300	35.6	6.20	7610	687

（续）

类别	型号 (H×B)	截面尺寸/mm					截面面积/cm^2	理论重量/(kg/m)	表面积/(m^2/m)	惯性矩/cm^4		惯性半径/cm		截面模数/cm^3	
		H	B	t_1	t_2	r				I_x	I_y	i_x	i_y	W_x	W_y
HN	900×300	900	300	16	28	18	305.8	240	2.94	404000	12600	36.4	6.42	8990	842
		*912	302	18	34	18	360.1	283	2.97	491000	15700	36.9	6.59	10800	1040
	1000×300	*970	297	16	21	18	276.0	217	3.07	393000	9210	37.8	5.77	8110	620
		*980	298	17	26	18	315.5	248	3.09	472000	11500	38.7	6.04	9630	772
		*990	298	17	31	18	345.3	271	3.11	544000	13700	39.7	6.30	11000	921
		*1000	300	19	36	18	395.1	310	3.13	634000	16300	40.1	6.41	12700	1080
		*1008	302	21	40	18	439.3	345	3.15	712000	18400	40.3	6.47	14100	1220
HT	100×50	95	48	3.2	4.5	8	7.620	5.98	0.362	115	8.39	3.88	1.04	24.2	3.49
		97	49	4	5.5	8	9.370	7.36	0.368	143	10.9	3.91	1.07	29.6	4.45
	100×100	96	99	4.5	6	8	16.20	12.7	0.565	272	97.2	4.09	2.44	56.7	19.6
	125×60	118	58	3.2	4.5	8	9.250	7.26	0.448	218	14.7	4.85	1.26	37.0	5.08
		120	59	4	5.5	8	11.39	8.94	0.454	271	19.0	4.87	1.29	45.2	6.43
	125×125	119	123	4.5	6	8	20.12	15.8	0.707	532	186	5.14	3.04	89.5	30.3
	150×75	145	73	3.2	4.5	8	11.47	9.00	0.562	416	29.3	6.01	1.59	57.3	8.02
		147	74	4	5.5	8	14.12	11.1	0.568	516	37.3	6.04	1.62	70.2	10.1
	150×100	139	97	3.2	4.5	8	13.43	10.6	0.646	476	68.6	5.94	2.25	68.4	14.1
		142	99	4.5	6	8	18.27	14.3	0.657	654	97.2	5.98	2.30	92.1	19.6
	150×150	144	148	5	7	8	27.76	21.8	0.856	1090	378	6.25	3.69	151	51.1
		147	149	6	8.5	8	33.67	26.4	0.864	1350	469	6.32	3.73	183	63.0
	175×90	168	88	3.2	4.5	8	13.55	10.6	0.668	670	51.2	7.02	1.94	79.7	11.6
		171	89	4	6	8	17.58	13.8	0.676	894	70.7	7.13	2.00	105	15.9
	175×175	167	173	5	7	13	33.32	26.2	0.994	1780	605	7.30	4.26	213	69.9
		172	175	6.5	9.5	13	44.64	35.0	1.01	2470	850	7.43	4.36	287	97.1
	200×100	193	98	3.2	4.5	8	15.25	12.0	0.758	994	70.7	8.07	2.15	103	14.4
		196	99	4	6	8	19.78	15.5	0.766	1320	97.2	8.18	2.21	135	19.6
	200×150	188	149	4.5	6	8	26.34	20.7	0.949	1730	331	8.09	3.54	184	44.4
	200×200	192	198	6	8	13	43.69	34.3	1.14	3060	1040	8.37	4.86	319	105
	250×125	244	124	4.5	6	8	25.86	20.3	0.961	2650	191	10.1	2.71	217	30.8
	250×175	238	173	4.5	8	13	39.12	30.7	1.14	4240	691	10.4	4.20	356	79.9
	300×150	294	148	4.5	6	13	31.90	25.0	1.15	4800	325	12.3	3.19	327	43.9
	300×200	286	198	6	8	13	49.33	38.7	1.33	7360	1040	12.2	4.58	515	105
	350×175	340	173	4.5	6	13	36.97	29.0	1.34	7490	518	14.2	3.74	441	59.9
	400×150	390	148	6	8	13	47.57	37.3	1.34	11700	434	15.7	3.01	602	58.6
	400×200	390	198	6	8	13	55.57	43.6	1.54	14700	1040	16.2	4.31	752	105

注：1. 表中同一型号的产品，其内侧尺寸高度一致。

2. 表中截面面积计算公式为：$t_1(H-2t_2)+2Bt_2+0.858r^2$。

3. 表中“*”表示的规格为市场非常用规格。

（3）W系列热轧H型钢的规格、理论重量及截面特性（见表7-258）

表7-258　W系列热轧H型钢的规格、理论重量及截面特性（GB/T 11263—2017）

系列	型号	截面尺寸/mm					截面面积/cm^2	理论重量/(kg/m)	表面积/(m^2/m)	惯性矩/cm^4		惯性半径/cm		截面模数/cm^3	
		H	B	t_1	t_2	r				I_x	I_y	i_x	i_y	W_x	W_y
W4	W4×13	106	103	7.1	8.8	6	24.70	19.3	0.599	476	161	4.39	2.55	89.8	31.2
W5	W5×16	127	127	6.1	9.1	8	30.40	23.8	0.736	886	311	5.41	3.20	139	49.0
	W5×19	131	128	6.9	10.9	8	35.90	28.1	0.746	1100	381	5.53	3.26	168	59.6

（续）

系列	型号	截面尺寸/mm					截面面积/cm^2	理论重量/(kg/m)	表面积/(m^2/m)	惯性矩/cm^4		惯性半径/cm		截面模数/cm^3	
		H	B	t_1	t_2	r				I_x	I_y	i_x	i_y	W_x	W_y
W6	W6×8.5	148	100	4.3	4.9	6	16.30	13.0	0.677	611	81.8	6.17	2.26	82.5	16.4
	W6×9	150	100	4.3	5.5	6	17.30	13.5	0.681	685	91.8	6.3	2.30	91.3	18.4
	W6×12	153	102	5.8	7.1	6	22.90	18.0	0.692	915	126	6.33	2.35	120	24.7
	W6×15	152	152	5.8	6.6	6	28.60	22.5	0.890	1200	387	6.51	3.69	159	50.9
	W6×16	160	102	6.6	10.3	6	30.60	24.0	0.704	1340	183	6.63	2.45	168	35.8
	W6×20	157	153	6.6	9.3	6	37.90	29.8	0.902	1710	556	6.73	3.83	218	72.6
	W6×25	162	154	8.1	11.6	6	47.40	37.1	0.913	2220	707	6.85	3.87	274	91.8
W8	W8×10	200	100	4.3	5.2	8	19.10	15.0	0.778	1280	86.9	8.18	2.13	128	17.4
	W8×13	203	102	5.8	6.5	8	24.80	19.3	0.789	1660	115	8.18	2.16	164	22.6
	W8×15	206	102	6.2	8.0	8	28.60	22.5	0.794	2000	142	8.36	2.23	194	27.8
	W8×18	207	133	5.8	8.4	8	33.90	26.6	0.921	2580	330	8.73	3.12	250	49.6
	W8×21	210	134	6.4	10.2	8	39.70	31.3	0.929	3140	410	8.86	3.20	299	61.1
	W8×24	201	166	6.2	10.2	10	45.70	35.9	1.04	3460	778	8.68	4.12	344	93.8
	W8×28	206	166	7.2	11.8	10	53.20	41.7	1.04	4130	901	8.81	4.12	401	108
	W8×31	203	203	7.2	11.0	10	58.90	46.1	1.19	4540	1530	8.81	5.12	448	151
	W8×35	206	204	7.9	12.6	10	66.50	52.0	1.20	5270	1780	8.90	5.18	512	175
	W8×40	210	205	9.1	14.2	10	75.50	59.0	1.20	6110	2040	8.99	5.20	582	199
	W8×48	216	206	10.2	17.4	10	91.00	71.0	1.22	7660	2540	9.17	5.28	709	246
	W8×58	222	209	13.0	20.6	10	110.0	86.0	1.24	9470	3140	9.26	5.33	853	300
	W8×67	229	210	14.5	23.7	10	127.0	100	1.25	11300	3660	9.45	5.38	989	349
W10	W10×12	251	101	4.8	5.3	8	22.80	17.9	0.883	2250	91.3	9.93	2.00	179	18.1
	W10×15	254	102	5.8	6.9	8	28.50	22.3	0.891	2900	123	10.1	2.07	228	24.0
	W10×17	257	102	6.1	8.4	8	32.20	25.3	0.896	3430	149	10.3	2.15	267	29.2
	W10×19	260	102	6.4	10.0	8	36.30	28.4	0.901	4000	178	10.5	2.21	308	34.8
	W10×22	258	146	6.1	9.1	8	41.90	32.7	1.07	4890	473	10.8	3.36	379	64.7
	W10×26	262	147	6.6	11.2	8	49.10	38.5	1.09	6010	594	11.0	3.47	459	80.8
	W10×30	266	148	7.6	13.0	8	57.00	44.8	1.10	7120	703	11.1	3.5	535	95.1
	W10×33	247	202	7.4	11.0	13	62.60	49.1	1.26	7070	1510	10.6	4.92	572	150
	W10×39	252	203	8.0	13.5	13	74.20	58.0	1.28	8740	1880	10.8	5.04	693	186
	W10×45	257	204	8.9	15.7	13	85.80	67.0	1.29	10400	2220	11.0	5.10	807	218
	W10×49	253	254	8.6	14.2	13	92.90	73.0	1.48	11300	3880	11.0	6.46	892	306
	W10×54	256	255	9.4	15.6	13	102.0	80.0	1.49	12600	4310	11.1	6.50	982	338
	W10×60	260	256	10.7	17.3	13	114.0	89.0	1.50	14300	4840	11.2	6.51	1100	378
	W10×68	264	257	11.9	19.6	13	129.0	101	1.51	16400	5550	11.3	6.56	1240	432
	W10×77	269	259	13.5	22.1	13	146.0	115	1.52	18900	6410	11.4	6.62	1410	495
	W10×88	275	261	15.4	25.1	13	167.0	131	1.54	22200	7450	11.5	6.68	1610	571
	W10×100	282	263	17.3	28.4	13	190.0	149	1.56	25900	8620	11.7	6.74	1840	656
	W10×112	289	265	19.2	31.8	13	212.0	167	1.58	30000	9880	11.9	6.81	2080	746
W12	W12×14	303	101	5.1	5.7	8	26.80	21.0	0.986	3710	98.3	11.7	1.91	245	19.5
	W12×16	305	101	5.6	6.7	8	30.40	23.8	0.989	4280	116	11.9	1.95	281	22.9
	W12×19	309	102	6.0	8.9	8	35.90	28.3	1.00	5440	158	12.3	2.09	352	31
	W12×22	313	102	6.6	10.8	8	41.80	32.7	1.01	6510	192	12.5	2.14	416	37.6
	W12×26	310	165	5.8	9.7	8	49.40	38.7	1.25	8520	727	13.1	3.84	550	88.1
	W12×30	313	166	6.6	11.2	8	56.70	44.5	1.26	9930	855	13.2	3.88	635	103
	W12×35	317	167	7.6	13.2	8	66.50	52.0	1.27	11800	1030	13.3	3.92	747	123
	W12×40	303	203	7.5	13.1	15	76.10	60.0	1.38	12900	1830	13	4.91	849	180
	W12×45	306	204	8.5	14.6	15	85.20	67.0	1.39	14500	2070	13.1	4.93	948	203
	W12×50	310	205	9.4	16.3	15	94.80	74.0	1.40	16500	2340	13.2	4.97	1060	229
	W12×65	308	305	9.9	15.4	15	123.0	97.0	1.79	22200	7290	13.4	7.69	1440	478
	W12×72	311	306	10.9	17.0	15	136.0	107	1.80	24800	8120	13.5	7.72	1590	531
	W12×79	314	307	11.9	18.7	15	150.0	117	1.81	27500	9020	13.6	7.76	1750	588
	W12×87	318	308	13.1	20.6	15	165.0	129	1.82	30800	10000	13.7	7.8	1940	652
	W12×96	323	309	14.0	22.9	15	182.0	143	1.83	34800	11300	13.8	7.86	2150	729
	W12×106	327	310	15.5	25.1	15	201.0	158	1.84	38600	12500	13.9	7.89	2360	805
	W12×120	333	313	18.0	28.1	15	228.0	179	1.86	44500	14400	14.0	7.95	2670	919
	W12×136	341	315	20.0	31.8	15	257.0	202	1.88	52000	16600	14.2	8.02	3050	1050

（续）

系列	型号	截面尺寸/mm					截面面积/cm^2	理论重量/(kg/m)	表面积/(m^2/m)	惯性矩/cm^4		惯性半径/cm		截面模数/cm^3	
		H	B	t_1	t_2	r				I_x	I_y	i_x	i_y	W_x	W_y
W12	W12×152	348	317	22.1	35.6	15	288.0	226	1.89	59600	18900	14.4	8.10	3420	1190
	W12×170	356	319	24.4	39.6	15	323.0	253	1.91	68200	21500	14.6	8.16	3830	1350
	W12×190	365	322	26.9	44.1	15	360.0	283	1.94	78700	24600	14.8	8.26	4310	1530
	W12×210	374	325	30.0	48.3	15	399.0	313	1.96	89600	27700	15.0	8.33	4790	1700
W14	W14×30	352	171	6.9	9.8	10	57.10	44.6	1.36	12200	818	14.6	3.78	691	95.7
	W14×34	355	171	7.2	11.6	10	64.50	51.0	1.36	14100	968	14.8	3.88	796	113
	W14×38	358	172	7.9	13.1	10	72.30	58.0	1.37	16000	1110	14.9	3.93	896	129
	W14×43	347	203	7.7	13.5	15	81.30	64.0	1.46	17800	1880	14.8	4.81	1030	186
	W14×48	350	204	8.6	15.1	15	91.00	72.0	1.47	20100	2140	14.9	4.85	1150	210
	W14×53	354	205	9.4	16.8	15	101.0	79.0	1.48	22600	2420	15.0	4.89	1280	236
	W14×61	353	254	9.5	16.4	15	115.0	91.0	1.68	26700	4480	15.2	6.23	1510	353
	W14×68	357	255	10.5	18.3	15	129.0	101	1.69	30100	5060	15.3	6.27	1690	397
	W14×74	360	256	11.4	19.9	15	141.0	110	1.70	33100	5570	15.4	6.30	1840	435
	W14×82	363	257	13.0	21.7	15	155.0	122	1.70	36500	6150	15.4	6.30	2010	478
	W14×90	356	369	11.2	18.0	15	171.0	134	2.14	41500	15100	15.6	9.40	2330	817
	W14×99	360	370	12.3	19.8	15	188.0	147	2.15	46300	16700	15.7	9.43	2570	904
	W14×109	364	371	13.3	21.8	15	206.0	162	2.16	51500	18600	15.8	9.49	2830	1000
	W14×120	368	373	15.0	23.9	15	228.0	179	2.17	57400	20700	15.9	9.52	3120	1110
	W14×132	372	374	16.4	26.2	15	250.0	196	2.18	63600	22900	15.9	9.56	3420	1220
W16	W16×26	399	140	6.4	8.8	10	49.50	38.8	1.33	12600	404	15.9	2.84	634	57.7
	W16×31	403	140	7	11.2	10	58.80	46.1	1.33	15600	514	16.3	2.95	772	73.4
	W16×67	415	260	10.0	16.9	10	127.0	100	1.83	39800	4950	17.7	6.25	1920	381
	W16×77	420	261	11.6	19.3	10	146.0	114	1.84	46100	5720	17.8	6.27	2200	439
	W16×89	425	263	13.3	22.2	10	169.0	132	1.86	53800	6740	17.9	6.33	2530	512
	W16×100	431	265	14.9	25.0	10	190.0	149	1.88	61800	7770	18.0	6.39	2870	586
W18	W18×50	457	190	9.0	14.5	10	94.80	74.0	1.64	33200	1660	18.8	4.19	1460	175
	W18×55	460	191	9.9	16.0	10	105.0	82.0	1.65	37000	1860	18.8	4.22	1610	195
	W18×60	463	192	10.5	17.7	10	114.0	89.0	1.66	40900	2090	19.0	4.29	1770	218
	W18×65	466	193	11.4	19.0	10	123.0	97.0	1.66	44500	2280	19.0	4.31	1910	237
	W18×71	469	194	12.6	20.6	10	134.0	106	1.67	48800	2510	19	4.32	2080	259
	W18×76	463	280	10.8	17.3	10	144.0	113	2.01	55600	6330	19.6	6.63	2400	452
	W18×86	467	282	12.2	19.6	10	163.0	128	2.02	63700	7330	19.7	6.7	2730	520
	W18×97	472	283	13.6	22.1	10	184.0	144	2.03	72600	8360	19.9	6.74	3080	591
	W18×106	476	284	15.0	23.9	10	201.0	158	2.04	79600	9140	19.9	6.74	3350	643
	W18×119	482	286	16.6	26.9	10	226.0	177	2.06	91000	10500	20.1	6.82	3780	735
	W18×130	489	283	17.0	30.5	10	247.0	193	2.06	102000	11500	20.4	6.85	4190	816
	W18×143	495	285	18.5	33.5	10	271.0	213	2.08	114000	12900	20.5	6.91	4620	909
	W18×158	501	287	20.6	36.6	10	299.0	235	2.09	127000	14500	20.6	6.95	5080	1010
	W18×175	509	289	22.6	40.4	10	331.0	260	2.11	144000	16300	20.8	7.01	5650	1130
	W18×192	517	291	24.4	44.4	10	365.0	286	2.13	161000	18300	21.0	7.09	6230	1260
	W18×211	525	293	26.9	48.5	10	401.0	315	2.15	180000	20400	21.2	7.14	6850	1390
W21	W21×44	525	165	8.9	11.4	13	83.90	66.0	1.67	35100	857	20.5	3.20	1340	104
	W21×50	529	166	9.7	13.6	13	94.80	74.0	1.68	41100	1040	20.8	3.31	1550	125
	W21×57	535	166	10.3	16.5	13	108.0	85.0	1.69	48600	1260	21.2	3.42	1820	152
	W21×48	524	207	9.0	10.9	13	91.80	72.0	1.84	40100	1620	20.9	4.20	1530	156
	W21×55	528	209	9.5	13.3	13	105.0	82.0	1.85	47700	2030	21.3	4.40	1810	194
	W21×62	533	209	10.2	15.6	13	118.0	92.0	1.86	55300	2380	21.7	4.49	2070	228
	W21×68	537	210	10.9	17.4	13	129.0	101	1.87	61700	2690	21.9	4.56	2300	256
	W21×73	539	211	11.6	18.8	13	139.0	109	1.88	66800	2950	21.9	4.61	2480	280
	W21×83	544	212	13.1	21.2	13	157.0	123	1.89	76100	3380	22.0	4.64	2800	319
	W21×93	549	214	14.7	23.6	13	176.0	138	1.90	86100	3870	22.1	4.69	3140	362
	W21×101	543	312	12.7	20.3	13	192.0	150	2.29	101000	10300	22.9	7.32	3720	659
	W21×111	546	313	14.0	22.2	13	211.0	165	2.29	111000	11400	23.0	7.34	4070	726

（续）

系列	型号	截面尺寸/mm					截面面积/cm^2	理论重量/(kg/m)	表面积/(m^2/m)	惯性矩/cm^4		惯性半径/cm		截面模数/cm^3	
		H	B	t_1	t_2	r				I_x	I_y	i_x	i_y	W_x	W_y
W21	W21×122	551	315	15.2	24.4	13	232.0	182	2.31	124000	12700	23.1	7.41	4490	808
	W21×132	554	316	16.5	26.3	13	250.0	196	2.32	134000	13900	23.1	7.44	4840	877
	W21×147	560	318	18.3	29.2	13	279.0	219	2.33	151000	15700	23.3	7.50	5400	986
	W21×166	571	315	19.0	34.5	13	315.0	248	2.34	178000	18000	23.8	7.57	6220	1140
	W21×182	577	317	21.1	37.6	13	346.0	272	2.36	197000	20000	23.9	7.61	6820	1260
	W21×201	585	319	23.1	41.4	13	382.0	300	2.38	221000	22500	24.1	7.67	7550	1410
W24	W24×55	599	178	10.0	12.8	13	105.0	82.0	1.87	56000	1210	23.2	3.40	1870	136
	W24×62	603	179	10.9	15.0	13	117.0	92.0	1.88	64700	1440	23.5	3.50	2150	161
	W24×68	603	228	10.5	14.9	13	130.0	101	2.07	76400	2950	24.3	4.77	2530	259
	W24×76	608	228	11.2	17.3	13	145.0	113	2.08	87600	3430	24.6	4.87	2880	300
	W24×84	612	229	11.9	19.6	13	159.0	125	2.09	98600	3930	24.9	4.97	3220	343
	W24×94	617	230	13.1	22.2	13	179.0	140	2.11	112000	4510	25.0	5.03	3630	393
	W24×103	623	229	14.0	24.9	13	196.0	153	2.11	125000	5000	25.3	5.05	4020	437
	W24×104	611	324	12.7	19.0	13	197.0	155	2.47	129000	10800	25.6	7.39	4220	666
	W24×117	616	325	14.0	21.6	13	222.0	174	2.48	147000	12400	25.7	7.46	4780	761
	W24×131	622	327	15.4	24.4	13	248.0	195	2.50	168000	14200	26.0	7.56	5400	871
	W24×146	628	328	16.5	27.7	13	277.0	217	2.51	191000	16300	26.2	7.67	6080	995
	W24×162	635	329	17.9	31.0	13	308.0	241	2.53	215000	18400	26.4	7.74	6790	1120
	W24×176	641	327	19.0	34.0	13	333.0	262	2.53	236000	19800	26.6	7.72	7360	1210
	W24×192	647	329	20.6	37.1	13	361.0	285	2.55	261000	22100	26.8	7.79	8060	1340
	W24×207	653	330	22.1	39.9	13	391.0	307	2.56	284000	24000	26.9	7.82	8690	1450
	W24×229	661	333	24.4	43.9	13	434.0	341	2.58	318000	27100	27.1	7.90	9630	1630
	W24×250	669	335	26.4	48.0	13	474.0	372	2.60	353000	30200	27.3	7.98	10600	1800
W27	W27×84	678	253	11.7	16.3	15	160.0	125	2.32	118000	4410	27.2	5.25	3500	349
	W27×94	684	254	12.4	18.9	15	179.0	140	2.33	136000	5170	27.6	5.39	3980	407
	W27×102	688	254	13.1	21.1	15	194.0	152	2.34	151000	5780	27.9	5.46	4380	455
	W27×114	693	256	14.5	23.6	15	216.0	170	2.36	170000	6620	28.0	5.53	4900	517
	W27×129	702	254	15.5	27.9	15	244.0	192	2.36	198000	7640	28.5	5.60	5640	602
	W27×146	695	355	15.4	24.8	13	277.0	217	2.74	234000	18500	29.1	8.18	6730	1040
	W27×161	701	356	16.8	27.4	16	306.0	240	2.74	261000	20600	29.2	8.21	7460	1160
	W27×178	706	358	18.4	30.2	16	337.0	265	2.76	291000	23100	29.4	8.28	8230	1290
	W27×217	722	359	21.1	38.1	13.4	411.0	323	2.78	369000	29400	30.0	8.46	10200	1640
W30	W30×90	750	264	11.9	15.5	18.7	170.4	134	2.50	151000	4770	29.8	5.29	4030	361
	W30×99	753	265	13.2	17	17	188.0	147	2.51	166000	5290	29.8	5.31	4410	399
	W30×108	758	266	13.8	19.3	17	205.0	161	2.52	186000	6070	30.2	5.45	4910	457
	W30×116	762	267	14.4	21.6	17	221.0	173	2.53	206000	6870	30.5	5.57	5400	515
	W30×124	766	267	14.9	23.6	17	235.0	185	2.54	223000	7510	30.8	5.65	5820	563
	W30×132	770	268	15.6	25.4	17	251.0	196	2.55	240000	8180	31.0	5.71	6240	610

注：1. 型号以英制单位表示。

2. 截面尺寸中 r 只作参考。

（4）U 系列热轧 H 型钢的规格、理论重量及截面特性（见表 7-259）

表 7-259 U 系列热轧 H 型钢的规格、理论重量及截面特性（GB/T 11263—2017）

系列	型号	截面尺寸/cm					截面面积/cm^2	理论重量/(kg/m)	表面积/(m^2/m)	惯性矩/cm^4		惯性半径/cm		截面模数/cm^3	
		H	B	t_1	t_2	r				I_x	I_y	i_x	i_y	W_x	W_y
UC152×152	152×152×23	152.4	152.2	5.8	6.8	7.6	29.25	23.0	0.889	1250	400	6.54	3.7	164	52.6
	152×152×30	157.6	152.9	6.5	9.4	7.6	38.26	30.0	0.901	1750	560	6.76	3.83	222	73.3
	152×152×37	161.8	154.4	8	11.5	7.6	47.11	37.0	0.912	2210	706	6.85	3.87	273	91.5

（续）

系列	型号	截面尺寸/cm					截面面积/cm^2	理论重量/(kg/m)	表面积/(m^2/m)	惯性矩/cm^4		惯性半径/cm		截面模数/cm^3	
		H	B	t_1	t_2	r				I_x	I_y	i_x	i_y	W_x	W_y
UB203×133	203×133×25	203.2	133.2	5.7	7.8	7.6	31.97	25.1	0.915	2340	308	8.56	3.1	230	46.2
	203×133×30	257.2	101.9	6	8.4	7.6	38.21	30.0	0.897	3410	149	10.3	2.15	266	29.2
UC203×203	203×203×46	203.2	203.6	7.2	11	10.2	58.73	46.1	1.19	4570	1550	8.82	5.13	450	152
	203×203×52	206.2	204.3	7.9	12.5	10.2	66.28	52.0	1.20	5260	1780	8.91	5.18	510	174
	203×203×60	209.6	205.8	9.4	14.2	10.2	76.37	60.0	1.21	6120	2060	8.96	5.20	584	201
	203×203×71	215.8	206.4	10	17.3	10.2	90.43	71.0	1.22	7620	2540	9.18	5.30	706	246
	203×203×86	222.2	209.1	12.7	20.5	10.2	109.6	86.1	1.24	9450	3130	9.28	5.34	850	299
UB254×102	254×102×22	254	101.6	5.7	6.8	7.6	28.02	22.0	0.890	2840	119	10.1	2.06	224	23.5
	254×102×25	257.2	101.9	6	6.8	7.6	32.04	25.2	0.897	2970	120	10.1	2.04	231	23.6
	254×102×28	283	260.4	10.2	6.3	10	36.08	28.3	0.877	44.4	2020	0.945	6.37	314	155
UC254×254	254×254×73	254.1	254.6	8.6	14.2	12.7	93.10	73.1	1.49	11400	3910	11.1	6.48	898	307
	254×254×89	260.3	256.3	10.3	17.3	12.7	113.3	88.9	1.50	14300	4860	11.2	6.55	1100	379
	254×254×107	266.7	258.8	12.8	20.5	12.7	136.4	107	1.52	17500	5930	11.3	6.59	1310	458
	254×254×132	276.3	261.3	15.3	25.3	12.7	168.1	132	1.55	22500	7530	11.6	6.69	1630	576
	254×254×167	289.1	265.2	19.2	31.7	12.7	212.9	167	1.58	30000	9870	11.9	6.81	2080	744
UB305×165	305×165×40	303.4	165	6	10.2	8.9	51.32	40.3	1.24	8500	764	12.9	3.86	560	92.6
	305×165×46	306.6	165.7	6.7	11.8	8.9	58.75	46.1	1.25	9900	896	13.0	3.90	646	108
	305×165×54	310.4	166.9	7.9	13.7	8.9	68.77	54.0	1.26	11700	1060	13.0	3.93	754	127
UBP305×305	305×305×79	299.3	306.4	11	11.1	15.2	100.5	78.9	1.78	16400	5330	12.8	7.28	1100	348
	305×305×88	301.7	307.8	12.4	12.3	15.2	112.1	88.0	1.78	18400	5980	12.8	7.31	1220	389
	305×305×95	303.7	308.7	13.3	13.3	15.2	120.9	94.9	1.79	20000	6530	12.9	7.35	1320	423
	305×305×110	307.9	310.7	15.3	15.4	15.2	140.1	110	1.80	23600	7710	13.0	7.42	1530	496
	305×305×126	312.3	312.9	17.5	17.6	15.2	160.6	126	1.82	27400	9000	13.1	7.49	1760	575
	305×305×149	318.5	316	20.6	20.7	15.2	189.9	149	1.83	33100	10900	13.2	7.58	2080	691
	305×305×186	328.3	320.9	25.5	25.6	15.2	236.9	186	1.86	42600	14100	13.4	7.73	2600	881
	305×305×223	337.9	325.7	30.3	30.4	15.2	284.0	223	1.89	52700	17600	13.6	7.87	3120	1080
UC305×305	305×305×97	307.9	305.3	9.9	15.4	15.2	123.4	96.9	1.79	22200	7310	13.4	7.69	1450	479
	305×305×118	314.5	307.4	12	18.7	15.2	150.2	118	1.81	27700	9060	13.6	7.77	1760	589
	305×305×137	320.5	309.2	13.8	21.7	15.2	174.4	137	1.82	32800	10700	13.7	7.83	2050	692
	305×305×158	327.1	311.2	15.8	25	15.2	201.4	158	1.84	38700	12600	13.9	7.90	2370	808
	305×305×180	326.7	319.7	24.8	24.8	15.2	229.3	180	1.86	41000	13500	13.4	7.69	2510	847
	305×305×198	339.9	314.5	19.1	31.4	15.2	252.4	198	1.87	50900	16300	14.2	8.04	3000	1040
	305×305×240	352.5	318.4	23	37.7	15.2	305.8	240	1.91	64200	20300	14.5	8.15	3640	1280
	305×305×283	365.3	322.2	26.8	44.1	15.2	360.4	283	1.94	78900	24600	14.8	8.27	4320	1530
UC356×368	356×368×129	355.6	368.6	10.4	17.5	15.2	164.3	129	2.14	40200	14600	15.6	9.43	2260	793
	356×368×153	362	370.5	12.3	20.7	15.2	194.8	153	2.16	48600	17600	15.8	9.49	2680	948
	356×368×177	368.2	372.6	14.4	23.8	15.2	225.5	177	2.17	57100	20500	15.9	9.54	3100	1100
	356×368×202	374.6	374.7	16.5	27	15.2	257.2	202	2.19	66300	23700	16.1	9.6	3540	1260
UB406×140	406×140×39	398	141.8	6.4	8.6	10.2	49.65	39.0	1.33	12500	410	15.9	2.87	629	57.8
	406×140×46	403.2	142.2	6.8	11.2	10.2	58.64	46.0	1.34	15700	538	16.4	3.03	778	75.7
UB457×191	457×191×67	453.4	189.9	8.5	12.7	10.2	85.51	67.1	1.63	29400	1450	18.5	4.12	1300	153
	457×191×74	457	190.4	9	14.5	10.2	94.63	74.3	1.64	33300	1670	18.8	4.20	1460	176
	457×191×82	460	191.3	9.9	16	10.2	104.5	82.0	1.65	37100	1870	18.8	4.23	1610	196
	457×191×89	463.4	191.9	10.5	17.7	10.2	113.8	89.3	1.66	41000	2090	19.0	4.29	1770	218
	457×191×98	467.2	192.8	11.4	19.6	10.2	125.3	98.3	1.67	45700	2350	19.1	4.33	1960	243
UB533×210	533×210×82	528.3	208.8	9.6	13.2	12.7	104.7	82.2	1.85	47500	2010	21.3	4.38	1800	192
	533×210×92	533.1	209.3	10.1	15.6	12.7	117.4	92.1	1.86	55200	2390	21.7	4.51	2070	228

（续）

系列	型号	截面尺寸/cm					截面面积/ cm²	理论重量/ (kg/m)	表面积/ (m²/m)	惯性矩/ cm⁴		惯性半径/ cm		截面模数/ cm³	
		H	B	t_1	t_2	r				I_x	I_y	i_x	i_y	W_x	W_y
UB533×210	533×210×101	536.7	210	10.8	17.4	12.7	128.7	101	1.87	61500	2690	21.9	4.57	2290	256
	533×210×109	539.5	210.8	11.6	18.8	12.7	138.9	109	1.88	66800	2940	21.9	4.60	2480	279
	533×210×122	544.5	211.9	12.7	21.3	12.7	155.4	122	1.89	76000	3390	22.1	4.67	2790	320
UB610×229	610×229×101	602.6	227.6	10.5	14.8	12.7	128.9	101	2.07	75800	2910	24.2	4.75	2520	256
	610×229×113	607.6	228.2	11.1	17.3	12.7	143.9	113	2.08	87300	3430	24.6	4.88	2870	301
	610×229×125	612.2	229	11.9	19.6	12.7	159.3	125	2.09	98600	3930	24.9	4.97	3220	343
	610×229×140	617.2	230.2	13.1	22.1	12.7	178.2	140	2.11	112000	4510	25.0	5.03	3620	391
UB610×305	610×305×149	612.4	304.8	11.8	19.7	16.5	190.0	149	2.39	126000	9310	25.7	7.00	4110	611
	610×305×179	620.2	307.1	14.1	23.6	16.5	228.1	179	2.41	153000	11400	25.9	7.07	4930	743
	610×305×238	635.8	311.4	18.4	31.4	16.5	303.3	238	2.45	209000	15800	26.3	7.23	6590	1020
UB686×254	686×254×125	677.9	253	11.7	16.2	15.2	159.5	125	2.32	118000	4380	27.2	5.24	3480	346
	686×254×140	683.5	253.7	12.4	19	15.2	178.4	140	2.33	136000	5180	27.6	5.39	3990	409
	686×254×152	687.5	254.5	13.2	21	15.2	194.1	152	2.34	150000	5780	27.8	5.46	4370	455
	686×254×170	692.9	255.8	14.5	23.7	15.2	216.8	170	2.35	170000	6630	28.0	5.53	4920	518
UB762×267	762×267×147	754	265.2	12.8	17.5	16.5	187.2	147	2.51	169000	5460	30.0	5.40	4470	411
	762×267×173	762.2	266.7	14.3	21.6	16.5	220.4	173	2.53	205000	6850	30.5	5.58	5390	514
	762×267×197	769.8	268	15.6	25.4	16.5	250.6	197	2.55	240000	8170	30.9	5.71	6230	610

（5）超厚超重热轧 H 型钢的规格、理论重量及截面特性（见表 7-260）

表 7-260 超厚超重热轧 H 型钢的规格、理论重量及截面特性（GB/T 11263—2017）

类别	型号 (H[①]×B[①])	截面尺寸/mm					截面面积/ cm²	理论重量/ (kg/m)	表面积/ (m²/m)	惯性矩/ cm⁴		惯性半径/ cm		截面模数/ cm³	
		H	B	t_1	t_2	r				I_x	I_y	i_x	i_y	W_x	W_y
W14	W14×16	375	394	17.3	27.7	15	275.5	216	2.27	71100	28300	16.1	10.1	3790	1430
		380	395	18.9	30.2	15	300.9	237	2.28	78800	31000	16.2	10.2	4150	1570
		387	398	21.1	33.3	15	334.6	262	2.30	89400	35000	16.3	10.2	4620	1760
		393	399	22.6	36.6	15	366.3	287	2.31	99700	38800	16.5	10.3	5070	1940
		399	401	24.9	39.6	15	399.2	314	2.33	110000	42600	16.6	10.3	5530	2120
		407	404	27.2	43.7	15	442.0	347	2.35	125000	48100	16.8	10.4	6140	2380
		416	406	29.8	48.0	15	487.1	382	2.37	141000	53600	17.0	10.5	6790	2640
		425	409	32.8	52.6	15	537.1	421	2.39	160000	60100	17.2	10.6	7510	2940
		435	412	35.8	57.4	15	589.5	463	2.42	180000	67000	17.5	10.7	8280	3250
		446	416	39.1	62.7	15	649.0	509	2.45	205000	75400	17.8	10.8	9170	3630
		455	418	42.0	67.6	15	701.4	551	2.47	226000	82500	18.0	10.8	9940	3950
		465	421	45.0	72.3	15	754.9	592	2.50	250000	90200	18.2	10.9	10800	4280
		474	424	47.6	77.1	15	808.0	634	2.52	274000	98300	18.4	11.0	11600	4630
		483	428	51.2	81.5	15	863.4	677	2.55	299000	107000	18.6	11.1	12400	4990
		498	432	55.6	88.9	15	948.1	744	2.59	342000	120000	19.0	11.2	13700	5550
		514	437	60.5	97.0	15	1043	818	2.63	392000	136000	19.4	11.4	15300	6200
		531	442	65.9	106.0	15	1149	900	2.67	450000	153000	19.8	11.6	17000	6940
		550	448	71.9	115.0	15	1262	990	2.72	519000	173000	20.3	11.7	18900	7740
		569	454	78.0	125.0	15	1386	1090	2.77	596000	196000	20.7	11.9	20900	8650
W24	W24×12.75	679	338	29.5	53.1	13	529.4	415	2.63	400000	34300	27.5	8.05	11800	2030
		689	340	32.0	57.9	13	578.6	455	2.65	445000	38100	27.7	8.11	12900	2240
		699	343	35.1	63.0	13	634.8	498	2.68	495000	42600	27.9	8.19	14200	2480
		711	347	38.6	69.1	13	702.1	551	2.71	558000	48400	28.2	8.30	15700	2790

（续）

类别	型号 (H[①]×B[①])	截面尺寸/mm					截面面积/cm^2	理论重量/(kg/m)	表面积/(m^2/m)	惯性矩/cm^4		惯性半径/cm		截面模数/cm^3	
		H	B	t_1	t_2	r				I_x	I_y	i_x	i_y	W_x	W_y
W36	W36×12	903	304	15.2	20.1	19	256.5	201	2.95	325000	9440	35.6	6.07	7200	621
		911	304	15.9	23.9	19	285.7	223	2.97	377000	11200	36.3	6.27	8270	738
		915	305	16.5	25.9	19	303.5	238	2.98	406000	12300	36.6	6.36	8880	806
		919	306	17.3	27.9	19	323.2	253	2.99	437000	13400	36.8	6.43	9520	874
		923	307	18.4	30.0	19	346.1	271	3.00	472000	14500	36.9	6.48	10200	946
		927	308	19.4	32.0	19	367.6	289	3.01	504000	15600	37.0	6.52	10900	1020
		932	309	21.1	34.5	19	398.4	313	3.03	548000	17000	37.1	6.54	11800	1100
	W36×16.5	912	418	19.3	32.0	24	436.1	342	3.42	625000	39000	37.9	9.46	13700	1870
		916	419	20.3	34.3	24	464.4	365	3.43	670000	42100	38.0	9.52	14600	2010
		921	420	21.3	36.6	24	493.0	387	3.44	718000	45300	38.2	9.58	15600	2160
		928	422	22.5	39.9	24	532.5	417	3.46	788000	50100	38.5	9.70	17000	2370
		933	423	24.0	42.7	24	569.6	446	3.47	847000	54000	38.6	9.73	18200	2550
		942	422	25.9	47.0	24	621.3	488	3.48	935000	59000	38.8	9.75	19900	2800
		950	425	28.4	51.1	24	680.1	534	3.50	1031000	65600	38.9	9.82	21700	3090
		960	427	31.0	55.9	24	745.3	585	3.52	1143000	72800	39.2	9.88	23800	3410
		972	431	34.5	62.0	24	831.9	653	3.56	1292000	83000	39.4	9.99	26600	3850
		996	437	40.9	73.9	24	997.7	784	3.62	1593000	103000	40.0	10.2	32000	4730
		1028	446	50.0	89.9	24	1231	967	3.70	2033000	134000	40.6	10.4	39500	6000
W40	W40×12	970	300	16.0	21.1	30	282.8	222	3.06	408000	9550	38.0	5.81	8410	636
		980	300	16.5	26.0	30	316.8	249	3.08	481000	11800	39.0	6.09	9820	784
		990	300	16.5	31.0	30	346.8	272	3.10	554000	14000	40.0	6.35	11200	934
		1000	300	19.1	35.9	30	400.4	314	3.11	644000	16200	40.1	6.37	12900	1080
		1008	302	21.1	40.0	30	445.1	350	3.13	723000	18500	40.3	6.44	14300	1220
		1016	303	24.4	43.9	30	500.2	393	3.14	808000	29500	40.2	6.40	15900	1350
		1020	304	26.0	46.0	30	528.7	415	3.15	853000	21700	40.2	6.41	16700	1430
		1036	309	31.0	54.0	30	629.1	494	3.19	1028000	26800	40.4	6.53	19800	1740
		1056	314	36.0	64.0	30	743.7	584	3.24	1246000	33400	40.9	6.70	23600	2130
	W40×16	982	400	16.5	27.1	30	376.8	296	3.48	620000	29000	40.5	8.76	12600	1450
		990	400	16.5	31.0	30	408.8	321	3.50	696000	33100	41.3	9.00	14100	1660
		1000	400	19.0	36.1	30	472.0	371	3.51	814000	38600	41.5	9.03	16300	1930
		1008	402	21.1	40.0	30	524.2	412	3.53	910000	43400	41.6	9.09	18100	2160
		1012	402	23.6	41.9	30	563.7	443	3.53	967000	45500	41.4	8.98	19100	2260
		1020	404	25.4	46.0	30	615.1	483	3.55	1067000	50700	41.7	9.08	20900	2510
		1030	407	28.4	51.1	30	687.2	539	3.58	1203000	57600	41.8	9.16	23400	2830
		1040	409	31.0	55.9	30	752.7	591	3.60	1331000	64000	42.1	9.22	25600	3130
		1048	412	34.0	60.0	30	817.6	642	3.62	1451000	70300	42.1	9.27	27700	3410
		1068	417	39.0	70.0	30	953.4	748	3.67	1732000	85100	42.6	9.45	32400	4080
		1092	424	45.5	82.0	30	1125.3	883	3.74	2096000	105000	43.2	9.66	38400	4950
W44	W44×16	1090	400	18.0	31.0	20	436.5	343	3.71	867000	33100	44.6	8.71	15900	1660
		1100	400	20.0	36.0	20	497.0	390	3.73	1005000	38500	45.0	8.80	18300	1920
		1108	402	22.0	40.0	20	551.2	433	3.75	1126000	43400	45.2	8.87	20300	2160
		1118	405	26.0	45.0	20	635.2	499	3.77	1294000	50000	45.1	8.87	23100	2470

① 单位为 in。

（6）热轧工字钢与热轧 H 型钢型号及截面特性参数之比（见表 7-261）

表 7-261　热轧工字钢与热轧 H 型钢型号及截面特性参数之比（GB/T 11263—2017）

工字钢规格	H型钢规格	H型钢与工字钢性能参数之比						工字钢规格	H型钢规格	H型钢与工字钢性能参数之比					
		横截面积	W_x	W_y	I_x	惯性半径 i_x	惯性半径 i_y			横截面积	W_x	W_y	I_x	惯性半径 i_x	惯性半径 i_y
I10	H125×60	1.16	1.34	1.00	1.67	1.20	0.87	I36b	H400×150	0.84	1.01	1.16	1.13	1.16	1.22
I12	H125×60	0.94	0.90	0.76	0.94	1.00	0.81		H396×199	0.85	1.09	1.72	1.20	1.18	1.70
	H150×75	1.00	1.22	1.04	1.53	1.23	1.02		H400×200	1.00	1.27	2.06	1.42	1.19	1.73
I12.6	H150×75	0.99	1.15	1.04	1.36	1.18	1.03		H446×199	0.99	1.37	1.89	1.70	1.30	1.65
I14	H175×90	1.06	1.35	1.35	1.70	1.26	1.19	I36c	H396×199	0.79	1.04	1.66	1.14	1.20	1.73
I16	H175×90	0.88	0.98	1.02	1.07	1.10	1.09		H400×200	0.92	1.22	1.99	1.36	1.22	1.75
	H198×99	0.87	1.11	1.08	1.36	1.25	1.19		H446×199	0.91	1.31	1.82	1.62	1.33	1.68
	H200×100	1.02	1.28	1.26	1.60	1.25	1.19	I40a	H400×200	0.97	1.07	1.87	1.08	1.06	1.65
I18	H200×100	0.87	0.98	1.03	1.09	1.12	1.12		H446×199	0.96	1.16	1.71	1.29	1.16	1.57
	H248×124	1.04	1.50	1.58	2.08	1.41	1.41	I40b	H400×200	0.89	1.03	1.81	1.03	1.08	1.68
I20a	H248×124	0.90	1.17	1.30	1.46	1.28	1.33		H446×199	0.88	1.11	1.65	1.23	1.18	1.61
	H250×125	1.04	1.34	1.49	1.68	1.28	1.33		H450×200	1.01	1.28	1.94	1.44	1.19	1.63
I20b	H248×124	0.81	1.11	1.24	1.38	1.31	1.37	I40c	H400×200	0.82	0.98	1.75	0.98	1.11	1.72
	H250×125	0.93	1.27	1.42	1.59	1.31	1.37		H446×199	0.81	1.06	1.60	1.18	1.21	1.65
I22a	H250×125	0.88	1.03	1.15	1.17	1.16	1.22		H450×200	0.93	1.23	1.88	1.38	1.22	1.67
	H298×149	0.97	1.37	1.45	1.86	1.38	1.42	I45a	H450×200	0.93	1.02	1.64	1.02	1.05	1.53
I22b	H250×125	0.79	0.98	1.10	1.11	1.18	1.24		H496×199	0.97	1.15	1.62	1.27	1.15	1.49
	H298×149	0.88	1.30	1.39	1.77	1.41	1.45	I45b	H450×200	0.86	0.97	1.58	0.97	1.07	1.56
	H300×150	1.01	1.48	1.59	2.02	1.41	1.45		H496×199	0.89	1.10	1.57	1.21	1.17	1.52
I24a	H298×149	0.85	1.11	1.23	1.38	1.27	1.36		H500×200	1.01	1.25	1.81	1.38	1.17	1.54
I24b	H298×149	0.78	1.06	1.18	1.32	1.30	1.38	I45c	H450×200	0.79	0.93	1.53	0.93	1.09	1.59
I25a	H298×149	0.84	1.05	1.23	1.26	1.22	1.37		H496×199	0.82	1.05	1.52	1.16	1.19	1.54
	H300×150	0.96	1.20	1.40	1.44	1.22	1.37		H500×200	0.93	1.19	1.75	1.33	1.19	1.56
I25b	H298×149	0.76	1.00	1.13	1.20	1.25	1.37		H596×199	0.98	1.43	1.63	1.89	1.39	1.47
	H300×150	0.87	1.14	1.29	1.37	1.25	1.37	I50a	H500×200	0.94	1.01	1.51	1.01	1.04	1.42
	H346×174	0.98	1.51	1.74	2.08	1.46	1.62		H596×199	0.99	1.20	1.40	1.43	1.21	1.34
I27a	H346×174	0.96	1.32	1.61	1.68	1.33	1.55	I50b	H506×201	1.00	1.13	1.76	1.14	1.07	1.48
I27b	H346×174	0.87	1.25	1.54	1.60	1.36	1.57		H596×199	0.91	1.15	1.36	1.37	1.23	1.36
I28a	H346×174	0.95	1.26	1.61	1.55	1.28	1.55		H600×200	1.02	1.30	1.55	1.56	1.24	1.38
I28b	H346×174	0.86	1.19	1.49	1.47	1.31	1.56	I50c	H500×200	0.81	0.90	1.42	0.92	1.07	1.47
	H350×175	1.03	1.44	1.85	1.80	1.32	1.59		H506×201	0.93	1.05	1.70	1.10	1.09	1.51
I30a	H350×175	1.03	1.29	1.78	1.51	1.21	1.55		H596×199	0.85	1.08	1.32	1.32	1.25	1.39
I30b	H350×175	0.94	1.23	1.71	1.44	1.25	1.58	I55a	H600×200	0.98	1.10	1.38	1.20	1.11	1.30
I30c	H350×175	0.86	1.17	1.65	1.37	1.27	1.61	I55b	H600×200	0.91	1.05	1.34	1.15	1.13	1.32
I32a	H350×175	0.94	1.11	1.60	1.22	1.15	1.51	I55c	H600×200	0.84	1.01	1.30	1.11	1.15	1.35
I32b	H350×175	0.86	1.06	1.49	1.16	1.17	1.52	I56a	H596×199	0.87	0.96	1.21	1.02	1.08	1.29
	H400×150	0.96	1.28	1.29	1.60	1.29	1.24		H600×200	0.97	1.08	1.38	1.15	1.09	1.31
	H396×199	0.97	1.38	1.91	1.71	1.32	1.72	I56b	H606×201	1.02	1.19	1.55	1.29	1.13	1.35
I32c	H350×175	0.79	1.01	1.39	1.11	1.20	1.52	I56c	H600×200	0.83	0.99	1.24	1.06	1.13	1.32
	H400×150	0.88	1.22	1.20	1.52	1.33	1.24		H606×201	0.95	1.15	1.48	1.24	1.14	1.35
	H396×199	0.89	1.31	1.79	1.62	1.35	1.72	I63a	H582×300	1.09	1.14	2.65	1.05	0.99	2.03
I36a	H400×150	0.92	1.06	1.20	1.18	1.13	1.20	I63b	H582×300	1.01	1.08	2.50	1.01	1.00	2.05
	H396×199	0.93	1.14	1.79	1.25	1.15	1.67	I63c	H582×300	0.94	1.03	2.39	0.97	1.02	2.06

注：表中“H 型钢与工字钢性能参数之比”的数值为“H 型钢参数值/工字钢参数值”。

2. 剖分 T 型钢

（1）剖分 T 型钢的分类、代号与结构（见表 7-262）

表 7-262　剖分 T 型钢的分类、代号与结构（GB/T 11263—2017）

名称	类别	代号	结构
剖分 T 型钢	宽翼缘剖分 T 型钢	TW	
	中翼缘剖分 T 型钢	TM	
	窄翼缘剖分 T 型钢	TN	

（2）剖分 T 型钢的规格、理论重量及截面特性（见表 7-263）

表 7-263　剖分 T 型钢的规格、理论重量及截面特性（GB/T 11263—2017）

类别	型号（$h \times B$）	截面尺寸/mm					截面面积/cm^2	理论重量/（kg/m）	表面积/（m^2/m）	惯性矩/cm^4		惯性半径/cm		截面模数/cm^3		重心 C_x/cm	对应 H 型钢系列型号
		h	B	t_1	t_2	r				I_x	I_y	i_x	i_y	W_x	W_y		
TW	50×100	50	100	6	8	8	10.79	8.47	0.293	16.1	66.8	1.22	2.48	4.02	13.4	1.00	100×100
	62.5×125	62.5	125	6.5	9	8	15.00	11.8	0.368	35.0	147	1.52	3.12	6.91	23.5	1.19	125×125
	75×150	75	150	7	10	8	19.82	15.6	0.443	66.4	282	1.82	3.76	10.8	37.5	1.37	150×150
	87.5×175	87.5	175	7.5	11	13	25.71	20.2	0.514	115	492	2.11	4.37	15.9	56.2	1.55	175×175
	100×200	100	200	8	12	13	31.76	24.9	0.589	184	801	2.40	5.02	22.3	80.1	1.73	200×200
		100	204	12	12	13	35.76	28.1	0.597	256	851	2.67	4.87	32.4	83.4	2.09	
	125×250	125	250	9	14	13	45.71	35.9	0.739	412	1820	3.00	6.31	39.5	146	2.08	250×250
		125	255	14	14	13	51.96	40.8	0.749	589	1940	3.36	6.10	59.4	152	2.58	
	150×300	147	302	12	12	13	53.16	41.7	0.887	857	2760	4.01	7.20	72.3	183	2.85	300×300
		150	300	10	15	13	59.22	46.5	0.889	798	3380	3.67	7.55	63.7	225	2.47	
		150	305	15	15	13	66.72	52.4	0.899	1110	3550	4.07	7.29	92.5	233	3.04	
	175×350	172	348	10	16	13	72.00	56.5	1.03	1230	5620	4.13	8.83	84.7	323	2.67	350×350
		175	350	12	19	13	85.94	67.5	1.04	1520	6790	4.20	8.88	104	388	2.87	
	200×400	194	402	15	15	22	89.22	70.0	1.17	2480	8130	5.27	9.54	158	404	3.70	400×400
		197	398	11	18	22	93.40	73.3	1.17	2050	9460	4.67	10.1	123	475	3.01	
		200	400	13	21	22	109.3	85.8	1.18	2480	11200	4.75	10.1	147	560	3.21	
		200	408	21	21	22	125.3	98.4	1.2	3650	11900	5.39	9.74	229	584	4.07	
		207	405	18	28	22	147.7	116	1.21	3620	15500	4.95	10.2	213	766	3.68	
		214	407	20	35	22	180.3	142	1.22	4380	19700	4.92	10.4	250	967	3.90	
TM	75×100	74	100	6	9	8	13.17	10.3	0.341	51.7	75.2	1.98	2.38	8.84	15.0	1.56	150×100
	100×150	97	150	6	9	8	19.05	15.0	0.487	124	253	2.55	3.64	15.8	33.8	1.80	200×150
	125×175	122	175	7	11	13	27.74	21.8	0.583	288	492	3.22	4.21	29.1	56.2	2.28	250×175
	150×200	147	200	8	12	13	35.52	27.9	0.683	571	801	4.00	4.74	48.2	80.1	2.85	300×200
		149	201	9	14	13	41.01	32.2	0.689	661	949	4.01	4.80	55.2	94.4	2.92	
	175×250	170	250	9	14	13	49.76	39.1	0.829	1020	1820	4.51	6.05	73.2	146	3.11	350×250
	200×300	195	300	10	16	13	66.62	52.3	0.979	1730	3600	5.09	7.35	108	240	3.43	400×300
	225×300	220	300	11	18	13	76.94	60.4	1.03	2680	4050	5.89	7.25	150	270	4.09	450×300
	250×300	241	300	11	15	13	70.58	55.4	1.07	3400	3380	6.93	6.91	178	225	5.00	500×300
		244	300	11	18	13	79.58	62.5	1.08	3610	4050	6.73	7.13	184	270	4.72	
	275×300	272	300	11	15	13	73.99	58.1	1.13	4790	3380	8.04	6.75	225	225	5.96	550×300
		275	300	11	18	13	82.99	65.2	1.14	5090	4050	7.82	6.98	232	270	5.59	
	300×300	291	300	12	17	13	84.60	66.4	1.17	6320	3830	8.64	6.72	280	255	6.51	600×300
		294	300	12	20	13	93.60	73.5	1.18	6680	4500	8.44	6.93	288	300	6.17	
		297	302	14	23	13	108.5	85.2	1.19	7890	5290	8.52	6.97	339	350	6.41	

（续）

类别	型号（h×B）	截面尺寸/mm					截面面积/cm^2	理论重量/（kg/m）	表面积/（m^2/m）	惯性矩/cm^4		惯性半径/cm		截面模数/cm^3		重心C_x/cm	对应H型钢系列型号
		h	B	t_1	t_2	r				I_x	I_y	i_x	i_y	W_x	W_y		
TN	50×50	50	50	5	7	8	5.920	4.65	0.193	11.8	7.39	1.41	1.11	3.18	2.950	1.28	100×50
	62.5×60	62.5	60	6	8	8	8.340	6.55	0.238	27.5	14.6	1.81	1.32	5.96	4.85	1.64	125×60
	75×75	75	75	5	7	8	8.920	7.00	0.293	42.6	24.7	2.18	1.66	7.46	6.59	1.79	150×75
	87.5×90	85.5	89	4	6	8	8.790	6.90	0.342	53.7	35.3	2.47	2.00	8.02	7.94	1.86	175×90
		87.5	90	5	8	8	11.44	8.98	0.348	70.6	48.7	2.48	2.06	10.4	10.8	1.93	
	100×100	99	99	4.5	7	8	11.34	8.90	0.389	93.5	56.7	2.87	2.23	12.1	11.5	2.17	200×100
		100	100	5.5	8	8	13.33	10.5	0.393	114	66.9	2.92	2.23	14.8	13.4	2.31	
	125×125	124	124	5	8	8	15.99	12.6	0.489	207	127	3.59	2.82	21.3	20.5	2.66	250×125
		125	125	6	9	8	18.48	14.5	0.493	248	147	3.66	2.81	25.6	23.5	2.81	
	150×150	149	149	5.5	8	13	20.40	16.0	0.585	393	221	4.39	3.29	33.8	29.7	3.26	300×150
		150	150	6.5	9	13	23.39	18.4	0.589	464	254	4.45	3.29	40.0	33.8	3.41	
	175×175	173	174	6	9	13	26.22	20.6	0.683	679	396	5.08	3.88	50.0	45.5	3.72	350×175
		175	175	7	11	13	31.45	24.7	0.689	814	492	5.08	3.95	59.3	56.2	3.76	
	200×200	198	199	7	11	13	35.70	28.0	0.783	1190	723	5.77	4.50	76.4	72.7	4.20	400×200
		200	200	8	13	13	41.68	32.7	0.789	1390	868	5.78	4.56	88.6	86.8	4.26	
	225×150	223	150	7	12	13	33.49	26.3	0.735	1570	338	6.84	3.17	93.7	45.1	5.54	450×150
		225	151	8	14	13	38.74	30.4	0.741	1830	403	6.87	3.22	108	53.4	5.62	
	225×200	223	199	8	12	13	41.48	32.6	0.833	1870	789	6.71	4.36	109	79.3	5.15	450×200
		225	200	9	14	13	47.71	37.5	0.839	2150	935	6.71	4.42	124	93.5	5.19	
	237.5×150	235	150	7	13	13	35.76	28.1	0.759	1850	367	7.18	3.20	104	48.9	7.50	475×150
		237.5	151.5	8.5	15.5	13	43.07	33.8	0.767	2270	451	7.25	3.23	128	59.5	7.57	
		241	153.5	10.5	19	13	53.20	41.8	0.778	2860	575	7.33	3.28	160	75.0	7.67	
	250×150	246	150	7	12	13	35.10	27.6	0.781	2060	339	7.66	3.10	113	45.1	6.36	500×150
		250	152	9	16	13	46.10	36.2	0.793	2750	470	7.71	3.19	149	61.9	6.53	
		252	153	10	18	13	51.66	40.6	0.799	3100	540	7.74	3.23	167	70.5	6.62	
	250×200	248	199	9	14	13	49.64	39.0	0.883	2820	921	7.54	4.30	150	92.6	5.97	500×200
		250	200	10	16	13	56.12	44.1	0.889	3200	1070	7.54	4.36	169	107	6.03	
		253	201	11	19	13	64.65	50.8	0.897	3660	1290	7.52	4.46	189	128	6.00	
	275×200	273	199	9	14	13	51.89	40.7	0.933	3690	921	8.43	4.21	180	92.6	6.85	550×200
		275	200	10	16	13	58.62	46.0	0.939	4180	1070	8.44	4.27	203	107	6.89	
	300×200	298	199	10	15	13	58.87	46.2	0.983	5150	988	9.35	4.09	235	99.3	7.92	600×200
		300	200	11	17	13	65.85	51.7	0.989	5770	1140	9.35	4.15	262	114	7.95	
		303	201	12	20	13	74.88	58.8	0.997	6530	1360	9.33	4.25	291	135	7.88	
	312.5×200	312.5	198.5	13.5	17.5	13	75.28	59.1	1.01	7460	1150	9.95	3.90	338	116	9.15	625×200
		315	200	15	20	13	84.97	66.7	1.02	8470	1340	9.98	3.97	380	134	9.21	
		319	202	17	24	13	99.35	78.0	1.03	9960	1160	10.0	4.08	440	165	9.26	
	325×300	323	299	12	18	18	91.81	72.1	1.23	8570	4020	9.66	6.61	344	269	7.36	650×300
		325	300	13	20	18	101.0	79.3	1.23	9430	4510	9.66	6.67	376	300	7.40	
		327	301	14	22	18	110.3	86.59	1.24	10300	5010	9.66	6.73	408	333	7.45	
	350×300	346	300	13	20	18	103.8	81.5	1.28	11300	4510	10.4	6.59	424	301	8.09	700×300
		350	300	13	24	18	115.8	90.9	1.28	12000	5410	10.2	6.83	438	361	7.63	
	400×300	396	300	14	22	18	119.8	94.0	1.38	17600	4960	12.1	6.43	592	331	9.78	800×300
		400	300	14	26	18	131.8	103	1.38	18700	5860	11.9	6.66	610	391	9.27	
	450×300	445	299	15	23	18	133.5	105	1.47	25900	5140	13.9	6.20	789	344	11.7	900×300
		450	300	16	28	18	152.9	120	1.48	29100	6320	13.8	6.42	865	421	11.4	
		456	302	18	34	18	180.0	141	1.50	34100	7830	13.8	6.59	997	518	11.3	

7.6.8 耐低温热轧 H 型钢

1. 耐低温热轧 H 型钢的牌号和化学成分（见表 7-264）

表 7-264 耐低温热轧 H 型钢的牌号和化学成分（YB/T 4619—2017）

牌号		化学成分(质量分数,%)												
强度级别	质量等级	C	Si	Mn	P	S	Nb	V	Ti	Cr	Ni	Cu	Mo	N
		≤												
Q235L	2	0.18	0.30	1.40	0.025	0.020	0.05	0.10	0.20	0.30	0.30	0.30	0.10	0.012
	3	0.18	0.30	1.40	0.025	0.020	0.05	0.10	0.20	0.30	0.30	0.30	0.10	0.012
	4	0.15	0.30	1.40	0.025	0.020	0.05	0.10	0.20	0.30	0.30	0.30	0.10	0.012
	5	0.15	0.30	1.40	0.020	0.020	0.05	0.10	0.20	0.30	0.30	0.30	0.10	0.012
	6	0.14	0.30	1.30	0.015	0.015	0.05	0.10	0.20	0.30	0.30	0.30	0.10	0.012
	7	0.14	0.30	1.30	0.012	0.010	0.05	0.10	0.20	0.30	0.30	0.30	0.10	0.012
Q275L	2	0.18	0.30	1.50	0.025	0.020	0.05	0.10	0.20	0.30	0.35	0.30	0.10	0.012
	3	0.18	0.30	1.50	0.025	0.020	0.05	0.10	0.20	0.30	0.35	0.30	0.10	0.012
	4	0.17	0.30	1.50	0.025	0.020	0.05	0.10	0.20	0.30	0.35	0.30	0.10	0.012
	5	0.17	0.30	1.40	0.020	0.020	0.05	0.10	0.20	0.30	0.35	0.30	0.10	0.012
	6	0.15	0.30	1.40	0.015	0.015	0.05	0.10	0.20	0.30	0.35	0.30	0.10	0.012
	7	0.15	0.30	1.40	0.012	0.010	0.05	0.10	0.20	0.30	0.35	0.30	0.10	0.012
Q355L	2	0.18	0.50	1.60	0.020	0.015	0.07	0.15	0.20	0.30	0.50	0.30	0.10	0.012
	3	0.18	0.50	1.60	0.020	0.015	0.07	0.15	0.20	0.30	0.50	0.30	0.10	0.012
	4	0.18	0.50	1.60	0.020	0.015	0.07	0.15	0.20	0.30	0.50	0.30	0.10	0.012
	5	0.18	0.50	1.60	0.015	0.015	0.07	0.15	0.20	0.30	0.50	0.30	0.10	0.012
	6	0.16	0.50	1.60	0.012	0.010	0.07	0.15	0.20	0.30	0.50	0.30	0.10	0.012
	7	0.16	0.50	1.60	0.010	0.010	0.07	0.15	0.20	0.30	0.50	0.30	0.10	0.012
Q390L	2	0.18	0.50	1.70	0.015	0.015	0.07	0.20	0.20	0.30	0.60	0.30	0.10	0.012
	3	0.18	0.50	1.70	0.015	0.015	0.07	0.20	0.20	0.30	0.60	0.30	0.10	0.012
	4	0.18	0.50	1.70	0.015	0.015	0.07	0.20	0.20	0.30	0.60	0.30	0.10	0.012
	5	0.18	0.50	1.70	0.015	0.015	0.07	0.20	0.20	0.30	0.60	0.30	0.10	0.012
	6	0.18	0.50	1.70	0.012	0.010	0.07	0.20	0.20	0.30	0.60	0.30	0.10	0.012
	7	0.18	0.50	1.70	0.010	0.010	0.07	0.20	0.20	0.30	0.60	0.30	0.10	0.012
Q420L	2	0.20	0.50	1.70	0.015	0.015	0.07	0.20	0.20	0.30	0.80	0.30	0.10	0.015
	3	0.20	0.50	1.70	0.015	0.015	0.07	0.20	0.20	0.30	0.80	0.30	0.10	0.015
	4	0.20	0.50	1.70	0.015	0.015	0.07	0.20	0.20	0.30	0.80	0.30	0.10	0.015
	5	0.20	0.50	1.70	0.015	0.015	0.07	0.20	0.20	0.30	0.80	0.30	0.10	0.015
	6	0.18	0.50	1.70	0.012	0.010	0.07	0.20	0.20	0.30	0.80	0.30	0.10	0.015
	7	0.18	0.50	1.70	0.010	0.010	0.07	0.20	0.20	0.30	0.80	0.30	0.10	0.015
Q460L	2	0.20	0.55	1.70	0.015	0.015	0.11	0.20	0.20	0.30	0.80	0.55	0.20	0.020
	3	0.20	0.55	1.70	0.015	0.015	0.11	0.20	0.20	0.30	0.80	0.55	0.20	0.020
	4	0.20	0.55	1.70	0.015	0.015	0.11	0.20	0.20	0.30	0.80	0.55	0.20	0.020
	5	0.20	0.55	1.70	0.015	0.015	0.11	0.20	0.20	0.30	0.80	0.55	0.20	0.020
	6	0.18	0.55	1.70	0.012	0.010	0.11	0.20	0.20	0.30	0.80	0.55	0.20	0.020
	7	0.18	0.55	1.70	0.010	0.010	0.11	0.20	0.20	0.30	0.80	0.55	0.20	0.020

2. 耐低温热轧 H 型钢的力学性能（见表 7-265）

表 7-265 耐低温热轧 H 型钢的力学性能（YB/T 4619—2017）

牌号		上屈服强度 R_{eH}/MPa 厚度 ≤16mm	上屈服强度 R_{eH}/MPa 厚度 >16mm	抗拉强度 R_m/MPa	断后伸长率 A（%）	夏比冲击性能 温度/℃	夏比冲击性能 冲击吸收能量 KV_2（纵向）/J
Q235L	2	≥235	≥225	370~500	≥26	-20	≥27
	3					-30	
	4					-40	
	5					-50	
	6					-60	
	7					-70	
Q275L	2	≥275	≥265	410~540	≥22	-20	≥27
	3					-30	
	4					-40	
	5					-50	
	6					-60	
	7					-70	
Q355L	2	≥355	≥345	470~630	≥21	-20	≥34
	3					-30	
	4					-40	
	5					-50	
	6					-60	
	7					-70	
Q390L	2	≥390	≥370	490~650	≥20	-20	≥34
	3					-30	
	4					-40	
	5					-50	
	6					-60	
	7					-70	
Q420L	2	≥420	≥400	520~680	≥19	-20	≥34
	3					-30	
	4					-40	
	5					-50	
	6					-60	
	7					-70	
Q460L	2	≥460	≥440	550~720	≥17	-20	≥47
	3					-30	
	4					-40	
	5					-50	
	6					-60	
	7					-70	

注：当屈服现象不明显时，可采用 $R_{p0.2}$ 代替上屈服强度。

7.6.9 耐候热轧 H 型钢

1. 耐候热轧 H 型钢的牌号和化学成分（见表 7-266）

表 7-266 耐候热轧 H 型钢的牌号和化学成分（YB/T 4621—2017）

牌号	质量等级	化学成分(质量分数,%)							
		C	Si	Mn	P ≤	S ≤	Cu	Cr	Ni
Q235NH	A	≤0.13	0.10~0.40	≤0.60	0.030	0.035	0.25~0.55	0.40~0.80	0.05~0.65
	B				0.030	0.035			
	C				0.030	0.030			
	D				0.030	0.025			
	E				0.030	0.020			
Q355NH	A	≤0.16	0.10~0.50	≤1.50	0.030	0.035	0.25~0.55	0.40~0.80	0.05~0.65
	B				0.030	0.035			
	C				0.030	0.030			
	D				0.030	0.025			
	E				0.030	0.020			
Q460NH	A	≤0.12	0.10~0.65	≤1.60	0.025	0.035	0.25~0.55	0.30~1.25	0.12~0.65
	B				0.025	0.035			
	C				0.025	0.030			
	D				0.025	0.025			
	E				0.025	0.020			

注：1. 为改善钢的性能，可以添加一种或一种以上的微量合金元素（质量分数）：Nb0.015%~0.060%，V0.02%~0.12%，Ti0.02%~0.10%，Alt≥0.020%。若上述元素组合使用时，应至少保证其中一种元素含量达到上述化学成分的下限规定。加入元素应在质量证明书中注明含量。

2. 可以添加 Mo 和 Zr，w(Mo)≤0.30%，w(Zr)≤0.15%。

3. Nb、V、Ti 三种合金元素的添加总质量分数不超过 0.22%。

2. 耐候热轧 H 型钢的力学性能和工艺性能（见表 7-267）

表 7-267 耐候热轧 H 型钢的力学性能和工艺性能（YB/T 4621—2017）

牌号	下屈服强度 R_{eH}①/MPa		抗拉强度 R_m/MPa	断后伸长率 A(%) ≥	冲击吸收能量 KV_2/J					180°弯曲试验		
	厚度/mm				A	B	C	D	E②	厚度/mm		
	≤16	>16			—	+20℃	0℃	-20℃	-40℃	≤6	>6~16	>16
	≥				≥							
Q235NH	235	225	360~540	25	—	47	34	34	27	$D=a$	$D=a$	$D=2a$
Q355NH	355	345	490~630	22	—	47	34	34	27	$D=a$	$D=2a$	$D=3a$
Q460NH	460	450	570~730	20	—	47	34	34	27			

注：1. 拉伸和弯曲试验、冲击试验取纵向试样。

2. D 为弯曲压头直径（mm），a 为试样厚度（mm）。

① 当屈服现象不明显时，采用 $R_{p0.2}$。

② 经供需双方协商，并在合同中注明，可提供更高级别冲击吸收能量。

3. 耐候热轧 H 型钢的焊接裂纹敏感性指数（见表 7-268）

表 7-268 耐候热轧 H 型钢的焊接裂纹敏感性指数（YB/T 4621—2017）

牌号	焊接裂纹敏感性指数 P_{cm}①(%)	牌号	焊接裂纹敏感性指数 P_{cm}①(%)
Q235NH	≤0.20	Q460NH	≤0.28
Q355NH	≤0.24		

① $P_{cm}=w(C)+w(Si)/30+w(Mn)/20+w(Cu)/20+w(Ni)/60+w(Cr)/20+w(Mo)/15+w(V)/10+5w(B)$。

7.6.10 高耐候热轧型钢

1. 高耐候热轧型钢的牌号和化学成分（见表 7-269）

表 7-269 高耐候热轧型钢的牌号和化学成分（YB/T 4755—2019）

牌号	质量等级	化学成分(质量分数,%)							
		C	Si	Mn	P	S	Cu	Cr	Ni
		≤							
Q350HWR	B	0.12	0.50	1.10	0.030	0.020	0.30~0.50	3.0~5.5	0.10~0.65
	C								
	D				0.020	0.010			
	E								
Q400HWR	B	0.12	0.50	1.50	0.030	0.020	0.30~0.50	3.0~5.5	0.10~0.65
	C								
	D				0.020	0.010			
	E								
Q450HWR	B	0.12	0.50	1.50	0.030	0.020	0.30~0.50	3.0~5.5	0.10~0.65
	C								
	D				0.020	0.010			
	E								
Q500HWR	B	0.12	0.75	2.00	0.030	0.020	0.30~0.50	3.0~5.5	0.10~0.65
	C								
	D				0.020	0.010			
	E								
Q550HWR	B	0.12	0.75	2.00	0.030	0.020	0.30~0.50	3.0~5.5	0.10~0.65
	C								
	D				0.020	0.010			
	E								

2. 高耐候热轧型钢的力学性能和工艺性能（见表 7-270）

表 7-270 高耐候热轧型钢的力学性能和工艺性能（YB/T 4755—2019）

牌号	下屈服强度 R_{eL}[①]/MPa			抗拉强度 R_m/MPa	断后伸长率 A(%)		180°冷弯试验	
	公称厚度/mm				公称厚度/mm		公称厚度/mm	
	≤40	>40~80	>80~120		≤16	>16	≤16	>16
Q350HWR	≥350	≥340	≥330	490~690	≥22	≥21	$d=2a$	$d=3a$
Q400HWR	≥400	≥385	≥370	520~720	≥21	≥19	$d=2a$	$d=3a$
Q450HWR	≥450	≥435	≥420	550~750	≥20	≥18	$d=2a$	$d=3a$
Q500HWR	≥500	≥485	≥470	600~800	≥19	≥17	$d=2a$	$d=3a$
Q550HWR	≥550	≥535	≥520	630~850	≥18	≥16	$d=2a$	$d=3a$

注：d 为弯心直径（mm），a 为公称厚度（mm）。

① 屈服点不明显时，下屈服强度 R_{eL} 应采用规定塑性延伸强度 $R_{p0.2}$。

3. 高耐候热轧型钢的冲击性能（见表 7-271）

表 7-271 高耐候热轧型钢的冲击性能（YB/T 4755—2019）

质量等级	试样方向	厚度/mm	冲击试验温度/℃	冲击吸收能量 KV_2/J
B	纵向	≥12	20	47
C			0	34
D			-20	34
E			-40	27

7.6.11 船用热轧 H 型钢

1. 船用热轧 H 型钢的牌号和化学成分

（1）一般强度和高强度级钢的牌号和化学成分（见表 7-272）

表 7-272 一般强度和高强度级钢的牌号和化学成分（YB/T 4654—2018）

牌号	化学成分(质量分数,%)												
	C	Si	Mn	P	S	Cu	Cr	Ni	Nb	V	Ti	Mo	N
A	≤0.23	≤0.50	≥0.50	≤0.035	≤0.035	≤0.35	≤0.30	≤0.30	—	—	—	—	—
B	≤0.21	≤0.35	≥0.60										
D				≤0.030	≤0.030				0.01~0.05	0.01~0.10	≤0.02		
E	≤0.18		≥0.70	≤0.025	≤0.025								
AH32	≤0.18	≤0.50	0.70~1.60	≤0.030	≤0.030	≤0.35	≤0.20	≤0.40	0.02~0.05	0.05~0.10	≤0.02	≤0.08	—
AH36													
AH40													
DH32				≤0.025	≤0.025								
DH36													
DH40													
EH32													
EH36													
EH40													
FH32	≤0.16		0.90~1.60	≤0.020	≤0.020			≤0.80					≤0.009①
FH36													
FH40													

注：1. 钢中应至少含有细化晶粒元素 Nb、V、Ti、Al 等的一种。单独或组合加入时，应保证其中至少一种合金元素的质量分数不小于 0.015%。当细化晶粒元素组合加入时，要求 $w(Nb)+w(V)+w(Ti) \leqslant 0.12\%$。

2. 添加细化晶粒元素及其含量应在质量证明书中注明。

3. 当钢中单独加铝时，酸溶铝（Als）的质量分数应不小于 0.015%，全铝（Alt）的质量分数应不小于 0.020%。

① 当 F 级钢中含铝时，$w(N) \leqslant 0.012\%$。

（2）超高强度级钢的牌号和化学成分（见表 7-273）

表 7-273 超高强度级钢的牌号和化学成分（YB/T 4654—2018）

牌号	化学成分(质量分数,%)					
	C	Si	Mn	P	S	N
AH420	≤0.21	≤0.55	≤1.70	≤0.030	≤0.030	≤0.020
AH460						
AH500						
AH550						
AH620						
AH690						
DH420	≤0.20	≤0.55	≤1.70	≤0.025	≤0.025	
DH460						
DH500						
DH550						
DH620						
DH690						
EH420	≤0.20	≤0.55	≤1.70	≤0.025	≤0.025	
EH460						
EH500						

（续）

牌号	化学成分(质量分数,%)					
	C	Si	Mn	P	S	N
EH550	≤0.20	≤0.55	≤1.70	≤0.025	≤0.025	≤0.020
EH620						
EH690						
FH420	≤0.18	≤0.55	≤1.60	≤0.020	≤0.020	
FH460						
FH500						
FH550						
FH620						
FH690						

注：钢中应至少含有细化晶粒元素 Nb、V、Ti、Al 等的一种，添加细化晶粒元素及其含量应在质量证明书中注明。

2. 船用热轧 H 型钢的力学性能（见表 7-274）

表 7-274 船用热轧 H 型钢的力学性能（YB/T 4654—2018）

牌号	拉伸性能			夏比(V型)冲击性能				
	上屈服强度 R_{eH}/MPa	抗拉强度 R_m/MPa	断后伸长率 A(%)	试验温度/℃	以下翼缘厚度 t 冲击吸收能量 KV_2/J			
					t≤50mm		50mm<t≤70mm	
					纵向	横向	纵向	横向
					≥			
A[①]	≥235	400~520	≥22	20	—	—	34	24
B[②]				0	27	20	34	24
D				-20				
E				-40				
AH32	≥315	450~570		0	31	22	38	26
DH32				-20				
EH32				-40				
FH32				-60				
AH36	≥355	490~630	≥21	0	34	24	41	27
DH36				-20				
EH36				-40				
FH36				-60				
AH40	≥395	510~650	≥20	0	41	27	46	31
DH40				-20				
EH40				-40				
FH40				-60				
AH420	≥420	530~680	≥18	0	42	28	42	28
DH420				-20				
EH420				-40				
FH420				-60				
AH460	≥460	570~720	≥17	0	46	31	46	31
DH460				-20				
EH460				-40				
FH460				-60				
AH500	≥500	610~770	≥16	0	50	33	50	33
DH500				-20				
EH500				-40				
FH500				-60				

（续）

牌号	拉伸性能			夏比（V型）冲击性能				
	上屈服强度 R_{eH}/MPa	抗拉强度 R_m/MPa	断后伸长率 A(%)	试验温度 /℃	以下翼缘厚度 t 冲击吸收能量 KV_2/J			
					$t \leqslant 50$mm		50mm$<t \leqslant 70$mm	
					纵向	横向	纵向	横向
					≥			
AH550	≥550	670~830	≥16	0	55	37	55	37
DH550				-20				
EH550				-40				
FH550				-60				
AH620	≥620	720~890	≥15	0	62	41	62	41
DH620				-20				
EH620				-40				
FH620				-60				
AH690	≥690	770~940	≥14	0	69	46	69	46
DH690				-20				
EH690				-40				
FH690				-60				

注：1. 拉伸试验取纵向试样。当屈服不明显时，可测量 $R_{p0.2}$ 代替上屈服强度。

2. 除非双方协议另有规定，冲击试验应取纵向试样。当根据双方协议进行横向冲击试验时，则不需要再进行纵向冲击试验。对于超高强度H型钢冲击试验取纵向试样，但供方应保证横向冲击性能。

① 厚度大于50mm的A级钢，经细化晶粒处理并以正火状态交货时，可不做冲击试验。

② B级型钢，当翼缘厚度不大于25mm，经船级社同意可不做冲击试验。

7.6.12 船用热轧T型钢

船用热轧T型钢的规格、理论重量和截面特性见表7-275。

表7-275 船用热轧T型钢的规格、理论重量和截面特性（YB/T 4754—2018）

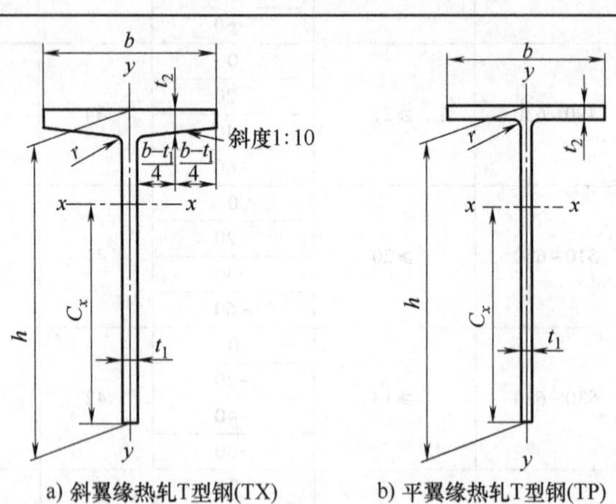

a) 斜翼缘热轧T型钢(TX)　b) 平翼缘热轧T型钢(TP)

类别	型号	截面尺寸/mm					截面面积/cm²	理论重量/(kg/m)	表面积/(m²/m)	x—x		y—y
		h	b	t_1	t_2	r				惯性矩 I_x/cm⁴	截面模数 W_x/cm³	重心 C_x/cm
TP	100×50	100	54	4	7	2.5	7.521	5.90	0.302	73.9	10.3	7.17
		100	55	5			8.521	6.69	0.304	86.4	12.5	6.92
	120×60	120	65		9		11.42	8.97	0.363	160	18.5	8.63
		120	66	6			12.62	9.91	0.365	182	21.7	8.38

（续）

类别	型号	截面尺寸/mm					截面面积/cm^2	理论重量/(kg/m)	表面积/(m^2/m)	x—x		y—y
		h	b	t_1	t_2	r				惯性矩 I_x/cm^4	截面模数 W_x/cm^3	重心 C_x/cm
TP	150×60	150	65	5	9	2.5	12.92	10.1	0.423	297	28.4	10.5
		150	67	7			15.92	12.5	0.427	375	37.8	9.90
	180×90	180	89	6	11	3	19.96	15.7	0.528	646	50.2	12.9
		180	90	7			21.76	17.1	0.530	719	57.3	12.6
	210×90	210	90				23.86	18.7	0.590	1100	76.8	14.3
		210	91	8			25.96	20.4	0.592	1200	86.0	14.0
	240×120	240	119		13	3.5	33.67	26.4	0.705	1980	118	16.9
		240	120	9			36.08	28.3	0.707	2150	130	16.6
	270×120	270	119	8			36.07	28.3	0.765	2740	147	18.7
		270	121	10			41.48	32.6	0.769	3200	178	18.0
	300×140	300	138	9	16	4	47.69	37.1	0.861	4390	207	21.2
		300	140	11			53.69	42.1	0.865	5040	246	20.5
	350×140	350	139	10			55.69	43.7	0.963	7200	304	23.7
		350	141	12			62.69	49.2	0.967	8150	354	23.0
	400×160	400	158	10	20	5	69.68	54.7	1.10	11500	409	28.1
		400	160	12			77.68	61.0	1.10	13000	478	27.3
	*450×160	450	161	13			88.18	69.2	1.20	19000	638	29.7
	500×180	500	180	14	24	6	110.0	86.3	1.34	29000	862	33.6
	*550×180	550	181	15			122.5	96.1	1.44	39400	1090	36.1
	600×200	600	200		28		141.9	111	1.58	53900	1330	40.5
TX	120×60	120	60	4	5	2.5	7.627	5.99	0.358	116	14.3	8.13
	150×75	150	75		6		10.29	8.08	0.448	242	23.1	10.5
	180×90	180	90	5	7	3	14.99	11.8	0.537	512	41.1	12.5
	210×100	210	100	6	8		20.16	15.8	0.617	945	66.2	14.3
	240×120	240	120	7	9	3.5	27.02	21.2	0.717	1650	101	16.4
	270×130	270	130		10		31.25	24.5	0.797	2410	129	18.6
	300×150	300	150	8	12	4	41.11	32.3	0.897	3870	184	21.0
	400×180	400	180			5	52.75	41.4	1.16	9000	326	27.6

注：1. 表中截面面积（mm^2）计算公式为：TX 类，$ht_1+t_2(b-t_1)+0.339r^2$；TP 类，$ht_1+t_2(b-t_1)+0.429r^2$。

2. 表中“*”表示的规格为市场非常用规格。

7.6.13 抗震热轧 H 型钢

1. 抗震热轧 H 型钢的牌号和化学成分（见表 7-276）

表 7-276 抗震热轧 H 型钢的牌号和化学成分（YB/T 4620—2017）

牌号	质量等级	化学成分(质量分数,%)											
		C	Si	Mn	P	S	V	Nb	Ti	Cr	Cu	Ni	Mo
					≤								
Q235KZ	B	≤0.20	≤0.35	0.40~1.50	0.030	0.020	—	—	—	0.30	0.30	0.30	0.08
	C												
	D	≤0.18			0.025	0.015							
	E												
Q345KZ	B	≤0.20	≤0.55	≤1.60	0.030	0.020	0.150	0.070	0.035	0.30	0.30	0.30	0.20
	C												
	D	≤0.18			0.025	0.015							
	E												

（续）

牌号	质量等级	化学成分(质量分数,%)										
		C	Si	Mn	P	S	V	Nb	Ti	Cr	Cu	Ni	Mo
					≤								
Q390KZ	B	≤0.20	≤0.55	≤1.70	0.030	0.020	0.200	0.070	0.030	0.30	0.30	0.70	0.50
	C												
	D	≤0.18			0.025	0.015							
	E												
Q420KZ	B	≤0.20	≤0.55	≤1.70	0.030	0.020	0.200	0.070	0.030	0.80	0.30	1.00	0.50
	C												
	D	≤0.18			0.025	0.015							
	E												
Q460KZ	B	≤0.20	≤0.55	≤1.70	0.030	0.020	0.200	0.110	0.030	1.20	0.50	1.20	0.50
	C												
	D	≤0.18			0.025	0.015							
	E												

2. 抗震热轧 H 型钢的纵向力学性能（见表 7-277）

表 7-277　抗震热轧 H 型钢的纵向力学性能（YB/T 4620—2017）

牌号	下屈服强度 R_{eL}[①]/MPa		抗拉强度 R_m/MPa	断后伸长率 A(%)	屈强比 R_{eL}/R_m
	公称厚度/mm				
	5~16	>16~50			
Q235KZ	≥235	235~345	400~510	≥23	≤0.80
Q345KZ	≥345	345~455	490~610	≥22	≤0.80
Q390KZ	≥390	390~510	510~660	≥20	≤0.83
Q420KZ	≥420	420~550	530~680	≥20	≤0.83
Q460KZ	≥460	460~600	570~720	≥18	≤0.83

① 屈服点不明显时，屈服强度 R_{eL} 应采用规定塑性延伸强度 $R_{p0.2}$。

3. 抗震热轧 H 型钢的弯曲性能（见表 7-278）

表 7-278　抗震热轧 H 型钢的弯曲性能（YB/T 4620—2017）

牌号	180°弯曲试验 D—弯曲压头直径，a—试样厚度	
	钢材厚度/mm	
	≤16	>16
Q235KZ	$D=2a$	$D=3a$
Q345KZ		
Q390KZ		
Q420KZ		
Q460KZ		

4. 抗震热轧 H 型钢的夏比（V 型）冲击试验吸收能量（见表 7-279）

表 7-279　抗震热轧 H 型钢的夏比（V 型）冲击试验吸收能量（YB/T 4620—2017）

牌号	质量等级	试验温度/℃	冲击吸收能量 KV_2/J
Q235KZ	B	20	≥47
	C	0	
	D	-20	
	E	-40	

（续）

牌号	质量等级	试验温度/℃	冲击吸收能量 KV_2/J
Q345KZ	B	20	≥47
	C	0	
	D	-20	
	E	-40	
Q390KZ	B	20	≥47
	C	0	
	D	-20	
	E	-40	
Q420KZ	B	20	≥47
	C	0	
	D	-20	
	E	-40	
Q460KZ	B	20	≥47
	C	0	
	D	-20	
	E	-40	

注：冲击试验取纵向试样。

7.6.14　改善耐蚀性热轧型钢

改善耐蚀性热轧型钢的牌号和化学成分见表 7-280。其力学性能和工艺性能应符合 GB/T 700 和 GB/T 1591 相应强度级别的规定。

表 7-280　改善耐蚀性热轧型钢的牌号和化学成分（GB/T 32977—2016）

牌号	质量等级	化学成分（质量分数,%）						
		C	Si	Mn	P	S	Cr	Ni
Q235NS	A	≤0.22	≤0.35	≤1.40	≤0.045	≤0.045	0.30~1.60	0.30~0.65
	B	≤0.20	≤0.35	≤1.40	≤0.045	≤0.040		0.30~0.65
	C	≤0.17	≤0.35	≤1.40	≤0.040	≤0.035		0.30~0.65
	D	≤0.17	≤0.35	≤1.40	≤0.035	≤0.030		0.30~0.65
Q345NS	A	≤0.20	≤0.50	≤1.70	≤0.035	≤0.035	0.30~1.65	0.30~0.80
	B	≤0.20	≤0.50	≤1.70	≤0.035	≤0.035		0.30~0.80
	C	≤0.20	≤0.50	≤1.70	≤0.030	≤0.030		0.30~0.80
	D	≤0.18	≤0.50	≤1.70	≤0.030	≤0.025		0.30~0.80
	E	≤0.18	≤0.50	≤1.70	≤0.025	≤0.020		0.30~0.80
Q390NS	A	≤0.20	≤0.50	≤1.70	≤0.035	≤0.035		0.30~0.80
	B	≤0.20	≤0.50	≤1.70	≤0.035	≤0.035		0.30~0.80
	C	≤0.20	≤0.50	≤1.70	≤0.030	≤0.030		0.30~0.80
	D	≤0.20	≤0.50	≤1.70	≤0.030	≤0.025		0.30~0.80
	E	≤0.20	≤0.50	≤1.70	≤0.025	≤0.020		0.30~0.80
Q420NS	A	≤0.20	≤0.50	≤1.70	≤0.035	≤0.035		0.30~1.00
	B	≤0.20	≤0.50	≤1.70	≤0.035	≤0.035		0.30~1.00
	C	≤0.20	≤0.50	≤1.70	≤0.030	≤0.030		0.30~1.00
	D	≤0.20	≤0.50	≤1.70	≤0.030	≤0.025		0.30~1.00
	E	≤0.20	≤0.50	≤1.70	≤0.025	≤0.020		0.30~1.00
Q460NS	C	≤0.20	≤0.60	≤1.80	≤0.030	≤0.030		0.30~1.00
	D	≤0.20	≤0.60	≤1.80	≤0.030	≤0.025		0.30~1.00
	E	≤0.20	≤0.60	≤1.80	≤0.025	≤0.020		0.30~1.00

7.6.15 焊接H型钢

焊接H型钢的规格、理论重量及截面特性参数见表7-281。

表7-281 焊接H型钢的规格、理论重量及截面特性参数（GB/T 33814—2017）

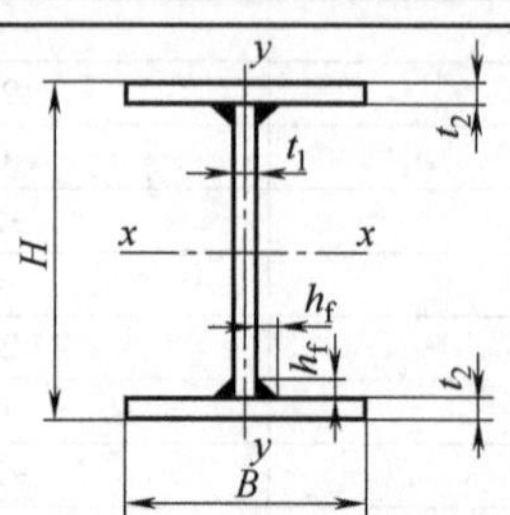

型号	截面尺寸				截面面积/cm^2	理论重量[①]/(kg/m)	截面特性参数[②]						角焊缝[③]焊脚尺寸 h_f/mm
							x—x			y—y			
	H	B	t_1	t_2			I_x/cm^4	W_x/cm^3	i_x/cm	I_y/cm^4	W_y/cm^3	i_y/cm	
	mm												
WH100×50	100	50	3.2	4.5	7.41	5.82	123	25	4.07	9	4	1.13	3
	100	50	4	5	8.60	6.75	137	27	3.99	10	4	1.10	4
WH100×75	100	75	4	6	12.52	9.83	222	44	4.21	42	11	1.84	4
WH100×100	100	100	4	6	15.52	12.18	288	58	4.31	100	20	2.54	4
	100	100	6	8	21.04	16.52	369	74	4.19	133	27	2.52	5
WH125×75	125	75	4	6	13.52	10.61	367	59	5.21	42	11	1.77	4
WH125×125	125	125	4	6	19.52	15.32	580	93	5.45	195	31	3.16	4
WH150×75	150	75	3.2	4.5	11.26	8.84	432	58	6.19	32	8	1.68	3
	150	75	4	6	14.52	11.40	554	74	6.18	42	11	1.71	4
	150	75	5	8	18.70	14.68	706	94	6.14	56	15	1.74	5
WH150×100	150	100	3.2	4.5	13.51	10.61	551	73	6.39	75	15	2.36	3
	150	100	4	6	17.52	13.75	710	95	6.37	100	20	2.39	4
	150	100	5	8	22.70	17.82	908	121	6.32	133	27	2.42	5
WH150×150	150	150	4	6	23.52	18.46	1021	136	6.59	338	45	3.79	4
	150	150	5	8	30.70	24.10	1311	175	6.54	450	60	3.83	5
	150	150	6	8	32.04	25.15	1331	178	6.45	450	60	3.75	5
WH200×100	200	100	3.2	4.5	15.11	11.86	1046	105	8.32	75	15	2.23	3
	200	100	4	6	19.52	15.32	1351	135	8.32	100	20	2.26	4
	200	100	5	8	25.20	19.78	1735	173	8.30	134	27	2.30	5
WH200×150	200	150	4	6	25.52	20.03	1916	192	8.66	338	45	3.64	4
	200	150	5	8	33.20	26.06	2473	247	8.63	450	60	3.68	5
WH200×200	200	200	5	8	41.20	32.34	3210	321	8.83	1067	107	5.09	5
	200	200	6	10	50.80	39.88	3905	390	8.77	1334	133	5.12	5
WH250×125	250	125	4	6	24.52	19.25	2682	215	10.46	195	31	2.82	4
	250	125	5	8	31.70	24.88	3463	277	10.45	261	42	2.87	5
	250	125	6	10	38.80	30.46	4210	337	10.42	326	52	2.90	5
WH250×150	250	150	4	6	27.52	21.60	3129	250	10.66	338	45	3.50	4
	250	150	5	8	35.70	28.02	4049	324	10.65	450	60	3.55	5
	250	150	6	10	43.80	34.38	4931	394	10.61	563	75	3.58	5
WH250×200	250	200	5	8	43.70	34.30	5221	418	10.93	1067	107	4.94	5
	250	200	5	10	51.50	40.43	6270	502	11.03	1334	133	5.09	5
	250	200	6	10	53.80	42.23	6372	510	10.88	1334	133	4.98	5
	250	200	6	12	61.56	48.32	7380	590	10.95	1600	160	5.10	6

（续）

型号	截面尺寸				截面面积/cm^2	理论重量[①]/(kg/m)	截面特性参数[②]						角焊缝[③]焊脚尺寸h_f/mm
							x—x			y—y			
	H	B	t_1	t_2			I_x/cm^4	W_x/cm^3	i_x/cm	I_y/cm^4	W_y/cm^3	i_y/cm	
	mm												
WH250×250	250	250	6	10	63.80	50.08	7813	625	11.07	2605	208	6.39	5
	250	250	6	12	73.56	57.74	9081	726	11.11	3125	250	6.52	6
	250	250	8	14	87.76	68.89	10488	839	10.93	3647	292	6.45	6
WH300×200	300	200	6	8	49.04	38.50	7968	531	12.75	1067	107	4.66	5
	300	200	6	10	56.80	44.59	9511	634	12.94	1334	133	4.85	5
	300	200	6	12	64.56	50.68	11010	734	13.06	1600	160	4.98	6
	300	200	8	14	77.76	61.04	12802	853	12.83	1868	187	4.90	6
	300	200	10	16	90.80	71.28	14523	968	12.65	2136	214	4.85	6
WH300×250	300	250	6	10	66.80	52.44	11614	774	13.19	2605	208	6.24	5
	300	250	6	12	76.56	60.10	13500	900	13.28	3125	250	6.39	6
	300	250	8	14	91.76	72.03	15667	1044	13.07	3647	292	6.30	6
	300	250	10	16	106.80	83.84	17752	1183	12.89	4169	334	6.25	6
WH300×300	300	300	6	10	76.80	60.29	13718	915	13.36	4501	300	7.66	5
	300	300	8	12	94.08	73.85	16340	1089	13.18	5401	360	7.58	6
	300	300	8	14	105.76	83.02	18532	1235	13.24	6301	420	7.72	6
	300	300	10	16	122.80	96.40	20982	1399	13.07	7202	480	7.66	6
	300	300	10	18	134.40	105.50	23034	1536	13.09	8102	540	7.76	7
	300	300	12	20	151.20	118.69	25318	1688	12.94	9004	600	7.72	8
WH350×175	350	175	4.5	6	36.21	28.42	7661	438	14.55	536	61	3.85	4
	350	175	4.5	8	43.03	33.78	9586	548	14.93	715	82	4.08	4
	350	175	6	8	48.04	37.71	10052	574	14.47	715	82	3.86	5
	350	175	6	10	54.80	43.02	11915	681	14.75	894	102	4.04	5
	350	175	6	12	61.56	48.32	13733	785	14.94	1072	123	4.17	6
	350	175	8	12	68.08	53.44	14310	818	14.50	1073	123	3.97	6
	350	175	8	14	74.76	58.69	16064	918	14.66	1252	143	4.09	6
	350	175	10	16	87.80	68.92	18310	1046	14.44	1432	164	4.04	6
WH350×200	350	200	6	8	52.04	40.85	11222	641	14.68	1067	107	4.53	5
	350	200	6	10	59.80	46.94	13360	763	14.95	1334	133	4.72	5
	350	200	6	12	67.56	53.03	15447	883	15.12	1601	160	4.87	6
	350	200	8	10	66.40	52.12	13959	798	14.50	1335	133	4.48	5
	350	200	8	12	74.08	58.15	16025	916	14.71	1601	160	4.65	6
	350	200	8	14	81.76	64.18	18040	1031	14.85	1868	187	4.78	6
	350	200	10	16	95.80	75.20	20542	1174	14.64	2136	214	4.72	6
WH350×250	350	250	6	10	69.80	54.79	16251	929	15.26	2605	208	6.11	5
	350	250	6	12	79.56	62.45	18876	1079	15.40	3126	250	6.27	6
	350	250	8	12	86.08	67.57	19454	1112	15.03	3126	250	6.03	6
	350	250	8	14	95.76	75.17	21994	1257	15.16	3647	292	6.17	6
	350	250	10	16	111.80	87.76	25008	1429	14.96	4169	334	6.11	6
WH350×300	350	300	6	10	79.80	62.64	19142	1094	15.49	4501	300	7.51	5
	350	300	6	12	91.56	71.87	22305	1275	15.61	5401	360	7.68	6
	350	300	8	14	109.76	86.16	25948	1483	15.38	6301	420	7.58	6
	350	300	10	16	127.80	100.32	29474	1684	15.19	7203	480	7.51	6
	350	300	10	18	139.40	109.43	32370	1850	15.24	8103	540	7.62	7
WH350×350	350	350	6	12	103.56	81.29	25734	1470	15.76	8576	490	9.10	6
	350	350	8	14	123.76	97.15	29901	1709	15.54	10006	572	8.99	6
	350	350	8	16	137.44	107.89	33403	1909	15.59	11435	653	9.12	6

（续）

型号	截面尺寸				截面面积/cm^2	理论重量[①]/(kg/m)	截面特性参数[②]						角焊缝[③]焊脚尺寸 h_f/mm
	H	B	t_1	t_2			$x—x$			$y—y$			
	mm						I_x/cm^4	W_x/cm^3	i_x/cm	I_y/cm^4	W_y/cm^3	i_y/cm	
WH350×350	350	350	10	16	143.80	112.88	33939	1939	15.36	11436	653	8.92	6
	350	350	10	18	157.40	123.56	37335	2133	15.40	12865	735	9.04	7
	350	350	12	20	177.20	139.10	41141	2351	15.24	14296	817	8.98	8
WH400×200	400	200	6	8	55.04	43.21	15126	756	16.58	1067	107	4.40	5
	400	200	6	10	62.80	49.30	17957	898	16.91	1334	133	4.61	5
	400	200	6	12	70.56	55.39	20729	1036	17.14	1601	160	4.76	6
	400	200	8	12	78.08	61.29	21615	1081	16.64	1602	160	4.53	6
	400	200	8	14	85.76	67.32	24301	1215	16.83	1868	187	4.67	6
	400	200	8	16	93.44	73.35	26929	1346	16.98	2135	213	4.78	6
	400	200	8	18	101.12	79.38	29501	1475	17.08	2402	240	4.87	7
	400	200	10	16	100.80	79.13	27760	1388	16.59	2136	214	4.60	6
	400	200	10	18	108.40	85.09	30305	1515	16.72	2403	240	4.71	7
	400	200	10	20	116.00	91.06	32795	1640	16.81	2670	267	4.80	7
WH400×250	400	250	6	10	72.80	57.15	21760	1088	17.29	2605	208	5.98	5
	400	250	6	12	82.56	64.81	25247	1262	17.49	3126	250	6.15	6
	400	250	8	14	99.76	78.31	29518	1476	17.20	3647	292	6.05	6
	400	250	8	16	109.44	85.91	32831	1642	17.32	4168	333	6.17	6
	400	250	8	18	119.12	93.51	36072	1804	17.40	4689	375	6.27	7
	400	250	10	16	116.80	91.69	33661	1683	16.98	4170	334	5.97	6
	400	250	10	18	126.40	99.22	36876	1844	17.08	4691	375	6.09	7
	400	250	10	20	136.00	106.76	40021	2001	17.15	5211	417	6.19	7
WH400×300	400	300	6	10	82.80	65.00	25564	1278	17.57	4501	300	7.37	5
	400	300	6	12	94.56	74.23	29764	1488	17.74	5401	360	7.56	6
	400	300	8	14	113.76	89.30	34735	1737	17.47	6302	420	7.44	6
	400	300	10	16	132.80	104.25	39563	1978	17.26	7203	480	7.36	6
	400	300	10	18	144.40	113.35	43448	2172	17.35	8103	540	7.49	7
	400	300	10	20	156.00	122.46	47248	2362	17.40	9003	600	7.60	7
	400	300	12	20	163.20	128.11	48026	2401	17.15	9005	600	7.43	8
WH400×400	400	400	8	14	141.76	111.28	45169	2258	17.85	14935	747	10.26	6
	400	400	8	18	173.12	135.90	55787	2789	17.95	19202	960	10.53	7
	400	400	10	16	164.80	129.37	51366	2568	17.65	17070	853	10.18	6
	400	400	10	18	180.40	141.61	56591	2830	17.71	19203	960	10.32	7
	400	400	10	20	196.00	153.86	61701	3085	17.74	21336	1067	10.43	7
	400	400	12	22	218.72	171.70	67452	3373	17.56	23472	1174	10.36	8
	400	400	12	25	242.00	189.97	74704	3735	17.57	26672	1334	10.50	8
	400	400	16	25	256.00	200.96	76133	3807	17.25	26679	1334	10.21	10
	400	400	20	32	323.20	253.71	93212	4661	16.98	34156	1708	10.28	12
	400	400	20	40	384.00	301.44	109568	5478	16.89	42688	2134	10.54	12
WH450×250	450	250	8	12	94.08	73.85	33938	1508	18.99	3127	250	5.77	6
	450	250	8	14	103.76	81.45	38288	1702	19.21	3648	292	5.93	6
	450	250	10	16	121.80	95.61	43774	1946	18.96	4170	334	5.85	6
	450	250	10	18	131.40	103.15	47928	2130	19.10	4691	375	5.97	7
	450	250	10	20	141.00	110.69	52002	2311	19.20	5212	417	6.08	7
	450	250	12	22	158.72	124.60	57112	2538	18.97	5735	459	6.01	8
	450	250	12	25	173.00	135.81	62910	2796	19.07	6516	521	6.14	8

（续）

型号	截面尺寸 H	B	t_1	t_2	截面面积/cm^2	理论重量①/(kg/m)	截面特性参数② x—x I_x/cm^4	W_x/cm^3	i_x/cm	y—y I_y/cm^4	W_y/cm^3	i_y/cm	角焊缝③焊脚尺寸 h_f/mm
	mm												
WH450×300	450	300	8	12	106.08	83.27	39694	1764	19.34	5402	360	7.14	6
	450	300	8	14	117.76	92.44	44944	1998	19.54	6302	420	7.32	6
	450	300	10	16	137.80	108.17	51312	2281	19.30	7203	480	7.23	6
	450	300	10	18	149.40	117.28	56331	2504	19.42	8103	540	7.36	7
	450	300	10	20	161.00	126.39	61253	2722	19.51	9003	600	7.48	7
	450	300	12	20	169.20	132.82	62402	2773	19.20	9006	600	7.30	8
	450	300	12	22	180.72	141.87	67196	2987	19.28	9906	660	7.40	8
	450	300	12	25	198.00	155.43	74213	3298	19.36	11256	750	7.54	8
WH450×400	450	400	8	14	145.76	114.42	58255	2589	19.99	14935	747	10.12	6
	450	400	10	16	169.80	133.29	66387	2951	19.77	17070	854	10.03	6
	450	400	10	18	185.40	145.54	73137	3251	19.86	19203	960	10.18	7
	450	400	10	20	201.00	157.79	79757	3545	19.92	21337	1067	10.30	7
	450	400	12	22	224.72	176.41	87364	3883	19.72	23473	1174	10.22	8
	450	400	12	25	248.00	194.68	96817	4303	19.76	26672	1334	10.37	8
WH500×250	500	250	8	12	98.08	76.99	42919	1717	20.92	3127	250	5.65	6
	500	250	8	14	107.76	84.59	48356	1934	21.18	3648	292	5.82	6
	500	250	8	16	117.44	92.19	53702	2148	21.38	4169	333	5.96	6
	500	250	10	16	126.80	99.54	55410	2216	20.90	4171	334	5.74	6
	500	250	10	18	136.40	107.07	60622	2425	21.08	4691	375	5.86	7
	500	250	10	20	146.00	114.61	65745	2630	21.22	5212	417	5.97	7
	500	250	12	22	164.72	129.31	72359	2894	20.96	5736	459	5.90	8
	500	250	12	25	179.00	140.52	79685	3187	21.10	6517	521	6.03	8
WH500×300	500	300	8	12	110.08	86.41	50065	2003	21.33	5402	360	7.01	6
	500	300	8	14	121.76	95.58	56625	2265	21.57	6302	420	7.19	6
	500	300	8	16	133.44	104.75	63075	2523	21.74	7202	480	7.35	6
	500	300	10	16	142.80	112.10	64784	2591	21.30	7204	480	7.10	6
	500	300	10	18	154.40	121.20	71081	2843	21.46	8104	540	7.24	7
	500	300	10	20	166.00	130.31	77271	3091	21.58	9004	600	7.36	7
	500	300	12	22	186.72	146.58	84935	3397	21.33	9907	660	7.28	8
	500	300	12	25	204.00	160.14	93800	3752	21.44	11256	750	7.43	8
WH500×400	500	400	8	14	149.76	117.56	73163	2927	22.10	14935	747	9.99	6
	500	400	10	16	174.80	137.22	83531	3341	21.86	17071	854	9.88	6
	500	400	10	18	190.40	149.46	92000	3680	21.98	19204	960	10.04	7
	500	400	10	20	206.00	161.71	100325	4013	22.07	21337	1067	10.18	7
	500	400	12	22	230.72	181.12	110086	4403	21.84	23473	1174	10.09	8
	500	400	12	25	254.00	199.39	122029	4881	21.92	26673	1334	10.25	8
WH500×500	500	500	10	18	226.40	177.72	112919	4517	22.33	37504	1500	12.87	7
	500	500	10	20	246.00	193.11	123378	4935	22.40	41671	1667	13.02	7
	500	500	12	22	274.72	215.66	135237	5409	22.19	45840	1834	12.92	8
	500	500	12	25	304.00	238.64	150258	6010	22.23	52090	2084	13.09	8
	500	500	20	25	340.00	266.90	156333	6253	21.44	52113	2085	12.38	12
WH600×300	600	300	8	14	129.76	101.86	84603	2820	25.53	6302	420	6.97	6
	600	300	10	16	152.80	119.95	97145	3238	25.21	7205	480	6.87	6
	600	300	10	18	164.40	129.05	106435	3548	25.44	8105	540	7.02	7
	600	300	10	20	176.00	138.16	115595	3853	25.63	9005	600	7.15	7
	600	300	12	22	198.72	156.00	127489	4250	25.33	9908	661	7.06	8
	600	300	12	25	216.00	169.56	140700	4690	25.52	11258	751	7.22	8

（续）

型号	截面尺寸				截面面积/cm^2	理论重量[①]/(kg/m)	截面特性参数[②]						角焊缝[③]焊脚尺寸 h_f/mm
	H	B	t_1	t_2			x—x			y—y			
	mm						I_x/cm^4	W_x/cm^3	i_x/cm	I_y/cm^4	W_y/cm^3	i_y/cm	
WH600×400	600	400	8	14	157.76	123.84	108646	3622	26.24	14936	747	9.73	6
	600	400	10	16	184.80	145.07	124436	4148	25.95	17071	854	9.61	6
	600	400	10	18	200.40	157.31	136930	4564	26.14	19205	960	9.79	7
	600	400	10	20	216.00	169.56	149248	4975	26.29	21338	1067	9.94	7
	600	400	10	25	255.00	200.18	179281	5976	26.52	26671	1334	10.23	8
	600	400	12	22	242.72	190.54	164256	5475	26.01	23475	1174	9.83	8
	600	400	12	28	289.28	227.08	199468	6649	26.26	29875	1494	10.16	8
	600	400	12	30	304.80	239.27	210866	7029	26.30	32008	1600	10.25	9
	600	400	14	32	331.04	259.87	224663	7489	26.05	34146	1707	10.16	9
WH700×300	700	300	10	18	174.40	136.90	150009	4286	29.33	8106	540	6.82	7
	700	300	10	20	186.00	146.01	162718	4649	29.58	9006	600	6.96	7
	700	300	10	25	215.00	168.78	193823	5538	30.03	11255	750	7.24	8
	700	300	12	22	210.72	165.42	179979	5142	29.23	9909	661	6.86	8
	700	300	12	25	228.00	178.98	198400	5669	29.50	11259	751	7.03	8
	700	300	12	28	245.28	192.54	216484	6185	29.71	12609	841	7.17	8
	700	300	12	30	256.80	201.59	228354	6524	29.82	13509	901	7.25	9
	700	300	12	36	291.36	228.72	263084	7517	30.05	16209	1081	7.46	9
	700	300	14	32	281.04	220.62	244365	6982	29.49	14415	961	7.16	9
	700	300	16	36	316.48	248.44	271340	7753	29.28	16221	1081	7.16	10
WH700×350	700	350	10	18	192.40	151.03	170944	4884	29.81	12868	735	8.18	7
	700	350	10	20	206.00	161.71	185845	5310	30.04	14297	817	8.33	7
	700	350	10	25	240.00	188.40	222313	6352	30.44	17870	1021	8.63	8
	700	350	12	22	232.72	182.69	205270	5865	29.70	15730	899	8.22	8
	700	350	12	25	253.00	198.61	226890	6483	29.95	17874	1021	8.41	8
	700	350	12	28	273.28	214.52	248113	7089	30.13	20018	1144	8.56	8
	700	350	12	30	286.80	225.14	262044	7487	30.23	21447	1226	8.65	9
	700	350	12	36	327.36	256.98	302804	8652	30.41	25734	1471	8.87	9
	700	350	14	32	313.04	245.74	280090	8003	29.91	22881	1307	8.55	9
	700	350	16	36	352.48	276.70	311060	8887	29.71	25746	1471	8.55	10
WH700×400	700	400	10	18	210.40	165.16	191880	5482	30.20	19206	960	9.55	7
	700	400	10	20	226.00	177.41	208971	5971	30.41	21339	1067	9.72	7
	700	400	10	25	265.00	208.03	250802	7166	30.76	26672	1334	10.03	8
	700	400	12	22	254.72	199.96	230562	6587	30.09	23476	1174	9.60	8
	700	400	12	25	278.00	218.23	255379	7297	30.31	26676	1334	9.80	8
	700	400	12	28	301.28	236.50	279742	7993	30.47	29876	1494	9.96	8
	700	400	12	30	316.80	248.69	295734	8450	30.55	32009	1600	10.05	9
	700	400	12	36	363.36	285.24	342523	9786	30.70	38409	1920	10.28	9
	700	400	14	32	345.04	270.86	315815	9023	30.25	34148	1707	9.95	9
	700	400	16	36	388.48	304.96	350779	10022	30.05	38421	1921	9.94	10
WH800×300	800	300	10	18	184.40	144.75	202303	5058	33.12	8106	540	6.63	7
	800	300	10	20	196.00	153.86	219141	5479	33.44	9006	600	6.78	7
	800	300	10	25	225.00	176.63	260469	6512	34.02	11256	750	7.07	8
	800	300	12	22	222.72	174.84	243005	6075	33.03	9911	661	6.67	8
	800	300	12	25	240.00	188.40	267500	6688	33.39	11261	751	6.85	8
	800	300	12	28	257.28	201.96	291606	7290	33.67	12611	841	7.00	8
	800	300	12	30	268.80	211.01	307462	7687	33.82	13511	901	7.09	9

（续）

型号	截面尺寸 H	B	t_1	t_2	截面面积/cm^2	理论重量①/(kg/m)	截面特性参数② x—x I_x/cm^4	W_x/cm^3	i_x/cm	y—y I_y/cm^4	W_y/cm^3	i_y/cm	角焊缝③焊脚尺寸 h_f/mm
	mm												
WH800×300	800	300	12	36	303.36	238.14	354012	8850	34.16	16210	1081	7.31	9
	800	300	14	32	295.04	231.61	329793	8245	33.43	14417	961	6.99	9
	800	300	16	36	332.48	261.00	366873	9172	33.22	16225	1082	6.99	10
WH800×350	800	350	10	18	202.40	158.88	229826	5746	33.70	12869	735	7.97	7
	800	350	10	20	216.00	169.56	249568	6239	33.99	14298	817	8.14	7
	800	350	10	25	250.00	196.25	298021	7451	34.53	17871	1021	8.45	8
	800	350	12	22	244.72	192.11	276305	6908	33.60	15732	899	8.02	8
	800	350	12	25	265.00	208.03	305052	7626	33.93	17875	1021	8.21	8
	800	350	12	28	285.28	223.94	333343	8334	34.18	20019	1144	8.38	8
	800	350	12	30	298.80	234.56	351952	8799	34.32	21448	1226	8.47	9
	800	350	12	36	339.36	266.40	406583	10165	34.61	25735	1471	8.71	9
	800	350	14	32	327.04	256.73	377006	9425	33.95	22883	1308	8.36	9
	800	350	16	36	368.48	289.26	419444	10486	33.74	25750	1471	8.36	10
WH800×400	800	400	10	18	220.40	173.01	257349	6434	34.17	19206	960	9.34	7
	800	400	10	20	236.00	185.26	279995	7000	34.44	21340	1067	9.51	7
	800	400	10	25	275.00	215.88	335573	8389	34.93	26673	1334	9.85	8
	800	400	10	28	298.40	234.24	368217	9205	35.13	29873	1494	10.01	8
	800	400	12	22	266.72	209.38	309604	7740	34.07	23478	1174	9.38	8
	800	400	12	25	290.00	227.65	342604	8565	34.37	26677	1334	9.59	8
	800	400	12	28	313.28	245.92	375080	9377	34.60	29877	1494	9.77	8
	800	400	12	32	344.32	270.29	417575	10439	34.82	34144	1707	9.96	9
	800	400	12	36	375.36	294.66	459155	11479	34.97	38410	1921	10.12	9
	800	400	14	32	359.04	281.85	424219	10605	34.37	34150	1708	9.75	9
	800	400	16	36	404.48	317.52	472016	11800	34.16	38425	1921	9.75	10
WH900×350	900	350	10	20	226.00	177.41	324091	7202	37.87	14299	817	7.95	7
	900	350	12	20	243.20	190.91	334692	7438	37.10	14304	817	7.67	8
	900	350	12	22	256.72	201.53	359575	7991	37.43	15733	899	7.83	8
	900	350	12	25	277.00	217.45	396465	8810	37.83	17877	1022	8.03	8
	900	350	12	28	297.28	233.36	432837	9619	38.16	20020	1144	8.21	8
	900	350	14	32	341.04	267.72	490274	10895	37.92	22886	1308	8.19	9
	900	350	14	36	367.92	288.82	536792	11929	38.20	25744	1471	8.36	9
	900	350	16	36	384.48	301.82	546253	12139	37.69	25753	1472	8.18	10
WH900×400	900	400	10	20	246.00	193.11	362818	8063	38.40	21341	1067	9.31	7
	900	400	12	20	263.20	206.61	373419	8298	37.67	21346	1067	9.01	8
	900	400	12	22	278.72	218.80	401982	8933	37.98	23479	1174	9.18	8
	900	400	12	25	302.00	237.07	444329	9874	38.36	26679	1334	9.40	8
	900	400	12	28	325.28	255.34	486083	10802	38.66	29879	1494	9.58	8
	900	400	12	30	340.80	267.53	513590	11413	38.82	32012	1601	9.69	9
	900	400	14	32	373.04	292.84	550575	12235	38.42	34152	1708	9.57	9
	900	400	14	36	403.92	317.08	604016	13423	38.67	38419	1921	9.75	9
	900	400	14	40	434.80	341.32	656433	14587	38.86	42685	2134	9.91	10
	900	400	16	36	420.48	330.08	613477	13633	38.20	38428	1921	9.56	10
	900	400	16	40	451.20	354.19	665622	14792	38.41	42695	2135	9.73	10
WH1100×400	1100	400	12	20	287.20	225.45	585715	10649	45.16	21349	1067	8.62	8
	1100	400	12	22	302.72	237.64	629146	11439	45.59	23482	1174	8.81	8
	1100	400	12	25	326.00	255.91	693679	12612	46.13	26682	1334	9.05	8

（续）

型号	截面尺寸				截面面积/cm^2	理论重量[①]/(kg/m)	截面特性参数[②]						角焊缝[③]焊脚尺寸 h_f/mm
	H	B	t_1	t_2			x—x			y—y			
	mm						I_x/cm^4	W_x/cm^3	i_x/cm	I_y/cm^4	W_y/cm^3	i_y/cm	
WH1100×400	1100	400	12	28	349.28	274.18	757479	13772	46.57	29882	1494	9.25	8
	1100	400	14	30	385.60	302.70	818354	14879	46.07	32024	1601	9.11	9
	1100	400	14	32	401.04	314.82	859944	15635	46.31	34157	1708	9.23	9
	1100	400	14	36	431.92	339.06	942164	17130	46.70	38424	1921	9.43	9
	1100	400	16	40	483.20	379.31	1040801	18924	46.41	42701	2135	9.40	10
WH1100×500	1100	500	12	20	327.20	256.85	702368	12770	46.33	41682	1667	11.29	8
	1100	500	12	22	346.72	272.18	756993	13764	46.73	45849	1834	11.50	8
	1100	500	12	25	376.00	295.16	838158	15239	47.21	52098	2084	11.77	8
	1100	500	12	28	405.28	318.14	918401	16698	47.60	58348	2334	12.00	8
	1100	500	14	30	445.60	349.80	990134	18002	47.14	62524	2501	11.85	9
	1100	500	14	32	465.04	365.06	1042498	18955	47.35	66690	2668	11.98	9
	1100	500	14	36	503.92	395.58	1146019	20837	47.69	75024	3001	12.20	9
	1100	500	16	40	563.20	442.11	1265628	23011	47.40	83368	3335	12.17	10
WH1200×400	1200	400	14	20	322.40	253.08	739118	12319	47.88	21360	1068	8.14	9
	1200	400	14	22	337.84	265.20	790879	13181	48.38	23493	1175	8.34	9
	1200	400	14	25	361.00	283.39	867852	14464	49.03	26693	1335	8.60	9
	1200	400	14	28	384.16	301.57	944026	15734	49.57	29893	1495	8.82	9
	1200	400	14	30	399.60	313.69	994367	16573	49.88	32026	1601	8.95	9
	1200	400	14	32	415.04	325.81	1044356	17406	50.16	34159	1708	9.07	9
	1200	400	14	36	445.92	350.05	1143282	19055	50.63	38426	1921	9.28	9
	1200	400	16	40	499.20	391.87	1264230	21071	50.32	42705	2135	9.25	10
WH1200×450	1200	450	14	20	342.40	268.78	808745	13479	48.60	30402	1351	9.42	9
	1200	450	14	22	359.84	282.47	867211	14454	49.09	33439	1486	9.64	9
	1200	450	14	25	386.00	303.01	954154	15903	49.72	37995	1689	9.92	9
	1200	450	14	28	412.16	323.55	1040195	17337	50.24	42551	1891	10.16	9
	1200	450	14	30	429.60	337.24	1097057	18284	50.53	45589	2026	10.30	9
	1200	450	14	32	447.04	350.93	1153521	19225	50.80	48626	2161	10.43	9
	1200	450	14	36	481.92	378.31	1265261	21088	51.24	54701	2431	10.65	9
	1200	450	16	36	504.48	396.02	1289182	21486	50.55	54714	2432	10.41	10
	1200	450	16	40	539.20	423.27	1398844	23314	50.93	60788	2702	10.62	10
WH1200×500	1200	500	14	20	362.40	284.48	878371	14640	49.23	41693	1668	10.73	9
	1200	500	14	22	381.84	299.74	943542	15726	49.71	45860	1834	10.96	9
	1200	500	14	25	411.00	322.64	1040456	17341	50.31	52110	2084	11.26	9
	1200	500	14	28	440.16	345.53	1136364	18939	50.81	58359	2334	11.51	9
	1200	500	14	32	479.04	376.05	1262686	21045	51.34	66693	2668	11.80	9
	1200	500	14	36	517.92	406.57	1387241	23121	51.75	75026	3001	12.04	9
	1200	500	16	36	540.48	424.28	1411162	23519	51.10	75039	3002	11.78	10
	1200	500	16	40	579.20	454.67	1533457	25558	51.45	83372	3335	12.00	10
	1200	500	16	45	627.60	492.67	1683888	28065	51.80	93788	3752	12.22	11
WH1200×600	1200	600	14	30	519.60	407.89	1405127	23419	52.00	108026	3601	14.42	9
	1200	600	16	36	612.48	480.80	1655121	27585	51.98	129639	4321	14.55	10
	1200	600	16	40	659.20	517.47	1802684	30045	52.29	144038	4801	14.78	10
	1200	600	16	45	717.60	563.32	1984196	33070	52.58	162038	5401	15.03	11
WH1300×450	1300	450	16	25	425.00	333.63	1174948	18076	52.58	38011	1689	9.46	10
	1300	450	16	30	468.40	367.69	1343127	20663	53.55	45605	2027	9.87	10
	1300	450	16	36	520.48	408.58	1541391	23714	54.42	54717	2432	10.25	10

（续）

型号	截面尺寸				截面面积/cm^2	理论重量①/(kg/m)	截面特性参数②						角焊缝③焊脚尺寸h_f/mm
							x—x			y—y			
	H	B	t_1	t_2			I_x/cm^4	W_x/cm^3	i_x/cm	I_y/cm^4	W_y/cm^3	i_y/cm	
	mm												
WH1300×450	1300	450	18	40	579.60	454.99	1701697	26180	54.18	60809	2703	10.24	11
	1300	450	18	45	622.80	488.90	1861130	28633	54.67	68403	3040	10.48	11
WH1300×500	1300	500	16	25	450.00	353.25	1276563	19639	53.26	52126	2085	10.76	10
	1300	500	16	30	498.40	391.24	1464117	22525	54.20	62542	2502	11.20	10
	1300	500	16	36	556.48	436.84	1685222	25926	55.03	75042	3002	11.61	10
	1300	500	18	40	619.60	486.39	1860511	28623	54.80	83393	3336	11.60	11
	1300	500	18	45	667.80	524.22	2038397	31360	55.25	93809	3752	11.85	11
WH1300×600	1300	600	16	30	558.40	438.34	1706097	26248	55.28	108042	3601	13.91	10
	1300	600	16	36	628.48	493.36	1972885	30352	56.03	129642	4321	14.36	10
	1300	600	18	40	699.60	549.19	2178137	33510	55.80	144059	4802	14.35	11
	1300	600	18	45	757.80	594.87	2392929	36814	56.19	162059	5402	14.62	11
	1300	600	20	50	840.00	659.40	2633000	40508	55.99	180080	6003	14.64	12
WH1400×450	1400	450	16	25	441.00	346.19	1391644	19881	56.18	38015	1690	9.28	10
	1400	450	16	30	484.40	380.25	1587924	22685	57.25	45608	2027	9.70	10
	1400	450	18	36	563.04	441.99	1858658	26552	57.46	54740	2433	9.86	11
	1400	450	18	40	597.60	469.12	2010115	28716	58.00	60814	2703	10.09	11
	1400	450	18	45	640.80	503.03	2196872	31384	58.55	68407	3040	10.33	11
WH1400×500	1400	500	16	25	466.00	365.81	1509821	21569	56.92	52129	2085	10.58	10
	1400	500	16	30	514.40	403.80	1728714	24696	57.97	62546	2502	11.03	10
	1400	500	18	36	599.04	470.25	2026141	28945	58.16	75065	3003	11.19	11
	1400	500	18	40	637.60	500.52	2195129	31359	58.68	83397	3336	11.44	11
	1400	500	18	45	685.80	538.35	2403501	34336	59.20	93814	3753	11.70	11
WH1400×600	1400	600	16	30	574.40	450.90	2010294	28718	59.16	108046	3602	13.72	10
	1400	600	16	36	644.48	505.92	2322074	33172	60.03	129645	4322	14.18	10
	1400	600	18	40	717.60	563.32	2565155	36645	59.79	144064	4802	14.17	11
	1400	600	18	45	775.80	609.00	2816759	40239	60.26	162064	5402	14.45	11
	1400	600	18	50	834.00	654.69	3064550	43779	60.62	180063	6002	14.69	11
WH1500×500	1500	500	18	25	511.00	401.14	1817190	24229	59.63	52154	2086	10.10	11
	1500	500	18	30	559.20	438.97	2068798	27584	60.82	62570	2503	10.58	11
	1500	500	18	36	617.04	484.38	2366148	31549	61.92	75069	3003	11.03	11
	1500	500	18	40	655.60	514.65	2561627	34155	62.51	83402	3336	11.28	11
	1500	500	20	45	732.00	574.62	2849616	37995	62.39	93844	3754	11.32	12
WH1500×550	1500	550	18	30	589.20	462.52	2230888	29745	61.53	83257	3028	11.89	11
	1500	550	18	36	653.04	512.64	2559084	34121	62.60	99894	3633	12.37	11
	1500	550	18	40	695.60	546.05	2774840	36998	63.16	110986	4036	12.63	11
	1500	550	20	45	777.00	609.95	3087857	41171	63.04	124875	4541	12.68	12
WH1500×600	1500	600	18	30	619.20	486.07	2392978	31906	62.17	108070	3602	13.21	11
	1500	600	18	36	689.04	540.90	2752019	36694	63.20	129669	4322	13.72	11
	1500	600	18	40	735.60	577.45	2988053	39841	63.73	144069	4802	13.99	11
	1500	600	20	45	822.00	645.27	3326099	44348	63.61	162094	5403	14.04	12
	1500	600	20	50	880.00	690.80	3612333	48164	64.07	180093	6003	14.31	12
WH1600×600	1600	600	18	30	637.20	500.20	2766520	34581	65.89	108075	3602	13.02	11
	1600	600	18	36	707.04	555.03	3177383	39717	67.04	129674	4322	13.54	11
	1600	600	18	40	753.60	591.58	3447731	43097	67.64	144074	4802	13.83	11
	1600	600	20	45	842.00	660.97	3839070	47988	67.52	162101	5403	13.88	12
	1600	600	20	50	900.00	706.50	4167500	52094	68.05	180100	6003	14.15	12

（续）

型号	截面尺寸				截面面积/cm^2	理论重量[①]/(kg/m)	截面特性参数[②]						角焊缝[③]焊脚尺寸 h_f/mm
	H	B	t_1	t_2			$x—x$			$y—y$			
	mm						I_x/cm^4	W_x/cm^3	i_x/cm	I_y/cm^4	W_y/cm^3	i_y/cm	
	1600	650	18	30	667.20	523.75	2951410	36893	66.51	137387	4227	14.35	11
	1600	650	18	36	743.04	583.29	3397570	42470	67.62	164849	5072	14.89	11
WH1600×650	1600	650	18	40	793.60	622.98	3691145	46139	68.20	183157	5636	15.19	11
	1600	650	20	45	887.00	696.30	4111174	51390	68.08	206069	6341	15.24	12
	1600	650	20	50	950.00	745.75	4467917	55849	68.58	228954	7045	15.52	12
	1600	700	18	30	697.20	547.30	3136300	39204	67.07	171575	4902	15.69	11
	1600	700	18	36	779.04	611.55	3617758	45222	68.15	205874	5882	16.26	11
WH1600×700	1600	700	18	40	833.60	654.38	3934558	49182	68.70	228741	6535	16.57	11
	1600	700	20	45	932.00	731.62	4383278	54791	68.58	257351	7353	16.62	12
	1600	700	20	50	1000.00	785.00	4768333	59604	69.05	285933	8170	16.91	12
	1700	600	18	30	655.20	514.33	3171922	37317	69.58	108080	3603	12.84	11
	1700	600	18	36	725.04	569.16	3638098	42801	70.84	129679	4323	13.37	11
WH1700×600	1700	600	18	40	771.60	605.71	3945089	46413	71.50	144079	4803	13.66	11
	1700	600	20	45	862.00	676.67	4394142	51696	71.40	162107	5404	13.71	12
	1700	600	20	50	920.00	722.20	4767667	56090	71.99	180107	6004	13.99	12
	1700	650	18	30	685.20	537.88	3381112	39778	70.25	137392	4227	14.16	11
	1700	650	18	36	761.04	597.42	3887338	45733	71.47	164854	5072	14.72	11
WH1700×650	1700	650	18	40	811.60	637.11	4220703	49655	72.11	183162	5636	15.02	11
	1700	650	20	45	907.00	712.00	4702358	55322	72.00	206076	6341	15.07	12
	1700	650	20	50	970.00	761.45	5108083	60095	72.57	228961	7045	15.36	12
	1700	700	18	32	742.48	582.85	3773285	44392	71.29	183013	5229	15.70	11
	1700	700	18	36	797.04	625.68	4136577	48666	72.04	205879	5882	16.07	11
WH1700×700	1700	700	18	40	851.60	668.51	4496316	52898	72.66	228745	6536	16.39	11
	1700	700	20	45	952.00	747.32	5010574	58948	72.55	257357	7353	16.44	12
	1700	700	20	50	1020.00	800.70	5448500	64100	73.09	285940	8170	16.74	12
	1700	750	18	32	774.48	607.97	3995891	47010	71.83	225080	6002	17.05	11
	1700	750	18	36	833.04	653.94	4385817	51598	72.56	253204	6752	17.43	11
WH1700×750	1700	750	18	40	891.60	699.91	4771929	56140	73.16	281329	7502	17.76	11
	1700	750	20	45	997.00	782.65	5318791	62574	73.04	316514	8440	17.82	12
	1700	750	20	50	1070.00	839.95	5788917	68105	73.55	351669	9378	18.13	12
	1800	600	18	30	673.20	528.46	3610084	40112	73.23	108085	3603	12.67	11
	1800	600	18	36	743.04	583.29	4135065	45945	74.60	129684	4323	13.21	11
WH1800×600	1800	600	18	40	789.60	619.84	4481027	49789	75.33	144084	4803	13.51	11
	1800	600	20	45	882.00	692.37	4992314	55470	75.23	162114	5404	13.56	12
	1800	600	20	50	940.00	737.90	5413833	60154	75.89	180113	6004	13.84	12
	1800	650	18	30	703.20	552.01	3845074	42723	73.95	137397	4228	13.98	11
	1800	650	18	36	779.04	611.55	4415157	49057	75.28	164859	5073	14.55	11
WH1800×650	1800	650	18	40	829.60	651.24	4790841	53232	75.99	183167	5636	14.86	11
	1800	650	20	45	927.00	727.70	5338892	59321	75.89	206083	6341	14.91	12
	1800	650	20	50	990.00	777.15	5796750	64408	76.52	228968	7045	15.21	12
	1800	700	18	32	760.48	596.98	4286072	47623	75.07	183018	5229	15.51	11
	1800	700	18	36	815.04	639.81	4695248	52169	75.90	205884	5882	15.89	11
WH1800×700	1800	700	18	40	869.60	682.64	5100654	56674	76.59	228750	6536	16.22	11
	1800	700	20	45	972.00	763.02	5685471	63172	76.48	257364	7353	16.27	12
	1800	700	20	50	1040.00	816.40	6179667	68663	77.08	285947	8170	16.58	12

（续）

型号	截面尺寸 H	B	t_1	t_2	截面面积/cm^2	理论重量①/(kg/m)	截面特性参数② x—x I_x/cm^4	W_x/cm^3	i_x/cm	y—y I_y/cm^4	W_y/cm^3	i_y/cm	角焊缝③焊脚尺寸 h_f/mm
	mm												
WH1800×750	1800	750	18	32	792.48	622.10	4536165	50402	75.66	225084	6002	16.85	11
	1800	750	18	36	851.04	668.07	4975340	55282	76.46	253209	6752	17.25	11
	1800	750	18	40	909.60	714.04	5410467	60116	77.12	281334	7502	17.59	11
	1800	750	20	45	1017.00	798.35	6032050	67023	77.01	316520	8441	17.64	12
	1800	750	20	50	1090.00	855.65	6562583	72918	77.59	351676	9378	17.96	12
WH1900×650	1900	650	18	30	721.20	566.14	4344196	45728	77.61	137402	4228	13.80	11
	1900	650	18	36	797.04	625.68	4981928	52441	79.06	164864	5073	14.38	11
	1900	650	18	40	847.60	665.37	5402459	56868	79.84	183172	5636	14.70	11
	1900	650	20	45	947.00	743.40	6021776	63387	79.74	206089	6341	14.75	12
	1900	650	20	50	1010.00	792.85	6534917	68789	80.44	228974	7045	15.06	12
WH1900×700	1900	700	18	32	778.48	611.11	4836882	50915	78.82	183023	5229	15.33	11
	1900	700	18	36	833.04	653.94	5294672	55733	79.72	205889	5883	15.72	11
	1900	700	18	40	887.60	696.77	5748472	60510	80.48	228755	6536	16.05	11
	1900	700	20	45	992.00	778.72	6408968	67463	80.38	257371	7353	16.11	12
	1900	700	20	50	1060.00	832.10	6962833	73293	81.05	285953	8170	16.42	12
WH1900×750	1900	750	18	34	839.76	659.21	5362276	56445	79.91	239152	6377	16.88	11
	1900	750	18	36	869.04	682.20	5607415	59025	80.33	253214	6752	17.07	11
	1900	750	18	40	927.60	728.17	6094485	64152	81.06	281338	7502	17.42	11
	1900	750	20	45	1037.00	814.05	6796159	71539	80.95	316527	8441	17.47	12
	1900	750	20	50	1110.00	871.35	7390750	77797	81.60	351683	9378	17.80	12
WH1900×800	1900	800	18	34	873.76	685.90	5658275	59561	80.47	290222	7256	18.23	11
	1900	800	18	36	905.04	710.46	5920159	62317	80.88	307289	7682	18.43	11
	1900	800	18	40	967.60	759.57	6440499	67795	81.59	341422	8536	18.78	11
	1900	800	20	45	1082.00	849.37	7183350	75614	81.48	384121	9603	18.84	12
	1900	800	20	50	1160.00	910.60	7818667	82302	82.10	426787	10670	19.18	12
WH2000×650	2000	650	18	30	739.20	580.27	4879378	48794	81.25	137407	4228	13.63	11
	2000	650	18	36	815.04	639.81	5588551	55886	82.81	164869	5073	14.22	11
	2000	650	18	40	865.60	679.50	6056457	60565	83.65	183177	5636	14.55	11
	2000	650	20	45	967.00	759.10	6752011	67520	83.56	206096	6341	14.60	12
	2000	650	20	50	1030.00	808.55	7323583	73236	84.32	228981	7046	14.91	12
WH2000×700	2000	700	18	32	796.48	625.24	5426616	54266	82.54	183027	5229	15.16	11
	2000	700	18	36	851.04	668.07	5935747	59357	83.51	205894	5883	15.55	11
	2000	700	18	40	905.60	710.90	6440670	64407	84.33	228760	6536	15.89	11
	2000	700	20	45	1012.00	794.42	7182064	71821	84.24	257377	7354	15.95	12
	2000	700	20	50	1080.00	847.80	7799000	77990	84.98	285960	8170	16.27	12
WH2000×750	2000	750	18	34	857.76	673.34	6010280	60103	83.71	239156	6378	16.70	11
	2000	750	18	36	887.04	696.33	6282942	62829	84.16	253219	6752	16.90	11
	2000	750	18	40	945.60	742.30	6824883	68249	84.96	281343	7502	17.25	11
	2000	750	20	45	1057.00	829.75	7612118	76121	84.86	316534	8441	17.31	12
	2000	750	20	50	1130.00	887.05	8274417	82744	85.57	351689	9378	17.64	12
WH2000×800	2000	800	18	34	891.76	700.03	6338851	63389	84.31	290227	7256	18.04	11
	2000	800	18	36	923.04	724.59	6630138	66301	84.75	307294	7682	18.25	11
	2000	800	20	40	1024.00	803.84	7327061	73271	84.59	341461	8537	18.26	12
	2000	800	20	45	1102.00	865.07	8042172	80422	85.43	384127	9603	18.67	12
	2000	800	20	50	1180.00	926.30	8749833	87498	86.11	426793	10670	19.02	12

（续）

型号	截面尺寸 H	B	t_1	t_2	截面面积/cm^2	理论重量①/(kg/m)	截面特性参数② x—x I_x/cm^4	W_x/cm^3	i_x/cm	y—y I_y/cm^4	W_y/cm^3	i_y/cm	角焊缝③焊脚尺寸 h_f/mm
	mm												
WH2000×850	2000	850	18	36	959.04	752.85	6977333	69773	85.30	368569	8672	19.60	11
	2000	850	18	40	1025.60	805.10	7593310	75933	86.05	409510	9636	19.98	11
	2000	850	20	45	1147.00	900.40	8472226	84722	85.94	460721	10840	20.04	12
	2000	850	20	50	1230.00	965.55	9225250	92253	86.60	511898	12045	20.40	12
	2000	850	20	55	1313.00	1030.71	9970389	99704	87.14	563074	13249	20.71	12

注：1. 表列 H 型钢的板件宽厚比应根据钢材牌号和 H 型钢用于结构的类型验算腹板和翼缘的局部稳定性，当不满足时应按 GB 50017 及相关规范、规程的规定进行验算并采取相应措施（如设置加劲肋等）。

2. 特定工作条件下的焊接 H 型钢板件宽厚比限值，应遵守相关现行国家规范、规程的规定。

① 表中理论重量未包括焊缝重量。

② 焊脚尺寸 h_f 未列入表中相关数值的计算。

③ 翼缘板和腹板连接焊缝也可根据设计要求采用对接与角接组合焊缝，当采用对接与角接组合焊缝时，其加强焊脚尺寸和熔透深度应符合相关规定。

7.6.16 结构用高频焊接薄壁 H 型钢和 T 型钢

1. 高频焊接薄壁 H 型钢的型号及截面特性（见表 7-282）

表 7-282 高频焊接薄壁 H 型钢的型号及截面特性（YB/T 4836—2020）

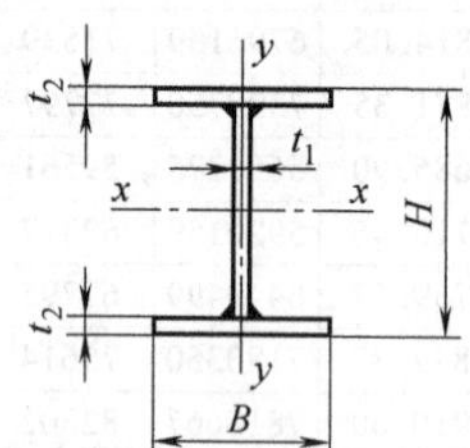

截面尺寸/mm H	B	t_1	t_2	截面面积/cm^2	理论重量/(kg/m)	x—x I_x/cm^4	W_x/cm^3	i_x/cm	y—y I_y/cm^4	W_y/cm^3	i_y/cm
100	75	3.2	4.5	9.66	7.58	174.11	34.82	4.24	31.68	8.44	1.81
			6.0	11.81	9.27	217.26	43.45	4.28	42.21	11.25	1.89
		4.5	6.0	12.96	10.17	224.63	44.92	4.16	42.25	11.26	1.80
			8.0	15.78	12.38	276.78	55.35	4.18	56.31	15.01	1.88
		6.0	8.0	17.04	13.37	284.19	56.83	4.08	56.40	15.04	1.81
			10.0	19.80	15.54	330.60	66.12	4.08	70.45	18.78	1.88
		8.0	10.0	21.40	16.79	339.13	67.82	3.98	70.65	18.84	1.81
	100	3.2	4.5	11.91	9.35	225.45	45.09	4.35	75.02	15.00	2.50
			6.0	14.81	11.63	283.61	56.72	4.37	100.02	20.00	2.59
		4.5	6.0	15.96	12.53	291.00	58.20	4.27	100.07	20.01	2.50
			8.0	19.78	15.52	361.63	72.32	4.27	133.39	26.67	2.59
		6.0	8.0	21.04	16.52	369.05	73.81	4.19	133.48	26.70	2.52
			10.0	24.80	19.46	432.26	86.45	4.17	166.81	33.26	2.59
		8.0	10.0	26.40	20.72	440.80	88.16	4.08	167.00	33.40	2.51
125	75	3.2	4.5	9.66	7.58	174.11	34.82	4.24	31.66	8.44	1.81
			6.0	11.81	9.27	217.26	43.45	4.28	42.21	11.25	1.89
		4.5	6.0	12.96	10.17	224.63	44.92	4.16	42.25	11.26	1.80
			8.0	15.78	12.38	276.78	55.35	4.18	56.31	15.01	1.88

（续）

截面尺寸/mm				截面面积/cm^2	理论重量/(kg/m)	$x—x$			$y—y$		
H	B	t_1	t_2			I_x/cm^4	W_x/cm^3	i_x/cm	I_y/cm^4	W_y/cm^3	i_y/cm
125	75	6.0	8.0	17.04	13.37	284.19	56.83	4.08	56.40	15.04	1.81
			10.0	19.80	15.54	330.60	66.12	4.08	70.45	18.78	1.88
		8.0	10.0	21.40	16.79	339.13	67.82	3.98	70.65	18.84	1.81
	100	3.2	4.5	12.71	9.97	368.48	58.95	5.38	75.03	15.00	2.42
			6.0	15.61	12.25	463.66	74.18	5.44	100.03	20.00	2.53
		4.5	6.0	15.96	12.53	291.00	58.20	4.27	100.07	20.01	2.50
			8.0	19.78	15.52	361.63	72.32	4.27	133.39	26.67	2.59
		6.0	8.0	21.04	16.52	369.05	73.81	4.19	133.48	26.70	2.52
			10.0	24.80	19.46	432.26	86.45	4.17	166.81	33.36	2.59
		8.0	10.0	26.40	20.72	440.80	88.16	4.08	167.00	33.40	2.51
	125	3.2	4.5	14.96	11.74	450.19	72.03	5.48	146.51	23.44	3.12
			6.0	18.61	14.61	569.96	91.19	5.53	195.34	31.25	3.23
		4.5	6.0	20.08	15.76	585.59	93.69	5.39	195.39	31.36	3.11
			8.0	24.90	19.55	734.08	117.45	5.42	260.49	41.67	3.23
		6.0	8.0	26.54	20.83	750.26	120.04	5.31	260.61	41.69	3.13
			10.0	31.30	24.57	886.52	141.84	5.32	325.7	52.11	3.22
		8.0	10.0	33.40	26.21	905.82	144.93	5.20	325.96	52.15	3.12
150	75	3.2	4.5	11.26	8.84	432.11	57.61	6.19	31.68	8.45	1.68
			6.0	13.41	10.53	536.91	71.58	6.32	42.22	11.26	1.77
		4.5	6.0	15.21	11.94	565.38	75.38	6.10	42.29	11.28	1.67
			8.0	18.03	14.15	695.78	92.77	6.21	56.35	15.02	1.76
	100	3.2	4.5	13.51	10.61	551.24	73.50	6.39	75.04	15.01	2.36
			6.0	16.42	12.89	692.52	92.34	6.50	100.04	20.01	2.47
		4.5	6.0	18.21	14.29	720.99	96.13	6.29	100.10	20.02	2.34
			8.0	22.03	17.29	897.6	119.68	6.38	133.43	26.68	2.46
		6.0	8.0	24.04	18.87	927.71	123.69	6.21	133.57	26.71	2.35
			10.0	27.80	21.82	1092.51	145.53	6.26	166.90	33.38	2.45
		8.0	10.0	30.40	23.86	1128.13	150.41	6.09	167.22	33.44	2.34
			12.0	34.08	26.75	1278.87	170.51	6.12	200.53	40.10	2.42
			14.0	37.76	29.64	1420.34	189.37	6.13	233.85	46.77	2.48
		10.0	12.0	36.60	28.73	1312.21	174.96	5.98	201.15	40.21	2.34
			14.0	40.20	31.55	1450.61	193.41	6.00	234.34	46.86	2.41
	150	3.2	4.5	18.01	14.13	789.47	105.26	6.62	253.16	33.75	3.74
			6.0	22.42	17.60	1003.74	133.83	6.69	337.54	45.01	3.88
		4.5	6.0	24.21	19.00	1032.21	137.63	6.53	337.6	45.01	3.73
			8.0	30.03	23.57	1301.34	173.51	6.58	450.10	60.01	3.87
		6.0	8.0	32.04	25.15	1331.43	177.52	6.45	450.24	60.03	3.75
			10.0	37.80	29.67	1582.35	210.98	6.47	562.73	75.03	3.86
		8.0	10.0	40.40	31.71	1618.96	215.86	6.33	563.05	75.07	3.75
			12.0	46.08	36.17	1851.63	246.88	6.33	675.53	90.07	3.82
			14.0	51.76	40.63	2069.99	275.99	6.32	788.02	105.06	3.90
		10.0	12.0	48.60	38.15	1884.97	251.33	6.22	676.05	90.14	3.72
			14.0	54.20	42.54	2100.26	280.03	6.22	788.51	105.13	3.81
200	100	3.2	4.5	15.11	11.86	1045.92	104.59	8.32	75.05	15.01	2.23
			6.0	18.02	14.14	1306.63	130.66	8.52	100.05	20.01	2.36
		4.5	6.0	20.46	16.06	1378.62	137.86	8.21	100.14	20.03	2.21
			8.0	24.28	19.05	1709.01	170.9	8.38	133.47	26.69	2.34

（续）

截面尺寸/mm				截面面积/cm^2	理论重量/(kg/m)	x—x			y—y		
H	B	t_1	t_2			I_x/cm^4	W_x/cm^3	i_x/cm	I_y/cm^4	W_y/cm^3	i_y/cm
200	100	6.0	8.0	27.04	21.23	1768.89	178.69	8.13	133.66	26.73	2.22
			10.0	30.80	24.17	2098.26	209.82	8.25	166.99	33.39	2.32
		8.0	10.0	34.40	27.00	2195.46	219.54	7.98	167.43	33.48	2.20
			12.0	38.08	29.89	2486.97	248.96	8.08	200.75	40.15	2.29
			14.0	41.76	32.78	2765.52	276.55	8.13	234.06	46.81	2.36
		10.0	12.0	41.60	32.65	2577.83	257.78	7.87	201.46	40.29	2.20
			14.0	45.20	35.48	2850.33	285.03	7.94	234.76	46.95	2.27
		12.0	14.0	48.64	38.18	2935.13	293.51	7.76	235.81	47.16	2.20
	150	3.2	4.5	19.61	15.40	1475.97	147.60	8.68	253.18	33.76	3.59
			6.0	24.02	18.85	1871.35	187.14	8.83	337.55	45.01	3.75
		4.5	6.0	26.46	20.77	1943.34	194.33	8.57	337.64	45.02	3.57
			8.0	32.28	25.33	2446.72	244.67	8.70	450.13	60.01	3.73
		6.0	8.0	35.04	27.51	2524.60	252.46	8.49	450.33	60.04	3.58
			10.0	40.80	32.03	3001.60	300.15	8.57	562.82	75.05	3.71
		8.0	10.0	44.40	34.85	3098.80	309.88	8.35	563.26	75.10	3.56
			12.0	50.08	39.31	3548.73	354.87	8.41	675.75	90.10	3.67
			14.0	55.76	43.77	3978.66	397.86	8.44	788.23	105.09	3.75
		10.0	12.0	53.60	42.07	3639.59	363.95	8.24	676.46	90.19	3.55
			14.0	59.20	46.47	4063.47	406.34	8.28	788.93	105.19	3.65
		12.0	14.0	62.64	49.17	4148.28	414.82	8.13	789.97	105.33	3.55
	200	3.2	4.5	24.11	18.92	1906.02	190.6	8.89	600.05	60.00	4.98
			6.0	30.01	23.56	2436.07	243.6	9.00	800.05	80.00	5.16
		4.5	6.0	32.46	25.48	2508.05	250.8	8.79	800.14	80.01	4.96
			8.0	40.28	31.61	3184.43	318.44	8.89	1066.8	106.68	5.14
		6.0	8.0	43.04	33.79	3262.30	326.23	8.71	1067.00	106.70	4.98
			10.0	50.80	39.88	3904.93	390.49	8.76	133.70	133.36	5.12
			12.0	58.56	45.97	4519.62	451.96	8.78	1600.31	160.03	5.23
		8.0	10.0	54.40	42.70	4002.13	400.21	8.57	1334.1	133.41	4.95
			12.0	62.08	48.73	4610.49	461.04	8.61	1600.80	160.08	5.08
			14.0	69.76	54.76	5191.81	519.18	8.62	1867.40	186.74	5.17
		10.0	12.0	65.59	51.49	4701.35	470.13	8.46	1601.46	160.14	4.94
			14.0	73.20	57.46	5276.62	527.66	8.49	1868.09	186.80	5.05
		12.0	14.0	76.64	60.16	5361.43	536.14	8.36	1869.14	186.91	4.93
250	125	3.2	4.5	18.96	14.89	2068.56	165.48	10.45	146.55	23.45	2.78
			6.0	22.62	17.75	2592.55	207.4	10.71	195.38	31.26	2.94
		4.5	6.0	25.71	20.18	2738.6	219.09	10.32	195.49	31.28	2.76
			8.0	30.53	23.97	3409.75	272.78	10.57	260.59	41.70	2.92
		6.0	8.0	34.04	26.72	3569.91	285.59	10.24	260.84	41.73	2.77
			10.0	38.80	30.46	4210.43	336.83	10.41	325.93	52.15	2.89
			12.0	43.56	34.19	4829.05	386.32	10.52	391.03	62.56	2.99
		8.0	10.0	43.40	34.07	4413.21	353.05	10.08	326.50	52.24	2.74
			12.0	48.08	37.74	5021.44	401.71	10.21	391.59	62.65	2.85
			14.0	52.76	41.41	5608.51	448.68	10.31	456.67	73.06	2.94
		10.0	12.0	52.60	41.29	5213.83	417.10	9.95	392.50	62.80	2.73
			14.0	57.20	44.90	5790.87	463.26	10.06	457.57	73.21	2.82
		12.0	14.0	61.64	48.38	5973.22	477.85	9.84	458.92	73.42	2.72

（续）

截面尺寸/mm				截面面积/cm²	理论重量/(kg/m)	x—x			y—y		
H	B	t_1	t_2			I_x/cm^4	W_x/cm^3	i_x/cm	I_y/cm^4	W_y/cm^3	i_y/cm
250	150	3.2	4.5	21.21	16.65	2407.62	192.61	10.65	253.19	33.76	3.43
			6.0	25.62	20.11	3039.16	243.13	10.89	337.56	45.01	3.63
		4.5	6.0	28.71	22.54	3185.21	254.82	10.53	337.68	45.02	3.43
			8.0	34.53	27.11	3995.60	319.65	10.76	450.18	60.02	3.61
		6.0	8.0	38.04	29.86	4155.77	332.46	10.45	450.42	60.06	3.44
			10.0	43.80	34.37	4930.85	394.47	10.61	562.91	75.06	3.58
			12.0	49.56	38.89	5679.44	454.36	10.71	675.11	90.05	3.69
		8.0	10.0	48.40	37.99	5133.63	410.69	10.29	563.48	75.13	3.41
			12.0	54.08	42.44	5871.83	469.75	10.42	675.96	90.13	3.54
			14.0	59.76	46.89	6584.34	526.75	10.50	788.45	105.13	3.63
		10.0	12.0	58.60	45.98	6064.21	485.14	10.17	676.88	90.25	3.40
			14.0	64.20	50.38	6766.69	541.34	10.27	789.35	105.25	3.51
		12.0	14.0	68.64	53.88	6949.04	555.92	10.06	790.69	105.42	3.39
	200	4.5	6.0	34.71	27.24	4078.42	326.27	10.83	800.18	80.01	4.8
			8.0	42.53	33.39	5167.31	413.38	11.02	1066.84	106.68	5.01
		6.0	8.0	46.04	36.14	5327.47	426.20	10.76	1067.09	106.71	4.81
			10.0	53.80	42.23	6371.68	509.73	10.88	1333.75	133.38	4.98
			12.0	61.56	48.31	7380.20	590.42	10.95	1600.41	160.04	5.10
		8.0	10.0	58.40	45.84	6574.46	525.95	10.61	1134.30	133.43	4.78
			12.0	66.08	51.87	7572.58	605.80	10.7	1601.10	160.10	4.92
			14.0	73.76	57.88	8535.99	682.88	10.76	1867.61	186.76	5.03
		10.0	12.0	70.60	55.42	7764.97	621.19	10.48	1601.90	160.19	4.76
			14.0	78.20	61.39	8718.34	697.46	10.55	1868.50	186.85	4.89
		12.0	14.0	82.64	64.85	8900.69	712.06	10.38	1869.86	186.99	4.76
	250	4.5	6.0	40.71	31.95	4971.64	397.73	11.05	1562.68	125.01	6.19
			8.0	50.53	39.67	6339.02	507.12	11.20	2083.51	166.68	6.42
		6.0	8.0	54.04	42.42	6499.18	519.93	10.97	2083.75	166.7	6.21
			10.0	63.80	50.08	7812.52	625.00	11.07	2604.58	208.37	6.39
			12.0	73.56	57.72	9080.96	726.48	11.11	3125.41	250.03	6.52
		8.0	10.0	68.40	53.69	8015.30	641.22	10.83	2605.10	208.41	6.17
			12.0	78.08	61.29	9273.35	741.87	10.90	3126.00	250.08	6.33
			14.0	87.76	68.87	10487.64	839.01	10.93	3646.78	291.74	6.45
		10.0	12.0	82.60	64.84	9465.73	757.26	10.71	3126.90	250.15	6.15
			14.0	92.20	72.38	10669.99	853.60	10.76	3647.70	291.81	6.29
		12.0	12.0	87.12	68.36	9658.12	772.65	10.53	3128.25	250.26	5.99
			14.0	96.64	75.83	10852.34	868.19	10.60	3649.03	291.92	6.14
300	150	3.2	4.5	22.81	17.91	3604.41	240.29	12.57	253.20	33.76	3.33
			6.0	27.22	21.36	4527.17	301.81	12.90	337.58	45.01	3.52
		4.5	6.0	30.96	24.30	4785.96	319.06	12.43	337.72	45.03	3.30
			8.0	36.78	28.87	5976.11	398.41	12.75	450.22	60.03	3.50
		6.0	8.0	41.04	32.22	6262.44	417.50	12.35	450.51	60.07	3.31
			10.0	46.80	36.74	7407.60	493.84	12.58	563.00	75.07	3.47
			12.0	52.56	41.25	8520.5	568.03	12.73	675.49	90.06	3.58
		8.0	10.0	52.40	41.13	7773.47	518.23	12.18	7773.47	75.16	3.28
			12.0	58.08	45.59	8870.92	591.39	12.36	8870.92	90.15	3.41
			14.0	63.76	50.05	9937.01	662.46	12.48	788.66	105.15	3.51
		10.0	12.0	63.60	49.93	9221.33	614.76	12.04	9221.33	90.31	3.26
			14.0	69.20	54.32	10272.41	684.83	12.18	10272.41	105.53	3.38
		12.0	14.0	74.64	58.57	10607.80	707.19	11.92	791.42	105.52	3.26

（续）

截面尺寸/mm				截面面积/cm²	理论重量/(kg/m)	x—x			y—y		
H	B	t_1	t_2			I_x/cm⁴	W_x/cm³	i_x/cm	I_y/cm⁴	W_y/cm³	i_y/cm
300	200	4.5	6.0	36.96	29.00	6082.68	405.51	12.83	800.22	80.02	4.65
			8.0	44.78	35.15	7681.81	512.12	13.10	1066.88	106.69	4.88
		6.0	8.0	49.04	38.50	7968.14	531.21	12.75	1067.18	106.72	4.66
			10.0	56.80	44.59	9510.93	634.06	12.94	1333.84	133.38	4.85
			12.0	64.56	50.67	11010.26	734.01	13.05	1600.49	160.04	4.97
		8.0	10.0	62.40	48.98	9876.80	658.45	12.58	1334.50	133.45	4.62
			12.0	70.80	55.01	11360.68	757.38	12.73	1601.20	160.12	4.78
			14.0	77.76	61.04	12802.16	853.47	12.83	1867.62	186.78	4.9
		10.0	12.0	75.60	59.35	11711.09	780.74	12.45	1602.30	160.23	4.60
			14.0	83.20	65.31	13137.56	875.84	12.57	1868.90	186.89	4.74
		12.0	12.0	81.12	63.65	12061.50	804.10	12.19	1603.97	160.40	4.45
			14.0	88.64	69.56	13472.95	898.20	12.33	1870.58	187.06	4.59
	250	4.5	6.0	42.96	33.71	7379.40	491.96	13.11	1562.72	125.02	6.03
			8.0	52.78	41.43	9387.52	625.83	13.34	2083.55	166.68	6.28
		6.0	8.0	57.04	44.78	9673.85	644.92	13.02	2083.84	166.71	6.04
			10.0	66.80	52.44	11614.27	774.28	13.19	2604.67	208.37	6.24
			12.0	76.56	60.09	13500.02	900.00	13.27	3125.49	250.03	6.38
		8.0	10.0	72.40	56.83	11980.13	798.68	12.86	2605.40	208.43	5.99
			12.0	82.08	64.43	13850.44	923.36	12.99	3126.20	250.90	6.17
			14.0	91.76	72.03	15667.3	1044.48	13.06	3646.99	291.75	6.30
		10.0	12.0	87.60	68.77	14200.85	946.72	12.73	3127.30	250.18	5.97
			14.0	92.70	76.30	16002.70	1066.85	12.83	3648.10	291.85	6.13
		12.0	12.0	93.12	73.07	14551.26	970.08	12.50	3128.97	250.32	5.80
			14.0	102.64	80.54	16338.10	1089.21	12.62	3649.75	291.98	5.96
	300	6.0	8.0	65.04	51.04	11379.56	758.64	13.23	3600.51	240.03	7.44
			10.0	76.80	60.26	13717.60	914.51	13.36	4500.50	300.03	7.66
		8.0	8.0	70.72	55.49	11761.33	784.09	12.90	3601.21	240.08	7.14
			10.0	82.40	64.66	14083.47	938.90	13.07	4501.19	300.08	7.39
			12.0	94.08	73.82	16340.20	1089.35	13.18	5401.18	360.08	7.58
		10.0	12.0	99.60	78.16	16690.61	1112.71	12.95	5402.30	360.15	7.36
			14.0	111.20	87.26	18867.85	1257.86	13.03	6302.27	420.15	7.53
		12.0	12.0	105.12	82.49	17041.02	1136.07	12.73	5403.97	360.26	7.17
			14.0	116.64	91.53	19203.24	1280.22	12.83	6303.92	420.26	7.35
350	150	3.2	4.5	24.41	19.16	5086.36	290.65	14.43	253.22	33.76	3.22
			6.0	28.82	22.62	6355.38	363.16	14.85	337.59	45.61	3.12
		4.5	6.0	33.21	26.07	6773.70	387.07	14.28	337.76	45.03	3.19
			8.0	39.03	30.64	8416.36	480.93	14.68	450.25	60.03	3.40
		6.0	8.0	44.04	34.57	8882.11	507.55	14.2	450.60	60.08	3.20
			10.0	49.80	39.09	10463.35	598.25	14.5	563.09	73.08	3.34
			12.0	55.56	43.61	12018.57	686.58	14.7	675.58	90.07	3.48
		8.0	8.0	50.72	39.80	9503.10	543.03	13.69	451.43	60.19	2.98
			10.0	56.40	44.27	11068.30	632.47	14.01	563.91	75.18	3.16
			12.0	62.08	48.73	12596.01	719.77	14.24	676.39	90.18	3.30
		10.0	12.0	68.60	53.85	13173.44	752.77	13.86	677.72	90.36	3.14
			14.0	74.20	58.25	14643.13	836.75	14.05	790.18	105.36	3.26
		12.0	14.0	80.64	63.28	15199.56	868.55	13.73	792.14	105.62	3.13

（续）

截面尺寸/mm				截面面积/cm²	理论重量/(kg/m)	x—x			y—y		
H	B	t_1	t_2			I_x/cm^4	W_x/cm^3	i_x/cm	I_y/cm^4	W_y/cm^3	i_y/cm
350	175	4.5	6.0	36.21	28.42	7661.31	437.79	14.55	536.19	61.28	3.85
			8.0	43.03	33.78	9586.21	547.78	14.93	714.84	81.70	4.08
		6.0	8.0	48.04	37.71	10051.96	574.40	14.47	715.18	81.73	3.86
			10.0	54.80	43.02	11914.77	680.84	14.75	893.82	102.15	4.04
			12.0	61.56	48.32	13732.95	784.74	14.93	1072.46	122.56	4.17
		8.0	10.0	61.40	48.20	12513.72	715.07	14.28	894.64	102.24	3.82
			12.0	68.08	53.44	14310.39	817.74	14.50	1073.30	122.56	3.97
			14.0	74.76	58.68	16063.51	917.91	14.65	1251.89	143.07	4.09
		10.0	12.0	74.60	58.56	14887.82	850.73	14.13	1074.60	122.28	3.79
			14.0	81.20	63.74	16619.95	949.71	14.31	1253.20	143.22	3.93
		12.0	14.0	87.64	68.77	17176.39	981.51	14.00	1255.16	143.45	3.78
	200	4.5	6.0	74.76	58.68	16063.51	917.91	14.65	1251.89	143.07	4.09
			8.0	47.03	36.92	10756.07	614.63	15.12	1066.92	106.69	4.76
		6.0	8.0	52.04	40.85	11221.81	641.25	14.68	1067.27	106.73	4.53
			10.0	59.80	46.94	13360.18	763.44	14.95	1333.93	133.39	4.72
			12.0	67.56	53.03	15447.33	882.70	15.12	1600.58	160.05	4.86
		8.0	10.0	66.40	52.12	13959.13	797.66	14.50	1334.70	133.47	4.48
			12.0	74.08	58.15	16024.77	915.70	14.71	1601.40	160.14	4.65
			14.0	81.76	64.18	18040.33	1030.87	14.85	1868.04	186.80	4.77
		10.0	12.0	80.60	63.26	16602.20	948.70	14.35	1602.70	160.27	4.46
			14.0	88.20	69.24	18596.77	1062.67	14.52	1869.40	186.94	4.60
		12.0	14.0	94.64	74.26	19153.21	1094.47	14.23	1871.30	187.13	4.45
400	300	10.0	12.0	109.60	86.04	31536.34	1576.82	16.96	5403.10	360.21	7.02
			14.0	121.20	95.14	35592.78	1779.64	17.14	6303.10	420.20	7.21
		12.0	14.0	128.64	100.94	36450.76	1822.54	16.83	6305.36	420.36	7.00
	350	6.0	8.0	79.04	62.05	24347.10	1217.36	17.55	5717.40	326.71	8.50
			10.0	92.80	72.85	29366.93	1468.35	17.79	7146.50	408.37	8.77
			12.0	106.56	83.64	34282.18	1714.10	17.93	8575.67	490.03	8.97
		8.0	10.0	100.40	78.81	30281.47	1514.07	17.37	7147.50	408.43	8.43
			12.0	114.08	89.55	35168.15	1758.41	17.56	8576.60	490.09	8.67
			14.0	127.76	100.29	39951.94	1997.59	17.68	10005.75	571.75	8.84
		10.0	12.0	121.60	95.46	36054.10	1802.71	17.22	8578.10	490.18	8.40
			14.0	135.20	106.13	40809.93	2040.50	17.37	10007.00	571.84	8.60
		12.0	14.0	142.64	111.93	41667.91	2083.40	17.09	10009.52	571.97	8.38
450	200	4.5	6.0	43.71	34.31	14979.91	665.77	18.51	800.33	80.03	4.27
			8.0	51.53	40.45	18696.32	830.95	19.05	1067.00	106.70	4.55
		6.0	8.0	58.04	45.56	19718.15	876.36	18.43	1067.45	106.75	4.29
			10.0	65.80	51.65	23338.68	1037.27	18.83	1334.11	133.41	4.50
			12.0	73.56	57.74	26892.47	1195.22	19.12	1600.76	160.07	4.66
		8.0	10.0	74.40	58.40	24663.80	1096.17	18.21	1335.20	133.52	4.24
			12.0	82.08	64.43	28180.96	1252.49	18.53	1601.80	160.18	4.42

（续）

截面尺寸/mm				截面面积/ cm^2	理论重量/ (kg/m)	x—x			y—y		
H	B	t_1	t_2			I_x/cm^4	W_x/cm^3	i_x/cm	I_y/cm^4	W_y/cm^3	i_y/cm
450	200	8.0	14.0	89.76	70.46	31632.68	1405.89	18.77	1868.46	186.84	4.56
		10.0	12.0	90.60	71.12	29469.44	130.75	18.04	1603.60	160.36	4.21
			14.0	98.20	77.09	32885.21	1461.56	18.30	1870.20	187.02	4.36
		12.0	14.0	106.44	83.68	34137.73	1517.23	17.89	1872.74	187.27	4.19
	250	4.5	6.0	49.71	39.02	17937.13	797.20	18.99	1562.83	1253.02	5.60
			8.0	59.53	46.73	22604.03	1004.62	19.49	2083.66	166.69	5.92
		6.0	8.0	66.04	51.84	23625.86	1050.04	18.91	2084.11	166.73	5.62
			10.0	75.80	59.50	28179.52	1252.42	19.28	2604.94	208.40	5.86
			12.0	85.56	67.16	32649.23	1451.07	19.53	3125.76	250.06	6.04
		8.0	10.0	84.40	66.25	29504.63	1311.32	18.70	2606.00	208.48	5.56
			12.0	94.08	73.85	33937.72	1508.34	18.99	3126.80	250.15	5.76
			14.0	103.76	81.45	38288.32	1701.70	19.20	3647.63	291.81	5.92
		10.0	12.0	102.60	80.54	35226.20	1565.61	18.53	3128.60	250.28	5.52
			14.0	112.20	88.08	39540.85	1757.37	18.77	3649.40	291.95	5.70
		12.0	14.0	120.64	94.67	40793.38	1813.04	18.39	3651.91	292.15	5.50
	300	6.0	8.0	74.04	58.12	27533.57	1223.71	19.28	3600.80	240.05	6.97
			10.0	85.80	67.35	33020.35	1467.57	19.62	4500.80	300.05	7.24
			12.0	97.56	76.58	38405.99	1706.93	19.84	5400.76	360.05	7.44
		8.0	10.0	94.40	74.10	34345.47	1526.47	19.07	4501.80	300.12	6.90
			12.0	106.08	83.27	39694.48	1764.20	19.34	5401.80	360.12	7.13
			14.0	117.76	92.44	44943.97	1997.51	19.53	6301.8	420.12	7.31
		10.0	12.0	114.60	89.96	40982.96	1821.46	18.91	5403.60	360.24	6.86
			14.0	126.20	99.07	46196.50	2053.18	19.13	6303.50	420.23	7.06
		12.0	14.0	134.64	105.65	47449.02	2108.85	18.77	6306.08	420.41	6.84
	350	6.0	8.0	82.04	64.40	31441.27	1397.39	19.58	5717.40	326.71	8.35
			10.0	95.80	75.20	37861.18	1682.72	19.88	7146.60	408.38	8.64
			12.0	109.56	86.00	44162.75	1962.78	20.07	8575.76	490.04	8.84
		8.0	10.0	104.40	81.95	39186.30	1741.61	19.37	7147.70	408.44	8.27
			12.0	118.08	92.69	45451.24	2020.06	19.62	8576.80	490.10	8.52
			14.0	131.76	103.43	51599.62	2293.31	19.78	10005.96	571.76	8.71
		10.0	12.0	126.60	99.38	46739.72	2077.32	19.21	8578.60	490.20	8.23
			14.0	140.20	110.06	52852.15	2348.98	19.42	10008.00	571.87	8.45
		12.0	14.0	148.64	116.64	54104.67	2404.65	19.08	10010.24	572.01	8.21
500	200	6.0	8.0	61.04	47.92	25035.82	1001.43	20.25	1067.54	106.75	4.18
			10.0	68.80	54.01	29542.93	1181.72	20.72	1334.20	133.42	4.40
			12.0	76.56	60.09	33975.54	1359.02	21.06	1600.85	160.08	4.57
		8.0	10.0	78.40	61.54	31386.13	1255.45	20.01	1335.40	133.54	4.12
			12.0	86.08	67.57	35773.05	1430.92	20.39	1602.00	160.20	4.31
			14.0	93.76	73.60	40086.85	1603.47	20.67	1868.68	186.86	4.46
		10.0	12.0	95.60	75.05	37570.55	1502.82	19.82	1604.00	160.40	4.09
			14.0	103.20	81.01	41839.42	1673.58	20.14	1870.60	187.06	4.25
		12.0	14.0	112.64	88.39	43591.99	1743.68	19.67	1873.46	187.35	4.08

（续）

截面尺寸/mm				截面面积/ cm²	理论重量/ (kg/m)	x—x			y—y		
H	B	t_1	t_2			I_x/cm^4	W_x/cm^3	i_x/cm	I_y/cm^4	W_y/cm^3	i_y/cm
500	250	6.0	8.0	69.04	54.20	29877.53	1195.10	20.80	2084.20	166.74	5.49
			10.0	78.80	61.86	35546.27	1421.85	21.24	2605.03	208.40	5.75
			12.0	88.56	69.51	41121.30	1644.85	21.54	3125.85	250.06	5.94
		8.0	10.0	88.40	69.39	37389.47	1495.58	20.57	2606.20	208.50	5.43
			12.0	98.08	76.99	42918.81	1716.75	20.92	3127.00	250.16	5.64
			14.0	107.76	84.59	48356.00	1934.24	21.18	3647.84	291.82	5.81
		10.0	12.0	107.60	84.47	44716.31	1788.65	20.39	3129.00	250.32	5.39
			14.0	117.20	92.00	50108.57	2004.34	20.68	3649.80	291.98	5.58
		12.0	14.0	121.92	95.71	50984.85	2039.39	20.45	3651.10	292.09	5.47
	300	6.0	8.0	77.04	60.48	34719.24	1388.77	21.23	3600.90	240.06	6.84
			10.0	88.80	69.71	41549.60	1661.98	21.63	4500.90	300.06	7.12
			12.0	100.56	78.93	48267.06	1930.68	21.90	5400.85	360.05	7.32
		8.0	10.0	98.40	77.24	43392.80	1735.71	21.00	4502.00	300.14	6.76
			12.0	110.80	86.41	50064.57	2002.58	21.33	5402.00	360.14	7.00
			14.0	121.76	95.58	56625.14	2265.00	21.56	6302.01	420.13	7.19
		10.0	12.0	119.60	93.89	51862.07	2074.48	20.82	5404.00	360.26	6.72
			14.0	131.20	102.99	58377.72	2335.11	21.09	6303.90	520.26	6.93
		12.0	14.0	140.64	110.36	60130.28	2405.21	20.68	6306.80	420.45	6.70
	350	6.0	8.0	85.04	66.76	39560.94	1582.44	21.57	5717.50	326.72	8.19
			10.0	98.80	77.56	47552.93	1902.12	21.94	7146.70	408.38	8.51
			12.0	112.56	88.35	55412.82	2216.51	22.18	8575.85	490.04	8.72
		8.0	10.0	108.40	85.09	49396.13	1975.85	21.35	7147.90	408.45	8.12
			12.0	122.08	95.83	57210.33	2288.41	21.65	8577.00	490.12	8.38
			14.0	135.76	106.57	64894.29	2595.77	21.86	10006.18	571.78	8.58
		10.0	12.0	131.60	103.31	59007.83	2360.31	21.18	8579.00	490.23	8.07
			14.0	145.20	113.98	66646.86	2665.87	21.42	10008.00	571.89	8.30
		12.0	14.0	154.64	121.35	68399.43	2735.98	21.03	10010.96	572.06	8.05
550	200	6.0	8.0	64.04	50.27	31116.49	1131.51	22.04	1067.60	106.76	4.08
			10.0	71.80	56.36	36607.18	1331.17	22.58	1334.30	133.43	4.31
			12.0	79.56	62.45	42015.61	1527.84	22.98	1600.94	160.09	4.48
		8.0	10.0	82.40	64.68	39088.47	1421.40	21.78	1335.60	133.56	4.03
			12.0	90.08	70.71	44441.15	1616.04	22.21	1602.20	160.22	4.22
			14.0	97.76	76.74	49713.02	1807.74	22.55	1868.89	186.88	4.37
		10.0	12.0	100.60	78.97	46866.67	1704.24	21.58	1604.40	160.44	3.99
			14.0	108.20	84.94	52083.64	1893.95	21.94	1871.00	187.10	4.16
		12.0	14.0	118.64	93.10	54454.25	1980.15	21.42	1874.18	187.42	3.97
	250	6.0	8.0	72.04	56.55	36992.20	1345.17	22.66	2084.30	166.74	5.38
			10.0	81.80	64.21	43898.02	1596.29	23.17	2605.10	208.41	5.64
			12.0	91.56	71.87	50700.37	1843.65	23.53	3125.94	250.07	5.84
		8.0	10.0	92.40	72.53	46379.30	1686.52	22.40	2606.40	208.51	5.31
			12.0	102.08	80.13	53125.91	1931.85	22.81	3127.20	250.18	5.34
			14.0	111.76	87.73	59770.67	2173.47	23.12	3648.06	291.47	5.71
		10.0	12.0	112.60	88.39	55551.43	2020.05	22.21	3129.40	250.35	5.27
			14.0	122.20	95.93	62141.29	2259.68	22.55	3650.20	292.01	5.46
		12.0	14.0	132.64	104.08	64511.90	2345.89	22.05	3653.35	292.27	5.25
	300	6.0	8.0	80.04	62.83	42867.91	1558.83	23.14	3601.00	240.06	6.70
			10.0	91.80	72.06	51188.85	1861.41	23.61	4501.00	300.06	7.00
			12.0	103.56	81.29	59385.13	2159.45	23.94	5400.94	360.06	7.22

（续）

截面尺寸/mm				截面面积/	理论重量/	x—x			y—y		
H	B	t_1	t_2	cm^2	(kg/m)	I_x/cm^4	W_x/cm^3	i_x/cm	I_y/cm^4	W_y/cm^3	i_y/cm
550	300	8.0	10.0	102.40	80.38	53670.13	1951.64	22.89	4502.30	300.15	6.63
			12.0	114.08	89.55	61810.67	2247.66	23.28	5402.20	360.15	6.88
			14.0	125.76	98.72	69828.32	2539.21	23.56	6302.22	420.14	7.07
		10.0	12.0	124.60	97.81	64236.19	2335.86	22.71	5404.40	360.29	6.58
			14.0	136.20	106.92	72198.93	2625.42	23.02	6304.40	420.29	6.80
		12.0	14.0	146.64	115.07	74569.54	2711.62	22.55	6307.52	420.50	6.56
	350	6.0	8.0	88.04	69.11	48743.61	1772.49	23.53	5717.60	326.72	8.06
			10.0	101.8	79.91	58479.68	2126.53	23.97	7146.80	408.39	8.38
			12.0	115.56	90.71	68069.89	2475.26	24.27	8575.94	490.05	8.61
		8.0	10.0	112.40	88.23	60960.97	2216.76	23.29	7148.10	408.46	7.97
			12.0	126.08	98.97	70495.43	2563.47	23.65	8577.20	490.13	8.25
			14.0	139.76	109.71	79885.96	2904.94	23.9	10006.39	571.79	8.46
		10.0	12.0	136.60	107.23	72920.95	2651.67	23.10	8579.40	490.25	7.92
			14.0	150.20	117.91	82256.58	2991.15	23.40	10009.00	571.92	8.02
		12.0	14.0	160.64	126.05	84627.19	3077.35	22.95	10011.68	572.10	7.89
600	200	6.0	8.0	67.04	52.63	37997.66	1266.59	23.81	1067.70	106.77	3.99
			10.0	74.80	58.72	44568.93	1485.63	24.41	1334.40	133.44	4.22
			12.0	82.56	64.80	51050.18	1701.67	24.86	1601.03	160.1	4.40
		8.0	10.0	86.40	67.82	47820.80	1594.03	23.53	1335.80	133.58	3.92
			12.0	94.08	73.85	54235.24	1807.84	24.01	1602.50	160.25	4.12
			14.0	101.76	79.88	60561.20	2018.70	24.39	1869.10	186.91	4.28
		10.0	12.0	105.60	82.90	57420.29	1914.01	23.32	1604.80	160.48	3.90
			14.0	113.20	88.86	63680.36	2122.68	23.72	1871.40	187.14	4.06
		12.0	14.0	124.64	97.81	66799.51	2226.65	23.15	1874.90	187.49	3.88
	250	6.0	8.0	75.04	58.91	45007.37	1500.25	24.49	2084.40	166.75	5.27
			10.0	84.80	66.57	53272.27	1775.74	25.06	2605.20	208.42	5.54
			12.0	94.56	74.22	61423.94	2047.46	25.48	3126.03	250.08	5.74
		8.0	10.0	96.40	75.67	56524.13	1884.14	24.21	2606.60	208.53	5.20
			12.0	106.08	82.27	64609.00	2153.63	24.68	3127.50	250.20	5.43
			14.0	115.76	90.87	72582.34	2419.41	25.04	3648.27	291.86	5.61
		10.0	12.0	117.60	92.32	67794.05	2259.80	24.01	3129.80	250.38	5.16
			14.0	127.20	99.85	75701.50	2523.38	24.40	3650.60	292.05	5.35
		12.0	14.0	138.64	108.79	78820.66	2627.36	23.84	3654.07	292.33	5.13
	300	6.0	8.0	83.04	65.19	52017.08	1733.90	25.03	3601.10	240.07	6.58
			10.0	94.80	74.42	61975.60	2065.85	25.57	4501.00	300.07	6.89
			12.0	106.56	83.64	71797.70	2393.25	25.95	5401.03	360.06	7.11
		8.0	10.0	106.40	83.52	65227.47	2174.25	24.76	4502.50	300.16	6.50
			12.0	118.08	92.69	74982.76	2499.43	25.20	5402.50	360.16	6.76
			14.0	129.76	101.86	84603.49	2820.11	25.53	6302.44	420.16	6.96
		10.0	12.0	129.60	101.74	78167.81	2605.59	24.56	5404.80	360.32	6.46
			14.0	141.20	110.84	87722.65	2924.09	24.93	6204.80	420.32	6.68
		12.0	14.0	152.63	119.82	90841.8	3028.06	24.39	6308.23	420.54	6.42
	350	6.0	8.0	91.04	71.47	59026.78	1967.56	25.46	5717.70	326.73	7.92
			10.0	104.80	82.27	70678.93	2355.96	25.97	7146.90	408.39	8.25
			12.0	118.56	93.06	82171.46	2739.04	26.32	8576.03	490.05	8.50
		8.0	10.0	116.40	91.37	73930.80	2464.36	25.20	7148.30	408.47	7.84
			12.0	130.08	102.11	85356.52	2845.22	25.62	8577.50	490.14	8.12
			14.0	143.76	112.85	96624.64	3220.82	25.92	10006.6	571.80	8.34

（续）

截面尺寸/mm				截面面积/cm²	理论重量/(kg/m)	x—x			y—y		
H	B	t_1	t_2			I_x/cm^4	W_x/cm^3	i_x/cm	I_y/cm^4	W_y/cm^3	i_y/cm
600	350	10.0	12.0	141.60	111.15	88541.56	2951.38	25.00	8579.79	490.27	7.78
			14.0	155.19	121.83	99743.79	3324.79	25.35	10008.93	571.93	8.03
		12.0	14.0	166.64	130.81	102862.95	3428.76	24.84	10012.40	572.13	7.75

注：1. 根据需方要求并在合同中注明，可采用翼缘板厚度不大于 14mm，腹板厚度不大于 12mm，截面高度为 100~600mm，翼缘板宽度为 75~350mm 组合的任意截面尺寸。

2. 型钢定尺长度通常为 6m、7.5m、9m、12m、15m、18m，经供需双方协商并在合同中注明，也可提供其他长度的型钢。

2. 高频焊接薄壁 T 型钢的型号及截面特性（见表 7-283）

表 7-283 高频焊接薄壁 T 型钢的型号及截面特性（YB/T 4836—2020）

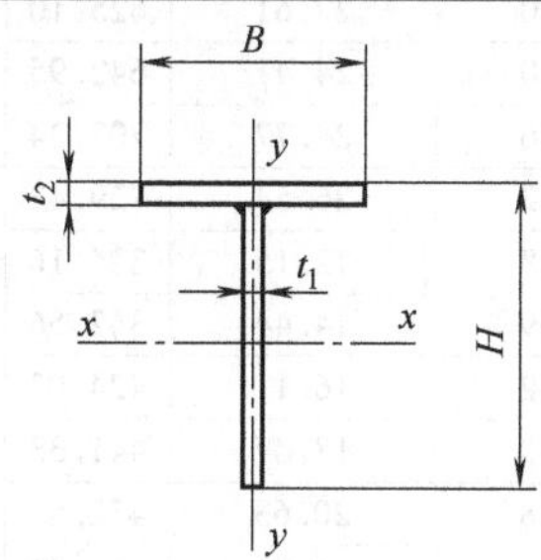

截面尺寸/mm				截面面积/cm²	理论重量/(kg/m)	x—x			y—y		
H	B	t_1	t_2			I_x/cm^4	W_x/cm^3	i_x/cm	I_y/cm^4	W_y/cm^3	i_y/cm
100	75	3.2	4.5	6.43	5.05	65.32	24.73	3.18	15.85	4.23	1.57
		4.5	6.0	8.73	6.85	85.79	31.51	3.13	21.17	5.64	1.56
	100	3.2	4.5	7.56	5.93	68.80	30.62	3.02	37.53	7.51	2.23
		4.5	6.0	10.23	8.03	93.35	39.43	3.02	50.07	10.01	2.21
		6.0	8.0	13.52	10.61	121.02	49.57	2.99	66.83	13.37	2.22
	125	4.5	6.0	11.7	9.21	98.99	47.07	2.91	97.73	15.64	2.89
		6.0	8.0	15.52	12.18	128.39	58.94	2.88	130.37	20.86	2.90
		8.0	10	19.70	15.46	163.85	70.40	2.88	163.14	26.10	2.88
125	100	3.2	4.5	8.36	6.56	127.85	41.12	3.91	37.53	7.51	2.12
		4.5	6.0	11.36	8.91	173.90	53.55	3.91	50.09	10.02	2.10
			8.0	13.27	10.41	184.52	64.06	3.73	66.76	13.35	2.43
	125	3.2	4.5	9.48	7.44	136.12	49.20	3.79	73.28	11.72	2.78
		4.5	6.0	12.86	10.09	185.46	63.87	3.80	97.75	15.64	2.76
			8.0	15.27	11.98	195.32	76.43	3.58	130.30	20.85	2.92
	150	4.5	6.0	14.36	11.27	194.61	73.95	3.68	168.84	25.51	3.43
			8.0	17.27	13.55	203.65	88.31	3.43	225.09	30.01	3.61
			10.0	20.18	15.84	208.58	99.17	3.22	281.34	37.51	3.73
		6.0	8.0	19.02	14.93	253.73	93.74	3.65	225.21	30.03	3.44
			10.0	21.90	17.19	261.90	106.07	3.46	281.46	37.53	3.59
		8.0	10.0	24.20	19.00	325.39	113.14	3.67	281.74	37.57	3.41
			12.0	27.04	21.23	333.42	123.97	3.51	337.98	45.06	3.54
	175	4.5	6.0	15.86	12.45	202.04	83.80	3.57	268.06	30.64	4.11
			8.0	19.27	15.12	210.26	99.74	3.30	357.38	40.84	4.31
		6.0	8.0	21.02	16.50	263.47	105.92	3.54	357.50	40.86	4.12
			10.0	24.40	19.15	270.81	119.44	3.33	446.82	51.07	4.28
			12.0	27.78	21.81	274.87	129.33	3.15	536.14	61.27	4.39

（续）

截面尺寸/mm				截面面积/cm^2	理论重量/(kg/m)	x—x			y—y		
H	B	t_1	t_2			I_x/cm^4	W_x/cm^3	i_x/cm	I_y/cm^4	W_y/cm^3	i_y/cm
125	175	8.0	10.0	26.70	20.96	338.40	127.53	3.56	447.11	51.09	4.09
			12.0	30.04	23.58	345.57	139.30	3.39	536.42	61.31	4.23
150	125	4.5	6.0	13.98	10.97	307.75	81.49	4.69	97.77	15.64	2.65
			8.0	16.39	12.87	327.21	98.44	4.47	130.32	20.85	2.82
		6.0	8.0	18.52	14.54	402.47	104.53	4.66	130.46	20.87	2.65
			10.0	20.90	16.41	420.84	119.75	4.49	163.01	26.08	2.79
			12.0	23.28	18.27	433.30	132.61	4.30	195.56	31.29	2.90
		8.0	10.0	23.70	18.60	516.25	127.65	4.67	163.36	26.14	2.63
			12.0	26.04	20.44	534.72	141.47	4.53	195.90	31.34	2.74
		10.0	10.0	26.50	20.80	601.17	134.72	4.76	163.93	26.23	2.49
			12.0	28.80	22.61	625.10	149.06	4.66	196.46	31.43	2.61
			14.0	31.10	24.41	642.95	161.55	4.55	229.00	36.64	2.71
		12.0	12.0	31.56	24.77	707.34	155.96	4.73	197.30	31.57	2.50
			14.0	33.82	26.54	729.42	168.88	4.64	229.82	36.77	2.60
	150	4.5	6.0	15.48	12.15	324.16	94.25	4.58	168.86	22.52	3.30
			8.0	18.39	14.44	342.56	113.96	4.32	225.11	30.01	3.50
		6.0	8.0	20.52	16.11	424.07	120.68	4.55	225.26	30.03	3.31
			10.0	23.40	18.37	441.33	138.25	4.34	281.50	37.53	3.47
			12.0	26.28	20.63	452.57	152.74	4.15	337.75	45.03	3.59
		8.0	8.0	23.36	18.34	519.78	128.43	4.72	252.61	30.08	3.11
			10.0	26.20	20.57	544.87	147.02	4.56	281.85	37.58	3.28
			12.0	29.04	22.80	562.28	162.92	4.40	338.09	45.08	3.41
		10.0	10.0	29.00	22.77	637.24	154.65	4.69	282.42	37.66	3.12
			12.0	31.80	24.96	660.55	171.36	4.56	338.65	45.15	3.26
			14.0	34.60	27.16	677.36	185.68	4.42	394.88	52.65	3.38
		12.0	12.0	33.18	26.05	706.29	175.20	4.61	339.03	45.20	3.20
			14.0	35.96	28.23	725.43	189.90	4.49	395.26	52.70	3.32
	175	4.5	6.0	16.98	13.33	337.69	106.79	4.46	268.08	30.64	3.97
			8.0	20.39	16.01	354.91	129.04	4.17	357.40	40.85	4.19
		6.0	8.0	22.52	17.68	441.85	136.48	4.43	357.55	40.86	3.98
			10.0	25.90	20.33	457.92	156.16	4.20	446.87	51.07	4.15
			12.0	29.28	22.98	467.97	171.99	3.99	536.19	61.28	4.28
		8.0	8.0	25.36	19.91	544.39	144.80	4.63	357.90	40.90	3.76
			10.0	28.70	22.53	568.54	165.91	4.45	447.21	51.11	3.95
			12.0	32.04	25.15	584.75	183.64	4.27	536.53	61.32	4.09
		10.0	10.0	31.50	24.73	667.63	174.16	4.60	447.78	51.18	3.77
			12.0	34.80	27.32	689.95	193.04	4.45	537.09	61.38	3.93
			14.0	38.10	29.91	705.55	208.92	4.30	626.39	71.59	4.05
		12.0	12.0	37.56	29.48	786.13	201.23	4.57	537.92	61.47	3.78
			14.0	40.82	32.06	806.53	218.07	4.45	627.22	71.68	3.92
	200	4.5	6.0	18.48	14.51	349.02	119.13	4.35	400.11	40.01	4.65
			8.0	22.39	17.58	365.08	143.71	4.04	533.44	53.34	4.88
		6.0	8.0	24.52	19.25	456.74	151.94	4.32	533.59	53.36	4.66
			10.0	28.40	22.30	471.61	137.49	4.08	666.92	66.69	4.85
			12.0	32.28	25.33	480.57	190.41	3.86	800.25	80.03	4.98
		8.0	8.0	27.36	21.48	565.42	160.90	4.55	533.94	53.39	4.42
			10.0	31.20	24.49	588.45	184.33	4.34	667.26	66.73	4.62
			12.0	35.04	27.51	603.43	203.65	4.15	800.59	80.06	4.78

（续）

截面尺寸/mm				截面面积/ cm^2	理论重量/ (kg/m)	x—x			y—y		
H	B	t_1	t_2			I_x/cm^4	W_x/cm^3	i_x/cm	I_y/cm^4	W_y/cm^3	i_y/cm
150	200	10.0	10.0	34.00	26.69	693.57	139.29	4.52	667.83	66.78	4.43
			12.0	37.80	29.67	714.74	214.12	4.35	801.15	80.12	4.60
			14.0	41.60	32.66	729.10	231.32	4.19	934.47	93.45	4.74
		12.0	12.0	39.18	30.76	766.83	218.73	4.42	801.53	80.15	4.53
			14.0	42.96	33.72	783.62	236.62	4.27	934.84	93.48	4.66
175	150	4.5	6.0	16.61	13.03	496.86	115.35	5.47	168.88	22.52	3.19
			8.0	19.52	15.32	529.09	140.36	5.21	225.13	30.01	3.39
		6.0	8.0	22.02	17.29	651.58	148.71	5.44	225.30	30.04	3.19
			10.0	24.90	19.55	682.46	171.52	5.24	281.55	37.54	3.36
			12.0	27.78	21.80	703.87	191.25	7.04	337.79	45.04	3.49
		8.0	8.0	25.36	19.91	795.15	158.72	5.60	225.71	30.10	2.98
			10.0	28.20	22.14	838.29	182.41	5.45	281.95	37.59	3.16
			12.0	31.04	24.37	869.83	203.43	5.29	338.20	45.09	3.30
		10.0	10.0	31.50	24.73	977.16	192.23	5.57	282.63	37.68	2.99
			12.0	34.30	26.93	1018.00	213.94	5.45	338.86	45.18	3.14
			14.0	37.10	29.12	1048.90	233.24	5.32	395.09	52.68	3.26
		12.0	12.0	37.56	29.48	1152.90	223.58	5.54	339.85	45.31	3.01
			14.0	40.32	31.64	1191.20	243.46	5.44	396.07	52.81	3.13
	175	4.5	6.0	18.11	14.21	519.00	130.55	5.35	268.10	30.64	3.85
			8.0	21.52	16.89	549.80	159.07	5.06	357.42	40.85	4.08
		6.0	8.0	24.02	18.86	680.76	168.08	5.32	357.59	40.87	3.86
			10.0	27.40	21.51	710.17	193.96	5.09	446.91	51.08	4.04
			12.0	30.78	24.16	729.92	215.94	4.87	536.23	61.28	4.17
		8.0	8.0	27.36	21.48	834.65	178.62	5.52	358.00	40.92	3.62
			10.0	30.70	24.10	877.02	205.77	5.34	447.32	51.12	3.82
			12.0	34.04	26.71	907.16	229.55	5.16	536.63	61.33	3.97
		10.0	10.0	34.00	26.69	1026.00	216.17	5.49	447.99	51.19	3.63
			11.0	35.65	27.99	1047.50	228.95	5.42	492.64	56.30	3.72
			12.0	37.30	29.28	1066.00	240.98	5.35	537.30	61.41	3.79
			14.0	40.60	31.87	1095.60	262.75	5.19	626.60	71.61	3.93
		12.0	12.0	40.56	31.83	1211.00	251.25	5.46	538.28	61.51	3.64
			14.0	43.82	34.39	1248.40	273.89	5.34	627.58	71.72	3.78
	200	6.0	8.0	26.02	20.43	705.46	187.15	5.21	533.63	53.36	4.53
			10.0	29.90	23.47	733.28	215.85	4.95	666.96	66.70	4.72
			12.0	33.78	26.51	751.41	239.81	4.72	800.29	80.01	4.87
		8.0	8.0	29.36	23.05	868.78	198.28	5.34	534.05	53.41	5.44
			10.0	33.20	26.06	909.95	228.69	5.24	667.37	66.74	4.83
			12.0	37.04	29.07	938.49	254.99	5.03	800.70	80.07	4.65
		10.0	10.0	36.50	28.65	1068.20	239.75	5.41	668.04	66.80	4.28
			12.0	40.30	31.64	1107.00	267.45	5.24	801.36	80.14	4.46
			14.0	44.10	34.62	1135.00	291.44	5.07	934.68	93.47	4.60
		12.0	12.0	41.93	32.92	1185.60	273.08	5.32	801.81	80.18	4.37
			14.0	45.71	35.88	1217.70	297.72	5.16	935.12	93.51	4.52
200	175	6.0	8.0	25.52	20.03	986.62	200.77	6.22	357.64	40.87	3.74
			10.0	28.90	22.69	1034.70	232.80	5.98	446.96	51.08	3.93
			12.0	32.28	25.53	1068.60	260.98	5.75	536.28	61.29	4.08
		8.0	8.0	29.36	23.05	1205.00	213.98	6.41	358.11	40.93	3.49
			10.0	32.70	25.67	1272.20	247.11	6.24	447.43	51.13	3.70
			12.0	36.04	28.28	1321.90	276.94	6.06	536.74	61.34	3.86

（续）

截面尺寸/mm				截面面积/cm²	理论重量/(kg/m)	x—x			y—y		
H	B	t_1	t_2			I_x/cm⁴	W_x/cm³	i_x/cm	I_y/cm⁴	W_y/cm³	i_y/cm
200	175	10.0	10.0	36.50	28.65	1484.00	260.10	6.38	448.20	51.22	3.50
			12.0	39.80	31.24	1548.20	290.82	6.24	537.50	61.43	3.67
			14.0	43.10	33.83	1597.50	318.52	6.09	626.81	71.64	3.81
		12.0	12.0	41.68	32.72	1653.60	297.32	6.30	538.02	61.49	3.59
			14.0	44.96	35.29	1708.80	325.44	6.17	627.32	71.69	3.74
	200	8.0	8.0	31.36	24.62	1256.40	237.15	6.33	534.15	53.42	4.13
			10.0	35.20	27.63	1322.60	274.50	6.13	667.48	66.75	4.35
			12.0	39.04	30.63	1370.40	307.80	5.92	800.80	80.08	4.53
		10.0	10.0	39.00	30.62	1547.60	288.10	6.30	668.25	66.83	4.14
			12.0	42.80	33.60	1610.80	322.64	6.13	801.57	80.16	4.33
			14.0	46.60	36.58	1658.40	353.50	5.97	934.88	93.49	4.48
		12.0	12.0	44.68	35.07	1722.80	329.51	6.21	802.09	80.21	4.24
			14.0	48.46	38.04	1776.60	360.95	6.05	935.40	93.54	4.39
	225	8.0	8.0	33.36	26.19	1301.60	260.09	6.25	760.19	67.57	4.77
			10.0	37.70	29.59	1366.30	301.49	6.02	950.03	84.44	5.02
			12.0	42.04	32.98	1412.20	338.03	5.80	1139.90	101.32	5.21
		10.0	10.0	41.50	32.58	1603.60	315.77	6.22	950.80	84.52	4.79
			12.0	45.80	35.95	1665.30	353.95	6.03	1140.60	101.39	4.99
			14.0	50.10	39.33	1710.80	387.72	5.84	1330.50	118.26	5.15
		12.0	12.0	47.68	37.43	1783.40	361.21	6.12	1141.10	101.44	4.89
			14.0	51.96	40.79	1835.40	395.75	5.94	1331.00	118.31	5.06

7.7 盘条

7.7.1 热轧圆盘条

热轧盘条的尺寸、截面面积及理论重量见表 7-284。

表 7-284 热轧盘条的尺寸、截面面积及理论重量（GB/T 14981—2009）

公称直径/mm	允许偏差/mm			圆度误差/mm			截面面积/mm²	理论重量/(kg/m)
	A 级精度	B 级精度	C 级精度	A 级精度	B 级精度	C 级精度		
5	±0.30	±0.25	±0.15	≤0.48	≤0.40	≤0.24	19.63	0.154
5.5							23.76	0.187
6							28.27	0.222
6.5							33.18	0.260
7							38.48	0.302
7.5							44.18	0.347
8							50.26	0.395
8.5							56.74	0.445
9							63.62	0.499
9.5							70.88	0.556
10							78.54	0.617
10.5	±0.40	±0.30	±0.20	≤0.64	≤0.48	≤0.32	86.59	0.680
11							95.03	0.746
11.5							103.9	0.816

（续）

公称直径/mm	允许偏差/mm			圆度误差/mm			截面面积/mm²	理论重量/(kg/m)
	A级精度	B级精度	C级精度	A级精度	B级精度	C级精度		
12	±0.40	±0.30	±0.20	≤0.64	≤0.48	≤0.32	113.1	0.888
12.5							122.7	0.963
13							132.7	1.04
13.5							143.1	1.12
14							153.9	1.21
14.5							165.1	1.30
15							176.7	1.39
15.5	±0.50	±0.35	±0.25	≤0.80	≤0.56	≤0.40	188.7	1.48
16							201.1	1.58
17							227.0	1.78
18							254.5	2.00
19							283.5	2.23
20							314.2	2.47
21							346.3	2.72
22							380.1	2.98
23							415.5	3.26
24							452.4	3.55
25							490.9	3.85
26	±0.60	±0.40	±0.30	≤0.96	≤0.64	≤0.48	530.9	4.17
27							572.6	4.49
28							615.7	4.83
29							660.5	5.18
30							706.9	5.55
31							754.8	5.92
32							804.2	6.31
33							855.3	6.71
34							907.9	7.13
35							962.1	7.55
36							1018	7.99
37							1075	8.44
38							1134	8.90
39							1195	9.38
40							1257	9.87
41	±0.80	±0.50	—	≤1.28	≤0.80	—	1320	10.36
42							1385	10.88
43							1452	11.40
44							1521	11.94
45							1590	12.48
46							1662	13.05
47							1735	13.62
48							1810	14.21
49							1886	14.80
50							1964	15.41
51	±1.00	±0.60	—	≤1.60	≤0.96	—	2042	16.03
52							2123	16.66
53							2205	17.31
54							2289	17.97
55							2375	18.64

（续）

公称直径/mm	允许偏差/mm			圆度误差/mm			截面面积/mm²	理论重量/(kg/m)
	A级精度	B级精度	C级精度	A级精度	B级精度	C级精度		
56	±1.00	±0.60	—	≤1.60	≤0.96	—	2462	19.32
57							2550	20.02
58							2641	20.73
59							2733	21.45
60							2826	22.18

注：钢的密度按7.85g/cm³计算。

7.7.2 低碳钢热轧圆盘条

低碳钢热轧圆盘条的力学性能和工艺性能见表7-285。

表7-285 低碳钢热轧圆盘条的力学性能和工艺性能（GB/T 701—2008）

牌号	力学性能		冷弯试验180° d—弯心直径 a—试样直径
	抗拉强度 R_m/MPa ≤	断后伸长率 $A_{11.3}$(%) ≥	
Q195	410	30	$d=0$
Q215	435	28	$d=0$
Q235	500	23	$d=0.5a$
Q275	540	21	$d=1.5a$

7.7.3 冷镦钢热轧盘条

1. 冷镦钢热轧盘条的牌号和化学成分

（1）非热处理型冷镦钢热轧盘条的牌号和化学成分（见表7-286）

表7-286 非热处理型冷镦钢热轧盘条的牌号和化学成分（GB/T 28906—2012）

牌号	化学成分(质量分数,%)					
	C	Si	Mn	P≤	S≤	Alt
ML04Al	≤0.06	≤0.10	0.20~0.40	0.030	0.030	≥0.020
ML06Al	≤0.08	≤0.10	0.30~0.60	0.030	0.030	≥0.020
ML08Al	0.05~0.10	≤0.10	0.30~0.60	0.030	0.030	≥0.020
ML10Al	0.08~0.13	≤0.10	0.30~0.60	0.030	0.030	≥0.020
ML10	0.08~0.13	0.10~0.30	0.30~0.60	0.030	0.030	—
ML12Al	0.10~0.15	≤0.10	0.30~0.60	0.030	0.030	≥0.020
ML12	0.10~0.15	0.10~0.30	0.30~0.60	0.030	0.030	—
ML15Al	0.13~0.18	≤0.10	0.30~0.60	0.030	0.030	≥0.020
ML15	0.13~0.18	0.10~0.30	0.30~0.60	0.030	0.030	—
ML20Al	0.18~0.23	≤0.10	0.30~0.60	0.030	0.030	≥0.020
ML20	0.18~0.23	0.10~0.30	0.30~0.60	0.030	0.030	—

注：1. Alt表示钢中的全铝量。

2. 表中ML10Al~ML20八个牌号也适用于表面硬化型冷镦钢热轧盘条。

（2）表面硬化型冷镦钢热轧盘条的牌号和化学成分（见表7-287）

表 7-287 表面硬化型冷镦钢热轧盘条的牌号和化学成分（GB/T 28906—2012）

牌号	化学成分(质量分数,%)						
	C	Si	Mn	P≤	S≤	Cr	Alt
ML18MnAl	0.15~0.20	≤0.10	0.60~0.90	0.025	0.025	—	≥0.020
ML20MnAl	0.18~0.23	≤0.10	0.70~1.00	0.025	0.025	—	≥0.020
ML15Cr	0.13~0.18	0.10~0.30	0.60~0.90	0.025	0.025	0.90~1.20	≥0.020
ML20Cr	0.18~0.23	0.10~0.30	0.60~0.90	0.025	0.025	0.90~1.20	≥0.020

注：Alt 表示钢中的全铝量。

（3）调质型冷镦钢热轧盘条（包括含硼钢）的牌号和化学成分（见表 7-288 和表 7-289）

表 7-288 调质型冷镦钢热轧盘条的牌号和化学成分（GB/T 28906—2012）

牌号	化学成分(质量分数,%)						
	C	Si	Mn	P≤	S≤	Cr	Mo
ML25	0.23~0.28	0.10~0.25	0.30~0.60	0.025	0.025	—	—
ML30	0.28~0.33	0.10~0.25	0.30~0.60	0.025	0.025	—	—
ML35	0.33~0.38	0.10~0.25	0.30~0.60	0.025	0.025	—	—
ML40	0.38~0.43	0.10~0.25	0.30~0.60	0.025	0.025	—	—
ML45	0.43~0.48	0.10~0.25	0.30~0.60	0.025	0.025	—	—
ML25Mn	0.23~0.28	0.10~0.25	0.60~0.90	0.025	0.025	—	—
ML30Mn	0.28~0.33	0.10~0.25	0.60~0.90	0.025	0.025	—	—
ML35Mn	0.33~0.38	0.10~0.25	0.60~0.90	0.025	0.025	—	—
ML40Mn	0.38~0.43	0.10~0.25	0.60~0.90	0.025	0.025	—	—
ML45Mn	0.43~0.48	0.10~0.25	0.60~0.90	0.025	0.025	—	—
ML30Cr	0.28~0.33	0.10~0.30	0.60~0.90	0.025	0.025	0.90~1.20	—
ML35Cr	0.33~0.38	0.10~0.30	0.60~0.90	0.025	0.025	0.90~1.20	—
ML40Cr	0.38~0.43	0.10~0.30	0.60~0.90	0.025	0.025	0.90~1.20	—
ML45Cr	0.43~0.48	0.10~0.30	0.60~0.90	0.025	0.025	0.90~1.20	—
ML20CrMo	0.18~0.23	0.10~0.30	0.60~0.90	0.025	0.025	0.90~1.20	0.15~0.30
ML25CrMo	0.23~0.28	0.10~0.30	0.60~0.90	0.025	0.025	0.90~1.20	0.15~0.30
ML30CrMo	0.28~0.33	0.10~0.30	0.60~0.90	0.025	0.025	0.90~1.20	0.15~0.30
ML35CrMo	0.33~0.38	0.10~0.30	0.60~0.90	0.025	0.025	0.90~1.20	0.15~0.30
ML40CrMo	0.38~0.43	0.10~0.30	0.60~0.90	0.025	0.025	0.90~1.20	0.15~0.30
ML45CrMo	0.43~0.48	0.10~0.30	0.60~0.90	0.025	0.025	0.90~1.20	0.15~0.30

表 7-289 调质型冷镦钢热轧盘条（含硼钢）的牌号和化学成分（GB/T 28906—2012）

牌号	化学成分(质量分数,%)							
	C	Si	Mn	P≤	S≤	B	Alt	其他
ML20B	0.18~0.23	0.10~0.30	0.60~0.90	0.025	0.025	0.0008~0.0035	≥0.020	—
ML25B	0.23~0.28	0.10~0.30	0.60~0.90	0.025	0.025	0.0008~0.0035	≥0.020	—
ML30B	0.28~0.33	0.10~0.30	0.60~0.90	0.025	0.025	0.0008~0.0035	≥0.020	—
ML35B	0.33~0.38	0.10~0.30	0.60~0.90	0.025	0.025	0.0008~0.0035	≥0.020	—
ML15MnB	0.14~0.20	0.10~0.30	1.20~1.60	0.025	0.025	0.0008~0.0035	≥0.020	—
ML20MnB	0.18~0.23	0.10~0.30	0.80~1.10	0.025	0.025	0.0008~0.0035	≥0.020	—
ML25MnB	0.23~0.28	0.10~0.30	0.90~1.20	0.025	0.025	0.0008~0.0035	≥0.020	—
ML30MnB	0.28~0.33	0.10~0.30	0.90~1.20	0.025	0.025	0.0008~0.0035	≥0.020	—
ML35MnB	0.33~0.38	0.10~0.30	1.10~1.40	0.025	0.025	0.0008~0.0035	≥0.020	—
ML40MnB	0.38~0.43	0.10~0.30	1.10~1.40	0.025	0.025	0.0008~0.0035	≥0.020	—
ML20MnTiB	0.18~0.23	0.10~0.30	1.30~1.60	0.025	0.025	0.0008~0.0035	≥0.020	Ti:0.04~0.10
ML15MnVB	0.13~0.18	0.10~0.30	1.20~1.60	0.025	0.025	0.0008~0.0035	≥0.020	V:0.07~0.12
ML20MnVB	0.18~0.23	0.10~0.30	1.20~1.60	0.025	0.025	0.0008~0.0035	≥0.020	V:0.07~0.12

注：Alt 表示钢中的全铝量。

2. 非热处理型冷镦钢热轧盘条热轧状态的力学性能（见表 7-290）

表 7-290 非热处理型冷镦钢热轧盘条热轧状态的力学性能（GB/T 28906—2012）

牌号	抗拉强度 R_m/MPa ≤	断面收缩率 Z(%) ≥
ML04Al	440	60
ML06Al	460	60
ML08Al	470	60
ML10Al	490	55
ML10	490	55
ML12Al	510	52
ML12	510	52
ML15Al	530	50
ML15	530	50
ML20Al	580	45
ML20	580	45

7.7.4 非调质冷镦钢热轧盘条

1. 非调质冷镦钢热轧盘条的牌号和化学成分（见表 7-291）

表 7-291 非调质冷镦钢热轧盘条的牌号和化学成分（GB/T 29087—2012）

牌号	化学成分（质量分数,%）						
	C	Si	Mn	P	S	Nb	V
MFT8	0.16~0.26	≤0.30	1.20~1.60	≤0.025	≤0.015	≤0.10	≤0.08
MFT9	0.18~0.26	≤0.30	1.25~1.60	≤0.025	≤0.015	≤0.10	≤0.08
MFT10	0.08~0.14	0.20~0.35	1.90~2.30	≤0.025	≤0.015	≤0.20	≤0.10

2. 非调质冷镦钢热轧盘条的力学性能（见表 7-292）

表 7-292 非调质冷镦钢热轧盘条的力学性能（GB/T 29087—2012）

牌号	抗拉强度 R_m/MPa	断后伸长率 A(%)	断面收缩率 Z(%)
MFT8	630~700	≥20	≥52
MFT9	680~750	≥18	≥50
MFT10	≥800	≥16	≥48

7.7.5 一般用途制丝用非合金钢盘条

1. 一般用途制丝用非合金钢盘条的牌号和化学成分（见表 7-293）

表 7-293 一般用途制丝用非合金钢盘条的牌号和化学成分（GB/T 24242.2—2020）

牌号	统一数字代号	化学成分（质量分数,%）									
		C	Si	Mn	P	S	Cr	Ni	Mo	Cu	Alt
					≤						
C4D	U53042	≤0.06	≤0.30	0.30~0.60	0.030	0.030	0.20	0.25	0.05	0.30	0.01
C7D	U53072	0.05~0.09	≤0.30	0.30~0.60	0.030	0.030	0.20	0.25	0.05	0.30	0.01
C9D	U53092	≤0.10	≤0.30	≤0.60	0.030	0.030	0.20	0.25	0.05	0.30	—

（续）

牌号	统一数字代号	化学成分(质量分数,%)									
		C	Si	Mn	P	S	Cr	Ni	Mo	Cu	Alt
					≤						
C10D	U53102	0.08~0.13	≤0.30	0.30~0.60	0.030	0.030	0.20	0.25	0.05	0.30	0.01
C12D	U53112	0.10~0.15	≤0.30	0.30~0.60	0.030	0.030	0.20	0.25	0.05	0.30	0.01
C15D	U53152	0.12~0.17	≤0.30	0.30~0.60	0.030	0.030	0.20	0.25	0.05	0.30	0.01
C18D	U53182	0.15~0.20	≤0.30	0.30~0.60	0.030	0.030	0.20	0.25	0.05	0.30	0.01
C20D	U53202	0.18~0.23	≤0.30	0.30~0.60	0.030	0.030	0.20	0.25	0.05	0.30	0.01
C26D	U53262	0.24~0.29	0.10~0.30	0.50~0.80	0.030	0.025	0.20	0.25	0.05	0.30	0.01
C32D	U53322	0.30~0.35	0.10~0.30	0.50~0.80	0.030	0.025	0.20	0.25	0.05	0.30	0.01
C38D	U53382	0.35~0.40	0.10~0.30	0.50~0.80	0.030	0.025	0.20	0.25	0.05	0.30	0.01
C42D	U53422	0.40~0.45	0.10~0.30	0.50~0.80	0.030	0.025	0.20	0.25	0.05	0.30	0.01
C48D	U53482	0.45~0.50	0.10~0.30	0.50~0.80	0.030	0.025	0.15	0.20	0.05	0.25	0.01
C50D	U53502	0.48~0.53	0.10~0.30	0.50~0.80	0.030	0.025	0.15	0.20	0.05	0.25	0.01
C52D	U53522	0.50~0.55	0.10~0.30	0.50~0.80	0.030	0.025	0.15	0.20	0.05	0.25	0.01
C56D	U53562	0.53~0.58	0.10~0.30	0.50~0.80	0.030	0.025	0.15	0.20	0.05	0.25	0.01
C58D	U53582	0.55~0.60	0.10~0.30	0.50~0.80	0.030	0.025	0.15	0.20	0.05	0.25	0.01
C60D	U53602	0.58~0.63	0.10~0.30	0.50~0.80	0.025	0.025	0.15	0.20	0.05	0.25	0.01
C62D	U53622	0.60~0.65	0.10~0.30	0.50~0.80	0.025	0.025	0.15	0.20	0.05	0.25	0.01
C66D	U53662	0.63~0.68	0.10~0.30	0.50~0.80	0.025	0.025	0.15	0.20	0.05	0.25	0.01
C68D	U53682	0.65~0.70	0.10~0.30	0.50~0.80	0.025	0.025	0.15	0.20	0.05	0.25	0.01
C70D	U53702	0.68~0.73	0.10~0.30	0.50~0.80	0.025	0.025	0.15	0.20	0.05	0.25	0.01
C72D	U53722	0.70~0.75	0.10~0.30	0.50~0.80	0.025	0.025	0.15	0.20	0.05	0.25	0.01
C76D	U53762	0.73~0.78	0.10~0.30	0.50~0.80	0.025	0.025	0.15	0.20	0.05	0.25	0.01
C78D	U53782	0.75~0.80	0.10~0.30	0.50~0.80	0.025	0.025	0.15	0.20	0.05	0.25	0.01
C80D	U53802	0.78~0.83	0.10~0.30	0.50~0.80	0.025	0.025	0.15	0.20	0.05	0.25	0.01
C82D	U53822	0.80~0.85	0.10~0.30	0.50~0.80	0.025	0.025	0.15	0.20	0.05	0.25	0.01
C86D	U53862	0.83~0.88	0.10~0.30	0.50~0.80	0.025	0.025	0.15	0.20	0.05	0.25	0.01
C88D	U53882	0.85~0.90	0.10~0.30	0.50~0.80	0.025	0.025	0.15	0.20	0.05	0.25	0.01
C92D	U53922	0.90~0.95	0.10~0.30	0.50~0.80	0.025	0.025	0.15	0.20	0.05	0.25	0.01

2. 一般用途制丝用非合金钢盘条的抗拉强度波动范围（见表 7-294）

表 7-294 一般用途制丝用非合金钢盘条的抗拉强度波动范围（GB/T 24242.2—2020）

平均碳含量(质量分数,%)	公称直径/mm	抗拉强度波动范围/MPa
≤0.20	≤13	120
	>13	140
>0.20~0.60	≤13	140
	>13	150
>0.60	≤13	150
	>13	160

3. 以抗拉强度命名的一般用途盘条

以抗拉强度命名的一般用途盘条的牌号和抗拉强度见表 7-295。

表 7-295　以抗拉强度命名的一般用途盘条的牌号和抗拉强度（GB/T 24242.2—2020）

牌号	抗拉强度 R_m/MPa	牌号	抗拉强度 R_m/MPa
T700	600~800	T1000	900~1100
T800	700~900	T1100	1000~1200
T900	800~1000	T1200	1100~1300

注：经供需双方协商，可供应中间牌号盘条，其抗拉强度范围是以牌号中命名的抗拉强度值为基数、偏差±100MPa。如可供应 T720 盘条，其抗拉强度要求为720MPa±100MPa。

7.7.6　特殊用途制丝用非合金钢盘条

1. 特殊用途制丝用非合金钢盘条的牌号和化学成分（见表 7-296）

表 7-296　特殊用途制丝用非合金钢盘条的牌号和化学成分（GB/T 24242.4—2020）

牌号	化学成分(质量分数,%)										
	C	Si	Mn	P	S	Cr	Ni	Mo	Cu	Al	N
				≤							
C3D2	≤0.05	≤0.30	0.30~0.50	0.020	0.025	0.10	0.10	0.05	0.15	0.01	0.007
C5D2	≤0.07	≤0.30	0.30~0.50	0.020	0.025	0.10	0.10	0.05	0.15	0.01	0.007
C8D2	0.06~0.10	≤0.30	0.30~0.50	0.020	0.025	0.10	0.10	0.05	0.15	0.01	0.007
C10D2	0.08~0.12	≤0.30	0.30~0.50	0.020	0.025	0.10	0.10	0.05	0.15	0.01	0.007
C12D2	0.10~0.14	≤0.30	0.30~0.50	0.020	0.025	0.10	0.10	0.05	0.15	0.01	0.007
C15D2	0.13~0.17	≤0.30	0.30~0.50	0.020	0.025	0.10	0.10	0.05	0.15	0.01	0.007
C18D2	0.16~0.20	≤0.30	0.30~0.50	0.020	0.025	0.10	0.10	0.05	0.15	0.01	0.007
C20D2	0.18~0.23	≤0.30	0.30~0.50	0.020	0.025	0.10	0.10	0.05	0.15	0.01	0.007
C26D2	0.24~0.29	0.10~0.30	0.50~0.70	0.020	0.025	0.10	0.10	0.03	0.15	0.01	0.007
C32D2	0.30~0.34	0.10~0.30	0.50~0.70	0.020	0.025	0.10	0.10	0.03	0.15	0.01	0.007
C36D2	0.34~0.38	0.10~0.30	0.50~0.70	0.020	0.025	0.10	0.10	0.03	0.15	0.01	0.007
C38D2	0.36~0.40	0.10~0.30	0.50~0.70	0.020	0.025	0.10	0.10	0.03	0.15	0.01	0.007
C40D2	0.38~0.42	0.10~0.30	0.50~0.70	0.020	0.025	0.10	0.10	0.03	0.15	0.01	0.007
C42D2	0.40~0.44	0.10~0.30	0.50~0.70	0.020	0.025	0.10	0.10	0.03	0.15	0.01	0.007
C46D2	0.44~0.48	0.10~0.30	0.50~0.70	0.020	0.025	0.10	0.10	0.03	0.15	0.01	0.007
C48D2	0.46~0.50	0.10~0.30	0.50~0.70	0.020	0.025	0.10	0.10	0.03	0.15	0.01	0.007
C50D2	0.48~0.52	0.10~0.30	0.50~0.70	0.020	0.025	0.10	0.10	0.03	0.15	0.01	0.007
C52D2	0.50~0.54	0.10~0.30	0.50~0.70	0.020	0.025	0.10	0.10	0.03	0.15	0.01	0.007
C56D2	0.54~0.58	0.10~0.30	0.50~0.70	0.020	0.025	0.10	0.10	0.03	0.15	0.01	0.007
C58D2	0.56~0.60	0.10~0.30	0.50~0.70	0.020	0.025	0.10	0.10	0.03	0.15	0.01	0.007
C60D2	0.58~0.62	0.10~0.30	0.50~0.70	0.020	0.025	0.10	0.10	0.03	0.15	0.01	0.007
C62D2	0.60~0.64	0.10~0.30	0.50~0.70	0.020	0.025	0.10	0.10	0.03	0.15	0.01	0.007
C66D2	0.64~0.68	0.10~0.30	0.50~0.70	0.020	0.025	0.10	0.10	0.03	0.15	0.01	0.007
C68D2	0.66~0.70	0.10~0.30	0.50~0.70	0.020	0.025	0.10	0.10	0.03	0.15	0.01	0.007
C70D2	0.68~0.72	0.10~0.30	0.50~0.70	0.020	0.025	0.10	0.10	0.03	0.15	0.01	0.007
C72D2	0.70~0.74	0.10~0.30	0.50~0.70	0.020	0.025	0.10	0.10	0.03	0.15	0.01	0.007
C76D2	0.74~0.78	0.10~0.30	0.50~0.70	0.020	0.025	0.10	0.10	0.03	0.15	0.01	0.007

（续）

牌号	化学成分(质量分数,%)										
	C	Si	Mn	P	S	Cr	Ni	Mo	Cu	Al	N
				≤							
C78D2	0.76~0.80	0.10~0.30	0.50~0.70	0.020	0.025	0.10	0.10	0.03	0.15	0.01	0.007
C80D2	0.78~0.82	0.10~0.30	0.50~0.70	0.020	0.025	0.10	0.10	0.03	0.15	0.01	0.007
C82D2	0.80~0.84	0.10~0.30	0.50~0.70	0.020	0.025	0.10	0.10	0.03	0.15	0.01	0.007
C86D2	0.84~0.88	0.10~0.30	0.50~0.70	0.020	0.025	0.10	0.10	0.03	0.15	0.01	0.007
C88D2	0.86~0.90	0.10~0.30	0.50~0.70	0.020	0.025	0.10	0.10	0.03	0.15	0.01	0.007
C92D2	0.90~0.95	0.10~0.30	0.50~0.70	0.020	0.025	0.10	0.10	0.03	0.15	0.01	0.007
C98D2	0.96~1.00	0.10~0.30	0.50~0.70	0.020	0.025	0.10	0.10	0.03	0.15	0.01	0.007

2. 特殊用途制丝用非合金钢盘条的抗拉强度波动范围（见表 7-297）

表 7-297 特殊用途制丝用非合金钢盘条的抗拉强度波动范围（GB/T 24242.4—2020）

平均碳含量(质量分数,%)	公称直径/mm	抗拉强度波动范围/MPa
≤0.20	≤13	100
	>13	120
>0.20~0.60	≤13	120
	>13	140
>0.60	≤13	140
	>13	150

3. 以抗拉强度命名的特殊用途盘条

以抗拉强度命名的特殊用途盘条的牌号和抗拉强度见表 7-298。

表 7-298 以抗拉强度命名的特殊用途盘条的牌号和抗拉强度（GB/T 24242.4—2020）

牌号	抗拉强度 R_m/MPa	牌号	抗拉强度 R_m/MPa
T750S	700~800	T1050S	1000~1100
T850S	800~900	T1150S	1100~1200
T950S	900~1000	T1250S	1200~1300

注：经供需双方协商，可供应中间牌号盘条，其抗拉强度范围是以此牌号中命名的抗拉强度值为基数、偏差±50MPa。如可供应 T800S 盘条，其抗拉强度要求为 800MPa±50MPa。

7.7.7 淬火-回火弹簧钢丝用热轧盘条

淬火-回火弹簧钢丝用热轧盘条的力学性能见表 7-299。

表 7-299 淬火-回火弹簧钢丝用热轧盘条的力学性能（参考值）（GB/T 33954—2017）

牌号	抗拉强度 R_m/MPa	断面收缩率 Z(%)
65Mn	900~1130	≥30
55SiCr	930~1160	
55SiCrV	960~190	
60Si2Mn	930~160	
其余牌号	协议	协议

7.7.8 焊接用钢盘条

焊接用钢盘条的牌号和化学成分见表 7-300。

表 7-300　焊接用钢盘条的牌号和化学成分（GB/T 3429—2015）

牌号	化学成分(质量分数,%)										
	C	Si	Mn	Cr	Ni	Mo	Cu	其他元素	P	S	其他残余元素总量[①]
									≤		
H04E	≤0.04	≤0.10	0.30~0.60	—	—	—	—	—	0.015	0.010	—
H08A[②]	≤0.10	≤0.03	0.40~0.65	≤0.20	≤0.30	—	≤0.20	—	0.030	0.030	—
H08E[②]							≤0.20	—	0.020	0.020	—
H08C[②]				≤0.10	≤0.10	—	≤0.10	—	0.015	0.015	—
H15	0.11~0.18	≤0.03	0.35~0.65	≤0.20	≤0.30	—	≤0.20	—	0.030	0.030	—
H08Mn	≤0.10	≤0.07	0.80~1.10	≤0.20	≤0.30	—	≤0.20	—	0.030	0.030	—
H10Mn	0.05~0.15	0.10~0.35	0.80~1.25	≤0.15	≤0.15	≤0.15	≤0.20	—	0.025	0.025	0.50
H10Mn2	≤0.12	≤0.07	1.50~1.90	≤0.20	≤0.30	—	≤0.20	—	0.030	0.030	—
H11Mn	≤0.15	≤0.15	0.20~0.90	≤0.15	≤0.15	≤0.15	≤0.20	—	0.025	0.025	0.50
H12Mn	≤0.15	≤0.15	0.80~1.40	≤0.15	≤0.15	≤0.15	≤0.20	—	0.025	0.025	0.50
H13Mn2	≤0.17	≤0.05	1.80~2.20	≤0.20	≤0.30	—	—	—	0.030	0.030	—
H15Mn	0.11~0.18	≤0.03	0.80~1.10	≤0.20	≤0.30	—	≤0.20	—	0.030	0.030	—
H15Mn2	0.10~0.20	≤0.15	1.60~2.30	≤0.15	≤0.15	≤0.15	≤0.20	—	0.025	0.025	—
H08MnSi	≤0.11	0.40~0.70	1.20~1.50	≤0.20	≤0.30	—	≤0.20	—	0.030	0.030	—
H08Mn2Si	≤0.11	0.65~0.95	1.80~2.10	≤0.20	≤0.30	—	≤0.20	—	0.030	0.030	—
H09MnSi	0.06~0.15	0.45~0.75	0.90~1.40	≤0.15	≤0.15	≤0.15	≤0.20	V≤0.03	0.025	0.025	—
H09Mn2Si	0.02~0.15	0.50~1.10	1.60~2.40	—	—	—	≤0.20	Ti+Zr:0.02~0.30	0.030	0.030	—
H10MnSi	≤0.14	0.60~0.90	0.80~1.10	≤0.20	≤0.30	—	≤0.20	—	0.030	0.030	—
H11MnSi	0.06~0.15	0.65~0.85	1.00~1.50	≤0.15	≤0.15	≤0.15	≤0.20	V≤0.03	0.025	0.025	—
H11Mn2Si	0.06~0.15	0.80~1.15	1.40~1.85	≤0.15	≤0.15	≤0.15	≤0.20	V≤0.03	0.025	0.025	—
H10MnNi3	≤0.13	0.05~0.30	0.60~1.20	≤0.15	3.10~3.80	—	≤0.20	—	0.020	0.020	0.50
H10Mn2Ni	≤0.12	≤0.30	1.40~2.00	≤0.20	0.10~0.50	—	≤0.20	—	0.025	0.025	—
H11MnNi	≤0.15	≤0.30	0.75~1.40	≤0.20	0.75~1.25	≤0.15	≤0.20	—	0.020	0.020	0.50
H08MnMo	≤0.10	≤0.25	1.20~1.60	≤0.20	≤0.30	0.30~0.50	≤0.20	Ti:0.05~0.15	0.030	0.030	—
H08Mn2Mo	0.06~0.11	≤0.25	1.60~1.90	≤0.20	≤0.30	0.50~0.70	≤0.20	Ti:0.05~0.15	0.030	0.030	—
H08Mn2MoV	0.06~0.11	≤0.25	1.60~1.90	≤0.20	≤0.30	0.50~0.70	≤0.20	V:0.06~0.12, Ti:0.05~0.15	0.030	0.030	—
H10MnMo	0.05~0.15	≤0.20	1.20~1.70	—	—	0.45~0.65	≤0.20	—	0.025	0.025	0.50
H10Mn2Mo	0.08~0.13	≤0.40	1.70~2.00	≤0.20	≤0.30	0.60~0.80	≤0.20	Ti:0.05~0.15	0.030	0.030	—

H10Mn2MoV	0.08~0.13	≤0.40	1.70~2.00	≤0.20	≤0.30	0.60~0.80	≤0.20	V:0.06~0.12, Ti:0.05~0.15	0.030	0.030	—
H11MnMo	0.05~0.17	≤0.20	0.95~1.35	—	—	0.45~0.65	≤0.20	—	0.025	0.025	0.50
H11Mn2Mo	0.05~0.17	≤0.20	1.65~2.20	—	—	0.45~0.65	≤0.20	—	0.025	0.025	0.50
H08CrMo	≤0.10	0.15~0.35	0.40~0.70	0.80~1.10	≤0.30	0.40~0.60	≤0.20	—	0.030	0.030	—
H08CrMoV	≤0.10	0.15~0.35	0.40~0.70	1.00~1.30	≤0.30	0.50~0.70	≤0.20	V:0.15~0.35	0.030	0.030	—
H10CrMo	≤0.12	0.15~0.35	0.40~0.70	0.45~0.65	≤0.30	0.40~0.60	≤0.20	—	0.030	0.030	—
H10Cr3Mo	0.05~0.15	0.05~0.30	0.40~0.80	2.25~3.00	—	0.90~1.10	≤0.20	Al≤0.10	0.025	0.025	0.50
H11CrMo	0.07~0.15	0.05~0.30	0.45~1.00	1.00~1.75	—	0.45~0.65	≤0.20	Al≤0.10	0.025	0.025	0.50
H13CrMo	0.11~0.16	0.15~0.35	0.40~0.70	0.80~1.10	≤0.30	0.40~0.60	≤0.20	—	0.030	0.030	—
H18CrMo	0.15~0.22	0.15~0.35	0.40~0.70	0.80~1.10	≤0.30	0.15~0.25	≤0.20	—	0.025	0.030	—
H08MnCr5Mo	≤0.10	≤0.50	0.40~0.70	4.50~6.00	≤0.60	0.45~0.65	≤0.20	—	0.025	0.025	0.050
H08MnCr9Mo	≤0.10	≤0.50	0.40~0.70	8.00~10.50	≤0.50	0.80~1.20	≤0.20	—	0.025	0.025	0.050
H10MnCr9MoV	0.07~0.13	0.15~0.50	≤1.20	8.00~10.50	≤0.80	0.85~1.20	≤0.20	V:0.15~0.30 Al≤0.04	0.010	0.010	0.050
H05Mn2Ni2Mo	≤0.08	0.20~0.55	1.25~1.80	≤0.30	1.40~2.10	0.25~0.55	≤0.20	V≤0.05,Ti≤0.10, Zr≤0.10,Al≤0.10	0.010	0.010	0.50
H08Mn2Ni2Mo	≤0.09	0.20~0.55	1.40~1.80	≤0.50	1.90~2.60	0.25~0.55	≤0.20	V≤0.04,Ti≤0.10, Zr≤0.10,Al≤0.10	0.010	0.010	0.50
H08Mn2Ni3Mo	≤0.10	0.20~0.60	1.40~1.80	≤0.60	2.00~2.80	0.30~0.65	≤0.20	V≤0.03,Ti≤0.10, Zr≤0.10,Al≤0.10	0.010	0.010	0.50
H10MnNiMo	≤0.12	0.05~0.30	1.20~1.60	—	0.75~1.20	0.10~0.30	≤0.20	—	0.020	0.020	0.50
H11MnNiMo	0.07~0.15	0.15~0.35	0.90~1.70	—	0.95~1.60	0.25~0.55	≤0.20	—	0.025	0.025	0.50
H13Mn2NiMo	0.10~0.18	0.20	1.70~2.40	≤0.20	0.40~0.80	0.40~0.65	≤0.20	—	0.025	0.025	0.50
H14Mn2NiMo	0.10~0.18	0.30	1.50~2.40	—	0.70~1.10	0.40~0.65	≤0.20	—	0.025	0.025	0.50
H15MnNi2Mo	0.12~0.19	0.10~0.30	0.60~1.00	≤0.20	1.60~2.10	0.10~0.30	≤0.20	—	0.020	0.015	0.50
H10MnSiNi	≤0.12	0.40~0.80	≤1.25	≤0.15	0.80~1.10	≤0.35	≤0.20	V≤0.05	0.025	0.025	0.50
H10MnSiNi2	≤0.12	0.40~0.80	≤1.25	—	2.00~2.75	—	≤0.20	—	0.025	0.025	0.50
H10MnSiNi3	≤0.12	0.40~0.80	≤1.25	—	3.00~3.75	—	≤0.20	—	0.025	0.025	0.50
H09MnSiMo	≤0.12	0.30~0.70	≤1.30	—	≤0.20	0.40~0.65	≤0.20	—	0.025	0.025	0.50
H10MnSiMo	≤0.14	0.70~1.10	0.90~1.20	≤0.20	≤0.30	0.15~0.25	≤0.20	—	0.030	0.030	—
H10MnSiMoTi	0.08~0.12	0.40~0.70	1.00~1.30	≤0.20	≤0.30	0.20~0.40	≤0.20	Ti:0.05~0.15	0.030	0.025	—
H10Mn2SiMo	0.07~0.12	0.50~0.80	1.60~2.10	—	≤0.15	0.40~0.60	≤0.20	—	0.025	0.025	—
H10Mn2SiMoTi	≤0.12	0.40~0.80	1.20~1.90	—	—	0.20~0.50	≤0.20	Ti:0.05~0.20	0.025	0.025	—
H10Mn2SiNiMoTi	0.05~0.15	0.30~0.90	1.00~1.80	—	0.70~1.20	0.20~0.60	≤0.20	Ti:0.02~0.30	0.025	0.025	0.50

（续）

牌号	化学成分(质量分数,%)										
	C	Si	Mn	Cr	Ni	Mo	Cu	其他元素	P	S	其他残余元素总量[①]
									≤		
H08MnSiTi	0.02~0.15	0.55~1.10	1.40~1.90	—	—	≤0.15	—	Ti+Zr:0.02~0.30	0.030	0.030	0.50
H13MnSiTi	0.06~0.19	0.35~0.75	0.90~1.40	≤0.15	≤0.15	≤0.15	≤0.20	Ti:0.03~0.17	0.025	0.025	0.50
H05SiCrMo	≤0.05	0.40~0.70	0.40~0.70	1.20~1.50	≤0.20	0.40~0.65	≤0.20	—	0.025	0.025	0.50
H05SiCr2Mo	≤0.05	0.40~0.70	0.40~0.70	2.30~2.70	≤0.20	0.90~1.20	≤0.20	—	0.025	0.025	0.50
H10SiCrMo	0.07~0.12	0.40~0.70	0.40~0.70	1.20~1.50	≤0.20	0.40~0.65	≤0.20	—	0.025	0.025	0.50
H10SiCr2Mo	0.07~0.12	0.40~0.70	0.40~0.70	2.30~2.70	≤0.20	0.90~1.20	≤0.20	—	0.025	0.025	0.50
H08MnSiCrMo	0.06~0.10	0.60~0.90	1.20~1.70	0.90~1.20	≤0.25	0.45~0.65	≤0.20	—	0.030	0.025	0.50
H08MnSiCrMoV	0.06~0.10	0.60~0.90	1.20~1.60	1.00~1.30	≤0.25	0.50~0.70	≤0.20	V:0.20~0.40	0.030	0.025	0.50
H10MnSiCrMo	≤0.12	0.30~0.90	0.80~1.50	1.00~1.60	—	0.40~0.65	≤0.20	—	0.025	0.025	0.50
H10MnMoTiB	0.05~0.15	≤0.35	0.65~1.00	≤0.15	≤0.15	0.45~0.65	≤0.20	Ti:0.05~0.30, B:0.005%~0.030%	0.025	0.025	0.50
H11MnMoTiB	0.05~0.17	≤0.35	0.95~1.35	≤0.15	≤0.15	0.45~0.65	≤0.20	Ti:0.05~0.30, B:0.005%~0.030%	0.025	0.025	0.50
H10MnCr9NiMoV	0.07~0.13	≤0.50	≤1.25	8.50~10.50	≤1.00	0.85~1.15	≤0.10	V:0.15~0.25, Al≤0.04, Nb:0.02%~0.10%, N:0.03%~0.07%	0.010	0.010	—
H13Mn2CrNi3Mo	0.10~0.17	≤0.20	1.70~2.20	0.25~0.50	2.30~2.80	0.45~0.65	≤0.20	—	0.010	0.015	0.50
H15Mn2Ni2CrMo	0.10~0.20	0.10~0.30	1.40~1.60	0.50~0.80	2.00~2.50	0.35~0.55	≤0.30	—	0.020	0.020	—
H20MnCrNiMo	0.16~0.23	0.15~0.35	0.60~0.90	0.40~0.60	0.40~0.80	0.15~0.30	≤0.20	—	0.025	0.030	0.50
H08MnCrNiCu	≤0.10	≤0.60	1.20~1.60	0.30~0.90	0.20~0.60	—	0.20~0.50	—	0.025	0.020	0.50
H10MnCrNiCu	≤0.12	0.20~0.35	0.35~0.65	0.50~0.80	0.40~0.80	≤0.15	0.30~0.80	—	—	—	—
H10Mn2NiMoCu	≤0.12	0.20~0.60	1.25~1.80	≤0.30	0.80~1.25	0.20~0.55	0.35~0.65	V≤0.05,Ti≤0.10, Zr≤0.10,Al≤0.10	0.010	0.010	0.50
H05MnSiTiZrAl	≤0.07	0.40~0.70	0.90~1.40	≤0.15	≤0.15	≤0.15	≤0.20	V≤0.03, Ti:0.05~0.15, Zr:0.02~0.12, Al:0.05~0.15	0.025	0.025	0.50
H08CrNi2Mo	0.05~0.10	0.10~0.30	0.50~0.85	0.70~1.00	1.40~1.80	0.20~0.40	≤0.20	—	0.030	0.025	—
H30CrMnSi	0.25~0.35	0.90~1.20	0.80~1.10	0.80~1.10	≤0.30	—	≤0.20	—	0.025	0.025	—

① 表中所列其他残余元素（除 Fe 外）总的质量分数不大于 0.50%，如供方能保证可不做分析。

② 根据供需双方协议，H08 非沸腾钢允许硅的质量分数不大于 0.07%。

7.8 钢丝

7.8.1 圆钢丝、方钢丝和六角钢丝

1. 冷拉圆钢丝、方钢丝和六角钢丝的公称尺寸、截面面积及理论重量（见表7-301）

表7-301　冷拉圆钢丝、方钢丝和六角钢丝的公称尺寸、截面面积及理论重量（GB/T 342—2017）

公称尺寸①/mm	圆形		方形		六角形	
	截面面积/mm^2	理论重量②/(kg/1000m)	截面面积/mm^2	理论重量②/(kg/1000m)	截面面积/mm^2	理论重量②/(kg/1000m)
0.050	0.0020	0.016	—	—	—	—
0.053	0.0024	0.019	—	—	—	—
0.063	0.0031	0.024	—	—	—	—
0.070	0.0038	0.030	—	—	—	—
0.080	0.0050	0.039	—	—	—	—
0.090	0.0064	0.050	—	—	—	—
0.10	0.0079	0.062	—	—	—	—
0.11	0.0095	0.075	—	—	—	—
0.12	0.0113	0.089	—	—	—	—
0.14	0.0154	0.121	—	—	—	—
0.16	0.0201	0.158	—	—	—	—
0.18	0.0254	0.199	—	—	—	—
0.20	0.0314	0.246	—	—	—	—
0.22	0.0380	0.298	—	—	—	—
0.25	0.0491	0.385	—	—	—	—
0.28	0.0616	0.484	—	—	—	—
0.32	0.0804	0.631	—	—	—	—
0.35	0.096	0.754	—	—	—	—
0.40	0.126	0.989	—	—	—	—
0.45	0.159	1.248	—	—	—	—
0.50	0.196	1.539	0.250	1.962	—	—
0.55	0.238	1.868	0.302	2.371	—	—
0.63	0.312	2.447	0.397	3.116	—	—
0.70	0.385	3.021	0.490	3.846	—	—
0.80	0.503	3.948	0.640	5.024	—	—
0.90	0.636	4.993	0.810	6.358	—	—
1.00	0.785	6.162	1.000	7.850	—	—
1.12	0.985	7.733	1.254	9.847	—	—
1.25	1.227	9.633	1.563	12.27	—	—
1.40	1.539	12.08	1.960	15.39	—	—
1.60	2.011	15.79	2.560	20.10	2.217	17.40
1.80	2.545	19.98	3.240	25.43	2.806	22.03
2.00	3.142	24.66	4.000	31.40	3.464	27.20
2.24	3.941	30.94	5.018	39.39	4.345	34.11
2.50	4.909	38.54	6.250	49.06	5.413	42.49
2.80	6.158	48.34	7.840	61.54	6.790	53.30
3.15	7.793	61.18	9.923	77.89	8.593	67.46
3.55	9.898	77.70	12.60	98.93	10.91	85.68

（续）

公称尺寸①/mm	圆形		方形		六角形	
	截面面积/mm^2	理论重量②/(kg/1000m)	截面面积/mm^2	理论重量②/(kg/1000m)	截面面积/mm^2	理论重量②/(kg/1000m)
4.00	12.57	98.67	16.00	125.6	13.86	108.8
4.50	15.90	124.8	20.25	159.0	17.54	137.7
5.00	19.64	154.2	15.00	196.2	21.65	170.0
5.60	24.63	193.3	31.36	246.2	27.16	212.2
6.30	31.17	244.7	39.69	311.6	34.38	269.9
7.10	39.59	310.8	50.41	395.7	43.66	342.7
8.00	50.27	394.6	64.00	502.4	55.43	435.1
9.00	63.62	499.4	81.00	635.8	70.15	550.7
10.0	78.54	616.5	100.00	785.0	86.61	679.9
11.0	95.03	746.0	—	—	—	—
12.0	113.1	887.8	—	—	—	—
14.0	153.9	1208.1	—	—	—	—
16.0	201.1	1578.6	—	—	—	—
18.0	254.5	1997.8	—	—	—	—
20.0	314.2	2466.5	—	—	—	—

① 表内公称尺寸一栏，对于圆钢丝表示直径，对于方钢丝表示边长，对于六角钢丝表示对边距离。公称尺寸系列采用 GB/T 321—2005 中的 R20 优先数系。

② 表中的理论重量按密度为 7.85g/cm^3 计算，圆周率 π 取标准值。对特殊合金钢丝，在计算理论重量时应采用相应牌号的密度。

2. 冷拉和退火状态六角钢丝的力学性能（见表 7-302）

表 7-302　冷拉和退火状态六角钢丝的力学性能（YB/T 5186—2006）

牌号	冷拉状态		退火状态
	抗拉强度 R_m/MPa	断后伸长率 A(%)	抗拉强度 R_m/MPa
	≥		≤
10、15、20	440	7.5	540
25、30、35	540	7.0	635
40、45、50	610	6.0	735
Y12	660	7.0	—
20Cr、30Cr、35Cr、40Cr	440	—	715
30CrMnSiA	540	—	795

3. 油淬火-回火状态六角钢丝的力学性能（见表 7-303）

表 7-303　油淬火-回火状态六角钢丝的力学性能（YB/T 5186—2006）

六角钢丝对边距离 h/mm	抗拉强度 R_m/MPa			断面收缩率 Z(%)
	65Mn	60Si2Mn	55CrSi	≥
1.6~3.0	1620~1890	1750~2000	1950~2250	40
>3.0~6.0	1460~1750	1650~1890	1780~2080	40
>6.0~10.0	1360~1590	1600~1790	1660~1910	30
>10.0	1250~1470	1540~1730	1580~1810	30

7.8.2　一般用途低碳钢丝

一般用途低碳钢丝选用 GB/T 701 低碳钢热轧圆盘条（Q195、Q215、Q235、Q275）或其他低碳钢盘条制造。其力学性能见表 7-304。

表 7-304 一般用途低碳钢丝的力学性能（YB/T 5294—2009）

<table>
<tr><th rowspan="3">公称直径/mm</th><th colspan="5">抗拉强度 R_m/MPa</th><th colspan="2">弯曲(180°)次数/次</th><th colspan="2">断后伸长率 A_{100mm}(%)</th></tr>
<tr><th colspan="3">冷拉钢丝</th><th rowspan="2">退火钢丝</th><th rowspan="2">镀锌钢丝①</th><th colspan="2">冷拉钢丝</th><th rowspan="2">冷拉建筑用钢丝</th><th rowspan="2">镀锌钢丝</th></tr>
<tr><th>普通用</th><th>制钉用</th><th>建筑用</th><th>普通用</th><th>建筑用</th></tr>
<tr><td>≤0.30</td><td>≤980</td><td>—</td><td>—</td><td rowspan="9">295~540</td><td rowspan="9">295~540</td><td rowspan="2">—②</td><td>—</td><td>—</td><td rowspan="2">≥10</td></tr>
<tr><td>>0.30~0.80</td><td>≤980</td><td>—</td><td>—</td><td>—</td><td>—</td></tr>
<tr><td>>0.80~1.20</td><td>≤980</td><td>880~1320</td><td>—</td><td rowspan="3">≥6</td><td>—</td><td>—</td><td rowspan="7">≥12</td></tr>
<tr><td>>1.20~1.80</td><td>≤1060</td><td>785~1220</td><td>—</td><td>—</td><td>—</td></tr>
<tr><td>>1.80~2.50</td><td>≤1010</td><td>735~1170</td><td>—</td><td>—</td><td>—</td></tr>
<tr><td>>2.50~3.50</td><td>≤960</td><td>685~1120</td><td>≥550</td><td rowspan="3">≥4</td><td rowspan="3">≥4</td><td rowspan="3">≥2</td></tr>
<tr><td>>3.50~5.00</td><td>≤890</td><td>590~1030</td><td>≥550</td></tr>
<tr><td>>5.00~6.00</td><td>≤790</td><td>540~930</td><td>≥550</td></tr>
<tr><td>>6.00</td><td>≤690</td><td>—</td><td>—</td><td>—</td><td>—</td><td>—</td></tr>
</table>

① 对于先镀后拉的镀锌钢丝的力学性能按冷拉钢丝的力学性能执行。

② 特殊需要时，由供需双方协商确定。

7.8.3 优质碳素结构钢丝

1. 软状态优质碳素结构钢丝的力学性能（见表 7-305）

表 7-305 软状态优质碳素结构钢丝的力学性能（YB/T 5303—2010）

牌号	抗拉强度 R_m/MPa	断后伸长率 A(%) ≥	断面收缩率 Z(%) ≥
10	450~700	8	50
15	500~750	8	45
20	500~750	7.5	40
25	550~800	7	40
30	550~800	7	35
35	600~850	6.5	35
40	600~850	6	35
45	650~900	6	30
50	650~900	6	30

2. 硬状态优质碳素结构钢丝的抗拉强度和弯曲性能（见表 7-306）

表 7-306 硬状态优质碳素结构钢丝的抗拉强度和弯曲性能（YB/T 5303—2010）

钢丝公称直径/mm	抗拉强度 R_m/MPa ≥					反复弯曲次数/次 ≥				
	牌号					牌号				
	08、10	15、20	25、30、35	40、45、50	55、60	08、10	15、20	25、30、35	40、45、50	55、60
0.3~0.8	750	800	1000	1100	1200	—	—	—	—	—
>0.8~1.0	700	750	900	1000	1100	6	6	6	5	5
>1.0~3.0	650	700	800	900	1000	6	6	5	4	4
>3.0~6.0	600	650	700	800	900	5	5	5	4	4
>6.0~10.0	550	600	650	750	800	5	4	3	2	2

7.8.4 合金结构钢丝

合金结构钢丝的牌号和化学成分应符合 GB/T 3077 的规定。其力学性能见表 7-307。

表 7-307 合金结构钢丝的力学性能（YB/T 5301—2010）

交货状态	公称尺寸<5.00mm	公称尺寸≥5.00mm
	抗拉强度 R_m/MPa	硬度 HBW
冷拉	≤1080	≤302
退火	≤930	≤296

7.8.5 高碳铬轴承钢丝

高碳铬轴承钢丝的牌号、状态和力学性能见表 7-308。

表 7-308 高碳铬轴承钢丝的牌号、状态和力学性能（GB/T 18579—2019）

牌号	交货状态	抗拉强度 R_m/MPa	硬度 HBW
GCr15 G8Cr15	退火(A)	590~760	179~217
	轻拉(WLCD)、磷化轻拉(STP+WLCD)	≤850	≤229
	冷拉(WCD)、磷化冷拉(STP+WCD)	≤1200	≤300

注：公称直径不大于 10mm 的钢丝检验抗拉强度，公称直径大于 10mm 的钢丝检验布氏硬度。

7.8.6 冷拉碳素弹簧钢丝

1. 冷拉碳素弹簧钢丝的等级和化学成分（见表 7-309）

表 7-309 冷拉碳素弹簧钢丝的等级和化学成分（GB/T 4357—2022）

等级		抗拉强度水平	化学成分(质量分数,%)					
			C	Si	Mn	P ≤	S ≤	Cu ≤
S级	SL	低抗拉强度	0.35~1.00	0.10~0.37	0.30~1.20	0.030	0.030	0.20
	SM	中等抗拉强度						
	SH	高抗拉强度						
D级	DM	中等抗拉强度	0.45~1.00	0.10~0.37	0.30~1.20	0.020	0.025	0.12
	DH	高抗拉强度						

2. 冷拉碳素弹簧钢丝的力学性能（见表 7-310）

表 7-310 冷拉碳素弹簧钢丝的力学性能（GB/T 4357—2022）

钢丝公称直径/mm	抗拉强度/MPa					所有级别的最小断面收缩率(%)	所有级别的最小扭转次数/次	DM、DH级的最大允许缺陷深度/mm	DM、DH级的最大允许脱碳深度/mm
	SL级	SM级	DM级	SH级	DH级				
0.05	—	—	—	—	2800~3520	—	做卷簧试验	①	①
0.06					2800~3520				
0.07					2800~3520				
0.08			2780~3100		2800~3480				
0.09			2740~3060		2800~3430				
0.10			2710~3020		2800~3380				
0.11			2690~3000		2800~3350				
0.12			2660~2960		2800~3320				
0.14			2620~2910		2800~3250				
0.16			2570~2860		2800~3200				
0.18			2530~2820		2800~3160				
0.20			2500~2790		2800~3110				
0.22			2470~2760		2770~3080				

（续）

钢丝公称直径/mm	抗拉强度/MPa					所有级别的最小断面收缩率（%）	所有级别的最小扭转次数/次	DM、DH级的最大允许缺陷深度/mm	DM、DH级的最大允许脱碳深度/mm
	SL级	SM级	DM级	SH级	DH级				
0.25		—	2420～2710	—	2720～3010				
0.28			2390～2670		2680～2970				
0.30		2370～2650	2370～2650	2660～2940	2660～2940				
0.32		2350～2630	2350～2630	2640～2920	2640～2920				
0.34		2330～2600	2330～2600	2610～2890	2610～2890				
0.36		2310～2580	2310～2580	2590～2890	2590～2890				
0.38		2290～2560	2290～2560	2570～2850	2570～2850				
0.40		2270～2550	2270～2550	2560～2830	2560～2830				
0.43		2250～2520	2250～2520	2530～2800	2530～2800	—	做卷簧试验	①	①
0.45		2240～2500	2240～2500	2510～2780	2510～2780				
0.48		2220～2480	2220～2480	2490～2760	2490～2760				
0.50	—	2200～2470	2200～2470	2480～2740	2480～2740				
0.53		2180～2450	2180～2450	2460～2720	2460～2720				
0.56		2170～2430	2170～2430	2440～2700	2440～2700				
0.60		2140～2400	2140～2400	2410～2670	2410～2670				
0.63		2130～2380	2130～2380	2390～2650	2390～2650				
0.65		2120～2370	2120～2370	2380～2640	2380～2640				
0.70		2090～2350	2090～2350	2360～2610	2360～2610	—		—	—
0.80		2050～2300	2050～2300	2310～2560	2310～2560				
0.85		2030～2280	2030～2280	2290～2530	2290～2530				
0.90		2010～2260	2010～2260	2270～2510	2270～2510		50		
0.95		2000～2240	2000～2240	2250～2490	2250～2490				
1.00	1720～1970	1980～2220	1980～2220	2230～2470	2230～2470				
1.05	1710～1950	1960～2220	1960～2220	2210～2450	2210～2450				
1.10	1690～1940	1950～2190	1950～2190	2200～2430	2200～2430				
1.20	1670～1910	1920～2160	1920～2160	2170～2400	2170～2400				
1.25	1660～1900	1910～2130	1910～2130	2140～2380	2140～2380				
1.30	1640～1890	1900～2130	1900～2130	2140～2370	2140～2370				
1.40	1620～1860	1870～2100	1870～2100	2110～2340	2110～2340		25		
1.50	1600～1840	1850～2080	1850～2080	2090～2310	2090～2310				
1.60	1590～1820	1830～2050	1830～2050	2060～2290	2060～2290				
1.70	1570～1800	1810～2030	1810～2030	2040～2260	2040～2260	40		不超过线径的1%	不超过线径的1.5%
1.80	1550～1780	1790～2010	1790～2010	2020～2240	2020～2240				
1.90	1540～1760	1770～1990	1770～1990	2000～2220	2000～2220				
2.00	1520～1750	1760～1970	1760～1970	1980～2200	1980～2200				
2.10	1510～1730	1740～1960	1740～1960	1970～2180	1970～2180				
2.25	1490～1710	1720～1930	1720～1930	1940～2150	1940～2150				
2.40	1470～1690	1700～1910	1700～1910	1920～2130	1920～2130				
2.50	1460～1680	1690～1890	1690～1890	1900～2110	1900～2110				
2.60	1450～1660	1670～1880	1670～1880	1890～2100	1890～2100		22		
2.80	1420～1640	1650～1850	1650～1850	1860～2070	1860～2070				
3.00	1410～1620	1630～1830	1630～1830	1840～2040	1840～2040				
3.20	1390～1600	1610～1810	1610～1810	1820～2020	1820～2020				
3.40	1370～1580	1590～1780	1590～1780	1790～1990	1790～1990				
3.50	1360～1570	1580～1770	1580～1770	1780～1980	1780～1980		20		
3.60	1350～1560	1570～1760	1570～1760	1770～1970	1770～1970				

（续）

钢丝公称直径/mm	抗拉强度/MPa					所有级别的最小断面收缩率（%）	所有级别的最小扭转次数/次	DM、DH级的最大允许缺陷深度/mm	DM、DH级的最大允许脱碳深度/mm
	SL级	SM级	DM级	SH级	DH级				
3.80	1340~1540	1550~1740	1550~1740	1750~1950	1750~1950	40	20	不超过线径的1%	不超过线径的1.5%
4.00	1320~1520	1530~1730	1530~1730	1740~1930	1740~1930	35	18		
4.25	1310~1500	1510~1700	1510~1700	1710~1900	1710~1900				
4.50	1290~1490	1500~1680	1500~1680	1690~1880	1690~1880				
4.75	1270~1470	1480~1670	1480~1670	1680~1840	1680~1840				
5.00	1260~1450	1460~1650	1460~1650	1660~1830	1660~1830		9		
5.30	1240~1430	1440~1630	1440~1630	1640~1820	1640~1820				
5.60	1230~1420	1430~1610	1430~1610	1620~1800	1620~1800				
6.00	1210~1390	1400~1580	1400~1580	1590~1770	1590~1770				
6.30	1190~1380	1390~1560	1390~1560	1570~1750	1570~1750		9②		
6.50	1180~1370	1380~1550	1380~1550	1560~1740	1560~1740				
7.00	1160~1340	1350~1530	1350~1530	1540~1710	1540~1710				
7.50	1140~1320	1330~1500	1330~1500	1510~1680	1510~1680	30	—		
8.00	1120~1300	1310~1480	1310~1480	1490~1660	1490~1660				
8.50	1110~1280	1290~1460	1290~1460	1470~1630	1470~1630				
9.00	1090~1260	1270~1440	1270~1440	1450~1610	1450~1610				
9.50	1070~1250	1260~1420	1260~1420	1430~1590	1430~1590				
10.00	1060~1230	1240~1400	1240~1400	1410~1570	1410~1570				
10.50	—	1220~1380	1220~1380	1390~1550	1390~1550				
11.00		1210~1370	1210~1370	1380~1530	1380~1530				
12.00		1180~1340	1180~1340	1350~1500	1350~1500				
12.50		1170~1320	1170~1320	1330~1480	1330~1480				
13.00		1160~1310	1160~1310	1320~1470	1320~1470				

注：1. 表中的钢丝公称直径为推荐的优选直径系列。调直后，直条定尺钢丝的极限强度最多可能降低10%，调直和切断作业还会降低扭转值。

2. 中间尺寸钢丝抗拉强度值按表中相邻较大钢丝的规定执行；中间规格的最小断面收缩率及最小扭转次数按邻近较小直径取值，如7.20mm的最小断面收缩率取35%。

3. 对于具体的应用，供需双方可以协商采用合适的强度等级。

① 因钢丝直径太细难以准确测量，没有规定值。此范围内的钢丝可以规定最大深度值。

② 参考值，不作为验收的强制要求。

3. 冷拉碳素弹簧钢丝的用途（见表7-311）

表7-311　冷拉碳素弹簧钢丝的用途（GB/T 4357—2022）

弹簧钢丝等级	用途
SL	拉、压或扭簧，主要受低静载荷
SM	拉、压或扭簧，中高静载荷，或极少动载应力的情况
DM	拉、压或扭簧，中高动载荷；需要剧烈弯曲的线成形
SH	拉、压或扭簧，高静载荷，或轻度动载荷
DH	拉、压或扭簧，或线成型，承受高静载负荷或中等水平动载

7.8.7　重要用途碳素弹簧钢丝

1. 重要用途碳素弹簧钢丝的分组、公称直径及用途（见表7-312）

表7-312　重要用途碳素弹簧钢丝的分组、公称直径及用途（YB/T 5311—2010）

组别	公称直径/mm	用途
E	0.10~7.00	主要用于制造承受中等应力的动载荷弹簧

（续）

组别	公称直径/mm	用　途
F	0.10~7.00	主要用于制造承受较高应力的动载荷弹簧
G	1.00~7.00	主要用于制造承受振动载荷的阀门弹簧

2. 重要用途碳素弹簧钢丝的化学成分（见表7-313）

表7-313　重要用途碳素弹簧钢丝的化学成分（YB/T 5311—2010）

组别	化学成分(质量分数,%)							
	C	Mn	Si	P	S	Cr	Ni	Cu
E、F、G	0.60~0.95	0.30~1.00	≤0.37	≤0.025	≤0.020	≤0.15	≤0.15	≤0.20

3. 重要用途碳素弹簧钢丝的力学性能（见表7-314）

表7-314　重要用途碳素弹簧钢丝的力学性能（YB/T 5311—2010）

直径/mm	抗拉强度 R_m/MPa			直径/mm	抗拉强度 R_m/MPa		
	E组	F组	G组		E组	F组	G组
0.10	2440~2890	2900~3380	—	0.90	2070~2400	2410~2740	—
0.12	2440~2860	2870~3320	—	1.00	2020~2350	2360~2660	1850~2110
0.14	2440~2840	2850~3250	—	1.20	1940~2270	2280~2580	1820~2080
0.16	2440~2840	2850~3200	—	1.40	1880~2200	2210~2510	1780~2040
0.18	2390~2770	2780~3160	—	1.60	1820~2140	2150~2450	1750~2010
0.20	2390~2750	2760~3110	—	1.80	1800~2120	2060~2360	1700~1960
0.22	2370~2720	2730~3080	—	2.00	1790~2090	1970~2250	1670~1910
0.25	2340~2690	2700~3050	—	2.20	1700~2000	1870~2150	1620~1860
0.28	2310~2660	2670~3020	—	2.50	1680~1960	1830~2110	1620~1860
0.30	2290~2640	2650~3000	—	2.80	1630~1910	1810~2070	1570~1810
0.32	2270~2620	2630~2980	—	3.00	1610~1890	1780~2040	1570~1810
0.35	2250~2600	2610~2960	—	3.20	1560~1840	1760~2020	1570~1810
0.40	2250~2580	2590~2940	—	3.50	1500~1760	1710~1970	1470~1710
0.45	2210~2560	2570~2920	—	4.00	1470~1730	1680~1930	1470~1710
0.50	2190~2540	2550~2900	—	4.50	1420~1680	1630~1880	1470~1710
0.55	2170~2520	2530~2880	—	5.00	1400~1650	1580~1830	1420~1660
0.60	2150~2500	2510~2850	—	5.00	1370~1610	1550~1800	1400~1640
0.63	2130~2480	2490~2830	—	6.00	1350~1580	1520~1770	1350~1590
0.70	2100~2460	2470~2800	—	6.50	1320~1550	1490~1740	1350~1590
0.80	2080~2430	2440~2770	—	7.00	1300~1530	1460~1710	1300~1540

4. 重要用途碳素弹簧钢丝的单向扭转次数（见表7-315）

表7-315　重要用途碳素弹簧钢丝的单向扭转次数（YB/T 5311—2010）

公称直径/mm	E组	F组	G组
	扭转次数/次　≥		
0.70~2.00	25	18	20
>2.00~3.00	20	13	18
>3.00~4.00	16	10	15
>4.00~5.00	12	6	10
>5.00~7.00	8	4	6

7.8.8 淬火-回火弹簧钢丝

1. 淬火-回火弹簧钢丝的分类、代号及直径范围（见表 7-316）

表 7-316 淬火-回火弹簧钢丝的分类、代号及直径范围（GB/T 18983—2017）

分类		静态级	中疲劳级	高疲劳级
抗拉强度	低强度	FDC	TDC	VDC
	中强度	FDCrV、FDSiMn	TDSiMn	VDCrV
	高强度	FDSiCr	TDSiCr-A	VDSiCr
	超高强度	—	TDSiCr-B、TDSiCr-C	VDSiCrV
直径范围①/mm		0.50~18.00	0.50~18.00	0.50~10.00

注：1. 静态级钢丝适用于一般用途弹簧，以 FD 表示。
2. 中疲劳级钢丝用于一般强度离合器弹簧、悬架弹簧等，以 TD 表示。
3. 高疲劳级钢丝适用于剧烈运动的场合，例如用于阀门弹簧，以 VD 表示。
4. 钢丝代号与钢牌号的关系如下：

钢丝代号	常用代表性钢牌号
FDC、TDC、VDC	65、70、65Mn
FDCrV、TDCrV、VDCrV	50CrV
FDSiMn、TDSiMn	60Si2Mn
FDSiCr、TDSiCr-A、TDSiCr-B、TDSiCr-C、VDSiCr	55SiCr
VDSiCrV	65Si2CrV

① TDSiCr-B 和 TDSiCr-C 直径范围为 8.0~18.0mm。

2. 淬火-回火弹簧钢丝的牌号和化学成分（见表 7-317）

表 7-317 淬火-回火弹簧钢丝的牌号和化学成分（GB/T 18983—2017）

代号	化学成分（质量分数，%）								
	C	Si	Mn	P	S	Cr	V	Ni	Cu
FDC TDC VDC	0.60~0.75	0.17~0.37	0.90~1.20	≤0.030	≤0.030	≤0.25	—	≤0.35	≤0.25
FDCrV TDCrV VDCrV	0.46~0.54	0.17~0.37	0.50~0.80	≤0.025	≤0.020	0.80~1.10	0.10~0.20	≤0.35	≤0.25
FDSiMn TDSiMn	0.56~0.64	1.50~2.00	0.70~1.00	≤0.025	≤0.020	—	—	≤0.35	≤0.25
FDSiCr TDSiCr VDSiCr	0.51~0.59	1.20~1.60	0.50~0.80	≤0.025	≤0.020	0.50~0.80	—	≤0.35	≤0.25
VDSiCrV	0.62~0.70	1.20~1.60	0.50~0.80	≤0.025	≤0.020	0.50~0.80	0.10~0.20	≤0.035	≤0.12

3. 淬火-回火弹簧钢丝的力学性能

（1）静态级、中疲劳级淬火-回火弹簧钢丝的力学性能（见表 7-318）

表 7-318 静态级、中疲劳级淬火-回火弹簧钢丝的力学性能（GB/T 18983—2017）

直径/mm	抗拉强度 R_m/MPa						断面收缩率 Z①(%) ≥	
	FDC TDC	FDCrV-A TDCrV-A	FDSiMn TDSiMn	FDSiCr TDSiCr-A	TDSiCr-B	TDSiCr-C	FD	TD
0.50~0.80	1800~2100	1800~2100	1850~2100	2000~2250	—	—	—	—
>0.80~1.00	1800~2060	1780~2080	1850~2100	2000~2250	—	—	—	—

（续）

直径/mm	抗拉强度 R_m/MPa						断面收缩率 Z①(%) ≥	
	FDC TDC	FDCrV-A TDCrV-A	FDSiMn TDSiMn	FDSiCr TDSiCr-A	TDSiCr-B	TDSiCr-C	FD	TD
>1.00~1.30	1800~2010	1750~2010	1850~2100	2000~2250	—	—	45	45
>1.30~1.40	1750~1950	1750~1990	1850~2100	2000~2250	—	—	45	45
>1.40~1.60	1740~1890	1710~1950	1850~2100	2000~2250	—	—	45	45
>1.60~2.00	1720~1890	1710~1890	1820~2000	2000~2250	—	—	45	45
>2.00~2.50	1670~1820	1670~1830	1800~1950	1970~2140	—	—	45	45
>2.50~2.70	1640~1790	1660~1820	1780~1930	1950~2120	—	—	45	45
>2.70~3.00	1620~1770	1630~1780	1760~1910	1930~2100	—	—	45	45
>3.00~3.20	1600~1750	1610~1760	1740~1890	1910~2080	—	—	40	45
>3.20~3.50	1580~1730	1600~1750	1720~1870	1900~2060	—	—	40	45
>3.50~4.00	1550~1700	1560~1710	1710~1860	1870~2030	—	—	40	45
>4.00~4.20	1540~1690	1540~1690	1700~1850	1860~2020	—	—	40	45
>4.20~4.50	1520~1670	1520~1670	1690~1840	1850~2000	—	—	40	45
>4.50~4.70	1510~1660	1510~1660	1680~1830	1840~1990	—	—	40	45
>4.70~5.00	1500~1650	1500~1650	1670~1820	1830~1980	—	—	40	45
>5.00~5.60	1470~1620	1460~1610	1660~1810	1800~1950	—	—	35	40
>5.60~6.00	1460~1610	1440~1590	1650~1800	1780~1930	—	—	35	40
>6.00~6.50	1440~1590	1420~1570	1640~1790	1760~1910	—	—	35	40
>6.50~7.00	1430~1580	1400~1550	1630~1780	1740~1890	—	—	35	40
>7.00~8.00	1400~1550	1380~1530	1620~1770	1710~1860	—	—	35	40
>8.00~9.00	1380~1530	1370~1520	1610~1760	1700~1850	1750~1850	1850~1950	30	35
>9.00~10.00	1360~1510	1350~1500	1600~1750	1660~1810	1750~1850	1850~1950	30	35
>10.00~12.00	1320~1470	1320~1470	1580~1730	1660~1810	1750~1850	1850~1950	30	35
>12.00~14.00	1280~1430	1300~1450	1560~1710	1620~1770	1750~1850	1850~1950	30	35
>14.00~15.00	1270~1420	1290~1440	1550~1700	1620~1770	1750~1850	1850~1950	30	35
>15.00~17.00	1250~1400	1270~1420	1540~1690	1580~1730	1750~1850	1850~1950	30	35

① FDSiMn 和 TDSiMn 直径≤5.00mm 时，Z≥35%；直径>5.00~14.00mm 时，Z≥30%。

（2）高疲劳级淬火-回火弹簧钢丝的力学性能（见表 7-319）

表 7-319　高疲劳级淬火-回火弹簧钢丝的力学性能（GB/T 18983—2017）

直径/mm	抗拉强度 R_m/MPa				断面收缩率 Z(%)
	VDC	VDCrV-A	VDSiCr	VDSiCrV	≥
0.50~0.80	1700~2000	1750~1950	2080~2230	2230~2380	—
>0.80~1.00	1700~1950	1730~1930	2080~2230	2230~2380	—
>1.00~1.30	1700~1900	1700~1900	2080~2230	2230~2380	45
>1.30~1.40	1700~1850	1680~1860	2080~2230	2210~2360	45
>1.40~1.60	1670~1820	1660~1860	2050~2180	2210~2360	45
>1.60~2.00	1650~1800	1640~1800	2010~2110	2160~2310	45
>2.00~2.50	1630~1780	1620~1770	1960~2060	2100~2250	45
>2.50~2.70	1610~1760	1610~1760	1940~2040	2060~2210	45
>2.70~3.00	1590~1740	1600~1750	1930~2030	2060~2210	45
>3.00~3.20	1570~1720	1580~1730	1920~2020	2060~2210	45
>3.20~3.50	1550~1700	1560~1710	1910~2010	2010~2160	45
>3.50~4.00	1530~1680	1540~1690	1890~1990	2010~2160	45
>4.00~4.20	1510~1660	1520~1670	1860~1960	1960~2110	45

（续）

直径/mm	抗拉强度 R_m/MPa				断面收缩率 Z(%)
	VDC	VDCrV-A	VDSiCr	VDSiCrV	≥
>4.20~4.50	1510~1660	1520~1670	1860~1960	1960~2110	45
>4.50~4.70	1490~1640	1500~1650	1830~1930	1960~2110	45
>4.70~5.00	1490~1640	1500~1650	1830~1930	1960~2110	45
>5.00~5.60	1470~1620	1480~1630	1800~1900	1910~2060	40
>5.60~6.00	1450~1600	1470~1620	1790~1890	1910~2060	40
>6.00~6.50	1420~1570	1440~1590	1760~1860	1910~2060	40
>6.50~7.00	1400~1550	1420~1570	1740~1840	1860~2010	40
>7.00~8.00	1370~1520	1410~1560	1710~1810	1860~2010	40
>8.00~9.00	1350~1500	1390~1540	1690~1790	1810~1960	35
>9.00~10.00	1340~1490	1370~1520	1670~1770	1810~1960	35

7.8.9 弹簧垫圈用梯形钢丝

1. 弹簧垫圈用梯形钢丝的尺寸（见表 7-320）

表 7-320 弹簧垫圈用梯形钢丝的尺寸（YB/T 5319—2010）

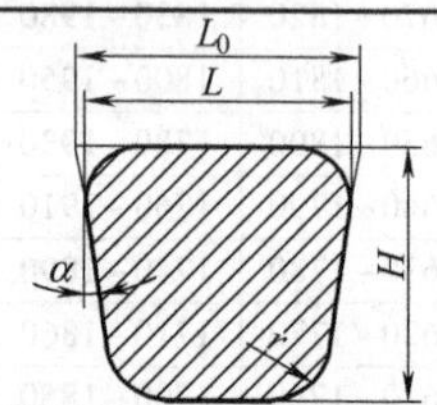

规格型号	钢丝尺寸								r/mm
	H/mm		L_0/mm		L/mm		α/(°)		
	尺寸	允许偏差	尺寸	允许偏差	尺寸	允许偏差	角度	允许偏差	
标准弹簧垫圈用梯形钢丝									
TD0.8	0.80	-0.08	0.90	-0.08	0.85	-0.08	5.0	-0.5	0.25H
TD1.1	1.11	-0.08	1.20	-0.08	1.15	-0.08	5.0	-0.5	0.25H
TD1.3	1.31	-0.08	1.45	-0.08	1.40	-0.08	5.0	-0.5	0.25H
TD1.6	1.62	-0.08	1.75	-0.08	1.70	-0.08	5.0	-0.5	0.25H
TD2.1	2.12	-0.08	2.30	-0.08	2.20	-0.08	4.5	-0.5	0.25H
TD2.6	2.62	-0.08	2.80	-0.08	2.70	-0.08	4.5	-0.5	0.25H
TD3.1	3.13	-0.08	3.35	-0.08	3.25	-0.08	4.5	-0.5	0.20H
TD3.6	3.63	-0.10	3.90	-0.10	3.80	-0.10	4.5	-0.5	0.20H
TD4.1	4.13	-0.10	4.45	-0.10	4.30	-0.10	4.5	-0.5	0.20H
TD4.5	4.54	-0.10	4.85	-0.10	4.70	-0.10	4.0	-0.5	0.20H
TD5.0	5.04	-0.10	5.35	-0.10	5.20	-0.10	4.0	-0.5	0.20H
TD5.5	5.55	-0.10	5.90	-0.10	5.75	-0.10	4.0	-0.5	0.20H
TD6.0	6.05	-0.10	6.45	-0.10	6.30	-0.10	4.0	-0.5	0.20H
TD6.8	6.86	-0.12	7.30	-0.12	7.10	-0.12	4.0	-0.5	0.20H
TD7.5	7.56	-0.12	8.05	-0.12	7.85	-0.12	4.0	-0.5	0.18H
TD8.5	8.56	-0.12	9.10	-0.12	8.90	-0.12	4.0	-0.5	0.18H
TD9.0	9.07	-0.12	9.65	-0.12	9.45	-0.12	4.0	-0.5	0.18H
TD10.0	10.07	-0.15	10.65	-0.15	10.45	-0.15	3.5	-0.5	0.16H
TD10.5	10.57	-0.15	11.15	-0.15	10.95	-0.15	3.5	-0.5	0.16H
TD11.0	11.08	-0.15	11.70	-0.15	11.45	-0.15	3.5	-0.5	0.16H
TD12.0	12.08	-0.15	12.75	-0.15	12.50	-0.15	3.5	-0.5	0.16H

（续）

规格型号	钢丝尺寸								
	H/mm		L_0/mm		L/mm		α/(°)		r/mm
	尺寸	允许偏差	尺寸	允许偏差	尺寸	允许偏差	角度	允许偏差	
轻型弹簧垫圈用梯形钢丝									
TD1.0×0.6	1.01	-0.08	0.70	-0.08	0.65	-0.08	4.0	-0.5	0.25H
TD1.2×0.8	1.21	-0.08	0.90	-0.08	0.85	-0.08	4.0	-0.5	0.25H
TD1.5×1.1	1.52	-0.08	1.20	-0.08	1.15	-0.08	4.0	-0.5	0.25H
TD2.0×1.3	2.02	-0.08	1.45	-0.08	1.35	-0.08	3.5	-0.5	0.25H
TD2.5×1.6	2.52	-0.08	1.75	-0.08	1.65	-0.08	3.5	-0.5	0.25H
TD3.0×2.0	3.02	-0.08	2.20	-0.08	2.10	-0.08	3.5	-0.5	0.25H
TD3.5×2.5	3.52	-0.10	2.75	-0.10	2.65	-0.10	3.5	-0.5	0.20H
TD4.0×3.0	4.03	-0.10	3.25	-0.10	3.15	-0.10	3.5	-0.5	0.20H
TD4.5×3.2	4.53	-0.10	3.45	-0.10	3.35	-0.10	3.0	-0.5	0.20H
TD5.0×3.6	5.03	-0.10	3.90	-0.10	3.75	-0.10	3.0	-0.5	0.20H
TD5.5×4.0	5.53	-0.10	4.30	-0.10	4.15	-0.10	3.0	-0.5	0.20H
TD6.0×4.5	6.05	-0.12	4.85	-0.12	4.70	-0.12	3.0	-0.5	0.20H
TD7.0×5.0	7.10	-0.12	5.40	-0.12	5.25	-0.12	3.0	-0.5	0.18H
TD8.0×5.5	8.10	-0.12	5.95	-0.12	5.75	-0.12	3.0	-0.5	0.18H
TD9.0×6.0	9.15	-0.12	6.50	-0.12	6.30	-0.12	3.0	-0.5	0.18H

2. 弹簧垫圈用梯形钢丝的力学性能（见表7-321）

表7-321 弹簧垫圈用梯形钢丝的力学性能（YB/T 5319—2010）

牌号	交货状态	抗拉强度 R_m/MPa	硬度 HBW
65、70、65Mn	退火	590~785	157~217
	轻拉	700~900	205~269

7.8.10 热处理型冷镦钢丝

1. 热处理型冷镦钢丝的分类及代号（见表7-322）

表7-322 热处理型冷镦钢丝的分类及代号（GB/T 5953.1—2009）

类别		状态
按热处理状态分	表面硬化型	紧固件冷镦成形后需经表面渗碳（渗氮），然后再进行淬火+低温回火处理
	调质型（包括含硼钢）	紧固件冷镦成形后，先正火然后再经淬火+高温回火处理，或直接进行淬火+高温回火处理
按生产流程分	HD	冷拉
	SALD	冷拉+球化退火+轻拉
	ASALD	退火+冷拉+球化退火+轻拉状态
	SA	冷拉+球化退火状态

2. 热处理型冷镦钢丝的力学性能

（1）表面硬化热处理型冷镦钢丝的力学性能（见表7-323）

表7-323 表面硬化热处理型冷镦钢丝的力学性能（GB/T 5953.1—2009）

牌号	钢丝公称直径/mm	SALD			SA		
		抗拉强度 R_m/MPa	断面收缩率 Z（%）	硬度 HRB	抗拉强度 R_m/MPa	断面收缩率 Z（%）	硬度 HRB
ML10	≤6.00	420~620	≥55	—	300~450	≥60	≤75
	>6.00~12.00	380~560	≥55	—			
	>12.00~25.00	350~500	≥50	≤81			

（续）

牌号	钢丝公称直径/mm	SALD			SA		
		抗拉强度 R_m/MPa	断面收缩率 Z（%）	硬度 HRB	抗拉强度 R_m/MPa	断面收缩率 Z（%）	硬度 HRB
ML15 ML15Mn ML18 ML18Mn ML20	≤6.00	440~640	≥55	—	350~500	≥60	≤80
	>6.00~12.00	400~580	≥55	—			
	>12.00~25.00	380~530	≥50	≤83			
ML20Mn ML16CrMn ML20MnA ML22Mn ML15Cr ML20Cr ML18CrMo	≤6.00	440~640	≥55	—	370~520	≥60	≤82
	>6.00~12.00	420~600	≥55	—			
	>12.00~25.00	400~550	≥50	≤85			
ML20CrMoA ML20CrNiMo	≤25.00	480~680	≥45	≤93	420~620	≥58	≤91

注：直径小于 3.00mm 的钢丝断面收缩率仅供参考。

（2）调质型碳素钢丝的力学性能（见表 7-324）

表 7-324　调质型碳素钢丝的力学性能（GB/T 5953.1—2009）

牌号	钢丝公称直径/mm	SALD			SA		
		抗拉强度 R_m/MPa	断面收缩率 Z（%）	硬度 HRB	抗拉强度 R_m/MPa	断面收缩率 Z（%）	硬度 HRB
ML25 ML25Mn ML30Mn ML30 ML35	≤6.00	490~690	≥55	—	380~560	≥60	≤86
	>6.00~12.00	470~650	≥55	—			
	>12.00~25.00	450~600	≥50	≤89			
ML40 ML35Mn	≤6.00	550~730	≥55	—	430~580	≥60	≤87
	>6.00~12.00	500~670	≥55	—			
	>12.00~25.00	450~600	≥50	≤89			
ML45 ML42Mn	≤6.00	590~760	≥55	—	450~600	≥60	≤89
	>6.00~12.00	570~720	≥55	—			
	>12.00~25.00	470~620	≥50	≤96			

注：直径小于 3.00mm 的钢丝断面收缩率仅供参考。

（3）调质型合金钢丝的力学性能（见表 7-325）

表 7-325　调质型合金钢丝的力学性能（GB/T 5953.1—2009）

牌号	钢丝公称直径/mm	SALD			SA		
		抗拉强度 R_m/MPa	断面收缩率 Z（%）	硬度 HRB	抗拉强度 R_m/MPa	断面收缩率 Z（%）	硬度 HRB
ML30CrMnSi	≤6.00	600~750	≥50	—	460~660	≥55	≤93
	>6.00~12.00	580~730		—			
	>12.00~25.00	550~700		≤95			
ML38CrA ML40Cr	≤6.00	530~730	≥50	—	430~600	≥55	≤89
	>6.00~12.00	500~650		—			
	>12.00~25.00	480~630		≤91			

（续）

牌号	钢丝公称直径/mm	SALD			SA		
		抗拉强度 R_m/MPa	断面收缩率 Z（%）	硬度 HRB	抗拉强度 R_m/MPa	断面收缩率 Z（%）	硬度 HRB
ML30CrMo ML35CrMo	≤6.00	580~780	≥40	—	450~620	≥55	≤91
	>6.00~12.00	540~700	≥35	—			
	>12.00~25.00	500~650	≥35	≤92			
ML42CrMo ML40CrNiMo	≤6.00	590~790	≥50	—	480~730	≥55	≤97
	>6.00~12.00	560~760		—			
	>12.00~25.00	540~690		≤95			

注：直径小于 3.00mm 的钢丝断面收缩率仅供参考。

（4）含硼钢丝的力学性能（见表 7-326）

表 7-326 含硼钢丝的力学性能（GB/T 5953.1—2009）

牌号	SALD			SA		
	抗拉强度 R_m/MPa	断面收缩率 Z（%）	硬度 HRB	抗拉强度 R_m/MPa	断面收缩率 Z（%）	硬度 HRB
ML20B	≤600	≥55	≤89	≤550	≥65	≤85
ML28B	≤620	≥55	≤90	≤570	≥65	≤87
ML35B	≤630	≥55	≤91	≤580	≥65	≤88
ML20MnB	≤630	≥55	≤91	≤580	≥65	≤88
ML30MnB	≤660	≥55	≤93	≤610	≥65	≤90
ML35MnB	≤680	≥55	≤94	≤630	≥65	≤91
ML40MnB	≤680	≥55	≤94	≤630	≥65	≤91
ML15MnVB	≤660	≥55	≤93	≤610	≥65	≤90
ML20MnVB	≤630	≥55	≤91	≤580	≥65	≤88
ML20MnTiB	≤630	≥55	≤91	≤580	≥65	≤88

注：直径小于 3.00mm 的钢丝断面收缩率仅供参考。

7.8.11 非热处理型冷镦钢丝

1. 非热处理型冷镦钢丝的分类及代号（见表 7-327）

表 7-327 非热处理型冷镦钢丝的分类及代号（GB/T 5953.2—2009）

分类方法	代号	含义
按工艺流程分类	HD	冷拉
	SALD	冷拉+球化退火+轻拉

2. 非热处理型冷镦钢丝的力学性能

（1）以 HD 工艺生产的非热处理型冷镦钢丝的力学性能（见表 7-328）

表 7-328 以 HD 工艺生产的非热处理型冷镦钢丝的力学性能（GB/T 5953.2—2009）

牌号	钢丝公称直径 d/mm	抗拉强度 R_m/MPa	断面收缩率 Z（%）	硬度 HRB
ML04Al ML08Al ML10Al	≤3.00	≥460	≥50	—
	>3.00~4.00	≥360	≥50	—
	>4.00~5.00	≥330	≥50	—
	>5.00~25.00	≥280	≥50	≤85

（续）

牌号	钢丝公称直径 d/mm	抗拉强度 R_m/MPa	断面收缩率 Z(%)	硬度 HRB
ML15Al ML15	≤3.00	≥590	≥50	—
	>3.00~4.00	≥490	≥50	—
	>4.00~5.00	≥420	≥50	—
	>5.00~25.00	≥400	≥50	≤89
ML18MnAl ML20Al ML20 ML22MnAl	≤3.00	≥850	≥35	—
	>3.00~4.00	≥690	≥40	—
	>4.00~5.00	≥570	≥45	—
	>5.00~25.00	≥480	≥45	≤97

注：钢丝公称直径大于 20mm 时，断面收缩率可以降低 5%。

（2）以 SALD 工艺生产的热处理型冷镦钢丝的力学性能（见表 7-329）

表 7-329　以 SALD 工艺生产的热处理型冷镦钢丝的力学性能（GB/T 5953.2—2009）

牌号	抗拉强度 R_m/MPa	断面收缩率 Z(%)	硬度 HRB
ML04Al ML08Al ML10Al	300~450	≥70	≤76
ML15Al ML15	340~500	≥65	≤81
ML18Mn ML20Al ML20 ML22Mn	450~570	≥65	≤90

注：钢丝公称直径大于 20mm 时，断面收缩率可以降低 5%。

7.8.12　非调质型冷镦钢丝

非调质型冷镦钢丝的力学性能见表 7-330。

表 7-330　非调质型冷镦钢丝的力学性能（GB/T 5953.3—2012）

序号	性能等级	力学性能 ≥				
		抗拉强度 R_m/MPa	规定塑性延伸强度 $R_{p0.2}$/MPa	断后伸长率 A(%)	断面收缩率 Z(%)	硬度 HRC
1	MFT8	810	640	12	52	22
2	MFT9	900	720	10	48	28
3	MFT10	1040	940	9	48	32

7.9　钢丝绳

7.9.1　钢丝绳通用技术条件

1. 钢丝绳的捻制类型和捻向（见表 7-331）

2. 钢丝绳的分类

（1）单层股钢丝绳（见表 7-332）

表 7-331 钢丝绳的捻制类型和捻向（GB/T 20118—2017）

项目	单股钢丝绳		多股钢丝绳			
捻的类型	捻向		交互捻		同向捻	
股捻向	右捻	左捻	右交互捻	左交互捻	右同向捻	左同向捻
代号	Z	S	sZ	zS	zZ	sS
图示						

表 7-332 单层股钢丝绳（GB/T 20118—2017）

类别(不含绳芯)		钢丝绳			外层股			
		股数	外层股数	股层数	钢丝数	外层钢丝数	钢丝层数	股捻制类型
4×19		4	4	1	15~26	7~12	2~3	平行捻
4×36		4	4	1	29~57	12~18	3~4	平行捻
6×7		6	6	1	5~9	4~8	1	单捻
6×12		6	6	1	12	12	1	单捻
6×15		6	6	1	15	15	1	单捻
6×19		6	6	1	15~26	7~12	2~3	平行捻
6×24		6	6	1	24	12~16	2~3	平行捻
6×36		6	6	1	29~57	12~18	3~4	平行捻
6×19M		6	6	1	12~19	9~12	2	多工序点接触
6×24M		6	6	1	24	12~16	2	多工序点接触
6×37M		6	6	1	27~37	16~18	3	多工序点接触
6×61M		6	6	1	45~61	18~24	4	多工序点接触
8×19M		8	8	1	12~19	9~12	2	多工序点接触
8×37M		8	8	1	27~37	16~18	3	多工序点接触
8×7		8	8	1	5~9	4~8	1	单捻
8×19		8	8	1	15~26	7~12	2~3	平行捻
8×36		8	8	1	29~57	12~18	3~4	平行捻
异形股钢丝绳	6×V7	6	6	1	7~9	7~9	1	单捻
	6×V19	6	6	1	21~24	10~14	2	多工序点接触/平行捻
	6×V37	6	6	1	27~33	15~18	2	多工序点接触/平行捻
	6×V8	6	6	1	8~9	8~9	1	单捻
	6×V25	6	6	1	15~31	9~18	2	平行捻
	4×V39	4	4	1	39~48	15~18	3	多工序复合捻

注：1. 对于 6×V8 和 6×V25 三角股钢丝绳，其股芯是独立三角形股芯，所有股芯钢丝记为一根。当用 1×7-3、3×2-3 等股芯时，其股芯钢丝根数计算到钢丝绳股结构中。
2. 6×29F 结构钢丝绳归为 6×36 类。

（2）阻旋转圆股钢丝绳（见表 7-333）

表 7-333　阻旋转圆股钢丝绳（GB/T 20118—2017）

类别		钢丝绳			外层股			
		股数（芯除外）	外层股数	股的层数	钢丝数	外层钢丝数	钢丝层数	股捻制类型
2 次捻制	23×7	21～27	15～18	2	5～9	4～8	1	单捻
	18×7	17～18	10～12	2	5～9	4～8	1	单捻
	18×19	17～18	10～12	2	15～26	7～12	2～3	平行捻
	18×19M	17～18	10～12	2	12～19	9～12	2	多工序点接触
	35(W)×7	27～40	15～18	3	5～9	4～8	1	单捻
	35(W)×19	27～40	15～18	3	15～26	7～12	2～3	平行捻
3 次捻制	34(M)×7	34～36	17～18	3	5～9	4～8	1	单捻

注：4 股钢丝绳也可设计为阻旋转钢丝绳。

(3) 单股钢丝绳（见表 7-334）

表 7-334　单股钢丝绳（GB/T 20118—2017）

类别	钢丝数	外层钢丝数	钢丝层数
1×7	5～9	4～8	1
1×19	17～37	11～16	2～3
1×37	34～59	17～22	3～4
1×61	57～85	23～28	4～5

3. 钢丝绳的技术参数

(1) 6×7 类钢丝绳技术参数（见表 7-335）

表 7-335　6×7 类钢丝绳技术参数（GB/T 20118—2017）

典型结构图	典型结构				钢丝绳直径范围/mm
	钢丝绳结构	股结构	外层钢丝数		
			总数	每股	
6×7-FC　6×7-WSC	6×7	1-6	36	6	2～44

钢丝绳公称直径/mm	参考重量/(kg/100m)		钢丝绳级					
			1570		1770		1960	
			钢丝绳最小破断拉力/kN					
	纤维芯	钢芯	纤维芯	钢芯	纤维芯	钢芯	纤维芯	钢芯
2	1.40	1.55	2.08	2.25	2.35	2.54	2.60	2.81
3	3.16	3.48	4.69	5.07	5.29	5.72	5.86	6.33
4	5.62	6.19	8.34	9.02	9.40	10.2	10.4	11.3
5	8.78	9.68	13.0	14.1	14.7	15.9	16.3	17.6
6	12.6	13.9	18.8	20.3	21.2	22.9	23.4	25.3
7	17.2	19.0	25.5	27.6	28.8	31.1	31.9	34.5
8	22.5	24.8	33.4	36.1	37.6	40.7	41.6	45.0
9	28.4	31.3	42.2	45.7	47.6	51.5	52.7	57.0
10	35.1	38.7	52.1	56.4	58.8	63.5	65.1	70.4
11	42.5	46.8	63.1	68.2	71.1	76.9	78.7	85.1
12	50.5	55.7	75.1	81.2	84.6	91.5	93.7	101
13	59.3	65.4	88.1	95.3	99.3	107	110	119
14	68.8	75.9	102	110	115	125	128	138

（续）

钢丝绳公称直径/mm	参考重量/（kg/100m）		钢丝绳级					
			1570		1770		1960	
			钢丝绳最小破断拉力/kN					
	纤维芯	钢芯	纤维芯	钢芯	纤维芯	钢芯	纤维芯	钢芯
16	89.9	99.1	133	144	150	163	167	180
18	114	125	169	183	190	206	211	228
20	140	155	208	225	235	254	260	281
22	170	187	252	273	284	308	315	341
24	202	223	300	325	338	366	375	405
26	237	262	352	381	397	430	440	476
28	275	303	409	442	461	498	510	552
32	359	396	534	577	602	651	666	721
36	455	502	676	730	762	824	843	912
40	562	619	834	902	940	1020	1041	1130
44	680	749	1010	1090	1140	1230	1260	1360

注：1. 直径为2~7mm的钢丝绳采用钢丝股芯（WSC）。表中给出的钢芯是独立的钢丝绳芯（IWRC）的数据。
2. 钢丝最小破断拉力总和=钢丝绳最小破断拉力×1.134（纤维芯）或1.214（钢芯）。

（2）6×19M类钢丝绳技术参数（见表7-336）

表7-336 6×19M类钢丝绳技术参数（GB/T 20118—2017）

典型结构图	钢丝绳结构	股结构	外层钢丝数 总数	外层钢丝数 每股	钢丝绳直径范围/mm
6×19M-FC　6×19M-IWRC	6×19M	1-6/12	72	12	3~52

钢丝绳公称直径/mm	参考重量/（kg/100m）		钢丝绳级					
			1570		1770		1960	
			钢丝绳最小破断拉力/kN					
	纤维芯	钢芯	纤维芯	钢芯	纤维芯	钢芯	纤维芯	钢芯
3	3.16	3.60	4.34	4.69	4.89	5.29	5.42	5.86
4	5.62	6.40	7.71	8.34	8.69	9.40	9.63	10.4
5	8.78	10.0	12.0	13.0	13.6	14.7	15.0	16.3
6	12.6	14.4	17.4	18.8	19.6	21.2	21.7	23.4
7	17.2	19.6	23.6	25.5	26.6	28.8	29.5	31.9
8	22.5	25.6	30.8	33.4	34.8	37.6	38.5	41.6
9	28.4	32.4	39.0	42.2	44.0	47.6	48.7	52.7
10	35.1	40.0	48.2	52.1	54.3	58.8	60.2	65.1
11	42.5	48.4	58.3	63.1	65.8	71.1	72.8	78.7
12	50.5	57.6	69.4	75.1	78.2	84.6	86.6	93.7
13	59.3	67.6	81.5	88.1	91.8	99.3	102	110
14	68.8	78.4	94.5	102	107	115	118	128
16	89.9	102	123	133	139	150	154	167
18	114	130	156	169	176	190	195	211
20	140	160	193	208	217	235	241	260
22	170	194	233	252	263	284	291	315
24	202	230	278	300	313	338	347	375

（续）

钢丝绳公称直径/mm	参考重量/(kg/100m)		钢丝绳级					
			1570		1770		1960	
			钢丝绳最小破断拉力/kN					
	纤维芯	钢芯	纤维芯	钢芯	纤维芯	钢芯	纤维芯	钢芯
26	237	270	326	352	367	397	407	440
28	275	314	378	409	426	461	472	510
32	359	410	494	534	556	602	616	666
36	455	518	625	676	704	762	780	843
40	562	640	771	834	869	940	963	1041
44	680	774	933	1010	1050	1140	1160	1260
48	809	922	1100	1200	1250	1350	1390	1500
52	949	1080	1300	1410	1470	1590	1630	1760

注：1. 直径为 3~7mm 的钢丝绳采用钢丝股芯（WSC）。表中给出的钢芯是独立的钢丝绳芯（IWRC）的数据。
2. 钢丝最小破断拉力总和=钢丝绳最小破断拉力×1.226（纤维芯）或 1.321（钢芯）。

（3）6×12 类钢丝绳技术参数（见表 7-337）

表 7-337　6×12 类钢丝绳技术参数（GB/T 20118—2017）

6×12FC-FC 典型结构图	典型结构				钢丝绳直径范围/mm
	钢丝绳结构	股结构	外层钢丝数		
			总数	每股	
	6×12FC-FC	FC-12	72	12	6~52

钢丝绳公称直径/mm	参考重量/(kg/100m)	钢丝绳级	
		1570	1770
		钢丝绳最小破断拉力/kN	
6	9.04	11.8	13.3
7	12.3	16.1	18.1
8	16.1	21.0	23.7
9	20.3	26.6	30.0
10	25.1	32.8	37.0
11	30.4	39.7	44.8
12	36.1	47.3	53.3
13	42.4	55.5	62.5
14	49.2	64.3	72.5
16	64.3	84.0	94.7
18	81.3	106	120
20	100	131	148
22	121	159	179
24	145	189	213
26	170	222	250
28	197	257	290
32	257	336	379

注：钢丝最小破断拉力总和=钢丝绳最小破断拉力×1.136。

（4）6×15类钢丝绳技术参数（见表7-338）

表7-338 6×15类钢丝绳技术参数（GB/T 20118—2017）

6×15FC-FC典型结构图	典型结构				钢丝绳直径范围/mm
	钢丝绳结构	股结构	外层钢丝数		
			总数	每股	
	6×15FC-FC	FC-15	90	15	6~52

钢丝绳公称直径/mm	参考重量/(kg/100m)	钢丝绳级 1570	钢丝绳级 1770
		钢丝绳最小破断拉力/kN	
8	12.8	18.1	20.4
9	16.2	22.9	25.8
10	20.0	28.3	31.9
11	24.2	34.2	38.6
12	28.8	40.7	45.9
13	33.8	47.8	53.8
14	39.2	55.4	62.4
15	45.0	63.6	71.7
16	51.2	72.3	81.6
18	64.8	91.6	103
20	80.0	113	127
22	96.8	137	154
24	115	163	184
26	135	191	215
28	157	222	250
30	180	254	287
32	205	289	326

注：钢丝最小破断拉力总和=钢丝绳最小破断拉力×1.136。

（5）6×24M类钢丝绳技术参数（见表7-339）

表7-339 6×24M类钢丝绳技术参数（GB/T 20118—2017）

6×24MFC-FC典型结构图	典型结构				钢丝绳直径范围/mm
	钢丝绳结构	股结构	外层钢丝数		
			总数	每股	
	6×24MFC-FC	FC-9/15	90	15	8~44

（续）

钢丝绳公称直径/mm	参考重量/(kg/100m)	钢丝绳级	
		1570	1770
		钢丝绳最小破断拉力/kN	
8	20.4	28.1	31.7
9	25.8	35.6	40.1
10	31.8	44.0	49.6
11	38.5	53.2	60.0
12	45.8	63.3	71.4
13	53.7	74.3	83.8
14	62.3	86.2	97.1
15	71.6	98.9	112
16	81.4	113	127
18	103	142	161
20	127	176	198
22	154	213	240
24	183	253	285
26	215	297	335
28	249	345	389
30	286	396	446
32	326	450	507
36	412	570	642
40	509	703	793
44	616	851	959

注：钢丝最小破断拉力总和=钢丝绳最小破断拉力×1.150。

（6）6×37M类钢丝绳技术参数（见表7-340）

表7-340　6×37M类钢丝绳技术参数（GB/T 20118—2017）

典型结构图	典型结构				钢丝绳直径范围/mm
	钢丝绳结构	股结构	外层钢丝数		
			总数	每股	
6×37M-FC　6×37M-IWRC	6×37M	1-6/12/18	108	18	5~60

钢丝绳公称直径/mm	参考重量/(kg/100m)		钢丝绳级					
			1570		1770		1960	
			钢丝绳最小破断拉力/kN					
	纤维芯	钢芯	纤维芯	钢芯	纤维芯	钢芯	纤维芯	钢芯
5	8.65	10.0	11.6	12.5	13.1	14.1	14.5	15.6
6	12.5	14.4	16.7	18.0	18.8	20.3	20.8	22.5
7	17.0	19.6	22.7	24.5	25.6	27.7	28.8	30.6
8	22.1	25.6	29.6	32.1	33.4	36.1	37.0	40.0
9	28.0	32.4	37.5	40.6	42.3	45.7	46.8	50.6
10	34.6	40.0	46.3	50.1	52.2	56.5	57.8	62.5
11	41.9	48.4	56.0	60.6	63.2	68.3	70.0	75.7
12	49.8	57.6	66.7	72.1	75.2	81.3	83.3	90.0
13	58.5	67.6	78.3	84.6	88.2	95.4	97.7	106
14	67.8	78.4	90.8	98.2	102	111	113	123

（续）

钢丝绳公称直径/mm	参考重量/(kg/100m)		钢丝绳级					
			1570		1770		1960	
			钢丝绳最小破断拉力/kN					
	纤维芯	钢芯	纤维芯	钢芯	纤维芯	钢芯	纤维芯	钢芯
16	88.6	102	119	128	134	145	148	160
18	112	130	150	162	169	183	187	203
20	138	160	185	200	209	226	231	250
22	167	194	224	242	253	273	280	303
24	199	230	267	288	301	355	333	360
26	234	270	313	339	353	382	391	423
28	271	314	363	393	409	443	453	490
32	354	410	474	513	535	578	592	640
36	448	518	600	649	677	732	749	810
40	554	640	741	801	835	903	925	1000
44	670	774	897	970	1010	1090	1120	1210
48	797	922	1070	1150	1200	1300	1330	1440
52	936	1082	1250	1350	1410	1530	1560	1690
56	1090	1254	1450	1570	1640	1770	1810	1960
60	1250	1440	1670	1800	1880	2030	2080	2250

注：1. 直径为5~7mm的钢丝绳采用钢丝股芯（WSC）。表中给出的钢芯是独立的钢丝绳芯（IWRC）的数据。
2. 钢丝最小破断拉力总和=钢丝绳最小破断拉力×1.240（纤维芯）或1.336（钢芯）。

（7）6×61M类钢丝绳技术参数（见表7-341）

表7-341 6×61M类钢丝绳技术参数（GB/T 20118—2017）

典型结构图	典型结构				钢丝绳直径范围/mm
	钢丝绳结构	股结构	外层钢丝数		
			总数	每股	
6×61M-FC　6×61M-IWRC	6×61M	1-6/12/18/24	144	24	18~60

钢丝绳公称直径/mm	参考重量/(kg/100m)		钢丝绳级					
			1570		1770		1960	
			钢丝绳最小破断拉力/kN					
	纤维芯	钢芯	纤维芯	钢芯	纤维芯	钢芯	纤维芯	钢芯
18	117	120	144	156	162	175	180	194
20	144	159	178	192	200	217	222	240
22	175	193	215	232	242	262	268	290
24	208	229	256	277	288	312	319	345
26	244	269	300	325	339	366	375	405
28	283	312	348	377	393	425	435	470
32	370	408	455	492	513	555	568	614
36	468	516	576	623	649	702	719	777
40	578	637	711	769	801	867	887	960
44	699	771	860	930	970	1050	1070	1160
48	832	917	1020	1110	1150	1250	1280	1380
52	976	1080	1200	1300	1350	1460	1500	1620
56	1130	1250	1390	1510	1570	1700	1740	1880
60	1300	1430	1600	1730	1800	1950	2000	2160

注：钢丝最小破断拉力总和=钢丝绳最小破断拉力×1.301（纤维芯）或1.392（钢芯）。

（8）6×19 类钢丝绳技术参数（见表 7-342）

表 7-342　6×19 类钢丝绳技术参数（GB/T 20118—2017）

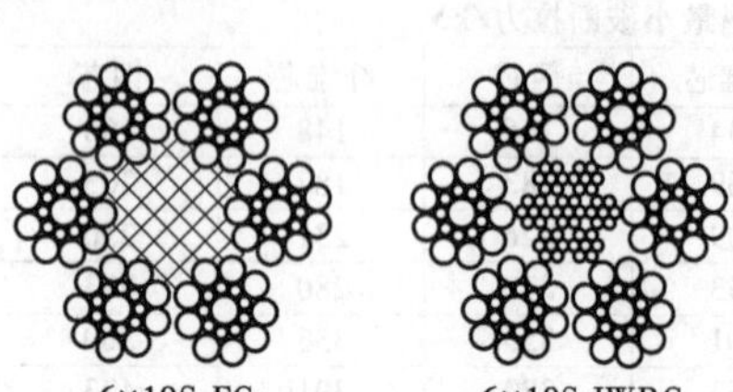

典型结构图

钢丝绳结构	股结构	外层钢丝数 总数	外层钢丝数 每股	钢丝绳直径范围/mm
6×17S	1-8-8	48	8	6~36
6×19S	1-9-9	54	9	6~48
6×21S	1-10-10	60	10	8~52
6×21F	1-5-5F-10	60	10	8~52
6×26WS	1-5-5+5-10	60	10	8~52
6×19W	1-6-6+6	72	12	8~52
6×25F	1-6-6F-12	72	12	10~56

钢丝绳公称直径/mm	参考重量/(kg/100m)		钢丝绳级 1570		1770		1960		2160	
			钢丝绳最小破断拉力/kN							
	纤维芯	钢芯	纤维芯	钢芯	纤维芯	钢芯	纤维芯	钢芯	纤维芯	钢芯
6	13.7	15.0	18.7	20.1	21.0	22.7	23.3	25.1	25.7	27.7
7	18.6	20.5	25.4	27.4	28.6	30.9	31.7	34.2	34.9	37.7
8	24.3	26.8	33.2	35.8	37.4	40.3	41.4	44.7	45.6	49.2
9	30.8	33.9	42.0	45.3	47.3	51.0	52.4	56.5	57.7	62.3
10	38.0	41.8	51.8	55.9	58.4	63.0	64.7	69.8	71.3	76.9
11	46.0	50.6	62.7	67.6	70.7	76.2	78.3	84.4	86.2	93.0
12	54.7	60.2	74.6	80.5	84.1	90.7	93.1	100	103	111
13	64.2	70.6	87.6	94.5	98.7	106	109	118	120	130
14	74.5	81.9	102	110	114	124	127	137	140	151
16	97.3	107	133	143	150	161	166	179	182	197
18	123	135	168	181	189	204	210	226	231	249
20	152	167	207	224	234	252	259	279	285	308
22	184	202	251	271	283	305	313	338	345	372
24	219	241	298	322	336	363	373	402	411	443
26	257	283	350	378	395	426	437	472	482	520
28	298	328	406	438	458	494	507	547	559	603
32	389	428	531	572	598	645	662	715	730	787
36	492	542	671	724	757	817	838	904	924	997
40	608	669	829	894	935	1010	1030	1120	1140	1230
44	736	809	1000	1080	1130	1220	1250	1350	1380	1490
48	876	963	1190	1290	1350	1450	1490	1610	1640	1770
52	1030	1130	1400	1510	1580	1700	1750	1890	1930	2080
56	1190	1310	1620	1750	1830	1980	2030	2190	2240	2410

注：钢丝最小破断拉力总和=钢丝绳最小破断拉力×1.214（纤维芯）或 1.308（钢芯）。

（9）6×24 类钢丝绳技术参数（见表 7-343）

表 7-343　6×24 类钢丝绳技术参数（GB/T 20118—2017）

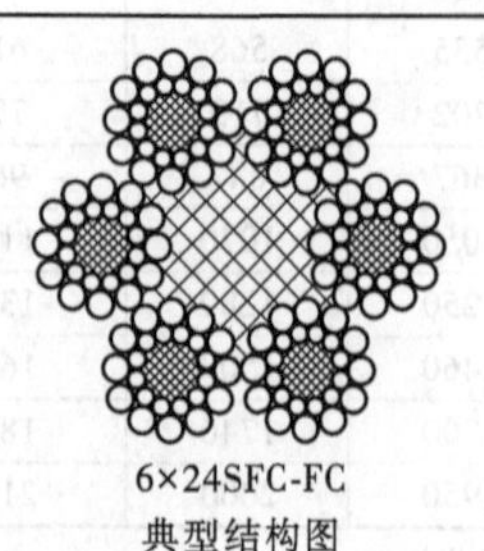

典型结构图

钢丝绳结构	股结构	外层钢丝数 总数	外层钢丝数 每股	钢丝绳直径范围/mm
6×24SFC	FC-12-12	72	12	8~40
6×24WFC	FC-8-8+8	96	16	10~40

（续）

钢丝绳公称直径/mm	参考重量/(kg/100m)	钢丝绳级	
		1570	1770
		钢丝绳最小破断拉力/kN	
8	21.2	29.2	33.0
9	26.8	37.0	41.7
10	33.1	45.7	51.5
11	40.1	55.5	62.3
12	47.7	65.8	74.2
13	55.9	77.2	87.0
14	64.9	89.5	101
15	74.5	103	116
16	84.7	117	132
18	107	148	167
20	132	183	206
22	160	221	249
24	191	263	297
26	224	309	348
28	260	358	404
30	298	411	464
32	339	468	527
36	429	592	668
40	530	731	824

注：钢丝最小破断拉力总和=钢丝绳最小破断拉力×1.150。

（10）6×36类钢丝绳技术参数（见表7-344）

表7-344　6×36类钢丝绳技术参数（GB/T 20118—2017）

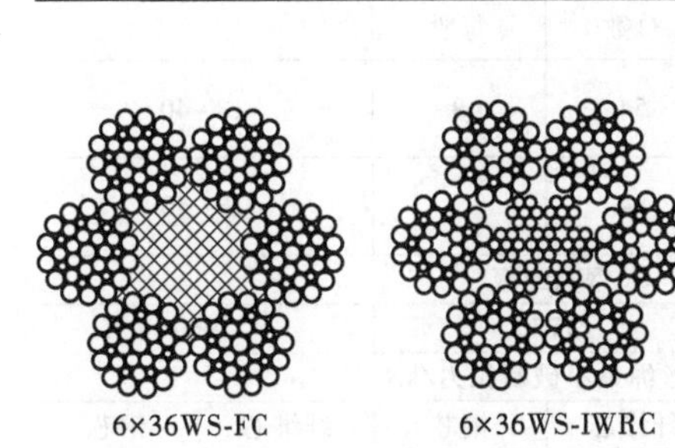

6×36WS-FC　　6×36WS-IWRC

典型结构图

钢丝绳结构	股结构	外层钢丝数总数	外层钢丝数每股	钢丝绳直径范围/mm
6×31WS	1-6-6+6-12	72	12	8～60
6×29F	1-7-7F-14	84	14	8～60
6×36WS	1-7-7+7-14	84	14	8～60
6×37FS	1-6-6F-12-12	72	12	10～60
6×41WS	1-8-8+8-16	96	16	34～60
6×46WS	1-9-9+9-18	108	18	40～60
6×49SWS	1-8-8-8+8-16	96	16	42～60
6×55SWS	1-9-9-9+9-18	108	18	44～60

钢丝绳公称直径/mm	参考重量/(kg/100m)		钢丝绳级							
			1570		1770		1960		2160	
			钢丝绳最小破断拉力/kN							
	纤维芯	钢芯	纤维芯	钢芯	纤维芯	钢芯	纤维芯	钢芯	纤维芯	钢芯
8	24.3	26.8	33.2	35.8	37.4	40.3	41.4	44.7	45.6	49.2
9	30.8	33.9	42.0	45.3	47.3	51.0	52.4	56.5	57.7	62.3
10	38.0	41.8	51.8	55.9	58.4	63.0	64.7	69.8	71.3	76.9
11	46.0	50.6	62.7	67.6	70.7	76.2	78.3	84.4	86.2	93.0
12	54.7	60.2	74.6	80.5	84.1	90.7	93.1	100	103	111
13	64.2	70.6	87.6	94.5	98.7	106	109	118	120	130
14	74.5	81.9	102	110	114	124	127	137	140	151

（续）

钢丝绳公称直径/mm	参考重量/(kg/100m)		钢丝绳级							
			1570		1770		1960		2160	
			钢丝绳最小破断拉力/kN							
	纤维芯	钢芯	纤维芯	钢芯	纤维芯	钢芯	纤维芯	钢芯	纤维芯	钢芯
16	97.3	107	133	143	150	161	166	179	182	197
18	123	135	168	181	189	204	210	226	231	249
20	152	167	207	224	234	252	259	279	285	308
22	184	202	251	271	283	305	313	338	345	372
24	219	241	298	322	336	363	373	402	411	443
26	257	283	350	378	395	426	437	472	482	520
28	298	328	406	438	458	494	507	547	559	603
32	389	428	531	572	598	645	662	715	730	787
36	492	542	671	724	757	817	838	904	924	997
40	608	669	829	894	935	1010	1030	1120	1140	1230
44	736	809	1000	1080	1130	1220	1250	1350	1380	1490
48	876	963	1200	1290	1350	1450	1490	1610	1640	1770
52	1030	1130	1400	1510	1580	1700	1750	1890	1930	2080
56	1190	1310	1620	1750	1830	1980	2030	2190	2230	2410
60	1370	1500	1870	2010	2100	2270	2330	2510	2570	2770

注：钢丝最小破断拉力总和=钢丝绳最小破断拉力×1.214（纤维芯）或1.308（钢芯）。

（11）6×V7类钢丝绳技术参数（见表7-345）

表7-345 6×V7类钢丝绳技术参数（GB/T 20118—2017）

典型结构图	钢丝绳结构	股结构	外层钢丝数 总数	外层钢丝数 每股	钢丝绳直径范围/mm
6×V19-FC　6×V19-IWRC	6×V18	/3×2-3/-9	54	9	18~40
	6×V19	/1×7-3/-9	54	9	18~40

钢丝绳公称直径/mm	参考重量/(kg/100m)		钢丝绳级					
			1570		1770		1960	
			钢丝绳最小破断拉力/kN					
	纤维芯	钢芯	纤维芯	钢芯	纤维芯	钢芯	纤维芯	钢芯
18	133	142	191	202	215	228	238	253
20	165	175	236	250	266	282	294	312
22	199	212	285	302	321	341	356	378
24	237	252	339	360	382	406	423	449
26	279	295	398	422	449	476	497	527
28	323	343	462	490	520	552	576	612
30	371	393	530	562	597	634	662	702
32	422	447	603	640	680	721	753	799
36	534	566	763	810	860	913	953	1010
40	659	699	942	1000	1060	1130	1180	1250

注：钢丝最小破断拉力总和=钢丝绳最小破断拉力×1.156（纤维芯）或1.191（钢芯）。

（12）6×V19类钢丝绳技术参数（一）（见表7-346）

表 7-346 6×V19 类钢丝绳技术参数（一）（GB/T 20118—2017）

典型结构图	钢丝绳结构	股结构	外层钢丝数 总数	外层钢丝数 每股	钢丝绳直径范围/mm
6×V21FC-FC 6×V24FC-FC	6×V21FC-FC	FC-9/12	72	12	14~40
	6×V24FC-FC	FC-12-12	72	12	14~40

钢丝绳公称直径/mm	参考重量/(kg/100m)	钢丝绳级 1570	1770	1960
		钢丝绳最小破断拉力/kN		
14	73.0	102	115	127
16	95.4	133	150	166
18	121	168	190	210
20	149	208	234	260
22	180	252	284	314
24	215	300	338	374
26	252	352	396	439
28	292	408	460	509
30	335	468	528	584
32	382	532	600	665
36	483	674	760	841
40	596	832	938	1040

注：钢丝最小破断拉力总和=钢丝绳最小破断拉力×1.177。

（13）6×V19 类钢丝绳技术参数（二）（见表 7-347）

表 7-347 6×V19 类钢丝绳技术参数（二）（GB/T 20118—2017）

典型结构图	钢丝绳结构	股结构	外层钢丝数 总数	外层钢丝数 每股	钢丝绳直径范围/mm
6×V30-FC 6×V30-IWRC	6×V30	/6/-12-12	72	12	18~44

钢丝绳公称直径/mm	参考重量/(kg/100m) 纤维芯	参考重量/(kg/100m) 钢芯	1570 纤维芯	1570 钢芯	1770 纤维芯	1770 钢芯	1960 纤维芯	1960 钢芯
			钢丝绳最小破断拉力/kN					
18	131	139	165	175	186	197	206	218
20	162	172	203	216	229	243	254	270
22	196	208	246	261	278	295	307	326
24	233	247	293	311	330	351	366	388
26	274	290	344	365	388	411	429	456
28	318	336	399	423	450	477	498	528
30	365	386	458	486	516	548	572	606
32	415	439	521	553	587	623	650	690
36	525	556	659	700	743	789	823	873
40	648	686	814	864	918	974	1020	1080
44	784	831	985	1040	1110	1180	1230	1300

注：钢丝最小破断拉力总和=钢丝绳最小破断拉力×1.177（纤维芯）或 1.213（钢芯）。

（14）6×V19 类钢丝绳技术参数（三）（见表 7-348）

表 7-348 6×V19 类钢丝绳技术参数（三）（GB/T 20118—2017）

典型结构图	典型结构				钢丝绳直径范围/mm
	钢丝绳结构	股结构	外层钢丝数		
			总数	每股	
6×V34-FC　6×V34-IWRC	6×V34	/1×7-3/-12-12	72	12	24~48

钢丝绳公称直径/mm	参考重量/(kg/100m)		钢丝绳级					
			1570		1770		1960	
			钢丝绳最小破断拉力/kN					
	纤维芯	钢芯	纤维芯	钢芯	纤维芯	钢芯	纤维芯	钢芯
24	233	247	326	345	367	389	406	431
26	274	290	382	405	431	457	477	506
28	318	336	443	470	500	530	553	587
30	365	386	509	540	573	609	635	674
32	415	439	579	614	652	692	723	767
36	525	556	732	777	826	876	914	970
40	648	686	904	960	1020	1080	1130	1200
44	784	831	1090	1160	1230	1310	1370	1450
48	933	988	1300	1380	1470	1560	1630	1720

注：钢丝最小破断拉力总和=钢丝绳最小破断拉力×1.177（纤维芯）或 1.213（钢芯）。

（15）6×V37 类钢丝绳技术参数（一）（见表 7-349）

表 7-349 6×V37 类钢丝绳技术参数（一）（GB/T 20118—2017）

典型结构图	典型结构				钢丝绳直径范围/mm
	钢丝绳结构	股结构	外层钢丝数		
			总数	每股	
6×V37-FC　6×V37-IWRC	6×V37	/1×7-3/-12-15	90	15	24~56
	6×V43	/1×7-3/-15-18	108	18	28~60

钢丝绳公称直径/mm	参考重量/(kg/100m)		钢丝绳级					
			1570		1770		1960	
			钢丝绳最小破断拉力/kN					
	纤维芯	钢芯	纤维芯	钢芯	纤维芯	钢芯	纤维芯	钢芯
24	233	247	326	345	367	389	406	431
26	274	290	382	405	431	457	477	506
28	318	336	443	470	500	530	553	587
30	365	386	509	540	573	609	635	674
32	415	439	579	614	652	692	723	767
36	525	556	732	777	826	876	914	970
40	648	686	904	960	1020	1080	1130	1200
44	784	831	1090	1160	1230	1310	1370	1450
48	933	988	1300	1380	1470	1560	1630	1720
52	1090	1160	1530	1620	1720	1830	1910	2020
56	1270	1340	1770	1880	2000	2120	2210	2350
60	1460	1540	2030	2160	2290	2430	2540	2700

注：钢丝最小破断拉力总和=钢丝绳最小破断拉力×1.177（纤维芯）或 1.213（钢芯）。

（16）6×V37 类钢丝绳技术参数（二）（见表 7-350）

表 7-350　6×V37 类钢丝绳技术参数（二）（GB/T 20118—2017）

典型结构图		典型结构				钢丝绳直径范围/mm			
6×V37S-FC　6×V37S+IWRC		钢丝绳结构	股结构	外层钢丝数					
				总数	每股				
		6×V37S	/1×7-3/-12-15	90	15	24~56			
钢丝绳公称直径/mm	参考重量/(kg/100m)		钢丝绳级						
			1570		1770		1960		
			钢丝绳最小破断拉力/kN						
	纤维芯	钢芯	纤维芯	钢芯	纤维芯	钢芯	纤维芯	钢芯	
24	240	255	335	356	378	401	419	444	
26	282	299	394	418	444	471	491	521	
28	327	346	456	484	515	546	570	605	
30	375	398	524	556	591	627	654	694	
32	427	452	596	633	672	713	744	790	
36	541	573	754	801	851	903	942	999	
40	667	707	931	988	1050	1114	1160	1230	
44	808	855	1130	1200	1270	1348	1410	1490	
48	961	1020	1340	1420	1510	1600	1670	1780	
52	1130	1190	1570	1670	1770	1880	1970	2090	
56	1310	1390	1830	1940	2060	2180	2280	2420	

注：钢丝最小破断拉力总和=钢丝绳最小破断拉力×1.177（纤维芯）或 1.213（钢芯）。

（17）6×V8 类钢丝绳技术参数（见表 7-351）

表 7-351　6×V8 类钢丝绳技术参数（GB/T 20118—2017）

典型结构图		典型结构				钢丝绳直径范围/mm
6×V10-FC		钢丝绳结构	股结构	外层钢丝数		
				总数	每股	
		6×V10	▲-9	54	9	20~32
钢丝绳公称直径/mm	参考重量/(kg/100m)	钢丝绳级				
		1570		1770		1960
		钢丝绳最小破断拉力/kN				
20	170	227		256		284
22	206	275		310		343
24	245	327		369		409
26	287	384		433		480
28	333	446		502		556
30	383	512		577		639
32	435	582		656		727

注：钢丝最小破断拉力总和=钢丝绳最小破断拉力×1.156（纤维芯）。

（18）6×V25类钢丝绳技术参数（见表7-352）

表7-352　6×V25类钢丝绳技术参数（GB/T 20118—2017）

6×V28B-FC 典型结构图	典型结构				钢丝绳直径范围/mm
	钢丝绳结构	股结构	外层钢丝数		
			总数	每股	
	6×V25B	▲-12-12	72	12	24~44
	6×V28B	▲-12-15	90	15	24~56
	6×V31B	▲-12-18	108	18	26~60

钢丝绳公称直径/mm	参考重量/(kg/100m)	钢丝绳级		
		1570	1770	1960
		钢丝绳最小破断拉力/kN		
24	245	317	358	396
26	287	373	420	465
28	333	432	487	539
30	383	496	559	619
32	435	564	636	704
36	551	714	805	892
40	680	882	994	1100
44	823	1070	1200	1330
48	979	1270	1430	1580
52	1150	1490	1680	1860
56	1330	1730	1950	2160
60	1530	1980	2240	2480

注：钢丝最小破断拉力总和=钢丝绳最小破断拉力×1.176。

（19）8×7类钢丝绳技术参数（见表7-353）

表7-353　8×7类钢丝绳技术参数（GB/T 20118—2017）

8×7-FC　8×7-IWRC 典型结构图	典型结构				钢丝绳直径范围/mm
	钢丝绳结构	股结构	外层钢丝数		
			总数	每股	
	8×7	1-6	48	6	6~36

钢丝绳公称直径/mm	参考重量/(kg/100m)		钢丝绳级					
			1570		1770		1960	
			钢丝绳最小破断拉力/kN					
	纤维芯	钢芯	纤维芯	钢芯	纤维芯	钢芯	纤维芯	钢芯
6	11.8	14.1	16.4	20.3	18.5	22.9	20.5	25.3
7	16.0	19.2	22.4	27.6	25.2	31.1	27.9	34.5
8	20.9	25.0	29.2	36.1	33.0	40.7	36.5	45.0
9	26.5	31.7	37.0	45.7	41.7	51.5	46.2	57.0
10	32.7	39.1	45.7	56.4	51.5	63.5	57.0	70.4
11	39.6	47.3	55.3	68.2	62.3	76.9	69.0	85.1
12	47.1	56.3	65.8	81.2	74.2	91.5	82.1	101

（续）

钢丝绳公称直径/mm	参考重量/(kg/100m)		钢丝绳级					
			1570		1770		1960	
			钢丝绳最小破断拉力/kN					
	纤维芯	钢芯	纤维芯	钢芯	纤维芯	钢芯	纤维芯	钢芯
13	55.3	66.1	77.2	95.3	87.0	107	96.4	119
14	64.1	76.6	89.3	110	101	125	112	138
16	83.7	100	117	144	132	163	145	180
18	106	127	148	183	167	206	185	228
20	131	156	183	225	206	254	228	281
22	158	189	221	273	249	308	276	341
24	188	225	263	325	297	366	329	405
26	221	264	309	381	348	430	386	476
28	256	307	358	442	404	498	447	552
32	335	400	468	577	527	651	584	721
36	424	507	592	730	668	824	739	912

注：1. 直径为6~7mm的钢丝绳采用钢丝股芯（WSC）。表中给出的钢芯是独立的钢丝绳芯（IWRC）的数据。

2. 钢丝最小破断拉力总和=钢丝绳最小破断拉力×1.214（纤维芯）或1.360（钢芯）。

（20）8×19类钢丝绳技术参数（见表7-354）

表7-354　8×19类钢丝绳技术参数（GB/T 20118—2017）

典型结构图

钢丝绳结构	股结构	外层钢丝数总数	外层钢丝数每股	钢丝绳直径范围/mm
8×17S	1-8-8	64	8	8~36
8×19S	1-9-9	72	9	8~52
8×21F	1-5-5F-10	80	10	8~52
8×26WS	1-5-5+5-10	80	10	12~52
8×19W	1-6-6+6	96	12	12~52
8×25F	1-6-6F-12	96	12	12~60

钢丝绳公称直径/mm	参考重量/(kg/100m)		钢丝绳级							
			1570		1770		1960		2160	
			钢丝绳最小破断拉力/kN							
	纤维芯	钢芯	纤维芯	钢芯	纤维芯	钢芯	纤维芯	钢芯	纤维芯	钢芯
8	22.8	27.8	29.4	34.8	33.2	39.2	36.8	43.4	40.5	47.8
9	28.9	35.2	37.3	44.0	42.0	49.6	46.5	54.9	51.3	60.5
10	35.7	43.5	46.0	54.3	51.9	61.2	57.4	67.8	63.3	74.7
11	43.2	52.6	55.7	65.7	62.8	74.1	69.5	82.1	76.6	90.4
12	51.4	62.6	66.2	78.2	74.7	88.2	82.7	97.7	91.1	108
13	60.3	73.5	77.7	91.8	87.6	103	97.1	115	107	126
14	70.0	85.3	90.2	106	102	120	113	133	124	146
16	91.4	111	118	139	133	157	147	174	162	191
18	116	141	149	176	168	198	186	220	205	242
20	143	174	184	217	207	245	230	271	253	299
22	173	211	223	263	251	296	278	328	305	362
24	206	251	265	313	299	353	331	391	365	430
26	241	294	311	367	351	414	388	458	428	505
28	280	341	361	426	407	480	450	532	496	586
32	366	445	471	556	531	627	588	694	648	765

（续）

钢丝绳公称直径/mm	参考重量/（kg/100m）		钢丝绳级							
			1570		1770		1960		2160	
			钢丝绳最小破断拉力/kN							
	纤维芯	钢芯	纤维芯	钢芯	纤维芯	钢芯	纤维芯	钢芯	纤维芯	钢芯
36	463	564	596	704	672	794	744	879	820	969
40	571	696	736	869	830	980	919	1090	1010	1200
44	691	842	891	1050	1000	1190	1110	1310	1230	1450
48	823	1000	1060	1250	1190	1410	1320	1560	1460	1720
52	965	1180	1240	1470	1400	1660	1550	1830	1710	2020
56	1120	1360	1440	1700	1630	1920	1800	2130	1980	2340
60	1290	1570	1660	1960	1870	2200	2070	2440	2280	2690

注：钢丝最小破断拉力总和=钢丝绳最小破断拉力×1.214（纤维芯）或1.360（钢芯）。

（21）8×36类钢丝绳技术参数（见表7-355）

表7-355　8×36类钢丝绳技术参数（GB/T 20118—2017）

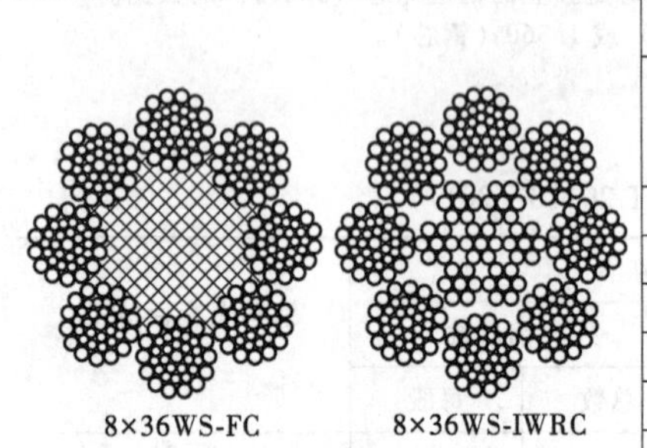

8×36WS-FC　　8×36WS-IWRC

典型结构图

典型结构				钢丝绳直径范围/mm
钢丝绳结构	股结构	外层钢丝数		
		总数	每股	
8×31WS	1-6-6+6-12	72	12	10~60
8×29F	1-7-7F-14	84	14	10~60
8×36WS	1-7-7+7-14	84	14	12~60
8×37FS	1-6-6F-12-12	72	12	12~60
8×41WS	1-8-8+8-16	96	16	34~60
8×46WS	1-9-9+9-18	108	18	40~60
8×49SWS	1-8-8-8+8-16	96	16	42~60
8×55SWS	1-9-9-9+9-18	108	18	44~60

钢丝绳公称直径/mm	参考重量/（kg/100m）		钢丝绳级							
			1570		1770		1960		2160	
			钢丝绳最小破断拉力/kN							
	纤维芯	钢芯	纤维芯	钢芯	纤维芯	钢芯	纤维芯	钢芯	纤维芯	钢芯
12	51.4	62.6	66.2	78.2	74.7	88.2	82.7	97.7	91.1	108
13	60.3	73.5	77.7	91.8	87.6	103	97.1	115	107	126
14	70.0	85.3	90.2	105	102	120	113	133	124	146
16	91.4	111	118	139	133	157	147	174	162	191
18	116	141	149	176	168	198	186	220	205	242
20	143	174	184	217	207	245	230	271	253	299
22	173	211	223	263	251	296	278	328	306	362
24	206	251	265	313	299	353	331	391	365	430
26	241	294	311	367	351	414	388	458	428	505
28	280	341	361	426	407	480	450	532	496	586
32	366	445	471	556	531	627	588	694	648	765
36	463	564	596	704	672	794	744	879	820	969
40	571	696	786	869	830	980	919	1090	1010	1200
44	691	842	891	1050	1000	1190	1110	1310	1230	1450
48	823	1000	1060	1250	1190	1410	1320	1560	1460	1720
52	965	1180	1240	1470	1400	1660	1550	1830	1710	2020
56	1120	1360	1440	1700	1630	1920	1800	2130	1980	2340
60	1290	1570	1660	1960	1870	2200	2070	2440	2280	2690

注：钢丝最小破断拉力总和=钢丝绳最小破断拉力×1.226（纤维芯）或1.374（钢芯）。

(22) 8×19M 和 8×37M 类钢丝绳技术参数（见表 7-356）

表 7-356 8×19M 和 8×37M 类钢丝绳技术参数（GB/T 20118—2017）

8×37M-FC 8×37M-IWRC

典型结构图

典型结构		外层钢丝数		钢丝绳直径范围/mm
钢丝绳结构	股结构	总数	每股	
8×19M	1-6/12	96	12	10~52
8×37M	1-6/12/18	144	18	16~60

钢丝绳公称直径/mm	参考重量/(kg/100m)		钢丝绳级					
			1570		1770		1960	
			钢丝绳最小破断拉力/kN					
	纤维芯	钢芯	纤维芯	钢芯	纤维芯	钢芯	纤维芯	钢芯
10	35.6	42.0	41.0	48.7	46.2	54.9	51.2	60.8
11	43.1	50.8	49.6	58.9	55.9	66.4	61.9	73.5
12	51.3	60.5	59.0	70.1	66.5	79.0	73.7	87.5
13	60.2	71.0	69.3	82.3	78.1	92.7	86.5	103
14	69.8	82.3	80.3	95.4	90.5	108	100	119
16	91.1	108	105	125	118	140	131	156
18	115	136	135	158	150	178	166	197
20	142	168	164	195	185	219	205	243
22	172	203	198	236	224	266	248	294
24	205	242	236	280	266	316	295	350
26	241	284	277	329	312	371	346	411
28	279	329	321	382	362	430	401	476
32	365	430	420	498	473	562	524	622
36	461	544	531	631	599	711	663	787
40	570	672	656	779	739	878	818	972
44	689	813	793	942	894	1060	990	1180
48	820	968	944	1120	1060	1260	1180	1400
52	963	1140	1110	1320	1250	1480	1380	1640
56	1120	1320	1280	1530	1450	1720	1600	1900
60	1280	1510	1470	1750	1660	1970	1840	2190

注：钢丝最小破断拉力总和=钢丝绳最小破断拉力×1.360（纤维芯）或 1.390（钢芯）。

(23) 23×7 类钢丝绳技术参数（见表 7-357）

表 7-357 23×7 类钢丝绳技术参数（GB/T 20118—2017）

15×7-IWRC 16×7-IWRC

典型结构图

典型结构		外层钢丝数		钢丝绳直径范围/mm
钢丝绳结构	股结构	总数	每股	
15×7	1-6	90	6	14~52
16×7	1-6	96	6	18~56

（续）

钢丝绳公称直径/mm	参考重量/(kg/100m)	钢丝绳级			
		1570	1770	1960	2160
		钢丝绳最小破断拉力/kN			
14	92	111	125	138	152
16	120	145	163	181	199
18	152	183	206	229	252
20	188	226	255	282	311
22	227	274	308	342	376
24	271	326	367	406	448
26	318	382	431	477	526
28	368	443	500	553	610
32	423	509	573	635	700
36	481	579	652	723	796
40	609	732	826	914	1010
44	752	904	1020	1130	1240
48	910	1090	1230	1370	—
52	1080	1300	1470	1630	—
56	1270	1530	1720	1910	—
60	1470	1770	2000	2210	—

注：钢丝最小破断拉力总和=钢丝绳最小破断拉力×1.316。

（24）18×7 类和 18×19 类钢丝绳技术参数（见表 7-358）

表 7-358　18×7 和 18×19 类钢丝绳技术参数（GB/T 20118—2017）

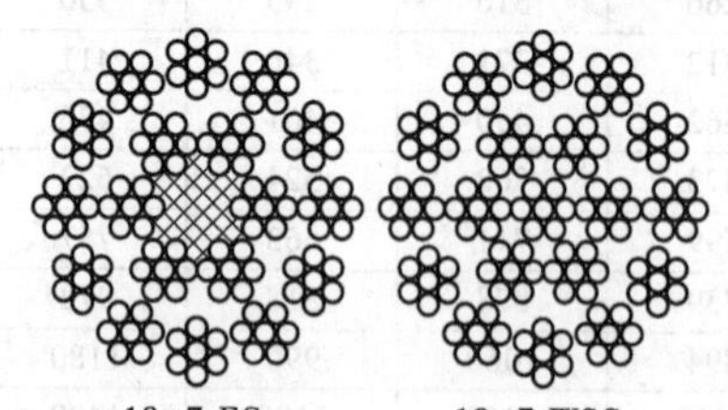

典型结构图

钢丝绳结构	股结构	外层钢丝数 总数	外层钢丝数 每股	钢丝绳直径范围/mm
17×7	1-6	66	6	6~52
18×7	1-6	72	6	6~60
18×19S	1-9-9	108	9	14~60
18×19W	1-6-6+6	144	12	14~60
18×19M	1-6/12	144	12	14~60

钢丝绳公称直径/mm	参考重量/(kg/100m)		钢丝绳级							
			1570		1770		1960		2160	
			钢丝绳最小破断拉力/kN							
	纤维芯	钢芯	纤维芯	钢芯	纤维芯	钢芯	纤维芯	钢芯	纤维芯	钢芯
6	14.0	15.5	17.5	18.5	19.8	20.9	21.9	23.1	24.1	25.5
7	19.1	21.1	23.8	25.2	26.9	28.4	29.8	31.5	32.8	34.7
8	25.0	27.5	31.1	33.0	35.1	37.2	38.9	41.1	42.9	45.3
9	31.6	34.8	39.4	41.7	44.4	47.0	49.2	52.1	54.2	57.4
10	39.0	43.0	48.7	51.5	54.9	58.1	60.8	64.3	67.0	70.8
11	47.2	52.0	58.9	62.3	66.4	70.2	73.5	77.8	81.0	85.7
12	56.2	61.9	70.1	74.2	79.0	83.6	87.5	92.6	96.4	102
13	65.9	72.7	82.3	87.0	92.7	98.1	103	109	113	120
14	76.4	84.3	95.4	101	108	114	119	126	131	139
16	100	110	125	132	140	149	156	165	171	181
18	126	139	158	167	178	188	197	208	217	230
20	156	172	195	206	219	232	243	257	268	283
22	189	208	236	249	266	281	294	311	324	343
24	225	248	280	297	316	334	350	370	386	408
26	264	291	329	348	371	392	411	435	453	479

（续）

钢丝绳公称直径/mm	参考重量/(kg/100m)		钢丝绳级							
			1570		1770		1960		2160	
			钢丝绳最小破断拉力/kN							
	纤维芯	钢芯	纤维芯	钢芯	纤维芯	钢芯	纤维芯	钢芯	纤维芯	钢芯
28	306	337	382	404	430	455	476	504	525	555
30	351	387	438	463	494	523	547	579	603	638
32	399	440	498	527	562	594	622	658	686	725
36	505	557	631	667	711	752	787	833	868	918
40	624	688	779	824	878	929	972	1030	1070	1130
44	755	832	942	997	1060	1120	1180	1240	1300	1370
48	899	991	1120	1190	1260	1340	1400	1480	1540	1630
52	1050	1160	1320	1390	1480	1570	1640	1740	1810	1920
56	1220	1350	1530	1610	1720	1820	1910	2020	2100	2220
60	1400	1550	1750	1850	1980	2090	2190	2310	2410	2550

注：钢丝最小破断拉力总和=钢丝绳最小破断拉力×1.283。

（25）34（M）×7类钢丝绳技术参数（见表7-359）

表7-359 34（M）×7类钢丝绳技术参数（GB/T 20118—2017）

典型结构图	钢丝绳结构	股结构	外层钢丝数 总数	外层钢丝数 每股	钢丝绳直径范围/mm
34(M)×7-FC　34(M)×7-WSC	34(M)×7	1-6	102	6	10~60
	36(M)×7	1-6	108	6	16~60

钢丝绳公称直径/mm	参考重量/(kg/100m)		钢丝绳级					
			1570		1770		1960	
			钢丝绳最小破断拉力/kN					
	纤维芯	钢芯	纤维芯	钢芯	纤维芯	钢芯	纤维芯	钢芯
10	40.0	43.0	48.4	49.9	54.5	56.3	60.4	62.3
11	48.4	52.0	58.5	60.4	66.0	68.1	73.0	75.4
12	57.6	61.9	69.6	71.9	78.5	81.1	86.9	89.8
13	67.6	72.7	81.7	84.4	92.1	95.1	102	105
14	78.4	84.3	94.8	97.9	107	110	118	122
16	102	110	124	128	140	144	155	160
18	130	139	157	162	177	182	196	202
20	160	172	193	200	218	225	241	249
22	194	208	234	242	264	272	292	302
24	230	248	279	288	314	324	348	359
26	270	291	327	337	369	380	408	421
28	314	337	379	391	427	441	473	489
30	360	387	435	449	491	507	543	561
32	410	440	495	511	558	576	618	638
36	518	557	627	647	707	729	782	808
40	640	688	774	799	872	901	966	997
44	774	832	936	967	1060	1090	1170	1210
48	922	991	1110	1150	1260	1300	1390	1440
52	1080	1160	1310	1350	1470	1520	1630	1690
56	1250	1350	1520	1570	1710	1770	1890	1950
60	1440	1550	1740	1800	1960	2030	2170	2240

注：钢丝最小破断拉力总和=钢丝绳最小破断拉力×1.334。

（26）35（W）×7 和 35（W）×19 类钢丝绳技术参数（见表 7-360）

表 7-360　35（W）×7 和 35（W）×19 类钢丝绳技术参数（GB/T 20118—2017）

35(W)×7
典型结构图

钢丝绳结构	股结构	外层钢丝数 总数	外层钢丝数 每股	钢丝绳直径范围/mm
35(W)×7	1-6	96	6	10~56
40(W)×7	1-6	108	6	28~60
35(W)×19S	1-9-9	144	9	36~60
35(W)×19W	1-6-6/6	192	12	36~60

钢丝绳公称直径/mm	参考重量/(kg/100m)	钢丝绳级 1570	1770	1960	2160
		钢丝绳最小破断拉力/kN			
10	46.0	56.5	63.7	70.6	75.6
11	55.7	68.4	77.1	85.4	91.5
12	66.2	81.4	91.8	102	109
13	77.7	95.5	108	119	128
14	90.2	111	125	138	148
16	118	145	163	181	194
18	149	183	206	229	245
20	184	226	255	282	302
22	223	274	308	342	366
24	265	326	367	406	435
26	311	382	431	477	511
28	361	443	500	553	593
30	414	509	573	635	680
32	471	579	652	723	774
36	596	732	826	914	980
40	736	904	1020	1130	1210
44	891	1090	1230	1370	1460
48	1060	1300	1470	1630	1740
52	1240	1530	1720	1910	2040
56	1440	1770	2000	2210	2370
60	1660	2030	2290	2540	2720

注：钢丝最小破断拉力总和=钢丝绳最小破断拉力×1.287。

（27）4×19 和 4×36 类钢丝绳技术参数（见表 7-361）

表 7-361　4×19 和 4×36 类钢丝绳技术参数（GB/T 20118—2017）

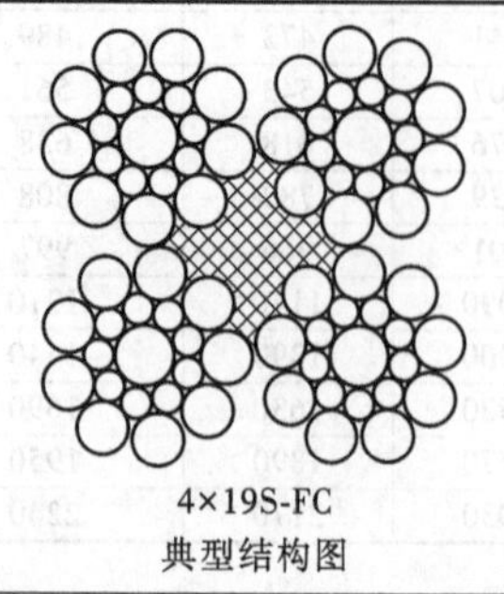
4×19S-FC
典型结构图

钢丝绳结构	股结构	外层钢丝数 总数	外层钢丝数 每股	钢丝绳直径范围/mm
4×19S	1-9-9	36	9	8~26
4×25F	1-6-6F-12	48	12	8~32
4×26WS	1-5-5+5-10	40	10	8~32
4×31WS	1-6-6+6-12	48	12	8~32
4×36WS	1-7-7+7F-14	56	14	10~36

（续）

钢丝绳公称直径/mm	参考重量/(kg/100m)	钢丝绳级		
		1570	1770	1960
		钢丝绳最小破断拉力/kN		
8	26.2	36.2	40.8	45.2
9	33.2	45.8	51.6	57.2
10	41.0	56.5	63.7	70.6
11	49.6	68.4	77.1	85.4
12	59.0	81.4	91.8	102
13	69.3	95.5	108	119
14	80.4	111	125	138
16	105	145	163	181
18	133	183	206	229
20	164	226	255	282
22	198	274	308	342
24	236	326	367	406
26	277	382	431	477
28	321	443	500	553
30	369	509	573	635
32	420	579	652	723
36	531	732	826	914

注：钢丝最小破断拉力总和=钢丝绳最小破断拉力×1.191。

（28）4×V39类钢丝绳技术参数（见表7-362）

表7-362 4×V39类钢丝绳技术参数（GB/T 20118—2017）

4×V39FC-FC典型结构图	典型结构				钢丝绳直径范围/mm
	钢丝绳结构	股结构	外层钢丝数		
			总数	每股	
	4×V39FC	FC-9/15-15	60	15	10~44
	4×V48SFC	FC-12/18-18	72	18	16~48

钢丝绳公称直径/mm	参考重量/(kg/100m)	钢丝绳级		
		1570	1770	1960
		钢丝绳最小破断拉力/kN		
10	41.0	56.5	63.7	70.6
11	49.6	68.4	77.1	85.4
12	59.0	81.4	91.8	102
13	69.3	95.5	108	119
14	80.4	111	125	138
16	105	145	163	181
18	133	183	206	229
20	164	226	255	282
22	198	274	308	342
24	236	326	367	406
26	277	382	431	477
28	321	443	500	553
30	369	509	573	635
32	420	579	652	723
36	531	732	826	914
40	656	904	1020	1130
44	794	1090	1230	1370
48	945	1300	1470	1630

注：钢丝最小破断拉力总和=钢丝绳最小破断拉力×1.191。

(29) 1×7 类钢丝绳技术参数（见表 7-363）

表 7-363　1×7 类钢丝绳技术参数（GB/T 20118—2017）

钢丝绳公称直径/mm	参考重量/(kg/100m)	公称金属横截面积/mm^2	钢丝绳级		
			1570	1770	1960
			钢丝绳最小破断拉力/kN		
0.6	0.19	0.22	0.31	0.34	0.38
1.2	0.75	0.86	1.22	1.38	1.52
1.5	1.17	1.35	1.91	2.15	2.38
1.8	1.69	1.94	2.75	3.10	3.43
2	2.09	2.40	3.39	3.82	4.23
3	4.70	5.40	7.63	8.60	9.53
4	8.35	9.60	13.6	15.3	16.9
5	13.1	15.0	21.2	23.9	26.5
6	18.8	21.6	30.5	34.4	38.1
7	25.6	29.4	41.5	46.8	51.9
8	33.4	38.4	54.3	61.2	67.7
9	42.3	48.6	68.7	77.4	85.7
10	52.2	60.0	84.8	93.6	106
11	63.2	72.6	103	116	128
12	75.2	86.4	122	138	152

注：钢丝最小破断拉力总和=钢丝绳最小破断拉力×1.111。

(30) 1×19 类钢丝绳技术参数（见表 7-364）

表 7-364　1×19 类钢丝绳技术参数（GB/T 20118—2017）

钢丝绳公称直径/mm	参考重量/(kg/100m)	公称金属横截面积/(mm^2)	钢丝绳级		
			1570	1770	1960
			钢丝绳最小破断拉力/kN		
1	0.51	0.59	0.83	0.94	1.04
2	2.03	2.35	3.33	3.75	4.16
3	4.56	5.29	7.49	8.44	9.35
4	8.11	9.41	13.3	15.0	16.6
5	12.7	14.7	20.8	23.5	26.0
6	18.3	21.2	30.0	33.8	37.4
7	24.8	28.8	40.8	46.0	50.9
8	32.4	37.6	53.3	60.0	66.5
9	41.1	47.6	67.4	76.0	84.1
10	50.7	58.8	83.2	93.8	104
11	61.3	71.1	101	114	126
12	73.0	84.7	120	135	150
13	85.7	99.4	141	159	176
14	99.4	115	163	184	204
15	114	132	187	211	234
16	130	151	213	240	266
18	164	191	270	304	337
20	203	236	333	375	416

注：钢丝最小破断拉力总和=钢丝绳最小破断拉力×1.111。

(31) 1×37 类钢丝绳技术参数（见表 7-365）

表 7-365　1×37 类钢丝绳技术参数（GB/T 20118—2017）

钢丝绳公称直径/mm	参考重量/(kg/100m)	公称金属横截面积/(mm²)	钢丝绳级		
			1570	1770	1960
			钢丝绳最小破断拉力/kN		
1.4	0.98	1.14	1.51	1.70	1.97
2.1	2.21	2.56	3.39	3.82	4.43
3	4.51	5.23	7.23	8.16	9.03
4	8.02	9.31	12.9	14.5	16.1
5	12.5	14.5	20.1	22.7	25.1
6	18.0	20.9	28.9	32.6	36.1
7	24.5	28.5	39.4	41.4	49.2
8	32.1	37.2	51.4	58.0	64.2
9	40.6	47.1	65.1	73.4	81.3
10	50.1	58.2	80.4	90.6	100
11	60.6	70.4	97.3	110	121
12	72.1	83.8	116	130	145
13	84.7	98.3	136	153	170
14	98.2	114	158	178	197
15	113	131	181	204	226
16	128	149	206	232	257
18	162	188	260	294	325
20	200	233	322	362	401
22	242	282	389	439	484
24	289	335	463	522	576
26	339	393	543	613	676
28	393	456	630	710	784

注：钢丝最小破断拉力总和=钢丝绳最小破断拉力×1.136。

（32）1×61 类钢丝绳技术参数（见表 7-366）

表 7-366　1×61 类钢丝绳技术参数（GB/T 20118—2017）

钢丝绳公称直径/mm	参考重量/(kg/100m)	公称金属横截面积/(mm²)	钢丝绳级		
			1570	1770	1960
			钢丝绳最小破断拉力/kN		
16	125	154	205	231	256
17	141	173	231	261	289
18	158	194	259	292	324
19	176	217	289	326	361
20	195	240	320	361	400
22	236	290	388	437	484
24	281	345	461	520	576
26	329	405	541	610	676
29	382	470	673	759	841
30	438	540	721	812	900
32	499	614	820	924	1020
34	563	693	926	1040	1160
36	631	777	1040	1170	1290

注：钢丝最小破断拉力总和=钢丝绳最小破断拉力×1.176。

7.9.2 重要用途钢丝绳

1. 重要用途钢丝绳的类别与规格（见表 7-367）

表 7-367 重要用途钢丝绳的类别与规格（GB/T 8918—2006）

组别	类别		分类原则	典型结构		直径范围/mm
				钢丝绳	股绳	
1	圆股钢丝绳	6×7	6个圆股,每股外层丝可到7根,中心丝(或无)外捻制1~2层钢丝,钢丝等捻距	6×7 6×9W	(1+6) (3+3/3)	8~36 14~36
2	圆股钢丝绳	6×19	6个圆股,每股外层丝8~12根,中心丝外捻制2~3层钢丝,钢丝等捻距	6×19S 6×19W 6×25Fi 6×26WS 6×31WS	(1+9+9) (1+6+6/6) (1+6+6F+12) (1+5+5/5+10) (1+6+6/6+12)	12~36 12~40 12~44 20~40 22~46
3	圆股钢丝绳	6×37	6个圆股,每股外层丝14~18根,中心丝外捻制3~4层钢丝,钢丝等捻距	6×29Fi 6×36WS 6×37S (点线接触) 6×41WS 6×49SWS 6×55SWS	(1+7+7F+14) (1+7+7/7+14) (1+6+15+15) (1+8+8/8+16) (1+8+8+8/8+16) (1+9+9+9/9+18)	14~44 18~60 20~60 32~56 36~60 36~64
4	圆股钢丝绳	8×19	8个圆股,每股外层丝8~12根,中心丝外捻制2~3层钢丝,钢丝等捻距	8×19S 8×19W 8×25Fi 8×26WS 8×31WS	(1+9+9) (1+6+6/6) (1+6+6F+12) (1+5+5/5+10) (1+6+6/6+12)	20~44 18~48 16~52 24~48 26~56
5	圆股钢丝绳	8×37	8个圆股,每股外层丝14~18根,中心丝外捻制3~4层钢丝,钢丝等捻距	8×36WS 8×41WS 8×49SWS 8×55SWS	(1+7+7/7+14) (1+8+8/8+16) (1+8+8+8/8+16) (1+9+9+9/9+18)	22~60 40~56 44~64 44~64
6	圆股钢丝绳	18×7	钢丝绳中有17或18个圆股,每股外层丝4~7根,在纤维芯或钢芯外捻制2层股	17×7 18×7	(1+6) (1+6)	12~60 12~60
7	圆股钢丝绳	18×19	钢丝绳中有17或18个圆股,每股外层丝8~12根,钢丝等捻距,在纤维芯或钢芯外捻制2层股	18×19W 18×19S	(1+6+6/6) (1+9+9)	24~60 28~60
8	圆股钢丝绳	34×7	钢丝绳中有34~36个圆股,每股外层丝可到7根,在纤维芯或钢芯外捻制3层股	34×7 36×7	(1+6) (1+6)	16~60 20~60
9	圆股钢丝绳	35W×7	钢丝绳中有24~40个圆股,每股外层丝4~8根,在纤维芯或钢芯(钢丝)外捻制3层股	35W×7 24W×7	(1+6)	16~60
10	异形股钢丝绳	6V×7	6个三角形股,每股外层丝7~9根,三角形股芯外捻制1层钢丝	6V×18 6V×19	(/3×2+3/+9) (/1×7+3/+9)	20~36 20~36
11	异形股钢丝绳	6V×19	6个三角形股,每股外层丝10~14根,三角形股芯或纤维芯外捻制2层钢丝	6V×21 6V×24 6V×30 6V×34	(FC+9+12) (FC+12+12) (6+12+12) (/1×7+3/+12+12)	18~36 18~36 20~38 28~44
12	异形股钢丝绳	6V×37	6个三角形股,每股外层丝15~18根,三角形股芯外捻制2层钢丝	6V×37 6V×37S 6V×43	(/1×7+3/+12+15) (/1×7+3/+12+15) (/1×7+3/+15+18)	32~52 32~52 38~58

（续）

组别	类别		分类原则	典型结构		直径范围/mm
				钢丝绳	股绳	
13	异形股钢丝绳	4V×39	4个扇形股，每股外层丝15～18根，纤维股芯外捻制3层钢丝	4V×39S 4V×48S	(FC+9+15+15) (FC+12+18+18)	16～36 20～40
14		6Q×19 +6V×21	钢丝绳中有12～14个股，在6个三角形股外，捻制6～8个椭圆股	6Q×19+ 6V×21 6Q×33+ 6V×21	外股(5+14) 内股(FC+9+12) 外股(5+13+15) 内股(FC+9+12)	40～52 40～60

注：1. 13组及11组中异形股钢丝绳中6V×21、6V×24结构仅为纤维绳芯，其余组别的钢丝绳，可由需方指定纤维芯或钢芯。

2. 三角形股芯的结构可以相互代替，或改用其他结构的三角形股芯，但应在订货合同中注明。

2. 重要用途钢丝绳的主要用途（见表7-368）

表7-368 重要用途钢丝绳的主要用途（GB/T 8918—2006）

用途		名称	结构	备注
立井提升		三角股钢丝绳	6V×37S 6V×37 6V×34 6V×30 6V×43 6V×21	
		线接触钢丝绳	6×19S 6×19W 6×25Fi 6×29Fi 6×26WS 6×31WS 6×36WS 6×41WS	推荐同向捻
		多层股钢丝绳	18×7 17×7 35W×7 24W×7	用于钢丝绳罐道的立井
			6Q×19+6V×21 6Q×33+6V×21	
开凿立井提升（建井用）		多层股钢丝绳及异形股钢丝绳	6Q×33+6V×21 17×7 18×7 34×7 36×7 6Q×19+6V×21 4V×39S 4V×48S 35W×7 24W×7	
立井平衡绳		钢丝绳	6×37S 6×36WS 4V×39S 4V×48S	仅适用于交互捻
		多层股钢丝绳	17×7 18×7 34×7 36×7 35W×7 24W×7	仅适用于交互捻
斜井提升（绞车）		三角股钢丝绳	6V×18 6V×19	
		钢丝绳	6×7 6×9W	推荐同向捻
高炉卷扬		三角股钢丝绳	6V×37S 6V×37 6V×30 6V×34 6V×43	
		线接触钢丝绳	6×19S 6×25Fi 6×29Fi 6×26WS 6×31WS 6×36WS 6×41WS	
立井罐道及索道		三角股钢丝绳	6V×18 6V×19	
		多层股钢丝绳	18×7 17×7	推荐同向捻
露天斜坡卷扬		三角股钢丝绳	6V×37S 6V×37 6V×30 6V×34 6V×43	
		线接触钢丝绳	6×36WS 6×37S 6×41WS 6×49SWS 6×55SWS	推荐同向捻
石油钻井		线接触钢丝绳	6×19S 6×19W 6×25Fi 6×29Fi 6×26WS 6×31WS 6×36WS	也可采用钢芯
钢绳牵引胶带运输机、索道及地面缆车		线接触钢丝绳	6×19S 6×19W 6×25Fi 6×29Fi 6×26WS 6×31WS 6×36WS 6×41WS	推荐同向捻 6×19W不适合索道
挖掘机（电铲卷扬）		线接触钢丝绳	6×19S+IWR 6×25Fi+IWR 6×19W+IWR 6×29Fi+IWR 6×26WS+IWR 6×31WS+IWR 6×36WS+IWR 6×55SWS+IWR 6×49SWS+IWR 35W×7 24W×7	推荐同向捻
		三角股钢丝绳	6V×30 6V×34 6V×37 6V×37S 6V×43	
起重机	大型浇注起重机	线接触钢丝绳	6×19S+IWR 6×19W+IWR 6×25Fi+IWR 6×36WS+IWR 6×41WS+IWR	

（续）

用途		名称	结构	备注
起重机	港口装卸、水利工程及建筑用塔式起重机	多层股钢丝绳	18×19S 18×19W 34×7 36×7 35W×7 24W×7	
		四股扇形股钢丝绳	4V×39S 4V×48S	
	繁忙起重及其他重要用途	线接触钢丝绳	6×19S 6×19W 6×25Fi 6×29Fi 6×26WS 6×31WS 6×36WS 6×37S 6×41WS 6×49SWS 6×55SWS 8×19S 8×19W 8×25Fi 8×26WS 8×31WS 8×36WS 8×41WS 8×49SWS 8×55SWS	
		四股扇形股钢丝绳	4V×39S 4V×48S	
热移钢机（轧钢厂推钢台）		线接触钢丝绳	6×19S+IWR 6×19W+IWR 6×25Fi+IWR 6×29Fi+IWR 6×31WS+IWR 6×37S+IWR 6×36WS+IWR	
船舶装卸		线接触钢丝绳	6×19W 6×25Fi 6×29Fi 6×31WS 6×36WS 6×37S	镀锌
		多层股钢丝绳	18×19S 18×19W 34×7 36×7 35W×7 24W×7	
		四股扇形股钢丝绳	4V×39S 4V×48S	
拖船、货网		钢丝绳	6×31WS 6×36WS 6×37S	镀锌
船舶张拉桅杆吊桥		钢丝绳	6×7+IWS 6×19S+IWR	镀锌
打捞沉船		钢丝绳	6×37S 6×36WS 6×41WS 6×49SWS 6×31WS 6×55SWS 8×19S 8×19W 8×31WS 8×36WS 8×41WS 8×49SWS 8×55SWS	镀锌

注：1. 腐蚀是主要报废原因时，应采用镀锌钢丝绳。
2. 钢丝绳工作时，终端不能自由旋转，或虽有反拨力，但不能相互纠合在一起的工作场合，应采用同向捻钢丝绳。

7.9.3 起重机用钢丝绳

起重机用钢丝绳的结构和公称直径见表7-369。

表7-369 起重机用钢丝绳的结构和公称直径（GB/T 34198—2017）

组别	类别	钢丝绳		外层股				典型结构		公称直径范围/mm
		股数	外层股数	股的层数	钢丝数	外层钢丝数	钢丝层数	绳结构	股结构	
1	6×19M	6	6	1	12~19	9~12	2	6×19	(1-6/12)	6~46
2	6×19	6	6	1	15~26	7~12	2~3	6×19S	(1-9-9)	8~36
								6×19W	(1-6-6+6)	8~40
								6×25F	(1-6-6F-12)	12~44
								6×26WS	(1-5-5+5-10)	12~40
3	6×K19							6×K25F	(1-6-6F-12)	12~44
								6×K26WS	(1-5-5+5-10)	12~40

（续）

组别	类别	钢丝绳			外层股			典型结构		公称直径范围/mm
		股数	外层股数	股的层数	钢丝数	外层钢丝数	钢丝层数	绳结构	股结构	
4	8×19	8	8	1	15～26	7～12	2～3	8×25F	(1-6-6F-12)	12～52
								8×26WS	(1-5-5+5-10)	12～48
5	8×K19							8×K25F	(1-6-6F-12)	12～52
								8×K26WS	(1-5-5+5-10)	12～48
6	6×36	6	6	1	29～57	12～18	3～4	6×29F	(1-7-7F-14)	12～44
								6×31WS	(1-6-6+6-12)	12～46
								6×36WS	(1-7-7+7-14)	12～60
								6×41WS	(1-8-8+8-16)	12～60
								6×49SWS	(1-8-8-8+8-16)	36～60
								6×55SWS	(1-9-9-9+9-18)	36～64
7	6×K36							6×K29F	(1-7-7F-14)	12～44
								6×K31WS	(1-6-6+6-12)	12～46
								6×K36WS	(1-7-7+7-14)	12～68
								6×K41WS	(1-8-8+8-16)	12～68
8	8×36	8	8	1	29～57	12～18	3～4	8×36WS	(1-7-7+7-14)	12～60
								8×41WS	(1-8-8+8-16)	12～60
								8×49SWS	(1-8-8-8+8-16)	44～64
								8×55SWS	(1-9-9-9+9-18)	44～64
9	8×K36							8×K36WS	(1-7-7+7-14)	12～70
								8×K41WS	(1-8-8+8-16)	12～70
10	8×K36WS-PWRC(K)	16	8	2	29～57	12～18	3～4	8×K36WS-PWRC(K)	(1-7-7+7-14)	12～60
11	18×7	17～18	10～12	2	5～9	4～8	1	18×7	(1-6)	8～60
12	18×K7							18×K7	(1-6)	16～60
13	18×19M	17～18	10～12	2	15～26	7～12	2～3	18×19	(1-6-12)	12～60
14	18×19							18×19W	(1-6-6+6)	12～60
								18×19S	(1-9-9)	12～60
15	35(W)×7	27～40	15～18	3	5～9	4～8	1	35(W)×7 40(W)×7	(1-6)	8～60
16	35(W)×K7							35(W)×K7 40(W)×K7	(1-6)	8～60
17	23×K7	21～27	15～18	2	5～9	4～8	1	15×K7	(1-6)	16～60
18	6×V25	6	6	1	15～34	9～18	1	6×V30	(6-12-12)	20～44
								6×V25B	(/1×7-3/12-12)	20～44
								6×V28BS	(/1×7-3/-12-15)	32～52
								6×V28B	(/1×7-3/-12-15)	32～52
								6×V34B	(/1×7-3/-15-18)	38～60
19	K4×35N	4	4	1	28～48	12～18	3	K4×39FCNS	(FC-9-15-15)	8～48
								K4×48FCNS	(FC-12-18-18)	20～50

注：1. 三角股组合芯如/1×7-3/，记为一根钢丝。

2. 与原有的如 GB 8918 等国家标准比较，有部分与 GB/T 8706 不一致的习惯写法做了规范：K4×35N 习惯记为 4V×39 类，K4×39FCNS 习惯记为 4V×39S，K4×48FCNS 习惯记为 4V×48S，6×V25 习惯记为 6V×19、6V×37 类，6×V25B 习惯记为 6V×34，6× V28B 习惯记为 6V×37，6× V28BS 习惯记为 6V× 37S，6×V34B 习惯记为 6V×43。

7.9.4 输送带用钢丝绳

1. 6×7-WSC 输送带用钢丝绳的技术参数（见表 7-370）

表 7-370 6×7-WSC 输送带用钢丝绳的技术参数（GB/T 12753—2020）

典型结构		外层钢丝数	
钢丝绳结构	股结构	总数	每股
6×7-WSC	1-6	36	6

钢丝绳直径 公称直径 D/mm	钢丝绳直径 允许偏差	最小破断拉力/kN Ⅰ	最小破断拉力/kN Ⅱ	最小破断拉力/kN Ⅲ	最小破断拉力/kN Ⅳ	参考重量/(kg/100m)
2.50	+5%D -2%D	5.9	6.1	6.4	6.6	2.5
2.60		6.3	6.6	6.9	7.2	2.7
2.70		6.8	7.1	7.4	7.7	2.9
2.80		7.4	7.7	8.0	8.3	3.1
2.90		7.9	8.2	8.6	8.9	3.4
3.00		8.4	8.8	9.2	9.6	3.6
3.10		9.0	9.4	9.8	10.2	3.8
3.20		9.6	10.0	10.5	10.9	4.1
3.30		10.2	10.7	11.1	11.6	4.4
3.40		10.8	11.3	11.8	12.3	4.6
3.50		11.5	12.0	12.5	13.0	4.9
3.60		12.2	12.7	13.2	13.8	5.2
3.70		12.8	13.4	14.0	14.5	5.5
3.80		13.5	14.1	14.7	15.3	5.8
3.90		14.3	14.9	15.5	16.2	6.1
4.00		15.0	15.7	16.3	17.0	6.4
4.10		15.8	16.5	17.2	17.9	6.7
4.20		16.5	17.3	18.0	18.7	7.1
4.30		17.3	18.1	18.9	19.6	7.4
4.40		18.2	19.0	19.8	20.6	7.7
4.50		19.0	19.8	20.7	21.5	8.1
4.60		19.8	20.7	21.6	22.5	8.5
4.70		20.7	21.6	22.6	23.5	8.8
4.80		21.6	22.6	23.5	24.5	9.2
4.90		22.5	23.5	24.5	25.5	9.6
5.00		23.4	24.5	25.5	26.6	10.0
5.10		24.4	25.5	26.6	27.6	10.4
5.20		25.4	26.5	27.6	28.7	10.8
5.30		26.3	27.5	28.7	29.8	11.2
5.40		27.3	28.6	29.8	31.0	11.7
5.50		28.4	29.6	30.9	32.1	12.1
5.60		29.4	30.7	32.0	33.3	12.5
5.70		30.5	31.8	33.2	34.5	13.0
5.80		31.6	32.9	34.3	35.7	13.5
5.90		32.6	34.1	35.5	37.0	13.9

2. 6×19-WSC 输送带用钢丝绳的技术参数（见表 7-371）

表 7-371　6×19-WSC 输送带用钢丝绳的技术参数（GB/T 12753—2020）

<table>
<tr><td colspan="2" rowspan="4"></td><td colspan="5">典型结构</td></tr>
<tr><td rowspan="2">钢丝绳结构</td><td rowspan="2">股结构</td><td colspan="3">外层钢丝数</td></tr>
<tr><td colspan="2">总数</td><td>每股</td></tr>
<tr><td>6×19-WSC</td><td>1-6/12</td><td colspan="2">72</td><td>12</td></tr>
<tr><td colspan="2">钢丝绳直径</td><td colspan="4">最小破断拉力/kN</td><td rowspan="2">参考重量/(kg/100m)</td></tr>
<tr><td>公称直径 D/mm</td><td>允许偏差</td><td>Ⅰ</td><td>Ⅱ</td><td>Ⅲ</td><td>Ⅳ</td></tr>
<tr><td>6.0</td><td rowspan="20">+5%D
-2%D</td><td>30.0</td><td>31.4</td><td>32.7</td><td>34.0</td><td>13.3</td></tr>
<tr><td>6.2</td><td>32.1</td><td>33.5</td><td>34.9</td><td>36.3</td><td>14.2</td></tr>
<tr><td>6.4</td><td>34.2</td><td>35.7</td><td>37.2</td><td>38.7</td><td>15.1</td></tr>
<tr><td>6.6</td><td>36.3</td><td>37.9</td><td>39.5</td><td>41.1</td><td>16.1</td></tr>
<tr><td>6.8</td><td>38.6</td><td>40.3</td><td>42.0</td><td>43.7</td><td>17.1</td></tr>
<tr><td>7.0</td><td>40.9</td><td>42.7</td><td>44.5</td><td>46.3</td><td>18.1</td></tr>
<tr><td>7.2</td><td>43.2</td><td>45.1</td><td>47.1</td><td>49.0</td><td>19.1</td></tr>
<tr><td>7.4</td><td>45.7</td><td>47.7</td><td>49.7</td><td>51.7</td><td>20.2</td></tr>
<tr><td>7.6</td><td>48.2</td><td>50.3</td><td>52.4</td><td>54.6</td><td>21.3</td></tr>
<tr><td>7.8</td><td>50.7</td><td>53.0</td><td>55.2</td><td>57.5</td><td>22.4</td></tr>
<tr><td>8.0</td><td>53.4</td><td>55.7</td><td>58.1</td><td>60.5</td><td>23.6</td></tr>
<tr><td>8.2</td><td>56.1</td><td>58.6</td><td>61.0</td><td>63.5</td><td>24.8</td></tr>
<tr><td>8.4</td><td>58.8</td><td>61.4</td><td>64.1</td><td>66.7</td><td>26.0</td></tr>
<tr><td>8.6</td><td>61.7</td><td>64.4</td><td>67.1</td><td>69.9</td><td>27.3</td></tr>
<tr><td>8.8</td><td>64.6</td><td>67.4</td><td>70.3</td><td>73.2</td><td>28.6</td></tr>
<tr><td>9.0</td><td>67.5</td><td>70.5</td><td>73.5</td><td>76.5</td><td>29.9</td></tr>
<tr><td>9.2</td><td>70.6</td><td>73.7</td><td>76.8</td><td>80.0</td><td>31.2</td></tr>
<tr><td>9.4</td><td>73.7</td><td>76.9</td><td>80.2</td><td>83.5</td><td>32.6</td></tr>
<tr><td>9.6</td><td>76.9</td><td>80.3</td><td>83.7</td><td>87.1</td><td>34.0</td></tr>
<tr><td>9.8</td><td>80.1</td><td>83.6</td><td>87.2</td><td>90.7</td><td>35.4</td></tr>
<tr><td>10.0</td><td rowspan="23">+4%D
-2%D</td><td>83.4</td><td>87.1</td><td>90.8</td><td>94.5</td><td>36.9</td></tr>
<tr><td>10.2</td><td>86.8</td><td>90.6</td><td>94.4</td><td>98.3</td><td>38.4</td></tr>
<tr><td>10.4</td><td>90.2</td><td>94.2</td><td>98.2</td><td>102</td><td>39.9</td></tr>
<tr><td>10.6</td><td>93.7</td><td>97.8</td><td>102</td><td>106</td><td>41.5</td></tr>
<tr><td>10.8</td><td>97.3</td><td>102</td><td>106</td><td>110</td><td>43.0</td></tr>
<tr><td>11.0</td><td>101</td><td>105</td><td>110</td><td>114</td><td>44.6</td></tr>
<tr><td>11.2</td><td>105</td><td>109</td><td>114</td><td>119</td><td>46.3</td></tr>
<tr><td>11.4</td><td>108</td><td>113</td><td>118</td><td>123</td><td>48.0</td></tr>
<tr><td>11.6</td><td>112</td><td>117</td><td>122</td><td>127</td><td>49.7</td></tr>
<tr><td>11.8</td><td>116</td><td>121</td><td>126</td><td>132</td><td>51.4</td></tr>
<tr><td>12.0</td><td>120</td><td>125</td><td>131</td><td>136</td><td>53.1</td></tr>
<tr><td>12.2</td><td>124</td><td>130</td><td>135</td><td>141</td><td>54.9</td></tr>
<tr><td>12.4</td><td>128</td><td>134</td><td>140</td><td>145</td><td>56.7</td></tr>
<tr><td>12.6</td><td>132</td><td>138</td><td>144</td><td>150</td><td>58.6</td></tr>
<tr><td>12.8</td><td>137</td><td>143</td><td>149</td><td>155</td><td>60.5</td></tr>
<tr><td>13.0</td><td>141</td><td>147</td><td>153</td><td>159</td><td>62.4</td></tr>
<tr><td>13.2</td><td>145</td><td>152</td><td>158</td><td>164</td><td>64.3</td></tr>
<tr><td>13.4</td><td>150</td><td>156</td><td>163</td><td>169</td><td>66.3</td></tr>
<tr><td>13.6</td><td>154</td><td>161</td><td>167</td><td>174</td><td>68.3</td></tr>
<tr><td>13.8</td><td>159</td><td>166</td><td>173</td><td>180</td><td>70.3</td></tr>
<tr><td>14.0</td><td>164</td><td>171</td><td>178</td><td>185</td><td>72.3</td></tr>
<tr><td>14.5</td><td>175</td><td>183</td><td>191</td><td>198</td><td>77.6</td></tr>
<tr><td>15.0</td><td>188</td><td>196</td><td>204</td><td>212</td><td>83.0</td></tr>
</table>

注：直径大于或等于 12mm 的钢丝绳中心股的中心丝也可以采用 1×3 结构钢丝股代替。

3. 6×19W-WSC 输送带用钢丝绳的技术参数（见表 7-372）

表 7-372 6×19W-WSC 输送带用钢丝绳的技术参数（GB/T 12753—2020）

		典型结构				
		钢丝绳结构		股结构	外层钢丝数 总数	外层钢丝数 每股
		6×19W-WSC		1-6-6+6	72	12
钢丝绳直径		最小破断拉力/kN				参考重量/(kg/100m)
公称直径 D/mm	允许偏差	Ⅰ	Ⅱ	Ⅲ	Ⅳ	
6.0	+5%D −2%D	31.4	32.8	34.2	35.6	14.7
6.2		33.5	35.0	36.5	38.0	15.7
6.4		35.7	37.3	38.9	40.5	16.7
6.6		38.0	39.7	41.4	43.0	17.8
6.8		40.3	42.1	43.9	45.7	18.9
7.0		42.7	44.6	46.5	48.4	20.0
7.2		45.2	47.2	49.2	51.2	21.2
7.4		47.8	49.9	52.0	54.1	22.3
7.6		50.4	52.6	54.8	57.1	23.6
7.8		53.1	55.4	57.8	60.1	24.8
8.0		55.8	58.3	60.8	63.2	26.1
8.2		58.7	61.3	63.8	66.4	27.4
8.4		61.6	64.3	67.0	69.7	28.8
8.6		64.5	67.4	70.2	73.1	30.2
8.8		67.6	70.5	73.5	76.5	31.6
9.0		70.7	73.8	76.9	80.0	33.0
9.2		73.8	77.1	80.4	83.6	34.5
9.4		77.1	80.5	83.9	87.3	36.1
9.6		80.4	84.0	87.5	91.1	37.6
9.8		83.8	87.5	91.2	94.9	39.2
10.0	+4%D −2%D	87.2	91.1	95.0	98.8	40.8
10.2		90.8	94.8	98.8	103	42.4
10.4		94.4	98.5	103	107	44.1
10.6		98.0	102	107	111	45.8
10.8		102	106	111	115	47.6
11.0		106	110	115	120	49.4
11.2		109	114	119	124	51.2
11.4		113	118	123	128	53.0
11.6		117	123	128	133	54.9
11.8		121	127	132	138	56.8
12.0		126	131	137	142	58.8
12.2		130	136	141	147	60.7
12.4		134	140	146	152	62.7
12.6		138	145	151	157	64.8
12.8		143	149	156	162	66.8
13.0		147	154	160	167	69.0
13.2		152	159	165	172	71.1
13.4		157	164	171	177	73.3
13.6		161	168	176	183	75.5
13.8		166	173	181	188	77.7
14.0		171	179	186	194	80.0
14.5		183	192	200	208	85.8
15.0		196	205	214	222	91.8

注：直径大于或等于 12mm 的钢丝绳中心股的中心丝也可以采用 1×3 结构钢丝股代替。

第8章 工模具钢

8.1 工模具钢的牌号和化学成分

1. 刃具模具用非合金钢的牌号和化学成分（见表8-1）

表8-1 刃具模具用非合金钢的牌号和化学成分（GB/T 1299—2014）

统一数字代号	牌号	化学成分(质量分数,%)		
		C	Si	Mn
T00070	T7	0.65~0.74	≤0.35	≤0.40
T00080	T8	0.75~0.84	≤0.35	≤0.40
T01080	T8Mn	0.80~0.90	≤0.35	0.40~0.60
T00090	T9	0.85~0.94	≤0.35	≤0.40
T00100	T10	0.95~1.04	≤0.35	≤0.40
T00110	T11	1.05~1.14	≤0.35	≤0.40
T00120	T12	1.15~1.24	≤0.35	≤0.40
T00130	T13	1.25~1.35	≤0.35	≤0.40

注：表中钢可供应高级优质钢，此时牌号后加“A”。

2. 量具刃具用钢的牌号和化学成分（见表8-2）

表8-2 量具刃具用钢的牌号和化学成分（GB/T 1299—2014）

统一数字代号	牌号	化学成分(质量分数,%)				
		C	Si	Mn	Cr	W
T31219	9SiCr	0.85~0.95	1.20~1.60	0.30~0.60	0.95~1.25	—
T30108	8MnSi	0.75~0.85	0.30~0.60	0.80~1.10	—	—
T30200	Cr06	1.30~1.45	≤0.40	≤0.40	0.50~0.70	—
T31200	Cr2	0.95~1.10	≤0.40	≤0.40	1.30~1.65	—
T31209	9Cr2	0.80~0.95	≤0.40	≤0.40	1.30~1.70	—
T30800	W	1.05~1.25	≤0.40	≤0.40	0.10~0.30	0.80~1.20

3. 耐冲击工具用钢的牌号和化学成分（见表8-3）

表8-3 耐冲击工具用钢的牌号和化学成分（GB/T 1299—2014）

统一数字代号	牌号	化学成分(质量分数,%)						
		C	Si	Mn	Cr	W	Mo	V
T40294	4CrW2Si	0.35~0.45	0.80~1.10	≤0.40	1.00~1.30	2.00~2.50	—	—
T40295	5CrW2Si	0.45~0.55	0.50~0.80	≤0.40	1.00~1.30	2.00~2.50	—	—
T40296	6CrW2Si	0.55~0.65	0.50~0.80	≤0.40	1.10~1.30	2.20~2.70	—	—
T40356	6CrMnSi2Mo1V	0.50~0.65	1.75~2.25	0.60~1.00	0.10~0.50	—	0.20~1.35	0.15~0.35
T40355	5Cr3MnSiMo1	0.45~0.55	0.20~1.00	0.20~0.90	3.00~3.50	—	1.30~1.80	≤0.35
T40376	6CrW2SiV	0.55~0.65	0.70~1.00	0.15~0.45	0.90~1.20	1.70~2.20	—	0.10~0.20

4. 轧辊用钢的牌号和化学成分（见表 8-4）

表 8-4 轧辊用钢的牌号和化学成分（GB/T 1299—2014）

统一数字代号	牌号	化学成分(质量分数,%)									
		C	Si	Mn	P	S	Cr	W	Mo	Ni	V
T42239	9Cr2V	0.85~0.95	0.20~0.40	0.20~0.45	①	①	1.40~1.70	—	—	—	0.10~0.25
T42309	9Cr2Mo	0.85~0.95	0.25~0.45	0.20~0.35	①	①	1.70~2.10	—	0.20~0.40	—	—
T42319	9Cr2MoV	0.80~0.90	0.15~0.40	0.25~0.55	①	①	1.80~2.40	—	0.20~0.40	—	0.05~0.15
T42518	8Cr3NiMoV	0.82~0.90	0.30~0.50	0.20~0.45	≤0.020	≤0.015	2.80~3.20	—	0.20~0.40	0.60~0.80	0.05~0.15
T42519	9Cr5NiMoV	0.82~0.90	0.50~0.80	0.20~0.50	≤0.020	≤0.015	4.80~5.20	—	0.20~0.40	0.30~0.50	0.10~0.20

① 见表 8-9。

5. 冷作模具用钢的牌号和化学成分（见表 8-5）

表 8-5 冷作模具用钢的牌号和化学成分（GB/T 1299—2014）

统一数字代号	牌号	化学成分(质量分数,%)										
		C	Si	Mn	P	S	Cr	W	Mo	V	Nb	Co
T20019	9Mn2V	0.85~0.95	≤0.40	1.70~2.00	①	①	—	—	—	0.10~0.25	—	—
T20299	9CrWMn	0.85~0.95	≤0.40	0.90~1.20	①	①	0.50~0.80	0.50~0.80	—	—	—	—
T21290	CrWMn	0.90~1.05	≤0.40	0.80~1.10	①	①	0.90~1.20	1.20~1.60	—	—	—	—
T20250	MnCrWV	0.90~1.05	0.10~0.40	1.05~1.35	①	①	0.50~1.70	0.50~0.70	—	0.05~0.15	—	—
T21347	7CrMn2Mo	0.65~0.75	0.10~0.50	1.80~2.50	①	①	0.90~1.20	—	0.90~1.40	—	—	—
T21355	5Cr8MoVSi	0.48~0.53	0.75~1.05	0.35~0.50	≤0.030	≤0.015	8.00~9.00	—	1.25~1.70	0.30~0.55	—	—
T21357	7CrSiMnMoV	0.65~0.75	0.85~1.15	0.65~1.05	①	①	0.90~1.20	—	0.20~0.50	0.15~0.30	—	—
T21350	Cr8Mo2SiV	0.95~1.03	0.80~1.20	0.20~0.50	①	①	7.80~8.30	—	2.00~2.80	0.25~0.40	—	—
T21320	Cr4W2MoV	1.12~1.25	0.40~0.70	≤0.40	①	①	3.50~4.00	1.90~2.60	0.80~1.20	0.80~1.10	—	—
T21386	6Cr4W3Mo2VNb	0.60~0.70	≤0.40	≤0.40	①	①	3.80~4.40	2.50~3.50	1.80~2.50	0.80~1.20	0.20~0.35	—
T21836	6W6Mo5Cr4V	0.55~0.65	≤0.40	≤0.60	①	①	3.70~4.30	6.00~7.00	4.50~5.50	0.70~1.10	—	—
T21830	W6Mo5Cr4V2	0.80~0.90	0.15~0.40	0.20~0.45	①	①	3.80~4.40	5.50~6.75	4.50~5.50	1.75~2.20	—	—
T21209	Cr8	1.60~1.90	0.20~0.60	0.20~0.60	①	①	7.50~8.50	—	—	—	—	—
T21200	Cr12	2.00~2.30	≤0.40	≤0.40	①	①	11.50~13.00	—	—	—	—	—
T21290	Cr12W	2.00~2.30	0.10~0.40	0.30~0.60	①	①	11.00~13.00	0.60~0.80	—	—	—	—
T21317	7Cr7Mo2V2Si	0.68~0.78	0.70~1.20	≤0.40	①	①	6.50~7.50	—	1.90~2.30	1.80~2.20	—	—
T21318	Cr5Mo1V	0.95~1.05	≤0.50	≤1.00	①	①	4.75~5.50	—	0.90~1.40	0.15~0.50	—	—
T21319	Cr12MoV	1.45~1.70	≤0.40	≤0.40	①	①	11.00~12.50	—	0.40~0.60	0.15~0.30	—	—
T21310	Cr12Mo1V1	1.40~1.60	≤0.60	≤0.60	①	①	11.00~13.00	—	0.70~1.20	0.50~1.10	—	≤1.00

① 见表 8-9。

6. 热作模具用钢的牌号和化学成分（见表 8-6）

表 8-6 热作模具用钢的牌号及化学成分（GB/T 1299—2014）

统一数字代号	牌号	化学成分（质量分数,%）										
		C	Si	Mn	P	S	Cr	W	Mo	Ni	V	Al	Co
T22345	5CrMnMo	0.50~0.60	0.25~0.60	1.20~1.60	①	①	0.60~0.90	—	0.15~0.30	—	—	—	—
T22505	5CrNiMo②	0.50~0.60	≤0.40	0.50~0.80	①	①	0.50~0.80	—	0.15~0.30	1.40~1.80	—	—	—
T23504	4CrNi4Mo	0.40~0.50	0.10~0.40	0.20~0.50	①	①	1.20~1.50	—	0.15~0.35	3.80~4.30	—	—	—
T23514	4Cr2NiMoV	0.35~0.45	≤0.40	≤0.40	①	①	1.80~2.20	—	0.45~0.60	1.10~1.50	0.10~0.30	—	—
T23515	5CrNi2MoV	0.50~0.60	0.10~0.40	0.60~0.90	①	①	0.80~1.20	—	0.35~0.55	1.50~1.80	0.05~0.15	—	—
T23535	5Cr2NiMoVSi	0.46~0.54	0.60~0.90	0.40~0.60	①	①	1.50~2.00	—	0.80~1.20	0.80~1.20	0.30~0.50	—	—
T23208	8Cr3	0.75~0.85	≤0.40	≤0.40	①	①	3.20~3.80	—	—	—	—	—	—
T23274	4Cr5W2VSi	0.32~0.42	0.80~1.20	≤0.40	①	①	4.50~5.50	1.60~2.40	—	—	0.60~1.00	—	—
T23273	3Cr2W8V	0.30~0.40	≤0.40	≤0.40	①	①	2.20~2.70	7.50~9.00	—	—	0.20~0.50	—	—
T23352	4Cr5MoSiV	0.33~0.43	0.80~1.20	0.20~0.50	①	①	4.75~5.50	—	1.10~1.60	—	0.30~0.60	—	—
T23353	4Cr5MoSiV1	0.32~0.45	0.80~1.20	0.20~0.50	①	①	4.75~5.50	—	1.10~1.75	—	0.80~1.20	—	—
T23354	4Cr3Mo3SiV	0.35~0.45	0.80~1.20	0.25~0.70	①	①	3.00~3.75	—	2.00~3.00	—	0.25~0.75	—	—
T23355	5Cr4Mo3SiMnVA1	0.47~0.57	0.80~1.10	0.80~1.10	①	①	3.80~4.30	—	2.80~3.40	—	0.80~1.20	0.30~0.70	—
T23364	4CrMnSiMoV	0.35~0.45	0.80~1.10	0.80~1.10	①	①	1.30~1.50	—	0.40~0.60	—	0.20~0.40	—	—
T23375	5Cr5WMoSi	0.50~0.60	0.75~1.10	0.20~0.50	①	①	4.75~5.50	1.00~1.50	1.15~1.65	—	—	—	—
T23324	4Cr5MoWVSi	0.32~0.40	0.80~1.20	0.20~0.50	①	①	4.75~5.50	1.10~1.60	1.25~1.60	—	0.20~0.50	—	—
T23323	3Cr3Mo3W2V	0.32~0.42	0.60~0.90	≤0.65	①	①	2.80~3.30	1.20~1.80	2.50~3.00	—	0.80~1.20	—	—
T23325	5Cr4W5Mo2V	0.40~0.50	≤0.40	≤0.40	①	①	3.40~4.40	4.50~5.30	1.50~2.10	—	0.70~1.10	—	—
T23314	4Cr5Mo2V	0.35~0.42	0.25~0.50	0.40~0.60	≤0.020	≤0.008	5.00~5.50	—	2.30~2.60	—	0.60~0.80	—	—
T23313	3Cr3Mo3V	0.28~0.35	0.10~0.40	0.15~0.45	≤0.030	≤0.020	2.70~3.20	—	2.50~3.00	—	0.40~0.70	—	—
T23314	4Cr5Mo3V	0.35~0.40	0.30~0.50	0.30~0.50	≤0.030	≤0.020	4.80~5.20	—	2.70~3.20	—	0.40~0.60	—	—
T23393	3Cr3Mo3VCo3	0.28~0.35	0.10~0.40	0.15~0.45	≤0.030	≤0.020	2.70~3.20	—	2.60~3.00	—	0.40~0.70	—	2.50~3.00

① 见表 8-9。

② 经供需双方同意允许钒的质量分数小于 0.20%。

7. 塑料模具用钢的牌号和化学成分（见表 8-7）

表 8-7　塑料模具用钢的牌号和化学成分（GB/T 1299—2014）

统一数字代号	牌号	化学成分（质量分数,%）											
		C	Si	Mn	P	S	Cr	W	Mo	Ni	V	Al	Co	其他
T10450	SM45	0.42～0.48	0.17～0.37	0.50～0.80	①	①	—	—	—	—	—	—	—	—
T10500	SM50	0.47～0.53	0.17～0.37	0.50～0.80	①	①	—	—	—	—	—	—	—	—
T10550	SM55	0.52～0.58	0.17～0.37	0.50～0.80	①	①	—	—	—	—	—	—	—	—
T25303	3Cr2Mo	0.28～0.40	0.20～0.80	0.60～1.00	①	①	1.40～2.00	—	0.30～0.55	—	—	—	—	—
T25553	3Cr2MnNiMo	0.32～0.40	0.20～0.40	1.10～1.50	①	①	1.70～2.00	—	0.25～0.40	0.85～1.15	—	—	—	—
T25344	4Cr2Mn1MoS	0.35～0.45	0.30～0.50	1.40～1.60	≤0.030	0.05～0.10	1.80～2.00	—	0.15～0.25	—	—	—	—	—
T25378	8Cr2MnWMoVS	0.75～0.85	≤0.40	1.30～1.70	≤0.030	0.08～0.15	2.30～2.60	0.70～1.10	0.50～0.80	—	0.10～0.25	—	—	—
T25515	5CrNiMnMoVSCa	0.50～0.60	≤0.45	0.80～1.20	≤0.030	0.06～0.15	0.80～1.20	—	0.30～0.60	0.80～1.20	0.15～0.30	—	—	Ca：0.002～0.008
T25512	2CrNiMoMnV	0.24～0.30	≤0.30	1.40～1.60	≤0.025	≤0.015	1.25～1.45	—	0.45～0.60	0.80～1.20	0.10～0.20	—	—	—
T25572	2CrNi3MoAl	0.20～0.30	0.20～0.50	0.50～0.80	①	①	1.20～1.80	—	0.20～0.40	3.00～4.00	—	1.00～1.60	—	—
T25611	1Ni3MnCuMoAl	0.10～0.20	≤0.45	1.40～2.00	≤0.030	≤0.015	—	—	0.20～0.50	2.90～3.40	—	0.70～1.20	—	Cu：0.80～1.20
A64060	06Ni6CrMoVTiAl	≤0.06	≤0.50	≤0.50	①	①	1.30～1.60	—	0.90～1.20	5.50～6.50	0.08～0.16	0.50～0.90	—	Ti：0.90～1.30
A64000	00Ni18Co8Mo5TiAl	≤0.03	≤0.10	≤0.15	≤0.010	≤0.010	≤0.60	—	4.50～5.00	17.5～18.5	—	0.05～0.15	8.50～10.0	Ti：0.80～1.10
S42023	2Cr13	0.16～0.25	≤1.00	≤1.00	①	①	12.00～14.00	—	—	≤0.60	—	—	—	—
S42043	4Cr13	0.36～0.45	≤0.60	≤0.80	①	①	12.00～14.00	—	—	≤0.60	—	—	—	—
T25444	4Cr13NiVSi	0.36～0.45	0.90～1.20	0.40～0.70	≤0.010	≤0.003	13.00～14.00	—	—	0.15～0.30	0.25～0.35	—	—	—

T25402	2Cr17Ni2	0.12~0.22	≤1.00	≤1.50	①	①	15.00~17.00	—	—	1.50~2.50	—	—	—	—
T25303	3Cr17Mo	0.33~0.45	≤1.00	≤1.50	①	①	15.50~17.50	—	0.80~1.30	≤1.00	—	—	—	—
T25513	3Cr17NiMoV	0.32~0.40	0.30~0.60	0.60~0.80	≤0.025	≤0.005	16.00~18.00	—	1.00~1.30	0.60~1.00	0.15~0.35	—	—	—
S44093	9Cr18	0.90~1.00	≤0.80	≤0.80	①	①	17.00~19.00	—	—	≤0.60	—	—	—	—
S46993	9Cr18MoV	0.85~0.95	≤0.80	≤0.80	①	①	17.00~19.00	—	1.00~1.30	≤0.60	0.07~0.12	—	—	—

① 见表 8-9。

8. 特殊用途模具用钢的牌号和化学成分（见表 8-8）

表 8-8　特殊用途模具用钢的牌号和化学成分（GB/T 1299—2014）

统一数字代号	牌号	化学成分(质量分数,%)													
		C	Si	Mn	P	S	Cr	W	Mo	Ni	V	Al	Nb	Co	其他
T26377	7Mn15Cr2Al-3V2WMo	0.65~0.75	≤0.80	14.50~16.50	①	①	2.00~2.50	0.50~0.80	0.50~0.80	—	1.50~2.00	2.30~3.30	—	—	—
S31049	2Cr25Ni20Si2	≤0.25	1.50~2.50	≤1.50	①	①	24.00~27.00	—	—	18.00~21.00	—	—	—	—	—
S51740	0Cr17Ni4Cu4Nb	≤0.07	≤1.00	≤1.00	①	①	15.00~17.00	—	—	3.00~5.00	—	—	Nb:0.15~0.45	—	Cu:3.00~5.00
H21231	Ni25Cr15Ti2MoMn	≤0.08	≤1.00	≤2.00	≤0.030	≤0.020	13.50~17.00	—	1.00~1.50	22.00~26.00	0.10~0.50	≤0.40	—	—	Ti:1.80~2.50 B:0.001~0.010
H07718	Ni53Cr19Mo3TiNb	≤0.08	≤0.35	≤0.35	≤0.015	≤0.015	17.00~21.00	—	2.80~3.30	50.00~55.00	—	0.20~0.80	Nb+Ta②:4.75~5.50	≤1.00	Ti:0.65~1.15 B≤0.006

① 见表 8-9。

② 除非特殊要求，允许仅分析 Nb。

9. 工模具钢中残余元素含量（见表 8-9）

表 8-9　工模具钢中残余元素含量（GB/T 1299—2014）

<table>
<tr><td rowspan="2">冶炼方法</td><td colspan="7">化学成分(质量分数,%)　≤</td></tr>
<tr><td colspan="2">P</td><td colspan="2">S</td><td>Cu</td><td>Cr</td><td>Ni</td></tr>
<tr><td rowspan="2">电弧炉</td><td>高级优质非合金工具钢</td><td>0.030</td><td>高级优质非合金工具钢</td><td>0.020</td><td rowspan="5">0.25</td><td rowspan="5">0.25</td><td rowspan="5">0.25</td></tr>
<tr><td>其他钢类</td><td>0.030</td><td>其他钢类</td><td>0.030</td></tr>
<tr><td rowspan="2">电弧炉+真空脱气</td><td>冷作模具用钢
高级优质非合金工具钢</td><td>0.030</td><td>冷作模具用钢
高级优质非合金工具钢</td><td>0.020</td></tr>
<tr><td>其他钢类</td><td>0.025</td><td>其他钢类</td><td>0.025</td></tr>
<tr><td>电弧炉+电渣重熔
真空电弧重熔(VAR)</td><td colspan="2">0.025</td><td colspan="2">0.010</td></tr>
</table>

注：供制造铅浴淬火非合金工具钢丝时，钢中残余铬的质量分数不大于 0.10%，镍的质量分数不大于 0.12%，铜的质量分数不大于 0.20%，三者之和不大于 0.40%。

8.2　工模具钢的硬度

1. 刃具模具用非合金钢交货状态的硬度和试样的淬火硬度（见表 8-10）

表 8-10　刃具模具用非合金钢交货状态的硬度和试样的淬火硬度（GB/T 1299—2014）

牌号	退火交货状态的钢材硬度 HBW　≤	试样淬火硬度		
		淬火温度/℃	冷却介质	硬度 HRC　≥
T7	187	800~820	水	62
T8	187	780~800	水	62
T8Mn	187	780~800	水	62
T9	192	760~780	水	62
T10	197	760~780	水	62
T11	207	760~780	水	62
T12	207	760~780	水	62
T13	217	760~780	水	62

注：非合金工具钢材退火后冷拉交货的硬度应不大于 241HBW。

2. 量具刃具用钢交货状态的硬度和试样的淬火硬度（见表 8-11）

表 8-11　量具刃具用钢交货状态的硬度和试样的淬火硬度（GB/T 1299—2014）

牌号	退火交货状态的钢材硬度 HBW	试样淬火硬度		
		淬火温度/℃	冷却介质	硬度 HRC　≥
9SiCr	197~241①	820~860	油	62
8MnSi	≤229	800~820	油	60
Cr06	187~241	780~810	水	64
Cr2	179~229	830~860	油	62
9Cr2	179~217	820~850	油	62
W	187~229	800~830	水	62

① 根据需方要求，并在合同中注明，制造螺纹刃具用钢的硬度为 187~229HBW。

3. 耐冲击工具用钢交货状态的硬度和试样的淬火硬度（见表 8-12）

表 8-12 耐冲击工具用钢交货状态的硬度和试样的淬火硬度（GB/T 1299—2014）

牌号	退火交货状态的钢材硬度 HBW	试样淬火硬度		
		淬火温度/℃	冷却介质	硬度 HRC ≥
4CrW2Si	179~217	860~900	油	53
5CrW2Si	207~255	860~900	油	55
6CrW2Si	229~285	860~900	油	57
6CrMnSi2Mo1V①	≤229	667℃±15℃预热，885℃（盐浴）或 900℃（可控气氛）±6℃加热，保温 5~15min 油冷，204℃回火		58
5Cr3MnSiMo1V①	≤235	667℃±15℃预热，941℃（盐浴）或 955℃（可控气氛）±6℃加热，保温 5~15min 油冷，204℃回火		56
6CrW2SiV	≤225	870~910	油	58

注：保温时间指试样达到加热温度后保持的时间。

① 试样在盐浴中保持时间为 5min，在可控气氛中保持时间为 5~15min。

4. 轧辊用钢交货状态的硬度和试样的淬火硬度（见表 8-13）

表 8-13 轧辊用钢交货状态的硬度和试样的淬火硬度（GB/T 1299—2014）

牌号	退火交货状态的钢材硬度 HBW	试样淬火硬度		
		淬火温度/℃	冷却介质	硬度 HRC ≥
9Cr2V	≤229	830~900	空气	64
9Cr2Mo	≤229	830~900	空气	64
9Cr2MoV	≤229	880~900	空气	64
8Cr3NiMoV	≤269	900~920	空气	64
9Cr5NiMoV	≤269	930~950	空气	64

5. 冷作模具用钢交货状态的硬度和试样的淬火硬度（见表 8-14）

表 8-14 冷作模具用钢交货状态的硬度和试样的淬火硬度（GB/T 1299—2014）

牌号	退火交货状态的钢材硬度 HBW	试样淬火硬度		
		淬火温度/℃	冷却介质	硬度 HRC ≥
9Mn2V	≤229	780~810	油	62
9CrWMn	197~241	800~830	油	62
CrWMn	207~255	800~830	油	62
MnCrWV	≤255	790~820	油	62
7CrMn2Mo	≤235	820~870	空气	61
5Cr8MoVSi	≤229	1000~1050	油	59
7CrSiMnMoV	≤235	870~900℃油冷或空冷，150℃±10℃回火空冷		60
Cr8Mo2SiV	≤255	1020~1040	油或空气	62
Cr4W2MoV	≤269	960~980 或 1020~1040	油	60
6Cr4W3Mo2VNb②	≤255	1100~1160	油	60
6W6Mo5Cr4V	≤269	1180~1200	油	60
W6Mo5Cr4V2①	≤255	730~840℃预热，1210~1230℃（盐浴或可控气氛）加热，保温 5~15min 油冷，540~560℃回火两次（盐浴或可控气氛），每次 2h		64（盐浴） 63（可控气氛）
Cr8	≤255	920~980	油	63
Cr12	217~269	950~1000	油	60

（续）

牌号	退火交货状态的钢材硬度 HBW	试样淬火硬度		
		淬火温度/℃	冷却介质	硬度 HRC ≥
Cr12W	≤255	950~980	油	60
7Cr7Mo2V2Si	≤255	1100~1150	油或空气	60
Cr5Mo1V①	≤255	790℃±15℃预热，940℃（盐浴）或950℃（可控气氛）±6℃加热，保温5~15min油冷；200℃±6℃回火一次，2h		60
Cr12MoV	207~255	950~1000	油	58
Cr12Mo1V1②	≤255	820℃±15℃预热，1000℃（盐浴）±6℃或1010℃（可控气氛）±6℃加热，保温10~20min空冷，200℃±6℃回火一次，2h		59

注：保温时间指试样达到加热温度后保持的时间。

① 试样在盐浴中保持时间为5min，在可控气氛中保持时间为5~15min。

② 试样在盐浴中保持时间为10min，在可控气氛中保持时间为10~20min。

6. 热作模具用钢交货状态的硬度和试样的淬火硬度（见表8-15）

表8-15 热作模具用钢交货状态的硬度和试样的淬火硬度（GB/T 1299—2014）

牌号	退火交货状态的钢材硬度 HBW	试样淬火硬度		
		淬火温度/℃	冷却介质	硬度 HRC
5CrMnMo	197~241	820~850	油	②
5CrNiMo	197~241	830~860	油	②
4CrNi4Mo	≤285	840~870	油或空气	②
4Cr2NiMoV	≤220	910~960	油	②
5CrNi2MoV	≤255	850~880	油	②
5Cr2NiMoVSi	≤255	960~1010	油	②
8Cr3	207~255	850~880	油	②
4Cr5W2VSi	≤229	1030~1050	油或空气	②
3Cr2W8V	≤255	1075~1125	油	②
4Cr5MoSiV①	≤229	790℃±15℃预热，1010℃（盐浴）或1020℃（可控气氛）1020℃±6℃加热，保温5~15min油冷，550℃±6℃回火两次回火，每次2h		②
4Cr5MoSiV1①	≤229	790℃±15℃预热，1000℃（盐浴）或1010℃（可控气氛）±6℃加热，保温5~15min油冷，550℃±6℃回火两次回火，每次2h		②
4Cr3Mo3SiV①	≤229	790℃±15℃预热，1010℃（盐浴）或1020℃（可控气氛）1020℃±6℃加热，保温5~15min油冷，550℃±6℃回火两次回火，每次2h		②
5Cr4Mo3SiMnVAl	≤255	1090~1120	②	②
4CrMnSiMoV	≤255	870~930	油	②
5Cr5WMoSi	≤248	990~1020	油	②
4Cr5MoWVSi	≤235	1000~1030	油或空气	②
3Cr3Mo3W2V	≤255	1060~1130	油	②
5Cr4W5Mo2V	≤269	1100~1150	油	②
4Cr5Mo2V	≤220	1000~1030	油	②
3Cr3Mo3V	≤229	1010~1050	油	②
4Cr5Mo3V	≤229	1000~1030	油或空气	②
3Cr3Mo3VCo3	≤229	1000~1050	油	②

注：保温时间指试样达到加热温度后保持的时间。

① 试样在盐浴中保持时间为5min；在可控气氛中保持时间为5~15min。

② 根据需方要求，并在合同中注明，可提供实测值。

7. 塑料模具用钢交货状态的硬度和试样的淬火硬度（见表 8-16）

表 8-16 塑料模具用钢交货状态的硬度和试样的淬火硬度（GB/T 1299—2014）

牌号	交货状态的钢材硬度		试样淬火硬度		
	退火硬度 HBW ≤	预硬化硬度 HRC	淬火温度/℃	冷却介质	硬度 HRC ≥
SM45	热轧交货状态硬度 155~215HBW		—	—	—
SM50	热轧交货状态硬度 165~225HBW		—	—	—
SM55	热轧交货状态硬度 170~230HBW		—	—	—
3Cr2Mo	235	28~36	850~880	油	52
3Cr2MnNiMo	235	30~36	830~870	油或空气	48
4Cr2Mn1MoS	235	28~36	830~870	油	51
8Cr2MnWMoVS	235	40~48	860~900	空气	62
5CrNiMnMoVSCa	255	35~45	860~920	油	62
2CrNiMoMnV	235	30~38	850~930	油或空气	48
2CrNi3MoAl	—	38~43	—	—	—
1Ni3MnCuMoAl	—	38~42	—	—	—
06Ni6CrMoVTiAl	255	43~48	850~880℃固溶，油或空冷 500~540℃时效，空冷		实测
00Ni18Co8Mo5TiAl	协议	协议	805~825℃固溶，空冷 460~530℃时效，空冷		协议
2Cr13	220	30~36	1000~1050	油	45
4Cr13	235	30~36	1050~1100	油	50
4Cr13NiVSi	235	30~36	1000~1030	油	50
2Cr17Ni2	285	28~32	1000~1050	油	49
3Cr17Mo	285	33~38	1000~1040	油	46
3Cr17NiMoV	285	33~38	1030~1070	油	50
9Cr18	255	协议	1000~1050	油	55
9Cr18MoV	269	协议	1050~1075	油	55

8. 特殊用途模具用钢交货状态的硬度和试样的淬火硬度（见表 8-17）

表 8-17 特殊用途模具用钢交货状态的硬度和试样的淬火硬度（GB/T 1299—2014）

牌号	交货状态的钢材硬度	试样淬火硬度	
	退火硬度 HBW	热处理工艺	硬度 HRC ≥
7Mn15Cr2Al3V2WMo	—	1170~1190℃固溶，水冷 650~700℃时效，空冷	45
2Cr25Ni20Si2	—	1040~1150℃固溶，水或空冷	①
0Cr17Ni4Cu4Nb	协议	1020~1060℃固溶，空冷 470~630℃时效，空冷	①
Ni25Cr15Ti2MoMn	≤300	950~980℃固溶，水或空冷 720℃+620℃时效，空冷	①
Ni53Cr19Mo3TiNb	≤300	980~1000℃固溶，水、油或空冷 710~730℃时效，空冷	①

① 根据需方要求，并在合同中注明，可提供实测值。

8.3 工模具钢的主要特点及用途

1. 刃具模具用非合金钢的主要特点及用途（见表 8-18）

表 8-18 刃具模具用非合金钢的主要特点及用途（GB/T 1299—2014）

牌号	主要特点及用途
T7	亚共析钢，具有较好的塑性、韧性和强度，以及一定的硬度，能承受振动和冲击负荷，但切削性能力差。用于制作承受冲击负荷不大，且要求具有适当硬度和耐磨性极较好韧性的工具
T8	淬透性、韧性均优于 T10 钢，耐磨性也较高，但淬火加热容易过热、变形也大，塑性和强度比较低，大、中截面模具易残存网状碳化物。适于制作小型拉拔、拉深、挤压模具
T8Mn	共析钢，具有较高的淬透性和硬度，但塑性和强度较低。用于制作断面较大的木工工具、手锯锯条、刻印工具、铆钉冲模、煤矿用凿等
T9	过共析钢，具有较高的强度，但塑性和强度较低。用于制作要求较高硬度且有一定韧性的各种工具，如刻印工具、铆钉冲模、冲头、木工工具、凿岩工具等
T10	性能较好的非合金工具钢，耐磨性也较高，淬火时过热敏感性小，经适当热处理可得到较高强度和一定韧性。适于制作要求耐磨性较高而受冲击载荷较小的模具
T11	过共析钢，具有较好的综合力学性能（如硬度、耐磨性和韧性等），在加热时对晶粒长大和形成碳化物网的敏感性小。用于制作在工作时切削刃口不变热的工具，如锯、丝锥、锉刀、刮刀、扩孔钻、板牙、尺寸不大和断面无急剧变化的冲模及木工刀具等
T12	过共析钢，由于碳含量高，淬火后仍有较多的过剩碳化物，所以硬度和耐磨性高，但韧性低，且淬火变形大。不适于制作切削速度高和受冲击负荷的工具，用于制作不受冲击负荷、切削速度不高、切削刃口不变热的工具，如车刀、铣刀、钻头、丝锥、锉刀、刮刀、扩孔钻、板牙及断面尺寸小的冷切边模和冲孔模等
T13	过共析钢，由于碳含量高，淬火后有更多的过剩碳化物，所以硬度更高，但韧性更差，又由于碳化物数量增加且分布不均匀，故力学性能较差。不适于制作切削速度较高和受冲击负荷的工具，用于制作不受冲击负荷，但要求极高硬度的金属切削工具，如剃刀、刮刀、拉丝工具、锉刀、刻纹用工具，以及坚硬岩石加工用工具和雕刻用工具等

2. 量具刃具用钢的主要特点及用途（见表 8-19）

表 8-19 量具刃具用钢的主要特点及用途（GB/T 1299—2014）

牌号	主要特点及用途
9SiCr	比铬钢具有更高的淬透性和淬硬性，且回火稳定性好。适于制作形状复杂、变形小、耐磨性要求高的低速切削刃具，如钻头、螺纹工具、手动铰刀、搓丝板及滚丝轮等；也可制作冷作模具（如冲模、打印模等），冷轧辊，矫正辊及细长杆件
8MnSi	在 T8 钢基础上同时加入 Si、Mn 元素形成的低合金工具钢，具有较高的回火稳定性，淬透性和耐磨性，热处理变形也较非合金工具钢小。适于制作木工工具、冲模及冲头，也可制作冷加工用的模具
Cr06	在非合金工具钢基础上添加一定量的 Cr，淬透性和耐磨性较非合金工具钢高，冷加工塑性变形和可加工性较好。适于制作木工工具，也可制作简单冷加工模具，如冲孔模、冷压模等
Cr2	在 T10 的基础上添加一定量的 Cr，淬透性提高，硬度、耐磨性也比非合金工具钢高，接触疲劳强度也高，淬火变形小。适于制作木工工具、冲模及冲头，也用于制作中小尺寸冷作模具
9Cr2	与 Cr2 钢性能基本相似，但韧性好于 Cr2 钢。适于制作木工工具、冷轧辊、冲模及冲头、钢印冲孔模等
W	在非合金工具钢基础上添加一定量的 W，热处理后具有更高的硬度和耐磨性，且过热敏感性小，热处理变形小，回火稳定性好等特点。适于制作小型麻花钻头，也可用于制作丝锥、锉刀、板牙，以及温度不高、切削速度不快的工具

3. 耐冲击工具用钢的主要特点及用途（见表 8-20）

表 8-20　耐冲击工具用钢的主要特点及用途（GB/T 1299—2014）

牌号	主要特点及用途
4CrW2Si	在铬硅钢的基础上添加一定量的钨，具有一定的淬透性和高温强度。适于制作高冲击载荷下操作的工具，如风动工具、冲裁切边复合模、冲模、冷切用的剪刀等冲剪工具，以及部分小型热作模具
5CrW2Si	在铬硅钢的基础上添加一定量的钨，具有一定的淬透性和高温强度。适于制作冷剪金属的刀片、铲搓丝板的铲刀、冷冲裁和切边的凹模，以及长期工作的木工工具等
6CrW2Si	在铬硅钢的基础上添加一定量的钨，淬火硬度较高，有一定的高温强度。适于制作承受冲击载荷而有要求耐磨性高的工具，如风动工具、錾子和模具，冷剪机刀片，冲裁切边用凹槽，空气锤用工具等
6CrMnSi2Mo1V	相当于 ASTM A681 中 S5 钢，具有较高的淬透性和耐磨性、回火稳定性，钢种淬火温度较低，模具使用过程很少发生崩刃和断裂。适于制作在高冲击载荷下操作的工具、冲模、冷冲裁和切边用凹模等
5Cr3MnSiMo1	相当于 ASTM A681 中 S7 钢，淬透性较好，有较高的强度和回火稳定性，综合性能良好。适于制作在较高温度、高冲击载荷下工作的工具、冲模，也可用于制作锤锻模具
6CrW2SiV	中碳油淬型耐冲击冷作工具钢，具有良好的耐冲击和耐磨损性能，同时具有良好的抗疲劳性能和高的尺寸稳定性。适于制作刀片、冷成形工具和精密冲裁模及热冲孔工具等

4. 轧辊用钢的主要特点及用途（见表 8-21）

表 8-21　轧辊用钢的主要特点及用途（GB/T 1299—2014）

牌号	主要特点及用途
9Cr2V	2%Cr 系列，高碳含量保证轧辊有高硬度；加铬，可增加钢的淬透性；加钒，可提高钢的耐磨性和细化钢的晶粒。适于制作冷轧工作辊、支承辊等
9Cr2Mo	2%Cr 系列，高碳含量保证轧辊有高硬度，加铬、钼可增加钢的淬透性和耐磨性，该类钢可锻性良好，控制较低的终锻温度与合适的变形量可细化晶粒，消除沿晶界分布的网状碳化物，并使其均匀分布。适于制作冷轧工作辊、支承辊和矫正辊
9Cr2MoV	2%Cr 系列，但综合性能优于 9Cr2 系列钢。若采用电渣重熔工艺生产，其辊坯的性能更优良。适于制作冷轧工作辊、支承辊和矫正辊
8Cr3NiMoV	3%Cr 系列，经淬火冷处理后的淬硬层深度可达 30mm 左右。用于制作冷轧工作辊，使用寿命高于含 2%铬钢
9Cr5NiMoV	即 MC5 钢，淬透性高，其成品轧辊单边的淬硬层可达 35~40mm（≥85HSD），耐磨性好。适于制作要求淬硬层深，轧制条件恶劣，抗事故性高的冷轧辊

5. 冷作模具用钢的主要特点及用途（见表 8-22）

表 8-22　冷作模具用钢的主要特点及用途（GB/T 1299—2014）

牌号	主要特点及用途
9Mn2V	具有较高的硬度和耐磨性，淬火时变形较小，淬透性好。适于制作各种精密量具、样板，也可用于制造尺寸较小的冲模及冷压模、雕刻模、落料模等，以及机床的丝杠等结构件
9CrWMn	具有一定的淬透性和耐磨性，淬火变形较小，碳化物分布均匀且颗粒细小。适于制作截面不大而变形复杂的冲模
CrWMn	油淬钢。由于钨形成碳化物，在淬火和低温回火后比 9SiCr 钢具有更多的过剩碳化物，更高的硬度和耐磨性和较好的韧性。但该钢对形成碳化物网较敏感，若有网状碳化物的存在，工模具的刃部有剥落的危险，从而降低工模具的使用寿命。有碳化物网的钢必须根据其严重程度进行锻造或正火。适于制作丝锥、板牙、铰刀、小型冲模等
MnCrWV	国际广泛采用的高碳低合金油淬钢，具有较高的淬透性，热处理变形小，硬度高、耐磨性较好。适于制作钢板冲裁模，剪切刀，落料模，量具和热固性塑料成型模等
7CrMn2Mo	空淬钢，热处理变形小。适于制作需要接近尺寸公差的制品如修边模、塑料模、压弯工具、冲切模和精压模等

（续）

牌号	主要特点及用途
5Cr8MoVSi	ASTM A681 中 A8 钢的改良钢种，具有良好淬透性、韧性、热处理尺寸稳定性。适于制作硬度在 55~60HRC 的冲头和冷锻模具。也可用于制作非金属刀具材料
7CrSiMnMoV	火焰淬火钢，淬火温度范围宽，淬透性良好，空冷即可淬硬，硬度达到 62~64HRC，具有淬火操作方便，成本低，过热敏感性小，空冷变形小等优点。适于制作汽车冷弯模具
Cr8Mo2SiV	高韧性、高耐磨性钢，具有高的淬透性和耐磨性，淬火时尺寸变化小等特点。适于制作冷剪切模、切边模、滚边模、量规、拉丝模、搓丝板、冲模等
Cr4W2MoV	具有较高的淬透性、淬硬性、耐磨性和尺寸稳定性。适于制作各种冲模、冷镦模、落料模、冷挤凹模及搓丝板等工模具
6Cr4W3Mo2VNb	即 65Nb 钢。加入铌以提高钢的强韧性和改善工艺性。适于制作冷挤压、厚板冷冲、冷镦等承受较大载荷的冷作模具，也可用于制作温热挤压模具
6W6Mo5Cr4V	低碳型高速钢，较 W6Mo5Cr4V2 的碳、钒含量均低，具有较高的韧性。用于冷作模具钢，主要用于制作钢铁材料冷挤压模具
W6Mo5Cr4V2	钨钼系高速钢的代表牌号。具有韧性高，热塑好，耐磨性、热硬性高等特点。用于冷作模具钢，适于制作各种类型的工具，大型热塑成形的刀具；还可以制作高负荷下耐磨性零件，如冷挤压模具、温挤压模具等
Cr8	具有较好的淬透性和高的耐磨性，与 Cr12 相比具有较好的韧性。适于制作要求耐磨性较高的各类冷作模具钢
Cr12	相当于 ASTM A681 中 D3 钢，具有良好的耐磨性。适于制作受冲击负荷较小的要求较高耐磨的冲模及冲头、冷剪切刀、钻套、量规、拉丝模等
Cr12W	莱氏体钢。具有较高的耐磨性和淬透性，但塑性、韧性较低。适于制作高强度、高耐磨性，且受热不高于 400℃ 的工模具，如钢板深拉深模、拉丝模、螺纹搓丝板、冲模、剪切刀、锯条等
7Cr7Mo2V2Si	比 Cr12 钢和 W6Mo5Cr4V2 钢具有更高的强度和韧性，更好地耐磨性，且冷热加工的工艺性能优良，热处理变形小，通用性强。适于制作承受高负荷的冷挤压模具、冷镦模具、冲压模具等
Cr5Mo1V	空淬钢，具有良好的空淬特性，耐磨性介于高碳油淬模具钢和高碳高铬耐磨型模具钢之间，但其韧性较好，通用性强。适于制作既要求好的耐磨性又要求好的韧性工模具，如下料模和成形模、轧辊、冲头、压延模和滚丝模等
Cr12MoV	莱氏体钢，具有高的淬透性和耐磨性，淬火时尺寸变化小，比 Cr12 钢的碳化物分布均匀的较高的韧性。适于制作形状复杂的冲孔模、冷剪切刀、拉深模、拉丝模、搓丝板、冷挤压模、量具等
Cr12Mo1V1	莱氏体钢。具有高的淬透性、淬硬性和高的耐磨性；高温抗氧化性能好，热处理变形小。适于制作各种高精度、长寿命的冷作模具、刃具和量具，如形状复杂的冲孔凹模、冷挤压模、滚丝轮、搓丝板、冷剪切刀和精密量具等

6. 热作模具用钢的主要特点及用途（见表 8-23）

表 8-23　热作模具用钢的主要特点及用途（GB/T 1299—2014）

牌号	主要特点及用途
5CrMnMo	具有与 5CrNiMo 相似的性能，淬透性较 5CrNiMo 略差，在高温下工作，耐热疲劳性逊于 5CrNiMo。适于制作要求具有较高强度和高耐磨性的各种类型的锻模
5CrNiMo	具有良好的韧性、强度和较高的耐磨性，在加热到 500℃ 时仍能保持硬度在 300HBW 左右。由于含有 Mo 元素，钢对回火脆性不敏感。适于制作各种大、中型锻模
4CrNi4Mo	具有良好的淬透性、韧性和抛光性能，可空冷硬化。适于制作热作模具和塑料模具，也可用于制作部分冷作模具
4Cr2NiMoV	5CrMnMo 钢的改进型，具有较高的室温强度及韧性，较好的回火稳定性、淬透性及抗热疲劳性能。适于制作热锻模具
5CrNi2MoV	与 5CrNiMo 钢类似，具有良好的淬透性和热稳定性。适于制作大型锻压模具和热剪
5Cr2NiMoVSi	具有良好的淬透性和热稳定性。适于制作各种大型热锻模

（续）

牌号	主要特点及用途
8Cr3	具有一定的室温、高温力学性能。适于制作热冲孔模的冲头，热切边模的凹模镶块，热顶锻模、热弯曲模，以及工作温度低于500℃、受冲击较小且要求耐磨的工作零件，如热剪刀片等，也可用于制作冷轧工作辊
4Cr5W2VSi	压铸模用钢，在中温下具有较高的热强度、硬度、耐磨性、韧性和较好的热疲劳性能，可空冷硬化。适于制作热挤压用的模具和芯棒，铝、锌等轻金属的压铸模，热顶锻结构钢和耐热钢用的工具，以及成形某些零件用的高速锤锻模
3Cr2W8V	在高温下具有高的强度和硬度（650℃时硬度300HBW左右），抗冷热交变疲劳性能较好，但韧性较差。适于制作高温下高应力、但不受冲击载荷的凸模、凹模，如平锻机上用的凸凹模、镶块、铜合金挤压模、压铸用模具；也可用来制作同时承受大压应力、弯应力、拉应力的模具，如反挤压模具等；还可以制作高温下受力的热金属切刀等
4Cr5MoSiV	具有良好的韧性、热强性和热疲劳性能，可空冷硬化，在较低的奥氏体化温度下空淬，热处理变形小，空淬时产生的氧化皮倾向较小，且可以抵抗熔融铝的冲蚀作用。适于制作铝压铸模、热挤压模和穿孔芯棒、塑料模等
4Cr5MoSiV1	压铸模用钢，相当于ASTM A681中H13钢，具有良好的韧性和较好的热强性、热疲劳性能和一定的耐磨性。可空冷淬硬，热处理变形小。适于制作铝、铜及其合金铸件用的压铸模，热挤压模、穿孔用的工具、芯棒、压机锻模、塑料模等
4Cr3Mo3SiV	相当于ASTM A681中H10钢，具有非常好的淬透性、很高的韧性和高温强度。适于制作热挤压模、热冲模、热锻模、压铸模等
5Cr4Mo3SiMnVA1	热作、冷作兼用的模具钢。具有较高的热强性、高温硬度和回火稳定性，并具有较好的耐磨性、抗热疲劳性、韧性和热加工塑性。模具工作温度可达700℃，抗氧化性好。用于热作模具钢时，其高温强度和热疲劳性能优于3Cr2W8V钢。用于冷作模具钢时，比Cr12型和低合金模具钢具有较高的韧性。主要用于轴承行业的热挤压模和标准件行业的冷镦模
4CrMnSiMoV	低合金大截面热锻模用钢，具有良好的淬透性，较高的热强性、耐热疲劳性能、耐磨性和韧性，较好的回火稳定性和冷热加工性能等特点。主要用于制作5CrNiMo钢不能满足要求的、大型锤锻模和机锻模
5Cr5WMoSi	具有良好的淬透性和韧性、热处理尺寸稳定性好和中等的耐磨性。适于制作硬度在55~60HRC的冲头，也适于制作冷作模具、非金属刀具材料
4Cr5MoWVSi	具有良好的韧性和热强性。可空冷硬化，热处理变形小，空淬时产生氧化皮倾向较小，而且可以抵抗熔融铝的冲蚀作用。适于制作铝压铸模、锻模、热挤压模和穿孔芯棒等
3Cr3Mo3W2V	ASTM A681中H10改进型钢种，具有高的强韧性和抗冷热疲劳性能，热稳定性好。适于制作热挤压模、热冲模、热锻模、压铸模等
5Cr4W5Mo2V	具有较高的回火稳定性和热稳定性，高的热强性、高温硬度和耐磨性，但其韧性和抗热疲劳性能低于4Cr5MoSiV1钢。适于制作对高温强度和抗磨损性能有较高要求的热作模具，可替代3Cr2W8V
4Cr5Mo2V	4Cr5MoSiV1改进型钢，具有良好的淬透性、韧性、热强性、耐热疲劳性，热处理变形小。适于制作铝、铜及其合金的压铸模，热挤压模、穿孔用的工具、芯棒
3Cr3Mo3V	具有较高热强性和韧性，良好的回火稳定性和疲劳性能。适于制作镦锻模、热挤压模和压铸模等
4Cr5Mo3V	具有良好的高温强度、良好的回火稳定性和高抗热疲劳性。适于制作热挤压模、温锻模和压铸模和其他的热成形模具
3Cr3Mo3VCo3	具有高的热强性、良好的回火稳定性和耐抗热疲劳性。适于制作热挤压模、温锻模和压铸模具

7. 塑料模具用钢的主要特点及用途（见表8-24）

表8-24　塑料模具用钢的主要特点及用途（GB/T 1299—2014）

牌号	主要特点及用途
SM45	非合金塑料模具钢，可加工性好，淬火后具有较高的硬度，调质处理后具有良好的强韧性和一定的耐磨性。适于制作中、小型的中、低档次的塑料模具

（续）

牌号	主要特点及用途
SM50	非合金塑料模具钢,可加工性好,适于制作形状简单的小型塑料模具或精度要求不高、使用寿命不需要很长的塑料模具等,但焊接性能、冷变形性能差
SM55	非合金塑料模具钢,可加工性中等。适于制作成形状简单的小型塑料模具或精度要求不高、使用寿命较短的塑料模具
3Cr2Mo	预硬型钢,相当于 ASTM A681 中的 P20 钢,其综合性能好,淬透性高,较大的截面钢材也可获得均匀的硬度,并且同时具有很好的抛光性能,模具表面粗糙度低
3Cr2MnNiMo	预硬型钢,相当于瑞典 ASSAB 公司的 718 钢,其综合力学性能好,淬透性高,大截面钢材在调质处理后具有较均匀的硬度分布,有很好的抛光性能
4Cr2Mn1MoS	易切削预硬化型钢,其使用性能与 3Cr2MnNiMo 相似,但具有更优良的可加工性
8Cr2MnWMoVS	预硬化型易切削钢,适于制作各种类型的塑料模、胶木模、陶土瓷料模以及印制板的冲孔模。由于淬火硬度高,耐磨性好,综合力学性能好,热处理变形小,也可用于制作精密的冲压模具等
5CrNiMnMoVSCa	预硬化型易切削钢,钢中加入 S 元素改善钢的可加工工艺性,加入 Ca 元素主要是改善硫化物的组织形态,改善钢的力学性能,降低钢的各向异性。适于制作各种类型的精密注射模具、压塑模具和橡胶模具
2CrNiMoMnV	预硬化型镜面塑料模具钢,是 3Cr2MnNiMo 钢的改进型,其淬透性高、硬度均匀,并具有良好的抛光性能,电火花加工性能和蚀花(皮纹加工)性能,可用于渗氮处理。适于制作大中型镜面塑料模具
2CrNi3MoAl	时效硬化钢。由于固溶处理工序是在切削加工制成模具之前进行的,从而避免了模具的淬火变形,因而模具的热处理变形小,综合力学性能好。适于制作复杂、精密的塑料模具
1Ni3MnCuMoAl	即 10Ni3MnCuAl,一种镍铜铝系时效硬化型钢,其淬透性好,热处理变形小,镜面加工性能好。适于制作高镜面的塑料模具、高外观质量的家用电器塑料模具
06Ni6CrMoVTiAl	低合金马氏体时效钢,简称 06Ni 钢,经固溶处理(也可在粗加工后进行)后,硬度为 25~28HRC。在机械加工成所需要的模具形状和经钳工修整及抛光后,再进行时效处理,使硬度明显增加,模具变形小,可直接使用,保证模具有高的精度和使用寿命
00Ni18Co8Mo5TiAl	沉淀硬化型超高强度钢,简称 18Ni(250)钢,具有高强韧性。低硬化指数,良好成形性和焊接性。适于制作铝合金挤压模和铸件模、精密模具及冷冲模等工模具等
2Cr13	耐腐蚀型钢,属于 Cr13 型不锈钢,机械加工性能较好,经热处理后具有优良的耐腐蚀性能,较好的强韧性,适于制作承受高负荷并在腐蚀介质作用下塑料模具和透明塑料制品模具等
4Cr13	耐腐蚀型钢,属于 Cr13 型不锈钢,力学性能较好,经热处理(淬火及回火后),具有优良的耐腐蚀性能、抛光性能、较高的强度和耐磨性。适于制作承受高负荷并在腐蚀介质作用下的塑料模具钢和透明塑料制品模具等
4Cr13NiVSi	耐腐蚀预硬化型钢,属于 Cr13 型不锈钢,淬回火硬度高,有超镜面加工性,可预硬至 31~35HRC,镜面加工性好。适于制作要求高精度、高耐磨、高耐蚀塑料模具;也用于制作透明塑料制品模具
2Cr17Ni2	耐腐蚀预硬化型钢,具有好的抛光性能;在玻璃模具的应用中具有好的抗氧化性。适于制作耐腐蚀塑料模具,并且不用采用 Cr、Ni 涂层
3Cr17Mo	耐腐蚀预硬化型钢,属于 Cr17 型不锈钢,具有优良的强韧性和较高的耐蚀性。适于制作各种类型的要求高精度、高耐磨,又要求耐蚀性的塑料模具和透明塑料制品模具
3Cr17NiMoV	耐腐蚀预硬化型钢,属于 Cr17 型不锈钢,具有优良的强韧性和较高的耐蚀性。适于制作各种类型的要求高精度、高耐磨,又要求耐蚀的塑料模具和压制透明的塑料制品模具
9Cr18	耐腐蚀、耐磨型钢,属于高碳马氏体钢,淬火后具有很高的硬度和耐磨性,较 Cr17 型马氏体钢的耐蚀性能有所改善,在大气、水及某些酸类和盐类的水溶液中有优良的不锈耐蚀性。适于制作要求耐蚀、高强度和耐磨损的零部件,如轴、杆类、弹簧、紧固件等
9Cr18MoV	耐腐蚀、耐磨型钢,属于高碳铬不锈钢,基本性能和用途与 9Cr18 钢相近,但热强性和回火稳定性更好。适于制作承受摩擦并在腐蚀介质中工作的零件,如量具、不锈切片机械刃具及剪切工具、手术刀片、高耐磨设备零件等

8. 特殊用模具用钢的主要特点及用途（见表 8-25）

表 8-25 特殊用模具用钢的主要特点及用途（GB/T 1299—2014）

牌号	主要特点及用途
7Mn15Cr2Al3V2WMo	一种高 Mn-V 系无磁钢。在各种状态下都能保持稳定的奥氏体，具有非常低的磁导率，高的硬度、强度，较好的耐磨性。适于制作无磁模具、无磁轴承及其他要求在强磁场中不产生磁感应的结构零件，也可以用来制造在 700～800℃下使用的热作模具
2Cr25Ni20Si2	奥氏体型耐热钢，具有较好的耐蚀性。最高使用温度可达 1200℃。连续使用最高温度为 1150℃；间歇使用最高温度为 1050～1100℃。适于制作加热炉的各种构件，也用于制造玻璃模具等
0Cr17Ni4Cu4Nb	马氏体沉淀硬化不锈钢。碳含量低，其耐蚀性和焊接性比一般马氏体不锈钢好。此钢耐酸性能好、切削性好、热处理工艺简单。在 400℃以上长期使用时有脆化倾向，适于制作工作温度 400℃以下，要求耐酸蚀性、高强度的部件；也适于制作在腐蚀介质作用下要求高性能、高精密的塑料模具等
Ni25Cr15Ti2MoMn	即 GH2132B，Fe-25Ni-15Cr 基时效强化型高温合金，加入钼、钛、铝、钒和微量硼综合强化，特点是高温耐磨性好，高温抗变形能力强，高温抗氧化性能优良，无缺口敏感性，热疲劳性能优良。适于制作在 650℃以下长期工作的高温承力部件和热作模具，如铜排模，热挤压模和内筒等
Ni53Cr19Mo3TiNb	即 In718 合金，以体心四方的 γ″相和面心立方的 γ′相沉淀强化的镍基高温合金，在合金中加入铝、钛以形成金属间化合物进行 γ′(Ni3AlTi) 相沉淀强化。具有高温强度高、高温稳定性好、抗氧化性好、冷热疲劳性能及冲击韧性优异等特点。适于制作 600℃以上使用的热锻模、冲头、热挤压模、压铸模等

8.4 高速工具钢的牌号和化学成分

高速工具钢的牌号和化学成分见表 8-26。

表 8-26 高速工具钢的牌号和化学成分（GB/T 9943—2008）

统一数字代号	牌号[①]	化学成分（质量分数，%）									
		C	Mn	Si[②]	S[③]	P	Cr	V	W	Mo	Co
T63342	W3Mo3Cr4V2	0.95～1.03	≤0.40	≤0.45	≤0.030	≤0.030	3.80～4.50	2.20～2.50	2.70～3.00	2.50～2.90	—
T64340	W4Mo3Cr4VSi	0.83～0.93	0.20～0.40	0.70～1.00	≤0.030	≤0.030	3.80～4.40	1.20～1.80	3.50～4.50	2.50～3.50	—
T51841	W18Cr4V	0.73～0.83	0.10～0.40	0.20～0.40	≤0.030	≤0.030	3.80～4.50	1.00～1.20	17.20～18.70	—	—
T62841	W2Mo8Cr4V	0.77～0.87	≤0.40	≤0.70	≤0.030	≤0.030	3.50～4.50	1.00～1.40	1.40～2.00	8.00～9.00	—
T62942	W2Mo9Cr4V2	0.95～1.05	0.15～0.40	≤0.70	≤0.030	≤0.030	3.50～4.50	1.75～2.20	1.50～2.10	8.20～9.20	—
T66541	W6Mo5Cr4V2	0.80～0.90	0.15～0.40	0.20～0.45	≤0.030	≤0.030	3.80～4.40	1.75～2.20	5.50～6.75	4.50～5.50	—
T66542	CW6Mo5Cr4V2	0.86～0.94	0.15～0.40	0.20～0.45	≤0.030	≤0.030	3.80～4.50	1.75～2.10	5.90～6.70	4.70～5.20	—
T66642	W6Mo6Cr4V2	1.00～1.10	≤0.40	≤0.45	≤0.030	≤0.030	3.80～4.50	2.30～2.60	5.90～6.70	5.50～6.50	—

（续）

统一数字代号	牌号①	化学成分(质量分数,%)									
		C	Mn	Si②	S③	P	Cr	V	W	Mo	Co
T69341	W9Mo3Cr4V	0.77~0.87	0.20~0.40	0.20~0.40	≤0.030	≤0.030	3.80~4.40	1.30~1.70	8.50~9.50	2.70~3.30	—
T66543	W6Mo5Cr4V3	1.15~1.25	0.15~0.40	0.20~0.45	≤0.030	≤0.030	3.80~4.50	2.70~3.20	5.90~6.70	4.70~5.20	—
T66545	CW6Mo5Cr4V3	1.25~1.32	0.15~0.40	≤0.70	≤0.030	≤0.030	3.75~4.50	2.70~3.20	5.90~6.70	4.70~5.20	—
T66544	W6Mo5Cr4V4	1.25~1.40	≤0.40	≤0.45	≤0.030	≤0.030	3.80~4.50	3.70~4.20	5.20~6.00	4.20~5.00	—
T66546	W6Mo5Cr4V2Al	1.05~1.15	0.15~0.40	0.20~0.60	≤0.030	≤0.030	3.80~4.40	1.75~2.20	5.50~6.75	4.50~5.50	Al:0.80~1.20
T71245	W12Cr4V5Co5	1.50~1.60	0.15~0.40	0.15~0.40	≤0.030	≤0.030	3.75~5.00	4.50~5.25	11.75~13.00	—	4.75~5.25
T76545	W6Mo5Cr4V2Co5	0.87~0.95	0.15~0.40	0.20~0.45	≤0.030	≤0.030	3.80~4.50	1.70~2.10	5.90~6.70	4.70~5.20	4.50~5.00
T76438	W6Mo5Cr4V3Co8	1.23~1.33	≤0.40	≤0.70	≤0.030	≤0.030	3.80~4.50	2.70~3.20	5.90~6.70	4.70~5.30	8.00~8.80
T77445	W7Mo4Cr4V2Co5	1.05~1.15	0.20~0.60	0.15~0.50	≤0.030	≤0.030	3.75~4.50	1.75~2.25	6.25~7.00	3.25~4.25	4.75~5.75
T72948	W2Mo9Cr4VCo8	1.05~1.15	0.15~0.40	0.15~0.65	≤0.030	≤0.030	3.50~4.25	0.95~1.35	1.15~1.85	9.00~10.00	7.75~8.75
T71010	W10Mo4Cr4V3Co10	1.20~1.35	≤0.40	≤0.45	≤0.030	≤0.030	3.80~4.50	3.00~3.50	9.00~10.00	3.20~3.90	9.50~10.50

① 表中牌号 W18Cr4V、W12Gr4V5Co5 为钨系高速工具钢，其他牌号为钨钼系高速工具钢。

② 电渣钢的硅含量下限不限。

③ 根据需方要求，为改善钢的可加工性，其硫的质量分数可规定为 0.06%~0.15%。

8.5 工模具钢板和钢带

8.5.1 碳素工具钢热轧钢板

碳素工具钢热轧钢板退火后的硬度见表 8-27。

表 8-27 碳素工具钢热轧钢板退火后的硬度（GB/T 3278—2001）

牌号	硬度 HBW ≤
T7、T7A、T8、T8A、T8Mn	207
T9、T9A、T10、T10A	223
T11、T11A、T12、T12A、T13、T13A	229

8.5.2 合金工模具钢板

合金工模具钢板交货状态的硬度见表 8-28。

表 8-28 合金工模具钢板交货状态的硬度（GB/T 33811—2017）

钢组	牌号	硬度 HBW ≤	钢组	牌号	硬度 HBW ≤
耐冲击工具钢	5Cr3MnSiMo1	235	冷作模具钢	Cr12MoV	255
冷作模具钢	CrWV	255		Cr12Mo1V1	255
	MnCrWV	255		Cr12MoWV	255
	9CrMn2V	229		7Cr14Mo2VNb	255
	5Cr8MoVSi	229		7Cr17Mo2VNb	255
	Cr8Mo2SiV	255	热作模具钢	4Cr5MoSiV	229
	Cr8	255		4Cr5MoSiV1	229
	Cr12	269	塑料模具钢	9Cr18	255
	Cr12W	255		9Cr18MoV	269
	Cr5Mo1V	255			

8.5.3 工具用热轧钢板和钢带

1. 工具用热轧钢板和钢带的牌号和化学成分

非合金钢的牌号和化学成分见表 8-1，合金钢的牌号和化学成分见表 8-29。

表 8-29 合金钢的牌号和化学成分（GB/T 3278—2023）

牌号	化学成分(质量分数,%)									
	C	Si	Mn	P	S	Cr	Ni	Cu	Mo	V
30CrMo	0.26~0.33	0.17~0.37	0.40~0.70	≤0.025	≤0.020	0.80~1.10	≤0.30	≤0.20	0.15~0.25	—
40Cr	0.37~0.44	0.17~0.37	0.50~0.80	≤0.025	≤0.020	0.80~1.10	≤0.30	≤0.20	≤0.10	—
50CrV	0.46~0.54	0.17~0.37	0.50~0.80	≤0.025	≤0.020	0.80~1.10	≤0.30	≤0.20	≤0.10	0.10~0.20
51CrV	0.47~0.55	≤0.40	0.70~1.10	≤0.025	≤0.020	0.90~1.20	≤0.30	≤0.40	≤0.10	0.10~0.25
75Cr	0.72~0.80	0.15~0.45	0.60~0.90	≤0.025	≤0.020	0.30~0.60	≤0.30	≤0.20	≤0.10	—
75CrV	0.72~0.80	0.15~0.45	0.60~0.90	≤0.025	≤0.020	0.35~0.60	≤0.30	≤0.20	≤0.10	0.02~0.10
80CrV	0.78~0.87	0.15~0.45	0.40~0.60	≤0.025	≤0.020	0.60~0.80	≤0.30	≤0.20	≤0.10	0.20~0.40
9SiCr	0.85~0.95	1.20~1.60	0.30~0.60	≤0.025	≤0.020	0.95~1.25	≤0.30	≤0.20	≤0.10	—

2. 工具用热轧钢板和钢带的硬度（见表 8-30）

表 8-30 工具用热轧钢板和钢带的硬度（GB/T 3278—2023）

牌号	热轧状态硬度 HRC	退火状态硬度 HBW	牌号	热轧状态硬度 HRC	退火状态硬度 HBW
T7A	21~27	≤207	30CrMo	20~25	≤229
T8A	22~28	≤207	40Cr	21~26	≤207
T8MnA	23~29	≤207	50CrV	22~27	≤255
T9A	24~30	≤223	51CrV	23~28	≤260
T10A	25~31	≤223	75Cr	24~29	≤277
T11A	26~32	≤229	75CrV	24~29	≤277
T12A	27~33	≤229	80CrV	26~31	≤287
T13A	28~36	≤229	9SiCr	27~35	≤295

注：热轧钢带在卷尾取硬度试样时，热轧态硬度值一般高于表中硬度值 5~10HRC。

8.6 工模具钢丝和钢棒

8.6.1 碳素工具钢丝

1. 碳素工具钢丝的热处理及硬度（见表 8-31）

表 8-31 碳素工具钢丝的热处理及硬度（YB/T 5322—2010）

牌号	试样热处理工艺及淬火硬度			退火硬度 HBW ≤
	淬火温度/℃	冷却介质	硬度 HRC ≥	
T7(A)	800~820	水	62	187
T8(A)	780~800			187
T8Mn(A)				187
T9(A)	760~780			192
T10(A)				197
T11(A)				207
T12(A)				207
T13(A)				217

2. 碳素工具钢丝的抗拉强度（见表 8-32）

表 8-32 碳素工具钢丝的抗拉强度（YB/T 5322—2010）

牌 号	抗拉强度 R_m/MPa	
	退火	冷拉
T7(A)、T8(A)、T8Mn(A)、T9(A)	490~685	≤1080
T10(A)、T11(A)、T12(A)、T13(A)	540~735	

3. 直条碳素工具钢丝的长度（见表 8-33）

表 8-33 直条碳素工具钢丝的长度（YB/T 5322—2010）（单位：mm）

钢丝公称直径	通常长度	短 尺	
		长度 ≥	数量
1.00~3.00	1000~2000	800	不超过每批重量 15%
>3.00~6.00	2000~3500	1200	
>6.00~16.00	2000~4000	1500	

8.6.2 合金工具钢丝

1. 合金工具钢丝的化学成分

5SiMoV 和 4Cr5MoSiVS 的化学成分应符合表 8-34 的规定，其他牌号的化学成分应符合 GB/T 1299 的规定。

表 8-34 5SiMoV 和 4Cr5MoSiVS 的化学成分（YB/T 095—2015）

序号	牌号	化学成分(质量分数,%)							
		C	Si	Mn	P	S	Cr	Mo	V
1	5SiMoV	0.40~0.55	0.90~1.20	0.30~0.50	≤0.030	≤0.030	—	0.30~0.60	0.15~0.50
2	4Cr5MoSiVS	0.33~0.43	0.80~1.25	0.80~1.20	≤0.030	0.08~0.16	4.75~5.50	1.20~1.60	0.30~0.80

2. 合金工具钢退火钢丝的硬度与试样淬火后的硬度（见表 8-35）

表 8-35 合金工具钢退火钢丝的硬度与试样淬火后的硬度（YB/T 095—2015）

牌号	退火交货状态钢丝硬度 HBW ≤	试样淬火硬度		
		淬火温度/℃	冷却介质	硬度 HRC ≥
9SiCr	241	820~860	油	62
5CrW2Si	255	860~900	油	55
5SiMoV	241	840~860	盐水	60
5Cr3MnSiMo1V	235	925~955	空	59
Cr12Mo1V1	255	980~1040	油或(空)	62(59)
Cr12MoV	255	1020~1040	油或(空)	61(58)
Cr5Mo1V	255	925~985	空	62
CrWMn	255	820~840	油	62
9CrWMn	255	820~840	油	62
3Cr2W8V	255	1050~1100	油	52
4Cr5MoSiV	235	1000~1030	油	53
4Cr5MoSiVS	235	1000~1030	油	53
4Cr5MoSiV1	235	1020~1050	油	56

注：直径小于 5.0mm 的钢丝不做退火硬度检验，根据需方要求可做拉伸或其他检验，合格范围由双方协商。

3. 合金工具钢各级别预硬钢丝的硬度和抗拉强度（见表 8-36）

表 8-36 合金工具钢各级别预硬钢丝的硬度和抗拉强度（YB/T 095—2015）

级　别	1	2	3	4
洛氏硬度　HRC	35~40	40~45	45~50	50~55
维氏硬度① HV	330~380	380~440	440~510	510~600
抗拉强度/MPa	1080~1240	1240~1450	1450~1710	1710~2050

① 维氏硬度仅供参考，不做判定依据。

8.6.3 高速工具钢丝

1. 高速工具钢丝的热处理工艺和硬度（见表 8-37）

表 8-37 高速工具钢丝的热处理工艺和硬度（YB/T 5302—2010）

牌号	交货硬度（退火态）HBW	试样热处理工艺及淬火、回火硬度				
		预热温度/℃	淬火温度/℃	淬火冷却介质	回火温度/℃	硬度 HRC ≥
W3Mo3Cr4V2	≤255	800~900	1180~1200	油	540~560	63
W4Mo3Cr4VSi	207~255		1170~1190		540~560	63
W18Cr4V	207~255		1250~1270		550~570	63
W2Mo9Cr4V2	≤255		1190~1210		540~560	64
W6Mo5Cr4V2	207~255		1200~1220		550~570	63
CW6Mo5Cr4V2	≤255		1190~1210		540~560	64
W9Mo3Cr4V	207~255		1200~1220		540~560	63
W6Mo5Cr4V3	≤262		1190~1210		540~560	64
CW6Mo5Cr4V3	≤262		1180~1200		540~560	64
W6Mo5Cr4V2Al	≤269		1200~1220		550~570	65
W6Mo5Cr4V2Co5	≤269		1190~1210		540~560	64
W2Mo9Cr4VCo8	≤269		1170~1190		540~560	66

2. 高速工具直条钢丝的长度（见表 8-38）

表 8-38　高速工具直条钢丝的长度（YB/T 5302—2006）　　（单位：mm）

钢丝公称直径	通常长度	短尺长度≥
1.00~3.00	1000~2000	800
>3.00	2000~4000	1200

8.6.4 高速工具钢棒

1. 高速工具钢棒的化学成分允许偏差（见表 8-39）

表 8-39　高速工具钢棒的化学成分允许偏差（GB/T 9943—2008）

元素	规定化学成分上限值（质量分数,%）	允许偏差（质量分数,%）	元素	规定化学成分上限值（质量分数,%）	允许偏差（质量分数,%）
C	—	±0.01	Mo	≤6	±0.05
Cr	—	±0.05		>6	±0.10
W	≤10	±0.10	Co	—	±0.15
	>10	±0.20	Si	—	±0.05
V	≤2.5	±0.05	Mn	—	+0.04
	>2.5	±0.10			

2. 高速工具钢棒的硬度（见表 8-40）

表 8-40　高速工具钢棒的硬度（GB/T 9943—2008）

牌　号	交货硬度[①]（退火态）HBW ≤	试样热处理工艺及淬火、回火硬度					
		预热温度/℃	淬火温度/℃		淬火冷却介质	回火温度[②]/℃	硬度[③]HRC ≥
			盐浴炉	箱式炉			
W3Mo3Cr4V2	255	800~900	1180~1220	1180~1220	油或盐浴	540~560	63
W4Mo3Cr4VSi	255		1170~1190	1170~1190		540~560	63
W18Cr4V	255		1250~1270	1260~1280		550~570	63
W2Mo8Cr4V	255		1180~1220	1180~1220		550~570	63
W2Mo9Cr4V2	255		1190~1210	1200~1220		540~560	64
W6Mo5Cr4V2	255		1200~1220	1210~1230		540~560	64
CW6Mo5Cr4V2	255		1190~1210	1200~1220		540~560	64
W6Mo6Cr4V2	262		1190~1210	1190~1210		550~570	64
W9Mo3Cr4V	255		1200~1220	1220~1240		540~560	64
W6Mo5Cr4V3	262		1190~1210	1200~1220		540~560	64
CW6Mo5Cr4V3	262		1180~1200	1190~1210		540~560	64
W6Mo5Cr4V4	269		1200~1220	1200~1220		550~570	64
W6Mo5Cr4V2Al	269		1200~1220	1230~1240		550~570	65
W12Cr4V5Co5	277		1220~1240	1230~1250		540~560	65
W6Mo5Cr4V2Co5	269		1190~1210	1200~1220		540~560	64
W6Mo5Cr4V3Co8	285		1170~1190	1170~1190		550~570	65
W7Mo4Cr4V2Co5	269		1180~1200	1190~1210		540~560	66
W2Mo9Cr4VCo8	269		1170~1190	1180~1200		540~560	66
W10Mo4Cr4V3Co10	285		1220~1240	1220~1240		550~570	66

① 退火+冷拉态的硬度，允许比退火态硬度值增加 50HBW。

② 回火温度为 550~570℃时，回火 2 次，每次 1h；回火温度为 540~560℃时，回火 2 次，每次 2h。

③ 供方若能保证试样淬火、回火硬度，可不检验。

第 9 章　不锈钢和耐热钢

9.1　不锈钢和耐热钢的牌号和化学成分

1. 奥氏体不锈钢和耐热钢的牌号和化学成分（见表 9-1）

表 9-1　奥氏体不锈钢和耐热钢的牌号和化学成分（GB/T 20878—2024）

统一数字代号	牌号	化学成分(质量分数,%)										
		C	Si	Mn	P	S	Ni	Cr	Mo	Cu	N	其他元素
S30103	022Cr17Ni7	0.030	1.00	2.00	0.045	0.030	5.00~8.00	16.00~18.00	—	—	0.20	—
S30110	12Cr17Ni7	0.15	1.00	2.00	0.045	0.030	6.00~8.00	16.00~18.00	—	—	0.10	—
S30153	022Cr17Ni7N	0.030	1.00	2.00	0.045	0.030	5.00~8.00	16.00~18.00	—	—	0.07~0.20	—
S30210	12Cr18Ni9①	0.15	1.00	2.00	0.045	0.030	8.00~10.00	17.00~19.00	—	—	0.10	—
S30240	12Cr18Ni9Si3①	0.15	2.00~3.00	2.00	0.045	0.030	8.00~10.00	17.00~19.00	—	—	0.10	—
S30317	Y12Cr18Ni9	0.15	1.00	2.00	0.200	≥0.15	8.00~10.00	17.00~19.00	0.60	—	—	—
S30327	Y12Cr18Ni9Se	0.15	1.00	2.00	0.200	0.060	8.00~10.00	17.00~19.00	—	—	—	Se≥0.15
S30387	Y12Cr18Ni9Cu3	0.15	1.00	3.00	0.200	≥0.15	8.00~10.00	17.00~19.00	—	1.50~3.50	—	—
S30403	022Cr19Ni10	0.030	1.00	2.00	0.045	0.030	8.00~12.00	18.00~20.00	—	—	—	—
S30408	06Cr19Ni10①	0.08	1.00	2.00	0.045	0.030	8.00~11.00	18.00~20.00	—	—	—	—
S30409	07Cr19Ni10①	0.04~0.10	1.00	2.00	0.045	0.030	8.00~11.00	18.00~20.00	—	—	—	—
S30450	05Cr19Ni10Si2CeN①	0.04~0.06	1.00~2.00	0.80	0.045	0.030	9.00~10.00	18.00~19.00	—	—	0.12~0.18	Ce:0.03~0.08
S30453	022Cr19Ni10N	0.030	1.00	2.00	0.045	0.030	8.00~11.00	18.00~20.00	—	—	0.10~0.16	—
S30458	06Cr19Ni10N	0.08	1.00	2.00	0.045	0.030	8.00~11.00	18.00~20.00	—	—	0.10~0.16	—

（续）

统一数字代号	牌号	化学成分(质量分数,%)										
		C	Si	Mn	P	S	Ni	Cr	Mo	Cu	N	其他元素
S30478	06Cr19Ni9NbN	0.08	1.00	2.00	0.045	0.030	7.50~10.50	18.00~20.00	—	—	0.15~0.30	Nb:0.15
S30480	06Cr18Ni9Cu2	0.08	1.00	2.00	0.045	0.030	8.00~10.50	17.00~19.00	—	1.00~3.00	—	—
S30483	022Cr18Ni9Cu3	0.030	1.00	2.00	0.045	0.030	8.00~10.00	17.00~19.00	—	3.00~4.00	—	—
S30488	06Cr18Ni9Cu3	0.08	1.00	2.00	0.045	0.030	8.50~10.50	17.00~19.00	—	3.00~4.00	—	—
S30489	10Cr18Ni9NbCu3BN①	0.07~0.13	0.30	0.50	0.045	0.030	7.50~10.50	17.00~19.00	—	2.50~3.50	0.05~0.12	Nb:0.30~0.60 B:0.0010~0.0100 Al:0.003~0.030
S30508	06Cr18Ni12	0.08	1.00	2.00	0.045	0.030	11.00~13.50	16.50~19.00	—	—	—	—
S30510	10Cr18Ni12	0.12	1.00	2.00	0.045	0.030	10.50~13.00	17.00~19.00	—	—	—	—
S30548	06Cr18Ni13Si4①	0.08	3.00~5.00	2.00	0.045	0.030	11.50~15.00	15.00~20.00	—	—	—	—
S30549	16Cr20Ni14Si2①	0.20	1.50~2.50	1.50	0.040	0.030	12.00~15.00	19.00~22.00	—	—	—	—
S30640	20Cr18Ni15Si4Al	0.16~0.24	3.20~4.00	2.00	0.030	0.030	13.50~16.00	17.00~19.50	—	—	—	Al:0.18~1.50
S30808	06Cr20Ni11①	0.08	1.00	2.00	0.045	0.030	10.00~12.00	19.00~21.00	—	—	—	—
S30850	20Cr21Ni12SiN①	0.15~0.25	0.75~1.25	1.00~1.60	0.035	0.030	10.50~12.50	20.50~22.50	—	0.30	0.15~0.30	—
S30829	08Cr21Ni11Si2NCe	0.05~0.10	1.40~2.00	0.80	0.035	0.020	20.00~22.00	10.00~12.00	—	—	0.14~0.20	Ce:0.03~0.08
S30908	06Cr23Ni13①	0.08	1.00	2.00	0.045	0.030	12.00~15.00	22.00~24.00	—	—	—	—
S30920	16Cr23Ni13①	0.20	1.00	2.00	0.040	0.030	12.00~15.00	22.00~24.00	—	—	—	—
S30989	07Cr23Ni15Cu4NbNB①	0.04~0.10	0.75	2.00	0.030	0.010	13.00~17.00	22.00~24.00	—	3.00~4.00	0.15~0.35	Nb:0.30~0.70 B:0.0020~0.0060
S31002	012Cr25Ni20	0.015	0.15	2.00	0.020	0.015	19.00~22.00	24.00~26.00	0.10	—	0.10	—
S31008	06Cr25Ni20①	0.08	1.50	2.00	0.045	0.030	19.00~22.00	24.00~26.00	—	—	—	—
S31009	07Cr25Ni20①	0.04~0.10	0.75	2.00	0.030	0.015	19.00~22.00	24.00~26.00	—	—	—	—
S31020	20Cr25Ni20①	0.25	1.50	2.00	0.040	0.030	19.00~22.00	24.00~26.00	—	—	—	—
S31053	022Cr25Ni22Mo2N	0.030	0.40	2.00	0.030	0.015	21.00~23.00	24.00~26.00	2.00~3.00	—	0.10~0.16	—
S31059	07Cr25Ni21NbN①	0.04~0.10	0.75	2.00	0.030	0.015	19.00~22.00	24.00~26.00	—	—	0.15~0.35	Nb:0.20~0.60
S31089	07Ni25Cr22W4Cu3CoNbNB①	0.04~0.10	0.40	0.60	0.025	0.015	23.50~26.50	21.50~23.50	—	2.50~3.50	0.20~0.30	Nb:0.40~0.60 W:3.00~4.00 Co:1.00~2.00 B:0.002~0.008

（续）

统一数字代号	牌号	化学成分（质量分数，%）										
		C	Si	Mn	P	S	Ni	Cr	Mo	Cu	N	其他元素
S31092	015Ni26Cr25Mo5Cu2N	0.020	0.70	2.00	0.030	0.010	24.00~27.00	24.00~26.00	4.70~5.70	1.00~2.00	0.17~0.25	—
S31252	015Cr20Ni18Mo6CuN	0.020	0.80	1.00	0.030	0.010	17.50~18.50	19.50~20.50	6.00~6.50	0.50~1.00	0.18~0.22	—
S31292	015Ni27Cr22Mo7CuN	0.020	0.50	3.00	0.030	0.010	26.00~28.00	20.50~23.00	6.50~8.00	0.50~1.50	0.30~0.40	—
S31293	022Cr24Ni22Mo6Mn3W2Cu2N	0.030	1.00	2.00~4.00	0.035	0.020	21.00~24.00	23.00~25.00	5.20~6.20	1.00~2.50	0.35~0.60	W:1.50~2.50
S31400	16Cr25Ni20Si2①	0.20	1.50~2.50	1.50	0.040	0.030	19.00~22.00	24.00~26.00	—	—	0.10	—
S31603	022Cr17Ni12Mo2	0.030	1.00	2.00	0.045	0.030	10.00~14.00	16.00~18.00	2.00~3.00	—	—	—
S31608	06Cr17Ni12Mo2①	0.08	1.00	2.00	0.045	0.030	10.00~14.00	16.00~18.00	2.00~3.00	—	—	—
S31609	07Cr17Ni12Mo2①	0.04~0.10	1.00	2.00	0.045	0.030	10.00~14.00	16.00~18.00	2.00~3.00	—	—	—
S31653	022Cr17Ni12Mo2N	0.030	1.00	2.00	0.045	0.030	10.00~13.00	16.00~18.00	2.00~3.00	—	0.10~0.16	—
S31655	022Cr20Ni9MoN①	0.030	1.00	2.00	0.045	0.015	8.00~9.50	19.50~21.50	0.50~1.50	1.00	0.14~0.25	—
S31658	06Cr17Ni12Mo2N	0.08	1.00	2.00	0.045	0.030	10.00~13.00	16.00~18.00	2.00~3.00	—	0.10~0.16	—
S31668	06Cr17Ni12Mo2Ti①	0.08	1.00	2.00	0.045	0.030	10.00~14.00	16.00~18.00	2.00~3.00	—	—	Ti≥5C
S31678	06Cr17Ni12Mo2Nb	0.08	1.00	2.00	0.045	0.030	10.00~14.00	16.00~18.00	2.00~3.00	—	0.10	Nb:10C~1.10
S31683	022Cr18Ni14Mo2Cu2	0.030	1.00	2.00	0.045	0.030	12.00~16.00	17.00~19.00	1.20~2.75	1.00~2.50	—	—
S31688	06Cr18Ni12Mo2Cu2	0.08	1.00	2.00	0.045	0.030	10.00~14.00	17.00~19.00	1.20~2.75	1.00~2.50	—	—
S31703	022Cr19Ni13Mo3	0.030	1.00	2.00	0.045	0.030	11.00~15.00	18.00~20.00	3.00~4.00	—	—	—
S31708	06Cr19Ni13Mo3①	0.08	1.00	2.00	0.045	0.030	11.00~15.00	18.00~20.00	3.00~4.00	—	—	—
S31723	022Cr19Ni16Mo5N	0.030	1.00	2.00	0.045	0.030	13.50~17.50	17.00~20.00	4.00~5.00	—	0.10~0.20	—
S31753	022Cr19Ni13Mo4N	0.030	1.00	2.00	0.045	0.030	11.00~15.00	18.00~20.00	3.00~4.00	—	0.10~0.22	—
S31794	03Cr18Ni16Mo5	0.04	1.00	2.50	0.045	0.030	15.00~17.00	16.00~19.00	4.00~6.00	—	—	—
S32050	022Cr23Ni21Mo6N	0.030	1.00	1.50	0.035	0.020	20.00~23.00	22.00~24.00	6.00~6.80	0.40	0.21~0.32	—
S32053	022Ni25Cr23Mo6N	0.030	1.00	1.00	0.030	0.010	24.00~26.00	22.00~24.00	5.00~6.00	—	0.17~0.22	—
S32168	06Cr18Ni11Ti①	0.08	1.00	2.00	0.045	0.030	9.00~12.00	17.00~19.00	—	—	—	Ti:5C~0.70
S32169	07Cr19Ni11Ti①	0.04~0.10	1.00	2.00	0.045	0.030	9.00~13.00	17.00~20.00	—	—	0.10	Ti:4(C+N)~0.70

（续）

统一数字代号	牌号	化学成分（质量分数，%）										
		C	Si	Mn	P	S	Ni	Cr	Mo	Cu	N	其他元素
S32652	015Cr24Ni22Mo8Mn3CuN	0.020	0.50	2.00~4.00	0.030	0.005	21.00~23.00	24.00~25.00	7.00~8.00	0.30~0.60	0.45~0.55	—
S34553	022Cr24Ni17Mo5Mn6NbN	0.030	1.00	5.00~7.00	0.030	0.010	16.00~18.00	23.00~25.00	4.00~5.00	—	0.40~0.60	Nb:0.10
S34778	06Cr18Ni11Nb①	0.08	1.00	2.00	0.045	0.030	9.00~12.00	17.00~19.00	—	—	—	Nb:10C~1.10
S34779	07Cr18Ni11Nb①	0.04~0.10	1.00	2.00	0.045	0.030	9.00~12.00	17.00~19.00	—	—	—	Nb:8C~1.10
S35100	10Cr16Mn9Ni2Cu2N	0.12	0.75	7.50~10.50	0.060	0.030	1.00~3.00	14.50~16.50	—	1.00~2.50	0.10~0.25	—
S35101	12Cr15Mn10Ni2CuN	0.15	0.75	8.00~11.00	0.060	0.030	1.00~3.00	13.50~15.50	—	0.50~1.00	0.10~0.25	—
S35102	12Cr15Mn10Ni2N	0.15	0.75	8.00~11.00	0.060	0.030	1.00~2.00	13.50~15.50	—	0.50	0.10~0.25	—
S35150	20Cr15Mn15Ni2N	0.15~0.25	1.00	14.00~16.00	0.050	0.030	1.50~3.00	14.00~16.00	—	—	0.15~0.30	—
S35180	12Cr15Mn8Ni5Cu2N	0.15	0.75	6.00~9.00	0.060	0.030	3.50~5.50	14.00~16.00	—	1.00~3.00	0.05~0.25	—
S35184	04Cr16Mn8Cu3Ni2N	0.05	0.80	7.50~9.00	0.045	0.025	1.80~3.00	15.50~17.50	0.60	2.30~3.50	0.10~0.25	—
S35203	022Cr16Mn8Ni2N	0.030	1.00	7.00~9.00	0.040	0.030	1.50~3.00	15.00~17.00	—	—	0.15~0.30	—
S35230	12Cr17Mn8Ni2N	0.15	1.00	7.00~10.00	0.060	0.030	1.00~2.00	16.00~18.00	—	2.00	0.15~0.30	—
S35250	12Cr17Mn7Ni2Cu2N	0.15	1.00	5.00~8.00	0.060	0.030	1.00~2.00	16.00~18.00	—	0.50~2.50	0.20~0.30	—
S35257	12Cr17Mn10Ni2N	0.15	1.00	8.50~11.50	0.060	0.030	1.00~2.00	15.50~17.50	—	1.50	0.20~0.35	—
S35284	08Cr17Mn7Ni2Cu2N	0.10	1.00	6.00~8.00	0.060	0.030	1.50~3.00	16.00~18.00	0.60	0.80~3.00	0.10~0.25	—
S35285	08Cr17Mn6Ni3Cu3N	0.10	0.75	5.00~7.00	0.045	0.030	2.00~4.00	16.00~18.00	—	1.50~3.50	0.05~0.25	—
S35286	12Cr16Mn8Ni3Cu3N	0.15	1.00	7.00~9.00	0.050	0.030	1.50~3.50	15.50~17.50	—	2.00~4.00	0.05~0.25	—
S35350	12Cr17Mn6Ni5N	0.15	1.00	5.50~7.50	0.050	0.030	3.50~5.50	16.00~18.00	—	—	0.05~0.25	—
S35353	022Cr17Mn6Ni5N	0.030	0.75	5.50~7.50	0.045	0.030	3.50~5.50	16.00~18.00	—	—	0.05~0.25	—
S35355	022Cr17Mn7Ni5N	0.030	0.80	6.40~7.50	0.045	0.030	4.00~5.00	16.00~17.50	—	1.00	0.10~0.25	—
S35380	08Cr17Mn7Ni5Cu3N	0.10	0.75	5.50~7.50	0.045	0.030	3.50~5.50	16.00~18.00	0.60	1.50~3.50	0.05~0.25	—
S35387	Y06Cr17Mn6Ni6Cu2S	0.08	1.00	5.00~6.50	0.045	0.18~0.35	5.00~6.50	16.00~18.00	—	1.75~2.20	—	—
S35388	06Cr18Mn7Ni4CuN	0.08	1.00	5.00~8.00	0.050	0.030	3.00~5.00	17.00~19.00	0.60	0.50~2.00	0.15~0.30	—
S35450	12Cr18Mn8Ni5N	0.15	1.00	7.50~10.00	0.050	0.030	4.00~6.00	17.00~19.00	—	—	0.05~0.25	—

（续）

统一数字代号	牌号	化学成分(质量分数,%)										
		C	Si	Mn	P	S	Ni	Cr	Mo	Cu	N	其他元素
S35500	12Cr18Mn12Ni2N	0.15	1.00	11.00~14.00	0.045	0.030	0.50~2.50	16.50~19.00	—	—	0.20~0.45	—
S35510	12Cr19Mn11Ni2CuN	0.15	1.00	9.50~11.50	0.050	0.030	1.00~3.00	18.00~20.00	—	0.50~1.00	0.20~0.30	—
S35554	03Cr19Mn12Ni3N	0.04	0.75	10.00~13.00	0.045	0.030	2.00~4.00	17.50~19.50	—	1.00	0.30~0.40	—
S35555	12Cr19Mn12Ni2N	0.15	0.75	10.00~13.00	0.050	0.030	1.00~3.00	17.50~19.50	—	—	0.30~0.40	—
S35650	53Cr21Mn9Ni4N①	0.48~0.58	0.35	8.00~10.00	0.040	0.030	3.25~4.50	20.00~22.00	—	0.30	0.35~0.50	C+N≥0.90
S35656	05Cr19Mn6Ni5Cu2N	0.06	1.00	4.00~7.00	0.050	0.030	3.50~5.50	17.50~19.50	0.60	0.50~2.50	0.20~0.30	—
S35657	08Cr19Mn6Ni3Cu2N	0.10	1.00	4.00~7.00	0.050	0.030	2.50~4.00	17.50~19.50	0.60	0.50~2.50	0.20~0.30	—
S35655	55Cr21Mn8Ni2N①	0.50~0.60	0.25	7.00~10.00	0.040	0.030	1.50~2.75	19.50~21.50	—	0.30	0.20~0.40	—
S35659	50Cr21Mn9Ni4Nb2WN①	0.45~0.55	0.45	8.00~10.00	0.050	0.030	3.50~5.00	20.00~22.00	—	0.30	0.40~0.60	W:0.80~1.50 Nb:1.80~2.50 C+N≥0.90
S35706	05Cr20Ni7Mn4N	0.06	1.00	2.00~5.00	0.045	0.030	6.00~8.00	19.00~21.00	0.60	0.50	0.15~0.30	—
S35750	33Cr23Ni8Mn3N①	0.28~0.38	0.50~1.00	1.50~3.50	0.040	0.030	7.00~9.00	22.00~24.00	0.50	0.30	0.25~0.35	W:0.50
S35876	05Cr22Ni13Mn5Mo2NbVN	0.06	1.00	4.00~6.00	0.040	0.030	11.50~13.50	20.50~23.50	1.50~3.00	—	0.20~0.40	Nb:0.10~0.30 V:0.10~0.30
S35886	05Cr19Ni6Mn4Cu2MoN	0.06	1.00	2.00~5.00	0.045	0.030	5.00~7.50	18.00~20.00	0.50~2.00	0.50~2.50	0.20~0.30	—
S35887	05Cr21Ni10Mn3Cu2Mo2N	0.06	1.00	1.00~4.00	0.045	0.030	8.50~10.50	20.00~22.00	1.00~2.50	0.50~2.50	0.20~0.30	—
S38367	022Ni24Cr21Mo6N	0.030	1.00	2.00	0.040	0.030	23.50~25.50	20.00~22.00	6.00~7.00	0.75	0.18~0.25	—
S38377	12Ni35Cr16①	0.15	1.50	2.00	0.040	0.030	33.00~37.00	14.00~17.00	—	—	—	—
S38400	03Ni18Cr16	0.04	1.00	2.00	0.045	0.030	17.00~19.00	15.00~17.00	—	—	—	—
S38408	06Ni18Cr16	0.08	1.00	2.00	0.045	0.030	17.00~19.00	15.00~17.00	—	—	—	—
S38843	022Ni16Cr14Si6MoCu	0.030	5.50~6.50	2.00	0.045	0.020	15.00~17.00	13.00~15.00	0.75~1.50	0.75~1.50	—	Al:0.30
S38926	015Ni25Cr20Mo6CuN	0.020	0.50	2.00	0.030	0.010	24.00~26.00	19.00~21.00	6.00~7.00	0.50~1.50	0.15~0.25	—
S39042	015Cr21Ni26Mo5Cu2	0.020	1.00	2.00	0.040	0.030	23.00~28.00	19.00~23.00	4.00~5.00	1.00~2.00	0.10	—

注：表中所列成分除标明范围或最小值外，其余均为最大值。

① 可作耐热钢使用。

2. 奥氏体-铁素体（双相）不锈钢的牌号和化学成分（见表 9-2）

表 9-2 奥氏体-铁素体（双相）不锈钢的牌号和化学成分（GB/T 20878—2024）

统一数字代号	牌号	化学成分(质量分数,%)										
		C	Si	Mn	P	S	Ni	Cr	Mo	Cu	N	其他元素
S20013	022Cr20Mn5Ni2N	0.030	1.00	4.00~6.00	0.040	0.030	1.00~3.00	19.50~21.50	0.60	1.00	0.05~0.17	—
S20033	022Cr21Ni4Mo2N	0.030	1.00	2.00	0.030	0.020	3.00~4.00	19.50~22.50	1.50~2.00	—	0.14~0.20	—
S20113	022Cr21Mn2Ni2MoN	0.030	1.00	2.00~3.00	0.040	0.020	1.00~2.00	20.50~23.50	0.10~1.00	0.50	0.15~0.27	—
S21014	03Cr22Mn5Ni2CuMoN	0.040	1.00	4.00~6.00	0.040	0.030	1.35~1.70	21.00~22.00	0.10~0.80	0.10~0.80	0.20~0.25	—
S21953	022Cr19Ni5Mo3Si2N	0.030	1.30~2.00	1.00~2.00	0.035	0.030	4.50~5.50	18.00~19.50	2.50~3.00	—	0.05~0.12	—
S22023	022Cr23Ni2N	0.030	1.00	2.00	0.040	0.010	1.00~2.80	21.50~24.00	0.45	—	0.18~0.26	—
S22053	022Cr23Ni5Mo3N	0.030	1.00	2.00	0.030	0.020	4.50~6.50	22.00~23.00	3.00~3.50	—	0.14~0.20	—
S22133	022Cr21Mn3Ni3Mo2N	0.030	1.00	2.00~4.00	0.040	0.030	2.00~4.00	19.00~22.00	1.00~2.00	—	0.14~0.20	—
S22160	12Cr21Ni5Ti	0.09~0.14	0.80	0.80	0.035	0.030	4.80~5.80	20.00~22.00	—	—	—	Ti:5(C−0.02)~0.80
S22253	022Cr22Ni5Mo3N	0.030	1.00	2.00	0.030	0.020	4.50~6.50	21.00~23.00	2.50~3.50	—	0.08~0.20	—
S24413	022Cr24Ni4Mn3Mo2CuN	0.030	0.70	2.50~4.00	0.035	0.005	3.00~4.50	23.00~25.00	1.00~2.00	0.10~0.80	0.20~0.30	—
S22553	022Cr25Ni6Mo2N	0.030	1.00	2.00	0.030	0.030	5.50~6.50	24.00~26.00	1.20~2.50	—	0.10~0.20	—
S22583	022Cr25Ni7Mo3WCuN	0.030	0.75	1.00	0.030	0.030	5.50~7.50	24.00~26.00	2.50~3.50	0.20~0.80	0.10~0.30	W:0.10~0.50
S22582	019Cr25Ni7Mo4Cu2WN	0.025	0.80	1.00	0.025	0.002	6.50~8.00	24.00~26.00	3.00~4.00	1.20~2.00	0.23~0.33	W:0.80~1.20
S22584	022Cr25Ni7Mo3W2CuN	0.030	0.80	1.00	0.030	0.020	6.00~8.00	24.00~26.00	2.50~3.50	0.20~0.80	0.24~0.32	W:1.50~2.50
S23043	022Cr23Ni4MoCuN	0.030	1.00	2.50	0.035	0.030	3.00~5.50	21.50~24.50	0.05~0.60	0.05~0.60	0.05~0.20	—
S25073	022Cr25Ni7Mo4N	0.030	0.80	1.20	0.035	0.020	6.00~8.00	24.00~26.00	3.00~5.00	0.50	0.24~0.32	Cr+3.3Mo+16N≥41
S25203	022Cr25Ni7Mo4Cu2N	0.030	0.80	1.50	0.035	0.020	5.50~8.00	24.00~26.00	3.00~5.00	0.50~3.00	0.20~0.35	—
S25554	03Cr25Ni6Mo3Cu2N	0.040	1.00	1.50	0.035	0.030	4.50~6.50	24.00~27.00	2.90~3.90	1.50~2.50	0.10~0.25	—
S27073	022Cr28Ni8Mo4CoN	0.030	0.50	1.50	0.030	0.010	5.50~9.50	26.00~29.00	4.00~5.00	1.00	0.30~0.50	Co:0.50~2.00
S27603	022Cr25Ni7Mo4WCuN	0.030	1.00	1.00	0.030	0.010	6.00~8.00	24.00~26.00	3.00~4.00	0.50~1.00	0.20~0.30	W:0.50~1.00 $Cr+3.3\left(Mo+\frac{1}{2}W\right)+16N\geqslant41$

（续）

统一数字代号	牌号	化学成分（质量分数，%）										
		C	Si	Mn	P	S	Ni	Cr	Mo	Cu	N	其他元素
S29008	06Cr26Ni4Mo2	0.08	1.00	0.75	0.040	0.030	2.50~5.00	23.00~28.00	1.00~2.00	—	—	—
S29063	022Cr29Ni7Mo2MnN	0.030	0.80	0.80~1.50	0.030	0.030	5.80~7.50	28.00~30.00	1.50~2.60	0.80	0.30~0.40	—
S29503	022Cr28Ni4Mo2N	0.030	0.60	2.00	0.035	0.010	3.50~5.20	26.00~29.00	1.00~2.50	—	0.15~0.35	—

注：表中所列成分除标明范围或最小值外，其余均为最大值。

3. 铁素体不锈钢和耐热钢的牌号和化学成分（见表9-3）

表9-3　铁素体不锈钢和耐热钢的牌号和化学成分（GB/T 20878—2024）

统一数字代号	牌号	化学成分（质量分数，%）										
		C	Si	Mn	P	S	Ni	Cr	Mo	Cu	N	其他元素
S11163	022Cr11Ti①	0.030	1.00	1.00	0.040	0.020	0.60	10.50~11.70	—	—	0.030	Ti≥8(C+N) Ti:0.15~0.50 Nb:0.10
S11164	022Cr11NiNbTi	0.030	1.00	1.00	0.040	0.030	0.75~1.00	10.50~11.70	—	—	0.040	Ti≥0.50 Nb:10(C+N)~0.80
S11168	06Cr11Ti①	0.08	1.00	1.00	0.045	0.030	0.60	10.50~11.70	—	—	—	Ti:6C~0.75
S11173	022Cr11NbTi①	0.030	1.00	1.00	0.040	0.020	0.60	10.50~11.70	—	—	0.030	Ti+Nb:[8(C+N)+0.08]~0.75 Ti≥0.05
S11176	04Cr11Nb	0.06	1.00	1.00	0.040	0.030	0.50	10.50~11.70	—	—	—	Nb:10C~0.75
S11203	022Cr12①	0.030	1.00	1.00	0.040	0.030	0.60	11.00~13.50	—	—	—	—
S11213	022Cr12Ni①	0.030	1.00	1.50	0.040	0.015	0.30~1.00	10.50~12.50	—	—	0.030	—
S11306	06Cr13	0.08	1.00	1.00	0.040	0.030	0.60	11.50~13.50	—	—	—	—
S11348	06Cr13Al①	0.08	1.00	1.00	0.040	0.030	0.60	11.50~14.50	—	—	—	Al:0.10~0.30
S11468	06Cr14Ni2MoTi	0.08	1.00	1.00	0.045	0.030	1.00~2.50	13.50~15.50	0.20~1.20	—	—	Ti:0.30~0.50
S11510	10Cr15	0.12	1.00	1.00	0.040	0.030	0.60	14.00~16.00	—	—	—	—
S11573	022Cr15NbTi	0.030	1.20	1.20	0.040	0.030	0.60	14.00~16.00	0.50	—	0.030	Ti+Nb:0.30~0.80
S11710	10Cr17①	0.12	1.00	1.00	0.040	0.030	0.60	16.00~18.00	—	—	—	—
S11717	Y10Cr17	0.12	1.00	1.25	0.060	≥0.15	0.60	16.00~18.00	0.60	—	—	—
S11763	022Cr17NbTi	0.030	0.75	1.00	0.040	0.030	0.60	16.00~19.00	—	—	—	Ti或Nb:0.10~1.00
S11770	10Cr17MoNb	0.12	1.00	1.00	0.040	0.030	—	16.00~18.00	0.75~1.25	—	—	Nb:5C~0.80

（续）

统一数字代号	牌号	化学成分(质量分数,%)										
		C	Si	Mn	P	S	Ni	Cr	Mo	Cu	N	其他元素
S11775	04Cr17Nb	0.05	1.00	1.00	0.040	0.030	—	16.00~18.00	—	—	0.030	Nb:12C~1.00
S11790	10Cr17Mo	0.12	1.00	1.00	0.040	0.030	0.60	16.00~18.00	0.75~1.25	—	—	—
S11798	06Cr17Mo	0.08	1.00	1.00	0.040	0.030	1.00	16.00~18.00	0.90~1.30	—	—	—
S11862	019Cr18MoTi	0.025	1.00	1.00	0.040	0.030	0.60	16.00~19.00	0.75~1.50	—	0.025	Ti、Nb、Zr或其组合:8(C+N)~0.80
S11863	022Cr18Ti	0.030	1.00	1.00	0.040	0.030	0.50	17.00~19.00	—	—	0.030	Ti:[0.20+4(C+N)]~1.10 Al:0.15
S11864	022Cr18NbTi-1	0.030	1.00	1.00	0.040	0.030	0.50	17.00~19.00	—	—	0.030	Ti+Nb:[0.20+4(C+N)]~0.75 Al:0.15
S11873	022Cr18NbTi	0.030	1.00	1.00	0.040	0.015	—	17.50~18.50	—	—	—	Ti:0.10~0.60 Nb≥0.30+3C
S11882	019Cr18CuNb	0.025	1.00	1.00	0.040	0.030	0.60	16.00~20.00	—	0.30~0.80	0.025	Nb:8(C+N)~0.80
S11892	019Cr18Mo2Nb	0.025	1.00	1.00	0.040	0.030	0.60	17.50~19.50	1.75~2.50	0.50	0.025	Nb:10(C+N)~0.80
S11973	022Cr19NbTi	0.030	1.00	1.00	0.040	0.030	0.50	18.00~20.00	—	—	0.030	Ti:0.07~0.30 Nb:0.10~0.60 Ti+Nb:[0.20+4(C+N)]~0.80
S11972	019Cr19Mo2NbTi	0.025	1.00	1.00	0.040	0.030	1.00	17.50~19.50	1.75~2.50	—	0.035	Ti+Nb:[0.20+4(C+N)]~0.80
S12182	019Cr21CuTi	0.025	1.00	1.00	0.030	0.030	—	20.50~23.00	—	0.30~0.80	0.025	Ti、Nb、Zr或其组合:8(C+N)~0.80
S12203	022Cr22	0.030	1.00	1.00	0.040	0.030	0.60	20.00~23.00	—	—	—	—
S12361	019Cr23Mo2Ti	0.025	1.00	1.00	0.040	0.030	—	21.00~24.00	1.50~2.50	0.60	0.025	Ti、Nb、Zr或其组合:8(C+N)~0.80
S12362	019Cr23MoTi	0.025	1.00	1.00	0.040	0.030	—	21.00~24.00	0.70~1.50	0.60	0.025	Ti、Nb、Zr或其组合:8(C+N)~0.80
S12462	019Cr24Mo2NbTi	0.025	0.60	0.40	0.030	0.020	0.60	23.00~25.00	2.00~3.00	0.60	0.025	Ti+Nb:0.20+4(C+N)
S12550	16Cr25N①	0.200	1.00	1.50	0.040	0.030	0.60	23.00~27.00	—	0.30	0.25	—
S12562	019Cr25Mo4Ni4NbTi	0.025	0.75	1.00	0.040	0.030	3.50~4.50	24.50~26.00	3.50~4.50	—	0.035	Ti+Nb:[0.20+4(C+N)]~0.80
S12763	022Cr27Mo4Ni2NbTi	0.030	1.00	1.00	0.040	0.030	1.00~3.50	25.00~28.00	3.00~4.00	—	0.040	Ti+Nb:0.20~1.00且Ti+Nb≥6(C+N)

（续）

统一数字代号	牌号	化学成分（质量分数，%）										
		C	Si	Mn	P	S	Ni	Cr	Mo	Cu	N	其他元素
S12791	008Cr27Mo	0.010	0.40	0.40	0.030	0.020	0.50	25.00~27.50	0.75~1.50	0.20	0.015	Ni+Cu:0.50
S12871	012Cr28Ni4Mo2NbAl	0.015	0.55	0.50	0.020	0.005	3.00~4.00	28.00~29.00	1.80~2.50	—	0.020	Nb:0.15~0.50且Nb≥12(C+N) (C+N):0.030 Al:0.10~0.30
S12963	022Cr29Mo4NbTi	0.030	1.00	1.00	0.040	0.030	1.00	28.00~30.00	3.60~4.20	—	0.045	Ti+Nb:0.20~1.00且Ti+Nb≥6(C+N)
S12990	008Cr29Mo4	0.010	0.30	0.20	0.025	0.020	0.15	28.00~30.00	3.50~4.20	0.15	0.020	C+N:0.025
S12991	008Cr29Mo4Ni2	0.010	0.30	0.20	0.025	0.020	2.00~2.50	28.00~30.00	3.50~4.20	0.15	0.020	C+N:0.025
S13091	008Cr30Mo2	0.010	0.40	0.40	0.030	0.020	0.50	28.50~32.00	1.50~2.50	0.20	0.015	Ni+Cu:0.50

注：表中所列成分除标明范围或最小值外，其余均为最大值。

① 可作耐热钢使用。

4. 马氏体不锈钢和耐热钢的牌号和化学成分（见表9-4）

表9-4　马氏体不锈钢和耐热钢的牌号和化学成分（GB/T 20878—2024）

统一数字代号	牌号	化学成分（质量分数，%）										
		C	Si	Mn	P	S	Ni	Cr	Mo	Cu	N	其他元素
S40310	12Cr12①	0.15	0.50	1.00	0.040	0.030	0.60	11.50~13.00	—	—	—	—
S41010	12Cr13①	0.15	1.00	1.00	0.040	0.030	0.60	11.50~13.50	—	—	—	—
S41036	06Cr13Mn	0.03~0.08	0.80	1.00~2.50	0.035	0.030	0.60	11.50~14.00	—	—	0.040	C+N:0.04~0.10
S41092	13Cr13Mo①	0.08~0.18	0.60	1.00	0.040	0.030	0.60	11.50~14.00	0.30~0.60	0.30	—	—
S41400	12Cr12Ni2	0.15	1.00	1.00	0.040	0.030	1.25~2.50	11.50~13.50	—	—	—	—
S41427	Y25Cr13Ni2	0.20~0.30	0.50	0.80~1.20	0.08~0.12	0.15~0.25	1.50~2.00	12.00~14.00	0.60	—	—	—
S41595	04Cr13Ni5Mo	0.05	0.60	0.50~1.00	0.030	0.030	3.50~5.50	11.50~14.00	0.50~1.00	—	—	—
S41617	Y12Cr13	0.15	1.00	1.25	0.060	≥0.15	0.60	12.00~14.00	0.60	—	—	—
S42020	20Cr13①	0.16~0.25	1.00	1.00	0.040	0.030	0.60	12.00~14.00	—	—	—	—
S42030	30Cr13	0.26~0.35	1.00	1.00	0.040	0.030	0.60	12.00~14.00	—	—	—	—
S42040	40Cr13	0.36~0.45	0.60	0.80	0.040	0.030	0.60	12.00~14.00	0.60	—	—	—

（续）

统一数字代号	牌号	化学成分（质量分数,%）										
		C	Si	Mn	P	S	Ni	Cr	Mo	Cu	N	其他元素
S42037	Y30Cr13	0.26~0.35	1.00	1.25	0.060	≥0.15	0.60	12.00~14.00	0.60	—	—	—
S42060	65Cr13	0.60~0.70	0.80	1.00	0.040	0.015	0.60	12.50~14.00	—	—	0.15	—
S42090	70Cr13Mo	0.65~0.75	0.80	1.00	0.040	0.015	—	12.50~14.00	0.05~0.50	—	0.15	—
S42096	60Cr13Mo	0.56~0.65	0.80	0.80	0.035	0.030	0.60	12.50~14.50	0.25~0.60	—	—	—
S42097	32Cr13Mo	0.28~0.35	0.80	1.00	0.040	0.030	0.60	12.00~14.00	0.50~1.00	—	—	—
S42098	22Cr14NiMo	0.15~0.30	1.00	1.00	0.040	0.030	0.35~0.85	13.50~15.00	0.40~0.85	—	—	—
S42099	50Cr15MoV	0.45~0.55	1.00	1.00	0.040	0.015	—	14.00~15.00	0.50~0.80	—	0.15	V:0.10~0.20
S42200	22Cr12NiWMoV①	0.20~0.25	0.50	0.50~1.00	0.040	0.030	0.50~1.00	11.00~13.00	0.75~1.25	—	—	W:0.75~1.25 V:0.20~0.40
S42210	13Cr11Ni2W2MoV①	0.10~0.16	0.60	0.60	0.035	0.030	1.40~1.80	10.50~12.00	0.35~0.50	—	—	W:1.50~2.00 V:0.18~0.30
S42600	18Cr12MnMoVNbN①	0.15~0.20	0.50	0.50~1.00	0.035	0.030	0.60	10.00~13.00	0.30~0.90	0.30	0.05~0.10	V:0.10~0.40 Nb:0.20~0.60
S43110	14Cr17Ni2①	0.11~0.17	0.80	0.80	0.040	0.030	1.50~2.50	16.00~18.00	—	—	—	—
S43120	17Cr16Ni2①	0.12~0.22	1.00	1.50	0.040	0.030	1.50~2.50	15.00~17.00	—	—	—	—
S43127	Y16Cr16Ni2S	0.12~0.20	1.00	1.50	0.040	0.15~0.30	2.00~3.00	15.00~18.00	0.60	—	—	—
S44040	80Cr20Si2Ni①	0.75~0.85	1.75~2.25	0.20~0.60	0.030	0.030	1.15~1.65	19.00~20.50	—	0.30	—	—
S44070	68Cr17	0.60~0.75	1.00	1.00	0.040	0.030	0.60	16.00~18.00	0.75	—	—	—
S44080	85Cr17	0.75~0.95	1.00	1.00	0.040	0.030	0.60	16.00~18.00	0.75	—	—	—
S44090	95Cr18①	0.90~1.00	0.80	0.80	0.040	0.030	0.60	17.00~19.00	—	—	—	—
S44096	108Cr17	0.95~1.20	1.00	1.00	0.040	0.030	0.60	16.00~18.00	0.75	—	—	—
S44097	Y108Cr17	0.95~1.20	1.00	1.25	0.060	≥0.15	0.60	16.00~18.00	0.75	—	—	—
S44098	102Cr17Mo	0.95~1.10	0.80	0.80	0.040	0.030	0.60	16.00~18.00	0.40~0.70	—	—	—
S44099	90Cr18MoV	0.85~0.95	0.80	0.80	0.040	0.030	0.60	17.00~19.00	1.00~1.30	—	—	V:0.07~0.12

注：表中所列成分除标明范围或最小值外，其余均为最大值。

① 可作耐热钢使用。

5. 沉淀硬化不锈钢和耐热钢的牌号和化学成分（见表 9-5）

表 9-5 沉淀硬化不锈钢和耐热钢的牌号和化学成分（GB/T 20878—2024）

统一数字代号	牌号	化学成分（质量分数,%）										
		C	Si	Mn	P	S	Ni	Cr	Mo	Cu	N	其他元素
S51290	022Cr12Ni9Cu2NbTi①	0.030	0.50	0.50	0.040	0.030	7.50~9.50	11.00~12.50	0.50	1.50~2.50	—	Ti:0.80~1.40 Nb:0.10~0.50
S51293	022Cr12Ni9Mo4Cu2AlTi	0.030	0.70	1.00	0.030	0.015	8.00~10.00	11.00~13.00	3.50~5.00	1.50~3.50	—	Al:0.15~0.50 Ti:0.50~1.20
S51380	04Cr13Ni8Mo2Al	0.05	0.10	0.20	0.010	0.008	7.50~8.50	12.30~13.20	2.00~3.00	—	0.010	Al:0.90~1.35
S51525	06Cr15Ni25Ti2MoAlVB①	0.08	1.00	2.00	0.040	0.030	24.00~27.00	13.50~16.00	1.00~1.50	—	—	Al:0.35 W:1.90~2.35 B:0.001~0.010 V:0.10~0.50
S51550	05Cr15Ni5Cu4Nb	0.07	1.00	1.00	0.040	0.030	3.50~5.50	14.00~15.50	—	2.50~4.50	—	Nb:0.15~0.45
S51570	07Cr15Ni7Mo2Al①	0.09	1.00	1.00	0.040	0.030	6.50~7.75	14.00~16.00	2.00~3.00	—	—	Al:0.75~1.50
S51740	05Cr17Ni4Cu4Nb①	0.07	1.00	1.00	0.040	0.030	3.00~5.00	15.00~17.50	—	3.00~5.00	—	Nb:0.15~0.45
S51750	09Cr17Ni5Mo3N	0.07~0.11	0.50	0.50~1.25	0.040	0.030	4.00~5.00	16.00~17.00	2.50~3.20	—	0.07~0.13	—
S51770	07Cr17Ni7Al①	0.09	1.00	1.00	0.040	0.030	6.50~7.75	16.00~18.00	—	—	—	Al:0.75~1.50
S51778	06Cr17Ni7AlTi①	0.08	1.00	1.00	0.040	0.030	6.00~7.50	16.00~17.50	—	—	—	Al:0.75~1.50 Ti:0.40~1.20

注：表中所列成分除标明范围或最小值外，其余均为最大值。

① 可作耐热钢使用。

9.2 不锈钢和耐热钢的物理性能

不锈钢和耐热钢的物理性能见表 9-6。

表 9-6 不锈钢和耐热钢的物理性能（GB/T 20878—2024）

牌号	密度 ρ/(kg/dm³)	在下列温度(℃)的弹性模量 E/GPa						20℃至下列温度(℃)的平均线胀系数 α/(10^{-6}/K)					20℃时热导率 λ/[W/(m·K)]	20℃时比热容 c/[kJ/(kg·K)]	20℃时电阻率 ρ/(Ω·mm²/m)	是否可磁化
		20	100	200	300	400	500	100	200	300	400	500				
奥氏体不锈钢和耐热钢																
022Cr17Ni7	7.93	195	190	182	174	166	158	16.9	—	—	—	18.7	—	0.50	0.73	否
12Cr17Ni7	7.93	195	190	182	174	166	158	16.9	—	17.2	—	18.2	15.0	0.50	0.73	否
022Cr17Ni7N	7.93	200	194	186	179	172	165	16.0	16.5	17.0	17.5	18.0	15.0	0.50	0.73	否
12Cr18Ni9①	7.93	200	194	186	179	172	165	16.0	17.0	17.0	18.0	18.4	15.0	0.50	0.73	否
12Cr18Ni9Si3①	7.93	195	190	182	174	166	158	16.2	—	18.0	—	19.4	—	0.50	0.73	否
Y12Cr18Ni9	7.98	200	194	186	179	172	165	16.0	16.5	17.0	17.5	18.0	15.0	0.50	0.73	否
Y12Cr18Ni9Se	7.93	195	190	182	174	166	158	17.3	—	—	—	18.7	—	0.50	0.73	否
Y12Cr18Ni9Cu3	7.93	200	194	186	179	172	165	16.7	17.2	17.7	18.1	18.4	15.0	0.50	0.72	否

（续）

牌号	密度 ρ/(kg/dm³)	在下列温度(℃)的弹性模量 E/GPa						20℃至下列温度(℃)的平均线胀系数 α/(10⁻⁶/K)					20℃时热导率 λ/[W/(m·K)]	20℃时比热容 c/[kJ/(kg·K)]	20℃时电阻率 ρ/(Ω·mm²/m)	是否可磁化
		20	100	200	300	400	500	100	200	300	400	500				
022Cr19Ni10	7.93	200	194	186	179	172	165	16.0	16.5	17.0	17.5	18.0	15.0	0.50	0.73	否
06Cr19Ni10①	7.93	200	194	186	179	172	165	16.0	16.5	17.0	17.5	18.0	15.0	0.50	0.73	否
07Cr19Ni10①	7.93	200	190	185	175	170	160	16.3	16.9	17.3	17.8	18.2	17.0	0.45	0.71	否
05Cr19Ni10Si2CeN①	7.93	200	194	186	179	172	165	16.0	16.5	—	18.0	18.5 (600℃)	15.0	0.50	0.85	否
022Cr19Ni10N	7.93	200	194	186	179	172	165	16.0	16.5	17.0	17.5	18.0	15.0	0.50	0.73	否
06Cr19Ni10N	7.93	200	194	186	179	172	165	16.0	16.5	17.0	17.5	18.0	15.0	0.50	0.73	否
06Cr19Ni9NbN	7.93	200	194	186	179	172	165	16.0	16.5	17.0	17.5	18.0	15.0	0.50	0.73	否
06Cr18Ni9Cu2	7.93	200	194	186	179	172	165	16.7	17.2	17.7	18.1	18.4	15.0	0.50	0.73	否
022Cr18Ni9Cu3	7.93	200	194	186	179	172	165	16.7	17.2	17.7	18.1	18.4	15.0	0.50	0.73	否
06Cr18Ni9Cu3	7.93	200	194	186	179	172	165	16.7	17.2	17.7	18.1	18.4	15.0	0.50	0.72	否
10Cr18Ni9NbCu3BN①	7.93	—	—	—	—	—	—	—	—	—	—	—	—	—	—	否
06Cr18Ni12	7.93	200	194	186	179	172	165	16.0	16.5	17.0	17.5	18.0	15.0	0.50	0.73	否
10Cr18Ni12	7.93	200	194	186	179	172	165	16.0	16.5	17.0	17.5	18.0	15.0	0.50	0.73	否
06Cr18Ni13Si4①	7.75	—	—	—	—	—	—	13.8	—	—	—	—	—	0.50	—	否
16Cr20Ni14Si2①	7.90	200	194	186	179	172	165	16.0	16.5	—	17.5	—	15.0	0.50	0.85	否
06Cr20Ni11①	8.00	195	190	182	174	166	158	17.3	—	17.8	—	18.4	15.0	0.50	0.72	否
08Cr21Ni11Si2NCe	7.90	—	—	—	—	—	—	—	17.0	—	18.0	—	15.0	0.50	0.85	否
06Cr23Ni13①	7.98	200	190	185	175	170	—	14.9	16.0	16.8	17.5	17.8	15.0	0.50	0.78	否
16Cr23Ni13①	7.98	200	190	185	175	170	—	14.9	16.0	—	17.5	18.0	15.0	0.50	0.78	否
07Cr23Ni15Cu4NbNB①	7.98	205	204	197	191	181	172	14.9	16.2	16.7	17.2	17.6	13.4	0.48	—	否
012Cr25Ni20	7.98	195	190	182	174	166	158	15.8	16.1	16.5	16.9	17.3	14.0	0.45	0.85	否
06Cr25Ni20①	7.98	200	190	185	175	170	160	14.4	15.5	16.3	17.0	17.5	15.0	0.50	0.85	否
07Cr25Ni20①	7.98	200	190	185	175	170	160	14.4	15.5	16.3	17.0	17.5	15.0	0.50	0.85	否
20Cr25Ni20①	7.98	200	190	185	175	170	160	15.8	—	—	17.0	17.5	15.0	0.50	0.85	否
022Cr25Ni22Mo2N	7.98	195	190	182	174	166	158	15.8	16.1	16.5	16.9	17.3	14.0	0.50	0.80	否
07Cr25Ni21NbN①	7.98	—	—	—	—	—	—	—	—	—	—	—	—	—	—	否
07Ni25Cr22W4Cu3CoNbNB①	8.10	—	—	—	—	—	—	—	—	—	—	—	—	—	—	否
015Ni26Cr25Mo5Cu2N	8.10	195	190	182	174	166	158	15.0	—	16.5	—	—	14.0	0.45	0.85	否
015Cr20Ni18Mo6CuN	8.03	195	190	182	174	166	158	16.5	17.0	17.5	18.0	18.0	14.0	0.50	0.85	否
015Ni27Cr22Mo7CuN	8.02	—	—	—	—	—	—	—	—	—	—	—	10.0	0.45	1.00	否
022Cr24Ni22Mo6Mn3W2Cu2N	8.20	190	185	179	174	166	158	15.0	15.5	16.0	16.3	16.5	12.0	0.45	1.00	否
16Cr25Ni20Si2①	7.90	—	—	—	—	—	—	—	15.5	—	17.5	—	15.0	0.50	0.90	否
022Cr17Ni12Mo2	7.98	200	194	186	179	172	165	16.0	16.5	17.0	17.5	18.0	15.0	0.50	0.75	否
06Cr17Ni12Mo2①	7.98	200	194	186	179	172	165	16.0	16.5	17.0	17.5	18.0	15.0	0.50	0.75	否
07Cr17Ni12Mo2①	7.98	200	194	186	179	172	165	16.0	16.5	17.0	17.5	18.0	15.0	0.50	0.75	否
022Cr17Ni12Mo2N	7.98	200	194	186	179	172	165	16.0	16.5	17.0	17.5	18.0	15.0	0.50	0.75	否
022Cr20Ni9MoN①	7.98	200	194	186	179	172	165	16.0	17.0	17.5	17.8	18.0	15.0	0.59	0.79	否
06Cr17Ni12Mo2N	7.98	200	194	186	179	172	165	16.5	17.0	17.5	18.0	18.0	15.0	0.50	0.73	否
06Cr17Ni12Mo2Ti①	7.98	200	194	186	179	172	165	16.5	17.5	18.0	18.5	19.0	15.0	0.50	0.75	否
06Cr17Ni12Mo2Nb	7.98	200	194	186	179	172	165	16.5	17.5	18.0	18.5	19.0	15.0	0.50	0.75	否
022Cr18Ni14Mo2Cu2	7.98	190	185	179	174	166	158	16.0	16.5	17.0	17.5	18.0	15.0	0.50	0.74	否
06Cr18Ni12Mo2Cu2	7.98	190	185	179	174	166	158	16.5	17.0	17.5	18.0	18.0	15.0	0.50	0.74	否
022Cr19Ni13Mo3	7.98	200	194	186	179	172	165	16.5	17.0	17.5	18.0	18.0	15.0	0.50	0.79	否
06Cr19Ni13Mo3①	7.98	195	190	182	174	166	158	16.0	16.5	17.0	17.5	17.5	15.0	0.50	0.74	否

（续）

牌号	密度 ρ/(kg/dm³)	在下列温度(℃)的弹性模量 E/GPa						20℃至下列温度(℃)的平均线胀系数 α/(10^{-6}/K)					20℃时热导率 λ/[W/(m·K)]	20℃时比热容 c/[kJ/(kg·K)]	20℃时电阻率 ρ/(Ω·mm²/m)	是否可磁化
		20	100	200	300	400	500	100	200	300	400	500				
022Cr19Ni16Mo5N	7.98	200	194	186	179	172	165	16.0	16.5	17.0	17.5	18.0	14.0	0.50	0.85	否
022Cr19Ni13Mo4N	7.97	200	194	186	179	172	165	16.0	16.5	17.0	17.5	18.0	15.0	0.50	0.75	否
03Cr18Ni16Mo5	8.00	200	194	186	179	172	165	15.2	15.8	16.2	16.6	—	11.6	0.50	—	否
022Cr23Ni21Mo6N	8.10	200	194	186	179	172	165	—	—	—	—	—	—	—	—	否
022Ni25Cr23Mo6N	8.10	200	194	186	179	172	165	—	—	—	—	—	—	—	—	否
06Cr18Ni11Ti①	7.93	200	194	186	179	172	165	16.0	16.5	17.0	17.5	18.0	15.0	0.50	0.73	否
07Cr19Ni11Ti①	7.93	200	194	186	179	172	165	16.0	16.5	17.0	17.5	18.0	15.0	0.50	0.73	否
015Cr24Ni22Mo8Mn3CuN	8.00	190	184	177	170	164	158	15.0	15.4	15.8	16.2	16.4	8.6	0.50	0.78	否
022Cr24Ni17Mo5Mn6NbN	8.00	190	184	177	170	164	158	14.5	15.5	16.3	16.8	17.2	12.0	0.45	0.92	否
06Cr18Ni11Nb①	8.03	200	194	186	179	172	165	16.0	16.5	17.0	17.5	18.0	15.0	0.50	0.73	否
07Cr18Ni11Nb①	8.03	200	194	186	179	172	165	16.0	16.5	17.0	17.5	18.0	15.0	0.50	0.73	否
10Cr16Mn9Ni2Cu2N	7.80	190	186	179	172	165	158	16.0	17.4	18.2	18.7	19.0	16.5	0.57	0.77	否
12Cr15Mn10Ni2CuN	7.83	190	186	179	172	165	158	16.5	17.5	18.3	18.9	19.3	16.7	0.50	0.66	否
12Cr15Mn10Ni2N	7.83	190	186	179	172	165	158	16.5	17.5	18.3	18.9	19.3	16.7	0.50	0.66	否
20Cr15Mn15Ni2N	7.76	200	194	186	179	172	165	—	14.2	—	17.6	—	—	—	0.70	否
12Cr15Mn8Ni5Cu2N	7.80	190	186	179	172	165	158	16.3	17.5	18.0	18.3	19.0	16.5	0.50	0.73	否
12Cr17Mn8Ni2N	7.84	200	194	186	179	172	165	16.1	17.3	18.0	18.5	18.9	17.2	0.50	0.62	否
12Cr17Mn7Ni2Cu2N	7.84	200	194	186	179	172	165	16.1	17.3	18.0	18.5	18.9	17.2	0.50	0.62	否
12Cr17Mn10Ni2N	7.84	200	194	186	179	172	165	16.1	17.3	18.0	18.5	18.9	17.2	0.50	0.62	否
08Cr17Mn7Ni2Cu2N	7.80	200	194	186	179	172	165	16.0	16.5	17.0	17.5	18.0	15.0	0.50	0.73	否
08Cr17Mn6Ni3Cu3N	7.84	200	194	186	179	172	165	16.9	17.3	18.0	18.5	18.6	15.0	0.53	0.77	否
12Cr17Mn6Ni5N	7.81	200	194	186	179	172	165	15.7	16.4	17.5	18.0	18.4	15.0	0.50	0.70	否
022Cr17Mn7Ni5N	7.80	200	194	186	179	172	165	17.0	17.5	18.0	18.5	—	15.0	0.50	0.70	否
06Cr18Mn7Ni4CuN	7.84	200	194	186	179	172	165	16.3	17.3	17.9	18.4	18.7	15.3	0.50	0.70	否
12Cr18Mn8Ni5N	7.81	200	194	186	179	172	165	15.5	16.5	17.0	17.5	18.8	15.0	0.50	0.70	否
12Cr18Mn12Ni2N	7.80	200	192	184	175	168	160	16.2	16.8	17.6	18.2	19.3	15.0	0.50	0.80	否
12Cr19Mn11Ni2CuN	7.76	200	192	185	175	168	162	16.2	16.8	17.6	18.2	19.3	15.6	0.50	0.75	否
03Cr19Mn12Ni3N	7.80	200	192	185	175	168	162	16.2	16.5	17.0	17.6	18.3	16.3	0.50	0.75	否
12Cr19Mn12Ni2N	7.80	200	192	185	175	168	162	16.2	16.8	17.6	18.2	19.3	15.6	0.50	0.75	否
05Cr19Mn6Ni5Cu2N	7.84	200	194	186	179	172	165	16.3	17.3	17.9	18.4	18.7	15.3	0.50	0.70	否
08Cr19Mn6Ni3Cu2N	7.83	200	194	186	179	172	165	16.8	17.7	18.4	18.7	19.1	15.3	0.50	0.72	否
05Cr20Ni7Mn4N	7.90	200	194	186	179	172	165	17.3	18.2	18.6	18.8	18.9	17.2	0.59	0.74	否
05Cr19Ni6Mn4Cu2MoN	7.90	200	194	186	179	172	165	17.3	18.2	18.6	18.8	18.9	17.2	0.59	0.74	否
05Cr21Ni10Mn3Cu2Mo2N	7.90	200	194	186	179	172	165	16.1	17.0	17.5	17.8	18.1	15.1	0.59	0.79	否
022Ni24Cr21Mo6N	8.06	—	—	—	—	—	—	—	—	—	—	—	—	—	—	否
03Ni18Cr16	8.03	—	—	—	—	—	—	—	—	—	—	—	—	—	—	否
06Ni18Cr16	8.03	—	—	—	—	—	—	—	—	—	—	17.3	—	0.50	—	否
015Ni25Cr20Mo6CuN	8.10	195	190	182	174	166	158	15.8	16.1	16.5	16.9	17.3	12.0	0.45	1.00	否
015Cr21Ni26Mo5Cu2	8.05	195	190	182	174	166	158	15.8	16.1	16.5	16.9	17.3	12.0	0.45	1.00	否
奥氏体-铁素体(双相)不锈钢																
022Cr20Mn5Ni2N	7.80	200	194	186	180	—	—	13.0	13.5	15.0	—	—	13.0	0.50	0.80	是
022Cr21Ni4Mo2N	7.80	205	200	190	180	—	—	13.0	13.5	14.0	—	—	15.0	0.50	0.75	是
022Cr21Mn2Ni2MoN	7.80	205	200	190	180	—	—	13.0	13.5	14.0	—	—	15.0	0.50	0.75	是
03Cr22Mn5Ni2CuMoN	7.80	205	200	190	180	—	—	13.0	14.0	14.5	—	—	15.0	0.50	0.75	是
022Cr19Ni5Mo3Si2N	7.80	200	194	186	180	—	—	13.0	13.5	14.0	—	—	13.0	0.47	0.80	是
022Cr23Ni2N	7.80	200	194	186	182	—	—	13.0	13.5	14.0	—	—	15.0	0.47	0.68	是

（续）

牌号	密度 ρ/(kg/dm^3)	在下列温度(℃)的弹性模量 E/GPa						20℃至下列温度(℃)的平均线胀系数 α/(10^{-6}/K)					20℃时热导率 λ/[W/(m·K)]	20℃时比热容 c/[kJ/(kg·K)]	20℃时电阻率 ρ/(Ω·mm^2/m)	是否可磁化
		20	100	200	300	400	500	100	200	300	400	500				
022Cr23Ni5Mo3N	7.80	200	190	180	170	—	—	13.7	14.2	14.7	—	—	19.0	0.47	—	是
022Cr21Mn3Ni3Mo2N	7.80	205	200	190	180	—	—	13.0	13.5	14.0	—	—	15.0	0.50	0.75	是
12Cr21Ni5Ti	7.80	187	174	172	167	157	148	10.0	13.7	16.8	16.8	17.4	16.6	—	0.79	是
022Cr22Ni5Mo3N	7.80	200	194	186	180	—	—	13.0	13.5	14.0	—	—	15.0	0.50	0.80	是
022Cr24Ni4Mn3Mo2CuN	7.80	205	200	190	180	—	—	13.0	13.5	14.0	—	—	15.0	0.50	0.80	是
022Cr25Ni6Mo2N	7.80	200	194	186	180	—	—	13.0	13.5	14.0	—	—	15.0	0.50	0.80	是
022Cr25Ni7Mo3WCuN	7.80	228	225	219	210	203	—	11.5	12.6	12.3	12.7	—	15.0	0.50	0.75	是
019Cr25Ni7Mo4Cu2WN	7.80	228	225	219	210	203	—	11.5	12.6	12.3	12.7	—	15.0	0.50	0.75	是
022Cr25Ni7Mo3W2CuN	7.80	205	200	190	180	—	—	14.0	14.5	—	—	—	—	0.45	—	是
022Cr23Ni4MoCuN	7.80	200	194	186	180	172	—	13.0	13.5	14.0	14.5	—	15.0	0.50	0.80	是
022Cr25Ni7Mo4N	7.80	200	194	186	180	—	—	13.0	13.5	14.0	—	—	15.0	0.50	0.80	是
022Cr25Ni7Mo4Cu2N	7.80	200	194	186	180	—	—	13.0	13.5	14.0	—	—	15.0	0.50	0.80	是
03Cr25Ni6Mo3Cu2N	7.80	210	206	198	190	—	—	11.0	12.6	13.6	—	—	13.5	0.48	0.80	是
022Cr28Ni8Mo4CoN	7.80	197	189	178	168	—	—	12.5	—	13.5	—	—	12.0	0.47	0.80	是
022Cr25Ni7Mo4WCuN	7.80	200	194	186	180	—	—	13.0	13.5	14.0	—	—	15.0	0.50	0.80	是
06Cr26Ni4Mo2	7.80	200	194	186	180	—	—	—	—	—	—	—	—	—	—	是
022Cr29Ni7Mo2MnN	7.80	200	194	186	180	—	—	11.5	12.0	12.5	—	—	13.0 (100℃)	0.47	0.80	是
022Cr28Ni4Mo2N	7.80	200	194	186	180	—	—	—	—	—	—	—	—	—	—	是
铁素体不锈钢和耐热钢																
022Cr11Ti①	7.75	220	215	210	205	195	—	10.5	11.0	11.5	12.0	12.0	25.0	0.46	0.60	是
022Cr11NiNbTi	7.75	220	215	210	205	195	—	10.5	—	11.5	—	—	30.0	0.46	0.60	是
06Cr11Ti①	7.75	220	215	210	205	195	—	10.5	11.0	11.5	12.0	12.0	25.0 (100℃)	0.46	0.60	是
022Cr11NbTi①	7.75	220	215	210	205	195	—	—	—	—	—	—	—	—	—	是
04Cr11Nb	7.75	220	215	210	205	195	—	—	—	—	—	—	—	—	—	是
022Cr12①	7.75	220	215	210	205	195	—	10.6	—	—	—	12.0	24.9 (100℃)	0.46	0.57	是
022Cr12Ni①	7.75	220	215	210	205	195	—	10.4	10.8	11.2	11.6	11.9	25.0	0.43	0.60	是
06Cr13	7.75	220	215	210	205	195	—	10.5	11.0	11.5	12.0	12.0	30.0	0.46	0.60	是
06Cr13Al①	7.75	220	215	210	205	195	—	10.5	11.0	11.5	12.0	12.0	30.0	0.46	0.60	是
06Cr14Ni2MoTi	7.75	220	215	210	205	195	—	10.4	10.8	11.2	11.6	11.9	30.0	0.46	0.60	是
10Cr15	7.70	220	215	210	205	195	—	10.3	—	—	—	11.9	26.0 (100℃)	0.46	0.59	是
022Cr15NbTi	7.70	220	215	210	205	195	—	10.4	10.8	11.2	11.6	11.9	30.0	0.46	0.60	是
10Cr17①	7.70	220	215	210	205	195	—	10.0	10.0	10.5	10.5	11.0	25.0	0.46	0.60	是
Y10Cr17	7.70	200	215	210	205	195	—	10.4	—	—	—	11.4	26.0 (100℃)	0.46	0.60	是
022Cr17NbTi	7.70	220	215	210	205	195	—	10.4	10.8	11.2	11.6	11.9	20.0	0.43	0.70	是
10Cr17MoNb	7.70	220	215	210	205	195	—	11.7	—	12.1	—	—	30.0	0.44	0.70	是
04Cr17Nb	7.70	220	215	210	205	195	—	10.0	10.0	10.5	10.5	11.0	25.0	0.46	0.60	是
10Cr17Mo	7.70	220	215	210	205	195	—	11.9	—	—	—	—	26.0 (100℃)	0.46	0.60	是
06Cr17Mo	7.70	220	215	210	205	195	—	10.0	10.5	10.5	10.5	11.0	25.0	0.46	0.70	是
019Cr18MoTi	7.70	220	215	210	205	195	—	10.0	10.5	10.5	10.5	11.0	25.0	0.46	0.60	是

（续）

牌号	密度 ρ/(kg/dm³)	在下列温度(℃)的弹性模量 E/GPa						20℃至下列温度(℃)的平均线胀系数 α/(10⁻⁶/K)					20℃时热导率 λ/[W/(m·K)]	20℃时比热容 c/[kJ/(kg·K)]	20℃时电阻率 ρ/(Ω·mm²/m)	是否可磁化
		20	100	200	300	400	500	100	200	300	400	500				
022Cr18Ti	7.70	220	215	210	205	195	—	10.0	10.0	10.5	10.5	11.0	25.0	0.46	0.60	是
022Cr18NbTi-1	7.70	220	215	210	205	195	—	10.0	10.5	10.5	10.5	11.0	25.0	0.46	0.60	是
022Cr18NbTi	7.70	220	215	210	205	195	—	10.0	10.5	10.5	10.5	11.0	25.0	0.46	0.60	是
019Cr18CuNb	7.70	220	215	210	205	195	—	10.0	10.5	10.5	10.5	11.0	25.0	0.46	0.60	是
019Cr18Mo2Nb	7.75	189	189	181	176	169	161	10.6	10.9	11.2	11.4	11.7	21.1	0.39	0.65	是
022Cr19NbTi	7.70	220	215	210	205	195	—	10.0	10.5	10.5	10.5	11.0	25.0	0.46	0.60	是
019Cr19Mo2NbTi	7.75	220	215	210	205	195	—	10.4	10.8	11.2	11.6	11.9	23.0	0.43	0.80	是
019Cr21CuTi	7.74	220	215	210	205	195	—	10.0	10.2	10.5	10.5	11.0	21.0	0.46	0.60	是
022Cr22	7.70	220	215	210	205	195	—	10.5	10.8	11.1	11.3	11.6	22.5	0.44	0.62	是
019Cr23Mo2Ti	7.73	220	215	210	205	195	—	10.4	10.8	11.2	11.6	11.9	23.0	0.43	0.80	是
019Cr23MoTi	7.69	220	215	210	205	195	—	10.4	10.8	11.2	11.6	11.9	23.0	0.43	0.80	是
019Cr24Mo2NbTi	7.75	220	215	210	205	195	—	10.4	10.8	11.2	11.6	11.9	23.0	0.43	0.80	是
16Cr25N①	7.70	220	215	210	205	195	—	—	10.0	—	11.0	—	17.0	0.50	0.70	是
019Cr25Mo4Ni4NbTi	7.80	220	215	210	205	195	—	11.0	11.0	—	11.5	—	22.0	0.40	—	是
022Cr27Mo4Ni2NbTi	7.75	220	215	210	205	195	—	11.0	—	—	—	—	—	—	—	是
008Cr27Mo	7.67	220	215	210	205	195	—	—	—	—	—	—	18.4 (100℃)	0.46	0.64	是
012Cr28Ni4Mo2NbAl	7.70	220	215	210	205	195	—	—	—	—	—	—	—	—	—	是
022Cr29Mo4NbTi	7.67	220	215	210	205	195	—	—	—	—	—	—	—	—	—	是
008Cr29Mo4	7.70	220	215	210	205	195	—	—	—	—	—	—	—	—	—	是
008Cr29Mo4Ni2	7.70	220	215	210	205	195	—	9.4	—	—	—	—	16.2 (100℃)	0.45	—	是
008Cr30Mo2	7.64	220	215	210	205	195	—	9.7	—	—	—	—	17.8 (100℃)	0.46	0.56	是
马氏体不锈钢和耐热钢																
12Cr12①	7.75	200	195	185	175	170	—	9.9	—	10.1	—	11.5	24.2 (100℃)	0.46	0.57	是
12Cr13①	7.75	215	212	205	200	190	180	10.5	11.0	11.5	12.0	12.2	30.0	0.46	0.60	是
06Cr13Mn	7.75	215	212	205	200	190	—	9.7	10.7	11.3	11.8	12.2	17.8	0.46	0.58	是
13Cr13Mo①	7.75	215	212	205	200	190	—	—	—	—	—	—	—	—	—	是
04Cr13Ni5Mo	7.79	200	195	185	175	170	—	10.5	10.9	11.3	11.6	—	16.3	0.46	0.60	是
Y12Cr13	7.78	215	212	205	200	190	—	10.5	11.0	11.5	12.0	—	30.0	0.46	0.60	是
20Cr13①	7.75	215	212	205	200	190	180	10.5	11.0	11.5	12.0	12.0	30.0	0.46	0.60	是
30Cr13	7.75	215	212	205	200	190	—	10.5	11.0	11.5	12.0	—	30.0	0.46	0.55	是
40Cr13	7.75	215	212	205	200	190	180	10.5	11.0	11.0	11.5	12.0	30.0	0.46	0.55	是
Y30Cr13	7.78	215	212	205	200	190	—	10.5	—	11.5	—	—	30.0	0.46	0.55	是
65Cr13	7.76	227	225	219	210	203	192	11.0	11.6	12.0	12.3	12.6	22.6	0.42	0.51	是
70Cr13Mo	7.81	235	232	226	218	210	201	11.0	11.5	11.9	12.2	12.5	14.7	0.39	0.53	是
60Cr13Mo	7.70	215	212	205	200	190	—	10.5	11.0	11.2	12.0	—	30.0	0.46	0.62	是
32Cr13Mo	7.70	215	212	205	200	190	—	10.5	10.9	11.2	11.7	11.9	30.0	0.46	0.62	是
50Cr15MoV	7.70	215	212	205	200	190	—	10.5	11.0	11.0	11.5	—	30.0	0.46	0.65	是
13Cr11Ni2W2MoV①	7.80	200	195	185	175	170	—	9.3	10.3	10.8	11.3	11.7	20.9	0.48	—	是
14Cr17Ni2①	7.75	200	195	185	175	170	—	10.0	10.0	—	11.0	12.4	21.0	0.46	0.72	是
17Cr16Ni2①	7.75	215	212	205	200	190	—	10.0	10.5	10.5	10.5	11.0	25.0	0.46	0.70	是
68Cr17	7.70	200	195	185	175	170	—	10.2	—	—	—	11.7	24.2 (100℃)	0.46	0.60	是

（续）

牌号	密度 ρ/(kg/dm³)	在下列温度(℃)的弹性模量 E/GPa						20℃至下列温度(℃)的平均线胀系数 α/(10^{-6}/K)					20℃时热导率 λ/[W/(m·K)]	20℃时比热容 c/[kJ/(kg·K)]	20℃时电阻率 ρ/(Ω·mm²/m)	是否可磁化
		20	100	200	300	400	500	100	200	300	400	500				
85Cr17	7.70	200	195	185	175	170	—	10.2	—	—	—	11.9	24.2 (100℃)	0.46	0.60	是
95Cr18	7.70	200	195	185	175	170	—	10.5	11.0	11.0	11.5	12.0	29.3	0.48	0.60	是
108Cr17	7.70	200	195	185	175	170	—	10.2	—	—	—	11.7	24.2 (100℃)	0.46	0.60	是
Y108Cr17	7.70	200	195	185	175	170	—	10.1	—	—	—	—	24.2	0.46	0.60	是
102Cr17Mo	7.70	215	212	205	200	190	—	10.4	10.8	11.2	11.6	11.6	15.0	0.43	0.80	是
90Cr18MoV	7.70	215	212	205	200	190	—	10.4	10.8	11.2	11.6	11.6	15.0	0.43	0.80	是
沉淀硬化不锈钢和耐热钢																
022Cr12Ni9Cu2NbTi[①]	7.70	200	195	185	175	170	—	10.6	—	—	—	12.0	17.2	0.46	0.90	是
04Cr13Ni8Mo2Al	7.76	195	192	186	180	172	167	10.4	10.8	11.2	11.3	11.9	14.0 (100℃)	—	1.00	是
06Cr15Ni25Ti2MoAlVB[①]	7.92	196	192	186	180	172	167	17.0	17.5	18.7	18.0	18.2	15.1 (150℃)	0.46	0.91	否
05Cr15Ni5Cu4Nb	7.78	195	192	186	180	172	167	10.8	10.8	11.2	11.3	12.0	—	0.46	0.98	是
07Cr15Ni7Mo2Al[①]	7.80	190	186	179	172	165	158	10.5	—	—	—	11.8	18.0	0.46	0.80	是
05Cr17Ni4Cu4Nb[①]	7.78	200	195	185	175	170	—	11.1	11.5	11.8	12.2	12.6	16.0	0.50	0.71	是
09Cr17Ni5Mo3N	—	200	195	185	175	170	—	17.3	—	17.6	17.8	18.0	14.5	—	0.79	是
07Cr17Ni7Al[①]	7.81	200	195	185	175	170	—	13.0	13.5	14.0	—	—	16.0	0.50	0.80	是
06Cr17Ni7AlTi[①]	7.81	200	195	185	175	170	—	—	—	—	—	—	—	—	—	是

① 可作耐热钢使用。

9.3 不锈钢和耐热钢的特性及用途

1. 不锈钢的特性及用途（见表9-7）

表 9-7 不锈钢的特性及用途（GB/T 1220—2007）

新牌号	旧牌号	特性及用途
奥氏体不锈钢		
12Cr17Mn6Ni5N	1Cr17Mn6Ni5N	节镍钢，性能与12Cr17Ni7(1Cr17Ni7)相近，可代替12Cr17Ni7(1Cr17Ni7)使用。在固溶态无磁性，冷加工后具有轻微磁性，主要用于制作旅馆装备、厨房用具、水池、交通工具等
12Cr18Mn9Ni5N	1Cr18Mn8Ni5N	节镍钢，是Cr-Mn-Ni-N型最典型、发展比较完善的钢。在800℃以下具有很好的抗氧化性，且保持较高的强度，可代替12Cr18Ni9(1Cr18Ni9)使用。主要用于制作800℃以下经受弱介质腐蚀和承受负荷的零件，如炊具、餐具等
12Cr17Ni7	1Cr17Ni7	亚稳定奥氏体不锈钢，是最易冷变形强化的钢。经冷加工有高的强度和硬度，并仍保留足够的塑韧性，在大气条件下具有较好的耐蚀性。主要用于制作以冷加工状态承受较高负荷，又希望减轻装备重量和不生锈的设备和部件，如铁道车辆，装饰板、传送带、紧固件等
12Cr18Ni9	1Cr18Ni9	历史最悠久的奥氏体不锈钢，在固溶态具有良好的塑性、韧性和冷加工性，在氧化性酸和大气、水、蒸汽等介质中耐蚀性也好。经冷加工有高的强度，但断后伸长率比12Cr17Ni7(1Cr17Ni7)稍差。主要用于制作对耐蚀性和强度要求不高的结构件和焊接件，如建筑物外表装饰件；也可用于制作无磁部件和低温装置的部件。但在敏化态或焊后，具有晶间腐蚀倾向，不宜用作焊接结构材料

（续）

新牌号	旧牌号	特性及用途
Y12Cr18Ni9	Y1Cr18Ni9	12Cr18Ni9（1Cr18Ni9）改进切削性能钢。适用于快速切削（如自动车床）制作辊、轴、螺栓、螺母等
Y12Cr18Ni9Se	Y1Cr18Ni9Se	除调整12Cr18Ni9（1Cr18Ni9）钢的磷、硫含量外，还加入硒，提高12Cr18Ni9（1Cr18Ni9）钢的切削性能。用于小切削量，也适用于热加工或冷顶锻制作螺钉、铆钉等
06Cr19Ni10	0Cr18Ni9	在12Cr18Ni9（1Cr18Ni9）钢基础上发展演变的钢，性能类似于12Cr18Ni9（1Cr18Ni9）钢，但耐蚀性优于12Cr18Ni9（1Cr18Ni9）钢，可用于制作薄截面尺寸的焊接件，是应用量最大、使用范围最广的不锈钢。适用于制作深冲成形部件和输酸管道、容器、结构件等，也可以制作无磁、低温设备和部件
022Cr19Ni10	00Cr19Ni10	为解决因$Cr_{23}C_6$析出致使06Cr19Ni10（0Cr18Ni9）钢在一些条件下存在严重的晶间腐蚀倾向而发展的超低碳奥氏体不锈钢，其敏化态耐晶间腐蚀能力显著优于06Cr18Ni9（0Cr18Ni9）钢。除强度稍低外，其他性能同06Cr18Ni9Ti（0Cr18Ni9Ti）钢，主要用于制作需焊接且焊接后又不能进行固溶处理的耐蚀设备和部件
06Cr18Ni9Cu3	0Cr18Ni9Cu3	在06Cr19Ni10（0Cr18Ni9）基础上为改进其冷成形性能而发展的不锈钢。铜的加入，使钢的冷作硬化倾向小，冷作硬化率降低，可以在较小的成形力下获得最大的冷变形。主要用于制作冷镦紧固件、深拉等冷成形的部件
06Cr19Ni10N	0Cr19Ni9N	在06Cr19Ni10（0Cr18Ni9）钢基础上添加氮，不仅防止塑性降低，而且提高钢的强度和加工硬化倾向，改善钢的耐点蚀和晶间腐蚀性能，使材料的厚度减少。用于制作有一定耐蚀性要求，并要求较高强度和减轻重量的设备或结构部件
06Cr19Ni9NbN	0Cr19Ni10NbN	在06Cr19Ni10（0Cr18Ni9）钢基础上添加氮和铌，提高钢的耐点蚀和晶间腐蚀性能，具有与06Cr19Ni10N（0Cr19Ni9N）钢相同的特性和用途
022Cr19Ni10N	00Cr18Ni10N	06Cr19Ni10N（0Cr19Ni9N）的超低碳钢。因06Cr19Ni10N（0Cr19Ni9N）钢在450~900℃加热后耐晶间腐蚀性能明显下降，因此对于焊接设备构件，推荐用022Cr19Ni10N（00Cr18Ni10N）钢
10Cr18Ni12	1Cr18Ni12	在12Cr18Ni9（1Cr18Ni9）钢基础上，通过提高钢中镍含量而发展起来的不锈钢。加工硬化性比12Cr18Ni9（1Cr18Ni9）钢低。适宜用于旋压加工、特殊拉拔，如作冷镦钢用等
06Cr23Ni13	0Cr23Ni13	高铬镍奥氏体不锈钢，耐蚀性比06Cr19Ni10（0Cr18Ni9）钢好，但实际上多作为耐热钢使用
06Cr25Ni20	0Cr25Ni20	高铬镍奥氏体不锈钢，在氧化性介质中具有优良的耐蚀性，同时具有良好的高温力学性能，抗氧化性比06Cr23Ni13（0Cr23Ni13）钢好，耐点蚀和耐应力腐蚀能力优于18-8型不锈钢，既可用于耐蚀部件又可作为耐热钢使用
06Cr17Ni12Mo2	0Cr17Ni12Mo2	在10Cr18Ni12（1Cr18Ni12）钢基础上加入钼，使钢具有良好的耐还原性介质和耐点腐蚀能力。在海水和其他各种介质中，耐蚀性优于06Cr19Ni10（0Cr18Ni9）钢。主要用于耐点蚀材料
022Cr17Ni12Mo2	00Cr17Ni14Mo2	06Cr17Ni12Mo2（0Cr17Ni12Mo2）的超低碳钢，具有良好的耐敏化态晶间腐蚀的性能。用于制作厚截面尺寸的焊接部件和设备，如石油化工、化肥、造纸、印染及原子能工业用设备的耐蚀材料
06Cr17Ni12Mo2Ti	0Cr18Ni12Mo3Ti	为解决06Cr17Ni12Mo2（0Cr17Ni12Mo2）钢的晶间腐蚀而发展起来的钢种，有良好的耐晶间腐蚀性，其他性能与06Cr17Ni12Mo2（0Cr17Ni12Mo2）钢相近。适宜制作焊接部件
06Cr17Ni12Mo2N	0Cr17Ni12Mo2N	在06Cr17Ni12Mo2（0Cr17Ni12Mo2）中加入氮，提高强度，同时又不降低塑性，使材料的使用厚度减薄。用于制作耐蚀性好的高强度部件
022Cr17Ni12Mo2N	00Cr17Ni13Mo2N	在022Cr17Ni12Mo2（00Cr17Ni14Mo2）钢中加入氮，具有与022Cr17Ni12Mo2（00Cr17Ni14Mo2）钢同样特性，用途与06Cr17Ni12Mo2N（0Cr17Ni12Mo2N）相同，但耐晶间腐蚀性能更好。主要用于化肥、造纸、制药、高压设备等领域
06Cr18Ni12Mo2Cu2	0Cr18Ni12Mo2Cu2	在06Cr17Ni12Mo2（0Cr17Ni12Mo2）钢基础上加入质量分数约2%Cu，其耐蚀性、耐点蚀性好。主要用于耐硫酸材料，也可用于制作焊接结构件和管道、容器等

（续）

新牌号	旧牌号	特性及用途
022Cr18Ni14Mo2Cu2	00Cr18Ni14Mo2Cu2	06Cr18Ni12Mo2Cu2(0Cr18Ni12Mo2Cu2)的超低碳钢。比06Cr18Ni12Mo2Cu2(0Cr18Ni12Mo2Cu2)钢的耐晶间腐蚀性能好。用途同06Cr18Ni12Mo2Cu2(0Cr18Ni12Mo2Cu2)钢
06Cr19Ni13Mo3	0Cr19Ni13Mo3	耐点蚀和抗蠕变能力优于06Cr17Ni12Mo2(0Cr17Ni12Mo2)。用于制作造纸、印染设备,石油化工及耐有机酸腐蚀的装备等
022Cr19Ni13Mo3	00Cr19Ni13Mo3	06Cr19Ni13Mo3(0Cr19Ni13Mo3)的超低碳钢,比06Cr19Ni13Mo3(0Cr19Ni13Mo3)钢耐晶间腐蚀性能好,在焊接整体件时抑制析出碳。用途与06Cr19Ni13Mo3(0Cr19Ni13Mo3)钢相同
03Cr18Ni16Mo5	0Cr18Ni16Mo5	耐点蚀性能优于022Cr17Ni12Mo2(00Cr17Ni14Mo2)和06Cr17Ni12Mo2Ti(0Cr18Ni12Mo3Ti)的一种高钼不锈钢,在硫酸、甲酸、乙酸等介质中的耐蚀性要比一般含2%~4%(质量分数)Mo的常用Cr-Ni钢更好。主要用于处理含氯离子溶液的热交换器、乙酸设备、磷酸设备、漂白装置等,以及在022Cr17Ni12Mo2(00Cr17Ni14Mo2)和06Cr17Ni12Mo2Ti(0Cr18Ni12Mo3Ti)钢不适用环境中使用
06Cr18Ni11Ti	0Cr18Ni10Ti	钛稳定化的奥氏体不锈钢,添加钛提高耐晶间腐蚀性能,并具有良好的高温力学性能。可用超低碳奥氏体不锈钢代替。除专用(高温或抗氢腐蚀)外,一般情况不推荐使用
06Cr18Ni11Nb	0Cr18Ni11Nb	铌稳定化的奥氏体不锈钢,添加铌提高耐晶间腐蚀性能,在酸、碱、盐等腐蚀介质中的耐蚀性同06Cr18Ni11Ti(0Cr18Ni10Ti),焊接性能良好。既可作耐蚀材料又可作耐热钢使用,主要用于火电厂、石油化工等领域,如制作容器、管道、热交换器、轴类等;也可作为焊接材料使用
06Cr18Ni13Si4	0Cr18Ni13Si4	在06Cr19Ni10(0Cr18Ni9)中增加镍,添加硅,提高耐应力腐蚀断裂性能。用于含氯离子环境,如汽车排气净化装置等
		奥氏体-铁素体不锈钢
14Cr18Ni11Si4AlTi	1Cr18Ni11Si4AlTi	含硅使钢的强度和耐浓硝酸腐蚀性能提高,可用于制作抗高温、浓硝酸介质的零件和设备,如排酸阀门等
022Cr19Ni5Mo3Si2N	00Cr18Ni5Mo3Si2	在瑞典3RE60钢基础上,加入质量分数为0.05%~0.10%的N形成的一种耐氯化物应力腐蚀的专用不锈钢。耐点蚀性能与022Cr17Ni12Mo2(00Cr17Ni14Mo2)相当。适用于含氯离子的环境,用于炼油、化肥、造纸、石油、化工等工业制造换热器、冷凝器等。也可代替022Cr19Ni10(00Cr19Ni10)和022Cr17Ni12Mo2(00Cr17Ni14Mo2)钢在易发生应力腐蚀破坏的环境下使用
022Cr22Ni5Mo3N	—	在瑞典SAF2205钢基础上研制的,是目前世界上双相不锈钢中应用最普遍的钢。对含硫化氢、二氧化碳、氯化物的环境具有阻抗性,可进行冷、热加工及成形,焊接性良好,适宜作结构材料,用来代替022Cr19Ni10(00Cr19Ni10)和022Cr17Ni12Mo2(00Cr17Ni14Mo2)奥氏体不锈钢使用。用于制作油井管,化工储罐,换热器、冷凝冷却器等易产生点蚀和应力腐蚀的受压设备
022Cr23Ni5Mo3N	—	从022Cr22Ni5Mo3N基础上派生出来的,具有更窄的区间。特性和用途同022Cr22Ni5Mo3N
022Cr25Ni6Mo2N	—	在0Cr26Ni5Mo2钢基础上调高钼含量,调低碳含量,添加氮,具有高强度、耐氯化物应力腐蚀、可焊接等特点,是耐点蚀最好的钢。代替0Cr26Ni5Mo2钢使用。主要应用于化工、化肥、石油化工等工业领域,主要制作换热器、蒸发器等
03Cr25Ni6Mo3Cu2N	—	在英国Ferralium alloy 255合金基础上研制的,具有良好的力学性能和耐局部腐蚀性能,尤其是耐磨损性能优于一般的奥氏体不锈钢,是海水环境中的理想材料。适宜制作舰船用的螺旋推进器、轴、潜艇密封件等,也适宜在化工、石油化工、天然气、纸浆、造纸等领域应用
		铁素体不锈钢
06Cr13Al	0Cr13Al	低铬纯铁素体不锈钢,非淬硬性钢。具有相当于低铬钢的不锈性和抗氧化性,塑性、韧性和冷成形性优于铬含量更高的其他铁素体不锈钢。主要用于12Cr13(1Cr13)或10Cr17(1Cr17)由于空气可淬硬而不适用的地方,如石油精制装置、压力容器衬里、蒸汽透平叶片和复合钢板等

（续）

新牌号	旧牌号	特性及用途
022Cr12	00Cr12	比022Cr13(0Cr13)碳含量低，焊接部位弯曲性能、加工性能、耐高温氧化性能好。用于制作汽车排气处理装置，锅炉燃烧室、喷嘴等
10Cr17	1Cr17	具有耐蚀性、力学性能和热导率高的特点，在大气、蒸汽等介质中具有不锈性，但当介质中含有较高氯离子时，不锈性则不足。主要用于生产硝酸、硝铵的化工设备，如吸收塔、换热器、储槽等；薄板主要用于建筑内装饰、日用办公设备、厨房器具、汽车装饰、气体燃烧器等。由于它的脆性转变温度在室温以上，且对缺口敏感，不适用制作室温以下的承受载荷的设备和部件，且通常使用钢材的截面尺寸一般不允许超过4mm
Y10Cr17	Y1Cr17	改进切削性能的10Cr17(1Cr7)钢。主要用于大切削量自动车床机加零件，如螺栓、螺母等
10Cr17Mo	1Cr17Mo	在10Cr17(1Cr17)钢中加入钼，提高钢的耐点蚀、耐缝隙腐蚀性及强度等，比10Cr17(1Cr17)钢抗盐溶液性强，主要用于制作汽车轮毂、紧固件，以及用作汽车外装饰材料
008Cr27Mo	00Cr27Mo	高纯铁素体不锈钢中发展最早的钢，性能类似于008Cr30Mo2(00Cr30Mo2)。适用于既要求耐蚀性又要求软磁性的用途
008Cr30Mo2	00Cr30Mo2	高纯铁素体不锈钢，脆性转变温度低，耐卤离子应力腐蚀破坏性好，耐蚀性与纯镍相当，并具有良好的韧性，加工成形性和焊接性。主要用于制作化学加工工业（乙酸、乳酸等有机酸，氢氧化钠浓缩工程）成套设备，食品工业、石油精炼工业、电力工业、水处理和污染控制等换热器、压力容器、罐和其他设备等
		马氏体不锈钢
12Cr12	1Cr12	用于制作汽轮机叶片及高应力部件
06Cr13	0Cr13	用于制作较高韧性及受冲击负荷的零件，如汽轮机叶片、结构架、衬里、螺栓、螺母等
12Cr13	1Cr13	半马氏体不锈钢，经淬火回火处理后具有较高的强度、韧性，良好的耐蚀性和机加工性能。主要用于制作韧性要求较高且具有不锈性的受冲击载荷的部件，如刃具、叶片、紧固件、水压机阀、热裂解抗硫腐蚀设备等；也可制作在常温条件耐弱腐蚀介质的设备和部件
Y12Cr13	Y1Cr13	不锈钢中切削性能最好的钢，自动车床用
20Cr13	2Cr13	马氏体不锈钢，其主要性能类似于12Cr13(1Cr13)。由于碳含量较高，其强度、硬度高于12Cr13(1Cr13)，而韧性和耐蚀性略低。主要用于制作承受高应力负荷的零件，如汽轮机叶片、热油泵、轴和轴套、叶轮、水压机阀片等，也可用于造纸工业和医疗器械以及日用消费领域的刀具、餐具等
30Cr13	3Cr13	马氏体不锈钢，较12Cr13(1Cr13)和20Cr13(2Cr13)钢具有更高的强度、硬度和更好的淬透性，在室温的稀硝酸和弱的有机酸中具有一定的耐蚀性，但不及12Cr13(1Cr13)和20Cr13(2Cr13)钢。主要用于制作高强度部件，以及在承受高应力载荷并在一定腐蚀介质条件下的磨损件，如300℃以下工作的刃具、弹簧，400℃以下工作的轴、螺栓、阀门、轴承等
Y30Cr13	Y3Cr13	改善30Cr13(3Cr13)切削性能的钢。用途与30Cr13(3Cr13)相似，需要更好的切削性能
40Cr13	4Cr13	特性与用途类似于30Cr13(3Cr13)钢，其强度、硬度高于30Cr13(3Cr13)钢，而韧性和耐蚀性略低。主要用于制作外科医疗用具、轴承、阀门、弹簧等。40Cr13(4Cr13)钢焊接性差，通常不制作焊接部件
14Cr17Ni2	1Cr17Ni2	热处理后具有较高的力学性能，耐蚀性优于12Cr13(1Cr13)和10Cr17(1Cr17)。一般用于制作既要求高力学性能的可淬硬性，又要求耐硝酸、有机酸腐蚀的轴类、活塞杆、泵、阀等零部件以及弹簧和紧固件
17Cr16Ni2		加工性能比14Cr17Ni2(1Cr17Ni2)明显改善，适用于制作要求较高强度、韧性、塑性和良好的耐蚀性的零部件及在潮湿介质中工作的承力件

（续）

新牌号	旧牌号	特性及用途
68Cr17	7Cr17	高铬马氏体不锈钢，比20Cr13(2Cr13)有较高的淬火硬度。在淬火回火状态下，具有高强度和硬度，并兼有不锈、耐蚀性能。一般用于制作要求具有不锈性或耐稀氧化性酸、有机酸和盐类腐蚀的刀具、量具、轴类、杆件、阀门、钩件等耐磨蚀的部件
85Cr17	8Cr17	可淬硬性不锈钢。性能与用途类似于68Cr17(7Cr17)，但硬化状态下，比68Cr17(7Cr17)硬，而比108Cr17(11Cr17)韧性高。用于制作刃具、阀座等
108Cr17	11Cr17	在可淬硬性不锈钢中硬度最高。性能与用途类似于68Cr17(7Cr17)。主要用于制作喷嘴、轴承等
Y108Cr17	Y11Cr17	108Cr17(11Cr17)改进的切削性钢种。用于自动车床
95Cr18	9Cr18	高碳马氏体不锈钢。较Cr17型马氏体不锈钢耐蚀性有所改善，其他性能与Cr17型马氏体不锈钢相似。主要用于制作耐蚀高强度耐磨损部件，如轴、泵、阀件、杆类、弹簧、紧固件等。由于钢中极易形成不均匀的碳化物而影响钢的质量和性能，需在生产时予以注意
13Cr13Mo	1Cr13Mo	比12Cr13(1Cr13)钢耐蚀性高的高强度钢。用于制作汽轮机叶片、高温部件等
32Cr13Mo	3Cr13Mo	在30Cr13(3Cr13)钢基础上加入钼，改善了钢的强度和硬度，并增强了二次硬化效应，且耐蚀性优于30Cr13(3Cr13)钢。主要用途同30Cr13(3Cr13)钢
102Cr17Mo	9Cr18Mo	性能与用途类似于95Cr18(9Cr18)钢。由于钢中加入了钼和钒，热强性和回火稳定性均优于95Cr18(9Cr18)钢。主要用来制作承受摩擦并在腐蚀介质中工作的零件，如量具、刃具等
90Cr18MoV	9Cr18MoV	
		沉淀硬化不锈钢
05Cr15Ni5Cu4Nb	—	在05Cr17Ni4Cu4Nb(0Cr17Ni4Cu4Nb)钢基础上发展的马氏体沉淀硬化不锈钢，除高强度外，还具有高的横向韧性和良好的可锻性，耐蚀性与05Cr17Ni4Cu4Nb(0Cr17Ni4Cu4Nb)钢相当。主要应用于具有高强度、良好韧性，又要求有优良耐蚀性的服役环境，如高强度锻件、高压系统阀门部件、飞机部件等
05Cr17Ni4Cu4Nb	0Cr17Ni4Cu4Nb	添加铜和铌的马氏体沉淀硬化不锈钢，强度可通过改变热处理工艺予以调整，耐蚀性优于Cr13型及95Cr18(9Cr18)和14Cr17Ni2(1Cr17Ni2)钢，抗腐蚀疲劳及抗水滴冲蚀能力优于12%(质量分数)Cr马氏体不锈钢，焊接工艺简便，易于加工，但较难进行深度冷成形。主要用于制作既要求具有不锈性又要求耐弱酸、碱、盐腐蚀的高强度部件，如汽轮机末级动叶片以及在腐蚀环境下，工作温度低于300℃的结构件
07Cr17Ni7Al	0Cr17Ni7Al	添加铝的半奥氏体沉淀硬化不锈钢，成分接近18-8型奥氏体不锈钢，具有良好的冶金和制造加工工艺性能。可用于350℃以下长期工作的结构件、容器、管道、弹簧、垫圈、计器部件。该钢热处理工艺复杂，在全世界范围内有被马氏体时效钢取代的趋势，但目前仍具有广泛应用的领域
07Cr15Ni7Mo2Al	0Cr15Ni7Mo2Al	以2%(质量分数)Mo取代07Cr17Ni7Al(0Cr17Ni7Al)钢中2%(质量分数)Cr的半奥氏体沉淀硬化不锈钢，使之耐还原性介质腐蚀能力有所改善，综合性能优于07Cr17Ni7Al(0Cr17Ni7Al)。用于制作宇航、石油化工和能源等领域有一定耐蚀要求的高强度容器、零件及结构件

2. 耐热钢的特性及用途（见表9-8）

表9-8 耐热钢的特性及用途（GB/T 1221—2007）

新牌号	旧牌号	特性及用途
		奥氏体耐热钢
53Cr21Mn9Ni4N	5Cr21Mn9Ni4N	Cr-Mn-Ni-N型奥氏体阀门钢。用于制作以经受高温强度为主的汽油及柴油机用排气阀

（续）

新牌号	旧牌号	特性及用途
26Cr18Mn12Si2N	3Cr18Mn12Si2N	有较高的高温强度和一定的抗氧化性,并且有较好的抗硫及抗增碳性。用于制作吊挂支架,渗碳炉构件,加热炉传送带、料盘、炉爪
22Cr20Mn10Ni2Si2N	2Cr20Mn9Ni2Si2N	特性和用途同26Cr18Mn12Si2N(3Cr18Mn12Si2N),还可用于制作盐浴坩埚和加热炉管道等
06Cr19Ni10	06Cr18Ni9	通用耐氧化钢,可承受870℃以下反复加热
22Cr21Ni12N	1Cr21Ni2N	Cr-Ni-N型耐热钢。用以制作以抗氧化为主的汽油及柴油机用排气阀
16Cr23Ni13	2Cr23Ni12	承受980℃以下反复加热的抗氧化钢。用于制作加热炉部件
06Cr23Ni13	0Cr23Ni13	耐蚀性比06Cr19Ni10(0Cr18Ni9)钢好,可承受980℃以下反复加热。可作炉用材料
20Cr25Ni20	2Cr25Ni20	承受1035℃以下反复加热的抗氧化钢。主要用于制作炉用部件、喷嘴、燃烧室
06Cr25Ni20	0Cr25Ni20	抗氧化性比06Cr23Ni13(0Cr12Ni13)钢好,可承受1035℃以下反复加热。用于制作炉用部件、汽车排气净化装置等
06Cr17Ni12Mo2	0Cr17Ni12Mo2	高温具有优良的蠕变强度,用于制作热交换用部件、高温耐蚀螺栓
06Cr19Ni13Mo3	0Cr19Ni13Mo3	耐点蚀和抗蠕变能力优于06Cr17Ni12Mo2(0Cr17Ni12Mo2)。用于制作造纸、印染设备,石油化工及耐有机酸腐蚀的装备、热交换用部件等
06Cr18Ni11Ti	0Cr18Ni10Ti	用于制作在400~900℃腐蚀条件下使用的部件、高温用焊接结构部件
45Cr14Ni14W2Mo	4Cr14Ni14W2Mo	中碳奥氏体型阀门钢。在700℃以下有较高的热强性,在800℃以下有良好的抗氧化性能。用于制作700℃以下工作的内燃机、柴油机重负荷进、排气阀和紧固件,500℃以下工作的航空发动机及其他产品零件。也可作为渗氮钢使用
12Cr16Ni35	1Cr16Ni35	抗渗碳,易渗氮,1035℃以下反复加热。用于制作炉用部件、石油裂解装置
06Cr18Ni11Nb	0Cr18Ni11Nb	用于制作在400~900℃腐蚀条件下使用的部件、高温用焊接结构部件
06Cr18Ni13Si4	0Cr18Ni13Si4	具有与06Cr25Ni20(0Cr25Ni20)相当的抗氧化性。用于含氯离子环境,如汽车排气净化装置等
16Cr20Ni14Si2	1Cr20Ni14Si2	具有较高的高温强度及抗氧化性,对含硫气氛较敏感,在600~800℃有析出相的脆化倾向,适用于制作承受应力的各种炉用构件
16Cr25Ni20Si2	1Cr25Ni20Si2	
		铁素体耐热钢
06Cr13Al	0Cr13Al	冷加工硬化少,主要用于制作燃气透平压缩机叶片、退火箱、淬火台架等
022Cr12	00Cr12	比022Cr13(0Cr13)碳含量低,焊接部位弯曲性能、加工性能、耐高温氧化性能好。用于制作汽车排气处理装置,锅炉燃烧室、喷嘴等
10Cr17	1Cr17	用于制作900℃以下耐氧化用部件、散热器、炉用部件、油喷嘴等
16Cr25N	2Cr25N	耐高温腐蚀性强,1082℃以下不产生易剥落的氧化皮。适宜抗硫气氛,用于制作燃烧室、退火箱、玻璃模具、阀、搅拌杆等
		马氏体耐热钢
12Cr13	1Cr13	用于制作800℃以下耐氧化用部件
20Cr13	2Cr13	淬火状态下硬度高,耐蚀性良好。用于制作汽轮机叶片
14Cr17Ni2	1Cr17Ni2	用于制作具有较高程度的耐硝酸、有机酸腐蚀的轴类、活塞杆、泵、阀等零部件,以及弹簧、紧固件、容器和设备
17Cr16Ni2	—	改善14Cr17Ni2(1Cr17Ni2)钢的加工性能,可代替14Cr17Ni2(1Cr17Ni2)钢使用
12Cr5Mo	1Cr5Mo	在中高温下有好的力学性能。能抗石油裂化过程中产生的腐蚀。用于制作再热蒸汽管、石油裂解管、锅炉吊架、蒸汽轮机气缸衬套、泵的零件、阀、活塞杆、高压加氢设备部件、紧固件
12Cr12Mo	1Cr12Mo	铬钼马氏体耐热钢。用于制作汽轮机叶片
13Cr13Mo	1Cr13Mo	比12Cr13(1Cr13)耐蚀性高的高强度钢。用于制作汽轮机叶片,高温、高压蒸汽用机械部件等

（续）

新牌号	旧牌号	特性及用途
14Cr11MoV	1Cr11MoV	铬钼钒马氏体耐热钢。有较高的热强性，良好的减振性及组织稳定性。用于制作透平叶片及导向叶片
18Cr12MoVNbN	2Cr12MoVNbN	铬钼钒铌氮马氏体耐热钢。用于制作高温结构部件，如汽轮机叶片、盘、叶轮轴、螺栓等
15Cr12WMoV	1Cr12WMoV	铬钼钨钒马氏体耐热钢。有较高的热强性，良好的减振性及组织稳定性。用于制作透平叶片、紧固件、转子及轮盘
22Cr12NiWMoV	2Cr12NiMoWV	性能与用途类似于 13Cr11Ni2W2MoV（1Cr11Ni2W2MoV）。用于制作汽轮机叶片
13Cr11Ni2W2MoV	1Cr11Ni2W2MoV	铬镍钨钼钒马氏体耐热钢。具有良好的韧性和抗氧化性能，在淡水和湿空气中有较好的耐蚀性
18Cr11NiMoNbVN	（2Cr11NiMoNbVN）	具有良好的强韧性、抗蠕变性能和抗松弛性能。主要用于制作汽轮机高温紧固件和动叶片
42Cr9Si2 45Cr9Si3	4Cr9Si2 —	铬硅马氏体阀门钢，750℃以下耐氧化。用于制作内燃机进气阀、轻负荷发动机的排气阀
40Cr10Si2Mo	4Cr10Si2Mo	铬硅钼马氏体阀门钢，经淬火回火后使用。因含有钼和硅，高温强度抗蠕变性能及抗氧化性能比 40Cr13（4Cr13）高。用于制作进气阀、排气阀，鱼雷、火箭部件，预燃烧室等
80Cr20Si2Ni	8Cr20Si2Ni	铬硅镍马氏体阀门钢。用于制作以耐磨性为主的进气阀、排气阀、阀座等
沉淀硬化耐热钢		
05Cr17Ni4Cu4Nb	0Cr17Ni4Cu4Nb	添加铜和铌的马氏体沉淀硬化型钢。用于制作燃气透平压缩机叶片，可用作燃气透平发动机周围材料
07Cr17Ni7Al	0Cr17Ni7Al	添加铝的半奥氏体沉淀硬化型钢。用于制作高温弹簧、膜片、固定器、波纹管
06Cr15Ni25Ti2MoAlVB	0Cr15Ni25Ti2MoAlVB	奥氏体沉淀硬化型钢，具有高的缺口强度，在温度低于 980℃时抗氧化性能与 06Cr25Ni20（0Cr25Ni20）相当。主要用于制作 700℃以下的工作环境，要求具有高强度和优良耐蚀性的部件或设备，如汽轮机转子、叶片、骨架、燃烧室部件和螺栓等

9.4 不锈钢棒和耐热钢棒

9.4.1 不锈钢冷加工钢棒的规格

1. 圆钢、方钢及六角钢的规格（见表 9-9）

表 9-9 圆钢、方钢及六角钢的规格（GB/T 4226—2009）

截面形状	公称尺寸①/mm
圆	5、6、7、8、9、10、11、12、13、14、15、16、17、18、19、20、22、23、24、25、26、28、30、32、35、36、38、40、42、45、48、50、55、60、65、70、75、80、85、90、95、100
方	5、6、7、8、9、10、12、13、14、15、16、17、19、20、22、25、28、30、32、35、36、38、40、45、50、55、60
六角	5.5、6、7、8、9、10、11、12、13、14、17、19、21、22、23、24、26、27、29、30、32、35、36、38、41、46、50、55、60、65、70、75、80

① 圆钢为直径，方钢为边长，六角钢为对边距离。

2. 扁钢的规格（见表 9-10）

表 9-10　扁钢的规格（GB/T 4226—2009）　　（单位：mm）

厚度	宽度														
3	9	10	12	16	19	20	25	30	32	38	40	50	—	—	—
4	—	—	12	16	19	20	25	30	32	38	40	50	—	—	—
5	—	—	12	16	19	20	25	30	32	38	40	50	65	—	—
6	—	—	12	16	19	20	25	30	32	38	40	50	65	75	100
9	—	—	—	16	19	20	25	30	32	38	40	50	65	75	100
10	—	—	—	16	19	20	25	30	32	38	40	50	65	75	100
12	—	—	—	—	19	20	25	30	32	38	40	50	65	75	100
16	—	—	—	—	—	—	25	30	32	38	40	50	65	75	100
19	—	—	—	—	—	—	25	30	32	38	40	50	65	75	100
22	—	—	—	—	—	—	25	30	32	38	40	50	65	75	100
25	—	—	—	—	—	—	—	—	32	38	40	50	65	75	100

9.4.2　不锈钢棒

1. 经固溶处理的奥氏体不锈钢棒的力学性能（见表 9-11）

表 9-11　经固溶处理的奥氏体不锈钢棒的力学性能（GB/T 1220—2007）

牌号	规定塑性延伸强度 $R_{p0.2}$[①]/MPa	抗拉强度 R_m/MPa	断后伸长率 A(%)	断面收缩率 Z[②](%)	硬度[①]		
					HBW	HRB	HV
	≥				≤		
12Cr17Mn6Ni5N	275	520	40	45	241	100	253
12Cr18Mn9Ni5N	275	520	40	45	207	95	218
12Cr17Ni7	205	520	40	60	187	90	200
12Cr18Ni9	205	520	40	60	187	90	200
Y12Cr18Ni9	205	520	40	50	187	90	200
Y12Cr18Ni9Se	205	520	40	50	187	90	200
06Cr19Ni10	205	520	40	60	187	90	200
022Cr19Ni10	175	480	40	60	187	90	200
06Cr18Ni9Cu3	175	480	40	60	187	90	200
06Cr19Ni10N	275	550	35	50	217	95	220
06Cr19Ni9NbN	345	685	35	50	250	100	260
022Cr19Ni10N	245	550	40	50	217	95	220
10Cr18Ni12	175	480	40	60	187	90	200
06Cr23Ni13	205	520	40	60	187	90	200
06Cr25Ni20	205	520	40	50	187	90	200
06Cr17Ni12Mo2	205	520	40	60	187	90	200
022Cr17Ni12Mo2	175	480	40	60	187	90	200
06Cr17Ni12Mo2Ti	205	530	40	55	187	90	200
06Cr17Ni12Mo2N	275	550	35	50	217	95	220
022Cr17Ni12Mo2N	245	550	40	50	217	95	220
06Cr18Ni12Mo2Cu2	205	520	40	60	187	90	200
022Cr18Ni14Mo2Cu2	175	480	40	60	187	90	200
06Cr19Ni13Mo3	205	520	40	60	187	90	200
022Cr19Ni13Mo3	175	480	40	60	187	90	200

（续）

牌号	规定塑性延伸强度 $R_{p0.2}$①/MPa	抗拉强度 R_m/MPa	断后伸长率 A(%)	断面收缩率 Z②(%)	硬度①		
					HBW	HRB	HV
	≥				≤		
03Cr18Ni16Mo5	175	480	40	45	187	90	200
06Cr18Ni11Ti	205	520	40	50	187	90	200
06Cr18Ni11Nb	205	520	40	50	187	90	200
06Cr18Ni13Si4	205	520	40	60	207	95	218

注：表中数值仅适用于直径、边长、厚度或对边距离小于或等于 180mm 的钢棒；大于 180mm 的钢棒，可改锻成 180mm 的样坯检验，或由供需双方协商，规定允许降低其力学性能的数据。

① 规定塑性延伸强度和硬度，仅当需方要求时（合同中注明）才进行测定，且供方可根据钢棒的尺寸或状态任选一种方法测定硬度。

② 扁钢不适用，但需方要求时，由供需双方协商。

2. 经固溶处理的奥氏体-铁素体不锈钢棒的力学性能（见表 9-12）

表 9-12 经固溶处理的奥氏体-铁素体不锈钢棒的力学性能（GB/T 1220—2007）

牌　号	规定塑性延伸强度 $R_{p0.2}$①/MPa	抗拉强度 R_m/MPa	断后伸长率 A(%)	断面收缩率 Z②(%)	冲击吸收能量 KU③/J	硬度①		
						HBW	HRB	HV
	≥					≤		
14Cr18Ni11Si4AlTi	440	715	25	40	63	—	—	—
022Cr19Ni5Mo3Si2N	390	590	20	40	—	290	30	300
022Cr22Ni5Mo3N	450	620	25	—	—	290	—	—
022Cr23Ni5Mo3N	450	655	25	—	—	290	—	—
022Cr25Ni6Mo2N	450	620	20	—	—	260	—	—
03Cr25Ni6Mo3Cu2N	550	750	25	—	—	290	—	—

注：表中数值仅适用于直径、边长、厚度或对边距离小于或等于 180mm 的钢棒；大于 180mm 的钢棒，可改锻成 180mm 的样坯检验，或由供需双方协商，规定允许降低其力学性能的数据。

① 规定塑性延伸强度和硬度，仅当需方要求时（合同中注明）才进行测定，且供方可根据钢棒的尺寸或状态任选一种方法测定硬度。

② 扁钢不适用，但需方要求时，由供需双方协商。

③ 直径或对边距离小于等于 16mm 的圆钢、六角钢、八角钢和边长或厚度小于等于 12mm 的方钢、扁钢不做冲击试验。

3. 经退火处理的铁素体不锈钢棒的力学性能（见表 9-13）

表 9-13 经退火处理的铁素体不锈钢棒的力学性能（GB/T 1220—2007）

牌　号	规定塑性延伸强度 $R_{p0.2}$①/MPa	抗拉强度 R_m/MPa	断后伸长率 A(%)	断面收缩率 Z②(%)	冲击吸收能量 KU③/J	硬度① HBW
	≥					≤
06Cr13Al	175	410	20	60	78	183
022Cr12	195	360	22	60	—	183
10Cr17	205	450	22	50	—	183
Y10Cr17	205	450	22	50	—	183
10Cr17Mo	205	450	22	60	—	183
008Cr27Mo	245	410	20	45	—	219
008Cr30Mo2	295	450	20	45	—	228

注：表中数值仅适用于直径、边长、厚度或对边距离小于或等于 75mm 的钢棒；大于 75mm 的钢棒，可改锻成 75mm 的样坯检验，或由供需双方协商，规定允许降低其力学性能的数据。

① 规定塑性延伸强度和硬度，仅当需方要求时（合同中注明）才进行测定，且供方可根据钢棒的尺寸或状态任选一种方法测定硬度。

② 扁钢不适用，但需方要求时，由供需双方协商。

③ 直径或对边距离小于等于 16mm 的圆钢、六角钢、八角钢和边长或厚度小于等于 12mm 的方钢、扁钢不做冲击试验。

4. 经热处理的马氏体不锈钢棒的力学性能（见表 9-14）

表 9-14 经热处理的马氏体不锈钢棒的力学性能（GB/T 1220—2007）

牌号	组别	经淬火回火后试样的力学性能和硬度							退火后钢棒的硬度 HBW①
		规定塑性延伸强度 $R_{p0.2}$①/MPa	抗拉强度 R_m/MPa	断后伸长率 A(%)	断面收缩率 Z②(%)	冲击吸收能量 KU③/J	HBW	HRC	
		≥							≤
12Cr12		390	590	25	55	118	170	—	200
06Cr13		345	490	24	60	—	—	—	183
12Cr13		345	540	22	55	78	159	—	200
Y12Cr13		345	540	17	45	55	159	—	200
20Cr13		440	640	20	50	63	192	—	223
30Cr13		540	735	12	—	24	217	—	235
Y30Cr13		540	735	8	35	24	217	—	235
40Cr13		—	—	—	—	—	—	50	235
14Cr17Ni2		—	1080	10	—	39	—	—	285
17Cr16Ni2④	1	700	900~1050	12	45	25	—	—	295
	2	600	800~950	14					
68Cr17		—	—	—	—	—	—	54	255
85Cr17		—	—	—	—	—	—	56	255
108Cr17		—	—	—	—	—	—	58	269
Y108Cr17		—	—	—	—	—	—	58	269
95Cr18		—	—	—	—	—	—	55	255
13Cr13Mo		490	690	20	60	78	192	—	200
32Cr13Mo		—	—	—	—	—	—	50	207
102Cr17Mo		—	—	—	—	—	—	55	269
90Cr18MoV		—	—	—	—	—	—	55	269

注：表中数值仅适用于直径、边长、厚度或对边距离小于或等于 75mm 的钢棒；大于 75mm 的钢棒，可改锻成 75mm 的样坯检验，或由供需双方协商，规定允许降低其力学性能的数据。

① 规定塑性延伸强度和硬度，仅当需方要求时（合同中注明）才进行测定，且供方可根据钢棒的尺寸或状态任选一种方法测定硬度。

② 扁钢不适用，但需方要求时，由供需双方协商。

③ 直径或对边距离小于等于 16mm 的圆钢、六角钢、八角钢和边长或厚度小于等于 12mm 的方钢、扁钢不做冲击试验。

④ 17Cr16Ni2 钢的性能组别应在合同中注明，未注明时，由供方自行选择。

5. 沉淀硬化不锈钢棒的力学性能（见表 9-15）

表 9-15 沉淀硬化不锈钢棒的力学性能（GB/T 1220—2007）

牌号	热处理			规定塑性延伸强度 $R_{p0.2}$/MPa	抗拉强度 R_m/MPa	断后伸长率 A(%)	断面收缩率 Z①(%)	硬度②	
	类型		组别	≥				HBW	HRC
05Cr15Ni5Cu4Nb	固溶处理		0	—	—	—	—	≤363	≤38
	沉淀硬化	480℃时效	1	1180	1310	10	35	≥375	≥40
		550℃时效	2	1000	1070	12	45	≥331	≥35
		580℃时效	3	865	1000	13	45	≥302	≥31
		620℃时效	4	725	930	16	50	≥277	≥28

（续）

牌号	热处理			规定塑性延伸强度 $R_{p0.2}$/MPa	抗拉强度 R_m/MPa	断后伸长率 A(%)	断面收缩率 Z[①](%)	硬度[②]	
	类型		组别	≥				HBW	HRC
05Cr17Ni4Cu4Nb	固溶处理		0	—	—	—	—	≤363	≤38
	沉淀硬化	480℃时效	1	1180	1310	10	40	≥375	≥40
		550℃时效	2	1000	1070	12	45	≥331	≥35
		580℃时效	3	865	1000	13	45	≥302	≥31
		620℃时效	4	725	930	16	50	≥277	≥28
07Cr17Ni7Al	固溶处理		0	≤380	≤1030	20	—	≤229	—
	沉淀硬化	510℃时效	1	1030	1230	4	10	≥388	—
		565℃时效	2	960	1140	5	25	≥363	—
07Cr15Ni7Mo2Al	固溶处理		0	—	—	—	—	≤269	—
	沉淀硬化	510℃时效	1	1210	1320	6	20	≥388	—
		565℃时效	2	1100	1210	7	25	≥375	—

注：表中数值仅适用于直径、边长、厚度或对边距离小于或等于75mm的钢棒；大于75mm的钢棒，可改锻成75mm的样坯检验，或由供需双方协商，规定允许降低其力学性能的数据。

① 扁钢不适用，但需方要求时，由供需双方协商。

② 供方可根据钢棒的尺寸或状态任选一种方法测定硬度。

9.4.3 尿素级奥氏体不锈钢棒

1. 尿素级奥氏体不锈钢棒的牌号和化学成分（见表9-16）

表9-16 尿素级奥氏体不锈钢棒的牌号和化学成分（GB/T 34475—2017）

统一数字代号	牌号	化学成分(质量分数,%)									
		C	Si	Mn	P	S	Ni	Cr	Mo	N	Cu
S31792	022Cr18Ni14Mo2	≤0.020	≤0.60	≤2.00	≤0.020	≤0.005	13.00~15.00	17.00~19.00	2.20~3.00	≤0.10	≤0.50
S31752	022Cr18Ni14Mo2N	≤0.020	≤0.60	≤2.00	≤0.020	≤0.005	13.00~15.00	17.00~19.00	2.20~3.00	0.14~0.22	≤0.50
S31053	022Cr25Ni22Mo2N	≤0.020	≤0.40	≤2.00	≤0.020	≤0.005	21.00~23.00	24.00~26.00	2.00~2.60	0.10~0.16	—

2. 尿素级奥氏体不锈钢棒经热处理后的力学性能（见表9-17）

表9-17 尿素级奥氏体不锈钢棒经热处理后的力学性能（GB/T 34475—2017）

牌号	试样毛坯尺寸/mm	推荐热处理工艺	规定塑性延伸强度 $R_{p0.2}$/MPa	抗拉强度 R_m/MPa	断后伸长率 A(%)	断面收缩率 Z(%)	硬度	
							HBW	HRB
			≥				≤	
022Cr18Ni14Mo2	25	1000~1100℃，快冷	170	485	35	50	217	95
022Cr18Ni14Mo2N	25	1000~1100℃，快冷	170	485	35	50	217	95
022Cr25Ni22Mo2N	25	1000~1100℃，快冷	255	540	30	40	217	95

注：适用于公称尺寸不大于150mm的钢棒，公称尺寸大于150mm钢棒的力学性能由供需双方协商确定。

9.4.4 耐热钢棒

1. 奥氏体耐热钢棒的力学性能（见表9-18）

表9-18 奥氏体耐热钢棒的力学性能（GB/T 1221—2007）

牌号	热处理状态	规定塑性延伸强度 $R_{p0.2}$①/MPa	抗拉强度 R_m/MPa	断后伸长率 A(%)	断面收缩率 Z②(%)	硬度 HBW①
		≥				≤
53Cr21Mn9Ni4N	固溶+时效	560	885	8	—	≥302
26Cr18Mn12Si2N	固溶处理	390	685	35	45	248
22Cr20Mn10Ni2Si2N	固溶处理	390	635	35	45	248
06Cr19Ni10	固溶处理	205	520	40	60	187
22Cr21Ni12N	固溶+时效	430	820	26	20	269
16Cr23Ni13	固溶处理	205	560	45	50	201
06Cr23Ni13	固溶处理	205	520	40	60	187
20Cr25Ni20	固溶处理	205	590	40	50	201
06Cr25Ni20	固溶处理	205	520	40	50	187
06Cr17Ni12Mo2	固溶处理	205	520	40	60	187
06Cr19Ni13Mo3	固溶处理	205	520	40	60	187
06Cr18Ni11Ti	固溶处理	205	520	40	50	187
45Cr14Ni14W2Mo	退火	315	705	20	35	248
12Cr16Ni35	固溶处理	205	560	40	50	201
06Cr18Ni11Nb	固溶处理	205	520	40	50	187
06Cr18Ni13Si4	固溶处理	205	520	40	60	207
16Cr20Ni14Si2	固溶处理	295	590	35	50	187
16Cr25Ni20Si2	固溶处理	295	590	35	50	187

注：53Cr21Mn9Ni4N和22Cr21Ni12N仅适用于直径、边长及对边距离或厚度小于或等于25mm的钢棒；大于25mm的钢棒，可改锻成25mm的样坯检验或由供需双方协商确定允许降低其力学性能的数值。其余牌号仅适用于直径、边长及对边距离或厚度小于或等于180mm的钢棒。大于180mm的钢棒，可改锻成180mm的样坯检验或由供需双方协商确定，允许降低其力学性能数值。

① 规定塑性延伸强度和硬度，仅当需方要求时（合同中注明）才进行测定。

② 扁钢不适用，但需方要求时，可由供需双方协商确定。

2. 经退火的铁素体耐热钢棒的力学性能（见表9-19）

表9-19 经退火的铁素体耐热钢棒的力学性能（GB/T 1221—2007）

牌号	热处理状态	规定塑性延伸强度 $R_{p0.2}$①/MPa	抗拉强度 R_m/MPa	断后伸长率 A(%)	断面收缩率 Z②(%)	硬度① HBW
		≥				≤
06Cr13Al	退火	175	410	20	60	183
022Cr12	退火	195	360	22	60	183
10Cr17	退火	205	450	22	50	183
16Cr25N	退火	275	510	20	40	201

注：表中数值仅适用于直径、边长及对边距离或厚度小于或等于75mm的钢棒；大于75mm的钢棒，可改锻成75mm的样坯检验或由供需双方协商确定允许降低其力学性能的数值。

① 规定塑性延伸强度和硬度，仅当需方要求时（合同中注明）才进行测定。

② 扁钢不适用，但需方要求时，由供需双方协商确定。

3. 经淬火+回火的马氏体耐热钢棒的力学性能（见表9-20）

表9-20　经淬火+回火的马氏体耐热钢棒的力学性能（GB/T 1221—2007）

牌　　号	热处理状态	规定塑性延伸强度 $R_{p0.2}$/MPa	抗拉强度 R_m/MPa	断后伸长率 A（%）	断面收缩率 Z①（%）	冲击吸收能量 KU②/J	经淬火回火后的硬度 HBW	退火后的硬度 HBW③ ≤
		≥						
12Cr13	淬火+回火	345	540	22	55	78	159	200
20Cr13		440	640	20	50	63	192	223
14Cr17Ni2		—	1080	10	—	39	—	—
17Cr16Ni2④		700	900~1050	12	45	25	—	295
		600	800~950	14				
12Cr5Mo		390	590	18	—	—	—	200
12Cr12Mo		550	685	18	60	78	217~248	255
13Cr13Mo		490	690	20	60	78	192	200
14Cr11MoV		490	685	16	55	47	—	200
18Cr12MoVNbN		685	835	15	30	—	≤321	269
15Cr12WMoV		585	735	15	25	47	—	—
22Cr12NiWMoV		735	885	10	25	—	≤341	269
13Cr11Ni2W2MoV④		735	885	15	55	71	269~321	269
		885	1080	12	50	55	311~388	
18Cr11NiMoNbVN		760	930	12	32	20	227~331	255
42Cr9Si2		590	885	19	50	—	—	269
45Cr9Si3		685	930	15	35	—	≥269	—
40Cr10Si2Mo		685	885	10	35	—	—	269
80Cr20Si2Ni		685	885	10	15	8	≥262	321

注：表中数值仅适用于直径、边长及对边距离或厚度小于或等于75mm的钢棒；大于75mm的钢棒，可改锻成75mm的样坯检验或由供需双方协商确定允许降低其力学性能的数值。

① 扁钢不适用，但需方要求时，由供需双方协商确定。

② 直径或对边距离小于等于16mm的圆钢、六角钢、八角钢和边长或厚度小于等于12mm的方钢、扁钢不做冲击试验。

③ 采用750℃退火时，其硬度由供需双方协商。

④ 17Cr16Ni2和13Cr11Ni2W2MoV钢的性能组别应在合同中注明，未注明时，由供方自行选择。

4. 沉淀硬化耐热钢棒的力学性能（见表9-21）

表9-21　沉淀硬化耐热钢棒的力学性能（GB/T 1221—2007）

牌　　号	热处理			规定塑料延伸强度 $R_{p0.2}$/MPa	抗拉强度 R_m/MPa	断后伸长率 A（%）	断面收缩率 Z①（%）	硬度②	
	类型		组别	≥				HBW	HRC
05Cr17Ni4Cu4Nb	固熔处理		0	—	—	—	—	≤363	≤38
	沉淀硬化	480℃时效	1	1180	1310	10	40	≥375	≥40
		550℃时效	2	1000	1070	12	45	≥331	≥35
		580℃时效	3	865	1000	13	45	≥302	≥31
		620℃时效	4	725	930	16	50	≥277	≥28

（续）

牌　号	热处理			规定塑料延伸强度 $R_{p0.2}$/MPa	抗拉强度 R_m/MPa	断后伸长率 A(%)	断面收缩率 Z[①](%)	硬度[②]	
	类型		组别	≥				HBW	HRC
07Cr17Ni7Al	固熔处理		0	≤380	≤1030	20	—	≤229	—
	沉淀硬化	510℃时效	1	1030	1230	4	10	≥388	—
		565℃时效	2	960	1140	5	25	≥363	—
06Cr15Ni25Ti2MoAlVB	固溶+时效			590	900	15	18	≥248	—

注：表中数值仅适用于直径、边长、厚度或对边距离小于或等于75mm的钢棒；大于75mm的钢棒，可改锻成75mm的样坯检验，或由供需双方协商，规定允许降低其力学性能的数据。

① 扁钢不适用，但需方要求时，由供需双方协商。

② 供方可根据钢棒的尺寸或状态任选一种方法测定硬度。

9.5　不锈钢和耐热钢板和钢带

9.5.1　不锈钢冷轧钢板和钢带

1. 经固溶处理奥氏体不锈钢冷轧钢板和钢带的力学性能（见表9-22）

表9-22　经固溶处理奥氏体不锈钢冷轧钢板和钢带的力学性能（GB/T 3280—2015）

牌　号	规定塑性延伸强度 $R_{p0.2}$/MPa	抗拉强度 R_m/MPa	断后伸长率 A[①](%)	硬　度		
				HBW	HRB	HV
	≥			≤		
022Cr17Ni7	220	550	45	241	100	242
12Cr17Ni7	205	515	40	217	95	220
022Cr17Ni7N	240	550	45	241	100	242
12Cr18Ni9	205	515	40	201	92	210
12Cr18Ni9Si3	205	515	40	217	95	220
022Cr19Ni10	180	485	40	201	92	210
06Cr19Ni10	205	515	40	201	92	210
07Cr19Ni10	205	515	40	201	92	210
05Cr19Ni10Si2CeN	290	600	40	217	95	220
022Cr19Ni10N	205	515	40	217	95	220
06Cr19Ni10N	240	550	30	217	95	220
06Cr19Ni9NbN	345	620	30	241	100	242
10Cr18Ni12	170	485	40	183	88	200
08Cr21Ni11Si2CeN	310	600	40	217	95	220
06Cr23Ni13	205	515	40	217	95	220
06Cr25Ni20	205	515	40	217	95	220
022Cr25Ni22Mo2N	270	580	25	217	95	220
015Cr20Ni18Mo6CuN	310	690	35	223	96	225
022Cr17Ni12Mo2	180	485	40	217	95	220

（续）

牌　号	规定塑性延伸强度 $R_{p0.2}$/MPa	抗拉强度 R_m/MPa	断后伸长率 A①(%)	硬　度		
				HBW	HRB	HV
	≥			≤		
06Cr17Ni12Mo2	205	515	40	217	95	220
07Cr17Ni12Mo2	205	515	40	217	95	220
022Cr17Ni12Mo2N	205	515	40	217	95	220
06Cr17Ni12Mo2N	240	550	35	217	95	220
06Cr17Ni12Mo2Ti	205	515	40	217	95	220
06Cr17Ni12Mo2Nb	205	515	30	217	95	220
06Cr18Ni12Mo2Cu2	205	520	40	187	90	200
022Cr19Ni13Mo3	205	515	40	217	95	220
06Cr19Ni13Mo3	205	515	35	217	95	220
022Cr19Ni16Mo5N	240	550	40	223	96	225
022Cr19Ni13Mo4N	240	550	40	217	95	220
015Cr21Ni26Mo5Cu2	220	490	35	—	90	200
06Cr18Ni11Ti	205	515	40	217	95	220
07Cr19Ni11Ti	205	515	40	217	95	220
015Cr2Ni22Mo8Mn3CuN	430	750	40	250	—	252
022Cr24Ni17Mo5Mn6NbN	415	795	35	241	100	242
06Cr18Ni11Nb	205	515	40	201	92	210
07Cr18Ni11Nb	205	515	40	201	92	210
022Cr21Ni25Mo7N	310	690	30	—	100	258
015Cr20Ni25Mo7CuN	295	650	35	—	—	—

① 厚度不大于 3mm 时使用 A_{50mm} 试样。

2. H 1/4 状态的不锈钢冷轧钢板和钢带的力学性能（见表 9-23）

表 9-23　H 1/4 状态的不锈钢冷轧钢板和钢带的力学性能（GB/T 3280—2015）

牌　号	规定塑性延伸强度 $R_{p0.2}$/MPa	抗拉强度 R_m/MPa	断后伸长率 A①(%)		
			厚度<0.4mm	厚度0.4~<0.8mm	厚度≥0.8mm
	≥				
022Cr17Ni7	515	825	25	25	25
12Cr17Ni7	515	860	25	25	25
022Cr17Ni7N	515	825	25	25	25
12Cr18Ni9	515	860	10	10	12
022Cr19Ni10	515	860	8	8	10
06Cr19Ni10	515	860	10	10	12
022Cr19Ni10N	515	860	10	10	12
06Cr19Ni10N	515	860	12	12	12
022Cr17Ni12Mo2	515	860	8	8	8
06Cr17Ni12Mo2	515	860	10	10	10
06Cr17Ni12Mo2N	515	860	12	12	12

① 厚度不大于 3mm 时使用 A_{50mm} 试样。

3. H 1/2 状态的不锈钢冷轧钢板和钢带的力学性能（见表 9-24）

表 9-24 H 1/2 状态的不锈钢冷轧钢板和钢带的力学性能（GB/T 3280—2015）

牌号	规定塑性延伸强度 $R_{p0.2}$/MPa	抗拉强度 R_m/MPa	断后伸长率 A[①]（%）		
			厚度 <0.4mm	厚度 0.4~<0.8mm	厚度 ≥0.8mm
	≥				
022Cr17Ni7	690	930	20	20	20
12Cr17Ni7	760	1035	15	18	18
022Cr17Ni7N	690	930	20	20	20
12Cr18Ni9	760	1035	9	10	10
022Cr19Ni10	760	1035	5	6	6
06Cr19Ni10	760	1035	6	7	7
022Cr19Ni10N	760	1035	6	7	7
06Cr19Ni10N	760	1035	6	8	8
022Cr17Ni12Mo2	760	1035	5	6	6
06Cr17Ni12Mo2	760	1035	6	7	7
06Cr17Ni12Mo2N	760	1035	6	8	8

① 厚度不大于 3mm 时使用 A_{50mm} 试样。

4. H 3/4 状态的不锈钢冷轧钢板和钢带的力学性能（见表 9-25）

表 9-25 H 3/4 状态的不锈钢冷轧钢板和钢带的力学性能（GB/T 3280—2015）

牌号	规定塑性延伸强度 $R_{p0.2}$/MPa	抗拉强度 R_m/MPa	断后伸长率 A[①]（%）		
			厚度 <0.4mm	厚度 0.4~<0.8mm	厚度 ≥0.8mm
	≥				
12Cr17Ni7	930	1205	10	12	12
12Cr18Ni9	930	1205	5	6	6

① 厚度不大于 3mm 时使用 A_{50mm} 试样。

5. H 状态的不锈钢冷轧钢板和钢带的力学性能（见表 9-26）

表 9-26 H 状态的不锈钢冷轧钢板和钢带的力学性能（GB/T 3280—2015）

牌号	规定塑性延伸强度 $R_{p0.2}$/MPa	抗拉强度 R_m/MPa	断后伸长率 A[①]（%）		
			厚度 <0.4mm	厚度 0.4~<0.8mm	厚度 ≥0.8mm
	≥				
12Cr17Ni7	965	1275	8	9	9
12Cr18Ni9	965	1275	3	4	4

① 厚度不大于 3mm 时使用 A_{50mm} 试样。

6. H2 状态的不锈钢冷轧钢板和钢带的力学性能（见表 9-27）

表 9-27 H2 状态的不锈钢冷轧钢板和钢带的力学性能（GB/T 3280—2015）

牌号	规定塑性延伸强度 $R_{p0.2}$/MPa	抗拉强度 R_m/MPa	断后伸长率 A[①]（%）		
			厚度 <0.4mm	厚度 0.4~<0.8mm	厚度 ≥0.8mm
	≥				
12Cr17Ni7	1790	1860	—	—	—

① 厚度不大于 3mm 时使用 A_{50mm} 试样。

7. 经固溶处理的奥氏体-铁素体不锈钢冷轧钢板和钢带的力学性能（见表 9-28）

表 9-28　经固溶处理的奥氏体-铁素体不锈钢冷轧钢板和钢带的力学性能（GB/T 3280—2015）

牌　号	规定塑性延伸强度 $R_{p0.2}$/MPa	抗拉强度 R_m/MPa	断后伸长率 A①(%)	硬度 HBW	硬度 HRC
	≥			≤	
14Cr18Ni11Si4AlTi	—	715	25	—	—
022Cr19Ni5Mo3Si2N	440	630	25	290	31
022Cr23Ni5Mo3N	450	655	25	293	31
022Cr21Mn5Ni2N	450	620	25	—	25
022Cr21Ni3Mo2N	450	655	25	293	31
12Cr21Ni5Ti	—	635	20	—	—
022Cr21Mn3Ni3Mo2N	450	620	25	293	31
022Cr22Mn3Ni2MoN	450	655	30	293	31
022Cr22Ni5Mo3N	450	620	25	293	31
03Cr22Mn5Ni2MoCuN	450	650	30	290	—
022Cr23Ni2N	450	650	30	290	—
022Cr24Ni4Mn3Mo2CuN	540	740	25	290	—
022Cr25Ni6Mo2N	450	640	25	295	31
022Cr23Ni4MoCuN	400	600	25	290	31
022Cr25Ni7Mo4N	550	795	15	310	32
03Cr25Ni6Mo3Cu2N	550	760	15	302	32
022Cr25Ni7Mo4WCuN	550	750	25	270	—

① 厚度不大于 3mm 时使用 A_{50mm} 试样。

8. 经退火处理的铁素体不锈钢冷轧钢板和钢带的力学性能（见表 9-29）

表 9-29　经退火处理的铁素体不锈钢冷轧钢板和钢带的力学性能（GB/T 3280—2015）

牌　号	规定塑性延伸强度 $R_{p0.2}$/MPa	抗拉强度 R_m/MPa	断后伸长率 A①(%)	180°弯曲性能 弯曲压头直径 D	硬度 HBW	硬度 HRB	硬度 HV
	≥				≤		
022Cr11Ti	170	380	20	$D=2a$	179	88	200
022Cr11NbTi	170	380	20	$D=2a$	179	88	200
022Cr12	195	360	22	$D=2a$	183	88	200
022Cr12Ni	280	450	18	—	180	88	200
06Cr13Al	170	415	20	$D=2a$	179	88	200
10Cr15	205	450	22	$D=2a$	183	89	200
022Cr15NbTi	205	450	22	$D=2a$	183	89	200
10Cr17	205	420	22	$D=2a$	183	89	200
022Cr17Ti	175	360	22	$D=2a$	183	88	200
10Cr17Mo	240	450	22	$D=2a$	183	89	200
019Cr18MoTi	245	410	20	$D=2a$	217	96	230
022Cr18Ti	205	415	22	$D=2a$	183	89	200
022Cr18Nb	250	430	18	—	180	88	200
019Cr18CuNb	205	390	22	$D=2a$	192	90	200
019Cr19Mo2NbTi	275	415	20	$D=2a$	217	96	230
022Cr18NbTi	205	415	22	$D=2a$	183	89	200
019Cr21CuTi	205	390	22	$D=2a$	192	90	200
019Cr23Mo2Ti	245	410	20	$D=2a$	217	96	230
019Cr23MoTi	245	410	20	$D=2a$	217	96	230

（续）

牌号	规定塑性延伸强度 $R_{p0.2}$/MPa	抗拉强度 R_m/MPa	断后伸长率 A[①](%)	180°弯曲性能 弯曲压头直径 D	硬度 HBW	硬度 HRB	硬度 HV
	≥				≤		
022Cr27Ni2Mo4NbTi	450	585	18	$D=2a$	241	100	242
008Cr27Mo	275	450	22	$D=2a$	187	90	200
022Cr29Mo4NbTi	415	550	18	$D=2a$	255	25[②]	257
008Cr30Mo2	295	450	22	$D=2a$	207	95	220

注：a 为弯曲试样厚度。

① 厚度不大于 3mm 时使用 A_{50mm} 试样。

② HRC 硬度值。

9. 经退火处理的马氏体不锈钢冷轧钢板和钢带的力学性能（见表 9-30）

表 9-30 经退火处理的马氏体不锈钢冷轧钢板和钢带的力学性能（GB/T 3280—2015）

牌号	规定塑性延伸强度 $R_{p0.2}$/MPa	抗拉强度 R_m/MPa	断后伸长率 A[①](%)	180°弯曲性能 弯曲压头直径 D	硬度 HBW	硬度 HRB	硬度 HV
	≥				≤		
12Cr12	205	485	20	$D=2a$	217	96	210
06Cr13	205	415	22	$D=2a$	183	89	200
12Cr13	205	450	20	$D=2a$	217	96	210
04Cr13Ni5Mo	620	795	15	—	302	32[②]	308
20Cr13	225	520	18	—	223	97	234
30Cr13	225	540	18	—	235	99	247
40Cr13	225	590	15	—	—	—	—
17Cr16Ni2[②]	690	880~1080	12	—	262~326	—	—
	1050	1350	10	—	388	—	—
68Cr17	245	590	15	—	255	25[③]	269
50Cr15MoV	—	≤850	12	—	280	100	280

注：a 为弯曲试样厚度。

① 厚度不大于 3mm 时使用 A_{50mm} 试样。

② 表列为淬火、回火后的力学性能。

③ HRC 硬度值。

10. 经固溶处理的沉淀硬化不锈钢冷轧钢板和钢带的力学性能（见表 9-31）

表 9-31 经固溶处理的沉淀硬化不锈钢冷轧钢板和钢带的力学性能（GB/T 3280—2015）

牌号	钢材厚度/mm	规定塑性延伸强度 $R_{p0.2}$/MPa	抗拉强度 R_m/MPa	断后伸长率 A[①](%)	硬度 HRC	硬度 HBW
		≤		≥	≤	
04Cr13Ni8Mo2Al	0.10~<8.0	—	—	—	38	363
022Cr12Ni9Cu2NbTi	0.30~8.0	1105	1205	3	36	331
07Cr17Ni7Al	0.10~<0.30	450	1035	—	—	—
	0.30~8.0	380	1035	20	92[②]	—
07Cr15Ni7Mo2Al	0.10~<8.0	450	1035	25	100[②]	—
09Cr17Ni5Mo3N	0.10~<0.30	585	1380	8	30	—
	0.30~8.0	585	1380	12	30	—
06Cr17Ni7AlTi	0.10~<1.50	515	825	4	32	—
	1.50~8.0	515	825	5	32	—

① 厚度不大于 3mm 时使用 A_{50mm} 试样。

② HRB 硬度值。

11. 经时效处理的沉淀硬化不锈钢冷轧钢板和钢带的力学性能（见表 9-32）

表 9-32　经时效处理的沉淀硬化不锈钢冷轧钢板和钢带的力学性能（GB/T 3280—2015）

牌　号	钢材厚度/mm	处理温度[①]/℃	规定塑性延伸强度 $R_{p0.2}$/MPa	抗拉强度 R_m/MPa	断后伸长率 A[②]（%）	硬度	
			≥			HRC	HBW
04Cr13Ni8Mo2Al	0.10~<0.50	510±6	1410	1515	6	45	—
	0.50~<5.0		1410	1515	8	45	—
	5.0~8.0		1410	1515	10	45	—
	0.10~<0.50	538±6	1310	1380	6	43	—
	0.50~<5.0		1310	1380	8	43	—
	5.0~8.0		1310	1380	10	43	—
022Cr12Ni9Cu2NbTi	0.10~<0.50	510±6 或 482±6	1410	1525	—	44	—
	0.50~<1.50		1410	1525	3	44	—
	1.50~8.0		1410	1525	4	44	—
07Cr17Ni7Al	0.10~<0.30	760±15 15±3 566±6	1035	1240	3	38	—
	0.30~<5.0		1035	1240	5	38	—
	5.0~8.0		965	1170	7	38	352
	0.10~<0.30	954±8 −73±6 510±6	1310	1450	1	44	—
	0.30~<5.0		1310	1450	3	44	—
	5.0~8.0		1240	1380	6	43	401
07Cr15Ni7Mo2Al	0.10~<0.30	760±15 15±3 566±6	1170	1310	3	40	—
	0.30~<5.0		1170	1310	5	40	—
	5.0~8.0		1170	1310	4	40	375
	0.10~<0.30	954±8 −73±6 510±6	1380	1550	2	46	—
	0.30~<5.0		1380	1550	4	46	—
	5.0~8.0		1380	1550	4	45	429
	0.10~1.2	冷轧	1205	1380	1	41	—
	0.10~1.2	冷轧+482	1580	1655	1	46	—
09Cr17Ni5Mo3N	0.10~<0.30	455±8	1035	1275	6	42	—
	0.30~<5.0		1035	1275	8	42	—
	0.10~<0.30	540±8	1000	1140	6	36	—
	0.30~<5.0		1000	1140	8	36	—
06Cr17Ni7AlTi	0.10~<0.80	510±8	1170	1310	3	39	—
	0.80~<1.50		1170	1310	4	39	—
	1.50~8.0		1170	1310	5	39	—
	0.10~<0.80	538±8	1105	1240	3	37	—
	0.80~<1.50		1105	1240	4	37	—
	1.50~8.0		1105	1240	5	37	—
	0.10~<0.80	566±8	1035	1170	3	35	—
	0.80~<1.50		1035	1170	4	35	—
	1.50~8.0		1035	1170	5	35	—

① 为推荐性热处理温度，供方应向需方提供推荐性热处理制度。

② 适用于沿宽度方向的试验，垂直于轧制方向且平行于钢板表面。厚度不大于 3mm 时使用 A_{50mm} 试样。

12. 经固溶处理后沉淀硬化型不锈钢冷轧钢板和钢带的弯曲性能（见表 9-33）

表 9-33 经固溶处理后沉淀硬化型不锈钢冷轧钢板和钢带的弯曲性能（GB/T 3280—2015）

牌 号	厚度/mm	180°弯曲试验 弯曲压头直径 D	牌 号	厚度/mm	180°弯曲试验 弯曲压头直径 D
022Cr12Ni9Cu2NbTi	0.10~5.0	$D=6a$	07Cr15Ni7Mo2Al	0.10~<5.0	$D=a$
07Cr17Ni7Al	0.10~<5.0	$D=a$		5.0~7.0	$D=3a$
	5.0~7.0	$D=3a$	09Cr17Ni5Mo3N	0.10~5.0	$D=2a$

注：a 为弯曲试样厚度。

9.5.2 不锈钢热轧钢板和钢带

1. 经固溶处理的奥氏体不锈钢热轧钢板和钢带的力学性能（见表 9-34）

表 9-34 经固溶处理的奥氏体不锈钢热轧钢板和钢带的力学性能（GB/T 4237—2015）

牌 号	规定塑性延伸强度 $R_{p0.2}$/MPa	抗拉强度 R_m/MPa	断后伸长率 A[①](%)	硬度 HBW	硬度 HRB	硬度 HV
	≥			≤		
022Cr17Ni7	220	550	45	241	100	242
12Cr17Ni7	205	515	40	217	95	220
022Cr17Ni7N	240	550	45	241	100	242
12Cr18Ni9	205	515	40	201	92	210
12Cr18Ni9Si3	205	515	40	217	95	220
022Cr19Ni10	180	485	40	201	92	210
06Cr19Ni10	205	515	40	201	92	210
07Cr19Ni10	205	515	40	201	92	210
05Cr19Ni10Si2CeN	290	600	40	217	95	220
022Cr19Ni10N	205	515	40	217	95	220
06Cr19Ni10N	240	550	30	217	95	220
06Cr19Ni9NbN	275	585	30	241	100	242
10Cr18Ni12	170	485	40	183	88	200
08Cr21Ni11Si2CeN	310	600	40	217	95	220
06Cr23Ni13	205	515	40	217	95	220
06Cr25Ni20	205	515	40	217	95	220
022Cr25Ni22Mo2N	270	580	25	217	95	220
015Cr20Ni18Mo6CuN	310	655	35	223	96	225
022Cr17Ni12Mo2	180	485	40	217	95	220
06Cr17Ni12Mo2	205	515	40	217	95	220
07Cr17Ni12Mo2	205	515	40	217	95	220
022Cr12Ni12Mo2N	205	515	40	217	95	220
06Cr17Ni12Mo2N	240	550	35	217	95	220
06Cr17Ni12Mo2Ti	205	515	40	217	95	220
06Cr17Ni12Mo2Nb	205	515	30	217	95	220
06Cr18Ni12Mo2Cu2	205	520	40	187	90	200
022Cr19Ni13Mo3	205	515	40	217	95	220

（续）

牌　号	规定塑性延伸强度 $R_{p0.2}$/MPa	抗拉强度 R_m/MPa	断后伸长率 A①(%)	硬度		
				HBW	HRB	HV
	≥			≤		
06Cr19Ni13Mo3	205	515	35	217	95	220
022Cr19Ni16Mo5N	240	550	40	223	96	225
022Cr19Ni13Mo4N	240	550	40	217	95	220
015Cr21Ni26Mo5Cu2	220	490	35	—	90	200
06Cr18Ni11Ti	205	515	40	217	95	220
07Cr19Ni11Ti	205	515	40	217	95	220
015Cr24Ni22Mo8Mn3CuN	430	750	40	250	—	252
022Cr24Ni17Mo5Mn6NbN	415	795	35	241	100	242
06Cr18Ni11Nb	205	515	40	201	92	210
07Cr18Ni11Nb	205	515	40	201	92	210
022Cr21Ni25Mo7N	310	655	30	241	—	—
015Cr20Ni25Mo7CuN	295	650	35	—	—	—

① 厚度不大于 3mm 时使用 A_{50mm} 试样。

2. 经固溶处理的奥氏体-铁素体不锈钢热轧钢板和钢带的力学性能（见表 9-35）

表 9-35　经固溶处理的奥氏体-铁素体不锈钢热轧钢板和钢带的力学性能（GB/T 4237—2015）

牌　号	规定塑性延伸强度 $R_{p0.2}$/MPa	抗拉强度 R_m/MPa	断后伸长率 A①(%)	硬度	
				HBW	HRC
	≥			≤	
14Cr18Ni11Si4AlTi	—	715	25	—	—
022Cr19Ni5Mo3Si2N	440	630	25	290	31
022Cr23Ni5Mo3N	450	655	25	293	31
022Cr21Mn5Ni2N	450	620	25		25
022Cr21Ni3Mo2N	450	655	25	293	31
12Cr21Ni5Ti	—	635	20		—
022Cr21Mn3Ni3Mo2N	450	620	25	293	31
022Cr22Mn3Ni2MoN	450	655	30	293	31
022Cr22Ni5Mo3N	450	620	25	293	31
03Cr22Mn5Ni2MoCuN	450	650	30	290	—
022Cr23Ni2N	450	650	30	290	—
022Cr24Ni4Mn3Mo2CuN	480	680	25	290	—
022Cr25Ni6Mo2N	450	640	25	295	31
022Cr23Ni4MoCuN	400	600	25	290	31
03Cr25Ni6Mo3Cu2N	550	760	15	302	32
022Cr25Ni7Mo4N	550	795	15	310	32
022Cr25Ni7Mo4WCuN	550	750	25	270	—

① 厚度不大于 3mm 时使用 A_{50mm} 试样。

3. 经退火处理的铁素体型不锈钢热轧钢板和钢带的力学性能（见表 9-36）

表 9-36　经退火处理的铁素体型不锈钢热轧钢板和钢带的力学性能（GB/T 4237—2015）

牌　号	规定塑性延伸强度 $R_{p0.2}$/MPa	抗拉强度 R_m/MPa	断后伸长率 A①(%)	180°弯曲试验 弯曲压头直径 D	硬度		
					HBW	HRB	HV
	≥				≤		
022Cr11Ti	170	380	20	$D=2a$	179	88	200
022Cr11NbTi	170	380	20	$D=2a$	179	88	200
022Cr12Ni	280	450	18	—	180	88	200
022Cr12	195	360	22	$D=2a$	183	88	200
06Cr13Al	170	415	20	$D=2a$	179	88	200
10Cr15	205	450	22	$D=2a$	183	89	200
022Cr15NbTi	205	450	22	$D=2a$	183	89	200
10Cr17	205	420	22	$D=2a$	183	89	200
022Cr17NbTi	175	360	22	$D=2a$	183	88	200
10Cr17Mo	240	450	22	$D=2a$	183	89	200
019Cr18MoTi	245	410	20	$D=2a$	217	96	230
022Cr18Ti	205	415	22	$D=2a$	183	89	200
022Cr18NbTi	250	430	18	—	180	88	200
019Cr18CuNb	205	390	22	$D=2a$	192	90	200
019Cr19Mo2NbTi	275	415	20	$D=2a$	217	96	230
022Cr18NbTi	205	415	22	$D=2a$	183	89	200
019Cr21CuTi	205	390	22	$D=2a$	192	90	200
019Cr23Mo2Ti	245	410	20	$D=2a$	217	96	230
019Cr23MoTi	245	410	20	$D=2a$	217	96	230
022Cr27Ni2Mo4NbTi	450	585	18	$D=2a$	241	100	242
008Cr27Mo	275	450	22	$D=2a$	187	90	200
022Cr29Mo4NbTi	415	550	18	$D=2a$	255	25②	257
008Cr30Mo2	295	450	22	$D=2a$	207	95	220

注：a 为弯曲试样厚度。

① 厚度不大于 3mm 时使用 A_{50mm} 试样。

② HRC 硬度值。

4. 经退火处理的马氏体不锈钢热轧钢板和钢带的力学性能（见表 9-37）

表 9-37　经退火处理的马氏体不锈钢热轧钢板和钢带的力学性能（GB/T 4237—2015）

牌　号	规定塑性延伸强度 $R_{p0.2}$/MPa	抗拉强度 R_m/MPa	断后伸长率 A①(%)	180°弯曲试验 弯曲压头直径 D	硬度		
					HBW	HRB	HV
	≥				≤		
12Cr12	205	485	20	$D=2a$	217	96	210
06Cr13	205	415	22	$D=2a$	183	89	200
12Cr13	205	450	20	$D=2a$	217	96	210
04Cr13Ni5Mo	620	795	15	—	302	32③	308
20Cr13	225	520	18	—	223	97	234
30Cr13	225	540	18	—	235	99	247
40Cr13	225	590	15	—	—	—	—
17Cr16Ni2②	690	880～1080	12	—	262～326	—	—
	1050	1350	10	—	388	—	—
68Cr17	245	590	15	—	255	25③	269
50Cr15MoV	—	≤850	12	—	280	100	280

注：a 为弯曲试样厚度。

① 厚度不大于 3mm 时使用 A_{50mm} 试样。

② 表列为淬火、回火后的力学性能。

③ HRC 硬度值。

5. 经固溶处理的沉淀硬化不锈钢热轧钢板和钢带的力学性能（见表 9-38）

表 9-38 经固溶处理的沉淀硬化不锈钢热轧钢板和钢带的力学性能（GB/T 4237—2015）

牌 号	钢材厚度/mm	规定塑性延伸强度 $R_{p0.2}$/MPa	抗拉强度 R_m/MPa	断后伸长率 A①(%)	硬度 HRC	硬度 HBW
		≤		≥	≤	
04Cr13Ni8Mo2Al	2.0~102	—	—	—	38	363
022Cr12Ni9Cu2NbTi	2.0~102	1105	1205	3	36	331
07Cr17Ni7Al	2.0~102	380	1035	20	92②	—
07Cr15Ni7Mo2Al	2.0~102	450	1035	25	100②	—
09Cr17Ni5Mo3N	2.0~102	585	1380	12	30	—
06Cr17Ni7AlTi	2.0~102	515	825	5	32	—

① 厚度不大于 3mm 时使用 A_{50mm} 试样。

② HRB 硬度值。

6. 经时效处理的沉淀硬化不锈钢热轧钢试样的力学性能（见表 9-39）

表 9-39 经时效处理的沉淀硬化不锈钢热轧钢试样的力学性能（GB/T 4237—2015）

牌 号	钢材厚度/mm	处理温度①/℃	规定塑性延伸强度 $R_{p0.2}$/MPa	抗拉强度 R_m/MPa	断后伸长率 A②(%)	硬度 HRC	硬度 HBW
			≥				
04Cr13Ni8Mo2Al	2~<5	510±5	1410	1515	8	45	—
	5~<16		1410	1515	10	45	—
	16~100		1410	1515	10	45	429
	2~<5	540±5	1310	1380	8	43	—
	5~<16		1310	1380	10	43	—
	16~100		1310	1380	10	43	401
022Cr12Ni9Cu2NbTi	≥2	480±6 或 510±5	1410	1525	4	44	—
07Cr17Ni7Al	2~<5	760±15 15±3 566±6	1035	1240	6	38	—
	5~16		965	1170	7	38	352
	2~<5	954±8 −73±6 510±6	1310	1450	4	44	—
	5~16		1240	1380	6	43	401
07Cr15Ni7Mo2Al	2~<5	760±15 15±3 566±6	1170	1310	5	40	—
	5~16		1170	1310	4	40	375
	2~<5	954±8 −73±6 510±6	1380	1550	4	46	—
	5~16		1380	1550	4	45	429
09Cr17Ni5Mo3N	2~5	455±10	1035	1275	8	42	—
	2~5	540±10	1000	1140	8	36	—
06Cr17Ni7AlTi	2~<3	510±10	1170	1310	5	39	—
	≥3		1170	1310	8	39	363
	2~<3	540±10	1105	1240	5	37	—
	≥3		1105	1240	8	38	352
	2~<3	565±10	1035	1170	5	35	—
	≥3		1035	1170	8	36	331

① 推荐性热处理温度，供方应向需方提供推荐性热处理制度。

② 适用于沿宽度方向的试验，垂直于轧制方向且平行于钢板表面。厚度不大于 3mm 时使用 A_{50mm} 试样。

7. 经固溶处理的沉淀硬化钢板和钢带的弯曲性能（见表 9-40）

表 9-40　经固溶处理的沉淀硬化钢板和钢带的弯曲性能（GB/T 4237—2015）

牌号	厚度/mm	180°弯曲试验 弯曲压头直径 D	牌号	厚度/mm	180°弯曲试验 弯曲压头直径 D
022Cr12Ni9Cu2NbTi	2.0~5.0	$D=6a$	07Cr15Ni7Mo2Al	2.0~<5.0	$D=a$
07Cr17Ni7Al	2.0~<5.0	$D=a$		5.0~7.0	$D=3a$
	5.0~7.0	$D=3a$	09Cr17Ni5Mo3N	2.0~5.0	$D=2a$

注：a 为钢板厚度。

9.5.3　轨道用不锈钢板和钢带

轨道用不锈钢板和钢带的力学性能见表 9-41。

表 9-41　轨道用不锈钢板和钢带的力学性能（GB/T 33239—2016）

牌号	冷作硬化状态	规定塑性延伸强度 $R_{p0.2}$/MPa	抗拉强度 R_m/MPa	断后伸长率 A①（%）
022Cr17Ni7	固溶	≥220	≥550	≥45
	H1/4	345~465	690~865	≥40
	H1/2	410~530	760~930	≥35
	H3/4	480~600	820~1000	≥25
	H	685~800	930~1140	≥20
022Cr17Ni7N	固溶	≥240	≥550	≥45
	H1/4	350~470	650~850	≥40
	H7/8	515~635	825~1000	≥25
	H15/16	550~670	850~1000	≥25
06Cr19Ni10	固溶	≥205	≥515	40
022Cr12Ni	退火	≥280	≥450	18

① 厚度不大于 3mm 时使用 A_{50mm} 试样。

9.5.4　耐热钢板和钢带

1. 经固溶处理的奥氏体耐热钢板和钢带的力学性能（见表 9-42）

表 9-42　经固溶处理的奥氏体耐热钢板和钢带的力学性能（GB/T 4238—2015）

牌号	拉伸性能			硬度		
	规定塑性延伸强度 $R_{p0.2}$/MPa	抗拉强度 R_m/MPa	断后伸长率 A①（%）	HBW	HRB	HV
	≥			≤		
12Cr18Ni9	205	515	40	201	92	210
12Cr18Ni9Si3	205	515	40	217	95	220
06Cr19Ni10	205	515	40	201	92	210
07Cr19Ni10	205	515	40	201	92	210
05Cr19Ni10Si2CeN	290	600	40	217	95	220
06Cr20Ni11	205	515	40	183	88	200
08Cr21Ni11Si2CeN	310	600	40	217	95	220
16Cr23Ni13	205	515	40	217	95	220

（续）

牌号	拉伸性能			硬度		
	规定塑性延伸强度 $R_{p0.2}$/MPa	抗拉强度 R_m/MPa	断后伸长率 A[①]（%）	HBW	HRB	HV
	≥			≤		
06Cr23Ni13	205	515	40	217	95	220
20Cr25Ni20	205	515	40	217	95	220
06Cr25Ni20	205	515	40	217	95	220
06Cr17Ni12Mo2	205	515	40	217	95	220
07Cr17Ni12Mo2	205	515	40	217	95	220
06Cr19Ni13Mo3	205	515	35	217	95	220
06Cr18Ni11Ti	205	515	40	217	95	220
07Cr19Ni11Ti	205	515	40	217	95	220
12Cr16Ni35	205	560	—	201	92	210
06Cr18Ni11Nb	205	515	40	201	92	210
07Cr18Ni11Nb	205	515	40	201	92	210
16Cr20Ni14Si2	220	540	40	217	95	220
16Cr25Ni20Si2	220	540	35	217	95	220

① 厚度不大于 3mm 时使用 A_{50mm} 试样。

2. 经退火处理的铁素体耐热钢板和钢带的力学性能（见表 9-43）

表 9-43 经退火处理的铁素体耐热钢板和钢带的力学性能（GB/T 4238—2015）

牌号	拉伸性能			硬度			弯曲性能	
	规定塑性延伸强度 $R_{p0.2}$/MPa	抗拉强度 R_m/MPa	断后伸长率 A[①]（%）	HBW	HRB	HV	弯曲角度	弯曲压头直径 D
	≥			≤				
06Cr13Al	170	415	20	179	88	200	180°	$D=2a$
022Cr11Ti	170	380	20	179	88	200	180°	$D=2a$
022Cr11NbTi	170	380	20	179	88	200	180°	$D=2a$
10Cr17	205	420	22	183	89	200	180°	$D=2a$
16Cr25N	275	510	20	201	95	210	135°	—

注：a 为钢板和钢带的厚度。

① 厚度不大于 3mm 时使用 A_{50mm} 试样。

3. 经退火处理的马氏体耐热钢板和钢带的力学性能（见表 9-44）

表 9-44 经退火处理的马氏体耐热钢板和钢带的力学性能（GB/T 4238—2015）

牌　　号	拉伸性能			硬度			弯曲性能	
	规定塑性延伸强度 $R_{p0.2}$/MPa	抗拉强度 R_m/MPa	断后伸长率 A[①]（%）	HBW	HRB	HV	弯曲角度	弯曲压头直径 D
	≥			≤				
12Cr12	205	485	25	217	88	210	180°	$D=2a$
12Cr13	205	450	20	217	96	210	180°	$D=2a$
22Cr12NiMoWV	275	510	20	200	95	210	—	$a\geqslant 3$mm，$D=a$

注：a 为钢板和钢带的厚度。

① 厚度不大于 3mm 时使用 A_{50mm} 试样。

4. 经固溶处理的沉淀硬化耐热钢板和钢带的力学性能（见表 9-45）

表 9-45 经固溶处理的沉淀硬化耐热钢板和钢带的力学性能（GB/T 4238—2015）

牌号	钢材厚度/mm	规定塑性延伸强度 $R_{p0.2}$/MPa	抗拉强度 R_m/MPa	断后伸长率 A[①]（%）	硬度	
					HRC	HBW
022Cr12Ni9Cu2NbTi	0.30~100	≤1105	≤1205	≥3	≤36	≤331
05Cr17Ni4Cu4Nb	0.4~100	≤1105	≤1255	≥3	≤38	≤363
07Cr17Ni7Al	0.1~<0.3	≤450	≤1035	—	—	—
	0.3~100	≤380	≤1035	≥20	≤92[②]	—
07Cr15Ni7Mo2Al	0.10~100	≤450	≤1035	≥25	≤100[②]	—
06Cr17Ni7AlTi	0.10~<0.80	≤515	≤825	≥3	≤32	—
	0.80~<1.50	≤515	≤825	≥4	≤32	—
	1.50~100	≤515	≤825	≥5	≤32	—
06Cr15Ni25Ti2MoAlVB[③]	<2	—	≥725	≥25	≤91[②]	≤192
	≥2	≥590	≥900	≥15	≤101[②]	≤248

① 厚度不大于 3mm 时使用 A_{50mm} 试样。

② HRB 硬度值。

③ 时效处理后的力学性能。

5. 经沉淀硬化处理的耐热钢板和钢带的力学性能（见表 9-46）

表 9-46 经沉淀硬化处理的耐热钢板和钢带的力学性能（GB/T 4238—2015）

牌号	钢材厚度/mm	处理温度[①]/℃	规定塑性延伸强度 $R_{p0.2}$/MPa	抗拉强度 R_m/MPa	断后伸长率 A[②]（%）	硬度	
			≥			HRC	HBW
022Cr12Ni9Cu2NbTi	0.10~<0.75	510±10 或 480±6	1410	1525	—	≥44	—
	0.75~<1.50		1410	1525	3	≥44	—
	1.50~16		1410	1525	4	≥44	—
05Cr17Ni4Cu4Nb	0.1~<5.0	482±10	1170	1310	5	40~48	—
	5.0~<16		1170	1310	8	40~48	388~477
	16~100		1170	1310	10	40~48	388~477
	0.1~<5.0	496±10	1070	1170	5	38~46	—
	5.0~<16		1070	1170	8	38~47	375~477
	16~100		1070	1170	10	38~47	375~477
	0.1~<5.0	552±10	1000	1070	5	35~43	—
	5.0~<16		1000	1070	8	33~42	321~415
	16~100		1000	1070	12	33~42	321~415
	0.1~<5.0	579±10	860	1000	5	31~40	—
	5.0~<16		860	1000	9	29~38	293~375
	16~100		860	1000	13	29~38	293~375
	0.1~<5.0	593±10	790	965	5	31~40	—
	5.0~<16		790	965	10	29~38	293~375
	16~100		790	965	14	29~38	293~375
	0.1~<5.0	621±10	725	930	8	28~38	—
	5.0~<16		725	930	10	26~36	269~352
	16~100		725	930	16	26~36	269~352

（续）

牌号	钢材厚度/mm	处理温度①/℃	规定塑性延伸强度 $R_{p0.2}$/MPa	抗拉强度 R_m/MPa	断后伸长率 A②（%）	硬度 HRC	硬度 HBW
			≥	≥	≥		
05Cr17Ni4Cu4Nb	0.1~<5.0	760±10 621±10	515	790	9	26~36	255~331
	5.0~<16		515	790	11	24~34	248~321
	16~100		515	790	18	24~34	248~321
07Cr17Ni7Al	0.05~<0.30	760±15 15±3 566±6	1035	1240	3	≥38	—
	0.30~<5.0		1035	1240	5	≥38	—
	5.0~16		965	1170	7	≥38	≥352
	0.05~<0.30	954±8 −73±6 510±6	1310	1450	1	≥44	—
	0.30~<5.0		1310	1450	3	≥44	—
	5.0~16		1240	1380	6	≥43	≥401
07Cr15Ni7Mo2Al	0.05~<0.30	760±15 15±3 566±10	1170	1310	3	≥40	—
	0.30~<5.0		1170	1310	5	≥40	—
	5.0~16		1170	1310	4	≥40	≥375
	0.05~<0.30	954±8 −73±6 510±6	1380	1550	2	≥46	—
	0.30~<5.0		1380	1550	4	≥46	—
	5.0~16		1380	1550	4	≥45	≥429
06Cr17Ni7AlTi	0.10~<0.80	510±8	1170	1310	3	≥39	—
	0.80~<1.50		1170	1310	4	≥39	—
	1.50~16		1170	1310	5	≥39	—
	0.10~<0.75	538±8	1105	1240	3	≥37	—
	0.75~<1.50		1105	1240	4	≥37	—
	1.50~16		1105	1240	5	≥37	—
	0.10~<0.75	566±8	1035	1170	3	≥35	—
	0.75~<1.50		1035	1170	4	≥35	—
	1.50~16		1035	1170	5	≥35	—
06Cr15Ni25Ti2MoAlVB	2.0~<8.0	700~760	590	900	15	≥101	≥248

① 表中所列为推荐性热处理温度。供方应向需方提供推荐性热处理制度。

② 适用于沿宽度方向的试验。垂直于轧制方向且平行于钢板表面。厚度不大于 3mm 时使用 A_{50mm} 试样。

6. 沉淀硬化耐热钢板和钢带经固溶处理后的弯曲性能（见表 9-47）

表 9-47 沉淀硬化耐热钢板和钢带经固溶处理后的弯曲性能（GB/T 4238—2015）

牌号	厚度/mm	180°弯曲试验 弯曲压头直径 D
022Cr12Ni9Cu2NbTi	2.0~5.0	$D=6a$
07Cr17Ni7Al	2.0~<5.0	$D=a$
	5.0~7.0	$D=3a$
07Cr15Ni7Mo2Al	2.0~<5.0	$D=a$
	5.0~7.0	$D=3a$

注：a 为钢板和钢带厚度。

9.5.5　汽轮机叶片用钢

1. 汽轮机叶片用钢的牌号及化学成分（见表 9-48）

表 9-48　汽轮机叶片用钢的牌号及化学成分（GB/T 8732—2014）

统一数字代号	牌号	化学成分(质量分数,%)														
		C	Si	Mn	P	S	Ni	Cr	Mo	W	V	Cu	Al	Ti	N	Nb+Ta
S41010	12Cr13	0.10~0.15	≤0.60	≤0.60	≤0.030	≤0.020	≤0.60	11.50~13.50	—	—	—	≤0.30	—	—	—	—
S42020	20Cr13	0.16~0.24	≤0.60	≤0.60	≤0.030	≤0.020	≤0.60	12.00~14.00	—	—	—	≤0.30	—	—	—	—
S45610	12Cr12Mo	0.10~0.15	≤0.50	0.30~0.60	≤0.030	≤0.020	0.30~0.60	11.50~13.00	0.30~0.60	—	—	≤0.30	—	—	—	—
S46010	14Cr11MoV	0.11~0.18	≤0.50	≤0.60	≤0.030	≤0.020	≤0.60	10.00~11.50	0.50~0.70	—	0.25~0.40	≤0.30	—	—	—	—
S47010	15Cr12WMoV	0.12~0.18	≤0.50	0.50~0.90	≤0.030	≤0.020	0.40~0.80	11.00~13.00	0.50~0.70	0.70~1.10	0.15~0.30	≤0.30	—	—	—	—
S46020	21Cr12MoV	0.18~0.24	0.10~0.50	0.30~0.80	≤0.030	≤0.020	0.30~0.80	11.00~12.50	0.80~1.20	—	0.25~0.35	≤0.30	—	—	—	—
S47450	18Cr11NiMoNbVN	0.15~0.20	≤0.50	0.50~0.80	≤0.020	≤0.015	0.30~0.60	10.00~12.00	0.60~0.90	—	0.20~0.30	≤0.10	≤0.03	—	0.040~0.090	Nb:0.20~0.60
S47220	22Cr12NiWMoV	0.20~0.25	≤0.50	0.50~1.00	≤0.030	≤0.020	0.50~1.00	11.00~12.50	0.90~1.25	0.90~1.25	0.20~0.30	≤0.30	—	—	—	—
S51740	05Cr17Ni4Cu4Nb	≤0.055	≤1.00	≤0.50	≤0.030	≤0.020	3.80~4.50	15.00~16.00	—	—	—	3.00~3.70	≤0.050	≤0.050	≤0.050	0.15~0.35
47210	14Cr12Ni2WMoV	0.11~0.16	0.10~0.35	0.40~0.80	≤0.025	≤0.020	2.20~2.50	10.50~12.50	1.00~1.40	1.00~1.40	0.15~0.35	—	≤0.05	—	—	—
47350	14Cr12Ni3Mo2VN	0.10~0.17	≤0.30	0.50~0.90	≤0.020	≤0.015	2.00~3.00	11.00~12.75	1.50~2.00	—	0.25~0.40	≤0.15	≤0.04	≤0.02	0.010~0.050	—
47550	14Cr11W2MoNiVNbN	0.12~0.16	≤0.15	0.30~0.70	≤0.015	≤0.015	0.35~0.65	10.00~11.00	0.35~0.50	1.50~1.90	0.14~0.20	≤0.10	—	—	0.040~0.080	0.05~0.11

2. 汽轮机叶片用钢推荐的热处理工艺及硬度（见表 9-49）

表 9-49　汽轮机叶片用钢推荐的热处理工艺及硬度（GB/T 8732—2014）

牌号	推荐的热处理工艺		硬度 HBW ≤
	退火	高温回火	
12Cr13	800~900℃,缓冷	700~770℃,快冷	200
20Cr13	800~900℃,缓冷	700~770℃,快冷	223
12Cr12Mo	800~900℃,缓冷	700~770℃,快冷	255
14Cr11MoV	800~900℃,缓冷	700~770℃,快冷	200
15Cr12WMoV	800~900℃,缓冷	700~770℃,快冷	223
21Cr12MoV	880~930℃,缓冷	750~770℃,快冷	255
18Cr11NiMoNbVN	800~900℃,缓冷	700~770℃,快冷	255
22Cr12NiWMoV	860~930℃,缓冷	750~770℃,快冷	255
05Cr17Ni4Cu4Nb	740~850℃,缓冷	660~680℃,快冷	361
14Cr12Ni2WMoV	860~930℃,缓冷	650~750℃,快冷	287
14Cr12Ni3Mo2VN	860~930℃,缓冷	650~750℃,快冷	287
14Cr11W2MoNiVNbN	860~930℃,缓冷	650~750℃,快冷	287

3. 汽轮机叶片用钢的热处理工艺及力学性能（见表 9-50）

表 9-50 汽轮机叶片用钢的热处理工艺及力学性能（GB/T 8732—2014）

牌号	组别	热处理工艺				力学性能					
		淬火		回火		规定塑性延伸强度 $R_{p0.2}$/MPa	抗拉强度 R_m/MPa	断后伸长率 A(%)	断面收缩率 Z(%)	冲击吸收能量 KV_2/J	试样硬度 HBW
		温度/℃	冷却介质	温度/℃	冷却介质						
12Cr13	—	980~1040	油	660~770	空气	≥440	≥620	≥20	≥60	≥35	192~241
20Cr13	Ⅰ	950~1020	空气、油	660~770	油、空气、水	≥490	≥665	≥16	≥50	≥27	212~262
	Ⅱ	980~1030	油	640~720	空气	≥590	≥735	≥15	≥50	≥27	229~277
12Cr12Mo	—	950~1000	油	650~710	空气	≥550	≥685	≥18	≥60	≥78	217~255
14Cr11MoV	Ⅰ	1000~1050	空气、油	700~750	空气	≥490	≥685	≥16	≥56	≥27	212~262
	Ⅱ	1000~1030	油	660~700	空气	≥590	≥735	≥15	≥50	≥27	229~277
15Cr12WMoV	Ⅰ	1000~1050	油	680~740	空气	≥590	≥735	≥15	≥45	≥27	229~277
	Ⅱ	1000~1050	油	660~700	空气	≥635	≥785	≥15	≥45	≥27	248~293
18Cr11NiMoNbVN—	≥1090	油	≥640	空气	≥760	≥930	≥12	≥32	≥20	277~331	
22Cr12NiWMoV	—	980~1040	油	650~750	空气	≥760	≥930	≥12	≥32	≥11	277~311
21Cr12MoV	Ⅰ	1020~1070	油	≥650	空气	≥700	900~1050	≥13	≥35	≥20	265~310
	Ⅱ	1020~1050	油	700~750	空气	590~735	≤930	≥15	≥50	≥27	241~285
14Cr12Ni2WMoV	—	1000~1050	油	≥640	空气，二次	≥735	≥920	≥13	≥40	≥48	277~331
14Cr12Ni3Mo2VN	—	990~1030	油	≥560	空气，二次	≥860	≥1100	≥13	≥40	≥54	331~363
14Cr11W2MoNiVNbN	—	≥1100	油	≥620	空气	≥760	≥930	≥14	≥32	≥20	277~331
05Cr17Ni4Cu4Nb	Ⅰ	1025~1055℃，油、空冷（≥14℃/min 冷却到室温）	—	645~655℃，4h，空冷		590~800	≥900	≥16	≥55	—	262~302
	Ⅱ		810~820℃，0.5h，空冷（≥14℃/min 冷却到室温）	565~575℃，3h，空冷		890~980	950~1020	≥16	≥55	—	293~341
	Ⅲ			600~610℃，5h，空冷		755~890	890~1030	≥16	≥55	—	277~321

9.5.6 承压设备用不锈钢和耐热钢板和钢带

1. 承压设备用经固溶处理的不锈钢和耐热钢板和钢带室温下的力学性能

（1）承压设备用经固溶处理的奥氏体不锈钢和耐热钢板和钢带室温下的力学性能（见表 9-51）

表 9-51 承压设备用经固溶处理的奥氏体不锈钢和耐热钢板和钢带室温下的力学性能（GB/T 713.7—2023）

牌号	规定塑性延伸强度 $R_{p0.2}$/MPa	规定塑性延伸强度 $R_{p1.0}$[①]/MPa	抗拉强度 R_m/MPa	断后伸长率 A[②]（%）	冲击吸收能量 KV_2/J ≥			硬度		
					20℃		-196℃	HBW	HRB	HV
	≥				纵向	横向	横向	≤		
06Cr19Ni10	230	260	520～720	45	100	60	60	201	92	210
022Cr19Ni10	220	250	500～700	45	100	60	60	201	92	210
07Cr19Ni10	220	250	520	40	100	60	60	201	92	210
06Cr19Ni10N	240	310	550	40	100	60	60	201	92	220
06Cr19Ni9NbN	275	—	585	30	—	—	—	241	100	242
022Cr19Ni10N	205	310	515	40	100	60	60	201	92	220
05Cr19Ni10Si2CeN	290	—	600	40	—	—	—	217	95	220
06Cr23Ni13	205	—	515	40	—	—	—	217	95	220
06Cr25Ni20	205	240	520	40	—	—	—	217	95	220
015Cr20Ni18Mo6CuN	310	—	655	35	100	60	60	223	96	225
06Cr17Ni12Mo2	220	260	520～680	45	100	60	60	217	95	220
022Cr17Ni12Mo2	210	240	520～680	45	100	60	60	217	95	220
07Cr17Ni12Mo2	220	—	515	40	100	60	60	217	95	220
06Cr17Ni12Mo2Ti	205	260	520	40	100	60	60	217	95	220
06Cr17Ni12Mo2N	240	—	550	35	100	60	60	217	95	220
022Cr17Ni12Mo2N	205	320	515	40	100	60	60	217	95	220
015Cr21Ni26Mo5Cu2	220	260	490	35	100	60	60	190	90	200
08Cr21Ni11Si2CeN	310	—	600	40	—	—	—	217	95	220
06Cr19Ni13Mo3	205	260	520	35	—	—	—	217	95	220
022Cr19Ni13Mo3	205	260	520	40	—	—	—	217	95	220
06Cr18Ni11Ti	205	250	520	40	—	—	—	217	95	220
07Cr19Ni11Ti	205	—	515	40	—	—	—	217	95	220
06Cr18Ni11Nb	205	—	515	40	—	—	—	201	92	210
07Cr18Ni11Nb	205	—	515	40	—	—	—	201	92	210
16Cr20Ni14Si2	220	—	540	40	—	—	—	217	95	220
16Cr25Ni20Si2	220	—	540	35	—	—	—	217	95	220
05Cr19Mn6Ni5Cu2N	355	—	650	40	100	60	60	—	100	250

① 规定塑性延伸强度 $R_{p1.0}$，仅当需方要求并在合同中注明时才进行检验。

② 厚度不大于 3.00mm，测 A_{50mm}。

（2）承压设备用经固溶处理的奥氏体-铁素体不锈钢和耐热钢板和钢带室温下的力学性能（见表 9-52）

表 9-52 承压设备用经固溶处理的奥氏体-铁素体不锈钢和耐热钢板和钢带室温下的力学性能（GB/T 713.7—2023）

牌号		规定塑性延伸强度 $R_{p0.2}$/MPa	抗拉强度 R_m/MPa	断后伸长率 A①(%)	硬度 HBW	硬度 HRC
		≥			≤	
022Cr19Ni5Mo3Si2N		440	630	25	290	31
022Cr22Ni5Mo3N		450	620	25	293	31
022Cr23Ni5Mo3N		450	620	25	293	31
022Cr23Ni4MoCuN		400	600	25	290	32
022Cr25Ni6Mo2N		450	640	25	295	31
03Cr25Ni6Mo3Cu2N		550	760	20	302	32
022Cr25Ni7Mo4N		550	800	20	310	32
022Cr25Ni7Mo4WCuN		550	750	25	270	—
03Cr22Mn5Ni2MoCuN	厚度≤5.0mm	530	700	30	290	—
	厚度>5.0mm	450	650	30	290	—
022Cr21Ni3Mo2N	厚度≤5.0mm	485	690	25	293	31
	厚度>5.0mm	450	655	25	293	31

① 厚度不大于 3.00mm，测 A_{50mm}。

（3）承压设备用经退火处理的铁素体不锈钢和耐热钢板和钢带室温下的力学性能（见表 9-53）

表 9-53 承压设备用经退火处理的铁素体不锈钢和耐热钢板和钢带室温下的力学性能（GB/T 713.7—2023）

牌号	规定塑性延伸强度 $R_{p0.2}$/MPa	抗拉强度 R_m/MPa	断后伸长率 A①(%)	硬度 HBW	硬度 HRB	硬度 HV	弯曲性能② 180°
	≥			≤			
06Cr13Al	170	415	20	179	88	200	$D=2a$
019Cr19Mo2NbTi	275	415	20	217	96	230	$D=2a$
06Cr13	205	415	20	183	89	200	$D=2a$
019Cr23Mo2Ti	245	410	20	217	96	230	$D=2a$
019Cr23MoTi	245	410	20	217	96	230	$D=2a$
022Cr27Ni2Mo4NbTi	450	585	18	241	100	242	$D=2a$

① 厚度不大于 3.00mm，测 A_{50mm}。
② 表中产品的最大厚度为 25.0mm。D 为弯曲压头直径，a 为弯曲试样厚度。

2. 承压设备用不锈钢和耐热钢板和钢带的高温力学性能（见表 9-54）

表 9-54 承压设备用不锈钢和耐热钢板和钢带的高温力学性能（GB/T 713.7—2023）

牌号	规定塑性延伸强度 $R_{p0.2}$/MPa ≥										
	试验温度/℃										
	100	150	200	250	300	350	400	450	500	550	600
06Cr19Ni10	171	155	144	135	127	123	119	114	111	106	—
022Cr19Ni10	147	131	122	114	109	104	101	98	—	—	—
06Cr19Ni10N	170	154	144	135	129	123	118	114	110	—	—
022Cr19Ni10N	194	172	157	146	139	134	130	125	120	—	—
06Cr25Ni20	181	167	157	149	144	139	135	132	128	124	—
015Cr20Ni18Mo6CuN	185	176	168	163	159	157	156	—	—	—	—
06Cr17Ni12Mo2	175	161	149	139	131	126	123	121	119	117	—

（续）

牌号	规定塑性延伸强度 $R_{p0.2}$/MPa　≥										
	试验温度/℃										
	100	150	200	250	300	350	400	450	500	550	600
022Cr17Ni12Mo2	147	130	120	111	105	100	96	93	—	—	—
022Cr17Ni12Mo2N	174	158	146	136	128	122	116	111	108	—	—
06Cr17Ni12Mo2N	212	196	183	172	164	156	150	145	140	—	—
06Cr17Ni12Mo2Ti	175	161	149	139	131	126	123	121	119	117	—
022Cr19Ni13Mo3	175	161	149	139	131	126	123	121	—	—	—
06Cr18Ni11Nb	189	177	166	157	150	145	141	139	139	—	—
07Cr18Ni11Nb	189	171	166	158	150	145	141	139	139	133	130
015Cr21Ni26Mo5Cu2	205	190	175	160	145	135	—	—	—	—	—
05Cr19Mn6Ni5Cu2N	295	260	230	220	205	185	—	—	—	—	—
022Cr19Ni5Mo3Si2N	315	300	290	280	270	260	—	—	—	—	—
022Cr22Ni5Mo3N	360	335	315	300	—	—	—	—	—	—	—
022Cr23Ni5Mo3N	360	335	315	300	—	—	—	—	—	—	—
022Cr23Ni4MoCuN	330	300	285	265	—	—	—	—	—	—	—
03Cr25Ni6Mo3Cu2N	445	415	395	375	—	—	—	—	—	—	—
022Cr25Ni7Mo4N	450	420	400	380	—	—	—	—	—	—	—
022Cr25Ni7Mo4WCuN	450	420	400	380	—	—	—	—	—	—	—
03Cr22Mn5Ni2MoCuN	380	350	330	320	—	—	—	—	—	—	—
022Cr21Ni3Mo2N	350	325	285	270	—	—	—	—	—	—	—

3. 奥氏体耐热钢的高温强度

（1）奥氏体耐热钢固溶态下的规定塑性延伸强度 $R_{p0.2}$（见表 9-55）

表 9-55　奥氏体耐热钢固溶态下的规定塑性延伸强度 $R_{p0.2}$（GB/T 713.7—2023）

牌号	规定塑性延伸强度 $R_{p0.2}$/MPa　≥												
	温度/℃												
	50	100	150	200	250	300	350	400	450	500	550	600	700
07Cr19Ni10	—	157	142	127	117	108	103	98	93	88	83	78	—
05Cr19Ni10Si2CeN	245	200	—	165	—	150	—	140	—	130	—	120	110
06Cr23Ni13	—	140	128	116	108	100	94	91	86	85	84	82	—
06Cr25Ni20	—	140	128	116	108	100	94	91	86	85	84	82	—
08Cr21Ni11Si2CeN	280	230	—	185	—	170	—	160	—	150	—	140	130
16Cr20Ni14Si2	—	140	128	116	108	100	94	91	86	85	84	82	—
07Cr19Ni11Ti	—	162	152	142	137	132	127	123	118	113	108	103	—

（2）奥氏体耐热钢固溶态下的规定塑性延伸强度 $R_{p1.0}$（见表 9-56）

表 9-56　奥氏体耐热钢固溶态下的规定塑性延伸强度 $R_{p1.0}$（GB/T 713.7—2023）

牌号	规定塑性延伸强度 $R_{p1.0}$/MPa　≥												
	温度/℃												
	50	100	150	200	250	300	350	400	450	500	550	600	700
07Cr19Ni10	—	191	172	157	147	137	132	127	122	118	113	108	—
05Cr19Ni10Si2CeN	280	235	—	195	—	180	—	170	—	160	—	150	135
06Cr23Ni13	—	185	167	154	146	139	132	126	123	121	118	114	—
08Cr21Ni11Si2CeN	315	265	—	215	—	200	—	190	—	180	—	170	155
16Cr20Ni14Si2	—	185	167	154	146	139	132	126	123	121	118	114	—
07Cr19Ni11Ti	—	201	191	181	176	172	167	162	157	152	147	142	—

(3) 奥氏体耐热钢固溶态下的抗拉强度 R_m（见表 9-57）

表 9-57 奥氏体耐热钢固溶态下的抗拉强度 R_m（GB/T 713.7—2023）

牌号	抗拉强度 R_m/MPa ≥												
	温度/℃												
	50	100	150	200	250	300	350	400	450	500	550	600	700
07Cr19Ni10	—	440	410	390	385	375	375	375	370	360	330	300	—
05Cr19Ni10Si2CeN	570	525	—	485	—	475	—	470	—	435	—	385	300
06Cr23Ni13	—	470	450	430	420	410	405	400	385	370	350	320	—
08Cr21Ni11Si2CeN	630	585	—	545	—	535	—	530	—	495	—	445	360
16Cr20Ni14Si2	—	470	450	430	420	410	405	400	385	370	350	320	—
06Cr25Ni20	—	470	450	430	420	410	405	400	385	370	350	320	—
07Cr19Ni11Ti	—	410	390	370	360	350	345	340	335	330	320	300	—

(4) 奥氏体耐热钢固溶态下的 1%（塑性）蠕变断裂强度 $R_{km\ 10000}$（见表 9-58）

表 9-58 奥氏体耐热钢固溶态下的 1%（塑性）蠕变断裂强度 $R_{km\ 10000}$（GB/T 713.7—2023）

牌号	1%（塑性）蠕变断裂强度 $R_{km\ 10000}$/MPa ≥												
	温度/℃												
	500	550	600	650	700	750	800	850	900	950	1000	1050	1100
07Cr19Ni10	250	191	132	87	55	34	—	—	—	—	—	—	—
05Cr19Ni10Si2CeN	—	250	157	98	63	41	25	16	10	6.5	4	—	—
06Cr23Ni13	—	—	120	70	36	24	18	13	8.5	—	—	—	—
06Cr25Ni20	—	—	130	65	40	26	18	13	8.5	—	—	—	—
07Cr19Ni11Ti	—	—	142	82	48	27	15	—	—	—	—	—	—
08Cr21Ni11Si2CeN	—	250	157	98	63	41	27	18	13	9.5	7	5.5	4
16Cr20Ni14Si2	—	—	120	70	36	24	18	13	8.5	—	—	—	—
16Cr25Ni20Si2	—	—	130	65	40	28	20	14	10	—	—	—	—

(5) 奥氏体耐热钢固溶态下的 1%（塑性）蠕变断裂强度 $R_{km\ 100000}$（见表 9-59）

表 9-59 奥氏体耐热钢固溶态下的 1%（塑性）蠕变断裂强度 $R_{km\ 100000}$

牌号	1%（塑性）蠕变断裂强度 $R_{km\ 100000}$/MPa ≥												
	温度/℃												
	500	550	600	650	700	750	800	850	900	950	1000	1050	1100
07Cr19Ni10	192	140	89	52	28	15	—	—	—	—	—	—	—
05Cr19Ni10Si2CeN	—	160	88	55	35	22	14	8	5	3	1.7	—	—
06Cr23Ni13	—	—	65	35	16	10	7.5	5	3	—	—	—	—
06Cr25Ni20	—	—	80	33	18	11	7	4.5	3	—	—	—	—
07Cr19Ni11Ti	—	—	65	36	22	14	10	—	—	—	—	—	—
08Cr21Ni11Si2CeN	—	160	88	55	35	22	15	11	8	5.5	4	3	2.3
16Cr20Ni14Si2	—	—	65	35	16	10	7.5	5	3	—	—	—	—
16Cr25Ni20Si2	—	—	80	33	18	11	7	4.5	3	—	—	—	—

(6) 奥氏体耐热钢固溶态下的 1%（塑性）蠕变应变强度 $R_{A1.\ 10000}$（见表 9-60）

表 9-60 奥氏体耐热钢固溶态下的 1%（塑性）蠕变应变强度 $R_{A1.\ 10000}$

牌号	1%（塑性）蠕变应变强度 $R_{A1.\ 10000}$/MPa ≥												
	温度/℃												
	500	550	600	650	700	750	800	850	900	950	1000	1050	1100
07Cr19Ni10	147	121	94	61	35	24	—	—	—	—	—	—	—
05Cr19Ni10Si2CeN	—	200	126	74	42	25	15	8.5	5	3	1.7	—	—

（续）

牌号	1%（塑性）蠕变应变强度 $R_{A1.10000}$/MPa ≥												
	温度/℃												
	500	550	600	650	700	750	800	850	900	950	1000	1050	1100
06Cr23Ni13	—	—	70	47	25	15.5	10	6.5	5	—	—	—	—
06Cr25Ni20	—	—	90	52	30	17.5	10	6	4	—	—	—	—
07Cr19Ni11Ti	—	—	85	50	30	17.5	10	—	—	—	—	—	—
08Cr21Ni11Si2CeN	—	230	126	74	45	28	19	14	10	7	5	3.5	2.5
16Cr20Ni14Si2	—	—	80	50	25	15.5	10	6	4	—	—	—	—
16Cr25Ni20Si2	—	—	95	60	35	20	10	6	4	—	—	—	—

9.6 承压设备用不锈钢和耐热钢锻件

1. 承压设备用不锈钢和耐热钢锻件的力学性能（见表 9-61）

表 9-61 承压设备用不锈钢和耐热钢锻件的力学性能（NB/T 47010—2017）

牌号	公称厚度/mm	热处理状态	拉伸性能			硬度 HBW
			R_m/MPa	$R_{p0.2}$/MPa	A(%)	
			≥			
06Cr13	≤150	A(800~900℃,缓冷)	410	205	20	110~163
06Cr13Al	≤150	A(800~900℃,缓冷)	415	170	20	110~160
06Cr19Ni10	≤150	S(1010~1150℃,快冷)	520	220	35	139~192
	>150~300		500	220	35	131~192
022Cr19Ni10	≤150	S(1010~1150℃,快冷)	480	210	35	128~187
	>150~300		460	210	35	121~187
07Cr19Ni10	≤150	S(1010~1150℃,快冷)	520	220	35	≤180①
	>150~300		500	220	35	—
022Cr19Ni10N	≤150	S(1010~1150℃,快冷)	520	205	40	≤201
06Cr19Ni10N	≤150	S(1010~1150℃,快冷)	550	240	30	≤201
06Cr18Ni11Ti	≤150	S(920~1150℃,快冷)	520	205	35	139~187
	>150~300		500	205	35	131~187
07Cr19Ni11Ti	≤150	S(1050~1150℃,快冷)	520	205	40	≤187①
06Cr18Ni11Nb	≤150	S(1050~1180℃,快冷)	520	205	40	≤201
07Cr18Ni11Nb	≤150	S(1050~1180℃,快冷)	520	205	35	≤187①
	>150~300		500	205	35	—
06Cr17Ni12Mo2	≤150	S(1010~1150℃,快冷)	520	220	35	139~187
	>150~300		500	220	35	131~187
022Cr17Ni12Mo2	≤150	S(1010~1150℃,快冷)	480	210	35	128~187
	>150~300		460	210	35	121~187
07Cr17Ni12Mo2	≤150	S(1010~1150℃,快冷)	520	220	35	139~187
	>150~300		500	220	35	131~187
022Cr17Ni12Mo2N	≤150	S(1010~1150℃,快冷)	520	210	40	≤217
06Cr17Ni12Mo2N	≤150	S(1010~1150℃,快冷)	550	240	35	≤217
06Cr17Ni12Mo2Ti	≤150	S(1010~1150℃,快冷)	520	210	35	139~187
	>150~300		500	210	35	131~187
022Cr19Ni13Mo3	≤150	S(1010~1150℃,快冷)	480	195	35	128~187
	>150~300		460	195	35	121~187
06Cr25Ni20	≤150	S(1030~1180℃,快冷)	520	205	35	—
	>150~300		500	205	35	—

（续）

牌号	公称厚度/mm	热处理状态	拉伸性能			硬度HBW
			R_m/MPa	$R_{p0.2}$/MPa	A(%)	
			≥			
015Cr21Ni26Mo5Cu2	≤300	S(1050~1180℃,快冷)	490	220	35	—
015Cr20Ni18Mo6CuN	≤300	S(1150℃,以上快冷)	650	300	35	—
022Cr19Ni5Mo3Si2N	≤150	S(950~1050℃,快冷)	590	390	25	—
022Cr22Ni5Mo3N	≤150	S(1020~1100℃,快冷)	620	450	25	—
022Cr23Ni5Mo3N	≤150	S(1020~1100℃,快冷)	620	450	25	—
022Cr23Ni4MoCuN	≤150	S(1020~1100℃,快冷)	600	400	25	—
022Cr25Ni7Mo4N	≤150	S(1020~1100℃,快冷)	800	550	25	—
03Cr25Ni6Mo3Cu2N	≤150	S(1020~1100℃,快冷)	760	550	15	—
05Cr17Ni4Cu4Nb	≤200	S(1020~1060℃,快冷)+Ag(620℃,空冷)	930	725	15	≥277

① 锅炉受压元件用各级别锻件硬度值（HBW，逐件检验）应符合表中规定。

2. 承压设备用不锈钢和耐热钢的高温规定塑性延伸强度（见表 9-62）

表 9-62 承压设备用不锈钢和耐热钢的高温规定塑性延伸强度（NB/T 47010—2017）

牌号	公称厚度/mm	在下列温度(℃)下的 $R_{p0.2}$(R_{eL})/MPa ≥											
		20	100	150	200	250	300	350	400	450	500	550	600
06Cr13	≤150	205	189	184	180	178	175	168	163	—	—	—	—
06Cr13Al	≤150	170	158	153	150	149	146	142	135	—	—	—	—
06Cr19Ni10	≤300	220	171	155	144	135	127	123	119	114	111	106	—
022Cr19Ni10	≤300	210	147	131	122	114	109	104	101	98	—	—	—
07Cr19Ni10	≤300	220	171	155	144	135	127	123	119	114	111	106	101
06Cr19Ni10N	≤150	205	170	154	144	135	129	123	118	114	110	—	—
022Cr19Ni10N	≤150	240	194	172	157	146	139	134	130	125	120	—	—
06Cr25Ni20	≤300	205	181	167	157	149	144	139	135	132	128	124	—
015Cr20Ni18Mo6CuN	≤300	300	244	221	206	195	187	182	179	177	—	—	—
06Cr17Ni12Mo2	≤300	220	175	161	149	139	131	126	123	121	119	117	—
022Cr17Ni12Mo2	≤300	210	147	130	120	111	105	100	96	93	—	—	—
022Cr17Ni12Mo2N	≤150	205	174	158	146	136	128	122	116	111	108	—	—
06Cr17Ni12Mo2N	≤150	240	212	196	183	172	164	156	150	145	140	—	—
06Cr17Ni12Mo2Ti	≤300	205	175	161	149	139	131	126	123	121	119	117	—
022Cr19Ni13Mo3	≤300	195	175	161	149	139	131	126	123	121	—	—	—
06Cr18Ni11Ti	≤300	205	171	155	144	135	127	123	120	117	114	111	—
07Cr19Ni11Ti	≤150	205	184	171	160	150	142	136	132	128	126	123	122
06Cr18Ni11Nb	≤150	205	189	177	166	157	150	145	141	139	139	—	—
07Cr18Ni11Nb	≤300	205	189	171	166	158	150	145	141	139	139	133	130
015Cr21Ni26Mo5Cu2	≤300	220	205	190	175	160	145	135	—	—	—	—	—
022Cr19Ni5Mo3Si2N	≤150	390	315	300	290	280	270	—	—	—	—	—	—
022Cr22Ni5Mo3N	≤150	450	395	370	350	335	325	—	—	—	—	—	—
022Cr23Ni5Mo3N	≤150	450	395	370	350	335	325	—	—	—	—	—	—
03Cr25Ni6Mo3Cu2N	≤150	550	479	443	419	406	403	400	—	—	—	—	—
022Cr23Ni4MoCuN	≤150	400	340	319	308	301	293	283	—	—	—	—	—
022Cr25Ni7Mo4N	≤150	550	481	445	420	404	396	393	—	—	—	—	—
05Cr17Ni4Cu4Nb	≤100	725	666	641	620	603	588	575	—	—	—	—	—

9.7　不锈钢管

9.7.1　不锈钢管的外径和壁厚

不锈钢管的外径和壁厚见表 9-63。

表 9-63　不锈钢管的外径和壁厚（GB/T 17395—2008）

外径/mm			壁厚/mm												
系列 1	系列 2	系列 3	0.5	0.6	0.7	0.8	0.9	1.0	1.2	1.4	1.5	1.6	2.0	2.2	2.5	2.8
	6		●	●	●	●	●	●	●							
	7		●	●	●	●	●	●	●							
	8		●	●	●	●	●	●	●							
	9		●	●	●	●	●	●	●							
10			●	●	●	●	●	●	●	●	●	●	●			
	12		●	●	●	●	●	●	●	●	●	●	●			
	12.7		●	●	●	●	●	●	●	●	●	●	●	●	●	●
13			●	●	●	●	●	●	●	●	●	●	●	●	●	●
		14	●	●	●	●	●	●	●	●	●	●	●	●	●	●
	16		●	●	●	●	●	●	●	●	●	●	●	●	●	●
17			●	●	●	●	●	●	●	●	●	●	●	●	●	●
		18	●	●	●	●	●	●	●	●	●	●	●	●	●	●
	19		●	●	●	●	●	●	●	●	●	●	●	●	●	●
	20		●	●	●	●	●	●	●	●	●	●	●	●	●	●
21			●	●	●	●	●	●	●	●	●	●	●	●	●	●
		22	●	●	●	●	●	●	●	●	●	●	●	●	●	●
	24		●	●	●	●	●	●	●	●	●	●	●	●	●	●
	25		●	●	●	●	●	●	●	●	●	●	●	●	●	●
		25.4						●	●	●	●	●	●	●	●	●
27								●	●	●	●	●	●	●	●	●
		30						●	●	●	●	●	●	●	●	●
	32							●	●	●	●	●	●	●	●	●

外径/mm			壁厚/mm											
系列 1	系列 2	系列 3	3.0	3.2	3.5	4.0	4.5	5.0	5.5	6.0	6.5	7.0	7.5	8.0
	6													
	7													
	8													
	9													
10														
	12													
	12.7		●	●										
13			●	●										
		14	●	●	●									
	16		●	●	●	●								
17			●	●	●	●								
		18	●	●	●	●	●							
	19		●	●	●	●	●							
	20		●	●	●	●	●							
21			●	●	●	●	●	●						

（续）

外径/mm			壁厚/mm											
系列 1	系列 2	系列 3	3.0	3.2	3.5	4.0	4.5	5.0	5.5	6.0	6.5	7.0	7.5	8.0
		22	●	●	●	●	●	●						
	24		●	●	●	●	●	●						
	25		●	●	●	●	●	●	●	●				
		25.4	●	●	●	●	●	●	●	●				
27			●	●	●	●	●	●	●	●				
		30	●	●	●	●	●	●	●	●	●			
	32		●	●	●	●	●	●	●	●	●			

外径/mm			壁厚/mm														
系列 1	系列 2	系列 3	1.0	1.2	1.4	1.5	1.6	2.0	2.2	2.5	2.8	3.0	3.2	3.5	4.0	4.5	5.0
34			●	●	●	●	●	●	●	●	●	●	●	●	●	●	●
		35	●	●	●	●	●	●	●	●	●	●	●	●	●	●	●
	38		●	●	●	●	●	●	●	●	●	●	●	●	●	●	●
	40		●	●	●	●	●	●	●	●	●	●	●	●	●	●	●
42			●	●	●	●	●	●	●	●	●	●	●	●	●	●	●
		45	●	●	●	●	●	●	●	●	●	●	●	●	●	●	●
48			●	●	●	●	●	●	●	●	●	●	●	●	●	●	●
	51		●	●	●	●	●	●	●	●	●	●	●	●	●	●	●
		54					●	●	●	●	●	●	●	●	●	●	●
	57						●	●	●	●	●	●	●	●	●	●	●
60							●	●	●	●	●	●	●	●	●	●	●
	64						●	●	●	●	●	●	●	●	●	●	●
	68						●	●	●	●	●	●	●	●	●	●	●
	70						●	●	●	●	●	●	●	●	●	●	●
	73						●	●	●	●	●	●	●	●	●	●	●
76							●	●	●	●	●	●	●	●	●	●	●
		83					●	●	●	●	●	●	●	●	●	●	●
89							●	●	●	●	●	●	●	●	●	●	●
	95						●	●	●	●	●	●	●	●	●	●	●
	102						●	●	●	●	●	●	●	●	●	●	●
	108						●	●	●	●	●	●	●	●	●	●	●
114							●	●	●	●	●	●	●	●	●	●	●

外径/mm			壁厚/mm												
系列 1	系列 2	系列 3	5.5	6.0	6.5	7.0	7.5	8.0	8.5	9.0	9.5	10	11	12	14
34			●	●	●										
		35	●	●	●										
	38		●	●	●										
	40		●	●	●										
42			●	●	●	●	●								
		45	●	●	●	●	●	●	●						
48			●	●	●	●	●	●	●						
	51		●	●	●	●	●	●	●	●					
		54	●	●	●	●	●	●	●	●	●	●			
	57		●	●	●	●	●	●	●	●	●	●			
60			●	●	●	●	●	●	●	●	●	●			
	64		●	●	●	●	●	●	●	●	●	●			
	68		●	●	●	●	●	●	●	●	●	●	●	●	

（续）

外径/mm			壁厚/mm												
系列 1	系列 2	系列 3	5.5	6.0	6.5	7.0	7.5	8.0	8.5	9.0	9.5	10	11	12	14
	70		●	●	●	●	●	●	●	●	●	●	●	●	
	73		●	●	●	●	●	●	●	●	●	●	●	●	
76			●	●	●	●	●	●	●	●	●	●	●	●	
		83	●	●	●	●	●	●	●	●	●	●	●	●	●
89			●	●	●	●	●	●	●	●	●	●	●	●	●
	95		●	●	●	●	●	●	●	●	●	●	●	●	●
	102		●	●	●	●	●	●	●	●	●	●	●	●	●
	108		●	●	●	●	●	●	●	●	●	●	●	●	●
114			●	●	●	●	●	●	●	●	●	●	●	●	●

外径/mm			壁厚/mm												
系列 1	系列 2	系列 3	1.6	2.0	2.2	2.5	2.8	3.0	3.2	3.5	4.0	4.5	5.0	5.5	6.0
	127		●	●	●	●	●	●	●	●	●	●	●	●	●
	133		●	●	●	●	●	●	●	●	●	●	●	●	●
140			●	●	●	●	●	●	●	●	●	●	●	●	●
	146		●	●	●	●	●	●	●	●	●	●	●	●	●
	152		●	●	●	●	●	●	●	●	●	●	●	●	●
	159		●	●	●	●	●	●	●	●	●	●	●	●	●
168			●	●	●	●	●	●	●	●	●	●	●	●	●
	180			●	●	●	●	●	●	●	●	●	●	●	●
	194			●	●	●	●	●	●	●	●	●	●	●	
219				●	●	●	●	●	●	●	●	●	●	●	
	245			●	●	●	●	●	●	●	●	●	●	●	
273				●	●	●	●	●	●	●	●	●	●	●	
325						●	●	●	●	●	●	●	●	●	
	351					●	●	●	●	●	●	●	●	●	
356						●	●	●	●	●	●	●	●	●	
	377					●	●	●	●	●	●	●	●	●	
406						●	●	●	●	●	●	●	●	●	●
	426								●	●	●	●	●	●	●

外径/mm			壁厚/mm									
系列 1	系列 2	系列 3	6.5	7.0	7.5	8.0	8.5	9.0	9.5	10	11	12
	127		●	●	●	●	●	●	●	●	●	●
	133		●	●	●	●	●	●	●	●	●	●
140			●	●	●	●	●	●	●	●	●	●
	146		●	●	●	●	●	●	●	●	●	●
	152		●	●	●	●	●	●	●	●	●	●
	159		●	●	●	●	●	●	●	●	●	●
168			●	●	●	●	●	●	●	●	●	●
	180		●	●	●	●	●	●	●	●	●	●
	194		●	●	●	●	●	●	●	●	●	●
219			●	●	●	●	●	●	●	●	●	●
	245		●	●	●	●	●	●	●	●	●	●
273			●	●	●	●	●	●	●	●	●	●
325			●	●	●	●	●	●	●	●	●	●
	351		●	●	●	●	●	●	●	●	●	●
356			●	●	●	●	●	●	●	●	●	●
	377		●	●	●	●	●	●	●	●	●	●
406			●	●	●	●	●	●	●	●	●	●
	426		●	●	●	●	●	●	●	●	●	●

（续）

外径/mm			壁厚/mm										
系列 1	系列 2	系列 3	14	15	16	17	18	20	22	24	25	26	28
	127		●										
	133		●										
140			●	●	●								
	146		●	●	●								
	152		●	●	●								
	159		●	●	●								
168			●	●	●	●	●						
	180		●	●	●	●	●						
	194		●	●	●	●	●						
219			●	●	●	●	●	●	●	●	●	●	●
	245		●	●	●	●	●	●	●	●	●	●	●
273			●	●	●	●	●	●	●	●	●	●	●
325			●	●	●	●	●	●	●	●	●	●	●
	351		●	●	●	●	●	●	●	●	●	●	●
356			●	●	●	●	●	●	●	●	●	●	●
	377		●	●	●	●	●	●	●	●	●	●	●
406			●	●	●	●	●	●	●	●	●	●	●
	426		●	●	●	●	●	●					

注：“●”表示常用规格。

9.7.2 结构用不锈钢无缝钢管

结构用不锈钢无缝钢管的热处理与力学性能见表 9-64。

表 9-64 结构用不锈钢无缝钢管的热处理与力学性能（GB/T 14975—2012）

组织类型	牌号	推荐的热处理工艺	抗拉强度 R_m/MPa	规定塑性延伸强度 $R_{p0.2}$/MPa	断后伸长率 A(%)	硬度 HBW/HV/HRB
			≥			≤
奥氏体型	12Cr18Ni9	1010~1150℃，水冷或其他方式快冷	520	205	35	192/200/90
	06Cr19Ni10	1010~1150℃，水冷或其他方式快冷	520	205	35	192/200/90
	022Cr19Ni10	1010~1150℃，水冷或其他方式快冷	480	175	35	192/200/90
	06Cr19Ni10N	1010~1150℃，水冷或其他方式快冷	550	275	35	192/200/90
	06Cr19Ni9NbN	1010~1150℃，水冷或其他方式快冷	685	345	35	—
	022Cr19Ni10N	1010~1150℃，水冷或其他方式快冷	550	245	40	192/200/90
	06Cr23Ni13	1030~1150℃，水冷或其他方式快冷	520	205	40	192/200/90
	06Cr25Ni20	1030~1180℃，水冷或其他方式快冷	520	205	40	192/200/90
	015Cr20Ni18Mo6CuN	≥1150℃，水冷或其他方式快冷	655	310	35	220/230/96
	06Cr17Ni12Mo2	1010~1150℃，水冷或其他方式快冷	520	205	35	192/200/90
	022Cr17Ni12Mo2	1010~1150℃，水冷或其他方式快冷	480	175	35	192/200/90
	07Cr17Ni12Mo2	≥1040℃，水冷或其他方式快冷	515	205	35	192/200/90
	06Cr17Ni12Mo2Ti	1000~1100℃，水冷或其他方式快冷	530	205	35	192/200/90
	022Cr17Ni12Mo2N	1010~1150℃，水冷或其他方式快冷	550	245	40	192/200/90
	06Cr17Ni12Mo2N	1010~1150℃，水冷或其他方式快冷	550	275	35	192/200/90
	06Cr18Ni12Mo2Cu2	1010~1150℃，水冷或其他方式快冷	520	205	35	—
	022Cr18Ni14Mo2Cu2	1010~1150℃，水冷或其他方式快冷	480	180	35	—
	015Cr21Ni26Mo5Cu2	≥1100℃，水冷或其他方式快冷	490	215	35	192/200/90
	06Cr19Ni13Mo3	1010~1150℃，水冷或其他方式快冷	520	205	35	192/200/90

（续）

组织类型	牌号	推荐的热处理工艺	抗拉强度 R_m/MPa	规定塑性延伸强度 $R_{p0.2}$/MPa	断后伸长率 A(%)	硬度 HBW/HV/HRB
			≥			≤
奥氏体型	022Cr19Ni13Mo3	1010～1150℃，水冷或其他方式快冷	480	175	35	192/200/90
	06Cr18Ni11Ti	920～1150℃，水冷或其他方式快冷	520	205	35	192/200/90
	07Cr19Ni11Ti	冷拔（轧）≥1100℃，热轧（挤、扩）≥1050℃，水冷或其他方式快冷	520	205	35	192/200/90
	06Cr18Ni11Nb	980～1150℃，水冷或其他方式快冷	520	205	35	192/200/90
	07Cr18Ni11Nb	冷拔（轧）≥1100℃，热轧（挤、扩）≥1050℃，水冷或其他方式快冷	520	205	35	192/200/90
	16Cr25Ni20Si2	1030～1180℃，水冷或其他方式快冷	520	205	40	192/200/90
铁素体型	06Cr13Al	780～830℃，空冷或缓冷	415	205	20	207/—/95
	10Cr15	780～850℃，空冷或缓冷	415	240	20	190/—/90
	10Cr17	780～850℃，空冷或缓冷	410	245	20	190/—/90
	022Cr18Ti	780～950℃，空冷或缓冷	415	205	20	190/—/90
	019Cr19Mo2NbTi	800～1050℃，空冷	415	275	20	217/230/96
马氏体型	06Cr13	800～900℃，缓冷或750℃空冷	370	180	22	—
	12Cr13	800～900℃，缓冷或750℃空冷	410	205	20	207/95
	20Cr13	800～900℃，缓冷或750℃空冷	470	215	19	—

9.7.3　不锈钢小直径无缝钢管

1. 钢管的外径和壁厚（见表9-65）

表9-65　钢管的外径和壁厚（GB/T 3090—2020）

公称外径	公称壁厚														
	0.10	0.15	0.20	0.25	0.30	0.35	0.40	0.45	0.50	0.55	0.60	0.70	0.80	0.90	1.00
0.30	×														
0.35	×														
0.40	×	×													
0.45	×	×													
0.50	×	×													
0.55	×	×													
0.60	×	×	×												
0.70	×	×	×	×											
0.80	×	×	×	×											
0.90	×	×	×	×	×										
1.00	×	×	×	×	×	×									
1.20	×	×	×	×	×	×	×								
1.60	×	×	×	×	×	×	×	×	×	×					
2.00	×	×	×	×	×	×	×	×	×	×	×	×			
2.20	×	×	×	×	×	×	×	×	×	×	×	×	×		
2.50	×	×	×	×	×	×	×	×	×	×	×	×	×	×	×
2.80	×	×	×	×	×	×	×	×	×	×	×	×	×	×	×
3.00	×	×	×	×	×	×	×	×	×	×	×	×	×	×	×
3.20	×	×	×	×	×	×	×	×	×	×	×	×	×	×	×
3.40	×	×	×	×	×	×	×	×	×	×	×	×	×	×	×
3.60	×	×	×	×	×	×	×	×	×	×	×	×	×	×	×
3.80	×	×	×	×	×	×	×	×	×	×	×	×	×	×	×

（续）

公称外径	公称壁厚														
	0.10	0.15	0.20	0.25	0.30	0.35	0.40	0.45	0.50	0.55	0.60	0.70	0.80	0.90	1.00
4.00	×	×	×	×	×	×	×	×	×	×	×	×	×	×	×
4.20	×	×	×	×	×	×	×	×	×	×	×	×	×	×	×
4.50	×	×	×	×	×	×	×	×	×	×	×	×	×	×	×
4.80	×	×	×	×	×	×	×	×	×	×	×	×	×	×	×
5.00		×	×	×	×	×	×	×	×	×	×	×	×	×	×
5.50		×	×	×	×	×	×	×	×	×	×	×	×	×	×
6.00		×	×	×	×	×	×	×	×	×	×	×	×	×	×

注：“×”表示有此规格。

2. 钢管的热处理与力学性能（见表 9-66）

表 9-66　钢管的热处理与力学性能（GB/T 3090—2020）

牌号	推荐的热处理工艺	抗拉强度 R_m/MPa	断后伸长率 A①(%)
		不小于	
06Cr19Ni10	1010~1150℃，急冷	520	35
022Cr19Ni10	1010~1150℃，急冷	480	40
06Cr17Ni12Mo2	1010~1150℃，急冷	520	35
022Cr17Ni12Mo2	1010~1150℃，急冷	480	40
06Cr18Ni11Ti	920~1150℃，急冷	520	35

① 对于外径小于 3.20mm 或壁厚小于 0.30mm 的较小直径和较薄壁厚的钢管，其断后伸长率应不小于 25%。

9.7.4　不锈钢极薄壁无缝钢管

1. 不锈钢极薄壁无缝钢管的规格（见表 9-67）

表 9-67　不锈钢极薄壁无缝钢管的规格（GB/T 3089—2020）　（单位：mm）

外径×壁厚	外径×壁厚	外径×壁厚	外径×壁厚	外径×壁厚
7×0.15	35×0.5	60×0.25	75.5×0.25	95.6×0.3
10.3×0.15	40.4×0.2	60×0.35	75.6×0.3	101×0.5
10.4×0.2	40.6×0.3	60×0.5	82.4×0.4	101.2×0.6
12.4×0.2	41×0.5	61×0.35	83.8×0.5	110.9×0.45
15.4×0.2	41.2×0.6	61×0.5	89.6×0.3	125.7×0.35
18.4×0.2	48×0.25	61.2×0.6	89.8×0.4	150.8×0.4
20.4×0.2	50.5×0.25	67.6×0.3	90.2×0.4	250.8×0.4
24.4×0.2	53.2×0.6	67.8×0.4	90.5×0.25	
26.4×0.2	55×0.5	70.2×0.6	90.6×0.3	
32.4×0.2	59.6×0.3	74×0.5	90.8×0.4	

2. 不锈钢极薄壁无缝钢管的力学性能（见表 9-68）

表 9-68　不锈钢极薄壁无缝钢管的力学性能（GB/T 3089—2020）

牌号	抗拉强度 R_m/MPa	断后伸长率 A(%)
	≥	
06Cr19Ni10	520	35
022Cr19Ni10	480	40
022Cr17Ni12Mo2	480	40
06Cr17Ni12Mo2	520	35
06Cr17Ni12Mo2Ti	540	35
06Cr18Ni11Ti	520	40

9.7.5　流体输送用不锈钢无缝钢管

流体输送用不锈钢无缝钢管的热处理与力学性能见表 9-69。

表 9-69　流体输送用不锈钢无缝钢管的热处理与力学性能（GB/T 14976—2014）

组织类型	牌号	推荐的热处理工艺	抗拉强度 R_m/MPa	规定塑性延伸强度 $R_{p0.2}$/MPa	断后伸长率 A(%)
			≥		
奥氏体型	12Cr18Ni9	1010~1150℃，水冷或其他方式快冷	520	205	35
	06Cr19Ni10	1010~1150℃，水冷或其他方式快冷	520	205	35
	022Cr19Ni10	1010~1150℃，水冷或其他方式快冷	480	175	35
	06Cr19Ni10N	1010~1150℃，水冷或其他方式快冷	550	275	35
	06Cr19Ni9NbN	1010~1150℃，水冷或其他方式快冷	685	345	35
	022Cr19Ni10N	1010~1150℃，水冷或其他方式快冷	550	245	40
	06Cr23Ni13	1030~1150℃，水冷或其他方式快冷	520	205	40
	06Cr25Ni20	1030~1180℃，水冷或其他方式快冷	520	205	40
	06Cr17Ni12Mo2	1010~1150℃，水冷或其他方式快冷	520	205	35
	022Cr17Ni12Mo2	1010~1150℃，水冷或其他方式快冷	480	175	35
	07Cr17Ni12Mo2	≥1040℃，水冷或其他方式快冷	515	205	35
	06Cr17Ni12Mo2Ti	1000~1100℃，水冷或其他方式快冷	530	205	35
	06Cr17Ni12Mo2N	1010~1150℃，水冷或其他方式快冷	550	275	35
	022Cr17Ni12Mo2N	1010~1150℃，水冷或其他方式快冷	550	245	40
	06Cr18Ni12Mo2Cu2	1010~1150℃，水冷或其他方式快冷	520	205	35
	022Cr18Ni14Mo2Cu2	1010~1150℃，水冷或其他方式快冷	480	180	35
	06Cr19Ni13Mo3	1010~1150℃，水冷或其他方式快冷	520	205	35
	022Cr19Ni13Mo3	1010~1150℃，水冷或其他方式快冷	480	175	35
	06Cr18Ni11Ti	920~1150℃，水冷或其他方式快冷	520	205	35
	07Cr19Ni11Ti	冷拔（轧）≥1100℃，热轧（挤、扩）≥1050℃，水冷或其他方式快冷	520	205	35
	06Cr18Ni11Nb	980~1150℃，水冷或其他方式快冷	520	205	35
	07Cr18Ni11Nb	冷拔（轧）≥1100℃，热轧（挤、扩）≥1050℃，水冷或其他方式快冷	520	205	35
铁素体型	06Cr13Al	780~830℃，空冷或缓冷	415	205	20
	10Cr15	780~850℃，空冷或缓冷	415	240	20
	10Cr17	780~850℃，空冷或缓冷	415	240	20
	022Cr18Ti	780~950℃，空冷或缓冷	415	205	20
	019Cr19Mo2NbTi	800~1050℃，空冷	415	275	20
马氏体型	06Cr13	800~900℃，缓冷或 750℃空冷	370	180	22
	12Cr13	800~900℃，缓冷或 750℃空冷	415	205	20

9.7.6　流体输送用奥氏体-铁素体双相不锈钢无缝钢管

1. 流体输送用奥氏体-铁素体双相不锈钢无缝钢管的力学性能（见表 9-70）

表 9-70　流体输送用奥氏体-铁素体双相不锈钢无缝钢管的力学性能（GB/T 21833.2—2020）

牌号	热处理工艺		拉伸性能			硬度	
			抗拉强度 R_m/MPa	规定塑性延伸强度 $R_{p0.2}$/MPa	断后伸长率 A(%)	HBW	HRC
	加热温度/℃	冷却方式	≥			≤	
022Cr19Ni5Mo3Si2N	980~1040	急冷	630	440	30	290	30
022Cr22Ni5Mo3N	1020~1100	急冷	620	450	25	290	30

（续）

牌号	热处理工艺		拉伸性能			硬度	
			抗拉强度 R_m/MPa	规定塑性延伸强度 $R_{p0.2}$/MPa	断后伸长率 A（%）	HBW	HRC
	加热温度/℃	冷却方式	≥			≤	
022Cr23Ni4MoCuN	925~1050	急冷 $D \leqslant 25$mm	690	450	25	—	—
		急冷 $D>25$mm	600	400	25	290	30
022Cr23Ni5Mo3N	1020~1100	急冷	655	485	25	290	30
022Cr24Ni7Mo4CuN	1080~1120	急冷	770	550	25	310	32
022Cr25Ni6Mo2N	1050~1100	急冷	690	450	25	280	29
022Cr25Ni7Mo3WCuN	1020~1100	急冷	690	450	25	290	30
022Cr25Ni7Mo4N	1025~1125	急冷	800	550	15	300	32
03Cr25Ni6Mo3Cu2N	≥1040	急冷	760	550	15	297	31
022Cr25Ni7Mo4WCuN	1070~1140	急冷	750	550	25	300	32
06Cr26Ni4Mo2	925~955	急冷	620	485	20	271	28
12Cr21Ni5Ti	950~1100	急冷	590	345	20	—	—

2. 部分牌号钢管在固溶状态下的高温规定塑性延伸强度（见表 9-71）

表 9-71 部分牌号钢管在固溶状态下的高温规定塑性延伸强度（GB/T 21833.2—2020）

牌号	规定塑性延伸强度 $R_{p0.2}$/MPa ≥				
	50℃	100℃	150℃	200℃	250℃
022Cr19Ni5Mo3Si2N	430	370	350	330	325
022Cr22Ni5Mo3N 022Cr23Ni5Mo3N	415	360	335	310	295
022Cr23Ni4MoCuN	370	330	310	290	280
022Cr24Ni7Mo4CuN	485	450	420	400	380
022Cr25Ni7Mo4N	530	480	445	420	405
022Cr25Ni7Mo4WCuN	502	450	420	400	380

9.7.7 热交换器用奥氏体-铁素体双相不锈钢无缝钢管

1. 热交换器用奥氏体-铁素体双相不锈钢无缝钢管的力学性能（见表 9-72）

表 9-72 热交换器用奥氏体-铁素体双相不锈钢无缝钢管的力学性能（GB/T 21833.1—2020）

牌号	热处理工艺		拉伸性能			硬度	
			抗拉强度 R_m/MPa	规定塑性延伸强度 $R_{p0.2}$/MPa	断后伸长率 A（%）	HV10	HRC
	加热温度/℃	冷却方式	≥			≤	
022Cr19Ni5Mo3Si2N	980~1040	急冷	630	440	30	290	30
022Cr22Ni5Mo3N	1020~1100	急冷	620	450	25	290	30
022Cr23Ni4MoCuN	925~1050	急冷 $D \leqslant 25$mm	690	450	25	—	—
		急冷 $D>25$mm	600	400	25	290	30

（续）

牌号	热处理工艺		拉伸性能			硬度	
			抗拉强度 R_m/MPa	规定塑性延伸强度 $R_{p0.2}$/MPa	断后伸长率 A(%)	HV10	HRC
	加热温度/℃	冷却方式	≥			≤	
022Cr23Ni5Mo3N	1020~1100	急冷	655	485	25	290	30
022Cr24Ni7Mo4CuN	1080~1120	急冷	770	550	25	310	32
022Cr25Ni6Mo2N	1050~1100	急冷	690	450	25	280	29
022Cr25Ni7Mo3WCuN	1020~1100	急冷	690	450	25	290	30
022Cr25Ni7Mo4N	1025~1125	急冷	800	550	15	300	32
03Cr25Ni6Mo3Cu2N	≥1040	急冷	760	550	15	295	31
022Cr25Ni7Mo4WCuN	1070~1140	急冷	750	550	25	310	32

2. 部分牌号钢管在固溶状态下的高温规定塑性延伸强度（见表 9-73）

表 9-73 部分牌号钢管在固溶状态下的高温规定塑性延伸强度（GB/T 21833.1—2020）

牌号	规定塑性延伸强度 $R_{p0.2}$/MPa ≥				
	50℃	100℃	150℃	200℃	250℃
022Cr19Ni5Mo3Si2N	430	370	350	330	325
022Cr22Ni5Mo3N 022Cr23Ni5Mo3N	415	360	335	310	295
022Cr23Ni4MoCuN	370	330	310	290	280
022Cr24Ni7Mo4CuN	485	450	420	400	380
022Cr25Ni7Mo4N	530	480	445	420	405
022Cr25Ni7Mo4WCuN	502	450	420	400	380

9.7.8 锅炉和热交换器用不锈钢无缝钢管

1. 锅炉和热交换器用不锈钢无缝钢管的热处理与室温拉伸性能（表 9-74）

表 9-74 锅炉和热交换器用不锈钢无缝钢管的热处理与室温拉伸性能（GB 13296—2013）

组织类型	牌 号	热处理工艺	抗拉强度 R_m/MPa	规定塑性延伸强度 $R_{p0.2}$/MPa	断后伸长率 A(%)
			≥		
奥氏体型	12Cr18Ni9	1010~1150℃,急冷	520	205	35
	06Cr19Ni10	1010~1150℃,急冷	520	205	35
	022Cr19Ni10	1010~1150℃,急冷	480	175	35
	07Cr19Ni10	1010~1150℃,急冷	520	205	35
	06Cr19Ni10N	1010~1150℃,急冷	550	240	35
	022Cr19Ni10N	1010~1150℃,急冷	515	205	35
	16Cr23Ni13	1030~1150℃,急冷	520	205	35
	06Cr23Ni13	1030~1150℃,急冷	520	205	35
	20Cr25Ni20	1030~1180℃,急冷	520	205	35
	06Cr25Ni20	1030~1180℃,急冷	520	205	35
	06Cr17Ni12Mo2	1010~1150℃,急冷	520	205	35
	022Cr17Ni12Mo2	1010~1150℃,急冷	480	175	40
	07Cr17Ni12Mo2	≥1040℃,急冷	520	205	35
	06Cr17Ni12Mo2Ti	1000~1100℃,急冷	530	205	35

（续）

组织类型	牌　　号	热处理工艺	抗拉强度 R_m/MPa	规定塑性延伸强度 $R_{p0.2}$/MPa	断后伸长率 A(%)
			≥		
奥氏体型	06Cr17Ni12Mo2N	1010~1150℃，急冷	550	240	35
	022Cr17Ni12Mo2N	1010~1150℃，急冷	515	205	35
	06Cr18Ni12Mo2Cu2	1010~1150℃，急冷	520	205	35
	022Cr18Ni14Mo2Cu2	1010~1150℃，急冷	480	180	35
	015Cr21Ni26Mo5Cu2	1065~1150℃，急冷	490	220	35
	06Cr19Ni13Mo3	1010~1150℃，急冷	520	205	35
	022Cr19Ni13Mo3	1010~1150℃，急冷	480	175	35
	06Cr18Ni11Ti	920~1150℃，急冷	520	205	35
	07Cr19Ni11Ti	热轧（挤压）≥1050℃，急冷；冷拔（轧）≥1100℃，急冷	520	205	35
	06Cr18Ni11Nb	980~1150℃，急冷	520	205	35
	07Cr18Ni11Nb	热轧（挤压）≥1050℃，急冷；冷拔（轧）≥1100℃，急冷	520	205	35
	06Cr18Ni13Si4	1010~1150℃，急冷	520	205	35
铁素体型	10Cr17	780~850℃，空冷或缓冷	410	245	20
	008Cr27Mo	900~1050℃，急冷	410	245	20
马氏体型	06Cr13	750℃空冷或 800~900℃缓冷	410	210	20

注：热挤压钢管的抗拉强度可降低 20MPa。

2. 锅炉和热交换器用不锈钢无缝钢管的硬度（表 9-75）

表 9-75　锅炉和热交换器用不锈钢无缝钢管的硬度（GB 13296—2013）

组织类型	钢管的牌号	硬度 HBW	硬度 HRB	硬度 HV
奥氏体型	06Cr19Ni10N、022Cr19Ni10N、06Cr17Ni12Mo2N、022Cr17Ni12Mo2N	≤217	≤95	≤220
	06Cr18Ni13Si4	≤207	≤95	≤218
	其他	≤187	≤90	≤200
铁素体型	10Cr17	≤183	—	—
	008Cr27Mo	≤219	—	—
马氏体型	06Cr13	≤183	—	—

9.7.9　船舶用不锈钢无缝钢管

船舶用不锈钢无缝钢管的力学性能见表 9-76。

表 9-76　船舶用不锈钢无缝钢管的力学性能（GB/T 31928—2015）

牌号	推荐的热处理工艺	室温拉伸性能：抗拉强度 R_m/MPa	室温拉伸性能：规定塑性延伸强度 $R_{p0.2}$/MPa ≥	室温拉伸性能：断后伸长率 A(%)	硬度 HRC	硬度 HBW
					≤	
06Cr19Ni10	1010~1150℃，急冷	520~720	205	35	—	—
022Cr19Ni10	1010~1150℃，急冷	480~680	175	35	—	—
06Cr17Ni12Mo2	1010~1150℃，急冷	520~720	205	35	—	—
022Cr17Ni12Mo2	1010~1150℃，急冷	480~680	175	35	—	—
06Cr17Ni12Mo2Ti	1000~1100℃，急冷	520~720	205	35	—	—

（续）

牌号	推荐的热处理工艺	室温拉伸性能			硬度	
		抗拉强度 R_m/MPa	规定塑性延伸强度 $R_{p0.2}$/MPa	断后伸长率 A (%)	HRC	HBW
			≥		≤	
06Cr19Ni13Mo3	1010~1150℃,急冷	520~720	205	35	—	—
022Cr19Ni13Mo3	1010~1150℃,急冷	480~680	205	35	—	—
06Cr18Ni11Ti	920~1150℃,急冷	520~720	205	35	—	—
06Cr18Ni11Nb	980~1150℃,急冷	520~720	205	35	—	—
022Cr22Ni5Mo3N	1020~1100℃,急冷	≥620	450	25	30	290
022Cr23Ni5Mo3N	1020~1100℃,急冷	≥620	450	25	30	290
03Cr25Ni6Mo3Cu2N	≥1040,急冷	≥690	490	25	31	297
022Cr25Ni7Mo4N	1025~1125℃,急冷	≥790	550	20	32	300

9.7.10 机械结构用不锈钢焊接钢管

机械结构用不锈钢焊接钢管的力学性能见表9-77。

表9-77 机械结构用不锈钢焊接钢管的力学性能（GB/T 12770—2012）

牌号	规定塑性延伸强度 $R_{p0.2}$/MPa	抗拉强度 R_m/MPa	断后伸长率 A(%)	
			热处理状态	非热处理状态
	≥			
12Cr18Ni9	210	520	35	25
06Cr19Ni10	210	520		
022Cr19Ni10	180	480		
06Cr25Ni20	210	520		
06Cr17Ni12Mo2	210	520		
022Cr17Ni12Mo2	180	480		
06Cr18Ni11Ti	210	520		
06Cr18Ni11Nb	210	520		
022Cr22Ni5Mo3N	450	620	25	—
022Cr23Ni5Mo3N	485	655	25	—
022Cr25Ni7Mo4N	550	800	15	—
022Cr18Ti	180	360	20	—
019Cr19Mo2NbTi	240	410		
06Cr13Al	177	410		
022Cr11Ti	275	400	18	—
022Cr12Ni	275	400	18	—
06Cr13	210	410	20	—

9.7.11 流体输送用不锈钢焊接钢管

流体输送用不锈钢焊接钢管的力学性能见表9-78。

表 9-78　流体输送用不锈钢焊接钢管的力学性能（GB/T 12771—2019）

组织类型	牌号	推荐的热处理工艺	抗拉强度 R_m/MPa	规定塑性延伸强度 $R_{p0.2}$/MPa	断后伸长率 A(%)	
					热处理	非热处理
			≥			
奥氏体型	12Cr18Ni9	≥1040℃，快冷	515	205	40	35
	022Cr19Ni10	≥1040℃，快冷	485	180	40	35
	06Cr19Ni10	≥1040℃，快冷	515	205	40	35
	07Cr19Ni10	≥1040℃，快冷	515	205	40	35
	022Cr19Ni10N	≥1040℃，快冷	515	205	40	35
	06Cr19Ni10N	≥1040℃，快冷	550	240	30	25
	06Cr23Ni13	≥1040℃，快冷	515	205	40	35
	06Cr25Ni20	≥1040℃，快冷	515	205	40	35
	015Cr20Ni18Mo6CuN	≥1150℃，快冷	655	310	35	30
	022Cr17Ni12Mo2	≥1040℃，快冷	485	180	40	35
	06Cr17Ni12Mo2	≥1040℃，快冷	515	205	40	35
	07Cr17Ni12Mo2	≥1040℃，快冷	515	205	40	35
	022Cr17Ni12Mo2N	≥1040℃，快冷	515	205	40	35
	06Cr17Ni12Mo2N	≥1040℃，快冷	550	240	35	30
	06Cr17Ni12Mo2Ti	≥1040℃，快冷	515	205	40	35
	015Cr21Ni26Mo5Cu2	1030~1180℃，快冷	490	220	35	30
	06Cr18Ni11Ti①	≥1040℃，快冷	515	205	40	35
	07Cr19Ni11Ti①	≥1095℃，快冷	515	205	40	35
	06Cr18Ni11Nb①	≥1040℃，快冷	515	205	40	35
	07Cr18Ni11Nb①	≥1095℃，快冷	515	205	40	35
铁素体型	022Cr11Ti	800~900℃，快冷或缓冷	380	170	20	—
	022Cr12Ni	700~820℃，快冷或缓冷	450	280	18	—
	06Cr13Al	780~830℃，快冷或缓冷	415	170	20	—
	022Cr18Ti	780~950℃，快冷或缓冷	415	205	22	—
	019Cr19Mo2NbTi	800~1050℃，快冷	415	275	20	—

① 需方规定在固溶处理后进行稳定化热处理时，稳定化热处理温度为850~930℃。进行稳定化热处理的钢管应标识代号“ST”。

9.7.12　锅炉和热交换器用奥氏体不锈钢焊接钢管

奥氏体不锈钢焊接钢管的力学性能见表9-79。

表 9-79　奥氏体不锈钢焊接钢管的力学性能（GB/T 24593—2018）

牌号	推荐的热处理工艺	抗拉强度 R_m/MPa	规定塑性延伸强度 $R_{p0.2}$/MPa	断后伸长率 A(%)	硬度	
					HRB	HV
		≥			≤	
12Cr18Ni9	≥1040℃，急冷	515	205	35	90	200
06Cr19Ni10	≥1040℃，急冷	515	205	35	90	200
022Cr19Ni10	≥1040℃，急冷	485	170	35	90	200
07Cr19Ni10	≥1040℃，急冷	515	205	35	90	200
06Cr19Ni10N	≥1040℃，急冷	550	240	35	90	200
022Cr19Ni10N	≥1040℃，急冷	515	205	35	90	200
10Cr18Ni12	≥1040℃，急冷	515	205	35	90	200
06Cr23Ni13	≥1040℃，急冷	515	205	35	90	200
06Cr25Ni20	≥1040℃，急冷	515	205	35	90	200

（续）

牌号	推荐的热处理工艺	抗拉强度 R_m/MPa	规定塑性延伸强度 $R_{p0.2}$/MPa	断后伸长率 A(%)	硬度	
					HRB	HV
		≥			≤	
06Cr17Ni12Mo2	≥1040℃，急冷	515	205	35	90	200
022Cr17Ni12Mo2	≥1040℃，急冷	485	170	35	90	200
06Cr17Ni12Mo2Ti	≥1040℃，急冷	515	205	35	90	200
06Cr17Ni12Mo2N	≥1040℃，急冷	550	240	35	90	200
022Cr17Ni12Mo2N	≥1040℃，急冷	515	205	35	90	200
06Cr19Ni13Mo3	≥1040℃，急冷	515	205	35	90	200
022Cr19Ni13Mo3	≥1040℃，急冷	515	205	35	90	200
06Cr18Ni11Ti	≥1040℃，急冷	515	205	35	90	200
06Cr18Ni11Nb	≥1040℃，急冷	515	205	35	90	200
07Cr18Ni11Nb	≥1100℃，急冷	515	205	35	90	200
015Cr21Ni26Mo5Cu2	≥1100℃，急冷	490	230	35	90	200
015Cr20Ni18Mo6CuN	≥1110℃，急冷	655	310	35	96	220
022Cr21Ni25Mo7N	≥1110℃，急冷	655	310	30	96	220

9.8 不锈钢盘条

1. 奥氏体不锈钢盘条固溶状态的力学性能（见表 9-80）

表 9-80　奥氏体不锈钢盘条固溶状态的力学性能（GB/T 4356—2016）

牌号	组别[①]	抗拉强度 R_m/MPa	断后伸长率 A(%)	断面收缩率 Z(%)
12Cr18Ni9	1	≤650	≥40	≥60
	2	≤750	≥40	≥50
Y12Cr18Ni9[①]	1	≤650	≥40	≥50
	2	≤680	≥40	≥50
06Cr19Ni10	1	≤620	≥40	≥60
	2	≤700	≥40	≥50
022Cr19Ni10	1	≤620	≥40	≥60
	2	≤700	≥40	≥50
06Cr18Ni9Cu2	1	≤580	≥40	≥60
	2	≤650	≥40	≥60
06Cr18Ni9Cu3	1	≤580	≥40	≥60
	2	≤650	≥40	≥60
06Cr17Ni12Mo2	1	≤650	≥40	≥60
	2	≤680	≥40	≥60
022Cr17Ni12Mo2	1	≤620	≥40	≥60
	2	≤650	≥40	≥60
10Cr18Ni9Ti	1	≤650	≥40	≥60
	2	≤680	—	—

注：断后伸长率仅供参考，不作判定依据。

① 2 组是指非完全固溶。

2. 奥氏体-铁素体双相不锈钢盘条经固溶酸洗后的力学性能（见表 9-81）

表 9-81 奥氏体-铁素体双相不锈钢盘条经固溶酸洗后的力学性能（GB/T 39033—2020）

牌号	抗拉强度 R_m/MPa	断后伸长率 A(%)	断面收缩率 Z(%)
03Cr21Mn5Ni1MoCuN	≤850	≥30	≥50
022Cr22Ni2N	≤850	≥30	≥50
022Cr23Ni4MoCuN	≤850	≥30	≥50
022Cr19Ni5Mo3Si2N	≤850	≥30	≥50
022Cr22Ni5Mo3N	≤850	≥30	≥50
022Cr23Ni5Mo3N	≤850	≥30	≥50
022Cr25Ni7Mo4N	≤900	≥30	≥50
022Cr25Ni7Mo4WCuN	≤950	≥30	≥50

9.9 不锈钢丝

9.9.1 常用的不锈钢丝

1. 软态不锈钢丝的力学性能（见表 9-82）

表 9-82 软态不锈钢丝的力学性能（GB/T 4240—2019）

牌号	公称直径/mm	抗拉强度 R_m/MPa	断后伸长率 A[①](%)
12Cr17Mn6Ni5N、12Cr18Mn9Ni5N、12Cr18Ni9、Y12Cr18Ni9、07Cr19Ni10、16Cr23Ni13、20Cr25Ni20Si2	0.05~0.10	700~1000	≥15
	>0.10~0.30	660~950	≥20
	>0.30~0.60	640~920	≥20
	>0.60~1.00	620~900	≥25
	>1.00~3.00	620~880	≥30
	>3.00~6.00	600~850	≥30
	>6.00~10.0	580~830	≥30
	>10.0~16.0	550~800	≥30
Y06Cr17Mn6Ni6Cu2、Y12Cr18Ni9Cu3、06Cr19Ni10、022Cr19Ni10、10Cr18Ni12、06Cr20Ni11、06Cr23Ni13、06Cr25Ni20、06Cr17Ni12Mo2、022Cr17Ni12Mo2、06Cr17-Ni12Mo2Ti、06Cr19Ni13Mo3、06Cr18Ni11Ti	0.05~0.10	650~930	≥15
	>0.10~0.30	620~900	≥20
	>0.30~0.60	600~870	≥20
	>0.60~1.00	580~850	≥25
	>1.00~3.00	570~830	≥30
	>3.00~6.00	550~800	≥30
	>6.00~10.0	520~770	≥30
	>10.0~16.0	500~750	≥30
022Cr23Ni5Mo3N	1.00~3.00	700~1000	≥20
	>3.00~16.0	650~950	≥30
06Cr13Al、06Cr11Ti、04Cr11Nb	1.00~3.00	480~700	≥20
	>3.00~16.0	460~680	≥20
10Cr17、Y10Cr17、10Cr17Mo、10Cr17MoNb	1.00~3.00	480~650	≥15
	>3.00~16.0	450~650	≥15
026Cr24	1.00~3.00	480~680	≥20
	>3.00~16.0	450~650	≥30
06Cr13、12Cr13、Y12Cr13	1.00~3.00	470~650	≥20
	>3.00~16.0	450~650	≥20
20Cr13	1.00~3.00	500~750	≥15
	>3.00~16.0	480~700	≥15
30Cr13、32Cr13Mo、Y30Cr13、40Cr13、12Cr12Ni2、Y16Cr17Ni2、14Cr17Ni2	1.00~2.00	600~850	≥10
	>2.00~16.0	600~850	≥15

① 易切削钢丝和公称直径小于 1.00mm 的钢丝，断后伸长率供参考，不作判定依据。

2. 轻拉不锈钢丝的力学性能（见表9-83）

表9-83 轻拉不锈钢丝的力学性能（GB/T 4240—2019）

牌号	公称直径/mm	抗拉强度 R_m/MPa
12Cr17Mn6Ni5N、12Cr18Mn9Ni5N、Y06Cr17Mn6Ni6Cu2、12Cr18Ni9、Y12Cr18Ni9、Y12Cr18Ni9Cu3、06Cr19Ni10、022Cr19Ni10、07Cr19Ni10、10Cr18Ni12、06Cr20Ni11、16Cr23Ni13、06Cr23Ni13、06Cr25Ni20、20Cr25Ni20Si2、06Cr17Ni12Mo2、022Cr17Ni12Mo2、06Cr17Ni12Mo2Ti、06Cr19Ni13Mo3、06Cr18Ni11Ti	0.30~1.00	850~1200
	>1.00~3.00	830~1150
	>3.00~6.00	800~1100
	>6.00~10.0	770~1050
	>10.0~16.0	750~1030
06Cr13Al、06Cr11Ti、04Cr11Nb、10Cr17、Y10Cr17、10Cr17Mo、10Cr17MoNb	0.30~3.00	530~780
	>3.00~6.00	500~750
	>6.00~16.0	480~730
06Cr13、12Cr13、Y12Cr13、20Cr13	1.00~3.00	600~850
	>3.00~6.00	580~820
	>6.00~16.0	550~800
30Cr13、32Cr13Mo、Y30Cr13、Y16Cr17Ni2	1.00~3.00	650~950
	>3.00~6.00	600~900
	>6.00~16.0	600~850

3. 冷拉不锈钢丝的力学性能（见表9-84）

表9-84 冷拉不锈钢丝的力学性能（GB/T 4240—2019）

牌号	公称直径/mm	抗拉强度 R_m/MPa
12Cr17Mn6Ni5N、12Cr18Mn9Ni5N、12Cr18Ni9、06Cr19Ni10、07Cr19Ni10、10Cr18Ni12、06Cr17Ni12Mo2、06Cr18Ni11Ti	0.10~1.00	1200~1500
	>1.00~3.00	1150~1450
	>3.00~6.00	1100~1400
	>6.00~12.0	950~1250

9.9.2 不锈弹簧钢丝

1. 不锈弹簧钢丝的力学性能（见表9-85）

表9-85 不锈弹簧钢丝的力学性能（GB/T 24588—2019）

组别							
A组		B组	C组			D组	
06Cr19Ni10 07Cr19Ni10 12Cr18Ni9 06Cr17Ni12Mo2 12Cr18Mn9Ni5N 06Cr18Ni11Ti		07Cr19Ni10 12Cr18Ni9 06Cr19Ni10N 12Cr18Mn9Ni5N	07Cr17Ni7Al			12Cr16Mn8Ni3Cu3N	
公称直径 d/mm	冷拉钢丝抗拉强度 R_m/MPa		公称直径 d/mm	冷拉钢丝抗拉强度 R_m/MPa	试样时效①抗拉强度 R_m/MPa	公称直径 d/mm	冷拉钢丝抗拉强度 R_m/MPa
0.20~0.25	1700~2050	2050~2400	0.20	≥1970	2270~2610	0.20~0.25	1750~2050
			>0.20~0.30	≥1950	2250~2580		
>0.25~0.40	1650~1950	1950~2300	>0.30~0.40	≥1920	2220~2550	>0.25~0.30	1720~2000
			>0.40~0.50	≥1900	2200~2530	>0.30~0.45	1680~1950
>0.40~0.60	1600~1900	1900~2200	>0.50~0.63	≥1850	2150~2470		
			>0.63~0.80	≥1820	2120~2440	>0.45~0.70	1650~1900
>0.60~1.0	1550~1850	1850~2150	>0.80~1.0	≥1800	2100~2410	>0.70~1.1	1620~1870

（续）

组别

A组：06Cr19Ni10、07Cr19Ni10、12Cr18Ni9、06Cr17Ni12Mo2、12Cr18Mn9Ni5N、06Cr18Ni11Ti		B组：07Cr19Ni10、12Cr18Ni9、06Cr19Ni10N、12Cr18Mn9Ni5N
公称直径 d/mm	冷拉钢丝抗拉强度 R_m/MPa	
>1.0~1.4	1450~1750	1750~2050
>1.4~2.0	1400~1650	1650~1900
>2.0~2.5	1320~1570	1550~1800
>2.5~4.0	1230~1480	1450~1700
>4.0~6.0	1100~1350	1350~1600
>6.0~8.0	1020~1270	1270~1520
>8.0~9.0	1000~1250	1150~1400
>9.0~10.0	980~1200	1000~1250
>10.0~12.0	—	1000~1250

C组：07Cr17Ni7Al		
公称直径 d/mm	冷拉钢丝抗拉强度 R_m/MPa	试样时效①抗拉强度 R_m/MPa
>1.0~1.2	≥1750	2050~2350
>1.2~1.5	≥1700	2000~2300
>1.5~1.6	≥1650	1950~2240
>1.6~2.0	≥1600	1900~2180
>2.0~2.5	≥1550	1850~2140
>2.5~3.0	≥1500	1790~2060
>3.0~3.5	≥1450	1740~2000
>3.5~4.0	≥1400	1680~1930
>4.0~5.0	≥1350	1620~1870
>5.0~6.0	≥1300	1550~1800
>6.0~7.0	≥1250	1500~1750
>7.0~8.0	≥1200	1450~1700
>8.0~10.0	≥1150	1400~1650
—	—	—

D组：12Cr16Mn8Ni3Cu3N	
公称直径 d/mm	冷拉钢丝抗拉强度 R_m/MPa
>0.70~1.1	1620~1870
>1.1~1.4	1580~1830
>1.4~2.2	1550~1800
>2.2~3.0	1510~1760
>3.0~4.0	1480~1730
>4.0~4.5	1400~1650
>4.5~5.5	1330~1580
>5.5~6.0	1230~1480

① 推荐试样时效处理工艺制度为：400~500℃，保温0.5~1.5h，空冷。

2. 04Cr12Ni8Cu2TiNb 钢丝的抗拉强度（见表9-86）

表9-86 04Cr12Ni8Cu2TiNb 钢丝的抗拉强度（GB/T 24588—2019）

公称直径 d/mm	冷拉状态 R_m/MPa ≥	试样时效处理① R_m/MPa
0.20~1.0	1690	2205~2415
>1.0~1.30	1620	2135~2345
>1.30~1.50	1550	2100~2310
>1.50~1.90	1515	2035~2240
>1.90~2.20	1480	2000~2205
>2.20~2.40	1450	1965~2170
>2.40~2.80	1380	1915~2125
>2.80~3.20	1345	1875~2080
>3.20~3.80	1310	1825~2035
>3.80~12.0	1240	1795~2000

注：钢丝以直条或定尺长度交货时，最小抗拉强度为表中规定值的90%。

① 时效温度为454℃，保温0.5h，然后空冷。

3. 12Cr18Mn12Ni2N 钢丝冷拉状态的抗拉强度（见表 9-87）

表 9-87　12Cr18Mn12Ni2N 钢丝冷拉状态的抗拉强度（GB/T 24588—2019）

公称直径 d/mm	抗拉强度 R_m/MPa	公称直径 d/mm	抗拉强度 R_m/MPa
0.2~0.23	2240~2450	>0.71~0.81	1945~2150
>0.23~0.25	2205~2415	>0.81~0.94	1910~2120
>0.25~0.28	2195~2400	>0.94~1.04	1880~2090
>0.28~0.30	2180~2385	>1.04~1.19	1860~2070
>0.30~0.33	2165~2370	>1.19~1.37	1825~2035
>0.33~0.36	2150~2360	>1.37~2.21	1795~2000
>0.36~0.38	2135~2345	>2.21~3.05	1760~1965
>0.38~0.41	2125~2330	>3.05~4.22	1725~1930
>0.41~0.43	2110~2315	>4.22~4.88	1655~1860
>0.43~0.46	2095~2305	>4.88~5.72	1585~1795
>0.46~0.51	2070~2275	>5.72~7.06	1480~1690
>0.51~0.56	2040~2250	>7.06~8.41	1380~1585
>0.56~0.61	2015~2220	>8.41~10.00	1275~1480
>0.61~0.66	1995~2200	>10.00~12.00	1105~1310
>0.66~0.71	1970~2180		

注：钢丝以直条或定尺长度交货时，最小抗拉强度为表中规定值的 85%。

9.9.3　冷顶锻用不锈钢丝

冷顶锻用不锈钢丝的力学性能见表 9-88。

表 9-88　冷顶锻用不锈钢丝的力学性能（GB/T 4232—2019）

牌号	公称直径/mm	抗拉强度 R_m/MPa	断面收缩率 Z(%) ≥	断后伸长率 A(%) ≥
软态冷顶锻用不锈钢丝				
ML04Cr17Mn7Ni5CuN	0.80~3.00	700~900	65	20
	>3.00~11.00	650~850	65	30
ML04Cr16Mn8Ni2Cu3N	0.80~3.00	650~850	65	20
	>3.00~11.00	620~820	65	30
ML06Cr19Ni10	0.80~3.00	580~740	65	30
ML022Cr19Ni10	>3.00~11.00	550~710	65	40
ML06Cr19Ni10Cu	0.80~3.00	570~730	65	30
	>3.00~11.00	540~700	65	40
ML06Cr18Ni9Cu2	0.80~3.00	560~720	65	30
	>3.00~11.00	520~680	65	40
ML022Cr18Ni9Cu3	0.80~3.00	480~640	65	30
ML03Cr18Ni12	>3.00~11.00	450~610	65	40
ML06Cr17Ni12Mo2	0.80~3.00	560~720	65	30
ML022Cr17Ni12Mo2	>3.00~11.00	500~660	65	40
ML022Cr18Ni14Mo2Cu2	0.80~3.00	540~700	65	30
	>3.00~11.00	500~660	65	40
ML06Cr18Ni11Ti	1.00~3.00	580~730	60	25
	>3.00~11.00	550~700	60	30
ML03Cr16Ni18	0.80~3.00	480~640	65	30
	>3.00~11.00	440~600	65	40
ML06Cr11Ti	0.80~3.00	480~700	20	15
ML04Cr11Nb	>3.00~11.00	460~680	20	15

（续）

牌号	公称直径/mm	抗拉强度 R_m/MPa	断面收缩率 Z(%) ≥	断后伸长率 A(%) ≥
软态冷顶锻用不锈钢丝				
ML022Cr11NiNbTi ML10Cr15 ML04Cr17 ML06Cr17Mo	0.80~3.00	480~700	20	15
	>3.00~11.00	460~680	20	15
ML12Cr13	0.80~3.00	440~640	55	—
	>3.00~11.00	400~600	55	15
ML20Cr13 ML30Cr13	0.80~3.00	600~750	55	—
	>3.00~11.00	550~700	55	15
ML22Cr14NiMo	0.80~3.00	540~780	55	—
	>3.00~11.00	500~740	55	15
ML14Cr17Ni2	0.80~3.00	560~800	55	—
	>3.00~11.00	540~780	55	15
轻拉冷顶锻用不锈钢丝				
ML04Cr17Mn7Ni5CuN	0.80~3.00	800~1000	55	15
	>3.00~20.00	750~950	55	20
ML04Cr16Mn8Ni2Cu3N	0.80~3.00	760~960	55	15
	>3.00~20.00	720~920	55	20
ML06Cr19Ni10	0.80~3.00	640~800	55	20
	>3.00~20.00	590~750	55	25
ML022Cr19Ni10	0.80~3.00	640~820	55	20
	>3.00~20.00	630~790	55	25
ML06Cr19Ni10Cu	0.80~3.00	600~780	55	20
	>3.00~20.00	570~730	55	25
ML06Cr18Ni9Cu2	0.80~3.00	590~760	55	20
	>3.00~20.00	550~710	55	25
ML022Cr18Ni9Cu3 ML03Cr18Ni12	0.80~3.00	520~680	55	20
	>3.00~20.00	480~640	55	25
ML06Cr17Ni12Mo2	0.80~3.00	600~760	55	20
	>3.00~20.00	550~710	55	25
ML022Cr17Ni12Mo2 ML022Cr18Ni14Mo2Cu2	0.80~3.00	580~740	55	20
	>3.00~20.00	550~710	55	25
ML06Cr18Ni11Ti	1.00~3.00	650~800	55	15
	>3.00~14.00	550~700	55	20
ML03Cr16Ni18	0.80~3.00	520~680	55	20
	>3.0~20.00	480~640	55	25
ML06Cr11Ti ML04Cr11Nb	0.80~3.00	≤650	55	—
	>3.00~20.00	≤650	55	10
ML022Cr11NiNbTi	0.80~3.00	530~700	15	10
	>3.00~20.00	520~680	15	10
ML10Cr15	0.80~3.00	≤700	55	—
	>3.00~20.00	≤700	55	10
ML04Cr17	0.80~3.00	≤700	55	—
	>3.00~20.00	≤700	55	10
ML06Cr17Mo	0.80~3.00	≤720	55	—
	>3.00~20.00	≤720	55	10
ML12Cr13	0.80~3.00	≤740	50	—
	>3.00~20.00	≤740	50	10

（续）

牌号	公称直径/mm	抗拉强度 R_m/MPa	断面收缩率 Z(%) ≥	断后伸长率 A(%) ≥
轻拉冷顶锻用不锈钢丝				
ML20Cr13	0.80~3.00	≤800	50	—
ML30Cr13	>3.00~20.0	≤800	50	10
ML22Cr14NiMo	0.80~3.00	≤780	50	—
	>3.00~20.0	≤780	50	10
ML14Cr17Ni2	0.80~3.00	≤850	50	—
	>3.00~20.0	≤850	50	10

注：公称直径不大于 3.00mm 的钢丝断面收缩率和断后伸长率仅供参考，不作判定依据。

9.10 不锈钢丝绳

1. 不锈钢丝绳的分类（见表 9-89）

表 9-89 不锈钢丝绳的分类（GB/T 9944—2015）

类别	结构		公称直径范围/mm
	钢丝绳	股绳	
1×3	1×3	0-3	0.15~0.65
1×7	1×7	1-6	0.15~6.0
1×19	1×19	1-6-12	0.6~6.0
3×7	3×7	1-6	0.7~1.2
6×7	6×7	1-6	0.45~8.0
6×19(a)	6×19S	1-9-9	6.0~35.0
	6×19W	1-6-6+6	
	6×25Fi	1-6-6F-12	
	6×26WS	1-5-5+5-10	
	6×31WS	1-6-6+6-12	
6×19(b)	6×19	1-6-12	1.5~30.0
8×19	8×19S	1-9-9	8.0~35.0
	8×19W	1-6-6+6	
	8×25Fi	1-6-6F-12	
	8×26WS	1-5-5+5-10	
	8×31WS	1-6-6+6-12	

2. 不锈钢丝绳的结构

不锈钢丝绳的结构如图 9-1 所示。

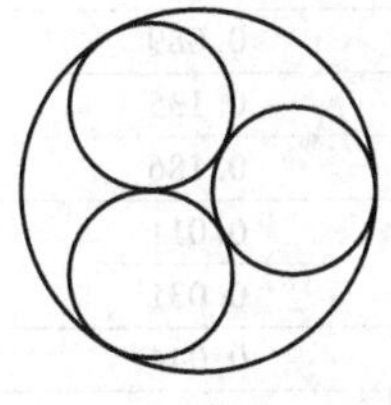

1×3

1×7

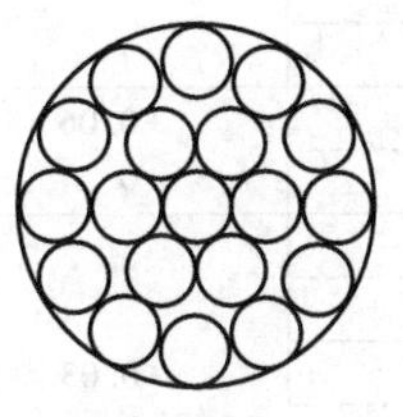

1×19

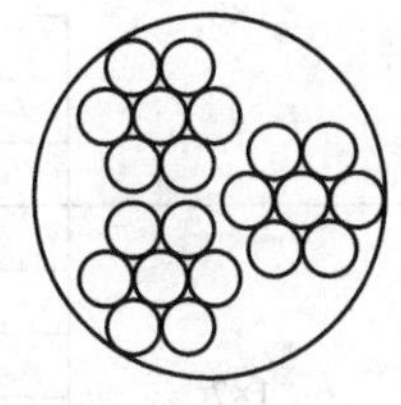

3×7

图 9-1 不锈钢丝绳的结构

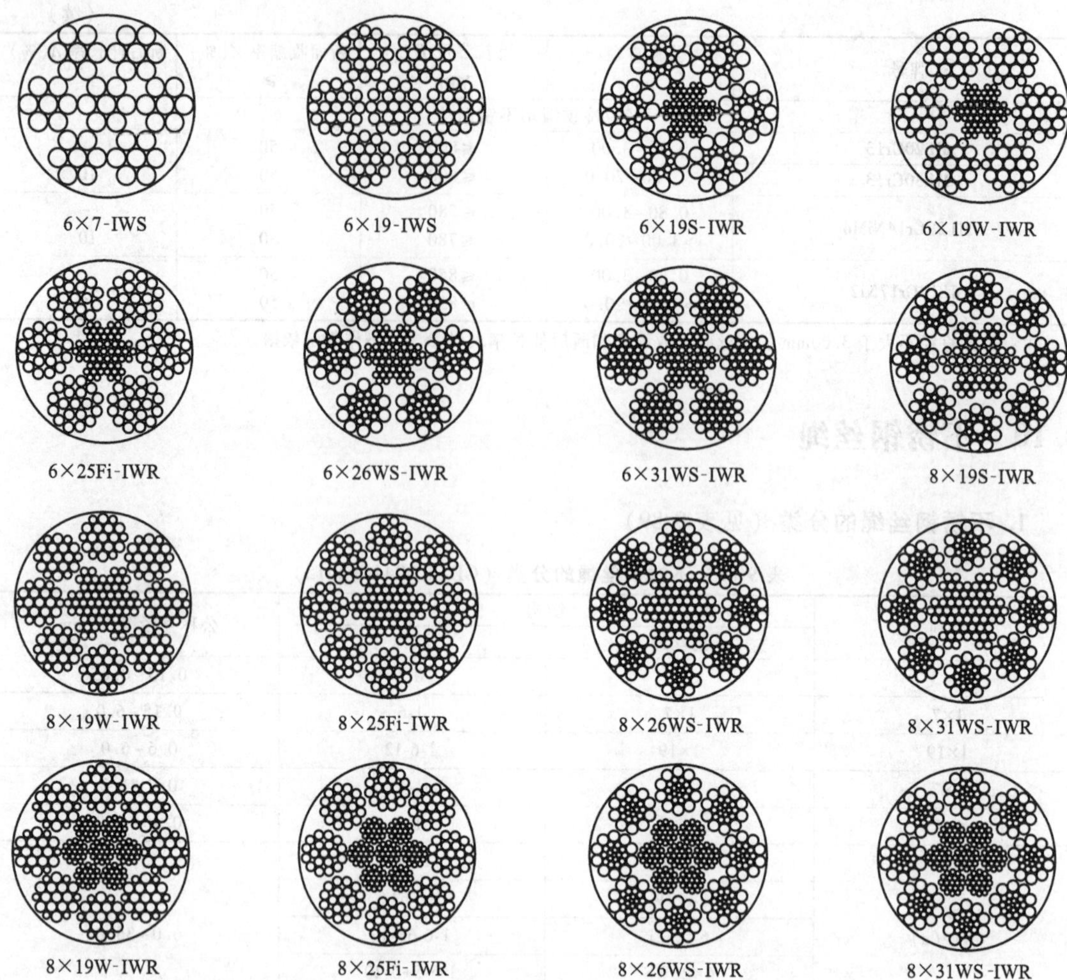

图 9-1 不锈钢丝绳的结构（续）

3. 不锈钢丝绳的力学性能（见表 9-90）

表 9-90 不锈钢丝绳的力学性能（GB/T 9944—2015）

结构	公称直径/mm	允许偏差/mm	最小破断拉力/kN		参考重量/(kg/100m)
			12Cr18Ni9 06Cr19Ni10	06Cr17Ni12Mo2	
1×3	0.15	+0.03 0	0.022	—	0.012
	0.25		0.056		0.029
	0.35		0.113		0.055
	0.45		0.185		0.089
	0.55	+0.06 0	0.284	—	0.135
	0.65		0.393		0.186
1×7	0.15	+0.03 0	0.025	—	0.011
	0.25		0.063		0.031
	0.30		0.093		0.044
	0.35		0.127		0.061
	0.40		0.157		0.080
	0.45		0.200		0.100

（续）

结构	公称直径/mm	允许偏差/mm	最小破断拉力/kN		参考重量/(kg/100m)
			12Cr18Ni9 06Cr19Ni10	06Cr17Ni12Mo2	
1×7	0.50	+0.06 0	0.255	0.231	0.125
	0.60		0.382	0.333	0.180
	0.70		0.540	0.445	0.245
	0.80	+0.08 0	0.667	0.588	0.327
	0.90		0.823	0.736	0.400
	1.0		1.00	0.910	0.500
	1.2	+0.10 0	1.32	1.21	0.70
	1.5		2.26	2.05	1.18
	2.0	+0.20 0	4.02	3.63	2.10
	2.5	+0.25 0	6.13	5.34	3.27
	3.0	+0.30 0	8.83	7.70	4.71
	3.5	+0.35 0	11.6	9.81	6.67
	4.0	+0.40 0	15.1	12.7	8.34
	5.0	+0.50 0	22.8	19.2	13.1
	6.0	+0.60 0	33.0	27.8	18.9
1×19	0.60	+0.08 0	0.343	—	0.175
	0.70		0.470		0.240
	0.80		0.617		0.310
	0.90	+0.09 0	0.774	—	0.390
	1.0	+0.10 0	0.950	0.814	0.500
	1.2	+0.12 0	1.27	1.17	0.70
	1.5		2.25	1.81	1.10
	2.0	+0.20 0	3.82	3.24	2.00
	2.5	+0.25 0	5.58	5.10	3.13
	3.0	+0.30 0	8.03	7.31	4.50
	3.5	+0.35 0	10.6	9.32	6.13
	4.0	+0.40 0	13.9	12.2	8.19
	5.0	+0.50 0	21.0	17.8	12.9
	6.0	+0.60 0	30.4	25.5	18.5

（续）

结构	公称直径/mm	允许偏差/mm	最小破断拉力/kN		参考重量/(kg/100m)
			12Cr18Ni9 06Cr19Ni10	06Cr17Ni12Mo2	
3×7	0.70	+0.08 0	0.323	—	0.182
	0.80		0.488		0.238
	1.0	+0.12 0	0.686	—	0.375
	1.2		0.931		0.540
6×7-WSC	0.45	+0.09 0	0.142	—	0.08
	0.50		0.176	—	0.12
	0.60		0.253	—	0.15
	0.70		0.345	—	0.20
	0.80		0.461	0.384	0.26
	0.90		0.539	0.485	0.32
	1.0	+0.15 0	0.637	0.599	0.40
	1.2*		1.20	0.915	0.65
	1.5	+0.20 0	1.67	1.47	0.93
	1.6*		2.15	1.63	1.20
	1.8		2.25	1.94	1.35
	2.0		2.94	2.55	1.65
	2.4*	+0.30 0	4.10	3.45	2.40
	3.0		6.37	5.39	3.70
	3.2		7.15	6.14	4.20
	3.5	+0.40 0	7.64	6.81	5.10
	4.0		9.51	8.90	6.50
	4.5		12.1	11.3	8.30
	5.0	+0.50 0	14.7	13.9	10.5
	6.0	+0.60 0	18.6	18.6	15.1
	8.0		40.6	35.6	26.6
6×19-WSC	1.5	+0.20 0	1.63	1.37	0.93
	1.6		1.85	1.56	1.12
	2.4*	+0.30 0	4.10	3.52	2.60
	3.2*		7.85	6.08	4.30
	4.0*	+0.40 0	10.7	9.51	6.70
	4.8*		16.5	13.69	9.70
	5.0		17.4	14.9	10.5
	5.6*		22.3	18.6	12.8
	6.0		23.5	20.8	14.9
	6.4*		28.5	23.7	16.4
	7.2*	+0.50 0	34.7	29.9	20.8
	8.0*	+0.56 0	40.1	36.1	25.8
	9.5*	+0.66 0	53.4	47.9	36.2
6×19-IWRC	11.0	+0.76 0	72.5	64.3	53.0
	12.7	+0.84 0	101	85.7	68.2

（续）

结构	公称直径/mm	允许偏差/mm	最小破断拉力/kN		参考重量/（kg/100m）
			12Cr18Ni9 06Cr19Ni10	06Cr17Ni12Mo2	
6×19-IWRC	14.3	+0.91 0	127	109	87.8
	16.0	+0.99 0	156	136	106
	19.0	+1.14 0	221	192	157
	22.0	+1.22 0	295	249	213
	25.4	+1.27 0	380	321	278
	28.5	+1.37 0	474	413	357
	30.0	+1.50 0	499	448	396
6×19S 6×19W 6×25Fi 6×26WS 6×31WS	6.0	+0.42 0	23.9		15.4
	7.0		32.6		20.7
	8.0	+0.56 0	42.6		27.0
	8.75		54.0		32.4
	9.0		54.0		34.2
	10.0		63.0		42.2
	11.0	+0.66 0	76.2		53.1
	12.0		85.6		60.8
	13.0	+0.82 0	106		71.4
	14.0		123		82.8
	16.0		161		108
	18.0	+1.10 0	192		137
	20.0		237		168
	22.0	+1.20 0	304		216
	24.0		342		241
	26.0	+1.40 0	401		282
	28.0		466		327
	30.0	+1.60 0	503		376
	32.0		572		428
	35.0	+1.75 0	687		512
8×19S 8×19W 8×25Fi 8×26WS 8×31WS	8.0	+0.56 0	42.6		28.3
	8.75		54.0		33.9
	9.0		54.0		35.8
	10.0		61.2		44.2
	11.0	+0.66 0	74.0		53.5
	12.0		83.3		63.7
	13.0	+0.82 0	103		74.8
	14.0		120		86.7
	16.0		156		113
	18.0	+1.10 0	187		143
	20.0		231		176
	22.0	+1.20 0	296		219
	24.0		332		252

（续）

结构	公称直径/mm	允许偏差/mm	最小破断拉力/kN		参考重量/(kg/100m)
			12Cr18Ni9 06Cr19Ni10	06Cr17Ni12Mo2	
8×19S 8×19W 8×25Fi 8×26WS 8×31WS	26.0	+1.40 0	390		296
	28.0		453		343
	30.0	+1.60 0	489		392
	32.0		556		445
	35.0	+1.75 0	651		533

注：1. 表中带“＊”的钢丝绳（12Cr18Ni9、06Cr19Ni10 材质）规格适用于飞机操纵用钢丝绳。

2. 8.75mm 钢丝绳主要用于电气化铁路接触网滑轮补偿装置。

3. 公称直径≤8.0mm 为钢丝股芯，≥8.75mm 为钢丝绳芯。

4. 飞机操纵用钢丝绳的断后伸长率和疲劳性能

（1）飞机操纵用钢丝绳的断后伸长率（见表 9-91）

表 9-91 钢丝绳的断后伸长率（GB/T 9944—2015）

钢丝绳结构	断后伸长率(%) ≤	钢丝绳结构	断后伸长率(%) ≤
6×7-WSC	0.85	6×19-WSC	1.00

（2）飞机操纵用钢丝绳的疲劳性能（表 9-92）

表 9-92 飞机操纵用钢丝绳的疲劳性能（GB/T 9944—2015）

结构	公称直径/mm	滑轮直径/mm	施加张力/N	疲劳次数	试验后破断拉力/kN ≥
6×7-WSC	1.2	14.27	13.5	70000	0.70
	1.6	19.05	22	70000	1.28
	2.4	30.98	40	70000	2.45
6×19-WSC	2.4	16.7	40	70000	2.45
	3.2	22.2	80	70000	4.70
	4.0	37.7	107	130000	6.40
	4.8	45.2	165	130000	9.90
	5.6	52.8	225	130000	13.4
	6.4	60.3	285	130000	17.0
	7.2	67.8	350	130000	20.8
	8.0	75.4	400	130000	24.0
	9.5	90.5	535	130000	32.0

注：1 循环=2 次疲劳。

9.11 不锈钢焊条

1. 不锈钢焊条的型号和熔敷金属的化学成分（见表 9-93）

表 9-93 不锈钢焊条的型号和熔敷金属的化学成分（GB/T 983—2012）

焊条型号[①]	化学成分(质量分数,%)[②]									
	C	Mn	Si	P	S	Cr	Ni	Mo	Cu	其他
E209-XX	0.06	4.0~7.0	1.00	0.04	0.03	20.5~24.0	9.5~12.0	1.5~3.0	0.75	N:0.10~0.30 V:0.10~0.30
E219-XX	0.06	8.0~10.0	1.00	0.04	0.03	19.0~21.5	5.5~7.0	0.75	0.75	N:0.10~0.30
E240-XX	0.06	10.5~13.5	1.00	0.04	0.03	17.0~19.0	4.0~6.0	0.75	0.75	N:0.10~0.30

（续）

焊条型号[①]	化学成分（质量分数，%）[②]								
	C	Mn	Si	P	S	Cr	Ni	Mo	Cu	其他
E307-XX	0.04~0.14	3.30~4.75	1.00	0.04	0.03	18.0~21.5	9.0~10.7	0.5~1.5	0.75	—
E308-XX	0.08	0.5~2.5	1.00	0.04	0.03	18.0~21.0	9.0~11.0	0.75	0.75	—
E308H-XX	0.04~0.08	0.5~2.5	1.00	0.04	0.03	18.0~21.0	9.0~11.0	0.75	0.75	—
E308L-XX	0.04	0.5~2.5	1.00	0.04	0.03	18.0~21.0	9.0~12.0	0.75	0.75	—
E308Mo-XX	0.08	0.5~2.5	1.00	0.04	0.03	18.0~21.0	9.0~12.0	2.0~3.0	0.75	—
E308LMo-XX	0.04	0.5~2.5	1.00	0.04	0.03	18.0~21.0	9.0~12.0	2.0~3.0	0.75	—
E309L-XX	0.04	0.5~2.5	1.00	0.04	0.03	22.0~25.0	12.0~14.0	0.75	0.75	—
E309-XX	0.15	0.5~2.5	1.00	0.04	0.03	22.0~25.0	12.0~14.0	0.75	0.75	—
E309H-XX	0.04~0.15	0.5~2.5	1.00	0.04	0.03	22.0~25.0	12.0~14.0	0.75	0.75	—
E309LNb-XX	0.04	0.5~2.5	1.00	0.040	0.030	22.0~25.0	12.0~14.0	0.75	0.75	Nb+Ta：0.70~1.00
E309Nb-XX	0.12	0.5~2.5	1.00	0.04	0.03	22.0~25.0	12.0~14.0	0.75	0.75	Nb+Ta：0.70~1.00
E309Mo-XX	0.12	0.5~2.5	1.00	0.04	0.03	22.0~25.0	12.0~14.0	2.0~3.0	0.75	—
E309LMo-XX	0.04	0.5~2.5	1.00	0.04	0.03	22.0~25.0	12.0~14.0	2.0~3.0	0.75	—
E310-XX	0.08~0.20	1.0~2.5	0.75	0.03	0.03	25.0~28.0	20.0~22.5	0.75	0.75	—
E310H-XX	0.35~0.45	1.0~2.5	0.75	0.03	0.03	25.0~28.0	20.0~22.5	0.75	0.75	—
E310Nb-XX	0.12	1.0~2.5	0.75	0.03	0.03	25.0~28.0	20.0~22.0	0.75	0.75	Nb+Ta：0.70~1.00
E310Mo-XX	0.12	1.0~2.5	0.75	0.03	0.03	25.0~28.0	20.0~22.0	2.0~3.0	0.75	—
E312-XX	0.15	0.5~2.5	1.00	0.04	0.03	28.0~32.0	8.0~10.5	0.75	0.75	—
E316-XX	0.08	0.5~2.5	1.00	0.04	0.03	17.0~20.0	11.0~14.0	2.0~3.0	0.75	—
E316H-XX	0.04~0.08	0.5~2.5	1.00	0.04	0.03	17.0~20.0	11.0~14.0	2.0~3.0	0.75	—
E316L-XX	0.04	0.5~2.5	1.00	0.04	0.03	17.0~20.0	11.0~14.0	2.0~3.0	0.75	—
E316LCu-XX	0.04	0.5~2.5	1.00	0.040	0.030	17.0~20.0	11.0~16.0	1.20~2.75	1.00~2.50	—
E316LMn-XX	0.04	5.0~8.0	0.90	0.04	0.03	18.0~21.0	15.0~18.0	2.5~3.5	0.75	N:0.10~0.25
E317-XX	0.08	0.5~2.5	1.00	0.04	0.03	18.0~21.0	12.0~14.0	3.0~4.0	0.75	—

（续）

焊条型号[1]	化学成分(质量分数,%)[2]								
	C	Mn	Si	P	S	Cr	Ni	Mo	Cu	其他
E317L-XX	0.04	0.5~2.5	1.00	0.04	0.03	18.0~21.0	12.0~14.0	3.0~4.0	0.75	—
E317MoCu-XX	0.08	0.5~2.5	0.90	0.035	0.030	18.0~21.0	12.0~14.0	2.0~2.5	2	—
E317LMoCu-XX	0.04	0.5~2.5	0.90	0.035	0.030	18.0~21.0	12.0~14.0	2.0~2.5	2	—
E318-XX	0.08	0.5~2.5	1.00	0.04	0.03	17.0~20.0	11.0~14.0	2.0~3.0	0.75	Nb+Ta:6C~1.00
E318V-XX	0.08	0.5~2.5	1.00	0.035	0.03	17.0~20.0	11.0~14.0	2.0~2.5	0.75	V:0.30~0.70
E320-XX	0.07	0.5~2.5	0.60	0.04	0.03	19.0~21.0	32.0~36.0	2.0~3.0	3.0~4.0	Nb+Ta:8C~1.00
E320LR-XX	0.03	1.5~2.5	0.30	0.020	0.015	19.0~21.0	32.0~36.0	2.0~3.0	3.0~4.0	Nb+Ta:8C~0.40
E330-XX	0.18~0.25	1.0~2.5	1.00	0.04	0.03	14.0~17.0	33.0~37.0	0.75	0.75	—
E330H-XX	0.35~0.45	1.0~2.5	1.00	0.04	0.03	14.0~17.0	33.0~37.0	0.75	0.75	—
E330MoMn-WNb-XX	0.20	3.5	0.70	0.035	0.030	15.0~17.0	33.0~37.0	2.0~3.0	0.75	Nb:1.0~2.0 W:2.0~3.0
E347-XX	0.08	0.5~2.5	1.00	0.04	0.03	18.0~21.0	9.0~11.0	0.75	0.75	Nb+Ta:8C~1.00
E347L-XX	0.04	0.5~2.5	1.00	0.040	0.030	18.0~21.0	9.0~11.0	0.75	0.75	Nb+Ta:8C~1.00
E349-XX	0.13	0.5~2.5	1.00	0.04	0.03	18.0~21.0	8.0~10.0	0.35~0.65	0.75	Nb+Ta:0.75~1.20 V:0.10~0.30 Ti≤0.15 W:1.25~1.75
E383-XX	0.03	0.5~2.5	0.90	0.02	0.02	26.5~29.0	30.0~33.0	3.2~4.2	0.6~1.5	—
E385-XX	0.03	1.0~2.5	0.90	0.03	0.02	19.5~21.5	24.0~26.0	4.2~5.2	1.2~2.0	—
E409Nb-XX	0.12	1.00	1.00	0.040	0.030	11.0~14.0	0.60	0.75	0.75	Nb+Ta:0.50~1.50
E410-XX	0.12	1.0	0.90	0.04	0.03	11.0~14.0	0.70	0.75	0.75	—
E410NiMo-XX	0.06	1.0	0.90	0.04	0.03	11.0~12.5	4.0~5.0	0.40~0.70	0.75	—
E430-XX	0.10	1.0	0.90	0.04	0.03	15.0~18.0	0.6	0.75	0.75	—
E430Nb-XX	0.10	1.00	1.00	0.040	0.030	15.0~18.0	0.60	0.75	0.75	Nb+Ta:0.50~1.50
E630-XX	0.05	0.25~0.75	0.75	0.04	0.03	16.00~16.75	4.5~5.0	0.75	3.25~4.00	Nb+Ta:0.15~0.30
E1682-XX	0.10	0.5~2.5	0.60	0.03	0.03	14.5~16.5	7.5~9.5	1.0~2.0	0.75	—
E1625MoN-XX	0.12	0.5~2.5	0.90	0.035	0.030	14.0~18.0	22.0~27.0	5.0~7.0	0.75	N≥0.1
E2209-XX	0.04	0.5~2.0	1.00	0.04	0.03	21.5~23.5	7.5~10.5	2.5~3.5	0.75	N:0.08~0.20

（续）

焊条型号[①]	化学成分(质量分数,%)[②]								
	C	Mn	Si	P	S	Cr	Ni	Mo	Cu	其他
E2553-XX	0.06	0.5~1.5	1.0	0.04	0.03	24.0~27.0	6.5~8.5	2.9~3.9	1.5~2.5	N:0.10~0.25
E2593-XX	0.04	0.5~1.5	1.0	0.04	0.03	24.0~27.0	8.5~10.5	2.9~3.9	1.5~3.0	N:0.08~0.25
E2594-XX	0.04	0.5~2.0	1.00	0.04	0.03	24.0~27.0	8.0~10.5	3.5~4.5	0.75	N:0.20~0.30
E2595-XX	0.04	2.5	1.2	0.03	0.025	24.0~27.0	8.0~10.5	2.5~4.5	0.4~1.5	N:0.20~0.30 W:0.4~1.0
E3155-XX	0.10	1.0~2.5	1.00	0.04	0.03	20.0~22.5	19.0~21.0	2.5~3.5	0.75	Nb+Ta: 0.75~1.25 Co:18.5~21.0 W:2.0~3.0
E3331-XX	0.03	2.5~4.0	0.9	0.02	0.01	31.0~35.0	30.0~32.0	1.0~2.0	0.4~0.8	N:0.3~0.5

注：表中单值均为最大值。
① 焊条型号中-XX 表示焊接位置和药皮类型。
② 化学分析应按表中规定的元素进行分析。如果在分析过程中发现其他化学成分，则应进一步分析这些元素的含量，除铁外，质量分数不应超过 0.5%。

2. 熔敷金属的力学性能（见表 9-94）

表 9-94 熔敷金属的力学性能（GB/T 983—2012）

焊条型号	抗拉强度 R_m/MPa	断后伸长率 A(%)	焊后热处理	焊条型号	抗拉强度 R_m/MPa	断后伸长率 A(%)	焊后热处理
E209-XX	690	15	—	E317LMoCu-XX	540	25	—
E219-XX	620	15	—	E318-XX	550	20	—
E240-XX	690	25	—	E318V-XX	540	25	—
E307-XX	590	25	—	E320-XX	550	28	—
E308-XX	550	30	—	E320LR-XX	520	28	—
E308H-XX	550	30	—	E330-XX	520	23	—
E308L-XX	510	30	—	E330H-XX	620	8	—
E308Mo-XX	550	30	—	E330MoMnWNb-XX	590	25	—
E308LMo-XX	520	30	—	E347-XX	520	25	—
E309L-XX	510	25	—	E347L-XX	510	25	—
E309-XX	550	25	—	E349-XX	690	23	—
E309H-XX	550	25	—	E383-XX	520	28	—
E309LNb-XX	510	25	—	E385-XX	520	28	—
E309Nb-XX	550	25	—	E409Nb-XX	450	13	①
E309Mo-XX	550	25	—	E410-XX	450	15	②
E309LMo-XX	510	25	—	E410NiMo-XX	760	10	③
E310-XX	550	25	—	E430-XX	450	15	①
E310H-XX	620	8	—	E430Nb-XX	450	13	①
E310Nb-XX	550	23	—	E630-XX	930	6	④
E310Mo-XX	550	28	—	E1682-XX	520	25	—
E312-XX	660	15	—	E1625MoN-XX	610	30	—
E316-XX	520	25	—	E2209-XX	690	15	—
E316H-XX	520	25	—	E2553-XX	760	13	—
E316L-XX	490	25	—	E2593-XX	760	13	—
E316LCu-XX	510	25	—	E2594-XX	760	13	—
E316LMn-XX	550	15	—	E2595-XX	760	13	—
E317-XX	550	20	—	E3155-XX	690	15	—
E317L-XX	510	20	—	E3331-XX	720	20	—
E317MoCu-XX	540	25	—				

注：表中单值均为最小值。
① 加热到 760~790℃，保温 2h，以不高于 55℃/h 的速度炉冷至 595℃以下，然后空冷至室温。
② 加热到 730~760℃，保温 1h，以不高于 110℃/h 的速度炉冷至 315℃以下，然后空冷至室温。
③ 加热到 595~620℃，保温 1h，然后空冷至室温。
④ 加热到 1025~1050℃，保温 1h，空冷至室温，然后在 610~630℃，保温 4h 沉淀硬化处理，空冷至室温。

第 10 章　铜及铜合金

10.1　加工铜及铜合金的牌号和化学成分

1. 加工铜的牌号和化学成分（见表 10-1）

表 10-1　加工铜的牌号和化学成分（GB/T 5231—2022）

分类	代号	牌号	化学成分(质量分数,%)													
			Cu+Ag(最小值)	P	Ag	Bi	Sb	As	Fe	Ni	Pb	Sn	S	Zn	O	Cd
无氧铜	C10100	TU00	99.99[①]	0.0003	0.0025	0.0001	0.0004	0.0005	0.0010	0.0010	0.0005	0.0002	0.0015	0.0001	0.0005	0.0001
			Te≤0.0002,Se≤0.0003,Mn≤0.00005													
	T10130	TU0	99.97	0.002	—	0.001	0.002	0.002	0.004	0.002	0.003	0.002	0.004	0.003	0.001	—
	T10150	TU1	99.97	0.002	—	0.001	0.002	0.002	0.004	0.002	0.003	0.002	0.004	0.003	0.002	—
	T10180	TU2	99.95	0.002	—	0.001	0.002	0.002	0.004	0.002	0.004	0.002	0.004	0.003	0.003	—
	C10200	TU3	99.95	—	—	—	—	—	—	—	—	—	—	—	0.0010	—
磷无氧铜	T10410	TUP0.002	99.99	0.0015~0.0025	—	—	—	—	—	—	—	—	—	—	0.0010	—
	C10300	TUP0.003	99.95[②]	0.001~0.005	—	—	—	—	—	—	—	—	—	—	—	—
	C10800	TUP0.008	99.95[②]	0.005~0.012	—	—	—	—	—	—	—	—	—	—	—	—
银无氧铜	T10350	TU00Ag0.06	99.99	0.002	0.05~0.08	0.0003	0.0005	0.0004	0.0025	0.0006	0.0006	0.0007	—	0.0005	0.0005	—
	C10500	TUAg0.03	99.95	—	≥0.034	—	—	—	—	—	—	—	—	—	0.001	—
	T10510	TUAg0.05	99.96	0.002	0.02~0.06	0.001	0.002	0.002	0.004	0.002	0.004	0.002	0.004	0.003	0.003	—
	T10530	TUAg0.1	99.96	0.002	0.06~0.12	0.001	0.002	0.002	0.004	0.002	0.004	0.002	0.004	0.003	0.003	—
	T10540	TUAg0.2	99.96	0.002	0.15~0.25	0.001	0.002	0.002	0.004	0.002	0.004	0.002	0.004	0.003	0.003	—
	T10550	TUAg0.3	99.96	0.002	0.25~0.35	0.001	0.002	0.002	0.004	0.002	0.004	0.002	0.004	0.003	0.003	—
	C10700	TUAg0.08	99.95	—	≥0.085	—	—	—	—	—	—	—	—	—	0.001	—

锆无氧铜	T10600	TUZr0. 15	99. 97③	0. 002	Zr：0. 11～0. 21	0. 001	0. 002	0. 002	0. 004	0. 002	0. 003	0. 002	0. 004	0. 003	0. 002	—
纯铜	T10900	T1	99. 95	0. 001	—	0. 001	0. 002	0. 002	0. 005	0. 002	0. 003	0. 002	0. 005	0. 005	0. 02	—
	T10950	T1. 5	99. 95	0. 001	—	—	—	—	0. 001	—	—	0. 005	—	—	0. 008～0. 03	—
	T11050	T2④	99. 90	—	—	0. 001	0. 002	0. 002	0. 005	—	0. 005	—	0. 005	—	—	—
	T11090	T3	99. 70	—	—	0. 002	—	—	—	—	0. 01	—	—	—	—	—
银铜	T11110	TAg0. 05	99. 90	—	0. 02～0. 06	—	—	—	—	—	—	—	—	—	—	—
	T11120	TAg0. 08	99. 90	—	0. 06～0. 12	—	—	—	—	—	—	—	—	—	—	—
	T11200	TAg0. 1-0. 01	99. 9②	0. 004～0. 012	0. 08～0. 12	—	—	—	—	0. 05	—	—	—	—	0. 05	—
	T11210	TAg0. 1	99. 5⑤	—	0. 06～0. 12	0. 002	0. 005	0. 01	0. 05	0. 2	0. 01	0. 05	0. 01	—	0. 1	—
	T11220	TAg0. 15	99. 5	—	0. 10～0. 20	0. 002	0. 005	0. 01	0. 05	0. 02	0. 01	0. 05	0. 01	—	0. 1	—
	T11230	TAg0. 2	99. 90	—	0. 15～0. 25	—	—	—	—	—	—	—	—	—	—	—
磷脱氧铜	C12000	TP1	99. 90	0. 004～0. 012	—	—	—	—	—	—	—	—	—	—	—	—
	C12200	TP2	99. 9	0. 015～0. 040	—	—	—	—	—	—	—	—	—	—	—	—
	T12210	TP3	99. 9	0. 01～0. 025	—	—	—	—	—	—	—	—	—	—	0. 01	—
	T12400	TP4	99. 90	0. 040～0. 065	—	—	—	—	—	—	—	—	—	—	0. 002	—
锡铜	C14410	TSn0. 15-0. 01	99. 90⑥	0. 005～0. 020	—	—	—	—	0. 05	—	0. 05	0. 10～0. 20	—	—	—	—
	C14415	TSn0. 12	99. 96⑥	—	—	—	—	—	—	—	—	0. 10～0. 15	—	—	—	—
	T14416	TSn0. 15	99. 90⑥	—	—	—	—	—	—	—	—	0. 01～0. 20	—	—	0. 0030	—
	T14417	TSn0. 3	99. 90⑥	—	—	—	—	—	—	—	—	0. 15～0. 40	—	—	0. 0030	—
	T14418	TSn0. 5	99. 90⑥	—	—	—	—	—	—	—	—	0. 35～0. 70	—	—	0. 0030	—
碲铜	T14440	TTe0. 3	99. 9⑦	0. 001	Te：0. 20～0. 35	0. 001	0. 0015	0. 002	0. 008	0. 002	0. 01	0. 001	0. 0025	0. 005	—	0. 01
	T14450	TTe0. 5-0. 008	99. 8⑦	0. 004～0 . 012	Te：0. 4～0. 6	0. 001	0. 003	0. 002	0. 008	0. 005	0. 01	0. 01	0. 003	0. 008	—	0. 01
	C14500	TTe0. 5	99. 90⑦	0. 004～0. 012	Te：0. 40～0. 7	—	—	—	—	—	—	—	—	—	—	—
	C14510	TTe0. 5-0. 02	99. 85⑦	0. 010～0. 030	Te：0. 30～0. 7	—	—	—	—	—	0. 05	—	—	—	—	—
硫铜	C14700	TS0. 4	99. 90⑦	0. 002～0. 005	—	—	—	—	—	—	—	—	0. 20～0. 50	—	—	—
锆铜	C15000	TZr0. 15⑧	99. 80	—	Zr：0. 10～0. 20	—	—	—	—	—	—	—	—	—	—	—
	C15100	TZr0. 1⑧	99. 80	—	Zr：0. 05～0. 15	—	—	—	—	—	—	—	—	—	—	—
	T15200	TZr0. 2	99. 5⑦	—	Zr：0. 15～0. 30	0. 002	0. 005	—	0. 05	0. 2	0. 01	0. 05	0. 01	—	—	—
	T15400	TZr0. 4	99. 5⑦	—	Zr：0. 30～0. 50	0. 002	0. 005	—	0. 05	0. 2	0. 01	0. 05	0. 01	—	—	—
镁铜	T15610	TMg0. 15	99. 9⑦	0. 0100	Mg：0. 05～0. 20	—	—	—	—	—	—	—	—	—	—	—
	T15615	TMg0. 2	99. 9⑦	0. 1	Mg：0. 1～0. 3	—	—	—	—	—	—	—	—	—	—	—
	T15620	TMg0. 25	99. 9⑦	0. 0100	Mg：0. 10～0. 40	—	—	—	—	—	—	—	—	—	—	—
弥散铜	T15700	TUAl0. 12	余量⑨	0. 002	Al_2O_3：0. 16～0. 26	0. 001	0. 002	0. 002	0. 004	0. 002	0. 003	0. 002	0. 004	0. 003	—	—

（续）

分类	代号	牌号	化学成分（质量分数，%）													
			Cu+Ag（最小值）	P	Ag	Bi	Sb	As	Fe	Ni	Pb	Sn	S	Zn	O	Cd
弥散铜	C15715	TUAl0. 15	99. 62	—	Al:0. 13~0. 17[10]	—	—	—	0. 01	—	0. 01	—	—	—	0. 12~0. 19[10]	—
	C15725	TUAl0. 25	99. 43	—	Al:0. 23~0. 27[10]	—	—	—	0. 01	—	0. 01	—	—	—	0. 20~0. 28[10]	—
	C15735	TUAl0. 35	99. 24	—	Al:0. 33~0. 37[10]	—	—	—	0. 01	—	0. 01	—	—	—	0. 29~0. 37[10]	—
	C15760	TUAl0. 60	98. 77	—	Al:0. 58~0. 62[10]	—	—	—	0. 01	—	0. 01	—	—	—	0. 52~0. 59[10]	—

① 此值为铜含量，铜的质量分数不小于 99. 99%时，其值应由差减法求得。
② 此值为 Cu+Ag+P。
③ 此值为 Cu+Ag+Zr。
④ 导电用 T2 铜中磷的质量分数不大于 0. 001%。
⑤ 此值为铜含量。
⑥ 此值为 Cu+Ag+Sn。
⑦ 此值为 Cu+Ag+合金元素总和。
⑧ 此牌号中 $w(\mathrm{Cu})+w(\mathrm{Ag})+w(\mathrm{Zr})\geqslant 99.9\%$。
⑨ 铜为余量元素时，铜的质量分数可取所有已分析元素与 100%之间的差值所得。
⑩ 所有的铝以 Al_2O_3 的形式存在，质量分数不大于 0. 04%的氧以 Cu_2O 的形式存在于铜的固溶体中的含量可以忽略不计。

2. 加工高铜合金的牌号和化学成分（见表 10-2）

表 10-2　加工高铜合金[①]的牌号和化学成分（GB/T 5231—2022）

分类	代号	牌号	化学成分（质量分数，%）																
			Cu	Be	Ni	Cr	Si	Fe	Al	Pb	Ti	Zn	Sn	S	P	Mg	Zr	Co	Cu+所列元素总和
镉铜	C16200	TCd1	余量[②]	—	—	—	—	0. 02	—	—	—	—	—	—	—	—	—	Cd:0. 7~1. 2	99. 5
	C17200	TBe1. 9-0. 2	余量[②]	1. 80~2. 00	—	—	0. 20	—	0. 20	—	—	—	—	—	—	—	—	0. 20[③]	99. 5
	C17300	TBe1. 9-0. 4	余量[②]	1. 80~2. 00	—	—	0. 20	—	0. 20	0. 20~0. 6	—	—	—	—	—	—	—	0. 20[③]	99. 5
	C17410	TBe0. 3-0. 5	余量[②]	0. 15~0. 50	—	—	0. 20	0. 20	0. 20	—	—	—	—	—	—	—	—	0. 35~0. 6	99. 5
	C17450	TBe0. 3-0. 7	余量[②]	0. 15~0. 50	0. 50~1. 0	—	0. 20	0. 20	0. 20	—	—	—	0. 25	—	—	—	0. 50	—	99. 5
	C17460	TBe0. 3-1. 2	余量[②]	0. 15~0. 50	1. 0~1. 4	—	0. 20	0. 20	0. 20	—	—	—	0. 25	—	—	—	0. 50	—	99. 5

铍铜	T17490	TBe0. 3-1. 5	余量	0. 25~0. 50	—	—	0. 20	0. 10	0. 20	—	—	—	—	—	Ag:0. 90~1. 10		—	1. 40~1. 70	99. 5④
	C17500	TBe0. 6-2. 5	余量②	0. 4~0. 7	—	—	0. 20	0. 10	0. 20	—	—	—	—	—	—	—	—	2. 4~2. 7	99. 5
	C17510	TBe0. 4-1. 8	余量②	0. 2~0. 6	1. 4~2. 2	—	0. 20	0. 10	0. 20	—	—	—	—	—	—	—	—	0. 3	99. 5
	T17700	TBe1. 7	余量	1. 6~1. 85	0. 2~0. 4	—	0. 15	0. 15	0. 15	0. 005	0. 10~0. 25	—	—	—	—	—	—	—	99. 5④
	T17710	TBe1. 9	余量	1. 85~2. 1	0. 2~0. 4	—	0. 15	0. 15	0. 15	0. 005	0. 10~0. 25	—	—	—	—	—	—	—	99. 5④
	T17715	TBe1. 9~0. 1	余量	1. 85~2. 1	0. 2~0. 4	—	0. 15	0. 15	0. 15	0. 005	0. 10~0. 25	—	—	—		0. 07~0. 13	—	—	99. 5③
	T17720	TBe2	余量	1. 80~2. 1	0. 2~0. 5	—	0. 15	0. 15	0. 15	0. 005	—	—	—	—	—	—	—	—	99. 5④
	T17730	TBe2. 4	余量②	2. 30~2. 50	0. 002	—	0. 025	0. 025	0. 01	0. 002	—	—	Sb+Sn+Zn≤0. 03；As+P≤0. 01				—	0. 01	99. 7④
	T17740	TBe2. 8	余量②	2. 60~3. 00	0. 002	—	0. 025	0. 025	0. 01	0. 002	—	—	Sb+Sn+Zn≤0. 03；As+P≤0. 01				—	0. 01	99. 7④
镍铬铜	C18000	TNi2. 4-0. 6-0. 5	余量②	—	1. 8~3. 0⑤	0. 10~0. 8	0. 40~0. 8	0. 15	—	—	—	—	—	—	—	—	—	—	99. 5
镍铜	T18010	TNi0. 6-0. 2	余量	—	0. 5~0. 7	—	0. 03	0. 05	—	0. 005	—	0. 005	—	—	0. 005	0. 002	0. 12~0. 27	—	99. 9
	C19000	TNi1. 1-0. 25	余量②	—	0. 9~1. 3	—	—	0. 10	—	0. 05	—	0. 8	—	—	0. 15~0. 35	—	—	—	99. 5
	C19010	TNi1. 3-0. 25	余量②	—	0. 8~1. 8	—	0. 15~0. 35	—	—	—	—	—	—	—	0. 01~0. 05	—	—	—	99. 5
	C19160	TNi1-1-0. 25	余量②	—	0. 8~1. 2	—	—	0. 05	—	0. 8~1. 2	—	0. 50	0. 05	—	0. 15~0. 35	—	—	—	99. 5
铬铜	C18070	TCr0. 3-0. 2-0. 05	99. 0②	—	—	0. 15~0. 40	0. 02~0. 07	—	—	—	0. 01~0. 40	—	—	—	—	—	—	—	99. 8
	C18080	TCr0. 5-0. 15-0. 1	余量	Ag:0. 01~0. 30		0. 20~0. 7	0. 01~0. 10	0. 02~0. 20	—	—	0. 01~0. 15	—	—	—	—	—	—	—	99. 8
	C18135	TCr0. 3-0. 3	余量②	—	—	0. 20~0. 6	—	—	—	—	—	—	—	—	—	—	Cd:0. 20~0. 6		99. 5
	C18140	TCr0. 3-0. 15-0. 03	余量②	—	—	0. 15~0. 45	0. 005~0. 05	—	—	—	—	—	—	—	—	—	0. 05~0. 25	—	99. 5
	C18141	TCr0. 3-0. 1-0. 02-0. 03	余量②	—	—	0. 20~0. 40	0. 01~0. 03	—	0. 10	—	—	—	0. 20	—	—	0. 002~0. 05	0. 07~0. 13	—	99. 5

（续）

分类	代号	牌号	化学成分（质量分数，%）															
			Cu	Be	Ni	Cr	Si	Fe	Al	Pb	Ti	Zn	Sn	S	P	Mg	Zr	Co	Cu+所列元素总和
铬铜	C18143	TCr0.3-0.1-0.02	余量[2]	—	—	0.20~0.40	0.01~0.03	—	0.10	—	Mn≤0.05	—	0.20	—	—	—	0.07~0.13	—	99.5
	T18140	TCr0.5	余量	—	0.05	0.4~1.1	—	0.1	—	—	—	—	—	—	—	—	—	—	99.6
	T18142	TCr0.5-0.2-0.1	余量	—	—	0.4~1.0	—	—	0.1~0.25	—	—	—	—	—	—	0.1~0.25	—	—	99.5
	T18144	TCr0.5-0.1	余量	—	0.05	0.40~0.70	0.05	0.05	—	0.005	—	0.05~0.25	0.01	0.005	—	Ag:0.08~0.13		—	99.8[4]
	T18145	TCr0.6	余量[2]	—	0.03	0.50~0.70	0.05	0.05	—	0.005	—	0.015	—	—	0.01	0.002	—	—	99.6
	T18146	TCr0.7	余量	—	0.05	0.55~0.85	—	0.1	—	—	—	—	—	—	—	—	—	—	99.6
	T18148	TCr0.8	余量	—	0.05	0.6~0.9	0.03	0.03	0.005	—	—	—	—	0.005	—	—	—	—	99.8[4]
	C18150	TCr1-0.15	余量[2]	—	—	0.50~1.5	—	—	—	—	—	—	—	—	—	—	0.02~0.20	—	99.7
	T18160	TCr1-0.18	余量	Bi≤0.01	—	0.5~1.5	0.10	0.10	0.05	0.05	Sb≤0.01	—	B≤0.02	—	0.10	0.05	0.05~0.30	—	99.8
	T18170	TCr0.6-0.4-0.05	余量	—	—	0.4~0.8	0.05	0.05	—	—	—	—	—	—	0.01	0.04~0.08	0.3~0.6	—	99.6
	C18200	TCr1	余量[2]	—	—	0.6~1.2	0.10	0.10	—	0.05	—	—	—	—	—	—	—	—	99.5
	C18400	TCr0.9	余量[2]	—	—	0.40~1.2	0.10	0.15	—	—	—	0.7	As≤0.005	—	0.05	Li≤0.05	Ca≤0.005	—	99.5
镁铜	T18660	TMg0.35	余量	—	—	—	—	—	—	—	—	—	—	—	0.0100	0.15~0.60	—	—	99.9
	C18661	TMg0.4	余量[2]	—	—	—	—	0.10	—	—	—	—	0.20	—	0.001~0.02	0.10~0.7	—	—	99.5
	T18663	TMg0.45	余量	—	—	—	—	—	—	—	—	—	—	—	0.0100	0.30~0.70	—	—	99.9
	T18664	TMg0.5	余量	—	—	—	—	—	—	—	—	—	—	—	0.01	0.4~0.7	—	—	99.9

	T18665	TMg0.6-0.2	余量②	Bi ≤0.001	0.002	Te:0.15~0.20		0.002	—	0.005	Sb ≤0.001	0.0016	—	—	0.0005	0.5~0.7	—	—	99.9④
	T18667	TMg0.8	余量	Bi ≤0.002	0.006	—	—	0.005	—	0.005	Sb ≤0.005	0.005	0.002	0.005	—	0.70~0.85	—	—	99.7④
	T18695	TMg0.3-0.2	余量②	Bi ≤0.001	0.002	Te:0.15~0.20		0.002	—	0.005	Sb ≤0.001	0.0016	—	—	0.0005	0.2~0.4	—	—	99.9④
铅铜	C18700	TPb1	余量②	—	—	—	—	—	—	0.8~1.5	—	—	—	—	—	—	—	—	99.5
锡铜	C19020	TSn2-0.6-0.15	余量②	—	0.50~3.0	—	—	—	—	—	—	—	0.30~0.9	—	0.01~0.20	—	—	—	99.8
	C19040	TSn1.5-0.8-0.06	96.1②	—	0.7~0.9③	—	0.010	0.06	—	0.02	—	0.8	1.0~2.0	—	0.02~0.09	—	Mn ≤0.02	—	99.8
	T19060	TSn2-0.2-0.06	余量②	—	0.1~0.3	—	—	0.1	—	0.01	—	1.0	1.8~2.5	—	0.03~0.10	—	—	—	99.5
铁铜	C19200	TFe1.0	98.5	—	—	—	—	0.8~1.2	—	—	—	0.20	—	—	0.01~0.04	—	—	—	99.8
	C19210	TFe0.1	余量	—	—	—	—	0.05~0.15	—	—	—	—	—	—	0.025~0.04	—	—	—	99.8
	C19400	TFe2.5	97.0	—	—	—	—	2.1~2.6	—	0.03	—	0.05~0.20	—	—	0.015~0.15	—	—	—	—
	T19460	TFe5	余量②	—	—	0.01	0.01	4.5~5.5	—	—	—	—	—	—	0.002	0.007	Mn ≤0.03	—	99.8④
	C19700	TFe0.75	余量	—	0.05	—	—	0.30~1.2	—	0.50	—	0.20	0.20	—	0.10~0.40	0.01~0.20	Mn ≤0.05	0.05	99.8
锌铜	C19800	TZn0.9-0.5	余量	—	—	—	—	0.02~0.50	—	—	—	0.30~1.5	0.10~1.0	—	0.01~0.10	0.10~1.0	—	—	99.8
钛铜	C19900	TTi3.0	余量	—	—	Ti:2.9~3.5	—	—	—	—	—	—	—	—	—	—	—	—	99.5
	C19910	TTi3.0-0.2	余量	—	—	Ti:2.9~3.4	—	0.17~0.23	—	—	—	—	—	—	—	—	—	—	99.5

① 高铜合金，指铜的质量分数在96.0%~99.3%之间的合金。

② 此值含 Ag。

③ 此值为 $w(Ni)+w(Co)\geq 0.20\%$，$w(Ni)+w(Co)+w(Fe)\leq 0.6\%$。

④ 此值为 Cu+合金元素总和。

⑤ 此值为 Ni+Co。

3. 加工黄铜的牌号和化学成分（见表 10-3）

表 10-3 加工黄铜的牌号和化学成分（GB/T 5231—2022）

分类	代号	牌号	化学成分(质量分数,%)										
			Cu	Fe[①]	Pb	Al	Mn	Sn	Si	Ni[②]	B	As	Zn	Cu+所列元素总和
普通黄铜	T20800	H96	95.0~97.0	0.10	0.03	—	—	—	—	—	—	—	余量	99.8
	C21000	H95	94.0~96.0	0.05	0.05	—	—	—	—	—	—	—	余量	99.8
	C22000	H90	89.0~91.0	0.05	0.05	—	—	—	—	—	—	—	余量	99.8
	C23000	H85	84.0~86.0	0.05	0.05	—	—	—	—	—	—	—	余量	99.8
	C24000	H80	78.5~81.5	0.05	0.05	—	—	—	—	—	—	—	余量	99.8
	T26100	H70	68.5~71.5	0.10	0.03	—	—	—	—	—	—	—	余量	99.7
	T26300	H68	67.0~70.0	0.10	0.03	—	—	—	—	—	—	—	余量	99.7
	C26800	H66	64.0~68.5	0.05	0.09	—	—	—	—	—	—	—	余量	99.7
	C27000	H65	63.0~68.5	0.07	0.09	—	—	—	—	—	—	—	余量	99.7
	T27300	H63	62.0~65.0	0.15	0.08	—	—	—	—	—	—	—	余量	99.7
	C27450	H62.5	60.0~65.0	0.35	0.25	—	—	—	—	—	—	—	余量	99.5
	T27600	H62	60.5~63.5	0.15	0.08	—	—	—	—	—	—	—	余量	99.7
	T27800	H60	59.0~61.5	0.15	0.08	—	—	—	—	—	—	—	余量	99.8
	T28200	H59	57.0~60.0	0.3	0.5	—	—	—	—	—	—	—	余量	99.8
	T28400	H58	57.0~59.0	0.3	0.2	0.05	—	0.3	—	0.3	—	—	余量	99.8
硼砷铬黄铜	T22100	HCr90-0.3	90.0~91.0	0.05	0.02	—	—	—	—	—	—	Cr:0.2~0.4	余量	99.5
	T22130	HB90-0.1	89.0~91.0	0.02	0.02	—	—	—	0.5	—	0.05~0.3	—	余量	99.5[③]
	T23030	HAs85-0.05	84.0~86.0	0.10	0.03	—	—	—	—	—	—	0.02~0.08	余量	99.8
	C26130	HAs70-0.05	68.5~71.5	0.05	0.05	—	—	—	—	—	—	0.02~0.08	余量	99.7
	T26330	HAs68-0.04	67.0~70.0	0.10	0.03	—	—	—	—	—	—	0.03~0.06	余量	99.8
	T27010	HAs65-0.04	63.0~68.5	0.07	0.09	—	—	—	—	—	—	0.02~0.06	余量	99.7
	T27350	HAs63-0.04	62.0~65.0	0.15	0.08	—	—	—	—	—	—	0.02~0.06	余量	99.7
	T27370	HAs63-0.1	61.5~63.5	0.1	0.2	0.05	0.1	0.1	—	0.3	—	0.02~0.15	余量	99.8
	T27610	HAs62-0.04	60.5~63.5	0.15	0.08	—	—	—	—	—	—	0.02~0.06	余量	99.7
	C31400	HPb89-2	87.5~90.5	0.10	1.3~2.5	—	—	—	—	0.7	—	—	余量	99.6
	C33000	HPb66-0.5	65.0~68.0	0.07	0.25~0.7	—	—	—	—	—	—	—	余量	99.6
	T33510	HPb65-1.5	64.0~66.0	0.3	1.2~1.7	0.8~1.0	0.1	0.3	—	0.2	—	0.02~0.15	余量	99.8
	T34700	HPb63-3	62.0~65.0	0.10	2.4~3.0	—	—	—	—	0.5	—	—	余量	99.3[③]
	T34900	HPb63-0.1	61.5~63.5	0.15	0.05~0.3	—	—	—	—	0.5	—	—	余量	99.5[③]
	T34750	HPb63-1.5	62.0~64.0	0.3	1.2~1.6	0.5~0.7	0.1	0.3	—	0.2	—	0.02~0.15	余量	99.8
	T34760	HPb63-1.5-0.6	62.0~63.6	0.3	1.4~1.6	0.5~0.7	0.1	0.3	—	0.2	—	0.09~0.13	余量	99.8

铅黄铜	T34770	HPb63-1-0.6	62.0~63.6	0.3	0.8~1.6	0.5~0.7	0.1	0.3	0.02	0.2	Sb: 0.008~0.02 P≤0.01	0.09~0.13	余量	99.8
	T35100	HPb62-0.8	60.0~63.0	0.2	0.5~1.2	—	—	—	—	0.5	—	—	余量	99.3③
	T35200	HPb62-1-0.6	61.0~62.5	0.3	0.8~1.2	0.6~0.7	0.1	0.3	0.02	0.2	Sb: 0.03~0.06 P≤0.01	0.04	余量	99.8
	C35300	HPb62-2	60.0~63.0	0.15	1.5~2.5	—	—	—	—	—	—	—	余量	99.5
	C36000	HPb62-3	60.0~63.0	0.35	2.5~3.0	—	—	—	—	—	—	—	余量	99.5
	C36010	HPb62-3.4	60.0~63.0	0.35	3.1~3.7	—	—	—	—	—	—	—	余量	99.5
	T36210	HPb62-2-0.1	61.0~63.0	0.1	1.7~2.8	0.05	0.1	0.1	—	0.3	—	0.02~0.15	余量	99.8
	T36220	HPb61-2-1	59.0~62.0	—	1.0~2.5	—	—	0.30~1.5	—	—	—	0.02~0.25	余量	99.6
	T36230	HPb61-2-0.1	59.2~62.3	0.2	1.7~2.8	—	—	0.2	—	—	—	0.08~0.15	余量	99.8
	C37100	HPb61-1	58.0~62.0	0.15	0.6~1.2	—	—	—	—	—	—	—	余量	99.6
	T37200	HPb61-1.5	60.0~62.0	0.25	1.2~2.0	—	—	0.25	—	0.2	—	—	余量	99.8
	T37300	HPb61-3	59.0~63.0	0.5	1.8~3.7	—	—	Fe+Sn ≤1.0	—	0.5	—	—	余量	99.7
	C37700	HPb60-2	58.0~61.0	0.30	1.5~2.5	—	—	—	—	—	—	—	余量	99.5
	T37900	HPb60-3	58.0~61.0	0.3	2.5~3.5	—	—	0.3	—	—	—	—	余量	99.6
	T38100	HPb59-1	57.0~60.0	0.5	0.8~1.9	—	—	—	—	0.5	—	—	余量	99.0③
	T38200	HPb59-2	57.0~60.0	0.5	1.5~2.5	—	—	0.5	—	—	—	—	余量	99.5
	T38202	HPb59-1.8	57.0~61.0	—	1.0~2.5	—	—	Fe+Sn ≤1.0	—	0.5	—	—	余量	99.7
	T38208	HPb59-2.8	57.0~61.0	0.50	1.8~3.7	—	—	Fe+Sn ≤1.0	—	0.5	—	—	余量	99.7
	T38210	HPb58-2	57.0~59.0	0.5	1.5~2.5	—	—	0.5	—	0.5	—	—	余量	99.5
	T38300	HPb59-3	57.5~59.5	0.50	2.0~3.0	—	—	—	—	0.5	—	—	余量	98.8③
	T38310	HPb58-3	57.0~59.0	0.5	2.5~3.5	—	—	0.5	—	0.5	—	—	余量	99.5
	T38400	HPb57-4	56.0~58.0	0.5	3.5~4.5	—	—	0.5	—	0.5	—	—	余量	99.3
	T38410	HPb57-3	56.0~58.0	0.50	2.5~3.5	—	—	—	—	0.5	—	—	余量	99.3

（续）

分类	代号	牌号	化学成分(质量分数,%)														
			Cu	Te	B	Si	As	Bi	Cd	Sn	P	Ni[2]	Mn	Fe[1]	Pb	Zn	Cu+所列元素总和
锡黄铜	T41900	HSn90-1	88.0~91.0	—	—	—	—	—	—	0.25~0.75	—	—	—	0.10	0.03	余量	99.8[3]
	C41125	HSn88-0.7	86.5~90.5	—	—	—	—	—	—	0.50~0.9	0.06	0.8	—	0.03	0.05	余量	99.5
	C42200	HSn88-1	86.0~89.0	—	—	—	—	—	—	0.8~1.4	0.35	—	—	0.05	0.05	余量	99.7
	C42500	HSn88-2	87.0~90.0	—	—	—	—	—	—	1.5~3.0	0.35	—	—	0.05	0.05	余量	99.7
	C44250	HSn75-1	73.0~76.0	—	—	—	—	—	—	0.50~1.5	0.10	0.20	—	0.20	0.07	余量	99.6
	C44300	HSn72-1	70.0~73.0	—	—	—	0.02~0.06	—	—	0.8~1.2[4]	—	—	—	0.06	0.07	余量	99.6
	C44400	HSn71-1-0.06	70.0~73.0	—	—	—	—	—	—	0.8~1.2[4]	Sb:0.02~0.10		—	0.06	0.07	余量	99.6
	C44500	HSn71-1	70.0~73.0	—	—	—	—	—	—	0.8~1.2[4]	0.02~0.10	—	—	0.06	0.07	余量	99.6
	T45000	HSn70-1	69.0~71.0	—	—	—	0.03~0.06	—	—	0.8~1.3	—	—	—	0.10	0.05	余量	99.8
	T45010	HSn70-1-0.01	69.0~71.0	—	0.0015~0.02	—	0.03~0.06	—	—	0.8~1.3	—	—	—	0.10	0.05	余量	99.8
	T45020	HSn70-1-0.01-0.04	69.0~71.0	—	0.0015~0.02	—	0.03~0.06	—	—	0.8~1.3	—	0.05~1.00	0.02~2.00	0.10	0.05	余量	99.8
	T46100	HSn65-0.03	63.5~68.0	—	—	—	—	—	—	0.01~0.2	0.01~0.07	—	—	0.05	0.03	余量	99.8
	T46300	HSn62-1	61.0~63.0	—	—	—	—	—	—	0.7~1.1	—	—	—	0.10	0.10	余量	99.7[3]
	C46400	HSn60-0.8	59.0~62.0	—	—	—	—	—	—	0.50~1.0	—	—	—	0.10	0.20	余量	99.6
	T46410	HSn60-1	59.0~61.0	—	—	—	—	—	—	1.0~1.5	—	0.5	—	0.10	0.30	余量	99.4
	T46420	HSn60-0.4-0.2	58.0~61.0	—	Mg:0.03~0.2	0.01~0.1	0.01~0.05	—	Al≤0.1	0.2~0.6	0.05~0.25	0.2	—	—	0.1~0.2	余量	99.8
	C46500	HSn60-1-0.04	59.0~62.0	—	—	—	0.02~0.06	—	—	0.50~1.0	—	—	—	0.10	0.20	余量	99.6
	C48500	HSn61-0.8-1.8	59.0~62.0	—	—	—	—	—	—	0.50~1.0	—	—	—	0.10	1.3~2.2	余量	99.6
	T49210	HBi58-1.5	57.0~59.0	—	—	—	—	0.5~2.5	0.0075	0.5	0.15	—	—	0.5	0.01	余量	99.7[3]
	T49230	HBi60-2	59.0~62.0	—	—	—	—	2.0~3.5	0.01	0.3	—	—	—	0.2	0.1	余量	99.5[3]
	T49240	HBi60-1.3	58.0~62.0	—	—	—	—	0.3~2.3	0.01	0.05~1.2[5]	—	—	—	0.1	0.2	余量	99.7[3]
	C49260	HBi60-1.0-0.05	58.0~63.0	—	—	0.10	—	0.50~1.8	0.001	0.50	0.05~0.15	—	—	0.50	0.09	余量	99.5

铋黄铜	T49310	HBi60-0.5-0.01	58.5~61.5	0.010~0.015	—	—	0.01	0.45~0.65	0.01	—	—	—	—	—	0.1	余量	99.7
	T49320	HBi60-0.8-0.01	58.5~61.5	0.010~0.015	—	—	0.01	0.70~0.95	0.01	—	—	—	—	—	0.1	余量	99.7
	T49330	HBi60-1.1-0.01	58.5~61.5	0.010~0.015	—	—	0.01	1.00~1.25	0.01	—	—	—	—	—	0.1	余量	99.7
	C49340	HBi62-1.4-1	60.0~63.0②	—	—	0.10	—	0.50~2.2	0.001	0.50~1.5	0.05~0.15	—	—	0.12	0.09	余量	99.5
	C49350	HBi62-1	61.0~63.0	Sb:0.02~0.10	—	0.30	—	0.50~2.5	—	1.5~3.0	0.04~0.15	—	—	0.12	0.09	余量	99.5
	T49360	HBi59-1	58.0~60.0	—	—	—	—	0.8~2.0	0.01	0.2	—	—	—	0.2	0.1	余量	99.5③
锰黄铜	T67100	HMn64-8-5-1.5	63.0~66.0	—	4.5~6.0	1.0~2.0	—	—	—	0.5	—	0.5	7.0~8.0	0.5~1.5	0.3~0.8	余量	99.0③
	T67200	HMn62-3-3-0.7	60.0~63.0	—	2.4~3.4	0.5~1.5	—	—	—	0.1	—	—	2.7~3.7	0.1	0.05	余量	99.1
	T67210	HMn61-2-1-0.5	60.0~62.0	—	0.5~1.5	0.3~1.0	—	—	—	—	—	0.2	1.0~2.5	0.35	0.1	余量	99.8
	T67211	HMn61-2-1-1	60.0~63.0	—	0.1	0.5~1.5	—	—	—	0.2	—	0.1~1.0	1.5~3.0	0.3	0.2~1.0	余量	99.4③
	T67212	HMn61-3-1	60.0~63.0	—	0.25	0.6~1.5	—	—	—	0.25	—	0.25	2.25~3.0	0.1	0.2	余量	99.5③
	C67300	HMn60-3-1.7-1	58.0~63.0②	—	0.25	0.50~1.5	—	—	—	0.30	—	0.25⑥	2.0~3.5	0.50	0.40~3.0	余量	99.5
	T67300	HMn62-3-3-1	59.0~65.0	Cr:0.07~0.27	1.7~3.7	0.5~1.3	—	—	—	—	—	0.2~0.6	2.2~3.8	0.6	0.18	余量	99.2③
	T67310	HMn62-13	59.0~65.0	B≤0.01	Ti+Al:0.5~2.5	0.05	Sb≤0.005	0.005	—	—	0.005	0.05~0.5⑥	10~15	0.05	0.03	余量	99.8③
	T67320	HMn55-3-1	53.0~58.0	—	—	—	—	—	—	—	—	—	3.0~4.0	0.5~1.5	0.5	余量	99.0

（续）

分类	代号	牌号	化学成分(质量分数,%) Cu	Te	Al	Si	As	Bi	Cd	Sn	P	Ni[10]	Mn	Fe[1]	Pb	Zn	Cu+所列元素总和
锰黄铜	T67330	HMn59-2-1.5-0.5	58.0~59.0	—	1.4~1.7	0.6~0.9	—	—	—	—	—	—	1.8~2.2	0.35~0.65	0.3~0.6	余量	99.7
	T67400	HMn58-2[7]	57.0~60.0	—	—	—	—	—	—	—	—	—	1.0~2.0	1.0	0.1	余量	98.8[3]
	C67400	HMn58-3-1-1	57.0~60.0[2]	—	0.50~2.0	0.50~1.5	—	—	—	0.30	—	0.25[6]	2.0~3.5	0.35	0.50	余量	99.5
	T67401	HMn58-2-1-0.5	56.0~60.5	—	0.20~2.0	—	—	—	—	—	—	—	0.50~2.5	0.10~1.0	0.5	余量	99.7
	T67402	HMn58-2-2-0.5	57.0~59.0	—	1.3~2.3	0.3~1.3	—	—	—	0.4	—	1.0	1.5~3.0	1.0	0.2~0.8	余量	99.7
	T67403	HMn58-3-2-0.8	57.0~60.0	—	1.5~2.0	0.6~0.9	—	—	—	—	—	—	2.0~4.0	0.25	0.3~0.6	余量	99.8
	T67410	HMn57-3-1[7]	55.0~58.5	—	0.5~1.5	—	—	—	—	—	—	—	2.5~3.5	1.0	0.2	余量	98.7[3]
	T67420	HMn57-2-1.7-0.5	56.5~58.5	—	1.3~2.1	0.4~0.8	—	—	—	0.5	—	0.5	1.5~2.3	0.3~0.8	0.3~0.9	余量	99.0[3]
	T67422	HMn57-2-2-1	56.0~58.0	—	0.5	0.5~1.5	—	—	—	0.25	—	1.5~3.0	1.0~2.5	0.5	0.2~0.8	余量	99.0[3]

分类	代号	牌号	化学成分(质量分数,%) Cu	Fe[1]	Pb	Al	Mn	P	Sb	Ni[10]	Si	Cd	Sn	Zn	Cu+所列元素总和
铁黄铜	T67600	HFe59-1-1	57.0~60.0	0.6~1.2	0.20	0.1~0.5	0.5~0.8	—	—	—	—	—	0.3~0.7	余量	99.7[3]
	T67610	HFe58-1-1	56.0~58.0	0.7~1.3	0.7~1.3	—	—	—	—	—	—	—	—	余量	99.5
锑黄铜	T68200	HSb61-0.8-0.5	59.0~63.0	0.2	0.2	—	—	—	0.4~1.2	0.05~1.2[8]	0.3~1.0	0.01	—	余量	99.5[3]
	T68210	HSb60-0.9	58.0~62.0	—	0.2	—	—	—	0.3~1.5	0.05~0.9[9]	—	0.01	—	余量	99.7[3]
	T68310	HSi80-3	79.0~81.0	0.6	0.1	—	—	—	—	—	2.5~4.0	—	—	余量	99.2
	T68315	HSi76-3-0.06	75.0~77.0	0.3	0.1	0.05	0.05	0.02~0.1	—	0.2	2.7~3.5	—	0.3	余量	99.8
	T68320	HSi75-3	73.0~77.0	0.1	0.1	—	0.1	0.04~0.15	—	0.1	2.7~3.4	0.01	0.2	余量	99.4[3]
	T68341	HSi68-1.5	66.0~70.0	0.15	0.1	—	—	0.05~0.40	As≤0.1	0.3	1.0~2.0	Bi≤0.01	0.6	余量	99.7[3]

硅黄铜	T68342	HSi68-1	66. 0~68. 0	0. 06~0. 1	0. 06~0. 09	0. 05	Mg≤0. 03	As:0. 03~0. 8	—	0. 02~0. 04	0. 8~2. 0	—	0. 05~0. 1	余量	99. 8
	C68350	HSi62-0. 6	59. 0~64. 0[2]	0. 15	0. 09	0. 30	—	0. 05~0. 40	—	0. 20[6]	0. 30~1. 0	—	0. 6	余量	99. 5
	T68360	HSi61-0. 6	59. 0~63. 0	0. 15	0. 2	—	—	0. 03~0. 12	—	0. 05~1. 0[5]	0. 4~1. 0	0. 01	—	余量	99. 7[3]
	T68370	HSi58-1. 2	56. 0~60. 0	B:0. 003~0. 01	0. 0015	0. 5~0. 9	—	Ti:0. 03~0. 06	As:0. 0015	RE:0. 03~0. 06	1. 0~1. 5	0. 0015	—	余量	99. 8
铝黄铜	C68700	HAl77-2	76. 0~79. 0[2]	0. 06	0. 07	1. 8~2. 5	—	As:0. 02~0. 06	—	—	—	—	—	余量	99. 5
	T68900	HAl67-2. 5	66. 0~68. 0	0. 6	0. 5	2. 0~3. 0	—	—	—	—	—	—	—	余量	99. 6
	T69200	HAl66-6-3-2	64. 0~68. 0	2. 0~4. 0	0. 5	6. 0~7. 0	1. 5~2. 5	—	—	—	—	—	—	余量	99. 0
	T69210	HAl64-5-4-2	63. 0~66. 0	1. 8~3. 0	0. 2~1. 0	4. 0~6. 0	3. 0~5. 0	—	—	—	0. 5	—	0. 3	余量	99. 5
	T69215	HAl63-0. 6-0. 2	62. 2~64. 2	0. 3	0. 2~0. 3	0. 5~0. 7	0. 1	As:0. 09~0. 13	0. 008~0. 02	0. 2	0. 02	P≤0. 01	0. 3	余量	99. 8
	T69220	HAl61-4-3-1. 5	59. 0~62. 0	0. 5~1. 3	—	3. 5~4. 5	—	Co:1. 0~2. 0	—	2. 5~4. 0	0. 5~1. 5	—	0. 2~1. 0	余量	98. 7
	T69225	HAl61-1-1	余量	0. 10~0. 25	0. 75~1. 25	1. 0~1. 4	0. 02~0. 10	—	—	0. 02~0. 10	—	—	0. 05~0. 25	35. 0~38. 0	99. 7
	T69230	HAl61-4-3-1	59. 0~62. 0	0. 3~1. 3	—	3. 5~4. 5	—	Co:0. 5~1. 0	—	2. 5~4. 0	0. 5~1. 5	—	—	余量	99. 3
	T69240	HAl60-1-1	58. 0~61. 0	0. 70~1. 50	0. 40	0. 70~1. 50	0. 1~0. 6	—	—	—	—	—	—	余量	99. 7
	T69243	HAl60-4-3-1	57. 0~62. 0	0. 5~1. 3	0. 80	3. 5~4. 5	0. 5~0. 8	Co:1. 0~2. 0	—	2. 5~4. 0	0. 5~1. 5	—	—	余量	99. 7
	T69244	HAl60-5-2-2	57. 0~62. 0	—	—	4. 3~5. 2	—	Ti:1. 2~2. 0	—	2. 0~3. 0	—	—	—	余量	99. 8

（续）

分类	代号	牌号	化学成分(质量分数,%)												
			Cu	Fe[①]	Pb	Al	Mn	P	Sb	Ni[⑩]	Si	Cd	Sn	Zn	Cu+所列元素总和
铝黄铜	T69250	HAl59-3-2	57.0~60.0	0.50	0.10	2.5~3.5	—	—	—	2.0~3.0	—	—	—	余量	99.7
	T69255	HAl58-1.2	56.0~60.0	B:0.003~0.01	0.0015	1.0~1.5	—	Ti:0.03~0.06	As:0.0015	RE:0.03~0.06	0.5~0.8	0.0015	—	余量	99.8
	T69260	HAl58-4-4-1	55.0~61.0	0.5~1.1	—	3.5~4.5	1.2~2.0	—	—	3.6~4.5	0.7~1.3	—	—	余量	99.8

分类	代号	牌号	化学成分(质量分数,%)													
			Cu	Fe[①]	Pb	Al	As	Bi	Mg	Cd	Mn	Ni[⑩]	Si	Co	Sn	Zn	Cu+所列元素总和
镁黄铜	T69800	HMg60-1	59.0~61.0	0.2	0.1	—	—	0.3~0.8	0.5~2.0	0.01	—	—	—	—	0.3	余量	99.5[③]
镍黄铜	T69900	HNi65-5	64.0~67.0	0.15	0.03	—	—	—	—	—	—	5.0~6.5	—	—	—	余量	99.7[③]
	T69910	HNi56-3	54.0~58.0	0.15~0.5	0.2	0.3~0.5	—	—	—	—	—	2.0~3.0	—	—	—	余量	99.6
	T69920	HNi55-7-4-2	54.0~56.0	0.5~1.0	—	3.0~4.5	—	—	—	—	—	6.0~7.5	2.0~2.5	—	—	余量	99.8

① 抗磁用黄铜中铁的质量分数不大于 0.030%。
② 此值为 Cu+Ag。
③ 此值为 Cu+合金元素总和。
④ 此牌号为管材产品时，锡的质量分数最小值可以为 0.9%。
⑤ 此值为 Sb+B+Ni+Sn。
⑥ 此值为 Ni+Co。
⑦ 供异型铸造和热锻用的 HMn57-3-1、HMn58-2 中磷的质量分数不大于 0.03%。
⑧ 此值为 Ni+Sn+B。
⑨ 此值为 Ni+Fe+B。
⑩ 以“T”打头的代号及牌号，其镍的质量分数计入铜中（镍为主成分者除外）。

4. 加工青铜的牌号和化学成分（见表10-4）

表 10-4　加工青铜的牌号和化学成分（GB/T 5231—2022）

分类	代号	牌号	化学成分(质量分数,%)												
			Cu	Sn	P	Fe	Pb	Al	B	Ti	Mn	Si	Ni	Zn	Cu+所列元素总和
锡青铜[①]	T50110	QSn0.4	余量	0.15~0.55	0.001	—	—	—	—	—	—	—	0≤0.035	—	99.9[②]
	T50120	QSn0.6	余量	0.4~0.8	0.01	0.020	—	—	—	—	—	—	—	—	99.9[②]
	T50130	QSn0.9	余量	0.85~1.05	0.03	0.05	—	—	—	—	—	—	—	—	99.9[②]
	T50300	QSn0.5-0.025	余量	0.25~0.6	0.015~0.035	0.010	—	—	—	—	—	—	—	—	99.9[②]
	T50400	QSn1-0.5-0.5	余量	0.9~1.2	0.09	—	0.01	0.01	S≤0.005	—	0.3~0.6	0.3~0.6	—	—	99.9[②]
	C50500	QSn1.5-0.2	余量	1.0~1.7	0.03~0.35	0.10	0.05	—	—	—	—	—	—	0.30	99.5
	T50501	QSn1.4	余量	1.0~1.7	0.15	0.10	0.02	—	—	—	—	—	—	0.20	99.5[③]
	C50700	QSn1.8	余量	1.5~2.0	0.30	0.10	0.05	—	—	—	—	—	—	—	99.5
	T50701	QSn2-0.2	余量	1.7~2.3	0.15	0.10	0.02	—	—	—	—	—	0.10~0.40	0.20	99.5[④]
	C50715	QSn2-0.1-0.03	余量	1.7~2.3	0.025~0.04	0.05~0.15	0.02	—	—	—	—	—	—	—	99.5[②]
	T50800	QSn4-3	余量	3.5~4.5	0.03	0.05	0.02	0.002	—	—	—	—	—	2.7~3.3	99.8[②]
	C51000	QSn5-0.2	余量	4.2~5.8	0.03~0.35	0.10	0.05	—	—	—	—	—	—	0.30	99.5
	T51010	QSn5-0.3	余量	4.5~5.5	0.01~0.40	0.1	0.02	—	—	—	—	—	0.2	0.2	99.8
	C51100	QSn4-0.3	余量	3.5~4.9	0.03~0.35	0.10	0.05	—	—	—	—	—	—	0.30	99.5
	C51180	QSn4-0.15-0.10-0.03	余量	3.5~4.9	0.01~0.35	0.05~0.20	0.05	—	—	—	—	—	0.05~0.20	0.30	99.5
	T51500	QSn6-0.05	余量	6.0~7.0	0.05	0.10	Ag:0.05~0.12		—	—	—	—	—	0.05	99.8[②]
	T51510	QSn6.5-0.1	余量	6.0~7.0	0.10~0.25	0.05	0.02	0.002	—	—	—	—	—	0.3	99.6[②]
	T51520	QSn6.5-0.4	余量	6.0~7.0	0.26~0.40	0.02	0.02	0.002	—	—	—	—	—	0.3	99.6[②]
	T51530	QSn7-0.2	余量	6.0~8.0	0.10~0.25	0.05	0.02	0.01	—	—	—	—	—	0.3	99.6[②]
	C51900	QSn6-0.2	余量	5.0~7.0	0.03~0.35	0.10	0.05	—	—	—	—	—	—	0.30	99.5
	C52100	QSn8-0.3	余量	7.0~9.0	0.03~0.35	0.10	0.05	—	—	—	—	—	—	0.20	99.5
	C52400	QSn10-0.2	余量	9.0~11.0	0.03~0.35	0.10	0.05	—	—	—	—	—	—	0.20	99.5
	T52500	QSn15-1-1	余量	12~18	0.5	0.1~1.0	—	—	0.002~1.2	0.002	0.6	—	—	0.5~2.0	99.0[②]
	T53300	QSn4-4-2.5	余量	3.0~5.0	0.03	0.05	1.5~3.5	0.002	—	—	—	—	—	3.0~5.0	99.8[②]
	C53400	QSn4.6-1-0.2	余量	3.5~5.8	0.03~0.35	0.10	0.8~1.2	—	—	—	—	—	—	0.30	99.5
	T53500	QSn4-4-4	余量	3.0~5.0	0.03	0.05	3.0~4.0	0.002	—	—	—	—	—	3.0~5.0	99.8[②]

分类	代号	牌号	化学成分(质量分数,%)															
			Cu	Al	Fe	Ni	Mn	P	Zn	Sn	Si	Pb	As	Mg	Sb	Bi	S	Cu+所列元素总和
铬青铜	T55600	QCr4.5-2.5-0.6	余量	Cr:3.5~5.5	0.05	0.2~1.0	0.5~2.0	0.005	0.05	—	—	—	Ti:1.5~3.5	—	—	—	—	99.9[②]
锰青铜	T56100	QMn1.5	余量	0.07	0.1	0.1	1.20~1.80	—	—	0.05	0.1	0.01	Cr≤0.1	—	0.005	0.002	0.01	99.7[②]
	T56200	QMn2	余量	0.07	0.1	—	1.5~2.5	—	—	0.05	0.1	0.01	0.01	—	0.05	0.002	—	99.5[②]
	T56300	QMn5	余量	—	0.35	—	4.5~5.5	0.01	0.4	0.1	0.1	0.03	—	—	0.002	—	—	99.1[②]
	T56800	QMn11-3.5-1.5	余量	2.50~4.50	1.00~1.60	—	10.8~12.5	0.005	0.10	—	0.10	0.005	C≤0.10	0.05	0.002	—	0.02	99.2[②]
铝青铜	T60700	QAl5	余量	4.0~6.0	0.5	—	0.5	0.01	0.5	0.1	0.1	0.03	—	—	—	—	—	98.4[②]
	C60800	QAl6	余量[⑤]	5.0~6.5	0.10	—	—	—	—	—	—	0.10	0.02~0.35	—	—	—	—	99.5
	C61000	QAl7	余量[⑤]	6.0~8.5	0.50	—	—	—	0.20	—	0.10	0.02	—	—	—	—	—	99.5

（续）

分类	代号	牌号	化学成分(质量分数,%)															
			Cu	Al	Fe	Ni	Mn	P	Zn	Sn	Si	Pb	As	Mg	Sb	Bi	S	Cu+所列元素总和
铝青铜	T61700	QAl9-2	余量	8.0~10.0	0.5	—	1.5~2.5	0.01	1.0	0.1	0.1	0.03	—	—	—	—	—	98.3②
	T61720	QAl9-4	余量	8.0~10.0	2.0~4.0	—	0.5	0.01	1.0	0.1	0.1	0.01	—	—	—	—	—	98.3②
	T61740	QAl9-5-1-1	余量	8.0~10.0	0.5~1.5	4.0~6.0	0.5~1.5	0.01	0.3	0.1	0.1	0.01	0.01	—	—	—	—	99.4②
	T61760	QAl10-3-1.5⑥	余量	8.5~10.0	2.0~4.0	—	1.0~2.0	0.01	0.5	0.1	0.1	0.03	—	—	—	—	—	99.3②
	T61780	QAl10-4-4⑦	余量	9.5~11.0	3.5~5.5	3.5~5.5	0.3	0.01	0.5	0.1	0.1	0.02	—	—	—	—	—	99.0②
	T61790	QAl10-4-4-1	余量	8.5~11.0	3.0~5.0	3.0~5.0	0.5~2.0	—	—	—	—	—	—	—	—	—	—	99.2②
	T62100	QAl10-5-5	余量	8.0~11.0	4.0~6.0	4.0~6.0	0.5~2.5	—	0.5	0.2	0.25	0.05	—	0.10	—	—	—	98.8②
	T62200	QAl11-6-6	余量	10.0~11.5	5.0~6.5	5.0~6.5	0.5	0.1	0.6	0.2	0.2	0.05	—	—	—	—	—	98.5②
	C61300	QAl7-3-0.4	余量⑤	6.0~7.5	2.0~3.0	0.15⑨	0.20	0.015	0.10⑧	0.20~0.50	0.10	0.01	—	—	—	—	—	99.8
	C62300	QAl9-3	余量⑤	8.5~10.0	2.0~4.0	1.0⑨	0.50	—	—	0.6	0.25	—	—	—	—	—	—	99.5
	C62400	QAl11-3	余量⑤	10.0~11.5	2.0~4.5	—	0.30	—	—	0.20	0.25	—	—	—	—	—	—	99.5
	C62500	QAl13-4	余量⑤	12.5~13.5	3.5~5.5	—	2.0	—	—	—	—	—	—	—	—	—	—	99.5
	T62600	QAl14-3	余量⑤	13.0~16.0	2.0~4.0	Co:0.1~0.5	0.5~1.5	—	—	—	0.04	—	—	—	—	—	—	99.5
	C63000	QAl10-5-3	余量⑤	9.0~11.0	2.0~4.0	4.0~5.5⑨	1.5	—	0.30	0.20	0.25	—	—	—	—	—	—	99.5
	C63020	QAl10-6-5	74.5⑤	10.0~11.0	4.0~5.5	4.2~6.0⑨	1.5	—	0.30	0.25	—	0.03	Cr≤0.05	—	Co ≤0.20	—	—	99.5
	C63200	QAl9-4-4	余量⑤	8.7~9.5	3.5~4.3⑩	4.0~4.8⑨	1.2~2.0	—	—	—	0.10	0.02	—	—	—	—	—	99.5
	T63210	QAl9-4-1-1	81~88.0	8.5~11.0	3.0~5.0	0.50~2.0	0.50~2.0	—	—	—	—	—	—	—	—	—	—	99.5
	C64200	QAl7-2	余量⑤	6.3~7.6	0.30	0.25⑨	0.10	—	0.50	0.20	1.5~2.2	0.05	0.09	—	—	—	—	99.5
	C64210	QAl6.5-2	余量⑤	6.3~7.0	0.30	0.25⑨	0.10	—	0.50	0.20	1.5~2.0	0.05	0.09	—	—	—	—	99.5
硅青铜	C64700	QSi0.6-2	余量	—	0.10	1.6~2.2⑨	—	—	0.50	—	0.40~0.8	0.09	—	—	—	—	—	99.5
	T64705	QSi0.6-2.1	余量	—	0.2	1.6~2.5	0.1	—	—	—	0.4~0.8	0.02	—	—	—	—	—	99.7
	T64720	QSi1-3	余量	0.02	0.1	2.4~3.4	0.1~0.4	—	0.2	0.1	0.6~1.1	0.15	—	—	—	—	—	99.5②
	T64730	QSi3-1①	余量	—	0.3	0.2	1.0~1.5	—	0.5	0.25	2.7~3.5	0.03	—	—	—	—	—	98.9②
	T64740	QSi3.5-3-1.5	余量	—	1.2~1.8	0.2	0.5~0.9	0.03	2.5~3.5	0.25	3.0~4.0	0.03	0.002	—	0.002	—	—	98.9②

① 抗磁用锡青铜铁的质量分数不大于 0.020%，QSi3-1 铁的质量分数不大于 0.030%。
② 此值为 Cu+合金元素总和。
③ 此值为 Cu+Sn+P。
④ 此值为 Cu+Sn+P+Ni。
⑤ 此值为 Cu+Ag。
⑥ 非耐磨材料用 QAl10-3-1.5，其锌的质量分数可达 1%，但表中所列杂质总和应不大于 1.25%。柴油发动机用的 QAl10-3-1.5，其铝的质量分数上限可达 11.0%。
⑦ 用于后续焊接时的 QAl10-4-4，其锌的质量分数不大于 0.2%。
⑧ 用于后续焊接时，QAl7-3-0.4 中的 $w(Cr)+w(Cd)+w(Zr)+w(Zn) \leqslant 0.05\%$。
⑨ 此值为 Ni+Co。
⑩ Fe 含量不得超过 Ni 含量。

5. 加工白铜的牌号和化学成分（见表10-5）

表10-5　加工白铜的牌号和化学成分（GB/T 5231—2022）

分类	代号	牌号	化学成分(质量分数,%)													
			Cu	Ni+Co	Al	Fe	Mn	Pb	P	S	C	Mg	Si	Zn	Sn	Cu+所列元素总和
普通白铜	T70110	B0.6	余量	0.57~0.63	—	0.005	—	0.005	0.002	0.005	0.002	—	0.002	—	—	99.9①
	T70380	B5	余量	4.4~5.0	—	0.20	—	0.01	0.01	0.01	0.03	—	—	—	—	99.5①
	T71050	B19②	余量	18.0~20.0	—	0.5	0.5	0.005	0.01	0.01	0.05	0.05	0.15	0.3	—	98.2①
	C71100	B23	余量③	22.0~24.0	—	0.10	0.15	0.05	—	—	—	—	—	0.20	—	99.5
	T71200	B25	余量	24.0~26.0	—	0.5	0.5	0.005	0.01	0.01	0.05	0.05	0.15	0.3	0.03	98.2①
	T71400	B30	余量	29.0~33.0	—	0.9	1.2	0.05	0.006	0.01	0.05	—	0.15	—	—	97.7①
铁白铜	C70400	BFe5-1.5-0.5	余量③	4.8~6.2	—	1.3~1.7	0.30~0.8	0.05	—	—	—	—	—	1.0	—	99.5
	T70510	BFe7-0.4-0.4	余量	6.0~7.0	—	0.1~0.7	0.1~0.7	0.01	0.01	0.01	0.03	—	0.02	0.05	—	99.3①
	T70590	BFe10-1-1	余量	9.0~11.0	—	1.0~1.5	0.5~1.0	0.02	0.006	0.01	0.05	—	0.15	0.3	0.03	99.3①
	C70600	BFe10-1.4-1	余量③	9.0~11.0	—	1.0~1.8	1.0	0.05	—	—	—	—	—	1.0	—	99.5
	C70610	BFe10-1.5-1	余量③	10.0~11.0	—	1.0~2.0	0.50~1.0	0.01	—	0.05	0.05	—	—	—	—	99.5
	T70620	BFe10-1.6-1	余量	9.0~11.0	—	1.5~1.8	0.5~1.0	0.03	0.02	0.01	0.05	—	—	0.20	—	99.6①
	T70900	BFr16-1-1-0.5	余量	15.0~18.0	—	0.50~1.00	0.2~1.0	0.05	Cr:0.30~0.70		—	Ti≤0.03	0.03	1.0	—	98.9②
	C71500	BFe30-0.7	余量③	29.0~33.0	—	0.40~1.0	1.0	0.05	—	—	—	—	—	1.0	—	99.5
	T71510	BFe30-1-1	余量	29.0~32.0	—	0.5~1.0	0.5~1.2	0.02	0.006	0.01	0.05	—	0.15	0.3	0.03	99.3①
	T71520	BFe30-2-2	余量	29.0~32.0	—	1.7~2.3	1.5~2.5	0.01	—	0.03	0.06	—	—	—	—	99.5
锰白铜	T71620	BMn3-12	余量	2.0~3.5	0.2	0.20~0.50	11.5~13.5	0.020	0.005	0.020	0.05	0.03	0.1~0.3	—	—	99.5①
	T71660	BMn40-1.5	余量	39.0~41.0	—	0.50	1.0~2.0	0.005	0.005	0.02	0.10	0.05	0.10	—	—	99.1①
	T71670	BMn43-0.5	余量	42.0~44.0	—	0.15	0.10~1.0	0.002	0.002	0.01	0.10	0.05	0.10	—	—	99.4②
铝白铜	T72400	BAl6-1.5	余量	5.5~6.5	1.2~1.8	0.50	0.20	0.003	—	—	—	—	—	—	—	99.6
	T72600	BAl13-3	余量	12.0~15.0	2.3~3.0	1.0	0.50	0.003	0.01	—	—	—	—	—	—	99.6

分类	代号	牌号	化学成分(质量分数,%)													
			Cu	Ni+Co	Fe	Mn	Pb	Al	Si	P	S	C	Sn	Bi	Ti	Sb	Zn	Cu+所列元素总和
锡白铜	C72700	BSn9-6	余量③	8.5~9.5	0.50	0.05~0.30	0.02④	—	—	—	—	—	5.5~6.5	—	Mg≤0.15	Nb≤0.10	0.50	99.7
	C72900	BSn15-8	余量③	14.5~15.5	0.50	0.30	0.02④	—	—	—	—	—	7.5~8.5	—	Mg≤0.15	Nb≤0.10	0.50	99.7
锌白铜	C73500	BZn18-10	70.5~73.5③	16.5~19.5	0.25	0.50	0.09	—	—	—	—	—	—	—	—	—	余量	99.5
	C74300	BZn8-26	63.0~66.0③	7.0~9.0	0.25	0.50	0.09	—	—	—	—	—	—	—	—	—	余量	99.5
	C74500	BZn10-25	63.5~66.5③	9.0~11.0	0.25	0.50	0.09⑤	—	—	—	—	—	—	—	—	—	余量	99.5
	T74600	BZn15-20	62.0~65.0	13.5~16.5	0.5	0.3	0.02	Mg≤0.05	0.15	0.005	0.01	0.03	—	0.002	As≤0.010	0.002	余量	99.1①

（续）

分类	代号	牌号	化学成分（质量分数，%）															
			Cu	Ni+Co	Fe	Mn	Pb	Al	Si	P	S	C	Sn	Bi	Ti	Sb	Zn	Cu+所列元素总和
锌白铜	C75200	BZn18-18	63.0~66.5③	16.5~19.5	0.25	0.50	0.05	—	—	—	—	—	—	—	—	—	余量	99.5
	T75210	BZn18-17	62.0~66.0	16.5~19.5	0.25	0.50	0.03	—	—	—	—	—	—	—	—	—	余量	99.1①
	T76100	BZn9-29⑥	60.0~63.0	7.2~10.4	0.3	0.5	0.03	0.005	0.15	0.005	0.005	0.03	0.08	0.002	0.005	0.002	余量	99.8
	T76200	BZn12-24⑥	63.0~66.0	11.0~13.0	0.3	0.5	0.03	—	—	—	—	—	0.03	—	—	—	余量	99.5
	T76210	BZn12-26⑥	60.0~63.0	10.5~13.0	0.3	0.5	0.03	0.005	0.15	0.005	0.005	0.03	0.08	0.002	0.005	0.002	余量	99.8
	T76220	BZn12-29⑥	57.0~60.0	11.0~13.5	0.3	0.5	0.03	—	—	—	—	—	0.03	—	—	—	余量	99.5
	T76260	BZn14-24	60.0~64.0	12.5~15.5	0.25	0.50	0.03	—	—	—	—	—	—	—	Mg≤0.1	—	余量	99.5
	T76300	BZn18-20⑥	60.0~63.0	16.5~19.5	0.3	0.5	0.03	0.005	0.15	0.005	0.005	0.03	0.08	0.002	0.005	0.002	余量	99.8
	T76400	BZn22-16⑥	60.0~63.0	20.5~23.5	0.3	0.5	0.03	0.005	0.15	0.005	0.005	0.03	0.08	0.002	0.005	0.002	余量	99.8
	T76500	BZn25-18⑥	56.0~59.0	23.5~26.5	0.3	0.5	0.03	0.005	0.15	0.005	0.005	0.03	0.08	0.002	0.005	0.002	余量	99.8
	C77000	BZn18-26	53.5~56.5③	16.5~19.5	0.25	0.50	0.05	—	—	—	—	—	—	—	—	—	余量	99.5
	T77500	BZn40-20⑥	38.0~42.0	38.0~42.5	0.3	0.5	0.03	0.005	0.15	0.005	0.005	0.10	0.08	0.002	0.005	0.002	余量	99.8
	T78300	BZn15-21-1.8	60.0~63.0	14.0~16.0	0.3	0.5	1.5~2.0	—	0.15	—	—	—	—	—	—	—	余量	99.1①
	C79200	BZn12-24-1.1	59.0~66.5③	11.0~13.0	0.25	0.50	0.8~1.4	—	—	—	—	—	—	—	—	—	余量	99.5
	T79500	BZn15-24-1.5	58.0~60.0	12.5~15.5	0.25	0.05~0.5	1.4~1.7	—	—	0.02	0.005	—	—	—	—	—	余量	99.5
	C79800	BZn10-41-2	45.5~48.5③	9.0~11.0	0.25	1.5~2.5	1.5~2.5	—	—	—	—	—	—	—	—	—	余量	99.5
	C79860	BZn12-37-1.5	42.3~43.7③	11.8~12.7	0.20	5.6~6.4	1.3~1.8	—	0.06	—	—	—	0.10	—	—	—	余量	99.8
	T79870	BZn12-38-2	42.5~44.0	11.0~12.3	0.20	5.0~6.0	1.2~2.2	—	0.06	0.02	—	—	0.10	—	—	—	余量	99.8
硅白铜	C70250	BSi3.2-0.7	余量③	2.2~4.2	0.20	0.10	0.05	—	0.25~1.2	—	—	—	—	—	Mg:0.05~0.30	—	1.0	99.5
	C70260	BSi2-0.45	余量③	1.0~3.0	—	—	—	—	0.20~0.7	0.01	—	—	—	—	—	—	—	99.5
	C70350	BSi2-0.8	余量	1.0~2.5⑦	0.20	0.20	0.05	—	0.50~1.2	Co:1.0~2.0		—	—	—	Mg≤0.15	—	1.0	99.5
	T70360	BSi7-2-1	余量	6.5~8.0	0.15	—	—	—	1.5~3.0	Cr:0.6~1.5		—	—	—	—	—	—	99.5
钴白铜	T71060	BCo19-0.4	余量	18.0~20.0⑦	0.05	—	—	—	0.05	Co:0.2~0.6		—	—	—	—	—	—	99.9

① 此值为 Cu+主元素总和。
② 精密机械用 B19 白铜带，硅的质量分数可不大于 0.05%。
③ 此值为 Cu+Ag。
④ 该牌号用热轧工艺生产时，$w(\text{Pb}) \leq 0.005\%$。
⑤ 用于棒材、线材和管材时，$w(\text{Pb}) \leq 0.05\%$。
⑥ 此牌号表中所列有极限值规定的杂质元素的质量分数实测值总和不大于 0.8%。
⑦ 此值为 Ni。

10.2 铜及铜合金棒材

10.2.1 铜及铜合金拉制棒

1. 铜及铜合金拉制棒的牌号、代号、状态和规格（见表 10-6）

表 10-6 铜及铜合金拉制棒的牌号、代号、状态和规格（GB/T 4423—2020）

分类		牌号	代号	状态	外径(或对边距)/mm		长度/mm
					圆形棒、方形棒、正六角形棒	矩形棒	
铜	无氧铜	TU1 TU2	T10150 T10180	软化退火(O60) 硬(H04)	3～80	3～80	500～6000
	纯铜	T2 T3	T11050 T11090	软化退火(O60) 硬(H04) 半硬(H02)	3～80	3～80	
	磷脱氧铜	TP2	C12200	软化退火(O60) 硬(H04)	3～80	3～80	
	锆铜	TZr0.2 TZr0.4	T15200 T15400	硬(H04)	4～40	—	
	镉铜	TCd1	C16200	软化退火(O60) 硬(H04)	4～60	—	
	铬铜	TCr0.5	T18140	软化退火(O60) 硬(H04)	4～40	—	
黄铜	普通黄铜	H96	T20800	软化退火(O60) 硬(H04)	3～80	3～80	
		H95	C21000	软化退火(O60) 硬(H04)	3～80	3～80	
		H90	C22000	硬(H04)	3～40	—	
		H80	C24000	软化退火(O60) 硬(H04)	3～40	—	
		H70	T26100	半硬(H02)	3～40	—	
		H68	T26300	半硬(H02) 软化退火(O60)	3～80	—	
		H65	C27000	软化退火(O60) 硬(H04) 半硬(H02)	3～80	—	
		H63	T27300	半硬(H02)	3～50	—	
		H62	T27600	半硬(H02)	3～80	3～80	
		H59	T28200	半硬(H02)	3～50	—	
	铅黄铜	HPb63-3	T34700	软化退火(O60) 1/4硬(H01) 半硬(H02) 硬(H04)	3～80	3～80	
		HPb63-0.1	T34900	半硬(H02)	3～50	—	
		HPb61-1	C37100	半硬(H02)	3～50	—	
		HPb59-1	T38100	半硬(H02) 硬(H04)	2～80	3～80	
	锡黄铜	HSn70-1	T45000	半硬(H02)	3～80	—	
		HSn62-1	T46300	硬(H04)	4～70	—	

（续）

分类		牌号	代号	状态	外径（或对边距）/mm		长度/mm
					圆形棒、方形棒、正六角形棒	矩形棒	
黄铜	锰黄铜	HMn58-2	T67400	硬（H04）	4~60	—	500~6000
	铁黄铜	HFe59-1-1 HFe58-1-1	T67600 T67610	硬（H04）	4~60	—	
	铝黄铜	HAl61-4-3-1	T69230	硬（H04）	4~40	—	
青铜	锡青铜	QSn4-3 QSn4-0.3 QSn6.5-0.1 QSn6.5-0.4	T50800 C51100 T51510 T51520	硬（H04）	4~40	—	
		QSn7-0.2	T51530	硬（H04） 特硬（H06）	4~40	—	
	铝青铜	QAl9-2 QAl9-4 QAl10-3-1.5	T61700 T61720 T61760	硬（H04）	4~40	—	
	硅青铜	QSi3-1	T64730	硬（H04）	4~40	—	
白铜	铁白铜	BFe30-1-1	T71510	软化退火（O60） 硬（H04）	16~50	—	
	锰白铜	BMn40-1.5	T71660	硬（H04）	7~40	—	
	锌白铜	BZn15-20	T74600	软化退火（O60） 硬（H04）	4~60	—	
		BZn15-24-1.5	T79500	软化退火（O60） 硬（H04） 特硬（H06）	3~18	—	

2. 铜及铜合金拉制棒的截面形状

铜及铜合金拉制棒的截面形状如图 10-1 所示。其中，矩形棒截面的高宽比见表 10-7。

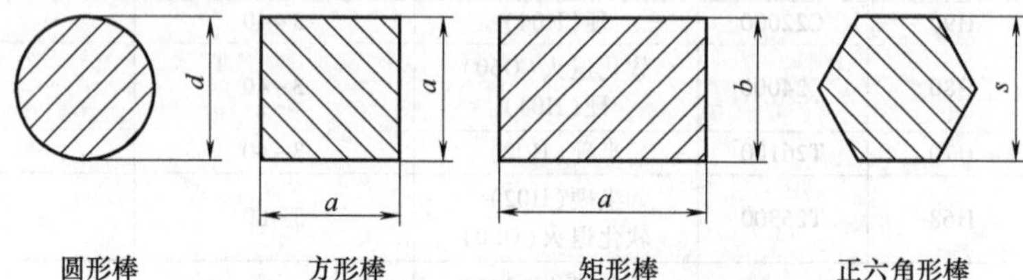

图 10-1　铜及铜合金拉制棒的截面形状

表 10-7　矩形棒截面的高宽比（GB/T 4423—2020）

短对边距/mm	长对边距/短对边距	短对边距/mm	长对边距/短对边距
≤10	≤20	>20	≤35
>10~20	≤30		

3. 铜及铜合金拉制棒的力学性能

（1）圆形棒、方形棒和正六角形棒的力学性能（见表 10-8）

表 10-8　圆形棒、方形棒和正六角形棒的力学性能（GB/T 4423—2020）

牌号	状态	直径（或对边距）/mm	抗拉强度 R_m/MPa	规定塑性延伸强度 $R_{p0.2}^{①}$/MPa	断后伸长率 A(%)	硬度	
			≥			HBW	HRB
TU1、TU2	H04	10~45	270	—	8	80~110	—
	O60	10~45	200	—	40	≥35	—

（续）

牌号	状态	直径（或对边距）/mm	抗拉强度 R_m/MPa	规定塑性延伸强度 $R_{p0.2}^{①}$/MPa	断后伸长率 A(%)	硬度	
			≥			HBW	HRB
T2 T3	H04	3~10	300	200	5	—	20~55
		>10~60	260	168	6	—	
		>60~80	230	—	16	—	
	H02	3~10	300	—	9	—	30~50
		>10~45	228	217	10	80~95	
	O60	3~80	200	100	40	—	30~50
TP2	O60	3~80	193~255	—	25	—	—
	H04	3~10	310~380	—	12	—	—
		>10~25	275~345	—	12	—	—
		>25~50	240~310	—	15	—	—
		>50~75	225~295	—	15	—	—
TZr0.2 TZr0.4	H04	3~40	294	—	6	130	—
TCd1	H04	4~60	370	—	5	≥100	—
	O60	4~60	215	—	36	≤75	—
TCr0.5	H04	4~40	390	—	6	—	—
	O60	4~40	230	—	40	—	—
H96 H95	H04	3~40	275	—	8	—	—
		>40~60	245	—	10	—	—
		>60~80	205	—	14	—	—
	O60	3~80	200	—	40	—	—
H90	H04	3~40	330	—	—	—	—
H80	H04	3~40	390	—	—	—	—
	O60	3~40	275	—	50	—	—
H70	H02	10~25	350	200	23	105~140	—
H68	H02	3~40	300	118	17	88~168 HV	35~80
		>40~80	295	—	34	—	—
	O60	≥13~35	295	—	50	—	—
H65	H04	≤10	360	210	10	—	30~80
		>10~45		125		—	
	H02	3~60	285	125	15	—	28~75
	O60	3~40	295	—	44	—	—
H63	H02	3~50	320	160	15	—	30~75
H62	H02	3~40	370	270	12	—	30~90
		>40~80	335	105	24	—	
H59	H02	3~10	390	—	12	—	50~85
		>10~45	350	180	16	—	
HPb63-0.1	H02	3~40	340	160	15	—	40~70
HPb61-1	H02	3~10	405	160	9	—	50~100
		>10~50	365	115	10	—	
HPb59-1	H04	2~15	500	300	8	150~180 HV	—
	H02	2~20	420	225	9	100~150 HV	40~90
		>20~40	390	165	14	100~130 HV	
		>40~80	370	105	18	—	

（续）

牌号	状态	直径（或对边距）/mm	抗拉强度 R_m/MPa	规定塑性延伸强度 $R_{p0.2}^{①}$/MPa	断后伸长率 A(%)	硬度	
						HBW	HRB
			≥				
HPb63-3	H04	3~15	490	—	4	—	—
		>15~20	450	—	9	—	—
		>20~30	410	—	12	—	—
	H02	3~20	390	285	10	—	30~90
		>20~30	340	240	15	—	
		>30~70	310	195	20	—	
	H01	3~15	320	150	20	65~150	—
		>15~80	290	115	25		—
	O60	3~10	390	205	10	95	35~90
		>10~20	370	160	15	—	
		>20~80	350	120	19	—	
HSn62-1	H04	4~70	400	—	22	—	—
HSn70-1	H02	10~30	450	200	22	—	50~80
		>30~75	350	155	25		
HMn58-2	H04	≥4~12	440	—	24	—	—
		>12~40	410	—	24	—	—
		>40~60	390	—	29	—	—
HFe59-1-1	H04	4~12	490	—	17	—	—
		>12~40	440	—	19	—	—
		>40~60	410	—	22	—	—
HFe58-1-1	H04	4~40	440	—	11	—	—
		>40~60	390	—	13	—	—
HAl61-4-3-1	H04	4~40	550	250	15	≥150	—
QSn4-3	H04	4~12	430	—	14	—	—
		>12~25	370	—	21	—	—
		>25~35	335	—	23	—	—
		>35~40	315	—	23	—	—
QSn4-0.3	H04	4~12	410	—	10	—	—
		>12~25	390	—	13	—	—
		>25~40	355	—	15	—	—
QSn6.5-0.1	H04	10~35	440	—	13	—	—
QSn6.5-0.4	H04	3~12	470	—	13	—	—
		>12~25	440	—	15	—	—
		>25~40	410	—	18	—	—
QSn7-0.2	H04	4~40	440	—	19	130~200	—
	H06	4~40	—	—	—	≥180	—
QAl9-2	H04	4~40	515	—	14	—	—
QAl9-4	H04	4~40	550	—	11	—	—
QAl10-3-1.5	H04	4~40	630	—	15	—	—
QSi3-1	H04	4~12	490	—	13	—	—
		>12~40	470	—	19	—	—
BFe30-1-1	H04	16~50	490	—	—	—	—
	O60	16~50	345	—	25	—	—
BMn40-1.5	H04	7~20	540	—	6	—	—
		>20~30	490	—	8	—	—
		>30~40	440	—	11	—	—
BZn15-20	H04	4~12	440	—	6	—	—
		>12~25	390	—	8	—	—
		>25~40	345	—	13	—	—
	O60	3~40	295	—	33	—	—
BZn15-24-1.5	H06	3~18	590	—	3	—	—
	H04	3~18	440	—	5	—	—
	O60	3~18	295	—	30	—	—

注：表中“—”提供实测值。

① 此值仅供参考。

（2）矩形棒的力学性能（见表 10-9）

表 10-9 矩形棒的力学性能（GB/T 4423—2020）

牌号	状态	直径（或对边距）/mm	抗拉强度 R_m/MPa	规定塑性延伸强度 $R_{P0.2}$①/MPa	断后伸长率 A(%)	硬度	
						HBW	HRB
			≥				
T2	O60	3~80	196	—	36	—	—
	H04	3~80	245	—	9	—	—
H62	H02	3~20	335	—	17	—	—
		>20~80	335	—	23	—	—
HPb59-1	H02	2~50	390	—	12	100~50(HV)	50~85
		>50~80	375	—	18	—	—
HPb63-3	H02	3~20	380	—	14	—	—
		>20~80	365	—	19	—	—

注：表中“—”提供实测值。

① 此值仅供参考。

10.2.2 铜及铜合金挤制棒

1. 铜及铜合金挤制棒的牌号、状态和规格（见表 10-10）

表 10-10 铜及铜合金挤制棒的牌号、状态和规格（YS/T 649—2018）

分类	牌号	代号	状态	直径（或对边矩）/mm		
				圆形棒	矩形棒	方形、六角形棒
铜	T2、T3	T11050、T11090	挤制（M30）	30~300	20~120	20~120
	TU1、TU2、TU3、TP2	T10150、T10180 C10200、C12200		16~300	—	16~120
高铜	TCd1	C16200		20~120	—	—
	TCr0.5、TCr1	T18140、C18200		18~160	—	—
普通黄铜	H96	T20800		10~160	—	10~120
	H80、H65、H59	C24000、C27000、T28200		16~120	—	16~120
	H68	T26300		16~165	—	16~120
	H62	T27600		10~260	5~50	10~120
复杂黄铜	HFe58-1-1、HAl60-1-1	T67610、T69240		10~160	—	10~120
	HSn62-1、HMn58-2、HFe59-1-1	T46300、T67400、T67600		10~220	—	10~120
	HPb59-1	T38100		10~260	5~50	10~120
	HPb60-2	C37700		50~60	—	—
	HPb59-2、HPb59-3	T38200、T38300		20~95	—	—
	HPb58-2	T38210		50~100	—	—
	HSn61-0.8-1.8	C48500		50~70	—	—
	HSn70-1、HAl77-2	T45000、C68700		10~160	—	10~120
	HMn55-3-1、HMn57-3-1、HAl66-6-3-2、HAl67-2.5	T67320、T67410、T69200、T68900		10~160	—	10~120
	HSi80-3、HNi56-3	T68310、T69910		10~160	—	—
铝青铜	QAl9-2	T61700		10~240	—	30~60
	QAl9-4	T61720		10~260	—	—
	QAl10-3-1.5、QAl10-4-4、QAl10-5-5	T61760、T61780、T62100		10~200	—	—
	QAl11-6-6	T62200		10~160	—	—

（续）

分类	牌号	代号	状态	直径（或对边矩）/mm		
				圆形棒	矩形棒	方形、六角形棒
硅青铜	QSi1-3	T64720	挤制（M30）	20～100	—	—
	QSi3-1	T64730		20～160	—	—
	QSi3. 5-3-1. 5	T64740		40～120	—	—
锡青铜	QSn4-0. 3	C51100		60～180	—	—
	QSn8-0. 3	C52100		80～120	—	—
	QSn4-3、QSn7. 0-0. 2	T50800、T51530		40～180	—	40～120
	QSn6. 5-0. 1、QSn6. 5-0. 4	T51510、T51520		40～180	—	30～120
白铜	BFe10-1-1、BFe10-1. 6-1	T70590、T70620		40～160	—	—
	BFe30-1-1、BAl13-3、BMn40-1. 5	T71510、T72600、T71660		40～120	—	—
	BZn15-20	T74600		25～120	—	—

注：矩形棒的对边指长边。

2. 铜及铜合金挤制棒的力学性能（见表10-11）

表 10-11　铜及铜合金挤制棒的力学性能（YS/T 649—2018）

牌号	直径（或对边矩）/mm	抗拉强度 R_m/MPa	断后伸长率 A（%）	硬度　HBW
T2、T3、TU1、TU2、TU3、TP2	≤120	≥186	≥40	—
TCd1	20～120	≥196	≥38	≤75
TCr0. 5、TCr1	20～160	≥230	≥35	—
H96	≤80	≥196	≥35	—
H80	≤120	≥275	≥45	—
H68	≤80	≥295	≥45	—
H65、H62	≤160	≥295	≥35	—
H59	≤120	≥295	≥30	—
HPb59-1	≤160	≥340	≥17	—
HPb60-2	≤60	≥350	≥10	—
HPb59-2、HPb59-3	≤60	≥360	≥10	—
HPb58-2	≤65	≥375	≥15	—
HSn61-0. 8-1. 8	≤70	≥370	≥15	—
HSn62-1	≤120	≥365	≥22	—
HSn70-1	≤75	≥245	≥45	—
HMn58-2	≤120	≥395	≥29	—
HMn55-3-1	≤75	≥490	≥17	—
HMn57-3-1	≤70	≥490	≥16	—
HFe58-1-1	≤120	≥295	≥22	—
HFe59-1-1	≤120	≥430	≥31	—
HAl60-1-1	≤120	≥440	≥20	—
HAl66-6-3-2	≤75	≥735	≥8	—
HAl67-2. 5	≤75	≥395	≥17	—
HAl77-2	≤ 75	≥245	≥45	—
HNi56-3	≤75	≥440	≥28	—
HSi80-3	≤75	≥295	≥28	—
QAl9-2	≤45	≥490	≥18	110～190
	>45～160	≥470	≥24	—
QAl9-4	≤120	≥540	≥17	110～190
	>120～200	≥450	≥13	

（续）

牌号	直径(或对边矩)/mm	抗拉强度 R_m/MPa	断后伸长率 A(%)	硬度　HBW
QAl10-3-1.5	≤16	≥610	≥9	130～190
	>16	≥590	≥13	
QAl10-4-4 QAl10-5-5	≤29	≥690	≥5	170～260
	>29～120	≥635	≥6	
	>120	≥590	≥6	
QAl11-6-6	≤28	≥690	≥4	—
	>28～50	≥635	≥5	—
QSi1-3	≤80	≥490	≥11	—
QSi3-1	≤100	≥345	≥23	—
QSi3.5-3-1.5	40～120	≥380	≥35	—
QSn4-0.3	60～120	≥280	≥30	—
QSn4-3	40～120	≥275	≥30	—
QSn6.5-0.1 QSn6.5-0.4	≤40	≥355	≥55	—
	>40～100	≥345	≥60	—
	>100	≥315	≥64	—
QSn7.0-0.2	40～120	≥355	≥64	≥70
QSn8-0.3	80～120	≥355	≥64	—
BZn15-20	≤80	≥295	≥33	—
BFe10-1-1、BFe10-1.6-1	≤80	≥280	≥30	—
BFe30-1-1	≤80	≥345	≥28	—
BAl13-3	≤80	≥685	≥7	—
BMn40-1.5	≤80	≥345	≥28	—

10.2.3　易切削铜合金棒

1. 易切削铜合金棒的牌号、状态和规格（见表 10-12）

表 10-12　易切削铜合金棒的牌号、状态和规格（GB/T 26306—2010）

牌　　号	状态	直径(或对边距)/mm	长度/mm
HPb57-4、HPb58-2、HPb58-3、HPb59-1、HPb59-2、HPb59-3、HPb60-2、HPb60-3、HPb62-3、HPb63-3	半硬(Y_2)、硬(Y)	3～80	500～6000
HBi59-1、HBi60-1.3、HBi60-2、HMg60-1、HSi75-3、HSi80-3	半硬(Y_2)	3～80	500～6000
HSb60-0.9、HSb61-0.8-0.5	半硬(Y_2)、硬(Y)	4～80	500～6000
HBi60-0.5-0.01、HBi60-0.8-0.01、HBi60-1.1-0.01	半硬(Y_2)	5～60	500～5000
QTe0.3、QTe0.5、QTe0.5-0.008、QS0.4、QSn4-4-4、QPb1	半硬(Y_2)、硬(Y)	4～80	500～5000

2. 易切削铜合金棒的室温纵向力学性能（见表 10-13）

表 10-13　易切削铜合金棒的室温纵向力学性能（GB/T 26306—2010）

牌　　号	状态	直径(或对边距)/mm	抗拉强度 R_m/MPa	断后伸长率 A(%)
			≥	
HPb57-4、HPb58-2、HPb58-3	Y_2	3～20	350	10
		>20～40	330	15
		>40～80	315	20
	Y	3～20	380	8
		>20～40	350	12
		>40～80	320	15

（续）

牌　　号	状态	直径（或对边距）/mm	抗拉强度 R_m/MPa	断后伸长率 A(%)
			≥	
HPb59-1、HPb59-2、HPb60-2	Y_2	3～20	420	12
		>20～40	390	14
		>40～80	370	19
	Y	3～20	480	5
		>20～40	460	7
		>40～80	440	10
HPb59-3、HPb60-3、HPb62-3、HPb63-3	Y_2	3～20	390	12
		>20～40	360	15
		>40～80	330	20
	Y	3～20	490	6
		>20～40	450	9
		>40～80	410	12
HBi59-1、HBi60-2、HBi60-1.3、HMg60-1、HSi75-3	Y_2	3～20	350	10
		>20～40	330	12
		>40～80	320	15
HBi60-0.5-0.01、HBi60-0.8-0.01、HBi60-1.1-0.01	Y_2	5～20	400	20
		>20～40	390	22
		>40～60	380	25
HSb60-0.9、HSb61-0.8-0.5	Y_2	4～12	390	8
		>12～25	370	10
		>25～80	300	18
	Y	4～12	480	4
		>12～25	450	6
		>25～40	420	10
QSn4-4-4	Y_2	4～12	430	12
		>12～20	400	15
	Y	4～12	450	5
		>12～20	420	7
HSi80-3	Y_2	4～80	295	28
QTe0.3、QTe0.5、QTe0.5-0.008、QSn0.4、QPb1	Y_2	4～80	260	8
	Y	4～80	330	4

注：矩形棒按短边长分档。

3. 易切削铜合金棒的耐脱锌腐蚀性能（见表 10-14）

表 10-14　易切削铜合金棒的耐脱锌腐蚀性能（GB/T 26306—2010）

试剂及装置	温度/℃	时间/h	失锌层深度/μm ≤			
			横向		纵向	
			最大深度	平均深度	最大深度	平均深度
恒温水浴或油浴槽	75±2	24	250	150	350	200

10.2.4 铍青铜圆形棒

1. 铍青铜圆形棒时效处理前的室温力学性能（见表10-15）

表10-15 铍青铜圆形棒时效处理前的室温力学性能（YS/T 334—2009）

牌号	状态	直径/mm	抗拉强度 R_m/MPa	规定塑性延伸强度 $R_{p0.2}$/MPa ≥	断后伸长率 A(%) ≥	硬度 HRB
QBe2、QBe1.9、QBe1.9-0.1、QBe1.7、C17000、C17200、C17300	R	20~120	450~700	140	10	≥45
	M	5~120	400~600	140	30	45~85
	Y_2	5~40	550~700	450	10	≥78
	Y	5~10	660~900	520	5	≥88
		>10~25	620~860	520	5	
		>25	590~830	510	5	
QBe0.6-2.5、QBe0.4-1.8、QBe0.3-1.5	M	5~120	≥240	—	20	20~50
	R	20~120				
	Y	5~40	≥440	—	5	60~80

注：铍青铜在GB/T 5231—2022中改名为铍铜，牌号前的“Q”改为“T”，属于加工高铜。

2. 铍青铜圆形棒时效处理后的力学性能（见表10-16）

表10-16 铍青铜圆形棒时效处理后的力学性能（YS/T 334—2009）

牌号	状态	直径/mm	抗拉强度 R_m/MPa	规定塑性延伸强度 $R_{p0.2}$/MPa ≥	断后伸长率 A(%) ≥	硬度 HRC	硬度 HRB
QBe1.7、C17000	TF00	5~120	1000~1310	860	—	32~39	—
	TH04	5~10	1170~1450	990	—	35~41	—
		>10~25	1130~1410	960	—	34~41	—
		>25	1100~1380	930	—	33~40	—
QBe2、QBe1.9、QBe1.9-0.1、C17200、C17300	TF00	5~120	1100~1380	890	2	35~42	—
	TH04	5~10	1200~1550	1100	1	37~45	—
		>10~25	1150~1520	1050	1	36~44	—
		>25	1120~1480	1000	1	35~44	—
QBe0.6-2.5、QBe0.4-1.8、QBe0.3-1.5	TF00	5~120	690~895	—	6	—	92~100
	TH04	5~40	760~965	—	3	—	95~102

3. 铍青铜圆形棒的时效处理工艺（见表10-17）

表10-17 铍青铜圆形棒的时效处理工艺（YS/T 334—2009）

牌号	状态 时效前	状态 时效后	直径/mm	时效工艺
QBe2、QBe1.9、QBe1.9-0.1、QBe1.7、C17000、C17200、C17300	M	TF00	5~120	(320℃±5℃)×3h，空冷
	Y	TH04	≤20	(320℃±5℃)×2h，空冷
			>20~40	(320℃±5℃)×3h，空冷
QBe0.6-2.5、QBe0.4-1.8、QBe0.3-1.5	M	TF00	5~20	(480℃±5℃)×3h，空冷
	Y	TH04	5~40	(480℃±5℃)×2h，空冷

10.2.5 再生铜及铜合金棒

1. 再生铜及铜合金棒的化学成分（见表10-18）

表10-18 再生铜及铜合金棒的化学成分（GB/T 26311—2010）

组别	牌号	化学成分(质量分数,%)								
		Cu	Pb	As	Fe	Sn	Fe+Sn	Ni	Zn	其他杂质总和
纯铜	RT3	≥99.80	≤0.06	—	≤0.10	—	—	—	—	≤0.10
铅黄铜	RHPb59-2	57.0~60.0	1.0~2.5	—	≤0.5	—	<1.0	≤0.5	余量	≤1.0
	RHPb58-2	56.5~59.5	1.0~3.0	—	≤0.8	—	<1.8	≤0.5	余量	≤1.2
	RHPb57-3	56.0~59.0	2.0~3.5	—	≤0.9	—	<2.0	≤0.6	余量	≤1.2
	RHPb56-4	54.0~58.0	3.0~4.5	—	≤1.0	—	<2.4	≤0.6	余量	≤1.2
含砷铅黄铜	RHPb62-2-0.1	60.0~63.0	1.7~2.8	0.08~0.15	≤0.2	≤0.2	—	—	余量	≤0.3

注：1. 经供需双方协议，可供应其他牌号的棒材。
2. 其他杂质包括Al、Si、Mn、Cr、Cd、As、Sb、Bi等元素。

2. 再生铜及铜合金棒的力学性能（见表10-19）

表10-19 再生铜及铜合金棒的力学性能（GB/T 26311—2010）

牌号	状态	抗拉强度 R_m/MPa	断后伸长率 A(%)	牌号	状态	抗拉强度 R_m/MPa	断后伸长率 A(%)
		≥				≥	
RT3	M	205	40	RHPb57-3	Z	250	—
	Y	315	—		R	—	—
RHPb59-2	Z	250	—		Y_2	320	5
	R	360	12	RHPb56-4	Z	250	—
	Y_2	360	10		R	—	—
RHPb58-2	Z	250	—		Y_2	320	5
	R	360	7	RHPb62-2-0.1	R	250	22
	Y_2	320	5		Y_2	300	20

10.3 铜及铜合金板材和带材

10.3.1 加工铜及铜合金板与带的规格

1. 加工铜及铜合金板的牌号和规格（见表10-20）

表10-20 加工铜及铜合金板的牌号和规格（GB/T 17793—2010）

牌号	状态	厚度/mm	宽度/mm	长度/mm
T2、T3、TP1、TP2、TU1、TU2、H96、H90、H85、H80、H70、H68、H65、H63、H62、H59、HPb59-1、HPb60-2、HSn62-1、HMn58-2	热轧	4.0~60.0	≤3000	≤6000
	冷轧	0.20~12.00		
HMn55-3-1、HMn57-3-1、HAl60-1-1、HAl67-2.5、HAl66-6-3-2、HNi65-5	热轧	4.0~40.0	≤1000	≤2000
QSn6.5-0.1、QSn6.5-0.4、QSn4-3、QSn4-0.3、QSn7-0.2、QSn8-0.3	热轧	9.0~50.0	≤600	≤2000
	冷轧	0.20~12.00		
QAl5、QAl7、QAl9-2、QAl9-4	冷轧	0.40~12.00	≤1000	≤2000

（续）

牌　　号	状态	厚度/mm	宽度/mm	长度/mm
QCd1	冷轧	0.50~10.00	200~300	800~1500
QCr0.5、QCr0.5-0.2-0.1	冷轧	0.50~15.00	100~600	≥300
QMn1.5、QMn5	冷轧	0.50~5.00	100~600	≤1500
QSi3-1	冷轧	0.50~10.00	100~1000	≥500
QSn4-4-2.5、QSn4-4-4	冷轧	0.80~5.00	200~600	800~2000
B5、B19、BFe10-1-1、BFe30-1-1、BZn15-20、BZn18-17	热轧	7.0~60.0	≤2000	≤4000
	冷轧	0.50~10.00	≤600	≤1500
BAl6-1.5、BAl13-3	冷轧	0.50~12.00	≤600	≤1500
BMn3-12、BMn40-1.5	冷轧	0.50~10.00	100~600	800~1500

2. 加工铜及铜合金带的牌号和规格（见表10-21）

表10-21　加工铜及铜合金带的牌号和规格（GB/T 17793—2010）

牌号	厚度/mm	宽度/mm
T2、T3、TU1、TU2、TP1、TP2、H96、H90、H85、H80、H70、H68、H65、H63、H62、H59	>0.15~<0.5	≤600
	0.5~3	≤1200
HPb59-1、HSn62-1、HMn58-2	>0.15~0.2	≤300
	>0.2~2	≤550
QAl5、QAl7、QAl9-2、QAl9-4	>0.15~1.2	≤300
QSn7-0.2、QSn6.5-0.4、QSn6.5-0.1、QSn4-3、QSn4-0.3	>0.15~2	≤610
QSn8-0.3	>0.15~2.6	≤610
QSn4-4-4、QSn4-4-2.5	0.8~1.2	≤200
QCd1、QMn1.5、QMn5、QSi3-1	>0.15~1.2	≤300
BZn18-17	>0.15~1.2	≤610
B5、B19、BZn15-20、BFe10-1-1、BFe30-1-1、BMn40-1.5、BMn3-12、BAl13-3、BAl6-1.5	>0.15~1.2	≤400

10.3.2　铜及铜合金板

1. 铜及铜合金板的牌号、代号、状态和规格（见表10-22）

表10-22　铜及铜合金板的牌号、代号、状态和规格（GB/T 2040—2017）

分类	牌号	代号	状态	厚度/mm	宽度/mm	长度/mm
无氧铜 纯铜 磷脱氧铜	TU1、TU2、 T2、T3、 TP1、TP2	T10150、T10180、 T11050、T11090、 C12000、C12200	热轧(M20)	4~80	≤3000	≤6000
			软化退火(O60)、1/4硬(H01)、1/2硬(H02)、硬(H04)、特硬(H06)	0.2~12	≤3000	≤6000
铁铜	TFe0.1	C19210	软化退火(O60)、1/4硬(H01)、1/2硬(H02)、硬(H04)	0.2~5	≤610	≤2000
	TFe2.5	C19400	软化退火(O60)、1/2硬(H02)、硬(H04)、特硬(H06)	0.2~5	≤610	≤2000
镉铜	TCd1	C16200	硬(H04)	0.5~10	200~300	800~1500
铬铜	TCr0.5	T18140	硬(H04)	0.5~15	≤1000	≤2000
	TCr0.5-0.2-0.1	T18142	硬(H04)	0.5~15	100~600	≥300
普通黄铜	H95	C21000	软化退火(O60)、硬(H04)	0.2~10	≤3000	≤6000
	H80	C24000	软化退火(O60)、硬(H04)			
	H90、H85	C22000、C23000	软化退火(O60)、1/2硬(H02)、硬(H04)			

（续）

分类	牌号	代号	状态	厚度/mm	宽度/mm	长度/mm
普通黄铜	H70、H68	T26100、T26300	热轧（M20）	4～60	≤3000	≤6000
			软化退火（O60）、1/4 硬（H01）、1/2 硬（H02）、硬（H04）、特硬（H06）、弹性（H08）	0.2～10		
	H66、H65	C26800、C27000	软化退火（O60）、1/4 硬（H01）、1/2 硬（H02）、硬（H04）、特硬（H06）、弹性（H08）	0.2～10	≤3000	≤6000
	H63、H62	T27300、T27600	热轧（M20）	4～60	≤3000	≤6000
			软化退火（O60）、1/2 硬（H02）、硬（H04）、特硬（H06）	0.2～10		
	H59	T28200	热轧（M20）	4～60		
			软化退火（O60）、硬（H04）	0.2～10		
铅黄铜	HPb59-1	T38100	热轧（M20）	4～60		
			软化退火（O60）、1/2 硬（H02）、硬（H04）	0.2～10		
	HPb60-2	C37700	硬（H04）、特硬（H06）	0.5～10		
锰黄铜	HMn58-2	T67400	软化退火（O60）、1/2 硬（H02）、硬（H04）	0.2～10		
锡黄铜	HSn62-1	T46300	热轧（M20）	4～60	≤3000	≤6000
	HSn62-1	T46300	软化退火（O60）、1/2 硬（H02）、硬（H04）	0.2～10		
	HSn88-1	C42200	1/2 硬（H02）	0.4～2	≤610	≤2000
锰黄铜	HMn55-3-1、HMn57-3-1	T67320、T67410	热轧（M20）	4～40	≤1000	≤2000
铝黄铜	HAl60-1-1、HAl67-2.5、HAl66-6-3-2	T69240、T68900、T69200				
镍黄铜	HNi65-5	T69900				
锡青铜	QSn6.5-0.1	T51510	热轧（M20）	9～50	≤610	≤2000
			软化退火（O60）、1/4 硬（H01）、1/2 硬（H02）、硬（H04）、特硬（H06）、弹性（H08）	0.2～12		
	QSn6.5-0.4、Sn4-3、Sn4-0.3、QSn7-0.2	T51520、T50800、C51100、T51530	软化退火（O60）、硬（H04）特硬（H06）	0.2～12	≤600	≤2000
	QSn8-0.3	C52100	软化退火（O60）、1/4 硬（H01）、1/2 硬（H02）、硬（H04）、特硬（H06）	0.2～5	≤600	≤2000
	QSn4-4-2.5、QSn4-4-4	T53300、T53500	软化退火（O60）、1/2 硬（H02）、1/4 硬（H01）、硬（H04）	0.8～5	200～600	800～2000
锰青铜	QMn1.5	T56100	软化退火（O60）	0.5～5	100～600	≤1500
	QMn5	T56300	软化退火（O60）、硬（H04）			
铝青铜	QAl5	T60700	软化退火（O60）、硬（H04）	0.4～12	≤1000	≤2000
	QAl7	C61000	1/2 硬（H02）、硬（H04）			
	QAl9-2	T61700	软化退火（O60）、硬（H04）			
	QAl9-4	T61720	硬（H04）			
硅青铜	QSi3-1	T64730	软化退火（O60）、硬（H04）、特硬（H06）	0.5～10	100～1000	≥500

（续）

分类	牌号	代号	状态	厚度/mm	宽度/mm	长度/mm
普通白铜 铁白铜	B5、B19 BFe10-1-1、 BFe30-1-1	T70380、T71050、 T70590、T71510	热轧（M20）	7~60	≤2000	≤4000
			软化退火（O60）、硬（H04）	0.5~10	≤600	≤1500
锰白铜	BMn3-12	T71620	软化退火（O60）	0.5~10	100~600	800~1500
	BMn40-1.5	T71660	软化退火（O60）、硬（H04）			
铝白铜	BAl6-1.5	T72400	硬（H04）	0.5~12	≤600	≤1500
	BAl13-3	T72600	固溶热处理+冷加工（硬）+ 沉淀热处理（TH04）			
锌白铜	BZn15-20	T74600	软化退火（O60）、1/2硬（H02）、 硬（H04）、特硬（H06）	0.5~10	≤600	≤1500
	BZn18-17	T75210	软化退火（O60）、 1/2硬（H02）、硬（H04）	0.5~5	≤600	≤1500
	BZn18-26	C77000	1/2硬（H02）、硬（H04）	0.25~2.5	≤610	≤1500

2. 铜及铜合金板的力学性能（见表10-23）

表10-23 铜及铜合金板的力学性能（GB/T 2040—2017）

牌号	状态	拉伸试验			硬度试验	
		厚度/mm	抗拉强度 R_m/MPa	断后伸长率 $A_{11.3}$（%）	厚度/mm	硬度HV
T2、T3 TP1、TP2 TU1、TU2	M20	4~14	≥195	≥30	—	
	O60	0.3~10	≥205	≥30	≥0.3	≤70
	H01		215~295	≥25		60~95
	H02		245~345	≥8		80~110
	H04		295~395	—		90~120
	H06		≥350	—		≥110
TFe0.1	O60	0.3~5	255~345	≥30	≥0.3	≤100
	H01		275~375	≥15		90~120
	H02		295~430	≥4		100~130
	H04		335~470	≥4		110~150
TFe2.5	O60	0.3~5	≥310	≥20	≥0.3	≤120
	H02		365~450	≥5		115~140
	H04		415~500	≥2		125~150
	H06		460~515	—		135~155
TCd1	H04	0.5~10	≥390	—	—	—
TQCr0.5、 TCr0.5-0.2-0.1	H04	—	—	—	0.5~15	≥100
H95	O60	0.3~10	≥215	≥30		—
	H04		≥320	≥3		
H90	O60	0.3~10	≥245	≥35	—	—
	H02		330~440	≥5		
	H04		≥390	≥3		
H85	O60	0.3~10	≥260	≥35	≥0.3	≤85
	H02		305~380	≥15		80~115
	H04		≥350	≥3		≥105
H80	O60	0.3~10	≥265	≥50	—	—
	H04		≥390	≥3		
H70、H68	M20	4~14	≥290	≥40	—	—

（续）

牌号	状态	拉伸试验			硬度试验	
		厚度/mm	抗拉强度 R_m/MPa	断后伸长率 $A_{11.3}$（%）	厚度/mm	硬度 HV
H70、H68、H66、H65	O60	0.3~10	≥290	≥40	≥0.3	≤90
	H01		325~410	≥35		85~115
	H02		355~440	≥25		100~130
	H04		410~540	≥10		120~160
	H06		520~620	≥3		150~190
	H08		≥570			≥180
H63、H62	M20	4~14	≥290	≥30	—	—
	O60	0.3~10	≥290	≥35	≥0.3	≤95
	H02		350~470	≥20		90~130
	H04		410~630	≥10		125~165
	H06		≥585	≥2.5		≥155
H59	M20	4~14	≥290	≥25	—	—
	O60	0.3~10	≥290	≥10	≥0.3	
	H04		≥410	≥5		≥130
HPb59-1	M20	4~14	≥370	≥18	—	—
	O60	0.3~10	≥340	≥25		
	H02		390~490	≥12		
	H04		≥440	≥5		
HPb60-2	H04	—	—	—	0.5~2.5	165~190
					2.6~10	—
	H06	—	—	—	0.5~1.0	≥180
HMn58-2	O60	0.3~10	≥380	≥30	—	—
	H02		440~610	≥25		
	H04		≥585	≥3		
HSn62-1	M20	4~14	≥340	≥20		—
	O60	0.3~10	≥295	≥35		
	H02		350~400	≥15		
	H04		≥390	≥5		
HSn88-1	H02	0.4~2	370~450	≥14	0.4~2	110~150
HMn55-3-1	M20	4~15	≥490	≥15	—	—
HMn57-3-1	M20	4~8	≥440	≥10	—	—
HAl60-1-1	M20	4~15	≥440	≥15	—	—
HAl67-2.5	M20	4~15	≥390	≥15	—	—
HAl66-6-3-2	M20	4~8	≥685	≥3	—	—
HNi65-5	M20	4~15	≥290	≥35	—	—
QSn6.5-0.1	M20	9~14	≥290	≥38	≥0.2	—
	O60	0.2~12	≥315	≥40		≤120
	H01	0.2~12	390~510	≥35		110~155
	H02	0.2~12	490~610	≥8		150~190
	H04	0.2~3	590~690	≥5		180~230
		>3~12	540~690	≥5		180~230
	H06	0.2~5	635~720	≥1		200~240
	H08	0.2~5	≥690	—		≥210
QSn6.5-0.4、QSn7-0.2	O60	0.2~12	≥295	≥40	—	—
	H04		540~690	≥8		
	H06		≥665	≥2		

（续）

牌号	状态	拉伸试验			硬度试验	
		厚度/mm	抗拉强度 R_m/MPa	断后伸长率 $A_{11.3}$（%）	厚度/mm	硬度HV
QSn4-3、QSn4-0.3	O60	0.2~12	≥290	≥40	—	—
	H04		540~690	≥3		
	H06		≥635	≥2		
QSn8-0.3	O60	0.2~5	≥345	≥40	≥0.2	≤120
	H01		390~510	≥35		100~160
	H02		490~610	≥20		150~205
	H04		590~705	≥5		180~235
	H06		≥685	—		≥210
QSn4-4-2.5、QSn4-4-4	O60	0.8~5	≥290	≥35	≥0.8	—
	H01		390~490	≥10		
	H02		420~510	≥9		
	H04		≥635	≥5		
QMn1.5	O60	0.5~5	≥205	≥30	—	—
QMn5	O60	0.5~5	≥290	≥30	—	—
	H04		≥440	≥3		
QAl5	O60	0.4~12	≥275	≥33	—	—
	H04		≥585	≥2.5		
QAl7	H02	0.4~12	585~740	≥10	—	—
	H04		≥635	≥5		
QAl9-2	O60	0.4~12	≥440	≥18	—	—
	H04		≥585	≥5		
QAl9-4	H04	0.4~12	≥585	—	—	—
QSi3-1	O60	0.5~10	≥340	≥40	—	—
	H04		585~735	≥3		
	H06		≥685	≥1		
B5	M20	7~14	≥215	≥20	—	—
	O60	0.5~10	≥215	≥30		
	H04		≥370	≥10		
B19	M20	7~14	≥295	≥20	—	—
	O60	0.5~10	≥290	≥25		
	H04		≥390	≥3		
BFe10-1-1	M20	7~14	≥275	≥20	—	—
	O60	0.5~10	≥275	≥25		
	H04		≥370	≥3		
BFe30-1-1	M20	7~14	≥345	≥15	—	—
	O60	0.5~10	≥370	≥20		
	H04		≥530	≥3		
BMn3-12	O60	0.5~10	≥350	≥25	—	—
BMn40-1.5	O60	0.5~10	390~590	—	—	—
	H04		≥590	—		
BAl6-1.5	H04	0.5~12	≥535	≥3	—	—
BAl13-3	TH04	0.5~12	≥635	≥5	—	—
BZn15-20	O60	0.5~10	≥340	≥35	—	—
	H02		440~570	≥5		
	H04		540~690	≥1.5		
	H06		≥640	≥1		

（续）

牌号	状态	拉伸试验			硬度试验	
		厚度/mm	抗拉强度 R_m/MPa	断后伸长率 $A_{11.3}$（%）	厚度/mm	硬度 HV
BZn18-17	O60	0.5～5	≥375	≥20	≥0.5	—
	H02		440～570	≥5		120～180
	H04		≥540	≥3		≥150
BZn18-26	H02	0.25～2.5	540～650	≥13	0.5～2.5	145～195
	H04		645～750	≥5		190～240

注：1. 超出表中规定厚度范围的板材，其性能指标由供需双方协商。
2. 表中的“—”表示没有统计数据，如果需方要求该性能，其性能指标由供需双方协商。
3. 维氏硬度试验力由供需双方协商。

3. QMn1.5、BMn3-12、BMn40-1.5带的电性能（见表10-24）

表10-24 QMn1.5、BMn3-12、BMn40-1.5带的电性能（GB/T 2040—2017）

牌　　号	电阻系数 ρ(20℃±1℃)/(Ω·mm²/m)	电阻温度系数 α(0～100℃)/℃$^{-1}$	与铜的热电动势率 Q(0～100℃)/(μV/℃)
QMn1.5	≤0.087	≤0.9×10^{-3}	—
BMn3-12	0.42～0.52	±6×10^{-5}	≤1
BMn40-1.5	0.43～0.53	—	—

10.3.3 铜及铜合金带

1. 铜及铜合金带的牌号、代号、状态和规格（见表10-25）

表10-25 铜及铜合金带的牌号、代号、状态和规格（GB/T 2059—2017）

分类	牌号	代号	状态	厚度/mm	宽度/mm
无氧铜 纯铜 磷脱氧铜	TU1、TU2 T2、T3 TP1、TP2	T10150、T10180、 T11050、T11090 C12000、C12200	软化退火态(O60)、 1/4硬(H01)、1/2硬(H02)、 硬(H04)、特硬(H06)	>0.15～<0.50	≤610
				0.50～5.0	≤1200
镉铜	TCd1	C16200	硬(H04)	>0.15～1.2	≤300
普通黄铜	H95、H80、H59	C21000、C24000、 T28200	软化退火态(O60)、 硬(H04)	>0.15～<0.50	≤610
				0.50～3.0	≤1200
	H85、H90	C23000、C22000	软化退火态(O60)、 1/2硬(H02)、硬(H04)	>0.15～<0.50	≤610
				0.50～3.0	≤1200
	H70、H68 H66、H65	T26100、T26300 C26800、C27000	软化退火态(O60)、1/4硬(H01)、 1/2硬(H02)、硬(H04)、 特硬(H06)、弹硬(H08)	>0.15～<0.50	≤610
				0.50～3.5	≤1200
	H63、H62	T27300、T27600	软化退火态(O60)、1/2硬(H02)、 硬(H04)、特硬(H06)	>0.15～<0.50	≤610
				0.50～3.0	≤1200
锰黄铜	HMn58-2	T67400	软化退火态(O60)、 1/2硬(H02)、硬(H04)	>0.15～0.20	≤300
铅黄铜	HPb59-1	T38100		>0.20～2.0	≤550
	HPb59-1	T38100	特硬(H06)	0.32～1.5	≤200
锡黄铜	HSn62-1	T46300	硬(H04)	>0.15～0.20	≤300
				>0.20～2.0	≤550
铝青铜	QAl5	T60700	软化退火态(O60)、硬(H04)	>0.15～1.2	≤300
	QAl7	C61000	1/2硬(H02)、硬(H04)		
	QAl9-2	T61700	软化退火态(O60)、硬(H04)、 特硬(H06)		
	QAl9-4	T61720	硬(H04)		

（续）

分类	牌号	代号	状态	厚度/mm	宽度/mm
锡青铜	QSn6.5-0.1	T51510	软化退火态(O60)、1/4硬(H01)、1/2硬(H02)、硬(H04)、特硬(H06)、弹硬(H08)	>0.15~2.0	≤610
	QSn7-0.2、Sn6.5-0.4、QSn4-3、QSn4-0.3	T51530 T51520 T50800 C51100	软化退火态(O60)、硬(H04)、特硬(H06)	>0.15~2.0	≤610
	QSn8-0.3	C52100	软化退火态(O60)、1/4硬(H01)、1/2硬(H02)、硬(H04)、特硬(H06)、弹硬(H08)	>0.15~2.6	≤610
	QSn4-4-2.5、QSn4-4-4	T53300 T53500	软化退火(O60)、1/4硬(H01)、1/2硬(H02)、硬(H04)	>0.80~1.2	≤200
锰青铜	QMn1.5	T56100	软化退火(O60)	>0.15~1.2	≤300
	QMn5	T56300	软化退火(O60)、硬(H04)		
硅青铜	QSi3-1	T64730	软化退火态(O60)、硬(H04)、特硬(H06)	>0.15~1.2	≤300
普通白铜	B5、B19	T70380、T71050	软化退火态(O60)、硬(H04)	>0.15~1.2	≤400
铁白铜	BFe10-1-1、BFe30-1-1	T70590、T71510			
锰白铜	BMn40-1.5	T71660			
	BMn3-12	T71620	软化退火态(O60)	>0.15~1.3	≤400
铝白铜	BAl6-1.5	T72400	硬(H04)	>0.15~1.2	≤300
	BAl13-3	T72600	固溶热处理+冷加工(硬)+沉淀热处理(TH04)		
锌白铜	BZn15-20	T74600	软化退火态(O60)、1/2硬(H02)、硬(H04)、特硬(H06)	>0.15~1.2	≤610
	BZn18-18	C75200	软化退火态(O60)、1/4硬(H01)、1/2硬(H02)、硬(H04)	>0.15~1.0	≤400
	BZn18-17	T75210	软化退火态(O60)、1/2硬(H02)、硬(H04)	>0.15~1.2	≤610
	BZn18-26	C77000	1/4硬(H01)、1/2硬(H02)、硬(H04)	>0.15~2.0	≤610

2. 铜及铜合金带的力学性能（见表10-26）

表10-26 铜及铜合金带的力学性能（GB/T 2059—2017）

牌号	状态	拉伸试验			硬度 HV
		厚度/mm	抗拉强度 R_m/MPa	断后伸长率 $A_{11.3}$(%)	
TU1、TU2、T2、T3、TP1、TP2	O60	>0.15	≥195	≥30	≤70
	H01		215~295	≥25	60~95
	H02		245~345	≥8	80~110
	H04		295~395	≥3	90~120
	H06		≥350	—	≥110
TCd1	H04	≥0.2	≥390	—	—
H95	O60	≥0.2	≥215	≥30	—
	H04		≥320	≥3	
H90	O60	≥0.2	≥245	≥35	—
	H02		330~440	≥5	
	H04		≥390	≥3	

（续）

牌　号	状态	拉伸试验			硬度 HV
		厚度/mm	抗拉强度 R_m/MPa	断后伸长率 $A_{11.3}$(%)	
H85	O60	≥0.2	≥260	≥40	≤85
	H02		305~380	≥15	80~115
	H04		≥350	—	≥105
H80	O60	≥0.2	≥265	≥50	—
	H04		≥390	≥3	
H70、H68、H66、H65	O60	≥0.2	≥290	≥40	≤90
	H01		325~410	≥35	85~115
	H02		355~460	≥25	100~130
	H04		410~540	≥13	120~160
	H06		520~620	≥4	150~190
	H08		≥570	—	≥180
H63、H62	O60	≥0.2	≥290	≥35	≤95
	H02		350~470	≥20	90~130
	H04		410~630	≥10	125~165
	H06		≥585	≥2.5	≥155
H59	O60	≥0.2	≥290	≥10	—
	H04		≥410	≥5	≥130
HPb59-1	O60	≥0.2	≥340	≥25	—
	H02		390~490	≥12	
	H04		≥440	≥5	
	H06	≥0.32	≥590	≥3	
HMn58-2	O60	≥0.2	≥380	≥30	—
	H02		440~610	≥25	
	H04		≥585	≥3	
HSn62-1	H04	≥0.2	390	≥5	—
QAl5	O60	≥0.2	≥275	≥33	—
	H04		≥585	≥2.5	
QAl7	H02	≥0.2	585~740	≥10	—
	H04		≥635	≥5	
QAl9-2	O60	≥0.2	≥440	≥18	—
	H04		≥585	≥5	
	H06		≥880	—	
QAl9-4	H04	≥0.2	≥635	—	—
QSn4-3、QSn4-0.3	O60	>0.15	≥290	≥40	—
	H04		540~690	≥3	
	H06		≥635	≥2	
QSn6.5-0.1	O60	>0.15	≥315	≥40	≤120
	H01		390~510	≥35	110~155
	H02		490~610	≥10	150~190
	H04		590~690	≥8	180~230
	H06		635~720	≥5	200~240
	H08		≥690	—	≥210
QSn7-0.2、QSn6.5-0.4	O60	>0.15	≥295	≥40	—
	H04		540~690	≥8	
	H06		≥665	≥2	

（续）

牌　号	状态	拉伸试验			硬度 HV
		厚度/mm	抗拉强度 R_m/MPa	断后伸长率 $A_{11.3}$（%）	
QSn8-0.3	O60	>0.15	≥345	≥45	≤120
	H01		390~510	≥40	100~160
	H02		490~610	≥30	150~205
	H04		590~705	≥12	180~235
	H06		685~785	≥5	210~250
	H08		≥735	—	≥230
QSn4-4-2.5、QSn4-4-4	O60	≥0.8	≥290	≥35	
	H01		390~490	≥10	
	H02		420~510	≥9	
	H04		≥490	≥5	
QMn1.5	O60	≥0.2	≥205	≥30	—
QMn5	O60	≥0.2	≥290	≥30	—
	H04		≥440	≥3	
QSi3-1	O60	>0.15	≥370	≥45	—
	H04		635~785	≥5	
	H06		735	≥2	
B5	O60	≥0.2	≥215	≥32	—
	H04		≥370	≥10	
B19	O60	≥0.2	≥290	≥25	
	H04		≥390	≥3	
BFe10-1-1	O60	≥0.2	≥275	≥25	—
	H04		≥370	≥3	
BFe30-1-1	O60	≥0.2	≥370	≥23	—
	H04		≥540	≥3	
BMn3-12	O60	≥0.2	≥350	≥25	—
BMn40-1.5	O60	≥0.2	390~590	—	—
	H04		≥635	—	
BAl6-1.5	H04	≥0.2	≥600	≥5	—
BAl13-3	TH04	≥0.2	实测值		—
BZn15-20	O60	>0.15	≥340	≥35	—
	H02		440~570	≥5	
	H04		540~690	≥1.5	
	H06		≥640	≥1	
BZn18-18	O60	≥0.2	≥385	≥35	≤105
	H01		400~500	≥20	100~145
	H02		460~580	≥11	130~180
	H04		≥545	≥3	≥165
BZn18-17	O60	≥0.2	≥375	≥20	—
	H02		440~570	≥5	120~180
	H04		≥540	≥3	≥150
BZn18-26	H01	≥0.2	≥475	≥25	≤165
	H02		540~650	≥11	140~195
	H04		≥645	≥4	≥190

注：1. 超出表中规定厚度范围的带材，其性能指标由供需双方协商。

2. 表中的“—”表示没有统计数据，如果需方要求该性能，其性能指标由供需双方协商。

3. 维氏硬度的试验力由供需双方协商。

3. 铜及铜合金带的电性能（见表 10-27）

表 10-27　铜及铜合金带的电性能（GB/T 2059—2017）

牌　号	电阻系数 ρ(20℃±1℃)/(Ω·mm²/m)	电阻温度系数 α(0~100℃)/℃$^{-1}$	与铜的热电动势率 Q(0~100℃)/(μV/℃)
QMn1.5	≤0.087	0.9×10^{-3}	—
BMn3-12	0.42~0.52	$\pm6\times10^{-5}$	≤1
BMn40-1.5	0.45~0.52	—	—

10.3.4　导电用铜板和条

1. 导电用铜板和条的牌号、状态和规格（见表 10-28）

表 10-28　导电用铜板和条的牌号、状态和规格（GB/T 2529—2012）

牌号	状态	板材尺寸/mm			条材尺寸/mm		
		厚度	宽度	长度	厚度	宽度	长度
T2、TU2、TU3	热轧(M20) 热轧+再轧(M25)	4~100	50~650	≤12000	10~60	10~400	≤12000
	软(O60)	4~20			3~30		
	1/2 硬(H02)						
	硬(H04)						

2. 导电用铜板和条的力学性能（见表 10-29）

表 10-29　导电用铜板和条的力学性能（GB/T 2529—2012）

牌号	供应状态	抗拉强度 R_m/MPa	断后伸长率 A(%)	硬度	
				HV	HRF
T2、TU2、TU3	热轧(M20) 热轧+再轧(M25)	≥195	≥38	—	—
	软(O60)	≥195	≥42	—	—
	1/2 硬(H02)	245~335	≥14	75~120	≥80
	硬(H04)	≥295	≥6	≥80	≥65

3. 导电用铜板和条的弯曲性能（见表 10-30）

表 10-30　导电用铜板和条的弯曲性能（GB/T 2529—2012）

牌号	状　态	厚度/mm	弯曲角度/(°)	弯芯半径	弯曲结果
T2、TU2、TU3	热轧(M20) 热轧+再轧(M25)、软(O60)	≤5	180	0.5 倍板厚	弯曲上侧不应有肉眼可见的裂纹
	1/2 硬(H02)	≤10	90	1.0 倍板厚	

4. 导电用铜板和条的电性能（见表 10-31）

表 10-31　导电用铜板和条的电性能（GB/T 2529—2012）

牌号	状态	20℃时的电导率(%IACS)　≥	20℃时的电阻系数 ρ/(Ω·mm²/m)　≤
T2	软(O60)	98	0.017593
	热轧(M20) 热轧+再轧(M25)	98	0.017593
	1/2 硬(H02)	97	0.017774
	硬(H04)	96	0.017959

（续）

牌号	状态	20℃时的电导率（%IACS） ≥	20℃时的电阻系数 $\rho/(\Omega\cdot mm^2/m)$ ≤
TU2、TU3	软(O60)	100	0.017241
	热轧(M20) 热轧+再轧(M25)	99	0.017415
	1/2硬(H02)	97	0.017774
	硬(H04)	96	0.017959

10.3.5 耐蚀合金铜板与带

1. 耐蚀合金铜板与带的牌号、状态和规格（见表10-32）

表10-32 耐蚀合金铜板与带的牌号、状态和规格（GB/T 26299—2010）

牌号	状态	品种	厚度/mm	宽度/mm	长度/mm
HAl77-2 HAl77-2-1	软(M)	带材	0.3~2.5	≤1000	—
		板材			≤2000
BFe10-1-1 BFe10-1.5-1		带材		≤610	—
		板材			≤2000

2. 耐蚀合金铜板与带的力学性能（见表10-33）

表10-33 耐蚀合金铜板与带的力学性能（GB/T 26299—2010）

牌号	状态	抗拉强度 R_m/MPa	断后伸长率 $A_{11.3}$(%)	硬度 HV
HAl77-2、HAl77-2-1	M	≥410	≥40	≥90
BFe10-1-1、BFe10-1.5-1		≥300	≥30	

3. 耐蚀合金铜板与带的均匀腐蚀全浸试验结果（见表10-34）

表10-34 耐蚀合金铜板与带的均匀腐蚀全浸试验结果（GB/T 26299—2010）

牌号	状态	试验温度/℃	腐蚀速率/(mm/a)
HAl77-2、HAl77-2-1 BFe10-1-1、BFe10-1.5-1	M	40	<0.006

10.3.6 铍铜板、带和箔

1. 铍铜板、带和箔的牌号、代号、状态和规格（见表10-35）

表10-35 铍铜板、带和箔的牌号、代号、状态和规格（YS/T 323—2019）

牌号	代号	状态	规格尺寸/mm
TBe2	T17720	固溶处理(TB00) 固溶处理+冷加工(1/4硬)(TD01) 固溶处理+冷加工(1/2硬)(TD02) 固溶处理+冷加工(硬)(TD04) 固溶处理+沉淀热处理(TF00) 固溶处理+冷加工(1/4硬)+沉淀热处理(TH01) 固溶处理+冷加工(1/2硬)+沉淀热处理(TH02) 固溶处理+冷加工(硬)+沉淀热处理(TH04)	箔材:厚度0.05~0.15,宽度10~400 带材:厚度0.15~1.50,宽度10~400 板材:厚度>0.45~6.00,宽度30~400,长度200~3000
TBe1.9	T17710		
TBe1.9-0.2	C17200		
TBe1.7	T17700	固溶处理+冷加工(1/2硬)(TD02) 固溶处理+冷加工(硬)(TD04) 固溶处理+冷加工(1/2硬)+沉淀热处理(TH02) 固溶处理+冷加工(硬)+沉淀热处理(TH04)	

（续）

牌号	代号	状态	规格尺寸/mm
TBe0.3-0.5	C17410	固溶处理+冷加工(1/2硬)+沉淀热处理(TH02) 固溶处理+冷加工(硬)+沉淀热处理(TH04)	箔材:厚度0.05~0.15,宽度10~400 带材:厚度0.15~1.50,宽度10~400 板材:厚度>0.45~6.00,宽度30~400,长度200~3000
TBe0.3-0.7	C17450	固溶处理+冷加工(1/2硬)+沉淀热处理(TH02)	
TBe0.3-1.2	C17460	固溶处理+冷加工(硬)+沉淀热处理(TH04)	
TBe0.6-2.5	C17500	固溶处理+沉淀热处理(TF00) 固溶处理+冷加工(1/2硬)+沉淀热处理(TH02) 固溶处理+冷加工(硬)+沉淀热处理(TH04)	
TBe0.4-1.8	C17510		

2. 铍铜板、带和箔的力学性能（见表10-36）

表10-36 铍铜板、带和箔的力学性能（YS/T 323—2019）

牌号	代号	状态	厚度/mm	抗拉强度 R_m/MPa	规定塑性延伸强度 $R_{p0.2}$/MPa	断后伸长率 $A_{11.3}$(%)	硬度 HV
TBe2 TBe1.9-0.2	T17720 C17200	TB00	≥0.25	400~560	190~380	≥35.0	≤140
		TD01		520~610	410~560	≥10.0	120~220
		TD02		590~690	500~660	≥6.0	140~240
		TD04		≥650	620~800	≥2.0	≥170
		TF00		1140~1340	≥960	≥3.0	≥320
		TH01		1210~1410	≥1030	≥2.5	320~420
		TH02		1280~1480	≥1100	≥1.0	340~440
		TH04		1310~1520	≥1140	≥1.0	≥360
TBe1.9	T17710	TB00	≥0.25	400~560	190~380	≥35.0	≤140
		TD01		520~610	410~560	≥10.0	120~220
		TD02		590~690	500~660	≥6.0	140~240
		TD04		≥650	620~800	≥2.0	≥160
		TF00		1140~1340	≥960	≥3.0	≥350
		TH01		1210~1410	≥1030	≥2.5	320~420
		TH02		1280~1480	≥1100	≥1.0	340~440
		TH04		1310~1520	≥1140	≥1.0	≥370
TBe1.7	T17700	TD02	≥0.25	550~650	440~590	≥6.0	130~230
		TD04		≥590	≥510	≥2.0	≥150
		TH02		1170~1380	≥1000	≥1.0	320~420
		TH04		1240~1450	≥1070	≥1.0	≥340
TBe0.3-0.5	C17410	TH02	≥0.10	655~790	550~690	10.0~20.0	180~230
		TH04		760~890	690~830	7.0~17.0	210~278
TBe0.3-0.7	C17450	TH02	≥0.10	655~790	550~590	≥12.0	180~245
TBe0.3-1.2	C17460	TH04	≥0.10	825~965	720~860	≥10.0	230~290
TBe0.6-2.5 TBe0.4-1.8	C17500 C17510	TF00	≥0.10	690~895	≥550	≥10.0	195~275
		TH02		760~965	≥655	≥8.0	216~287
		TH04		760~965	≥655	≥8.0	216~287

注：1. 对于厚度<0.25mm的TBe2、TBe1.9-0.2、TBe1.9、TBe1.7带箔材，厚度<0.1mm的TBe0.3-0.5、TBe0.3-0.7、TBe0.3-1.2、TBe0.6-2.5、TBe0.4-1.8带箔材，表中规定的抗拉强度、断后伸长率报实测值。

2. 规定塑性延伸强度为参考值。

3. 厚度<0.25mm的TBe2、TBe1.9-0.2、TBe1.9、TBe1.7带箔材，厚度<0.1mm的TBe0.3-0.5、TBe0.3-0.7、TBe0.3-1.2、TBe0.6-2.5、TBe0.4-1.8带箔材，硬度不做规定。

4. TB00、TD01、TD02、TD04四种状态板带箔材的沉淀热处理制度应符合表10-37的规定，热处理后各状态的性能应符合表中规定。

3. 铍铜板、带和箔的沉淀热处理工艺及状态变化（见表 10-37）

表 10-37 铍铜板、带和箔的沉淀热处理工艺及状态变化（YS/T 323—2019）

牌号	沉淀热处理前状态	沉淀热处理工艺			沉淀热处理后状态
		加热温度/℃	保温时间/h	冷却方式	
TBe1.9-0.2 TBe2 TBe1.9 TBe1.7	TD04 TD02	320±10	2	空冷	TH04 TH02
TBe1.9-0.2 TBe2 TBe1.9	TB00 TD01	320±10	2.5~3.0	空冷	TF00 TH01
TBe0.4-1.8 TBe0.6-2.5	TB00	420~480	2	空冷	TF00
TBe0.3-0.5 TBe0.3-0.7 TBe0.6-2.5 TBe0.4-1.8	TD02	420~480	2	空冷	TH02
TBe0.3-0.5 TBe0.3-1.2 TBe0.6-2.5 TBe0.4-1.8	TD04	420~480	2	空冷	TH04

4. 铍铜板、带和箔的弹性模量（见表 10-38）

表 10-38 铍铜板、带和箔的弹性模量（YS/T 323—2019）

牌号	代号	状态	弹性模量 E/GPa
TBe2 TBe1.9-0.2 TBe1.9	T17720 C17200 T17710	TB00 TD01 TD02 TD04 TF00 TH01 TH02 TH04	131
TBe1.7	T17700	TD02 TD04 TH02 TH04	131
TBe0.3-0.5	C17410	TH02 TH04	138
TBe0.3-0.7	C17450	TH02	138
TBe0.3-1.2	C17460	TH04	138
TBe0.6-2.5 TBe0.4-1.8	C17500 C17510	TF00 TH02 TH04	138

5. 铍铜板、带和箔的电性能（见表 10-39）

表 10-39 铍铜板、带和箔的电性能（YS/T 323—2019）

牌号	状态	电导率(%IACS)	牌号	状态	电导率(%IACS)
TBe0.3-0.5	TH02,TH04	≥45	TBe0.6-2.5 TBe0.4-1.8	TF00	≥45
TBe0.3-0.7	TH02	≥50		TH02	≥48
TBe0.3-1.2	TH04	≥50		TH04	≥48

10.4 铜及铜合金管材

10.4.1 铜及铜合金无缝管的规格

1. 挤制铜及铜合金圆形管的规格（见表 10-40）

表 10-40 挤制铜及铜合金圆形管的规格（GB/T 16866—2006）

公称外径/mm	公称壁厚/mm																										
	1.5	2.0	2.5	3.0	3.5	4.0	4.5	5.0	6.0	7.5	9.0	10.0	12.5	15.0	17.5	20.0	22.5	25.0	27.5	30.0	32.5	35.0	37.5	40.0	42.5	45.0	50.0
20、21、22	○	○	○	○		○																					
23、24、25、26	○	○	○	○	○	○																					
27、28、29			○	○	○	○	○	○	○																		
30、32			○	○	○	○	○	○	○																		
34、35、36			○	○	○	○	○	○	○																		
38、40、42、44			○	○	○	○	○	○	○	○	○	○															
45、46、48			○	○	○	○	○	○	○	○	○	○															
50、52、54、55			○	○	○	○	○	○	○	○	○	○	○	○	○												
56、58、60						○	○	○	○	○	○	○	○	○	○												
62、64、65、68、70						○	○	○	○	○	○	○	○	○	○	○											
72、74、75、78、80						○	○	○	○	○	○	○	○	○	○	○	○	○									
85、90										○		○	○	○	○	○	○	○	○	○							
95、100										○		○	○	○	○	○	○	○	○	○							
105、110												○	○	○	○	○	○	○	○	○							
115、120												○	○	○	○	○	○	○	○	○	○	○	○				
125、130												○	○	○	○	○	○	○	○	○	○	○					
135、140												○	○	○	○	○	○	○	○	○	○	○	○				
145、150												○	○	○	○	○	○	○	○	○	○	○					
155、160												○	○	○	○	○	○	○	○	○	○	○	○	○	○		
165、170												○	○	○	○	○	○	○	○	○	○	○	○	○	○		
175、180												○	○	○	○	○	○	○	○	○	○	○	○	○	○		
185、190、195、200												○	○	○	○	○	○	○	○	○	○	○	○	○	○	○	
210、220												○	○	○	○	○	○	○	○	○	○	○	○	○	○	○	
230、240、250												○	○	○		○		○	○	○	○	○	○	○	○	○	○
260、280												○	○	○		○		○		○							
290、300																○		○		○							

注：“○”表示推荐规格，需要其他规格的产品应由供需双方商定。

2. 拉制铜及铜合金圆形管的规格（见表 10-41）

表 10-41　拉制铜及铜合金圆形管的规格（GB/T 16866—2006）

公称外径/mm	公称壁厚/mm																									
	0.2	0.3	0.4	0.5	0.6	0.75	1.0	1.25	1.5	2.0	2.5	3.0	3.5	4.0	4.5	5.0	6.0	7.0	8.0	9.0	10.0	11.0	12.0	13.0	14.0	15.0
3、4	○	○	○	○	○	○	○	○																		
5、6、7	○	○	○	○	○	○	○	○	○																	
8、9、10、11、12、13、14、15	○	○	○	○	○	○	○	○	○	○	○	○														
16、17、18、19、20		○	○	○	○	○	○	○	○	○	○	○	○	○	○											
21、22、23、24、25、26、27、28、29、30			○	○	○	○	○	○	○	○	○	○	○	○	○	○										
31、32、33、34、35、36、37、38、39、40			○	○	○	○	○	○	○	○	○	○	○	○	○	○										
42、44、45、46、48、49、50						○	○	○	○	○	○	○	○	○	○	○	○									
52、54、55、56、58、60						○	○	○	○	○	○	○	○	○	○	○	○	○	○							
62、64、65、66、68、70							○	○	○	○	○	○	○	○	○	○	○	○	○	○	○	○				
72、74、75、76、78、80										○	○	○	○	○	○	○	○	○	○	○	○	○	○	○		
82、84、85、86、88、90、92、94、96、100										○	○	○	○	○	○	○	○	○	○	○	○	○	○	○	○	○
105、110、115、120、125、130、135、140、145、150										○	○	○	○	○	○	○	○	○	○	○	○	○	○	○	○	○
155、160、165、170、175、180、185、190、195、200												○	○	○	○	○	○	○	○	○	○	○	○	○	○	○
210、220、230、240、250												○	○	○	○	○	○	○	○	○	○	○	○	○	○	○
260、270、280、290、300、310、320、330、340、350、360														○	○	○										

注：“○”表示推荐规格，需要其他规格的产品应由供需双方商定。

10.4.2 铜及铜合金拉制管

1. 铜及铜合金拉制管的牌号、状态和规格（见表 10-42）

表 10-42 铜及铜合金拉制管的牌号、状态和规格（GB/T 1527—2017）

分类	牌号	代号	状态	圆形		矩(方)形	
				外径/mm	壁厚/mm	对边距/mm	壁厚/mm
纯铜	T2、T3 TU1、TU2 TP1、TP2	T11050、T11090 T10150、T10180 C12000、C12200	软化退火(O60)、 轻退火(O50)、 硬(H04)、 特硬(H06)	3~360	0.3~20	3~100	1~10
			1/2 硬(H02)	3~100			
高铜	TCr1	C18200	固溶处理+冷加工(硬) +沉淀热处理(TH04)	40~105	4~12	—	—
黄铜	H95、H90	C21000、C22000	软化退火(O60)、 轻退火(O50)、 退火到 1/2 硬(O82)、 硬+应力消除(HR04)	3~200	0.2~10	3~100	0.2~7
	H85、H80 HAs85-0.05	C23000、C24000 T23030					
	H70、H68 H59、HPb59-1 HSn62-1、HSn70-1 HAs70-0.05 HAs68-0.04	T26100、T26300 T28200、T38100 T46300、T45000 C26130 T26330		3~100			
	H65、H63 H62、HPb66-0.5 HAs65-0.04	C27000、T27300 T27600、C33000 —		3~200			
	HPb63-0.1	T34900	退火到 1/2 硬(O82)	18~31	6.5~13	—	—
白铜	BZn15-20	T74600	软化退火(O60)、 退火到 1/2 硬(O82)、 硬+应力消除(HR04)	4~40	0.5~8	—	—
	BFe10-1-1	T70590	软化退火(O60)、 退火到 1/2 硬(O82)、 硬 (H80)	8~160			
	BFe30-1-1	T71510	软化退火(O60)、 退火到 1/2 硬(O82)	8~80			

2. 纯铜、高铜圆形管的力学性能（见表 10-43）

表 10-43 纯铜、高铜圆形管的力学性能（GB/T 1527—2017）

牌号	状态	壁厚/mm	抗拉强度 R_{m}/MPa ≥	断后伸长率 A (%) ≥	硬度	
					HV	HBW
T2、T3、 TU1、TU2、 TP1、TP2	O60	所有	200	41	40~65	35~60
	O50	所有	220	40	45~75	40~70
	H02	≤15	250	20	70~100	65~95
	H04	≤6	290	—	95~130	90~125
		>6~10	265	—	75~110	70~105
		>10~15	250	—	70~100	65~95
	H06	≤3	360	—	≥110	≥105
TCr1	TH04	5~12	375	11	—	—

注：1. H02、H04 状态壁厚>15mm 的管材，H06 状态壁厚>3mm 的管材，其性能由供需双方协商确定。

2. 维氏硬度试验的试验力由供需双方协商确定。软化退火（O60）状态的维氏硬度试验适用于壁厚≥1mm 的管材。

3. 布氏硬度试验仅适用于壁厚≥5mm 的管材，壁厚<5mm 的管材布氏硬度试验供需双方协商确定。

3. 黄铜、白铜管的力学性能（见表 10-44）

表 10-44　黄铜、白铜管的力学性能（GB/T 1527—2017）

牌号	状态	抗拉强度 R_m/MPa ≥	断后伸长率 A（%）≥	硬度	
				HV	HBW
H95	O60	205	42	45~70	40~65
	O50	220	35	50~75	45~70
	O82	260	18	75~105	70~100
	HR04	320	—	≥95	≥90
H90	O60	220	42	45~75	40~70
	O50	240	35	50~80	45~75
	O82	300	18	75~105	70~100
	HR04	360	—	≥100	≥95
H85、HAs85-0.05	O60	240	43	45~75	40~70
	O50	260	35	50~80	45~75
	O82	310	18	80~110	75~105
	HR04	370	—	≥105	≥100
H80	O60	240	43	45~75	40~70
	O50	260	40	55~85	50~80
	O82	320	25	85~120	80~115
	HR04	390	—	≥115	≥110
H70、H68、HAs70-0.05、HAs68-0.04	O60	280	43	55~85	50~80
	O50	350	25	85~120	80~115
	O82	370	18	95~135	90~130
	HR04	420	—	≥115	≥110
H65、HPb66-0.5、HAs65-0.04	O60	290	43	55~85	50~80
	O50	360	25	80~115	75~110
	O82	370	18	90~135	85~130
	HR04	430	—	≥110	≥105
H63、H62	O60	300	43	60~90	55~85
	O50	360	25	75~110	70~105
	O82	370	18	85~135	80~130
	HR04	440	—	≥115	≥110
H59、HPb59-1	O60	340	35	75~105	70~100
	O50	370	20	85~115	80~110
	O82	410	15	100~130	95~125
	HR04	470	—	≥125	≥120
HSn70-1	O60	295	40	60~90	55~85
	O50	320	35	70~100	65~95
	O82	370	20	85~135	80~130
	HR04	455	—	≥110	≥105
HSn62-1	O60	295	35	60~90	55~85
	O50	335	30	75~105	70~100
	O82	370	20	85~110	80~105
	HR04	455	—	≥110	≥105
HPb63-0.1	O82	353	20	—	110~165
BZn15-20	O60	295	35	—	—
	O82	390	20	—	—
	HR04	490	8	—	—

（续）

牌号	状态	抗拉强度 R_m/MPa ≥	断后伸长率 A(%) ≥	硬度	
				HV	HBW
BFe10-1-1	O60	290	30	75~110	70~105
	O82	310	12	≥105	≥100
	H80	480	8	≥150	≥145
BFe30-1-1	O60	370	35	85~120	80~115
	O82	480	12	≥135	≥130

注：1. 维氏硬度试验的试验力由供需双方协商确定。软化退火（O60）状态的维氏硬度试验仅适用于壁厚≥0.5mm的管材。

2. 布氏硬度试验仅适用于壁厚≥3mm 的管材，壁厚<3mm 的管材布氏硬度试验供需双方协商确定。

10.4.3 铜及铜合金挤制管

1. 铜及铜合金挤制管的牌号、代号及规格（见表10-45）

表 10-45 铜及铜合金挤制管的牌号、代号及规格（YS/T 662—2018）

分类	牌号	代号	状态	外径/mm	壁厚/mm	长度/mm
无氧铜	TU0、TU1 TU2、TU3	T10130、T10150 T10180、C10200	挤制 (M30)	30~300	5~65	300~6000
纯铜	T2、T3	T11050、T11090				
磷脱氧铜	TP1、TP2	C12000、C12200				
铬铜	TCr0.5	T18140		100~255	15~37.5	500~3000
黄铜	H96、H62 HPb59-1、HFe59-1-1	T20800、T27600 T38100、T67600		20~300	1.5~42.5	300~6000
	H80、H68、H65 HSn62-1、HSi80-3 HMn58-2、HMn57-3-1	C24000、T26300、C27000 T46300、T68310 T67400、T67410		60~220	7.5~30	
青铜	QAl9-2、QAl9-4、QAl10-3-1.5、 QAl10-4-4	T61700、T61720 T61760、T61780		20~250	3~50	500~6000
	QSi3.5-3-1.5	T64740		75~200	7.5~30	
白铜	BFe10-1-1	T70590		70~260	10~40	300~3000
	BFe30-1-1	T71500		80~120	10~25	

2. 铜及铜合金挤制管的力学性能（见表10-46）

表 10-46 铜及铜合金挤制管的力学性能（YS/T 662—2018）

牌号	壁厚/mm	抗拉强度 R_m/MPa	断后伸长率 A(%)	硬度 HBW
TU0、TU1、TU2、TU3 T2、T3、TP1、TP2	≤65	≥185	≥42	—
TCr0.5	≤37.5	≥220	≥35	—
H96	≤42.5	≥185	≥42	—
H80	≤30	≥275	≥40	—
H68	≤30	≥295	≥45	—
H65、H62	≤42.5	≥295	≥43	—
HPb59-1	≤42.5	≥390	≥24	—
HFe59-1-1	≤42.5	≥430	≥31	—
HSn62-1	≤30	≥320	≥25	—
HSi80-3	≤30	≥295	≥28	—
HMn58-2	≤30	≥395	≥29	—
HMn57-3-1	≤30	≥490	≥16	—

（续）

牌号	壁厚/mm	抗拉强度 R_m/MPa	断后伸长率 A(%)	硬度 HBW
QAl9-2	≤50	≥470	≥16	—
QAl9-4	≤50	≥450	≥17	—
QAl10-3-1.5	<16	≥590	≥14	140~200
	≥16	≥540	≥15	135~200
QAl10-4-4	≤50	≥635	≥6	170~230
QSi3.5-3-1.5	≤30	≥360	≥35	—
BFe10-1-1	≤25	≥280	≥28	—
BFe30-1-1	≤25	≥345	≥25	—

10.4.4 铜及铜合金波导管

铜及铜合金波导管的牌号、状态和规格见表10-47。

表10-47 铜及铜合金波导管的牌号、状态和规格（GB/T 8894—2014）

牌号	代号	供应状态	圆形 d/mm	矩形和方形：矩形 ($a/b≈2$) (a/mm)×(b/mm)	矩形和方形：中等扁矩形 ($a/b≈4$) (a/mm)×(b/mm)	矩形和方形：扁矩形 ($a/b≈8$) (a/mm)×(b/mm)	矩形和方形：方形 ($a/b≈1$) (a/mm)×(b/mm)	长度 /mm
TU00 TU0 TU1 T2 H96	C10100 T10130 T10150 T11050 —	拉拔(H50)	3.581~149	2.540×1.270~165.10×82.55	22.85×5.00~195.58×48.90	22.86×5.00~109.22×13.10	15.00×15.00~50.00×50.00	500~4000
H62	T27600	拉拔+应力消除(HR50)						
BMn40-1.5	T71660	拉拔(H50)	—	22.86×10.16~40.40×20.20	—	—	—	

注：1. 经双方协商，可供其他规格的管材，具体要求应在合同中注明。
2. d 为内径；a、b 为内孔边长。

10.4.5 铜及铜合金散热管

1. 铜及铜合金散热管的牌号、状态和规格（见表10-48）

表10-48 铜及铜合金散热管的牌号、状态和规格（GB/T 8891—2013）

牌号	代号	状态	规格尺寸/mm：圆管 直径 D×壁厚 δ	规格尺寸/mm：扁管 宽度 A×高度 B×壁厚 δ	规格尺寸/mm：矩形管 长度 A×短边 B×壁厚 δ	规格尺寸/mm：长度
TU0	T10130	拉拔硬(H80)、轻拉(H55)	(4~25)×(0.20~2.00)	—	—	250~4000
T2 H95	T11050 T21000	拉拔硬(H80)	(10~50)×(0.20~0.80)	(15~25)×(1.9~6.0)×(0.20~0.80)	(15~25)×(5~12)×(0.20~0.80)	
H90 H85 H80	T22000 T23000 T24000	轻拉(H55)				
H68 HAs68-0.04 H65 H63	T26300 T26330 T27000 T27300	轻软退火(O50)				
HSn70-1	T45000	软化退火(O60)				

注：经供需双方协商可供应其他牌号或规格的管材。

2. 铜及铜合金散热管的力学性能（见表 10-49）

表 10-49 铜及铜合金散热管的力学性能（GB/T 8891—2013）

牌号	状态	抗拉强度 R_m/MPa ≥	断后伸长率 A(%) ≥
T2	拉拔硬(H80)	295	—
TU0	轻拉(H55)	250	20
	拉拔硬(H80)	295	—
H95	拉拔硬(H80)	320	—
H90	轻拉(H55)	300	18
H85	轻拉(H55)	310	18
H80	轻拉(H55)	320	25
H68、HAs68-0.01、H65、H63	轻软退火(O50)	350	25
HSn70-1	软化退火(O60)	295	40

10.4.6 铜及铜合金无缝高翅片管

1. 铜及铜合金无缝高翅片管的牌号、状态和规格（见表 10-50）

表 10-50 铜及铜合金无缝高翅片管的牌号、状态和规格（YS/T 865—2013）

牌号	代号	供货形式	状态	翅片外径/mm	翅片高度/mm	底壁厚度/mm	翅距/mm	长度/mm
T2、TP1、TP2	T11050 C12000 C12200	直条	翅片成形(H90) 软化退火(O60)	30~60	4~20	0.5~2.5	1~6	≤6000
BFe10-1-1 BFe30-1-1	T70590 T71510			30~55	4~15			

注：经供需双方协商，可供应其他牌号或规格尺寸的高翅片管。

2. 铜及铜合金无缝高翅片管的力学性能（见表 10-51）

表 10-51 铜及铜合金无缝高翅片管的力学性能（YS/T 865—2013）

牌号	状态	硬度 HV
T2、TP1、TP2	O60	<80
	H90	≥80
BFe10-1-1	O60	<140
	H90	≥150
BFe30-1-1	O60	<110
	H90	≥120

10.4.7 铜及铜合金 U 型管

1. 铜及铜合金 U 型管的牌号、状态和规格（见表 10-52）

表 10-52 铜及铜合金 U 型管的牌号、状态和规格（YS/T 911—2013）

牌 号	代 号	状 态	外径 D/mm	壁厚 δ/mm	长度 L/mm	U 型弯曲半径/mm
TP2	C12200	软化退火(O60) 轻拉(H55)	≤50	0.3~3.4	≤18000	≥1.5D

（续）

牌　　号	代　　号	状　　态	外径 D/mm	壁厚 δ/mm	长度 L/mm	U 型弯曲半径/mm
HSn70-1、HSn72-1、HAl77-2 BFe10-1-1、BFe30-1-0.7、BFe30-1-1	T45000、C44300、C68700 T70590、C71500、T71510	退火(O61)	≤50	0.3～3.4	≤18000	≥1.5D

注：1. 经供需双方协商，可供应其他牌号、状态或规格的管材。
2. 状态是指弯曲前管材的状态。

2. 铜及铜合金 U 型管的室温力学性能（见表 10-53）

表 10-53　铜及铜合金 U 型管的室温力学性能（YS/T 911—2013）

牌　　号	代　　号	状　　态	抗拉强度 R_m/MPa	规定塑性延伸强度 $R_{p0.2}$/MPa	断后伸长率 A(%)
TP2	C12200	O60	≥205	≥60	≥40
		H55	≥250	≥205	≥15
HSn70-1 HSn72-1	T45000 C44300	O61	≥295	≥105	≥42
HAl77-2	C68700	O61	≥345	≥125	≥50
BFe10-1-1	T70590	O61	≥290	≥105	≥30
BFe30-1-0.7 BFe30-1-1	C71500 T71510	O61	≥370	≥125	≥30

10.4.8　无缝铜水管和铜气管

1. 无缝铜水管和铜气管的牌号、状态和规格（见表 10-54）

表 10-54　无缝铜水管和铜气管的牌号、状态和规格（GB/T 18033—2017）

牌号	代号	状态	种类	外径/mm	壁厚/mm	长度/mm
TP1 TP2 TU1 TU2 TU3	C12000 C12200 T10150 T10180 C10200	拉拔(硬)(H80) 拉拔(H58)	直管	6～325	0.6～8	≤6000
		轻拉(H55)		6～159		
		软化退火(O60) 轻退火(O50)		6～108		
		软化退火(O60)	盘管	≤28		—

2. 无缝铜水管和铜气管的力学性能（见表 10-55）

表 10-55　无缝铜水管和铜气管的力学性能（GB/T 18033—2017）

牌号	状态	公称外径/mm	抗拉强度 R_m/MPa	断后伸长率 A(%)	硬度 HV5
			≥		
TP1 TP2 TU1 TU2 TU3	H80	≤100	315	3	>100
		>100～200	295		
		>200	255		>80
	H58	—	250	—	>75
	H55	≤67	250	30	75～100
		>67～159	250	20	
	O60 O50	≤108	205	40	40～75

注：维氏硬度仅供选择性试验。

10.4.9 无缝内螺纹铜管

1. 无缝内螺纹铜管的牌号、状态和供货形状（见表10-56）

表10-56 无缝内螺纹铜管的牌号、状态和供货形状（GB/T 20928—2020）

牌号	代号	状态	供货形状
TU1 TU2 TP2	T10150 T10180 C12200	轻退火(O50) 软化退火(O60)	直管、盘管

2. 无缝内螺纹铜管的规格（名义尺寸）（见表10-57）

表10-57 无缝内螺纹铜管的规格（名义尺寸）（GB/T 20928—2020）

规格	外径/mm	内径/mm	底壁厚/mm	齿高/mm	总壁厚/mm	齿顶角/(°)	螺旋角/(°)	螺纹数/条
φ5.00×0.20+0.14-40/18-38	5.00	4.32	0.20	0.14	0.34	40	18	38
φ5.00×0.23+0.12-25/18-35	5.00	4.30	0.23	0.12	0.35	25	18	35
φ6.35×0.26+0.20-40/10-55	6.35	5.43	0.26	0.20	0.46	40	10	55
φ7.00×0.22+0.10-40/15-65	7.00	6.36	0.22	0.10	0.32	40	15	65
φ7.00×0.23+0.10-40/15-65	7.00	6.34	0.23	0.10	0.33	40	15	65
φ7.00×0.23+0.12-20/17-65	7.00	6.30	0.23	0.12	0.35	20	17	65
φ7.00×0.23+0.13-10/30-60	7.00	6.28	0.23	0.13	0.36	10	30	60
φ7.00×0.24+0.15-25/30-54	7.00	6.22	0.24	0.15	0.39	25	30	54
φ7.00×0.24+0.18-15/18-50	7.00	6.16	0.24	0.18	0.42	15	18	50
φ7.00×0.24+0.18-40/18-50	7.00	6.16	0.24	0.18	0.42	40	18	50
φ7.00×0.25+0.10-40/15-65	7.00	6.30	0.25	0.10	0.35	40	15	65
φ7.00×0.25+0.18-15/15-44	7.00	6.14	0.25	0.18	0.43	15	15	44
φ7.00×0.25+0.18-40/18-50	7.00	6.14	0.25	0.18	0.43	40	18	50
φ7.00×0.25+0.22-22/16-54	7.00	6.06	0.25	0.22	0.47	22	16	54
φ7.00×0.27+0.15-53/18-60	7.00	6.16	0.27	0.15	0.42	53	18	60
φ7.00×0.33+0.15-40/18-50	7.00	6.04	0.33	0.15	0.48	40	18	50
φ7.94×0.25+0.18-20/20-60	7.94	7.08	0.25	0.18	0.43	20	20	60
φ7.94×0.40+0.12-40/18-60	7.94	6.90	0.40	0.12	0.52	40	18	60
φ9.52×0.27+0.15-15/30-55	9.52	8.68	0.27	0.15	0.42	15	30	55
φ9.52×0.27+0.16-30/18-70	9.52	8.66	0.27	0.16	0.43	30	18	70
φ9.52×0.28+0.12-53/15-65	9.52	8.72	0.28	0.12	0.40	53	15	65
φ9.52×0.28+0.14-18/18-72	9.52	8.68	0.28	0.14	0.42	18	18	72
φ9.52×0.28+0.15-53/18-60	9.52	8.66	0.28	0.15	0.43	53	18	60
φ9.52×0.28+0.16-40/18-70	9.52	8.64	0.28	0.16	0.44	40	18	70
φ9.52×0.28+0.17-25/18-70	9.52	8.62	0.28	0.17	0.45	25	18	70
φ9.52×0.28+0.18-25/18-70	9.52	8.60	0.28	0.18	0.46	25	18	70
φ9.52×0.28+0.20-40/18-60	9.52	8.56	0.28	0.20	0.48	40	18	60
φ9.52×0.30+0.20-53/18-60	9.52	8.52	0.30	0.20	0.50	53	18	60
φ9.52×0.33+0.20-53/18-60	9.52	8.46	0.33	0.20	0.53	53	18	60
φ9.52×0.34+0.15-40/18-70	9.52	8.54	0.34	0.15	0.49	40	18	70
φ9.52×0.40+0.12-40/18-70	9.52	8.48	0.40	0.12	0.52	40	18	70
φ12.7×0.41+0.25-53/18-60	12.70	11.38	0.41	0.25	0.66	53	18	60
φ15.88×0.52+0.30-53/18-74	15.88	14.24	0.52	0.30	0.82	53	18	74

3. 无缝内螺纹铜管的力学性能（见表 10-58）

表 10-58 无缝内螺纹铜管的力学性能（GB/T 20928—2020）

状态	抗拉强度 R_m/MPa	规定塑性延伸强度 $R_{p0.2}$/MPa	断后伸长率 A(%)
软化退火(O60)	≥210	45~100	≥43
轻退火(O50)	220~270	45~100	≥43

10.4.10 红色黄铜无缝管

1. 红色黄铜无缝管的牌号、状态和规格（见表 10-59）

表 10-59 红色黄铜无缝管的牌号、状态和规格（GB/T 26290—2010）

牌号	状态	外径/mm(in)	壁厚/mm(in)		长度/mm(in)
			A 型(普通强度)	B 型(高强度)	
85	软态(M) 半硬态(Y_2)	10.3(0.405)~324(12.750)	1.57(0.062)~9.52(0.375)	2.54(0.100)~12.7(0.500)	≤7000(276.432)

2. 红色黄铜无缝管的力学性能（见表 10-60）

表 10-60 红色黄铜无缝管的力学性能（GB/T 26290—2010）

状态	抗拉强度 R_m/MPa	规定塑性延伸强度 $R_{p0.2}$/MPa	断后伸长率 A_{50mm}(%)
M	≥276	≥83	≥35
Y_2	≥303	≥124	—

3. 红色黄铜无缝管的外径、壁厚及其允许偏差（见表 10-61）

表 10-61 红色黄铜无缝管的外径、壁厚及其允许偏差（GB/T 26290—2010）

（单位：mm）

公称尺寸 *DN*	外径		壁厚			壁厚		
	公称外径	平均外径允许偏差	公称壁厚	允许偏差		公称壁厚	允许偏差	
				普通精度	高精度		普通精度	高精度
			A 型(普通强度)			B 型(高强度)		
1/8	10.3(0.405)	0 −0.10(0.004)	1.57(0.062)	公称壁厚的±8%	±0.10(0.004)	2.54(0.100)	公称壁厚的±8%	±0.15(0.006)
1/4	13.7(0.540)	0 −0.10(0.004)	2.08(0.082)		±0.13(0.005)	3.12(0.123)		±0.18(0.007)
3/8	17.1(0.675)	0 −0.13(0.005)	2.29(0.090)		±0.13(0.005)	3.23(0.127)		±0.18(0.007)
1/2	21.3(0.840)	V0 −0.13(0.005)	2.72(0.107)		±0.15(0.006)	3.78(0.149)		±0.20(0.008)
3/4	26.7(1.050)	0 −0.15(0.006)	2.90(0.114)		±0.15(0.006)	3.99(0.157)		±0.23(0.009)
1	33.4(1.315)	0 −0.15(0.006)	3.20(0.126)		±0.18(0.007)	4.62(0.182)		±0.25(0.010)
1¼	42.2(1.660)	0 −0.15(0.006)	3.71(0.146)		±0.20(0.008)	4.93(0.194)		±0.25(0.010)
1½	48.3(1.900)	0 −0.15(0.006)	3.81(0.150)		±0.20(0.008)	5.16(0.203)		±0.28(0.011)

（续）

公称尺寸 DN	外径		壁厚			壁厚		
	公称外径	平均外径允许偏差	公称壁厚	允许偏差		公称壁厚	允许偏差	
				普通精度	高精度		普通精度	高精度
			A 型（普通强度）			B 型（高强度）		
2	60.3(2.375)	0 −0.20(0.008)	3.96(0.156)	公称壁厚的±10%	±0.23(0.009)	5.61(0.221)	公称壁厚的±10%	±0.30(0.012)
2½	73.0(2.875)	0 −0.20(0.008)	4.75(0.187)		±0.25(0.010)	7.11(0.280)		±0.38(0.015)
3	88.9(3.500)	0 −0.25(0.010)	5.56(0.219)		±0.30(0.012)	7.72(0.304)		±0.41(0.016)
3½	102(4.000)	0 −0.25(0.010)	6.35(0.250)		±0.33(0.013)	8.15(0.321)		±0.43(0.017)
4	114(4.500)	0 −0.30(0.012)	6.35(0.250)		±0.36(0.014)	8.66(0.341)		±0.46(0.018)
5	141(5.562)	0 −0.36(0.014)	6.35(0.250)		±0.36(0.014)	9.52(0.375)		±0.48(0.019)
6	168(6.625)	0 −0.41(0.016)	6.35(0.250)		±0.36(0.014)	11.1(0.437)		±0.69(0.027)
8	219(8.625)	0 −0.51(0.020)	7.92(0.312)		±0.56(0.022)	12.7(0.500)		±0.89(0.035)
10	273(10.750)	0 −0.56(0.0220)	9.27(0.365)		±0.76(0.030)	12.7(0.500)		±1.0(0.040)
12	324(12.750)	0 −0.61(0.024)	9.52(0.375)		±0.76(0.030)	—	—	—

注：括号内数字是以 in 为单位的对应尺寸。

10.5　导电用铜型材

1. 导电用铜型材的牌号、代号、状态和供货形式（见表 10-62）

表 10-62　导电用铜型材的牌号、代号、状态和供货形式（GB/T 27671—2023）

分类	牌号	代号	状态	供货形式	
无氧铜	TU00	C10100	热挤压(M30) 热挤压+拉拔(H50) 轻拉或轻冷加工(H55) 拉拔（硬）(H80) 软化退火(O60)	直条	
	TU0	T10130			
	TU1	T10150			
	TU2	T10180			
	TU3	T10200			
	TU00Ag0.06	T10350			
	TUAg0.03	T10500			
	TUAg0.05	T10510		盘卷	蚊香形单层卷
	TUAg0.1	T10530			
	TUAg0.2	T10540			
纯铜	T1	T10900			
	T2	T11050			层绕卷

（续）

分类	牌号	代号	状态	供货形式	
银铜	TAg0.04	—	热挤压(M30) 热挤压+拉拔(H50) 轻拉或轻冷加工(H55) 拉拔(硬)(H80) 软化退火(O60)	盘卷	层绕卷
	TAg0.07	—			自由卷
	TAg0.1-0.01	T11200			
	TAg0.1	T11210			轴卷
	TAg0.04-0.004	—			
	TAg0.07-0.004	—			
	TAg0.1-0.004	—			

2. 导电用铜型材的化学成分（见表10-63）

表10-63 导电用铜型材的化学成分（GB/T 27671—2023）

牌号	化学成分(质量分数,%)					
	主成分			杂质成分		
	Cu	Ag	P	O	Bi	总和
TAg0.04	≥99.88	0.03~0.05	—	≤0.040	≤0.0005	≤0.03
TAg0.07	≥99.85	0.06~0.08	—	≤0.040	≤0.0005	≤0.03
TAg0.04-0.004	≥99.91	0.03~0.05	0.001~0.007	—	≤0.0005	≤0.03
TAg0.07-0.004	≥99.88	0.06~0.08	0.001~0.007	—	≤0.0005	≤0.03
TAg0.1-0.004	≥99.84	0.08~0.12	0.001~0.007	—	≤0.0005	≤0.03

注：1. TAg0.04、TAg0.07在后续应用不需要焊接时，经供需双方协商，氧的质量分数可以不大于0.060%。
2. “杂质总和”为主成分之外的所有杂质元素之和，主要为As、Bi、Cd、Co、Cr、Fe、Mn、Ni、Pb、S、Sb、Se、Si、Sn、Te、Zn等元素。TAg0.04、TAg0.07的“杂质总和”不包括氧含量。

3. 导电用铜型材的室温力学性能（见表10-64）

表10-64 导电用铜型材的室温力学性能（GB/T 27671—2023）

牌号	代号	状态	厚度范围/mm	最大宽度/mm	硬度		抗拉强度 R_m/MPa	规定塑性延伸强度 $R_{p0.2}$/MPa	断后伸长率(%)	
					HBW①	HV	≥		A_{100mm}	A
TU00 TU0 TU1 TU2 TU3 TU00Ag0.06 TUAg0.03 TUAg0.05 TUAg0.1 TUAg0.2 T1 T2 TAg0.04 TAg0.07 TAg0.1-0.01 TAg0.1 TAg0.04-0.004 TAg0.07-0.004 TAg0.1-0.004	C10100 T10130 T10150 T10180 T10200 T10350 T10500 T10510 T10530 T10540 T10900 T11050 — — T11200 T11210 — — —	H50	1.5~50	180	70~100	80~110	250	160	—	10
		H55	1.5~50	180	65~95	70~100	240	160	—	15
		H80	1.5~50	100	80~115	85~120	280	240	—	8
		O60	1.5~3.0	180	35~65	35~70	200	≤120	25	—
			>3.0~50						—	35

① 布氏硬度试验力-压头球直径平方的比率 $0.102F/D^2=10$。

4. 导电用铜型材的电性能（见表 10-65）

表 10-65　导电用铜型材的电性能（GB/T 27671—2023）

牌号	代号	状态	体积电阻率（电阻系数）/（Ω·mm²/m）	质量电阻率/（Ω·g/m²）	电导率（%IACS）	电导率/（MS/m）
			≤			
TU00 TU0 TU1 TU2 TU3 TU00Ag0.06 TUAg0.03 TUAg0.05 TUAg0.1 TUAg0.2	C10100 T10130 T10150 T10180 T10200 T10350 T10500 T10510 T10530 T10540	H50	0.017665	0.1569	97.6	56.6
		H55	0.017540	0.1559	98.3	57.6
		H80	0.017848	0.1588	96.6	56.0
		O60	0.017070	0.1518	101.0	58.9
T1 T2 TAg0.04 TAg0.07 TAg0.1-0.01 TAg0.1	T10900 T11050 — — T11200 T11210	H50	0.017848	0.1588	96.6	56.0
		H55	0.017540	0.1559	98.3	57.6
		H80	0.01786	0.1588	96.6	56.0
		O60	0.017241	0.1533	100.0	58.0
TAg0.04-0.004 TAg0.07-0.004 TAg0.1-0.004	— — —	H50	0.018187	0.1616	94.8	55.0
		H55	0.017848	0.1588	96.6	56.0
		H80	0.018187	0.1616	94.8	55.0
		O60	0.017540	0.1559	98.3	57.6

10.6　铜及铜合金线材和箔材

10.6.1　铜及铜合金线

1. 铜及铜合金线的牌号、状态和规格（见表 10-66）

表 10-66　铜及铜合金线的牌号、状态和规格（GB/T 21652—2017）

分类	牌号	代号	状态	直径（对边距）/mm
无氧铜	TU0	T10130	软（O60）、硬（H04）	0.05~8.0
	TU1	T10150		
	TU2	T10180		
纯铜	T2	T11050	软（O60）、1/2 硬（H02）、硬（H04）	0.05~8.0
	T3	T11090		
镉铜	TCd1	C16200	软（O60）、硬（H04）	0.1~6.0
镁铜	TMg0.2	T18658	硬（H04）	1.5~3.0
	TMg0.5	T18664	硬（H04）	1.5~7.0
普通黄铜	H95	C21000	软（O60）、1/2 硬（H02）、硬（H04）	0.05~12.0
	H90	C22000		
	H85	C23000		
	H80	C24000		
	H70	T26100	软（O60）、1/8 硬（H00）、1/4 硬（H01）、1/2 硬（H02）、3/4 硬（H03）、硬（H04）、特硬（H06）	0.05~8.5 特硬规格 0.1~6.0 软态规格 0.05~18.0
	H68	T26300		
	H66	C26800		

（续）

分类	牌号	代号	状态	直径(对边距)/mm
普通黄铜	H65	C27000	软(O60)、1/8 硬(H00)、1/4 硬(H01)、1/2 硬(H02)、3/4 硬(H03)、硬(H04)、特硬(H06)	0.05~13 特硬规格 0.05~4.0
	H63	T27300		
	H62	T27600		
铅黄铜	HPb63-3	T34700	软(O60)、1/2 硬(H02)、硬(H04)	0.5~6.0
	HPb62-0.8	T35100	1/2 硬(H02)、硬(H04)	0.5~6.0
	HPb61-1	C37100	1/2 硬(H02)、硬(H04)	0.5~8.5
	HPb59-1	T38100	软(O60)、1/2 硬(H02)、硬(H04)	0.5~6.0
	HPb59-3	T38300	1/2 硬(H02)、硬(H04)	1.0~10.0
硼黄铜	HB90-0.1	T22130	硬(H04)	1.0~12.0
锡黄铜	HSn62-1	T46300	软(O60)、硬(H04)	0.5~6.0
	HSn60-1	T46410		
锰黄铜	HMn62-13	T67310	软(O60)、1/4 硬(H01)、1/2 硬(H02)、3/4 硬(H03)、硬(H04)	0.5~6.0
锡青铜	QSn4-3	T50800	软(O60)、1/4 硬(H01)、1/2 硬(H02)、3/4 硬(H03)	0.1~8.5
			硬(H04)	0.1~6.0
	QSn5-0.2	C51000	软(O60)、1/4 硬(H01)、1/2 硬(H02)、3/4 硬(H03)、硬(H04)	0.1~8.5
	QSn4-0.3	C51100		
	QSn6.5-0.1	T51510		
	QSn6.5-0.4	T51520		
	QSn7-0.2	T51530		
	QSn8-0.3	C52100		
	QSn15-1-1	T52500	软(O60)、1/4 硬(H01)、1/2 硬(H02)、3/4 硬(H03)、硬(H04)	0.5~6.0
	QSn4-4-4	T53500	1/2 硬(H02)、硬(H04)	0.1~8.5
铬青铜	QCr4.5-2.5-0.6	T55600	软(O60)、固溶处理+沉淀热处理(TF00) 固溶处理+冷加工(硬)+沉淀热处理(TH04)	0.5~6.0
铝青铜	QAl7	C61000	1/2 硬(H02)、硬(H04)	1.0~6.0
	QAl9-2	T61700	硬(H04)	0.6~6.0
硅青铜	QSi3-1	T64730	1/2 硬(H02)、3/4 硬(H03)、硬(H04)	0.1~8.5
			软(O60)、1/4 硬(H01)	0.1~18.0
普通白铜	B19	T71050	软(O60)、硬(H04)	0.1~6.0
铁白铜	BFe10-1-1	T70590	软(O60)、硬(H04)	0.1~6.0
	BFe30-1-1	T71510		
锰白铜	BMn3-12	T71620	软(O60)、硬(H04)	0.05~6.0
	BMn40-1.5	T71660		
锌白铜	BZn9-29	T76100	软(O60)、1/8 硬(H00)、1/4 硬(H01)、1/2 硬(H02)、3/4 硬(H03)、硬(H04)、特硬(H06)	0.1~8.0 特硬规格 0.5~4.0
	BZn12-24	T76200		
	BZn12-26	T76210		
	BZn15-20	T74600	软(O60)、1/8 硬(H00)、1/4 硬(H01)、1/2 硬(H02)、3/4 硬(H03)、硬(H04)、特硬(H06)	0.1~8.0 特硬规格 0.5~4.0 软态规格 0.1~18.0
	BZn18-20	T76300		
	BZn22-16	T76400	软(O60)、1/8 硬(H00)、1/4 硬(H01)、1/2 硬(H02)、3/4 硬(H03)、硬(H04)、特硬(H06)	0.1~8.0 特硬规格 0.1~4.0
	BZn25-18	T76500		
	BZn40-20	T77500	软(O60)、1/4 硬(H01)、1/2 硬(H02)、3/4 硬(H03)、硬(H04)	1.0~6.0
	BZn12-37-1.5	C79860	1/2 硬(H02)、硬(H04)	0.5~9.0

2. 铜及铜合金线的力学性能（见表 10-67）

表 10-67　铜及铜合金线的力学性能（GB/T 21652—2017）

牌号	状态	直径（或对边距）/mm	抗拉强度 R_m/MPa	断后伸长率（%） A_{100mm}	断后伸长率（%） A
TU0 TU1 TU2	O60	0.05~8.0	195~255	≥25	—
	H04	0.05~4.0	≥345	—	—
		>4.0~8.0	≥310	≥10	—
T2 T3	O60	0.05~0.3	≥195	≥15	—
		>0.3~1.0	≥195	≥20	—
		>1.0~2.5	≥205	≥25	—
		>2.5~8.0	≥205	≥30	—
	H02	0.05~8.0	255~365	—	—
	H04	0.05~2.5	≥380	—	—
		>2.5~8.0	≥365	—	—
TCd1	O60	0.1~6.0	≥275	≥20	—
	H04	0.1~0.5	590~880	—	—
		>0.5~4.0	490~735	—	—
		>4.0~6.0	470~685	—	—
TMg0.2	H04	1.5~3.0	≥530	—	—
TMg0.5	H04	1.5~3.0	≥620	—	—
		>3.0~7.0	≥530	—	—
H95	O60	0.05~12.0	≥220	≥20	—
	H02	0.05~12.0	≥340	—	—
	H04	0.05~12.0	≥420	—	—
H90	O60	0.05~12.0	≥240	≥20	—
	H02	0.05~12.0	≥385	—	—
	H04	0.05~12.0	≥485	—	—
H85	O60	0.05~12.0	≥280	≥20	—
	H02	0.05~12.0	≥455	—	—
	H04	0.05~12.0	≥570	—	—
H80	O60	0.05~12.0	≥320	≥20	—
	H02	0.05~12.0	≥540	—	—
	H04	0.05~12.0	≥690	—	—
H70 H68 H66	O60	0.05~0.25	≥375	≥18	—
		>0.25~1.0	≥355	≥25	—
		>1.0~2.0	≥335	≥30	—
		>2.0~4.0	≥315	≥35	—
		>4.0~6.0	≥295	≥40	—
		>6.0~13.0	≥275	≥45	—
		>13.0~18.0	≥275	—	≥50
	H00	0.05~0.25	≥385	≥18	—
		>0.25~1.0	≥365	≥20	—
		>1.0~2.0	≥350	≥24	—
		>2.0~4.0	≥340	≥28	—
		>4.0~6.0	≥330	≥33	—
		>6.0~8.5	≥320	≥35	—
	H01	0.05~0.25	≥400	≥10	—
		>0.25~1.0	≥380	≥15	—
		>1.0~2.0	≥370	≥20	—

（续）

牌号	状态	直径（或对边距）/mm	抗拉强度 R_m/MPa	断后伸长率（%）	
				A_{100mm}	A
H70 H68 H66	H01	>2.0~4.0	≥350	≥25	—
		>4.0~6.0	≥340	≥30	—
		>6.0~8.5	≥330	≥32	—
	H02	0.05~0.25	≥410	—	—
		>0.25~1.0	≥390	≥5	—
		>1.0~2.0	≥375	≥10	—
		>2.0~4.0	≥355	≥12	—
		>4.0~6.0	≥345	≥14	—
		>6.0~8.5	≥340	≥16	—
	H03	0.05~0.25	540~735	—	—
		>0.25~1.0	490~685	—	—
		>1.0~2.0	440~635	—	—
		>2.0~4.0	390~590	—	—
		>4.0~6.0	345~540	—	—
		>6.0~8.5	340~520	—	—
	H04	0.05~0.25	735~930	—	—
		>0.25~1.0	685~885	—	—
		>1.0~2.0	635~835	—	—
		>2.0~4.0	590~785	—	—
		>4.0~6.0	540~735	—	—
		>6.0~8.5	490~685	—	—
	H06	0.1~0.25	≥800	—	—
		>0.25~1.0	≥780	—	—
		>1.0~2.0	≥750	—	—
		>2.0~4.0	≥720	—	—
		>4.0~6.0	≥690	—	—
H65	O60	0.05~0.25	≥335	≥18	—
		>0.25~1.0	≥325	≥24	—
		>1.0~2.0	≥315	≥28	—
		>2.0~4.0	≥305	≥32	—
		>4.0~6.0	≥295	≥35	—
		>6.0~13.0	≥285	≥40	—
	H00	0.05~0.25	≥350	≥10	—
		>0.25~1.0	≥340	≥15	—
		>1.0~2.0	≥330	≥20	—
		>2.0~4.0	≥320	≥25	—
		>4.0~6.0	≥310	≥28	—
		>6.0~13.0	≥300	≥32	—
	H01	0.05~0.25	≥370	≥6	—
		>0.25~1.0	≥360	≥10	—
		>1.0~2.0	≥350	≥12	—
		>2.0~4.0	≥340	≥18	—
		>4.0~6.0	≥330	≥22	—
		>6.0~13.0	≥320	≥28	—
	H02	0.05~0.25	≥410	—	—
		>0.25~1.0	≥400	≥4	—
		>1.0~2.0	≥390	≥7	—

（续）

牌号	状态	直径（或对边距）/mm	抗拉强度 R_m/MPa	断后伸长率（%）	
				A_{100mm}	A
H65	H02	>2.0~4.0	≥380	≥10	—
		>4.0~6.0	≥375	≥13	—
		>6.0~13.0	≥360	≥15	—
	H03	0.05~0.25	540~735	—	—
		>0.25~1.0	490~685	—	—
		>1.0~2.0	440~635	—	—
		>2.0~4.0	390~590	—	—
		>4.0~6.0	375~570	—	—
		>6.0~13.0	370~550	—	—
	H04	0.05~0.25	685~885	—	—
		>0.25~1.0	635~835	—	—
		>1.0~2.0	590~785	—	—
		>2.0~4.0	540~735	—	—
		>4.0~6.0	490~685	—	—
		>6.0~13.0	440~635	—	—
	H06	0.05~0.25	≥830	—	—
		>0.25~1.0	≥810	—	—
		>1.0~2.0	≥800	—	—
		>2.0~4.0	≥780	—	—
H63 H62	O60	0.05~0.25	≥345	≥18	—
		>0.25~1.0	≥335	≥22	—
		>1.0~2.0	≥325	≥26	—
		>2.0~4.0	≥315	≥30	—
		>4.0~6.0	≥315	≥34	—
		>6.0~13.0	≥305	≥36	—
	H00	0.05~0.25	≥360	≥8	—
		>0.25~1.0	≥350	≥12	—
		>1.0~2.0	≥340	≥18	—
		>2.0~4.0	≥330	≥22	—
		>4.0~6.0	≥320	≥26	—
		>6.0~13.0	≥310	≥30	—
	H01	0.05~0.25	≥380	≥5	—
		>0.25~1.0	≥370	≥8	—
		>1.0~2.0	≥360	≥10	—
		>2.0~4.0	≥350	≥15	—
		>4.0~6.0	≥340	≥20	—
		>6.0~13.0	≥330	≥25	—
	H02	0.05~0.25	≥430	—	—
		>0.25~1.0	≥410	≥4	—
		>1.0~2.0	≥390	≥7	—
		>2.0~4.0	≥375	≥10	—
		>4.0~6.0	≥355	≥12	—
		>6.0~13.0	≥350	≥14	—
	H03	0.05~0.25	590~785	—	—
		>0.25~1.0	540~735	—	—
		>1.0~2.0	490~685	—	—
		>2.0~4.0	440~635	—	—

（续）

牌号	状态	直径（或对边距）/mm	抗拉强度 R_m/MPa	断后伸长率（%）	
				A_{100mm}	A
H63 H62	H03	>4.0~6.0	390~590	—	—
		>6.0~13.0	360~560	—	—
	H04	0.05~0.25	785~980	—	—
		>0.25~1.0	685~885	—	—
		>1.0~2.0	635~835	—	—
		>2.0~4.0	590~785	—	—
		>4.0~6.0	540~735	—	—
		>6.0~13.0	490~685	—	—
	H06	0.05~0.25	≥850	—	—
		>0.25~1.0	≥830	—	—
		>1.0~2.0	≥800	—	—
		>2.0~4.0	≥770	—	—
HB90-0.1	H04	1.0~12.0	≥500	—	—
HPb63-3	O60	0.5~2.0	≥305	≥32	—
		>2.0~4.0	≥295	≥35	—
		>4.0~6.0	≥285	≥35	—
	H02	0.5~2.0	390~610	≥3	—
		>2.0~4.0	390~600	≥4	—
		>4.0~6.0	390~590	≥4	—
	H04	0.5~6.0	570~735	—	—
HPb62-0.8	H02	0.5~6.0	410~540	≥12	—
	H04	0.5~6.0	450~560	—	—
HPb59-1	O60	0.5~2.0	≥345	≥25	—
		>2.0~4.0	≥335	≥28	—
		>4.0~6.0	≥325	≥30	—
	H02	0.5~2.0	390~590	—	—
		>2.0~4.0	390~590	—	—
		>4.0~6.0	375~570	—	—
	H04	0.5~2.0	490~735	—	—
		>2.0~4.0	490~685	—	—
		>4.0~6.0	440~635	—	—
HPb61-1	H02	0.5~2.0	≥390	≥8	—
		>2.0~4.0	≥380	≥10	—
		>4.0~6.0	≥375	≥15	—
		>6.0~8.5	≥365	≥15	—
	H04	0.5~2.0	≥520	—	—
		>2.0~4.0	≥490	—	—
		>4.0~6.0	≥465	—	—
		>6.0~8.5	≥440	—	—
HPb59-3	H02	1.0~2.0	≥385	—	—
		>2.0~4.0	≥380	—	—
		>4.0~6.0	≥370	—	—
		>6.0~10.0	≥360	—	—
	H04	1.0~2.0	≥480	—	—
		>2.0~4.0	≥460	—	—
		>4.0~6.0	≥435	—	—
		>6.0~10.0	≥430	—	—

（续）

牌号	状态	直径（或对边距）/mm	抗拉强度 R_m/MPa	断后伸长率（%）	
				A_{100mm}	A
HSn60-1 HSn62-1	O60	0.5~2.0	≥315	≥15	—
		>2.0~4.0	≥305	≥20	—
		>4.0~6.0	≥295	≥25	—
	H04	0.5~2.0	590~835	—	—
		>2.0~4.0	540~785	—	—
		>4.0~6.0	490~735	—	—
HMn62-13	O60	0.5~6.0	400~550	≥25	—
	H01	0.5~6.0	450~600	≥18	—
	H02	0.5~6.0	500~650	≥12	—
	H03	0.5~6.0	550~700	—	—
	H04	0.5~6.0	≥650	—	—
QSn4-3	O60	0.1~1.0	≥350	≥35	—
		>1.0~8.5		≥45	—
	H01	0.1~1.0	460~580	≥5	—
		>1.0~2.0	420~540	≥10	—
		>2.0~4.0	400~520	≥20	—
		>4.0~6.0	380~480	≥25	—
		>6.0~8.5	360~450	≥25	—
	H02	0.1~1.0	500~700	—	—
		>1.0~2.0	480~680	—	—
		>2.0~4.0	450~650	—	—
		>4.0~6.0	430~630	—	—
		>6.0~8.5	410~610	—	—
	H03	0.1~1.0	620~820	—	—
		>1.0~2.0	600~800	—	—
		>2.0~4.0	560~760	—	—
		>4.0~6.0	540~740	—	—
		>6.0~8.5	520~720	—	—
	H04	0.1~1.0	880~1130	—	—
		>1.0~2.0	860~1060	—	—
		>2.0~4.0	830~1030	—	—
		>4.0~6.0	780~980	—	—
QSn5-0.2 QSn4-0.3 QSn6.5-0.1 QSn6.5-0.4 QSn7-0.2 QSi3-1	O60	0.1~1.0	≥350	≥35	—
		>1.0~8.5	≥350	≥45	—
	H01	0.1~1.0	480~680	—	—
		>1.0~2.0	450~650	≥10	—
		>2.0~4.0	420~620	≥15	—
		>4.0~6.0	400~600	≥20	—
		>6.0~8.5	380~580	≥22	—
	H02	0.1~1.0	540~740	—	—
		>1.0~2.0	520~720	—	—
		>2.0~4.0	500~700	≥4	—
		>4.0~6.0	480~680	≥8	—
		>6.0~8.5	460~660	≥10	—
	H03	0.1~1.0	750~950	—	—
		>1.0~2.0	730~920	—	—
		>2.0~4.0	710~900	—	—

（续）

牌号	状态	直径（或对边距）/mm	抗拉强度 R_m/MPa	断后伸长率（%）	
				A_{100mm}	A
QSn5-0.2 QSn4-0.3 QSn6.5-0.1 QSn6.5-0.4 QSn7-0.2 QSi3-1	H03	>4.0~6.0	690~880	—	—
		>6.0~8.5	640~860	—	—
	H04	0.1~1.0	880~1130	—	—
		>1.0~2.0	860~1060	—	—
		>2.0~4.0	830~1030	—	—
		>4.0~6.0	780~980	—	—
		>6.0~8.5	690~950	—	—
QSn8-0.3	O60	0.1~8.5	365~470	≥30	—
	H01	0.1~8.5	510~625	≥8	—
	H02	0.1~8.5	655~795	—	—
	H03	0.1~8.5	780~930	—	—
	H04	0.1~8.5	860~1035	—	—
QSi3-1	O60	>8.5~13.0	≥350	≥45	—
		>13.0~18.0		—	≥50
	H01	>8.5~13.0	380~580	≥22	—
		>13.0~18.0		—	≥26
QSn15-1-1	O60	0.5~1.0	≥365	≥28	—
		>1.0~2.0	≥360	≥32	—
		>2.0~4.0	≥350	≥35	—
		>4.0~6.0	≥345	≥36	—
	H01	0.5~1.0	630~780	≥25	—
		>1.0~2.0	600~750	≥30	—
		>2.0~4.0	580~730	≥32	—
		>4.0~6.0	550~700	≥35	—
	H02	0.5~1.0	770~910	≥3	—
		>1.0~2.0	740~880	≥6	—
		>2.0~4.0	720~850	≥8	—
		>4.0~6.0	680~810	≥10	—
	H03	0.5~1.0	800~930	≥1	—
		>1.0~2.0	780~910	≥2	—
		>2.0~4.0	750~880	≥2	—
		>4.0~6.0	720~850	≥3	—
	H04	0.5~1.0	850~1080	—	—
		>1.0~2.0	840~980	—	—
		>2.0~4.0	830~960	—	—
		>4.0~6.0	820~950	—	—
QSn4-4-4	H02	0.1~6.0	≥360	≥8	—
		>6.0~8.5		≥12	—
	H04	0.1~6.0	≥420	—	—
		>6.0~8.5		≥10	—
QCr4.5-2.5-0.6	O60	0.5~6.0	400~600	≥25	—
	TH04、TF00	0.5~6.0	550~850	—	—
QAl7	H02	1.0~6.0	≥550	≥8	—
	H04	1.0~6.0	≥600	≥4	—
QAl9-2	H04	0.6~1.0	≥580	—	—
		>1.0~2.0		≥1	—
		>2.0~5.0		≥2	—
		>5.0~6.0	≥530	≥3	—

（续）

牌号	状态	直径（或对边距）/mm	抗拉强度 R_m/MPa	断后伸长率（%）	
				A_{100mm}	A
B19	O60	0.1~0.5	≥295	≥20	—
		>0.5~6.0		≥25	—
	H04	0.1~0.5	590~880	—	—
		>0.5~6.0	490~785	—	—
BFe10-1-1	O60	0.1~1.0	≥450	≥15	—
		>1.0~6.0	≥400	≥18	—
	H04	0.1~1.0	≥780	—	—
		>1.0~6.0	≥650	—	—
BFe30-1-1	O60	0.1~0.5	≥345	≥20	—
		>0.5~6.0		≥25	—
	H04	0.1~0.5	685~980	—	—
		>0.5~6.0	590~880	—	—
BMn3-12	O60	0.05~1.0	≥440	≥12	—
		>1.0~6.0	≥390	≥20	—
	H04	0.05~1.0	≥785	—	—
		>1.0~6.0	≥685	—	—
BMn40-1.5	O60	0.05~0.20	≥390	≥15	—
		>0.20~0.50		≥20	—
		>0.50~6.0		≥25	—
	H04	0.05~0.20	685~980	—	—
		>0.20~0.50	685~880	—	—
		>0.50~6.0	635~835	—	—
BZn9-29 BZn12-24 BZn12-26	O60	0.1~0.2	≥320	≥15	—
		>0.2~0.5		≥20	—
		>0.5~2.0		≥25	—
		>2.0~8.0		≥30	—
	H00	0.1~0.2	400~570	≥12	—
		>0.2~0.5	380~550	≥16	—
		>0.5~2.0	360~540	≥22	—
		>2.0~8.0	340~520	≥25	—
	H01	0.1~0.2	420~620	≥6	—
		>0.2~0.5	400~600	≥8	—
		>0.5~2.0	380~590	≥12	—
		>2.0~8.0	360~570	≥18	—
	H02	0.1~0.2	480~680	—	—
		>0.2~0.5	460~640	≥6	—
		>0.5~2.0	440~630	≥9	—
		>2.0~8.0	420~600	≥12	—
	H03	0.1~0.2	550~800	—	—
		>0.2~0.5	530~750	—	—
		>0.5~2.0	510~730	—	—
		>2.0~8.0	490~630	—	—
	H04	0.1~0.2	680~880	—	—
		>0.2~0.5	630~820	—	—
		>0.5~2.0	600~800	—	—
		>2.0~8.0	580~700	—	—
	H06	0.5~4.0	≥720	—	—

（续）

牌号	状态	直径(或对边距)/mm	抗拉强度 R_m/MPa	断后伸长率(%)	
				A_{100mm}	A
BZn15-20 BZn18-20	O60	0.1~0.2	≥345	≥15	—
		>0.2~0.5		≥20	—
		>0.5~2.0		≥25	—
		>2.0~8.0		≥30	—
		>8.0~13.0		≥35	—
		>13.0~18.0		—	≥40
	H00	0.1~0.2	450~600	≥12	—
		>0.2~0.5	435~570	≥15	—
		>0.5~2.0	420~550	≥20	—
		>2.0~8.0	410~520	≥24	—
	H01	0.1~0.2	470~660	≥10	—
		>0.2~0.5	460~620	≥12	—
		>0.5~2.0	440~600	≥14	—
		>2.0~8.0	420~570	≥16	—
	H02	0.1~0.2	510~780	—	—
		>0.2~0.5	490~735	—	—
		>0.5~2.0	440~685	—	—
		>2.0~8.0	440~635	—	—
	H03	0.1~0.2	620~860	—	—
		>0.2~0.5	610~810	—	—
		>0.5~2.0	595~760	—	—
		>2.0~8.0	580~700	—	—
	H04	0.1~0.2	735~980	—	—
		>0.2~0.5	735~930	—	—
		>0.5~2.0	635~880	—	—
		>2.0~8.0	540~785	—	—
	H06	0.5~1.0	≥750	—	—
		>1.0~2.0	≥740	—	—
		>2.0~4.0	≥730	—	—
BZn22-16 BZn25-18	O60	0.1~0.2	≥440	≥12	—
		>0.2~0.5		≥16	—
		>0.5~2.0		≥23	—
		>2.0~8.0		≥28	—
	H00	0.1~0.2	500~680	≥10	—
		>0.2~0.5	490~650	≥12	—
		>0.5~2.0	470~630	≥15	—
		>2.0~8.0	460~600	≥18	—
	H01	0.1~0.2	540~720	—	—
		>0.2~0.5	520~690	≥6	—
		>0.5~2.0	500~670	≥8	—
		>2.0~8.0	480~650	≥10	—
	H02	0.1~0.2	640~830	—	—
		>0.2~0.5	620~800	—	—
		>0.5~2.0	600~780	—	—
		>2.0~8.0	580~760	—	—
	H03	0.1~0.2	660~880	—	—
		>0.2~0.5	640~850	—	—

（续）

牌号	状态	直径（或对边距）/mm	抗拉强度 R_m/MPa	断后伸长率（%）	
				A_{100mm}	A
BZn22-16 BZn25-18	H03	>0.5~2.0	620~830	—	—
		>2.0~8.0	600~810	—	—
	H04	0.1~0.2	750~990	—	—
		>0.2~0.5	740~950	—	—
		>0.5~2.0	650~900	—	—
		>2.0~8.0	630~860	—	—
	H06	0.1~1.0	≥820	—	—
		>1.0~2.0	≥810	—	—
		>2.0~4.0	≥800	—	—
BZn40-20	O60	1.0~6.0	500~650	≥20	—
	H01	1.0~6.0	550~700	≥8	—
	H02	1.0~6.0	600~850	—	—
	H03	1.0~6.0	750~900	—	—
	H04	1.0~6.0	800~1000	—	—
BZn12-37-1.5	H02	0.5~9.0	600~700	—	—
	H04	0.5~9.0	650~750	—	—

注：表中的“—”表示没有统计数据，如果需方要求该性能，其性能指标由供需双方协商。

10.6.2 铜及铜合金扁线

1. 铜及铜合金扁线的牌号、状态和规格（见表 10-68）

表 10-68 铜及铜合金扁线的牌号、状态和规格（GB/T 3114—2023）

牌号	代号	状态	厚度/mm	宽度/mm	供货方式
T2	T11050	软化退火（O60） 硬（H04）	0.5~6.0	0.5~15.0	散卷、密排卷
TU1	T10150				
TP2	T12200				
TTe0.3	T14400	1/2 硬（H02） 硬（H04）	0.5~6.0	0.5~40.0	
TTe0.5	T14500				
H58	T28400	1/2 硬（H02） 半硬+应力消除（HR02）	0.5~6.0	0.5~15.0	
H62	T27600	软化退火（O60） 1/2 硬（H02） 硬（H04）	0.5~6.0	0.5~15.0	
H65	T27000				
H66	C26800				
H68	T26300				
H80	T24000				
H85	C23000				
H90	C22000				
H70	T26100	软化退火（O60） 1/2 硬（H02）	0.5~6.0	0.5~15.0	
HPb59-3	T38300	1/2 硬（H02）	0.5~6.0	0.5~15.0	
HPb62-3	C36000				
QSn6.5-0.1	T51510	软化退火（O60） 1/2 硬（H02） 硬（H04）	0.5~6.0	0.5~12.0	
QSn6.5-0.4	T51520				
QSn7-0.2	T51530				
QSn5-0.2	C51000				
QSn8-0.3	C52100				

（续）

牌号	代号	状态	厚度/mm	宽度/mm	供货方式
QSn4-3	T50800	硬(H04)	0.5~6.0	0.5~12.0	散卷、密排卷
QSi3-1	T64730				
BZn12-24	T76200	软化退火(O60) 硬(H04)	0.5~6.0	0.5~15.0	
BZn15-20	T74600				
BZn18-18	C75200				
BZn18-20	T76300				
BZn22-16	T76400				
BZn25-18	T76500				
BZn12-24-1.1	C79200	1/2硬(H02) 硬(H04)	0.5~6.0	0.5~30.0	
BZn12-37-1.5	C79860				

注：扁线的宽度与厚度之比>1~7，其他规格的扁线由供需双方协商确定。

2. 铜及铜合金扁线的力学性能（见表10-69）

表10-69　铜及铜合金扁线的力学性能（GB/T 3114—2023）

牌号	状态	抗拉强度 R_m/MPa	断后伸长率 A_{100mm}(%)
		≥	
T2、TU1、TP2	O60	175	25
	H04	325	实测值
TTe0.3、TTe0.5	H02	260	8
	H04	300	4
H58	H02	500	5
	HR02	450	10
H62	O60	295	25
	H02	345	10
	H04	460	实测值
H65、H66、H68	O60	245	28
	H02	340	10
	H04	440	实测值
H70	O60	275	32
	H02	340	15
H80、H85、H90	O60	240	28
	H02	330	6
	H04	485	实测值
HPb59-3	H02	380	15
HPb62-3	H02	420	8
QSn6.5-0.1、QSn6.5-0.4、QSn7-0.2、QSn5-0.2、QSn8-0.3	O60	370	30
	H02	390	10
	H04	540	实测值
QSn4-3、QSi3-1	H04	735	实测值
BZn12-24、BZn15-20、BZn18-18、BZn18-20、BZn22-16、BZn25-18	O60	345	25
	H02	550	实测值
BZn12-24-1.1、BZn12-37-1.5	H02	600	2
	H04	650	实测值

10.6.3 电工圆铜线

1. 电工圆铜线的型号和规格（见表 10-70）

表 10-70 电工圆铜线的型号和规格（GB/T 3953—2024）

型号	名称	标称直径/mm	型号	名称	标称直径/mm
TR	软圈铜线	0.0160~14.00	TY	硬圆铜线	0.0160~14.00
TR1	1 类软圆铜线	0.0160~5.00	TY1	1 类硬圆铜线	1.50~5.00

2. 电工圆铜线的力学性能（见表 10-71）

表 10-71 电工圆铜线的力学性能（GB/T 3953—2024）

<table>
<tr><th rowspan="2">标称直径 d
/mm</th><th>TR</th><th>TR1</th><th colspan="2">TY</th><th colspan="2">TY1</th></tr>
<tr><th colspan="2">断后伸长率 A_{250mm}(%)</th><th>抗拉强度/MPa</th><th>断后伸长率 A_{250mm}(%)</th><th>抗拉强度/MPa</th><th>断后伸长率 A_{250mm}(%)</th></tr>
<tr><td>0.0160~0.0225</td><td colspan="2">6</td><td rowspan="6">420</td><td rowspan="7">0.6</td><td colspan="2" rowspan="11">—</td></tr>
<tr><td>>0.0225~0.0400</td><td colspan="2">8</td></tr>
<tr><td>>0.0400~0.0560</td><td colspan="2">10</td></tr>
<tr><td>>0.0560~0.0900</td><td colspan="2">12</td></tr>
<tr><td>>0.0900~0.160</td><td colspan="2">15</td></tr>
<tr><td>>0.160~0.200</td><td colspan="2" rowspan="2">18</td></tr>
<tr><td>>0.200~0.280</td><td rowspan="3">415</td></tr>
<tr><td>>0.280~0.560</td><td colspan="2">20</td><td>0.3</td></tr>
<tr><td>>0.560~0.630</td><td colspan="2" rowspan="11">25</td><td rowspan="3">0.4</td></tr>
<tr><td>>0.630~0.800</td><td rowspan="3">410</td></tr>
<tr><td>>0.800~0.900</td></tr>
<tr><td>>0.900~1.12</td><td rowspan="2">0.5</td><td colspan="2" rowspan="3">—</td></tr>
<tr><td>>1.12~1.25</td><td rowspan="2">405</td></tr>
<tr><td>>1.25~1.40</td><td rowspan="2">0.6</td></tr>
<tr><td>>1.40~1.60</td><td rowspan="2">400</td><td>445</td><td>0.6</td></tr>
<tr><td>>1.60~2.00</td><td>0.7</td><td rowspan="2">440</td><td>0.7</td></tr>
<tr><td>>2.00~2.24</td><td rowspan="2">395</td><td rowspan="2">0.8</td><td rowspan="2">0.8</td></tr>
<tr><td>>2.24~2.50</td><td>435</td></tr>
<tr><td>>2.50~2.80</td><td>390</td><td>0.9</td><td>430</td><td>0.9</td></tr>
<tr><td>>2.80~3.15</td><td colspan="2" rowspan="5">30</td><td>385</td><td>1.0</td><td>425</td><td>1.0</td></tr>
<tr><td>>3.15~3.55</td><td>380</td><td>1.1</td><td>420</td><td>1.1</td></tr>
<tr><td>>3.55~4.00</td><td>375</td><td>1.2</td><td>415</td><td>1.2</td></tr>
<tr><td>>4.00~4.50</td><td>370</td><td>1.3</td><td>410</td><td>1.3</td></tr>
<tr><td>>4.50~5.00</td><td>365</td><td>1.4</td><td>405</td><td>1.4</td></tr>
<tr><td>>5.00~5.60</td><td rowspan="4">30</td><td rowspan="8">—</td><td>360</td><td>1.6</td><td colspan="2" rowspan="8">—</td></tr>
<tr><td>>5.60~6.30</td><td>355</td><td>1.8</td></tr>
<tr><td>>6.30~7.00</td><td>345</td><td>1.9</td></tr>
<tr><td>>7.00~8.00</td><td>335</td><td>2.2</td></tr>
<tr><td>>8.00~9.00</td><td rowspan="4">35</td><td>325</td><td>2.4</td></tr>
<tr><td>>9.00~10.00</td><td>315</td><td>2.6</td></tr>
<tr><td>>10.00~11.20</td><td>285</td><td>3.2</td></tr>
<tr><td>>11.20~14.00</td><td>270</td><td>3.6</td></tr>
</table>

注：1. 标称直径为 0.280mm 及以下时，最小伸长率为断时伸长率，其余为断后伸长率。

2. "—"表示对应规格的圆铜线超出该型号的规格范围。

3. 电工圆铜线的电性能（见表 10-72）

表 10-72 电工圆铜线的电性能（GB/T 3953—2024）

标称直径/mm	20℃时体积电阻率/(Ω·mm^2/m)			
	TR	TR1	TY	TY1
0.0160~<0.280	0.017241	0.017070	0.018440	—
0.280~<2.00			0.017959	0.017959
2.00~5.00			0.017774	0.017774
>5.00~14.00		—	0.017593	—

注："—"表示该型号对应规格的圆铜线超出其规格范围。

10.6.4 易切削铜合金线

1. 易切削铜合金线的牌号、状态和规格（见表 10-73）

表 10-73 易切削铜合金线的牌号、状态和规格（GB/T 26048—2010）

牌号	状态	直径(或对边距)/mm
HPb59-1、HPb59-3、HPb60-2、HPb62-3、HPb63-3	半硬(Y_2)、硬(Y)	0.5~12
HSb60-0.9、HSb61-0.8-0.5、HBi60-1.3、HSi61-0.6	半硬(Y_2)、硬(Y)	0.5~12
QPb1、QSn4-4-4、QTe0.5、QTe0.5-0.02	半硬(Y_2)、硬(Y)	0.5~12

2. 易切削铜合金线的力学性能（见表 10-74）

表 10-74 易切削铜合金线的力学性能（GB/T 26048—2010）

牌号	状态	直径(或对边距)/mm	抗拉强度 R_m/MPa	断后伸长率 A_{100mm}(%)
			≥	
HPb59-1、HPb60-2	Y_2	0.5~2.0	450	8
		>2.0~4.0	430	8
		>4.0~12.0	420	10
	Y	0.5~2.0	530	—
		>2.0~4.0	520	—
		>4.0~12.0	500	—
HPb59-3	Y_2	0.5~2.0	385	8
		>2.0~4.0	380	8
		>4.0~6.0	370	8
		>6.0~12.0	360	10
	Y	0.5~2.0	480	—
		>2.0~4.0	460	—
		>4.0~6.0	435	—
		>6.0~12.0	430	—
HPb63-3、HPb62-3	Y_2	0.5~2.0	420	3
		>2.0~4.0	410	4
		>4.0~12.0	400	4
	Y	0.5~12.0	430	—
HSb60-0.9	Y_2	0.5~12.0	330	10
	Y	0.5~12.0	380	5
HSb61-0.8-0.5	Y_2	0.5~12.0	380	8
	Y	0.5~12.0	400	5
HBi60-1.3、HSi61-0.6	Y_2	0.5~12.0	350	8
	Y	0.5~12.0	400	5

(续)

牌号	状态	直径(或对边距)/mm	抗拉强度 R_m/MPa	断后伸长率 A_{100mm}(%)
			≥	
QSn4-4-4	Y_2	0.5~2.0	480	4
		>2.0~4.0	450	6
		>4.0~12.0	430	8
	Y	0.5~2.0	520	—
		>2.0~4.0	500	—
		>4.0~12.0	450	—
QTe0.5-0.02、QPb1、QTe0.5	Y_2	0.5~12	260	6
	Y	0.5~12	330	4

3. 易切削铜合金线的电性能（见表 10-75）

表 10-75　易切削铜合金线材的电性能（GB/T 26048—2010）

牌号	试验温度/℃(°F)	电导率(%IACS)
QTe0.5	20(68)	≥85.0
QPb1		≥90.0

注：1. 电导率试验应该使用经过 600℃退火 1h 处理的试样来进行（电导率是由测电阻系数而换算）。
2. 易切削铜合金线材中其他铜合金通常不应用在电气方面，因此不规定电性能要求。

4. 易切削铜合金线的耐脱锌腐蚀性能（见表 10-76）

表 10-76　易切削铜合金线的耐脱锌腐蚀性能（GB/T 26048—2010）

牌号	失锌层深度/μm ≤			
	横向		纵向	
	平均	最大	平均	最大
HSb60-0.9、HSb61-0.8-0.5、HBi60-1.3、HSi61-0.6	150	250	200	350

10.6.5　铜及铜合金箔

1. 铜及铜合金箔的牌号、状态和规格（见表 10-77）

表 10-77　铜及铜合金箔的牌号、状态和规格（GB/T 5187—2021）

牌号	代号	状态	厚度/mm	宽度/mm
TU1、TU2、TU3、T1、T2、T3	T10150、T10180、C10200、T10900、T11050、T11090	软化退火(O60)、1/4 硬(H01)、1/2 硬(H02)、硬(H04)	0.009~0.150	≤650
TP2	C12200	软化退火(O60)、1/2 硬(H02)	0.100~0.150	≤650
TCr1-0.15	C18150	1/2 硬(H02)、硬(H04)、特硬(H06)	0.070~0.150	≤600
TSn1.5-0.8-0.06	C19040	特硬(H06)	0.100~0.150	≤300
TFe0.1	C19210	1/2 硬(H02)、硬(H04)	0.100~0.150	≤620
TFe2.5	C19400	1/4 硬(H01)、1/2 硬(H02)、硬(H04)、特硬(H06)、弹性(H08)、高弹性(H10)	0.100~0.150	≤620
H68、H66、H65、H62	T26300、C26800、C27000、T27600	软化退火(O60)、1/4 硬(H01)、1/2 硬(H02)、硬(H04)、特硬(H06)、弹硬(H08)	0.012~<0.025	≤300
			0.025~0.150	≤620
QSn6.5-0.1、QSn7-0.2	T51510、T51530	硬(H04)、特硬(H06)	0.012~<0.025	≤300
			0.025~0.150	≤600

（续）

牌号	代号	状态	厚度/mm	宽度/mm
QSn8-0.3	C52100	特硬(H06)、弹性(H08)	0.012~<0.025	≤300
			0.025~0.150	≤600
QSi3-1	T64730	硬(H04)	0.012~<0.025	≤300
			0.025~0.150	≤600
BSi3.2-0.7	C70250	加工余热淬火+冷加工(1/8硬)(TM00)、加工余热淬火+冷加工(1/2硬)(TM02)、加工余热淬火+冷加工(3/4硬)(TM03)、加工余热淬火+冷加工(硬)(TM04)	0.070~0.150	≤580
BMn40-1.5	T71660	软化退火(O60)、硬(H04)	0.012~<0.025	≤300
			0.025~0.150	≤600
BZn15-20	T74600	软化退火(O60)、1/2硬(H02)、硬(H04)	0.012~<0.025	≤300
			0.025~0.150	≤600
BZn18-18、BZn18-26	C75200、C77000	1/2硬(H02)、硬(H04)、特硬(H06)	0.012~<0.025	≤300
			0.025~0.150	≤600

2. 铜及铜合金箔的力学性能（见表10-78）

表10-78 铜及铜合金箔的力学性能（GB/T 5187—2021）

牌号	状态	厚度/mm	抗拉强度 R_m/MPa	断后伸长率 $A_{11.3}$(%)	断后伸长率 A_{50mm}(%)	硬度 HV
TU1、TU2、TU3、T1、T2、T3	O60	0.009~0.018	≥140	—	≥3.5	≤70
		>0.018~0.035	≥160	—	≥7	
		>0.035~0.050	≥165	—	≥10	
		>0.050~0.070	≥170	—	≥15	
		>0.070~<0.100	≥175	—	≥16	
		0.100~<0.120	≥200	≥25	—	
		0.120~0.150	≥205	≥30	—	
	H01	0.009~0.150	215~275	≥25	—	60~90
	H02	0.009~0.150	245~345	≥8	—	80~110
	H04	0.009~0.150	≥295	—	—	≥90
TP2	O60	0.100~0.150	≥205	≥20	—	≤70
	H02		245~345	≥6	—	80~125
TCr1-0.15	H02	0.070~0.150	480~560	—	≥4	140~170
	H04		520~620	—	≥3	150~180
	H06		540~650	—	≥2	160~200
TSn1.5-0.8-0.06	H06	0.100~0.150	540~630	≥1	—	160~195
TFe0.1	H02	0.100~0.150	320~410	≥6	—	100~125
	H04		380~470	≥4	—	110~135
TFe2.5	H01	0.100~0.150	320~400	≥8	—	100~120
	H02		365~430	≥4	—	115~135
	H04		410~490	≥3	—	125~145
	H06		450~500	≥2	—	135~150
	H08		480~530	≥1	—	140~155
	H10		≥500	—	—	≥145

（续）

牌号	状态	厚度/mm	抗拉强度 R_m/MPa	断后伸长率 $A_{11.3}$（%）	断后伸长率 A_{50mm}（%）	硬度 HV
H68、H66、H65、H62	O60	0.012~0.150	≥290	≥40	—	≤90
	H01		325~410	≥35	—	85~115
	H02		340~460	≥25	—	100~130
	H04		400~530	≥13	—	120~160
	H06		450~600	—	—	150~190
	H08		≥500	—	—	≥180
QSn6.5-0.1、QSn7-0.2	H04	0.012~0.150	540~690	≥6	—	170~200
	H06		≥650	—	—	≥190
QSn8-0.3	H06	0.012~0.150	700~780	≥11	—	210~240
	H08		735~835	—	—	230~270
QSi3-1	H04	0.012~0.150	≥635	≥5	—	实测值
BSi3.2-0.7	TM00	0.070~0.150	580~760	≥5	—	170~220
	TM02		650~780	≥4	—	190~240
	TM03		690~800	≥3	—	200~250
	TM04		≥750	≥1	—	≥220
BMn40-1.5	O60	0.012~0.150	390~590			实测值
	H04		≥635			
BZn15-20	O60	0.012~0.150	≥340	≥35	—	实测值
	H02		440~570	≥5	—	
	H04		≥540	≥1.5	—	
BZn18-18、BZn18-26	H02	0.012~0.150	≥525	≥8	—	180~210
	H04		610~720	≥4	—	190~220
	H06		≥700	—	—	210~240

注：厚度不大于 0.05mm 的箔材的力学性能仅供参考。

10.7 铜及铜合金锻件

1. 铜及铜合金锻件的牌号和化学成分

（1）铜锻件的牌号和化学成分（见表 10-79）

表 10-79 铜锻件的牌号和化学成分（GB/T 20078—2023）

牌号	化学成分（质量分数，%）							密度③/(g/cm³)	材料组
	Cu①	Bi	O	P	Pb	其他元素② 合计	其他元素② 不含		
Cu-ETP	≥99.90	≤0.0005	≤0.040④	—	≤0.005	≤0.03	Ag、O	≈8.9	Ⅱ
Cu-OF	≥99.95	≤0.0005	—	—	≤0.005	≤0.03	Ag	≈8.9	Ⅱ
Cu-HCP	≥99.95	≤0.0005	—	0.002~0.007	≤0.005	≤0.03	Ag、P	≈8.9	Ⅱ
Cu-DHP	≥99.90	—	—	0.015~0.040	—	—	—	≈8.9	Ⅱ

① 包括银，最高质量分数为 0.015%。
② 其他元素总量（除铜外）规定为 Ag、As、Bi、Cd、Co、Cr、Fe、Mn、Ni、O、P、Pb、S、Sb、Se、Si、Sn、Te 和 Zn 的总量，但不含指出的个别元素。
③ 仅供参考。
④ 氧的质量分数可达到最高 0.060%，由用户和供应商协商决定。

（2）低合金化铜合金锻件的牌号和化学成分（见表 10-80）

表 10-80　低合金化铜合金锻件的牌号和化学成分（GB/T 20078—2023）

牌号	化学成分(质量分数,%)											密度①/(g/cm³)	材料组
	Cu	Be	Co	Cr	Fe	Mn	Ni	Pb	Si	Zr	其他合计		
CuBe2	余量	1.8~2.1	≤0.3	—	≤0.2	—	≤0.3	—	—	—	≤0.5	≈8.3	Ⅲ
CuCo1Ni1Be	余量	0.4~0.7	0.8~1.3	—	≤0.2	—	0.8~1.3	—	—	—	≤0.5	≈8.8	Ⅲ
CuCo2Be	余量	0.4~0.7	2.0~2.8	—	≤0.2	—	≤0.3	—	—	—	≤0.5	≈8.8	Ⅲ
CuCr1Zr	余量	—	—	0.5~1.2	≤0.08	—	—	—	≤0.1	0.03~0.30	≤0.2	≈8.9	Ⅲ
CuNi1Si	余量	—	—	—	≤0.2	≤0.1	1.0~1.6	≤0.02	0.4~0.7	—	≤0.3	≈8.8	Ⅲ
CuNi2Si	余量	—	—	—	≤0.2	≤0.1	1.6~2.5	≤0.02	0.4~0.8	—	≤0.3	≈8.8	Ⅲ
CuZr	余量	—	—	—	—	—	—	—	—	0.10~0.20	≤0.1	≈8.9	Ⅲ

① 仅供参考。

（3）铜-铝合金锻件的牌号和化学成分（见表 10-81）

表 10-81　铜-铝合金锻件的牌号和化学成分（GB/T 20078—2023）

牌号	化学成分(质量分数,%)										密度①/(g/cm³)	材料组
	Cu	Al	Fe	Mn	Ni	Pb	Si	Sn	Zn	其他合计		
CuAl8Fe3	余量	6.5~8.5	1.5~3.5	≤1.0	≤1.0	≤0.05	≤0.2	≤0.1	≤0.5	≤0.2	≈7.7	Ⅱ
CuAl10Fe1	余量	9.0~10.0	0.5~1.5	≤0.5	≤1.0	≤0.02	≤0.2	≤0.1	≤0.5	≤0.2	≈7.6	Ⅱ
CuAl10Fe3Mn2	余量	9.0~11.0	2.0~4.0	1.5~3.5	≤1.0	≤0.05	≤0.2	≤0.1	≤0.5	≤0.2	≈7.6	Ⅱ
CuAl10Ni5Fe4	余量	8.5~11.0	3.0~5.0	≤1.0	4.0~6.0	≤0.05	≤0.2	≤0.1	≤0.4	≤0.2	≈7.6	Ⅱ
CuAl11Fe6Ni6	余量	10.5~12.5	5.0~7.0	≤1.5	5.0~7.0	≤0.05	≤0.2	≤0.1	≤0.5	≤0.2	≈7.4	Ⅱ

① 仅供参考。

（4）铜-镍合金锻件的牌号和化学成分（见表 10-82）

表 10-82　铜-镍合金锻件的牌号和化学成分（GB/T 20078—2023）

牌号	化学成分(质量分数,%)												密度①/(g/cm³)	材料组
	Cu	C	Co	Fe	Mn	Ni	P	Pb	S	Sn	Zn	其他合计		
CuNi10Fe1Mn	余量	≤0.05	≤0.1②	1.0~2.0	0.5~1.0	9.0~11.0	≤0.02	≤0.02	≤0.05	≤0.03	≤0.5	≤0.2	≈8.9	Ⅲ
CuNi30Mn1Fe	余量	≤0.05	≤0.1②	0.4~1.0	0.5~1.5	30.0~32.0	≤0.02	≤0.02	≤0.05	≤0.05	≤0.5	≤0.2	≈8.9	Ⅲ

① 仅供参考。
② 将最大值 0.1%的 Co 看作是 Ni。

（5）铜-镍-锌合金锻件的牌号和化学成分（见表10-83）

表10-83 铜-镍-锌合金锻件的牌号和化学成分（GB/T 20078—2023）

牌号	化学成分(质量分数,%)								密度①/(g/cm³)	材料组
	Cu	Fe	Mn	Ni	Pb	Sn	Zn	其他合计		
CuNi7Zn39Pb3Mn2	47.0~50.0	≤0.3	1.5~3.0	6.0~8.0	2.3~3.3	≤0.2	余量	≤0.2	≈8.5	Ⅲ

① 仅供参考。

（6）铜-锌合金锻件的牌号和化学成分（见表10-84）

表10-84 铜-锌合金锻件的牌号和化学成分（GB/T 20078—2023）

牌号	化学成分(质量分数,%)									密度①/(g/cm³)	材料组
	Cu	As	Al	Fe	Ni	Pb	Sn	Zn	其他合计		
CuZn37	62.0~64.0	—	≤0.05	≤0.1	≤0.3	≤0.1	≤0.1	余量	≤0.1	≈8.4	Ⅱ
CuZn40	59.5~61.5	—	≤0.05	≤0.2	≤0.3	≤0.2	≤0.2	余量	≤0.2	≈8.4	Ⅰ
CuZn42	57.0~59.0	—	—	≤0.3	≤0.3	≤0.2	≤0.3	余量	≤0.2	≈8.4	Ⅰ
CuZn38As	61.5~63.5	0.02~0.15	≤0.05	≤0.1	≤0.3	≤0.2	≤0.1	余量	≤0.2	≈8.4	Ⅰ

① 仅供参考。

（7）复杂铜-锌合金锻件的牌号和化学成分（见表10-85）

表10-85 复杂铜-锌合金锻件的牌号和化学成分（GB/T 20078—2023）

牌号	化学成分(质量分数,%)												密度①/(g/cm³)	材料组
	Cu	Al	As	Fe	Mn	Ni	P	Pb	Si	Sn	Zn	其他合计		
CuZn23Al6Mn4Fe3Pb	63.0~65.0	5.00~6.00	—	2.0~3.5	3.5~5.0	≤0.5	—	0.2~0.8	≤0.20	≤0.2	余量	≤0.2	≈8.2	Ⅰ
CuZn32Pb2AsFeSi	64.0~66.5	≤0.05	0.03~0.08	0.1~0.2	—	≤0.3	—	1.5~2.2	0.45~0.80	≤0.3	余量	≤0.2	≈8.4	Ⅰ
CuZn35Ni3Mn2AlPb	58.0~60.0	0.30~1.30	—	≤0.5	1.5~2.5	2.0~3.0	—	0.2~0.8	≤0.10	≤0.5	余量	≤0.3	≈8.3	Ⅰ
CuZn36Sn1Pb	61.0~63.0	—	—	≤0.1	—	≤0.2	—	0.2~0.6	—	1.0~1.5	余量	≤0.2	≈8.3	Ⅰ
CuZn37Mn3Al2PbSi	57.0~59.0	1.30~2.30	—	≤1.0	1.5~3.0	≤1.0	—	0.2~0.8	0.30~1.30	≤0.4	余量	≤0.3	≈8.1	Ⅰ
CuZn39Sn1	59.0~61.0	—	—	≤0.1	—	≤0.2	—	≤0.2	—	0.5~1.0	余量	≤0.2	≈8.4	Ⅰ
CuZn40Mn1Pb1	57.0~59.0	≤0.20	—	≤0.3	0.5~1.5	≤0.6	—	1.0~2.0	≤0.10	≤0.3	余量	≤0.3	≈8.3	Ⅰ
CuZn40Mn1Pb1AlFeSn	57.0~59.0	0.30~1.30	—	0.2~1.2	0.8~1.8	≤0.3	—	0.8~1.6	—	0.2~1.0	余量	≤0.3	≈8.3	Ⅰ

（续）

牌号	化学成分(质量分数,%)											密度①/(g/cm³)	材料组
	Cu	Al	As	Fe	Mn	Ni	P	Pb	Si	Sn	Zn	其他合计		
CuZn40Mn1Pb1FeSn	56.5~58.5	≤0.10	—	0.2~1.2	0.8~1.8	≤0.3	—	0.8~1.6	—	0.2~1.0	余量	≤0.3	≈8.3	I
CuZn21Si3P	75.0~77.0	≤0.05	—	≤0.3	≤0.05	≤0.2	0.02~0.10	≤0.1	2.70~3.50	≤0.3	余量	≤0.2	≈8.3	I
CuZn33Pb1AlSiAs	64.0~67.0	0.10~0.40	0.05~0.08	≤0.3	≤0.1	≤0.2	≤0.02	0.4~0.9	0.10~0.30	≤0.3	余量	≤0.2	≈8.5	I

① 仅供参考。

（8）铜-锌-铅合金锻件的牌号和化学成分（见表 10-86）

表 10-86 铜-锌-铅合金锻件的牌号和化学成分（GB/T 20078—2023）

牌号	化学成分(质量分数,%)										密度①/(g/cm³)	材料组
	Cu	Al	As	Fe	Mn	Ni	Pb	Sn	Zn	其他合计		
CuZn36Pb2As	61.0~63.0	≤0.05	0.02~0.15	≤0.1	≤0.1	≤0.3	1.7~2.8	≤0.1	余量	≤0.2	≈8.4	I
CuZn38Pb1	60.0~61.0	≤0.05	—	≤0.2	—	≤0.3	0.8~1.6	≤0.2	余量	≤0.2	≈8.4	I
CuZn38Pb2	60.0~61.0	≤0.05	—	≤0.2	—	≤0.3	1.6~2.5	≤0.2	余量	≤0.2	≈8.4	I
CuZn39Pb1	59.0~60.0	≤0.05	—	≤0.3	—	≤0.3	0.8~1.6	≤0.3	余量	≤0.2	≈8.4	I
CuZn39Pb2	59.0~60.0	≤0.05	—	≤0.3	—	≤0.3	1.6~2.5	≤0.3	余量	≤0.2	≈8.4	I
CuZn39Pb2Sn	59.0~60.0	≤0.10	—	≤0.4	—	≤0.3	1.6~2.5	0.2~0.5	余量	≤0.2	≈8.4	I
CuZn39Pb3	57.0~59.0	≤0.05	—	≤0.3	—	≤0.3	2.5~3.5	≤0.3	余量	≤0.2	≈8.4	I
CuZn40Pb1Al	57.0~59.0	0.05~0.30	—	≤0.2	—	≤0.2	1.0~2.0	≤0.2	余量	≤0.2	≈8.3	I
CuZn40Pb2	57.0~59.0	≤0.05	—	≤0.3	—	≤0.3	1.6~2.5	≤0.3	余量	≤0.2	≈8.4	I
CuZn35Pb1.5AlAs	62.0~64.0	0.50~0.70	0.02~0.15	≤0.3	≤0.1	≤0.2	1.2~1.6	≤0.3	余量	≤0.2	≈8.4	I
CuZn33Pb1.5AlAs	64.0~66.0	0.80~1.00	0.02~0.15	≤0.3	≤0.1	≤0.2	1.2~1.7	≤0.3	余量	≤0.2	≈8.4	I

① 仅供参考。

2. 铜及铜合金锻件的硬度

（1）材料组Ⅰ中锻件的硬度（见表 10-87）

表 10-87 材料组 I 中锻件的硬度（GB/T 20078—2023）

牌号	硬度 HBW	牌号	硬度 HBW
CuZn40	≥70	CuZn40Pb2	≥70
CuZn42		CuZn35Pb1.5AlAs	≥60
CuZn38As	≥60	CuZn33Pb1.5AlAs	
CuZn36Pb2As	≥60	CuZn32Pb2AsFeSi	≥70
CuZn38Pb1	≥70	CuZn37Mn3Al2PbSi	≥130
CuZn38Pb2		CuZn39Sn1	≥70
CuZn39Pb2		CuZn40Mn1Pb1AlFeSn	≥100
CuZn39Pb2Sn		CuZn40Mn1Pb1FeSn	≥80
CuZn39Pb3		CuZn21Si3P	≥120
CuZn40Pb1Al		CuZn33Pb1AlSiAs	≥60

（2）材料组Ⅱ中锻件的硬度（见表 10-88）

表 10-88 材料组Ⅱ中锻件的硬度（GB/T 20078—2023）

牌号	硬度 HBW	牌号	硬度 HBW
Cu-ETP	≥40	CuAl10Fe3Mn2	≥120
Cu-OF		CuAl10Ni5Fe4	≥170
Cu-HCP		CuAl11Fe6Ni6	≥180
CuAl8Fe3	≥90	CuZn37	≥70

3. 铜及铜合金锻件的力学性能

（1）材料组 I 中锻件的力学性能（见表 10-89）

表 10-89 材料组 I 中锻件的力学性能（GB/T 20078—2023）

牌号	抗拉强度 R_m/MPa	规定塑性延伸强度 $R_{p0.2}$/MPa	断后伸长率 A(%)
CuZn40	≥300	≥100	≥20
CuZn42	≥350	≥140	≥15
CuZn38As	≥280	≥120	≥20
CuZn36Pb2As	≥280	≥120	≥20
CuZn38Pb1	≥350	≥140	≥15
CuZn38Pb2			
CuZn39Pb2			
CuZn39Pb2Sn			
CuZn39Pb3			
CuZn40Pb1Al			
CuZn40Pb2			
CuZn35Pb1.5AlAs	≥280	≥120	≥20
CuZn33Pb1.5AlAs			
CuZn23Al6Mn4Fe3Pb	≥700	≥500	≥5
CuZn32Pb2AsFeSi	≥350	≥160	≥15
CuZn35Ni3Mn2AlPb	≥440	≥180	≥10
CuZn36Sn1Pb	≥350	≥160	≥15
CuZn37Mn3Al2AlPbSi	≥550	≥200	≥8
CuZn39Sn1	≥350	≥160	≥15
CuZn40Mn1Pb1			
CuZn40Mn1Pb1AlFeSn	≥440	≥180	≥10
CuZn40Mn1Pb1FeSn			
CuZn21Si3P	≥500	≥250	≥15
CuZn33Pb1AlSiAs	≥280	≥120	≥20

（2）材料组Ⅱ中锻件的力学性能（见表10-90）

表10-90 材料组Ⅱ中锻件的力学性能（GB/T 20078—2023）

牌号	抗拉强度 R_m/MPa	规定塑性延伸强度 $R_{p0.2}$/MPa	断后伸长率 A(%)
Cu-ETP	≥200	≥50	≥30
Cu-OF			
Cu-HCP			
Cu-DHP			
CuAl8Fe3	≥460	≥180	≥30
CuAl10Fe1	≥420	≥180	≥20
CuAl10Fe3Mn2	≥500	≥250	≥12
CuAl10Ni5Fe4	≥650	≥350	≥12
CuAl11Fe6Ni6	≥750	≥450	≥5
CuZn37	≥300	≥100	≥20

（3）材料组Ⅲ中锻件的力学性能（见表10-91）

表10-91 材料组Ⅲ中锻件的力学性能（GB/T 20078—2023）

牌号	抗拉强度 R_m/MPa	规定塑性延伸强度 $R_{p0.2}$/MPa	断后伸长率 A(%)
CuBe2	≥450	≥200	≥20
	≥1100	≥950	≥5
CuCo1Ni1Be	≥300	≥200	≥20
CuCo2Be	≥650	≥550	≥8
CuCr1Zr	≥250	≥150	≥20
	≥370	≥300	≥15
CuNi1Si	≥300	≥200	≥20
	≥440	≥300	≥15
CuNi2Si	≥320	≥200	≥20
	≥500	≥380	≥10
CuZr	≥200	≥80	≥30
	≥220	≥80	≥30
CuNi10Fe1Mn	≥280	≥100	≥20
CuNi30Mn1Fe	≥310	≥100	≥20
CuNi7Zn39Pb3Mn2	≥460	≥250	≥12

4. 铜及铜合金20℃时的电性能（见表10-92）

表10-92 铜及铜合金20℃时的电性能（GB/T 20078—2023）

牌号	20℃时的电导率	
	MS/m	%IACS
Cu-ETP	≥58.0	≥100.0
Cu-OF		
Cu-HCP	≥57.0	≥98.0
CuCo1Ni1Be	≥25.0①	≥43.1①
CuCo2Be		
CuCr1Zr	≥43.0①	≥74.1①
CuNi2Si	≥17.0①	≥29.3①

① 锻造并经沉淀硬化处理状态。

10.8 铜及铜合金铸造产品

10.8.1 高纯铜铸锭

1. 高纯铜铸锭的牌号和化学成分（见表10-93）

表10-93 高纯铜铸锭的牌号和化学成分（YS/T 919—2013）

牌号			6N5	6N	5N	4N5
化学成分（质量分数，%）	Cu ≥		99.99995	99.9999	99.999	99.995
	杂质/10^{-4} ≤	Ag	0.1	0.3	2	25
		Al	0.005	0.05	0.5	—
		As	0.01	0.02	0.1	5
		Bi	0.01	0.02	0.2	1
		Ca	0.01	0.02	0.5	—
		Cd	0.05	—	0.1	1
		Cl	0.05	—	—	—
		Co	0.02	—	0.3	—
		Cr	0.01	0.02	0.1	—
		F	0.05	—	—	1
		Fe	0.05	0.1	0.5	10
		K	0.01	0.02	—	—
		Mn	0.02	—	0.1	0.5
		Na	0.02	0.02	—	—
		Ni	0.05	0.1	0.5	10
		P	0.01	0.02	0.1	3
		Pb	0.01	0.02	0.05	5
		Sb	0.01	0.02	0.1	4
		Se	0.05	0.05	0.1	3
		Si	0.05	0.05	0.5	—
		Sn	0.01	0.05	0.1	2
		Te	0.02	0.05	0.1	2
		Th	0.0005	0.0005	—	—
		U	0.0005	0.0005	—	—
		Zn	0.02	0.05	0.1	1
	杂质总和/10^{-4} ≤		0.5	1	10	50

注：1. 高纯铜铸锭的铜的质量分数为100%减去表中所列杂质实测总和的余量（不含C、N、O、S）。
2. 客户对某种特定杂质元素含量有特殊要求的，由供需双方协商确认。

2. 高纯铜铸锭中杂质元素碳、氮、氧、硫的含量（见表10-94）

表10-94 高纯铜铸锭中杂质元素碳、氮、氧、硫的含量（YS/T 919—2013）

牌号		6N5	6N	5N	4N5
杂质（质量分数，10^{-4}%） ≤	C	1	1	10	20
	N	1	1	5	10
	O	1	1	5	5
	S	0.05	0.05	1	15

10.8.2 铸造铜合金锭

1. 铸造黄铜锭的牌号和化学成分（见表 10-95）

表 10-95 铸造黄铜锭的牌号和化学成分（YS/T 544—2009）

牌号	化学成分(质量分数,%)																
	主成分								杂质 ≤								
	Cu	Al	Fe	Mn	Si	Pb	As	Bi	Zn	Fe	Pb	Sb	Mn	Sn	Al	P	Si
ZH68	67.0~70.0	—	—	—	—	—	—	—	余量	0.10	0.03	0.01	—	1.0	0.1	0.01	—
ZH62	60.0~63.0	—	—	—	—	—	—	—	余量	0.2	0.08	0.01	—	1.0	0.3	0.01	—
ZHAl67-5-2-2	67.0~70.0	5.0~6.0	2.0~3.0	2.0~3.0	—	—	—	—	余量	—	0.5	0.01	—	0.5	—	0.01	—
ZHAl63-6-3-3	60.0~66.0	4.5~7.0	2.0~4.0	1.5~4.0	—	—	—	—	余量	—	0.20	—	—	0.2	—	—	0.10
ZHAl62-4-3-3	60.0~66.0	2.5~5.0	1.5~4.0	1.5~4.0	—	—	—	—	余量	—	0.20	—	—	0.2	—	—	0.10
ZHAl67-2.5	66.0~68.0	2.0~3.0	—	—	—	—	—	—	余量	0.6	0.5	0.05	0.5	0.5	—	—	—
ZHAl61-2-2-1	57.0~65.0	0.5~2.5	0.5~2.0	0.1~3.0	—	—	—	—	余量	—	0.5	Sb+P+As≤0.4	—	1.0	—	—	0.10
ZHMn58-2-2	57.0~60.0	—	—	1.5~2.5	—	1.5~2.5	—	—	余量	0.6	—	0.05	—	0.5	1.0	0.01	—
ZHMn58-2	57.0~60.0	—	—	1.0~2.0	—	—	—	—	余量	0.6	0.1	0.05	—	0.5	0.5	0.01	—
ZHMn57-3-1	53.0~58.0	—	0.5~1.5	3.0~4.0	—	—	—	—	余量	—	0.3	0.05	—	0.5	0.5	0.01	—
ZHPb65-2	63.0~66.0	—	—	—	—	1.0~2.8	—	—	余量	0.7	—	—	0.2	1.5	0.1	0.02	0.03
ZHPb59-1	57.0~61.0	—	—	—	—	0.8~1.9	—	—	余量	0.6	—	0.05	—	—	0.2	0.01	—
ZHPb60-2	58.0~62.0	0.2~0.8	—	—	—	0.5~2.5	—	—	余量	0.7	—	—	0.5	1.0	—	—	0.05
ZHPb60-1A	59.0~61.0	0.5~0.7	—	—	—	1.0~2.0	—	—	余量	0.1	—	—	—	0.1		0.005	—
ZHPb60-1B	59.0~61.0	0.5~0.7	—	—	—	1.0~2.0	—	—	余量	0.2	—	—	—	0.2	—	0.01	—
ZHPb59-2C	58.0~60.0	0.4~0.8	—	—	—	2.0~3.0	—	—	余量	0.8	—	—	—	0.8	—	—	—
ZHPb62-2-0.1	61.0~63.0	0.5~0.7	—	—	—	1.5~3.0	0.08~0.15	—	余量	0.1	—	—	0.1	0.1	—	0.005	—
ZHBi60-0.8	59.0~61.0	—	—	—	—	—	—	0.5~1.0	余量	0.5	0.1	—	—	0.5	—	—	—
ZHSi80-3	79.0~81.0	—	—	—	2.5~4.5	—	—	—	余量	0.4	0.1	0.05	0.5	0.2	0.1	0.02	—
ZHSi80-3-3	79.0~81.0	—	—	—	2.5~4.5	2.0~4.0	—	—	余量	0.4	—	0.05	0.5	0.2	0.2	0.02	—

注：1. 抗磁用的黄铜锭中铁的质量分数不超过 0.05%。

2. 需方对化学成分有特殊要求时，可由供需双方协商确定。

2. 铸造青铜锭的牌号和化学成分（见表 10-96）

表 10-96　铸造青铜锭的牌号和化学成分（YS/T 544—2009）

牌号	化学成分(质量分数,%)																			
	主成分									杂质 ≤										
	Sn	Zn	Pb	P	Ni	Al	Fe	Mn	Cu	Sn	Zn	Pb	P	Ni	Al	Fe	Mn	Sb	Si	S
ZQSn3-8-6-1	2.0~4.0	6.3~9.3	4.0~6.7	—	0.5~1.5	—	—	—	余量	—	—	—	0.05	—	0.02	0.3	—	0.3	0.02	—
ZQSn3-11-4	2.0~4.0	9.5~13.5	3.0~5.8	—	—	—	—	—	余量	—	—	—	0.05	—	0.02	0.4	—	0.3	0.02	—
ZQSn5-5-5	4.0~6.0	4.5~6.0	4.0~5.7	—	—	—	—	—	余量	—	—	—	0.03	—	0.01	0.25	—	0.25	0.01	0.10
ZQSn6-6-3	5.0~7.0	5.3~7.3	2.0~3.8	—	—	—	—	—	余量	—	—	—	—	—	0.05	0.3	—	0.2	0.05	—
ZQSn10-1	9.2~11.5	—	—	0.60~1.0	—	—	—	—	余量	—	0.05	0.25	—	0.10	0.01	0.08	0.05	0.05	0.02	0.05
ZQSn10-2	9.2~11.2	1.0~3.0	—	—	—	—	—	—	余量	—	—	1.3	0.03	—	0.01	0.20	0.2	0.3	0.01	0.10
ZQSn10-5	9.2~11.0	—	4.0~5.8	—	—	—	—	—	余量	—	1.0	—	0.05	—	0.01	0.2	—	0.2	0.01	—
ZQPb10-10	9.2~11.0	—	8.5~10.5	—	—	—	—	—	余量	—	2.0	—	0.05	—	0.01	0.15	0.2	0.50	0.01	0.10
ZQPb15-8	7.2~9.0	—	13.5~16.5	—	—	—	—	—	余量	—	2.0	—	0.05	—	0.01	0.15	0.2	0.5	0.01	0.1
ZQPb17-4-4	3.5~5.0	2.0~6.0	14.5~19.5	—	—	—	—	—	余量	—	—	—	0.05	—	0.02	0.3	—	0.3	0.02	0.05
ZQPb20-5	4.0~6.0	—	19.0~23.0	—	—	—	—	—	余量	—	2.0	—	0.05	—	0.01	0.15	0.2	0.75	0.01	0.1
ZQPb30	—	—	28.0~33.0	—	—	—	—	—	余量	—	0.1	—	0.08	—	0.01	0.2	—	0.2	0.01	0.05
ZQPb85-5-5	4.0~6.0	4.0~6.0	4.0~6.0	—	—	—	—	—	84.0~86.0	—	—	—	—	—	—	0.3	—	—	—	—
ZQPb80-7-3	2.3~3.5	7.0~10.0	6.0~8.0		—	—	—	—	78.0~82.0	—	—	—	—	—	—	0.4	—	—	—	—
ZQAl9-2	—	—	—	—	—	8.2~10.0	—	1.5~2.5	余量	0.2	0.5	0.1	0.10	—	—	0.5	—	0.05	0.20	—
ZQAl9-4-4-2	—	—	—	—	4.0~5.0	8.7~10.0	4.0~5.0	0.8~2.5	余量	—	—	0.02	—	—	—	—	—	—	0.15	—
ZQAl10-2	—	—	—	—	—	9.2~11.0	—	1.5~2.5	余量	0.2	1.0	0.1	0.1	—	—	0.5	—	—	0.2	—
ZQAl9-4	—	—	—	—	—	8.7~10.7	2.0~4.0	—	余量	0.20	0.40	0.10	—	—	—	—	1.0	—	0.10	—
ZQAl10-3-2	—	—	—	—	—	9.2~11.0	2.0~4.0	1.0~2.0	余量	0.1	0.5	0.1	0.01	0.5	—	—	—	0.05	0.10	—
ZQMn12-8-3	—	—	—	—	—	7.2~9.0	2.0~4.0	12.0~14.5	余量	—	0.3	0.02	—	—	—	—	—	—	0.15	—
ZQMn12-8-3-2	—	—	—	—	1.8~2.5	7.2~8.5	2.5~4.0	11.5~14.0	余量	0.1	0.1	0.02	0.01	—	—	—	—	—	0.15	—

注：1. 抗磁用的青铜锭中铁的质量分数不超过 0.05%。

2. 需方对化学成分有特殊要求时，可由供需双方协商确定。

10.8.3　铜中间合金锭

铜中间合金锭的化学成分和物理性能见表 10-97。

表 10-97　铜中间合金锭的化学成分和物理性能（YS/T 283—2009）

牌号	化学成分（质量分数，%）																	物理性能	
	主成分								杂质 ≤									熔化温度/℃	特性
	Si	Mn	Ni	Fe	Sb	Be	As	Cu	Si	Mn	Ni	Fe	Sb	P	Pb	Zn	Al	Bi		
CuSi16	13.5~16.5	—	—	—	—	—	—	余量	—	—	—	0.50	—	—	—	0.10	0.25	—	800	脆
CuSi20	18.0~21.0	—	—	—	—	—	—	余量	—	—	—	0.50	—	—	—	0.10	0.25	—	820	脆
CuMn28	—	25.0~28.0	—	—	—	—	—	余量	—	—	—	1.0	0.1	0.1	—	—	—	—	870	韧
CuMn30	—	28.0~31.0	—	—	—	—	—	余量	—	—	—	1.0	0.1	0.1	—	—	—	—	850~860	韧
CuMn22	—	20.0~25.0	—	—	—	—	—	余量	—	—	—	1.0	0.1	0.1	—	—	—	—	850~900	韧
CuNi15	—	—	14.0~18.0	—	—	—	—	余量	—	—	—	0.5	—	—	—	0.3	—	—	1050~1200	韧
CuFe10	—	—	—	9.0~11.0	—	—	—	余量	—	0.10	0.10	—	—	—	—	—	—	—	1300~1400	韧
CuFe5	—	—	—	4.0~6.0	—	—	—	余量	—	0.10	0.10	—	—	—	—	—	—	—	1200~1300	韧
CuSb50	—	—	—	—	49.0~51.0	—	—	余量	—	—	—	0.2	—	0.1	0.1	—	—	—	680	脆
CuBe4	—	—	—	—	—	3.8~4.3	—	余量	0.18	—	—	0.15	—	—	—	—	0.13	—	1100~1200	韧
CuAs23	—	—	—	—	—	—	20.0~25.0	余量	—	—	—	0.05	0.05	—	0.05	—	0.01	0.05	700~720	脆

牌号	化学成分（质量分数，%）														物理性能	
	主成分							杂质 ≤							熔化温度/℃	特性
	B	Zr	P	Mg	Cd	Cr	Cu	Si	Mn	Bi	Fe	Sb	Pb	Al		
CuP14	—	—	13.0~15.0			—	余量	—	—	—	0.15	—	—	—	900~1020	脆
CuP12	—	—	11.0~13.0			—	余量	—	—	—	0.15	—	—	—	900~1020	脆
CuP10	—	—	9.0~11.0			—	余量	—	—	—	0.15	—	—	—	900~1020	脆
CuP8	—	—	8.0~9.0			—	余量	—	—	—	0.15	—	—	—	900~1020	脆
CuMg10	—	—	—	9.0~13.0	—	—	余量	—	—	—	0.15	—	—	—	750~800	脆
CuMg15	—	—	—	13.0~17.0	—	—	余量	—	—	—	0.15	—	—	—	760~820	脆
CuMg20	—	—	—	17.0~23.0	—	—	余量	—	—	—	0.15	—	—	—	730~818	脆
CuCd48	—	—	—	—	45.0~51.0	—	余量	—	—	—	—	—	—	—	780	脆
CuCr7	—	—	—	—	—	6.0~8.0	余量	—	—	—	—	—	—	—	1150~1180	韧
CuB5	4.0~7.0	—	—	—	—	—	余量	—	—	0.01	0.05	0.02	0.05	0.01	1000~1100	韧
CuZr5	—	6.0~10.0	—	—	—	—	余量	—	—	0.01	0.05	0.01	0.05	—	970~990	韧

注：作为脱氧剂用的 CuP14、CuP12、CuP10、CuP8，其杂质 Fe 的质量分数可允许不大于 0.3%。

10.8.4 铸造铜及铜合金

1. 铸造铜及铜合金的牌号和主要化学成分（见表10-98）

表10-98 铸造铜及铜合金的牌号和主要化学成分（GB/T 1176—2013）

牌号	名称	主要化学成分(质量分数,%)										
		Sn	Zn	Pb	P	Ni	Al	Fe	Mn	Si	其他	Cu
ZCu99	99 铸造纯铜	—	—	—	—	—	—	—	—	—	—	≥99.0
ZCuSn3Zn8Pb6Ni1	3-8-6-1 锡青铜	2.0~4.0	6.0~9.0	4.0~7.0	—	0.5~1.5	—	—	—	—	—	余量
ZCuSn3Zn11Pb4	3-11-4 锡青铜	2.0~4.0	9.0~13.0	3.0~6.0	—	—	—	—	—	—	—	余量
ZCuSn5Pb5Zn5	5-5-5 锡青铜	4.0~6.0	4.0~6.0	4.0~6.0	—	—	—	—	—	—	—	余量
ZCuSn10P1	10-1 锡青铜	9.0~11.5	—	—	0.8~1.1	—	—	—	—	—	—	余量
ZCuSn10Pb5	10-5 锡青铜	9.0~11.0	—	4.0~6.0	—	—	—	—	—	—	—	余量
ZCuSn10Zn2	10-2 锡青铜	9.0~11.0	1.0~3.0	—	—	—	—	—	—	—	—	余量
ZCuPb9Sn5	9-5 铅青铜	4.0~6.0	—	8.0~10.0	—	—	—	—	—	—	—	余量
ZCuPb10Sn10	10-10 铅青铜	9.0~11.0	—	8.0~11.0	—	—	—	—	—	—	—	余量
ZCuPb15Sn8	15-8 铅青铜	7.0~9.0	—	13.0~17.0	—	—	—	—	—	—	—	余量
ZCuPb17Sn4Zn4	17-4-4 铅青铜	3.5~5.0	2.0~6.0	14.0~20.0	—	—	—	—	—	—	—	余量
ZCuPb20Sn5	20-5 铅青铜	4.0~6.0	—	18.0~23.0	—	—	—	—	—	—	—	余量
ZCuPb30	30 铅青铜	—	—	27.0~33.0	—	—	—	—	—	—	—	余量
ZCuAl8Mn13Fe3	8-13-3 铝青铜	—	—	—	—	—	7.0~9.0	2.0~4.0	12.0~14.5	—	—	余量
ZCuAl8Mn13Fe3Ni2	8-13-3-2 铝青铜	—	—	—	—	1.8~2.5	7.0~8.5	2.5~4.0	11.5~14.0	—	—	余量
ZCuAl8Mn14Fe3Ni2	8-14-3-2 铝青铜	—	<0.5	—	—	1.9~2.3	7.4~8.1	2.6~3.5	12.4~13.2	—	—	余量
ZCuAl9Mn2	9-2 铝青铜	—	—	—	—	—	8.0~10.0	—	1.5~2.5	—	—	余量
ZCuAl8Be1Co1	8-1-1 铝青铜	—	—	—	—	—	7.0~8.5	<0.4	—	—	Be:0.7~1.0; Co:0.7~1.0	余量
ZCuAl9Fe4Ni4Mn2	9-4-4-2 铝青铜	—	—	—	—	4.0~5.0①	8.5~10.0	4.0~5.0①	0.8~2.5	—	—	余量
ZCuAl10Fe4Ni4	10-4-4 铝青铜	—	—	—	—	3.5~5.5	9.5~11.0	3.5~5.5	—	—	—	余量
ZCuAl10Fe3	10-3 铝青铜	—	—	—	—	—	8.5~11.0	2.0~4.0	—	—	—	余量
ZCuAl10Fe3Mn2	10-3-2 铝青铜	—	—	—	—	—	9.0~11.0	2.0~4.0	1.0~2.0	—	—	余量
ZCuZn38	38 黄铜	—	余量	—	—	—	—	—	—	—	—	60.0~63.0
ZCuZn21Al5Fe2Mn2	21-5-2-2 铝黄铜	<0.5	余量	—	—	—	4.5~6.0	2.0~3.0	2.0~3.0	—	—	67.0~70.0
ZCuZn25Al6Fe3Mn3	25-6-3-3 铝黄铜	—	余量	—	—	—	4.5~7.0	2.0~4.0	2.0~4.0	—	—	60.0~66.0
ZCuZn26Al4Fe3Mn3	26-4-3-3 铝黄铜	—	余量	—	—	—	2.5~5.0	2.0~4.0	2.0~4.0	—	—	60.0~66.0
ZCuZn31Al2	31-2 铝黄铜	—	余量	—	—	—	2.0~3.0	—	—	—	—	66.0~68.0
ZCuZn35Al2Mn2Fe1	35-2-2-1 铝黄铜	—	余量	—	—	—	0.5~2.5	0.5~2.0	0.1~3.0	—	—	57.0~65.0
ZCuZn38Mn2Pb2	38-2-2 锰黄铜	—	余量	1.5~2.5	—	—	—	—	1.5~2.5	—	—	57.0~60.0
ZCuZn40Mn2	40-2 锰黄铜	—	余量	—	—	—	—	—	1.0~2.0	—	—	57.0~60.0
ZCuZn40Mn3Fe1	40-3-1 锰黄铜	—	余量	—	—	—	—	0.5~1.5	3.0~4.0	—	—	53.0~58.0
ZCuZn33Pb2	33-2 铅黄铜	—	余量	1.0~3.0	—	—	—	—	—	—	—	63.0~67.0
ZCuZn40Pb2	40-2 铅黄铜	—	余量	0.5~2.5	—	—	0.2~0.8	—	—	—	—	58.0~63.0
ZCuZn16Si4	16-4 硅黄铜	—	余量	—	—	—	—	—	—	2.5~4.5	—	79.0~81.0
ZCuNi10Fe1Mn1	10-1-1 镍白铜	—	—	—	—	9.0~11.0	—	1.0~1.8	0.8~1.5	—	—	84.5~87.0
ZCuNi30Fe1Mn1	30-1-1 镍白铜	—	—	—	—	29.5~31.5	—	0.25~1.5	0.8~1.5	—	—	65.0~67.0

① 铁含量不能超过镍含量。

2. 铸造铜及铜合金的杂质（见表 10-99）

表 10-99 铸造铜及铜合金的杂质（GB/T 1176—2013）

牌号	杂质(质量分数,%) ≤															
	Fe	Al	Sb	Si	P	S	As	C	Bi	Ni	Sn	Zn	Pb	Mn	其他	总和
ZCu99	—	—	—	—	0.07	—	—	—	—	—	0.4	—	—	—	—	1.0
ZCuSn3Zn8Pb6Ni1	0.4	0.02	0.3	0.02	0.05	—	—	—	—	—	—	—	—	—	—	1.0
ZCuSn3Zn11Pb4	0.5	0.02	0.3	0.02	0.05	—	—	—	—	—	—	—	—	—	—	1.0
ZCuSn5Pb5Zn5	0.3	0.01	0.25	0.01	0.05	0.10	—	—	—	2.5*	—	—	—	—	—	1.0
ZCuSn10P1	0.1	0.01	0.05	0.02	—	0.05	—	—	—	0.10	—	0.05	0.25	0.05	—	0.75
ZCuSn10Pb5	0.3	0.02	0.3	—	0.05	—	—	—	—	—	—	1.0*	—	—	—	1.0
ZCuSn10Zn2	0.25	0.01	0.3	0.01	0.05	0.10	—	—	—	2.0*	—	—	1.5*	0.2	—	1.5
ZCuPb9Sn5	—	—	0.5	—	0.10	—	—	—	—	2.0*	—	2.0*	—	—	—	1.0
ZCuPb10Sn10	0.25	0.01	0.5	0.01	0.05	0.10	—	—	—	2.0*	—	2.0*	—	0.2	—	1.0
ZCuPb15Sn8	0.25	0.01	0.5	0.01	0.10	0.10	—	—	—	2.0*	—	2.0*	—	0.2	—	1.0
ZCuPb17Sn4Zn4	0.4	0.05	0.3	0.02	0.05	—	—	—	—	—	—	—	—	—	—	0.75
ZCuPb20Sn5	0.25	0.01	0.75	0.01	0.10	0.10	—	—	—	2.5*	—	2.0*	—	0.2	—	1.0
ZCuPb30	0.5	0.01	0.2	0.02	0.08	—	0.10	—	0.005	—	1.0*	—	—	0.3	—	1.0
ZCuAl8Mn13Fe3	—	—	—	0.15	—	—	—	0.10	—	—	—	0.3*	0.02	—	—	1.0
ZCuAl8Mn13Fe3Ni2	—	—	—	0.15	—	—	—	0.10	—	—	—	0.3*	0.02	—	—	1.0
ZCuAl8Mn14Fe3Ni2	—	—	—	0.15	—	—	—	0.10	—	—	—	—	0.02	—	—	1.0
ZCuAl9Mn2	—	—	0.05	0.20	0.10	—	0.05	—	—	—	0.2	1.5*	0.1	—	—	1.0
ZCuAl8Be1Co1	—	—	0.05	0.10	—	—	—	0.10	—	—	—	—	0.02	—	—	1.0
ZCuAl9Fe4Ni4Mn2	—	—	—	0.15	—	—	—	0.10	—	—	—	—	0.02	—	—	1.0
ZCuAl10Fe4Ni	—	—	0.05	0.20	0.1	—	0.05	—	—	—	0.2	0.5	0.05	0.5	—	1.5
ZCuAl10Fe3	—	—	—	0.20	—	—	—	—	—	3.0*	0.3	0.4	0.2	1.0*	—	1.0
ZCuAl10Fe3Mn2	—	—	0.05	0.10	0.01	—	0.01	—	—	—	0.1	0.5*	0.3	—	—	0.75
ZCuZn38	0.8	0.5	0.1	—	0.01	—	—	—	0.002	—	2.0*	—	—	—	—	1.5
ZCuZn21Al5Fe2Mn2	—	—	0.1	—	—	—	—	—	—	—	—	—	0.1	—	—	1.0
ZCuZn25Al6Fe3Mn3	—	—	—	0.10	—	—	—	—	—	3.0*	0.2	—	0.2	—	—	2.0
ZCuZn26Al4Fe3Mn3	—	—	—	0.10	—	—	—	—	—	3.0*	0.2	—	0.2	—	—	2.0
ZCuZn31Al2	0.8	—	—	—	—	—	—	—	—	—	1.0*	—	1.0*	0.5	—	1.5
ZCuZn35Al2Mn2Fe1	—	—	—	0.10	—	—	—	—	—	3.0*	1.0*	—	0.5	—	Sb+P+As 0.40	2.0
ZCuZn38Mn2Pb2	0.8	1.0*	0.1	—	—	—	—	—	—	—	2.0*	—	—	—	—	2.0
ZCuZn40Mn2	0.8	1.0*	0.1	—	—	—	—	—	—	—	1.0	—	—	—	—	2.0
ZCuZn40Mn3Fe1	—	1.0*	0.1	—	—	—	—	—	—	—	0.5	—	0.5	—	—	1.5
ZCuZn33Pb2	0.8	0.1	—	0.05	0.05	—	—	—	—	1.0*	1.5*	—	—	0.2	—	1.5
ZCuZn40Pb2	0.8	—	0.05	—	—	—	—	—	—	1.0*	1.0*	—	—	0.5	—	1.5
ZCuZn16Si4	0.6	0.1	0.1	—	—	—	—	—	—	—	0.3	—	0.5	0.5	—	2.0
ZCuNi10Fe1Mn1	—	—	—	0.25	0.02	0.02	—	0.1	—	—	—	—	0.01	—	—	1.0
ZCuNi30Fe1Mn1	—	—	—	0.5	0.02	0.02	—	0.15	—	—	—	—	0.01	—	—	1.0

注：1. 有“*”符号的元素不计入杂质总和。

2. 未列出的杂质元素，计入杂质总和。

3. 铸造铜及铜合金的室温力学性能（见表 10-100）

表 10-100　铸造铜及铜合金的室温力学性能（GB/T 1176—2013）

牌号	铸造方法	抗拉强度 R_m/MPa ≥	规定塑性延伸强度 $R_{p0.2}$/MPa ≥	断后伸长率 A(%) ≥	硬度 HBW ≥
ZCu99	S	150	40	40	40
ZCuSn3Zn8Pb6Ni1	S	175	—	8	60
	J	215	—	10	70
ZCuSn3Zn11Pb4	S、R	175	—	8	60
	J	215	—	10	60
ZCuSn5Pb5Zn5	S、J、R	200	90	13	60①
	Li、La	250	100	13	65①
ZCuSn10P1	S、R	220	130	3	80①
	J	310	170	2	90①
	Li	330	170	4	90①
	La	360	170	6	90①
ZCuSn10Pb5	S	195	—	10	70
	J	245	—	10	70
ZCuSn10Zn2	S	240	120	12	70①
	J	245	140	6	80①
	Li、La	270	140	7	80①
ZCuPb9Sn5	La	230	110	11	60
ZCuPb10Sn10	S	180	80	7	65①
	J	220	140	5	70①
	Li、La	220	110	6	70①
ZCuPb15Sn8	S	170	80	5	60①
	J	200	100	6	65①
	Li、La	220	100	8	65①
ZCuPb17Sn4Zn4	S	150	—	5	55
	J	175	—	7	60
ZCuPb20Sn5	S	150	60	5	45①
	J	150	70	6	55①
	La	180	80	7	55①
ZCuPb30	J	—	—	—	25
ZCuAl8Mn13Fe3	S	600	270	15	160
	J	650	280	10	170
ZCuAl8Mn13Fe3Ni2	S	645	280	20	160
	J	670	310	18	170
ZCuAl8Mn14Fe3Ni2	S	735	280	15	170
ZCuAl9Mn2	S、R	390	150	20	85
	J	440	160	20	95
ZCuAl8Be1Co1	S	647	280	15	160
ZCuAl9Fe4Ni4Mn2	S	630	250	16	160
ZCuAl10Fe4Ni4	S	539	200	5	155
	J	588	235	5	166
ZCuAl10Fe3	S	490	180	13	100①
	J	540	200	15	110①
	Li、La	540	200	15	110①
ZCuAl10Fe3Mn2	S、R	490	—	15	110
	J	540	—	20	120

（续）

牌号	铸造方法	抗拉强度 R_m/MPa ≥	规定塑性延伸强度 $R_{p0.2}$/MPa ≥	断后伸长率 A(%) ≥	硬度 HBW ≥
ZCuZn38	S	295	95	30	60
	J	295	95	30	70
ZCuZn21Al5Fe2Mn2	S	608	275	15	160
ZCuZn25Al6Fe3Mn3	S	725	380	10	160①
	J	740	400	7	170①
	Li、La	740	400	7	170①
ZCuZn26Al4Fe3Mn3	S	600	300	18	120①
	J	600	300	18	130①
	Li、La	600	300	18	130①
ZCuZn31Al2	S、R	295	—	12	80
	J	390	—	15	90
ZCuZn35Al2Mn2Fe2	S	450	170	20	100①
	J	475	200	18	110①
	Li、La	475	200	18	110①
ZCuZn38Mn2Pb2	S	245	—	10	70
	J	345	—	18	80
ZCuZn40Mn2	S、R	345	—	20	80
	J	390	—	25	90
ZCuZn40Mn3Fe1	S、R	440	—	18	100
	J	490	—	15	110
ZCuZn33Pb2	S	180	70	12	50①
ZCuZn40Pb2	S、R	220	95	15	80①
	J	280	120	20	90①
ZCuZn16Si4	S、R	345	180	15	90
	J	390	—	20	100
ZCuNi10Fe1Mn1	S、J、Li、La	310	170	20	100
ZCuNi30Fe1Mn1	S、J、Li、La	415	220	20	140

① 参考值。

4. 铸造铜及铜合金的主要特性及应用（见表 10-101）

表 10-101 铸造铜及铜合金的主要特性及应用（GB/T 1176—2013）

牌 号	主要特性	应用举例
ZCu99	很高的导电、传热和延伸性能，在大气、淡水和流动不大的海水中具有良好的耐蚀性；凝固温度范围窄，流动性好，适用于砂型、金属型、连续铸造，适用于氩弧焊接	在钢铁材料冶炼中用作高炉风、渣口小套，高炉风、渣中小套，冷却板，冷却壁；电炉炼钢用氧枪喷头、电极夹持器、熔沟；在有色金属冶炼中用作闪速炉冷却用件；大型电动机用屏蔽罩、导电连接件；另外，还可用于饮用水管道、铜坩埚等
ZCuSn3Zn8Pb6Ni1	耐磨性好，易加工，铸造性较好，气密性能较好，耐腐蚀，可在流动海水下工作	在各种液体燃料以及海水、淡水和蒸汽（≤225℃）中工作的零件，压力不大于 2.5MPa 的阀门和管配件
ZCuSn3Zn11Pb4	铸造性好，易加工，耐腐蚀	海水、淡水、蒸汽中，压力不大于 2.5MPa 的管配件
ZCuSn5Pb5Zn5	耐磨性和耐蚀性好，易加工，铸造性和气密性较好	在较高负荷、中等滑动速度下工作的耐磨、耐腐蚀零件，如轴瓦、衬套、缸套、活塞离合器、泵件压盖以及蜗轮等

（续）

牌　　号	主要特性	应用举例
ZCuSn10P1	硬度高，耐磨性较好，不易产生咬死现象，有较好的铸造性和可加工性，在大气和淡水中有良好的耐蚀性	可用于高负荷（20MPa 以下）和高滑动速度（8m/s）下工作的耐磨零件，如连杆、衬套、轴瓦、齿轮、蜗轮等
ZCuSn10Pb5	耐腐蚀，特别是对稀硫酸、盐酸和脂肪酸具有耐腐蚀作用	结构材料，耐蚀、耐酸的配件以及破碎机衬套、轴瓦
ZCuSn10Zn2	耐蚀性，耐磨性和可加工性好，铸造性好，铸件致密性较高，气密性较好	在中等及较高负荷和小滑动速度下工作的重要管配件，以及阀、旋塞、泵体、齿轮、叶轮和蜗轮等
ZCuPb10Sn5	润滑性、耐磨性良好，易切削，焊接性良好，软钎焊性、硬钎焊性均良好，不推荐氧燃烧气焊和各种形式的电弧焊	轴承和轴套，汽车用衬管轴承
ZCuPb10Sn10	润滑性能、耐磨性和耐蚀性好，适合用作双金属铸造材料	表面压力高，又存在侧压的滑动轴承，如轧辊、车辆用轴承、负荷峰值 60MPa 的受冲击零件，最高峰值达 100MPa 的内燃机双金属轴瓦及活塞销套、摩擦片等
ZCuPb15Sn8	在缺乏润滑剂和用水质润滑剂条件下，滑动性和自润滑性能好，易切削，铸造性差，对稀硫酸耐蚀性好	表面压力高，又有侧压力的轴承，可用来制造冷轧机的铜冷却管，耐冲击负荷达 50MPa 的零件，内燃机的双金属轴瓦，主要用于最大负荷达 70MPa 的活塞销套，耐酸配件
ZCuPb17Sn4Zn4	耐磨性和自润滑性能好，易切削，铸造性差	一般耐磨件、高滑动速度的轴承等
ZCuPb20Sn5	有较高滑动性能，在缺乏润滑介质和以水为介质时有特别好的自润滑性能，适用于双金属铸造材料，耐硫酸腐蚀，易切削，铸造性差	高滑动速度的轴承，以及破碎机、水泵、冷轧机轴承，负荷达 40MPa 的零件，抗腐蚀零件，双金属轴承，负荷达 70MPa 的活塞销套
ZCuPb30	有良好的自润滑性，易切削，铸造性差，易产生重力偏析	要求高滑动速度的双金属轴承、减磨零件等
ZCuAl8Mn13Fe3	具有很高的强度和硬度，良好的耐磨性和铸造性，合金致密性能高，耐蚀性好，作为耐磨件工作温度不大于 400℃，可以焊接，不易钎焊	适用于制造重型机械用轴套，以及要求强度高、耐磨、耐压零件，如衬套、法兰、阀体、泵体等
ZCuAl8Mn13Fe3Ni2	有很高的力学性能，在大气、淡水和海水中均有良好的耐蚀性，腐蚀疲劳强度高，铸造性好，合金组织致密，气密性好，可以焊接，不易钎焊	要求强度高耐腐蚀的重要铸件，如船舶螺旋桨、高压阀体、泵体，以及耐压、耐磨零件，如蜗轮、齿轮、法兰、衬套等
ZCuAl8Mn14Fe3Ni2	有很高的力学性能，在大气、淡水和海水中具有良好的耐蚀性，腐蚀疲劳强度高，铸造性好，合金组织致密，气密性好，可以焊接，不易钎焊	要求强度高，耐蚀性好的重要铸件，是制造各类船舶螺旋桨的主要材料之一
ZCuAl9Mn2	有高的力学性能，在大气、淡水和海水中耐蚀性好，铸造性好，组织致密，气密性高，耐磨性好，可以焊接，不易钎焊	耐蚀、耐磨零件，形状简单的大型铸件，如衬套、齿轮、蜗轮，以及在 250℃以下工作的管配件和要求气密性高的铸件，如增压器内气封

（续）

牌号	主要特性	应用举例
ZCuAl8Be1Co1	有很高的力学性能，在大气、淡水和海水中具有良好的耐蚀性，腐蚀疲劳强度高，耐空泡腐蚀性能优异，铸造性好，合金组织致密，可以焊接	要求强度高，耐腐蚀、耐空蚀的重要铸件，主要用于制造小型快艇螺旋桨
ZCuAl9Fe4Ni4Mn2	有很高的力学性能，在大气、淡水和海水中耐蚀性好，铸造性好，在400℃以下具有耐热性，可以热处理，焊接性好，不易钎焊，铸造性尚好	要求强度高、耐蚀性好的重要铸件，是制造船舶螺旋桨的主要材料之一，也可用作耐磨和400℃以下工作的零件，如轴承、齿轮、蜗轮、螺母、法兰、阀体、导向套筒
ZCuAl10Fe4Ni4	有很高的力学性能，良好的耐蚀性，高的腐蚀疲劳强度，可以热处理强化，在400℃以下有高的耐热性	高温耐蚀零件，如齿轮、球形座、法兰、阀导管及航空发动机的阀座；一般耐蚀零件，如轴瓦、蜗杆、酸洗吊钩及酸洗筐、搅拌器等
ZCuAl10Fe3	具有高的力学性能，耐磨性和耐蚀性好，可以焊接，不易钎焊，大型铸件700℃空冷可以防止变脆	要求强度高、耐磨、耐蚀的重型铸件，如轴套、螺母、蜗轮，以及250℃以下工作的管配件
ZCuAl10Fe3Mn2	具有高的力学性能和耐磨性，可热处理，高温下耐蚀性和抗氧化性能好，在大气、淡水和海水中耐蚀性好，可以焊接，不易钎焊，大型铸件700℃空冷可以防止变脆	要求强度高、耐磨、耐蚀的零件，如齿轮、轴承、衬套、管嘴及耐热管配件等
ZCuZn38	具有优良的铸造性和较高的力学性能，可加工性好，可以焊接，耐蚀性较好，有应力腐蚀开裂倾向	一般结构件和耐蚀零件，如法兰、阀座、支架、手柄和螺母等
ZCuZn21Al5Fe2Mn2	有很高的力学性能，铸造性良好，耐蚀性较好，有应力腐蚀开裂倾向	适用于高强度、耐磨零件，小型船舶及军辅船螺旋桨
ZCuZn25Al6Fe3Mn3	有很高的力学性能，铸造性良好，耐蚀性较好，有应力腐蚀开裂倾向，可以焊接	适用于高强度、耐磨零件，如桥梁支撑板、螺母、螺杆、耐磨板、滑块和蜗轮等
ZCuZn26Al4Fe3Mn3	有很高的力学性能，铸造性良好，在空气、淡水和海水中耐蚀性较好，可以焊接	适用于高强度、耐蚀零件
ZCuZn31Al2	铸造性良好，在空气、淡水、海水中耐蚀性较好，易切屑，可以焊接	适用于压力铸造，如电动机、仪表等使用的铸件，以及造船和机械制造业的耐蚀零件
ZCuZn35Al2Mn2Fe1	具有高的力学性能和良好的铸造性能，在大气、淡水、海水中有较好的耐蚀性，可加工性好，可以焊接	管路配件和要求不高的耐磨件
ZCuZn38Mn2Pb2	有较高的力学性能和耐蚀性，耐磨性较好，可加工性良好	一般用途的结构件，船舶、仪表等使用的外形简单的铸件，如套筒、衬套、轴瓦、滑块等
ZCuZn40Mn2	有较高的力学性能和耐蚀性，铸造性好，受热时组织稳定	在空气、淡水、海水、蒸汽（小于300℃）和各种液体燃料中工作的零件和阀体、阀杆、泵、管接头，以及需要浇注巴氏合金和镀锡零件等

（续）

牌　　号	主要特性	应用举例
ZCuZn40Mn3Fe1	有高的力学性能，良好的铸造性和可加工性，在空气、淡水、海水中耐蚀性好，有应力腐蚀开裂倾向	耐海水腐蚀的零件，300℃以下工作的管配件，制造船舶螺旋桨等的大型铸件
ZCuZn33Pb2	结构材料，给水温度为90℃时抗氧化性能好，电导率一般为10～14MS/m	煤气和给水设备的壳体，精密仪器和光学仪器的部分构件和配件
ZCuZn40Pb2	有好的铸造性和耐磨性，可加工性好，耐蚀性较好，在海水中有应力倾向	一般用途的耐磨、耐蚀零件，如轴套、齿轮等
ZCuZn16Si4	具有较高的力学性能和良好的耐蚀性，铸造性好；流动性好；铸件组织致密，气密性好	接触海水工作的管配件以及水泵、叶轮、旋塞和在空气、淡水、油、燃料，以及工作压力为4.5MPa、250℃以下蒸汽中工作的铸件
ZCuNi10Fe1Mn1	具有高的力学性能和良好的耐海水腐蚀性，铸造性好，可以焊接	耐海水腐蚀的结构件和压力设备，海水泵、阀和配件
ZCuNi30Fe1Mn1	具有高的力学性能和良好的耐海水腐蚀性，铸造性好，铸件致密，可以焊接	用于需要抗海水腐蚀的阀、泵体、凸轮和弯管等

10.8.5　铜及铜合金铸棒

1. 铜及铜合金铸棒的牌号、状态和规格（见表10-102）

表10-102　铜及铜合金铸棒的牌号、状态和规格（YS/T 759—2020）

牌号	状态	直径（或对边距）/mm			长度/mm
		圆形	正方形、正六角形	矩形	
ZT2①	连续铸造（M07）	6～200	6～90	—	500～6000
ZTCr1-0.15	连续铸造（M07）	20～250	—	—	
HPb62-2、HPb62-3、HPb61-1、HPb60-2、HPb59-1、HPb59-3、ZHPb59-2.8、HPb58-2、ZHPb58-2.6、HPb58-3、HPb57-4	连续铸造（M07）	8～110	8～60	12～80	
HPb62-2-0.1	连续铸造（M07）	8～60	8～60	12～80	
ZHPb60-1.5-0.5	连续铸造（M07）	6～200	—	—	
ZHSi75-3、ZHSi62-0.6、ZHBi62-2-1	连续铸造（M07）	6～200	—	—	
HMn61-2-1-0.5、HAl66-6-3-2	连续铸造（M07）	12～80	—	—	
ZHMn59-2-2	连续铸造（M07）	6～200	—	—	
ZHMn58-2-1-1	连续铸造（M07）	16～80	—	—	
ZQSn4-4-2.5、ZQSn4-4-4、ZQSn5-5-5	连续铸造（M07）	6～200	—	—	500～4000
ZQSn5-0.1	连续铸造（M07）	6～200	—	—	
ZQSn10-2	连续铸造（M07）	6～200	—	—	
ZQSn6-6-3、ZQSn7-7-3、ZQSn10-10	连续铸造（M07）	8～80	—	—	
ZQSn10-3、ZQSn6-5	连续铸造（M07）	6～200	—	—	
ZQPb15-8	连续铸造（M07）	6～200	—	—	
ZQPb9-5、ZQPb15-7、ZQPb16-6	连续铸造（M07）	6～80	—	—	

注：ZQSn10-3、ZQSn6-5分别对应ASTM牌号C89325、C89320。

① 经双方协商，直径或对边距不大于10mm的ZT2铸棒可成盘（卷）供货，其长度不小于6000mm。

2. 铜及铜合金铸棒的化学成分（见表 10-103）

表 10-103　铜及铜合金铸棒的化学成分（YS/T 759—2020）

牌号	化学成分(质量分数,%)													
	Cu	Su	P	Zn	Pb	Bi	Fe	Al	Si	S	Mn	Sb	Ni	杂质总和①
ZT2	≥99.90	—	—	—	—	—	—	—	—	—	—	—	—	0.10
ZTCr1-0.15	余量	Cr:0.5~1.5	Zr:0.02~0.25	0.05	0.05	—	0.10	—	0.10	—	—	—	—	0.3
ZHPb59-2.8	57.0~61.0	0.6	—	余量	1.8~3.7	—	0.5	0.4	—	—	—	—	0.5	Fe+Sn:1.0
ZHPb58-2.6	56~60	1.1	—	余量	2.0~3.2	—	0.9	0.7	0.2	—	0.15	—	0.6	—
ZHPb60-1.5-0.15	58.0~63.0	1.0②	—	余量	0.5~2.5	—	0.8	0.2~0.8	0.05	—	0.5	—	1.0②	1.5
ZHSi75-3	73.0~77.0	0.2	0.04~0.15	余量	—	—	0.1	—	2.7~3.4	0.1	0.1	—	0.1	—
ZHSi62-0.6	59.0~64.0	0.2~0.6	0.05~0.4	余量	0.2	—	0.15	0.3	0.2~1.2	As:0.02	—	0.1	0.2	—
ZHBi62-2-1	59.0~64.0	0.6~1.4	0.1	余量	0.1	0.6~2.5	1.0	0.5	—	As:0.02	1.0	0.1	0.3	—
HMn61-2-1-0.5	60.0~62.0	—	—	余量	0.1	—	0.35	0.5~1.5	0.3~1.0	—	1.0~2.5	—	0.2	0.8
ZHMn59-2-2	57.0~60.0	2.0②	—	余量	1.5~2.5	—	0.8	1.0②	—	—	1.5~2.5	0.1	—	2.0
ZHMn58-2-1-1	57.0~59.0	0.4	—	余量	0.2~0.8	—	1.0	0.5~1.2	0.3~1.3	—	1.5~3.5	—	1.0	0.3
ZQSn4-4-2.5	余量	3.0~5.0	—	3.0~5.0	1.5~3.5	—	0.4	0.05	—	—	—	0.5	—	1.0
ZQSn4-4-4	余量	3.0~5.0	—	3.0~5.0	3.5~4.5	—	0.4	0.05	—	—	—	0.5	—	1.0
ZQSn5-5-5	余量	4.0~6.0	0.05	4.0~6.0	4.0~6.0	—	0.3	0.01	0.01	0.10	—	0.25	2.5②	1.0
ZQSn5-0.1	余量	3.0~7.0	0.1~0.25	—	—	Mg:0.02	0.2	0.02	0.02	0.002	0.005	0.5	—	1.0
ZQSn10-2	余量	9.0~11.0	0.05	1.0~3.0	1.5②	—	0.25	0.01	0.01	0.10	0.2	0.3	2.0②	1.5
ZQSn10-10	余量	9.0~11.0	0.10	1.0	9.0~11.0	—	0.3	0.02	0.02	0.10	—	0.5	2.0	1.0
ZQSn6-6-3	余量	5.0~7.0	—	5.0~7.0	2.0~4.0	—	0.4	0.05	0.05	—	—	0.5	—	1.3
ZQSn7-7-3	余量	6.3~7.5	0.15	2.0~4.0	6.0~8.0	—	0.2	0.005	0.005	0.08	—	0.35	1.0	—
ZQSn6-5	87.0~91.0②	5.0~7.0	0.30	1.0	0.09	4.0~6.0	0.20	0.005	0.005	0.08	—	0.35	1.0	—
ZQSn10-3	84.0~88.0③	9.0~11.0	0.10	1.0	0.10	2.7~3.7	0.15	0.005	0.005	0.08	—	0.50	1.0	—
ZQPb9-5	余量	4.0~6.0	0.1	2.0	8.0~10.0	—	—	—	—	—	—	0.5	2.0	—

（续）

牌号	化学成分（质量分数,%）													
	Cu	Su	P	Zn	Pb	Bi	Fe	Al	Si	S	Mn	Sb	Ni	杂质总和①
ZQPb15-7	77.0~79.0	6.3~7.0	0.05	0.8	14.0~16.0	—	0.15	—	—	—	—	0.08	0.75	—
ZQPb15-8	余量	7.0~9.0	0.10	2.0④	13.0~17.0	—	0.25	0.01	0.01	0.10	—	0.5	2.0②	1.0
ZQPb16-6	余量	5.0~7.0	0.05	1.5	14.0~18.0	—	0.4	—	—	—	—	—	0.75	—

注：表中除范围值和标明余量外，其余均为最大值。

① 杂质总和为主成分之外的所有杂质元素之和，主要为 Ag、As、Bi、Cd、Co、Cr、Fe、Mn、Ni、O、P、Pb、S、Sb、Se、Si、Sn、Te、Zn 等元素。

② Cu 与表中所列元素的质量分数之和≥99.5%。

③ Cu 与表中所列元素的质量分数之和≥99.0%。

④ 不计入杂质总和。

3. 铜及铜合金铸棒的室温力学性能（见表 10-104）

表 10-104　铜及铜合金铸棒的室温力学性能（YS/T 759—2020）

牌号	状态	规格尺寸/mm	抗拉强度 R_m/MPa	规定塑性延伸强度 $R_{p0.2}$/MPa	断后伸长率 A(%)	硬度	
						HBW	HV
ZT2	M07	所有		实测值		实测值	—
ZQCr1-0.15	M07	所有		实测值		—	≥60
HPb63-3、HPb62-3、HPb62-2、HPb62-2-0.1	M07	所有		实测值		—	≥80
ZHPb60-1.5-0.5	M07	所有	≥200	实测值	≥10	≥65	—
HPb60-2、HPb59-1	M07	所有		实测值		—	≥95
HPb59-3、ZHPb59-2.8	M07	所有		实测值		—	85
	M07	所有		实测值		—	
HPb58-2、ZHPb58-2.6、HPb58-3、HPb61-1	M07	所有		实测值		—	≥91
HPb57-4	M07	所有		实测值		—	实测值
HMn61-2-1-0.5	M07	12~25		实测值		≥130	—
	M07	>25~80		实测值		≥125	—
ZHMn59-2-2	M07	所有	≥220	实测值	≥8	≥58	—
ZHMn58-2-1-1	M07	所有		实测值		≥125	—
ZHMn58-2.3-1.8	M07	所有		实测值		≥160	—
HAl66-6-3-2	M07	12~25		实测值		≥180	—
	M07	>25~80		实测值		≥170	—
ZHSi75-3	M07	所有	≥450	实测值	≥15	≥105	—
ZHSi62-0.6	M07	所有	≥350	实测值	≥20	≥95	—
ZHBi62-2-1	M07	所有	≥330	实测值	≥15	≥85	—
ZQSn4-3	M07	所有		实测值		—	—
ZQSn4-4-2.5	M07	所有		实测值		—	—
ZQSn4-4-4	M07	所有		实测值		—	—
ZQSn5-5-5	M07	所有	≥250	≥100	≥13	≥64	—
ZQSn6-6-3	M07	所有		实测值		55~90	—
ZQSn5-0.1	M07	所有	≥200	≥120	≥35	≥75	—
ZQSn7-7-3	M07	所有	≥205	≥95	≥10	—	—
ZQSn10-1	M07	所有	≥360	≥170	≥6	≥90	—
ZQSn10-2	M07	所有	≥270	≥140	≥7	≥80	—

（续）

牌号	状态	规格尺寸/mm	抗拉强度 R_m/MPa	规定塑性延伸强度 $R_{p0.2}$/MPa	断后伸长率 A(%)	硬度	
						HBW	HV
ZQSn10-10	M07	所有	≥220	≥110	≥5	实测	—
ZQSn10-3	M07	所有	≥207	≥83	≥15	≥50	—
ZQSn6-5	M07	所有	≥241	≥124	≥15	≥50	—
ZQPb9-5	M07	所有	≥230	实测值	≥9	60~80	—
ZQPb15-7	M07	所有	≥140	实测值	≥10	实测值	—
ZQPb15-8	M07	所有	≥140	实测值	≥10	实测值	—
ZQPb16-6	M07	所有	≥160	≥110	≥10	实测值	—

10.8.6　压铸铜合金

1. 压铸铜合金的牌号和化学成分（见表10-105）

表10-105　压铸铜合金的牌号和化学成分（GB/T 15116—2023）

牌号	化学成分(质量分数,%)														
	主成分							杂质 ≤							
	Cu	Pb	Al	Si	Mn	Fe	Zn	Fe	Si	Ni	Sn	Mn	Al	Pb	Sb	总和[①]
YZCuZn40Pb	58.0~63.0	0.5~1.5	0.2~0.5	—	—	—	余量	0.4	0.05	—	—	0.5	—	—	0.2	1.0
YZCuZn16Si4	79.0~81.0	—	—	2.5~4.5	—	—	余量	0.3	—	—	0.3	0.5	0.1	—	0.1	1.0
YZCuZn30Al3	66.0~68.0	—	2.0~3.0	—	—	—	余量	0.4	—	—	1.0	0.5	—	1.0	—	1.0
YZCuZn35Al2Mn2Fe	57.0~65.0	—	0.5~2.5	—	0.1~3.0	0.5~2.0	余量	—	0.1	1.5	0.3	—	—	0.5	Sb+Pb+As 0.3	1.0

① 总和中不含Ni。

2. 压铸铜合金的力学性能（见表10-106）

表10-106　压铸铜合金的力学性能（GB/T 15116—2023）

牌号	抗拉强度 R_m/MPa ≥	伸长率 A(%) ≥	硬度 HBW 5/250/30 ≥
YZCuZn40Pb	320	6	85
YZCuZn16Si4	355	25	85
YZCuZn30Al3	410	15	110
YZCuZn35Al2Mn2Fe	485	3	130

第 11 章　铝及铝合金

11.1　变形铝及铝合金的牌号和化学成分

1. 变形铝及铝合金的国际四位数字牌号和化学成分（见表 11-1）

表 11-1　变形铝及铝合金的国际四位数字牌号和化学成分（GB/T 3190—2020）

牌号	化学成分(质量分数,%)																				
	Si	Fe	Cu	Mn	Mg	Cr	Ni	Zn	Ti	Ag	B	Bi	Ga	Li	Pb	Sn	V	Zr		其他 单个	其他 合计	Al
1035	0.35	0.6	0.10	0.05	0.05	—	—	0.10	0.03	—	—	—	—	—	—	—	0.05	—	—	0.03	—	99.35
1050	0.25	0.40	0.05	0.05	0.05	—	—	0.05	0.03	—	—	—	—	—	—	—	0.05	—	—	0.03	—	99.50
1050A	0.25	0.40	0.05	0.05	0.05	—	—	0.07	0.05	—	—	—	—	—	—	—	—	—	—	0.03	—	99.50
1060	0.25	0.35	0.05	0.03	0.03	—	—	0.05	0.03	—	—	—	—	—	—	—	0.05	—	—	0.03	—	99.60
1065	0.25	0.30	0.05	0.03	0.03	—	—	0.05	0.03	—	—	—	—	—	—	—	0.05	—	—	0.03	—	99.65
1070	0.20	0.25	0.04	0.03	0.03	—	—	0.04	0.03	—	—	—	—	—	—	—	0.05	—	①	0.03	—	99.70
1070A	0.20	0.25	0.03	0.03	0.03	—	—	0.07	0.03	—	—	—	—	—	—	—	—	—	—	0.03	—	99.70
1080	0.15	0.15	0.03	0.02	0.02	—	—	0.03	0.03	—	—	—	0.03	—	—	—	0.05	—	—	0.02	—	99.80
1080A	0.15	0.15	0.03	0.02	0.02	—	—	0.06	0.02	—	—	—	0.03	—	—	—	—	—	①	0.02	—	99.80
1085	0.10	0.12	0.03	0.02	0.02	—	—	0.03	0.02	—	—	—	0.03	—	—	—	0.05	—	—	0.01	—	99.85
1090	0.07	0.07	0.02	0.01	0.01	—	—	0.03	0.01	—	—	—	0.03	—	—	—	0.05	—	—	0.01	—	99.90
1100	②	②	0.05~0.20	0.05	—	—	—	0.10	—	—	—	—	—	—	—	—	—	—	Si+Fe:0.95①	0.05	0.15	99.00

1200	②	②	0.05	0.05	—	—	—	0.10	0.05	—	—	—	—	—	—	—	—	—	Si+Fe:1.00[①]	0.05	0.15	99.00
1200A	②	②	0.10	0.30	0.30	0.10	—	0.10	—	—	—	—	—	—	—	—	—	—	Si+Fe:1.00	0.05	0.15	99.00
1110	0.30	0.8	0.04	0.01	0.25	0.01	—	—	②	—	0.02	—	—	—	—	—	②	—	V+Ti:0.03	0.03	—	99.10
1120	0.10	0.40	0.05~0.35	0.01	0.20	0.01	—	0.05	②	—	0.05	—	0.03	—	—	—	②	—	V+Ti:0.02	0.03	0.10	99.20
1230[③]	②	②	0.10	0.05	0.05	—	—	0.10	0.03	—	—	—	—	—	—	—	0.05	—	Si+Fe:0.70	0.03	—	99.30
1235	②	②	0.05	0.05	0.05	—	—	0.10	0.06	—	—	—	—	—	—	—	0.05	—	Si+Fe:0.65	0.03	—	99.35
1435	0.15	0.30~0.50	0.02	0.05	0.05	—	—	0.10	0.03	—	—	—	—	—	—	—	0.05	—	—	0.03	—	99.35
1145	②	②	0.05	0.05	0.05	—	—	0.05	0.03	—	—	—	—	—	—	—	0.05	—	Si+Fe:0.55	0.03	—	99.45
1345	0.30	0.40	0.10	0.05	0.05	—	—	0.05	0.03	—	—	—	—	—	—	—	0.05	—	—	0.03	—	99.45
1350	0.10	0.40	0.05	0.01	—	0.01	—	0.05	②	—	0.05	—	0.03	—	—	—	②	—	V+Ti:0.02	0.03	0.10	99.50
1450	0.25	0.40	0.05	0.05	0.05	—	—	0.07	0.10~0.20	—	—	—	—	—	—	—	—	—	①	0.03	—	99.50
1370	0.10	0.25	0.02	0.01	0.02	0.01	—	0.04	②	—	0.02	—	0.03	—	—	—	②	—	V+Ti:0.02	0.02	0.10	99.70
1275	0.08	0.12	0.05~0.10	0.02	0.02	—	—	0.03	0.02	—	—	—	0.03	—	—	—	0.03	—	—	0.01	—	99.75
1185	②	②	0.01	0.02	0.02	—	—	0.03	0.02	—	—	—	0.03	—	—	—	0.05	—	Si+Fe:0.15	0.01	—	99.85
1285	0.08	0.08	0.02	0.01	0.01	—	—	0.03	0.02	—	—	—	0.03	—	—	—	0.05	—	Si+Fe:0.14	0.01	—	99.85
1385	0.05	0.12	0.02	0.01	0.02	0.01	—	0.03	②	—	0.02	—	0.03	—	—	—	②	—	V+Ti:0.03	0.01	—	99.85
1188	0.06	0.06	0.005	0.01	0.01	—	—	0.03	0.01	—	—	—	0.03	—	—	—	0.05	—	①	0.01	—	99.88
2004	0.20	0.20	5.5~6.5	0.10	0.50	—	—	0.10	0.05	—	—	—	—	—	—	—	—	0.30~0.50	—	0.05	0.15	余量
2007	0.8	0.8	3.3~4.6	0.50~1.0	0.40~1.8	0.10	0.20	0.8	0.20	—	—	0.20	—	—	0.8~1.5	0.20	—	—	—	0.10	0.30	余量
2008	0.50~0.8	0.40	0.7~1.1	0.30	0.25~0.50	0.10	—	0.25	0.10	—	—	—	—	—	—	—	0.05	—	—	0.05	0.15	余量
2010	0.50	0.50	0.7~1.3	0.10~0.40	0.40~1.0	0.15	—	0.30	—	—	—	—	—	—	—	—	—	—	—	0.05	0.15	余量
2011	0.40	0.7	5.0~6.0	—	—	—	—	0.30	—	—	—	0.20~0.6	—	—	0.20~0.6	—	—	—	—	0.05	0.15	余量
2014	0.50~1.2	0.7	3.9~5.0	0.40~1.2	0.20~0.8	0.10	—	0.25	0.15	—	—	—	—	—	—	—	—	—	④	0.05	0.15	余量
2014A	0.50~0.9	0.50	3.9~5.0	0.40~1.2	0.20~0.8	0.10	0.10	0.25	0.15	—	—	—	—	—	—	—	—	②	Zr+Ti:0.20	0.05	0.15	余量
2214	0.50~1.2	0.30	3.9~5.0	0.40~1.2	0.20~0.8	0.10	—	0.25	0.15	—	—	—	—	—	—	—	—	—	④	0.05	0.15	余量

（续）

牌号	化学成分（质量分数，%）																					
	Si	Fe	Cu	Mn	Mg	Cr	Ni	Zn	Ti	Ag	B	Bi	Ga	Li	Pb	Sn	V	Zr		其他		Al
																				单个	合计	
2017	0.20~0.8	0.7	3.5~4.5	0.40~1.0	0.40~0.8	0.10	—	0.25	0.15	—	—	—	—	—	—	—	—	—	④	0.05	0.15	余量
2017A	0.20~0.8	0.7	3.5~4.5	0.40~1.0	0.40~1.0	0.10	—	0.25	②	—	—	—	—	—	—	—	—	②	Zr+Ti：0.25	0.05	0.15	余量
2117	0.8	0.7	2.2~3.0	0.20	0.20~0.50	0.10	—	0.25	—	—	—	—	—	—	—	—	—	—	—	0.05	0.15	余量
2018	0.9	1.0	3.5~4.5	0.20	0.45~0.9	0.10	1.7~2.3	0.25	—	—	—	—	—	—	—	—	—	—	—	0.05	0.15	余量
2218	0.9	1.0	3.5~4.5	0.20	1.2~1.8	0.10	1.7~2.3	0.25	—	—	—	—	—	—	—	—	—	—	—	0.05	0.15	余量
2618	0.10~0.25	0.9~1.3	1.9~2.7	—	1.3~1.8	—	0.9~1.2	0.10	0.04~0.10	—	—	—	—	—	—	—	—	—	—	0.05	0.15	余量
2618A	0.15~0.25	0.9~1.4	1.8~2.7	0.25	1.2~1.8	—	0.8~1.4	0.15	0.20	—	—	—	—	—	—	—	—	②	Zr+Ti：0.25	0.05	0.15	余量
2219	0.20	0.30	5.8~6.8	0.20~0.40	0.02	—	—	0.10	0.02~0.10	—	—	—	—	—	—	—	0.05~0.15	0.10~0.25	—	0.05	0.15	余量
2519	0.25	030	5.3~6.4	0.10~0.50	0.05~0.40	—	—	0.10	0.02~0.10	—	—	—	—	—	—	—	0.05~0.15	0.10~0.25	Si+Fe：0.40	0.05	0.15	余量
2024	0.50	0.50	3.8~4.9	0.30~0.9	1.2~1.8	0.10	—	0.25	0.15	—	—	—	—	—	—	—	—	—	④	0.05	0.15	余量
2024A	0.15	0.20	3.7~4.5	0.15~0.8	1.2~1.5	0.10	—	0.25	0.15	—	—	—	—	—	—	—	—	—	—	0.05	0.15	余量
2124	0.20	0.30	3.8~4.9	0.30~0.9	1.2~1.8	0.10	—	0.25	0.15	—	—	—	—	—	—	—	—	—	④	0.05	0.15	余量
2324	0.10	0.12	3.8~4.4	0.30~0.9	1.2~1.8	0.10	—	0.25	0.15	—	—	—	—	—	—	—	—	—	—	0.05	0.15	余量
2524	0.06	0.12	4.0~4.5	0.45~0.7	1.2~1.6	0.05	—	0.15	0.10	—	—	—	—	—	—	—	—	—	—	0.05	0.15	余量
2624	0.08	0.08	3.8~4.3	0.45~0.7	1.2~1.6	0.05	—	0.15	0.10	—	—	—	—	—	—	—	—	—	—	0.05	0.15	余量
2025	0.50~1.2	1.0	3.9~5.0	0.40~1.2	0.05	0.10	—	0.25	0.15	—	—	—	—	—	—	—	—	—	—	0.05	0.15	余量
2026	0.05	0.07	3.6~4.3	0.30~0.8	1.0~1.6	—	—	0.10	0.06	—	—	—	—	—	—	—	—	0.05~0.25	—	0.05	0.15	余量
2036	0.50	0.50	2.2~3.0	0.10~0.40	0.30~0.6	0.10	—	0.25	0.15	—	—	—	—	—	—	—	—	—	—	0.05	0.15	余量

2040	0.08	0.10	4.8~5.4	0.45~0.8	0.7~1.1	—	—	0.25	0.06	0.40~0.7	—	—	—	—	—	—	—	0.08~0.15	Be:0.0001	0.05	0.15	余量
2050	0.08	0.10	3.2~3.9	0.20~0.50	0.20~0.6	0.05	0.05	0.25	0.10	0.20~0.7	—	—	0.05	0.7~1.3	—	—	0.05	0.06~0.14	—	0.05	0.15	余量
2055	0.07	0.10	3.2~4.2	0.10~0.50	0.20~0.6	—	—	0.30~0.7	0.10	0.20~0.7	—	—	—	1.0~1.3	—	—	—	0.05~0.15	—	0.05	0.15	余量
2060	0.07	0.07	3.4~4.5	0.10~0.50	0.6~1.1	—	—	0.30~0.50	0.10	0.05~0.50	—	—	—	0.6~0.9	—	—	—	0.05~0.15	—	0.05	0.15	余量
2195	0.12	0.15	3.7~4.3	0.25	0.25~0.8	—	—	0.25	0.10	0.25~0.6	—	—	—	0.8~1.2	—	—	—	0.08~0.16	—	0.05	0.15	余量
2196	0.12	0.15	2.5~3.3	0.35	0.25~0.8	—	—	0.35	0.10	0.25~0.6	—	—	—	1.4~2.1	—	—	—	0.04~0.18	—	0.05	0.15	余量
2297	0.10	0.10	2.5~3.1	0.10~0.50	0.25	—	—	0.05	0.12	—	—	—	—	1.1~1.7	—	—	—	0.08~0.15	—	0.05	0.15	余量
2099	0.05	0.07	2.4~3.0	0.10~0.50	0.10~0.50	—	—	0.40~1.0	0.10	—	—	—	—	1.6~2.0	—	—	—	0.05~0.12	Be:0.0001	0.05	0.15	余量
3002	0.08	0.10	0.15	0.05~0.25	0.05~0.20	—	—	0.05	0.03	—	—	—	—	—	—	—	0.05	—	—	0.03	0.10	余量
3102	0.40	0.7	0.10	0.05~0.40	—	—	—	0.30	0.10	—	—	—	—	—	—	—	—	—	—	0.05	0.15	余量
3003	0.6	0.7	0.05~0.20	1.0~1.5	—	—	—	0.10	—	—	—	—	—	—	—	—	—	—	—	0.05	0.15	余量
3103	0.50	0.7	0.10	0.9~1.5	0.30	0.10	—	0.20	②	—	—	—	—	—	—	—	—	②	Zr+Ti:0.10[①]	0.05	0.15	余量
3103A	0.50	0.7	0.10	0.7~1.4	0.30	0.10	—	0.20	②	—	—	—	—	—	—	—	—	②	Zr+Ti:0.10	0.05	0.15	余量
3203	0.6	0.7	0.05	1.0~1.5	—	—	—	0.10	—	—	—	—	—	—	—	—	—	—	①	0.05	0.15	余量
3004	0.30	0.7	0.25	1.0~1.5	0.8~1.3	—	—	0.25	—	—	—	—	—	—	—	—	—	—	—	0.05	0.15	余量
3004A	0.40	0.7	0.25	0.8~1.5	0.8~1.5	0.10	—	0.25	0.05	—	—	—	—	—	0.03	—	—	—	—	0.05	0.15	余量
3104	0.6	0.8	0.05~0.25	0.8~1.4	0.8~1.3	—	—	0.25	0.10	—	—	—	0.05	—	—	—	0.05	—	—	0.05	0.15	余量

（续）

牌号	化学成分（质量分数，%）																					
	Si	Fe	Cu	Mn	Mg	Cr	Ni	Zn	Ti	Ag	B	Bi	Ga	Li	Pb	Sn	V	Zr		其他		Al
																				单个	合计	
3204	0.30	0.7	0.10~0.25	0.8~1.5	0.8~1.5	—	—	0.25	—	—	—	—	—	—	—	—	—	—	—	0.05	0.15	余量
3005	0.6	0.7	0.30	1.0~1.5	0.20~0.6	0.10	—	0.25	0.10	—	—	—	—	—	—	—	—	—	—	0.05	0.15	余量
3105	0.6	0.7	0.30	0.30~0.8	0.20~0.8	0.20	—	0.40	0.10	—	—	—	—	—	—	—	—	—	—	0.05	0.15	余量
3105A	0.6	0.7	0.30	0.30~0.8	0.20~0.8	0.20	—	0.25	0.10	—	—	—	—	—	—	—	—	—	—	0.05	0.15	余量
3007	0.50	0.7	0.05~0.30	0.30~0.8	0.6	0.20	—	0.40	0.10	—	—	—	—	—	—	—	—	—	—	0.05	0.15	余量
3107	0.6	0.7	0.05~0.15	0.40~0.9	—	—	—	0.20	0.10	—	—	—	—	—	—	—	—	—	—	0.05	0.15	余量
3207	0.30	0.45	0.10	0.40~0.8	0.10	—	—	0.10	—	—	—	—	—	—	—	—	—	—	—	0.05	0.10	余量
3207A	0.35	0.6	0.25	0.30~0.8	0.40	0.20	—	0.25	—	—	—	—	—	—	—	—	—	—	—	0.05	0.15	余量
3307	0.6	0.8	0.30	0.50~0.9	0.30	0.20	—	0.40	0.10	—	—	—	—	—	—	—	—	—	—	0.05	0.15	余量
3026	0.25	0.10~0.40	0.05	0.40~0.9	0.10	0.05	—	0.05~0.30	0.05~0.30	—	—	—	—	—	—	—	—	—	—	0.05	0.15	余量
4004[③]	9.0~10.5	0.8	0.25	0.10	1.0~2.0	—	—	0.20	—	—	—	—	—	—	—	—	—	—	—	0.05	0.15	余量
4104	9.0~10.5	0.8	0.25	0.10	1.0~2.0	—	—	0.20	—	—	—	0.02~0.20	—	—	—	—	—	—	—	0.05	0.15	余量
4006	0.8~1.2	0.50~0.8	0.10	0.05	0.01	0.20	—	0.05	—	—	—	—	—	—	—	—	—	—	—	0.05	0.15	余量
4007	1.0~1.7	0.40~1.0	0.20	0.8~1.5	0.20	0.05~0.25	0.15~0.7	0.10	0.10	—	—	—	—	—	—	—	—	—	Co:0.05	0.05	0.15	余量
4015	1.4~2.2	0.7	0.20	0.6~1.2	0.10~0.50	—	—	0.20	—	—	—	—	—	—	—	—	—	—	—	0.05	0.15	余量
4032	11.0~13.5	1.0	0.50~1.3	—	0.8~1.3	0.10	0.50~1.3	0.25	—	—	—	—	—	—	—	—	—	—	—	0.05	0.15	余量
4043	4.5~6.0	0.8	0.30	0.05	0.05	—	—	0.10	0.20	—	—	—	—	—	—	—	—	—	①	0.05	0.15	余量

4043A	4.5~6.0	0.6	0.30	0.15	0.20	—	—	0.10	0.15	—	—	—	—	—	—	—	—	—	①	0.05	0.15	余量
4343	6.8~8.2	0.8	0.25	0.10	—	—	—	0.20	—	—	—	—	—	—	—	—	—	—	—	0.05	0.15	余量
4045	9.0~11.0	0.8	0.30	0.05	0.05	—	—	0.10	0.20	—	—	—	—	—	—	—	—	—	—	0.05	0.15	余量
4145	9.3~10.7	0.8	3.3~4.7	0.15	0.15	0.15	—	0.20	—	—	—	—	—	—	—	—	—	—	①	0.05	0.15	余量
4047	11.0~13.0	0.8	0.30	0.15	0.10	—	—	0.20	—	—	—	—	—	—	—	—	—	—	①	0.05	0.15	余量
4047A	11.0~13.0	0.6	0.30	0.15	0.10	—	—	0.20	0.15	—	—	—	—	—	—	—	—	—	①	0.05	0.15	余量
5005	0.30	0.7	0.20	0.20	0.50~1.1	0.10	—	0.25	—	—	—	—	—	—	—	—	—	—	—	0.05	0.15	余量
5005A	0.30	0.45	0.05	0.15	0.7~1.1	0.10	—	0.20	—	—	—	—	—	—	—	—	—	—	—	0.05	0.15	余量
5205	0.15	0.7	0.03~0.10	0.10	0.6~1.0	0.10	—	0.05	—	—	—	—	—	—	—	—	—	—	—	0.05	0.15	余量
5006	0.40	0.8	0.10	0.40~0.8	0.8~1.3	0.10	—	0.25	0.10	—	—	—	—	—	—	—	—	—	—	0.05	0.15	余量
5010	0.40	0.7	0.25	0.10~0.30	0.20~0.6	0.15	—	0.30	0.10	—	—	—	—	—	—	—	—	—	—	0.05	0.15	余量
5019	0.40	0.50	0.10	0.10~0.6	4.5~5.6	0.20	—	0.20	0.20	—	—	—	—	—	—	—	—	—	Mn+Cr：0.10~0.6	0.05	0.15	余量
5040	0.30	0.7	0.25	0.9~1.4	1.0~1.5	0.10~0.30	—	0.25	—	—	—	—	—	—	—	—	—	—	—	0.05	0.15	余量
5042	0.20	0.35	0.15	0.20~0.50	3.0~4.0	0.10	—	0.25	0.10	—	—	—	—	—	—	—	—	—	—	0.05	0.15	余量
5049	0.40	0.50	0.10	0.50~1.1	1.6~2.5	0.30	—	0.20	0.10	—	—	—	—	—	—	—	—	—	—	0.05	0.15	余量
5449	0.40	0.7	0.30	0.6~1.1	1.6~2.6	0.30	—	0.30	0.10	—	—	—	—	—	—	—	—	—	—	0.05	0.15	余量
5050	0.40	0.7	0.20	0.10	1.1~1.8	0.10	—	0.25	—	—	—	—	—	—	—	—	—	—	—	0.05	0.15	余量
5050A	0.40	0.7	0.20	0.30	1.1~1.8	0.10	—	0.25	—	—	—	—	—	—	—	—	—	—	—	0.50	0.15	余量

（续）

牌号	化学成分(质量分数,%)																			其他		Al
	Si	Fe	Cu	Mn	Mg	Cr	Ni	Zn	Ti	Ag	B	Bi	Ga	Li	Pb	Sn	V	Zr		单个	合计	
5150	0.08	0.10	0.10	0.03	1.3~1.7	—	—	0.10	0.06	—	—	—	—	—	—	—	—	—	—	0.03	0.10	余量
5051	0.40	0.7	0.25	0.20	1.7~2.2	0.10	—	0.25	0.10	—	—	—	—	—	—	—	—	—	—	0.05	0.15	余量
5051A	0.30	0.45	0.05	0.25	1.4~2.1	0.30	—	0.20	0.10	—	—	—	—	—	—	—	—	—	—	0.05	0.15	余量
5251	0.40	0.50	0.15	0.10~0.50	1.7~2.4	0.15	—	0.15	0.15	—	—	—	—	—	—	—	—	—	—	0.05	0.15	余量
5052	0.25	0.40	0.10	0.10	2.2~2.8	0.15~0.35	—	0.10	—	—	—	—	—	—	—	—	—	—	—	0.05	0.15	余量
5252	0.08	0.10	0.10	0.10	2.2~2.8	—	—	0.05	—	—	—	—	—	—	—	—	0.05	—	—	0.03	0.10	余量
5154	0.25	0.40	0.10	0.10	3.1~3.9	0.15~0.35	—	0.20	0.20	—	—	—	—	—	—	—	—	—	①	0.05	0.15	余量
5154A	0.50	0.50	0.10	0.50	3.1~3.9	0.25	—	0.20	0.20	—	—	—	—	—	—	—	—	—	Mn+Cr: 0.10~0.50①	0.05	0.15	余量
5154C	0.20	0.30	0.10	0.05~0.25	3.2~3.7	0.01	—	0.01	0.01	—	—	—	—	—	—	—	—	—	—	0.05	0.15	余量
5454	0.25	0.40	0.10	0.50~1.0	2.4~3.0	0.05~0.20	—	0.25	0.20	—	—	—	—	—	—	—	—	—	—	0.05	0.15	余量
5554	0.25	0.40	0.10	0.50~1.0	2.4~3.0	0.05~0.20	—	0.25	0.05~0.20	—	—	—	—	—	—	—	—	—	①	0.05	0.15	余量
5754	0.40	0.40	0.10	0.50	2.6~3.6	0.30	—	0.20	0.15	—	—	—	—	—	—	—	—	—	Mn+Cr: 0.10~0.6①	0.05	0.15	余量
5056	0.30	0.40	0.10	0.05~0.20	4.5~5.6	0.05~0.20	—	0.10	—	—	—	—	—	—	—	—	—	—	—	0.05	0.15	余量
5356	0.25	0.40	0.10	0.05~0.20	4.5~5.5	0.05~0.20	—	0.01	0.06~0.20	—	—	—	—	—	—	—	—	—	①	0.05	0.15	余量
5356A	0.25	0.40	0.10	0.05~0.20	4.5~5.5	0.05~0.20	—	0.10	0.06~0.20	—	—	—	—	—	—	—	—	—	⑤	0.05	0.15	余量
5456	0.25	0.40	0.10	0.50~1.0	4.7~5.5	0.05~0.20	—	0.25	0.20	—	—	—	—	—	—	—	—	—	—	0.05	0.15	余量

5556	0. 25	0. 40	0. 10	0. 50～1. 0	4. 7～5. 5	0. 05～0. 20	—	0. 25	0. 05～0. 20	—	—	—	—	—	—	—	—	—	①	0. 05	0. 15	余量
5457	0. 08	0. 10	0. 20	0. 15～0. 45	0. 8～1. 2	—	—	0. 05	—	—	—	—	—	—	—	—	0. 05	—	—	0. 03	0. 10	余量
5657	0. 08	0. 10	0. 10	0. 03	0. 6～1. 0	—	—	0. 05	—	—	—	—	0. 03	—	—	—	0. 05	—	—	0. 02	0. 05	余量
5059	0. 45	0. 50	0. 25	0. 6～1. 2	5. 0～6. 0	0. 25	—	0. 40～0. 9	0. 20	—	—	—	—	—	—	—	—	0. 05～0. 25	—	0. 05	0. 15	余量
5082	0. 20	0. 35	0. 15	0. 15	4. 0～5. 0	0. 15	—	0. 25	0. 10	—	—	—	—	—	—	—	—	—	—	0. 05	0. 15	余量
5182	0. 20	0. 35	0. 15	0. 20～0. 50	4. 0～5. 0	0. 10	—	0. 25	0. 10	—	—	—	—	—	—	—	—	—	—	0. 05	0. 15	余量
5083	0. 40	0. 40	0. 10	0. 40～1. 0	4. 0～4. 9	0. 05～0. 25	—	0. 25	0. 15	—	—	—	—	—	—	—	—	—	—	0. 05	0. 15	余量
5183	0. 40	0. 40	0. 10	0. 50～1. 0	4. 3～5. 2	0. 05～0. 25	—	0. 25	0. 15	—	—	—	—	—	—	—	—	—	①	0. 05	0. 15	余量
5183A	0. 40	0. 40	0. 10	0. 50～1. 0	4. 3～5. 2	0. 05～0. 25	—	0. 25	0. 15	—	—	—	—	—	—	—	—	—	⑤	0. 05	0. 15	余量
5383	0. 25	0. 25	0. 20	0. 7～1. 0	4. 0～5. 2	0. 25	—	0. 40	0. 15	—	—	—	—	—	—	—	—	0. 20	—	0. 05	0. 15	余量
5086	0. 40	0. 50	0. 10	0. 20～0. 7	3. 5～4. 5	0. 05～0. 25	—	0. 25	0. 15	—	—	—	—	—	—	—	—	—	—	0. 05	0. 15	余量
5186	0. 40	0. 45	0. 25	0. 20～0. 50	3. 8～4. 8	0. 15	—	0. 40	0. 15	—	—	—	—	—	—	—	—	0. 05	—	0. 05	0. 15	余量
5087	0. 25	0. 40	0. 05	0. 7～1. 1	4. 5～5. 2	0. 05～0. 25	—	0. 25	0. 15	—	—	—	—	—	—	—	—	0. 10～0. 20	①	0. 05	0. 15	余量
5088	0. 20	0. 10～0. 35	0. 25	0. 20～0. 50	4. 7～5. 5	0. 15	—	0. 20～0. 40	—	—	—	—	—	—	—	—	—	0. 15	—	0. 05	0. 15	余量

（续）

牌号	化学成分(质量分数,%)																					
	Si	Fe	Cu	Mn	Mg	Cr	Ni	Zn	Ti	Ag	B	Bi	Ga	Li	Pb	Sn	V	Zr		其他		Al
																				单个	合计	
6101	0.30~0.7	0.50	0.10	0.03	0.35~0.8	0.03	—	0.10	—	—	0.06	—	—	—	—	—	—	—	—	0.03	0.10	余量
6101A	0.30~0.7	0.40	0.05	—	0.40~0.9	—	—	—	—	—	—	—	—	—	—	—	—	—	—	0.03	0.10	余量
6101B	0.30~0.6	0.10~0.30	0.05	0.05	0.35~0.6	—	—	0.10	—	—	—	—	—	—	—	—	—	—	—	0.03	0.10	余量
6201	0.50~0.9	0.50	0.10	0.03	0.6~0.9	0.03	—	0.10	—	—	0.06	—	—	—	—	—	—	—	—	0.03	0.10	余量
6005	0.6~0.9	0.35	0.10	0.10	0.40~0.6	0.10	—	0.10	0.10	—	—	—	—	—	—	—	—	—	—	0.05	0.15	余量
6005A	0.50~0.9	0.35	0.30	0.50	0.40~0.7	0.30	—	0.20	0.10	—	—	—	—	—	—	—	—	—	Mn+Cr：0.12~0.50	0.05	0.15	余量
6105	0.6~1.0	0.35	0.10	0.15	0.45~0.8	0.10	—	0.10	0.10	—	—	—	—	—	—	—	—	—	—	0.05	0.15	余量
6106	0.30~0.6	0.35	0.25	0.05~0.20	0.40~0.8	0.20	—	0.10	—	—	—	—	—	—	—	—	—	—	—	0.05	0.10	余量
6008	0.50~0.9	0.35	0.30	0.30	0.40~0.7	0.30	—	0.20	0.10	—	—	—	—	—	—	—	0.05~0.20	—	—	0.05	0.15	余量
6009	0.6~1.0	0.50	0.15~0.6	0.20~0.8	0.40~0.8	0.10	—	0.25	0.10	—	—	—	—	—	—	—	—	—	—	0.05	0.15	余量
6010	0.8~1.2	0.50	0.15~0.6	0.20~0.8	0.6~1.0	0.10	—	0.25	0.10	—	—	—	—	—	—	—	—	—	—	0.05	0.15	余量
6110A	0.7~1.1	0.50	0.30~0.8	0.30~0.9	0.7~1.1	0.05~0.25	—	0.20	②	—	—	—	—	—	—	—	—	②	Zr+Ti：0.20	0.05	0.15	余量
6011	0.6~1.2	1.0	0.40~0.9	0.8	0.6~1.2	0.30	0.20	1.5	0.20	—	—	—	—	—	—	—	—	—	—	0.05	0.15	余量
6111	0.6~1.1	0.40	0.50~0.9	0.10~0.45	0.50~1.0	0.10	—	0.15	0.10	—	—	—	—	—	—	—	—	—	—	0.05	0.15	余量

6013	0.6~1.0	0.50	0.6~1.1	0.20~0.8	0.8~1.2	0.10	—	0.25	0.10	—	—	—	—	—	—	—	—	—	—	0.05	0.15	余量
6014	0.30~0.6	0.35	0.25	0.05~0.20	0.40~0.8	0.20	—	0.10	0.10	—	—	—	—	—	—	—	0.05~0.20	—	—	0.05	0.15	余量
6016	1.0~1.5	0.50	0.20	0.20	0.25~0.6	0.10	—	0.20	0.15	—	—	—	—	—	—	—	—	—	—	0.05	0.15	余量
6022	0.8~1.5	0.05~0.20	0.01~0.11	0.02~0.10	0.45~0.7	0.10	—	0.25	0.15	—	—	—	—	—	—	—	—	—	—	0.05	0.15	余量
6023	0.6~1.4	0.50	0.20~0.50	0.20~0.6	0.40~0.9	—	—	—	—	—	—	0.30~0.8	—	—	—	0.6~1.2	—	—	—	0.05	0.15	余量
6026	0.6~1.4	0.7	0.20~0.50	0.20~1.0	0.6~1.2	0.30	—	0.30	0.20	—	—	0.50~1.5	—	—	0.40	0.05	—	—	—	0.05	0.15	余量
6027	0.55~0.8	0.30	0.15	0.10~0.30	0.8~1.1	0.10	—	0.10~0.30	0.15	—	—	—	—	—	—	—	—	—	—	0.15	0.15	余量
6041	0.50~0.9	0.15~0.7	0.15~0.6	0.05~0.20	0.8~1.2	0.05~0.15	—	0.25	0.15	—	—	0.30~0.9	—	—	—	0.35~1.2	—	—	—	0.05	0.15	余量
6042	0.50~1.2	0.7	0.20~0.6	0.40	0.7~1.2	0.04~0.35	—	0.25	0.15	—	—	0.20~0.8	—	—	0.15~0.40	—	—	—	—	0.05	0.15	余量
6043	0.40~0.9	0.50	0.30~0.9	0.35	0.6~1.2	0.15	—	0.20	0.15	—	—	0.40~0.7	—	—	—	0.20~0.40	—	—	—	0.05	0.15	余量
6151	0.6~1.2	1.0	0.35	0.20	0.45~0.8	0.15~0.35	—	0.25	0.15	—	—	—	—	—	—	—	—	—	—	0.05	0.15	余量
6351	0.7~1.3	0.50	0.10	0.40~0.8	0.40~0.8	—	—	0.20	0.20	—	—	—	—	—	—	—	—	—	—	0.05	0.15	余量
6951	0.20~0.50	0.8	0.15~0.40	0.10	0.40~0.8	—	—	0.20	—	—	—	—	—	—	—	—	—	—	—	0.05	0.15	余量
6053	⑥	0.35	0.10	—	1.1~1.4	0.15~0.35	—	0.10	—	—	—	—	—	—	—	—	—	—	—	0.05	0.15	余量
6060	0.30~0.6	0.10~0.30	0.10	0.10	0.35~0.6	0.05	—	0.15	0.10	—	—	—	—	—	—	—	—	—	—	0.05	0.15	余量

（续）

牌号	化学成分（质量分数，%）																					
	Si	Fe	Cu	Mn	Mg	Cr	Ni	Zn	Ti	Ag	B	Bi	Ga	Li	Pb	Sn	V	Zr		其他		Al
																				单个	合计	
6160	0.30～0.6	0.15	0.20	0.05	0.35～0.6	0.05	—	0.05	—	—	—	—	—	—	—	—	—	—	—	0.05	0.15	余量
6360	0.35～0.8	0.10～0.30	0.15	0.02～0.15	0.25～0.45	0.05	—	0.10	0.10	—	—	—	—	—	—	—	—	—	—	0.05	0.15	余量
6061	0.40～0.8	0.7	0.15～0.40	0.15	0.8～1.2	0.04～0.35	—	0.25	0.15	—	—	—	—	—	—	—	—	—	—	0.05	0.15	余量
6061A	0.40～0.8	0.7	0.15～0.40	0.15	0.8～1.2	0.04～0.35	—	0.25	0.15	—	—	—	—	—	0.003	—	—	—	—	0.05	0.15	余量
6261	0.40～0.7	0.40	0.15～0.40	0.20～0.35	0.7～1.0	0.10	—	0.20	0.10	—	—	—	—	—	—	—	—	—	—	0.05	0.15	余量
6162	0.40～0.8	0.50	0.20	0.10	0.7～1.1	0.10	—	0.25	0.10	—	—	—	—	—	—	—	—	—	—	0.05	0.15	余量
6262	0.40～0.8	0.7	0.15～0.40	0.15	0.8～1.2	0.04～0.14	—	0.25	0.15	—	—	0.40～0.7	—	—	0.40～0.7	—	—	—	—	0.05	0.15	余量
6262A	0.40～0.8	0.7	0.15～0.40	0.15	0.8～1.2	0.04～0.14	—	0.25	0.10	—	—	0.40～0.9	—	—	—	0.40～1.0	—	—	—	0.05	0.15	余量
6063	0.20～0.6	0.35	0.10	0.10	0.45～0.9	0.10	—	0.10	0.10	—	—	—	—	—	—	—	—	—	—	0.05	0.15	余量
6063A	0.30～0.6	0.15～0.35	0.10	0.15	0.6～0.9	0.05	—	0.15	0.10	—	—	—	—	—	—	—	—	—	—	0.05	0.15	余量
6463	0.20～0.6	0.15	0.20	0.05	0.45～0.9	—	—	0.05	—	—	—	—	—	—	—	—	—	—	—	0.05	0.15	余量
6463A	0.20～0.6	0.15	0.25	0.05	0.30～0.9	—	—	0.05	—	—	—	—	—	—	—	—	—	—	—	0.05	0.15	余量
6064	0.40～0.8	0.7	0.15～0.40	0.15	0.8～1.2	0.05～0.14	—	0.25	0.15	—	—	0.50～0.7	—	—	0.20～0.40	—	—	—	—	0.05	0.15	余量
6065	0.40～0.8	0.7	0.15～0.40	0.15	0.8～1.2	0.15	—	0.25	0.10	—	—	0.50～1.5	—	—	0.05	—	—	0.15	—	0.05	0.15	余量
6066	0.9～1.8	0.50	0.7～1.2	0.6～1.1	0.8～1.4	0.40	—	0.25	0.20	—	—	—	—	—	—	—	—	—	—	0.05	0.15	余量

6070	1.0～1.7	0.50	0.15～0.40	0.40～1.0	0.50～1.2	0.10	—	0.25	0.15	—	—	—	—	—	—	—	—	—	—	0.05	0.15	余量
6081	0.7～1.1	0.50	0.10	0.10～0.45	0.6～1.0	0.10	—	0.20	0.15	—	—	—	—	—	—	—	—	—	—	0.05	0.15	余量
6181	0.8～1.2	0.45	0.10	0.15	0.6～1.0	0.10	—	0.20	0.10	—	—	—	—	—	—	—	—	—	—	0.05	0.15	余量
6181A	0.7～1.1	0.15～0.50	0.25	0.40	0.6～1.0	0.15	—	0.30	0.25	—	—	—	—	—	—	—	0.10	—	—	0.05	0.15	余量
6082	0.7～1.3	0.50	0.10	0.40～1.0	0.6～1.2	0.25	—	0.20	0.10	—	—	—	—	—	—	—	—	—	—	0.05	0.15	余量
6082A	0.7～1.3	0.50	0.10	0.40～1.0	0.6～1.2	0.25	—	0.20	0.10	—	—	—	—	—	0.003	—	—	—	—	0.05	0.15	余量
6182	0.9～1.3	0.50	0.10	0.50～1.0	0.7～1.2	0.25	—	0.20	0.10	—	—	—	—	—	—	—	—	0.05～0.20	—	0.05	0.15	余量
7001	0.35	0.40	1.6～2.6	0.20	2.6～3.4	0.18～0.35	—	6.8～8.0	0.20	—	—	—	—	—	—	—	—	—	—	0.05	0.15	余量
7003	0.30	0.35	0.20	0.30	0.50～1.0	0.20	—	5.0～6.5	0.20	—	—	—	—	—	—	—	—	0.05～0.25	—	0.05	0.15	余量
7004	0.25	0.35	0.05	0.20～0.7	1.0～2.0	0.05	—	3.8～4.6	0.05	—	—	—	—	—	—	—	—	0.10～0.20	—	0.05	0.15	余量
7005	0.35	0.40	0.10	0.20～0.7	1.0～1.8	0.06～0.20	—	4.0～5.0	0.01～0.06	—	—	—	—	—	—	—	—	0.08～0.20	—	0.05	0.15	余量
7108	0.10	0.10	0.05	0.05	0.7～1.4	—	—	4.5～5.5	0.05	—	—	—	—	—	—	—	—	0.12～0.25	—	0.05	0.15	余量
7108A	0.20	0.30	0.05	0.05	0.7～1.5	0.04	—	4.8～5.8	0.03	—	—	—	0.03	—	—	—	—	0.15～0.25	—	0.05	0.15	余量
7020	0.35	0.40	0.20	0.05～0.50	1.0～1.4	0.10～0.35	—	4.0～5.0	②	—	—	—	—	—	—	—	—	0.08～0.20	Zr+Ti：0.08～0.25	0.05	0.15	余量
7021	0.25	0.40	0.25	0.10	1.2～1.8	0.05	—	5.0～6.0	0.10	—	—	—	—	—	—	—	—	0.08～0.18	—	0.05	0.15	余量

（续）

牌号	化学成分（质量分数，%）																			其他		Al
	Si	Fe	Cu	Mn	Mg	Cr	Ni	Zn	Ti	Ag	B	Bi	Ga	Li	Pb	Sn	V	Zr		单个	合计	
7022	0.50	0.50	0.50~1.0	0.10~0.40	2.6~3.7	0.10~0.30	—	4.3~5.2	②	—	—	—	—	—	—	—	—	②	Zi+Ti:0.20	0.05	0.15	余量
7129	0.15	0.30	0.50~0.9	0.10	1.3~2.0	0.10	—	4.2~5.2	0.05	—	—	—	0.03	—	—	—	0.05	—	—	0.05	0.15	余量
7034	0.10	0.12	0.8~1.2	0.25	2.0~3.0	0.20	—	11.0~12.0	—	—	—	—	—	—	—	—	—	0.08~0.30	—	0.05	0.15	余量
7039	0.30	0.40	0.10	0.10~0.40	2.3~3.3	0.15~0.25	—	3.5~4.5	0.10	—	—	—	—	—	—	—	—	—	—	0.05	0.15	余量
7049	0.25	0.35	1.2~1.9	0.20	2.0~2.9	0.10~0.22	—	7.2~8.2	0.10	—	—	—	—	—	—	—	—	—	—	0.05	0.15	余量
7049A	0.40	0.50	1.2~1.9	0.50	2.1~3.1	0.05~0.25	—	7.2~8.4	②	—	—	—	—	—	—	—	—	②	Zr+Ti:0.25	0.05	0.15	余量
7050	0.12	0.15	2.0~2.6	0.10	1.9~2.6	0.04	—	5.7~6.7	0.06	—	—	—	—	—	—	—	—	0.08~0.15	—	0.05	0.15	余量
7150	0.12	0.15	1.9~2.5	0.10	2.0~2.7	0.04	—	5.9~6.9	0.06	—	—	—	—	—	—	—	—	0.08~0.15	—	0.05	0.15	余量
7055	0.10	0.15	2.0~2.6	0.05	1.8~2.3	0.04	—	7.6~8.4	0.06	—	—	—	—	—	—	—	—	0.08~0.25	—	0.05	0.15	余量
7255	0.06	0.09	2.0~2.6	0.05	1.8~2.3	0.04	—	7.6~8.4	0.06	—	—	—	—	—	—	—	—	0.08~0.15	—	0.05	0.15	余量
7065	0.06	0.08	1.9~2.3	0.04	1.5~1.8	0.04	—	7.1~8.3	0.06	—	—	—	—	—	—	—	—	0.05~0.15	—	0.05	0.15	余量
7072[3]	②	②	0.10	0.10	0.10	—	—	0.8~1.3	—	—	—	—	—	—	—	—	—	—	Si+Fe:0.7	0.05	0.15	余量
7075	0.40	0.50	1.2~2.0	0.30	2.1~2.9	0.18~0.28	—	5.1~6.1	0.20	—	—	—	—	—	—	—	—	—	⑦	0.05	0.15	余量
7175	0.15	0.20	1.2~2.0	0.10	2.1~2.9	0.18~0.28	—	5.1~6.1	0.10	—	—	—	—	—	—	—	—	—	—	0.05	0.15	余量
7475	0.10	0.12	1.2~1.9	0.06	1.9~2.6	0.18~0.25	—	5.2~6.2	0.06	—	—	—	—	—	—	—	—	—	—	0.05	0.15	余量

7076	0.40	0.6	0.30~1.0	0.30~0.8	1.2~2.0	—	—	7.0~8.0	0.20	—	—	—	—	—	—	—	—	—	—	0.05	0.15	余量
7178	0.40	0.50	1.6~2.4	0.30	2.4~3.1	0.18~0.28	—	6.3~7.3	0.20	—	—	—	—	—	—	—	—	—	—	0.05	0.15	余量
7085	0.06	0.08	1.3~2.0	0.04	1.2~1.8	0.04	—	7.0~8.0	0.06	—	—	—	—	—	—	—	—	0.08~0.15	—	0.05	0.15	余量
8006	0.40	1.2~2.0	0.30	0.30~1.0	0.10	—	—	0.10	—	—	—	—	—	—	—	—	—	—	—	0.05	0.15	余量
8011	0.50~0.9	0.6~1.0	0.10	0.20	0.05	0.05	—	0.10	0.08	—	—	—	—	—	—	—	—	—	—	0.05	0.15	余量
8011A	0.40~0.8	0.50~1.0	0.10	0.10	0.10	0.10	—	0.10	0.05	—	—	—	—	—	—	—	—	—	—	0.05	0.15	余量
8111	0.30~1.1	0.40~1.0	0.10	0.10	0.05	0.05	—	0.10	0.08	—	—	—	—	—	—	—	—	—	—	0.05	0.15	余量
8014	0.30	1.2~1.6	0.20	0.20~0.6	0.10	—	—	0.10	0.10	—	—	—	—	—	—	—	—	—	—	0.05	0.15	余量
8017	0.10	0.55~0.8	0.10~0.20	—	0.01~0.05	—	—	0.05	—	—	0.04	—	—	0.003	—	—	—	—	—	0.03	0.10	余量
8021	0.15	1.2~1.7	0.05	—	—	—	—	—	—	—	—	—	—	—	—	—	—	—	—	0.05	0.15	余量
8021B	0.40	1.1~1.7	0.05	0.03	0.01	0.03	—	0.05	0.05	—	—	—	—	—	—	—	—	—	—	0.03	0.10	余量
8025	0.05~0.15	0.06~0.25	0.20	0.03~0.10	0.05	0.18	—	0.50	0.005~0.02	—	—	—	—	—	—	—	—	0.02~0.20	—	0.05	0.15	余量
8030	0.10	0.30~0.8	0.15~0.30	—	0.05	—	—	0.05	—	—	0.001~0.04	—	—	—	—	—	—	—	—	0.03	0.10	余量
8130	0.15	0.40~1.0	0.05~0.15	—	—	—	—	0.10	—	—	—	—	—	—	—	—	—	—	Si+Fe:1.0	0.03	0.10	余量
8050	0.15~0.30	1.1~1.2	0.05	0.45~0.55	0.05	0.05	—	0.10	—	—	—	—	—	—	—	—	—	—	—	0.05	0.15	余量
8150	0.30	0.9~1.3	—	0.20~0.7	—	—	—	—	0.05	—	—	—	—	—	—	—	—	—	—	0.05	0.15	余量

（续）

牌号	化学成分(质量分数,%)																					
	Si	Fe	Cu	Mn	Mg	Cr	Ni	Zn	Ti	Ag	B	Bi	Ga	Li	Pb	Sn	V	Zr		其他		Al
																				单个	合计	
8076	0.10	0.6~0.9	0.04	—	0.08~0.22	—	—	0.05	—	—	0.04	—	—	—	—	—	—	—	—	0.03	0.10	余量
8176	0.03~0.15	0.40~1.0	—	—	—	—	—	0.10	—	—	—	—	0.03	—	—	—	—	—	—	0.05	0.15	余量
8177	0.10	0.25~0.45	0.04	—	0.04~0.12	—	—	0.05	—	—	0.04	—	—	—	—	—	—	—	—	0.03	0.10	余量
8079	0.05~0.30	0.7~1.3	0.05	—	—	—	—	0.10	—	—	—	—	—	—	—	—	—	—	—	0.05	0.15	余量
8090	0.20	0.30	1.0~1.6	0.10	0.6~1.3	0.10	—	0.25	0.10	—	—	—	—	2.2~2.7	—	—	—	0.04~0.16	—	0.05	0.15	余量

注：1. 表中元素含量为单个数值时，“Al”元素含量为最低限，其他元素含量为最高限。

2. 元素栏中“—”表示该位置不规定极限数值，对应元素为非常规分析元素，“其他”栏中“—”表示无极限数值要求。

3. “其他”表示表中未规定极限数值的元素和未列出的金属元素。

4. “合计”表示质量分数不小于 0.010%的“其他”金属元素之和。

① 焊接电极及填料焊丝的 w(Be)≤0.0003%，当怀疑该非常规分析元素的质量分数超出空白栏中要求的限定值时，生产者应对这些元素进行分析。

② 见相应空白栏中要求。

③ 主要用作包覆材料。

④ 经供需双方协商并同意，挤压产品与锻件的 w(Zr)+w(Ti)最大可达 0.20%。

⑤ 焊接电极及填料焊丝的 w(Be)≤0.0005%。

⑥ 硅质量分数为镁质量分数的 45%~65%。

⑦ 经供需双方协商并同意，挤压产品与锻件的 w(Zr)+w(Ti)最大可达 0.25%。

2. 变形铝及铝合金的国内四位字符牌号和化学成分（见表 11-2）

表 11-2 变形铝及铝合金的国内四位字符牌号和化学成分（GB/T 3190—2020）

牌号	化学成分(质量分数,%)																						备注
	Si	Fe	Cu	Mn	Mg	Cr	Ni	Zn	Ti	Ag	B	Bi	Ga	Li	Pb	Sn	V	Zr		其他		Al	
																				单个	合计		
1A99	0.003	0.003	0.005	—	—	—	—	0.001	0.002	—	—	—	—	—	—	—	—	—	—	0.002	—	99.99	LG5
1B99	0.0013	0.0015	0.0030	—	—	—	—	0.001	0.001	—	—	—	—	—	—	—	—	—	—	0.001	—	99.993	—
1C99	0.0010	0.0010	0.0015	—	—	—	—	0.001	0.001	—	—	—	—	—	—	—	—	—	—	0.001	—	99.995	—

1A97	0.015	0.015	0.005	—	—	—	—	0.001	0.002	—	—	—	—	—	—	—	—	—	—	0.005	—	99.97	LG4
1B97	0.015	0.030	0.005	—	—	—	—	0.001	0.005	—	—	—	—	—	—	—	—	—	—	0.005	—	99.97	—
1A95	0.030	0.030	0.010	—	—	—	—	0.003	0.008	—	—	—	—	—	—	—	—	—	—	0.005	—	99.95	—
1B95	0.030	0.040	0.010	—	—	—	—	0.003	0.008	—	—	—	—	—	—	—	—	—	—	0.005	—	99.95	—
1A93	0.040	0.040	0.010	—	—	—	—	0.005	0.010	—	—	—	—	—	—	—	—	—	—	0.007	—	99.93	LG3
1B93	0.040	0.050	0.010	—	—	—	—	0.005	0.010	—	—	—	—	—	—	—	—	—	—	0.007	—	99.93	—
1A90	0.060	0.060	0.010	—	—	—	—	0.008	0.015	—	—	—	—	—	—	—	—	—	—	0.01	—	99.90	LG2
1B90	0.060	0.060	0.010	—	—	—	—	0.008	0.010	—	—	—	—	—	—	—	—	—	—	0.01	—	99.90	—
1A85	0.08	0.10	0.01	—	—	—	—	0.01	0.01	—	—	—	—	—	—	—	—	—	—	0.01	—	99.85	LG1
1B85	0.07	0.20	0.01	—	—	—	—	0.01	0.02	—	—	—	—	—	—	—	—	—	—	0.01	—	99.85	—
1A80	0.15	0.15	0.03	0.02	0.02	—	—	0.03	0.03	—	—	—	0.03	—	—	—	0.05	—	—	0.02	—	99.80	—
1A80A	0.15	0.15	0.03	0.02	0.02	—	—	0.06	0.02	—	—	—	0.03	—	—	—	—	—	—	0.02	—	99.80	—
1A60	0.11	0.25	0.01	①	—	①	—	—	①	—	—	—	—	—	—	—	①	—	V+Ti+Mn+Cr:0.02	0.03	—	99.60	—
1R60	0.12	0.30	0.01	—	0.01	—	—	0.01	—	—	0.01	—	—	—	—	—	—	0.01~0.20	RE:0.03~0.30	0.03	—	99.60	—
1A50	0.30	0.30	0.01	0.05	0.05	—	—	0.03	—	—	—	—	—	—	—	—	—	—	Fe+Si:0.45	0.03	—	99.50	LB2
1R50	0.11	0.25	0.01	①	—	①	—	—	①	—	—	—	—	—	—	—	①	—	RE:0.03~0.30, V+Ti+Mn+Cr:0.02	0.03	—	99.50	—
1R35	0.25	0.35	0.05	0.03	0.03	—	—	0.05	0.03	—	—	—	—	—	—	—	0.05	—	RE:0.10~0.25	0.03	—	99.35	—
1A30	0.10~0.20	0.15~0.30	0.05	0.01	0.01	—	0.01	0.02	0.02	—	—	—	—	—	—	—	—	—	—	0.03	—	99.30	L4-1
1B30	0.05~0.15	0.20~0.30	0.03	0.12~0.18	0.03	—	—	0.03	0.02~0.05	—	—	—	—	—	—	—	—	—	—	0.03	—	99.30	—
2A01	0.50	0.50	2.2~3.0	0.20	0.20~0.50	—	—	0.10	0.15	—	—	—	—	—	—	—	—	—	—	0.05	0.10	余量	LY1
2A02	0.30	0.30	2.6~3.2	0.45~0.7	2.0~2.4	—	—	0.10	0.15	—	—	—	—	—	—	—	—	—	—	0.05	0.10	余量	LY2

（续）

牌号	化学成分(质量分数,%)																					备注
	Si	Fe	Cu	Mn	Mg	Cr	Ni	Zn	Ti	Ag	B	Bi	Ga	Li	Pb	Sn	V	Zr		其他 单个	其他 合计	Al	
2A04	0.30	0.30	3.2~3.7	0.50~0.8	2.1~2.6	—	—	0.10	0.05~0.40	—	—	—	—	—	—	—	—	—	Be[②]:0.001~0.01	0.05	0.10	余量	LY4
2A06	0.50	0.50	3.8~4.3	0.50~1.0	1.7~2.3	—	—	0.10	0.03~0.15	—	—	—	—	—	—	—	—	—	Be[②]:0.001~0.005	0.05	0.10	余量	LY6
2B06	0.20	0.30	3.8~4.3	0.40~0.9	1.7~2.3	—	—	0.10	0.10	—	—	—	—	—	—	—	—	—	Be:0.0002~0.005	0.05	0.10	余量	—
2A10	0.25	0.20	3.9~4.5	0.30~0.50	0.15~0.30	—	—	0.10	0.15	—	—	—	—	—	—	—	—	—	—	0.05	0.10	余量	LY10
2A11	0.7	0.7	3.8~4.8	0.40~0.8	0.40~0.8	—	0.10	0.30	0.15	—	—	—	—	—	—	—	—	—	Fe+Ni:0.7	0.05	0.10	余量	LY11
2B11	0.50	0.50	3.8~4.5	0.40~0.8	0.40~0.8	—	—	0.10	0.15	—	—	—	—	—	—	—	—	—	—	0.05	0.10	余量	LY8
2A12	0.50	0.50	3.8~4.9	0.30~0.9	1.2~1.8	—	0.10	0.30	0.15	—	—	—	—	—	—	—	—	—	Fe+Ni:0.50	0.05	0.10	余量	LY12
2B12	0.50	0.50	3.8~4.5	0.30~0.7	1.2~1.6	—	—	0.10	0.15	—	—	—	—	—	—	—	—	—	—	0.05	0.10	余量	LY9
2D12	0.20	0.30	3.8~4.9	0.30~0.9	1.2~1.8	—	0.05	0.10	0.10	—	—	—	—	—	—	—	—	—	—	0.05	0.10	余量	—
2E12	0.06	0.12	4.0~4.6	0.40~0.7	1.2~1.8	—	—	0.15	0.10	—	—	—	—	—	—	—	—	—	Be:0.0002~0.005	0.10	0.15	余量	—
2A13	0.7	0.6	4.0~5.0	—	0.30~0.50	—	—	0.6	0.15	—	—	—	—	—	—	—	—	—	—	0.05	0.10	余量	LY13
2A14	0.6~1.2	0.7	3.9~4.8	0.40~1.0	0.40~0.8	—	0.10	0.30	0.15	—	—	—	—	—	—	—	—	—	—	0.05	0.10	余量	LD10
2A16	0.30	0.30	6.0~7.0	0.40~0.8	0.05	—	—	0.10	0.10~0.20	—	—	—	—	—	—	—	—	0.20	—	0.05	0.10	余量	LY16
2B16	0.25	0.30	5.8~6.8	0.20~0.40	0.05	—	—	—	0.08~0.20	—	—	—	—	—	—	—	0.05~0.15	0.10~0.25	—	0.05	0.10	余量	LY16-1
2A17	0.30	0.30	6.0~7.0	0.40~0.8	0.25~0.45	—	—	0.10	0.10~0.20	—	—	—	—	—	—	—	—	—	—	0.05	0.10	余量	LY17

2A20	0.20	0.30	5.8~6.8	—	0.02	—	—	0.10	0.07~0.16	—	0.001~0.01	—	—	—	—	—	0.05~0.15	0.10~0.25	—	0.05	0.15	余量	LY20
2A21	0.20	0.20~0.6	3.0~4.0	0.05	0.8~1.2	—	1.8~2.3	0.20	0.05	—	—	—	—	—	—	—	—	—	—	0.05	0.15	余量	—
2A23	0.05	0.06	1.8~2.8	0.20~0.6	0.6~1.2	—	—	0.15	0.15	—	—	—	—	0.30~0.9	—	—	—	0.06~0.16	—	0.10	0.15	余量	—
2A24	0.20	0.30	3.8~4.8	0.6~0.9	1.2~1.8	0.10	—	0.25	①	—	—	—	—	—	—	—	—	0.08~0.12	Zr+Ti:0.20	0.05	0.15	余量	—
2A25	0.06	0.06	3.6~4.2	0.50~0.7	1.0~1.5	—	0.06	—	—	—	—	—	—	—	—	—	—	—	—	0.05	0.10	余量	—
2B25	0.05	0.15	3.1~4.0	0.20~0.8	1.2~1.8	—	0.15	0.10	0.03~0.07	—	—	—	—	—	—	—	—	0.08~0.25	Be:0.0003~0.0008	0.05	0.10	余量	—
2A39	0.05	0.06	3.4~5.0	0.30~0.8	0.30~0.8	—	—	0.30	0.15	0.30~0.6	—	—	—	—	—	—	—	0.10~0.25	—	0.10	0.15	余量	—
2A40	0.25	0.35	4.5~5.2	0.40~0.6	0.50~1.0	0.10~0.20	—	—	0.04~0.12	—	—	—	—	—	—	—	—	0.10~0.20	—	0.05	0.15	余量	—
2A42	0.25	0.25	4.5~6.5	0.05~1.0	—	0.001~0.02	—	—	0.01~0.25	—	0.001~0.03④	—	—	—	—	—	—	0.1~0.25	RE:0.05~0.25,Cd:0.10~0.25,Be:0.001~0.01	0.03	0.10	余量	—
2A49	0.25	0.8~1.2	3.2~3.8	0.30~0.6	1.8~2.2	—	0.8~1.2	—	0.08~0.12	—	—	—	—	—	—	—	—	—	—	0.05	0.15	余量	—
2A50	0.7~1.2	0.7	1.8~2.6	0.40~0.8	0.40~0.8	—	0.10	0.30	0.15	—	—	—	—	—	—	—	—	—	Fe+Ni:0.7	0.05	0.10	余量	LD5
2B50	0.7~1.2	0.7	1.8~2.6	0.40~0.8	0.40~0.8	0.01~0.20	0.10	0.30	0.02~0.10	—	—	—	—	—	—	—	—	—	Fe+Ni:0.7	0.05	0.10	余量	LD6
2A70	0.35	0.9~1.5	1.9~2.5	0.20	1.4~1.8	—	0.9~1.5	0.30	0.02~0.10	—	—	—	—	—	—	—	—	—	—	0.05	0.10	余量	LD7
2B70	0.25	0.9~1.4	1.8~2.7	0.20	1.2~1.8	—	0.8~1.4	0.15	0.10	—	—	—	—	—	0.05	0.05	—	①	Zr+Ti:0.20	0.05	0.15	余量	—

（续）

牌号	化学成分(质量分数,%)																						备注
	Si	Fe	Cu	Mn	Mg	Cr	Ni	Zn	Ti	Ag	B	Bi	Ga	Li	Pb	Sn	V	Zr		其他 单个	其他 合计	Al	
2D70	0.10~0.25	0.9~1.4	2.0~2.6	0.10	1.2~1.8	0.10	0.9~1.4	0.10	0.05~0.10	—	—	—	—	—	—	—	—	—	—	0.05	0.10	余量	—
2A80	0.50~1.2	1.0~1.6	1.9~2.5	0.20	1.4~1.8	—	0.9~1.5	0.30	0.15	—	—	—	—	—	—	—	—	—	—	0.05	0.10	余量	LD8
2A87	0.10	0.15	3.5~4.1	0.20~0.6	0.20~0.6	—	—	0.20~0.8	0.10	—	—	—	—	1.3~1.8	—	—	—	0.08~0.16	—	0.05	0.15	余量	—
2A90	0.50~1.0	0.50~1.0	3.5~4.5	0.20	0.40~0.8	—	1.8~2.3	0.30	0.15	—	—	—	—	—	—	—	—	—	—	0.05	0.10	余量	LD9
3A11	0.6	0.7	0.05~0.20	1.0~1.5	—	—	—	0.50~1.5	—	—	—	—	—	—	—	—	—	—	—	0.05	0.15	余量	—
3A21	0.6	0.7	0.20	1.0~1.6	0.05	—	—	0.10③	0.15	—	—	—	—	—	—	—	—	—	—	0.05	0.10	余量	LF21
4A01	4.5~6.0	0.6	0.20	—	—	—	—	①	0.15	—	—	—	—	—	—	①	—	—	Zn+Sn:0.10	0.05	0.15	余量	LT1
4A11	11.5~13.5	1.0	0.50~1.3	0.20	0.8~1.3	0.10	0.50~1.3	0.25	0.15	—	—	—	—	—	—	—	—	—	—	0.05	0.15	余量	LD11
4A13	6.8~8.2	0.50	①	0.50	0.05	—	—	①	0.15	—	—	—	—	—	—	—	—	—	Cu+Zn:0.15,Ca:0.10	0.05	0.15	余量	LT13
4A17	11.0~12.5	0.50	①	0.50	0.05	—	—	①	0.15	—	—	—	—	—	—	—	—	—	Cu+Zn:0.15,Ca:0.10	0.05	0.15	余量	LT17
4A47	10.7~12.3	0.05	—	—	—	—	—	—	—	—	—	—	—	—	—	—	—	—	Sr:0.01~0.10,La:0.01~0.10	—	0.20	余量	—
4A54	7.0~9.0	—	—	—	—	—	—	1.5~2.1	0.10~0.20	0.35~0.55	—	—	—	—	—	—	—	—	—	—	0.20	余量	—
4A60	0.8~1.0	0.20~0.35	0.05	0.03	0.03	—	—	0.05	0.03	—	—	—	—	—	—	—	—	—	—	0.05	0.15	余量	—
4A91	1.0~4.0	0.7	0.7	1.2	1.0	0.20	0.20	1.2	0.20	—	—	—	—	—	—	—	—	—	—	0.05	0.15	余量	—

5A01	①	①	0.10	0.30~0.7	6.0~7.0	0.10~0.20	—	0.25	0.15	—	—	—	—	—	—	—	—	0.10~0.20	Si+Fe:0.40	0.05	0.15	余量	LF15
5A02	0.40	0.40	0.10	0.15~0.40	2.0~2.8	—	—	—	0.15	—	—	—	—	—	—	—	—	—	Si+Fe:0.6	0.05	0.15	余量	LF2
5B02	0.40	0.40	0.10	0.20~0.6	1.8~2.6	0.05	—	0.20	0.10	—	—	—	—	—	—	—	—	—	—	0.05	0.10	余量	—
5A03	0.50~0.8	0.50	0.10	0.30~0.6	3.2~3.8	—	—	0.20	0.15	—	—	—	—	—	—	—	—	—	—	0.05	0.10	余量	LF3
5A05	0.50	0.50	0.10	0.30~0.6	4.8~5.5	—	—	0.20	—	—	—	—	—	—	—	—	—	—	—	0.05	0.10	余量	LF5
5B05	0.40	0.40	0.20	0.20~0.6	4.7~5.7	—	—	—	0.15	—	—	—	—	—	—	—	—	—	Si+Fe:0.6	0.05	0.10	余量	LF10
5A06	0.40	0.40	0.10	0.50~0.8	5.8~6.8	—	—	0.20	0.02~0.10	—	—	—	—	—	—	—	—	—	Be[2]:0.0001~0.005	0.05	0.10	余量	LF6
5B06	0.40	0.40	0.10	0.50~0.8	5.8~6.8	—	—	0.20	0.10~0.30	—	—	—	—	—	—	—	—	—	Be[2]:0.0001~0.005	0.05	0.10	余量	LF14
5E06	0.30	0.40	0.10	0.30~0.8	5.8~6.8	—	—	0.25	0.10	—	—	—	—	—	—	—	—	0.10~0.15	Er:0.20~0.40,Be:0.0005~0.005	0.05	0.10	余量	—
5A12	0.30	0.30	0.05	0.40~0.8	8.3~9.6	—	0.10	0.20	0.05~0.15	—	—	—	—	—	—	—	—	—	Be:0.005,Sb:0.004~0.05	0.05	0.10	余量	LF12
5A13	0.30	0.30	0.05	0.40~0.8	9.2~10.5	—	0.10	0.20	0.05~0.15	—	—	—	—	—	—	—	—	—	Be:0.005,Sb:0.004~0.05	0.05	0.10	余量	LF13
5A25	0.20	0.30	—	0.05~0.50	5.0~6.3	—	—	—	0.10	—	—	—	—	—	—	—	—	0.06~0.20	Be:0.0002~0.002,Sc:0.10~0.40	0.10	0.15	余量	—

（续）

牌号	化学成分（质量分数，%）																						备注
	Si	Fe	Cu	Mn	Mg	Cr	Ni	Zn	Ti	Ag	B	Bi	Ga	Li	Pb	Sn	V	Zr		其他 单个	其他 合计	Al	
5A30	①	①	0.10	0.50～1.0	4.7～5.5	0.05～0.20	—	0.25	0.03～0.15	—	—	—	—	—	—	—	—	—	Si+Fe:0.40	0.05	0.10	余量	LF16
5A33	0.35	0.35	0.10	0.10	6.0～7.5	—	—	0.50～1.5	0.05～0.15	—	—	—	—	—	—	—	—	0.10～0.30	Be②:0.0005～0.005	0.05	0.10	余量	LF33
5A41	0.40	0.40	0.10	0.30～0.6	6.0～7.0	—	—	0.20	0.02～0.10	—	—	—	—	—	—	—	—	—	—	0.05	0.10	余量	LT41
5A43	0.40	0.40	0.10	0.15～0.40	0.6～1.4	—	—	—	0.15	—	—	—	—	—	—	—	—	—	—	0.05	0.15	余量	LF43
5A56	0.15	0.20	0.10	0.30～0.40	5.5～6.5	0.10～0.20	—	0.50～1.0	0.10～0.18	—	—	—	—	—	—	—	—	—	—	0.05	0.15	余量	—
5E61	0.25	0.25	0.10	0.7～1.1	5.5～6.5	—	—	0.20	—	—	—	—	—	—	—	—	—	0.02～0.12	Er:0.10～0.30	0.05	0.15	余量	—
5A66	0.005	0.01	0.005	—	1.5～2.0	—	—	—	—	—	—	—	—	—	—	—	—	—	—	0.005	0.01	余量	LT66
5A70	0.15	0.25	0.05	0.30～0.7	5.5～6.3	—	—	0.05	0.02～0.05	—	—	—	—	—	—	—	—	0.05～0.15	Sc:0.15～0.30, Be:0.0005～0.005	0.05	0.15	余量	—
5B70	0.10	0.20	0.05	0.15～0.40	5.5～6.5	—	—	0.05	0.02～0.05	—	—	—	—	—	—	—	—	0.10～0.20	Sc:0.20～0.40, Be:0.0005～0.005	0.05	0.15	余量	—
5A71	0.20	0.30	0.05	0.30～0.7	5.8～6.8	0.10～0.20	—	0.05	0.05～0.15	—	—	—	—	—	—	—	—	0.05～0.15	Sc:0.20～0.35, Be:0.0005～0.005	0.05	0.15	余量	—
5B71	0.20	0.30	0.10	0.30	5.8～6.8	0.30	—	0.30	0.02～0.05	—	0.003	—	—	—	—	—	—	0.08～0.15	Sc:0.30～0.50, Be:0.0005～0.005	0.05	0.15	余量	—

5A83	0.25	0.25	0.10	0.30~1.1	4.0~5.0	0.05~0.30	—	0.10	0.02~0.05	—	0.01~0.02⑤	—	—	—	—	—	—	0.05	RE:0.01~0.10, Na:0.0001, Ca:0.0002	0.03	0.15	余量	—
5E83	0.25	0.25	0.10	0.4~1.0	4.0~4.9	—	—	—	—	—	—	—	—	—	—	—	—	0.10~0.30	Er:0.10~0.30	0.05	0.15	余量	—
5A90	0.15	0.20	0.05	—	4.5~6.0	—	—	—	0.10	—	—	—	—	1.9~2.3	—	—	—	0.08~0.15	Na:0.005	0.05	0.15	余量	—
6A01	0.40~0.9	0.35	0.35	0.50	0.40~0.8	0.30	—	0.25	—	—	—	—	—	—	—	—	—	—	Mn+Cr:0.50	0.05	0.10	余量	6N01
6A02	0.50~1.2	0.50	0.20~0.6	0.15~0.35	0.45~0.9	—	—	0.20	0.15	—	—	—	—	—	—	—	—	—	—	0.05	0.10	余量	LD2
6B02	0.7~1.1	0.40	0.10~0.40	0.10~0.30	0.40~0.8	—	—	0.15	0.01~0.04	—	—	—	—	—	—	—	—	—	—	0.05	0.10	余量	LD2-1
6R05	0.40~0.9	0.30~0.50	0.15~0.25	0.10	0.20~0.6	0.10	—	—	0.10	—	—	—	—	—	—	—	—	—	RE:0.10~0.20	0.05	0.15	余量	—
6A10	0.7~1.1	0.50	0.30~0.8	0.30~0.9	0.7~1.1	0.05~0.25	—	0.20	0.02~0.10	—	—	—	—	—	—	—	—	0.04~0.20	—	0.05	0.15	余量	—
6A16	0.6~1.2	0.40	0.02~0.20	0.01~0.25	0.7~1.3	0.10	—	0.25~0.8	0.15	—	—	—	—	—	—	—	—	0.01~0.20	—	0.05	0.15	余量	—
6A51	0.50~0.7	0.50	0.15~0.35	—	0.45~0.6	—	—	0.25	0.01~0.04	—	—	—	—	—	—	0.15~0.35	—	—	—	0.05	0.15	余量	—
6A60	0.7~1.1	0.30	0.6~0.8	0.50~0.7	0.7~1.0	—	—	0.20~0.40	0.04~0.12	0.30~0.50	—	—	—	—	—	—	—	0.10~0.20	—	0.05	0.15	余量	—
6A61	0.55~0.7	0.50	0.25~0.45	0.10	0.8~1.4	0.30	—	0.10	0.07	—	—	—	—	—	—	—	—	—	—	0.05	0.15	余量	—
6R63	0.30~0.7	0.20	0.10	0.25	0.50~0.7	0.25	—	0.03	0.10	—	—	—	—	—	—	—	—	—	RE:0.10~0.25	0.05	0.15	余量	—
7A01	0.30	0.30	0.01	—	—	—	—	0.9~1.3	—	—	—	—	—	—	—	—	—	—	Si+Fe:0.45	0.03	—	余量	LB1
7A02	0.6	0.35	0.10~0.25	—	0.55~0.8	—	—	0.7~2.0	0.05~0.10	—	—	—	—	—	—	—	0.10~0.40	0.04~0.10	—	0.03	0.10	余量	—

（续）

牌号	化学成分（质量分数,%）																			其他		Al	备注
	Si	Fe	Cu	Mn	Mg	Cr	Ni	Zn	Ti	Ag	B	Bi	Ga	Li	Pb	Sn	V	Zr		单个	合计		
7A03	0.20	0.20	1.8~2.4	0.10	1.2~1.6	0.05	—	6.0~6.7	0.02~0.08	—	—	—	—	—	—	—	—	—	—	0.05	0.10	余量	LC3
7A04	0.50	0.50	1.4~2.0	0.20~0.6	1.8~2.8	0.10~0.25	—	5.0~7.0	0.10	—	—	—	—	—	—	—	—	—	—	0.05	0.10	余量	LC4
7B04	0.10	0.05~0.25	1.4~2.0	0.20~0.6	1.8~2.8	0.10~0.25	0.10	5.0~6.5	0.05	—	—	—	—	—	—	—	—	—	—	0.05	0.10	余量	—
7C04	0.30	0.30	1.4~2.0	0.30~0.50	2.0~2.6	0.10~0.25	—	5.5~6.5	—	—	—	—	—	—	—	—	—	—	—	0.05	0.10	余量	—
7D04	0.10	0.15	1.4~2.2	0.10	2.0~2.6	0.05	—	5.5~6.7	0.10	—	—	—	—	—	—	—	—	0.08~0.16	Be:0.02~0.07	0.05	0.10	余量	—
7A05	0.25	0.25	0.20	0.15~0.40	1.1~1.7	0.05~0.15	—	4.4~5.0	0.02~0.06	—	—	—	—	—	—	—	—	0.10~0.25	—	0.05	0.15	余量	—
7B05	0.30	0.35	0.20	0.20~0.7	1.0~2.0	0.30	—	4.0~5.0	0.20	—	—	—	—	—	—	—	0.10	0.25	—	0.05	0.10	余量	7N01
7A09	0.50	0.50	1.2~2.0	0.15	2.0~3.0	0.16~0.30	—	5.1~6.1	0.10	—	—	—	—	—	—	—	—	—	—	0.05	0.10	余量	LC9
7A10	0.30	0.30	0.50~1.0	0.20~0.35	3.0~4.0	0.10~0.20	—	3.2~4.2	0.10	—	—	—	—	—	—	—	—	—	—	0.05	0.10	余量	LC10
7A11	0.6	0.7	0.05~0.20	1.0~1.5	—	—	—	1.0~2.0	—	—	—	—	—	—	—	—	—	—	—	0.05	0.15	余量	—
7A12	0.10	0.06~0.15	0.8~1.2	0.10	1.6~2.2	0.05	—	6.3~7.2	0.03~0.06	—	—	—	—	—	—	—	—	0.10~0.18	Be:0.0001~0.02	0.05	0.10	余量	—
7A15	0.50	0.50	0.50~1.0	0.10~0.40	2.4~3.0	0.10~0.30	—	4.4~5.4	0.05~0.15	—	—	—	—	—	—	—	—	—	Be:0.005~0.01	0.05	0.15	余量	LC15
7A19	0.30	0.40	0.08~0.30	0.30~0.50	1.3~1.9	0.10~0.20	—	4.5~5.3	—	—	—	—	—	—	—	—	—	0.08~0.20	Be[②]:0.0001~0.004	0.05	0.15	余量	LC19
7A31	0.30	0.6	0.10~0.40	0.20~0.40	2.5~3.3	0.10~0.20	—	3.6~4.5	0.02~0.10	—	—	—	—	—	—	—	—	0.08~0.25	Be[②]:0.0001~0.001	0.05	0.15	余量	—

7A33	0.25	0.30	0.25~0.55	0.05	2.2~2.7	0.10~0.20	—	4.6~5.4	0.05	—	—	—	—	—	—	—	—	—	—	0.05	0.10	余量	—
7A36	0.12	0.15	1.7~2.5	0.05	1.6~2.6	0.05	—	8.5~9.7	0.10	—	—	—	—	—	—	—	—	0.08~0.20	—	0.05	0.15	余量	—
7A46	0.12	0.30	0.10~0.40	0.10	0.9~1.7	0.06	—	6.0~7.0	0.08	—	—	—	—	—	—	—	—	—	—	0.05	0.15	余量	—
7A48	0.10	0.20	0.25~0.45	0.20~0.40	1.2~2.2	—	—	5.2~7.2	0.02~0.06	—	—	—	—	—	—	—	—	0.07~0.15	Sc:0.10~0.35	0.05	0.15	余量	—
7E49	0.20	0.20	0.40~0.8	0.20~0.50	2.0~3.0	—	—	7.2~8.2	—	—	—	—	—	—	—	—	—	0.10~0.15	Er:0.10~0.15	0.05	0.15	余量	—
7B50	0.12	0.15	1.8~2.6	0.10	2.0~2.8	0.04	—	6.0~7.0	0.10	—	—	—	—	—	—	—	—	0.08~0.16	Be:0.0002~0.002	0.10	0.15	余量	—
7A52	0.25	0.30	0.05~0.20	0.20~0.50	2.0~2.8	0.15~0.25	—	4.0~4.8	0.05~0.18	—	—	—	—	—	—	—	—	0.05~0.15	—	0.05	0.15	余量	LC52
7A55	0.10	0.10	1.8~2.5	0.05	1.8~2.8	0.04	—	7.5~8.5	0.01~0.05	—	—	—	—	—	—	—	—	0.08~0.20	—	0.05	0.15	余量	—
7A56	0.12	0.15	1.3~2.1	0.05	1.6~2.4	0.05	—	8.6~9.8	0.10	—	—	—	—	—	—	—	—	0.06~0.18	—	0.05	0.15	余量	—
7A62	0.12	0.15	0.05~0.50	0.20~0.6	2.5~3.2	0.10~0.20	—	6.7~7.4	0.03~0.10	—	—	—	—	—	—	—	—	0.05~0.15	Be:0.0001~0.003	0.05	0.15	余量	—
7A68	0.15	0.35	2.0~2.6	0.15~0.40	1.6~2.5	0.10~0.20	—	6.5~7.2	0.05~0.20	—	—	—	—	—	—	—	—	0.05~0.20	Be:0.005	0.05	0.15	余量	—
7B68	0.05	0.05	2.0~2.6	0.05	1.8~2.8	0.04	—	7.8~9.0	0.01~0.05	—	—	—	—	—	—	—	—	0.08~0.25	—	0.10	0.15	余量	—
7D68	0.12	0.25	2.0~2.6	0.10	2.3~3.0	0.05	—	8.0~9.0	0.03	—	—	—	—	—	—	—	—	0.10~0.20	Be:0.0002~0.002	0.05	0.10	余量	7A60
7E75	0.10	0.15	1.0~1.6	0.08~0.40	1.8~2.6	—	—	5.6~6.6	—	—	—	—	—	—	—	—	—	0.06~0.12	Er:0.08~0.12	0.05	0.15	余量	—
7A85	0.05	0.08	1.2~2.0	0.10	1.2~2.0	0.05	—	7.0~8.2	0.05	—	—	—	—	—	—	—	—	0.08~0.16	—	0.05	0.15	余量	—
7B85	0.06	0.08	1.1~1.7	0.03	1.4~2.2	—	—	7.4~8.4	0.05	—	—	—	—	—	—	—	—	0.12~0.25	—	0.05	0.15	余量	—
7A88	0.50	0.75	1.0~2.0	0.20~0.6	1.5~2.8	0.05~0.20	0.20	4.5~6.0	0.10	—	—	—	—	—	—	—	—	—	—	0.10	0.20	余量	—

（续）

牌号	化学成分(质量分数,%)																						备注
	Si	Fe	Cu	Mn	Mg	Cr	Ni	Zn	Ti	Ag	B	Bi	Ga	Li	Pb	Sn	V	Zr		其他		Al	
																				单个	合计		
7A93	0.12	0.15	1.6~2.2	—	2.0~2.6	—	0.08	9.8~11.0	—	—	—	—	—	—	—	—	—	0.15~0.30	—	0.05	0.15	余量	—
7A99	0.10	0.20	1.4~2.0	—	1.7~2.5	—	—	7.6~8.6	0.05	—	—	—	—	—	—	—	—	0.10~0.20	—	0.05	0.15	余量	—
8A01	0.05~0.30	0.18~0.40	0.15~0.35	0.08~0.35		—	—	—	0.01~0.03	—	—	—	—	—	—	—	—	—	—	0.05	0.15	余量	—
8C05	0.05	0.04	0.05	0.03~0.05	0.03~0.10	—	0.005	0.10	—	—	—	—	—	—	—	—	—	—	C:0.10~0.50,O:0.05	0.03	0.10	余量	—
8A06	0.55	0.50	0.10	0.10	0.10	—	—	0.10	—	—	—	—	—	—	—	—	—	—	Si+Fe:1.0	0.05	0.15	余量	L6
8C12	0.05	0.04	0.05	0.03~0.05	0.03~0.10	—	0.005	0.10	—	—	—	—	—	—	—	—	—	—	C:0.6~1.2,O:0.05	0.03	0.10	余量	—

注：1. 表中元素含量为单个数值时，“Al”元素含量为最低限，其他元素含量为最高限。

2. 元素栏中“—”表示该位置不规定极限数值，对应元素为非常规分析元素，“其他”栏中“—”表示无极限数值要求。

3. “其他”表示表中未规定极限数值的元素和未列出的金属元素。

4. “合计”表示质量分数不小于0.010%的“其他”金属元素之和。

① 见相应空白栏中要求，当怀疑该非常规分析元素的质量分数超出空白栏中要求的限定值时，生产者应对这些元素进行分析。

② “Be”元素均按规定加入，其含量可不做分析。

③ 铆钉线材的 $w(Zn) \leq 0.03\%$。

④ 以“C”替代“B”时，“C”元素的质量分数应为0.0001%~0.05%。

⑤ 以“C”替代“B”时，“C”元素的质量分数应为0.0001%~0.002%。

3. 不活跃合金的牌号和化学成分（见表11-3）

表11-3 不活跃合金的牌号和化学成分（GB/T 3190—2020）

牌号	化学成分(质量分数,%)																					
	Si	Fe	Cu	Mn	Mg	Cr	Ni	Zn	Ti	Ag	B	Bi	Ga	Li	Pb	Sn	V	Zr		其他		Al
																				单个	合计	
1040	0.30	0.50	0.10	0.05	0.05	—	—	0.10	0.03	—	—	—	—	—	—	—	0.05	—	—	0.03	—	99.40
1045	0.30	0.45	0.10	0.05	0.05	—	—	0.05	0.03	—	—	—	—	—	—	—	0.05	—	—	0.03	—	99.45

1260	①	①	0.04	0.01	0.03	—	—	0.05	0.03	—	—	—	—	—	—	—	0.05	—	Si+Fe:0.40②	0.03	—	99.60
3006	0.50	0.7	0.10~0.30	0.50~0.8	0.30~0.6	0.20	—	0.15~0.40	0.10	—	—	—	—	—	—	—	—	—	—	0.05	0.15	余量
5250	0.08	0.10	0.10	0.04~0.15	1.3~1.8	—	—	0.05	—	—	—	—	0.03	—	—	—	0.05	—	—	0.03	0.10	余量
8001	0.17	0.45~0.7	0.15	—	—	—	0.9~1.3	0.05	—	—	0.001	—	—	0.008	—	—	—	—	Cd:0.003, Co:0.001	0.05	0.15	余量
1A70	0.10	0.20	0.01~0.03	0.03	0.01	—	—	0.01	0.03	—	—	—	—	—	—	—	—	—	—	0.03	—	99.70
1A72	0.06	0.15	0.08	0.02	0.01	—	—	0.01	0.03	—	—	—	—	—	—	—	—	—	—	0.03	0.05	99.72
2A97	0.15	0.15	2.0~3.2	0.20~0.6	0.25~0.50	—	—	0.17~1.0	0.001~0.10	—	—	—	—	0.8~2.3	—	—	—	0.08~0.20	Be:0.001~0.10	0.05	0.15	余量
3B11	0.30	0.6	0.6~1.0	1.0~1.5	—	—	—	0.10	0.04	—	—	—	—	—	—	—	—	—	—	0.05	0.15	余量
4A12	8.5~9.5	0.30	1.5~1.7	0.20~0.25	0.45~0.6	0.05	0.05	0.20	0.18~0.25	—	—	—	—	—	—	—	—	—	—	0.05	0.15	余量
4A32	10.0~12.0	0.30	2.5~3.5	0.35~0.6	0.40~0.8	0.10	—	0.25	—	—	—	—	—	—	—	—	—	—	Sb:0.20	0.05	0.15	余量
4A33	10.0~12.0	0.30	0.7~1.3	0.10	—	—	0.10	—	0.10	—	—	—	—	—	—	0.20	—	—	—	0.05	0.15	余量
4A43	6.8~8.2	0.8	0.25	0.10	—	—	—	0.50~1.5	—	—	—	—	—	—	—	—	—	—	—	0.05	0.15	余量
4A45	9.0~10.0	0.8	0.30	0.05	0.05	—	—	0.50~1.5	0.20	—	—	—	—	—	—	—	—	—	—	0.05	0.15	余量
6R03	0.40~0.8	0.35	0.15~0.30	0.40~0.8	1.2~1.5	0.30	—	0.20	0.10	—	—	—	—	—	—	—	—	—	La: 0.10~0.50, Ce: 0.20~0.9	0.05	0.15	余量
6R66	0.9~1.4	0.35	0.8~1.2	0.40~0.8	1.0~1.4	0.30	—	0.20	0.10	—	—	—	—	—	—	—	—	—	La: 0.10~0.50, Ce: 0.20~0.9	0.05	0.15	余量

（续）

牌号	化学成分(质量分数,%)																					
	Si	Fe	Cu	Mn	Mg	Cr	Ni	Zn	Ti	Ag	B	Bi	Ga	Li	Pb	Sn	V	Zr		其他		Al
																				单个	合计	
7A16	1.0~2.0	0.6	0.8~1.2	0.30	0.6	—	0.20	4.4~5.5	0.20	—	—	—	—	—	0.7~1.3	0.20	—	—	—	0.05	0.15	余量
8A02	0.15	0.10	0.005	0.005	0.03	—	—	0.01	—	—	—	0.10~0.50	—	—	—	0.10~0.25	—	—	—	0.10	0.20	余量
8B02	0.10	0.10	0.005	0.005	0.03	—	—	0.005	—	—	0.03~0.10	0.10~0.50	0.01~0.10	—	—	0.10~0.25	—	—	—	0.03	0.10	余量
8A07	0.15	0.45	—	—	—	—	—	—	—	—	—	—	—	—	—	—	—	0.01~0.50	—	0.03	0.10	余量
8A60	0.7	0.7	0.7~1.3	0.7	—	—	1.3	—	0.20	—	—	—	—	—	—	5.5~7.0	—	—	Si+Fe+Mn:1.0	0.05	0.15	余量
8A61	—	1.8~3.5	0.40~1.3	0.35	—	—	0.10	—	0.10	—	—	—	—	—	1.0~2.5	10.0~14.0	—	—	—	0.05	0.15	余量
8A62	0.7	0.7	0.7~1.3	0.7	—	—	0.10	—	0.20	—	—	—	—	—	—	17.5~22.5	—	—	Si+Fe+Mn:1.0	0.05	0.15	余量
8E76	0.08	0.30~1.5	0.005~0.30	—	—	—	—	—	—	—	—	—	—	—	—	—	—	—	RE③:0.10~0.8,Be:0.001~0.30	0.03	0.15	余量
8R76	0.10	0.40~1.2	—	—	—	—	—	—	—	—	—	—	—	—	—	—	—	—	RE④:0.01~0.30	0.03	0.30	余量

注：1. 表中元素含量为单个数值时，“Al”元素含量为最低限，其他元素含量为最高限。

2. 元素栏中“—”表示该位置不规定极限数值，对应元素为非常规分析元素，“其他”栏中“—”表示无极限数值要求。

3. “其他”表示表中未规定极限数值的元素和未列出的金属元素。

4. “合计”表示质量分数不小于0.010%的“其他”金属元素之和。

① 见相应空白栏中要求，当怀疑非常规分析元素的质量分数超出空白栏中要求的限定值时，生产者应对这些元素进行分析。

② 焊接电极及填料焊丝的 $w(Be) \leqslant 0.0003\%$。

③ RE 表示以 Ce、La、Y 为主的混合稀土元素。

④ RE 表示以 Ce、La 为主的混合稀土元素。

4. 国内四位字符牌号与其曾用牌号对照表（见表 11-4）

表 11-4 国内四位字符牌号与其曾用牌号对照表（GB/T 3190—2020）

字符牌号	曾用牌号	字符牌号	曾用牌号	字符牌号	曾用牌号
1A99	LG5	2A50	LD5	6A10	—
1B99	—	2B50	LD6	6A16	—
1C99	—	2A70	LD7	6A51	651
1A97	LG4	2B70	LD7-1	6A60	—
1B97	—	2D70	—	6A61	—
1A95	—	2A80	LD8	6R63	—
1B95	—	2A87	—	7A01	LB1
1A93	LG3	2A90	LD9	7A02	—
1B93	—	3A11	—	7A03	LC3
1A90	LG2	3A21	LF21	7A04	LC4
1B90	—	4A01	LT1	7B04	—
1A85	LG1	4A11	LD11	7C04	—
1B85	—	4A13	LT13	7D04	—
1A80	—	4A17	LT17	7A05	705
1A80A	—	4A47	—	7B05	7N01
1A60	—	4A54	—	7A09	LC9
1A50	LB2	4A60	—	7A10	LC10
1R50	—	4A91	491	7A11	—
1R35	—	5A01	2102、LF15	7A12	—
1A30	L4-1	5A02	LF2	7A15	LC15、157
1B30	—	5B02	—	7A19	919、LC19
2A01	LY1	5A03	LF3	7A31	183-1
2A02	LY2	5A05	LF5	7A33	LB733
2A04	LY4	5B05	LF10	7A36	—
2A06	LY6	5A06	LF6	7A46	—
2B06	—	5B06	LF14	7A48	—
2A10	LY10	5E06	—	7E49	—
2A11	LY11	5A12	LF12	7B50	—
2B11	LY8	51A3	LF13	7A52	LC52、5210
2A12	LY12	5A25	—	7A55	—
2B12	LY9	5A30	2103、LF16	7A56	—
2D12	—	5A33	LF33	7A62	—
2E12	—	5A41	LT41	7A68	—
2A13	LY13	5A43	LF43	7B68	—
2A14	LD10	5A56	—	7D68	7A60
2A16	LY16	5E61	—	7E75	—
2B16	LY16-1	5A66	LT66	7A85	—
2A17	LY17	5A70	—	7B85	—
2A20	LY20	5B70	—	7A88	—
2A21	214	5A71	—	7A93	—
2A23	—	5B71	—	7A99	—
2A24	—	5A83	—	8A01	—
2A25	225	5E83	—	8C05	—
2B25	—	5A90	—	8A06	L6
2A39	—	6A01	6N01	8A08	—
2A40	—	6A02	LD2	8C12	—
2A12	—	6B02	LD2-1		
2A49	149	6R05	—		

11.2 铝及铝合金棒材

11.2.1 一般工业用铝及铝合金拉制棒

1. 一般工业用铝及铝合金拉制棒的牌号、状态和规格（见表 11-5）

表 11-5 一般工业用铝及铝合金拉制棒的牌号、状态和规格（YS/T 624—2019）

牌号	状态	圆棒直径/mm	方棒边长/mm	扁棒	
				厚度/mm	宽度/mm
1060、1100	F、O、H18	5.00~100.00	5.00~50.00	5.00~40.00	5.00~60.00
2A12	T4				
2A40	T6				
2014	F、O、T4、T6、T351、T651				
2024	F、O、T351、T4、T6				
3003、5052	F、O、H14、H18				
5083	O				
6060、6082	T6				
6061	F、T4、T6				
6063	T4、T6				
7A09	T6				
7075	F、O0、T6、T651				

2. 一般工业用铝及铝合金拉制棒的室温力学性能（见表 11-6）

表 11-6 一般工业用铝及铝合金拉制棒的室温力学性能（YS/T 624—2019）

牌号	状态	圆棒直径、方棒或扁棒的厚度/mm	抗拉强度 R_m/MPa	规定塑性延伸强度 $R_{p0.2}$/MPa	断后伸长率(%)	
					A	A_{50mm}
1060	O	≤100.00	≥55	≥15	≥22	≥25
	H18	≤10.00	≥110	≥90	—	—
	F	≤100.00	—	—	—	—
1100	O	≤30.00	75~105	≥20	≥22	≥25
	H18	≤10.00	≥150	—	—	—
	F	≤100.00	—	—	—	—
2A12	T4	≤22.00	≥390	≥255	≥12	—
		>22.00~100.00	≥420	≥255	≥12	—
2A40	T6	≥8.00~12.50	≥431	≥265	≥15	—
		>12.50~16.00	≥431	≥265	—	≥16
2014	O	≤100.00	≤240	—	≥10	≥12
	T4、T351	≤100.00	≥380	≥220	≥12	≥16
	T6、T651	≤100.00	≥450	≥380	≥7	≥8
	F	≤100.00	—	—	—	—
2024	O	≤100.00	≤240	—	≥14	≥16
	T4	≤12.50	≥425	≥310	—	≥10
	T4、T351	>12.50~100.00	≥425	≥290	≥9	—
	T6	≤80.00	≥425	≥315	≥5	≥4
	F	≤100.00	—	—	—	—
3003	O	≤50.00	95~130	≥35	≥22	≥25
	H14	≤10.00	≥140	—	—	—

（续）

牌号	状态	圆棒直径、方棒或扁棒的厚度/mm	抗拉强度 R_m/MPa	规定塑性延伸强度 $R_{p0.2}$/MPa	断后伸长率(%)	
					A	A_{50mm}
3003	H18	≤10.00	≥185	—	—	—
	F	≤100.00	—	—	—	—
5052	O	≤50.00	170~220	≥65	≥22	≥25
	H14	≤30.00	≥235	≥180	≥5	—
	H18	≤10.00	≥265	≥220	≥2	—
	F	≤100.00	—	—	—	—
5083	O	≤80.00	270~350	≥110	≥14	≥16
6060	T6	≤80.00	≥215	≥160	≥12	≥10
6061	T4	≤100.00	≥205	≥110	≥16	≥14
	T6	≤100.00	≥290	≥240	≥9	≥10
	F	≤100.00	—	—	—	—
6063	T4	≤80.00	≥150	≥75	≥15	≥13
	T6	≤80.00	≥220	≥190	≥10	≥8
6082	T6	≤80.00	≥310	≥255	≥10	≥9
7A09	T6	≤22.00	≥490	≥370	≥7	—
		>22.00~100.00	≥530	≥400	≥6	—
7075	O	≤100.00	≤275	—	≥9	≥10
	T6、T651	≤100.00	≥530	≥455	≥6	≥7
	F	≤100.00	—			

11.2.2 铝及铝合金挤压棒

1. 铝及铝合金挤压棒的牌号、状态和规格（见表11-7）

表11-7 铝及铝合金挤压棒的牌号、状态和规格（GB/T 3191—2019）

牌号		供应状态[3]	圆棒的直径/mm	方棒或六角棒的厚度/mm	长度/mm
Ⅰ类[1]	Ⅱ类[2]				
1035、1060、1050A	—	O、H112	5~350	5~200	1000~6000
1070A、1200、1350	—	H112			
—	2A02、2A06、2A50、2A70、2A80、2A90	T1、T6			
—	2A11、2A12、2A13	T1、T4			
—	2A14、2A16	T1、T6、T6511			
—	2017A	T4、T4510、T4511			
—	2017	T4			
—	2014、2014A	O、T4、T4510、T4511、T6、T6510、T6511			
—	2024	O、T3、T3510、T3511、T8、T8510、T8511			
—	2219	O、T3、T3510、T1、T6			
—	2618	T1、T6、T6511、T8、T8511			
3A21、3003、3103	—	O、H112			
3102	—	H112			
4A11、4032	—	T1			
5A02、5052、5005、5005A、5251、5154A、5454、5754	5019、5083、5086	O、H112			
5A03、5049	5A05、5A06、5A12	H112			
6A02	—	T1、T6			

（续）

牌号		供应状态③	圆棒的直径/mm	方棒或六角棒的厚度/mm	长度/mm
Ⅰ类①	Ⅱ类②				
6101A、6101B、6082	—	T6	5~350	5~200	1000~6000
6005、6005A、6110A	—	T5、T6			
6351	—	T4、T6			
6060、6463、6063A	—	T4、T5、T6			
6351	—	T4、T6			
6060、6463、6063A	—	T4、T5、T6			
6061	—	T4、T4510、T4511、T6、T6510、T6511			
6063	—	O、T4、T5、T6			
—	7A04、7A09、7A15	T1、T6			
—	7003	T5、T6			
—	7005、7020、7021、7022	T6			
—	7049A	T6、T6510、T6511			
—	7075	O、T1、T6、T6510、T6511、T73、T73510、T73511			
8A06	—	O、H112			

① Ⅰ类为 1×××系、3×××系、4×××系、6×××、8×××系合金及镁的质量分数平均值小于 4%的 5×××系合金棒。
② Ⅱ类为 2×××系、7×××系合金及镁的质量分数平均值大于或等于 4%的 5×××系合金棒材。
③ 可热处理强化合金的挤压状态，按 GB/T 16475—2008 的规定由原 H112 状态修改为 T1 状态。

2. 铝及铝合金挤压棒的力学性能

（1）铝及铝合金挤压棒的室温力学性能（见表 11-8）

表 11-8 铝及铝合金挤压棒的室温力学性能（GB/T 3191—2019）

牌号	供应状态①	试样状态	圆棒直径/mm	方棒或六角棒厚度/mm	抗拉强度 R_m/MPa	规定塑性延伸强度 $R_{p0.2}$/MPa	断后伸长率(%) A	断后伸长率(%) A_{50mm}	硬度② HBW
1035	O	O	≤150.00	≤150.00	60~120	—	≥25	—	—
	H112	H112	≤150.00	≤150.00	≥60	—	≥25	—	—
1060	O	O	≤150.00	≤150.00	60~95	≥15	≥22	—	—
	H112	H112	≤150.00	≤150.00	≥60	≥15	≥22	—	—
1050A	O	O	≤150.00	≤150.00	60~95	≥20	≥25	≥23	20
	H112	H112	≤150.00	≤150.00	≥60	≥20	≥25	≥23	20
1070A	H112	H112	≤150.00	≤150.00	≥60	≥23	≥25	≥23	18
1200	H112	H112	≤150.00	≤150.00	≥75	≥25	≥20	≥18	23
1350	H112	H112	≤150.00	≤150.00	≥60	—	≥25	≥23	20
2A02	T1、T6	T62、T6	≤150.00	≤150.00	≥430	≥275	≥10	—	—
2A06	T1、T6	T62、T6	≤22.00	≤22.00	≥430	≥285	≥10	—	—
			>22.00~100.00	>22.00~100.00	≥440	≥295	≥9	—	—
			>100.00~150.00	>100.00~150.00	≥430	≥285	≥10	—	—
2A11	T1、T4	T42、T4	≤150.00	≤150.00	≥370	≥215	≥12	—	—
2A12	T1、T4	T42、T4	≤22.00	≤22.00	≥390	≥255	≥12	—	—
			>22.00~150.00	>22.00~150.00	≥420	≥275	≥10	—	—
	T1	T42	>150.00~250.00	>150.00~200.00	≥380	≥260	≥6	—	—
2A13	T1、T4	T42、T4	≤22.00	≤22.00	≥315	—	≥4	—	—
			>22.00~150.00	>22.00~150.00	≥345	—	≥4	—	—
2A14	T1、T6、T6511	T62、T6、T6511	≤22.00	≤22.00	≥440	—	≥10	—	—
			>22.00~150.00	>22.00~150.00	≥450	—	≥10	—	—

（续）

牌号	供应状态①	试样状态	圆棒直径/mm	方棒或六角棒厚度/mm	抗拉强度 R_m/MPa	规定塑性延伸强度 $R_{p0.2}$/MPa	断后伸长率（%）		硬度② HBW
							A	A_{50mm}	
2A16	T1、T6、T6511	T62、T6、T6511	≤150.00	≤150.00	≥355	≥235	≥8	—	—
2A50	T1、T6	T62、T6	≤150.00	≤150.00	≥355	—	≥12	—	—
2A70、2A80、2A90	T1、T6	T62、T6	≤150.00	≤150.00	≥355	—	≥8	—	—
2014、2014A	O	O	≤200.00	≤200.00	≤205	≤135	≥12	≥10	45
	T4、T4510、T4511	T4、T4510、T4511	≤25.00	≤25.00	≥370	≥230	≥13	≥11	110
			>25.00~75.00	>25.00~75.00	≥410	≥270	≥12	—	110
			>75.00~150.00	>75.00~150.00	≥390	≥250	≥10	—	110
			>150.00~200.00	>150.00~200.00	≥350	≥230	≥8	—	110
	T6、T6510、T6511	T6、T6510、T6511	≤25.00	≤25.00	≥415	≥370	≥6	≥5	140
			>25.00~75.00	>25.00~75.00	≥460	≥415	≥7	—	140
			>75.00~150.00	>75.00~150.00	≥465	≥420	≥7	—	140
			>150.00~200.00	>150.00~200.00	≥430	≥350	≥6	—	140
			>200.00~250.00	—	≥420	≥320	≥5	—	140
2017	T4	T4	≤120.00	≤120.00	≥345	≥215	≥12	—	—
2017A	T4、T4510、T4511	T4、T4510、T4511	≤25.00	≤25.00	≥380	≥260	≥12	≥10	105
			>25.00~75.00	>25.00~75.00	≥400	≥270	≥10	—	105
			>75.00~150.00	>75.00~150.00	≥390	≥260	≥9	—	105
			>150.00~200.00	>150.00~200.00	≥370	≥240	≥8	—	105
			>200.00~250.00	—	≥360	≥220	≥7	—	105
2024	O	O	≤200.00	≤150.00	≤250	≤150	≥12	≥10	47
	T3、T3510、T3511	T3、T3510、T3511	≤50.00	≤50.00	≥450	≥310	≥8	≥6	120
			>50.00~100.00	>50.00~100.00	≥440	≥300	≥8	—	120
			>100.00~200.00	>100.00~200.00	≥420	≥280	≥8	—	120
			>200.00~250.00	—	≥400	≥270	≥8	—	120
	T8、T8510、T8511	T8、T8510、T8511	≤150.00	≤150.00	≥455	≥380	≥5	≥4	130
			>150.00~250.00	>150.00~200.00	≥425	≥360	≥5	—	130
2219	O	O	≤150.00	≤150.00	≤220	≤125	≥12	≥12	—
	T3、T3510	T3、T3510	≤12.50	≤12.50	≥290	≥180	≥12	≥12	—
			>12.50~80.00	>12.50~80.00	≥310	≥185	≥12	≥12	—
	T1、T6	T62、T6	≤150.00	≤150.00	≥370	≥250	≥6	≥6	—
2618	T1、T6、T6511	T62、T6、T6511	≤150.00	≤150.00	≥375	≥315	≥6	—	—
	T1	T62	>150.00~250.00	>150.00~250.00	≥365	≥305	≥5	—	—
	T8、T8511	T8、T8511	≤150.00	≤150.00	≥385	≥325	≥5	—	—
3A21	O	O	≤150.00	≤150.00	≤165	—	≥20	≥20	—
	H112	H112	≤150.00	≤150.00	≥90	—	≥20	—	—
3003	O	O	≤250.00	≤200.00	95~135	≥35	≥25	≥20	30
	H112	H112	≤250.00	≤200.00	≥95	≥35	≥25	≥20	30
3102	H112	H112	≤250.00	≤200.00	≥80	≥30	≥25	≥23	23
3103	O	O	≤250.00	≤200.00	95~135	≥35	≥25	≥20	28
	H112	H112	≤250.00	≤200.00	≥95	≥35	≥25	≥20	28

（续）

牌号	供应状态①	试样状态	圆棒直径 /mm	方棒或六角棒厚度 /mm	抗拉强度 R_m /MPa	规定塑性延伸强度 $R_{p0.2}$ /MPa	断后伸长率（%） A	断后伸长率（%） A_{50mm}	硬度② HBW
4A11、4032	T1	T62	≤100.00	≤100.00	≥350	≥290	≥6.0	—	—
			>100.00~200.00	>100.00~200.00	≥340	≥280	≥2.5	—	—
5A02	O	O	≤150.00	≤150.00	≤225	—	≥10	—	—
	H112	H112	≤150.00	≤150.00	≥170	≥70	—	—	—
5A03	H112、O	H112、O	≤150.00	≤150.00	≥175	≥80	≥13	≥13	—
5A05			≤150.00	≤150.00	≥265	≥120	≥15	≥15	—
5A06			≤150.00	≤150.00	≥315	≥155	≥15	≥15	—
5A12			≤150.00	≤150.00	≥370	≥185	≥15	≥15	—
5052	O	O	≤250.00	≤200.00	170~230	70	≥17	≥15	45
	H112	H112	≤250.00	≤200.00	≥170	≥70	≥15	≥13	47
5005、5005A	O	O	≤60.00	≤60.00	100~150	≥40	≥18	≥16	30
	H112	H112	≤200.00	≤100.00	≥100	≥40	≥18	≥16	30
5019	O	O	≤200.00	≤200.00	250~320	≥110	≥15	≥13	65
	H112	H112	≤200.00	≤200.00	≥250	≥110	≥14	≥12	65
5049	H112	H112	≤250.00	≤200.00	≥180	≥80	≥15	≥13	50
5251	O	O	≤250.00	≤200.00	160~220	≥60	≥17	≥15	45
	H112	H112	≤250.00	≤200.00	≥160	≥60	≥16	≥14	45
5154A	O	O	≤200.00	≤200.00	200~275	≥85	≥18	≥16	55
	H112	H112	≤200.00	≤200.00	≥200	≥85	≥16	≥14	55
5454	O	O	≤200.00	≤200.00	200~275	≥85	≥18	≥16	60
	H112	H112	≤200.00	≤200.00	≥200	≥85	≥16	≥14	60
5754	O	O	≤150.00	≤150.00	180~250	≥80	≥17	≥15	45
	H112	H112	≤150.00	≤150.00	≥180	≥80	≥14	≥12	47
			>150.00~250.00	>150.00~200.00	≥180	≥70	≥13	—	47
5083	O	O	≤200.00	≤200.00	270~350	≥110	≥12	≥10	70
	H112	H112	≤200.00	≤200.00	≥270	≥125	≥12	≥10	70
5086	O	O	≤200.00	≤200.00	240~320	≥95	≥18	≥15	65
	H112	H112	≤200.00	≤200.00	≥240	≥95	≥12	≥10	65
6A02	T1、T6	T62、T6	≤150.00	≤150.00	≥295	—	≥12	≥12	—
6005、6005A	T5	T5	≤25.00	≤25.00	≥260	≥215	≥8	—	—
	T6	T6	≤25.00	≤25.00	≥270	≥225	≥10	≥8	90
			>25.00~50.00	>25.00~50.00	≥270	≥225	≥8	—	90
			>50.00~100.00	>50.00~100.00	≥260	≥215	≥8	—	85
6101A	T6	T6	≤150.00	≤150.00	≥200	≥170	≥10	≥8	70
6101B	T6	T6	—	≤15.00	≥215	≥160	≥8	≥6	70
6110A	T5	T5	≤120.00	≤120.00	≥380	≥360	≥10	≥8	115
	T6	T6	≤120.00	≤120.00	≥410	≥380	≥10	≥8	120
6351	T4	T4	≤150.00	≤150.00	≥205	≥110	≥14	≥12	67
	T6	T6	≤20.00	≤20.00	≥295	≥250	≥8	≥6	95
			>20.00~75.00	>20.00~75.00	≥300	≥255	≥8	—	95
			>75.00~150.00	>75.00~150.00	≥310	≥260	≥8	—	95
			>150.00~200.00	>150.00~200.00	≥280	≥240	≥6	—	95
			>200.00~250.00	—	≥270	≥200	≥6	—	95
6060	T4	T4	≤150.00	≤150.00	≥120	≥60	≥16	≥14	50
	T5	T5	≤150.00	≤150.00	≥160	≥120	≥8	≥6	60
	T6	T6	≤150.00	≤150.00	≥190	≥150	≥8	≥6	70

（续）

牌号	供应状态[①]	试样状态	圆棒直径/mm	方棒或六角棒厚度/mm	抗拉强度 R_m/MPa	规定塑性延伸强度 $R_{p0.2}$/MPa	断后伸长率（%）		硬度[②] HBW
							A	A_{50mm}	
6061	T6、T6510、T6511	T6、T6510、T6511	≤150.00	≤150.00	≥260	≥240	≥8	≥6	95
6061	T4、T4510、T4511	T4、T4510、T4511	≤150.00	≤150.00	≥180	≥110	≥15	≥13	65
6063	O	O	≤150.00	≤150.00	≤130	—	≥18	≥16	25
6063	T4	T4	≤150.00	≤150.00	≥130	≥65	≥14	≥12	50
6063	T4	T4	>150.00~200.00	>150.00~200.00	≥120	≥65	≥12	—	50
6063	T5	T5	≤200.00	≤200.00	≥175	≥130	≥8	≥6	65
6063	T6	T6	≤150.00	≤150.00	≥215	≥170	≥10	≥8	75
6063	T6	T6	>150.00~200.00	>150.00~200.00	≥195	≥160	≥10	—	75
6063A	T4	T4	≤150.00	≤150.00	≥150	≥90	≥12	≥10	50
6063A	T4	T4	>150.00~200.00	>150.00~200.00	≥140	≥90	≥10	—	50
6063A	T5	T5	≤200.00	≤200.00	≥200	≥160	≥7	≥5	75
6063A	T6	T6	≤150.00	≤150.00	≥230	≥190	≥7	≥5	80
6063A	T6	T6	>150.00~200.00	>150.00~200.00	≥220	≥160	≥7	—	80
6463	T4	T4	≤150.00	≤150.00	≥125	≥75	≥14	≥12	46
6463	T5	T5	≤150.00	≤150.00	≥150	≥110	≥8	≥6	60
6463	T6	T6	≤150.00	≤150.00	≥195	≥160	≥10	≥8	74
6082	T6	T6	≤20.00	≤20.00	≥295	≥250	≥8	≥6	95
6082	T6	T6	>20.00~150.00	>20.00~150.00	≥310	≥260	≥8	—	95
6082	T6	T6	>150.00~200.00	>150.00~200.00	≥280	≥240	≥6	—	95
6082	T6	T6	>200.00~250.00	—	≥270	≥200	≥6	—	95
7A15	T1、T6	T62、T6	≤150.00	≤150.00	≥490	≥420	≥6	—	—
7A04、7A09	T1、T6	T62、T6	≤22.00	≤22.00	≥490	≥370	≥7	—	—
7A04、7A09	T1、T6	T62、T6	>22.00~150.00	>22.00~150.00	≥530	≥400	≥6	—	—
7003	T5	T5	≤250.00	≤200.00	≥310	≥260	≥10	≥8	—
7003	T6	T6	≤50.00	≤50.00	≥350	≥290	≥10	≥8	110
7003	T6	T6	>50.00~150.00	>50.00~150.00	≥340	≥280	≥10	≥8	110
7005	T6	T6	≤50.00	≤50.00	≥350	≥290	≥10	≥8	110
7005	T6	T6	>50.00~150.00	>50.00~150.00	≥340	≥270	≥10	—	110
7020	T6	T6	≤50.00	≤50.00	≥350	≥290	≥10	≥8	110
7020	T6	T6	>50.00~150.00	>50.00~150.00	≥340	≥275	≥10	—	110
7021	T6	T6	≤40.00	≤40.00	≥410	≥350	≥10	≥8	120
7022	T6	T6	≤80.00	≤80.00	≥490	≥420	≥7	≥5	133
7022	T6	T6	>80.00~200.00	>80.00~200.00	≥470	≥400	≥7	—	133
7049A	T6、T6510、T6511	T6、T6510、T6511	≤100.00	≤100.00	≥610	≥530	≥5	≥4	170
7049A	T6、T6510、T6511	T6、T6510、T6511	>100.00~125.00	>100.00~125.00	≥560	≥500	≥5	—	170
7049A	T6、T6510、T6511	T6、T6510、T6511	>125.00~150.00	>125.00~150.00	≥520	≥430	≥5	—	170
7049A	T6、T6510、T6511	T6、T6510、T6511	>150.00~180.00	>150.00~180.00	≥450	≥400	≥3	—	170
7075	O	O	≤200.00	≤200.00	≤275	≤165	≥10	≥8	60
7075	T1、T6、T6510、T6511	T62、T6、T6510、T6511	≤25.00	≤25.00	≥540	≥480	≥7	≥5	150
7075	T1、T6、T6510、T6511	T62、T6、T6510、T6511	>25.00~100.00	>25.00~100.00	≥560	≥500	≥7	—	150
7075	T1、T6、T6510、T6511	T62、T6、T6510、T6511	>100.00~150.00	>100.00~150.00	≥550	≥440	≥5	—	150
7075	T1、T6、T6510、T6511	T62、T6、T6510、T6511	>150.00~200.00	>150.00~200.00	≥440	≥400	≥5	—	150

（续）

牌号	供应状态①	试样状态	圆棒直径/mm	方棒或六角棒厚度/mm	抗拉强度 R_m/MPa	规定塑性延伸强度 $R_{p0.2}$/MPa	断后伸长率（%）		硬度② HBW
							A	A_{50mm}	
7075	T73、T73510、T73511	T73、T73510、T73511	≤25.00	≤25.00	≥485	≥420	≥7	≥5	135
			>25.00~75.00	>25.00~75.00	≥475	≥405	≥7	—	135
			>75.00~100.00	>75.00~100.00	≥470	≥390	≥6	—	135
			>100.00~150.00	>100.00~150.00	≥440	≥360	≥6	—	135
8A06	O	O	≤150.00	≤150.00	60~120	—	≥25	—	—
	H112	H112	≤150.00	≤150.00	≥60	—	≥25	—	—

① 2A11、2A12、2A13 合金 T1 状态供货的棒材，取 T4 状态的试样检测力学性能，合格者交货；其他合金 T1 状态供货的棒材，取 T6 状态的试样检测力学性能，合格者交货。5A03、5A05、5A06、5A12 合金 O 状态供货的棒材，当取 H112 状态的性能合格时，可按 O 状态力学性能合格的棒材交货。

② 表中硬度值供参考（不适用于 T1 状态），实测值不能与表中数据差别较大。

（2）高强度铝及铝合金挤压棒的室温纵向力学性能（见表 11-9）

表 11-9　高强度铝及铝合金挤压棒的室温纵向力学性能（GB/T 3191—2019）

牌号	供应状态	试样状态	棒材直径、方棒或六角棒的厚度/mm	抗拉强度 R_m/MPa	规定塑性延伸强度 $R_{p0.2}$/MPa	断后伸长率 A（%）
2A11	T1、T4	T42、T4	20.00~120.00	≥390	≥245	≥8
2A12	T1、T4	T42、T4	20.00~120.00	≥440	≥305	≥8
2A14	T1、T6	T62、T6	20.00~120.00	≥460	—	≥8
2A50	T1、T6	T62、T6	20.00~120.00	≥380	—	≥10
6A02	T1、T6	T62、T6	20.00~120.00	≥305	—	≥8
7A04、7A09	T1、T6	T62、T6	20.00~100.00	≥550	≥450	≥6
			>100.00~120.00	≥530	≥430	≥6

（3）高强度铝及铝合金挤压棒材的高温持久纵向力学性能（见表 11-10）

表 11-10　高强度铝及铝合金挤压棒材的高温持久纵向力学性能（GB/T 3191—2019）

牌号	温度/℃	试验应力/MPa	试验时间/h
2A02①	270	64	100
		78	50
2A16	300	69	100

① 2A02 合金棒材采用 78MPa 的试验应力，保温 50h 的试验结果不合格时，可以进行 64MPa 的试验应力，保温 100h 的试验，并以试验结果作为最终判定依据。

11.2.3　铝及铝合金挤压扁棒及板

1. 铝及铝合金挤压扁棒及板的类别（见表 11-11）

表 11-11　铝及铝合金挤压扁棒及板的类别（YS/T 439—2012）

产品类别	定义
Ⅰ类（软合金挤压扁棒及板）	除 2×××系、7×××系合金及镁的质量分数平均值大于或等于 3%的 5×××系合金外的其他产品，如以下牌号的产品：1070A、1070、1060、1050A、1050、1350、1035、1100、1200、3102、3003、3103、3A21、5005、5005A、5051A、5251、5052、5049、5454、5A02、6101、6101A、6101B、6005、6005A、6110A、6023、6351、6060、6360、6061、6261、6262、6262A、6063、6063A、6463、6065、6081、6082、6182、6A02、8A06

（续）

产品类别	定义
Ⅱ类（硬合金挤压扁棒及板）	2×××系、7×××系合金及镁的质量分数平均值大于或等于3%的5×××系合金产品，如以下牌号的产品：2017、2017A、2014、2014A、2024、2A11、2A12、2A14、2A50、2A70、2A80、2A90、5019、5154A、5754、5083、5086、5A03、5A05、5A06、5A12、7003、7005、7108、7108A、7020、7021、7022、7049A、7075、7A04、7A09

2. 铝及铝合金挤压扁棒及板的牌号、状态和规格（见表11-12）

表11-12　铝及铝合金挤压扁棒及板的牌号、状态和规格（YS/T 439—2012）

牌号	状态	厚度/mm
1070A	H112	2.00～240.00
1070	H112	2.00～240.00
1060	H112	2.00～240.00
1050A	H112、O/H111①	2.00～240.00
1050	H112	2.00～240.00
1350	H112	2.00～240.00
1035	H112	2.00～240.00
1100	O、H112	2.00～240.00
1200	H112	2.00～240.00
2017	O	2.00～240.00
2017A	O/H111①	2.00～200.00
	T4、T3510、T3511	2.00～240.00
2014、2014A	O/H111①、T4、T3510、T3511	2.00～200.00
2024	O/H111①	2.00～200.00
	T3、T3510、T3511、T4	2.00～240.00
	T8、T8510、T8511	2.00～150.00
2A11	H112、T4	2.00～120.00
2A12	H112、T4	2.00～120.00
2A14	H112、T6	2.00～120.00
2A50	H112、T6	2.00～120.00
2A70、2A80、2A90	H112、T6	2.00～120.00
3102	H112	2.00～240.00
3003、3103	H112、O/H111①	2.00～240.00
3A21	H112	2.00～120.00
5005、5005A	H112	2.00～100.00
	O/H111①	2.00～60.00
5019	H112、O/H111①	2.00～200.00
5049	H112	2.00～240.00
5051A	H112、O/H111①	2.00～240.00
5251	H112、O/H111①	2.00～240.00
5052	H112、O/H111①	2.00～240.00
5454、5154A	H112、O/H111①	2.00～200.00
5754	H112	2.00～240.00
	O/H111①	2.00～150.00
5083	H112、O/H111①	2.00～200.00
5086	H112	2.00～240.00
	O/H111①	2.00～200.00
5A02	H112	2.00～120.00
5A03	H112	2.00～120.00
5A05	H112	2.00～120.00

（续）

牌号	状态	厚度/mm
5A06	H112	2.00~120.00
5A12	H112	2.00~120.00
6101	T6	≤12.00
6101A	T6	2.00~150.00
6101B	T6	≤15.00
6005、6005A	T6	2.00~100.00
6110A	T5	2.00~120.00
	T6	2.00~150.00
6023	T6、T8510、T8511	2.00~150.00
6351	O/H111①、T4	2.00~200.00
	T6	2.00~240.00
6060	T4、T5、T6	2.00~150.00
6360	T4、T5、T6	2.00~150.00
6061	O/H111①、T4、T6、T8511	2.00~200.00
6261	O/H111①、T4、T6	2.00~100.00
6262	T6	2.00~200.00
6262A	T6	2.00~155.00
6063	O/H111①、T4、T5、T6	2.00~200.00
6063A	O/H111①、T4、T5、T6	2.00~200.00
6463	T4、T5、T6	2.00~150.00
6065	T6	2.00~155.00
6081	T6	2.00~240.00
6082	O/H111①、T4	2.00~200.00
	T6	2.00~240.00
6182	T4	2.00~155.00
	T6	9.00~220.00
6A02	H112、T6	2.00~120.00
7003	T5	2.00~240.00
	T6	2.00~150.00
7005	T6	2.00~200.00
7108	T6	2.00~100.00
7108A	T6	2.00~200.00
7020	T6	2.00~200.00
7021	T6	2.00~40.00
7022	T6、T8510、T8511	2.00~200.00
7049A	T6、T8510、T8511	2.00~180.00
7075	O/H111①、T6、T8510、T8511	2.00~200.00
7A04、7A09	H112、T6	2.00~120.00
8A06	H112	2.00~150.00

① H111 状态为退火后可进行少量变形的拉伸矫直或辊矫矫直，但应满足 O 状态的性能要求。

3. 铝及铝合金挤压扁棒及板的室温纵向力学性能（见表 11-13）

表 11-13 铝及铝合金挤压扁棒及板的室温纵向力学性能（YS/T 439—2012）

牌号	供应状态	试样状态	厚度/mm	抗拉强度 R_m /MPa	规定塑性延伸强度 $R_{p0.2}$/MPa	断后伸长率(%)	
						A	A_{50mm}
				≥			
1070A	H112	H112	≤150.00	60	15	25	23
1070	H112	H112	≤150.00	60	15	—	—

（续）

牌号	供应状态	试样状态	厚度/mm	抗拉强度 R_m /MPa	规定塑性延伸强度 $R_{p0.2}$/MPa	断后伸长率（%） A	断后伸长率（%） A_{50mm}
				≥			
1060	H112	H112	≤150.00	60	15	25	23
1050A	H112	H112	≤150.00	60	20	25	23
	O/H111	O/H111	≤150.00	60~95	20	25	23
1050	H112	H112	≤150.00	60	20	25	—
1350	H112	H112	≤150.00	60	—	25	23
1035	H112	H112	≤150.00	70	20	—	—
1100	O	O	≤150.00	75~105	20	25	23
	H112	H112	≤150.00	75	20	25	23
1200	H112	H112	≤150.00	75	25	20	18
2017	O	O	≤150.00	≤245	≤125	16	16
2017A	O/H111	O/H111	≤150.00	≤250	≤135	12	10
	T4	T4	≤25.00	380	260	12	10
	T3510	T3510	>25.00~75.00	400	270	10	—
	T3511	T3511	>75.00~150.00	390	260	9	—
2014 2014A	O/H111	O/H111	≤150.00	≤250	≤135	12	10
	T4	T4	≤25.00	370	230	13	11
	T3510	T3510	>25.00~75.00	410	270	12	—
	T3511	T3511	>75.00~150.00	390	250	10	—
2024	O/H111	O/H111	≤150.00	≤250	≤150	12	10
	T3	T3	≤50.00	450	310	8	6
	T3510	T3510	>50.00~100.00	440	300	8	—
	T3511	T3511	>100.00~150.00	420	280	8	—
	T4	T4	≤6.00	390	295	—	12
			>6.00~19.00	410	305	12	12
			>19.00~38.00	450	315	10	—
	T8 T8510 T8511	T8 T8510 T8511	≤150.00	455	380	5	4
2A11	H112、T4	T4	≤120.00	370	215	12	12
2A12	H112、T4	T4	≤120.00	390	255	12	12
2A14	H112、T6	T6	≤120.00	430	—	8	8
2A50	H112、T6	T6	≤120.00	355	—	12	12
2A70 2A80 2A90	H112、T6	T6	≤120.00	355	—	8	8
3102	H112	H112	≤150.00	80	30	25	23
3003	H112	H112	≤150.00	95	35	25	20
3103	O/H111	O/H111	≤150.00	95~135	35	25	20
3A21	H112	H112	≤120.00	≤165	—	20	20
5005 5005A	H112	H112	≤100.00	100	40	18	16
	O/H111	O/H111	≤60.00	100~150	40	18	16
5019	H112	H112	≤150.00	250	110	14	12
	O/H111	O/H111	≤150.00	250~320	110	15	13
5049	H112	H112	≤150.00	180	80	15	13
5051A	H112	H112	≤150.00	150	50	16	14
	O/H111	O/H111	≤150.00	150~200	50	18	16
5251	H112	H112	≤150.00	160	60	16	14
	O/H111	O/H111	≤150.00	160~220	60	17	15

（续）

牌号	供应状态	试样状态	厚度/mm	抗拉强度 R_m /MPa	规定塑性延伸强度 $R_{p0.2}$/MPa	断后伸长率(%) A	断后伸长率(%) A_{50mm}
				≥			
5052	H112	H112	≤150.00	170	70	15	13
	O/H111	O/H111	≤150.00	170~230	70	17	15
5454 5154A	H112	H112	≤150.00	200	85	16	14
	O/H111	O/H111	≤150.00	200~275	85	18	16
5754	H112	H112	≤150.00	180	80	14	12
	O/H111	O/H111	≤150.00	180~250	80	17	15
5083	H112	H112	≤150.00	270	125	12	10
	O/H111	O/H111	≤150.00	270	110	12	10
5086	H112	H112	≤150.00	240	95	12	10
	O/H111	O/H111	≤150.00	240~320	95	18	15
5A02	H112	H112	≤150.00	≤225	—	10	10
5A03	H112	H112	≤150.00	175	80	13	13
5A05	H112	H112	≤120.00	265	120	15	15
5A06	H112	H112	≤120.00	315	155	15	15
5A12	H112	H112	≤120.00	370	185	15	15
6101	T6	T6	≤12.00	200	172	—	—
6101A	T6	T6	≤150.00	200	170	10	8
6101B	T6	T6	≤15.00	215	160	8	6
6005 6005A	T6	T6	≤25.00	270	225	10	8
			>25.00~50.00	270	225	8	—
			>50.00~100.00	260	215	8	—
6110A	T5	T5	≤120.00	380	360	10	8
	T6	T6	≤150.00	410	380	10	8
6023	T6 T8510 T8511	T6 T8510 T8511	≤150.00	320	270	10	8
6351	O/H111	O/H111	≤150.00	≤160	≤110	14	12
	T4	T4	≤150.00	205	110	14	12
	T6	T6	≤20.00	295	250	8	6
			>20.00~75.00	300	255	8	—
			>75.00~150.00	310	260	8	—
6060	T4	T4	≤150.00	120	60	16	14
	T5	T5	≤150.00	160	120	8	6
	T6	T6	≤150.00	190	150	8	6
6360	T4	T4	≤150.00	110	50	16	14
	T5	T5	≤150.00	150	110	8	6
	T6	T6	≤150.00	185	140	8	6
6061	O/H111	O/H111	≤150.00	≤150	≤110	16	14
	T4	T4	≤150.00	180	110	15	13
	T6、T8511	T6、T8511	≤150.00	260	240	8	6
6261	O/H111	O/H111	≤100.00	≤170	≤120	14	12
	T4	T4	≤100.00	180	100	14	12
	T6	T6	≤20.00	290	245	8	7
			>20.00~100.00	290	245	8	—
6262	T6	T6	≤150.00	260	240	10	8
6262A	T6	T6	≤150.00	260	240	10	8

（续）

牌号	供应状态	试样状态	厚度/mm	抗拉强度 R_m /MPa	规定塑性延伸强度 $R_{p0.2}$/MPa	断后伸长率(%)	
					≥	A	A_{50mm}
6063	O/H111	O/H111	≤150.00	≤130	—	18	16
	T4	T4	≤150.00	130	65	14	12
	T5	T5	≤150.00	175	130	8	6
	T6	T6	≤150.00	215	170	10	8
6063A	O/H111	O/H111	≤150.00	≤150	—	16	14
	T4	T4	≤150.00	150	90	12	10
	T5	T5	≤150.00	200	160	7	5
	T6	T6	≤150.00	230	190	7	5
6463	T4	T4	≤150.00	125	75	14	12
	T5	T5	≤150.00	150	110	8	6
	T6	T6	≤150.00	195	160	10	8
6065	T6	T6	≤150.00	260	240	10	8
6081	T6	T6	≤150.00	275	240	8	6
6082	O/H111	O/H111	≤150.00	≤160	≤110	14	12
	T4	T4	≤150.00	205	110	14	12
	T6	T6	≤20.00	295	250	8	6
			>20.00~150.00	310	260	8	—
6182	T4	T4	≤150.00	205	110	12	10
	T6	T6	9.00~100.00	360	330	9	7
			>100.00~150.00	330	300	8	6
6A02	H112、T6	T6	≤120.00	295	—	12	12
7003	T5	T5	≤150.00	310	260	10	8
	T6	T6	≤50.00	350	290	10	8
			>50.00~150.00	340	280	10	8
7005	T6	T6	≤50.00	350	290	10	8
			>50.00~150.00	340	270	10	—
7108	T6	T6	≤100.00	310	260	10	8
7108A	T6	T6	≤150.00	310	260	12	10
7020	T6	T6	≤50.00	350	290	10	8
			>50.00~150.00	340	275	10	—
7021	T6	T6	≤40.00	410	350	10	8
7022	T6	T6	≤80.00	490	420	7	5
	T8510 T8511	T8510 T8511	>80.00~150.00	470	400	7	—
7049A	T6	T6	≤100.00	610	530	5	4
	T8510	T8510	>100.00~125.00	560	500	5	—
	T8511	T8511	>125.00~150.00	520	430	5	—
7075	O/H111	O/H111	≤150.00	≤275	≤165	10	8
	T6	T6	≤25.00	540	480	7	5
	T8510	T8510	>25.00~100.00	560	500	7	—
	T8511	T8511	>100.00~150.00	530	470	6	—
7A04 7A09	H112、T6	T6	≤22.00	490	370	7	7
			>22.00~120.00	530	400	6	—
8A06	H112	H112	≤150.00	70	—	10	10

4. 6101、6101B 合金的电导率（见表 11-14）

表 11-14　6101、6101B 合金的电导率（YS/T 439—2012）

牌号	状态	厚度/mm	电导率/(MS/m)
6101	T6	≤12	≥31.9
6101B	T6	≤15	≥30.0

11.2.4 煤矿支柱用铝合金棒

1. 煤矿支柱用铝合金棒的牌号、状态和规格（见表 11-15）

表 11-15 煤矿支柱用铝合金棒的牌号、状态和规格（YS/T 589—2006）

牌号	状态	直径/mm
7A15	H112、T6	90、100、120、135、180

2. 煤矿支柱用铝合金棒的室温力学性能（见表 11-16）

表 11-16 煤矿支柱用铝合金棒的室温力学性能（YS/T 589—2006）

牌号	供货状态	试样状态	抗拉强度 R_m/MPa	规定塑性延伸强度 $R_{p0.2}$/MPa	断后伸长率 A(%)
			≥		
7A15	H112	T62	490	420	6
	T6	T6			

11.3 铝及铝合金板材和带材

11.3.1 一般工业用铝及铝合金板和带

1. 一般工业用铝及铝合金板和带的牌号、状态和规格（见表 11-17）

表 11-17 一般工业用铝及铝合金板和带的牌号、状态和规格（GB/T 3880.1—2023）

牌号	状态	厚度/mm		开坯方式		
		板材	带材	热轧	铸轧	连铸连轧
1035	O	>0.20~6.00	>0.20~6.00	✓	—	—
	H112	>6.00~30.00	>0.20~6.00	✓	—	—
	H18	>0.20~6.00	>0.20~6.00	✓	—	—
1050	O	>0.20~6.00	>0.20~6.00	✓	✓	—
	H111	>4.50~30.00	—	✓	—	—
	H112	>4.50~40.00	—	✓	—	—
	H12、H22、H24	0.50~6.00	0.50~6.00	✓	—	—
	H14	>0.20~8.00	>0.20~6.00	✓	✓	—
	H16	>0.20~4.00	>0.20~4.00	✓	✓	—
	H26	>0.20~4.00	>0.20~4.00	✓	—	—
	H18	>0.20~6.00	>0.20~3.00	✓	✓	—
	F	>4.50~10.00	>2.50~6.00	✓	—	—
1050A	O	>0.50~80.00	>0.20~6.00	✓	—	—
	H111	>0.50~80.00	—	✓	—	—
	H112	>6.00~50.00	—	✓	—	—
	H12、H22、H14、H24	>0.20~4.00	>0.20~4.00	✓	✓	—
	H16、H26	>0.20~4.00	>0.20~3.00	✓	✓	—
	H18、H28	>0.20~3.00	>0.20~3.00	✓	—	—
1060	O	>0.20~65.00	>0.20~6.00	✓	✓	✓
	H112	6.00~200.00	—	✓	—	—
	H12、H22	>0.20~7.00	>0.20~4.00	—	✓	✓
	H32	>0.20~6.00	>0.20~6.00	✓	—	—
	H14、H24	>0.20~30.00	>0.20~6.00	✓	✓	—

（续）

<table>
<tr><th rowspan="2">牌号</th><th rowspan="2">状态</th><th colspan="2">厚度/mm</th><th colspan="3">开坯方式</th></tr>
<tr><th>板材</th><th>带材</th><th>热轧</th><th>铸轧</th><th>连铸连轧</th></tr>
<tr><td rowspan="5">1060</td><td>H16</td><td>>0.20~4.00</td><td>>0.20~4.00</td><td rowspan="3">✓</td><td>✓</td><td>—</td></tr>
<tr><td>H26</td><td>>0.20~4.00</td><td>>0.20~4.00</td><td colspan="2">—</td></tr>
<tr><td>H18</td><td>>0.20~6.00</td><td>>0.20~6.00</td><td colspan="2">✓</td></tr>
<tr><td>H19</td><td>—</td><td>>0.20~2.00</td><td>—</td><td>✓</td><td>—</td></tr>
<tr><td>F</td><td>>4.50~10.00</td><td>>2.50~8.00</td><td rowspan="13">✓</td><td colspan="2">—</td></tr>
<tr><td rowspan="6">1070</td><td>O</td><td>>0.20~3.00</td><td>>0.20~3.00</td><td>✓</td><td>—</td></tr>
<tr><td>H112</td><td>>4.50~100.00</td><td>—</td><td colspan="2" rowspan="3">—</td></tr>
<tr><td>H12、H22、H14、H24</td><td>>0.20~7.00</td><td>>0.20~6.00</td></tr>
<tr><td>H16、H26</td><td>>0.20~7.00</td><td>>0.20~7.00</td></tr>
<tr><td>H18</td><td>>0.20~8.00</td><td>>0.20~3.00</td><td>✓</td><td>—</td></tr>
<tr><td>F</td><td>>2.50~6.00</td><td>>2.50~6.00</td><td colspan="2" rowspan="6">—</td></tr>
<tr><td rowspan="4">1070A</td><td>O</td><td>>0.20~6.00</td><td>>0.20~3.00</td></tr>
<tr><td>H12、H22、H14、H24</td><td>—</td><td>>0.20~3.00</td></tr>
<tr><td>H16、H26</td><td>>0.20~4.00</td><td>>0.20~4.00</td></tr>
<tr><td>H18</td><td>>0.20~7.00</td><td>—</td></tr>
<tr><td>1080A</td><td>H111</td><td>>0.20~35.00</td><td>—</td></tr>
<tr><td rowspan="4">1235</td><td>H14</td><td>>0.20~4.00</td><td>>0.20~4.00</td><td>✓</td><td>—</td></tr>
<tr><td>H16</td><td>>0.20~4.00</td><td>>0.20~4.00</td><td>—</td><td>✓</td><td>—</td></tr>
<tr><td>H18</td><td>>0.20~3.00</td><td>>0.20~3.00</td><td>—</td><td>✓</td><td>—</td></tr>
<tr><td>H19</td><td>>0.20~3.00</td><td>>0.20~3.00</td><td rowspan="2">✓</td><td colspan="2">—</td></tr>
<tr><td>1145</td><td>H12、H22、H14、H24</td><td>>0.20~4.50</td><td>>0.20~4.50</td><td>✓</td><td>—</td></tr>
<tr><td rowspan="2">1350</td><td>O</td><td>>0.20~6.00</td><td>>0.20~6.0</td><td rowspan="2">—</td><td rowspan="3">✓</td><td rowspan="3">—</td></tr>
<tr><td>H112</td><td>>6.00~30.00</td><td>—</td></tr>
<tr><td rowspan="10">1100</td><td>O</td><td>>0.20~80.00</td><td>>0.20~6.00</td><td rowspan="8">✓</td></tr>
<tr><td>H112</td><td>>6.00~80.00</td><td>—</td><td colspan="2" rowspan="2">—</td></tr>
<tr><td>H12、H22</td><td>>0.20~6.00</td><td>>0.20~6.00</td></tr>
<tr><td>H14</td><td>>0.20~16.00</td><td>>0.20~6.00</td><td rowspan="3">✓</td><td rowspan="3">—</td></tr>
<tr><td>H24</td><td>>0.20~6.00</td><td>>0.20~6.00</td></tr>
<tr><td>H16</td><td>>0.20~4.00</td><td>>0.20~4.00</td></tr>
<tr><td>H26</td><td>>0.20~6.00</td><td>>0.20~6.00</td><td colspan="2">—</td></tr>
<tr><td>H18</td><td>>0.20~4.00</td><td>>0.20~4.00</td><td>✓</td><td>—</td></tr>
<tr><td>H19</td><td>—</td><td>>0.20~4.00</td><td>—</td><td>✓</td><td>—</td></tr>
<tr><td>F</td><td>>4.50~30.00</td><td>>2.50~8.00</td><td rowspan="8">✓</td><td colspan="2" rowspan="2">—</td></tr>
<tr><td rowspan="5">1200</td><td>H112</td><td>>6.00~12.00</td><td>—</td></tr>
<tr><td>H14</td><td>>0.20~6.00</td><td>>0.20~4.00</td><td>✓</td><td>—</td></tr>
<tr><td>H22、H24</td><td>>0.20~6.00</td><td>>0.20~4.00</td><td colspan="2" rowspan="3">—</td></tr>
<tr><td>H16、H26</td><td>>0.20~4.00</td><td>>0.20~4.00</td></tr>
<tr><td>H18</td><td>>0.20~3.00</td><td>>0.20~3.00</td></tr>
<tr><td rowspan="2">1110</td><td>H16</td><td>—</td><td>>0.20~3.00</td><td colspan="2" rowspan="2">—</td></tr>
<tr><td>H18、H19</td><td>—</td><td>>0.20~3.00</td></tr>
<tr><td>1A30</td><td>O</td><td>>0.20~1.00</td><td>>0.20~1.00</td><td>—</td><td>✓</td><td>—</td></tr>
<tr><td rowspan="2">1A90、1A93</td><td>O</td><td>>0.20~12.50</td><td>—</td><td rowspan="2">✓</td><td colspan="2" rowspan="2">—</td></tr>
<tr><td>H112</td><td>>4.50~140.00</td><td>—</td></tr>
<tr><td>1A99</td><td>H112</td><td>>6.00~20.00</td><td>—</td><td>—</td><td>✓</td><td>—</td></tr>
<tr><td rowspan="4">2014</td><td>O</td><td>>0.40~25.00</td><td>—</td><td rowspan="4">✓</td><td colspan="2" rowspan="2">—</td></tr>
<tr><td>T3</td><td>>0.40~6.00</td><td>—</td></tr>
<tr><td>T4</td><td>>0.40~12.00</td><td>—</td><td colspan="2" rowspan="2">—</td></tr>
<tr><td>T6</td><td>>0.40~60.00</td><td>—</td></tr>
</table>

（续）

牌号	状态	厚度/mm		开坯方式		
		板材	带材	热轧	铸轧	连铸连轧
2014	T651	>6.00~160.00	—	✓	—	
	F	>4.50~150.00	—			
包铝 2014	O	>0.40~10.00	—			
	T3	>0.40~6.00	—			
	T4	>0.40~6.00	—			
	T6	>0.40~10.00	—			
	F	>4.50~10.00	—			
2014A	O、T4、T6	>0.40~6.00	—			
包铝 2014A	O、T4、T6	>0.40~6.00	—			
2017	O	>0.40~25.00	>0.50~6.00			
	T3	>0.40~3.00	—			
	T4	>0.40~30.00	—			
	T451	>25.00~130.00	—			
	T7451	>100.00~130.00	—			
	F	>4.50~150.00	—			
包铝 2017	O、T3、T4、F	>0.40~10.00	—			
2017A	O	>0.40~25.00	—			
	T4	>0.40~30.00	—			
	T451	>6.00~160.00	—			
	T7451	>30.00~80.00	—			
包铝 2017A	O、T4	>0.40~10.00	—			
2219	O	>0.50~140.00	—			
	T1	>12.00~200.00	—			
	T8	>6.00~25.00	—			
	T4	>6.00~50.00	—			
	T6	>1.50~200.00	—			
	T351	>6.00~10.00	—			
	T651	>6.00~150.00	—			
	T851	>12.00~160.00	—			
	T87	>4.50~20.00	—			
	C10SYU	>5.00~35.00	—			
包铝 2219	O、T87	>0.50~10.00	—			
2024	O	>0.20~40.00	>0.50~6.00			
	T1	>4.50~200.00	>0.50~6.00			
	T3	>0.20~15.00	—			
	T351	>1.20~150.00	—			
	T4	>0.40~150.00	—			
	T451	>15.00~170.00	—			
	T7451	>6.00~60.00	—			
	T8	>0.40~40.00	—			
	T851	>6.00~120.00	—			
	F	>4.50~400.00	—			
包铝 2024	O、T3	>0.20~10.00	—			
	T4	>0.40~10.00	—			
	F	>4.50~10.00	—			
2B06、包铝 2B06	O、T4	>0.50~8.00	—			
2A11	T1	>2.00~80.00	—			
	T4	>0.20~10.00	—			

（续）

牌号	状态	厚度/mm		开坯方式		
		板材	带材	热轧	铸轧	连铸连轧
2A11	H14	>0.20~4.00	>0.20~4.00			
	H16	>0.20~4.00	>0.20~4.00			
	H18	>0.20~6.00	>0.20~6.00			
包铝 2A11	O、T1、T3、T4	>0.20~10.00	—			
2A12	O	>0.50~30.00	—			
	H18	>0.20~3.00	>0.20~3.00			
	T1	>4.50~300.00	—			
	T3	>0.20~10.00	—			
	T4	>0.20~400.00	—			
	T351、T451	>6.00~100.00	—			
	F	>1.50~165.00	—			
包铝 2A12	O、T1、T3、T4	>0.20~10.00	—			
2D12	O	>0.50~6.00	—			
	T4	>0.50~10.00	—			
	T351	>6.00~15.00	—		—	
包铝 2D12	O、T4	>0.20~10.00	—			
2E12、包铝 2E12	T3、T4	>0.80~6.00	—			
2A14	O	0.50~30.00	—			
	T1	>6.00~300.00	—			
	T4	0.50~70.00	—			
	T6	0.50~200.00	—			
	T651	>6.00~140.00	—	✓		
	F	>6.00~300.00	—			
2A16	T1	>6.00~50.00	—			
	T6	>0.40~6.00	—			
2B25	T351	>30.00~85.00	—			
2A70	T1	>6.00~70.00	—			
	T651	>6.00~40.00	—			
2D70	T4	>12.00~80.00	—			
	T351、T651	>12.00~80.00	—			
3102	H18	—	>0.20~3.00		✓	—
	H19	—	>0.20~0.50			
3003	O	>0.20~25	>0.20~6.00		—	✓
	H111	>3.00~12.5	—			
	H112	>6.00~30.00	—			
	H12	>0.20~1.50	>0.20~1.50		—	
	H22、H32、H34	>0.20~12.50	>0.20~6.00			
	H14	>0.20~6.35	>0.20~6.35		✓	
	H24	>0.20~12.50	>0.20~6.00		✓	—
	H16	>0.20~4.00	>0.20~4.00		✓	
	H26	>0.20~4.00	>0.20~4.00		—	
	H18	>0.20~3.00	>0.20~3.00			
	H19	>0.20~3.00	>0.20~3.00		✓	
	H29	—	>0.20~4.00			
	H34	>0.20~3.00	>0.20~3.00	—	✓	—
	H44、H46	—	>0.20~1.50			
	F	>4.50~10.00	>2.50~8.00	✓	—	

（续）

<table>
<tr><th rowspan="2">牌号</th><th rowspan="2">状态</th><th colspan="2">厚度/mm</th><th colspan="3">开坯方式</th></tr>
<tr><th>板材</th><th>带材</th><th>热轧</th><th>铸轧</th><th>连铸连轧</th></tr>
<tr><td rowspan="9">3004</td><td>O</td><td>>0.20~50.00</td><td>>0.20~6.00</td><td rowspan="5">✓</td><td rowspan="4" colspan="2">—</td></tr>
<tr><td>H111</td><td>>0.20~50.00</td><td>—</td></tr>
<tr><td>H12、H22、H32、H14</td><td>>0.20~6.00</td><td>>0.20~6.00</td></tr>
<tr><td>H34、H26、H36、H18</td><td>>0.20~3.00</td><td>>0.20~1.50</td></tr>
<tr><td>H24</td><td>>0.20~3.00</td><td>>0.20~1.50</td><td rowspan="2">✓</td><td rowspan="2">—</td></tr>
<tr><td>H44、H46</td><td>—</td><td>>0.20~1.50</td><td>—</td></tr>
<tr><td>H16</td><td>>0.20~4.00</td><td>>0.20~1.50</td><td rowspan="19">✓</td><td colspan="2">—</td></tr>
<tr><td>H26</td><td>>0.20~4.00</td><td>>0.20~1.50</td><td>✓</td><td>—</td></tr>
<tr><td>H28、H38、H19</td><td>>0.20~1.50</td><td>>0.20~1.50</td><td rowspan="10" colspan="2">—</td></tr>
<tr><td rowspan="5">3104</td><td>O</td><td>>0.20~3.00</td><td>>0.20~3.00</td></tr>
<tr><td>H111</td><td>>0.20~3.00</td><td>—</td></tr>
<tr><td>H32</td><td>>0.20~3.00</td><td>>0.20~3.00</td></tr>
<tr><td>H14、H24、H34、H16、H26、H36</td><td>>0.20~3.00</td><td>>0.20~3.00</td></tr>
<tr><td>H18、H38、H19</td><td>>0.20~0.50</td><td>>0.20~0.50</td></tr>
<tr><td rowspan="9">3005</td><td>O</td><td>>0.20~6.00</td><td>>0.20~6.00</td></tr>
<tr><td>H111</td><td>>0.20~6.00</td><td>—</td></tr>
<tr><td>H12</td><td>>0.20~6.00</td><td>>0.20~6.00</td></tr>
<tr><td>H22</td><td>—</td><td>>0.20~3.00</td></tr>
<tr><td>H14</td><td>>0.20~6.00</td><td>>0.20~1.50</td><td rowspan="4">✓</td><td rowspan="4">—</td></tr>
<tr><td>H24</td><td>>0.20~3.00</td><td>>0.20~1.50</td></tr>
<tr><td>H16</td><td>>0.20~4.00</td><td>>0.20~0.50</td></tr>
<tr><td>H26</td><td>>0.20~3.00</td><td>>0.20~1.50</td></tr>
<tr><td>H28</td><td>>0.20~3.00</td><td>>0.20~3.00</td><td colspan="2">—</td></tr>
<tr><td rowspan="7">3105</td><td>O、H12、H22</td><td>>0.20~3.00</td><td>>0.20~3.00</td><td colspan="2">—</td></tr>
<tr><td>H14、H16、H18、H24、H26</td><td>>0.20~4.00</td><td>>0.20~4.00</td><td rowspan="6">✓</td><td rowspan="6">—</td></tr>
<tr><td>H44、H46</td><td>—</td><td>>0.20~1.50</td><td rowspan="3">—</td></tr>
<tr><td>H25</td><td>—</td><td>>0.20~0.50</td></tr>
<tr><td>H17</td><td>—</td><td>>0.20~0.50</td></tr>
<tr><td>H28</td><td>>0.20~1.50</td><td>>0.20~1.50</td><td rowspan="2">✓</td></tr>
<tr><td>H29</td><td>>0.20~1.50</td><td>>0.20~1.50</td></tr>
<tr><td rowspan="3">3105A</td><td>H24</td><td>—</td><td>>0.20~1.00</td><td rowspan="3">—</td><td rowspan="3">✓</td><td rowspan="3">—</td></tr>
<tr><td>H25</td><td>—</td><td>>0.20~0.50</td></tr>
<tr><td>H28</td><td>—</td><td>>0.20~0.50</td></tr>
<tr><td rowspan="6">3A21</td><td>O</td><td>>0.20~25.00</td><td>—</td><td rowspan="13">✓</td><td rowspan="10" colspan="2">—</td></tr>
<tr><td>H112</td><td>>4.00~125.00</td><td>—</td></tr>
<tr><td>H12、H22</td><td>>1.00~12.00</td><td>—</td></tr>
<tr><td>H14、H24</td><td>>0.80~6.00</td><td>—</td></tr>
<tr><td>H18、H28</td><td>>0.20~6.00</td><td>—</td></tr>
<tr><td>F</td><td>>4.00~20.00</td><td>—</td></tr>
<tr><td rowspan="2">4007</td><td>O</td><td>>0.20~12.50</td><td>—</td></tr>
<tr><td>H12</td><td>—</td><td>>0.20~0.40</td></tr>
<tr><td>4343</td><td>F</td><td>>0.20~60.00</td><td>>0.20~3.00</td></tr>
<tr><td>4A11</td><td>O</td><td>>0.20~6.00</td><td>—</td></tr>
<tr><td rowspan="3">5005、5005A</td><td>O</td><td>>0.20~3.00</td><td>>0.20~3.00</td><td>✓</td><td>—</td></tr>
<tr><td>H111</td><td>>0.20~50.00</td><td>—</td><td rowspan="2" colspan="2">—</td></tr>
<tr><td>H22</td><td>>0.20~3.00</td><td>>0.20~3.00</td></tr>
</table>

（续）

牌号	状态	厚度/mm		开坯方式		
		板材	带材	热轧	铸轧	连铸连轧
5005、5005A	H32、H14、H24、H34	>0.20~6.00	>0.20~6.00	✓	—	—
	H16、H26、H36	>0.20~4.00	>0.20~1.50			
	H18、H28、H38、H19	>0.20~3.00	>0.20~3.00			
	F	>4.50~6.00	>2.50~6.00			
5042	H34	>0.20~6.00	>0.20~0.50			
	H26	—	>0.20~3.00			
	H19	—	>0.20~3.00			
5049	O、H111	>0.20~3.00	>0.20~1.50			
5050	H22、H32、H14、H24	>0.20~6.00	—			
	H34	—	>0.20~1.50			
	H26	>0.20~4.00	>0.20~1.50			
5251	O、H111	>0.20~50.00	>0.20~3.00			
	H112	>0.20~10.00	—			
	H22、H32	>0.20~6.00	>0.20~3.00			
	H26	>0.20~4.00	—			
5052	O	>0.20~50.00	>0.20~6.00		✓	—
	H111	>1.50~20.00	—		—	—
	H112	>6.00~400.00	—			
	H12、H22、H14、H24、H34、H16	>0.20~6.00	>0.20~6.00			
	H26、H36	>0.20~6.00	>0.20~8.00			
	H32	>0.20~6.00	>0.20~8.00			
	H34	>0.50~6.00	>0.20~2.50			
	H42	—	>0.20~1.50	—	✓	—
	H44	—	>0.20~1.00			
	H18、H28、H38	>0.20~6.00	>0.20~3.00	✓	—	—
	H19、H39	—	>0.20~0.50			
	H321	>0.20~12.70	—			
	F	>6.00~410.00	>0.50~6.00			
5252	O	>0.20~3.00	—			
	H32	>0.20~6.00	—			
5154	O	>0.20~100.00	>0.20~3.00			
	H22、H24、H32	—	>0.20~0.50			
5454	O、H111	>0.20~80.00	—			
	H32	>0.20~16.00	—			
	H24、H34	>0.20~6.50	—			
	H112	6.00~120.00	—			
5754	O	>0.20~110.00	>0.20~1.50			
	H111	>0.20~110.00	>0.20~3.00			
	H112	3.00~55.00	—			
	H12、H32	>0.20~6.00	—			
	H22	>0.20~20.00	>0.20~3.00			
	H14、H34	>0.20~6.00	>0.20~3.00			
	H24	>0.20~6.00	>0.20~1.00			
	H16、H26、H36	>0.20~6.00	—			
	H34	—	>0.20~0.50			
	H18、H28、H38	>0.20~3.00	—			

（续）

牌号	状态	厚度/mm		开坯方式		
		板材	带材	热轧	铸轧	连铸连轧
5754	H42、H44、H46、H48	>0.20~6.00	>0.20~1.00			
	F	3.00~6.00	3.00~6.00			
5056	O	>0.50~3.00	—			
	F	>0.50~3.00	—			
5456	O	>0.20~16.00	—	✓		—
	H34	>4.50~6.00	—			
	H116	>4.50~50.00	—			
	H321	>4.50~50.00	—			
5059	O、H111、H112	>3.00~50.00	—		✓	—
	H32	—	0.20~1.00			
	H34	—	0.20~1.00			—
	H36	—	0.20~1.00			
	H38	—	0.20~1.00			
	H116、H321	>3.00~50.00	—		✓	—
5182	O	>0.20~6.00	>0.20~3.00			
	H111	>0.20~20.00	—			
	H32、H34	>0.20~6.00	—			
	H26、H36	>0.20~6.00	—			
	H18	>0.20~3.00	—			
	H19	>0.20~1.50	>0.20~1.50			
	H48	—	>0.20~0.50			
5083	O、H111	>0.20~200.00	>0.20~4.00			
	H112	>3.00~160.00	—			
	H12、H22、H32	>0.20~12.00	>0.20~3.00			
	H14、H24、H34	>0.20~10.00	>0.20~4.00			
	H16、H26、H36	>0.20~6.00	—			
	H116	>1.50~80.00	—			
	H321	>1.50~130.00	—			
	F	>0.20~10.00	—	✓		
5383	O、H111	>0.20~150.00	—			
	H32、H24	>0.20~6.00	—			—
	H321	>1.50~80.00	—			
	H116	>1.50~80.00	—			
5086	O、H111	>0.20~150.00	—			
	H12、H32、H34	>0.20~6.00	—			
	H36	>0.20~4.00	—			
	H116	>1.50~50.00	—			
	F	>4.50~150.00	—			
5A01	H112	>4.50~10.00	—			
5A02	O	>0.50~10.00	—			
	H112	>2.00~80.00	—			
	H14、H24、H34、H18	>0.50~4.50	—			
	H32	>0.50~3.00	—			
	F	>4.50~150.00	—			
5A03	O、H14、H24、H34	>0.50~4.50	>0.50~4.50			
	H112	>4.50~50.00	—			
	F	>4.50~50.00	—			

（续）

牌号	状态	厚度/mm		开坯方式		
		板材	带材	热轧	铸轧	连铸连轧
5A05	O	>0.50~25.00	>0.50~4.50			
	H112	>4.50~50.00	—			
	F	>4.50~130.00	—			
5A06	O	0.50~100.00	>0.50~4.50			
	H112	>3.00~265.00	—			
	H34	>1.20~20.00	>0.20~6.00			
	F	>4.50~120.00	—			
5A12	O	>0.50~3.00	—			
5A30	H112	>30.00~200.00	—			
5E61	O	>1.20~6.00	>0.20~6.00			
5A66	H24	>0.50~3.00	—			
5B05	O	—	0.20~3.00			
	H38	—	0.20~3.00			
5L52	H32	—	0.20~3.00			
6101	T6	>4.50~80.00	—			
	T61、T64、T6A	>1.00~10.00	0.20~6.00			
6005A	T6	>0.50~10.00	—			
6111	T4、T4P	—	0.40~3.00			
	T61	0.40~3.00	—			
6013	T6	>0.50~10.00	—			
6014	T4、T4P	—	0.40~3.00			
6016	H18	>0.50~3.00	—			
	T4、T4P、T6、T61	0.40~6.00	—			
6060	T6、T651	>4.50~70.00	—			
6061	O、T1	0.40~150.00	0.40~7.00			
	T4	0.40~10.00	—			
	T6	0.40~280.00	—			
	T351、T451、T651	5.00~290.00	—			
	F	>4.50~435.00	>2.50~8.00	✓		—
6063	O、T1	0.50~150.00	—			
	T4、T6	0.50~170.00	—			
	T651	6.00~60.00	—			
	F	0.50~150.00	—			
6082	O	0.40~25.00	—			
	T4	0.40~80.00	—			
	T6	0.40~200.00	—			
	T61	>0.50~10.00	—			
	T651	1.50~200.00	—			
	F	>4.50~25.00	—			
6A02	O、T4、T6	>0.50~10.00	—			
	H18	—	>0.20~1.00			
	T1	>4.50~90.00	—			
6A16	T4P	—	0.40~3.00			
7005	T6	>1.50~20.00	—			
7020	O、T4	0.40~12.50	—			
	T6、T651	>0.40~60.00	—			
7021	T6、T6B、T651	>1.50~6.00	—			
7150	T1	>12.00~81.00	—			
7075	O	>0.40~30.00	—			
	H18	0.20~3.00	>0.20~3.00			
	T1	>4.50~200.00	—			
	T6	>0.40~200.00	—			
	T351、T651、T7351、T7451	>1.50~203.00	—			

（续）

牌号	状态	厚度/mm		开坯方式		
		板材	带材	热轧	铸轧	连铸连轧
7075	T73	>1.50~100.00	—			
	T76	>1.50~12.50	—			
	F	>6.00~200.00	—			
包铝 7075	O、T6、T76、F	>0.40~10.00	—			
7475	O	>0.40~75.00	—			
	T6	>0.35~6.00	—			
	T7351	>5.00~200.00	—			
	T76、T761	>1.00~6.50	—			
包铝 7475	O、T761	>0.40~10.00	—			
7085	T7451、T7651	>60.00~200.00	—			
7A04、7A09	O、T6	>0.50~155.00	—			
	T1	>4.50~100.00	—			
	T651	>6.00~100.00	—			
	T9	>0.50~6.00	—	✓	—	
	F	>4.50~150.00	—			
包铝 7A04、包铝 7A09	O、T6	>0.50~10.00	—			
	T9	>0.50~6.00	—			
7B04	O	>0.50~100.00	—			
	T1	>6.00~50.00	—			
	T4、T6	>1.00~100.00	—			
	T73、T74	>0.50~100.00	—			
包铝 7B04	O、T73、T74	>0.50~10.00	—			
	T6	>1.00~10.00	—			
7D04	T7451	>40.00~100.00	—			
7A05	T6、T651	>1.50~100.00	—			
7A19	T1	>4.50~200.00	—			
7A52	T6	>1.50~100.00	—			
	T651	>1.50~60.00	—			
8006	H16	—	>0.20~0.50		✓	—
8011	O	—	>0.20~0.50	—		
	H12	—	>0.20~5.00			
	H14、H16	>0.20~0.50	>0.20~3.00	✓	✓	
	H24	>0.20~0.50	>0.20~3.00	—		
	H18	>0.20~0.50	>0.20~3.50			
	H19	—	>0.20~0.50			
	H22	—	>0.20~3.50		✓	
8011A	H14、H24	>0.20~6.00	>0.20~6.00	—		
	H16、H26	>0.20~4.00	>0.20~4.00			
	H18	>0.20~3.00	>0.20~3.00		✓	
	F	>0.20~6.00	>0.20~3.00		—	
8111	H14	—	>0.20~0.50	—	✓	—
8014	O	—	>0.20~0.60		—	
8021	H14	—	>0.20~0.50		✓	—
	H18	—	>0.20~0.50	✓	—	
8021B	H14、H18	—	>0.20~0.50		—	
8079	H14	>0.20~0.50	>0.20~0.50		✓	—

注：“✓”表示有此开坯方式，“—”表示无此开坯方式。

2. 一般工业用铝及铝合金板的宽度及长度和带的宽度及卷内径（见表11-18）

表11-18 一般工业用铝及铝合金板的宽度及长度和带的宽度及卷内径（GB/T 3880.1—2023）

（单位：mm）

产品厚度	板材		带材	
	宽度	长度	宽度	卷内径
>0.20~0.50	500~1500	500~4000	≤3000	75、76.2、150、152.4、200、300、304.8、400、405、505、508、605、650、750
>0.50~0.80	500~2000	500~10000	≤3000	
>0.80~1.20	500~2400	800~10000	≤3000	
>1.20~3.00	500~2400	800~10000	≤3000	
>3.00~8.00	500~2400	800~15000	≤3000	
>8.00~15.00	500~2500	1000~15000	—	
>15.00~435.00	500~4000	1000~20000	—	

3. 一般工业用铝及铝合金包铝板和带的牌号、包铝材料及包覆率（见表11-19）

表11-19 一般工业用铝及铝合金包铝板和带的牌号、包铝材料及包覆率（GB/T 3880.1—2023）

牌号	状态	包铝材料	产品厚度/mm	包覆率①(%)
包铝 2014	O、T3、T4、T6、F	1A50	≤0.63	8.00~10.00
			>0.63~1.00	6.00~8.00
			>1.00~2.50	4.00~6.00
			>2.50~10.00	2.00~6.00
包铝 2014A	O、T4、T6	1A50	≤0.63	8.00~10.00
			>0.63~1.00	6.00~8.00
			>1.00~2.50	4.00~6.00
			>2.50~10.00	2.00~6.00
包铝 2017	O、T3、T4、F	1A50	≤0.63	8.00~10.00
			>0.63~1.00	6.00~8.00
			>1.00~2.50	4.00~6.00
			>2.50~10.00	2.00~6.00
包铝 2017A	O、T4	1A50	≤0.63	8.00~10.00
			>0.63~1.00	6.00~8.00
			>1.00~2.50	4.00~6.00
			>2.50~10.00	2.00~6.00
包铝 2219	O、T87	1A50	≤1.00	8.00~10.00
			>1.00~2.50	4.00~6.00
			>2.50~10.00	2.00~6.00
包铝 2024	O、T3、T4、F	1A50	≤1.60	4.00~6.00
			>1.60~10.00	2.00~6.00
包铝 2A11、包铝 2A12	O、T1、T3、T4	1A50	≤1.60	4.00~6.00
			>1.60~10.00	2.00~6.00
包铝 2B06	O、T4	1A50	≤1.60	4.00~6.00
			>1.60~8.00	2.00~6.00
包铝 2D12	O、T4	1A50	≤1.60	4.00~10.00
			>1.60~10.00	2.00~4.00
包铝 2E12	T3、T4	1A50	>0.80~1.60	4.00~6.00
			>1.60~6.00	2.00~4.00
包铝 7075	O、T6、T76、F	1A50 或 7A01	≤1.60	2.00~6.00
			>1.60~10.00	2.00~6.00
包铝 7475	O、T761	7A01	≤1.60	4.00~6.00
			>1.60~4.80	2.50~5.00
			>4.80~10.00	1.50~3.00
包铝 7A04、包铝 7A09	O、T6	7A01	0.50~1.60	4.00~6.00
			>1.60~10.00	2.00~6.00
	T9		0.50~1.60	4.00~6.00
			>1.60~6.00	2.00~6.00
包铝 7B04	O、T6、T73、T74	1A50 或 7A01	≤1.60	3.00~6.00
			>1.60~10.00	2.00~6.00

① 单面包覆层厚度占板材总厚度的百分比。

4. 一般工业用铝及铝合金板和带的电导率（见表 11-20）

表 11-20　一般工业用铝及铝合金板和带的电导率（GB/T 3880.1—2023）

牌号	状态	电导率[①]/(MS/m)
6101	T6	>31.9
	T61	≥33.1
	T6A	≥32.5
6016	T61	22.7~33.3

①需方要求以国际退火铜百分比（%IACS）为电导率单位时，按 1MS/m=1.724×%IACS 进行换算，计算结果保留小数点后一位。

5. 一般工业用铝及铝合金板和带电导率与力学性能的匹配关系（见表 11-21）

表 11-21　一般工业用铝及铝合金板和带电导率与力学性能的匹配关系（GB/T 3880.1—2023）

牌号	状态	电导率/(MS/m)	力学性能
7075	T73	22.0~23.0	规定塑性延伸强度($R_{p0.2}$)与表 11-22 中的最小值之差不大于 85MPa，其他力学性能与表 11-22 中一致
		>23.0	与表 11-22 中一致
	T76	≥22.0	与表 11-22 中一致
7475	T76、T761	≥22.6	规定塑性延伸强度($R_{p0.2}$)与表 11-22 的最小值之差不大于 62MPa，其他力学性能与表 11-22 中一致
7B04	T7351	≥22.0	符合相关规定
	T7451	≥21.0	符合相关规定

注：抗应力腐蚀性能符合供需双方协商确定的要求时，电导率与力学性能的匹配关系仅供参考。

6. 一般工业用铝及铝合金板和带的力学性能（见表 11-22）

表 11-22　一般工业用铝及铝合金板和带的力学性能（GB/T 3880.2—2024）

牌号	供应状态	试样状态[①]	厚度/mm	抗拉强度 R_m/MPa	规定塑性延伸强度 $R_{p0.2}$/MPa	断后伸长率(%) A_{50mm}	断后伸长率(%) A	弯曲半径[②] 90°	弯曲半径[②] 180°
						≥	≥		
1A99	H112	H112	>6.00~12.50	≥60	—	14	—	—	—
			>12.50~20.00			—	20	—	—
1A90	H112	H112	>12.50~20.00	≥60	—	—	19	—	—
1080A	H111	H111	>0.20~0.50	60~90	≥15	26	—	0t	0t
			>0.50~1.50			28	—	0t	0t
			>1.50~3.00			31	—	0t	0t
			>3.00~6.00			35	—	0.5t	0.5t
			>6.00~12.50			35	—	0.5t	0.5t
1070	O	O	>0.20~0.30	55~95	≥15	15	—	0t	—
			>0.30~0.50			20	—	0t	—
			>0.50~0.80			25	—	0t	—
			>0.80~1.50			30	—	0t	—
			>1.50~3.00			35	—	0t	—
	H112	H112	>4.50~6.00	≥75	≥35	20	—	—	—
			>6.00~12.50	≥70		20	—	—	—
			>12.50~25.00	≥60	≥25	—	25	—	—
			>25.00~100.00	≥55	≥15	—	30	—	—

（续）

牌号	供应状态	试样状态①	厚度/mm	抗拉强度 R_m/MPa	规定塑性延伸强度 $R_{p0.2}$/MPa	断后伸长率（%） A_{50mm} ≥	断后伸长率（%） A ≥	弯曲半径② 90°	弯曲半径② 180°
1070	H12、H22	H12、H22	>0.20~0.30	70~100	—	2	—	0t	—
			>0.30~0.50			3	—	0t	—
			>0.50~0.80			4	—	0t	—
			>0.80~1.50		≥55	6	—	0t	—
			>1.50~3.00			8	—	0t	—
			>3.00~7.00			9	—	0t	—
	H14、H24	H14、H24	>0.20~0.30	85~120	≥65	1	—	0.5t	—
			>0.30~0.50			2	—	0.5t	—
			>0.50~0.80			3	—	0.5t	—
			>0.80~1.50			4	—	1.0t	—
			>1.50~3.00			5	—	1.0t	—
			>3.00~7.00			6	—	1.0t	—
	H16、H26	H16、H26	>0.20~0.50	100~135	—	1	—	1.0t	—
			>0.50~0.80			2	—	1.0t	—
			>0.80~1.50		≥75	3	—	1.5t	—
			>1.50~4.00			4	—	1.5t	—
	H18	H18	>0.20~0.50	≥120	—	1	—	—	—
			>0.50~0.80			2	—	—	—
			>0.80~1.50			3	—	—	—
			>1.50~3.00		≥80	4	—	—	—
			>3.00~6.00		—	5	—	—	—
			>6.00~8.00	≥115		6	—	—	—
	H19	H19	>0.20~0.50	≥130	—	1	—	—	—
1070A	O	O	>0.20~0.50	60~90	≥15	23	—	0t	0t
			>0.50~1.50			25	—	0t	0t
			>1.50~3.00			29	—	0t	0t
			>3.00~6.00			32	—	0.5t	0.5t
	H12	H12	>0.20~0.50	80~120	≥55	5	—	0t	0.5t
			>0.50~1.50			6	—	0t	0.5t
			>1.50~3.00			7	—	0.5t	0.5t
	H22	H22	>0.20~0.50	80~120	≥50	7	—	0t	0.5t
			>0.50~1.50			8	—	0t	0.5t
			>1.50~3.00			10	—	0.5t	0.5t
	H14	H14	>0.20~0.50	100~140	≥70	4	—	0t	0.5t
			>0.50~1.50			4	—	0.5t	0.5t
			>1.50~3.00			5	—	1.0t	1.0t
	H24	H24	>0.20~0.50	100~140	≥60	5	—	0t	0.5t
			>0.50~1.50			6	—	0.5t	0.5t
			>1.50~3.00			7	—	1.0t	1.0t
	H16	H16	>0.20~0.50	110~150	≥90	2	—	0.5t	1.0t

（续）

<table>
<tr><th rowspan="3">牌号</th><th rowspan="3">供应状态</th><th rowspan="3">试样状态①</th><th rowspan="3">厚度/mm</th><th rowspan="3">抗拉强度 R_m/MPa</th><th rowspan="3">规定塑性延伸强度 $R_{p0.2}$/MPa</th><th colspan="2">断后伸长率（%）</th><th colspan="2" rowspan="2">弯曲半径②</th></tr>
<tr><th>A_{50mm}</th><th>A</th></tr>
<tr><th colspan="2">≥</th><th>90°</th><th>180°</th></tr>
<tr><td rowspan="9">1070A</td><td rowspan="2">H16</td><td rowspan="2">H16</td><td>>0.50～1.50</td><td rowspan="2">110～150</td><td rowspan="2">≥90</td><td>2</td><td>—</td><td>1.0t</td><td>1.0t</td></tr>
<tr><td>>1.50～4.00</td><td>3</td><td>—</td><td>1.0t</td><td>1.0t</td></tr>
<tr><td rowspan="3">H26</td><td rowspan="3">H26</td><td>>0.20～0.50</td><td rowspan="3">110～150</td><td rowspan="3">≥80</td><td>3</td><td>—</td><td>0.5t</td><td>—</td></tr>
<tr><td>>0.50～1.50</td><td>3</td><td>—</td><td>1.0t</td><td>—</td></tr>
<tr><td>>1.50～4.00</td><td>4</td><td>—</td><td>1.0t</td><td>—</td></tr>
<tr><td rowspan="4">H18</td><td rowspan="4">H18</td><td>>0.20～0.50</td><td rowspan="4">≥125</td><td rowspan="4">≥105</td><td>2</td><td>—</td><td>1.0t</td><td>—</td></tr>
<tr><td>>0.50～1.50</td><td>2</td><td>—</td><td>2.0t</td><td>—</td></tr>
<tr><td>>1.50～3.00</td><td>2</td><td>—</td><td>2.5t</td><td>—</td></tr>
<tr><td>>3.00～7.00</td><td>2</td><td>—</td><td>—</td><td>—</td></tr>
<tr><td rowspan="29">1060</td><td rowspan="6">O</td><td rowspan="6">O</td><td>>0.20～0.30</td><td rowspan="6">55～95</td><td rowspan="6">≥15</td><td>15</td><td>—</td><td>—</td><td>—</td></tr>
<tr><td>>0.30～0.50</td><td>20</td><td>—</td><td>—</td><td>—</td></tr>
<tr><td>>0.50～1.50</td><td>25</td><td>—</td><td>—</td><td>—</td></tr>
<tr><td>>1.50～6.00</td><td>30</td><td>—</td><td>—</td><td>—</td></tr>
<tr><td>>6.00～12.50</td><td>30</td><td>—</td><td>—</td><td>—</td></tr>
<tr><td>>12.50～65.00</td><td>—</td><td>30</td><td>—</td><td>—</td></tr>
<tr><td rowspan="4">H112</td><td rowspan="4">H112</td><td>>6.00～12.50</td><td>≥75</td><td>≥40</td><td>20</td><td>—</td><td>—</td><td>—</td></tr>
<tr><td>>12.50～25.00</td><td rowspan="2">≥70</td><td rowspan="2">≥35</td><td>—</td><td>25</td><td>—</td><td>—</td></tr>
<tr><td>>25.00～40.00</td><td>—</td><td>30</td><td>—</td><td>—</td></tr>
<tr><td>>40.00～80.00</td><td>≥60</td><td>≥30</td><td>—</td><td>30</td><td>—</td><td>—</td></tr>
<tr><td rowspan="3">H12</td><td rowspan="3">H12</td><td>>0.20～0.50</td><td rowspan="3">80～120</td><td rowspan="3">≥60</td><td>6</td><td>—</td><td>—</td><td>—</td></tr>
<tr><td>>0.50～1.50</td><td>6</td><td>—</td><td>—</td><td>—</td></tr>
<tr><td>>1.50～7.00</td><td>12</td><td>—</td><td>—</td><td>—</td></tr>
<tr><td rowspan="2">H22</td><td rowspan="2">H22</td><td>>0.50～1.50</td><td rowspan="2">80～120</td><td rowspan="2">≥60</td><td>10</td><td>—</td><td>—</td><td>—</td></tr>
<tr><td>>1.50～7.00</td><td>12</td><td>—</td><td>—</td><td>—</td></tr>
<tr><td rowspan="6">H14</td><td rowspan="6">H14</td><td>>0.20～0.30</td><td>85～120</td><td>≥70</td><td>1</td><td>—</td><td>—</td><td>—</td></tr>
<tr><td>>0.30～0.50</td><td rowspan="5">95～130</td><td rowspan="5">≥75</td><td>2</td><td>—</td><td>—</td><td>—</td></tr>
<tr><td>>0.50～0.80</td><td>3</td><td>—</td><td>—</td><td>—</td></tr>
<tr><td>>0.80～1.50</td><td>4</td><td>—</td><td>—</td><td>—</td></tr>
<tr><td>>1.50～3.00</td><td>6</td><td>—</td><td>—</td><td>—</td></tr>
<tr><td>>3.00～6.00</td><td>10</td><td>—</td><td>—</td><td>—</td></tr>
<tr><td rowspan="5">H24</td><td rowspan="5">H24</td><td>>0.20～0.50</td><td rowspan="5">95～130</td><td rowspan="5">≥70</td><td>4</td><td>—</td><td>—</td><td>—</td></tr>
<tr><td>>0.50～0.80</td><td>6</td><td>—</td><td>—</td><td>—</td></tr>
<tr><td>>0.80～1.50</td><td>8</td><td>—</td><td>—</td><td>—</td></tr>
<tr><td>>1.50～3.00</td><td>10</td><td>—</td><td>—</td><td>—</td></tr>
<tr><td>>3.00～6.00</td><td>12</td><td>—</td><td>—</td><td>—</td></tr>
<tr><td rowspan="4">H16、H26</td><td rowspan="4">H16、H26</td><td>>0.20～0.30</td><td rowspan="4">110～155</td><td rowspan="4">≥80</td><td>1</td><td>—</td><td>—</td><td>—</td></tr>
<tr><td>>0.30～0.50</td><td>2</td><td>—</td><td>—</td><td>—</td></tr>
<tr><td>>0.50～1.50</td><td>4</td><td>—</td><td>—</td><td>—</td></tr>
<tr><td>>1.50～4.00</td><td>5</td><td>—</td><td>—</td><td>—</td></tr>
</table>

（续）

牌号	供应状态	试样状态①	厚度/mm	抗拉强度 R_m/MPa	规定塑性延伸强度 $R_{p0.2}$/MPa	断后伸长率（%）		弯曲半径②	
						A_{50mm}	A	90°	180°
						≥			
1060	H18	H18	>0.20~0.30	≥125	≥85	1	—	—	—
			>0.30~0.50			2	—	—	—
			>0.50~1.50			3	—	—	—
			>1.50~3.00			4	—	—	—
	H19	H19	>0.20~0.30	≥135	—	1	—	—	—
1050	O	O	>0.20~0.50	60~100	—	20	—	0t	0t
			>0.50~0.80			25	—	0t	0t
			>0.80~1.50		≥20	25	—	0t	0t
			>1.50~6.00			30	—	0.5t	0.5t
	H111	H111	>1.50~6.00	60~100	≥20	28	—	0.5t	0.5t
			>6.00~12.50			28	—	1.0t	1.0t
			>12.50~30.00			—	30	—	—
	H112	H112	>4.50~6.00	≥85	≥45	18	—	—	—
			>6.00~12.50	≥80		20	—	—	—
			>12.50~25.00	≥70	≥35	—	25	—	—
			>25.00~40.00			—	30	—	—
	H12	H12	>0.50~0.80	85~125	≥70	6	—	0t	0.5t
			>0.80~1.50			6	—	0t	0.5t
			>1.50~3.00			8	—	0.5t	0.5t
			>3.00~6.00			9	—	1.0t	1.0t
	H22	H22	>0.50~0.80	80~125	≥65	4	—	0t	0.5t
			>0.80~1.50			6	—	0t	0.5t
			>1.50~3.00			10	—	0.5t	0.5t
			>3.00~6.00			12	—	1.0t	1.0t
	H14	H14	>0.20~0.30	95~140	—	1	—	0t	1.0t
			>0.30~0.50			2	—	0t	1.0t
			>0.50~0.80		≥75	3	—	0.5t	1.0t
			>0.80~1.50			4	—	0.5t	1.0t
			>1.50~3.00			5	—	1.0t	1.0t
			>3.00~6.00			6	—	1.5t	—
			>6.00~8.00			6	—	—	—
	H24	H24	>0.20~0.50	95~140	≥75	4	—	0.5t	1.0t
			>0.50~0.80			6	—	0.5t	1.0t
			>0.80~1.50			8	—	0.5t	1.0t
			>1.50~3.00			8	—	1.0t	1.0t
			>3.00~6.00			10	—	1.5t	1.5t
	H16	H16	>0.20~0.50	120~150	≥85	1	—	0.5t	—
			>0.50~0.80			2	—	1.0t	—
			>0.80~1.50			3	—	1.0t	—

（续）

牌号	供应状态	试样状态①	厚度/mm	抗拉强度 R_m/MPa	规定塑性延伸强度 $R_{p0.2}$/MPa	断后伸长率（%） A_{50mm} ≥	A	弯曲半径② 90°	180°
1050	H16	H16	>1.50~4.00	120~150	≥85	4	—	1.5t	—
	H26	H26	>0.20~0.50	120~150	≥85	1	—	0.5t	—
			>0.50~0.80			2	—	1.0t	—
			>0.80~1.50			3	—	1.0t	—
			>1.50~4.00			5	—	1.5t	—
	H18	H18	>0.20~1.50	≥130	—	1	—	—	—
			>1.50~3.00			4	—	—	—
	H19	H19	>0.20~0.50	≥140	—	1	—	—	—
1050A	O、H111	O、H111	>0.20~0.50	65~95	≥20	20	—	0t	0t
			>0.50~1.50			22	—	0t	0t
			>1.50~3.00			26	—	0t	0t
			>3.00~6.00			29	—	0.5t	0.5t
			>6.00~12.50			35	—	1.0t	1.0t
			>12.50~80.00			—	32	—	—
	H112	H112	>6.00~12.50	≥75	≥30	20	—	—	—
			>12.50~80.00	≥70	≥25	—	25	—	—
	H12	H12	>0.20~0.50	80~125	≥65	2	—	0t	0.5t
			>0.50~1.50			4	—	0t	0.5t
			>1.50~3.00			5	—	0.5t	0.5t
			>3.00~4.00			7	—	1.0t	1.0t
	H22	H22	>0.20~0.50	85~125	≥55	4	—	0t	0.5t
			>0.50~1.50			5	—	0t	0.5t
			>1.50~3.00			6	—	0.5t	0.5t
			>3.00~4.00			11	—	1.0t	1.0t
	H14	H14	>0.20~0.50	105~145	≥85	2	—	0t	1.0t
			>0.50~1.50			2	—	0.5t	1.0t
			>1.50~3.00			4	—	1.0t	1.0t
			>3.00~4.00			5	—	1.5t	—
	H24	H24	>0.20~0.50	105~145	≥75	3	—	0t	1.0t
			>0.50~1.50			4	—	0.5t	1.0t
			>1.50~3.00			5	—	1.0t	1.0t
			>3.00~4.00			8	—	1.5t	1.5t
	H16	H16	>0.20~0.50	120~160	≥100	1	—	0.5t	—
			>0.50~1.50			2	—	1.0t	—
			>1.50~4.00			3	—	1.5t	—
	H26	H26	>0.20~0.50	120~160	≥90	2	—	0.5t	—
			>0.50~1.50			3	—	1.0t	—
			>1.50~4.00			5	—	1.5t	—
	H18	H18	>0.20~0.50	≥140	≥120	1	—	1.0t	—
			>0.50~1.50			2	—	2.0t	—

（续）

牌号	供应状态	试样状态[①]	厚度/mm	抗拉强度 R_m/MPa	规定塑性延伸强度 $R_{p0.2}$/MPa	断后伸长率（%） A_{50mm}	断后伸长率（%） A	弯曲半径[②] 90°	弯曲半径[②] 180°
						≥			
1050A	H18	H18	>1.50~3.00	≥140	≥120	2	—	3.0t	—
	H28	H28	>0.20~0.50	≥140	≥110	2	—	1.0t	—
			>0.50~1.50			2	—	2.0t	—
			>1.50~3.00			3	—	3.0t	—
1350	O	O	>0.20~6.00	65~95	≥20	20	—	0t	0t
	H112	H112	>6.00~12.50	≥75	≥30	22	—	—	—
			>12.50~30.00			—	22	—	—
1145	H14	H14	>0.20~0.30	95~150	—	1	—	—	—
1035	O	O	>0.80~1.50	60~100	—	25	—	—	—
	H112	H112	>6.00~12.50	≥70	≥30	25	—	—	—
			>12.50~30.00			—	30	—	—
	H18	H18	>0.2~0.5	≥130	—	2	—	—	—
1235	H14	H14	>0.20~0.30	115~150	—	1	—	—	—
			>0.30~0.50			2	—	—	—
			>0.50~1.50			3	—	—	—
			>1.50~3.00			4	—	—	—
	H16	H16	>0.20~0.50	130~165	—	1	—	—	—
	H18	H18	>0.20~0.50	≥145	—	1	—	—	—
			>0.50~1.50			2	—	—	—
	H19	H19	>0.20~3.00	115~150	—	1	—	—	—
1A30	O	O	>0.2~1.00	65~85	—	28	—	—	—
1100	O	O	>0.20~0.30	75~105	≥25	15	—	—	0t
			>0.30~0.60	75~105	≥25	17	—	—	0t
			>0.60~1.20			22	—	—	0t
			>1.20~6.00			30	—	—	0t
			>6.00~12.50			28	—	—	0t
			>12.50~25.00			—	28	—	0t
			>25.00~40.00			—	30	—	0t
			>40.00~80.00			—	30	—	0t
	H112	H112	>6.00~12.50	≥90	≥50	12	—	—	—
			>12.50~40.00	≥85	≥40	—	20	—	—
			>40.00~80.00	≥80	≥30	—	25	—	—
	H12、H22	H12、H22	>0.20~0.60	95~130	≥75	3	—	—	0t
			>0.60~1.20			5	—	—	0t
			>1.20~6.00			8	—	—	0t
	H14	H14	>0.20~0.30	110~145	≥95	2	—	—	0t
			>0.30~0.60			2	—	—	0t
			>0.60~1.20			3	—	—	0t
			>1.20~6.00			5	—	—	0t

（续）

牌号	供应状态	试样状态①	厚度/mm	抗拉强度 R_m/MPa	规定塑性延伸强度 $R_{p0.2}$/MPa	断后伸长率（%）		弯曲半径②	
						A_{50mm}	A	90°	180°
						≥			
1100	H24	H24	>0.20~0.30	110~145	≥95	1	—	—	0*t*
			>0.30~0.60			2	—	—	0*t*
			>0.60~1.20			3	—	—	0*t*
			>1.20~6.00			5	—	—	0*t*
	H16、H26	H16、H26	>0.20~0.30	130~165	≥115	1	—	—	4.0*t*
			>0.30~0.60			2	—	—	4.0*t*
			>0.60~1.20			3	—	—	4.0*t*
			>1.20~6.00			4	—	—	4.0*t*
	H18	H18	>0.20~0.30	≥150	—	1	—	—	—
			>0.30~0.60			1	—	—	—
			>0.60~1.20			2	—	—	—
			>1.20~4.00			3	—	—	—
	H19	H19	>0.20~0.60	≥160	—	1	—	—	—
1200	H112	H112	>6.00~12.50	≥85	≥35	16	—	—	—
			>12.50~80.00	≥80	≥30	—	20	—	—
	H22	H22	>0.20~0.50	95~135	≥65	4	—	0*t*	0.5*t*
			>0.50~1.50			6	—	0*t*	0.5*t*
			>1.50~3.00			8	—	0.5*t*	0.5*t*
			>3.00~6.00			10	—	1.0*t*	1.0*t*
	H14	H14	>0.20~0.50	115~155	≥95	1	—	0*t*	1.0*t*
			>0.50~1.50			3	—	0.5*t*	1.0*t*
			>1.50~3.00			4	—	1.0*t*	1.0*t*
			>3.00~6.00			5	—	1.5*t*	1.5*t*
	H24	H24	>0.20~0.50	115~155	≥90	3	—	0*t*	1.0*t*
			>0.50~1.50			4	—	0.5*t*	1.0*t*
			>1.50~3.00			5	—	1.0*t*	1.0*t*
			>3.00~6.00			7	—	1.5*t*	—
	H16	H16	>0.20~0.50	120~170	≥110	1	—	0.5*t*	—
			>0.50~1.50	130~170	≥115	2	—	1.0*t*	—
			>1.50~4.00			3	—	1.5*t*	—
	H26	H26	>0.20~0.50	130~170	≥105	2	—	0.5*t*	—
			>0.50~1.50			3	—	1.0*t*	—
			>1.50~4.00			4	—	1.5*t*	—
	H18	H18	>0.20~0.50	≥150	≥130	1	—	1.0*t*	—
			>0.50~1.50			2	—	2.0*t*	—
			>1.50~3.00			2	—	3.0*t*	—

（续）

牌号	供应状态	试样状态①	厚度/mm	抗拉强度 R_m/MPa	规定塑性延伸强度 $R_{p0.2}$/MPa	断后伸长率（%）		弯曲半径②	
						A_{50mm}	A	90°	180°
						≥			
2014	O	O	>0.40~1.50	≤220	≤110	12	—	0t	0.5t
			>1.50~3.00			13	—	1.0t	1.0t
			>3.00~6.00			16	—	1.5t	—
			>6.00~9.00			16	—	2.5t	—
			>9.00~12.50			16	—	4.0t	—
			>12.50~25.00			—	10	—	—
		T42③	>0.40~6.00	≥395	≥230	14	—	—	—
			>6.00~12.50	≥400	≥235	14	—	—	—
			>12.50~25.00			—	12	—	—
	T3	T3	>0.40~1.50	≥405	≥245	14	—	—	—
			>1.50~6.00			14	—	—	—
	T4	T4	>0.40~1.50	≥405	≥240	14	—	3.0t	3.0t
			>1.50~6.00			14	—	5.0t	5.0t
			>6.00~12.00	≥400	≥250	14	—	8.0t	—
	T6	T6	>0.40~1.50	≥440	≥395	6	—	5.0t	—
			>1.50~6.00			7	—	7.0t	—
			>6.00~12.50	≥450	≥395	7	—	10.0t	—
			>12.50~40.00	≥460	≥400	—	6	—	—
			>40.00~60.00	≥450	≥390	—	5	—	—
	T651	T651	>6.00~12.50	≥450	≥390	7	—	10.0t	—
			>12.50~40.00	≥460	≥400	—	6	—	—
			>40.00~60.00	≥460	≥390	—	5	—	—
			>60.00~80.00	≥435	≥380	—	4	—	—
			>80.00~100.00	≥420	≥360	—	4	—	—
			>100.00~125.00	≥410	≥350	—	4	—	—
			>125.00~160.00	≥390	≥340	—	2	—	—
包铝2014	O	O	>0.40~10.00	≤205	≤95	16	—	—	—
		T42③	>0.40~0.63	≥370	≥215	14	—	—	—
			>0.63~1.60	≥380	≥220	14	—	—	—
			>1.60~10.00	≥395	≥235	15	—	—	—
	T3	T3	>0.40~0.63	≥370	≥230	14	—	—	—
			>0.63~1.60	≥380	≥235	14	—	—	—
			>1.60~6.00	≥395	≥240	15	—	—	—
	T4	T4	>0.40~0.63	≥370	≥215	14	—	—	—
			>0.63~1.60	≥380	≥220	14	—	—	—
			>1.60~6.00	≥395	≥235	15	—	—	—

（续）

牌号	供应状态	试样状态[①]	厚度/mm	抗拉强度 R_m/MPa	规定塑性延伸强度 $R_{p0.2}$/MPa	断后伸长率（%） A_{50mm} ≥	A ≥	弯曲半径[②] 90°	180°
包铝 2014	T6	T6	>0.40~0.63	≥425	≥370	7	—	—	—
			>0.63~1.60	≥435	≥380	7	—	—	—
			>1.60~2.50	≥440	≥395	8	—	—	—
			>2.50~6.30	≥440	≥395	8	—	—	—
2014A	O	O	>0.40~0.50	≤235	≤110	—	—	1.0t	—
			>0.50~1.50			14	—	2.0t	—
			>1.50~3.00			16	—	2.0t	—
			>3.00~6.00			16	—	2.0t	—
	T4	T4	>0.40~0.50	≥400	≥225	—	—	3.0t	—
			>0.50~1.50			13	—	3.0t	—
			>1.50~6.00			14	—	5.0t	—
	T6	T6	>0.40~0.50	≥440	≥380	—	—	5.0t	—
			>0.50~1.50			6	—	5.0t	—
			>1.50~3.00			7	—	6.0t	—
			>3.00~6.00			8	—	6.0t	—
2017	T3	T3	>0.50~1.60	≥390	≥250	14	—	2.5t	—
	T4	T4	>0.50~1.60	≥390	≥245	14	—	2.5t	—
			>1.60~2.90			15	—	3.0t	—
			>2.90~6.00			15	—	3.5t	—
			>6.00~12.50	—					
			>12.50~30.00	≥390	≥250	—	12	—	—
	T451	T451	>25.00~40.00	≥390	≥250	—	12	—	—
			>40.00~60.00	≥385	≥245	—	12	—	—
			>60.00~80.00	≥370	≥240	—	7	—	—
包铝 2017	T4	T4	>0.50~1.60	≥355	≥195	15	—	2.5t	—
			>1.60~2.90			17	—	3.0t	—
			>2.90~6.00			15	—	3.5t	—
			>6.00~12.50			14	—	—	—
2017A	O	O	>0.40~1.50	≤225	≤145	12	—	0t	0.5t
			>1.50~3.00			14		1.0t	1.0t
			>3.00~6.00			13		1.5t	—
			>6.00~9.00					2.5t	—
			>9.00~12.50					4.0t	—
			>12.50~25.00			—	12	—	—
		T42[③]	>0.40~3.00	≥390	≥235	14	—	—	—
			>3.00~12.50			15		—	—
			>12.50~25.00			—		—	—

（续）

牌号	供应状态	试样状态①	厚度/mm	抗拉强度 R_m/MPa	规定塑性延伸强度 $R_{p0.2}$/MPa	断后伸长率（%） A_{50mm} ≥	断后伸长率（%） A ≥	弯曲半径② 90°	弯曲半径② 180°
2017A	T4	T4	>0.40~1.50	≥390	≥245	14	—	3.0t	3.0t
			>1.50~6.00		≥245	15	—	5.0t	5.0t
			>6.00~12.50		≥260	13	—	8.0t	—
			>12.50~40.00		≥250	—	12	—	—
			>40.00~60.00	≥385	≥245	—	12	—	—
	T451	T451	>6.00~12.50	≥390	≥260	13	—	8.0t	—
			>12.50~40.00	≥390	≥250	—	12	—	—
			>40.00~60.00	≥385	≥245	—	12	—	—
			>60.00~80.00	≥370	≥240	—	7	—	—
			>80.00~120.00	≥360	≥240	—	6	—	—
			>120.00~150.00	≥350	≥240	—	4	—	—
			>150.00~160.00	≥330	≥220	—	2	—	—
2219	O	O	>0.50~12.50	≤220	≤110	12	—	—	—
			>12.50~50.00			—	10	—	—
			>50.00~140.00			—	10	—	—
		T62③	>0.50~1.00	≥370	≥250	6	—	—	—
			>1.00~6.00			7	—	—	—
			>6.00~12.50			8	—	—	—
			>12.50~25.00			—	7	—	—
			>25.00~140.00			—	6	—	—
	T1	T62	>12.50~25.00	≥370	≥250	—	7	—	—
			>25.00~50.00			—	6	—	—
			>50.00~140.00			—	6	—	—
	T351	T351	>6.00~10.00	≥315	≥195	10	—	—	—
	T6	T6	>1.50~2.50	≥380	≥285	7	—	—	—
			>2.50~12.50	≥425	≥315	7	—	—	—
			>12.50~25.00			—	7	—	—
			>25.00~200.00	≥370	≥250	—	6	—	—
	T651	T651	>6.00~12.50	≥425	≥315	7	—	—	—
			>12.50~25.00			—	7	—	—
			>25.00~150.00	≥370	≥250	—	6	—	—
	T81	T81	>6.00~12.50	≥425	≥315	6	—	—	—
			>12.50~25.00			—	6	—	—
	T87	T87	>2.50~6.30	≥440	≥350	6	—	—	—
			>6.30~12.50			7	—	—	—
			>12.50~20.00			—	6	—	—

（续）

牌号	供应状态	试样状态[①]	厚度/mm	抗拉强度 R_m/MPa	规定塑性延伸强度 $R_{p0.2}$/MPa	断后伸长率（%） A_{50mm} ≥	断后伸长率（%） A ≥	弯曲半径[②] 90°	弯曲半径[②] 180°
2219	T851	T851	>12.00~25.00	≥425	≥315	—	7	—	—
			>25.00~50.00			—	6	—	—
			>50.00~80.00	≥425	≥310	—	5	—	—
			>80.00~100.00	≥415	≥305	—	4	—	—
			>100.00~130.00	≥405	≥295	—	4	—	—
			>130.00~160.00	≥395	≥290	—	3	—	—
	T89A51	T89A51	>5.00~12.50	≥440	≥350	6	—	—	—
			>12.50~35.00			—	6	—	—
包铝2219	O	O	>0.50~10.00	≤220	≤110	12	—	—	—
	T87	T87	>1.00~2.50	≥395	≥315	6	—	—	—
			>2.50~6.30	≥415	≥330	6	—	—	—
			>6.30~10.00			7	—	—	—
2024	O	O	>0.20~1.50	≤220	≤140	12	—	0t	0.5t
			>1.50~3.00			13	—	1.0t	2.0t
			>3.00~6.00			13	—	1.5t	3.0t
			>6.00~12.50			13	—	2.5t	—
			>12.50~40.00			—	13	4.0t	—
		T42[③]	>0.20~0.50	≥425	≥260	12	—	—	—
			>0.50~6.00			15	—	—	—
			>6.00~12.50			12	—	—	—
			>12.50~25.00	≥420		—	7	—	—
			>25.00~40.00	≥415		—	6	—	—
		T62[③]	>0.40~12.50	≥440	≥345	5	—	—	—
			>12.50~25.00	≥435		—	4	—	—
	T1	T42	>4.50~12.50	≥425	≥260	12	—	—	—
			>12.50~25.00	≥420		—	7	—	—
			>25.00~40.00	≥415		—	6	—	—
			>40.00~50.00			—	5	—	—
			>50.00~80.00	≥400		—	3	—	—
	T3	T3	>0.20~1.50	≥435	≥290	12	—	4.0t	4.0t
			>1.50~3.00			14	—	4.0t	4.0t
			>3.00~6.00	≥440		14	—	5.0t	5.0t
			>6.00~12.50			13	—	8.0t	—
			>12.50~15.00	≥430		—	11	—	—
	T351	T351	>1.20~1.50	≥435		12	—	4.0t	4.0t
			>1.50~3.00			14	—	4.0t	4.0t
			>3.00~6.00	≥440		14	—	5.0t	5.0t
			>6.00~12.50			13	—	8.0t	—
			>12.50~25.00	≥435		—	11	—	—

（续）

牌号	供应状态	试样状态①	厚度/mm	抗拉强度 R_m/MPa	规定塑性延伸强度 $R_{p0.2}$/MPa	断后伸长率（%）		弯曲半径②	
						A_{50mm}	A	90°	180°
						≥			
2024	T351	T351	>25.00~40.00	≥430	≥290	—	11	—	—
			>40.00~80.00	≥420		—	8	—	—
			>80.00~100.00	≥400	≥285	—	7	—	—
			>100.00~120.00	≥380	≥270	—	5	—	—
			>120.00~150.00	≥360	≥250	—	5	—	—
	T4	T4	>0.40~1.50	≥425	≥275	12	—	—	4.0t
			>1.50~6.00			14	—	—	5.0t
	T8	T8	>0.40~1.50	≥460	≥400	5	—	—	—
			>1.50~6.00			6	—	—	—
			>6.00~12.50			5	—	—	—
			>12.50~25.00	≥455	≥400	—	4	—	—
			>25.00~40.00		≥395	—	4	—	—
	T851	T851	>6.00~12.50	≥460	≥400	5	—	—	—
			>12.50~25.00	≥455	≥400	—	4	—	—
			>25.00~40.00		≥395	—	4	—	—
包铝2024	O	O	>0.20~0.25	≤205	≤95	12	—	—	—
			>0.25~1.60			12	—	—	—
			>1.60~10.00	≤220		12	—	—	—
		T42③	>0.20~0.25	≥380	≥235	10	—	—	—
			>0.25~0.50	≥395		12	—	—	—
			>0.50~1.60			15	—	—	—
			>1.60~6.30	≥415	≥250	15	—	—	—
			>6.30~10.00			12	—	—	—
	T3	T3	>0.20~0.25	≥400	≥270	10	—	—	—
			>0.25~0.50	≥405		12	—	—	—
			>0.50~1.60			15	—	—	—
			>1.60~3.20	≥420	≥275	15	—	—	—
			>3.20~6.00			15	—	—	—
	T4	T4	>0.40~0.50	≥400	≥245	12	—	—	—
			>0.50~1.60			15	—	—	—
			>1.60~3.20	≥420	≥260	15	—	—	—
2A11	T1	T42	>4.50~10.00	≥355	≥195	15	—	—	—
			>10.00~12.50	≥370	≥215	11	—	—	—
			>12.50~25.00			—	11	—	—
			>25.00~40.00	≥330	≥195	—	8	—	—
			>40.00~70.00	≥310		—	6	—	—
			>70.00~80.00	≥285		—	4	—	—
	T4	T4	>0.50~10.00	≥380	≥200	15	—	—	—

（续）

牌号	供应状态	试样状态①	厚度/mm	抗拉强度 R_m/MPa	规定塑性延伸强度 $R_{p0.2}$/MPa	断后伸长率（%） A_{50mm} ≥	断后伸长率（%） A ≥	弯曲半径② 90°	弯曲半径② 180°
包铝2A11	O	O	>0.50~1.60	≤225	—	12	—	—	—
			>1.60~10.00	≤235	—	12	—	—	—
		T42③	>0.50~1.60	≥350	≥185	15	—	—	—
			>1.60~10.00	≥355	≥195	15	—	—	—
	T1	T42	>1.60~10.00	≥355	≥195	15	—	—	—
	T3	T3	>0.50~1.60	≥375	≥215	15	—	—	—
			>1.60~3.00			17	—	—	—
			>3.00~10.00			15	—	—	—
	T4	T4	>0.50~1.60	≥360	≥185	15	—	—	—
			>1.60~10.00	≥370	≥195	15	—	—	—
2A12	O	O	>0.50~4.50	≤215	—	14	—	—	—
			>4.50~10.00	≤235	—	12	—	—	—
		T42③	>0.50~3.00	≥390	≥245	15	—	—	—
			>3.00~10.00	≥410	≥265	12	—	—	—
	T1	T42	>4.50~10.00	≥410	≥265	12	—	—	—
			>10.00~12.50	≥420	≥275	7	—	—	—
			>12.50~25.00			—	7	—	—
			>25.00~40.00	≥390	≥255	—	5	—	—
			>40.00~70.00	≥370	≥245	—	4	—	—
			>70.00~80.00	≥345		—	3	—	—
	T3	T3	>0.50~1.50	≥425	≥275	12	—	—	—
			>1.50~3.00			12	—	—	—
			>3.00~10.00			12	—	—	—
	T351	T351	>6.00~12.50	≥440	≥290	12	—	—	—
			>12.50~25.00	≥435	—	—	7	—	—
			>25.00~40.00	≥425	—	—	6	—	—
			>40.00~50.00		—	—	5	—	—
			>50.00~80.00	≥415	—	—	3	—	—
			>80.00~100.00	≥395	≥285	—	3	—	—
	T4	T4	>0.50~10.00	≥425	≥270	12	—	—	—
包铝2A12	O	O	>0.50~1.60	≤215	—	14	—	—	—
			>1.60~10.00	≤235	—	12	—	—	—
		T42③	>0.50~1.60	≥390	≥245	15	—	—	—
			>1.60~10.00	≥410	≥265	12	—	—	—
	T1	T42	>1.60~10.00	≥410	≥265	12	—	—	—
	T3	T3	>0.50~1.60	≥405	≥270	15	—	—	—
			>1.60~10.00	≥425	≥275	15	—	—	—
	T4	T4	>0.50~1.60	≥405	≥270	13	—	—	—
			>1.60~10.00			13	—	—	—

（续）

牌号	供应状态	试样状态①	厚度/mm	抗拉强度 R_m/MPa	规定塑性延伸强度 $R_{p0.2}$/MPa	断后伸长率（%） A_{50mm} ≥	断后伸长率（%） A ≥	弯曲半径② 90°	弯曲半径② 180°
2A14	O	O	0.50~10.00	≤245	—	10	—	—	—
			>10.00~12.50	≤220	—	15	—	—	—
			>12.50~30.00		—	—	13	—	—
	T4	T4	0.50~3.00	≥390	≥240	7	—	—	—
	T6	T6	0.50~1.50	≥430	≥340	5	—	—	—
			>1.50~3.00			6	—	—	—
			>3.00~6.00			5	—	—	—
			>6.00~12.50			5	—	—	—
			>12.50~200.00			—	5	—	—
	T651	T651	>6.00~12.50	≥430	≥340	5	—	—	—
			>12.50~140.00			—	5	—	—
3102	H18	H18	>0.20~0.50	≥160	—	2	—	—	—
			>0.50~3.00	≥160	—	2	—	—	—
	H19	H19	>0.20~0.50	≥180	—	1	—	—	—
3003	O、H111	O、H111	>0.20~0.50	95~135	≥35	18	—	0t	0t
			>0.50~1.50			23	—	0t	0t
			>1.50~3.00			25	—	0t	0t
			>3.00~6.00			28	—	1.0t	1.0t
			>6.00~12.50			30	—	1.5t	—
			>12.50~25.00			—	23	—	—
	H112	H112	>6.00~12.50	≥115	≥70	15	—	—	—
			>12.50~30.00	≥105	≥40	—	18	—	—
	H12	H12	>0.20~0.50	120~160	≥90	3	—	0t	1.5t
			>0.50~1.50			4	—	0.5t	1.5t
	H22	H22	>0.20~0.50	120~160	≥80	6	—	0t	1.0t
			>0.50~1.50			8	—	0.5t	1.0t
			>1.50~3.00			8	—	1.0t	1.0t
			>3.00~6.00			9	—	1.0t	—
			>6.00~12.50			11	—	2.0t	—
	H14	H14	>0.20~0.50	145~195	≥125	2	—	0.5t	2.0t
			>0.50~1.50			3	—	1.0t	2.0t
			>1.50~3.00			4	—	1.0t	2.0t
			>3.00~6.00			4	—	2.0t	—
	H24	H24	>0.20~0.50	145~195	≥115	4	—	0.5t	1.5t
			>0.50~1.50			6	—	1.0t	1.5t
			>1.50~3.00			7	—	1.0t	1.5t
			>3.00~6.00			8	—	2.0t	—
			>6.00~12.50			8	—	2.5t	—
	H44	H44	>0.50~1.50	150~200	≥120	6	—	—	—

（续）

牌号	供应状态	试样状态①	厚度/mm	抗拉强度 R_m/MPa	规定塑性延伸强度 $R_{p0.2}$/MPa	断后伸长率(%) A_{50mm}	断后伸长率(%) A	弯曲半径② 90°	弯曲半径② 180°
						≥	≥		
3003	H16、H26	H16、H26	>0.20~0.50	170~210	≥140	2	—	1.0*t*	2.5*t*
			>0.50~1.50			3	—	1.5*t*	2.5*t*
			>1.50~4.00			3	—	2.0*t*	2.5*t*
	H46	H46	>0.20~1.50	160~210	≥130	4	—	—	—
	H18	H18	>0.20~0.50	≥190	≥170	2	—	1.5*t*	—
			>0.50~1.50			2	—	2.5*t*	—
			>1.50~3.00			2	—	3.0*t*	—
	H19	H19	>0.20~0.50	≥210	≥180	1	—	—	—
			>0.50~1.50			2	—	—	—
			>1.50~3.00			2	—	—	—
3004	O、H111	O、H111	>0.20~0.50	155~200	≥60	13	—	0*t*	0*t*
			>0.50~1.50			15	—	0*t*	0*t*
			>1.50~3.00			15	—	0*t*	0.5*t*
			>3.00~6.00			16	—	1.0*t*	1.0*t*
			>6.00~12.50			16	—	2.0*t*	—
			>12.50~50.00			—	14	—	—
	H12	H12	>0.20~0.50	190~240	≥155	2	—	0*t*	1.5*t*
			>0.50~1.50			3	—	0.5*t*	1.5*t*
			>1.50~3.00			4	—	1.0*t*	2.0*t*
			>3.00~6.00			5	—	1.5*t*	—
	H22、H32	H22、H32	>0.20~0.50	190~240	≥145	4	—	0*t*	1.0*t*
			>0.50~1.50			5	—	0.5*t*	1.0*t*
			>1.50~3.00			6	—	1.0*t*	1.5*t*
			>3.00~6.00			7	—	1.5*t*	—
	H14	H14	>0.20~0.50	220~265	≥180	1	—	0.5*t*	2.5*t*
			>0.50~1.50			2	—	1.0*t*	2.5*t*
			>1.50~3.00			2	—	1.5*t*	2.5*t*
			>3.00~6.00			3	—	2.0*t*	—
	H24、H34	H24、H34	>0.20~0.50	220~265	≥170	3	—	0.5*t*	2.0*t*
			>0.50~1.50			4	—	1.0*t*	2.0*t*
			>1.50~3.00			4	—	1.5*t*	2.0*t*
	H44	H44	>0.50~1.50	220~265	≥160	5	—	—	—
	H16	H16	>0.20~0.50	240~285	≥200	1	—	1.0*t*	3.5*t*
			>0.50~1.50			1	—	1.5*t*	3.5*t*
			>1.50~4.00			2	—	2.5*t*	—
	H26、H36	H26、H36	>0.20~0.50	240~285	≥190	3	—	1.0*t*	3.0*t*
			>0.50~1.50			3	—	1.5*t*	3.0*t*
			>1.50~4.00			3	—	2.5*t*	—
	H46	H46	>0.50~1.50	230~285	≥170	5	—	—	—

（续）

牌号	供应状态	试样状态[①]	厚度/mm	抗拉强度 R_m/MPa	规定塑性延伸强度 $R_{p0.2}$/MPa	断后伸长率（%） A_{50mm}	断后伸长率（%） A	弯曲半径[②] 90°	弯曲半径[②] 180°
						≥			
3004	H18	H18	>0.20~0.50	≥260	≥230	1	—	1.5t	—
			>0.50~1.50			1	—	2.5t	—
			>1.50~3.00			2	—	—	—
	H28、H38	H28、H38	>0.20~0.50	≥260	≥220	2	—	1.5t	—
			>0.50~1.50			3	—	2.5t	—
	H19	H19	>0.20~0.50	≥270	≥240	1	—	—	—
			>0.50~1.50			1	—	—	—
3104	O、H111	O、H111	>0.20~0.50	155~195	≥60	10	—	0t	0t
			>0.50~0.80			14	—	0t	0t
			>0.80~1.30			16	—	0.5t	0.5t
			>1.30~3.00			18	—	0.5t	0.5t
	H32	H32	>0.20~0.50	195~245	≥145	3	—	—	—
			>0.50~0.80			3	—	0.5t	0.5t
			>0.80~1.30			4	—	1.0t	1.0t
			>1.30~3.00			5	—	1.0t	1.0t
	H14	H14	>0.20~0.50	225~265	≥175	2	—	1.0t	1.0t
			>0.50~0.80			3	—	1.5t	1.5t
			>0.80~1.30			3	—	1.5t	1.5t
			>1.30~3.00			4	—	1.5t	1.5t
	H24、H34	H24、H34	>0.20~0.50	225~265	≥165	3	—	1.0t	1.0t
			>0.50~0.80			3	—	1.5t	1.5t
			>0.80~1.30			3	—	1.5t	1.5t
			>1.30~3.00			4	—	1.5t	1.5t
	H16	H16	>0.20~0.50	245~285	≥195	1	—	2.0t	2.0t
			>0.50~1.50			2	—	2.0t	2.0t
			>1.50~3.00			2	—	2.5t	2.5t
	H26、H36	H26、H36	>0.20~0.50	245~285	≥195	2	—	2.0t	2.0t
			>0.50~1.50			2	—	2.5t	2.5t
			>1.50~3.00			3	—	2.5t	2.5t
	H18、H38	H18、H38	>0.20~0.50	≥265	≥215	1	—	—	—
	H19	H19	>0.20~0.50	≥275	≥225	1	—	—	—
3005	O、H111	O、H111	>0.20~0.50	115~165	≥45	12	—	0t	0t
			>0.50~1.50			14	—	0t	0t
			>1.50~3.00			16	—	0.5t	1.0t
			>3.00~6.00			19	—	1.0t	—
	H12	H12	>0.20~0.50	145~195	≥125	3	—	0t	1.5t
			>0.50~1.50			4	—	0.5t	1.5t
			>1.50~3.00			4	—	1.0t	2.0t
			>3.00~6.00			5	—	1.5t	—

（续）

牌号	供应状态	试样状态[①]	厚度/mm	抗拉强度 R_m/MPa	规定塑性延伸强度 $R_{p0.2}$/MPa	断后伸长率（%）A_{50mm} ≥	断后伸长率（%）A ≥	弯曲半径[②] 90°	弯曲半径[②] 180°
3005	H22	H22	>0.20~0.50	145~195	≥110	5	—	0t	1.0t
			>0.50~1.50			5	—	0.5t	1.0t
			>1.50~3.00			6	—	1.0t	1.5t
	H14	H14	>0.20~0.50	170~215	≥150	1	—	0.5t	2.5t
			>0.50~1.50			2	—	1.0t	2.5t
			>1.50~3.00			3	—	1.5t	—
			>3.00~6.00			3	—	2.0t	—
	H24	H24	>0.20~0.50	170~215	≥130	4	—	0.5t	1.5t
			>0.50~1.50			4	—	1.0t	1.5t
			>1.50~3.00			4	—	1.5t	—
	H16	H16	>0.20~0.50	195~240	≥175	2	—	1.0t	—
			>0.50~1.50			2	—	1.5t	—
			>1.50~4.00			2	—	2.5t	—
	H26	H26	>0.20~0.50	195~240	≥160	3	—	1.0t	—
			>0.50~1.50			3	—	1.5t	—
			>1.50~3.00			3	—	2.5t	—
	H28	H28	>0.20~0.50	≥220	≥190	2	—	1.5t	—
			>0.50~1.50			2	—	2.5t	—
			>1.50~3.00			3	—	—	—
3105	O	O	>0.20~0.50	100~155	≥40	14	—	—	0t
			>0.50~1.50			15	—	—	0t
			>1.50~3.00			17	—	—	0.5t
	H12	H12	>0.20~0.50	130~180	≥105	3	—	—	1.5t
			>0.50~1.50			4	—	—	1.5t
			>1.50~3.00			4	—	—	1.5t
	H22	H22	>0.20~0.50	130~180	≥105	6	—	—	—
			>0.50~1.50			6	—	—	—
			>1.50~3.00			7	—	—	—
	H42	H42	>0.50~1.50	130~180	105	6	—	—	—
	H14	H14	>0.20~0.50	150~200	≥130	1	—	—	2.5t
			>0.50~1.50			3	—	—	2.5t
			>1.50~3.00			3	—	—	2.5t
	H24	H24	>0.20~0.50	150~200	≥120	4	—	—	2.5t
			>0.50~1.50			4	—	—	2.5t
			>1.50~3.00			5	—	—	2.5t
	H44	H44	>0.50~1.50	150~200	≥140	6	—	—	—
	H16	H16	>0.20~0.50	175~225	≥160	1	—	—	—
			>0.50~1.50			2	—	—	—
			>1.50~4.00			2	—	—	—

（续）

牌号	供应状态	试样状态[①]	厚度/mm	抗拉强度 R_m/MPa	规定塑性延伸强度 $R_{p0.2}$/MPa	断后伸长率(%) A_{50mm} ≥	断后伸长率(%) A ≥	弯曲半径[②] 90°	弯曲半径[②] 180°
3105	H26	H26	>0.20~0.50	175~225	≥150	3	—	—	—
			>0.50~1.50			4	—	—	—
			>1.50~3.00			5	—	—	—
	H46	H46	>0.20~0.50	170~220	≥150	6	—	—	—
	H18	H18	>0.20~3.00	≥195	≥180	1	—	—	—
	H28	H28	>0.20~1.50	≥195	≥170	2	—	—	—
	H29	H29	>0.20~1.50	≥205	≥180	2	—	—	—
3105A	H24	H24	>0.20~1.00	170~220	≥150	4	—	—	—
	H26	H26	>0.20~0.50	180~230	≥160	3	—	—	—
	H28	H28	>0.20~0.50	≥200	≥180	2	—	—	—
3A21	O	O	>0.20~0.80	100~150	—	19	—	—	—
			>0.80~4.50			23	—	—	—
			>4.50~12.50			25	—	—	—
			>12.50~25.00			—	25	—	—
	H112	H112	>4.50~12.50	≥110	—	18	—	—	—
			>12.50~25.00			—	22	—	—
			>25.00~125.00			—	22	—	—
	H22	H22	>1.00~1.50	130~180	—	7	—	0*t*	1.5*t*
			>1.50~3.00		—	8	—	0.5*t*	1.5*t*
	H14、H24	H14、H24	>0.20~1.30	145~200	—	6	—	—	—
			>1.30~4.50			6	—	—	—
	H18	H18	>0.20~0.50	≥195	—	1	—	—	—
			>0.50~0.80			2	—	—	—
			>0.80~1.30			3	—	—	—
			>1.30~4.50			4	—	—	—
	H19	H19	>0.50~0.80	205	—	2	—	—	—
4007	O	O	>0.20~0.50	110~150	≥45	15	—	—	—
			>0.50~1.50			16	—	—	—
			>1.50~3.00			19	—	—	—
			>3.00~6.00			21	—	—	—
			>6.00~12.50			25	—	—	—
	H12	H12	>0.20~0.40	140~180	≥110	4	—	—	—
5005、5005A	O	O	>0.20~0.50	100~145	≥35	15	—	0*t*	0*t*
			>0.50~1.50			19	—	0*t*	0*t*
			>1.50~3.00			21	—	0*t*	0.5*t*
	H111	H111	>0.20~0.50	100~145	≥35	15	—	0*t*	0*t*
			>0.50~1.50			19	—	0*t*	0*t*
			>1.50~3.00			20	—	0*t*	0.5*t*
			>3.00~6.00			22	—	1.0*t*	1.0*t*
			>6.00~12.50			24	—	1.5*t*	—

（续）

牌号	供应状态	试样状态①	厚度/mm	抗拉强度 R_m/MPa	规定塑性延伸强度 $R_{p0.2}$/MPa	断后伸长率（%）A_{50mm} ≥	断后伸长率（%）A ≥	弯曲半径② 90°	弯曲半径② 180°
5005、5005A	H111	H111	>12.50~50.00	100~145	≥35	—	20	—	—
	H12	H12	>3.00~6.00	125~165	≥95	5	—	—	—
	H22、H32	H22、H32	>0.20~0.50	125~165	≥80	4	—	0t	1.0t
			>0.50~1.50			7	—	0.5t	1.0t
			>1.50~3.00			8	—	1.0t	1.5t
			>3.00~6.00			10	—	1.0t	—
	H14	H14	>0.20~0.50	145~185	≥120	2	—	0.5t	2.0t
			>0.50~1.50			2	—	1.0t	2.0t
			>1.50~3.00			3	—	1.0t	2.5t
			>3.00~6.00			4	—	2.0t	—
	H24、H34	H24、H34	>0.20~0.50	145~185	≥110	3	—	0.5t	1.5t
			>0.50~1.50			4	—	1.0t	1.5t
			>1.50~3.00			5	—	1.0t	2.0t
			>3.00~6.00			6	—	2.0t	—
	H16	H16	>0.20~0.50	165~205	≥145	1	—	1.0t	—
			>0.50~1.50			2	—	1.5t	—
			>1.50~3.00			3	—	2.0t	—
			>3.00~4.00			3	—	2.5t	—
	H26、H36	H26、H36	>0.20~0.50	165~205	≥135	2	—	1.0t	—
			>0.50~1.50			3	—	1.5t	—
			>1.50~3.00			4	—	2.0t	—
			>3.00~4.00			4	—	2.5t	—
	H18	H18	>0.20~0.50	≥185	≥165	1	—	1.5t	—
			>0.50~1.50			2	—	2.5t	—
			>1.50~3.00			2	—	3.0t	—
	H28、H38	H28、H38	>0.20~0.50	≥185	≥160	1	—	1.5t	—
			>0.50~1.50			2	—	2.5t	—
			>1.50~3.00			3	—	3.0t	—
	H19	H19	>0.20~0.50	≥205	≥185	1	—	—	—
			>0.50~1.50			2	—	—	—
			>1.50~3.00			2	—	—	—
5042	H26	H26	>0.20~0.50	260~320	≥210	4	—	—	—
	H19	H19	>0.20~0.35	≥350	≥320	2	—	—	—
			>0.35~0.50			4	—	—	—
5049	O、H111	O、H111	>0.20~0.50	190~240	≥80	12	—	0t	0.5t
			>0.50~1.50			14	—	0.5t	0.5t
			>1.50~3.00			16	—	1.0t	1.0t
	H22、H32	H22、H32	>0.20~0.50	220~270	≥130	7	—	0.5t	1.5t
			>0.50~1.50			8	—	1.0t	1.5t
			>1.50~3.00			10	—	1.5t	2.0t
			>3.00~6.00			11	—	1.5t	—

（续）

牌号	供应状态	试样状态①	厚度/mm	抗拉强度 R_m/MPa	规定塑性延伸强度 $R_{p0.2}$/MPa	断后伸长率(%) A_{50mm}	断后伸长率(%) A	弯曲半径② 90°	弯曲半径② 180°
						≥			
5049	H14	H14	>0.20~0.50	240~280	≥190	3	—	—	—
			>0.50~1.50			3	—	—	—
			>1.50~3.00			4	—	—	—
			>3.00~6.00			4	—	—	—
	H24、H34	H24、H34	>0.20~0.50	240~280	≥160	6	—	1.0t	2.5t
			>0.50~1.50			6	—	1.0t	2.5t
			>1.50~3.00			7	—	2.0t	2.5t
			>3.00~6.00			8	—	2.5t	—
	H26	H26	>0.20~0.50	265~305	≥190	4	—	1.5t	—
			>0.50~1.50			4	—	2.0t	—
			>1.50~3.00			5	—	3.0t	—
			>3.00~4.00			6	—	3.5t	—
5050	H22、H32	H22、H32	>0.20~0.50	155~195	≥110	4	—	0t	1.0t
			>0.50~1.50			5	—	0.5t	1.0t
			>1.50~3.00			7	—	1.0t	1.5t
			>3.00~6.00			10	—	1.5t	—
	H14	H14	>0.20~0.50	175~215	≥150	2	—	0.5t	—
			>0.50~1.50			2	—	1.0t	—
			>1.50~3.00			3	—	1.5t	—
			>3.00~6.00			4	—	2.0t	—
	H24	H24	>0.20~0.50	175~215	≥135	3	—	0.5t	1.5t
			>0.50~1.50			4	—	1.0t	1.5t
			>1.50~3.00			5	—	1.5t	2.0t
			>3.00~6.00			8	—	2.0t	—
	H34	H34	>0.20~0.50	175~215	≥135	3	—	0.5t	1.5t
			>0.50~1.50			4	—	1.0t	1.5t
	H26	H26	>0.20~0.50	195~235	≥160	4	—	1.0t	—
			>0.50~1.50			4	—	1.5t	—
			>1.50~3.00			4	—	2.5t	—
			>3.00~4.00			6	—	3.0t	—
5251	O、H111	O、H111	>0.20~0.50	160~200	≥60	13	—	0t	0t
			>0.50~1.50			14	—	0t	0t
			>1.50~3.00			16	—	0.5t	0.5t
			>3.00~6.00			18	—	1.0t	—
			>6.00~12.50			18	—	2.0t	—
			>12.50~50.00			—	18	—	—

（续）

牌号	供应状态	试样状态①	厚度/mm	抗拉强度 R_m/MPa	规定塑性延伸强度 $R_{p0.2}$/MPa	断后伸长率（%）		弯曲半径②	
						A_{50mm}	A	90°	180°
						≥			
5251	H22、H32	H22、H32	>0.20~0.50	190~230	≥120	4	—	0t	1.5t
			>0.50~1.50			6	—	1.0t	1.5t
			>1.50~3.00			8	—	1.0t	1.5t
			>3.00~6.00			10	—	1.5t	—
	H26	H26	>0.20~0.50	230~270	≥170	3	—	1.0t	3.0t
			>0.50~1.50			4	—	1.5t	3.0t
			>1.50~3.00			5	—	2.0t	3.0t
			>3.00~4.00			7	—	3.0t	—
5052	O、H111	O、H111	>0.20~0.50	170~215	≥65	12	—	0t	0t
			>0.50~1.50			14	—	0t	0t
			>1.50~3.00			16	—	0.5t	0.5t
			>3.00~6.00			18	—	1.0t	—
			>6.00~12.50	165~215		19	—	2.0t	—
			>12.50~50.00			—	18	—	—
	H112	H112	>6.00~12.50	≥190	≥80	10	—	—	—
			>12.50~40.00	≥170	≥70	—	10	—	—
			>40.00~80.00			—	14	—	—
			>80.00~400.00			—	16	—	—
	H12	H12	>0.20~0.50	210~260	≥160	4	—	—	—
			>0.50~1.50			5	—	—	—
			>1.50~3.00			6	—	—	—
			>3.00~6.00			8	—	—	—
	H22、H32	H22、H32	>0.20~0.50	210~260	≥130	5	—	0.5t	1.5t
			>0.50~1.50			6	—	1.0t	1.5t
			>1.50~3.00			7	—	1.5t	1.5t
			>3.00~6.00			10	—	1.5t	—
	H42	H42	>0.50~1.50	210~260	≥130	7	—	—	—
	H14	H14	>0.20~0.50	230~280	≥180	3	—	—	—
			>0.50~1.50			3	—	—	—
			>1.50~3.00			4	—	—	—
			>3.00~6.00			4	—	—	—
	H24、H34	H24、H34	>0.20~0.50	230~280	≥150	4	—	0.5t	2.0t
			>0.50~1.50			5	—	1.5t	2.0t
			>1.50~3.00			6	—	2.0t	2.0t
			>3.00~6.00			7	—	2.5t	—
	H44	H44	>0.50~1.50	230~280	≥150	5	—	—	—
	H16	H16	>0.20~0.50	250~300	≥210	2	—	—	—
			>0.50~1.50			3	—	—	—
			>1.50~3.00			3	—	—	—
			>3.00~6.00			3	—	—	—

（续）

牌号	供应状态	试样状态①	厚度/mm	抗拉强度 R_m/MPa	规定塑性延伸强度 $R_{p0.2}$/MPa	断后伸长率（%） A_{50mm} ≥	断后伸长率（%） A ≥	弯曲半径② 90°	弯曲半径② 180°
5052	H26、H36	H26、H36	>0.20~0.50	250~300	≥180	3	—	1.5t	—
			>0.50~1.50			4	—	2.0t	—
			>1.50~3.00			5	—	3.0t	—
			>3.00~6.00			6	—	3.5t	—
	H18	H18	>0.20~0.50	≥270	≥240	1	—	—	—
			>0.50~1.50			2	—	—	—
			>1.50~3.00			2	—	—	—
	H28、H38	H28、H38	>0.20~0.50	≥270	≥210	3	—	—	—
			>0.50~1.50			3	—	—	—
			>1.50~3.00			4	—	—	—
	H19	H19	>0.20~0.50	≥280	≥250	2	—	—	—
	H39	H39	>0.20~0.50	≥280	≥220	3	—	—	—
5252	H32	H32	>0.20~0.50	180~240	≥140	6	—	—	—
			>0.50~1.50			8	—	—	—
			>1.50~3.00			10	—	—	—
	H38	H38	0.50~1.50	≥260	—	3	—	—	—
5154	O	O	>0.50~1.50	205~285	≥75	13	—	0.5t	0.5t
			>1.50~3.00			16	—	1.0t	1.0t
			>3.00~6.00			16	—	—	1.5t
			>6.00~12.50			18	—	—	2.5t
			>12.50~100.00			—	16	—	—
	H24	H24	>0.20~0.50	270~320	≥200	4	—	2.5t	1.0t
5454	O、H111	O、H111	>0.20~0.50	215~275	≥85	12	—	0.5t	0.5t
			>0.50~1.50			13	—	0.5t	0.5t
			>1.50~3.00			15	—	1.0t	1.0t
			>3.00~6.00			17	—	1.5t	—
			>6.00~12.50			18	—	2.5t	—
			>12.50~80.00			—	16	—	—
	H112	H112	6.00~12.50	≥220	≥125	8	—	—	—
			>12.50~40.00	≥215	≥90	—	9	—	—
			>40.00~120.00			—	13	—	—
	H32	H32	>0.20~0.50	250~305	≥180	5	—	0.5t	1.5t
			>0.50~1.50			6	—	1.0t	1.5t
			>1.50~3.00			7	—	2.0t	2.0t
			>3.00~6.00			8	—	2.5t	—
			>6.00~12.50			10	—	4.0t	—
			>12.50~16.00			—	9	—	—

（续）

牌号	供应状态	试样状态①	厚度/mm	抗拉强度 R_m/MPa	规定塑性延伸强度 $R_{p0.2}$/MPa	断后伸长率（%） A_{50mm}	断后伸长率（%） A	弯曲半径② 90°	弯曲半径② 180°
						≥			
5454	H24	H24	>0.20~0.50	270~325	≥200	4	—	1.0t	2.5t
			>0.50~1.50			5	—	2.0t	2.5t
			>1.50~3.00			6	—	2.5t	3.0t
			>3.00~6.50			7	—	3.0t	—
5754	O、H111	O、H111	>0.20~0.50	190~240	≥80	12	—	0t	0.5t
			>0.50~1.50			14	—	0.5t	0.5t
			>1.50~3.00			16	—	1.0t	1.0t
			>3.00~6.00			18	—	1.0t	1.0t
			>6.00~12.50			18	—	2.0t	—
			>12.50~110.00			—	17	—	—
	H112	H112	3.00~6.00	≥190	≥100	12	—	—	—
			>6.00~12.50			12	—	—	—
			>12.50~25.00		≥90	—	10	—	—
			>25.00~40.00		≥80	—	12	—	—
			>40.00~80.00			—	14	—	—
	H12	H12	>0.20~0.50	220~270	≥170	4	—	—	—
			>0.50~1.50			5	—	—	—
			>1.50~3.00			6	—	—	—
			>3.00~6.00			7	—	—	—
	H22、H32	H22、H32	>0.20~0.50	220~270	≥130	7	—	0.5t	1.5t
			>0.50~1.50			8	—	1.0t	1.5t
			>1.50~3.00			10	—	1.5t	2.0t
			>3.00~6.00			11	—	1.5t	—
			>6.00~12.50			10	—	2.5t	—
			>12.50~20.00			—	9	—	—
	H14	H14	>0.20~0.50	240~280	≥190	3	—	—	—
			>0.50~1.50			3	—	—	—
			>1.50~3.00			4	—	—	—
			>3.00~6.00			4	—	—	—
	H24、H34	H24、H34	>0.20~0.50	240~280	≥160	6	—	1.0t	2.5t
			>0.50~1.50			6	—	1.5t	2.5t
			>1.50~3.00			7	—	2.0t	2.5t
			>3.00~6.00			8	—	2.5t	—
	H44	H44	>0.50~1.50	240~280	≥190	9	—	—	—
	H16	H16	>0.20~0.50	265~305	≥220	2	—	—	—
			>0.50~1.50			3	—	—	—
			>1.50~3.00			3	—	—	—
			>3.00~6.00			3	—	—	—

（续）

牌号	供应状态	试样状态①	厚度/mm	抗拉强度 R_m/MPa	规定塑性延伸强度 $R_{p0.2}$/MPa	断后伸长率（%） A_{50mm} ≥	断后伸长率（%） A ≥	弯曲半径② 90°	弯曲半径② 180°
5754	H26、H36	H26、H36	>0.20~0.50	265~305	≥190	4	—	1.5t	—
			>0.50~1.50			4	—	2.0t	—
			>1.50~3.00			5	—	3.0t	—
			>3.00~6.00			6	—	3.5t	—
	H46	H46	>0.50~1.50	260~305	≥210	4	—	—	—
	H18	H18	>0.20~0.50	≥290	≥250	1	—	—	—
			>0.50~1.50			2	—	—	—
			>1.50~3.00			2	—	—	—
	H28、H38	H28、H38	>0.20~0.50	≥290	≥230	3	—	—	—
			>0.50~1.50			3	—	—	—
			>1.50~3.00			4	—	—	—
	H48	H48	>0.50~1.50	≥270	≥220	4	—	—	—
5456	O	O	>1.20~6.00	290~365	130~205	16	—	2.5t	—
			>6.00~12.50	285~360	125~205	16	—	—	—
			>12.50~16.00			—	14	—	—
	H116	H116	>4.50~12.50	315~405	≥230	10	—	4.0t	—
			>12.50~30.00	315~385		—	10	—	—
			>30.00~40.00	305~385	≥215	—	10	—	—
			>40.00~50.00	285~370	≥200	—	10	—	—
	H321	H321	>4.50~12.50	330~405	≥235	12	—	—	—
			>12.50~40.00	305~385	≥215	—	10	—	—
			>40.00~50.00	285~370	≥200	—	10	—	—
5059	O、H111	O、H111	>3.00~6.00	330~380	≥160	24	—	—	1.5t
			>6.00~12.50			24	—	—	4.0t
			>12.50~50.00			—	24	—	—
	H112	H112	>3.00~6.00	330~380	≥160	20	—	—	2.0t
			>6.00~12.50			20	—	—	4.0t
			>12.50~50.00			—	20	—	—
	H116	H116	>3.00~6.00	370~440	≥270	10	—	—	3.0t
			>6.00~12.50			10	—	—	6.0t
			>12.50~20.00			—	10	—	—
			>20.00~50.00	360~440	≥260	—	10	—	—
	H321	H321	>3.00~6.00	370~440	≥270	10	—	—	3.0t
			>6.00~12.50			10	—	—	6.0t
			>12.50~20.00			—	10	—	—
			>20.00~50.00	360~440	≥260	—	10	—	—

（续）

牌号	供应状态	试样状态[①]	厚度/mm	抗拉强度 R_m/MPa	规定塑性延伸强度 $R_{p0.2}$/MPa	断后伸长率（%） A_{50mm}	断后伸长率（%） A	弯曲半径[②] 90°	弯曲半径[②] 180°
						≥	≥		
5182	O、H111	O、H111	>0.20~0.50	255~315	≥110	14	—	—	1.0t
			>0.50~1.50			15	—	—	1.0t
			>1.50~3.00			16	—	—	1.0t
			>3.00~6.00			16	—	—	1.0t
	H34	H34	>0.20~0.50	290~350	≥200	5	—	—	—
			>0.50~1.50			6	—	—	—
			>1.50~3.00			7	—	—	—
	H36	H36	>0.20~0.50	340~380	≥280	3	—	—	—
	H48	H48	>0.20~0.50	≥360	≥300	4	—	—	—
	H19	H19	>0.20~1.50	≥380	≥320	1	—	—	—
5083	O、H111	O、H111	>0.20~0.50	275~350	≥125	11	—	0.5t	1.0t
			>0.50~1.50			12	—	1.0t	1.0t
			>1.50~3.00			13	—	1.0t	1.5t
			>3.00~6.00			15	—	1.5t	—
			>6.00~12.50			16	—	2.5t	—
			>12.50~50.00	270~345	≥115	—	15	—	—
			>50.00~80.00			—	14	—	—
			>80.00~120.00	260~335	≥110	—	12	—	—
			>120.00~180.00	255~340	≥105	—	12	—	—
			>180.00~200.00	250~335	≥95	—	10	—	—
	H112	H112	>6.00~12.50	≥275	≥125	12	—	—	—
			>12.50~40.00			—	10	—	—
			>40.00~80.00	≥270	≥115	—	10	—	—
			>80.00~160.00	≥260	≥110	—	10	—	—
	H12	H12	>0.20~0.50	315~375	≥250	3	—	—	—
			>0.50~1.50			4	—	—	—
			>1.50~3.00			5	—	—	—
			>3.00~6.00			6	—	—	—
			>6.00~12.00			7	—	—	—
	H22、H32	H22、H32	>0.20~0.50	305~380	≥215	5	—	0.5t	2.0t
			>0.50~1.50			6	—	1.5t	2.0t
			>1.50~3.00			7	—	2.0t	3.0t
			>3.00~6.00			8	—	2.5t	—
			>6.00~12.00			10	—	3.5t	—
	H14	H14	>0.20~0.50	340~400	≥280	2	—	—	—
			>0.50~1.50			3	—	—	—
			>1.50~3.00			3	—	—	—
			>3.00~6.00			3	—	—	—
			>6.00~10.00			4	—	—	—

（续）

牌号	供应状态	试样状态①	厚度/mm	抗拉强度 R_m/MPa	规定塑性延伸强度 $R_{p0.2}$/MPa	断后伸长率（%） A_{50mm}	断后伸长率（%） A	弯曲半径② 90°	弯曲半径② 180°
						≥			
5083	H24、H34	H24、H34	>0.20~0.50	340~400	≥250	4	—	1.0t	—
			>0.50~1.50			5	—	2.0t	—
			>1.50~3.00			6	—	2.5t	—
			>3.00~6.00			7	—	3.5t	—
			>6.00~10.00			8	—	4.5t	—
	H16	H16	>0.20~0.50	360~420	≥300	1	—	—	—
			>0.50~1.50			2	—	—	—
			>1.50~3.00			2	—	—	—
			>3.00~6.00			2	—	—	—
	H26、H36	H26、H36	>0.20~0.50	360~420	≥280	2	—	—	—
			>0.50~1.50			3	—	—	—
			>1.50~3.00			3	—	—	—
			>3.00~6.00			3	—	—	—
	H116	H116	>1.50~3.00	305~385	≥215	8	—	2.0t	—
			>3.00~6.00			10	—	2.5t	—
			>6.00~12.50			12	—	4.0t	6.0t
			>12.50~40.00			—	10	—	6.0t
			>40.00~80.00	285~385	≥200	—	10	—	—
	H321	H321	>1.50~3.00	305~385	≥215	8	—	2.0t	—
			>3.00~6.00			10	—	2.5t	—
			>6.00~12.50			12	—	4.0t	—
			>12.50~40.00			—	10	—	—
			>40.00~80.00	285~385	≥200	—	10	—	—
5383	O、H111	O、H111	>0.20~0.50	290~360	≥145	11	—	0.5t	1.0t
			>0.50~1.50			12	—	1.0t	1.0t
			>1.50~3.00			13	—	1.0t	1.5t
			>3.00~6.00			15	—	1.5t	—
			>6.00~12.50			16	—	2.5t	—
			>12.50~50.00			—	15	—	—
			>50.00~80.00	285~355	≥135	—	14	—	—
			>80.00~120.00	275~345	≥130	—	12	—	—
			>120.00~150.00	270~340	≥125	—	12	—	—
	H32	H32	>0.20~0.50	305~380	≥220	5	—	0.5t	2.0t
			>0.50~1.50			6	—	1.5t	2.0t
			>1.50~3.00			7	—	2.0t	3.0t
			>3.00~6.00			8	—	2.5t	—

（续）

牌号	供应状态	试样状态①	厚度/mm	抗拉强度 R_m/MPa	规定塑性延伸强度 $R_{p0.2}$/MPa	断后伸长率（%）A_{50mm}	断后伸长率（%）A	弯曲半径② 90°	弯曲半径② 180°
						≥			
5383	H24	H24	>0.20~0.50	340~400	≥270	4	—	1.0t	—
			>0.50~1.50			5	—	2.0t	—
			>1.50~3.00			6	—	2.5t	—
			>3.00~6.00			7	—	3.5t	—
	H116	H116	>1.50~3.00	≥305	≥220	8	—	2.0t	3.0t
			>3.00~6.00			10	—	2.5t	—
			>6.00~12.50			12	—	4.0t	—
			>12.50~40.00			—	10	—	—
			>40.00~80.00			—	10	—	—
	H321	H321	>1.50~3.00	≥305	≥220	8	—	2.0t	3.0t
			>3.00~6.00			10	—	2.5t	—
			>6.00~12.50			12	—	4.0t	—
			>12.50~40.00			—	10	—	—
			>40.00~80.00			—	10	—	—
5086	O、H111	O、H111	>0.20~0.50	240~310	≥100	11	—	0.5t	1.0t
			>0.50~1.50			12	—	1.0t	1.0t
			>1.50~3.00			13	—	1.0t	1.0t
			>3.00~6.00			15	—	1.5t	1.5t
			>6.00~12.50			17	—	2.5t	—
			>12.50~150.00			—	16	—	—
	H12	H12	>0.20~0.50	275~335	≥200	3	—	—	—
			>0.50~1.50			4	—	—	—
			>1.50~3.00			5	—	—	—
			>3.00~6.00			6	—	—	—
	H32	H32	>0.20~0.50	275~335	≥185	5	—	0.5t	2.0t
			>0.50~1.50			6	—	1.5t	2.0t
			>1.50~3.00			7	—	2.0t	2.0t
			>3.00~6.00			8	—	2.5t	—
	H34	H34	>0.20~0.50	300~360	≥220	4	—	1.0t	2.5t
			>0.50~1.50			5	—	2.0t	2.5t
			>1.50~3.00			6	—	2.5t	2.5t
			>3.00~6.00			7	—	3.5t	—
	H36	H36	>0.20~0.50	325~385	≥250	2	—	—	—
			>0.50~1.50			3	—	—	—
			>1.50~3.00			3	—	—	—
			>3.00~4.00			3	—	—	—
	H116	H116	>1.50~3.00	≥275	≥195	8	—	2.0t	2.0t
			>3.00~6.00			9	—	2.5t	—
			>6.00~12.50			10	—	3.5t	—
			>12.50~50.00			—	9	—	—

（续）

牌号	供应状态	试样状态①	厚度/mm	抗拉强度 R_m/MPa	规定塑性延伸强度 $R_{p0.2}$/MPa	断后伸长率（%）		弯曲半径②	
						A_{50mm}	A	90°	180°
						≥			
5A02	O	O	>0.50~1.00	165~225	—	17	—	—	—
			>1.00~10.00			19	—	—	—
	H112	H112	>4.50~12.50	≥175		10	—	—	—
			>12.50~25.00			—	12	—	—
			>25.00~80.00	≥155		—	13	—	—
	H14、H24、H34	H14、H24、H34	>0.50~1.00	235~285		4	—	—	—
			>1.00~4.50			6	—	—	—
	H18	H18	>0.50~1.00	≥265	—	3	—	—	—
			>1.00~4.50			4	—	—	—
5A03	O	O	>0.50~4.50	195~250	≥100	16	—	—	—
	H112	H112	>4.50~10.00	≥185	≥80	16	—	—	—
			>10.00~12.50	≥175	≥70	13	—	—	—
			>12.50~25.00			—	13	—	—
			>25.00~50.00	≥165	≥60	—	12	—	—
	H14、H24、H34	H14、H24、H34	>0.50~4.50	225~280	≥195	8	—	—	—
5A05	O	O	>0.50~4.50	275~340	≥125	16	—	—	—
	H112	H112	>4.50~10.00	≥275	≥125	16	—	—	—
			>10.00~12.50	≥265	≥115	14	—	—	—
			>12.50~25.00			—	14	—	—
			>25.00~50.00	≥255	≥105	—	13	—	—
5A06	O	O	0.50~4.50	315~375	≥155	16	—	2.0t	—
			>4.50~12.50			16	—	—	—
	H112	H112	>3.00~10.00	≥315	≥155	16	—	—	—
			>10.00~12.50	≥305	≥145	12	—	—	—
			>12.50~25.00			—	12	—	—
			>25.00~50.00	≥295	≥135	—	12	—	—
			>50.00~265.00	≥280	≥120	—	12	—	—
	H34	H34	>3.00~6.00	375~425	≥265	8	—	—	—
			>6.00~12.50			8	—	—	—
5L52	H32	H32	>0.50~1.50	200~250	≥150	6	—	—	—
6005A	T6	T6	>1.50~3.00	≥240	≥230	10	—	—	—
			>3.00~6.00	—					
			>6.00~10.00	≥240	≥230	10	—	—	—
6060	T6、T651	T6、T651	>4.50~12.50	≥250	≥210	7	—	—	—
			>12.50~40.00			—	7	—	—
			>40.00~70.00			—	7	—	—

（续）

牌号	供应状态	试样状态①	厚度/mm	抗拉强度 R_m/MPa	规定塑性延伸强度 $R_{p0.2}$/MPa	断后伸长率(%) A_{50mm} ≥	断后伸长率(%) A ≥	弯曲半径② 90°	弯曲半径② 180°
6061	O	O	0.40~1.50	≤150	≤85	16	—	0.5t	1.0t
			>1.50~3.00			16	—	1.0t	1.0t
			>3.00~6.00			19	—	1.0t	—
			>6.00~12.50			19	—	2.0t	—
			>12.50~25.00			—	16	—	—
			>25.00~150.00			—	16	—	—
	T1	T62	>6.00~12.50	≥290	≥240	10	—	—	—
			>12.50~25.00			—	8	—	—
			>25.00~150.00			—	8	—	—
	T4	T4	0.40~1.50	≥205	≥110	12	—	1.0t	1.5t
			>1.50~3.00			14	—	1.5t	2.0t
			>3.00~6.00			16	—	3.0t	—
			>6.00~12.50			18	—	4.0t	—
	T451	T451	5.00~6.00	≥205	≥110	16	—	3.0t	—
			>6.00~12.50			18	—	4.0t	—
			>12.50~40.00			—	15	—	—
			>40.00~80.00			—	14	—	—
	T6	T6	0.40~1.50	≥290	≥240	6	—	2.5t	—
			>1.50~3.00			7	—	3.5t	12.0t
			>3.00~6.00			10	—	4.0t	—
			>6.00~12.50			10	—	5.0t	—
			>12.50~40.00			—	8	—	—
			>40.00~80.00			—	6	—	—
			>80.00~100.00			—	5	—	—
			>100.00~150.00			—	4	—	—
			>150.00~250.00	≥265	≥230	—	4	—	—
			>250.00~280.00	≥260	≥220	—	4	—	—
	T651	T651	5.00~12.50	≥290	≥240	10	—	5.0t	—
			>12.50~40.00			—	8	—	—
			>40.00~80.00			—	6	—	—
			>80.00~100.00			—	5	—	—
			>100.00~150.00	≥275	≥240	—	5	—	—
			>150.00~250.00	≥265	≥230	—	4	—	—
			>250.00~290.00	≥260	≥220	—	4	—	—
6063	O	O	0.50~6.00	≤130	—	20	—	—	—
			>6.00~12.50			20	—	—	—
			>12.50~25.00			—	20	—	—
			>25.00~150.00			—	20	—	—

（续）

牌号	供应状态	试样状态①	厚度/mm	抗拉强度 R_m/MPa	规定塑性延伸强度 $R_{p0.2}$/MPa	断后伸长率（%）		弯曲半径②	
						A_{50mm}	A	90°	180°
						≥			
6063	T4	T4	0.50~1.50	≥150	—	10	—	—	—
			>1.50~6.00			10	—	—	—
			>6.00~12.50	≥130	—	15	—	—	—
			>12.50~25.00			—	15	—	—
			>25.00~50.00			—	15	—	—
			>50.00~170.00			—	15	—	—
	T6	T6	0.50~1.50	≥240	≥190	8	—	—	—
			>1.50~3.00			8	—	—	—
			>3.00~6.00			8	—	—	—
			>6.00~12.50	≥230	≥180	8	—	—	—
			>12.50~25.00			—	8	—	—
			>25.00~50.00			—	8	—	—
			>50.00~170.00			—	7	—	—
	T651	T651	6.00~12.50	≥230	≥180	8	—	—	—
			>12.50~25.00			—	8	—	—
			>25.00~60.00			—	8	—	—
6082	O	O	0.40~1.50	≤150	≤85	14	—	0.5t	0.5t
			>1.50~3.00			16	—	1.0t	1.0t
			>3.00~6.00			18	—	1.5t	—
			>6.00~12.50			19	—	2.5t	—
			>12.50~25.00	≤155	—	—	16	—	—
	T4	T4	0.40~1.50	≥205	≥110	12	—	1.5t	3.0t
			>1.50~3.00			14	—	2.0t	3.0t
			>3.00~6.00			14	—	3.0t	4.0t
			>6.00~12.50			14	—	—	—
			>12.50~40.00			—	13	—	—
			>40.00~80.00			—	12	—	—
	T6	T6	0.40~1.50	≥310	≥260	6	—	2.5t	—
			>1.50~3.00			7	—	3.5t	—
			>3.00~6.00			9	—	4.5t	—
			>6.00~12.50	≥300	≥255	9	—	6.0t	—
			>12.50~60.00	≥295		—	8	—	—
			>60.00~100.00		≥240	—	7	—	—
			>100.00~150.00	≥275		—	6	—	—
			>150.00~200.00	≥275	≥230	—	4	—	—
	T651	T651	>1.50~3.00	≥310	≥260	7	—	3.5t	—
			>3.00~6.00			8	—	4.5t	—
			>6.00~12.50	≥300	≥255	8	—	6.0t	—
			>12.50~60.00	≥295	≥240	—	8	—	—
			>60.00~100.00			—	7	—	—
			>100.00~150.00	≥275	≥240	—	6	—	—

（续）

牌号	供应状态	试样状态①	厚度/mm	抗拉强度 R_m/MPa	规定塑性延伸强度 $R_{p0.2}$/MPa	断后伸长率（%）		弯曲半径②	
						A_{50mm}	A	90°	180°
						≥			
6082	T651	T651	>150.00~175.00	≥275	≥230	—	4	—	—
			>175.00~200.00	≥260	≥220	—	2	—	—
6A02	O	O	>0.50~4.50	≤145	—	21	—	—	—
			>4.50~10.00			21	—	—	—
		T62④	>0.50~4.50	≥295	—	11	—	—	—
			>4.50~10.00			8	—	—	—
	T1	T62⑤	>4.50~12.50	≥295	—	8	—	—	—
			>12.50~25.00			—	7	—	—
			>25.00~50.00	≥285		—	6	—	—
			>50.00~90.00	≥275		—	6	—	—
		T42⑤	>4.50~12.50	≥175	—	17	—	—	—
			>12.50~25.00			—	14	—	—
			>25.00~50.00	≥165		—	12	—	—
			>50.00~90.00			—	10	—	—
	T4	T4	>0.50~2.90	≥195	—	21	—	—	—
			>2.90~4.50			19	—	—	—
			>4.50~10.00	≥175		17	—	—	—
	T6	T6	>0.50~4.50	≥295	—	11	—	—	—
			>4.50~10.00			8	—	—	—
7005	T6	T6	>3.00~6.00	≥400	≥350	8	—	—	—
			>6.00~12.50	—					
			>12.50~25.00	≥400	≥350	—	8	—	—
7020	O	O	0.40~1.50	≤230	≤170	13	—	2.0t	—
			>1.50~3.00			13	—	2.5t	—
			>3.00~6.00			15	—	3.5t	—
			>6.00~12.50			12	—	5.0t	—
	T4	T4⑥	>0.40~1.50	≥320	≥210	10	—	2.0t	—
			>1.50~3.00			12	—	2.5t	—
			>3.00~6.00			14	—	3.5t	—
			>6.00~12.50			14	—	5.0t	—
	T6	T6	>0.40~1.50	≥350	≥280	6	—	3.5t	—
			>1.50~3.00			8	—	4.5t	—
			>3.00~6.00			10	—	5.5t	—
			>6.00~12.50			10	—	8.0t	—
			>12.50~40.00			—	9	—	—
			>40.00~60.00	≥340	≥270	—	8	—	—
	T651	T651	>0.40~1.50	≥350	≥280	7	—	3.5t	—
			>1.50~3.00			8	—	4.5t	—
			>3.00~6.00			10	—	5.5t	—
			>6.00~12.50			10	—	8.0t	—
			>12.50~40.00			—	9	—	—
			>40.00~60.00	≥340	≥270	—	8	—	—
7021	T6	T6	1.50~3.00	≥400	≥350	7	—	—	—
			>3.00~6.00			8	—	—	—
7050	T7451	T7451	6.00~12.50	≥500	≥430	9	—	—	—
			>12.50~51.00			—	9	—	—
			>51.00~76.00	≥490	≥420	—	8	—	—
			>76.00~102.00	≥480	≥410	—	6	—	—
			>102.00~127.00	≥475	≥405	—	5	—	—

（续）

牌号	供应状态	试样状态①	厚度/mm	抗拉强度 R_m/MPa	规定塑性延伸强度 $R_{p0.2}$/MPa	断后伸长率(%) A_{50mm} ≥	断后伸长率(%) A ≥	弯曲半径② 90°	弯曲半径② 180°
7050	T7451	T7451	>127.00~152.00	≥470	≥400	—	4	—	—
			>152.00~178.00	≥465	≥390	—	4	—	—
			>178.00~203.00	≥455	≥380	—	4	—	—
	T7651	T7651	6.00~12.50	≥510	≥440	8	—	—	—
			>12.50~51.00			—	8	—	—
			>51.00~76.00	≥500	≥430	—	7	—	—
7075	O	O	>0.40~0.80	≤275	≤145	10	—	0.5*t*	1.0*t*
			>0.80~1.50			11	—	1.0*t*	2.0*t*
			>1.50~3.00			12	—	1.0*t*	3.0*t*
			>3.00~6.00			13	—	2.5*t*	—
			>6.00~12.50			14	—	4.0*t*	—
			>12.50~15.00		—	—	15	—	—
			>15.00~75.00			—	9	—	—
		T62④	>0.40~0.80	≥525	≥460	6	—	4.5*t*	—
			>0.80~1.50	≥540	≥460	6	—	5.5*t*	—
			>1.50~3.00	≥540	≥470	7	—	6.5*t*	—
			>3.00~6.00	≥545	≥475	8	—	8.0*t*	—
			>6.00~12.50	≥540	≥460	8	—	12.0*t*	—
			>12.50~25.00	≥540	≥470	—	6	—	—
			>25.00~50.00	≥530	≥460	—	5	—	—
			>50.00~60.00	≥525	≥440	—	4	—	—
			>60.00~75.00	≥495	≥420	—	4	—	—
	T1	T62	>6.00~12.50	≥540	≥460	8	—	—	—
			>12.50~25.00	≥540	≥470	—	6	—	—
			>25.00~50.00	≥530	≥460	—	5	—	—
	T6	T6	0.40~0.80	≥525	≥460	6	—	4.5*t*	—
			>0.80~1.50	≥540	≥460	6	—	5.5*t*	—
			>1.50~3.00	≥540	≥470	7	—	6.5*t*	—
			>3.00~6.00	≥545	≥475	8	—	8.0*t*	—
			>6.00~12.50	≥540	≥460	8	—	12.0*t*	—
			>12.50~25.00	≥540	≥470	—	6	—	—
			>25.00~50.00	≥530	≥460	—	5	—	—
			>50.00~60.00	≥525	≥440	—	4	—	—
			>60.00~80.00	≥495	≥420	—	4	—	—
			>80.00~90.00	≥490	≥390	—	4	—	—
			>90.00~100.00	≥460	≥360	—	3	—	—
			>100.00~120.00	≥410	≥300	—	2	—	—
			>120.00~150.00	≥360	≥260	—	2	—	—
			>150.00~200.00	≥360	≥240	—	2	—	—
	T651	T651	>1.50~3.00	≥545	≥475	7	—	6.5*t*	—
			>3.00~6.00			8	—	8.0*t*	—
			>6.00~12.50	≥540	≥470	8	—	12.0*t*	—
			>12.50~25.00	≥540	≥470	—	6	—	—
			>25.00~50.00	≥530	≥460	—	5	—	—
			>50.00~60.00	≥525	≥440	—	4	—	—
			>60.00~80.00	≥495	≥420	—	4	—	—
			>80.00~90.00	≥490	≥390	—	4	—	—
			>90.00~100.00	≥460	≥360	—	3	—	—
			>100.00~120.00	≥410	≥300	—	2	—	—

（续）

牌号	供应状态	试样状态①	厚度/mm	抗拉强度 R_m/MPa	规定塑性延伸强度 $R_{p0.2}$/MPa	断后伸长率（%）		弯曲半径②	
						A_{50mm}	A	90°	180°
						≥			
7075	T651	T651	>120.00~150.00	≥360	≥260	—	2	—	—
			>150.00~203.00	≥360	≥240	—	2	—	—
	T73	T73	>1.50~3.00	≥460	≥385	7	—	—	—
			>3.00~6.00			8	—	—	—
			>6.00~12.50	≥475	≥390	7	—	—	—
			>12.50~25.00			—	6	—	—
			>25.00~50.00			—	5	—	—
			>50.00~60.00	≥455	≥360	—	5	—	—
			>60.00~80.00	≥440	≥340	—	5	—	—
			>80.00~100.00	≥430	≥340	—	5	—	—
	T7351	T7351	>1.50~3.00	≥460	≥385	7	—	—	—
			>3.00~6.00			8	—	—	—
			>6.00~12.50	≥475	≥390	6	—	—	—
			>12.50~25.00			—	6	—	—
			>25.00~50.00			—	5	—	—
			>50.00~60.00	≥455	≥360	—	5	—	—
			>60.00~80.00	≥440	≥340	—	5	—	—
			>80.00~100.00	≥430	≥340	—	5	—	—
			>100.00~120.00	≥420	≥320	—	4	—	—
			>120.00~203.00	≥400	≥300	—	4	—	—
	T76	T76	>1.50~3.00	≥500	≥425	7	—	—	—
			>3.00~6.00			8	—	—	—
			>6.00~12.50	≥490	≥415	7	—	—	—
包铝7075	O	O	>0.40~1.60	≤250	≤140	10	—	—	—
			>1.60~4.00	≤260		10	—	—	—
			>4.00~10.00	≤270	≤145	10	—	—	—
	T6	T6	>0.40~0.80	≥490	≥420	8	—	—	—
			>0.80~1.60	≥495	≥425	9	—	—	—
			>1.60~3.00	≥510	≥440	9	—	—	—
			>3.00~6.30			9	—	—	—
	T76	T76	>0.80~1.50	≥460	≥385	8	—	—	—
			>1.50~3.00	≥470	≥395	8	—	—	—
			>3.00~6.30	≥485	≥405	8	—	—	—
7475	O	O	>0.40~1.00	≤250	≤140	10	—	—	—
			>1.00~1.60			10	—	—	—
			>1.60~3.20	≤260	≤140	10	—	—	—
			>3.20~4.80			10	—	—	—
			>4.80~6.50	≤270	≤145	10	—	—	—
	T7351	T7351	>5.00~12.50	≥490	≥415	10	—	—	—
			>12.50~40.00			—	9	—	—
			>40.00~75.00			—	8	—	—
			>75.00~100.00	≥475	≥390	—	8	—	—
			>100.00~200.00	≥450	≥365	—	8	—	—
	T76、T761⑦	T76、T761⑦	>1.00~1.60	≥490	≥415	9	—	—	6.0t
			>1.60~2.30			9	—	—	7.0t
			>2.30~3.20			9	—	—	8.0t
			>3.20~4.80			9	—	—	9.0t
			>4.80~6.50			9	—	—	9.0t

（续）

牌号	供应状态	试样状态①	厚度/mm	抗拉强度 R_m/MPa	规定塑性延伸强度 $R_{p0.2}$/MPa	断后伸长率（%）		弯曲半径②	
						A_{50mm}	A	90°	180°
						≥			
包铝7475	O	O	>1.00～1.60	≤250	≤140	10	—	—	9.0t
			>1.60～3.20	≤260		10	—	—	9.0t
			>3.20～4.80			10	—	—	9.0t
			>4.80～6.50	≤270	≤145	10	—	—	9.0t
	T761⑦	T761⑦	>0.40～1.60	≥455	≥380	9	—	—	—
			>1.60～4.80	≥470	≥390	9	—	—	—
			>4.80～6.00	≥480	≥410	9	—	—	—
7A04、7A09	T1	T62	>4.50～6.00	≥490	≥410	7	—	—	—
			>6.00～12.50			7	—	—	—
			>12.50～25.00			—	5	—	—
			>25.00～75.00			—	3	—	—
			>75.00～100.00			—	4	—	—
	T6	T6	>0.50～2.90	≥480	≥400	7	—	—	—
			>2.90～6.00	≥490	≥410	7	—	—	—
			>6.00～12.50	≥510	≥430	7	—	—	—
			>12.50～25.00	≥490	≥410	—	5	—	—
			>25.00～75.00			—	4	—	—
			>75.00～155.00			—	3	—	—
包铝7A04、包铝7A09	O	O	>0.50～10.00	≤245	—	11	—	—	—
	T6	T6	>0.50～1.60	≥480	≥400	7	—	—	—
			>1.60～10.00	≥490	≥410	7	—	—	—
7A52	T6	T6	>3.00～6.00	≥410	≥345	7	—	—	—
			>6.00～12.50			7	—	—	—
			>12.50～25.00			—	7	—	—
			>25.00～100.00			—	7	—	—
8006	H16	H16	>0.20～0.50	160～220	—	2	—	—	—
8011	O	O	>0.20～0.50	80～130	—	19	—	—	—
	H22	H22	>0.20～0.50	105～145	≥90	6	—	—	—
	H14	H14	>0.20～0.50	125～165	—	2	—	—	—
	H24	H24	>0.20～0.50	125～165	—	4	—	—	—
			>0.50～1.50			5	—	—	—
	H16	H16	>0.20～0.50	130～185	—	1	—	—	—
	H18	H18	>0.20～3.50	≥160	≥145	1	—	—	—
	H19	H19	>0.20～0.50	≥210	—	1	—	—	—
8011A	H14、H24	H14、H24	>0.20～0.50	120～170	≥110	3	—	—	—
	H18	H18	>0.20～0.50	≥160	≥145	1	—	—	—
			>0.50～3.00			2	—	—	—
8111	H14	H14	>0.20～0.50	130～190	—	2	—	—	—

（续）

牌号	供应状态	试样状态①	厚度/mm	抗拉强度 R_m/MPa	规定塑性延伸强度 $R_{p0.2}$/MPa	断后伸长率(%) A_{50mm}	断后伸长率(%) A	弯曲半径② 90°	弯曲半径② 180°
						≥			
8021	H14	H14	>0.20~0.50	130~190	≥100	2	—	—	—
	H18	H18	>0.20~0.50	≥160	≥145	1	—	—	—
8079	H12	H12	>0.20~0.50	115~165	—	2	—	—	—
	H14	H14	>0.20~0.50	125~175	—	2	—	—	—

① 试样状态与供应状态不一致时，需方复检性能时应使用相应热处理工艺将样品热处理至试样状态再进行验证。

② 弯曲半径中的 t 表示板材的厚度，当90°和180°两栏均有数值时，应由供需双方协商确定折弯角度，并在订货单（或合同）中注明，未注明时按90°执行。需方对折弯半径有特殊要求时，其室温拉伸力学性能由供需双方协商确定，并在订货单（或合同）中注明。

③ 对于2014、包铝2014、2017A、2219、2024、包铝2024、包铝2A11、2A12、包铝2A12合金的O状态板、带材，需要T42状态或T62状态的性能值时，应在订货单（或合同）中注明。

④ 对于6A02、7075合金的O状态板、带材，需要T62状态的性能值时，应在订货单（或合同）中注明。

⑤ 对于6A02合金T1状态的板、带材，应由供需双方协商确定试样状态为T42状态或T62状态，并在订货单（或合同）中注明，未注明时按T62状态执行。

⑥ 7020的T4状态需要在室温下自然时效3个月后才能稳定达到规定的力学性能，或将淬火后的试样在60~65℃的条件下持续60h也可以得到近似的力学性能，仲裁时以自然时效为准。

⑦ T761状态专用于7475、包铝7475薄板和带材，与T76状态的定义相同，是在固溶处理后进行人工过时效以获得良好的抗剥落腐蚀性能的状态。

11.3.2 铝及铝合金压型板

1. 铝及铝合金压型板的牌号、状态和规格（见表11-23）

表11-23 铝及铝合金压型板的牌号、状态和规格（GB/T 6891—2018）

类别	牌号	状态	膜层代号	厚度/mm	宽度/mm	长度/mm
无涂层产品	1050、1050A、1060、1070A、1100、1200、3003、3004、3005、3105、5005、5052	H14、H16、H18、H24、H26	—	0.5~3.0	250~1300	≥1200
涂层产品		H44、H46、H48	LRA15、LRF2-25、LRF3-34、LF2-25、LF3-34、LF4-55			

注：1. 膜层代号中“LRA”代表聚酯漆辊涂膜层，“LRA”后的数字标示最小局部膜厚限定值；“LRF2”和“LRF3”分别代表PVDF氟碳漆辊涂的二涂膜层和三涂膜层，“-”后的数字标示最小局部膜厚限定值；LF2、LF3和LF4分别代表PVDF氟碳漆喷涂的二涂膜层、三涂膜层和四涂膜层，“-”后的数字标示最小局部膜厚限定值。

2. 涂层板的厚度不包括表面涂层的厚度。

2. 铝及铝合金涂层压型板的膜层性能（见表11-24）

表11-24 铝及铝合金涂层压型板的膜层性能（GB/T 6891—2018）

项目		下列涂层板的膜层性能					
		辊涂			喷涂		
		LRA15	LRF2-25	LRF3-34	LF2-25	LF3-34	LF4-55
膜厚	平均膜厚/μm	—	—	—	≥30	≥40	≥65
	局部膜厚/μm	≥15	≥25	≥34	≥25	≥34	≥55
光泽(60°)		光泽值范围小于20光泽单位时，允许偏差为±5个光泽单位；光泽值范围为20~80光泽单位时，允许偏差为±7个光泽单位；光泽值范围大于80光泽单位时，允许偏差为±10个光泽单位			光泽值的允许偏差为±5个光泽单位		

（续）

项目		下列涂层板的膜层性能					
		辊涂			喷涂		
		LRA15	LRF2-25	LRF3-34	LF2-25	LF3-34	LF4-55
色差		采用目视法测量时，应按供需双方商定的色板确定色差。采用仪器法测量时，单色膜层与样板间的色差 $\Delta E_{ab}^{*} \leqslant 1.2$，同批交货产品色差 $\Delta E_{ab}^{*} \leqslant 1.0$。色差测定方法应在订货单（或合同）中注明			采用目视法测量时，应按供需双方商定的色板确定色差。采用仪器法测量时，单色膜层与样板间的色差 $\Delta E_{ab}^{*} \leqslant 1.5$，同批交货产品色差 $\Delta E_{ab}^{*} \leqslant 1.5$。色差测定方法应在订货单（或合同）中注明		
硬度		经铅笔划痕试验，膜层硬度应不小于HB			经铅笔划痕试验，膜层硬度应不小于1H		
附着性	干附着性	达到0级或1级			达到0级		
	湿附着性	—			达到0级		
	沸水附着性	—			达到0级		
涂层柔韧性[①]		≤2T时，膜层无开裂或脱落			—		
耐冲击性		膜层经冲击试验（正冲）后应无开裂或脱落现象			膜层经冲击试验（反冲）后允许膜层轻微开裂，但采用黏胶带进一步检验时，膜层表面应无黏落现象		
耐高压水煮性		—			试验后的膜层外观应无脱落、起泡、起皱等现象，附着性达0级		
耐磨性		—			落砂试验结果：磨耗系数应不小于1.6L/μm		
耐盐酸性		经耐盐酸性试验后，应无气泡、变色或其他明显变化					
耐硝酸性		—			经耐硝酸性试验后，暴露试样与未暴露试样比较，颜色变化 $\Delta E_{ab}^{*} \leqslant 5$		
耐砂浆性		经耐砂浆性试验后，无脱落或其他明显变化					
耐溶剂性		70次不露底	100次不露底		擦拭100次，擦拭后的膜层无露底现象		
耐洗涤剂性		—			应无起泡或其他明显变化，膜层表面应无黏落现象		
耐盐雾腐蚀性		—	1000h中性盐雾试验（NSS）后，划线两侧2.0mm以外部分的膜层无腐蚀现象		经4000h中性盐雾试验（NSS）后，划线两侧膜下单边渗透腐蚀宽度不大于2.0mm，划线两侧2.0mm以外部分的膜层不应有腐蚀现象		
耐湿热性		—	1000h湿热试验后的膜层表面无起泡、开裂现象，附着性≤1级		4000h湿热试验后的膜层表面，综合破坏等级达到1级		
耐候性	氙灯加速耐候性	—	2000h氙灯照射加速耐候性试验后的膜层表面，无粉化现象（0级），光泽保持率（膜层试验后的光泽值相对于其试验前的光泽值的百分比）不小于85%，变色程度由供需双方商定		4000h氙灯照射加速耐候性试验后的膜层，光泽保持率（膜层试验后的光泽值相对于其试验前的光泽值的百分比）不小于75%，变色程度和粉化程度符合供需双方约定要求		
其他		需方要求其他膜层性能时，由供需双方参照GB/T 8013.3具体商定，并在订货单（或合同）中注明					

① 涂层柔韧性是指辊涂后，产品成形前的膜层性能。

11.3.3 铝合金预拉伸板

1. 铝合金预拉伸板的牌号、状态和规格（见表11-25）

表11-25 铝合金预拉伸板的牌号、状态和规格（GB/T 29503—2020）

牌号	供应状态	厚度/mm	宽度/mm	长度/mm
2014、2A14	T451	6.30~80.00	800~3500	1000~19000
	T651	6.30~100.00	800~3500	1000~14000
2618A	T851	8.00~90.00	800~3500	1000~14000
2219	T351	6.30~150.00	800~3500	1000~19000
	T851	6.30~150.00	800~3500	1000~14000

（续）

牌号	供应状态	厚度/mm	宽度/mm	长度/mm
2024	T351	6.30~100.00	800~3500	1000~19000
	T851	6.30~40.00	800~3500	1000~14000
2124	T851	25.00~153.00	800~3500	1000~14000
2D12	T351	11.00~80.00	800~3500	1000~14000
2D70	T351	11.00~80.00	800~3500	1000~14000
	T651	11.00~80.00	800~3500	1000~14000
6061	T451	6.30~80.00	800~3500	1000~19000
	T651	6.30~150.00	800~3500	1000~14000
7050	T7451	6.00~203.00	800~3500	1000~14000
	T7651	6.30~76.50	800~3500	1000~14000
7150	T7751	6.30~81.00	1000~2500	1000~20000
7055	T7751	6.30~50.00	1000~2500	1000~20000
7075	T651	6.30~100.00	800~3500	1000~14000
	T7351	6.30~80.00	800~3500	1000~14000
	T7651	6.30~25.00	800~3500	1000~14000
7475	T7351	6.30~102.00	800~3500	1000~14000
7B04	T651	11.00~80.00	800~3500	1000~14000
	T7351、T7451	11.00~85.00	800~3500	1000~14000
7A85	T7651	102.00~178.00	800~3500	1000~14000

注：板材横截面面积不大于 $3.6\times10^5 mm^2$。

2. 铝合金预拉伸板的室温力学性能（见表 11-26）

表 11-26 铝合金预拉伸板的室温力学性能（GB/T 29503—2020）

牌号	供应状态	试样状态	厚度[①]/mm	取样方向	抗拉强度 R_m/MPa	规定塑性延伸强度 $R_{p0.2}$/MPa	断后伸长率[②]（%） A_{50mm}	A	A_{4D}
					≥				
2014 2A14	T451	T451	6.30~12.50	横向	400	250	14	—	—
			>12.50~25.00	横向	400	250	—	12	—
			>25.00~50.00	横向	400	250	—	10	—
			>50.00~80.00	横向	395	250	—	7	—
	T651	T651	6.30~12.50	横向	460	405	7	—	—
			>12.50~25.00	横向	460	405	—	5	—
			>25.00~50.00	横向	460	405	—	3	—
			>50.00~60.00	横向	450	400	—	1	—
			>60.00~80.00	横向	435	395	—	1	—
			>80.00~100.00	横向	405	380	—	—	—
2618A	T851	T851	8.00~40.00	横向	430	385	—	5	—
			>40.00~60.00	横向	420	385	—	5	—
				高向	410	350	—	3.5	—
			>60.00~80.00	横向	420	380	—	5	—
				高向	410	350	—	3.5	—
			>80.00~90.00	横向	410	370	—	4	—
				高向	405	340	—	3	—
2219	T351	T351	6.30~12.50	横向	315	195	10	—	—
			>12.50~50.00	横向	315	195	—	9	—
			>50.00~80.00	横向	305	195	—	9	—
			>80.00~100.00	横向	290	185	—	8	—

（续）

牌号	供应状态	试样状态	厚度[①]/mm	取样方向	抗拉强度 R_m/MPa	规定塑性延伸强度 $R_{p0.2}$/MPa	断后伸长率[②]（%）		
							A_{50mm}	A	A_{4D}
					≥				
2219	T351	T351	>100.00~130.00	横向	275	180	—	8	—
			>130.00~150.00	横向	270	170	—	7	—
	T851	T851	6.30~12.50	横向	425	315	8	—	—
			>12.50~25.00	横向	425	315	—	7	—
			>25.00~50.00	横向	425	315	—	6	—
			>50.00~80.00	横向	425	310	—	5	—
			>80.00~100.00	横向	415	305	—	4	—
			>100.00~130.00	横向	405	295	—	4	—
			>130.00~150.00	横向	395	290	—	3	—
2024	T351	T351	6.30~12.50	横向	440	290	12	—	—
			>12.50~25.00	横向	435	290	—	7	—
			>25.00~40.00	横向	425	290	—	6	—
			>40.00~50.00	横向	425	290	—	5	—
				高向	345	—	—	3	—
			>50.00~80.00	横向	415	290	—	3	—
				高向	345	—	—	3	—
			>80.00~100.00	横向	395	285	—	3	—
	T851	T851	6.30~12.50	横向	460	400	5	—	—
			>12.50~25.00	横向	455	400	—	4	—
			>25.00~40.00	横向	455	395	—	4	—
2124	T851	T851	25.00~51.00	纵向	455	393	—	—	6
				横向	455	393	—	—	5
				高向	441	379	—	—	1.5
			>51.00~76.00	纵向	448	393	—	—	6
				横向	448	393	—	—	4
				高向	434	379	—	—	1.5
			>76.00~102.00	纵向	448	386	—	—	5
				横向	448	386	—	—	4
				高向	427	372	—	—	1.5
			>102.00~127.00	纵向	441	379	—	—	5
				横向	441	379	—	—	4
				高向	421	365	—	—	1.5
			>127.00~153.00	纵向	434	372	—	—	5
				横向	434	372	—	—	4
				高向	400	352	—	—	1.5
2D12	T351	T351	11.00~25.00	横向	430	295	—	8	—
			>25.00~40.00	横向	420	285	—	7	—
			>40.00~50.00	横向	420	285	—	6	—
			>50.00~80.00	横向	410	285	—	4	—
2D70	T351	T651	11.00~80.00	横向	400	325	—	6	—
	T651	T651	11.00~80.00	横向	400	325	—	6	—
			40.00~80.00	高向	375	—	—	4	—
6061	T451	T451	6.30~12.50	横向	205	110	18	—	—
			>12.50~25.00	横向	205	110	—	16	—
			>25.00~80.00	横向	205	110	—	14	—

（续）

牌号	供应状态	试样状态	厚度①/mm	取样方向	抗拉强度 R_m/MPa	规定塑性延伸强度 $R_{p0.2}$/MPa	断后伸长率②(%) A_{50mm}	A	A_{4D}
					≥				
6061	T651	T651	6.30~12.50	横向	290	240	10	—	—
			>12.50~25.00	横向	290	240	—	8	—
			>25.00~50.00	横向	290	240	—	7	—
			>50.00~100.00	横向	290	240	—	5	—
			>100.00~150.00	横向	275	240	—	5	—
7050	T7451	T7451	6.00~12.50	纵向	510	441	10	—	—
				横向	510	441	9	—	—
			>12.50~51.00	纵向	510	441	—	—	10
				横向	510	441	—	—	9
			>51.00~76.00	纵向	503	434	—	—	9
				横向	503	434	—	—	8
				高向	469	407	—	—	3
			>76.00~102.00	纵向	496	427	—	—	9
				横向	496	427	—	—	6
				高向	469	400	—	—	3
			>102.00~127.00	纵向	490	421	—	—	9
				横向	490	421	—	—	5
				高向	462	393	—	—	3
			>127.00~152.00	纵向	483	414	—	—	8
				横向	483	414	—	—	4
				高向	462	393	—	—	3
			>152.00~178.00	纵向	476	407	—	—	7
				横向	476	407	—	—	4
				高向	455	386	—	—	3
			>178.00~203.00	纵向	469	400	—	—	6
				横向	469	400	—	—	4
				高向	448	379	—	—	3
	T7651	T7651	6.30~12.50	纵向	524	455	9	—	—
				横向	524	455	8	—	—
			>12.50~25.50	纵向	524	455	—	—	9
				横向	524	455	—	—	8
			>25.50~38.00	纵向	531	462	—	—	9
				横向	531	462	—	—	8
			>38.00~51.00	纵向	524	455	—	—	9
				横向	524	455	—	—	8
			>51.00~76.50	纵向	524	455	—	—	8
				横向	524	455	—	—	7
				高向	483	414	—	—	1.5
7150	T7751	T7751	6.30~12.50	纵向	552	510	8	—	—
				横向	552	510	8	—	—
			>12.50~19.00	纵向	572	531	—	—	8
				横向	572	524	—	—	8
			>19.00~38.00	纵向	579	538	—	—	8
				横向	579	531	—	—	8
			>38.00~81.00	纵向	565	524	—	—	7
				横向	565	517	—	—	6
				高向	531	462	—	—	1

（续）

牌号	供应状态	试样状态	厚度[①]/mm	取样方向	抗拉强度 R_m/MPa	规定塑性延伸强度 $R_{p0.2}$/MPa	断后伸长率[②]（%）		
							A_{50mm}	A	A_{4D}
					≥				
7055	T7751	T7751	12.00~38.00	纵向	615	595	—	—	7
				横向	615	585	—	—	8
			>38.0~50.00	纵向	580	540	—	—	7
				横向	580	530	—	—	7
				高向	540	470	—	—	2
7075	T651	T651	6.30~12.50	横向	540	460	9	—	—
			>12.50~25.00	横向	540	470	—	6	—
			>25.00~50.00	横向	530	460	—	5	—
			>50.00~60.00	横向	525	440	—	4	—
			>60.00~80.00	横向	495	420	—	4	—
			>80.00~90.00	横向	490	400	—	4	—
			>90.00~100.00	横向	460	370	—	2	—
	T7351	T7351	6.30~12.50	横向	475	390	7	—	—
			>12.50~25.00	横向	475	390	—	6	—
			>25.00~50.00	横向	475	390	—	5	—
			>50.00~60.00	横向	455	360	—	5	—
			>60.00~80.00	横向	440	340	—	5	—
	T7651	T7651	6.30~12.50	横向	495	420	8	—	—
			>12.50~25.00	横向	490	415	—	5	—
7475	T7351	T7351	6.30~12.50	纵向	490	414	10	—	—
				横向	490	414	9	—	—
			>12.50~38.00	纵向	490	414	—	—	10
				横向	490	414	—	—	9
				高向[③]	462	386	—	—	4
			>38.00~51.00	纵向	483	400	—	—	10
				横向	483	400	—	—	8
				高向	455	372	—	—	4
			>51.00~63.50	纵向	476	393	—	—	10
				横向	476	393	—	—	8
				高向	448	365	—	—	4
			>63.50~76.50	纵向	469	386	—	—	10
				横向	469	386	—	—	8
				高向	448	365	—	—	3
			>76.50~89.00	纵向	448	365	—	—	10
				横向	448	365	—	—	8
				高向	441	352	—	—	3
			>89.00~102.00	纵向	441	359	—	—	9
				横向	441	359	—	—	7
				高向	434	345	—	—	3
7B04	T651	T651	11.00~25.00	横向	530	460	—	7	—
			>25.00~50.00	横向	530	460	—	6	—
			>50.00~60.00	横向	520	440	—	5	—
			>60.00~80.00	横向	490	420	—	4	—
	T7351	T7351	11.00~50.00	横向	470~540	400~480	—	7	—
			>50.00~60.00	横向	450~520	365~440	—	6	—
			>60.00~85.00	横向	440~510	345~420	—	6	—

（续）

牌号	供应状态	试样状态	厚度①/mm	取样方向	抗拉强度 R_m/MPa	规定塑性延伸强度 $R_{p0.2}$/MPa	断后伸长率②(%)		
							A_{50mm}	A	A_{4D}
					≥				
7B04	T7451	T7451	11.00~50.00	横向	490~560	420~500	—	7	—
			>50.00~60.00	横向	470~540	380~460	—	6	—
			>60.00~85.00	横向	460~530	365~440	—	6	—
7A85	T7651	T7651	102.00~127.00	纵向	515	495	—	—	9
				横向	525	475	—	—	7
				高向	510	450	—	—	3
			>127.00~152.00	纵向	515	495	—	—	8
				横向	525	475	—	—	7
				高向	505	450	—	—	3
			>152.00~178.00	纵向	510	490	—	—	8
				横向	515	460	—	—	5
				高向	495	440	—	—	3

① 厚度超出表中规定范围时，力学性能附实测结果交货。

② A_{50mm} 指试样原始标距 L_0 为 50mm 时的断后伸长率；A 指试样原始标距 L_0 为 5.65×试样横截面积的开方时的断后伸长率；A_{4D} 指试样原始标距 L_0 为 4 倍圆形试样直径时的断后伸长率。

③ 仅适用于厚度为 38.00mm 的板材。

3. 铝合金预拉伸板的纵向室温压缩屈服强度（见表 11-27）

表 11-27 铝合金预拉伸板的纵向室温压缩屈服强度（GB/T 29503—2020）

牌号	供应状态	厚度/mm	规定塑性压缩强度 $R_{pc0.2}$/MPa ≥
7150	T7751	12.50~19.00	524
		>19.00~38.00	531
		>38.00~81.00	517
7055	T7751	12.00~38.00	593
		>38.00~50.00	545
7A85	T7651	102.00~127.00	490
		>127.00~152.00	490
		>152.00~178.00	485

4. 铝合金预拉伸板的平面应变断裂韧度（见表 11-28）

表 11-28 铝合金预拉伸板的平面应变断裂韧度（GB/T 29503—2020）

牌号	供应状态	厚度/mm	平面应变断裂韧度 K_{IC}/MPa·$m^{1/2}$		
			L-T①	T-L②	S-L③
2124	T851	38.00~153.00	≥26.4	≥22.0	≥19.8
7050	T7451	12.00~51.00	≥32.0	≥27.0	—
		>51.00~76.00	≥30.0	≥26.0	≥23.0
		>76.00~102.00	≥28.0	≥25.0	≥23.0
		>102.00~127.00	≥27.0	≥24.0	≥23.0
		>127.00~152.00	≥26.0	≥24.0	≥23.0
		>152.00~178.00	≥25.0	≥23.0	≥23.0
		>178.00~203.00	≥25.0	≥23.0	≥23.0
	T7651	25.00~51.00	≥28.0	≥26.0	—
		>51.00~76.50	≥26.0	≥25.0	≥22.0

（续）

牌号	供应状态	厚度/mm	平面应变断裂韧度 K_{IC}/MPa·$m^{1/2}$		
			L-T①	T-L②	S-L③
7150	T7751	19.00~25.50	≥22.0	≥19.8	—
		>25.50~38.00	≥24.2	≥22.0	—
		>38.00~81.0	≥23.1	≥20.9	—
7055	T7751	19.00~32.00	≥24.2	—	—
		>32.00~50.00	≥23.1	—	—
7475	T7351	19.00~38.00	≥42.0	≥35.0	—
		>38.00~70.00	≥44.0	≥36.0	—
		>70.00~102.00④	≥44.0	≥36.0	≥27.0
7A85	T7651	102.00~127.00	≥32.0	≥26.0	≥26.0
		>127.00~152.00	≥30.0	≥24.0	≥25.0
		>152.00~178.00	≥29.0	≥23.0	≥24.0

① 平面应变断裂韧度 L-T 为纵向（L 向）施加载荷、沿横向（T 向）断裂时的测试值。
② 平面应变断裂韧度 T-L 为横向（T 向）施加载荷、沿纵向（L 向）断裂时的测试值。
③ 平面应变断裂韧度 S-L 为高向（S 向）施加载荷、沿纵向（L 向）断裂时的测试值。
④ 如果 T-L 和 S-L 方向测试结果符合表中规定，则 L-T 方向性能不要求。

5. 铝合金预拉伸板的疲劳性能（见表 11-29）

表 11-29 铝合金预拉伸板的疲劳性能（GB/T 29503—2020）

牌号	项目	要求
7050T7451（厚度≥102.00mm）	试验温度/℃	21~24
	最大载荷应力/MPa	241
	应力比(最小和最大应力之比)	0.1
	单个试样的最小疲劳寿命	$9.0×10^4$ 个循环
	4 个试样的最小平均疲劳寿命	$1.2×10^5$ 个循环
	截止疲劳寿命	$2.0×10^5$ 个循环

6. 铝合金预拉伸板的应力腐蚀性能（见表 11-30）

表 11-30 铝合金预拉伸板的应力腐蚀性能（GB/T 29503—2020）

牌号	供应状态	C 环应力腐蚀性能					应力腐蚀敏感因子 SCF②
		厚度/mm	试样受力方向	试验应力①/MPa	试验天数/d	结果要求	
2124	T851	25~153	高向(短横向)	$0.50R_{p0.2}$	20	不出现裂纹	—
7050	T7451	≥19.99		241	20		≤220
	T7651	≥19.99		172	20		≤248
7150	T7751	19.00~81.00		172	20		—
7055	T7751	20.00~50.00		170	20		—
7075	T7351	≥19.00		$0.75R_{p0.2}$	30		—
7475	T7351	≥19.00		276	30		—
7B04	T7351	20.00~85.00		$0.75R_{p0.2}$	30		—
	T7451	20.00~85.00		170	30		—
7A85	T7651	102.00~178.00		180	20		—

① $R_{p0.2}$ 为表 11-26 要求的规定塑性延伸强度的下限值。
② SCF 值为横向室温拉伸的规定塑性延伸强度数值与 12 倍的电导率数值之差。

7. 铝合金预拉伸板的电导率（见表 11-31）

表 11-31　铝合金预拉伸板的电导率（GB/T 29503—2020）

牌号	供应状态	电导率/(MS/m)
7050	T7451	≥22.0(对应于 38.0%IACS)
	T7651	≥21.5(对应于 37.0%IACS)
7150	T7751	≥20.9(对应于 36.0%IACS)
7055	T7751	20.6~22.0(20.6 对应于 35.5%IACS)
7075	T7351	供需双方协商确定
	T7651	
7475	T7351	≥23.2(对应于 40.0%IACS)
7A85	T7651	≥22.6(对应于 39.0%IACS)

11.3.4　铝及铝合金花纹板

1. 铝及铝合金花纹板的花纹图案、牌号、状态和规格（见表 11-32）

表 11-32　铝及铝合金花纹板的花纹图案、牌号、状态和规格（GB/T 3618—2006）

花纹代号	花纹图案	牌号	状态	底板厚度/mm	筋高/mm	宽度/mm	长度/mm
1号	方格形(见图 11-1a)	2A12	T4	1.0~3.0	1.0	1000~1600	2000~10000
2号	扁豆形(见图 11-1b)	2A11、5A02、5052	H234	2.0~4.0	1.0		
		3105、3003	H194				
3号	五条形(见图 11-1c)	1×××、3003	H194	1.5~4.5	1.0		
		5A02、5052、3105、5A43、3003	O、H114				
4号	三条形(见图 11-1d)	1×××、3003	H194	1.5~4.5	1.0		
		2A11、5A02、5052	H234				
5号	指针形(见图 11-1e)	1×××	H194	1.5~4.5	1.0		
		5A02、5052、5A43	O、H114				
6号	菱形(见图 11-1f)	2A11	H234	3.0~8.0	0.9		
7号	四条形(见图 11-1g)	6061	O	2.0~4.0	1.0		
		5A02、5052	O、H234				
8号	三条形(见图 11-1h)	1×××	H114、H234、H194	1.0~4.5	0.3		
		3003	H114、H194				
		5A02、5052	O、H114、H194				
9号	星月形(见图 11-1i)	1×××	H114、H234、H194	1.0~4.0	0.7		
		2A11	H194				
		2A12	T4	1.0~3.0			
		3003	H114、H234、H194	1.0~4.0			
		5A02、5052	H114、H234、H194				

注：2A11、2A12 合金花纹板双面可带有 1A50 合金包覆层，其每面包覆层平均厚度应不小于底板公称厚度的 4%。

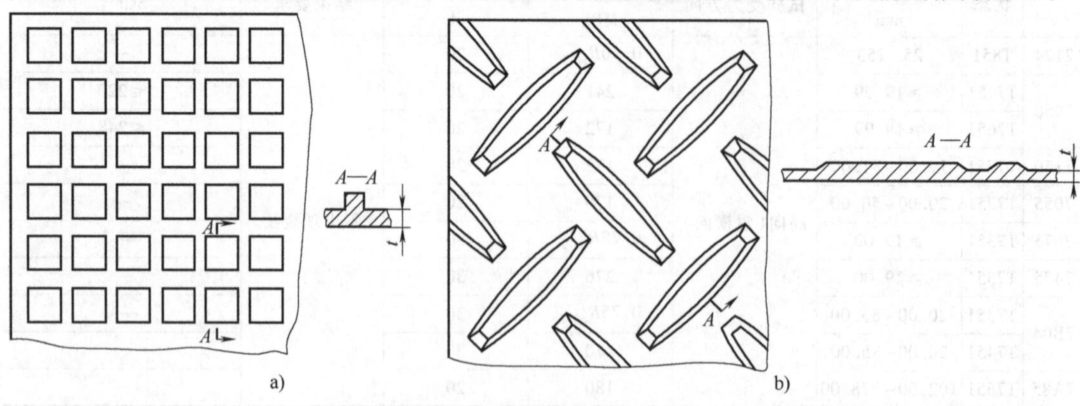

图 11-1　铝及铝合金花纹板

a) 1号（方格形）　b) 2号（扁豆形）

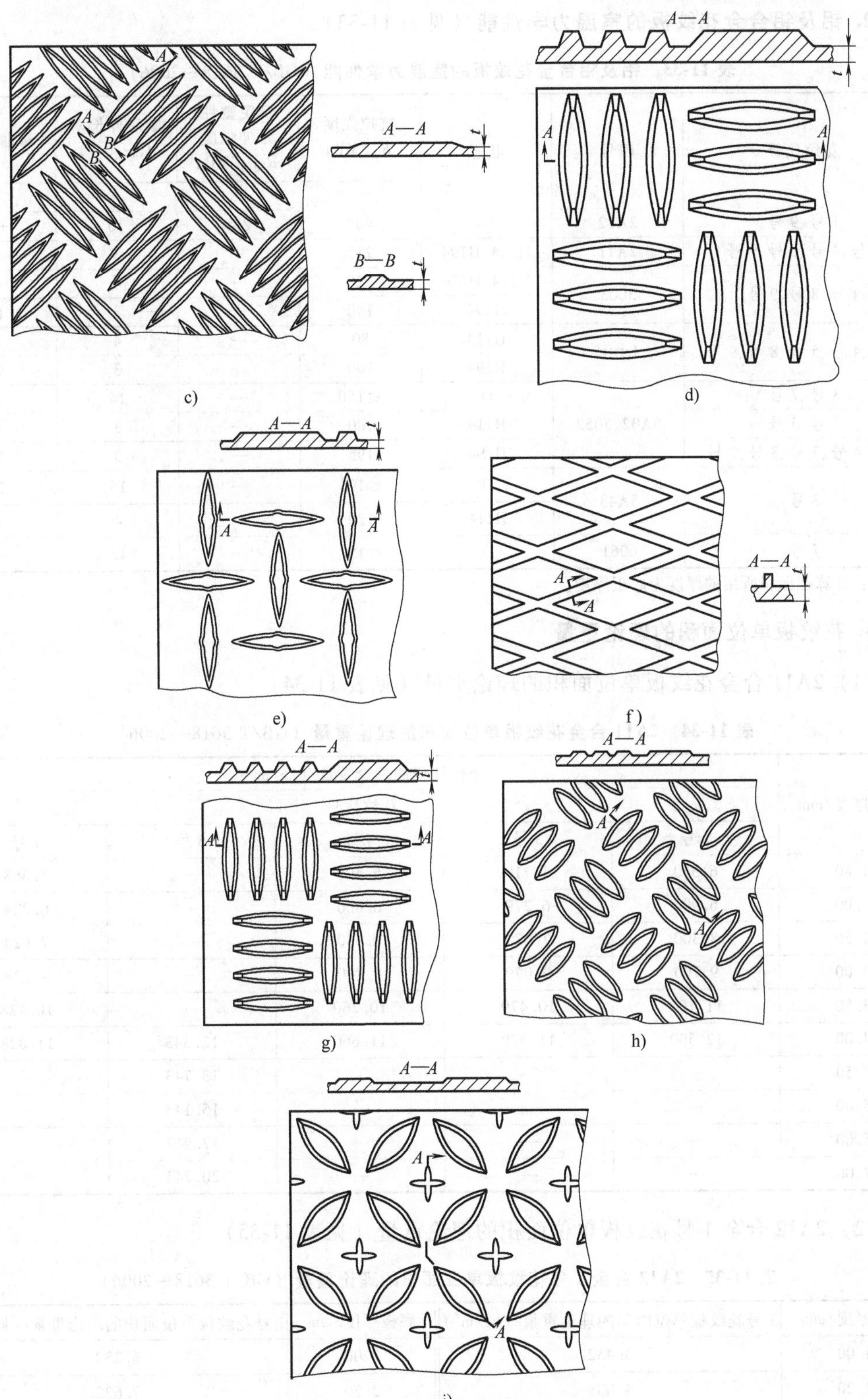

图 11-1 铝及铝合金花纹板（续）

c）3号（五条形） d）4号（三条形） e）5号（指针形） f）6号（菱形）
g）7号（四条形） h）8号（三条形） i）9号（星月形）

2. 铝及铝合金花纹板的室温力学性能（见表 11-33）

表 11-33 铝及铝合金花纹板的室温力学性能（GB/T 3618—2006）

花纹代号	牌号	状态	抗拉强度 R_m/MPa	规定塑性延伸强度 $R_{p0.2}$/MPa	断后伸长率 A_{50mm}(%)	弯曲系数
			≥			
1号、9号	2A12	T4	405	255	10	—
2号、4号、6号、9号	2A11	H234、H194	215	—	3	—
4号、8号、9号	3003	H114、H234	120	—	4	4
		H194	140	—	3	8
3号、4号、5号、8号、9号	1×××	H114	80	—	4	2
		H194	100	—	3	6
3号、7号	5A02、5052	O	≤150	—	14	3
2号、3号		H114	180	—	3	3
2号、4号、7号、8号、9号		H194	195	—	3	8
3号	5A43	O	≤100	—	15	2
		H114	120	—	4	4
7号	6061	O	≤150	—	12	—

注：计算截面积所用的厚度为底板厚度。

3. 花纹板单位面积的理论重量

（1）2A11 合金花纹板单位面积的理论重量（见表 11-34）

表 11-34 2A11 合金花纹板单位面积的理论重量（GB/T 3618—2006）

底板厚度/mm	单位面积的理论重量/(kg/m^2) 花纹代号				
	2号	3号	4号	6号	7号
1.80	6.340	5.719	5.500	—	5.668
2.00	6.900	6.279	6.060	—	6.228
2.50	8.300	7.679	7.460	—	7.628
3.00	9.700	9.079	8.860	—	9.028
3.50	11.100	10.479	10.260	—	10.428
4.00	12.500	11.879	11.660	12.343	11.828
4.50	—	—	—	13.743	—
5.00	—	—	—	15.143	—
6.00	—	—	—	17.943	—
7.00	—	—	—	20.743	—

（2）2A12 合金 1 号花纹板单位面积的理论重量（见表 11-35）

表 11-35 2A12 合金 1 号花纹板单位面积的理论重量（GB/T 3618—2006）

底板厚度/mm	1号花纹板单位面积的理论重量/(kg/m^2)	底板厚度/mm	1号花纹板单位面积的理论重量/(kg/m^2)
1.00	3.452	2.00	6.232
1.20	4.008	2.50	7.622
1.50	4.842	3.00	9.012
1.80	5.676		

（3）理论重量的换算 当花纹花型不变，只改变牌号时，按该牌号的密度及比密度换算系数（见表11-36）换算该牌号花纹板单位面积的理论重量。

表11-36 铝及铝合金花纹板的密度及比密度换算系数（GB/T 3618—2006）

牌号	密度/(g/cm³)	比密度换算系数
2A11	2.80	1.000
纯铝	2.71	0.968
2A12	2.78	0.993
3A21	2.73	0.975
3105	2.72	0.971
5A02、5A43、5052	2.68	0.957
6061	2.70	0.964

11.3.5 铝及铝合金波纹板

铝及铝合金波纹板的牌号、状态和规格见表11-37。

表11-37 铝及铝合金波纹板的牌号、状态和规格（GB/T 4438—2006）

牌号	状态	波形代号	坯料厚度/mm	长度/mm	宽度/mm	波高/mm	波距/mm
1050A、1050、1060、1070A、1100、1200、3003	H18	波20-106（波形见图11-2a）	0.60~1.00	2000~10000	1115	20	106
		波33-131（波形见图11-2b）			1008	33	131

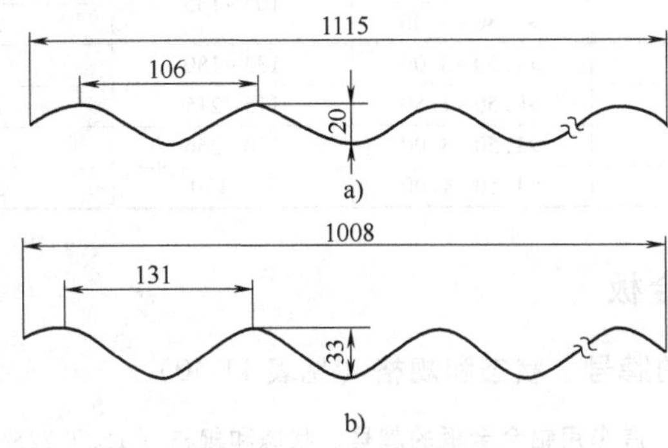

图11-2 铝及铝合金波纹板

a）波20-106 b）波33-131

11.3.6 铝及铝合金圆片

1. 铝及铝合金圆片的牌号、状态和规格（见表11-38）

表11-38 铝及铝合金圆片的牌号、状态和规格（YS/T 770—2011）

牌号	状态	厚度/mm	直径/mm
1050、1070、1100、1235、3003、3004、3005、3105、8011	O、H12、H22、H14、H24、H18	0.20~8.00	100.0~1000.0
5052	O、H32		

2. 铝及铝合金圆片的室温力学性能（见表 11-39）

表 11-39 铝及铝合金圆片的室温力学性能（YS/T 770—2011）

牌号	状态	厚度/mm	抗拉强度 R_m/MPa	断后伸长率 A_{50mm}(%) ≥	制耳率(%) ≥
1050	O	>0.50~1.50	65~95	20	5
		>1.50~4.00		25	
	H12、H22	>0.50~1.50	90~120	4	
	H14	>0.50~1.50	100~130	3	
1100	O	>0.50~1.50	80~105	25	4
		>1.50~4.00		28	
	H12、H22	>0.50~1.50	95~130	5	4
	H24	>0.50~1.50	115~140	3	
		>1.50~4.00		6	
	H18	>0.50~1.50	≥150	2	
1235	O	>0.50~1.50	75~105	22	4
	H22	>0.50~1.50	95~130	10	
	H18	>0.50~1.50	≥150	3	
3003	O	>0.50~1.50	95~135	20	4
		>1.50~4.00		25	
	H12	>0.50~1.50	125~160	4	
	H18	>0.50~1.50	≥195	2	
3004	O	>0.50~1.50	155~200	15	5
		>1.50~4.00		18	
3005	O	>0.50~1.50	115~150	18	5
		>1.50~4.00		25	
3105	O	>0.50~1.50	105~135	18	5
		>1.50~3.00		25	
	H12	>1.50~3.00	135~180	4	
5052	O	>0.50~1.50	175~215	16	5
	H32	>1.50~3.00	210~260	7	
8011	O	>1.50~4.00	80~130	30	4

11.3.7 汽车用铝合金板

1. 汽车用铝合金板的牌号、状态和规格（见表 11-40）

表 11-40 汽车用铝合金板的牌号、状态和规格（YS/T 725—2010）

牌号	供货状态	试样状态	厚度/mm	宽度/mm	长度/mm
6016	T61	T61、T64	0.70~0.90	1000~1800	1000~5500
6181A	T61	T61、T64	1.20~2.50	1000~1800	1000~5500

2. 汽车用铝合金板的室温力学性能（见表 11-41）

表 11-41 汽车用铝合金板的室温力学性能（YS/T 725—2010）

牌号	供应状态	试样状态	厚度/mm	抗拉强度 R_m/MPa	规定塑性延伸强度 $R_{p0.2}$/MPa	断后伸长率 A_{50mm}(%)	平均各向异性		屈强比 $R_{p0.2}/R_m$
							抗拉强度平均各向异性	规定塑性延伸强度平均各向异性	
6016	T61	T61	0.70~0.90	≥190	≤130	≥24	≤0.20		≤0.55
		T64	0.70~0.90	≥220	≥160	≥14	—		—

（续）

牌号	供应状态	试样状态	厚度/mm	抗拉强度 R_m/MPa	规定塑性延伸强度 $R_{p0.2}$/MPa	断后伸长率 A_{50mm}(%)	平均各向异性		屈强比 $R_{p0.2}/R_m$
							抗拉强度平均各向异性	规定塑性延伸强度平均各向异性	
6181A	T61	T61	1.20~2.00	≥200	≤140	≥23	≤0.20		≤0.60
			>2.00~2.50	≥220	≤160	≥22	≤0.20		≤0.60
		T64	1.20~2.50	≥240	≥200	≥12	—		—

3. 汽车用铝合金板的拉伸应变硬化指数（见表11-42）

表11-42 汽车用铝合金板的拉伸应变硬化指数（YS/T 725—2010）

牌号	供货状态	试样状态	厚度/mm	拉伸应变硬化指数(n)		
				0°	45°	90°
				≥		
6016	T61	T61	0.70~0.90	0.26	0.26	0.26
6181A	T61	T61	1.20~2.00	0.26	0.26	0.26
			>2.00~2.50	0.26	0.26	0.26

4. 汽车用铝合金板的塑性应变比（见表11-43）

表11-43 汽车用铝合金板的塑性应变比（YS/T 725—2010）

牌号	供货状态	试样状态	厚度/mm	塑性应变比(r)		
				0°	45°	90°
				≥		
6016	T61	T61	0.70~0.90	0.65	0.45	0.60
6181A	T61	T61	1.20~2.00	0.55	0.40	0.50
			>2.00~2.50	0.55	0.40	0.50

11.3.8 铁道货车用铝合金板

1. 铁道货车用铝合金板的牌号、状态和规格（见表11-44）

表11-44 铁道货车用铝合金板的牌号、状态和规格（YS/T 622—2007）

牌号	状态	厚度/mm	宽度/mm	长度/mm
5083、5383	H321	5.00~30.00	1000~2500	2000~11000

2. 铁道货车用铝合金板的力学性能（见表11-45）

表11-45 铁道货车用铝合金板的力学性能（YS/T 622—2007）

牌号	状态	厚度/mm	抗拉强度 R_m/MPa	规定塑性延伸强度 $R_{p0.2}$/MPa	断后伸长率(%)	
					A_{50mm}	A
			≥			
5083	H321	≤12.50	305	215	12	—
		>12.50			—	12
5383	H321	≤12.50	305	220	12	—
		>12.50			—	12

11.3.9 船用铝合金板

1. 船用铝合金板的牌号、状态和规格（见表 11-46）

表 11-46 船用铝合金板的牌号、状态和规格（GB/T 22641—2020）

牌号	供应状态	厚度/mm	牌号	供应状态	厚度/mm
5A01	O、H32	3.00~50.00	5059	O、H111	3.00~50.00
	H112	6.00~50.00		H116、H321	3.00~50.00
5A05	O	3.00~6.00	5083	O、H111	3.00~50.00
5A06	H112	6.00~50.00		H22、H32	3.00~6.00
5A30	H112	6.00~50.00		H116、H321	3.00~50.00
5052	O、H111	3.00~50.00		H112	6.00~50.00
	H22、H32	3.00~6.00	5383	O	3.00~50.00
	H112	6.00~50.00		H116、H321	3.00~50.00
5454	O、H111	3.00~50.00	5086	O、H111	3.00~50.00
	H112	6.00~50.00		H22、H32	3.00~6.00
	H22、H32	3.00~6.00		H112	6.00~50.00
5754	O、H111	3.00~50.00		H116、H321	3.00~50.00
	H112	6.00~50.00	6061	O	3.00~50.00
	H22、H32	3.00~6.00		T4、T451	3.00~50.00
5456	O、H111	3.00~50.00		T6、T651	3.00~50.00
	H112	6.00~50.00	7A19	O、T76	3.00~50.00
	H116、H321	3.00~50.00	7A05	T6	3.00~50.00

2. 船用铝合金板的力学性能（见表 11-47）

表 11-47 船用铝合金板的力学性能（GB/T 22641—2020）

牌号	供应状态	试样状态	厚度[①]/mm	抗拉强度 R_m/MPa	规定塑性延伸强度 $R_{p0.2}$/MPa	断后伸长率（%）	
						A_{50mm}	A
5A01	O	O	3.00~50.00	325~385	≥165	≥16	
	H32	H32	3.00~50.00	≥365	≥245	≥8	
	H112	H112	6.00~50.00	≥325	≥165	≥10	
5A05	O	O	3.00~6.00	275~350	≥145	≥16	—
	H112	H112	6.00~10.00	≥275	≥125	≥16	—
			>10.00~25.00	≥265	≥115	≥14	≥14
			>25.00~50.00	≥255	≥105	—	≥13
5A06	O	O	3.00~6.00	315~375	≥155	≥16	—
	H112	H112	6.00~10.00	≥315	≥155	≥16	—
			>10.00~25.00	≥305	≥145	≥12	≥12
			>25.00~50.00	≥295	≥135	—	≥6
5A30	H112	H112	6.00~50.00	≥310	≥175	≥13	≥13
5052	O	O	3.00~6.00	175~215	≥65	≥18	
			>6.00~50.00	170~215	≥65	≥19	≥18
	H111	H111	3.00~6.00	175~215	≥65	≥18	—
			>6.00~50.00	170~215	≥65	≥19	≥18
	H22、H32	H22、H32	3.00~6.00	210~260	≥130	≥10	—
	H112	H112	6.00~12.50	≥190	≥80	≥7	—
			>12.50~50.00	≥170	≥70	—	≥10

（续）

牌号	供应状态	试样状态	厚度①/mm	抗拉强度 R_m/MPa	规定塑性延伸强度 $R_{p0.2}$/MPa	断后伸长率（%）	
						A_{50mm}	A
5454	O	O	3.00~6.00	215~285	≥85	≥17	—
			>6.00~12.50	215~285	≥85	≥18	—
			>12.50~50.00	215~285	≥85	—	≥16
	H111	H111	3.00~6.00	215~285	≥85	≥17	—
			>6.00~12.50	215~285	≥85	≥18	—
			>12.50~50.00	215~285	≥85	—	≥16
	H22、H32	H22、H32	3.00~6.00	250~305	≥180	≥8	—
	H112	H112	6.00~50.00	≥220	≥125	≥8	≥9
5754	O	O	3.00~50.00	190~240	≥80	≥18	≥17
	H111	H111	3.00~50.00	190~240	≥80	≥18	≥17
	H22、H32	H22、H32	3.00~6.00	220~270	≥130	≥11	—
	H112	H112	6.00~12.50	≥190	≥100	≥12	—
			>12.50~25.00	≥190	≥90	—	≥10
			>25.00~50.00	≥190	≥80	—	≥12
5456	O	O	3.00~6.30	290~365	130~205	≥16	—
			>6.30~50.00	285~360	125~205	≥16	≥14
	H111	H111	3.00~6.30	290~365	130~205	≥16	—
			>6.30~50.00	285~360	125~205	≥16	≥14
	H112	H112	6.00~50.00	≥290	≥130	≥12	≥10
	H116	H116	3.00~30.00	≥315	≥230	≥10	≥10
			>30.00~40.00	≥305	≥215	—	≥10
			>40.00~50.00	≥285	≥200	—	≥10
	H321	H321	3.00~12.50	315~405	230~315	≥12	—
			>12.50~40.00	305~385	215~305	—	≥10
			>40.00~50.00	285~370	200~295	—	≥10
5059	O	O	3.00~50.00	330~380	≥160	≥24	≥24
	H111	H111	3.00~50.00	330~380	≥160	≥24	≥24
	H116	H116	3.00~20.00	≥370	≥270	≥10	≥10
			>20.00~50.00	≥360	≥260	—	≥10
	H321	H321	3.00~20.00	≥370	≥270	≥10	≥10
			>20.00~50.00	≥360	≥260	—	≥10
5083	O	O	3.00~50.00	275~350	≥125	≥16	≥14
	H111	H111	3.00~50.00	275~350	≥125	≥16	≥14
	H22、H32	H22、H32	3.00~6.00	305~380	≥215	≥8	—
	H116	H116	3.00~50.00	≥305	≥215	≥10	≥10
	H321	H321	3.00~50.00	305~385	≥215	≥12	≥10
	H112	H112	6.00~50.00	≥275	≥125	≥12	≥10
5383	O	O	3.00~50.00	290~350	≥145	≥17	≥17
	H116	H116	3.00~50.00	≥330	≥230	≥10	≥10
	H321	H321	3.00~50.00	≥330	≥230	≥10	≥10
5086	O	O	3.00~50.00	240~305	≥95	≥16	≥14
	H111	H111	3.00~50.00	240~305	≥95	≥16	≥14
	H22、H32	H22、H32	3.00~6.00	275~335	≥185	≥8	—
	H116	H116	3.00~6.00	≥275	≥195	≥8	—
			>6.00~50.00	≥275	≥195	≥10	≥10
	H321	H321	3.00~6.00	275~355	≥195	≥8	—
			>6.00~50.00	275~355	≥195	≥9	≥9

（续）

牌号	供应状态	试样状态	厚度①/mm	抗拉强度 R_m/MPa	规定塑性延伸强度 $R_{p0.2}$/MPa	断后伸长率（%）	
						A_{50mm}	A
5086	H112	H112	6.00~12.50	≥250	≥105	≥8	—
			>12.50~50.00	≥240	≥105	—	≥12
6061	O	O	3.00~50.00	≥150	≤85	≥19	≥16
	T4、T451	T4、T451	3.00~50.00	≥205	≥110	≥16	≥17
	T6、T651	T6、T651	3.00~50.00	≥290	≥240	≥7	≥9
7A05	T6	T6	3.00~6.00	≥400	≥350	≥10	—
			>6.00~12.50	≥420	≥360	≥10	—
			>12.50~50.00	≥400	≥350	—	≥10
7A19	O②	O	3.00~50.00	≤260	≥280	≥11	≥11
		T76	3.00~50.00	≥360	≥280	≥8	≥8
	T76	T76	3.00~50.00	≥370	≥290	≥8	≥8

① 厚度超出表中规定时，其力学性能附实测结果；需要相关船级社证书的板材，应经双方协商，并在订货单（或合同）中注明。

② 以O状态订货的板材，要求检验淬火状态的力学性能时应在订货单（或合同）中注明，未注明时不检验。

11.3.10 铝及铝合金深冲用板与带

1. 铝及铝合金深冲用板与带的牌号、状态和规格（见表11-48）

表11-48 铝及铝合金深冲用板与带的牌号、状态和规格（YS/T 688—2009）

牌号	状态	规格尺寸/mm					典型用途
		厚度	内径	长度	宽度	外径	
1070、1070A、1060、1050 1050A、1035、1100、1200	O、H12、H22、H32、 H14、H24、H34、 H16、H26、H18	>0.2~ 4.0	150 180 205 300 350 400 500 600	供需双方协商			容器、电容器壳、灯罩、锅用内胆、化妆品盖、雷管外壳
3003、3004、3005、3104 8A06、8011、8011A							容器、锅用内胆
5005、5A02、5A43、5052							容器、汽车及动车结构件
5A66	O、H24						灯罩
2A12	O						飞机结构件

2. 铝及铝合金深冲用板与带的室温纵向力学性能（见表11-49）

表11-49 铝及铝合金深冲用板与带的室温纵向力学性能（YS/T 688—2009）

牌号	状态	厚度/mm	抗拉强度 R_m/MPa	规定塑性延伸强度 $R_{p0.2}$/MPa	断后伸长率 A_{50mm}(%)
				≥	
1070 1070A 1060	O	>0.20~0.30	55~95	—	17
		>0.30~0.50			20
		>0.50~0.80		15	25
		>0.80~1.30			30
		>1.30~2.00			35
	H12 H22	>0.20~0.30	70~130	—	4
		>0.30~0.50			6
		>0.50~0.80		55	8
		>0.80~1.30			10
		>1.30~2.00			12

（续）

牌号	状态	厚度/mm	抗拉强度 R_m/MPa	规定塑性延伸强度 $R_{p0.2}$/MPa	断后伸长率 A_{50mm}(%)
			≥		
1070 1070A 1060	H14 H24	>0.20~0.30	85~140	—	1
		>0.30~0.50			2
		>0.50~0.80			3
		>0.80~1.30		65	4
		>1.30~2.00			5
	H16 H26	>0.20~0.30	95~150	75	1
		>0.30~0.50			1
		>0.50~0.80			2
		>0.80~1.30			3
		>1.30~2.00			4
1050	O	>0.20~0.30	60~100	—	17
		>0.30~0.50			20
		>0.50~0.80			25
		>0.80~1.30		20	30
		>1.30~2.00			35
1035	O	>0.20~0.50	60~105	—	25
		>2.00			30
1100 1200	O	>0.20~0.30	75~110	25	15
		>0.30~0.50			20
		>0.50~0.80			28
		>0.80~1.30			30
		>1.30~2.00			35
	H12 H22	>0.20~0.30	95~130	75	2
		>0.30~0.50			3
		>0.50~0.80			4
		>0.80~1.30			6
		>1.30~2.00			8
	H14 H24	>0.20~0.30	110~150	95	1
		>0.30~0.50			2
		>0.50~0.80			3
		>0.80~1.30			4
		>1.30~2.00			5
	H16 H26	>0.20~0.50	130~165	115	1
		>0.50~0.80			2
		>0.80~1.30			3
		>1.30~2.00			4
2A12	O	>0.50~4.00	≤220	—	14
3003	O	>0.20~0.50	95~130	35	18
		>0.50~0.80			20
		>0.80~1.30			23
		>1.30~2.00			25
	H12 H22	>0.20~0.30	120~160	90	2
		>0.30~0.50			3
		>0.50~0.80	120~160	90	4
		>0.80~1.30			5
		>1.30~2.00			6

（续）

牌号	状态	厚度/mm	抗拉强度 R_m/MPa	规定塑性延伸强度 $R_{p0.2}$/MPa	断后伸长率 A_{50mm}(%)
				≥	
3003	H14 H24	>0.20~0.30	140~190	125	1
		>0.30~0.50			2
		>0.50~0.80			3
		>0.80~1.30			4
		>1.30~2.00			5
3005	O	>0.20~0.50	115~165	45	18
		>0.50~1.30			20
		>1.30~2.00			22
5005	O	>0.20~0.50	100~145	35	15
		>0.50~0.80			16
		>0.80~1.30			19
		>1.30~2.00			20
5A02	O	>0.20~0.50	165~225	65	15
		>0.50~0.80			17
		>0.80~1.30			18
		>1.30~2.00			19
	H12 H22 H32	>0.20~0.50	215~265	130	5
		>0.50~0.80			7
		>0.80~1.30			8
		>1.30~2.00			9
	H14 H24 H34	>0.20~0.50	235~285	—	3
		>0.50~0.80			4
		>0.80~1.30			4
		>1.30~2.00			6
5052	O	>0.20~0.30	170~215	65	13
		>0.30~0.50			15
		>0.50~0.80			17
		>0.80~1.30			18
		>1.30~2.00			19
	H12 H22 H32	>0.20~0.50	215~265	130	4
		>0.50~0.80			5
		>0.80~1.30			5
		>1.30~2.00			7
	H14 H24 H34	>0.20~0.50	235~285	150	3
		>0.50~0.80			4
		>0.80~1.30			4
		>1.30~2.00	235~285	150	6
5A43	O	>0.50~4.00	98	—	20
	H14		118	—	8
	H18		196	—	3
5A66	O	>0.20~4.00	118	—	18
	H24	>0.20~2.00	150~225	—	12
80A6	O	>0.20~0.50	59~108	—	25
		>2.00~4.00			30

（续）

牌号	状态	厚度/mm	抗拉强度 R_m/MPa	规定塑性延伸强度 $R_{p0.2}$/MPa	断后伸长率 A_{50mm}(%)
			≥		
8011 8011A	O	>0.50~0.80	80~110	30	25
		>0.80~1.30			30
		>1.30~2.00			35
	H12 H22	>0.20~0.30	95~130	—	2
		>0.30~0.50			3
		>0.50~0.80			4
		>0.80~1.30			6
		>1.30~2.00			8
	H14 H24	>0.20~0.30	120~160	100	1
		>0.30~0.50			2
		>0.50~0.80			3
		>0.80~1.30			4
		>1.30~2.00			5
	H16 H26	>0.20~0.50	140~180	—	1
		>0.50~0.80			2
		>0.80~1.30			3
		>1.30~2.00			4

3. 铝及铝合金深冲用板与带的深冲性能

（1）铝及铝合金深冲用板与带的制耳率（见表11-50）

表11-50　铝及铝合金深冲用板与带的制耳率（YS/T 688—2009）

牌号	状态	厚度/mm	制耳率(%)
1070、1060、1050、1050A、1035、1100、1200、2A12、3003、3004、3005、3104、5005、5A02、5052、5A43、8A06、8011、8011A	O、H12、H22、H32、H14、H24、H34、H16、H26、H18	>0.20~0.80	≤6
		>0.80~2.00	≤6
5A66	O、H24	>0.20~0.80	≤12
		>0.80~2.00	≤13

（2）铝及铝合金深冲用板与带的杯突值（见表11-51）

表11-51　铝及铝合金深冲用板与带的杯突值（YS/T 688—2009）

牌号	状态	厚度/mm	杯突值/mm
2A12	O	>1.20~1.50	≥8
		>1.50~2.00	≥9.5
		>2.00~2.50	≥9.0

11.3.11　铝及铝合金压花板与带

铝及铝合金压花板与带的牌号、状态和规格见表11-52。

表11-52　铝及铝合金压花板与带的牌号、状态和规格（YS/T 490—2005）

牌号	供应状态	规格尺寸/mm				花纹图案	
		基材厚度	宽度	长度		1#花纹	2#花纹
1070A、1070、1060、1050、1050A、1145、1100、1200、3003	H14 H24	>0.20~1.50	500.0~1500.0	板材	1000~4000	单面压花图案	双面压花图案
5052	H22			带材	—		

11.3.12 铝及铝合金彩色涂层板与带

1. 铝及铝合金彩色涂层板与带的牌号、状态和规格（见表 11-53）

表 11-53 铝及铝合金彩色涂层板与带的牌号、状态和规格（YS/T 431—2009）

牌号	合金类别	涂层板、带状态	基材状态	基材厚度/mm	板材规格尺寸/mm		带材规格尺寸/mm	
					宽度	长度	宽度	套筒内径
1050、1100、3003、3004、3005、3104、3105、5005、5050	A 类	H42 H44、H46 H48	H12、H22 H14、H24 H16、H26 H18	0.20～1.80	500～1600	500～4000	50～1600	200、300、350、405、505
5052	B 类							

2. 铝及铝合金彩色涂层板与带的室温力学性能（见表 11-54）

表 11-54 铝及铝合金彩色涂层板与带的室温力学性能（YS/T 431—2009）

牌号	状态	厚度 t/mm	抗拉强度 R_m/MPa	规定塑性延伸强度 $R_{p0.2}$/MPa	断后伸长率 A_{50mm}(%)	弯曲半径 180°	弯曲半径 90°
				≥			
1050	H12	>0.2～0.3	80～120	—	2	—	0t
		>0.3～0.5	80～120	—	3	—	0t
		>0.5～0.8	80～120	—	4	—	0t
		>0.8～1.5	80～120	65	6	—	0.5t
		>1.5～1.8	80～120	65	8	—	0.5t
	H22	>0.2～0.3	80～120	—	2	—	0t
		>0.3～0.5	80～120	—	3	—	0t
		>0.5～0.8	80～120	—	4	—	0t
		>0.8～1.5	80～120	65	6	—	0.5t
		>1.5～1.8	80～120	65	8	—	0.5t
	H14	>0.2～0.3	95～130	—	1	—	0.5t
		>0.3～0.5	95～130	—	2	—	0.5t
		>0.5～0.8	95～130	—	3	—	0.5t
		>0.8～1.5	95～130	75	4	—	1.0t
		>1.5～1.8	95～130	75	5	—	1.0t
	H24	>0.2～0.3	95～130	—	1	—	0.5t
		>0.3～0.5	95～130	—	2	—	0.5t
		>0.5～0.8	95～130	—	3	—	0.5t
		>0.8～1.5	95～130	75	4	—	1.0t
		>1.5～1.8	95～130	75	5	—	1.0t
	H16	>0.2～0.5	120～150	—	1	—	2.0t
		>0.5～0.8	120～150	85	2	—	2.0t
		>0.8～1.5	120～150	85	3	—	2.0t
		>1.5～1.8	120～150	85	4	—	2.0t
	H26	>0.2～0.5	120～150	—	1	—	2.0t
		>0.5～0.8	120～150	85	2	—	2.0t
		>0.8～1.5	120～150	85	3	—	2.0t
		>1.5～1.8	120～150	85	4	—	2.0t
	H18	>0.2～0.5	130	—	1	—	—
		>0.5～0.8	130	—	2	—	—
		>0.8～1.5	130	—	3	—	—
		>1.5～1.8	130	—	4	—	—

（续）

牌号	状态	厚度 t/mm	抗拉强度 R_m/MPa	规定塑性延伸强度 $R_{p0.2}$/MPa	断后伸长率 A_{50mm}(%)	弯曲半径 180°	弯曲半径 90°
			≥				
1100	H12	>0.2~0.5	95~130	75	3	—	0t
		>0.5~1.5	95~130	75	5	—	0t
		>1.5~1.8	95~130	75	8	—	0t
	H22	>0.2~0.5	95~130	75	3	—	0t
		>0.5~1.5	95~130	75	5	—	0t
		>1.5~1.8	95~130	75	8	—	0t
	H14	>0.2~0.3	110~145	95	1	—	0t
		>0.3~0.5	110~145	95	2	—	0t
		>0.5~1.5	110~145	95	3	—	0t
		>1.5~1.8	110~145	95	5	—	0t
	H24	>0.2~0.3	110~145	95	1	—	0t
		>0.3~0.5	110~145	95	2	—	0t
		>0.5~1.5	110~145	95	3	—	0t
		>1.5~1.8	110~145	95	5	—	0t
	H16	>0.2~0.3	130~165	115	1	—	2.0t
		>0.3~0.5	130~165	115	2	—	2.0t
		>0.5~1.5	130~165	115	3	—	2.0t
		>1.5~1.8	130~165	115	4	—	2.0t
	H26	>0.2~0.3	130~165	115	1	—	2.0t
		>0.3~0.5	130~165	115	2	—	2.0t
		>0.5~1.5	130~165	115	3	—	2.0t
		>1.5~1.8	130~165	115	4	—	2.0t
	H18	>0.2~0.5	150	—	1	—	—
		>0.5~1.5	150	—	2	—	—
		>1.5~1.8	150	—	4	—	—
3003	H12	>0.2~0.5	120~160	90	3	1.5t	0t
		>0.5~1.5	120~160	90	4	1.5t	0.5t
		>1.5~1.8	120~160	90	5	1.5t	1.0t
	H22	>0.2~0.5	120~160	80	6	1.0t	0t
		>0.5~1.5	120~160	80	7	1.0t	0.5t
		>1.5~1.8	120~160	80	8	1.0t	1.0t
	H14	>0.2~0.5	145~185	125	2	2.0t	0.5t
		>0.5~1.5	145~185	125	2	2.0t	1.0t
		>1.5~1.8	145~185	125	3	2.0t	1.0t
	H24	>0.2~0.5	145~185	115	4	1.5t	0.5t
		>0.5~1.5	145~185	115	4	1.5t	1.0t
		>1.5~1.8	145~185	115	5	1.5t	1.0t
	H16	>0.2~0.5	170~210	150	1	2.5t	1.0t
		>0.5~1.5	170~210	150	2	2.5t	1.5t
		>1.5~1.8	170~210	150	2	2.5t	2.0t
	H26	>0.2~0.5	170~210	140	2	2.0t	1.0t
		>0.5~1.5	170~210	140	3	2.0t	1.5t
		>1.5~1.8	170~210	140	3	2.0t	2.0t
	H18	>0.2~0.5	190	170	1	—	1.5t
		>0.5~1.5	190	170	2	—	2.5t
		>1.5~1.8	190	170	2	—	3.0t

（续）

牌号	状态	厚度 t/mm	抗拉强度 R_m/MPa	规定塑性延伸强度 $R_{p0.2}$/MPa	断后伸长率 A_{50mm}(%)	弯曲半径	
						180°	90°
			≥				
3004	H12	>0.2~0.5	190~240	155	2	1.5t	0t
		>0.5~1.5	190~240	155	3	1.5t	0.5t
		>1.5~1.8	190~240	155	4	2.0t	1.0t
	H22	>0.2~0.5	190~240	145	4	1.0t	0t
		>0.5~1.5	190~240	145	5	1.0t	0.5t
		>1.5~1.8	190~240	145	6	1.5t	1.0t
	H14	>0.2~0.5	220~265	180	1	2.5t	0.5t
		>0.5~1.5	220~265	180	2	2.5t	1.0t
		>1.5~1.8	220~265	180	2	2.5t	1.5t
	H24	>0.2~0.5	220~265	170	3	2.0t	0.5t
		>0.5~1.5	220~265	170	4	2.0t	1.0t
		>1.5~1.8	220~265	170	4	2.0t	1.5t
	H16	>0.2~0.5	240~285	200	1	3.5t	1.0t
		>0.5~1.5	240~285	200	1	3.5t	1.5t
		>1.5~1.8	240~285	200	2		2.5t
	H26	>0.2~0.5	240~285	190	3	3.0t	1.0t
		>0.5~1.5	240~285	190	3	3.0t	1.5t
		>1.5~1.8	240~285	190	3	—	2.5t
	H18	>0.2~0.5	260	230	1	—	1.5t
		>0.5~1.5	260	230	1	—	2.5t
		>1.5~1.8	260	230	2	—	—
3005	H12	>0.2~0.5	145~195	125	3	1.5t	0t
		>0.5~1.5	145~195	125	4	1.5t	0.5t
		>1.5~1.8	145~195	125	4	2.0t	1.0t
	H22	>0.2~0.5	145~195	110	5	1.0t	0t
		>0.5~1.5	145~195	110	5	1.0t	0.5t
		>1.5~1.8	145~195	110	6	1.5t	1.0t
	H14	>0.2~0.5	170~215	150	1	2.5t	0.5t
		>0.5~1.5	170~215	150	2	2.5t	1.0t
		>1.5~1.8	170~215	150	2	—	1.5t
	H24	>0.2~0.5	170~215	130	4	1.5t	0.5t
		>0.5~1.5	170~215	130	4	1.5t	1.0t
		>1.5~1.8	170~215	130	4	—	1.5t
	H16	>0.2~0.5	195~240	175	1	—	1.0t
		>0.5~1.5	195~240	175	2	—	1.5t
		>1.5~1.8	195~240	175	2	—	2.5t
	H26	>0.2~0.5	195~240	160	3	—	1.0t
		>0.5~1.5	195~240	160	3	—	1.5t
		>1.5~1.8	195~240	160	3	—	2.5t
	H18	>0.2~0.5	220	200	1	—	1.5t
		>0.5~1.5	220	200	2	—	2.5t
		>1.5~1.8	220	200	2	—	—
3104	H12	>0.2~0.5	190~240	155	2	—	0t
		>0.5~1.5	190~240	155	3	—	0.5t
		>1.5~1.8	190~240	155	4	—	1.0t
	H22	>0.2~0.5	190~240	145	4	—	0t

（续）

牌号	状态	厚度 t/mm	抗拉强度 R_m/MPa	规定塑性延伸强度 $R_{p0.2}$/MPa	断后伸长率 A_{50mm}(%)	弯曲半径 180°	弯曲半径 90°
			≥				
3104	H22	>0.5~1.5	190~240	145	5	—	0.5t
		>1.5~1.8	190~240	145	6	—	1.0t
	H14	>0.2~0.5	220~265	180	1	—	0t
		>0.5~1.5	220~265	180	2	—	0.5t
		>1.5~1.8	220~265	180	2	—	1.0t
	H24	>0.2~0.5	220~265	170	3	—	0.5t
		>0.5~1.5	220~265	170	4	—	1.0t
		>1.5~1.8	220~265	170	4	—	1.5t
	H16	>0.2~0.5	240~285	200	1	—	1.0t
		>0.5~1.5	240~285	200	1	—	1.5t
		>1.5~1.8	240~285	200	2	—	2.5t
	H26	>0.2~0.5	240~285	190	3	—	1.0t
		>0.5~1.5	240~285	190	3	—	1.5t
		>1.5~1.8	240~285	190	3	—	2.5t
	H18	>0.2~0.5	260	230	1	—	1.5t
		>0.5~1.5	260	230	1	—	2.5t
		>1.5~1.8	260	230	2	—	—
3105	H12	>0.2~0.5	130~180	105	3	1.5t	—
		>0.5~1.5	130~180	105	4	1.5t	—
		>1.5~1.8	130~180	105	4	1.5t	—
	H22	>0.2~0.5	130~180	105	6	—	—
		>0.5~1.5	130~180	105	6	—	—
		>1.5~1.8	130~180	105	7	—	—
	H14	>0.2~0.5	150~200	130	2	2.5t	—
		>0.5~1.5	150~200	130	2	2.5t	—
		>1.5~1.8	150~200	130	2	2.5t	—
	H24	>0.2~0.5	150~200	120	4	2.5t	—
		>0.5~1.5	150~200	120	4	2.5t	—
		>1.5~1.8	150~200	120	5	2.5t	—
	H16	>0.2~0.5	175~225	160	1	—	—
		>0.5~1.5	175~225	160	2	—	—
		>1.5~1.8	175~225	160	2	—	—
	H26	>0.2~0.5	175~225	150	3	—	—
		>0.5~1.5	175~225	150	3	—	—
		>1.5~1.8	175~225	150	3	—	—
	H18	>0.2~0.5	195	180	1	—	—
		>0.5~1.5	195	180	1	—	—
		>1.5~1.8	195	180	1	—	—
5005	H12	>0.2~0.5	125~165	95	2	1.0t	0t
		>0.5~1.5	125~165	95	2	1.0t	0.5t
		>1.5~1.8	125~165	95	4	1.5t	1.0t
	H22	>0.2~0.5	125~165	80	4	1.0t	0t
		>0.5~1.5	125~165	80	5	1.0t	0.5t
		>1.5~1.8	125~165	80	6	1.5t	1.0t
	H14	>0.2~0.5	145~185	120	2	2.0t	0.5t
		>0.5~1.5	145~185	120	2	2.0t	1.0t
		>1.5~1.8	145~185	120	3	2.5t	1.0t

（续）

牌号	状态	厚度 t/mm	抗拉强度 R_m/MPa	规定塑性延伸强度 $R_{p0.2}$/MPa	断后伸长率 A_{50mm}(%)	弯曲半径 180°	弯曲半径 90°
				≥			
5005	H24	>0.2~0.5	145~185	110	3	1.5t	0.5t
		>0.5~1.5	145~185	110	4	1.5t	1.0t
		>1.5~1.8	145~185	110	5	2.0t	1.0t
	H16	>0.2~0.5	165~205	145	1	—	1.0t
		>0.5~1.5	165~205	145	2	—	1.5t
		>1.5~1.8	165~205	145	3	—	2.0t
	H26	>0.2~0.5	165~205	135	2	—	1.0t
		>0.5~1.5	165~205	135	3	—	1.5t
		>1.5~1.8	165~205	135	4	—	2.0t
	H18	>0.2~0.5	185	165	1	—	1.5t
		>0.5~1.5	185	165	2	—	2.5t
		>1.5~1.8	185	165	2	—	3.0t
5050	H12	>0.2~0.5	155~195	130	2	—	0t
		>0.5~1.5	155~195	130	2	—	0.5t
		>1.5~1.6	155~195	130	4	—	1.0t
	H22	>0.2~0.5	155~195	110	4	1.0t	0t
		>0.5~1.5	155~195	110	5	1.0t	0.5t
		>1.5~1.8	155~195	110	7	1.5t	1.0t
	H14	>0.2~0.5	175~215	150	2	—	0.5t
		>0.5~1.5	175~215	150	2	—	1.0t
		>1.5~1.8	175~215	150	3	—	1.5t
	H24	>0.2~0.5	175~215	135	3	1.5t	0.5t
		>0.5~1.5	175~215	135	4	1.5t	1.0t
		>1.5~1.8	175~215	135	5	2.0t	1.5t
	H16	>0.2~0.5	195~235	170	1	—	1.0t
		>0.5~1.5	195~235	170	2	—	1.5t
		>1.5~1.8	195~235	170	2	—	2.5t
	H26	>0.2~0.5	195~235	160	2	—	1.0t
		>0.5~1.5	195~235	160	3	—	1.5t
		>1.5~1.8	195~235	160	4	—	2.5t
	H18	>0.2~0.5	220	190	1	—	1.5t
		>0.5~1.5	220	190	2	—	2.5t
		>1.5~1.8	220	190	2	—	—
5052	H12	>0.2~0.5	210~260	160	4	—	—
		>0.5~1.5	210~260	160	5	—	—
		>1.5~1.8	210~260	160	6	—	—
	H22	>0.2~0.5	210~260	130	5	1.5t	0.5t
		>0.5~1.5	210~260	130	6	1.5t	1.0t
		>1.5~1.8	210~260	130	7	1.5t	1.5t
	H14	>0.2~0.5	230~280	180	3	—	—
		>0.5~1.5	230~280	180	3	—	—
		>1.5~1.8	230~280	180	4	—	—
	H24	>0.2~0.5	230~280	150	4	2.0t	0.5t
		>0.5~1.5	230~280	150	5	2.0t	1.5t
		>1.5~1.8	230~280	150	6	2.0t	2.0t
	H16	>0.2~0.5	250~300	210	2	—	—
		>0.5~1.5	250~300	210	3	—	—

（续）

牌号	状态	厚度 t/mm	抗拉强度 R_m/MPa	规定塑性延伸强度 $R_{p0.2}$/MPa	断后伸长率 A_{50mm}(%)	弯曲半径 180°	弯曲半径 90°
			≥				
5052	H16	>1.5~1.8	250~300	210	3	—	—
	H26	>0.2~0.5	250~300	180	3	—	1.5t
		>0.5~1.5	250~300	180	4	—	2.0t
		>1.5~1.8	250~300	180	5	—	3.0t
	H18	>0.2~0.5	270	240	1	—	—
		>0.5~1.5	270	240	2	—	—
		>1.5~1.8	270	240	2	—	—

11.3.13　铝及铝合金铸轧带

1. 铝及铝合金铸轧带的牌号、状态和规格（见表 11-55）

表 11-55　铝及铝合金铸轧带的牌号、状态和规格（GB/T 33950—2017）

牌号	规格尺寸/mm			
	边部厚度	宽度	内径	外径
1085、1080、1A72、1A70、1070、1060、1050、1145、1235、1200、1100、3003、3004、3005、3102、3105、4343、4045、5005、5052、7072、8006、8011、8011A、8014、8021、8079、8150	5.0~10.0	500~2300	505、605	1300~2600

2. 铝及铝合金铸轧带的室温力学性能（见表 11-56）

表 11-56　铝及铝合金铸轧带的室温力学性能（GB/T 33950—2017）

牌号	边部厚度/mm	抗拉强度 R_m/MPa	断后伸长率 A_{50mm}(%)
1085、1080、1A72、1A70、1070	5.0~10.0	60~115	≥30
1060		60~115	≥25
1050		65~120	≥25
1145		70~120	≥25
1235		70~125	≥25
1200、1100		90~150	≥25
3003		115~170	≥15
3004		155~230	≥10
3005		145~200	≥10
3102		80~130	≥20
3105		120~175	≥15
4045		200~240	≥5
4343		200~240	≥8
5005		120~175	≥15
5052		200~250	≥15
7072		95~145	≥20
8006		130~200	≥20
8011		105~160	≥20

（续）

牌号	边部厚度/mm	抗拉强度 R_m/MPa	断后伸长率 A_{50mm}（%）
8011A	5.0~10.0	90~150	≥20
8014		140~200	≥15
8079		100~155	≥15

11.3.14 铝箔用冷轧带

1. 铝箔用冷轧带的牌号、状态和规格（见表11-57）

表11-57 铝箔用冷轧带的牌号、状态和规格（YS/T 457—2021）

产品分类	牌号	状态	产品规格		套筒	
			厚度/mm	宽度/mm	材质	内径/mm
双零箔用冷轧带材	1100、1200、1145、1235、8011、8011A、8079、8111	H14、H16、H18	>0.20~0.70	≤2000.0	纸芯、铝芯、钢芯	505、508、605
	8021、8021B	H14、H16				
无零、单零箔用冷轧带材	1050、1060、1145、1235、3105	H14、H16、H18				
	1100、3003、8011、8011A、8079、8011	O、H14、H16、H18				
	1200、3102、3104	H18				
	5A02、5052	O、H14				
	8006	H14、H18				
	8021、8079	H14				

2. 铝箔用冷轧带的室温力学性能（见表11-58）

表11-58 铝箔用冷轧带的室温力学性能（YS/T 457—2021）

牌号	状态	抗拉强度 R_m/MPa	断后伸长率 A_{50mm}（%）
1050、1060	H14	105~145	≥2
	H16	120~160	≥1
	H18	≥135	≥1
1100	O	75~105	≥16
	H14	120~145	≥2
	H16	130~165	≥2
	H18	≥150	≥1
1145、1235	H14	110~145	≥2
	H16	120~160	≥1
	H18	≥140	≥1
1200	H18	≥150	≥2
3003	O	95~140	≥15
	H14	145~195	≥2
	H16	170~210	≥1
	H18	≥190	≥1
3102	H18	≥160	≥1
3104	H18	≥250	≥1

（续）

牌号	状态	抗拉强度 R_m/MPa	断后伸长率 A_{50mm}(%)
3105	H14	150~200	≥2
	H16	175~225	≥1
	H18	≥195	≥1
5A02、5052	O	170~215	≥12
	H14	230~280	≥3
8006	H14	130~170	≥3
	H18	≥170	≥2
8011、8011A、8111	O	85~130	≥19
	H14	125~165	≥2
	H16	145~185	≥2
	H18	≥165	≥2
8021、8021B	H14	130~160	≥2
	H16	150~180	≥2
8079	O	80~120	≥20
	H14	130~160	≥2
	H16	165~185	≥2
	H18	≥210	≥2

11.3.15　干式变压器用铝带与箔

1. 干式变压器用铝带与箔的牌号、状态和规格（见表11-59）

表11-59　干式变压器用铝带与箔的牌号、状态和规格（YS/T 713—2009）

牌号	状态	规格尺寸/mm			
		厚度	内径	外径	宽度
1050、1050A、1060、1070、1070A、1350	O	0.08~0.20	150、300、400	700~980	16.0~1500.0
		>0.20~1.50	150、205、300、350、400、500		
		>1.50~3.00	300、400、500、600		

2. 干式变压器用铝带与箔的室温力学性能（见表11-60）

表11-60　干式变压器用铝带与箔的室温力学性能（YS/T 713—2009）

牌号	厚度/mm	状态	抗拉强度 R_m/MPa	断后伸长率 A_{50mm}(%)
1050、1050A、1060、1070、1070A、1350	0.08~0.20	O	60~95	≥20
	>0.20~3.00			≥25

11.4　铝及铝合金管材

11.4.1　铝及铝合金管的规格

1. 挤压无缝圆管的截面典型规格（见表11-61）

表 11-61 挤压无缝圆管的截面典型规格（GB/T 4436—2012）

外径/mm	壁厚/mm																						
	5.00	6.00	7.00	7.50	8.00	9.00	10.00	12.50	15.00	17.50	20.00	22.50	25.00	27.50	30.00	32.50	35.00	37.50	40.00	42.50	45.00	47.50	50.00
25.00		—	—	—	—	—	—	—	—	—	—	—	—	—	—	—	—	—	—	—	—	—	—
28.00			—	—	—	—	—	—	—	—	—	—	—	—	—	—	—	—	—	—	—	—	—
30.00						—	—	—	—	—	—	—	—	—	—	—	—	—	—	—	—	—	—
32.00						—	—	—	—	—	—	—	—	—	—	—	—	—	—	—	—	—	—
34.00								—	—	—	—	—	—	—	—	—	—	—	—	—	—	—	—
36.00								—	—	—	—	—	—	—	—	—	—	—	—	—	—	—	—
38.00								—	—	—	—	—	—	—	—	—	—	—	—	—	—	—	—
40.00									—	—	—	—	—	—	—	—	—	—	—	—	—	—	—
42.00									—	—	—	—	—	—	—	—	—	—	—	—	—	—	—
45.00										—	—	—	—	—	—	—	—	—	—	—	—	—	—
48.00										—	—	—	—	—	—	—	—	—	—	—	—	—	—
50.00										—	—	—	—	—	—	—	—	—	—	—	—	—	—
52.00										—	—	—	—	—	—	—	—	—	—	—	—	—	—
55.00										—	—	—	—	—	—	—	—	—	—	—	—	—	—
58.00										—	—	—	—	—	—	—	—	—	—	—	—	—	—
60.00											—	—	—	—	—	—	—	—	—	—	—	—	—
62.00											—	—	—	—	—	—	—	—	—	—	—	—	—
65.00												—	—	—	—	—	—	—	—	—	—	—	—
70.00												—	—	—	—	—	—	—	—	—	—	—	—
75.00													—	—	—	—	—	—	—	—	—	—	—
80.00													—	—	—	—	—	—	—	—	—	—	—
85.00														—	—	—	—	—	—	—	—	—	—
90.00														—	—	—	—	—	—	—	—	—	—
95.00															—	—	—	—	—	—	—	—	—
100.00																—	—	—	—	—	—	—	—
105.00																	—	—	—	—	—	—	—
110.00																	—	—	—	—	—	—	—
115.00																	—	—	—	—	—	—	—
120.00	—	—	—														—	—	—	—	—	—	—
125.00	—	—	—														—	—	—	—	—	—	—
130.00	—	—	—														—	—	—	—	—	—	—
135.00	—	—	—	—	—	—											—	—	—	—	—	—	—
140.00	—	—	—	—	—	—											—	—	—	—	—	—	—
145.00	—	—	—	—	—	—											—	—	—	—	—	—	—
150.00	—	—	—	—	—	—												—	—	—	—	—	—
155.00	—	—	—	—	—	—												—	—	—	—	—	—
160.00	—	—	—	—	—	—														—	—	—	—
165.00	—	—	—	—	—	—														—	—	—	—

厚度/mm																							
170.00	—	—	—	—	—	—														—	—	—	—
175.00	—	—	—	—	—	—														—	—	—	—
180.00	—	—	—	—	—	—														—	—	—	—
185.00	—	—	—	—	—	—														—	—	—	—
190.00	—	—	—	—	—	—														—	—	—	—
195.00	—	—	—	—	—	—														—	—	—	—
200.00	—	—	—	—	—	—														—	—	—	—
205.00	—	—	—	—	—	—	—	—															
210.00	—	—	—	—	—	—	—	—															
215.00	—	—	—	—	—	—	—	—															
220.00	—	—	—	—	—	—	—	—															
225.00	—	—	—	—	—	—	—	—															
230.00	—	—	—	—	—	—	—	—															
235.00	—	—	—	—	—	—	—	—															
240.00	—	—	—	—	—	—	—	—															
245.00	—	—	—	—	—	—	—	—															
250.00	—	—	—	—	—	—	—	—															
260.00	—	—	—	—	—	—	—	—															
270.00																							
280.00																							
290.00																							
300.00																							
310.00																							
320.00																							
330.00																							
340.00																							
350.00																							
360.00																							
370.00																							
380.00																							
390.00																							
400.00																							
450.00																							

注：空白处表示可供规格。

2. 冷拉、冷轧有缝圆管和无缝圆管的截面典型规格（见表 11-62）

表 11-62 冷拉、冷轧有缝圆管和无缝圆管的截面典型规格（GB/T 4436—2012）

外径/mm	壁厚/mm										
	0.50	0.75	1.00	1.50	2.00	2.50	3.00	3.50	4.00	4.50	5.00
6.00				—	—	—	—	—	—	—	—
8.00						—	—	—	—	—	—
10.00							—	—	—	—	—
12.00								—	—	—	—
14.00								—	—	—	—
15.00								—	—	—	—
16.00									—	—	—
18.00									—	—	—
20.00										—	—
22.00											
24.00											
25.00											
26.00	—										
28.00	—										
30.00	—										
32.00	—										
34.00	—										
35.00	—										
36.00	—										
38.00	—										
40.00	—										
42.00	—										
45.00	—										
48.00	—										
50.00	—										
52.00	—										
55.00	—										
58.00	—										
60.00	—										
65.00	—	—	—								
70.00	—	—	—								
75.00	—	—	—								
80.00	—	—	—	—							
85.00	—	—	—	—							
90.00	—	—	—	—							
95.00	—	—	—	—							
100.00	—	—	—	—	—						
105.00	—	—	—	—	—						
110.00	—	—	—	—	—						
115.00	—	—	—	—	—	—					
120.00	—	—	—	—	—	—	—				

注：空白处表示可供规格。

3. 冷拉有缝正方形管和无缝正方形管的截面典型规格（见表 11-63）

表 11-63　冷拉有缝正方形管和无缝正方形管的截面典型规格（GB/T 4436—2012）

边长/mm	壁厚/mm						
	1.00	1.50	2.00	2.50	3.00	4.50	5.00
10.00			—	—	—	—	—
12.00			—	—	—	—	—
14.00				—	—	—	—
16.00				—	—	—	—
18.00					—	—	—
20.00					—	—	—
22.00	—					—	—
25.00	—					—	—
28.00	—						—
32.00	—						—
36.00	—						—
40.00	—						—
42.00	—						
45.00	—						
50.00	—						
55.00	—	—					
60.00	—	—					
65.00	—	—					
70.00	—	—					

注：空白处表示可供规格。

4. 冷拉有缝矩形管和无缝矩形管的截面典型规格（见表 11-64）

表 11-64　冷拉有缝矩形管和无缝矩形管的截面典型规格（GB/T 4436—2012）

边长(宽×高)/mm	壁厚/mm						
	1.00	1.50	2.00	2.50	3.00	4.00	5.00
14.00×10.00				—	—	—	—
16.00×12.00				—	—	—	—
18.00×10.00				—	—	—	—
18.00×14.00					—	—	—
20.00×12.00					—	—	—
22.00×14.00					—	—	—
25.00×15.00						—	—
28.00×16.00						—	—
28.00×22.00							—
32.00×18.00							—
32.00×25.00							
36.00×20.00							
36.00×28.00							
40.00×25.00	—						
40.00×30.00	—						
45.00×30.00	—						
50.00×30.00	—						
55.00×40.00	—						
60.00×40.00	—	—					
70.00×50.00	—	—					

注：空白处表示可供规格。

5. 冷拉有缝椭圆形管和无缝椭圆形管的截面典型规格（见表 11-65）

表 11-65 冷拉有缝椭圆形管和无缝椭圆形管的截面典型规格（GB/T 4436—2012）

（单位：mm）

长轴	短轴	壁厚	长轴	短轴	壁厚
27.00	11.50	1.00	67.50	28.50	2.00
33.50	14.50	1.00	74.00	31.50	1.50
40.50	17.00	1.00	74.00	31.50	2.00
40.50	17.00	1.50	81.00	34.00	2.00
47.00	20.00	1.00	81.00	34.00	2.50
47.00	20.00	1.50	87.50	37.00	2.00
54.00	23.00	1.50	87.50	40.00	2.50
54.00	23.00	2.00	94.50	40.00	2.50
60.50	25.50	1.50	101.00	43.00	2.50
60.50	25.50	2.00	108.00	45.50	2.50
67.50	28.50	1.50	114.50	48.50	2.50

11.4.2 铝及铝合金拉（轧）制管

1. 铝及铝合金拉（轧）制管的牌号、状态和规格（见表 11-66）

表 11-66 铝及铝合金拉（轧）制管的牌号、状态和规格（GB/T 6893—2022）

类别	牌号	状态	规格
无缝管	1035、1050、1050A、1060、1070、1070A、1100、1200	O、H14	符合 GB/T 4436—2012 的规定或供需双方商定
	2A11	O、T4	
	2017A	O、T3	
	2A12、2D12	O、T4	
	2A14	O、T4、T6	
	2024	O、T3	
	3003、3A21	O、H12、H14、H24、H18	
	5A02	O、H14	
	5B02	O	
	5A03	O、H34	
	5A05	O、H32	
	5A06	O	
	5052	O、H14	
	5056、5083	O、H32	
	5754	O	
	6A02	O、T4、T6	
	6061	O、T4、T6、T8	
	6063	O、T4、T6	
	6082	T4、T6	
	7A04	O	
	7020	T6	
	7A09、7075	T6	
	8A06	O、H14	
有缝管	1060	O	
	3026	O	
	3003、3A21、3103	O、H12、H14、H24、H18	
	6061、6063	T4、T8	

2. 铝及铝合金拉（轧）制管的室温力学性能

（1）四位数字牌号管的室温力学性能（见表 11-67）

表 11-67 四位数字牌号管的室温力学性能（GB/T 6893—2022）

牌号	状态①	壁厚/mm	抗拉强度 R_m/MPa	规定塑性延伸强度 $R_{p0.2}$/MPa	断后伸长率(%) 全截面试样 A_{50mm}	其他试样 A_{50mm}	其他试样 A
					≥		
1035 1050A 1050	O	≤20.00	60~95	—	—	22.0	25.0
	H14	≤10.00	100~135	≥70	—	5.0	6.0
1060 1070A 1070	O	≤20.00	60~95	—	—	—	—
	H14	≤10.00	≥85	≥70	—	—	—
1100 1200	O	≤20.00	70~105	—	—	16.0	20.0
	H14	≤10.00	110~145	≥80	—	4.0	5.0
2017A	O	≤20.00	≤240	≤125	—	10.0	12.0
	T3	≤20.00	400	250	—	8.0	10.0
2024	O	≤20.00	≤221	≤103	—	—	—
	T3	0.46~0.61	≥441	≥290	10.0	—	—
		>0.61~1.24	≥441	≥290	12.0	10.0	—
		>1.24~6.58	≥441	≥290	14.0	10.0	—
		>6.58~12.70	≥441	≥290	16.0	12.0	—
	T42	0.46~0.61	≥441	≥276	10.0	—	—
		>0.61~1.24	≥441	≥276	12.0	10.0	—
		>1.24~6.58	≥441	≥276	14.0	10.0	—
		>6.58~12.70	≥441	≥276	16.0	12.0	—
3003、3103	O	≤20.00	95~130	≥35	—	20.0	25.0
	H12	≤15.00	115~150	≥75	—	12.0	14.0
	H14、H24	≤10.00	130~165	≥110	—	4.0	6.0
	H18	≤3.00	≥180	≥145	—	2.0	3.0
3026	O	≤20.00	85~120	≥30	30.0	—	—
5052	O	≤20.00	170~230	≥65	—	17.0	20.0
	H14	≤5.00	230~270	≥180	—	4.0	5.0
5056	O	≤20.00	≤315	≥100	16.0	16.0	16.0
	H32	≤10.00	≥305	—	—	—	—
5083	O	≤20.00	270~350	≥110	—	14.0	16.0
	H32	≤10.00	≥280	≥200	—	4.0	6.0
5754	O	≤20.00	180~250	≥80	—	14.0	16.0
6063	O	>0.25~12.70	≤131	—	—	—	—
	T4、T42	0.64~1.24	≥151	≥69	16.0	14.0	—
		>1.24~6.58	≥151	≥69	18.0	16.0	—
		>6.58~12.70	≥151	≥69	20.0	18.0	—
	T6、T62	0.64~1.24	≥227	≥193	12.0	8.0	—
		>1.24~6.58	≥227	≥193	14.0	10.0	—
		>6.58~12.70	≥227	≥193	16.0	12.0	—
6061	O	≤20.00	≤152	≤97	15.0	15.0	—
	T4	0.64~1.24	≥207	≥110	16.0	14.0	—
		>1.24~6.58	≥207	≥110	18.0	16.0	—
		>6.58~12.70	≥207	≥110	20.0	18.0	—

（续）

牌号	状态[①]	壁厚/mm	抗拉强度 R_m/MPa	规定塑性延伸强度 $R_{p0.2}$/MPa	断后伸长率(%) 全截面试样 A_{50mm}	其他试样 A_{50mm}	其他试样 A
					≥		
6061	T42	0.64~1.24	≥207	≥97	16.0	14.0	—
		>1.24~6.58	≥207	≥97	18.0	16.0	—
		>6.58~12.70	≥207	≥97	20.0	18.0	—
	T6、T62	0.64~1.24	≥290	≥241	10.0	8.0	—
		>1.24~6.58	≥290	≥241	12.0	10.0	—
		>6.58~12.70	≥290	≥241	14.0	12.0	—
	T8	>0.91~8.89	≥310	≥276	8.0	—	—
6082	T4	≤20.00	≥205	≥110	—	12.0	14.0
	T6	≤5.00	≥310	≥255	—	7.0	8.0
		>5.00~20.00	≥310	≥240	—	9.0	10.0
7020	T6	≤20.00	≥350	≥280	—	8.0	10.0
7075	T6	0.63~6.30	≥530	≥455	8.0	7.0	—
		>6.30~12.50	≥530	≥455	9.0	8.0	7.0

① T42、T62 状态非产品供货状态。

（2）四位字符牌号管的室温力学性能（见表 11-68）

表 11-68　四位字符牌号管的室温力学性能（GB/T 6893—2022）

牌号	状态	外径[①]/mm	壁厚/mm	抗拉强度 R_m/MPa	规定塑性延伸强度 $R_{p0.2}$/MPa	断后伸长率(%) 全截面试样 A_{50mm}	其他试样 A_{50mm}	其他试样 A
						≥		
2A11	O	—	≤20.00	≤245	—	10.0	10.0	10.0
	T4	≤22	≤1.50	≥375	≥195	13.0	—	—
			>1.50~2.00	≥375	≥195	14.0	—	—
			>2.00~5.00	≥375	≥195	14.0	—	—
		>22~50	≤1.50	≥390	≥225	—	12.0	12.0
			>1.50~5.00	≥390	≥225	—	13.0	13.0
		>50	—	≥390	≥225	—	11.0	11.0
2A12	O	—	≤20.00	≤245	—	10.0	10.0	10.0
	T4	≤22	≤2.00	≥410	≥225	13.0	—	—
			>2.00~5.00	≥410	≥225	14.0	—	—
		>22~50	—	≥420	≥275	—	12.0	12.0
		>50	—	≥420	≥275	—	10.0	10.0
2D12	O	—	≤20.00	≤240	—	—	—	10.0
	T4	≤22	1.00~2.00	≥420	≥265	13.0	—	—
			>2.00~5.00	≥420	≥265	14.0	—	—
		>22	—	≥420	≥285	—	—	12.0
			—	≥420	≥285	—	—	10.0
2A14	O	—	≤20.00	≤220	—	12.0	12.0	12.0
	T4	≤22	1.00~2.00	≥360	≥205	10.0	—	—
			>2.00~5.00	≥360	≥205	—	—	—
		>22	—	≥360	≥205	—	10.0	10.0
	T6	≤22	1.00~2.00	≥450	≥380	6.0	—	—
			>2.00~5.00	≥450	≥380	—	—	—
		>22	≤1.00	≥450	≥380	—	6.0	6.0
			>1.00~5.00	≥450	≥380	—	7.0	7.0

（续）

牌号	状态	外径①/mm	壁厚/mm	抗拉强度 R_m/MPa	规定塑性延伸强度 $R_{p0.2}$/MPa	断后伸长率(%) 全截面试样 A_{50mm}	其他试样 A_{50mm}	A
						≥		
3A21	O	—	≤20.00	95~130	≥35	—	20.0	25.0
	H12	—	≤15.00	115~150	≥75	—	12.0	14.0
	H14、H24	—	≤10.00	130~165	≥110	—	4.0	6.0
	H18	—	≤3.00	≥180	≥145	—	2.0	3.0
5A02	O	—	≤20.00	≤225	—	—	—	—
	H14	≤55	≤2.50	≥225	—	—	—	—
			>2.50~20.00	≥195	—	—	—	—
		>55	≤20.00	≥195	—	—	—	—
5B02	O	—	≤20.00	155~225	—	—	—	15.0
5A03	O	—	≤20.00	≥175	≥80	15.0	15.0	15.0
	H34	—	≤5.00	≥215	≥125	8.0	8.0	8.0
5A05	O	—	≤20.00	≥215	≥90	15.0	15.0	15.0
	H32	—	≤10.00	≥245	≥145	8.0	8.0	8.0
5A06	O	—	≤20.00	≥315	≥145	15.0	15.0	15.0
6A02	O	—	≤20.00	≤155	—	14.0	14.0	14.0
	T4	—	≤20.00	≥205	—	14.0	14.0	14.0
	T6	—	≤20.00	≥305	—	8.0	8.0	8.0
7A04	O	—	≤20.00	≤265	—	8.0	8.0	8.0
7A09	T6	—	0.63~6.30	≥530	≥455	8.0	7.0	—
		—	>6.30~12.50	≥530	≥455	9.0	8.0	7.0
8A06	O	—	≤20.00	≤120	—	20.0	20.0	20.0
	H14	—	≤10.00	≥100	—	5.0	5.0	5.0

① 方管和矩形管的外径为其外接圆直径。

3. 铝合金管的腐蚀性能

（1）汽车用铝合金管的盐雾腐蚀性能等级（见表 11-69）

表 11-69 汽车用铝合金管的盐雾腐蚀性能等级（GB/T 6893—2022）

耐盐雾腐蚀等级	试验时长/h	耐盐雾腐蚀等级	试验时长/h
Ⅰ	≥480	Ⅴ	≥1440
Ⅱ	≥720	Ⅵ	≥1680
Ⅲ	≥960	Ⅶ	≥1920
Ⅳ	≥1200		

（2）航空用 2D12 和 2017A 合金管的晶界腐蚀性能（见表 11-70）

表 11-70 航空用 2D12 和 2017A 合金管的晶界腐蚀性能（GB/T 6893—2022）

牌号	状态	管材壁厚/mm	腐蚀深度/mm
2D12	T4	≤2.0	≤0.15
		>2.0~2.5	≤0.35
		>2.5~3.5	≤0.55
		>3.5~4.0	≤0.70
		>4.0~5.0	≤0.75
2017A	T3	≤1.6	≤0.125
		>1.6~3.2	≤0.15
		>3.2~6.0	≤0.20

4. 无缝管的扩口尺寸

(1) 航空用5B02和5A02合金O状态无缝管的扩口尺寸（见表11-71）

表11-71 航空用5B02和5A02合金O状态无缝管的扩口尺寸（GB/T 6893—2022）

（单位：mm）

外径尺寸	扩口尺寸	外径尺寸	扩口尺寸
6	9.0	22	29.0
8	11.0	25	29.0
10	13.5	28	30.0
12	16.3	30	35.5
14	18.6	32	38.0
16	20.5	34	41.0
18	23.5	36	44.0
20	26.5	38	44.0

(2) 其他无缝管的扩口尺寸（见表11-72）

表11-72 其他无缝管的扩口尺寸（GB/T 6893—2022）

（单位：mm）

外径尺寸	扩口尺寸	外径尺寸	扩口尺寸
3.18	5.08	25.40	30.15
4.78	7.67	31.75	38.10
6.35	9.12	38.10	43.71
7.92	10.69	44.45	53.49
9.52	12.29	50.80	59.84
12.70	16.66	63.50	72.54
15.88	19.84	76.20	85.54
19.05	23.80		

(3) 退火状态有无缝管的扩口率（见表11-73）

表11-73 退火状态有无缝管的扩口率（GB/T 6893—2022）

外径尺寸/mm	扩口率(%)	外径尺寸/mm	扩口率(%)
<20.0	40	≥20.0	30

11.4.3 铝及铝合金热挤压无缝管

1. 铝及铝合金热挤压无缝管的牌号、状态和规格（见表11-74）

表11-74 铝及铝合金热挤压无缝管的牌号、状态和规格（GB/T 4437.1—2023）

牌号	供应状态	规格
1035	O	管材最大外径不大于580mm，典型规格见GB/T 4436
1050A	O、H111、H112	
1060、1070A、1100、1200	O、H112	
2014	O、T6、T6510、T6511	
2017	O、T1、T4	
2219	O、T1、T6	
2024	O、T3、T3510、T3511、T4、T81、T8510、T8511	
3003	O、H112	
4032	T6	
5083、5086、5052、5456	O、H112	
6101B	T6、T7	

（续）

牌号	供应状态	规格
6105	T5	管材最大外径不大于 580 mm，典型规格见 GB/T 4436
6061	O、T1、T6、T6510、T6511	
6063	T6	
6082	O、T6	
7075	O、T6、T6510、T6511、T73、T73510、T73511	
7475	O	
2A11、2A12	O、T1、T4	
2A14、2A50	T6	
3A21	O、H112	
5A02、5A03、5A05、5A06	O、H112	
5E61	H112	
6A02	O、T1、T4、T6	
7A04、7A09、7A15	T1、T6、T6511	
8A06	H112	

2. 铝及铝合金热挤压无缝管的室温力学性能（见表 11-75）

表 11-75 铝及铝合金热挤压无缝管的室温力学性能（GB/T 4437.1—2023）

牌号	供应状态	试样状态	壁厚/mm	抗拉强度 R_m/MPa	规定塑性延伸强度 $R_{p0.2}$/MPa	断后伸长率(%) A_{50mm}	断后伸长率(%) A
				≥[①]			
1035	O	O	所有	60~100	—	25	23
1050A	O、H111	O、H111	所有	60~100	20	25	23
	H112	H112	所有	60	20	25	23
1060	O	O	所有	60~95	15	25	22
	H112	H112	所有	60	—	25	22
1070A	O	O	所有	60~95	—	25	22
	H112	H112	所有	60	20	25	22
1100、1200	O	O	所有	75~105	20	25	22
	H112	H112	所有	75	20	25	22
2014	O	O	所有	≤205	≤125	12	10
	T6、T6510、T6511	T6、T6510、T6511	≤12.50	415	365	7	6
			>12.50~18.00	440	400	—	6
			>18.00	470	415	—	6
2017	O	O	所有	≤245	≤125	16	16
	T1	T42	所有	345	215	12	12
	T4	T4	所有	345	215	12	12
2219	O	O	所有	≤220	≤125	12	10
	T1	T62	≤25.00	370	250	6	5
			>25.00	370	250	—	5
	T6	T6	≤25.00	370	250	6	5
			>25.00	370	250	—	5
2024	O	O	所有	≤240	≤130	12	10
	T3、T3510、T3511	T3、T3510、T3511	≤6.30	395	290	10	—
			>6.30~18.00	415	305	10	9
			>18.00~35.00	450	315	—	9
			>35.00	485	330	—	9
	T4	T4	≤18.00	395	260	12	10
			>18.00	395	260	—	9

（续）

牌号	供应状态	试样状态	壁厚/mm	抗拉强度 R_m/MPa	规定塑性延伸强度 $R_{p0.2}$/MPa	断后伸长率(%) A_{50mm}	断后伸长率(%) A
				≥[①]			
2024	T81、T8510、T8511	T81、T8510、T8511	>1.20~6.30	440	385	4	—
			>6.30~35.00	455	400	5	4
			>35.00	455	400	—	4
3003	O	O	所有	95~130	35	25	22
	H112	H112	所有	95	35	25	22
4032	T6	T6	≥12.50	360	290	—	2.5
5052	O	O	所有	170~240	70	15	17
	H112	H112	所有	170	70	13	15
5456	O	O	所有	285~365	130	14	12
	H112	H112	所有	285	130	12	10
5083	O	O	所有	270~350	110	14	12
	H112	H112	所有	270	110	12	10
5086	O	O	所有	240~315	95	14	12
	H112	H112	所有	240	95	12	10
6101B	T6	T6	≤15.00	215	160	6	8
	T7	T7	≤15.00	170	120	10	12
6105	T5	T5	≤12.50	260	240	8	7
6061	O	O	所有	≤150	≤110	16	14
	T1[②]	T1	≤16.00	180	95	16	14
		T62	≤6.30	260	240	8	—
			>6.30	260	240	10	9
	T6、T6510、T6511	T6、T6510、T6511	≤6.30	260	240	8	—
			>6.30	260	240	10	9
6063	T6	T6	所有	205	170	10	9
6082	O	O	≤25.00	≤160	≤110	12	14
	T6	T6	≤5.00	290	250	6	8
			>5.00~25.00	310	260	8	10
7075	O	O	≤10.00	≤275	≤165	10	9
	T6、T6510、T6511	T6、T6510、T6511	≤6.30	540	485	7	—
			>6.30~12.50	560	495	7	6
			>12.50~70.00	560	505	—	4
	T73、T73510、T73511	T73、T73510、T73511	3.50~6.30	470	400	7	—
			>6.30~35.00	485	420	8	7
			>35.00~70.00	475	405	—	7
7475	O	O	所有	≤275	≤165	—	10
2A11	O	O	所有	≤245	—	—	10
	T1	T1	所有	350	195	—	10
	T4	T4	所有	370	215	12	10
2A12	O	O	所有	≤245	—	—	10
	T1	T42	所有	390	255	—	10
	T4	T4	所有	390	255	—	10
2A14	T6	T6	所有	440	365	6	—
2A50	T6	T6	所有	380	250	—	10
3A21	O、H112	O、H112	所有	≤165	—	—	—
5A02	O、H112	O、H112	所有	≤225	—	—	—
5A03	O、H112	O、H112	所有	175	70	—	15
5A05	O、H112	O、H112	所有	225	110	—	15

（续）

牌号	供应状态	试样状态	壁厚/mm	抗拉强度 R_m/MPa	规定塑性延伸强度 $R_{p0.2}$/MPa	断后伸长率(%) A_{50mm}	A
				≥①			
5A06	O、H112	O、H112	所有	330	155	—	15
5E61	H112	H112	所有	335	205	—	11
6A02	O	O	所有	≤145	—	—	17
	T1	T62	所有	295	—	—	8
	T4	T4	所有	205	—	—	14
	T6	T6	所有	295	—	—	8
7A04、7A09	T1	T62	≤80.00	530	400	—	4
	T6、T6511	T6、T6511	≤80.00	530	400	—	4
7A15	T1	T62	≤80.00	470	420	—	6
	T6	T6	≤80.00	470	420	—	6
8A06	H112	H112	所有	≤120	—	—	20

① O 状态及 8A06H112 的抗拉强度和规定塑性延伸强度不适用。
② T1 状态供货的管材，由供需双方商定提供 T1 或 T62 试样状态的性能，并在订货单（或合同）中注明；未注明时提供 T1 试样状态的性能。

11.4.4 铝及铝合金热挤压有缝管

1. 铝及铝合金热挤压有缝管的牌号和状态（见表 11-76）

表 11-76 铝及铝合金热挤压有缝管的牌号和状态（GB/T 4437.2—2017）

牌号	供应状态	牌号	供应状态
1050A、1060、1070A、1035、1100、1200	O、H112	6005	T5、T6
2017、2A11、2A12、2024	O、T1、T4	6005A	T1、T5、T6
3003	O、H112	6105	T6
5A02	H112	6351	T6
5052	O、H112	6060	T5、T6、T66
5A03、5A05	H112	6061	T4、T5、T6
5A06、5083、5454、5086	O、H112	6063	T1、T4、T5、T6
6A02	O、T1、T4、T6	6063A	T5、T6
6101	T6	6082	T4、T6
6101B	T6、T7	7003	T6

2. 铝及铝合金热挤压有缝管的表面处理方式与模层代号（见表 11-77）

表 11-77 铝及铝合金热挤压有缝管的表面处理方式与模层代号（GB/T 4437.2—2017）

表面处理管材的类别	表面处理方式	膜层代号	备注
阳极氧化管材	阳极氧化、电解着色或染色	AA5、AA10、AA15、AA20、AA25	AA 表示阳极氧化类别 AA 后的数字标示阳极氧化膜最小平均膜厚限定值
电泳涂漆管材	阳极氧化、着色和电泳涂漆（水溶性清漆或色漆）复合处理	EA21、EA16、EA13	EA 表示阳极氧化+有光或亚光透明漆类别 EA 后的数字标示阳极氧化与电泳涂漆复合膜最小局部膜厚限定值
		ES21	ES 表示阳极氧化+有光或亚光有色漆类别 ES 后的数字标示阳极氧化与电泳涂漆复合膜最小局部膜厚限定值

（续）

表面处理管材的类别	表面处理方式		膜层代号	备注
喷粉管材	以热固性聚酯、聚氨酯、三氟氯乙烯—乙烯基醚（简称 FEVE）粉末和热塑性聚偏二氟乙烯（简称 PVDF）粉末等作涂料的静电喷涂		GA40	GA 表示聚酯类粉末膜层类别 GU 表示聚氨酯类粉末膜层 GF 表示氟碳类粉末膜层类别 GO 表示其他粉末膜层类别 GA、GU、GF、GO 后的数字标示最小局部膜厚限定值
			GU40	
			GF40	
			GO40	
	以丙烯酸漆作涂料的静电喷涂		LB17	LB 表示丙烯酸漆喷涂类别 LB 后的数字标示最小局部膜厚限定值
喷漆管材	有机溶剂型或水性溶剂型聚偏二氟乙烯（PVDF）漆等作涂料的静电喷涂	二涂（底漆加面漆）	LF2-25	LF2 表示氟碳漆喷涂的二涂类别 LF2 后的数字标示最小局部膜厚限定值
		三涂（底漆、面漆加清漆）	LF3-34	LF3 表示氟碳漆喷涂的三涂类别 LF3 后的数字标示最小局部膜厚限定值
		四涂（底漆、阻挡漆、面漆加清漆）	LF4-55	LF4 表示氟碳漆喷涂的四涂类别 LF4 后的数字标示最小局部膜厚限定值

3. 铝及铝合金热挤压有缝管的室温力学性能（见表 11-78）

表 11-78　铝及铝合金热挤压有缝管的室温力学性能（GB/T 4437.2—2017）

牌号	供应状态	试样状态	壁厚/mm	抗拉强度 R_m/MPa	规定塑性延伸强度 $R_{p0.2}$/MPa	断后伸长率（%） A	A_{50mm}
						≥	
1070A、1060	O	O	所有	60~95	≥15	22	20
	H112	H112	所有	≥60	≥15	22	20
1050A、1035	O	O	所有	60~95	≥20	25	23
	H112	H112	所有	≥60	≥20	25	23
1100	O	O	所有	75~105	≥20	22	20
	H112	H112	所有	≥75	≥20	22	20
1200	H112	H112	所有	≥75	≥25	20	18
2A11	O	O	所有	≤245	—	12	10
	T1、T4	T42、T4	≤10.00	≥335	≥190	—	10
			>10.00~20.00	≥335	≥200	10	8
			>20.00~50.00	≥365	≥210	10	—
2017	O	O	所有	≤245	≤125	16	16
	T1、T4	T42、T4	≤12.50	≥345	≥215	—	12
			>12.50~100.00	≥345	≥195	12	—
2A12	O	O	所有	≤245	—	12	10
	T1、T4	T42、T4	≤5.00	≥390	≥295	—	8
			>5.00~10.00	≥410	≥295	—	8
			>10.00~20.00	≥420	≥305	10	8
			>20.00~50.00	≥440	≥315	10	—
2024	O	O	所有	≤250	≤150	12	10
	T3、T3510、T3511	T3、T3510、T3511	≤15.00	≥395	≥290	8	6
			>15.00~50.00	≥420	≥290	8	—
3003	O	O	所有	95~135	≥35	25	20
	H112	H112	所有	≥95	≥35	25	20
5A02	H112	H112	所有	≤245	—	12	10
5052	H112	H112	所有	≥170	≥70	15	13
	O	O	所有	175~230	≥70	17	15

（续）

牌号	供应状态	试样状态	壁厚/mm	抗拉强度 R_m/MPa	规定塑性延伸强度 $R_{p0.2}$/MPa	断后伸长率(%) A	A_{50mm}
						≥	
5A03	H112	H112	所有	≥180	≥80	12	10
5A05	H112	H112	所有	≥255	≥130	15	13
5A06	O、H112	O、H112	所有	≥315	≥160	15	13
5083	O	O	所有	≥270	≥110	12	10
	H112	H112	所有	≥270	≥125	12	10
5454	O	O	≤25.00	200~275	≥85	18	16
	H112	H112	≤25.00	≥200	≥85	16	14
5086	O	O	所有	240~320	≥95	18	15
	H112	H112	所有	≥240	≥95	12	10
6A02	O	O	所有	≤145	—	17	—
	T4	T4	所有	≥205	—	14	—
	T1、T6	T62、T6	所有	≥295	≥230	10	8
6101	T6	T6	≥3.00~7.00	≥195	≥165	—	10
			>7.00~17.00	≥195	≥165	12	10
			>17.00~30.00	≥175	≥145	14	—
6101B	T6	T6	≤15.00	≥215	≥160	8	6
	T7	T7	≤15.00	≥170	≥120	12	10
6005A	T1	T1	≤6.30	≥170	≥100	—	15
6005A、6005	T5	T5	≤6.30	≥250	≥200	—	7
			>6.30~25.00	≥250	≥200	8	7
	T6	T6	≤5.00	≥270	≥225	—	6
			>5.00~10.00	≥260	≥215	—	6
6105	T6	T6	≤3.20	≥250	≥240	—	8
			>3.20~25.00	≥250	≥240	—	10
6351	T6	T6	≤5.00	≥290	≥250	8	6
			>5.00~25.00	≥300	≥255	10	8
6060	T5	T5	≤15.00	≥160	≥120	8	6
	T6	T6	≤15.00	≥190	≥150	8	6
	T66	T66	≤15.00	≥215	≥160	8	6
6061	T4	T4	≤25.00	≥180	≥110	15	13
	T5	T5	≤16.00	≥240	≥205	9	7
	T6	T6	≤5.00	≥260	≥240	8	6
			>5.00~25.00	≥260	≥240	10	8
6063	T1	T1	≤12.50	≥120	≥60	—	12
			>12.50~25.00	≥110	≥55	—	12
	T4	T4	≤10.00	≥130	≥65	14	12
			>10.00~25.00	≥125	≥60	12	10
	T5	T5	≤25.00	≥175	≥130	8	6
	T6	T6	≤25.00	≥215	≥170	10	8
6063A	T5	T5	≤25.00	≥200	≥160	7	5
	T6	T6	≤25.00	≥230	≥190	7	5
6082	T4	T4	≤25.00	≥205	≥110	14	12
	T6	T6	≤5.00	≥290	≥250	—	6
			>5.00~25.00	≥310	≥260	10	8
7003	T6	T6	≤10.00	≥350	≥290	—	8
			>10.00~25.00	≥340	≥280	10	8

4. 铝合金热挤压有缝管的电导率（见表 11-79）

表 11-79　铝合金热挤压有缝管的电导率（GB/T 4437.2—2017）

牌号	供应状态	电导率/(MS/m)
6101B	T6	30
	T7	32

11.4.5　铝及铝合金连续挤压管

1. 铝及铝合金连续挤压管的牌号、状态和规格

（1）铝及铝合金连续挤压管的牌号和状态（见表 11-80）

表 11-80　铝及铝合金连续挤压管的牌号和状态（GB/T 20250—2006）

牌号	状态
1050、1060、1070、1070A、1100	H112
3003	H112

（2）铝及铝合金连续挤压管的规格（见表 11-81）

表 11-81　铝及铝合金连续挤压管的规格（GB/T 20250—2006）

公称外径/mm	壁厚/mm									
	0.45	0.50	0.75	0.90	1.00	1.25	1.50	1.75	2.00	3.00
4.00					—	—	—	—	—	—
5.00							—	—	—	—
6.00								—	—	—
7.00	—							—	—	—
8.00	—									—
9.00	—									—
10.00	—	—								—
11.00	—	—								—
12.00	—	—								
13.00	—	—	—							
14.00	—	—	—							
15.00	—	—	—							
16.00	—	—	—							
17.00	—	—	—							
18.00	—	—	—							
19.00	—	—	—							

注："空白处"表示可供货范围。需其他规格时，可供需双方协商。

2. 铝及铝合金连续挤压管的室温力学性能（见表 11-82）

表 11-82　铝及铝合金连续挤压管的室温力学性能（GB/T 20250—2006）

牌　号	抗拉强度 R_m/MPa	断后伸长率 A_{50mm}(%)	硬度 HV
		≥	
1070、1070A、1060、1050	60	27	20
1100	75	28	25
3003	95	25	30

11.4.6 铝及铝合金管形导体

1. 铝及铝合金管形导体的牌号、状态和规格

（1）铝及铝合金管形导体的牌号和状态（见表 11-83）

表 11-83　铝及铝合金管形导体的牌号和状态（GB/T 27676—2011）

牌号	状态	牌号	状态
1060、3003	H14	6063	T5A、T6、T10
6101	T5A、T6、T10		

注：T5A 指由高温轧制后水冷却再经拉伸，然后进行人工时效的状态。适用于达到规定力学性能极限的管导体。

（2）铝及铝合金管形导体的规格（见表 11-84）

表 11-84　铝及铝合金管形导体的规格（GB/T 27676—2011）

外径 /mm	壁厚/mm											
	3.00	4.00	5.00	6.00	7.00	8.00	9.00	10.00	12.00	15.00	18.00	20.00
50.00	○	—	—	—	—	—	—	—	—	—	—	—
70.00	○	○	—	—	—	—	—	—	—	—	—	—
80.00	—	○	○	—	—	—	—	—	—	—	—	—
90.00	—	○	○	—	—	—	—	—	—	—	—	—
100.00	—	—	○	○	○	○	○	○	—	—	—	—
110.00	—	—	○	○	○	○	○	○	—	—	—	—
120.00	—	—	○	○	○	○	○	○	—	—	—	—
130.00	—	—	—	—	○	○	○	○	—	—	—	—
150.00	—	—	—	—	○	○	○	○	—	—	—	—
170.00	—	—	—	—	○	○	○	○	○	—	—	—
190.00	—	—	—	—	—	—	○	○	○	—	—	—
200.00	—	—	—	—	—	—	—	○	○	—	—	—
250.00	—	—	—	—	—	—	—	○	○	—	—	—
280.00	—	—	—	—	—	—	—	—	○	○	—	—
300.00	—	—	—	—	—	—	—	—	○	○	○	—
350.00	—	—	—	—	—	—	—	—	—	○	○	○

注：“○”表示可供货范围。

2. 铝及铝合金管形导体的室温力学性能（见表 11-85）

表 11-85　铝及铝合金管形导体的室温力学性能（GB/T 27676—2011）

牌号	状态	抗拉强度 R_m/MPa	规定塑性延伸强度 $R_{p0.2}$/MPa	断后伸长率（%）
		≥		
1060	H14	85	65	12
3003	H14	135	120	4
6101	T5A、T6	200	170	10
	T10	170	150	—
6063	T5A、T6	205	175	8
	T10	180	160	—

3. 铝及铝合金管形导体的电导率（见表 11-86）

表 11-86 铝及铝合金管形导体的电导率（GB/T 27676—2011）

牌号	状态	电导率(%IACS)
1060	H14	≥61
3003		≥32
6101	T5A、T6、T10	≥55
6063	T5A、T6、T10	≥51

11.4.7 凿岩机用铝合金管

1. 凿岩机用铝合金管的牌号、状态和规格（见表 11-87）

表 11-87 凿岩机用铝合金管的牌号、状态和规格（YS/T 97—2012）

牌号	状态	(外径/mm)×(壁厚/mm)
2A11 2A12	T4	φ65.00×4.50、φ70.00×5.00、φ75.00×5.00、φ77.00×5.00、 φ85.00×5.00、φ81.00×4.50、φ85.40×5.20、φ74.70×4.85

2. 凿岩机用铝合金管的室温力学性能（见表 11-88）

表 11-88 凿岩机用铝合金管的室温力学性能（YS/T 97—2012）

牌号	状态	壁厚/mm	抗拉强度 R_m /MPa	规定塑性延伸强度 $R_{p0.2}$/MPa	断后伸长率(%)	
					A	A_{50mm}
			≥			
2A12	T4	4.00~5.50	420	275	10	
2A11	T4	4.00~5.50	390	225	11	

11.5 铝及铝合金型材

11.5.1 一般工业用铝及铝合金挤压型材

1. 一般工业用铝及铝合金挤压型材的牌号、状态和规格（见表 11-89）

表 11-89 一般工业用铝及铝合金挤压型材的牌号、状态和规格（GB/T 6892—2023）

牌号	状态	截面尺寸	长度/mm
1060	O、H112	符合供需双方商定的图样要求	1000~14000
1350	H112		
2014	T6		
2024	T3		
2A11	T4		
2A12	O、T4		
3003	H112		
3103	H112		
3A21	O、H112		
5052	O、H112		
5083	H112		
5383	H112		
5A02	H112		

（续）

牌号	状态	截面尺寸	长度/mm
5A05	O、H112	符合供需双方商定的图样要求	1000~14000
5A06	O、H112		
6101B	T6		
6005	T4、T5、T6		
6005A	T5、T6		
6105	T5		
6106	T6		
6013	T6		
6351	T6		
6060	T4、T5、T6、T66		
6061	T4、T5、T6		
6063	T4、T5、T6、T66		
6063A	T5、T6		
6463	T4、T5、T6		
6082	T4、T5、T6		
6A02	T6		
6A66	T5、T6		
7003	T6		
7005	T5、T6		
7020	T6		
7022	T6、T6511		
7075	T6、T6510、T6511、T73、T73510、T73511		
7A04	T6		
7A21	T5		
7A41	T6		

2. 一般工业用铝及铝合金挤压型材的表面类型（见表 11-90）

表 11-90　一般工业用铝及铝合金挤压型材的表面类型（GB/T 6892—2023）

<table>
<tr><th colspan="3" rowspan="2">膜层类别</th><th colspan="5">膜层光泽</th><th rowspan="2">成膜用粉和漆</th><th rowspan="2">成膜工艺</th><th colspan="2">膜层功能</th></tr>
<tr><th>无光</th><th>低光</th><th>平光</th><th>高光</th><th>镜面</th><th>主要功能</th><th>特殊功能</th></tr>
<tr><td rowspan="4">阳极氧化膜</td><td rowspan="2">平面膜</td><td>单色平面</td><td colspan="5" rowspan="4">—</td><td rowspan="4">—</td><td>阳极氧化、阳极氧化+电解着色、阳极氧化+染色</td><td rowspan="8">具有装饰性与一般保护性功能</td><td rowspan="8">具有抗细菌/抗霉菌、亲/疏水、不沾/抗粘贴/防涂鸦、绝缘、耐高温、重防腐、反射隔热、光吸收、防滑、高耐磨、散热、防静电、反光、荧光余辉发光、可剥离等功能</td></tr>
<tr><td>多色平面纹理</td><td>阳极氧化+多次染色</td></tr>
<tr><td rowspan="2">立体膜</td><td>单色立体纹理</td><td rowspan="2">电化学腐蚀+阳极氧化+电解着色</td></tr>
<tr><td>多色立体纹理</td></tr>
<tr><td rowspan="4">阳极氧化复合膜</td><td rowspan="2">平面膜</td><td>单色平面</td><td colspan="5" rowspan="4">有光或消光</td><td>透明漆、有色漆</td><td>阳极氧化+电泳涂漆（透明漆或有色漆）</td></tr>
<tr><td>多色平面纹理</td><td>透明漆、有色漆</td><td>阳极氧化+多次染色+透明漆电泳涂装或阳极氧化+色漆电泳涂装+油墨转印</td></tr>
<tr><td rowspan="2">立体膜</td><td>单色立体纹理</td><td rowspan="2">透明漆</td><td rowspan="2">电化学腐蚀+阳极氧化+电解着色+透明漆电泳涂装</td></tr>
<tr><td>多色立体纹理</td></tr>
</table>

（续）

膜层类别				膜层光泽					成膜用粉和漆	成膜工艺	膜层功能	
				无光	低光	平光	高光	镜面			主要功能	特殊功能
喷粉膜	平面膜	单色平面		√	√	√	√	—	普通粉	粉末单层喷涂	具有装饰性与一般保护性功能	具有抗细菌/抗霉菌、亲/疏水、不沾/抗粘贴/防涂鸦、绝缘、耐高温、重防腐、反射隔热、光吸收、防滑、高耐磨、散热、防静电、反光、荧光余辉发光、可剥离等功能
				√	√	√	√	—	薄涂粉			
		多色平面纹理	金属效果	√	√	√	√	√	金属效果粉			
				√	√	√	—	—	金属效果转印粉	粉末单层喷涂+油墨热转印		
			其他效果	√	√	√	√	—	热转印粉			
				√	√	√	—	—	热转移粉	粉末单层喷涂+油墨热转移		
	立体膜层	单色立体纹理		√	√	—	—	—	砂纹粉	粉末单层喷涂		
				—	—	—	—	—	橘纹粉			
				—	—	—	—	—	花纹粉			
				—	—	—	—	—	皱纹粉			
		多色立体纹理膜	金属效果	√	√	—	—	—	砂纹金属效果粉			
				—	—	—	—	—	橘纹金属效果粉			
				—	—	—	—	—	皱纹金属效果粉			
				—	—	—	—	—	锤纹粉			
				—	—	—	—	—	锤纹热转印粉	粉末单层喷涂+热转印		
			其他效果	—	—	—	—	—	洒涂面粉	喷涂预固化+洒粉制纹		
				—	—	—	—	—	洒涂热转移粉	喷涂预固化+洒粉制纹+油墨热转移		
				—	—	—	—	—	洒涂热转印粉	喷涂预固化+洒粉制纹+油墨热转印		
				—	—	—	—	—	橘纹热转印粉	粉末单层喷涂+热转印		
				√	√	—	—	—	砂纹热转印粉			
				—	—	—	—	—	花纹热转印粉			
				—	—	—	—	—	皱纹热转印粉			
				√	√	—	—	—	砂纹热转移粉	粉末单层喷涂+热转移		
				—	—	—	—	—	皱纹热转移粉			
				—	—	—	—	—	多层粉	一次喷涂预固化+二次喷涂+辊压制纹		
				—	—	—	—	—	多层热转印粉	一次喷涂预固化+二次喷涂+辊压制纹+油墨热转印		
				—	—	—	—	—	多层热转移粉	一次喷涂预固化+二次喷涂+辊压制纹+油墨热转移		

（续）

膜层类别				膜层光泽					成膜用粉和漆	成膜工艺	膜层功能	
				无光	低光	平光	高光	镜面			主要功能	特殊功能
喷漆膜	平面膜层	单色平面		√	√	√	—	—	PVDF 漆	底漆+单色面漆喷涂底漆+单色面漆+清漆喷涂底漆+阻挡漆+单色面漆+清漆喷涂	具有装饰性与一般保护性功能	具有抗细菌/抗霉菌、亲/疏水、不沾/抗粘贴/防涂鸦、绝缘、耐高温、重防腐、反射隔热、光吸收、防滑、高耐磨、散热、防静电、反光、荧光余辉发光、可剥离等功能
				√	√	√	√	—	FEVE 漆			
				√	√	√	—	—	环氧漆	底漆+单色面漆喷涂		
				√	√	√	—	—	聚酯漆	单色面漆喷涂底漆+单色面漆喷涂		
				—	√	√	—	—	丙烯酸漆	底漆+单色面漆喷涂		
				—	√	√	—	—	聚氨酯漆	底漆+单色面漆喷涂		
		多色平面纹理	金属效果	—	√	√	—	—	PVDF 漆	底漆+金属效果颜料面漆喷涂、底漆+金属效果颜料面漆+清漆喷涂、底漆+阻挡漆+金属效果颜料面漆+清漆喷涂		
				—	√	√	√	—	FEVE 漆			
				—	√	√	—	—	环氧漆	底漆+金属效果颜料面漆喷涂		
				—	√	√	—	—	聚酯漆	金属效果颜料面漆喷涂、底漆+金属效果颜料面漆喷涂		
				—	√	√	—	—	丙烯酸漆	底漆+金属效果颜料面漆喷涂		
				—	√	√	—	—	聚氨酯漆	底漆+单色面漆喷涂		
			其他效果	—	√	√	—	—	聚氨酯漆	单色面漆喷涂+油墨热转印		
				—	√	√	—	—	丙烯酸漆			

注：“√”表示产品中存在该类型的膜层并有测试光泽的需求，“—”表示产品中不存在该光泽范围的膜层类型或者该类型的膜层没有测试光泽的需求。

3. 一般工业用铝及铝合金挤压型材的室温力学性能（见表 11-91）

表 11-91 一般工业用铝及铝合金挤压型材的室温力学性能（GB/T 6892—2023）

牌号	状态	壁厚/mm	抗拉强度 R_m/MPa	规定塑性延伸强度 $R_{p0.2}$/MPa	断后伸长率[①]（%）		硬度（参考值）HBW
					A	A_{50mm}	
			≥[②]				
1060	O	—	60~95	15	22	20	—
	H112	—	60	15	22	20	—
1350	H112	—	60	—	25	23	20
2014	T6	>25.00~75.00	460	415	7	—	140
2024	T3	≤15.00	395	290	8	6	120
		>15.00~50.00	420	290	8	—	120
2A11	T4	≤10.00	335	190	—	10	—
		>10.00~20.00	335	200	10	8	—

（续）

牌号	状态	壁厚/mm		抗拉强度 R_m/MPa	规定塑性延伸强度 $R_{p0.2}$/MPa	断后伸长率①(%) A	A_{50mm}	硬度（参考值）HBW
				≥②				
2A12	O	—		≤245	—	12	10	—
2A12	T4	≤5.00		390	295	—	8	—
2A12	T4	>5.00~10.00		410	295	—	8	—
2A12	T4	>10.00~20.00		420	305	10	8	—
2A12	T4	>20.00~50.00		440	315	10	—	—
3003	H112	—		95	35	25	20	30
3103	H112	—		95	35	25	20	28
3A21	O、H112	—		≤185	—	16	14	—
5052	H112	—		170	70	15	13	47
5052	O	—		≤245	—	12	10	—
5083	H112	—		270	125	12	10	70
5383	H112	—		310	190	—	13	—
5A02	H112	—		≤245	—	12	10	—
5A05	O、H112	—		≤255	130	15	13	—
5A06	O、H112	—		≤315	160	15	13	—
6101B	T6	≤15.00		215	160	8	6	70
6005	T4	≤25.00		180	90	15	13	50
6005	T5	≤6.30		250	220	—	7	—
6005	T6	实心型材	>10.00~25.00	250	200	8	6	85
6005	T6	空心型材	≤5.00	255	215	—	6	85
6005	T6	空心型材	>5.00~15.00	250	200	8	6	85
6005A	T5	≤6.30		250	200	—	7	—
6005A	T6	实心型材	≤5.00	270	225	—	6	90
6005A	T6	实心型材	>5.00~10.00	260	215	—	6	85
6005A	T6	实心型材	>10.00~25.00	250	200	8	6	85
6005A	T6	空心型材	≤5.00	255	215	—	6	85
6005A	T6	空心型材	>5.00~15.00	250	200	8	6	85
6105	T5	—		250	240	—	8	—
6106	T6	≤10.00		250	200	—	6	75
6013	T6	—		340	310	—	8	—
6351	T6	≤5.00		290	250	—	8	95
6351	T6	>5.00~25.00		300	255	10	8	95
6060	T4	≤25.00		120	60	16	14	50
6060	T5	≤5.00		160	120	—	6	60
6060	T6	≤3.00		190	150	—	6	70
6060	T6	>3.00~25.00		170	140	8	6	70
6060	T66	≤3.00		215	160	—	6	75
6060	T66	>3.00~25.00		195	150	8	6	75
6061	T4	≤25.00		180	110	15	13	65
6061	T5	≤16.00		240	205	9	7	—
6061	T6	≤5.00		260	240	—	7	95
6061	T6	>5.00~25.00		260	240	10	8	95
6063	T4	≤25.00		130	65	14	12	50
6063	T5	≤3.00		175	130	—	6	65
6063	T5	>3.00~25.00		160	110	7	5	65

（续）

牌号	状态	壁厚/mm	抗拉强度 R_m/MPa	规定塑性延伸强度 $R_{p0.2}$/MPa	断后伸长率①(%)		硬度（参考值）HBW
					A	A_{50mm}	
			≥②				
6063	T6	≤10.00	215	170	—	6	75
		>10.00~25.00	195	160	8	6	75
	T66	≤10.00	245	200	—	6	80
6063A	T5	≤10.00	200	160	—	5	75
	T6	≤10.00	230	190	—	5	80
6463	T4	≤50.00	125	75	14	12	46
	T5	≤50.00	150	110	8	6	60
	T6	≤50.00	195	160	10	8	74
6082	T4	≤25.00	205	110	14	12	70
	T5	≤5.00	270	230	—	6	90
	T6	≤5.00	290	250	—	6	95
		>5.00~25.00	310	260	10	8	95
6A02	T6	—	295	230	10	8	—
6A66	T5	—	320	280	—	8	—
	T6	—	350	310	—	8	—
7003	T6	≤10.00	350	290	—	8	110
7005	T5	≤25.00	345	305	10	8	—
	T6	≤40.00	350	290	10	8	110
7020	T6	≤40.00	350	290	10	8	110
7022	T6、T6511	≤30.00	490	420	7	5	133
7075	T6、T6510、T6511	≤25.00	530	460	6	4	150
		>25.00~60.00	540	470	6	—	150
	T73、T73510、T73511	≤25.00	485	420	7	5	135
7A04	T6	≤10.00	500	430	—	4	—
		>10.00~20.00	530	440	6	4	—
		>20.00~50.00	560	460	6	—	—
7A21	T5	—	390	360	—	8	—
7A41	T6	—	460	420	—	8	—

① 不适用于壁厚不大于1.6mm的型材。

② O状态的抗拉强度和规定塑性延伸强度不适用。

4. 一般工业用铝及铝合金挤压型材的电导率（见表11-92）

表11-92　一般工业用铝及铝合金挤压型材的电导率（GB/T 6892—2023）

牌号	状态	电导率① MS/m	牌号	状态	电导率① MS/m
6101B	T6	≥28.0	6063	T4	≥25.0
6005	T4	≥25.0		T5、T6	≥28.0
	T5、T6	≥27.0	6082	T4	≥22.0
6005A	T6	≥25.0		T6	≥26.5
6061	T4	≥22.0			
	T6	≥23.0			

① 需方要求以国际退火铜百分比（%IACS）为电导率单位时，按1MS/m=1.724×%IACS进行换算，计算结果保留小数点后一位。

5. 一般工业用铝及铝合金挤压型材的抗应力腐蚀性能（见表 11-93）

表 11-93　一般工业用铝及铝合金挤压型材的抗应力腐蚀性能（GB/T 6892—2023）

牌号	状态	型材取样区域的壁厚 a①/mm	试样类别 型材取样区域的宽度 b 与壁厚 a 之比值 b/a		加载方向	试验方法	加载应力/MPa	试验时间/d	试验结果
			>2	≤2					
7075	T73、T73510、T73511	≥17.78	圆形试样	C形环试样	高向	恒应变	$0.75R_{p0.2}$	≥20	试样无裂纹、未断裂

① 型材取样区域的壁厚小于 17.78mm 时，抗应力腐蚀性能由供需双方协商确定，并在订货单（或合同）中注明。

6. 一般工业用铝及铝合金挤压型材在不同使用环境条件下膜层的选择（见表 11-94）

表 11-94　一般工业用铝及铝合金挤压型材在不同使用环境条件下膜层的选择（GB/T 6892—2023）

环境类别	膜层类型	膜层选择
工业和城市环境	阳极氧化膜	工业和城市污染严重且温差较大的潮湿环境选择高膜厚级别的阳极氧化膜 工业和城市污染严重且温差较大的干燥环境宜选择高膜厚级别的热封孔阳极氧化膜
	阳极氧化复合膜	工业和城市污染严重的环境宜选择高质量等级的阳极氧化复合膜
	喷涂膜	工业和城市污染较为严重的潮湿热带环境宜选择高质量等级喷涂膜，如高耐候性粉末喷涂膜或氟碳漆喷涂膜
海洋环境	阳极氧化膜	温差大的海洋环境地区宜选择高膜厚级别的阳极氧化膜
	阳极氧化复合膜	工业和城市污染严重的环境宜选择高质量等级的复合膜
	喷涂膜	潮湿的热带海洋环境宜选择高质量等级喷涂膜，如高耐候性粉末膜喷涂膜或氟碳漆喷涂膜
乡村环境	各类膜层通常都可选用	对于温差大且干燥的乡村环境，不宜选用高膜厚等级中温或常温封孔的阳极氧化膜；对于紫外光辐射强的乡村环境，宜选用银白阳极氧化膜、电解着色阳极氧化膜、高耐候等级的阳极氧化复合膜、高质量等级喷涂膜，如高耐候性粉末膜喷涂膜或氟碳漆喷涂膜，不宜选用染色阳极氧化膜

11.5.2　轨道交通车辆结构用铝合金挤压型材

1. 轨道交通车辆结构用铝合金挤压型材的牌号、状态和规格（见表 11-95）

表 11-95　轨道交通车辆结构用铝合金挤压型材的牌号、状态和规格（GB/T 26494—2023）

牌号	状态	类别①	定尺长度/mm
5052、5754	H112	Ⅰ	≤30000
6005、6005A、6008	T4、T6	Ⅰ	
6060	T4、T5、T6	Ⅰ	
6063	T1、T4、T5、T6	Ⅰ	
6106、6061、6082	T6	Ⅰ	
6A01	T4、T5	Ⅰ	
5083	H112	Ⅱ	
7003	T5	Ⅱ	
7005、7020	T6	Ⅱ	
7B05	T4、T5、T6	Ⅱ	

① 应符合 GB/T 14846 的规定。

2. 轨道交通车辆结构用铝合金挤压型材的室温力学性能（见表 11-96）

表 11-96　轨道交通车辆结构用铝合金挤压型材的室温力学性能（GB/T 26494—2023）

牌号	状态	壁厚①/mm		抗拉强度 R_m/MPa	规定塑性延伸强度 $R_{p0.2}$/MPa	断后伸长率②(%)		硬度(参考值) HBW
						A	A_{50mm}	
				≥				
5052	H112	—		170	70	15	13	47
5754	H112	≤25.00		180	80	14	12	47
5083	H112	—		270	125	12	10	70
6005、6005A	T4	实心型材	≤25.00	180	90	15	13	50
		空心型材	≤10.00	180	90	—	13	50
	T6	实心型材	≤5.00	270	225	—	6	90
			>5.00~10.00	260	215	—	6	85
			>10.00~50.00	250	200	8	6	85
		空心型材	≤5.00	255	215	—	6	85
			>5.00~15.00	250	200	8	6	85
			>15.00~25.00	250	200	8	—	—
6008	T4	≤10.00		180	90	—	13	50
	T6	实心型材	≤5.00	270	225	—	6	90
			>5.00~10.00	260	215	—	6	85
		空心型材	≤5.00	255	215	6	6	85
			>5.00~10.00	250	200	—	6	85
6060	T4	≤25.00		120	60	16	14	50
	T5	≤5.00		160	120	—	6	60
		>5.00~25.00		140	100	8	6	60
	T6	≤3.00		190	150	—	6	70
		>3.00~25.00		170	140	8	6	70
6106	T6	≤10.00		250	200	—	6	85
6061	T6	≤5.00		260	240	—	7	95
		>5.00~25.00		260	240	10	8	95
6063	T1	≤12.00		120	60	—	12	—
		>12.00~25.00		110	55	—	12	—
	T4	≤25.00		130	65	14	12	50
	T5	≤3.00		175	130	—	6	65
		>3.00~25.00		160	110	7	5	65
	T6	≤10.00		215	170	—	6	75
		>10.00~25.00		195	160	8	6	75
6082	T6	≤5.00		290	250	—	6	95
		>5.00~50.00		310	260	10	8	95
6A01	T4	实心型材	≤25.00	160	70	15	13	—
		空心型材	≤10.00	160	70	—	13	—
	T5	≤6.00		245	205	—	8	—
		>6.00~12.00		225	175	—	8	—
7003	T5	≤25.00		310	260	10	8	—
7005	T6	≤40.00		350	290	10	8	110
7020	T6	≤40.00		350	290	10	8	110

（续）

牌号	状态	壁厚①/mm	抗拉强度 R_m/MPa	规定塑性延伸强度 $R_{p0.2}$/MPa	断后伸长率②(%) A	断后伸长率②(%) A_{50mm}	硬度(参考值) HBW
			≥				
7B05③	T4	—	315	195	—	11	—
	T5	—	325	245	—	10	—
	T6	—	335	275	—	10	—

① 壁厚超出规定时，型材的室温拉伸力学性能由供需双方商定，并在订货单（或合同）中注明。

② 如无特殊要求或说明，A 试样适用于壁厚不小于 12.50mm 的型材，A_{50mm} 试样适用于壁厚小于 12.50mm 的型材。型材壁厚不小于 12.50mm 的室温拉伸力学性能未给定 A 试样数值时，采用 A_{50mm} 试样。壁厚不大于 1.60mm 的型材不要求伸长率，如有要求时，由供需双方商定，并在订货单（或合同）中注明。

③ 7B05 型材横截面面积不大于 $200cm^2$。

3. 铝合金挤压型材的疲劳性能（见表 11-97）

表 11-97　铝合金挤压型材的疲劳性能（GB/T 26494—2023）

牌号	应力比 R①	最大应力②/MPa ≥
5083、6005、6005A、6106、6008、6060、6061、6063、6082、6A01	-1	65
	0.1	110
	0.5	180

① 应力比 R 为在应力循环中最小应力与最大应力的比值，宜选择应力比 $R=0.1$ 进行验证。

② 该数据为型材在循环周次为 1×10^7、存活率为 97.5%条件下的疲劳强度值。如果最大应力超过表 11-96 中的规定塑性延伸强度 $R_{p0.2}$，最大应力为 $R_{p0.2}$。

4. 铝合金挤压型材焊接接头的室温力学性能（见表 11-98）

表 11-98　铝合金挤压型材焊接接头的室温力学性能（GB/T 26494—2023）

牌号	状态	壁厚/mm	抗拉强度 R_m/MPa	规定塑性延伸强度 $R_{p0.2}$/MPa
			≥	
5083	H112	≤15.00	270	125
		>15.00	270	125
5754	H112	≤15.00	180	80
6005	T6	≤15.00	160	90
6005A	T6	≤15.00	165	115
6008	T6	≤15.00	165	115
6061	T6	≤15.00	175	115
		>15.00	165	115①
6063	T6	≤15.00	110	65
		>15.00	85	55
6082	T6	≤15.00	185	125
		>15.00	165	115①
6106	T6	≤15.00	160	95
6A01	T5	≤6.00	147	120
		>6.00~12.00	135	111
7B05	T5	—	285	205

① 壁厚大于 20 mm 时，其规定塑性延伸强度 $R_{p0.2}$ 为 95MPa。

5. 铝合金挤压型材焊接接头的疲劳性能（见表 11-99）

表 11-99 铝合金挤压型材焊接接头的疲劳性能（GB/T 26494—2023）

牌号	应力比 R①	最大应力②/MPa ≥
5083、6005、6005A、6106、6008、6060、6061、6063、6082	-1	30
	0.1	55
	0.5	80

① 应力比 R 是应力循环中最小应力与最大应力的比值，宜选择应力比 $R=0.1$ 进行验证。

② 该数据为型材在循环周次为 1×10^7、存活率为 97.5%条件下的疲劳强度值。

6. 铝合金挤压型材的弯曲半径（见表 11-100）

表 11-100 铝合金挤压型材的弯曲半径（GB/T 26494—2023）

型材类型	壁厚/mm	弯曲半径/mm
空心型材	≤10	4 倍壁厚
	>10	5 倍壁厚
实心型材	≤5	3 倍壁厚
	>5~10	4 倍壁厚
	>10	5 倍壁厚

7. 铝合金的理论密度（见表 11-101）

表 11-101 铝合金的理论密度（GB/T 26494—2023）

牌号	理论密度/(g/cm³)	牌号	理论密度/(g/cm³)
5052	2.68	6060	2.70
5754	2.67	6061	2.70
5083	2.66	6063	2.70
6A01	2.70	6082	2.70
6005A	2.70	7003	2.80
6005	2.70	7B05	2.78
6106	2.70	7005	2.77
6008	2.70	7020	2.78

11.6 铝及铝合金线材与丝材

11.6.1 铝及铝合金拉（轧）制圆线

1. 铝及铝合金拉（轧）制圆线的牌号、状态和规格（见表 11-102）

表 11-102 铝及铝合金拉（轧）制圆线的牌号、状态和规格（GB/T 3195—2023）

产品类别	牌号	供应状态	直径/mm
铆钉用线材	1035	H14、H18	1.6~10.0
	1100	O	
	2A01、2A04、2B11、2B12、2A10、2B16	H14	
	2017	H13	
	3A21、5A02	H14	
	5A05	O、H14、H18	
	5B05、5A06	H12	
	5056、5356	O、H32	3.0~10.0

（续）

产品类别	牌号	供应状态	直径/mm
铆钉用线材	6061	O、H18	1.6~10.0
	7A03	H14	
	7C04	H18	2.0~10.0
	7075、7050	H13	1.6~10.0
导体用线材	1350	H19	1.2~6.5
	1A50	O、H19	0.8~10.0
	8017、8030、8076、8130、8176、8177	O、H19	0.2~10.0
	8C05、8C12	O、H14、H18	0.3~2.5
焊接用线材[①]	1035、1050A、1060、1070A、1100、1200	O、H14、H18	0.8~10.0
	2A16、2A20、2319、2S19、3A21、4A01、4043、4043A、4047、4047A、4145、4S03、5A02、5A03、5A05、5A06、5B05、5087、5A33、5183、5183A、5356、5356A、5554、5A56	O、H12、H14、H18	
	4A47、4A54	H14、H18	
	5E61、5B71	H14	
镀膜用线材	4B60	H14、H18	2.0~8.0
	Al 99.999		

①典型铝合金材料焊接推荐的焊接用线材如下：

铝合金材料 A 牌号	铝合金材料 B 牌号	焊接用线材牌号
5083、5754	5083、5754	5087、5183、5183A、5356、5356A
	6005A、6A01、6060、6061、6063、6082	
	7004、7005、7020、7B05	
6005A、6A01、6060、6061、6063、6082	6005A、6A01、6060、6061、6063、6082	4043、4043A、5087、5183、5183A、5356、5356A
	7004、7005、7020、7B05	
7004、7005、7020、7B05	6005A、6A01、6060、6061、6063、6082	5087、5183、5183A、5356、5356A
	7004、7005、7020、7B05	

2. 铝及铝合金拉（轧）制圆线的化学成分

4B60 的化学成分应符合表 11-103 的规定，Al99.999 成分应符合 YS/T 275 的规定（见表 11-152），其他牌号应符合 GB/T 3190 的规定（见表 11-1 和表 11-2）。

3. 合金 4B60 的化学成分（见表 11-103）

表 11-103　合金 4B60 的化学成分（GB/T 3195—2023）

牌号	化学成分（质量分数，%）								
	Si	Fe	Cu	Mg	B	V	其他		Al
							单个	合计	
4B60	0.85~1.15	≤0.001	≤0.001	≤0.0002	≤0.0008	≤0.0002	≤0.02	≤0.10	余量

注：1. “其他”指表中未规定极限数值的元素和未列出的金属元素。
2. “合计”指质量分数不小于 0.010%的“其他”金属元素之和，在求和之前表示为两位小数。

4. 铆钉用线材的室温力学性能（见表 11-104）

表 11-104　铆钉用线材的室温力学性能（GB/T 3195—2023）

牌号	供应状态	试样状态	直径/mm	抗拉强度 R_m/MPa	规定塑性延伸强度 $R_{p0.2}$/MPa	断后伸长率/A_{100mm}(%)
1100	O	O	1.6~10.0	≤110	—	—
	H14	H14		110~145	—	—

（续）

牌号	供应状态	试样状态	直径/mm	抗拉强度 R_m/MPa	规定塑性延伸强度 $R_{p0.2}$/MPa	断后伸长率/A_{100mm}(%)
2017	H13	H13	1.6~10.0	205~275	—	—
		T42		≥380	≥220	≥10
2B16	H14	H14	1.6~10.0	230~320	—	—
		T62		≥430	≥280	≥10
5056、5356	O	O	3.0~10.0	≤317	—	≥20
	H32	H32		303~358	—	—
6061	O	O	1.6~10.0	≤155	—	—
	H13	H13		150~210	—	—
	O、H13	T62		≥290	≥240	≥9
7C04	H13	T62	1.6~10.0	540~590	—	—
7050	H13	H13	1.6~10.0	235~305	—	—
		T73	1.6~6.0	≥485	—	—
			>6.0~10.0	≥485	≥400	≥10
7075	H13	H13	1.6~10.0	≥530	≥455	≥6
		T62		≥540	—	—

5. 导体用线材的室温力学性能（见表 11-105）

表 11-105　导体用线材的室温力学性能（GB/T 3195—2023）

牌号	供应状态	试样状态	直径/mm	抗拉强度 R_m/MPa	断后伸长率 A_{250mm}(%)
1350	H19	H19	1.2~2.0	≥160	≥1.2
			>2.0~2.5	≥175	≥1.5
			>2.5~3.5	≥160	
			>3.5~5.3	≥160	≥1.8
			>5.3~6.5	≥155	≥2.2
1A50	O	O	0.8~1.0	≥75	≥10.0
			>1.0~2.0		≥12.0
			>2.0~3.0		≥15.0
			>3.0~5.0		≥18.0
	H19	H19	0.8~1.0	≥160	≥1.0
			>1.0~1.5	≥155	≥1.2
			>1.5~3.0		≥1.5
			>3.0~4.0	≥135	
			>4.0~5.0		≥2.0
8017	O	O	0.2~1.0	98~159	≥10
8030			>1.0~3.0		≥12
8076			>3.0~5.0		≥15
8130	H19	H19	0.2~1.0	≥185	≥1.0
8176			>1.0~3.0		≥1.2
8177			>3.0~5.0		≥1.5
8C05	O	O	0.3~2.5	170~190	≥3.0
	H14	H14		191~219	
	H18	H18		220~249	
8C12	O	O	0.3~2.5	250~259	
	H14	H14		260~269	
	H18	H18		270~289	

6. 铆钉用线材的抗剪强度和铆接性能（见表 11-106）

表 11-106　铆钉用线材的抗剪强度和铆接性能（GB/T 3195—2023）

牌号	供应状态	试样状态	直径/mm	抗剪强度 τ_b/MPa	铆接性能	
					试样突出高度与直径之比	铆接试验时间
1035	H14	H14	3.0~10.0	≥60	1.5	—
2A01	H14	T42	1.6~4.5	≥185	1.5	淬火 96h 以后
			>4.5~10.0		1.4	
2A04	H14	H14	1.6~5.5	—	1.5	—
			>5.5~10.0		1.4	
		T42	1.6~5.0	≥275	1.3	淬火后 6h 以内
			>5.0~6.0			淬火后 4h 以内
			>6.0~10.0	≥265	1.2	淬火后 2h 以内
2A10	H14	T42	1.6~4.5	≥245	1.5	—
			>4.5~8.0		1.4	
			>8.0~10.0	≥235	1.3	
2017	O、H13	T42	1.6~4.5	≥225	1.5	—
			>4.5~8.0		1.4	
			>8.0~10.0		1.3	
2B11①	H14	T42	1.6~4.5	≥235	1.5	淬火后 1h 以内
			>4.5~10.0		1.4	
2B12①	H14	T42	1.6~4.5	≥265	1.4	淬火后 20min 以内
			>4.5~8.0		1.3	
			>8.0~10.0		1.2	
2B16	H14	T62	1.6~4.5	≥270	1.4	—
			>4.5~8.0		1.3	
			>8.0~10.0		1.2	
3A21	H14	H14	1.6~10.0	≥80	1.5	—
5A02	—	—	1.6~10.0	≥115	1.5	—
5A05	H18	H18	1.6~10.0	≥165	1.5	—
5B05	H12	H12	1.6~10.0	≥155	1.5	—
5A06	H12	H12	1.6~10.0	≥165	1.5	—
6061	H18	T62	1.6~10.0	≥170	—	—
7A03	H14	H14	1.6~8.0	—	1.4	—
			>8.0~10.0		1.3	—
		T62	1.6~4.5	≥285	1.4	—
			>4.5~8.0		1.3	—
			>8.0~10.0		1.2	—
7C04	H18	T62	2.0~10.0	≥325	1.3	—
7075	H13	T62	1.6~10.0	≥290	1.3	—
7050	H13	T73	1.6~4.5	285~317	1.5	—
			>4.5~8.0		1.4	—
			>8.0~10.0		1.3	—

① 因为 2B11、2B12 合金铆钉在变形时会破坏其时效过程，所以设计使用时，2B11 抗剪强度指标按 215MPa 计算，2B12 按 245MPa 计算。

7. 导体用线材 1A50 的抗弯曲性能（见表 11-107）

表 11-107　导体用线材 1A50 的抗弯曲性能（GB/T 3195—2023）

牌号	供应状态	直径/mm	弯曲次数
1A50	H19	1.5~4.0	≥7
		>4.0~5.0	≥6

8. 导体用线材的电阻率（见表 11-108）

表 11-108 导体用线材的电阻率（GB/T 3195—2023）

牌号	供应状态	20℃时的电阻率 ρ/(Ω·mm²/m) ≤
1350	H19	0.028265
1A50	O、H19	0.028200
8017、8030、8076 8130、8176、8177	O	0.028264
	H19	0.028976
8C05	O、H14、H18	0.028500
8C12	O、H14、H18	0.030500

11.6.2 电工圆铝线

1. 电工圆铝线的型号、状态和规格（见表 11-109）

表 11-109 电工圆铝线的型号、状态和规格（GB/T 3955—2009）

型号	状态代号	名称	直径范围/mm
LR	O	软圆铝线	0.30~10.00
LY4	H4	H4 状态硬圆铝线	0.30~6.00
LY6	H6	H6 状态硬圆铝线	0.30~10.00
LY8	H8	H8 状态硬圆铝线	0.30~5.00
LY9	H9	H9 状态硬圆铝线	1.25~5.00

2. 电工圆铝线的力学性能（见表 11-110）

表 11-110 电工圆铝线的力学性能（GB/T 3955—2009）

型号	直径/mm	抗拉强度/MPa	断后伸长率（%） ≥	型号	直径/mm	抗拉强度/MPa	断后伸长率（%） ≥
LR	0.30~1.00	≤98	15	LY9	≤1.25	≥200	—
					1.26~1.50	≥195	—
	1.01~10.00	≤98	20		1.51~1.75	≥190	—
LY4	0.30~6.00	95~125	—		1.76~2.00	≥185	—
					2.01~2.25	≥180	—
LY6	0.30~6.00	125~165	—		2.26~2.50	≥175	—
	6.01~10.00	125~165	3		2.51~3.00	≥170	—
					3.01~3.50	≥165	—
LY8	0.30~5.00	160~205	—		3.51~5.00	≥160	—

3. 电工圆铝线的电性能（见表 11-111）

表 11-111 电工圆铝线的电性能（GB/T 3955—2009）

型号	20℃时直流电阻率/(Ω·mm²/m) ≤	型号	20℃时直流电阻率/(Ω·mm²/m) ≤
LR	0.02759	LY4、LY6、LY8、LY9	0.028264

11.6.3 电工用铝和铝合金母线

1. 电工用铝和铝合金母线的种类代号、状态代号和规格

（1）电工用铝和铝合金母线的种类代号和状态代号（见表 11-112）

表 11-112 电工用铝和铝合金母线的种类代号和状态代号（GB/T 5585.2—2018）

代号分类	代号	名称	代号分类	代号	名称
材料种类代号	LM	铝母线	状态代号	R	软态
	LHM	铝合金母线		Y	硬态

（2）电工用铝和铝合金母线的规格（见表 11-113）

表 11-113　电工用铝和铝合金母线的规格（GB/T 5585.2—2018）

宽度 b /mm	厚度 a/mm																																	
	2.24*	2.36	2.50*	2.65	2.80*	3.00	3.15*	3.35	3.55*	3.75	4.00*	4.25	4.50*	4.75	5.00*	5.30	5.60*	6.00	6.30*	6.70	7.10*	8.00*	9.00*	10.00*	11.20*	12.50*	14.00*	16.00*	18.00*	20.00*	22.40*	25.00*	28.00*	31.50*
16.00*																						○	○	○	○	○	○	○						
17.00		—		—		—		—		—		—		—		—		—		—		—	—	—	—	—	—	—						
18.00*	○		○		○		○		○		○		○		○		○		○		○	○	○	○	○	○	○	○	○					
19.00				—		—		—		—		—		—		—		—		—		—	—	—	—	—	—	—	—					
20.00*			○		○		○		○		○		○		○		○		○		○	○	○	○	○	○	○	○	○	○				
21.20				—		—		—		—		—		—		—		—		—		—	—	—	—	—	—	—	—	—				
22.40*			○		○		○		○		○		○		○		○		○		○			○	○	○	○	○	○	○	○			
23.60						—		—		—		—		—		—		—		—		—	—	—	—	—	—	—	—	—	—			
25.00*					○		○		○		○		○		○		○		○		○	○	○	○	○	○	○	○	○	○	○	○		
26.50								—		—		—		—		—		—		—		—	—	—	—	—	—	—	—	—	—	—		
28.00*									○		○		○		○		○		○		○	○	○	○	○	○	○	○	○	○	○	○	○	
30.00										—		—		—		—		—		—		—	—	—	—	—	—	—	—	—	—	—	—	
31.50*											○		○		○		○		○		○	○	○	○	○	○	○	○	○	○	○	○	○	○
33.50										—		—		—		—		—		—		—	—	—	—	—	—	—	—	—	—	—	—	—
35.50*											○		○		○		○		○		○	○	○	○	○	○	○	○	○	○	○	○	○	○
40.00*											○		○		○		○		○		○	○	○	○	○	○	○	○	○	○	○	○	○	○
45.00*											○		○		○		○		○		○	○	○	○	○	○	○	○	○	○	○	○	○	○
50.00*											○		○		○		○		○		○	○	○	○	○	○	○	○	○	○	○	○	○	○
56.00*											○		○		○		○		○		○	○	○	○	○	○	○	○	○	○	○	○	○	○
63.00*											○		○		○		○		○		○	○	○	○	○	○	○	○	○	○	○	○	○	○
71.00*											○		○		○		○		○		○	○	○	○	○	○	○	○	○	○	○	○	○	○
80.00*											○		○		○		○		○		○	○	○	○	○	○	○	○	○	○	○	○	○	○
90.00*											○		○		○		○		○		○	○	○	○	○	○	○	○	○	○	○	○	○	○
100.00*											○		○		○		○		○		○	○	○	○	○	○	○	○	○	○	○	○	○	○
112.00*																			○		○	○	○	○	○	○	○	○	○	○	○	○	○	○
125.00*																			○		○	○	○	○	○	○	○	○	○	○	○	○	○	○
140.00*																			○		○	○	○	○	○	○	○	○	○	○	○	○	○	○
160.00*																			○		○	○	○	○	○	○	○	○	○	○	○	○	○	○
180.00*																			○		○	○	○	○	○	○	○	○	○	○				
200.00*																			○		○	○	○	○	○	○		○		○				

例：

- 2.24* R20 系列
- 2.36 R40 系列
- ○ $a×b$ 为 R20×R20 优先规格
- （空白）$a×b$ 为 R20×R40 或 R40×R20 的中间规格
- — $a×b$ 为 R40×R40 不推荐规格

注：经供需双方协商，可供应其他规格铝和铝合金母线。

2. 电工用铝和铝合金母线的力学性能（见表 11-114）

表 11-114 电工用铝和铝合金母线的力学性能（GB/T 5585.2—2018）

状态	抗拉强度/MPa	断后伸长率(%)
R	≥68.6	≥20
Y	≥118	≥3

3. 电工用铝和铝合金母线的电性能（见表 11-115）

表 11-115 电工用铝和铝合金母线的电性能（GB/T 5585.2—2018）

状态	20℃直流电阻率/($\Omega \cdot mm^2/m$)	电导率(%IACS)
R	≤0.028264	≥61.0
Y	≤0.0290	≥59.5

11.6.4 电工用铝及铝合金扁线

1. 电工用铝及铝合金扁线的型号、状态和规格

（1）电工用铝及铝合金扁线的型号和状态（见表 11-116）

表 11-116 电工用铝及铝合金扁线的型号和状态（GB/T 5584.3—2009）

型号	状态	名称
LBR	O	软铝扁线
LBY2	H2	H2 状态硬铝扁线
LBY4	H4	H4 状态硬铝扁线
	H8	H8 状态硬铝扁线

（2）电工用铝及铝合金扁线的规格（见表 11-117）

表 11-117　电工用铝及铝合金扁线的规格（GB/T 5584.1—2009）

宽边 b	窄边 a/mm																																							
/mm	0.8	0.85	0.9	0.95	1	1.06	1.12	1.18	1.25	1.32	1.4	1.5	1.6	1.7	1.8	1.9	2	2.12	2.24	2.36	2.5	2.65	2.8	3	3.15	3.35	3.55	3.75	4	4.25	4.5	4.75	5	5.3	5.6	6	6.3	6.7	8	9	10
2	○		○		○		○		○		○																														
2.12		—		—		—		—		—		—																													
2.24	○		○		○		○		○		○		○																												
2.36		—		—		—		—		—		—		—																											
2.5	○		○		○		○		○		○		○		○																										
2.65		—		—		—		—		—		—		—		—																									
2.8	○		○		○		○		○		○		○		○		○																								
3		—		—		—		—		—		—		—		—		—																							
3.15	○		○		○		○		○		○		○		○		○		○																						
3.35		—		—		—		—		—		—		—		—		—		—																					
3.55	○		○		○		○		○		○		○		○		○		○		○																				
3.75		—		—		—		—		—		—		—		—		—		—		—																			
4	○		○		○		○		○		○		○		○		○		○		○		○																		
4.25		—		—		—		—		—		—		—		—		—		—		—		—																	
4.5	○		○		○		○		○		○		○		○		○		○		○		○		○																
4.75		—		—		—		—		—		—		—		—		—		—		—		—		—															
5	○		○		○		○		○		○		○		○		○		○		○		○		○		○														
5.3		—		—		—		—		—		—		—		—		—		—		—		—		—		—													
5.6	○		○		○		○		○		○		○		○		○		○		○		○		○		○		○												
6		—		—		—		—		—		—		—		—		—		—		—		—		—		—		—											
6.3	○		○		○		○		○		○		○		○		○		○		○		○		○		○		○		○										
6.7		—		—		—		—		—		—		—		—		—		—		—		—		—		—		—		—									
7.1			○		○		○		○		○		○		○		○		○		○		○		○		○		○		○		○								
7.5				—		—		—		—		—		—		—		—		—		—		—		—		—		—		—		—							
8					○		○		○		○		○		○		○		○		○		○		○		○		○		○		○		○						
8.5						—		—		—		—		—		—		—		—		—		—		—		—		—		—		—		—					
9							○		○		○		○		○		○		○		○		○		○		○		○		○		○		○		○				
9.5								—		—		—		—		—		—		—		—		—		—		—		—		—		—		—		—			
10									○		○		○		○		○		○		○		○		○		○		○		○		○		○		○				
10.6										—		—		—		—		—		—		—		—		—		—		—		—		—		—		—			
11.2											○		○		○		○		○		○		○		○		○		○		○		○		○		○		○		
11.8												—		—		—		—		—		—		—		—		—		—		—		—		—		—			
12.5													○		○		○		○		○		○		○		○		○		○		○		○		○		○	○	
13.2														—		—		—		—		—		—		—		—		—		—		—		—		—			
14															○		○		○		○		○		○		○		○		○		○		○		○		○	○	○
15																—		—		—		—		—		—		—		—		—		—		—		—			
16																	○		○		○		○		○		○		○		○		○		○		○		○	○	○
17																		—		—		—		—		—		—		—		—		—		—		—			
18																			○		○		○		○		○		○		○		○		○		○		○	○	○
19																				—		—		—		—		—		—		—		—		—		—			
20																					○		○		○		○		○		○		○		○		○		○	○	○

宽窄尺寸比小于 1.4 的规格为不推荐规格

宽窄尺寸比大于 8 的规格为不推荐规格

图例	说明
1.00	R20 系列
0.95	R40 系列
○	$a \times b$ 为 R20×R20 优先规格
（空格）	$a \times b$ 为 R20×R40 或 R40×R20 的中间规格
—	$a \times b$ 为 R40×R40 不推荐规格

注：经供需双方协商，可供应其他规格铝和铝合金母线。

2. 电工用铝及铝合金扁线的力学性能（见表 11-118）

表 11-118 电工用铝及铝合金扁线的力学性能（GB/T 5584.3—2009）

型号	抗拉强度/MPa	断后伸长率(%) ≥
LBR	60.0~95.0	20
LBY2	75.0~115	6
LBY4	95.0~140	4
LBY8	≥130	3

3. 电工用铝及铝合金扁线的电阻率（见表 11-119）

表 11-119 电工用铝及铝合金扁线的电阻率（GB/T 5584.3—2009）

型号	电阻率 ρ_{20} /(Ω·mm^2/m) ≤	型号	电阻率 ρ_{20} /(Ω·mm^2/m) ≤
LBR	0.0280	LBY4	0.028264
LBY2	0.028264	LBY8	0.028264

注：计算 20℃时铝扁线的密度取 2.703g/cm^3；线胀系数取 0.000023 1/℃；电阻温度系数取 LBR 型 0.00407 1/℃，其余型取 0.00403 1/℃。

11.6.5 电缆导体用铝合金线

1. 电缆导体用铝合金线的型号和规格（见表 11-120）

表 11-120 电缆导体用铝合金线的型号和规格（GB/T 30552—2014）

型号	标称直径或标称等效单线直径 d/mm
DLH1、DLH2、DLH3、DLH4、DLH5、DLH6	0.300~5.000

2. 电缆导体用铝合金线的化学成分（见表 11-121）

表 11-121 电缆导体用铝合金线的化学成分（GB/T 30552—2014）

成分代号	化学成分(质量分数,%)								
	Si	Fe	Cu	Mg	Zn	B	其他		Al
							单个	合计	
1	0.10	0.55~0.8	0.10~0.20	0.01~0.05	0.05	0.04	0.03①	0.10	余量
2	0.10	0.30~0.8	0.15~0.30	0.05	0.05	0.001~0.04	0.03	0.10	余量
3	0.10	0.6~0.9	0.04	0.08~0.22	0.05	0.04	0.03	0.10	余量
4	0.15②	0.40~1.0②	0.05~0.15	—	0.10	—	0.03	0.10	余量
5	0.03~0.15	0.40~1.0	—	—	0.10	—	0.05③	0.15	余量
6	0.10	0.25~0.45	0.04	0.04~0.12	0.05	0.04	0.03	0.10	余量

注：1. 电缆导体用铝合金线材料应符合表中任一成分代号对应的化学成分。
2. 表中规定的化学成分除给定范围外，仅显示单个数据时，表示该单个数据为最大允许值。
3. 对于脚注中的特定元素，仅在有需要时测量。

① 该成分的铝合金中 Li 的质量分数应不大于 0.003%。
② 该成分的铝合金应同时满足 Si 与 Fe 的质量分数之和应不大于 1.0%。
③ 该成分的铝合金中 Ga 的质量分数应不大于 0.03%。

3. 电缆导体用铝合金线的力学性能（见表 11-122）

表 11-122 电缆导体用铝合金线的力学性能（GB/T 30552—2014）

状态	抗拉强度/MPa	断后伸长率(%)	状态	抗拉强度/MPa	断后伸长率(%)
R	98~159	≥10	Y	≥185	≥1.0

4. 电缆导体用铝合金线的电阻率（见表 11-123）

表 11-123　电缆导体用铝合金线的电阻率（GB/T 30552—2014）

状态	20℃时直流电阻率 ρ_{20}/(Ω·mm²/m)	状态	20℃时直流电阻率 ρ_{20}/(Ω·mm²/m)
R	≤0.028264(≥61.0%IACS)	Y	≤0.028976(≥59.5%IACS)

5. 电缆导体用铝合金线 20℃时的物理参数（见表 11-124）

表 11-124　电缆导体用铝合金线 20℃时的物理参数（GB/T 30552—2014）

物理参数	数值	
密度/(kg/dm³)	2.710	
线胀系数/(1/℃)	23.0×10^{-6}	
电阻温度系数/(1/℃)	软态 R：0.00403	硬态 Y：0.00393

11.6.6　架空绞线用耐热铝合金线

1. 架空绞线用耐热铝合金线的物理参数（见表 11-125）

表 11-125　架空绞线用耐热铝合金线的物理参数（GB/T 30551—2014）

型号	20℃时的密度/(kg/dm³)	允许连续运行温度(40年)/℃	400h 允许运行温度/℃	线胀系数/(1/℃)	电阻温度系数/(1/℃)
NRLH1	2.703	150	180	23.0×10^{-6}	0.0040
NRLH2	2.703	150	180	23.0×10^{-6}	0.0036
NRLH3	2.703	210	240	23.0×10^{-6}	0.0040
NRLH4	2.703	230	310	23.0×10^{-6}	0.0038

2. 架空绞线用耐热铝合金线的室温力学性能（见表 11-126）

表 11-126　架空绞线用耐热铝合金线的室温力学性能（GB/T 30551—2014）

类型	标称直径/mm	抗拉强度/MPa	断后伸长率(%)
		≥	
NRLH1	≤2.60①	169	1.5
	>2.60~2.90	166	1.6
	>2.90~3.50	162	1.7
	>3.50~3.80		1.8
	>3.80~4.00	159	1.9
	>4.00~4.50①		2.0
NRLH2	≤2.60①	218	1.5
	>2.60~2.90	215	1.6
	>2.90~3.50	241	1.7
	>3.50~3.80		1.8
	>3.80~4.00	238	1.9
	>4.00~4.50①	225	2.0
NRLH3	≤2.30①	176	1.5
	>2.30~2.60	169	
	>2.60~2.90	166	1.6
	>2.90~3.50	162	1.7
	>3.50~3.80		1.8
	>3.80~4.00	159	1.9
	>4.00~4.50①		2.0
NRLH4	≤2.60①	169	1.5
	>2.60~2.90	165	1.6
	>2.90~3.50	162	1.7
	>3.50~3.80		1.8
	>3.80~4.00	159	1.9
	>4.00~4.50①		2.0

① 当单线直径小于 2.60mm 或大于 4.50mm 时，指标要求由供需双方协商确定。

3. 架空绞线用耐热铝合金线的电阻率（见表11-127）

表11-127　架空绞线用耐热铝合金线的电阻率（GB/T 30551—2014）

型号	20℃时直流电阻率/(Ω·mm^2/m)　≤	电导率(%IACS)
NRLH1	0.028735	60.0
NRLH2	0.031347	55.0
NRLH3	0.028735	60.0
NRLH4	0.029726	58.0

4. 架空绞线用耐热铝合金线的耐热性（见表11-128）

表11-128　架空绞线用耐热铝合金线的耐热性（GB/T 30551—2014）

型号	持续时间/h			
	1		400	
	加热温度/℃	温度偏差/℃	加热温度/℃	温度偏差/℃
NRLH1	230	+5 -3	180	+10 -6
NRLH2	230	+5 -3	180	+10 -6
NRLH3	280	+5 -3	240	+10 -6
NRLH4	400	+10 -6	310	+10 -6

11.6.7　精铝丝

1. 精铝丝的牌号、状态和规格（见表11-129）

表11-129　精铝丝的牌号、状态和规格（GB/T 22643—2008）

牌号	状态	直径/mm
1A90、1A93、1A97、1A99、1B99、1C99	H18	0.20~4.00

2. 精铝丝的室温力学性能（见表11-130）

表11-130　精铝丝的室温力学性能（GB/T 22643—2008）

牌号	状态	直径/mm	抗拉强度/MPa	断后伸长率(%)
1B99、1C99	H18	≥0.8	≥88	≥0.5
1A99、1A97、1A93、1A90		0.20~1.00	150~220	≥0.5
		>1.00~1.50	140~200	≥0.5
		>1.50~2.00	140~180	≥1
		>2.00~3.00	120~160	≥1
		>3.00	120~160	≥1

3. 精铝丝的电导率（见表11-131）

表11-131　精铝丝的电导率（GB/T 22643—2008）

牌号	状态	直径/mm	电导率(%IACS)
1B99、1C99	H18	≥0.8	≥62.5
1A99、1A97、1A93、1A90		0.20~1.00	≥62
		>1.00~1.50	
		>1.50~2.00	
		>2.00~3.00	
		>3.00	

11.7 铝及铝合金箔材

11.7.1 铝及铝合金箔

1. 铝及铝合金箔的牌号、状态和规格（见表 11-132）

表 11-132 铝及铝合金箔的牌号、状态和规格（GB/T 3198—2020）

牌号	状态	厚度/mm	宽度/mm	管芯内径/mm	卷外径/mm
1035、1050、1060、1070、1100、1145、1200、1235	O	0.0040～0.2000	50.0～1890.0	75.0、76.2、150.0、152.4、300.0、305.0、400.0、406.0	150～1200
	H22	>0.0045～0.2000			
	H14、H24	0.0045～0.2000			
	H16、H26	0.0045～0.2000			
	H18	0.0045～0.2000			
	H19	>0.0060～0.2000			
2A11、2024	O、H18	0.0300～0.2000			100～1200
3003	O	0.0090～0.2000			100～1850
	H12、H22	0.0200～0.2000			
	H14、H24	0.0270～0.2000			
	H16、H26	0.1000～0.2000			
	H18	0.0100～0.2000			
	H19	0.0170～0.1500			
3004、3005、3104、3105	O、H19	0.0300～0.2000			
3102	H18	0.0800～0.2000			
4A13	O、H18	0.0300～0.2000			
5A02	O	0.0300～0.2000			
	H16、H26	0.1000～0.2000			
	H18	0.0200～0.2000			
5B02	H18	0.0300～0.0400			
5005	O	0.1300～0.1600			
5052	O	0.0300～0.2000			
	H14、H24	0.0500～0.2000			
	H16、H26	0.1000～0.2000			
	H18	0.0500～0.2000			
	H19	>0.1000～0.2000			
5082、5083	O、H18、H38	0.1000～0.2000			
8006	O	0.0060～0.2000			250～1200
	H22	0.0350～0.2000			
	H24	0.0350～0.2000			
	H26	0.0350～0.2000			
	H18	0.0180～0.2000			
8021、8021B	O	0.0050～0.0900			
8011、8011A、8079、8111	O	0.0050～0.2000			
	H22	0.0350～0.2000			
	H14、H24	0.0350～0.2000			
	H26	0.0350～0.2000			
	H18	0.0100～0.2000			
	H19	0.0200～0.2000			

2. 铝及铝合金箔的室温力学性能（见表 11-133）

表 11-133　铝及铝合金箔的室温力学性能（GB/T 3198—2020）

牌号	状态	厚度 t/mm	抗拉强度 R_m/MPa	断后伸长率(%) ≥	
				A_{50mm}	A_{100mm}
1035、1050、1060、1070、1100、1145、1200、1235	O	0.0040~<0.0060	45~95	—	—
		0.0060~0.0090	45~100	—	—
		>0.0090~0.0250	45~105	—	1.5
		>0.0250~0.0400	50~105	—	2.0
		>0.0400~0.0900	55~105	—	2.0
		>0.0900~0.1400	60~115	12	—
		>0.1400~0.2000	60~115	15	—
	H22	>0.0045~0.0250	—	—	—
		>0.0250~0.0400	90~135	—	2
		>0.0400~0.0900	90~135	—	3
		>0.0900~0.1400	90~135	4	—
		>0.1400~0.2000	90~135	6	—
	H14、H24	0.0045~0.0250	—	—	—
		>0.0250~0.0400	110~160	—	2
		>0.0400~0.0900	110~160	—	3
		>0.0900~0.1400	110~160	4	—
		>0.1400~0.2000	110~160	6	—
	H16、H26	0.0045~0.0250	—	—	—
		>0.0250~0.0900	125~180	—	1
		>0.0900~0.2000	125~180	2	—
	H18	>0.0060~0.2000	≥140	—	—
	H19	>0.0060~0.2000	≥150	—	—
2A11	O	0.0300~0.0490	≤195	1.5	—
		>0.0490~0.2000	≤195	3.0	—
	H18	0.0300~0.0490	≥205	—	—
		>0.0490~0.2000	≥215	—	—
2024	O	0.0300~0.0490	≤195	1.5	—
		>0.0490~0.2000	≤205	3.0	—
	H18	0.0300~0.0490	≥225	—	—
		>0.0490~0.2000	≥245	—	—
3003	O	0.0090~0.0120	80~135	—	—
		>0.0120~0.2000	80~140	—	—
	H12	0.1500~0.2000	110~160	—	—
	H22	0.0200~0.0500	110~160	—	3.0
		>0.0500~0.2000	110~160	10.0	—
	H14	0.0300~0.2000	140~190	—	—
	H24	0.0270~0.2000	140~190	1.0	—
	H16	0.1000~0.2000	≥170	—	—
	H26	0.1000~0.2000	≥170	1.0	—
	H18	0.0100~0.2000	≥190	1.0	—
	H19	0.0170~0.1500	≥200	—	—
3004、3104	H19	0.1200~0.2000	≥280	—	—
3005、3105	H19	0.1500~0.2000	≥230	—	—
3102	H18	0.0800~0.2000	≥200	—	—
3104	O	0.0300~0.1500	155~195	—	—

（续）

牌号	状态	厚度 t/mm	抗拉强度 R_m/MPa	断后伸长率(%) ≥	
				A_{50mm}	A_{100mm}
5A02	O	0.0300~0.0490	≤195	—	—
		0.0500~0.2000	≤195	4.0	—
	H16、H26	0.1000~0.2000	≥255	—	—
	H18	0.0200~0.2000	≥265	—	—
5B02	H18	0.0300~0.0400	≥250	—	—
5005	O	0.1300~0.1600	100~140	—	—
5052	O	0.0300~0.2000	175~225	4	—
	H14、H24	0.0500~0.2000	250~300	—	—
	H16、H26	0.1000~0.2000	≥270	—	—
	H18	0.0500~0.2000	≥275	—	—
	H19	>0.1000~0.2000	≥285	1	—
8006	O	0.0060~0.0090	80~135	—	1
		>0.0090~0.0250	85~140	—	2
		>0.0250~0.0400	85~140	—	3
		>0.040~0.0900	90~140	—	4
		>0.0900~0.1400	110~140	15	—
		>0.1400~0.2000	110~140	20	—
	H22	0.0350~0.0900	120~150	5.0	—
		>0.0900~0.1400	120~150	15	—
		>0.1400~0.2000	120~150	20	—
	H24	0.0350~0.0900	125~150	5.0	—
		>0.0900~0.1400	125~155	15	—
		>0.1400~0.2000	125~155	18	—
	H26	0.0900~0.1400	130~160	10	—
		0.1400~0.2000	130~160	12	—
	H18	0.0180~0.0250	≥140	—	—
		>0.0250~0.0400	≥150	—	—
		>0.0400~0.0900	≥160	—	1
		>0.0900~0.2000	≥160	0.5	—
8021、8021B	O	0.0050~0.0060	60~110	—	1.5
		>0.0060~0.0090	70~110	—	1.5
		>0.0090~0.0250	75~115	—	—
		>0.0250~0.0900	80~120	—	11
8011、8011A、8079、8111	O	0.0050~0.0090	50~100	—	0.5
		>0.0090~0.0250	55~110	—	1
		>0.0250~0.0400	55~110	—	4
		>0.0400~0.0900	60~120	—	4
		>0.0900~0.1400	60~120	13	—
		>0.1400~0.2000	60~120	15	—
	H22	0.0350~0.0400	90~150	—	1.0
		>0.0400~0.0900	90~150	—	2.0
		>0.0900~0.1400	90~150	5	—
		>0.1400~0.2000	90~150	6	—
	H14	0.1500~0.2000	120~170	—	—
	H24	0.0350~0.0400	120~170	2	—
		>0.0400~0.0900	120~170	3	—
		>0.0900~0.1400	120~170	4	—
		>0.1400~0.2000	120~170	5	—

（续）

牌号	状态	厚度 t/mm	抗拉强度 R_m/MPa	断后伸长率（%） ≥	
				A_{50mm}	A_{100mm}
8011、8011A、8079、8111	H26	0.0350～0.0090	140～190	1	—
		>0.0900～0.2000	140～190	2	—
	H18	0.0100～0.2000	≥160	—	—
	H19	0.0200～0.2000	≥170	—	—

3. 1145、1235 牌号铝箔的直流电阻（见表 11-134）

表 11-134　1145、1235 牌号铝箔的直流电阻（GB/T 3198—2020）

标定厚度/mm	直流电阻（长度 1000.0mm，宽度 10.0mm）/Ω ≤	标定厚度/mm	直流电阻（长度 1000.0mm，宽度 10.0mm）/Ω ≤
0.0060	0.55	0.0100	0.32
0.0065～0.0070	0.51	0.0110	0.28
0.0080	0.43	0.0160	0.25
0.0090	0.36		

注：纯度越高的纯铝，其电阻值越小。

11.7.2　铝塑复合、电池软包用铝箔

1. 铝塑复合、电池软包用铝箔的牌号、状态和规格（见表 11-135）

表 11-135　铝塑复合、电池软包用铝箔的牌号、状态和规格（GB/T 22648—2023）

类别	牌号	状态	厚度/mm	宽度/mm	管芯内径/mm
软管箔	1235、8011、8079	O	0.009～0.012	200.0～1400.0	75.0、76.2 150.0、152.4
电池软包箔	8021		0.035～0.055		
	8A21		0.040～0.050		
	8079		0.040～0.055		

2. 铝塑复合、电池软包用铝箔的室温力学性能（见表 11-136）

表 11-136　铝塑复合、电池软包用铝箔的室温力学性能（GB/T 22648—2023）

名称	牌号	状态	厚度/mm	抗拉强度 R_m/MPa	断后伸长率 A_{100mm}（%） ≥
软管箔	1235	O	0.009～0.012	60～90	2.0
	8011	O	0.009～0.012	85～115	2.5
	8079	O	0.009～0.012	65～105	2.0
电池软包箔	8021	O	0.035～0.045	85～115	16.0
	8A21	O	0.040～0.050	85～115	
	8079	O	0.040～0.055	80～110	

3. 铝塑复合、电池软包用铝箔的杯突值（见表 11-137）

表 11-137　铝塑复合、电池软包用铝箔的杯突值（GB/T 22648—2023）

牌号	状态	厚度 t/mm	杯突值 IE/mm ≥
8021	O	0.035～0.040	6.8
		>0.040～0.055	7.0
8A21	O	0.040～0.050	7.8
8079	O	0.040～0.055	7.2

4. 铝塑复合、电池软包用铝箔的折弯总次数（见表 11-138）

表 11-138　铝塑复合、电池软包用铝箔的折弯总次数（GB/T 22648—2023）

牌号	状态	厚度 t/mm	折弯总次数	
			平行轧制方向	垂直轧制方向
8021	O	0.035~0.055	≥50	≥42

11.7.3　铝及铝合金容器箔

1. 铝及铝合金容器箔的牌号、状态和规格

（1）铝及铝合金容器箔基材的牌号、状态和规格（见表 11-139）

表 11-139　铝及铝合金容器箔基材的牌号、状态和规格（GB/T 22649—2019）

牌号	状态	厚度/mm	宽度/mm	卷外径/mm
1100、1200、3003、3004、8011、8011A、8006、8050、8150、8079	O	0.010~0.200	100.0~1500.0	300~2000
	H22			
	H24			
	H26			
1100、1200	H18			
3003	H19			

（2）铝及铝合金容器箔涂层箔的牌号、状态和规格（见表 11-140）

表 11-140　铝及铝合金容器箔涂层箔的牌号、状态和规格（GB/T 22649—2019）

牌号	状态	厚度/mm	宽度/mm	卷外径/mm	涂层表面密度/(g/m^2)	
					内涂层	外涂层
1100、1200、3003、3004、8011、8011A、8006、8050、8150、8079	O	0.010~0.200	100.0~1500.0	300~800	6.0~12.0	1.5~6.0
	H42					
	H44					
	H46					
1100、1200	H48					
3003	H49					

2. 铝及铝合金容器箔的室温力学性能（见表 11-141）

表 11-141　铝及铝合金容器箔的室温力学性能（GB/T 22649—2019）

牌号	状态	基材厚度/mm	抗拉强度 R_m/MPa	断后伸长率 A_{50mm} (%) ≥
1100、1200	O	0.010~0.030	45~100	2
		>0.030~0.050	60~95	6
		>0.050~0.100	60~95	10
		>0.100~0.150	65~100	12
	H24/H44	0.010~0.030	90~125	2
		>0.030~0.050	100~135	4
		>0.050~0.100	100~140	8
		>0.100~0.150	100~140	10
	H18/H48	0.010~0.030	≥160	1
		>0.030~0.050	≥160	1
		>0.050~0.100	≥160	1
		>0.100~0.150	≥160	1

（续）

牌号	状态	基材厚度/mm	抗拉强度 R_m/MPa	断后伸长率 A_{50mm}（%）≥
3003	O	0.030~0.050	95~130	9
		>0.050~0.100	95~130	12
		>0.100~0.150	95~130	18
		>0.150~0.200	95~130	20
	H22/H42	0.030~0.050	125~160	10
		>0.050~0.100	125~160	12
		>0.100~0.150	130~160	15
		>0.150~0.200	130~160	18
	H24/H44	0.030~0.050	135~170	8
		>0.050~0.070	135~170	10
		>0.070~0.100	135~170	12
		>0.100~0.150	135~170	14
		>0.150~0.200	135~170	18
	H26/H46	0.030~0.050	155~185	6
		>0.050~0.070	155~185	7
		>0.070~0.100	155~185	9
		>0.100~0.150	155~185	12
		>0.150~0.200	155~185	15
	H19/H49	0.050~0.100	≥220	3
3004	O	0.030~0.050	165~195	8
		>0.050~0.060	165~195	10
		>0.060~0.080	165~195	12
8011、8011A、8079	O	0.030~0.050	90~115	10
		>0.050~0.100	90~115	14
		>0.100~0.150	90~115	16
		>0.150~0.200	90~115	18
	H22/H42	0.030~0.050	105~130	8
		>0.050~0.100	105~130	10
		>0.100~0.150	105~130	12
		>0.150~0.200	105~130	14
	H24/H44	0.030~0.050	120~140	5
		>0.050~0.100	120~140	8
		>0.100~0.150	120~140	10
		>0.150~0.200	120~140	12
8006	O	0.030~0.050	95~140	10
		>0.050~0.200	95~140	12
	H22/H42	0.030~0.050	115~150	9
		>0.050~0.200	115~150	11
8050、8150	O	0.030~0.050	95~130	14
		>0.050~0.200	95~130	16
	H22/H42	0.030~0.050	125~160	12
		>0.050~0.200	125~160	14
	H24/H44	0.030~0.050	130~165	8
		>0.050~0.200	130~165	10
	H26/H46	0.030~0.050	140~175	6
		>0.050~0.200	140~175	8

11.7.4 空调散热片用铝箔的基材

1. 基材的牌号、状态和规格（见表 11-142）

表 11-142 基材的牌号、状态和规格（YS/T 95.1—2015）

牌号	状态	厚度/mm	宽度/mm	管芯内径/mm	卷外径
1050	O、H18	0.080~0.200	≤1700.0	150.0、152.4、200.0、250.0、300.0、405.0、505.0、605.0	供需双方协商
1100、1200	O、H22、H24、H18				
3102	H24、H26				
7072	O、H22	0.080~0.200	≤1700.0	150.0、152.4、200.0、250.0、300.0、405.0、505.0、605.0	供需双方协商
8011	O、H22、H24、H26、H18				

2. 基材的室温力学性能（见表 11-143）

表 11-143 基材的室温力学性能（YS/T 95.1—2015）

牌号	状态	厚度/mm	抗拉强度 R_m/MPa	规定塑性延伸强度 $R_{p0.2}$/MPa	断后伸长率 A_{50mm}(%)	杯突值 IE /mm
1050	O	0.080~0.100	50~100	—	≥10	≥5.0
		>0.100~0.200	50~100	—	≥15	≥5.5
	H18	0.080~0.200	≥135	—	≥1	—
1100、1200	O	0.080~0.100	80~110	≥40	≥18	≥6.0
		>0.100~0.200	80~110	≥40	≥20	≥6.5
	H22	0.080~0.100	100~130	≥50	≥18	≥5.5
		>0.100~0.200	100~130	≥50	≥20	≥6.0
	H24	0.080~0.100	120~145	≥60	≥15	≥5.0
		>0.100~0.200	120~145	≥60	≥18	≥5.5
	H18	0.080~0.200	≥160	—	≥1	—
3102	H24	0.080~0.115	120~145	≥100	≥10	≥4.5
		>0.115~0.200	120~145	≥100	≥12	≥5.0
	H26	0.080~0.115	120~150	≥100	≥8	≥4.0
		>0.115~0.200	125~150	≥100	≥10	≥4.5
7072	O	0.080~0.100	70~100	≥35	≥10	≥5.0
		>0.100~0.200	70~100	≥35	≥12	≥5.5
	H22	0.080~0.100	90~120	≥50	≥8	≥4.5
		>0.100~0.200	90~120	≥50	≥10	≥5.0
8011	O	0.080~0.100	80~110	≥50	≥20	≥6.0
		>0.100~0.200	80~110	≥50	≥20	≥6.5
	H22	0.080~0.115	100~130	≥60	≥18	≥5.5
		>0.115~0.200	110~135	≥60	≥12	≥5.5
	H24	0.080~0.115	120~145	≥80	≥15	≥5.0
		>0.115~0.200	120~145	≥80	≥20	≥6.0
	H26	0.080~0.115	130~160	≥100	≥6	≥4.0
		>0.115~0.200	130~160	≥100	≥8	≥4.5
	H18	0.080~0.200	≥160	—	≥1	—

11.7.5 钎焊式热交换器用铝合金箔

1. 钎焊式热交换器用铝合金箔的牌号、状态和规格（见表 11-144）

表 11-144 钎焊式热交换器用铝合金箔的牌号、状态和规格（YS/T 496—2012）

牌号	状态	厚度/mm	宽度/mm
3003、3A11、7A11	O、H12、H22、H14、H24、H16、H26、H18、H19	0.050～0.200	8.0～1400.0
4004、4045、4047、4104、4343、4A13、4A43、4A45	O、H14、H24、H16、H18		

2. 钎焊式热交换器用铝合金箔的室温力学性能（见表 11-145）

表 11-145 钎焊式热交换器用铝合金箔的室温力学性能（YS/T 496—2012）

牌号	状态	抗拉强度 R_m/MPa	断后伸长率 A_{100mm}(%) ≥
3003 3A11 7A11	O	95～140	10
	H12	120～165	2
	H22	120～165	4
	H14	145～195	1
	H24	145～195	3
	H16	170～220	1
	H26	170～220	2
	H18	205～250	0.5
	H19	≥210	0.5
4004、4045、4104、4047、4343、4A13、4A43、4A45	O	90～140	5
	H14	140～190	1
	H24	140～190	1
	H16	160～210	0.5
	H18	≥190	0.5

11.8 铝及铝合金锻件

11.8.1 一般工业用铝及铝合金锻件

1. 一般工业用铝及铝合金锻件的牌号和状态（见表 11-146）

表 11-146 一般工业用铝及铝合金锻件的牌号和状态（YS/T 479—2005）

牌号	供应状态		牌号	供应状态	
	模锻件	自由锻件		模锻件	自由锻件
1100	H112	—	6061	T6	T6、T652
2014	T4、T6	T6、T652	6066	T6	—
2025	T6	—	6151	T6	—
2219	T6	T6、T852	7049	T73	T73、T7352
3003	H112	—	7050	T74	T7452
4032	T6	—	7075	T6、T73、T7352	T6、T652、T73、T7352
5083	O、H111、H112	O、H111、H112	7175	T74、T7452、T7454	T74、T7452

2. 一般工业用铝及铝合金锻件的室温力学性能

（1）一般工业用铝及铝合金模锻件的室温力学性能（见表 11-147）

表 11-147　一般工业用铝及铝合金模锻件的室温力学性能（YS/T 479—2005）

牌号	供应状态	厚度/mm	顺流线试样的拉伸性能				非流线试样的拉伸性能				硬度
			抗拉强度 R_m/MPa	规定塑性延伸强度 $R_{p0.2}$/MPa	断后伸长率(%) A_{50mm}	断后伸长率(%) A	抗拉强度 R_m/MPa	规定塑性延伸强度 $R_{p0.2}$/MPa	断后伸长率(%) A_{50mm}	断后伸长率(%) A	
			≥								
1100	H112	≤100	75	30	18	16	—	—	—	—	20
2014	T4	≤100	380	205	11	9	—	—	—	—	100
	T6	≤25	450	385	6	5	440	380	3	2	125
		>25~50	450	385	6	5	440	380	2	1	125
		>50~80	450	380	6	5	435	370	2	1	125
		>80~100	435	380	6	5	435	370	2	1	125
2025	T6	≤100	360	230	11	9	—	—	—	—	100
2219	T6	≤100	400	260	8	7	385	250	4	3	100
3003	H112	≤100	95	35	18	16	—	—	—	—	25
4032	T6	≤100	360	290	3	2	—	—	—	—	115
5083	0	≤80	270	110	16	14	270	110	12	10	—
	H111	≤100	290	150	14	12	270	140	12	10	—
	H112	≤100	275	125	16	14	270	110	14	12	—
6061	T6	≤100	260	240	7	6	260	240	5	4	80
6066	T6	≤100	345	310	8	7	—	—	—	—	100
6151	T6	≤100	305	255	10	9	305	255	6	5	90
7049	T73	≤25	495	425	7	6	490	420	3	2	135
		>25~50	495	425	7	6	485	415	3	2	135
		>50 ~80	490	420	7	6	485	415	3	2	135
		>80~100	490	420	7	6	485	415	2	1	135
		>100~130	485	415	7	6	470	400	2	1	135
7050	T74	≤50	495	425	7	6	470	385	5	4	135
		>50~100	490	420	7	6	460	380	4	3	135
		>100~130	485	415	7	6	455	370	3	2	135
		>130~150	485	405	7	6	455	370	3	3	135
7075	T6	≤25	515	440	7	6	490	420	3	2	135
		>25~50	510	435	7	6	490	420	3	2	135
		>50~80	510	435	7	6	485	415	3	2	135
		>80~100	505	435	7	6	485	415	2	1	135
	T73	≤80	455	385	7	6	425	365	3	2	125
		>80~100	440	380	7	6	420	360	2	1	125
	T7352	≤80	455	385	7	6	425	350	3	2	125
		>80~100	440	365	7	6	420	340	2	1	125
7175	T74	≤80	525	455	7	6	490	425	4	3	—
	T7452	≤80	505	435	7	6	470	380	4	3	—
	T7454	≤80	515	450	7	6	485	420	4	3	—

(2) 一般工业用铝及铝合金自由锻件的室温力学性能（见表 11-148）

表 11-148　一般工业用铝及铝合金自由锻件的室温力学性能（YS/T 479—2005）

牌号	供应状态	厚度/mm	纵向			长横向			短横向(高向)		
			抗拉强度 R_m/MPa	规定塑性延伸强度 $R_{p0.2}$/MPa	断后伸长率 A(%)	抗拉强度 R_m/MPa	规定塑性延伸强度 $R_{p0.2}$/MPa	断后伸长率 A(%)	抗拉强度 R_m/MPa	规定塑性延伸强度 $R_{p0.2}$/MPa	断后伸长率 A(%)
			≥								
2014	T6	≤50	450	385	7	450	385	2	—	—	—
		>50~80	440	385	7	440	380	2	425	380	1
		>80~100	435	380	7	435	380	2	420	370	1
		>100~130	425	370	6	425	370	1	415	365	—
		>130~150	420	365	6	420	365	1	405	365	—
		>150~180	415	360	5	415	360	1	400	360	—
		>180~200	405	350	5	405	350	1	395	350	—
	T652	≤50	450	385	7	450	385	2	—	—	—
		>50~80	440	385	7	440	380	2	425	360	1
		>80~100	435	380	7	435	380	2	420	350	1
		>100~130	425	370	6	425	370	1	415	345	—
		>130~150	420	365	6	420	365	1	405	345	—
		>150~180	415	360	5	415	360	1	400	340	—
		>180~200	405	350	5	405	350	1	395	330	—
2219	T6	≤100	400	275	5	380	255	3	365	240	1
	T852	≤100	425	345	5	425	340	3	415	315	2
5083	0	≤80	270	110	14	270	110	12	—	—	—
	H111	≤100	290	150	12	270	140	10	—	—	—
	H112	≤100	275	125	14	270	110	12	—	—	—
6061	T6、T652	≤100	260	240	9	260	240	7	255	230	4
		>100~200	255	235	7	255	235	5	240	220	3
7049	T73	>50~80	490	420	8	490	405	3	475	400	2
		>80~100	475	405	7	475	395	2	460	385	1
		>100~130	460	385	6	460	385	2	455	380	1
	T7352	>25~80	490	405	8	490	395	3	475	385	2
		>80~100	475	395	7	475	370	2	460	365	1
		>100~130	460	370	6	460	365	2	455	350	1
7050	T7452	≤50	495	435	8	490	420	4	—	—	—
		>50~80	495	425	8	485	415	4	460	380	3
		>80~100	490	420	8	485	405	4	460	380	3
		>100~130	485	415	8	475	400	3	455	370	2
		>130~150	475	405	8	470	385	4	455	365	2
		>150~180	470	400	8	460	370	3	450	350	2
		>180~200	460	395	8	455	360	3	440	345	2
7075	T6	≤50	510	435	8	505	420	3	—	—	—
		>50~80	505	420	8	490	405	3	475	400	2
		>80~100	490	415	—	485	400	2	470	395	1
		>100~130	475	400	6	470	385	2	455	385	1
		>130~150	470	385	5	455	380	2	450	380	1
	T652	≤50	510	435	8	505	420	3	—	—	—
		>50~80	505	420	8	490	405	3	475	395	1

（续）

牌号	供应状态	厚度/mm	纵向			长横向			短横向(高向)		
			抗拉强度 R_m/MPa	规定塑性延伸强度 $R_{p0.2}$/MPa	断后伸长率 A(%)	抗拉强度 R_m/MPa	规定塑性延伸强度 $R_{p0.2}$/MPa	断后伸长率 A(%)	抗拉强度 R_m/MPa	规定塑性延伸强度 $R_{p0.2}$/MPa	断后伸长率 A(%)
			≥								
7075	T652	>80~100	490	415	7	485	400	2	470	385	—
		>100~130	475	400	6	470	385	2	455	380	—
		>130~150	470	385	5	455	380	2	450	370	—
	T73	≤80	455	385	6	440	370	3	420	360	2
		>80~100	440	380	6	435	365	2	415	350	1
		>100~130	425	365	6	420	350	2	400	345	1
		>130~150	420	350	5	405	345	2	395	340	1
	T7352	≤80	455	370	6	440	360	3	420	345	2
		>80~100	440	365	6	435	345	2	415	330	1
		>100~130	425	350	6	420	330	2	400	315	1
		>130~150	420	340	5	405	315	2	395	305	1
7175	T74	≤80	505	435	8	490	415	4	475	415	3
		>80~100	490	420	8	485	400	4	470	395	3
		>100~130	470	395	7	460	385	4	455	380	3
		>130~150	450	370	7	440	360	4	435	360	3
	T7452	≤80	490	420	8	475	400	4	460	370	3
		>80~100	470	395	8	460	380	4	450	350	3
		>100~130	450	370	7	440	360	4	435	340	3
		>130~150	435	350	7	420	340	4	415	315	1

注：1. 厚度超出表中规定范围的自由锻件，附力学性能实测数据报告交货。

2. 本表适用于截面面积不大于165000mm² 的自由锻件。

3. 锻件的电导率（见表11-149）

表11-149　锻件的电导率（YS/T 479—2005）

牌号	状态	电导率		力学性能值	合格判定
		%IACS	MS/m		
7049	T73、T7352	<38.0	<22.0	任何值	不合格
		38.0~39.9	22.0~23.1	符合要求，但纵向 $R_{p0.2}$ 值较所规定的极限值高出70MPa或70MPa以上	不合格
				符合要求，但纵向 $R_{p0.2}$ 值与所规定的极限值之差值小于70MPa	合格
		≥40.0	≥38.0	符合要求	合格
7075	T73、T7352	<38.0	<22.0	任何值	不合格
		38.0~39.9	22.0~23.1	符合要求，但纵向 $R_{p0.2}$ 值较所规定的极限值高出85MPa或85MPa以上	不合格
7175	T74、T7452、T7454	38.0~39.9	22.0~23.1	符合要求，但纵向 $R_{p0.2}$ 值与所规定的极限值之差值小于85MPa	合格
		≥40.0	≥38.0	符合要求	合格

11.8.2 汽车轮毂用铝合金模锻件

1. 汽车轮毂用铝合金模锻件的牌号、状态和规格（见表 11-150）

表 11-150 汽车轮毂用铝合金模锻件的牌号、状态和规格（GB/T 26036—2020）

轮毂类型	牌号	状态	名义直径代号	表面类型
乘用车轮毂	6061、6082	T6	12、13、14、15、16、17、18、19、20、21、22	有漆膜
商用车轮毂	6061	T6	12、13、14、15、16、17.5、19.5、22.5、24.5	无漆膜

2. 汽车轮毂用铝合金模锻件的室温力学性能（见表 11-151）

表 11-151 汽车轮毂用铝合金模锻件的室温力学性能（GB/T 26036—2020）

轮毂类型	牌号	状态	抗拉强度 R_m/MPa	规定塑性延伸强度 $R_{p0.2}$/MPa	断后伸长率 A(%)	硬度 HBW 5/250
			≥			
乘用车轮毂	6061	T6	290	260	7	90
	6082		295	265	7	90
商用车轮毂	6061		330	290	9	100

11.9 铝及铝合金铸造产品

11.9.1 高纯铝锭

高纯铝锭的牌号和化学成分见表 11-152。

表 11-152 高纯铝锭的牌号和化学成分（YS/T 275—2018）

牌号	纯度代号	化学成分(质量分数)															
		Si	Fe	Cu	Zn	Ti	Ga	Pb	Cd	Ag	In	Th	U	V	B	其他单个①	Al(%) ≥
		10^{-3}% ≤															
Al99.9999	6N	0.2	0.2	0.1	0.1	0.1	0.1	0.2	0.1	0.1	0.2	0.0005	0.0005	0.1	0.1	0.1	99.9999②
Al99.9995	5N5	1.0	1.0	0.5	0.9	0.5	0.5	0.5	0.2	0.2	0.2	0.005	0.005	1.0	0.5	0.2	99.9995②
Al99.999	5N	2.5	2.5	1.0	0.9	1.0	0.5	0.5	0.2	0.2	0.2	—	—	1.0	1.0	0.5	99.999③

注：微电子等行业用高纯金属为主原料加工的高纯铝铸锭及高纯铝合金铸锭应满足 GB/T 33912 要求。

① 其他单个指表中未列出或未规定数值的元素。

② 铝的质量分数为 100%与所有质量分数不小于 0.000005%的元素含量总和的差值，求和前各元素数值要表示到 0.0000××%，求和后的数值修约到 0.0000×%。

③ 铝的质量分数为 100%与所有质量分数不小于 0.00001%的元素含量总和的差值，求和前各元素数值要表示到 0.000××%，求和后的数值修约到 0.000×%。

11.9.2 铸造铝合金锭

铸造铝合金锭的牌号和化学成分见表 11-153。

表 11-153 铸造铝合金锭的牌号和化学成分（GB/T 8733—2016）

牌号	对应 ISO 3522:2007(E)	化学成分(质量分数,%)														原合金代号
		Si	Fe	Cu	Mn	Mg	Cr	Ni	Zn	Ti	Sn	—	其他① 单个	其他① 合计	Al	
201Z.1	AlCu	0.30	0.20	4.5~5.3	0.6~1.0	0.05	—	0.10	0.20	0.15~0.35	—	Zr:0.20	0.05	0.15	余量	ZLD201
201Z.2		0.05	0.10	4.8~5.3	0.6~1.0	0.05	—	0.05	0.10	0.15~0.35	—	Zr:0.15	0.05	0.15		ZLD201A
201Z.3		0.20	0.15	4.5~5.1	0.35~0.8	0.05	—	—	—	0.15~0.35	—	Cd:0.07~0.25 Zr:0.15	0.05	0.15		ZLD210A
201Z.4		0.05	0.13	4.6~5.3	0.6~0.9	0.05	—	—	0.10	0.15~0.35	—	Cd:0.15~0.25 Zr:0.15	0.05	0.15		ZLD204A
201Z.5		0.05	0.10	4.6~5.3	0.30~0.50	0.05	—	—	0.10	0.15~0.35	—	B:0.01~0.06 Cd:0.15~0.25 V:0.05~0.30 Zr:0.05~0.20	0.05	0.15		ZLD205A
210Z.1		4.0~6.0	0.50	5.0~8.0	0.50	0.30~0.50	—	0.30	0.50	—	0.01	Pb:0.05	0.05	0.20		ZLD110
211Z.1		0.10	0.30	4.0~7.5	0.20~0.6	—	—	—	—	0.05~0.40	—	Be:0.001~0.08 B②:0.005~0.07 Cd:0.05~0.50 C②:0.003~0.05 RE:0.02~0.30 Zr:0.05~0.50	0.05	0.15		—
295Z.1		1.2	0.6	4.0~5.0	0.10	0.03	—	—	0.20	0.20	0.01	Pb:0.05 Zr:0.10	0.05	0.15		ZLD203
304Z.1	AlSi2MgTi	1.6~2.4	0.50	0.08	0.30~0.50	0.50~0.7	—	0.05	0.10	0.07~0.15	0.05	Pb:0.05	0.05	0.15		—
312Z.1	AlSi12Cu	11.0~13.0	0.40	1.0~2.0	0.30~0.9	0.50~1.0	—	0.30	0.20	0.20	0.01	Pb:0.05	0.05	0.20		ZLD108
315Z.1	—	4.8~6.2	0.25	0.10	0.10	0.45~0.7	—	—	1.2~1.8	—	0.01	Sb:0.10~0.25 Pb:0.05	0.05	0.20		ZLD115
319Z.1	AlSi5Cu	4.0~6.0	0.7	3.0~4.5	0.55	0.25	0.15	0.30	0.55	0.20	0.05	Pb:0.15	0.05	0.20		—
319Z.2		5.0~7.0	0.8	2.0~4.0	0.50	0.50	0.20	0.35	1.0	0.20	0.10	Pb:0.20	0.10	0.30		—
319Z.3		6.5~7.5	0.40	3.5~4.5	0.30	0.10	—	—	0.20	—	0.01	Pb:0.05	0.05	0.20		ZLD107

328Z. 1	AlSi9Cu	7.5~8.5	0.50	1.0~1.5	0.30~0.50	0.35~0.55	—	—	0.20	0.10~0.25	0.01	Pb:0.05	0.05	0.20		ZLD106
333Z. 1		7.0~10.0	0.8	2.0~4.0	0.50	0.50	0.20	0.35	1.0	0.20	0.10	Pb:0.20	0.10	0.30		—
336Z. 1	AlSi12CuMgNi	11.0~13.0	0.40	0.50~1.5	0.20	0.9~1.5	—	0.8~1.5	0.20	0.20	0.01	Pb:0.05	0.05	0.20		ZLD109
336Z. 2		11.0~13.0	0.7	0.8~1.3	0.15	0.8~1.3	0.10	0.8~1.5	0.15	0.20	0.05	Pb:0.05	0.05	0.20		—
354Z. 1	AlSi9Cu	8.0~10.0	0.35	1.3~1.8	0.10~0.35	0.45~0.7	—	—	0.10	0.10~0.35	0.01	Pb:0.05	0.05	0.20		ZLD111
355Z. 1	AlSi5Cu	4.5~5.5	0.45	1.0~1.5	0.50	0.45~0.7	—	—	0.20	—	0.01	Be:0.10 Pb:0.05 Ti+Zr:0.15	0.05	0.15		ZLD105
355Z. 2		4.5~5.5	0.15	1.0~1.5	0.10	0.50~0.7	—	—	0.10	—	0.01	Pb:0.05	0.05	0.15		ZLD105A
356Z. 1	AlSi7Mg	6.5~7.5	0.45	0.20	0.35	0.30~0.50	—	—	0.20	—	0.01	Be:0.10 Pb:0.05 Ti+Zr:0.15	0.05	0.15		ZLD101
356Z. 2		6.5~7.5	0.12	0.10	0.05	0.30~0.50	—	0.05	0.05	0.08~0.20	0.01	Pb:0.05	0.05	0.15		ZLD101A
356Z. 3		6.5~7.5	0.12	0.05	0.05	0.30~0.40	—	—	0.05	0.10~0.20	—	—	0.05	0.15		—
356Z. 4		6.8~7.3	0.10	0.02	0.02	0.30~0.40	—	—	0.10	0.10~0.15	—	Ca:0.003 Sr:0.020~0.035	0.05	0.15		—
356Z. 5		6.5~7.5	0.15	0.20	0.05	0.30~0.45	—	—	0.10	0.10~0.20	—	—	0.05	0.15		—
356Z. 6		6.5~7.5	0.40	0.20	0.6	0.25~0.40	—	0.05	0.30	0.20	0.05	Pb:0.05	0.05	0.15		—
356Z. 7		6.5~7.5	0.15	0.10	0.10	0.50~0.7	—	—	—	0.10~0.20	—	—	0.05	0.15		ZLD114A
356Z. 8		6.5~8.5	0.50	0.30	0.10	0.40~0.6	—	—	0.30	0.10~0.30	0.01	Be:0.15~0.40 B:0.10 Pb:0.05 Zr:0.20	0.05	0.20		ZLD116
356Z. 9		6.5~7.5	0.12	0.02	0.03	0.25~0.40	0.03	0.03	0.07	0.08~0.18	0.03	Pb:0.03 Na:0.003 Sr:0.020~0.035	0.05	0.15		—

（续）

牌号	对应 ISO 3522:2007(E)	化学成分(质量分数,%)													原合金代号
		Si	Fe	Cu	Mn	Mg	Cr	Ni	Zn	Ti	Sn	—	其他[①] 单个	其他[①] 合计	Al	
356A.1		6.5~7.5	0.15	0.20	0.10	0.30~0.45	—	—	0.10	0.20	—	—	0.05	0.15		—
356A.2	AlSi7Mg	6.5~7.5	0.12	0.10	0.05	0.30~0.45	—	—	0.05	0.20	—	—	0.05	0.15		—
356C.2		6.5~7.5	0.08	0.03	0.05	0.35~0.45	—	—	0.05	0.10~0.18	0.01	Pb:0.03 Zr:0.09	0.03	0.15		—
360Z.1		9.0~11.0	0.40	0.03	0.45	0.25~0.45	—	0.05	0.10	0.15	0.05	Pb:0.05	0.05	0.15		—
360Z.2		9.0~11.0	0.45	0.08	0.45	0.25~0.45	—	0.05	0.10	0.15	0.05	Pb:0.05	0.05	0.15		—
360Z.3		9.0~11.0	0.55	0.30	0.55	0.25~0.45	—	0.15	0.35	0.15	—	Pb:0.10	0.05	0.15		—
360Z.4	AlSi10Mg	9.0~11.0	0.45~0.9	0.08	0.55	0.25~0.50	—	0.15	0.15	0.15	0.05	Pb:0.15	0.05	0.15		—
360Z.5		9.0~10.0	0.15	0.03	0.10	0.30~0.45	—	—	0.07	0.15	—	—	0.03	0.10		—
360Z.6		8.0~10.5	0.45	0.10	0.20~0.50	0.20~0.35	—	—	0.25	—	0.01	Pb:0.05 Ti+Zr:0.15	0.05	0.20		ZLD104
360Y.6		8.0~10.5	0.8	0.30	0.20~0.50	0.20~0.35	—	—	0.10	—	0.01	Pb:0.05 Ti+Zr:0.15	0.05	0.20		YDL104
360A.1		9.0~10.0	1.0	0.6	0.35	0.45~0.6	—	0.50	0.40	—	0.15	—	—	0.25		—
380A.1		7.5~9.5	1.0	3.0~4.0	0.50	0.10	—	0.50	2.9	—	0.35	—	—	0.50		—
380A.2		7.5~9.5	0.6	3.0~4.0	0.10	0.10	—	0.10	0.10	—	—	—	0.05	0.15		—
380Y.1		7.5~9.5	0.9	2.5~4.0	0.6	0.30	—	0.50	1.0	0.20	0.20	Pb:0.30	0.05	0.20		YLD112
380Y.2		7.5~9.5	0.9	2.0~4.0	0.50	0.30	—	0.50	1.0	—	0.20	—	—	0.20		—
383Z.1		9.5~11.5	0.6~1.0	2.0~3.0	0.50	0.10	—	0.30	2.9	—	0.15	—	—	0.50		—
383Z.2	AlSi9Cu	9.5~11.5	0.6~1.0	2.0~3.0	0.10	0.10	—	0.10	0.10	—	0.10	—	—	0.20		—
383Y.1		9.6~12.0	0.9	1.5~3.5	0.50	0.30	—	0.50	3.0	—	0.20	—	—	0.20	余量	—

383Y. 2		9. 6~12. 0	0. 9	2. 0~3. 5	0. 50	0. 30	—	0. 50	0. 8	—	0. 20	—	0. 05	0. 30		YLD113
383Y. 3		9. 6~12. 0	0. 9	1. 5~3. 5	0. 50	0. 30	—	0. 50	1. 0	—	0. 20	—	—	0. 20		—
390Y. 1	AlSi17Cu	16. 0~18. 0	0. 9	4. 0~5. 0	0. 50	0. 50~0. 7	—	0. 30	1. 5	—	0. 30	—	0. 05	0. 20		YLD117
398Z. 1	—	19. 0~22. 0	0. 50	1. 0~2. 0	0. 30~0. 50	0. 50~0. 8	—	—	0. 10	0. 20	0. 01	Pb:0. 05 RE:0. 6~1. 5 Zr:0. 10	0. 05	0. 20		ZLD118
411Z. 1	AlSi11	10. 0~11. 8	0. 15	0. 03	0. 10	0. 45	—	—	0. 07	0. 15	—	—	0. 03	0. 10		—
411Z. 2		8. 0~11. 0	0. 55	0. 08	0. 50	0. 10	—	0. 05	0. 15	0. 15	0. 05	Pb:0. 05	0. 05	0. 15		—
413Z. 1	AlSi12	10. 0~13. 0	0. 6	0. 30	0. 50	0. 10	—	—	0. 10	0. 20	—	—	0. 05	0. 20		ZLD102
413Z. 2		10. 5~13. 5	0. 55	0. 10	0. 55	0. 10	—	0. 10	0. 15	0. 15	—	Pb:0. 10	0. 05	0. 15		—
413Z. 3		10. 5~13. 5	0. 40	0. 03	0. 35	—	—	—	0. 10	0. 15	—	—	0. 05	0. 15		—
413Z. 4		10. 5~13. 5	0. 45~0. 9	0. 08	0. 55	—	—	—	0. 15	0. 15	—	—	0. 05	0. 25		—
413Z. 5		10. 5~13. 0	0. 35	0. 02	0. 02	0. 02	—	—	0. 02	0. 20	—	Ca:0. 007	0. 05	0. 15		—
413Y. 1		10. 0~13. 0	0. 9	0. 30	0. 40	0. 25	—	—	0. 10	—	—	Zr:0. 10	0. 05	0. 20		YLD102
413Y. 2		11. 0~13. 0	0. 9	1. 0	0. 30	0. 30	—	0. 50	0. 50	—	0. 10	—	0. 05	0. 30		—
413A. 1		11. 0~13. 0	1. 0	1. 0	0. 35	0. 10	—	0. 50	0. 40	—	0. 15	—	—	0. 25		—
413A. 2		11. 0~13. 0	0. 6	0. 10	0. 05	0. 05	—	0. 05	0. 05	—	0. 05	—	—	0. 10		—
443Z. 1	—	4. 5~6. 0	0. 6	0. 6	0. 50	0. 05	0. 25	—	0. 50	0. 25	—	—	—	0. 35		—
443Z. 2		4. 5~6. 0	0. 6	0. 10	0. 10	0. 05	—	—	0. 10	0. 20	—	—	0. 05	0. 15		—

（续）

牌号	对应 ISO 3522：2007(E)	化学成分(质量分数,%)														原合金代号
		Si	Fe	Cu	Mn	Mg	Cr	Ni	Zn	Ti	Sn	—	其他[①] 单个	其他[①] 合计	Al	
502Z.1	AlMg5(Si)	0.8~1.3	0.45	0.10	0.10~0.40	4.6~5.6	—	—	0.20	0.20	—	—	0.05	0.15	余量	ZLD303
502Y.1	AlMg5(Si)	0.8~1.3	0.9	0.10	0.10~0.40	4.6~5.5	—	—	0.20	—	—	Zr:0.15	0.05	0.25	余量	YLD302
508Z.1	AlMg	0.20	0.25	0.10	0.10	7.6~9.0	—	—	1.0~1.5	0.10~0.20	—	Be:0.03~0.10	0.05	0.15	余量	ZLD305
515Y.1	AlMg	1.0	0.6	0.10	0.40~0.6	2.6~4.0	—	0.10	0.40	—	0.10	—	0.05	0.25	余量	YLD306
520Z.1	AlMg	0.30	0.25	0.10	0.15	9.8~11.0	—	0.05	0.15	0.15	0.01	Pb:0.05 Zr:0.20	0.05	0.15	余量	ZLD301
701Z.1	AlZnSiMg	6.0~8.0	0.6	0.6	0.50	0.15~0.35	—	—	9.2~13.0	—	—	—	0.05	0.20	余量	ZLD401
712Z.1	AlZnMg	0.30	0.40	0.25	0.10	0.55~0.7	0.40~0.6	—	5.2~6.5	0.15~0.25	—	—	0.05	0.20	余量	ZLD402
901Z.1	—	0.20	0.30	—	1.5~1.7	—	—	—	—	0.15	—	RE:0.03	0.05	0.15	余量	ZLD501
907Z.1	—	1.6~2.0	0.50	3.0~3.4	0.9~1.2	0.20~0.30	—	0.20~0.30	0.20	—	—	RE:4.4~5.0 Zr:0.15~0.25	0.05	0.20	余量	ZLD207

①“其他”一栏系指表中未列出或未规定具体数值的金属元素。

② B、C 两种元素可只添加其中一种。

11.9.3 铸造铝合金

1. 铸造铝合金的牌号和主要化学成分（见表 11-154）

表 11-154 铸造铝合金的牌号和主要化学成分（GB/T 1173—2013）

种类	牌号	代号	主要化学成分(质量分数,%)							
			Si	Cu	Mg	Zn	Mn	Ti	其他	Al
	ZAlSi7Mg	ZL101	6.5~7.5		0.25~0.45					余量
	ZAlSi7MgA	ZL101A	6.5~7.5		0.25~0.45			0.08~0.20		余量
	ZAlSi12	ZL102	10.0~13.0							余量

类别	牌号	代号	Si	Cu	Mg	Zn	Mn	Ti	其他	Al
Al-Si 合金	ZAlSi9Mg	ZL104	8.0~10.5		0.17~0.35		0.2~0.5			余量
	ZAlSi5Cu1Mg	ZL105	4.5~5.5	1.0~1.5	0.4~0.6					余量
	ZAlSi5Cu1MgA	ZL105A	4.5~5.5	1.0~1.5	0.4~0.55					余量
	ZAlSi8Cu1Mg	ZL106	7.5~8.5	1.0~1.5	0.3~0.5		0.3~0.5	0.10~0.25		余量
	ZAlSi7Cu4	ZL107	6.5~7.5	3.5~4.5						余量
	ZAlSi12Cu2Mg1	ZL108	11.0~13.0	1.0~2.0	0.4~1.0		0.3~0.9			余量
	ZAlSi12Cu1Mg1Ni1	ZL109	11.0~13.0	0.5~1.5	0.8~1.3				Ni:0.8~1.5	余量
	ZAlSi5Cu6Mg	ZL110	4.0~6.0	5.0~8.0	0.2~0.5					余量
	ZAlSi9Cu2Mg	ZL111	8.0~10.0	1.3~1.8	0.4~0.6		0.10~0.35	0.10~0.35		余量
	ZAlSi7Mg1A	ZL114A	6.5~7.5		0.45~0.75			0.10~0.20	Be:0~0.07	余量
	ZAlSi5Zn1Mg	ZL115	4.8~6.2		0.4~0.65	1.2~1.8			Sb:0.1~0.25	余量
	ZAlSi8MgBe	ZL116	6.5~8.5		0.35~0.55			0.10~0.30	Be:0.15~0.40	余量
	ZAlSi7Cu2Mg	ZL118	6.0~8.0	1.3~1.8	0.2~0.5		0.1~0.3	0.10~0.25		余量
Al-Cu 合金	ZAlCu5Mn	ZL201		4.5~5.3			0.6~1.0	0.15~0.35		余量
	ZAlCu5MnA	ZL201A		4.8~5.3			0.6~1.0	0.15~0.35		余量
	ZAlCu10	ZL202		9.0~11.0						余量
	ZAlCu4	ZL203		4.0~5.0						余量
	ZAlCu5MnCdA	ZL204A		4.6~5.3			0.6~0.9	0.15~0.35	Cd:0.15~0.25	余量
	ZAlCu5MnCdVA	ZL205A		4.6~5.3			0.3~0.5	0.15~0.35	Cd:0.15~0.25 V:0.05~0.3 Zr:0.15~0.25 B:0.005~0.6	余量
	ZAlR5Cu3Si2	ZL207	1.6~2.0	3.0~3.4	0.15~0.25		0.9~1.2		Zr:0.15~0.2 Ni:0.2~0.3 RE:4.4~5.0	余量
Al-Mg 合金	ZAlMg10	ZL301			9.5~11.0					余量
	ZAlMg5Si	ZL303	0.8~1.3		4.5~5.5		0.1~0.4			余量
	ZAlMg8Zn1	ZL305			7.5~9.0	1.0~1.5		0.10~0.20	Be:0.03~0.10	余量
Al-Zn 合金	ZAlZn11Si7	ZL401	6.0~8.0		0.1~0.3	9.0~13.0				余量
	ZAlZn6Mg	ZL402			0.5~0.65	5.0~6.5	0.2~0.5	0.15~0.25	Cr:0.4~0.6	余量

注："RE"为"含铈混合稀土"，其中混合稀土总的质量分数应不少于98%，铈的质量分数不少于45%。

2. 铸造铝合金的杂质（见表 11-155）

表 11-155　铸造铝合金的杂质（GB/T 1173—2013）

种类	牌号	代号	杂质（质量分数，%） ≤															
			Fe		Si	Cu	Mg	Zn	Mn	Ti	Zr	Ti+Zr	Be	Ni	Sn	Pb	其他杂质总和	
			S	J													S	J
Al-Si 合金	ZAlSi7Mg	ZL101	0.5	0.9		0.2		0.3	0.35			0.25	0.1		0.05	0.05	1.1	1.5
	ZAlSi7MgA	ZL101A	0.2	0.2		0.1		0.1	0.10						0.05	0.03	0.7	0.7
	ZAlSi12	ZL102	0.7	1.0		0.30	0.10	0.1	0.5	0.2							2.0	2.2
	ZAlSi9Mg	ZL104	0.6	0.9		0.1		0.25				0.15			0.05	0.05	1.1	1.4
	ZAlSi5Cu1Mg	ZL105	0.6	1.0				0.3	0.5			0.15	0.1		0.05	0.05	1.1	1.4
	ZAlSi5Cu1MgA	ZL105A	0.2	0.2				0.1	0.1						0.05	0.05	0.5	0.5
	ZAlSi8Cu1Mg	ZL106	0.6	0.8				0.2							0.05	0.05	0.9	1.0
	ZAlSi7Cu4	ZL107	0.5	0.6			0.1	0.3	0.5						0.05	0.05	1.0	1.2
	ZAlSi12Cu2Mg1	ZL108		0.7				0.2		0.20				0.3	0.05	0.05		1.2
	ZAlSi12Cu1Mg1Ni1	ZL109		0.7				0.2	0.2	0.20					0.05	0.05		1.2
	ZAlSi5Cu6Mg	ZL110		0.8				0.6	0.5						0.05	0.05		2.7
	ZAlSi9Cu2Mg	ZL111	0.4	0.4				0.1							0.05	0.05		1.2
	ZAlSi7Mg1A	ZL114A	0.2	0.2		0.2		0.1	0.1								0.75	0.75
	ZAlSi5Zn1Mg	ZL115	0.3	0.3		0.1			0.1						0.05	0.05	1.0	1.0
	ZAlSi8MgBe	ZL116	0.60	0.60		0.3		0.3	0.1		0.20				0.05	0.05	1.0	1.0
	ZAlSi7Cu2Mg	ZL118	0.3	0.3				0.1							0.05	0.05	1.0	1.5
Al-Cu 合金	ZAlCu5Mn	ZL201	0.25	0.3	0.3		0.05	0.2			0.2			0.1			1.0	1.0
	ZAlCu5MnA	ZL201A	0.15		0.1		0.05	0.1			0.15			0.05			0.4	
	ZAlCu10	ZL202	1.0	1.2	1.2		0.3	0.8	0.5					0.5			2.8	3.0
	ZAlCu4	ZL203	0.8	0.8	1.2		0.05	0.25	0.1	0.2	0.1				0.05	0.05	2.1	2.1
	ZAlCu5MnCdA	ZL204A	0.12	0.12	0.06		0.05	0.1			0.15			0.05			0.4	
	ZAlCu5MnCdVA	ZL205A	0.15	0.16	0.06		0.05										0.3	0.3
	ZAlR5Cu3Si2	ZL207	0.6	0.6				0.2									0.8	0.8
Al-Mg 合金	ZAlMg10	ZL301	0.3	0.3	0.3	0.1		0.15	0.15	0.15	0.20		0.07	0.05	0.05	0.05	1.0	1.0
	ZAlMg5Si	ZL303	0.5	0.5		0.1		0.2		0.2							0.7	0.7
	ZAlMg8Zn1	ZL305	0.3		0.2	0.1			0.1								0.9	
Al-Zn 合金	ZAlZn11Si7	ZL401	0.7	1.2		0.6			0.5								1.8	2.0
	ZAlZn6Mg	ZL402	0.5	0.8	0.3	0.25			0.1								1.35	1.65

3. 铸造铝合金的力学性能（见表 11-156）

表 11-156 铸造铝合金的力学性能（GB/T 1173—2013）

种类	牌号	代号	铸造方法	状态	抗拉强度 R_m/MPa	断后伸长率 A(%)	硬度 HBW
					≥		
Al-Si 合金	ZAlSi7Mg	ZL101	S、J、R、K	F	155	2	50
			S、J、R、K	T2	135	2	45
			JB	T4	185	4	50
			S、R、K	T4	175	4	50
			J、JB	T5	205	2	60
			S、R、K	T5	195	2	60
			SB、RB、KB	T5	195	2	60
			SB、RB、KB	T6	225	1	70
			SB、RB、KB	T7	195	2	60
			SB、RB、KB	T8	155	3	55
	ZAlSi7MgA	ZL101A	S、R、K	T4	195	5	60
			J、JB	T4	225	5	60
			S、R、K	T5	235	4	70
			SB、RB、KB	T5	235	4	70
			J、JB	T5	265	4	70
			SB、RB、KB	T6	275	2	80
			J、JB	T6	295	3	80
	ZAlSi12	ZL102	SB、JB、RB、KB	F	145	4	50
			J	F	155	2	50
			SB、JB、RB、KB	T2	135	4	50
			J	T2	145	3	50
	ZAlSi9Mg	ZL104	S、R、J、K	F	150	2	50
			J	T1	200	1.5	65
			SB、RB、KB	T6	230	2	70
			J、JB	T6	240	2	70
	ZAlSi5Cu1Mg	ZL105	S、J、R、K	T1	155	0.5	65
			S、R、K	T5	215	1	70
			J	T5	235	0.5	70
			S、R、K	T6	225	0.5	70
			S、J、R、K	T7	175	1	65
	ZAlSi5Cu1MgA	ZL105A	SB、R、K	T5	275	1	80
			J、JB	T5	295	2	80
	ZAlSi8Cu1Mg	ZL106	SB	F	175	1	70
			JB	T1	195	1.5	70
			SB	T5	235	2	60
			JB	T5	255	2	70
			SB	T6	245	1	80
			JB	T6	265	2	70
			SB	T7	225	2	60
			JB	T7	245	2	60
	ZAlSi7Cu4	ZL107	SB	F	165	2	65
			SB	T6	245	2	90
			J	F	195	2	70
			J	T6	275	2.5	100
	ZAlSi12Cu2Mg1	ZL108	J	T1	195	—	85
			J	T6	255	—	90
	ZAlSi12Cu1Mg1Ni1	ZL109	J	T1	195	0.5	90

（续）

种类	牌号	代号	铸造方法	状态	抗拉强度 R_m/MPa	断后伸长率 A(%)	硬度 HBW
					≥		
Al-Si 合金	ZAlSi12Cu1Mg1Ni1	ZL109	J	T6	245	—	100
	ZAlSi5Cu6Mg	ZL110	S	F	125	—	80
			J	F	155	—	80
			S	T1	145	—	80
			J	T1	165	—	90
	ZAlSi9Cu2Mg	ZL111	J	F	205	1.5	80
			SB	T6	255	1.5	90
			J、JB	T6	315	2	100
	ZAlSi7Mg1A	ZL114A	SB	T5	290	2	85
			J、JB	T5	310	3	95
	ZAlSi5Zn1Mg	ZL115	S	T4	225	4	70
			J	T4	275	6	80
			S	T5	275	3.5	90
			J	T5	315	5	100
	ZAlSi8MgBe	ZL116	S	T4	255	4	70
			J	T4	275	6	80
			S	T5	295	2	85
			J	T5	335	4	90
	ZAlSi7Cu2Mg	ZL118	SB、RB	T6	290	1	90
			JB	T6	305	2.5	105
Al-Cu 合金	ZAlCu5Mg	ZL201	S、J、R、K	T4	295	8	70
			S、J、R、K	T5	335	4	90
			S	T7	315	2	80
	ZAlCu5MgA	ZL201A	S、J、R、K	T5	390	8	100
	ZAlCu10	ZL202	S、J	F	104	—	50
			S、J	T6	163	—	100
	ZAlCu4	ZL203	S、R、K	T4	195	6	60
			J	T4	205	6	60
			S、R、K	T5	215	3	70
			J	T5	225	3	70
	ZAlCu5MnCdA	ZL204A	S	T5	440	4	100
	ZAlCu5MnCdVA	ZL205A	S	T5	440	7	100
			S	T6	470	3	120
			S	T7	460	2	110
	ZAlR5Cu3Si2	ZL207	S	T1	165	—	75
			J	T1	175	—	75
Al-Mg 合金	ZAlMg10	ZL301	S、J、R	T4	280	9	60
	ZAlMg5Si	ZL303	S、J、R、K	F	143	1	55
	ZAlMg8Zn1	ZL305	S	T4	290	8	90
Al-Zn 合金	ZAlZn11Si7	ZL401	S、R、K	T1	195	2	80
			J	T1	245	1.5	90
	ZAlZn6Mg	ZL402	J	T1	235	4	70
			S	T1	220	4	65

4. 铸造铝合金的热处理（见表 11-157）

表 11-157　铸造铝合金的热处理（GB/T 1173—2013）

牌号	代号	状态	固溶处理			时效处理		
			温度/℃	时间/h	冷却介质及温度/℃	温度/℃	时间/h	冷却介质
ZAlSi7MgA	ZL101A	T4	535±5	6～12	水 60～100	室温	≥24	—
		T5	535±5	6～12	水 60～100	室温	≥8	空气
						再 155±5	2～12	空气
		T6	535±5	6～12	水 60～100	室温	≥8	空气
						再 180±5	3～8	空气
ZAlSi5Cu1MgA	ZL105A	T5	525±5	4～6	水 60～100	160±5	3～5	空气
		T7	525±5	4～6	水 60～100	225±5	3～5	空气
ZAlSi7Mg1A	ZL114A	T5	535±5	10～14	水 60～100	室温	≥8	空气
						再 160±5	4～8	空气
ZAlSi5Zn1Mg	ZL115	T4	540±5	10～12	水 60～100	150±5	3～5	空气
		T5	540±5	10～12	水 60～100			
ZAlSi8MgBe	ZL116	T4	535±5	10～14	水 60～100	室温	≥24	—
		T5	535±5	10～14	水 60～100	175±5	6	空气
ZAlSi7Cu2Mg	ZL118	T6	490±5	4～6	水 60～100	室温	≥8	空气
			再 510±5	6～8		160±5	7～9	空气
			再 520±5	8～10				
ZAlCu5MnA	ZL201A	T5	535±5	7～9	水 60～100	室温	≥24	—
			再 545±5	7～9	水 60～100	160±5	6～9	—
ZAlCu5MnCdA	ZL204A	T5	530±5	9	—	—	—	—
			再 540±5	9	水 20～60	175±5	3～5	—
ZAlCu5MnCdVA	ZL205A	T5	538±5	10～18	水 20～60	155±5	8～10	—
		T6	538±5	10～18		175±5	4～5	—
		T7	538±5	10～18		190±5	2～4	—
ZAlRE5Cu3Si2	ZL207	T1	—	—	—	200±5	5～10	—
ZAlMg8Zn1	ZL305	T4	435±5	8～10	水 80～100	室温	≥24	—
			再 490±5	6～8				

注：固溶处理时，装炉温度一般在 300℃以下，升温（升至固溶温度）速度以 100℃/h 为宜，固溶处理中如需阶段保温，在两个阶段间不允许停留冷却，需直接升至第二阶段温度。

11.9.4　压铸铝合金

1. 压铸铝合金的牌号和化学成分（见表 11-158）

表 11-158　压铸铝合金的牌号和化学成分（GB/T 15115—2024）

牌号	代号	化学成分[①]（质量分数，%）												
		Si	Cu	Mn	Mg	Fe	Ni	Ti	Zn	Pb	Sn	其他 单个	其他 总量	Al
YZAlSi10Mg	YL101	9.00～10.00	0.60	0.35	0.45～0.65	1.00	0.50	—	0.40	0.10	0.15	0.05	0.15	余量
YZAlSi12	YL102	10.00～13.00	1.00	0.35	0.10	1.00	0.50	—	0.40	0.10	0.15	0.05	0.25	余量
YZAlSi10	YL104	8.00～10.50	0.30	0.20～0.50	0.30～0.50	0.50～0.80	0.10	—	0.30	0.05	0.01	—	0.20	余量
YZAlSi9Cu4	YL112	7.50～9.50	3.00～4.00	0.50	0.10	1.00	0.50	—	2.90	0.10	0.15	0.05	0.25	余量

（续）

牌号	代号	化学成分[①]（质量分数，%）												
		Si	Cu	Mn	Mg	Fe	Ni	Ti	Zn	Pb	Sn	其他		Al
												单个	总量	
YZAlSi11Cu3	YL113	9.50～11.50	2.00～3.00	0.50	0.10	1.00	0.30	—	2.90	0.10	0.35	0.05	0.25	余量
YZAlSi17Cu5Mg	YL117	16.00～18.00	4.00～5.00	0.50	0.50～0.70	1.00	0.10	0.20	1.40	0.10	—	0.10	0.20	余量
YZAlMg5Si1	YL302	0.80～1.30	0.20	0.10～0.40	4.55～5.50	1.00	—	0.20	0.20	—	—	—	0.25	余量
YZAlSi12Fe	YL118	10.50～13.50	0.07	0.55	—	0.80	—	0.15	0.15	—	—	0.05	0.25	余量
YZAlSi10MnMg	YL119[②]	9.50～11.50	0.03	0.40～0.80	0.15～0.60	0.20	—	0.20	0.07	—	—	0.05	0.15	余量
YZAlSi7MnMg	YL120[②]	6.00～7.50	0.03	0.35～0.75	0.15～0.45	0.20	—	0.20	0.03	—	—	0.05	0.15	余量

注：1. 所列牌号为常用压铸铝合金牌号。

2. 未特殊说明的数值均为最大值。

① 除有范围的元素和铁为必检元素外，其余元素在有要求时抽检。

② YL119、YL120 宜加入 Sr 进行变质处理。

2. 压铸铝合金的特性（见表 11-159）

表 11-159　压铸铝合金的特性（GB/T 15115—2024）

牌号	YZAlSi10Mg	YZAlSi12	YZAlSi10	YZAlSi9Cu4	YZAlSi11Cu3
代号	YL101	YL102	YL104	YL112	YL113
抗热裂性	1	1	1	2	1
致密性	2	1	2	2	2
充型能力	3	1	3	2	1
不粘型性	2	1	1	1	2
耐蚀性	2	2	1	4	3
加工性	3	4	3	3	2
抛光性	3	5	3	3	3
电镀性	2	3	2	1	1
阳极处理	3	5	3	3	3
氧化保护层	3	3	3	4	4
高温强度	1	3	1	3	2
牌号	YZAlSi17Cu5Mg	YZAlMg5Si1	YZAlSi12Fe	YZAlSi10MnMg	YZAlSi7MnMg
代号	YL117	YL302	YL118	YL119	YL120
抗热裂性	4	5	2	1	1
致密性	4	5	2	2	2
充型能力	1	5	1	1	3
不粘型性	2	5	1	1	1
耐蚀性	3	1	2	3	1
加工性	5	1	4	3	3
抛光性	5	1	5	3	3
电镀性	3	5	3	2	2
阳极处理	5	1	5	3	3
氧化保护层	5	1	3	3	3
高温强度	3	4	3	1	1

注：1 表示优秀，2 表示良好，3 表示一般，4 表示不推荐，5 表示不好。

3. 压铸铝合金的特点及应用（见表 11-160）

表 11-160　压铸铝合金的特点及应用（GB/T 15115—2024）

合金系	牌号	代号	合金特点	应用举例
Al-Si 系	YZAlSi12	YL102	共晶铝硅合金。具有较好的抗热裂性能和很好的气密性，以及很好的流动性，不能热处理强化，抗拉强度低	用于承受低负荷、形状复杂的薄壁铸件，如各种仪壳体、汽车机匣、牙科设备、活塞等
	YZAlSi12Fe	YL118		
Al-Si-Mg 系	YZAlSi10Mg	YL101	亚共晶铝硅合金。较好的耐蚀性，较高的冲击韧性和屈服强度，但铸造性能稍差	汽车车轮罩、副车架、车身前/后纵梁、减振塔、摩托车曲轴箱、自行车轮、船外机螺旋桨等
	YZAlSi10	YL104		
	YZAlSi10MnMg	YL119		
	YZAlSi7MnMg	YL120		
Al-Si-Cu 系	YZAlSi9Cu4	YL112	具有好的铸造性能和力学性能，很好的流动性、气密性和抗热裂性，较好的力学性能、切削加工性、抛光性和铸造性能	常用作齿轮箱、空冷气缸头、发报机机座、割草机罩子、气动制动、汽车发动机零件，摩托车缓冲器、发动机零件及箱体，农机具用箱体、缸盖和缸体，3C 产品壳体，电动工具、缝纫机零件、渔具、煤气用具、电梯零件等，YL112 的典型用途为带轮、活塞和气缸头等
	YZAlSi11Cu3	YL113	过共晶铝硅合金。具有特别好的流动性、中等的气密性和好的抗热裂性，特别是具有高的耐磨性和低的热膨胀系数	主要用于发动机机体、制动块、带轮、泵和其他要求耐磨的零件
	YZAlSi17Cu5Mg	YL117		
Al-Mg 系	YZAlMg5Si1	YL302	耐蚀性强，冲击韧性高，伸长率差，铸造性能差	汽车变速器的油泵壳体，摩托车的衬垫和车架的联结器，农机具的连杆、船外机螺旋桨、钓鱼竿及其卷线筒等零件

11.10　铝中间合金

1. 铝中间合金的类别及规格（见表 11-161）

表 11-161　铝中间合金的类别及规格（GB/T 27677—2017）

类别		尺寸规格	件重
锭		供需双方协商确定，并在订货单（或合同）中注明	单块重量：0.5～20kg
线材	线卷	直径：ϕ8～ϕ10mm	单卷重量：180～500kg
	线杆	直径：ϕ8～ϕ25mm；线杆长度：50～1000mm	单捆重量：0.5～50kg

2. 铝中间合金的牌号及化学成分（见表 11-162）

表 11-162　铝中间合金的牌号及化学成分（GB/T 27677—2017）

牌号	化学成分（质量分数，%）											
	Si	Fe	Cu	Mn	Cr	Ni	Ti	B	V		其他[①] 单个	其他[①] 合计	Al
AlB3	0.20	0.30	—	—	—	—	—	2.5～3.5	—	K:1.0 Na:0.50	0.03	0.10	余量
AlB4	0.20	0.30	—	—	—	—	—	3.5～4.5	—	K:1.0 Na:0.50	0.03	0.10	余量

（续）

牌号	化学成分(质量分数,%)												Al
	Si	Fe	Cu	Mn	Cr	Ni	Ti	B	V		其他[①] 单个	其他[①] 合计	
AlB5	0.20	0.30	—	—	—	—	0.05	4.5~5.5	—	K:1.0 Na:0.50	0.03	0.10	余量
AlB8	0.25	0.30	—	—	—	—	0.05	7.5~9.0	—	K:1.0 Na:0.50	0.03	0.10	余量
AlB10	0.25	0.30	—	—	—	—	—	9.0~11.0	—	K:1.0 Na:0.50	0.03	0.10	余量
AlBe3	0.20	0.20	0.05	0.02	0.02	0.02	—	—	—	Be:2.5~3.5	0.05	0.15	余量
AlBe5	0.20	0.40	0.05	0.02	0.02	0.02	0.02	—	—	Be:4.5~6.0 Mg:0.50 Zn:0.10	0.05	0.15	余量
AlBi3	0.20	0.20	—	—	—	—	—	—	—	Bi:2.7~3.3	0.03	—	余量
AlBi5	0.20	0.30	—	—	—	—	—	—	—	Bi:4.5~5.5	0.05	0.15	余量
AlBi10	0.20	0.30	—	—	—	—	—	—	—	Bi:9.0~11.0	0.05	0.20	余量
AlCa5	0.20	0.30	—	—	—	—	—	—	—	Ca:4.5~5.5 Sr:0.10 Mg:0.10	0.05	0.15	余量
AlCa10	0.30	0.30	—	—	—	—	—	0.10	—	Ca:9.0~11.0 Zn:0.04 Pb:0.02 Sn:0.02 Sr:0.10 Mg:0.10	0.04	0.10	余量
AlCa20	0.20	0.30	—	—	—	—	—	—	0.05	Ca:19.0~21.0 Sr:0.10 Mg:0.20	0.03	0.10	余量
AlCe10	0.20	0.30	—	—	—	—	—	—	—	Ce:9.0~11.0	0.05	0.15	余量
AlCd5	0.20	0.30	—	—	—	—	—	—	—	Cd:4.5~5.5	0.05	0.15	余量
AlCd10	0.20	0.30	—	—	—	—	—	—	—	Cd:9.0~11.0	0.05	0.15	余量
AlCo5	0.20	0.30	—	—	—	—	—	—	—	Co:4.5~5.5	0.05	0.15	余量
AlCo10	0.30	0.30	—	—	—	—	—	—	—	Co:9.0~11.0	0.05	0.15	余量
AlCr3	0.20	0.30	—	—	2.5~3.5	—	—	—	—	—	0.05	0.15	余量
AlCr5	0.20	0.30	—	—	4.0~6.0	—	—	—	—	—	0.05	0.15	余量
AlCr10	0.30	0.30	—	—	9.0~11.0	—	—	0.01	—	Pb:0.02 Sn:0.02 Zn:0.04	0.04	0.10	余量
AlCr20	0.30	0.30	—	—	18.0~22.0	—	—	0.01	—	Pb:0.02 Sn:0.02 Zn:0.04	0.04	0.10	余量
AlCu20	0.20	0.25	18.0~22.0	—	—	—	—	—	—	—	0.05	0.15	余量
AlCu40	0.20	0.25	38~42	—	—	—	—	—	—	—	0.05	0.15	余量
AlCu50	0.10	0.15	48~52	—	—	—	—	—	—	—	0.05	0.15	余量

（续）

牌号	化学成分(质量分数,%)												
	Si	Fe	Cu	Mn	Cr	Ni	Ti	B	V		其他[①]		Al
											单个	合计	
AlCu60	0.10	0.15	57~63	—	—	—	—	—	—	—	0.05	0.15	余量
AlCu5P4.5	0.50	0.8	4.5~5.5	—	—	—	—	—	—	P:4.0~5.0 Ca:0.05	0.05	0.15	余量
AlCu10P4.5	0.50	0.8	9.5~10.5	—	—	—	—	—	—	P:4.0~5.0 Ca:0.05	0.05	0.15	余量
AlEr5	0.20	0.30	—	—	—	—	—	—	—	Er:4.5~5.5	0.05	0.15	余量
AlEr10	0.20	0.30	—	—	—	—	—	—	—	Er:9.0~11.0	0.05	0.15	余量
AlFe5	0.20	4.0~6.0	—	0.05	—	—	—	—	—	Pb:0.02 Sn:0.02 Zn:0.04	0.04	0.10	余量
AlFe10	0.30	9.0~11.0	—	—	—	—	—	0.01	—	Pb:0.02 Sn:0.02 Zn:0.04	0.04	0.10	余量
AlFe20	0.20	18.0~22.0	0.10	0.30	—	—	—	—	—	Zn:0.10	0.05	0.15	余量
AlFe45	0.30	43~47	—	0.30	—	—	—	0.01	—	Pb:0.02 Sn:0.02 Zn:0.04 C:0.10	0.04	0.10	余量
AlFe60	0.45	56~64	—	0.40	—	—	—	—	—	—	0.05	0.15	余量
AlLa10	0.20	0.30	—	—	—	—	—	—	—	La:9.0~11.0	0.05	0.15	余量
AlLi5	0.20	0.30	—	—	—	—	—	—	—	Li:4.5~5.5	0.05	0.15	余量
AlLi10	0.20	0.30	—	—	—	—	—	—	—	Li:9.0~11.0	0.05	0.15	余量
AlMg20	0.30	0.30	—	—	—	—	—	—	—	Mg:18.0~22.0	0.03	0.10	余量
AlMg25	0.10	0.15	—	—	—	—	—	—	—	Mg:23.0~27.0	0.03	0.10	余量
AlMg50	0.10	0.15	—	—	—	—	—	—	—	Mg:48~52	0.03	0.10	余量
AlMg60	0.10	0.15	—	—	—	—	—	—	—	Mg:58~62	0.05	0.15	余量
AlMg68	0.10	0.15	—	0.10	—	—	—	—	—	Mg:65~71	0.05	0.15	余量
AlMn10	0.30	0.30	—	9.0~11.0	—	—	—	0.01	—	Pb:0.02 Sn:0.02 Zn:0.04	0.04	0.10	余量
AlMn15	0.20	0.25	—	14.0~16.0	—	—	—	—	—	—	0.03	0.15	余量
AlMn20	0.20	0.25	0.10	19.0~21.0	—	—	—	—	—	—	0.03	0.15	余量
AlMn25	0.20	0.25	—	24.0~26.0	—	—	—	—	—	—	0.03	0.15	余量
AlMn30	0.20	0.30	—	28.0~32	—	—	—	—	—	—	0.05	0.15	余量
AlMn40	0.20	0.40	—	37~43	—	—	—	—	—	—	0.05	0.15	余量
AlMo5	0.20	0.40	—	—	—	—	—	—	—	Mo:4.0~6.0	0.05	0.15	余量
AlMo10	0.20	0.50	—	—	—	—	—	—	—	Mo:9.0~11.0	0.05	0.15	余量
AlNb10	0.20	0.30	—	—	—	—	—	—	—	Nb:9.0~11.0	0.05	0.15	余量
AlNd30	0.20	0.30	—	—	—	—	—	—	—	Nd:27.0~33	0.05	0.15	余量

（续）

牌号	化学成分（质量分数，%）												
	Si	Fe	Cu	Mn	Cr	Ni	Ti	B	V		其他① 单个	其他① 合计	Al
AlNi10	0.15	0.20	—	—	—	9.0~11.0	—	—	—	—	0.03	0.10	余量
AlNi20	0.15	0.20	—	—	—	18.0~22.0	—	—	—	—	0.03	0.10	余量
AlP3	0.20	0.20	—	—	—	—	—	—	—	P:2.5~3.5	0.05	0.15	余量
AlP4	0.20	0.30	—	—	—	—	—	—	—	P:3.5~4.5	0.05	0.15	余量
AlP5	0.20	0.50	—	—	—	—	—	—	—	P:4.5~5.5	0.05	0.15	余量
AlPb10	0.20	0.30	—	—	—	—	—	—	—	Pb:9.0~11.0	0.05	0.15	余量
AlRE5	0.20	0.30	—	—	—	—	—	—	—	RE:4.0~6.0	0.05	0.15	余量
AlRE10	0.20	0.30	—	—	—	—	—	—	—	RE:9.0~11.0	0.05	0.15	余量
AlRE15	0.30	0.40	—	—	—	—	—	—	—	RE:13.5~16.0	0.05	0.15	余量
AlSb5	0.30	0.30	—	—	—	—	—	—	—	Sb:4.5~6.0	0.05	0.15	余量
AlSb10	0.30	0.30	—	—	—	—	—	—	—	Sb:9.0~11.0	0.05	0.15	余量
AlSb15	0.30	0.30	—	—	—	—	—	—	—	Sb:13.5~16.0	0.05	0.15	余量
AlSc2	0.05	0.05	—	—	—	—	—	—	—	Sc:1.8~2.2	0.03	0.10	余量
AlSi12	11.0~13.0	0.35	0.10	—	—	—	—	—	—	—	0.05	0.15	余量
AlSi20	18.0~22.0	0.30	—	—	—	—	—	0.01	—	Pb:0.02 Sn:0.02 Zn:0.04 Ca:0.06	0.04	0.10	余量
AlSi25	23.0~27.0	0.30	—	—	—	—	—	—	—	Pb:0.02 Sn:0.02 Zn:0.04 Ca:0.06	0.05	0.15	余量
AlSi30	28.0~32	0.30	—	—	—	—	0.05	—	—	—	0.05	0.15	余量
AlSi50	47~53	0.40	—	—	—	—	0.10	—	—	Ca:0.10	0.05	0.15	余量
AlSi60	57~63	0.50	—	—	—	—	0.10	—	—	Ca:0.10	0.05	0.15	余量
AlSi12P4.5	11.0~13.0	1.0	0.8	—	—	—	—	—	—	P:4.0~5.0 Ca:0.10	0.05	0.15	余量
AlSn10	0.20	0.30	—	—	—	—	—	—	—	Sn:9.0~11.0	0.05	0.15	余量
AlSn50	0.20	0.30	—	—	—	—	—	—	—	Sn:47~53	0.05	0.15	余量
AlSr3.5	0.20	0.30	—	—	—	—	—	—	—	Sr:3.2~3.8 Ca:0.03 P:0.01	0.03	0.10	余量
AlSr5	0.20	0.30	—	—	—	—	—	—	—	Sr:4.5~5.5 Ba:0.05 Ca:0.05	0.04	0.10	余量
AlSr10	0.20	0.30	—	—	—	—	—	—	—	Sr:9.0~11.0 Mg:0.05 Ba:0.10 Ca:0.03 P:0.01	0.05	0.15	余量

（续）

牌号	化学成分(质量分数,%)										其他①		Al
	Si	Fe	Cu	Mn	Cr	Ni	Ti	B	V		单个	合计	
AlSr15	0.20	0.30	—	—	—	—	—	—	—	Sr:14.0~16.0 P:0.01 Ba:0.10 Ca:0.05	0.05	0.15	余量
AlSr20	0.20	0.30	—	—	—	—	—	—	—	Sr:18.0~22.0 Ba:0.10	0.05	0.15	余量
AlSr10Ti1B0.2	0.20	0.30	—	—	—	—	0.9~1.2	0.15~0.25	—	Sr:9.0~11.0 Ca:0.02	0.05	0.15	余量
AlTe5	0.20	0.30	—	—	—	—	—	—	—	Te:4.0~6.0	0.05	0.15	余量
AlTi4	0.20	0.20	—	—	—	—	3.5~4.5	—	—	Zn:0.10	0.05	0.15	余量
AlTi5	0.20	0.20	—	—	—	—	4.5~5.5	—	0.25	—	0.05	0.15	余量
AlTi6A	0.20	0.20	—	—	—	—	5.5~6.5	0.004	0.05	—	0.03	0.10	余量
AlTi6	0.30	0.30	—	—	—	—	5.5~6.5	—	0.30	Zr:0.10 Mo:0.10	0.05	0.15	余量
AlTi10A	0.20	0.20	—	—	—	0.05	9.0~11.0	0.004	0.20	—	0.03	0.10	余量
AlTi10	0.30	0.30	0.20	0.45	0.10	0.20	9.0~11.0	—	0.50	Zr:0.20 Mo:0.20 Mg:0.50 Zn:0.20	0.05	0.15	余量
AlTi12	0.30	0.30	—	—	0.10	0.10	11.0~13.0	—	0.50	Sn:0.10 Zr:0.20 Mo:0.20	0.10	0.15	余量
AlTi15	0.30	0.35	—	—	0.15	0.15	14.0~16.0	—	0.7	Sn:0.15 Zr:0.20 Mo:0.30	0.10	0.15	余量
AlTi3B1	0.20	0.30	—	—	—	—	2.8~3.4	0.7~1.1	0.05	—	0.03	0.10	余量
AlTi5B1A	0.15	0.20	—	—	—	—	4.8~5.2	0.9~1.1	0.05	—	0.03	0.10	余量
AlTi5B1	0.20	0.30	—	—	—	—	4.5~5.5	0.8~1.2	0.20	—	0.03	0.10	余量
AlTi1.7B1.4	0.20	0.30	—	—	—	—	1.3~2.2	1.1~1.7	0.05	—	0.03	0.10	余量
AlTi6B1.2	0.20	0.30	—	—	—	—	5.5~6.5	1.0~1.4	0.20	—	0.03	0.10	余量
AlTi10B1	0.30	0.35	—	—	—	0.05	9.0~11.0	0.9~1.5	0.50	—	0.03	0.15	余量
AlV2.5	0.20	0.25	—	—	—	—	0.03	0.01	2.0~3.0	—	0.03	0.10	余量
AlV3	0.20	0.25	—	—	—	—	0.03	0.01	2.5~3.5	—	0.03	0.10	余量
AlV4	0.20	0.25	—	—	—	—	0.03	0.01	3.5~4.5	—	0.03	0.10	余量
AlV5	0.20	0.25	—	—	—	—	0.03	0.01	4.5~5.5	—	0.03	0.10	余量

（续）

牌号	化学成分（质量分数,%）												
	Si	Fe	Cu	Mn	Cr	Ni	Ti	B	V		其他①		Al
											单个	合计	
AlV10	0.30	0.30	—	—	—	—	—	0.10	9.0~11.0	Pb:0.02 Sn:0.02 Zn:0.04	0.04	0.10	余量
AlW2.5	0.20	0.30	—	—	—	—	—	—	—	W:2.0~3.0	0.05	0.15	余量
AlY5	0.20	0.30	—	—	—	—	—	—	—	Y:4.5~5.5	0.05	0.15	余量
AlY10	0.20	0.30	—	—	—	—	—	—	—	Y:9.0~11.0	0.05	0.15	余量
AlYb5	0.20	0.30	—	—	—	—	—	—	—	Yb:4.5~5.5	0.05	0.15	余量
AlYb10	0.20	0.30	—	—	—	—	—	—	—	Yb:9.0~11.0	0.05	0.15	余量
AlZn10	0.20	0.30	—	—	—	—	—	—	—	Zn:9.0~11.0	0.05	0.15	余量
AlZn30	0.20	0.30	—	—	—	—	—	—	—	Zn:28.0~32	0.05	0.15	余量
AlZr3	0.20	0.25	—	—	—	—	0.05	—	—	Zr:2.7~3.3 Hf:0.20	0.03	0.10	余量
AlZr4	0.20	0.30	—	—	—	—	—	—	—	Zr:3.5~4.5 Pb:0.10 Zn:0.10 Hf:0.20	0.05	0.15	余量
AlZr5A	0.20	0.20	—	—	—	—	—	0.01	—	Zr:4.5~5.5 Ca:0.01 Na:0.005 Pb:0.01 Sn:0.01 Zn:0.04 Hf:0.20	0.04	0.10	余量
AlZr5	0.30	0.30	0.10	—	—	0.10	0.10	—	—	Zr:4.5~5.5 Sn:0.10 Nb:0.10 Hf:0.30	0.05	0.15	余量
AlZr6	0.20	0.25	—	—	—	—	0.05	—	—	Zr:5.5~6.5 Hf:0.20	0.03	0.10	余量
AlZr10A	0.30	0.30	—	—	—	—	—	—	—	Zr:9.0~11.0 Hf:0.25	0.04	0.10	余量
AlZr10	0.30	0.45	0.20	—	—	0.20	0.20	—	—	Zr:9.0~11.0 Sn:0.20 Nb:0.20 Hf:0.30	0.05	0.15	余量
AlZr15A	0.30	0.30	—	—	—	—	—	—	—	Zr:13.5~16.0 Hf:0.35	0.05	0.15	余量
AlZr15	0.30	0.45	0.30	—	0.10	0.30	0.30	—	—	Zr:13.0~16.0 Sn:0.30 Nb:0.30 Hf:0.50	0.05	0.15	余量

注：1. 表中的单个数值者为元素质量分数的最高限。

2. 食品、卫生行业用铝合金材料使用的铝中间合金应控制 $w(Cd+Hg+Pb+Cr^{6+})\leqslant 0.01\%$，$w(As)\leqslant 0.01\%$；电器、电子设备行业用铝合金材料使用的铝中间合金应控制 $w(Pb)\leqslant 0.1\%$，$w(Hg)\leqslant 0.1\%$，$w(Cd)\leqslant 0.01\%$，$w(Cr^{6+})\leqslant 0.1\%$。

3. 表中铝中间合金宜采用牌号为 Al99.7 重熔用铝锭作为原材料生产，重熔用铝锭的化学成分应符合 GB/T 1196 的规定；如需杂质含量更低的铝中间合金，宜采用相应纯度的铝锭作为原材料生产，其牌号和化学成分应符合 YS/T 275 及 YS/T 665 的规定。

①“其他”指表中未列出或未规定质量分数数值的元素。

第 12 章　镁及镁合金

12.1 镁及镁合金的牌号和化学成分

1. 变形镁及镁合金的牌号和化学成分（见表 12-1）

表 12-1　变形镁及镁合金的牌号和化学成分（GB/T 5153—2016）

组别	牌号	对应 ISO 3116:2007 的数字牌号	化学成分(质量分数,%)															
			Mg	Al	Zn	Mn	RE	Gd	Y	Zr	Li		Si	Fe	Cu	Ni	其他元素[①] 单个	其他元素[①] 总计
MgAl	AZ30M	—	余量	2.2~3.2	0.20~0.50	0.20~0.40	Ce:0.05~0.08	—	—	—	—	—	0.01	0.005	0.0015	0.0005	0.01	0.15
	AZ31B	—	余量	2.5~3.5	0.6~1.4	0.20~1.0	—	—	—	—	—	Ca:0.04	0.08	0.003	0.01	0.001	0.05	0.30
	AZ31C	—	余量	2.4~3.6	0.50~1.5	0.15~1.0[②]	—	—	—	—	—	—	0.10	—	0.10	0.03	—	0.30
	AZ31N	—	余量	2.5~3.5	0.50~1.5	0.20~0.40	—	—	—	—	—	—	0.05	0.0008	—	—	0.02	0.15
	AZ31S	ISO-WD21150	余量	2.4~3.6	0.50~1.5	0.15~0.40	—	—	—	—	—	—	0.10	0.005	0.05	0.005	0.05	0.30
	AZ31T	ISO-WD21151	余量	2.4~3.6	0.50~1.5	0.05~0.40	—	—	—	—	—	—	0.10	0.05	0.05	0.005	0.05	0.30
	AZ33M	—	余量	2.6~4.2	2.2~3.8	—	—	—	—	—	—	—	0.10	0.008	0.005	—	0.01	0.30

（续）

组别	牌号	对应 ISO 3116:2007 的数字牌号	化学成分（质量分数，%）														其他元素①	
			Mg	Al	Zn	Mn	RE	Gd	Y	Zr	Li		Si	Fe	Cu	Ni	单个	总计
MgAl	AZ40M	—	余量	3.0~4.0	0.20~0.8	0.15~0.50	—	—	—	—	—	Be:0.01	0.10	0.05	0.05	0.005	0.01	0.30
	AZ41M	—	余量	3.7~4.7	0.8~1.4	0.30~0.6	—	—	—	—	—	Be:0.01	0.10	0.05	0.05	0.005	0.01	0.30
	AZ61A	—	余量	5.8~7.2	0.40~1.5	0.15~0.50	—	—	—	—	—	—	0.10	0.005	0.05	0.005	—	0.30
	AZ61M	—	余量	5.5~7.0	0.50~1.5	0.15~0.50	—	—	—	—	—	Be:0.01	0.10	0.05	0.05	0.005	0.01	0.30
	AZ61S	ISO-WD21160	余量	5.5~6.5	0.50~1.5	0.15~0.40	—	—	—	—	—	—	0.10	0.005	0.05	0.005	0.05	0.30
	AZ62M	—	余量	5.0~7.0	2.0~3.0	0.20~0.50	—	—	—	—	—	Be:0.01	0.10	0.05	0.05	0.005	0.01	0.30
	AZ63B	—	余量	5.3~6.7	2.5~3.5	0.15~0.6	—	—	—	—	—	—	0.08	0.003	0.01	0.001	—	0.30
	AZ80A	—	余量	7.8~9.2	0.20~0.8	0.12~0.50	—	—	—	—	—	—	0.10	0.005	0.05	0.005	—	0.30
	AZ80M	—	余量	7.8~9.2	0.20~0.8	0.15~0.50	—	—	—	—	—	Be:0.01	0.10	0.05	0.05	0.005	0.01	0.30
	AZ80S	ISO-WD21170	余量	7.8~9.2	0.20~0.8	0.12~0.40	—	—	—	—	—	—	0.10	0.005	0.05	0.005	0.05	0.30
	AZ91D	—	余量	8.5~9.5	0.45~0.9	0.17~0.40	—	—	—	—	—	Be:0.0005~0.003	0.08	0.004	0.02	0.001	0.01	—
	AM41M	—	余量	3.0~5.0	—	0.50~1.5	—	—	—	—	—	—	0.01	0.005	0.10	0.004	—	0.30
	AM81M	—	余量	7.5~9.0	0.20~0.50	0.50~2.0	—	—	—	—	—	—	0.01	0.005	0.10	0.004	—	0.30
	AE90M	—	余量	8.0~9.5	0.30~0.9	—	0.20~1.2③	—	—	—	—	—	0.01	0.005	0.10	0.004	—	0.20
	AW90M	—	余量	8.0~9.5	0.30~0.9	—	—	—	0.20~1.2	—	—	—	0.01	—	0.10	0.004	—	0.20

	AQ80M	—	余量	7.5~8.5	0.35~0.55	0.15~0.35	0.01~0.10	—	—	—	—	Ag:0.02~0.8 Ca:0.001~0.02	0.05	0.02	0.02	0.001	0.01	0.30
	AL33M	—	余量	2.5~3.5	0.50~0.8	0.20~0.40	—	—	—	—	1.0~3.0	—	0.01	0.005	0.0015	0.0005	0.02	0.15
	AJ31M	—	余量	2.5~3.5	0.20	0.6~0.8	—	—	—	—	—	Sr:0.9~1.5	0.10	0.02	0.05	0.005	0.05	0.15
	AT11M	—	余量	0.50~1.2	—	0.10~0.30	—	—	—	—	—	Sn:0.6~1.2	0.01	0.004	—	—	0.01	0.15
	AT51M	—	余量	4.5~5.5	—	0.20~0.50	—	—	—	—	—	Sn:0.8~1.3	0.02	0.005	—	—	0.05	0.15
	AT61M	—	余量	6.0~6.8	—	0.20~0.40	—	—	—	—	—	Sn:0.7~1.3	0.02	0.005	—	—	0.05	0.15
MgZn	ZA73M	—	余量	2.5~3.5	6.5~7.5	0.01	Er:0.30~0.9	—	—	—	—	—	0.0005	0.01	0.001	0.0001	—	0.30
	ZM21M	—	余量	—	1.0~2.5	0.50~1.5	—	—	—	—	—	—	0.01	0.005	0.10	0.004	—	0.30
	ZM21N	—	余量	0.02	1.3~2.4	0.30~0.9	Ce:0.10~0.6	—	—	—	—	—	0.01	0.008	0.006	0.004	0.01	0.20
	ZM51M	—	余量	—	4.5~6.0	0.50~2.0	—	—	—	—	—	—	0.01	0.005	0.10	0.004	—	0.30
	ZE10A	—	余量	—	1.0~1.5	—	0.12~0.22	—	—	—	—	—	—	—	—	—	—	0.30
	ZE20M	—	余量	0.02	1.8~2.4	0.50~0.9	Ce:0.10~0.6	—	—	—	—	—	0.01	0.008	0.006	0.004	0.01	0.20
	ZE90M	—	余量	0.0001	8.5~9.0	0.01	Er:0.45~0.50	—	—	0.30~0.50	—	—	0.0005	0.0001	0.001	0.0001	0.01	0.15
	ZW62M	—	余量	0.01	5.0~6.5	0.20~0.8	Ce:0.12~0.25	—	1.0~2.5	0.50~0.9	—	Ag:0.20~1.6 Cd:0.10~0.6	0.05	0.005	0.05	0.005	0.05	0.30

（续）

组别	牌号	对应ISO 3116:2007的数字牌号	化学成分(质量分数,%)															
			Mg	Al	Zn	Mn	RE	Gd	Y	Zr	Li		Si	Fe	Cu	Ni	其他元素①	
																	单个	总计
MgZn	ZW62N	—	余量	0.20	5.5~6.5	0.6~0.8	—	—	1.6~2.4	—	—	—	0.10	0.02	0.05	0.005	0.05	0.15
	ZK40A	—	余量	—	3.5~4.5	—	—	—	—	≥0.45	—	—	—	—	—	—	—	0.30
	ZK60A	—	余量	—	4.8~6.2	—	—	—	—	≥0.45	—	—	—	—	—	—	—	0.30
	ZK61M	—	余量	0.05	5.0~6.0	0.10	—	—	—	0.30~0.9	—	Be:0.01	0.05	0.05	0.05	0.005	0.01	0.30
	ZK61S	ISO-WD32260	余量	—	4.8~6.2	—	—	—	—	0.45~0.8	—	—	—	—	—	—	0.05	0.30
	ZC20M	—	余量	—	1.5~2.5	—	Ce:0.20~0.6	—	—	—	—	—	0.02	0.02	0.30~0.6	—	0.01	0.05
MgMn	M1A	—	余量	—	—	1.2~2.0	—	—	—	—	—	0.30Ca	0.10	—	0.05	0.01	—	0.30
	M1C	—	余量	0.01	—	0.50~1.3	—	—	—	—	—	—	0.05	0.01	0.01	0.001	0.05	0.30
	M2M	—	余量	0.20	0.30	1.3~2.5	—	—	—	—	—	0.01Be	0.10	0.05	0.05	0.007	0.01	0.20
	M2S	ISO-WD43150	余量	—	—	1.2~2.0	—	—	—	—	—	—	0.10	—	0.05	0.01	0.05	0.30
	ME20M	—	余量	0.20	0.30	1.3~2.2	Ce:0.15~0.35	—	—	—	—	0.01Be	0.10	0.05	0.05	0.007	0.01	0.30
MgRE	EZ22M	—	余量	0.001	1.2~2.0	0.01	Er:2.0~3.0	—	—	0.10~0.50	—	—	0.0005	0.001	0.001	0.0001	0.01	0.15

	VE82M	—	余量	—	—	—	0.50~2.5③	7.5~9.5	—	0.40~1.0	—	—	0.01	0.05	—	0.004	—	0.30
	VW64M	—	余量	—	0.30~1.0	—	—	5.5~6.5	3.0~4.5	0.30~0.7	—	Ag:0.20~1.0 Ca:0.002~0.02	0.05	0.02	0.02	0.001	0.01	0.30
MgGd	VW75M	—	余量	0.01	—	0.10	Nd:0.9~1.5	6.5~7.5	4.6~5.7	0.40~1.0	—	—	0.01	—	0.10	0.004	—	0.30
	VW83M	—	余量	0.02	0.10	0.05	—	8.0~9.0	2.8~3.5	0.40~0.6	—	—	0.05	0.01	0.02	0.005	0.01	0.15
	VW84M	—	余量	—	1.0~2.0	0.6~1.0	—	7.5~9.0	3.5~5.0	—	—	—	0.05	0.01	0.02	0.005	0.01	0.15
	VK41M	—	余量	—	—	—	—	3.8~4.2	—	0.8~1.2	—	—	0.02	0.01	—	—	0.03	0.30
MgY	WZ52M	—	余量	—	1.5~2.5	0.35~0.55	—	—	4.0~6.0	0.50~1.5	—	Cd:0.15~0.50	0.05	0.01	0.04	0.005	—	0.30
	WE43B	—	余量	—	Zn+Ag:0.20	0.03	Nd:2.0~2.5,其他≤1.9④	—	3.7~4.3	0.40~1.0	0.20	—	—	0.01	0.02	0.005	0.01	—
	WE43C	—	余量	—	0.06	0.03	Nd:2.0~2.5,其他0.30~1.0⑤	—	3.7~4.3	0.20~1.0	0.05	—	—	0.005	0.02	0.002	0.01	—
	WE54A	—	余量	—	0.20	0.03	Nd:1.5~2.0,其他≤2.0④	—	4.8~5.5	0.40~1.0	0.20	—	0.01	—	0.03	0.005	0.20	—

（续）

组别	牌号	对应ISO 3116:2007的数字牌号	化学成分（质量分数，%）														
			Mg	Al	Zn	Mn	RE	Gd	Y	Zr	Li		Si	Fe	Cu	Ni	其他元素①	
																	单个	总计
MgY	WE71M	—	余量	—	—	—	0.7~2.5③	—	6.7~8.5	0.40~1.0	—	—	0.01	0.05	—	0.004	—	0.30
	WE83M	—	余量	0.01	—	0.10	Nd:2.4~3.4	—	7.4~8.5	0.40~1.0	—	—	0.01	—	0.10	0.004	—	0.30
	WE91M	—	余量	0.10	—	—	0.7~1.9③	—	8.2~9.5	0.40~1.0	—	—	0.01	—	—	0.004	—	0.30
	WE93M	—	余量	0.10	—	—	2.5~3.7③	—	8.2~9.5	0.40~1.0	—	—	0.01	—	—	0.004	—	0.30
MgLi	LA43M	—	余量	2.5~3.5	2.5~3.5	—	—	—	—	—	3.5~4.5	—	0.50	0.05	0.05	—	0.05	0.30
	LA86M	—	余量	5.5~6.5	0.50~1.5	—	—	—	0.50~1.2	—	7.0~9.0	Cd:2.0~4.0 Ag:0.50~1.5 K:0.005 Na:0.005	0.10~0.40	0.01	0.04	0.005	—	0.30
	LA103M	—	余量	2.5~3.5	0.8~1.8	—	—	—	—	—	9.5~10.5	—	0.50	0.05	0.05	—	0.05	0.30
	LA103Z	—	余量	2.5~3.5	2.5~3.5	—	—	—	—	—	9.5~10.5	—	0.50	0.05	0.05	—	0.05	0.30

① 其他元素指在本表表头中列出了元素符号，但在本表中却未规定极限数值含量的元素。

② 铁的质量分数不大于0.005%时，不必限制锰的最小极限值。

③ 稀土为富铈混合稀土，其化学成分（质量分数）为Ce 50%，La 30%，Nd 15%，Pr 5%。

④ 其他稀土为中重稀土，例如：钆、镝、铒、镱。其他稀土源生自钇，典型的是化学成分（质量分数）为80%钇、20%的重稀土。

⑤ 其他稀土为中重稀土，例如：钆、镝、铒、钐和镱。钆+镝+铒的质量分数为0.3%~1.0%。钐的质量分数不大于0.04%，镱的质量分数不大于0.02%。

2. 镁合金新旧牌号对照表（见表 12-2）

表 12-2 镁合金新旧牌号对照表（YS/T 627—2013）

新牌号	旧牌号	新牌号	旧牌号
M2M	MB1	AZ80M	MB7
AZ40M	MB2	ME20M	MB8
AZ41M	MB3	ZK61M	MB15
AZ61M	MB5	Mg99.50	Mg1
AZ62M	MB6	Mg99.00	Mg2

12.2 镁及镁合金棒材

12.2.1 镁及镁合金热挤压棒

1. 镁及镁合金热挤压棒的牌号和状态（见表 12-3）

表 12-3 镁及镁合金热挤压棒的牌号和状态（GB/T 5155—2022）

牌号	状态
Mg9999、AZ31B、AZ40M、AZ41M、AZ61A、AZ61M、AZ91D、AM91M、ME20M、WN54M、LZ91N、LA93M、LA93Z	H112
ZK61M、ZK61S、VW75M、ZM51M、VW83M、VW93M	T5
AZ80A、VW84M、VW84N、VW94M	H112、T5
AQ80M	H112、T6
VW92M	H112、T5、T6

2. 部分镁合金热挤压棒的牌号和化学成分（见表 12-4）

表 12-4 部分镁合金热挤压棒的牌号和化学成分（GB/T 5155—2022）

牌号	化学成分(质量分数,%)														
	Mg	Al	Zn	Mn	RE	Gd	Y	Zr	Li	Ag	Si	Fe	Cu	Ni	其他元素	
															单个	总计
AM91M	余量	8.0~10.0	—	0.5~1.2	—	—	—	—	—	—	0.008	0.009	—	—	0.02	0.20
VW84N	余量	—	—	0.6~1.0	—	7.9~9.0	3.5~5.0	—	—	—	0.05	0.01	0.02	1.0~3.0	0.02	0.20
VW93M	余量	—	—	—	0.02~0.30Er	8.0~9.6	1.8~3.2	0.3~0.7	—	0.02~0.50	0.02	0.02	0.005	0.003	0.01	0.10
VW94M	余量	—	0.8~1.5	—	—	8.5~9.5	3.5~4.5	0.4~0.7	—	—	—	0.005	0.005	0.005	0.02	0.30
VW92M	余量	—	1.6~2.4	—	0.7~1.4Nd	8.8~9.8	1.6~2.4	0.4~1.0	—	—	—	0.01	0.02	0.005	0.02	0.20
WN54M	余量	—	—	—	—	—	4.5~6.0	—	—	—	0.05	0.01	0.02	3.5~5.0	0.02	0.20
LZ91N	余量	—	0.5~1.5	0.05	—	—	—	—	8.5~9.5	—	0.05	0.01	0.05	0.005	0.05	0.30
LA93M	余量	2.5~3.8	0.5~1.5	0.05	—	—	—	—	8.0~10.0	—	0.05	0.01	0.05	0.005	0.02	0.30
LA93Z	余量	2.5~3.5	2.5~3.5	0.05	—	—	—	—	8.5~10.3	—	0.05	0.01	0.05	0.005	0.02	0.30

3. 镁及镁合金热挤压棒的室温力学性能（见表 12-5）

表 12-5　镁及镁合金热挤压棒的室温力学性能（GB/T 5155—2022）

牌号	状态	棒材直径[①]/mm	抗拉强度 R_m/MPa	规定塑性延伸强度 $R_{p0.2}$/MPa	断后伸长率 A(%)
			≥		
Mg9999	H112	≤16	130	60	10.0
AZ31B	H112	≤130	220	140	7.0
AZ40M	H112	≤100	245	—	6.0
		>100~130	245	—	5.0
AZ41M	H112	≤130	250	—	5.0
AZ61A	H112	≤130	260	160	6.0
AZ61M	H112	≤130	265	—	8.0
AZ80A	H112	≤60	295	195	6.0
		>60~130	290	180	4.0
	T5	≤60	325	205	4.0
		>60~130	310	205	2.0
AZ91D	H112	≤100	330	240	9.0
ME20M	H112	≤50	215	—	4.0
		>50~100	205	—	3.0
		>100~130	195	—	2.0
ZK61M	T5	≤100	315	245	6.0
		>100~130	305	235	6.0
ZK61S	T5	≤130	310	230	5.0
AQ80M	H112	≤130	345	225	7.0
	T6	≤80	370	260	4.0
		>80~160	365	240	3.0
AM91M	H112	≤50	310	200	16.0
ZM51M	T5	≤50	320	280	5.0
VW75M	T5	≤80	430	350	5.0
		>80~160	350	250	3.0
VW83M	T5	≤100	420	320	8.0
VW84M	H112	≤65	380	270	9.0
		>65~160	360	230	9.0
	T5	≤65	460	360	3.0
		>65~160	440	350	3.0
VW84N	H112	≤80	370	260	6.0
		>80~160	350	240	6.0
	T5	≤80	450	340	3.0
		>80~160	440	320	3.0
VW93M	T5	≤160	350	280	5.0
VW94M	H112	≤80	360	280	10.0
		>80~160	350	260	8.0
	T5	≤80	400	310	8.0
		>80~160	380	300	5.0
VW92M	H112	≤50	350	260	10.0
	T5	≤50	360	260	8.0
	T6	≤50	380	270	6.0
WN54M	H112	≤80	370	280	10.0
		>80~160	350	260	6.0

（续）

牌号	状态	棒材直径①/mm	抗拉强度 R_m/MPa	规定塑性延伸强度 $R_{p0.2}$/MPa	断后伸长率 A(%)
			≥		
LZ91N	H112	≤20	145	100	30.0
		>20~50	135	95	25.0
		>50~200	130	95	25.0
LA93M	H112	≤20	185	155	20.0
		>20~50	175	145	15.0
		>50~200	165	135	15.0
LA93Z	H112	≤20	205	175	20.0
		>20~50	185	155	15.0
		>50~200	175	145	10.0

① 方棒、六角棒为内切圆直径。

12.2.2　高强度镁合金棒

1. 高强度镁合金棒的牌号、状态和规格（见表12-6）

表12-6　高强度镁合金棒的牌号、状态和规格（GB/T 38715—2020）

牌号	状态	规格尺寸①/mm
VW75M、VW93M	T5	≤160
VW83M	T5	≤100
AQ80M	T6	≤160
WN54M	H112	
VW84M、VW94M、VW84N	H112、T5	
VW92	H112、T5、T6	≤50

① 圆形棒材规格尺寸为棒材直径，方棒和六角棒规格尺寸为棒材内切圆直径。

2. 部分高强度镁合金棒的化学成分（见表12-7）

表12-7　部分高强度镁合金棒的化学成分（GB/T 38715—2020）

组别	牌号	化学成分(质量分数,%)												其他元素	
		Mg	Zn	Mn	RE	Gd	Y	Zr	Ag	Si	Fe	Cu	Ni	单个	总计
MgGdYZr	VW93M	余量	—	—	0.02~0.30Er	8.0~9.6	1.8~3.2	0.3~0.7	0.02~0.50	0.02	0.02	0.005	0.003	0.01	0.1
MgGdYZnZr	VW94M	余量	0.8~1.5	—	—	8.5~9.5	3.5~4.5	0.4~0.7	—	—	0.005	0.005	0.005	0.02	0.3
MgGdYNiMn	VW84N	余量	—	0.6~1.0	—	7.9~9.0	3.5~5.0	—	—	0.05	0.01	0.02	1.0~3.0	0.02	0.2
MgNiY	WN54M	余量	—	—	—	—	4.5~6.0	—	—	0.05	0.01	0.02	3.5~5.0	0.02	0.2
MgGdYZnNdZr	VW92	余量	1.6~2.4	—	0.7~1.4Nd	8.8~9.8	1.6~2.4	0.4~1.0	—	—	0.01	0.02	0.005	0.02	0.2

3. 高强度镁合金棒的室温力学性能（见表12-8）

表12-8 高强度镁合金棒的室温力学性能（GB/T 38715—2020）

牌号	规格尺寸①/mm	状态	抗拉强度 R_m/MPa	规定塑性延伸强度 $R_{p0.2}$/MPa	断后伸长率 A(%)
			≥		
AQ80M	≤80	T6	370	260	4.0
	>80~160	T6	365	240	3.0
VW75M	≤80	T5	430	350	5.0
	>80~160	T5	350	250	3.0
VW83M	≤100	T5	420	320	8.0
VW84M	≤65	H112	380	270	9.0
		T5	460	360	3.0
	>65~160	H112	360	230	9.0
		T5	440	350	3.0
VW93M	≤160	T5	350	280	5.0
VW94M	≤80	H112	360	280	10.0
		T5	400	310	8.0
	>80~160	H112	350	260	8.0
		T5	380	300	5.0
VW84N	≤80	H112	370	260	6.0
		T5	450	340	3.0
	>80~160	H112	350	240	6.0
		T5	440	320	3.0
WN54M	≤80	H112	370	280	10.0
	>80~160	H112	350	260	6.0
VW92	≤50	H112	350	280	10.0
		T5	360	260	8.0
		T6	380	270	6.0

① 圆形棒材规格尺寸为棒材直径，方棒和六角棒规格尺寸为棒材内切圆直径。

12.2.3 镁及镁合金挤制矩形棒

1. 镁及镁合金挤制矩形棒的牌号、状态和规格（见表12-9）

表12-9 镁及镁合金挤制矩形棒的牌号、状态和规格（YS/T 588—2006）

牌号	状态	规格
AZ31B、AZ61A、M1A	H112	供需双方商定
ZK60A、ZK61A、AZ80A	H112、T5	
ZK40A	T5	

2. 镁及镁合金挤制矩形棒的室温力学性能（见表12-10）

表12-10 镁及镁合金挤制矩形棒的室温力学性能（YS/T 588—2006）

牌号	供应状态	公称厚度/mm	横截面积/mm^2	抗拉强度 R_m/MPa	规定塑性延伸强度 $R_{p0.2}$/MPa	断后伸长率(%)
				≥		
AZ31B	H112	≤6.30	所有	240	145	7
AZ61A	H112	≤6.30	所有	260	145	8
AZ80A	H112	≤6.30	所有	295	195	9
	T5	≤6.30	所有	325	205	4
M1A	H112	≤6.30	所有	205	—	2

（续）

牌号	供应状态	公称厚度/mm	横截面积/mm^2	抗拉强度 R_m/MPa	规定塑性延伸强度 $R_{p0.2}$/MPa	断后伸长率(%)
				≥		
ZK40A	T5	所有	≤3200	275	255	4
ZK60A	H112	所有	≤3200	295	215	5
	T5	所有	≤3200	310	250	4

12.3　镁合金管材

12.3.1　镁合金热挤压管

1. 镁合金热挤压管的牌号和状态（见表 12-11）

表 12-11　镁合金热挤压管的牌号和状态（YS/T 495—2005）

牌号	状态	牌号	状态
AZ31B	H112	M2S	H112
AZ61A	H112	ZK61S	H112、T5

2. 镁合金热挤压管的室温力学性能（见表 12-12）

表 12-12　镁合金热挤压管的室温力学性能（YS/T 495—2005）

牌号	状态	管材壁厚/mm	抗拉强度 R_m/MPa	规定塑性延伸强度 $R_{p0.2}$/MPa	断后伸长率 A(%)
			≥		
AZ31B	H112	0.70~6.30	220	140	8
		>6.30~20.00	220	140	4
AZ61A	H112	0.70~20.00	250	110	7
M2S	H112	0.70~20.00	195	—	2
ZK61S	H112	0.70~20.00	275	195	5
	T5	0.70~6.30	315	260	4
		2.50~30.00	305	230	4

注：壁厚<1.60mm 的管材不要求规定塑性延伸强度。

12.3.2　镁合金热挤压无缝管

1. 镁合金热挤压无缝管的牌号和状态（见表 12-13）

表 12-13　镁合金热挤压无缝管的牌号和状态（YS/T 697—2009）

牌号	状态	牌号	状态
AZ31B	F	ZK61S	F、T5
AZ61A	F		

2. 镁合金热挤压无缝管的室温力学性能（见表 12-14）

表 12-14　镁合金热挤压无缝管的室温力学性能（YS/T 697—2009）

牌号	状态	抗拉强度 R_m/MPa	规定塑性延伸强度 $R_{p0.2}$/MPa	断后伸长率 A(%)
		≥		
AZ31B	F	220	140	10
AZ61A	F	260	150	10

（续）

牌号	状态	抗拉强度 R_m/MPa	规定塑性延伸强度 $R_{p0.2}$/MPa	断后伸长率 A(%)
		≥		
ZK61S	F	275	195	4
	T5	315	260	4

12.4 镁及镁合金型材

12.4.1 镁及镁合金热挤压型材

1. 镁及镁合金热挤压型材的牌号和状态（见表 12-15）

表 12-15 镁及镁合金热挤压型材的牌号和状态（GB/T 5156—2022）

牌号	状态
Mg9999、AZ31B、AZ40M、AZ41M、AZ61A、AZ61M、ME20M、M1C、M2S、ZE20M	H112
AZ80A	H112、T5
ZK60A、ZM51M、ZK61M、ZK61S、VW75M	T5

2. 镁及镁合金热挤压型材的室温力学性能（见表 12-16）

表 12-16 镁及镁合金热挤压型材的室温力学性能（GB/T 5156—2022）

牌号	供货状态	产品类型	抗拉强度 R_m/MPa	规定塑性延伸强度 $R_{p0.2}$/MPa	断后伸长率 A(%)
			≥		
Mg9999	H112	型材	130	60	10.0
AZ31B	H112	实心型材	220	140	7.0
		空心型材	220	110	5.0
AZ40M	H112	型材	240	—	5.0
AZ41M	H112	型材	250	—	5.0
AZ61A	H112	实心型材	260	160	6.0
		空心型材	250	110	7.0
AZ61M	H112	型材	265	—	8.0
AZ80A	H112	型材	295	195	4.0
	T5	型材	310	215	4.0
ZE20M	H112	型材	210	120	19.0
ZK60A	T5	型材	310	235	12.0
ZK61M	T5	型材	310	245	7.0
ZK61S	T5	型材	310	230	5.0
ZM51M	T5	型材	310	260	10.0
M1C	H112	型材	215	140	13.0
M2S	H112	型材	210	155	10.0
ME20M	H112	型材	290	—	9.0
VW75M	T5	型材	430	320	3.0

注：截面积大于 $140cm^2$ 的型材力学性能附实测结果。

12.4.2 高导热镁合金型材

1. 高导热镁合金型材的牌号和状态（见表 12-17）

表 12-17 高导热镁合金型材的牌号和状态（GB/T 38714—2020）

牌号	状态
M1C、M2S、ME20M、ZE20M	H112
ZK60A、ZM51M	T5

2. 高导热镁合金型材的室温力学性能（见表 12-18）

表 12-18 高导热镁合金型材的室温力学性能（GB/T 38714—2020）

牌号	状态	抗拉强度 R_m/MPa	规定塑性延伸强度 $R_{p0.2}$/MPa	断后伸长率 A(%)
		≥		
M1C	H112	215	140	13.0
M2S	H112	210	155	10.0
ZE20M	H112	210	120	19.0
ME20M	H112	185	135	8.0
ZK60A	T5	310	235	12.0
ZM51M	T5	310	260	10.0

3. 高导热镁合金型材的热导率（见表 12-19）

表 12-19 高导热镁合金型材的热导率（GB/T 38714—2020）

牌号	状态	热导率/[W/(m·K)] ≥	牌号	状态	热导率/[W/(m·K)] ≥
M1C	H112	130	ME20M	H112	120
M2S	H112	125	ZK60A	T5	115
ZE20M	H112	125	ZM51M	T5	120

12.5 镁及镁合金板材与带材

12.5.1 镁及镁合金铸轧板

镁及镁合金铸轧板的牌号、状态和规格见表 12-20。

表 12-20 镁及镁合金铸轧板的牌号、状态和规格（YS/T 698—2009）

牌号	供应状态	厚度/mm	宽度/mm	长度/mm
Mg99.50、AZ31B、ME20M	O、F	3.00~8.00	≤1000	≤2000

12.5.2 镁及镁合金板与带

1. 镁及镁合金板与带的牌号、状态和规格（见表 12-21）

表 12-21 镁及镁合金板与带的牌号、状态和规格（GB/T 5154—2022）

牌号	状态	厚度/mm	宽度/mm	长度/mm
Mg9995	F	2.00~5.00	≤600	≤1000
M2M	O	0.80~10.00	400~1200	1000~3500
AZ40M	H112、F	>8.00~70.00	400~1200	1000~3500

（续）

牌号	状态	厚度/mm	宽度/mm	长度/mm
AZ41M	H18、O	0.40~2.00	≤1000	≤2000
	O	>2.00~10.0	400~1200	1000~3500
	H112、F	>8.00~70.00	400~1200	1000~2000
AZ31B	H24	>0.40~2.00	≤600	≤2000
		>2.00~8.00	≤1000	≤2000
		>8.00~32.00	400~1200	1000~3500
		>32.00~70.00	400~1200	1000~2000
	H26	6.30~50.00	400~1200	1000~2000
	O	0.40~1.00	≤600	—
		>1.00~8.00	≤1000	≤2000
		>8.00~70.00	400~1200	1000~2000
	H112、F	>8.00~70.00	400~1200	1000~2000
ME20M	H18、O	0.40~0.80	≤1000	≤2000
	H24、O	>0.80~10.00	400~1200	1000~3500
	H112、F	>8.00~32.00	400~1200	1000~3500
		>32.00~70.00	400~1200	1000~2000
AZ61A	H112	>0.50~6.00	60~400	≤1200
ZK61M	H112、T5	>8.00~32.00	400~1200	1000~3500
		>32.00~70.00	400~1200	≤2000
LZ91N、LA93M、LA93Z	H112、O	0.40~20.00	400~1200	1000~3500
		>20.00~70.00	400~1200	≤2000

2. LZ91N、LA93M、LA93Z 的化学成分（见表 12-22）

表 12-22　LZ91N、LA93M、LA93Z 的化学成分（GB/T 5154—2022）

牌号	化学成分（质量分数，%）										
	Al	Zn	Mn	Li	Si	Fe	Cu	Ni	Mg	其他	
										单个	总计
LZ91N	—	0.5~1.5	0.05	8.5~9.5	0.05	0.01	0.05	0.005	余量	0.05	0.30
LA93M	2.5~3.8	0.5~1.5	0.05	8.0~10.0	0.05	0.01	0.05	0.005	余量	0.02	0.30
LA93Z	2.5~3.5	2.5~3.5	0.05	8.5~10.3	0.05	0.01	0.05	0.005	余量	0.02	0.30

3. 镁及镁合金板与带的室温力学性能（见表 12-23）

表 12-23　镁及镁合金板与带的室温力学性能（GB/T 5154—2022）

牌号	状态	板材厚度/mm	抗拉强度 R_m/MPa	规定塑性延伸强度 $R_{p0.2}$/MPa	规定塑性压缩强度 $R_{pc0.2}$/MPa	断后伸长率（%）	
						A	A_{50mm}
			≥				
M2M	O	0.80~3.00	190	110	—	—	6.0
		>3.00~5.00	180	100	—	—	5.0
		>5.00~10.00	170	90	—	—	5.0

（续）

牌号	状态	板材厚度 /mm	抗拉强度 R_m/MPa	规定塑性延伸强度 $R_{p0.2}$/MPa	规定塑性压缩强度 $R_{pc0.2}$/MPa	断后伸长率（%） A	 A_{50mm}
			≥				
M2M	H112	8.00~12.50	200	90	—	—	4.0
		>12.50~20.00	190	100	—	4.0	—
		>20.00~70.00	180	110	—	4.0	—
AZ40M	O	0.80~3.00	240	130	—	—	12.0
		>3.00~10.00	230	120	—	—	12.0
	H112	8.00~12.50	230	140	—	—	10.0
		>12.50~20.00	230	140	—	8.0	—
		>20.00~70.00	230	140	70	8.0	—
AZ41M	H18	0.40~0.80	290	—	—	—	2.0
	O	0.40~3.00	250	150	—	—	12.0
		>3.00~5.00	240	140	—	—	12.0
		>5.00~10.00	240	140	—	—	10.0
	H112	8.00~12.50	240	140	—	—	10.0
		>12.50~20.00	250	150	—	6.0	—
		>20.00~70.00	250	140	80	10.0	—
AZ31B	O	0.40~3.00	225	150	—	—	12.0
		>3.00~12.50	225	140	—	—	12.0
		>12.50~70.00	225	140	—	10.0	—
	H24	0.40~8.00	270	200	—	—	6.0
		>8.00~12.50	255	165	—	—	8.0
		>12.50~20.00	250	150	—	8.0	—
		>20.00~70.00	235	125	—	8.0	—
	H26	6.30~10.00	270	186	—	—	6.0
		>10.00~12.50	265	180	—	—	6.0
		>12.50~25.00	255	160	—	6.0	—
		>25.00~50.00	240	150	—	5.0	—
	H112	8.00~12.50	230	140	—	—	10.0
		>12.50~20.00	230	140	—	8.0	—
		>20.00~32.00	230	140	70	8.0	—
		>32.00~70.00	230	130	60	8.0	—
ME20M	H18	0.40~0.80	260	—	—	—	2.0
	H24	>0.80~3.00	250	160	—	—	8.0
		>3.00~5.00	240	140	—	—	7.0
		>5.00~10.00	240	140	—	—	6.0

（续）

牌号	状态	板材厚度/mm	抗拉强度 R_m/MPa	规定塑性延伸强度 $R_{p0.2}$/MPa	规定塑性压缩强度 $R_{pc0.2}$/MPa	断后伸长率（%） A	断后伸长率（%） A_{50mm}
			≥				
ME20M	O	0.40~3.00	230	120	—	—	12.0
		>3.00~10.00	220	110	—	—	10.0
	H112	8.00~12.50	220	110	—	—	10.0
		>12.50~20.00	210	110	—	10.0	—
		>20.00~32.00	210	110	70	7.0	—
		>32.00~70.00	200	90	50	6.0	—
ZK61M	H112	8.00~12.50	265	160	—	—	6.0
		>12.50~20.00	260	150	—	6.0	—
		>20.00~32.00	260	145	—	7.0	—
		>32.00~70.00	250	140	—	7.0	—
	T5	8.00~12.50	280	195	—	—	5.0
		>12.50~20.00	275	190	—	6.0	—
		>20.00~32.00	270	180	—	6.0	—
		>32.00~70.00	265	170	—	6.0	—
LZ91N	O	0.40~3.00	130	95	—	—	25.0
		>3.00~12.50	130	90	—	—	25.0
		>12.50~20.00	120	90	—	20.0	—
	H112	2.00~12.50	135	100	—	—	25.0
		>12.50~70.00	125	95	—	20.0	—
LA93M	O	0.40~3.00	165	130	—	—	12.0
		>3.00~12.50	160	125	—	—	12.0
		>12.50~20.00	155	120	—	12.0	—
	H112	2.00~12.50	180	145	—	—	12.0
		>12.50~32.00	170	140	—	12.0	—
		>32.00~70.00	160	135	—	12.0	—
LA93Z	O	0.40~3.00	175	135	—	—	10.0
		>3.00~12.50	170	130	—	—	10.0
		>12.50~20.00	165	125	—	10.0	—
	H112	2.00~12.50	185	155	—	—	10.0
		>12.50~32.00	175	145	—	10.0	—
		>32.00~70.00	165	135	—	10.0	—

12.6 镁合金锻件

镁合金锻件的力学性能见表 12-24。

表 12-24 镁合金锻件的力学性能（GB/T 26637—2011）

牌号	状态	抗拉强度 R_m ≥		规定塑性延伸强度 $R_{p0.2}$ ≥		断后伸长率 A(%) ≥
		MPa	ksi	MPa	ksi	
AZ31B	F	234	34.0	131	19.0	6
AZ61A	F	262	38.0	152	22.0	6
AZ80A	F	290	42.0	179	26.0	5
AZ80A	T5	290	42.0	193	28.0	2
ZK60A 模锻件①	T5	290	42.0	179	26.0	7
ZK60A 模锻件①	T6	296	43.0	221	32.0	4

注：为保证与本表的一致性，每一抗拉强度值和屈服强度值都应修正至 0.7MPa（0.1ksi），每一伸长率值都应修正至最接近 0.5%，且应按照 ASTM E29 中的圆整方法进行修正。

① 只适用于厚度不大于 76mm（3in）的模锻件。自由锻件的抗拉强度要求可以降低，但需供需双方协商。

12.7 镁及镁合金铸造产品

12.7.1 原生镁锭

原生镁锭的牌号和化学成分见表 12-25。

表 12-25 原生镁锭的牌号和化学成分（GB/T 3499—2023）

牌号	化学成分①（质量分数,%）										
	M ≥	杂质 ≤									
		Fe	Si	Ni	Cu	Al	Mn	Ti	Pb	Sn	Zn	其他单个杂质
Mg99995	99.995	0.001	0.001	0.0002	0.0003	0.001	0.001	—	—	—	0.002	0.002
Mg9999	99.99	0.002	0.002	0.0003	0.0003	0.002	0.002	0.0005	0.001	0.002	0.003	—
Mg9998	99.98	0.002	0.003	0.0005	0.0005	0.004	0.002	0.001	0.001	0.004	0.004	—
Mg9995A	99.95	0.003	0.006	0.001	0.002	0.008	0.006	—	0.005	0.005	0.005	0.005
Mg9995B	99.95	0.005	0.015	0.001	0.002	0.015	0.015	—	0.005	0.005	0.01	0.01
Mg9995C	99.95	0.03	0.005	0.0015	0.001	0.005	0.006	—	0.005	0.005	0.005	0.005
Mg9990	99.90	0.04	0.03	0.001	0.004	0.02	0.03	—	—	—	—	0.01
Mg9980	99.80	0.05	0.05	0.002	0.02	0.05	0.05	—	—	—	—	0.05

① Cd、Hg、As、Cr^{6+}元素，供方可不作常规分析，但应监控其含量，要求 $w(Cd)+w(Hg)+w(As)+w(Cr^{6+})\leqslant 0.03\%$。

12.7.2 变形镁及镁合金铸锭

1. 变形镁及镁合金圆铸锭的牌号、状态和规格（见表 12-26）

表 12-26 变形镁及镁合金圆铸锭的牌号、状态和规格（YS/T 627—2013）

牌号	状态	公称直径	铸锭长度
Mg99.95、Mg99.80、Mg99.50、Mg99.00、M2M、AZ31B、AZ40M、AZ41M、AZ61A、AZ61M、AZ63B、AZ80A、AZ80M、ME20M、ZK61M、ZK61S、ZK40A、WE43B、WE54A、M1A	铸态或均匀化	<800	<6000

2. 变形镁及镁合金扁铸锭的牌号、状态和规格（见表 12-27）

表 12-27 变形镁及镁合金扁铸锭的牌号、状态和规格（YS/T 695—2008）

牌号	状态	厚度/mm	宽度/mm	长度/mm
M2M、AZ31B、AZ40M、AZ41M、ME20M、ZK61M、AZ80A	铸态	100~700	200~800	500~6000

12.7.3 铸造镁合金锭

铸造镁合金锭的牌号和化学成分见表12-28。

表12-28 铸造镁合金锭的牌号和化学成分（GB/T 19078—2016）

组别	牌号	对应 ISO 16220 的牌号	化学成分(质量分数,%)																		
			Mg	Al	Zn	Mn	RE	Gd	Y	Zr	Ag	Li	Sr	Ca	Be	Si	Fe	Cu	Ni	其他元素[①] 单个	其他元素[①] 总计
MgAl	AZ81A	—	余量	7.2~8.0	0.50~0.9	0.15~0.35	—	—	—	—	—	—	—	—	0.0005~0.002	0.20	—	0.08	0.01	—	0.30
	AZ81S	—	余量	7.2~8.5	0.45~0.9	0.17~0.40	—	—	—	—	—	—	—	—	—	0.05	0.004	0.02	0.001	0.01	—
	AZ91A	—	余量	8.5~9.5	0.45~0.9	0.15~0.40	—	—	—	—	—	—	—	—	—	0.20	—	0.08	0.01	—	0.30
	AZ91B	—	余量	8.5~9.5	0.45~0.9	0.15~0.40	—	—	—	—	—	—	—	—	—	0.20	—	0.25	0.01	—	0.30
	AZ91C	—	余量	8.3~9.2	0.45~0.9	0.15~0.35	—	—	—	—	—	—	—	—	—	0.20	—	0.08	0.01	—	0.30
	AZ91D	ISO-MB21120	余量	8.5~9.5	0.45~0.9	0.17~0.40	—	—	—	—	—	—	—	—	0.0005~0.003	0.08	0.004	0.02	0.001	0.01	—
	AZ91E	—	余量	8.3~9.2	0.45~0.9	0.17~0.50	—	—	—	—	—	—	—	—	—	0.20	0.005	0.02	0.001	0.01	0.30
	AZ91S	ISO-MB21121	余量	8.0~10.0	0.30~1.0	0.10~0.50	—	—	—	—	—	—	—	—	—	0.30	0.03	0.20	0.01	0.05	—
	AZ92A	—	余量	8.5~9.5	1.7~2.3	0.13~0.35	—	—	—	—	—	—	—	—	—	0.20	—	0.20	0.01	—	0.30
	AZ33M	—	余量	2.6~4.2	2.2~3.8	—	—	—	—	—	—	—	—	—	—	0.20	0.05	0.05	—	0.01	0.30
	AZ63A	—	余量	5.5~6.5	2.7~3.3	0.15~0.35	—	—	—	—	—	—	—	—	0.0005~0.002	0.05	0.005	0.02	0.001	—	0.30
	AM20S	ISO-MB21210	余量	1.7~2.5	0.20	0.35~0.6	—	—	—	—	—	—	—	—	—	0.05	0.004	0.008	0.001	0.01	—

	AM50A	ISO-MB21220	余量	4.5~5.3	0.30	0.28~0.50	—	—	—	—	—	—	—	—	0.0005~0.003	0.08	0.004	0.008	0.001	0.01	—
	AM60A	—	余量	5.6~6.4	0.20	0.15~0.50	—	—	—	—	—	—	—	—	—	0.20	—	0.25	0.01	—	0.30
	AM60B	ISO-MB21230	余量	5.6~6.4	0.30	0.26~0.50	—	—	—	—	—	—	—	—	0.005~0.003	0.08	0.004	0.008	0.001	0.01	—
	AM100A	—	余量	9.4~10.6	0.20	0.13~0.35	—	—	—	—	—	—	—	—	—	0.20	—	0.08	0.01	—	0.30
	AS21B	—	余量	1.9~2.5	0.25	0.05~0.15	0.06~0.25	—	—	—	—	—	—	—	0.0005~0.002	0.7~1.2	0.004	0.008	0.001	0.01	—
	AS21S	ISO-MB21310	余量	1.9~2.5	0.20	0.20~0.6	—	—	—	—	—	—	—	—	0.0005~0.002	0.7~1.2	0.004	0.008	0.001	0.01	—
	AS41A	—	余量	3.7~4.8	0.10	0.22~0.48	—	—	—	—	—	—	—	—	—	0.6~1.4	—	0.04	0.01	—	0.30
	AS41B	—	余量	3.7~4.8	0.10	0.35~0.6	—	—	—	—	—	—	—	—	0.0005~0.002	0.6~1.4	0.004	0.02	0.001	0.01	—
	AS41S	ISO-MB21320	余量	3.7~4.8	0.20	0.20~0.6	—	—	—	—	—	—	—	—	—	0.7~1.2	0.004	0.008	0.001	0.01	—
	AE44S[②]	ISO-MB21410	余量	3.6~4.4	0.20	0.15~0.50	3.6~4.6	—	—	—	—	—	—	—	—	0.08	0.004	0.008	0.001	0.01	—
	AE81M[③]	—	余量	7.2~8.4	0.6~0.8	0.30~0.40	1.2~1.8	—	—	—	—	—	0.05~0.10	—	—	0.01	0.006	—	—	0.05	0.15
	AJ52A	—	余量	4.6~5.5	0.20	0.26~0.50	—	—	—	—	—	—	1.8~2.3	—	0.0005~0.002	0.08	0.004	0.008	0.001	0.01	—
	AJ62A	—	余量	5.6~6.6	0.20	0.26~0.50	—	—	—	—	—	—	2.1~2.8	—	0.0005~0.002	0.08	0.004	0.008	0.001	0.01	—
	ZA81M	—	余量	0.8~1.2	7.5~8.2	0.50~0.7	—	—	—	—	—	—	—	—	—	0.05	0.005	0.40~0.6	0.005	—	0.10
MgZn	ZA84M[④]	—	余量	3.6~4.4	7.4~8.4	0.25~0.35	—	—	—	—	—	—	0.05~0.10	—	—	—	0.008	—	—	0.01	0.10
	ZE41A[②]	ISO-MB35110	余量	—	3.5~5.0	0.15	1.0~1.8	—	—	0.10~1.0	—	—	—	—	—	0.01	0.01	0.03	0.005	0.01	0.30

（续）

组别	牌号	对应 ISO 16220 的牌号	化学成分（质量分数，%）																	其他元素①	
			Mg	Al	Zn	Mn	RE	Gd	Y	Zr	Ag	Li	Sr	Ca	Be	Si	Fe	Cu	Ni	单个	总计
MgZn	ZK51A	—	余量	—	3.8~5.3	—	—	—	—	0.30~1.0	—	—	—	—	—	0.01	—	0.03	0.01	—	0.30
	ZK61A	—	余量	—	5.7~6.3	—	—	—	—	0.30~1.0	—	—	—	—	—	0.01	—	0.03	0.01	—	0.30
	ZQ81M	—	余量	—	7.5~9.0	—	0.6~1.2	—	—	0.30~1.0	—	—	—	—	—	—	—	0.10	0.01	—	0.30
	ZC63A	ISO-MB32110	余量	0.20	5.5~6.5	0.25~0.8	—	—	—	—	—	—	—	—	—	0.20	0.05	2.4~3.0	0.01	0.01	—
MgRE	EZ30M②	—	余量	—	0.20~0.7	—	2.5~4.0	—	—	0.30~1.0	—	—	—	—	—	—	—	0.10	0.01	0.01	0.30
	EZ30Z⑤	—	余量	—	0.14~0.7	0.05	2.0~3.5	—	—	0.30~1.0	—	—	—	0.50	—	0.01	0.01	0.03	0.005	0.01	0.30
	EZ33A②	ISO-MB65120	余量	—	2.0~3.0	0.15	2.4~4.0	—	—	0.10~1.0	—	—	—	—	—	0.01	0.01	0.03	0.005	0.01	0.30
	EV31A⑥	ISO-MB65410	余量	—	0.20~0.50	0.03	2.6~3.1	1.0~1.7	—	0.10~1.0	0.05	—	—	—	—	—	0.01	0.01	0.002	0.01	—
	EQ21A⑦	—	余量	—	—	—	1.5~3.0	—	—	0.30~1.0	1.3~1.7	—	—	—	—	0.01	—	0.05~0.10	0.01	—	0.30
	EQ21S⑦	ISO-MB65220	余量	—	0.20	0.15	1.5~3.0	—	—	0.10~1.0	1.3~1.7	—	—	—	—	0.01	0.01	0.03	0.005	0.01	—
MgGd	VW76S	—	余量	—	—	0.03	—	6.5~7.5	5.5~6.5	0.20~1.0	—	0.20	—	—	—	0.01	0.01	0.03	0.005	0.01	—
	VW103Z	—	余量	—	0.20	0.05	—	8.5~10.5	2.5~3.5	0.30~1.0	—	—	—	—	—	0.01	0.01	0.03	0.005	0.01	0.30
	VQ132Z	—	余量	0.02	0.50	0.05	—	12.5~14.5	—	0.30~1.0	1.0~2.5	—	—	0.50	—	0.05	0.01	0.02	0.005	0.01	0.30

MgY	WE43A⑧	ISO-MB95320	余量	—	0.2	0.15	2.4~4.4	—	3.7~4.3	0.10~1.0	—	0.20	—	—	—	0.01	0.01	0.03	0.005	0.01	0.30
	WE43B⑨	—	余量	—	—	0.03	2.4~4.4	—	3.7~4.3	0.30~1.0	—	0.18	—	—	—	—	0.01	0.02	0.004	0.01	—
	WE54A⑧	ISO-MB95310	余量	—	0.20	0.15	1.5~4.0	—	4.8~5.5	0.10~1.0	—	0.20	—	—	—	0.01	0.01	0.03	0.005	0.01	0.03
	WV115Z	—	余量	0.02	1.5~2.5	0.05	—	4.5~5.5	10.5~11.5	0.30~1.0	—	—	—	—	—	0.05	0.01	0.02	0.005	0.01	0.30
MgZr	K1A	—	余量	—	—	—	—	—	—	0.30~1.0	—	—	—	—	—	0.01	—	0.03	0.01	—	0.30
MgAg	QE22A⑨	—	余量	—	0.20	0.15	1.9~2.4	—	—	0.30~1.0	2.0~3.0	—	—	—	—	0.01	—	0.03	0.01	—	0.30
	QE22S⑨	ISO-MB65210	余量	—	0.20	0.15	2.0~3.0	—	—	0.10~1.0	2.0~3.0	—	—	—	—	0.01	0.01	0.03	0.005	0.01	—

注：1. 表中含量有上下限者为合金元素，含量为单个数值者为最高限，“—”为未规定具体数值。

2. AS21B、AJ52A、AJ62A、ZA81M、EZ30Z、WV115Z、EV31A、VW76S、VW103Z 和 VQ132Z 合金为专利合金，受专利权保护。在使用前，请确定合金的专利有效性，并承担相关的责任。

① 其他元素是指在本表表头中列出了元素符号，但在本表中却未规定极限数值含量的元素。

② 稀土为富铈混合稀土。

③ 稀土为纯铈稀土，其中还含有 Sb，其质量分数为 0.20%~0.30%。

④ 合金中还含有 Sn，其质量分数为 0.8%~1.4%。

⑤ 稀土为富钕混合稀土或纯钕稀土。当稀土为富钕混合稀土时，Nd 的质量分数不小于 85%。

⑥ 稀土元素钕的质量分数为 2.6%~3.1%，其他稀土元素的最大质量分数为 0.4%，主要可以是 Ce、La 和 Pr。

⑦ 稀土为富钕混合稀土，Nd 的质量分数不小于 70%。

⑧ 稀土中富钕和中重稀土，WE54A、WE43A 和 WE43B 合金中含 Nd，其质量分数分别为 1.5%~2.0%、2.0%~2.5% 和 2.0%~2.5%，余量为中重稀土，中重稀土主要包括：Gd、Dy、Er 和 Yb。

⑨ 其中 Zn 与 Ag 的质量分数之和不大于 0.20%。

12.7.4 铸造镁合金

1. 铸造镁合金的牌号和化学成分（见表 12-29）

表 12-29 铸造镁合金的牌号和化学成分（GB/T 1177—2018）

牌号	代号	Mg	化学成分①（质量分数,%）											其他元素②	
			Al	Zn	Mn	RE	Zr	Ag	Nd	Si	Fe	Cu	Ni	单个	总量
ZMgZn5Zr	ZM1	余量	0.02	3.5~5.5	—	—	0.5~1.0	—	—	—	—	0.10	0.01	0.05	0.30
ZMgZn4RE1Zr	ZM2	余量	—	3.5~5.0	0.15	0.75~1.75③	0.4~1.0	—	—	—	—	0.10	0.01	0.05	0.30
ZMgRE3ZnZr	ZM3	余量	—	0.2~0.7	—	2.5~4.0③	0.4~1.0	—	—	—	—	0.10	0.01	0.05	0.30
ZMgRE3Zn3Zr	ZM4	余量	—	2.0~3.1	—	2.5~4.0③	0.5~1.0	—	—	—	—	0.10	0.01	0.05	0.30
ZMgAl8Zn	ZM5	余量	7.5~9.0	0.2~0.8	0.15~0.5	—	—	—	—	0.30	0.05	0.10	0.01	0.10	0.50
ZMgAl8ZnA	ZM5A	余量	7.5~9.0	0.2~0.8	0.15~0.5	—	—	—	—	0.10	0.005	0.015	0.001	0.01	0.20
ZMgNd2ZnZr	ZM6	余量	—	0.1~0.7	—	—	0.4~1.0	—	2.0~2.8④	—	—	0.10	0.01	0.05	0.30
ZMgZn8AgZr	ZM7	余量	—	7.5~9.0	—	—	0.5~1.0	0.6~1.2	—	—	—	0.10	0.01	0.05	0.30
ZMgAl10Zn	ZM10	余量	9.0~10.7	0.6~1.2	0.1~0.5	—	—	—	—	0.30	0.05	0.10	0.01	0.05	0.50
ZMgNd2Zr	ZM11	余量	0.02	—	—	—	0.4~1.0	—	2.0~3.0④	0.01	0.01	0.03	0.005	0.05	0.20

注：含量有上下限者为合金主元素，含量为单个数值者为最高限，“—”为未规定具体数值。

① 合金可加入铍，其质量分数不大于 0.002%。

② 其他元素是指在本表头列出了元素符号，但在本表中却未规定极限数值含量的元素。

③ 稀土为富铈混合稀土或稀土中间合金。当稀土为富铈混合稀土时，稀土金属总的质量分数不小于 98%，铈的质量分数不小于 45%。

④ 稀土为富钕混合稀土，钕的质量分数不小于 85%，其中 Nd、Pr 的质量分数之和不小于 95%。

2. 铸造镁合金的力学性能

（1）铸造镁合金的室温力学性能（见表 12-30）

表 12-30 铸造镁合金的室温力学性能（GB/T 1177—2018）

牌号	代号	热处理状态	抗拉强度 R_m/MPa	规定塑性延伸强度 $R_{p0.2}$/MPa	断后伸长率 A(%)
			≥		
ZMgZn5Zr	ZM1	T1	235	140	5.0
ZMgZn4RE1Zr	ZM2	T1	200	135	2.5
ZMgRE3ZnZr	ZM3	F	120	85	1.5
		T2	120	85	1.5
ZMgRE3Zn3Zr	ZM4	T1	140	95	2.0
ZMgAl8Zn ZMgAl8ZnA	ZM5 ZM5A	F	145	75	2.0
		T1	155	80	2.0
		T4	230	75	6.0
		T6	230	100	2.0

（续）

牌号	代号	热处理状态	抗拉强度 R_m/MPa	规定塑性延伸强度 $R_{p0.2}$/MPa	断后伸长率 A(%)
			≥		
ZMgNd2ZnZr	ZM6	T6	230	135	3.0
ZMgZn8AgZr	ZM7	T4	265	110	6.0
		T6	275	150	4.0
ZMgAl10Zn	ZM10	F	145	85	1.0
		T4	230	85	4.0
		T6	230	130	1.0
ZMgNd2Zr	ZM11	T6	225	135	3.0

（2）铸造镁合金砂型单铸试样的高温力学性能（见表12-31）

表12-31　铸造镁合金砂型单铸试样的高温力学性能（GB/T 1177—2018）

牌号	代号	热处理状态	抗拉强度 R_m/MPa ≥		蠕变强度/MPa ≥	
			200℃	250℃	200℃	250℃
ZMgZn4RE1Zr	ZM2	T1	110	—	—	—
ZMgRE3ZnZr	ZM3	F	—	110	50	25
ZMgRE3Zn3Zr	ZM4	T1	—	100	50	25
ZMgNd2ZnZr	ZM6	T6	—	145	—	30
ZMgNd2Zr	ZM11	T6	—	145	—	25

12.7.5　镁合金铸件

1. 镁合金铸件的分类（见表12-32）

表12-32　镁合金铸件的分类（GB/T 13820—2018）

类别	定义
Ⅰ	承受重载荷，工作条件复杂，用于关键部位，铸件损坏将危及整机安全运行的重要铸件
Ⅱ	承受中等载荷，用于重要部位，铸件损坏将影响部件的正常工作，造成事故的铸件
Ⅲ	承受轻载荷或不承受载荷，用于一般部位的铸件

2. 镁合金铸件的力学性能

Ⅰ类铸件本体或附铸试样的力学性能应符合表12-33的规定，Ⅱ类铸件本体或附铸试样的力学性能由供需双方商定，Ⅲ类铸件可不检验力学性能。Ⅰ类、Ⅱ类铸件单铸试样的力学性能应符合GB/T 1177—2018的规定（见表12-30和表12-31）。

表12-33　Ⅰ类铸件本体或附铸试样的力学性能（GB/T 13820—2018）

牌号	代号	取样部位	铸造方法	取样部位厚度/mm	热处理状态	抗拉强度 R_m/MPa		规定塑性延伸强度 $R_{p0.2}$/MPa		断后伸长率 A(%)	
						平均值	最小值	平均值	最小值	平均值	最小值
ZMgZn5Zr	ZM1	无规定	S、J	无规定	T1	205	175	120	100	2.5	—
ZMgZn4RE1Zr	ZM2		S		T1	165	145	100	—	1.5	—
ZMgRE3ZnZr	ZM3		S、J		T2	105	90	—	—	1.5	1.0
ZMgRE3Zn3Zr	ZM4		S		T1	120	100	90	80	2.0	1.0
ZMgAl8Zn ZMgAl8ZnA	ZM5 ZM5A	Ⅰ类铸件指定部位	S	≤20	T4	175	145	70	60	3.0	1.5
					T6	175	145	90	80	1.5	1.0
				>20	T4	160	125	70	60	2.0	1.0
					T6	160	125	90	80	1.0	—

（续）

牌号	代号	取样部位	铸造方法	取样部位厚度/mm	热处理状态	抗拉强度 R_m/MPa		规定塑性延伸强度 $R_{p0.2}$/MPa		断后伸长率 A(%)	
						平均值	最小值	平均值	最小值	平均值	最小值
ZMgAl8Zn ZMgAl8ZnA	ZM5 ZM5A	Ⅰ类铸件指定部位	J	无规定	T4	180	145	70	60	3.5	2.0
					T6	180	145	90	80	2.0	1.0
		Ⅰ类铸件非指定部位，Ⅱ类铸件	S	≤20	T4	165	130	—	—	2.5	—
					T6	165	130	—	—	1.0	—
				>20	T4	150	120	—	—	1.5	—
					T6	150	120	—	—	1.0	—
			J		T4	170	135	—	—	2.5	1.5
					T6	170	135	—	—	1.0	—
ZMgNd2ZnZr	ZM6	无规定	S、J	无规定	T6	180	150	120	100	2.0	1.0
ZMgZn8AgZr	ZM7	Ⅰ类铸件指定部位	S		T4	220	190	110	—	4.0	3.0
					T6	235	205	135	—	2.5	1.5
		Ⅰ类铸件非指定部位，Ⅱ类铸件			T4	205	180	—	—	3.0	2.0
					T6	230	190	—	—	2.0	—
ZMgAl10Zn	ZM10	无规定	S、J		T4	180	150	70	60	2.0	—
					T6	180	150	110	90	0.5	—
ZMgNd2Zr	ZM11				T6	175	145	120	100	2.0	1.0

注：1. “S”表示砂型铸件，“J”表示金属型铸件；当铸件某一部分的两个主要散热面在砂芯中成形时，按砂型铸件的性能指标。

2. 平均值是指铸件上三根试样的平均值，最小值是指三根试样中允许有一根低于平均值但不低于最小值。

12.7.6 镁合金压铸件

1. 镁合金压铸件的牌号和化学成分（见表 12-34）

表 12-34 镁合金压铸件的牌号和化学成分（GB/T 25747—2022）

牌号	代号	化学成分(质量分数,%)										
		Al	Zn	Mn	Si	Cu	Ni	Fe	RE	Sr	其他元素	Mg
YZMgAl2Si	YM102	1.8~2.5	≤0.20	0.18~0.70	0.70~1.20	≤0.01	≤0.001	≤0.005	—	—	≤0.01	余量
YZMgAl2Si(B)	YM103	1.8~2.5	≤0.25	0.05~0.15	0.70~1.20	≤0.008	≤0.001	≤0.0035	0.06~0.25	—	≤0.01	余量
YZMgAl4Si(A)	YM104	3.5~5.0	≤0.12	0.20~0.50	0.50~1.50	≤0.06	≤0.030	—	—	—	—	余量
YZMgAl4Si(B)	YM105	3.5~5.0	≤0.12	0.35~0.70	0.50~1.50	≤0.02	≤0.002	≤0.0035	—	—	≤0.02	余量
YZMgAl4Si(S)	YM106	3.5~5.0	≤0.20	0.18~0.70	0.50~1.50	≤0.01	≤0.002	≤0.004	—	—	≤0.02	余量
YZMgAl2Mn	YM202	1.6~2.5	≤0.20	0.33~0.70	≤0.08	≤0.008	≤0.001	≤0.004	—	—	≤0.01	余量
YZMgAl5Mn	YM203	4.4~5.4	≤0.22	0.26~0.60	≤0.10	≤0.01	≤0.002	≤0.004	—	—	≤0.02	余量
YZMgAl6Mn(A)	YM204	5.5~6.5	≤0.22	0.13~0.60	≤0.50	≤0.35	≤0.030	—	—	—	—	余量
YZMgAl6Mn	YM205	5.5~6.5	≤0.22	0.24~0.60	≤0.10	≤0.01	≤0.002	≤0.005	—	—	≤0.02	余量

（续）

牌号	代号	化学成分(质量分数,%)										
		Al	Zn	Mn	Si	Cu	Ni	Fe	RE	Sr	其他元素	Mg
YZMgAl8Zn1	YM302	7.0~8.1	0.40~1.00	0.13~0.35	≤0.30	≤0.10	≤0.010	—	—	—	≤0.30	余量
YZMgAl9Zn1(A)	YM303	8.3~9.7	0.35~1.00	0.13~0.50	≤0.50	≤0.10	≤0.030	—	—	—	—	余量
YZMgAl9Zn1(B)	YM304	8.3~9.7	0.35~1.00	0.13~0.50	≤0.50	≤0.35	≤0.030	—	—	—	—	余量
YZMgAl9Zn1(D)	YM305	8.3~9.7	0.35~1.00	0.15~0.50	≤0.10	≤0.03	≤0.002	≤0.005	—	—	≤0.02	余量
YZMgAl4RE4	YM402	3.5~4.5	≤0.20	0.15~0.50	≤0.08	≤0.008	≤0.001	≤0.004	3.6~4.5	—	≤0.01	余量
YZMgAl5Sr2	YM502	4.5~5.5	≤0.20	0.20~0.60	≤0.08	≤0.008	≤0.001	≤0.004	—	1.8~2.3	≤0.01	余量
YZMgAl6Sr2	YM503	5.5~6.6	≤0.20	0.20~0.60	≤0.08	≤0.008	≤0.001	≤0.004	—	2.1~2.8	≤0.01	余量

2. 压铸镁合金试样的力学性能（见表12-35）

表 12-35　压铸镁合金试样的力学性能（GB/T 25747—2022）

牌号	代号	抗拉强度 R_m/MPa	规定塑性延伸强度 $R_{p0.2}$/MPa	断后伸长率 A_{50mm}(%)	硬度 HBW
YZMgAl2Si	YM102	230	120	12	55
YZMgAl2Si(B)	YM103	231	122	13	55
YZMgAl4Si(A)	YM104	210	140	6	55
YZMgAl4Si(B)	YM105	210	140	6	55
YZMgAl4Si(S)	YM106	210	140	6	55
YZMgAl2Mn	YM202	200	110	10	58
YZMgAl5Mn	YM203	200	110	10	58
YZMgAl6Mn(A)	YM204	220	130	8	62
YZMgAl6Mn	YM205	220	130	8	62
YZMgAl8Zn1	YM302	230	160	3	63
YZMgAl9Zn1(A)	YM303	230	160	3	63
YZMgAl9Zn1(B)	YM304	230	160	3	63
YZMgAl9Zn1(D)	YM305	230	160	3	63
YZMgAl4RE4	YM402	220	130	6	60
YZMgAl5Sr2	YM502	190	110	3	50
YZMgAl6Sr2	YM503	200	120	3	55

注：表中数值均为最小值。

第 13 章　钛及钛合金

13.1　钛及钛合金的牌号和化学成分

钛及钛合金的牌号和化学成分见表 13-1。

表 13-1　钛及钛合金的牌号和化学成分（GB/T 3620.1—2016）

1. 工业纯钛、α 型和近 α 型钛及钛合金																								
牌号	名义化学成分	化学成分(质量分数,%)																						
		主要成分															杂质　≤							
		Ti	Al	Si	V	Mn	Fe	Ni	Cu	Zr	Nb	Mo	Ru	Pd	Sn	Ta	Nd	Fe	C	N	H	O	其他元素	
																							单一	总和
TA0	工业纯钛	余量	—	—	—	—	—	—	—	—	—	—	—	—	—	—	—	0.15	0.10	0.03	0.015	0.15	0.1	0.4
TA1	工业纯钛	余量	—	—	—	—	—	—	—	—	—	—	—	—	—	—	—	0.25	0.10	0.03	0.015	0.20	0.1	0.4
TA2	工业纯钛	余量	—	—	—	—	—	—	—	—	—	—	—	—	—	—	—	0.30	0.10	0.05	0.015	0.25	0.1	0.4
TA3	工业纯钛	余量	—	—	—	—	—	—	—	—	—	—	—	—	—	—	—	0.40	0.10	0.05	0.015	0.30	0.1	0.4
TA1GELI	工业纯钛	余量	—	—	—	—	—	—	—	—	—	—	—	—	—	—	—	0.10	0.03	0.012	0.008	0.10	0.05	0.20
TA1G	工业纯钛	余量	—	—	—	—	—	—	—	—	—	—	—	—	—	—	—	0.20	0.08	0.03	0.015	0.18	0.10	0.40
TA1G-1	工业纯钛	余量	≤ 0.20	≤ 0.08	—	—	—	—	—	—	—	—	—	—	—	—	—	0.15	0.05	0.03	0.003	0.12	—	0.10
TA2GELI	工业纯钛	余量	—	—	—	—	—	—	—	—	—	—	—	—	—	—	—	0.20	0.05	0.03	0.008	0.10	0.05	0.20
TA2G	工业纯钛	余量	—	—	—	—	—	—	—	—	—	—	—	—	—	—	—	0.30	0.08	0.03	0.015	0.25	0.10	0.40

TA3GELI	工业纯钛	余量	—	—	—	—	—	—	—	—	—	—	—	—	—	—	—	0.25	0.05	0.04	0.008	0.18	0.05	0.20
TA3G	工业纯钛	余量	—	—	—	—	—	—	—	—	—	—	—	—	—	—	—	0.30	0.08	0.05	0.015	0.35	0.10	0.40
TA4GELI	工业纯钛	余量	—	—	—	—	—	—	—	—	—	—	—	—	—	—	—	0.30	0.05	0.05	0.008	0.25	0.05	0.20
TA4G	工业纯钛	余量	—	—	—	—	—	—	—	—	—	—	—	—	—	—	—	0.50	0.08	0.05	0.015	0.40	0.10	0.40
TA5	Ti-4Al-0.005B	余量	3.3~4.7	—	—	—	—	—	—	—	—	—	B: 0.005	—	—	—	—	0.30	0.08	0.04	0.015	0.15	0.10	0.40
TA6	Ti-5Al	余量	4.0~5.5	—	—	—	—	—	—	—	—	—	—	—	—	—	—	0.30	0.08	0.05	0.015	0.15	0.10	0.40
TA7	Ti-5Al-2.5Sn	余量	4.0~6.0	—	—	—	—	—	—	—	—	—	—	—	2.0~3.0	—	—	0.50	0.08	0.05	0.015	0.20	0.10	0.40
TA7ELI[①]	Ti-5Al-2.5SnELI	余量	4.50~5.75	—	—	—	—	—	—	—	—	—	—	—	2.0~3.0	—	—	0.25	0.05	0.035	0.0125	0.12	0.05	0.30
TA8	Ti-0.05Pd	余量	—	—	—	—	—	—	—	—	—	—	—	0.04~0.08	—	—	—	0.30	0.08	0.03	0.015	0.25	0.10	0.40
TA8-1	Ti-0.05Pd	余量	—	—	—	—	—	—	—	—	—	—	—	0.04~0.08	—	—	—	0.20	0.08	0.03	0.015	0.18	0.10	0.40
TA9	Ti-0.2Pd	余量	—	—	—	—	—	—	—	—	—	—	—	0.12~0.25	—	—	—	0.30	0.08	0.03	0.015	0.25	0.10	0.40
TA9-1	Ti-0.2Pd	余量	—	—	—	—	—	—	—	—	—	—	—	0.12~0.25	—	—	—	0.20	0.08	0.03	0.015	0.18	0.10	0.40
TA10	Ti-0.3Mo-0.8Ni	余量	—	—	—	—	—	0.6~0.9	—	—	—	0.2~0.4	—	—	—	—	—	0.30	0.08	0.03	0.015	0.25	0.10	0.40
TA11	Ti-8Al-1Mo-1V	余量	7.35~8.35	—	0.75~1.25	—	—	—	—	—	—	0.75~1.25	—	—	—	—	—	0.30	0.08	0.05	0.015	0.12	0.10	0.30
TA12	Ti-5.5Al-4Sn-2Zr-1Mo-1Nd-0.25Si	余量	4.8~6.0	0.2~0.35	—	—	—	—	—	1.5~2.5	—	0.75~1.25	—	—	3.7~4.7	—	0.6~1.2	0.25	0.08	0.05	0.0125	0.15	0.10	0.40
TA12-1	Ti-5Al-4Sn-2Zr-1Mo-1Nd-0.25Si	余量	4.5~5.5	0.2~0.35	—	—	—	—	—	1.5~2.5	—	1.0~2.0	—	—	3.7~4.7	—	0.6~1.2	0.25	0.08	0.04	0.0125	0.15	0.10	0.30
TA13	Ti-2.5Cu	余量	—	—	—	—	—	—	2.0~3.0	—	—	—	—	—	—	—	—	0.20	0.08	0.05	0.010	0.20	0.10	0.30
TA14	Ti-2.3Al-11Sn-5Zr-1Mo-0.2Si	余量	2.0~2.5	0.10~0.50	—	—	—	—	—	4.0~6.0	—	0.8~1.2	—	—	10.52~11.50	—	—	0.20	0.08	0.05	0.0125	0.20	0.10	0.30

（续）

牌号	名义化学成分	化学成分（质量分数，%）																						
		主要成分															杂质 ≤							
		Ti	Al	Si	V	Mn	Fe	Ni	Cu	Zr	Nb	Mo	Ru	Pd	Sn	Ta	Nd	Fe	C	N	H	O	其他元素 单一	其他元素 总和
1. 工业纯钛、α型和近α型钛及钛合金																								
TA15	Ti-6.5Al-1Mo-1V-2Zr	余量	5.5~7.1	≤0.15	0.8~2.5	—	—	—	—	1.5~2.5	—	0.5~2.0	—	—	—	—	—	0.25	0.08	0.05	0.015	0.15	0.10	0.30
TA15-1	Ti-2.5Al-1Mo-1V-1.5Zr	余量	2.0~3.0	≤0.10	0.5~1.5	—	—	—	—	1.0~2.0	—	0.5~1.5	—	—	—	—	—	0.15	0.05	0.04	0.003	0.12	0.10	0.30
TA15-2	Ti-4Al-1Mo-1V-1.5Zr	余量	3.5~4.5	≤0.10	0.5~1.5	—	—	—	—	1.0~2.0	—	0.5~1.5	—	—	—	—	—	0.15	0.05	0.04	0.003	0.12	0.10	0.30
TA16	Ti-2Al-2.5Zr	余量	1.8~2.5	≤0.12	—	—	—	—	—	2.0~3.0	—	—	—	—	—	—	—	0.25	0.08	0.04	0.006	0.15	0.10	0.30
TA17	Ti-4Al-2V	余量	3.5~4.5	≤0.15	1.5~3.0	—	—	—	—	—	—	—	—	—	—	—	—	0.25	0.08	0.05	0.015	0.15	0.10	0.30
TA18	Ti-3Al-2.5V	余量	2.0~3.5	—	1.5~3.0	—	—	—	—	—	—	—	—	—	—	—	—	0.25	0.08	0.05	0.015	0.12	0.10	0.30
TA19	Ti-6Al-2Sn-4Zr-2Mo-0.08Si	余量	5.5~6.5	0.06~0.10	—	—	—	—	—	3.6~4.4	—	1.8~2.2	—	—	1.8~2.2	—	—	0.25	0.05	0.05	0.0125	0.15	0.10	0.30
TA20	Ti-4Al-3V-1.5Zr	余量	3.5~4.5	≤0.10	2.5~3.5	—	—	—	—	1.0~2.0	—	—	—	—	—	—	—	0.15	0.05	0.04	0.003	0.12	0.10	0.30
TA21	Ti-1Al-1Mn	余量	0.4~1.5	≤0.12	—	0.5~1.3	—	—	—	≤0.30	—	—	—	—	—	—	—	0.30	0.10	0.05	0.012	0.15	0.10	0.30
TA22	Ti-3Al-1Mo-1Ni-1Zr	余量	2.5~3.5	≤0.15	—	—	—	0.3~1.0	—	0.8~2.0	—	0.5~1.5	—	—	—	—	—	0.20	0.10	0.05	0.015	0.15	0.10	0.30
TA22-1	Ti-2.5Al-1Mo-1Ni-1Zr	余量	2.0~3.0	≤0.04	—	—	—	0.3~0.8	—	0.5~1.0	—	0.2~0.8	—	—	—	—	—	0.20	0.10	0.04	0.008	0.10	0.10	0.30
TA23	Ti-2.5Al-2Zr-1Fe	余量	2.2~3.0	≤0.15	—	—	0.8~1.2	—	—	1.7~2.3	—	—	—	—	—	—	—	—	0.10	0.04	0.010	0.15	0.10	0.30
TA23-1	Ti-2.5Al-2Zr-1Fe	余量	2.2~3.0	≤0.10	—	—	0.8~1.1	—	—	1.7~2.3	—	—	—	—	—	—	—	—	0.10	0.04	0.008	0.10	0.10	0.30
TA24	Ti-3Al-2Mo-2Zr	余量	2.0~3.8	≤0.15	—	—	—	—	—	1.0~3.0	—	1.0~2.5	—	—	—	—	—	0.30	0.10	0.05	0.015	0.15	0.10	0.30

TA24-1	Ti-3Al-2Mo-2Zr	余量	1.5~2.5	≤0.04	—	—	—	—	—	1.0~3.0	—	1.0~2.0	—	—	—	—	—	0.15	0.10	0.04	0.010	0.10	0.10	0.30
TA25	Ti-3Al-2.5V-0.05Pd	余量	2.5~3.5	—	2.0~3.0	—	—	—	—	—	—	—	—	0.04~0.08	—	—	—	0.25	0.08	0.03	0.015	0.15	0.10	0.40
TA26	Ti-3Al-2.5V-0.10Ru	余量	2.5~3.5	—	2.0~3.0	—	—	—	—	—	—	—	0.08~0.14	—	—	—	—	0.25	0.08	0.03	0.015	0.15	0.10	0.40
TA27	Ti-0.10Ru	余量	—	—	—	—	—	—	—	—	—	—	0.08~0.14	—	—	—	—	0.30	0.08	0.03	0.015	0.25	0.10	0.40
TA27-1	Ti-0.10Ru	余量	—	—	—	—	—	—	—	—	—	—	0.08~0.14	—	—	—	—	0.20	0.08	0.03	0.015	0.18	0.10	0.40
TA28	Ti-3Al	余量	2.0~3.0	—	—	—	—	—	—	—	—	—	—	—	—	—	—	0.30	0.08	0.05	0.015	0.15	0.10	0.40
TA29	Ti-5.8Al-4Sn-4Zr-0.7Nb-1.5Ta-0.4Si-0.06C	余量	5.4~6.1	0.34~0.45	—	—	—	—	—	3.7~4.3	0.5~0.9	—	—	—	3.7~4.3	1.3~1.7	—	0.05	0.04~0.08	0.02	0.010	0.10	0.10	0.20
TA30	Ti-5.5Al-3.5Sn-3Zr-1Nb-1Mo-0.3Si	余量	4.7~6.0	0.20~0.35	—	—	—	—	—	2.4~3.5	0.7~1.3	0.7~1.3	—	—	3.0~3.8	—	—	0.15	0.10	0.04	0.012	0.15	0.10	0.30
TA31	Ti-6Al-3Nb-2Zr-1Mo	余量	5.5~6.5	≤0.15	—	—	—	—	—	1.5~2.5	2.5~3.5	0.6~1.5	—	—	—	—	—	0.25	0.10	0.05	0.015	0.15	0.10	0.30
TA32	Ti-5.5Al-3.5Sn-3Zr-1Mo-0.5Nb-0.7Ta-0.3Si	余量	5.0~6.0	0.1~0.5	—	—	—	—	—	2.5~3.5	0.2~0.7	0.3~1.5	—	—	3.0~4.0	0.2~0.7	—	0.25	0.10	0.05	0.012	0.15	0.10	0.30
TA33	Ti-5.8Al-4Sn-3.5Zr-0.7Mo-0.5Nb-1.1Ta-0.4Si-0.06C	余量	5.2~6.5	0.2~0.6	—	—	—	—	—	2.5~4.0	0.2~0.7	0.2~1.0	—	—	3.0~4.5	0.7~1.5	—	0.25	0.04~0.08	0.05	0.012	0.15	0.10	0.30
TA34	Ti-2Al-3.8Zr-1Mo	余量	1.0~3.0	—	—	—	—	—	—	3.0~4.5	—	0.5~1.5	—	—	—	—	—	0.25	0.05	0.035	0.008	0.10	0.10	0.25
TA35	Ti-6Al-2Sn-4Zr-2Nb-1Mo-0.2Si	余量	5.8~7.0	0.05~0.50	—	—	—	—	—	3.5~4.5	1.5~2.5	0.3~1.3	—	—	1.5~2.5	—	—	0.20	0.10	0.05	0.015	0.15	0.10	0.30
TA36	Ti-1Al-1Fe	余量	0.7~1.3	—	—	—	1.0~1.4	—	—	—	—	—	—	—	—	—	—	—	0.10	0.05	0.015	0.15	0.10	0.30

（续）

牌号	名义化学成分	化学成分(质量分数,%)																	
		主要成分											杂质 ≤						
		Ti	Al	Si	V	Cr	Fe	Zr	Nb	Mo	Pd	Sn	Fe	C	N	H	O	其他元素 单一	其他元素 总和
2. β型和近β型钛合金																			
TB2	Ti-5Mo-5V-8Cr-3Al	余量	2.5~3.5	—	4.7~5.7	7.5~8.5	—	—	—	4.7~5.7	—	—	0.30	0.05	0.04	0.015	0.15	0.10	0.40
TB3	Ti-3.5Al-10Mo-8V-1Fe	余量	2.7~3.7	—	7.5~8.5	—	0.8~1.2	—	—	9.5~11.0	—	—	—	0.05	0.04	0.015	0.15	0.10	0.40
TB4	Ti-4Al-7Mo-10V-2Fe-1Zr	余量	3.0~4.5	—	9.0~10.5	—	1.5~2.5	0.5~1.5	—	6.0~7.8	—	—	—	0.05	0.04	0.015	0.20	0.10	0.40
TB5	Ti-15V-3Al-3Cr-3Sn	余量	2.5~3.5	—	14.0~16.0	2.5~3.5	—	—	—	—	—	2.5~3.5	0.25	0.05	0.05	0.015	0.15	0.10	0.30
TB6	Ti-10V-2Fe-3Al	余量	2.6~3.4	—	9.0~11.0	—	1.6~2.2	—	—	—	—	—	—	0.05	0.05	0.0125	0.13	0.10	0.30
TB7	Ti-32Mo	余量	—	—	—	—	—	—	—	30.0~34.0	—	—	0.30	0.08	0.05	0.015	0.20	0.10	0.40
TB8	Ti-15Mo-3Al-2.7Nb-0.25Si	余量	2.5~3.5	0.15~0.25	—	—	—	—	2.4~3.2	14.0~16.0	—	—	0.40	0.05	0.05	0.015	0.17	0.10	0.40
TB9	Ti-3Al-8V-6Cr-4Mo-4Zr	余量	3.0~4.0	—	7.5~8.5	5.5~6.5	—	3.5~4.5	—	3.5~4.5	≤0.10	—	0.30	0.05	0.03	0.030	0.14	0.10	0.40
TB10	Ti-5Mo-5V-2Cr-3Al	余量	2.5~3.5	—	4.5~5.5	1.5~2.5	—	—	—	4.5~5.5	—	—	0.30	0.05	0.04	0.015	0.15	0.10	0.40
TB11	Ti-15Mo	余量	—	—	—	—	—	—	—	14.0~16.0	—	—	0.10	0.10	0.05	0.015	0.20	0.10	0.40
TB12	Ti-25V-15Cr-0.3Si	余量	—	0.2~0.5	24.0~28.0	13.0~17.0	—	—	—	—	—	—	0.25	0.10	0.03	0.015	0.15	0.10	0.30
TB13	Ti-4Al-22V	余量	3.0~4.5	—	20.0~23.0	—	—	—	—	—	—	—	0.15	0.05	0.03	0.010	0.18	0.10	0.40
TB14[②]	Ti-45Nb	余量	—	≤0.03	—	≤0.02	—	—	42.0~47.0	—	—	—	0.03	0.04	0.03	0.0035	0.16	0.10	0.30
TB15	Ti-4Al-5V-6Cr-5Mo	余量	3.5~4.5	—	4.5~5.5	5.0~6.5	—	—	—	4.5~5.5	—	—	0.30	0.10	0.05	0.015	0.15	0.10	0.30
TB16	Ti-3Al-5V-6Cr-5Mo	余量	2.5~3.5	—	4.5~5.7	5.5~6.5	—	—	—	4.5~5.7	—	—	0.30	0.05	0.04	0.015	0.15	0.10	0.40
TB17	Ti-6.5Mo-2.5Cr-2V-2Nb-1Sn-1Zr-4Al	余量	3.5~5.5	≤0.15	1.0~3.0	2.0~3.5	—	0.5~2.5	1.5~3.0	5.0~7.5	—	0.5~2.5	0.15	0.08	0.05	0.015	0.13	0.10	0.40

3. α-β 型钛合金																								
牌号	名义化学成分	化学成分（质量分数，%）																						
		主要成分															杂质 ≤							
		Ti	Al	Si	V	Cr	Mn	Fe	Cu	Zr	Nb	Mo	Ru	Pd	Sn	Ta	W	Fe	C	N	H	O	其他元素	
																							单一	总和
TC1	Ti-2Al-1.5Mn	余量	1.0~2.5	—	—	—	0.7~2.0	—	—	—	—	—	—	—	—	—	—	0.30	0.08	0.05	0.012	0.15	0.10	0.40
TC2	Ti-4Al-1.5Mn	余量	3.5~5.0	—	—	—	0.8~2.0	—	—	—	—	—	—	—	—	—	—	0.30	0.08	0.05	0.012	0.15	0.10	0.40
TC3	Ti-5Al-4V	余量	4.5~6.0	—	3.5~4.5	—	—	—	—	—	—	—	—	—	—	—	—	0.30	0.08	0.05	0.015	0.15	0.10	0.40
TC4	Ti-6Al-4V	余量	5.50~6.75	—	3.5~4.5	—	—	—	—	—	—	—	—	—	—	—	—	0.30	0.08	0.05	0.015	0.20	0.10	0.40
TC4ELI	Ti6Al-4VELI	余量	5.5~6.5	—	3.5~4.5	—	—	—	—	—	—	—	—	—	—	—	—	0.25	0.08	0.03	0.012	0.13	0.10	0.30
TC6	Ti-6Al-1.5Cr-2.5Mo-0.5Fe-0.3Si	余量	5.5~7.0	0.15~0.40	—	0.8~2.3	—	0.2~0.7	—	—	—	2.0~3.0	—	—	—	—	—	—	0.08	0.05	0.015	0.18	0.10	0.40
TC8	Ti-6.5Al-3.5Mo-0.25Si	余量	5.8~6.8	0.20~0.35	—	—	—	—	—	—	—	2.8~3.8	—	—	—	—	—	0.40	0.08	0.05	0.015	0.15	0.10	0.40
TC9	Ti-6.5Al-3.5Mo-2.5Sn-0.3Si	余量	5.8~6.8	0.2~0.4	—	—	—	—	—	—	—	2.8~3.8	—	—	1.8~2.8	—	—	0.40	0.08	0.05	0.015	0.15	0.10	0.40
TC10	Ti-6Al-6V-2Sn-0.5Cu-0.5Fe	余量	5.5~6.5	—	5.5~6.5	—	—	0.35~1.00	0.35~1.00	—	—	—	—	—	1.5~2.5	—	—	—	0.08	0.04	0.015	0.20	0.10	0.40
TC11	Ti-6.5Al-3.5Mo-1.5Zr-0.3Si	余量	5.8~7.0	0.20~0.35	—	—	—	—	—	0.8~2.0	—	2.8~3.8	—	—	—	—	—	0.25	0.08	0.05	0.012	0.15	0.10	0.40
TC12	Ti-5Al-4Mo-4Cr-2Zr-2Sn-1Nb	余量	4.5~5.5	—	—	3.5~4.5	—	—	—	1.5~3.0	0.5~1.5	3.5~4.5	—	—	1.5~2.5	—	—	0.30	0.08	0.05	0.015	0.20	0.10	0.40
TC15	Ti-5Al-2.5Fe	余量	4.5~5.5	—	—	—	—	2.0~3.0	—	—	—	—	—	—	—	—	—	—	0.08	0.05	0.013	0.20	0.10	0.40
TC16	Ti-3Al-5Mo-4.5V	余量	2.2~3.8	≤0.15	4.0~5.0	—	—	—	—	—	—	4.5~5.5	—	—	—	—	—	0.25	0.08	0.05	0.012	0.15	0.10	0.30
TC17	Ti-5Al-2Sn-2Zr-4Mo-4Cr	余量	4.5~5.5	—	—	3.5~4.5	—	—	—	1.5~2.5	—	3.5~4.5	—	—	1.5~2.5	—	—	0.25	0.05	0.05	0.0125	0.08~0.13	0.10	0.30
TC18	Ti-5Al-4.75Mo-4.75V-1Cr-1Fe	余量	4.4~5.7	≤0.15	4.0~5.5	0.5~1.5	—	0.5~1.5	—	≤0.30	—	4.0~5.5	—	—	—	—	—	—	0.08	0.05	0.015	0.18	0.10	0.30

（续）

牌号	名义化学成分	化学成分（质量分数，%）																						
		主要成分															杂质 ≤							
		Ti	Al	Si	V	Cr	Mn	Fe	Cu	Zr	Nb	Mo	Ru	Pd	Sn	Ta	W	Fe	C	N	H	O	其他元素 单一	其他元素 总和
3. α-β 型钛合金																								
TC19	Ti-6Al-2Sn-4Zr-6Mo	余量	5.5～6.5	—	—	—	—	—	—	3.5～4.5	—	5.5～6.5	—	—	1.75～2.25	—	—	0.15	0.04	0.04	0.0125	0.15	0.10	0.40
TC20	Ti-6Al-7Nb	余量	5.5～6.5	—	—	—	—	—	—	—	6.5～7.5	—	—	—	—	≤0.5	—	0.25	0.08	0.05	0.009	0.20	0.10	0.40
TC21	Ti-6Al-2Mo-2Nb-2Zr-2Sn-1.5Cr	余量	5.2～6.8	—	—	0.9～2.0	—	—	—	1.6～2.5	1.7～2.3	2.2～3.3	—	—	1.6～2.5	—	—	0.15	0.08	0.05	0.015	0.15	0.10	0.40
TC22	Ti-6Al-4V-0.05Pd	余量	5.50～6.75	—	3.5～4.5	—	—	—	—	—	—	—	—	0.04～0.08	—	—	—	0.40	0.08	0.05	0.015	0.20	0.10	0.40
TC23	Ti-6Al-4V-0.1Ru	余量	5.50～6.75	—	3.5～4.5	—	—	—	—	—	—	—	0.08～0.14	—	—	—	—	0.25	0.08	0.05	0.015	0.13	0.10	0.40
TC24	Ti-4.5Al-3V-2Mo-2Fe	余量	4.0～5.0	—	2.5～3.5	—	—	1.7～2.3	—	—	—	1.8～2.2	—	—	—	—	—	—	0.05	0.05	0.010	0.15	0.10	0.40
TC25	Ti-6.5Al-2Mo-1Zr-1Sn-1W-0.2Si	余量	6.2～7.2	0.10～0.25	—	—	—	—	—	0.8～2.5	—	1.5～2.5	—	—	0.8～2.5	—	0.5～1.5	0.15	0.10	0.04	0.012	0.15	0.10	0.30
TC26	Ti-13Nb-13Zr	余量	—	—	—	—	—	—	—	12.5～14.0	12.5～14.0	—	—	—	—	—	—	0.25	0.08	0.05	0.012	0.15	0.10	0.40
TC27	Ti-5Al-4Mo-6V-2Nb-1Fe	余量	5.0～6.2	—	5.5～6.5	—	—	0.5～1.5	—	—	1.5～2.5	3.5～4.5	—	—	—	—	—	—	0.05	0.05	0.015	0.13	0.10	0.30
TC28	Ti-6.5Al-1Mo-1Fe	余量	5.0～8.0	—	—	—	—	0.5～2.0	—	—	—	0.2～2.0	—	—	—	—	—	—	0.10	—	0.015	0.15	0.10	0.40
TC29	Ti-4.5Al-7Mo-2Fe	余量	3.5～5.5	≤0.5	—	—	—	0.8～3.0	—	—	—	6.0～8.0	—	—	—	—	—	—	0.10	—	0.015	0.15	0.10	0.40
TC30	Ti-5Al-3Mo-1V	余量	3.5～6.3	≤0.15	0.9～1.9	—	—	—	—	≤0.30	—	2.5～3.8	—	—	—	—	—	0.30	0.10	0.05	0.015	0.15	0.10	0.30
TC31	Ti-6.5Al-3Sn-3Zr-3Nb-3Mo-1W-0.2Si	余量	6.0～7.2	0.1～0.5	—	—	—	—	—	2.5～3.2	1.0～3.2	1.0～3.2	—	—	2.5～3.2	—	0.3～1.2	0.25	0.10	0.05	0.015	0.15	0.10	0.30
TC32	Ti-5Al-3Mo-3Cr-1Zr-0.15Si	余量	4.5～5.5	0.1～0.2	—	2.5～3.5	—	—	—	0.5～1.5	—	2.5～3.5	—	—	—	—	—	0.30	0.08	0.05	0.0125	0.20	0.10	0.40

① TA7ELI 中杂质 Fe 与 O 的质量分数总和应不大于 0.32%。

② TB14 中 Mg 的质量分数≤0.01%，Mn 的质量分数≤0.01%。

13.2　钛及钛合金棒材和丝材

13.2.1　钛及钛合金棒

1. 钛及钛合金棒的牌号、状态和规格（见表 13-2）

表 13-2　钛及钛合金棒的牌号、状态和规格（GB/T 2965—2023）

牌号	状态①	直径或截面厚度/mm	长度/mm
TA1、TA2、TA3、TA1G、TA2G、TA3G、TA4G、TA5、TA6、TA7、TA9、TA10、TA13、TA15、TA18、TA19、TB2、TB6、TC1、TC2、TC3、TC4、TC4EL1、TC6、TC9、TC10、TC11、TC12、TC17、TC18、TC21、TC25	热加工态(R)、冷加工态(Y)	7~100	300~6000
	退火态(M)		300~5000

① TA19 和 TC9 钛合金棒材的供应状态为热加工态（R）和冷加工态（Y），TC6 钛合金棒材的退火态（M）为普通退火态。

2. 钛及钛合金棒的力学性能

（1）钛及钛合金棒的室温力学性能（见表 13-3）

表 13-3　钛及钛合金棒的室温力学性能（GB/T 2965—2023）

牌号	抗拉强度 R_m/MPa	规定塑性延伸强度 $R_{p0.2}$/MPa	断后伸长率 A(%)	断面收缩率 Z(%)	备注
	≥				
TA1	370	250	20	30	
TA2	440	320	18	30	
TA3	540	410	15	25	
TA1G	240	140	24	30	
TA2G	400	275	20	30	
TA3G	500	380	18	30	
TA4G	580	485	15	25	
TA5	685	585	13	25	
TA6	685	585	10	27	
TA7	785	680	10	25	
TA9	370	250	20	25	
TA10	485	345	18	25	
TA13	540	400	16	35	
TA15	885	825	8	20	
TA18	620	518	12	25	
TA19	895	825	10	25	
TB2	≤980	820	18	40	固溶性能
	1370	1100	7	10	固溶时效性能
TB6	1105	1035	8	15	
TC1	585	460	15	30	
TC2	685	560	12	30	
TC3	800	700	10	25	
TC4	895	825	10	25	
TC4ELI	830	760	10	15	

（续）

牌号	抗拉强度 R_m/MPa	规定塑性延伸强度 $R_{p0.2}$/MPa	断后伸长率 A(%)	断面收缩率 Z(%)	备注
	≥				
TC6[①]	980	840	10	25	
TC9	1060	910	9	25	
TC10	1030	900	12	25	
TC11	1030	900	10	30	
TC12	1150	1000	10	25	
TC17	1120	1030	7	16	
TC18	1080~1280	1010	9	25	
TC21	1100	1000	8	15	
TC25	980		10	20	

① TC6 棒材测定普通退火态的性能。当需方要求并在订货单中注明时，可测定等温退火状态的性能。

（2）钛及钛合金棒的高温力学性能（见表 13-4）

表 13-4 钛及钛合金棒的高温力学性能（GB/T 2965—2023）

牌号	试验温度 /℃	抗拉强度 R_m/MPa ≥	持久性能	
			试验应力 σ/MPa	试验时间 t/h ≥
TA6	350	420	390	100
TA7	350	490	440	100
TA15	500	570	470	50
TA18	350	340	320	100
	400	310	280	100
TA19	480	620	480	35
TC1	350	345	325	100
TC2	350	420	390	100
TC4	400	600	560	100
TC6	400	685	685	50
TC9	500	785	590	100
TC10	400	835	785	100
TC11[①]	500	685	640	35
TC12	500	700	590	100
TC17	400	885	685	100
TC25	500	735	637	50

① TC11 钛合金棒材持久性能不合格时，允许在 500℃，加载 590MPa 的试验应力，t≥100h 的条件下进行检验，检验合格则该批棒材的持久性能合格。

3. 钛及钛合金棒的热处理工艺（见表 13-5）

表 13-5 钛及钛合金棒的热处理工艺（GB/T 2965—2023）

牌号	热处理工艺
TA1	600~700℃，保温 1~3h，空冷
TA2	600~700℃，保温 1~3h，空冷
TA3	600~700℃，保温 1~3h，空冷

（续）

牌号	热处理工艺
TA1G	600~700℃，保温1~3h，空冷
TA2G	600~700℃，保温1~3h，空冷
TA3G	600~700℃，保温1~3h，空冷
TA4G	600~700℃，保温1~3h，空冷
TA5	700~850℃，保温1~3h，空冷
TA6	750~850℃，保温1~3h，空冷
TA7	750~850℃，保温1~3h，空冷
TA9	600~700℃，保温1~3h，空冷
TA10	600~700℃，保温1~3h，空冷
TA13	750~820℃，保温0.5~4h，空冷
TA15	700~850℃，保温1~4h，空冷
TA18	600~815℃，保温1~3h，空冷
TA19	955~985℃，保温1~2h，空冷；575~605℃，保温8h，空冷
TB2	固溶：750~850℃，保温10~30min，空冷或水冷；时效：450~550℃，保温8~24h，空冷
TB6	705~775℃，保温1~2h，水冷；480~620℃，保温8~10h，空冷 固溶温度允许在β转变温度以下30~60℃范围内调整
TC1	700~850℃，保温1~3h，空冷
TC2	700~850℃，保温1~3h，空冷
TC3	700~800℃，保温1~3h，空冷
TC4	700~800℃，保温1~3h，空冷
TC4ELI	700~800℃，保温1~3h，空冷
TC6	普通退火：800~850℃，保温1~2h，空冷 等温退火：860~880℃，保温1~3h，炉冷至650℃，保温2h，空冷
TC9	950~1000℃，保温1~3h，空冷；520℃±540℃，保温6h，空冷
TC10	700~800℃，保温1~3h，空冷
TC11	940~960℃，保温1~3h，空冷；520℃~540℃，保温6h，空冷 首次退火温度允许在β转变温度以下30~50℃范围内调整
TC12	700~850℃，保温1~3h，空冷
TC17	830~850℃，保温1~4h，空冷；780~820℃，保温1~4h，水冷；590~650℃，保温8h，空冷
TC18	820~850℃，保温1~3h，炉冷至740~760℃，保温1~3h，空冷；500~650℃，保温2~6h，空冷
TC21	890~930℃，保温1~2h，空冷；500~650℃，保温4~8h，空冷 首次退火温度允许在β转变温度以下40~80℃范围内调整
TC25	950~970℃，保温1~4h，空冷；530~570℃，保温6h，空冷 首次退火温度允许在β转变温度以下30~50℃范围内调整

13.2.2 紧固件用钛及钛合金棒和丝

1. 紧固件用钛及钛合金棒和丝的牌号、状态和规格（见表13-6）

表13-6　紧固件用钛及钛合金棒和丝的牌号、状态和规格（GB/T 42159—2022）

牌号	状态	直径/mm	长度/mm
TA2G、TA3G、TA9、TA10	退火态(M)	2.0~7.0	≥800
TB8	热加工态(R)、固溶态(ST)	4.0~7.0	
TB14	冷加工态(Y)、退火态(M)	2.4~7.0	
TC4	退火态(M)	3.0~7.0	

（续）

牌号	状态	直径/mm	长度/mm
TA2G、TA3G、TA9、TA10	退火态（M）	>7.0~10.0	≥1000
TB8	热加工态（R）、固溶态（ST）	>7.0~25.0	
TB14	冷加工态（Y）、退火态（M）	>7.0~10.0	
TC4	退火态（M）	>7.0~20.0	

注：直径不大于 12.0mm 的产品，以盘卷或直条的方式供货；直径大于 12.0mm 的产品仅以直条方式供货。

2. 紧固件用钛及钛合金棒和丝的室温力学性能（见表 13-7）

表 13-7 紧固件用钛及钛合金棒和丝的室温力学性能（GB/T 42159—2022）

牌号	直径/mm	试样状态	抗拉强度 R_m/MPa	规定塑性延伸强度 $R_{p0.2}$/MPa	断后伸长率 A(%)	断面收缩率 Z(%)	抗剪强度 τ_b/MPa
			≥				
TA2G	2.0~10.0	退火态（M）	400	275	20	45	250
TA3G	2.0~10.0	退火态（M）	500	380	18	40	350
TA9	2.0~10.0	退火态（M）	345	275	20	30	250
TA10	2.0~10.0	退火态（M）	485	345	18	25	300
TB8	4.0~25.0	固溶态（ST）	800	760	13	50	570
		固溶时效态（STA）①	1200	1050	8	20	720
TB14	2.4~10.0	退火态（M）	450	410	20	60	360
TC4	3.0~20.0	退火态（M）	930	860	10	25	600
	3.0~12.7	固溶时效态（STA）①	1140	1070	10	20	665
	>12.7~20.0		1100	1035			

注：规定塑性延伸强度、断后伸长率和断面收缩率仅适用于直径大于 3.0mm 的产品，直径不大于 3.0mm 产品的规定塑性延伸强度、断后伸长率和断面收缩率不满足要求时可报实测值。

① 仅适用于固溶时效态试样的室温力学性能测试。

3. 紧固件用钛及钛合金棒和丝的冷顶锻性能（见表 13-8）

表 13-8 紧固件用钛及钛合金棒和丝的冷顶锻性能（GB/T 42159—2022）

牌号	试样状态	直径/mm	锻后与锻前高度比值	验收要求
TA2G、TA3G	退火态（M）	4.0~10.0	1:3	试样圆周表面无裂纹
TB8	固溶态（ST）	4.0~10.0	1:3	
TB14	退火态（M）	2.4~10.0	1:4	

4. 紧固件用钛及钛合金棒和丝的热处理（见表 13-9）

表 13-9 紧固件用钛及钛合金棒和丝的热处理（GB/T 42159—2022）

牌号	热处理
TA2G	600~700℃，保温 0.5~1.5h，空冷或炉冷（真空退火时炉冷）
TA3G	600~700℃，保温 0.5~1.5h，空冷或炉冷（真空退火时炉冷）
TA9	600~700℃，保温 0.5~1.5h，空冷或炉冷（真空退火时炉冷）
TA10	600~700℃，保温 0.5~1.5h，空冷或炉冷（真空退火时炉冷）
TB8	固溶：750~830℃，保温 0.5~2h，空冷或更快速度冷却
	时效：460~580℃，保温 8~12h，空冷
TB14	真空退火：790~870℃，保温 1~2h，炉冷或充氩气冷却

（续）

牌号	热处理
TC4	退火：700～850℃，保温0.5～2h，空冷或炉冷
	固溶：890～970℃，保温0.5～2h，空冷或水淬
	时效：480～690℃，保温4～8h，空冷

13.3 钛及钛合金管材

13.3.1 钛及钛合金无缝管

1. 钛及钛合金无缝管的牌号、状态和规格（见表13-10）

表13-10 钛及钛合金无缝管的牌号、状态和规格（GB/T 3624—2023）

牌号	状态	外径/mm	壁厚/mm																长度/mm
			0.2	0.3	0.5	0.6	0.8	1.0	1.25	1.5	2.0	2.5	3.0	3.5	4.0	4.5	5.0	5.5	
TA0 TA1 TA2 TA1G TA2G TA3G TA8 TA8-1 TA9 TA9-1 TA10 TA18	退火态（M）	3～5	○	○	○	○	—	—	—	—	—	—	—	—	—	—	—	—	500～4000
		>5～10	—	○	○	○	○	○	○	—	—	—	—	—	—	—	—	—	
		>10～15	—	—	○	○	○	○	○	○	○	—	—	—	—	—	—	—	
		>15～20	—	—	—	○	○	○	○	○	○	○	—	—	—	—	—	—	壁厚≤2.0时，500～9000；壁厚>2.0～5.5时，500～6000
		>20～30	—	—	—	○	○	○	○	○	○	○	○	—	—	—	—	—	
		>30～40	—	—	—	—	—	○	○	○	○	○	○	○	—	—	—	—	
		>40～50	—	—	—	—	—	—	○	○	○	○	○	○	—	—	—	—	
		>50～60	—	—	—	—	—	—	—	○	○	○	○	○	○	○	○	—	
		>60～80	—	—	—	—	—	—	—	○	○	○	○	○	○	○	○	○	
		>80～110	—	—	—	—	—	—	—	—	—	○	○	○	○	○	○	○	

注："○"表示可以生产的规格。

2. 钛及钛合金无缝管的室温力学性能（见表13-11）

表13-11 钛及钛合金无缝管的室温力学性能（GB/T 3624—2023）

牌号	状态	抗拉强度 R_m/MPa	规定塑性延伸强度 $R_{p0.2}$/MPa	断后伸长率 A_{50mm}(%)
TA0	退火态（M）	280～420	≥170	≥24
TA1		370～530	≥250	≥20
TA2		440～620	≥320	≥18
TA1G		≥240	140～310	≥24
TA2G		≥400	275～450	≥20
TA3G		≥500	380～550	≥18
TA8		≥400	275～450	≥20
TA8-1		≥240	140～310	≥24
TA9		≥400	275～450	≥20
TA9-1		≥240	140～310	≥24
TA10		≥460	≥300	≥18
TA18		≥620	≥483	≥15

13.3.2 钛及钛合金挤压管

1. 钛及钛合金挤压管的牌号、状态和规格（见表13-12）

表13-12 钛及钛合金挤压管的牌号、状态和规格（GB/T 26058—2010）

牌号	供应状态	规定外径和壁厚时的允许最大长度/m															
		外径/mm	壁厚/mm														
			4	5	6	7	8	9	10	12	15	18	20	22	25	28	30
TA1 TA2 TA3 TA4 TA8 TA8-1 TA9 TA9-1 TA10 TA18	热挤压状态（R）	25、26	3.0	2.5	—	—	—	—	—	—	—	—	—	—	—	—	—
		28	2.5	2.5	2.5	—	—	—	—	—	—	—	—	—	—	—	—
		30	3.0	2.5	2.0	2.0	—	—	—	—	—	—	—	—	—	—	—
		32	3.0	2.5	2.0	1.5	1.5	—	—	—	—	—	—	—	—	—	—
		34	2.5	2.0	1.5	1.2	1.0	—	—	—	—	—	—	—	—	—	—
		35	2.5	2.0	1.5	1.2	1.0	—	—	—	—	—	—	—	—	—	—
		38	2.0	2.0	1.5	1.2	1.0	—	—	—	—	—	—	—	—	—	—
		40	2.0	2.0	1.5	1.5	1.2	—	—	—	—	—	—	—	—	—	—
		42	2.0	1.8	1.5	1.2	1.2	—	—	—	—	—	—	—	—	—	—
		45	1.5	1.5	1.2	1.2	1.0	—	—	—	—	—	—	—	—	—	—
		48	1.5	1.5	1.2	1.2	1.0	—	—	—	—	—	—	—	—	—	—
		50	—	1.5	1.2	1.2	1.0	—	—	—	—	—	—	—	—	—	—
		53	—	1.5	1.2	1.2	1.0	—	—	—	—	—	—	—	—	—	—
		55	—	1.5	1.2	1.2	1.0	—	—	—	—	—	—	—	—	—	—
		60	—	—	—	—	11	10	—	—	—	—	—	—	—	—	—
		63	—	—	—	—	10	9	—	—	—	—	—	—	—	—	—
		65	—	—	—	—	9	8	—	—	—	—	—	—	—	—	—
		70	—	—	10.0	9.0	8.0	7.0	6.5	6.0	—	—	—	—	—	—	—
		75	—	—	10.0	9.0	8.0	7.0	6.0	5.5	—	—	—	—	—	—	—
		80	—	—	8.0	7.0	6.5	6.0	5.5	5.0	4.5	—	—	—	—	—	—
		85	—	—	8.0	7.0	6.5	6.0	5.5	5.0	4.5	—	—	—	—	—	—
		90	—	—	8.0	7.0	6.0	5.5	5.0	4.5	4.5	4.5	4.0	—	—	—	—
		95	—	—	7.0	6.0	5.5	5.0	4.5	5.5	5.0	4.5	4.0	—	—	—	—
		100	—	—	6.0	5.5	5.0	4.5	5.5	5.0	4.5	4.0	3.5	3.0	2.5	—	—
		105	—	—	—	5.0	4.5	4.0	5.0	4.5	4.0	3.5	3.0	2.5	2.0	—	—
		110	—	—	—	5.0	4.5	4.0	5.0	4.5	4.0	3.5	3.0	2.5	2.0	—	—
		115	—	—	—	5.0	4.5	4.0	5.0	4.5	4.0	3.5	3.0	2.5	2.0	1.5	1.2
		120	—	—	—	6.0	5.5	5.0	4.5	4.0	3.5	3.0	2.5	2.0	1.5	1.5	1.2
		130	—	—	—	5.5	5.0	4.5	4.0	3.5	3.0	2.5	2.0	1.5	1.5	1.2	1.0
		140	—	—	—	5.0	4.5	4.0	3.5	3.0	2.5	2.0	1.5	3.5	3.0	2.5	2.0
		150	—	—	—	—	—	—	—	3.5	3.5	3.5	3.0	2.5	2.5	2.0	1.5
		160	—	—	—	—	—	—	—	3.5	3.5	3.5	3.0	2.5	2.5	1.5	1.5
		170	—	—	—	—	—	—	—	3.5	3.0	2.5	2.5	2.0	1.8	1.5	1.2
		180	—	—	—	—	—	—	—	3.5	3.0	2.5	2.5	2.0	1.8	1.5	1.2
		190	—	—	—	—	—	—	—	3.0	2.5	2.5	2.0	1.8	1.5	1.2	1.0
		200	—	—	—	—	—	—	—	—	2.5	2.0	2.0	1.8	1.5	1.2	1.0
		210	—	—	—	—	—	—	—	—	—	—	2.0	1.8	1.5	1.2	1.0
TC1 TC4		90	—	—	—	—	—	—	—		4.5	4.5	4.0	—	—	—	—
		95	—	—	—	—	—	—	—		5.0	4.5	4.0	—	—	—	—
		100	—	—	—	—	—	—	—		4.5	4.0	3.5	3.0	2.5	—	—
		105	—	—	—	—	—	—	—		4.0	3.5	3.0	2.5	2.0	—	—
		110	—	—	—	—	—	—	—	4.5	4.0	3.5	3.0	2.5	2.0	—	—
		115	—	—	—	—	—	—	—				3.0	2.5	2.0	1.5	1.2

（续）

牌号	供应状态	外径/mm	规定外径和壁厚时的允许最大长度/m														
			壁厚/mm														
			4	5	6	7	8	9	10	12	15	18	20	22	25	28	30
TC1 TC4	热挤压状态（R）	120	—	—	—	—	—	—	—				2.5	2.0	1.5	1.5	1.2
		130	—	—	—	—	—	—	—		3.0	2.5	2.0	1.5	1.5	1.2	1.0
		140	—	—	—	—	—	—	—	3.0	2.5	2.0	1.5	3.5	3.0	2.5	2.0
		150	—	—	—	—	—	—	—	3.5	3.5	3.5	3.0	2.5	2.5	2.0	1.5
		160	—	—	—	—	—	—	—	3.5	3.5	3.5	3.0	2.5	2.0	1.5	1.5
		170	—	—	—	—	—	—	—							1.5	1.2
		180	—	—	—	—	—	—	—	—	—	—	2.5	2.0	1.8	1.5	1.2
		190	—	—	—	—	—	—	—	—	2.5	2.5	2.0	1.8	1.5	1.2	1.0
		200	—	—	—	—	—	—	—	—	2.5	2.0	2.0	1.8	1.5	1.2	1.0
		210	—	—	—	—	—	—	—	—	—	—	—	—	—	—	1.0

注：1. 管材的最小长度为500mm。

2. 需方要求时，经协商可提供其他规格的管材。

2. 钛及钛合金挤压管的室温力学性能（见表13-13）

表13-13　钛及钛合金挤压管的室温力学性能（GB/T 26058—2010）

牌号	状态	抗拉强度 R_m/MPa	断后伸长率 A(%)
TA1	热挤压态（R）	≥240	≥24
TA2		≥400	≥20
TA3		≥450	≥18
TA9		≥400	≥20
TA10		≥485	≥18

13.3.3　钛及钛合金焊接管

1. 钛及钛合金焊接管的牌号、状态和规格（见表13-14）

表13-14　钛及钛合金焊接管的牌号、状态和规格（GB/T 26057—2010）

牌号	状态	外径/mm	壁厚/mm							
			0.5	0.6	0.7	0.8	1.0	1.25	1.65	2.1
TA1、TA2、TA3、TA8、TA8-1、TA9、TA9-1、TA10	退火态（M）	10~15	○	○	○	—	—	—	—	—
		>15~27	○	○	○	○	○	○	○	—
		>27~32	○	○	○	○	○	○	○	○
		>32~38	—	—	○	○	○	○	○	○

注："○"表示可生产的规格。

2. 钛及钛合金焊接管的室温力学性能（见表13-15）

表13-15　钛及钛合金焊接管的室温力学性能（GB/T 26057—2010）

牌号	状态	抗拉强度 R_m/MPa	规定塑性延伸强度 $R_{p0.2}$/MPa	断后伸长率 A_{50mm}(%)
TA1	退火态（M）	≥240	140~310	≥24
TA2		≥400	275~450	≥20
TA3		≥500	380~550	≥18

（续）

牌号	状态	抗拉强度 R_m/MPa	规定塑性延伸强度 $R_{p0.2}$/MPa	断后伸长率 A_{50mm}(%)
TA8	退火态(M)	≥400	275~450	≥20
TA8-1		≥240	140~310	≥24
TA9		≥400	275~450	≥20
TA9-1		≥240	140~310	≥24
TA10		≥483	≥345	≥18

13.3.4 换热器及冷凝器用钛及钛合金管

1. 换热器及冷凝器用钛及钛合金管的牌号、状态和规格（见表 13-16）

表 13-16 换热器及冷凝器用钛及钛合金管的牌号、状态和规格（GB/T 3625—2007）

类型	牌号	状态	外径/mm	壁厚/mm											
				0.5	0.6	0.8	1.0	1.25	1.5	2.0	2.5	3.0	3.5	4.0	4.5
冷轧无缝管	TA1、TA2、TA3、TA9、TA9-1、TA10	退火态(M)	>10~15	○	○	○	○	○	○	○	—	—	—	—	—
			>15~20	○	○	○	○	○	○	○	○	—	—	—	—
			>20~30	—	○	○	○	○	○	○	○	—	—	—	—
			>30~40	—	—	—	—	○	○	○	○	○	—	—	—
			>40~50	—	—	—	—	○	○	○	○	○	○	—	—
			>50~60	—	—	—	—	—	○	○	○	○	○	○	—
			>60~80	—	—	—	—	—	—	○	○	○	○	○	○
焊接管	TA1、TA2、TA3、TA9、TA9-1、TA10	退火态(M)	16	○	○	○	○	—	—	—	—	—	—	—	—
			19	○	○	○	○	○	—	—	—	—	—	—	—
			25、27	○	○	○	○	○	○	—	—	—	—	—	—
			31、32、33	—	—	○	○	○	○	○	—	—	—	—	—
			38	—	—	—	—	—	○	○	○	—	—	—	—
			50	—	—	—	—	—	—	○	○	—	—	—	—
			63	—	—	—	—	—	—	○	○	—	—	—	—
焊接-轧制法生产	TA1、TA2、TA3、TA9、TA9-1、TA10	退火态(M)	6~10	○	○	○	○	○	—	—	—	—	—	—	—
			>10~15	○	○	○	○	○	○	—	—	—	—	—	—
			>15~30	○	○	○	○	○	○	○	—	—	—	—	—

注：“○”表示可以生产的规格。

2. 换热器及冷凝器用钛及钛合金管的室温力学性能（见表 13-17）

表 13-17 换热器及冷凝器用钛及钛合金管的室温力学性能（GB/T 3625—2007）

牌号	状态	抗拉强度 R_m/MPa	规定塑性延伸强度 $R_{p0.2}$/MPa	断后伸长率 A_{50mm}(%)
TA1	退火态(M)	≥240	140~310	≥24
TA2		≥400	275~450	≥20
TA3		≥500	380~550	≥18
TA9		≥400	275~450	≥20
TA9-1		≥240	140~310	≥24
TA10		≥460	≥300	≥18

13.3.5 工业流体用钛及钛合金管

1. 工业流体用钛及钛合金管的牌号、状态和规格（见表 13-18）

表 13-18 工业流体用钛及钛合金管的牌号、状态和规格（YS/T 576—2021）

类型	牌号	状态	外径/mm	壁厚/mm																	
				0.3	0.4	0.5	0.6	0.8	1.0	1.25	1.5	2.0	2.5	3.0	3.5	4.0	4.5	5.0	5.5	6.0	7.0
冷轧（拉拔）无缝管	TA1G TA2G TA3G TA9 TA10	退火态（M）	>10~15	—	—	○	○	○	○	○	○	○	—	—	—	—	—	—	—	—	—
			>15~20	—	—	—	○	○	○	○	○	○	○	—	—	—	—	—	—	—	—
			>20~30	—	—	—	○	○	○	○	○	○	○	○	—	—	—	—	—	—	—
			>30~35	—	—	—	—	—	○	○	○	○	○	○	○	○	—	—	—	—	—
			>35~40	—	—	—	—	—	○	○	○	○	○	○	○	○	○	○	—	—	—
			>40~50	—	—	—	—	—	—	○	○	○	○	○	○	○	○	○	○	○	—
			>50~60	—	—	—	—	—	—	—	○	○	○	○	○	○	○	○	○	○	—
			>60~80	—	—	—	—	—	—	—	○	○	○	○	○	○	○	○	○	○	○
			>80~110	—	—	—	—	—	—	—	—	○	○	○	○	○	○	○	○	○	○
焊接法生产	TA1G TA2G TA3G TA9 TA10	退火态（M）	6~10	○	○	○	○	—	—	—	—	—	—	—	—	—	—	—	—	—	—
			>10~20	○	○	○	○	○	○	○	○	○	—	—	—	—	—	—	—	—	—
			>20~40	○	○	○	○	○	○	○	○	○	—	—	—	—	—	—	—	—	—
			>40~60	—	—	○	○	○	○	○	○	○	○	○	○	—	—	—	—	—	—
			>60~80	—	—	○	○	○	○	○	○	○	○	○	○	○	—	—	—	—	—
			>80~114	—	—	—	○	○	○	○	○	○	○	○	○	○	—	—	—	—	—
焊接-轧制法生产	TA1G TA2G TA3G TA9 TA10	退火态（M）	>15~20	—	—	○	○	○	○	○	○	—	—	—	—	—	—	—	—	—	
			>20~30	—	—	○	○	○	○	○	○	○	—	—	—	—	—	—	—	—	—

注：“○”表示可以生产的规格。

2. 钛及钛合金无缝管的室温力学性能（见表 13-19）

表 13-19 钛及钛合金无缝管的室温力学性能（YS/T 576—2021）

牌号	状态	抗拉强度 R_m/MPa	规定塑性延伸强度 $R_{p0.2}$/MPa	断后伸长率 A 或 A_{50mm}（%）
TA1G	退火态（M）	≥240	140~310	≥24
TA2G		≥400	275~450	≥20
TA3G		≥450	380~550	≥18
TA9		370~530	≥250	≥18
TA10		≥440	≥300	≥18

13.4 钛及钛合金饼和环

1. 钛及钛合金饼和环的牌号、状态和规格（见表 13-20）

表 13-20 钛及钛合金饼和环的牌号、状态和规格（GB/T 16598—2013）

牌号	供应状态①	产品形式	外径 D/mm	内径 d/mm	截面高度 H/mm	环材壁厚/mm
TA1、TA2、TA3、TA4、TA5、TA7、TA9、TA10、TA13、TA15、TC1、TC2、TC4、TC11	热加工态（R） 退火态（M）	饼材	150~500	—	$H<D$	—
			>500~1000	—	50~300	—
		环材	200~500	100~400	25~300	25~150
			>500~900	300~850	110~500	25~250
			>900~1500	400~1450	110~700	25~400

① TC11 钛合金产品的供应状态一般为热加工态（R），其退火态（M）仅限壁厚或高度不大于 100mm 的产品。

2. 钛及钛合金饼和环的力学性能

（1）钛及钛合金饼和环的室温力学性能（见表13-21）

表13-21 钛及钛合金饼和环的室温力学性能（GB/T 16598—2013）

牌号	抗拉强度 R_m/MPa	规定塑性延伸强度 $R_{p0.2}$/MPa	断后伸长率 A(%)	断面收缩率 Z(%)
	≥			
TA1	240	140	24	30
TA2	400	275	20	30
TA3	500	380	18	30
TA4	580	485	15	25
TA5	685	585	15	40
TA7	785	680	10	25
TA9	370	250	20	25
TA10	485	345	18	25
TA13	540	400	16	35
TA15	885	825	8	20
TC1	585	460	15	30
TC2	685	560	12	30
TC4	895	825	10	25
TC11	1030	900	10	30

注：适用于纵剖面面积不大于100cm² 的饼材和最大截面面积不大于100cm² 的环材。

（2）钛及钛合金饼和环的高温力学性能（见表13-22）

表13-22 钛及钛合金饼和环的高温力学性能（GB/T 16598—2013）

牌号	试验温度/℃	抗拉强度 R_m/MPa ≥	持久强度/MPa ≥		
			σ_{100h}	σ_{50h}	σ_{35h}
TA7	350	490	440	—	—
TA15	500	570	—	470	—
TC1	350	345	325	—	—
TC2	350	420	390	—	—
TC4	400	620	570	—	—
TC11	500	685	—	—	640①

注：适用于纵剖面面积不大于100cm² 的饼材和最大截面面积不大于100cm² 的环材。

① TC11钛合金产品持久强度不合格时，允许按500℃的100h持久强度 σ_{100h}≥590MPa进行检验，检验合格则该批产品的持久强度合格。

13.5 钛及钛合金板材

13.5.1 钛及钛合金板

1. 钛及钛合金板的牌号、状态和规格（见表13-23）

表13-23 钛及钛合金板的牌号、状态和规格（GB/T 3621—2022）

牌号	状态	厚度/mm	宽度/mm	长度/mm
TA0、TA1、TA2、TA3、TA1GELI、TA1G、TA2G、TA3G、TA4G、TA5、TA6、TA7、TA8、TA8-1、TA9、TA9-1、TA10、TA11、TA13、TA15、TA17、TA18、TA22、TA23、TA24、TA32、TC1、TC2、TC3、TC4、TC4ELI、TC20	退火态（M）	0.3~5.0	400~1800	1000~4000
		>5.0~100.0	400~3000	1000~6000

（续）

牌号	状态	厚度/mm	宽度/mm	长度/mm
TB2、TB5、TB6、TB8	固溶态(ST)	0.5~5.0	400~1800	1000~4000
		>5.0~100.0	400~3000	1000~6000

2. 钛及钛合金板的力学性能

(1) 钛及钛合金板的室温力学性能（见表13-24）

表13-24　钛及钛合金板的室温力学性能（GB/T 3621—2022）

牌号	状态	厚度/mm	抗拉强度 R_m/MPa	规定塑性延伸强度 $R_{p0.2}$/MPa	断后伸长率 A(%)
TA0	M	0.3~2.0	280~420	≥170	≥45
		>2.0~10.0	280~420	≥170	≥30
		>10.0~30.0	280~420	≥170	≥25
TA1	M	0.3~2.0	370~530	≥250	≥40
		>2.0~10.0	370~530	≥250	≥30
		>10.0~30.0	370~530	≥250	≥25
TA2	M	0.3~1.0	440~620	≥320	≥35
		>1.0~2.0	440~620	≥320	≥30
		>2.0~10.0	440~620	≥320	≥25
		>10.0~30.0	440~620	≥320	≥18
TA3	M	0.3~1.0	540~720	≥410	≥30
		>1.0~2.0	540~720	≥410	≥25
		>2.0~10.0	540~720	≥410	≥20
		>10.0~30.0	540~720	≥410	≥16
TA1GEL1	M	0.3~50.0	≥200	≥140	≥30
TA1G	M	0.3~50.0	≥240	140~310	≥30
TA2G	M	0.3~50.0	≥400	275~450	≥25
TA3G	M	0.3~50.0	≥500	380~550	≥20
TA4G	M	0.3~50.0	≥580	485~655	≥20
TA5	M	0.5~1.0	≥685	≥585	≥20
		>1.0~2.0	≥685	≥585	≥15
		>2.0~10.0	≥685	≥585	≥12
TA6	M	0.8~1.5	685~850	≥605	≥20
		>1.5~2.0	685~850	≥605	≥15
		>2.0~25.0	685~850	≥605	≥12
TA7	M	0.8~1.5	765~930	≥685	≥20
		>1.5~2.0	765~930	≥685	≥15
		>2.0~10.0	765~930	≥685	≥12
		>10.0~30.0	730~900	≥660	≥9
TA8	M	0.3~25.0	≥400	275~450	≥20
TA8-1	M	0.3~25.0	≥240	140~310	≥24
TA9	M	0.3~25.0	≥400	275~450	≥20
TA9-1	M	0.3~25.0	≥240	140~310	≥24
TA10(A类)	M	0.3~25.0	≥485	≥345	≥18
TA10(B类)	M	0.3~25.0	≥345	≥275	≥25
TA11	M	5.0~12.0	≥895	≥825	≥10

（续）

牌号	状态	厚度/mm	抗拉强度 R_m/MPa	规定塑性延伸强度 $R_{p0.2}$/MPa	断后伸长率 A（%）
TA13	M	0.5~2.0	540~770	460~570	≥18
TA15	M	0.8~1.8	930~1130	≥855	≥12
		>1.8~4.0	930~1130	≥855	≥10
		>4.0~10.0	930~1130	≥855	≥8
		>10.0~70.0	930~1130	≥855	≥6
TA17	M	0.5~1.0	685~835	—	≥25
		>1.0~2.0	685~835	—	≥15
		>2.0~4.0	685~835	—	≥12
		>4.0~10.0	685~835	—	≥10
TA18	M	0.5~2.0	590~735	—	≥25
		>2.0~4.0	590~735	—	≥20
		>4.0~10.0	590~735	—	≥15
TA22	M	4.0~30.0	≥635	≥490	≥18
TA23	M	1.0~10.0	≥700	≥590	≥18
TA24	M	8.0~90.0	≥700	≥550	≥13
TA32	M	0.8~4.0	≥900	≥800	≥8
TB2	ST	1.0~3.5	≤980	—	≥20
	STA①	1.0~3.5	≥1320	—	≥8
TB5	ST	0.8~3.2	705~945	690~870	≥12
TB6	ST	1.0~5.0	≥1000	—	≥6
TB8	ST	0.3~0.6	825~1000	795~965	≥6
		>0.6~2.5	825~1000	795~965	≥8
TC1	M	0.3~2.0	590~735	≥460	≥25
		>2.0~10.0	590~735	≥460	≥20
		>10.0~25.0	590~735	≥460	≥15
TC2	M	0.5~1.0	685~920	≥620	≥25
		>1.0~2.0	685~920	≥620	≥15
		>2.0~25.0	685~920	≥620	≥12
TC3	M	0.5~2.0	880~1080	≥820	≥12
		>2.0~10.0	880~1080	≥820	≥10
TC4	M	0.5~4.0	925~1150	≥870	≥12
		>4.0~5.0	925~1150	≥870	≥10
		>5.0~10.0	895~1100	≥825	≥10
		>10.0~100.0	895~1100	≥825	≥9
TC4EL1	M	0.5~<25.5	≥895	≥830	≥10
		25.5~100.0	≥860	≥795	≥10
TC20	M	0.5~25.0	≥900	≥800	≥10

注：1. 室温拉伸性能适用于板材的横向和纵向。

2. TA10板材的室温拉伸性能分为A类和B类，A类适用于一般工业，B类适应于复合板用复材。当订货单中未注明时，TA10板材按A类供货；经供需双方协商并在订货单中注明时，可按B类供货。

① STA为固溶时效态，适用于TB2固溶时效态试样的室温拉伸性能。

(2) 钛及钛合金板的高温力学性能（见表 13-25）

表 13-25 钛及钛合金板的高温力学性能（GB/T 3621—2022）

牌号	厚度/mm	试验温度/℃	抗拉强度 R_m/MPa	持久性能	
				初始应力 σ_0/MPa	蠕变断裂时间 t_u/h
TA6	0.8~25.0	350	≥420	390	≥100
		500	≥340	195	≥100
TA7	0.8~30.0	350	≥490	440	≥100
		500	≥400	195	≥100
TA11	5.0~12.0	425	≥620	—	—
TA15	0.8~<30.0	500	≥635	470	≥50
		500	≥635	440	≥100
	30.0~70.0	500	≥570	470	≥50
		500	≥570	440	≥100
TA17	0.5~10.0	350	≥420	390	≥100
		400	≥390	360	≥100
TA18	0.5~10.0	350	≥340	320	≥100
		400	≥310	280	≥100
TA32	0.8~4.0	550	≥600	350	≥100
TC1	0.3~25.0	350	≥340	320	≥100
		400	≥310	295	≥100
TC2	0.5~25.0	350	≥420	390	≥100
		400	≥390	360	≥100
TC3	0.5~10.0	400	≥590	540	≥100
		500	≥440	195	≥100
TC4	0.5~30.0	400	≥590	540	≥100
		500	≥440	195	≥100

3. 钛及钛合金板的弯曲性能（见表 13-26）

表 13-26 钛及钛合金板的弯曲性能（GB/T 3621—2022）

牌号	厚度/mm	弯曲压头直径/mm	弯曲角/(°)	牌号	厚度/mm	弯曲压头直径/mm	弯曲角/(°)
TA0	0.3~5.0	3*T*	≥140	TA6	0.8~1.5	3*T*	≥50
TA1	0.3~2.0	3*T*	≥140		>1.5~5.0	3*T*	≥40
	>2.0~5.0	3*T*	≥130	TA7	0.8~2.0	3*T*	≥50
TA2	0.3~2.0	3*T*	≥100		>2.0~5.0	3*T*	≥40
	>2.0~5.0	3*T*	≥90	TA8	0.3~<1.8	4*T*	≥105
TA3	0.3~2.0	3*T*	≥90		1.8~5.0	5*T*	≥105
	>2.0~5.0	3*T*	≥80	TA8-1	0.3~<1.8	3*T*	≥105
TA1GEL1	0.3~2.0	3*T*	≥105		1.8~5.0	4*T*	≥105
	>2.0~5.0	4*T*	≥105	TA9	0.3~<1.8	4*T*	≥105
TA1G	0.3~2.0	3*T*	≥105		1.8~5.0	5*T*	≥105
	>2.0~5.0	4*T*	≥105	TA9-1	0.3~<1.8	3*T*	≥105
TA2G	0.3~2.0	4*T*	≥105		1.8~5.0	4*T*	≥105
	>2.0~5.0	5*T*	≥105	TA10	0.3~<1.8	4*T*	≥105
TA3G	0.3~2.0	4*T*	≥105		1.8~5.0	5*T*	≥105
	>2.0~5.0	5*T*	≥105	TA13	0.5~2.0	2*T*	180
TA4G	0.3~2.0	5*T*	≥105	TA15	0.8~6.0	3*T*	≥30
	>2.0~5.0	6*T*	≥105	TA17	0.5~1.0	3*T*	≥80
TA5	0.5~40.0	5*T*	≥100		>1.0~2.0	3*T*	≥60

（续）

牌号	厚度/mm	弯曲压头直径/mm	弯曲角/(°)	牌号	厚度/mm	弯曲压头直径/mm	弯曲角/(°)
TA17	>2.0~5.0	3*T*	≥50	TC1	0.5~1.0	3*T*	≥100
	>5.0~25.0	6*T*	≥120		>1.0~2.0	3*T*	≥70
TA18	0.5~1.0	3*T*	≥100		>2.0~5.0	3*T*	≥60
	>1.0~2.0	3*T*	≥70	TC2	0.5~1.0	3*T*	≥80
	>2.0~10.0	3*T*	≥60		>1.0~2.0	3*T*	≥60
TA22	4.0~16.0	3*T*	≥60		>2.0~5.0	3*T*	≥50
TA23	1.0~10.0	5*T*	180	TC3	0.5~2.0	3*T*	≥35
TA24	8.0~48.0	5*T*	≥100		>2.0~5.0	3*T*	≥30
	>48.0~90.0	5*T*	≥70	TC4	0.5~1.8	9*T*	≥105
TA32	0.8~4.0	3*T*	≥25		>1.8~5.0	10*T*	≥105
TB2	1.0~3.5	3*T*	≥120	TC4EL1	0.5~1.8	9*T*	≥105
TB5	0.8~<1.8	4*T*	≥105		>1.8~5.0	10*T*	≥105
	1.8~3.2	5*T*	≥105	TC20	0.5~<1.8	9*T*	≥105
TB8	0.8~<1.8	3*T*	≥105		>1.8~5.0	10*T*	≥105
	1.8~2.5	3.5*T*	≥105				

注：1. *T* 为弯曲试样的厚度。

2. TB2、TB5、TB8 的弯曲性能仅适用于固溶态试样。

13.5.2 TC4 钛合金厚板

1. TC4 钛合金厚板的状态和规格（见表 13-27）

表 13-27 TC4 钛合金厚板的状态和规格（GB/T 31298—2014）

牌号	状态	厚度/mm	宽度/mm	长度/mm
TC4	退火态	>4.75~100.0	400~3000	1000~6000

2. TC4 钛合金厚板的室温力学性能（见表 13-28）

表 13-28 TC4 钛合金厚板的室温力学性能（GB/T 31298—2014）

厚度/mm	抗拉强度 R_m/MPa ≥	规定塑性延伸强度 $R_{p0.2}$/MPa ≥	断后伸长率 A_{50mm}(%)
>4.75~100.0	895	830	10

13.5.3 TC4EL1 钛合金板

1. TC4EL1 钛合金板的状态和规格（见表 13-29）

表 13-29 TC4EL1 钛合金板的状态和规格（GB/T 31297—2014）

牌号	状态	厚度/mm	宽度/mm	长度/mm
TC4 ELI	退火态	0.50~4.75	400~1000	1000~4000
	退火态 β 退火+二次退火态	>4.75~100.0	400~3000	1000~6000

2. TC4EL1 钛合金板的室温力学性能（见表 13-30）

表 13-30 TC4EL1 钛合金板的室温力学性能（GB/T 31297—2014）

厚度/mm	抗拉强度 R_m/MPa	规定塑性延伸强度 $R_{p0.2}$/MPa	断后伸长率 A_{50mm}(%)
1. 退火态			
0.50~<0.64	895	830	8
0.64~<25.40	895	830	10
25.40~100.0	860	795	10
2. β退火+二次退火态			
厚度/mm	抗拉强度 R_m/MPa	规定塑性延伸强度 $R_{p0.2}$/MPa	断后伸长率 A_{50mm}(%)
>4.75~12.70	895	795	10
>12.70~25.40	875	775	10
>25.40~50.80	860	745	8
>50.80~100.0	840	745	8

3. 退火态 TC4EL1 钛合金板的弯曲性能（见表 13-31）

表 13-31 退火态 TC4EL1 钛合金板的弯曲性能（GB/T 31297—2014）

厚度/mm	弯曲半径/mm	弯曲角/(°)
0.5~1.78	4.5T	105
>1.78~4.75	5T	

注：T 为板材的名义厚度。

4. TC4EL1 钛合金板的热处理

（1）退火 700~900℃，保温 0.5~1h，空冷或更慢速度冷却。

（2）β 退火+二次退火 加热到 β 转变温度+28℃，保温不少于 30min，空冷至低于 540℃；再加热到 730℃，保温不少于 2h，空冷或更慢速度冷却。

13.5.4 钛及钛合金网板

钛及钛合金网板的形状如图 13-1 所示。钛及钛合金网板的牌号、状态和规格见表 13-32。

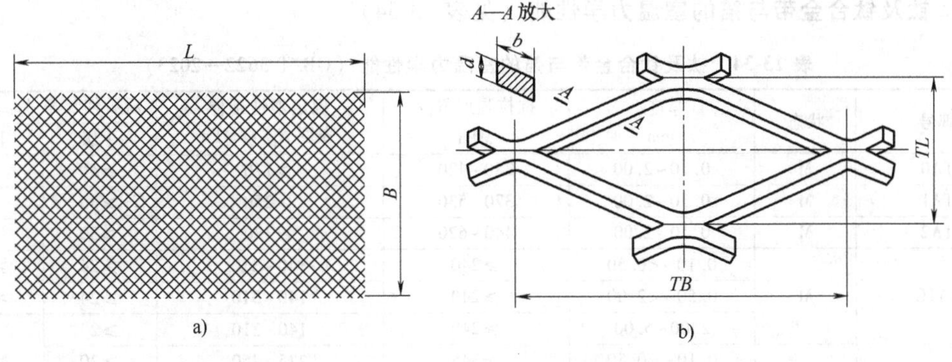

图 13-1 钛及钛合金网板的形状

a）网板 b）网眼（放大）

表 13-32　钛及钛合金网板的牌号、状态和规格（GB/T 26059—2010）

牌号	供应状态	板厚 d/mm	网面		网眼		
			网面宽 B/mm	网面长 L/mm	长节距 TB/mm	短节距 TL/mm	丝梗宽 b/mm
TA1、TA2、TA3、TA8、TA8-1、TA9、TA9-1、TA10、TC1	冷冲状态(Y) 退火状态(M) 冷平退火状态(ZM)	0.5~1.5	400~1200	≤2000	4	3.5	0.5
					6.1	3.7	0.8
					8	4.5	1.5
					10	4.5	1.5
					10	5	1.5
					10.3	6	1.5
					12.5	4.5、5.0、5.5、6.0、6.5	1.7
					12.5	5.6	1.8
					13	5.5	1.5
					13	5.8	1.9
					20	7	1.7
		0.8~1.5	400~1200	≤2000	40	14	1.7

注：产品供应状态应在合同中注明，未注明时按冷冲状态供货。需方要求时，经协商可供应其他规格及牌号的网板。

13.6　钛及钛合金带材与箔材

13.6.1　钛及钛合金带与箔

1. 钛及钛合金带与箔的牌号、状态和规格（见表 13-33）

表 13-33　钛及钛合金带与箔的牌号、状态和规格（GB/T 3622—2023）

牌号	产品分类	状态	厚度/mm	宽度/mm	长度/mm
TA0、TA1、TA2、TA1G、TA2G、TA3G、TA4G、TA8、TA8-1、TA9、TA9-1、TA10	箔材	冷加工态(Y) 退火态(M)	0.01~<0.10	30~300	≥500
	带材	冷加工态(Y) 退火态(M)	0.10~<0.30	50~300	≥500
			0.30~3.00	50~1300	≥5000
		热加工态(R) 退火态(M)	>3.00~5.00	≤1500	≥5000

注：供货形式包括切边和不切边，未注明时以切边供货。

2. 钛及钛合金带与箔的室温力学性能（见表 13-34）

表 13-34　钛及钛合金带与箔的室温力学性能（GB/T 3622—2023）

牌号	状态	厚度/mm	抗拉强度 R_m/MPa	规定塑性延伸强度 $R_{p0.2}$/MPa	断后伸长率 A_{50mm}(%)	
					Ⅰ级	Ⅱ级
TA0	M	0.10~2.00	280~420	≥170	≥40	—
TA1	M	0.10~2.00	370~530	≥250	≥35	—
TA2	M	0.10~2.00	440~620	≥320	≥30	—
TA1G	M	0.10~<0.50	≥240	140~310	≥24	≥40
		0.50~<2.00	≥240	140~310	≥24	≥35
		2.00~5.00	≥240	140~310	≥24	—
TA2G	M	0.10~<0.50	≥345	275~450	≥20	≥30
		0.50~<2.00	≥345	275~450	≥20	≥25
		2.00~5.00	≥345	275~450	≥20	—

（续）

牌号		状态	厚度/mm	抗拉强度 R_m/MPa	规定塑性延伸强度 $R_{p0.2}$/MPa	断后伸长率 A_{50mm}(%)	
						Ⅰ级	Ⅱ级
TA3G		M	0.10~5.00	≥450	380~550	≥18	—
TA4G		M	0.10~5.00	≥550	485~655	≥15	—
TA8		M	0.10~<0.50	≥345	275~450	≥20	≥30
			0.50~<2.00	≥345	275~450	≥20	≥25
			2.00~5.00	≥345	275~450	≥20	—
TA8-1		M	0.10~<0.50	≥240	140~310	≥24	≥40
			0.50~<2.00	≥240	140~310	≥24	≥35
			2.00~5.00	≥240	140~310	≥24	—
TA9		M	0.10~<0.50	≥345	275~450	≥20	≥30
			0.50~<2.00	≥345	275~450	≥20	≥25
			2.00~5.00	≥345	275~450	≥20	—
TA9-1		M	0.10~<0.50	≥240	140~310	≥24	≥40
			0.50~<2.00	≥240	140~310	≥24	≥35
			2.00~5.00	≥240	140~310	≥24	—
TA10①	A类	M	0.10~5.00	≥485	≥345	≥18	—
	B类	M	0.10~5.00	≥345	≥275	≥25	—

① TA10带材的室温拉伸性能分为A类和B类，A类适用于一般工业，B类适用于复合板用的复材。

3. 钛及钛合金带与箔的弯曲性能（见表13-35）

表13-35　钛及钛合金带与箔的弯曲性能（GB/T 3622—2023）

牌号	厚度/mm	弯曲压头直径/mm	弯曲角/(°)	牌号	厚度/mm	弯曲压头直径/mm	弯曲角/(°)
TA0	0.10~2.00	3*T*	≥150	TA8	0.10~<2.00	4*T*	≥105
TA1	0.10~2.00	3*T*	≥150		2.00~5.00	5*T*	≥105
TA2	0.10~2.00	3*T*	≥140	TA8-1	0.10~<2.00	3*T*	≥105
TA1G	0.10~<2.00	3*T*	≥105		2.00~5.00	4*T*	≥105
	2.00~5.00	4*T*	≥105	TA9	0.10~<2.00	4*T*	≥105
TA2G	0.10~<2.00	4*T*	≥105		2.00~5.00	5*T*	≥105
	2.00~5.00	5*T*	≥105	TA9-1	0.10~<2.00	3*T*	≥105
TA3G	0.10~<2.00	4*T*	≥105		2.00~5.00	4*T*	≥105
	2.00~5.00	5*T*	≥105	TA10	0.10~<2.00	4*T*	≥105
TA4G	0.10~<2.00	5*T*	≥105		2.00~5.00	5*T*	≥105
	2.00~5.00	6*T*	≥105				

注：*T*为弯曲试样的厚度。

13.6.2　冷轧钛带卷

1. 冷轧钛带卷的牌号、状态和规格（见表13-36）

表13-36　冷轧钛带卷的牌号、状态和规格（GB/T 26723—2011）

牌号	制造方法	供应状态	(厚度/mm)×(宽度/mm)×(长度/mm)
TA1、TA2、TA3、TA4、TA8-1、TA9、TA9-1、TA10	冷轧	退火态(M)	(0.3~4.75)×(500~1500)×*L*
		冷加工态(Y)	

2. 冷轧钛带卷的室温力学性能（见表 13-37）

表 13-37 冷轧钛带卷的室温力学性能（GB/T 26723—2011）

牌号		状态	带厚/mm	抗拉强度 R_m/MPa	规定塑性延伸强度 $R_{p0.2}$/MPa	断后伸长率 A(%)
TA1		退火态(M)	0.3~4.75	≥240	138~310	≥24
TA2				≥345	275~450	≥20
TA3				≥450	380~550	≥18
TA4				≥550	485~655	≥15
TA8-1				≥240	138~310	≥24
TA9				≥345	275~450	≥20
TA9-1				≥240	138~310	≥24
TA10①	A类			≥485	≥345	≥18
	B类			≥345	≥275	≥25

① 正常供货按 A 类，B 类适应于复合板复材，当需方要求并在合同中注明时，按 B 类供货。

3. 冷轧钛带卷的工艺性能（见表 13-38）

表 13-38 冷轧钛带卷的工艺性能（GB/T 26723—2011）

牌号	弯心直径(带厚<1.8mm)/mm	弯心直径(带厚1.8~4.75mm)/mm	牌号	弯心直径(带厚<1.8mm)/mm	弯心直径(带厚1.8~4.75mm)/mm
TA1	3*T*	4*T*	TA8-1	3*T*	4*T*
TA2	4*T*	5*T*	TA9	4*T*	5*T*
TA3	4*T*	5*T*	TA9-1	3*T*	4*T*
TA4	5*T*	6*T*	TA10	4*T*	5*T*

注：用户对工艺性能有特殊要求时，由供需双方协商。*T* 代表产品厚度。

13.6.3 热轧钛带卷

1. 热轧钛带卷的牌号、状态和规格（见表 13-39）

表 13-39 热轧钛带卷的牌号、状态和规格（YS/T 750—2022）

牌号	状态	(厚度/mm)×(宽度/mm)×(长度/mm)
TA1G、TA2G、TA3G、TA4G、TA8-1、TA9、TA9-1、TA10、TA18、TC4、TC4ELI	退火态(M)	(2.0~12.0)×(600~2000)×*L*
	热加工态(R)	

2. 热轧钛带卷的室温力学性能（见表 13-40）

表 13-40 热轧钛带卷的室温力学性能（YS/T 750—2022）

牌号		抗拉强度 R_m/MPa	规定塑性延伸强度 $R_{p0.2}$/MPa	断后伸长率 A_{50mm}(%)
TA1G		≥240	140~310	≥24
TA2G		≥345	275~450	≥20
TA3G		≥450	380~550	≥18
TA4G		≥550	485~655	≥15
TA8-1		≥240	140~310	≥24
TA9		≥345	275~450	≥20
TA9-1		≥240	140~310	≥24
TA10①	A类	≥485	≥345	≥18
	B类	≥345	≥275	≥25
TA18		≥620	≥485	≥15
TC4		≥895	≥828	≥10
TC4ELI		≥828	≥759	≥10

① 正常供货按 A 类，B 类适用于复合板复材，当需方要求并在订货单注明时，按 B 类供货。

3. 热轧钛带卷的工艺性能（见表 13-41）

表 13-41　热轧钛带卷的工艺性能（YS/T 750—2022）

牌号	弯心直径	牌号	弯心直径
TA1G	4*T*	TA9-1	4*T*
TA2G	5*T*	TA10	5*T*
TA3G	5*T*	TA18	6*T*
TA4G	6*T*	TC4	10*T*
TA8-1	4*T*	TC4ELI	10*T*
TA9	5*T*		

注：*T* 为产品厚度。工艺性能只适合厚度 $T \leqslant 5.0$mm 的钛带卷，大于 5.0mm 的钛带卷工艺性能可由供需双方协商确定。

13.7　钛及钛合金丝

1. 钛及钛合金丝的牌号、状态和规格（见表 13-42）

表 13-42　钛及钛合金丝的牌号、状态和规格（GB/T 3623—2022）

牌号	状态	直径/mm
TA0、TA1、TA2、TA3、TA1GELI、TA1G、TA2GELI、TA2G、TA3GELI、TA3G、TA4GELI、TA4G、TA7、TA8、TA8-1、TA9、TA9-1、TA10、TA18、TA22、TA23、TA24、TA28、TA31、TA36、TC1、TC2、TC3	热加工态(R) 冷加工态(Y) 退火态(M)	0.1~7.0
TA1G-1、TC4、TC4ELI		0.8~7.0

注：丝材的用途和状态在订货单中注明，未注明时按加工态（Y 或 R）焊丝供应。

2. 钛及钛合金丝的室温力学性能（见表 13-43）

表 13-43　钛及钛合金丝的室温力学性能（GB/T 3623—2022）

牌号	直径/mm	抗拉强度 R_m/MPa	规定塑性延伸强度 $R_{p0.2}$①/MPa	断后伸长率 A②(%)
TA0	0.1~7.0	≥280	≥170	≥20
TA1	0.1~7.0	≥370	≥250	≥18
TA2	0.1~7.0	≥440	≥320	≥15
TA3	0.1~7.0	≥540	≥410	≥15
TA1G	0.1~7.0	≥240	≥140	≥20
TA1G-1	0.8~7.0	295~470	≥180	≥30
TA2G	0.1~7.0	≥400	≥275	≥20
TA3G	0.1~7.0	≥500	≥380	≥18
TA4G	0.1~7.0	≥580	≥485	≥15
TA8	0.1~7.0	≥345	≥275	≥20
TA8-1	0.1~7.0	≥240	≥138	≥20
TA9	0.1~7.0	≥345	≥275	≥18
TA9-1	0.1~7.0	≥240	≥138	≥20
TA10	0.1~7.0	≥483	≥345	≥18
TA18	0.1~7.0	≥620	≥483	≥15
TC4ELI	0.8~7.0	≥860	≥760	≥10
TC4	0.8~<2.0	≥925	≥860	≥8
	2.0~7.0	≥895	≥828	≥10

注：其他牌号结构件丝的室温拉伸性能可报实测值。

① 规定塑性延伸强度仅适用于直径大于 3.0mm 的结构件丝。

② 直径小于 3.0mm 的结构件丝断后伸长率不满足要求时可报实测值。

13.8 钛及钛合金锻件

1. 钛及钛合金锻件的牌号和化学成分（见表13-44）

表13-44 钛及钛合金锻件的牌号和化学成分（GB/T 25137—2010）

	牌号	F-1	F-2	F-2H	F-3	F-4	F-5	F-6	F-7	F-7H	F-9	F-11	F-12
化学成分①（质量分数，%）	N≤	0.03	0.05	0.03	0.05	0.05	0.05	0.03	0.03	0.03	0.03	0.03	0.03
	C≤	0.08	0.08	0.08	0.08	0.08	0.08	0.08	0.08	0.08	0.08	0.08	0.08
	H②③≤	0.015	0.015	0.015	0.015	0.015	0.015	0.015	0.015	0.015	0.015	0.015	0.015
	Fe≤	0.20	0.30	0.30	0.30	0.50	0.40	0.50	0.30	0.30	0.25	0.20	0.30
	O≤	0.18	0.25	0.25	0.35	0.40	0.20	0.20	0.25	0.25	0.15	0.18	0.25
	Al	—	—	—	—	—	5.5~6.75	4.0~6.0	—	—	2.5~3.5	—	—
	V	—	—	—	—	—	3.5~4.5	—	—	—	2.0~3.0	—	—
	Sn	—	—	—	—	—	—	2.0~3.0	—	—	—	—	—
	Ru	—	—	—	—	—	—	—	—	—	—	—	—
	Pd	—	—	—	—	—	—	—	0.12~0.25	0.12~0.25	—	0.12~0.25	—
	Co	—	—	—	—	—	—	—	—	—	—	—	—
	Mo	—	—	—	—	—	—	—	—	—	—	—	0.2~0.4
	Cr	—	—	—	—	—	—	—	—	—	—	—	—
	Ni	—	—	—	—	—	—	—	—	—	—	—	0.6~0.9
	Nb	—	—	—	—	—	—	—	—	—	—	—	—
	Zr	—	—	—	—	—	—	—	—	—	—	—	—
	Si	—	—	—	—	—	—	—	—	—	—	—	—
	每种杂质④⑤⑥≤	0.1	0.1	0.1	0.1	0.1	0.1	0.1	0.1	0.1	0.1	0.1	0.1
	杂质④⑤⑥总和≤	0.4	0.4	0.4	0.4	0.4	0.4	0.4	0.4	0.4	0.4	0.4	0.4
	Ti⑦	余量	余量	余量	余量	余量	余量	余量	余量	余量	余量	余量	余量

	牌号	F-13	F-14	F-15	F-16	F-16H	F-17	F-18	F-19	F-20	F-21	F-23
化学成分①（质量分数，%）	N≤	0.03	0.03	0.05	0.03	0.03	0.03	0.03	0.03	0.03	0.03	0.03
	C≤	0.08	0.08	0.08	0.08	0.08	0.08	0.08	0.05	0.05	0.05	0.08
	H②③≤	0.015	0.015	0.015	0.015	0.015	0.015	0.015	0.02	0.02	0.015	0.0125
	Fe≤	0.20	0.30	0.30	0.30	0.30	0.20	0.25	0.30	0.30	0.40	0.25
	O≤	0.10	0.15	0.25	0.25	0.25	0.18	0.15	0.12	0.12	0.17	0.13
	Al	—	—	—	—	—	—	2.5~3.5	3.0~4.0	3.0~4.0	2.5~3.5	5.5~6.5
	V	—	—	—	—	—	—	2.0~3.0	7.5~8.5	7.5~8.5	—	3.5~4.5
	Sn	—	—	—	—	—	—	—	—	—	—	—
	Ru	0.04~0.06	0.04~0.06	0.04~0.06	—	—	—	—	—	—	—	—

（续）

牌号		F-13	F-14	F-15	F-16	F-16H	F-17	F-18	F-19	F-20	F-21	F-23
化学成分[1]（质量分数，%）	Pb	—	—	—	0.04~0.08	0.04~0.08	0.04~0.08	0.04~0.08	—	0.04~0.08	—	—
	Co	—	—	—	—	—	—	—	—	—	—	—
	Mo	—	—	—	—	—	—	—	3.5~4.5	3.5~4.5	14.0~16.0	—
	Cr	—	—	—	—	—	—	—	5.5~6.5	5.5~6.5	—	—
	Ni	0.4~0.6	0.4~0.6	0.4~0.6	—	—	—	—	—	—	—	—
	Nb	—	—	—	—	—	—	—	—	—	2.2~3.2	—
	Zr	—	—	—	—	—	—	—	3.5~4.5	3.5~4.5	—	—
	Si	—	—	—	—	—	—	—	—	—	0.15~0.25	—
	每种杂质[4,5,6]≤	0.1	0.1	0.1	0.1	0.1	0.1	0.1	0.15	0.15	0.1	0.1
	杂质[4,5,6]总和≤	0.4	0.4	0.4	0.4	0.4	0.4	0.4	0.4	0.4	0.4	0.4
	Ti[7]	余量	余量	余量	余量	余量	余量	余量	余量	余量	余量	余量

牌号		F-24	F-25	F-26	F-26H	F-27	F-28	F-29
化学成分[1]（质量分数，%）	N≤	0.05	0.05	0.03	0.03	0.03	0.03	0.03
	C≤	0.08	0.08	0.08	0.08	0.08	0.08	0.08
	H[2,3]≤	0.015	0.0125	0.015	0.015	0.015	0.015	0.015
	Fe≤	0.40	0.40	0.30	0.30	0.20	0.25	0.25
	O≤	0.20	0.20	0.25	0.25	0.18	0.15	0.13
	Al	5.5~6.75	5.5~6.75	—	—	—	2.5~3.5	5.5~6.5
	V	3.5~4.5	3.5~4.5	—	—	—	2.0~3.0	3.5~4.5
	Sn	—	—	—	—	—	—	—
	Ru	—	—	0.08~0.14	0.08~0.14	0.08~0.14	0.08~0.14	0.08~0.14
	Pd	0.04~0.08	0.04~0.08	—	—	—	—	—
	Co	—	—	—	—	—	—	—
	Mo	—	—	—	—	—	—	—
	Cr	—	—	—	—	—	—	—
	Ni	—	0.3~0.8	—	—	—	—	—
	Nb	—	—	—	—	—	—	—
	Zr	—	—	—	—	—	—	—
	Si	—	—	—	—	—	—	—
	每种杂质[4,5,6]≤	0.1	0.1	0.1	0.1	0.1	0.1	0.1
	杂质[4,5,6]总和≤	0.4	0.4	0.4	0.4	0.4	0.4	0.4
	Ti[7]	余量	余量	余量	余量	余量	余量	余量

牌号		F-30	F-31	F-32	F-33	F-34	F-35	F-36	F-37	F-38
化学成分[1]（质量分数，%）	N≤	0.03	0.05	0.03	0.03	0.05	0.05	0.03	0.03	0.03
	C≤	0.08	0.08	0.08	0.08	0.08	0.08	0.04	0.08	0.08
	H[2,3]≤	0.015	0.015	0.015	0.015	0.015	0.015	0.0035	0.015	0.015
	Fe≤或范围	0.30	0.30	0.25	0.30	0.30	0.20~0.80	0.03	0.30	1.2~1.8

（续）

牌号		F-30	F-31	F-32	F-33	F-34	F-35	F-36	F-37	F-38
化学成分①（质量分数，%）	O≤或范围	0.25	0.35	0.11	0.25	0.35	0.25	0.16	0.25	0.20~0.30
	Al	—	—	4.5~5.5	—	—	4.0~5.0	—	1.0~2.0	3.5~4.5
	V	—	—	0.6~1.4	—	—	1.1~2.1	—	—	2.0~3.0
	Sn	—	—	0.6~1.4	—	—	—	—	—	—
	Ru	—	—	—	0.02~0.04	0.02~0.04	—	—	—	—
	Pd	0.04~0.08	0.04~0.08	—	0.01~0.02	0.01~0.02	—	—	—	—
	Co	0.20~0.80	0.20~0.80	—	—	—	—	—	—	—
	Mo	—	—	0.6~1.2	—	—	1.5~2.5	—	—	—
	Cr	—	—	—	0.1~0.2	0.1~0.2	—	—	—	—
	Ni	—	—	—	0.35~0.55	0.35~0.55	—	—	—	—
	Nb	—	—	—	—	—	—	42.0~47.0	—	—
	Zr	—	—	0.6~1.4	—	—	—	—	—	—
	Si	—	—	0.06~0.14	—	—	0.20~0.40	—	—	—
	每种杂质④⑤⑥≤	0.1	0.1	0.1	0.1	0.1	0.1	0.1	0.1	0.1
	杂质④⑤⑥总和≤	0.4	0.4	0.4	0.4	0.4	0.4	0.4	0.4	0.4
	Ti⑦	余量	余量	余量	余量	余量	余量	余量	余量	余量

① 对于表中所列每种牌号的合金，必须分析所有元素的含量。表中未标明含量的元素可不出具报告，若每种元素的质量分数大于0.1%或者总的质量分数大于0.4%时必须出具报告。

② 经与供方协商，可以适当降低氢含量。

③ 在最终产品上取样分析。

④ 无须出具报告。

⑤ 杂质是金属或合金中存在的少量元素，它是材料生产过程固有的，而非添加的。纯钛中杂质元素包括铝、钒、锡、铬、钼、铌、锆、铪、铋、钌、钯、钇、铜、硅、钴、钽、镍、硼、锰和钨等。

⑥ 需方若要求分析本表所列元素之外的杂质元素，可在书面采购订单中注明。

⑦ 钛元素比例可用不同方法确定。

2. 钛及钛合金锻件的力学性能（见表 13-45）

表 13-45 钛及钛合金锻件的力学性能①（GB/T 25137—2010）

牌号	抗拉强度≥		屈服强度≥		断后伸长率（4d）（%）≥	断面收缩率（%）≥
	MPa	（ksi）	MPa	（ksi）		
F-1	240	（35）	138	（20）	24	30
F-2	345	（50）	275	（40）	20	30

（续）

牌号	抗拉强度 ≥		屈服强度 ≥		断后伸长率 (4d)(%) ≥	断面收缩率(%) ≥
	MPa	(ksi)	MPa	(ksi)		
F-2H②③	400	(58)	275	(40)	20	30
F-3	450⑩	(65)⑩	380	(55)	18	30
F-4	550⑩	(80)⑩	483	(70)	15	25
F-5	895	(130)	828	(120)	10	25
F-6	828	(120)	795	(115)	10	25
F-7	345	(50)	275	(40)	20	30
F-7H②③	400	(58)	275	(40)	20	30
F-9	828	(120)	759	(110)	10	25
F-9④	620	(90)	483	(70)	15	25
F-11	240	(35)	138	(20)	24	30
F-12	483	(70)	345	(50)	18	25
F-13	275	(40)	170	(25)	24	30
F-14	410	(60)	275	(40)	20	30
F-15	483	(70)	380	(55)	18	25
F-16	345	(50)	275	(40)	20	30
F-16H②③	400	(58)	275	(40)	20	30
F-17	240	(35)	138	(20)	24	30
F-18	620	(90)	483	(70)	15	25
F-18④	620	(90)	483	(70)	12	20
F-19⑤	793	(115)	759	(110)	15	25
F-19⑥	930	(135)	897~1096	(130~159)	10	20
F-19⑦	1138	(165)	1104~1276	(160~185)	5	20
F-20⑤	793	(115)	759	(110)	15	25
F-20⑥	930	(135)	897~1096	(130~159)	10	20
F-20⑦	1138	(165)	1104~1276	(160~185)	5	20
F-21⑤	793	(115)	759	(110)	15	35
F-21⑥	966	(140)	897~1096	(130~159)	10	30
F-21⑦	1172	(170)	1104~1276	(169~185)	8	20
F-23	828	(120)	759	(110)	10	25
F-23④	828	(120)	759	(110)	7.5⑧、6.0⑨	25
F-24	895	(130)	828	(120)	10	25
F-25	895	(130)	828	(120)	10	25
F-26	345	(50)	275	(40)	20	30
F-26H②③	400	(58)	275	(40)	20	30
F-27	240	(35)	138	(20)	24	30
F-28	620	(90)	483	(70)	15	25
F-28④	620	(90)	483	(70)	12	20
F-29	828	(120)	759	(110)	10	25
F-29④	828	(120)	759	(110)	7.5⑧、6.0⑨	15
F-30	345	(50)	275	(40)	20	30
F-31	450	(65)	380	(55)	18	30
F-32	689	(100)	586	(85)	10	25
F-33	345	(50)	275	(40)	20	30
F-34	450	(65)	380	(55)	18	30
F-35	895	(130)	828	(120)	5	20

（续）

牌号	抗拉强度 ≥		屈服强度 ≥		断后伸长率(4d)(%)	断面收缩率(%)
	MPa	(ksi)	MPa	(ksi)	≥	≥
F-36	450	(65)	410~655	(60~95)	10	—
F-37	345	(50)	215	(31)	20	30
F-38	895	(130)	794	(115)	10	25

① 表中性能数据适用于截面面积不大于 1935mm^2（3in^2）的锻件，截面面积大于 1935mm^2（3in^2）的锻件性能由供需双方商定。

② 该材料与相应数字牌号的差别是其最小抗拉强度要求更高。F-2H、F-7H、F-16H 和 F-26H 牌号材料主要用于压力容器。

③ H 牌号材料是应压力容器行业协会（美国）的要求而补充的。该协会对牌号为 2、7、16 和 26 商用材料 5200 份测试报告进行了研究，其中 99%以上最小抗拉强度大于 400MPa（58ksi）。

④ β 转变组织状态材料的性能。

⑤ 固溶处理状态材料的性能。

⑥ 固溶+时效处理状态——中等强度（取决于时效温度）。

⑦ 固溶+时效处理状态——高强度（取决于时效温度）。

⑧ 适用于截面或壁厚小于 25.4mm（1.0in）的产品。

⑨ 适用于截面或壁厚不大于 25.4mm（1.0in）的产品。

⑩ F-3 和 F-4 的抗拉强度进行了修正。

13.9 钛及钛合金铸造产品

13.9.1 钛及钛合金铸锭

1. 钛及钛合金铸锭的牌号、生产方式及熔次（见表 13-46）

表 13-46 钛及钛合金铸锭的牌号、生产方式及熔次（GB/T 26060—2010）

牌号	生产方式	熔次
GB/T 3620.1 中所有牌号	VAR,EBCHM+VAR	不少于两次
	EBCHM	一次

注：VAR—真空自耗电弧炉；EBCHM—电子束冷床炉。

2. 钛及钛合金铸锭的外形尺寸允许偏差（见表 13-47）

表 13-47 钛及钛合金铸锭的外形尺寸允许偏差（GB/T 26060—2010）（单位：mm）

直径(厚度或宽度)	≤350	>350~550	>550~720	>720~820	>820~1040	>1040
允许偏差	+5 -30	+5 -40	+5 -60	+5 -70	+5 -80	+5 -100

13.9.2 铸造钛及钛合金

铸造钛及钛合金的牌号和化学成分见表 13-48。

表 13-48 铸造钛及钛合金的牌号和化学成分（GB/T 15073—2014）

牌号	代号	化学成分(质量分数,%)															
		主成分									杂质≤						
		Ti	Al	Sn	Mo	V	Zr	Nb	Ni	Pd	Fe	Si	C	N	H	O	其他元素 单个	其他元素 总和
ZTi1	ZTA1	余量	—	—	—	—	—	—	—	—	0.25	0.10	0.10	0.03	0.015	0.25	0.10	0.40
ZTi2	ZTA2	余量	—	—	—	—	—	—	—	—	0.30	0.15	0.10	0.05	0.015	0.35	0.10	0.40

（续）

牌号	代号	化学成分（质量分数，%）																
		主成分									杂质≤							
		Ti	Al	Sn	Mo	V	Zr	Nb	Ni	Pd	Fe	Si	C	N	H	O	其他元素	
																	单个	总和
ZTi3	ZTA3	余量	—	—	—	—	—	—	—	—	0.40	0.15	0.10	0.05	0.015	0.40	0.10	0.40
ZTiAl4	ZTA5	余量	3.3~4.7	—	—	—	—	—	—	—	0.30	0.15	0.10	0.04	0.015	0.20	0.10	0.40
ZTiAl5Sn2.5	ZTA7	余量	4.0~6.0	2.0~3.0	—	—	—	—	—	—	0.50	0.15	0.10	0.05	0.015	0.20	0.10	0.40
ZTiPd0.2	ZTA9	余量	—	—	—	—	—	—	—	0.12~0.25	0.25	0.10	0.10	0.05	0.015	0.40	0.10	0.40
ZTiMo0.3Ni0.8	ZTA10	余量	—	—	0.2~0.4	—	—	—	0.6~0.9	—	0.30	0.10	0.10	0.05	0.015	0.25	0.10	0.40
ZTiAl6Zr2Mo1V1	ZTA15	余量	5.5~7.0	—	0.5~2.0	0.8~2.5	1.5~2.5	—	—	—	0.30	0.15	0.10	0.05	0.015	0.20	0.10	0.40
ZTiAl4V2	ZTA17	余量	3.5~4.5	—	—	1.5~3.0	—	—	—	—	0.25	0.15	0.10	0.05	0.015	0.20	0.10	0.40
ZTiMo32	ZTB32	余量	—	—	30.0~34.0	—	—	—	—	—	0.30	0.15	0.10	0.05	0.015	0.15	0.10	0.40
ZTiAl6V4	ZTC4	余量	5.50~6.75	—	—	3.5~4.5	—	—	—	—	0.40	0.15	0.10	0.05	0.015	0.25	0.10	0.40
ZTiAl6Sn4.5Nb2Mo1.5	ZTC21	余量	5.5~6.5	4.0~5.0	1.0~2.0	—	—	1.5~2.0	—	—	0.30	0.15	0.10	0.05	0.015	0.20	0.10	0.40

注：1. 其他元素是指钛及钛合金铸件生产过程中固有存在的微量元素，一般包括 Al、V、Sn、Mo、Cr、Mn、Zr、Ni、Cu、Si、Nb、Y 等（该牌号中含有的合金元素应除去）。

2. 其他元素单个含量和总量只有在需方有要求时才考虑分析。

13.9.3　钛及钛合金铸件

1. 铸造钛及钛合金附铸试样的室温力学性能（见表 13-49）

表 13-49　铸造钛及钛合金附铸试样的室温力学性能（GB/T 6614—2014）

代号	牌号	抗拉强度 R_m/MPa ≥	规定塑性延伸强度 $R_{p0.2}$/MPa ≥	断后伸长率 A(%) ≥	硬度 HBW ≤
ZTA1	ZTi1	345	275	20	210
ZTA2	ZTi2	440	370	13	235
ZTA3	ZTi3	540	470	12	245
ZTA5	ZTiAl4	590	490	10	270
ZTA7	ZTiAl5Sn2.5	795	725	8	335
ZTA9	ZTiPd0.2	450	380	12	235

（续）

代号	牌号	抗拉强度 R_m/MPa ≥	规定塑性延伸强度 $R_{p0.2}$/MPa ≥	断后伸长率 A(%) ≥	硬度 HBW ≤
ZTA10	ZTiMo0.3Ni0.8	483	345	8	235
ZTA15	ZTiAl6Zr2Mo1V1	885	785	5	—
ZTA17	ZTiAl4V2	740	660	5	—
ZTB32	ZTiMo32	795	—	2	260
ZTC4	ZTiAl6V4	835(895)	765(825)	5(6)	365
ZTC21	ZTiAl6Sn4.5Nb2Mo1.5	980	850	5	350

注：括号内的性能指标为氧含量控制较高时测得。

2. 铸造钛及钛合金的消除应力退火（见表13-50）

表13-50　铸造钛及钛合金的消除应力退火（GB/T 6614—2014）

代号	温度/℃	保温时间/min	冷却方式
ZTA1、ZTA2、ZTA3	500~600	30~60	炉冷或空冷
ZTA5	550~650	30~90	
ZTA7	550~650	30~120	
ZTA9、ZTA10	500~600	30~120	
ZTA15	550~750	30~240	
ZTA17	550~650	30~240	
ZTC4	550~650	30~240	

13.10　海绵钛

1. 海绵钛的类型和规格（见表13-51）

表13-51　海绵钛的类型和规格（GB/T 2524—2019）

类型	粒度/mm	类型	粒度/mm
标准粒度	0.83~25.4	细粒度	0.83~5.0
小粒度	0.83~12.7		

2. 海绵钛的牌号、化学成分和硬度（见表13-52）

表13-52　海绵钛的牌号、化学成分和硬度（GB/T 2524—2019）

等级	牌号	化学成分(质量分数,%)												硬度 HBW10/1500/30 ≤
		Ti ≥	杂质 ≤											
			Fe	Si	Cl	C	N	O	Mn	Mg	H	Ni	Cr	其他杂质总和①	
0_A级	MHT-95	99.8	0.03	0.01	0.06	0.01	0.010	0.050	0.01	0.01	0.003	0.01	0.01	0.02	95
0级	MHT-100	99.7	0.04	0.01	0.06	0.02	0.010	0.060	0.01	0.02	0.003	0.02	0.02	0.02	100
1级	MHT-110	99.6	0.07	0.02	0.08	0.02	0.020	0.080	0.01	0.03	0.005	0.03	0.03	0.03	110
2级	MHT-125	99.4	0.10	0.02	0.10	0.03	0.030	0.100	0.02	0.04	0.005	0.05	0.05	0.05	125
3级	MHT-140	99.3	0.20	0.03	0.15	0.03	0.040	0.150	0.02	0.06	0.010	—	—	0.05	140
4级	MHT-160	99.1	0.30	0.04	0.15	0.04	0.05	0.20	0.03	0.09	0.012	—	—	—	160
5级	MHT-200	98.5	0.40	0.06	0.30	0.05	0.10	0.30	0.08	0.15	0.030	—	—	—	200

① 其他杂质元素一般包括（但不限于）Al、Sn、V、Mo、Zr、Cu、Er、Y等；Al、Sn各杂质元素的质量分数1级及以上品不得大于0.030%，不包括在本表规定的其他杂质总和中；Y的质量分数不大于0.005%；供需双方应协商并在订货单（或合同）中注明。

13.11 钛粉

1. 钛粉的类别（见表 13-53）

表 13-53 钛粉的类别（YS/T 654—2018）

类别	Ⅰ类	Ⅱ类	Ⅲ类	Ⅳ类
粒度范围[①]/μm	≤44	≤74	≤150	≤250

① 超出规定粒度范围的产品总量不大于批重的5%。

2. 钛粉的牌号和化学成分（见表 13-54）

表 13-54 钛粉的牌号和化学成分（YS/T 654—2018）

牌号	化学成分(质量分数,%)									
	Ti ≥	杂质 ≤								
		N	C	H	Fe	Cl	Si	Mn	Mg	O
TF-0	99.50	0.02	0.03	0.02	0.06	0.04	0.02	0.01	0.01	见表 13-55
TF-1	99.30	0.03	0.03	0.02	0.08	0.05	0.02	0.01	0.01	
TF-2	99.00	0.05	0.05	0.04	0.15	0.07	0.03	0.03	0.02	
TF-3	98.00	0.08	0.10	0.04	0.15	0.07	0.03	0.03	0.02	
TF-4	97.00	0.08	0.20	0.40	0.30	0.20	0.08	—	—	
TF-5	95.00	0.10	0.25	0.50	0.40	0.20	0.10	—	—	
TF-6	92.00	0.10	0.30	0.60	0.50	0.20	0.10	—	—	

3. 不同粒度钛粉的氧含量（见表 13-55）

表 13-55 不同粒度钛粉的氧含量（YS/T 654—2018）

牌号	氧含量(质量分数,%) ≤			
	粒度≤250μm	粒度≤150μm	粒度≤74μm	粒度≤44μm
TF-0	0.20	0.20	0.30	0.40
TF-1	0.25	0.25	0.40	0.50
TF-2	0.35	0.35	0.50	0.70
TF-3	0.50	0.60	0.70	0.85
TF-4	0.60	0.70	0.80	0.85
TF-5	0.70	0.80	0.90	1.00
TF-6	0.80	0.90	1.00	1.20

第14章　锌及锌合金

14.1　锌及锌合金棒材和型材

1. 锌及锌合金棒材和型材的截面形状（见图14-1）

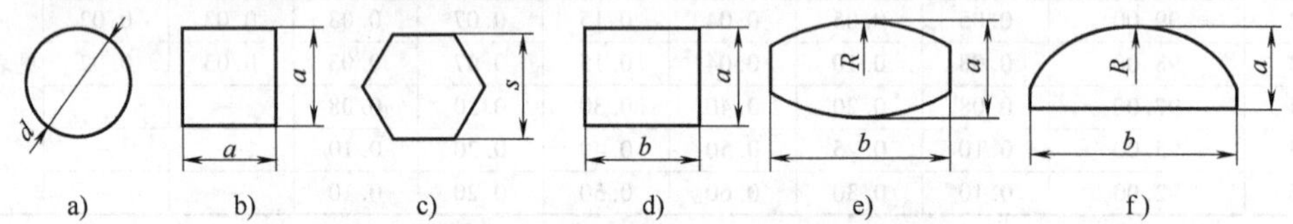

图14-1　锌及锌合金棒材和型材的截面形状

a）圆形　b）正方形　c）正六角形　d）矩形　e）锁形　f）D形

2. 锌及锌合金棒材和型材的牌号、状态和规格（见表14-1）

表14-1　锌及锌合金棒材和型材的牌号、状态和规格（YS/T 1113—2016）

牌号	状态	公称尺寸[①]/mm	长度/mm
Zn99.95、ZnAl2.5Cu1.5Mg、ZnAl4CuMg、ZnAl4Cu1Mg、ZnAl10Cu2Mg、ZnCu1Ti、ZnCu3.5Ti、ZnCu4.5MnBiTi、ZnCu7Mn	硬态(Y)、退火态(M)	3.0~65.0	500~3000
ZnAl10Cu、ZnCu1.2、ZnCu1.5	硬态(Y)		
ZnAl22、ZnAl22Cu	硬态(Y)、退火态(M)	3.0~25.0	
ZnAl22CuMg	硬态(Y)、淬火+人工时效(CS)		
ZnAl22、ZnAl22Cu、ZnAl22CuMg	挤制(R)	>25.0~65.0	

① 见图14-1中a、b、d、s和R。

3. 锌及锌合金棒材和型材的牌号和化学成分（见表14-2）

表14-2　锌及锌合金棒材和型材的牌号和化学成分（YS/T 1113—2016）

牌号	化学成分(质量分数,%)											
	Zn	Al	Mg	Cu	Mn	Ti	Bi	Cd	Sn	Fe	Pb	杂质总和
Zn99.95	余量	0.01	—	0.01	—	—	0.01	0.01	0.01	0.02	0.01	0.05
ZnAl2.5Cu1.5Mg	余量	2.0~3.0	0.02~0.05	1.0~2.0	—	—	0.03	0.01	0.02	0.03	0.01	0.08
ZnAl4CuMg	余量	3.5~4.5	0.030~0.065	0.2~0.5	—	—	0.03	0.01	0.02	0.01	0.02	0.08

（续）

牌号	化学成分(质量分数,%)											
	Zn	Al	Mg	Cu	Mn	Ti	Bi	Cd	Sn	Fe	Pb	杂质总和
ZnAl4Cu1Mg	余量	3.5~4.5	0.03~0.08	0.75~1.25	—	—	0.03	0.01	0.02	0.03	0.02	0.10
ZnAl10Cu	余量	9.0~11.0	0.02~0.05	0.6~1.0	—	—	0.03	0.01	0.02	0.03	0.03	0.08
ZnAl10Cu2Mg	余量	9.0~11.0	0.030~0.065	1.5~2.5	—	—	0.03	0.01	0.02	0.03	0.03	0.08
ZnAl22	余量	20.0~24.0	—	—	—	—	0.03	0.01	0.02	0.03	0.01	0.08
ZnAl22Cu	余量	20.0~24.0	—	0.5~1.0	—	—	0.03	0.01	0.02	0.03	0.01	0.08
ZnAl22CuMg	余量	20.0~24.0	0.01~0.04	0.4~1.0	—	—	0.03	0.01	0.02	0.03	0.01	0.08
ZnCu1Ti	余量	0.03	0.03	0.5~1.5	—	0.1~0.2	0.03	0.01	0.02	0.03	0.01	0.12
ZnCu1.2	余量	0.03	0.03	1.0~1.5	—	—	0.03	0.01	0.02	0.01	0.02	0.12
ZnCu1.5	余量	0.03	0.03	1.2~1.7	—	—	0.03	0.01	0.02	0.01	0.02	0.12
ZnCu3.5Ti	余量	0.03	0.03	3.0~4.0	—	0.1~0.2	0.03	0.01	0.02	0.03	0.01	0.12
ZnCu4.5MnBiTi	余量	0.03	0.03	4.0~5.0	0.1~0.2	0.05~0.15	0.2~0.4	0.01	0.02	0.03	0.01	0.12
ZnCu7Mn	余量	0.03	0.03	6.0~8.0	0.2~0.3	—	0.03	0.01	0.02	0.03	0.01	0.12

注：1. 含量有上下限者为合金元素，含量为单个数值是杂质元素，单个数值表示最高限量。
2. 锌含量为100%减去表中所列元素实测值的余量。
3. 杂质总和为表中所列杂质元素实测值之和。

4. 锌及锌合金棒材和型材的室温力学性能（见表14-3）

表14-3 锌及锌合金棒材和型材的室温力学性能（YS/T 1113—2016）

牌号	状态	公称尺寸(a、d和s)/mm	抗拉强度R_m/MPa	断后伸长率(%)	
				A	A_{100mm}
			≥		
Zn99.95	Y	3.0~15.0	120	—	8
		>15.0~65.0	120	10	—
	M	3.0~15.0	70	—	35
		>15.0~65.0	70	40	—
ZnAl2.5Cu1.5Mg	Y	3.0~15.0	250	—	8
		>15.0~65.0	280	10	—
	M	3.0~15.0	220	—	10
		>15.0~65.0	250	12	—
ZnAl4CuMg ZnAl4Cu1Mg	Y	3.0~15.0	250	—	8
		>15.0~65.0	280	10	—
	M	3.0~15.0	220	—	10
		>15.0~65.0	250	12	—

（续）

牌号	状态	公称尺寸（a、d 和 s）/mm	抗拉强度 R_m/MPa	断后伸长率(%) A	断后伸长率(%) A_{100mm}
			≥		
ZnAl10Cu	Y	3.0~15.0	280	—	6
		>15.0~65.0	280	8	—
ZnAl10Cu2Mg	Y	3.0~15.0	280	—	4
		>15.0~65.0	330	5	—
	M	3.0~15.0	250	—	6
		>15.0~65.0	280	8	—
ZnAl22①	R	>25.0~65.0	215	10	—
	Y	3.0~15.0	135	—	35
		>15.0~25.0	135	40	—
	M	3.0~15.0	195	—	12
		>15.0~25.0	195	14	—
ZnAl22Cu①	R	>25.0~65.0	275	10	—
	Y	3.0~15.0	245	—	18
		>15.0~25.0	245	20	—
	M	3.0~15.0	295	—	12
		>15.0~25.0	295	15	—
ZnAl22CuMg①	R	>25.0~65.0	310	5	—
	Y	3.0~15.0	295	—	8
		>15.0~25.0	295	10	—
	CS	3.0~15.0	390	—	1
		>15.0~25.0	390	2	—
ZnCu1Ti	Y	3.0~15.0	160	—	12
		>15.0~65.0	200	15	—
	M	3.0~15.0	120	—	18
		>15.0~65.0	160	20	—
ZnCu1.2	Y	3.0~15.0	160	—	16
		>15.0~65.0	160	18	—
ZnCu1.5	Y	3.0~15.0	160	—	18
		>15.0~65.0	160	20	—
ZnCu3.5Ti	Y	3.0~15.0	180	—	12
		>15.0~65.0	220	15	—
	M	3.0~15.0	150	—	18
		>15.0~65.0	180	20	—
ZnCu4.5MnBiTi	Y	3.0~15.0	280	—	4
		>15.0~65.0	250	5	—
	M	3.0~15.0	250	—	8
		>15.0~65.0	230	10	—
ZnCu7Mn	Y	3.0~15.0	330	—	4
		>15.0~65.0	300	5	—
	M	3.0~15.0	280	—	8
		>15.0~65.0	250	10	—

① ZnAl22、ZnAl22Cu、ZnAl22CuMg 是超塑性锌合金，超塑热处理工艺：在 350℃±15℃加热 1h，迅速淬水（最好冰盐水），然后在 200℃±15℃时效 10~30min。

5. 锌及锌合金棒材和型材的电性能（见表 14-4）

表 14-4 锌及锌合金棒材和型材的电性能（YS/T 1113—2016）

牌号	状态	公称尺寸（a、d 和 s）/mm	电阻系数/（$\Omega \cdot mm^2/m$）	电导率（%IACS）
Zn99.95	Y	3.0~15.0	≤0.06092	≥28.3
ZnAl2.5Cu1.5Mg、ZnAl4CuMg、ZnAl4Cu1Mg、ZnAl10Cu、ZnAl10Cu2Mg、ZnCu1Ti、ZnCu1.2、ZnCu1.5	Y	3.0~15.0	0.05747~0.07183	24.0~30.0
ZnAl22、ZnAl22Cu、ZnAl22CuMg	—	—	—	—
ZnCu3.5Ti	Y	3.0~15.0	0.06157~0.07496	23.0~28.0
ZnCu4.5MnBiTi	Y	3.0~15.0	0.07183~0.09074	19.0~24.0
ZnCu7Mn	Y	3.0~15.0	0.07836~0.10141	17.0~22.0

注：其他规格、状态棒、型材的电导率可供需双方协商。

14.2 锌及锌合金线材

1. 锌及锌合金线材的牌号、状态和规格（见表 14-5）

表 14-5 锌及锌合金线材的牌号、状态和规格（YS/T 1351—2020）

牌号	状态	截面形状	直径（或对边距）/mm
Zn99.94 ZnAl4Cu0.3Mg	硬态（Y）	圆形	2.5~16.0
		正六角形、正方形	5.0~16.0
ZnAl10Cu2Mg		圆形、正六角形、正方形	5.0~16.0
ZnAl2.5Cu1.5		矩形	（1.0~3.0）×（4.0~9.0）

2. 锌及锌合金线材的化学成分（见表 14-6）

表 14-6 锌及锌合金线材的化学成分（YS/T 1351—2020）

牌号	主成分（质量分数，%）				杂质（质量分数，%） ≤							
	Al	Mg	Cu	Zn	Pb	Fe	Cd	Sn	Ti	Bi	Mn	杂质总和①
Zn99.94	—	—	—	余量②	—	0.01	0.01	0.01	0.02	0.01	—	0.06
ZnAl4Cu0.3Mg	3.5~4.5	0.03~0.065	0.2~0.5	余量②	0.02	0.01	0.01	0.02	—	0.03	—	0.08
ZnAl10Cu2Mg	9.0~11.0	0.03~0.065	1.5~2.5	余量②	0.05	0.03	0.01	0.02	—	0.03	—	0.12
ZnAl2.5Cu1.5	2.0~3.0	—	1.0~2.0	余量②	0.03	0.03	0.02	0.01	—	0.02	—	0.10

注：经供需双方协商，可限制未规定的元素或要求加严限制已规定的元素。

① 杂质总和为表中所列杂质元素实测值的总和。

② 余量为100%减去表中所列元素实测值所得。

3. 锌及锌合金线材的力学性能（见表 14-7）

表 14-7 锌及锌合金线材的力学性能（YS/T 1351—2020）

牌号	状态	直径（或对边距）/mm	抗拉强度 R_m/MPa	断后伸长率 A（%）
			≥	
Zn99.94	Y	2.5~16.0	100	10
ZnAl4Cu0.3Mg	Y	2.5~16.0	230	10

（续）

牌号	状态	直径（或对边距）/mm	抗拉强度 R_m/MPa	断后伸长率 A（%）
			≥	
ZnAl10Cu2Mg	Y	5.0~6.0	260	5
		>6.0~16.0	280	10
ZnAl2.5Cu1.5	Y	(1.0~3.0)×(4.0~9.0)	270	10

4. 锌及锌合金线材的电导率（见表 14-8）

表 14-8 锌及锌合金线材的电导率（YS/T 1351—2020）

牌号	状态	电导率（%IACS）	牌号	状态	电导率（%IACS）
Zn99.94	Y	≥28.3	ZnAl10Cu2Mg	Y	≥24.0
ZnAl4Cu0.3Mg	Y	≥24.0	ZnAl2.5Cu1.5	Y	≥24.0

14.3 锌及锌合金锭

14.3.1 锌锭

锌锭的牌号和化学成分见表 14-9。

表 14-9 锌锭的牌号和化学成分（GB/T 470—2008）

牌号	化学成分（质量分数，%）							
	Zn ≥	杂质 ≤						
		Pb	Cd	Fe	Cu	Sn	Al	总和
Zn99.995	99.995	0.003	0.002	0.001	0.001	0.001	0.001	0.005
Zn99.99	99.99	0.005	0.003	0.003	0.002	0.001	0.002	0.01
Zn99.95	99.95	0.030	0.01	0.02	0.002	0.001	0.01	0.05
Zn99.5	99.5	0.45	0.01	0.05	—	—	—	0.5
Zn98.5	98.5	1.4	0.01	0.05	—	—	—	1.5

14.3.2 低铁锌锭

低铁锌锭的牌号和化学成分见表 14-10。

表 14-10 低铁锌锭的牌号和化学成分（YS/T 1153—2016）

牌号	化学成分（质量分数，%）						
	Zn ≥	杂质 ≤					
		Fe	Cd	Cu	Pb	Sn	Al
DTZn-1	99.997	0.00020	0.00050	0.00010	0.0010	0.0002	0.0005
DTZn-2	99.997	0.0004	0.0008	0.0001	0.0015	0.0002	0.0005

注：1. 低铁锌锭中的锌含量为100%减去表中所列杂质元素实测值总和的余量。

2. 当用于热浸镀行业时，低铁锌锭中的铝可不参与杂质减量。

14.3.3　铸造用锌合金锭

1. 铸造用锌合金锭的牌号和化学成分（见表14-11）

表14-11　铸造用锌合金锭的牌号和化学成分（GB/T 8738—2014）

牌号	代号	化学成分(质量分数,%)									
		Zn	Al	Cu	Mg	Fe	Pb	Cd	Sn	Si	Ni
ZnAl4	ZX01	余量	3.9~4.3	0.03	0.03~0.06	0.02	0.003	0.003	0.0015	—	0.001
ZnAl4Cu0.4	ZX02	余量	3.9~4.3	0.25~0.45	0.03~0.06	0.02	0.003	0.003	0.0015	—	0.001
ZnAl4Cu1	ZX03	余量	3.9~4.3	0.7~1.1	0.03~0.06	0.02	0.003	0.003	0.0015	—	0.001
ZnAl4Cu3	ZX04	余量	3.9~4.3	2.7~3.3	0.03~0.06	0.02	0.003	0.003	0.0015	—	0.001
ZnAl6Cu1	ZX05	余量	5.6~6.0	1.2~1.6	0.005	0.02	0.003	0.003	0.001	0.02	0.001
ZnAl8Cu1	ZX06	余量	8.2~8.8	0.9~1.3	0.02~0.03	0.035	0.005	0.005	0.002	0.02	0.001
ZnAl9Cu2	ZX07	余量	8.0~10.0	1.0~2.0	0.03~0.06	0.05	0.005	0.005	0.002	0.05	—
ZnAl11Cu1	ZX08	余量	10.8~11.5	0.5~1.2	0.02~0.03	0.05	0.005	0.005	0.002	—	—
ZnAl11Cu5	ZX09	余量	10.0~12.0	4.0~5.5	0.03~0.06	0.05	0.005	0.005	0.002	0.05	—
ZnAl27Cu2	ZX10	余量	25.5~28.0	2.0~2.5	0.012~0.02	0.07	0.005	0.005	0.002	—	—
ZnAl17Cu4	ZX11	余量	6.5~7.5	3.5~4.5	0.01~0.03	0.05	0.005	0.005	0.002	—	—

注：有范围值的元素为添加元素，其他为杂质元素，数值为最高限量。

2. 铸造锌合金铸件的力学性能（见表14-12）

表14-12　铸造锌合金铸件的力学性能（GB/T 8738—2014）

牌号	抗拉强度 R_m/MPa	断后伸长率 A(%)	硬度 HBW	力学性能对应的铸造工艺和铸态
ZnAl4	250	1	80	Y
ZnAl4Cu0.4	160	1	85	JF
ZnAl4Cu1	270	2	90	Y
	175	0.5	80	JF
ZnAl4Cu3	320	2	95	Y
	220	0.5	90	SF
	240	1	100	JF
ZnAl6Cu1	180	1	80	SF
	220	1.5	80	JF
ZnAl8Cu1	220	2	80	Y
	250	1	80	SF
	225	1	85	JF
ZnAl9Cu2	275	0.7	90	SF
	315	1.5	105	JF
ZnAl11Cu1	300	1.5	85	Y
	280	1	90	SF
	310	1	90	JF
ZnAl11Cu5	275	0.5	80	SF
	295	1.0	100	JF
ZnAl27Cu2	350	1	90	Y
	400	3	110	SF
	420	1	110	JF
ZnAl17Cu4	320	1	90	Y
	395	3	100	SF
	410	1	100	JF

注：表中Y代表压铸，S代表砂型铸，J代表金属型铸，F代表铸态。

14.3.4 铸造用锌中间合金锭

铸造用锌中间合金锭的牌号和化学成分见表14-13。

表14-13 铸造用锌中间合金锭的牌号和化学成分（YS/T 994—2014）

牌号	代号	化学成分(质量分数,%)						
		Zn	Al	Cu	Fe	Pb	Cd	Sn
ZZnAl5	ZZ01	余量	4.8~5.2	0.005	0.03	0.008	0.003	0.005
ZZnAl20	ZZ02	余量	18~22	0.01	0.05	0.01	0.01	0.01
ZZnAl30	ZZ03	余量	28~31	0.02	0.07	0.02	0.02	0.02
ZZnAl25Cu15	ZZ04	余量	24~26	14~16	0.07	0.015	0.02	0.02

注：有范围值的元素为添加元素，其他为杂质元素，数值为最高限量。

14.3.5 再生锌及锌合金锭

再生锌及锌合金锭的牌号和化学成分见表14-14。

表14-14 再生锌及锌合金锭的牌号和化学成分（GB/T 21651—2018）

1. 再生锌锭

牌号	化学成分(质量分数,%)							
	Zn ≥	杂质 ≤						
		Pb	Cd	Fe	Cu	Sn	Al	总和①
ZSZn99.996	99.996	0.003	0.001	0.001	0.001	0.0005	0.0005	0.004
ZSZn99.99	99.99	0.005	0.002	0.003	0.002	0.001	0.001	0.01
ZSZn99.97	99.97	0.020	0.002	0.004	0.002	0.001	0.001	0.03

2. 铸造用再生锌合金锭

牌号	化学成分(质量分数,%)							
	主成分				杂质 ≤			
	Zn	Al	Cu	Mg	Fe	Pb	Cd	Sn
ZSZnAl4	余量	3.5~4.3	—	0.02~0.08	0.01	0.003	0.003	0.001
ZSZnAl4Cu0.2	余量	3.5~4.5	0.1~0.3	0.02~0.05	0.01	0.003	0.003	0.001
ZSZnAl4Cu0.5	余量	3.5~4.3	0.4~0.6	0.01~0.08	0.01	0.003	0.003	0.001
ZSZnAl4Cu1	余量	3.8~4.3	0.7~1.25	0.03~0.08	0.01	0.003	0.003	0.001

3. 热镀用再生锌合金锭

牌号	化学成分(质量分数,%)							
	主成分			杂质 ≤				
	Zn	Al	Sb	Pb	Fe	Cu	Cd	Sn
ZSRZnAl0.4	余量	0.37~0.41	—	0.003	0.004	0.001	0.001	0.001
ZSRZnAl0.95	余量	0.85~1.15	—	0.005	0.005	0.002	0.002	0.001
ZSRZnAl0.9Sb0.1	余量	0.90~1.1	0.09~0.11	0.005	0.005	0.002	0.002	0.001

① 总和是指包括且不限于表中所列杂质元素的实测值总和。

14.4　铸造锌合金与铸件

14.4.1　铸造锌合金

1. 铸造锌合金的牌号和化学成分（见表 14-15）

表 14-15　铸造锌合金的牌号和化学成分（GB/T 1175—2018）

牌号	代号	化学成分(质量分数,%)								
		合金元素			Zn	杂质　≤				
		Al	Cu	Mg		Fe	Pb	Cd	Sn	其他
ZZnAl4Cu1Mg	ZA4-1	3.9~4.3	0.7~1.1	0.03~0.06	余量	0.02	0.003	0.003	0.0015	Ni0.001
ZZnAl4Cu3Mg	ZA4-3	3.9~4.3	2.7~3.3	0.03~0.06	余量	0.02	0.003	0.003	0.0015	Ni0.001
ZZnAl6Cu1	ZA6-1	5.6~6.0	1.2~1.6	—	余量	0.02	0.003	0.003	0.001	Mg0.005 Si0.02 Ni0.001
ZZnAl8Cu1Mg	ZA8-1	8.2~8.8	0.9~1.3	0.02~0.03	余量	0.035	0.005	0.005	0.002	Si0.02 Ni0.001
ZZnAl9Cu2Mg	ZA9-2	8.0~10.0	1.0~2.0	0.03~0.06	余量	0.05	0.005	0.005	0.002	Si0.05
ZZnAl11Cu1Mg	ZA11-1	10.8~11.5	0.5~1.2	0.02~0.03	余量	0.05	0.005	0.005	0.002	
ZZnAl11Cu5Mg	ZA11-5	10.0~12.0	4.0~5.5	0.03~0.06	余量	0.05	0.005	0.005	0.002	Si0.05
ZZnAl27Cu2Mg	ZA27-2	25.5~28.0	2.0~2.5	0.012~0.02	余量	0.07	0.005	0.005	0.002	

2. 铸造锌合金的力学性能（见表 14-16）

表 14-16　铸造锌合金的力学性能（GB/T 1175—2018）

牌号	代号	铸造方法及状态	抗拉强度 R_m/MPa ≥	断后伸长率 A (%) ≥	硬度 HBW ≥
ZZnAl4Cu1Mg	ZA4-1	JF	175	0.5	80
ZZnAl4Cu3Mg	ZA4-3	SF	220	0.5	90
		JF	240	1	100
ZZnAl6Cu1	ZA6-1	SF	180	1	80
		JF	220	1.5	80
ZZnAl8Cu1Mg	ZA8-1	SF	250	1	80
		JF	225	1	85
ZZnAl9Cu2Mg	ZA9-2	SF	275	0.7	90
		JF	315	1.5	105
ZZnAl11Cu1Mg	ZA11-1	SF	280	1	90
		JF	310	1	90
ZZnAl11Cu5Mg	ZA11-5	SF	275	0.5	80
		JF	295	1	100
ZZnAl27Cu2Mg	ZA27-2	SF	400	3	110
		ST3①	310	8	90
		JF	420	1	110

① ST3 工艺为加热到 320℃后保温 3h，然后随炉冷却。

14.4.2 锌合金铸件

1. 锌合金铸件的分类（见表 14-17）

表 14-17 锌合金铸件的分类（GB/T 16746—2018）

类别	定义
Ⅰ类	承受重载荷，工作条件复杂，用于关键部位，铸件损坏将危及整机安全运行的重要铸件
Ⅱ类	承受中等载荷，用于重要部位，铸件损坏将影响部件的正常工作，造成事故的铸件
Ⅲ类	承受轻载荷或不承受载荷，用于一般部位的铸件

2. 锌合金铸件的力学性能

锌合金铸件的力学性能应符合表 14-16 的规定。当有特殊要求时，允许本体取样检验，力学性能符合表 14-18 的规定。

表 14-18 锌合金铸件的力学性能（GB/T 16746—2018）

牌号	代号	铸造方法及状态	Ⅰ类铸件指定部位		Ⅰ类铸件非指定部位、Ⅱ类、Ⅲ类铸件	
			抗拉强度平均值 R_m/MPa ≥	断后伸长率平均值 A(%) ≥	抗拉强度平均值 R_m/MPa ≥	断后伸长率平均值 A(%) ≥
ZZnAl4Cu1Mg	ZA4-1	JF	140(114)	0.3(0.2)	131(105)	0.3(0.2)
ZZnAl4Cu3Mg	ZA4-3	SF	176(143)	0.3(0.2)	165(132)	0.3(0.2)
		JF	192(156)	0.5(0.4)	180(144)	0.5(0.4)
ZZnAl6Cu1	ZA6-1	SF	144(117)	0.5(0.4)	135(108)	0.5(0.4)
		JF	176(143)	0.8(0.6)	165(132)	0.8(0.6)
ZZnAl8Cu1Mg	ZA8-1	SF	200(163)	0.5(0.4)	188(150)	0.5(0.4)
		JF	180(146)	0.5(0.4)	169(135)	0.5(0.4)
ZZnAl9Cu2Mg	ZA9-2	SF	220(179)	0.4(0.3)	206(165)	0.4(0.3)
		JF	252(205)	0.8(0.6)	236(189)	0.8(0.6)
ZZnAl11Cu1Mg	ZA11-1	SF	224(182)	0.5(0.4)	210(168)	0.5(0.4)
		JF	248(202)	0.5(0.4)	233(186)	0.5(0.4)
ZZnAl11Cu5Mg	ZA11-5	SF	220(179)	0.3(0.2)	206(165)	0.3(0.2)
		JF	236(192)	0.5(0.4)	221(177)	0.5(0.4)
ZZnAl27Cu2Mg	ZA27-2	SF	320(260)	1.5(1.2)	300(240)	1.5(1.2)
		ST3①	248(202)	4(3.2)	233(186)	4(3.2)
		JF	336(273)	0.5(0.4)	315(252)	0.5(0.4)

注：平均值是指铸件上三根试样的算术平均值；括号中的最小值是指三根试样中允许有一根的试验值低于平均值，但不低于括号中的最小值。

① ST3 工艺为加热到 320℃后保温 3h，然后随炉冷却。

14.4.3 压铸锌合金

压铸锌合金的牌号和化学成分见表 14-19。

表 14-19 压铸锌合金的牌号和化学成分（GB/T 13818—2024）

牌号	代号	化学成分(质量分数,%)									
		Al	Cu	Mg	Zn	Fe	Pb	Sn	Cd	Ni	Si
YZZnAl4A	YX040A	3.9~4.3	0.03	0.030~0.060	余量	0.020	0.003	0.0015	0.003	0.001	—

（续）

牌号	代号	化学成分(质量分数,%)									
		Al	Cu	Mg	Zn	Fe	Pb	Sn	Cd	Ni	Si
YZZnAl4B	YX040B	3.9~4.3	0.03	0.010~0.020	余量	0.075	0.003	0.0010	0.002	0.005~0.020	—
YZZnAl4C	YX040C	3.9~4.3	0.25~0.45	0.030~0.060	余量	0.020	0.003	0.0015	0.003	0.001	—
YZZnAl4Cu1	YX041	3.9~4.3	0.7~1.1	0.030~0.060	余量	0.020	0.003	0.0015	0.003	0.001	—
YZZnAl4Cu3	YX043	3.9~4.3	2.7~3.3	0.025~0.050	余量	0.020	0.003	0.0015	0.003	0.001	—
YZZnAl3Cu5	YX035	2.8~3.3	5.2~6.0	0.035~0.050	余量	0.050	0.004	0.0020	0.003	—	—
YZZnAl8Cu1	YX081	8.2~8.8	0.9~1.3	0.020~0.030	余量	0.035	0.005	0.0020	0.005	0.001	0.02
YZZnAl11Cu1	YX111	10.8~11.5	0.5~1.2	0.020~0.030	余量	0.050	0.005	0.0020	0.005	—	—
YZZnAl27Cu2	YX272	25.5~28.0	2.0~2.5	0.012~0.020	余量	0.070	0.005	0.0020	0.005	—	—

注：有范围值的元素为添加元素，其他为杂质元素，数值为最高限量。有数值的元素为必检元素。

14.4.4　锌合金压铸件

1. 锌合金压铸件的牌号和化学成分（见表14-20）

表14-20　锌合金压铸件的牌号和化学成分（GB/T 13821—2023）

牌号	代号	化学成分(质量分数,%)							
		Al	Cu	Mg	Fe	Pb	Sn	Cd	Ni
YZZnAl4A	YX040A	3.7~4.3	≤0.10	0.02~0.06	≤0.05	≤0.005	≤0.002	≤0.004	—
YZZnAl4B	YX040B	3.7~4.3	≤0.10	0.005~0.020	≤0.05	≤0.003	≤0.001	≤0.002	0.005~0.020
YZZnAl4Cu1	YX041	3.7~4.3	0.7~1.2	0.02~0.06	≤0.05	≤0.005	≤0.002	≤0.004	—
YZZnAl4Cu3	YX043	3.7~4.3	2.6~3.3	0.02~0.05	≤0.05	≤0.005	≤0.002	≤0.004	—
YZZnAl8Cu1	YX081	8.0~8.8	0.8~1.3	0.01~0.03	≤0.075	≤0.006	≤0.003	≤0.006	—
YZZnAl11Cu1	YX111	10.5~11.5	0.5~1.2	0.01~0.03	≤0.075	≤0.006	≤0.003	≤0.006	—
YZZnAl27Cu2	YX272	25.0~28.0	2.0~2.5	0.01~0.02	≤0.075	≤0.006	≤0.003	≤0.006	—
YZZnAl3Cu5	YX035	2.5~3.3	5.0~6.0	0.025~0.050	≤0.075	≤0.005	≤0.003	≤0.004	—

2. 锌合金压铸件的力学性能

（1）锌合金压铸件的室温力学性能（见表14-21）

表14-21　锌合金压铸件的室温力学性能（GB/T 13821—2023）

牌号	代号	抗拉强度 R_m/MPa	规定塑性延伸强度 $R_{p0.2}$/MPa	断后伸长率 A(%)	硬度HBW
YZZnAl4A	YX040A	283	221	10	82
YZZnAl4B	YX040B	283	221	13	80
YZZnAl4Cu1	YX041	328	228	7	91
YZZnAl4Cu3	YX043	359	283	7	100
YZZnAl8Cu1	YX081	374	290	6	103
YZZnAl11Cu1	YX111	404	320	4	100
YZZnAl27Cu2	YX272	425	376	1	119
YZZnAl3Cu5	YX035	310	240	4	105

注：表中数值均为最小值。

（2）锌合金的典型力学性能（见表 14-22）

表 14-22　锌合金的典型力学性能（GB/T 13821—2023）

代号	压缩屈服强度/MPa	抗剪强度/MPa	冲击吸收能量/J	疲劳强度/MPa	弹性模量/GPa	扭转模量/GPa
YX040A	414	214	58	47.6	≥85.5	≥33.1
YX040B	414	214	58	46.9	≥85.5	≥33.1
YX041	600	262	65	56.5	≥85.5	≥33.1
YX043	641	317	47	58.6	≥85.5	≥33.1
YX081	252	275	42	103	85.5	≥33.1
YX111	269	296	—	117	82.7	≥31.7
YX272	385	325	12.8	145	77.9	≥29.6
YX035	—	—	—	—	100	—

注：力学性能数据是采用专用试验模具获得的单铸试样进行试验而得到的参考结果。

3. 锌合金的物理性能（见表 14-23）

表 14-23　锌合金的物理性能（GB/T 13821—2023）

代号	密度/(g/cm³)	熔化温度/℃	比热容/[J/(kg·K)]	热膨胀系数/(10^{-6}/℃)	热导率/[W/(m·K)]	凝固收缩率(%)
YX040A	6.60	381~387	419	27.4	113.0	1.17
YX040B	6.60	381~387	419	27.4	113.0	1.17
YX041	6.60	380~386	419	27.4	108.9	1.17
YX043	6.60	379~390	419	27.8	104.7	1.25
YX081	6.30	375~404	435	23.2	114.7	1.1
YX111	6.03	377~432	450	24.1	116.1	1.3
YX272	5.00	375~487	525	26.0	122.5	1.3
YX035	—	—	—	—	—	—

第 15 章　镍及镍合金

15.1　加工镍及镍合金的牌号和化学成分

加工镍及镍合金的牌号和化学成分见表 15-1。

表 15-1　加工镍及镍合金的牌号和化学成分（GB/T 5235—2021）

类别	牌号	化学成分(质量分数,%)																
		Ni+Co	Cu	Si	Mn	C	Mg	S	P	Fe	Pb	Bi	As	Sb	Zn	Cd	Sn	杂质总和
纯镍	N2	99.98[①]	0.001	0.003	0.002	0.005	0.003	0.001	0.001	0.007	0.0003	0.0003	0.001	0.0003	0.002	0.0003	0.001	0.02
	N4	99.9[①]	0.015	0.03	0.002	0.01	0.01	0.001	0.001	0.04	0.001	0.001	0.001	0.001	0.005	0.001	0.001	0.1
	N5	99.0[①]	0.25	0.35	0.35	0.02	—	0.01	—	0.40	—	—	—	—	—	—	—	—
	N6	99.5[①]	0.10	0.10	0.05	0.10	0.10	0.005	0.002	0.10	0.002	0.002	0.002	0.002	0.007	0.002	0.002	0.5
	N7	99.0[①]	0.25	0.35	0.35	0.15	—	0.01	—	0.40	—	—	—	—	—	—	—	—
	N8	99.0[①]	0.15	0.15	0.20	0.20	0.10	0.015	—	0.30	—	—	—	—	—	—	—	1.0
	N9	98.63[①]	0.25	0.35	0.35	0.02	0.10	0.005	0.002	0.4	0.002	0.002	0.002	0.002	0.007	0.002	0.002	0.5
	DN	99.35[①]	0.06	0.02~0.10	0.05	0.02~0.10	0.02~0.10	0.005	0.002	0.10	0.002	0.002	0.002	0.002	0.007	0.002	0.002	—
阳极镍	NY1	99.7[①]	0.1	0.10	—	0.02	0.10	0.005	—	0.10	—	—	—	—	—	—	—	0.3
	NY2	99.4[①]	0.01~0.10	0.10	—	O:0.03~0.30		0.002~0.010	—	0.10	—	—	—	—	—	—	—	—
	NY3	99.0[①]	0.15	0.2	—	0.1	0.10	0.005	—	0.25	—	—	—	—	—	—	—	—

（续）

类别	牌号	化学成分(质量分数,%)																
		Ni+Co	Cu	Si	Mn	C	Mg	S	P	Fe	Pb	Bi	As	Sb	Zn	Cd	Sn	杂质总和
镍锰系	NMn3	余量	0.5	0.30	2.30~3.30	0.30	0.10	0.03	0.010	0.65	0.002	0.002	0.030	0.002	—	—	—	1.5
	NMn4-1	余量	—	0.75~1.05	3.75~4.25	—	—	—	—	—	—	—	—	—	—	—	—	—
	NMn5	余量	0.50	0.30	4.60~5.40	0.30	0.10	0.03	0.020	0.65	0.002	0.002	0.030	0.002	—	—	—	—
	NMn1.5-1.5-0.5	余量	—	0.35~0.75	1.3~1.7	—	—	—	—	—	—	—	—	—	Cr:1.3~1.7		—	—

类别	牌号	化学成分(质量分数,%)																	
		Ni+Co	Cu	Si	Mn	C	Mg	S	P	Fe	Pb	Bi	As	Sb	Zn	Cd	Sn	Cr	Co
镍铜系	NCu40-2-1	余量	38.0~42.0	0.15	1.25~2.25	0.30	—	0.02	0.005	0.2~1.0	0.006	—	—	—	—	—	—	—	—
	NCu28-1-1	余量	28~32	—	1.0~1.4	—	—	—	—	1.0~1.4	—	—	—	—	—	—	—	—	—
	NCu28-2.5-1.5	余量	27.0~29.0	0.1	1.2~1.8	0.20	0.10	0.02	0.005	2.0~3.0	0.003	0.002	0.010	0.002	—	—	—	—	—
	NCu30	63.0[②]	28.0~34.0	0.5	2.0	0.3	—	0.024	—	2.5	—	—	—	—	—	—	—	—	—
	NCu30-LC	63.0[②]	28.0~34.0	0.5	2.0	0.04	—	0.024	—	2.5	—	—	—	—	—	—	—	—	—
	NCu30-HS	63.0[②]	28.0~34.0	0.5	2.0	0.3	—	0.025~0.060	—	2.5	—	—	—	—	—	—	—	—	—
	NCu30-3-0.5	63.0[②]	27.0~33.0	0.50	1.5	0.18	—	0.010	—	2.0	—	—	—	Al:2.30~3.15		Ti:0.35~0.86		—	—
	NCu35-1.5-1.5	余量	34~38	0.1~0.4	1.0~1.5	—	—	—	—	1.0~1.5	—	—	—	—	—	—	—	—	—
镍镁系	NMg0.1	99.6[①]	0.05	0.02	0.05	0.05	0.07~0.15	0.005	0.002	0.07	0.002	0.002	0.002	0.002	0.007	0.002	0.002	—	—
镍硅系	NSi0.19	99.4[①]	0.05	0.15~0.25	0.05	0.10	0.05	0.005	0.002	0.07	0.002	0.002	0.002	0.002	0.007	0.002	0.002	—	—
	NSi3	97[①]	—	3	—	—	—	—	—	—	—	—	—	—	—	—	—	—	—
镍钼系	NMo28	Ni:余量[③]	—	0.10	1.0	0.02	—	0.03	0.04	2.0	—	—	—	Mo:26.0~30.0		—	—	1.0	1.00
	NMo30-5	Ni:余量	—	1.0	1.0	0.05	—	0.030	0.040	4.0~6.0	—	V:0.2~0.4		Mo:26.0~30.0		—	—	1.0	2.5

（续）

类别	牌号	化学成分（质量分数，%）																						
		Ni+Co	Cu	Si	Mn	C	Mg	S	P	Fe	Pb	Bi	As	Sb	Zn	Cd	Sn	W	Ca	Cr	Co	Al	Ti	B
镍钨系	NW4-0.15	余量	0.02	0.01	0.005	0.01	0.01	0.003	0.002	0.03	0.002	0.002	0.002	0.002	0.003	0.002	0.002	3.0~4.0	0.07~0.17	—	—	0.01	—	—
镍钨系	NW4-0.2-0.2	余量	0.02	0.01	0.02	0.05	0.03	—	—	0.03	—	—	—	—	0.003	P+Pb+Sn+Bi+Sb+Cd+S≤0.002		3.0~4.0	0.10~0.19	—	—	0.1~0.2	—	—
镍钨系	NW4-0.1	余量	0.005	0.005	0.005	0.01	0.005	0.001	0.001	0.03	0.001	0.001	—	0.001	0.003	0.001	0.001	3.0~4.0	—	Zr：0.08~0.14	—	0.005	0.005	—
镍钨系	NW4-0.07	余量	0.02	0.01	0.005	0.01	0.05~0.10	0.001	0.001	0.03	0.002	0.002	0.002	0.002	0.005	0.002	0.002	3.5~4.5	—	—	—	0.001	—	—
镍铬系	NCr10	89.0[1]	—	—	—	—	—	—	—	—	—	—	—	—	—	—	—	—	—	9.0~11.0	—	—	—	—
镍铬系	NCr20	余量	—	—	—	—	—	—	—	—	—	—	—	—	—	—	—	—	—	18~20	—	—	—	—
镍铬系	NiCr20-2-1.5	余量	—	1.00	1.00	0.10	—	0.015	—	3.00	—	—	—	—	—	—	—	—	—	18.00~21.00	—	0.50~1.80	1.80~2.70	—
镍铬系	NCr20-0.5	Ni：余量	0.5	1.0	1.0	0.08~0.15	—	0.020	—	3.0	0.0050	—	—	—	—	—	—	—	—	18.0~21.0	5.0	—	0.20~0.60	—

类别	牌号	化学成分（质量分数，%）																		
		Ni+Co	Cu	Si	Mn	C	Mg	S	P	Fe	Pb	Bi	W	Zr	Cr	Co	Al	Ti	Mo	B	Nb+Ta
镍铬钼系	NCr16-16	Ni：余量	—	0.08	1.0	0.015	—	0.03	0.04	3.0	—	—	—	—	14.0~18.0	2.0	—	0.7	14.0~17.0	—	—
镍铬钼系	NMo16-15-6-4	Ni：余量	—	0.08	1.0	0.010	—	0.03	0.04	4.0~7.0	—	—	3.0~4.5	—	14.5~16.5	2.5	—	V≤0.35	15.0~17.0	—	—
镍铬钼系	NCr30-10-2	51[1]	0.50	1.0	1.0	0.15	—	0.015	0.50	1.0	—	—	1.0~4.0	—	28.0~33.0	1.0[4]	1.0	1.0	9.0~12.0	Nb≤1.0	—
镍铬钼系	NCr22-9-3.5	58[1]	—	0.5	0.5	0.10	—	0.015	0.015	5.0	—	—	—	—	20.0~23.0	1.0[4]	0.4	0.4	8.0~10.0	—	3.15~4.15
镍铬钴系	NCo20-15-5-4	Ni：余量	0.2	1.0	1.0	0.12~0.17	Ag≤0.0005	0.015	—	0.1	0.0015	0.0001	—	—	14.0~15.7	18.0~22.0	4.5~4.9	0.9~1.5	4.5~5.5	0.003~0.010	—

（续）

类别	牌号	化学成分(质量分数,%)																	
		Ni+Co	Cu	Si	Mn	C	Mg	S	P	Fe	Pb	Bi	W	Zr	Cr	Co	Al	Ti	Mo	B	Nb+Ta
镍铬钴系	NCr20-20-5-2	Ni：余量	0.2	0.4	0.6	0.04~0.08	Ag≤0.0005	0.007	—	0.7	0.0020	0.0001	—	—	19.0~21.0	19.0~21.0	Al:0.3~0.6; Ti:1.9~2.4; Al+Ti:2.4~2.8		5.6~6.1	0.005	—
	NCr20-13-4-3	Ni：余量	0.50	0.75	1.00	0.03~0.10	Ag≤0.0005	0.030	0.030	2.00	0.0010	0.0001	—	0.02~0.12	18.00~21.00	12.00~15.00	1.20~1.60	2.75~3.25	3.50~5.00	0.003~0.01	—
	NCr20-18-2.5	Ni：余量	0.2	1.0	1.0	0.13	—	0.015	—	1.5	—	—	—	0.15	18.0~21.0	15.0~21.0	1.0~2.0	2.0~3.0	—	0.020	—
	NCr22-12-9	Ni≥44.5	0.5	1.0	1.0	0.05~0.15	—	0.015	—	3.0	—	—	—	—	20.0~24.0	10.0~15.0	0.8~1.5	0.6	8.0~10.0	0.006	—

类别	牌号	化学成分(质量分数,%)														
		Ni+Co	Cu	Si	Mn	C	S	P	Fe	W	Cr	Co	Al	Ti	Mo	B	Nb+Ta
镍铬铁系	NCr15-8	Ni≥72.0	0.5	0.5	1.0	0.15	0.015	—	6.0~10.0	—	14.0~17.0	—	—	—	—	—	—
	NCr15-8-LC	Ni≥72.0	0.5	0.5	1.0	0.02	0.015	—	6.0~10.0	—	14.0~17.0	—	—	—	—	—	—
	NCr15-7-2.5	Ni≥70.00	0.50	0.50	1.00	0.08	0.01	—	5.00~9.00	—	14.00~17.00	1.00[④]	0.40~1.00	2.25~2.75	—	—	0.70~1.20
	NCr21-18-9	Ni：余量[③]	—	1.00	1.00	0.05~0.15	0.03	0.04	17.0~20.0	0.2~1.0	20.5~23.0	0.5~2.5	—	—	8.0~10.0	—	—
	NCr23-15-1.5	Ni:58.0~63.0	1.0	0.5	1.0	0.10	0.015	—	余量	—	21.0~25.0	—	1.0~1.7	—	—	—	—
	NFe36-12-6-3	Ni:40.0~45.0	0.2	0.4	0.5	0.02~0.06	0.020	0.020	余量	—	11.0~14.0	—	0.35	2.8~3.1	5.0~6.5	0.010~0.020	—
	NCr19-19-5	Ni:50.0~55.0	0.30	0.35	0.35	0.08	0.015	0.015	余量	—	17.0~21.0	1.0[④]	0.20~0.80	0.65~1.15	2.80~3.30	0.006	4.75~5.50
	NFe30-21-3	Ni:38.0~46.0	1.5~3.0	0.5	1.0	0.05	0.03	—	≥22.0[②]	—	19.5~23.5	—	0.2	0.6~1.2	2.5~3.5	—	—
	NCr29-9	Ni≥58.0	0.5	0.5	0.5	0.05	0.015	—	7.0~11.0	—	27.0~31.0	—	—	—	—	—	—

① 此值由差减法求得。要求单独测量 Co 含量时，此值为 Ni 含量；不要求单独测量 Co 含量时，此值为 Ni+Co 含量。
② 此值由差减法求得。
③ 此值为实测值。
④ 要求时应满足。

15.2 镍及镍合金棒

1. 镍及镍合金棒的牌号、状态和规格（见表15-2）

表15-2 镍及镍合金棒的牌号、状态和规格（GB/T 4435—2010）

牌号	状态	直径/mm	长度/mm
N4、N5、N6、N7、N8、NCu28-2.5-1.5、NCu30-3-0.5、NCu40-2-1、NMn5、NCu30、NCu35-1.5-1.5	硬态(Y) 半硬态(Y_2) 软态(M)	3~65	300~6000
	热加工态(R)	6~254	

2. 镍及镍合金棒的力学性能（见表15-3）

表15-3 镍及镍合金棒的力学性能（GB/T 4435—2010）

牌号	状态	直径/mm	抗拉强度 R_m/MPa	断后伸长率 A(%)
			≥	
N4、N5、N6、N7、N8	Y	3~20	590	5
		>20~30	540	6
		>30~65	510	9
	M	3~30	380	34
		>30~65	345	34
	R	32~60	345	25
		>60~254	345	20
NCu28-2.5-1.5	Y	3~15	665	4
		>15~30	635	6
		>30~65	590	8
	Y_2	3~20	590	10
		>20~30	540	12
	M	3~30	440	20
		>30~65	440	20
	R	6~254	390	25
NCu30-3-0.5	Y	3~20	1000	15
		>20~40	965	17
		>40~65	930	20
	R	6~254	实测	实测
	M	3~65	895	20

（续）

牌号	状态	直径/mm	抗拉强度 R_m/MPa	断后伸长率 A（%）
			≥	
NCu40-2-1	Y	3~20	635	4
		>20~40	590	5
	M	3~40	390	25
	R	6~254	实测	实测
NMn5	M	3~65	345	40
	R	32~254	345	40
NCu30	R	76~152	550	30
		>152~254	515	30
	M	3~65	480	35
	Y	3~15	700	8
	Y_2	3~15	580	10
		>15~30	600	20
		>30~65	580	20
NCu35-1.5-1.5	R	6~254	实测	实测

15.3 镍及镍合金管

1. 镍及镍合金管的牌号、状态和规格（见表15-4）

表15-4 镍及镍合金管的牌号、状态和规格（GB/T 2882—2023）

牌号	状态	外径/mm	壁厚/mm	长度/mm
N2、N4、DN	软态(M)、硬态(Y)	0.35~18	0.05~5.00	100~15000
N5、N7、N8	软态(M)、消除应力状态(Y_0)	5.00~115	1.00~8.00	
N6	软态(M)、半硬态(Y_2)、硬态(Y)、消除应力状态(Y_0)	0.35~115	0.05~8.00	100~15000
NCr15-8	软态(M)	12~80	1.00~3.00	
NCu30	软态(M)、消除应力状态(Y_0)	10~115	1.00~8.00	
NCu28-2.5-1.5	软态(M)、硬态(Y)	0.35~110	0.05~5.00	
	半硬态(Y_2)	0.35~18	0.05~0.90	
NCu40-2-1	软态(M)、硬态(Y)	0.35~110	0.05~6.00	
	半硬态(Y_2)	0.35~18	0.05~0.90	
NSi0.19、NMg0.1	软态(M)、硬态(Y)、半硬态(Y_2)	0.35~18	0.05~0.90	

2. 镍及镍合金管的公称尺寸（见表 15-5）

表 15-5　镍及镍合金管的公称尺寸（GB/T 2882—2023）

公称外径/mm	公称壁厚/mm																					长度/mm
	0.05~0.06	>0.06~0.09	>0.09~0.12	>0.12~0.15	>0.15~0.20	>0.20~0.25	>0.25~0.30	>0.30~0.40	>0.40~0.50	>0.50~0.60	>0.60~0.70	>0.70~0.90	>0.90~1.00	>1.00~1.25	>1.25~1.80	>1.80~3.00	>3.00~4.00	>4.00~5.00	>5.00~6.00	>6.00~7.00	>7.00~8.00	
0.35~0.40	○	—	—	—	—	—	—	—	—	—	—	—	—	—	—	—	—	—	—	—	—	≤3000
>0.40~0.50	○	○	—	—	—	—	—	—	—	—	—	—	—	—	—	—	—	—	—	—	—	
>0.50~0.60	○	○	○	—	—	—	—	—	—	—	—	—	—	—	—	—	—	—	—	—	—	
>0.60~0.70	○	○	○	○	—	—	—	—	—	—	—	—	—	—	—	—	—	—	—	—	—	
>0.70~0.80	○	○	○	○	○	—	—	—	—	—	—	—	—	—	—	—	—	—	—	—	—	
>0.80~0.90	○	○	○	○	○	○	○	—	—	—	—	—	—	—	—	—	—	—	—	—	—	
>0.90~1.50	○	○	○	○	○	○	○	○	—	—	—	—	—	—	—	—	—	—	—	—	—	
>1.50~1.75	○	○	○	○	○	○	○	○	○	—	—	—	—	—	—	—	—	—	—	—	—	
>1.75~2.00	—	○	○	○	○	○	○	○	○	—	—	—	—	—	—	—	—	—	—	—	—	
>2.00~2.25	—	○	○	○	○	○	○	○	○	○	—	—	—	—	—	—	—	—	—	—	—	
>2.25~2.50	—	○	○	○	○	○	○	○	○	○	○	—	—	—	—	—	—	—	—	—	—	
>2.50~3.50	—	○	○	○	○	○	○	○	○	○	○	○	—	—	—	—	—	—	—	—	—	
>3.50~4.20	—	—	○	○	○	○	○	○	○	○	○	○	—	—	—	—	—	—	—	—	—	
>4.20~6.00	—	—	—	○	○	○	○	○	○	○	○	○	—	—	—	—	—	—	—	—	—	
>6.00~8.5	—	—	—	○	○	○	○	○	○	○	○	○	○	○	—	—	—	—	—	—	—	≤15000
>8.5~10	—	—	—	—	—	○	○	○	○	○	○	○	○	○	○	—	—	—	—	—	—	
>10~12	—	—	—	—	—	—	○	○	○	○	○	○	○	○	○	○	—	—	—	—	—	
>12~14	—	—	—	—	—	—	—	○	○	○	○	○	○	○	○	○	—	—	—	—	—	
>14~15	—	—	—	—	—	—	—	○	○	○	○	○	○	○	○	○	○	—	—	—	—	
>15~18	—	—	—	—	—	—	—	—	○	○	○	○	○	○	○	○	○	—	—	—	—	
>18~20	—	—	—	—	—	—	—	—	—	—	—	○	○	○	○	○	○	—	—	—	—	
>20~30	—	—	—	—	—	—	—	—	—	—	—	—	—	○	○	○	○	—	—	—	—	
>30~35	—	—	—	—	—	—	—	—	—	—	—	—	—	—	○	○	○	○	—	—	—	
>35~40	—	—	—	—	—	—	—	—	—	—	—	—	—	—	○	○	○	○	○	—	—	
>40~60	—	—	—	—	—	—	—	—	—	—	—	—	—	—	—	—	○	○	○	○	—	
>60~90	—	—	—	—	—	—	—	—	—	—	—	—	—	—	—	—	○	○	○	○	○	
>90~115	—	—	—	—	—	—	—	—	—	—	—	—	—	—	—	—	○	○	○	○	○	

注：“○”表示推荐采用规格，“—”表示不推荐采用规格，需要其他规格的产品由供需双方协商确定。

3. 镍及镍合金管的室温力学性能（见表 15-6）

表 15-6　镍及镍合金管的室温力学性能（GB/T 2882—2023）

牌号	壁厚/mm	状态	抗拉强度 R_m/MPa	规定塑性延伸强度 $R_{p0.2}$/MPa	断后伸长率[①]（%）	
					A	A_{50mm}
N2、N4、DN	所有规格	M	≥390	（≥105）	≥35	—
		Y	≥540	（≥210）	（≥8）	—
N5	所有规格	M	≥345	≥80	—	≥35
		Y_0	≥415	≥205	—	≥15
N6	<0.90	M	≥390	（≥105）	—	≥35
		Y	≥540	（≥210）	（≥8）	—
	≥0.90	M	≥370	（≥85）	≥35	—
		Y_2	≥450	（≥170）	—	≥12
		Y	≥520	（≥200）	≥6	—
		Y_0	≥460	（≥270）	（≥10）	—
N7、N8	所有规格	M	≥380	≥105	—	≥35
		Y_0	≥450	≥275	—	≥15
NCu30	所有规格	M	≥480	≥195	—	≥35
		Y_0	≥585	≥380	—	≥15
NCu28-2.5-1.5[②]、NSi0.19 NCu40-2-1、NMg0.1	所有规格	M	≥440	（≥140）	—	≥20
		Y_2	≥540	（≥300）	≥6	—
		Y	≥585	（≥320）	≥3	—
NCr15-8	所有规格	M	≥550	≥240	—	≥30

注：括号中规定塑性延伸强度和断后伸长率指标仅供参考，不作为考核值；“—”表示不考试指标。
① 外径小于 18mm、壁厚小于 0.90mm 的硬态（Y）产品的断后伸长率值仅供参考。
② 特殊用途 NCu28-2.5-1.5 硬态（Y）产品，其抗拉强度不小于 645MPa，断后伸长率不小于 2%。

4. 镍及镍合金管的许用应力（见表 15-7）

表 15-7　镍及镍合金管的许用应力（GB/T 2882—2023）

牌号	许用应力/MPa	
	软态（M）	消除应力状态（Y_0）
N5	55	105
N7	70	110
NCu30	120	145

15.4　镍及镍合金板材

15.4.1　镍及镍合金板

1. 镍及镍合金板的牌号、状态和规格（见表 15-8）

表 15-8　镍及镍合金板的牌号、状态和规格（GB/T 2054—2023）

牌号	状态	规格尺寸/mm	
		矩形产品（厚度×宽度×长度）	圆形产品（厚度×直径）
N4、N5、N6、N7、DN、NW4-0.07、NW4-0.1、NW4-0.15、NMg0.1、NSi0.19	软态（M）、热加工态（R）、冷加工态（Y）	热轧：（3.0～100.0）×（50～3000）×（5000～6000） 冷轧：（0.1～4.0）×（50～1500）×（500～5000）	热轧：（3.0～100.0）×ϕ（50～3000） 冷轧：（0.5～4.0）×ϕ（50～1500）

（续）

牌号	状态	规格尺寸/mm	
		矩形产品 （厚度×宽度×长度）	圆形产品 （厚度×直径）
NCu28-2.5-1.5、NS1101	软态（M）、热加工态（R）		
NCu30、NCr15-8	软态（M）、热加工态（R）、半硬态（Y_2）	热轧：（3.0～100.0）×（50～3000）×（5000～6000） 冷轧：（0.1～4.0）×（50～1500）×（500～5000）	热轧：（3.0～100.0）×ϕ（50～3000） 冷轧：（0.5～4.0）×ϕ（50～1500）
NS1102、NFe30-21-3	软态（M）		
NMo16-15-6-4、NCr22-9-3.5	固溶退火态（ST）		

注：冷加工态（Y）及半硬态（Y_2）仅适用于冷轧方式生产的产品。

2. 镍及镍合金板的室温力学性能（见表15-9）

表15-9　镍及镍合金板的室温力学性能（GB/T 2054—2023）

牌号	状态	厚度/mm	室温拉伸性能			硬度[①]	
			抗拉强度 R_m/MPa	规定塑性延伸强度 $R_{p0.2}$[②]/MPa	断后伸长率 A_{50mm}（%）	HV	HRB
N4、N5、NW4-0.07、NW4-0.1、NW4-0.15	M	0.1～1.5	≥345	≥80	≥35	—	—
		>1.5～15.0	≥345	≥80	≥40	—	—
	R	3.0～15.0	≥345	≥80	≥30	—	—
	Y	0.1～2.5	≥490	实测	≥2	—	—
N6	M	0.1～15.0	≥345	≥100	≥40	—	—
	R	3.0～15.0	≥380	≥135	≥30	—	—
	Y	0.1～1.5	≥540	实测	≥2	—	—
		>1.5～4.0	≥620	≥480	≥2	188～215	90～95
N7、DN、NMg0.1、NSi0.19	M	0.1～1.5	≥380	≥100	≥35	—	—
		>1.5～15.0	≥380	≥100	≥40	—	—
	R	3.0～15.0	≥380	≥135	≥30	—	—
	Y	0.1～1.5	≥540	实测	≥2	—	—
		>1.5～4.0	≥620	≥480	≥2	188～215	90～95
	Y_2	>1.5～4.0	≥490	≥290	≥20	147～170	79～85
NCu28-2.5-1.5	M	0.1～15.0	≥440	≥160	≥35	—	—
	R	3.0～15.0	≥440	实测	≥25	—	—
	Y_2	0.1～4.0	≥570	实测	≥6.5	157～188	82～90
NCu30	M	0.1～15.0	≥485	≥195	≥35	—	—
	R	3.0～15.0	≥515	≥260	≥25	—	—
	Y_2	0.1～4.0	≥550	≥300	≥25	157～188	82～90
NS1101	R	3.0～15.0	≥550	≥240	≥25	—	—
	M	0.1～15.0	≥520	≥205	≥30	—	—
NS1102	M	0.1～15.0	≥450	≥170	≥30	—	—
NCr15-8	M	0.1～15.0	≥550	≥240	≥30	—	—
	Y	<6.4	≥860	≥620	≥2	—	—
	Y_2	<6.4	实测	实测	实测	—	93～98
NFe30-21-3	M	0.1～15.0	≥586	≥241	≥30	—	—
NMo16-15-6-4	ST	0.1～15.0	≥690	≥283	≥40	—	≤100
NCr22-9-3.5	ST	0.1～15.0	≥690	≥276	≥30	—	≤100

注：“—”表示不考核指标。

① 产品硬度值测试时，应根据规格和力学性能特性仅选取HV和HRB中任一项进行测试。

② 厚度不大于0.5mm产品的规定塑性延伸强度不做考核。

15.4.2 承压设备用镍及镍合金板

1. 承压设备用镍及镍合金板用耐蚀镍合金的牌号和化学成分（见表 15-10）

表 15-10 承压设备用镍及镍合金板用耐蚀镍合金的牌号和化学成分（NB/T 47046—2015）

牌号	化学成分（质量分数，%）												
	Ni	Fe	Cr	Mo	Cu	Al	Ti	其他	Co	C	Si	Mn	P	S
NS1101	30.0~35.0	余量	19.0~23.0	—	≤0.75	0.15~0.60	0.15~0.60	—	—	≤0.10	≤1.00	≤1.50	≤0.030	≤0.010
NS1102	30.0~35.0	余量	19.0~23.0	—	≤0.75	0.15~0.60	0.15~0.60	—	—	0.15~0.10	≤1.00	≤1.50	≤0.030	≤0.010
NS1104	30.0~35.0	余量	19.0~23.0	—	≤0.75	0.15~0.60	0.15~0.60	Al+Ti:0.85~1.20	—	0.06~0.10	≤1.00	≤1.50	≤0.030	≤0.010
NS1402	38.0~46.0	余量	19.5~23.5	2.5~3.5	1.5~3.0	≤0.20	0.60~1.20	—	—	≤0.05	≤0.50	≤1.00	≤0.030	≤0.010
NS1403	32.0~38.0	余量	19.0~21.0	2.0~3.0	3.0~4.0	—	—	Nb:8C~1.00	—	≤0.07	≤1.00	≤2.00	≤0.030	≤0.010
NS3102	余量	6.0~10.0	14.0~17.0	—	≤0.50	—	—	—	—	≤0.15	≤0.50	≤1.00	≤0.030	≤0.010
NS3103	余量	10.0~15.0	21.0~25.0	—	≤1.0	1.00~1.70	—	—	—	≤0.10	≤0.50	≤1.00	≤0.030	≤0.010
NS3105	余量	7.0~11.0	27.0~31.0	—	≤0.50	—	—	—	—	≤0.05	≤0.50	≤0.50	≤0.030	≤0.010
NS3201	余量	4.0~6.0	≤1.0	26.0~30.0	—	—	—	V:0.10~0.50	≤2.5	≤0.05	≤1.00	≤1.00	≤0.030	≤0.010
NS3202	余量	≤2.0	≤1.0	26.0~30.0	—	—	—	—	≤1.0	≤0.020	≤0.10	≤1.00	≤0.030	≤0.010
NS3203	≥65.0	1.0~3.0	1.0~3.0	27.0~32.0	≤0.20	≤0.50	≤0.20	W≤3.0 V≤0.20 Nb≤0.20 Zr≤0.10 Ta≤0.20	≤3.0	≤0.010	≤0.10	≤3.00	≤0.030	≤0.010
NS3204	≥65.0	1.0~6.0	0.5~1.5	26.0~30.0	≤0.50	0.10~0.50	—	—	≤2.5	≤0.010	≤0.05	≤1.50	≤0.030	≤0.008
NS3304	余量	4.0~7.0	14.5~16.5	15.0~17.0	—	—	—	W:3.0~4.5 V≤0.35	≤2.5	≤0.010	≤0.08	≤1.00	≤0.030	≤0.010
NS3305	余量	≤3.0	14.0~18.0	14.0~17.0	—	—	≤0.70	—	≤2.0	≤0.015	≤0.08	≤1.00	≤0.030	≤0.010
NS3306	余量	≤5.0	20.0~23.0	8.0~10.0	—	≤0.40	≤0.40	Nb:3.15~4.15	≤1.0	≤0.10	≤0.50	≤0.50	≤0.015	≤0.010
NS3309	余量	≤5.0	19.0~23.0	15.0~17.0	—	—	0.02~0.25	W:3.0~4.4	—	≤0.010	≤0.08	≤0.75	≤0.030	≤0.010
NS3311	余量	≤1.5	22.0~24.0	15.0~16.5	≤0.50	0.10~0.40	—	—	≤0.3	≤0.010	≤0.10	≤0.50	≤0.015	≤0.005
NS3405	余量	≤3.0	22.0~24.0	15.0~17.0	1.3~1.9	≤0.50	—	—	≤2.0	≤0.010	≤0.08	≤0.50	≤0.025	≤0.008

2. 承压设备用镍及镍合金板的力学性能

（1）承压设备用镍及镍合金板的横向室温力学性能（见表 15-11）

表 15-11 承压设备用镍及镍合金板的横向室温力学性能（NB/T 47046—2015）

牌号	状态	抗拉强度 R_m/MPa	规定塑性延伸强度 $R_{p0.2}$/MPa	断后伸长率 A(%)
			≥	
N5	退火	345	80	40
N7	退火	380	100	40
NCu30	退火	485	195	35
NS1101	固溶	520	205	30
NS1102	固溶	450	170	30
NS1104	固溶	450	170	30
NS1402	固溶	586	241	30
NS1403	固溶	551	241	30
NS3102	固溶	550	240	30
NS3103	固溶	550	205	30
NS3105	固溶	586	240	30
NS3201	固溶	690	310	40
NS3202	固溶	760	350	40
NS3203	固溶	760	350	40
NS3204	固溶	760	350	40
NS3304	固溶	690	280	40
NS3305	固溶	690	275	40
NS3306	固溶	690	275	30
NS3309	固溶	690	310	45
NS3311	固溶	690	310	45
NS3405	固溶	690	310	45

（2）承压设备用镍及镍合金板不同温度下的力学性能（见表 15-12）

表 15-12 承压设备用镍及镍合金板不同温度下的力学性能（NB/T 47046—2015）

牌号	使用状态	在室温和各温度(℃)下的抗拉强度 R_m 和规定塑性延伸强度 $R_{p0.2}$ ≥														
		强度类型	室温	≤20	100	150	200	250	300	350	400	425	450	475	500	525
N5	退火	R_m/MPa	345	345	345	345	344	332	319	304	291	285	280	277	274	273
		$R_{p0.2}$/MPa	80	80	79	78	77	77	77	77	76	74	73	72	69	66
N7	退火	R_m/MPa	380	380	379	379	379	379	379	—	—	—	—	—	—	—
		$R_{p0.2}$/MPa	100	100	100	100	100	96	88	—	—	—	—	—	—	—
NCu30	退火	R_m/MPa	485	485	480	480	480	480	480	480	460	440	417	393	370	—
		$R_{p0.2}$/MPa	195	195	167	157	153	152	152	152	150	148	146	146	145	—
NS1101	固溶	R_m/MPa	520	520	517	517	517	515	514	514	512	510	506	501	495	487
		$R_{p0.2}$/MPa	205	205	190	183	178	174	170	166	162	160	158	157	155	153
NS1102	固溶	R_m/MPa	450	450	448	448	446	442	440	440	440	440	440	439	437	432
		$R_{p0.2}$/MPa	170	170	157	149	141	134	128	123	118	115	113	112	110	108
NS1104	固溶	R_m/MPa	450	450	448	448	446	442	440	440	440	440	440	439	437	432
		$R_{p0.2}$/MPa	170	170	157	149	141	134	128	123	118	115	113	112	110	108
NS1402	固溶	R_m/MPa	586	586	586	586	586	586	586	583	577	573	569	564	557	549
		$R_{p0.2}$/MPa	241	241	220	210	201	193	186	181	177	177	175	175	174	172
NS1403	固溶	R_m/MPa	551	551	551	546	536	533	533	530	526	526	526	—	—	—
		$R_{p0.2}$/MPa	241	241	212	204	196	189	184	180	178	174	170	—	—	—
NS3102	固溶	R_m/MPa	550	550	550	550	550	550	550	550	550	550	540	522	502	—
		$R_{p0.2}$/MPa	240	240	220	215	212	209	207	204	201	198	195	190	185	—

（续）

牌号	使用状态	在室温和各温度(℃)下的抗拉强度 R_m 和规定塑性延伸强度 $R_{p0.2}$ ≥														
		强度类型	室温	≤20	100	150	200	250	300	350	400	425	450	475	500	525
NS3103	固溶	R_m/MPa	550	550	550	550	550	550	550	550	550	550	550	547	545	542
		$R_{p0.2}$/MPa	205	205	183	171	161	154	148	145	143	143	142	142	142	142
NS3105	固溶	R_m/MPa	586	586	586	579	566	558	554	551	549	547	543	539	533	524
		$R_{p0.2}$/MPa	240	240	217	205	198	193	191	190	190	190	190	190	189	188
NS3201	固溶	R_m/MPa	690	690	689	689	679	672	669	664	659	657	654	—	—	—
		$R_{p0.2}$/MPa	310	310	279	266	255	247	240	235	230	229	228	—	—	—
NS3202	固溶	R_m/MPa	760	760	760	760	760	760	755	748	742	738	735	731	728	727
		$R_{p0.2}$/MPa	350	350	328	313	300	291	283	277	271	267	263	258	254	249
NS3203	固溶	R_m/MPa	760	760	760	760	760	752	741	733	725	722	719	716	714	710
		$R_{p0.2}$/MPa	350	350	327	313	299	286	275	266	259	257	255	254	253	251
NS3204	固溶	R_m/MPa	760	760	760	760	760	752	741	733	725	722	719	717	712	707
		$R_{p0.2}$/MPa	350	350	322	306	292	281	273	266	261	260	258	257	256	253
NS3304	固溶	R_m/MPa	690	690	690	690	675	662	651	641	632	627	623	618	612	607
		$R_{p0.2}$/MPa	280	280	255	237	222	208	196	187	180	177	175	173	172	171
NS3305	固溶	R_m/MPa	690	690	689	689	689	684	676	668	658	652	646	640	636	634
		$R_{p0.2}$/MPa	275	275	252	238	226	217	210	205	200	198	196	193	191	189
NS3306	固溶	R_m/MPa	690	690	690	690	690	690	679	673	670	668	667	664	661	655
		$R_{p0.2}$/MPa	275	275	253	242	233	225	219	214	210	208	207	205	204	203
NS3309	固溶	R_m/MPa	690	690	690	680	659	642	629	619	608	601	594	585	575	564
		$R_{p0.2}$/MPa	310	310	255	241	233	225	217	210	206	205	205	205	205	205
NS3311	固溶	R_m/MPa	690	690	690	690	677	655	635	616	600	594	589	585	582	579
		$R_{p0.2}$/MPa	310	310	276	260	248	236	225	214	202	198	193	188	183	179
NS3405	固溶	R_m/MPa	690	690	690	690	690	649	636	626	615	609	602	595	588	582
		$R_{p0.2}$/MPa	310	310	276	256	238	222	209	200	195	193	192	191	189	185

注：室温下的抗拉强度和规定塑性延伸强度为保证值；各温度下的规定塑性延伸强度为保证值，抗拉强度为参考值。

15.5 镍及镍合金带与箔

1. 镍及镍合金带与箔的牌号、状态和规格（见表 15-13）

表 15-13 镍及镍合金带与箔的牌号、状态和规格（GB/T 2072—2020）

牌号	品种	状态	厚度/mm	宽度/mm	长度/mm
N4、N5、N6、N7、NMg0.1、DN、NSi0.19、NCu40-2-1、NCu28-2.5-1.5、NW4-0.15、NW4-0.1、NW4-0.07、NCu30	带材	硬态(Y)	>0.25~0.30	20~300	≥3000
		半硬态(Y_2)	>0.30~0.80	20~1100	≥5000
		软态(M)	>0.80~5.00	20~1350	≥5000
N2、N4、N5、N6、N7、N8	箔材	硬态(Y)	0.01~0.02	20~200	—
		硬态(Y)、软态(M)	>0.02~0.25	20~300	—

2. 镍及镍合金带的室温力学性能（见表 15-14）

表 15-14 镍及镍合金带的室温力学性能（GB/T 2072—2020）

牌号	厚度/mm	状态	抗拉强度 R_m/MPa	规定塑性延伸强度 $R_{p0.2}$/MPa	断后伸长率(%)	
					$A_{11.3}$	A_{50mm}
N4、NW4-0.15 NW4-0.1、NW4-0.07	0.25~5.00	M	≥345	实测	≥30	—
		Y	≥490	实测	≥2	—

（续）

牌号	厚度/mm	状态	抗拉强度 R_m/MPa	规定塑性延伸强度 $R_{p0.2}$/MPa	断后伸长率(%)	
					$A_{11.3}$	A_{50mm}
N5	0.25~5.00	M	≥350	≥85①	—	≥40
N7	0.25~1.20	M	≥380	≥105①	—	≥30
	>1.20~2.70		≥380	≥105	—	≥35
	>2.70~5.00		≥380	≥105	—	≥40
	0.25~5.00	Y	≥620	≥480①	—	≥2
N6、DN、NMg0.1、NSi0.19	0.25~5.00	M	≥392	实测	≥30	—
		Y	≥539	实测	≥2	—
NCu28-2.5-1.5	0.25~5.00	M	≥441	实测	≥25	—
		Y_2	≥568	实测	≥6.5	—
		Y	≥680	实测	≥2	—
NCu30	0.25~5.00	M	485~585	≥195①	—	≥35
		Y_2	≥550	≥300①	≥25	—
		Y	≥680	≥620①	—	≥2
NCu40-2-1	0.25~5.00	M、Y_2、Y	实测	实测	实测	—

① 规定塑性延伸强度不适用于厚度小于0.5mm的产品。

3. 镍及镍合金箔的硬度（见表15-15）

表15-15　镍及镍合金箔的硬度（GB/T 2072—2020）

牌号	厚度/mm	状态	硬度　HV
N2、N4、N5、N6、N7、N8	0.01~0.25	M	≤120
		Y	≥150

15.6　镍及镍合金线

1. 镍及镍合金线的牌号、状态和规格（见表15-16）

表15-16　镍及镍合金线的牌号、状态和规格（GB/T 21653—2008）

牌号	状态	直径（对边距）/mm
N4、N6、N5（NW2201） N7（NW2200）、N8	Y（硬） Y_2（半硬） M（软）	0.03~10.0
NCu28-2.5-1.5、NCu40-2-1、 NCu30（NW4400）、NMn3、NMn5	Y（硬） M（软）	0.05~10.0
NCu30-3-0.5（NW5500）	CYS （淬火、冷加工、时效）	0.5~7.0
NMg0.1、NSi0.19、NSi3、DN	Y（硬） Y_2（半硬） M（软）	0.03~10.0

2. 镍及镍合金线的力学性能（见表15-17）

表15-17　镍及镍合金线的力学性能（GB/T 21653—2008）

牌号	状态	直径（对边距）/mm	抗拉强度 R_m/MPa	断后伸长率 A_{100mm}(%)　≥
N4	Y	0.03~0.09	780~1275	—
		>0.09~0.50	735~980	—

（续）

牌号	状态	直径(对边距)/mm	抗拉强度 R_m/MPa	断后伸长率 A_{100mm}(%) ≥
N4	Y	>0.50~1.00	685~880	—
		>1.00~6.00	535~835	—
		>6.00~10.00	490~785	—
	Y_2	0.10~0.50	685~885	—
		>0.50~1.00	580~785	—
		>1.00~10.00	490~640	—
	M	0.03~0.20	≥370	15
		>0.20~0.50	≥340	20
		>0.50~1.00	≥310	20
		>1.00~10.00	≥290	25
N6、N8	Y	0.03~0.09	880~1325	—
		>0.09~0.50	830~1080	—
		>0.50~1.00	735~980	—
		>1.00~6.00	640~885	—
		>6.00~10.00	585~835	—
	Y_2	0.10~0.50	780~980	—
		>0.50~1.00	685~835	—
		>1.00~10.00	540~685	—
	M	0.03~0.20	≥420	15
		>0.20~0.50	≥390	20
		>0.50~1.00	≥370	20
		>1.00~10.00	≥340	25
N5(NW2201)	M	>0.03~0.45	≥340	20
		>0.45~10.0	≥340	25
N7(NW2200)	Y	>0.03~3.20	≥540	—
		>3.20~10.0	≥460	—
	M	>0.03~0.45	≥380	20
		>0.45~10.0	≥380	25
NCu28-2.5-1.5、NCu30(NW4400)	Y	0.05~3.20	≥770	—
		>3.20~10.0	≥690	—
	M	0.05~0.45	≥480	20
		>0.45~10.0	≥480	25
NCu40-2-1	Y	0.1~10.0	≥635	—
	M	0.1~1.0	≥440	10
		>1.0~5.0	≥440	15
		>5.0~10.00	≥390	25
NMn3[①]	Y	0.5~6.0	≥685	—
	M		≤640	20
NMn5[①]	Y	0.5~6.0	≥735	—
	M		≤735	18
NCu30-3-0.5(NW5500)	CYS[②]	0.5~7.0	≥900	—
NMg0.1、NSi0.19、NSi3、DN	Y	0.03~0.09	880~1325	—
		>0.09~0.50	830~1080	—
		>0.50~1.00	735~980	—
		>1.00~6.00	640~885	—
		>6.00~10.00	585~835	—
	Y_2	0.10~0.50	780~980	—
		>0.50~1.00	685~835	—
		>1.00~10.00	540~685	—

（续）

牌号	状态	直径(对边距)/mm	抗拉强度 R_m/MPa	断后伸长率 A_{100mm}(%) ≥
NMg0.1、NSi0.19、NSi3、DN	M	0.03~0.20	≥420	15
		>0.20~0.50	≥390	20
		>0.50~1.00	≥370	20
		>1.00~10.00	≥340	25

注：经供需双方协商可供其他状态和性能的线材。

① 用于火花塞的镍锰合金线材的抗拉强度应在735~935MPa之间。

② 推荐的固溶处理为最低温度980℃，水淬火。稳定化和沉淀热处理为590~610℃，8~16h，冷却速度在8~15℃/h之间炉冷至480℃，空冷。另一种方法是，炉冷至535℃，在535℃保温6h，炉冷至480℃，保温8h，空冷。

3. 镍合金线20℃时的电阻系数（见表15-18）

表15-18　镍合金线20℃时的电阻系数（GB/T 21653—2008）

牌号	状态	电阻系数/(Ω·mm²/m)
NCu28-2.5-1.5	M	≤0.4
	Y	≤0.42
NMn3	Y、M	0.13~0.17
NMn5		0.17~0.22

注：1. NCu28-2.5-1.5的电阻系数仅在用户有要求，并在合同中注明时，方予进行检测。
　　2. 用于火花塞的镍合金线材不做此项试验。

15.7　电真空器件用镍及镍合金棒、板和带

1. 电真空器件用镍及镍合金棒、板和带的牌号、状态及规格

（1）电真空器件用镍及镍合金棒的牌号、状态和规格（见表15-19）

表15-19　电真空器件用镍及镍合金棒的牌号、状态和规格（YS/T 908—2013）

品种	牌号	状态	直径/mm	长度/mm
棒材	N4、DN、NMg0.1、NSi0.19、NW4-0.15、NW4-0.1、NW4-0.07、NW4-0.2-0.2	Y	5~35	500~2000

（2）电真空器件用镍及镍合金板和带的牌号、状态及规格（见表15-20）

表15-20　电真空器件用镍及镍合金板和带的牌号、状态及规格（YS/T 908—2013）

品种	牌号	状态	厚度/mm	宽度/mm	长度/mm
带材	N4、DN、NMg0.1、NSi0.19、NW4-0.15、NW4-0.1、NW4-0.07、NW4-0.2-0.2、NWZrMg4-0.2-0.05、N3、NMgSi0.05	Y	0.05~0.20	50~150	≥3000
			>0.20~0.55		≥2500
			>0.55~1.00		≥1500
板材	N4、DN、NMg0.1、NSi0.19、NW4-0.15、NW4-0.1、NW4-0.07、NW4-0.2-0.2、NWZrMg4-0.2-0.05、N3、NMgSi0.05	Y	0.80~3.00	5~200	≥500

注：N3为常用合金牌号（ZDCN）。

2. 电真空器件用镍及镍合金棒、板和带的化学成分

NWZrMg4-0.2-0.05、N3、NMgSi0.05 的化学成分见表 15-21，其他牌号的化学成分见表 15-1。

表 15-21　NWZrMg4-0.2-0.05、N3、NMgSi0.05 的化学成分（YS/T 908—2013）

牌号	化学成分(质量分数,%)													
	Ni+Co	W	Zr	Mg	Cu	Fe	Mn	Al	Si	S	C	Pb	Zn	P
NWZrMg4-0.2-0.05	余量	3.5~4.5	0.17~0.23	0.04~0.07	0.02	0.03	0.05	0.01	0.02	0.03	0.01	0.002	0.002	0.002
					Sn≤0.002、Sb≤0.002、Bi≤0.002、Cd≤0.002									
N3	99.95	—	—	0.005	0.008	0.021	0.005	0.005	0.01	0.005	0.01	—	0.005	0.002
NMgSi0.05	余量	—	—	0.04~0.07	0.02	0.07	0.05	—	0.04~0.07	0.005	0.05	0.002	0.005	—

注：1. 表中含量有上下限者为合金元素，含量为单个数值者为最高限量。

2. Ni+Co 含量采用算术差减法求得。

3. 电真空器件用镍及镍合金带材的工艺性能（见表 15-22）

表 15-22　电真空器件用镍及镍合金带材的工艺性能（YS/T 908—2013）（单位：mm）

带材厚度	0.10~0.15	>0.15~0.25	>0.25~0.55	>0.55~1.00
杯突深度　≥	7.5	8.0	8.5	9.0

15.8　镍及镍合金锻件

1. 镍及镍合金锻件的牌号、状态和规格（见表 15-23）

表 15-23　镍及镍合金锻件的牌号、状态和规格（GB/T 26030—2010）

ISO 数字牌号	牌号	状态	外形尺寸/mm
NW2200	Ni99.0	热加工(R)	所有
		退火(M)	所有
NW2201	Ni99.0-LC	热加工(R)	所有
		退火(M)	所有
NW3021	NiCo20Cr15Mo5Al4Ti	固溶、稳定化和时效(CS)	所有
NW7263	NiCo20Cr20Mo5Ti2Al	固溶和时效(CS)	所有
NW7001	NiCr20Co13Mo4Ti3Al	固溶和时效(CS)	所有
NW7090	NiCr20Co18Ti3	固溶和时效(CS)	所有
NW7750	NiCr15Fe7Ti2Al	固溶和时效(CS)	≤65
			>65~100
NW6600	NiCr15Fe8	热加工(R)	所有
		退火(M)	所有
NW6602	NiCr15Fe8-LC	退火(M)	所有

（续）

ISO 数字牌号	牌号	状态	外形尺寸/mm
NW7718	NiCr19Fe19Nb5Mo3	固溶和时效(CS)	≤100
NW6002	NiCr21Fe18Mo9	退火(M)	所有
NW6601	NiCr23Fe15Al	退火(M)	所有
NW6455	NiCr16Mo16Ti	固溶(C)	所有
NW6625	NiCr22Mo9Nb	退火(M)	≤100
			>100~250
		固溶(C)	所有
NW6621	NiCr20Ti	退火(M)	所有
NW7080	NiCr20Ti2Al	固溶和时效(CS)	所有
NW4400	NiCu30	热加工和消除应力(R)	>100~300
			>300
		退火(M)	所有
NW4402	NiCu30-LC	退火(M)	所有
NW5500	NiCu30Al3Ti	热加工和时效(RS)	≤100
			>100
		固溶和时效(CS)	≤25
			>25~100
			>100~300
NW8825	NiFe30CrMo3	退火(M)	所有
NW9911	NiFe36Cr12Mo6Ti3	固溶、稳定化和时效(CS)	所有
NW0276	NiMo16Cr15Fe6W4	退火(M)	所有
NW0665	NiMo28	固溶(C)	>7~90
NW0001	NiMo30Fe5	固溶(C)	>7~40
			>40~90
NW8800	FeNi32Cr21AlTi	热加工(R)	所有
		退火(M)	所有
NW8810	FeNi32Cr21AlTi-LC	退火(M)	所有
NW8811	FeNi32Cr21AlTi-HT	退火(M)	所有
NW8801	FeNi32Cr21Ti	退火(M)	所有
NW8020	FeNi35Cr20Cu4Mo2	退火(M)	所有
—	NW4-0.07	热加工(R)、退火(M)	所有
—	N6、NSi0.19、NMg0.1、NCu28-2.5-1.5、NCu40-2-1、DN、NW4-0.15、NW4-0.1、NW4-0.07	热加工(R)、退火(M)	所有
—	NY1、NY2、NY3	热加工(R)、退火(M)	所有

注：经供需双方协商，可供应其他牌号、状态、规格的产品。

2. 镍及镍合金锻件的化学成分（见表 15-24）

表 15-24　镍及镍合金锻件的化学成分（GB/T 26030—2010）

ISO 数字牌号	牌号	化学成分(质量分数,%)															
		Ni	Fe	Al	B	C	Co	Cr	Cu	Mn	Mo	P	S	Si	Ti	W	其他元素
NW2200	Ni99.0 (ASTM N02200)	99.0	0.4	—	—	0.15	—	—	0.2	0.3	—	—	0.010	0.3	—	—	—
NW2201	Ni99.0-LC (ASTM N02201)	99.0	0.4	—	—	0.02	—	—	0.2	0.3	—	—	0.010	0.3	—	—	—
NW3021	NiCo20Cr15Mo5Al4Ti	余量	0.1	4.5~4.9	0.003~0.010	0.12~0.17	18.0~22.0	14.0~15.7	0.2	1.0	4.5~5.5	—	0.015	1.0	0.9~1.5	—	Ag:0.0005 Bi:0.0001 Pb:0.0015
NW7263	NiCo20Cr20Mo5Ti2Al	余量	0.7	0.3~0.6	0.005	0.04~0.08	19.0~21.0	19.0~21.0	0.2	0.6	5.6~6.1	—	0.007	0.4	1.9~2.4	—	Ag:0.0005 Bi:0.0001 Pb:0.0020 Ti+Al:2.4~2.8
NW7001	NiCr20Co13Mo4Ti3Al	余量	2.0	1.2~1.6	0.003~0.010	0.02~0.10	12.0~15.0	18.0~21.0	0.10	1.0	3.5~5.0	0.015	0.015	0.1	2.8~3.3	—	Ag:0.0005 Bi:0.0001 Pb:0.0010 Zr:0.02~0.08
NW7090	NiCr20Co18Ti3	余量	1.5	1.0~2.0	0.020	0.13	15.0~21.0	18.0~21.0	0.2	1.0	—	—	0.015	1.0	2.0~3.0	—	Zr:0.15
NW7750	NiCr15Fe7Ti2Al	70.0	5.0~9.0	0.4~1.0	—	0.08	—	14.0~17.0	0.5	1.0	—	—	0.015	0.5	2.2~2.8	—	Nb+Ta: 0.7~1.2
NE6600	NiCr15Fe8 (ASTM N06600)	72.0	6.0~10.0	—	—	0.15	—	14.0~17.0	0.5	1.0	—	—	0.015	0.5	—	—	—
NW6602	NiCr15Fe8-LC	72.0	6.0~10.0	—	—	0.02	—	14.0~17.0	0.5	1.0	—	—	0.015	0.5	—	—	—
NW7718	NiCr19Fe19Nb5Mo3	50.0~55.0	余量	0.2~0.8	0.006	0.08	—	17.0~21.0	0.3	0.4	2.8~3.3	0.015	0.015	0.4	0.6~1.2	—	Nb+Ta: 4.7~5.5
NW6002	NiCr21Fe18Mo9	余量	17.0~20.0	—	0.010	0.05~0.15	0.5~2.5	20.5~23.0	—	1.0	8.0~10.0	0.040	0.030	1.0	—	0.2~1.0	—
NW6601	NiCr23Fe15Al	58.0~63.0	余量	1.0~1.7	—	0.10	—	21.0~25.0	1.0	1.0	—	—	0.015	0.5	—	—	—
NW6455	NiCr16Mo16Ti	余量	3.0	—	—	0.015	2.0	14.0~18.0	—	1.0	14.0~17.0	0.040	0.030	0.08	0.7	—	—

（续）

ISO 数字牌号	牌号	化学成分(质量分数,%)															
		Ni	Fe	Al	B	C	Co	Cr	Cu	Mn	Mo	P	S	Si	Ti	W	其他元素
NW6625	NiCr22Mo9Nb (ASTM N06625)	58.0	5.0	0.40	—	0.10	1.0	20.0~23.0	—	0.50	8.0~10.0	0.015	0.015	0.50	0.40	—	Nb+Ta:3.15~4.15
NW6621	NiCr20Ti	余量	5.0	—	—	0.08~0.15	5.0	18.0~21.0	0.5	1.0	—	—	0.020	1.0	0.20 0.60	—	Pb:0.0050
NW7080	NiCr20Ti2Al	余量	1.5	1.0~1.8	0.008	0.04~0.10	2.0	18.0~21.0	0.2	1.0	—	—	0.015	1.0	1.8 2.7	—	Ag:0.0005 Bi:0.0001 Pb:0.0020
NW4400	NiCu30 (ASTM N04400)	63.0	2.5	—	—	0.30	—	—	28.0~34.0	2.0	—	—	0.025	0.5	—	—	—
NW4402	NiCu30-LC	63.0	2.5	—	—	0.04	—	—	28.0~34.0	2.0	—	—	0.025	0.5	—	—	—
NW5500	NiCu30Al3Ti	余量	2.0	2.2~3.2	—	0.25	—	—	27.0~34.0	1.5	—	0.020	0.015	0.5	0.35 0.85	—	—
NW8825	NiFe30CrMo3 (ASTM N08825)	38.0~46.0	余量	0.2	—	0.05	—	19.5~23.5	1.5~3.0	1.0	2.5~3.5	—	0.015	0.5	0.6 1.2	—	—
NW9911	NiFe36Cr12Mo6Ti3	40.0~45.0	余量	0.35	0.010~0.020	0.02~0.06	—	11.0~14.0	0.2	0.5	5.0~6.5	0.020	0.020	0.4	2.8 3.1	—	—
NW0276	NiMo16Cr15Fe6W4 (ASTM N010276)	余量	4.0~7.0	—	—	0.010	2.5	14.5~16.5	—	1.0	15.0~17.0	0.040	0.030	0.08	—	3.0 4.5	—
NW0665	NiMo28 (ASTM N10665)	余量	2.0	—	—	0.02	1.0	1.0	—	1.0	26.0~30.0	0.040	0.030	0.1	—	—	—
NW0001	NiMo30Fe5	余量	4.0~6.0	—	—	0.05	2.5	1.0	—	1.0	26.0~30.1	0.040	0.030	1.0	—	—	V:0.2~0.4
NW8800	FeNi32Cr21AlTi (ASTM N08800)	30.0~35.0	余量	0.15~0.60	—	0.10	—	19.0~23.0	0.7	1.5	—	—	0.015	1.0	0.15 0.60	—	—
NW8810	FeNi32Cr21AlTi-LC (ASTM N08810)	30.0~35.0	余量	0.15~0.60	—	0.15~0.10	—	19.0~23.0	0.7	1.5	—	—	0.015	1.0	0.15 0.60	—	—
NW8811	FeNi32Cr21AlTi-HT (ASTM N08811)	30.0~35.0	余量	0.25~0.60	—	0.06~0.10	—	19.0~23.0	0.5	1.5	—	—	0.015	1.0	0.25 0.60	—	Al+Ti:0.85~1.2
NW8801	FeNi32Cr21Ti	30.0~34.0	余量	—	—	0.10	—	19.0~22.0	0.5	1.5	—	—	0.015	1.0	0.7 1.5	—	—
NW8020	FeNi35Cr20Cu4Mo2	32.0~38.0	余量	—	—	0.07	—	19.0~21.0	3.0~4.0	2.0	2.0~3.0	0.040	0.030	1.0	—	—	Nb+Ta:8×C~1.0

注：1. 除镍单个值为最小含量外，凡为范围值者为主成分元素，所有其他元素含量的单个值均为杂质元素，其值为最大含量。
2. 没有规定钴含量时，允许钴的质量分数最大值为 1.5%，并计为镍含量。

3. 镍及镍合金锻件的力学性能

(1) 镍及镍合金锻件的室温力学性能（见表 15-25）

表 15-25 镍及镍合金锻件的室温力学性能（GB/T 26030—2010）

ISO 数字牌号	牌号	状态	外形尺寸/mm	抗拉强度 R_m/MPa ≥	规定塑性延伸强度 $R_{p0.2}$/MPa ≥	断后伸长率 A(%) ≥
NW2200	Ni99.0	热加工(R)	所有	410	105	35
		退火(M)	所有	380	105	35
NW2201	Ni99.0-LC	热加工(R)	所有	340	65	35
		退火(M)	所有	340	65	35
NW3021	NiCo20Cr15Mo5Al4Ti[①]	固溶、稳定化和时效(CS)	所有	—	—	—
NW7001	NiCr20Co13Mo4Ti3Al[①]	固溶和时效(CS)	所有	1100	755	15
NW7090	NiCr20Co18Ti3[①]	固溶和时效(CS)	所有	—	—	—
NW7750	NiCr15Fe7Ti2Al[①]	固溶和时效(CS)	≤65	1170	790	18
			>65~100	1170	790	15
NW6600	NiCr15Fe8	热加工(R)	所有	590	240	27
		退火(M)	所有	550	240	30
NW6602	NiCr15Fe8-LC	退火(M)	所有	550	180	30
NW7718	NiCr19Fe19Nb5Mo3[①]	固溶和时效(CS)	≤100	1280	1030	12
NW6002	NiCr21Fe18Mo9	退火(M)	所有	660	240	30
NW6601	NiCr23Fe15Al	退火(M)	所有	550	205	30
NW6455	NiCr16Mo16Ti	固溶(C)	所有	690	275	35
NW6625	NiCr22Mo9Nb	退火(M)	≤100	830	415	30
			>100~250	760	345	25
		固溶(C)	所有	690	275	30
NW6621	NiCr20Ti	退火(M)	所有	640	230	30
NW7080	NiCr20Ti2Al[①]	固溶和时效(CS)	所有	—	—	—
NW4400	NiCu30	热加工和消除应力(R)	>100~300	550	275	27
			>300	520	275	27
		退火(M)	所有	480	170	35
NW4402	NiCu30-LC	退火(M)	所有	430	160	35
NW5500	NiCu30Al3Ti[①]	热加工和时效(RS)	≤100	970	690	15
			>100	830	550	15
		固溶和时效(CS)	≤25	900	620	20
			>25~100	900	585	20
			>100~300	830	500	15
NW8825	NiFe30CrMo3	退火(M)	所有	590	240	30
NW0276	NiMo16Cr15Fe6W4	退火(M)	所有	690	280	35
NW0665	NiMo28	固溶(C)	>7~90	760	350	35
NW0001	NiMo30Fe5	固溶(C)	>7~40	790	315	30
			>40~90	690	315	27
NW8800	FeNi32Cr21AlTi	热加工(R)	所有	550	240	25
		退火(M)	所有	520	205	30
NW8810	FeNi32Cr21AlTi-LC	退火(M)	所有	450	170	30
NW8811	FeNi32Cr21AlTi-HT	退火(M)	所有	450	170	30
NW8801	FeNi32Cr21Ti	退火(M)	所有	450	170	30
NW8020	FeNi35Cr20Cu4Mo2	退火(M)	所有	550	240	27
—	NW4-0.07	热加工(R)、退火(M)	所有	用户要求时，报实测		

（续）

ISO 数字牌号	牌号	状态	外形尺寸/mm	抗拉强度 R_m/MPa ≥	规定塑性延伸强度 $R_{p0.2}$/MPa ≥	断后伸长率 A(%) ≥
—	N6、NSi0.19、NMg0.1、NCu28-2.5-1.5、NCu40-2-1、DN、NW4-0.1、NW4-0.15、NW4-0.07	热加工(R)、退火(M)	所有	用户要求时，报实测		
—	NY1、NY2、NY3	热加工(R)、退火(M)	所有	用户要求时，报实测		

① 如果可热处理强化合金锻件以固溶状态交货时，供方应以实验证实，试样时效处理后，能够满足完全热处理的性能要求。

（2）镍及镍合金锻件的高温力学性能（见表15-26）

表15-26 镍及镍合金锻件的高温力学性能（GB/T 26030—2010）

ISO 数字牌号	牌号	状态	外形尺寸/mm	抗拉强度 R_m/MPa ≥	规定塑性延伸强度 $R_{p0.2}$/MPa ≥	断后伸长率 A(%) ≥	拉伸试验温度/℃
NW7263	NiCo20Cr20Mo5Ti2Al	固溶和时效(CS)	所有	540	400	12	780
NW9911	NiFe36Cr12Mo6Ti3	固溶、稳定化和时效(CS)	所有	960	690	8	575

（3）镍及镍合金锻件的蠕变和应力断裂试验要求（见表15-27）

表15-27 镍及镍合金锻件的蠕变和应力断裂试验要求（GB/T 26030—2010）

ISO 数字牌号	牌号	外形尺寸/mm	温度/℃	最小应力/MPa	最少断裂时间/h	断后伸长率(%)	持久时间/h	塑性变形总量(%)
NW3021	NiCo20Cr15Mo5Al4Ti	所有	815	≥380①	30	—	—	—
NW7263	NiCo20Cr20Mo5Ti2Al	所有	780	≥120	—	—	≥50	≤0.10
NW7001	NiCr20Co13Mo4Ti3Al	所有	730	≥550①	23	≤5	—	—
NW7090	NiCr20Co18Ti3	所有	870	≥140①	30	—	—	—
NW7718	NiCr19Fe19Nb5Mo3	≤100	650	≥690①	23	≤5	—	—
NW7080	NiCr20Ti2Al	所有	750	≥340①	30	—	—	—
NW9911	NiFe36Cr12Mo6Ti3	所有	575	≥590	—	—	≥100	≤0.10

① 初始应力可采用较高的应力，但在试验过程中不能改变，必须满足规定断裂时间和延伸率的要求。另一种方法是，在规定应力达到最少断裂时间后，可增加应力。

4. 可热处理强化镍合金的热处理工艺（见表15-28）

表15-28 可热处理强化镍合金的热处理工艺（GB/T 26030—2010）

牌号	固溶①	时效
NiCo20Cr15Mo5Al4Ti	(1150±10)℃，4h，空冷	1050℃，16h，空冷至850℃+850℃，16h，空冷
NiCo20Cr20Mo5Ti2Al	1150℃，空冷或快冷	800℃，8h，空冷
NiCr20Co13Mo4Ti3Al	995～1040℃，4h，油或水冷	845℃，4h，空冷至760℃+760℃，16h，空冷或炉冷
NiCr20Co18Ti3	1050～1100℃，8h，空冷或快冷	700℃，16h，空冷
NiCr15Fe7Ti2Al	980～1100℃，空冷或快冷	730℃，8h，以55℃/h冷却速度冷却至620℃，在620℃保温8h，空冷。另一种方法是，以任意冷却速度冷却至620℃，在620℃保温，保温时间为整个沉淀处理时间18h
NiCr19Fe19Nb5Mo3	940～1060℃，16h，空冷或快冷	720℃，8h，以55℃/h冷却速度冷却至620℃，在620℃保温8h，空冷。另一种方法是，以任意冷却速度冷却至620℃，在620℃保温，保温时间为整个沉淀处理时间18h
NiCr20Ti2Al	1050～1100℃，8h，空冷或快冷	700℃，16h，空冷
NiCu30Al3Ti	最低980℃，水冷	590～610℃，8～16h，在8～15℃/h冷却速度之间，炉冷至480℃，空冷。另一种方法是，炉冷至535℃，在535℃保温6h，炉冷至480℃，保温8h，空冷
NiFe36Cr12Mo6Ti3	1090℃，空冷	770℃，2～4h+700～720℃，24h，空冷

① 温度偏差应为±15℃。

15.9 镍及镍合金焊条

1. 镍及镍合金焊条熔敷金属的化学成分（见表 15-29）

表 15-29 镍及镍合金焊条熔敷金属的化学成分（GB/T 13814—2008）

焊条型号	化学成分代号	化学成分(质量分数,%)																
		C	Mn	Fe	Si	Cu	Ni[①]	Co	Al	Ti	Cr	Nb[②]	Mo	V	W	S	P	其他[③]
镍																		
ENi2061	NiTi3	0.10	0.7	0.7	1.2	0.2	≥92.0	—	1.0	1.0~4.0	—	—	—	—	—	0.015	0.020	—
ENi2061A	NiNbTi	0.06	2.5	4.5	1.5	—	≥92.0	—	0.5	1.5	—	2.5	—	—	—	0.015	0.015	—
镍铜																		
ENi4060	NiCu30Mn3Ti	0.15	4.0	2.5	1.5	27.0~34.0	≥62.0	—	1.0	1.0	—	—	—	—	—	0.015	0.020	—
ENi4061	NiCu27Mn3NbTi	0.15	4.0	2.5	1.3	24.0~31.0	≥62.0	—	1.0	1.5	—	3.0	—	—	—	0.015	0.020	—
镍铬																		
ENi6082	NiCr20Mn3Nb	0.10	2.0~6.0	4.0	0.8	0.5	≥63.0	—	—	0.5	18.0~22.0	1.5~3.0	2.0	—	—	0.015	0.020	—
ENi6231	NiCr22W14Mo	0.05~0.10	0.3~1.0	3.0	0.3~0.7	0.5	≥45.0	5.0	0.5	0.1	20.0~24.0	—	1.0~3.0	—	13.0~15.0	0.015	0.020	—
镍铬铁																		
ENi6025	NiCr25Fe10AlY	0.10~0.25	0.5	8.0~11.0	0.8	—	≥55.0	—	1.5~2.2	0.3	24.0~26.0	—	—	—	—	0.015	0.020	Y:0.15
ENi6062	NiCr15Fe8Nb	0.08	3.5	11.0	0.8	—	≥62.0	—	—	—	13.0~17.0	0.5~4.0	—	—	—	0.015	0.020	—
ENi6093	NiCr15Fe8NbMo	0.20	1.0~5.0	12.0	1.0	—	≥60.0	—	—	—	13.0~17.0	1.0~3.5	1.0~3.5	—	—	0.015	0.020	—
ENi6094	NiCr14Fe4NbMo	0.15	1.0~4.5	12.0	0.8	0.5	≥55.0	—	—	—	12.0~17.0	0.5~3.0	2.5~5.5	—	1.5	0.015	0.020	—
ENi6095	NiCr15Fe8NbMoW	0.20	1.0~3.5	12.0	0.8	0.5	≥55.0	—	—	—	13.0~17.0	1.0~3.5	1.0~3.5	—	1.5~3.5	0.015	0.020	—
ENi6133	NiCr16Fe12NbMo	0.10	1.0~3.5	12.0	0.8	0.5	≥62.0	—	—	—	13.0~17.0	0.5~3.0	0.5~2.5	—	—	0.015	0.020	—
ENi6152	NiCr30Fe9Nb	0.05	5.0	7.0~12.0	0.8	0.5	≥50.0	—	0.5	0.5	28.0~31.5	1.0~2.5	0.5	—	—	0.015	0.020	—

ENi6182	NiCr15Fe6Mn	0.10	5.0~10.0	10.0	1.0		≥60.0		—	1.0	13.0~17.0	1.0~3.5	—					Ta:0.3
ENi6333	NiCr25Fe16CoNbW		1.2~2.0	≥16.0	0.8~1.2		44.0~47.0	2.5~3.5		—	24.0~26.0	—	2.5~3.5		2.5~3.5			—
ENi6701	NiCr36Fe7Nb	0.35~0.50	0.5~2.0	7.0	0.5~2.0	—	42.0~48.0	—			33.0~39.0	0.8~1.8	—		—			—
ENi6702	NiCr28Fe6W		0.5~1.5	6.0			47.0~50.0				27.0~30.0	—			4.0~5.5			—
ENi6704	NiCr25Fe10Al3YC	0.15~0.30	0.5	8.0~11.0	0.8		≥55.0		1.8~2.8	0.3	24.0~26.0				—			Y: 0.15
ENi8025	NiCr29Fe30Mo	0.06	1.0~3.0	30.0	0.7	1.5~3.0	35.0~40.0		0.1	1.0	27.0~31.0	1.0	2.5~4.5					—
ENi8165	NiCr25Fe30Mo	0.03					37.0~42.0			1.0	23.0~27.0	—	3.5~7.5					—
镍钼																		
ENi1001	NiMo28Fe5	0.07	1.0	4.0~7.0	1.0	0.5	≥55.0	2.5	—	—	1.0	—	26.0~30.0	0.6	1.0	0.015	0.020	—
ENi1004	NiMo25Cr5Fe5	0.12					≥60.0	—			2.5~5.5		23.0~27.0					—
ENi1008	NiMo19WCr	0.10	1.5	10.0	0.8						0.5~3.5		17.0~20.0	—	2.0~4.0			—
ENi1009	NiMo20WCu			7.0		0.3~1.3	≥62.0				—		18.0~22.0					—
ENi1062	NiMo24Cr8Fe6	0.02	1.0	4.0~7.0	0.7	—	≥60.0				6.0~9.0		22.0~26.0		—			—
ENi1066	NiMo28		2.0	2.2	0.2	0.5	≥64.5				1.0		26.0~30.0		1.0			—
ENi1067	NiMo30Cr			1.0~3.0			≥62.0	3.0			1.0~3.0		27.0~32.0		3.0			

（续）

焊条型号	化学成分代号	化学成分（质量分数，%）														
		C	Mn	Fe	Si	Cu	Ni[①]	Co	Al	Cr	Nb[②]	Mo	V	W	S	P	其他[③]
ENi1069	NiMo28Fe4Cr	0.02	1.0	2.0~5.0	0.7	—	≥65.0	1.0	0.5	0.5~1.5	—	26.0~30.0	—	—	0.015	0.020	
镍铬钼																	
ENi6002	NiCr22Fe18Mo	0.05~0.15	1.0	17.0~20.0	1.0	0.5	≥45.0	0.5~2.5	—	20.0~23.0	—	8.0~10.0	—	0.2~1.0	—	0.02	—
ENi6012	NiCr22Mo9	0.03	1.0	3.5	0.7	0.5	≥58.0	—	0.4	20.0~23.0	1.5	8.5~10.5	—	—	—	0.02	—
ENi6022	NiCr21Mo13W3	0.02	1.0	2.0~6.0	0.2	0.5	≥49.0	2.5	—	20.0~22.5	—	12.5~14.5	0.4	2.5~3.5	—	0.02	—
ENi6024	NiCr26Mo14	0.02	0.5	1.5	0.2	0.5	≥55.0	—	—	25.0~27.0	—	13.5~15.0	—	—	—	0.02	—
ENi6030	NiCr29Mo5Fe15W2	0.03	1.5	13.0~17.0	1.0	1.0~2.4	≥36.0	5.0	—	28.0~31.5	0.3~1.5	4.0~6.0	—	1.5~4.0	—	0.02	—
ENi6059	NiCr23Mo16	0.02	1.0	1.5	0.2	—	≥56.0	—	—	22.0~24.0	—	15.0~16.5	—	—	—	0.02	—
ENi6200	NiCr23Mo16Cu2	0.02	1.0	3.0	0.2	1.3~1.9	≥45.0	2.0	—	20.0~24.0	—	15.0~17.0	—	—	—	0.02	—
ENi6205	NiCr25Mo16	0.02	0.5	5.0	0.2	2.0	≥50.0	—	0.4	22.0~27.0	—	13.5~16.5	—	—	—	0.02	—
ENi6275	NiCr15Mo16Fe5W3	0.10	1.0	4.0~7.0	1.0	0.5	≥50.0	2.5	—	14.5~16.5	—	15.0~18.0	0.4	3.0~4.5	—	0.02	—
ENi6276	NiCr15Mo15Fe6W4	0.02	1.0	4.0~7.0	0.2	0.5	≥50.0	2.5	—	14.5~16.5	—	15.0~17.0	0.4	3.0~4.5	—	0.02	—
ENi6452	NiCr19Mo15	0.025	2.0	1.5	0.4	0.5	≥56.0	—	—	18.0~20.0	0.4	14.0~16.0	0.4	—	—	0.02	—
ENi6455	NiCr16Mo15Ti	0.02	1.5	3.0	0.2	0.5	≥56.0	2.0	—	14.0~18.0	—	14.0~17.0	0.4	0.5	—	0.02	—
ENi6620	NiCr14Mo7Fe	0.10	2.0~4.0	10.0	1.0	0.5	≥55.0	—	—	12.0~17.0	0.5~2.0	5.0~9.0	—	1.0~2.0	—	0.02	—

（续）

焊条型号	化学成分代号	化学成分（质量分数，%）															
		C	Mn	Fe	Si	Cu	Ni[①]	Co	Al	Ti	Cr	Nb[②]	Mo	V	W	S	P	其他[③]
镍铬钼																		
ENi6625	NiCr22Mo9Nb	0.10	2.0	7.0	0.8	0.5	≥55.0	—	—	—	20.0~23.0	3.0~4.2	8.0~10.0	—	—	0.015	0.020	—
ENi6627	NiCr21MoFeNb	0.03	2.2	5.0	0.7	0.5	≥57.0	—	—	—	20.5~22.5	1.0~2.8	8.8~10.0	—	0.5	0.015	0.020	—
ENi6650	NiCr20Fe14Mo11WN	0.03	0.7	12.0~15.0	0.6	0.5	≥44.0	1.0	0.5	—	19.0~22.0	0.3	10.0~13.0	—	1.0~2.0	0.02	0.020	N:0.15
ENi6686	NiCr21Mo16W4	0.02	1.0	5.0	0.3	0.5	≥49.0	—	—	0.3	19.0~23.0	—	15.0~17.0	—	3.0~4.4	0.015	0.020	—
ENi6985	NiCr22Mo7Fe19	0.02	1.0	18.0~21.0	1.0	1.5~2.5	≥45.0	5.0	—	—	21.0~23.5	1.0	6.0~8.0	—	1.5	0.015	0.020	—
镍铬钴钼																		
ENi6117	NiCr22Co12Mo	0.05~0.15	3.0	5.0	1.0	0.5	≥45.0	9.0~15.0	1.5	0.6	20.0~26.0	1.0	8.0~10.0	—	—	0.015	0.020	—

注：除 Ni 外所有单值元素均为最大值。

① 除非另有规定，Co 的质量分数应低于该数值的 1%。也可供需双方协商，要求较低的 Co 含量。

② Ta 的质量分数应低于该数值的 20%。

③ 未规定数值的元素总的质量分数不应超过 0.5%。

2. 熔敷金属的力学性能（见表 15-30）

表 15-30 熔敷金属的力学性能（GB/T 13814—2008）

焊条型号	化学成分代号	下屈服强度 R_{eL}①/MPa	抗拉强度 R_m/MPa	断后伸长率 A（%）
		≥		
镍				
ENi2061	NiTi3	200	410	18
ENi2061A	NiNbTi			
镍铜				
ENi4060 ENi4061	NiCu30Mn3Ti NiCu27Mn3NbTi	200	480	27
镍铬				
ENi6082	NiCr20Mn3Nb	360	600	22
ENi6231	NiCr22W14Mo	350	620	18
镍铬铁				
ENi6025	NiCr25Fe10AlY	400	690	12
ENi6062	NiCr15Fe8Nb	360	550	27
ENi6093 ENi6094 ENi6095	NiCr15Fe8NbMo NiCr14Fe4NbMo NiCr15Fe8NbMoW	360	650	18
ENi6133 ENi6152 ENi6182	NiCr16Fe12NbMo NiCr30Fe9Nb NiCr15Fe6Mn	360	550	27
ENi6333	NiCr25Fe16CoNbW	360	550	18
ENi6701 ENi6702	NiCr36Fe7Nb NiCr28Fe6W	450	650	8
ENi6704	NiCr25Fe10Al3YC	400	690	12
ENi8025 ENi8165	NiCr29Fe30Mo NiCr25Fe30Mo	240	550	22
镍钼				
ENi1001 ENi1004	NiMo28Fe5 NiMo25Cr5Fe5	400	690	22
ENi1008 ENi1009	NiMo19WCr NiMo20WCu	360	650	22
ENi1062	NiMo24Cr8Fe6	360	550	18
ENi1066	NiMo28	400	690	22
ENi1067	NiMo30Cr	350	690	22
ENi1069	NiMo28Fe4Cr	360	550	20
镍铬钼				
ENi6002	NiCr22Fe18Mo	380	650	18
ENi6012	NiCr22Mo9	410	650	22
ENi6022 ENi6024	NiCr21Mo13W3 NiCr26Mo14	350	690	22
ENi6030	NiCr29Mo5Fe15W2	350	585	22
ENi6059	NiCr23Mo16	350	690	22
ENi6200 ENi6275 ENi6276	NiCr23Mo16Cu2 NiCr15Mo16Fe5W3 NiCr15Mo15Fe6W4	400	690	22
ENi6205 ENi6452	NiCr25Mo16 NiCr19Mo15	350	690	22
ENi6455	NiCr16Mo15Ti	300	690	22
ENi6620	NiCr14Mo7Fe	350	620	32
ENi6625	NiCr22Mo9Nb	420	760	27
ENi6627	NiCr21MoFeNb	400	650	32
ENi6650	NiCr20Fe14Mo11WN	420	660	30
ENi6686	NiCr21Mo16W4	350	690	27
ENi6985	NiCr22Mo7Fe19	350	620	22
镍铬钴钼				
ENi6117	NiCr22Co12Mo	400	620	22

① 屈服发生不明显时，应采用规定塑性延伸强度 $R_{p0.2}$。

15.10 镍及镍合金焊丝

1. 镍及镍合金焊丝的类型和规格（见表15-31）

表15-31 镍及镍合金焊丝的类型和规格（GB/T 15620—2008）

焊丝类型	包装形式	焊丝直径/mm	允许偏差/mm
镍、镍铜、镍铬、镍铬铁、镍钼、镍铬钼、镍铬钴、镍铬钨	直条	1.6、1.8、2.0、2.4、2.5、2.8、3.0、3.2、4.0、4.8、5.0、6.0、6.4	±0.1
	焊丝卷		+0.01 -0.04
	直径100mm和200mm焊丝盘	0.8、0.9、1.0、1.2、1.4、1.6	
	直径270mm和300mm焊丝盘	0.5、0.8、0.9、1.0、1.2、1.4、1.6、2.0、2.4、2.5、2.8、3.0、3.2	

2. 镍及镍合金焊丝的化学成分（见表15-32）

表15-32 镍及镍合金焊丝的化学成分（GB/T 15620—2008）

焊丝型号	化学成分代号	化学成分(质量分数,%)													
		C	Mn	Fe	Si	Cu	Ni[①]	Co[①]	Al	Ti	Cr	Nb[②]	Mo	W	其他[③]
镍															
SNi2061	NiTi3	≤0.15	≤1.0	≤1.0	≤0.7	≤0.2	≥92.0	—	≤1.5	2.0~3.5	—	—	—	—	—
镍-铜															
SNi4060	NiCu30Mn3Ti	≤0.15	2.0~4.0	≤2.5	≤1.2	28.0~32.0	≥62.0	—	≤1.2	1.5~3.0	—	—	—	—	—
SNi4061	NiCu30Mn3Nb	≤0.15	≤4.0	≤2.5	≤1.25	28.0~32.0	≥60.0	—	≤1.0	≤1.0	—	≤3.0	—	—	—
SNi5504	NiCu25Al3Ti	≤0.25	≤1.5	≤2.0	≤1.0	≥20.0	63.0~70.0	—	2.0~4.0	0.3~1.0	—	—	—	—	—
镍-铬															
SNi6072	NiCr44Ti	0.01~0.10	≤0.20	≤0.50	≤0.20	≤0.50	≥52.0	—	—	0.3~1.0	42.0~46.0	—	—	—	—
SNi6076	NiCr20	0.08~0.25	≤1.0	≤2.00	≤0.30	≤0.50	≥75.0	—	≤0.4	≤0.5	19.0~21.0	—	—	—	—
SNi6082	NiCr20Mn3Nb	≤0.10	2.5~3.5	≤3.0	≤0.5	≤0.5	≥67.0	—	—	≤0.7	18.0~22.0	2.0~3.0	—	—	—

（续）

焊丝型号	化学成分代号	化学成分（质量分数，%）													
		C	Mn	Fe	Si	Cu	Ni[①]	Co[①]	Al	Ti	Cr	Nb[②]	Mo	W	其他[③]
镍-铬-铁															
SNi6002	NiCr21Fe18Mo9	0.05~0.15	≤2.0	17.0~20.0	≤1.0	≤0.5	≥44.0	0.5~2.5	—	—	20.5~23.0	—	8.0~10.0	0.2~1.0	—
SNi6025	NiCr25Fe10AlY	0.15~0.25	≤0.5	8.0~11.0	≤0.5	≤0.1	≥59.0	—	1.8~2.4	0.1~0.2	24.0~26.0	—	—	—	Y:0.05~0.12；Zr:0.01~0.10
SNi6030	NiCr30Fe15Mo5W	≤0.03	≤1.5	13.0~17.0	≤0.8	1.0~2.4	≥36.0	≤5.0	—	—	28.0~31.5	0.3~1.5	4.0~6.0	1.5~4.0	—
SNi6052	NiCr30Fe9	≤0.04	≤1.0	7.0~11.0	≤0.5	≤0.3	≥54.0	—	≤1.1	1.0	28.0~31.5	0.10	0.5	—	Al+Ti:≤1.5
SNi6062	NiCr15Fe8Nb	≤0.08	≤1.0	6.0~10.0	≤0.3	≤0.5	≥70.0	—	—	—	14.0~17.0	1.5~3.0	—	—	—
SNi6176	NiCr16Fe6	≤0.05	≤0.5	5.5~7.5	≤0.5	≤0.1	≥76.0	≤0.05	—	—	15.0~17.0	—	—	—	—
SNi6601	NiCr23Fe15Al	≤0.10	≤1.0	≤20.0	≤0.5	≤1.0	58.0~63.0	—	1.0~1.7	—	21.0~25.0	—	—	—	—
SNi6701	NiCr36Fe7Nb	0.35~0.50	0.5~2.0	≤7.0	0.5~2.0	—	42.0~48.0	—	—	—	33.0~39.0	0.8~1.8	—	—	—
SNi6704	NiCr25FeAl3YC	0.15~0.25	≤0.5	8.0~11.0	≤0.5	≤0.1	≥55.0	—	1.8~2.8	0.1~0.2	24.0~26.0	—	—	—	Y:0.05~0.12；Zr:0.01~0.10
SNi6975	NiCr25Fe13Mo6	≤0.03	≤1.0	10.0~17.0	≤1.0	0.7~1.2	≥47.0	—	—	0.70~1.50	23.0~26.0	—	5.0~7.0	—	—
SNi6985	NiCr22Fe20Mo7Cu2	≤0.01	≤1.0	18.0~21.0	≤1.0	1.5~2.5	≥40.0	≤5.0	—	—	21.0~23.5	≤0.50	6.0~8.0	≤1.5	—
SNi7069	NiCr15Fe7Nb	≤0.08	≤1.0	5.0~9.0	≤0.50	≤0.50	≥70.0	—	0.4~1.0	2.0~2.7	14.0~17.0	0.70~1.20	—	—	—
SNi7092	NiCr15Ti3Mn	≤0.08	2.0~2.7	≤8.0	≤0.3	≤0.5	≥67.0	—	—	2.5~3.5	14.0~17.0	—	—	—	—
SNi7718	NiFe19Cr19Nb5Mo3	≤0.08	≤0.3	≤24.0	≤0.3	≤0.3	50.0~55.0	—	0.2~0.8	0.7~1.1	17.0~21.0	4.8~5.5	2.8~3.3	—	B:0.006；P:0.015

SNi8025	NiFe30Cr29Mo	≤0.02	1.0~3.0	≤30.0	≤0.5	1.5~3.0	35.0~40.0	—	≤0.2	≤1.0	27.0~31.0	—	2.5~4.5	—	—
SNi8065	NiFe30Cr21Mo3	≤0.05	1.0	≥22.0	≤0.5	1.5~3.0	38.0~46.0	—	≤0.2	0.6~1.2	19.5~23.5	—	2.5~3.5	—	—
SNi8125	NiFe26Cr25Mo	≤0.02	1.0~3.0	≤30.0	≤0.5	1.5~3.0	37.0~42.0	—	≤0.2	≤1.0	23.0~27.0	—	3.5~7.5	—	—
镍-钼															
SNi1001	NiMo28Fe	≤0.08	≤1.0	4.0~7.0	≤1.0	≤0.5	≥55.0	≤2.5	—	—	≤1.0	—	26.0~30.0	≤1.0	V:0.20~0.40
SNi1003	NiMo17Cr7	0.04~0.08	≤1.0	≤5.0	≤1.0	≤0.50	≥65.0	≤0.20	—	—	6.0~8.0	—	15.0~18.0	≤0.50	V≤0.50
SNi1004	NiMo25Cr5Fe5	≤0.12	≤1.0	4.0~7.0	≤1.0	≤0.5	≥62.0	≤2.5	—	—	4.0~6.0	—	23.0~26.0	≤1.0	V≤0.60
SNi1008	NiMo19WCr	≤0.1	≤1.0	≤10.0	≤0.50	≤0.50	≥60.0	—	—	—	0.5~3.5	—	18.0~21.0	2.0~4.0	—
SNi1009	NiMo20WCu	≤0.1	≤1.0	≤5.0	≤0.5	0.3~1.3	≥65.0	—	1.0	—	—	—	19.0~22.0	2.0~4.0	—
SNi1062	NiMo24Cr8Fe6	≤0.01	≤0.5	5.0~7.0	≤0.1	≤0.4	≥62.0	—	0.1~0.4	—	7.0~8.0	—	23.0~25.0	—	—
SNi1066	NiMo28	≤0.02	≤1.0	2.0	≤0.1	≤0.5	≥64.0	≤1.0	—	—	≤1.0	—	26.0~30.0	≤1.0	—
SNi1067	NiMo30Cr	≤0.01	≤3.0	1.0~3.0	≤0.1	≤0.2	≥52.0	≤3.0	≤0.5	≤0.2	1.0~3.0	≤0.2	27.0~32.0	≤3.0	V≤0.20
SNi1069	NiMo28Fe4Cr	≤0.01	≤1.0	2.0~5.0	0.05	≤0.01	≥65.0	≤1.0	≤0.5	—	0.5~1.5	—	26.0~30.0	—	—
镍-铬-钼															
SNi6012	NiCr22Mo9	≤0.05	≤1.0	≤3.0	≤0.5	≤0.5	≥58.0	—	≤0.4	≤0.4	20.0~23.0	≤1.5	8.0~10.0	—	—
SNi6022	NiCr21Mo13Fe4W3	≤0.01	≤0.5	2.0~6.0	≤0.1	≤0.5	≥49.0	≤2.5	—	—	20.0~22.5	—	12.5~14.5	2.5~3.5	V≤0.3
SNi6057	NiCr30Mo11	≤0.02	≤1.0	≤2.0	≤1.0	—	≥53.0	—	—	—	29.0~31.0	—	10.0~12.0	—	V≤0.4
SNi6058	NiCr25Mo16	≤0.02	≤0.5	≤2.0	≤0.2	≤2.0	≥50.0	—	≤0.4	—	22.0~27.0	—	13.5~16.5	—	—
SNi6059	NiCr23Mo16	≤0.01	≤0.5	≤1.5	≤0.1	—	≥56.0	≤0.3	0.1~0.4	—	22.0~24.0	—	15.0~16.5	—	—

（续）

焊丝型号	化学成分代号	化学成分(质量分数,%)													
		C	Mn	Fe	Si	Cu	Ni①	Co①	Al	Ti	Cr	Nb②	Mo	W	其他③
SNi6200	NiCr23Mo16Cu2	≤0.01	≤0.5	≤3.0	≤0.08	1.3~1.9	≥52.0	≤2.0	—	—	22.0~24.0	—	15.0~17.0	—	—
SNi6276	NiCr15Mo16Fe6W4	≤0.02	≤1.0	4.0~7.0	≤0.08	≤0.5	≥50.0	≤2.5	—	—	14.5~16.5	—	15.0~17.0	3.0~4.5	V≤0.3
SNi6452	NiCr20Mo15	≤0.01	≤1.0	≤1.5	≤0.1	≤0.5	≥56.0	—	—	—	19.0~21.0	≤0.4	14.0~16.0	—	V≤0.4
SNi6455	NiCr16Mo16Ti	≤0.01	≤1.0	≤3.0	≤0.08	≤0.5	≥56.0	≤2.0	—	≤0.7	14.0~18.0	—	14.0~18.0	≤0.5	—
SNi6625	NiCr22Mo9Nb	≤0.1	≤0.5	≤5.0	≤0.5	≤0.5	≥58.0	—	≤0.4	≤0.4	20.0~23.0	3.0~4.2	8.0~10.0	—	—
SNi6650	NiCr20Fe14Mo11WN	≤0.03	≤0.5	12.0~16.0	≤0.5	≤0.3	≥45.0	—	≤0.5	—	18.0~21.0	≤0.5	9.0~13.0	0.5~2.5	N:0.05~0.25;S≤0.010
SNi6660	NiCr22Mo10W3	≤0.03	≤0.5	≤2.0	≤0.5	≤0.3	≥58.0	≤0.2	≤0.4	≤0.4	21.0~23.0	≤0.2	9.0~11.0	2.0~4.0	—
SNi6686	NiCr21Mo16W4	≤0.01	≤1.0	≤5.0	≤0.08	≤0.5	≥49.0	—	≤0.5	≤0.25	19.0~23.0	—	15.0~17.0	3.0~4.4	—
SNi7725	NiCr21Mo8Nb3Ti	≤0.03	≤0.4	≥8.0	≤0.20	—	55.0~59.0	—	≤0.35	1.0~1.7	19.0~22.5	2.75~4.00	7.0~9.5	—	—
镍-铬-钴															
SNi6160	NiCr28Co30Si3	≤0.15	≤1.5	≤3.5	2.4~3.0	—	≥30.0	27.0~33.0	—	0.2~0.8	26.0~30.0	≤1.0	≤1.0	≤1.0	—
SNi6617	NiCr22Co12Mo9	0.05~0.15	≤1.0	≤3.0	≤1.0	≤0.5	≥44.0	10.0~15.0	0.8~1.5	≤0.6	20.0~24.0	—	8.0~10.0	—	—
SNi7090	NiCr20Co18Ti3	≤0.13	≤1.0	≤1.5	≤1.0	≤0.2	≥50.0	15.0~21.0	1.0~2.0	2.0~3.0	18.0~21.0	—	—	—	④
SNi7263	NiCr20Co20Mo6Ti2	0.04~0.08	≤0.6	≤0.7	≤0.4	≤0.2	≥47.0	19.0~21.0	0.3~0.6	1.9~2.4	19.0~21.0	—	5.6~6.1	—	Al+Ti:2.4~2.8⑤
镍-铬-钨															
SNi6231	NiCr22W14Mo2	0.05~0.15	0.3~1.0	≤3.0	0.25~0.75	≤0.50	≥48.0	≤5.0	0.2~0.5	—	20.0~24.0	—	1.0~3.0	13.0~15.0	—

注：根据供需双方协议，可生产使用其他型号的焊丝，用 SNiZ 表示，化学成分代号由制造商确定。

① 除非另有规定，Co 的质量分数应低于 Ni 质量分数的 1%。也可供需双方协商，要求较低的 Co 含量。

② Ta 的质量分数应低于 Nb 质量分数的 20%。

③ 其他包括未规定数值的元素总和，总的质量分数应不超过 0.5%。除非具体说明，P 最高质量分数 0.020%，S 最高质量分数 0.015%。

④ $w(Ag) \leqslant 0.0005\%$，$w(B) \leqslant 0.020\%$，$w(Bi) \leqslant 0.0001\%$，$w(Pb) \leqslant 0.0020\%$，$w(Zr) \leqslant 0.15\%$。

⑤ $w(S) \leqslant 0.007\%$，$w(Ag) \leqslant 0.0005\%$，$w(B) \leqslant 0.005\%$，$w(Bi) \leqslant 0.0001\%$。

15.11 电解镍

电解镍的牌号和化学成分见表 15-33。

表 15-33 电解镍的牌号和化学成分（GB/T 6516—2010）

牌号			Ni9999	Ni9996	Ni9990	Ni9950	Ni9920
化学成分（质量分数,%）	Ni+Co ≥		99.99	99.96	99.90	99.50	99.20
	Co ≤		0.005	0.02	0.08	0.15	0.50
	杂质 ≤	C	0.005	0.01	0.01	0.02	0.10
		Si	0.001	0.002	0.002	—	—
		P	0.001	0.001	0.001	0.003	0.02
		S	0.001	0.001	0.001	0.003	0.02
		Fe	0.002	0.01	0.02	0.20	0.50
		Cu	0.0015	0.01	0.02	0.04	0.15
		Zn	0.001	0.0015	0.002	0.005	—
		As	0.0008	0.0008	0.001	0.002	—
		Cd	0.0003	0.0003	0.0008	0.002	—
		Sn	0.0003	0.0003	0.0008	0.0025	—
		Sb	0.0003	0.0003	0.0008	0.0025	—
		Pb	0.0003	0.0015	0.0015	0.002	0.005
		Bi	0.0003	0.0003	0.0008	0.0025	—
		Al	0.001	—	—	—	—
		Mn	0.001	—	—	—	—
		Mg	0.001	0.001	0.002	—	—

注：镍加钴含量由 100%减去表中所列元素的含量而得。

15.12 镍粉

15.12.1 电解镍粉

1. 电解镍粉的牌号和化学成分（见表 15-34）

表 15-34 电解镍粉的牌号和化学成分（GB/T 5247—2012）

牌号			FND-1	FND-2	FND-3
化学成分（质量分数,%）	Ni+Co ≥		99.8	99.7	99.5
	Co ≤		0.005	0.05	0.1
	杂质 ≤	Zn	0.002	0.002	0.002
		Mg	0.002	0.005	0.005
		Pb	0.002	0.002	0.002
		Mn	0.002	0.01	0.01
		Si	0.005	0.01	0.01
		Al	0.003	0.005	0.005
		Bi	0.001	—	—
		As	0.001	0.001	0.001
		Cd	0.001	0.001	0.001
		Sn	0.001	—	—
		Sb	0.001	—	—

（续）

牌号			FND-1	FND-2	FND-3
化学成分（质量分数,%）	杂质 ≤	Ca	0.015	0.03	0.03
		Fe	0.006	0.03	0.03
		S	0.003	0.003	0.003
		C	0.08	0.05	0.05
		Cu	0.05	0.03	0.03
		P	0.001	0.001	0.001
		氢损	—	0.15	0.25

注：镍加钴含量应为100%与表中所列各种杂质实测含量总和之差。

2. 电解镍粉的物理性能（见表15-35）

表15-35 电解镍粉的物理性能（GB/T 5247—2012）

牌号	粒度组成，颗粒百分数	粒度组成，质量百分数	松装密度/(g/cm^3)
FND-1	<0.005mm，≤30%， 0.005~0.015mm，≥35% >0.015~0.025mm，不限， >0.025mm，≤3%	—	0.70~1.00
FND-2	—	+0.047mm(+300目)，≤3%	1.00~1.40
FND-3	—	+0.061mm(+250目)，≤3% 其中+0.047mm(+300目)，≥85%	1.40~1.70

15.12.2 还原镍粉

1. 还原镍粉的牌号和特性（见表15-36）

表15-36 还原镍粉的牌号和特性（YS/T 925—2013）

牌号	费氏粒度 FSSS/μm	中位径 D_{50}/μm	松装密度/(g/cm^3)	氧含量（质量分数,%）	碳含量（质量分数,%）
HNiF-1	1.00~1.50	≤8	0.50~0.90	≤0.50	≤0.03
HNiF-2	≥1.50~3.00	≤10	0.60~1.20	≤0.40	≤0.03
HNiF-3	≥3.00~5.00	≤15	1.10~1.90	≤0.30	≤0.02

2. 还原镍粉的化学成分（见表15-37）

表15-37 还原镍粉的化学成分（YS/T 925—2013）

等级	化学成分(质量分数,%)															
	Ni	杂质 ≤														
	≥	Co	Cu	Fe	Ca	Mg	Pb	Zn	Cd	Mn	Na	Al	Li	Cr	Si	S
a	99.90	0.002	0.002	0.005	0.005	0.003	0.003	0.002	0.002	0.002	0.005	0.002	0.001	0.002	0.001	0.005
b	99.90	0.005	0.005	0.008	0.008	0.008	0.005	0.005	0.005	0.005	0.008	0.005	0.003	0.005	0.003	0.008
c	99.80	0.008	0.005	0.008	0.008	0.008	0.005	0.005	0.005	0.005	0.008	0.005	0.005	0.005	0.008	0.008

注：1. 镍含量为差减法计算得到，差减元素为本表所列杂质元素和碳元素。
2. 如需方有其他要求时，根据客户的要求进行分析。

15.12.3 羰基镍粉

1. 羰基镍粉的牌号和化学成分（见表15-38）

表15-38 羰基镍粉的牌号和化学成分（GB/T 7160—2017）

牌号	化学成分(质量分数,%)					
	Fe	Co	C	O	S	Ni
	≤					
FNiT04、FNiT06、FNiT09、FNiT11、FNiT24、FNiT35	0.0015	0.001	0.15	0.15	0.0015	余量

2. 羰基镍粉的物理性能（见表15-39）

表15-39　羰基镍粉的物理性能（GB/T 7160—2017）

牌号	松装密度/(g/cm^3)	费氏粒度/μm	过筛粒度/μm	用途
FNiT04	0.30~0.50	1.2~1.8	180	催化剂、电池等
FNiT06	0.50~0.65	2.1~2.8	180	电池、粉末冶金等
FNiT09	0.75~1.00	2.0~3.0	180	粉末冶金等
FNiT11	1.0~1.5	2.5~3.5	180	粉末冶金等
FNiT24	1.8~2.7	3.0~6.0	150	粉末冶金、多孔过滤等
FNiT35	3.0~4.0	6.0~12.0	150	粉末冶金等

15.12.4　超细羰基镍粉

1. 超细羰基镍粉的牌号和化学成分（见表15-40）

表15-40　超细羰基镍粉的牌号和化学成分（YS/T 218—2021）

牌号	化学成分(质量分数,%)				
	Ni	杂质　≤			
		Fe	C	O	S
FNTS-1	余量	0.010	0.15	2.0	0.001
FNTS-2	余量	0.015	0.20	2.0	0.002
FNTS-3	余量	0.010	0.15	4.0	0.001
FNTS-4	余量	0.015	0.20	4.0	0.002
FNTS-5	余量	0.010	0.15	5.0	0.001
FNTS-6	余量	0.015	0.20	5.0	0.002
FNTS-7	余量	0.010	0.30	0.5	0.001
FNTS-8	余量	0.015	0.40	1.0	0.002

2. 超细羰基镍粉的物理性能（见表15-41）

表15-41　超细羰基镍粉的物理性能（YS/T 218—2021）

牌号	平均粒径范围/nm	松装密度/(g/cm^2)	比表面积/(m^2/g)
FNTS-1	150~500	0.20~0.60	2~9
FNTS-2	150~500	0.20~0.60	2~9
FNTS-3	80~150	0.15~0.40	6~20
FNTS-4	80~150	0.15~0.40	6~20
FNTS-5	20~80	0.05~0.25	20~65
FNTS-6	20~80	0.05~0.25	20~65
FNTS-7	500~1 000	≤0.80	1.5~2.5
FNTS-8	500~1 000	≤0.80	1.5~2.5

15.13　镍及镍合金铸件

1. 镍及镍合金铸件的交货状态与热处理（见表15-42）

表15-42　镍及镍合金铸件的交货状态与热处理（GB/T 36518—2018）

代号	牌号	交货状态与热处理
ZN2200	ZNi995	铸态
ZN2100	ZNi99	铸态
ZN4020	ZNiCu30Si	铸态

（续）

代号	牌号	交货状态与热处理
ZN4135	ZNiCu30	铸态
ZN4025	ZNiCu30Si4	铸态
ZN4030	ZNiCu30Si3	铸态
ZN4130	ZNiCu30Nb2Si2	铸态
ZN6055	ZNiCr12Mo3Bi4Sn4	铸态
ZN0012	ZNiMo31	最低加热到1095℃,加热铸件到该温度后,保温足够的时间,然后水淬或用其他方法迅速冷却
ZN0007	ZNiMo30Fe5	最低加热到1095℃,加热铸件到该温度后,保温足够的时间,然后水淬或用其他方法迅速冷却
ZN6985	ZNiCr22Fe20Mo7Cu2	最低加热到1095℃,加热铸件到该温度后,保温足够的时间,然后水淬或用其他方法迅速冷却
ZN6059	ZNiCr23Mo16	最低加热到1150℃,加热铸件到该温度后,保温足够的时间,然后水淬或用其他方法迅速冷却
ZN6625	ZNiCr22Mo9Nb4	最低加热到1175℃,加热铸件到该温度后,保温足够的时间,然后水淬或用其他方法迅速冷却
ZN6455	ZNiCr16Mo16	最低加热到1175℃,加热铸件到该温度后,保温足够的时间,然后水淬或用其他方法迅速冷却
ZNC0002	ZNiMo17Cr16Fe6W4	最低加热到1175℃,加热铸件到该温度后,保温足够的时间,然后水淬或用其他方法迅速冷却
ZN6022	ZNiCr21Mo14Fe4W3	最低加热到1205℃,加热铸件到该温度后,保温足够的时间,然后水淬或用其他方法迅速冷却
ZN0107	ZNiCr18Mo18	最低加热到1175℃,加热铸件到该温度后,保温足够的时间,然后水淬或用其他方法迅速冷却
ZN6040	ZNiCr15Fe	1级—铸态;2级—最低加热到1040℃,加热铸件到该温度后,保温足够的时间,然后水淬或用其他方法迅速冷却
ZN8826	ZNiFe30Cr20Mo3CuNb	加热到930~980℃,加热铸件到该温度后,保温足够的时间,允许空冷
ZN2000	ZNiSi9Cu3	加热到970~1000℃,加热铸件到该温度后,保温足够的时间,允许空冷

注：对于合金标识，可采用代号或牌号。

2. 铸态镍及镍合金的化学成分（见表15-43）

表15-43　铸态镍及镍合金的化学成分（GB/T 36518—2018）

代号	牌号	化学成分(质量分数,%)												
		C	Co	Cr	Cu	Fe	Mn	Mo	Ni	P	S	Si	W	其他
ZN2200	ZNi995	0.10	—	—	0.10	0.10	0.05	—	—	0.002	0.005	0.10	—	Ni+Co≥99.5
ZN2100	ZNi99	1.00	—	—	1.25	3.0	1.50	—	≥95.0	0.030	0.020	2.00	—	—
ZN4020	ZNiCu30Si	0.35	—	—	26.0~33.0	3.5	1.50	—	余量	0.030	0.020	2.00	—	Nb:0.5
ZN4135	ZNiCu30	0.35	—	—	26.0~33.0	3.5	1.50	—	余量	0.030	0.020	1.25	—	Nb:0.5
ZN4025	ZNiCu30Si4	0.25	—	—	27.0~33.0	3.0	1.50	—	余量	0.030	0.020	2.00	—	—
ZN4030	ZNiCu30Si3	0.30	—	—	27.0~33.0	3.5	1.50	—	余量	0.030	0.020	2.70~3.70	—	—
ZN4130	ZNiCu30Nb2Si2	0.30	—	—	26.0~33.0	3.5	1.50	—	余量	0.030	0.020	1.00~2.00	—	Nb:1.0~3.0
ZN6055	ZNiCr12Mo3Bi4Sn4	0.05	—	11.0~14.0	—	2.0	1.50	2.0~3.5	余量	0.030	0.020	0.50	—	Bi:3.0~5.0 Sn:3.0~5.0

（续）

代号	牌号	化学成分（质量分数，%）												
		C	Co	Cr	Cu	Fe	Mn	Mo	Ni	P	S	Si	W	其他
ZN0012	ZNiMo31	0.03	—	1.0	—	3.0	1.00	30.0~33.0	余量	0.020	0.020	1.00	—	—
ZN0007	ZNiMo30Fe5	0.05	—	1.0	—	4.0~6.0	1.00	26.0~33.0	余量	0.030	0.020	1.00	—	V:0.20~0.60
ZN6985	ZNiCr22Fe20Mo7Cu2	0.02	5.0	21.5~23.5	1.5~2.5	18.0~21.0	1.00	6.0~8.0	余量	0.025	0.020	1.00	1.50	Nb+Ta:0.5
ZN6059	ZNiCr23Mo16	0.02	—	22.0~24.0	—	1.50	1.00	15.0~16.5	余量	0.020	0.020	0.50	—	—
ZN6625	ZNiCr22Mo9Nb4	0.06	—	20.0~23.0	—	5.0	1.00	8.0~10.0	余量	0.030	0.015	1.00	—	Nb:3.2~4.5
ZN6455	ZNiCr16Mo16	0.02	—	15.0~17.5	—	2.0	1.00	15.0~17.5	余量	0.030	0.020	0.80	1.00	—
ZN0002	NiMo17Cr16Fe6W4	0.06	—	15.5~17.5	—	4.5~7.5	1.00	16.0~18.0	余量	0.030	0.020	1.00	3.75~5.3	V:0.20~0.40
ZN6022	ZNiCr21Mo14Fe4W3	0.02	—	20.0~22.5	—	2.0~6.0	1.00	12.5~14.5	余量	0.025	0.020	0.80	2.5~3.5	V:0.35
ZN0107	ZNiCr18Mo18	0.03	—	17.0~20.0	—	3.0	1.00	17.0~20.0	余量	0.030	0.020	1.00	—	—
ZN6040	ZNiCr15Fe	0.40	—	14.0~17.0	—	11.0	1.50	—	余量	0.030	0.020	3.00	—	—
ZN8826	ZNiFe30Cr20Mo3CuNb	0.05	—	19.5~23.5	1.5~3.0	28.0~32.0	1.00	2.5~3.5	余量	0.030	0.200	0.75~1.20	—	Nb:0.70~1.00
ZN2000	ZNiSi9Cu3	0.12	—	1.0	2.0~4.0	—	1.50	—	余量	0.030	0.020	8.50~10.00	—	—

注：表中单值为最大值。

3. 铸态镍及镍合金的力学性能（见表 15-44）

表 15-44 铸态镍及镍合金的力学性能（GB/T 36518—2018）

代号	牌号	抗拉强度 R_m/MPa	规定塑性延伸强度 $R_{p0.2}$/MPa ≥	断后伸长率 A_{50mm}(%) ≥
ZN2200	ZNi995	—	—	—
ZN2100	ZNi99	345~545	125	10
ZN4020	ZNiCu30Si	450~650	205	25
ZN4135	ZNiCu30	≥450	170	25
ZN4025	ZNiCu30Si4①	—	—	—
ZN4030	ZNiCu30Si3	690~890	415	10
ZN4130	ZNiCu30Nb2Si2	≥450	225	25
ZN6055	ZNiCr12Mo3Bi4Sn4	—	—	—
ZN0012	ZNiMo31	525~725	275	6
ZN0007	ZNiMo30Fe5	525~725	275	20
ZN6985	ZNiCr22Fe20Mo7Cu2	550~750	220	30
ZN6059	ZNiCr23Mo16	≥495	270	40
ZN6625	ZNiCr22Mo9Nb4	485~685	275	25
ZN6455	ZNiCr16Mo16	495~695	275	20
ZN0002	ZNiMo17Cr16Fe6W4	495~695	275	4
ZN6022	ZNiCr21Mo14Fe4W3	≥550	280	30
ZN0107	ZNiCr18Mo18	495~695	275	25
ZN6040	ZNiCr15Fe	485~685	195	30
ZN8826	ZNiFe30Cr20Mo3CuNb	450~650	170	25
ZN2000	ZNiSi9Cu3②	—	—	—

注：对于合金标识，可采用代号或牌号。

① 时效硬化状态下最小硬度为 300HBW。

② 最小硬度为 300HBW。

第 16 章　锡及锡合金

16.1　锡粉

1. 锡粉的牌号、品级和规格（见表 16-1）

表 16-1　锡粉的牌号、品级和规格（GB/T 26304—2010）

牌号	品级	粒度/μm	粒度分布(%) ≤	牌号	品级	粒度/μm	粒度分布(%) ≤
FSn 1	A、AA	+150	0.5	FSn 2	A、AA	+45	2.0
		+75	2.0	FSn 3	A、AA	+150	0.5
FSn 2	A、AA	+150	0.5			+38	2.0

注：A 为常规锡粉，AA 为低铅锡粉。

2. 锡粉的化学成分（见表 16-2）

表 16-2　锡粉的化学成分（GB/T 26304—2010）

牌号	品级	化学成分(质量分数,%)								
		Sn ≥	杂质 ≤							
			Cu	Fe	Bi	Pb	Sb	As	总氧量	杂质总量
FSn 1	A	99.50	0.008	0.007	0.015	0.032	0.020	0.008	0.35	0.50
FSn 2										
FSn 3										
FSn 1	AA	99.50	0.008	0.007	0.015	0.010	0.020	0.008	0.35	0.50
FSn 2										
FSn 3										

注：锡含量为 100%减去实测杂质含量之和的余量。

16.2　锡锭

锡锭的牌号和化学成分见表 16-3。

表 16-3　锡锭的牌号和化学成分（GB/T 728—2020）

	牌号		Sn99.90		Sn99.95		Sn99.99
	级别		A	AA	A	AA	A
化学成分（质量分数,%）	Sn ≥		99.90	99.90	99.95	99.95	99.99
	杂质 ≤	As	0.0080	0.0080	0.0030	0.0030	0.0005
		Fe	0.0070	0.0070	0.0040	0.0040	0.0020

（续）

牌号			Sn99.90		Sn99.95		Sn99.99
级别			A	AA	A	AA	A
化学成分（质量分数,%）	杂质　≤	Cu	0.0080	0.0080	0.0040	0.0040	0.0005
		Pb	0.0250	0.0100	0.0200	0.0100	0.0035
		Bi	0.0200	0.0200	0.0060	0.0060	0.0025
		Sb	0.0200	0.0200	0.0140	0.0140	0.0015
		Cd	0.0008	0.0008	0.0005	0.0005	0.0003
		Zn	0.0010	0.0010	0.0008	0.0008	0.0003
		Al	0.0010	0.0010	0.0008	0.0008	0.0005
		S	0.0010	0.0010	0.0010	0.0010	—
		Ag	0.0050	0.0050	0.0005	0.0005	0.0005
		Ni+Co	0.0050	0.0050	0.0050	0.0050	0.0006

注：1. 锡含量为100%减去表中杂质实测总量的余量。

2. A为高铅级别，AA为低铅级别。

16.3　锡铅钎料

1. 锡铅钎料的分类

（1）锡铅钎料的分类和规格（见表16-4）

表16-4　锡铅钎料的分类和规格（GB/T 3131—2020）

类型	形状	规格尺寸/mm
无钎剂实芯钎料	丝状	直径:0.1~6.0
	条、棒、带、片、环等其他形状	由供需双方协商
含钎剂钎料	丝状	直径:0.1~6.0
	带、片、环等形状	由供需双方协商

（2）树脂芯钎剂的类型、代号和用途（见表16-5）

表16-5　树脂芯钎剂的类型、代号和用途（GB/T 3131—2020）

类型	类型代号	用途
纯树脂基钎剂	R	用于对腐蚀及绝缘电阻等有特别严格要求的场合
中等活性的树脂基钎剂	RMA	用于对绝缘电阻有高要求的场合
活性树脂基钎剂	RA	用于具有高效率软钎焊的场合

2. 锡铅钎料的牌号和化学成分（见表16-6）

表16-6　锡铅钎料的牌号和化学成分（GB/T 3131—2020）

牌号	主成分(质量分数,%)				杂质(质量分数,%)　≤								
	Sn	Pb[①]	Sb	其他元素	Sb	Cu	Bi	As	Fe	Zn	Al	Cd	S
S-Sn95PbAA	94.50~95.50	余量	—	—	0.030	0.020	0.030	0.010	0.010	0.0010	0.0010	0.0010	0.010
S-Sn90PbAA	89.50~90.50	余量	—	—	0.030	0.020	0.030	0.010	0.010	0.0010	0.0010	0.0010	0.010
S-Sn63PbAA	62.50~63.50	余量	—	—	0.030	0.020	0.030	0.010	0.010	0.0010	0.0010	0.0010	0.010
S-Sn60PbAA	59.50~60.50	余量	—	—	0.030	0.020	0.030	0.010	0.010	0.0010	0.0010	0.0010	0.010
S-Sn60PbSbAA	59.50~60.50	余量	0.30~0.80	—	—	0.020	0.030	0.010	0.010	0.0010	0.0010	0.0010	0.010

（续）

牌号	主成分（质量分数，%）				杂质（质量分数，%） ≤								
	Sn	Pb①	Sb	其他元素	Sb	Cu	Bi	As	Fe	Zn	Al	Cd	S
S-Sn55PbAA	54.50~55.50	余量	—	—	0.030	0.020	0.030	0.010	0.010	0.0010	0.0010	0.0010	0.010
S-Sn55PbBiAA	54.50~55.50	余量	—	Bi:0.30~0.70	0.030	0.020	—	0.010	0.010	0.0010	0.0010	0.0010	0.010
S-Sn50PbAA	49.50~50.50	余量	—	—	0.030	0.020	0.030	0.010	0.010	0.0010	0.0010	0.0010	0.010
S-Sn50PbSbAA	49.50~50.50	余量	0.30~0.80	—	—	0.020	0.030	0.010	0.010	0.0010	0.0010	0.0010	0.010
S-Sn45PbAA	44.50~45.50	余量	—	—	0.030	0.020	0.030	0.010	0.010	0.0010	0.0010	0.0010	0.010
S-Sn43PbBiAA	42.50~43.50	余量	—	Bi:13.50~14.50	0.030	0.020	—	0.010	0.010	0.0010	0.0010	0.0010	0.010
S-Sn40PbAA	39.50~40.50	余量	—	—	0.030	0.020	0.030	0.010	0.010	0.0010	0.0010	0.0010	0.010
S-Sn40PbSbAA	39.50~40.50	余量	1.50~2.00	—	—	0.020	0.030	0.010	0.010	0.0010	0.0010	0.0010	0.010
S-Sn35PbAA	34.50~35.50	余量	—	—	0.030	0.020	0.030	0.010	0.010	0.0010	0.0010	0.0010	0.010
S-Sn30PbAA	29.50~30.50	余量	—	—	0.030	0.020	0.030	0.010	0.010	0.0010	0.0010	0.0010	0.010
S-Sn30PbSbAA	29.50~30.50	余量	1.50~2.00	—	—	0.020	0.030	0.010	0.010	0.0010	0.0010	0.0010	0.010
S-Sn25PbSbAA	24.50~25.50	余量	1.50~2.00	—	—	0.020	0.030	0.010	0.010	0.0010	0.0010	0.0010	0.010
S-Sn20PbAA	19.50~20.50	余量	—	—	0.030	0.020	0.030	0.010	0.010	0.0010	0.0010	0.0010	0.010
S-Sn10PbAA	9.50~10.50	余量	—	—	0.030	0.020	0.030	0.010	0.010	0.0010	0.0010	0.0010	0.010
S-Sn5PbAA	4.50~5.50	余量	—	—	0.030	0.020	0.030	0.010	0.010	0.0010	0.0010	0.0010	0.010
S-Sn2PbAA	1.50~2.50	余量	—	—	0.030	0.020	0.030	0.010	0.010	0.0010	0.0010	0.0010	0.010
S-Sn50PbCdAA	49.50~50.50	余量	—	Cd:17.50~18.50	0.030	0.020	0.030	0.010	0.010	0.0010	0.0010	—	0.010
S-Sn5PbAgAA	4.50~5.50	余量	—	Ag:2.30~2.70	0.030	0.020	0.030	0.010	0.010	0.0010	0.0010	0.0010	0.010
S-Sn63PbAgAA	62.50~63.50	余量	—	Ag:1.80~2.20	0.030	0.020	0.030	0.010	0.010	0.0010	0.0010	0.0010	0.010
S-Sn58PbAgAA	57.50~58.50	余量	—	Ag:1.80~2.20	0.030	0.020	0.030	0.010	0.010	0.0010	0.0010	0.0010	0.010
S-Sn40PbSbPAA	39.50~40.50	余量	1.50~2.00	P:0.0010~0.0040	—	0.020	0.030	0.010	0.010	0.0010	0.0010	0.0010	0.010
S-Sn60PbSbPAA	59.50~60.50	余量	0.30~0.80	P:0.0010~0.0040	—	0.020	0.030	0.010	0.010	0.0010	0.0010	0.0010	0.010
S-Sn95PbA	94.00~96.00	余量	—	—	0.10	0.030	0.030	0.020	0.020	0.0020	0.0020	0.0020	0.012
S-Sn90PbA	89.00~91.00	余量	—	—	0.10	0.030	0.030	0.020	0.020	0.0020	0.0020	0.0020	0.012

（续）

牌号	主成分（质量分数，%）				杂质（质量分数，%）　≤								
	Sn	Pb①	Sb	其他元素	Sb	Cu	Bi	As	Fe	Zn	Al	Cd	S
S-Sn63PbA	62.00～64.00	余量	—	—	0.10	0.030	0.030	0.020	0.020	0.0020	0.0020	0.0020	0.012
S-Sn60PbA	59.00～61.00	余量	—	—	0.10	0.030	0.030	0.020	0.020	0.0020	0.0020	0.0020	0.012
S-Sn60PbSbA	59.00～61.00	余量	0.30～0.80	—	—	0.030	0.030	0.020	0.020	0.0020	0.0020	0.0020	0.012
S-Sn55PbA	54.00～56.00	余量	—	—	0.10	0.030	0.030	0.020	0.020	0.0020	0.0020	0.0020	0.012
S-Sn50PbA	49.00～51.00	余量	—	—	0.10	0.030	0.030	0.020	0.020	0.0020	0.0020	0.0020	0.012
S-Sn50PbSbA	49.00～51.00	余量	0.30～0.80	—	—	0.030	0.030	0.020	0.020	0.0020	0.0020	0.0020	0.012
S-Sn45PbA	44.00～46.00	余量	—	—	0.10	0.030	0.030	0.020	0.020	0.0020	0.0020	0.0020	0.012
S-Sn43PbBiA	42.00～44.00	余量	—	Bi:13.00～15.00	0.10	0.030	—	0.020	0.020	0.0020	0.0020	0.0020	0.012
S-Sn40PbA	39.00～41.00	余量	—	—	0.10	0.030	0.030	0.020	0.020	0.0020	0.0020	0.0020	0.012
S-Sn40PbSbA	39.00～41.00	余量	1.50～2.00	—	—	0.030	0.030	0.020	0.020	0.0020	0.0020	0.0020	0.012
S-Sn35PbA	34.00～36.00	余量	—	—	0.10	0.030	0.030	0.020	0.020	0.0020	0.0020	0.0020	0.012
S-Sn30PbA	29.00～31.00	余量	—	—	0.10	0.030	0.030	0.020	0.020	0.0020	0.0020	0.0020	0.012
S-Sn30PbSbA	29.00～31.00	余量	1.50～2.00	—	—	0.030	0.030	0.020	0.020	0.0020	0.0020	0.0020	0.012
S-Sn25PbSbA	24.00～26.00	余量	1.50～2.00	—	—	0.030	0.030	0.020	0.020	0.0020	0.0020	0.0020	0.012
S-Sn20PbA	19.00～21.00	余量	—	—	0.10	0.030	0.030	0.020	0.020	0.0020	0.0020	0.0020	0.012
S-Sn18PbSbA	17.00～19.00	余量	1.50～2.00	—	—	0.030	0.030	0.020	0.020	0.0020	0.0020	0.0020	0.012
S-Sn10PbA	9.00～11.00	余量	—	—	0.10	0.030	0.030	0.020	0.020	0.0020	0.0020	0.0020	0.012
S-Sn5PbA	4.00～6.00	余量	—	—	0.10	0.030	0.030	0.020	0.020	0.0020	0.0020	0.0020	0.012
S-Sn2PbA	1.00～3.00	余量	—	—	0.10	0.030	0.030	0.020	0.020	0.0020	0.0020	0.0020	0.012
S-Sn50PbCdA	49.00～51.00	余量	—	Cd:17.50～18.50	0.10	0.030	0.030	0.020	0.020	0.0020	0.0020	—	0.012
S-Sn5PbAgA	4.00～6.00	余量	—	Ag:2.00～3.00	0.10	0.030	0.030	0.020	0.020	0.0020	0.0020	0.0020	0.012
S-Sn63PbAgA	62.00～64.00	余量	—	Ag:1.50～2.50	0.10	0.030	0.030	0.020	0.020	0.0020	0.0020	0.0020	0.012
S-Sn58PbAgA	57.00～59.00	余量	—	Ag:1.50～2.50	0.10	0.030	0.030	0.020	0.020	0.0020	0.0020	0.0020	0.012
S-Sn40PbSbPA	39.00～41.00	余量	1.50～2.00	P:0.0010～0.0040	—	0.030	0.030	0.020	0.020	0.0020	0.0020	0.0020	0.012

（续）

牌号	主成分（质量分数，%）				杂质（质量分数，%） ≤								
	Sn	Pb①	Sb	其他元素	Sb	Cu	Bi	As	Fe	Zn	Al	Cd	S
S-Sn60PbSbPA	59.00~61.00	余量	0.30~0.80	P:0.0010~0.0040	—	0.030	0.030	0.020	0.020	0.0020	0.0020	0.0020	0.012
S-Sn95PbB	94.00~96.00	余量	—	—	0.30	0.050	0.080	0.030	0.020	0.0020	0.0050	0.0050	0.015
S-Sn90PbB	89.00~91.00	余量	—	—	0.30	0.050	0.080	0.030	0.020	0.0020	0.0050	0.0050	0.015
S-Sn63PbB	62.00~64.00	余量	—	—	0.30	0.050	0.080	0.030	0.020	0.0020	0.0050	0.0050	0.015
S-Sn60PbB	59.00~61.00	余量	—	—	0.30	0.050	0.080	0.030	0.020	0.0020	0.0050	0.0050	0.015
S-Sn60PbSbB	59.00~61.00	余量	0.30~0.80	—	—	0.050	0.080	0.030	0.020	0.0020	0.0050	0.0050	0.015
S-Sn55PbB	54.00~56.00	余量	—	—	0.30	0.050	0.080	0.030	0.020	0.0020	0.0050	0.0050	0.015
S-Sn50PbB	49.00~51.00	余量	—	—	0.30	0.050	0.080	0.030	0.020	0.0020	0.0050	0.0050	0.015
S-Sn50PbSbB	49.00~51.00	余量	0.30~0.80	—	—	0.050	0.080	0.030	0.020	0.0020	0.0050	0.0050	0.015
S-Sn45PbB	44.00~46.00	余量	—	—	0.30	0.050	0.080	0.030	0.020	0.0020	0.0050	0.0050	0.015
S-Sn43PbBiB	42.00~44.00	余量	—	Bi:13.00~15.00	0.30	0.050	—	0.030	0.020	0.0020	0.0050	0.0050	0.015
S-Sn40PbB	39.00~41.00	余量	—	—	0.30	0.050	0.080	0.030	0.020	0.0020	0.0050	0.0050	0.015
S-Sn40PbSbB	39.00~41.00	余量	1.50~2.00	—	—	0.050	0.080	0.030	0.020	0.0020	0.0050	0.0050	0.015
S-Sn35PbB	34.00~36.00	余量	—	—	0.30	0.050	0.080	0.030	0.020	0.0020	0.0050	0.0050	0.015
S-Sn30PbB	29.00~31.00	余量	—	—	0.30	0.050	0.080	0.030	0.020	0.0020	0.0050	0.0050	0.015
S-Sn30PbSbB	29.00~31.00	余量	1.50~2.00	—	—	0.050	0.080	0.030	0.020	0.0020	0.0050	0.0050	0.015
S-Sn25PbSbB	24.00~26.00	余量	1.50~2.00	—	—	0.050	0.080	0.030	0.020	0.0020	0.0050	0.0050	0.015
S-Sn20PbB	19.00~21.00	余量	—	—	0.30	0.050	0.080	0.030	0.020	0.0020	0.0050	0.0050	0.015
S-Sn18PbSbB	17.00~19.00	余量	1.50~2.00	—	—	0.050	0.080	0.030	0.020	0.0020	0.0050	0.0050	0.015
S-Sn10PbB	9.00~11.00	余量	—	—	0.30	0.050	0.080	0.030	0.020	0.0020	0.0050	0.0050	0.015
S-Sn5PbB	4.00~6.00	余量	—	—	0.30	0.050	0.080	0.030	0.020	0.0020	0.0050	0.0050	0.015
S-Sn2PbB	1.00~3.00	余量	—	—	0.30	0.050	0.080	0.030	0.020	0.0020	0.0050	0.0050	0.015
S-Sn50PbCdB	49.00~50.00	余量	—	Cd:17.50~18.50	0.30	0.050	0.080	0.030	0.020	0.0020	0.0050	—	0.015
S-Sn5PbAgB	4.00~6.00	余量	—	Ag:2.00~3.00	0.30	0.050	0.080	0.030	0.020	0.0020	0.0050	0.0050	0.015

（续）

牌号	主成分(质量分数,%)				杂质(质量分数,%) ≤								
	Sn	Pb①	Sb	其他元素	Sb	Cu	Bi	As	Fe	Zn	Al	Cd	S
S-Sn63PbAgB	62.00~64.00	余量	—	Ag:1.50~2.50	0.30	0.050	0.080	0.030	0.020	0.0020	0.0050	0.0050	0.015
S-Sn58PbAgB	57.00~59.00	余量	—	Ag:1.50~2.50	0.30	0.050	0.080	0.030	0.020	0.0020	0.0050	0.0050	0.015
S-Sn40PbSbPB	39.00~41.00	余量	1.50~2.00	P:0.0010~0.0040	—	0.050	0.080	0.030	0.020	0.0020	0.0050	0.0050	0.015
S-Sn60PbSbPB	59.00~61.00	余量	0.30~0.80	P:0.0010~0.0040	—	0.050	0.080	0.030	0.020	0.0020	0.0050	0.0050	0.015

注：牌号后面 AA、A、B 分别表示 AA 级、A 级、B 级。需方如对 A 级、B 级锡铅钎料的化学成分有特殊要求时，可由供需双方商定。

① 表示余量为 100%与表中其余元素含量总和的差值。

3. 锡铅钎料的物理性能和主要用途（见表 16-7）

表 16-7 锡铅钎料的物理性能和主要用途（GB/T 3131—2020）

牌号	固相线/℃ ≈	液相线/℃ ≈	电阻率/(Ω·mm²/m) ≈	主要用途
S-Sn95Pb	183	224	—	电气、电子工业、耐高温器件
S-Sn90Pb	183	215	—	
S-Sn63Pb	183	183	0.141	电气、电子工业、印制电路、微型技术、航空工业及镀层金属的软钎焊
S-Sn60Pb S-Sn60PbSb	183	190	0.145	
S-Sn55Pb S-Sn55PbBi	183	203	0.160	普通电气、电子工业(电视机、收录机共用天线、石英钟)、航空、微连接
S-Sn50Pb S-Sn50PbSb	183	215	0.181	
S-Sn45Pb	183	227	—	
S-Sn40Pb S-Sn40PbSb	183	238	0.170	钣金、铅管软钎焊、电缆线、换热器金属器材、辐射体、制罐等的软钎焊
S-Sn35Pb	183	248	—	
S-Sn30Pb S-Sn30PbSb	183	258	0.182	灯泡、冷却机制造，钣金、铅管
S-Sn25PbSb	183	260	0.196	
S-Sn20Pb S-Sn18PbSb	183	279	0.220	
S-Sn10Pb	268	301	0.198	钣金、锅炉用及其他高温用
S-Sn5Pb	300	314	—	
S-Sn2Pb	316	322	—	
S-Sn50PbCd	145	145	—	轴瓦、陶瓷的烘烤软钎焊、热切割、分级软钎焊及其他低温软钎焊
S-Sn43PbBi	135	165	—	电子行业中分级焊接(二次焊接)，电视调谐器、火警报警器、温控元件、防雷保护器件、空调安全保护器等温敏器件焊接
S-Sn5PbAg	296	301	—	电气工业、高温工作条件
S-Sn58PbAg S-Sn63PbAg	183	183	0.120	同 S-Sn63Pb，但焊点质量等诸方面优于 S-Sn63Pb
S-Sn40PbSbP	183	238	0.120	用于对抗氧化有较高要求的场合
S-Sn60PbSbP	183	190	0.145	

16.4 铸造锡铅焊料

1. 铸造锡铅焊料的牌号和化学成分（见表 16-8）

表 16-8 铸造锡铅焊料的牌号和化学成分（GB/T 8012—2013）

类别	牌号	代号	化学成分(质量分数,%)											
			合金成分			其他	杂质 ≤							
			Sn	Pb	Sb		Bi	Fe	As	Cu	Zn	Al	Cd	Ag
锡铅焊料	ZHLSn63PbAA	63AA	62.50~63.50	余量	≤0.0070	—	0.008	0.0050	0.0020	0.0050	0.0010	0.0010	0.0010	0.010
	ZHLSn90PbA	90A	89.50~90.50	余量	≤0.050	—	0.020	0.010	0.010	0.020	0.0010	0.0010	0.0010	0.015
	ZHLSn70PbA	70A	69.50~70.50	余量	≤0.050	—	0.020	0.010	0.010	0.020	0.0010	0.0010	0.0010	0.015
	ZHLSn63PbA	63A	62.50~63.50	余量	≤0.012	—	0.020	0.010	0.010	0.020	0.0010	0.0010	0.0010	0.015
	ZHLSn60PbA	60A	59.50~60.50	余量	≤0.012	—	0.020	0.010	0.010	0.020	0.0010	0.0010	0.0010	0.015
	ZHLSn55PbA	55A	54.50~55.50	余量	≤0.012	—	0.020	0.010	0.010	0.020	0.0010	0.0010	0.0010	0.015
	ZHLSn50PbA	50A	49.50~50.50	余量	≤0.012	—	0.020	0.010	0.010	0.020	0.0010	0.0010	0.0010	0.015
	ZHLSn45PbA	45A	44.50~45.50	余量	≤0.050	—	0.025	0.012	0.010	0.030	0.0010	0.0010	0.0010	0.015
	ZHLSn40PbA	40A	39.50~40.50	余量	≤0.050	—	0.025	0.012	0.010	0.030	0.0010	0.0010	0.0010	0.015
	ZHLSn35PbA	35A	34.50~35.50	余量	≤0.050	—	0.025	0.012	0.010	0.030	0.0010	0.0010	0.0010	0.015
	ZHLSn30PbA	30A	29.50~30.50	余量	≤0.050	—	0.025	0.012	0.010	0.030	0.0010	0.0010	0.0010	0.015
	ZHLSn25PbA	25A	24.50~25.50	余量	≤0.050	—	0.025	0.012	0.010	0.030	0.0010	0.0010	0.0010	0.015
	ZHLSn20PbA	20A	19.50~20.50	余量	≤0.050	—	0.025	0.012	0.010	0.030	0.0010	0.0010	0.0010	0.015
	ZHLSn15PbA	15A	14.50~15.50	余量	≤0.050	—	0.025	0.012	0.010	0.030	0.0010	0.0010	0.0010	0.015
	ZHLSn10PbA	10A	9.50~10.50	余量	≤0.050	—	0.025	0.012	0.010	0.030	0.0010	0.0010	0.0010	0.015
	ZHLSn5PbA	5A	4.50~5.50	余量	≤0.050	—	0.025	0.012	0.010	0.030	0.0010	0.0010	0.0010	0.015
	ZHLSn2PbA	2A	1.50~2.50	余量	≤0.050	—	0.025	0.012	0.010	0.030	0.0010	0.0010	0.0010	0.015
	ZHLSn63PbB	63B	62.50~63.50	余量	0.12~0.50	—	0.050	0.012	0.015	0.040	0.0010	0.0010	0.0010	0.015
	ZHLSn60PbB	60B	59.50~60.50	余量	0.12~0.50	—	0.050	0.012	0.015	0.040	0.0010	0.0010	0.0010	0.015
	ZHLSn50PbB	50B	49.50~50.50	余量	0.12~0.50	—	0.050	0.012	0.015	0.040	0.0010	0.0010	0.0010	0.015
	ZHLSn45PbB	45B	44.50~45.50	余量	0.12~0.50	—	0.050	0.012	0.015	0.040	0.0010	0.0010	0.0010	0.015

锡铅焊料	ZHLSn40PbB	40B	39.50~40.50	余量	0.12~0.50	—	0.050	0.012	0.015	0.040	0.0010	0.0010	0.0010	0.015
	ZHLSn60PbC	60C	59.50~60.50	余量	0.50~0.80	—	0.100	0.020	0.020	0.050	0.0010	0.0010	0.0010	—
	ZHLSn55PbC	55C	54.50~55.50	余量	0.12~0.80	—	0.100	0.020	0.020	0.050	0.0010	0.0010	0.0010	—
	ZHLSn50PbC	50C	49.50~50.50	余量	0.50~0.80	—	0.100	0.020	0.020	0.050	0.0010	0.0010	0.0010	—
	ZHLSn45PbC	45C	44.50~45.50	余量	0.50~0.80	—	0.100	0.020	0.020	0.050	0.0010	0.0010	0.0010	—
	ZHLSn40PbC	40C	39.50~40.50	余量	1.50~2.00	—	0.100	0.020	0.020	0.050	0.0010	0.0010	0.0010	—
	ZHLSn35PbC	35C	34.50~35.50	余量	1.50~2.00	—	0.100	0.020	0.020	0.050	0.0010	0.0010	0.0010	—
	ZHLSn30PbC	30C	29.50~30.50	余量	1.50~2.00	—	0.100	0.020	0.020	0.050	0.0010	0.0010	0.0010	—
	ZHLSn25PbC	25C	24.50~25.50	余量	0.20~1.50	—	0.100	0.020	0.020	0.050	0.0010	0.0010	0.0010	—
	ZHLSn20PbC	20C	19.50~20.50	余量	0.50~3.00	—	0.100	0.020	0.020	0.050	0.0010	0.0010	0.0010	—
含银焊料	ZHLSn62PbAg	Ag2	61.50~62.50	余量	≤0.012	银 1.80~2.20	0.020	0.010	0.010	0.020	0.0010	0.0010	0.0010	—
	ZHLSn5PbAg	Ag2.5	4.50~5.50	余量	≤0.050	银 2.30~2.70	0.020	0.012	0.010	0.030	0.0010	0.0010	0.0010	—
	ZHLSn1PbAg	Ag1.5	0.80~1.20	余量	≤0.050	银 1.30~1.70	0.020	0.012	0.010	0.030	0.0010	0.0010	0.0010	—
含磷焊料	ZHLSn63PbP	63P	62.50~63.50	余量	≤0.012	磷 0.001~0.004	0.020	0.010	0.010	0.020	0.0010	0.0010	0.0010	0.015
	ZHLSn60PbP	60P	59.50~60.50	余量	≤0.012	磷 0.001~0.004	0.020	0.010	0.010	0.020	0.0010	0.0010	0.0010	0.015
	ZHLSn50PbP	50P	49.50~50.50	余量	≤0.012	磷 0.001~0.004	0.020	0.010	0.010	0.020	0.0010	0.0010	0.0010	0.015

2. 铸造锡铅焊料的物理性能和应用（见表16-9）

表16-9　铸造锡铅焊料的物理性能和应用（GB/T 8012—2013）

代号	熔化温度范围/℃　≈		相对密度　≈	应用说明
	固相线	液相线		
90A	183	215	7.4	邮电、电气、仪器高温焊接用
70A	183	192	8.1	专门焊料、焊接锌和镀层金属
63AA	183	183	8.4	电子、电气(印制电路)波峰焊、光伏焊带用
63A	183	183	8.4	
60A	183	190	8.5	
55A	183	203	8.7	
50A	183	215	8.9	电子、电气一般焊接，机械、器具焊接。散热器浸焊、电缆接头用
45A	183	221	9.1	
40A	185	235	9.3	
35A	185	245	9.5	
30A	185	255	9.7	机械制造焊接，灯泡焊接
25A	185	267	9.9	
20A	185	279	10.2	
15A	225	290	10.4	
10A	268	301	10.5	
5A	300	314	10.8	
2A	316	322	11.2	散热器芯片焊接
63B	183	183	8.4	机械、电器焊接，镀锡，电缆、家用电器焊接。白铁工艺焊接
60B	183	190	8.5	
50B	183	216	8.9	
45B	183	224	9.1	
40B	185	235	9.3	
60C	183	190	8.5	机械、电器焊接，冷却机械、润滑机械制造用，铜及铜合金，白铁工艺焊接
55C	183	203	8.7	
50C	183	216	8.9	
45C	183	224	9.1	
40C	185	225	9.3	
35C	185	235	9.5	
30C	185	250	9.7	
25C	185	260	9.9	
20C	185	270	10.2	
Ag2	179	179	8.4	银电极、导体焊接用，银餐具焊接，光伏焊带用
Ag2.5	309	309	11.3	需要高温环境下工作或焊接的产品
Ag1.5	280	280	11.3	
63P	183	183	8.4	电子、电气(印制电路)波峰焊用。具有一定抗氧化性能
60P	183	190	8.5	
50P	183	215	8.9	

注：表中数据供购买者在选择使用铸造锡铅焊料时做参考。

第 17 章　铅及铅合金

17.1　铅及铅锑合金的牌号和化学成分

1. 纯铅的牌号和化学成分（见表 17-1）

表 17-1　纯铅的牌号和化学成分（GB/T 1472—2014）

牌号	化学成分(质量分数,%)									
	主成分	杂质　≤								
	Pb①	Ag	Cu	Sb	As	Bi	Sn	Zn	Fe	杂质总和
Pb1	≥99.992	0.0005	0.001	0.001	0.0005	0.004	0.001	0.0005	0.0005	0.008
Pb2	≥99.90	0.002	0.01	0.05	0.01	0.03	0.005	0.002	0.002	0.10

注：杂质总和为表中所列杂质之和。

① 铅含量按 100%减去所列杂质含量的总和计算，所得结果不再进行修约。

2. 铅锑合金的牌号和化学成分（见表 17-2）

表 17-2　铅锑合金的牌号和化学成分（GB/T 1472—2014）

牌号	化学成分(质量分数,%)									
	主成分		杂质							
	Pb①	Sb	Ag	Cu	Sb	As	Bi	Sn	Zn	Fe
PbSb0.5	余量	0.3~0.8	杂质总和≤0.3							
PbSb2		1.5~2.5								
PbSb4		3.5~4.5								
PbSb6		5.5~6.5								
PbSb8		7.5~8.5								

注：杂质总和为表中所列杂质之和。

① 铅含量按 100%减去 Sb 含量和所列杂质含量的总和计算，所得结果不再进行修约。

17.2　铅及铅锑合金管

1. 铅及铅锑合金管的牌号、状态和规格（见表 17-3）

表 17-3　铅及铅锑合金管的牌号、状态和规格（GB/T 1472—2014）

牌号	状态	公称内径/mm	公称壁厚/mm										
			2	3	4	5	6	7	8	9	10	12	14
Pb1 Pb2	挤制 (R)	5、6、8、10、13、16、20	○	○	○	○	○	○	○	○	○	○	—
		25、30、35、38、40、45、50	—	○	○	○	○	○	○	○	○	○	—
		55、60、65、70、75、80、90、100	—	—	○	○	○	○	○	○	○	○	—

（续）

牌号	状态	公称内径/mm	公称壁厚/mm										
			2	3	4	5	6	7	8	9	10	12	14
Pb1 Pb2	挤制 (R)	110	—	—	—	○	○	○	○	○	○	○	—
		125、150	—	—	—	—	○	○	○	○	○	○	—
		180、200、230	—	—	—	—	—	—	○	○	○	○	—
PbSb0.5 PbSb2 PbSb4 PbSb6 PbSb8	挤制 (R)	10、15、17、20、25、30、35、40、45、50	—	○	○	○	○	○	○	○	○	○	○
		55、60、65、70	—	—	○	○	○	○	○	○	○	○	○
		75、80、90、100	—	—	—	○	○	○	○	○	○	○	○
		110	—	—	—	—	○	○	○	○	○	○	○
		125、150	—	—	—	—	—	○	○	○	○	○	○
		180、200	—	—	—	—	—	—	—	○	○	○	○

注：“○”表示常用规格。

2. 铅及铅锑合金管的理论重量

（1）常用规格纯铅管的理论重量（见表17-4）

表17-4 常用规格纯铅管的理论重量（GB/T 1472—2014）

内径/mm	管壁厚度/mm									
	2	3	4	5	6	7	8	9	10	12
	理论重量/(kg/m)(密度11.34g/cm^3)									
5	0.5	0.9	1.3	1.8	2.3	3.0	3.7	4.7	5.3	7.3
6	0.6	1.0	1.4	1.9	2.6	3.2	4.1	4.8	5.7	7.7
8	0.7	1.2	1.7	2.3	3.0	3.7	4.5	5.4	6.4	8.5
10	0.8	1.4	2.0	2.7	3.4	4.2	5.1	6.3	7.1	9.4
13	1.1	1.7	2.4	3.2	4.1	5.0	6.0	7.0	8.2	10.7
16	1.3	2.0	2.8	3.7	4.7	5.7	6.8	8.0	9.3	12.0
20	1.6	2.5	3.4	4.4	5.5	6.7	8.0	9.3	10.7	13.7
25	—	3.0	4.1	5.4	6.6	8.0	9.4	10.9	12.5	15.8
30	—	3.5	4.9	6.2	7.7	9.2	10.8	12.5	14.2	17.9
35	—	4.1	5.6	7.1	8.8	10.5	12.3	14.1	16.0	20.1
38	—	4.4	6.0	7.6	9.4	11.2	13.1	15.1	17.1	21.4
40	—	4.6	6.3	8.0	9.8	11.7	13.7	15.7	17.8	22.2
45	—	5.1	7.0	8.9	10.9	13.0	15.1	17.3	19.6	24.3
50	—	5.7	7.7	9.8	12.0	14.2	16.5	18.9	21.4	26.5
55	—	—	8.4	10.7	13.1	15.5	18.0	20.5	23.1	28.6
60	—	—	9.1	11.6	14.1	16.7	19.4	22.1	24.9	30.8
65	—	—	9.8	12.4	15.2	18.8	20.8	24.6	26.9	32.9
70	—	—	10.5	13.3	16.2	19.1	22.2	25.3	28.5	35.0
75	—	—	11.3	14.2	17.3	20.4	23.6	27.1	30.3	37.2
80	—	—	12.0	15.1	18.3	21.7	26.0	28.5	32.0	39.3
90	—	—	13.4	16.9	20.5	24.2	27.9	31.8	35.6	43.6
100	—	—	14.8	18.7	22.6	26.7	30.8	35.0	39.2	47.9
110	—	—	—	20.5	24.8	29.2	33.6	38.2	42.7	52.1
125	—	—	—	—	28.0	32.9	37.9	42.9	48.1	58.6
150	—	—	—	—	33.3	39.1	45.0	50.9	57.1	69.3
180	—	—	—	—	—	—	53.6	60.5	67.7	82.2
200	—	—	—	—	—	—	59.3	67.5	74.8	90.7
230	—	—	—	—	—	—	67.8	76.5	85.5	103.5

（2）铅锑合金管与纯铅管之间每米理论重量的换算关系（见表17-5）

表 17-5　铅锑合金管与纯铅管之间每米理论重量的换算关系（GB/T 1472—2014）

牌号	密度/(g/cm^3)	换算系数	牌号	密度/(g/cm^3)	换算系数
Pb1、Pb2	11.34	1.0000	PbSb4	11.15	0.9850
PbSb0.5	11.32	0.9982	PbSb6	11.06	0.9753
PbSb2	11.25	0.9921	PbSb8	10.97	0.9674

17.3　铅及铅锑合金棒和线

1. 铅及铅锑合金棒和线的牌号、状态和规格（见表 17-6）

表 17-6　铅及铅锑合金棒和线的牌号、状态和规格（YS/T 636—2007）

牌号	状态	品种	直径/mm	长度/mm
Pb1、Pb2 PbSb0.5、PbSb2、PbSb4、PbSb6	挤制(R)	盘线	0.5~6.0	—
		盘棒	>6.0~<20	≥2500
		直棒	20~180	≥1000

2. 纯铅及铅锑合金的理论重量

（1）纯铅棒和线的理论重量（见表 17-7）

表 17-7　纯铅棒和线的理论重量（YS/T 636—2007）

直径/mm	理论重量/(kg/m)	直径/mm	理论重量/(kg/m)
0.5	0.002	40	14.240
0.6	0.003	45	18.020
0.8	0.006	50	22.250
1.0	0.009	55	26.920
1.2	0.013	60	32.040
1.5	0.020	65	37.600
2.0	0.036	70	43.610
2.5	0.056	75	50.060
3.0	0.080	80	56.960
4.0	0.142	85	64.300
5.0	0.223	90	72.090
6	0.320	95	80.322
8	0.570	100	89.000
10	0.890	110	107.690
12	1.282	120	128.160
15	2.003	130	150.410
18	2.884	140	174.440
20	3.560	150	200.250
22	4.308	160	227.840
25	5.570	170	257.210
30	8.010	180	288.360
35	10.900		

（2）铅及铅锑合金的密度及棒、线之间每米理论重量的换算系数（见表 17-8）

表 17-8　铅及铅锑合金的密度及棒、线之间每米理论重量的换算系数（YS/T 636—2007）

牌号	密度/(g/cm^3)	换算系数	牌号	密度/(g/cm^3)	换算系数
Pb1、Pb2	11.34	1.0000	PbSb4	11.15	0.9850
PbSb0.5	11.32	0.9982	PbSb6	11.06	0.9753
PbSb2	11.25	0.9921			

17.4 电解沉积用铅阳极板

1. 电解沉积用铅阳极板的牌号和规格（见表 17-9）

表 17-9 电解沉积用铅阳极板的牌号和规格（YS/T 498—2006）

牌号	制造方法	厚度/mm	宽度/mm	长度/mm
Pb1、Pb2	轧制	2~110	<2500	<5000
PhAg1				
PbSb0.5、PbSb1、PbSb2、PbSb4、PbSb6、PbSb8				

2. 电解沉积用铅阳极板的化学成分（见表 17-10）

表 17-10 电解沉积用铅阳极板的化学成分（YS/T 498—2006）

牌号	主成分(质量分数,%)			杂质(质量分数,%) ≤									
	Pb	Ag	Sb	Ag	Sb	Cu	As	Sn	Bi	Fe	Zn	Mg+Ca +Na	杂质总和
Pb1	≥99.994	—	—	0.0005	0.001	0.001	0.0005	0.001	0.003	0.0005	0.0005		0.006
Pb2	≥99.9	—	—	0.002	0.05	0.01	0.01	0.005	0.03	0.002	0.002	—	0.1
PbAg1	余量	0.9~1.1	—	—	0.004	0.001	0.002	0.002	0.006	0.002	0.001	0.003	0.02
PbSb0.5		—	0.3~0.8	—	—	—	0.005	0.008	0.06	0.005	0.005	—	0.15
PbSb1		—	0.8~1.3	—	—	—	0.005	0.008	0.06	0.005	0.005	—	0.15
PbSb2		—	1.5~2.5	—	—	—	0.01	0.008	0.06	0.005	0.005	—	0.2
PbSb4		—	3.5~4.5	—	—	—	0.01	0.008	0.06	0.005	0.005	—	0.2
PbSb6		—	5.5~6.5	—	—	—	0.015	0.01	0.08	0.01	0.01	—	0.3
PbSb8		—	7.5~8.5	—	—	—	0.015	0.01	0.08	0.01	0.01	—	0.3

注：铅含量为 100%减去各元素含量的总和。

17.5 高纯铅

高纯铅的牌号和化学成分见表 17-11。

表 17-11 高纯铅的牌号和化学成分（YS/T 265—2012）

牌号	化学成分(质量分数,%)												
	Pb ≥	杂质(10^{-4}) ≤											
		As	Fe	Cu	Bi	Sn	Sb	Ag	Mg	Al	Cd	Zn	Ni
Pb-05	99.999	0.3	0.5	0.8	1.0	0.5	0.5	0.5	0.5	0.5	0.5	1.0	0.5
Pb-06	99.9999	0.1	0.05	0.05	0.1	0.05	0.1	0.05	0.1	0.1	0.1	0.1	0.1

注：1. Pb-05、Pb-06 牌号中的铅含量为 100%减去表中所列杂质元素实测总和的余量。

2. 表中未规定的其他杂质元素由供需双方协商确定。

17.6 铅锭

铅锭的牌号和化学成分见表 17-12。

表 17-12 铅锭的牌号和化学成分（GB/T 469—2023）

牌号	化学成分(质量分数,%)										
	Pb	杂质 ≤									
	≥	Ag	Cu	Bi	As	Sb	Sn	Zn	Fe	Cd	Ni	总和
Pb99.996	99.996	0.0006	0.0007	0.0015	0.0005	0.0007	0.0005	0.0004	0.0005	0.0002	0.0002	0.004
Pb99.994	99.994	0.0007	0.0008	0.0025	0.0005	0.0008	0.0005	0.0004	0.0005	0.0002	0.0002	0.006

注：铅含量为 100%减去表中所列杂质实测总和的余量。

17.7 再生铅及铅合金锭

再生铅及铅合金锭的牌号和化学成分见表 17-13。

表 17-13 再生铅及铅合金锭的牌号和化学成分（GB/T 21181—2017）

类别	牌号	化学成分(质量分数,%)															
		主成分					杂质 ≤										
		Pb	Sb	Ca	Sn	Al	Ag	Cu	Bi	As	Sb	Sn	Zn	Fe	Cd	Ni	杂质总和
再生铅	ZSPb99.994	≥99.994	—	—	—	—	0.0008	0.0004	0.003	0.0002	0.0005	0.0003	0.0002	0.0002	—	—	0.006
	ZSPb99.992	≥99.992	—	—	—	—	0.001	0.0004	0.004	0.0004	0.0005	0.0004	0.0004	0.0004	0.0002	0.0002	0.008
再生铅合金	ZSPbSb1	余量	1.5~3.5	0.10~0.25	—	0.01	0.03	0.02	0.01	—	—	0.001	0.001	0.001	0.001	—	—
	ZSPbSb2	余量	3.6~7.5	0.26~0.50	—	0.02	0.05	0.03	0.02	—	—	0.001	0.001	0.001	0.001	—	—
	ZSPbCa	余量	0.06~0.12	0.05~1.80	0.01~0.04	0.001	0.002	0.008	0.001	0.005	—	0.001	0.001	0.001	0.001	—	—
	ZSPbSn1	余量	—	1.5~3.5	—	—	0.03	0.03	0.03	0.1	—	0.002	0.02	—	—	—	—
	ZSPbSn2	余量	—	3.6~7.5	—	—	0.03	0.03	0.03	0.1	—	0.002	0.02	—	—	—	—

注：牌号中，“ZS”为“再生”的汉语拼音首字母。

第 18 章　贵金属及其合金

18.1　银及银合金

18.1.1　银及银合金丝、线和棒

银及银合金丝、线和棒的化学成分见表 18-1。

表 18-1　银及银合金丝、线和棒的化学成分（YS/T 203—2023）

牌号	主成分(质量分数,%)										杂质(质量分数,%)　≤				
	Ag[①]	Pd	Pt	Au	Mg	Ni	Cu	Zr	Ce	其他	Fe	Sb	Pb	Bi	总量
Ag99.99	≥99.99	—	—	—	—	—	—	—	—	—	0.004	0.002	0.002	0.002	0.01
Ag99.90	≥99.90	—	—	—	—	—	—	—	—	—	0.004	0.004	0.004	0.004	0.1
Ag99Pd	余量	1±0.3	—	—	—	—	—	—	—	—	0.05	0.005	0.005	0.005	0.3
Ag95Pd	余量	5±0.5	—	—	—	—	—	—	—	—	0.05	0.005	0.005	0.005	0.3
Ag90Pd	余量	10±0.5	—	—	—	—	—	—	—	—	0.05	0.005	0.005	0.005	0.3
Ag80Pd	余量	20±0.5	—	—	—	—	—	—	—	—	0.05	0.005	0.005	0.005	0.3
Ag70Pd	余量	30±0.5	—	—	—	—	—	—	—	—	0.05	0.005	0.005	0.005	0.3
Ag60Pd	余量	40±0.5	—	—	—	—	—	—	—	—	0.05	0.005	0.005	0.005	0.3
Ag88Pt	余量	—	12±0.5	—	—	—	—	—	—	—	0.05	0.005	0.005	0.005	0.3
Ag95Au	余量	—	—	5±0.5	—	—	—	—	—	—	0.05	0.005	0.005	0.005	0.3
Ag90Au	余量	—	—	10±0.5	—	—	—	—	—	—	0.05	0.005	0.005	0.005	0.3
Ag69Au	余量	—	—	31±0.5	—	—	—	—	—	—	0.05	0.005	0.005	0.005	0.3
Ag60Au	余量	—	—	40±0.5	—	—	—	—	—	—	0.05	0.005	0.005	0.005	0.3

（续）

牌号	主成分（质量分数，%）										杂质（质量分数，%） ≤				
	Ag[①]	Pd	Pt	Au	Mg	Ni	Cu	Zr	Ce	其他	Fe	Sb	Pb	Bi	总量
Ag98.2Mg	余量	—	—	—	1.8±0.2	—	—	—	—	—	0.05	0.005	0.005	0.005	0.3
Ag97Mg	余量	—	—	—	3±0.5	—	—	—	—	—	0.05	0.005	0.005	0.005	0.3
Ag95.3Mg	余量	—	—	—	4.7±0.5	—	—	—	—	—	0.05	0.005	0.005	0.005	0.3
Ag90Ni	余量	—	—	—	—	10±0.5	—	—	—	—	0.05	0.005	0.005	0.005	0.3
Ag85Ni	余量	—	—	—	—	15±0.5	—	—	—	—	0.05	0.005	0.005	0.005	0.3
Ag99.4Cu	余量	—	—	—	—	—	0.6±0.1	—	—	—	0.05	0.005	0.005	0.005	0.3
Ag98Cu	余量	—	—	—	—	—	2±0.4	—	—	—	0.05	0.005	0.005	0.005	0.3
Ag96Cu	余量	—	—	—	—	—	4±0.5	—	—	—	0.05	0.005	0.005	0.005	0.3
Ag92.5Cu	余量	—	—	—	—	—	7.5±0.5	—	—	—	0.05	0.005	0.005	0.005	0.3
Ag91.6Cu	余量	—	—	—	—	—	8.4±0.5	—	—	—	0.05	0.005	0.005	0.005	0.3
Ag90Cu	余量	—	—	—	—	—	10±0.5	—	—	—	0.05	0.005	0.005	0.005	0.3
Ag87.5Cu	余量	—	—	—	—	—	12.5±0.5	—	—	—	0.05	0.005	0.005	0.005	0.3
Ag85Cu	余量	—	—	—	—	—	15±0.5	—	—	—	0.05	0.005	0.005	0.005	0.3
Ag80Cu	余量	—	—	—	—	—	20±0.5	—	—	—	0.05	0.005	0.005	0.005	0.3
Ag77Cu	余量	—	—	—	—	—	23±0.5	—	—	—	0.05	0.005	0.005	0.005	0.3
Ag70Cu	余量	—	—	—	—	—	30±0.5	—	—	—	0.05	0.005	0.005	0.005	0.3
Au65Cu	余量	—	—	—	—	—	35±0.5	—	—	—	0.05	0.005	0.005	0.005	0.3
Ag55Cu	余量	—	—	—	—	—	45±0.5	—	—	—	0.05	0.005	0.005	0.005	0.3
Ag50Cu	余量	—	—	—	—	—	50±0.5	—	—	—	0.05	0.005	0.005	0.005	0.3
Ag45Cu	余量	—	—	—	—	—	55±0.5	—	—	—	0.05	0.005	0.005	0.005	0.3
Ag30Cu	余量	—	—	—	—	—	70±0.5	—	—	—	0.05	0.005	0.005	0.005	0.3
Ag25Cu	余量	—	—	—	—	—	75±0.5	—	—	—	0.05	0.005	0.005	0.005	0.3
Ag99.5Ce	余量	—	—	—	—	—	—	—	0.5±0.25	—	0.05	0.005	0.005	0.005	0.3
Ag85Mn	余量	—	—	—	—	—	—	—	—	Mn:15±0.5	0.05	0.005	0.005	0.005	0.3

（续）

牌号	主成分(质量分数,%)										杂质(质量分数,%) ≤				
	Ag[①]	Pd	Pt	Au	Mg	Ni	Cu	Zr	Ce	其他	Fe	Sb	Pb	Bi	总量
Ag52PdCu	余量	20±0.5	—	—	—	—	28±0.5	—	—	—	0.05	0.005	0.005	0.005	0.3
Ag99.55MgNi	余量	—	—	—	0.27±0.02	0.18±0.02	—	—	—	—	0.05	0.005	0.005	0.005	0.3
Ag99.47MgNi	余量	—	—	—	0.29±0.03	0.24±0.02	—	—	—	—	0.05	0.005	0.005	0.005	0.3
Ag98.5ZrCe	余量	—	—	—	—	—	—	1±0.5	0.5±0.25	—	0.05	0.005	0.005	0.005	0.3
Ag80CuNi	余量	—	—	—	—	1.6±0.4	18.4±0.4	—	—	—	0.05	0.005	0.005	0.005	0.3
Ag78CuNi	余量	—	—	—	—	1.6±0.4	20.4±0.4	—	—	—	0.05	0.005	0.005	0.005	0.3
Ag75CuNi	余量	—	—	—	—	0.5±0.15	24.5±0.5	—	—	—	0.05	0.005	0.005	0.005	0.3
Ag89.8CuV	余量	—	—	—	—	—	10±0.5	—	—	V:0.16±0.04	0.05	0.005	0.005	0.005	0.3
Ag98SnCeLa	余量	—	—	—	—	—	—	—	0.5±0.25	Sn:0.8±0.35 La:0.5±0.25	0.05	0.005	0.005	0.005	0.3
Ag88.8CuVZr	余量	—	—	—	—	—	10±1	1±0.5	—	V:0.16±0.04	0.05	0.005	0.005	0.005	0.3

注：1. 杂质元素总量包括但不限于表中所列杂质元素质量分数之和。

2. 表中的“—”对应的元素不必检测。

① Ag99.99、Ag99.90 的 Ag 含量为 100%减去杂质元素总量，其他牌号的 Ag 含量为 100%减去其他主成分的含量。

18.1.2 银及银合金板和带

银及银合金板和带的化学成分见表 18-2。

表 18-2 银及银合金板和带的化学成分（YS/T 201—2018）

牌号	主成分(质量分数,%)									杂质[①](质量分数,%) ≤				
	Ag	Au	Pt	Pd	Cu	Ni	Mg	Ce	其他	Fe	Pb	Sb	Bi	总量
Ag99.99	≥99.99	—	—	—	—	—	—	—	—	0.004	0.002	0.002	0.002	0.01
Ag99.95	≥99.95	—	—	—	—	—	—	—	—	0.03	0.004	0.004	0.004	0.05
Ag88Pt	余量	—	12±0.5	—	—	—	—	—	—	0.1	0.005	0.005	0.005	0.3
Ag80Pt	余量	—	20±0.5	—	—	—	—	—	—	0.1	0.005	0.005	0.005	0.3
Ag90Pd	余量	—	—	10±0.5	—	—	—	—	—	0.1	0.005	0.005	0.005	0.3
Ag80Pd	余量	—	—	20±0.5	—	—	—	—	—	0.1	0.005	0.005	0.005	0.3
Ag52PdCu	余量	—	—	20±0.5	28±0.5	—	—	—	—	0.2	0.005	0.005	0.005	0.3
Ag95Au	余量	5±0.5	—	—	—	—	—	—	—	0.2	0.005	0.005	0.005	0.3
Ag90Au	余量	10±0.5	—	—	—	—	—	—	—	0.1	0.005	0.005	0.005	0.3
Ag69Au	余量	31±0.5	—	—	—	—	—	—	—	0.2	0.005	0.005	0.005	0.3
Ag60Au	余量	40±0.5	—	—	—	—	—	—	—	0.2	0.005	0.005	0.005	0.3

（续）

牌号	主成分（质量分数,%）									杂质[①]（质量分数,%） ≤				
	Ag	Au	Pt	Pd	Cu	Ni	Mg	Ce	其他	Fe	Pb	Sb	Bi	总量
Ag99.5Ce	余量	—	—	—	—	—	—	$0.5^{+0.3}_{-0.2}$	—	0.15	0.005	0.005	0.005	0.3
Ag98.5ZrCe	余量	—	—	—	—	—	—	$0.5^{+0.3}_{-0.2}$	Zr:1±0.5	0.15	0.005	0.005	0.005	0.3
Ag98.2Mg	余量	—	—	—	—	—	$1.8^{+0.2}_{-0.3}$	—	—	0.2	—	—	—	0.3
Ag97Mg	余量	—	—	—	—	—	3±0.5	—	—	0.2	—	—	—	0.3
Ag95.3Mg	余量	—	—	—	—	—	4.7±0.5	—	—	0.2	—	—	—	0.3
Ag99.55MgNi-1	余量	—	—	—	—	0.18±0.02	0.27±0.02	—	—	0.2	—	—	—	0.3
Ag99.55MgNi-2	余量	—	—	—	—	0.2±0.02	0.25±0.02	—	—	0.2	—	—	—	0.3
Ag99.47MgNi	余量	—	—	—	—	0.24±0.02	0.29±0.03	—	—	0.2	—	—	—	0.3
Ag99.4Cu	余量	—	—	—	0.6±0.2	—	—	—	—	0.1	0.005	0.005	0.005	0.2
Ag98Cu	余量	—	—	—	$2^{+0.3}_{-0.5}$	—	—	—	—	0.1	0.005	0.005	0.005	0.2
Ag96Cu	余量	—	—	—	$5^{+0.3}_{-0.5}$	—	—	—	—	0.1	0.005	0.005	0.005	0.2
Ag92.5Cu	余量	—	—	—	7.5±0.5	—	—	—	—	0.15	0.005	0.005	0.005	0.2
Ag91.6Cu	余量	—	—	—	8.4±0.5	—	—	—	—	0.15	0.005	0.005	0.005	0.2
Ag90Cu	余量	—	—	—	10±0.5	—	—	—	—	0.15	0.005	0.005	0.005	0.2
Ag87.5Cu	余量	—	—	—	12.5±0.5	—	—	—	—	0.2	0.005	0.005	0.005	0.3
Ag85Cu	余量	—	—	—	15±0.5	—	—	—	—	0.2	0.005	0.005	0.005	0.3
Ag80Cu	余量	—	—	—	20±0.5	—	—	—	—	0.2	0.005	0.005	0.005	0.3
Ag77Cu	余量	—	—	—	23±0.5	—	—	—	—	0.2	0.005	0.005	0.005	0.35
Ag70Cu	余量	—	—	—	30±0.5	—	—	—	—	0.2	0.005	0.005	0.005	0.35
Ag65Cu	余量	—	—	—	35±0.5	—	—	—	—	0.2	0.005	0.005	0.005	0.4
Ag55Cu	余量	—	—	—	45±0.5	—	—	—	—	0.2	0.005	0.005	0.005	0.4
Ag46Cu	余量	—	—	—	54±1.0	—	—	—	—	0.2	—	—	—	0.5
Ag30Cu	余量	—	—	—	70±1.0	—	—	—	—	0.2	—	—	—	0.5
Ag25Cu	余量	—	—	—	75±1.0	—	—	—	—	0.2	—	—	—	0.5
Ag89.8CuV	余量	—	—	—	10±1.0	—	—	—	V:0.2~0.7	0.2	0.005	0.005	0.005	0.4
Ag89.9CuV	余量	—	—	—	10±1.0	—	—	—	V:0.1~0.7	0.2	0.005	0.005	0.005	0.4

（续）

牌号	主成分（质量分数，%）									杂质①（质量分数，%） ≤				
	Ag	Au	Pt	Pd	Cu	Ni	Mg	Ce	其他	Fe	Pb	Sb	Bi	总量
Ag88.8CuVZr	余量	—	—	—	10±1.0	—	—	—	V:0.2~0.7 Zr:1±0.5	0.2	0.005	0.005	0.005	0.4
Ag78CuNi	余量	—	—	—	20±0.8	2±0.5	—	—	—	0.2	0.005	0.005	0.005	0.35
Ag80CuNi	余量	—	—	—	18±0.8	2±0.5	—	—	—	0.2	0.005	0.005	0.005	0.35
Ag98SnCeLa	余量	—	—	—	—	—	—	$0.5^{+0.3}_{-0.2}$	Sn: $1^{+0.3}_{-0.2}$ La: $0.5^{+0.3}_{-0.2}$	0.1	0.005	0.005	0.005	0.30

① 合金杂质元素总量不做出厂分析，合金中铁、铅、锑、铋只做原料分析。经双方协商，并在订货合同中注册，可做成品分析。

18.1.3 银及银合金箔

银及银合金箔的化学成分见表 18-3。

表 18-3 银及银合金箔的化学成分（YS/T 202—2023）

牌号	主成分（质量分数，%）									杂质（质量分数，%） ≤				
	Ag①	Pd	Pt	Au	Mg	Ni	Cu	Ce	其他	Fe	Sb	Pb	Bi	总量
Ag99.99	≥99.99	—	—	—		—	—	—	—	0.004	0.002	0.002	0.002	0.01
Ag99.95	≥99.95	—	—	—		—	—	—	—	0.03	0.004	0.004	0.004	0.05
Ag90Pd	余量	10±0.5	—	—	—	—	—	—	—	0.1	0.005	0.005	0.005	0.3
Ag80Pd	余量	20±0.5	—	—	—	—	—	—	—	0.1	0.005	0.005	0.005	0.3
Ag70Pd	余量	30±0.5	—	—	—	—	—	—	—	0.2	0.005	0.005	0.005	0.3
Ag88Pt	余量	—	12±0.5	—	—	—	—	—	—	0.1	0.005	0.005	0.005	0.3
Ag80Pt	余量	—	20±0.5	—	—	—	—	—	—	0.1	0.005	0.005	0.005	0.3
Ag95Au	余量	—	—	5±0.5	—	—	—	—	—	0.2	0.005	0.005	0.005	0.3
Ag90Au	余量	—	—	10±0.5	—	—	—	—	—	0.1	0.005	0.005	0.005	0.3
Ag69Au	余量	—	—	31±0.5	—	—	—	—	—	0.2	0.005	0.005	0.005	0.3
Ag60Au	余量	—	—	40±0.5	—	—	—	—	—	0.2	0.005	0.005	0.005	0.3
Ag98.2Mg	余量	—	—	—	1.8±0.2	—	—	—	—	0.2	—	—	—	0.3
Ag97Mg	余量	—	—	—	3±0.5	—	—	—	—	0.2	—	—	—	0.3
Ag95.3Mg	余量	—	—	—	4.7±0.5	—	—	—	—	0.2	—	—	—	0.3
Ag99.4Cu	余量	—	—	—		—	0.6±0.2	—	—	0.1	0.005	0.005	0.005	0.2
Ag98Cu	余量	—	—	—		—	2±0.3	—	—	0.1	0.005	0.005	0.005	0.2
Ag96Cu	余量	—	—	—		—	4±0.3	—	—	0.1	0.005	0.005	0.005	0.2
Ag92.5Cu	余量	—	—	—		—	7.5±0.5	—	—	0.15	0.005	0.005	0.005	0.2
Ag91.6Cu	余量	—	—	—		—	8.4±0.5	—	—	0.15	0.005	0.005	0.005	0.2

（续）

牌号	主成分（质量分数，%）									杂质（质量分数，%）　≤				
	Ag[①]	Pd	Pt	Au	Mg	Ni	Cu	Ce	其他	Fe	Sb	Pb	Bi	总量
Ag90Cu	余量	—	—	—		—	10±0.5	—	—	0.15	0.005	0.005	0.005	0.2
Ag87.5Cu	余量	—	—	—		—	12.5±0.5	—	—	0.2	0.005	0.005	0.005	0.3
Ag85Cu	余量	—	—	—		—	15±0.5	—	—	0.2	0.005	0.005	0.005	0.3
Ag80Cu	余量	—	—	—		—	20±0.5	—	—	0.2	0.005	0.005	0.005	0.3
Ag77Cu	余量	—	—	—		—	23±0.5	—	—	0.2	0.005	0.005	0.005	0.35
Ag70Cu	余量	—	—	—		—	30±0.5	—	—	0.2	0.005	0.005	0.005	0.35
Ag65Cu	余量	—	—	—		—	35±0.5	—	—	0.2	0.005	0.005	0.005	0.4
Ag55Cu	余量	—	—	—		—	45±0.5	—	—	0.2	0.005	0.005	0.005	0.4
Ag46Cu	余量	—	—	—		—	54±1.0	—	—	0.2	—	—	—	0.5
Ag30Cu	余量	—	—	—		—	70±1.0	—	—	0.2	—	—	—	0.5
Ag25Cu	余量	—	—	—		—	75±1.0	—	—	0.2	—	—	—	0.5
Ag99.5Ce	余量	—	—	—	—	—	—	0.5±0.2	—	0.15	0.005	0.005	0.005	0.3
Ag68CuPd	余量	5±0.5	—		—	—	27±0.5	—	—	0.2	0.005	0.005	0.005	0.3
Ag58CuPd	余量	10±0.5	—		—	—	32±1.0	—	—	0.2	0.005	0.005	0.005	0.3
Ag52CuPd	余量	20±0.5	—		—	—	28±0.5	—	—	0.2	0.005	0.005	0.005	0.3
Ag89.9CuV	余量	—	—	—	—	—	10±1.0	—	V:0.1+0.2	0.2	0.005	0.005	0.005	0.4
Ag89.8CuV	余量	—	—	—	—	—	10±1.0	—	V:0.2+0.3	0.2	0.005	0.005	0.005	0.4
Ag80CuNi	余量	—	—		—	2±0.5	18±0.8	—	—	0.2	0.005	0.005	0.005	0.35
Ag78CuNi	余量	—	—		—	2±0.5	20±0.8	—	—	0.2	0.005	0.005	0.005	0.35
Ag72CuTi	余量	—	—		—	—	26±0.5	—	Ti:2±0.5	0.2	0.005	0.005	0.005	0.35
Ag64CuTi	余量	—	—	—	—	—	34.5±0.5	—	Ti:1.5±0.5	0.2	0.005	0.005	0.005	0.35
Ag99.55MgNi-1	余量	—	—	—	0.27±0.02	0.18±0.02	—	—	—	0.2	—			0.3
Ag99.55MgNi-2	余量	—	—	—	0.25±0.02	0.2±0.02	—	—	—	0.2	—	—	—	0.3
Ag99.47MgNi	余量	—	—	—	0.29±0.03	0.24±0.02	—	—	—	0.2	—	—	—	0.3

（续）

牌号	主成分(质量分数,%)									杂质(质量分数,%) ≤				
	Ag①	Pd	Pt	Au	Mg	Ni	Cu	Ce	其他	Fe	Sb	Pb	Bi	总量
Ag98.5ZrCe	余量	—	—	—	—	—	—	0.5±0.2	Zr:1±0.5	0.15	0.005	0.005	0.005	0.3
Ag88.8CuVZr	余量	—	—	—	—	—	10±1.0	—	V:0.2+0.3 Zr:1±0.5	0.2	0.005	0.005	0.005	0.4

注：1. 杂质元素总量包括但不限于表中所列元素。

2. 牌号中的“-1、-2”是为了区分添加元素的不同。

3. 表中的“—”对应的元素不必检测。

① Ag99.99、Ag99.95 的 Ag 含量为 100%减去杂质元素总量，其他牌号的 Ag 含量为 100%减去其他主成分的含量。

18.1.4 片状银粉

1. 片状银粉的物理性能（见表 18-4）

表 18-4 片状银粉的物理性能（GB/T 1773—2008）

项目		PAg-S2	PAg-S8	PAg-S15
粒径分布/μm	D_{10}	≤0.5	1~4	≤5
	D_{50}	≤2	2~8	8~15
	D_{90}	≤10	5~15	≤25
比表面积/(m^2/g)		≥2	≥0.5	≤0.5
松装密度/(g/cm^3)		0.5~2	1.2~2.5	1.0~2.0
振实密度/(g/cm^3)		3~6	2.5~4.5	2.0~3.5
烧损率(%)	110℃	≤1	≤0.8	≤0.8
	538℃	≤3	≤2	≤2

2. 片状银粉的化学成分（见表 18-5）

表 18-5 片状银粉的化学成分（GB/T 1773—2008）

项目	Ag (质量分数,%) ≥	杂质(质量分数,%) ≤												
		Pt	Pd	Au	Rh	Ir	Cu	Ni	Fe	Pb	Al	Sb	Bi	Cd	杂质总量
指标	99.95	0.002	0.002	0.002	0.001	0.001	0.01	0.005	0.01	0.001	0.005	0.001	0.002	0.001	0.05

注：银的质量分数是指在 540℃ 灼烧至恒重后分析所得的银的量。

18.1.5 银条

银条的牌号和规格见表 18-6。

表 18-6 银条的牌号和规格（YS/T 857—2012）

牌号	标称重量/g	加工工艺	(长/mm)×(宽/mm)	允许偏差/mm
IC-Ag99.99	5000	浇铸、熔铸	195×90	±2
	2000	浇铸、熔铸	150×60	±2
	1000	浇铸、熔铸	130×52	±2
	500	浇铸、熔铸	120×38	±2
	200	浇铸、熔铸	95×32	±2
	100	浇铸、熔铸	78×23	±2
	50	浇铸、熔铸	60×19	±2

（续）

牌号	标称重量/g	加工工艺	(长/mm)×(宽/mm)	允许偏差/mm
Pl-Ag99.99	200	压制	90×31	±1
	100	压制	81×28	±1
	50	压制	72×25	±1
	20	压制	40×15	±1

18.1.6 银锭

1. 银锭的规格（见表18-7）

表18-7 银锭的规格（GB/T 4135—2016）

规格重量/kg		长度/mm	宽度/mm	重量/kg
15		365±20	135±20	15±1
30	正面	300±50	150±40	30±3
	底面	255±50	108±25	

2. 银锭的化学成分（见表18-8）

表18-8 银锭的化学成分（GB/T 4135—2016）

牌号	化学成分(质量分数,%)									
	Ag ≥	杂质 ≤								
		Cu	Pb	Fe	Sb	Se	Te	Bi	Pd	杂质总和
IC-Ag99.99	99.99	0.0025	0.001	0.001	0.001	0.0005	0.0008	0.0008	0.001	0.01
IC-Ag99.95	99.95	0.025	0.015	0.002	0.002	—	—	0.001	—	0.05
IC-Ag99.90	99.90	0.05	0.025	0.002	—	—	—	0.002	—	0.10

18.1.7 高纯银锭

1. 高纯银锭的规格（见表18-9）

表18-9 高纯银锭的规格（GB/T 39810—2021）

规格重量/kg	长度/mm	宽度/mm	重量/kg
1	120±10	60.0±5	1±0.1
5	170±10	80±5	5±0.5
15	365±20	135±20	15±1

2. 高纯银锭的化学成分（见表18-10）

表18-10 高纯银锭的化学成分（GB/T 39810—2021）

牌号	化学成分(质量分数,%)										
	Ag ≥	杂质 ≤									
		Cu	Bi	Fe	Pb	Sb	Pd	Se	Te	As	Mg
IC-Ag 99.9999	99.9999	0.00005	0.00005	0.00005	0.00005	0.00005	0.00005	0.00005	0.00005	0.00005	0.00005
IC-Ag 99.999	99.999	0.0005	0.0002	0.0002	0.0005	0.0001	0.0001	0.0001	0.0002	0.0001	0.0001
IC-Ag 99.995	99.995	0.0008	0.0005	0.0006	0.0006	0.0005	0.0005	0.0005	0.0005	0.0005	0.0005

（续）

牌号	化学成分（质量分数,%）											
	杂质 ≤											
	Au	Co	Mn	Ni	Pr	Rh	Sn	Zn	Cd	Ca	Al	杂质总和
IC-Ag 99.9999	0.00005	0.00005	0.00005	0.00005	0.00005	0.00005	0.00005	0.00005	0.00005	0.00005	0.00005	0.0001
IC-Ag 99.999	0.0001	0.0001	0.0001	0.0001	0.0001	0.0001	0.0001	0.0001	0.0001	0.0001	0.0001	0.001
IC-Ag 99.995	0.0005	0.0005	0.0005	0.0005	0.0005	0.0005	0.0005	0.0005	0.0005	0.0005	0.0005	0.005

18.1.8 银钎料

银钎料的化学成分见表 18-11。真空钎焊或在真空条件及类似限定条件下服役的钎料杂质元素成分要求见表 18-12。

表 18-11 银钎料的化学成分（GB/T 10046—2018）

牌号	化学成分(质量分数,%)								熔化温度范围（参考值）/℃	
	Ag	Cu	Zn	Cd	Sn	Ni	Mn	其他	固相线	液相线
Ag-Cu 钎料										
BAg100	≥99.95	0.05	—	—	—	—	—	—	961	961
BAg50Cu	49.0~51.0	余量	—	—	—	—	—	—	779	872
BAg54PdCu	53.0~55.0	余量	—	—	—	—	—	Pd:24.50~25.50	900	950
BAg58CuPd	57.0~59.0	余量	—	—	—	—	—	Pd:9.50~10.50	824	852
BAg68CuPd	67.0~69.0	余量	—	—	—	—	—	Pd:4.50~5.50	806	809
BAg72Cu	71.0~73.0	余量	—	—	—	—	—	—	779	779
BAg72Cu(Li)	71.0~73.0	余量	—	—	—	—	—	Li:0.25~0.50	766	766
BAg72Cu(Ni)	70.5~72.5	余量	—	—	—	0.3~0.7	—	—	779	795
BAg85Cu	84.0~86.0	余量	—	—	—	—	—	—	779	840
BAg92Cu	91.5~93.5	余量	—	—	—	—	—	—	779	888
BAg92Cu(Li)	92.0~93.0	余量	—	—	—	—	—	Li:0.15~0.30	760	891
Ag-Cu-Zn 钎料										
BAg5CuZn(Si)	4.0~6.0	54.0~56.0	38.0~42.0	—	—	—	—	Si:0.05~0.25	820	870
BAg12CuZn(Si)	11.0~13.0	47.0~49.0	38.0~42.0	—	—	—	—	Si:0.05~0.25	800	830
BAg20CuZn(Si)	19.0~21.0	43.0~45.0	34.0~38.0	—	—	—	—	Si:0.05~0.25	690	810

（续）

牌号	化学成分(质量分数,%)								熔化温度范围(参考值)/℃	
	Ag	Cu	Zn	Cd	Sn	Ni	Mn	其他	固相线	液相线
Ag-Cu-Zn 钎料										
BAg25CuZn	24.0~26.0	39.0~41.0	33.0~37.0	—	—	—	—	—	700	790
BAg30CuZn	29.0~31.0	37.0~39.0	30.0~34.0	—	—	—	—	—	680	765
BAg30CuZnNi(Si)	29.0~31.0	35.0~37.0	29.5~34.0	—	—	2.0~2.5	—	Si:0.05~0.15	675	790
BAg35ZnCu	34.0~36.0	31.0~33.0	31.0~35.0	—	—	—	—	—	685	755
BAg44CuZn	43.0~45.0	29.0~31.0	24.0~28.0	—	—	—	—	—	675	735
BAg45CuZn	44.0~46.0	29.0~31.0	23.0~27.0	—	—	—	—	—	665	745
BAg50CuZn	49.0~51.0	33.0~35.0	14.0~18.0	—	—	—	—	—	690	775
BAg60CuZn	59.0~61.0	25.0~27.0	12.0~16.0	—	—	—	—	—	695	730
BAg63CuZn	62.0~64.0	23.0~25.0	11.0~15.0	—	—	—	—	—	690	730
BAg65CuZn	64.0~66.0	19.0~21.0	13.0~17.0	—	—	—	—	—	670	720
BAg70CuZn	69.0~71.0	19.0~21.0	8.0~12.0	—	—	—	—	—	690	740
Ag-Cu-Zn-Sn 钎料										
BAg25CuZnSn	24.0~26.0	39.0~41.0	31.0~35.0	—	1.5~2.5	—	—	—	680	760
BAg30CuZnSn	29.0~31.0	35.0~37.0	30.0~34.0	—	1.5~2.5	—	—	—	665	755
BAg34CuZnSn	33.0~35.0	35.0~37.0	25.5~29.5	—	2.0~3.0	—	—	—	630	730
BAg38CuZnSn	37.0~39.0	31.0~33.0	26.0~30.0	—	1.5~2.5	—	—	—	650	720
BAg40CuZnSn	39.0~41.0	29.0~31.0	26.0~30.0	—	1.5~2.5	—	—	—	650	710
BAg45CuZnSn	44.0~46.0	26.0~28.0	23.5~27.5	—	2.0~3.0	—	—	—	640	680
BAg55ZnCuSn	54.0~56.0	20.0~22.0	20.0~24.0	—	1.5~2.5	—	—	—	630	660
BAg56CuZnSn	55.0~57.0	21.0~23.0	15.0~19.0	—	4.5~5.5	—	—	—	620	655
BAg60CuZnSn	59.0~61.0	22.0~24.0	12.0~16.0	—	2.0~4.0	—	—	—	620	685
BAg60CuSn	59.0~61.0	余量	—	—	9.5~10.5	—	—	—	600	730

（续）

牌号	化学成分(质量分数,%)								熔化温度范围(参考值)/℃	
	Ag	Cu	Zn	Cd	Sn	Ni	Mn	其他	固相线	液相线
Ag-Cu-Zn-Cd 钎料										
BAg20CuZnCd	19.0~21.0	39.0~41.0	23.0~27.0	13.0~17.0	—	—	—	—	605	765
BAg25CuZnCd	24.0~26.0	29.0~31.0	25.5~29.5	16.5~18.5	—	—	—	—	605	720
BAg30CuZnCd	29.0~31.0	27.0~29.0	19.0~23.0	19.0~23.0	—	—	—	—	600	690
BAg35CuZnCd	34.0~36.0	25.0~27.0	19.0~23.0	17.0~19.0	—	—	—	—	610	700
BAg40CuZnCd	39.0~41.0	18.0~20.0	19.0~23.0	18.0~22.0	—	—	—	—	595	630
BAg45CdZnCu	44.0~46.0	14.0~16.0	14.0~18.0	23.0~25.0	—	—	—	—	605	620
BAg50CdZnCu	49.0~51.0	14.5~16.5	14.5~18.5	17.0~19.0	—	—	—	—	620	640
BAg40CdCuZn(Ni)	39.0~41.0	15.5~16.5	15.5~19.5	25.0~28.5	—	0.1~0.3	—	—	595	605
BAg50ZnCdCuNi	49.0~51.0	14.5~16.5	13.5~17.5	15.0~17.0	—	2.5~3.5	—	—	635	655
Ag-Cu-Zn-In 钎料										
BAg30CuZnIn	29.0~31.0	37.0~39.0	25.5~28.5	—	—	—	—	In:4.5~5.5	640	755
BAg34CuZnIn	33.0~35.0	34.0~36.0	28.5~31.5	—	—	—	—	In:0.8~1.2	660	740
BAg40CuZnIn	39.0~41.0	29.0~31.0	23.5~26.5	—	—	—	—	In:4.5~5.5	635	715
BAg62CuIn	60.5~62.5	余量	—	—	—	—	—	In:14.0~15.0	624	707
Ag-Cu-Zn-Ni-Mn 钎料										
BAg25CuZnMnNi	24.0~26.0	37.0~39.0	31.0~35.0	—	—	1.5~2.5	1.5~2.5	—	705	800
BAg27CuZnMnNi	26.0~28.0	37.0~39.0	18.0~22.0	—	—	5.0~6.0	8.5~10.5	—	680	830
BAg40CuZnNi	39.0~41.0	29.0~31.0	26.0~30.0	—	—	1.5~2.5	—	—	670	780
BAg49ZnCuMnNi	48.0~50.0	15.0~17.0	21.0~25.0	—	—	4.0~5.0	7.0~8.0	—	680	705
BAg50ZnCuNi	49.0~51.0	19.0~21.0	26.0~30.0	—	—	1.5~2.5	—	—	660	705
BAg54CuZn(Ni)	53.0~55.0	余量	4.0~6.0	—	—	0.5~1.5	—	—	760	845
Ag-Cu-Zn-Ni-Mn 钎料										
BAg56CuNi	55.0~57.0	余量	—	—	—	1.5~2.5	—		785	870
BAg56CuInNi	55.0~57.0	26.25~28.25	—	—	—	2.0~2.5	—	In:13.5~15.5	600	710

（续）

牌号	化学成分(质量分数,%)								熔化温度范围(参考值)/℃	
	Ag	Cu	Zn	Cd	Sn	Ni	Mn	其他	固相线	液相线
Ag-Cu-Zn-Ni-Mn 钎料										
BAg63CuSnNi	62.0~64.0	27.5~29.5	—	—	5.0~7.0	2.0~3.0	—	—	690	800
BAg85Mn	84.0~86.0	—	—	—	—	—	余量	—	960	970

注：1. 表中单值为最大值，“余量”表示100%与其余元素含量总和的差值。

2. 表中所有牌号钎料的杂质元素最大质量分数是：Al 0.001%，Bi 0.030%，Cd 0.010%；P 0.008%，Pb 0.025%，Si 0.05%；BAg27CuZnMnNi、BAg49ZnCuMnNi 和 BAg85Mn 钎料的杂质元素总的质量分数≤0.30%，其他型号钎料杂质元素总的质量分数≤0.15。

表 18-12　钎料的杂质元素成分要求（GB/T 10046—2018）

杂质元素	最大值(质量分数,%)	
	1级	2级
C①	0.005	0.005
Cd	0.001	0.002
P	0.002	0.002②
Pb	0.002	0.002
Zn	0.001	0.002
Mn	0.001	0.002
In③	0.002	0.003
500℃时蒸汽压大于 1.3×10^{-5}Pa 的其他元素	0.001	0.002

注：表中单值为最大值。500℃时蒸气压大于 1.3×10^{-5}Pa 的其他元素如 Ca、Cs、K、Li、Mg、Na、Rb、S、Sb、Se、Sr、Te、Tl，对于这些元素（包括 Cd、Pb 和 Zn），其总的质量分数≤0.010%。1 级钎料中其他杂质元素总的质量分数≤0.010%，2 级钎料中其他杂质元素总的质量分数≤0.050%。

① 对于钎料 BAg72Cu，更为严格的碳含量要求可由供需双方商定。

② 对于钎料 BAg72Cu，最大的质量分数为 0.02%。

③ 除非另有规定。

18.1.9　钽电容器用银铜合金棒、管和带

1. 钽电容器用银铜合金棒、管和带的牌号、状态及规格（见表 18-13）

表 18-13　钽电容器用银铜合金棒、管和带的牌号、状态及规格（GB/T 23521—2009）

棒材				
牌号	状态	直径/mm	长度/mm	
Ag95Cu	硬态	4.5~20	1500	
管材				
牌号	状态	壁厚/mm	内径/mm	长度/mm
Ag95Cu	硬态	0.25	4.5~7.0	1200
		0.30	>7.0~9.0	
		0.35	>9.0	
带材				
牌号	状态	厚度/mm	宽度/mm	
Ag95Cu	软态	0.20~0.30	≥150	
		>0.30~0.46		
		>0.46		

2. 钽电容器用银铜合金棒、管和带的化学成分（见表 18-14）

表 18-14 钽电容器用银铜合金棒、管和带的化学成分（GB/T 23521—2009）

Ag(质量分数,%) ≥	Cu(质量分数,%)	杂质(质量分数,%) ≤				
		Fe	Pb	Sb	Bi	杂质总和
99.45	0.5±0.05	0.002	0.002	0.0025	0.002	0.05

18.2 金及金合金

18.2.1 金及金合金丝、线和棒

金及金合金丝、线和棒的化学成分见表 18-15。

表 18-15 金及金合金丝、线和棒的化学成分（YS/T 203—2023）

牌号	主成分(质量分数,%)									杂质(质量分数,%) ≤				
	Au[①]	Pd	Ag	Pt	Mn	Ni	Cu	Zn	其他	Fe	Sb	Pb	Bi	总量
Au99.999	≥99.999	—	—	—	—	—	—	—	—	—	—	—	—	0.001
Au99.99	≥99.99	—	—	—	—	—	—	—	—	0.004	0.002	0.002	0.002	0.01
Au99.90	≥99.90	—	—	—	—	—	—	—	—	0.004	0.004	0.004	0.004	0.1
Au75Pd	余量	25±0.5	—	—	—	—	—	—	—	0.05	0.005	0.005	0.005	0.3
Au70Pd	余量	30±0.5	—	—	—	—	—	—	—	0.05	0.005	0.005	0.005	0.3
Au65Pd	余量	35±0.5	—	—	—	—	—	—	—	0.05	0.005	0.005	0.005	0.3
Au60Pd	余量	40±0.5	—	—	—	—	—	—	—	0.05	0.005	0.005	0.005	0.3
Au50Pd	余量	50±0.5	—	—	—	—	—	—	—	0.05	0.005	0.005	0.005	0.3
Au90Ag	余量	—	10±0.5	—	—	—	—	—	—	0.05	0.005	0.005	0.005	0.3
Au80Ag	余量	—	20±0.5	—	—	—	—	—	—	0.05	0.005	0.005	0.005	0.3
Au75Ag	余量	—	25±0.52	—	—	—	—	—	—	0.05	0.005	0.005	0.005	0.3
Au70Ag	余量	—	30±0.5	—	—	—	—	—	—	0.05	0.005	0.005	0.005	0.3
Au65Ag	余量	—	35±0.5	—	—	—	—	—	—	0.05	0.005	0.005	0.005	0.3
Au60Ag	余量	—	40±0.5	—	—	—	—	—	—	0.05	0.005	0.005	0.005	0.3
Au95Pt	余量	—	—	5±0.5	—	—	—	—	—	0.05	0.005	0.005	0.005	0.3
Au93Pt	余量	—	—	7±0.5	—	—	—	—	—	0.05	0.005	0.005	0.005	0.3
Au95Ni	余量	—	—	—	—	5±0.5	—	—	—	0.05	0.005	0.005	0.005	0.3

（续）

牌号	主成分（质量分数,%）									杂质（质量分数,%）　≤				
	Au①	Pd	Ag	Pt	Mn	Ni	Cu	Zn	其他	Fe	Sb	Pb	Bi	总量
Au91Ni	余量	—	—	—	—	9±0.5	—	—	—	0.05	0.005	0.005	0.005	0.3
Au88Ni	余量	—	—	—	—	12±0.5	—	—	—	0.05	0.005	0.005	0.005	0.3
Au97Zr	余量	—	—	—	—	—	—	—	Zr:3±0.15	0.05	0.005	0.005	0.005	0.3
Au65PdPt	余量	30±0.5	—	5±0.5	—	—	—	—	—	0.05	0.005	0.005	0.005	0.3
Au37PdAg	余量	38±1	25±1	—	—	—	—	—	—	0.05	0.005	0.005	0.005	0.3
Au96AgCu	余量	—	3±0.5	—	—	—	1±0.3	—	—	0.05	0.005	0.005	0.005	0.3
Au72AgNi	余量	—	26±1	—	—	2±0.5	—	—	—	0.05	0.005	0.005	0.005	0.3
Au75AgCu-1	余量	—	20±0.5	—	—	—	5±0.5	—	—	0.05	0.005	0.005	0.005	0.3
Au75AgCu-2	余量	—	13±0.5	—	—	—	12±0.5	—	—	0.05	0.005	0.005	0.005	0.3
Au60AgCu-1	余量	—	35±0.5	—	—	—	5±0.5	—	—	0.05	0.005	0.005	0.005	0.3
Au60AgCu-2	余量	—	25±0.5	—	—	—	15±0.5	—	—	0.05	0.005	0.005	0.005	0.3
Au58.3AgCu	余量	—	33.7±0.5	—	—	—	8±0.5	—	—	0.05	0.005	0.005	0.005	0.3
Au50AgCu	余量	—	20±0.5	—	—	—	30±0.5	—	—	0.05	0.005	0.005	0.005	0.3
Au73.5AgPt	余量	—	23.5±0.5	3±0.5	—	—	—	—	—	0.05	0.005	0.005	0.005	0.3
Au69AgPt	余量	—	25±0.5	6±0.5	—	—	—	—	—	0.05	0.005	0.005	0.005	0.3
Au94NiCr	余量	—	—	—	—	5±0.5	—	—	Cr:0.7±0.15	0.05	0.005	0.005	0.005	0.3
Au93NiCr	余量	—	—	—	—	5±0.5	—	—	Cr:2±0.25	0.05	0.005	0.005	0.005	0.3
Au91NiCu	余量	—	—	—	—	7.5±0.5	1.5±0.5	—	—	0.05	0.005	0.005	0.005	0.3
Au90.5NiGd	余量	—	—	—	—	9±0.5	—	—	Gd:0.45±0.15	0.05	0.005	0.005	0.005	0.3
Au90.5NiY	余量	—	—	—	—	9±0.5	—	—	Y:0.45±0.15	0.05	0.005	0.005	0.005	0.3
Au83NiIn	余量	—	—	—	—	9±0.5	—	—	In:8±0.5	0.05	0.005	0.005	0.005	0.3
Au28CuAgPd	余量	2±0.5	30±0.5	—	—	—	40±0.5	—	—	0.05	0.005	0.005	0.005	0.3
Au25CuAgPd	余量	5±0.5	30±0.5	—	—	—	40±0.5	—	—	0.05	0.005	0.005	0.005	0.3
Au75CuAgZn	余量	—	7±0.5	—			17±0.5	1±0.25		0.05	0.005	0.005	0.005	0.3

（续）

牌号	主成分（质量分数，%）									杂质（质量分数，%） ≤				
	Au①	Pd	Ag	Pt	Mn	Ni	Cu	Zn	其他	Fe	Sb	Pb	Bi	总量
Au73CuPtAg	余量	—	4±0.5	9±0.5	—	—	14±0.5	—	—	0.05	0.005	0.005	0.005	0.3
Au60.5AgCuMn	余量	—	33.5±0.5	—	3±0.5	—	3±0.5	—	—	0.05	0.005	0.005	0.005	0.3
Au60AgCuNi	余量	—	30±0.5	—	—	3±0.5	7±0.5	—	—	0.05	0.005	0.005	0.005	0.3
Au59.6AgCuGd-1	余量	—	35±0.5	—	—	—	5±0.5	—	Gd:0.4±0.15	0.05	0.005	0.005	0.005	0.3
Au59.6AgCuGd-2	余量	—	30±0.5	—	—	—	10±0.5	—	Gd:0.4±0.15	0.05	0.005	0.005	0.005	0.3
Au69CuPtNi	余量	—	—	7±0.5	—	3±0.5	21±0.5	—	—	0.05	0.005	0.005	0.005	0.3
Au93.2NiFeZr	余量	—	—	—	—	5±0.5	—	—	Zr:0.3±0.15 Fe:1.5±0.15	—	0.005	0.005	0.005	0.3
Au88.7NiFeZr	余量	—	—	—	—	9±0.5	—	—	Zr:0.3±0.15 Fe:2±0.15	—	0.005	0.005	0.005	0.3
Au73.5NiCuZn	余量	—	—	—	—	18.5±0.5	2±0.5	6±0.5	—	0.05	0.005	0.005	0.005	0.3
Au72.5NiCuZn	余量	—	—	—	—	20±0.5	2±0.5	5.5±0.5	—	0.05	0.005	0.005	0.005	0.3
Au60CuNiZn	余量	—	—	—	—	9±0.5	30±0.5	0.75±0.25	—	0.05	0.005	0.005	0.005	0.3
Au62CuPdNiRh	余量	12±0.5	—	—	—	3±0.5	21±0.5	—	Rh:2±0.5	0.05	0.005	0.005	0.005	0.3
Au71.5CuPtAgZn	余量	—	4.5±0.5	8.5±0.5	—	—	14±0.5	0.85±0.35	—	0.05	0.005	0.005	0.005	0.3
Au60.5AgCuMnGd	余量	—	33±0.5	—	2.5±0.5	—	3±0.5	—	Gd:0.5±0.15	0.05	0.005	0.005	0.005	0.3
Au80.5CuNiZnMn	余量	—	—	—	0.2±0.05	1.8±0.4	17.5±0.5	—	—	0.05	0.005	0.005	0.005	0.3
Au75.3CuNiZnMn	余量	—	—	—	0.2±0.05	2.5±0.5	22±1	—	—	0.05	0.005	0.005	0.005	0.3

注：1. 杂质元素总量包括但不限于表中所列杂质元素质量分数之和。

2. 牌号中的“-1、-2”是为了区分添加元素的不同。

3. 表中的“—”对应的元素不必检测。

① Au99.999、Au99.99、Au99.90 的 Au 含量为 100%减去杂质元素总量，其他牌号为 Au 含量为 100%减去其他主成分的含量。

18.2.2 金及金合金板和带

金及金合金板和带的化学成分见表 18-16。

表 18-16　金及金合金板和带的化学成分（YS/T 201—2018）

牌号	主成分(质量分数,%)									杂质(质量分数,%)　≤				
	Au	Ag	Pt	Pd	Cu	Ni	Zn	Mn	其他	Fe	Pb	Sb	Bi	总量
Au99.999	≥99.999	—		—	—	—	—	—	—	—	—	—	—	0.001
Au99.99	≥99.99	—	—	—	—	—	—	—	—	0.004	0.002	0.002	0.002	0.01
Au99.95	≥99.95	—	—	—	—	—	—	—	—	0.03	0.004	0.004	0.004	0.05
Au90Ag	余量	10±0.5	—	—	—	—	—	—	—	0.1	0.005	0.005	0.005	0.3
Au80Ag	余量	20±0.5	—	—	—	—	—	—	—	0.2	0.005	0.005	0.005	0.3
Au75Ag	余量	25±0.5	—	—	—	—	—	—	—	0.2	0.005	0.005	0.005	0.3
Au70Ag	余量	30±0.5	—	—	—	—	—	—	—	0.2	0.005	0.005	0.005	0.3
Au65Ag	余量	35±0.5	—	—	—	—	—	—	—	0.2	0.005	0.005	0.005	0.3
Au60Ag	余量	40±0.5	—	—	—	—	—	—	—	0.1	0.005	0.005	0.005	0.3
Au96AgCu	余量	3±0.5	—	—	1±0.3	—	—	—	—	0.2	0.005	0.005	0.005	0.3
Au75AgCu-1	余量	13±0.5	—	—	12±0.5	—	—	—	—	0.2	0.005	0.005	0.005	0.3
Au75AgCu-2	余量	20±0.5	—	—	5±0.5	—	—	—	—	0.2	0.005	0.005	0.005	0.3
Au50AgCu	余量	20±0.5	—	—	30±0.5	—	—	—	—	0.2	0.005	0.005	0.005	0.3
Au60AgCu-1	余量	25±0.5	—	—	15±0.5	—	—	—	—	0.2	0.005	0.005	0.005	0.3
Au58.3AgCu	余量	33.7±0.5	—	—	8±0.5	—	—	—	—	0.2	0.005	0.005	0.005	0.3
Au60AgCu-2	余量	35±0.5	—	—	5±0.5	—	—	—	—	0.2	0.005	0.005	0.005	0.3
Au55.6AgCuGd	余量	35±0.5	—	—	5±0.5	—	—	—	Gd:0.4±0.15	0.2	0.005	0.005	0.005	0.3
Au60AgCuNi	余量	30±1.0	—	—	7±0.5	3±0.3	—	—	—	0.2	0.005	0.005	0.005	0.3
Au73.5AgPt	余量	23.5±0.5	3±0.5	—	—	—	—	—	—	0.2	0.005	0.005	0.005	0.3
Au69AgPt	余量	25±0.5	6±0.5	—	—	—	—	—	—	0.2	0.005	0.005	0.005	0.3
Au95Ni	余量	—	—	—	—	5±0.5	—	—	—	0.2	0.005	0.005	0.005	0.3
Au92.5Ni	余量	—	—	—	—	7.5±0.5	—	—	—	0.2	0.005	0.005	0.005	0.3
Au91Ni	余量	—	—	—	—	9±0.5	—	—	—	0.2	0.005	0.005	0.005	0.3
Au88Ni	余量	—	—	—	—	12±0.5	—	—	—	0.2	0.005	0.005	0.005	0.3

（续）

牌号	主成分(质量分数,%)									杂质(质量分数,%) ≤				
	Au	Ag	Pt	Pd	Cu	Ni	Zn	Mn	其他	Fe	Pb	Sb	Bi	总量
Au90.5NiY	余量	—	—	—	—	9±0.5	—	—	Y: $0.5^{+0.1}_{-0.2}$	0.2	0.005	0.005	0.005	0.3
Au90.5NiGd	余量	—	—	—	—	9±0.5	—	—	Gd: $0.5^{+0.1}_{-0.2}$	0.2	0.005	0.005	0.005	0.3
Au91NiCu	余量	—	—	—	1.5±0.5	7.5±0.5	—	—	—	0.2	0.005	0.005	0.005	0.3
Au73.5NiCuZn	余量	—	—	—	2±0.5	18.5±0.5	6±0.5	—	—	0.2	0.005	0.005	0.005	0.3
Au72.5NiCuZn	余量	—	—	—	2±0.5	20±0.5	5.5±0.5	—	—	0.2	0.005	0.005	0.005	0.3
Au80Cu	余量	—	—	—	20±0.5	—	—	—	—	0.2	0.005	0.005	0.005	0.3
Au70Cu	余量	—	—	—	30±0.5	—	—	—	—	0.2	0.005	0.005	0.005	0.3
Au60CuNiZn	余量	—	—	—	30±0.5	3±0.5	7±0.5	—	—	0.2	0.005	0.005	0.005	0.3
Au74.48CuNiZnMn	余量	—	—	—	22±1.0	2.5±0.5	$1^{+0.2}_{-0.5}$	0.02±0.01	—	0.2	0.005	0.005	0.005	0.3
Au79.48CuNiZnMn	余量	13±0.5	—	—	18±1.0	1.8±0.4	$0.7^{+0.2}_{-0.4}$	0.02±0.01	—	0.2	0.005	0.005	0.005	0.3
Au69CuPtNi	余量	—	7±0.5	—	21±1.0	3±0.5	—	—	—	0.2	0.005	0.005	0.005	0.3
Au71.5CuPtAgZn	余量	4.5±0.5	8.5±0.5	—	14.5±0.5	—	$1^{+0.2}_{-0.5}$	—	—	0.2	0.005	0.005	0.005	0.3
Au62CuPdNiRh	余量	—	—	12±0.5	21±0.5	3±0.5	—	—	Rh: 2±0.5	0.2	0.005	0.005	0.005	0.3
Au95Pt	余量	—	5±0.5	—	—	—	—	—	—	0.2	0.005	0.005	0.005	0.3
Au93Pt	余量	—	7±0.5	—	—	—	—	—	—	0.2	0.005	0.005	0.005	0.3
Au97Zr	余量	—	—	—	—	—	—	—	Zr: 3±0.5	0.2	0.005	0.005	0.005	0.3
Au75Pd	余量	—	—	25±0.5	—	—	—	—	—	0.1	—	—	—	0.3
Au70Pd	余量	—	—	30±0.5	—	—	—	—	—	0.1	—	—	—	0.3
Au65Pd	余量	—	—	35±0.5	—	—	—	—	—	0.1	—	—	—	0.3
Au60Pd	余量	—	—	40±0.5	—	—	—	—	—	0.1	—	—	—	0.3
Au50Pd	余量	—	—	50±0.5	—	—	—	—	—	0.1	—	—	—	0.3
Au65PdPt	余量	—	5±0.5	30±0.5	—	—	—	—	—	0.2	—	—	—	0.3

18.2.3　金及金合金箔

1. 金箔的名称、金含量和规格（表 18-17）

表 18-17　金箔的名称、金含量和规格（QB/T 1734—2008）

名称	Au(质量分数,%)	长度/mm	宽度/mm	每百张金箔的单张平均厚度/μm
九九金箔	99±0.5	109.0		0.11±0.02
九八金箔	98±1	93.3		
九六金箔	96±1	85.0		
九二金箔	92±1	83.3		
七七金箔	77±1	80.0		
七四金箔	74±1	44.5		

2. 金及金合金箔的牌号和化学成分（表 18-18）

表 18-18　金及金合金箔的牌号和化学成分（YS/T 202—2023）

牌号	主成分(质量分数,%)									杂质(质量分数,%)　≤				
	Au[①]	Pd	Ag	Pt	Mn	Ni	Cu	Zn	其他	Fe	Sb	Pb	Bi	总量
Au99.999	≥99.999	—	—	—	—	—	—	—	—	—	—	—	—	0.001
Au99.99	≥99.99	—	—	—	—	—	—	—	—	0.004	0.002	0.002	0.002	0.01
Au99.95	≥99.95	—	—	—	—	—	—	—	—	0.03	0.004	0.004	0.004	0.05
Au91Pd	余量	9±0.5	—	—	—	—	—	—	—	0.1	0.005	—	0.005	0.3
Au88Pd	余量	12±0.5	—	—	—	—	—	—	—	0.1	0.005	—	0.005	0.3
Au75Pd	余量	25±0.5	—	—	—	—	—	—	—	0.1	—	—	—	0.3
Au70Pd	余量	30±0.5	—	—	—	—	—	—	—	0.1	—	—	—	0.3
Au65Pd	余量	35±0.5	—	—	—	—	—	—	—	0.1	—	—	—	0.3
Au60Pd	余量	40±0.5	—	—	—	—	—	—	—	0.1	—	—	—	0.3
Au50Pd	余量	50±0.5	—	—	—	—	—	—	—	0.1	—	—	—	0.3
Au90Ag	余量	—	10±0.5	—	—	—	—	—	—	0.1	0.005	0.005	0.005	0.3
Au80Ag	余量	—	20±0.5	—	—	—	—	—	—	0.2	0.005	0.005	0.005	0.3
Au75Ag	余量	—	25±0.5	—	—	—	—	—	—	0.2	0.005	0.005	0.005	0.3
Au70Ag	余量	—	30±0.5	—	—	—	—	—	—	0.2	0.005	0.005	0.005	0.3
Au65Ag	余量	—	35±0.5	—	—	—	—	—	—	0.2	0.005	0.005	0.005	0.3
Au60Ag	余量	—	40±0.5	—	—	—	—	—	—	0.1	0.005	0.005	0.005	0.3

（续）

牌号	主成分（质量分数，%）									杂质（质量分数，%） ≤				
	Au①	Pd	Ag	Pt	Mn	Ni	Cu	Zn	其他	Fe	Sb	Pb	Bi	总量
Au95Pt	余量	—	—	5±0.5	—	—	—	—	—	0.2	—	0.005	—	0.3
Au93Pt	余量	—	—	7±0.5	—	—	—	—	—	0.2	0.005	0.005	0.005	0.3
Au95Ni	余量	—	—	—	—	5±0.5	—	—	—	0.2	0.005	0.005	0.005	0.3
Au92.5Ni	余量	—	—	—	—	7.5±0.5	—	—	—	0.2	0.005	0.005	0.005	0.3
Au91Ni	余量	—	—	—	—	9±0.5	—	—	—	0.2	0.005	0.005	0.005	0.3
Au88Ni	余量	—	—	—	—	12±0.5	—	—	—	0.2	0.005	0.005	0.005	0.3
Au80Cu	余量	—	—	—	—	—	20±0.5	—	—	0.2	0.005	0.005	0.005	0.3
Au17Cu	余量	—	—	—	—	—	83±0.5	—	—	0.2	0.005	0.005	0.005	0.3
Au97Zr	余量	—	—	—	—	—	—	—	Zr:3±0.5	0.2	0.005	0.005	0.005	0.3
Au65PdPt	余量	30±0.5	—	5±0.5	—	—	—	—	—	0.2	—	—	—	0.3
Au73.5AgPt	余量	—	23.5±0.5	3±0.5	—	—	—	—	—	0.2	0.005	0.005	0.005	0.3
Au65AgPt	余量	—	25±0.5	6±0.5	—	—	—	—	—	0.2	0.005	0.005	0.005	0.3
Au96AgCu	余量	—	3±0.5	—	—	—	1±0.3	—	—	0.2	0.005	0.005	0.005	0.3
Au75AgCu-1	余量	—	20±0.5	—	—	—	5±0.5	—	—	0.2	0.005	0.005	0.005	0.3
Au75AgCu-2	余量	—	13±0.5	—	—	—	12±0.5	—	—	0.2	0.005	0.005	0.005	0.3
Au60AgCu-1	余量	—	35±0.5	—	—	—	5±0.5	—	—	0.2	0.005	0.005	0.005	0.3
Au60AgCu-2	余量	—	25±0.5	—	—	—	15±0.5	—	—	0.2	0.005	0.005	0.005	0.3
Au58.3AgCu	余量	—	33.7±0.5	—	—	—	8±0.5	—	—	0.2	0.005	0.005	0.005	0.3
Au50AgCu	余量	—	20±0.5	—	—	—	30±0.5	—	—	0.2	0.005	0.005	0.005	0.3
Au91NiCu	余量	—	—	—	7.5±0.5	1.5±0.5	—	—	—	0.2	0.005	0.005	0.005	0.3
Au90.5NiY	余量	—	—	—	—	9±0.5	—	—	Y:0.5±0.2	0.2	0.005	0.005	0.005	0.3
Au60AgCuNi	余量	—	30±1.0	—	—	3±0.3	7±0.5	—	—	0.2	0.005	0.005	0.005	0.3
Au69CuPtNi	余量	—	—	7±0.5	—	3±0.3	21±1.0	—	—	0.2	0.005	0.005	0.005	0.3
Au73.5NiCuZn	余量	—	—	—	—	18.5±0.5	2±0.5	6±0.5	—	0.2	0.005	0.005	0.005	0.3

（续）

牌号	主成分(质量分数,%)									杂质(质量分数,%) ≤				
	Au①	Pd	Ag	Pt	Mn	Ni	Cu	Zn	其他	Fe	Sb	Pb	Bi	总量
Au72.5NiCuZn	余量	—	—	—	—	20±0.5	2±0.5	5.5±0.5	—	0.2	0.005	0.005	0.005	0.3
Au60CuNiZn	余量	—	—	—	—	3±0.5	30±0.5	7±0.5	—	0.2	0.005	0.005	—	0.3
Au62CuPdNiRh	余量	12±0.5	—	—	—	3±0.5	21±0.5	—	Rh:2±0.5	0.2	—	0.005	—	0.3
Au71.5CuPtAgZn	余量	—	4.5±0.5	8.5±0.5	—	—	14.5±0.5	1±0.3	—	0.2	0.005	0.005	0.005	0.3
Au79.48CuNiZnMn	余量	—	—	—	0.02±0.01	1.8±0.4	18±1.0	0.7±0.3	—	0.2	0.005	0.005	0.005	0.3
Au74.48CuNiZnMn	余量	—	—	—	0.02±0.01	2.5±0.5	22±1.0	1±0.3	—	0.2	0.005	0.005	—	0.3

注：1. 杂质元素总量包括但不限于表中所列元素。
2. 牌号中的“-1、-2”是为了区分添加元素的不同。
3. 表中的“—”对应的元素不必检测。
① Au99.999、Au99.99、Au99.95的Au含量为100%减去杂质元素总量，其他牌号的Au含量为100%减去其他主成分的含量。

18.2.4 超细金粉

PAu-3.0超细金粉的化学成分见表18-19。

表18-19 PAu-3.0超细金粉的化学成分（GB/T 1775—2009）

杂质(质量分数,%) ≤												杂质总量(质量分数,%) ≤
Pt	Pd	Rh	Ir	Ag	Cu	Ni	Fe	Pd	Al	Sb	Bi	
0.001	0.001	0.001	0.001	0.002	0.001	0.001	0.001	0.001	0.001	0.001	0.001	0.01

注：金含量为100%减去表中杂质实测量总量的余量。

18.2.5 金条

1. 金条的牌号和规格（见表18-20）

表18-20 金条的牌号和规格（GB/T 26021—2010）

牌号	生产工艺	标称重量/g	宽度/mm	长度/mm
IC-Au99.99 IC-Au99.95	浇铸	50、100、200、300、500、1000	52±2	115±2
			40±2	96±2
			32±2	88±2
			25±2	68±2
			16±1	60±1
			12±1	40±1
Pl-Au99.99 Pl-Au99.95	压制	20、30、68、100	20±2	60±2
			16±1	45±1
			14±1	42±1
			13±1	40±1

2. 金条的化学成分

IC-Au99.99和Pl-Au99.99应符合GB/T 4134中牌号Au99.99（见表18-22）的化学成分要求，IC-Au99.95和Pl-Au99.95应符合GB/T 4134中牌号Au99.95（见表18-22）的化学成分要求。

18.2.6 金锭

1. 金锭的牌号和规格（见表18-21）

表 18-21 金锭的牌号和规格（GB/T 4134—2021）

牌号	重量/kg	长度/mm		宽度/mm		质量允许偏差/g
		正面	底面	正面	底面	
Au99.995、Au 99.99、Au 99.95、Au 99.90、Au 99.50	1	115±3		53±3		+0.05 -0.00
	3	320±5		70±5		±50
	12.5	225±10	236±10	80±10	58±10	+500 -1500

2. 金锭的化学成分（见表18-22）

表 18-22 金锭的化学成分（GB/T 4134—2021）

牌号	品级	化学成分(质量分数,%)													
		Au ≥	杂质 ≤												杂质总和≤
			Ag	Cu	Fe	Pb	Bi	Sb	Pd	Mg	Sn	Cr	Ni	Mn	
Au99.995	0#	99.995	0.0010	0.0010	0.0010	0.0010	0.0010	0.0010	0.0010	0.0010	0.0010	0.0003	0.0003	0.0003	0.0050
Au99.99	1#	99.99	0.0050	0.0020	0.0020	0.0010	0.0020	0.0010	—	—	—	—	—	—	0.0100
Au99.95	2#	99.95	0.0200	0.0150	0.0030	0.0030	0.0020	0.0020	—	—	—	—	—	—	0.0500
Au99.90	3#	99.90	—	—	—	—	—	—	—	—	—	—	—	—	0.100
Au99.50	4#	99.50	—	—	—	—	—	—	—	—	—	—	—	—	0.500

18.2.7 合质金锭

合质金锭的品级和化学成分见表18-23。

表 18-23 合质金锭的品级和化学成分（GB/T 8930—2001）

品级	化学成分(质量分数,%)		
	Au	杂质	
		Pb	Hg
一级	≥90~99.9	不规定	≤0.01
二级	≥80~<90	≤10	≤0.02
三级	≥70~<80	≤12	≤0.04
四级	≥40~<70	≤12	≤0.04

18.3 铂及铂合金

18.3.1 铂及铂合金丝、线和棒

铂及铂合金丝、线和棒的化学成分（见表18-24）

表 18-24 铂及铂合金丝、线和棒的化学成分（YS/T 203—2023）

牌号	主成分(质量分数,%)							杂质(质量分数,%) ≤		
	Pt[①]	Ru	Rh	Pd	Ir	Ni	Cu	Au	Fe	总量
Pt99.99	≥99.99	—	—	—	—	—	—	0.008	0.002	0.01
Pt99.95	≥99.95	—	—	—	—	—	—	0.01	0.01	0.05
Pt90Ru	余量	10±0.5	—	—	—	—	—	0.05	0.04	0.3

（续）

牌号	主成分(质量分数,%)							杂质(质量分数,%)　≤		
	Pt①	Ru	Rh	Pd	Ir	Ni	Cu	Au	Fe	总量
Pt95Rh	余量	—	5±0.5	—	—	—	—	0.05	0.04	0.3
Pt93Rh	余量	—	7±0.5	—	—	—	—	0.05	0.04	0.3
Pt90Rh	余量	—	10±0.5	—	—	—	—	0.05	0.04	0.3
Pt80Rh	余量	—	20±0.5	—	—	—	—	0.05	0.04	0.3
Pt70Rh	余量	—	30±0.5	—	—	—	—	0.05	0.04	0.3
Pt60Rh	余量	—	40±0.5	—	—	—	—	0.05	0.04	0.3
Pt95Ir	余量	—	—	—	5±0.5	—	—	0.05	0.04	0.3
Pt90Ir	余量	—	—	—	10±0.5	—	—	0.05	0.04	0.3
Pt85Ir	余量	—	—	—	15±0.5	—	—	0.05	0.04	0.3
Pt82.5Ir	余量	—	—	—	17.5±0.5	—	—	0.05	0.04	0.3
Pt80Ir	余量	—	—	—	20±0.5	—	—	0.05	0.04	0.3
Pt75Ir	余量	—	—	—	25±0.5	—	—	0.05	0.04	0.3
Pt70Ir	余量	—	—	—	30±0.5	—	—	0.05	0.04	0.3
Pt95.5Ni	余量	—	—	—	—	4.5±0.5	—	0.05	0.04	0.3
Pt90Ni	余量	—	—	—	—	10±0.5	—	0.05	0.04	0.3
Pt97.5Cu	余量	—	—	—	—	—	2.5±0.5	0.05	0.04	0.3
Pt91.5Cu	余量	—	—	—	—	—	8.5±0.5	0.05	0.04	0.3
Pt60Cu	余量	—	—	—	—	—	40±0.5	0.05	0.04	0.3
Pt74.25IrRu	余量	0.75±0.3	—	—	25±0.5	—	—	0.05	0.04	0.3
Pt93IrNi	余量	—	—	—	6±0.5	1±0.25	—	0.05	0.04	0.3
Pt73IrNi	余量	—	—	—	22±0.5	5.0±0.5	—	0.05	0.04	0.3

注：1. 杂质元素总量包括但不限于表中所列杂质元素质量分数之和。

2. 表中的“—”对应的元素不必检测。

① Pt99.99、Pt99.95 的 Pt 含量为100%减去杂质元素总量，其他牌号的 Pt 含量为100%减去其他主成分的含量。

18.3.2　铂及铂合金板和带

铂及铂合金板和带的化学成分见表 18-25。

表 18-25　铂及铂合金板和带的化学成分（YS/T 201—2018）

牌号	主成分(质量分数,%)							杂质(质量分数,%) ≤		
	Pt	Pd	Ir	Rh	Ru	Cu	Ni	Fe	Au	总量
Pt99.99	≥99.99	—	—	—	—	—	—	0.002	0.008	0.01
Pt99.95	≥99.95	—	—	—	—	—	—	0.01	0.01	0.05
Pt95Ir	余量	—	5±0.5	—	—	—	—	0.05	0.04	0.3
Pt90Ir	余量	—	10±0.5	—	—	—	—	0.05	0.04	0.3
Pt85Ir	余量	—	15±0.5	—	—	—	—	0.05	0.04	0.3
Pt85.5Ir	余量	—	17.5±0.5	—	—	—	—	0.05	0.04	0.3
Pt80Ir	余量	—	20±0.5	—	—	—	—	0.05	0.04	0.3
Pt75Ir	余量	—	25±0.5	—	—	—	—	0.05	0.04	0.3
Pt70Ir	余量	—	30±0.5	—	—	—	—	0.05	0.04	0.3
Pt74.25IrRu	余量	—	25±0.5	—	0.75±0.3	—	—	0.05	0.04	0.3
Pt90Ru	余量	—	—	—	10±0.5	—	—	0.05	0.04	0.3
Pt95Rh	余量	—	—	5±0.5	—	—	—	0.05	0.04	0.3
Pt93Rh	余量	—	—	7±0.5	—	—	—	0.05	0.04	0.3
Pt90Rh	余量	—	—	10±0.5	—	—	—	0.05	0.04	0.3

(续)

牌号	主成分(质量分数,%)							杂质(质量分数,%) ≤		
	Pt	Pd	Ir	Rh	Ru	Cu	Ni	Fe	Au	总量
Pt80Rh	余量	—	—	20±0.5	—	—	—	0.05	0.04	0.3
Pt70Rh	余量	—	—	30±0.5	—	—	—	0.05	0.04	0.3
Pt95.5Ni	余量	—	—	—	—	—	4.5±0.5	0.05	0.04	0.3
Pt60Cu	余量	—	—	—	—	40±0.5	—	0.05	0.04	0.3

18.3.3 铂及铂合金箔

铂及铂合金箔的化学成分见表18-26。

表18-26 铂及铂合金箔的化学成分（YS/T 202—2023）

牌号	主成分(质量分数,%)									杂质(质量分数,%) ≤				
	Pt①	Ru	Rh	Pd	Ir	Ni	Cu	—	其他	Au	Fe	—	—	总量
Pt99.99	≥99.99	—	—	—	—	—	—	—	—	0.008	0.002	—	—	0.01
Pt99.95	≥99.95	—	—	—	—	—	—	—	—	0.01	0.01	—	—	0.05
Pt95Rh	余量	—	5±0.5	—	—	—	—	—	—	0.04	0.05	—	—	0.3
Pt93Rh	余量	—	7±0.5	—	—	—	—	—	—	0.04	0.05	—	—	0.3
Pt90Rh	余量	—	10±0.5	—	—	—	—	—	—	0.04	0.05	—	—	0.3
Pt80Rh	余量	—	20±0.5	—	—	—	—	—	—	0.04	0.05	—	—	0.3
Pt70Rh	余量	—	30±0.5	—	—	—	—	—	—	0.04	0.05	—	—	0.3
Pt95Ir	余量	—	—	—	5±0.5	—	—	—	—	0.04	0.05	—	—	0.3
Pt90Ir	余量	—	—	—	10±0.5	—	—	—	—	0.04	0.05	—	—	0.3
Pt95.5Ni	余量	—	—	—	—	4.5±0.5	—	—	—	0.04	0.05	—	—	0.3
Pt60Cu	余量	—	—	—	—	—	40±0.5	—	—	0.04	0.05	—	—	0.3

注：1. 杂质元素总量包括但不限于表中所列元素。

2. 表中的“—”对应的元素不必检测。

① Pt99.99、Pt99.95的Pt含量为100%减去杂质元素总量，其他牌号的Pt含量为100%减去其他主成分的含量。

18.3.4 海绵铂

海绵铂的化学成分见表18-27。

表18-27 海绵铂的化学成分（GB/T 1419—2015）

牌号		SM-Pt 99.99	SM-Pt 99.95	SM-Pt 99.9
Pt(质量分数,%) ≥		99.99	99.95	99.9
杂质(质量分数,%) ≤	Pd	0.003	0.01	0.03
	Rh	0.003	0.02	0.03

（续）

牌号		SM-Pt 99.99	SM-Pt 99.95	SM-Pt 99.9
Pt(质量分数,%) ≥		99.99	99.95	99.9
杂质(质量分数,%) ≤	Ir	0.003	0.02	0.03
	Ru	0.003	0.02	0.04
	Au	0.003	0.01	0.03
	Ag	0.001	0.005	0.01
	Cu	0.001	0.005	0.01
	Fe	0.001	0.005	0.01
	Ni	0.001	0.005	0.01
	Al	0.003	0.005	0.01
	Pb	0.002	0.003	0.01
	Mn	0.002	0.005	0.01
	Cr	0.002	0.005	0.01
	Mg	0.002	0.005	0.01
	Sn	0.002	0.005	0.01
	Si	0.003	0.005	0.01
	Zn	0.002	0.005	0.01
	Bi	0.002	0.005	0.01
杂质总量(质量分数,%) ≤		0.01	0.05	0.10

注：表中未规定的元素控制限及分析方法，由供需双方共同协商确定。

18.3.5 超细铂粉

1. 超细铂粉的牌号和物理性能（见表18-28）

表18-28　超细铂粉的牌号和物理性能（GB/T 1776—2009）

牌号	比表面积/(m^2/g)	散装密度/(g/m^3)	振实密度/(g/m^3)
PPt-3.0	3.5~7.0	0.7~1.0	1.0~1.4

2. 超细铂粉的化学成分（见表18-29）

表18-29　超细铂粉的化学成分（GB/T 1776—2009）

Pt(质量分数,%) ≥	杂质(质量分数,%) ≤												杂质总量(质量分数,%)≤
	Pd	Rh	Ir	Au	Ag	Cu	Ni	Fe	Pb	Al	Si	Cd	
99.95	0.02	0.02	0.02	0.02	0.005	0.005	0.005	0.005	0.001	0.005	0.005	0.001	0.05

注：铂含量为100%减去表中杂质实测量总量的余量。

18.3.6 电阻温度计用铂丝

1. 电阻温度计用铂丝的品种、代号和规格（见表18-30）

表18-30　电阻温度计用铂丝的品种、代号和规格（GB/T 5977—2019）

品种	代号	直径/mm
1号铂丝	Pt1	0.015、0.020、0.030、0.040、0.050、0.060、0.070、0.080(极限偏差$^{0}_{-0.003}$) 0.10、0.20、0.30、0.40、0.50、0.80、1.00(极限偏差$^{0}_{-0.005}$)
2A号铂丝	Pt2A	
2号铂丝	Pt2	
3号铂丝	Pt3	
4号铂丝	Pt4	
5号铂丝	Pt5	

2. 电阻温度计用铂丝的物理性能（见表 18-31）

表 18-31 电阻温度计用铂丝的物理性能（GB/T 5977—2019）

代号	密度/(g/cm³)	熔点/℃	20℃时的电阻率/μΩ·m	电阻比 W_{100}	电阻温度系数 α/℃$^{-1}$
Pt1	21.46	1769	0.10~0.11	≥1.39254	—
Pt2A				—	0.003851±0.000003
Pt2				—	0.003851±0.000004
Pt3				—	0.003851±0.000010
Pt4				—	≥0.003920
Pt5				—	≥0.003840

3. 电阻温度计用铂丝的重量

（1）1m 电阻温度计用铂丝的理论重量（见表 18-32）

表 18-32 1m 电阻温度计用铂丝的理论重量（GB/T 5977—2019）

铂丝直径/mm	理论重量/g	铂丝直径/mm	理论重量/g
0.015	0.0038	0.10	0.168
0.02	0.0067	0.20	0.674
0.03	0.0152	0.30	1.515
0.04	0.0269	0.40	2.694
0.05	0.0421	0.50	4.210
0.06	0.0606	0.80	10.876
0.07	0.0825	1.00	16.838
0.08	0.1080	—	

（2）每盘（卷）电阻温度计用铂丝的重量（见表 18-33）

表 18-33 每盘（卷）电阻温度计用铂丝的重量（GB/T 5977—2019）

直径/mm	重量/g	直径/mm	重量/g
0.015	0.5	0.10	10.0
0.020		0.20	20.0
0.030	1.0	0.30	
0.040	3.0	0.40	50.0
0.050		0.50	
0.060	6.0	0.80	100.0
0.070		1.00	
0.080		—	—

4. 电阻温度计用铂丝的应用（见表 18-34）

表 18-34 电阻温度计用铂丝的应用（GB/T 5977—2019）

代号	适用范围
Pt1	制造标准铂电阻温度计
Pt2A	制造 W0.1 级工业铂电阻感温元件或 AA 级允差工业铂电阻温度计
Pt2	制造 W0.15 级工业铂电阻感温元件或 A 级允差工业铂热电阻温度计
Pt3	制造 W0.3、W0.6 工业铂电阻感温元件或 B 级、C 级允差工业铂热电阻温度计
Pt4	标准铂电阻温度计用引线及其他
Pt5	工业铂热电阻温度计用引线及其他

18.3.7　快速测温热电偶用铂铑偶丝

1. 铂铑偶丝的分度号（型号）、极性和化学成分（见表 18-35）

表 18-35　铂铑偶丝的分度号（型号）、极性和化学成分（GB/T 18034—2023）

偶丝分度号	名称	极性(代号)	名义化学成分(质量分数,%)	
			Pt	Rh
S 型	铂铑 10	正极(SP)	90	10
	铂	负极(SN)	100	—
R 型	铂铑 13	正极(RP)	87	13
	铂	负极(RN)	100	—
B 型	铂铑 30	正极(BP)	70	30
	铂铑 6	负极(BN)	94	6

2. 铂铑偶丝的热电动势（见表 18-36）

表 18-36　铂铑偶丝的热电动势（GB/T 18034—2023）

偶丝分度号	测量端温度/℃	热电动势标称值/μV	偶丝类别	允许偏差/μV	
				Ⅰ级	Ⅱ级
S 型	1554.8	16239	D	±12	—
			C	±24	±31
R 型	1554.8	18219	D	±13	—
			C	±27	±36
B 型		10735	D	±18	—
			C	±24	±36

3. 铂铑偶丝构成的热电偶在主要温度点的热电动势率（见表 18-37）

表 18-37　铂铑偶丝构成的热电偶在主要温度点的热电动势率（GB/T 18034—2023）

温度/℃	热电动势率 $S/(\mu V/℃)$		
	铂铑 10-铂	铂铑 13-铂	铂铑 30-铂铑 6
100	7.39	7.48	—
200	8.46	8.84	—
300	9.13	9.74	—
400	9.57	10.37	—
419.527	9.64	10.48	—
500	9.90	10.88	—
600	10.21	11.36	5.96
630.63	10.30	11.50	—
660.323	10.40	11.64	—
700	10.53	11.83	6.81
800	10.87	12.31	7.64
900	11.21	12.78	8.41
961.78	11.42	13.06	—
1000	11.54	13.23	9.12
1064.18	11.74	13.50	9.55
1084.62	11.80	13.58	9.68
1100	11.84	13.63	9.77
1200	12.03	13.92	10.36
1300	12.13	14.08	10.87
1400	12.13	14.13	11.28

（续）

温度/℃	热电动势率 $S/(\mu V/℃)$		
	铂铑 10-铂	铂铑 13-铂	铂铑 30-铂铑 6
1500	12.04	14.06	11.56
1554.8	11.95	13.98	11.65
1600	11.85	13.88	11.69
1700	11.45	13.46	11.67
1768.1	10.31	12.26	11.56

18.4 铱、铑及合金

铱、铑及合金丝、线和棒的化学成分见表 18-38。

表 18-38 铱、铑及合金丝、线和棒的化学成分（YS/T 203—2023）

牌号	主成分（质量分数，%）			杂质（质量分数，%） ≤					
	Ir①	Rh①	Pt	Au	Fe	Sb	Pb	Bi	总量
Ir99.99	≥99.99	—	—	0.005	0.005	—	—	—	0.01
Ir99.90	≥99.90	—	—	0.04	0.04	—	—	—	0.1
Rh99.90	—	≥99.90	—	0.04	0.04	—	—	—	0.1
Ir60Rh	60±1	40±1	—	0.05	0.05	—	—	—	0.3

注：1. 杂质元素总量包括但不限于表中所列杂质元素质量分数之和。
2. 表中的“—”对应的元素不必检测。

① Ir99.99、Ir99.90、Rh99.90 的 Ir、Rh 含量为 100%减去杂质元素总量，其他牌号的 Ir、Rh 含量为 100%减去其他主成分的含量。

18.5 钯及钯合金

18.5.1 钯及钯合金丝、线和棒

钯及钯合金丝、线和棒的化学成分见表 18-39。

表 18-39 钯及钯合金丝、线和棒的化学成分（YS/T 203—2023）

牌号	主成分（质量分数，%）								杂质（质量分数，%） ≤					
	Pd①	Ag	Ir	Pt	Au	Ni	Cu	其他	Au	Fe	Sb	Pb	Bi	总量
Pd99.99	≥99.99	—	—	—	—	—	—	—	0.008	0.002	—	—	—	0.01
Pd99.95	≥99.95	—	—	—	—	—	—	—	0.01	0.01	—	—	—	0.05
Pd90Ag	余量	10±0.5	—	—	—	—	—	—	0.04	0.005	0.005	0.005	0.06	0.4
Pd80Ag	余量	20±0.5	—	—	—	—	—	—	0.04	0.005	0.005	0.005	0.06	0.4
Pd70Ag	余量	30±0.5	—	—	—	—	—	—	0.04	0.005	0.005	0.005	0.06	0.4
Pd60Ag	余量	40±0.5	—	—	—	—	—	—	0.04	0.005	0.005	0.005	0.06	0.4
Pd50Ag	余量	50±0.5	—	—	—	—	—	—	0.04	0.005	0.005	0.005	0.06	0.4

（续）

牌号	主成分(质量分数,%)								杂质(质量分数,%)　≤					
	Pd①	Ag	Ir	Pt	Au	Ni	Cu	其他	Au	Fe	Sb	Pb	Bi	总量
Pd90Ir	余量	—	10±0.5	—	—	—	—	—	0.04	0.005	0.005	0.005	0.06	0.4
Pd82Ir	余量	—	18±0.5	—	—	—	—	—	0.04	0.005	0.005	0.005	0.06	0.4
Pd60Cu	余量	—	—	—	—	—	40±0.5	—	0.04	0.005	0.005	0.005	0.06	0.4
Pd70AgAu	余量	25±0.5	—	—	5±0.5	—	—	—	—	0.005	0.005	0.005	0.06	0.4
Pd60AgCu	余量	36±0.5	—	—	—	—	4±0.5	—	0.04	0.005	0.005	0.005	0.06	0.4
Pd60AgCo	余量	35±0.5	—	—	—	—	—	Co:7±0.5	0.04	0.005	0.005	0.005	0.06	0.4
Pd60AgCuNi	余量	40±0.5	—	—	—	2±0.5	18±0.5	—	0.04	0.005	0.005	0.005	0.06	0.4
Pd47AgCuAu	余量	30±0.5	—	—	10±0.5	—	13±0.5	—	—	0.005	0.005	0.005	0.06	0.4
Pd40AuPtAgCu	余量	13±0.5	—	15±0.5	20±0.5	—	12±0.5	—	—	0.005	0.005	0.005	0.06	0.4
Pd35AgCuAuPtZn	余量	30±0.5	—	10±0.5	10±0.5	—	14±0.5	Zn:0.85±0.35	—	0.005	0.005	0.005	0.06	0.4

注：1. 杂质元素总量包括但不限于表中所列杂质元素质量分数之和。

2. 表中的“—”对应的元素不必检测。

① Pd99.99、Pd99.95 的 Pd 含量为 100%减去杂质元素总量，其他牌号的 Pd 含量为 100%减去其他主成分的含量。

18.5.2　钯及钯合金板和带

钯及钯合金板和带的化学成分见表 18-40。

表 18-40　钯及钯合金板和带的化学成分

牌号	主成分（质量分数,%）									杂质(质量分数,%)　≤					
	Pd	Ir	Pt	Ag	Cu	Au	Zn	Co	Ni	Au	Fe	Pb	Sb	Bi	总量
Pd99.99	≥99.99	—	—	—	—	—	—	—	—	0.008	0.002	—	—	—	0.01
Pd99.95	≥99.95	—	—	—	—	—	—	—	—	0.01	0.01	—	—	—	0.05
Pd90Ir	余量	10±0.5	—	—	—	—	—	—	—	0.04	0.05	—	—	—	0.3
Pd82Ir	余量	18±0.5	—	—	—	—	—	—	—	0.04	0.05	—	—	—	0.3
Pd60Cu	余量	—	—	—	40±0.5	—	—	—	—	—	0.15	—	—	—	0.3
Pd90Ag	余量	—	—	10±0.5	—	—	—	—	—	0.03	0.06	0.005	0.005	0.005	0.3
Pd80Ag	余量	—	—	20±0.5	—	—	—	—	—	0.03	0.06	0.005	0.005	0.005	0.3
Pd60Ag	余量	—	—	40±0.5	—	—	—	—	—	0.03	0.06	0.005	0.005	0.005	0.3

（续）

牌号	主成分（质量分数,%）									杂质（质量分数,%） ≤					
	Pd	Ir	Pt	Ag	Cu	Au	Zn	Co	Ni	Au	Fe	Pb	Sb	Bi	总量
Pd50Ag	余量	—	—	50±0.5	—	—	—	—	—	0.03	0.06	0.005	0.005	0.005	0.3
Pd60AgCo	余量	—	—	35±0.5	—	—	—	5±0.5	—	0.04	0.06	0.005	0.005	0.005	0.3
Pd60AgCu	余量	—	—	36±0.5	4±0.5	—	—	—	—	0.04	0.06	0.005	0.005	0.005	0.4
Pd40AgCuNi	余量	—	—	40±0.5	18±0.5	—	—	—	2±0.5	0.04	0.06	0.005	0.005	0.005	0.4
Pd35AgCuAuPtZn	余量	—	10±0.5	30±1.0	14±0.5	10±0.5	$1^{+0.2}_{-0.5}$	—	—	—	0.06	0.005	0.005	0.005	0.4
Pd70AgAu	余量	—	—	25±0.5	—	5±0.5	—	—	—	—	0.06	0.005	0.005	0.005	0.3

18.5.3 钯及钯合金箔

钯及钯合金箔的化学成分见表18-41。

表18-41 钯及钯合金箔的化学成分（YS/T 202—2023）

牌号	主成分（质量分数,%）									杂质（质量分数,%） ≤					
	Pd①	Ag	Ir	Pt	Au	Co	Ni	Cu	Zn	Au	Fe	Sb	Pb	Bi	总量
Pd99.99	≥99.99	—	—	—	—	—	—	—	—	0.008	0.002	—	—	—	0.01
Pd99.95	≥99.95	—	—	—	—	—	—	—	—	0.01	0.01	—	—	—	0.05
Pd90Ag	余量	10±0.5	—	—	—	—	—	—	—	0.03	0.06	0.005	0.005	0.005	0.3
Pd80Ag	余量	20±0.5	—	—	—	—	—	—	—	0.03	0.06	0.005	0.005	0.005	0.3
Pd75Ag	余量	25±0.5	—	—	—	—	—	—	—	0.03	0.06	0.005	0.005	0.005	0.3
Pd60Ag	余量	40±0.5	—	—	—	—	—	—	—	0.03	0.06	0.005	0.005	0.005	0.3
Pd50Ag	余量	50±0.5	—	—	—	—	—	—	—	0.03	0.06	0.005	0.005	0.005	0.3
Pd90Ir	余量	—	10±0.5	—	—	—	—	—	—	0.04	0.05	—	—	—	0.3
Pd82Ir	余量	—	18±0.5	—	—	—	—	—	—	0.04	0.05	—	—	—	0.3
Pd60Cu	余量	—	—	—	—	—	—	40±0.5	—	—	0.15	—	—	—	0.3
Pd70AgAu	余量	25±0.5	—	—	5±0.5	—	—	—	—	—	0.06	0.005	0.005	0.005	0.3
Pd60AgCu	余量	36±0.5	—	—	—	—	—	4±0.5	—	0.04	0.06	0.005	0.005	0.005	0.4
Pd40AgCuNi	余量	40±0.5	—	—	—	—	2±0.5	18±0.5	—	0.04	0.06	0.005	0.005	0.005	0.4
Pd35AgCuAuPtZn	余量	30±1.0	—	10±0.5	10±0.5	—	—	14±0.5	1±0.5	—	0.06	0.005	0.005	0.005	0.4

注：1. 杂质元素总量包括但不限于表中所列元素。

2. 表中的“—”对应的元素不必检测。

① Pd99.99、Pd99.95的Pd含量为100%减去杂质元素总量，其他牌号的Pd含量为100%减去其他主成分的含量。

18.5.4 海绵钯

海绵钯的牌号和化学成分见表 18-42。

表 18-42 海绵钯的牌号和化学成分（GB/T 1420—2015）

牌号			SM-Pd 99.99	SM-Pd 99.95	SM-Pd 99.9
化学成分（质量分数，%）		Pd ≥	99.99	99.95	99.9
	杂质 ≤	Pt	0.003	0.02	0.03
		Rh	0.002	0.02	0.03
		Ir	0.002	0.02	0.03
		Ru	0.003	0.02	0.04
		Au	0.002	0.01	0.03
		Ag	0.001	0.005	0.01
		Cu	0.001	0.005	0.01
		Fe	0.001	0.005	0.01
		Ni	0.001	0.005	0.01
		Al	0.003	0.005	0.01
		Pb	0.002	0.003	0.01
		Mn	0.002	0.005	0.01
		Cr	0.002	0.005	0.01
		Mg	0.002	0.005	0.01
		Sn	0.002	0.005	0.01
		Si	0.003	0.005	0.01
		Zn	0.002	0.005	0.01
		Bi	0.002	0.005	0.01
		杂质总量 ≤	0.01	0.05	0.1

18.5.5 超细钯粉

超细钯粉的化学成分见表 18-43。

表 18-43 超细钯粉的化学成分（GB/T 1777—2009）

Pd（质量分数，%）≥	杂质（质量分数，%） ≤												杂质总量（质量分数，%） ≤
	Pt	Rh	Ir	Au	Ag	Cu	Ni	Fe	Pb	Al	Si	Cd	
99.95	0.02	0.02	0.02	0.02	0.005	0.005	0.005	0.005	0.001	0.005	0.005	0.001	0.05

注：钯含量为100%减去表中杂质实测量总量的余量。

18.5.6 钯锭

钯锭的牌号和化学成分见表 18-44。

表 18-44 钯锭的牌号和化学成分（GB/T 39987—2021）

牌号		IC-Pd99.99	IC-Pd99.95	IC-Pd99.90
Pd（质量分数，%） ≥		99.99	99.95	99.90
杂质（质量分数，%） ≤	Pt	0.003	0.005	0.02
	Rh	0.002	0.005	0.01
	Ir	0.002	0.005	0.01
	Ru	0.002	0.005	0.01

18.6 贵金属及其合金异型丝材

1. 贵金属及其合金异型丝材的横截面形状

贵金属及其合金异型丝材的横截面形状如图 18-1 所示。

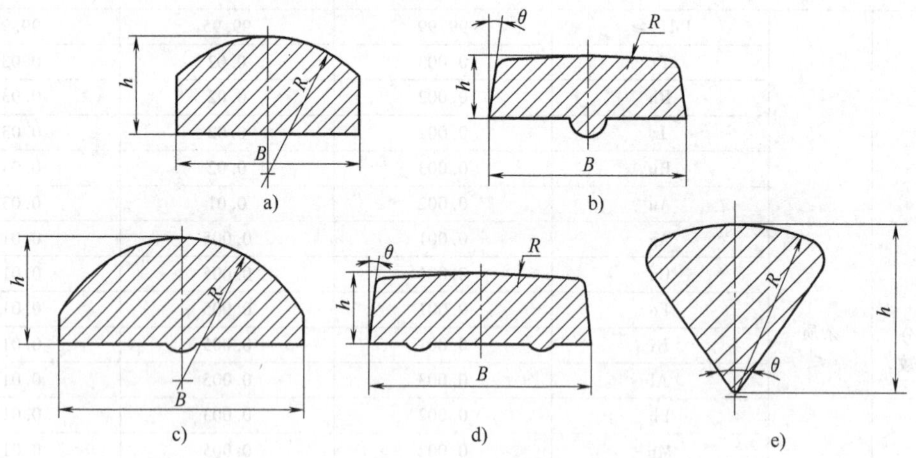

图 18-1 贵金属及其合金异型丝材的横截面形状

a）01 型 b）02 型 c）03 型 d）04 型 e）05 型

2. 贵金属及其合金异型丝材的牌号和规格（见表 18-45）

表 18-45 贵金属及其合金异型丝材的牌号和规格（GB/T 23516—2009）

牌号	分类	底边宽度 B /mm	偏差/mm	高度 h/mm	偏差/mm	圆弧工作面曲率半径 R/mm	张角 θ/(°)
Au95Ni、Ag90Ni、Ag80Ni、Ag99Cu、Ag98Cu、Ag90Cu、Ag94.5CuNi、Ag98SnCeLa、Pd99.9、Pd80Ag、Pd30Ag、Pd40Ag、Pd50Ag	01 型	0.90~1.10	±0.05	0.50~0.54	±0.03	0.70±0.07	—
	02 型	0.68~0.72	±0.02	0.21~0.24	+0.02	3.00±0.10	7±0.8
	03 型	1.24~1.28	±0.05	0.52~0.54	±0.03	0.70±0.07	—
	04 型	0.90~1.20	±0.05	0.31~0.37	+0.02	4.00±0.10	7±0.8
	05 型	0.29~0.31	±0.02	—	—	0.60±0.06	71±1.0

18.7 贵金属及其合金复合带材

1. 贵金属及其合金复合带材的供货状态与硬度（见表 18-46）

表 18-46 贵金属及其合金复合带材的供货状态与硬度（GB/T 15159—2020）

基层材料牌号	供货状态	基层材料硬度 HV0.2
TU1(TU2、T2)	H04	95~125
	H02	80~110
	O60	50~85
QSn6.5-0.1(QSn8-0.3、QSn6.5-0.4)	H04	180~240
	H02	150~210
BZn18-26(BZn15-20、BZn18-18、BZn18-20)	H06[①]	220~260
	H04	210~230
	H02	180~210

（续）

基层材料牌号	供货状态	基层材料硬度 HV0.2
H62(H65、H68、H70、H90)	H01②	85~115
	H02	110~130
	H04	120~160
4J29	H06①	≥250

注：1. 如需其他硬度的产品，可经供需双方协商确认。

2. 其他牌号未注明供货状态，供货状态由供需双方协商确定。

① 特硬态最后一次再结晶退火后的总加工率≥65%。

② 1/4 硬态最后一次再结晶退火后的总加工率为 5%~10%。

2. 贵金属及其合金复合带材的复合类型（见表 18-47）

表 18-47　贵金属及其合金复合带材的复合类型（GB/T 15159—2020）

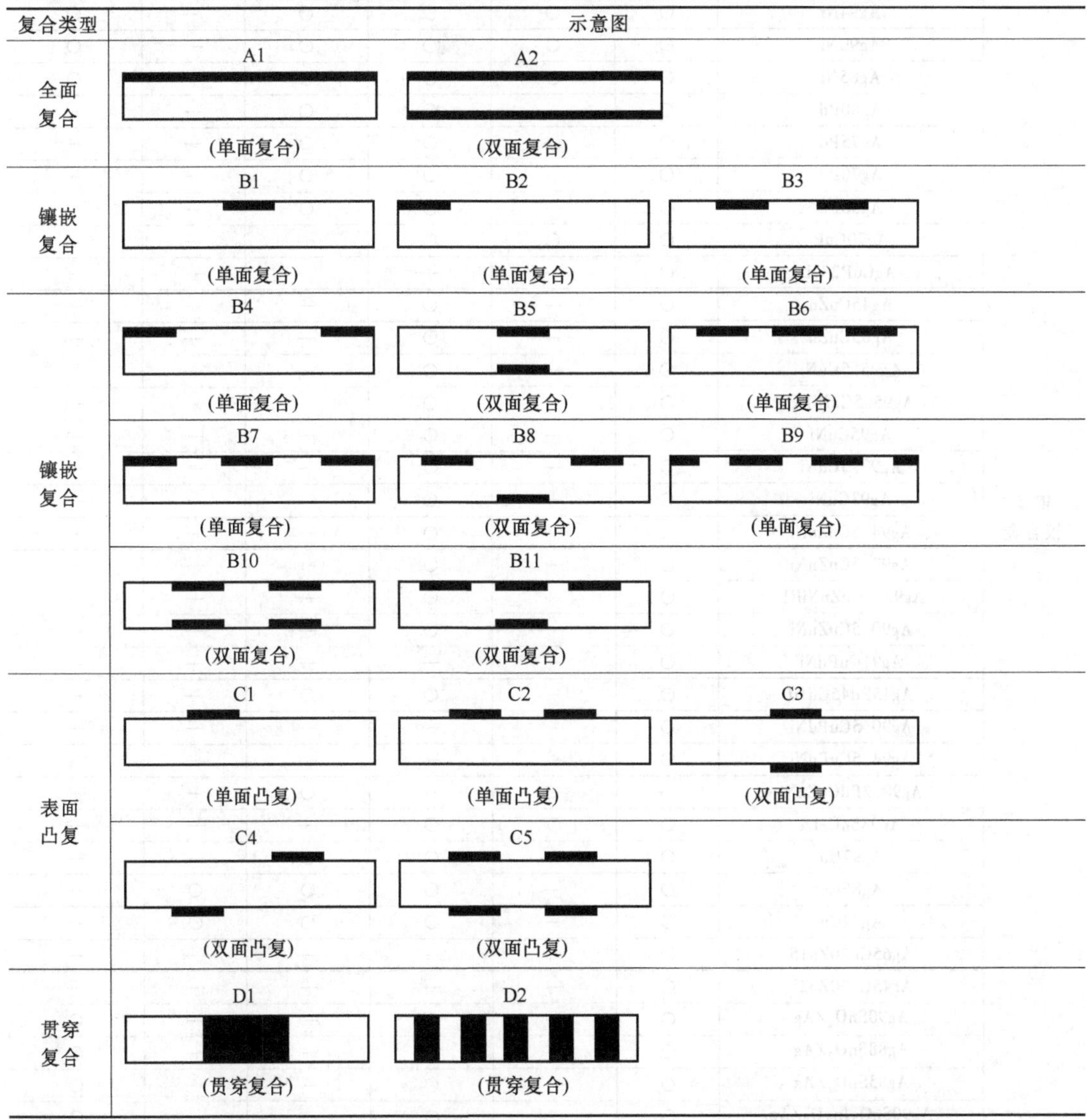

注：1. 全面复合、镶嵌复合、表面凸复，其复层可以是单层，也可以是两层及多层，黑色部分表示复层材料。

2. 贯穿复合复层条数可以是一条，也可以是多条，黑色部分可为复层材料也可为基层材料。

3. 若需方要求生产其他形式的复合材料，可由供需双方协商确认，并在订货单（或合同）中注明。

3. 贵金属及其合金复合带材覆层材料与基层材料复合的带材品种（见表 18-48）

表 18-48　贵金属及其合金复合带材覆层材料与基层材料复合的带材品种（GB/T 15159—2020）

复层材料		基层材料					
		T2、TU1、TU2	H62、H65、H68、H70 H90	QSn6.5-0.1 QSn8.0-0.3 QSn6.5-0.4	BZn15-20 BZn18-26 BZn18-18 BZn18-20	4J29 4J42 4J50 N6	Fe
银及银合金	IC-Ag99.99	○	○	○	○	○	○
	IC-Ag99.95	○	○	○	○	○	○
	Ag99.85Ni	○	○	○	○	—	○
	Ag99.5Ce	○	○	○	○	—	—
	Ag99.4Ni	○	○	○	○	—	○
	Ag94Ni	○	○	○	○	—	○
	Ag90Ni	○	○	○	○	—	○
	Ag85Ni	○	○	○	○	—	○
	Ag80Pd	○	—	○	○	—	—
	Ag75Pd	○	—	○	○	—	—
	Ag70Pd	○	—	○	○	—	—
	Ag50Pd	○	—	○	○	—	—
	Ag70CuP	○	○	○	—	—	—
	AgCuP28-1	○	—	—	—	—	—
	Ag45CuZn	○	—	○	—	—	—
	Ag65CuZn	○	—	○	—	—	—
	Ag95.5CuNi	○	—	○	—	—	—
	Ag95.5CuNiRE	○	—	○	—	—	—
	Ag95CuNi	○	—	○	—	—	—
	Ag93.5CuNi	○	—	○	—	—	—
	Ag93CuNi	○	—	○	—	—	—
	Ag94.5CuZnNi	○	—	○	—	—	—
	Ag92.5CuZnNi	○	—	○	—	—	—
	Ag92.5CuZnNiRE	○	—	○	—	—	—
	Ag90.5CuZnNi	○	—	○	—	—	—
	Ag91CuPdNi	○	—	—	—	—	—
	Ag45Pd45Cu10	○	—	○	○	—	—
	Ag90.5CuPdNi	○	—	—	—	—	—
	Ag94.5CuPdNi	○	—	—	—	—	—
	Ag98.2PdCuZnNi	—	—	—	○	—	—
	Ag98SnCeLa	○	○	○	—	—	—
	Ag97Cu	○	○	○	○	—	—
	Ag85Cu	○	—	○	○	○	—
	Ag72Cu	○	—	○	○	○	—
	Ag65Cu20Zn15	○	—	—	—	—	—
	Ag45Cu30Zn25	○	—	—	—	—	—
	$Ag90SnO_2/Ag$	○	—	○	—	—	○
	$Ag88SnO_2/Ag$	○	—	○	—	—	○
	$Ag85SnO_2/Ag$	○	—	○	—	—	○
	$Ag90SnO_2In_2O_3/Ag$	○	—	○	—	—	○
	$Ag88SnO_2In_2O_3/Ag$	○	—	○	—	—	○
	$Ag85SnO_2In_2O_3/Ag$	○	—	○	—	—	○

（续）

复层材料		基层材料					
		T2、TU1、TU2	H62、H65、H68、H70 H90	QSn6.5-0.1 QSn8.0-0.3 QSn6.5-0.4	BZn15-20 BZn18-26 BZn18-18 BZn18-20	4J29 4J42 4J50 N6	Fe
银及银合金	Ag35PdCu	—	—	○	—	—	—
	Ag49CuZnMnNi	—	—	○	—	—	—
	Ag92.5CuNiCe	○	—	—	—	—	—
	Ag92.5CuSnCe	○	—	—	—	—	—
金及金合金	IC-Au99.99	○	—	—	—	—	—
	IC-Au99.95	○	○	○	○	—	—
	Au60Ag/Ag95.5CuNi	○	—	—	—	—	—
	Au60Ag/Ag95.5CuNiRE	○	—	—	—	—	—
	Au60Ag/Ag93.5CuNi	○	—	—	—	—	—
	Au60AgCu/Ag94.5CuPdNi	○	—	—	—	—	—
	Au60AgCuPd/Au91CuPdNi	○	—	—	—	—	—
	Au70CuAgPtNi	—	—	—	○	—	—
	Au10CuPdPtAgZn	—	—	—	○	—	—
	AuNi5	—	—	○	○	—	—
	AuNi9	—	○	○	○	—	—
	AuPd20	—	—	○	○	—	—
	Au/Ag	○	—	—	—	—	—
钯及钯合金	Pd2	—	—	○	○	—	—
	Pd60Ag	—	—	○	○	—	—
	Ag40PdCuPt	○	—	—	—	—	—
	Pd35AgCuAuPtZn	○	—	○	○	—	—

注：1. 表中“○”表示成熟可批量供货产品，“—”表示产品供货可协商解决。

2. RE 为稀土元素总称。

4. 用作覆层材料的贵金属及其合金的化学成分（见表 18-49）

表 18-49　用作覆层材料的贵金属及其合金的化学成分（GB/T 15159—2020）

牌号	合金成分（质量分数,%）							杂质（质量分数,%）　≤				
	Au	Ag	Pt	Pd	Cu	Ni	Zn	Fe	Pb	Sb	Bi	总量
IC-Ag99.99	—	≥99.99	—	≤0.001	≤0.0025	Se≤0.0005	Te≤0.0008	0.001	0.001	0.001	0.0008	0.01
IC-Ag99.95	—	≥99.95	—	—	≤0.025	—	—	0.002	0.015	0.002	0.001	0.05
Ag99.85Ni	—	余量	—	—	—	0.15±0.05	—	0.005	0.005	0.005	0.005	0.300
Ag99.5Ce	—	余量	Ce:0.1~0.5	—	$0.5^{+0.3}_{-0.2}$	—	—	0.005	0.005	0.005	0.005	0.300
Ag99.4Ni	—	余量	—	—	—	0.6±0.1	—	0.15	0.005	0.005	0.005	0.30
Ag94Ni	—	余量	—	—	—	6.0±0.5	—	0.15	0.005	0.005	0.005	0.30
Ag90Ni	—	余量	—	—	—	10.0±0.5	—	0.15	0.005	0.005	0.005	0.30
Ag85Ni	—	余量	—	—	—	15.0±0.5	—	0.15	0.005	0.005	0.005	0.30
Ag80Pd	—	余量	—	20.0±0.5	—	—	—	0.10	0.005	0.005	0.005	0.30

（续）

牌号	合金成分（质量分数，%）							杂质（质量分数，%） ≤				
	Au	Ag	Pt	Pd	Cu	Ni	Zn	Fe	Pb	Sb	Bi	总量
Ag75Pd	—	余量	—	25.0±0.5	—	—	—	0.10	0.005	0.005	0.005	0.30
Ag70Pd	—	余量	—	30.0±0.5	—	—	—	0.10	0.005	0.005	0.005	0.30
Ag50Pd	—	余量	—	50.0±0.5	—	—	—	0.10	0.005	0.005	0.005	0.30
Ag70CuP	—	余量	—	—	28.0±0.5	P:2.0±0.5	—	0.2	0.005	0.005	0.005	0.35
AgCuP28-1	—	余量	—	—	28.0±1.0	P:1.0±0.1	—	0.2	0.005	0.005	—	0.35
Ag45CuZn	—	余量	—	—	30.0±0.5	—	25.0±0.5	0.20	0.005	0.005	0.005	0.35
Ag65CuZn	—	余量	—	—	20.0±0.5	—	15.0±0.5	0.20	0.005	0.005	0.005	0.35
Ag95.5CuNi	—	余量	—	—	4.0±0.5	0.5±0.1	—	0.20	0.005	0.005	0.005	0.35
Ag95.5CuNiRE	—	余量	—	RE:0.05~0.5	4.0±0.5	0.5±0.1	—	0.20	0.005	0.005	0.005	0.35
Ag95CuNi	—	余量	—	—	4.0±0.5	1.0±0.2	—	0.20	0.005	0.005	0.005	0.35
Ag93.5CuNi	—	余量	—	—	6.0±0.5	0.5±0.1	—	0.20	0.005	0.005	0.005	0.35
Ag93CuNi	—	余量	—	—	6.0±0.5	1.0±0.2	—	0.20	0.005	0.005	0.005	0.35
Ag94.5CuZnNi	—	余量	—	—	4.0±0.5	0.5±0.1	$1.0^{+0.2}_{-0.5}$	0.20	0.005	0.005	0.005	0.35
Ag92.5CuZnNi	—	余量	—	—	6.0±0.5	0.5±0.1	$1.0^{+0.2}_{-0.5}$	0.20	0.005	0.005	0.005	0.35
Ag92.5CuZnNiRE	—	余量	—	RE:0.05~0.5	6.0±0.5	0.5±0.1	$1.0^{+0.2}_{-0.5}$	0.20	0.005	0.005	0.005	0.35
Ag90.5CuZnNi	—	余量	—	—	8.0±0.5	0.5±0.1	$1.0^{+0.2}_{-0.5}$	0.20	0.005	0.005	0.005	0.35
Ag91CuPdNi	—	余量	—	0.5±0.2	8.0±0.5	0.5±0.1	—	0.20	0.005	0.005	0.005	0.35
Ag90.5CuPdNi	—	余量	—	1.0±0.2	8.0±0.5	0.5±0.1	—	0.20	0.005	0.005	0.005	0.35
Ag94.5CuPdNi	—	余量	—	1.0±0.2	4.0±0.5	0.5±0.1	—	0.20	0.005	0.005	0.005	0.35
Ag98.2PdCuZnNi	—	余量	—	0.5±0.2	0.5±0.2	0.3±0.08	$0.5^{+0.2}_{-0.4}$	0.20	0.005	0.005	0.005	0.35
Ag45Pd45Cu10	—	余量	—	45.0±1.0	45.0±1.0	—	—	0.20	0.005	0.005	0.005	0.35
Ag98SnCeLa	—	余量	—	$1.0^{+0.3}_{-0.2}$	$0.5^{+0.3}_{-0.2}$	$0.5^{+0.3}_{-0.2}$	—	0.10	0.005	0.005	0.005	0.30
AgSnCeLa	—	余量	Sn:1.0±0.5	Ce+La:1.0±0.5	—	—	—	0.005	0.005	0.005	0.005	0.30
Ag97Cu	—	余量	—	—	3.0±0.5	—	—	0.10	0.005	0.005	0.005	0.30

（续）

牌号	合金成分(质量分数,%)							杂质(质量分数,%) ≤				
	Au	Ag	Pt	Pd	Cu	Ni	Zn	Fe	Pb	Sb	Bi	总量
Ag85Cu	—	余量	—	—	15.0±1.0	—	—	0.10	0.005	0.005	0.005	0.30
Ag72Cu	—	余量	—	—	28.0±1.0	—	—	0.10	0.005	0.005	0.005	0.30
Ag65Cu20Zn15	—	余量	—	—	20.0±0.5	—	15.0±0.5	0.005	0.005	0.005	0.005	0.30
Ag45Cu30Zn25	—	余量	—	—	30.0±0.5	—	25.0±0.5	0.005	0.005	0.005	0.005	0.30
$Ag90SnO_2$	—	90±1.0	SnO_2 余量	—	—	—	—	0.005	0.005	0.005	0.005	0.30
$Ag88SnO_2$	—	88±1.0	SnO_2 余量	—	—	—	—	0.005	0.005	0.005	0.005	0.30
$Ag85SnO_2$	—	85±1.0	SnO_2 余量	—	—	—	—	0.005	0.005	0.005	0.005	0.30
$Ag90SnO_2In_2O_3$	—	90±1.0	$SnO_2In_2O_3$ 余量	—	—	—	—	0.005	0.005	0.005	0.005	0.30
$Ag88SnO_2In_2O_3$	—	88±1.0	$SnO_2In_2O_3$ 余量	—	—	—	—	0.005	0.005	0.005	0.005	0.30
$Ag85SnO_2In_2O_3$	—	85±1.0	$SnO_2In_2O_3$ 余量	—	—	—	—	0.005	0.005	0.005	0.005	0.30
Ag35PdCu	—	35±1.0	0.5±0.2	43±1.0	余量	—	—	0.005	0.005	0.005	0.005	0.30
Ag49CuZnMnNi	—	49.0±1.0	Mn:2.5±0.5	—	余量	0.5±0.2	20.5±1.0	0.10	0.005	0.005	0.005	0.30
Ag92.5CuNiCe	—	余量	Ce: $0.5^{+0.3}_{-0.2}$	—	6.0±0.5	$1.0^{+0.3}_{-0.2}$	—	0.10	0.005	0.005	0.005	0.30
Ag92.5CuSnCe	—	余量	Ce: $0.5^{+0.3}_{-0.2}$	—	6.0±0.5	Sn: $1.0^{+0.3}_{-0.2}$	—	0.10	0.005	0.005	0.005	0.30
IC-Au99.99	≥99.99	≤0.005	Mg≤0.003	≤0.005	≤0.002	≤0.003	Mn≤0.003	0.002	0.001	0.001	0.002	0.01
IC-Au99.95	≥99.95	≤0.020	—	≤0.02	≤0.015	—	—	0.003	0.003	0.002	0.002	0.05
Au60Ag	余量	40±0.5	—	—	—	—	—	0.20	0.005	0.005	0.005	0.30
Au60AgCu	余量	35±0.5	—	—	5.0±0.5	—	—	0.20	0.005	0.005	0.005	0.30
Au59AgCuPd	余量	35±0.5	—	1.0±0.2	5.0±0.5	—	—	0.20	0.005	0.005	0.005	0.30
Au91CuPdNi	余量	—	—	0.5±0.2	8.0±0.5	0.5±0.1	—	0.20	0.005	0.005	0.005	0.30
Au70CuAgPtNi	余量	10.0±0.5	5.0±0.5	—	14.0±0.5	1.0±0.2	—	0.20	0.005	0.005	0.005	0.35
Au10CuPdPtAgZn	余量	10.0±0.5	10.0±0.5	35.0±0.5	14±0.5	—	1±0.5	0.20	0.005	0.005	0.005	0.35
Au95Ni	余量	—	—	—	—	5.0±0.5	—	0.20	0.005	0.005	0.005	0.30
Au91Ni	余量	—	—	—	—	9.0±0.5	—	0.20	0.005	0.005	0.005	0.30

（续）

牌号	合金成分（质量分数，%）							杂质（质量分数，%） ≤				
	Au	Ag	Pt	Pd	Cu	Ni	Zn	Fe	Pb	Sb	Bi	总量
Au60Ag	余量	40±0.5	—	—	—	—	—	0.20	0.005	0.005	0.005	0.30
AuPd20	余量	—	—	20±0.5	—	—	—	0.005	0.005	0.005	0.005	0.30
Pd2	—	—	—	≥99.95	—	—	—	0.03	0.004	0.004	0.004	0.05
Pd60Ag	—	40.0±0.5	—	余量	—	—	—	0.10	0.005	0.005	0.005	0.30
Ag40PdCuPt	—	余量	0.5±0.2	43.0±1.0	16.5±1.0	—	—	0.10	0.005	0.005	0.005	0.30
Pd35AgCuAuPtZn	10.0±0.5	30.0±0.5	10.0±0.5	余量	14.0±0.5	—	$1.0^{+0.2}_{-0.5}$	0.10	0.005	0.005	0.005	0.30

注：1. 合金杂质总量不做出厂分析。
2. 合金中金、铁只做原料分析。
3. 表中“—”的成分不做要求。
4. 合金成分含量单一元素修约到小数点后两位。
5. “余量”为用100%差减表中其他化学元素含量的值。
6. 杂质种类包括但不限于表中所列杂质元素，杂质含量单一元素修约到小数点后三位，杂质总量修约到小数点后两位。
7. 有特殊要求的，可由供需双方协商确认，并在订货单（或合同）中注明。

18.8 贵金属及其合金钎料

1. 贵金属及其合金钎料的化学成分（见表18-50~表18-52）

表18-50 贵金属及其合金钎料的化学成分（一）（GB/T 18762—2017）

牌号	主成分（质量分数，%）						杂质（质量分数，%） ≤			
	Ag	Cu	Zn	Sn	Ni	其他	Pb	Zn	Cd	总量
BAg962	≥99.99	—	—	—	—	—	0.001	0.001	0.001	0.01
BAg72Cu779	余量	27.0~29.0	—	—	—	—	0.005	0.005	0.005	0.15
BAg50Cu780/875	余量	49.0~51.0	—	—	—	—	0.005	0.005	0.005	0.15
BAg45Cu780/880	余量	54.0~56.0	—	—	—	—	0.005	0.005	0.005	0.15
BAg30Cu780/945	余量	69.0~71.0	—	—	—	—	0.005	0.005	0.005	0.15
BAg70CuGeCo780/800	余量	27.0~29.0	—	—	—	Ge:1.75~2.25 Co:0.2~0.4	0.005	0.005	0.005	0.15
BAg71.75CuLi766	余量	27.0~29.0	—	—	—	Li:0.25~0.5	0.005	0.005	0.005	0.15
BAg71.7CuNiLi780/800	余量	26.0~28.0	—	—	0.75~1.25	Li:0.2~0.5	0.005	0.005	0.005	0.15
BAg71.5CuNi780/800	余量	27.0~29.0	—	—	0.5~1.0	—	0.005	0.005	0.005	0.15

（续）

牌号	主成分(质量分数,%)						杂质(质量分数,%) ≤			
	Ag	Cu	Zn	Sn	Ni	其他	Pb	Zn	Cd	总量
BAg71CuNi780/810	余量	27.0~29.0	—	—	0.75~1.25	—	0.005	0.005	0.005	0.15
BAg70CuNi785/820	余量	27.0~29.0	—	—	1.75~2.25	—	0.005	0.005	0.005	0.15
BAg67CuNi790/820	余量	31.0~33.0	—	—	0.75~1.25	—	0.005	0.005	0.005	0.15
BAg66CuNi790/820	余量	31.0~33.0	—	—	1.75~2.25	—	0.005	0.005	0.005	0.15
BAg63CuNi790/830	余量	34.0~36.0	—	—	1.75~2.25	—	0.005	0.005	0.005	0.15
BAg71.7CuNiLi780/800	余量	26.0~28.0	—	—	0.75~1.25	Li:0.2~0.5	0.005	0.005	0.005	0.15
BAg61CuIn630/705	余量	23.0~25.0	—	—	—	In:14.5~15.5	0.005	0.005	0.005	0.15
BAg63CuIn655/736	余量	26.0~28.0	—	—	—	In:9.5~10.5	0.005	0.005	0.005	0.15
BAg60CuIn650/740	余量	26.0~28.0	—	—	—	In:12.5~13.5	0.005	0.005	0.005	0.15
BAg62CuInSn553/571	余量	17.0~19.0	—	6.5~7.5	—	In:12.5~13.5	0.005	0.005	0.005	0.15
BAg90In850/887	余量	—	—	—	—	In:9.5~10.55	0.005	0.005	0.005	0.15
BAg68CuSn672/746	余量	23.0~25.0	—	7.5~8.5	—	—	0.005	0.005	0.005	0.15
BAg68CuSn730/742	余量	26.0~28.0	—	4.5~5.5	—	—	0.005	0.005	0.005	0.15
BAg60CuSn600/720	余量	29.0~31.0	—	9.5~10.5	—	—	0.005	0.005	0.005	0.15
BAg70CuZn730/755	余量	25.0~27.0	3.0~5.0	—	—	—	0.05	—	—	0.2
BAg60CuZn700/735	余量	29.0~31.0	9.0~11.0	—	—	—	0.05	—	—	0.2
BAg70CuZn690/740	余量	19.0~21.0	9.0~11.0	—	—	—	0.05	—	—	0.2
BAg65CuZn685/719	余量	20.0~22.0	14.0~16.0	—	—	—	0.05	—	—	0.2
BAg45CuZn677/745	余量	29.0~31.0	24.0~26.0	—	—	—	0.05	—	—	0.2
BAg50CuZn677/775	余量	33.0~35.0	15.0~17.0	—	—	—	0.05	—	—	0.2
BAg25CuZn700/800	余量	39.0~41.0	34.0~36.0	—	—	—	0.05	—	—	0.2
BAg10CuZn815/850	余量	52.0~54.0	36.0~38.0	—	—	—	0.05	—	—	0.2
BAg50CuZnCd625/635	余量	14.0~16.0	15.0~17.0	—	—	Cd:18.0~20.0	0.05	—	—	0.2
BAg45CuZnCd605/620	余量	14.0~16.0	15.0~17.0	—	—	Cd:23.0~25.0	0.05	—	—	0.2

（续）

牌号	主成分（质量分数,%）						杂质（质量分数,%） ≤			
	Ag	Cu	Zn	Sn	Ni	其他	Pb	Zn	Cd	总量
BAg35CuZnCd605/700	余量	25.0~27.0	20.0~22.0	—	—	Cd:17.0~19.0	0.05		—	0.2
BAg49CuZnCdNi630/690	余量	14.0~16.0	16.0~18.0	—	2.5~3.5	Cd:15.0~17.0	0.05	—	—	0.2
BAg39.8CuZnCdNi590/605	余量	15.0~17.0	17.0~19.0	—	0.1~0.3	Cd:25.0~27.0	0.05	—	—	0.2
BAg56CuZnSn620/650	余量	21.0~23.0	16.0~18.0	4.5~5.5	—	—	0.05	—	—	0.2
BAg34CuZnSn730/790	余量	35.0~37.0	26.0~28.0	2.5~3.5	—	—	0.05	—	—	0.2
BAg50.5CuZnSnNi650/670	余量	20.0~22.0	26.0~28.0	0.7~1.3	0.3~0.7	—	0.05	—	—	0.2
BAg40CuZnSnNi634/640	余量	24.0~26.0	29.5~31.5	2.7~3.3	1.3~1.7	—	0.05	—	—	0.2
BAg20CuZnMn740/790	余量	39.0~41.0	34.0~36.0	—	—	Mn:4.0~6.0	0.05	—	—	0.2
BAg49CuZnMnNi625/690	余量	26.0~28.0	20.0~22.0	—	0.3~0.7	Mn:1.5~3.5	0.05	—	—	0.2
BAg49CuZnMnNi625/705	余量	15.0~17.0	22.0~24.0	—	4.0~5.0	Mn:6.5~8.5	0.05	—	—	0.2
BAg94AlMn780/825	余量	—	—	—	—	Mn:0.7~1.3 Al:4.5~5.5	0.05	0.05	0.05	0.2
BAg80CuMn880/900	余量	9.0~11.0	—	—	—	Mn:9.0~11.0	0.05	0.05	0.05	0.2
BAg40CuMn740/760	余量	39.0~41.0	—	—	—	Mn:19.0~21.0	0.05	0.05	0.05	0.2
BAg20CuMn730/760	19.5~20.5	余量	—	—	—	Mn:19.0~21.0	0.05	0.05	0.05	0.2
BAg65CuMnNi780/825	余量	27.0~29.0	—	—	1.5~2.5	Mn:4.5~5.5	0.05	0.05	0.05	0.2
BAg55CuSnMn660/720	余量	30.0~32.0	—	9.5~10.5	—	Mn:3.5~4.5	0.05	0.05	0.05	0.2
BAg85Mn960/970	余量	—	—	—	—	Mn:14.0~16.0	0.05	0.05	0.05	0.2
BAg71CuP700/780	余量	27.0~29.0	—	—	—	P:0.75~1.25	0.005	0.005	0.005	0.15
BAg25CuP650/710	24.5~25.5	余量	—	—	—	P:4.0~6.0	0.005	0.005	0.005	0.15
BAg15CuP710/815	14.5~15.5	余量	—	—	—	P:5±1.0	0.005	0.005	0.005	0.15
BAg37.5CuZnMn725/810	37.0~38.0	余量	5.0~6.0	—	—	Mn:7.7~8.7	0.005	—	0.005	0.15

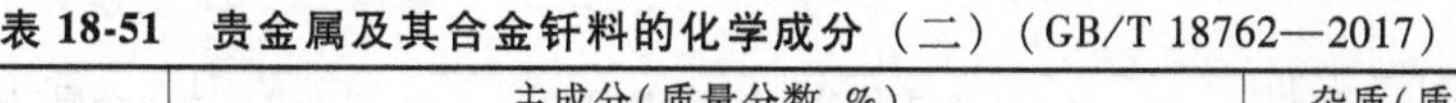

表 18-51 贵金属及其合金钎料的化学成分（二）（GB/T 18762—2017）

牌号	主成分(质量分数,%)						杂质(质量分数,%) ≤			
	Ag	Cu	Pd	Mn	Ni	其他	Pb	Zn	Cd	总量
BPd80Ag1425/1470	19.5~20.5	—	余量	—	—	—	0.005	0.005	0.005	0.15
BAg95Pd970/1010	余量	—	4.5~5.5	—	—	—	0.005	0.005	0.005	0.15
BAg54CuPd900/950	余量	20.0~22.0	24.5~25.5	—	—	—	0.005	0.005	0.005	0.15
BAg52CuPd867/900	余量	27.0~29.0	19.5~20.5	—	—	—	0.005	0.005	0.005	0.15
BAg65CuPd845/880	余量	19.0~21.0	14.5~15.5	—	—	—	0.005	0.005	0.005	0.15
BAg58CuPd824/852	余量	31.0~33.0	9.5~10.5	—	—	—	0.005	0.005	0.005	0.15
BAg68CuPd807/810	余量	26.0~28.0	4.5~5.5	—	—	—	0.005	0.005	0.005	0.15
BPd60AgCu1100/1250	35.5~36.5	3.5~4.5	余量	—	—	—	0.005	0.005	0.005	0.15
BAg65CuPdCo845/900	64.0~66.0	19.0~21.0	余量	—	—	Co:0.7~1.2	0.005	0.005	0.005	0.15
BPd33AgMn1120/1170	余量	—	32.5~33.5	2.5~3.5	—	—	0.05	0.05	0.05	0.2
BPd20AgMn1071/1170	余量	—	19.5~20.5	4.5~5.5	—	—	0.05	0.05	0.05	0.2
BPd18Cu1080/1090	—	余量	17.5~18.5	—	—	—	0.005	0.005	0.005	0.15
BPd35CuNi1163/1171	—	余量	34.5~35.5	—	14.5~15.5	—	0.005	0.005	0.005	0.15
BPd20CuNiMn1070/1105	—	余量	19.5~20.5	9.0~11.0	14.5~15.5	—	0.05	0.05	0.05	0.2
BPd60Ni1237	—	—	余量	—	39.5~40.5	—	0.005	0.005	0.005	0.15
BPd20NiMn1120	—	—	19.5~20.5	31.0~33.0	余量	—	0.05	0.05	0.05	0.2
BPd37NiCrSiB818/992	36.5~37.5	—	—	—	余量	Cr:10.0~12.0 Si:2.0~3.0 B:2.0~3.0	0.005	0.005	0.005	0.15

表 18-52 贵金属及其合金钎料的化学成分（三）（GB/T 18762—2017）

牌号	主成分(质量分数,%)						杂质(质量分数,%) ≤			
	Au	Cu	Ag	Pd	Ni	其他	Pb	Zn	Cd	总量
BAu1064	99.99	—	—	—	—	—	0.003	0.002	0.002	0.01
BAu75AgCu885/895	余量	19.5~20.5	4.5~5.5	—	—	—	0.005	0.005	0.005	0.15
BAu60AgCu835/845	余量	19.5~20.5	19.0~21.0	—	—	—	0.005	0.005	0.005	0.15

（续）

牌号	主成分（质量分数,%）						杂质（质量分数,%） ≤			
	Au	Cu	Ag	Pd	Ni	其他	Pb	Zn	Cd	总量
BAu80Cu910	余量	19.5~20.5	—	—	—	—	0.005	0.005	0.005	0.15
BAu60Cu935/945	余量	39.5~40.5	—	—	—	—	0.005	0.005	0.005	0.15
BAu50Cu955/970	余量	49.5~50.5	—	—	—	—	0.005	0.005	0.005	0.15
BAu40Cu980/1010	39.5~40.5	余量	—	—	—	—	0.005	0.005	0.005	0.15
BAu35Cu990/1010	34.5~35.5	余量	—	—	—	—	0.005	0.005	0.005	0.15
BAu10Cu1050/1065	9.5~10.5	余量	—	—	—	—	0.005	0.005	0.005	0.15
BAu35CuNi975/1030	34.5~35.5	余量	—	—	2.5~3.5	—	0.005	0.005	0.005	0.15
BAu81.5CuNi910/930	余量	15.0~16.0	—	—	2.5~3.5	—	0.005	0.005	0.005	0.15
BAu82.5Ni950	余量	—	—	—	17.0~18.0	—	0.005	0.005	0.005	0.15
BAu82Ni950	余量	—	—	—	17.5~18.5	—	0.005	0.005	0.005	0.15
BAu55Ni1010/1160	余量	—	—	—	44.5~45.5	—	0.005	0.005	0.005	0.15
BAu88Pd1260/1300	余量	—	—	11.5~12.5	—	—	0.005	0.005	0.005	0.15
BAu92Pd1190/1230	余量	—	—	7.5~8.5	—	—	0.005	0.005	0.005	0.15
BAu50PdNi1121	余量	—	—	24.5~25.5	24.5~25.5	—	0.005	0.005	0.005	0.15
BAu30PdNi1135/1169	29.5~30.5	—	—	余量	35.5~36.5	—	0.005	0.005	0.005	0.15
BAu51PdNi1054/1110	余量	—	—	26.5~27.5	21.5~22.5	—	0.005	0.005	0.005	0.15
BAu70PdNi1005/1037	余量	—	—	7.5~8.5	21.5~22.5	—	0.005	0.005	0.005	0.15
BAu30AgSn411/412	29.5~30.5	—	29.5~30.5	—	—	Sn:余量	0.005	0.005	0.005	0.15
BAu80Sn280	余量	—	—	—	—	Sn:19.0~21.0	0.005	0.005	0.005	0.15
BAu88Ge356	余量	—	—	—	—	Ge:11.5~12.5	0.005	0.005	0.005	0.15
BAu99.5Sb360/370	余量	—	—	—	—	Sb:0.3~0.7	0.005	0.005	0.005	0.15
BAu99Sb360/380	余量	—	—	—	—	Sb:0.8~1.2	0.005	0.005	0.005	0.15
BAu98Si370/390	余量	—	—	—	—	Si:1.5~2.5	0.005	0.005	0.005	0.15
BAu89.5GeAg356/370	余量	—	0.4~0.6	—	—	Ge:9.0~10.0	0.005	0.005	0.005	0.15
BAu42Cu980/1000	余量	57.5~58.5	—	—	—	—	0.005	0.005	0.005	0.15

2. 贵金属钎料的熔化温度（见表 18-53~表 18-55）

表 18-53 贵金属钎料的熔化温度（一）（GB/T 18762—2017）

牌号	熔化温度/℃		钎焊温度/℃
	固相线	液相线	
BAg962	962	962	960~1010
BAg72Cu779	779	779	810~830
BAg50Cu780/875	780	875	910~930
BAg45Cu780/880	780	880	910~930
BAg30Cu780/945	780	945	975~995
BAg70CuGeCo780/800	780	800	830~850
BAg71.75CuLi766/780	766	780	810~830
BAg71.7CuNiLi780/800	780	800	830~850
BAg71.5CuNi780/800	780	800	830~850
BAg71CuNi780/810	780	810	840~860
BAg70CuNi785/820	785	820	850~870
BAg67CuNi790/820	790	820	850~870
BAg66CuNi790/820	790	820	850~870
BAg63CuNi790/830	790	830	860~880
BAg56CuNi790/850	790	850	880~900
BAg61CuIn630/705	630	705	735~755
BAg63CuIn655/736	655	736	766~786
BAg60CuIn650/740	650	740	770~790
BAg62CuInSn553/571	553	571	600~620
BAg90In850/887	850	887	920~940
BAg68CuSn672/746	672	746	780~800
BAg68CuSn730/742	730	742	770~790
BAg60CuSn600/720	600	720	750~780
BAg70CuZn730/755	730	755	780~800
BAg60CuZn700/735	700	735	770~800
BAg70CuZn690/740	690	740	770~800
BAg65CuZn685/719	685	719	750~780
BAg45CuZn677/745	677	745	780~800
BAg50CuZn677/775	677	775	800~820
BAg25CuZn745/775	745	775	800~820
BAg10CuZn815/850	815	850	880~900
BAg50CuZnCd625/635	625	635	670~680
BAg42CuZnCd605/620	605	620	650~670
BAg35CuZnCd605/700	605	700	730~750
BAg49CuZnCdNi630/690	630	690	720~740
BAg40CuZnCdNi590/605	590	605	640~660
BAg56CuZnSn620/650	620	650	670~690
BAg34CuZnSn630/730	630	730	760~780
BAg50.5CuZnSnNi650/670	650	670	700~720
BAg40CuZnSnNi634/640	634	640	670~690
BAg20CuZnMn740/790	740	790	820~840
BAg49CuZnMnNi670/690	670	690	720~740
BAg49CuZnMnNi625/705	625	705	735~755
BAg94AlMn780/825	780	825	855~875
BAg80CuMn880/900	880	900	930~950
BAg40CuMn740/760	740	760	790~810
BAg20CuMn730/760	730	760	790~810
BAg65CuMnNi780/825	780	825	855~875
BAg55CuSnMn660/720	660	720	750~770
BAg85Mn960/970	960	970	1000~1020
BAg71CuP700/780	700	780	810~830
BAg25CuP650/710	650	710	740~760
BAg15CuP640/815	640	815	845~865
BAg37.5CuZnMn725/810	725	810	840~860

表 18-54 贵金属钎料的熔化温度（二）（GB/T 18762—2017）

牌号	熔化温度/℃		钎焊温度/℃
	固相线	液相线	
BPd80Ag1425/1470	1425	1470	1500~1520
BAg95Pd970/1010	970	1010	1040~1060
BAg54CuPd900/950	900	950	980~1000
BAg52CuPd867/900	867	900	930~950
BAg65CuPd845/880	850	880	910~930
BAg58CuPd824/852	824	852	880~900
BAg68CuPd807/810	807	810	840~860
BPd60AgCu1100/1250	1100	1250	1280~1310
BAg65CuPdCo845/900	845	900	930~950
BPd33AgMn1120/1170	1120	1170	1200~1220
BPd20AgMn1071/1170	1071	1170	1200~1220
BPd18Cu1080/1090	1080	1090	1120~1140
BPd35CuNi1163/1171	1163	1171	1200~1220
BPd20CuNiMn1070/1105	1070	1105	1130~1150
BPd60Ni1237	1237	1237	1260~1280
BPd20NiMn1120	1120	1120	1150~1170
BPd37NiCrSiB818/992	818	992	1020~1050

表 18-55 贵金属钎料的熔化温度（三）（GB/T 18762—2017）

牌号	熔化温度/℃		钎焊温度/℃
	固相线	液相线	
BAu1064	1064	1064	1100~1120
BAu75AgCu885/895	885	895	925~945
BAu60AgCu835/845	835	845	875~895
BAu80Cu910	910	910	940~960
BAu60Cu935/945	935	945	975~995
BAu50Cu955/970	955	970	1000~1020
BAu40Cu980/1010	980	1010	1040~1060
BAu35Cu990/1010	990	1010	1040~1060
BAu10Cu1050/1065	1050	1065	1095~1115
BAu35CuNi975/1030	975	1030	1060~1080
BAu35CuNi910/930	910	930	950~970
BAu82.5Ni950	950	950	980~1000
BAu82Ni950	950	950	980~1000
BAu55Ni1010/1100	1010	1100	1130~1150
BAu88Pd1260/1300	1260	1300	1330~1350
BAu92Pd1190/1230	1190	1230	1260~1280
BAu50PdNi1121	1121	1121	1150~1170
BAu30PdNi1135/1169	1135	1169	1200~1220
BAu51PdNi1054/1110	1054	1110	1140~1160
BAu70PdNi1005/1037	1005	1037	1070~1080
BAu30AgSn411/412	411	412	420~430
BAu80Sn280	280	280	290~300
BAu88Ge356	356	356	365~375
BAu99.5Sb360/370	360	370	380~390
BAu99Sb360/380	360	380	390~400
BAu98Si370/390	370	390	400~410
BAu89.5GeAg356/370	356	370	400~420
BAu42Cu980/1000	980	1000	1030~1050

第19章 稀有金属及其合金

19.1 钼及钼合金

19.1.1 钼及钼合金的牌号和化学成分

钼及钼合金的牌号和化学成分见表19-1。

表19-1 钼及钼合金的牌号和化学成分（YS/T 660—2022）

牌号	化学成分（质量分数，%）													
	主成分		杂质 ≤											
	Mo	合金元素	Al	Ca	Fe	Mg	Ni	Si	C	N	O	P	W	Cr
Mo1	余量	—	0.002	0.002	0.005	0.002	0.003	0.003	0.005	0.003	0.006	0.001	—	—
RMo1	余量	—	0.002	0.002	0.005	0.002	0.003	0.003	0.005	0.002	0.005	—	—	—
Mo2	余量	—	0.005	0.004	0.015	0.005	0.005	0.005	0.020	0.003	0.008	0.001	—	—
MoW20	余量	W:19.0~21.0	0.002	0.002	0.005	0.002	0.005	0.005	0.005	0.003	0.008	—	—	—
MoW30	余量	W:29.0~31.0	0.002	0.002	0.005	0.002	0.005	0.005	0.005	0.003	0.008	—	—	—
MoW50	余量	W:49.0~51.0	0.002	0.002	0.005	0.002	0.005	0.005	0.005	0.003	0.008	—	—	—
MoTi0.5	余量	Ti:0.40~0.60 C:0.01~0.04	0.002	—	0.005	0.002	0.005	0.005	—	0.001	0.003	—	—	—
RMoTi0.5	余量	Ti:0.40~0.60 C:0.01~0.04	0.002	—	0.010	0.002	0.005	0.010	—	0.001	0.003	—	—	—
MoTi12	余量	Ti:9.0~15.0	0.002	0.002	0.008	0.001	0.001	0.005	0.01	0.003	0.15	0.005	—	—
MoTi0.5 Zr0.1 (TZM)	余量	Ti:0.40~0.55 Zr:0.06~0.12 C:0.01~0.04	—	—	0.005	—	0.002	0.005	—	0.003	0.080	—	—	—
RMoTi0.5 Zr0.1[1] (TZM)	余量	Ti:0.40~0.55 Zr:0.06~0.12 C:0.01~0.04	—	—	0.005	—	0.002	0.005	—	0.003	0.005	—	—	—
MoTi1.5 Zr0.5C0.2 (TZC)	余量	Ti:1.0~2.0 Zr:0.40~0.60 C:0.10~0.30	—	—	0.005	—	0.002	0.002	—	0.003	0.100	—	—	—
MoLa	余量	La:0.10~2.00	0.002	0.002	0.005	0.002	0.005	0.005	0.005	0.003	—	—	—	—
MoY	余量	Y_2O_3:0.01~1.00	0.002	0.002	0.005	0.002	0.003	0.005	0.005	0.003	—	—	0.02	—

（续）

牌号	化学成分(质量分数,%)													
	主成分		杂质 ≤											
	Mo	合金元素	Al	Ca	Fe	Mg	Ni	Si	C	N	O	P	W	Cr
MoK	余量	K:0.005~0.05	0.002	0.002	0.005	0.002	0.003	0.005	0.005	0.003	—	—	0.02	—
MoYCe	余量	Y:0.3~0.55 Ce:0.04~0.16	0.002	0.002	0.005	0.002	0.005	0.005	0.005	—	—	0.002	—	—
MoTa	余量	Ta:9.0~15.0	0.002	0.002	0.008	0.001	0.001	0.005	0.01	0.003	0.15	0.005	—	—
MoNa	余量	Na:1.0~3.0	0.002	0.002	0.008	0.001	0.001	0.005	0.01	0.003	1.8	0.005	—	—
MoNb	余量	Nb:9.0~21.0	0.002	0.002	0.008	0.001	0.001	0.005	0.01	0.003	0.15	0.005	—	—
MoHfC	余量	Hf:0.17~2.00 C:0.03~0.15	—	—	0.008	0.001	0.001	0.005	—	0.003	0.12	0.005	—	—
Mo5Re	余量	Re:4.0~6.0	0.003	0.003	0.005	0.001	0.002	0.002	0.005	0.001	0.005	0.002	—	0.005
Mo41Re	余量	Re:40.0~42.0	0.003	0.003	0.005	0.001	0.002	0.002	0.005	0.001	0.005	0.002	—	0.005
Mo44.5Re	余量	Re:43.5~45.5	0.003	0.003	0.005	0.001	0.002	0.002	0.005	0.001	0.005	0.002	—	0.005
Mo47.5Re	余量	Re:46.5~48.5	0.003	0.003	0.005	0.001	0.002	0.002	0.005	0.001	0.005	0.002	—	0.005
MoZr	余量	Zr:0.6~2.0	0.002	0.003	0.004	0.001	0.002	0.003	0.005	0.003	—	0.002	—	0.002

注：余量为100%减去表中所列元素实测值所得。

① 允许加入质量分数为0.02%的硼。

19.1.2 钼条和钼杆

1. 钼条和钼杆的规格（见表19-2）

表19-2 钼条和钼杆的规格（GB/T 4188—2017）

类别			边长(直径)/mm	长度/mm
钼条		钼方条	11~17	>350
		钼圆条	$\phi17\sim\phi100$	≥500
钼杆	黑钼杆	锻造、轧制	$\phi3.0\sim\phi100$	—
		矫直	$\phi0.8\sim\phi4.0$	—
	磨光钼杆		$\phi0.8\sim\phi90$	—

2. 钼条和钼杆的牌号和化学成分（见表19-3）

表19-3 钼条和钼杆的牌号和化学成分（GB/T 4188—2017）

牌号	化学成分(质量分数,%)						
	钼+添加元素	添加元素				其他杂质元素总和	每种杂质元素
		Co、Mg	La_2O_3	Si、Al、K	Y_2O_3		
MoCo	≥99.95	0.01~0.20	—	—	—	≤0.05	≤0.01
MoLa	≥99.95	—	0.01~1.0	—	—	≤0.05	≤0.01
MoK	≥99.95	—	—	0.01~0.60	—	≤0.05	≤0.01
MoY	≥99.95	—	—	—	0.01~0.70	≤0.05	≤0.01
Mo1	≥99.95	—	—	—	—	≤0.05	≤0.01
Mo2	≥99.90	—	—	—	—	≤0.10	≤0.01

19.1.3 钼条和钼板坯

钼条和钼板坯的牌号及规格见表19-4。

表 19-4 钼条和钼板坯的牌号及规格（GB/T 3462—2017）

牌号	品种	规格尺寸/cm	备注
Mo1 Mo2	钼方条	(15~20)×(15~20)×*L*	长度 *L* 的尺寸由供需双方协商确定
	钼圆条	(ϕ15~ϕ90)×*L*	
	钼板坯	(12~100)×(≥45)×*L*	

注：Mo1 垂熔条密度应不小于 9.3g/cm³，Mo1 烧结条和板坯密度应不小于 9.6g/cm³。

19.1.4 宽幅钼板

宽幅钼板的牌号、状态和规格见表 19-5。

表 19-5 宽幅钼板的牌号、状态和规格（GB/T 43095—2023）

牌号	状态	(厚度/mm)×(宽度/mm)×(长度/mm)	表面状态	推荐使用用途
Mo1	热加工态(R) 冷加工态(Y)	≥0.5×(1500~2000)×*L*	轧制表面	主要用作显示屏、薄膜太阳能电池、大型加热炉等零部件的制备
		≥0.5×(1500~1850)×*L*	机加表面	

19.1.5 钼圆片

1. 钼圆片的牌号、状态和规格（见表 19-6）

表 19-6 钼圆片的牌号、状态和规格（GB/T 14592—2014）

牌号	供货状态	制造方法举例	直径/mm	厚度/mm
Mo1、Mo2	毛坯(M),退火态	冲裁-切割	≥4.0	≥0.6
	喷砂车边(P),退火态	喷砂-车边	≥4.0	≥0.6
	粗磨车边(C),退火态	粗磨-车边	≥10.0	≥0.6
	精磨车边(J),退火态	精磨-车边	≥10.0	≥0.6
	精轧电火花切割(D),退火态	精轧-线切割	≥4.0	≥0.1
Mo1	研磨车边(Y),退火态	研磨-车边	≥15.0	≥0.9

2. 钼圆片的尺寸及其允许偏差

（1）钼圆片的直径及其允许偏差（见表 19-7）

表 19-7 钼圆片的直径及其允许偏差（GB/T 14592—2014）

直径范围/mm	直径允许偏差/mm		
	毛坯	车边	电火花线切割
4~10	±0.10	—	±0.10
>10~20	±0.10	0 -0.10	±0.10
>20~30	±0.12	0 -0.10	±0.10
>30~50	±0.14	0 -0.10	±0.10
>50~80	±0.16	0 -0.10	±0.10
>80	±0.16	0 -0.10	±0.10

（2）钼圆片的厚度及其允许偏差（见表 19-8）

表 19-8 钼圆片的厚度及其允许偏差（GB/T 14592—2014）

厚度范围/mm	厚度允许偏差/mm			
	毛坯，喷砂	粗磨	精磨	研磨
0.10~0.60	—	—	±0.04	+0.1 0
>0.60~2.00	±0.12	±0.10	±0.08	+0.1 0
>2.00~3.00	±0.15	±0.10	±0.08	+0.1 0
>3.00~4.00	±0.17	±0.12	±0.10	+0.1 0
>4.00~6.00	±0.20	±0.14	±0.10	+0.1 0

19.1.6 无缝薄壁钼管

1. 无缝薄壁钼管的状态和规格（见表 19-9）

表 19-9 无缝薄壁钼管的状态和规格（GB/T 41875—2022）

公称外径/mm	公称壁厚/mm			长度/mm		状态
	0.3~0.6	>0.6~1.0	>1.0~1.5	500~4000	>4000~8000	
6~10	○	○	—	○	○	去应力态 （SR）
>10~14	○	○	○	○	○	
>14~20	—	○	○	○	○	

注：“○”表示可以生产的规格。

2. 无缝薄壁钼管的牌号和化学成分（见表 19-10）

表 19-10 无缝薄壁钼管的牌号和化学成分（GB/T 41875—2022）

牌号			MG-Mo	MG-MoLa	MG-MoCe	MG-MoY	MG-MoW	MG-MoRe
化学成分 （质量分数，%）	主成分	Mo	余量	余量	余量	余量	余量	余量
		La	—	0.03~0.9	—	—	—	—
		Ce	—	—	0.03~0.7	—	—	—
		Y	—	—	—	0.03~0.7	—	—
		W	—	—	—	—	0.03~1.0	—
		Re	—	—	—	—	—	3~41
	杂质 ≤	Al	0.002	0.002	0.002	0.002	0.002	0.003
		Ca	0.002	0.002	0.002	0.002	0.002	0.002
		Fe	0.005	0.006	0.006	0.006	0.006	0.005
		Mg	0.001	0.002	0.002	0.002	0.002	0.001
		Ni	0.003	0.003	0.003	0.003	0.003	0.003
		Si	0.005	0.010	0.010	0.010	0.010	0.005
		C	0.006	0.008	0.008	0.008	0.008	0.006
		N	0.003	0.003	0.003	0.003	0.003	0.003
		O	0.005	—	—	—	0.006	0.005

注：1. 钼含量为 100%减去表中所列其他元素含量的总和（气体元素除外）。

2. 钼合金的合金元素含量，由供需双方协商确定，含量偏差控制在±10%以内。

3. 无缝薄壁钼管的室温力学性能（见表19-11）

表19-11 无缝薄壁钼管的室温力学性能（GB/T 41875—2022）

类别	抗拉强度 R_m/MPa ≥	规定塑性延伸强度 $R_{p0.2}$/MPa ≥	断后伸长率 A_{50mm}（%） ≥
MG-Mo	590	500	15
MG-MoLa	640	565	20
MG-MoCe	620	530	18
MG-MoY	625	530	17
MG-MoW	640	545	14
MG-MoRe	645	565	20

19.1.7 钼丝

1. 钼丝的牌号、分级和分类（见表19-12）

表19-12 钼丝的牌号、分级和分类（GB/T 4182—2017）

牌号	分级标记方法		分类标记方法	
	分级	标记	分类	标记
Mo1 MoLa MoY MoK	Ⅰ级	Ⅰ	拉制	D
	Ⅱ级	Ⅱ	矫直	S
	Ⅲ级	Ⅲ	退火	H
	—	—	电解	E
	—	—	化学处理	C

2. 钼丝的化学成分（见表19-13）

表19-13 钼丝的化学成分（GB/T 4182—2017）

牌号			Mo1	MoLa	MoY	MoK
化学成分（质量分数，%）	主成分	Mo	≥99.95	余量	余量	余量
		La_2O_3	—	0.02~2.00	—	—
		Y_2O_3	—	—	0.01~1.00	—
		K	—	—	—	0.005~0.05
	杂质 ≤	W	0.02	0.02	0.02	0.02
		Al	0.002	0.002	0.002	0.025
		Ca	0.002	0.002	0.002	0.002
		Mg	0.002	0.002	0.002	0.002
		Fe	0.010	0.010	0.010	0.010
		Ni	0.003	0.003	0.003	0.003
		Si	0.005	0.005	0.005	0.070
		C	0.006	0.006	0.006	0.006
		N	0.003	0.003	0.003	0.003
		O	0.008	—	—	—

3. 钼丝的力学性能

（1）钼丝的室温力学性能（见表19-14）

表19-14 钼丝的室温力学性能（GB/T 4182—2017）

牌号	直径 d/μm	抗拉强度 R_m/MPa
MoLa	>30~130	≥2100
	>130~190	≥1900
	>190~<350	≥1600

（2）喷涂用钼丝的力学性能（见表 19-15）

表 19-15　喷涂用钼丝的力学性能（GB/T 4182—2017）

直径 d/μm	抗拉强度 R_m/MPa	断后伸长率(%)
1000～<2000	≥850	≥3
2000～<3000	≥800	≥5
3000～<4000	≥700	≥5

4. 钼丝的用途（见表 19-16）

表 19-16　钼丝的用途（GB/T 4182—2017）

牌号	用途
Mo1	照明用芯线、灯泡元器件及钼箔带、真空电子器件、喷涂、加热元件、线切割等
MoLa	照明用芯线、灯泡元器件及钼箔带、真空电子器件、喷涂、加热元件、焊接电极、高温构件、线切割等
MoY	钼箔带、支架、引出线、加热元件、高温构件等
MoK	引出线、喷涂、加热元件、高温构件、打印机针头等

19.1.8　钼箔

1. 钼箔的牌号、状态和规格（见表 19-17）

表 19-17　钼箔的牌号、状态和规格（GB/T 3877—2006）

牌号	品种	状态	(厚度/mm)×(宽度/mm)×(长度/mm)
Mo1、Mo2、MoLa	箔材	冷轧(Y) 退火(m)	(0.01～0.03)×(50～120)×(≥200) (>0.03～<0.13)×(50～240)×(≥200)

2. 钼箔的室温力学性能（见表 19-18）

表 19-18　钼箔的室温力学性能（GB/T 3877—2006）

牌号	状态	厚度/mm	抗拉强度 R_m/MPa	规定塑性延伸强度 $R_{p0.2}$/MPa	断后伸长率 A_{50mm}(%)
Mo1	m	0.10～<0.13	≥700	≥550	≥5

19.1.9　钼粉

1. 钼粉的牌号和化学成分（见表 19-19）

表 19-19　钼粉的牌号和化学成分（GB/T 3461—2016）

牌号			FMo1	FMo2
化学成分 （质量分数,%）	主成分≥	Mo	99.95	99.90
	杂质≤	Pb	0.0005	0.0005
		Bi	0.0005	0.0005
		Sn	0.0005	0.0005
		Sb	0.0010	0.0010
		Cd	0.0010	0.0010
		Fe	0.0050	0.0300
		Al	0.0015	0.0050
		Si	0.0020	0.0100
		Mg	0.0020	0.0050
		Ni	0.0030	0.0050
		Cu	0.0010	0.0010

（续）

牌号			FMo1	FMo2
化学成分（质量分数,%）	杂质 ≤	Ca	0.0015	0.0040
		P	0.0010	0.0050
		C	0.0050	0.0100
		N	0.0150	0.0200
		O	见表 19-20	0.2500
		Ti	0.0010	—
		Mn	0.0010	—
		Cr	0.0030	—
		W	0.0200	—

注：钼含量按杂质减量法计算（气体元素除外）。

2. 钼粉的费氏粒度及氧含量（见表 19-20）

表 19-20　钼粉的费氏粒度及氧含量（GB/T 3461—2016）

费氏粒度/μm	氧含量(质量分数,%) ≤	费氏粒度/μm	氧含量(质量分数,%) ≤
≤2.0	0.20	>8.0	0.10
>2.0~8.0	0.15		

19.1.10　超细钼粉

1. 超细钼粉的牌号和化学成分（见表 19-21）

表 19-21　超细钼粉的牌号和化学成分（YS/T 1374—2020）

牌号			XFMo1	XFMo2
化学成分（质量分数,%）	主成分≥	Mo	99.95	99.92
	杂质 ≤	Pb	0.0005	0.0005
		Bi	0.0005	0.0005
		Sn	0.0005	0.0005
		Sb	0.0010	0.0010
		Cd	0.0010	0.0010
		Ti	0.0010	—
		Mn	0.0005	—
		As	0.0010	—
		Cr	0.0030	—
		Fe	0.0050	0.0100
		Ni	0.0020	0.0020
		Cu	0.0010	0.0010
		Al	0.0015	0.0050
		Ca	0.0015	0.0040
		Mg	0.0020	0.0020
		W	0.0200	0.0200
		Si	0.0020	0.0100
		P	0.0010	0.0050
		C	0.0050	0.0100
		O	0.2500	0.4000

注：钼含量按杂质减量法计算（C、O 等气体元素除外）。

2. 超细钼粉的物理性能及用途（见表 19-22）

表 19-22　超细钼粉的物理性能及用途（YS/T 1374—2020）

牌号	费氏粒度/μm	松装密度/(g/cm³)	用途
XFMo1	>1.0~2.5	0.3~1.2	用于制备精细钼制品
XFMo2	0.5~1.0		用于活性催化用添加剂

19.1.11 球形钼粉

1. 球形钼粉的牌号和化学成分（见表 19-23）

表 19-23 球形钼粉的牌号和化学成分（GB/T 38384—2019）

牌号			PMo1
化学成分（质量分数,%）	主成分≥	Mo	99.95
	杂质≤	Fe	0.0050
		Ni	0.0020
		Si	0.0020
		W	0.020
		C	0.0080
		O	0.0800

注：钼含量按杂质减量法计算（C、O 等气体元素除外）。

2. 球形钼粉的物理性能（见表 19-24）

表 19-24 球形钼粉的物理性能（GB/T 38384—2019）

分类	粒度①/μm	松装密度/(g/cm³)	流动性/(s/50g)	球形率(%)
Ⅰ类	20~45	4.0~6.0	10~20	≥85
Ⅱ类	>45~100			

①超出规格粒度范围的产品总量不大于批重的 5%。

19.1.12 钼电极

1. 钼电极的规格（见表 19-25）

表 19-25 钼电极的规格（YS/T 1312—2019）　（单位：mm）

直径	压力加工(锻造、挤压、轧制)			机加工		
	直径允许偏差	长度	长度允许偏差	直径允许偏差	长度	长度允许偏差
16~20	±1.0	300~1000	+5.0 0	±0.3	300~1000	+5.0 0
>20~30	±1.5	250~1000	+5.0 0	±0.3	250~1000	+5.0 0
>30~45	±1.5	200~1500	+5.0 0	±0.5	250~1500	+5.0 0
>45~60	±2.0	250~2100	+3.0 0	±0.5	250~2100	+3.0 0
>60~100	±3.0	250~2000	+3.0 0	±0.8	250~2000	+3.0 0
>100~155	±4.0	250~2000	+3.0 0	±1.0	250~2000	+3.0 0

2. 钼电极的化学成分（见表 19-26）

表 19-26 钼电极的化学成分（YS/T 1312—2019）

元素种类	化学成分(质量分数,%)		元素种类	化学成分(质量分数,%)	
主元素	Mo	≥99.95	杂质元素	Pb	≤0.0020
杂质元素	Al	≤0.0020		Mg	≤0.0010
	Ca	≤0.0030		Mn	≤0.0010
	Cr	≤0.0030		Ni	≤0.0030
	Cu	≤0.0010		Si	≤0.0030
	Fe	≤0.0060		Sn	≤0.0030
				C	≤0.0050

19.1.13　钼靶材

1. 钼靶材的状态和制造方法（见表19-27）

表19-27　钼靶材的状态和制造方法（YS/T 1063—2015）

供货状态	制造方法	形状
烧结态	烧结—机加工	矩形、管形
压力加工态	烧结—压力加工—再结晶退火—机加工	

2. 钼靶材的化学成分（见表19-28）

表19-28　钼靶材的化学成分（YS/T 1063—2015）

元素种类	化学成分(质量分数,%)		元素种类	化学成分(质量分数,%)	
主元素	Mo	≥99.95	杂质元素	Ta	≤0.005
杂质元素	Fe	≤0.005		Ca	≤0.002
	Cu	≤0.002		Ti	≤0.003
	Ni	≤0.005		Cd	≤0.001
	Mg	≤0.002		S	≤0.005
	Al	≤0.005		C	≤0.010
	Si	≤0.005		N	≤0.003
	W	≤0.030		O	≤0.008
	Co	≤0.002			

注：钼含量为100%减去表中所列杂质元素实测含量的总和（不包含气体元素）；需方如有特殊要求时，由供需双方协商确定，并在合同（或订货单）中注明。

19.1.14　钼及钼合金棒

1. 钼及钼合金棒的牌号、状态和制造方法（见表19-29）

表19-29　钼及钼合金棒的牌号、状态和制造方法（GB/T 17792—2014）

牌号	供货状态	制造方法举例
Mo1、Mo2	烧结状态(Sh)	烧结
	压力加工状态(ShR)	烧结-锻造、烧结-挤压
MoTi0.5	烧结状态(Sh)	烧结
	压力加工状态(ShR)	烧结-锻造
MoLa	烧结状态(Sh)	烧结
	压力加工状态(ShR)	烧结-锻造
RMo1	压力加工状态(R)	电子束熔炼或真空电弧熔炼后挤压、电子束熔炼或真空电弧熔炼后锻造
RMoTi0.5	压力加工状态(R)	电子束熔炼或真空电弧熔炼后挤压、电子束熔炼或真空电弧熔炼后锻造

注：Sh代表烧结，R代表压力加工（含机加工），钼及钼合金棒材的压力加工方法通常是挤压、锻造和轧制等。

2. 钼及钼合金棒的规格（见表19-30）

表19-30　钼及钼合金棒的规格　（单位：mm）

直径	锻造棒		挤压棒		机加工棒材
	直径允许偏差	长度	直径允许偏差	长度	直径允许偏差
≤25	±1.0	≤2000	±1.0	≤1000	±0.5
>25~45	±1.5	≤2000	±1.5	≤1000	±0.5
>45~55	±2.0	≤1900	±2.0	≤1000	±0.7

（续）

直径	锻造棒		挤压棒		机加工棒材
	直径允许偏差	长度	直径允许偏差	长度	直径允许偏差
>55~60	±2.5	≤1600	±2.5	≤1000	±0.8
>60~70	±3.0	≤1200	±3.0	≤1000	±0.8
>70~75	±3.5	≤1000	—	—	±1.0
>75~85	±4.0	≤800	—	—	±1.2
>85~90	±4.5	≤800	—	—	±1.2
>90~120	±5.0	≤800	—	—	±1.4

注：超出表中规定的棒材尺寸及其允许偏差，由供、需双方协商确定。

19.1.15 钼及钼合金板

1. 钼及钼合金板的牌号、状态和规格（见表19-31）

表19-31 钼及钼合金板的牌号、状态和规格（GB/T 3876—2017）

牌号	状态	厚度/mm	宽度/mm	长度/mm
Mo1、Mo2、MoTi0.5、TZM、MoLa	冷轧态(Y)、热轧态(R)、消应力退火态(m)	0.13~20.0	50~1750	200~2500

2. 钼及钼合金板的化学成分（见表19-32）

表19-32 钼及钼合金板的化学成分

牌号	主成分(质量分数,%)				杂质(质量分数,%) ≤									
	Mo	Ti	Zr	C	Al	Ca	Fe	Mg	Ni	Si	C	N	P	O
Mo1	余量	—	—	—	0.002	0.002	0.006	0.002	0.005	0.005	0.010	0.003	0.001	0.008
Mo2	余量	—	—	—	0.005	0.004	0.015	0.005	0.005	0.005	0.020	0.003	0.001	0.020
MoTi0.5	余量	0.40~0.60	—	0.01~0.04	0.002	—	0.010	0.002	—	0.01	—	0.003	—	0.080
TZM①	余量	0.40~0.55	0.06~0.12	0.01~0.04	—	—	0.010	—	0.005	0.005	—	0.003	—	0.080
MoLa②	余量	La:0.08~1.50 或 La_2O_3:0.1~1.8			0.002	0.002	0.006	0.002	0.005	0.005	0.010	0.003	—	—

① TZM钼合金中允许加入质量分数为0.02%的硼（B）。

② MoLa钼合金中La和La_2O_3为名义添加量。

3. 钼及钼合金板的室温力学性能（见表19-33）

表19-33 钼及钼合金板的室温力学性能（GB/T 3876—2017）

牌号	状态	厚度/mm	抗拉强度 R_m/MPa		断后伸长率(%)			
					A_{50mm}		A	
			纵向	横向	纵向	横向	纵向	横向
Mo1	去应力退火态(m)	0.13~<0.5	≥685	≥685	≥5	≥5	—	—
		0.5~2.0	≥685	≥685	—	—	≥5	≥5
MoTi0.5	冷轧态(Y)	0.13~<0.5	≥880	≥930	≥4	≥3	—	—
		0.5~1.0	≥880	≥930	—	—	≥4	≥3
	去应力退火态(m)	0.13~<0.5	≥735	≥785	≥10	≥6	—	—
		0.5~1.0	≥735	≥785	—	—	≥10	≥6

4. 钼及钼合金板的工艺性能（见表19-34、表19-35）

（1）Mo1板的弯曲性能（见表19-34）

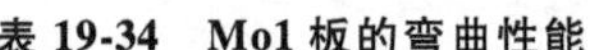

表 19-34 Mo1 板的弯曲性能

牌号	状态	试样方向	厚度/mm	弯曲半径/mm	弯曲角/(°)
Mo1	m	纵向、横向	0.13~1.0	$2T$	≥90
	R	纵向	>1.0~5.0	$2T$	≥90

注：T 为板材名义厚度。

（2）钼及钼合金板的杯突值（见表 19-35）

表 19-35 钼及钼合金板的杯突值

厚度	杯突值 *IE* ≥		厚度	杯突值 *IE* ≥	
	Mo1	MoTi0.5		Mo1	MoTi0.5
0.13~0.15	3.5	4.0	>0.40~0.50	5.1	5.5
>0.15~0.20	4.0	4.0	>0.50~0.60	5.2	6.0
>0.20~0.30	4.5	4.5	>0.60~0.70	5.5	6.5
>0.30~0.40	4.8	5.0			

注：Mo1 的杯突值适用于制造拉深和卷边零件，以交叉轧制方式生产的板材。

19.1.16 钼及钼合金管靶

1. 钼及钼合金管靶的牌号、状态和规格（见表 19-36）

表 19-36 钼及钼合金管靶的牌号、状态和规格（GB/T 43301—2023）

牌号	状态	外径/mm	壁厚/mm	长度/mm	用途
MGMo、MGMoW、MGMoTa、MGMoNb	去应力退火态（m）	80~400	6~30	400~4000	显示屏、薄膜太阳能电池、隔热屏等领域

2. 钼及钼合金管靶的化学成分（见表 19-37）

表 19-37 钼及钼合金管靶的化学成分（GB/T 43301—2023）

牌号			MGMo	MGMoW	MGMoTa	MGMoNb
化学成分（质量分数,%）	主成分	Mo	≥99.95	余量	余量	余量
		W	—	3~50	—	—
		Ta	—	—	5~20	—
		Nb	—	—	—	5~20
	杂质 ≤	Fe	0.0030	0.0030	0.0030	0.0030
		Ni	0.0010	0.0020	0.0020	0.0020
		Si	0.0020	0.0020	0.0030	0.0030
		Al	0.0010	0.0015	0.0015	0.0020
		Cu	0.0010	0.0005	0.0005	0.0010
		Mn	0.0005	0.0010	0.0010	0.0010
		Ca	0.0020	0.0020	0.0020	0.0020
		Mg	0.0010	0.0010	0.0010	0.0010
		Cr	0.0020	0.0020	0.0020	0.0020
		Co	0.0010	0.0010	0.0010	0.0010
		Zn	0.0010	0.0010	0.0010	0.0010
		Pb	0.0010	0.0010	0.0010	0.0010
		K	0.0020	0.0020	0.0020	0.0020
		Na	0.0010	0.0010	0.0010	—
		Ag	0.0005	0.0005	0.0005	0.0005
		Sn	0.0010	0.0010	0.0010	0.0010
		W	0.0300	—	0.0300	0.0300
		C	0.0030	0.0030	0.0030	0.0030
		O	0.0040	0.0030	0.20	0.15
		N	0.0010	0.0030	0.0020	0.0030

注：钼含量为 100%减去表中所列杂质元素（W、C、O、N 除外）含量的总和。

19.1.17 钼钨合金条及杆

1. 钼钨合金条及杆的牌号和规格（见表19-38）

表19-38 钼钨合金条及杆的牌号和规格（GB/T 4185—2017） （单位：mm）

牌号	钼钨合金条		钼钨合金杆		
	方坯尺寸（宽度×高度×长度）	圆坯尺寸（直径×长度）	旋锻合金杆直径	矫直合金杆直径	磨光合金杆直径
MoW50 MoW30 MoW20	(10~12)×(10~12)×(300~400) (14~16)×(14~16)×(400~600)	(ϕ17~ϕ19)×(400~600)	ϕ3.00~ϕ13.00	ϕ0.60~ϕ3.00	ϕ0.60~ϕ12.00

2. 钼钨合金条及杆的化学成分（见表19-39）

表19-39 钼钨合金条及杆的化学成分（GB/T 4185—2017）

牌号	化学成分（质量分数，%）			杂质（质量分数，%） ≤							
	Mo	W	杂质总量	Fe	Ni	Cr	Ca	Si	O	C	S
MoW50	50±1	余量	≤0.07	0.005	0.003	0.003	0.002	0.002	0.005	0.003	0.002
MoW30	70±1	余量	≤0.07	0.005	0.003	0.003	0.002	0.002	0.005	0.003	0.002
MoW20	80±1	余量	≤0.07	0.005	0.003	0.003	0.002	0.002	0.005	0.003	0.002

3. 钼钨合金条的密度（见表19-40）

表19-40 钼钨合金条的密度

牌号	密度/(g/cm³)	牌号	密度/(g/cm³)
MoW50	12.0~12.6	MoW20	10.5~11.0
MoW30	10.8~11.4		

19.1.18 钼钨合金丝

1. 钼钨合金丝的牌号和状态（见表19-41）

表19-41 钼钨合金丝的牌号和状态（GB/T 4183—2002）

牌号	表面状态	
	名称	代号
MoW50 MoW30 MoW20	化学处理	C
	拉拔	D
	电解抛光	E
	研磨	G
	矫直	S

2. 钼钨合金丝的规格（见表19-42）

表19-42 钼钨合金丝的规格（GB/T 4183—2002）

直径 d/μm	200mm丝段重量偏差(%)			直径偏差(%)			最短长度/m
	Ⅰ级	Ⅱ级	Ⅲ级	Ⅰ级	Ⅱ级	Ⅲ级	
30~100	±1.5	±2.0	±2.5	—	—	—	200
>100~350	±1.0	±1.5	±2.0	—	—	—	150
>350~700	—	—	—	±1.5	±2.0	±2.5	相当于100g重量的长度
>700~1800	—	—	—	±1.0	±1.5	±2.0	相当于150g重量的长度

3. 钼钨合金丝的力学性能（见表 19-43）

表 19-43　钼钨合金丝的力学性能（GB/T 4183—2002）

直径 $d/\mu m$	牌号	加工态(R)		热处理态(M)		
		抗拉强度		抗拉强度		断后伸长率(%)
		N/mg	MPa	N/mg	MPa	
50~1800	MoW50	≥0.8	≥2136	≥0.463	≥1236	≥12
	MoW30	≥0.8	≥1900	≥0.463	≥1100	≥12
	MoW20	≥0.8	≥1802	≥0.463	≥1043	≥12

19.2　钨及钨合金

19.2.1　钨及钨合金加工产品的牌号和化学成分

钨及钨合金加工产品的牌号和化学成分见表 19-44。

表 19-44　钨及钨合金加工产品的牌号和化学成分（YS/T 659—2007）

牌号	主成分(质量分数,%)				杂质(质量分数,%)　≤									
	W	Ce	Th	Re	Al	Ca	Fe	Mg	Mo	Ni	Si	C	N	O
W1	余量	—	—	—	0.002	0.003	0.005	0.002	0.010	0.003	0.003	0.005	0.003	0.005
W2	余量	—	—	—	0.004	0.003	0.005	0.002	0.010	0.003	0.005	0.008	0.003	0.008
WAl1、WAl2	余量	—	—	—	—	0.005	0.005	0.005	0.010	0.005	—	0.005	0.003	—
WCe0.8	余量	0.65~0.98	—	—	—	0.005	0.005	0.005	0.010	0.003	0.005	0.010	0.003	—
WCe1.1	余量	1.06~1.38	—	—	—	0.005	0.005	0.005	0.010	0.003	0.005	0.010	0.003	—
WCe1.6	余量	1.47~1.79	—	—	—	0.005	0.005	0.005	0.010	0.003	0.005	0.010	0.003	—
WCe2.4	余量	2.28~2.60	—	—	—	0.005	0.005	0.005	0.010	0.003	0.005	0.010	0.003	—
WCe3.2	余量	3.09~3.42	—	—	—	0.005	0.005	0.005	0.010	0.003	0.005	0.010	0.003	—
WTh0.7	余量	—	0.60~0.84	—	—	0.005	0.005	—	0.010	0.003	—	0.010	0.003	—
WTh1.1	余量	—	0.85~1.27	—	—	0.005	0.005	—	0.010	0.003	—	0.010	0.003	—
WTh1.5	余量	—	1.28~1.70	—	—	0.005	0.005	—	0.010	0.003	—	0.010	0.003	—
WTh1.9	余量	—	1.71~2.13	—	—	0.005	0.005	—	0.010	0.003	—	0.010	0.003	—
WRe1.0	余量	—	—	0.90~1.10	—	0.005	0.005	—	0.010	0.003	—	0.010	0.003	—
WRe3.0	余量	—	—	2.85~3.15	—	0.005	0.005	—	0.010	0.003	—	0.010	0.003	—

19.2.2 钨条和钨杆

1. 钨条和钨杆的状态和规格（见表 19-45）

表 19-45 钨条和钨杆的状态和规格（GB/T 4187—2017）

类别			状态	边长(直径)/mm	长度/mm
钨条		钨方条	高温烧结	10~20	>300
		钨圆条		$\phi8 \sim \phi30$	≥500
钨杆	黑钨杆	旋锻	加工态	$\phi0.5 \sim <\phi1.0$	≥600
		矫直		$\phi1.0 \sim <\phi3.0$	≥800
	磨光钨杆			$\phi3.0 \sim <\phi5.0$	≥600
				$\phi5.0 \sim <\phi6.5$	≥500
				$\phi6.5 \sim <\phi20$	≥400

2. 钨条和钨杆的牌号和化学成分（见表 19-46）

表 19-46 钨条和钨杆的牌号和化学成分（GB/T 4187—2017）

牌号	化学成分(质量分数,%)							
	W	K	其他元素					
			Fe	Al	Mo	Si	As/Ca/Cr/Mg/Mn/Na/Ni	Bi/Cd/Cu/Pb/Sb/Co/Ti/Sn
WK80	≥99.95	0.007~0.009	≤0.002	≤0.0030	≤0.003	≤0.0015	≤0.001	≤0.0005
WK60	≥99.95	0.005~0.007	≤0.002	≤0.0030	≤0.003	≤0.0015	≤0.001	≤0.0005
WK40	≥99.95	0.003~0.005	≤0.003	≤0.0030	≤0.003	≤0.0015	≤0.001	≤0.0005
W1	≥99.95	<0.0015	≤0.003	≤0.0030	≤0.003	≤0.0015	≤0.001	≤0.0005

19.2.3 钨板

1. 钨板的牌号、状态和规格（见表 19-47）

表 19-47 钨板的牌号、状态和规格（GB/T 3875—2017）

牌号	制造方法	状态	厚度/mm	宽度/mm	长度/mm
W1	烤轧-消除应力	轧制态(m)	0.10~0.20	30~300	50~1000
			>0.20~1.0	50~500	50~1000
	热轧-消除应力		>1.0~4.0	50~610	50~1000
			>4.0~6.0	50~610	50~800
			>6.0~20.0	50~610	50~800
	热轧-消除应力-机加工	机加工态(J)	>1.5~20	10~300	10~610

2. 钨板的密度（见表 19-48）

表 19-48 钨板的密度（GB/T 3875—2017）

厚度/mm	密度/(g/cm³)	厚度/mm	密度/(g/cm³)
≤3.0	≥19.20	>6.0~20.0	≥19.10
>3.0~6.0	≥19.15		

19.2.4　钨基高密度合金板

1. 钨基高密度合金板的牌号、状态和规格（见表19-49）

表19-49　钨基高密度合金板的牌号、状态和规格（GB/T 26038—2023）

牌号	制造方法	状态	厚度/mm	宽度/mm	长度/mm
90WNiFe 93WNiFe 95WNiFe 97WNiFe	烧结	烧结态(Sh)	2.0~50.0	20.0~500.0	20.0~500.0
	轧制	消除应力态(m)	0.10~6.0	30.0~500.0	50.0~1000.0
90WNiCu 93WNiCu 95WNiCu	烧结	烧结态(Sh)	2.0~50.0	20.0~500.0	20.0~500.0

2. 钨基高密度合金板的化学成分（见表19-50）

表19-50　钨基高密度合金板的化学成分（GB/T 26038—2023）

牌号	主成分(质量分数,%)	合金元素总和(质量分数,%)	
	W①	Ni+Fe	Ni+Cu
90WNiFe	余量	10.0±1.0	—
93WNiFe	余量	7.0±1.0	—
95WNiFe	余量	5.0±0.5	—
97WNiFe	余量	3.0±0.5	—
90WNiCu	余量	—	10.0±1.0
93WNiCu	余量	—	7.0±1.0
95WNiCu	余量	—	5.0±0.5

注：表中“—”对应的元素不进行检测。

① W的“余量”采用差减法计算所得。

3. 钨基高密度合金板烧结产品的密度和硬度（见表19-51）

表19-51　钨基高密度合金板烧结产品的密度和硬度（GB/T 26038—2023）

牌号	密度/(g/cm³)	硬度HRC	牌号	密度/(g/cm³)	硬度HRC
90WNiFe	16.85~17.25	≤32	90WNiCu	16.90~17.30	≤32
93WNiFe	17.35~17.75	≤33	93WNiCu	17.30~17.90	≤33
95WNiFe	17.80~18.25	≤34	95WNiCu	17.85~18.45	≤34
97WNiFe	18.35~18.85	≤35			

4. 钨基高密度合金板烧结产品的室温力学性能（见表19-52）

表19-52　钨基高密度合金板烧结产品的室温力学性能（GB/T 26038—2023）

牌号	抗拉强度 R_m/MPa	断后伸长率 A 或 A_{50mm} (%)	牌号	抗拉强度 R_m/MPa	断后伸长率 A 或 A_{50mm} (%)
90WNiFe	≥800	≥10	90WNiCu	≥700	≥2
93WNiFe	≥760	≥8	93WNiCu	≥650	≥2
95WNiFe	≥725	≥5	95WNiCu	≥650	≥1
97WNiFe	≥700	≥2			

注：厚度不小于0.5mm的板材试样的标距长度 $L_o=5.65\sqrt{S_o}$ mm；厚度小于0.5mm的板材试样的标距长度 L_o = 50mm，试样宽度 b=12.5mm。

19.2.5 钨丝

1. 钨丝的牌号、状态和规格（见表 19-53）

表 19-53 钨丝的牌号、状态和规格（GB/T 4181—2017）

牌号	类型	状态			直径/μm	
		拉拔丝	电解抛光丝	矫直丝	黑丝	白丝
WK80	G、T、L、W	D	E	S	12~2000	8~2000
WK60	T、L、W	D	E	S		
WK40	—	D	E	S	400~2000	
W1	—	D	E	S		

2. 钨丝的化学成分（见表 19-54）

表 19-54 钨丝的化学成分（GB/T 4181—2017）

牌号	化学成分（质量分数，%）							
	W	K	杂质					
			Fe	Al	Mo	Si	As/Ca/Cr/Mg/Mn/Na/Ni	Bi/Cd/Cu/Pb/Sb/Co/Ti/Sn
WK80	≥99.95	0.007~0.009	≤0.002	≤0.0030	≤0.003	≤0.0015	≤0.001	≤0.0005
WK60	≥99.95	0.005~0.007	≤0.002	≤0.0030	≤0.003	≤0.0015	≤0.001	≤0.0005
WK40	≥99.95	0.003~0.005	≤0.003	≤0.0030	≤0.003	≤0.0015	≤0.001	≤0.0005
W1	≥99.95	<0.003	≤0.003	≤0.0030	≤0.003	≤0.0015	≤0.001	≤0.0005

3. “D”“E”状态钨丝的力学性能（见表 19-55）

表 19-55 “D”“E”状态钨丝的力学性能（GB/T 4181—2017）

钨丝直径/μm	200mm 钨丝重量/(mg/200mm)	抗拉强度/MPa
8~12	0.19~0.44	3200~4500
>12~18	>0.44~0.98	3100~4400
>18~40	>0.98~4.85	2900~4100
>40~80	>4.85~19.39	2500~3700
>80~200	>19.39~121.21	2200~3300
>200~350	>121.21~371.19	1900~3000

注：直径大于 350μm 钨丝的抗拉强度由供需双方协商。

4. ϕ1250μm 钨丝高温蠕变残余伸长值及 ϕ390μm 钨丝下垂值（见表 19-56）

表 19-56 ϕ1250μm 钨丝高温蠕变残余伸长值及 ϕ390μm 钨丝下垂值（GB/T 4181—2017）

牌号	类别	ϕ1250μm 钨丝高温蠕变残余伸长值/mm	ϕ390μm 钨丝下垂值/mm
WK80	G	≤1.5	≤2.0
	T、L、W	≤2.0	≤3.0
WK60	T、L、W	≤2.0	≤3.0
WK40	—	≤3.0	—

19.2.6　钨铼合金丝

1. 钨铼合金丝的牌号和规格（见表 19-57）

表 19-57　钨铼合金丝的牌号和规格（GB/T 4184—2021）

直径/mm	200mm 丝段重量/g			200mm 丝段重量偏差（%）			直径偏差（%）	
	W-1Re	W-3Re	W-5Re	0 级	Ⅰ级	Ⅱ级	Ⅰ级	Ⅱ级
>0.012~0.020	0.44~1.21		0.44~1.22	±2.5	±3.0	±4.0	—	—
>0.020~0.040	>1.21~4.85		>1.22~4.86	±2.0	±2.5	±3.0	—	—
>0.040~0.080	>4.85~19.39		>4.86~19.44	±1.5	±2.0	±2.5	—	—
>0.080~0.290	>19.39~254.83		>19.44~255.49	±1.0	±1.5	±2.0	—	—
>0.290~0.350	>254.83~371.19		>255.49~372.15	±0.5	±1.0	±1.5	—	—
>0.350~0.500	>371.19		>372.15	—	—	—	±1.5	±2.0
>0.500~1.800	—		—	—	—	—	±1.0	±1.5

注：直径小于 0.25mm 的钨铼合金丝每一盘的公差应不超过同级公差的 1/2；直径为 0.25~0.35mm 的钨铼合金丝每一盘的公差应不超过Ⅱ级公差的 1/2。

2. 钨铼合金丝的化学成分（见表 19-58）

表 19-58　钨铼合金丝的化学成分（GB/T 4184—2021）

牌号			W-1Re	W-3Re	W-5Re
化学成分（质量分数,%）	主成分	Re	1.00±0.10	3.00±0.15	5.0±0.30
		K	0.004~0.009		
		W	余量		
	杂质	Fe	≤0.005		
		Al	≤0.001		
		Ni	≤0.0015		
		Co	≤0.002		
		Sn	≤0.001		
		Pb	≤0.0005		
		Bi	≤0.0005		
		Cu	≤0.0005		
		Si	≤0.0015		
		Cr	≤0.0015		
		Mg	≤0.0015		
		Mn	≤0.0015		
		Na	≤0.0015		
		Ti	≤0.0015		
	杂质总量		≤0.005		

3. 钨铼合金丝的力学性能（见表 19-59）

表 19-59　钨铼合金丝的力学性能（GB/T 4184—2021）

直径/mm	200mm 丝段的抗拉强度			
	高强度钨铼合金丝		中强度钨铼合金丝	
	MPa	N/mg	MPa	N/mg
>0.012~0.02	3280~4630	0.85~1.20	2625~3280	0.68~0.85
>0.02~0.04	3090~4440	0.80~1.15	2470~3090	0.64~0.80
>0.04~0.06	2895~4250	0.75~1.10	2320~2895	0.60~0.75
>0.06~0.11	2700~4050	0.70~1.05	2120~2700	0.55~0.70
>0.11~0.20	2510~3860	0.65~1.00	1930~2510	0.50~0.65

4. 钨铼合金丝的电阻率（见表 19-60）

表 19-60　钨铼合金丝的电阻率（GB/T 4184—2021）

牌号	W-1Re	W-3Re	W-5Re
电阻率/Ω·m	7.2±0.3	9.7±0.3	11.5±0.3

注：合金丝经去应力退火后，在温度为 20℃ 时测得。

19.2.7　电子器件用钨丝

1. 电子器件用钨丝的化学成分（见表 19-61）

表 19-61　电子器件用钨丝的化学成分（SJ 20143—1992）

牌号	化学成分(质量分数,%)		
	W　≥	杂质元素总量　≤	每种杂质元素含量　≤
WAL1、WAL2	99.92	0.08	0.01

注：钾不作为杂质含量。

2. 电子器件用 W 型钨丝的力学性能（见表 19-62）

表 19-62　电子器件用 W 型钨丝的力学性能（SJ 20143—1992）

直径 d/μm	200mm 丝段抗拉强度 R_m/MPa　≥	直径 d/μm	200mm 丝段抗拉强度 R_m/MPa　≥
5~26	3578	>45~55	2711
>26~36	3276	>55~140	2561
>36~45	3050	>140~200	2485

19.2.8　钨粉

1. 钨粉的牌号和规格（见表 19-63）

表 19-63　钨粉的牌号和规格（GB/T 3458—2006）

牌号	规格	平均粒度范围/μm	牌号	规格	平均粒度范围/μm
FW-1 FW-2	04	BET:<0.10	FW-1 FW-2	40	Fsss:>4.0~5.0
	06	BET:0.10~0.20		50	Fsss:>5.0~7.0
	08	Fsss:0.8~1.0		70	Fsss:>7.0~10.0
	10	Fsss:>1.0~1.5		100	Fsss:>10.0~15.0
	15	Fsss:>1.5~2.0		150	Fsss:>15.0~20.0
	20	Fsss:>2.0~3.0		200	Fsss:>20.0~30.0
	30	Fsss:>3.0~4.0		300	Fsss:>30.0

注：1. BET 是按 GB/T 2596 比表面积（平均粒度）测定（简化氮吸附法）。
　　2. Fsss 是按 GB/T 3249 难熔金属及碳化物粉末粒度测定方法——费氏法测定。

2. 钨粉的化学成分

钨粉的杂质含量见表 19-64。

表 19-64　钨粉的杂质含量（GB/T 3458—2006）

牌号		FW-1	FW-2	FWP-1
杂质 (质量分数,%) ≤	Fe	粒度小于 10μm:0.0050	0.030	0.030
		粒度大于等于 10μm:0.010		
	Al	0.0010	0.0040	0.0050
	Si	0.0020	0.0050	0.010

（续）

牌号		FW-1	FW-2	FWP-1
杂质（质量分数,%）≤	Mg	0.0010	0.0040	0.0040
	Mn	0.0010	0.0020	0.0040
	Ni	0.0030	0.0040	0.0050
	As	0.0015	0.0020	0.0020
	Pb	0.0001	0.0005	0.0007
	Bi	0.0001	0.0005	0.0007
	Sn	0.0003	0.0005	0.0007
	Sb	0.0010	0.0010	0.0010
	Cu	0.0007	0.0010	0.0020
	Ca	0.0020	0.0040	0.0040
	Mo	0.0050	0.010	0.010
	K+Na	0.0030	0.0030	0.0030
	P	0.0010	0.0040	0.0040
	C	0.0050	0.010	0.010
	O	①		0.20

① FW-1、FW-2 钨粉的氧含量见下表：

规格	氧（质量分数,%）　≤	规格	氧（质量分数,%）　≤
04	0.80	40	0.25
06	0.50	50	0.25
08	0.40	70	0.20
10	0.30	100	0.20
15	0.30	150	0.10
20	0.25	200	0.10
30	0.25	300	0.10

19.3　锆及锆合金

19.3.1　锆及锆合金的牌号和化学成分

锆及锆合金的牌号和化学成分见表19-65。

表19-65　锆及锆合金的牌号和化学成分（GB/T 26314—2010）

分类			一般工业			核工业		
牌号			Zr-1	Zr-3	Zr-5	Zr-0	Zr-2	Zr-4
化学成分（质量分数,%）	主成分	Zr	—	—	—	余量	余量	余量
		Zr+HP	≥99.2	≥99.2	≥95.5	—	—	—
		Hf	≤4.5	≤4.5	≤4.5	—	—	—
		Sn	—	—	—	—	1.20~1.70	1.20~1.70
		Fe	—	—	—	—	0.07~0.20	0.18~0.24
		Ni	—	—	—	—	0.03~0.08	—
		Nb	—	—	2.0~3.0	—	—	—
		Cr	—	—	—	—	0.05~0.15	0.07~0.13
		Fe+Ni+Cr	—	—	—	—	0.18~0.38	—
		Fe+Cr	≤0.2	≤0.2	≤0.2	—	—	0.28~0.37

（续）

分类			一般工业			核工业		
牌号			Zr-1	Zr-3	Zr-5	Zr-0	Zr-2	Zr-4
化学成分（质量分数，%）	杂质≤	Al	—	—	—	0.0075	0.0075	0.0075
		B	—	—	—	0.00005	0.00005	0.00005
		Cd	—	—	—	0.00005	0.00005	0.00005
		Co	—	—	—	0.002	0.002	0.002
		Cu	—	—	—	0.005	0.005	0.005
		Cr	—	—	—	0.020	—	—
		Fe	—	—	—	0.15	—	—
		Hf	—	—	—	0.010	0.010	0.010
		Mg	—	—	—	0.002	0.002	0.002
		Mn	—	—	—	0.005	0.005	0.005
		Mo	—	—	—	0.005	0.005	0.005
		Ni	—	—	—	0.007	—	0.007
		Pb	—	—	—	0.013	0.013	0.013
		Si	—	—	—	0.012	0.012	0.012
		Sn	—	—	—	0.005	—	—
		Ti	—	—	—	0.005	0.005	0.005
		U	—	—	—	0.00035	0.00035	0.00035
		V	—	—	—	0.005	0.005	0.005
		W	—	—	—	0.010	0.010	0.010
		Cl	—	—	—	0.010	0.010	0.010
		C	0.050	0.050	0.05	0.027	0.027	0.027
		N	0.025	0.025	0.025	0.008	0.008	0.008
		H	0.005	0.005	0.005	0.0025	0.0025	0.0025
		O	0.10	0.16	0.18	0.16	0.16	0.16

注：1. Zr+Hf含量为100%减去除Hf以外的其他元素分析值。

2. 锆及锆合金化学成分复验分析允许偏差见下表：

元素	按规定范围的成分复验允许偏差（质量分数，%） ≤	
	核工业	一般工业
Sn	0.050	—
Fe	0.020	—
Ni	0.010	—
Cr	0.010	—
Fe+Ni+Cr	0.020	—
Fe+Cr	0.020	0.025
O	0.020	0.02
Hf	0.002或规定极限的20%，取较小者	0.10
Nb		0.05
H		0.002
C		0.01
N		0.01
其他杂质元素		—

19.3.2 锆及锆合金棒和丝

1. 锆及锆合金棒和丝的牌号、状态及规格（见表 19-66）

表 19-66 锆及锆合金棒和丝的牌号、状态及规格（GB/T 8769—2010）

牌号	品种	供货状态	直径或边长/mm	长度/mm
Zr-0 Zr-2 Zr-4 Zr-3 Zr-5	丝材	冷加工态(Y)	0.8~<2.5	500~1000①
		退火态(M)	2.5~7.0	500~2000①
	棒材	热加工态(R) 冷加工态(Y)	>7.0~150	300~6000
		退火态(M)	>7.0~150	300~3000

① 所列长度为直丝，一般以盘（卷）供货。

2. 锆及锆合金棒的力学性能（见表 19-67）

表 19-67 锆及锆合金棒的力学性能（GB/T 8769—2010）

牌号	试验温度/℃	抗拉强度 R_m/MPa	规定塑性延伸强度 $R_{p0.2}$/MPa	断后伸长率 A_{50mm}(%)
Zr-0	室温	≥290	≥140	≥18
Zr-2 Zr-4	室温	≥415	≥240	≥14
	316	≥215	≥105	≥24
Zr-3	室温	≥380	≥205	≥16
Zr-5	室温	≥550	≥380	≥16

注：本表适用于横截面面积不大于 64.5cm² 的棒材。

19.3.3 锆及锆合金无缝管

1. 锆及锆合金无缝管的牌号、状态和规格（见表 19-68）

表 19-68 锆及锆合金无缝管的牌号、状态和规格（GB/T 26283—2010）

牌号	外径/mm	状态	壁厚/mm											
			0.5	0.6	0.8	1.0	1.2	1.5	2.0	2.5	3.0	3.5	4.0	4.5
Zr-0 Zr-1 Zr-2 Zr-3 Zr-4 Zr-5	6~8	退火态(M)	○	○	○	○	—	—	—	—	—	—	—	—
	>8~10		○	○	○	○	○	—	—	—	—	—	—	—
	>10~15		○	○	○	○	○	○	—	—	—	—	—	—
	>15~30		—	○	○	○	○	○	○	○	—	—	—	—
	>30~50		—	—	—	○	○	○	○	○	○	○	○	—
	>50~80		—	—	—	—	—	○	○	○	○	○	○	○
	>80~90		—	—	—	—	—	—	—	—	○	○	○	○

注：“○”表示可生产规格。

2. 锆及锆合金无缝管的力学性能

（1）锆及锆合金无缝管的室温力学性能（见表 19-69）

表 19-69 锆及锆合金无缝管的室温力学性能（GB/T 26283—2010）

牌号	状态	抗拉强度 R_m/MPa	规定塑性延伸强度 $R_{p0.2}$/MPa	断后伸长率 A_{50mm}(%)
Zr-0	退火态(M)	295	140	25
Zr-1		≤380	≤305	20
Zr-2		415	240	20

（续）

牌号	状态	抗拉强度 R_m/MPa	规定塑性延伸强度 $R_{p0.2}$/MPa	断后伸长率 A_{50mm}(%)
Zr-3	退火态（M）	380	205	16
Zr-4		415	240	20
Zr-5		550	380	16

注：消除应力状态管材的室温力学性能指标报实测值或由供需双方协商确定。

（2）锆及锆合金无缝管的高温力学性能（见表19-70）

表19-70 锆及锆合金无缝管的高温力学性能（GB/T 26283—2010）

牌号	试验温度/℃	状态	抗拉强度 R_m/MPa	规定塑性延伸强度 $R_{p0.2}$/MPa	断后伸长率 A_{50mm}(%)
Zr-2	350	退火态（M）	215	120	20
Zr-4	380		195	120	25

注：消除应力状态及外径大于16mm的再结晶退火状态管材的高温力学性能指标报实测值或由供需双方协商确定。

19.3.4 锆及锆合金饼和环

1. 锆及锆合金饼和环的牌号、状态和规格（见表19-71）

表19-71 锆及锆合金饼和环的牌号、状态和规格（YS/T 913—2013）

牌号	供货状态	产品形式	外径/mm	内径/mm	截面高度/mm	环材壁厚/mm
Zr-3 Zr-5	热加工态（R） 退火态（M）	饼材	150~300	—	35~140	—
			>300~500	—	35~150	—
			>500~600	—	40~110	—
		环材	200~400	100~300	35~120	25~150
			>400~700	150~500	40~160	25~200
			>700~900	300~700	50~180	25~250
			>900~1300	400~900	70~250	25~300

2. 锆及锆合金饼和环的室温力学性能（见表19-72）

表19-72 锆及锆合金饼和环的室温力学性能（YS/T 913—2013）

牌号	抗拉强度 R_m/MPa	规定塑性延伸强度 $R_{p0.2}$/MPa	断后伸长率 A_{50mm}(%)
Zr-3	≥380	≥205	≥16
Zr-5	≥485	≥380	≥16

注：本表适用于纵剖面面积不大于100cm^{2}的饼材和最大截面面积不大于100cm^{2}的环材。

19.3.5 锆及锆合金板、带和箔

1. 锆及锆合金板、带和箔的牌号、状态及规格（见表19-73）

表19-73 锆及锆合金板、带和箔的牌号、状态及规格（GB/T 21183—2017）

牌号	品种	供应状态	(厚度/mm)×(宽度/mm)×(长度/mm)
一般工业 Zr-1 Zr-3 Zr-5	板材	冷加工态(Y) 退火态(M)	(>0.15~6)×(>300~1500)×(≥500)
		热加工态(R) 退火态(M)	(4.5~60)×(>300~3000)×(≥500)

（续）

牌号	品种	供应状态	(厚度/mm)×(宽度/mm)×(长度/mm)
核工业 Zr-0 Zr-2 Zr-4	带材	冷加工态(Y) 退火态(M)	(>0.15~5)×(30~300)×(≥500)
	箔材	冷加工态(Y) 退火态(M)	(0.01~0.15)×(30~300)×(≥500)

注：当需方在合同（或订货单）中注明时，可供应消应力退火态（m）产品。

2. 锆及锆合金板和带的力学性能（见表 19-74）

表 19-74　锆及锆合金板和带的力学性能（GB/T 21183—2017）

牌号	状态	试样方向	试验温度 t/℃	抗拉强度 R_m/MPa	规定塑性延伸强度 $R_{p0.2}$/MPa	断后伸长率 A_{50mm}(%)
Zr-0	M	纵向	室温	≥290	≥140	≥18
		横向	室温	≥290	≥205	≥18
Zr-2 Zr-4	M	纵向	室温	≥400	≥240	≥25
		横向	室温	≥385	≥300	≥25
		纵向	290	≥185	≥100	≥30
		横向	290	≥180	≥120	≥30
Zr-1	M	纵向	室温	≤380	≤305	≥20
Zr-3	M	纵向	室温	≥380	≥205	≥16
Zr-5	M	纵向	室温	≥550	≥380	≥16

19.3.6　压力容器用锆及锆合金板

1. 压力容器用锆及锆合金板的牌号、状态和规格（见表 19-75）

表 19-75　压力容器用锆及锆合金板的牌号、状态和规格（YS/T 753—2011）

牌号	供货状态	厚度/mm	宽度/mm	长度/mm	表面处理方法
Zr-1 Zr-3 Zr-5	退火态 (M)	0.30~4.75	400~1000	1000~3050	砂光、酸洗或喷砂
		>4.75~60.0	400~3000	1000~7000	

2. 压力容器用锆及锆合金板的力学性能

（1）压力容器用锆及锆合金板纵向和横向的室温力学性能（见表 19-76）

表 19-76　压力容器用锆及锆合金板纵向和横向的室温力学性能（YS/T 753—2011）

牌号	抗拉强度 R_m/MPa	规定塑性延伸强度 $R_{p0.2}$/MPa	断后伸长率 A_{50mm}(%)	弯芯半径 r/mm
Zr-1	≤380	≤305	≥20	≥5T
Zr-3	≥380	≥205	≥16	≥5T
Zr-5	≥550	≥380	≥16	≥3T

注：1. T 为板材名义厚度。
　　2. 弯曲半径适用于厚度不大于 4.75mm 退火态板材纵向和横向的弯曲试验。

（2）Zr-3 的高温力学性能（见表 19-77）

表 19-77　Zr-3 的高温力学性能（YS/T 753—2011）

力学性能	温度/℃												
	75	100	125	150	175	200	225	250	275	300	325	350	375
抗拉强度 R_m/MPa	345	323	296	268	242	216	197	177	172	166	159	152	145
规定塑性延伸强度 $R_{p0.2}$/MPa	172	155	138	123	111	99	88	79	73	66	61	57	54

19.3.7 锆及锆合金锻件

1. 锆及锆合金锻件的牌号和化学成分（见表19-78）

表19-78 锆及锆合金锻件的牌号和化学成分（GB/T 30568—2014）

名称	牌号	化学成分(质量分数,%)								
		Zr+Hf	Hf	Fe+Cr	Sn	H	N	C	Nb	O
纯锆	R60702	≥99.2	≤4.5	≤0.2	—	≤0.005	≤0.025	≤0.05	—	≤0.16
锆-锡合金	R60704	≥97.5	≤4.5	0.2~0.4	1.0~2.0	≤0.005	≤0.025	≤0.05	—	≤0.18
锆-铌合金	R60705	≥95.5	≤4.5	≤0.2	—	≤0.005	≤0.025	≤0.05	2.0~3.0	≤0.18

注：Zr含量由Hf差异确定。

2. 锆及锆合金锻件退火后的力学性能（见表19-79）

表19-79 锆及锆合金锻件退火后的力学性能（GB/T 30568—2014）

牌号	抗拉强度 R_m/MPa	规定塑性延伸强度 $R_{p0.2}$/MPa	断后伸长率 A①(%)
R60702	≥380	≥205	≥16
R60704	≥415	≥240	≥14
R60705	≥485	≥380	≥16

① 当使用小试样时，标距长度应符合ASTM E8的规定。

19.3.8 锆及锆合金焊丝

1. 锆及锆合金焊丝的牌号、状态和规格（见表19-80）

表19-80 锆及锆合金焊丝的牌号、状态和规格（YS/T 887—2013）

牌号	状态	丝径/mm
ERZr-3、ERZr-5	Y(冷加工态)、M(退火态)	0.8~6.4

2. 锆及锆合金焊丝的化学成分（见表19-81）

表19-81 锆及锆合金焊丝的化学成分（YS/T 887—2013）

牌号	主成分(质量分数,%)			杂质(质量分数,%)				
	Zr+Hf	Hf	Nb	Fe+Cr	N	H	C	O
ERZr-3	≥99.0	≤4.5	—	≤0.2	≤0.015	≤0.005	≤0.03	0.11~0.15
ERZr-5	≥95.5	≤4.5	2.0~3.0	≤0.2	≤0.015	≤0.005	≤0.03	0.11~0.16

19.3.9 锆及锆合金铸件

1. 锆及锆合金铸件的牌号和化学成分（见表19-82）

表19-82 锆及锆合金铸件的牌号和化学成分（YS/T 853—2012）

牌号	化学成分(质量分数,%)								
	主成分		杂质 ≤						
	Zr+Hf①	Nb	Hf	N	C	H	Fe+Cr	P	O
ZZr-3	≥98.8	—	≤4.5	0.03	0.1	0.005	0.3	0.01	0.25
ZZr-5	≥95.1	2.0~3.0	≤4.5	0.03	0.1	0.005	0.3	0.01	0.3

① Zr+Hf含量为100%减去除Hf以外的其他元素分析值。

2. 锆及锆合金铸件的铸态室温力学性能（见表 19-83）

表 19-83 锆及锆合金铸件的铸态室温力学性能（YS/T 853—2012）

牌号	抗拉强度 R_m/MPa	规定塑性延伸强度 $R_{p0.2}$/MPa	断后伸长率 A_{50mm}(%)	硬度 HBW
ZZr-3	≥380	≥276	≥12	≤210
ZZr-5	≥483	≥345	≥12	≤235

3. 锆及锆合金铸件的热处理工艺（见表 19-84）

表 19-84 锆及锆合金铸件的热处理工艺（YS/T 853—2012）

牌号	热等静压	去应力退火
ZZr-3 ZZr-5	温度 850 ℃±14 ℃，保温时间 1.0~3.0h，压力 100~140MPa，炉冷至 200℃以下出炉	温度 565℃±25℃，保温时间不少于 0.5h，当截面厚度大于 25.4mm 时，每增加 25.4mm 保温时间增加 0.5h，炉冷或空冷

19.3.10 锆及锆合金铸锭

锆及锆合金铸锭的牌号、硬度和规格见表 19-85。

表 19-85 锆及锆合金铸锭的牌号、硬度和规格（GB/T 8767—2010）

类别	牌号	硬度 HBW10/3000	直径/mm	允许偏差/mm
一般工业用铸锭	Zr-1	实测	≤350	+5 -30
	Zr-3			
	Zr-5		>350~550	+5 -40
核工业用铸锭	Zr-0	≤160	>550~720	+5 -50
	Zr-2	≤200		
	Zr-4	≤200	>720~820	+5 -60

19.4 铌及铌合金

19.4.1 铌及铌合金加工产品的牌号和化学成分

铌及铌合金加工产品的牌号和化学成分见表 19-86。

表 19-86 铌及铌合金加工产品的牌号和化学成分（YS/T 656—2015）

化学成分		牌号									
		NbT	Nb1	Nb2	NbZr1	NbZr2	FNb1	FNb2	NbHf10-1	NbW5-1	NbW5-2
主成分（质量分数，%）	Nb	余量	余量	余量	余量	余量	余量	余量	余量	余量	余量
	Zr	—	—	—	0.8~1.2	0.8~1.2	—	—	—	0.7~1.2	1.4~2.2
	Hf	—	—	—	—	—	—	—	9.0~11.0	—	—
	Ti	—	—	—	—	—	—	—	0.70~1.30	—	—
	W	—	—	—	—	—	—	—	—	4.5~5.5	4.5~5.5
	Mo	—	—	—	—	—	—	—	—	1.7~2.3	1.5~2.5
	C	—	—	—	—	—	—	—	—	0.05~0.12	—

（续）

化学成分		牌号									
		NbT	Nb1	Nb2	NbZr1	NbZr2	FNb1	FNb2	NbHf10-1	NbW5-1	NbW5-2
杂质（质量分数，%）≤	Zr	0.001	0.02	0.02	—	—	0.02	0.02	0.70	—	—
	Cu	0.001	—	—	—	—	—	—	—	—	—
	Ti	0.001	0.002	0.005	0.02	0.03	0.005	0.01	—	—	—
	C	0.002	0.01	0.02	0.01	0.01	0.03	0.05	0.015	—	0.02
	N	0.004	0.015	0.05	0.01	0.01	0.035	0.05	0.015	0.01	0.015
	O	0.008	0.015	0.025	0.015	0.025	0.030	0.060	0.023	0.01	0.023
	H	0.001	0.001	0.005	0.0015	0.0015	0.002	0.005	0.002	0.002	0.002
	Ta	0.04	0.10	0.25	0.10	0.50	—	—	0.50	0.1	0.5
	Fe	0.002	0.005	0.03	0.005	0.01	0.01	0.04	—	0.02	—
	Si	0.005	0.005	0.02	0.005	0.005	0.01	0.03	—	0.01	—
	W	0.008	0.03	0.05	0.03	0.05	0.05	0.05	0.50	—	—
	Ni	0.001	0.005	0.01	0.005	0.005	0.005	0.01	—	—	—
	Mo	0.002	0.010	0.050	0.010	0.050	0.020	0.050	—	—	—
	Mn	0.001	—	—	—	—	—	—	—	—	—
	Cr	0.001	0.002	0.01	0.002	—	0.005	0.01	—	—	—
	Al	0.002	—	—	—	—	—	—	—	0.02	—
	其他元素 单个	—	—	—	—	—	—	—	—	0.08	—
	其他元素 总和	—	—	—	—	—	—	—	0.3	0.15	0.30

注：1. NbT、Nb1、Nb2、NbZr1、NbZr2、NbHf10-1、NbW5-1、NbW5-2 为真空电弧或电子束熔炼的工业级铌及铌合金产品。

2. FNb1、FNb2 为粉末冶金方法制得的工业铌产品。

19.4.2 铌及铌合金棒

1. 铌及铌合金棒的牌号、状态和规格（见表 19-87）

表 19-87 铌及铌合金棒的牌号、状态和规格（GB/T 14842—2007）

牌号	供应状态	直径或边长①/mm	长度①/mm
Nb1 Nb2 NbZr1 NbZr2	冷加工态(Y) 热加工态(R) 退火态(M)	3.0~80	≥500
FNb1 FNb2	冷加工态(Y) 退火态(M)	3.5~5.0	≥500
		>5.0~12	≥300
NbHf10-1②	冷加工态(Y) 退火态(M)	20~80	500~2000

① 锻制方棒的边长不小于 25mm，长度不大于 4000mm。

② NbHf10-1 合金仅为圆棒。

2. 铌及铌合金棒的室温力学性能（见表 19-88）

表 19-88 铌及铌合金棒的室温力学性能（GB/T 14842—2007）

牌号	直径/mm	抗拉强度 R_m/MPa	规定塑性延伸强度 $R_{p0.2}$/MPa	断后伸长率 A(%)	断面收缩率 Z(%)
Nb1、Nb2	3.0~18	≥125	≥85	≥25	—
NbZr1、NbZr2		≥195	≥125	≥20	—

（续）

牌号	直径/mm	抗拉强度 R_m/MPa	规定塑性延伸强度 $R_{p0.2}$/MPa	断后伸长率 A(%)	断面收缩率 Z(%)
FNb1、FNb2	3.0~12	≥125	≥85	≥25	—
NbHf10-1	20~80	≥372	≥274	≥20	≥40

注：1. 表中为 Nb1、Nb2、NbZr1 和 NbZr2 棒材退火态，直径或边长不大于 18mm 时的数据。
2. FNb1、FNb2 和 NbHf10-1 棒材为退火态。

19.4.3 铌条

铌条的牌号和化学成分见表 19-89。

表 19-89 铌条的牌号和化学成分（GB/T 6896—2007）

牌号			TNb1	TNb2
化学成分（质量分数,%）	主成分	Nb	余量	余量
	杂质≤	Ta	0.10	0.15
		O	0.05	0.15
		N	0.03	0.05
		C	0.02	0.03
		Si	0.003	0.0050
		Fe	0.0050	0.02
		W	0.005	0.01
		Mo	0.0050	0.0050
		Ti	0.0050	0.01
		Al	0.0030	0.0050
		Cu	0.0020	0.0030
		Cr	0.0050	0.0050
		Ni	0.005	0.010
		Zr	0.020	0.020

注：Nb 含量按杂质减量法确定。

19.4.4 铌及铌合金无缝管

1. 铌及铌合金无缝管的牌号、状态和规格（见表 19-90）

表 19-90 铌及铌合金无缝管的牌号、状态和规格（GB/T 8183—2007）

牌号	状态	外径/mm	壁厚/mm													
			0.2	0.3	0.4	0.5	0.6	0.8	1.0	1.2	1.5	2.0	2.5	3.0	3.5	4.0
Nb1 Nb2 NbZr1 NbZr2	退火（M） 冷轧（冷拔）（Y） 消除应力（m）	1~3	○	○	○	—	—	—	—	—	—	—	—	—	—	—
		>3~5	○	○	○	○	○	—	—	—	—	—	—	—	—	—
		>5~15	—	○	○	○	○	○	○	—	—	—	—	—	—	—
		>15~25	—	—	—	—	○	○	○	○	○	○	—	—	—	—
		>25~35	—	—	—	—	—	○	○	○	○	○	○	○	—	—
		>35~40	—	—	—	—	—	—	○	○	○	○	○	○	○	—
		>40~50	—	—	—	—	—	—	○	○	○	○	○	○	○	○
		>50~65	—	—	—	—	—	—	—	○	○	○	○	○	○	○

注："○"表示可以按本标准生产的规格，超出表中的规格由供需双方协商确定。

2. 铌及铌合金无缝管的室温力学性能(见表 19-91)

表 19-91 铌及铌合金无缝管的室温力学性能(GB/T 8183—2007)

牌号	状态	抗拉强度 R_m/MPa ≥	规定塑性延伸强度 $R_{p0.2}$/MPa ≥	断后伸长率 A_{25mm}(%)
Nb1、Nb2	退火态(M)	125	73	25
NbZr1、NbZr2		195	125	20

19.4.5 铌板、带和箔

1. 铌板、带和箔的牌号、状态及规格（见表 19-92）

表 19-92 铌板、带和箔的牌号、状态及规格（GB/T 3630—2017）

牌号	状态	厚度/mm	宽度/mm	长度/mm	品种
Nb1 Nb2 FNb1 FNb2	冷加工态(Y)	0.01~0.1	30~300	≥300	箔材
	退火态(M) 冷加工态(Y)	>0.1~0.5	50~650	≥50	带材、板材
		>0.5~0.8	50~800	50~3000	
		>0.8~2.0	50~1200	50~2500	板材
		>2.0~6.0	60~1000	50~2000	
		>6.0	50~650	50~1500	

2. 铌板、带和箔的室温力学性能（见表 19-93）

表 19-93 铌板、带和箔的室温力学性能（GB/T 3630—2017）

牌号	状态	厚度/mm	抗拉强度 R_m/MPa	规定塑性延伸强度 $R_{p0.2}$/MPa	断后伸长率 A[①](%)
Nb1、Nb2	M	>0.1~0.25	≥165	≥70	≥20
		>0.25~1.5	≥145	≥65	≥25
		>1.5~5.0	≥125	≥60	≥30
FNb1、FNb2		>0.25~1.5	≥200	≥85	≥20
		>1.5~3.0	≥175	≥80	≥25
Nb1、Nb2	Y	>0.1~5.0	≥245	—	≥2.0
FNb1、FNb2		>0.25~3.0	≥400	—	≥1.0

注：当合同中有晶粒度和硬度要求时，供需双方可对产品的力学性能另行协商确定。

①产品厚度小于 0.5mm 时，采用 A_{50mm} 厚度不小于 0.5mm 时，采用 A。

19.4.6 铌及铌合金丝

1. 铌及铌合金丝的牌号、状态和规格（见表 19-94）

表 19-94 铌及铌合金丝的牌号、状态和规格（GB/T 26062—2010）

牌号	供应状态	直径/mm	单根重量/kg ≥
Nb1 Nb2 NbZr1 NbZr2	硬态(Y) 半硬态(Y2) 退火态(M)	0.20~0.40	0.3
		>0.40~1.0	0.6
		>1.0~3.0	—

2. 铌及铌合金丝的室温力学性能（见表 19-95）

表 19-95　铌及铌合金丝的室温力学性能（GB/T 26062—2010）

牌号	直径/mm	抗拉强度 R_m/MPa	断后伸长率 A(%)
Nb1、Nb2	0.5~3.0	≥125	≥20
NbZr1、NbZr2		≥195	≥15

注：适用于直径不小于 0.5mm 的退火态铌及铌合金丝。

19.4.7　铌铁

铌铁的牌号和化学成分见表 19-96。

表 19-96　铌铁的牌号和化学成分（GB/T 7737—2007）

牌　　号	化学成分(质量分数,%)														
	Nb+Ta	Ta	Al	Si	C	S	P	W	Mn	Sn	Pb	As	Sb	Bi	Ti
		≤													
FeNb70	70~80	0.3	3.8	1.0	0.03	0.03	0.04	0.3	0.8	0.02	0.02	0.01	0.01	0.01	0.30
FeNb60-A	60~70	0.3	2.5	2.0	0.04	0.03	0.04	0.2	1.0	0.02	0.02				
FeNb60-B	60~70	2.5	3.0	3.0	0.30	0.10	0.30	1.0							
FeNb50-A	50~60	0.2	2.0	1.0	0.03	0.03	0.04	0.1							
FeNb50-B	50~60	0.3	2.0	2.5	0.04	0.03	0.04	0.2							
FeNb50-C	50~60	2.5	3.0	4.0	0.30	0.10	0.40	1.0							
FeNb20	15~25	2.0	3.0	11.0	0.30	0.10	0.30	1.0							

注：FeNb60-B、FeNb50-C、FeNb20 三个牌号是以铌精矿为原料生产的。

19.4.8　冶金用铌粉

1. 冶金用铌粉的牌号和规格（见表 19-97）

表 19-97　冶金用铌粉的牌号和规格（YS/T 258—2011）

牌号	粒度组成(%)	牌号	粒度组成(%)
FNb-0	通过 150μm 的筛下物：≥95	FNb-2	通过 150μm 的筛下物：≥95
FNb-1	通过 150μm 的筛下物：≥95	FNb-3	通过 180μm 的筛下物：100

2. 冶金用铌粉的化学成分（见表 19-98）

表 19-98　冶金用铌粉的化学成分（YS/T 258—2011）

牌号			FNb-0	FNb-1	FNb-2	FNb-3
化学成分(质量分数,%)	Nb+Ta　≥		99.8	99.5	99.5	98.0
	杂质 ≤	Ta	0.20	0.20	0.50	1.0
		O	0.15	0.20	0.20	0.50
		H	0.005	0.005	0.005	0.01
		N	0.02	0.04	0.06	0.10
		C	0.05	0.05	0.05	0.08
		Fe	0.01	0.01	0.05	0.08
		Si	0.005	0.005	0.01	0.02
		Ni	0.005	0.005	0.005	0.01
		Cr	0.005	0.005	0.07	0.01
		W	0.005	0.005	0.01	0.03

（续）

牌号			FNb-0	FNb-1	FNb-2	FNb-3
化学成分（质量分数,%）	杂质≤	Mo	0.003	0.003	0.005	0.01
		Ti	0.003	0.003	0.005	0.02
		Mn	0.003	0.003	0.005	0.01
		Cu	0.003	0.003	0.005	0.01
		Ca	0.005	0.005	0.005	0.02
		Sn	0.005	0.005	0.005	0.01
		Al	0.01	0.01	0.01	0.02
		Mg	0.005	0.005	0.005	0.01
		P	0.01	0.01	0.01	0.01
		S	0.01	0.01	0.01	0.01

19.5 钽及钽合金

19.5.1 钽及钽合金的牌号和化学成分

钽及钽合金的牌号和化学成分见表 19-99。

表 19-99 钽及钽合金的牌号和化学成分（YS/T 751—2011）

牌号			Ta1	Ta2	FTa1	FTa2	TaNb3	TaNb20	TaNb40	TaW2.5	TaW10	TaW12
化学成分（质量分数,%）	主成分	Ta	余量	余量	余量	余量	余量	余量	余量	余量	余量	余量
		Nb	—	—	—	—	1.5~3.5	17~23	35.0~42.0	—	—	—
		W	—	—	—	—	—	—	—	2.0~3.5	9.0~11.0	11.0~13.0
	杂质≤	C	0.010	0.020	0.010	0.050	0.020	0.020	0.010	0.010	0.010	0.020
		N	0.005	0.025	0.010	0.030	0.025	0.025	0.010	0.010	0.010	0.010
		H	0.0015	0.0050	0.0020	0.0050	0.0050	0.0050	0.0015	0.0015	0.0015	0.0015
		O	0.015	0.030	0.030	0.035	0.030	0.030	0.020	0.015	0.015	0.030
		Nb	0.050	0.100	0.050	0.100	—	—	—	0.500	0.100	0.100
		Fe	0.005	0.030	0.010	0.030	0.030	0.030	0.010	0.010	0.010	0.010
		Ti	0.002	0.005	0.005	0.010	0.005	0.005	0.010	0.010	0.010	0.010
		W	0.010	0.040	0.010	0.040	0.040	0.040	0.050	—	—	—
		Mo	0.010	0.030	0.010	0.020	0.030	0.020	0.020	0.020	0.020	0.020
		Si	0.005	0.020	0.005	0.030	0.030	0.030	0.005	0.005	0.005	0.005
		Ni	0.002	0.005	0.010	0.010	0.005	0.005	0.010	0.010	0.010	0.010

注：1. Ta1、Ta2、TaNb3、TaNb20、TaNb40、TaW2.5、TaW10、TaW12 为真空电子束熔炼或电弧熔炼的工业级钽及钽合金材。
2. FTa1、FTa2 为粉末冶金方法制得的工业级钽材。

19.5.2 钽及钽合金棒

1. 钽及钽合金棒的牌号、状态和规格（见表 19-100）

表 19-100 钽及钽合金棒的牌号、状态和规格（GB/T 14841—2008）

牌号	状态	直径或边长/mm	长度/mm
Ta1、Ta2、TaNb3、TaNb20、TaNb40、TaW2.5、TaW10	冷加工态(Y)、热加工态(R)、退火态(M)	3.0~95	≥200

（续）

牌号	状态	直径或边长/mm	长度/mm
FTa1 FTa2	冷加工态（Y）、 退火态（M）	3.5~5.0	≥500
		>5.0~25	≥300

注：锻制方棒的边长不小于25mm，长度不大于4000mm。

2. 钽及钽合金棒的室温力学性能（见表19-101）

表19-101　钽及钽合金棒的室温力学性能（GB/T 14841—2008）

牌号	直径或边长/mm	抗拉强度 R_m/MPa	规定塑性延伸强度 $R_{p0.2}$/MPa	断后伸长率 A(%)
Ta1、Ta2	3~18	≥175	≥140	≥25
FTa1、FTa2	3~12			
TaNb40	3~63.5	≥244	≥103	≥25
TaW2.5	3~63.5	≥276	≥193	≥20
TaW10	3~63.5	≥482	≥379	≥20

注：1. 棒材为退火态。
2. Ta1、Ta2棒材直径或边长不大于18mm，FTa1和Fta2棒材不大于12mm。
3. TaNb40、TaW2.5和TaW10棒材直径或边长不大于63.5mm。

19.5.3　钽及钽合金板、带和箔

1. 钽及钽合金板、带和箔的牌号、状态及规格（见表19-102）

表19-102　钽及钽合金板、带和箔的牌号、状态及规格（GB/T 3629—2017）

牌号	供应状态	厚度/mm	宽度/mm	长度/mm	品种
Ta1、Ta2、FTa1、FTa2、TaNb3、TaNb20、TaNb40、TaW2.5、TaW10	冷加工态（Y）	0.01~0.1	30~300	≥300	箔材
	退火态（M）、冷加工态（Y）	>0.1~0.5	50~650	≥50	带材
		>0.5~0.8	50~800	50~3000	板材
		>0.8~2.0	50~1200	50~2000	
		>2.0~6.0	50~1000	50~1500	
		>6.0	50~650	50~1500	

2. 钽及钽合金板、带和箔的室温力学性能（见表19-103）

表19-103　钽及钽合金板、带和箔的室温力学性能（GB/T 3629—2017）

牌号	状态	厚度/mm	抗拉强度 R_m/MPa	规定塑性延伸强度 $R_{p0.2}$/MPa	断后伸长率 A 或 $A_{50mm}^{①}$(%)
Ta1 Ta2	M	0.1~0.25	≥240	≥130	≥20
		≥0.25~1.5	≥220	≥120	≥25
		≥1.5~6.0	≥200	≥110	≥30
	Y	≥0.1~6.0	≥350	—	≥2
FTa1 FTa2	M	0.1~0.25	≥280	≥140	≥20
		≥0.25~1.5	≥240	≥130	≥25
		≥1.5~3.0	≥200	≥120	≥30
	Y	≥0.25~3.0	≥450	—	≥2
TaNb3	M	0.2~1.5	≥220	≥120	≥25
		≥1.5~6.0	≥200	≥110	≥25
	Y	≥0.2~6.0	≥350	—	≥2
TaNb20	M	0.2~1.5	≥230	≥130	≥25
		≥1.5~6.0	≥225	≥120	≥25
	Y	≥0.2~6.0	≥400	—	≥2

（续）

牌号	状态	厚度/mm	抗拉强度 R_m/MPa	规定塑性延伸强度 $R_{p0.2}$/MPa	断后伸长率 A 或 A_{50mm}[①](%)
TaNb40	M	0.2~1.5	≥280	≥195	≥25
		≥1.5~6.0	≥245	≥170	≥25
	Y	≥0.2~6.0	≥450	—	≥2
TaW2.5	M	0.2~1.5	≥280	≥200	≥20
		≥1.5~6.0	≥280	≥180	≥25
	Y	≥0.2~6.0	≥480	—	≥2
TaW10	M	0.2~1.5	≥485	≥420	≥20
		≥1.5~6.0	≥485	≥380	≥25
	Y	≥0.2~6.0	≥650	—	≥2

注：当合同中有晶粒度和硬度要求时，供需双方可对产品的力学性能另行协商确定。

①产品厚度小于 0.5mm 时，采用 A_{50mm}；厚度不小于 0.5mm 时，采用 A。

19.5.4 钽及钽合金无缝管

1. 钽及钽合金无缝管的牌号、状态和规格（见表 19-104）

表 19-104 钽及钽合金无缝管的牌号、状态和规格（GB/T 8182—2008）

牌号	供货状态	外径/mm	壁厚/mm 0.2	0.3	0.4	0.5	0.6	0.8	1.0	1.2	1.5	2.0	2.5	3.0	3.5	4.0
Ta1 Ta2 TaNb3 TaNb20 TaW2.5	退火(M) 冷轧、冷拔(Y) 消除应力(m)	1~3	○	○	—	—	—	—	—	—	—	—	—	—	—	—
		>3~5	○	○	○	○	○	—	—	—	—	—	—	—	—	—
		>5~15	—	○	○	○	○	○	○	—	—	—	—	—	—	—
		>15~25	—	—	—	—	○	○	○	○	○	○	—	—	—	—
		>25~35	—	—	—	—	—	○	○	○	○	○	○	○	—	—
		>35~40	—	—	—	—	—	—	○	○	○	○	○	○	○	—
		>40~50	—	—	—	—	—	—	○	○	○	○	○	○	○	○
		>50~65	—	—	—	—	—	—	—	○	○	○	○	○	○	○

注："○"表示可以生产的规格，超出表中规格时由供需双方协商确定。

2. 钽及钽合金无缝管的室温力学性能（见表 19-105）

表 19-105 钽及钽合金无缝管的室温力学性能（GB/T 8182—2008）

牌号	状态	抗拉强度 R_m/MPa	规定塑性延伸强度 $R_{p0.2}$/MPa	断后伸长率 A_{25mm}(%)
Ta1、Ta2	退火(M)	210	140	25
TaW2.5		276	193	20

19.5.5 钽条

钽条的牌号和化学成分见表 19-106。

表 19-106 钽条的牌号和化学成分（YS/T 1005—2014）

牌号			TTa-1	TTa-2	TTa-3	TTa-4
化学成分（质量分数，%）	主成分	Ta	余量	余量	余量	余量
	杂质≤	Nb	0.02	0.10	0.30	0.50
		C	0.015	0.02	0.05	0.08
		O	0.25	0.30	0.35	0.40

（续）

牌号			TTa-1	TTa-2	TTa-3	TTa-4
化学成分（质量分数，%）	杂质 ≤	N	0.02	0.04	0.06	0.08
		Fe	0.01	0.01	0.03	0.04
		Ni	0.01	0.01	0.02	0.02
		Cr	0.005	0.01	0.02	0.02
		Mn	0.003	0.005	0.01	0.01
		Ti	0.003	0.005	0.01	0.01
		W	0.005	0.01	0.03	0.05
		Mo	0.003	0.005	0.01	0.01
		Si	0.01	0.02	0.03	0.05
		Zr	0.003	0.003	0.005	0.01
		Al	0.003	0.005	0.01	0.02
		Cu	0.003	0.005	0.01	0.02

19.5.6 钽锭

钽锭的牌号共有5个。Ta1和Ta2钽锭的化学成分见表19-99；GTD系钽锭的化学成分见表19-107。

表19-107　GTD系钽锭的化学成分（YS/T 827—2012）

牌号			GTD-1	GTD-2	GTD-3
化学成分（质量分数，%）	主成分 ≥	Ta	99.995	99.99	99.95
	杂质 ≤	C	0.0030	0.0030	0.0040
		O	0.0050	0.0080	0.010
		N	0.0030	0.0030	0.0040
		H	0.0005	0.0005	0.0010
		S	0.0001	0.0001	0.0001
		Al	0.00005	0.0001	0.0005
		Ag	0.00005	0.0001	0.0001
		As	0.00005	0.0001	0.0001
		Au	0.0001	0.0001	0.0001
		B	0.00005	0.0001	0.0001
		Be	0.00005	0.0001	0.0001
		Bi	0.00005	0.0001	0.0001
		Ca	0.00005	0.0001	0.0005
		Cd	0.00005	0.0001	0.0005
		Cl	0.0001	0.0001	0.0005
		Co	0.00005	0.00005	0.0005
		Cr	0.00005	0.0001	0.0005
		Cu	0.00005	0.0001	0.0005
		Fe	0.00005	0.0001	0.0005
		Ga	0.00005	0.0001	0.0001
		Ge	0.00005	0.0001	0.0001
		Hf	0.0001	0.0001	0.0005
		K	0.00005	0.0001	0.0001
		Li	0.00005	0.0001	0.0001
		Mg	0.00005	0.0001	0.0005
		Mn	0.00005	0.00005	0.0005

（续）

牌号			GTD-1	GTD-2	GTD-3
化学成分（质量分数，%）	杂质≤	Mo	0.0005	0.0010	0.0030
		Na	0.00004	0.00004	0.0001
		Nb	0.0010	0.0075	0.030
		Ni	0.00005	0.0001	0.0005
		P	0.0001	0.0001	0.0001
		Pb	0.00005	0.0001	0.0001
		Si	0.00005	0.0001	0.0001
		Sn	0.00005	0.0001	0.0005
		Th	3×10^{-7}	5×10^{-7}	5×10^{-7}
		Ti	0.0001	0.0001	0.0005
		V	0.00005	0.0001	0.0005
		W	0.0020	0.0070	0.015
		Zn	0.00005	0.0001	0.0005
		Zr	0.0001	0.0001	0.0005
		Y	0.0001	0.0001	0.0005
		U	1×10^{-7}	5×10^{-7}	5×10^{-7}
		其他	0.0001	0.0001	—
		总杂质含量	0.0050	0.010	0.050

注：牌号为 GTD-1、GTD-2、GTD-3 中杂质元素（不包括 C、Cl、H、N、O、S）总的质量分数分别不超过 0.0050%、0.010%、0.050%，钽锭的钽含量为 100%减去表中杂质元素（不包括 C、Cl、H、N、O、S）实测值总和的余量。

19.6 锂及锂合金

19.6.1 锂

锂的牌号和化学成分见表 19-108。

表 19-108 锂的牌号和化学成分（GB/T 4369—2015）

牌号	化学成分（质量分数，%）											
	Li ≥	杂质 ≤										
		K	Na	Ca	Fe	Si	Al	Ni	Cu	Mg	Cl^-	N	Pb
Li-1	99.99	0.0005	0.001	0.0005	0.0005	0.0005	0.0005	0.0005	0.0005	0.0005	0.001	0.004	0.0005
Li-2	99.95	0.001	0.010	0.010	0.002	0.004	0.005	0.003	0.001	0.005	0.005	0.010	0.0010
Li-3	99.90	0.005	0.020	0.020	0.005	0.008	0.005	0.003	0.004	0.010	0.006	0.020	0.0030
Li-4	99.00	—	0.20	0.040	0.010	0.040	0.020	—	0.010	—	—	—	0.0050
Li-5	98.50	—	0.80	0.10	0.010	0.040	—	—	—	—	—	—	0.0050
Li-6	96.50		3.00	0.10	0.010	0.040							0.0050

注：1. 锂含量为 100%减去表中杂质实测总和后的余量。

2. 需方如对锂的化学成分有特殊要求时，由供需双方商定。

19.6.2 锂圆片

锂圆片的牌号和规格见表 19-109。

表 19-109　锂圆片的牌号和规格（GB/T 26064—2010）　（单位：mm）

牌号	直径	直径允许偏差	厚度	厚度允许偏差
Li-3	φ4~φ16	±0.02	0.20~0.30	±0.01
			>0.30~0.60	±0.02
	>φ16~φ21	±0.02	0.30~0.50	±0.02
			>0.50~1.00	±0.03
			>1.0~2.00	±0.04

19.6.3　锂带

锂带的牌号和规格见表 19-110。

表 19-110　锂带的牌号和规格（GB/T 20930—2015）　（单位：mm）

牌　号	厚度	宽度	厚度及允许偏差		宽度及允许偏差	
			厚度	允许偏差	宽度	允许偏差
Li-1 Li-2 Li-3 Li-4	<0.1	4.0~30	<0.1	±0.005	4.0~30	±0.2
	0.1~4.0	4.0~300	0.10~0.20	±0.01		
			>0.20~0.60	±0.02	>30~75	±0.3
			>0.60~0.80	±0.03		
			>0.80~1.00	±0.04	>75~300	±0.4
			>1.00~4.00	±0.05		

注：根据需方要求，可供应单向偏差的锂带，其偏差值为表列相应数值 2 倍。

19.6.4　锂硼合金

锂硼合金的化学成分见表 19-111。

表 19-111　锂硼合金的化学成分（YS/T 905—2013）

牌号	化学成分(质量分数,%)	
	Li	其他
Li55	55±2	余量
Li60	60±2	余量
Li65	65±2	余量
Li70	70±2	余量

19.7　锗及锗合金

19.7.1　锗单晶

1. 锗单晶的电阻率（见表 19-112）

表 19-112　锗单晶的电阻率（GB/T 5238—2019）

导电类型	掺杂剂	电阻率 ρ(23℃±0.5℃)/Ω·cm
P 型	Ga	0.001~45.0
	In	0.001~45.0
	Au+Ga(In)	0.5~5.0
N 型	Sb	0.001~45.0
	非掺杂	35.0~50.0

2. 锗单晶的径向电阻率变化（见表 19-113）

表 19-113　锗单晶的径向电阻率变化（GB/T 5238—2019）

直径 d/mm	径向电阻率变化(绝对值,%)	直径 d/mm	径向电阻率变化(绝对值,%)
10~<50	≤10	150~<200	≤25
50~<100	≤15	200~300	≤30
100~<150	≤20		

注：直径指未滚圈锗单晶的尺寸。

3. 锗单晶的少数载流子寿命（见表 19-114）

表 19-114　锗单晶的少数载流子寿命（GB/T 5238—2019）

电阻率 ρ/Ω · cm	少数载流子寿命/μs	
	N 型	P 型
0.001~<1.0	—	>1
1.0~<2.5	≥100	≥80
2.5~<4.0	≥150	≥120
4.0~<8.0	≥220	≥200
8.0~<16.0	≥350	≥300
16.0~50.0	≥600	≥500

19.7.2　还原锗锭

还原锗锭的牌号和电阻率见表 19-115。

表 19-115　还原锗锭的牌号和电阻率（GB/T 11070—2017）

牌号	电阻率(23℃±0.5℃)/Ω · cm　≥	牌号	电阻率(23℃±0.5℃)/Ω · cm　≥
RGe-0	30	RGe-1	10

19.7.3　区熔锗锭

区熔锗锭的牌号和电性能见表 19-116。

表 19-116　区熔锗锭的牌号和电性能（GB/T 11071—2018）

牌号	电阻率/Ω · cm		检测单晶的参数(77K)	
	(20±0.5)℃	(23±0.5)℃	载流子浓度/cm^{-3}	载流子迁移率/[cm^{-3}/(V · S)]
ZGe-0	≥50	≥47	$\leqslant 1.5\times10^{12}$	$\geqslant 3.7\times10^{4}$
ZGe-1	≥50	≥47	—	—

19.7.4　锗粒

锗粒的规格见表 19-117。

表 19-117　锗粒的规格（YS/T 989—2014）　　（单位：mm）

项目		尺寸	允许偏差
圆球	直径	ϕ3.0~ϕ10.0	±0.2
	中孔孔径	ϕ0.8~ϕ1.5	—
圆柱体	直径	ϕ3.0~ϕ9.0	±0.1
	高度	1.0~100.0	±0.1

（续）

项目		尺寸	允许偏差
圆球面体	直径	ϕ3.0~ϕ6.0	±0.2
	高度	1.7~3.0	±0.1
圆锥面体	直径	ϕ3.0~ϕ7.0	±0.2
	高度	1.7~3.0	±0.1
凸形体	直径 1	ϕ15.0~ϕ25.0	±0.2
	直径 2	ϕ20.0~ϕ35.0	±0.2
	总高度	5.0	±0.1

19.7.5 再生锗原料

再生锗原料的化学成分见表 19-118。

表 19-118 再生锗原料的化学成分（GB/T 23522—2023）

类别	等级	化学成分(质量分数,%)				
		Ge	As	SiO_2	F	S
金属态再生锗原料	特级	>95~100	—	—	—	—
	一级	>80~95	—	—	—	—
	二级	>50~80	<5	<5	—	—
	三级	>20~50	<10	<20	—	—
	四级	>1~20	<10	—	—	—
化合态再生锗原料	一级	>50~69	<10	<20	<1	<5
	二级	>20~50	<10	<20	<1	<5
	三级	>1~20	<10	—	<1	<5

19.8 镓及镓合金

19.8.1 镓

工业镓的化学成分见表 19-119。

表 19-119 工业镓的化学成分（GB/T 1475—2022）

牌号	化学成分(质量分数,%)														
	Ga ≥	杂质(10^{-4}) ≤													
		Fe	Pb	Zn	Sn	Cu	Ni	Al	Ca	In	Hg	Si	Cd	Cr	Mg	总和
Ca5N	99.999	0.8	1.2	0.4	0.4	1.0	0.1	0.5	1.0	0.5	0.8	1.0	0.1	0.1	0.6	10
Ga4N	99.99	5.0	8.0	5.0	5.0	7.0	2.0	3.0	8.0	2.0	2.0	5.0	2.0	2.0	—	100
Ga3N	99.99	Cu+Pb+Zn+Al+In+Ca+Fe+Sn+Ni+Hg+Cd+Cr≤1000														

注：1. 镓含量为 100%减去表中所列杂质含量总和。
2. 表中未规定的其他杂质元素，可由供需双方协商确定。

19.8.2 高纯镓

1. Ga6N、Ga7N 高纯镓的化学成分（见表 19-120）

表 19-120 Ga6N、Ga7N 高纯镓的化学成分（GB/T 10118—2023）

牌号		Ga6N	Ga7N
Ga(质量分数,%)		≥99.9999	≥99.99999
杂质(10^{-7}%)	Na	≤30	≤5
	Mg	≤20	≤5

（续）

牌号		Ga6N	Ga7N
杂质(10^{-7}%)	Al	≤20	≤5
	Si	≤20	≤5
	S	≤20	≤5
	K	≤20	≤5
	Ca	≤30	≤5
	Cr	≤20	≤5
	Mn	≤20	≤3
	Fe	≤20	≤5
	Co	≤20	≤5
	Ni	≤20	≤5
	Cu	≤15	≤2
	Zn	≤20	≤3
	As	≤20	≤5
	In	≤30	≤5
	Sn	≤20	≤5
	Hg	≤20	≤5
	Pb	≤20	≤5
	总含量	≤1000	≤100

注：1. 镓含量为100%减去杂质含量总和的差值，杂质含量总和包括但不限于表中所列杂质元素实测值之和。

2. 表中未列的其他杂质元素，由供需双方协商确定。

2. Ga8N 高纯镓的化学成分（见表 19-121）

表 19-121 Ga8N 高纯镓的化学成分（GB/T 10118—2023）

牌号		Ga8N	牌号		Ga8N
Ga(质量分数,%)		≥99.999999	Ga(质量分数,%)		≥99.999999
杂质(10^{-7}%)	Li	<1	杂质(10^{-7}%)	Ge	<10
	Be	<1		As	<5
	B	<1		Se	<5
	F	<10		Br	<5
	Na	<1		Rb	<1
	Mg	<1		Sr	<10
	Al	<1		Y	<50
	Si	<1		Zr	<1
	P	<1		Nb	<5
	S	<1		Mo	<5
	Cl	<1		Ru	<1
	K	<5		Rh	<50
	Ca	<3		Pd	<50
	Sc	<1		Ag	<50
	Ti	<1		Cd	<40
	V	<1		In	<5
	Cr	<1		Sn	<5
	Mn	<1		Sb	<5
	Fe	<1		Te	<5
	Co	<1		I	<1
	Ni	<1		Cs	<1
	Cu	<1		Ba	<1
	Zn	<3		La	<1

（续）

牌号		Ga8N	牌号		Ga8N
Ga(质量分数,%)		≥99.999999	Ga(质量分数,%)		≥99.999999
杂质(10^{-7}%)	Ce	<10	杂质(10^{-7}%)	Hf	<1
	Pr	<1		W	<5
	Nd	<1		Re	<1
	Sm	<1		Os	<1
	Eu	<1		Ir	<1
	Gd	<1		Pt	<10
	Tb	<1		Au	<10
	Dy	<1		Hg	<5
	Ho	<1		Tl	<1
	Er	<1		Pb	<1
	Tm	<1		Bi	<5
	Yb	<1		Th	<1
	Lu	<1		U	<1

19.8.3 高纯三氧化二镓

高纯三氧化二镓的牌号和化学成分见表19-122。

表19-122 高纯三氧化二镓的牌号和化学成分（YS/T 979—2014）

牌号	化学成分(质量分数,%)																
	Ga_2O_3 ≥	杂质(10^{-4}) ≤															
		Na	Mg	Ca	Cr	Mn	Fe	Co	Ni	Cu	Zn	Sn	In	Pb	Ti	V	总和
5N5	99.9995	0.5	0.4	1.0	0.2	0.2	0.7	0.2	0.2	0.4	0.3	0.2	0.3	0.2	—	—	5
6N	99.9999	0.1	0.1	0.2	0.05	0.05	0.1	0.04	0.04	0.06	0.05	0.04	0.05	0.04	0.04	0.04	1

注：高纯三氧化二镓含量为100%减去表中杂质实测总和的余量。

19.9 钒及钒合金

19.9.1 钒

钒的牌号和化学成分见表19-123。

表19-123 钒的牌号和化学成分（GB/T 4310—2016）

牌号	化学成分(质量分数,%)							
	V ≥	杂质 ≤						
		Fe	Cr	Al	Si	C	O	N
V-1	余量	0.005	0.006	0.005	0.004	0.01	0.025	0.006
V-2	余量	0.02	0.02	0.01	0.004	0.02	0.035	0.01
V-3	99.5	0.10	0.10	0.05	0.05	—	0.08	
V-4	99.0	0.15	0.15	0.08	0.08	—	0.10	—

注：余量为100%减去表中杂质实测值总和。

19.9.2 钒铝中间合金

钒铝中间合金的牌号和化学成分见表 19-124。

表 19-124 钒铝中间合金的牌号和化学成分（YS/T 579—2014）

牌号	化学成分(质量分数,%)						
	主成分		杂质 ≤				
	V	Al	Fe	Si	C	O	N
AlV55	50.0~60.0	余量	0.25	0.25	0.10	0.18	0.04
AlV65	>60.0~70.0	余量	0.25	0.25	0.10	0.18	0.04
AlV75	>70.0~80.0	余量	0.30	0.25	0.15	0.30	0.05
AlV85	>80.0~90.0	余量	0.30	0.25	0.25	0.50	0.05

19.10 铟及铟合金

19.10.1 高纯铟

高纯铟的牌号和化学成分见表 19-125。

表 19-125 高纯铟的牌号和化学成分（YS/T 264—2012）

牌号	化学成分(质量分数,%)														
	In ≥	杂质(10^{-4}) ≤													
		Fe	Cu	Pb	Zn	Sn	Cd	Tl	Mg	Al	As	Si	S	Ag	Ni	总和
In-05	99.999	0.5	0.4	1	0.5	1	0.5	1	0.5	0.5	0.5	1	1	0.5	0.5	10
In-06	99.9999	0.1	0.1	0.1	—	0.3	0.05	—	0.1	—	—	0.1	0.1	—	—	1

19.10.2 超高纯铟

超高纯铟的牌号和化学成分见表 19-126。

表 19-126 超高纯铟的牌号和化学成分（YS/T 1413—2021）

牌号			In-07
化学成分(质量分数,%)	In ≥		99.99999
	杂质(10^{-4}) ≤	Ag	0.002
		Cd	0.005
		Cu	0.005
		Fe	0.005
		Mg	0.005
		Ni	0.005
		Pb	0.01

19.10.3 铟条

铟条的牌号和化学成分见表 19-127。

表 19-127 铟条的牌号和化学成分（YS/T 1162—2016）

牌号	化学成分(质量分数,%)									
	In ≥	杂质 ≤								
		Cu	Pb	Zn	Cd	Fe	Tl	Sn	As	Al
PL-In99995	99.995	0.0005	0.0005	0.0005	0.0005	0.0005	0.0005	0.0005	0.0005	0.0005

19.10.4 铟锭

铟锭的牌号和化学成分见表 19-128。

表 19-128 铟锭的牌号和化学成分（YS/T 257—2009）

牌号	化学成分(质量分数,%)										
	In ≥	杂质 ≤									
		Cu	Pb	Zn	Cd	Fe	Tl	Sn	As	Al	Bi
In99995	99.995	0.0005	0.0005	0.0005	0.0005	0.0005	0.0005	0.0010	0.0005	0.0005	—
In9999	99.99	0.0005	0.001	0.0015	0.0015	0.0008	0.001	0.0015	0.0005	0.0007	—
In980	98.0	0.15	0.10	—	0.15	0.15	0.05	0.2	—	—	1.5

第20章 稀土金属

20.1 镧

20.1.1 金属镧及镧粉

1. 金属镧的牌号和化学成分（见表20-1）

表20-1 金属镧的牌号和化学成分（GB/T 15677—2023）

牌号				La-4N	La-3N	La-2N5
化学成分（质量分数，%）	RE ≥			99.5	99.0	99.0
	La/RE ≥			99.99	99.9	99.5
	杂质 ≤	稀土杂质/RE		0.01	0.1	0.5
		非稀土杂质	C	0.02	0.03	0.05
			Fe	0.10	0.10	0.20
			Si	0.02	0.03	0.03
			Mg	0.02	0.02	0.02
			Ca	0.01	0.01	0.02
			Al	0.01	0.02	0.05
			O	0.02	0.03	0.05
			S	0.01	0.01	0.01
			P	0.01	0.01	0.01
			Zn	0.005	0.01	0.03
			Cl^-	0.01	0.03	0.03
			W+Mo+Ti	0.04	0.05	0.05
			其他非稀土杂质合量	0.01	0.05	0.05

2. 金属镧粉

（1）金属镧粉的牌号和化学成分（见表20-2）

表 20-2　金属镧粉的牌号和化学成分（GB/T 15677—2023）

牌号				P-La-270	P-La-150	P-La-75	P-La-48
化学成分（质量分数，%）	RE　≥			98.5	98.0	97.5	97.0
	La/RE　≥			99.5	99.5	99.5	99.5
	杂质　≤	稀土杂质/RE		0.5	0.5	0.5	0.5
		非稀土杂质	C	0.05	0.05	0.05	0.05
			Fe	0.10	0.20	0.30	0.30
			Si	0.05	0.05	0.05	0.05
			Mg	0.05	0.05	0.05	0.05
			Ca	0.02	0.02	0.02	0.02
			Al	0.05	0.05	0.05	0.05
			H	0.80	1.00	1.10	1.30
			O	0.30	0.30	0.30	0.30

（2）金属镧粉的物理性能（见表 20-3）

表 20-3　金属镧粉的物理性能（GB/T 15677—2023）

牌号	P-La-270	P-La-150	P-La-75	P-La-48
粒度/μm　≤	270	150	75	48
松装密度/(g/cm³)　≥	2.26	2.24	2.23	2.22

20.1.2　氧化镧

氧化镧的牌号和化学成分见表 20-4。

表 20-4　氧化镧的牌号和化学成分（GB/T 4154—2015）

牌号		字符牌号	La_2O_3-5N5	La_2O_3-5N	La_2O_3-4N5	La_2O_3-4N	La_2O_3-3N	La_2O_3-2N5	La_2O_3-2N
		对应原数字牌号	011055	011050	011045	011040	011030	011025	011020
化学成分（质量分数，%）	REO　≥		99.0	99.0	99.0	99.0	99.0	99.0	99.0
	La_2O_3/REO　≥		99.9995	99.999	99.995	99.99	99.9	99.5	99.0
	La_2O_3		余量	余量	余量	余量	余量	余量	余量
	杂质≤　稀土杂质	CeO_2	0.00005	0.00015	0.0005	0.0015	合量 0.1	合量 0.5	合量 1.0
		Pr_6O_{11}	0.00005	0.0001	0.0005	0.0015			
		Nd_2O_3	0.00005	0.0001	0.0005	0.0010			
		Sm_2O_3	0.00005	0.0001	0.0005	0.0010			
		Y_2O_3	0.00003	0.0001	0.0010	0.0010			
		Eu_2O_3	0.00003	0.00005	其余合量 0.0020	其余合量 0.0040	—	—	—
		Gd_2O_3	0.00003	0.00005					
		Tb_4O_7	0.00003	0.00005					
		Dy_2O_3	0.00003	0.00005					
		Ho_2O_3	0.00003	0.00005					
		Er_2O_3	0.00003	0.00005					
		Tm_2O_3	0.00003	0.00005					
		Yb_2O_3	0.00003	0.00005					
		Lu_2O_3	0.00003	0.00005					
	杂质≤　非稀土杂质	Fe_2O_3	0.0001	0.0002	0.0003	0.005	0.005	0.005	0.010
		SiO_2	0.0010	0.0030	0.0050	0.010	0.010	0.050	0.050
		CaO	0.0005	0.0010	0.0050	0.050	0.050	0.050	0.20
		CuO	0.0001	0.0002	0.0002	—	—	—	—
		NiO	0.0001	0.0002	0.0002	—	—	—	—

（续）

牌号			字符牌号	La_2O_3-5N5	La_2O_3-5N	La_2O_3-4N5	La_2O_3-4N	La_2O_3-3N	La_2O_3-2N5	La_2O_3-2N
			对应原数字牌号	011055	011050	011045	011040	011030	011025	011020
化学成分（质量分数，%）	杂质≤	非稀土杂质	PbO	0.0002	0.0005	0.0015	0.010	0.050	0.10	0.10
			Cl^-	0.0050	0.01	0.02	0.03	0.03	0.05	0.20
			Na_2O	0.0005	0.0005	0.0010	0.0010	0.05	0.10	0.10
			SO_4^{2-}	—	—	—	—	0.050	0.15	—
灼减和水分（质量分数，%）≤				1.0	1.0	1.0	1.0	2.0	3.0	4.0

注：表内所有化学成分检测均为去除水分后灼减前测定。

20.2 铈

20.2.1 金属铈

金属铈的牌号和化学成分见表20-5。

表 20-5 金属铈的牌号和化学成分（GB/T 31978—2015）

牌号		化学成分（质量分数，%）											
		RE ≥	Ce/RE ≥	Ce	杂质 ≤								
					稀土杂质	非稀土杂质							
字符牌号	对应原数字牌号					Fe	Si	Al	Ca	Mg	C	S	Mo+W
Ce-3NA	24030A	99.0	99.9	余量	0.1	0.10	0.02	0.05	0.01	0.01	0.03	0.02	0.1
Ce-3NB	24030B	99.0	99.9	余量	0.1	0.10	0.05	0.05	0.01	0.01	0.05	0.02	0.1
Ce-2N5A	24025A	99.0	99.5	余量	0.5	0.15	0.03	0.05	0.02	0.01	0.03	0.02	0.1
Ce-2N5B	24025B	99.0	99.5	余量	0.5	0.15	0.05	0.05	0.02	0.01	0.05	0.02	0.1
Ce-2NA	24020A	99.0	99.0	余量	1.0	0.20	0.03	0.05	0.02	0.01	0.03	0.02	0.1
Ce-2NB	24020B	99.0	99.0	余量	1.0	0.30	0.05	0.10	0.02	0.01	0.05	0.02	0.1

注：稀土杂质为除去主稀土元素 Ce 以及 Pm 和 Sc 以外的稀土元素。

20.2.2 氧化铈

氧化铈的牌号和化学成分见表20-6。

表 20-6 氧化铈的牌号和化学成分（GB/T 4155—2012）

牌号				021050	021045	021040A	021040B	021035	021030	021025	021020
化学成分（质量分数，%）	REO ≥			99.0	99.0	99.0	99.0	99.0	99.0	98.0	98.0
	CeO_2/REO ≥			99.999	99.995	99.99	99.99	99.95	99.9	99.5	99.0
	杂质≤	稀土杂质/REO	La_2O_3	0.00015	0.001	0.002	0.002	0.015	合量为0.1	合量为0.5	合量为1
			Pr_6O_{11}	0.0001	0.001	0.002	0.002	0.015			
			Nd_2O_3	0.0001	0.0005	0.001	0.001	0.005			
			Sm_2O_3	0.0001	0.0005	0.001	0.001	0.005			
			Y_2O_3	0.0001	0.001	0.002	0.002	0.005			
			Eu_2O_3	0.00005	其余合量0.001	其余合量0.002	其余合量0.002	其余合量0.005			
			Gd_2O_3	0.00005							
			Tb_4O_7	0.00005							

（续）

牌号				021050	021045	021040A	021040B	021035	021030	021025	021020
化学成分（质量分数,%）	杂质 ≤	稀土杂质/REO	Dy_2O_3	0.00005	其余合量 0.001	其余合量 0.002	其余合量 0.002	其余合量 0.005	合量为 0.1	合量为 0.5	合量为 1
			Ho_2O_3	0.00005							
			Er_2O_3	0.00005							
			Tm_2O_3	0.00005							
			Yb_2O_3	0.00005							
			Lu_2O_3	0.00005							
			Fe_2O_3	0.0003	0.0005	0.001	0.001	0.005	0.005	0.02	0.04
			CaO	0.001	0.001	0.005	0.01	0.02	0.03	0.5	0.5
			SiO_2	0.002	0.003	0.005	0.01	0.03	0.03	0.03	—
			Cl^-	0.01	0.01	0.01	0.05	0.05	0.05	0.1	0.2
			SO_4^{2-}	—	—	—	—	0.08	0.1	—	—
灼减（质量分数,%） ≤				1.0	1.0	1.0	1.0	1.0	1.0	1.0	1.0

20.3　镨

20.3.1　金属镨

金属镨的牌号和化学成分见表20-7。

表 20-7　金属镨的牌号和化学成分（GB/T 19395—2013）

牌号				034030	034025A	034025B	034020A	034020B
化学成分（质量分数,%）	RE ≥			99.5	99.5	99.5	99	99
	Pr/RE ≥			99.9	99.5	99.5	99	99
	杂质 ≤	稀土杂质/RE		0.1	0.5	0.5	1	1
		非稀土杂质	Fe	0.08	0.12	0.12	0.15	0.30
			Si	0.03	0.03	0.05	0.05	0.05
			Ca	0.01	0.01	0.01	0.02	0.03
			Mg	0.01	0.01	0.01	0.02	0.03
			Al	0.03	0.03	0.05	0.08	0.10
			C	0.02	0.03	0.03	0.05	0.05
			O	0.03	0.03	0.04	0.05	0.05
			Mo+W	0.03	0.04	0.05	0.05	0.05
			Cl	0.01	0.01	0.01	0.03	0.03
			S	0.01	0.01	0.01	0.01	0.02
			P	0.02	0.02	0.03	0.05	0.05
			Cd+Pb+Ni+Cr+Ti	0.02	0.03	0.03	0.04	0.05

注：RE 表示稀土元素。

20.3.2　氧化镨

氧化镨的牌号和化学成分见表20-8。

表 20-8 氧化镨的牌号和化学成分（GB/T 5239—2015）

牌号			字符牌号	Pr_6O_{11}-4N	Pr_6O_{11}-3N5	Pr_6O_{11}-3N	Pr_6O_{11}-2N5	Pr_6O_{11}-2N
			对应原数字牌号	031040	031035	031030	031025	031020
化学成分（质量分数，%）			REO ≥	99.0	99.0	99.0	99.0	99.0
			Pr_6O_{11}/REO ≥	99.99	99.95	99.9	99.5	99.0
			Pr_6O_{11}	余量	余量	余量	余量	余量
	杂质 ≤	稀土杂质	La_2O_3	0.001	0.002	0.010	0.05	0.1
			CeO_2	0.002	0.010	0.030	0.05	0.1
			Nd_2O_3	0.004	0.030	0.040	0.35	0.5
			Sm_2O_3	0.001	0.005	0.010	0.03	
			Y_2O_3	0.001	0.002	0.005	0.01	0.3
			其他稀土杂质总和	0.001	0.001	0.005	0.01	
		非稀土杂质	Fe_2O_3	0.0005	0.002	0.005	0.010	0.010
			SiO_2	0.005	0.010	0.010	0.030	0.030
			CaO	0.005	0.010	0.030	0.040	0.050
			Na_2O	0.010	0.020	0.030	0.040	0.040
			Al_2O_3	0.010	0.010	0.010	0.050	0.050
			Cl^-	0.0050	0.015	0.030	0.030	0.050
			SO_4^{2-}	0.020	0.020	0.030	0.040	0.050
			其他显量非稀土杂质总和	0.010	0.010	0.010	0.020	0.030
灼减和水分（质量分数，%） ≤				1.0	1.0	1.0	1.0	1.0

注：1. 表内所有化学成分检测均为去除水分后灼减前测定。
2. 其他稀土杂质是指表中没有列出除 Pm、Sc 以外其他所有稀土元素。

20.3.3 镨钕合金

镨钕合金的牌号和化学成分见表 20-9。

表 20-9 镨钕合金的牌号和化学成分（GB/T 20892—2020）

牌号			字符牌号	PrNd-80NdA	PrNd-80NdB	PrNd-75NdA	PrNd-75NdB	PrNd-70NdA	PrNd-70NdB
			对应原数字牌号	045080A	045080B	045075A	045075B	045070A	045070B
化学成分（质量分数，%）			RE ≥	99	99	99	99	99	99
			Pr	20±2	20±2	25±2	25±2	30±2	30±2
			Nd	80±2	80±2	75±2	75±2	70±2	70±2
	杂质 ≤	稀土杂质	La	0.05	0.1	0.05	0.1	0.05	0.1
			Ce	0.05	0.1	0.05	0.1	0.05	0.1
			其他每种稀土杂质	0.03	0.03	0.03	0.03	0.03	0.03
		非稀土杂质	Fe	0.3	0.3	0.3	0.3	0.3	0.3
			Al	0.05	0.1	0.05	0.1	0.05	0.1
			Si	0.05	0.05	0.05	0.05	0.05	0.05
			Mo	0.05	0.1	0.05	0.1	0.05	0.1
			W	0.05	0.1	0.05	0.1	0.05	0.1
			Ti	0.05	0.05	0.05	0.05	0.05	0.05
			Ca	0.02	0.02	0.02	0.02	0.02	0.02
			Mg	0.02	0.02	0.02	0.02	0.02	0.02
			S	0.01	0.01	0.01	0.01	0.01	0.01
			C	0.03	0.05	0.03	0.05	0.03	0.05

注：其他稀土杂质是指除 La、Ce、Pr、Nd、Pm、Sc 以外的所有稀土元素。

20.4 钕

20.4.1 金属钕

金属钕的牌号和化学成分见表20-10。

表 20-10 金属钕的牌号和化学成分（GB/T 9967—2010）

牌号				044030	044025	044020A	044020B
化学成分（质量分数,%）	RE ≥			99.5	99.0	99.0	98.5
	Nd/RE ≥			99.9	99.5	99.0	99.0
	杂质 ≤	稀土杂质/RE		0.1	0.5	1.0	1.0
		非稀土杂质	C	0.03	0.03	0.05	0.05
			Fe	0.2	0.3	0.5	1.0
			Si	0.03	0.05	0.05	0.05
			Mg	0.01	0.02	0.02	0.03
			Ca	0.01	0.02	0.02	0.03
			Al	0.03	0.05	0.05	0.05
			O	0.03	0.05	0.05	0.05
			Mo	0.03	0.05	0.05	0.05
			W	0.02	0.05	0.05	0.05
			Cl	0.01	0.02	0.02	0.03
			S	0.01	0.01	0.01	0.01
			P	0.01	0.03	0.05	0.05

20.4.2 氧化钕

氧化钕的牌号和化学成分见表20-11。

表 20-11 氧化钕的牌号和化学成分（GB/T 5240—2015）

牌号			字符牌号	Nd_2O_3-4N5	Nd_2O_3-4N	Nd_2O_3-3N5	Nd_2O_3-3N	Nd_2O_3-2N5	Nd_2O_3-2N
			对应原数字牌号	041045	041040	041035	041030	041025	041020
化学成分（质量分数,%）	REO ≥			99.0	99.0	99.0	99.0	99.0	99.0
	Nd_2O_3/REO ≥			99.995	99.99	99.95	99.9	99.5	99.0
	Nd_2O_3 ≥			余量	余量	余量	余量	余量	余量
	杂质 ≤	稀土杂质	La_2O_3	0.0005	0.001	0.003	0.005	0.02	0.10
			CeO_2	0.0005	0.001	0.005	0.01	0.05	0.10
			Pr_6O_{11}	0.002	0.003	0.03	0.05	0.30	0.50
			Sm_2O_3	0.001	0.003	0.01	0.02	0.03	0.03
			其他稀土杂质	单一杂质量为0.0001,合量为0.001	合量为0.002	合量为0.002	合量为0.015	合量为0.10	合量为0.27

（续）

牌号			字符牌号	Nd_2O_3-4N5	Nd_2O_3-4N	Nd_2O_3-3N5	Nd_2O_3-3N	Nd_2O_3-2N5	Nd_2O_3-2N
			对应原数字牌号	041045	041040	041035	041030	041025	041020
化学成分（质量分数，%）	杂质 ≤	非稀土杂质	Fe_2O_3	0.0005	0.0010	0.0050	0.0100	0.0100	0.010
			SiO_2	0.0050	0.0050	0.010	0.010	0.010	0.020
			CaO	0.0010	0.0050	0.010	0.020	0.030	0.050
			Na_2O	0.0050	0.010	0.040	0.040	0.040	0.040
			Al_2O_3	0.02	0.030	0.030	0.030	0.030	0.050
			Cl^-	0.010	0.010	0.020	0.020	0.030	0.050
			SO_4^{2-}	0.020	0.020	0.020	0.030	0.030	0.050
			其他显量非稀土杂质总和	0.005	0.010	0.010	0.020	0.030	0.050
（水分+灼减）合量（质量分数，%） ≤				1.0					

注：1. 其他稀土杂质指表中未列出的除 Pm、Sc 以外的稀土元素。

2. 表内所有化学成分检测均为去除水分后灼减前测定。

20.4.3 钕镁合金

钕镁合金的牌号和化学成分见表 20-12。

表 20-12 钕镁合金的牌号和化学成分（GB/T 28400—2012）

牌号	化学成分（质量分数，%）									
	RE	Mg	Nd/RE ≥	杂质 ≤						
				稀土杂质/RE	非稀土杂质					
					Si	Fe	Al	Cu	Ni	C
045035	35±2	余量	99.5	0.5	0.05	0.15	0.05	0.01	0.01	0.08
045030	30±2	余量	99.5	0.5	0.05	0.15	0.05	0.01	0.01	0.08
045025	25±2	余量	99.5	0.5	0.05	0.15	0.05	0.01	0.01	0.08

20.5 钐

20.5.1 金属钐

金属钐的牌号和化学成分见表 20-13。

表 20-13 金属钐的牌号和化学成分（GB/T 2968—2020）

牌号		化学成分（质量分数，%）											
字符牌号	数字牌号	RE ≥	Sm/RE ≥	Sm	杂质 ≤								
					稀土杂质合量	非稀土杂质							
						Fe	Si	Al	Ca	Mg	Cl^-	C	(Nb+Ta+Mo+Ti)
Sm-4N	064040	99.0	99.9	余量	0.01	0.005	0.005	0.005	0.005	0.005	0.02	0.01	0.01
Sm-3N5	064035	99.0	99.95	余量	0.05	0.005	0.005	0.005	0.01	0.005	0.02	0.01	0.01
Sm-3N	064030	99.0	99.9	余量	0.1	0.01	0.01	0.01	0.01	0.01	0.03	0.01	0.01
Sm-2N5	064025	99.0	99.5	余量	0.5	0.01	0.01	0.02	0.03	0.01	0.05	0.02	0.01
Sm-2N	064020	99.0	99.0	余量	1.0	0.01	0.01	0.02	0.05	0.01	0.05	0.02	0.01

注：1. 余量表示总量减去杂质含量。

2. 稀土杂质为除去主稀土元素 Sm 以及 Pm 和 Sc 以外的稀土元素。

20.5.2 氧化钐

氧化钐的牌号和化学成分见表 20-14。

表 20-14 氧化钐的牌号和化学成分（GB/T 2969—2020）

牌号			字符牌号	Sm_2O_3-4N	Sm_2O_3-3N5	Sm_2O_3-3N	Sm_2O_3-2N5	Sm_2O_3-2N
			对应原数字牌号	061040	061035	061030	061025	061020
化学成分（质量分数，%）	REO ≥			99.0	99.0	99.0	99.0	99.0
	Sm_2O_3/REO ≥			99.99	99.95	99.9	99.5	99.0
	Sm_2O_3			余量	余量	余量	余量	余量
	杂质 ≤	稀土杂质	Pr_6O_{11}	0.0010	合量 0.05，其中 Eu_2O_3 小于 0.0050	合量 0.01	合量 0.5	合量 1.0
			Nd_2O_3	0.0035				
			Eu_2O_3	0.0010				
			Gd_2O_3	0.0010				
			Y_2O_3	0.0010				
			其他稀土杂质合量	0.0025				
		非稀土杂质	Fe_2O_3	0.0005	0.0010	0.0010	0.0030	0.0050
			SiO_2	0.003	0.005	0.005	0.010	0.030
			CaO	0.005	0.008	0.010	0.030	0.050
			Al_2O_3	0.010	0.020	0.025	0.030	0.040
			Cl^-	0.01	0.01	0.01	0.02	0.03
灼减和水分（质量分数，%） ≤				1.0	1.0	1.0	1.0	1.0

注：1. 表内所有化学成分检测均为去除水分后灼减前测定。
2. 余量表示为总量减去所有杂质量。
3. 其他稀土杂质合量是指表中没有列出除 Pm、Sc 以外其他所有稀土元素。

20.6 铕

氧化铕的牌号和化学成分见表 20-15。

表 20-15 氧化铕的牌号和化学成分（GB/T 3504—2015）

牌号			字符牌号	Eu_2O_3-5N	Eu_2O_3-4N
			对应原数字牌号	071050	071040
化学成分（质量分数，%）	REO ≥			99.0	99.0
	Eu_2O_3/REO ≥			99.999	99.99
	Eu_2O_3			余量	余量
	杂质 ≤	稀土杂质	La_2O_3	0.00005	0.0003
			CeO_2	0.00005	0.0005
			Pr_6O_{11}	0.00005	0.001
			Nd_2O_3	0.00005	0.001
			Sm_2O_3	0.0002	0.001
			Gd_2O_3	0.0002	0.001
			Tb_4O_4	0.00005	合量小于 0.005
			Dy_2O_3	0.00005	
			Ho_2O_3	0.00005	
			Er_2O_3	0.00005	
			Tm_2O_3	0.00005	
			Yb_2O_5	0.00005	
			Lu_2O_3	0.00005	
			Y_2O_3	0.0001	

（续）

牌号			字符牌号	Eu_2O_3-5N	Eu_2O_3-4N
			对应原数字牌号	071050	071040
化学成分（质量分数，%）	杂质 ≤	非稀土杂质	Fe_2O_3	0.0005	0.0007
			CaO	0.0008	0.001
			CuO	0.0001	0.0005
			NiO	0.0001	0.0005
			PbO	0.0003	0.0005
			SiO_2	0.005	0.005
			ZnO	0.0005	0.0005
			Cl^-	0.01	0.01
灼减和水分（质量分数，%） ≤				1.0	1.0

注：表内所有化学成分检测均为去除水分后灼减前测定。

20.7 钆

20.7.1 金属钆

金属钆的牌号和化学成分见表 20-16。

表 20-16 金属钆的牌号和化学成分（XB/T 212—2015）

牌号		化学成分（质量分数，%）													
					杂质 ≤										
					稀土杂质	非稀土杂质									
字符牌号	数字牌号	RE ≥	Gd/RE ≥	Gd ≥	Sm+Eu+Tb+Dy+Y	Fe	Si	Ca	Mg	Al	Cu	Ni	C	O	W（Ta、Nb、Mo、Ti）①
Gd-4N	084040	99	99.99	99.84	0.01	0.01	0.005	0.005	0.005	0.005	0.005	0.005	0.01	0.05	0.05
Gd-3N	084030	99	99.9	99.49	0.1	0.02	0.01	0.03	0.03	0.01	0.03	0.05	0.03	0.10	0.10
Gd-2N5	084025	99	99.5	98.95	0.5	0.03	0.01	0.03	0.05	0.02	0.03	0.05	0.03	0.15	0.15
Gd-2N	084020	99	99	98.08	1	0.05	0.02	0.05	0.1	0.05	0.05	0.05	0.05	0.30	0.20

① 根据坩埚材质测 W、Ta、Nb、Mo、Ti 其中一种。

20.7.2 氧化钆

氧化钆的牌号和化学成分见表 20-17。

表 20-17 氧化钆的牌号和化学成分（GB/T 2526—2020）

牌号			字符牌号	Gd_2O_3-5N5	Gd_2O_3-5N	Gd_2O_3-4N5	Gd_2O_3-4N	Gd_2O_3-3N5	Gd_2O_3-3N	Gd_2O_3-2N5
			对应原数字牌号	081055	081050	081045	081040	081035	081030	081025
化学成分（质量分数，%）	REO ≥			99.0	99.0	99.0	99.0	99.0	99.0	99.0
	Gd_2O_3/REO ≥			99.9995	99.999	99.995	99.99	99.95	99.9	99.5
	Gd_2O_3			余量	余量	余量	余量	余量	余量	余量
	杂质 ≤	稀土杂质	La_2O_3	0.00003	0.0002	0.0005	合量 0.0040	合量 0.05	合量 0.10	合量 0.50
			CeO_2	0.00003	0.00005	0.0002				
			Pr_4O_{11}	0.00003	0.00005	0.0002				
			Nd_2O_3	0.00003	0.0001	0.0005				
			Ho_2O_3	0.00003	0.00005	0.0005				

（续）

牌号	字符牌号			Gd_2O_3-5N5	Gd_2O_3-5N	Gd_2O_3-4N5	Gd_2O_3-4N	Gd_2O_3-3N5	Gd_2O_3-3N	Gd_2O_3-2N5
	对应原数字牌号			081055	081050	081045	081040	081035	081030	081025
化学成分（质量分数，%）	杂质 ≤	稀土杂质	Er_2O_3	0.00003	0.00005	0.0002	合量 0.0040	合量 0.05	合量 0.10	合量 0.50
			Tm_2O_3	0.00003	0.00005	0.0002				
			Yb_2O_3	0.00003	0.0005	0.0002				
			Lu_2O_3	0.00003	0.00005	0.0002				
			Sm_2O_3	0.00003	0.00005	0.0005	0.0010			
			Eu_2O_3	0.00005	0.0001	0.0005	0.0015			
			Tb_4O_7	0.00005	0.0001	0.0005	0.0015			
			Dy_2O_3	0.00005	0.0001	0.0005	0.0010			
			Y_2O_3	0.00005	0.0001	0.0005	0.0010			
		非稀土杂质	Fe_2O_3	0.0001	0.0002	0.0003	0.0005	0.0010	0.0030	0.0100
			SiO_2	0.0010	0.0020	0.0030	0.0050	0.0100	0.0200	0.0300
			CaO	0.0005	0.0005	0.0010	0.0020	0.0050	0.0100	0.0200
			CuO	0.0001	0.0002	0.0003	0.0005	0.0010	—	—
			PbO	0.0002	0.0003	0.0005	0.0010	0.0010	—	—
			NiO	0.0001	0.0003	0.0005	0.0010	0.0010	—	—
			Al_2O_3	0.0010	0.0050	0.010	0.010	0.030	0.050	0.050
			Cl^-	0.01	0.01	0.015	0.02	0.03	0.05	0.050
灼减和水分（质量分数，%） ≤				1.0	1.0	1.0	1.0	1.0	1.0	1.0

注：1. 表内所有化学成分检测均为去除水分后灼减前测定。

2. 余量表示为总量减去杂质量后的余量。

20.7.3　氟化钆

氟化钆的牌号和化学成分见表 20-18。

表 20-18　氟化钆的牌号和化学成分（XB/T 238—2021）

牌号				GdF_3-5N	GdF_3-4N	GdF_3-3N5	GdF_3-3N
化学成分（质量分数，%）	REO			84±1	84±1	84±1	84±1
	Gd_2O_3/REO ≥			99.999	99.99	99.95	99.90
	F			26±1	26±1	26±1	26±1
	杂质 ≤	稀土杂质	Sm_2O_3	0.0001	0.001	合量 0.05	合量 0.10
			Eu_2O_3	0.0001	0.003		
			Tb_4O_7	0.0001	0.002		
			Dy_2O_3	0.0001	0.001		
			Ho_2O_3	0.00005	0.002		
			其他稀土杂质总和	0.00055	0.001		
		非稀土杂质	Fe_2O_3	0.002	0.02	0.02	0.05
			SiO_2	0.01	0.03	0.04	0.05
			CaO	0.005	0.01	0.02	0.03
			Al_2O_3	0.01	0.02	0.02	0.03
			NiO	0.002	0.015	0.015	0.015
			C	0.01	0.05	0.05	0.05
			Cl^-	0.01	0.02	0.03	0.05
水分（质量分数，%） ≤				0.50			

注：1. 表中 REO 为烘干后稀土总量。

2. 其他稀土杂质是指表中没有列出除 Pm、Sc 以外其他所有稀土元素。

20.7.4 钆镁合金

钆镁合金的牌号和化学成分见表20-19。

表 20-19 钆镁合金的牌号和化学成分（GB/T 26414—2010）

<table>
<tr><th rowspan="4">牌号</th><th colspan="12">化学成分(质量分数,%)</th></tr>
<tr><th rowspan="3">RE</th><th rowspan="3">Mg</th><th rowspan="3">Gd/RE
≥</th><th colspan="9">杂质 ≤</th></tr>
<tr><th rowspan="2">稀土杂质/RE</th><th colspan="8">非稀土杂质</th></tr>
<tr><th>Si</th><th>Fe</th><th>Al</th><th>Ca</th><th>Cu</th><th>Ni</th><th>C</th><th>O</th></tr>
<tr><td>085085A</td><td>85±2</td><td>余量</td><td>99.9</td><td>0.1</td><td>0.02</td><td>0.10</td><td>0.10</td><td>0.05</td><td>0.03</td><td>0.01</td><td>0.05</td><td>0.1</td></tr>
<tr><td>085085B</td><td>85±2</td><td>余量</td><td>99.5</td><td>0.5</td><td>0.05</td><td>0.20</td><td>0.10</td><td>0.10</td><td>0.05</td><td>0.05</td><td>0.08</td><td>0.1</td></tr>
<tr><td>085075A</td><td>75±2</td><td>余量</td><td>99.9</td><td>0.1</td><td>0.02</td><td>0.10</td><td>0.10</td><td>0.05</td><td>0.03</td><td>0.01</td><td>0.05</td><td>0.1</td></tr>
<tr><td>085075B</td><td>75±2</td><td>余量</td><td>99.5</td><td>0.5</td><td>0.05</td><td>0.20</td><td>0.10</td><td>0.10</td><td>0.05</td><td>0.05</td><td>0.08</td><td>0.1</td></tr>
<tr><td>085030A</td><td>30±2</td><td>余量</td><td>99.9</td><td>0.1</td><td>0.02</td><td>0.10</td><td>0.02</td><td>0.05</td><td>0.03</td><td>0.01</td><td>0.03</td><td>0.05</td></tr>
<tr><td>085030B</td><td>30±2</td><td>余量</td><td>99.5</td><td>0.5</td><td>0.05</td><td>0.20</td><td>0.05</td><td>0.10</td><td>0.05</td><td>0.05</td><td>0.05</td><td>0.05</td></tr>
<tr><td>085025A</td><td>25±2</td><td>余量</td><td>99.9</td><td>0.1</td><td>0.02</td><td>0.10</td><td>0.02</td><td>0.05</td><td>0.03</td><td>0.01</td><td>0.03</td><td>0.05</td></tr>
<tr><td>085025B</td><td>25±2</td><td>余量</td><td>99.5</td><td>0.5</td><td>0.05</td><td>0.20</td><td>0.05</td><td>0.10</td><td>0.05</td><td>0.05</td><td>0.05</td><td>0.05</td></tr>
<tr><td>085020A</td><td>20±2</td><td>余量</td><td>99.9</td><td>0.1</td><td>0.02</td><td>0.10</td><td>0.02</td><td>0.05</td><td>0.03</td><td>0.01</td><td>0.03</td><td>0.05</td></tr>
<tr><td>085020B</td><td>20±2</td><td>余量</td><td>99.5</td><td>0.5</td><td>0.05</td><td>0.20</td><td>0.05</td><td>0.10</td><td>0.05</td><td>0.05</td><td>0.05</td><td>0.05</td></tr>
</table>

20.7.5 钆铜合金

钆铜合金的牌号和化学成分见表20-20。

表 20-20 钆铜合金的牌号和化学成分（T/CSRE12001—2017）

<table>
<tr><th rowspan="4">牌号</th><th colspan="8">化学成分(质量分数,%)</th></tr>
<tr><th rowspan="3">RE</th><th rowspan="3">Gd/RE
≥</th><th colspan="5">杂质 ≤</th><th rowspan="3">Cu</th></tr>
<tr><th rowspan="2">稀土杂质/RE</th><th colspan="4">非稀土杂质</th></tr>
<tr><th>Si</th><th>Fe</th><th>O</th><th>Ca</th></tr>
<tr><td>GdCu-85A</td><td>85±2</td><td>99.9</td><td>0.1</td><td>0.02</td><td>0.10</td><td>0.20</td><td>0.10</td><td>余量</td></tr>
<tr><td>GdCu-85B</td><td>85±2</td><td>99.9</td><td>0.1</td><td>0.03</td><td>0.30</td><td>0.45</td><td>0.30</td><td>余量</td></tr>
<tr><td>GdCu-65A</td><td>65±2</td><td>99.9</td><td>0.1</td><td>0.02</td><td>0.10</td><td>0.20</td><td>0.10</td><td>余量</td></tr>
<tr><td>GdCu-65B</td><td>65±2</td><td>99.9</td><td>0.1</td><td>0.03</td><td>0.30</td><td>0.45</td><td>0.30</td><td>余量</td></tr>
<tr><td>GdCu-50A</td><td>50±1</td><td>99.9</td><td>0.1</td><td>0.02</td><td>0.10</td><td>0.20</td><td>0.10</td><td>余量</td></tr>
<tr><td>GdCu-50B</td><td>50±1</td><td>99.9</td><td>0.1</td><td>0.03</td><td>0.30</td><td>0.45</td><td>0.30</td><td>余量</td></tr>
</table>

20.7.6 钆铁合金

钆铁合金的牌号和化学成分见表20-21。

表 20-21 钆铁合金的牌号和化学成分（XB/T 403—2023）

<table>
<tr><th rowspan="4">牌号</th><th colspan="12">化学成分(质量分数,%)</th></tr>
<tr><th rowspan="3">RE</th><th rowspan="3">RE+Fe
≥</th><th rowspan="3">Gd/RE
≥</th><th colspan="9">杂质 ≤</th></tr>
<tr><th rowspan="2">稀土杂质合量</th><th colspan="8">非稀土杂质</th></tr>
<tr><th>Si</th><th>Ca</th><th>Mg</th><th>Al</th><th>Mn</th><th>Ni</th><th>C</th><th>O</th></tr>
<tr><td>GdFe-73</td><td>72~74</td><td>99</td><td>99.5</td><td>0.35</td><td>0.05</td><td>0.01</td><td>0.01</td><td>0.05</td><td>0.05</td><td>0.02</td><td>0.05</td><td>0.03</td></tr>
<tr><td>GdFe-71</td><td>70~<72</td><td>99</td><td>99.5</td><td>0.35</td><td>0.05</td><td>0.01</td><td>0.01</td><td>0.05</td><td>0.05</td><td>0.02</td><td>0.05</td><td>0.03</td></tr>
<tr><td>GdFe-69</td><td>68~<70</td><td>99</td><td>99.5</td><td>0.35</td><td>0.05</td><td>0.01</td><td>0.01</td><td>0.05</td><td>0.05</td><td>0.02</td><td>0.05</td><td>0.03</td></tr>
</table>

20.8 铽

20.8.1 金属铽

金属铽的牌号和化学成分见表 20-22。

表 20-22 金属铽的牌号和化学成分（GB/T 20893—2007）

牌号	化学成分(质量分数,%)											
	RE ≥	Tb/RE ≥	杂质 ≤									
			稀土杂质	非稀土杂质								
			(Eu+Gd+Dy+Ho+Y)/RE	Fe	Si	Ca	Al	Cu	Ni	W+Ta+Nb+Mo+Ti	C	O
094040	99.0	99.99	0.01	0.02	0.01	0.01	0.02	0.02	0.01	0.01	0.01	0.05
094030	99.0	99.9	0.1	0.05	0.03	0.02	0.03	0.03	0.03	0.10	0.02	0.15
094025	99.0	99.5	0.5	0.10	0.06	0.05	0.05	0.05	0.08	0.20	0.03	0.20
094020	99.0	99.0	1.0	0.15	0.08	0.10	0.10	0.05	0.10	0.30	0.05	0.20
094015	98.5	98.5	1.5	0.20	0.10	0.15	0.20	0.10	0.10	0.35	0.05	0.25

20.8.2 高纯金属铽

高纯金属铽的牌号和化学成分见表 20-23。

表 20-23 高纯金属铽的牌号和化学成分（XB/T 302—2019）

牌号				H-Tb-4N	H-Tb-3N 7	H-Tb-3N 5	H-Tb-3N-A	H-Tb-3N-B
化学成分（质量分数,%）	Tb ≥			99.99	99.97	99.95	99.9	99.9
	杂质 ≤	稀土杂质含量		0.001	0.002	0.005	0.005	0.01
		非稀土杂质	Fe	0.001	0.005	0.01	0.02	0.02
			Si	0.0005	0.001	0.002	0.005	0.005
			Ca	0.001	0.002	0.003	0.005	0.005
			Mg	0.0005	0.001	0.001	0.001	0.001
			Al	0.001	0.002	0.003	0.005	0.005
			Ni	0.0005	0.001	0.001	0.005	0.005
			Ti	0.0005	0.001	0.005	0.01	0.01
			Mn	0.0005	0.001	0.002	0.002	0.002
			Zn	0.0005	0.0005	0.001	0.001	0.001
			Pb	0.0005	0.0005	0.001	0.001	0.001
			Cu	0.002	0.005	0.01	0.02	0.02
			C			0.008	0.01	0.01
			O	0.01	0.02	0.02	0.03	0.03
			N			0.005	0.005	0.005
			Cl	0.0005	0.001	0.003	0.003	0.003
			Ta、Nb、Mo和W合量	0.0005	0.001	0.002	0.002	0.002
	杂质合量 ≤			0.01	0.03	0.05	0.1	0.1

注：铽（Tb）的绝对纯度由计算即出，即［(100−Σ 表中所列杂质含量)%］。

20.8.3 氧化铽

氧化铽的牌号和化学成分见表 20-24。

表 20-24　氧化铽的牌号和化学成分（GB/T 12144—2009）

牌号				091050	091045	091040	091035	091030	091025
化学成分（质量分数，%）	REO ≥			99.0	99.0	99.0	99.0	99.0	99.0
	Tb_4O_7/REO ≥			99.999	99.995	99.99	99.95	99.9	99.5
	杂质 ≤	稀土杂质/REO	La_2O_3	0.00005	其余合量 0.001	其余合量 0.002	0.05 （Eu_2O_3+Gd_2O_3+Dy_2O_3+Ho_2O_3+Y_2O_3）合量	0.1 （Eu_2O_3+Gd_2O_3+Dy_2O_3+Ho_2O_3+Y_2O_3）合量	0.5 （Eu_2O_3+Gd_2O_3+Dy_2O_3+Ho_2O_3+Y_2O_3）合量
			CeO_2	0.00005					
			Pr_6O_{11}	0.00005					
			Nd_2O_3	0.00005					
			Sm_2O_3	0.00005					
			Er_2O_3	0.00005					
			Tm_2O_3	0.00005					
			Yb_2O_3	0.00005					
			Lu_2O_3	0.00005					
			Eu_2O_3	0.00005	0.001	0.002			
			Gd_4O_7	0.0001	0.001	0.002			
			Dy_2O_3	0.0002	0.001	0.002			
			Ho_2O_3	0.00005	0.0005	0.001			
			Y_2O_3	0.00005	0.0005	0.001			
		非稀土杂质	Fe_2O_3	0.0003	0.0003	0.0005	0.002	0.003	0.005
			CaO	0.001	0.001	0.002	0.005	0.005	0.01
			SiO_2	0.003	0.003	0.003	0.01	0.01	0.02
			Cl^-	0.01	0.01	0.02	0.04	—	—
	灼减（质量分数,%） ≤			1.0	1.0	1.0	1.0	1.0	1.0

20.9　镝

20.9.1　金属镝

金属镝的牌号和化学成分见表 20-25。

表 20-25　金属镝的牌号和化学成分（GB/T 15071—2008）

牌号	化学成分（质量分数，%）							
	RE ≥	Dy/RE ≥	杂质 ≤ 稀土杂质/RE					
			Gd	Tb	Ho	Er	Y	其他稀土杂质
104040	99	99.99	0.001	0.003	0.002	0.001	0.002	0.001
104035	99	99.95	合量 0.05					
104030	99	99.9	合量 0.1					
104025	99	99.5	合量 0.5					
104020	98	99.0	合量 1.0					

牌号	化学成分（质量分数，%） 杂质 ≤ 非稀土杂质								
	Fe	Si	Ca	Mg	Al	Ni	O	C	Ta（或 Nb、Ti、Mo、W）
104040	0.01	0.01	0.01	0.01	0.01	0.01	0.04	0.01	0.01
104035	0.02	0.01	0.02	0.01	0.02	0.02	0.05	0.02	0.02
104030	0.05	0.02	0.05	0.03	0.03	0.03	0.25	0.03	0.30
104025	0.1	0.03	0.1	0.05	0.04	0.05	0.25	0.03	0.30
104020	0.2	0.05	0.1	0.05	0.05	0.08	0.3	0.05	0.35

20.9.2 氟化镝

氟化镝的牌号和化学成分见表 20-26。

表 20-26 氟化镝的牌号和化学成分（XB/T 215—2015）

牌号		化学成分(质量分数,%)															水分(质量分数,%)
					杂质 ≤												
					稀土杂质						非稀土杂质						
字符牌号	数字牌号	REO	Dy_2O_3/REO ≥	F	Gd_2O_3	Tb_4O_7	Ho_2O_3	Er_2O_3	Y_2O_3	其他稀土合量	Fe_2O_3	SiO_2	CaO	Al_2O_3	NiO	O	
DyF_3-4N	102040	84±1	99.99	25±1	0.001	0.003	0.002	0.001	0.002	0.001	0.01	0.01	0.01	0.01	0.01	0.04	0.5
DyF_3-3N5	102035	84±1	99.95	25±1	合量 0.05						0.02	0.03	0.01	0.03	0.05	0.15	0.5
DyF_3-3N	102030	84±1	99.90	25±1	合量 0.1						0.05	0.04	0.05	0.05	0.05	0.15	0.5
DyF_3-2N5	102025	84±1	99.50	25±1	合量 0.5						0.05	0.05	0.05	0.05	0.05	0.15	0.5

注：其他稀土元素包括 La、Ce、Pr、Nd、Sm、Eu、Tm、Yb、Lu。

20.10 钬

20.10.1 金属钬

金属钬的牌号和化学成分见表 20-27。

表 20-27 金属钬的牌号和化学成分（XB/T 226—2015）

牌号		化学成分(质量分数,%)												
					杂质 ≤									
		RE ≥	Ho/RE ≥	Ho ≥	稀土杂质①	非稀土杂质								
字符牌号	数字牌号					Fe	Si	Ca	Mg	Al	Ni	C	O	W(Ta、Nb、Mo、Ti)②
Ho-4N	114040	99	99.99	99.0	0.01	0.01	0.01	0.01	0.01	0.01	0.01	0.01	0.04	0.05
Ho-3N5	114035	99	99.95	99.0	0.05	0.03	0.02	0.02	0.02	0.02	0.02	0.02	0.05	0.10
Ho-3N	114030	99	99.9	98.9	0.1	0.05	0.03	0.03	0.03	0.03	0.03	0.03	0.25	0.20
Ho-2N5	114025	99	99.5	98.5	0.5	0.10	0.05	0.05	0.05	0.05	0.05	0.05	0.30	0.30

①稀土杂质为除去主稀土元素 Ho 以及 Pm 和 Sc 以外的稀土元素。

② 根据坩埚材质测 W、Ta、Nb、Mo、Ti 其中一种。

20.10.2 氧化钬

氧化钬的牌号和化学成分见表 20-28。

表 20-28 氧化钬的牌号和化学成分（XB/T 201—2016）

牌号	化学成分(质量分数,%)											
	REO ≥	Ho_2O_3/REO ≥	杂质 ≤									
			稀土杂质/REO					非稀土杂质				
			Tb_4O_7	Dy_2O_3	Er_2O_3	Tm_2O_3	Y_2O_3	Fe_2O_3	SiO_2	CaO	Cl^-	灼减
111040	99.0	99.99	0.001	0.002	0.003	0.001	0.003	0.0005	0.003	0.005	0.02	1.0
111035	99.0	99.95	合量为 0.05					0.001	0.005	0.01	0.03	1.0
111030	99.0	99.9	合量为 0.1					0.005	0.01	0.02	0.05	1.0
111025	99.0	99.5	合量为 0.5					0.01	0.05	0.05	0.05	1.0
111020	99.0	99	合量为 1					0.05	0.05	0.1	0.08	1.0

20.10.3 钬铁合金

钬铁合金的牌号和化学成分见表 20-29。

表 20-29 钬铁合金的牌号和化学成分（XB/T 404—2015）

牌号			115080	115083
RE			80±1	83±1
Fe			余量	
Ho/RE ≥			99.5	
杂质 ≤	稀土杂质/RE	Gd	0.05	
		Tb	0.05	
		Dy	0.2	
		Er	0.05	
		Y	0.05	
	其他稀土		合量 0.1	

20.11 铒

20.11.1 金属铒

金属铒的牌号和化学成分见表 20-30。

表 20-30 金属铒的牌号和化学成分（XB/T 227—2015）

牌号		化学成分(质量分数,%)												
		RE ≥	Er/RE ≥	Er ≥	杂质 ≤									
					稀土杂质①	非稀土杂质								
字符牌号	数字牌号					Fe	Si	Ca	Mg	Al	Ni	C	O	W(Ta、Nb、Mo、Ti)②
Er-4N	124040	99	99.99	99.0	0.01	0.01	0.01	0.01	0.01	0.01	0.01	0.01	0.04	0.05
Er-3N5	124035	99	99.95	99.0	0.05	0.03	0.02	0.02	0.02	0.02	0.02	0.02	0.05	0.10
Er-3N	124030	99	99.9	98.9	0.1	0.05	0.03	0.03	0.03	0.03	0.03	0.03	0.25	0.20
Er-2N5	124025	99	99.5	98.5	0.5	0.10	0.05	0.05	0.05	0.05	0.05	0.05	0.30	0.30

①稀土杂质为除去主稀土元素 Er 以及 Pm 和 Sc 以外的稀土元素。

②根据坩埚材质测 W、Ta、Nb、Mo、Ti 其中一种。

20.11.2 氧化铒

氧化铒的牌号和化学成分见表 20-31。

表 20-31 氧化铒的牌号和化学成分（GB/T 15678—2010）

牌号			121040	121035	121030	121025	121020
化学成分(质量分数,%)	REO ≥		99	99	99	99	99
	Er_2O_3/REO ≥		99.99	99.95	99.9	99.5	99
	杂质 ≤	稀土杂质/REO: Dy_2O_3	0.0005	合量为 0.05	合量为 0.10	合量为 0.5	合量为 1.0
		Ho_2O_3	0.0015				
		Tm_2O_3	0.002				
		Yb_2O_3	0.002				
		Lu_2O_3	0.001				
		Y_2O_3	0.002				
		其他合量	0.001				

（续）

牌号				121040	121035	121030	121025	121020
化学成分（质量分数，%）	杂质 ≤	非稀土杂质	Fe_2O_3	0.0005	0.001	0.001	0.002	0.005
			SiO_2	0.003	0.005	0.005	0.01	0.02
			CaO	0.001	0.005	0.01	0.02	0.02
			CuO	0.001	0.001	—	—	—
			PbO	0.001	0.001	—	—	—
			NiO	0.001	0.001	—	—	—
			Cl^-	0.02	0.02	0.03	0.03	0.05
灼减（质量分数，%） ≤				1.0	1.0	1.0	1.0	1.0

20.11.3　氟化铒

氟化铒的牌号和化学成分见表20-32。

表20-32　氟化铒的牌号和化学成分（XB/T 240—2023）

牌号				ErF_3-4N	ErF_3-3N5	ErF_3-3N	ErF_3-2N5	ErF_3-2N
化学成分（质量分数，%）	REO			85±0.8				
	Er_2O_3/REO ≥			99.99	99.95	99.9	99.5	99
	F			25±1				
	杂质 ≤	稀土杂质/REO	Dy_2O_3	0.0005	合量0.05	合量0.10	合量0.50	合量1.00
			Ho_2O_3	0.0015				
			Tm_2O_3	0.002				
			Yb_2O_3	0.002				
			Lu_2O_3	0.001				
			Y_2O_3	0.002				
			La_2O_3	合量0.001				
			CeO_2					
			Pr_6O_{11}					
			Nd_2O_3					
			Sm_2O_3					
			Eu_2O_3					
			Gd_2O_3					
			Tb_4O_7					
		非稀土杂质	Fe_2O_3	0.001	0.03	0.03	0.05	0.05
			SiO_2	0.01	0.04	0.04	0.05	0.05
			CaO	0.005	0.02	0.02	0.03	0.03
			Al_2O_3	0.02	0.03	0.03	0.05	0.05
			NiO	0.02	0.03	0.03	0.03	0.03
			O	0.08	0.10	0.10	0.15	0.15
水分（质量分数，%） ≤				0.50				

20.12　铥

氧化铥的牌号和化学成分见表20-33。

表 20-33　氧化铥的牌号和化学成分（XB/T 202—2010）

牌号				131040	131035	131030	131025	131020
化学成分（质量分数，%）	REO ≥			99.0	99.0	99.0	99.0	99.0
	Tm_2O_3/REO ≥			99.99	99.95	99.9	99.5	99.0
	杂质 ≤	稀土杂质/REO	Dy_2O_3	0.0005	合量为 0.05	合量为 0.1	合量为 0.5	合量为 1.0
			Ho_2O_3	0.0005				
			Er_2O_3	0.0005				
			$Yb_2O_3+Lu_2O_3$	0.007				
			Y_2O_3	0.0005				
			其他合量	0.001				
		非稀土杂质	Fe_2O_3	0.0005	0.0020	0.010	0.050	0.070
			SiO_2	0.0050	0.0050	0.010	0.050	0.050
			CaO	0.005	0.010	0.030	0.050	0.050
			Cl^-	0.020	0.030	0.050	0.050	0.050
灼减（质量分数，%） ≤				1.0	1.0	1.0	1.0	1.0

20.13　镱

20.13.1　金属镱

金属镱的牌号和化学成分见表 20-34。

表 20-34　金属镱的牌号和化学成分（XB/T 232—2019）

牌号	化学成分（质量分数，%）														
	RE ≥	Yb/RE ≥	Yb	杂质 ≤											
				稀土杂质		非稀土杂质									
				La	其他稀土合量	Fe	Si	Al	Ca	Mg	Cl^-	C	Mo	O	N
Yb-4N	99	99.99	余量	合量 0.01		0.01	0.01	0.01	0.015	0.01	0.01	0.03	0.01	0.05	0.01
Yb-3NA	99	99.9	余量	0.01	0.09	0.01	0.01	0.01	0.015	0.01	0.01	0.03	0.01	0.05	0.01
Yb-3NB	99	99.9	余量	合量 0.1		0.01	0.01	0.01	0.03	0.01	0.03	0.05	0.01	0.05	0.01

注：稀土杂质为除去主稀土元素 Yb 以及 Pm 和 Sc 以外的稀土元素。

20.13.2　高纯金属镱

高纯金属镱的牌号和化学成分见表 20-35。

表 20-35　高纯金属镱的牌号和化学成分（XB/T 303—2020）

牌号				H-Yb-4N[a]	H-Yb-3N[a]8	H-Yb-3N[a]5	H-Yb-3N[a]-A	H-Yb-3N[a]-B
化学成分（质量分数，%）	Yb ≥			99.99	99.98	99.95	99.9	99.9
	杂质 ≤	稀土杂质合量		0.001	0.002	0.005	0.005	0.01
		非稀土杂质	Fe	0.0005	0.002	0.005	0.01	0.01
			Si	0.0005	0.0015	0.003	0.005	0.005
			Ca	0.001	0.002	0.005	0.01	0.01
			Mg	0.001	0.002	0.005	0.01	0.01
			Al	0.0005	0.001	0.002	0.005	0.005

（续）

牌号				H-Yb-4N[a]	H-Yb-3N[a]8	H-Yb-3N[a]5	H-Yb-3N[a]-A	H-Yb-3N[a]-B
化学成分（质量分数，%）	杂质 ≤	非稀土杂质	Ni	0.0005	0.0005	0.001	0.002	0.002
			Ti	0.0005	0.0005	0.001	0.002	0.002
			Mn	0.001	0.002	0.003	0.005	0.005
			Zn	0.001	0.002	0.003	0.005	0.005
			Pb	0.0005	0.0005	0.001	0.002	0.002
			Cu	0.0005	0.0005	0.001	0.002	0.002
			C			0.005	0.01	0.01
			O	0.005	0.01	0.005	0.01	0.02
			N			0.005	0.01	0.01
			Cl	0.0005	0.001	0.005	0.01	0.01
			Ta、Nb、Mo 和 W 的合量	0.0005	0.001	0.002	0.002	0.002

20.13.3 氧化镱

氧化镱的牌号和化学成分见表 20-36。

表 20-36 氧化镱的牌号和化学成分（XB/T 203—2017）

牌号			字符牌号	Yb_2O_3-4N5	Yb_2O_3-4N	Yb_2O_3-3N5	Yb_2O_3-3N	Yb_2O_3-2N5
			对应原数字牌号	141045	141040	141035	141030	141025
化学成分①（质量分数，%）	REO ≥			99.0	99.0	99.0	99.0	99.0
	Yb_2O_3/REO ≥			99.995	99.99	99.95	99.9	99.5
	Yb_2O_3			②	②	②	②	②
	杂质 ≤	稀土杂质	La_2O_3	0.0002	合量 0.0010	合量 0.05	合量 0.10	合量 0.50
			CeO_2	0.0002				
			Pr_6O_{11}	0.0002				
			Nd_2O_3	0.0002				
			Sm_2O_3	0.0002				
			Eu_2O_3	0.0002				
			Gd_2O_3	0.0002				
			Tb_4O_7	0.0002				
			Dy_2O_3	0.0002	0.0005			
			Ho_2O_3	0.0002	0.0005			
			Er_2O_3	0.0002	0.0005			
			Tm_2O_3	0.0005	0.0030			
			Lu_2O_3	0.0015	0.0040			
			Y_2O_3	0.0005	0.0005			
		非稀土杂质	Fe_2O_3	0.0003	0.0005	0.0010	0.0020	0.0050
			SiO_2	0.0020	0.0030	0.0050	0.0100	0.0200
			CaO	0.0020	0.0050	0.0100	0.0100	0.0300
			Cl^-	0.02	0.03	0.03	0.04	0.05
灼减和水分（质量分数，%） ≤				1.0	1.0	1.0	1.0	1.0

① 去除水分后灼减前测定。

② Yb_2O_3 为 100%减去稀土杂质总和再减去非稀土杂质总和的余量，稀土杂质总和与非稀土杂质总和修约至 0.00×100%。

20.14 镥

氧化镥的牌号和化学成分见表 20-37。

表 20-37　氧化镥的牌号和化学成分（XB/T 204—2017）

牌号		字符牌号	Lu_2O_3-5N	Lu_2O_3-4N5	Lu_2O_3-4N	Lu_2O_3-3N5	Lu_2O_3-3N
		对应原数字牌号	151050	151045	151040	151035	151030
化学成分①（质量分数，%）	REO ≥		99.0	99.0	99.0	99.0	99.0
	Lu_2O_3/REO ≥		99.999	99.995	99.99	99.95	99.9
	Lu_2O_3		②	②	②	②	②
	杂质 ≤ 稀土杂质	La_2O_3	0.00005	0.0002	合量 0.0015	合量 0.05	合量 0.10
		CeO_2	0.00005	0.0002			
		Pr_6O_{11}	0.00005	0.0002			
		Nd_2O_3	0.00005	0.0002			
		Sm_2O_3	0.00005	0.0002			
		Eu_2O_3	0.00005	0.0002			
		Gd_2O_3	0.00005	0.0002			
		Tb_4O_7	0.00005	0.0002			
		Dy_2O_3	0.00005	0.0002	0.0005		
		Ho_2O_3	0.00005	0.0002	0.0005		
		Er_2O_3	0.00005	0.0002	0.0010		
		Tm_2O_3	0.00005	0.0002	0.0010		
		Yb_2O_3	0.0003	0.0020	0.0045		
		Y_2O_3	0.0001	0.0005	0.0010		
	非稀土杂质	Fe_2O_3	0.0002	0.0005	0.0005	0.0010	0.0010
		SiO_2	0.0010	0.0030	0.0050	0.0050	0.0100
		CaO	0.0010	0.0030	0.0050	0.0100	0.0300
		Cl^-	0.005	0.02	0.02	0.03	0.03
灼减和水分（质量分数，%） ≤			1.0	1.0	1.0	1.0	1.0

① 去除水分后灼减前测定。

② Lu_2O_3 为100%减去稀土杂质总和再减去非稀土杂质总和的余量，稀土杂质总和与非稀土杂质总和修约30.00×100%。

20.15　钇

20.15.1　金属钇

金属钇的牌号和化学成分见表 20-38。

表 20-38　金属钇的牌号和化学成分（XB/T 218—2016）

字符牌号	对应原数字牌号	RE ≥	Y/RE ≥	Y	杂质 ≤ 稀土杂质	Si	Fe	Ca	O	W(Ta、Nb、Mo、Ti)	C	Ni	Mg
Y-4N	174040	99.0	99.99	余量	0.01	0.01	0.01	0.01	0.1	0.1	0.02	0.01	0.01
Y-3NA	174030A	98.5	99.9	余量	0.1	0.02	0.02	0.05	0.5	0.2	0.03	0.05	0.05
Y-3NB	174030B	98.5	99.9	余量	0.1	0.05	0.05	0.15	0.3	0.2	0.03	0.05	0.05
Y-2N	174020	98	99	余量	1	0.05	0.2	0.15	0.5	0.4	0.05	0.1	0.05

注：表头“化学成分（质量分数，%）”涵盖 RE 至 Mg 各列；“牌号”涵盖字符牌号与对应原数字牌号。

注：稀土杂质为除去主稀土元素 Y 以及 Pm 和 Sc 以外的稀土元素。

20.15.2　氧化钇

氧化钇的牌号和化学成分见表 20-39。

表 20-39　氧化钇的牌号和化学成分（GB/T 3503—2015）

牌号		字符牌号		Y_2O_3-5N5	Y_2O_3-5N	Y_2O_3-4N5	Y_2O_3-4N	Y_2O_3-3NA	Y_2O_3-3NB	Y_2O_3-3NC
		对应原数字牌号		171055	171050	171045	171040	171030A	171030B	171030C
化学成分(质量分数,%)	REO ≥			99.0	99.0	99.0	99.0	99.0	99.0	99.0
	Y_2O_3/REO ≥			99.9995	99.999	99.995	99.99	99.9	99.9	99.9
	Y_2O_3			余量	余量	余量	余量	余量	余量	余量
	杂质 ≤	稀土杂质	La_2O_3	0.00005	0.0001	0.0003	0.0010	—	0.02	合量 0.1
			CeO_2	0.00003	0.00005	0.0003	0.0005	0.0005	—	
			Pr_6O_{11}	0.00003	0.00005	0.0003	0.0010	0.0005	0.001	
			Nd_2O_3	0.00003	0.00005	0.0003	0.0005	0.0005	0.001	
			Sm_2O_3	0.00003	0.00005	0.0003	0.0005	0.003	0.001	
			Eu_2O_3	0.00003	0.00005	0.0003	0.0005	—	—	
			Gd_2O_3	0.00003	0.00005	0.0003	0.0005	—	0.01	
			Tb_4O_7	0.00003	0.00005	0.0005	0.0010	—	0.001	
			Dy_2O_3	0.00005	0.0001	0.0005	0.0010	—	—	
			Ho_2O_3	0.00005	0.00015	0.0005	0.0010	—	—	
			Er_2O_3	0.00005	0.00015	0.0005	0.0010	—	—	
			Tm_2O_3	0.00002	0.00005	0.0003	0.0005	—	—	
			Yb_2O_3	0.00002	0.00005	0.0003	0.0005	—	—	
			Lu_2O_3	0.00002	0.00005	0.0003	0.0005	—	—	
		非稀土杂质	Fe_2O_3	0.0001	0.0002	0.0003	0.0005	0.0005	0.001	0.002
			CaO	0.0005	0.0005	0.0010	0.0010	—	—	0.002
			CuO	0.0001	0.0002	0.0002	0.0005	0.0002	0.0005	0.001
			NiO	0.0001	0.0002	0.0002	0.0005	0.0002	0.0005	0.001
			PbO	0.0002	0.0002	0.0002	0.0005	0.0005	0.0005	0.001
			SiO_2	0.0010	0.0020	0.003	0.0050	—	—	0.005
			Cl^-	0.0050	0.01	0.01	0.02	0.03	0.03	0.03
灼减和水分（质量分数,%） ≤				1.0	1.0	1.0	1.0	1.0	1.0	1.0

注：1. 表内所有化学成分检测均为去除水分后灼减前测定。
2. 171030A—光学玻璃用；171030B—人造宝石用；171030C—普通型。

20.15.3　氟化钇

氟化钇的牌号和化学成分见表 20-40。

表 20-40　氟化钇的牌号和化学成分（XB/T 231—2019）

牌号				YF_3-5NA	YF_3-5NB	YF_3-4NA	YF_3-4NB	YF_3-3N	YF_3-2N
化学成分（质量分数,%）	REO			77±1	77±1	77±1	77±1	77±1	77±2
	Y_2O_3/REO ≥			99.999	99.999	99.99	99.99	99.9	99.0
	F			39±1	39±1	39±1	39±1	39±1	39±2
	杂质 ≤	稀土杂质	La_2O_3	合量 0.001	0.0001	合量 0.01	0.0010	合量 0.01	合量 0.5
			CeO_2		0.0005		0.0005		
			Pr_6O_{11}		0.0005		0.0010		
			Nd_2O_3		0.0005		0.0005		
			Sm_2O_3		0.0005		0.0005		
			Eu_2O_3		0.0005		0.0005		
			Gd_2O_3		0.0005		0.0005		
			Tb_4O_7		0.0005		0.0010		
			Dy_2O_3		0.0001		0.0010		

（续）

牌号				YF_3-5NA	YF_3-5NB	YF_3-4NA	YF_3-4NB	YF_3-3N	YF_3-2N
化学成分（质量分数,%）	杂质 ≤	稀土杂质	Ho_2O_3	合量 0.001	0.00015	合量 0.01	0.0010	合量 0.1	合量 0.5
			Er_2O_3		0.00015		0.0010		
			Tm_2O_3		0.0005		0.0005		
			Yb_2O_3		0.0005		0.0005		
			Lu_2O_3		0.0005		0.0005		
		非稀土杂质	Fe_2O_3	0.05	0.001	0.05	0.0020	0.05	0.05
			SiO_2	0.05	0.01	0.05	0.02	0.05	0.10
			Al_2O_3	0.05	0.01	0.05	0.01	0.05	0.05
			CaO	0.005	0.005	0.01	0.01	—	—
			NiO	0.03	0.001	0.03	0.001	0.03	0.01
			MnO_2	0.01	0.01	0.01	0.01	0.01	0.01
			O	0.2	0.2	0.2	0.2	0.2	1
水分（质量分数,%） ≤				0.3	0.3	0.3	0.3	0.3	1

20.15.4 钇铝合金

钇铝合金的牌号和化学成分见表 20-41。

表 20-41 钇铝合金的牌号和化学成分（GB/T 31966—2015）

牌号			YAl-30	YAl-20	YAl-10A	YAl-10B
	数字牌号		175030	175020	175010A	175010B
化学成分（质量分数,%）	RE		30±2	20±2	10±2	10±2
	Al		余量	余量	余量	余量
	Y/RE ≥		99.5	99.5	99.5	99.5
	稀土杂质/RE ≤		0.5		0.5	0.5
	非稀土杂质 ≤	Si	0.05		0.05	0.05
		Fe	0.2		0.05	0.2
		Mn	0.05		0.05	0.05
		Cu	0.01		0.01	0.01
		Ni	0.01		0.01	0.01
		C	0.08		0.03	0.08

注：稀土杂质是指除 Y、Pm、Sc 以外的所有稀土元素。

20.15.5 钇镁合金

钇镁合金的牌号和化学成分见表 20-42。

表 20-42 钇镁合金的牌号和化学成分（GB/T 29657—2013）

牌号	化学成分（质量分数,%）									
	RE	Mg	Y/RE ≥	杂质 ≤						
				稀土杂质/RE	非稀土杂质					
					Si	Fe	Al	Cu	Ni	C
175030A	30±2	余量	99.9	0.1	0.03	0.10	0.02	0.005	0.005	0.04
175030B	30±2	余量	99.5	0.5	0.05	0.15	0.05	0.01	0.01	0.08
175025A	25±2	余量	99.9	0.1	0.03	0.10	0.02	0.005	0.005	0.04
175025B	25±2	余量	99.5	0.5	0.05	0.15	0.05	0.01	0.01	0.08
175020A	20±2	余量	99.9	0.1	0.03	0.10	0.02	0.005	0.005	0.04
175020B	20±2	余量	99.5	0.5	0.05	0.15	0.05	0.01	0.01	0.08

20.16　钪

20.16.1　金属钪

金属钪的牌号和化学成分见表20-43。

表20-43　金属钪的牌号和化学成分（GB/T 16476—2018）

牌号		字符牌号	Sc-5N5	Sc-5N	Sc-4N5	Sc-4N
		数字牌号	164055	164050	164045	164040
化学成分（质量分数,%）	Sc　≥		99.95	99.95	99.9	99.9
	Sc/RE　≥		99.9995	99.999	99.995	99.99
	杂质 ≤	稀土杂质	0.00050	0.0010	0.0050	0.010
		Si	0.0015	0.0030	0.0040	0.0080
		Fe	0.0030	0.0080	0.010	0.015
		Ca	0.0015	0.0030	0.0050	0.010
		Al	0.0020	0.0030	0.0040	0.0070
		Cu	0.0010	0.0015	0.0020	0.0050
		Mg	0.00050	0.0010	0.0015	0.0020
		Ni	0.0025	0.0045	0.0060	0.0080
		Ti	0.0050	0.0015	0.0020	0.0025
		Th	0.00050	0.0020	0.0025	0.0030
		Ta	0.00050	0.00050	0.00050	0.00050
		Zr	0.0010	0.0010	0.0010	0.0010

注：1. 稀土杂质为除去Sc以及Pm以外的稀土元素。
2. 表中RE为Sc及稀土杂质的总称。

20.16.2　氧化钪

氧化钪的牌号和化学成分见表20-44。

表20-44　氧化钪的牌号和化学成分（GB/T 13219—2018）

牌号		字符牌号	Sc_2O_3-5N5	Sc_2O_3-5N	Sc_2O_3-4N	Sc_2O_3-3N5	Sc_2O_3-3N
		对应原数字牌号	161055	161050	161040	161035	161030
化学成分（质量分数,%）	Sc_2O_3　≥		99.99	99.9	99.9	99.0	99.0
	Sc_2O_3/REO　≥		99.9995	99.999	99.99	99.95	99.9
	杂质 ≤	稀土杂质	0.00050	0.0010	0.010	0.050	0.10
		SiO_2	0.0010	0.0015	0.0020	0.010	0.020
		Fe_2O_3	0.00050	0.00050	0.0010	0.0050	0.020
		CaO	0.0010	0.0015	0.0030	0.015	0.030
		MgO	0.00050	0.00050	0.00050	0.010	0.015
		Al_2O_3	0.00050	0.00050	0.0010	0.0030	0.050
		TiO_2	0.0010	0.0030	0.0050	0.010	0.050
		ZrO_2	0.00050	0.0015	0.0030	0.030	0.010
		ThO_2	0.00050	0.0010	0.0050	0.010	0.030
		CuO	0.00050	0.0010	0.0020	0.0050	0.010
		V_2O_5	0.00050	0.00050	0.00050	0.0020	0.0050
		Na_2O	0.00050	0.00050	0.0010	0.010	0.010
		NiO	0.00050	0.00050	0.00050	0.010	0.010
	灼减和水分（质量分数,%）　≤		1.0	1.0	1.0	1.0	1.0

注：1. "稀土杂质"指除去主稀土元素Sc以及Pm以外的稀土元素总量。
2. 表中REO为Sc_2O_3及稀土杂质的总称。

20.17 混合稀土金属

混合稀土金属的牌号和化学成分见表20-45。

表 20-45 混合稀土金属的牌号和化学成分（GB/T 4153—2008）

牌号	化学成分(质量分数,%)					
	RE≥	稀土元素/RE				
		La	Ce	Pr	Nd	Sm
194025A	99.5	>80	—	—	—	<0.1
194025B	99.5	33~37	51~59	2.5~3.2	6.0~9.3	<0.1
194025C	99.5	25~29	49~53	4~7	—	<0.1
194020A	99	61~65	24~28	—	—	<0.1
194020B	99	>33	>62	—	—	<0.1
194020C	99	>30	>60	4~8	—	<0.1

牌号	化学成分(质量分数,%)							
	非稀土杂质 ≤							
	Mg	Zn	Fe	Si	W+Mo	Ca	C	Pb
194025A	0.05	0.05	0.1	0.03	0.035	0.01	0.05	0.02
194025B	0.05	0.05	0.1	0.03	0.035	0.01	0.03	0.02
194025C	0.05	0.05	0.1	0.03	0.035	0.01	0.05	0.02
194020A	0.1	0.05	0.2	0.05	0.035	0.02	0.02	0.05
194020B	0.1	0.05	0.2	0.05	0.035	0.02	0.02	0.05
194020C	0.1	0.05	0.2	0.05	0.035	0.02	0.05	0.05

第21章 精密合金

21.1 软磁合金

21.1.1 软磁合金的牌号和化学成分

软磁合金的牌号和化学成分见表21-1。

表21-1 软磁合金的牌号和化学成分（GB/T 37797—2019）

新牌号	旧牌号	化学成分(质量分数,%)													
		C	Si	Mn	P	S	Cr	Ni	Co	Mo	Nb	Cu	Al	Fe	其他元素
1J106	1J06 (1J6)	0.040	0.15	0.10	0.015	0.015	—	—	—	—	—	—	5.5~ 6.5	余量	—
1J111	1J111	0.030	0.50	0.50	0.030	0.020	9.8~ 11.5	0.20~ 1.00	—	0.20~ 1.00	—	—	—	余量	Ti:0.20~ 1.00
1J112	1J12	0.030	0.15	0.10	0.015	0.015	—	—	—	—	—	—	11.6~ 12.4	余量	—
1J113	1J13	0.040	0.15	0.10	0.015	0.015	—	—	—	—	—	—	12.8~ 14.0	余量	—
1J115	1J16	0.030	0.15	0.10	0.015	0.015	—	—	—	—	—	—	15.5~ 16.3	余量	—
1J116	1J116	0.030	0.20	0.60	0.020	0.015	15.5~ 16.5	—	—	—	—	—	—	余量	—
1J117	1J117	0.030	0.15	0.30~ 0.70	0.020	0.015	17.0~ 18.5	0.50~ 0.70	—	—	—	—	—	余量	Ti:0.30~ 0.70
1J227	1J27	0.030	0.35	0.40	0.015	0.015	0.75	0.75	26.5~ 28.5	—	—	—	—	余量	V:0.35
1J251	1J21	0.030	0.20	0.30	0.015	0.010	0.20	0.15	49.0~ 51.0	—	—	0.20	—	余量	V:0.80~ 1.20
1J252	1J22	0.030	0.30	0.30	0.020	0.015	0.20	0.50	49.0~ 51.0	—	—	0.20	—	余量	V:0.80~ 1.80
1J330	1J30	0.030	0.30	0.40	0.020	0.020	—	29.5~ 30.5	—	—	—	—	—	余量	—
1J331	1J31	0.030	0.30	0.40	0.020	0.020	—	30.5~ 31.5	—	—	—	—	—	余量	—
1J332	1J32	0.030	0.30	0.40	0.020	0.020	—	31.5~ 32.5	—	—	—	—	—	余量	—

（续）

新牌号	旧牌号	化学成分(质量分数,%)													
		C	Si	Mn	P	S	Cr	Ni	Co	Mo	Nb	Cu	Al	Fe	其他元素
1J333	1J33	0.030	0.30~0.60	0.30~0.60	0.020	0.020	—	32.8~33.8	1.00~2.00	—	—	—	1.00~2.00	余量	—
1J334	1J34	0.030	0.15~0.30	0.30~0.60	0.020	0.020	—	33.5~35.0	28.5~30.0	2.80~3.2	—	0.20	—	余量	—
1J336	1J36	0.030	0.20	0.60	0.020	0.020	—	35.0~37.0	—	—	—	—	—	余量	—
1J338	1J38	0.030	0.15~0.30	0.30~0.60	0.020	0.020	12.5~13.5	37.5~38.5	—	—	—	—	—	余量	—
1J340	1J40 (1J403)	0.030	0.15~0.30	0.30~0.60	0.020	0.020	—	39.0~41.0	24.5~25.5	3.8~4.2	—	—	—	余量	—
1J346	1J46	0.030	0.15~0.30	0.60~1.10	0.020	0.020	—	45.0~46.5	—	—	—	0.20	—	余量	—
1J348	1J48	0.030	0.50	1.00	0.020	0.020	—	44.0~47.0	—	1.20~2.20	—	2.20~3.2	—	余量	—
1J350	1J50	0.030	0.15~0.30	0.30~0.60	0.020	0.020	—	49.0~50.5	—	—	—	0.20	—	余量	—
1J350J	1J51	0.030	0.15~0.30	0.30~0.60	0.020	0.020	—	49.0~50.5	—	—	—	0.20	—	余量	—
1J352	1J52	0.030	0.15~0.30	0.30~0.60	0.020	0.020	—	49.0~51.0	—	1.80~2.20	—	0.20	—	余量	—
1J354	1J54	0.030	1.10~1.40	0.60~1.10	0.020	0.020	3.8~4.2	49.5~51.0	—	—	—	0.20	—	余量	—
1J465	1J65	0.030	0.15~0.30	0.30~0.60	0.020	0.020	—	64.5~66.0	—	—	—	0.20	—	余量	—
1J466	1J66	0.030	0.10	0.70~1.10	0.020	0.020	—	64.5~65.5	—	—	—	—	—	余量	—
1J467	1J67	0.030	0.15~0.30	0.30~0.60	0.020	0.020	—	64.5~66.0	—	1.80~2.20	—	0.20	—	余量	—
1J475C	1J75C	0.030	0.30	0.50~1.00	0.020	0.020	—	74.0~76.0	—	1.50~2.00	—	5.0~7.0	—	余量	W:1.00~1.50
1J476	1J76	0.030	0.15~0.30	0.30~0.60	0.020	0.020	1.80~2.20	75.0~76.5	—	—	—	4.8~5.2	—	余量	—
1J477	1J77	0.030	0.15~0.30	0.30~0.60	0.020	0.020	—	75.5~78.0	—	3.9~4.5	—	4.8~6.0	—	余量	—
1J477C	1J77C	0.030	0.30	0.70	0.020	0.020	—	76.5~78.0	—	3.5~4.5	—	3.8~5.3	—	余量	—
1J479	1J79	0.030	0.30~0.50	0.60~1.10	0.020	0.020	—	78.5~80.0	—	3.8~4.1	—	0.20	—	余量	—
1J479C	1J79C	0.030	0.30~0.60	0.70~1.20	0.020	0.020	—	78.0~81.5	—	3.7~4.5	—	—	—	余量	—
1J480	1J80	0.030	1.10~1.50	0.60~1.10	0.020	0.020	2.60~3.00	79.0~81.5	—	—	—	0.20	—	余量	—
1J483	1J83	0.030	0.15~0.30	0.30~0.60	0.020	0.020	—	78.5~79.5	—	2.80~3.2	—	0.20	—	余量	—
1J484X	1J84X	0.030	0.30	0.35~0.65	0.020	0.020	—	80.5~81.5	—	0.90~1.20	3.5~4.0	—	—	余量	—
1J485	1J85	0.030	0.15~0.30	0.30~0.60	0.020	0.020	—	79.0~81.0	—	4.8~5.2	—	0.20	—	余量	—

（续）

新牌号	旧牌号	化学成分（质量分数，%）													
		C	Si	Mn	P	S	Cr	Ni	Co	Mo	Nb	Cu	Al	Fe	其他元素
1J485C	1J85C	0.030	0.15~0.30	0.30~0.70	0.020	0.020	—	80.0~81.5	—	5.0~6.0	—	—	—	余量	—
1J485X	1J85X	0.030	0.30	0.50	0.020	0.020	—	80.5~82.0	—	5.0~6.0	—	—	—	余量	—
1J486	1J86	0.030	0.30	1.00	0.020	0.020	—	80.5~81.5	—	5.8~6.2	—	—	—	余量	—
1J487	1J87	0.030	0.30	0.30~0.60	0.020	0.020	—	78.5~80.5	—	1.60~2.20	6.5~7.5	—	—	余量	—
1J487X	1J87X（1J87C）	0.030	0.30	0.30~0.60	0.020	0.020	—	80.0~81.5	—	1.00~2.00	4.0~5.5	—	—	余量	—
1J488	1J88	0.030	0.30	0.30~0.60	0.020	0.020	—	79.5~80.5	—	—	7.5~9.0	—	—	余量	—
1J488X	1J88X	0.030	0.30	0.30~0.60	0.020	0.020	—	79.0~81.0	—	—	6.0~7.0	—	—	余量	—
1J492X	1J92X	0.030	0.30	0.60	0.020	0.020	—	80.1~81.1	—	1.00~1.50	3.00~4.0	—	—	余量	W:1.00~1.50
1J493X	1J93X	0.030	0.30	0.30~0.60	0.020	0.020	—	80.5~81.5	—	3.00~4.0	3.00~4.5	—	—	余量	—
1J494X	1J94X	0.030	0.30	0.30~0.60	0.020	0.020	0.30~0.70	79.5~81.0	—	4.5~5.0	0.60~1.00	1.50~2.50	—	余量	—
1J495X	1J95X	0.030	2.80~3.3	—	0.020	0.020	—	83.0~84.0	—	1.20~1.60	0.40~0.60	—	—	余量	—

注：1. 表中所列成分除标明范围外，其余均为最大值。

2. 牌号中字母“C”表示“磁头”用，字母X表示“芯片”用，字母J表示“矩磁合金”用。

3. 括号内为标准中曾用旧牌号。

21.1.2 软磁合金的主要特性及用途

软磁合金的主要特性及用途见表21-2。

表21-2 软磁合金的主要特性及用途（GB/T 37797—2019）

新牌号	旧牌号	特性	用途	适用标准	产品品种								
					冷轧带材	冷轧板材	冷拉丝材	冷拔（轧）管材	温轧带材	热轧（锻）扁材	盘条	热轧（锻）棒材	冷拉棒材
1J106	1J06（1J6）	铁铝合金，具有较高的饱和磁感应强度、低的剩余磁感应强度及一定的抗大气腐蚀能力	制作电磁阀、电磁离合器中的铁心及电感元件	GB/T 14986.5—2018	√	—	—	—	—	—	—	√	—
1J111	1J111	铁铬合金，具有较高饱和磁感应强度、较低矫顽力	制作在泥浆等腐蚀性介质中工作的各种设备磁性部件、电磁阀和其他用途的电磁器件	GB/T 14986.4—2018	√	√	√	—	—	√	√	√	—

（续）

新牌号	旧牌号	特性	用途	适用标准	产品品种								
					冷轧带材	冷轧板材	冷拉丝材	冷拔（轧）管材	温轧带材	热轧（锻）扁材	盘条	热轧（锻）棒材	冷拉棒材
1J112	1J12	铁铝合金，具有较高饱和磁感应强度、较高磁导率、低剩余磁感应强度	制作在中等磁场中工作的微电机、变压器、磁放大器和继电器铁心。可代替 1J346（1J46）合金使用	GB/T 14986.5—2018	—	—	—	—	√	√	—	√	—
1J113	1J13	铁铝合金，具有较高饱和磁致伸缩系数和饱和磁感应强度	制作磁致伸缩换能器元件	GB/T 14986.5—2018	—	—	—	—	√	—	—	—	—
1J115	1J16	铁铝合金，具有较高磁导率和高电阻率	制作变压器、继电器铁心、磁屏蔽以及分频器用的高频元件	GB/T 14986.5—2018	—	—	—	—	√	—	—	—	—
1J116	1J116	铁铬合金，具有较高饱和磁感应强度、较低矫顽力	制作在水汽、海雾等高湿度和肼类等活性、侵蚀性介质中无保护层工作的各种控制系统中的磁导体及电磁阀	GB/T 14986.4—2018	√	—	√	—	—	—	—	√	—
1J117	1J117	铁铬合金，具有较高饱和磁感应强度、较低矫顽力	制作要求耐蚀性更高的氧化性介质和肼类等活性介质中工作的电磁阀磁心	GB/T 14986.4—2018	√	—	√	—	—	—	—	√	—
1J227	1J27	铁钴合金，具有高饱和磁感应强度、高居里点和较高伸长率	制作要求重量轻、体积小、工作温度高的微特电机定转子片，极靴	GB/T 14986.3—2018	√	—	√	—	—	—	—	—	—
1J251	1J21	铁钴合金，具有高饱和磁感应强度、高居里点、高磁致伸缩系数	制作要求重量轻、体积小、工作温度高的微特电机定转子片	GB/T 14986.3—2018	√	—	—	—	—	—	—	—	—
1J252	1J22	铁钴合金，具有高饱和磁感应强度、高居里点、高磁致伸缩系数	制作电磁铁极头，磁控管中的端焊管，电话耳机振动膜，力矩电动机转子，磁致伸缩换能器元件	GB/T 14986.3—2018	√	—	√	—	—	—	—	√	—
1J330	1J30	磁温度补偿铁镍合金，在环境温度范围内，磁感应强度随温度变化而急剧变化	制作电磁回路和永磁回路中的磁分路补偿元件	GB/T 32286.1—2015	√	—	—	—	—	—	—	—	—
1J331	1J31			GB/T 32286.1—2015	√	—	—	—	—	—	—	—	—
1J332	1J32			GB/T 32286.1—2015	√	—	—	—	—	—	—	—	—
1J333	1J33			GB/T 32286.1—2015	√	—	—	—	—	—	—	—	—

（续）

新牌号	旧牌号	特性	用途	适用标准	产品品种								
					冷轧带材	冷轧板材	冷拉丝材	冷拔（轧）管材	温轧带材	热轧（锻）扁材	盘条	热轧（锻）棒材	冷拉棒材
1J334	1J34	矩磁铁镍合金，具有矩形磁滞回线和较高饱和磁感应强度	制作在中等磁场中工作的磁放大器、阻流圈、整流圈，以及计算机装置元件等	GB/T 32286.1—2015	√	—	—	—	—	—	—	—	—
1J336	1J36	铁镍合金，具有较高饱和磁感应强度，较低的剩余磁感应强度，在水汽、盐雾或肼类介质中耐腐蚀	制作在受介质、温度、压力影响条件下工作的各种控制系统中的电磁阀	GB/T 14986—2008	—	—	—	—	—	—	—	√	—
1J338	1J38	磁温度补偿铁镍合金，在环境温度范围内，磁感应强度随温度变化而急剧变化	制作电磁回路和永磁回路中的磁分路补偿元件	GB/T 32286.1—2015	√	—	—	—	—	—	—	—	—
1J340	1J40（1J403）	矩磁铁镍合金，具有矩形磁滞回线和较高饱和磁感应强度	制作在中等磁场中工作的磁放大器、阻流圈、整流圈，以及计算机装置元件等	GB/T 32286.1—2015	√	—	—	—	—	—	—	—	—
1J346	1J46	铁镍合金，具有较高磁导率较高饱和磁感应强度	制作在中等磁场中工作的各种变压器、继电器、电磁离合器铁心	GB/T 32286.1—2015	√	—	√	√	—	√	√	√	—
1J348	1J48	铁镍合金，具有较高磁导率和优异耐蚀性能	制作低场用微特电机、电子钟步进电机、磁屏蔽罩、电磁阀中耐蚀电磁器件	GJB 2152—1994	√	—	√	—	—	√	—	√	√
1J350	1J50	铁镍合金，具有较高磁导率较高饱和磁感应强度	制作在中等磁场中工作的各种变压器、继电器、电磁离合器铁心	GB/T 32286.1—2015	√	—	√	√	—	√	√	√	—
1J350J	1J51	矩磁铁镍合金，具有矩形磁滞回线和较高饱和磁感应强度	制作在中等磁场中工作的磁放大器、阻流圈、整流圈，以及计算机装置元件等	GB/T 32286.1—2015	√	—	—	—	—	—	—	—	—
1J352	1J52			GB/T 32286.1—2015	√	—	—	—	—	—	—	—	—
1J354	1J54	铁镍合金，具有较高磁导率较高饱和磁感应强度	制作在中等磁场中工作的各种变压器、继电器、电磁离合器铁心	GB/T 32286.1—2015	√	—	√	√	—	√	√	√	—
1J465	1J65	矩磁铁镍合金，具有矩形磁滞回线和较高饱和磁感应强度	制作在中等磁场中工作的磁放大器、阻流圈、整流圈，以及计算机装置元件等	GB/T 32286.1—2015	√	—	—	—	—	—	—	—	—

（续）

新牌号	旧牌号	特性	用途	适用标准	产品品种								
					冷轧带材	冷轧板材	冷拉丝材	冷拔（轧）管材	温轧带材	热轧（锻）扁材	盘条	热轧（锻）棒材	冷拉棒材
1J466	1J66	恒磁导率铁镍合金，在较宽的磁场、温度和频率范围内，磁导率变化很小	制作恒电感元件	GB/T 32286.1—2015	√	—	—	—	—	—	—	—	—
1J467	1J67	矩磁铁镍合金，具有矩形磁滞回线和较高饱和磁感应强度	制作在中等磁场中工作的磁放大器、阻流圈、整流圈，以及计算机装置元件等	GB/T 32286.1—2015	√	—	—	—	—	—	—	—	—
1J475C	1J75C	高磁导率铁镍合金，具有高的初始磁导率	制作在弱磁场中工作的各种变压器铁心、互感器、磁放大器、扼流圈铁心以及磁屏蔽等	YB/T 086—2013	√	—	—	—	—	—	—	—	—
1J476	1J76	高磁导率铁镍合金，具有高的初始磁导率		GB/T 32286.1—2015	√	—	√	√	—	√	√	√	—
1J477	1J77	高磁导率铁镍合金，具有高的初始磁导率	制作在弱磁场中工作的各种变压器、互感器、磁放大器、扼流圈铁心以及磁屏蔽	GB/T 32286.1—2015	√	—	√	√	—	√	√	√	—
1J477C	1J77C			YB/T 086—2013	√	—	—	—	—	—	—	—	—
1J479	1J79			GB/T 32286.1—2015	√	√	√	√	—	√	√	√	—
1J479C	1J79C			YB/T 086—2013	√	—	—	—	—	—	—	—	—
1J480	1J80			GB/T 32286.1—2015	√	—	√	√	—	√	√	√	—
1J483	1J83	矩磁铁镍合金，具有矩形磁滞回线和较高饱和磁感应强度	制作在中等磁场中工作的磁放大器、阻流圈、整流圈，以及计算机装置元件等	GB/T 32286.1—2015	√	—	—	—	—	—	—	—	—
1J484X	1J84X	高磁导率铁镍合金，具有高的初始磁导率	制作在弱磁场中工作的各种变压器铁心、互感器、磁放大器、扼流圈铁心以及磁屏蔽等	YB/T 086—2013	√	—	—	—	—	—	—	—	—
1J485	1J85			GB/T 32286.1—2015	√	√	√	√	—	√	√	√	—
1J485C	1J85C			YB/T 086—2013	√	—	—	—	—	—	—	—	—
1J485X	1J85X		制作磁头外壳、芯片、隔离片等	YB/T 086—2013	√	—	—	—	—	—	—	—	—
1J486	1J86	高磁导率铁镍合金，具有高的初始磁导率	在弱磁场中工作的各种变压器、互感器、磁放大器、扼流圈铁心以及磁屏蔽	GB/T 32286.1—2015	√	—	√	√	—	√	√	√	—

（续）

新牌号	旧牌号	特性	用途	适用标准	产品品种								
					冷轧带材	冷轧板材	冷拉丝材	冷拔(轧)管材	温轧带材	热轧(锻)扁材	盘条	热轧(锻)棒材	冷拉棒材
1J487	1J87	高硬度高电阻铁镍合金，高初始磁导率、高硬度、高电阻率，而且磁性对应力不敏感，耐磨性好	制作各种磁带机磁头、芯片，以及录音机、高频器件的铁心	GB/T 14987—2016	√	—	—	—	—	—	—	—	—
1J487X	1J87X (1J87C)	高硬度高电阻高磁导率铁镍合金，具有高的初始磁导率、高硬度、高电阻率、磁性对应力较不敏感，耐磨性好	制作磁头外壳、芯片、隔离片等	YB/T 086—2013	√	—	—	—	—	—	—	—	—
1J488	1J88	高硬度高电阻铁镍合金，高初始磁导率、高硬度、高电阻率，而且磁性对应力不敏感，耐磨性好	制作各种磁带机磁头、芯片，以及录音机、高频器件的铁心	GB/T 14987—2016	√	—	—	—	—	—	—	—	—
1J488X	1J88X	高硬度高电阻高磁导率铁镍合金，具有高的初始磁导率、高硬度、高电阻率，磁性对应力较不敏感，耐磨性好	制作各种磁带机、读卡器磁头、芯片，以及录音机、高频器件的铁心等	YB/T 086—2013	√	—	—	—	—	—	—	—	—
1J492X	1J92X			YB/T 086—2013	√	—	—	—	—	—	—	—	—
1J493X	1J93X			YB/T 086—2013	√	—	—	—	—	—	—	—	—
1J494X	1J94X			YB/T 086—2013	√	—	—	—	—	—	—	—	—
1J495X	1J95X			YB/T 086—2013	√	—	—	—	—	—	—	—	—

注：括号内为标准中曾用牌号。“√”表示可选品种。

21.1.3 铁镍合金

1. 铁镍合金的牌号、状态和规格

（1）铁镍合金的牌号和状态（见表21-3）

表21-3 铁镍合金的牌号和状态（GB/T 32286.1—2015）

类别	牌号	交货状态					
		冷轧带材	冷轧板材	冷拉丝材	冷拔(轧)管材	热轧(锻)扁材	热轧(锻)棒材
较高磁导率较高饱和磁感应强度铁镍合金	1J46	√	—	√	√	√	√
	1J50	√	—	√	√	√	√
	1J54	√	—	√	√	√	√
高磁导率铁镍合金	1J76	√	—	√	√	√	√
	1J77	√	—	√	√	√	√

（续）

类别	牌号	交货状态					
		冷轧带材	冷轧板材	冷拉丝材	冷拔(轧)管材	热轧(锻)扁材	热轧(锻)棒材
高磁导率铁镍合金	1J79	√	√	√	√	√	√
	1J80	√	—	√	√	√	√
	1J85	√	√	√	√	√	√
	1J86	√	—	√	√	√	√
矩磁铁镍合金	1J34	√	—	—	—	—	—
	1J51	√	—	—	—	—	—
	1J52	√	—	—	—	—	—
	1J65	√	—	—	—	—	—
	1J67	√	—	—	—	—	—
	1J83	√	—	—	—	—	—
	1J403	√	—	—	—	—	—
磁温度补偿铁镍合金	1J30	√	—	—	—	—	—
	1J31	√	—	—	—	—	—
	1J32	√	—	—	—	—	—
	1J33	√	—	—	—	—	—
	1J38	√	—	—	—	—	—
恒磁导率铁镍合金	1J66	√	—	—	—	—	—

注：“√”表示可选状态。

(2) 铁镍合金的规格（见表 21-4）

表 21-4 铁镍合金的规格（GB/T 32286.1—2015）

品种	公称厚度或直径/mm	公称宽度/mm	公称长度/mm
冷轧带材	0.003~0.005	10~100	10000
	>0.005~0.01		20000
	>0.01~0.04		30000
	>0.04~0.10	20~250	
	>0.10~0.15	20~300	
	>0.15~0.25		
	>0.25~0.40	30~300	5000
	>0.40~0.70		
	>0.70~1.00		
	>1.00~1.25	80~300	5000
	>1.25~1.50		
	>1.50~2.00		
	>2.00~2.50		
	>2.50~3.00		
冷轧板材	0.50~2.00	600~1000	1000~2000
冷拉丝材	0.05~10.0		
热轧扁材	3.0~4.0	20~300	2000
	>4.0~7.0		
	>7.0~13.0		1000
	>13.0~22.0		
	>22.0~30.0	20~200	
		>200~800	
热锻材	9~150	—	—

2. 铁镍合金的磁性能

(1) 较高磁导率较高饱和磁感应强度铁镍合金的磁性能（见表21-5、表21-6）

表21-5　较高磁导率较高饱和磁感应强度铁镍合金的直流磁性能（GB/T 32286.1—2015）

牌号	产品种类	级别	厚度或直径/mm	在0.4A/m磁场强度下的磁导率 $\mu_{0.4}$/(mH/m) ≥	最大磁导率 μ_m/(mH/m) ≥	矫顽力 $H_c^{①}$/(A/m) ≤	饱和磁感应强度 $B_s^{②}$/T ≥
1J46	冷轧带材	—	0.02~0.04	1.6	22.5	32.0	1.50
			0.05~0.09	2.0	27.5	24.0	1.50
			0.10~0.19	2.5	31.3	20.0	1.50
			0.20~0.34	3.1	37.5	16.0	1.50
			0.35~2.50	3.5	45.0	12.0	1.50
	热轧(锻)扁材	—	3~30	2.5	31.3	16.0	1.50
	热轧(锻)棒材		8~150	2.5	31.3	16.0	1.50
1J50	冷轧带材	Ⅰ	0.040~0.049	2.2	30.0	25.0	1.50
			0.05~0.09	2.5	38.0	16.0	1.50
			0.10~0.19	2.9	40.0	14.4	1.50
			0.20~0.34	3.5	50.0	11.2	1.50
			0.35~0.50	4.0	62.5	9.6	1.50
			0.51~1.00	3.8	62.5	9.6	1.50
			1.10~2.00	3.6	56.3	9.6	1.50
			2.10~3.00	3.5	56.3	9.6	1.50
		Ⅱ	0.10~0.19	3.8	43.8	12.0	1.50
			0.20~0.34	4.4	56.3	10.4	1.50
			0.35~0.50	5.0	65.0	8.8	1.50
			0.51~1.00	5.0	55.0	9.0	1.50
			1.10~2.00	4.0	48.0	9.2	1.50
			2.10~3.00	3.8	45.0	9.2	1.50
		Ⅲ	0.05~0.20	12.5	75.0	4.8	1.52
	热轧(锻)扁材	—	3~30	3.1	31.3	14.4	1.50
	热轧(锻)棒材	—	8~150	3.1	31.3	14.4	1.50
1J54	冷轧带材	Ⅰ	0.005	1.3	10.0	55.0	1.00
			0.01	1.6	12.5	40.0	1.00
			0.02~0.04	1.9	20.0	20.0	1.00
			0.05~0.09	2.5	25.0	16.0	1.00
			0.10~0.19	3.1	31.3	12.0	1.00
			0.20~0.34	3.8	35.0	9.6	1.00
			0.35~0.50	4.0	40.0	8.0	1.00
			0.51~1.00	3.8	40.0	8.0	1.00
		Ⅱ	0.02~0.04	3.8	31.0	12.0	1.00
			0.05~0.09	3.8	31.0	12.0	1.00
			0.10~0.19	3.9	35.0	10.0	1.00
			0.20~0.34	3.9	37.5	10.0	1.00
			0.35~0.50	4.4	44.0	8.0	1.00
	热轧(锻)扁材	—	3~30	2.0	20.0	20.0	1.00
	热轧(锻)棒材	—	8~120	2.0	20.0	20.0	1.00

注：1. 合金丝材和管材的磁性能应符合表中热轧（锻）材的要求。

2. 按Ⅱ级或Ⅲ级合金磁性能订货时，应由供需双方协商，并在合同中注明。

① 在饱和磁感应强度下测量。

② 在2000A/m外磁场强度下测量，只提供数据，不作判定依据。

表 21-6　较高磁导率较高饱和磁感应强度铁镍合金的交流磁性能（GB/T 32286.1—2015）

牌号	产品种类	级别	厚度/mm	当磁场强度峰值为 0.4A/m 时，在不同频率下的弹性磁导率/(mH/m)≥			
				60Hz	400Hz	1kHz	10kHz
1J50	冷轧带材	Ⅱ	0.02	—	—	2.5	2.0
			0.05	—	—	2.5	1.8
			0.10	—	3.9	3.8	—
			0.20	—	3.8	3.0	—
			0.35	5.0	3.8	—	—
1J54	冷轧带材	Ⅱ	0.02	—	—	实测	实测
			0.05	—	实测	实测	—
			0.10	—	实测	实测	—
			0.20	—	实测	实测	—
			0.35	实测	实测	—	—

注：弹性磁导率只提供数据，不作判定依据。

（2）高磁导率铁镍合金的磁性能（见表 21-7、表 21-8）

表 21-7　高磁导率铁镍合金的直流磁性能（GB/T 32286.1—2015）

牌号	产品种类	级别	厚度或直径/mm	在 0.08A/m 磁场强度下的磁导率 $\mu_{0.08}$/(mH/m)≥	最大磁导率 μ_m/(mH/m)≥	矫顽力 H_c①/(A/m)≤	饱和磁感应强度 B_s②/T≥
1J76	冷轧带材	—	0.02~0.04	18.8	75.0	4.8	0.75
			0.05~0.09	22.5	125.0	3.2	0.75
			0.10~0.19	25.0	175.0	2.8	0.75
			0.20~0.50	31.3	225.0	1.4	0.75
1J77	冷轧带材	—	0.05~0.09	37.5	175.0	2.0	0.60
			0.10~0.19	50.0	225.0	1.2	0.60
			0.20~0.34	62.5	275.0	1.0	0.60
			0.35~0.50	75.0	312.5	0.8	0.60
1J79	冷轧带材	Ⅰ	0.005	12.5	44.0	6.4	0.75
			0.01	17.5	87.5	4.8	0.75
			0.02~0.04	20.0	112.5	4.0	0.75
			0.05~0.09	22.5	137.5	2.8	0.75
			0.10~0.19	25.0	162.5	2.0	0.75
			0.20~0.34	28.0	225.0	1.6	0.75
			0.35~1.00	31.0	250.0	1.2	0.75
			1.10~2.00	28.0	225.0	1.6	0.75
			2.10~3.00	26.3	187.5	2.0	0.75
		Ⅱ	0.005	15.0	75.0	4.8	0.75
			0.01	20.0	110.0	3.2	0.75
			0.02~0.04	25.0	125.0	2.4	0.75
			0.05~0.09	25.0	150.0	1.6	0.75
			0.10~0.19	28.0	190.0	1.2	0.75
			0.20~0.34	31.0	250.0	1.2	0.75
			0.35~1.00	38.0	280.0	1.0	0.75
			1.10~2.00	31.0	230.0	1.2	0.75
		Ⅲ	0.01	25.0	150.0	2.4	0.73
			0.02~0.04	31.0	190.0	1.6	0.73
			0.05~0.09	38.0	250.0	1.2	0.73
			0.10~0.19	38.0	250.0	1.2	0.73
			0.20~0.34	38.0	280.0	1.0	0.73
			0.35	44.0	310.0	1.0	0.73

（续）

牌号	产品种类	级别	厚度或直径/mm	在0.08A/m磁场强度下的磁导率 $\mu_{0.08}$/(mH/m)≥	最大磁导率 μ_m/(mH/m)≥	矫顽力 $H_c^{①}$/(A/m)≤	饱和磁感应强度 $B_s^{②}$/T≥
1J79	冷轧板材	—	0.5~1.0	31.0	190.0	1.6	0.75
			1.1~2.0	28.0	160.0	1.6	0.75
	热轧(锻)扁材	—	3~30	25.0	125.0	2.4	0.75
	热轧(锻)棒材	—	8~120	25.0	125.0	2.4	0.75
1J80	冷轧带材	Ⅰ	0.005	10.0	38.0	8.0	0.65
			0.01	17.5	75.0	4.8	0.65
			0.02~0.04	23.0	93.8	4.0	0.65
			0.05~0.09	25.0	112.5	3.2	0.65
			0.10~0.19	28.0	150.0	2.4	0.65
			0.20~0.34	35.0	175.0	1.6	0.65
			0.35~0.50	44.0	200.0	1.2	0.65
			0.51~1.00	43.8	200.0	1.0	0.65
			1.10~2.50	31.0	190.0	1.2	0.65
		Ⅱ	0.02~0.04	28.0	125.0	3.2	0.63
			0.05~0.09	38.0	190.0	1.6	0.63
			0.10~0.19	40.0	200.0	1.2	0.63
			0.20~0.34	44.0	200.0	1.2	0.63
			0.35~0.50	44.0	250.0	1.0	0.63
		Ⅲ	0.01	31.0	110.0	3.2	0.63
			0.02~0.04	38.0	150.0	1.6	0.63
			0.05~0.09	50.0	250.0	1.0	0.63
			0.10~0.34	56.0	250.0	1.0	0.63
			0.35~0.50	63.0	310.0	0.8	0.63
	热轧(锻)扁材	—	3~30	27.5	100.0	2.4	0.65
	热轧(锻)棒材	—	8~100	27.5	100.0	2.4	0.65
1J85	冷轧带材	Ⅰ	0.005~0.01	20.0	87.5	4.8	0.70
			0.02~0.04	22.5	100.0	3.6	0.70
			0.05~0.09	35.0	137.5	2.4	0.70
			0.10~0.19	37.5	187.5	1.6	0.70
			0.20~0.34	50.0	225.0	1.2	0.70
			0.35~1.00	62.5	312.5	0.8	0.70
			1.10~2.00	50.0	187.5	1.2	0.70
			2.10~3.00	43.8	150.0	1.4	0.70
		Ⅱ	0.02~0.04	37.5	137.5	2.4	0.70
			0.05~0.09	50.0	175.0	1.6	0.70
			0.10~0.19	62.5	225.0	1.2	0.70
			0.20~0.34	75.0	250.0	1.0	0.70
			0.35	75.0	325.0	0.7	0.70
	冷轧板材	—	0.5~1.0	56.2[③]	275.0	0.9	0.70
			1.1~2.0	45.0	175.0	1.3	0.70
	热轧(锻)扁材	—	3~30	37.5	125.0	1.6	0.70
	热轧(锻)棒材	—	8~120	37.5	125.0	1.6	0.70
1J86	冷轧带材	—	0.005~0.01	12.5	100.0	4.0	0.60
			0.02~0.04	37.5	137.5	2.4	0.60
			0.05~0.09	50.0	187.5	1.4	0.60
			0.10~0.19	62.5	225.0	1.2	0.60

（续）

牌号	产品种类	级别	厚度或直径/mm	在 0.08A/m 磁场强度下的磁导率 $\mu_{0.08}$/(mH/m) ≥	最大磁导率 μ_m/(mH/m) ≥	矫顽力 H_c①/(A/m) ≤	饱和磁感应强度 B_s②/T≥
1J86	冷轧带材	—	0.20~0.34	75.0	275.0	0.7	0.60
			0.35~1.00	62.5	250.0	1.2	0.60

注：1. 合金丝材和管材的磁性能应符合表中热轧（锻）棒材的要求。

2. 按Ⅱ级或Ⅲ级合金磁性能订货时，应由供需双方协商，并在合同中注明，Ⅱ级和Ⅲ级合金 $\mu_{0.08}$ 或 μ_m 之一符合标准时，允许交货，但其他参数不能比Ⅰ级差。

① 在饱和磁感应强度下测量。

② 在 800A/m 外磁场强度下测量，只提供数据，不作判定依据。

③ 需方采用真空热处理时，指标达到 40.0 即为合格。

表 21-8　高磁导率铁镍合金的交流磁性能（GB/T 32286.1—2015）

牌号	产品种类	级别	厚度/mm	当磁场强度峰值为 0.1A/m 时，在不同频率下的弹性磁导率/(mH/m) ≥			
				60Hz	400Hz	1kHz	10kHz
1J79	冷轧带材	Ⅱ	0.02	—	—	17.5	12.5
			0.05	—	—	18.8	9.4
			0.10	—	22.5	15.0	—
			0.20	—	12.5	7.5	—
			0.35	25.0	8.8	—	—
1J85	冷轧带材	Ⅱ	0.02	—	—	20.0	15.0
			0.05	—	—	31.3	11.3
			0.10	—	31.3	25.0	—
			0.20	—	23.8	10.0	—
			0.35	38.0	12.5	—	—

注：弹性磁导率只提供数据，不作判定依据。

（3）矩磁铁镍合金的磁性能（见表 21-9）

表 21-9　矩磁铁镍合金的磁性能（GB/T 32286.1—2015）

牌号	级别	厚度/mm	在 0.8A/m 磁场强度下的磁导率 $\mu_{0.8}$	最大磁导率 μ_m	方形系数 B_r/B_m①	矫顽力 H_c②/(A/m)	比总损耗③/(W/kg)		饱和磁感应强度 B_s④/T≥
			mH/m				$P_{1/400}$	$P_{1/3000}$	
			≥				≤		
1J34	—	0.005~0.01	—	62.5	0.90	20.0	—	—	1.50
		0.02~0.04		75.0	0.90	16.0			1.50
		0.05~0.09		112.5	0.90	9.6			1.50
		0.10~0.20		137.5	0.87	8.0			1.50
1J51	Ⅰ	0.005	—	19.0	0.80	40.0	—	—	1.50
		0.01		25.0	0.83	32.0			1.50
		0.02~0.09		50.0	0.85	20.0			1.50
		0.10		50.0	0.85	18.0			1.50
	Ⅱ	0.01	—	44.0	0.87	20.0	—	—	1.50
		0.02~0.04		75.0	0.92	15.0	4.0		1.50
		0.05~0.09		75.0	0.92	15.0	4.5		1.50
		0.10		75.0	0.90	15.0	5.0		1.50
	Ⅲ	0.01	—	75.0	0.91	15.0	—	—	1.52
		0.02~0.04		95.0	0.94	13.0			1.52
		0.05		100.0	0.94	11.0			1.52
		0.10		75.0	0.95	15.0			1.52

（续）

牌号	级别	厚度/mm	在0.8A/m磁场强度下的磁导率 $\mu_{0.8}$	最大磁导率 μ_m	方形系数 B_r/B_m①	矫顽力 H_c②/(A/m)	比总损耗③/(W/kg)		饱和磁感应强度 B_s④/T≥
			mH/m				$P_{1/400}$	$P_{1/3000}$	
			≥				≤		
1J52	—	0.02~0.04	—	62.5	0.90	20.0	—	—	1.40
		0.05~0.10		87.5	0.90	16.0			1.40
1J65	—	0.005~0.01	—	100.0	0.90	8.0	—	—	1.30
		0.02~0.04		125.0	0.90	6.4			1.30
		0.05~0.09		187.5	0.90	4.8			1.30
		0.10~0.50		275.0	0.90	3.2			1.30
1J67	—	0.02~0.04	—	200.0	0.90	6.4	—	—	1.20
		0.05~0.09		250.0	0.90	4.8			1.20
		0.10~0.19		312.5	0.90	4.0			1.20
		0.20~0.50		437.5	0.90	3.2			1.20
1J83	—	0.005~0.01	5.0	62.5	0.80	5.6	—	—	0.82
		0.02~0.04	8.8	125.0	0.80	4.0			0.82
		0.05~0.09	8.8	187.5	0.80	2.4			0.82
		0.1	20.0	225.0	0.80	1.6			0.82
1J403	Ⅰ⑤	0.02	—	500.0	0.97	3.2	3.0~4.5	35.0~65.0	1.38
		0.05		625.0	0.97	2.4	3.0~4.5	35.0~65.0	1.38
	Ⅱ	0.02	—	375.0	0.95	4.0	3.0	35.0	1.38
		0.05		500.0	0.95	3.2	3.5	40.0	1.38
		0.10		625.0	0.95	2.4	2.5	30.0	1.38

注：按Ⅱ级或Ⅲ级合金磁性能订货时，应由供需双方协商，并在合同中注明。

① 方形系数 B_r/B_m 中的 B_m 是外磁场强度为 80A/m 时的磁感应强度。

② 在饱和磁感应强度下测量。

③ 比总损耗 $P_{1/400}$、$P_{1/3000}$ 分别表示频率为 400Hz、3000Hz，磁感应强度峰值为 1T 时的比总损耗值。$P_{1/400}$、$P_{1/3000}$ 只提供数据，不作判定依据。

④ 1J34、1J51、1J52 和 1J403 合金是在外磁场强度为 2000A/m 下测量，1J65、1J67 和 1J83 合金是在外磁场强度为 800A/m 下测量，只提供数据，不作判定依据。

⑤ 1J403 合金Ⅰ级产品的比总损耗应在 40℃、+20℃、+100℃温度下测定。

（4）温度补偿铁镍合金的直流磁性能（见表 21-10）

表 21-10 温度补偿铁镍合金的直流磁性能（GB/T 32286.1—2015）

牌号	在磁场强度为 8000A/m 时不同温度下的磁感应强度 B					磁感应强度降落差		
	-20℃	20℃	40℃	60℃	80℃	$B_{-20℃}\sim B_{20℃}$	$B_{20℃}\sim B_{40℃}$	$B_{20℃}\sim B_{50℃}$
	T							
1J30	0.40~0.60	0.20~0.45	—	0.02~0.13	—	—	—	—
1J31	0.60~0.85	0.40~0.65	—	0.15~0.45	—	—	—	—
1J32	0.80~1.10	0.60~0.95	—	0.40~0.75	—	—	—	—
1J33①	—	0.40~0.70	—	—	0.10~0.40	—	—	0.22~0.42
1J38①	0.25~0.42	0.05~0.24	0.015~0.12	—	—	0.16~0.24	0.035~0.15	—

① 在冷轧状态检验，也允许试样经热处理后检验。

（5）恒磁导率铁镍合金的磁性能（见表 21-11）

表 21-11 恒磁导率铁镍合金的磁性能（GB/T 32286.1—2015）

牌号	公称厚度/mm	级别①	感应磁导率 μ_L/(mH/m)≥	交流稳定值(%)	交直流稳定值(%)	温度稳定值(%)
				≤		
1J66	0.05~0.10	Ⅰ	3.50	10	9	8
		Ⅱ	3.75	7	6	5

注：在室温下检测，所有检测点都应满足表中对感应磁导率 μ_L 的规定。三个稳定值允许互换。

① 按Ⅱ级磁性能订货时应在合同中注明。

3. 铁镍合金的平均线胀系数（见表 21-12）

表 21-12　铁镍合金的平均线胀系数（GB/T 32286.1—2015）

牌号	在下列温度范围内的线胀系数/(10^{-6}/℃)								
	20~100℃	20~200℃	20~300℃	20~400℃	20~500℃	20~600℃	20~700℃	20~800℃	20~900℃
1J34	10.6	11.2	11.3	11.6	11.9	—	—	—	—
1J50	8.9	9.2	9.2	9.2	9.4	—	—	—	—
1J79	10.3~10.8	10.9~11.2	11.4~12.9	11.9~12.5	12.3~13.2	12.7~13.4	13.1~13.6	13.4~13.6	13.2~13.8
1J80	12.8~13.0	12.5~12.7	13.1~13.4	13.4~13.8	13.9~14.4	14.2~14.8	14.5~15.2	15.0~15.6	15.5~15.6
1J30	12.19	13.90	—	—	—	—	—	—	—
1J31	10.31	12.86	—	—	—	—	—	—	—
1J32	6.81	9.84	—	—	—	—	—	—	—
1J33	9.65	12.00	—	—	—	—	—	—	—
1J38	11.42	13.24	—	—	—	—	—	—	—

4. 铁镍合金的基本物理参数和典型力学性能（见表 21-13）

表 21-13　铁镍合金的基本物理参数和典型力学性能（GB/T 32286.1—2015）

牌号	电阻率/μΩ·m	密度/(g/cm³)	居里点/℃	饱和磁致伸缩系数/10^{-6}	硬度 HBW		抗拉强度 R_m/MPa		规定塑性延伸强度 $R_{p0.2}$/MPa		断后伸长率 A(%)	
					硬态	软态	硬态	软态	硬态	软态	硬态	软态
1J46	0.45	8.2	450	25	170	130	735	—	735	—	3	—
1J50	0.45	8.2	500	25	170	130	785	450	685	150	3	37
1J54	0.90	8.2	360	—	190	125	885	500	835	150	2	40
1J403	0.55	8.55	600	—	—	—	—	—	—	—	—	—
1J76	0.55	8.6	400	2.4	—	—	—	—	—	—	—	—
1J77	0.55	8.6	350	—	—	—	980	540	—	—	2	40
1J79	0.55	8.6	450	2	210	120	1030	560	980	150	3	50
1J80	0.62	8.5	330	—	240	130	930	560	885	150	4	40
1J85	0.56	8.75	400	0.5	—	—	—	—	—	—	—	—
1J86	0.60	8.85	—	0.5	—	—	—	—	—	—	—	—
1J34	0.50	8.70	—	—	—	—	—	540	—	—	—	42
1J51	0.45	8.20	500	—	280	—	—	450	—	—	—	37
1J52	—	8.20	—	—	—	—	—	—	—	—	—	—
1J65	0.25	8.35	600	—	—	—	—	540	—	—	—	43
1J67	0.45	8.48	530	—	—	—	930	540	—	—	3	50
1J83	0.50	8.60	460	—	—	—	1030	490	—	—	3	50
1J30	0.73	8.14	—	—	—	149	—	—	—	—	—	—
1J31	0.74	8.16	—	—	—	156	—	—	—	—	—	—
1J32	0.76	8.17	—	—	—	163	—	—	—	—	—	—
1J33	0.90	8.03	—	—	—	169	—	—	—	—	—	—
1J38	0.98	8.14	—	—	—	169	—	—	—	—	—	—
1J66	0.25	8.25	600	1.3	—	—	—	—	—	—	—	—

5. 铁镍合金的热处理工艺（见表 21-14）

表 21-14　铁镍合金的热处理工艺（GB/T 32286.1—2015）

牌号	加热温度	保温时间/h	冷却方式
1J30、1J31、1J32、1J33、1J38	800℃	2	炉冷至 200℃ 以下出炉
1J46、1J50、1J79、1J83	1100~1180℃	3~6	以不大于 200℃/h 的速度冷却到 600℃，然后以不小于 400℃/h 的速度冷却至 300℃ 以下出炉

（续）

牌号	加热温度	保温时间/h	冷却方式
1J51、1J52	1050~1100℃	1	以不大于200℃/h的速度冷却到600℃，然后以不小于400℃/h的速度冷却至300℃以下出炉
1J34、1J65、1J67	第一步：1100~1150℃	3	以不大于200℃/h的速度冷却到600℃，然后炉冷至300℃以下出炉
	第二步：在不小于800A/m场中600℃回火	1~4	以25~100℃/h的速度冷却至200℃以下出炉
1J54、1J80	1100~1150℃	3~6	以不大于200℃/h的速度冷却到400~500℃，然后以不小于400℃/h的速度冷却至200℃以下出炉
1J76、1J77	1100~1150℃	3~6	以100~150℃/h的速度冷却到500℃，然后以10~50℃/h的速度冷却至200℃以下出炉
1J85、1J86	1100~1200℃	3~6	以100~200℃/h的速度冷却到500~600℃，然后以不小于400℃/h的速度冷却至300℃以下出炉
1J403	第一步：1100~1200℃	3~6	炉冷至400℃以下出炉
	第二步：在1200~1600A/m的纵向磁场中700℃回火	1~2	以50~150℃/h的速度冷却至200℃以下出炉
1J66	第一步：1200℃	3	以100℃/h的速度冷却到600℃，然后以不小于400℃/h的速度冷却至300℃出炉
	第二步：在16×10^4A/m横向磁场中650℃回火	1	以50~100℃/h的速度冷却至200℃出炉

21.1.4　铁钴合金

1. 铁钴合金的牌号、状态和规格

（1）铁钴合金的牌号和状态（见表21-15）

表21-15　铁钴合金的牌号和状态（GB/T 14986.3—2018）

牌号	产品类别及交货状态			
	冷轧带材	冷拉丝材	热轧扁材	热轧(锻)棒材
1J21	√	—	—	—
1J22	√	√	√	√
1J27	√	√	√	√

（2）铁钴合金的规格（见表21-16）

表21-16　铁钴合金的规格（GB/T 14986.3—2018）　（单位：mm）

品种	公称厚度或直径	公称宽度	长度
冷轧带材	0.10~0.50	≤250	≥1000
冷拉丝材	0.10~6.00	—	
热轧扁材	3.0~4.0	20~300	≥2000
	>4.0~7.0		
	>7.0~13.0		≥1000
	>13.0~22.0	200~800	
	>22.0~30.0		
	>30.0~50.0		
热轧锻材、棒材	6.0~7.0	—	2000~4000
	>7.0~20.0	—	1500~4000
	>20.0~30.0	—	1500~4000
	>30.0~50.0	—	1000~3000
	>50.0~80.0	—	1000~3000

2. 铁钴合金的磁性能

（1）1J21、1J22 合金试样经热处理后的磁性能（见表 21-17）

表 21-17　1J21、1J22 合金试样经热处理后的磁性能（GB/T 14986.3—2018）

牌号	产品种类	在不同磁场强度（A/m）时的磁感应强度/T						矫顽力 H_c/（A/m）
		B_{400}	B_{800}	B_{1600}	B_{2400}	B_{4000}	B_{8000}	
		≥						≤
1J21	冷轧带材	1.85	2.10	2.20	2.23	2.25	2.30	60
1J22	冷轧带材	1.70	2.00	2.10	2.15	2.20	2.25	110
	冷拉丝材 热轧扁材 热轧（锻）棒材	1.60	1.70	1.90	2.05	2.15	2.20	140

（2）1J27 合金试样经热处理后的磁性能（见表 21-18）

表 21-18　1J27 合金试样经热处理后的磁性能（GB/T 14986.3—2018）

牌号	产品种类	在不同磁场强度（A/m）时的磁感应强度/T					矫顽力 H_c/（A/m）
		B_{2400}	B_{4000}	B_{8000}	B_{12000}	B_{16000}	
		≥					≤
1J27	冷轧带材	1.75	1.87	2.03	2.12	2.17	280
	冷拉丝材 热轧扁材 热轧（锻）棒材	1.05	1.10	1.75	1.95	2.10	300

3. 铁钴合金在不同频率下的比总损耗（见表 21-19）

表 21-19　铁钴合金在不同频率下的比总损耗（GB/T 14986.3—2018）

牌号	在下列频率的比总损耗/（W/kg）											
	$P_{1/50}$	$P_{1.5/50}$	$P_{1.8/50}$	$P_{2/50}$	$P_{1/400}$	$P_{1.5/400}$	$P_{1.8/400}$	$P_{2/400}$	$P_{1/1000}$	$P_{1.2/1000}$	$P_{1.8/1000}$	$P_{2/1000}$
1J21① 1J22①	1	1.8	2.2	2.8	8	15	20	27	22	—	50	60
1J27②	3.4	6.3	11.2	—	35	64	89	—	—	200	—	—

① 用 0.1mm 卷绕试样，经过磁场处理后检测。

② 用 0.2mm 冲片环形试样，不经过磁场处理检测。

4. 铁钴合金棒材的力学性能（见表 21-20）

表 21-20　铁钴合金棒材的力学性能（GB/T 14986.3—2018）

牌号	抗拉强度 R_m/MPa		规定塑性延伸强度 $R_{p0.2}$/MPa		断后伸长率 A（%）		硬度 HV		弹性模量 E/10^5MPa
	硬态	软态	硬态	软态	硬态	软态	硬态	软态	
1J21 1J22	1325	490	1280	240	1	4	270	190	2.07
1J27	1150	550	1140	280	7	12	275	190	1.66

5. 铁钴合金的平均线胀系数（见表 21-21）

表 21-21　铁钴合金的平均线胀系数（GB/T 14986.3—2018）

牌号	在下列温度范围内的线胀系数/（10^{-6}/℃）								
	20～100℃	20～200℃	20～300℃	20～400℃	20～500℃	20～600℃	20～700℃	20～800℃	20～900℃
1J21 1J22	9.2	9.5	9.8	10.1	10.4	10.5	10.8	11.3	—
1J27	10.7	11.3	12.0	12.3	12.7	13.2	13.3	13.9	—

6. 铁钴合金的物理性能（见表 21-22）

表 21-22 铁钴合金的物理性能（GB/T 14986.3—2018）

牌号	电阻率/μΩ·m	密度/(g/cm³)	居里点/℃	饱和磁致伸缩系数/10^{-6}	热导率/[W/(m·K)]
1J21 1J22	0.30	8.20	980	60~100	29.8
1J27	0.20	7.98	940	35	54.8

7. 铁钴合金试样推荐的热处理工艺（见表 21-23）

表 21-23 铁钴合金试样推荐的热处理工艺（GB/T 14986.3—2018）

牌号	加热温度/℃	保温时间/h	冷却方式	备注
1J21	850~900	3~6	以 50~100℃/h 的速度冷却到 750℃，然后以 180~240℃/h 的速度冷却至 300℃ 以下出炉	适用于冷轧带材试样
1J22	850~900	3~6	以 50~100℃/h 的速度冷却到 750℃，然后以 180~240℃/h 的速度冷却至 300℃ 以下出炉	适用于冷轧带材试样
	1100±10	3~6	以 50~100℃/h 的速度冷却到 850℃ 保温 3h，然后以 30℃/h 的速度冷却到 700℃，再以 200℃/h 的速度冷却至 300℃ 以下出炉	适用于锻坯取的试样
	850±10	4	以 50℃/h 的速度冷却到 750℃ 保温 3h，然后以 200℃/h 的速度冷却到 300℃ 以下出炉。由保温（750℃）开始加 1200~1600A/m 的直流磁场	适用于要求在较低磁场下具有较高磁感应强度、较低矫顽力、较高矩形比的情况
1J27	850±20	3~6	以 100~200℃/h 的速度冷却到 500℃，然后以任意速度冷却至 200℃ 以下出炉	—

21.1.5 铁铬合金

1. 铁铬合金的牌号和状态（见表 21-24）

表 21-24 铁铬合金的牌号和状态（GB/T 14986.4—2018）

牌号	产品类别及交货状态					
	冷轧带材	冷轧板材	冷拉丝材	热轧扁材	热轧(锻)棒材	热轧盘条
1J111	√	√	√	√	√	√
1J116	√	—	√	—	√	—
1J117	√	—	√	—	√	—

2. 铁铬合金试样热处理后的磁性能（见表 21-25）

表 21-25 铁铬合金试样热处理后的磁性能（GB/T 14986.4—2018）

牌号	在不同磁场强度(A/m)时的磁感应强度/T				矫顽力 H_c/(A/m)
	B_{240}	B_{800}	B_{3200}	B_{8000}	
	≥				≤
1J111	—	—	—	1.60	70
1J116	1.00	1.10	1.30	—	70
1J117	0.90	1.00	1.25	—	80

3. 铁铬合金棒材的力学性能（见表 21-26）

表 21-26 铁铬合金棒材的力学性能（GB/T 14986.4—2018）

牌号	抗拉强度/MPa	断后伸长率(%)	断面收缩率(%)	硬度 HBW
1J111	420	36	80	156
1J116	390	30	65	188(热锻)
1J117	390	37	70	—

4. 铁铬合金的平均线胀系数（见表 21-27）

表 21-27 铁铬合金的平均线胀系数（GB/T 14986.4—2018）

牌号	在下列温度范围内的线胀系数/(10^{-6}/℃)				
	20~100℃	20~300℃	20~500℃	20~700℃	20~900℃
1J116	9.9	10.6	11.4	11.8	12.3

5. 铁铬合金的物理性能（见表 21-28）

表 21-28 铁铬合金的物理性能（GB/T 14986.4—2018）

牌号	密度/(g/cm³)	电阻率/μΩ·m	居里点/℃
1J111	7.8	0.52	—
1J116	7.75	0.44	670~700
1J117	7.77	—	670~700

6. 铁铬合金试样的热处理工艺（见表 21-29）

表 21-29 铁铬合金试样的热处理工艺（GB/T 14986.4—2018）

牌号	加热温度/℃	保温时间/h	冷却方式	备注
1J111	1150~1200	2~6	以 100~200℃/h 的速度冷却至 450~650℃ 以后，快冷至 200℃ 以下出炉	—
	800~850	2	随炉冷却至 300℃ 以下出炉	只考核 B_{8000} 时
1J116 1J117	1150~1200	2~6	以 100~200℃/h 的速度冷却至 450~650℃ 以后，以不小于 400℃/h 的速度冷却至 200℃ 以下出炉	—

21.1.6 铁铝合金

1. 铁铝合金的牌号和状态（见表 21-30）

表 21-30 铁铝合金的牌号和状态（GB/T 14986.5—2018）

牌号	产品类别及交货状态		
	冷轧带材	温轧带材	热轧(锻)棒材
1J6	√	—	√
1J12	—	√	√
1J13	—	√	√
1J16	—	√	—

2. 铁铝合金的磁性能

（1）铁铝合金试样经热处理后的磁性能（见表 21-31）

表 21-31 铁铝合金试样经热处理后的磁性能（GB/T 14986.5—2018）

牌号	产品种类	公称厚度或直径/mm	在不同磁场强度(A/m)时的磁感应强度/T			矫顽力/(A/m)	比总损耗①/(W/kg)	
			B_{500}	B_{1000}	B_{2500}	H_c	$P_{0.75/400}$	$P_{1/400}$
			≥			≤		
1J6	冷轧带材	0.10~0.50	1.15	1.25	1.35	48	12	21
	热轧(锻)棒材	8.0~100	1.10	1.15	1.30	64	—	—

① 比总损耗 $P_{0.75/400}$、$P_{1/400}$ 分别表示频率为 400Hz、磁感应强度峰值为 0.75T 和 1.0T 时的比总损耗。比总损耗只提供数据，不作判定依据。

（2）铁铝合金试样经热处理后的直流磁性能（见表 21-32）

表 21-32 铁铝合金试样经热处理后的直流磁性能（GB/T 14986.5—2018）

牌号	产品种类	公称厚度或直径/mm	在 0.4A/m 磁场强度下的相对磁导率 $\mu_{0.4}$	在 0.8A/m 磁场强度下的相对磁导率 $\mu_{0.8}$	最大相对磁导率 μ_m	饱和磁致伸缩系数 λ_s①/10^{-6}	在不同磁场（A/m）下的磁感应强度/T B_{2400}	在不同磁场（A/m）下的磁感应强度/T B_{3200}	矫顽力（在饱和磁感应强度下）H_c/（A/m）	剩余磁感应强度 B_s②/T
			≥						≤	
1J12	温轧带材	>0.20~1.00	—	2500	25000	—	1.2	1.3	12.0	0.5
1J13	温轧带材	>0.20~1.00	—	—	—	35	—	—	—	—
1J16	温轧带材	>0.20~<0.35	4000	—	50000	—	0.65③	—	3.2	0.4③
1J16	温轧带材	>0.35~1.00	6000	—	30000③	—	0.65③	—	3.2③	0.4③
1J12	热轧（锻）棒材	<50	—	1600	10000	—	—	1.3	14.4	0.6

① 在 $24\times10^3\sim32\times10^3$A/m 磁场强度下测量。

② 在 2400A/m 磁场强度下测量。

③ 只提供数据，不作判定依据。

3. 铁铝合金的物理性能和力学性能（见表 21-33）

表 21-33 铁铝合金的物理性能和力学性能（GB/T 14986.5—2018）

牌号	密度/（g/cm³）	电阻率/μΩ·m 退火后	电阻率/μΩ·m 淬火后	平均线胀系数/10^{-6}/℃	磁致伸缩系数/10^{-6}	居里点/℃	硬度 HBW 退火后	弹性模量/GPa 退火后
1J6	7.2	0.7	—	—	—	—	—	—
1J12	6.7	1.0	—	12.0	30.0	655	250~300	150
1J13	6.6	0.9	1.25~1.30	13.3	30.0~40.0	510	270	175
1J16	6.5	—	1.40~1.60	—	—	—	—	—

4. 铁铝合金试样的热处理工艺（见表 21-34）

表 21-34 铁铝合金试样的热处理工艺（GB/T 14986.5—2018）

牌号	加热温度/℃	保温时间/h	冷却方式	应用
1J6	950~1050	2~3	以 100~150℃/h 的速度冷却至 200℃出炉	—
1J6	900~1000	2~3	炉冷至 250℃出炉	适用于做磁阀铁心
1J12①	1050~1200	2~3	以 100~150℃/h 的速度冷却到 500℃，然后快冷（吹风）至 200℃出炉	—
1J13①	900~950	2	以 100℃/h 的速度冷却到 650℃，然后以不大于 60℃/h 的速度冷却至 200℃出炉	—
1J13①	780~800	2	以 100℃/h 的速度冷却到 650℃，然后以不大于 60℃/h 的速度冷却至 200℃出炉	适用于要求线播声速稳定的元件
1J16①	950℃保温 4h，再随炉升温到 1050℃	1.5	炉冷到 650℃冰水淬火	磁性能要求不高时可在空气下热处理

① 为了改善机械加工的工艺性能，可以在 550~750℃进行软化处理。

21.1.7 高硬度高电阻铁镍软磁合金冷轧带

1. 合金冷轧带的牌号、状态和规格（见表 21-35）

表 21-35 合金冷轧带的牌号、状态和规格（GB/T 14987—2016）

牌号	交货状态	公称厚度/mm	厚度允许偏差/mm	公称宽度/mm
1J87 1J88	冷轧状态（硬态 H）或退火状态（软态 S）	0.04~0.09	±0.003	8~220
		>0.09~0.15	±0.005	
		>0.15~0.25	±0.007	
		>0.25~0.40	±0.01	10~300
		>0.40~0.75	±0.02	
		>0.75~1.00	±0.03	

2. 合金冷轧带的磁性能

（1）合金冷轧带的直流磁性能（见表 21-36）

表 21-36 合金冷轧带的直流磁性能（GB/T 14987—2016）

牌号	公称厚度/mm	在 0.08A/m 磁场强度下的初始磁导率 $\mu_{0.08}$/(mH/m)	最大磁导率 μ_m/(mH/m)	磁通密度 B/T	矫顽力 H_c/(A/m)
		≥			≤
1J87	0.04~0.09	43.8	150	0.5	1.2
	>0.09~0.25	50.0	250		0.8
	>0.25~0.75	43.8	225		1.2
	>0.75	40.0	187.5		1.6
1J88	0.04~0.09	43.8	150	0.55	1.6
	>0.09~0.25	50.0	187.5		1.2
	>0.25~0.75	43.8	125		1.6
	>0.75	37.5	125		2.0

注：如采用涂层样品测量时（直流磁导率和交流磁导率用同一试样测量），在 0.08A/m 磁场强度下的初始磁导率 $\mu_{0.08}$ 和最大磁导率 μ_m 允许分别下降 20%，矫顽力 H_c 允许增加 20%。

（2）合金冷轧带在不同频率下的弹性磁导率（见表 21-37）

表 21-37 合金冷轧带在不同频率下的弹性磁导率（GB/T 14987—2016）

牌号	厚度/mm	弹性磁导率 μ′/(mH/m) ≥			
		1kHz	10kHz	100kHz	1000kHz
1J87	0.03	31.3	21.3	5.00	0.625
	0.05	32.5	11.3	2.25	0.250
	0.10	28.8	5.63	1.00	0.150
1J88	0.03	30.0	21.3	3.75	—
	0.05	27.5	11.3	1.88	
	0.10	25.0	5.63	0.975	

注：弹性磁导率 μ′应在 0.002T 磁感应强度下测量。

（3）微特电机铁心用 0.20mm 厚 1J87 合金冷轧带的峰值磁导率（见表 21-38）

表 21-38 微特电机铁心用 0.20mm 厚 1J87 合金冷轧带的峰值磁导率（GB/T 14987—2016）

牌号	厚度/mm	在 0.8A/m 磁场强度下的磁导率 $\mu_{0.8}^{①}$/(mH/m)	最大磁导率 $\mu_m^{①}$/(mH/m)
		≥	
1J87	0.20	26.3	50.0

① 在 400Hz 频率下测量。

3. 合金冷轧带的硬度（见表21-39）

表21-39　合金冷轧带的硬度（GB/T 14987—2016）

牌号	带材状态	硬度 HV
1J87	硬态 H	340~420
1J88		380~460
1J87	软态 S	140~220
1J88		

4. 合金冷轧带试样的热处理工艺（见表21-40）

表21-40　合金冷轧带试样的热处理工艺（GB/T 14987—2016）

牌号	加热温度/℃	保温时间/h	冷却方式
1J87	1050~1150	2~4	以150~200℃/h速度冷至600℃后以200~300℃/h速度冷却
1J88	1050~1150	3~5	炉冷至575℃保温1h后快冷至300℃，出炉

5. 合金冷轧带的物理性能（见表21-41）

表21-41　合金冷轧带的物理性能（GB/T 14987—2016）

牌号	密度/(g/cm³)	电阻率/μΩ·m	居里温度/℃
1J87	8.75	≥0.75	380
1J88	8.80	≥0.70	370

21.1.8 磁头用软磁合金冷轧带

1. 磁头用软磁合金冷轧带的化学成分（见表21-42）

表21-42　磁头用软磁合金冷轧带的化学成分（YB/T 086—2013）

类别	牌号	原牌号	化学成分(质量分数,%)											
			C	P	S	Si	Mn	Ni	Mo	Nb	Cu	W	Cr	Fe
			≤											
外壳、隔离片用料	1J75C	1J75	0.03	0.020	0.020	≤0.30	0.50~1.00	74.0~76.0	1.5~2.0	—	5.0~7.0	1.0~1.5	—	余量
	1J77C	1J77C	0.03	0.020	0.020	≤0.30	≤0.70	76.5~78.0	3.5~4.5		3.8~5.3			余量
	1J79C	1J79C	0.03	0.020	0.020	0.30~0.60	0.70~1.20	78.0~81.5	3.7~4.5	—	—	—	—	余量
	1J85C	1J85C	0.03	0.020	0.020	0.15~0.30	0.30~0.70	80.0~81.5	5.0~6.0	—	—	—	—	余量
芯片用料	1J84X	—	0.03	0.020	0.020	≤0.30	0.35~0.65	80.5~81.5	0.9~1.2	3.5~4.0	—	—	—	余量
	1J85X	—	0.03	0.020	0.020	≤0.30	≤0.50	80.5~82.0	5.0~6.0	—	—	—	—	余量
	1J87X	1J87C	0.03	0.020	0.020	≤0.30	0.30~0.60	80.0~81.5	1.0~2.0	4.0~5.5	—	—	—	余量
	1J88X	—	0.03	0.020	0.020	≤0.30	0.30~0.60	79.0~81.0	—	6.0~7.0	—	—	—	余量
	1J92X	1J92	0.03	0.020	0.020	≤0.30	≤0.60	80.1~81.1	1.0~1.5	3.0~4.0	—	1.0~1.5	—	余量
	1J93X	1J93	0.03	0.020	0.020	≤0.30	0.30~0.60	80.5~81.5	3.0~4.0	3.0~4.5	—	—	—	余量

（续）

类别	牌号	原牌号	C	P	S	Si	Mn	Ni	Mo	Nb	Cu	W	Cr	Fe
			≤											
芯片用料	1J94X	1J94	0.03	0.020	0.020	≤0.30	0.30~0.60	79.5~81.0	4.5~5.0	0.6~1.0	1.5~2.5	—	0.3~0.7	余量
	1J95X	1J95	0.03	0.020	0.020	2.80~3.30	—	83.0~84.0	1.2~1.6	0.4~0.6	—	—	—	余量

2. 磁头用软磁合金冷轧带的磁性能

（1）磁头用软磁合金冷轧带试样经热处理后的直流磁性能（见表21-43）

表21-43 磁头用软磁合金冷轧带试样经热处理后的直流磁性能（YB/T 086—2013）

牌号	相对磁导率 $\mu_{0.4}$ ①	相对磁导率 μ_{m}	磁通密度 B_{800} ②/T	矫顽力 H_c/(A/m)
	≥			≤
1J75C	30000(37.50)	150000(187.50)	0.70	1.6
1J77C	30000(37.50)	100000(125.00)	0.67	2.0
1J79C	30000(37.50)	100000(125.00)	0.75	1.6
1J85C	30000(37.50)	100000(125.00)	0.68	1.6
1J84X	20000(25.00)	50000(62.50)	0.74	2.8
1J85X	40000(50.00)	100000(125.00)	0.66	1.6
1J87X	35000(43.75)	150000(187.50)	0.64	1.5
1J88X	35000(43.75)	90000(112.50)	0.60	2.4
1J92X	35000(43.75)	150000(187.50)	0.70	1.6
1J93X	35000(43.75)	100000(125.00)	0.60	2.0
1J94X	40000(50.00)	100000(125.00)	0.60	1.6
1J95X	40000(50.00)	100000(125.00)	0.55	1.6

注：括号中为以mH/m为单位的磁导率换算值。

① 在0.4A/m磁场下测得的相对磁导率。

② 在800A/m磁场下测得的磁通密度。

（2）磁头用软磁合金冷轧带试样经热处理后的交流磁性能（见表21-44）

表21-44 磁头用软磁合金冷轧带试样经热处理后的交流磁性能（YB/T 086—2013）

牌号	厚度/mm	相对磁导率（H=0.8A/m）0.3kHz	1kHz	10kHz	100kHz
		≥			
1J75C	≤0.10	30000(37.50)	20000(25.00)	6000(7.50)	1200(1.50)
	>0.10~0.15	20000(25.00)	14000(17.50)	4000(5.00)	700(0.88)
	>0.15~0.20	15000(18.75)	10000(12.50)	3000(3.75)	500(0.63)
1J77C	≤0.10	35000(43.75)	20000(25.00)	5000(6.25)	1000(1.25)
	>0.10~0.20	20000(25.00)	10000(12.50)	4000(5.00)	700(0.88)
1J79C	≤0.10	30000(37.50)	15000(18.75)	5000(6.25)	1200(1.50)
	>0.10~0.15	12000(15.00)	10000(12.50)	3000(3.75)	700(0.88)
	>0.15~0.20	10000(12.50)	8000(10.00)	2500(3.13)	500(0.63)
1J85C	≤0.10	30000(37.50)	20000(25.00)	7000(8.75)	1500(1.88)
	>0.10~0.15	20000(25.00)	14000(17.50)	5000(6.25)	700(0.88)
	>0.15~0.20	15000(18.75)	10000(12.50)	3000(3.75)	500(0.63)
	>0.20~0.35	10000(12.50)	8000(10.00)	1500(1.88)	300(0.38)
1J84X	≤0.15	15000(18.75)	10000(12.50)	4000(5.00)	700(0.88)

（续）

牌号	厚度/mm	相对磁导率（$H=0.8A/m$）			
		0.3kHz	1kHz	10kHz	100kHz
		≥			
1J85X	≤0.10	30000(37.50)	20000(25.00)	7000(8.75)	1500(1.88)
	>0.10~0.15	20000(25.00)	15000(18.75)	5000(6.25)	700(0.88)
	>0.15~0.20	15000(18.75)	10000(12.50)	3000(3.75)	500(0.63)
	>0.20~0.35	10000(12.50)	8000(10.00)	1500(1.88)	300(0.38)
1J87X	≤0.10	35000(43.75)	25000(31.25)	7000(8.75)	1500(1.88)
	>0.10~0.15	25000(31.25)	15000(18.75)	5000(6.25)	800(1.00)
	>0.15~0.20	15000(18.75)	10000(12.50)	3000(3.75)	600(0.75)
1J88X	≤0.15	20000(25.00)	15000(18.75)	3500(4.38)	500(0.63)
	>0.15~0.35	10000(12.50)	7000(8.80)	1000(1.25)	300(0.38)
1J92X	≤0.10	30000(37.50)	25000(31.25)	6000(7.50)	1400(1.75)
	>0.10~0.15	20000(25.00)	15000(18.75)	4500(5.63)	800(1.00)
	>0.15~0.20	15000(18.75)	10000(12.50)	3000(3.75)	600(0.75)
1J93X	≤0.10	40000(50.00)	25000(31.25)	8000(10.00)	1500(1.88)
	>0.10~0.15	30000(37.50)	15000(18.75)	5000(6.25)	1000(1.25)
	>0.15~0.20	20000(25.00)	12000(15.00)	4000(5.00)	600(0.75)
1J94X	≤0.10	—	25000(31.25)	—	1400(1.75)
	>0.10~0.15	—	15000(18.75)	—	1000(1.25)
	>0.15~0.20	—	10000(12.50)	—	700(0.88)
1J95X	≤0.10	—	20000(25.00)	—	1300(1.63)
	>0.10~0.15	—	14000(17.50)	—	700(0.88)
	>0.15~0.20	—	10000(12.50)	—	500(0.63)

注：括号中为以 mH/m 为单位的磁导率换算值。

3. 磁头用软磁合金冷轧带交货状态的硬度（见表 21-45）

表 21-45 磁头用软磁合金冷轧带交货状态的硬度（YB/T 086—2013）

牌号	硬度 HV	
	硬态	软态
1J84X、1J88X	370~460	120~190
其他牌号	280~400	

4. 磁头用软磁合金冷轧带的物理性能和成品退火后的硬度（见表 21-46）

表 21-46 磁头用软磁合金冷轧带的物理性能和成品退火后的硬度（YB/T 086—2013）

牌号	电阻率/μΩ·m	密度/(g/cm^3)	居里点/℃	硬度 HV
1J75C	0.55	8.6	360	120
1J77C	0.55	8.6	350	120
1J79C	0.55	8.6	400	120
1J85C	0.60	8.75	400	120
1J84X	0.53	8.7	400	140
1J85X	0.60	8.75	400	120
1J87X	0.64	8.7	380	150
1J88X	0.60	8.7	370	140
1J92X	0.65	8.82	380	140
1J93X	0.65	8.8	330	140
1J94X	0.66	8.8	320	130
1J95X	0.65	8.6	320	140

5. 磁头用软磁合金冷轧带的热处理工艺（见表 21-47）

表 21-47　磁头用软磁合金冷轧带的热处理工艺（YB/T 086—2013）

牌号	加热温度/℃	保温时间/h	冷却方式
1J75C	950~1100	2~3	以 100~200℃/h 速度冷至 450℃后快冷
1J77C	1050~1150	2~4	以 200℃/h 速度冷至 450℃后快冷
1J79C	1050~1150	3~6	以 100~200℃/h 速度冷至 300℃后出炉
1J85C	1050~1150	2~6	炉冷至 600℃后以 200℃/h 速度冷至 300℃后出炉
1J84X	1050~1150	3~5	炉冷至 650℃保温 1.5h 后快冷至 300℃出炉
1J85X	1050~1150	2~6	炉冷至 500℃后，以 200℃/h 的速度冷至 300℃出炉
1J87X	1050~1150	2~4	以 150~200℃/h 速度冷至 600℃后以 200~300℃/h 速度冷却
1J88X	1050~1150	3~5	炉冷至 575℃保温 1h 后快冷至 300℃出炉
1J92X	950~1100	3~4	以 150~200℃/h 速度冷至 600℃后以 200~300℃/h 速度冷却
1J93X	1050~1150	2~6	以 200℃/h 速度冷至 500~550℃后快冷
1J94X	1050~1150	2~4	以 200℃/h 速度冷至 400℃后快冷
1J95X	1050~1150	3~4	以 200℃/h 速度冷至 550~600℃后快冷

21.1.9 铁基非晶软磁合金带

1. 铁基非晶软磁合金带的磁性能

（1）铁基非晶软磁合金带的几何特性和直流磁性能（见表 21-48）

表 21-48　铁基非晶软磁合金带的几何特性和直流磁性能（GB/T 19345.1—2017）

类别	牌号	公称厚度/mm	叠片系数 ≥	磁通密度 B_{80}/T ≥	磁通密度 B_{800}/T ≥	矫顽力 H_c/(A/m) ≤
S 型	FA××S06-**	0.020 0.025 0.030	0.84 0.86 0.88 0.90	1.35	1.50	2.5
	FA××S08-**					
	FA××S12-**					
	FA××S16-**					
	FA××S20-**					
P 型	FA××P06-**			1.50	1.60	2.5
	FA××P08-**					
	FA××P12-**					
	FA××P16-**					

注：1. 牌号中的××表示带材公称厚度（0.020mm、0.025mm 和 0.030mm 中的任意一个）的 1000 倍，**表示带材叠片系数最小值（0.84、0.86、0.88 和 0.90 中的任意一个）的 100 倍。

2. 磁通密度 B 的下标表示测量时所施加的磁场强度，其单位为 A/m。

（2）铁基非晶软磁合金带在频率 50Hz 和 60Hz 下的交流磁性能（见表 21-49）

表 21-49　铁基非晶软磁合金带在频率 50Hz 和 60Hz 下的交流磁性能（GB/T 19345.1—2017）

类别	牌号	在 50Hz(60Hz)下交流磁性能					
		$\hat{J}$=1.30T		$\hat{J}$=1.35T		$\hat{J}$=1.40T	
		比总损耗 P_s/(W/kg)	比视在功率 S_s/(VA/kg)	比总损耗 P_s/(W/kg)	比视在功率 S_s/(VA/kg)	比总损耗 P_s(W/kg)	比视在功率 S_s/(VA/kg)
		≤					
S 型	FA20S06-**	0.06(0.08)	0.09(0.12)	0.07(0.09)	0.10(0.15)	0.09(0.11)	0.12(0.18)
	FA20S08-**	0.08(0.11)	0.12(0.17)	0.10(0.12)	0.15(0.20)	0.12(0.14)	0.18(0.24)
	FA20S12-**	0.12(0.15)	0.17(0.22)	0.14(0.17)	0.20(0.26)	0.16(0.20)	0.24(0.30)

（续）

类别	牌号	在 50Hz(60Hz)下交流磁性能					
		$\hat{J}$=1.30T		$\hat{J}$=1.35T		$\hat{J}$=1.40T	
		比总损耗 P_s/(W/kg)	比视在功率 S_s/(VA/kg)	比总损耗 P_s/(W/kg)	比视在功率 S_s/(VA/kg)	比总损耗 P_s(W/kg)	比视在功率 S_s/(VA/kg)
		≤					
S 型	FA25S06-**	0.06(0.08)	0.09(0.12)	0.07(0.09)	0.10(0.15)	0.09(0.11)	0.12(0.18)
	FA25S08-**	0.08(0.11)	0.12(0.17)	0.10(0.12)	0.15(0.20)	0.12(0.14)	0.18(0.24)
	FA25S12-**	0.12(0.15)	0.17(0.22)	0.14(0.17)	0.20(0.26)	0.16(0.20)	0.24(0.30)
	FA30S12-**	0.12(0.15)	0.17(0.22)	0.14(0.17)	0.20(0.26)	0.16(0.20)	0.24(0.30)
	FA30S16-**	0.16(0.20)	0.22(0.28)	0.18(0.23)	0.26(0.32)	0.21(0.26)	0.30(0.36)
	FA30S20-**	0.20(0.25)	0.28(0.35)	0.23(0.30)	0.32(0.40)	0.27(0.35)	0.36(0.45)
P 型	FA25P06-**	0.06(0.08)	0.09(0.12)	0.07(0.09)	0.10(0.15)	0.09(0.11)	0.12(0.18)
	FA25P08-**	0.08(0.11)	0.12(0.17)	0.10(0.12)	0.15(0.20)	0.12(0.14)	0.18(0.24)
	FA25P12-**	0.12(0.15)	0.17(0.22)	0.14(0.17)	0.20(0.26)	0.16(0.20)	0.24(0.30)
	FA25P16-**	0.12(0.15)	0.17(0.22)	0.14(0.17)	0.20(0.26)	0.16(0.20)	0.24(0.30)
	FA30P08-**	0.08(0.11)	0.12(0.17)	0.10(0.12)	0.15(0.20)	0.12(0.14)	0.18(0.24)
	FA30P12-**	0.12(0.15)	0.17(0.22)	0.14(0.17)	0.20(0.26)	0.16(0.20)	0.24(0.30)
	FA30P16-**	0.16(0.20)	0.22(0.28)	0.18(0.23)	0.26(0.32)	0.21(0.26)	0.30(0.36)

注：$\hat{J}$ 为测量时材料的磁极化强度的峰值。

（3）铁基非晶软磁合金带中高频交流磁性能（见表 21-50）

表 21-50　铁基非晶软磁合金带中高频交流磁性能（GB/T 19345.1—2017）

类别	牌号	比总损耗/(W/kg)			
		$P_{s1.0/400}$	$P_{s1.0/1k}$	$P_{s0.5/10k}$	$P_{s0.5/20k}$
		≤			
S 型	FA20S06-**	1.5	5	70	125
	FA20S08-**	2	10	90	175
	FA20S12-**	3	15	120	225
	FA25S06-**	2	10	75	175
	FA25S08-**	2.5	13	95	225

注：比总损耗 P_s 后面的下标表示测量时的磁通密度峰值/频率。例如：$P_{s1.0/400}$ 表示在频率 f=400Hz、磁通密度峰值 B=1.0T 下的比总损耗。

2. 铁基非晶软磁合金带的物理性能（见表 21-51）

表 21-51　铁基非晶软磁合金带的物理性能（GB/T 19345.1—2017）

材料牌号	类型	居里温度 T_c	晶化温度 T_x	密度 ρ/(g/cm³)	电阻率 ρ/μΩ·cm	饱和磁通密度 B_s/T	饱和磁致伸缩系数 λ_s
		℃					
1K101	S 型	415	510	7.20	130	1.56	27×10^{-4}
1K102	P 型	370	480	7.33	125	1.61	30×10^{-4}

注：本表所提供的数据是基于对部分现有产品的测量结果基础上的，它们会随材料化学成分的差异而有所不同。因此，数据仅用于参考。如果需要使用这些数据进行产品判定、产品设计或生产工艺调整，建议使用供方提供的实际测量值。

21.1.10 铁基纳米晶软磁合金带

1. 铁基纳米晶软磁合金带的磁性能

（1）铁基纳米晶软磁合金带的直流磁性能（见表21-52）

表21-52 铁基纳米晶软磁合金带的直流磁性能（GB/T 19345.2—2017）

类别	牌号	静态相对初始磁导率 $\mu_{0.08}$	公称厚度/mm	叠片系数 ≥	磁通密度 B_{800}/T ≥	矫顽力 H_c/(A/m) ≤
H	FN××H30-**	30000~60000	0.014 0.018 0.022 0.026 0.030	0.78	1.10	1.20
	FN××H60-**	>60000		0.80		
L	FN××L01-**	1000~2000		0.82		2.50
	FN××L02-**	2000~5000		0.84		
	FN××L05-**	5000~10000		0.86		
	FN××L10-**	10000~30000		0.88		

注：1. 牌号中的××表示带材公称厚度（0.014mm、0.018mm、0.022mm、0.026mm和0.030mm中的任意一个）的1000倍，**表示带材叠片系数最小值（0.78、0.80、0.82、0.84、0.86和0.88中的任意一个）的100倍。

2. 静态相对初始磁导率μ和磁通密度B的下标表示测试时对试样施加磁场的强度值，其单位为A/m。

（2）高频变压器用铁基纳米晶软磁合金带的交流磁性能（见表21-53）

表21-53 高频变压器用铁基纳米晶软磁合金带的交流磁性能（GB/T 19345.2—2017）

类别	牌号	公称厚度/mm	叠片系数 ≥	比总损耗 $P_{s0.5/20k}$/(W/kg) ≤	相对幅值磁导率 μ_{20k}	相对幅值磁导率 μ_{50k}
H	FN18H60-**	0.018	0.78 0.80 0.82 0.84 0.86 0.88	15	>35000	>30000
	FN18H30-**				30000~40000	25000~35000
	FN22H60-**	0.022		20	>35000	>30000
	FN22H30-**				30000~40000	25000~35000
	FN26H60-**	0.026		30	>35000	>30000
	FN26H30-**				30000~40000	25000~35000
	FN30H60-**	0.030		40	>35000	>30000
	FN30H30-**				30000~40000	25000~35000

注：1. 比总损耗P_s后面的下标分别表示测试时的磁通密度峰值和频率。例如：$P_{s0.5/20k}$表示在磁通密度峰值B=0.5T、频率f=20kHz条件下的比总损耗。

2. 相对幅值磁导率μ的下标表示测试频率。例如：μ_{20k}表示在20kHz下的相对幅值磁导率，相对幅值磁导率μ的测试条件为：磁场强度峰值0.08A/m。

（3）共模电感用铁基纳米晶软磁合金带的交流磁性能（见表21-54）

表21-54 共模电感用铁基纳米晶软磁合金带的交流磁性能（GB/T 19345.2—2017）

类别	牌号	公称厚度/mm	叠片系数 ≥	比总损耗 $P_{s0.3/100k}$/(W/kg) ≤	相对幅值磁导率 μ_{10k}	相对幅值磁导率 μ_{100k}
H	FN14H60-**	0.014	0.78 0.80 0.82 0.84 0.86 0.88	70	≥55000	≥25000
	FN18H60-**	0.018		80	≥55000	≥22000
	FN22H60-**	0.022		95	≥60000	≥20000
	FN26H60-**	0.026		120	≥60000	≥18000
L	FN××L10-**	0.014 0.018 0.022		120	12000~30000	10000~18000
	FN××L05-**				5200~9500	5000~9000
	FN××L02-**				1900~4600	1800~4500
	FN××L01-**				1000~1800	1000~1800

（4）电流互感器用铁基纳米晶软磁合金带的磁性能（见表 21-55）

表 21-55　电流互感器用铁基纳米晶软磁合金带的磁性能（GB/T 19345.2—2017）

类别	牌号	公称厚度/mm	叠片系数 ≥	相对幅值磁导率 μ_{50}	剩余磁通密度 B_r/T ≤
H	FN××H60-**	0.018 0.022	0.78 0.80 0.82	80000~180000	—
L	FN××L01-**	0.026 0.030	0.84 0.86 0.88	1000~2000	0.05

2. 铁基纳米晶软磁合金带的物理性能（见表 21-56）

表 21-56　铁基纳米晶软磁合金带的物理性能（GB/T 19345.2—2017）

牌号	类型	居里温度 T_c	晶化温度 T_x	密度 ρ/	电阻率 ρ/	饱和磁通密度 B_s/	饱和磁致伸缩系数
		℃		(g/cm^3)	μΩ·cm	T	λ_s
1K107	H	570	520	7.20	110	1.25	$<2\times10^{-6}$
	L	570	515	7.25	110	1.25	$<2\times10^{-6}$

注：本表所提供的数据是基于对部分现有产品的测试结果基础上的，它们会随材料化学成分的差异而有所不同。因此，数据仅用于参考。如果需要使用这些数据进行产品判定、产品设计或生产工艺调整，应使用供方提供的实际测试值。

21.2　永磁合金

21.2.1　变形永（硬）磁合金的牌号和化学成分

变形永（硬）磁合金的牌号和化学成分见表 21-57。

表 21-57　变形永（硬）磁合金的牌号和化学成分（GB/T 37797—2019）

新牌号	旧牌号	化学成分（质量分数，%）											
		C	Si	Mn	P	S	Cr	Ni	Co	Mo	V	Fe	其他元素
2J112	2J53	0.030	0.50	11.5~12.5	0.030	0.030	—	3.00~4.0	—	2.50~3.5	可代 Mo 1.30~1.70	余量	—
2J204	2J04（2J4）	0.12	0.50	0.50	0.025	0.020	—	5.3~6.7	44.0~46.0	—	3.5~4.5	余量	—
2J207	2J07（2J7）	0.12	0.50	0.50	0.025	0.020	—	0.70	51.0~53.0	—	6.5~7.5	余量	—
2J209	2J09（2J9）	0.12	0.50	0.50	0.025	0.020	—	0.70	51.0~53.0	—	8.5~9.5	余量	—
2J210	2J10	0.12	0.50	0.50	0.025	0.020	—	0.70	51.0~53.0	—	9.5~10.5	余量	—
2J211C	2J11	0.12	0.50	0.50	0.025	0.020	—	0.70	51.0~53.0	—	10.5~11.5	余量	—
2J211Y	2J31	0.12	0.50	0.50	0.025	0.020	—	0.70	51.0~53.0	—	10.8~11.7	余量	—
2J212C	2J12	0.12	0.50	0.50	0.025	0.020	—	0.70	51.0~53.0	—	11.5~12.5	余量	—
2J212Y	2J32	0.12	0.50	0.50	0.025	0.020	—	0.70	51.0~53.0	—	11.8~12.7	余量	—
2J213	2J33	0.12	0.50	0.50	0.025	0.020	—	0.70	51.0~53.0	—	12.8~13.8	余量	—
2J521	2J21	0.030	0.30	0.10~0.50	0.025	0.025	—	—	11.0~13.0	10.5~11.5	—	余量	—

（续）

新牌号	旧牌号	化学成分（质量分数，%）											
		C	Si	Mn	P	S	Cr	Ni	Co	Mo	V	Fe	其他元素
2J523	2J23	0.030	0.30	0.10~0.50	0.025	0.025	—	—	11.0~13.0	12.5~13.5	—	余量	—
2J525	2J25	0.030	0.30	0.10~0.50	0.025	0.025	—	—	11.0~13.0	14.5~15.5	—	余量	—
2J527C	2J27C	0.030	0.30	0.10~0.50	0.025	0.025	—	—	11.0~13.0	16.5~17.5	—	余量	—
2J527Y	2J67	0.030	0.30	0.10~0.50	0.025	0.025	—	—	11.0~13.0	16.5~17.5	—	余量	—
2J537	2J85	0.030	0.80~1.10	0.20	0.020	0.020	23.5~25.0	—	11.5~13.0	—	—	余量	—
2J541	2J84	0.030	—	0.20	0.020	0.020	25.5~27.0	—	14.5~16.0	3.00~3.5	—	余量	Ti:0.50~0.80
2J547	2J83	0.030	0.80~1.10	0.20	0.020	0.020	26.0~27.5	—	19.5~21.0	—	—	余量	—
2J563	2J63	0.95~1.10	0.17~0.40	0.20~0.40	0.030	0.020	2.80~3.6	0.30	—	—	—	余量	—
2J564	2J64	0.68~0.78	0.17~0.40	0.20~0.40	0.030	0.020	0.30~0.50	0.30	—	—	—	余量	W:5.2~6.2
2J565	2J65	0.90~1.05	0.17~0.40	0.20~0.40	0.030	0.020	5.5~6.5	0.60	5.5~6.5	—	—	余量	—

注：1. 表中所列成分除标明范围外，其余均为最大值。

2. 牌号中字母 C 表示“磁滞合金”，字母 Y 表示“永磁合金”或“永磁钢”。

3. 括号内为标准中曾用旧牌号。

21.2.2 变形永（硬）磁合金的主要特性及用途

变形永（硬）磁合金的主要特性及用途见表 21-58。

表 21-58 变形永（硬）磁合金的主要特性及用途（GB/T 37797—2019）

新牌号	旧牌号	特性	用途	适用标准	产品品种								
					冷轧带材	冷轧板材	冷拉丝材	冷拔（轧）管材	温轧带材	热轧（锻）扁材	热轧盘条	热轧（锻）棒材	冷拉棒材
2J112	2J53	铁锰系磁滞合金，在中等工作磁场中具有良好的磁滞特性	制作在中等磁场中工作的磁滞电机转子	GB/T 14988—2008	√	—	—	—	—	—	—	—	—
2J204	2J04（2J4）	铁钴钒磁滞合金，在低工作磁场下具有极优异的磁滞特性	制作在低磁场中工作的磁滞电机转子	GB/T 14988—2008	√	—	—	—	—	—	—	—	—
2J207	2J07（2J7）	铁钴钒磁滞合金，在中、高工作磁场下具有优良的磁滞特性	制作在中、高磁场中工作的磁滞电机转子	GB/T 14988—2008	√	—	—	—	—	—	—	—	—
2J209	2J09（2J9）			GB/T 14988—2008	√	—	—	—	—	—	—	—	—
2J210	2J10			GB/T 14988—2008	√	—	—	—	—	—	—	—	—
2J211C	2J11			GB/T 14988—2008	√	—	—	—	—	—	—	—	—

（续）

新牌号	旧牌号	特性	用途	适用标准	产品品种								
					冷轧带材	冷轧板材	冷拉丝材	冷拔（轧）管材	温轧带材	热轧（锻）扁材	盘条	热轧（锻）棒材	冷拉棒材
2J211Y	2J31	铁钴钒永磁合金，具有较高饱和磁感应强度，而且磁性能稳定	制作小截面永久磁铁及录音材料	GB/T 14989—2015	√	—	√	—	—	—	—	—	—
2J212C	2J12	铁钴钒磁滞合金，在中、高工作磁场下具有优良的磁滞特性	制作在中、高磁场中工作的磁滞电机转子	GB/T 14988—2008	√	—	—	—	—	—	—	—	—
2J212Y	2J32	铁钴钒永磁合金，具有较高饱和磁感应强度，而且磁性能稳定	制作小截面永久磁铁及录音材料	GB/T 14989—2015	√	—	√	—	—	—	—	—	—
2J213	2J33			GB/T 14989—2015	√	—	√	—	—	—	—	—	—
2J521	2J21	铁钴钼系磁滞合金，在中、高工作磁场下具有良好的磁滞特性	制作整体磁滞电机转子	GB/T 14988—2008	—	—	—	—	—	—	—	√	—
2J523	2J23			GB/T 14988—2008	—	—	—	—	—	—	—	√	—
2J525	2J25			GB/T 14988—2008	—	—	—	—	—	—	—	√	—
2J527C	2J27			GB/T 14988—2008	—	—	—	—	—	—	—	√	—
2J527Y	2J67	变形永磁钢，磁能积较低，但易于加工	在磁性能要求不高的场合，制作磁针及其他永磁元件	GB/T 14991—2016	√	—	—	—	—	√	—	√	—
2J537	2J85	铁铬钴永磁合金，磁能积相当于铸造铝镍钴5，而且加工性能好	制作各种形状复杂、厚度较薄、尺寸较小、组织均匀致密的永磁元件	YB/T 5261—2016	√	—	√	—	—	√	—	√	—
2J541	2J84	铁铬钴永磁合金，磁能积相当于铸造铝镍钴5，而且加工性能好	制作各种形状复杂、厚度较薄、尺寸较小、组织均匀致密的永磁元件	YB/T 5261—2016	√	—	√	—	—	√	—	√	—
2J547	2J83	铁铬钴永磁合金，磁能积相当于铸造铝镍钴5，而且加工性能好	制作各种形状复杂、厚度较薄、尺寸较小、组织均匀致密的永磁元件	YB/T 5261—2016	√	—	√	—	—	√	—	√	—
2J563	2J63	变形永磁钢，磁能积较低，但易于加工	在磁性能要求不高的场合，制作磁针及其他永磁元件	GB/T 14991—2016	√	—	—	—	—	√	—	√	—
2J564	2J64			GB/T 14991—2016	√	—	—	—	—	√	—	√	—
2J565	2J65			GB/T 14991—2016	√	—	—	—	—	√	—	√	—

注：括号内为标准中曾用牌号。

21.2.3 磁滞合金

1. 磁滞合金的规格

(1) 磁滞合金热锻棒材的规格（见表21-59）

表21-59 磁滞合金热锻棒材的规格（GB/T 14988—2008） （单位：mm）

热锻棒材			热轧棒材		
公称直径	直径允许偏差	公称长度	公称直径	直径允许偏差	公称长度
31~45	+2 −1	≥200	10~20	±0.4	≥500
>45~70	±2				
>70~100	+3 −2		>20~30	±0.5	≥300

(2) 磁滞合金冷轧带材的规格（见表21-60）

表21-60 磁滞合金冷轧带材的规格（GB/T 14988—2008） （单位：mm）

公称厚度		公称宽度		公称长度
尺寸	允许偏差	尺寸	允许偏差	≥
0.2~0.3	±0.015	50~120	±0.5	300
>0.3~0.4	±0.020			
>0.4~0.5	±0.025			
>0.5~0.7	±0.030			
>0.7~1.0	±0.035			

2. 磁滞合金的牌号和化学成分（见表21-61）

表21-61 磁滞合金的牌号和化学成分（GB/T 14988—2008）

类别	牌号	化学成分（质量分数，%）										
		C	P	S	Si	Mn	Ni	W	Mo	V	Co	Fe
		≤										
铁钴镍钒	2J4	0.12	0.025	0.020	0.50	0.50	5.30~6.70	—	—	3.50~4.50	44.00~46.00	余量
铁钴钒	2J7	0.12	0.025	0.020	0.50	0.50	≤0.70	—	—	6.50~7.50	51.00~53.00	余量
	2J9	0.12	0.025	0.020	0.50	0.50	≤0.70	—	—	8.50~9.50	51.00~53.00	余量
	2J10	0.12	0.025	0.020	0.50	0.50	≤0.70	—	—	9.50~10.50	51.00~53.00	余量
	2J11	0.12	0.025	0.020	0.50	0.50	≤0.70	—	—	10.50~11.50	51.00~53.00	余量
	2J12	0.12	0.025	0.020	0.50	0.50	≤0.70	—	—	11.50~12.50	51.00~53.00	余量
铁钴钼	2J21	0.03	0.025	0.025	0.30	0.10~0.50	—	—	10.50~11.50	—	11.00~13.00	余量
	2J23	0.03	0.025	0.025	0.30	0.10~0.50	—	—	12.50~13.50	—	11.00~13.00	余量
	2J25	0.03	0.025	0.025	0.30	0.10~0.50	—	—	14.50~15.50	—	11.00~13.00	余量
	2J27	0.03	0.025	0.025	0.30	0.10~0.50	—	—	16.50~17.50	—	11.00~13.00	余量
铁锰镍钼	2J53①	0.03	0.030	0.030	0.50	11.50~12.50	3.00~4.00	—	2.50~3.50	—	—	余量

① 2J53合金中允许用质量分数为1.30%~1.70%的钒代替等量的钼。

3. 磁滞合金的物理性能（见表21-62）

表21-62 磁滞合金的物理性能（GB/T 14988—2008）

牌号	密度 ρ/ $(g/cm)^3$	居里温度 T_c/ ℃	热膨胀系数 α(20~300℃)/(10^{-6}/℃)	电阻率 ρ/ μΩ·cm	弹性模量 E/ MPa	硬度 HRC
2J4	8.2	860	10.70	33	180000	—
2J7	8.1	860	10.60	61	180000	—

（续）

牌号	密度 ρ/(g/cm)^3	居里温度 T_c/℃	热膨胀系数 α(20~300℃)/(10^{-6}/℃)	电阻率 ρ/μΩ·cm	弹性模量 E/MPa	硬度 HRC
2J9	8.1	860	10.60	65	180000	—
2J10	8.1	860	11.30	71	190000	—
2J11	8.1	860	11.20	77	170000	—
2J12	8.1	860	13.40	74	170000	—
2J21	8.2	820	11.24	35	220000	35~42
2J23	8.3	820	11.10	37	210000	35~42
2J25	8.3	820	11.18	42	210000	35~42
2J27	8.4	820	11.21	38	220000	35~42
2J53	7.8	—	15.50	61	170000	—

4. 合金试样热处理后的磁滞性能（见表21-63）

表21-63　合金试样热处理后的磁滞性能（GB/T 14988—2008）

牌号	最大磁导率点对应的磁场强度 H_μ/(kA/m)	最大磁导率点对应的磁通密度 B_μ/T	比磁滞损耗 P_μ/(kJ/m^3)	凸起系数 K_μ
2J4	3.98~5.17	1.3~1.6	≥15.0	≥0.62
2J7	6.37~9.55	1.0~1.3	≥19.0	≥0.61
2J9	8.75~11.94	0.9~1.25	≥22.0	≥0.59
2J10	14.32~18.30	0.9~1.2	≥30.0	≥0.58
2J11	15.92~20.69	0.9~1.2	≥35.0	≥0.57
2J12	19.89~27.85	0.8~1.1	≥45.0	≥0.56
2J21	9.52~12.73	1.0~1.3	≥20.0	≥0.46
2J23	14.32~17.51	1.0~1.3	≥30.0	≥0.48
2J25	17.51~22.28	0.9~1.2	≥38.0	≥0.50
2J27	23.87~28.65	0.9~1.2	≥47.0	≥0.45
2J53	6.37~11.94	0.6~0.9	≥10.0	≥0.45

5. 合金试样推荐的热处理工艺

（1）合金热锻（轧）材试样推荐的热处理工艺（见表21-64）

表21-64　合金热锻（轧）材试样推荐的热处理工艺（GB/T 14988—2008）

牌号	淬火			回火		
	加热温度/℃（在保护气氛下）	保温时间/min	淬火冷却介质	回火温度/℃	保温时间/min	冷却方式
2J21	1200±10	15~30	油或沸水	625~700	60~120	空冷
2J23	1200±10			625~700		
2J25	1250±10			625~725		
2J27	1250±10			625~725		

（2）合金冷轧带材试样推荐的热处理工艺（见表21-65）

表21-65　合金冷轧带材试样推荐的热处理工艺（GB/T 14988—2008）

牌号	回火温度/℃	保温时间/min	冷却方式
2J4	600~660	20~60	空冷
2J7	580~660		
2J9	580~640		
2J10	580~640		
2J11	580~640		
2J12	580~640		
2J53	500~560		

21.2.4 变形永磁钢

1. 变形永磁钢的牌号和规格（见表 21-66）

表 21-66 变形永磁钢的牌号和规格（GB/T 14991—2016）

牌号	类型	厚度或直径/mm	宽度/mm	长度/mm
2J63 2J64 2J65 2J67	热锻棒材	$\phi31\sim\phi45$	—	≥200
		$>\phi45\sim\phi70$		
		$>\phi70\sim\phi100$		
	热轧棒材	$\phi10\sim\phi20$	—	≥500
		$>\phi20\sim\phi30$	—	≥300
	热轧扁材	3~25	20~100	—
	冷轧带材	0.40~3.00	40~120	

2. 变形永磁钢的磁性能（见表 21-67）

表 21-67 变形永磁钢的磁性能（GB/T 14991—2016）

牌号	矫顽力 H_c/(kA/m)	剩余磁感应强度 B_r/T	矫顽力和剩余磁感应强度的乘积 B_rH_c/(kJ/m³)
	≥		
2J63	4.93	0.95	4.68
2J64	4.93	1.00	4.93
2J65	7.96	0.85	6.77
2J67	20.69	1.00	20.69

注：在保证 B_rH_c 不低于本表规定时，允许矫顽力 H_c 降低 5%，或剩余磁感应强度 B_r 降低 10%。

3. 变形永磁钢热轧（锻）棒材和扁材热处理后的硬度（见表 21-68）

表 21-68 变形永磁钢热轧（锻）棒材和扁材热处理后的硬度（GB/T 14991—2016）

牌号	硬度 HBW ≤
2J63	285
2J64	321
2J65	341
2J67	363

4. 变形永磁钢试样的热处理工艺（见表 21-69）

表 21-69 变形永磁钢试样的热处理工艺（GB/T 14991—2016）

牌号	推荐的热处理工艺
2J63	1)1050℃正火 2)500~600℃预热 5~15min,然后加热至 800~850℃,保温 10~15min,油淬 3)100℃沸水中时效大于 5h
2J64	1)1200~1250℃正火 2)500~600℃预热 5~15min,然后加热至 800~860℃,保温 5~15min,油淬 3)100℃沸水中时效大于 5h
2J65	1)1150~1200℃正火 2)500~600℃预热 5~15min,然后加热至 930~980℃,保温 10~15min,油淬 3)100℃沸水中时效大于 5h
2J67	1)1250℃保温 15~30min,油淬 2)650~725℃回火,保温 1~2h,空冷

21.2.5 变形铁铬钴永磁合金

1. 变形铁铬钴永磁合金的规格（见表 21-70）

表 21-70 变形铁铬钴永磁合金的规格（YB/T 5261—2016） （单位：mm）

类型	厚度或直径	宽度	长度
锻制棒材	$\phi25\sim\phi55$	—	≥200
热轧棒材	$\phi8$、$\phi10$	—	≥500
	$\phi12$、$\phi14$、$\phi16$、$\phi18$	—	≥400
	$\phi20$、$\phi22$、$\phi24$	—	≥300
热轧扁材	3.0~7.0	60~300	—
冷拉丝材	$\phi0.20\sim\phi7.5$	—	—
冷轧带材	0.20~4.00	50~300	—

2. 变形铁铬钴永磁合金的磁性能（见表 21-71）

表 21-71 变形铁铬钴永磁合金的磁性能（YB/T 5261—2016）

牌号	类别	剩余磁感应强度 B_r/T ≥	矫顽力 H_c/(kA/m) ≥	最大磁能积 $(BH)_{max}$/(kJ/m^3)
2J83	各向异性	1.05	48	24~32
	各向同性	0.60~0.75①	38~43①	8~10①
2J84	各向异性	1.20	52	32~40
	各向同性	0.75~0.85①	39~45①	10~15①
2J85	各向异性	1.30	44	40~48
	各向同性	0.8~0.9①	36~42①	10~13①

① 仅供参考，不作验收依据。

3. 变形铁铬钴永磁合金的热处理工艺（见表 21-72）

表 21-72 变形铁铬钴永磁合金的热处理工艺（YB/T 5261—2016）

牌号	推荐的热处理工艺
2J83	1）固溶处理：在 1300℃保温 15~25min，冰水淬 2）磁场热处理：在大于 200kA/m 磁场强度的炉中，于 645~655℃保温 30~60min 进行等温处理 3）回火热处理：在 610℃保温 0.5h，然后在 600℃保温 1h，然后在 580℃保温 2h，然后在 560℃保温 3h，然后在 540℃保温 4h，然后在 530℃ 保温 6h 进行阶梯回火
2J84	1）固溶处理：在 1200℃保温 20~30min，冷水淬； 2）磁场热处理：在大于 200kA/m 磁场强度的炉中，于 640~650℃保温 40~80min 并在磁场中随炉缓冷至 500℃ 3）回火热处理：在 610℃保温 0.5h，然后在 600℃保温 1h，然后在 580℃保温 2h，然后在 560℃保温 3h，然后在 540℃保温 4h，然后在 530℃保温 6h 进行阶梯回火
2J85	1）固溶处理：在 1200℃保温 20~30min，冷水淬 2）磁场热处理：在大于 200kA/m 磁场强度的炉中，于 635~645℃保温 1~2h 进行等温处理 3）回火热处理：在 610℃保温 0.5h，然后在 600℃保温 1h，然后在 580℃保温 2h，然后在 560℃保温 3h，然后在 540℃保温 4h，然后在 530℃保温 6h 进行阶梯回火

4. 变形铁铬钴永磁合金的物理性能（见表 21-73）

表 21-73 变形铁铬钴永磁合金的物理性能（YB/T 5261—2016）

牌号	物理量		数值
2J85	密度 ρ_m/(g/cm^3)		7.7
	电阻率 $\rho/10^{-6}\Omega\cdot m$	冷态	0.80
		固溶	0.76

（续）

牌号	物理量		数值
2J85	电阻率 $\rho/10^{-6}\Omega\cdot m$	时效	0.64
	线胀系数/(10^{-6}/℃)	100℃	13.0
		200℃	11.0
		300℃	10.4
		400℃	10.7
	居里点 T_c/℃		671
	回复磁导率 μ/(H/m)	在 40kA/m 退磁场下	38.5×10^{-4}
		在 44kA/m 退磁场下	39.4×10^{-4}

5. 变形铁铬钴永磁合金的应用（见表 21-74）

表 21-74　变形铁铬钴永磁合金的应用（YB/T 5261—2016）

产品种类	牌号	典型应用实例
冷轧带材	2J85	汽车里程表冲压磁钢、汽车电流表磁钢、感应式汽车仪表磁钢、电子计算机矩阵元件磁钢、助听器话筒磁钢、经纬仪管状磁罗针、森林罗盘仪磁针、继电器用磁钢
热轧棒材	2J84	磁化节油器用磁钢、石油勘测仪器用磁钢、自动化仪表用磁钢
	2J85	内磁式扬声器用磁钢、航海磁罗径指向磁钢、磁化节油器用磁钢、铁路信号仪器用磁钢、直线电机用磁钢、工业自动洗衣机水位开关用磁钢、乳制品流量计用磁钢
热轧扁材	2J84	离心器瓦片磁钢、伺服阀磁钢、汽车雨刷器电机磁钢、各种传感器
	2J85	直流电机定子磁钢、磁性天平吸引器磁钢、各种电度表用磁钢
锻制棒材	2J83	军事工程项目用磁钢、低速永磁电机转子磁钢
	2J84	蒸汽流量计组合磁钢、磁力选矿机用磁钢
	2J85	油田井下定位器磁钢、自动化仪表用磁钢、低速永磁电机转子磁钢
冷拉丝材	2J85	航海磁罗径校正磁钢、磁翻转显示系统用磁钢、恒温控制仪器用磁钢、磁力搅拌器磁钢、微型步进电机转子磁钢、组合旋具磁钢、磁滞电机

21.2.6　铁钴钒永磁合金

1. 铁钴钒永磁合金的牌号和化学成分（见表 21-75）

表 21-75　铁钴钒永磁合金的牌号和化学成分（GB/T 14989—2015）

牌号	化学成分（质量分数，%）								
	C	Mn	Si	P	S	Ni	Co	V	Fe
	≤								
2J31	0.12	0.50	0.50	0.025	0.020	0.70	51.0~53.0	10.8~11.7	余量
2J32	0.12	0.50	0.50	0.025	0.020	0.70	51.0~53.0	11.8~12.7	余量
2J33	0.12	0.50	0.50	0.025	0.020	0.70	51.0~53.0	12.8~13.8	余量

2. 铁钴钒永磁合金试样热处理后的磁性能（见表 21-76）

表 21-76　铁钴钒永磁合金试样热处理后的磁性能（GB/T 14989—2015）

牌号	冷拉丝材			冷轧带材		
	矫顽力 H_c/(kA/m)	剩余磁感应强度 B_r/T	矫顽力和剩余磁感应强度的乘积 B_rH_c/(kJ/m³)	矫顽力 H_c/(kA/m)	剩余磁感应强度 B_r/T	矫顽力和剩余磁感应强度的乘积 B_rH_c/(kJ/m³)
	≥			≥		
2J31	23.88	1.00	23.88	17.51	1.00	19.10
2J32	27.86	0.85	23.88	23.88	0.75	19.10
2J33	31.84	0.70	23.88	27.86	0.60	18.31

注：在保证 B_rH_c 不低于本表规定值时，允许矫顽力 H_c 降低 10%或剩余磁感应强度 B_r 降低 5%。

3. 铁钴钒永磁合金试样推荐的热处理工艺（见表 21-77）

表 21-77 铁钴钒永磁合金试样推荐的热处理工艺（GB/T 14989—2015）

牌号	回火温度/℃	保温时间/min	冷却方式
2J31	580～640	20～60	空冷
2J32			
2J33			

21.2.7 稀土钴永磁材料

1. 稀土钴永磁材料的主要磁性能和温度特性（见表 21-78）

表 21-78 稀土钴永磁材料的主要磁性能和温度特性（GB/T 4180—2012）

牌号	最大磁能积 $(BH)_{max}$/(kJ/m³)	顽磁 B_r/mT	矫顽力 H_{cB}/(kA/m)	矫顽力 H_{cJ}/(kA/m)	可逆温度系数 α_m/(10^{-6}/K)	与IEC分类代号的关系	典型化合物
		≥	≥	≥	典型值		
1. RCo_5 系列烧结稀土钴永磁材料							
XG1S 80/36/900	65～90	600	320	358	-900		Ce(Co,Cu,Fe)$_5$
XG1S 100/80	80～120	640	500	796	—		$MMCo_5$
XG1S 135/96	120～150	780	590	960	-500		$SmCo_5$
XG1S T 40/120	32～48	430	310	1194	-500		$SmCo_5$ 或 (Sm,Pr)Co_5
XG1S 127/160	111～143	750	580	1592	-500		
XG1S 127/200	111～143	750	580	1989	-500		
XG1S 143/140	127～159	800	620	1432	-500		
XG1S 143/160	127～159	800	620	1592	-500	相当于 R5-1-5	
XG1S 159/120	143～175	850	656	1194	-500	相当于 R5-1-1	
XG1S 159/140	143～175	850	656	1432	-500		
XG1S 159/160	143～175	850	656	1592	-500		
XG1S 175/120	159～191	900	692	1194	-500	相当于 R5-1-2	
XG1S 175/140	159～191	900	692	1432	-500		
XG1S 111/140/250	103～159	750	560	1432	-300～-150		(Sm,Gd,Pr)Co_5
2. R_2Co_{17} 系列烧结稀土钴永磁材料							
XGS T 48/120	36～60	480	358	1194	-350		Sm_2TM_{17}
XGS 207/50	191～223	1000	398	478	-350		
XGS 207/80	191～223	1000	557	796	-350		
XGS 223/50	207～239	1030	398	478	-350		
XGS 223/80	207～239	1030	557	796	-350	相当于 R5-1-13	
XGS 239/80	223～254	1060	557	796	-350	相当于 R5-1-14	
XGS 191/160	175～207	960	674	1592	-350		
XGS 191/200	175～207	950	716	1989	-350		
XGS 207/160	191～223	1000	716	1592	-350		
XGS 207/200	191～223	990	748	1989	-350		
XGS 223/160	207～239	1040	732	1592	-350		
XGS 223/200	207～239	1030	764	1989	-350		
XGS 239/120	223～247	1060	756	1194	-350		
XGS 239/160	223～247	1060	780	1592	-350		
XGS 127/160/100	111～143	800	557	1592	-100		(SmGdEr)$_2TM_{17}$
XGS 143/160/250	127～159	850	597	1592	-250		

（续）

牌号	最大磁能积 $(BH)_{max}$/(kJ/m³)	剩磁 B_r/mT	矫顽力		可逆温度系数 α_m/(10^{-6}/K)	与IEC分类代号的关系	典型化合物
			H_{cB}/(kA/m)	H_{cJ}/(kA/m)			
		≥			典型值		
3. 黏结稀土钴永磁材料							
XGN T 40/120/350	36~44	430	318	1194	-350	与R5-3-1一致	$Sm_2(Co,Cu,Fe,Zr)_{17}$
XGN 65/60/350	48~80	500	360	600	-350		

注：1. 制造厂商可提供其他不同牌号的材料。

2. α_m 的温度范围：298~373K（25~100℃）。

3. 典型化合物中，"MM"代表富铈的混合稀土金属，"TM"代表Co、Cu、Fe、Zr。

2. 黏结稀土钴永磁材料的其他电磁性能和力学物理性能（见表21-79）

表21-79　黏结稀土钴永磁材料的其他电磁性能和力学物理性能（GB/T 4180—2012）

类别	项目		RCo₅系列		R_2Co_{17}系列
			$Ce(Co,Cu,Fe)_5$	$SmCo_5$,$(Sm,Pr)Co_5$	$Sm_2(Co,Cu,Fe,Zr)_{17}$
其他电磁性能	剩磁温度系数 $\alpha(H_r)$/(10^{-2}/K)		-0.09	-0.05	-0.035
	磁极化强度矫顽力温度系数 $\alpha(H_{cJ})$/(10^{-2}/K)		—	-0.3	-0.3
	居里温度 T_c	K	—	973~1023	1073~1123
		℃	—	700~750	800~850
	最高工作温度 T_{max}/℃		—	200	250
	回复磁导率 μ_{rec}		1.10	1.05	1.05~1.10
	电阻率 ρ/Ω·m		—	5.3×10^{-7}	8.5×10^{-7}
力学物理性能	密度 ρ/(g/cm³)		7.8	8.1~8.4	8.3~8.5
	热膨胀系数/(1/K)	平行于取向方向	—	6×10^{-6}	8×10^{-6}
		垂直于取向方向	—	1.3×10^{-5}	1.1×10^{-5}
	硬度HV		450	400~500	500~600
	抗压强度/MPa		—	1000	800
	抗拉强度/MPa		—	40	35
	抗弯强度/MPa		—	180	150

注：1. 温度系数的测量温度范围为298~423K（25~150℃），但不妨碍这些材料在此温度范围以外应用。

2. 材料的最高工作温度 T_{max} 是指规定试样尺寸为 $L/D=0.7$（长径比为0.7）的圆柱体在该温度的磁通相对室温RT（25℃）磁通的变化率为-5%，即

$$\frac{\Phi(T_{max})-\Phi(RT)}{\Phi(RT)}=-5\%$$

3. 本表数据仅供参考，不作为材料验收的依据。如需检验，供需双方协商。

3. 稀土钴永磁材料的磁饱和最低磁场强度（见表21-80）

表21-80　稀土钴永磁材料的磁饱和最低磁场强度（GB/T 4180—2012）

典型化合物	$SmCo_5$	$Sm_2(Co,Cu,Fe,Zr)_{17}$ $H_{cJ}\geqslant800$时	$Sm_2(Co,Cu,Fe,Zr)_{17}$ $H_{cJ}<800$时	$(Sm,Pr)Co_5$	$Ce(Co,Cu,Fe)_5$
最低饱和磁化磁场强度 H/(kA/m)	3200	3200	1600	2400	1600

21.2.8　热压钕铁硼永磁材料

1. 热压钕铁硼永磁材料的原料成分（见表21-81）

表 21-81　热压钕铁硼永磁材料的原料成分（GB/T 34495—2017）

主要成分（质量分数，%）			主要添加成分（质量分数，%）												
Nd	B	Fe	占稀土总量						Al	Cu	Co	Ga	Nb	Zr	Ni
			Ce	Pr	Dy	Tb	Ho	Er							
13.5~35	0.8~1.5	余量	<15	<15	<15	<10	<5	<5	<5	<5	<10	<5	<5	<5	<5

2. 热压钕铁硼永磁材料的磁性能（见表 21-82）

表 21-82　热压钕铁硼永磁材料的磁性能（GB/T 34495—2017）

种类	牌号	主要磁性能				ρ/(g/cm³)	$\alpha(B_r)$(20~100℃)/(10⁻²/℃)	T_c/℃	μ_{rec}
		B_r/T	H_{cB}/(kA/m)	H_{cJ}/(kA/m)	$(BH)_{max}$/(kJ/m³)				≤
		≥			范围值	≥			
N	HR-NdFeB-280/96	1.19	732	955	271~289	7.5	-0.12	312	1.1
	HR-NdFeB-300/96	1.23	756	955	287~312	7.5	-0.12	312	1.1
	HR-NdFeB-335/96	1.31	748	955	326~344	7.5	-0.12	312	1.1
	HR-NdFeB-352/96	1.34	752	955	340~364	7.5	-0.12	312	1.1
	HD-NdFeB-319/96	1.28	780	955	310~328	7.5	-0.12	312	1.1
	HD-NdFeB-355/96	1.34	756	955	342~368	7.5	-0.12	312	1.1
	HD-NdFeB-399/88	1.43	756	880	390~408	7.5	-0.12	312	1.1
M	HP-NdFeB-122/114	0.84	574	1144	104~120	7.5	-0.12	312	1.1
	HP-NdFeB-135/115	0.85	580	1150	125~145	7.5	-0.12	316	1.1
	HR-NdFeB-265/111	1.16	852	1114	255~274	7.5	-0.12	316	1.1
	HR-NdFeB-280/111	1.19	875	1114	271~289	7.5	-0.12	316	1.1
	HR-NdFeB-300/111	1.23	899	1110	290~310	7.5	-0.12	316	1.1
	HR-NdFeB-315/108	1.28	850	1080	295~335	7.6	-0.12	316	1.1
	HR-NdFeB-353/111	1.33	897	1114	342~364	7.6	-0.11	316	1.1
H	HP-NdFeB-128/140	0.90	562	1395	120~136	7.6	-0.11	320	1.1
	HR-NdFeB-264/135	1.16	867	1 353	255~273	7.6	-0.11	320	1.1
	HR-NdFeB-280/135	1.19	891	1 353	271~289	7.6	-0.11	320	1.1
	HR-NdFeB-299/135	1.23	915	1 353	287~310	7.6	-0.11	320	1.1
	HR-NdFeB-315/125	1.25	905	1 350	295~335	7.6	-0.11	320	1.1
	HR-NdFeB-349/135	1.32	915	1353	340~358	7.6	-0.11	320	1.1
SH	HP-NdFeB-125/176	0.82	565	1680	115~135	7.6	-0.11	340	1.1
	HR-NdFeB-240/159	1.10	820	1590	231~249	7.6	-0.10	340	1.1
	HR-NdFeB-260/159	1.14	852	1590	247~273	7.6	-0.10	340	1.1
	HR-NdFeB-280/154	1.20	880	1540	265~295	7.6	-0.11	340	1.1
	HR-NdFeB-300/159	1.23	899	1600	290~310	7.6	-0.10	340	1.1
	HR-NdFeB-314/159	1.28	900	1590	308~321	7.6	-0.10	340	1.1
	HD-NdFeB-355/159	1.34	987	1590	342~367	7.6	-0.11	340	1.1
UH	HD-NdFeB-199/199	1	732	1990	191~207	7.6	-0.1	350	1.1
	HR-NdFeB-221/199	1.04	764	1990	207~233	7.6	-0.1	350	1.1
	HD-NdFeB-240/199	1.1	804	1990	231~249	7.6	-0.1	350	1.1
	HD-NdFeB-280/199	1.19	867	1990	271~289	7.6	-0.1	350	1.1
EH	HD-NdFeB-199/239	1	724	2388	191~207	7.7	-0.1	360	1.1
	HD-NdFeB-240/239	1.1	804	2388	231~249	7.7	-0.1	360	1.1
AH	HD-NdFeB-240/279	1.15	804	2786	231~249	7.7	-0.095	370	1.1
ZH	HD-NdFeB-196/318	0.98	708	3184	183~209	7.7	-0.09	380	1.1
L	HR-NdFeB-160/135L	0.89	644	1350	151~169	7.7	-0.08	380	1.1
	HR-NdFeB-196/135L	0.98	708	1350	183~209	7.6	-0.07	380	1.1
	HR-NdFeB-240/135L	1.1	796	1350	231~249	7.6	-0.07	380	1.1

（续）

种类	牌号	主要磁性能				ρ/(g/cm³)	α(B_r)(20~100℃)/(10^{-2}/℃)	T_c/℃	μ_{rec} ≤
		B_r/T	H_{cB}/(kA/m)	H_{cJ}/(kA/m)	$(BH)_{max}$/(kJ/m³)				
			≥		范围值		≥		
L	HR-NdFeB-300/135L	1.23	899	1350	287~310	7.7	-0.08	380	1.1
	HR-NdFeB-300/135L	1.23	899	1350	287~312	7.6	-0.07	380	1.1

注：表中数据为在23℃±3℃下测得的数据。

3. 热压钕铁硼永磁材料的物理性能和力学性能（见表21-83）

表21-83 热压钕铁硼永磁材料的物理性能和力学性能（GB/T 34495—2017）

项目	指标
密度/(g/cm³)	7.3~7.6
硬度 HV	470~700
抗压强度(垂直于取向方向)/MPa	≥740
抗压强度(平行于取向方向)/MPa	≥740
抗弯强度(垂直于取向方向)/MPa	≥200
抗弯强度(平行于取向方向)/MPa	≥240
断裂韧度(垂直于取向方向)/MPa·m$^{1/2}$	≥4
断裂韧度(平行于取向方向)/MPa·m$^{1/2}$	≥5
热膨胀系数(垂直于取向方向)①/(10^{-6}/℃)	-0.1~0.15
热膨胀系数(平行于取向方向)①/(10^{-6}/℃)	7.3~7.4

① 适用牌号包括HD-NdFeB35N、HD-NdFeB38N、HD-NdFeB40N、HD-NdFeB42N、HD-NdFeB45N、HD-NdFeB48N、HD-NdFeB50N、HD-NdFeB53N、HD-NdFeB55N，检测温度：20~100℃。

21.2.9 黏结钕铁硼永磁材料

1. 黏结钕铁硼永磁材料（圆环）的规格（见表21-84）

表21-84 黏结钕铁硼永磁材料（圆环）的规格（GB/T 18880—2012）（单位：mm）

直径范围	直径的尺寸公差			高度范围	高度的尺寸公差		
	A	B	C		A	B	C
≤4	0.04	0.04	0.06	≤4	0.06	0.08	0.10
>4~10	0.04	0.04	0.06	>4~10	0.08	0.10	0.14
>10~18	0.04	0.06	0.08	>10~18	0.10	0.14	0.20
>18~30	0.06	0.08	0.10	>18~30	0.14	0.20	0.24
>30~50	0.08	0.10	0.12	>30~50	0.20	0.24	0.30
>50	0.10	0.12	0.20	>50	0.24	0.30	0.34

2. 黏结钕铁硼永磁材料在23℃±3℃下的主要磁性能和密度（见表21-85）

表21-85 黏结钕铁硼永磁材料在23℃±3℃下的主要磁性能和密度（GB/T 18880—2012）

材料				主要磁性能				密度
成形方式	种类	牌号		B_r/T	H_{cJ}/(kA/m)	H_{cB}/(kA/m)	$(BH)_{max}$/(kJ/m³)	ρ/(g/cm³)
		数字型	字符型					
压缩成形	L	048121A	B-NdFeB44/20 A	0.70~0.80	200~280	160~200	36~52	5.5~6.0
	M	048131A	B-NdFeB52/64 A	0.54~0.60	640~1035	320~380	48~56	5.5~6.1
		048132A	B-NdFeB60/64 A	0.59~0.64	640~1035	340~420	56~64	5.6~6.1
		048133A	B-NdFeB68/64 A	0.62~0.70	640~1035	360~440	64~72	5.7~6.2
		048134A	B-NdFeB76/64 A	0.65~0.72	640~1035	400~460	72~80	5.7~6.2
		048135A	B-NdFeB84/64 A	0.69~0.76	640~1035	400~480	80~88	6.0~6.3

（续）

材料				主要磁性能				密度
成形方式	种类	牌号		B_r/T	H_{cJ}/(kA/m)	H_{cB}/(kA/m)	$(BH)_{max}$/(kJ/m^3)	ρ/(g/cm^3)
		数字型	字符型					
压缩成形	M	048136A	B-NdFeB92/64 A	0.76~0.80	640~1035	400~490	88~96	6.2~6.5
	H	048141A	B-NdFeB60/104 A	0.58~0.62	1035~1430	380~440	56~68	5.8~6.2
注射成形	M	048131B	B-NdFeB30/60 B	0.35~0.46	600~750	250~350	24~36	4.0~4.7
		048132B	B-NdFeB38/60 B	0.46~0.52	600~750	280~350	36~40	4.5~5.2
		048133B	B-NdFeB44/60 B	0.48~0.55	600~750	300~380	40~48	5.0~5.5
		048134B	B-NdFeB52/64 B	0.50~0.65	640~800	330~420	48~56	5.0~5.7
		048135B	B-NdFeB60/64 B	0.55~0.70	640~800	370~430	56~64	5.5~5.8
		048136B	B-NdFeB68/64 B	0.60~0.72	640~800	360~480	64~72	5.5~5.8
	H	048141B	B-NdFeB42/90 B	0.45~0.55	900~1100	300~360	36~48	5.0~5.5

3. 黏结钕铁硼永磁材料的辅助磁性能

（1）压缩成形黏结钕铁硼永磁材料的辅助磁性能和主要物理、力学性能（见表21-86）

表21-86 压缩成形黏结钕铁硼永磁材料的辅助磁性能和主要物理、力学性能（GB/T 18880—2012）

项目	数据
$\alpha(B_r)$/(10^{-2}/℃)	-0.11
$\alpha(H_{cJ})$/(10^{-2}/℃)	-0.40
μ_{rec}	1.16
T_c/K	578
硬度 HRB	40
热膨胀系数/(10^{-5}/℃)	1.24
抗压强度/MPa	200
最高工作温度/K	398

注：1. $\alpha(B_r)$、$\alpha(H_{cJ})$ 的测量温度范围是25~125℃，但不排除材料可以在此温度范围外使用。

2. 抗压强度试样尺寸为 ϕ10mm×9mm，测试仪器为RSA-20电子万能试验机。

（2）注射成形黏结钕铁硼永磁材料的辅助磁性能和主要物理性能与力学性能（见表21-87）

表21-87 注射成形黏结钕铁硼永磁材料的辅助磁性能和主要物理性能与力学性能（GB/T 18880—2012）

项目	数据
$\alpha(B_r)$/(10^{-2}/℃)	-0.10
$\alpha(H_{cJ})$/(10^{-2}/℃)	-0.40
μ_{rec}	1.20
T_c/K	578
硬度 HRB	45
抗拉强度/MPa	58

注：$\alpha(B_r)$、$\alpha(H_{cJ})$ 的测量温度范围是25~125℃，但不排除材料可以在此温度范围外使用。

21.2.10 烧结钕铁硼永磁材料

1. 烧结钕铁硼永磁材料在20℃时的磁性能（见表21-88）

表21-88 烧结钕铁硼永磁材料在20℃时的磁性能（GB/T 13560—2017）

品牌	字符牌号	主要磁性能				方形度
		B_r/T ≥	H_{cJ}/(kA/m) ≥	H_{cB}/(kA/m) ≥	$(BH)_{max}$(kJ/m³)	H_k/H_{cJ}[①](%) ≥
N	S-NdFeB-430/88	1.45	875	836	406~438	95
	S-NdFeB-415/96	1.42	960	836	390~422	95
	S-NdFeB-400/96	1.39	960	836	374~406	95
	S-NdFeB-380/96	1.37	960	836	358~390	95
	S-NdFeB-360/96	1.33	960	860	342~366	95
	S-NdFeB-335/96	1.29	960	860	318~342	95
	S-NdFeB-320/96	1.26	960	860	302~326	95
	S-NdFeB-300/96	1.23	960	860	287~310	95
	S-NdFeB-280/96	1.18	960	860	263~287	95
M	S-NdFeB-415/104	1.42	1035	995	390~422	95
	S-NdFeB-400/111	1.39	1114	1035	374~406	95
	S-NdFeB-380/111	1.37	1114	1012	358~390	95
	S-NdFeB-360/111	1.33	1114	971	342~366	95
	S-NdFeB-335/111	1.29	1114	938	318~342	95
	S-NdFeB-320/111	1.26	1114	910	302~326	95
	S-NdFeB-300/111	1.23	1114	876	287~310	95
	S-NdFeB-280/111	1.18	1114	860	263~287	95
H	S-NdFeB-400/127	1.39	1274	1035	374~406	95
	S-NdFeB-380/127	1.37	1274	1000	358~390	95
	S-NdFeB-360/135	1.33	1353	995	342~366	95
	S-NdFeB-335/135	1.29	1353	957	318~342	95
	S-NdFeB-320/135	1.26	1353	930	302~326	95
	S-NdFeB-300/135	1.23	1353	910	287~310	95
	S-NdFeB-280/135	1.18	1353	876	263~287	95
	S-NdFeB-260/135	1.14	1353	844	247~271	95
SH	S-NdFeB-380/151	1.37	1512	1035	358~390	90
	S-NdFeB-360/159	1.33	1592	938	342~366	90
	S-NdFeB-335/159	1.29	1592	938	318~342	90
	S-NdFeB-320/159	1.26	1592	912	302~326	90
	S-NdFeB-300/159	1.23	1592	886	287~310	90
	S-NdFeB-280/159	1.18	1592	876	263~287	90
	S-NdFeB-260/159	1.14	1592	836	247~271	90
UH	S-NdFeB-360/191	1.33	1911	976	342~366	90
	S-NdFeB-335/199	1.29	1990	938	318~342	90
	S-NdFeB-320/199	1.26	1990	912	302~326	90
	S-NdFeB-300/199	1.23	1990	886	287~310	90
	S-NdFeB-280/199	1.18	1990	845	263~287	90
	S-NdFeB-260/199	1.14	1990	816	247~271	90
	S-NdFeB-240/199	1.08	1990	756	223~247	90
EH	S-NdFeB-335/231	1.28	2308	971	310~342	90
	S-NdFeB-320/239	1.25	2388	947	295~326	90
	S-NdFeB-300/239	1.22	2388	923	279~310	90
	S-NdFeB-280/239	1.18	2388	883	263~287	90
	S-NdFeB-260/239	1.14	2388	816	247~271	90
	S-NdFeB-240/239	1.08	2388	756	223~247	90
	S-NdFeB-220/239	1.05	2388	756	207~231	90

（续）

品牌	字符牌号	主要磁性能				方形度
		B_r/T ≥	H_{cJ}/(kA/m) ≥	H_{cB}/(kA/m) ≥	$(BH)_{max}$(kJ/m³)	H_k/H_{cJ}①(%) ≥
TH	S-NdFeB-300/263	1.22	2627	923	279~310	90
	S-NdFeB-280/279	1.18	2786	845	263~287	90
	S-NdFeB-260/279	1.14	2786	816	247~271	90
	S-NdFeB-240/279	1.08	2786	804	223~247	90
	S-NdFeB-220/279	1.05	2786	756	207~231	90

注：以上磁性能均为样品充磁饱和后测得。

① 方形度中 H_k 为退磁曲线上磁极化强度为 $0.9B_r$ 时对应的反向磁场，H_{cJ} 为内禀矫顽力。

2. 烧结钕铁硼永磁材料的辅助磁性能（见表21-89）

表21-89 烧结钕铁硼永磁材料的辅助磁性能（GB/T 13560—2017）

类别	参数名称			参考值
辅助磁性能	剩磁温度系数 $\alpha(B_r)/(10^{-2}/℃)$	N品种	20~100℃	-0.090~-0.124
		M品种	20~100℃	-0.090~-0.124
		H品种	20~100℃	-0.090~-0.124
		SH品种	20~100℃	-0.090~-0.122
			20~150℃	-0.095~-0.124
		UH品种	20~100℃	-0.090~-0.120
			20~180℃	-0.095~-0.122
		EH品种	20~100℃	-0.090~-0.120
			20~200℃	-0.095~-0.122
		TH品种	20~100℃	-0.090~-0.120
			20~200℃	-0.095~-0.122
	内禀矫顽力温度系数 $\alpha(H_{cJ})/(10^{-2}/℃)$	N品种	20~100℃	-0.70~-0.82
		M品种	20~100℃	-0.65~-0.80
		H品种	20~100℃	-0.60~-0.75
		SH品种	20~100℃	-0.55~-0.70
			20~150℃	-0.50~-0.65
		UH品种	20~100℃	-0.53~-0.66
			20~180℃	-0.48~-0.61
		EH品种	20~100℃	-0.50~-0.62
			20~200℃	-0.46~-0.58
		TH品种	20~100℃	-0.47~-0.60
			20~200℃	-0.45~-0.56
	居里温度 T_c/K			583~623
	回复磁导率 μ_{rec}			1.05

3. 烧结钕铁硼永磁材料的物理性能和力学性能（见表21-90）

表21-90 烧结钕铁硼永磁材料的物理性能和力学性能（GB/T 13560—2017）

项目	参考数据
密度/(g/cm³)	7.40~7.70
硬度 HV	500~700
抗压强度/MPa	1000~1100
抗拉强度/MPa	80~90
抗弯强度/MPa	150~400
热传导率/[W/(m·K)]	8~10
弹性模量/GPa	150~200

（续）

项目		参考数据
电阻率/μΩ·m	平行于取向方向(20℃)	1.4~1.6
	垂直于取向方向(20℃)	1.2~1.4
热膨胀系数/(10^{-6}/K)	平行于取向方向(20~100℃)	4~9
	垂直于取向方向(20~100℃)	-2~0
最高使用温度/℃	N品种	≤80
	M品种	≤100
	H品种	≤120
	SH品种	≤150
	UH品种	≤180
	EH品种	≤200
	TH品种	≤230

21.2.11 再生烧结钕铁硼永磁材料

1. 再生烧结钕铁硼永磁材料在20℃时的磁性能（见表21-91）

表21-91 再生烧结钕铁硼永磁材料在20℃时的磁性能（GB/T 34490—2017）

分类	字符牌号	B_r/T	H_{cJ}/(kA/m)	H_{cB}/(kA/m)	$(BH)_{max}$/(kJ/m^3)	方形度①(%)	推荐原料类别
N	S-NdFeB-280/96R	≥1.18	≥960	≥860	263~286	95	Ⅰ
	S-NdFeB-300/96R	≥1.23	≥960	≥860	286~310	95	Ⅰ
	S-NdFeB-320/96R	≥1.26	≥960	≥860	302~326	95	Ⅰ
	S-NdFeB-335/96R	≥1.29	≥960	≥860	318~342	95	Ⅰ
	S-NdFeB-360/96R	≥1.33	≥960	≥860	342~366	95	Ⅰ
	S-NdFeB-380/96R	≥1.37	≥960	≥836	358~390	95	Ⅰ
M	S-NdFeB-280/111R	≥1.18	≥1114	≥860	263~286	95	Ⅰ、Ⅱ
	S-NdFeB-300/111R	≥1.23	≥1114	≥876	286~310	95	Ⅰ、Ⅱ
	S-NdFeB-320/111R	≥1.26	≥1114	≥910	302~326	95	Ⅰ、Ⅱ
	S-NdFeB-335/111R	≥1.29	≥1114	≥938	318~342	95	Ⅱ
	S-NdFeB-360/111R	≥1.33	≥1114	≥971	342~366	95	Ⅱ
H	S-NdFeB-280/135R	≥1.18	≥1353	≥876	263~286	95	Ⅱ、Ⅲ
	S-NdFeB-300/135R	≥1.23	≥1353	≥910	286~310	95	Ⅱ、Ⅲ
	S-NdFeB-320/135R	≥1.26	≥1353	≥930	302~326	95	Ⅲ
	S-NdFeB-335/135R	≥1.29	≥1353	≥957	318~342	95	Ⅲ
SH	S-NdFeB-260/159R	≥1.14	≥1592	≥836	247~271	90	Ⅲ、Ⅳ
	S-NdFeB-280/159R	≥1.18	≥1592	≥876	263~286	90	Ⅲ、Ⅳ
	S-NdFeB-300/159R	≥1.23	≥1592	≥886	286~310	90	Ⅳ
	S-NdFeB-320/159R	≥1.26	≥1592	≥912	302~326	90	Ⅳ
UH	S-NdFeB-200/199R	≥1.05	≥1989	≥756	207~231	90	Ⅳ，Ⅴ
	S-NdFeB-240/199R	≥1.08	≥1989	≥756	223~247	90	Ⅳ，Ⅴ
	S-NdFeB-260/199R	≥1.14	≥1989	≥816	247~271	90	Ⅴ

注：表中主要磁性能的值，是磁化到饱和后测定的范围值。

① 方形度指的是使磁体的磁极化强度降低到剩余磁极化强度的90%所需要施加的外磁场强度与磁体的磁极化强度矫顽力的百分比值，仅供用户设计使用参考，不作为验收或拒收的依据。

2. 再生烧结钕铁硼永磁材料的辅助磁性能和物理、力学性能（见表 21-92）

表 21-92 再生烧结钕铁硼永磁材料的辅助磁性能和物理、力学性能（GB/T 34490—2017）

项目	参考数据
剩余磁感应强度温度系数(20~100℃)/(10^{-2}/K)	-0.12~-0.10
磁极化强度矫顽力温度系数(20~100℃)/(10^{-2}/K)	-0.75~-0.40
居里温度/K	583~623
回复磁导率	1.05
密度/(g/cm^3)	7.40~7.70
硬度 HV	500~600
电阻率/μΩ·m	1.4~1.6
抗压强度/MPa	1000~1100
抗拉强度/MPa	80~90
热传导率/[W/(m·K)]	8~10
弹性模量/GPa	150~200
热膨胀系数(垂直于取向方向)/(10^{-6}/K)	-2~0
热膨胀系数(平行于取向方向)/(10^{-6}/K)	4~9
腐蚀失重(PCT)/(mg/cm^2)	≤5

注：1. 剩余磁感应强度温度系数、磁极化强度矫顽力温度系数的测量温度范围是 20~100℃，但不排除产品可以在这温度范围以外使用。

2. 腐蚀失重（PCT）测试条件为温度 120℃，相对湿度 100%，测试时间 168h。

21.2.12 晶界扩散钕铁硼永磁材料

1. 晶界扩散钕铁硼永磁材料的化学成分（见表 21-93）

表 21-93 晶界扩散钕铁硼永磁材料的化学成分（GB/T 42160—2022）

化学成分	RE(Nd、Pr、Tb、Dy 等)	B	其他元素(Cu、Al、Co、Ga、Zr、Nb 等)	Fe
含量 (质量分数,%)	28~35, 其中 Dy、Tb 总量>0~8	0.8~1.3	<5	余量

2. 晶界扩散钕铁硼永磁材料的主要磁性能（20℃时）和方形度（见表 21-94）

表 21-94 晶界扩散钕铁硼永磁材料的主要磁性能（20℃时）和方形度（GB/T 42160—2022）

类别	牌号	主要磁性能(20℃时)				方形度
		剩磁 B_r/T	内禀矫顽力 H_{cJ}/(kA/m)	矫顽力 H_{cB}/kA/m	最大磁能积 $(BH)_{max}$/(kJ/m^3)	H_k①/H_{cJ}(%)
H	G-NdFeB 415/135	≥1.425	≥1353	≥1074	390~422	90
	G-NdFeB 440/135	≥1.470		≥1106	414~446	
	G-NdFeB 455/135	≥1.495		≥1122	429~462	
SH	G-NdFeB 360/159	≥1.335	≥1592	≥1003	342~366	≥88
	G-NdFeB 380/159	≥1.365		≥1027	358~390	
	G-NdFeB 400/159	≥1.395		≥1051	374~406	
	G-NdFeB 415/159	≥1.425		≥1067	390~422	
	G-NdFeB 440/159	≥1.470		≥1106	414~446	
UH	G-NdFeB 265/199	≥1.135	≥1990	≥852	247~271	≥86
	G-NdFeB 280/199	≥1.170		≥883	263~287	
	G-NdFeB 300/199	≥1.220		≥916	287~310	
	G-NdFeB 320/199	≥1.255		≥939	302~326	
	G-NdFeB 335/199	≥1.285		≥963	318~342	
	G-NdFeB 360/199	≥1.320		≥995	334~366	
	G-NdFeB 380/199	≥1.365		≥1027	358~390	

（续）

类别	牌号	主要磁性能(20℃时)				方形度 H_k①/H_{cJ}(%)
		剩磁 B_r/T	内禀矫顽力 H_{cJ}/(kA/m)	矫顽力 H_{cB}/kA/m	最大磁能积$(BH)_{max}$/(kJ/m³)	
UH	G-NdFeB 400/199	≥1.395	≥1990	≥1051	374~406	≥86
	G-NdFeB 415/199	≥1.425		≥1067	390~422	
	G-NdFeB 430/199	≥1.455		≥1090	406~438	
EH	G-NdFeB 225/239	≥1.040	≥2388	≥780	207~231	≥86
	G-NdFeB 240/239	≥1.080		≥812	223~247	
	G-NdFeB 265/239	≥1.135		≥852	247~271	
	G-NdFeB 280/239	≥1.170		≥883	263~287	
	G-NdFeB 300/239	≥1.220		≥916	287~310	
	G-NdFeB 320/239	≥1.255		≥939	302~326	
	G-NdFeB 335/239	≥1.270		≥955	310~342	
	G-NdFeB 360/239	≥1.320		≥995	334~366	
	G-NdFeB 380/239	≥1.365		≥1027	358~390	
	G-NdFeB 400/239	≥1.395		≥1051	374~406	
TH	G-NdFeB 225/279	≥1.040	≥2786	≥780	207~231	≥86
	G-NdFeB 240/279	≥1.080		≥812	223~247	
	G-NdFeB 265/279	≥1.135		≥852	247~271	
	G-NdFeB 280/279	≥1.170		≥891	263~287	
	G-NdFeB 300/279	≥1.220		≥931	287~310	
	G-NdFeB 320/279	≥1.240		≥947	295~326	
	G-NdFeB 335/279	≥1.270		≥963	310~342	
	G-NdFeB 360/279	≥1.320		≥995	334~366	

① H_k 为退磁曲线磁极化强度为 $0.9B_r$ 时对应的磁场强度。

3. 晶界扩散钕铁硼永磁材料的磁性能温度系数（见表21-95）

表21-95 晶界扩散钕铁硼永磁材料的磁性能温度系数（GB/T 42160—2022）

类别	基础温度/℃	温度变化的上限温度/℃	$\alpha(B_r)/(10^{-2}/K)$ 参考值	$\alpha(H_{cJ})$ 参考值
H	20	100	-0.115	-0.66
		120	-0.125	-0.62
SH	20	100	-0.115	-0.61
		150	-0.125	-0.55
UH	20	100	-0.110	-0.56
		180	-0.130	-0.48
EH	20	100	-0.105	-0.55
		200	-0.130	-0.46
TH	20	100	-0.095	-0.51
		200	-0.120	-0.43

4. 晶界扩散钕铁硼永磁材料的磁偶极矩一致性（见表21-96）

表21-96 晶界扩散钕铁硼永磁材料的磁偶极矩一致性（GB/T 42160—2022）

永磁体重量/g	磁偶极矩一致性(%)
≥10	≤4
5~<10	≤6
0.5~<5	≤8
<0.5	≤12

5. 晶界扩散钕铁硼永磁材料的物理性能（见表 21-97）

表 21-97 晶界扩散钕铁硼永磁材料的物理性能（GB/T 42160—2022）

项目		参考数据
密度/(g/cm^3)		7.60
硬度 HV		500
抗压强度/MPa		1000
抗弯强度/MPa		200
弹性模量/GPa		160
比热容 J/(kg·K)		440
热导率(20℃)/[W/(m·K)]		7.5
热膨胀系数/(10^{-6}/K)	平行于取向方向(20~100℃)	5
	垂直于取向方向(20~100℃)	-1
电阻率/μΩ·m	平行于取向方向(20℃)	1.5
	垂直于取向方向(20℃)	1.3
最高使用温度/℃	H 品种	120
	SH 品种	150
	UH 品种	180
	EH 品种	200
	TH 品种	230

6. 晶界扩散钕铁硼永磁材料的简化牌号与牌号对照表（见表 21-98）

表 21-98 晶界扩散钕铁硼永磁材料的简化牌号与牌号对照表（GB/T 42160—2022）

简化牌号	牌号	简化牌号	牌号
G52H	G-NdFeB 415/135	G28EH	G-NdFeB 225/239
G55H	G-NdFeB 440/135	G30EH	G-NdFeB 240/239
G57H	G-NdFeB 455/135	G33EH	G-NdFeB 265/239
G45SH	G-NdFeB 360/159	G35EH	G-NdFeB 280/239
G48SH	G-NdFeB 380/159	G38EH	G-NdFeB 300/239
G50SH	G-NdFeB 400/159	G40EH	G-NdFeB 320/239
G52SH	G-NdFeB 415/159	G42EH	G-NdFeB 335/239
G55SH	G-NdFeB 440/159	G45EH	G-NdFeB 360/239
G33UH	G-NdFeB 265/199	G48EH	G-NdFeB 380/239
G35UH	G-NdFeB 280/199	G50EH	G-NdFeB 400/239
G38UH	G-NdFeB 300/199	G28TH	G-NdFeB 225/279
G40UH	G-NdFeB 320/199	G30TH	G-NdFeB 240/279
G42UH	G-NdFeB 335/199	G33TH	G-NdFeB 265/279
G45UH	G-NdFeB 360/199	G35TH	G-NdFeB 280/279
G48UH	G-NdFeB 380/199	G38TH	G-NdFeB 300/279
G50UH	G-NdFeB 400/199	G40TH	G-NdFeB 320/279
G52UH	G-NdFeB 415/199	G42TH	G-NdFeB 335/279
G54UH	G-NdFeB 430/199	G45TH	G-NdFeB 360/279

21.2.13 烧结铈及富铈永磁材料

1. 烧结铈及富铈永磁体的化学成分（见表 21-99）

表 21-99 烧结铈及富铈永磁体的化学成分（GB/T 40790—2021）

合金名称	化学成分(质量分数,%)					
	Ce	Co	B	RE′(Nd、Pr、La、Dy、Tb、Gd、Ho、Er、Y 等)	其他元素(Cu、Al、Nb、Ga 等)	Fe
烧结铈永磁体	10~36	0~15	0.9~2	0~20	0~2	余量
烧结富铈永磁体	3~10	0~15	0.9~2	20~30	0~2	余量

2. 烧结铈永磁体的主要磁性能（见表 21-100）

表 21-100　烧结铈永磁体的主要磁性能（GB/T 40790—2021）

类别	牌号	简化牌号	主要磁性能							
			剩磁 B_r		矫顽力 H_{cB}		内禀矫顽力 H_{cJ}		最大磁能积 $(BH)_{max}$	
			T	kGs	kA/m	kOe	kA/m	kOe	kJ/m^3	MGOe
L	S-CeM260/64	Ce33L	1.13~1.17	11.3~11.7	≥610	≥7.6	≥640	≥8.0	248~272	31~34
	S-CeM240/64	Ce30L	1.09~1.13	1.09~11.3	≥610	≥7.6	≥640	≥8.0	232~248	29~31
	S-CeM224/64	Ce28L	1.05~1.09	10.5~10.9	≥610	≥7.6	≥640	≥8.0	208~232	26~29
	S-CeM200/64	Ce25L	1.02~1.05	10.2~10.5	≥610	≥7.6	≥640	≥8.0	184~208	23~26
	S-CeM175/64	Ce22L	0.98~1.02	9.8~10.2	≥610	≥7.6	≥640	≥8.0	168~184	21~23
	S-CeM160/48	Ce20L	0.94~0.98	9.4~9.8	≥460	≥5.7	≥480	≥6.0	152~168	19~21
	S-CeM143/48	Ce18L	0.90~0.94	9.0~9.4	≥460	≥5.7	≥480	≥6.0	128~152	16~19
	S-CeM119/48	Ce15L	0.87~0.90	8.7~9.0	≥460	≥5.7	≥480	≥6.0	104~128	13~16
	S-CeM96/48	Ce12L	0.83~0.87	8.3~8.7	≥460	≥5.7	≥480	≥6.0	88~104	11~13
	S-CeM80/48	Ce10L	0.79~0.83	7.9~8.3	≥460	≥5.7	≥480	≥6.0	64~88	8~11
D	S-CeM360/80	Ce45D	1.33~1.41	13.3~14.1	≥740	≥9.3	≥800	≥10.0	344~368	43~46
	S-CeM360/80	Ce42D	1.29~1.33	12.9~13.3	≥740	≥9.3	≥800	≥10.0	328~344	41~43
	S-CeM320/80	Ce40D	1.26~1.29	12.6~12.9	≥740	≥9.3	≥800	≥10.0	312~328	39~41
	S-CeM300/80	Ce38D	1.23~1.26	12.3~12.6	≥740	≥9.3	≥800	≥10.0	288~312	36~39
	S-CeM280/80	Ce35D	1.17~1.23	11.7~12.3	≥740	≥9.3	≥800	≥10.0	264~288	34~36
	S-CeM264/80	Ce33D	1.13~1.17	11.3~11.7	≥740	≥9.3	≥800	≥10.0	248~264	31~34
	S-CeM240/80	Ce30D	1.09~1.13	10.9~11.3	≥716	≥9.0	≥800	≥10.0	232~248	29~31
	S-CeM224/80	Ce28D	1.05~1.09	10.5~10.9	≥716	≥9.0	≥800	≥10.0	208~232	26~29
	S-CeM200/80	Ce25D	1.02~1.05	10.2~10.5	≥676	≥8.5	≥800	≥10.0	184~208	23~26
	S-CeM176/80	Ce22D	0.98~1.02	9.8~10.2	≥676	≥8.5	≥800	≥10.0	168~184	21~23
	S-CeM160/80	Ce20D	0.94~0.98	9.4~9.8	≥660	≥8.3	≥800	≥10.0	152~168	19~21
	S-CeM143/80	Ce18D	0.90~0.94	9.0~9.4	≥644	≥8.1	≥800	≥10.0	128~152	16~19
	S-CeM119/80	Ce15D	0.87~0.90	8.7~9.0	≥580	≥7.3	≥800	≥10.0	112~128	14~16
N	S-CeM352/96	Ce45N	1.33~1.41	13.3~14.1	≥876	≥11.0	≥960	≥12.0	344~368	43~46
	S-CeM335/96	Ce42N	1.29~1.33	12.9~13.3	≥876	≥11.0	≥960	≥12.0	328~344	41~43
	S-CeM320/96	Ce40N	1.26~1.29	12.6~12.9	≥876	≥11.0	≥960	≥12.0	312~328	39~41
	S-CeM300/96	Ce38N	1.23~1.26	12.3~12.6	≥876	≥11.0	≥960	≥12.0	288~312	36~39
	S-CeM280/96	Ce35N	1.17~1.23	11.7~12.3	≥860	≥10.8	≥960	≥12.0	264~288	34~36
	S-CeM264/96	Ce33N	1.13~1.17	11.3~11.7	≥844	≥10.6	≥960	≥12.0	248~264	31~34
	S-CeM240/96	Ce30N	1.09~1.13	10.9~11.3	≥836	≥10.5	≥960	≥12.0	232~248	29~31
	S-CeM224/96	Ce28N	1.05~1.09	10.5~10.9	≥780	≥9.8	≥960	≥12.0	208~232	26~29
	S-CeM200/96	Ce25N	1.02~1.05	10.2~10.5	≥756	≥9.5	≥960	≥12.0	184~208	23~26
	S-CeM176/96	Ce22N	0.98~1.02	9.8~10.2	≥732	≥9.2	≥960	≥12.0	168~184	21~23
	S-CeM160/96	Ce20N	0.94~0.98	9.4~9.8	≥660	≥8.3	≥960	≥12.0	152~168	19~21
	S-CeM143/96	Ce18N	0.90~0.94	9.0~9.4	≥644	≥8.1	≥960	≥12.0	128~152	16~19
	S-CeM119/96	Ce15N	0.87~0.90	8.7~9.0	≥580	≥7.3	≥960	≥12.0	112~128	14~16
M	S-CeM330/114	Ce42M	1.29~1.33	12.9~13.3	≥955	≥12	≥1114	≥14.0	328~344	41~43
	S-CeM320/114	Ce40M	1.26~1.29	12.6~12.9	≥910	≥11.4	≥1114	≥14.0	312~328	39~41
	S-CeM300/114	Ce38M	1.23~1.26	12.3~12.6	≥876	≥11.0	≥1114	≥14.0	288~312	36~39
	S-CeM280/114	Ce35M	1.17~1.23	11.7~12.3	≥860	≥10.8	≥1114	≥14.0	264~288	34~36
	S-CeM264/114	Ce33M	1.13~1.17	11.3~11.7	≥844	≥10.6	≥1114	≥14.0	248~264	31~34
	S-CeM240/114	Ce30M	1.09~1.13	10.9~11.3	≥836	≥10.5	≥1114	≥14.0	232~248	29~31
	S-CeM224/114	Ce28M	1.05~1.09	10.5~10.9	≥780	≥9.8	≥1114	≥14.0	208~232	26~29
	S-CeM200/114	Ce25M	1.02~1.05	10.2~10.5	≥756	≥9.5	≥1114	≥14.0	184~208	23~26
	S-CeM176/114	Ce22M	0.98~1.02	9.8~10.2	≥732	≥9.2	≥1114	≥14.0	168~184	21~23
	S-CeM160/114	Ce20M	0.94~0.98	9.4~9.8	≥700	≥8.8	≥1114	≥14.0	152~168	19~21

（续）

类别	牌号	简化牌号	主要磁性能							
			剩磁 B_r		矫顽力 H_{cB}		内禀矫顽力 H_{cJ}		最大磁能积 $(BH)_{max}$	
			T	kGs	kA/m	kOe	kA/m	kOe	kJ/m^3	MGOe
H	S-CeM315/135	Ce40H	1.26~1.29	12.6~12.9	≥930	≥11.7	≥1350	≥17.0	312~328	39~41
	S-CeM300/135	Ce38H	1.23~1.26	12.3~12.6	≥910	≥11.4	≥1350	≥17.0	288~312	36~39
	S-CeM280/135	Ce35H	1.17~1.23	11.7~12.3	≥876	≥11.0	≥1350	≥17.0	264~288	34~36
	S-CeM260/135	Ce33H	1.13~1.17	11.3~11.7	≥844	≥10.6	≥1350	≥17.0	248~264	31~34
	S-CeM240/135	Ce30H	1.09~1.13	10.9~11.3	≥836	≥10.5	≥1350	≥17.0	232~248	29~31
	S-CeM224/135	Ce28H	1.05~1.09	10.5~10.9	≥780	≥9.8	≥1350	≥17.0	208~232	26~29
	S-CeM200/135	Ce25H	1.02~1.05	10.2~10.5	≥756	≥9.5	≥1350	≥17.0	184~208	23~26
	S-CeM176/135	Ce22H	0.98~1.02	9.8~10.2	≥732	≥9.2	≥1350	≥17.0	168~184	21~23
	S-CeM160/135	Ce20H	0.94~0.98	9.4~9.8	≥700	≥8.8	≥1350	≥17.0	152~168	19~21
	S-CeM144/135	Ce18H	0.90~0.94	9.0~9.4	≥668	≥8.4	≥1350	≥17.0	128~152	16~19
SH	S-CeM300/159	Ce38SH	1.23~1.26	12.3~12.6	≥886	≥11.2	≥1592	≥20.0	288~312	36~39
	S-CeM280/159	Ce35SH	1.17~1.23	11.7~12.3	≥876	≥11.0	≥1592	≥20.0	264~288	34~36
	S-CeM260/159	Ce33SH	1.13~1.17	11.3~11.7	≥844	≥10.6	≥1592	≥20.0	248~264	31~34
	S-CeM240/159	Ce30SH	1.09~1.13	10.9~11.3	≥836	≥10.5	≥1592	≥20.0	232~248	29~81
	S-CeM224/159	Ce28SH	1.05~1.09	10.5~10.9	≥780	≥9.8	≥1592	≥20.0	208~232	26~29
	S-CeM200/159	Ce25SH	1.02~1.05	10.2~10.5	≥756	≥9.5	≥1592	≥20.0	184~208	23~26
	S-CeM176/159	Ce22SH	0.98~1.02	9.8~10.2	≥732	≥9.2	≥1592	≥20.0	168~184	21~23
	S-CeM160/159	Ce20SH	0.94~0.98	9.4~9.8	≥700	≥8.8	≥1592	≥20.0	152~168	19~21
	S-CeM144/159	Ce18SH	0.90~0.94	9.0~9.4	≥668	≥8.4	≥1592	≥20.0	128~152	16~19
UH	S-CeM240/199	Ce30UH	1.09~1.13	10.9~11.3	≥836	≥10.5	≥1990	≥25.0	227~251	29~31
	S-CeM224/199	Ce28UH	1.05~1.09	10.5~10.9	≥780	≥9.8	≥1990	≥25.0	215~232	26~29
	S-CeM200/199	Ce25UH	1.02~1.05	10.2~10.5	≥756	≥9.5	≥1990	≥25.0	192~208	23~26
	S-CeM176/199	Ce22UH	0.98~1.02	9.8~10.2	≥732	≥9.2	≥1990	≥25.0	168~184	21~23
	S-CeM160/199	Ce20UH	0.94~0.98	9.4~9.8	≥700	≥8.8	≥1990	≥25.0	152~168	19~21
	S-CeM144/199	Ce18UH	0.90~0.94	9.0~9.4	≥668	≥8.4	≥1990	≥25.0	136~152	17~19
EH	S-CeM200/239	Ce25EH	1.02~1.05	10.2~10.5	≥812	≥10.2	≥2388	≥30.0	192~208	23~26
	S-CeM176/239	Ce22EH	0.98~1.02	9.8~10.2	≥732	≥9.2	≥2388	≥30.0	168~184	21~23
	S-CeM160/239	Ce20EH	0.94~0.98	9.4~9.8	≥700	≥8.8	≥2388	≥30.0	152~168	19~21

注：1. T与kGs的换算关系为1T=10kGs。

2. kA/m与kOe的换算关系为$1kA/m=4\pi10^{-3}kOe$。

3. kJ/m^3与MGOe的换算关系为$1kJ/m^3=4\pi10^{-2}MGOe$。

3. 烧结铈永磁体的辅助磁性能、物理性能和力学性能（见表21-101）

表21-101 烧结铈永磁体的辅助磁性能、物理性能和力学性能（GB/T 40790—2021）

项目	参考数据
剩磁温度系数 $\alpha(B_r)(20\sim100℃)/(10^{-2}/℃)$	-0.14~-0.1
内禀矫顽力温度系数 $\alpha(H_{cJ})(20\sim100℃)/(10^{-2}/℃)$	-0.7~-0.4
居里温度 T_c/℃	150~350
回复磁导率 μ_{rec}	1.05
最高使用温度 T_w/℃	80~180
密度/(g/cm^3)	7.30~7.75
硬度 HV	500~600
电阻率/μΩ·m	1.1~1.6
抗压强度/MPa	750~1100
抗弯强度/MPa	150~400
热传导率/[W/(m·℃)]	5~10

（续）

项目		参考数据
弹性模量/GPa		150~200
线胀系数 /(10^{-6}/℃)	垂直于取向方向（20~200℃）	-2~0
	平行于取向方向（20~200℃）	3~4

21.3 弹性合金

21.3.1 弹性合金的牌号和化学成分

弹性合金的牌号和化学成分见表21-102。

表 21-102 弹性合金的牌号和化学成分（GB/T 37797—2019）

新牌号	旧牌号	化学成分（质量分数，%）												
		C	Si	Mn	P	S	Cr	Ni	Mo	Co	Al	Ti	Fe	其他元素
3J239	3J22	0.08~0.15	0.50	1.80~2.50	0.010	0.010	18.0~20.0	15.0~17.0	3.00~4.0	39.0~41.0	—	—	余量	W:4.0~5.0
3J240	3J21	0.07~0.12	0.60	1.70~2.30	0.010	0.010	19.0~21.0	14.0~16.0	6.5~7.5	39.0~41.0	—	—	余量	—
3J336	3J01 (3J1)	0.050	0.80	1.00	0.020	0.020	11.5~13.0	34.5~36.5	—	—	1.00~1.80	2.70~3.2	余量	—
3J341	3J68	0.030	0.60	0.60	0.020	0.020	—	40.0~41.0	1.80~2.20	—	0.50~0.80	2.60~3.00	余量	—
3J342T	3J53	0.030	0.80	0.80	0.020	0.020	5.2~5.8	41.5~43.0	—	—	0.50~0.80	2.30~2.70	余量	—
3J342P	3J53	0.030	0.80	0.80	0.020	0.020	5.2~5.8	41.5~43.0	—	—	0.50~0.80	2.30~2.70	余量	—
3J342Y	3J53Y	0.030	0.50	0.30~0.80	0.015	0.015	5.3~5.7	41.5~42.5	—	—	0.50~0.80	2.30~2.70	余量	—
3J343	3J58	0.030	0.80	0.80	0.020	0.020	5.2~5.6	43.0~43.6	—	—	0.50~0.80	2.30~2.70	余量	—
3J344	3J60	0.030	0.10	0.05~0.15	0.010	0.005	—	44.1~44.5	—	—	—	—	余量	—
3J345	3J65	0.030	0.60	0.60	0.020	0.020	2.10~3.3	42.0~43.0	—	—	0.50~0.80	2.60~3.00	余量	W:2.10~3.3
3J346	3J63	0.030	0.80	0.80	0.020	0.020	4.6~5.2	41.2~42.5	—	—	0.50~0.80	2.30~2.70	余量	—
3J347	3J61	0.030	0.40	0.80	0.010	0.010	4.5~5.0	42.5~43.5	1.50~2.00	—	0.50~0.80	2.40~2.80	余量	Cu:0.10~0.40
3J348	3J59	0.030	0.50	0.80	0.020	0.020	4.2~5.1	43.0~44.0	0.30~0.80	—	0.40~0.80	2.40~3.4	余量	Ag:0.10~0.40或 Zr:0.80~1.20或 Ge:0.05~0.15
3J349	3J71	0.020	0.70	0.70	0.010	0.010	4.8~5.5	42.0~44.0	0.25	0.20~2.00	0.30~0.70	2.30~2.70	余量	—
3J350	3J62	0.030	0.30	0.50	0.020	0.020	4.5~5.1	42.9~43.6	0.50	1.50~2.00	—	2.70~3.1	余量	Nb:0.50 V:0.50 Cu:0.30

（续）

新牌号	旧牌号	化学成分（质量分数，%）												
		C	Si	Mn	P	S	Cr	Ni	Mo	Co	Al	Ti	Fe	其他元素
3J354	3J72	0.030	0.80	0.80	0.010	0.010	0.20	43.0~45.0	7.0~9.0	0.30	0.70~1.20	2.70~3.2	余量	Nb:0.20 V:0.20 Cu:0.20
3J440	3J40	0.030	0.20	0.10	0.010	0.010	39.0~41.0	余量	—	—	3.3~3.5	—	0.50	Ce:0.10~0.20 （加入量）
3J468	3J78 （3J68）	0.050	0.40	0.40	0.015	0.010	18.0~20.0	余量	—	5.5~6.7	1.30~1.80	2.70~3.2	1.00	W:9.0~10.5 Cu:0.07 Ce:0.05 B:0.003
3J520	3J09 （3J9）	0.22~0.26	1.30~1.70	1.80~2.20	0.030	0.020	19.0~20.5	9.0~10.5	1.60~1.85	—	—	—	余量	—

注：1. 表中所列成分除标明范围外，其余均为最大值。

2. 字母T表示“弹性元件”用，字母P表示“频率元件”用，字母Y表示“手表、钟表游丝”用。

3. 括号内为标准中曾用旧牌号。

21.3.2 弹性合金的主要特性及用途

弹性合金的主要特性及用途见表21-103。

表21-103 弹性合金的主要特性及用途（GB/T 37797—2019）

新牌号	旧牌号	特性	用途	适用标准	产品品种								
					冷轧带材	冷轧板材	冷拉丝材	冷拔（轧）管材	温轧带材	热轧（锻）扁材	盘条	热轧（锻）棒材	冷拉棒材
3J239	3J22	高弹性合金，无磁性、耐腐蚀	制作仪表轴尖	YB/T 5252—2011	—	—	√	—	—	—	—	—	—
3J240	3J21	高弹性合金，无磁性、耐腐蚀、高弹性，高强度和良好的抗疲劳性能	制作400℃以下工作的各种仪表弹簧及其他弹性元件	YB/T 5253—2011	√	—	√	—	—	—	—	—	√
3J336	3J01 （3J1）	高弹性合金，时效后可获得高弹性和强度，耐腐蚀，弱磁性	制作仪表工业中各种膜片、膜盒、波纹管、弹簧等弹性元件	YB/T 5256—2011	√	—	√	—	—	√	—	√	√
3J341	3J68	以钼全部代替铬的正频率温度系数恒弹性合金，频率温度系数较大	制作与压电陶瓷或其他具有不同级别负温度系数励磁电路匹配的机械滤波器换能子	GB/T 34471.2—2017 GJB 3313—1998	√	√	√	—	—	—	—	—	√
3J342T	3J53	恒弹性合金，具有较高的弹性和强度，在-60~100℃范围内具有低的弹性模量温度系数	制作仪表工业中各种膜片、膜盒、波纹管、弹簧等弹性元件	GB/T 34471.2—2017 GJB 3313—1998	√	√	√	—	—	—	—	√	√
3J342P	3J53	恒弹性合金，在-40~80℃范围内具有低的频率温度系数	制作机械滤波器中的振子、频率谐振器中的音叉及谐振继电器中的簧片等元件	GB/T 34471.2—2017 YB/T 5254—2011 GJB 3313—1998	√	√	√	—	—	—	—	√	√

（续）

新牌号	旧牌号	特性	用途	适用标准	产品品种								
					冷轧带材	冷轧板材	冷拉丝材	冷拔（轧）管材	温轧带材	热轧（锻）扁材	盘条	热轧（锻）棒材	冷拉棒材
3J342Y	3J53Y	恒弹性合金，比3J53的防磁性能高，频率温度系数更稳定	制作手表、钟表游丝	GB/T 34471.2—2017 YB/T 5262—2011	—	—	√	—	—	—	—	—	—
3J343	3J58	恒弹性合金，在-40~80℃范围内具有低的频率温度系数	制作机械滤波器中的振子、频率谐振器中的音叉及谐振继电器中的簧片等元件	GB/T 34471.2—2017 YB/T 5254—2011 GJB 3313—1998	√	√	√	—	—	—	—	√	√
3J344	3J60	恒弹性合金，具有较大的磁致伸缩系数和低的机械品质因数，纵振传播速度变化小	制作机械滤波器中的换能丝和耦合丝	GB/T 34471.2—2017 YB/T 5255—2013	—	—	√	—	—	—	—	—	—
3J345	3J65	以钨代替部分铬的正频率温度系数恒弹性合金	制作与压电陶瓷或其他具有不同级别负温度系数励磁电路匹配的机械滤波器换能子	GB/T 34471.2—2017 GJB 3313—1998	√	√	√	—	—	—	—	√	√
3J346	3J63	恒弹性合金，在-40~80℃范围内具有正的频率温度系数	制作机械滤波器中的换能振子以及复合振子等元件	GB/T 34471.2—2017 YB/T 5244—1993（2005年确认） GJB 3313—1998	√	√	—	—	—	—	—	√	√
3J347	3J61	恒弹性合金，高稳定低频率温度系数	用于通信技术、计算技术、导航系统、测控系统及其他精密机载设备，也可用作其他高精度用途	GB/T 34471.2—2017 GJB 2153A—2018	√	√	√	—	—	—	—	√	√
3J348	3J59	恒弹性合金，具有高稳定低频率温度系数和高机械品质因数	制作具有最高机械品质因数的高精度谐振腔频率元件，谐振式导航仪构件、谐振式仪表频率元件等	GB/T 34471.2—2017 GJB 3313—1998	√	√	√	—	—	—	—	√	√
3J349	3J71	恒弹性合金，具有高稳定低频率温度系数	用于通信技术、计算技术、导航系统、测控系统及其他精密机载设备	GB/T 34471.2—2017 GJB 2153A—2018	√	√	√	—	—	—	—	—	√
3J350	3J62	恒弹性合金，低弹性模量温度系数	制作各种振动模式的机械滤波器、谐振器中的频率元件，也可用于制作精密仪器、仪表中的各种螺旋弹簧、扭杆、弹簧片等弹性元件	GB/T 34471.2—2017	—	—	√	—	—	—	—	—	√

（续）

新牌号	旧牌号	特性	用途	适用标准	产品品种								
					冷轧带材	冷轧板材	冷拉丝材	冷拔（轧）管材	温轧带材	热轧（锻）扁材	盘条	热轧（锻）棒材	冷拉棒材
3J354	3J72	恒弹性合金，具有小扭振频率温度系数，强度较高	制作各种振动模式的机械滤波器、谐振器中的频率元件	—	—	—	√	—	—	—	—	—	√
3J440	3J40	抗振耐磨轴尖弹性合金，无磁、抗振、耐磨	制作仪器、仪表的轴尖	YB/T 5243—1993（2005年确认）	—	—	√	—	—	—	—	—	—
3J468	3J78（3J68）	时效强化型难变形镍基合金，具有高的高温强度、高温弹性，优异的高温持久性能和高温应力松弛性能、弹性模量、无磁性	制作航空发动机、仪表、自动化系统用的弹性元件、结构零件等	GJB 9458—2018	√	—	√	—	—	—	—	√	—
3J520	3J09（3J9）	铁铬系高弹性合金，无磁，高弹性，高强度，高硬度	制作钟表、定时器发表及仪表的弹性元件	YB/T 5135—2014 YB/T 4420—2014	√	—	√	—	—	—	—	—	—

注：括号内为标准中曾用牌号。“√”表示可选品种。

21.3.3　弹性元件用合金 3J21

1. 合金 3J21 的交货状态和力学性能（见表 21-104）

表 21-104　合金 3J21 的交货状态和力学性能（YB/T 5253—2011）

产品形状	交货状态	厚度或直径/mm	性能组别	抗拉强度 R_m/MPa	断后伸长率 A①（%）
带	冷轧	>0.10~2.50	A	1176~1470	≥5
			B	1470~1764	≥3
丝	冷拉	>0.10~5.00	A	1274~1568	—
			B	1568~1862	—
棒	冷拉	12.00~22.00	—	1176~1568	≥5

① 厚度小于 0.2mm 的带材，断后伸长率不做考核。

2. 合金 3J21 冷加工时效状态的物理性能（见表 21-105）

表 21-105　合金 3J21 冷加工时效状态的物理性能（YB/T 5253—2011）

项目	指标
弹性模量 E/MPa	196000~215600
切变模量 G/MPa	73500~83300
密度 ρ/(g/cm^3)	8.4
平均线胀系数 $\bar{\alpha}$(0~100℃)/(10^{-6}/℃)	14
电阻率 ρ/(Ω·mm^2/m)	0.92
磁化率 χ/10^{-6}	50~1000

注：磁化率 χ 值是绝对电磁单位制下的数值。

21.3.4 弹性元件用合金 3J1 和 3J53

1. 合金 3J1 和 3J53 交货状态的力学性能（见表 21-106）

表 21-106 合金 3J1 和 3J53 交货状态的力学性能（YB/T 5256—2011）

牌号	产品形状	交货状态	厚度或直径[①]/mm	抗拉强度 R_m/MPa	断后伸长率 A(%)
3J1	带	软化	0.20~0.50	≤980	≥20
	丝	冷拉	0.20~3.00	≥980	—
3J53	带	软化	0.20~0.50	≤882	≥20
	丝	冷拉	0.20~3.00	≥931	—

① 其他尺寸交货状态合金材的力学性能指标由供需双方协商。

2. 合金 3J1 和 3J53 交货状态经时效处理后的力学性能（见表 21-107）

表 21-107 合金 3J1 和 3J53 交货状态经时效处理后的力学性能（YB/T 5256—2011）

牌号	产品形状	交货状态	厚度或直径[①]/mm	抗拉强度 R_m/MPa ≥	断后伸长率 A(%) ≥
3J1	带	冷轧	0.20~2.50	1372	5
		软化	0.20~1.00	1176	8
	丝	冷拉	0.50~5.00	1470	5
	棒	冷拉	3.0~18.0	1372	5
	圆、扁材	热轧、热锻	6.0~25.0	1176	10
			>25.0~60.0	1030	14
			>60.0	800	14
3J53	带	冷轧	0.20~2.50	1225	5
		软化	0.20~1.00	1078	8
	丝	冷拉	0.50~5.00	1372	5
	棒	冷拉	3.0~18.0	1323	5
	圆、扁材	热轧、热锻	6.0~25.0	1078	10
			>25.0	实测	实测

① 其他尺寸交货状态合金材时效热处理后的力学性能指标由供需双方协商。

3. 合金 3J1 和 3J53 冷加工时效状态的物理性能和力学性能（见表 21-108）

表 21-108 合金 3J1 和 3J53 冷加工时效状态的物理性能和力学性能（YB/T 5256—2011）

牌号	3J1	3J53
弹性模量 E/MPa	186200~205800	176400~191100
切变模量 G/MPa	68600~78400	63700~73500
密度 ρ/(g/cm^3)	8.0	8.0
平均线胀系数 $\bar{\alpha}$(0~100℃)/(10^{-6}/℃)	—	8.5
饱和磁感应强度 B_{600}/T	—	0.7
电阻率 ρ/(Ω·mm^2/m)	1.02	1.1
磁化率 χ/10^{-6}	150~250	—
硬度 HV	400~480	350~450

注：磁化率 χ 值是绝对电磁单位制的数值。

4. 合金 3J1 和 3J53 交货状态带材经时效处理后的屈服强度（见表 21-109）

表 21-109 合金 3J1 和 3J53 交货状态带材经时效处理后的屈服强度（YB/T 5256—2011）

牌号	交货状态	厚度/mm	规定塑性延伸强度 $R_{p0.2}$/MPa ≥
3J1	冷轧	0.50~2.50	980
	软化	0.50~1.00	735

（续）

牌号	交货状态	厚度/mm	规定塑性延伸强度 $R_{p0.2}$/MPa ≥
3J53	冷轧	0.50~2.50	882
	软化	0.50~1.00	686

5. 合金 3J53 带材的弹性模量温度系数（见表 21-110）

表 21-110 合金 3J53 带材的弹性模量温度系数（YB/T 5256—2011）

时效温度/℃	弹性模量温度系数 β_E(−60~80℃)/(10^{-6}/℃)	
	冷轧	软化
500	−38~−15	−18~+12
550	−22~0	+10~+35
600	−10~+10	+35~+55
650	0~+20	+42~+64
700	0~+20	+40~+60
750	−4~+16	+28~+50

21.3.5 恒弹性合金

1. 恒弹性合金的牌号和交货状态（见表 21-111）

表 21-111 恒弹性合金的牌号和交货状态（GB/T 34471.2—2017）

应用类别	特性	牌号	冷轧带材	冷轧板材	冷拉丝材	热轧(锻)材	冷拉棒材
频率元件	正频率温度系数	3J53	√	√	√	√	√
		3J63	√	√	√	—	√
		3J65	√	√	√	√	√
		3J68	√	√	√	√	√
	高稳定低频率温度系数	3J58	√	√	√	√	√
		3J59	√	√	√	√	√
		3J61	√	√	√	√	√
		3J62	—	—	√	—	√
		3J71	√	√	√	—	√
	低机械品质因数高机电耦合系数	3J60	—	—	√	—	—
弹性元件	低弹性模量温度系数	3J53	√	√	√	√	√
		3J53Y	—	—	√	—	—
		3J62	—	—	√	—	√

注："√"表示可选状态。

2. 频率元件用恒弹性合金的物理性能（见表 21-112）

表 21-112 频率元件用恒弹性合金的物理性能（GB/T 34471.2—2017）

牌号	级别	交货状态	推荐的热处理工艺①	测试温区/℃	频率温度系数 β_f②/(10^{-6}/℃)	机械品质因素 Q	纵振波传播速度 v③/(m/s)	波速一致性 S/(m/s)
3J53	A	WCD/WCR	500~650℃保温 2~4h，炉冷	−40~80	0~20.0	≥10000	4800~5050	≤30
	B	WCD/WCR		−40~80	0~10.0			
3J58	—	WCD/WCR	500~650℃保温 2~4h，炉冷	−40~80	−5.0~5.0	≥10000	4750~5000	≤30

（续）

牌号	级别	交货状态	推荐的热处理工艺①	测试温区/℃	频率温度系数 β_f②/(10^{-6}/℃)	机械品质因素 Q	纵振波传播速度 v③/(m/s)	波速一致性 S/(m/s)
3J59	—	WCD/WCR	600~700℃保温 2~4h，炉冷	-25~70	-2.0~2.0	≥20000	4800~5000	≤30
	—	WHR/WHF	950~980℃保温 0.2~0.5h,水淬;加工至成品,进行 600~700℃保温 2~4h，炉冷	-25~70	-2.0~2.0	≥20000	4800~5000	≤30
3J60④	A-换能丝	WCD	1000~1150℃保温 0.5h，炉冷	-40~80	$\beta_{纵}$≤40.0	≤50	4200~4400	≤100⑤
	B-耦合丝	WCD		-40~80	—	—	4200~4400	≤100⑤
3J61⑥	A	WHR/WHF/S	940~960℃保温 0.15~0.3h 水淬;加工至成品,进行 600~700℃保温 2~4h，炉冷	-10~60	-2.0~2.0	≥15000	棒(丝材)：4800~5050 带材:4750~4950	≤30
	B	WCD	550~700℃保温 2~4h，炉冷	-30~70				
	C	WCD		-55~85				
3J62	A	WCD	570~650℃保温 2~4h，炉冷	-20~70	β_{ft}:-2.0~2.0 β_f:-3.0~3.0	Q_t≥12000	v_t:2800~3000	S_t≤15⑤
	B	WCD		-60~80	β_{ft}:-5.0~5.0 β_f:-5.0~5.0	Q≥10000	v:4750~5000	S≤25⑤
3J63	A	WCD/WCR	550~650℃保温 2~4h，炉冷	-40~80	10.0~20.0	≥9000	4800~5000	≤53
	B	WCD/WCR		-40~80	20.0~30.0			
3J65	A	WCD/WCR	550~700℃保温 2~4h，炉冷	-40~80	20.0~35.0	≥9000	—	—
	B	WCD/WCR		-40~80	35.0~50.0			
	C	WHR/WHF	1050~1060℃保温 0.2~0.5h,水淬;加工至成品,进行 550~700℃保温 2~4h，炉冷	-40~80	30.0~45.0	≥6000	—	—
	D	WHR/WHF		-40~80	45.0~60.0	≥6000	—	—
3J68	—	WCD/WCR	650~700℃保温 2~4h，炉冷	-40~80	70.0~90.0	≥9000	—	—
3J71	—	WCD/WCR	550~700℃保温 2~4h，炉冷	-55~115	-5.0~5.0	—	—	—

注：参数后的下标“t”表示在扭振条件下进行的测量，如 Q_t、v_t；参数后的下标“纵”表示测量条件为纵振。

① 时效热处理应在余压不大于 1.33×10^{-2}Pa 的真空或高纯净保护气氛中进行。

② 除 3J60 为纵振外，其余合金材首选弯振。

③ 波速测试中，10 支试样中允许有一支试样偏离表中的规定，如供方能保证，可不进行逐批测量。

④ 用于换能丝的 3J60（A 级）经推荐热处理制度处理后的谐振传输衰减 N 应不大于 26dB。

⑤ 减速一致性测量中，由于 3J60、3J62 合金取样数量为 2 支，因此此处指标要求为 2 支试样的波速值之差。

⑥ 3J61 合金材如以固溶状态交货，其热处理制度可按表中的规定进行，也可双方协商。

3. 恒弹性合金的室温力学性能（见表 21-113）

表 21-113　恒弹性合金的室温力学性能（GB/T 34471.2—2017）

1. 交货状态						
牌号	产品形状	级别	交货状态	厚度或直径/mm	抗拉强度 R_m/MPa	断后伸长率 A(%)
3J53	带材	D	S	0.10~3.50	≤882	实测
	丝材	C	WCD	0.10~5.00	≥931	—

（续）

2. 热处理后							
牌号	产品形状	级别	处理前状态	厚度或直径①/mm	抗拉强度 R_m/MPa	规定塑性延伸强度 $R_{p0.2}$/MPa	断后伸长率 A(%)
3J53	带材	D	S	0.10~<0.20	≥1078	—	—
				0.20~3.50	≥1078	≥686②	≥8
	带材	C	WCR	0.10~<0.20	≥1225	—	—
				0.20~3.50	≥1225	≥882③	≥5
	丝材	C	WCD	0.50~5.00	≥1372	—	≥5
	棒材	C	WCD	3.0~18.0	≥1323	≥1138	≥5
	棒材、板材	D	WHR/WHF	6.0~<25.0	≥1078	≥621	≥10
				≥25	≥1078	≥621	≥8
3J62	棒材、丝材	C、D	WCD	0.50~32.0	≥1470	—	≥4

① 其他尺寸交货状态合金材，时效热处理后的力学性能指标由供需双方协商。

② 对厚度为 0.50~1.00mm 软化状态带材的要求检测 $R_{p0.2}$。

③ 对厚度为 0.50~2.50mm 冷轧状态带材的要求检测 $R_{p0.2}$。

4. 恒弹性合金冷加工加时效状态的物理性能和力学性能（见表 21-114）

表 21-114　恒弹性合金冷加工加时效状态的物理性能和力学性能（GB/T 34471.2—2017）

牌号	弹性模量 E/GPa	切变模量 G/GPa	平均线胀系数 $\bar{\alpha}$(20~100℃)/(10^{-6}/℃)	居里温度 T_c/℃	饱和磁感应强度 B_{8000}/T	密度 ρ(kg/m³)	电阻率 ρ/μΩ·m	抗拉强度 R_m/MPa	硬度 HV
3J53	177~191	63.7~73.5	8.5	≈110	≈0.7	8.0	1.1	1470	420
3J53Y	176~191	63.7~73.5	8.5	≈110	≈0.7	8.0	1.1	1470	420
3J58	177~191	63.7~73.5	8.1	≈130	≈0.65	8.0	1.1	1470	400
3J59	≈190	≈73	8.6	≈150	≈0.55	8.07	1.06	1500	430
3J60(WCD+S)	≈143	—	7.7	—	—	8.19	—	445	135
3J62	≈183	≈65	6.9~7.7	150~175	0.6~0.72	—	1.1	—	35~43HRC
3J63	189~202	—	8.5	≈130	0.45~0.55	8.05	1.05~1.1	1370	350~400
3J63(H)	≈180	—	8.0	≈150	0.6~0.65	—	≈1.0	—	≈300
3J61	181~196	—	8.2	≈160	≈0.6	8.1	1.16	1520	400
3J71	180~195	—	8.0	≈185	≈0.7	8.1	1.1	1470	330

5. 弹性元件用恒弹性合金的物理性能（见表 21-115）

表 21-115　弹性元件用恒弹性合金的物理性能（GB/T 34471.2—2017）

牌号	级别	处理前状态	推荐的热处理工艺	测试温区/℃	弹性模量温度系数 β_E/(10^{-6}/℃)	切变模量温度系数 β_G/(10^{-6}/℃)	弹性模量 E/GPa	切变模量 G/GPa
3J53	C	WCD/WCR	500~650℃保温 2~4h，炉冷	−40~80	−10.0~35.0	实测	—	—
	D①	WHR/WHF,S	950~980℃保温 0.15~0.30h 水淬；加工至成品，进行 650~730℃保温 2~4h，炉冷	−40~65	−36.0~36	实测	—	—
3J53Y	—	WCD	740~760℃保温 1h，炉冷或空冷	−10~50	0.0~30.0	—	≥176	—

（续）

牌号	级别	处理前状态	推荐的热处理工艺	测试温区/℃	弹性模量温度系数 β_E/(10^{-6}/℃)	切变模量温度系数 β_G/(10^{-6}/℃)	弹性模量 E/GPa	切变模量 G/GPa
3J62	C	WCD	570～650℃保温2～4h，炉冷	-40～80	-5.0～5.0	-5.0～5.0	≥181	≥66
	D	WCD		-60～80	-10.0～10.0	-10.0～10.0	≥181	≥66

① 3J53合金D级固溶态推荐热处理工艺可以只进行时效处理，也可双方协商进行。

21.3.6 频率元件用恒弹性合金3J53和3J58

1. 频率元件用恒弹性合金时效处理后的频率温度系数（见表21-116）

表21-116 频率元件用恒弹性合金时效处理后的频率温度系数（YB/T 5254—2011）

牌号	组别	频率温度系数 β_f(-40～80℃)/(10^{-6}/℃)
3J53	A组	0～20
	B组	0～10
3J58	—	-5～5

2. 频率元件用恒弹性合金试样时效处理后的纵振波传播速度（见表21-117）

表21-117 频率元件用恒弹性合金试样时效处理后的纵振波传播速度（YB/T 5254—2011）

牌号	产品形状	厚度或直径/mm	纵振波传播速度 v/(10^3m/s)
3J53	棒	3.0～6.0	4.80～5.05
3J58	带	1.0～3.5	4.75～5.00

3. 频率元件用恒弹性合金冷加工时效状态的物理性能和力学性能（见表21-118）

表21-118 频率元件用恒弹性合金冷加工时效状态的物理性能和力学性能（YB/T 5254—2011）

牌号	3J53	3J58
弹性模量 E/MPa	176400～191100	176400～191100
切变模量 G/MPa	63700～73500	63700～73500
密度 ρ/(g/cm³)	8.0	8.0
平均线胀系数 α(0～100℃)/(10^{-6}/℃)	8.5	8.1
饱和磁感应强度 B_{600}/T	0.7	0.8
饱和磁滞伸缩系数 λ/10^{-6}	+5	+5
居里温度 T_c/℃	110	130
电阻率 ρ/(Ω·mm²/m)	1.1	1.1
抗拉强度 R_m/MPa	1470	1470
断后伸长率 A(%)	6	10
硬度 HV	420	400

21.3.7 频率元件用恒弹性合金3J60冷拉丝

恒弹性合金3J60冷拉丝试样热处理后的物理性能见表21-119。

表21-119 恒弹性合金3J60冷拉丝试样热处理后的物理性能（YB/T 5254—2011）

组别	试样推荐的热处理工艺	机械品质因数 Q	纵振频率温度系数 |β_f|/(10^{-6}/℃)(-60～80℃)	纵振波速 v/(10^3m/s)	谐振传输衰减 N^-/dB	用途
Ⅰ	在真空或气体保护条件下，于1000～1150℃，30min退火	≤50	≤40	4.20～4.40	≤26	换能丝
Ⅱ		—	—	4.20～4.40	—	耦合丝

注：测量时输入信号电压为1V。

21.4 膨胀合金

21.4.1 膨胀合金的牌号和化学成分

膨胀合金的牌号和化学成分见表21-120。

表21-120 膨胀合金的牌号和化学成分（GB/T 37797—2019）

新牌号	旧牌号	化学成分(质量分数,%)												
		C	Si	Mn	P	S	Cr	Ni	Mo	Co	Cu	Al	Fe	其他元素
4J128	4J28	0.12	0.70	1.00	0.020	0.020	27.0~29.0	0.50	—	—	—	—	余量	N:0.20
4J328	4J34	0.030	0.30	0.50	0.020	0.020	—	28.5~29.5	—	19.5~20.5	—	—	余量	—
4J329	4J29	0.030	0.30	0.50	0.020	0.020	0.20	28.5~29.7	0.20	16.8~17.8	0.20	—	余量	Al、Mg、Zr、Ti的含量各不大于0.10,其总含量应不大于0.20
4J332	4J32	0.050	0.20	0.20~0.60	0.020	0.020	—	31.5~33.0	—	3.2~4.2	0.40~0.80	—	余量	—
4J332A	4J32A	0.050	0.10	0.40	0.020	0.020	—	32.0~34.5	—	3.5~4.5	—	—	余量	Nb:0.20~0.30
4J333	4J33	0.030	0.30	0.50	0.020	0.020	—	32.1~33.6	—	14.0~15.2	—	—	余量	—
4J335	4J44	0.030	0.30	0.50	0.020	0.020	0.20	34.2~35.2	0.20	8.5~9.5	0.20	—	余量	Al、Mg、Zr、Ti的含量各不大于0.10,其总含量应不大于0.20
4J336	4J36	0.050	0.30	0.20~0.60	0.020	0.020	—	35.0~37.0	—	—	—	—	余量	—
4J336Y	4J38	0.050	0.20	0.80	0.020	0.020	—	35.0~37.0	—	—	—	—	余量	Sc:0.10~0.25
4J338	4J46	0.030	0.30	0.50	0.020	0.020	—	37.0~38.0	—	5.0~6.0	3.00~4.00	—	余量	—
4J339①	4J35①	0.030	0.30	0.40	0.020	0.020	—	34.0~35.0	—	5.0~6.0	0.20~0.40	—	余量	Ti:2.30~2.80
4J340	4J40	0.050	0.15	0.25	0.020	0.020	—	32.4~33.4	—	7.0~8.0	—	—	余量	—
4J341	4J41	0.030	0.30	0.40	0.020	0.020	—	40.5~42.0	—	—	8.5~10.0	—	余量	—
4J342	4J42	0.050	0.30	0.80	0.020	0.020	—	41.0~42.5	—	1.00	—	0.10	余量	—
4J342K	4J42K	0.050	0.30	0.80	0.025	0.025	0.25	40.0~42.5	—	0.50	—	0.10	余量	—
4J343	4J43	0.10	0.30	0.75~1.25	0.020	0.020	—	41.0~43.0	—	—	—	—	余量	—
4J345	4J45	0.050	0.30	0.80	0.020	0.020	—	44.5~45.5	—	—	—	0.10	余量	—
4J347	4J47	0.050	0.30	0.40	0.020	0.020	0.80~1.40	46.8~47.8	—	—	—	—	余量	—

（续）

新牌号	旧牌号	化学成分（质量分数，%）												
		C	Si	Mn	P	S	Cr	Ni	Mo	Co	Cu	Al	Fe	其他元素
4J348	4J06 （4J6）	0.030	0.30	0.30	0.020	0.020	5.4～ 6.2	41.5～ 42.5	—	—	—	0.25	余量	—
4J350	4J50	0.050	0.30	0.80	0.020	0.020	—	49.5～ 50.5	—	—	—	0.10	余量	—
4J352	4J49	0.050	0.30	0.40	0.020	0.020	5.0～ 6.0	46.0～ 48.0	—	—	—	—	余量	B:0.03
4J458	4J58	0.030	0.25	0.60	0.015	0.015	—	57.5～ 59.5	—	—	—	—	余量	—
4J478	4J78	0.050	0.30	0.40	0.020	0.020	—	余量	20.0～ 22.0	—	1.50	—	—	—
4J480	4J80	0.050	0.30	0.40	0.020	0.020	—	余量	9.5～ 11.5	—	1.50～ 2.50	—	—	W:9.5～11.5
4J482	4J82	0.050	0.30	0.40	0.020	0.020	—	余量	17.5～ 19.5	—	—	—	—	—
4J531	4J59	0.060	0.50	30.0～ 32.0	0.020	0.020	5.5～ 6.5	6.0～ 7.0	—	—	—	—	余量	—

注：1. 表中所列成分除标明范围外，其余均为最大值。

2. 牌号中，英文字母 A、B、C 等表示不同的膨胀系数；汉语拼音字母 Y 表示“易切削”用，字母 K 表示“框架”用。

3. 括号内为标准中曾用旧牌号。

① 为改善合金性能，允许添加微量 Nb 及稀土元素。

21.4.2 膨胀合金的主要特性及用途

膨胀合金的主要特性及用途见表 21-121。

表 21-121 膨胀合金的主要特性及用途（GB/T 37797—2019）

新牌号	旧牌号	特性	用途	适用标准	产品品种								
					冷轧带材	冷轧板材	冷拉丝材	冷拔（轧）管材	温轧带材	热轧（锻）扁材	盘条	热轧（锻）棒材	冷拉棒材
4J128	4J28	玻封铁铬合金，在一定温度范围内具有和软玻璃相近的线胀系数，耐腐蚀	用于电器元件上与软玻璃进行匹配封接	YB/T 5240—2005	√	√	√	√	√	√	√	√	√
4J328	4J34	定膨胀瓷封铁镍钴合金，在 -60～500℃范围内具有与 95% Al_2O_3 陶瓷相近的线胀系数	用于与 95% Al_2O_3 等陶瓷进行匹配封接	YB/T 5231—2014	√	—	√	—	—	√	—	√	√
4J329	4J29	定膨胀玻封铁镍钴合金，可伐合金，在一定温度范围内具有与硬玻璃相近的线胀系数	用于与硬玻璃进行匹配封接	YB/T 5231—2014	√	—	√	√	—	√	√	√	√
4J332	4J32	低膨胀铁镍钴合金，也称超因瓦合金，在 20～100℃范围内具有低的线胀系数	制作要求尺寸稳定的各种仪器、仪表零件、热双金属被动层，谐振腔	YB/T 5241—2014	√	√	√	√	—	√	√	√	√

（续）

新牌号	旧牌号	特性	用途	适用标准	产品品种								
					冷轧带材	冷轧板材	冷拉丝材	冷拔（轧）管材	温轧带材	热轧（锻）扁材	盘条	热轧（锻）棒材	冷拉棒材
4J332A	4J32A	改良低膨胀铁镍钴合金，在20~100℃范围内具有超低的线胀系数	制作尺寸温度稳定性要求高的高精度仪表零件	YB/T 5241—2014	√	√	√	√	—	√	√	√	√
4J333	4J33	定膨胀瓷封铁镍钴合金，在-60~500℃范围内具有与95% Al_2O_3 陶瓷相近的线胀系数	用于与95% Al_2O_3 等陶瓷进行匹配封接	YB/T 5231—2014	√	—	√	—	—	√	—	√	√
4J335	4J44	定膨胀玻封铁镍钴合金，在20~400℃范围内具有一定的线胀系数	用于与硬玻璃进行匹配封接	YB/T 5231—2014	√	—	√	—	—	√	—	√	√
4J336	4J36	低膨胀铁镍合金（因瓦合金），在20~100℃范围内具有低的线胀系数	制作要求尺寸稳定的各种仪器、仪表零件，或热双金属被动层	YB/T 5241—2014	√	√	√	√	—	√	√	√	√
4J336Y	4J38	低膨胀铁镍合金（易切削因瓦合金），在20~100℃范围内具有低的线胀系数，而且易切削加工	制作要求易切削加工的、尺寸稳定的各种仪器、仪表零件、谐振腔	YB/T 5241—2014	√	√	√	√	—	√	√	√	√
4J338	4J46	定膨胀瓷封铁镍钴合金，在一定温度范围内具有和陶瓷相近的线胀系数	用于在电真空、半导体工业及其他应用环境中和相应的硬玻璃或陶瓷进行匹配封接	YB/T 5231—2014	√	—	√	—	—	√	—	√	√
4J339	4J35	加钛强化的高强度铁钴钛低膨胀合金，在20~100℃范围内，线胀系数维持在(2.5~3.5)×10^{-6}/℃的水平，同时屈服强度可达到800MPa以上	制作尺寸温度稳定性要求高的航空、航天、船舶等领域高负荷高精度承载构件，如光学支架、镜座等	—	√	—	—	—	—	√	√	√	—
4J340	4J40	低膨胀铁镍钴合金，在-20~300℃范围内具有较低的线胀系数	在真空工业中制作各种速调管，微波管的谐振腔等	YB/T 5241—2014	√	√	√	√	—	√	√	√	√
4J341	4J41	定膨胀铁镍铜合金，在一定温度范围内具有一定的线胀系数	用于各种电真空器件的铁镍铜玻封合金，可代替杜美丝与相应的软玻璃进行匹配封接	YB/T 5237—2005	—	—	√	—	—	—	—	—	—
4J342	4J42	定膨胀铁镍合金，在一定温度范围内具有一定的线胀系数	用于电真空工业中和软玻璃或相应陶瓷进行匹配封接	YB/T 5235—2005	√	√	√	√	—	√	√	√	√

（续）

新牌号	旧牌号	特性	用途	适用标准	产品品种								
					冷轧带材	冷轧板材	冷拉丝材	冷拔（轧）管材	温轧带材	热轧（锻）扁材	盘条	热轧（锻）棒材	冷拉棒材
4J342K	4J42K	定膨胀铁镍合金，与硅和氧化铝陶瓷的线胀系数较匹配，又具有良好的力学性能和加工成形性	制作高可靠性陶瓷封装IC的引线框架	YB/T 100—2016	√	—	—	—	—	—	—	—	—
4J343	4J43	定膨胀玻封铁镍合金，在20~400℃范围内具有一定的线胀系数	制作电真空元件上与软玻璃封接的杜美丝芯	YB/T 5236—2005	—	—	√	—	—	—	—	—	√
4J345	4J45	定膨胀玻封铁镍合金，在一定温度范围内具有一定的线胀系数	用于电真空工业中和软玻璃或相应陶瓷进行匹配封接	YB/T 5235—2005	√	√	√	√	—	√	√	√	√
4J347	4J47	定膨胀玻封铁镍合金，在一定温度范围内具有与软玻璃相近的线胀系数	用于电器元件上与软玻璃进行匹配封接	YB/T 5235—2005	√	√	√	√	—	√	√	√	√
4J348	4J06（4J6）	定膨胀玻封铁镍合金，在一定温度范围内具有与软玻璃相近的线胀系数	用于真空显示屏上与软玻璃进行匹配封接	YB/T 5235—2005	√	√	√	√	—	√	√	√	√
4J350	4J50	定膨胀玻封铁镍合金，在一定温度范围内具有一定的线胀系数	在电真空工业中用于和软玻璃或相应陶瓷进行匹配封接	YB/T 5235—2005	√	√	√	√	—	√	√	√	√
4J352	4J49	定膨胀玻封铁镍合金，在一定温度范围内具有与软玻璃相近的线胀系数	用于电器元件上与软玻璃进行匹配封接	YB/T 5235—2005	√	√	√	√	—	√	√	√	√
4J458	4J58	定膨胀镍基合金，在20~50℃范围内具有与钢和铸铁基本一致的线胀系数，有较高的尺寸稳定性	制作在环境温度变化内具有良好的尺寸稳定性的精密设备身上的线纹尺等	YB/T 5238—2005	—	—	—	—	—	—	—	√	—
4J478	4J78	无磁定膨胀瓷封镍基合金，在室温至600℃范围内具有中等线胀系数。无磁，耐蚀，同时具有较高强度和韧性	制作特种电子仪器的无磁封接零件，如用于高氧化铝陶瓷材料的真空密封焊接和与边缘焊接用的无磁定膨胀瓷封材料	YB/T 5233—2005	√	√	√	√	—	√	√	√	√
4J480	4J80			YB/T 5233—2005	√	√	√	√	—	√	√	√	√
4J482	4J82			YB/T 5233—2005	√	√	√	√	—	√	√	√	√
4J531	4J59	无磁定膨胀铁锰合金	制作在一定环境温度变化内具有良好的尺寸稳定性的高精度无磁磁尺基体	YB/T 5239—2005	—	—	—	—	—	—	—	√	—

注：括号内为标准中曾用牌号。"√"表示可选品种。

21.4.3 低膨胀铁镍、铁镍钴合金

1. 低膨胀铁镍、铁镍钴合金的热处理工艺和平均线胀系数（见表 21-122）

表 21-122 低膨胀铁镍、铁镍钴合金的热处理工艺和平均线胀系数（YB/T 5241—2014）

牌号	试样推荐的热处理工艺	平均线胀系数 $\overline{\alpha}/(10^{-6}/℃)\leqslant$			
		20~-40℃	20~-20℃	20~100℃	20~300℃
4J32	将半成品试样加热至 840℃±10℃，保温 1h，水淬，再将试样加工为成品试样，在 315℃±10℃，保温 1h，随炉冷或空冷。	—	—	1.0	—
4J32A		0.6	0.5	0.4	—
4J36		—	—	1.5	—
4J38		—	—	1.5	—
4J40		—	—	—	2.0

2. 低膨胀铁镍、铁镍钴合金热处理后的典型平均线胀系数（见表 21-123）

表 21-123 低膨胀铁镍、铁镍钴合金热处理后的典型平均线胀系数（YB/T 5241—2014）

牌号	平均线胀系数 $\overline{\alpha}/(10^{-6}/℃)\leqslant$					
	20~50℃	20~100℃	20~200℃	20~300℃	20~400℃	20~500℃
4J32	0.7	0.8	1.4	4.3	7.2	9.3
4J32A	0.2	0.3	0.9	3.6	—	—
4J36	0.8	1.1	2.0	5.1	8.0	10.0
4J40	1.4	1.3	1.2	1.7	4.5	—

21.4.4 无磁定膨胀瓷封镍基合金

1. 无磁定膨胀瓷封镍基合金的力学性能（见表 21-124）

表 21-124 无磁定膨胀瓷封镍基合金的力学性能（YB/T 5233—2005）

牌号	抗拉强度 R_m/MPa	屈服强度 R_e/MPa	弹性模量 E/MPa	断后伸长率 A（%）	硬度 HV	杯突值/mm
4J78	860	350	221676	54	174~207	12.6
4J80	725	285	220500	55	156	12.6
4J82	785	315	215600	53	175~195	12.6

2. 无磁定膨胀瓷封镍基合金热处理后的物理性能（见表 21-125）

表 21-125 无磁定膨胀瓷封镍基合金热处理后的物理性能（YB/T 5233—2005）

牌号	试样热处理工艺	平均线胀系数 $\overline{\alpha}/(10^{-6}/℃)$		磁导率 μ_{16000}/(μH/m)
		20~500℃	20~600℃	
4J78	在氢气或真空中加热至 1000~1050℃，保温 30~40min，以不大于 5℃/min 的速度冷至 300℃以下，出炉	12.1~12.7	12.4~13.0	≤1.263
4J80	在氢气或真空中加热至 850~900℃，保温 30~40min，以不大于 5℃/min 的速度冷至 300℃以下，出炉	12.7~13.3	13.0~13.6	≤1.263
4J82	在氢气或真空中加热至 1000~1050℃，保温 30~40min，以不大于 5℃/min 的速度冷至 300℃以下，出炉	12.5~13.1	13.0~13.6	≤1.263

3. 无磁定膨胀瓷封镍基合金的典型线胀系数（见表 21-126）

表 21-126 无磁定膨胀瓷封镍基合金的典型线胀系数（YB/T 5233—2005）

牌号	平均线胀系数 $\overline{\alpha}/(10^{-6}/℃)$										
	20~100℃	20~200℃	20~300℃	20~400℃	20~500℃	20~600℃	20~700℃	20~800℃	20~900℃	20~1000℃	20~1050℃
4J78	11.3	11.6	11.8	12.1	12.4	12.5	13.2	13.7	14.2	14.7	15.0

（续）

牌号	平均线胀系数 $\overline{\alpha}$/(10^{-6}/℃)									
	20~100℃	20~200℃	20~300℃	20~400℃	20~500℃	20~600℃	20~700℃	20~800℃	20~900℃	20~1000℃	20~1050℃
4J80	11.6	11.9	12.4	12.7	13.0	13.0	—	—	—	—	—
4J82	11.3	11.6	11.9	12.3	12.7	13.1	—	—	—	—	—

4. 无磁定膨胀瓷封镍基合金的物理性能（见表 21-127）

表 21-127 无磁定膨胀瓷封镍基合金的物理性能（YB/T 5233—2005）

牌号	电阻率 ρ/($\Omega \cdot mm^2/m$)	密度 ρ/(g/cm^3)	热导率 λ/[$10^2W/(m \cdot K)$]		
			20℃	300℃	600℃
4J78	1.17	9.38	0.138	0.155	0.167
4J80	0.88	9.67	0.155	0.167	0.214
4J82	1.00	9.23	0.159	0.172	0.218

21.4.5 定膨胀封接铁镍钴合金

1. 定膨胀封接铁镍钴合金的牌号和交货状态（见表 21-128）

表 21-128 定膨胀封接铁镍钴合金的牌号和交货状态（YB/T 5231—2014）

类型	牌号	交货状态					
		软态(S)	1/4 硬态(H1/4)	1/2 硬态(H1/2)	3/4 硬态(H3/4)	硬态(H)	深冲态(DQ)
带材 丝材	4J29、4J44	○	○	○	○	○	○
	4J33、4J34	○	—	—	—	○	○
	4J46	○	—	—	—	○	—
棒材	4J29、4J33、 4J34、4J44、 4J46	冷拉、冷拉磨光及热轧、热锻					
扁材		热轧、热锻					
管材		软态或硬态任一状态					

注：“○”表示可选交货状态。

2. 定膨胀封接铁镍钴合金的力学性能（见表 21-129）

表 21-129 定膨胀封接铁镍钴合金的力学性能（YB/T 5231—2014）

类型	交货状态	抗拉强度 R_m/MPa		硬度 HV		
		4J29、4J44	4J33、4J34	4J29、4J44、4J33、4J34		4J46①
带材	软态(S)	≤570	≤570	—		≤170
	1/4 硬态(H1/4)	520~630	—	—		—
	1/2 硬态(H1/2)	590~700	—	—		—
	3/4 硬态(H3/4)	600~770	—	—		—
	硬态(H)	≥700	≥700	—		—
	深冲态②(DQ)	—	—	厚度>2.5mm	≤170	—
				厚度≤2.5mm	≤165	—
丝材	软态(S)	≤585	≤585	—	—	—
	1/4 硬态(H1/4)	585~725	—	—	—	—
	1/2 硬态(H1/2)	655~795	—	—	—	—
	3/4 硬态(H3/4)	725~860	—	—	—	—
	硬态(H)	≥860	≥860	—	—	—

① 4J46 合金厚度<0.1mm 的带材不做硬度试验。

② 厚度<0.1mm 的深冲态合金带材不做硬度试验。

3. 定膨胀封接铁镍钴合金的平均线胀系数

(1) 定膨胀封接铁镍钴合金的热处理工艺和平均线胀系数（见表21-130）。

表21-130 定膨胀封接铁镍钴合金的热处理工艺和平均线胀系数（YB/T 5231—2014）

牌号	试样推荐的热处理工艺	平均线胀系数 $\overline{\alpha}/(10^{-6}/℃)$				
		20~300℃	20~400℃	20~450℃	20~500℃	20~600℃
4J29	在真空或氢气气氛中加热至900℃±20℃，保温1h，再加热至1100℃±20℃，保温15min，以不大于5℃/min的速度冷至200℃以下出炉	—	4.6~5.2	5.1~5.5	—	—
4J44		4.3~5.1	4.6~5.2	—	—	—
4J33	在真空或氢气气氛中加热至900℃±20℃，保温1h，以不大于5℃/min的速度冷至200℃以下出炉	—	6.0~6.8	—	6.6~7.4	—
4J34		—	6.3~7.1	—	—	7.8~8.5
4J46	在真空或氢气气氛中加热至800~900℃，保温1h，以不大于5℃/min的速度冷至300℃以下出炉	5.5~6.5	5.6~6.6	—	7.0~8.0	—

(2) 定膨胀封接铁镍钴合金热处理后的典型平均线胀系数（见表21-131）

表21-131 定膨胀封接铁镍钴合金热处理后的典型平均线胀系数（YB/T 5231—2014）

牌号	平均线胀系数 $\overline{\alpha}/(10^{-6}/℃)$								
	20~100℃	20~200℃	20~300℃	20~400℃	20~450℃	20~500℃	20~600℃	20~700℃	20~800℃
4J29	—	5.9	5.3	5.1	5.3	6.2	7.8	9.2	10.2
4J44	—	4.9	4.6	4.9	5.9	6.8	8.7	—	—
4J33	—	7.1	6.5	6.3	—	7.1	8.5	—	—
4J34	—	7.5	6.9	6.6	—	6.9	8.3	—	—
4J46	6.8	6.5	6.4	6.4	—	7.9	9.3	—	—

21.4.6 定膨胀封接铁镍铬及铁镍合金

1. 定膨胀封接铁镍铬及铁镍合金的牌号和交货状态（见表21-132）

表21-132 定膨胀封接铁镍铬及铁镍合金的牌号和交货状态（YB/T 5235—2005）

牌号	型材	交货状态
4J6、4J42、4J45、4J47、4J49、4J50	棒材	冷拉、冷拉磨光(WCDG)及热轧（锻）(WH)
	扁材	热轧
	带材	软态(S)、硬态(H)、深冲态(DQ)
	丝材、管材	软态(S)、硬态(H)

2. 定膨胀封接铁镍铬及铁镍合金带材的力学性能（见表21-133）

表21-133 定膨胀封接铁镍铬及铁镍合金带材的力学性能（YB/T 5235—2005）

交货状态及牌号		抗拉强度 R_m/MPa	硬度HV	
软态(S)		<590	—	
硬态(H)		>700	—	
深冲态	4J6、4J47、4J49	—	≤190	
	4J42、4J45、4J50		厚度>0.2~2.5mm	≤165
			厚度>2.5mm	≤170

3. 定膨胀封接铁镍铬及铁镍合金的热处理工艺和平均线胀系数（见表21-134）

表21-134 定膨胀封接铁镍铬及铁镍合金的热处理工艺和平均线胀系数（YB/T 5235—2005）

牌号	试样热处理工艺	平均线胀系数 $\overline{\alpha}/(10^{-6}/℃)$		
		20~300℃	20~400℃	20~450℃
4J6	在真空或氢气气氛中加热至1100℃±20℃，保温15min，以不大于5℃/min的速度冷至200℃以下出炉	7.6~8.3	9.5~10.2	—
4J47		—	8.1~8.7	—
4J49		8.6~9.3	9.4~10.1	—

（续）

牌号	试样热处理工艺	平均线胀系数 $\overline{\alpha}$/(10^{-6}/℃)		
		20~300℃	20~400℃	20~450℃
4J42	在真空或氢气气氛中加热至900℃±20℃，保温1h，以不大于5℃/min的速度冷至200℃以下出炉	4.0~5.0		6.5~7.5
4J45		6.5~7.2	6.5~7.2	—
4J50		9.2~10.0	9.2~9.9	—

4. 定膨胀封接铁镍铬及铁镍合金的平均线胀系数（见表21-135）

表21-135　定膨胀封接铁镍铬及铁镍合金的平均线胀系数（YB/T 5235—2005）

牌号	平均线胀系数 $\overline{\alpha}$/(10^{-6}/℃)						
	20~100℃	20~200℃	20~300℃	20~400℃	20~450℃	20~500℃	20~600℃
4J6	6.8	7.0	7.7	9.7	—	11.1	12.2
4J47	8.1	8.6	8.3	8.3	—	9.1	10.0
4J49	9.0	9.0	8.9	9.6	—	10.9	11.8
4J42	5.6	4.9	4.8	5.9	6.9	7.8	9.2
4J45	7.5	7.5	7.1	7.2	7.1	8.3	9.5
4J50	9.8	9.8	9.5	9.4	—	9.7	10.6

21.5　热双金属

21.5.1　热双金属带材

1. 热双金属带材的规格（见表21-136）

表21-136　热双金属带材的规格（GB/T 4461—2020）　　（单位：mm）

厚度		宽度		长度	
公称尺寸	允许偏差	公称尺寸	允许偏差	公称尺寸	允许偏差
0.10~0.25	±0.010	≤12	±0.08	≥500	0~10
>0.25~0.50	±0.015	>12~25	±0.10		
>0.50~0.95	±0.020	>25~50	±0.20		
>0.95~1.50	±0.025	>50	0~1.0		
>1.50~3.00	±0.030				

2. 热双金属的牌号、组元层合金牌号和特性（见表21-137）

表21-137　热双金属的牌号、组元层合金牌号和特性（GB/T 4461—2020）

新牌号	旧牌号[①]	组元层合金牌号[②]			主要特性
		主动层	中间层	被动层	
5J39110	5J20110	Mn72Ni10Cu18 (Mn75Ni15Cu10)	—	Ni36	高敏感、高电阻、中低温用
5J28140	5J14140	Mn72Ni10Cu18 (Mn75Ni15Cu10)	—	Ni36	中敏感、高电阻、中低温用
5J28120	5J15120	Mn72Ni10Cu18 (Mn75Ni15Cu10)	—	Ni45Cr6	中敏感、高电阻、中低温用
5J2780	5J1480	Ni22Cr3	—	Ni36	中敏感、中电阻、中低温用
5J2580	5J1380	Ni19Mn7	—	Ni34	中敏感、中电阻、中低温用
5J2880	5J1580	Ni20Mn6	—	Ni36	中敏感、中电阻、中低温用
5J2613	5J1413	Cu62Zn38	—	Ni36	中敏感、低电阻、高导热

（续）

新牌号	旧牌号①	组元层合金牌号②			主要特性
		主动层	中间层	被动层	
5J2616	5J1416	Cu62Zn38	—	Ni36	中敏感、低电阻、高导热
5J1817	5J1017	Ni	—	Ni36	中敏感、低电阻、中低温用
5J2270	—	Ni22Cr3	—	Ni42	中敏感、中电阻、较高温用
5J2370	—	Ni20Mn6	—	Ni42	中敏感、中电阻、较高温用
5J1970	5J1070	Ni19Cr11	—	Ni42	中敏感、中电阻、较高温用
5J1356	5J0756	Ni22Cr3	—	Ni50	低敏感、中电阻、高温用
5J2606	5J1306A	Ni20Mn6	Cu	Ni36	中敏感、电阻系列、中低温用
5J2506	5J1306B	Ni22Cr3	Cu	Ni36	中敏感、电阻系列、中低温用
5J2709	5J1309A	Ni20Mn6	Cu	Ni36	中敏感、电阻系列、中低温用
5J2609	5J1309B	Ni22Cr3	Cu	Ni36	中敏感、电阻系列、中低温用
5J2711	5J1411A	Ni20Mn6	Cu	Ni36	中敏感、电阻系列、中低温用
5J2611	5J1411B	Ni22Cr3	Cu	Ni36	中敏感、电阻系列、中低温用
5J2815	—	Ni20Mn6	Cu	Ni36	中敏感、电阻系列、中低温用
5J2817	5J1417A	Ni20Mn6	Cu	Ni36	中敏感、电阻系列、中低温用
5J2617	5J1417B	Ni22Cr3	Cu	Ni36	中敏感、电阻系列、中低温用
5J2520	5J1320A	Ni20Mn6	Ni(Cu)	Ni36	中敏感、电阻系列、中低温用
5J2320	5J1320B	Ni22Cr3	Ni(Cu)	Ni36	中敏感、电阻系列、中低温用
5J2625	5J1325A	Ni20Mn6	Ni	Ni36	中敏感、电阻系列、中低温用
5J2425	5J1325B	Ni22Cr3	Ni	Ni36	中敏感、电阻系列、中低温用
5J2630	5J1430A	Ni20Mn6	Ni	Ni36	中敏感、电阻系列、中低温用
5J2530	5J1430B	Ni22Cr3	Ni	Ni36	中敏感、电阻系列、中低温用
5J2733	5J1433A	Ni20Mn6	Ni	Ni36	中敏感、电阻系列、中低温用
5J2533	5J1433B	Ni22Cr3	Ni	Ni36	中敏感、电阻系列、中低温用
5J2735	5J1435A	Ni20Mn6	Ni	Ni36	中敏感、电阻系列、中低温用
5J2535	5J1435B	Ni22Cr3	Ni	Ni36	中敏感、电阻系列、中低温用
5J2740	5J1440A	Ni20Mn6	Ni	Ni36	中敏感、电阻系列、中低温用
5J2640	5J1440B	Ni22Cr3	Ni	Ni36	中敏感、电阻系列、中低温用
5J2845	5J1445A	Ni20Mn6	Ni	Ni36	中敏感、电阻系列、中低温用
5J2645	5J1445B	Ni22Cr3	Ni	Ni36	中敏感、电阻系列、中低温用
5J2850	5J1450A	Ni20Mn6	Ni	Ni36	中敏感、电阻系列、中低温用
5J2650	5J1450B	Ni22Cr3	Ni	Ni36	中敏感、电阻系列、中低温用
5J2855	5J1455A	Ni20Mn6	Ni	Ni36	中敏感、电阻系列、中低温用
5J2655	5J1455B	Ni22Cr3	Ni	Ni36	中敏感、电阻系列、中低温用
5J2209	—	Ni20Mn6	Cu	Ni42	中敏感、电阻系列、较高温用
5J3405	—	Mn72Ni10Cu18	Cu	Ni36	高敏感、电阻系列、中低温用
5J3708	—	Mn72Ni10Cu18	Cu	Ni36	高敏感、电阻系列、中低温用
5J3810	—	Mn72Ni10Cu18	Cu	Ni36	高敏感、电阻系列、中低温用
5J3812	—	Mn72Ni10Cu18	Cu	Ni36	高敏感、电阻系列、中低温用
5J3815	—	Mn72Ni10Cu18	Cu	Ni36	高敏感、电阻系列、中低温用
5J3820	—	Mn72Ni10Cu18	Cu	Ni36	高敏感、电阻系列、中低温用
5J3840	—	Mn72Ni10Cu18	Cu	Ni36	高敏感、电阻系列、中低温用
5J2075	5J1075	Ni16Cr11	—	Ni20Co26Cr8	中敏感、耐蚀、高强度
5J2085	5J1085	Mn15Ni10Cr	—	Ni36Nb	中敏感、耐蚀、高强度

① 后缀字母 A、B 分别表示被动层相同、主动层不同但温曲率和电阻率整数值相同的两种热双金属牌号。

② 允许采用括号内的合金。

3. 热双金属带材试样热处理后的温曲率、电阻率、弹性模量和结合强度（见表21-138）

表21-138 热双金属带材试样热处理后的温曲率、电阻率、弹性模量和结合强度（GB/T 4461—2020）

新牌号	旧牌号	热敏性能 温曲率F标称值(20~130℃)[1]/(10⁻⁶/℃)	热敏性能 允许偏差 Ⅰ级	热敏性能 允许偏差 Ⅱ级	电阻率ρ 标称值(20℃±5℃)/μΩ·cm	电阻率ρ 允许偏差	弹性模量E(20℃±5℃)/MPa ≥	结合强度试验 Ⅰ 反复弯断	结合强度试验 Ⅰ 扭转	结合强度试验 Ⅱ 反复弯曲	结合强度试验 Ⅱ 弯曲	参考值 比弯曲K标称值(20~130℃)/(10⁻⁶/℃)	参考值 线性温度范围/℃	参考值 允许使用温度范围/℃	参考值 密度/(g/cm³)
5J39110	5J20110	39.1	±5%	±7%	113	±5%	113000	反复弯曲至断裂，断口处不应有分层现象	结合部位不应有分层现象	不少于三次，结合部位不应有分层现象	结合部位不应有分层现象	20.8	-20~150	-70~200	7.7
5J28140	5J14140	28.0			140		113000					14.5	-20~150	-70~200	7.5
5J28120	5J15120	28.5			125		122000					15.3	-20~200	-70~250	7.6
5J2780	5J1480	27.0			80.0		147000					14.3	-20~180	-70~350	8.2
5J2580	5J1380	25.2			80.0		147000					13.8	-50~100	-70~350	8.1
5J2880	5J1580	28.5			78.0		147000					15.1	-20~180	-70~350	8.1
5J2613	5J1413	26.8			13.0	±10%	98000					14.6	-20~180	-70~250	8.3
5J2616	5J1416	26.9			16.0		98000					14.3	-20~180	-70~250	8.3
5J1817	5J1017	18.8	±8%	±10%	17.0		152000					10.0	-20~180	-70~400	8.4
5J2270	5J1070	21.6	±5%	±7%	70.0	±5%	152000					11.4	+90~320	-70~540	8.1
5J2370	—	22.9	±5%	±7%	70.0		152000					11.7	-20~380	-20~450	8.1
5J1970	5J1070	19.6	±8%	±10%	70.0		152000					10.8	-20~350	-70~500	8
5J1356	5J0756	13.1	±8%	±10%	56.0		152000					7.0	0~400	-70~500	8.2
5J2606	5J1306A	26.9	±5%	±7%	6.0	±10%	122000					14.3	-20~150	-70~200	8.3
5J2506	5J1306B	25.6			6.0		122000					13.6	-20~150	-70~200	8.3
5J2709	5J1309A	27.0			9.0		122000					14.3	-20~150	-70~200	8.2
5J2609	5J1309B	26.3			9.0		122000					13.9	-20~150	-70~200	8.2
5J2711	5J1411A	27.6			11.0		122000					14.6	-20~150	-70~200	8.2
5J2611	5J1411B	26.0			11.0		122000					13.8	-20~150	-70~200	8.2

新牌号	旧牌号	热敏性能 温曲率F标称值(20~130℃)[1]/(10⁻⁶/℃)	热敏性能 允许偏差 Ⅰ级	热敏性能 允许偏差 Ⅱ级	电阻率ρ 标称值(20℃±5℃)/μΩ·cm	电阻率ρ 允许偏差	弹性模量E(20℃±5℃)/MPa ≥	结合强度试验 Ⅰ 反复弯断	结合强度试验 Ⅱ 扭转	结合强度试验 Ⅱ 反复弯曲	参考值 比弯曲K标称值(20~130℃)/(10⁻⁶/℃)	参考值 线性温度范围/℃	参考值 允许使用温度范围/℃	参考值 密度/(g/cm³)
5J2815	—	28.1	±5%	±7%	15.0	±10%	122000	反复弯曲至断裂，断口处不应有分层现象	结合部位不应有分层现象	不少于三次，结合部位不应有分层现象	15.0	-20~150	-70~260	8.2
5J2817	5J1417A	28.2			17.0		122000				15.0	-20~150	-70~200	8.2
5J2617	5J1417B	26.6			17.0		122000				14.1	-20~150	-70~200	8.2
5J2520	5J1320A	25.1[2]			20.0	±8%	152000				13.3	-20~150	-70~200	8.2
5J2320	5J1320B	23.6[2]			20.0		152000				12.5	-20~150	-70~200	8.2
5J2625	5J1325A	26.1			25.0		152000				13.9	-20~150	-70~200	8.2
5J2425	5J1325B	24.7			25.0		152000				13.1	-20~150	-70~200	8.2
5J2630	5J1430A	26.8			30.0	±7%	152000				14.2	-20~150	-70~200	8.2
5J2530	5J1430B	25.4			30.0		152000				13.7	-20~150	-70~200	8.2
5J2733	5J1433A	27.0			33.0		152000				14.3	-20~150	-70~200	8.2
5J2533	5J1433B	25.9			33.0		152000				13.7	-20~150	-70~200	8.2
5J2735	5J1435A	27.5			35.0		152000				14.6	-20~150	-70~200	8.2
5J2535	5J1435B	25.9			35.0		152000				13.7	-20~150	-70~200	8.2
5J2740	5J1440A	27.5			40.0		152000				14.6	-20~150	-70~200	8.2

（续）

新牌号	旧牌号	热敏性能 温曲率 F 标称值（20~130℃）①/（10^{-6}/℃）	热敏性能 允许偏差 Ⅰ级	热敏性能 允许偏差 Ⅱ级	电阻率 ρ 标称值（20℃±5℃）/μΩ·cm	电阻率 ρ 允许偏差	弹性模量 E（20℃±5℃）/MPa ≥	结合强度试验 Ⅰ 反复弯断	结合强度试验 Ⅱ 扭转	结合强度试验 Ⅱ 反复弯曲	参考值 比弯曲 K 标称值（20~130℃）/（10^{-6}/℃）	参考值 线性温度范围/℃	参考值 允许使用温度范围/℃	参考值 密度/（g/cm³）
5J2640	5J1440B	26.5	±5%	±7%	41.6	±7%	152000	反复弯曲至断裂，断口处不应有分层现象	结合部位不应有分层现象	不少于三次，结合部位不应有分层现象	14.0	-20~150	-70~200	8.2
5J2845	5J1445A	28.0			45.0		152000				14.8	-20~150	-70~200	8.2
5J2645	5J1445B	26.6			45.0		152000				14.1	-20~150	-70~200	8.2
5J2850	5J1450A	28.0			50.0		152000				14.8	-20~150	-70~200	8.2
5J2650	5J1450B	26.6			50.0		152000				14.1	-20~150	-70~200	8.2

新牌号	旧牌号	热敏性能 温曲率 F 标称值（20~130℃）①/（10^{-6}/℃）	热敏性能 允许偏差 Ⅰ级	热敏性能 允许偏差 Ⅱ级	电阻率 ρ 标称值（20℃±5℃）/μΩ·cm	电阻率 ρ 允许偏差	弹性模量 E（20℃±5℃）/MPa ≥	结合强度试验 Ⅰ 反复弯断	结合强度试验 Ⅱ 扭转	结合强度试验 Ⅱ 反复弯曲	结合强度试验 Ⅱ 弯曲	参考值 比弯曲 K 标称值（20~130℃）/（10^{-6}/℃）	参考值 线性温度范围/℃	参考值 允许使用温度范围/℃	参考值 密度/（g/cm³）
5J2855	5J1455A	28.0	±5%	±7%	55.0	±7%	152000	反复弯曲至断裂，断口处不应有分层现象	不应有分层、裂纹现象	不少于三次，不应有分层、裂纹现象	不应有分层、裂纹现象	14.8	-20~150	-70~200	8.2
5J2655	5J1455B	26.6			55.0		152000					14.1	-20~150	-70~200	8.2
5J2209	—	21.8			9.0	±10%	152000					11.5	-20~380	-20~380	8.3
5J3405	—	33.9			5.0		113000					17.9	-20~200	-70~260	8.1
5J3708	—	37.3			8.3		113000					19.7	-20~200	-70~260	8.0
5J3810	—	37.8			10.0		113000					20.0	-20~200	-70~260	7.9
5J3812	—	38.0			11.6		113000					20.1	-20~200	-70~260	7.8
5J3815	—	38.3			15.0		113000					20.3	-20~200	-70~260	7.8
5J3820	—	38.7			20.8	±8%	113000					20.5	-20~200	-70~260	7.7
5J3840	—	38.7			41.6		113000					20.5	-20~200	-70~260	7.7
5J2075	5J1075	20.0	±8%	±10%	75.0	±5%	166000					10.8	-20~200	-70~200	8.0
5J2085	5J1085	19.7	±5%	±7%	86.0		160000					10.7	-20~200	-20~400	8.0

① 也可选用其他温度范围，其温曲率值由供需双方协商确定。

② 中间层采用 Cu 时，其温曲率值由供需双方协商确定。

4. 热双金属组元合金的平均线胀系数和电阻率（见表 21-139）

表 21-139 热双金属组元合金的平均线胀系数和电阻率（GB/T 4461—2020）

牌号	平均线胀系数/（10^{-6}/℃） 25~100℃	平均线胀系数/（10^{-6}/℃） 25~200℃	电阻率/μΩ·cm
Mn72Ni10Cu18	≥25.2	≥26.2	165~178
Mn75Ni15Cu10	≥25.2	≥26.2	160~180
Ni20Mn6	≥18.0	≥19.0	74.0~82.0
Ni22Cr3	≥17.8	≥18.8	74.0~82.0
Ni22Cr3L	≥17.8	≥18.8	74.0~82.0
Ni19Cr11	≥15.4	≥17.0	73.0~83.0
Ni19Mn7	≥17.2	≥18.0	76.0~82.0
Cu62Zn38	≥18.0	≥18.5	6.8~7.4
Mn15Ni10Cr10	≥15.0	≥15.5	75.0~95.0
Ni16Cr11	—	—	—

（续）

牌号	平均线胀系数/(10^{-6}/℃)		电阻率/μΩ·cm
	25~100℃	25~200℃	
Ni20Co26Cr8	—	—	—
Ni45Cr6	≥14.0	≥14.5	88.0~97.0
Ni50	≤10.8	≤10.8	39.0~43.0
Ni42	≤6.0	≤5.8	59.0~67.0
Ni36	≤1.9	≤2.7	77.0~84.0
Ni34	≤3.0	≤5.6	77.0~86.0
Ni36Nb4	≤6.0	≤6.0	80.0~90.0
Ni	12.7~13.8	12.9~14.0	8.1~8.8
Cu	16.5~17.9	16.8~18.2	1.7~1.9

21.5.2 热双金属组元合金

1. 热双金属组元合金的规格（见表21-140）

表21-140 热双金属组元合金的规格（JB/T 13636—2020） （单位：mm）

产品厚度 t	产品宽度 w≤180		产品宽度 w>180~350	
	纵向厚度极限偏差	横向厚度极限偏差	纵向厚度极限偏差	横向厚度极限偏差
0.90~1.30	±0.040	沿宽度方向的厚度极限偏差不大于公称厚度的3%	±0.045	沿宽度方向的厚度极限偏差不大于公称厚度的3%
>1.30~1.80	±0.045		±0.050	
>1.80~2.50	±0.060		±0.065	
>2.50~3.00	±0.070		±0.075	
>3.00~4.00	±0.080		±0.085	
>4.00~5.00	±0.100		±0.105	

2. 热双金属组元合金的化学成分（见表21-141）

表21-141 热双金属组元合金的化学成分（JB/T 13636—2020）

牌号	化学成分（质量分数，%）											
	C	Mn	Si	P	S	Cr	Ni	Cu	Zn	Co	Fe	其他
Mn75Ni15Cu10	≤0.05	余量	≤0.05	≤0.030	≤0.020	—	14.0~16.0	9.0~11.0	—	—	≤0.80	—
Mn72Ni10Cu18	≤0.05	余量	≤0.50	≤0.020	≤0.030	≤0.25	8.0~11.0	17.0~19.0	—	—	≤0.80	—
Ni20Mn6	≤0.05	5.5~6.5	≤0.30	≤0.020	≤0.020	—	19.0~21.0	—	—	—	余量	—
Ni22Cr3	0.25~0.35	≤0.60	≤0.30	≤0.025	≤0.025	2.0~4.0	21.0~23.0	—	—	—	余量	—
Ni22Cr3L	≤0.15	≤0.60	≤0.30	≤0.025	≤0.025	2.0~4.0	21.0~23.0	—	—	—	余量	—
Ni19Cr11	≤0.08	≤0.60	≤0.40	≤0.020	≤0.020	10.0~12.0	18.0~20.0	—	—	—	余量	—
Ni19Mn7	≤0.05	6.5~8.0	≤0.30	≤0.020	≤0.020	—	18.0~20.0	—	—	—	余量	—
Cr62Zn38	—	—	—	—	≤0.010	—	—	60.5~63.5	余量	—	≤0.015	—
Mn15Ni10Cr10	≤0.06	14.5~17.5	≤0.40	≤0.020	≤0.020	9.0~14.0	9.0~12.0	—	—	—	余量	—

（续）

牌号	化学成分（质量分数，%）											
	C	Mn	Si	P	S	Cr	Ni	Cu	Zn	Co	Fe	其他
Ni14Mn7	0.35~0.65	6.0~7.5	≤0.30	≤0.020	≤0.020	—	12.5~14.5	—	—	—	余量	—
Ni18Cr11	≤0.15	≤0.80	≤0.50	≤0.025	≤0.025	10.0~12.0	17.0~19.0	—	—	—	余量	—
Ni25Cr8	≤0.15	≤1.0	≤1.0	≤0.025	≤0.025	7.0~9.0	24.0~26.0	—	—	—	余量	—
Ni50	≤0.05	≤0.60	≤0.30	≤0.020	≤0.020	≤0.5	49.0~51.0	—	—	≤0.50	余量	—
Ni42	≤0.05	≤0.60	≤0.30	≤0.020	≤0.020	≤0.5	41.0~43.0	—	—	≤0.50	余量	—
Ni39	≤0.05	≤0.60	≤0.30	≤0.020	≤0.020	≤0.5	38.0~40.0	—	—	≤0.50	余量	—
Ni36	≤0.05	≤0.60	≤0.30	≤0.020	≤0.020	≤0.5	35.0~37.0	—	—	≤0.50	余量	—
Ni34	≤0.05	≤0.60	≤0.30	≤0.020	≤0.020	≤0.5	33.5~35.0	—	—	≤0.50	余量	—
Ni36Nb4	≤0.06	≤0.50	≤0.40	≤0.020	≤0.020	0.6~1.2	34.0~40.0	0.7~1.3	—	1.5~2.1	余量	Nb:3.0~6.0 Mo:0.4~0.9 Al≤0.40
Ni	≤0.15	—	—	≤0.015	—	—	≥99.3	≤0.15	—	—	≤0.15	—
Cu	—	—	—	≤0.010	≤0.040	—	—	≥99.9	≤0.005	—	≤0.005	—

3. 热双金属组元合金的平均线胀系数（见表21-142）

表21-142　热双金属组元合金的平均线胀系数（JB/T 13636—2020）

牌号	平均线胀系数/(10^{-6}/℃)					膨胀试样热处理温度/℃
	25~100℃	25~150℃	25~200℃	25~260℃	25~370℃	
Mn72Ni10Cu18	≥25.2	≥26.0	≥26.2	≥26.8	≥28.6	750±10
Mn75Ni15Cu10	≥25.2	≥26.0	≥26.2	≥26.8	≥28.6	750±10
Ni20Mn6	≥18.0	≥18.5	≥19.0	≥19.6	≥19.8	820±10
Ni22Cr3	≥17.8	≥18.0	≥18.8	≥18.8	≥18.8	820±10
Ni22Cr3L	≥17.8	≥18.0	≥18.8	≥18.8	≥18.8	820±10
Ni19Cr11	≥15.4	—	≥17.0	—	—	820±10
Ni19Mn7	≥17.2	—	≥18.0	—	—	820±10
Cr62Zn38	≥18.0	—	≥18.5	—	—	650±10
Mn15Ni10Cr10	≥15.0	—	≥15.5	—	—	820±10
Ni4Mn7	≥19.0	≥19.0	≥19.0	≥20.0	≥20.5	820±10
Ni18Cr11	≥17.2	≥17.2	≥17.4	≥17.6	≥17.9	820±10
Ni25Cr8	≥16.9	≥16.9	≥17.5	≥17.5	≥17.6	820±10
Ni50	≤10.8	≤10.8	≤10.8	≤10.9	≤10.9	840±10
Ni42	≤6.0	≤5.8	≤5.8	≤5.8	≤6.0	900±10
Ni39	≤3.5	≤3.6	≤3.6	≤3.6	≤6.0	840±10
Ni36	≤1.9	≤2.5	≤2.7	≤4.9	≤7.9	840±10
Ni34	≤3.0	—	≤5.6	—	—	840±10
Ni36Nb4	≤6.0	—	≤6.0	—	—	840±10
Ni	12.7~13.8	12.9~14.0	12.9~14.0	13.5~14.6	14.2~15.4	700±10
Cu	16.5~17.9	16.6~18.0	16.8~18.2	—	—	650±10

注：表中所列牌号的热处理温度是用于平均线胀系数试样测试前进行热处理的温度。热处理时试样需要在保护性（非氧化）气氛中至少保温1h，升温速率小于600℃/h，降温冷却速率小于260℃/h。

4. 热双金属组元合金退火态的电阻率（见表 21-143）

表 21-143　热双金属组元合金退火态的电阻率（JB/T 13636—2020）

牌号	电阻率/μΩ·cm	牌号	电阻率/μΩ·cm
Mn72Ni10Cu18	165~178	Ni25Cr8	82~89
Mn75Ni15Cu10	160~180	Ni14Mn7	74~80
Ni20Mn6	74~82	Ni50	39~43
Ni22Cr3	74~82	Ni42	59~67
Ni22Cr3L	74~82	Ni39	67~73
Ni19Cr11	73~83	Ni36	77~84
Ni19Mn7	76~82	Ni34	77~86
Cu62Zn38	6.8~7.4	Ni36Nb4	80~90
Mn15Ni10Cr10	75~95	Ni	8.1~8.8
Ni18Cr11	76~82	Cu	1.7~1.9

5. 热双金属组元合金带材退火态的硬度（见表 21-144）

表 21-144　热双金属组元合金带材退火态的硬度（JB/T 13636—2020）

牌号	硬度　HV	牌号	硬度　HV
Mn72Ni10Cu18	≤130	Ni25Cr8	≤145
Mn75Ni15Cu10	≤130	Ni14Mn7	≤170
Ni20Mn6	≤145	Ni50	≤145
Ni22Cr3	≤160	Ni42	≤145
Ni22Cr3L	≤145	Ni39	≤135
Ni19Cr11	≤150	Ni36	≤135
Ni19Mn7	≤150	Ni34	≤135
Cu62Zn38	≤120	Ni36Nb4	≤150
Mn15Ni10Cr10	≤160	Ni	≤125
Ni18Cr11	≤150	Cu	≤110

21.6　精密电阻合金

21.6.1　精密电阻合金的牌号和化学成分

精密电阻合金的牌号和化学成分见表 21-145。

表 21-145　精密电阻合金的牌号和化学成分（GB/T 37797—2019）

新牌号	旧牌号	化学成分(质量分数,%)										
		C	Si	Mn	P	S	Cr	Ni	Cu	Al	Fe	其他元素
6J410	6J10	0.040	0.20	0.30	0.010	0.010	9.0~10.0	余量 Ni+Co	0.20	—	0.40	—
6J415	6J15	0.040	0.40~1.30	1.50	0.030	0.020	15.0~18.0	55.0~61.0	—	0.30	余量	—
6J420	6J20	0.040	0.40~1.30	0.70	0.010	0.010	20.0~23.0	余量	—	0.30	1.50	—
6J422	6J22	0.040	0.20	0.50~1.50	0.010	0.010	19.0~21.5	余量	—	2.70~3.2	2.00~3.00	—
6J423	6J23	0.040	0.20	0.50~1.50	0.010	0.010	19.0~21.5	余量	2.00~3.00	2.70~3.2	—	—

（续）

新牌号	旧牌号	化学成分(质量分数,%)										
		C	Si	Mn	P	S	Cr	Ni	Cu	Al	Fe	其他元素
6J424	6J24	0.040	0.90~1.50	1.00~3.00	0.010	0.010	19.0~21.5	余量	—	2.00~3.2	0.50	—
6J425	(6J25)	0.030	0.95~1.50	2.50~3.00	0.010	0.010	19.0~20.0	余量	—	2.50~3.00	<0.50	稀土加入量:0.10
6J426	(6J26)	0.030	1.00~1.50	1.00~2.00	0.010	0.010	19.5~20.5	余量	—	2.50~3.5	<0.50	稀土加入量:0.10
6J520	(6J27)	0.040	0.30	0.30	0.010	0.010	19.5~20.5	—	—	8.0~10.0	余量	稀土加入量:0.10
6J525	(6J28)	0.040	0.30	0.30	0.010	0.010	24.8~26.2	—	—	5.0~6.0	余量	V:3.4~4.0 稀土加入量:0.10

注：1. 所列成分除标明范围或最小值外，其余均为最大值。
2. 括号内为标准中曾用旧牌号。
3. 牌号中字母C表示“磁头”用，字母X表示“芯片”用，字母J表示“矩磁合金”用。

21.6.2 精密电阻合金的主要特性及用途

精密电阻合金的主要特性及用途见表21-146。

表21-146　精密电阻合金的主要特性及用途（GB/T 37797—2019）

新牌号	旧牌号	特性	用途	适用标准	产品品种
6J410	6J10	镍铬系精密电阻合金,具有低的电阻率,较低的电阻温度系数	制作各种测量仪器、仪表等电阻元件	GJB 1667—1993	冷拉丝材
6J415	6J15	镍铬系精密电阻合金,具有较高的电阻率,较低的电阻温度系数		GJB 1667—1993 YB/T 5259—2012	
6J420	6J20			YB/T 5259—2012 GJB 1667—1993	
6J422	6J22	改良型镍铬系精密电阻合金。具有较高的电阻率、低的电阻温度系数和小的对铜热电动势,应变灵敏度系数大,弹性模量小,热输出和热滞后小,稳定性好	制作各种测量仪器、仪表等电阻元件,中、低温应变计元件	YB/T 5260—2013 GJB 1667—1993	
6J423	6J23			YB/T 5260—2013 GJB 1667—1993	
6J424	6J24			YB/T 5260—2013 GJB 1667—1993	
6J425	(6J25)	改良型镍铬系精密电阻合金。具有较高的电阻率、低的电阻温度系数和小的对铜热电动势,应变灵敏度系数大,弹性模量小,热输出和热滞后小,稳定性好	制作各种测量仪器、仪表等电阻元件,中、低温应变计元件	—	
6J426	(6J26)			—	
6J520	(6J27)			—	
6J525	(6J28)			—	

注：括号内为标准中曾用牌号。

21.6.3 新康铜电阻合金

1. 新康铜电阻合金的标称尺寸

（1）新康铜电阻合金线材的标称尺寸（见表21-147）

表 21-147 新康铜电阻合金线材的标称尺寸（GB/T 6149—2010）

线径/mm		截面面积/	每米电阻		每米重量/
标称值	允许偏差	mm^2	标称值/（Ω/m）	允许偏差（%）	（g/m）
0.315	±0.010	0.07793	6.29	±7	0.6234
0.355		0.09898	4.95		0.7918
0.400		0.1257	3.90		1.005
0.45		0.1590	3.08		1.272
0.50	+0.01 −0.02	0.1963	2.50	±7	1.571
0.56		0.2463	1.99		1.970
0.63		0.3117	1.57		2.494
0.71		0.3959	1.24		3.167
0.75		0.4418	1.11		3.534
0.80		0.5027	0.975		4.021
0.85		0.5674	0.864		4.540
0.90	±0.02	0.6362	0.770		5.089
0.95		0.7088	0.691		5.671
1.00		0.7854	0.624	±6	6.283
1.06		0.8825	0.555		7.060
1.12		0.9852	0.497		7.882
1.18		1.093	0.448		8.749
1.25		1.227	0.399		9.817
1.32		1.368	0.358		10.95
1.40		1.539	0.318		12.32
1.50		1.767	0.277		14.14
1.60		2.011	0.244		16.08
1.70	+0.02 −0.03	2.270	0.216		18.16
1.80		2.545	0.193		20.36
1.90		2.835	0.173		22.68
2.00		3.142	0.156		25.13
2.12	±0.03	3.530	0.139	±5	28.24
2.24		3.941	0.124		31.53
2.36		4.374	0.112		34.99
2.50		4.909	0.0998		39.27
2.65		5.515	0.0888		44.12
2.80		6.158	0.0796		49.26
3.00	+0.03 −0.04	7.069	0.0693		56.55
3.15		7.793	0.0629		62.34
3.35		8.814	0.0556		70.51
3.55		9.898	0.0495		79.18
3.75		11.04	0.0444		88.36
4.00		12.57	0.0390		100.5
4.25		14.18	0.0346		113.5
4.50		15.90	0.0308		127.2
4.75	±0.04	17.72	0.0276	±4	141.8
5.00		19.63	0.0250		157.1
5.30		22.06	0.0222		176.5
5.60		24.63	0.0199		197.2
6.00		26.27	0.0186		226.2
6.30	±0.05	31.17	0.0157		249.4
6.70		35.26	0.0139		282.1
7.10		39.59	0.0124		316.7
7.50		44.18	0.0111		353.4
8.00		50.27	0.00975		402.1

注：1. 计算每米标称电阻时，电阻率取 0.49μΩ · m。

2. 计算每米重量时，密度取 $8g/cm^3$。

（2）新康铜电阻合金带材的标称尺寸（见表 21-148）

表 21-148　新康铜电阻合金带材的标称尺寸（GB/T 6149—2010）

厚度/mm	允许偏差/mm	宽度/mm								
		6.3	8.0	10.0	12.5	16.0	20.0	25.0	31.5	40.0
		允许偏差/mm								
		±0.3	±0.3	±0.3	±0.4	±0.4	±0.5	±0.5	±0.6	±0.7
		有效截面面积①/mm²								
0.180	±0.01	1.07								
0.200		1.18								
0.224		1.32	1.68							
0.250		1.48	1.88	2.45						
0.280	+0.01 −0.02	1.66	2.11	2.74	3.43					
0.315		1.87	2.37	3.09	3.86					
0.355		2.10	2.67	3.48	4.35	5.57				
0.400	±0.02	2.37	3.01	3.92	4.90	6.27				
0.450		2.66	3.38	4.41	5.51	7.06	8.82	11.03		
0.500		2.96	3.76	4.90	6.13	7.84	9.80	12.25		
0.560	+0.02 −0.03	3.32	4.21	5.49	6.86	8.78	10.98	13.72		
0.630		3.73	4.74	6.17	7.72	9.88	12.35	15.43		
0.710		4.20	5.34	6.96	8.70	11.13	13.92	17.40		
0.800	±0.03	4.74	6.02	7.84	9.80	12.54	15.68	19.60	24.70	
0.900		5.33	6.77	8.82	11.03	14.11	17.64	22.05	27.78	
1.000	±0.04	5.92	7.52	9.80	12.25	15.68	19.60	24.50	30.87	39.20
1.120		6.63	8.42	10.98	13.72	17.56	21.95	27.44	34.57	43.90
1.250		7.40	9.40	12.25	15.31	19.60	24.50	30.63	38.59	49.00
1.400	±0.05	8.29	10.53	13.72	17.15	21.95	27.44	34.30	43.22	54.88
1.600		9.48	12.03	15.68	19.60	25.09	31.36	39.20	49.39	62.72
1.800	±0.06	10.66	13.54	17.64	22.05	28.22	35.28	44.10	55.57	70.56
2.000		11.84	15.04	19.60	24.50	31.36	39.20	49.00	61.74	78.40

① 带材的有效截面面积是把宽度与厚度之积乘以系数求得：宽度大于或等于 10mm，乘以 0.98；宽度小于 10mm，乘以 0.94。

2. 新康铜电阻合金的牌号和主要化学成分（见表 21-149）

表 21-149　新康铜电阻合金的牌号和主要化学成分（GB/T 6149—2010）

牌号	主要化学成分(质量分数,%)			
	Cu	Mn	Al	Fe
6J11	余量	11.50~12.50	2.50~4.50	1.00~1.60

3. 新康铜电阻合金的电性能（见表 21-150）

表 21-150　新康铜电阻合金的电性能（GB/T 6149—2010）

牌号	温度范围/℃	平均电阻温度系数/(10⁻⁶/℃)	20℃时的电阻率/μΩ·m
6J11	20~200	−4~40	0.49±0.03
	20~500	−80~80	

4. 新康铜电阻合金线材的伸长率（见表 21-151）

表 21-151　新康铜电阻合金线材的断后伸长率（GB/T 6149—2010）

线径/mm	断后伸长率 A_{200mm}(%)
≥1.00	25
<1.00	15

5. 新康铜电阻合金带材的每米标称电阻（见表21-152）

表21-152 新康铜电阻合金带材的每米标称电阻（GB/T 6149—2010）

厚度/mm	宽度/mm								
	6.3	8.0	10.0	12.5	16.0	20.0	25.0	31.5	40.0
	每米标称电阻/(Ω/m)								
0.180	0.460								
0.200	0.414								
0.224	0.369	0.291							
0.250	0.331	0.261	0.200						
0.280	0.296	0.233	0.179						
0.315	0.263	0.207	0.159	0.127					
0.355	0.233	0.184	0.141	0.113					
0.400	0.207	0.163	0.125	0.100	0.0781				
0.450	0.184	0.145	0.111	0.0889	0.0694	0.0556	0.0444		
0.500	0.165	0.130	0.100	0.0800	0.0625	0.0500	0.0400		
0.560	0.148	0.116	0.0893	0.0714	0.0558	0.0446	0.0357		
0.630	0.131	0.103	0.0794	0.0635	0.0496	0.0397	0.0317		
0.710	0.117	0.0918	0.0704	0.0563	0.0440	0.0352	0.0282		
0.800	0.103	0.0814	0.0625	0.0500	0.0391	0.0312	0.0250	0.0198	
0.900	0.0919	0.0724	0.0556	0.0444	0.0347	0.0278	0.0222	0.0176	
1.000	0.0827	0.0652	0.0500	0.0400	0.0313	0.0250	0.0200	0.0159	0.0125
1.120	0.0739	0.0582	0.0446	0.0357	0.0279	0.0223	0.0179	0.0142	0.0112
1.250	0.0662	0.0521	0.0400	0.0320	0.0250	0.0200	0.0160	0.0127	0.0100
1.400	0.0591	0.0465	0.0357	0.0286	0.0223	0.0179	0.0143	0.0113	0.0089
1.600	0.0517	0.0407	0.0312	0.0250	0.0195	0.0156	0.0125	0.0099	0.0078
1.800	0.0460	0.0362	0.0278	0.0222	0.0174	0.0139	0.0111	0.0088	0.00069
2.000	0.0414	0.0326	0.0250	0.0200	0.0156	0.0125	0.0100	0.0079	0.0063

注：本表电阻率取0.49μΩ·m。

6. 新康铜电阻合金带材的每米重量（见表21-153）

表21-153 新康铜电阻合金带材的每米重量（GB/T 6149—2010）

厚度/mm	宽度/mm								
	6.3	8.0	10.0	12.5	16.0	20.0	25.0	31.5	40.0
	每米重量/(g/m)								
0.180	8.6								
0.200	9.4								
0.224	10.6	13.4							
0.250	11.8	15.0	19.6						
0.280	13.3	16.9	21.9	26.7					
0.315	15.0	19.0	24.7	30.9					
0.355	16.8	21.4	27.8	34.8	44.6				
0.400	19.0	24.1	31.4	39.2	50.2				
0.450	21.3	27.0	35.3	44.1	56.5	70.6	88.2		
0.500	23.7	30.1	39.2	49.0	62.7	78.4	98.0		
0.560	26.6	33.7	43.9	54.9	70.2	87.8	110.0		
0.630	29.8	37.9	49.4	61.8	79.0	98.8	123.4		
0.710	33.6	42.7	55.7	69.6	89.0	111.4	139.2		
0.800	37.9	48.2	62.7	78.4	100.3	125.4	156.8	197.6	
0.900	42.6	54.2	70.6	88.24	112.9	141.1	176.4	222.2	

（续）

厚度/mm	宽度/mm								
	6.3	8.0	10.0	12.5	16.0	20.0	25.0	31.5	40.0
	每米重量/(g/m)								
1.000	47.4	60.2	78.4	98	125.4	156.8	196.0	247.0	313.6
1.120	53.0	67.4	87.8	109.8	140.5	175.6	219.5	276.6	351.2
1.250	59.2	72.3	98.0	122.5	156.8	196.0	245.0	308.7	392.0
1.400	66.3	84.2	109.8	137.2	175.6	219.5	274.4	345.8	439.0
1.600	75.8	96.2	125.4	156.8	200.7	250.9	313.6	395.1	501.8
1.800	85.3	108.3	141.1	176.4	225.8	282.2	352.8	444.6	564.5
2.00	94.7	120.3	156.8	196.0	250.9	313.6	392.0	493.9	627.2

7. 新康铜电阻合金的物理性能（见表21-154）

表21-154　新康铜电阻合金的物理性能（GB/T 6149—2010）

项目	数据
熔点/℃	965
密度(20℃)/(g/cm³)	8.0
热导率(20℃)/[W/(m·℃)]	21.8
比热(20℃)/[kJ/(kg·℃)]	0.4
线胀系数(25~400℃)/(10⁻⁶/℃)	19.8
对铜热电动势率(0~100℃)/mV	0.002

21.6.4　锰铜精密电阻合金

1. 锰铜精密电阻合金的牌号和主要化学成分（见表21-155）

表21-155　锰铜精密电阻合金的牌号和主要化学成分（JB/T 9502—1999）

产品名称	牌号	主要化学成分(质量分数,%)		
		Cu	Mn	Ni
锰铜合金	6J12	余量	11~13	2~3

2. 锰铜精密电阻合金线材的每米电阻和每米重量（见表21-156）

表21-156　锰铜精密电阻合金线材的每米电阻和每米重量（JB/T 9502—1999）

线径/mm		截面面积/mm²	每米电阻/(Ω/m)				每米重量/(g/m)
标称值	允许偏差		标称值	允许偏差	下限	上限	
0.020	±0.002	0.000314	1496	±10%	1346	1646	0.00265
0.022		0.000380	1236		1113	1360	0.00321
0.025		0.000491	957		862	1053	0.00414
0.028		0.000616	763		687	840	0.00520
0.032	±0.003	0.000804	584	±8%	538	631	0.00679
0.036		0.001018	462		425	499	0.00859
0.040		0.001257	374		344	404	0.0106
0.045		0.001590	296		272	319	0.0134
0.050		0.001963	239		220	259	0.0166
0.056		0.002463	191		176	206	0.0208
0.063		0.003117	151		139	163	0.0263
0.071		0.003959	119		109	128	0.0334
0.080		0.005027	93.5		86.0	101	0.0424
0.090		0.006362	73.9		68.0	79.8	0.0537
0.100		0.007854	59.8		55.1	64.6	0.0663

（续）

线径/mm		截面面积/mm²	每米电阻/(Ω/m)				每米重量/(g/m)
标称值	允许偏差		标称值	允许偏差	下限	上限	
0.112	±0.005	0.009852	47.7	±7%	44.4	51.0	0.0832
0.125		0.01227	38.3		35.6	41.0	0.104
0.140		0.01539	30.5		28.4	32.7	0.130
0.160		0.02011	23.4		21.7	25.0	0.170
0.180		0.02545	18.5		17.2	19.8	0.215
0.200	±0.005	0.03142	15.0	±6%	14.1	15.9	0.265
0.224		0.03941	11.9		11.2	12.6	0.333
0.250		0.04909	9.57		9.00	10.1	0.414
0.280		0.06158	7.63		7.17	8.09	0.520
0.315	±0.010	0.07793	6.03	±5%	5.73	6.33	0.658
0.355		0.09898	4.75		4.51	4.99	0.835
0.400		0.1257	3.74		3.55	3.93	1.06
0.450		0.1590	2.96		2.81	3.10	1.34
0.500		0.1963	2.39		2.27	2.51	1.66
0.560	±0.015	0.2463	1.91	±4%	1.83	1.98	2.08
0.630		0.3117	1.51		1.45	1.57	2.63
0.710		0.3959	1.19		1.14	1.23	3.34
0.750		0.4418	1.06		1.02	1.11	3.73
0.800		0.5027	0.935		0.898	0.972	4.24
0.850		0.5674	0.828		0.795	0.861	4.79
0.900		0.6362	0.739		0.709	0.768	5.37
0.950		0.7088	0.663		0.637	0.690	5.98
1.000		0.7854	0.598		0.574	0.622	6.63
1.060	±0.020	0.8825	0.533	±4%	0.511	0.554	7.45
1.120		0.9852	0.477		0.458	0.496	8.32
1.180		1.094	0.430		0.413	0.447	9.23
1.250		1.227	0.383		0.368	0.398	10.4
1.320		1.368	0.343		0.330	0.357	11.5
1.400		1.539	0.305		0.293	0.318	13.0
1.500		1.767	0.266		0.255	0.277	14.9
1.600		2.011	0.234		0.224	0.243	17.0
1.700	±0.025	2.270	0.207	±4%	0.199	0.215	19.2
1.800		2.545	0.185		0.177	0.192	21.5
1.900		2.835	0.166		0.159	0.172	23.9
2.000		3.142	0.150		0.144	0.156	26.5
2.120		3.530	0.133		0.128	0.138	29.8
2.240	±0.030	3.941	0.119	±4%	0.114	0.124	33.3
2.360		4.374	0.107		0.103	0.112	36.9
2.500		4.909	0.0957		0.0919	0.0996	41.4

3. 锰铜精密电阻合金 6J12 的电阻温度系数（见表 21-157）

表 21-157　锰铜精密电阻合金 6J12 的电阻温度系数（JB/T 9502—1999）

产品名称		适用温度/℃	测试温度/℃	电阻温度系数	
				$\alpha/(10^{-6}/℃)$	$\beta/(10^{-6}/℃)$
锰铜合金线、片	0级	5~45	10、20、40	-2~2	-0.7~0
	1级			-3~5	

4. 锰铜精密电阻合金线材的断后伸长率（见表 21-158）

表 21-158 锰铜精密电阻合金线材的断后伸长率（JB/T 9502—1999）

直径/mm	断后伸长率(%)
≤0.05	6
>0.05~0.10	8
>0.10~0.50	12
>0.50	15

21.6.5 高精度锰铜电阻合金窄扁带

1. 高精度锰铜电阻合金窄扁带的代号和化学成分（见表 21-159）

表 21-159 高精度锰铜电阻合金窄扁带的代号和化学成分（JB/T 12513—2015）

产品名称	代号	主要化学成分(质量分数,%)			
		Cu	Mn	Ni	混合稀土等
锰铜合金窄扁带	6J12-BD	余量	11.0~13.0	2.0~3.0	微量
F2 锰铜合金窄扁带	6J13-BD	余量	11.0~13.0	2.0~5.0	—

2. 高精度锰铜电阻合金窄扁带的规格和每米电阻（见表 21-160）

表 21-160 高精度锰铜电阻合金窄扁带的规格和每米电阻（JB/T 12513—2015）

厚度/mm		宽度/mm		公称截面面积/mm²	每米电阻/(Ω/m)			
					6J12-BD		6J13-BD	
尺寸	极限偏差	尺寸	极限偏差		标称值	允许偏差	标称值	允许偏差
1.00	±0.010	4.80	±0.02	4.80	0.0906	±3%	0.0917	±3%
		5.20		5.20	0.0837		0.0846	
		6.00		6.00	0.0725		0.0733	
		8.00		8.00	0.0544		0.0550	
		9.50		9.50	0.0458		0.0463	
		10.00		10.00	0.0435		0.0440	
1.20	±0.015	5.20	±0.02	6.24	0.0697		0.0705	
		6.00		7.20	0.0604		0.0611	
		10.00		12.00	0.0363		0.0367	
1.25	±0.015	5.50	±0.02	6.88	0.0632		0.0640	
1.50	±0.015	4.50	±0.02	6.75	0.0644		0.0652	
		4.80		7.20	0.0604		0.0611	
		5.20		7.80	0.0558		0.0564	
		6.00		9.00	0.0483		0.0489	
		6.80		10.20	0.0426		0.0431	
		8.00		12.00	0.0363		0.0367	
		9.00		13.50	0.0322		0.0326	
		10.00		15.00	0.0290		0.0293	
		11.00		16.50	0.0264		0.0267	
		15.00		22.50	0.0193		0.0196	
1.55	±0.015	3.20	±0.02	4.96	0.0877		0.0887	
		5.50		8.53	0.0510		0.0516	
		8.00		12.40	0.0351		0.0355	
1.60	±0.015	5.00	±0.02	8.00	0.0544		0.0550	
		5.20		8.32	0.0523		0.0529	
		5.40		8.64	0.0503		0.0509	
		9.00		14.40	0.0302		0.0306	

（续）

厚度/mm		宽度/mm		公称截面面积/mm²	每米电阻/(Ω/m)			
					6J12-BD		6J13-BD	
尺寸	极限偏差	尺寸	极限偏差		标称值	允许偏差	标称值	允许偏差
2.0	±0.02	5.00	±0.02	10.00	0.0435	±3%	0.0440	±3%
		6.00		12.00	0.0363		0.0367	
		6.50		13.00	0.0335		0.0338	
		6.80		13.60	0.0320		0.0324	
		7.00		14.00	0.0311		0.0314	
		8.00		16.00	0.0272		0.0275	
		9.00		18.00	0.0242		0.0244	

注：合金窄扁带的截面积为宽度与厚度的乘积。

3. 高精度锰铜电阻合金窄扁带的电阻率（见表 21-161）

表 21-161　高精度锰铜电阻合金窄扁带的电阻率（JB/T 12513—2015）

产品名称	牌号	体积电阻率/μΩ · m
锰铜合金窄扁带	6J12	0.435±0.015
F2 锰铜合金窄扁带	6J13	0.440±0.020

4. 高精度锰铜电阻合金窄扁带的电阻温度系数（见表 21-162）

表 21-162　高精度锰铜电阻合金窄扁带的电阻温度系数（JB/T 12513—2015）

牌号		适用温度/℃	测试温度/℃	电阻温度系数	
				$\alpha/(10^{-6}/℃)$	$\beta/(10^{-6}/℃^2)$
6J12	1 级	-40~70	-25、20、60	-3~5	-0.7~0
	2 级			-5~10	
	3 级			-10~20	
6J13		10~80	10、40、60	0~40	—

5. 高精度锰铜电阻合金窄扁带的对铜热电动势率（见表 21-163）

表 21-163　高精度锰铜电阻合金窄扁带的对铜热电动势率（JB/T 12513—2015）

产品名称	牌号	温度范围/℃	对铜热电动势率/(μV/℃)
锰铜合金窄扁带	6J12	0~100	1
F2 锰铜合金窄扁带	6J13		2

注：对铜热电动势率为绝对值。

6. 高精度锰铜电阻合金的物理性能（见表 21-164）

表 21-164　高精度锰铜电阻合金的物理性能（JB/T 12513—2015）

项目	数据
熔点/℃	920
20℃时的密度/(g/cm³)	8.6
20℃时的比热容/[J/(kg · ℃)]	92
热导率/[W/(m · ℃)]	21.77
线胀系数(20~100℃)/(10⁻⁶/℃)	18.6
抗拉强度/MPa	≥390

21.6.6 锰铜、康铜精密电阻合金线、片及带

1. 锰铜、康铜精密电阻合金材的规格

（1）锰铜、康铜精密电阻合金片材的规格（见表 21-165）

表 21-165 锰铜、康铜精密电阻合金片材的规格（GB/T 6145—2010）（单位：mm）

厚度	宽度	厚度	宽度	厚度	宽度
0.100	50、75、100	0.280	50、75、100	0.800	50、75、100、125、150、175
0.112		0.315		0.900	
0.125		0.355		1.000	
0.140		0.400		1.120	
0.160		0.450	50、75、100、125、150、175	1.250	
0.180		0.500		1.400	
0.200		0.560		1.600	
0.224		0.630		1.800	
0.250		0.710		2.00	

（2）康铜精密电阻合金带材的规格（见表 21-166）

表 21-166 康铜精密电阻合金带材的规格（GB/T 6145—2010）

厚度/mm	允许偏差/mm	宽度/mm								
		6.3	8.0	10.0	12.5	16.0	20.0	25.0	31.5	40.0
		允许偏差/mm								
		±0.3	±0.3	±0.3	±0.4	±0.4	±0.5	±0.5	±0.6	±0.7
		有效截面面积①/mm²								
0.180	±0.010	1.066								
0.200		1.184								
0.224		1.327	1.684							
0.250	+0.010 -0.020	1.481	1.880	2.450						
0.280		1.658	2.106	2.744						
0.315		1.865	2.369	3.087	3.859					
0.355		2.102	2.670	3.479	4.349					
0.400	±0.020	2.369	3.008	3.920	4.900	6.272				
0.450		2.665	3.384	4.410	5.513	7.056	8.820	11.03		
0.500		2.961	3.760	4.900	6.125	7.840	9.800	12.25		
0.560	+0.020 -0.030	3.316	4.211	5.488	6.860	8.781	10.98	13.72		
0.630		3.731	4.738	6.174	7.718	9.878	12.35	15.44		
0.710		4.205	5.339	6.958	8.698	11.13	13.92	17.40		
0.800	±0.030	4.738	6.016	7.840	9.800	12.54	15.68	19.60	24.70	31.36
0.900		5.330	6.768	8.820	11.03	14.11	17.64	22.05	27.78	35.28
1.000	±0.040	5.922	7.520	9.800	12.25	15.68	19.60	24.50	30.87	39.20
1.120		6.633	8.422	10.98	13.72	17.56	21.95	27.44	34.57	43.90
1.250		7.403	9.400	12.25	15.31	19.60	24.50	30.63	38.59	49.00
1.400	±0.050	8.291	10.53	13.72	17.15	21.95	27.44	34.30	43.22	54.88
1.600		9.475	12.03	15.68	19.60	25.09	31.36	39.20	49.39	62.72
1.800	±0.060	10.66	13.54	17.64	22.05	28.22	35.28	44.10	55.57	70.56
2.000		11.84	15.04	19.60	24.50	31.36	39.20	49.00	61.74	78.40

① 带材的有效截面面积是把宽度与厚度之积乘以系数求得：宽度≥10mm 时，乘以 0.98；宽度<10mm 时，乘以 0.94。

2. 锰铜、康铜精密电阻合金线、片及带的化学成分（见表 21-167）

表 21-167 锰铜、康铜精密电阻合金线、片及带的化学成分（GB/T 6145—2010）

名称	牌号	主要化学成分(质量分数,%)			
		Cu	Mn	Ni	Si
锰铜	6J12	余量	11.0~13.0	2.0~3.0	—
F1 锰铜	6J8	余量	8.0~10.0	—	1.0~2.0
F2 锰铜	6J13	余量	11.0~13.0	2.0~5.0	—
康铜	6J40	余量	1.0~2.0	39.0~41.0	—

注：若能满足相关技术要求，化学成分允许稍有变动。

3. 锰铜、康铜精密电阻合金线、片及带的电阻率（见表 21-168）

表 21-168 锰铜、康铜精密电阻合金线、片及带的电阻率（GB/T 6145—2010）

名称	牌号	电阻率/μΩ · m
锰铜	6J12	0.47±0.03
F1 锰铜	6J8	0.35±0.05
F2 锰铜	6J13	0.44±0.04
康铜	6J40	0.48±0.03

4. 锰铜、康铜精密电阻合金线、片及带的电阻温度系数（见表 21-169）

表 21-169 锰铜、康铜精密电阻合金线、片及带的电阻温度系数（GB/T 6145—2010）

产品名称		适用温度/℃	测试温度/℃	电阻温度系数		平均电阻温度系数
				$\alpha/(10^{-6}/℃)$	$\beta/(10^{-6}/℃^2)$	$\bar{\alpha}/(10^{-6}/℃)$
锰铜合金线、片	1 级	5~45	10、20、40	-3~5	-0.7~0	—
	2 级			-5~10		
	3 级			-10~20		
F1 锰铜合金线、片		10~80	10、40、60	-5~10	-0.25~0	—
F2 锰铜合金线、片		10~80		0~40	-0.7~0	—
康铜合金线、片		0~50	20、50	—	—	-40~40

5. 锰铜、康铜精密电阻合金线的每米电阻（见表 21-170）

表 21-170 锰铜、康铜精密电阻合金线的每米电阻（GB/T 6145—2010）

线径/mm		截面面积/mm^2	每米电阻/(Ω/m)							
			6J12X		6J8X		6J13X		6J40X	
标称值	允许偏差		标称值	允许偏差	标称值	允许偏差	标称值	允许偏差	标称值	允许偏差
0.020	±0.002	0.000314	1496	±10%					1528	±10%
0.022		0.000380	1236						1263	
0.025		0.000491	957						978	
0.028		0.000616	763						780	
0.032	±0.003	0.000804	584	±8%		±8%		±8%	597	±8%
0.036		0.001018	462						472	
0.040		0.001257	374						382	
0.045		0.001590	296						302	
0.050		0.001963	239						244	
0.056	±0.003	0.002463	191	±8%		±8%		±8%	195	±8%
0.063		0.003117	151						154	
0.071		0.003959	119						121	
0.080		0.005027	93.5		69.6		87.5		95.5	
0.090		0.006362	73.9		55.0		69.2		75.5	
0.100		0.007854	59.8		44.6		56.0		61.1	

（续）

线径/mm		截面面积/mm²	每米电阻/(Ω/m)							
			6J12X		6J8X		6J13X		6J40X	
标称值	允许偏差		标称值	允许偏差	标称值	允许偏差	标称值	允许偏差	标称值	允许偏差
0.112	±0.005	0.009852	47.7	±7%	35.5	±7%	44.7	±7%	48.7	±7%
0.125		0.01227	38.3		28.5		35.9		39.1	
0.140		0.01539	30.5		22.7		28.6		31.2	
0.160		0.02011	23.4		17.4		21.9		23.9	
0.180		0.02545	18.5		13.8		17.3		18.9	
0.200	±0.005	0.03142	15.0	±6%	11.1	±6%	14.0	±6%	15.3	±6%
0.224		0.03941	11.9		8.88		11.2		12.2	
0.250		0.04909	9.57		7.13		8.96		9.78	
0.280		0.06158	7.63		5.68		7.15		7.80	
0.315	±0.010	0.07793	6.03	±5%	4.49	±5%	5.65	±5%	6.16	±5%
0.355		0.09898	4.75		3.54		4.45		4.85	
0.400		0.1257	3.74		2.79		3.50		3.82	
0.450		0.1590	2.96		2.20		2.77		3.02	
0.500		0.1963	2.39		1.78		2.24		2.44	
0.560	±0.015	0.2463	1.91	±4%	1.42	±4%	1.79	±4%	1.95	±4%
0.630		0.3117	1.51		1.12		1.41		1.54	
0.710		0.3959	1.19		0.884		1.11		1.21	
0.750		0.4418	1.06		0.792		1.00		1.09	
0.800		0.5027	0.935		0.696		0.875		0.955	
0.850		0.5674	0.828		0.617		0.775		0.846	
0.900		0.6362	0.739		0.550		0.692		0.755	
0.950		0.7088	0.663		0.494		0.621		0.677	
1.000		0.7854	0.598		0.446		0.560		0.611	
1.060	±0.020	0.8825	0.533	±4%	0.397	±4%	0.499	±4%	0.544	±4%
1.120		0.9852	0.477		0.355		0.447		0.487	
1.180		1.094	0.430		0.320		0.402		0.439	
1.250		1.227	0.383		0.285		0.359		0.391	
1.320		1.368	0.343		0.256		0.322		0.351	
1.400		1.539	0.305		0.227		0.286		0.312	
1.500		1.767	0.266		0.198		0.249		0.272	
1.600		2.011	0.234		0.174		0.219		0.239	
1.700	±0.025	2.270	0.207	±4%	0.154	±4%	0.194	±4%	0.211	±4%
1.800		2.545	0.185		0.138		0.173		0.189	
1.900		2.835	0.166		0.123		0.155		0.169	
2.000		3.142	0.150		0.111		0.140		0.153	
2.120		3.530	0.133		0.0992		0.125		0.136	
2.240	±0.030	3.941	0.119	±4%	0.0888	±4%	0.112	±4%	0.122	±4%
2.360		4.374	0.107		0.0800		0.101		0.110	
2.500		4.909	0.0957		0.0713		0.0896		0.0978	
2.650		5.515	0.0852		0.0635		0.0798		0.0870	
2.800		6.158	0.0763		0.0568		0.0715		0.0780	
3.000		7.069	0.0665		0.0495		0.0622		0.0679	
3.150	±0.035	7.793	0.0603	±4%	0.0449	±4%	0.0565	±4%	0.0616	±4%
3.350		8.814	0.0533		0.0397		0.0499		0.0545	
3.550		9.898	0.0475		0.0354		0.0445		0.0485	
3.750		11.04	0.0426		0.0317		0.0398		0.0435	

（续）

线径/mm		截面面积/mm²	每米电阻/(Ω/m)							
			6J12X		6J8X		6J13X		6J40X	
标称值	允许偏差		标称值	允许偏差	标称值	允许偏差	标称值	允许偏差	标称值	允许偏差
4.000		12.57	0.0374		0.0279		0.0350		0.0382	
4.250	±0.035	14.19	0.0331	±4%	0.0247	±4%	0.0310	±4%	0.0338	±4%
4.500		15.90	0.0296		0.0220		0.0277		0.0302	
4.750	±0.040	17.72	0.0265		0.0198		0.0248		0.0271	
5.000		19.63	0.0239		0.0178		0.0224		0.0244	
5.300	±0.050	22.06	0.0213		0.0159		0.0199		0.0218	
5.600		24.63	0.0191	±4%	0.0142	±4%	0.0179	±4%	0.0195	±4%
6.000	±0.060	28.27	0.0166		0.0124		0.0156		0.0170	
6.300		31.17	0.0151		0.0112		0.0141		0.0154	

6. 康铜精密电阻合金带材的标称每米电阻（见表 21-171）

表 21-171　康铜精密电阻合金带材的标称每米电阻（GB/T 6145—2010）

厚度/mm	宽度/mm								
	6.3	8.0	10.0	12.5	16.0	20.0	25.0	31.5	40.0
	每米电阻/(Ω/m)								
0.180	0.450								
0.200	0.405								
0.224	0.362	0.285							
0.250	0.324	0.255	0.196						
0.280	0.289	0.228	0.175						
0.315	0.257	0.203	0.155	0.124					
0.355	0.228	0.180	0.138	0.110					
0.400	0.203	0.160	0.122	0.0980	0.0765				
0.450	0.180	0.142	0.109	0.0871	0.0680	0.0544	0.0435		
0.500	0.162	0.128	0.0980	0.0784	0.0612	0.0490	0.0392		
0.560	0.145	0.114	0.0875	0.0700	0.0547	0.0437	0.0350		
0.630	0.129	0.101	0.0777	0.0622	0.0486	0.0389	0.0311		
0.710	0.114	0.090	0.0690	0.0552	0.0431	0.0345	0.0276		
0.800	0.101	0.080	0.0612	0.0490	0.0383	0.0306	0.0245	0.0194	0.0153
0.900	0.090	0.071	0.0544	0.0435	0.0340	0.0272	0.0218	0.0173	0.0136
1.000	0.081	0.064	0.0490	0.0392	0.0306	0.0245	0.0196	0.0155	0.0122
1.120	0.072	0.057	0.0437	0.0350	0.0273	0.0219	0.0175	0.0139	0.0109
1.250	0.065	0.051	0.0392	0.0313	0.0245	0.0196	0.0157	0.0124	0.0098
1.400	0.058	0.046	0.0350	0.0280	0.0219	0.0175	0.0140	0.0111	0.00875
1.600	0.051	0.040	0.0306	0.0245	0.0191	0.0153	0.0122	0.00972	0.00765
1.800	0.045	0.035	0.0272	0.0218	0.0170	0.0136	0.0109	0.00864	0.00680
2.000	0.041	0.032	0.0245	0.0196	0.0153	0.0122	0.0098	0.00777	0.00612

7. 锰铜、康铜精密电阻合金对铜平均热电动势率（见表 21-172）

表 21-172　锰铜、康铜精密电阻合金对铜平均热电动势率（GB/T 6145—2010）

名称	牌号	温度范围/℃	对铜平均热电动势率/(μV/℃)
锰铜	6J12	0~100	1
F1 锰铜	6J8	0~100	2
F2 锰铜	6J13	0~100	2
康铜	6J40	0~100	45

注：对铜热电动势率为绝对值。

8. 锰铜、康铜精密电阻合金线材的伸长率（见表 21-173）

表 21-173　锰铜、康铜精密电阻合金线材的伸长率（GB/T 6145—2010）

线径/mm	断后伸长率 A_{200mm}(%)
≤0.05	6
>0.05~0.10	8
>0.10~0.50	12
>0.50	15

21.6.7　镍铬电阻合金丝

1. 镍铬电阻合金丝的规格（见表 21-174）

表 21-174　镍铬电阻合金丝的规格（YB/T 5259—2012）

公称直径/mm	允许偏差/mm	每轴合金丝重量/g ≥
0.009	±0.001	0.10
0.010		0.12
0.011		0.15
0.012		0.30
0.014		1.0
(0.015)		1.5
0.016	±0.002	2.0
0.018		6.0
0.020		15
0.022		15
0.025		15
0.028		30
0.030		30
0.032		30
0.035		30
0.040	±0.003	30
0.045		45
0.050		45
0.055		45
0.060		45
0.070		45
0.080	±0.004	45
0.090		45
0.100		45
0.110	±0.005	80
0.120		80
(0.130)		120
0.140		120
0.150		120
0.160		150
(0.170)		150
0.180		150
(0.190)		150
0.200		150

（续）

公称直径/mm	允许偏差/mm	每轴合金丝重量/g ≥
0.220	±0.009	200
(0.230)		200
0.250		200
0.280		200
0.300		200
0.320		300
(0.330)		300
0.350		300
(0.380)		300
0.400		300

注：括号内的数值为非优先数值。

2. 镍铬电阻合金的牌号和化学成分（见表 21-175）

表 21-175　镍铬电阻合金的牌号和化学成分（YB/T 5259—2012）

牌号	化学成分(质量分数,%)								
	Ni	Cr	Mn	Si	C	P	S	Al	Fe
6J15	55.0~61.0	15.0~18.0	≤1.50	0.40~1.30	≤0.050	≤0.030	≤0.020	≤0.30	余量
6J20	余量	20.0~23.0	≤0.70	0.40~1.30	≤0.050	≤0.010	≤0.010	≤0.30	≤1.50

3. 镍铬电阻合金丝 20℃时的每米电阻（见表 21-176）

表 21-176　镍铬电阻合金丝 20℃时的每米电阻（YB/T 5259—2012）

公称直径/mm	每米电阻允许偏差(%)		20℃时每米电阻/(Ω/m)					
			6J15			6J20		
	1组	2组	上限值	公称值	下限值	上限值	公称值	下限值
0.009	±10	±15	19371	17610	15849	16800	14600	12400
0.010			15598	14180	12762	13600	11800	10000
0.011			12969	11790	10611	11800	10300	8760
0.012			10901	9910	8919	9960	8660	7360
0.014			7997	7270	6543	7620	6630	5640
(0.015)			6974	6340	5706	6650	5780	4910
0.016			6127	5570	5013	5840	5080	4320
0.018			4851	4410	3969	4610	4010	3410
0.020	±8	±12	3850	3565	3280	3740	3340	2940
0.022			3186	2950	2714	3100	2770	2440
0.025			2462	2280	2098	2400	2140	1880
0.028			1966	1820	1674	1870	1700	1530
0.030	±6	±10	1675	1580	1485	1640	1490	1340
0.032			1473	1390	1307	1440	1310	1180
0.035			1235	1165	1095	1200	1090	981
0.040	±5	±10	935	890	846	919	835	752
0.045			740	705	670	726	660	594
0.050			599	570	542	589	535	482
0.055	±3.5	±8	486	470	454	477	442	407
0.060			409	395	381	401	371	341
0.070			300	290	280	295	273	251
0.080			227	220	212	226	209	192
0.090			181	175	169	175	165	155
0.100			145	140	130	142	134	126

（续）

公称直径/mm	每米电阻允许偏差(%)		20℃时每米电阻/(Ω/m)					
			6J15			6J20		
	1组	2组	上限值	公称值	下限值	上限值	公称值	下限值
0.110	±3.5	±6	121	114	107	118	111	104
0.120			101	95.5	89.8	98.6	93.0	87.4
(0.130)			86.4	81.5	76.6	85.4	80.6	75.8
0.140			74.4	70.2	66.0	73.7	69.5	65.3
0.150			64.7	61.0	57.3	64.1	60.5	56.9
0.160			56.9	53.7	50.5	56.4	53.2	50.0
(0.170)			50.4	47.5	44.7	50.0	47.2	44.4
0.180	±3	±5	44.6	42.5	40.4	44.1	42.0	39.9
(0.190)			40.1	38.2	36.3	39.7	37.8	35.9
0.200			36.1	34.4	32.7	35.7	34.0	32.3
0.220			30.6	29.1	27.6	30.0	28.6	27.2
(0.230)			27.9	26.6	25.3	27.5	26.2	24.9
0.250			23.7	22.6	21.5	23.3	22.2	21.1
0.280			19.0	18.1	17.2	18.6	17.7	16.8
0.300			16.6	15.8	15.0	16.2	15.4	14.6
0.320			14.6	13.9	13.2	14.3	13.6	12.9
(0.330)			13.8	13.1	12.5	13.4	12.8	12.2
0.350			12.2	11.6	11.0	12.0	11.4	10.8
(0.380)			10.4	9.90	9.41	10.3	9.80	9.31
0.400			9.35	8.90	8.46	9.24	8.80	8.36

注：括号内的数值为非优先数值。

4. 镍铬电阻合金丝的力学性能（见表21-177）

表21-177 镍铬电阻合金丝的力学性能（YB/T 5259—2012）

公称直径/mm	断后伸长率A_{100mm}(%) ≥
0.009、0.010、0.011、0.012	4
0.014、(0.015)、0.016、0.018	8
0.020、0.022、0.025、0.028、0.030、0.032、0.035、0.040、0.045、0.050	12
0.055~0.090	16
0.100~0.130	18
0.140~0.400	20

注：直径小于0.020mm合金丝的断后伸长率的数据为参考值。

5. 镍铬电阻合金丝的物理性能（见表21-178）

表21-178 镍铬电阻合金丝的物理性能（YB/T 5259—2012）

项目	牌号	
	6J15	6J20
	数据	
20℃时电阻率/μΩ·m	1.12	1.08
熔点/℃	1390	1400
密度/(g/cm³)	8.2	8.3
电阻温度系数(20~100℃)/(10^{-6}/℃)	150	50
对铜热电动势(0~100℃)/(μV/℃)	1.0	1.5
平均线胀系数(20~100℃)/(10^{-6}/℃)	13.5	13.0
20℃比热容/[J/(g·℃)]	0.46	0.46
磁性	微磁	无磁

21.6.8 镍铬基精密电阻合金丝

1. 镍铬基精密电阻合金丝的规格（见表 21-179）

表 21-179 镍铬基精密电阻合金丝的规格（YB/T 5260—2013）

公称直径/mm	直径允许偏差/mm	每轴丝重量/g ≥
0.010	±0.001	0.2
0.011		0.3
0.012		0.5
0.014		1.0
0.016	±0.002	2.0
0.018		5.0
0.020		6.0
0.022		8.0
0.025	±0.002	12
0.028		20
(0.030)		25
0.032	±0.003	25
0.035		30
0.040		30
0.045		50
0.050		50
0.055		50
(0.060)		50
0.063		50
0.070		80
0.080		80
0.090	±0.004	80
0.100		80
0.110		120
0.120		120
0.140		120
(0.150)		250
0.160		250
0.180	±0.005	250
0.200		250
0.220		500
0.250		500
0.280		500
(0.300)		500
0.320		500
0.350		500
0.400		500

注：括号内的数值为非优先数。

2. 镍铬基精密电阻合金的牌号和化学成分（见表 21-180）

表 21-180 镍铬基精密电阻合金的牌号和化学成分（YB/T 5260—2013）

牌号	化学成分(质量分数,%)									
	Cr	Al	Fe	Cu	Mn	Si	Ni	C	P	S
6J22	19.0~21.5	2.70~3.20	2.00~3.00	—	0.50~1.50	≤0.20	余量	≤0.04	≤0.010	≤0.010
6J23	19.0~21.5	2.70~3.20	—	2.00~3.00	0.50~1.50	≤0.20	余量	≤0.04	≤0.010	≤0.010
6J24	19.0~21.5	2.00~3.20	≤0.50	—	1.00~3.00	0.90~1.50	余量	≤0.04	≤0.010	≤0.010

3. 镍铬基精密电阻合金丝的性能

（1）镍铬基精密电阻合金丝的电性能（见表21-181）

表21-181　镍铬基精密电阻合金丝的电性能（YB/T 5260—2013）

公称直径/mm	公称每米电阻/(Ω/m)	每米电阻允许偏差(%)	漆膜最小厚度/mm	漆包丝最大外径/mm	漆膜击穿电压/V ≥
0.010	16900	±15	—	—	—
0.011	14000		—	—	—
0.012	11800		—	—	—
0.014	8640		—	—	—
0.016	6610		0.004	0.028	200
0.018	5230	±12	0.005	0.030	200
0.020	4230		0.006	0.036	200
0.022	3500		0.006	0.038	250
0.025	2710		0.006	0.042	250
0.028	2160		0.006	0.045	350
(0.030)	1880	±10	0.006	0.048	350
0.032	1650	±10	0.006	0.050	350
0.035	1380	±10	0.007	0.054	350
0.040	1060	±10	0.007	0.060	350
0.045	836	±10	0.008	0.066	350
0.050	678	±10	0.008	0.072	350
0.055	560	±8	0.009	0.078	500
(0.060)	470	±8	0.009	0.085	500
0.063	427	±8	0.009	0.089	500
0.070	346	±8	0.010	0.096	500
0.080	265	±8	0.011	0.108	500
0.090	209	±8	0.012	0.120	500
0.100	169	±6	0.012	0.132	500
0.110	140	±6	0.012	0.144	600
0.120	118	±6	0.014	0.156	600
0.140	86.4	±6	0.015	0.179	600
(0.150)	75.3	±6	0.016	0.191	600
0.160	66.2	±6	0.017	0.202	600
0.180	52.3	±6	0.018	0.225	600
0.200	42.3	±6	0.019	0.248	600
0.220	35.0	±5	0.021	0.271	600
0.250	27.1	±5	0.022	0.310	600
0.280	21.6	±5	0.024	0.338	600
(0.300)	18.9	±5	0.025	0.358	600
0.320	16.5	±5	0.026	0.381	600
0.350	13.8	±5	—	—	—
0.400	10.6	±5	—	—	—

（2）镍铬基精密电阻合金丝20℃时的电性能及物理量换算（见表21-182）

表21-182　镍铬基精密电阻合金丝20℃时的电性能及物理量换算（YB/T 5260—2013）

公称直径/mm	每米电阻(20℃)/(Ω/m)			截面面积/mm^2	每克长度/(m/g)	每米重量/(g/m)
	上限	公称值	下限			
0.010	19400	16900	14400	0.000079	1562	0.00064
0.011	16100	14000	11900	0.000095	1298	0.00077

（续）

公称直径/mm	每米电阻(20℃)/(Ω/m)			截面面积/mm^2	每克长度/(m/g)	每米重量/(g/m)
	上限	公称值	下限			
0.012	13600	11800	10000	0.000113	1087	0.00092
0.014	9940	8640	7340	0.000154	800	0.00125
0.016	7600	6610	5620	0.000201	613	0.00163
0.018	6020	5230	4450	0.000254	485	0.00206
0.020	4740	4230	3720	0.000314	394	0.00254
0.022	3920	3500	3080	0.000380	325	0.00308
0.025	3040	2710	2390	0.000491	252	0.00397
0.028	2420	2160	1900	0.000615	201	0.00498
0.030	2070	1880	1690	0.000707	175	0.00572
0.032	1820	1650	1490	0.000804	154	0.00651
0.035	1520	1380	1242	0.000962	128	0.00779
0.040	1170	1060	954	0.001256	98	0.01017
0.045	920	836	752	0.001589	78	0.01298
0.050	745	678	609	0.001963	63	0.01589
0.055	605	560	515	0.002375	52	0.01923
0.060	508	470	432	0.002826	44	0.02289
0.063	460	426	392	0.003116	40	0.02524
0.070	374	346	318	0.003847	32	0.03116
0.080	287	265	243	0.005024	25	0.04069
0.090	226	209	192	0.006359	19	0.05150
0.100	179	169	159	0.00785	16	0.06359
0.110	148	140	132	0.00950	13.0	0.07694
0.120	125	118	111	0.01130	10.9	0.09156
0.140	91.6	86.4	81.2	0.01539	8.0	0.1246
0.150	79.8	75.3	70.7	0.01767	7.0	0.1431
0.160	70.1	66.1	62.2	0.02011	6.1	0.1629
0.180	55.4	52.3	49.1	0.02545	4.9	0.2061
0.200	44.9	42.3	39.8	0.03142	3.9	0.2545
0.220	36.8	35.0	33.3	0.03799	3.2	0.3078
0.250	28.4	27.1	25.7	0.04909	2.5	0.3976
0.280	22.7	21.6	20.5	0.06158	2.0	0.4987
0.300	19.9	18.9	18.0	0.07069	1.7	0.5726
0.320	17.3	16.5	15.7	0.08038	1.5	0.6511
0.350	14.5	13.8	13.1	0.09616	1.3	0.7789
0.400	11.1	10.6	10.1	0.1257	1.0	1.0180

4. 镍铬基精密电阻合金丝的力学性能（见表 21-183）

表 21-183 镍铬基精密电阻合金丝的力学性能（YB/T 5260—2013）

公称直径/mm	断后伸长率 A_{100mm}(%)	破断拉力/N	公称直径/mm	断后伸长率 A_{100mm}(%)	破断拉力/N
	≥			≥	
0.010~0.012	4	0.059	0.040~0.050	10	0.981
0.014~0.016	5	0.098	0.055~0.063	10	1.765
0.018~0.020	5	0.157	0.070~0.080	10	2.746
0.022~0.025	7	0.245	0.090~0.100	10	4.903
0.028~0.030	7	0.441	0.110~0.400	18	6.374
0.032~0.035	7	0.637			

5. 镍铬基精密电阻合金丝的物理性能（见表 21-184）

表 21-184 镍铬基精密电阻合金丝的物理性能（YB/T 5260—2013）

项目	数据
电阻率(20℃)/μΩ·m	1.33
密度/(g/cm^3)	8.04~8.10
平均线胀系数(20~300℃)/(10^{-6}/℃)	13.6
抗拉强度/MPa	硬态:950~1400,软态:690~1000
熔点/℃	1400(近似值)
比热容/[J/(g·℃)]	0.46
最高工作温度/℃	300(光丝)

21.6.9 高电阻电热合金

1. 高电阻电热合金的品种和规格（见表 21-185）

表 21-185 高电阻电热合金的品种和规格（GB/T 1234—2012） （单位：mm）

品种		直径或厚度	宽度	长度
棒材		ϕ6.00~ϕ150.00	—	
盘条		ϕ5.50~ϕ12.00	—	
冷拉丝材		ϕ0.020~ϕ10.00	—	
冷轧带材		0.05~0.10	5.0~300.0	>10000
		>0.10~0.30		>20000
		>0.30~1.00		>15000
		>1.00~2.00		>10000
		>2.00~4.00		>5000
热轧带材	卷状	2.5~5.0	15.0~300.0	>10000
	条状	>5.0~7.0		>3000
		>7.0~10.0		>2000
		>10.0~20.0		>1500
热轧棒材		ϕ6.0~ϕ60.0		
热锻棒材		ϕ50.0~ϕ150.0		

2. 高电阻电热合金的牌号和化学成分（见表 21-186）

表 21-186 高电阻电热合金的牌号和化学成分（GB/T 1234—2012）

牌号	化学成分(质量分数,%)									
	C	P	S	Mn	Si	Cr	Ni	Al	Fe	其他
	≤									
Cr20Ni80	0.08	0.020	0.015	0.60	0.75~1.60	20.0~23.0	余量	≤0.50	≤1.0	—
Cr30Ni70	0.08	0.020	0.015	0.60	0.75~1.60	28.0~31.0	余量	≤0.50	≤1.0	—
Cr15Ni60	0.08	0.020	0.015	0.60	0.75~1.60	15.0~18.0	55.0~61.0	≤0.50	余量	—
Cr20Ni35	0.08	0.020	0.015	1.00	1.00~3.00	18.0~21.0	34.0~37.0	—	余量	—
Cr20Ni30	0.08	0.020	0.015	1.00	1.00~3.00	18.0~21.0	30.0~34.0	—	余量	—
1Cr13Al4	0.12	0.025	0.020	0.50	≤0.70	12.0~15.0	≤0.60	4.0~6.0	余量	—
0Cr20Al3	0.08	0.025	0.020	0.50	≤0.70	18.0~21.0	≤0.60	3.0~4.2	余量	—
0Cr23Al5	0.06	0.025	0.020	0.50	≤0.60	20.5~23.5	≤0.60	4.2~5.3	余量	—
0Cr20Al6RE	0.04	0.025	0.020	0.50	≤0.40	19.0~21.0	≤0.60	5.0~6.0	余量	La+Ce、Co、Ti、Nb、Y、Zr、Hf等元素中的一种或几种加入总量的0.04~1.00

（续）

牌号	化学成分（质量分数，%）									
	C	P	S	Mn	Si	Cr	Ni	Al	Fe	其他
	≤									
0Cr25Al5	0.06	0.025	0.020	0.50	≤0.60	23.0~26.0	≤0.60	4.5~6.5	余量	—
0Cr21Al6Nb	0.05	0.025	0.020	0.50	≤0.60	21.0~23.0	≤0.60	5.0~7.0	余量	Nb加入量0.5
0Cr24Al6RE	0.04	0.025	0.020	0.50	≤0.40	22.0~26.0	≤0.60	5.0~7.0	余量	La+Ce、Co、Ti、Nb、Y、Zr、Hf等元素当中的一种或几种加入总量的0.04~1.00
0Cr27Al7Mo2	0.05	0.025	0.020	0.20	≤0.40	26.5~27.8	≤0.06	6.0~7.0	余量	Mo加入量1.8~2.2

3. 高电阻电热合金的室温电阻率（见表21-187）

表21-187 高电阻电热合金的室温电阻率（GB/T 1234—2012）

牌号	软态丝材		软态带材	
	直径/mm	电阻率（20℃）/μΩ·m	厚度/mm	电阻率（20℃）/μΩ·m
Cr20Ni80	<0.50	1.09±0.05	≤0.80	1.09±0.05
	0.50~3.00	1.13±0.05	>0.80~3.00	1.13±0.05
	>3.00	1.14±0.05	>3.00	1.14±0.05
Cr30Ni70	<0.50	1.18±0.05	≤0.80	1.18±0.05
	≥0.50	1.20±0.05	>0.80~3.00	1.19±0.05
			>3.00	1.20±0.05
Cr15Ni60	<0.50	1.12±0.05	≤0.80	1.11±0.05
	≥0.50	1.15±0.05	>0.80~3.00	1.14±0.05
			>3.00	1.15±0.05
Cr20Ni35 Cr20Ni30	—	1.04±0.05	—	1.04±0.05
1Cr13Al4	0.020~10.00	1.25±0.08	0.050~4.00	1.25±0.08
0Cr20Al3		1.23±0.07		1.23±0.07
0Cr23Al5		1.35±0.06		1.35±0.07
0Cr20Al6RE		1.40±0.07		1.40±0.07
0Cr25Al5		1.42±0.07		1.42±0.07
0Cr21Al6Nb		1.45±0.07		1.45±0.07
0Cr24Al6RE		1.48±0.07		1.48±0.07
0Cr27Al7Mo2		1.53±0.07		1.53±0.07

4. 高电阻电热合金软态丝材的每米电阻（见表21-188）

表21-188 高电阻电热合金软态丝材的每米电阻（GB/T 1234—2012）

公称直径/mm	每米电阻/（Ω/m）						每米电阻允许偏差（%）
	Cr20Ni80	Cr30Ni70	Cr15Ni60	Cr20Ni35 Cr20Ni30	1Cr13Al4	0Cr20Al3	
0.02	3471	3757	3566	3312	3980	3917	±15
0.03	1542	1669	1584	1471	1768	1740	±10
0.04	867.4	939.0	891.3	827.6	994.7	978.8	±10
0.05	555.1	601.0	570.4	529.7	636.6	626.4	±10
0.06	385.5	417.3	396.1	367.8	442.1	435.0	±10
0.07	283.2	306.6	291.0	270.2	324.8	319.6	±8
0.08	216.8	234.8	222.8	206.9	248.7	244.7	±8
0.09	171.3	185.5	176.1	163.5	196.5	193.3	±8

（续）

公称直径/mm	每米电阻/（Ω/m）						每米电阻允许偏差（%）
	Cr20Ni80	Cr30Ni70	Cr15Ni60	Cr20Ni35 Cr20Ni30	1Cr13Al4	0Cr20Al3	
0.10	138.8	150.2	142.6	132.4	159.2	156.6	±8
0.11	114.7	124.2	117.9	109.4	131.5	129.4	±8
0.12	96.38	104.3	99.03	91.96	110.5	108.8	±8
0.13	82.12	88.90	84.38	78.35	94.17	92.67	±7
0.14	70.81	76.65	72.76	67.56	81.20	79.90	±7
0.15	61.68	66.77	63.38	58.85	70.74	69.60	±7
0.16	54.21	58.69	55.70	51.73	62.17	61.18	±7
0.17	48.02	51.99	49.34	45.82	55.07	54.19	±7
0.18	42.83	46.37	44.01	40.87	49.12	48.34	±6
0.19	38.44	41.62	39.50	36.68	44.09	43.38	±6
0.20	34.70	37.56	35.65	33.10	39.79	39.15	±6
0.22	28.67	31.04	29.46	27.36	32.88	32.36	±6
0.25	22.21	24.04	22.82	21.19	25.46	25.06	±6
0.28	17.70	19.16	18.19	16.89	20.30	19.98	±6
0.30	15.42	16.69	15.84	14.71	17.68	17.40	±6
0.32	13.55	14.67	13.93	12.93	15.54	15.29	±6
0.35	11.33	12.26	11.64	10.81	12.99	12.78	±5
0.38	9.611	10.40	9.876	9.170	11.02	10.85	±5
0.40	8.674	9.390	8.913	8.276	9.947	9.788	±5
0.42	7.868	8.517	8.084	7.50	9.002	8.878	±5
0.45	6.853	7.419	7.042	6.539	7.860	7.734	±5
0.48	6.024	6.521	6.189	5.747	6.908	6.797	±5
0.50	5.551	6.010	5.704	5.297	6.366	6.364	±5
0.55	4.756	5.051	4.840	4.378	5.261	5.177	±5
0.60	3.997	4.244	4.067	3.678	4.421	4.350	±5
0.65	3.405	3.616	3.466	3.134	3.767	3.707	±5
0.70	2.936	3.118	2.988	2.703	3.248	3.196	±5
0.75	2.558	2.716	2.603	2.355	2.829	2.784	±5
0.80	2.248	2.387	2.288	2.069	2.487	2.447	±5
0.85	1.991	2.115	2.027	1.833	2.203	2.168	±5
0.90	1.776	1.886	1.808	1.635	1.965	1.933	±5
0.95	1.594	1.693	1.622	1.467	1.763	1.735	±5
1.00	1.439	1.528	1.464	1.324	1.592	1.566	±5
1.50	0.6394	0.6791	0.6508	0.5885	0.7074	0.6961	±5
2.00	0.3597	0.3820	0.3661	0.3310	0.3979	0.3915	±5
2.50	0.2302	0.2445	0.2343	0.2119	0.2547	0.2506	±5
3.00	0.1599	0.1698	0.1627	0.1471	0.1768	0.1740	±5
3.50	0.1185	0.1247	0.1195	0.1081	0.1299	0.1278	±5
4.00	0.0907	0.0955	0.0915	0.0828	0.0995	0.0979	±5
4.50	0.0717	0.0755	0.0723	0.0654	0.0786	0.0773	±5
5.00	0.0581	0.0611	0.0586	0.0530	0.0637	0.0626	±5
5.50	0.0480	0.0505	0.0484	0.0438	0.0526	0.0518	±5

公称直径/mm	每米电阻/（Ω/m）						每米电阻允许偏差（%）
	0Cr23Al5	0Cr20Al16RE	0Cr25Al5	0Cr21Al6Nb	0Cr24Al6RE	0Cr27Al7Mo2	
0.020	4299	4456	4522	4617	4710	4872	±15
0.030	1910	1981	2009	2051	2094	2165	±10
0.040	1074	1114	1130	1154	1178	1218	±10

（续）

公称直径/mm	每米电阻/（Ω/m）						每米电阻允许偏差（%）
	0Cr23Al5	0Cr20Al16RE	0Cr25Al5	0Cr21Al6Nb	0Cr24Al6RE	0Cr27Al7Mo2	
0.050	687.5	713.0	723.2	738.5	753.8	779.2	±10
0.060	477.5	495.1	502.2	512.8	523.4	541.1	±10
0.070	350.8	363.8	369.0	376.8	384.6	397.6	±8
0.080	268.6	278.5	282.5	288.5	294.4	304.4	±8
0.090	212.2	220.1	223.2	227.9	232.6	240.5	±8
0.10	171.9	178.3	180.8	184.6	188.4	194.8	±8
0.11	142.1	147.3	149.4	152.6	155.7	161.0	±8
0.12	119.4	123.8	125.6	128.2	130.9	135.3	±8
0.13	101.7	105.5	107.0	109.2	111.5	115.3	±7
0.14	87.70	90.95	92.24	94.19	96.14	99.39	±7
0.15	76.39	79.22	80.36	82.05	83.75	86.58	±7
0.16	67.14	69.63	70.63	72.12	73.61	76.10	±7
0.17	59.48	61.68	62.56	63.88	65.20	67.41	±7
0.18	53.05	55.02	55.80	56.98	58.16	60.13	±6
0.19	47.61	49.38	50.08	51.14	52.20	53.96	±6
0.20	42.97	44.56	45.20	46.15	47.11	48.70	±6
0.22	35.51	36.83	37.36	38.14	38.93	40.25	±6
0.25	27.50	28.52	28.93	29.54	30.15	31.17	±6
0.28	21.92	22.74	23.06	23.55	24.04	24.85	±6
0.30	19.10	19.81	20.09	20.51	20.94	21.65	±6
0.32	16.79	17.41	17.66	18.03	18.40	19.02	±6
0.35	14.03	14.55	14.76	15.07	15.38	15.90	±6
0.38	11.90	12.34	12.52	12.79	13.05	13.49	±5
0.40	10.74	11.14	11.30	11.54	11.78	12.18	±5
0.42	9.744	10.11	10.25	10.47	10.68	11.04	±5
0.45	8.488	8.803	8.928	9.117	9.306	9.620	±5
0.48	7.460	7.737	7.847	8.013	8.179	8.455	±5
0.50	6.875	7.130	7.232	7.385	7.538	7.792	±5
0.55	5.682	5.893	5.977	6.103	6.229	6.440	±5
0.60	4.775	4.951	5.022	5.128	5.234	5.411	±5
0.65	4.068	4.219	4.279	4.370	4.460	4.611	±5
0.70	3.508	3.638	3.690	3.768	3.846	3.976	±5
0.75	3.056	3.169	3.214	3.282	3.350	3.463	±5
0.80	2.686	2.785	2.825	2.885	2.944	3.044	±5
0.85	2.379	2.467	2.502	2.555	2.608	2.696	±5
0.90	2.122	2.201	2.232	2.279	2.326	2.405	±5
0.95	1.905	1.975	2.003	2.046	2.088	2.159	±5
1.00	1.719	1.783	1.808	1.846	1.884	1.948	±5
1.50	0.7639	0.7922	0.8036	0.8205	0.8375	0.8658	±5
2.00	0.4297	0.4456	0.4520	0.4615	0.4711	0.4870	±5
2.50	0.2750	0.2852	0.2893	0.2954	0.3015	0.3117	±5
3.00	0.1910	0.1981	0.2009	0.2051	0.2094	0.2165	±5
3.50	0.1403	0.1455	0.1476	0.1507	0.1538	0.1590	±5
4.00	0.1074	0.1114	0.1130	0.1154	0.1178	0.1218	±5
4.50	0.0848	0.0880	0.0892	0.0911	0.0931	0.0962	±5
5.00	0.0687	0.0713	0.0723	0.0738	0.0754	0.0779	±5
5.50	0.0568	0.0589	0.0597	0.0610	0.0623	0.0644	±5

5. 高电阻电热合金的电阻温度因数（修正系数）（见表 21-189）

表 21-189 高电阻电热合金的电阻温度因数（修正系数）（GB/T 1234—2012）

牌号	20℃	100℃	200℃	300℃	400℃	500℃	600℃	700℃	800℃	900℃	1000℃	1100℃	1200℃	1300℃
Cr20Ni80	1.000	1.006	1.012	1.018	1.025	1.026	1.018	1.010	1.008	1.010	1.014	1.021	1.025	—
Cr30Ni70	1.000	1.007	1.016	1.028	1.038	1.044	1.036	1.030	1.028	1.029	1.033	1.037	1.043	—
Cr15Ni60	1.000	1.011	1.024	1.038	1.052	1.064	1.069	1.073	1.078	1.088	1.095	1.109	—	—
Cr20Ni35	1.000	1.029	1.061	1.090	1.115	1.139	1.157	1.173	1.188	1.208	1.219	1.228	—	—
Cr20Ni30	1.000	1.023	1.052	1.079	1.103	1.125	1.141	1.158	1.173	1.187	1.201	1.214	1.226	—
1Cr13Al4	1.000	1.005	1.014	1.028	1.044	1.064	1.090	1.120	1.132	1.142	1.150	—	—	—
0Cr20Al3	1.000	1.011	1.025	1.042	1.061	1.085	1.120	1.142	1.154	1.164	1.172	1.180	1.186	—
0Cr23Al5	1.000	1.002	1.007	1.014	1.024	1.036	1.056	1.064	1.070	1.074	1.078	1.081	1.084	1.084
0Cr20Al6RE	1.000	1.002	1.005	1.010	1.015	1.021	1.029	1.035	1.039	1.042	1.044	1.046	1.047	1.047
0Cr25Al5	1.000	1.002	1.005	1.008	1.013	1.021	1.030	1.038	1.040	1.042	1.044	1.046	1.047	1.407
0Cr21Al6Nb	1.000	0.997	0.996	0.994	0.991	0.990	0.990	0.990	0.990	0.990	0.990	0.990	0.990	0.990
0Cr24Al6RE	1.000	0.995	0.993	0.990	0.988	0.986	0.984	0.982	0.980	0.978	0.976	0.976	0.975	0.975
0Cr27Al7Mo2	1.000	0.992	0.986	0.981	0.978	0.976	0.974	0.972	0.970	0.969	0.968	0.968	0.967	0.967

6. 高电阻电热合金软态丝材的快速寿命值（见表 21-190）

表 21-190 高电阻电热合金软态丝材的快速寿命值（GB/T 1234—2012）

牌号	试验温度/℃	快速寿命值/h ≥
Cr20Ni80	1200	80
Cr30Ni70	1250	50
Cr15Ni60	1150	80
Cr20Ni35	1100	80
Cr20Ni30	1100	80
0Cr20Al3	1250	80
0Cr23Al5	1300	80
0Cr20Al6RE	1300	80
0Cr25Al5	1300	80
0Cr21Al6Nb	1350	50
0Cr24Al6RE	1350	80
0Cr27Al7Mo2	1350	50

7. 高电阻电热合金软态材的力学性能（见表 21-191）

表 21-191 高电阻电热合金软态材的力学性能（GB/T 1234—2012）

牌号	状态	抗拉强度 R_m/MPa ≥	断后伸长率 A(%) ≥	
			直径>3.00mm 全部的丝材和厚度>0.200mm 镍铬带材	直径为 0.10~3.00mm 全部的丝材和厚度>0.200mm 铁铬铝带材
Cr20Ni80	固溶	650	25	20
Cr30Ni70		650	25	20
Cr15Ni60		600	25	20
Cr20Ni35		600	25	20
Cr20Ni30		600	25	20
1Cr13Al4	退火	580	15	12
0Cr20Al3		580	15	12
0Cr23Al5		600	15	12
0Cr20Al6RE		600	15	12
0Cr25Al5		600	15	12
0Cr21Al6Nb		650	12	10
0Cr24Al6RE		680	12	10
0Cr27Al7Mo2		680	10	10

8. 高电阻电热合金材的热处理工艺（见表 21-192）

表 21-192　高电阻电热合金材的热处理工艺（GB/T 1234—2012）

牌号		推荐的热处理工艺[①]
Cr20Ni80	固溶	980~1150℃,水冷或空冷
Cr30Ni70		980~1100℃,水冷或空冷
Cr15Ni60		980~1100℃,水冷或空冷
Cr20Ni35		900~1100℃,水冷或空冷
Cr20Ni30		900~1100℃,水冷或空冷
1Cr13Al4	退火	730~830℃,水冷
0Cr20Al3		730~830℃,水冷
0Cr23Al5		750~850℃,水冷
0Cr20Al6RE		750~850℃,水冷
0Cr25Al5		750~850℃,水冷
0Cr21Al6Nb		750~850℃,水冷
0Cr24Al6RE		750~850℃,水冷
0Cr27Al7Mo2		750~850℃,缓冷

① 适用于直径或厚度大于 2mm 合金丝材和带材，铁铬铝合金除 0Cr27Al7Mo2 外，热处理后应迅速淬水，不应在低于0℃的大气中冷却。

9. 高电阻电热合金的物理性能（见表 21-193）

表 21-193　高电阻电热合金的物理性能（GB/T 1234—2012）

牌号	元件最高使用温度/℃	熔点（近似）/℃	密度/(g/cm³)	电阻率(20℃)/μΩ·m	比热容/[J/(g·K)]	热导率(20℃)/[W/(m·K)]	平均线胀系数 $\bar{\alpha}$(20~1000℃)/(10^{-6}/K)	组织	磁性
Cr20Ni80	1200	1400	8.40	1.09	0.46	15	18.0	奥氏体	非磁性
Cr30Ni70	1250	1380	8.10	1.18	0.46	14	17.0	奥氏体	非磁性
Cr15Ni60	1150	1390	8.20	1.12	0.46	13	17.0	奥氏体	弱磁性
Cr20Ni35	1100	1390	7.90	1.04	0.50	13	19.0	奥氏体	非磁性
Cr20Ni30	1100	1390	7.90	1.04	0.50	13	19.0	奥氏体	非磁性
1Cr13Al4	950	1450	7.40	1.25	0.49	15	15.4	铁素体	磁性
0Cr20Al3	1100	1500	7.35	1.23	0.49	13	13.5	铁素体	磁性
0Cr23Al5	1300	1500	7.25	1.35	0.46	13	15.0	铁素体	磁性
0Cr20Al6RE	1300	1500	7.20	1.40	0.48	13	14.0	铁素体	磁性
0Cr25Al5	1300	1500	7.25	1.42	0.46	13	15.0	铁素体	磁性
0Cr21Al6Nb	1350	1510	7.10	1.45	0.49	13	16.0	铁素体	磁性
0Cr24Al6RE	1400	1520	7.10	1.48	0.49	13	16.0	铁素体	磁性
0Cr27Al7Mo2	1400	1520	7.10	1.53	0.49	13	16.0	铁素体	磁性

21.6.10 发热电阻合金

1. 发热电阻合金的类别、状态及规格（见表 21-194）

表 21-194　发热电阻合金的类别、状态及规格（JB/T 6454—2008）

品种类别	状态	直径/mm	厚度/mm	宽度/mm
铜(镍)锰	圆丝	≥φ0.16	—	—
镍铬铁	扁丝	—	>0.08	0.20~8.00
铁铬铝	带材	—	>0.08	>8.00

2. 发热电阻合金的牌号和化学成分（见表 21-195）

表 21-195 发热电阻合金的牌号和化学成分（JB/T 6454—2008）

牌号	化学成分(质量分数,%)							
	Al	C	Cr	Cu	Fe	Mn	Mo	Ni
NC003				余量				1
NC005				余量				2
NC010				余量				6
NC012				余量				8
MC012				余量		3		
NC015				余量				10
NC020				余量		0.3		14.2
NC025				余量		0.5		19
NC030				余量		0.5		23
NC035				余量		1.0		30
NC040				余量		1.0		34
NC050				余量		1.0		44
NCF072		0.1	18		余量			9
NCF080			3		余量			22
NCF104		0.1	20		余量			30
NCF113		0.08	15		余量			60
FCA126	4	0.05	13		余量			
FCA137	5	0.05	20		余量			
FCA142	5	0.05	25		余量			
FCA153	7	0.05	27		余量		2	

3. 发热电阻合金的公称电阻率（见表 21-196）

表 21-196 发热电阻合金的公称电阻率（JB/T 6454—2008）

品种类别	牌号	电阻率(20℃)/μΩ·m	允许偏差
铜镍(锰)	NC003	0.03	±10%
	NC005	0.05	
	NC010	0.10	
	NC012	0.12	
	MC012	0.12	
	NC015	0.15	
	NC020	0.20	±5%
	NC025	0.25	
	NC030	0.30	
	NC035	0.35	
	NC040	0.40	
	NC050	0.49	
镍铬铁	NCF072	0.72	
	NCF080	0.80	
	NCF104	1.04	
	NCF113	1.13	
铁铬铝	FCA126	1.25	
	FCA137	1.37	
	FCA142	1.42	
	FCA153	1.53	

4. 软态发热电阻合金的抗拉强度和断后伸长率（见表21-197）

表 21-197 软态发热电阻合金的抗拉强度和断后伸长率（JB/T 6454—2008）

牌号	抗拉强度 MPa ≥	公称直径/mm ≤1.00	>1.00
		断后伸长率 A_{100mm}(%) ≥	
NC003	210	18	25
NC005	220	18	25
NC010	250	18	25
NC012	270	18	25
MC012	290	20	25
NC015	290	20	25
NC020	310	20	25
NC025	340	20	25
NC030	350	20	25
NC035	400	20	25
NC040	400	20	25
NC050	420	20	25
NCF072	590	25	25
NCF080	600	18	25
NCF104	600	18	25
NCF113	600	18	25
FCA126	590	12	15
FCA137	600	12	15
FCA142	600	12	15
FCA153	690	10	12

5. 发热电阻合金的物理特性（见表21-198）

表 21-198 发热电阻合金的物理特性（JB/T 6454—2008）

牌号	电阻温度系数 (20~600℃)/ (10^{-5}/K)	熔点/ ℃	密度/ (g/cm³)	比热容/ [J/(g·K)]	热导率/ [W/(m·K)]	平均线胀系数/ (20~400℃) (10^{-6}/K)	对铜热电动势 (0~100℃)/ (μV/K)
NC003	<120	1085	8.9	0.38	145	17.5	-8
NC005	<100	1090	8.9	0.38	130	17.5	-12
NC010	<60	1095	8.9	0.38	92	17.5	-18
NC012	<57	1097	8.9	0.38	75	17.5	-22
MC012	<38	1050	8.9	0.39	84	18	—
NC015	<50	1100	8.9	0.38	59	17.5	-25
NC020	<38	1115	8.9	0.38	48	17.5	-28
NC025	<25	1135	8.9	0.38	38	17.5	-32
NC030	<16	1150	8.9	0.38	33	17.5	-34
NC035	<10	1170	8.9	0.39	27	17	-37
NC040	0	1180	8.9	0.40	25	16	-39
NC050	-6	1280	8.9	0.41	23	15	-43
NCF072	<190	1425	7.9	0.12	13	—	+3
NCF104	<31	1390	7.9	0.12	13	16	—
NCF113	<14	1390	8.2	0.11	13	15	+1
FCA126	15.5	1450	7.4	0.12	13	15.4	—
FCA137	8.6	1500	7.2	0.12	11	12	—
FCA142	4.1	1500	7.1	0.12	11	12	+5
FCA153	-1.4	1520	7.1	0.12	11	16.6	—

6. 发热电阻合金的应用特性（见表 21-199）

表 21-199　发热电阻合金的应用特性（JB/T 6454—2008）

品种类别	牌号	电阻率(20℃)/μΩ·m	最高使用温度/℃	耐腐蚀特性			
				潮湿空气	干燥空气	含氢气氛	含硫气氛
铜镍(锰)	NC003	0.03	200	差	较好	良好	差
	NC005	0.05	200				
	NC010	0.10	220				
	NC012	0.12	250				
	MC012	0.12	200				
	NC015	0.15	250				
	NC020	0.20	300				
	NC025	0.25	300				
	NC030	0.30	300				
	NC035	0.35	350				
	NC040	0.40	350				
	NC050	0.49	400				
镍铬铁	NCF072	0.72	300	较好	良好	良好	较好
	NCF080	0.80	300				
	NCF104	1.04	500				
	NCF113	1.13	600				
铁铬铝	FCA126	1.25	400	良好	良好	差	较好
	FCA137	1.37	400				
	FCA142	1.42	400				
	FCA153	1.53	400				

第 22 章　高 温 合 金

22.1　高温合金的牌号和化学成分

22.1.1　变形高温合金的牌号和化学成分

变形高温合金的牌号和化学成分见表 22-1。

表 22-1　变形高温合金的牌号和化学成分（GB/T 14992—2005）

铁或铁镍（镍的质量分数小于 50%）为主要元素的变形高温合金化学成分（质量分数,%）										
新牌号	原牌号	C	Cr	Ni	W	Mo	Al	Ti	Fe	Nb
GH1015	GH15	≤0.08	19.00~22.00	34.00~39.00	4.80~5.80	2.50~3.20	—	—	余量	1.10~1.60
GH1016[①]	GH16	≤0.08	19.00~22.00	32.00~36.00	5.00~6.00	2.60~3.30	—	—	余量	0.90~1.40
GH1035[②]	GH35	0.06~0.12	20.00~23.00	35.00~40.00	2.50~3.50	—	≤0.50	0.70~1.20	余量	1.20~1.70
GH1040[③]	GH40	≤0.12	15.00~17.50	24.00~27.00	—	5.50~7.00	—	—	余量	—
GH1131[④]	GH131	≤0.10	19.00~22.00	25.00~30.00	4.80~6.00	2.80~3.50	—	—	余量	0.70~1.30
GH1139[⑤]	GH139	≤0.12	23.00~26.00	15.00~18.00	—	—	—	—	余量	—
GH1140	GH140	0.06~0.12	20.00~23.00	35.00~40.00	1.40~1.80	2.00~2.50	0.20~0.60	0.70~1.20	余量	—
GH2035A	GH35A	0.05~0.11	20.00~23.00	35.00~40.00	2.50~3.50	—	0.20~0.70	0.80~1.30	余量	—
GH2036	GH36	0.34~0.40	11.50~13.50	7.00~9.00	—	1.10~1.40	—	≤0.12	余量	0.25~0.50
GH2038	GH38A	≤0.10	10.00~12.50	18.00~21.00	—	—	≤0.50	2.30~2.80	余量	—
GH2130	GH130	≤0.08	12.00~16.00	35.00~40.00	1.40~2.20	—	—	2.40~3.20	余量	—
GH2132	GH132	≤0.08	13.50~16.00	24.00~27.00	—	1.00~1.50	≤0.40	1.75~2.35	余量	—

（续）

铁或铁镍（镍的质量分数小于50%）为主要元素的变形高温合金化学成分（质量分数，%）

新牌号	原牌号	Mg	V	B	Ce	Si	Mn	P	S	Cu	
								≤			
GH1015	GH15	—	—	≤0.010	≤0.050	≤0.60	≤1.50	0.020	0.015	0.250	
GH1016	GH16	—	0.100~0.300	≤0.010	≤0.050	≤0.60	≤1.80	0.020	0.015	—	
GH1035	GH35	—	—	—	≤0.050	≤0.80	≤0.70	0.030	0.020	—	
GH1040	GH40	—	—	—	—	0.50~1.00	1.00~2.00	0.030	0.020	0.200	
GH1131	GH131	—	—	0.005	—	≤0.80	≤1.20	0.020	0.020	—	
GH1139	GH139	—	—	≤0.010	—	≤1.00	5.00~7.00	0.035	0.020	—	
GH1140	GH140	—	—	—	≤0.050	≤0.80	≤0.70	0.025	0.015	—	
GH2035A	GH35A	≤0.010	—	0.010	0.050	≤0.80	≤0.70	0.030	0.020	—	
GH2036	GH36	—	1.250~1.550	—	—	0.30~0.80	7.50~9.50	0.035	0.030	—	
GH2038	GH38A	—	—	≤0.008	—	≤1.00	≤1.00	0.030	0.020	—	
GH2130	GH130	—	—	0.020	0.020	≤0.60	≤0.50	0.015	0.015	—	
GH2132	GH132	—	0.100~0.500	0.001~0.010	—	≤1.00	1.00~2.00	0.030	0.020	—	
新牌号	原牌号	C	Cr	Ni	Co	W	Mo	Al	Ti	Fe	Nb
GH2135	GH135	≤0.08	14.00~16.00	33.00~36.00	—	1.70~2.20	1.70~2.20	2.00~2.80	2.10~2.50	余量	—
GH2150	GH150	≤0.08	14.00~16.00	45.00~50.00	—	2.50~3.50	4.50~6.00	0.80~1.30	1.80~2.40	余量	0.90~1.40
GH2302	GH302	≤0.08	12.00~16.00	38.00~42.00	—	3.50~4.50	1.50~2.50	1.80~2.30	2.30~2.80	余量	—
CH2696	GH696	≤0.10	10.00~12.50	21.00~25.00	—	—	1.00~1.60	≤0.80	2.60~3.20	余量	—
GH2706	CH706	≤0.06	14.50~17.50	39.00~44.00	—	—	—	≤0.40	1.50~2.00	余量	2.50~3.30
CH2747	CH747	≤0.10	15.00~17.00	44.00~46.00	—	—	—	2.90~3.90	—	余量	—
CH2761	GH761	0.02~0.07	12.00~14.00	42.00~45.00	—	2.80~3.30	1.40~1.90	1.40~1.85	3.20~3.65	余量	—
CH2901	GH901	0.02~0.06	11.00~14.00	40.00~45.00	—	—	5.00~6.50	≤0.30	2.80~3.10	余量	—
CH2903	GH903	≤0.05	—	36.00~39.00	14.00~17.00	—	—	0.70~1.15	1.35~1.75	余量	2.70~3.50
CH2907	GH907	≤0.06	≤1.00	35.00~40.00	12.00~16.00	—	—	≤0.20	1.30~1.80	余量	4.30~5.20
CH2909	GH909	≤0.06	≤1.00	35.00~40.00	12.00~16.00	—	—	≤0.15	1.30~1.80	余量	4.30~5.20
CH2984	GH984	≤0.08	18.00~20.00	40.00~45.00	—	2.00~2.40	0.90~1.30	0.20~0.50	0.90~1.30	余量	—

（续）

铁或铁镍（镍的质量分数小于50%）为主要元素的变形高温合金化学成分（质量分数，%）

新牌号	原牌号	B	Zr	Ce	Si	Mn	P	S	Cu
						≤			
GH2135	GH135	≤0.015	—	≤0.030	≤0.50	0.40	0.020	0.020	—
GH2150	GH150	≤0.010	≤0.050	≤0.020	≤0.40	0.40	0.015	0.015	0.070
GH2302	GH302	≤0.010	≤0.050	≤0.020	≤0.60	0.60	0.020	0.010	—
GH2696	GH696	≤0.020	—	—	≤0.60	0.60	0.020	0.010	—
GH2706	GH706	≤0.006	—	—	≤0.35	0.35	0.020	0.015	0.300
GH2747	GH747	—	—	≤0.030	≤1.00	1.00	0.025	0.020	—
GH2761	GH761	≤0.015	—	≤0.030	≤0.40	0.50	0.020	0.008	0.200
GH2901	GH901	0.010~0.020	—	—	≤0.40	0.50	0.020	0.008	0.200
GH2903	GH903	0.005~0.010	—	—	≤0.20	0.20	0.015	0.015	—
GH2907	GH907	≤0.012	—	—	0.07~0.35	1.00	0.015	0.015	0.500
GH2909	GH909	≤0.012	—	—	0.25~0.50	1.00	0.015	0.015	0.500
GH2984	GH984	—	—	—	≤0.50	0.50	0.010	0.010	—

镍为主要元素的变形高温合金化学成分（质量分数，%）

新牌号	原牌号	C	Cr	Ni	Co	W	Mo	Al	Ti	Fe	Nb
GH3007	GH5K	≤0.12	20.00~35.00	余量	—	—	—	—	—	≤8.00	—
GH3030	GH30	≤0.12	19.00~22.00	余量	—	—	—	≤0.15	0.15~0.35	≤1.50	—
GH3039	GH39	≤0.08	19.00~22.00	余量	—	—	1.80~2.30	0.35~0.75	0.35~0.75	≤3.00	0.90~1.30
GH3044	GH44	≤0.10	23.50~26.50	余量	—	13.00~16.00	≤1.50	≤0.50	0.30~0.70	≤4.00	—
GH3128	GH128	≤0.05	19.00~22.00	余量	—	7.50~9.00	7.50~9.00	0.40~0.80	0.40~0.80	≤2.00	—
GH3170	GH170	≤0.06	18.00~22.00	余量	15.00~22.00	17.00~21.00	—	≤0.50	—	—	—
GH3536	GH536	0.05~0.15	20.50~23.00	余量	0.50~2.50	0.20~1.00	8.00~10.00	≤0.50	≤0.15	17.00~20.00	—
GH3600	GH600	≤0.15	14.00~17.00	≥72.00	—	—	—	≤0.35	≤0.50	6.00~10.00	≤1.00

新牌号	原牌号	La	B	Zr	Ce	Si	Mn	P	S	Cu
						≤				
GH3007	GH5K	—	—	—	—	1.00	0.50	0.040	0.040	0.500~2.000
GH3030	GH30	—	—	—	—	0.80	0.70	0.030	0.020	≤0.200
GH3039	GH39	—	—	—	—	0.80	0.40	0.020	0.012	—
GH2044	GH44	—	—	—	—	0.80	0.50	0.013	0.013	≤0.070
GH3128	GH128	—	≤0.005	≤0.060	≤0.050	0.80	0.50	0.013	0.013	—
GH3170	GH170	0.100	≤0.005	0.100~0.200	—	0.80	0.50	0.013	0.013	—
GH3536	GH536	—	≤0.010	—	—	1.00	1.00	0.025	0.015	≤0.500
GH3600	GH600	—	—	—	—	0.50	1.00	0.040	0.015	≤0.500

（续）

镍为主要元素的变形高温合金化学成分(质量分数,%)

新牌号	原牌号	C	Cr	Ni	Co	W	Mo	Al	Ti	Fe	Nb
GH3625	GH625	≤0.10	20.00~23.00	余量	≤1.00	—	8.00~10.00	≤0.40	≤0.40	≤5.00	3.15~4.15
GH3652	GH652	≤0.10	26.50~28.50	余量	—	—	—	2.80~3.50	—	≤1.00	—
GH4033	GH33	0.03~0.08	19.00~22.00	余量	—	—	—	0.60~1.00	2.40~2.80	≤4.00	—
GH4037	GH37	0.03~0.10	13.00~16.00	余量	—	5.00~7.00	2.00~4.00	1.70~2.30	1.80~2.30	≤5.00	—
GH4049	GH49	0.04~0.10	9.50~11.00	余量	14.00~16.00	5.00~6.00	4.50~5.50	3.70~4.40	1.40~1.90	≤1.50	—
GH4080A	GH80A	0.04~0.10	18.00~21.00	余量	≤2.00	—	—	1.00~1.80	1.80~2.70	≤1.50	—
GH4090	GH90	≤0.13	18.00~21.00	余量	15.00~21.00	—	—	1.00~2.00	2.00~3.00	≤1.50	—
GH4093	GH93	≤0.13	18.00~21.00	余量	15.00~21.00	—	—	1.00~2.00	2.00~3.00	≤1.00	—
GH4098	GH98	≤0.10	17.50~19.50	余量	5.00~8.00	5.50~7.00	3.50~5.00	2.50~3.00	1.00~1.50	≤3.00	≤1.50
GH4099	GH99	≤0.08	17.00~20.00	余量	5.00~8.00	5.00~7.00	3.50~4.50	1.70~2.40	1.00~1.50	≤2.00	—

新牌号	原牌号	Mg	V	B	Zr	Ce	Si	Mn	P	S	Cu
							≤				
GH3625	GH625	—	—	—	—	—	0.50	0.50	0.015	0.015	0.070
GH3652	GH652	—	—	—	—	≤0.030	0.80	0.30	0.020	0.020	—
GH4033	GH33	—	—	≤0.010	—	≤0.020	0.65	0.40	0.015	0.007	—
GH4037	GH37	—	0.100~0.500	≤0.020	—	≤0.020	0.40	0.50	0.015	0.010	0.070
GH4049	GH49	—	0.200~0.500	≤0.025	—	≤0.020	0.50	0.50	0.010	0.010	0.070
GH4080A	GH80A	—	—	≤0.008	—	—	0.80	0.40	0.020	0.015	0.200
GH4090	GH90	—	—	≤0.020	≤0.150	—	0.80	0.40	0.020	0.015	0.200
GH4093	GH93	—	—	≤0.020	—	—	1.00	1.00	0.015	0.015	0.200
GH4098	GH98	—	—	≤0.005	—	≤0.020	0.30	0.30	0.015	0.015	0.070
GH4099	GH99	≤0.010	—	≤0.005	—	≤0.020	0.50	0.40	0.015	0.015	—

（续）

新牌号	原牌号	镍为主要元素的变形高温合金化学成分（质量分数，%）									
		C	Cr	Ni	Co	W	Mo	Al	Ti	Fe	Nb
GH4105	GH105	0.12~0.17	14.00~15.70	余量	18.00~22.00	—	4.50~5.50	4.50~4.90	1.18~1.50	≤1.00	—
GH4133	GH133A	≤0.07	19.00~22.00	余量	—	—	—	0.70~1.20	2.50~3.00	≤1.50	1.15~1.65
GH4133B	GH133B	≤0.06	19.00~22.00	余量	—	—	—	0.75~1.15	2.50~3.00	≤1.50	1.30~1.70
GH4141	GH141	0.06~0.12	18.00~20.00	余量	10.00~12.00	—	9.00~10.50	1.40~1.80	3.00~3.50	≤5.00	—
GH4145	GH145	≤0.08	14.00~17.00	≥70.00	≤1.00	—	—	0.40~1.00	2.25~2.75	5.00~9.00	0.70~1.20
GH4163	GH163	0.04~0.08	19.00~21.00	余量	19.00~21.00	—	5.60~6.10	0.30~0.60	1.90~2.40	≤0.70	—
GH4169	GH169	≤0.08	17.00~21.00	50.00~55.00	≤1.00	—	2.80~3.30	0.20~0.80	0.65~1.15	余量	4.75~5.50
GH4199	GH199	≤0.10	19.00~21.00	余量	—	9.00~11.00	4.00~6.00	2.10~2.60	1.10~1.60	≤4.00	—
GH4202	GH202	≤0.08	17.00~20.00	余量	—	4.00~5.00	4.00~5.00	1.00~1.50	2.20~2.80	≤4.00	—
GH4220	GH220	≤0.08	9.00~12.00	余量	14.00~15.50	5.00~6.50	5.00~7.00	3.90~4.80	2.20~2.90	≤3.00	—

新牌号	原牌号	Mg	V	B	Zr	Ce	Si	Mn	P	S	Cu
							≤				
GH4105	GH105	—	—	0.003~0.010	0.070~0.150	—	0.25	0.40	0.015	0.010	0.200
GH4133	GH33A	—	—	≤0.010	—	≤0.010	0.65	0.35	0.015	0.007	0.070
GH4133B	GH133B	0.001~0.010	—	≤0.010	0.010~0.100	≤0.010	0.65	0.35	0.015	0.007	0.070
GH4141	GH141	—	—	0.003~0.010	≤0.070	—	0.50	0.50	0.015	0.015	0.500
GH4145	GH145	—	—	—	—	—	0.50	1.00	0.015	0.010	0.500
GH4163	GH163	—	—	≤0.005	—	—	0.40	0.60	0.015	0.007	0.200
GH4169	GH169	≤0.010	—	≤0.006	—	—	0.35	0.35	0.015	0.015	0.300
GH4199	GH199	≤0.050	—	≤0.008	—	—	0.55	0.50	0.015	0.015	0.070
GH4202	GH202	—	—	≤0.010	—	≤0.010	0.60	0.50	0.015	0.010	—
GH4220	GH220	≤0.010	0.250~0.800	≤0.020	—	≤0.020	0.35	0.50	0.015	0.009	0.070

（续）

镍为主要元素的变形高温合金化学成分（质量分数，%）

新牌号	原牌号	C	Cr	Ni	Co	W	Mo	Al	Ti	Fe	Nb
GH4413	GH413	0.04~0.10	13.00~16.00	余量	—	5.00~7.00	2.50~4.00	2.40~2.90	1.70~2.20	≤5.00	—
GH4500	GH500	≤0.12	18.00~20.00	余量	15.00~20.00	—	3.00~5.00	2.75~3.25	2.75~3.25	≤4.00	—
GH4586	GH586	≤0.08	18.00~20.00	余量	10.00~12.00	2.00~4.00	7.00~9.00	1.50~1.70	3.20~3.50	≤5.00	—
GH4648	GH648	≤0.10	32.00~35.00	余量	—	4.30~5.30	2.30~3.30	0.50~1.10	0.50~1.10	≤4.00	0.50~1.10
GH4698	GH698	≤0.08	13.00~16.00	余量	—	—	2.80~3.20	1.30~1.70	2.35~2.75	≤2.00	1.80~2.20
GH4708	GH708	0.05~0.10	17.50~20.00	余量	≤0.50	5.50~7.50	4.00~6.00	1.90~2.30	1.00~1.40	≤4.00	—
GH4710	GH710	≤0.10	16.50~19.50	余量	13.50~16.00	1.00~2.00	2.50~3.50	2.00~3.00	4.50~5.50	≤1.00	—
GH4738	GH738（GH684）	0.03~0.10	18.00~21.00	余量	12.00~15.00	—	3.50~5.00	1.20~1.60	2.75~3.25	≤2.00	—
GH4742	GH742	0.04~0.08	13.00~15.00	余量	9.00~11.00	—	4.50~5.50	2.40~2.80	2.40~2.80	≤1.00	2.40~2.80

新牌号	原牌号	La	Mg	V	B	Zr	Ce	Si	Mn	P	S	Cu
								≤				
GH4413	GH413	—	≤0.005	0.200~1.000	0.020	—	0.020	0.60	0.50	0.015	0.009	0.070
GH4500	GH500	—	—	—	0.003~0.008	≤0.060	—	0.75	0.75	0.015	0.015	0.100
GH4586	GH586	≤0.015	≤0.015	—	≤0.005	—	—	0.50	0.10	0.010	0.010	—
GH4648	GH648	—	—	—	≤0.008	—	≤0.030	0.40	0.50	0.015	0.010	—
GH4698	GH698	—	≤0.008	—	≤0.005	≤0.050	≤0.005	0.60	0.40	0.015	0.007	0.070
GH4708	GH708	—	—	—	≤0.008	—	≤0.030	0.40	0.50	0.015	0.015	—
GH4710	GH710	—	—	—	0.010~0.030	≤0.060	0.020	0.15	0.15	0.015	0.010	0.100
GH4738	GH738（GH684）	—	—	—	0.003~0.010	0.020~0.080	—	0.15	0.10	0.015	0.015	0.100
GH4742	GH742	≤0.100	—	—	≤0.010	—	0.010	0.30	0.40	0.015	0.010	—

（续）

钴为主要元素的变形高温合金化学成分(质量分数,%)											
新牌号	原牌号	C	Cr	Ni	Co	W	Mo	Al	Ti	Fe	Nb
GH5188	GH188	0.05~0.15	20.00~24.00	20.00~24.00	余量	13.00~16.00	—	—	—	≤3.00	—
GH5605	GH605	0.05~0.15	19.00~21.00	9.00~11.00	余量	14.00~16.00	—	—	—	≤3.00	—
GH5941	GH941	≤0.10	19.00~23.00	19.00~23.00	余量	17.00~19.00	—	—	—	≤1.50	—
GH6159	GH159	≤0.04	18.00~20.00	余量	34.00~38.00	—	6.00~8.00	0.10~0.30	2.50~3.25	8.00~10.00	0.25~0.75
GH6783⑥	GH783	≤0.03	2.50~3.50	26.00~30.00	余量	—	—	5.00~6.00	≤0.40	24.00~27.00	2.50~3.50

新牌号	原牌号	La	B	Si	Mn	P	S	Cu
						≤		
GH5188	GH188	0.030~0.120	≤0.015	0.20~0.50	≤1.25	0.020	0.015	0.070
GH5605	GH605	—	—	≤0.40	1.00~2.00	0.040	0.030	—
GH5941	GH941	—	—	≤0.50	≤1.50	0.020	0.015	0.500
GH6159	GH159	—	≤0.030	≤0.20	≤0.20	0.020	0.010	—
GH6783	GH783	—	0.003~0.012	≤0.50	≤0.50	0.015	0.005	0.500

① 氮的质量分数为0.130%~0.250%。
② 加钛或加铌，但两者不得同时加入。
③ 氮的质量分数为0.100%~0.200%。
④ 氮的质量分数为0.150%~0.300%。
⑤ 氮的质量分数为0.300%~0.450%。
⑥ 钽的质量分数不大于0.050%。

22.1.2　铸造高温合金的牌号和化学成分

铸造高温合金的牌号和化学成分见表22-2。

表22-2　铸造高温合金的牌号和化学成分（GB/T 14992—2005）

等轴晶铸造高温合金化学成分（质量分数，%）										
新牌号	原牌号	C	Cr	Ni	Co	W	Mo	Al	Ti	Fe
K211	K11	0.10~0.20	19.50~20.50	45.00~47.00	—	7.50~8.50	—	—	—	余量
K213	K13	≤0.10	14.00~16.00	34.00~38.00	—	4.00~7.00	—	1.50~2.00	3.00~4.00	余量
K214	K14	≤0.10	11.00~13.00	40.00~45.00	—	6.50~8.00	—	1.80~2.40	4.20~5.00	余量
K401	K1	≤0.10	14.00~17.00	余量	—	7.00~10.00	≤0.30	4.50~5.50	1.50~2.00	≤0.20
K402	K2	0.13~0.20	10.50~13.50	余量	—	6.00~8.00	4.50~5.50	4.50~5.30	2.00~2.70	≤2.00
K403	K3	0.11~0.18	10.00~12.00	余量	4.50~6.00	4.80~5.50	3.80~4.50	5.30~5.90	2.30~2.90	≤2.00
K405	K5	0.10~0.18	9.50~11.00	余量	9.50~10.50	4.50~5.20	3.50~4.20	5.00~5.80	2.00~2.90	≤0.50
K406	K6	0.10~0.20	14.00~17.00	余量	—	—	4.50~6.00	3.25~4.00	2.00~3.00	≤1.00
K406C	K6C	0.03~0.08	18.00~19.00	余量	—	—	4.50~6.00	3.25~4.00	2.00~3.00	≤1.00
K407	K7	≤0.12	20.00~35.00	余量	—	—	—	—	—	≤8.00

新牌号	原牌号	B	Zr	Ce	Si	Mn	P	S	Cu
					≤				
K211	K11	0.030~0.050	—	—	0.40	0.50	0.040	0.040	—
K213	K13	0.050~0.100	—	—	0.50	0.50	0.015	0.015	—
K214	K14	0.100~0.150	—	—	0.50	0.50	0.015	0.015	—
K401	K1	0.030~0.100	—	—	0.80	0.80	0.015	0.010	—
K402	K2	0.015	—	0.015	0.04	0.04	0.015	0.015	—
K403	K3	0.012~0.022	0.030~0.080	0.010	0.50	0.50	0.020	0.010	—
K405	K5	0.015~0.026	0.030~0.100	0.010	0.30	0.50	0.020	0.010	—
K406	K6	0.050~0.100	0.030~0.080	—	0.30	0.10	0.020	0.010	—
K406C	K6C	0.050~0.100	≤0.030	—	0.30	0.10	0.020	0.010	—
K407	K7	—	—	—	1.00	0.50	0.040	0.040	0.500~2.000

（续）

等轴晶铸造高温合金化学成分(质量分数,%)

新牌号	原牌号	C	Cr	Ni	Co	W	Mo	Al	Ti	Fe	Nb	Ta
K408	K8	0.10~0.20	14.90~17.00	余量	—	—	4.50~6.00	2.50~3.50	1.80~2.50	8.00~12.50	—	—
K409	K9	0.08~0.13	7.50~8.50	余量	9.50~10.50	≤0.10	5.75~6.25	5.75~6.25	0.80~1.20	≤0.35	≤0.10	4.00~4.50
K412	K12	0.11~0.16	14.00~18.00	余量	—	4.50~6.50	3.00~4.50	1.60~2.20	1.60~2.30	≤8.00	—	—
K417	K17	0.13~0.22	8.50~9.50	余量	14.00~16.00	—	2.50~3.50	4.80~5.70	4.50~5.00	≤1.00	—	—
K417G	K17C	0.13~0.22	8.50~9.50	余量	9.00~11.00	—	2.50~3.50	4.80~5.70	4.10~4.70	≤1.00	—	—
K417L	K17L	0.05~0.22	11.00~15.00	余量	3.00~5.00	—	2.50~3.50	4.00~5.70	3.00~5.00	—	—	—
K418	K18	0.08~0.16	11.50~13.50	余量	—	—	3.80~4.80	5.50~6.40	0.50~1.00	≤1.00	1.80~2.50	—
K418B	K18B	0.03~0.07	11.00~13.00	余量	≤1.00	—	3.80~5.20	5.50~6.50	0.40~1.00	≤0.50	1.50~2.50	—
K419	K19	0.09~0.14	5.50~6.50	余量	11.00~13.00	9.50~10.50	1.70~2.30	5.20~5.70	1.00~1.50	≤0.50	2.50~3.30	—
K419H	K19H	0.09~0.14	5.50~6.50	余量	11.00~13.00	9.50~10.70	1.70~2.30	5.20~5.70	1.00~1.50	≤0.50	2.25~2.75	—

新牌号	原牌号	Hf	Mg	V	B	Zr	Ce	Si	Mn	P	S	Cu
								≤				
K408	K8	—	—	—	0.060~0.080	—	0.010	0.60	0.60	0.015	0.020	—
K409	K9	—	—	—	0.010~0.020	0.050~0.100	—	0.25	0.20	0.015	0.015	—
K412	K12	—	—	≤0.300	0.005~0.010	—	—	0.60	0.60	0.015	0.009	—
K417	K17	—	—	0.600~0.900	0.012~0.022	0.050~0.090	—	0.50	0.50	0.015	0.010	—
K417G	K17C	—	—	0.600~0.900	0.012~0.024	0.050~0.090	—	0.20	0.20	0.015	0.010	—
K417L	K17L	—	—	—	0.003~0.012	—	—	—	—	0.010	0.006	—
K418	K18	—	—	—	0.008~0.020	0.060~0.150	—	0.50	0.50	0.015	0.010	—
K418B	K18B			—	0.005~0.015	0.050~0.150	—	0.50	0.25	0.015	0.015	0.500
K419	K19	—	≤0.003	≤0.100	0.050~0.100	0.030~0.080	—	0.20	0.50	—	0.015	0.400
K419H	K19H	1.200~1.600	—	≤0.100	0.050~0.100	0.030~0.080	—	0.20	0.20	—	0.015	0.100

（续）

等轴晶铸造高温合金化学成分(质量分数,%)

新牌号	原牌号	C	Cr	Ni	Co	W	Mo	Al	Ti	Fe	Nb	Ta
K423	K23	0.12~0.18	14.50~16.50	余量	9.00~10.50	≤0.20	7.60~9.00	3.90~4.40	3.40~3.80	≤0.50	≤0.25	—
K423A	K23A	0.12~0.18	14.00~15.50	余量	8.20~9.50	≤0.20	6.80~8.30	3.90~4.40	3.40~3.80	≤0.50	≤0.25	—
K424	K24	0.14~0.20	8.50~10.50	余量	12.00~15.00	1.00~1.80	2.70~3.40	5.00~5.70	4.20~4.70	≤2.00	0.50~1.00	—
K430	K430	≤0.12	19.00~22.00	≥75.00	—	—	—	≤0.15	—	≤1.50	—	—
K438	K38	0.10~0.20	15.70~16.30	余量	8.00~9.00	2.40~2.80	1.50~2.00	3.20~3.70	3.00~3.50	≤0.50	0.60~1.10	1.50~2.00
K438C	K38G	0.13~0.20	15.30~16.30	余量	8.00~9.00	2.30~2.90	1.40~2.00	3.50~4.50	3.20~4.00	≤0.20	0.40~1.00	1.40~2.00
K441	K41	0.02~0.10	15.00~17.00	余量	—	12.00~15.00	1.50~3.00	3.10~4.00	—	—	—	—
K461	K461	0.12~0.17	15.00~17.00	余量	≤0.50	2.10~2.50	3.60~5.00	2.10~2.80	2.10~3.00	6.00~7.50	—	—
K477	K77	0.05~0.09	14.00~15.25	余量	14.00~16.00	—	3.90~4.50	4.00~4.60	3.00~3.70	≤1.00	—	—
K480[①]	K80	0.15~0.19	13.70~14.30	余量	9.00~10.00	3.70~4.30	3.70~4.30	2.80~3.20	4.80~5.20	≤0.35	≤0.10	≤0.10
K491	K91	≤0.02	9.50~10.50	余量	9.50~10.50	—	2.75~3.25	5.25~5.75	5.00~5.50	≤0.50	—	—

新牌号	原牌号	Hf	Mg	V	B	Zr	Ce	Si	Mn	P	S	Cu
									≤			
K423	K23	≤0.250	—	—	0.004~0.008	—	—	≤0.20	0.20	0.010	0.010	—
K423A	K23A	—	—	—	0.005~0.015	—	—	≤0.20	0.20	—	0.010	—
K424	K24	—	—	0.500~1.000	0.015	0.020	0.020	≤0.40	0.40	0.015	0.015	—
K430	K430	—	—	—	—	—	—	≤1.20	1.20	0.030	0.020	0.200
K438	K38	—	—	—	0.005~0.015	0.050~0.150	—	≤0.30	0.20	0.015	0.015	—
K438G	K38G	—	—	—	0.005~0.015	—	—	≤0.01	0.20	0.005	0.010	0.100
K441	K41	—	—	—	0.001~0.010	≤0.050	—	—	—	0.015	0.010	—
K461	K461	—	—	—	0.100~0.130	—	—	1.20~2.00	0.30	0.020	0.020	—
K477	K77	—	—	—	0.012~0.020	≤0.040	≤0.100	≤0.50	0.20	0.015	0.010	—
K480	K80	≤0.100	≤0.010	≤0.100	0.010~0.020	0.020~0.100	—	≤0.10	0.50	0.015	0.010	0.100
K491	K91	—	≤0.005	—	0.080~0.120	≤0.040	—	≤0.10	0.10	0.010	0.010	—

（续）

新牌号	原牌号	等轴晶铸造高温合金化学成分（质量分数，%）										
		C	Cr	Ni	Co	W	Mo	Al	Ti	Fe	Nb	Ta
K4002	K002	0.13~0.17	8.00~10.00	余量	9.00~11.00	9.00~11.00	≤0.50	5.25~5.75	1.25~1.75	≤0.50	—	2.25~2.75
K4130	K130	<0.01	20.00~23.00	余量	≤1.00	≤0.20	9.00~10.50	0.70~0.90	2.40~2.80	≤0.50	≤0.25	—
K4163	K163	0.04~0.08	19.50~21.00	余量	18.50~21.00	≤0.20	5.60~6.10	0.40~0.60	2.00~2.40	0.70	0.25	—
K4169	K4169	0.02~0.08	17.00~21.00	50.00~55.00	≤1.00	—	2.80~3.30	0.30~0.70	0.65~1.15	余量	4.40~5.40	≤0.10
K4202	K202	≤0.08	17.00~20.00	余量	—	4.00~5.00	4.00~5.00	1.00~1.50	2.20~2.80	≤4.00	—	—
K4242	K242	0.27~0.35	20.00~23.00	余量	9.55~11.00	≤0.20	10.00~11.00	≤0.20	≤0.30	≤0.75	≤0.25	—
K4536	K536	≤0.10	20.50~23.00	余量	0.50~2.50	0.20~1.00	8.00~10.00	—	—	17.00~20.00	—	—
K4537[②]	K537	0.07~0.12	15.00~16.00	余量	9.00~10.00	4.70~5.20	1.20~1.70	2.70~3.20	3.20~3.70	≤0.50	1.70~2.20	—
K4648	K648	0.03~0.10	32.00~35.00	余量	—	4.30~5.50	2.30~3.50	0.70~1.30	0.70~1.30	≤0.50	0.70~1.30	—
K4708	K708	0.05~0.10	17.50~20.50	余量	—	5.50~7.50	4.00~6.00	1.90~2.30	1.00~1.40	≤4.00	—	—
新牌号	原牌号	Hf	Mg	V	B	Zr	Ce	S	Mn	P	S	Cu
										≤		
K4002	K002	1.300~1.700	≤0.003	≤0.100	0.010~0.020	0.030~0.080	—	≤0.20	≤0.20	0.010	0.010	0.100
K4130	K130	—	—	—	—	—	—	≤0.60	≤0.60	—	—	—
K4163	K163	—	—	—	≤0.005	—	—	≤0.40	≤0.60	—	0.007	0.200
K4169	K4169	—	—	—	≤0.006	≤0.050	—	≤0.35	≤0.35	0.015	0.015	0.300
K4202	K202	—	—	—	≤0.015	—	≤0.010	≤0.60	≤0.50	0.015	0.010	—
K4242	K242	—	—	—	—	—	—	0.20~0.45	0.20~0.50	—	—	—
K4536	K536	—	—	—	≤0.010	—	—	≤1.00	≤1.00	0.040	0.030	—
K4537	K537	—	—	—	0.010~0.020	0.030~0.070	—	—	—	0.015	0.015	—
K4648	K648	—	—	—	≤0.008	—	≤0.030	≤0.30	—	—	0.010	—
K4708	K708	—	—	—	≤0.008	—	≤0.030	≤0.60	≤0.50	0.015	0.015	—

（续）

等轴晶铸造高温合金化学成分（质量分数，%）

新牌号	原牌号	C	Cr	Ni	Co	W	Mo	Al	Ti	Fe	Ta
K605	K605	≤0.40	19.00~21.00	9.00~11.00	余量	14.00~16.00	—	—	—	≤3.00	—
K610	K10	0.15~0.25	25.00~28.00	3.00~3.70	余量	≤0.50	4.50~5.50	—	—	≤1.50	—
K612	K612	1.70~1.95	27.00~31.00	≤1.50	余量	8.00~10.00	≤2.50	1.00	—	≤2.50	—
K640	K40	0.45~0.55	24.50~26.50	9.50~11.50	余量	7.00~8.00	—	—	—	≤2.00	—
K640M	K40M	0.45~0.55	24.50~26.50	9.50~11.50	余量	7.00~8.00	0.10~0.50	0.70~1.20	0.05~0.30	≤2.00	0.10~0.50
K6188③	K188	0.15	20.00~24.00	20.00~24.00	余量	13.00~16.00	—	—	—	3.00	—
K825④	K25	0.02~0.08	余量	39.50~42.50	—	1.40~1.80	—	—	0.20~0.40	—	—

新牌号	原牌号	V	B	Zr	Ce	Si	Mn	P	S
								≤	
K605	K605	—	≤0.030	—	—	≤0.40	1.00~2.00	0.040	0.030
K610	K10	—	—	—	—	≤0.50	≤0.60	0.025	0.025
K612	K612	—	—	—	—	≤1.50	≤1.50	—	—
K640	K40	—	—	—	—	≤1.00	≤1.00	0.040	0.040
K640M	K40M	—	0.008~0.040	0.100~0.300	—	≤1.00	≤1.00	0.040	0.040
K6188	K188	—	≤0.015	—	—	0.20~0.50	≤1.50	0.020	0.015
K825	K25	0.200~0.400	—	—	—	≤0.50	≤0.50	0.015	0.010

（续）

新牌号	原牌号	定向凝固柱晶高温合金化学成分(质量分数,%)					
		C	Cr	Ni	Co	W	Mo
DZ404	DZ4	0.10~0.16	9.00~10.00	余量	5.50~6.50	5.10~5.80	3.50~4.20
DZ405	DZ5	0.07~0.15	9.50~11.00	余量	9.50~10.50	4.50~5.50	3.50~4.20
DZ417G	DZ17G	0.13~0.22	8.50~9.50	余量	9.00~11.00	—	2.50~3.50
DZ422	DZ22	0.12~0.16	8.00~10.00	余量	9.00~11.00	11.50~12.50	—
DZ422B⑤	DZ22B	0.12~0.14	8.00~10.00	余量	9.00~11.00	11.50~12.50	—
DZ438G⑥	DZ38G	0.08~0.14	15.50~16.40	余量	8.00~9.00	2.40~2.80	1.50~2.00
DZ4002	DZ002	0.13~0.17	8.00~10.00	余量	9.00~11.00	9.00~11.00	≤0.50
DZ4125	DZ125	0.07~0.12	8.40~9.40	余量	9.50~10.50	6.50~7.50	1.50~2.50
DZ4125L	DZ125L	0.06~0.14	8.20~9.80	余量	9.20~10.80	6.20~7.80	1.50~2.50
DZ640M	DZ40M	0.45~0.55	24.50~26.50	9.50~11.50	余量	7.00~8.00	0.10~0.50

新牌号	原牌号	定向凝固柱晶高温合金化学成分(质量分数,%)					
		Al	Ti	Pe	Nb	Ta	Hf
DZ404	DZ4	5.60~6.40	1.60~2.20	≤1.00	—	—	—
DZ405	DZ5	5.00~6.00	2.00~3.00	—	—	—	—
DZ417G	DZ17G	4.80~5.70	4.10~4.70	≤0.50	—	—	—
DZ422	DZ22	4.75~5.25	1.75~2.25	≤0.20	0.75~1.25	—	1.40~1.80
DZ422B⑤	DZ22B	4.75~5.25	1.75~2.25	≤0.25	0.75~1.25	—	0.80~1.10
DZ438G⑥	DZ38G	3.50~4.30	3.50~4.30	≤0.30	0.40~1.00	1.50~2.00	—
DZ4002	DZ002	5.25~5.75	1.25~1.75	≤0.50	—	2.25~2.75	1.30~1.70
DZ4125	DZ125	4.80~5.40	0.70~1.20	≤0.30	—	3.50~4.10	1.20~1.80
DZ4125L	DZ125L	4.30~5.30	2.00~2.80	≤0.20	—	3.30~4.00	—
DZ640M	DZ40M	0.70~1.20	0.05~0.30	≤2.00	—	0.10~0.50	—

（续）

定向凝固柱晶高温合金化学成分（质量分数，%）								
新牌号	原牌号	V	B	Zr	Si	Mn	P	S
					≤			
DZ404	DZ4	—	0.012~0.025	≤0.020	0.500	0.500	0.020	0.010
DZ405	DZ5	—	0.010~0.020	≤0.100	0.500	0.500	0.020	0.010
DZ417G	DZ17G	0.600~0.900	0.012~0.024	—	0.200	0.200	0.005	0.008
DZ422	DZ22	—	0.010~0.020	≤0.050	0.150	0.200	0.010	0.015
DZ422B	DZ22B	—	0.010~0.020	≤0.050	0.120	0.120	0.015	0.010
DZ438G	DZ38G	—	0.005~0.015	—	0.150	0.150	0.0005	0.015
DZ4002	DZ002	≤0.100	0.010~0.020	0.030~0.080	0.200	0.200	0.020	0.010
DZ4125	DZ125	—	0.010~0.020	≤0.080	0.150	0.150	0.010	0.010
DZ4125L	DZ125L	—	0.005~0.015	≤0.050	0.150	0.150	0.001	0.010
DZ640M	DZ40M	—	0.008~0.018	0.100~0.300	1.000	1.000	0.040	0.040
新牌号	原牌号	Pb	Sb	As	Sn	Bi	Ag	Cu
		≤						
DZ404	DZ4	0.001	0.001	0.005	0.002	0.0001	—	—
DZ405	DZ5	—	—	—	—	—	—	—
DZ417G	DZ17G	0.0005	0.001	0.005	0.002	0.0001	—	—
DZ422	DZ22	0.0005	—	—	—	0.00005	—	0.100
DZ422B	DZ22B	0.0005	—	—	—	0.00003	—	0.100
DZ438G	DZ38G	0.001	0.001	—	0.002	0.0001	—	—
DZ4002	DZ002	—	—	—	—	—	—	0.100
DZ4125	DZ125	0.0005	0.001	0.001	0.001	0.00005	0.0005	—
DZ4125L	DZ125L	0.0005	0.001	0.001	0.001	0.00005	0.0005	—
DZ640M	DZ40M	0.0005	0.001	0.001	0.001	0.00005	—	—

（续）

新牌号	原牌号	单晶高温合金化学成分（质量分数，%）												
		C	Cr	Ni	Co	W	Mo	Al	Ti	Fe	Nb	Ta	Hf	Re
DD402	DD2	≤0.006	7.00~8.20	余量	4.30~4.90	7.60~8.40	0.30~0.70	5.45~5.75	0.80~1.20	≤0.20	≤0.15	5.80~6.20	≤0.0075	—
DD403	DD3	≤0.010	9.00~10.00	余量	4.50~5.50	5.00~6.00	3.50~4.50	5.50~6.20	1.70~2.40	≤0.50	—	—	—	—
DD404	DD4	≤0.01	8.50~9.50	余量	7.00~8.00	5.50~6.50	1.40~2.00	3.40~4.00	3.90~4.70	≤0.50	0.35~0.70	3.50~4.80	—	—
DD406	DD6	0.001~0.04	3.80~4.80	余量	8.50~9.50	7.00~9.00	1.50~2.50	5.20~6.20	≤0.10	≤0.30	≤1.20	6.00~8.50	0.050~0.150	1.600~2.400
DD408[⑦]	DD8	<0.03	15.50~16.50	余量	8.00~9.00	5.60~6.40	—	3.60~4.20	3.60~4.20	≤0.50	—	0.70~1.20	—	—

新牌号	原牌号	Ca	Tl	Te	Se	Yb	Cu	Zn	Mg	[N]	[H]	[O]	B	Zr
		≤												
DD402	DD2	0.002	0.00003	0.00003	0.0001	0.100	0.050	0.0005	0.008	0.0012	—	0.0010	0.003	0.0075
DD403	DD3	—	—	—	—	—	0.100	—	0.003	0.0012	—	0.0010	0.005	0.0075
DD404	DD4	—	—	—	—	—	0.100	—	0.003	0.0015	—	0.0015	0.010	0.050
DD406	DD6	—	—	—	—	—	0.100	—	0.003	0.0015	0.001	0.004	0.020	0.100
DD408	DD8	—	—	—	—	—	0.100	—	0.003	0.0012	—	0.001	0.005	0.007

新牌号	原牌号	Si	Mn	P	S	Pb	Sb	As	Sn	Bi	Ag
		≤									
DD402	DD2	0.040	0.020	0.005	0.002	0.0002	0.0005	0.0005	0.0015	0.00003	0.0005
DD403	DD3	0.200	0.200	0.010	0.002	0.0005	0.0010	0.0010	0.0010	0.00005	0.0005
DD404	DD4	0.200	0.200	0.010	0.010	0.0005	0.002	0.001	0.001	0.0005	0.0005
DD406	DD6	0.200	0.150	0.018	0.004	0.0005	0.001	0.001	0.001	0.00005	0.0005
DD408	DD8	0.150	0.150	0.010	0.010	0.001	—	0.005	0.002	0.0001	—

① 钨加钼的质量分数不小于 7.70%。
② 氮的质量分数小于 0.200%。
③ 镧的质量分数为 0.020%~0.120%。
④ 氮的质量分数小于 0.030%。
⑤ 硒的质量分数不大于 0.0001%；碲的质量分数不大于 0.00005%；铊的质量分数不大于 0.00005%。
⑥ 铝加钛的质量分数不小于 7.30%。
⑦ 铝加钛的质量分数为 7.50%~7.90%。

22.1.3 焊接用高温合金丝的牌号和化学成分

焊接用高温合金丝的牌号和化学成分见表22-3。

表 22-3 焊接用高温合金丝的牌号和化学成分（GB/T 14992—2005）

新牌号	原牌号	化学成分(质量分数,%)									
		C	Cr	Ni	W	Mo	Al	Ti	Fe	Nb	V
HGH1035	HGH35	0.06~0.12	20.00~23.00	35.00~40.00	2.50~3.50	—	≤0.50	0.70~1.20	余量	—	—
HGH1040	HGH40	≤0.10	15.00~17.50	24.00~27.00	—	5.50~7.00	—	—	余量	—	—
HGH1068	HGH68	≤0.10	14.00~16.00	21.00~23.00	7.00~8.00	2.00~3.00	—	—	余量	—	—
HGH1131	HGH131	≤0.10	19.00~22.00	25.00~30.00	4.80~6.00	2.80~3.50	—	—	余量	0.70~1.30	—
HGH1139	HGH139	≤0.12	23.00~26.00	14.00~18.00	—	—	—	—	余量	—	—
HGH1140	HGH140	0.06~0.12	20.00~23.00	35.00~40.00	1.40~1.80	2.00~2.50	0.20~0.60	0.70~1.20	余量	—	—
HGH2036	HGH36	0.34~0.40	11.50~13.50	7.00~9.00	—	1.10~1.40	—	≤0.12	余量	0.25~0.50	1.25~1.55
HGH2038	HGH38	≤0.10	10.00~12.50	18.00~21.00	—	—	≤0.50	2.30~2.80	余量	—	—
HGH2042	HGH42	≤0.05	11.50~13.00	34.50~36.50	—	—	0.90~1.20	2.70~3.20	余量	—	—

新牌号	原牌号	化学成分(质量分数,%)							
		B	Ce	Si	Mn	P	S	Cu	其他
						≤			
HGH1035	HGH35	—	≤0.05	≤0.80	≤0.70	0.020	0.020	0.200	
HGH1040	HGH40	—	—	0.50~1.00	1.00~2.00	0.030	0.020	0.200	N:0.100~0.200
HGH1068	HGH68	—	≤0.020	≤0.20	5.00~6.00	0.010	0.010	—	
HGH1131	HGH131	≤0.005	—	≤0.80	≤1.20	0.020	0.020	—	N:0.150~0.300
HGH1139	HGH139	≤0.010	—	≤1.00	5.00~7.00	0.030	0.025	0.200	N:0.250~0.450
HGH1140	HGH140	—	—	≤0.80	≤0.70	0.020	0.015	—	
HGH2036	HGH36	—	—	0.30~0.80	7.50~9.50	0.035	0.030	—	
HGH2038	HGH38	≤0.008	—	≤1.00	≤1.00	0.030	0.020	0.200	
HGH2042	HGH42	—	—	≤0.60	0.80~1.30	0.020	0.020	0.200	

（续）

新牌号	原牌号	化学成分(质量分数,%)									
		C	Cr	Ni	W	Mo	Al	Ti	Fe	Nb	V
HGH2132	HGH132	≤0.08	13.50~16.00	24.50~27.00	—	1.00~1.50	≤0.35	1.75~2.35	余量	—	0.10~0.50
HGH2135	HGH135	≤0.06	14.00~16.00	33.00~36.00	1.70~2.20	1.70~2.20	2.40~2.80	2.10~2.50	余量	—	—
HGH2150	HGH150	≤0.06	14.00~16.00	45.00~50.00	2.50~3.50	4.50~6.00	0.80~1.30	1.80~2.40	余量	0.90~1.40	—
HGH3030	HGH30	≤0.12	19.00~22.00	余量	—	—	≤0.15	0.15~0.35	≤1.00	—	—
HGH3039	HGH39	≤0.08	19.00~22.00	余量	—	1.80~2.30	0.35~0.75	0.35~0.75	≤3.00	0.90~1.30	—
HGH3041	HGH41	≤0.25	20.00~23.00	72.00~78.00	—	—	≤0.06	—	≤1.70	—	—
HGH3044	HGH44	≤0.10	23.50~26.50	余量	13.60~16.00	—	≤0.50	0.30~0.70	≤4.00	—	—
HGH3113	HGH113	≤0.08	14.50~16.50	余量	3.00~4.50	15.00~17.00	—	—	4.00~7.00	—	≤0.35
HGH3128	HGH128	≤0.05	18.00~22.00	余量	7.50~9.00	7.5~9.00	0.40~0.80	0.40~0.80	≤2.00	—	—
HGH3367	HGH367	≤0.06	14.00~16.00	余量	—	14.00~16.00	—	—	≤4.00	—	—

新牌号	原牌号	化学成分(质量分数,%)							
		B	Ce	Si	Mn	P	S	Cu	其他
						≤			
HGH2132	HGH132	0.001~0.010	—	0.40~1.00	1.00~2.00	0.020	0.015	—	—
HGH2135	HGH135	≤0.015	≤0.030	≤0.50	≤0.40	0.020	0.020	—	—
HGH2150	HGH150	≤0.010	≤0.020	≤0.40	≤0.40	0.015	0.015	0.070	Zr:0.050
HGH3030	HGH30	—	—	≤0.80	≤0.70	0.015	0.010	0.200	—
HGH3039	HGH39	—	—	≤0.80	≤0.40	0.020	0.012	0.200	—
HGH3041	HGH41	—	—	≤0.60	0.20~1.50	0.035	0.030	0.200	—
HGH3044	HGH44	—	—	≤0.80	≤0.50	0.013	0.013	0.200	—
HGH3113	HGH113	—	—	≤1.00	≤1.00	0.015	0.015	0.200	—
HGH3128	HGH128	≤0.005	≤0.050	≤0.80	≤0.50	0.013	0.013	—	Zr:0.060
HGH3367	HGH367	—	—	≤0.30	1.00~2.00	0.015	0.010	—	—

（续）

新牌号	原牌号	化学成分(质量分数,%)								
		C	Cr	Ni	W	Mo	Al	Ti	Fe	Nb
HGH3533	HGH533	≤0.08	17.00~20.00	余量	7.00~9.00	7.00~9.00	≤0.40	2.30~2.90	≤3.00	—
HGH3536	HGH536	0.05~0.15	20.50~23.00	余量	0.20~1.00	8.00~10.00	—	—	17.00~20.00	—
HGH3600	HGH600	≤0.10	14.00~17.00	≥72.00	—	—	—	—	6.00~10.00	—
HGH4033	HGH33	≤0.06	19.00~22.00	余量	—	—	0.60~1.00	2.40~2.80	≤1.00	—
HGH4145	HGH145	≤0.08	14.00~17.00	余量	—	—	0.40~1.00	2.50~2.75	5.00~9.00	0.70~1.20
HGH4169	HGH169	≤0.08	17.00~21.00	50.00~55.00	—	2.80~3.30	0.20~0.60	0.65~1.15	余量	4.75~5.50
HGH4356	HGH356	≤0.08	17.00~20.00	余量	4.00~5.00	4.00~5.00	1.00~1.50	2.20~2.80	≤4.00	—
HGH4642	HGH642	≤0.04	14.00~16.00	余量	2.00~4.00	12.00~14.00	0.60~0.90	1.30~1.60	≤4.00	—
HGH4648	HGH648	≤0.10	32.00~35.00	余量	4.30~5.30	2.30~3.30	0.50~1.10	0.50~1.10	≤4.00	0.50~1.10

新牌号	原牌号	化学成分(质量分数,%)							
		B	Ce	Si	Mn	P	S	Cu	其他
				≤					
HGH3533	HGH533	—	—	0.30	0.60	0.010	0.010	—	—
HGH3536	HGH536	≤0.010	—	1.00	1.00	0.025	0.025	—	Co:0.50~2.50
HGH3600	HGH600	—	—	0.50	1.00	0.020	0.015	0.500	Co:≤1.00
HGH4033	HGH33	≤0.010	≤0.010	0.65	0.35	0.015	0.007	0.07	—
HGH4145	HGH145	—	—	0.50	1.00	0.020	0.010	0.200	—
HGH4169	HGH169	≤0.006	—	0.30	0.35	0.015	0.015	—	—
HGH4356	HGH356	≤0.010	≤0.010	0.50	1.00	0.015	0.010	—	—
HGH4642	HGH642	—	≤0.020	0.35	0.60	0.010	0.010	—	—
HGH4648	HGH648	≤0.008	≤0.030	0.40	0.50	0.015	0.010	—	

22.1.4 粉末冶金高温合金的牌号和化学成分

粉末冶金高温合金的牌号和化学成分见表22-4。

表22-4 粉末冶金高温合金的牌号和化学成分（GB/T 14992—2005）

新牌号	原牌号	化学成分(质量分数,%)									
		C	Cr	Ni	Co	W	Mo	Al	Ti	Fe	Nb
FGH4095	FGH95	0.04~0.09	12.00~14.00	余量	7.00~9.00	3.30~3.70	3.30~3.70	3.30~3.70	2.30~2.70	≤0.50	3.30~3.70
FGH4096	FGH96	0.02~0.05	15.00~16.50	余量	12.50~13.50	3.80~4.20	3.80~4.20	2.00~2.40	3.50~3.90	≤0.50	0.60~1.00
FGH4097	FGH97	0.02~0.06	8.00~10.00	余量	15.00~16.50	4.80~5.90	3.50~4.20	4.85~5.25	1.60~2.00	≤0.50	2.40~2.80

新牌号	原牌号	化学成分(质量分数,%)									
		Hf	Mg	Ta	B	Zr	Ce	Si	Mn	P	S
								≤			
FGH4095	FGH95	—	—	≤0.020	0.006~0.015	0.030~0.070	—	0.20	0.15	0.015	0.015
FGH4096	FGH96	—	—	≤0.020	0.006~0.015	0.025~0.050	0.005~0.010	0.20	0.15	0.015	0.015
FGH4097	FGH97	0.100~0.400	0.002~0.050	—	0.006~0.015	0.010~0.015	0.005~0.010	0.20	0.15	0.015	0.009

22.1.5 弥散强化高温合金的牌号和化学成分

弥散强化高温合金的牌号和化学成分见表22-5。

表22-5 弥散强化高温合金的牌号和化学成分（GB/T 14992—2005）

新牌号	原牌号	化学成分(质量分数,%)									
		C	Cr	Ni	W	Mo	Al	Ti	Fe	[O]	Y_2O_3	S
MGH2756	MGH2756	≤0.10	18.50~21.50	<0.50	—	—	3.75~5.75	0.20~0.60	余量	—	0.30~0.70	—
MGH2757①	MGH2757	≤0.20	9.00~15.00	<1.00	1.00~3.00	0.20~1.50	—	0.30~2.50	余量	—	0.20~1.00	—
MGH4754	MGH754	≤0.05	18.50~21.50	余量	—	—	0.25~0.55	0.40~0.70	<1.20	<0.50	0.50~0.70	<0.005
MGH4755	MGH5K	≤0.10	25.00~35.00	余量	—	—	—	—	≤4.0	—	0.10~2.00	—
MGH4758②	MGH4758	≤0.05	28.00~32.00	余量	—	—	0.25~0.55	0.40~0.70	<1.20	<0.50	0.50~0.70	<0.005

① 钨、钼元素只可任选一种加入。

② 铜的质量分数为0.50%~1.50%。

22.1.6 金属间化合物高温材料的牌号和化学成分

金属间化合物高温材料的牌号和化学成分见表 22-6。

表 22-6 金属间化合物高温材料的牌号和化学成分（GB/T 14992—2005）

新牌号	原牌号	化学成分(质量分数,%)										
		C	Cr	Ni	W	Mo	Al	Ti	Nb	Ta	V	Fe
JG1101	TAC-2	—	1.20~1.60	—	—	—	32.30~34.60	余量	—	—	3.00~3.60	—
JG1102	TAC-2M	—	1.20~1.60	0.65~0.85	—	—	32.10~33.10	余量	—	—	2.30~2.90	—
JG1201	TAC-3A	—	—	—	—	—	9.90~11.90	余量	41.60~43.60	—	—	—
JG1202	TAC-3B	—	—	—	—	—	9.70~11.70	余量	44.20~46.20	—	—	—
JG1203	TAC-3C	—	—	—	—	—	9.20~11.20	余量	37.50~39.50	9.00~9.60	—	—
JG1204	TAC-3D	—	—	—	—	—	8.60~10.60	余量	29.20~31.20	20.10~21.10	—	—
JG1301	TAC-1	—	—	—	—	0.80~1.20	12.10~14.10	余量	25.30~27.30	—	2.80~3.40	—
JG1302	TAC-1B	—	—	—	—	—	11.20~13.20	余量	30.10~32.10	—	—	—
JG4006	IC6	≤0.02	—	余量	—	13.50~14.30	7.40~8.00	—	—	—	—	≤1.00
JG4006A	IC6A	≤0.02	—	余量	—	13.50~14.30	7.40~8.00	—	—	—	—	≤1.00
JG4246	MX246	0.06~0.16	7.40~8.20	余量	—	—	7.00~8.50	0.60~1.20	—	—	—	≤2.00
JG4246A	MX246A	0.06~0.20	7.40~8.20	余量	1.70~2.30	3.50~4.50	7.60~8.50	0.60~1.20	—	—	—	≤2.00

新牌号	原牌号	化学成分(质量分数,%)														
		B	Zr	Hf	Y	Si	Mn	P	S	Pb	Sb	As	Sn	Bi	O	N	H
						≤											
JG1101	TAC-2	—	—	—	—	—	—	—	—	—	—	—	—	—	0.100	0.020	0.010
JG1102	TAC-2M	—	—	—	—	—	—	—	—	—	—	—	—	—	0.100	0.020	0.010
JG1201	TAC-3A	—	—	—	—	—	—	—	—	—	—	—	—	—	0.100	0.020	0.010
JG1202	TAC-3B	—	—	—	—	—	—	—	—	—	—	—	—	—	0.100	0.020	0.010
JG1203	TAC-3C	—	—	—	—	—	—	—	—	—	—	—	—	—	0.100	0.020	0.010
JG1204	TAC-3D	—	—	—	—	—	—	—	—	—	—	—	—	—	0.100	0.020	0.010
JG1301	TAC-1	—	—	—	—	—	—	—	—	—	—	—	—	—	0.100	0.020	0.010
JG1302	TAC-1B	—	—	—	—	—	—	—	—	—	—	—	—	—	0.100	0.020	0.010
JG4006	IC6	0.020~0.060	—	—	—	0.50	0.50	0.015	0.010	0.001	0.001	0.005	0.002	0.0001	—	—	—
JG4006A	IC6A	0.020~0.060	—	—	0.010~0.050	0.50	0.50	0.015	0.010	0.001	0.001	0.005	0.002	0.0001	—	—	—
JG4246	MX246	0.010~0.050	0.300~0.800	—	—	1.00	0.50	0.020	0.015	0.001	0.001	0.005	0.002	0.0001	—	—	—
JG4246A	MX246A	0.010~0.050	—	0.300~0.600	—	1.00	0.50	0.020	0.015	0.001	0.001	0.005	0.002	0.0001	—	—	—

22.2 高温合金棒

22.2.1 高温合金冷拉棒

1. 高温合金冷拉棒的牌号、状态和规格（见表22-7）

表22-7 高温合金冷拉棒的牌号、状态和规格（GB/T 14994—2008）

牌号	交货状态		棒材尺寸/mm
GH1040、GH2036、GH2132、GH3030、GH4033、GH4169	固溶处理 固溶处理+酸洗 固溶处理+磨光 冷拉		圆形棒材 8~45 方形棒材 8~30
GH4080A、GH4090	冷拉+磨光 或固溶除氧化皮 在最终一次中间退火后的冷拉变形量为80%~12%		
GH2696	Ⅰ组	棒材经1100℃，0.5~2h，油冷或水冷固溶处理后碱酸洗，再经冷拉，变形量为15%~25%	
	Ⅱ组	棒材经1100℃，0.5~2h，油冷或水冷固溶处理后碱酸洗，再经冷拉，变形量为35%~45%	
	Ⅲ组	一般冷拉状态	
	Ⅳ组	冷拉+固溶状态	

2. 高温合金冷拉棒交货状态的硬度（见表22-8）

表22-8 高温合金冷拉棒交货状态的硬度（GB/T 14994—2008）

交货状态	牌号	硬度 HBW
固溶处理	GH2036	≤302
	GH2132	≤201
	GH4080A	≤325
	GH4090	≤320
冷拉态	GH4080A	≤365
	GH4090	≤351

3. 高温合金冷拉棒热处理后的力学性能（见表22-9）

表22-9 高温合金冷拉棒热处理后的力学性能（GB/T 14994—2008）

牌号	瞬时拉伸性能					室温冲击吸收能量/J	硬度HBW	高温持久性能			
	试验温度/℃	抗拉强度 R_m/MPa	规定塑性延伸强度 $R_{p0.2}$/MPa	断后伸长率 A（%）	断面收缩率 Z（%）			试验温度/℃	持久强度 σ/MPa	时间/h	断后伸长率 A（%）
		≥								≥	
GH1040	800	295	—	—	—	—	—	—	—	—	—
GH2063	室温	835	590	15	20	27	811~276	650	375（345）	35（100）	—
GH2132[①]	室温	900	590	15	20	—	341~247	650	450（390）	23（100）	5（3）

（续）

牌号	瞬时拉伸性能					室温冲击吸收能量/J	硬度HBW	高温持久性能			
	试验温度/℃	抗拉强度 R_m/MPa	规定塑性延伸强度 $R_{p0.2}$/MPa	断后伸长率 A（%）	断面收缩率 Z（%）			试验温度/℃	持久强度 σ/MPa	时间/h	断后伸长率 A（%）
		≥									≥
GH2696	室温	1250	1050	10	35	—	302~229	600	570	实测	—
		1300	1100	10	30	24	229~143			实测	—
		980	685	10	12	24	341~285			50	—
		930	635	10	12	—	341~285			50	—
GH3030	室温	685	—	30	—	—	—	—	—	—	—
GH4033	700	685	—	15	20	—	—	700	430 （410）	60 （80）	—
GH4080A	室温	1000	620	20	—	—	≥285	750	340	30	—
GH4090	650	820	590	8	—	—	—	870	140	30	—
GH4169②	室温	1270	1030	12	15	—	≥345	650	690	23	4
	650	1000	860	12	15	—	—				

① GH2132 合金若热处理性能不合格，则可调整时效温度至不高于 760℃，保温 16h，重新检验。GH2132 合金高温持久试验拉至 23h 试样不断，则可采用逐渐增加应力的方法进行：间隔 8~16h，以 35MPa 递增加载。如果试样断裂时间小于 48h，断后伸长率 A 应不小于 5%；如果断裂时间大于 48h，断后伸长率 A 应不小于 3%。

② GH4169 合金高温持久试验 23h 后试样不断，可采用逐渐增加应力的方法进行，23h 后，每间隔 8~16h，以 35MPa 递增加载至断裂，试验结果应符合表中的规定。

4. 高温合金冷拉棒材的热处理工艺（见表 22-10）

表 22-10 高温合金冷拉棒材的热处理工艺（GB/T 14994—2008）

牌号	组别	固溶处理	时效处理
GH1040	—	1200℃,1h,空冷	700℃,16h,空冷
GH2036	—	1140~1145℃,1h 20min,流动水冷却	670℃,12~14h,升温至 770~800℃,10~12h,空冷
GH2132	—	980~1000℃,1~2h,油冷	700~720℃,16h,空冷
GH2696	Ⅰ	—	750℃,16h,炉冷至 650℃,16h,空冷
	Ⅱ	—	750℃,16h,炉冷至 650℃,16h,空冷
	Ⅲ	1100℃,1~2h,油冷	780℃,16h,空冷
	Ⅳ	1100~1120℃,3~5h,油冷	840~850℃,3~5h,空冷,700~730℃,16~25h,空冷
GH3030	—	980~1000℃,水冷或空冷	—
GH4033	—	1080℃,8h,空冷	700℃,16h,空冷
GH4080A	—	1080℃,15~45min,空冷或水冷	700℃,16h,空冷或 750℃,4h,空冷
GH4090	—	1080℃,1~8h,空冷或水冷	750℃,4h,空冷
GH4169	—	950~980℃,1h 空冷	720℃,8h;50℃/h±10℃/h 炉冷到 620℃,8h,空冷

注：1. GH2036 合金当碳的质量分数不大于 0.36%时，建议第二阶段时效在 770~780℃进行，而当碳的质量分数大于 0.36%时，则在 790~800℃进行时效。

2. 热处理控温精度除 GH4080A 时效处理为±5℃外，其余均为±10℃。

22.2.2 普通承力件高温合金热轧和锻制棒

1. 普通承力件高温合金热轧和锻制棒的牌号、状态和规格（见表22-11）

表 22-11 普通承力件高温合金热轧和锻制棒的牌号、状态和规格（YB/T 5245—1993）

牌号	状态	直径/mm	长度/mm
GH1015、GH1131、GH1140、GH2036、GH2038、GH2132、GH2135、GH3030、GH3039、GH4033	不经热处理交货	<45	2000～5000
		45～100	1000～3000

2. 普通承力件高温合金热轧和锻制棒的力学性能（见表22-12）

表 22-12 普通承力件高温合金热轧和锻制棒的力学性能（YB/T 5245—1993）

新牌号	原牌号	热处理工艺	室温性能					高温瞬时拉伸性能				高温持久强度		
			下屈服强度 R_{eL}/MPa	抗拉强度 R_m/MPa	伸长率 A（%）	断面收缩率 Z（%）	冲击韧度 a_K/(J/cm^2)	温度/℃	抗拉强度 R_m/MPa	伸长率 A（%）	断面收缩率 Z（%）	温度/℃	应力/MPa	时间/h
			≥						≥					
GH1015	GH15	1140～1170℃，空冷		680	35	40		700	400	30	35			
								900	180	40	45	900	50	≥100
GH1131	GH131	1160℃±10℃，空冷	350	750	32	实测		1000	110	50	实测			
GH1140	GH140	1080℃±10℃，空冷		630	40	45		800	250	40	50			
GH2036	GH36	固溶：1140+5℃，直径小于45mm保温80min，直径不小于45mm保温105min，流动水冷却 时效：放在低于670℃炉中，到温后，保温12～14h，再升至770～800℃，保温12～14h，空冷	600	850	15	20	35					650	350	≥100
GH2038	GH38A	1180℃±10℃，2h，空冷或水冷+760℃±10℃，16～25h，空冷	450	800	15	15	30	800	300	20	20	800	选择	实测
GH2132	GH132	980～1000℃，1～2h，油冷700～720℃，12～16h，空冷		950	20	40		550	800	16	28	550	600	≥100
								650	750	15	20	650	400	≥100
GH2135	GH135	1080℃±10℃，8h，空冷+830℃±10℃，8h，空冷+700℃±10℃，16h，空冷						700	800	15	20	700	440（420）	≥60（80）
GH3039	GH39	1050～1080℃，空冷		750	40			800	250	40	实测			
GH4033	GH33	>ϕ55mm，1080℃±10℃，8h，空冷+750℃±10℃，16h，空冷	600	900	13	16	30					750	300	≥100
		<ϕ20mm及扁材，1080℃±10℃，8h，空冷+700℃±10℃，16h，空冷						700	700	15	20	700	440（420）	≥60（>80）

22.2.3 转动部件用高温合金热轧棒

1. 转动部件用高温合金热轧棒的牌号、状态和规格（见表22-13）

表 22-13 转动部件用高温合金热轧棒的牌号、状态和规格（GB/T 14993—2008）

牌号	状态	直径/mm	长度/mm
GH2130、GH2150A、GH4033、GH4037、GH4133B、GH4040	热轧+磨光（或车光）	8～44	1500～6000
		45～55	1000～6000

2. 转动部件用高温合金热轧棒的力学性能（见表 22-14）

表 22-14 转动部件用高温合金热轧棒的力学性能（GB/T 14993—2008）

牌号	热处理工艺	组别	拉伸性能					冲击吸收能量 KU/J	高温持久性能			室温硬度 HBW
			试验温度/℃	抗拉强度 R_m/MPa	规定塑性延伸强度 $R_{p0.2}$/MPa	断后伸长率 A（%）	断面收缩率 Z（%）		试验温度/℃	持久强度 σ/MPa	时间/h	
				≥							≥	
GH2130	（1180℃±10℃，保温 2h，空冷）+（1050℃±10℃，保温 4h，空冷）+（800℃±10℃，保温 16h，空冷）	Ⅰ	800	665	—	3	8	—	850	195	40	269~341
		Ⅱ							800	245	100	
GH2150A	（1000~1130℃，保温 2~3h，油冷）+（780~830℃，保温 5h，空冷）+（650~730℃，保温 16h，空冷）	—	20	1130	685	12	14.0	27	600	785	60	293~363
GH4033①	（1180℃±10℃，保温 8h，空冷）+（700℃±10℃，保温 16h，空冷）	Ⅰ	700	685	—	15	20.0	—	700	430	60	255~321
		Ⅱ								410	80	
GH4037②	（1180℃±10℃，保温 2h，空冷）+（1050℃±10℃，保温 4h，缓冷）+（800℃±10℃，保温 16h，空冷）	Ⅰ	800	665	—	5.0	8.0	—	850	196	50	269~341
		Ⅱ							800	245	100	
GH4049③	（1200℃±10℃，保温 2h，空冷）+（1050℃±10℃，保温 4h，空冷）+（850℃±10℃，保温 8h，空冷）	Ⅰ	900	570	—	7.0	11.0	—	900	245	40	302~363
		Ⅱ								215	80	
GH4133B	（1180℃±10℃，保温 8h，空冷）+（750℃±10℃，保温 16h，空冷）	Ⅰ	20	1060	735	16	18.0	31	750	392	50	262~352
		Ⅱ	750	750	实测	12	16.0	—	750	345	50	262~352

注：1. GH4033、GH4049 合金的高温持久性能Ⅱ检验组别复验时采用。

2. 需方在要求时应在合同中注明 GH2130、GH4037 合金的高温持久性能检验组别，如合同不注明则由供方任意选择。

3. 订货时应注明 GH4133B 合金的力学性能检验组别，不注明时按Ⅰ组供货。

4. 直径小于 20mm 棒材的力学性能指标按表中规定，直径小于 16mm 棒材的冲击性能、直径小于 14mm 棒材的持久性能、直径小于 10mm 棒材的高温拉伸性能，在中间坯上取样做试验。

① 直径 45~55mm 棒材，硬度为 255~311HBW，高温持久性能每 10 炉应有一根拉至断裂，实测断后伸长率和断面收缩率。

② 每 5~30 炉取一个高温持久试样按Ⅱ组条件拉断，实测断后伸长率和断面收缩率。

③ 每 10~20 炉取一个高温持久试样按Ⅱ组条件拉断，如 200h 没断，则一次加力至 245MPa 拉断，实测断后伸长率和断面收缩率。

22.3 一般用途高温合金管

1. 一般用途高温合金管的牌号、状态和规格

(1) 一般用途高温合金管的牌号、状态和规格（见表22-15）

表22-15 一般用途高温合金管的牌号、状态和规格（GB/T 15062—2008）

合金牌号	状态	壁厚/mm	长度/mm
GH1140、GH3030、GH3039、GH3044、GH3536、GH4163	固溶处理+酸洗 拉拔、冷轧	0.5~1.0	500~6000
		>1.0	600~5000

注：GH4163合金固溶处理温度为1150℃±10℃，保温时间不大于10min，空冷或在适当的冷却介质中冷却。硬度≤230HV。

(2) 一般用途高温合金管的外径和壁厚（见表22-16）

表22-16 一般用途高温合金管的外径和壁厚（GB/T 15062—2008）（单位：mm）

公称外径	公称壁厚											
	0.5	0.75	1.0	1.5	2.0	2.5	3.0	3.5	4.0	4.5	5.0	5.5
4	●	●	●									
5~7	●	●	●	●								
8		●	●	●	●							
9			●	●	●							
10~15			●	●	●	●						
16~20			●	●	●	●	●					
21~30				●	●	●	●	●				
31~40					●	●	●	●	●	●	●	
41~57					●	●	●	●	●	●	●	●

注："●"表示可选规格。

2. 一般用途高温合金管的室温力学性能（见表22-17）

表22-17 一般用途高温合金管的室温力学性能（GB/T 15062—2008）

牌号	交货状态推荐的热处理工艺	抗拉强度 R_m/MPa	规定塑性延伸强度 $R_{p0.2}$/MPa	断后伸长率 A(%)
GH1140	1050~1080℃，水冷	≥590	—	≥35
GH3030	980~1020℃，水冷	≥590	—	≥35
GH3039	1050~1080℃，水冷	≥635	—	≥35
GH3044	1120~1210℃，空冷	≥685	—	≥30
GH3536	1130~1170℃，≤30min保温，快冷	≥690	≥310	≥25

3. GH4163合金管的高温力学性能（见表22-18）

表22-18 GH4163合金管的高温力学性能（GB/T 15062—2008）

牌号	交货状态+时效热处理	管材壁厚/mm	温度/℃	抗拉强度 R_m/MPa	规定塑性延伸强度 $R_{p0.2}$/MPa	断后伸长率 A(%)
GH4163	交货状态+时效：800℃±10℃，×8h，空冷	<0.5	780	≥540	—	—
		≥0.5		≥540	≥400	≥9

4. GH4163 合金管的高温蠕变性能（见表 22-19）

表 22-19 GH4163 合金管的高温蠕变性能（GB/T 15062—2008）

牌号	热处理工艺	试验温度/℃	蠕变性能	
			σ/MPa	50h 内总塑性变形量(%)
GH4163	固溶：1150℃±10℃，保温 1.5~2.5h 空冷+时效：800℃±10℃，保温 8h，空冷	780	120	≤0.10

22.4 高温合金板

22.4.1 高温合金冷轧板

1. 高温合金冷轧板的牌号、状态和规格（见表 22-20）

表 22-20 高温合金冷轧板的牌号、状态和规格（GB/T 14996—2010）

牌号	状态	厚度/mm	宽度/mm	长度/mm
GH1035、GH1131、GH1140、GH2018、GH2132、GH2302、GH3030、GH3039、GH3044、GH3128、GH4033、GH4099、GH4145	固溶处理碱酸洗	0.5~<0.8	600~1000	1200~2100
		0.8~<1.8	600~1050	1200~2100
		1.8~<3.0	600~1000	1200~2100
		3.0~4.0	600~1000	900~1600

注：GH4099 合金板材的交货硬度应不大于 300HV。

2. 高温合金冷轧板的力学性能（见表 22-21）

表 22-21 高温合金冷轧板的力学性能（GB/T 14996—2010）

牌号	检验试样状态	试验温度/℃	抗拉强度 R_m/MPa	规定塑性延伸强度 $R_{p0.2}$/MPa	断后伸长率 A(%)
GH1035	交货状态	室温	≥590	—	≥35.0
		700	≥345	—	≥35.0
GH1131[①②]	交货状态	室温	≥735	—	≥34.0
		900	≥180	—	≥40.0
		1000	≥110	—	≥43.0
GH1140	交货状态	室温	≥635	—	≥40.0
		800	≥225	—	≥40.0
GH2018	交货状态+时效（800℃±10℃，保温 16h，空冷）	室温	≥930	—	≥15.0
		800	≥430	—	≥15.0
GH2132[①]	交货状态+时效（700~720℃，保温 12~16h，空冷）	室温	≥880	—	≥20.0
		650	≥735	—	≥15.0
		550	≥785	—	≥16.0
GH2302	交货状态	室温	≥685	—	≥30.0
	交货状态+时效（800℃±10℃，保温 16h，空冷）	800	≥540	—	≥6.0
GH3030	交货状态	室温	≥685	—	≥30.0
		700	≥295	—	≥30.0

（续）

牌号	检验试样状态		试验温度/℃	抗拉强度 R_m/MPa	规定塑性延伸强度 $R_{p0.2}$/MPa	断后伸长率 A(%)
GH3039	交货状态		室温	≥735	—	≥40.0
			800	≥245	—	≥40.0
GH3044	交货状态		室温	≥735	—	≥40.0
			900	≥196	—	≥30.0
GH3128	交货状态		室温	≥735	—	≥40.0
	交货状态+固溶(1200℃±10℃,空冷)		950	≥175	—	≥40.0
GH4033	交货状态+时效(750℃±10℃,保温4h,空冷)		室温	≥885	—	≥13.0
			700	≥685	—	≥13.0
GH4099	交货状态		室温	≤1130	—	≥35.0
	交货状态+时效(900℃±10℃,保温5h,空冷)		900	≥295	—	≥23.0
GH4145	厚度≤0.60mm	交货状态	室温	≤930	≤515	≥30.0
	厚度>0.60mm			≤930	≤515	≥35.0
	厚度0.50~4.0mm	交货状态+时效(730℃±10℃,保温8h,炉冷到620℃±10℃,保温>10h,空冷)		≥1170	≥795	≥18.0

① GH2132、GH1131高温瞬时拉伸性能检验只做一个温度，如合同中不注明时，供方应分别按650℃和900℃检验。

② GH1131的1000℃瞬时拉伸性能只适用于厚度不小于2.0mm的板材。

3. 高温合金冷轧板的高温持久性能（见表22-22）

表22-22 高温合金冷轧板的高温持久性能（GB/T 14996—2010）

牌号	试样状态及热处理工艺	组别	板材厚度/mm	试验温度/℃	试验应力/MPa	试验时间/h	断后伸长率 A[③](%)
GH2132[①]	交货状态+时效(710℃±10℃,保温12~16h,空冷)	—	所有	550	588	≥100	实测
				650	392	≥100	实测
GH2302	交货状态+时效(800℃±10℃,保温16h,空冷)	—	所有	800	215	≥100	实测
GH3128[②]	交货状态+固溶(1200℃±10℃,空冷)	Ⅰ	>1.2	950	54	≥23	实测
			≤1.2			≥20	
		Ⅱ[①]	≤1.0	950	39	≥100	实测
			>1.0~<1.5			≥80	
			≥1.5			≥70	
GH4099	交货状态		0.8~4.0	900	98	≥30	≥10

① GH2132高温持久性能只做一个温度，如合同中不注明时，供方按650℃进行。

② GH3128合金初次检验按Ⅰ组进行，Ⅰ组检验不合格时可按Ⅱ组重新检验（试样不加倍）。

③ GH3128每10炉提供一炉断后伸长率的实测数据；GH2132、GH2302每5炉提供一炉断后伸长率的实测数据。

4. 高温合金冷轧板的固溶处理工艺（见表22-23）

表22-23 高温合金冷轧板的固溶处理工艺（GB/T 14996—2010）

牌 号	成品板材的推荐固溶处理工艺
GH1016	1140~1180℃，空冷
GH1035	1100~1140℃，空冷
GH1131	1130~1170℃，空冷
GH1140	1050~1090℃，空冷
GH2018	1110~1150℃，空冷
GH2302	1100~1130℃，空冷
GH3030	980~1020℃，空冷
GH3039	1050~1090℃，空冷
GH3044	1120~1160℃，空冷
GH3128	1140~1180℃，空冷
GH3536	1130~1170℃，快冷或水冷
GH4033	970~990℃，空冷
GH4099	1080~1140℃（最高不超过1160℃），空冷或快冷
GH4145	1070~1090℃，空冷

注：表中所列固溶温度指板材温度。

22.4.2 高温合金热轧板

1. 高温合金热轧板的牌号、状态和规格（见表22-24）

表22-24 高温合金热轧板的牌号、状态和规格（GB/T 14995—2010）

牌号	状态	厚度/mm	宽度/mm	长度/mm
GH1035、GH1131、GH1140、GH2018、GH2132、GH2302、GH3030、GH3039、GH3044、GH3128、GH4099	固溶处理 酸洗	4~14	600~1000	1000~2000

2. 高温合金热轧板的力学性能（见表22-25）

表22-25 高温合金热轧板的力学性能（GB/T 14995—2010）

新牌号	原牌号	检验试样状态	试验温度/℃	抗拉强度 R_m/MPa	断后伸长率 A(%)	断面收缩率 Z(%)
GH1035	GH35	交货状态	室温	≥590	≥35.0	实测
			700	≥345	≥35.0	实测
GH1131[①]	GH131	交货状态	室温	≥735	≥34.0	实测
			900	≥180	≥40.0	实测
			1000	≥110	≥43.0	实测
GH1140	GH140	交货状态	室温	≥635	≥40.0	≥45.0
			800	≥245	≥40.0	≥50.0
GH2018	GH18	交货状态+时效（800℃±10℃，保温16h，空冷）	室温	≥930	≥15.0	实测
			800	≥430	≥15.0	实测
GH2132[②]	GH132	交货状态+时效（700~720℃，保温12~16h，空冷）	室温	≥880	≥20.0	实测
			650	≥735	≥15.0	实测
			550	≥785	≥16.0	实测
GH2302	GH302	交货状态	室温	≥685	≥30.0	实测
		交货状态+时效（800℃±10℃，保温16h，空冷）	800	≥540	≥6.0	实测

（续）

新牌号	原牌号	检验试样状态	试验温度/℃	抗拉强度 R_m/MPa	断后伸长率 A(%)	断面收缩率 Z(%)
GH3030	GH30	交货状态	室温	≥685	≥30.0	实测
			700	≥295	≥30.0	实测
GH3039	GH39	交货状态	室温	≥735	≥40.0	≥45.0
			800	≥245	≥40.0	≥50.0
GH3044	GH44	交货状态	室温	≥735	≥40.0	实测
			900	≥185	≥30.0	实测
GH3128	GH128	交货状态	室温	≥735	≥40.0	实测
		交货状态+固溶（1200℃±10℃，空冷）	950	≥175	≥40.0	实测
GH4099	GH99	交货状态+时效（900℃±10℃，保温5h，空冷）	900	≥295	≥23.0	—

① 高温拉伸试验可由供方任选一组温度，若合同未注明时，按900℃进行检验。
② 高温拉伸试验可由供方任选一组温度，若合同未注明时，按650℃进行检验。

3. 高温合金热轧板的固溶处理工艺（见表22-26）

表22-26 高温合金热轧板的固溶处理工艺（GB/T 14995—2010）

牌号	成品板材的推荐固溶处理工艺	牌号	成品板材的推荐固溶处理工艺
GH1035	1100~1140℃，空冷	GH3030	980~1020℃，空冷
GH1131	1130~1170℃，空冷	GH3039	1050~1090℃，空冷
GH1140	1050~1090℃，空冷	GH3044	1120~1160℃，空冷
GH2018	1100~1150℃，空冷	GH3128	1140~1180℃，空冷
GH2132	980~1000℃，空冷	GH4099	1080~1140℃，空冷
GH2302	1100~1130℃，空冷		

注：表中所列固溶温度系指板材温度。

22.5 冷镦用高温合金冷拉丝

1. 冷镦用高温合金冷拉丝的牌号、状态和规格（见表22-27）

表22-27 冷镦用高温合金冷拉丝的牌号、状态和规格（YB/T 5249—2012）

牌号	状态	直径/mm	长度/mm	重量	
				直径/mm	盘重/kg
GH3030、GH2036、GH2132、GH1140	固溶酸洗盘卷与直条 固溶磨光直条 冷拉光亮固溶盘卷与直条	φ2.0~φ8.0	直条≥2000	φ2.0~<φ4.0	≥2.0
				φ4.0~<φ6.5	≥3.0
				φ6.5~φ8.0	≥4.0

2. 冷镦用高温合金冷拉丝的力学性能

（1）固溶状态合金丝的室温力学性能（见表22-28）

表22-28 固溶状态合金丝的室温力学性能（YB/T 5249—2012）

牌号	热处理工艺	室温硬度 HV	室温力学性能	
			抗拉强度 R_m/MPa	断后伸长率 A(%)
GH3030	980~1020℃，水(空)冷	—	≤785	≥30
GH2036	1130~1150℃，水冷	≤273	—	—

（续）

牌号	热处理工艺	室温硬度 HV	室温力学性能	
			抗拉强度 R_m/MPa	断后伸长率 A(%)
GH2132	980~1000℃，水(油)冷	≤194	—	—
GH1140	1050~1080℃，空冷	—	≤735	≥40

注：对于 GH2036 合金，当 w(C)<0.36%时，推荐第二阶段时效在 770~780℃进行，当 w(C)>于 0.36%时，则于 790~800℃进行。

（2）合金丝试样时效处理后的力学性能（见表 22-29）

表 22-29 合金丝试样时效处理后的力学性能（YB/T 5249—2012）

牌号	热处理工艺	室温瞬时拉伸性能					室温硬度 HV	持久性能(650℃)		
		抗拉强度 R_m/MPa		规定塑性延伸强度 $R_{p0.2}$/MPa	断后伸长率 A(%)	断面收缩率 Z(%)		应力/MPa	断裂时间/h	断后伸长率 A(%)
GH2036	交货状态+650~670℃，14~16h，再升温至 770~800℃，保温 10~12h，空冷	≥835		实测	≥15	≥20	217~281	343	≥100	—
GH2132①	交货状态+700~720℃，16h，空冷	Ⅰ	≥900	实测	≥15	≥20	260~360	450	≥23	≥5
		Ⅱ	≥930	—	≥18	≥40	260~360	392	100	—

注：冷拉状态交货的合金丝先按表 22-28 进行固溶处理，然后按本表规定处理，并测定力学性能。
① GH2132 合金丝，如果需方要求Ⅱ组性能，应在合同中注明，未注明时按Ⅰ组要求。

22.6 高温合金毛坯与锻件

22.6.1 高温合金环件毛坯

1. 高温合金环件毛坯的牌号和规格（见表 22-30）

表 22-30 高温合金环件毛坯的牌号和规格（YB/T 5352—2006）

牌号	外径/mm	内径/mm	高度/mm	重量/kg
GH1140、GH2036、GH2132、GH2135、GH3030、GH4033	200~600	50~400	60~250	≤180

2. 高温合金环件毛坯的力学性能（见表 22-31）

表 22-31 高温合金环件毛坯的力学性能（YB/T 5352—2006）

新牌号	原牌号	热处理工艺	瞬时拉伸性能					室温冲击韧度 a_K/(J/cm²) ≥	室温硬度 HBW	高温持久性能		
			试验温度/℃	抗拉强度 R_m/MPa	下屈服强度 R_{eL}/MPa	断后伸长率 A(%)	断面收缩率 Z(%)			试验温度/℃	应力/MPa	时间/h ≥
				≥	≥	≥	≥					
GH1140	GH140	1080℃，空冷	室温	617	—	40	45	—	—	—	—	—
			800	245		40	50					
GH2036	GH36	1140℃ 或 1130℃ 保温 1h20min，水冷；650~670℃ 保温 14~16h 升温至 770~800℃保温 14~20h，空冷	室温	833	588	15	20	29.4	277~311	650	372	35
											343	100

（续）

新牌号	原牌号	热处理工艺	瞬时拉伸性能					室温冲击韧度 a_K/(J/cm²)	室温硬度 HBW	高温持久性能		
			试验温度/℃	抗拉强度 R_m/MPa	下屈服强度 R_{eL}/MPa	断后伸长率 A(%)	断面收缩率 Z(%)			试验温度/℃	应力/MPa	时间/h
				≥				≥				≥
GH2132	GH132	980～990℃保温1～2h,油冷;710～720℃保温16h,空冷	室温	931	617	20	30	29.4	255～321	650	392	100
			650	735	—	15	—	—				
GH2135	GH135	1140℃保温4h,空冷;830℃保温8h,空冷;650℃保温16h,空冷	室温	882	588	13	16	29.4	255～321	750	343	50
				804	588	10	13	—			294	100
GH3030	GH30	980～1020℃,空冷	室温	637	—	30	—	—	—	—	—	—
			700	—		30						
GH4033	GH33	1080℃保温8h,空冷;750℃保温16h,空冷	室温	882	588	13	16	29.4	255～321	750	343	50
				804	588	10	13	29.4			294	100

注：GH2036合金的1130℃固溶温度仅适用于电炉+电渣工艺生产的产品。

22.6.2 高温合金锻制圆饼

1. 高温合金锻制圆饼的牌号和规格（见表22-32）

表22-32 高温合金锻制圆饼的牌号和规格（YB/T 5351—2006）

牌号	直径/mm	高度/mm	重量/kg
GH2036、GH2132、GH2135、GH2136、GH4033、GH4133	≤600	60～150	≤250

2. 高温合金锻制圆饼的力学性能（见表22-33）

表22-33 高温合金锻制圆饼的力学性能（YB/T 5351—2006）

新牌号	原牌号	热处理工艺	瞬时拉伸性能					室温冲击韧度 a_K/(J/cm²)	室温硬度 HBW	高温持久性能		
			试验温度/℃	抗拉强度 R_m/MPa	下屈服强度 R_{eL}/MPa	断后伸长率 A(%)	断面收缩率 Z(%)			试验温度/℃	应力/MPa	时间/h
				≥				≥			≥	
GH2036	GH36	1140℃或1130℃保温1h20min,水冷+650～670℃保温14～16h,然后升温至770～800℃保温14～20h,空冷	室温	833	588	15.0	20.0	29.4	277～311	650	372	35
											343	100
GH2132	GH132	980～1000℃保温1～2h,油冷+700～720℃保温12～16h,空冷	室温	931	617	20.0	40.0	29.4	255～321	650	392	100
			650	735	—	15.0	20.0					
GH2135	GH135	1140℃保温4h,空冷+830℃保温8h+650℃保温16h,空冷	室温	882	588	13.0	16.0	29.4	255～321	750	294	100
				804	588	10.0	13.0				343	50

（续）

新牌号	原牌号	热处理工艺	瞬时拉伸性能					室温冲击韧度 a_K/(J/cm^2)	室温硬度HBW	高温持久性能		
			试验温度/℃	抗拉强度 R_m/MPa	下屈服强度 R_{eL}/MPa	断后伸长率 A(%)	断面收缩率 Z(%)			试验温度/℃	应力/MPa	时间/h
				≥				≥			≥	
GH2136	GH136	980℃保温1h,油冷+720℃保温16h,空冷	室温	931	686	15.0	20.0	29.4	255~323	650	392	100
										700	294	100
GH4033	GH33	1080℃保温8h,空冷+750℃保温16h,空冷	室温	882	588	13	16	29.4	255~321	750	294	100
				804	588	10	13				343	50
GH4133	GH33A	1080℃保温8h,空冷+750℃保温16h,空冷	室温	1058	735	16.0	18.0	39.2	285~363	750	294	100
											343	50

22.6.3　变形高温合金盘锻件

1. 变形高温合金盘锻件的牌号和状态（见表22-34）

表22-34　变形高温合金盘锻件的牌号和状态（GB/T 40313—2021）

牌号	状态
GH2132、GH2901、GH4133B、GH4141、GH4169、GH4202、GH4586、GH4698、GH4720Li、GH4738、GH4742	锻制状态
	固溶+粗加工
	时效+粗加工（仅适用于GH4169盘锻件）
	固溶+时效+粗加工

2. 变形高温合金盘锻件交货状态的热处理工艺（见表22-35）

表22-35　变形高温合金盘锻件交货状态的热处理工艺（GB/T 40313—2021）

牌号		热处理工艺	
		固溶	时效
GH2132		980℃±10℃,在选定温度下保温1~2h,油冷或空冷	700~720℃,在选定温度±10℃,保温16h,空冷
GH2901		1090℃±10℃,在选定温度下保温3h,水冷或油冷	775℃±5℃保温4h,空冷,在705~720℃选定温度±5℃,保温24h,空冷
GH4133B[①]		1080℃±10℃,在选定温度下保温8h,空冷	750℃±10℃保温16h,空冷
GH4141		1065~1080℃,在选定温度±10℃,保温4h,空冷或油冷	760℃±10℃,保温16h,空冷
GH4169	制度1	950~980℃,在选定温度±10℃,保温1h,空冷或更快冷却	720℃±10℃保温8h,以50℃/h±10℃/h速率炉冷至620℃±10℃保温8h,空冷
	制度2	无	720℃±10℃保温8h,以50℃/h±10℃/h速率炉冷至620℃±10℃保温8h,空冷
GH4202		1100~1150℃,在选定温度±10℃,保温5h,空冷	800~850℃,在选定温度±10℃,保温5~10h,空冷
GH4586		1080℃±10℃,保温4h,油冷或空冷	760~800℃,在选定温度±10℃,保温16h,空冷
GH4698[②]		1100~1120℃,在选定温度±10℃,保温8h,空冷 1000℃±10℃,保温4h,空冷	775℃±10℃,保温16h,空冷
GH4720Li		1080~1110℃,在选定温度±10℃,保温4h,油冷	650℃±5℃,保温24h,空冷 760℃±5℃,保温16h,空冷

（续）

牌号	热处理工艺	
	固溶	时效
GH4738	995～1035℃，在选定温度±10℃，保温4h，油冷或水冷	845℃±10℃，保温4h，空冷 760℃±10℃，保温16h，空冷
GH4742	1090～1120℃，在选定温度±10℃，保温8h，空冷	850℃±10℃，保温4～8h，空冷 780℃±10℃，保温10～16h，空冷

① 允许进行750℃补充时效，保温时间以达到所需硬度为宜。

② 可增加“700℃±10℃，保温16h，空冷”时效处理。

3. 变形高温合金盘锻件的力学性能

（1）变形高温合金盘锻件的拉伸与冲击性能、硬度及持久与蠕变性能（见表22-36）

表22-36　变形高温合金盘锻件的拉伸与冲击性能、硬度及持久与蠕变性能（GB/T 40313—2021）

牌号	试验温度/℃	室温拉伸性能				冲击吸收能量 KU_2/J	硬度HBW	高温持久性能①					高温蠕变性能			
		抗拉强度 R_m/MPa	规定塑性延伸强度 $R_{p0.2}$/MPa	断后伸长率 A（%）	断面收缩率 Z（%）			试验温度/℃	应力 σ/MPa	光滑试样 蠕变断裂时间 t_u/h	光滑试样 蠕变断裂后的伸长率 A_u（%）	缺口试样蠕变断裂时间② t_{uc}/h	试验温度/℃	应力 σ/MPa	蠕变伸长时间 t_{fx}/h	蠕变伸长率 A_f（%）
		≥								≥						
GH2132	室温	930	615	20	30	23	255～321	650	392	100	—	—	—	—	—	—
GH2901	室温	1130③	810	9	12	—	≥341	—	—	—	—	—	—	—	—	—
	575	960	690	8	—	—	—	650	620	23	4	>t_u④	—	—	—	—
GH4133B	室温	1060	735	16	18	31	262～352	750⑤	392	50	—	—	—	—	—	—
									343	70						
	650	870	实测	15	20	—	—	650⑥	635	100	—	—	—	—	—	—
GH4141	室温（盘部）	1170	880	12	12	16	≥340	—	—	—	—	—	—	—	—	—
	室温（轴部）	—	—	—	—	16	—	—	—	—	—	—	—	—	—	—
	850（盘部）	740	640	12	12	—	—	850	530	0.5	实测	—	—	—	—	—
GH4202	室温	930	550	16	18	27	242～341	—	—	—	—	—	—	—	—	—
	800	690	490	12	15	—	—	—	—	—	—	—	—	—	—	—
GH4586	室温（盘部）	1250	920	12	12	16	≥340	850	580	0.42	实测	—	—	—	—	—
	室温（轴部）	—	—	—	—	16	—	—	—	—	—	—	—	—	—	—
	850（盘部）	760	660	12	12	—	—	—	—	—	—	—	—	—	—	—
GH4698	室温	1120	705	17	19	39	282～341	750⑤	412	363	实测	—	—	—	—	—
									50	100						
GH4720Li	室温	1530	1100	9	10	—	—	680	830	30	5	—	625	730	100	≤0.13
	650	1350	1025	10	10	—	—	730	530	30	5	—	—	—	—	—
GH4738⑦	室温	1250	880	15	18	—	341～401	—	—	—	—	—	—	—	—	—
	535	1150	830	12	18	—	—	730	550	23	5	>t_u	670	555	23	≤0.2
GH4742	室温	1210	755	13	14	23	302～375	650	804	100	—	—	—	—	—	—
								750	539	50						

① 光滑试样应拉断。持久试验持续时间达到规定时间后，允许加载至拉断，具体加载方法由供需双方协商确定，并在合同中注明。

② 缺口试样试验时间大于光滑试样试验时间后，试样可不拉断；允许采用光滑和缺口组合试样。

③ 当有需要时，室温拉伸缺口试样（缺口半径为0.15mm）的抗拉强度与光滑试样的抗拉强度的比值应不小于1.3。

④ 缺口半径为0.14mm。

⑤ 首次进行750℃的持久试验时采用高应力组数据进行；若不合格，重复试验时，按低应力组数据进行，试样数量同首次试验。

⑥ 650℃的持久试验按合同规定进行。

⑦ GH4738合金缺口试样的缺口半径为0.2mm，如有特殊要求可在合同中注明。

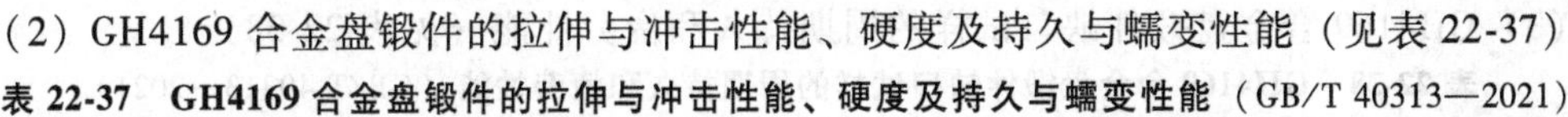

（2）GH4169 合金盘锻件的拉伸与冲击性能、硬度及持久与蠕变性能（见表 22-37）

表 22-37 GH4169 合金盘锻件的拉伸与冲击性能、硬度及持久与蠕变性能（GB/T 40313—2021）

级别	组别	热处理工艺	试验温度/℃	室温拉伸性能				冲击吸收能量 KU_2/J	硬度 HBW	高温持久性能①					高温蠕变性能			
				抗拉强度 R_m/MPa	规定塑性延伸强度 $R_{p0.2}$/MPa	断后伸长率 A(%)	断面收缩率 Z(%)			试验温度/℃	应力 σ/MPa	光滑试样 蠕变断裂时间 t_u/h	光滑试样 蠕变断裂后的伸长率 A_u(%)	缺口试样蠕变断裂时间② t_{uc}/h	试验温度/℃	应力 σ/MPa	蠕变伸长时间 t_{fx}/h	蠕变伸长率 A_f(%) ≤
				≥														
普通级优质级	Ⅰ组③	固溶：950～980℃，在选定温度±10℃，保温 1h，空冷或更快冷却 时效：720℃±10℃保温 8h，以 50℃/h±10℃/h 速率炉冷至 620℃±10℃ 保温 8h，空冷	室温	1275	1030	15	26	39④	346	—	—	—	—	—	—	—	—	—
			600	1078	932	12	20	—	—	600	883	≥25	—	—	—	—	—	—
			-196	1470	1128	12	25	45	—	—	—	—	—	—	—	—	—	—
	Ⅱ组		室温	1275	1035	12	15	39	331	—	—	—	—	—	—	—	—	—
			800	540	440	15	25	—	—	800	390	0.5	—	—	—	—	—	—
优质级	Ⅲ组	固溶：950～980℃，在选定温度±10℃，保温 1h，空冷或更快冷却 时效：720℃±10℃保温 8h，以 50℃/h±10℃/h 速率炉冷至 620℃±10℃ 保温 8h，空冷	室温	1345	1100	12	15	—	363	—	—	—	—	—	—	—	—	—
			650	1080	930	12	15	—	—	650	725	≥25	≥5	>t_u	595	825	25	0.2
	Ⅳ组	时效：720℃±10℃保温 8h，以 50℃/h±10℃/h 速率炉冷至 620℃±10℃ 保温 8h，空冷	室温	1450	1240	10	15	—	388	—	—	—	—	—	—	—	—	—
			650	1170	1000	12	15	—	—	650	700	≥25	≥5	>t_u	595	825	25	0.2
高纯级	Ⅴ组	固溶：950～980℃，在选定温度±10℃，保温 1h，空冷或更快冷却 时效：720℃±10℃保温 8h，以 50℃/h±10℃/h 速率炉冷至 620℃±10℃ 保温 8h，空冷	室温	1345	1100	12	15	—	363	—	—	—	—	—	—	—	—	—
			650	1080	930	12	15	—	—	650	725	≥50	≥5	>t_u	621	662	45	0.2
	Ⅵ组	时效：720℃±10℃保温 8h，以 50℃/h±10℃/h 速率炉冷至 620℃±10℃ 保温 8h，空冷	室温	1450	1240	10	15	—	388	—	—	—	—	—	—	—	—	—
			650	1170	1000	12	20	—	—	650	700	≥75	≥5	>t_u	595	825	30	0.2

① 光滑试样应拉断，试验时间达到 25h 后，允许每隔 8～16h 增加应力 35MP 直至拉断。

② 缺口试样缺口半为 0.2mm，缺口试样试验时间大于光滑试样试验时间后，试样可不拉断；允许采用光滑和缺口组合试样。

③ 盘锻件盘部进行室温拉伸、冲击、硬度和 600℃拉伸、持久试验，轴部做室温和-196℃拉伸、冲击试验。

④ KU_2≥35J 时，可报实测数据出厂。

(3) GH4169 合金盘锻件缺口试样的周期持久和疲劳性能（见表 22-38）

表 22-38 GH4169 合金盘锻件缺口试样的周期持久和疲劳性能（GB/T 40313—2021）

组别		周期持久[①] 试验条件	持久断裂时间 ≥	疲劳性能 试验温度/℃	疲劳性能 试验条件	疲劳寿命 N_f/周 ≥
优质级	Ⅲ组 Ⅴ组	试验温度 595℃，最大应力 895MPa，在最大应力下保持 90s±10s，最小应力 0~33MPa，加载或卸载时间 5~15s	72h 或 2000 周	455	应变化（应变幅/平均应变）0.95±0.02，最大应变（平均应变+应变幅）0.0085，循环速率为 10~300 次/min	8000
高纯级	Ⅳ组 Ⅵ组			399	应变比（应变幅/平均应变）0.95±0.02，最大应变（平均应变+应变幅）0.0067，循环速率为 10~30 次/min	30000

① 缺口试样周期持久缺口应力集中系数为 2.0。

(4) GH4720Li、GH4837 合金盘锻件的疲劳性能（见表 22-39）

表 22-39 GH4720Li、GH4837 合金盘锻件的疲劳性能（GB/T 40313—2021）

牌号	测试条件 试验温度/℃	测试条件 试验条件	疲劳寿命 N_f/周 ≥
GH4720Li	620	试验频率为 0.33Hz，应力范围为 0~1000MPa	10000
	550	试验频率为 0.33Hz，应变范围为 0~0.66%	50000
GH4738	650	应变幅为 0.5%，$R=0.1$	1000

第 23 章　耐 蚀 合 金

23.1　耐蚀合金的牌号和化学成分

23.1.1　变形耐蚀合金的牌号和化学成分

变形耐蚀合金的牌号和化学成分见表 23-1。

表 23-1　变形耐蚀合金的牌号和化学成分（GB/T 15007—2017）

统一数字代号	牌号	化学成分(质量分数,%)																
		C	Cr	Ni	Fe	Mo	W	Co	Cu	Al	Ti	Nb	V	N	Si	Mn	P	S	其他
H08800	NS1101	≤0.10	19.0~23.0	30.0~35.0	≥39.5	—	—	—	≤0.75	0.15~0.60	0.15~0.60	—	—	—	≤1.00	≤1.50	≤0.030	≤0.015	—
H08810	NS1102	0.05~0.10	19.0~23.0	30.0~35.0	≥39.5	—	—	—	≤0.75	0.15~0.60	0.15~0.60	—	—	—	≤1.00	≤1.50	≤0.030	≤0.015	—
H01103	NS1103	≤0.030	24.0~26.5	34.0~37.0	余量	—	—	—	—	0.15~0.45	0.15~0.60	—	—	—	0.30~0.70	0.50~1.50	≤0.030	≤0.030	—
H08811	NS1104	0.06~0.10	19.0~23.0	30.0~35.0	≥39.5	—	—	—	≤0.75	0.15~0.60	0.15~0.60	—	—	—	≤1.00	≤1.50	≤0.030	≤0.015	Al+Ti：0.85~1.20
H08330	NS1105	≤0.08	17.0~20.0	34.0~37.0	余量	—	—	—	≤1.0	—	—	—	—	—	0.75~1.50	≤2.00	≤0.030	≤0.030	Sn≤0.025 Pb≤0.005

（续）

统一数字代号	牌号	化学成分（质量分数，%）																
		C	Cr	Ni	Fe	Mo	W	Co	Cu	Al	Ti	Nb	V	N	Si	Mn	P	S	其他
H08332	NS1106	0.05~0.10	17.0~20.0	34.0~37.0	余量	—	—	—	≤1.0	—	—	—	—	—	0.75~1.50	≤2.00	≤0.030	≤0.030	Sn≤0.025 Pb≤0.005
H01301	NS1301	≤0.05	19.0~21.0	42.0~44.0	余量	12.5~13.5	—	—	—	—	—	—	—	—	≤0.70	≤1.00	≤0.030	≤0.030	—
H01401	NS1401	≤0.030	25.0~27.0	34.0~37.0	余量	2.0~3.0	—	—	3.0~4.0	—	0.40~0.90	—	—	—	≤0.70	≤1.00	≤0.030	≤0.030	—
H08825	NS1402	≤0.05	19.5~23.5	38.0~46.0	≥22.0	2.5~3.5	—	—	1.5~3.0	≤0.20	0.60~1.20	—	—	—	≤0.50	≤1.00	≤0.030	≤0.030	—
H08020	NS1403	≤0.07	19.0~21.0	32.0~38.0	余量	2.0~3.0	—	—	3.0~4.0	—	—	8C~1.00	—	—	≤1.00	≤2.00	≤0.030	≤0.030	Nb 为 Nb+Ta
H08028	NS1404	≤0.030	26.0~28.0	30.0~34.0	余量	3.0~4.0	—	—	0.6~1.4	—	—	—	—	—	≤1.00	≤2.50	≤0.030	≤0.030	—
H08535	NS1405	≤0.030	24.0~27.0	29.0~36.5	余量	2.5~4.0	—	—	≤1.50	—	—	—	—	—	≤0.50	≤1.00	≤0.030	≤0.030	—
H01501	NS1501	≤0.030	≤0.010	22.0~24.0	34.0~36.0	余量	7.0~8.0	—	—	—	—	—	—	0.17~0.24	—	≤1.00	≤1.00	≤0.030	—
H08120	NS1502	0.02~0.10	23.0~27.0	35.0~39.0	余量	≤2.5	≤2.5	≤3.0	≤0.50	≤0.40	≤0.20	0.40~0.90	—	0.15~0.30	≤1.00	≤1.50	≤0.040	≤0.030	B≤0.010
H01601	NS1601	≤0.015	26.0~28.0	30.0~32.0	余量	6.0~7.0	—	—	0.50~1.5	—	—	—	—	0.15~0.25	≤0.30	≤2.00	≤0.020	≤0.010	—
H01602	NS1602	≤0.015	31.0~35.0	余量	30.0~33.0	0.50~2.0	—	—	0.30~1.20	—	—	—	—	0.35~0.60	≤0.50	≤2.00	≤0.020	≤0.010	—
H09925	NS2401	≤0.030	19.5~22.5	42.0~46.0	≥22.0	2.5~3.5	—	—	1.5~3.0	0.1~0.5	1.9~2.4	≤0.5	—	—	≤0.50	≤1.00	≤0.030	≤0.030	—
H03101	NS3101	≤0.06	28.0~31.0	余量	≤1.0	—	—	—	—	≤0.30	—	—	—	—	≤0.50	≤1.20	≤0.020	≤0.020	—
H06600	NS3102	≤0.15	14.0~17.0	≥72.0	6.0~10.0	—	—	—	≤0.50	—	—	—	—	—	≤0.50	≤1.00	≤0.030	≤0.015	—

（续）

统一数字代号	牌号	化学成分（质量分数，%）																
		C	Cr	Ni	Fe	Mo	W	Co	Cu	Al	Ti	Nb	V	N	Si	Mn	P	S	其他
H06601	NS3103	≤0.10	21.0~25.0	58.0~63.0	余量	—	—	—	≤1.00	1.00~1.70	—	—	—	—	≤0.50	≤1.00	≤0.030	≤0.015	—
H03104	NS3104	≤0.030	35.0~38.0	余量	≤1.0	—	—	—	—	0.20~0.50	—	—	—	—	≤0.50	≤1.00	≤0.030	≤0.020	—
H06690	NS3105	≤0.05	27.0~31.0	≥58.0	7.0~11.0	—	—	—	≤0.50	—	—	—	—	—	≤0.50	≤0.50	≤0.030	≤0.015	—
H10001	NS3201	≤0.05	≤1.00	余量	4.0~6.0	26.0~30.0	—	≤2.5	—	—	—	—	0.20~0.40	—	≤1.00	≤1.00	≤0.030	≤0.030	—
H10665	NS3202	≤0.020	≤1.00	余量	≤2.0	26.0~30.0	—	≤1.0	—	—	—	—	—	—	≤0.10	≤1.00	≤0.040	≤0.030	—
H10675	NS3203	≤0.01	1.0~3.0	≥65.0	1.0~3.0	27.0~32.0	≤3.0	≤3.00	≤0.20	≤0.50	≤0.20	≤0.20	≤0.20	—	≤0.10	≤3.00	≤0.030	≤0.010	Ta≤0.20 Ni+Mo:94~98 Zr≤0.10
H03204	NS3204	≤0.010	0.5~1.5	≥65.0	1.0~6.0	26.0~30.0	—	≤2.50	≤0.50	0.1~0.50	—	—	—	—	≤0.05	≤1.5	≤0.040	≤0.010	—
H03301	NS3301	≤0.030	14.0~17.0	余量	≤8.0	2.0~3.0	—	—	—	—	0.40~0.90	—	—	—	≤0.70	≤1.00	≤0.030	≤0.020	—
H03302	NS3302	≤0.030	17.0~19.0	余量	≤1.0	16.0~18.0	—	—	—	—	—	—	—	—	≤0.70	≤1.00	≤0.030	≤0.030	—
H03303	NS3303	≤0.08	14.5~16.5	余量	4.0~7.0	15.0~17.0	3.0~4.5	≤2.5	—	—	—	—	≤0.35	—	≤1.00	≤1.00	≤0.040	≤0.030	—
H10276	NS3304	≤0.010	14.5~16.5	余量	4.0~7.0	15.0~17.0	3.0~4.5	≤2.5	—	—	—	—	≤0.35	—	≤0.08	≤1.00	≤0.040	≤0.030	—
H06455	NS3305	≤0.015	14.0~18.0	余量	≤3.0	14.0~17.0	—	≤2.0	—	—	≤0.70	—	—	—	≤0.08	≤1.00	≤0.040	≤0.030	—
H06625	NS3306	≤0.10	20.0~23.0	余量	≤5.0	8.0~10.0	—	≤1.0	—	≤0.40	≤0.40	3.15~4.15	—	—	≤0.50	≤0.50	≤0.015	≤0.015	—
H03307	NS3307	≤0.030	19.0~21.0	余量	≤5.0	15.0~17.0	—	≤0.10	≤0.10	—	—	—	—	—	≤0.40	0.50~1.50	≤0.020	≤0.020	—
H06022	NS3308	≤0.015	20.0~22.5	余量	2.0~6.0	12.5~14.5	2.5~3.5	≤2.50	—	—	—	—	≤0.35	—	≤0.08	≤0.50	≤0.020	≤0.020	—

（续）

统一数字代号	牌号	化学成分（质量分数，%）																
		C	Cr	Ni	Fe	Mo	W	Co	Cu	Al	Ti	Nb	V	N	Si	Mn	P	S	其他
H06686	NS3309	≤0.010	19.0~23.0	余量	≤5.0	15.0~17.0	3.0~4.4	—	—	—	0.02~0.25	—	—	—	≤0.08	≤0.75	≤0.040	≤0.020	—
H06950	NS3310	≤0.015	19.0~21.0	余量	15.0~20.0	8.0~10.0	≤1.0	≤2.5	≤0.50	≤0.40	—	≤0.50	—	—	≤1.00	≤1.00	≤0.040	≤0.015	—
H06059	NS3311	≤0.010	22.0~24.0	余量	≤1.5	15.0~16.5	—	≤0.3	≤0.50	0.10~0.40	—	—	—	—	≤0.10	≤0.50	≤0.015	≤0.010	—
H06002	NS3312	0.05~0.15	20.5~23.0	余量	17.0~20.0	8.0~10.0	0.20~1.00	0.50~2.50	—	—	—	—	—	—	≤1.00	≤1.00	0.04	0.03	—
H06230	NS3313	0.05~0.15	20.0~24.0	余量	≤3.0	1.0~3.0	13.0~15.0	≤5.0	—	≤0.50	—	—	—	—	0.25~0.75	0.30~1.00	0.030	0.015	La:0.005~0.050 B≤0.015
H03401	NS3401	≤0.030	19.0~21.0	余量	≤7.0	2.0~3.0	—	—	1.0~2.0	—	0.40~0.90	—	—	—	≤0.70	≤1.00	≤0.030	≤0.030	—
H06007	NS3402	≤0.05	21.0~23.5	余量	18.0~21.0	5.5~7.5	≤1.0	≤2.5	1.5~2.5	—	—	1.75~2.50	—	—	≤1.0	1.0~2.0	≤0.040	≤0.030	Nb 为 Nb+Ta
H06985	NS3403	≤0.015	21.0~23.5	余量	18.0~21.0	6.0~8.0	≤1.5	≤5.0	1.5~2.5	—	—	≤0.50	—	—	≤1.0	≤1.0	≤0.040	≤0.030	Nb 为 Nb+Ta
H06030	NS3404	≤0.030	28.0~31.5	余量	13.0~17.0	4.0~6.0	1.5~4.0	≤5.0	1.0~2.4	—	—	0.30~1.50	—	—	≤0.80	≤1.50	≤0.04	≤0.020	Nb 为 Nb+Ta
H06200	NS3405	≤0.010	22.0~24.0	余量	≤3.0	15.0~17.0	—	≤2.0	1.3~1.9	≤0.50	—	—	—	—	≤0.08	≤0.50	≤0.025	≤0.010	—
H04101	NS4101	≤0.05	19.0~21.0	余量	5.0~9.0	—	—	—	—	0.40~1.00	2.25~2.75	0.70~1.20	—	—	≤0.80	≤1.00	≤0.030	≤0.030	—
H07750	NS4102	≤0.08	14.0~17.0	≥70.0	5.0~9.0	—	—	≤1.0	≤0.50	0.40~1.00	2.25~2.75	0.70~1.20	—	—	≤0.50	≤1.00	—	≤0.010	Ni 为 Ni+Co Nb 为 Nb+Ta
H07751	NS4103	≤0.10	14.0~17.0	≥70.0	5.0~9.0	—	—	—	≤0.50	0.90~1.50	2.0~2.60	0.70~1.20	—	—	≤0.50	≤1.00	—	≤0.010	Ni 为 Ni+Co Nb 为 Nb+Ta
H07718	NS4301	≤0.08	17.0~21.0	50.0~55.0	余量	2.8~3.3	—	≤1.0	≤0.30	0.20~0.80	0.65~1.15	4.75~5.50	—	—	≤0.35	≤0.35	≤0.015	≤0.015	Ni 为 Ni+Co Nb 为 Nb+Ta B≤0.006
H02200	NS5200	≤0.15	—	≥99.0	≤0.40	—	—	—	≤0.25	—	—	—	—	—	≤0.35	≤0.35	—	≤0.010	—
H02201	NS5201	≤0.020	—	≥99.0	≤0.40	—	—	—	≤0.25	—	—	—	—	—	≤0.35	≤0.35	—	≤0.010	—
H04400	NS6400	≤0.30	—	≥63.0	≤2.5	—	—	—	28.0~34.0	—	—	—	—	—	≤0.50	≤2.00	—	≤0.024	—
H05500	NS6500	≤0.25	—	≥63.0	≤2.0	—	—	—	27.0~33.0	2.30~3.15	0.35~0.85	—	—	—	≤0.50	≤1.50	—	≤0.010	—

23.1.2 焊接用变形耐蚀合金的牌号和化学成分

焊接用变形耐蚀合金的牌号和化学成分见表 23-2。

表 23-2 焊接用变形耐蚀合金的牌号和化学成分（GB/T 15007—2017）

统一数字代号	牌号	化学成分(质量分数,%)															
		C	Cr	Ni	Fe	Mo	W	Co	Cu	Al	Ti	Nb[①]	V	Si	Mn	P	S	其他元素总量
W58825	HNS1402	≤0.05	19.5~23.5	38.0~46.0	≥22.0	2.5~3.5	—	—	1.5~3.0	≤0.20	0.6~1.2	—	—	≤0.50	≤1.0	≤0.020	≤0.015	—
W58020	HNS1403	≤0.07	—	32.0~38.0	余量	2.0~3.0	—	—	3.0~4.0	—	—	8C~1.00	—	≤1.00	≤2.0	≤0.020	≤0.015	—
W53101	HNS3101	≤0.06	28.0~31.0	余量	≤1.0	—	—	—	—	≤0.30	—	—	—	≤0.50	≤1.2	≤0.020	≤0.015	—
W56601	HNS3103	≤0.10	21.0~25.0	58.0~63.0	余量	—	—	—	≤1.0	1.0~1.7	—	—	—	≤0.50	≤1.0	≤0.03	≤0.015	≤0.50
W56082	HNS3106	≤0.10	18.0~22.0	≥67.0	≤3.0	—	—	—	≤0.50	—	≤0.75	2.0~3.0	—	≤0.50	2.5~3.5	≤0.03	≤0.015	≤0.50
W56052	HNS3152	≤0.04	28.0~31.5	余量	7.0~11.0	≤0.50	—	—	≤0.30	≤1.10	≤1.0	≤0.10	—	≤0.50	≤1.0	≤0.02	≤0.015	≤0.50
W56054	HNS3154	≤0.04	28.0~31.5	余量	7.0~11.0	≤0.50	—	≤0.12	≤0.30	≤1.10	≤1.0	≤0.50	—	≤0.50	≤1.0	≤0.02	≤0.015	≤0.50
W10001	HNS3201	≤0.05	≤1.0	余量	4.0~6.0	26.0~30.0	—	≤2.5	≤0.50	—	—	—	0.20~0.40	≤1.0	≤1.0	≤0.00	≤0.015	—
W10665	HNS3202	≤0.02	≤1.0	余量	≤2.0	26.0~30.0	—	≤1.0	≤0.50	—	—	—	0.20~0.40	≤1.0	≤0.10	≤0.00	≤0.015	—
W50276	HNS3304	≤0.02	14.5~16.5	余量	4.0~7.0	15.0~17.0	3.0~4.5	≤2.5	≤0.50	—	—	—	≤0.35	≤0.08	≤1.0	≤0.04	≤0.03	≤0.50
W56625	HNS3306	≤0.10	20.0~23.0	≥58.0	≤5.0	8.0~10.0	—	—	≤0.50	≤0.40	≤0.40	3.15~4.15	—	≤0.50	≤0.50	≤0.02	≤0.015	≤0.50
W56600	HNS3312	0.05~0.15	20.5~23.0	余量	17.0~20.0	8.0~10.0	0.20~1.0	0.50~2.5	≤0.50	—	—	—	—	≤1.0	≤1.0	≤0.04	≤0.03	≤0.50
W55206	HNS5206	≤0.15	—	≥93.0	≤1.0	—	—	—	≤0.25	≤1.5	2.0~3.5	—	—	≤0.75	≤1.0	≤0.03	≤0.015	≤0.50
W56406	HNS6406	≤0.15	—	62.0~69.0	≤2.5	—	—	—	余量	≤1.25	1.5~3.0	—	—	≤1.25	≤4.0	≤0.02	≤0.015	≤0.50

① Nb 为 Nb+Ta。

23.1.3 铸造耐蚀合金的牌号和化学成分

铸造耐蚀合金的牌号和化学成分见表23-3。

表23-3 铸造耐蚀合金的牌号和化学成分（GB/T 15007—2017）

统一数字代号	牌号	化学成分(质量分数,%)														
		C	Cr	Ni	Fe	Mo	W	Cu	Al	Ti	Nb	V	Si	Mn	P	S
C71301	ZNS1301	≤0.050	19.5~23.5	38.0~44.0	余量	2.5~3.5	—	—	—	—	0.60~1.2	—	≤1.0	≤1.0	≤0.030	≤0.030
C73101	ZNS3101	≤0.40	14.0~17.0	余量	≤11.0	—	—	—	—	—	—	—	≤3.0	≤1.5	≤0.030	≤0.030
C73201	ZNS3201	≤0.12	≤1.00	余量	4.0~6.0	26.0~30.0	—	—	—	—	—	0.20~0.60	≤1.00	≤1.00	≤0.040	≤0.030
C73202	ZNS3202	≤0.07	≤1.00	余量	≤3.00	30.0~33.0	—	—	—	—	—	—	≤1.00	≤1.00	≤0.040	≤0.040
C73301	ZNS3301	≤0.12	15.5~17.5	余量	4.5~7.5	16.0~18.0	3.75~5.25	—	—	—	—	0.20~0.40	≤1.00	≤1.00	≤0.040	≤0.030
C73302	ZNS3302	≤0.07	17.0~20.0	余量	≤3.0	17.0~20.0	—	—	—	—	—	—	≤1.00	≤1.00	≤0.040	≤0.030
C73303	ZNS3303	≤0.020	15.0~17.5	余量	≤2.0	15.0~17.5	≤1.0	—	—	—	—	—	≤0.80	≤1.00	≤0.030	≤0.030
C73304	ZNS3304	≤0.020	15.0~16.5	余量	≤1.50	15.0~16.5	—	—	—	—	—	—	≤0.50	≤1.00	≤0.020	≤0.020
C73305	ZNS3305	≤0.05	20.00~22.50	余量	2.0~6.0	12.5~14.5	2.5~3.5	—	—	—	—	≤0.35	≤0.80	≤1.00	≤0.025	≤0.025
C74301	ZNS4301	≤0.06	20.0~23.0	余量	≤5.0	8.0~10.0	—	—	—	—	3.15~4.15	—	≤1.00	≤1.00	≤0.015	≤0.015

23.2 耐蚀合金的特性和用途

1. 变形耐蚀合金的主要特性和用途（见表23-4）

表23-4 变形耐蚀合金的主要特性和用途（GB/T 15007—2017）

牌号	主要特性	用途举例
NS1101	抗氧化性介质腐蚀，高温抗渗碳性良好	用于化工、石油化工和食品处理及核工程，用作热交换器及蒸汽发生器管、合成纤维的加热管及电加热元件护套
NS1102	抗氧化性介质腐蚀，抗高温渗碳，热强度高	合成纤维工程中的加热管、炉管及耐热构件等多晶硅冷氢化反应器、加热器、换热器
NS1103	耐高温高压水的应力腐蚀及苛性介质应力腐蚀	核电站的蒸汽发生器管
NS1104	抗氧化性介质腐蚀，抗高温渗碳，热强度高	热交换器、加热管、炉管及耐热构件等
NS1105	抗氧化性介质腐蚀，抗高温渗碳，热强度高	加热管、炉管及耐热构件等
NS1106	抗氧化性介质腐蚀，抗高温渗碳，热强度高	加热管、炉管及耐热构件等
NS1301	在含卤素离子氧化-还原复合介质中耐点腐蚀	湿法冶金、制盐、造纸及合成纤维工业的含氯离子环境
NS1401	耐氧化-还原介质腐蚀及氯化物介质的应力腐蚀	硫酸及含有多种金属离子和卤族离子的硫酸装置

（续）

牌号	主要特性	用途举例
NS1402	耐氧化物应力腐蚀及氧化-还原性复合介质腐蚀	热交换器及冷凝器、含多种离子的硫酸环境，油气集输管道用复合管内衬，高压空冷器
NS1403	耐氧化-还原性复合介质腐蚀	硫酸环境及含有卤族离子及金属离子的硫酸溶液中应用，如湿法冶金及硫酸工业装置
NS1404	抗氯化物、磷酸、硫酸腐蚀	烟气脱硫、造纸、磷酸生产、有机酸和酯合成设备，油气田用油井管
NS1405	耐强氧化性酸、氯化物、氢氟酸腐蚀	硫酸设备、硝酸-氢氟酸酸洗设备、热交换器
NS2401	与NS1402合金耐蚀性相当，但通过时效强化可以获得更好的强度，具有较好的抗 H_2S 应力腐蚀能力	油气田井下及地面工器具及海工装备泵、阀及高强度管道系统
NS3101	抗强氧化性及含氟离子高温硝酸腐蚀，无磁	高温硝酸环境及强腐蚀条件下的无磁构件
NS3102	耐高温氧化物介质腐蚀，耐应力腐蚀和碱腐蚀	热处理及化学加工工业装置、核电和汽车工程
NS3103	抗强氧化性介质腐蚀，高温强度高	强腐蚀性核工程废物烧结处理炉、热处理炉、辐射管、煤化工高温部件
NS3104	耐强氧化性介质及高温硝酸、氢氟酸混合介质腐蚀	核工业中靶件及元件的溶解器
NS3105	抗氯化物及高温高压水应力腐蚀，耐强氧化性介质及 HNO_3-HF 混合腐蚀	核电站热交换器、蒸发器管、隔板、核工程化工后处理耐蚀构件
NS3201	耐强还原性介质腐蚀	热浓盐酸及氯化氢气体装置及部件
NS3202	耐强还原性介质腐蚀，改善抗晶间腐蚀性	盐酸及中等浓度硫酸环境（特别是高温下）的装置
NS3203	耐强还原性介质腐蚀	盐酸及中等浓度硫酸环境（特别是高温下）的装置
NS3204	耐强还原性介质腐蚀	盐酸及中等浓度硫酸环境（特别是高温下）的装置
NS3301	耐高温氟化氢、氯化氢气体及氟气腐蚀易形焊接	化工、核能及有色冶金中高温氟化氢炉管及容器
NS3302	耐含氯离子的氧化-还原介质腐蚀，耐点腐蚀	湿氯、亚硫酸、次氯酸、硫酸、盐酸及氯化物溶液装置
NS3303	耐卤族及其化合物腐蚀	强腐蚀性氧化-还原复合介质及高温海水中应用装置
NS3304	耐氧化性氯化物水溶液及湿氯、次氯酸盐腐蚀	强腐蚀性氧化-还原复合介质及高温海水中的焊接构件、核电主泵电机屏蔽套、烟气脱硫装备
NS3305	耐含氯离子的氧化-还原复合腐蚀，组织热稳定性好	湿氯、次氯酸、硫酸、盐酸、混合酸、氯化物装置，焊后直接应用
NS3306	耐氧化-还原复合介质、海水腐蚀，缝隙腐蚀和且热强度高，耐高温氧化	用于航空航天工程，燃气轮机，化学加工、石油和天然气开采、污染控制设备，海洋和核工程
NS3307	焊接材料，焊接覆盖面大，耐苛刻环境腐蚀	多种高铬钼镍基合金的焊接及与不锈钢的焊接
NS3308	耐含氯离子的氧化性溶液腐蚀	用于乙酸、磷酸制造设备，核燃料回收设备，热交换器，堆焊阀门
NS3309	在酸性氯化物环境中具有最佳的抗局部腐蚀性和良好的耐氧化性、还原性和混合性	用于污染控制、废物处理和工业应用领域的腐蚀性腐蚀环境
NN3310	耐酸性气体腐蚀，抗硫化物应力腐蚀	用于含有二氧化碳、氯离子和高硫化氢的酸性气体环境中的管件
NS3311	耐硝酸、磷酸、硫酸和盐酸腐蚀，抗氯离子应力腐蚀	用于含氯化物的有机化工工业、造纸工业、脱硫装置
NS3312	优秀的抗高温氧化性，优良的高温持久蠕变性	用于航空、海洋和陆地基地燃气涡轮发动机燃烧室和其他制造组件，也用于热处理和核工程
NS3313	优秀的抗高温氧化性，优良的高温持久蠕变性	用于航空、海洋和陆地基地燃气涡轮发动机燃烧室和其他制造组件
NS3401	耐含氟、氯离子的酸性介质的冲刷冷凝腐蚀	用于化工及湿法冶金凝器和炉管、容器

（续）

牌号	主要特性	用途举例
NS3402	具有优良的耐蚀性，耐所有浓度和温度的盐酸，耐氯化氢、硫酸、乙酸、磷酸和应力腐蚀开裂	用于含有硫酸和磷酸的化工设备
NS3403	耐盐酸和其他强还原物质，较高的热稳定性和耐应力腐蚀开裂性能	用于含有硫酸和磷酸的化工设备
NS3404	耐强氧化性的复杂介质和磷酸腐蚀	用于磷酸、硫酸、硝酸及核燃料制造、后处理等设备中
NS3405	耐氧化性、还原性的硫酸、盐酸、氢氟酸的腐蚀	用于化工设备中的反应器、热交换器、阀门、泵等
NS4101	抗强氧化性介质腐蚀，可沉淀硬化，耐腐蚀冲击	用于硝酸等氧化性介质中工作的球阀及承载构件
NS4102	优良的高温拉伸、长期持久、蠕变性能	用于燃气轮机工程，以及模具、紧固件、弹簧和汽车零部件
NS4103	优良的高温拉伸、长期持久、蠕变性能	用于内燃机排气阀
NS4301	高温下具有高强度和高耐蚀性	用于航空航天燃气轮机、石油和天然气的提取设备和核工程
NS5200	良好力学性能和耐蚀性	用于氢氧化钠和合成纤维及食品处理
NS5201	良好力学性能和耐蚀性	用于氢氧化钠和合成纤维及食品处理
NS6400	具有高强度和优良的耐海水介质、稀氢氟酸、硫酸和碱性能	用于海洋和海洋工程、盐生产设备、给水加热器管、化工和油气加工设备
NS6500	具有更高强度和优良的耐海水介质、稀氢氟酸、硫酸和碱性能	用于泵轴、油井工具、刮刀、弹簧、紧固件和船舶螺旋桨轴

2. 焊接用变形耐蚀合金的常用焊接方法、主要特性和用途（见表 23-5）

表 23-5　焊接用变形耐蚀合金的常用焊接方法、主要特性和用途（GB/T 15007—2017）

牌号	常用焊接方法	主要特性	用途
HNS1402	适用于钨极气体保护焊、金属极气体保护焊	焊缝金属具有高强度，在较宽的温度范围内，具有抗局部腐蚀，如点蚀和缝隙腐蚀	可用于焊接 NS1402 镍基合金、奥氏体不锈钢，也可用于钢的表面堆焊和复合金属的焊接
HNS3103	适用于钨极气体保护焊、金属极气体保护焊和埋弧焊	焊缝金属具有可在温度 1150℃ 或较低温度下的暴露于硫化氢或二氧化硫等环境下应用	适用于 NS3103 镍基合金和钢的表面堆焊
HNS3106	适用于钨极气体保护焊、金属极气体保护焊、埋弧焊、电渣焊和等离子弧焊	焊缝金属具有耐高温氧化、持久、蠕变性能	可用于焊接 NS3102、NS3103、NS3105、NS1101、NS1102、NS1104、NS1105、NS1106 等合金，也用于钢的表面进行堆焊，异种钢的焊接
HNS3152	适用于钨极气体保护焊、金属极气体保护焊和埋弧焊	焊缝金属可以在应用中使用耐氧化酸	适用于核电用 NS3105 合金及 M4107-M4108-M4109、16MND5-18MND5、M1111 等合金的焊接，也可用于大多数的低合金钢和不锈钢表面覆层
HNS3154	适用于钨极气体保护焊、金属极气体保护焊、埋弧焊和电渣焊	焊缝金属耐酸腐蚀性好。这种成分的焊缝特别能抵抗塑性开裂（DDC）和氧化物夹杂	适用于核电用 NS3105 合金及 M4107-M4108-M4109、16MND5-18MND5、M1111 等合金的焊接，也可用于大多数的低合金钢和不锈钢表面覆层
HNS3304	适用于钨极气体保护焊、金属极气体保护焊和埋弧焊	焊缝金属在许多腐蚀介质中具有优异的耐蚀性，特别是耐点蚀和缝隙腐蚀	可用于 NS3304 合金和镍-铬-钼合金，它应用于堆焊钢，异种钢焊接的应用包括焊接 C-276 合金与其他镍合金，不锈钢和低合金钢
HNS3306	适用于钨极气体保护焊、金属极气体保护焊、埋弧焊、电渣焊和等离子弧焊	焊缝金属具有高强度，在较宽的温度范围内，耐局部腐蚀，如点蚀和缝隙腐蚀	可用于焊接 NS3306、NS1402、NS1403 等合金及奥氏体不锈钢，也可用于钢的表面堆焊和复合金属的焊接

（续）

牌号	常用焊接方法	主要特性	用途
HNS3312	适用于钨极气体保护焊、金属极气体保护焊和埋弧焊	焊缝金属具有优异的强度和抗氧化性	可用于焊接NS3312和类似的镍-铬-钼合金，也用于钢的表面堆焊或异种钢焊接
HNS5206		焊缝金属具有良好的耐蚀性，特别是在碱性溶液中	可用于焊接NS5200和NS5201合金，也可用于钢材表面堆焊
HNS6406		焊缝金属具有良好的强度和抗腐蚀，适用于很多环境，如海水、盐、还原酸	可用于焊接NS6400和NS6550合金，也可用于钢的表面堆焊

3. 变形耐蚀合金常温下的物理性能（见表23-6）

表23-6 变形耐蚀合金常温下的物理性能（GB/T 15007—2017）

牌号	密度/(g/cm³)	热导率/[W/(m·℃)]	比热容/[J/(kg·℃)]	熔点范围/℃	平均线胀系数(25~100℃)/(10^{-6}/℃)	弹性模量/GPa
NS1101	7.94	11.5	460	1357~1385	14.4	198
NS1102	7.94	11.5	460	1357~1385	14.4	198
NS1103	7.97	—	—	—	—	—
NS1104	7.94	11.5	460	1357~1385	14.4	198
NS1105	8.08	12.4	460	1380~1420	—	197
NS1106	8.08	12.4	460	1380~1420	—	197
NS1401	—	—	—	—	15.7	186
NS1402	8.14	11.1	440	1370~1400	14.1	194
NS1403	8.08	12.3	500	—	14.7	193
NS1404	8.00	11.4	450	—	15.0	200
NS1502	8.07	11.4	467	—	14.3	197
NS2401	8.08	12.0	435	1311~1306	13.2	199
NS3102	8.47	14.9	444	1354~1413	13.3	214
NS3103	8.11	11.2	448	1360~1411	13.75	207
NS3105	8.19	12.0	450	1343~1377	14.1	207
NS3202	9.22	11.5	380	—	10.3	—
NS3203	9.22	11.2	373	1370~1418	10.6	213
NS3301	8.40	—	—	—	—	—
NS3306	8.44	10.8	410	1290~1350	12.8	205
NS3308	8.69	10.0	411	1357~1399	12.4	206
NS3309	8.73	9.8	373	1338~1380	12.0	—
NS3310	8.38	10.4	446	—	13.0	192
NS3312	8.22	9.1	486	1260~1355	13.9	205
NS3313	8.97	8.9	397	1300~1370	11.8	211
NS3403	8.14	11.8	464	1260~1343	14.6	199
NS3404	8.22	10.2	—	—	12.8	202
NS3405	8.50	9.1	—	—	12.4	—
NS4102	8.28	12.0	—	1393~1427	—	—
NS4103	8.22	12.0	—	1390~1430	12.6	214
NS4301	8.19	11.4	435	1260~1336	13.0	200
NS5200	8.89	70.3	456	1435~1446	13.3	205
NS5201	8.89	79.0	456	1435~1446	13.3	205
NS6400	8.8	22.0	427	1300~1350	14.2	248
NS6500	8.44	17.2	419	1315~1350	13.7	248

23.3 耐蚀合金棒

1. 耐蚀合金棒固溶处理后的力学性能（见表 23-7）

表 23-7 耐蚀合金棒固溶处理后的力学性能（GB/T 15008—2020）

牌号	推荐的热处理温度/℃	规定塑性延伸强度 $R_{p0.2}$/MPa	抗拉强度 R_m/MPa	断后伸长率 A(%)
		≥		
NS1101	1000~1060	205	515	30
NS1102	1100~1170	170	450	30
NS1103	1000~1050	205	515	30
NS1104	1120~1170	170	450	30
NS1105	1040~1090	207	483	30
NS1301	1150~1200	240	590	30
NS1401	1000~1050	215	540	35
NS1402	1000~1050	240	590	30
NS1403	1000~1050	215	540	35
NS2401	1010~1065	517	241	35
NS3101	1050~1100	245	570	40
NS3102	1000~1050	240	550	30
NS3103	1100~1150	195	550	30
NS3104	1080~1120	195	520	35
NS3105	1000~1050	240	550	30
NS3201	1140~1190	310	690	40
NS3202	1040~1090	350	760	40
NS3301	1050~1100	195	540	35
NS3302	1160~1210	295	735	30
NS3303	1160~1210	315	690	30
NS3304	1150~1200	285	690	40
NS3305	1050~1100	275	690	40
NS3306	1100~1150	275	690	30
NS3308	1100~1150	310	690	45
NS3401	1050~1100	195	590	40
NS6400	800~982	170	480	35

注：表中数据适用于直径不大于 80mm 的棒材，直径大于 80mm 的棒材允许改轧（锻）成 80mm 后取样检验，性能指标应符合表中的规定。

2. 耐蚀合金棒时效处理后的力学性能（见表 23-8）

表 23-8 耐蚀合金棒时效处理后的力学性能（GB/T 15008—2020）

牌号	推荐的热处理工艺		规定塑性延伸强度 $R_{p0.2}$/MPa	抗拉强度 R_m/MPa	断后伸长率 A(%)	冲击吸收能量 KU/J	硬度 HRC
	固溶①	时效①	≥				
NS4101	1080~1100℃，快冷	750~780℃保温 8h，空冷，620~650℃保温 8h，空冷	690	910	20	80②	32
NS4301	940~1060℃，空冷或快冷	720℃保温 8h，任意冷却速度冷却至 620℃，总时效时间不少于 18h，空冷	1035	1240	12	—	—

（续）

牌号	推荐的热处理工艺		规定塑性延伸强度 $R_{p0.2}$/MPa	抗拉强度 R_m/MPa	断后伸长率 A(%)	冲击吸收能量 KU/J	硬度 HRC
	固溶①	时效①	≥				
NS6500	1080～1150℃，快冷	工艺1:590～610℃保温8～16h，以10～15℃/h的速度炉冷至480℃，空冷	585③	895	20	—	—
	热轧	工艺2:590～610℃保温8～16h，炉冷至540℃，保温6h，炉冷至480℃，保温8h，空冷	690	965	20④	—	—

① 选定的热处理温度应控制在±15℃之内。

② 公称直径小于16mm的棒材可不进行冲击试验。

③ 公称直径小于25.4mm时，规定塑性延伸强度 $R_{p0.2}$ 不小于620MPa。

④ 公称直径大于108mm时，断后伸长率不小于17%。

3. NS4301合金棒时效处理后的高温持久性能（见表23-9）

表23-9 NS4301合金棒时效处理后的高温持久性能（GB/T 15008—2020）

牌号	试验温度/℃	试验应力 σ①/MPa	蠕变断裂时间 t_u/h	蠕变断后伸长率 A_{u50mm}(%)
NS4301	650	690	≥23	≥4

① 试验应在高于规定的恒定试验应力下进行。试验也可采用递增应力，在这种情况下，规定的应力应保持到试样断裂或持续48h，以先发生为准。在48h后，每隔8～16h（最好为8～10h），应力增加34.5MPa。

23.4 耐蚀合金无缝管

1. 经热处理或保护气氛热处理状态合金管的室温力学性能（见表23-10）

表23-10 经热处理或保护气氛热处理状态合金管的室温力学性能（GB/T 37614—2019）

牌号	交货状态	外径 D/mm	抗拉强度 R_m/MPa	规定塑性延伸强度 $R_{p0.2}$/MPa	断后伸长率 A(%)
			≥		
NS1101	冷轧(拔)退火	—	520	205	30
	热挤压(轧、扩)退火	—	450	170	30
NS1102	退火①	—	450	170	30
NS1103	退火	—	515	205	30
NS1104	退火②	—	450	170	30
NS1401	退火	—	540	215	35
NS1402	冷轧(拔)退火	—	585	240	30
	热挤压(轧、扩)退火	—	520	170	30
NS1403	稳定化退火③	—	550	240	30
NS1404	固溶	—	500	215	40
NS3101	固溶	—	570	245	40
NS3102	冷轧(拔)退火	≤127	550	240	30
		>127	550	205	35
	热挤压(轧、扩)退火	≤ 127	550	205	35
		>127	515	170	35
NS3103	退火	—	550	205	30

（续）

牌号	交货状态	外径 D/mm	抗拉强度 R_m/MPa	规定塑性延伸强度 $R_{p0.2}$/MPa	断后伸长率 A(%)
			≥		
NS3105	冷轧(拔)退火	≤127	585	240	30
		>127	585	205	35
	热挤压(轧、扩)退火	≤127	585	205	35
		>127	515	170	35
NS3301	退火	—	540	195	35
NS3304	固溶	—	690	280	40
NS3306	冷轧(拔)退火④	—	825	415	30
	冷轧(拔)固溶⑤	—	690	275	30
NS3403	固溶	—	620	240	40
NS5200	消应力退火	—	450	275	15
	退火	—	380	105	40
NS5201	消应力退火	—	415	205	15
	退火	—	345	80	40
NS6400	消应力退火	—	585	380	15
	冷轧(拔)退火	≤127	480	195	35
		>127	480	170	35

① 热处理温度最低应为 1121℃。
② 热处理温度最低应为 1149℃。
③ 推荐的退火温度 982~1010℃。
④ 退火温度最低应为 871℃。
⑤ 固溶处理温度最低应为 1093℃，固溶后可进行稳定化处理，稳定化退火的最低温度应为 982℃。

2. 热挤压（轧、扩）状态合金管的力学性能（见表 23-11）

表 23-11 热挤压（轧、扩）状态合金管的力学性能（GB/T 37614—2019）

牌号	外径 D/mm	抗拉强度 R_m/MPa	规定塑性延伸强度 $R_{p0.2}$/MPa	断后伸长率 A(%)
		≥		
NS1101	—	450	170	30
NS3102	≤127	550	205	35
	>127	515	170	35
NS3105	≤127	586	205	35
	>127	515	170	35
NS3304		690	283	40

23.5 耐蚀合金板与带

23.5.1 耐蚀合金冷轧薄板及带

1. 固溶（或退火）状态耐蚀合金冷轧薄板及带的室温力学性能（见表 23-12）

表 23-12 固溶（或退火）状态耐蚀合金冷轧薄板及带的室温力学性能（GB/T38689—2020）

牌号	交货状态	热处理温度/℃	拉伸性能			硬度③HRB	平均晶粒度
			抗拉强度 R_m/MPa	规定塑性延伸强度 $R_{p0.2}$①/MPa	断后伸长率 A②(%)		
			≥				
NS1101	固溶	—	520	205	30	—	—
NS1102	固溶	≥1120	450	170	30	—	5 级或更粗

（续）

<table>
<tr><th rowspan="2">牌号</th><th rowspan="2">交货状态</th><th rowspan="2">热处理温度/℃</th><th colspan="3">拉伸性能</th><th rowspan="2">硬度③ HRB</th><th rowspan="2">平均晶粒度</th></tr>
<tr><th>抗拉强度 R_m/MPa</th><th>规定塑性延伸强度 $R_{p0.2}$①/MPa</th><th>断后伸长率 A②(%)</th></tr>
<tr><th></th><th></th><th></th><th colspan="3">≥</th><th></th><th></th></tr>
<tr><td>NS1103</td><td>固溶</td><td>—</td><td>520</td><td>205</td><td>30</td><td>—</td><td>—</td></tr>
<tr><td>NS1104④</td><td>固溶</td><td>≥1150</td><td>450</td><td>170</td><td>30</td><td>—</td><td>5 级或更粗</td></tr>
<tr><td>NS1105</td><td>固溶</td><td>≥1040</td><td>485</td><td>205</td><td>30</td><td>70~90</td><td>—</td></tr>
<tr><td>NS1106</td><td>固溶</td><td>≥1150</td><td>460</td><td>185</td><td>30</td><td>65~88</td><td>5 级或更粗</td></tr>
<tr><td>NS1301</td><td>固溶</td><td>—</td><td>590</td><td>240</td><td>30</td><td>—</td><td>—</td></tr>
<tr><td>NS1401</td><td>固溶</td><td>—</td><td>540</td><td>215</td><td>35</td><td>—</td><td>—</td></tr>
<tr><td>NS1402</td><td>固溶</td><td>—</td><td>585</td><td>240</td><td>30</td><td>—</td><td>—</td></tr>
<tr><td>NS1403</td><td>固溶</td><td>—</td><td>550</td><td>240</td><td>30</td><td>≤95（或≤217HBW）</td><td>—</td></tr>
<tr><td>NS1404</td><td>固溶</td><td>—</td><td>500</td><td>215</td><td>40</td><td>70~90</td><td>—</td></tr>
<tr><td>NS1502</td><td>固溶</td><td>≥1180</td><td>620</td><td>275</td><td>30</td><td>—</td><td>5 级或更粗</td></tr>
<tr><td>NS3101</td><td>固溶</td><td>—</td><td>570</td><td>245</td><td>40</td><td>—</td><td>—</td></tr>
<tr><td>NS3102</td><td>固溶</td><td>—</td><td>550</td><td>240</td><td>30</td><td>—</td><td>—</td></tr>
<tr><td>NS3103</td><td>固溶</td><td>—</td><td>550</td><td>205</td><td>30</td><td>—</td><td>—</td></tr>
<tr><td>NS3104</td><td>固溶</td><td>—</td><td>520</td><td>195</td><td>35</td><td>—</td><td>—</td></tr>
<tr><td>NS3105</td><td>固溶</td><td>—</td><td>585</td><td>240</td><td>30</td><td>—</td><td>—</td></tr>
<tr><td>NS3201④</td><td>固溶</td><td>—</td><td>795</td><td>345</td><td>45</td><td>≤100</td><td>3 级或更细</td></tr>
<tr><td>NS3202</td><td>固溶</td><td>—</td><td>760</td><td>350</td><td>40</td><td>≤100</td><td>3 级或更细</td></tr>
<tr><td>NS3203</td><td>固溶</td><td>—</td><td>760</td><td>350</td><td>40</td><td>≤100</td><td>3 级或更细</td></tr>
<tr><td>NS3301</td><td>固溶</td><td>—</td><td>540</td><td>195</td><td>35</td><td>—</td><td>—</td></tr>
<tr><td>NS3303</td><td>固溶</td><td>—</td><td>690</td><td>315</td><td>30</td><td>—</td><td>—</td></tr>
<tr><td>NS3304</td><td>固溶</td><td>—</td><td>690</td><td>285</td><td>40</td><td>≤100</td><td>3 级或更细</td></tr>
<tr><td>NS3305</td><td>固溶</td><td>—</td><td>690</td><td>275</td><td>40</td><td>≤100</td><td>3 级或更细</td></tr>
<tr><td rowspan="2">NS3306</td><td>固溶</td><td>≥1095</td><td>690</td><td>275</td><td>30</td><td>—</td><td>—</td></tr>
<tr><td>退火</td><td>≥870</td><td>760</td><td>380</td><td>30</td><td>—</td><td>—</td></tr>
<tr><td>NS3308</td><td>固溶</td><td>—</td><td>690</td><td>310</td><td>45</td><td>≤100</td><td>3 级或更细</td></tr>
<tr><td>NS3309</td><td>固溶</td><td>—</td><td>690</td><td>310</td><td>45</td><td>≤100</td><td>3 级或更细</td></tr>
<tr><td>NS3311</td><td>固溶</td><td>—</td><td>690</td><td>310</td><td>45</td><td>≤100</td><td>3 级或更细</td></tr>
<tr><td>NS3312</td><td>固溶</td><td>—</td><td>665</td><td>240</td><td>35</td><td>—</td><td>3 级或更细</td></tr>
<tr><td>NS3313</td><td>固溶</td><td>1205~1245</td><td>760</td><td>310</td><td>40</td><td>—</td><td>3 级或更细</td></tr>
<tr><td>NS3402</td><td>固溶</td><td>—</td><td>620</td><td>240</td><td>40</td><td>≤100</td><td>—</td></tr>
<tr><td>NS3403</td><td>固溶</td><td>—</td><td>620</td><td>240</td><td>45</td><td>≤100</td><td>—</td></tr>
<tr><td>NS3404</td><td>固溶</td><td>—</td><td>585</td><td>240</td><td>30</td><td>—</td><td>—</td></tr>
<tr><td>NS3405</td><td>固溶</td><td>—</td><td>690</td><td>310</td><td>45</td><td>≤100</td><td>—</td></tr>
<tr><td>NS5200</td><td>退火</td><td>—</td><td>380</td><td>100</td><td>40</td><td>—</td><td>—</td></tr>
<tr><td>NS5201</td><td>退火</td><td>—</td><td>345</td><td>80</td><td>40</td><td>—</td><td>—</td></tr>
<tr><td>NS6400</td><td>退火</td><td>—</td><td>485~585</td><td>195</td><td>35</td><td>—</td><td>—</td></tr>
</table>

① 不适用于公称厚度小于 0.5mm 的薄板及带材。

② 公称厚度不大于 3.0mm 时使用 A_{50mm} 试样。公称厚度小于 0.3mm 时断后伸长率仅供参考，不作交货依据。

③ 硬度值仅供参考，不作交货依据。

④ 不适用于公称厚度小于 3.0mm 的薄板及带材。

2. 冷作硬化状态交货耐蚀合金冷轧薄板及带的室温力学性能（见表 23-13）

表 23-13 冷作硬化状态交货耐蚀合金冷轧薄板及带的室温力学性能（GB/T38689—2020）

牌号	交货状态	拉伸性能			硬度 HRB
		抗拉强度 R_m/MPa	规定塑性延伸强度 $R_{p0.2}$/MPa	断后伸长率 A[①]（%）	
		≥			
NS3102	H1/4	—	—	—	88~94
	H1/2	—	—	—	94~98
	H3/4	—	—	—	97HRB~25HRC
	H	860[②]	620	2[②]	—
NS3105	H1/4	—	—	—	
	H1/2	—	—	—	94~98
	H3/4	—	—	—	97HRB~25HRC
	H	860[②]	620	2[②]	—
NS5200	H1/4	—	—	—	70~80
	H1/2	—	—	—	79~86
	H3/4	—	—	—	85~91
	H	620[③]	480	2[③]	—
NS6400	H1/4	—	—	—	73~83
	H1/2	—	—	—	82~90
	H3/4	—	—	—	89~94
	H	690[③]	620	2[③]	—

注：H 代表硬化程度。

① 公称厚度不大于 3.0mm 时使用 A_{50mm} 试样。

② 不适用于公称厚度小于 0.5mm 的薄板及带材。

③ 不适用于公称厚度小于 0.25mm 的薄板及带材。

3. 时效强化型耐蚀合金冷轧薄板及带的室温力学性能（见表 23-14）

表 23-14 时效强化型耐蚀合金冷轧薄板及带的室温力学性能（GB/T38689—2020）

牌号	公称厚度/mm	试样状态[①]	固溶处理工艺[②]	试样时效处理工艺[②]	拉伸性能		
					抗拉强度 R_m/MPa	规定塑性延伸强度 $R_{p0.2}$/MPa	断后伸长率 A[③]（%）
					≥		
NS4102	≤0.4	固溶+时效	980~1100℃，空冷或快冷	工艺 1:730℃，保温 8h，以 55℃/h 速度冷却到 620℃，保温 8h，空冷 工艺 2:730℃，保温 8h，以任意速度冷却到 620℃，保温，总时效时间不少于 18h，空冷	1100	790	18
	>0.4				1170	790	18
NS4301	—	固溶+时效	940~1060℃，空冷或快冷	工艺 1:720℃，保温 8h，以 55℃/h 速度冷却到 620℃，保温 8h，空冷 工艺 2:730℃，保温 8h，以任意速度冷却到 620℃，保温，总时效时间不少于 18h，空冷	1240	1035	12
NS6500	—	固溶+时效	≥870℃，快冷	工艺 1:590~610℃，保温 8~16h，以 8~15℃/h 速度炉冷到 480℃，然后空冷 工艺 2:590~610℃，保温 8~16h，炉冷到 540℃，保温 6h，炉冷到 480℃，保温 8h，空冷	900	620	15

① 薄板和带材应以固溶状态交货，试样经时效处理。两种工艺由供方选其一，并在质量证明书中证明。

② 选定的热处理温度应控制在±15℃之内。

③ 厚度不大于 3mm 时使用 A_{50mm} 试样。

4. 耐蚀合金冷轧薄板及带的高温力学性能（见表 23-15）

表 23-15　耐蚀合金冷轧薄板及带的高温力学性能（GB/T38689—2020）

牌号	公称厚度/mm	试验温度/℃	试验应力 σ①/MPa	蠕变断裂时间 t_u/h	蠕变断后伸长率 A_u②(%)
NS4301	≤0.4	650	655	≥23	—
	0.4~0.6	650	655	≥23	≥4
	0.6~5.0	650	690	≥23	≥4

① 试验应在高于规定的恒定试验应力下进行。试验也可采用递增应力，在这种情况下，规定的应力应保持到试样断裂或持续 48h，以先发生为准，在 48h 后，每隔 8~16h，应力增加 34.5MPa。

② 厚度不大于 3.0mm 时使用 A_{50mm} 试样。

23.5.2　耐蚀合金热轧薄板及带

1. 交货状态耐蚀合金热轧薄板及带的力学性能（见表 23-16）

表 23-16　交货状态耐蚀合金热轧薄板及带的力学性能（GB/T 38690—2020）

牌号	公称厚度/mm	交货状态	热处理温度/℃	拉伸性能 抗拉强度 R_m/MPa	规定塑性延伸强度 $R_{p0.2}$/MPa	断后伸长率 A①(%)	硬度② HRB	平均晶粒度
				≥				
NS1101	—	固溶	—	520	205	30	—	—
NS1102	—	固溶	≥1120	450	170	30	—	5 级或更粗
NS1103	—	固溶	—	520	205	30	—	—
NS1104	—	固溶	≥1150	450	170	30	—	5 级或更粗
NS1105	—	固溶	≥1040	485	205	30	70~90	—
NS1106	—	固溶	≥1150	460	185	30	65~88	5 级或更粗
NS1301	—	固溶	—	590	240	30	—	—
NS1401	—	固溶	—	540	215	35	—	—
NS1402	—	固溶	—	585	240	30	—	—
NS1403	—	固溶	—	550	240	30	≤95③	—
NS1404	—	固溶	—	500	215	40	70~90	—
NS1502	—	固溶	≥1180	620	275	30	—	5 级或更粗
NS3101	—	固溶	—	570	245	40	—	—
NS3102	—	固溶	—	550	240	30	—	—
NS3103	—	固溶	—	550	205	30	—	—
NS3104	—	固溶	—	520	195	35	—	—
NS3105	—	固溶	—	585	240	30	—	—
NS3201	≤5.0	固溶	—	795	345	45	≤100	1.5 级或更细
	>5.0~8.0	固溶	—	690	310	40	≤100	
NS3202	—	固溶	—	760	350	40	≤100	1.5 级或更细
NS3203	—	固溶	—	760	350	40	≤100	1.5 级或更细
NS3301	—	固溶	—	540	195	35	—	—
NS3303	—	固溶	—	690	315	30	—	—
NS3304	—	固溶	—	690	285	40	≤100	1.5 级或更细
NS3305	—	固溶	—	690	275	40	≤100	1.5 级或更细
NS3306	—	固溶	≥1095	690	275	30	—	—
		退火	≥870	760	380	30	—	—
NS3308	—	固溶	—	690	310	45	≤100	1.5 级或更细
NS3309	—	固溶	—	690	310	45	≤100	1.5 级或更细
NS3311	—	固溶	—	690	310	45	≤100	1.5 级或更细

（续）

牌号	公称厚度/mm	交货状态	热处理温度/℃	拉伸性能 抗拉强度 R_m/MPa	规定塑性延伸强度 $R_{p0.2}$/MPa	断后伸长率 A[①](%)	硬度[②] HRB	平均晶粒度
				≥				
NS3312	—	固溶	—	665	240	35	—	1.5级或更细
NS3313	—	固溶	1205~1245	760	310	40	—	1.5级或更细
NS3402	≤5.0	固溶	—	620	240	40	≤100	—
	>5.0~8.0	固溶	—	620	240	35	≤100	—
NS3403	—	固溶	—	620	240	45	≤100	—
NS3404	—	固溶	—	585	240	30	—	—
NS3405	—	固溶	—	690	310	45	≤100	—
NS5200	—	退火	—	380	100	40	—	—
NS5201	—	退火	—	345	80	40	—	—
NS6400	—	退火	—	480	195	35	—	—

① 厚度不大于3mm时使用A_{50mm}试样。

② 硬度值仅供参考，不作交货依据。

③ 或≤217HBW。

2. 时效强化型耐蚀合金热轧薄板及带的力学性能（见表23-17）

表23-17　时效强化型耐蚀合金热轧薄板及带的力学性能（GB/T 38690—2020）

牌号	试样状态[①]	固溶处理工艺[②]	试样时效处理工艺[②]	抗拉强度 R_m/MPa	规定塑性延伸强度 $R_{p0.2}$/MPa	断后伸长率 A[③](%)
				≥		
NS4102	固溶+时效	980~1100℃，空冷或快冷	工艺1:730℃,保温8h,以55℃/h速度冷却到620℃,保温8h,空冷 工艺2:730℃,保温8h,以任意速度冷却到620℃,保温,总时效时间不少于18h,空冷	1100	720	18
NS4301	固溶+时效	940~1060℃，空冷或快冷	工艺1:720℃,保温8h,以55℃/h速度冷却到620℃,保温8h,空冷 工艺2:730℃,保温8h,以任意速度冷却到620℃,保温,总时效时间不少于18h,空冷	1240	1035	12
NS6500	固溶+时效	≥870℃,快冷	工艺1:590~610℃,保温8~16h,以8~15℃/h速度炉冷到480℃,然后空冷	900	620	15
	热轧+时效	—	工艺2:590~610℃,保温8~16h,炉冷到540℃,保温6h,炉冷到480℃,保温8h,空冷	970	690	15

① 薄板及带材以固溶或热轧状态交货，试样经时效热处理。两种工艺由供方选其一，并在质量证明书中注明。

② 选定的热处理温度应控制在±15℃之内。

③ 厚度不大于3.0mm时使用A_{50mm}试样。

3. NS4301合金薄板及带的高温持久性能（见表23-18）

表23-18　NS4301合金薄板及带的高温持久性能（GB/T 38690—2020）

牌号	试验温度/℃	试验应力 σ[①]/MPa	蠕变断裂时间 t_u/h	蠕变断后伸长率 A_u[②](%)
NS4301	650	690	≥23	≥4

① 试验应在高于规定的恒定试验应力下进行。试验也可采用递增应力，在这种情况下，规定的应力应保持到试样断裂或持续48h，以先发生为准，在48h后，每隔8~16h，应力增加34.5MPa。

② 厚度不大于3.0mm时使用A_{50mm}试样。

23.5.3　耐蚀合金热轧厚板

1. 耐蚀合金热轧厚板交货状态的力学性能（见表 23-19）

表 23-19　耐蚀合金热轧厚板交货状态的力学性能（GB/T 38688—2020）

牌号	公称厚度/mm	交货状态	热处理温度/℃	拉伸性能			硬度① HRB	平均晶粒度
				抗拉强度 R_m/MPa	规定塑性延伸强度 $R_{p0.2}$/MPa	断后伸长率 A(%)		
				≥				
NS1101	—	固溶	—	520	205	30	—	—
NS1102	—	固溶	≥1120	450	170	30	—	5 级或更粗
NS1103	—	固溶	—	520	205	30	—	—
NS1104	—	固溶	≥1150	450	170	30	—	5 级或更粗
NS1105	—	固溶	≥1040	485	205	30	70~90	—
NS1106	—	固溶	≥1150	460	185	30	65~88	5 级或更粗
NS1301	—	固溶	—	590	240	30	—	—
NS1401	—	固溶	—	540	215	35	—	—
NS1402	—	固溶	—	585	240	30	—	—
NS1403	—	固溶	—	550	240	30	≤95	—
NS1404	—	固溶	—	500	215	40	70~90	—
NS1502	—	固溶	≥1180	620	275	30	—	5 级或更粗
NS3101	—	固溶	—	570	245	40	—	—
NS3102	—	固溶	—	550	240	30	—	—
NS3103	—	固溶	—	550	205	30	—	—
NS3104	—	固溶	—	520	195	35	—	—
NS3105	—	固溶	—	585	240	30	—	—
NS3201	<5.0	固溶	—	795	345	45	≤100	—
	≥5.0		—	690	310	40	≤100	—
NS3202	—	固溶	—	760	350	40	≤100	—
NS3203	—	固溶	—	760	350	40	≤100	—
NS3301	—	固溶	—	540	195	35	—	—
NS3303	—	固溶	—	690	315	30	—	—
NS3304	—	固溶	—	690	285	40	≤100	—
NS3305	—	固溶	—	690	275	40	≤100	—
NS3306	—	固溶	≥1095	690	275	30	—	—
	—	退火	≥870	760	380	30	—	—
NS3308	—	固溶	—	690	310	45	≤100	—
NS3309	—	固溶	—	690	310	45	≤100	—
NS3311	—	固溶	—	690	310	45	≤100	—
NS3312	—	固溶	—	655	240	35	—	—
NS3313	—	固溶	1205~1245	760	310	40	—	—
NS3314	—	固溶	—	690	280	40	—	—
NS3402	<20	固溶	—	620	240	35	≤100	—
	≥20	固溶	—	585	205	30	≤100	—
NS3403	<20	固溶	—	620	240	45	≤100	—
	≥20	固溶	—	585	205	35	≤100	—
NS3404	—	固溶	—	585	240	30	—	—
NS3405	—	固溶	—	690	310	45	≤100	—
NS5200	—	退火	—	380	100	40	—	—
NS5201	—	退火	—	345	80	40	—	—
NS6400	—	退火	—	480	195	35	—	—

① 硬度值仅供参考，不作交货的依据。

2. 时效强化型耐蚀合金热轧厚板、试样毛坯的力学性能（见表 23-20）

表 23-20　时效强化型耐蚀合金热轧厚板、试样毛坯的力学性能（GB/T 38688—2020）

牌号	公称厚度/mm	试样状态①	固溶处理工艺②	试样时效处理工艺②	抗拉强度 R_m/MPa	规定塑性延伸强度 $R_{p0.2}$/MPa	断后伸长率 A(%)
					≥		
NS4102	≤25	固溶+时效	980～1100℃，空冷或快冷	工艺 1：730℃，保温 8h，以 55℃/h 速度冷却到 620℃，保温 8h，空冷 工艺 2：730℃，保温 8h，以任意速度冷却到 620℃保温，总时效时间不少于 18h，空冷	1100	720	18
NS4301	≤25	固溶+时效	940～1060℃，空冷或快冷	工艺 1：720℃，保温 8h，以 55℃/h 速度冷却到 620℃，保温 8h，空冷 工艺 2：730℃，保温 8h，以任意速度冷却到 620℃保温，总时效时间不少于 18h，空冷	1240	1035	12
	>25～55				1240	1035	10
NS6500	—	固溶+时效	≥870℃，快冷	工艺 1：590～610℃，保温 8～16h，以 8～15℃/h 速度炉冷到 480℃，然后空冷	900	620	15
		热轧+时效	—	工艺 2：590～610℃，保温 8～16h，炉冷到 540℃，保温 6h，炉冷到 480℃，保温 8h，空冷	970	690	15

① 板材应以固溶状态或热轧态交货，交货状态的试样经时效处理，两种工艺由供方选其一，并在质量证明书中注明。

② 选定的热处理温度应控制在±15℃之内。

3. 时效强化型耐蚀合金热轧厚板的高温持久性能（见表 23-21）

表 23-21　时效强化型耐蚀合金热轧厚板的高温持久性能（GB/T 38688—2020）

牌号	试验温度/℃	试验应力 σ①/MPa	蠕变断裂时间 t_u/h	蠕变断后伸长率 A_u(%)
NS4301	650	690	≥23	≥4

① 试验应在高于规定的恒定试验应力下进行。试验也可采用递增应力，在这种情况下，规定的应力应保持到试样断裂或持续 48h，以先发生为准。在 48h 后，每隔 8～16h，应力增加 34.5MPa。

附　录

附录 A　金属材料常用力学性能的符号

符号	名　称
R_{eH}	上屈服强度(单位为 MPa)
R_{eL}	下屈服强度(单位为 MPa)
R_m	抗拉强度(单位为 MPa)
R_t	规定总延伸强度(单位为 MPa)
R_p	规定塑性延伸强度(单位为 MPa,常用指标为 $R_{p0.2}$)
R_r	规定残余延伸强度(单位为 MPa,常用指标为 $R_{r0.2}$)
A	原始标距为 $5.65\sqrt{S_o}$ 的断后伸长率(%)
$A_{11.3}$	原始标距为 $11.3\sqrt{S_o}$ 的断后伸长率(%)
$A_{x\text{mm}}$	原始标距为 $x$mm 的断后伸长率(%)
A_u	持久伸长率(%)
A_{gt}	最大力总伸长率(%)
Z	断面收缩率(%)
Z_u	持久断面收缩率(%)
R_{mc}	抗压强度(单位为 MPa)
σ_{bb}	抗弯强度(单位为 MPa)
τ_b	抗剪强度(单位为 MPa)
τ_m	抗扭强度(单位为 MPa)
a_K	冲击韧度(单位为 J/cm^2)
K	冲击吸收能量(单位为 J)
KU	U 型缺口试样测定的冲击吸收能量(单位为 J)
KU_2	U 型缺口试样使用 2mm 摆锤锤刃测得的冲击吸收能量(单位为 J)
KU_8	U 型缺口试样使用 8mm 摆锤锤刃测得的冲击吸收能量(单位为 J)
KV	V 型缺口试样测定的冲击吸收能量(单位为 J)
KV_2	V 型缺口试样使用 2mm 摆锤锤刃测得的冲击吸收能量(单位为 J)
KV_8	V 型缺口试样使用 8mm 摆锤锤刃测得的冲击吸收能量(单位为 J)
KW_2	无缺口试样使用 2mm 摆锤锤刃测得的冲击吸收能量(单位为 J)
KW_8	无缺口试样使用 8mm 摆锤锤刃测得的冲击吸收能量(单位为 J)
HBW	布氏硬度
HR	洛氏硬度(有 A、B、C、D、E、F、G、H、K、N、T 共 11 种标尺)
HV	维氏硬度
HS	肖氏硬度(有 C、D 两种测头)
HK	努氏硬度

（续）

符号	名　称
HL	里氏硬度
K	应力强度因子（单位为 $MPa\cdot m^{1/2}$）
K_1	张开型应力强度因子（Ⅰ型，单位为 $MPa\cdot m^{1/2}$）
K_{IC}	平面应变断裂韧度（K_I 的临界值，单位为 $MPa\cdot m^{1/2}$）
K_Q	K_{IC} 的条件值（单位为 $MPa\cdot m^{1/2}$）
N_f	疲劳寿命或耐久性
S	疲劳强度
σ_N	在 N 次循环的疲劳强度
σ_D	疲劳极限

附录 B　金属材料各种硬度间的换算关系

洛氏硬度 HRC	肖氏硬度 HS	维氏硬度 HV	布氏硬度 HBW	洛氏硬度 HRC	肖氏硬度 HS	维氏硬度 HV	布氏硬度 HBW	洛氏硬度 HRC	肖氏硬度 HS	维氏硬度 HV	布氏硬度 HBW
70	—	1037	—	52	69.1	543	—	34	46.6	320	314
69	—	997	—	51	67.7	525	501	33	45.6	312	306
68	96.6	959	—	50	66.3	509	488	32	44.5	304	298
67	94.6	923	—	49	65	493	474	31	43.5	296	291
66	92.6	889	—	48	63.7	478	461	30	42.5	289	283
65	90.5	856	—	47	62.3	463	449	29	41.6	281	276
64	88.4	825	—	46	61	449	436	28	40.6	274	269
63	86.5	795	—	45	59.7	436	424	27	39.7	268	263
62	84.8	766	—	44	58.4	423	413	26	38.8	261	257
61	83.1	739	—	43	57.1	411	401	25	37.9	255	251
60	81.4	713	—	42	55.9	399	391	24	37	249	245
59	79.7	688	—	41	54.7	388	380	23	36.3	243	240
58	78.1	664	—	40	53.5	377	370	22	35.5	237	234
57	76.5	642	—	39	52.3	367	360	21	34.7	231	229
56	74.9	620	—	38	51.1	357	350	20	34	226	225
55	73.5	599	—	37	50	347	341	19	33.2	221	220
54	71.9	579	—	36	48.8	338	332	18	32.6	216	216
53	70.5	561	—	35	47.8	329	323	17	31.9	211	211

附录 C　金属材料硬度与强度的换算关系

1）钢铁材料硬度与强度的换算关系见表 C-1。

表 C-1　钢铁材料硬度与强度的换算关系（GB/T 1172—1999）

硬　度								抗拉强度 R_m/MPa								
洛氏		表面洛氏			维氏	布氏 $(0.102F/D^2=30)$		碳钢	铬钢	铬钒钢	铬镍钢	铬钼钢	铬镍钼钢	铬锰硅钢	超高强度钢	不锈钢
HRC	HRA	HR15N	HR30N	HR45N	HV	HBS①	HBW②									
20.0	60.2	68.8	40.7	19.2	226	225	—	774	742	736	782	747	—	781	—	740

（续）

硬　度								抗拉强度 R_m/MPa								
洛氏		表面洛氏			维氏	布氏（$0.102F/D^2=30$）		碳钢	铬钢	铬钒钢	铬镍钢	铬钼钢	铬镍钼钢	铬锰硅钢	超高强度钢	不锈钢
HRC	HRA	HR15N	HR30N	HR45N	HV	HBS[①]	HBW[②]									
20.5	60.4	69.0	41.2	19.8	228	227	—	784	751	744	787	753	—	788	—	749
21.0	60.7	69.3	41.7	20.4	230	229	—	793	760	753	792	760	—	794	—	758
21.5	61.0	69.5	42.2	21.0	233	232	—	803	769	761	797	767	—	801	—	767
22.0	61.2	69.8	42.6	21.5	235	234	—	813	779	770	803	774	—	809	—	777
22.5	61.5	70.0	43.1	22.1	238	237	—	823	788	779	809	781	—	816	—	786
23.0	61.7	70.3	43.6	22.7	241	240	—	833	798	788	815	789	—	824	—	796
23.5	62.0	70.6	44.0	23.3	244	242	—	843	808	797	822	797	—	832	—	806
24.0	62.2	70.8	44.5	23.9	247	245	—	854	818	807	829	805	—	840	—	816
24.5	62.5	71.1	45.0	24.5	250	248	—	864	828	816	836	813	—	848	—	826
25.0	62.8	71.4	45.5	25.1	253	251	—	875	838	826	843	822	—	856	—	837
25.5	63.0	71.6	45.9	25.7	256	254	—	886	848	837	851	831	850	865	—	847
26.0	63.3	71.9	46.4	26.3	259	257	—	897	859	847	859	840	859	874	—	858
26.5	63.5	72.2	46.9	26.9	262	260	—	908	870	858	867	850	869	883	—	868
27.0	63.8	72.4	47.3	27.5	266	263	—	919	880	869	876	860	879	893	—	879
27.5	64.0	72.7	47.8	28.1	269	266	—	930	891	880	885	870	890	902	—	890
28.0	64.3	73.0	48.3	28.7	273	269	—	942	902	892	894	880	901	912	—	901
28.5	64.6	73.3	48.7	29.3	276	273	—	954	914	903	904	891	912	922	—	913
29.0	64.8	73.5	49.2	29.9	280	276	—	965	925	915	914	902	923	933	—	924
29.5	65.1	73.8	49.7	30.5	284	280	—	977	937	928	924	913	935	943	—	936
30.0	65.3	74.1	50.2	31.1	288	283	—	989	948	940	935	924	947	954	—	947
30.5	65.6	74.4	50.6	31.7	292	287	—	1002	960	953	946	936	959	965	—	959
31.0	65.8	74.7	51.1	32.3	296	291	—	1014	972	966	957	948	972	977	—	971
31.5	66.1	74.9	51.6	32.9	300	294	—	1027	984	980	969	961	985	989	—	983
32.0	66.4	75.2	52.0	33.5	304	298	—	1039	996	993	981	974	999	1001	—	996
32.5	66.6	75.5	52.5	34.1	308	302	—	1052	1009	1007	994	987	1012	1013	—	1008
33.0	66.9	75.8	53.0	34.7	313	306	—	1065	1022	1022	1007	1001	1027	1026	—	1021
33.5	67.1	76.1	53.4	35.3	317	310	—	1078	1034	1036	1020	1015	1041	1039	—	1034
34.0	67.4	76.4	53.9	35.9	321	314	—	1092	1048	1051	1034	1029	1056	1052	—	1047
34.5	67.7	76.7	54.4	36.5	326	318	—	1105	1061	1067	1048	1043	1071	1066	—	1060
35.0	67.9	77.0	54.8	37.0	331	323	—	1119	1074	1082	1063	1058	1087	1079	—	1074
35.5	68.2	77.2	55.3	37.6	335	327	—	1133	1088	1098	1078	1074	1103	1094	—	1087
36.0	68.4	77.5	55.8	38.2	340	332	—	1147	1102	1114	1093	1090	1119	1108	—	1101
36.5	68.7	77.8	56.2	38.8	345	336	—	1162	1116	1131	1109	1106	1136	1123	—	1116
37.0	69.0	78.1	56.7	39.4	350	341	—	1177	1131	1148	1125	1122	1153	1139	—	1130
37.5	69.2	78.4	57.2	40.0	355	345	—	1192	1146	1165	1142	1139	1171	1155	—	1145
38.0	69.5	78.7	57.6	40.6	360	350	—	1207	1161	1183	1159	1157	1189	1171	—	1161
38.5	69.7	79.0	58.1	41.2	365	355	—	1222	1176	1201	1177	1174	1207	1187	1170	1176
39.0	70.0	79.3	58.6	41.8	371	360	—	1238	1192	1219	1195	1192	1226	1204	1195	1193
39.5	70.3	79.6	59.0	42.4	376	365	—	1254	1208	1238	1214	1211	1245	1222	1219	1209
40.0	70.5	79.9	59.5	43.0	381	370	370	1271	1225	1257	1233	1230	1265	1240	1243	1226
40.5	70.8	80.2	60.0	43.6	387	375	375	1288	1242	1276	1252	1249	1285	1258	1267	1244
41.0	71.1	80.5	60.4	44.2	393	380	381	1305	1260	1296	1273	1269	1306	1277	1290	1262
41.5	71.3	80.8	60.9	44.8	398	385	386	1322	1278	1317	1293	1289	1327	1296	1313	1280
42.0	71.6	81.1	61.3	45.4	404	391	392	1340	1296	1337	1314	1310	1348	1316	1336	1299

（续）

硬 度								抗拉强度 R_m/MPa								
洛氏		表面洛氏			维氏	布氏 (0.102F/D^2=30)		碳钢	铬钢	铬钒钢	铬镍钢	铬钼钢	铬镍钼钢	铬锰硅钢	超高强度钢	不锈钢
HRC	HRA	HR15N	HR30N	HR45N	HV	HBS①	HBW②									
42.5	71.8	81.4	61.8	45.9	410	396	397	1359	1315	1358	1336	1331	1370	1336	1359	1319
43.0	72.1	81.7	62.3	46.5	416	401	403	1378	1335	1380	1358	1353	1392	1357	1381	1339
43.5	72.4	82.0	62.7	47.1	422	407	409	1397	1355	1401	1380	1375	1415	1378	1404	1361
44.0	72.6	82.3	63.2	47.7	428	413	415	1417	1376	1424	1404	1397	1439	1400	1427	1383
44.5	72.9	82.6	63.6	48.3	435	418	422	1438	1398	1446	1427	1420	1462	1422	1450	1405
45.0	73.2	82.9	64.1	48.9	441	424	428	1459	1420	1469	1451	1444	1487	1445	1473	1429
45.5	73.4	83.2	64.6	49.5	448	430	435	1481	1444	1493	1476	1468	1512	1469	1496	1453
46.0	73.7	83.5	65.0	50.1	454	436	441	1503	1468	1517	1502	1492	1537	1493	1520	1479
46.5	73.9	83.7	65.5	50.7	461	442	448	1526	1493	1541	1527	1517	1563	1517	1544	1505
47.0	74.2	84.0	65.9	51.2	468	449	455	1550	1519	1566	1554	1542	1589	1543	1569	1533
47.5	74.5	84.3	66.4	51.8	475	—	463	1575	1546	1591	1581	1568	1616	1569	1594	1562
48.0	74.7	84.6	66.8	52.4	482	—	470	1600	1574	1617	1608	1595	1643	1595	1620	1592
48.5	75.0	84.9	67.3	53.0	489	—	478	1626	1603	1643	1636	1622	1671	1623	1646	1623
49.0	75.3	85.2	67.7	53.6	497	—	486	1653	1633	1670	1665	1649	1699	1651	1674	1655
49.5	75.5	85.5	68.2	54.2	504	—	494	1681	1665	1697	1695	1677	1728	1679	1702	1689
50.0	75.8	85.7	68.6	54.7	512	—	502	1710	1698	1724	1724	1706	1758	1709	1731	1725
50.5	76.1	86.0	69.1	55.3	520	—	510	—	1732	1752	1755	1735	1788	1739	1761	—
51.0	76.3	86.3	69.5	55.9	527	—	518	—	1768	1780	1786	1764	1819	1770	1792	—
51.5	76.6	86.6	70.0	56.5	535	—	527	—	1806	1809	1818	1794	1850	1801	1824	—
52.0	76.9	86.8	70.4	57.1	544	—	535	—	1845	1839	1850	1825	1881	1834	1857	—
52.5	77.1	87.1	70.9	57.6	552	—	544	—	—	1869	1883	1856	1914	1867	1892	—
53.0	77.4	87.4	71.3	58.2	561	—	552	—	—	1899	1917	1888	1947	1901	1929	—
53.5	77.7	87.6	71.8	58.8	569	—	561	—	—	1930	1951	—	—	1936	1966	—
54.0	77.9	87.9	72.2	59.4	578	—	569	—	—	1961	1986	—	—	1971	2006	—
54.5	78.2	88.1	72.6	59.9	587	—	577	—	—	1993	2022	—	—	2008	2047	—
55.0	78.5	88.4	73.1	60.5	596	—	585	—	—	2026	2058	—	—	2045	2090	—
55.5	78.7	88.6	73.5	61.1	606	—	593	—	—	—	—	—	—	—	2135	—
56.0	79.0	88.9	73.9	61.7	615	—	601	—	—	—	—	—	—	—	2181	—
56.5	79.3	89.1	74.4	62.2	625	—	608	—	—	—	—	—	—	—	2230	—
57.0	79.5	89.4	74.8	62.8	635	—	616	—	—	—	—	—	—	—	2281	—
57.5	79.8	89.6	75.2	63.4	645	—	622	—	—	—	—	—	—	—	2334	—
58.0	80.1	89.8	75.6	63.9	655	—	628	—	—	—	—	—	—	—	2390	—
58.5	80.3	90.0	76.1	64.5	666	—	634	—	—	—	—	—	—	—	2448	—
59.0	80.6	90.2	76.5	65.1	676	—	639	—	—	—	—	—	—	—	2509	—
59.5	80.9	90.4	76.9	65.6	687	—	643	—	—	—	—	—	—	—	2572	—
60.0	81.2	90.6	77.3	66.2	698	—	647	—	—	—	—	—	—	—	2639	—
60.5	81.4	90.8	77.7	66.8	710	—	650	—	—	—	—	—	—	—	—	—
61.0	81.7	91.0	78.1	67.3	721	—	—	—	—	—	—	—	—	—	—	—
61.5	82.0	91.2	78.6	67.9	733	—	—	—	—	—	—	—	—	—	—	—
62.0	82.2	91.4	79.0	68.4	745	—	—	—	—	—	—	—	—	—	—	—
62.5	82.5	91.5	79.4	69.0	757	—	—	—	—	—	—	—	—	—	—	—
63.0	82.8	91.7	79.8	69.5	770	—	—	—	—	—	—	—	—	—	—	—
63.5	83.1	91.8	80.2	70.1	782	—	—	—	—	—	—	—	—	—	—	—
64.0	83.3	91.9	80.6	70.6	795	—	—	—	—	—	—	—	—	—	—	—

（续）

硬度								抗拉强度 R_m/MPa								
洛氏		表面洛氏			维氏	布氏（$0.102F/D^2=30$）		碳钢	铬钢	铬钒钢	铬镍钢	铬钼钢	铬镍钼钢	铬锰硅钢	超高强度钢	不锈钢
HRC	HRA	HR15N	HR30N	HR45N	HV	HBS①	HBW②									
64.5	83.6	92.1	81.0	71.2	809	—	—	—	—	—	—	—	—	—	—	—
65.0	83.9	92.2	81.3	71.7	822	—	—	—	—	—	—	—	—	—	—	—
65.5	84.1	—	—	—	836	—	—	—	—	—	—	—	—	—	—	—
66.0	84.4	—	—	—	850	—	—	—	—	—	—	—	—	—	—	—
66.5	84.7	—	—	—	865	—	—	—	—	—	—	—	—	—	—	—
67.0	85.0	—	—	—	879	—	—	—	—	—	—	—	—	—	—	—
67.5	85.2	—	—	—	894	—	—	—	—	—	—	—	—	—	—	—
68.0	85.5	—	—	—	909	—	—	—	—	—	—	—	—	—	—	—

① HBS 为采用钢球压头所测布氏硬度值，在 GB/T 231.1—2018 中已取消了钢球压头。

② HBW 为采用硬质合金球压头所测布氏硬度值。

2）有色金属材料硬度（HBW）与抗拉强度 R_m（MPa）的关系可按关系式 $R_m=K\text{HBW}$ 进行计算，其中硬度与强度系数 K 值按表 C-2 取值。

表 C-2　有色金属材料硬度与强度系数 *K* 值

材　料	*K* 值	材　料	*K* 值
铜	5.5	铸铝 ZL101	2.66
单相黄铜	3.5	铸铝 ZL103	2.12
H62	4.3~4.6	铅	2.9
铝黄铜	4.8	锡	2.9
铝	2.7	锌合金铸件	0.9
硬铝	3.6		

附录 D　常用金属材料理论重量的计算公式

1）常用钢铁材料理论重量的计算公式见表 D-1。

表 D-1　常用钢铁材料理论重量的计算公式

类　别	理论重量 m/(kg/m)
圆钢、钢线材、钢丝	m=0.00617×直径^2
方钢	m=0.00785×边长^2
六角钢	m=0.0068×对边距离^2
八角钢	m=0.0065×对边距离^2
等边角钢	m=0.00785×边厚×(2×边宽-边厚)
不等边角钢	m=0.00785×边厚×(长边宽+短边宽-边厚)
工字钢	m=0.00785×腰厚×[高+f×(腿宽-腰厚)]
槽钢	m=0.00785×腰厚×[高+e×(腿宽-腰厚)]
扁钢、钢板、钢带	m=0.00785×宽×厚
钢管	m=0.02466×壁厚×(外径-壁厚)

注：1. 腰高相同的工字钢，如有几种不同的腿宽和腰厚，应在型号右边加 a、b、c 予以区别，如 32a、32b、32c 等。腰高相同的槽钢，如有几种不同的腿宽和腰厚，也应在型号右边加 a、b、c 予以区别，如 25a、25b、25c 等。

2. f 值：一般型号及带 a 的为 3.34，带 b 的为 2.65，带 c 的为 2.26。

3. e 值：一般型号及带 a 的为 3.26，带 b 的为 2.44，带 c 的为 2.24。

4. 各长度单位均为 mm。

2）常用有色金属材料理论重量的计算公式见表 D-2。

表 D-2　常用有色金属材料理论重量的计算公式

类　别	理论重量 m/(kg/m)
纯铜棒	m=0.00698×直径^2
六角纯铜棒	m=0.0077×对边距离^2
纯铜板①	m=8.89×厚度
纯铜管	m=0.02794×壁厚×(外径-壁厚)
黄铜棒	m=0.00668×直径^2
六角黄铜棒	m=0.00736×对边距离^2
黄铜板①	m=8.5×厚度
黄铜管	m=0.0267×壁厚×(外径-壁厚)
铝棒	m=0.0022×直径^2
铝板①	m=2.71×厚度
铝管	m=0.008478×壁厚×(外径-壁厚)
铅板①	m=11.37×厚度
铅管	m=0.0355×壁厚×(外径-壁厚)

注：各长度单位均为 mm。

① 理论重量 m 的单位为 kg/m^2。

参考文献

[1] 潘继民. 金属材料化学成分与力学性能手册 [M]. 北京：机械工业出版社，2013.

[2] 刘胜新. 实用金属材料手册 [M]. 2版. 北京：机械工业出版社，2017.

[3] 刘太杰. 实用五金手册 [M]. 3版. 北京：机械工业出版社，2017.

[4] 刘胜新，杨明杰. 新编五金大手册 [M]. 北京：机械工业出版社，2020.

[5] 陈永. 金属材料常识普及读本 [M]. 2版. 北京：机械工业出版社，2016.

[6] 祝燮权. 实用金属材料手册 [M]. 3版. 上海：上海科学技术出版社，2015.

[7] 李成栋，赵梅，刘光启，等. 金属材料速查手册 [M]. 北京：化学工业出版社，2018.

[8] 刘胜新. 金属材料力学性能手册 [M]. 2版. 北京：机械工业出版社，2018.

[9] 于跃斌，王文生. 金属材料力学性能检测技术与应用 [M]. 北京：机械工业出版社，2024.